チャート式®

数学II+B

東京工業大学名誉教授　加藤文元
チャート研究所

共編著

数研出版

問.

成長の軌跡を
振り返ってみよう。

「自信」という、太く強い軌跡。

これまでの、数学の学びを振り返ってみよう。
どれだけの数の難しい問題と向き合い、
どんなに高い壁を乗り越えてきただろう。
同じスタートラインに立っていた仲間は、いまどこにいるだろう。
君の成長の軌跡は、あらゆる難題を乗り越えてきた
「自信」によって、太く強く描かれている。

現在地を把握しよう。

チャート式との学びの旅も、やがて中間地点。
1年前の自分と比べて、どれだけ成長して、
目標までの距離は、どれくらいあるだろう。
胸を張って得意だと言えること、誰かよりも苦手なことはなんだろう。
鉛筆を握る手を少し止めて、深呼吸して、いまの君と向き合ってみよう。
自分を知ることが、目標への近道になるはずだから。

「こうありたい」を描いてみよう。

1年後、どんな目標を達成していたいだろう?
仲間も、ライバルも、自分なりのゴールを目指して、前へ前へと進んでいる。
できるだけ遠くに、手が届かないような場所でもいいから、
君の目指すゴールに向かって、理想の軌跡を描いてみよう。
たとえ、厳しい道のりであったとしても、
どんな時もチャート式が君の背中を押し続けるから。

その答えが、
君の未来を前進させる解になる。

CHARTとは何？

C.O.D.（The Concise Oxford Dictionary）には，CHART —— Navigator's sea map, with coast outlines, rocks, shoals, etc. と説明してある。

海図 —— 浪風荒き問題の海に船出する若き船人に捧げられた海図 —— 問題海の全面をことごとく一眸の中に収め，もっとも安らかな航路を示し，あわせて乗り上げやすい暗礁や浅瀬を一目瞭然たらしめる　CHART！

—— 昭和冒頭のチャート式代数学巻頭言より

数学の問題を解くということは，大洋を航海するようなものである。山や川や森や林には目印がある。そこを歩んでいく道のついた陸路とはちがい，海路は見渡す限り青一色の空と水，目指す港は水平線のかなたにかくれている。首尾よく目的の港に入るには，海についてのさまざまな知識をもち，波風に応じて船を操っていくいろいろな技術に練達していなければなるまい。

問題の解答も，定理や公式の海のかなたに姿を没している。どこに，その解答への航路を発見し，羅針盤の針を向けるか。それには，根底となる定義と定理や公式の知識はもちろんのこと，問題の条件に応じて，それらの知識を操る術を習得しなければならない。

数学の学習と問題解決

数学という教科では，知識を覚えることも大切だが，それよりも，その知識を活用して，問題を解決していく能力を養うところに値打ちがあり，また，それだけにむずかしさもある。学校での学習においても，基本知識の習得と同時に，問題解法の練習が進められる。そして，諸君が困難を覚えるのは，おそらく，その問題を解くことのむずかしさであろう。その問題をどのようにして解けばよいのか？ —— それには何といっても，まず，定義と公式や定理など

根底となる事項をはっきりとつかんでおく

ことが第一である。その場合，それらが説明された長い文章をそのまま覚えるのでは，覚えるにも骨が折れるし，使う際にも役に立たない。これを簡明な形で頭に刻み付けておく必要がある。

しかし，根底事項が頭に入っても，難問となると，なかなかつかまえられない。教科書などには，定理，公式があり，その応用として問題解法例があっても，解法を考えていく筋道，公式の使い方については，あまり触れられていない。教科書は問題解法だけを目的としたものではないから，当然といえば当然である。そこで，その考え方，つまり，問題と根底事項の間につながりをつける考え —— これを分析したのがチャートで，

チャートによって，根底事項を問題上に活かす

ことが，学習の第二の心構えになる。

問題解法の大道

こうやったら，必ず問題が解ける —— こんな百発百中の問題解決法があれば，ありがたいが，そんなまじないのようなものは，まず考えられない。ユークリッドも「幾何学に王道なし」といったように，数学の問題の解法というものは，たくさんやっているうちに，知らず知らずにそのこつを覚えるものと考えられてきた頃もあった。しかし，ただ闇雲にいろいろな問題を解くよりも，一定の方針によって解く術を見つけることができれば，もちろんらくでもあるし，何よりも解いた経験のない未知の問題の解決にもつながる。では，それを実現するにはどうすればよいか。

まず第一に，問題を解くには，問題を解く身構えがいる。いきなり，無方針に問題に組み付いていったのでは，労多くして効少なく，失敗する可能性が高い。そこで，前にもいったように，問題の解法と航海がよく似ているので，両者を対照しながら，その基本的態度を次に書いてみよう。

航 海		問題の解法
進路設定 どこからどこへ行くかが決まらなくては船は出せない。まず第一に出発する港と，目的の港を決める。	➡	**問題の理解** 何がわかっているのか（既知事項，条件），何を求めるのか（未知事項，結論）をはっきりさせる。複雑な問題では，箇条書きにしたり，図にかいたりするとよい。
航路と羅針盤（指針） 出発する港と，目的の港との間に，船の通る道をつけ，その道筋に従って，羅針盤の針路を定める。 このとき，海図がものをいう。 目的の港に近づいても，なかなか入港がむずかしいときには，水先案内の船に案内してもらうことがある。 （数学の問題では，水先案内の船に，出発する港までついてもらうこともある。）	➡	**問題解法の方針** 既知事項（条件）と，未知事項（結論）との間に連絡をつける。連絡のつきそうな道が見つかったら，それに従って，式を変形したり，条件を使ったりする。 この連絡にチャートが役立つ。 連絡のつけ方は，与えられた条件から考えていくこともあり，求めるものの方から逆に（水先案内のごとく）考えていくこともある。
出 港 上に定めた針路に従って，船を進める。	➡	**答案（解答）** 上で考えた解法の方針に従って，誤りがないかどうかを確かめながら，答案にかく。
航海を終えた確認 首尾よく港へついたが，間違った港へ入ったのではないか，船は破損していないか，積荷は落ちていないか，その他の確認。	➡	**答案（解答）の検討** 本当に目的の問題が解けたかどうか，論理に誤りはないか，何か条件を抜かしてはいないか，その他の確認。

この4つの段階は，特段新しいことではない。諸君が問題を解いたときには，それが無意識のうちにせよ，この段階を踏んでいるはずである。

ただ，いつでもこの態度で問題にあたるという心構えが，諸君の問題解法を，一段と着実にすると思う。

指針の立て方

さて，この4段階中，成功不成功の分かれるのは，主に，第2段階の指針であろう。その具体的な立て方は，本文のチャートでお目にかけるが，その前に一般的な注意を述べておこう。

1. 既知事項と求める目的との連絡をはかれ

与えられた条件と関係のある根底事項（公式など），求める目的と関係のある根底事項をなるべく多く想起せよ。そして，（与えられた条件）→（根底事項）→（求める目的）の連絡をはかれ。この問題に似た形の問題を解いたことはないか，その方法が使えないか，その結果が使えないか，など。

2. 直接連絡がつかなければ，補助的事項を考えよ

既知事項と求める目的の間に何があれば連絡がつくか。どんな式がほしいか，どんな条件がほしいか，など。

3. 大手，からめ手から攻め立てよ

例えば，α，β が2次方程式 $ax^2+bx+c=0$ の2つの解 —— というとき，実際に方程式を解いて α，β を求めるのも一手段であるが，それがうまくいかないなら，x に α，β を代入した等式 $a\alpha^2+b\alpha+c=0$，$a\beta^2+b\beta+c=0$ の変形をはかるとか，因数分解 $ax^2+bx+c=a(x-\alpha)(x-\beta)$ を考えるとかし，更にだめなら，放物線 $y=ax^2+bx+c$ と x 軸の交点を考えるというように —— 第一着眼点で失敗したら，第二，第三の着眼点をとらえよ。また，定義に戻って，問題を解き直してみよ。それでも解けなければ，類似の問題を考えてみよ。特別な場合についてでも解けないか。それを役に立てることはできないか。

4. 忘れている条件はないか

問題が解けないとき，条件を分析して，使っていない条件がないかどうか検討せよ。そして，その条件の効き目を確かめよ。

以上は，本書で扱う数学Ⅱや数学Bに限らない問題解法の一般指針であって，数学Ⅱや数学Bでは更に独自の指針の立て方がある。この諸君を，問題解決に導いていく具体的な指針こそ，私たちのチャートであって，これから本文で詳しく述べようとするところである。

では，諸君，このチャートによって，数学の問題の海を，つつがなく乗り越えられんことを——

ボン・ヴォヤージュ！

はしがき

本書冒頭の問.「君の成長曲線を描いてみよう。」は，21 世紀を生きる諸君に送る，チャート式からのメッセージである。また，それに続く「CHART とは何？」は，激動の 20 世紀を生きてきたチャート式の，およそ 50 年前に記されたメッセージを，再構成したものである。

チャート式は，大正時代の末期，京都の地に設立された数学研究社高等予備校から生まれた。この学校は，今でいうところの大学受験を目的とした予備校であるが，その講義を通じて，チャート式の学習システムは作られていった。

高等予備校正門

本書の原点ともいえる

「チャート式 代数学」「チャート式 幾何学」

の初版が発行されたのは昭和 4 年（1929 年）のことであるから，それからかれこれ 100 年が経とうとしている。

チャート式は創刊以来，多くの著名な先生方によって，幾度となく改訂を繰り返してきた。しかし，数学における

内容の重点，急所がどこにあるか
問題の解法をいかにして思いつくか

を，海図（チャート）のように，端的にわかりやすく指示して，数学のコツが自然にのみ込めるようにするという，創刊当初からのチャート式の精神は脈々と受け継がれている。そして，改訂のたびに，数学の学び方や考え方に研究と工夫を加えて，より学びやすく，実力のつく本をつくる努力が続けられてきた。

高等学校の数学科の目標は，数学的な見方・考え方を働かせ，数学的な活動を通して，数学的に考える資質・能力を育成することとされている。この数学的な見方・考え方を働かせるとは，正にチャート式の理念に通じるものであり，本書においても，特段，意を用いたところである。

今回の改訂では，例題や練習などに最近の入試問題をできるだけ多く取り入れるようにして，受験演習の備えとなることにも配慮をした。また，タブレット PC などの情報機器の普及に鑑み，本書に書ききれないことは，２次元コードコンテンツとして準備をするなど，これまでにはない試みも行った。これまでの歴史を基盤として，新しい時代に対応した参考書とすること，それが今回，私たちが目指したところである。

ところで，問題を解けるようになることはもちろん大切であるが，数学を学ぶことの意味はそれだけではない。何よりも大切なことは，数学に対する興味や関心をもち，理解を深めることである。数学はおもしろい，数学は役に立つんだ，と思ってもらえるような話題も，できるだけ多く取り入れるようにしたので，是非とも，本書を通して，数学を好きになってもらいたい。そして，それをきっかけとして，数学のより深い理解を目指して欲しい。

いずれにしても，新しい数学Ⅱ，数学Ｂの学習に最もふさわしく，役に立つ参考書を諸君に提供することが，本書に携わる私たちの念願である。学校での学習の参考に，大学受験の勉強のパートナーに，そして，数学のより深い世界への道標に，諸君の役に立つことを，切に望んでいる。

2023 年　著者しるす

目次

数学Ⅱ

第1章　式と証明

パスカルの三角形を確率論の研究に応用しました。

パスカル

第2章　複素数と方程式

5次以上の方程式が代数的に解けないことの証明を完成させました。

アーベル

第3章　図形と方程式

座標を使って平面上の図形を数式で表すことを思いつきました。

デカルト

第4章　三角関数

三角関数を無限個使って周期関数を書き表すことを考えました。

フーリエ

第5章　指数関数・対数関数

最初の対数表を作って，数の計算を格段に楽にしました。
ネイピア

第6章　微 分 法

微分積分学を発見して，力学や天文学に応用しました。
ニュートン

第7章　積 分 法

微分積分学を発見して，その基礎付けに貢献しました。
ライプニッツ

数学B

第1章　数　　列

等差数列の和の公式は，子どもの頃に自分で見つけました。
ガウス

第2章　統計的な推測

統計学の先駆的な仕事は，穀物量のデータの研究から始まりました。
フィッシャー

第3章　数学と社会生活

問題数（数学Ⅱ）
1. CHECK 問題　56 題
2. 例　76 題
3. 例題　187 題
　（例題　126 題，重要例題　61 題）
4. 練習　187 題
5. 演習問題　94 題
　[1～5 の合計　600 題]

問題数（数学B）
1. CHECK 問題　6 題
2. 例　25 題
3. 例題　75 題
　（例題　56 題，重要例題　19 題）
4. 練習　75 題
5. 演習問題　27 題
6. 問題　6 題（第3章）
　[1～6 の合計　214 題]

問題数（総合演習）
1. 演習例題　24 題
2. 類題　24 題
　[1 と 2 の合計　48 題]

総問題数　862 題

本書の構成と使い方

基本事項のページ　学習の出発点

デジタルコンテンツ
例の反復問題や，理解を深めるコンテンツにアクセスすることができます（詳細は $p.16$ を参照）。

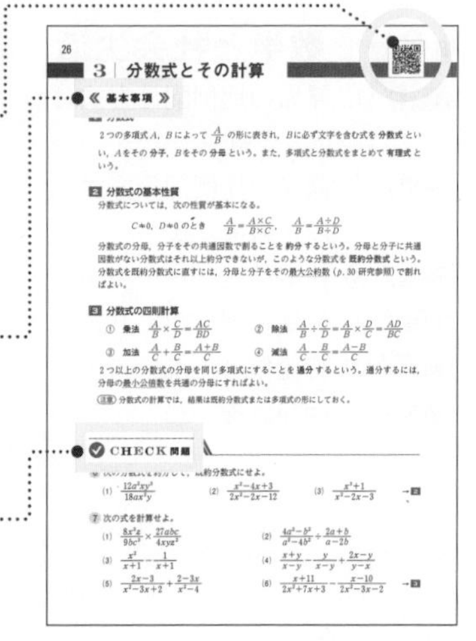

《 基本事項 》
定理や公式など，問題を解くうえで基本となる事柄をまとめています。

CHECK 問題
基本事項を確認するための問題。公式や定理を適用する程度の基本的な問題で構成されています。

例のページ　基礎的な理解を深める

指針
問題のポイントや急所がどこにあるか，問題解法の方針をいかにして立てるかを中心に示しました。考え方の急所を端的にまとめた CHART を加えたところもあります。例の解答は別にまとめていますので，指針を参考にして，各問題に取り組んでみましょう。

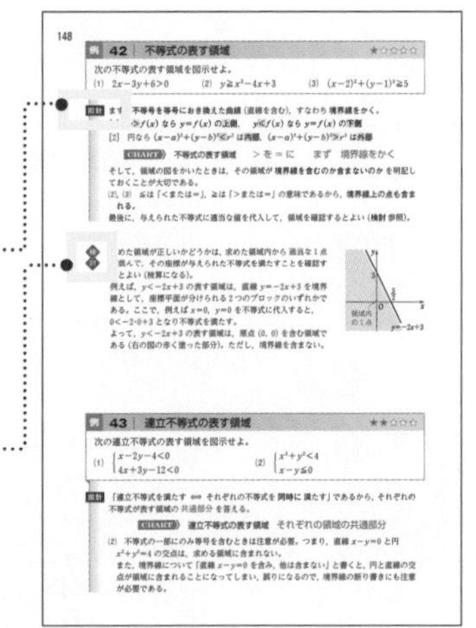

 例に関連する内容などを取り上げています。

＊例の反復問題はデジタルコンテンツに収録されています。

●その他の構成要素

COLUMN …… 教科書には載っていないような興味ある話題を取り上げました。
研　究 ………… 理解を深めるための発展的な内容です。
演習問題 … 各章末に設けた，その章のまとめの問題です。
答の部 ………… CHECK 問題，例，練習，演習問題，類題の答を，巻末にまとめています。
索　引 ………… 学習の便宜を図るために，重要な用語の掲載ページをまとめて記しました。

例題のページ　実力をつける

指針　例と同様，問題解法の方針の立て方などをまとめています。CHART》も参考にして，いろいろな問題の見方や考え方を身につけましょう。

解答　例題の模範解答例を示しました。側注には適宜解答の補足事項を示しています。

検討　例題に関連する内容などを取り上げています。

練習　例題の反復問題です。実力を確認しましょう。

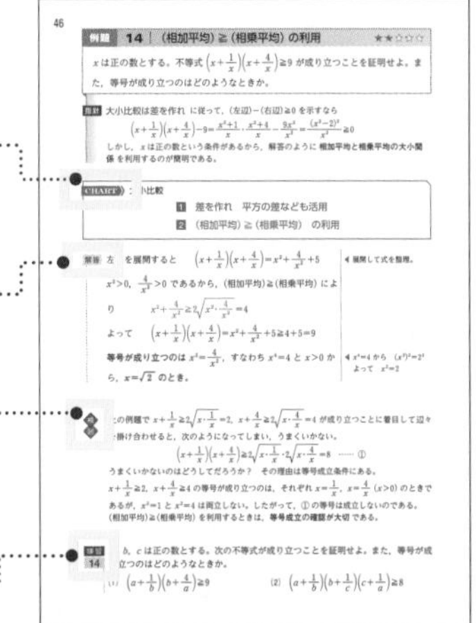

46

例題 14　(相加平均)≧(相乗平均) の利用　★★☆☆☆

x は正の数とする。不等式 $\left(x+\frac{1}{x}\right)\left(x+\frac{4}{x}\right)\geqq 9$ が成り立つことを証明せよ。また，等号が成り立つのはどのようなときか。

指針　大小比較は差を作れ に従って，(左辺)−(右辺)≧0 を示すなら

$$\left(x+\frac{1}{x}\right)\left(x+\frac{4}{x}\right)-9=\frac{x^2+1}{x}\cdot\frac{x^2+4}{x}-\frac{9x^2}{x^2}=\frac{(x^2-2)^2}{x^2}\geqq 0$$

しかし，x は正の数という条件があるから，解答のように **相加平均と相乗平均の大小関係** を利用するのが簡明である。

CHART》 大小比較
1 差を作れ　平方の差なども活用
2 (相加平均)≧(相乗平均)　の利用

解答　左辺を展開すると　$\left(x+\frac{1}{x}\right)\left(x+\frac{4}{x}\right)=x^2+\frac{4}{x^2}+5$　◀展開して式を整理。

$x^2>0$，$\frac{4}{x^2}>0$ であるから，(相加平均)≧(相乗平均) により　$x^2+\frac{4}{x^2}\geqq 2\sqrt{x^2\cdot\frac{4}{x^2}}=4$

よって　$\left(x+\frac{1}{x}\right)\left(x+\frac{4}{x}\right)=x^2+\frac{4}{x^2}+5\geqq 4+5=9$

等号が成り立つのは $x^2=\frac{4}{x^2}$，すなわち $x^4=4$ と $x>0$ から，$x=\sqrt{2}$ のとき。　◀ $x^4=4$ から $(x^2)^2=2^2$　よって $x^2=2$

検討　この例題で $x+\frac{1}{x}\geqq 2\sqrt{x\cdot\frac{1}{x}}=2$，$x+\frac{4}{x}\geqq 2\sqrt{x\cdot\frac{4}{x}}=4$ が成り立つことに着目して辺々を掛け合わせると，次のようになってしまい，うまくいかない。

$$\left(x+\frac{1}{x}\right)\left(x+\frac{4}{x}\right)\geqq 2\sqrt{x\cdot\frac{1}{x}}\cdot 2\sqrt{x\cdot\frac{4}{x}}=8 \quad \cdots\cdots ①$$

うまくいかないのはどうしてだろうか？　その理由は等号成立条件にある。

$x+\frac{1}{x}\geqq 2$，$x+\frac{4}{x}\geqq 4$ の等号が成り立つのは，それぞれ $x=\frac{1}{x}$，$x=\frac{4}{x}$ $(x>0)$ のときであるが，$x^2=1$ と $x^2=4$ は両立しない。したがって，① の等号は成立しないのである。

(相加平均)≧(相乗平均) を利用するときは，**等号成立の確認が大切** である。

練習 14　a，b，c は正の数とする。次の不等式が成り立つことを証明せよ。また，等号が成り立つのはどのようなときか。

(1) $\left(a+\frac{1}{b}\right)\left(b+\frac{4}{a}\right)\geqq 9$　　(2) $\left(a+\frac{1}{b}\right)\left(b+\frac{1}{c}\right)\left(c+\frac{1}{a}\right)\geqq 8$

総合演習のページ　実力を伸ばす

実践力を養うための総合的な問題です。最近の大学入試問題を中心に，巻末にまとめて採録しています。

指針，**解答**，**検討**

これらの趣旨は，他の例題と同様です。指針をもとにして自ら解答を導くことができるよう，じっくりと考えてみましょう。

類題

演習例題に関連した問題です。それまでに学んだことを大いに活用して，取り組んでみましょう。

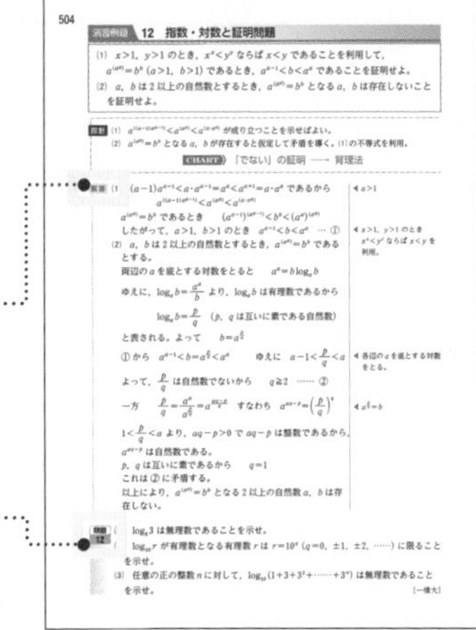

504

演習例題 12　指数・対数と証明問題

(1) $x>1$，$y>1$ のとき，$x^x<y^y$ ならば $x<y$ であることを利用して，$a^{(a^a)}=b^b$ $(a>1,\ b>1)$ であるとき，$a^{a-1}<b<a^a$ であることを証明せよ。

(2) a，b は 2 以上の自然数とするとき，$a^{(a^a)}=b^b$ となる a，b は存在しないことを証明せよ。

指針　(1) $a^{((a-1)a^{a-1})}<a^{(a^a)}<a^{(a\cdot a^a)}$ が成り立つことを示せばよい。
(2) $a^{(a^a)}=b^b$ となる a，b が存在すると仮定して矛盾を導く。(1)の不等式を利用。

CHART》「でない」の証明 ── 背理法

解答　(1) $(a-1)a^{a-1}<a\cdot a^{a-1}=a^a<a^{a+1}=a\cdot a^a$ であるから　◀ $a>1$

$a^{((a-1)a^{a-1})}<a^{(a^a)}<a^{(a\cdot a^a)}$

$a^{(a^a)}=b^b$ であるとき　$(a^{a-1})^{(a^{a-1})}<b^b<(a^a)^{(a^a)}$

したがって，$a>1$，$b>1$ のとき　$a^{a-1}<b<a^a$ … ①　◀ $x>1$，$y>1$ のとき $x^x<y^y$ ならば $x<y$ を利用。

(2) a，b は 2 以上の自然数とするとき，$a^{(a^a)}=b^b$ であるとする。

両辺の a を底とする対数をとると　$a^a=b\log_a b$

ゆえに，$\log_a b=\frac{a^a}{b}$ より，$\log_a b$ は有理数であるから

$\log_a b=\frac{p}{q}$　(p，q は互いに素である自然数)

と表される。よって　$b=a^{\frac{p}{q}}$

① から　$a^{a-1}<b=a^{\frac{p}{q}}<a^a$　ゆえに　$a-1<\frac{p}{q}<a$　◀各辺の a を底とする対数をとる。

よって，$\frac{p}{q}$ は自然数でないから　$q\geqq 2$ …… ②

一方　$\frac{p}{q}=\frac{a^a}{a^{\frac{p}{q}}}=a^{\frac{aq-p}{q}}$　すなわち　$a^{aq-p}=\left(\frac{p}{q}\right)^q$　◀ $a^{\frac{p}{q}}=b$

$1<\frac{p}{q}<a$ より，$aq-p>0$ で $aq-p$ は整数であるから，a^{aq-p} は自然数である。

p，q は互いに素であるから　$q=1$

これは ② に矛盾する。

以上により，$a^{(a^a)}=b^b$ となる 2 以上の自然数 a，b は存在しない。

類題 12　(1) $\log_2 3$ は無理数であることを示せ。
(2) $\log_{10} r$ が有理数となる有理数 r は $r=10^q$ ($q=0$，±1，±2，……) に限ることを示せ。
(3) 任意の正の整数 n に対して，$\log_{10}(1+3+3^2+\cdots\cdots+3^n)$ は無理数であることを示せ。　[一橋大]

●難易度

例 ………… 基本的な問題
例題 ……… 標準的な問題
重要例題 … やや程度の高い問題

各問題には，難易度の目安を示す★印が付いています。

★☆☆☆☆	教科書の例レベルの問題
★★☆☆☆	教科書の例題レベルの問題
★★★☆☆	教科書の章末問題レベルの問題
★★★★☆	入試対策用の標準レベルの問題
★★★★★	応用的で程度の高い問題

デジタルコンテンツとその活用法

本書では，QR コード*からアクセスできるデジタルコンテンツを用意しています。

これらを利用することで，基本的な実力の定着を図ったり，学習した事柄に対する理解をさらに深めたりすることができます。

●補充問題

x についての多項式とみて，$4x^2+3xy+2y^2$ を $x+2y$ で割った商と余りを求めよ。

(解説)

$$
\begin{array}{r}
4x\ -5y \\
x+2y\ \big)\ \overline{4x^2+3yx+\ 2y^2} \\
\underline{4x^2+8yx\qquad\ } \\
-5yx+\ 2y^2 \\
\underline{-5yx-10y^2} \\
12y^2
\end{array}
$$

商 $4x-5y$，余り $12y^2$

本書に掲載している例の反復問題などを用意しています。問題文と詳しい解答で構成されています。基礎的な力の定着や確認に利用してください。

以下のものを含め，すべてのコンテンツは

いつでも　どこでも　何度でも

利用することができます。

●サポートコンテンツ

本書の内容に応じて，さらに理解を深めるコンテンツを用意しています。

例えば，右は本書 $p.111$ の例題です。

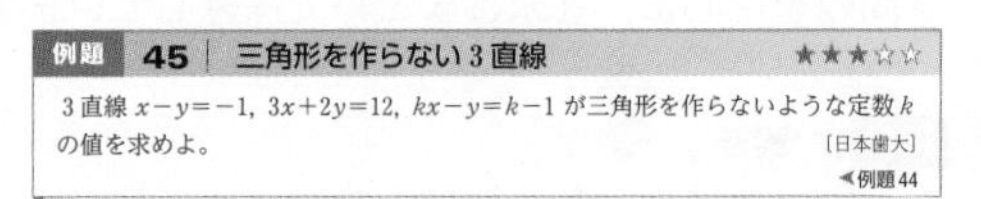

例題 45 三角形を作らない 3 直線 ★★★☆☆

3 直線 $x-y=-1$，$3x+2y=12$，$kx-y=k-1$ が三角形を作らないような定数 k の値を求めよ。〔日本歯大〕

◀例題 44

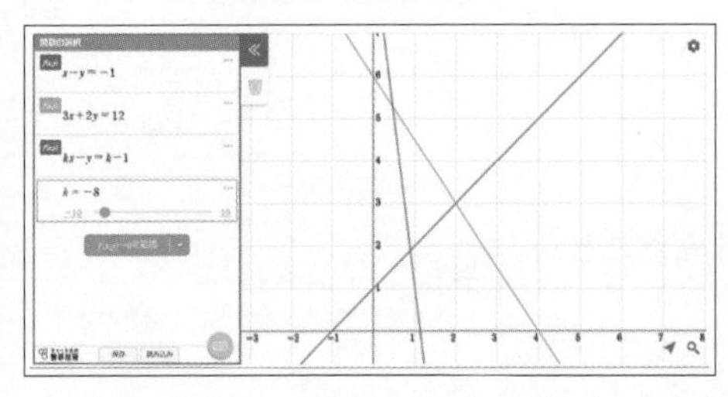

これに対し，サポートコンテンツでは，k の値によって 3 直線が三角形を作るかどうかについて，具体的に調べることができます。

これはほんの一例で，これ以外にも，興味ある話題を多数準備しています。

〈デジタルコンテンツのご利用について〉

デジタルコンテンツはインターネットに接続できるコンピュータやスマートフォン等でご利用いただけます。下記の URL，右の QR コード，もしくは「基本事項」のページにある QR コードからアクセスすることができます。

https://cds.chart.co.jp/books/ngpq82jjjc

追加費用なしにご利用いただけますが，通信料はお客様のご負担となります。Wi-Fi 環境でのご利用をおすすめいたします。

学校や公共の場では，マナーを守ってスマートフォン等をご利用ください。

＊QR コードは，(株)デンソーウェーブの登録商標です。上記コンテンツは，2023 年 4 月から配信予定です。

〈この章で学ぶこと〉
証明は数学のコア（核）である。証明の基本的技術を学ぶのに最も適しているのが等式と不等式の証明である。この章では，多項式の割り算と分数式の計算について学ぶ。これにより多項式の四則計算がひととおり身につくことになる。そして，その計算の技術とともに，証明の基本的方法についても習熟することになる。

第1章

式と証明

例，例題一覧

● …… 基本的な内容の例　■ …… 標準レベルの例題　◆ …… やや発展的な例題

1 | 二 項 定 理

《 基本事項 》

1 二項定理

$(a+b)^n=(a+b)(a+b)\cdots\cdots(a+b)$ の展開式における $a^{n-r}b^r$ の形の積は，n 個の因数 $a+b$ のうち，r 個から b を，残りの $(n-r)$ 個から a を取り出して，それらを掛け合わせると得られる。このような場合の総数は，n 個の因数から，b を取る r 個の因数を選ぶ方法の総数に等しく，${}_n\mathrm{C}_r$ である。

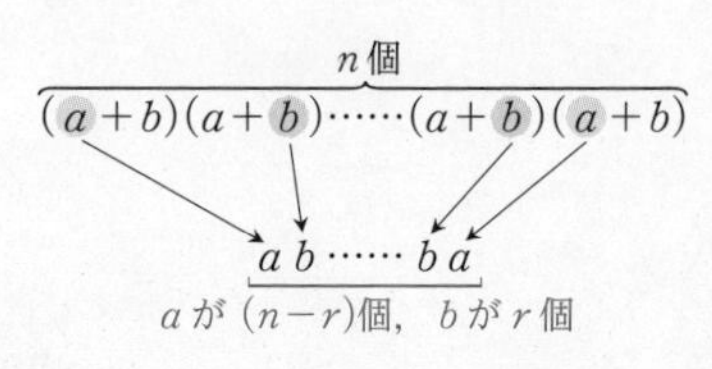

すなわち，$(a+b)^n$ の展開式における $a^{n-r}b^r$ の項の係数は ${}_n\mathrm{C}_r$ であり，その展開式は次のようになる。これを **二項定理** という。ただし，$a^0=1$，$b^0=1$ である。

> **二項定理**　$$(a+b)^n={}_n\mathrm{C}_0a^n+{}_n\mathrm{C}_1a^{n-1}b+{}_n\mathrm{C}_2a^{n-2}b^2+\cdots\cdots$$
> $$+{}_n\mathrm{C}_ra^{n-r}b^r+\cdots\cdots+{}_n\mathrm{C}_{n-1}ab^{n-1}+{}_n\mathrm{C}_nb^n$$
> ↑一般項（第 $r+1$ 番目の項）

また，$(a+b)^n$ の展開式における **第 $(r+1)$ 項 ${}_n\mathrm{C}_ra^{n-r}b^r$** を $(a+b)^n$ の展開式の **一般項** という。更に，${}_n\mathrm{C}_r$ は二項定理の展開式における係数を表しているから，${}_n\mathrm{C}_r$ を **二項係数** ともいう。

2 パスカルの三角形

二項係数 ${}_n\mathrm{C}_0$，${}_n\mathrm{C}_1$，${}_n\mathrm{C}_2$，……，${}_n\mathrm{C}_n$ の値を，上から順に $n=1$，2，3，…… の場合について，三角形状に並べると左下の図式のようになる。これを **パスカルの三角形** という。

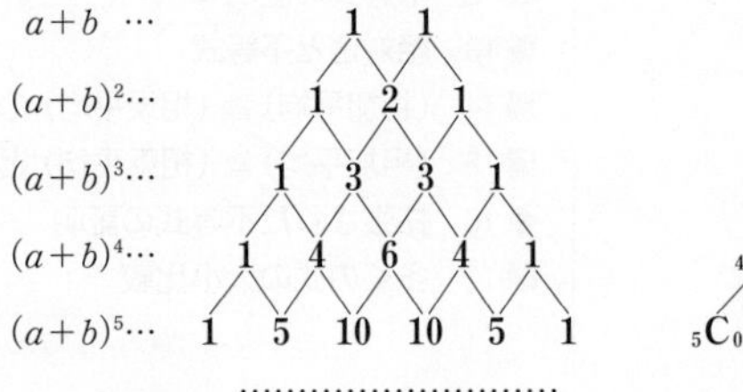

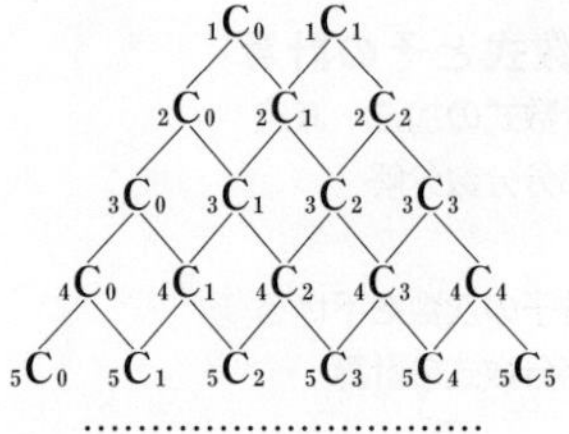

そして，各係数を ${}_n\mathrm{C}_r$ の形で書き表すと，右上の図式のようになり，${}_n\mathrm{C}_r$ の性質から，以下の 1 ～ 3 が成り立つ。

1　各行の **両端の数は 1** である。……　${}_n\mathrm{C}_0={}_n\mathrm{C}_n=1$

2　両端以外の各数は，その **左上の数と右上の数の和に等しい。**
……　${}_n\mathrm{C}_r={}_{n-1}\mathrm{C}_{r-1}+{}_{n-1}\mathrm{C}_r$

3　**数の配列は左右対称** である。……　${}_n\mathrm{C}_r={}_n\mathrm{C}_{n-r}$

3 多項定理

$(a+b+c)^n=(a+\underset{①}{b}+c)\times(a+\underset{②}{b}+c)\times\cdots\cdots\times(a+\underset{ⓝ}{b}+c)$ の展開式における $a^pb^qc^r$

$(p+q+r=n)$ の項は，n 個の因数 ①～ⓝ のうちから，a を p 個，b を q 個，c を r 個取って，それらを掛け合わせて得られる項をすべて加え合わせたものである。それらの項の数は ①～ⓝ から，a を p 個，b を q 個，c を r 個選ぶ順列の総数に等しい。
したがって，次の **多項定理** が成り立つ。

> **$(a+b+c)^n$ の展開式の一般項は** $\dfrac{n!}{p!q!r!}a^pb^qc^r$
> ただし　$p+q+r=n$，$p\geqq 0$，$q\geqq 0$，$r\geqq 0$　　また　$0!=1$

このことは，二項定理を用いて次のように導くこともできる。

$(a+b+c)^n=\{(a+b)+c\}^n$ の展開式の一般項は　　${}_n\mathrm{C}_r\underline{(a+b)^{n-r}}c^r$

$(a+b)^{n-r}$ の展開式の一般項は　　${}_{n-r}\mathrm{C}_q a^{n-r-q}b^q$

$n-r-q=p$ とおくと　　${}_{n-r}\mathrm{C}_q a^pb^q$

◀ ▒ を1つの文字とみる。

したがって，$(a+b+c)^n$ の展開式の一般項は　　${}_n\mathrm{C}_r\cdot\underline{{}_{n-r}\mathrm{C}_q a^pb^q}c^r$

ここで　　${}_n\mathrm{C}_r\cdot{}_{n-r}\mathrm{C}_q=\dfrac{n!}{r!(n-r)!}\cdot\dfrac{(n-r)!}{q!(n-r-q)!}$

$$=\frac{n!}{p!q!r!}$$

◀ ${}_{○}\mathrm{C}_{△}=\dfrac{○!}{△!(○-△)!}$

例　$(x+y+z)^5$ の展開式における x^2yz^2 の係数は　　$\dfrac{5!}{2!1!2!}=30$

CHECK 問題

1 次の式を展開せよ。
(1)　$(a+2b)^7$　　(2)　$(2x-y)^6$　　(3)　$\left(2m+\dfrac{n}{3}\right)^6$
→ 1，2

2 次の展開式における［　］内に指定された項の係数を求めよ。
(1)　$(2x+3y)^4$　$[x^2y^2]$　　(2)　$(3a-2b)^5$　$[a^2b^3]$
→ 1

3 二項定理を利用して，次の等式が成り立つことを証明せよ。

$${}_n\mathrm{C}_0+{}_n\mathrm{C}_1+{}_n\mathrm{C}_2+\cdots\cdots+{}_n\mathrm{C}_n=2^n$$
→ 1

4 $(a+2b+3c)^6$ の展開式における a^3b^2c の項の係数は ア□，a^4c^2 の項の係数は イ□ である。
→ 3

例 1　二項展開式の係数　★★☆☆☆

次の展開式における，[　] 内に指定された項の係数を求めよ。

(1) $(x^2+2y)^5$　$[x^4y^3]$　　　(2) $\left(x^2-\dfrac{2}{x}\right)^6$　$[x^6$，定数項$]$

指針 展開式の全体を書き出す必要はない。**求めたい項だけを取り出して** 考える。

$$(a+b)^n \text{ の展開式の一般項は }\quad {}_n\mathrm{C}_r a^{n-r}b^r$$

まず，一般項を書き，指数部分に注目して r の値を求める。

(2) 一般項は　${}_6\mathrm{C}_r(x^2)^{6-r}\left(-\dfrac{2}{x}\right)^r={}_6\mathrm{C}_r x^{12-2r}\cdot\dfrac{(-2)^r}{x^r}={}_6\mathrm{C}_r(-2)^r\cdot\dfrac{x^{12-2r}}{x^r}$

指数法則 $(a^m)^n=a^{mn}$，$\left(\dfrac{a}{b}\right)^n=\dfrac{a^n}{b^n}$　◀ 第 5 章参照。

ここで，**指数法則** $a^m\div a^n=a^{m-n}$ を利用すると　$\dfrac{x^{12-2r}}{x^r}=x^{12-2r-r}=x^{12-3r}$

したがって，指数 $12-3r$ に関し，問題の条件に合わせた方程式を作り，それを解く。
なお，定数項は x^0 の項と考える。

例 2　多項定理　★★☆☆☆

次の展開式における，[　] 内に指定された項の係数を求めよ。

(1) $(2x-y-3z)^6$　$[xy^3z^2]$　　　(2) $(1+x+x^2)^{10}$　$[x^4]$

(3) $\left(x+\dfrac{1}{x^2}+1\right)^5$　[定数項]

[(1) 立教大，(2) 上智大，(3) 大阪薬大]

指針 二項定理を繰り返し用いて，展開式の各項の係数を求めてもよいが，効率がよくない。3 つ以上の項の展開式では，**多項定理** を利用するのがよい。

$$(a+b+c)^n \text{ の展開式の一般項は }\quad \frac{n!}{p!q!r!}a^pb^qc^r \quad (p+q+r=n)$$

例 1 と同じように，展開式の **一般項を書き出し**，0 乗と負の指数の定義や指数法則（第 5 章で詳しく学習）を利用して計算する。

定　義　$a\neq 0$，n が正の整数のとき　$a^0=1$，$a^{-n}=\dfrac{1}{a^n}$　特に　$a^{-1}=\dfrac{1}{a}$
指数法則　$a\neq 0$，$b\neq 0$，m，n は整数とする。
[1] $a^m\times a^n=a^{m+n}$　[2] $(a^m)^n=a^{mn}$　[3] $(ab)^n=a^nb^n$

(1) 展開式の一般項 $\dfrac{6!}{p!q!r!}(2x)^p\cdot(-y)^q\cdot(-3z)^r$ で，$p=1$，$q=3$，$r=2$ のとき。

(2) 展開式の一般項は　$\dfrac{10!}{p!q!r!}\cdot 1^p\cdot x^q\cdot(x^2)^r=\dfrac{10!}{p!q!r!}x^{q+2r}$　$(p+q+r=10$ …… ①$)$
x^4 の項は $q+2r=4$ のときで，これと ① を満たす 0 以上の整数の組 $(p,\ q,\ r)$ を求める。

(3) 展開式の一般項は　$\dfrac{5!}{p!q!r!}x^p\cdot\left(\dfrac{1}{x^2}\right)^q\cdot 1^r=\dfrac{5!}{p!q!r!}x^{p-2q}$　$(p+q+r=5$ …… ①$)$
定数項は x の **指数部分が 0** となるときであるから　$p-2q=0$ …… ②
したがって，① と ② を満たす 0 以上の整数の組 $(p,\ q,\ r)$ を求める。

例題 1 二項係数と等式 ★★☆☆☆

次の等式が成り立つことを証明せよ。

(1) $k\,{}_n\mathrm{C}_k = n\,{}_{n-1}\mathrm{C}_{k-1}$ $(k=1,\ 2,\ \cdots\cdots,\ n)$

(2) ${}_n\mathrm{C}_1 + 2\,{}_n\mathrm{C}_2 + 3\,{}_n\mathrm{C}_3 + \cdots\cdots + n\,{}_n\mathrm{C}_n = n\cdot 2^{n-1}$ $(n \geqq 1)$

指針 (1) ${}_n\mathrm{C}_k = \dfrac{n!}{k!(n-k)!}$ から ${}_{n-1}\mathrm{C}_{k-1} = \dfrac{(n-1)!}{(k-1)!\{(n-1)-(k-1)\}!}$

(2) 二項定理 $(a+b)^n = {}_n\mathrm{C}_0 a^n + {}_n\mathrm{C}_1 a^{n-1}b + {}_n\mathrm{C}_2 a^{n-2}b^2 + \cdots\cdots + {}_n\mathrm{C}_n b^n$ において，$a=1$，$b=x$ とおくと $\boldsymbol{(1+x)^n = {}_n\mathrm{C}_0 + {}_n\mathrm{C}_1 x + {}_n\mathrm{C}_2 x^2 + \cdots\cdots + {}_n\mathrm{C}_n x^n}$

この等式はよく用いられるので，公式として記憶しておくとよい。特に，

$x=1$ のとき $\boldsymbol{{}_n\mathrm{C}_0 + {}_n\mathrm{C}_1 + {}_n\mathrm{C}_2 + \cdots\cdots + {}_n\mathrm{C}_n = 2^n}$ …… ①

$x=-1$ のとき $\boldsymbol{{}_n\mathrm{C}_0 - {}_n\mathrm{C}_1 + {}_n\mathrm{C}_2 - \cdots\cdots + (-1)^n{}_n\mathrm{C}_n = 0}$

はよく利用される。ところで，証明したい等式は

$${}_n\mathrm{C}_1 + 2\,{}_n\mathrm{C}_2 + 3\,{}_n\mathrm{C}_3 + \cdots\cdots + n\,{}_n\mathrm{C}_n = n\cdot 2^{n-1} \quad \cdots\cdots ②$$

② の右辺にある 2^{n-1} に注目し，① で $(1+1)^{n-1}$ の展開式を考えると

$${}_{n-1}\mathrm{C}_0 + {}_{n-1}\mathrm{C}_1 + {}_{n-1}\mathrm{C}_2 + \cdots\cdots + {}_{n-1}\mathrm{C}_{n-1} = 2^{n-1}$$

両辺を n 倍して $n({}_{n-1}\mathrm{C}_0 + {}_{n-1}\mathrm{C}_1 + {}_{n-1}\mathrm{C}_2 + \cdots\cdots + {}_{n-1}\mathrm{C}_{n-1}) = n\cdot 2^{n-1}$

ここで，(1) で証明した等式を利用すると

$$1\cdot{}_n\mathrm{C}_1 = n\,{}_{n-1}\mathrm{C}_0,\ 2\,{}_n\mathrm{C}_2 = n\,{}_{n-1}\mathrm{C}_1,\ 3\,{}_n\mathrm{C}_3 = n\,{}_{n-1}\mathrm{C}_2,\ \cdots\cdots,\ n\,{}_n\mathrm{C}_k = n\,{}_{n-1}\mathrm{C}_{n-1}$$

であるから，② の左辺は n で括り出すことができる。

解答 (1) $k\,{}_n\mathrm{C}_k = k\cdot\dfrac{n!}{k!(n-k)!} = k\cdot\dfrac{n(n-1)!}{k(k-1)!(n-k)!}$

$= n\cdot\dfrac{(n-1)!}{(k-1)!(n-k)!}$

$= n\,{}_{n-1}\mathrm{C}_{k-1}$

◀ $n! = n(n-1)!$

(2) $2^{n-1} = (1+1)^{n-1} = {}_{n-1}\mathrm{C}_0 + {}_{n-1}\mathrm{C}_1 + {}_{n-1}\mathrm{C}_2 + \cdots\cdots + {}_{n-1}\mathrm{C}_{n-1}$

◀ 二項定理を利用。

したがって，(1) から

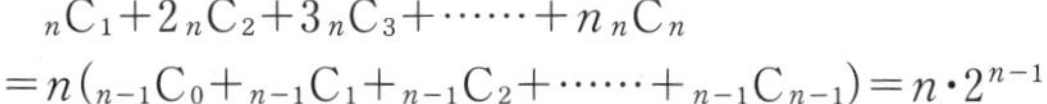

${}_n\mathrm{C}_1 + 2\,{}_n\mathrm{C}_2 + 3\,{}_n\mathrm{C}_3 + \cdots\cdots + n\,{}_n\mathrm{C}_n$

$= n({}_{n-1}\mathrm{C}_0 + {}_{n-1}\mathrm{C}_1 + {}_{n-1}\mathrm{C}_2 + \cdots\cdots + {}_{n-1}\mathrm{C}_{n-1}) = n\cdot 2^{n-1}$

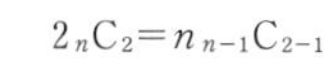

◀ $1\cdot{}_n\mathrm{C}_1 = n\,{}_{n-1}\mathrm{C}_{1-1}$
$2\,{}_n\mathrm{C}_2 = n\,{}_{n-1}\mathrm{C}_{2-1}$

検討

$$(1+x)^n = {}_n\mathrm{C}_0 + {}_n\mathrm{C}_1 x + {}_n\mathrm{C}_2 x^2 + \cdots\cdots + {}_n\mathrm{C}_r x^r + \cdots\cdots + {}_n\mathrm{C}_n x^n$$

の両辺を x で **微分** (第6章，数学Ⅲで学習) すると，次の等式が得られる。

$$n(1+x)^{n-1} = {}_n\mathrm{C}_1 + 2\,{}_n\mathrm{C}_2 x + \cdots\cdots + r\,{}_n\mathrm{C}_r x^{r-1} + \cdots\cdots + n\,{}_n\mathrm{C}_n x^{n-1}$$

上の例題 (2) は，この等式で $x=1$ とおいても証明できる。

練習 1 (1) n は自然数とする。次の等式が成り立つことを証明せよ。

$${}_n\mathrm{C}_0 - \frac{{}_n\mathrm{C}_1}{2} + \frac{{}_n\mathrm{C}_2}{2^2} - \cdots\cdots + (-1)^n\cdot\frac{{}_n\mathrm{C}_n}{2^n} = \left(\frac{1}{2}\right)^n$$

(2) $(1+x)^n$ を展開したとき，次数が奇数である項の係数の和を求めよ。ただし，n は正の整数とする。 〔弘前大〕

例題 2 割り算の余りと二項定理 ★★★☆☆

(1) 11^{13} の下位 3 桁を求めよ。〔類 愛知大〕

(2) 29^{51} を 900 で割ったときの余りを求めよ。

指針 11^{13} や 29^{51} の値を手計算で求めるのはあまりに面倒であり，また，それを要求されてもいない。そこで，次のように **二項定理を利用** する。

(1) $11^{13}=(1+10)^{13}$ の展開式における項 ${}_{13}C_r\cdot 10^r$ のうち $r\geqq 3$ のものは，すべて下位 3 桁が 000 となる。よって，$r=0,\ 1,\ 2$ について考えればよい。

(2) 29^{51} を 900 で割ったときの商を M，余りを r とすると，次の等式が成り立つ。

$$29^{51}=900M+r\quad (M,\ r\text{ は整数},\ 0\leqq r<900)$$

そこで，$900=30^2$ に着目し，$29^{51}=(30-1)^{51}$ の展開式を考える。

なお，(1) は「11^{13} を 1000 で割ったときの余りを求める」のと同じことであるから，(1) と (2) は本質的に同じ内容の問題である。

解答 (1) $11^{13}=(1+10)^{13}=1^{13}+{}_{13}C_1\cdot 10+{}_{13}C_2\cdot 10^2+10^3N$

$=1+130+7800+10^3N$ （N は自然数）

◀ 展開式の第 4 項以下をまとめて表した。

この計算結果の下位 3 桁は，第 4 項を除いても変わらない。

よって，11^{13} の下位 3 桁は **931**

◀ $1+130+7800=7931$

(2) $29^{51}=(30-1)^{51}$

$=30^{51}-{}_{51}C_1\cdot 30^{50}+\cdots\cdots-{}_{51}C_{49}\cdot 30^2+{}_{51}C_{50}\cdot 30-1$

$=30^2(30^{49}-{}_{51}C_1\cdot 30^{48}+\cdots\cdots-{}_{51}C_{49})+51\cdot 30-1$

$=900(30^{49}-{}_{51}C_1\cdot 30^{48}+\cdots\cdots-{}_{51}C_{49})+1529$

$=900(30^{49}-{}_{51}C_1\cdot 30^{48}+\cdots\cdots-{}_{51}C_{49}+1)+629$

◀ $1529=900+629$

ここで，$30^{49}-{}_{51}C_1\cdot 30^{48}+\cdots\cdots-{}_{51}C_{49}+1$ は整数であるから，

29^{51} を 900 で割ったときの余りは **629**

$a-b$ が m の倍数であるとき，a と b は m を **法** として **合同** であるといい，式で **$a\equiv b\ (\mathrm{mod}\ m)$** と表す。このような式を **合同式** という（チャート式数学 I＋A p. 418, 419 参照）。

累乗数の一の位や十の位の数を求めるときは，合同式を利用してもよい。例えば，21^{100} の十の位の数は，次のようにして求めることができる。

$$21^2\equiv 441\equiv 41\ (\mathrm{mod}\ 100),\quad 21^3\equiv 41\cdot 21\equiv 861\equiv 61\ (\mathrm{mod}\ 100),$$

$$21^5\equiv 41\cdot 61\equiv 2501\equiv 1\ (\mathrm{mod}\ 100)\text{ から}\quad 21^{100}\equiv (21^5)^{20}\equiv 1^{20}\equiv 1\ (\mathrm{mod}\ 100)$$

よって，21^{100} を 100 で割った余りは 1 であるから，21^{100} の十の位の数は 0

しかし，上の例題では割る数が大きいので，合同式の利用は却って煩雑になる。

練習 2 (1) 次の数の下位 5 桁を求めよ。

(ア) 101^{100}　(イ) 99^{100}　(ウ) 3^{2001} 〔お茶の水大〕

(2) 33^{20} を 90 で割ったときの余りを求めよ。〔愛媛大〕

重要例題 3 フェルマーの小定理と二項定理 ★★★★★

p を素数とするとき，次のことを証明せよ。

(1) $1 \leqq k \leqq p-1$ を満たす自然数 k について，${}_p\mathrm{C}_k$ は p の倍数である。

(2) 2^p-2 は p の倍数である。 〔東北学院大〕 ◀例題1

指針 (1) ${}_p\mathrm{C}_k=\dfrac{p!}{k!(p-k)!}$ を用いる。これを ${}_p\mathrm{C}_k=p\cdot\dfrac{(p-1)!}{k!(p-k)!}$ として $\dfrac{(p-1)!}{k!(p-k)!}$ が整数であることを述べてもよいが，この等式から $\boldsymbol{k\,{}_p\mathrm{C}_k=p\,{}_{p-1}\mathrm{C}_{k-1}}$ (p. 21 例題1(1)参照) を導いて利用する方法もある。

(2) $2^p-2=(1+1)^p-2$ を二項定理を用いて展開し，(1)の結果を利用する。

CHART》 (1)は(2)のヒント　結果を使う か 方法をまねる

解答 (1) ${}_p\mathrm{C}_k=\dfrac{p!}{k!(p-k)!}=\dfrac{p}{k}\cdot\dfrac{(p-1)!}{(k-1)!(p-k)!}=\dfrac{p}{k}\cdot{}_{p-1}\mathrm{C}_{k-1}$

よって　$k\,{}_p\mathrm{C}_k=p\,{}_{p-1}\mathrm{C}_{k-1}$

ゆえに，$k\,{}_p\mathrm{C}_k$ は p の倍数である。

更に，p は素数であり，$1 \leqq k \leqq p-1$ であるから，k と p は互いに素である。

したがって，${}_p\mathrm{C}_k$ は p の倍数である。

(2) $2^p-2=(1+1)^p-2$

$={}_p\mathrm{C}_0+{}_p\mathrm{C}_1+{}_p\mathrm{C}_2+\cdots\cdots+{}_p\mathrm{C}_p-2$

$={}_p\mathrm{C}_1+{}_p\mathrm{C}_2+\cdots\cdots+{}_p\mathrm{C}_{p-1}$

(1)により，${}_p\mathrm{C}_k$ ($k=1,\ 2,\ \cdots\cdots,\ p-1$) はすべて p の倍数であるから，2^p-2 は p の倍数である。

別解 (1)

${}_p\mathrm{C}_k=p\cdot\dfrac{(p-1)!}{k!(p-k)!}$

において，p は素数であり，

$1 \leqq k \leqq p-1$,

$1 \leqq p-k \leqq p-1$

から，p と分母は互いに素である。

よって，${}_p\mathrm{C}_k$ は

$p\times$(整数) となる。

検討 上の例題(2)の結論は $2^p\equiv 2 \pmod{p}$ と書いてもよい。ここで p を2以外の素数とすると，2と p は互いに素であるから，合同式の両辺を2で割って，$2^{p-1}\equiv 1 \pmod{p}$ としても同値である。

一般に，p を素数，a を p と互いに素な整数とするとき，$\boldsymbol{a^{p-1}-1}$ **は** $\boldsymbol{p}$ **で割り切れる。**

すなわち，$\boldsymbol{a^{p-1}\equiv 1 \pmod{p}}$ が成り立つ。これを **フェルマーの小定理** という (チャート式数学Ⅰ＋A p. 424 参照)。

なお，フェルマーの小定理は，二項定理の他に，数学的帰納法(数学B)による証明(＊)がよく知られているが，下の練習3のように，多項定理から証明することもできる。

(＊) 数学的帰納法により，任意の自然数 a に対して，$a^p\equiv a \pmod{p}$ …… ① が成り立つことを証明する。① が成り立てば，a と p が互いに素であるとき，① の両辺を a で割ると，$a^{p-1}\equiv 1 \pmod{p}$ が導かれる。

練習 3 p は素数，r は正の整数とするとき，次のことを証明せよ。

(1) $x_1,\ x_2,\ \cdots\cdots,\ x_r$ が正の整数のとき，

$(x_1+x_2+\cdots\cdots+x_r)^p-(x_1{}^p+x_2{}^p+\cdots\cdots+x_r{}^p)$ は p で割り切れる。

(2) r が p で割り切れないとき，$r^{p-1}-1$ は p で割り切れる。 〔類 大阪大〕

2 多項式の割り算

《 基本事項 》

1 割り算について成り立つ等式

① AとBが同じ1つの文字についての多項式で，$B \neq 0$ とするとき，次の等式を満たす多項式QとRがただ1通りに定まる。

$A=BQ+R$ 　　Rは0か，Bより次数の低い多項式

この等式において，多項式Qを，AをBで割ったときの **商** といい，Rを **余り** という。特に，余りが0のとき，AはBで **割り切れる** という。 ◀ $R=0$ のとき $A=BQ$

② 多項式Aを多項式Bで割る計算は，整数の割り算と同じような方法で行う。ただし，次のことに注意する。

[1] A，Bも **降べきの順に** 整理してから，割り算を行う。

[2] 余りが0になるか，余りの次数が **割る式Bの次数より低くなるまで** 計算を続ける。

例 $A=2x^3-3x^2+4$ を $B=x^2-3x+2$ で割る計算。
右の計算では，$5x-2$ の次数1が割る式 x^2-3x+2 の次数2より低くなったので，これ以上計算を続けることはできない。こうして得られた $2x+3$ が **商** であり，$5x-2$ が **余り** である。

$$\begin{array}{r} 2x+3 \\ x^2-3x+2 \,\big)\, 2x^3-3x^2 +4 \\ 2x^3-6x^2+4x \\ \hline 3x^2-4x+4 \\ 3x^2-9x+6 \\ \hline 5x-2 \end{array}$$

注意 欠けている次数の項（右の筆算では x の項）は，空けておくと計算しやすい。

参考 2つの多項式A，Bに対して，上の条件を満たす多項式Q，RがQ_1，R_1とQ_2，R_2の2組あるとすると　$A=BQ_1+R_1$，$A=BQ_2+R_2$
よって　$B(Q_1-Q_2)=R_2-R_1$ …… ① ◀ 上の2式を辺々引く。
ここで $Q_1-Q_2 \neq 0$ と仮定すると，左辺の次数はBの次数以上である。
一方，R_1，R_2 の次数はBの次数より低い（か $R_1=0$ または $R_2=0$）。
ゆえに，右辺の R_2-R_1 はBよりも次数が低い（か $R_2-R_1=0$）ので，矛盾が生じる。
したがって　$Q_1-Q_2=0$ すなわち $Q_1=Q_2$
このとき，①から　$R_1=R_2$
よって，割り算の基本等式を満たす多項式Q，Rはただ1通りに定まる。

✔ CHECK 問題

5 次の多項式A，Bについて，AをBで割った商と余りを求めよ。

(1) $A=3x^2+5x+4$，$B=x+1$

(2) $A=2x^3-6x^2-5$，$B=2x^2-1$

(3) $A=2x^4-6x^3+5x-3$，$B=2x^2-3$

→ 1

例 3　2種類以上の文字を含む多項式の割り算　★★☆☆☆

(1)　$x^3+(y+1)x+2x^2-y$ を x^2+y で割った商と余りを求めたい。
　(ア)　x についての多項式とみて求めよ。
　(イ)　y についての多項式とみて求めよ。
(2)　x についての多項式とみて，$2x^3+10y^3-3xy^2$ を $x+2y$ で割った商と余りを求めよ。

指針　2種類以上の文字を含む多項式の割り算では，まず

1つの文字について降べきの順に整理
…… 着目した文字以外は定数とみる。

(1)　(ア)　y を定数と考えて，x について降べきの順に整理する。
　　(イ)　x を定数と考えて，y について降べきの順に整理する。

検討　2種類以上の文字を含む多項式の割り算は，どの文字に着目するかによって結果が異なることがある。例えば，$a^2+2ab+3b^2$ を $a+b$ で割るとき
[1]　a に着目した場合，右の計算から，商は $a+b$，余りは $2b^2$
[2]　b に着目した場合，右の計算から，商は $3b-a$，余りは $2a^2$
となって，結果が異なる。
しかし，割り切れる場合は，どの文字の割り算とみても結果は同じになる。

[1]
$$\begin{array}{r} a+b \\ a+b\,\big)\,\overline{a^2+2ab+3b^2} \\ \underline{a^2+\ \ ab} \\ ab+3b^2 \\ \underline{ab+\ \ b^2} \\ 2b^2 \end{array}$$

[2]
$$\begin{array}{r} 3b\ -a \\ b+a\,\big)\,\overline{3b^2+2ab+a^2} \\ \underline{3b^2+3ab} \\ -ab+a^2 \\ \underline{-ab-a^2} \\ 2a^2 \end{array}$$

例 4　割り算で成り立つ等式　★★☆☆☆

次の条件を満たす多項式 A，B を求めよ。
(1)　$2x^2-2x+1$ で割ると，商が $3x+2$，余りが $x+1$ である多項式 A
(2)　x^4-2x^3+x-2 を B で割ると，商が x^2+1，余りが $3x-1$

〔(2) 明治薬大〕

指針　**割り算の問題** は **基本等式 $A=BQ+R$** を利用する。
条件をよく読んで，割る式，割られる式を取り違えないようにする。

(割られる式)＝(割る式)×(商)＋(余り)

(1)　$A=(2x^2-2x+1)\times(3x+2)+x+1$
　　割る式　商　余り
(2)　$x^4-2x^3+x-2=\ B\ \times(x^2+1)+3x-1$
　　割られる式　割る式　商　余り

整理すると　$x^4-2x^3-2x-1=B\times(x^2+1)$
したがって，B は x^4-2x^3-2x-1 を x^2+1 で割ったときの商である。

3 分数式とその計算

《 基本事項 》

1 分数式

2つの多項式 A, B によって $\dfrac{A}{B}$ の形に表され，Bに必ず文字を含む式を **分数式** といい，Aをその **分子**，Bをその **分母** という。また，多項式と分数式をまとめて **有理式** という。

2 分数式の基本性質

分数式については，次の性質が基本になる。

$$C \neq 0,\ D \neq 0 \text{ のとき} \quad \frac{A}{B}=\frac{A\times C}{B\times C},\quad \frac{A}{B}=\frac{A\div D}{B\div D}$$

分数式の分母，分子をその共通因数で割ることを **約分** するという。分母と分子に共通因数がない分数式はそれ以上約分できないが，このような分数式を **既約分数式** という。分数式を既約分数式に直すには，分母と分子をその最大公約数（$p.30$ 研究参照）で割ればよい。

3 分数式の四則計算

① **乗法** $\dfrac{A}{B}\times\dfrac{C}{D}=\dfrac{AC}{BD}$　② **除法** $\dfrac{A}{B}\div\dfrac{C}{D}=\dfrac{A}{B}\times\dfrac{D}{C}=\dfrac{AD}{BC}$

③ **加法** $\dfrac{A}{C}+\dfrac{B}{C}=\dfrac{A+B}{C}$　④ **減法** $\dfrac{A}{C}-\dfrac{B}{C}=\dfrac{A-B}{C}$

2つ以上の分数式の分母を同じ多項式にすることを **通分** するという。通分するには，分母の最小公倍数を共通の分母にすればよい。

（注意）分数式の計算では，結果は既約分数式または多項式の形にしておく。

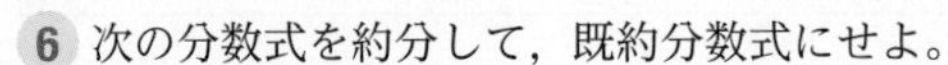

CHECK 問題

6 次の分数式を約分して，既約分数式にせよ。

(1) $\dfrac{12a^2xy^3}{18ax^2y}$　(2) $\dfrac{x^2-4x+3}{2x^2-2x-12}$　(3) $\dfrac{x^3+1}{x^2-2x-3}$　→ 2

7 次の式を計算せよ。

(1) $\dfrac{8x^3z}{9bc^3}\times\dfrac{27abc}{4xyz^2}$　(2) $\dfrac{4a^2-b^2}{a^2-4b^2}\div\dfrac{2a+b}{a-2b}$

(3) $\dfrac{x^2}{x+1}-\dfrac{1}{x+1}$　(4) $\dfrac{x+y}{x-y}-\dfrac{y}{x-y}+\dfrac{2x-y}{y-x}$

(5) $\dfrac{2x-3}{x^2-3x+2}+\dfrac{2-3x}{x^2-4}$　(6) $\dfrac{x+11}{2x^2+7x+3}-\dfrac{x-10}{2x^2-3x-2}$　→ 3

例 5 | 分数式の加法・減法 ★★☆☆☆

次の式を計算せよ。

(1) $\dfrac{a+b}{a-b}+\dfrac{a-b}{a+b}-\dfrac{2(a^2-b^2)}{a^2+b^2}$　　(2) $\dfrac{1}{x-1}-\dfrac{1}{x}-\dfrac{1}{x+2}+\dfrac{1}{x+3}$

(3) $\dfrac{1}{(x-y)(x-z)}+\dfrac{1}{(y-x)(y-z)}+\dfrac{1}{(z-x)(z-y)}$

指針 3つ以上の分数式の加法・減法では，分数式を適当に組み合わせると，計算が簡単になる場合がある。

CHART》 多くの式の和・差　組み合わせに注意

(1) 3つの分数式を一度に通分すると，分子の計算が面倒。左から順に計算していけばよい。

(2) 左から順に計算すると，

(与式)$=\dfrac{1}{x(x-1)}-\dfrac{1}{x+2}+\dfrac{1}{x+3}=\dfrac{x+2-x(x-1)}{x(x-1)(x+2)}+\dfrac{1}{x+3}$ となり，この後の通分では，分子の計算が面倒になる。そこで，与えられた式を

$\left(\dfrac{1}{x-1}-\dfrac{1}{x}\right)-\left(\dfrac{1}{x+2}-\dfrac{1}{x+3}\right)$ または $\left(\dfrac{1}{x-1}-\dfrac{1}{x+2}\right)-\left(\dfrac{1}{x}-\dfrac{1}{x+3}\right)$

のように **組み合わせ** て，2つの（　）の部分をそれぞれ計算すると，ともに分子が定数となるから，その後の計算もやりやすくなる。

(3) 分母の各因数を，$x-z=-(z-x)$，$y-x=-(x-y)$，$z-y=-(y-z)$ のように，**輪環の順** に整理してから通分する。

例 6 | 部分分数分解 ★★☆☆☆

次の式を計算せよ。

(1) $\dfrac{1}{b-a}\left(\dfrac{1}{x+a}-\dfrac{1}{x+b}\right)$

(2) $\dfrac{1}{(x+1)(x+3)}+\dfrac{1}{(x+3)(x+5)}+\dfrac{1}{(x+5)(x+7)}$

指針 (1) （　）の中を通分して計算する。この計算の結果は覚えておくとよい。

(2) 通分して計算することもできるが，(1)の結果を利用して，

1つの分数式を2つの分数式に分解する　◀ **部分分数分解** という。

と，計算がらくになる。

分数式の **分子が定数**，**分母が2つの1次式の積**，**その差が一定** のときは，上の(1)の結果を逆に用いて「$\dfrac{1}{(x+a)(x+b)}=\dfrac{1}{b-a}\left(\dfrac{1}{x+a}-\dfrac{1}{x+b}\right)$ ただし，$a\neq b$」となる。

この変形は，分数の数列の和（数学B），分数関数の積分（数学Ⅲ）でよく用いられる。なお，部分分数分解については，p. 32 例8のような分数式の恒等式の問題として考えてもよい。

例題 4 分子の次数を下げる ★★★☆☆

次の式を計算せよ。

(1) $\dfrac{x^2+2x+3}{x}-\dfrac{x^2+3x+5}{x+1}$　　(2) $\dfrac{x+2}{x}-\dfrac{x+3}{x+1}-\dfrac{x-5}{x-3}+\dfrac{x-6}{x-4}$

◀例5

指針 そのまま通分すると，分子の次数が高くなって計算が面倒である。
(分子Aの次数)≧(分母Bの次数) のときは，AをBで割った商Qと余りRを用いて，割り算の基本等式 $A=BQ+R$ から $\dfrac{A}{B}=Q+\dfrac{R}{B}$ と式変形すると，分子の次数が分母の次数より低くなって計算がらくになる。

CHART》分数式の取り扱い

分数式は富士の山
(分子の次数)＜(分母の次数) の形に

解答 (1) $(与式)=\dfrac{x(x+2)+3}{x}-\dfrac{(x+1)(x+2)+3}{x+1}$

$=\left(x+2+\dfrac{3}{x}\right)-\left(x+2+\dfrac{3}{x+1}\right)$

$=\dfrac{3}{x}-\dfrac{3}{x+1}=\dfrac{3\{(x+1)-x\}}{x(x+1)}$

$=\boldsymbol{\dfrac{3}{x(x+1)}}$

$$\begin{array}{r} x\ +2 \\ x+1\overline{)\,x^2+3x+5} \\ \underline{x^2+\ x\quad} \\ 2x+5 \\ \underline{2x+2} \\ 3 \end{array}$$

(2) $(与式)=\dfrac{x+2}{x}-\dfrac{(x+1)+2}{x+1}-\dfrac{(x-3)-2}{x-3}+\dfrac{(x-4)-2}{x-4}$

$=\left(1+\dfrac{2}{x}\right)-\left(1+\dfrac{2}{x+1}\right)-\left(1-\dfrac{2}{x-3}\right)+\left(1-\dfrac{2}{x-4}\right)$

$=2\left(\dfrac{1}{x}-\dfrac{1}{x+1}+\dfrac{1}{x-3}-\dfrac{1}{x-4}\right)$

$=2\left\{\dfrac{1}{x(x+1)}-\dfrac{1}{(x-3)(x-4)}\right\}$

$=2\cdot\dfrac{(x-3)(x-4)-x(x+1)}{x(x+1)(x-3)(x-4)}$

$=2\cdot\dfrac{-8x+12}{x(x+1)(x-3)(x-4)}$

$=\boldsymbol{-\dfrac{8(2x-3)}{x(x+1)(x-3)(x-4)}}$

◀ 分母と分子の次数が同じときは，分子に分母と同じ式を作って変形する。

◀ 組み合わせを工夫。
$(x+1)-x=1$
$(x-4)-(x-3)$
$=-1$

練習 4 次の式を計算せよ。

(1) $\dfrac{x^2+4x+5}{x+3}-\dfrac{x^2+5x+6}{x+4}$　　(2) $\dfrac{3x-14}{x-5}-\dfrac{5x-11}{x-2}+\dfrac{x-4}{x-3}+\dfrac{x-5}{x-4}$

例題 5 繁分数式の計算 ★★★☆☆

次の式を簡単にせよ。 ◀例5

(1) $\dfrac{\dfrac{1}{1-x}+\dfrac{1}{1+x}}{\dfrac{1}{1-x}-\dfrac{1}{1+x}}$　　(2) $\dfrac{1}{1-\dfrac{1}{1-\dfrac{1}{1+a}}}$

指針 分母，分子の少なくとも一方に分数式を含む分数式を **繁分数式** という。
繁分数式を簡単にするには，次のどちらかの方針で進めていけばよい。

繁分数式 $\dfrac{A}{B}$ の計算

① $A \div B$ として計算　　② A，B に同じ式を掛ける

(2) ① は考えにくいので ② の方針で計算する。1 回ではまだ繁分数式であるから，② を 2 回繰り返す。または，別解 のように下から順に計算していってもよい。

解答 (1) **方針 ①** $(\text{与式})=\left(\dfrac{1}{1-x}+\dfrac{1}{1+x}\right)\div\left(\dfrac{1}{1-x}-\dfrac{1}{1+x}\right)$　◀ 割り算の形に直す。

$=\dfrac{2}{1-x^2}\div\dfrac{2x}{1-x^2}$　◀ $\div\dfrac{C}{D}$ は $\times\dfrac{D}{C}$ に。

$=\dfrac{2}{1-x^2}\times\dfrac{1-x^2}{2x}=\boldsymbol{\dfrac{1}{x}}$

方針 ② 分母・分子に $(1-x)(1+x)$ を掛けると

$(\text{与式})=\dfrac{(1+x)+(1-x)}{(1+x)-(1-x)}=\dfrac{2}{2x}=\boldsymbol{\dfrac{1}{x}}$

(2) $(\text{与式})=\dfrac{1-\dfrac{1}{1+a}}{\left(1-\dfrac{1}{1+a}\right)-1}=\dfrac{1-\dfrac{1}{1+a}}{-\dfrac{1}{1+a}}$　◀ 分母・分子に $1-\dfrac{1}{1+a}$ を掛ける。

$=\dfrac{(1+a)-1}{-1}=\boldsymbol{-a}$　◀ 分母・分子に $1+a$ を掛ける。

別解 (2) $\dfrac{1}{1-\dfrac{1}{1-\dfrac{1}{1+a}}}=\dfrac{1}{1-\dfrac{1}{\dfrac{a}{1+a}}}=\dfrac{1}{1-\dfrac{1+a}{a}}=\dfrac{1}{-\dfrac{1}{a}}=\boldsymbol{-a}$

練習 5 次の式を簡単にせよ。

(1) $\dfrac{1-\dfrac{1}{x}}{x-\dfrac{1}{x}}$　　(2) $\dfrac{1+\dfrac{x+y}{x-y}}{1-\dfrac{x+y}{x-y}}$　　(3) $\dfrac{1}{1+\dfrac{1}{1+\dfrac{1}{x+1}}}$

研究 深めよう　多項式の最大公約数・最小公倍数

整数の場合と同様に，いくつかの多項式に対してそれらの公約数，公倍数を考えることができる。高校数学の範囲外の内容であるが，このことを紹介しておこう。

1 最大公約数，最小公倍数

多項式Aが多項式Bで割り切れるとき，整数の場合と同様に，BをAの **約数** といい，AをBの **倍数** という。

2つ以上の多項式に共通な約数をそれらの **公約数**，共通な倍数を **公倍数** という。また，公約数のうち，最も次数の高いものを **最大公約数** (G.C.D. または G.C.M.) といい，公倍数のうち，最も次数の低いものを **最小公倍数** (L.C.M.) という。

[G.C.D. は Greatest Common Divisor，G.C.M. は Greatest Common Measure，L.C.M. は Least Common Multiple の略。]

例　$x^2-1=(x+1)(x-1)$ と
$3x^3+3=3(x+1)(x^2-x+1)$ について
最大公約数は　$x+1$
最小公倍数は　$(x-1)(x+1)(x^2-x+1)$
$=x^4-x^3+x-1$

$$x^2-1=(x-1)(x+1)$$
$$3x^3+3=3(x+1)(x^2-x+1)$$
最大公約数は　$x+1$
最小公倍数は　$(x-1)(x+1)(x^2-x+1)$

注意　普通，多項式の約数，倍数では，単なる数の因数は考えない。特に，多項式の最大公約数や最小公倍数は，定数倍を除いて決まる。

2 最大公約数，最小公倍数の関係式

2つの多項式が0でない定数しか公約数をもたないとき，すなわち1が最大公約数であるとき，これらの多項式は **互いに素** であるという。例えば，$x^2-1=(x+1)(x-1)$ と $x^2+5x+6=(x+2)(x+3)$ は互いに素である。

多項式A，Bの最大公約数をG，最小公倍数をLとし，A，BをGで割ったときの商をそれぞれA'，B'とすると，次のことが成り立つ。

① $\boldsymbol{A=GA'}$，$\boldsymbol{B=GB'}$，A' と B' は互いに素

② $\boldsymbol{L=AB'=A'B=GA'B'}$

③ $\boldsymbol{LG=AB}$

$$A=A'\times G$$
$$B=G\times B'$$
$$L=A'\times G\times B'$$
$$LG=\underbrace{A'\times G}_{A}\times\underbrace{B'\times G}_{B}$$

注意　③ は，①，② から　$AB=GA'\times GB'=GA'B'\times G=LG$

練習　(1)　次の各組の多項式の最大公約数と最小公倍数を求めよ。

(ア)　x^3-4x^2+3x，$6x^4-15x^3-9x^2$

(イ)　x^2-4，x^2-x-6，x^3+x^2-2x

(2)　2次式Aと3次式Bの最大公約数は $x+1$，最小公倍数は x^4-x^2 である。このとき，多項式AとBを求めよ。

4 恒　等　式

《 基本事項 》

1 恒等式

含まれている文字にどのような値を代入しても，両辺の値が存在する限り常に成り立つ等式を，それらの文字についての **恒等式** という。$A=B$ が恒等式であるとき，A と B は **恒等的に等しい** ということもある。

2 恒等式の性質

多項式 P，Q の恒等式については，次の性質が重要である。

> **1** ① $P=0$ **が恒等式** $\Longleftrightarrow$ P **の各項の係数はすべて 0 である。**
> ② $P=Q$ **が恒等式** $\Longleftrightarrow$ P **と** Q **の次数は等しく，両辺の同じ次数の項の係数は，それぞれ等しい。**

関数の表し方と同様に，文字 x に関する多項式を $P(x)$，$Q(x)$ などで表し，これらの x に数 a を代入したときの値を $P(a)$，$Q(a)$ で表す。
文字 x に関する等式について，次のことが成り立つ。

> **2** n **次以下の多項式** $P(x)$，$Q(x)$ **について，等式** $P(x)=Q(x)$ **が異なる** $n+1$ **個の** x **の値に対して成り立つならば，この等式は恒等式である。**

$n=2$ の場合の証明は，等式 $P(x)=Q(x)$ が異なる 3 個の x の値 a，b，c に対して成り立つものとすると，次のようにしてできる。　◀ $n \geqq 3$ の場合の証明も同様である。

証明　$A(x)=P(x)-Q(x)$ とおくと，$A(x)$ は 2 次以下の多項式である。
$P(a)=Q(a)$ であるから　$A(a)=P(a)-Q(a)=0$　◀ $A(x)=0$ の解が $x=0$
よって　$A(x)=(x-a)B(x)$　[$B(x)$ は 1 次以下の多項式]　◀ $p.73$ で学習する因数定理による。
$P(b)=Q(b)$ であるから　$A(b)=(b-a)B(b)=0$
$a \neq b$ より $b-a \neq 0$ であるから　$B(b)=0$
よって　$B(x)=(x-b)k$　[k は定数]　ゆえに　$A(x)=k(x-a)(x-b)$
$P(c)=Q(c)$ であるから　$A(c)=k(c-a)(c-b)=0$
$b \neq c$，$c \neq a$ から　$k=0$　よって　$A(x)=0$　すなわち　$P(x)=Q(x)$

CHECK 問題

8 次の等式が恒等式であるかどうかを調べよ。　→ 1

(1) $(x-1)^2=x^2+1$　(2) $(a+b)^2+(a-b)^2=2(a^2+b^2)$

(3) $\dfrac{2x+1}{2x-1} \times \dfrac{4x^2-1}{(2x+1)^2}=1$　(4) $\dfrac{1}{3}\left(\dfrac{1}{x+1}-\dfrac{1}{x+3}\right)=\dfrac{1}{(x+1)(x+3)}$

9 等式 $(a-2b+4)x+(a-3b+7)=0$ が x についての恒等式となるように，定数 a，b の値を定めよ。　→ 2

例 7 未定係数の決定 ★★☆☆☆

次の等式が x についての恒等式となるように，定数 a, b, c, d の値を定めよ。

$$x^3-3x^2+7=a(x-2)^3+b(x-2)^2+c(x-2)+d$$

〔福島大〕

指針 恒等式の未知の係数 (**未定係数**) を決定するには，恒等式の性質を利用した 2 通りの方法がある。

1 **両辺の同じ次数の項の係数が等しい。** ⟶ 係数比較法

2 **x にどんな値を代入しても成り立つ** (恒等式の定義)。 ⟶ 数値代入法

4 文字 a, b, c, d の値を決定するために，**係数比較法** または **数値代入法** によって，4 つの方程式を導き，それらを連立して解く。ただし，数値代入法では逆の確認 (→ **質問**) が必要となる。

参考 右辺に $x-2$ が複数現れることに着目して，$x-2=X$ の**おき換え** により，X についての恒等式の問題と考えることもできる。

質問 なぜ逆の確認が必要なのでしょうか？

係数比較法では，同値変形 により，与えられた等式が恒等式となるための a, b, c, d の条件を求めている。したがって，逆の確認は不要である。
しかし，数値代入法で得られた a, b, c, d の値は，適当な 4 つの x の値 (例えば $x=0$, 1, 2, 3) に対して成り立つように定めただけである (**必要条件**)。つまり，他の x の値に対しても成り立つかどうかわからない。
よって，得られた a, b, c, d の値を代入して，両辺が同じ式になることを確かめる必要がある (**十分条件**)。
なお，「与式の両辺は高々 **3 次式** であり，**異なる 4 個の x の値に対して成り立つ** から，与式は恒等式である」と書いた場合は，逆の確認は必要ない。◀ $p.31$ 基本事項 2 恒等式の性質 2

例 8 分数式の未定係数決定 ★★☆☆☆

次の等式が x についての恒等式となるように，定数 a, b, c の値を定めよ。

$$\frac{x^2-x+6}{(x+1)(x-1)^2}=\frac{a}{(x-1)^2}+\frac{b}{x-1}+\frac{c}{x+1}$$

〔青山学院大〕

指針 分数式でも，分母を 0 とする x の値 (本問では 1, -1) を除いて，すべての x について成り立つのが恒等式である。
与えられた等式の右辺を通分して整理すると

$$\frac{x^2-x+6}{(x+1)(x-1)^2}=\frac{(b+c)x^2+(a-2c)x+a-b+c}{(x+1)(x-1)^2}$$

両辺の分母が一致しているから，分子も等しくなるように a, b, c の値を定める。それには，等式の **分母を払って** 考えればよい。

例題 6 | 2つの文字の恒等式 ★★★☆☆

等式 $6x^2+17xy+12y^2-11x-17y-7=(ax+3y+b)(cx+4y-7)$ が x，y についての恒等式となるように，定数 a，b，c の値を定めよ。

◀例7

指針 x，y の恒等式であっても，x だけの場合と同じように考えればよい。

1 係数比較法 ⟶ 両辺を整理して，**同類項の係数が等しい** とおく。

2 数値代入法 ⟶ 例えば，$(x,\ y)=(0,\ 0)$，$(0,\ 1)$，$(1,\ 0)$ を代入して，a，b，c の連立方程式を導き，a，b，c の値を求める。ただし，求めた定数の値を等式の両辺に代入して，恒等式であることを確かめる。

解答 右辺を展開して整理すると

$$6x^2+17xy+12y^2-11x-17y-7$$
$$=acx^2+(4a+3c)xy+12y^2+(-7a+bc)x$$
$$+(4b-21)y-7b$$

これが x，y についての恒等式となるための条件は，両辺の同類項の係数を比較して

$6=ac$ …… ①，　$17=4a+3c$ …… ②，
$-11=-7a+bc$ …… ③，　$-17=4b-21$ …… ④，
$-7=-7b$ …… ⑤

④，⑤ から　　$b=1$

このとき，③ から　　$-11=-7a+c$ …… ⑥

②，⑥ を連立して解くと　　$a=2$，$c=3$

$a=2$，$c=3$ は ① を満たす。

したがって　　$\boldsymbol{a=2,\ b=1,\ c=3}$

◀ 1 係数比較法。

◀ 係数比較してよい理由については，下の **検討** を参照。

◀ まず，求めやすい b を求める。

◀ ＿＿を忘れずに。

(注意) 上の例題では，文字3つに対して方程式が5つ得られる。まず，④，⑤ から b の値が求まる。次に，②，③ から a，c の値が求められるが，これで終わりにしてはいけない。なぜなら，必要なのは ①～⑤ をすべて満たす a，b，c の値である。
したがって，最後に ① を満たすことを **忘れずに確認** しなければならない。

上では，2つの文字の多項式の未定係数を係数比較により決定しているが，その考え方について確認しておこう。

$ax^2+bxy+cy^2+dx+ey+f=0$ …… Ⓐ が x，y についての恒等式であるとする。

左辺を x について整理すると　　$ax^2+(by+d)x+(cy^2+ey+f)=0$

これが **x についての恒等式** であるから　　$a=0$，$by+d=0$，$cy^2+ey+f=0$

これらがまた **y についての恒等式** であるから　　$b=d=0$，$c=e=f=0$

よって，$a=b=c=d=e=f=0$ が得られる。

このことから，整理すると Ⓐ の形になる等式が恒等式であれば，両辺の同類項の係数が等しいことがいえる。

練習 6 等式 $(x+ay-3)(2x-3y+b)=2x^2+cxy-6y^2-4x+dy-6$ が x，y についての恒等式となるように，定数 a，b，c，d の値を定めよ。

例題 7 | 条件式がある恒等式 ★★★☆☆

$2x+y+1=0$，$3x+2y+z=0$ を満たすすべての実数 x，y，z に対して，常に $ax^2+by^2+cz^2=3$ が成り立つとき，定数 a，b，c の値を求めよ。 ◀例7

指針 x，y，z に対して常に成り立つ ⟶ x，y，z の間に関係がないなら x，y，z の恒等式。
しかし，x，y，z の間には次の **条件式** がある。

$2x+y+1=0$ …… ①，　$3x+2y+z=0$ …… ②

このような場合は，

文字を減らす方針

で進める。例えば，

①から　$y=-2x-1$，　②に代入して　$z=x+2$

これらを $ax^2+by^2+cz^2=3$ に代入すると，**x だけの恒等式** になる。

解答 $2x+y+1=0$ …… ①，　$3x+2y+z=0$ …… ②
とする。
①から　　$y=-2x-1$ …… ③ 　◀ y を x で表す。
②に代入して　　$3x+2(-2x-1)+z=0$
よって　　$z=x+2$ …… ④ 　◀ z を x で表す。
③，④を $ax^2+by^2+cz^2=3$ に代入すると

$$ax^2+b(-2x-1)^2+c(x+2)^2=3$$

左辺を展開して x について整理すると 　◀ x について整理。

$$(a+4b+c)x^2+4(b+c)x+b+4c=3$$

これが x についての恒等式であるから

$$a+4b+c=0,\ b+c=0,\ b+4c=3$$ 　◀ 係数比較法。

連立して解くと　　$\boldsymbol{a=3,\ b=-1,\ c=1}$

検討 上の例題の x，y，z は条件式①，②があるから，それぞれ無関係に値をとることはできない。しかし，①，②から

$y=-2x-1$ …… ③，　$z=x+2$ …… ④

を導くと，(①かつ②) ⟺ (③かつ④) であり，x の値を1つ定めると，y，z の値はそれに応じて定まる。したがって，y，z を消去して得られる等式は x だけの等式と考えてもよく，x は自由にすべての値をとることができる。

なお，多くの場合，条件式が $\begin{cases}1\text{つなら}1\text{文字}\\2\text{つなら}2\text{文字}\end{cases}$ 消去できる。

消去する文字はどれでもよいが，計算しやすいものを選ぶようにする。

練習 7
(1) $2x-y-3=0$ を満たすすべての実数 x，y に対して，常に $ax^2+by^2+2cx-9=0$ が成り立つとき，定数 a，b，c の値を求めよ。
(2) $2x+y-3z=3$，$3x+2y-z=2$ を満たすすべての実数 x，y，z に対して，常に $px^2+qy^2+rz^2=12$ が成り立つとき，定数 p，q，r の値を求めよ。

［(2) 立命館大］

例題 8 割り算と恒等式 ★★★☆☆

多項式Pは，x^3 の係数が1であるような3次式とする。Pを $(x+1)^2$ で割ったときの余りは $x+1$ であり，$(x-1)^2$ で割ったときの余りは $x+c$ である。ただし，cは定数である。このとき，cの値とPを求めよ。 〔広島大〕 ◀例4，7

指針 **割り算の等式** $A=BQ+R$ は恒等式であることを利用する。

3次式を2次式で割ったときの商は1次式であり，Pの x^3 の係数は1，割る式 $(x+1)^2$，$(x-1)^2$ の x^2 の係数は1であるから，商のxの係数も1である。

よって，割り算についての条件を $A=BQ+R$ の形に表すと

$$P=(x+1)^2(x+a)+x+1,\quad P=(x-1)^2(x+b)+x+c\quad (a,\ b\text{は定数})$$

なお，別解 のように，$P=x^3+px^2+qx+r$ として，**割り算を実行する** 方法も有効である。

解答 Pの x^3 の係数は1であるから，Pを $(x+1)^2$ で割ったときの商を $x+a$，$(x-1)^2$ で割ったときの商を $x+b$ とすると

$$P=(x+1)^2(x+a)+x+1=x^3+(a+2)x^2+(2a+2)x+a+1 \quad \cdots\cdots ①$$

$$P=(x-1)^2(x+b)+x+c=x^3+(b-2)x^2+(-2b+2)x+b+c \quad \cdots\cdots ②$$

よって　$x^3+(a+2)x^2+(2a+2)x+a+1=x^3+(b-2)x^2+(-2b+2)x+b+c$

両辺の同じ次数の項の係数を比較して

$$a+2=b-2,\quad 2a+2=-2b+2,\ a+1=b+c$$

連立して解くと　$a=-2$,　$b=2$,　$\boldsymbol{c=-3}$

$a=-2$ を①に代入して　$\boldsymbol{P=x^3-2x-1}$　◀ $b=2$，$c=-3$ を②に代入してもよい。

別解 $P=x^3+px^2+qx+r$ とする。割り算を行うと

$$\begin{array}{r|l} & x+p-2 \\ x^2+2x+1) & x^3+px^2+qx+r \\ & x^3+2x^2+x \\ \hline & (p-2)x^2+(q-1)x+r \\ & (p-2)x^2+2(p-2)x+p-2 \\ \hline & (q-2p+3)x+r-p+2 \end{array}$$

余りが $x+1$ に等しいから

$$q-2p+3=1,\ r-p+2=1$$

$$\begin{array}{r|l} & x+p+2 \\ x^2-2x+1) & x^3+px^2+qx+r \\ & x^3-2x^2+x \\ \hline & (p+2)x^2+(q-1)x+r \\ & (p+2)x^2-2(p+2)x+p+2 \\ \hline & (q+2p+3)x+r-p-2 \end{array}$$

余りが $x+c$ に等しいから

$$q+2p+3=1,\ r-p-2=c$$

連立して解くと　$p=0$，$q=-2$，$r=-1$，$\boldsymbol{c=-3}$

したがって　$\boldsymbol{P=x^3-2x-1}$

CHART》割り算の問題

1. 基本等式　$A=BQ+R$　次数に注目
2. 割れるなら　割り算実行

練習 8 xの3次式Pが $(x+1)^2$ で割り切れ，$P-4$ は $(x-1)^2$ で割り切れるとき，Pを求めよ。

重要例題 9 等式を満たす多項式 ★★★★★

多項式 $f(x)$ について，恒等式 $f(f(x))=\{f(x)\}^2$ が成り立つという。このような $f(x)$ をすべて求めよ。ただし，$f(x)$ は常に 0 ではないとする。

(注) $f(f(x))$ は $f(x)$ の x に $f(x)$ を代入した式のこと。

指針 $f(x)$ が何次式か不明であるから，まず，**次数 n を求める**。
それには，$f(x)$ の **最高次の項を ax^n** ($a\neq 0$，n は 0 以上の整数)
として，恒等式 $f(f(x))=\{f(x)\}^2$ の両辺の最高次の項を比較する。
なお，$n=0$ のとき，$x^0=1$ であるから，$f(x)$ は定数となる。
　0 以外の定数の次数は 0 で，0 の次数は定めない。
この考え方では，常に $f(x)=0$ となる場合が含まれないが，この問題では $f(x)\neq 0$ である。

解答 条件から　$f(x)\neq 0$
$f(x)$ の最高次の項を ax^n ($a\neq 0$，n は 0 以上の整数) とする。
$f(f(x))$ の最高次の項は　$a(ax^n)^n=a^{n+1}x^{n^2}$
$\{f(x)\}^2$ の最高次の項は　$(ax^n)^2=a^2x^{2n}$
$f(f(x))=\{f(x)\}^2$ は x についての恒等式であるから

$$n^2=2n \quad \cdots\cdots ①,\qquad a^{n+1}=a^2 \quad \cdots\cdots ②$$

① から　$n(n-2)=0$　よって　$n=0,\ 2$

[1] $n=0$ のとき，② から　$a=a^2$
　$a\neq 0$ であるから　$a=1$
　このとき，$f(x)=1$ である。

[2] $n=2$ のとき，② から　$a^3=a^2$
　$a\neq 0$ であるから　$a=1$
　このとき　$f(x)=x^2+bx+c$
　$f(f(x))=\{f(x)\}^2$ より，$\{f(x)\}^2+bf(x)+c=\{f(x)\}^2$
　であるから　$b(x^2+bx+c)+c=0$
　整理すると　$bx^2+b^2x+c(b+1)=0$
　これが x についての恒等式であるから
　　$b=0,\ b^2=0,\ c(b+1)=0$
　これを解いて　$b=0,\ c=0$
　したがって　$f(x)=x^2$

以上から　$\boldsymbol{f(x)=1,\ f(x)=x^2}$

◀ $f(x)$ は常に (恒等的に) 0 ではない。

◀ $(x^n)^n=x^{n\times n}=x^{n^2}$

◀ 次数，係数を比較。

◀ $n=0$ のとき，$f(x)$ は定数となる。

◀ $f(x)=x^2+bx+c$ を直ちに代入するのではなく，まず $f(x)$ のままで計算する。

◀ $\boldsymbol{Ax^2+Bx+C=0}$ **が $\boldsymbol{x}$ の恒等式 $\boldsymbol{\Longleftrightarrow A=B=C=0}$**

練習 9 n 次の多項式で表された関数 $f(x)$ が，すべての実数 x に対して
$f(x^2)=x^3f(x-1)+3x^5+3x^4-x^3$ を満たすとする。
(1) $f(0)$，$f(1)$，$f(4)$ の値を求めよ。
(2) $f(x^2)$ の次数と $x^3f(x-1)$ の次数を，それぞれ n を用いて表せ。
(3) $n\geqq 4$ でないことを示せ。　(4) $f(x)$ を求めよ。　〔富山大〕

5 等式の証明

《 基本事項 》

1 恒等式 $A=B$ の証明

等式 $A=B$ が成り立つことを証明するには，次の 3 つの方法がよく用いられる。

①	**A か B の一方を変形して，他方を導く。**	[複雑な方の式を変形]
②	**A，B をそれぞれ変形して，同じ式を導く。**	[$A=C$，$B=C \Longrightarrow A=B$]
③	**$A-B=0$ であることを示す。**	[$A-B=0 \Longleftrightarrow A=B$]

常には成り立たないが，ある条件のもとで成り立つ等式もある。このような等式を証明するには，条件の式（条件式）を変形して証明すべき等式に代入し，上の ①～③ の方法によって証明する。次の例は，①，③ の方法による証明である。

例　**$x+y=1$ のとき，等式 $x^2+y=x+y^2$ が成り立つことの証明**

証明 〔① の方法〕 $x+y=1$ から　$y=-x+1$，$x-1=-y$

よって　$x^2+y=x^2-x+1=(x-1)^2+x=(-y)^2+x=x+y^2$

〔③ の方法〕 $x+y=1$ から　$x+y-1=0$

よって　$x^2+y-(x+y)^2=x^2-y^2-x+y=(x+y)(x-y)-(x-y)$

$=(x-y)(x+y-1)=0$　◀ 条件式を代入。

ゆえに　$x^2+y=x+y^2$

2 比例式の取り扱い （比例式における文字は，すべて 0 以外の数とする）

比 $a:b$ に対して $\dfrac{a}{b}$ の値を **比の値** といい，比や比の値の等式を **比例式** という。また，3 つ以上の比，例えば，$a:b:c$ を a，b，c の **連比** という。

比例式の扱いについては，次のことが基本となる。

① $a:b=c:d \Longleftrightarrow \dfrac{a}{b}=\dfrac{c}{d} \Longleftrightarrow \dfrac{a}{c}=\dfrac{b}{d} \Longleftrightarrow ad=bc$

$a:b:c=x:y:z \Longleftrightarrow \dfrac{a}{x}=\dfrac{b}{y}=\dfrac{c}{z}$

② $\dfrac{a}{b}=\dfrac{c}{d}=\cdots\cdots=k$ とおくと　$a=bk$，$c=dk$，$\cdots\cdots$

CHECK 問題

10 次の等式を証明せよ。 → 1

(1) $(x-a)(x-b)+a(x-b)+bx=x^2$

(2) $(a^2-b^2)(c^2-d^2)=(ac+bd)^2-(ad+bc)^2$

(3) $a^2(b-c)+b^2(c-a)+c^2(a-b)=bc(b-c)+ca(c-a)+ab(a-b)$

例 9 条件つき等式の証明 ★★☆☆☆

$a+b+c=0$ のとき，次の等式が成り立つことを証明せよ。

$$a^3+b^3+c^3=-3(a+b)(b+c)(c+a)$$

〔類 成城大〕

指針 条件式 $a+b+c=0$ を用いて，**文字を減らす方針** で進める。
すなわち，$c=-(a+b)$ を各辺に代入して c を消去すると，この問題は a，b の 2 文字に関する等式の証明になる。
別解　公式 $\boldsymbol{a^3+b^3+c^3-3abc=(a+b+c)(a^2+b^2+c^2-ab-bc-ca)}$
を知っていると，条件式を **丸ごと代入** する方法が見えてくる。

CHART 》 条件式の扱い
条件式は　　文字を減らす方針で使う　丸ごと代入も考えよ

検討 上の例では，等式 $A=B$ の両辺の差が因数 $a+b+c$ をもつと，$a+b+c=0$ を **丸ごと代入** できるから，$A-B=(a+b+c)(\quad)=0\times(\quad)=0$ となり，都合がよい。
このように，結論のために何が必要かと考えていくと，証明の方針が立つことも多い。

CHART 》 **結論からお迎えにいく**

例 10 比例式と等式の証明 ★★☆☆☆

(1) $\dfrac{a}{b}=\dfrac{c}{d}$ のとき，等式 $\dfrac{a^2+c^2}{a^2-c^2}=\dfrac{ab+cd}{ab-cd}$ が成り立つことを証明せよ。

(2) $\dfrac{a}{b}=\dfrac{c}{d}=\dfrac{e}{f}$ のとき，等式 $\dfrac{a}{b}=\dfrac{pa+qc}{pb+qd}=\dfrac{pa+qc+re}{pb+qd+rf}$ が成り立つことを証明せよ。

指針 (1) 条件式が比例式 $\dfrac{a}{b}=\dfrac{c}{d}$ の場合，**文字を減らす方針** で，例えば $c=\dfrac{ad}{b}$ として c を消去することもできるが，一般には

CHART 》 **比例式は　$=k$　とおけ**

の方針で進める。
こうすると $a=bk$，$c=dk$ となり k が増えるが，a，c を減らすことができる。
(2) (1) と同様に $=k$ とおいて証明する。なお，この等式が成り立つことを **加比の理** という。

検討 この種の問題では，断りがなくても結論の式も含めて

分母にくる式はすべて 0 でない

と考える。上の (1) では，$b\neq0$，$d\neq0$，$a^2-c^2\neq0$，$ab-cd\neq0$ である。
分子は 0 になる場合も考える必要があるが，(1) の場合は，もし $a=c=0$ だとすると，$a^2-c^2=0$，$ab-cd=0$ となるから，$a\neq0$，$c\neq0$ $(k\neq0)$ として証明してよい。

例題 10 比例式の値 ★★★☆☆

(1) $\dfrac{x+y}{3}=\dfrac{y+z}{4}=\dfrac{z+x}{5}\ (\neq 0)$ のとき，$\dfrac{xy+yz+zx}{x^2+y^2+z^2}$ の値を求めよ。

(2) $\dfrac{b+c}{a}=\dfrac{c+a}{b}=\dfrac{a+b}{c}$ のとき，この式の値を求めよ。

◀例10

指針 CHART》 比例式は $=k$ とおけ

(1) **$=k$ とおくと**，$x+y=3k$，$y+z=4k$，$z+x=5k$ となり，これらの左辺は x，y，z の **循環形**。循環形の式の各辺を加えると，x，y，z の対称式になることを利用。

(2) **$=k$ とおくと** $b+c=ak$，$c+a=bk$，$a+b=ck$
各辺を加えると，$2(a+b+c)=(a+b+c)k$ となるが，$a+b+c=0$ の場合に注意。

解答 (1) $\dfrac{x+y}{3}=\dfrac{y+z}{4}=\dfrac{z+x}{5}=k$ とおくと，$k\neq 0$ で

$x+y=3k$ …… ①，　$y+z=4k$ …… ②，
$z+x=5k$ …… ③

(①+②+③)÷2 から　$x+y+z=6k$ …… ④

④−②，④−③，④−① から，それぞれ

$x=2k$，　$y=k$，　$z=3k$

よって，求める式の値は

$$\frac{xy+yz+zx}{x^2+y^2+z^2}=\frac{2k^2+3k^2+6k^2}{4k^2+k^2+9k^2}=\frac{11k^2}{14k^2}=\mathbf{\frac{11}{14}}$$

◀ $\dfrac{x+y}{3}=\dfrac{y+z}{4}$ から
$4x+y=3z$
$\dfrac{x+y}{3}=\dfrac{z+x}{5}$ から
$2x+5y=3z$
よって　$x=2y$，$z=3y$
これを代入してもよい。

(2) $abc\neq 0$ である。$\dfrac{b+c}{a}=\dfrac{c+a}{b}=\dfrac{a+b}{c}=k$ とおくと　$b+c=ak$，　$c+a=bk$，　$a+b=ck$

辺々加えて　$2(a+b+c)=(a+b+c)k$

よって　$(a+b+c)(k-2)=0$

ゆえに　$a+b+c=0$　または　$k=2$

[1] $a+b+c=0$ のとき　$b+c=-a$

よって　$k=\dfrac{b+c}{a}=\dfrac{-a}{a}=-1$

[2] $k=2$ のとき　$b+c=2a$，$c+a=2b$，$a+b=2c$

連立して解くと　$a=b=c$

これは，$abc\neq 0$ を満たすすべての実数 a，b，c について成り立つ。

[1]，[2] から，求める式の値は　$\mathbf{-1,\ 2}$

◀ 分母は 0 でないから，$a\neq 0$ かつ $b\neq 0$ かつ $c\neq 0$ より　$abc\neq 0$

◀ $a+b+c=0$ の可能性があるから，両辺を $a+b+c$ で割ってはいけない。

◀ **(分母)$\neq 0$** の確認。

練習 10

(1) $\dfrac{x+y}{5}=\dfrac{y+z}{6}=\dfrac{z+x}{7}\ (\neq 0)$ のとき，$\dfrac{x^2+2y^2+z^2}{xy+yz+zx}$ の値を求めよ。

(2) $\dfrac{a+1}{b+c+2}=\dfrac{b+1}{c+a+2}=\dfrac{c+1}{a+b+2}$ のとき，この式の値を求めよ。

［(2) 東北学院大］ ➡ p. 51 演習 5

例題 11 「少なくとも1つは…」の証明 ★★★☆☆

$a+b+c=1$, $\dfrac{1}{a}+\dfrac{1}{b}+\dfrac{1}{c}=1$ のとき, a, b, c のうち少なくとも1つは1であることを証明せよ。

指針 まず, **結論を式で表す** ことを考える。

a, b, c のうち少なくとも1つは1である。

$\iff a=1$ または $b=1$ または $c=1$

$\iff a-1=0$ または $b-1=0$ または $c-1=0$

$\iff \boldsymbol{(a-1)(b-1)(c-1)=0}$

したがって, 条件式からこの等式を導くことを考える。このように, 結論から解決の方針を立てる考え方は大切で, 証明の問題に限らず, 有効な方法である。

参考 **a, b, c はすべて1である。$\iff (a-1)^2+(b-1)^2+(c-1)^2=0$**

CHART 》証明の問題

結論からお迎えにいく

解答 1. $\dfrac{1}{a}+\dfrac{1}{b}+\dfrac{1}{c}=1$ から $ab+bc+ca=abc$ ……①

$P=(a-1)(b-1)(c-1)$ とすると

$P=abc-(ab+bc+ca)+a+b+c-1$

$a+b+c=1$ と①を代入すると

$P=abc-abc+1-1=0$

すなわち $(a-1)(b-1)(c-1)=0$

よって $a-1=0$ または $b-1=0$ または $c-1=0$

したがって, a, b, c のうち少なくとも1つは1である。

◀ $\dfrac{1}{a}+\dfrac{1}{b}+\dfrac{1}{c}=1$ の両辺に abc を掛けて分母を払う。

◀ $a=1$ または $b=1$ または $c=1$

解答 2. $\dfrac{1}{a}+\dfrac{1}{b}+\dfrac{1}{c}=1$ から $ab+bc+ca=abc$ ……①

$a+b+c=1$ から $c=1-(a+b)$ ……②

①から $ab(1-c)+(a+b)c=0$

②を代入して $ab(a+b)+(a+b)\{1-(a+b)\}=0$

よって $(a+b)\{ab-(a+b)+1\}=0$

すなわち $(a+b)(a-1)(b-1)=0$

ゆえに $a+b=0$ または $a-1=0$ または $b-1=0$

$a+b=0$ のとき, ②から $c=1$

よって $a=1$ または $b=1$ または $c=1$

したがって, a, b, c のうち少なくとも1つは1である。

◀ **文字を減らす方針。**

◀ $1-c=a+b$

練習 11 $\dfrac{1}{x}+\dfrac{1}{y}+\dfrac{1}{z}=\dfrac{1}{x+y+z}$ のとき, x, y, z のうち, どれか2つの和は0であることを証明せよ。

➡ p. 51 演習 6

6 不等式の証明

《 基本事項 》

(注意) 不等式では，特に断らない限り，文字は実数を表すものとする。

1 大小関係の基本性質

2つの実数 a，b については，$\boldsymbol{a>b}$，$\boldsymbol{a=b}$，$\boldsymbol{a<b}$ のうち，どれか1つの関係だけが成り立つ。そして，実数の大小関係について，次のことが成り立つ。

① $\boldsymbol{a>b,\ b>c \Longrightarrow a>c}$　　② $\boldsymbol{a>b \Longrightarrow a+c>b+c,\ a-c>b-c}$

③ $\boldsymbol{a>b,\ c>0 \Longrightarrow ac>bc,\ \dfrac{a}{c}>\dfrac{b}{c}}$

④ $\boldsymbol{a>b,\ c<0 \Longrightarrow ac<bc,\ \dfrac{a}{c}<\dfrac{b}{c}}$　　◀ 負の数の乗除で不等号の向きが変わる。

上の基本性質から，次のことが成り立つ。

$$\boldsymbol{a>0,\ b>0 \Longrightarrow a+b>0,\quad a>0,\ b>0 \Longrightarrow ab>0}$$
$$\boldsymbol{a<0,\ b<0 \Longrightarrow a+b<0,\quad a<0,\ b<0 \Longrightarrow ab>0}$$

更に，2つの実数 a，b の大小と $a-b$ の値について，次の⑤，⑥が成り立つ。

⑤ $\boldsymbol{a>b \Longleftrightarrow a-b>0}$　　⑥ $\boldsymbol{a<b \Longleftrightarrow a-b<0}$　　また　$a=b \Longleftrightarrow a-b=0$

よって，a，b の大小を比較するには，$a-b$ の符号を調べればよい ことになる。

2 実数の平方

実数 a については，$a>0$，$a=0$，$a<0$ のうち，どれか1つが成り立つ。

$a>0$ の場合：$a^2>0$，　$a=0$ の場合：$a^2=0$，　$a<0$ の場合：$a^2>0$

よって，実数 a について　$\boldsymbol{a^2 \geqq 0}$（等号が成り立つのは $a^2=0$ すなわち $a=0$ のとき）

2つの実数 a，b については，$a^2 \geqq 0$，$b^2 \geqq 0$ であるから　$\boldsymbol{a^2+b^2 \geqq 0}$

等号が成り立つのは，$a^2=0$ かつ $b^2=0$ のとき，すなわち $a=b=0$ のときである。

したがって，実数の平方の性質について，次のようにまとめられる。

> 1 実数 a について　$\boldsymbol{a^2 \geqq 0}$　等号が成り立つのは $a=0$ のとき。
> 2 実数 a，b について　$\boldsymbol{a^2+b^2 \geqq 0}$　等号が成り立つのは $a=b=0$ のとき。

3 正の数の大小と平方の大小

$a^2-b^2=(a+b)(a-b)$ において，$a>0$，$b>0$ のとき，$a+b>0$ であるから，a^2-b^2 と $a-b$ の符号は一致する。したがって，次のことが成り立つ。

> $a>0$，$b>0$ のとき
> 1 $\boldsymbol{a>b \Longleftrightarrow a^2>b^2}$　　2 $\boldsymbol{a \geqq b \Longleftrightarrow a^2 \geqq b^2}$

すなわち，2つの正の数の大小を比較するには，それぞれの数の平方の大小を調べてもよい。なお，上の 1，2 は $a \geqq 0$，$b \geqq 0$ のときにも成り立つ。

4 絶対値と不等式

実数 a の絶対値 $|a|$ は，その定義から　① $|a|\geqq 0$　② $|a|=\begin{cases} a & (a\geqq 0) \\ -a & (a<0) \end{cases}$
したがって，次のことが成り立つ。

$$|\boldsymbol{a}|\geqq \boldsymbol{0}\ (\text{定義}),\quad |\boldsymbol{a}|\geqq \boldsymbol{a},\quad |\boldsymbol{a}|\geqq -\boldsymbol{a},\quad |\boldsymbol{a}^2|=\boldsymbol{a}^2$$

実数 a，b について　$|\boldsymbol{ab}|=|\boldsymbol{a}||\boldsymbol{b}|$　　$b\neq 0$ のとき　$\left|\dfrac{\boldsymbol{a}}{\boldsymbol{b}}\right|=\dfrac{|\boldsymbol{a}|}{|\boldsymbol{b}|}$

また，同値関係 $|A|<B \iff -B<A<B$ も重要である。

5 相加平均と相乗平均

2つの実数 a，b について，$\dfrac{a+b}{2}$ を a と b の **相加平均** という。また，$a>0$，$b>0$ のとき，$\sqrt{ab}$ を a と b の **相乗平均** という。これらについて，次のことが成り立つ。

$a>0$，$b>0$ のとき　$\dfrac{\boldsymbol{a}+\boldsymbol{b}}{\boldsymbol{2}}\geqq\sqrt{\boldsymbol{ab}}$　　◀ $a+b\geqq 2\sqrt{ab}$ の形が実用的。

等号が成り立つのは $a=b$ のときである。

証明　$\dfrac{a+b}{2}-\sqrt{ab}=\dfrac{1}{2}(a-2\sqrt{ab}+b)=\dfrac{1}{2}\{(\sqrt{a})^2-2\sqrt{a}\sqrt{b}+(\sqrt{b})^2\}=\dfrac{1}{2}(\sqrt{a}-\sqrt{b})^2\geqq 0$

したがって　$\dfrac{a+b}{2}\geqq\sqrt{ab}$

等号は $\sqrt{a}-\sqrt{b}=0$ のとき，すなわち $a=b$ のときに成り立つ。

6 参考 シュワルツの不等式

① $(\boldsymbol{a}^2+\boldsymbol{b}^2)(\boldsymbol{x}^2+\boldsymbol{y}^2)\geqq(\boldsymbol{ax}+\boldsymbol{by})^2$　等号が成り立つのは $ay=bx$ のとき

② $(\boldsymbol{a}^2+\boldsymbol{b}^2+\boldsymbol{c}^2)(\boldsymbol{x}^2+\boldsymbol{y}^2+\boldsymbol{z}^2)\geqq(\boldsymbol{ax}+\boldsymbol{by}+\boldsymbol{cz})^2$

等号が成り立つのは $ay=bx$，$bz=cy$，$cx=az$ のとき

一般に，実数 a_1，a_2，……，a_n，x_1，x_2，……，x_n について，次の不等式が成り立つ。
この不等式を **シュワルツの不等式**（コーシー・シュワルツの不等式）という。

$$(\boldsymbol{a}_1{}^2+\boldsymbol{a}_2{}^2+\cdots\cdots+\boldsymbol{a}_n{}^2)(\boldsymbol{x}_1{}^2+\boldsymbol{x}_2{}^2+\cdots\cdots+\boldsymbol{x}_n{}^2)\geqq(\boldsymbol{a}_1\boldsymbol{x}_1+\boldsymbol{a}_2\boldsymbol{x}_2+\cdots\cdots+\boldsymbol{a}_n\boldsymbol{x}_n)^2$$

CHECK 問題

11 次のことを，大小関係の基本性質 1 を用いて証明せよ。

(1) $a>b$，$c>d \Longrightarrow a+c>b+d$

(2) $a>b>0$，$c>d>0 \Longrightarrow ac>bd$

(3) $ab<0 \Longrightarrow (a>0,\ b<0)$ または $(a<0,\ b>0)$

→ 1

12 a，b は正の数とする。次の不等式が成り立つことを証明せよ。また，等号が成り立つのはどのようなときか。

(1) $a+\dfrac{4}{a}\geqq 4$　　(2) $\dfrac{3b}{5a}+\dfrac{5a}{3b}\geqq 2$

→ 5

例 11 | 不等式の証明 (1) ★★☆☆☆

次の不等式が成り立つことを証明せよ。また，(2)，(3) の等号が成り立つのはどのようなときか。

(1) $a>b$，$x>y$ のとき　$(a+2b)(x+2y)<3(ax+2by)$　〔類 岡山県大〕

(2) $(a^2+b^2)(x^2+y^2)\geqq(ax+by)^2$

(3) $(a^2+b^2+c^2)(x^2+y^2+z^2)\geqq(ax+by+cz)^2$

指針 不等式 $A>B$ の証明は，差 $A-B$ を計算して，$A-B>0$ を示すのが基本。

(1) 両辺の差をとった式を，$a-b>0$，$x-y>0$ が適用できる形に変形する。

(2)，(3) (左辺)−(右辺) の式を **平方完成** し，$(実数)^2\geqq0$ を利用して，$\geqq0$ を示す。

なお，不等式 $A\geqq B$ で等号が成り立つのは $A-B=0$ のときである。

CHART》大小比較

大小比較は差を作れ　$(実数)^2\geqq0$ も有効

上の (2)，(3) は前ページ **6** のシュワルツの不等式 ①，② の証明問題である。一般に

$$(a_1^2+a_2^2+\cdots\cdots+a_n^2)(x_1^2+x_2^2+\cdots\cdots+x_n^2)\geqq(a_1x_1+a_2x_2+\cdots\cdots+a_nx_n)^2$$

が成り立つが，両辺の差をとった式を変形して証明するにはかなりの困難を伴う。
数学的帰納法 (数学B) によって証明する方法もあるが，常に不等式が成り立つための条件 (数学 I 参照) を利用した証明が簡便である (解答編 p. 11 参照)。

常に $At^2+Bt+C\geqq0$ が成り立つ

$\Longleftrightarrow$ ($A>0$ かつ $D\leqq0$) または ($A=B=0$ かつ $C\geqq0$)

└ 2次方程式 $At^2+Bt+C=0$ の判別式

例 12 | 不等式の証明 (2) ★★☆☆☆

次の不等式を証明せよ。また，等号が成り立つのはどのようなときか。

(1) $a^2+b^2+c^2\geqq ab+bc+ca$

(2) $a^4+b^4+c^4\geqq abc(a+b+c)$　〔関西大〕

指針 (1) (左辺)−(右辺)$=a^2-(b+c)a+b^2-bc+c^2=\left(a-\dfrac{b+c}{2}\right)^2-\dfrac{(b+c)^2}{4}+b^2-bc+c^2$

のように，a について平方完成し，次に b または c について平方完成して証明することもできるが，次の等式を利用すると早い。

$$a^2+b^2+c^2-ab-bc-ca=\frac{1}{2}\{(a-b)^2+(b-c)^2+(c-a)^2\}$$

(2) **結果を利用** ⟶ (1) の不等式の a，b，c をそれぞれ a^2，b^2，c^2 におき換えると

$$(a^2)^2+(b^2)^2+(c^2)^2\geqq a^2b^2+b^2c^2+c^2a^2$$

更に，(1) の不等式の a，b，c をそれぞれ ab，bc，ca におき換えると

$$(ab)^2+(bc)^2+(ca)^2\geqq ab\cdot bc+bc\cdot ca+ca\cdot ab$$

例題 12 不等式の証明 (3) ★★☆☆☆

$a \geqq 0$，$b \geqq 0$ のとき，次の不等式が成り立つことを証明せよ。また，等号が成り立つのはどのようなときか。

$$\sqrt{a+b} \leqq \sqrt{a}+\sqrt{b} \leqq \sqrt{2(a+b)}$$

指針 $A \leqq B \leqq C \iff A \leqq B$ かつ $B \leqq C$ であるから，2つの不等式 $\sqrt{a+b} \leqq \sqrt{a}+\sqrt{b}$，$\sqrt{a}+\sqrt{b} \leqq \sqrt{2(a+b)}$ を示せばよい。

しかし，それぞれ，そのまま差をとっても $\sqrt{a}+\sqrt{b}-\sqrt{a+b}$，$\sqrt{2(a+b)}-(\sqrt{a}+\sqrt{b})$ が $\geqq 0$ であることは示しにくい。

そこで，$\sqrt{a+b} \geqq 0$，$\sqrt{a}+\sqrt{b} \geqq 0$，$\sqrt{2(a+b)} \geqq 0$ に着目して，次のことを利用する。

$$A \geqq 0,\ B \geqq 0 \text{ のとき} \quad A \geqq B \iff A^2 \geqq B^2 \iff A^2-B^2 \geqq 0$$

CHART 》負でない数の大小比較

大小比較は差を作れ　0 以上なら平方の差も活用

解答 $(\sqrt{a}+\sqrt{b})^2-(\sqrt{a+b})^2=(a+2\sqrt{ab}+b)-(a+b)$

$=2\sqrt{ab} \geqq 0$

よって　$(\sqrt{a+b})^2 \leqq (\sqrt{a}+\sqrt{b})^2$

$\sqrt{a+b} \geqq 0$，$\sqrt{a}+\sqrt{b} \geqq 0$ であるから　◀ この断りを忘れずに。

$\sqrt{a+b} \leqq \sqrt{a}+\sqrt{b}$

等号が成り立つのは $\sqrt{ab}=0$，すなわち $a=0$ または $b=0$ のときである。

$\{\sqrt{2(a+b)}\}^2-(\sqrt{a}+\sqrt{b})^2=2(a+b)-(a+2\sqrt{ab}+b)$

$=a-2\sqrt{ab}+b$

$=(\sqrt{a}-\sqrt{b})^2 \geqq 0$　◀ (実数)$^2 \geqq 0$

よって　$(\sqrt{a}+\sqrt{b})^2 \leqq \{\sqrt{2(a+b)}\}^2$

$\sqrt{a}+\sqrt{b} \geqq 0$，$\sqrt{2(a+b)} \geqq 0$ であるから　◀ この断りを忘れずに。

$\sqrt{a}+\sqrt{b} \leqq \sqrt{2(a+b)}$

等号が成り立つのは $\sqrt{a}-\sqrt{b}=0$，すなわち $a=b$ のときである。

以上により　$\sqrt{a+b} \leqq \sqrt{a}+\sqrt{b} \leqq \sqrt{2(a+b)}$

左の等号が成り立つのは $a=0$ または $b=0$ のとき，右の等号が成り立つのは $a=b$ のとき である。

練習 12 任意の正の実数 a，b，x，y，z に対して，次の不等式が成り立つことを証明せよ。また，等号が成り立つ条件を求めよ。

(1) $\sqrt{ax+by}\sqrt{x+y} \geqq \sqrt{a}\,x+\sqrt{b}\,y$　〔甲南大〕

(2) $\dfrac{\sqrt{x}+\sqrt{y}+\sqrt{z}}{3} \leqq \sqrt{\dfrac{x+y+z}{3}}$　〔類 岐阜聖徳学園大〕

例題 13 | 絶対値と不等式 ★★★☆☆

次の不等式を証明せよ。

(1) $|a+b| \leqq |a|+|b|$　　(2) $|a|-|b| \leqq |a-b|$

◀例題12

指針 絶対値 **場合に分ける** が基本だが，例えば，(1)をこの方針で証明するには

$a \geqq 0,\ b \geqq 0\ (a+b \geqq 0)$[1]　$a \geqq 0,\ b<0,\ a+b \geqq 0$[2] または $a+b<0$[3]

$a<0,\ b \geqq 0,\ a+b \geqq 0$[4] または $a+b<0$[5]　$a<0,\ b<0\ (a+b<0)$[6]

と，[1]～[6] の 6 通りの場合分けが必要で，証明はできるがかなり煩雑になる。

そこで，絶対値は負でないから，**平方してはずす** 方針で考えてみよう。

(1) 両辺とも 0 以上であるから，$\boldsymbol{A \geqq B \iff A^2 \geqq B^2 \iff A^2-B^2 \geqq 0}$ が利用できる。

(右辺)^2 で絶対値が残ってしまうが，$|x| \geqq x$，$|x| \geqq -x$ を用いて解決。

別解 $a+b=A$，$|a|+|b|=B$ とおくと　$|A| \leqq B \iff -B \leqq A \leqq B$

$-B \leqq A \leqq B$ を示すために $-|x| \leqq x \leqq |x|$ を用いる。

(2) (1)と **似た形**。そこで，(1)は(2)のヒント とみて，(1)の 結果を使う ことを考える。

CHART》 似た問題　**1** 結果を利用　**2** 方法をまねる

解答 (1) $(|a|+|b|)^2-|a+b|^2$

$=(a^2+2|a||b|+b^2)-(a^2+2ab+b^2)$　◀ $|A|^2=A^2$

$=2(|ab|-ab) \geqq 0$　◀ $|a||b|=|ab|$

よって　$|a+b|^2 \leqq (|a|+|b|)^2$

$|a|+|b| \geqq 0$，$|a+b| \geqq 0$ であるから

$|a+b| \leqq |a|+|b|$

別解 任意の a，b に対して

$-|a| \leqq a \leqq |a|$，$-|b| \leqq b \leqq |b|$

が成り立つ。

◀ $\begin{cases}|x| \geqq x \\ |x| \geqq -x\end{cases}$ から $-|x| \leqq x \leqq |x|$

辺々を加えると　$-(|a|+|b|) \leqq a+b \leqq |a|+|b|$　◀ $-B \leqq A \leqq B \iff |A| \leqq B$

したがって　$|a+b| \leqq |a|+|b|$

(2) (1)の不等式で，a の代わりに $a-b$ とおくと　◀ **1** の方針。

$|(a-b)+b| \leqq |a-b|+|b|$

すなわち　$|a| \leqq |a-b|+|b|$

よって　$|a|-|b| \leqq |a-b|$

検討 例題の不等式における等号成立条件は，次のようになる。

(1) $|ab|=ab$，すなわち $\boldsymbol{ab \geqq 0}$ **のとき等号が成り立つ。**　◀ $ab<0$ では成り立たない。

(2) (1)の等号成立条件 $ab \geqq 0$ において，a の代わりに $a-b$ とおいた $(a-b)b \geqq 0$ のとき等号が成り立つ。

$(a-b)b \geqq 0$ ならば　$(a-b \geqq 0$ かつ $b \geqq 0)$　または　$(a-b \leqq 0$ かつ $b \leqq 0)$

よって，(2)で **等号が成り立つのは** $\boldsymbol{a \geqq b \geqq 0}$ **または** $\boldsymbol{a \leqq b \leqq 0}$ **のとき** である。

練習 13 (1) 不等式 $|x+y+z| \leqq |x|+|y|+|z|$ を証明せよ。

(2) $|x|<1$，$|y|<1$ のとき，$\left|\dfrac{x+y}{1+xy}\right|<1$ を証明せよ。

➡p. 52 演習 9

例題 14 (相加平均)≧(相乗平均) の利用 ★★☆☆☆

x は正の数とする。不等式 $\left(x+\dfrac{1}{x}\right)\left(x+\dfrac{4}{x}\right)\geqq 9$ が成り立つことを証明せよ。また，等号が成り立つのはどのようなときか。

指針 **大小比較は差を作れ** に従って，(左辺)−(右辺)≧0 を示すなら

$$\left(x+\frac{1}{x}\right)\left(x+\frac{4}{x}\right)-9=\frac{x^2+1}{x}\cdot\frac{x^2+4}{x}-\frac{9x^2}{x^2}=\frac{(x^2-2)^2}{x^2}\geqq 0$$

しかし，x は正の数という条件があるから，解答のように **相加平均と相乗平均の大小関係** を利用するのが簡明である。

CHART》大小比較

1 差を作れ　平方の差なども活用

2 (相加平均)≧(相乗平均)　の利用

解答 左辺を展開すると　$\left(x+\dfrac{1}{x}\right)\left(x+\dfrac{4}{x}\right)=x^2+\dfrac{4}{x^2}+5$

◀ 展開して式を整理。

$x^2>0$，$\dfrac{4}{x^2}>0$ であるから，(相加平均)≧(相乗平均) により

$$x^2+\frac{4}{x^2}\geqq 2\sqrt{x^2\cdot\frac{4}{x^2}}=4$$

よって　$\left(x+\dfrac{1}{x}\right)\left(x+\dfrac{4}{x}\right)=x^2+\dfrac{4}{x^2}+5\geqq 4+5=9$

等号が成り立つのは $x^2=\dfrac{4}{x^2}$，すなわち $x^4=4$ と $x>0$ から，$\boldsymbol{x=\sqrt{2}}$ **のとき。**

◀ $x^4=4$ から　$(x^2)^2=2^2$
よって　$x^2=2$

検討

上の例題で $x+\dfrac{1}{x}\geqq 2\sqrt{x\cdot\dfrac{1}{x}}=2$，$x+\dfrac{4}{x}\geqq 2\sqrt{x\cdot\dfrac{4}{x}}=4$ が成り立つことに着目して辺々を掛け合わせると，次のようになってしまい，うまくいかない。

$$\left(x+\frac{1}{x}\right)\left(x+\frac{4}{x}\right)\geqq 2\sqrt{x\cdot\frac{1}{x}}\cdot 2\sqrt{x\cdot\frac{4}{x}}=8 \quad \cdots\cdots ①$$

うまくいかないのはどうしてだろうか？　その理由は等号成立条件にある。

$x+\dfrac{1}{x}\geqq 2$，$x+\dfrac{4}{x}\geqq 4$ の等号が成り立つのは，それぞれ $x=\dfrac{1}{x}$，$x=\dfrac{4}{x}$ $(x>0)$ のときであるが，$x^2=1$ と $x^2=4$ は両立しない。したがって，① の等号は成立しないのである。

(相加平均)≧(相乗平均) を利用するときは，**等号成立の確認が大切** である。

練習 14 a，b，c は正の数とする。次の不等式が成り立つことを証明せよ。また，等号が成り立つのはどのようなときか。

(1) $\left(a+\dfrac{1}{b}\right)\left(b+\dfrac{4}{a}\right)\geqq 9$　　(2) $\left(a+\dfrac{1}{b}\right)\left(b+\dfrac{1}{c}\right)\left(c+\dfrac{1}{a}\right)\geqq 8$

例題 15 (相加平均)≧(相乗平均)と最大・最小 ★★★☆☆

$x>0$ のとき，$x+\dfrac{16}{x+2}$ の最小値を求めよ。 〔類 九州産大〕 ◀例題14

指針 **相加平均と相乗平均の大小関係**：$a>0$, $b>0$ のとき，$a+b \geqq 2\sqrt{ab}$ (**等号成立は** $a=b$ **のとき**) は，不等式 $a+b \geqq 2\sqrt{ab}$ の左辺または右辺のいずれかが定数となる場合，最大値または最小値を求める問題に応用できることがある。

[1] 積 ab が定数 となるとき，和 $a+b$ の最小値 が求められる ◀ $a+b \geqq 2\sqrt{\text{定数}}$
[2] 和 $a+b$ が定数 となるとき，積 ab の最大値 が求められる ◀ $\text{定数} \geqq 2\sqrt{ab}$

ただし，$x+\dfrac{16}{x+2} \geqq 2\sqrt{x\cdot\dfrac{16}{x+2}}$ としてしまうと，両辺ともに定数にはならない。この問題では，最小値を求めるのだから，[1] **積が定数** となるように，与式を変形して，分母と同じ式の $x+2$ の項を作り出す。

解答 $x+\dfrac{16}{x+2}=x+2+\dfrac{16}{x+2}-2$

$x>0$ のとき $x+2>0$ であるから，(相加平均)≧(相乗平均)により $\quad x+2+\dfrac{16}{x+2} \geqq 2\sqrt{(x+2)\cdot\dfrac{16}{x+2}}=2\cdot4=8$

ゆえに $\quad x+\dfrac{16}{x+2} \geqq 6$

等号が成り立つのは，$x+2=\dfrac{16}{x+2}$ のときである。

このとき $\quad (x+2)^2=16$

$x+2>0$ であるから $\quad x=2$

したがって $\quad$ **$x=2$ のとき最小値 6**

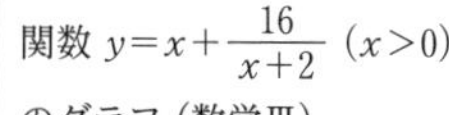
関数 $y=x+\dfrac{16}{x+2}$ $(x>0)$ のグラフ (数学Ⅲ)

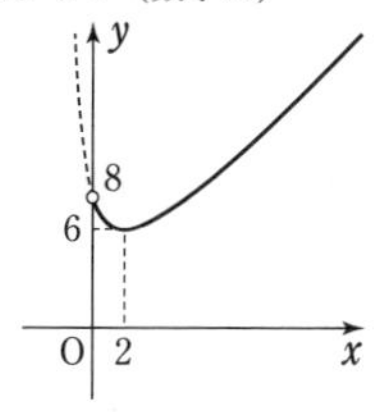

検討 不等式 $A \geqq B$ は「**$A>B$ または $A=B$**」の意味であり，どちらか一方が成り立つことを示している。よって，例えば，$2 \geqq 1$ も $1 \geqq 1$ も正しい不等式である。
また，不等式 $x^2+1 \geqq 0$ は正しいが，$x^2+1=0$ となる実数 x は存在しない。その意味で，不等式 $A \geqq B$ を証明する際，問題で要求されていなければ，等号成立条件に言及する必要はないといえる。
しかし，不等式 $A \geqq m$ すなわち「A が m 以上である」は正しいからといって，m が最小値であるとは限らない。例えば，$x^2+1 \geqq 0$ は正しいが，x^2+1 の最小値は 1 で 0 ではない。
したがって，不等式 $A \geqq m$ から最小値を求めるときは，必ず等号成立条件を確認しなければならない。

練習 15
(1) $x>0$, $y>0$ のとき，$\left(x+\dfrac{2}{y}\right)\left(y+\dfrac{3}{x}\right)$ の最小値を求めよ。
(2) $x>0$ のとき，$\dfrac{x+1}{x^2+2x+3}$ の最大値を求めよ。
(3) 半径 $\sqrt{2}$ の円に縦の長さ x，横の長さ y の長方形が内接している。この長方形の面積が最大となるときの x, y の値とそのときの面積を求めよ。 〔(3) 摂南大〕

➡ p.52 演習 10

例題 17　多くの式の大小比較　★★★☆☆

$a>0$, $b>0$ のとき, $\dfrac{a+b}{2}$, $\sqrt{ab}$, $\dfrac{2ab}{a+b}$, $\sqrt{\dfrac{a^2+b^2}{2}}$ の大小を比較せよ。

◀例11, 12, 例題12, 14

指針 4つの式の大小を, 2つずつ $({}_4C_2=)$ 6通り全部比較するのは面倒である。そこで, $a>0$, $b>0$ を満たす数, 例えば $a=1$, $b=3$ を代入してみると, 小さい順に

$$\frac{2ab}{a+b}=\frac{3}{2},\quad \sqrt{ab}=\sqrt{3},\quad \frac{a+b}{2}=2,\quad \sqrt{\frac{a^2+b^2}{2}}=\sqrt{5}$$

となることから, 大小関係の見当がつく。

多くの式の大小比較　大小の見当をつけよ

解答

$$\sqrt{ab}-\frac{2ab}{a+b}=\frac{\sqrt{ab}(a+b)-2ab}{a+b}=\frac{\sqrt{ab}(a-2\sqrt{ab}+b)}{a+b}$$

$$=\frac{\sqrt{ab}(\sqrt{a}-\sqrt{b})^2}{a+b}\geqq 0$$

◀ $\sqrt{ab}>0$, (実数)$^2\geqq 0$

よって　$\sqrt{ab}\geqq\dfrac{2ab}{a+b}$　…… ①

(相加平均)≧(相乗平均) により　$\dfrac{a+b}{2}\geqq\sqrt{ab}$　…… ②

$$\left(\sqrt{\frac{a^2+b^2}{2}}\right)^2-\left(\frac{a+b}{2}\right)^2=\frac{a^2+b^2}{2}-\frac{(a+b)^2}{4}$$

◀ 平方の差を利用。

$$=\frac{2(a^2+b^2)-(a+b)^2}{4}=\frac{(a-b)^2}{4}\geqq 0$$

◀ (実数)$^2\geqq 0$

$\sqrt{\dfrac{a^2+b^2}{2}}>0$, $\dfrac{a+b}{2}>0$ であるから　$\sqrt{\dfrac{a^2+b^2}{2}}\geqq\dfrac{a+b}{2}$　…… ③

①, ②, ③ において, 等号が成り立つのは, いずれも $a=b$ のときである。

したがって　**$a\neq b$ のとき　$\dfrac{2ab}{a+b}<\sqrt{ab}<\dfrac{a+b}{2}<\sqrt{\dfrac{a^2+b^2}{2}}$**

$a=b$ のとき　$\dfrac{2ab}{a+b}=\sqrt{ab}=\dfrac{a+b}{2}=\sqrt{\dfrac{a^2+b^2}{2}}$

参考 $\dfrac{2ab}{a+b}=\dfrac{2}{\dfrac{1}{a}+\dfrac{1}{b}}$ は逆数の相加平均の逆数である。これを **調和平均** という。

一般に, $a>0$, $b>0$ に対して

(調和平均) ≦ (相乗平均) ≦ (相加平均)　(等号が成り立つのは $a=b$ のとき)

が成り立つ。

練習 17

(1)　$0<a<b<c<d$ のとき, 次の式の大小を比較せよ。

$$\frac{a}{d},\quad \frac{c}{b},\quad \frac{a+c}{b+d},\quad \frac{ac}{bd}$$

〔関西大〕

(2)　$0<2a<1$ のとき, $A=1-a^2$, $B=1+a^2$, $C=\dfrac{1}{1-a}$, $D=\dfrac{1}{1+a}$ を大小の順に並べよ。〔名古屋大〕

演習問題

1 $(x^3+1)^4$ の展開式における x^9 の係数は ^{ア}□ で，x^6 の係数は ^{イ}□ であり，$(x^3+x-1)^3$ の展開式における x^5 の係数は ^{ウ}□ で，x^2 の係数は ^{エ}□ である。また，$(x^3+1)^4(x^3+x-1)^3$ の展開式における x^{11} の係数は ^{オ}□ である。

〔関西学院大〕 ➤例1，2

2 $(x+5)^{80}$ を展開したとき，x の何乗の係数が最大になるか答えよ。 〔弘前大〕

➤例1

3 n は 2 以上の整数とする。二項定理を利用して，次の不等式を証明せよ。

(1) $x>0$ のとき $(1+x)^n>1+nx$ (2) $\left(1+\dfrac{1}{n}\right)^n>2$ ➤例題1，例11

4 (1) 等式 $kx^2-kx+(k+1)xy-y^2-2y=0$ が k のどのような値に対しても成り立つような x，y の組は □ 組ある。 〔関西大〕

(2) $\dfrac{2x^3-7x^2+11x-16}{x(x-2)^3}=\dfrac{a}{x}+\dfrac{b}{x-2}+\dfrac{c}{(x-2)^2}+\dfrac{d}{(x-2)^3}$ が x についての恒等式となるように定数 a，b，c，d の値を定めよ。 〔関西学院大〕

➤例7，8

5 $abc\neq0$ で $\dfrac{(a+b)c}{ab}=\dfrac{(b+c)a}{bc}=\dfrac{(c+a)b}{ca}$ が成り立つとき，

$\dfrac{(b+c)(c+a)(a+b)}{abc}$ の値を求めよ。 〔立命館大〕 ➤例題10

6 実数 α，β，γ が $\alpha+\beta+\gamma=3$ を満たしているとき，$p=\alpha\beta+\beta\gamma+\gamma\alpha$，$q=\alpha\beta\gamma$ とおく。

(1) $p=q+2$ のとき，α，β，γ の少なくとも 1 つは 1 であることを示せ。

(2) $p=3$ のとき，α，β，γ はすべて 1 であることを示せ。 〔大阪市大〕

➤例題11

ヒント **2** x^k の項の係数を a_k として，$\dfrac{a_{k+1}}{a_k}$ と 1 の大小を比べる。

4 (1) 「k のどのような値に対しても成り立つ」とあるから，**k についての恒等式の問題** と考える。まず，等式の左辺を k について降べきの順に整理する。

6 (2) $\alpha=\beta=\gamma=1 \iff \alpha-1=\beta-1=\gamma-1=0 \iff (\alpha-1)^2+(\beta-1)^2+(\gamma-1)^2=0$

7 実数 x, y が $|x|\leqq 1$ と $|y|\leqq 1$ を満たすとき，不等式

$$0\leqq x^2+y^2-2x^2y^2+2xy\sqrt{1-x^2}\sqrt{1-y^2}\leqq 1$$

が成り立つことを示せ。 〔大阪大〕 ➤例 11

8 a, b, c, d, x は実数とする。次の不等式が成り立つことを示せ。

(1) $a^2b^2-2abcd+c^2d^2\geqq 0$

(2) $(a^2+b^2+1)x^2-2(ac+bd+1)x+c^2+d^2+1\geqq 0$

(3) $(a^2+b^2+1)(c^2+d^2+1)\geqq(ac+bd+1)^2$ 〔富山県大〕

➤例 11，12

9 実数 a, b に対して，不等式

$$\frac{|a+b|}{1+|a+b|}\leqq\frac{|a|}{1+|a|}+\frac{|b|}{1+|b|}$$

が成り立つことを示せ。また，等号が成り立つための条件を求めよ。 〔学習院大〕

➤例題 13

10 $x>0$, $y>0$, $z>0$ であるとき，$\left(\dfrac{2}{x}+\dfrac{1}{y}+\dfrac{1}{z}\right)(x+2y+4z)$ の最小値を求めよ。

〔大阪経大〕 ➤例題 15

11 実数 p, q が $|p|\leqq 1$, $|q|\leqq 1$, $|p-q|\leqq 1$ を満たすとする。0, p, q のうち最大の値を M, 最小の値を m とする。次の不等式が成り立つことを示せ。

(1) $0\leqq M\leqq 1$　　(2) $M-m\leqq 1$　　(3) $p\leqq M\leqq 1+p$

〔神戸大〕

12 a, b, c がすべて 1 より小さい正の数のとき，3 つの不等式

$$a(1-b)>\frac{1}{4},\ b(1-c)>\frac{1}{4},\ c(1-a)>\frac{1}{4}$$

が同時には成り立たないことを示せ。 〔東京女子大〕

ヒント

8 (3) (2) がすべての x で成り立つ条件を考える。

9 $|a|=x$, $|b|=y$, $|a+b|=z$ とおいて　**大小比較は差を作れ**

例題 13 (1) の不等式 $|a+b|\leqq|a|+|b|$ も利用する。

10 文字はすべて正の数であるから，与式を変形して，積が定数となる 2 項の和を作ると，(相加平均)≧(相乗平均) が利用できる。

(別解) シュワルツの不等式を利用する。

11 (2) 0, p, q の大小の順番は，全部で $3!=6$ 通り ある。要領よく場合を分ける。

12 「成り立たない」ことの証明には **背理法**。3 つの式から矛盾を導く。

〈この章で学ぶこと〉

数学Ⅰで学んだ2次方程式では，実数解のみを考えたが，2次方程式が実数解をもたないこともある。ここでは $i^2=-1$ を満たす「仮想的」数 i を導入することにより，数の範囲を実数から複素数に拡張する。それにより，すべて2次方程式は解をもつことになる。この章では，2次方程式だけでなく，3次方程式，4次方程式の解法についても学ぶ。

第2章 複素数と方程式

例，例題一覧

●…… 基本的な内容の例　■…… 標準レベルの例題　◆…… やや発展的な例題

7 複素数

- ● 13 複素数の四則計算
- ● 14 複素数の相等
- ■ 18 2乗すると虚数になる数

8 2次方程式の解と判別式

- ● 15 2次方程式の解
- ● 16 2次方程式の解の判別 (1)
- ■ 19 2次方程式の解の判別 (2)
- ◆ 20 係数が虚数の2次方程式

9 解と係数の関係

- ● 17 解の対称式の値 (1)
- ● 18 解の対称式の値 (2)
- ● 19 2解の関係と係数の決定
- ● 20 2次式・複2次式の因数分解
- ■ 21 2次方程式の作成
- ■ 22 因数分解が可能な条件
- ◆ 23 2次方程式の解と式の値
- ◆ 24 2次方程式の整数解と解と係数の関係

10 解の存在範囲

- ■ 25 2次方程式の解の存在範囲 (1)
- ■ 26 2次方程式の解の存在範囲 (2)
- ◆ 27 2つの方程式の解

11 剰余の定理と因数定理

- ● 21 剰余の定理
- ● 22 組立除法
- ● 23 割り算と係数の決定
- ■ 28 高次式の因数分解
- ■ 29 余りの決定 (1)
- ■ 30 余りの決定 (2)
- ◆ 31 n 次式の割り算
- ◆ 32 割られる式の決定
- ■ 33 高次式の値

12 高次方程式

- ● 24 高次方程式の解法 (1)
- ● 25 高次方程式の解法 (2)
- ● 26 1の3乗根
- ● 27 方程式の実数解から係数の決定
- ■ 34 相反方程式
- ■ 35 高次不等式
- ■ 36 x^2+x+1 による割り算
- ■ 37 方程式の虚数解から係数の決定
- ■ 38 重解をもつ3次方程式
- ■ 39 解の対称式の値（3次方程式）
- ■ 40 3次方程式の作成

7 複素数

《基本事項》

1 虚数の定義，複素数

x が実数のときは $x^2 \geqq 0$ であるから，$x^2=-a$ $(a>0)$ のような2次方程式は解をもたない。そこで，このような方程式も解をもつように $i^2=-1$ を満たす数 i を1つ定める。このi を **虚数単位** という。i は $i^2=-1$ 以外は実数と同じ四則計算の規則に従うものとする。更に，実数 a，b を用いて $a+bi$ の形に表される数を考え，これを **複素数** という。ここで，複素数 $a+bi$ について，a をその **実部**，b をその **虚部** という。$b=0$ のとき，$a+0i$ は実数 a を表すものとし，$b \neq 0$ のとき，$a+bi$ を **虚数** という。特に，$a=0$，$b \neq 0$ のとき，$0+bi$ は bi と表して，これを **純虚数** という。

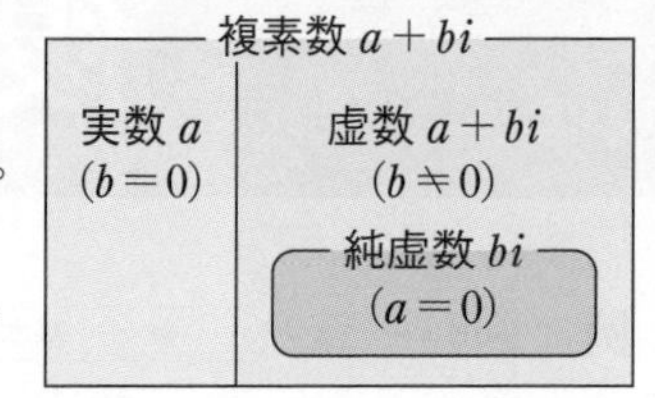

(注意) 以下，$a+bi$ や $c+di$ などでは，文字 a，b，c，d は実数を表すものとする。

2 複素数の相等と計算法則

2つの複素数が等しいのは，実部も虚部も等しいときである。

a，b，c，d が実数のとき　$\boldsymbol{a+bi=c+di \iff a=c}$ **かつ** $\boldsymbol{b=d}$

特に　$\boldsymbol{a+bi=0 \iff a=0}$ **かつ** $\boldsymbol{b=0}$

四則計算（加減乗除）を次のように定義する。すなわち，複素数の計算は，文字 i の式と考えて，実数の場合と同じように計算し，$\boldsymbol{i^2}$ は -1 でおき換えればよい。

加法　$(a+bi)+(c+di)=(a+c)+(b+d)i$

減法　$(a+bi)-(c+di)=(a-c)+(b-d)i$

乗法　$(a+bi)(c+di)=(ac-bd)+(ad+bc)i$

除法　$\dfrac{c+di}{a+bi}=\dfrac{(c+di)(a-bi)}{(a+bi)(a-bi)}=\dfrac{ac+bd}{a^2+b^2}+\dfrac{ad-bc}{a^2+b^2}i$　◀ 分母の実数化

したがって，2つの複素数の和・差・積・商はまた複素数となる。

虚数については，実数のような大小関係を定めることができない。したがって，**虚数については，正，負は考えない**（$p.57$ **検討** 参照）。

一方，複素数 α，β について，実数の場合と同様に，次のことが成り立つ。

$$\boldsymbol{\alpha\beta=0 \iff \alpha=0} \ \textbf{または} \ \boldsymbol{\beta=0}$$

3 負の数の平方根

複素数の範囲では，負の数の平方根が考えられる。一般に，正の数 a について

$\boldsymbol{a>0}$ **のとき**　$\boldsymbol{\sqrt{-a}=\sqrt{a}\,i}$　　特に　$\boldsymbol{\sqrt{-1}=i}$

と定めると，$(\sqrt{a}\,i)^2=(\sqrt{a})^2i^2=a\cdot(-1)=-a$，$(-\sqrt{a}\,i)^2=(-\sqrt{a})^2i^2=a\cdot(-1)=-a$ となるから，$\sqrt{a}\,i$ と $-\sqrt{a}\,i$ は，方程式 $x^2=-a$ の解となる。

$\boldsymbol{a>0}$ **のとき，**$\boldsymbol{-a}$ **の平方根は**　$\boldsymbol{\pm\sqrt{-a}}$　**すなわち**　$\boldsymbol{\pm\sqrt{a}\,i}$　◀ -1 の平方根は $\pm i$

なお，負の数の平方根 $\sqrt{-a}$ は，必ず $\sqrt{a}\,i$ の形に直してから計算する。

4 共役な複素数

複素数 $a+bi$ と $a-bi$ を，互いに **共役な複素数**（きょうやく）という。また，$a-bi$ を $a+bi$ の共役複素数ということもある。なお，実数 a と共役な複素数は a 自身である。

複素数 α と共役な複素数を $\overline{\alpha}$ で表す。$\alpha=a+bi$ と $\overline{\alpha}=a-bi$ の和と積は

$$\alpha+\overline{\alpha}=(a+bi)+(a-bi)=2a,$$
$$\alpha\overline{\alpha}=(a+bi)(a-bi)=a^2-b^2i^2=a^2+b^2$$

となるから，互いに **共役な複素数の和・積はともに実数** である。

5 共役な複素数の性質

2つの複素数 α，β に対して，次の等式が成り立つ。

1 $\overline{\alpha+\beta}=\overline{\alpha}+\overline{\beta}$　　2 $\overline{\alpha-\beta}=\overline{\alpha}-\overline{\beta}$

3 $\overline{\alpha\beta}=\overline{\alpha}\,\overline{\beta}$　　4 $\overline{\left(\dfrac{\alpha}{\beta}\right)}=\dfrac{\overline{\alpha}}{\overline{\beta}}$　$(\beta\neq 0)$

これらの等式は $\alpha=a+bi$，$\beta=c+di$ を両辺に代入して，同じ式を導くことにより証明できる。ただし，4 は直接代入するのではなく，次のように 3 の結果を利用して証明するとよい。

証明　4　$\dfrac{1}{\beta}=\dfrac{1}{c+di}=\dfrac{c-di}{(c+di)(c-di)}=\dfrac{c-di}{c^2+d^2}=\dfrac{c}{c^2+d^2}-\dfrac{d}{c^2+d^2}i$

同様に　$\dfrac{1}{\overline{\beta}}=\dfrac{1}{c-di}=\dfrac{c}{c^2+d^2}+\dfrac{d}{c^2+d^2}i$　　よって　$\overline{\left(\dfrac{1}{\beta}\right)}=\dfrac{1}{\overline{\beta}}$

これと 3 から　$\overline{\left(\dfrac{\alpha}{\beta}\right)}=\overline{\left(\alpha\cdot\dfrac{1}{\beta}\right)}=\overline{\alpha}\cdot\overline{\left(\dfrac{1}{\beta}\right)}=\overline{\alpha}\cdot\dfrac{1}{\overline{\beta}}=\dfrac{\overline{\alpha}}{\overline{\beta}}$

CHECK 問題

13 次の複素数の実部と虚部を答えよ。

(1) $2-\sqrt{3}\,i$　(2) $\dfrac{-1+i}{2}$　(3) $-\dfrac{1}{3}$　(4) $4i$　→ 1

14 $(1+xi)(3-i)$ が (1) 実数 (2) 純虚数 となるように，実数 x の値を定めよ。

→ 1, 2

15 次の計算をせよ。

(1) $(5-3i)-(3-2i)$　(2) $(2+\sqrt{5}\,i)(3-\sqrt{5}\,i)$　(3) $\dfrac{3-2i}{3+2i}$　→ 2

16 次の計算をせよ。

(1) $\sqrt{-9}+\sqrt{-16}$　(2) $\sqrt{-27}\times\sqrt{-12}$

(3) $(\sqrt{-5})^2$　(4) $\dfrac{\sqrt{-72}}{\sqrt{-8}}$　→ 3

17 次の複素数と，それぞれに共役な複素数との和，積を求めよ。

(1) $5-2i$　(2) $\sqrt{2}\,i$　(3) -2　→ 4

例 13 | 複素数の四則計算 ★☆☆☆☆

次の計算をせよ。

(1) $(3-\sqrt{-1})(4+\sqrt{-25})$　　(2) $(2-\sqrt{-3})^2$

(3) $i-i^2+i^3+i^4+i^5-i^6+i^7+i^8$　　(4) $(1+2i)^3$

(5) $\dfrac{1}{1+i}+\dfrac{1}{1-2i}$　　(6) $\dfrac{2+5i}{4+i}-\dfrac{i}{4-i}$

指針 i は虚数単位とする。複素数も実数と同じ計算法則に従うから，

i を普通の文字のように考えて計算し，i^2 が出てきたら -1 におき換える

方針で計算すればよい。なお，計算の結果は $a+bi$ の形で表す。

(1), (2) **$a>0$ のとき $\sqrt{-a}=\sqrt{a}\,i$** のように，負の数の平方根は，**i を用いた形** に表してから，展開公式を利用して計算する。

(3) $i^2=-1$，$i^3=i^2\cdot i=(-1)\cdot i=-i$，$i^4=(i^2)^2=(-1)^2=1$ であるから，i^n (n は自然数) には **周期性** がある。
$\longrightarrow n\geqq 5$ 以後は，**i，-1，$-i$，1 を繰り返す。**

(5) 分母に i があるときは，分母と共役な複素数を分母・分子に掛けて **分母の実数化** を行ってから計算するのが基本。

(6) それぞれの分母を実数化してから和の計算をしてもよいが，$4+i$ と $4-i$ は互いに共役な複素数であるから，**通分と同時に分母が実数化** される。

例 14 | 複素数の相等 ★★☆☆☆

次の等式を満たす実数 x，y の値を求めよ。

(1) $(3+2i)x+(1-i)y=7+3i$　　(2) $(3+2i)(2x-yi)=4+7i$

指針 複素数の相等条件を利用する。**a，b，c，d が実数のとき**

$$\boldsymbol{a+bi=c+di \iff a=c,\ b=d}$$ ◀ 実部どうし，虚部どうしが等しい

特に $$\boldsymbol{a+bi=0 \iff a=0,\ b=0}$$ ◀ 実部も虚部も 0

(1) 左辺を i について整理し，複素数の相等条件を利用する。

(2) 左辺を展開して i について整理してもよいが，未知の実数 x，y が $(2x-yi)$ のように 1 つの (　) の中だけにあるので，両辺を $3+2i$ で割れば，$2x-yi=a+bi$ の形に変形できる。

検討　同値関係 $\boldsymbol{a+bi=c+di \iff a=c,\ b=d}$ は，a，b，c，d **が実数** という条件のもとで成り立つ。この条件がないとき，つまり 1 つでも実数でないものがあるときは成り立たない。

[例] $a=0$，$b=i$，$c=-1$，$d=0$ のとき　$a+bi=0+i^2=-1$，$c+di=-1+0\cdot i=-1$
a，b，c，d がすべて実数でなくても $a+bi=c+di$ であるが，$a\neq c$，$b\neq d$ である。

ある条件のもとで成り立つ定理や性質を利用するときは，前提となる条件 (複素数の相等なら a，b，c，d は実数) の確認が重要である。よって，記述試験の答案では，前提条件の確認の記述を省略してはならない。

例題 18 2乗すると虚数になる数 ★★★☆☆

$z^2=7+24i$ となる複素数 z を求めよ。 〔類 立教大〕

◀例13，14

指針 複素数の平方根を，根号を用いて $\sqrt{7+24i}$ のようには書き表さないことに注意する。
複素数は ●＋▲i の形であるから，**実部** ● と **虚部** ▲ を求める。

1 $z=x+yi$ (**x，y は実数**) を等式に代入し，i について整理する。

2 **複素数の相等条件** $a+bi=c+di \Longleftrightarrow a=c,\ b=d$ (**a，b，c，d は実数**)
を利用して，x，y の連立方程式を導いて解く。

解答 $z=x+yi$ (x，y は実数) とすると

$$z^2=(x+yi)^2=x^2-y^2+2xyi$$

$z^2=7+24i$ から　$x^2-y^2+2xyi=7+24i$

x，y は実数であるから，x^2-y^2，$2xy$ も実数である。

よって　$x^2-y^2=7$ …… ①，$2xy=24$ …… ②

② から，$x \neq 0$ であり　$y=\dfrac{12}{x}$ …… ③

① に代入して　$x^2-\dfrac{144}{x^2}=7$

両辺に x^2 を掛けて整理すると

$$x^4-7x^2-144=0$$

すなわち　$(x^2+9)(x^2-16)=0$

$x^2+9>0$ であるから，$x^2-16=0$ より　$x=\pm 4$

③ から　$(x,\ y)=(-4,\ -3),\ (4,\ 3)$

よって　$\boldsymbol{z=-4-3i,\ 4+3i}$

◀ この断りは重要。

◀ 複素数の相等

◀ ② から　$xy=12$
両辺を2乗して
$x^2y^2=144$ …… ②′
①，②′ から y^2 を消去して　$x^2(x^2-7)=144$
$x^4-7x^2-144=0$
としてもよい。

◀ $z=\pm(4+3i)$

検討 虚数にも，実数と同じような大小関係があるとすると，例えば，i と 0 に対して $i<0$，$i=0$，$i>0$ のうち，いずれか1つが成り立つはずである。しかし

$i=0$ とすると，両辺に i を掛けて	$i^2=0$	よって	$-1=0$
$i>0$ とすると，両辺に正の数 i を掛けて	$i^2>0$	よって	$-1>0$
$i<0$ とすると，両辺に負の数 i を掛けて	$i^2>0$	よって	$-1>0$

↑不等号の向きが変わる。

となり，いずれも矛盾が生じる。よって，i と 0 の間に実数のときと同じような，数の演算と両立する大小関係 (すなわち，i の正，負) を考えることはできない。
一般に，虚数の大小関係や正，負は考えない。

練習 18 (1) 2乗すると $3+4i$ となる複素数 z を求めよ。
(2) 3乗すると i となる複素数 z を求めよ。

8 2次方程式の解と判別式

《基本事項》

1 2次方程式 $ax^2+bx+c=0$ の解 （a, b, c は実数）

2次方程式 $ax^2+bx+c=0$ は，$\left(x+\dfrac{b}{2a}\right)^2=\dfrac{b^2-4ac}{4a^2}$ と変形できる。 ◀ $X^2=A$ の形。

数学Ⅰまでは，ここから $b^2-4ac \geqq 0$ の場合のみを考えたが，数の範囲を複素数まで広げると，$b^2-4ac<0$ の場合も平方根が求められる。したがって，実数を係数とするすべての2次方程式は，複素数の範囲で常に解をもち，次の解の公式が成り立つ。

2次方程式 $ax^2+bx+c=0$ の解は

$$x=\frac{-b\pm\sqrt{b^2-4ac}}{2a}$$　特に，$b=2b'$ ならば　$$x=\frac{-b'\pm\sqrt{b'^2-ac}}{a}$$

（注意）今後，特に断りがない場合，**方程式の係数はすべて実数** とし，**方程式の解は複素数の範囲で考える** ものとする。

2 2次方程式の解の種類の判別

方程式の解のうち，実数であるものを **実数解** といい，虚数であるものを **虚数解** という。

2次方程式 $ax^2+bx+c=0$ の解が実数であるか，虚数であるかは，解の公式の根号内の式 b^2-4ac の符号によって判別することができる。この b^2-4ac を **判別式** といい，普通 D で表す。 ◀ D は判別式を意味する英語 discriminant の頭文字である。

2次方程式 $ax^2+bx+c=0$ の解と，その判別式 D について，次のことが成り立つ。

[1] $D>0 \iff$ 異なる2つの実数解をもつ
[2] $D=0 \iff$ 重解をもつ
（[1]，[2]）$D \geqq 0 \iff$ 実数解をもつ
[3] $D<0 \iff$ 異なる2つの虚数解をもつ ◀ 2つの虚数解は互いに共役な複素数。

特に，$b=2b'$ のときは，$\dfrac{D}{4}=b'^2-ac$ を用いて，解の種類を判別することができる。

18 次の2次方程式を解け。 → 1

(1) $3x^2+5x-2=0$　(2) $x^2+x+1=0$　(3) $\dfrac{1}{10}x^2-\dfrac{1}{5}x+\dfrac{1}{2}=0$

19 次の2次方程式の解の種類を判別せよ。 → 2

(1) $x^2-3x+1=0$　(2) $4x^2-12x+9=0$　(3) $-13x^2+12x-3=0$

(4) $4x^2+25=0$　(5) $3x^2+4x+3=0$　(6) $3x^2+8x-\sqrt{2}=0$

例 15 | 2次方程式の解 ★★☆☆☆

次の2次方程式を解け。

(1) $6x^2+x-12=0$　　(2) $x^2-\sqrt{5}x+2=0$

(3) $(x+1)(x+3)=x(9-2x)$　　(4) $\sqrt{2}x^2+x+\sqrt{2}=0$

指針 数の範囲を複素数に広げても，2次方程式の解法は今までと変わらない。

2次方程式の解法　[1] 因数分解　[2] 解の公式

[1] 因数分解できるなら，複素数 α，β について，次の性質が成り立つことを利用。

$\alpha\beta=0$ ならば　$\alpha=0$ または $\beta=0$

[2] 因数分解できないものは **解の公式** を利用する。

2次方程式 $ax^2+bx+c=0$ の解は　$\boldsymbol{x=\dfrac{-b\pm\sqrt{b^2-4ac}}{2a}}$

特に，$\boldsymbol{b=2b'}$ ならば　$\boldsymbol{x=\dfrac{-b'\pm\sqrt{b'^2-ac}}{a}}$

(4) 因数分解できないので，解の公式を利用するが，方程式の両辺に適当な数を掛けて **x^2 の係数を有理数**（係数の有理化）にしてから，公式に代入する方が計算しやすい。
x^2 の係数 a について，$a=\sqrt{2}$ を公式に代入してもよいが，分母に $\sqrt{2}$ が残り，後で分母の有理化が必要になる。

例 16 | 2次方程式の解の判別 (1) ★★☆☆☆

次の2次方程式の解の種類を判別せよ。ただし，a は定数とする。

(1) $3x^2-5x+3=0$　　(2) $2x^2-(a+2)x+a-1=0$

(3) $x^2-(a-2)x+(9-2a)=0$

指針 2次方程式 $ax^2+bx+c=0$ の解の種類は，方程式を解かなくても，**判別式 $D=b^2-4ac$ の符号** だけで判別できる。

2次方程式の解の判別
- [1] $D>0 \iff$ **異なる2つの実数解**
- [2] $D=0 \iff$ **重解**
- [3] $D<0 \iff$ **異なる2つの虚数解**

(2), (3) 文字係数の2次方程式の場合も，解の種類の判別方針は，(1) と変わらないが，D が a の2次式で表され，**a の値による場合分け** が必要になることがある。

検討 2次方程式の解の種類の判別について，基本事項 **2** や指針の [1]，[2]，[3] の「$\Longrightarrow$」は，解の公式から明らかである。一方，「$\Longleftarrow$」については，例えば，[1] の場合，2次方程式が異なる2つの実数解をもつとき，$D=0$ でも $D<0$ でもないから，$D>0$ である。
すなわち，[1] の逆「$\Longleftarrow$」が成り立つ。同様にして [2]，[3] の逆も成り立つ。
このようにして逆を証明する方法を **転換法** という（チャート式数学 I＋A p. 121 参照）。

9 | 解と係数の関係

《基本事項》

1 解と係数の関係

2 次方程式について，次の 3 つの条件 ①，②，③ は同値である。

① **2 次方程式 $ax^2+bx+c=0$ の 2 つの解が α，β である。** ◀ $\alpha=\beta$ も含む。

② **解と係数の関係** $\alpha+\beta=-\dfrac{b}{a}$，$\alpha\beta=\dfrac{c}{a}$

③ **因数分解** $ax^2+bx+c=a(x-\alpha)(x-\beta)$ ◀ 右辺の a を忘れるな！

CHART》解と係数

3 つを自由自在に　**1** 解が α，β　**2** 和・積　**3** 因数分解

(注意) 本書では，「2 次方程式の解 α，β」とか「2 次方程式の 2 つの解 α，β」と示した場合，$\alpha \neq \beta$ とは限定しないで，$\alpha=\beta$ (重解) のときも含めるものとする。

2 2 次方程式の作成

2 数 α，β を解とする 2 次方程式は，x^2 の係数を 1 とすると

$$(x-\alpha)(x-\beta)=0 \quad すなわち \quad x^2-(\alpha+\beta)x+\alpha\beta=0$$

ここで，$\alpha+\beta=p$，$\alpha\beta=q$ とおくと　$x^2-px+q=0$

したがって，**和が p，積が q である 2 数を解** とする 2 次方程式の 1 つは $x^2-px+q=0$ である。

CHECK 問題

20 次の 2 次方程式の 2 つの解の和と積を求めよ。

(1) $x^2-3x+1=0$　(2) $4x^2+2x-3=0$

(3) $2x^2+3x=0$　(4) $3x^2+5=0$ → 1

21 次の 2 次式を，複素数の範囲で因数分解せよ。

(1) x^2+4x+5　(2) $6x^2-61x+153$ → 1

22 次の 2 数を解とする 2 次方程式を 1 つ作れ。

(1) $2+\sqrt{3}$，$2-\sqrt{3}$　(2) $3+5i$，$3-5i$ → 2

23 次の連立方程式を解け。

(1) $\begin{cases}\alpha+\beta=7\\ \alpha\beta=3\end{cases}$　(2) $\begin{cases}\alpha+\beta=-1\\ \alpha\beta=1\end{cases}$　(3) $\begin{cases}\alpha+\beta=-4\\ \alpha\beta=13\end{cases}$ → 2

例 17 解の対称式の値 (1) ★★☆☆☆

2 次方程式 $x^2+3x+4=0$ の 2 つの解を α, β とするとき，次の式の値を求めよ。

(1) $\alpha^2\beta+\alpha\beta^2$　(2) $\alpha^2+\beta^2$　(3) $(\alpha-\beta)^2$

(4) $\alpha^3+\beta^3$　(5) $\dfrac{\beta}{\alpha}+\dfrac{\alpha}{\beta}$　(6) $\dfrac{\beta}{\alpha-1}+\dfrac{\alpha}{\beta-1}$

指針 (1)~(6) の式はいずれも α, β の **対称式** (α, β を入れ替えても同じ式) である。

α, β の対称式は，基本対称式 $\alpha+\beta$, $\alpha\beta$ で表すことができる

ことが知られているから，2 次方程式の解 α, β と対称式の問題では，

CHART》 基本対称式 $\alpha+\beta$, $\alpha\beta$ で表し，解と係数の関係の利用

が基本となる。特に，次の等式はよく利用されるので，公式として自在に活用したい。

(2) $\boldsymbol{\alpha^2+\beta^2=(\alpha+\beta)^2-2\alpha\beta}$　(4) $\boldsymbol{\alpha^3+\beta^3=(\alpha+\beta)^3-3\alpha\beta(\alpha+\beta)}$

(5), (6) 通分して，分母と分子を $\alpha+\beta$, $\alpha\beta$ で表す。(2) の結果も利用してよい。

多項式の方程式と多項式の因数分解には，密接な関係がある。特に，2 次方程式については，

$$\alpha,\ \beta \text{ が } ax^2+bx+c=0 \text{ の 2 つの解} \iff ax^2+bx+c=a(x-\alpha)(x-\beta)$$

である。この同値関係から，次のようにして，解と係数の関係を導くことができる。

$ax^2+bx+c=a(x-\alpha)(x-\beta)$ の両辺を a で割ると

$$x^2+\frac{b}{a}x+\frac{c}{a}=(x-\alpha)(x-\beta) \quad \text{すなわち} \quad x^2+\frac{b}{a}x+\frac{c}{a}=x^2-(\alpha+\beta)x+\alpha\beta$$

両辺の係数を比較すると，解と係数の関係 $\alpha+\beta=-\dfrac{b}{a}$, $\alpha\beta=\dfrac{c}{a}$ が得られる。

例 18 解の対称式の値 (2) ★★★☆☆

2 次方程式 $2x^2+4x+3=0$ の 2 つの解を α, β とするとき，次の式の値を求めよ。

(1) $\alpha^5+\beta^5$　(2) $(\alpha-1)^4+(\beta-1)^4$

〔類 慶応大〕

指針 (1), (2) の式は，いずれも直接 $\alpha+\beta$, $\alpha\beta$ で表すのは面倒なので，他の工夫を考える。

(1) $\alpha^5+\beta^5$ は $(\alpha^2+\beta^2)(\alpha^3+\beta^3)$ の展開式に現れることに着目する。

(2) **$\alpha-1=\gamma$, $\beta-1=\delta$ とおく** と，$\gamma^4+\delta^4$ の値を求める問題となる。

$\gamma^4+\delta^4$ を基本対称式 $\gamma+\delta$, $\gamma\delta$ で表し，

$$\gamma+\delta=(\alpha-1)+(\beta-1)=\alpha+\beta-2, \qquad \gamma\delta=(\alpha-1)(\beta-1)=\alpha\beta-(\alpha+\beta)+1$$

に $\alpha+\beta$, $\alpha\beta$ の値を代入して，$\gamma+\delta$, $\gamma\delta$ の値を求める。

指針の (2) について，$\alpha-1=\gamma$, $\beta-1=\delta$ とおくと，$\alpha=\gamma+1$, $\beta=\delta+1$ である。

$x=\alpha$, β に対して，$x-1=X$ とおくと，$x=X+1$ は，$2x^2+4x+3=0$ の解であるから

$$2(X+1)^2+4(X+1)+3=0 \quad \cdots\cdots (*)$$

(*) は，$X=\gamma$, δ すなわち $X=\alpha-1$, $\beta-1$ を解とする 2 次方程式であるから，この 2 次方程式 (*) に対して，解と係数の関係を利用し，$\gamma+\delta$, $\gamma\delta$ の値を求める。

例 19 | 2解の関係と係数の決定 ★★☆☆☆

2次方程式 $x^2-6x+k=0$ について，次の条件を満たすように，定数 k の値を定めよ。

(1) 1つの解が他の解の2倍　　(2) 1つの解が他の解の2乗

指針 解の公式から $x=3\pm\sqrt{9-k}$ として計算すると大変（特に(2)が面倒）。**解** の関係から **係数**（定数 k）の値を求めればよいのだから，**解と係数の関係** の利用を考える。

2つの解を α，β とすると　$\boldsymbol{\alpha+\beta=6,\ \alpha\beta=k}$ …… Ⓐ

(1) 1つの解が他の解の2倍であるから，$\beta=2\alpha$ とおいて Ⓐ に代入すると

$$\alpha+2\alpha=6,\ \alpha\cdot 2\alpha=k$$

よって，2つの解を α，β とせずに，最初から $\boldsymbol{\alpha}$，$\boldsymbol{2\alpha}$ と表せばよい。

(2) も同様で，最初から2つの解を $\boldsymbol{\alpha}$，$\boldsymbol{\alpha^2}$ と表して計算する。

CHART》 解と係数の問題

まず 解と係数の関係を書き出す

例 20 | 2次式・複2次式の因数分解 ★★☆☆☆

次の式を，複素数の範囲で因数分解せよ。

(1) $2x^2-3x+2$　　(2) x^4+2x^2-8　　(3) x^4-x^2+1

指針「複素数の範囲で」とは，「因数の係数を複素数の範囲まで考えよ」ということである。

(1) 2次方程式 $ax^2+bx+c=0$ は，複素数の範囲で必ず解 α，β をもつ。

$$\boldsymbol{ax^2+bx+c=a(x-\alpha)(x-\beta)}$$

◀ 右辺の a を忘れるな！

(2), (3) 複2次式（x^2 の2次式）は，

1 **$x^2=X$ とおく**　　**2** **平方の差に変形**

のいずれかの方法で **(2次式)×(2次式)** の形に因数分解できる。

質問 因数分解はどこまでするのでしょうか？

例えば，例20(1)の2次式は実数の範囲では因数分解できないが，複素数の範囲ならできる。そこで，「因数分解せよ」という設問ではどこまで因数分解すればよいか心配になるが，特に指示がなければ，**有理数係数の範囲で考えればよい** ということになっている。
もし，(2)で「複素数の範囲で因数分解せよ」という指示がない場合は，数学Iの複2次式の因数分解の問題となって，$(x^2-2)(x^2+4)$ が答えとなる。

例題 21 2次方程式の作成 ★★☆☆☆

(1) $x^2+3x-6=0$ の2つの解を α, β とするとき, $2\alpha+\beta$, $\alpha+2\beta$ を解とする2次方程式を1つ作れ。

(2) 2次方程式 $x^2+px+q=0$ の解を α, β とするとき, 2数 α^2, β^2 を解とする2次方程式の1つが $x^2-4x+36=0$ であるという。このとき, 実数の定数 p, q の値を求めよ。

指針 CHART》 解と係数の問題　まず 解と係数の関係を書き出す

(1) $2\alpha+\beta, \alpha+2\beta$ を解とする2次方程式は, この2数の和と積から $\boldsymbol{x^2-(和)x+(積)=0}$ の形で作ることができる。その和と積を計算するために, まず2次方程式 $x^2+3x-6=0$ の解と係数の関係を書き出す。

(2) 2つの2次方程式について, 解と係数の関係を書き出し, $\alpha^2+\beta^2=(\alpha+\beta)^2-2\alpha\beta$ を用いて, p と q の連立方程式を導く。

解答 (1) 解と係数の関係から　$\alpha+\beta=-3$, $\alpha\beta=-6$

よって　$(2\alpha+\beta)+(\alpha+2\beta)=3(\alpha+\beta)=3\cdot(-3)=-9$　◀ 2数の和。

$$\begin{aligned}(2\alpha+\beta)(\alpha+2\beta)&=2(\alpha^2+\beta^2)+5\alpha\beta\\&=2\{(\alpha+\beta)^2-2\alpha\beta\}+5\alpha\beta\\&=2(\alpha+\beta)^2+\alpha\beta\\&=2\cdot(-3)^2+(-6)=12\end{aligned}$$

◀ 2数の積。

したがって, 求める2次方程式の1つは

$x^2-(-9)x+12=0$　すなわち　$\boldsymbol{x^2+9x+12=0}$　◀ $x^2-(和)x+(積)=0$

(2) 2つの2次方程式において, 解と係数の関係から

$\alpha+\beta=-p$ …… ①,　$\alpha\beta=q$ …… ②,

$\alpha^2+\beta^2=4$ …… ③,　$\alpha^2\beta^2=36$ …… ④

$\alpha^2+\beta^2=(\alpha+\beta)^2-2\alpha\beta$ に①, ②, ③を代入して

$4=p^2-2q$ …… ⑤

また, ②, ④から　$q^2=36$

したがって　$q=\pm6$

$q=6$ のとき, ⑤から $p^2=16$ となり　$p=\pm4$

$q=-6$ のとき, ⑤から $p^2=-8$ となり, $p^2=-8$ を満たす実数 p は存在しない。　◀ p が実数ならば $p^2\geqq0$

以上から　$\boldsymbol{p=\pm4,\ q=6}$

練習 21 (1) 2次方程式 $2x^2-4x+1=0$ の2つの解を α, β とするとき, $\alpha-\dfrac{1}{\alpha}$, $\beta-\dfrac{1}{\beta}$ を解とする2次方程式を1つ作れ。〔類 立命館大〕

(2) x についての2次方程式 $x^2+px+q=0$ は, 異なる2つの解 α, β をもつとする。2次方程式 $x^2+qx+p=0$ が2つの解 $\alpha(\beta-2)$, $\beta(\alpha-2)$ をもつとき, 定数 p, q の値を求めよ。〔名城大〕

例題 22 因数分解が可能な条件 ★★★☆☆

$3x^2+xy-2y^2+5x-5y+k$ が x, y についての 2 つの 1 次式の積に因数分解されるように，定数 k の値を定めよ。また，その場合に，この式を因数分解せよ。

◀例 20

指針 与式が 2 つの 1 次式の積に因数分解されるということは

$$(\text{与式})=(ax+by+c)(px+qy+r)$$

の形に書けるということである。したがって，与式を **x についての 2 次式** とみたとき，$=0$ とおいた方程式の **解が y の 1 次式** でなければならない，と考える。

解答 $P=3x^2+xy-2y^2+5x-5y+k$ とすると

$$P=3x^2+(y+5)x-(2y^2+5y-k)$$

◀ x について整理。

$P=0$ を x についての 2 次方程式と考えると

$$x=\frac{-(y+5)\pm\sqrt{(y+5)^2+4\cdot3(2y^2+5y-k)}}{2\cdot3}$$

◀ 解の公式。

$$=\frac{-y-5\pm\sqrt{25y^2+70y+25-12k}}{6} \quad \cdots\cdots ①$$

2 次方程式 $P=0$ の 2 つの解を α, β とすると

$$P=3(x-\alpha)(x-\beta)$$

◀ 3 を忘れるな！

P が x, y についての 1 次式の積に因数分解できるためには，α, β が y の 1 次式でなければならない。

ゆえに，根号内の y の 2 次式 $25y^2+70y+25-12k$ が y について **完全平方式** でなければならない。

◀ 完全平方式
[$(\quad)^2$ の形で表される。]
⟺ $=0$ が重解をもつ
⟺ 判別式 $D=0$

よって，$25y^2+70y+25-12k=0$ の判別式を D とすると

$$D=0$$

$$\frac{D}{4}=35^2-25(25-12k)=5^2\{7^2-(25-12k)\}=25\cdot12(k+2)$$

から　$k+2=0$　ゆえに　$\boldsymbol{k=-2}$

このとき，① は

$$x=\frac{-y-5\pm\sqrt{(5y+7)^2}}{6}=\frac{-y-5\pm(5y+7)}{6}$$

◀ $\sqrt{(5y+7)^2}=|5y+7|$
$=\pm(5y+7)$

すなわち　$x=\dfrac{2y+1}{3},\ -y-2$

よって　$P=3\left(x-\dfrac{2y+1}{3}\right)\{x-(-y-2)\}$

$$=\boldsymbol{(3x-2y-1)(x+y+2)}$$

練習 22

(1) 解の公式を利用して，$3x^2+y^2+4xy-7x-y-6$ を因数分解せよ。

(2) 次の 2 次式が x, y の 1 次式の積に因数分解されるように，定数 k の値をそれぞれ定めよ。また，その場合に，それぞれの式を因数分解せよ。

(ア) $x^2+xy-6y^2-x+7y+k$　　(イ) $2x^2-xy-3y^2+5x-5y+k$

➡ p. 94 演習 16

重要例題 23 2次方程式の解と式の値 ★★★☆☆

2次方程式 $x^2+nx+p=0$ の2つの解を a, b とし, $x^2+nx+q=0$ の2つの解を c, d とする。ただし, p, q は整数で, n は実数とする。

(1) $(c-a)(c-b)$ を p, q で表せ。

(2) $(a-c)(b-d)(a-d)(b-c)$ は平方数(ある整数の2乗で表される数)であることを示せ。

指針 CHART》 解と係数 3つを自由自在に

1 解が α, β **2** 和・積 **3** 因数分解

(1) $(c-a)(c-b)$ の形を導きたいから, $x^2+nx+p=(x-a)(x-b)$ であることを利用して考える。

また, このとき, 平凡に

$\boldsymbol{x=c}$ **が** $\boldsymbol{x^2+nx+q=0}$ **の解** $\iff$ $\boldsymbol{c^2+nc+q=0}$ も利用。

(2) $(c-a)(c-b)\times(d-a)(d-b)$ と変形すると, (1)の結果が利用できる。つまり

CHART》 (1), (2)の問題 (1)は(2)のヒント

解答 (1) 2次方程式 $x^2+nx+p=0$ の2つの解が a, b であるから $x^2+nx+p=(x-a)(x-b)$

◀ **3** 因数分解

両辺に $x=c$ を代入して

$$(c-a)(c-b)=c^2+nc+p$$

また, $x=c$ は $x^2+nx+q=0$ の解であるから

$$c^2+nc+q=0$$

ゆえに $c^2+nc=-q$

◀ c^2+nc を消去。

よって $\boldsymbol{(c-a)(c-b)}=-q+p=\boldsymbol{p-q}$

(2) (1)で, c の代わりに d とおいても同じであるから

$$(d-a)(d-b)=p-q$$

◀ $x=d$ も $x^2+nx+q=0$ の解である。

よって $(a-c)(b-d)(a-d)(b-c)$

$=(c-a)(c-b)\times(d-a)(d-b)$

$=(p-q)^2$

◀ (1)の結果を利用。

p, q は整数であるから, $p-q$ は整数である。

したがって, $(p-q)^2$ は平方数である。

すなわち, $(a-c)(b-d)(a-d)(b-c)$ は平方数である。

練習 23 (1) x の方程式 $(x-a)(x-b)-2x+1=0$ の2つの解を α, β とする。このとき, $(x-\alpha)(x-\beta)+2x-1=0$ の解を求めよ。 〔大阪経大〕

(2) 2次方程式 $(x-1)(x-2)+(x-2)x+x(x-1)=0$ の2つの解を α, β とするとき, 次の式の値を求めよ。

$$\frac{1}{\alpha\beta}+\frac{1}{(\alpha-1)(\beta-1)}+\frac{1}{(\alpha-2)(\beta-2)}$$

重要例題 24　2次方程式の整数解と解と係数の関係 ★★★★☆

2次方程式 $x^2-mx+3m=0$ が整数解のみをもつような定数 m の値とそのときの整数の解をすべて求めよ。　〔類 東京経大〕

指針 **整数解は実数解** であるから，判別式について

$D=(-m)^2-12m=m(m-12)\geqq 0$　　よって　$m\leqq 0,\ 12\leqq m$

しかし，この条件から m の値を絞り込むことができない。

そこで，ここでは「**整数解のみ**」という特別な条件を手がかりとして進める。

2つの整数解を $\alpha,\ \beta$ とすると，解と係数の関係から

$\alpha+\beta=m,\qquad \alpha\beta=3m$

この2式から m を消去して，**( )( )=(整数) の形** を導く。

解答 2次方程式 $x^2-mx+3m=0$ が2つの整数解 $\alpha,\ \beta\ (\alpha\leqq\beta)$ をもつとする。

解と係数の関係から

$\alpha+\beta=m$ ……①，$\alpha\beta=3m$ ……②

①，② から m を消去すると　$\alpha\beta=3(\alpha+\beta)$

よって　$\alpha\beta-3\alpha-3\beta=0$

ゆえに　$(\alpha-3)(\beta-3)=9$

$\alpha,\ \beta$ は整数であるから，$\alpha-3,\ \beta-3$ は整数である。

また，$\alpha\leqq\beta$ より $\alpha-3\leqq\beta-3$ であるから

$(\alpha-3,\ \beta-3)=(-9,\ -1),\ (-3,\ -3),\ (1,\ 9),\ (3,\ 3)$

よって　$(\alpha,\ \beta)=(-6,\ 2),\ (0,\ 0),\ (4,\ 12),\ (6,\ 6)$

この $\alpha,\ \beta$ の値の組に対する m の値は，① から

$(\alpha,\ \beta)=(-6,\ 2)$ のとき　$m=-4$

$(\alpha,\ \beta)=(0,\ 0)$ のとき　$m=0$

$(\alpha,\ \beta)=(4,\ 12)$ のとき　$m=16$

$(\alpha,\ \beta)=(6,\ 6)$ のとき　$m=12$

したがって，求める m の値とそのときの整数解は

$\boldsymbol{m=-4}$ **のとき** $\boldsymbol{x=-6,\ 2}$

$\boldsymbol{m=0}$ **のとき** $\boldsymbol{x=0}$

$\boldsymbol{m=12}$ **のとき** $\boldsymbol{x=6}$

$\boldsymbol{m=16}$ **のとき** $\boldsymbol{x=4,\ 12}$

◀ $\alpha,\ \beta$ は整数であるから，m も整数。

◀ $\alpha(\beta-3)-3(\beta-3)-9=0$

◀ $\alpha-3,\ \beta-3$ は9の約数である。

◀ $m=0,\ 12$ のとき，解は重解になる。

練習 24

(1) 2次方程式 $x^2+(2m+5)x+m+3=0$ が整数の解をもつための整数 m の値をすべて求めよ。　〔神戸薬大〕

(2) 100以下の自然数 m のうち，2次方程式 $x^2-x-m=0$ の2つの解がともに整数であるような m は全部で □ 個ある。　〔慶応大〕

➡ p. 95 演習 18

10 解の存在範囲

《 基本事項 》

1 2次方程式の実数解の符号

2つの実数 α, β について，次のことが成り立つ。

(i) $\alpha>0$ かつ $\beta>0 \iff \alpha+\beta>0$ かつ $\alpha\beta>0$

(ii) $\alpha<0$ かつ $\beta<0 \iff \alpha+\beta<0$ かつ $\alpha\beta>0$

(iii) α と β が異符号 $\iff \alpha\beta<0$

◀ (i), (ii) の $\Leftarrow$ は「α, β は実数」という条件がないと成り立たない。

したがって，2次方程式 $ax^2+bx+c=0$ の2つの解を α, β とし，判別式を D とすると，次のことが成り立つ。

① **$\alpha>0$ かつ $\beta>0 \iff D\geqq0$ かつ $\alpha+\beta>0$ かつ $\alpha\beta>0$**

② **$\alpha<0$ かつ $\beta<0 \iff D\geqq0$ かつ $\alpha+\beta<0$ かつ $\alpha\beta>0$**

◀ $\alpha=\beta$ の場合も含む。

③ **α と β は異符号 $\iff \alpha\beta<0$**

ただし，虚数では正，負を考えないため，解の符号を考えるときは実数の場合に限る。
よって，α, β は実数であるから，①，② では $D\geqq0$ の条件が必要になる。

なお，③ において，$\alpha\beta<0$ から $\dfrac{c}{a}<0$　両辺に $a^2\ (>0)$ を掛けて　$ac<0$

したがって，$D=b^2-4ac>0$ が成り立つから，$D\geqq0$ を更に条件に加える必要はない。
$\alpha\beta<0$ だけで必要十分条件になっている。

2 2次方程式の実数解と実数 k との大小

2次方程式 $ax^2+bx+c=0$ の2つの解を α, β とし，判別式を D とする。

① **$\alpha>k$ かつ $\beta>k \iff D\geqq0$ かつ $(\alpha-k)+(\beta-k)>0$ かつ $(\alpha-k)(\beta-k)>0$**

② **$\alpha<k$ かつ $\beta<k \iff D\geqq0$ かつ $(\alpha-k)+(\beta-k)<0$ かつ $(\alpha-k)(\beta-k)>0$**

③ **k が α と β の間 $\iff (\alpha-k)(\beta-k)<0$**

$\alpha<k \iff \alpha-k<0$, $\alpha=k \iff \alpha-k=0$, $\alpha>k \iff \alpha-k>0$ であるから，**1** の ①～③ と同様に考えて，$\alpha-k$, $\beta-k$ の符号を調べればよいことがわかる。

$a>0$ の場合，2次関数 $f(x)=ax^2+bx+c$ のグラフ（下の図）から，次のことが成り立つ。

① $\alpha>k$, $\beta>k \iff D\geqq0$,（軸の位置）$>k$, $f(k)>0$

② $\alpha<k$, $\beta<k \iff D\geqq0$,（軸の位置）$<k$, $f(k)>0$

③ k が α と β の間 $\iff f(k)<0$

$a<0$ の場合は，①，②，③ で，それぞれ $f(k)$ の符号が逆になる。

①

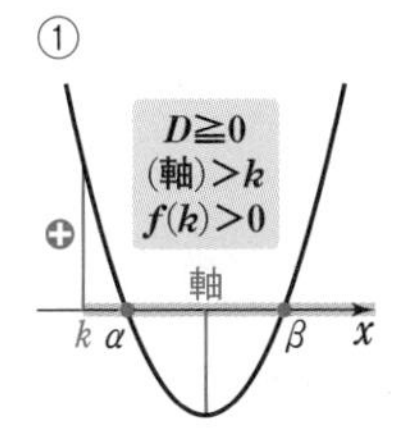

②

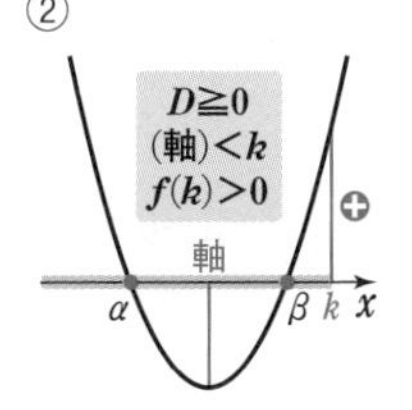

③

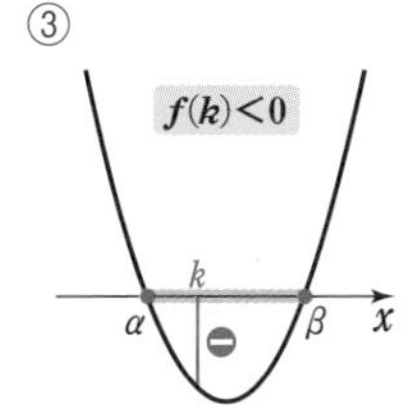

例題 25　2次方程式の解の存在範囲 (1)　★★☆☆☆

2次方程式 $x^2-2(k-3)x+4k=0$ が次のような解をもつように，定数 k の値の範囲を定めよ。

(1) 異なる2つの負の解　　(2) 異符号の解

指針 方程式の解を α, β とし，判別式を D として，次の同値関係を利用する。

① $\alpha>0$ かつ $\beta>0 \iff D\geqq 0$ かつ $\alpha+\beta>0$ かつ $\alpha\beta>0$

② $\alpha<0$ かつ $\beta<0 \iff D\geqq 0$ かつ $\alpha+\beta<0$ かつ $\alpha\beta>0$

③ α と β は異符号 $\iff \alpha\beta<0$　◀ 判別式の条件も含まれている。

解と数 k との大小 ⟶ **グラフをイメージ，D，軸，$f(k)$ に注目** で考えてもよい（**検討**）。

解答 2次方程式 $x^2-2(k-3)x+4k=0$ の2つの解を α, β とし，判別式を D とする。

$$\frac{D}{4}=\{-(k-3)\}^2-4k=k^2-10k+9=(k-1)(k-9)$$

◀ $\{-(k-3)\}^2$ の部分は，$(k-3)^2$ と書いてよい。

解と係数の関係から　$\alpha+\beta=2(k-3)$, $\alpha\beta=4k$

(1) $\alpha\neq\beta$, $\alpha<0$, $\beta<0$ であるための条件は

$D>0$　かつ　$\alpha+\beta<0$　かつ　$\alpha\beta>0$

◀ $D\geqq 0$ ではない。異なる2つの負の解をもつための条件を考えるから　$D>0$

$D>0$ から　$(k-1)(k-9)>0$

よって　$k<1$, $9<k$　…… ①

$\alpha+\beta<0$ から　$2(k-3)<0$

よって　$k<3$　…… ②

$\alpha\beta>0$ から　$4k>0$

よって　$k>0$　…… ③

①, ②, ③ の共通範囲を求めて

$0<k<1$

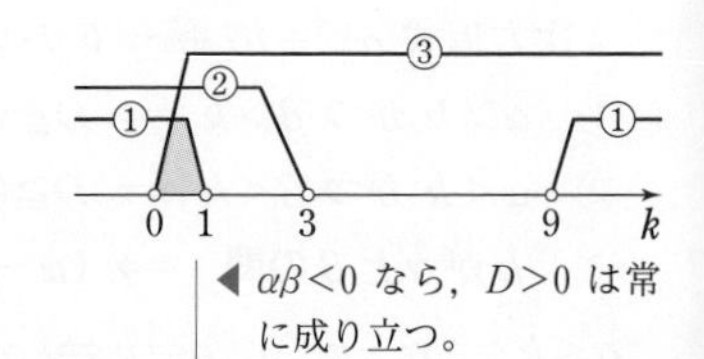

(2) α, β が異符号であるための条件は　$\alpha\beta<0$

したがって，$4k<0$ より　**$k<0$**

◀ $\alpha\beta<0$ なら，$D>0$ は常に成り立つ。

検討 2次関数 $f(x)=x^2-2(k-3)x+4k$ のグラフを利用すると，$\alpha\leqq\beta$ として

(1) $\dfrac{D}{4}=(k-1)(k-9)>0$

軸 について　$x=k-3<0$

$f(0)=4k>0$

(2) $f(0)=4k<0$

(1)

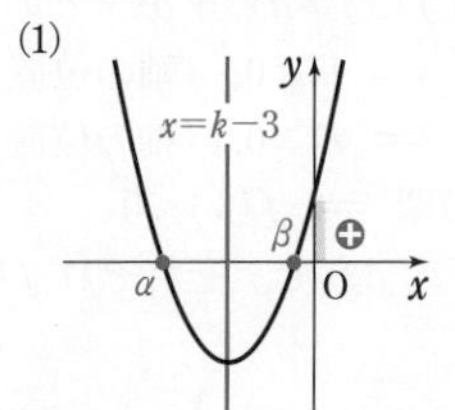

(2)

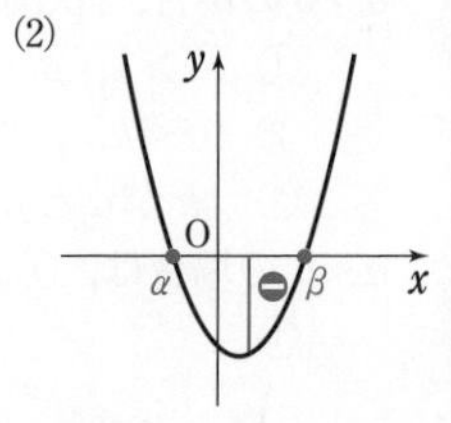

練習 25 2次方程式 $x^2+2(k+1)x+2k^2+5k-3=0$ が次のような解をもつように，定数 k の値の範囲を定めよ。〔類 摂南大〕

(1) 異なる2つの正の解　　(2) 異なる2つの負の解

(3) 正の解と負の解

➡ p. 94 演習 17

例題 26 2次方程式の解の存在範囲(2) ★★★☆☆

2次方程式 $x^2-2ax+2a^2-5=0$ が次の条件を満たす解をもつように，定数 a の値の範囲を定めよ。

(1) 2つの解はともに1より大きい。

(2) 1つの解は1より大きく，他の解は1より小さい。 〔八戸工大〕

指針 方程式の2つの解を α, β とし，判別式を D として，$p.69$ 基本事項 **2** の同値関係を利用。

$\alpha>k$ かつ $\beta>k \iff D\geqq 0$ かつ $(\alpha-k)+(\beta-k)>0$ かつ $(\alpha-k)(\beta-k)>0$

$\alpha<k$ かつ $\beta<k \iff D\geqq 0$ かつ $(\alpha-k)+(\beta-k)<0$ かつ $(\alpha-k)(\beta-k)>0$

k が α と β の間 $\iff (\alpha-k)(\beta-k)<0$

これらのことは丸暗記するのではなく，前ページで利用した，解の符号（0との大小）の同値関係を k だけ平行移動させたものとイメージすればよい。

解答 2次方程式 $x^2-2ax+2a^2-5=0$ の2つの解を α, β とし，判別式を D とする。

$$\frac{D}{4}=(-a)^2-(2a^2-5)=-(a^2-5)$$

解と係数の関係から　$\alpha+\beta=2a$, $\alpha\beta=2a^2-5$

(1) $\alpha>1$, $\beta>1$ であるための条件は

$D\geqq 0$ かつ $(\alpha-1)+(\beta-1)>0$ かつ $(\alpha-1)(\beta-1)>0$

$D\geqq 0$ から　$a^2-5\leqq 0$

よって　$-\sqrt{5}\leqq a\leqq\sqrt{5}$ …… ①

$(\alpha-1)+(\beta-1)>0$ すなわち $(\alpha+\beta)-2>0$ から

$2a-2>0$

よって　$a>1$ …… ②

$(\alpha-1)(\beta-1)>0$ すなわち $\alpha\beta-(\alpha+\beta)+1>0$ から

$(2a^2-5)-2a+1>0$

ゆえに　$a^2-a-2>0$

$(a+1)(a-2)>0$ から

$a<-1$, $2<a$ … ③

①, ②, ③ の共通範囲を求めて　**$2<a\leqq\sqrt{5}$**

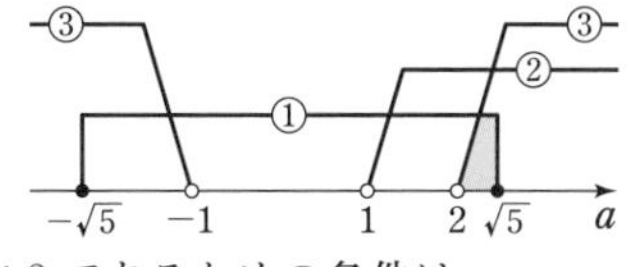

(2) $\alpha<\beta$ とすると，$\alpha<1<\beta$ であるための条件は

$(\alpha-1)(\beta-1)<0$

よって　$(a+1)(a-2)<0$

これを解いて　**$-1<a<2$**

別解 グラフ利用

$f(x)=x^2-2ax+2a^2-5$ とする。

(1) $\dfrac{D}{4}=-(a^2-5)\geqq 0$

軸について　$x=a>1$

$f(1)=2a^2-2a-4>0$

以上から　$2<a\leqq\sqrt{5}$

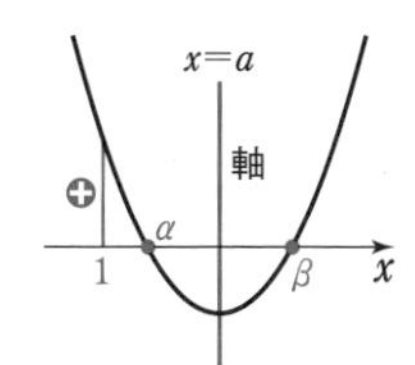

(2) $f(1)=2a^2-2a-4<0$ から　$-1<a<2$

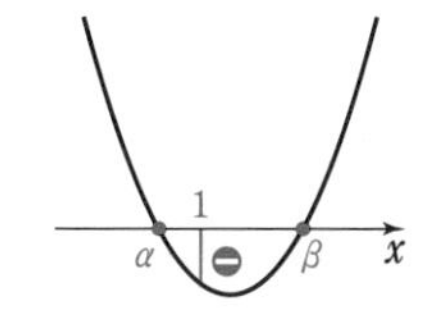

練習 26 2次方程式 $x^2-mx+2m+5=0$ が次の条件を満たす解をもつように，定数 m の値の範囲を定めよ。

(1) 1つの解は4より大きく，他の解は4より小さい。

(2) 異なる2つの解はともに4より大きい。 〔類 北里大〕

重要例題 27　2 つの方程式の解　★★★★☆

$a>0$ のとき，次の x の 2 次方程式はいずれも 2 つの実数解をもち，② の解のうち 1 つだけが ① の解の間にあることを示せ。

$x^2-x-a=0$ …… ①，　$x^2+ax-1=0$ …… ②　〔京都大〕

指針　2 次方程式 $f(x)=0$ について，次のことが成り立つ。
$p<q$ のとき，$f(p)$ と $f(q)$ が異符号，すなわち
$f(p)f(q)<0$ ならば，$f(x)=0$ は $p<x<q$ の範囲にただ 1 つの解をもつ。

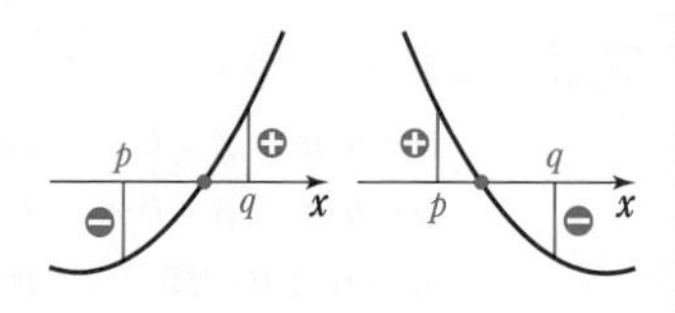

ここでは ① の解を α，β，② の左辺を $f(x)$ として，

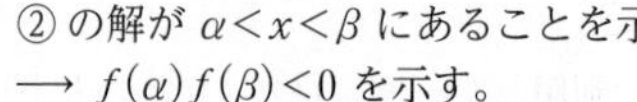

② の解が $\alpha<x<\beta$ にあることを示す。
⟶ $f(\alpha)f(\beta)<0$ を示す。

解答　①，② の判別式をそれぞれ D_1，D_2 とする。
$a>0$ であるから　$D_1=1+4a>0$，$D_2=a^2+4>0$
よって，①，② はいずれも異なる 2 つの実数解をもつ。
① の 2 つの解を α，β とすると　$\alpha+\beta=1$，$\alpha\beta=-a$　◀ 解と係数の関係。
また，$\alpha^2=\alpha+a$，$\beta^2=\beta+a$ が成り立つ。　◀ ① を変形すると $x^2=x+a$
② の左辺について，$f(x)=x^2+ax-1$ とすると

$$\begin{aligned} f(\alpha)f(\beta)&=(\alpha^2+a\alpha-1)(\beta^2+a\beta-1)\\ &=(\alpha+a+a\alpha-1)(\beta+a+a\beta-1)\\ &=\{(a+1)\alpha+a-1\}\{(a+1)\beta+a-1\}\\ &=(a+1)^2\alpha\beta+(a^2-1)(\alpha+\beta)+(a-1)^2\\ &=(a+1)^2\cdot(-a)+(a^2-1)\cdot 1+(a-1)^2\\ &=-a(a^2+3)\end{aligned}$$

◀ $\alpha^2=\alpha+a$，$\beta^2=\beta+a$ を代入。
◀ $\alpha+\beta=1$，$\alpha\beta=-a$ を代入。

条件 $a>0$ から　$f(\alpha)f(\beta)<0$
したがって，放物線 $y=f(x)$ は $\alpha<x<\beta$ の範囲で x 軸と共有点を 1 つもつ。
よって，② の解のうち 1 つだけが ① の解の間にある。

●解の存在範囲について，よく利用する考え方をまとめておこう。

CHART》 解と k の大小

1　$\alpha+\beta$，$\alpha\beta$ のペアで　実数条件を忘れるな
2　グラフ利用なら　D，$f(k)$，軸を押さえる
$f(p)f(q)<0$ なら　p と q の間に解あり

練習 27　a，k は定数とする。2 次方程式 $x^2+2ax+k=0$ が実数解をもち，その解がすべて 2 次方程式 $x^2+2ax+a=1$ の 2 つの解の間にあるための条件は，$a-1<k\leqq a^2$ であることを示せ。　〔高知大〕

11 剰余の定理と因数定理

《 基本事項 》

1 剰余の定理

多項式 $P(x)$ を1次式 $x-k$ で割ったときの商を $Q(x)$ とし，余りをRとすると，次の等式が成り立つ。

$$P(x)=(x-k)Q(x)+R \qquad R\text{は定数}$$

◀ 割り算の基本等式

この等式の両辺に $x=k$ を代入すると，$P(k)=0\cdot Q(k)+R$ から，$P(k)=R$ が得られる。
したがって，次の ① のように，**剰余の定理** が成り立つ。
また，多項式 $P(x)$ を1次式 $ax+b$ で割ったときの商を $Q(x)$ とし，余りをRとすると，等式 $P(x)=(ax+b)Q(x)+R$ が成り立ち，この等式の両辺に $x=-\dfrac{b}{a}$ を代入すると

$$P\left(-\frac{b}{a}\right)=\left\{a\left(-\frac{b}{a}\right)+b\right\}Q\left(-\frac{b}{a}\right)+R \quad \text{すなわち} \quad P\left(-\frac{b}{a}\right)=R$$

が成り立ち，まとめると次のようになる。

剰余の定理　① **多項式 $P(x)$ を1次式 $x-k$ で割ったときの余りは　$P(k)$**
② **多項式 $P(x)$ を1次式 $ax+b$ で割ったときの余りは $P\left(-\dfrac{b}{a}\right)$**

2 因数定理

剰余の定理により，次のことが成り立つ。

多項式 $P(x)$ が1次式 $x-k$ で割り切れる $\Longleftrightarrow$ $P(k)=0$

◀ 割り切れる ⟺ 余りは0

$P(k)=0$ のとき，$P(x)$ は $P(x)=(x-k)Q(x)$ の形に表される。したがって，次の **因数定理** が成り立つ。

因数定理
1次式 $x-k$ が多項式 $P(x)$ の因数である $\Longleftrightarrow$ $P(k)=0$

3 組立除法（多項式を1次式で割ったときの商と余りを求める簡便法）

ax^3+bx^2+cx+d を $x-k$ で割ったときの商を lx^2+mx+n，余りをRとすると

$$ax^3+bx^2+cx+d=(x-k)(lx^2+mx+n)+R$$

すなわち　$ax^3+bx^2+cx+d=lx^3+(m-lk)x^2+(n-mk)x+R-nk$

が成り立つ。両辺の係数を比較すると

$a=l$，$b=m-lk$，$c=n-mk$，$d=R-nk$ から

$\boldsymbol{l=a}$，$\boldsymbol{m=b+lk}$，$\boldsymbol{n=c+mk}$，$\boldsymbol{R=d+kn}$

よって，l，m，n およびRは，右のようにして求められる。この方法を **組立除法** という。

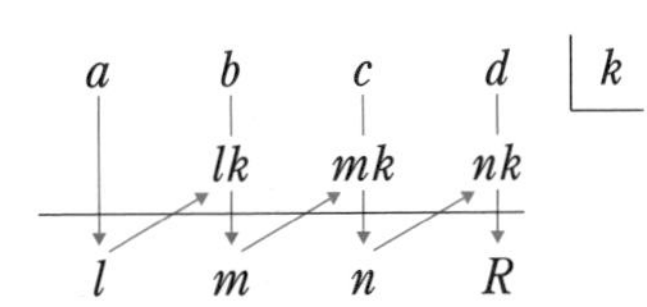

例 21 剰余の定理 ★☆☆☆☆

次の多項式を，[　] 内の 1 次式で割ったときの余りを求めよ。

(1) x^3-4x^2+x-7 　$[x+2]$　　(2) $x^4-2x^3-10x+9$ 　$[x-3]$

(3) $8x^3-4x^2+5x-2$ 　$[2x-3]$

指針 1 次式で割ったときの余りを求めるから，**剰余の定理** を利用する。

多項式 $P(x)$ を $x-k$ で割ったときの余りは　$P(k)$

多項式 $P(x)$ を $ax+b$ で割ったときの余りは　$P\left(-\dfrac{b}{a}\right)$

[　] 内の式を $=0$ とおいたときの x の値を，与えられた多項式に代入して余りを求める。
具体的には，(1) $x+2=0$，(2) $x-3=0$，(3) $2x-3=0$ の解をそれぞれ代入する。

例 22 組立除法 ★★☆☆☆

組立除法を用いて，次の式を [　] 内の 1 次式で割ったときの商と余りを求めよ。

(1) x^3+5x^2-4x+3 　$[x+1]$　　(2) $8x^3+22x^2+13x-4$ 　$[4x+1]$

指針 例えば，$2x^3+3x^2-5x-11$ を $x-3$ で割る組立除法は，右のようになる。

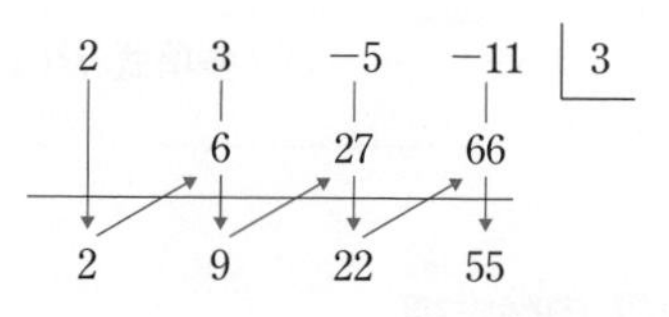

よって，商は　$2x^2+9x+22$，余りは　55

(2) (1) とは異なり，割る式が $ax+b$ の形をしている。このような場合，$P(x)=(ax+b)Q(x)+R$
より，$P(x)=\left(x+\dfrac{b}{a}\right)\cdot aQ(x)+R$ であるから，$x+\dfrac{b}{a}$ で割ったときの商は $aQ(x)$
[これを $Q'(x)$ とおく] となる。したがって，**$Q'(x)\div a$ が求める商，R が求める余り**となる。

例 23 割り算と係数の決定 ★★☆☆☆

多項式 $P(x)$ が次の条件を満たすように，定数 a，b の値をそれぞれ定めよ。

(1) $P(x)=x^3+ax^2+bx-6$ は $x+1$ で割り切れ，$x-2$ で割ると 6 余る。

(2) $P(x)=x^3+ax^2+x+b$ が x^2-3x+2 で割り切れる。　[(2) 立教大]

指針 **CHART》** 1 次式で割ったときの余り　**剰余の定理 を利用**

余りの条件から，多項式 $P(x)$ の係数である a，b の連立方程式を導き，それを解く。

(1) $x+1$ で割り切れる　⟶ $x+1$ で割ったときの余りは 0 ⟶ $P(-1)=0$ (**因数定理**)
　$x-2$ で割ると 6 余る ⟶ $P(2)=6$

(2) $x^2-3x+2=(x-1)(x-2)$ であるから，$P(x)=(x-1)(x-2)Q(x)$ の形に表され，
$P(x)$ は $x-1$，$x-2$ で割り切れるから　$P(1)=0$ かつ $P(2)=0$ (**因数定理**)
一般に，次のことが成り立つ。ただし，$\alpha \neq \beta$ とする。

多項式が $(x-\alpha)(x-\beta)$ で割り切れる ⟺ 多項式が $x-\alpha$，$x-\beta$ で割り切れる

例題 28 高次式の因数分解 ★★☆☆☆

次の式を因数分解せよ。

(1) $2x^3-5x^2-x+6$　　(2) $2x^4-3x^3-x^2-3x+2$

指針 **高次式**（3次以上の多項式）$P(x)$ の因数分解は，次の要領で進める。

[1] $\boldsymbol{P(\alpha)=0}$ **となる** $\boldsymbol{\alpha}$ **を見つけて**

$\boldsymbol{P(x)=(x-\alpha)Q(x)}$　[$Q(x)$ は多項式]　とする。

（$Q(x)$ は $P(x)$ を $x-\alpha$ で割って求める。）

[2] 更に，$Q(x)$ を因数分解する。

なお，1次式による割り算は，**組立除法** を利用すると便利である。

解答 (1) $P(x)=2x^3-5x^2-x+6$ とする。

$P(-1)=-2-5+1+6=0$

したがって，$P(x)$ は $x+1$ を因数にもつ。

よって　$P(x)=(x+1)(2x^2-7x+6)$

$=\boldsymbol{(x+1)(x-2)(2x-3)}$

◀ 組立除法。

2	−5	−1	6	−1
	−2	7	−6	
2	−7	6	0	

(2) $P(x)=2x^4-3x^3-x^2-3x+2$ とする。

$P(2)=32-24-4-6+2=0$

したがって，$P(x)$ は $x-2$ を因数にもつ。

よって　$P(x)=(x-2)(2x^3+x^2+x-1)$

◀ 組立除法。

2	−3	−1	−3	2	2
	4	2	2	−2	
2	1	1	−1	0	

$Q(x)=2x^3+x^2+x-1$ とすると

$Q\left(\dfrac{1}{2}\right)=\dfrac{1}{4}+\dfrac{1}{4}+\dfrac{1}{2}-1=0$

したがって，$Q(x)$ は $x-\dfrac{1}{2}$ を因数にもつ。

ゆえに　$Q(x)=\left(x-\dfrac{1}{2}\right)(2x^2+2x+2)$

$=(2x-1)(x^2+x+1)$

よって　$P(x)=\boldsymbol{(x-2)(2x-1)(x^2+x+1)}$

◀ 組立除法。

2	1	1	−1	$\frac{1}{2}$
	1	1	1	
2	2	2	0	

◀ 係数が有理数の範囲での因数分解はここまで。

検討 [$\boldsymbol{P(\alpha)=0}$ **となる** $\boldsymbol{\alpha}$ **の見つけ方**]

$P(x)=ax^3+bx^2+cx+d$ とすると，次のようになる。

$P\left(\dfrac{q}{p}\right)=0$ のとき，$P(x)$ は $px-q$ で割り切れるから，商を lx^2+mx+n とすると，等式

$ax^3+bx^2+cx+d=(px-q)(lx^2+mx+n)$　[係数はすべて整数]

が成り立つ。両辺の x^3 の項と定数項を比較すると　$a=pl,\ d=-qn$

よって，**$\boldsymbol{\alpha}$ の候補は**　$\alpha=\dfrac{q}{p}=\pm\dfrac{d\,\text{の約数}}{a\,\text{の約数}}$　$\left[\pm\dfrac{\text{定数項の約数}}{\text{最高次の項の約数}}\right]$

最高次の係数が1のとき，α の候補は **定数項の正負の約数** でよいことになる。

練習 28 次の式を因数分解せよ。

(1) x^3-x^2-4　(2) x^3-7x-6　(3) x^4-4x+3

(4) $x^4-2x^3-x^2-4x-6$　(5) $12x^3-5x^2+1$　(6) $2x^4+x^3-4x^2+1$

例題 29 余りの決定(1) ★★☆☆☆

多項式 $P(x)$ を $x-1$ で割ると余りは5，$x-2$ で割ると余りは7となる。このとき，$P(x)$ を x^2-3x+2 で割ったときの余りを求めよ。〔近畿大〕

◀例題28

指針 多項式 $P(x)$ が具体的に与えられていないので，実際に割り算して余りを求めるわけにはいかない。このような場合は，まず，**割り算の等式 $A=BQ+R$** の形に書き表す。
特に，**余りRの次数が割る式Bの次数より低い** ことは最重要である。
$P(x)$ を2次式 $x^2-3x+2=(x-1)(x-2)$ で割ったときの余りは **1次式または定数** であるから，次の等式が成り立つ。

$$P(x)=(x-1)(x-2)Q(x)+\boldsymbol{ax+b} \qquad [Q(x) \text{ は多項式，} a, b \text{ は定数}]$$

未知数 a，b の値がわかれば，余りもわかるが，未知数2つには方程式が2つ必要。そこで，割る式 $B=0$ すなわち $x-1=0$，$x-2=0$ となる x の値を代入して，$Q(x)$ を消し去り，a，b の連立方程式を導く。

解答 $P(x)$ を x^2-3x+2 すなわち $(x-1)(x-2)$ で割ったときの商を $Q(x)$ とし，余りを $ax+b$ とすると，次の等式が成り立つ。

$$P(x)=(x-1)(x-2)Q(x)+ax+b \quad \cdots\cdots ①$$

$P(x)$ を $x-1$ で割ったときの余りが5であるから

$$P(1)=5$$

よって，① から　$a+b=5$　…… ②

$P(x)$ を $x-2$ で割ったときの余りが7であるから

$$P(2)=7$$

よって，① から　$2a+b=7$　…… ③

②，③ を連立して解くと　$a=2$，$b=3$

したがって，求める余りは　$\boldsymbol{2x+3}$

◀ 2次式で割ったときの余りは，1次式または定数である。
◀ 剰余の定理。
◀ ① の両辺に $x=1$ を代入。
◀ 剰余の定理。
◀ ① の両辺に $x=2$ を代入。

CHART》割り算の問題

基本等式 $A=BQ+R$

1 Rの次数に注意　　**2 Qを消す … $B=0$ を考える**

練習 29 多項式 $P(x)$ を $x-1$ で割ると3余り，$2x+1$ で割ると4余る。このとき，$P(x)$ を $(x-1)(2x+1)$ で割ったときの余りを求めよ。

➡p. 95 演習 19

例題 30 余りの決定 (2) ★★★☆☆

多項式 $P(x)$ を $(x-1)(x+2)$ で割ったときの余りが $7x$ であり，$x-3$ で割ったときの余りが 1 であるとき，$P(x)$ を $(x-1)(x+2)(x-3)$ で割ったときの余りを求めよ。

〔千葉工大〕 ◀例題 29

指針 CHART 》 割り算の問題　基本等式 $A=BQ+R$　次数に注目

$P(x)$ を 3 次式で割ったときの余りは 2 次以下であるから，次の等式が成り立つ。

$$P(x)=(x-1)(x+2)(x-3)Q(x)+ax^2+bx+c \quad \cdots\cdots ①$$

［$Q(x)$ は多項式，a，b，c は定数］

未知数は a，b，c の 3 つあるから，方程式が 3 つ必要となる。そこで，等式 ① の両辺に**割る式 $B=0$** すなわち $x-1=0$，$x+2=0$，$x-3=0$ となる 3 つの x の値を代入して，$Q(x)$ を消し去り，a，b，c の連立方程式を導く。

別解　上の等式 ① における余り ax^2+bx+c を，更に $(x-1)(x+2)$ で割ったときの余りを考える。

解答 $P(x)$ を $(x-1)(x+2)(x-3)$ で割ったときの商を $Q(x)$，余りを ax^2+bx+c とすると，次の等式が成り立つ。

$$P(x)=(x-1)(x+2)(x-3)Q(x)+ax^2+bx+c \quad \cdots\cdots ①$$

$P(x)$ を $x-3$ で割ったときの余りが 1 であるから

$$P(3)=1$$

また，$P(x)$ を $(x-1)(x+2)$ で割ったときの余りが $7x$ であるから，このときの商を $Q_1(x)$ とすると

$$P(x)=(x-1)(x+2)Q_1(x)+7x$$

ゆえに　$P(1)=7\cdot1=7$,　$P(-2)=7\cdot(-2)=-14$

① において，$P(3)=1$，$P(1)=7$，$P(-2)=-14$ であるから

$$9a+3b+c=1,\quad a+b+c=7,\quad 4a-2b+c=-14$$

この連立方程式を解くと　$a=-2$，$b=5$，$c=4$

よって，求める余りは　$\boldsymbol{-2x^2+5x+4}$

◀ 3 次式で割ったときの余りは，2 次以下の多項式または定数。

◀ $B=0$ を考えて $x=1$，-2，3 を代入し，a，b，c の値を求める手掛かりを見つける。

別解 $P(x)$ を $(x-1)(x+2)$ で割ったときの余りは $7x$ であるから，次の等式が成り立つ。

$$P(x)=(x-1)(x+2)(x-3)Q(x)+a(x-1)(x+2)+7x$$

$P(x)$ を $x-3$ で割ったときの余りは 1 であるから

$$P(3)=1$$

等式の両辺に $x=3$ を代入すると　$P(3)=a\cdot2\cdot5+21$

よって　$10a+21=1$　これを解いて　$a=-2$

したがって，求める余りは

$$-2(x-1)(x+2)+7x=\boldsymbol{-2x^2+5x+4}$$

$P(x)$
$=(x-1)(x+2)Q_1(x)+7x$
$Q_1(x)=(x-3)Q(x)+a$
この 2 つの等式から
$P(x)=(x-1)(x+2)$
$\times\{(x-3)Q(x)+a\}+7x$
$=(x-1)(x+2)(x-3)Q(x)$
$+a(x-1)(x+2)+7x$

練習 30 多項式 $P(x)$ を $(x+1)^2$ で割ったときの余りが $18x+9$ であり，$x-2$ で割ったときの余りが 9 であるとき，$P(x)$ を $(x+1)^2(x-2)$ で割ったときの余りを求めよ。

〔神奈川大〕 ➡ p. 95 演習 20

重要例題 31 n 次式の割り算 ★★★★☆

(1) n は自然数とする。x^n-1 を $(x-1)^2$ で割ったときの余りを求めよ。
(2) x^{2025} を x^2+1 で割ったときの余りを求めよ。

◀例題 28〜30

指針 CHART》 割り算の問題　**基本等式 $A=BQ+R$　次数に注目**

(1) 割り算の等式は　$x^n-1=(x-1)^2Q(x)+ax+b$
しかし，2つの未知数 a，b に対し，等式の $Q(x)$ を消し去る x は $x=1$ の1つしかないので，例題 29 のように a，b の連立方程式を導くのが簡単ではない。そこで，次のように考える。
[考え方1]　**恒等式 $x^n-1=(x-1)(x^{n-1}+x^{n-2}+\cdots\cdots+1)$** を利用する。
[考え方2]　**二項展開式** を利用する（別解 を参照）。$x^n=\{(x-1)+1\}^n$ とみると
$$\{(x-1)+1\}^n=\underline{{}_nC_0(x-1)^n+{}_nC_1(x-1)^{n-1}\cdot 1+\cdots\cdots+{}_nC_{n-2}(x-1)^2\cdot 1^{n-2}}$$
$$+{}_nC_{n-1}(x-1)\cdot 1^{n-1}+{}_nC_n\cdot 1^n$$
となり，下線部分は $(x-1)^2$ で割り切れる。

参考　**微分法** を利用する。本書 $p.261$ 例題 133 参照。

(2) 割り算の等式は　$x^{2025}=(x^2+1)Q(x)+ax+b$　（a，b は実数）
等式の $Q(x)$ を消し去るために，$x^2+1=0$ の解である $x=\pm i$ を代入して，
複素数の相等　A，B が実数のとき　$A+Bi=0 \Longleftrightarrow A=B=0$
を利用する。

解答 (1) x^n-1 を $(x-1)^2$ で割ったときの商を $Q(x)$，余りを $ax+b$ とすると，次の等式が成り立つ。
$$x^n-1=(x-1)^2Q(x)+ax+b \quad \cdots\cdots ①$$
両辺に $x=1$ を代入すると
$$0=a+b \quad \text{すなわち} \quad b=-a$$
これを ① に代入して
$$x^n-1=(x-1)^2Q(x)+ax-a$$
$$=(x-1)\{(x-1)Q(x)+a\}$$
ここで，$x^n-1=(x-1)(x^{n-1}+x^{n-2}+\cdots\cdots+1)$ であるから
$$x^{n-1}+x^{n-2}+\cdots\cdots+1=(x-1)Q(x)+a$$
この式の両辺に $x=1$ を代入すると
$$1+1+\cdots\cdots+1=a$$
よって　$a=n$　$b=-a$ であるから　$b=-n$
したがって，求める余りは　$\boldsymbol{nx-n}$

参考　次のように考えてもよい。
$$x^n-1=(x-1)(x^{n-1}+x^{n-2}+\cdots\cdots+x+1)$$
ここで，$P(x)=x^{n-1}+x^{n-2}+\cdots\cdots+x+1$ とおくと，$P(x)$ を $x-1$ で割ったときの余りは
$$P(1)=1+1+\cdots\cdots+1+1=n$$
よって，$P(x)$ を $x-1$ で割ったときの商を $Q(x)$ とすると
$$P(x)=(x-1)Q(x)+n$$

◀ 割り算の基本等式
$A=BQ+R$
R の次数 $<$ B の次数

◀ $(x-1)^2Q(x)+a(x-1)$

◀ $1+1+\cdots\cdots+1$ の 1 は n 個ある。

◀ $x^n-1=(x-1)P(x)$

◀ $P(x)=x^{n-1}+x^{n-2}+\cdots\cdots+x+1$ の両辺に $x=1$ を代入。

両辺に $x-1$ を掛けて

$$(x-1)P(x)=(x-1)^2Q(x)+n(x-1)$$

$(x-1)P(x)=x^n-1$ から

$$x^n-1=(x-1)^2Q(x)+n(x-1)$$

したがって，求める余りは　$n(x-1)=\boldsymbol{nx-n}$

◀ $(x-1)^2Q(x)$ の形を作る。

別解　$x^n=\{(x-1)+1\}^n$

$$={}_nC_0(x-1)^n+{}_nC_1(x-1)^{n-1}+{}_nC_2(x-1)^{n-2}$$
$$+\cdots\cdots+{}_nC_{n-2}(x-1)^2+{}_nC_{n-1}(x-1)+{}_nC_n \quad \cdots\cdots ①$$

ここで，${}_nC_0(x-1)^n+{}_nC_1(x-1)^{n-1}+{}_nC_2(x-1)^{n-2}$
$+\cdots\cdots+{}_nC_{n-2}(x-1)^2$　……②

は，$(x-1)^2$ で割り切れるから，② は $(x-1)^2N$ と表され，① は　$x^n=(x-1)^2N+n(x-1)+1$

よって　$x^n-1=(x-1)^2N+nx-n$

したがって，求める余りは　$\boldsymbol{nx-n}$

二項定理　$(\boldsymbol{a}+\boldsymbol{b})^n$
$={}_nC_0\boldsymbol{a}^n+{}_nC_1\boldsymbol{a}^{n-1}\boldsymbol{b}$
$+{}_nC_2\boldsymbol{a}^{n-2}\boldsymbol{b}^2+\cdots\cdots$
$+{}_nC_{n-1}\boldsymbol{a}\boldsymbol{b}^{n-1}+{}_nC_n\boldsymbol{b}^n$

◀ ② を $(x-1)^2$ で括り，残った式を，まとめて N と表す。

(2)　x^{2025} を x^2+1 で割ったときの商を $Q(x)$，余りを $ax+b$ (a，b は実数) とすると

$$x^{2025}=(x^2+1)Q(x)+ax+b$$

両辺に $x=i$ を代入して　$i^{2025}=ai+b$

ここで　$i^{2025}=(i^2)^{1012}\cdot i=(-1)^{1012}\cdot i=i$

ゆえに　$i=ai+b$

a，b は実数であるから　$a=1$，$b=0$

よって，求める余りは　$\boldsymbol{x}$

◀ 実数係数の多項式の割り算であるから，余りも実数係数の多項式となる。

◀ 複素数の相等。

検討　n を自然数とするとき，次の恒等式が成り立つ。

$$\boldsymbol{a^n-b^n=(a-b)(a^{n-1}+a^{n-2}b+a^{n-3}b^2+\cdots\cdots+ab^{n-2}+b^{n-1})}$$

この等式を a^n-b^n の因数分解の公式として用いる機会もあるから，覚えておくとよい。解答では，$a=x$，$b=1$ として，この等式を用いた。また，証明は次のようになる。

証明 1. (右辺)$=a^n+a^{n-1}b+a^{n-2}b^2+\cdots\cdots+a^2b^{n-2}+ab^{n-1}$
$-a^{n-1}b-a^{n-2}b^2-\cdots\cdots-a^2b^{n-2}-ab^{n-1}-b^n$
$=a^n-b^n$

なお，等比数列の和の公式 (数学B) を用いて証明することもできる。

証明 2. $a\neq 0$，$a\neq b$ のとき，初項 a^{n-1}，公比 $\dfrac{b}{a}$，項数 n の等比数列の和は

$$a^{n-1}+a^{n-2}b+\cdots\cdots+ab^{n-2}+b^{n-1}=\frac{a^{n-1}\left\{1-\left(\dfrac{b}{a}\right)^n\right\}}{1-\dfrac{b}{a}}=\frac{a^n-b^n}{a-b}$$

よって　$a^n-b^n=(a-b)(a^{n-1}+a^{n-2}b+\cdots\cdots+ab^{n-2}+b^{n-1})$

これは，$a=0$ または $a=b$ のときにも成り立つ。

練習 31　(1)　n は自然数とする。x^n-3^n を $(x-3)^2$ で割ったときの余りを求めよ。また，x^n-3^n を x^2-5x+6 で割ったときの余りを求めよ。　〔類 同志社大〕

(2)　$3x^{100}+2x^{97}+1$ を x^2+1 で割ったときの余りを求めよ。

➡ p. 95 演習 22

重要例題 32 割られる式の決定 ★★★★☆

x^2+1 で割ると $3x+2$ 余り，x^2+x+1 で割ると $2x+3$ 余るような x の多項式 $P(x)$ のうちで，次数が最小のものを求めよ。

◀例題28〜30

指針 問題の条件を1つの割り算の等式で表すと

$$P(x)=\underbrace{(x^2+1)(x^2+x+1)}_{4\text{次式}}Q(x)+\underbrace{R(x)}_{3\text{次以下}} \quad \cdots\cdots (*)$$

$P(x)$ を x^2+1，x^2+x+1 で割ったときの余りは，$R(x)$ を x^2+1，x^2+x+1 で割ったときの余りにそれぞれ等しく，$P(x)$ の次数が最小となるのは，等式 $(*)$ で $Q(x)=0$ の場合である。

よって，このとき $P(x)=R(x)$ となるから，$P(x)$ は3次以下の多項式である。

解答 $P(x)$ を4次式 $(x^2+1)(x^2+x+1)$ で割ったときの商を $Q(x)$，余りを $R(x)$ とすると，次の等式が成り立つ。

$$P(x)=(x^2+1)(x^2+x+1)Q(x)+R(x) \quad \cdots\cdots (*)$$

［$R(x)$ は3次以下の多項式または定数］

$P(x)$ を x^2+1，x^2+x+1 で割ったときの余りは，$R(x)$ を x^2+1，x^2+x+1 で割ったときの余りにそれぞれ等しく，次数が最小のときを考えるから，$P(x)=R(x)$ である。

よって，$P(x)$ は3次以下の多項式である。

$P(x)$ を x^2+1 で割ったときの商を $ax+b$ とすると，次の等式が成り立つ。

$$P(x)=(x^2+1)(ax+b)+3x+2$$

ゆえに　$P(x)=ax^3+bx^2+(a+3)x+b+2 \quad \cdots\cdots ①$

$ax^3+bx^2+(a+3)x+b+2$ を x^2+x+1 で割ると，商は $ax+b-a$，余りは　$(a-b+3)x+a+2$

この余りが $2x+3$ と等しいから

$$a-b+3=2, \quad a+2=3$$

2式を連立して解くと　$a=1$，$b=2$

これを①に代入して　$P(x)=\boldsymbol{x^3+2x^2+4x+4}$

◀ 割り算の基本等式
$A=BQ+R$
R の次数 < B の次数

◀ $P(x)$ の次数が最小となるのは，等式 $(*)$ で $Q(x)=0$ のときである。

◀ 等式 $P(x)=(x^2+x+1)(ax+c)+2x+3$ の右辺を x^2+1 で割ったときの余りが $3x+2$ と等しいとして，a，c の値を求めてもよい。

検討 **A，B，C，D が実数のとき $A+Bi=C+Di \iff A=C$，$B=D$（複素数の相等）** も利用できる。

条件より，$P(x)=(x^2+1)(ax+b)+3x+2$，$P(x)=(x^2+x+1)(ax+c)+2x+3$ が成り立ち，それぞれの両辺に $x^2+1=0$ の解 $x=i$ を代入すると

$$P(i)=3i+2, \quad P(i)=i(ai+c)+2i+3$$

したがって　$2+3i=3-a+(c+2)i$

$3-a$，$c+2$ は実数であるから　$2=3-a$，$3=c+2$

これより $a=1$，$c=1$ が得られ　$P(x)=(x^2+x+1)(x+1)+2x+3=\boldsymbol{x^3+2x^2+4x+4}$

練習 32 x^2 で割ると $x-3$ 余り，$(x+1)^2$ で割ると $2x$ 余る多項式のうちで，次数が最小のものを求めよ。

〔実践女子大〕

例題 33 高次式の値 ★★★☆☆

$x=1+\sqrt{2}\,i$ のとき，次の式の値を求めよ。

$$P(x)=x^4-4x^3+2x^2+6x-7$$

指針 $x=1+\sqrt{2}\,i$ をそのまま代入すると，計算が大変である。このようなタイプの問題では，計算が複雑になる要因を解消する手段（次の手順 [1]，[2]）を考える。

[1] **根号と虚数単位 i をなくす。**

$x=1+\sqrt{2}\,i$ から　　$x-1=\sqrt{2}\,i$　　◀ 右辺は根号と i を含むものだけにする。

この両辺を 2 乗すると　　$(x-1)^2=-2$　　◀ 根号と i が消える。

[2] **値を求める式の次数を下げる。**

$(x-1)^2=-2$ を整理すると　　$x^2-2x+3=0$

$P(x)$ すなわち $x^4-4x^3+2x^2+6x-7$ を x^2-2x+3 で割ったときの商 $Q(x)$，余り $R(x)$ を求めると，次の等式（恒等式）が導かれる。

$$\boldsymbol{P(x)=(x^2-2x+3)Q(x)+R(x)}$$

└ $x=1+\sqrt{2}\,i$ のとき，$=0$　└ 1 次以下

この等式の両辺に $x=1+\sqrt{2}\,i$ を代入すると，右辺は $0\cdot Q(1+\sqrt{2}\,i)+R(1+\sqrt{2}\,i)$ となり，1 次式の値を求めることになる。

CHART 》高次式の値

次数を下げる

解答 $x=1+\sqrt{2}\,i$ から　　$x-1=\sqrt{2}\,i$

両辺を 2 乗して　　$(x-1)^2=-2$　　◀ $i^2=-1$

整理すると　　$x^2-2x+3=0$ …… ①　　◀ $x=1+\sqrt{2}\,i$ は ① の解。

$P(x)$ を x^2-2x+3 で割る(＊)と，右のようになり

商 x^2-2x-5，余り $2x+8$

である。よって

$$P(x)=(x^2-2x+3)(x^2-2x-5)+2x+8$$

$x=1+\sqrt{2}\,i$ のとき，① から

$$P(1+\sqrt{2}\,i)=0+2(1+\sqrt{2}\,i)+8=\boldsymbol{10+2\sqrt{2}\,i}$$

			1	−2	−5		
1	−2	3)	1	−4	2	6	−7
			1	−2	3		
				−2	−1	6	
				−2	4	−6	
					−5	12	−7
					−5	10	−15
						2	8

注意（＊）この段階では x^2-2x+3 は 0 ではない。$x=1+\sqrt{2}\,i$ のとき初めて 0 になるのである。よって，0 で割ってはいない。

別解 ① まで同じ。① から　　$x^2=2x-3$

よって　$x^3=x^2\cdot x=(2x-3)x=2x^2-3x=2(2x-3)-3x=x-6$

$x^4=x^3\cdot x=(x-6)x=x^2-6x=(2x-3)-6x=-4x-3$

ゆえに　$P(x)=(-4x-3)-4(x-6)+2(2x-3)+6x-7=2x+8$

よって　$P(1+\sqrt{2}\,i)=2(1+\sqrt{2}\,i)+8=\boldsymbol{10+2\sqrt{2}\,i}$

練習 33 $x=\dfrac{1-\sqrt{3}\,i}{2}$ のとき，次の式の値を求めよ。

$$P(x)=x^5+x^4-2x^3+x^2-3x+1$$

12 | 高次方程式

《 基本事項 》

1 高次方程式

x の多項式 $P(x)$ が n 次式のとき，方程式 $P(x)=0$ を **n 次方程式** という。また，3 次以上の方程式を **高次方程式** という。ここでは，実数を係数とする高次方程式を扱う。
高次方程式 $P(x)=0$ は，$P(x)$ が $P(x)=A(x)B(x)$ と因数分解（**公式** や **おき換え**，**因数定理** を利用）できるならば，

$$\boldsymbol{P(x)=0 \iff A(x)=0 \quad \text{または} \quad B(x)=0}$$

となり，$P(x)$ より次数の低い方程式 $A(x)=0$，$B(x)=0$ を解くことで解が求められる。

2 n 次方程式の性質

次の ①，② の性質が代表的である。　◀ 詳しくは，$p.89$ のコラムを参照。

① k は 2 以上の自然数とする。k 重解は重なった k 個の解と数えると，n 次方程式は，複素数の範囲で，常に n 個の解をもつ。

② 実数係数の n 次方程式が **虚数 $\alpha=a+bi$ を解にもつならば，それと共役な複素数 $\overline{\alpha}=a-bi$ もこの方程式の解** である。

3 3 次方程式の解と係数の関係

$P(x)=ax^3+bx^2+cx+d$ $(a \neq 0)$ とし，3 次方程式 $P(x)=0$ の 3 つの解を α，β，γ とすると，$P(\alpha)=0$，$P(\beta)=0$，$P(\gamma)=0$ であるから，$P(x)$ は $x-\alpha$，$x-\beta$，$x-\gamma$ を因数にもつ。
したがって，x^3 の係数は a であるから，次の等式が成り立つ。

$$\boldsymbol{ax^3+bx^2+cx+d=a(x-\alpha)(x-\beta)(x-\gamma)}$$

◀ 右辺の a を忘れるな！

右辺を展開して　$ax^3+bx^2+cx+d=a\{x^3-(\alpha+\beta+\gamma)x^2+(\alpha\beta+\beta\gamma+\gamma\alpha)x-\alpha\beta\gamma\}$
この等式の両辺を a $(\neq 0)$ で割って，係数を比較すると

$$\boldsymbol{\alpha+\beta+\gamma=-\frac{b}{a},\quad \alpha\beta+\beta\gamma+\gamma\alpha=\frac{c}{a},\quad \alpha\beta\gamma=-\frac{d}{a}}$$

これを，**3 次方程式の解と係数の関係** という。

CHECK 問題

24 次の方程式を解け。

(1) $x(x-2)(x-3)=0$　　(2) $x^3+27=0$

(3) $x^3=8$　　(4) $x^4=4$　　→ 1

25 次の 3 つの数を解とする 3 次方程式で，x^3 の係数が 1 であるものを求めよ。

(1) 1，2，3　　(2) 2，i，$-i$　　→ 3

例 24 高次方程式の解法 (1) ★★☆☆☆

次の方程式を解け。

(1) $x^4-x^2-12=0$　　(2) $(x^2+4x+7)(x^2+4x-2)+8=0$

(3) $x^4+x^2+4=0$

指針 高次方程式は，因数分解して，1次・2次の方程式に帰着させる。

CHART》 高次方程式　　分解して　1次・2次へ

因数分解の手段には

1 公式利用　　2 おき換え　　3 因数定理の利用

があげられるが，3 因数定理の利用では，割り算をしなければならないので，少し手間である。まず，数学Ⅰで学習した 1，2 の手段で因数分解できないか，ということを考え，通用しそうにないときに，3 の手段をとるのが効率がよい。

(1)，(3) 方程式の左辺は **複2次式** である。ここで，数学Ⅰで学習した **複2次式の因数分解** のチャートを確認しておこう。

1 $x^2=X$ とおき，2次3項式の因数分解を試す　⟶ (1)

2 $(x^2+A)^2-kx^2$ の形の平方の差にする $(k>0)$　⟶ (3)

(2) 左辺の積の部分を展開しても簡単に因数分解できそうにない。そこで

共通な式　　まとめておき換える

のチャートに従い，$x^2+4x=X$ とおき換えてから考えるとよい。

例 25 高次方程式の解法 (2) ★★☆☆☆

次の方程式を解け。

(1) $x^3-3x^2-9x-5=0$

(2) $x^4-4x^2-12x-9=0$　　〔(2) 東京工大〕

指針 上の例24と同様に，左辺を因数分解して，1次・2次の方程式に帰着させる。しかし，1 **公式利用**，2 **おき換え** の手段では因数分解できそうにないので，3 因数定理の利用により，左辺を因数分解する。ここで，高次式の因数分解では

CHART》 高次式 $P(x)$ の因数分解　　$P(\alpha)=0$ となる α を見つける

ことから取り掛かる。この α の候補は　$\pm\dfrac{\text{定数項の約数}}{\text{最高次の項の約数}}$

特に，最高次の項の係数が1のとき，α の候補は **定数項の正負の約数** でよい。

(2) 因数定理を2回用いて，左辺を1次式と2次式の積に因数分解する。

参考 3次方程式には，**カルダーノの解法** ($p.93$ コラム参照) が，4次方程式には，**フェラーリの解法**，**オイラーの方法** ($p.490$ 演習例題5参照) と呼ばれる解の公式が知られている。
しかし，この2つの公式の導出はかなり難しく，式も複雑なので，高校数学の範囲では実用的でない。なお，**5次以上の方程式には，代数的な解の公式は存在しない**。このことは，ルフィニとアーベルによって示され，**アーベル-ルフィニの定理** と呼ばれている。

例 26 | 1の3乗根 ★★☆☆☆

方程式 $x^3=1$ の解を1の3乗根といい，1の3乗根のうち，虚数であるものの1つを ω とする。このとき，$\omega^2+\omega=$ ア□，$\omega^{10}+\omega^5=$ イ□，

$\dfrac{1}{\omega^{10}}+\dfrac{1}{\omega^5}+1=$ ウ□，$(\omega^2+5\omega)^2+(5\omega^2+\omega)^2=$ エ□ である。 〔関西大〕

(注意) ω はギリシア文字で「オメガ」と読む。

指針 1の3乗根は，方程式 $x^3=1$ すなわち $x^3-1=0$ を解くと，$(x-1)(x^2+x+1)=0$ から

$x-1=0$ または $x^2+x+1=0$ 　よって 　$x=1$ または $x=\dfrac{-1\pm\sqrt{3}i}{2}$

この解のうち，虚数であるものの1つを ω で表す。そして，次のことが成り立つ。

> ① $x^3=1$ の虚数解のうち，どちらを ω としても他方は ω^2 となる。
> よって，**1の3乗根は，1，$\boldsymbol{\omega}$，$\boldsymbol{\omega^2}$** である。
> ② $\boldsymbol{\omega^3=1}$，　$\boldsymbol{\omega^2+\omega+1=0}$

なお，記述式の答案で，②を使用するときは，**$\boldsymbol{\omega}$ は $\boldsymbol{x^3=1}$ の虚数解，$\boldsymbol{x^2+x+1=0}$ の解**であることを断ってから使用する。

(イ)～(エ) $\omega^3=1$ を使って，ω^{10} や ω^5 の次数を下げる。

参考 1の3乗根のうち，虚数であるものの1つを ω とする。

[1] n を整数とすると 　$\boldsymbol{\omega^{3n}=1}$，　$\boldsymbol{\omega^{3n+1}=\omega}$，　$\boldsymbol{\omega^{3n+2}=\omega^2}$

[2] $x^3=a^3$ すなわち a^3 の3乗根は 　$\boldsymbol{a}$，$\boldsymbol{a\omega}$，$\boldsymbol{a\omega^2}$ である。

例 27 | 方程式の実数解から係数の決定 ★★☆☆☆

3次方程式 $x^3+ax^2-21x+b=0$ の解は1，3，c である。このとき，定数 a，b，c の値を求めよ。

指針 　**$\boldsymbol{x=\alpha}$ が方程式 $\boldsymbol{f(x)=0}$ の解 $\Longleftrightarrow$ $\boldsymbol{f(\alpha)=0}$**

$\Longleftrightarrow$ $\boldsymbol{f(x)}$ は $\boldsymbol{x-\alpha}$ を因数にもつ

を利用する。

$x=1$，3 が方程式 $x^3+ax^2-21x+b=0$ の解であるから，$x=1$，3 を $x^3+ax^2-21x+b$ に代入すると $=0$ になる。すなわち

$1^3+a\cdot1^2-21\cdot1+b=0$，　$3^3+a\cdot3^2-21\cdot3+b=0$

この a，b についての連立方程式を解く。

別解 $x=1$，3，c が方程式の解であるから，$x^3+ax^2-21x+b$ は，$x-1$，$x-3$，$x-c$ を因数にもつ。よって，次の等式が成り立つ。

$x^3+ax^2-21x+b=(x-1)(x-3)(x-c)$

$x^3+ax^2-21x+b=x^3-(c+4)x^2+(4c+3)x-3c$

両辺の係数を比較して，a，b，c の連立方程式を導き，それを解く。

また，$x=1$，3，c について，**3次方程式の解と係数の関係** を利用してもよい。

例題 34 相反方程式 ★★★☆☆

$t=x+\dfrac{1}{x}$ とおく。x の 4 次方程式 $2x^4-9x^3-x^2-9x+2=0$ から t の 2 次方程式を導くことによって，方程式 $2x^4-9x^3-x^2-9x+2=0$ を解け。

〔類 日本医大〕

指針 $ax^4+bx^3+cx^2+bx+a=0$ のように，係数が左右対称な方程式を **相反方程式** という。
4 次の相反方程式では，中央の項 cx^2 の x^2 で両辺を割った左辺が **x と $\dfrac{1}{x}$ の対称式** になるから，$t=x+\dfrac{1}{x}$ とおき換えると，t に関する 2 次方程式になる。

解答 $x=0$ は方程式の解ではないから，方程式の両辺を x^2 で割ると

$$2x^2-9x-1-\frac{9}{x}+\frac{2}{x^2}=0$$

$$2\left(x^2+\frac{1}{x^2}\right)-9\left(x+\frac{1}{x}\right)-1=0$$

$$2\left\{\left(x+\frac{1}{x}\right)^2-2\right\}-9\left(x+\frac{1}{x}\right)-1=0$$

よって　$2(t^2-2)-9t-1=0$

整理して　$2t^2-9t-5=0$

ゆえに　$(t-5)(2t+1)=0$　　よって　$t=5,\ -\dfrac{1}{2}$

[1]　$t=5$ のとき　$x+\dfrac{1}{x}=5$

$x^2-5x+1=0$ から　$x=\dfrac{5\pm\sqrt{21}}{2}$

[2]　$t=-\dfrac{1}{2}$ のとき　$x+\dfrac{1}{x}=-\dfrac{1}{2}$

$2x^2+x+2=0$ から　$x=\dfrac{-1\pm\sqrt{15}\,i}{4}$

したがって，求める解は　$\boldsymbol{x=\dfrac{5\pm\sqrt{21}}{2},\ \dfrac{-1\pm\sqrt{15}\,i}{4}}$

◀ ___ の断りは重要。$x=0$ を方程式の左辺に代入すると，(左辺)$=2$ となる。

◀ $t=x+\dfrac{1}{x}$ を代入。

◀ 両辺に x を掛けて整理。

◀ 両辺に $2x$ を掛けて整理。

次数が偶数の相反方程式は，例題と同様のおき換えによって，次数が半分の方程式に直すことができる。次数が奇数の相反方程式，例えば $ax^5+bx^4+cx^3+cx^2+bx+a=0$ は $x=-1$ を解にもつから，左辺を $x+1$ で割って，次のように因数分解できる。

$$(x+1)\{ax^4+(b-a)x^3+(c-b+a)x^2+(b-a)x+a\}=0$$

このとき，{　}$=0$ は，次数が偶数の相反方程式である。

練習 34
(1)　方程式 $x^4-8x^3+17x^2-8x+1=0$ を解け。〔横浜市大〕
(2)　$t=x+\dfrac{2}{x}$ のおき換えを利用して，方程式 $x^4-5x^3+8x^2-10x+4=0$ を解け。

➡ p. 96 演習 24

例題 35 高次不等式 ★★★★☆

次の不等式を解け。ただし，a は正の定数とする。

$$x^3-(a+1)x^2+(a-2)x+2a\leqq 0$$

指針 高次式 $P(x)$ の不等式 $[P(x)>0,\ P(x)\leqq 0$ など$]$ は，方程式 $P(x)=0$ と同じように，まず，左辺 $P(x)$ を因数分解する。⟶ 左辺を最低次の a について整理するのが早い。
$\boldsymbol{(x-\alpha)(x-\beta)(x-\gamma)\leqq 0}$ の形に変形したら，$x-\alpha$，$x-\beta$，$x-\gamma$ の符号は x の値によって変化し，それに伴い $(x-\alpha)(x-\beta)(x-\gamma)$ の符号も変化するので，その変化のようすを，解答のような表を利用して調べる。
なお，α，β，γ の中に文字が含まれるときは，α，β，γ の大小関係に注意する。

解答 不等式の左辺を a について整理すると

$$(x^3-x^2-2x)-(x^2-x-2)a\leqq 0$$

$$x(x+1)(x-2)-(x+1)(x-2)a\leqq 0$$

よって　$(x+1)(x-2)(x-a)\leqq 0$

この不等式の解について，$a>0$ であるから，

[1]　$0<a<2$，　[2]　$a=2$，　[3]　$2<a$

の場合に分けて考える。　……（＊）

（＊）の場合分けについて
$(x+1)(x-2)(x-a)=0$
の解は　$x=-1,\ 2,\ a$
$-1<2$，$-1<a$　$(a>0)$
であるが，a と 2 の大小関係は不明なので，場合に分けて答える。

[1]　$0<a<2$ のとき
右の表から，解は　$x\leqq -1$，$a\leqq x\leqq 2$

[1]　$P(x)=(x+1)(x-2)(x-a)$

x	…	-1	…	a	…	2	…
$x+1$	$-$	0	$+$	$+$	$+$	$+$	$+$
$x-a$	$-$	$-$	$-$	0	$+$	$+$	$+$
$x-2$	$-$	$-$	$-$	$-$	$-$	0	$+$
$P(x)$	$-$	0	$+$	0	$-$	0	$+$

[2]　$a=2$ のとき
不等式は $(x+1)(x-2)^2\leqq 0$ となり，
$(x-2)^2\geqq 0$ であるから
　$x-2=0$　または　$x+1\leqq 0$
したがって，解は　$x\leqq -1$，$x=2$

[3]　$2<a$ のとき
右の表から，解は　$x\leqq -1$，$2\leqq x\leqq a$

[3]　$P(x)=(x+1)(x-2)(x-a)$

x	…	-1	…	2	…	a	…
$x+1$	$-$	0	$+$	$+$	$+$	$+$	$+$
$x-2$	$-$	$-$	$-$	0	$+$	$+$	$+$
$x-a$	$-$	$-$	$-$	$-$	$-$	0	$+$
$P(x)$	$-$	0	$+$	0	$-$	0	$+$

[1]～[3] から，求める解は

$0<a<2$ のとき　$x\leqq -1$，$a\leqq x\leqq 2$
$a=2$ のとき　$x\leqq -1$，$x=2$
$2<a$ のとき　$x\leqq -1$，$2\leqq x\leqq a$

3 次関数 $y=P(x)$ のグラフについては，第 6 章の微分法のところで詳しく学習するが，グラフの概形は右の図のようになる。
このグラフから，$\alpha<\beta<\gamma$ のとき

$(x-\alpha)(x-\beta)(x-\gamma)\geqq 0$ の解は　$\alpha\leqq x\leqq \beta$，$\gamma\leqq x$
$(x-\alpha)(x-\beta)(x-\gamma)\leqq 0$ の解は　$x\leqq \alpha$，$\beta\leqq x\leqq \gamma$

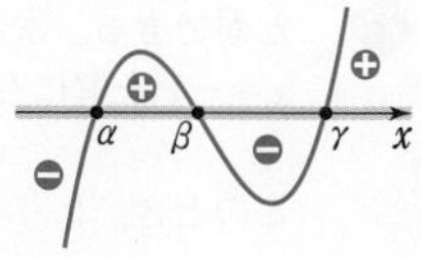

練習 35 次の不等式を解け。ただし，(2) の a は正の定数とする。
(1)　$x^3-3x^2-10x+24\geqq 0$　　(2)　$x^3-(a+1)x^2+ax\geqq 0$

例題 36 x^2+x+1 による割り算 ★★★☆☆

多項式 $x^{106}+x^{54}+x+1$ を多項式 x^2+x+1 で割った余りを求めよ。

〔類 立命館大〕 ◀例26

指針 割り算の等式は　$x^{106}+x^{54}+x+1=(x^2+x+1)Q(x)+ax+b$

a, b の値を求めるには，$Q(x)$ を消し去る $x^2+x+1=0$ の解を両辺に代入して，a, b の連立方程式を導きたい。しかし，$x^2+x+1=0$ の解は虚数なので，代入後の計算が面倒。そこで，x^2+x+1 が，因数分解 $x^3-1=(x-1)(x^2+x+1)$ に現れることに着目すると，$x^2+x+1=0$ の虚数解は，$x^3-1=0$ すなわち $x^3=1$ を満たすから，**1の3乗根**である。

> $x^3=1$ の解のうち，虚数であるものの1つを ω とすると
> ①　**1の3乗根は　1, ω, ω^2**　　②　$\boldsymbol{\omega^3=1}$, $\boldsymbol{\omega^2+\omega+1=0}$

この1の3乗根の性質と次のことを用いて，余りを決定する。

a, b が実数，z が虚数のとき　$a+bz=0 \iff a=0$, $b=0$

解答 $x^{106}+x^{54}+x+1$ を x^2+x+1 で割ったときの商を $Q(x)$，余りを $ax+b$ (a, b は実数) とすると，次の等式が成り立つ。

$x^{106}+x^{54}+x+1=(x^2+x+1)Q(x)+ax+b$ ……①

ここで，$x^2+x+1=0$ は異なる2つの虚数解をもち，そのうちの1つを ω とすると　$\omega^2+\omega+1=0$

また，$x^3=1$ より，$(x-1)(x^2+x+1)=0$ であるから，ω は $\omega^3=1$ を満たす。

$x=\omega$ を①の両辺に代入すると，$\omega^2+\omega+1=0$ から

$\omega^{106}+\omega^{54}+\omega+1=a\omega+b$ ……②

ここで　$\omega^{106}=(\omega^3)^{35}\cdot\omega=\omega$,　$\omega^{54}=(\omega^3)^{18}=1$

よって，②は　$\omega+1+\omega+1=a\omega+b$

すなわち　$b-2+(a-2)\omega=0$

a, b は実数，ω は虚数であるから　$a=2$, $b=2$

したがって，求める余りは　**$2x+2$**

◀ 実数係数の多項式の割り算であるから，a, b は実数である。

◀ $x^2+x+1=0$ を解くと $x=\dfrac{-1\pm\sqrt{3}i}{2}$

◀ $\omega^3=1$ を用いて，次数を下げる。

◀ $2\omega+2=a\omega+b$ から，$a=2$, $b=2$ としてもよい。

参考 a, b, c, d が実数のとき，虚数 z について，次のことが成り立つ。

①　$\boldsymbol{a+bz=0 \iff a=0}$ **かつ** $\boldsymbol{b=0}$　　②　$\boldsymbol{a+bz=c+dz \iff a=c}$ **かつ** $\boldsymbol{b=d}$

証明 [①の証明]　($\Longleftarrow$)　明らかに成り立つ。

($\Longrightarrow$)　$b\neq0$ と仮定すると　$z=-\dfrac{a}{b}$　　左辺は虚数，右辺は実数となるから矛盾。

よって　$b=0$　　このとき　$a=0$

②の証明は，$(a-c)+(b-d)z=0$ として上と同様に考えればよい。

練習 36 多項式 $x^{2020}+x^{2021}$ を多項式 x^2+x+1 で割ったときの余りを求めよ。〔広島工大〕

➡p.96 演習23

例題 37 方程式の虚数解から係数の決定 ★★☆☆☆

a, b は実数とする。3 次方程式 $x^3+ax^2+8x+b=0$ が $1+i$ を解にもつとき, a, b の値を求めよ。

〔立教大〕 ◀例27

指針

$x=\alpha$ が方程式の解 $\iff f(\alpha)=0$ …… [解法 1]

$\iff f(x)$ は $x-\alpha$ を因数にもつ …… [解法 2]

[解法 1] $x=1+i$ を方程式の左辺 x^3+ax^2+8x+b に代入すると $=0$ となるから

$$(1+i)^3+a(1+i)^2+8(1+i)+b=0$$

整理すると $(b+6)+(2a+10)i=0$

これから, **複素数の相等** により, a, b の値を求めることができる。

[解法 2] 実数係数の n 次方程式が虚数 $\alpha=a+bi$ を解にもつときは, それと共役な複素数 $\overline{\alpha}=a-bi$ もこの方程式の解となる。

これより, $1+i$ と共役な複素数 $1-i$ も方程式の解であることがわかる。

3 つの解のうち, 2 つがわかったので, もう 1 つの解 (実数である) を c とすると, 恒等式 $x^3+ax^2+8x+b=\{x-(1+i)\}\{x-(1-i)\}(x-c)$

◀ $\alpha\overline{\alpha}$ は実数である。

が成り立つ。この右辺を展開・整理して, 両辺の係数を比較する。

解答 (注意) 以下では, [解法 2] による解答を示す。

◀ [解法 1] による解答は, 指針を参照。

実数係数の 3 次方程式が虚数解 $x=1+i$ をもつから, それと共役な複素数 $1-i$ もこの方程式の解になる。

よって, x^3+ax^2+8x+b は, $\{x-(1+i)\}\{x-(1-i)\}$

すなわち x^2-2x+2 で割り切れる。

また, 残りの解は実数で, それを c とする。 …… (*)

◀ 3 次方程式は, 少なくとも 1 つの実数解をもつ。次ページ ③ を参照。

したがって, 次の恒等式が成り立つ。

$$x^3+ax^2+8x+b=(x^2-2x+2)(x-c)$$

右辺を展開して整理すると

$$x^3+ax^2+8x+b=x^3-(c+2)x^2+2(c+1)x-2c$$

◀ 割り算を実行して, (余り)$=0$ から, a, b の値を求めてもよいが, 一般に割り算は面倒で, 計算ミスもしやすい。

両辺の係数を比較すると

$$a=-(c+2),\ 8=2(c+1),\ b=-2c$$

連立して解くと $c=3$, $\boldsymbol{a=-5}$, $\boldsymbol{b=-6}$

別解 [(*) までは同じ]

3 次方程式の解と係数の関係から

◀ 2 次・3 次方程式の解と係数の問題では, 解と係数の関係を利用するのが最も簡明。

$$(1+i)+(1-i)+c=-a$$
$$(1+i)(1-i)+c(1+i)+c(1-i)=8$$
$$(1+i)(1-i)c=-b$$

よって $2+c=-a$, $2(1+c)=8$, $2c=-b$

連立して解くと $c=3$, $\boldsymbol{a=-5}$, $\boldsymbol{b=-6}$

練習 37 a, b は実数とする。4 次方程式 $x^4-x^3+2x^2+ax+b=0$ が $1+2i$ を解にもつとき, a, b の値と, 他の解を求めよ。 〔類 琉球大〕

➡ p.96 演習 25

n 次方程式の解と個数

方程式 $(x-3)^2(x+2)=0$ の解 $x=3$ を，この方程式の **2 重解** という。また，方程式 $(x+2)^3(x-3)=0$ の解 $x=-2$ を，この方程式の **3 重解** という。

2 次方程式の解は 2 個以下である。また，3 次方程式では，1 つの解を見つけると，他の解は 2 次方程式を解いて得られるから，その解は 3 個以下である。

> 一般に　**n 次方程式 $a_0x^n+a_1x^{n-1}+\cdots\cdots+a_{n-1}x+a_n=0$　$(a_0\neq 0)$**
> **の解は，n 個以下である。**

また，k 重解を k 個の解と数えると，次の ① がいえる。

① **n 次方程式は，ちょうど n 個の解をもつ。**

虚数を考えることによって，2 次方程式は複素数の範囲で必ず解をもつことになった。実は，3 次以上の高次方程式も，複素数の範囲で必ず解をもつことがわかっている。

更に，n 次方程式は次のような性質をもつ（a，b は実数)。

② **実数係数の n 次方程式が虚数解 $a+bi$ をもつと，共役複素数 $a-bi$ も解である。**

複素数 $\alpha=a+bi$ と共役な複素数 $\overline{\alpha}=a-bi$ について，次の等式が成り立つ。

$$\overline{\alpha+\beta}=\overline{\alpha}+\overline{\beta}\qquad \overline{\alpha-\beta}=\overline{\alpha}-\overline{\beta}\qquad \overline{\alpha\beta}=\overline{\alpha}\,\overline{\beta}$$

特に，実数 k に対し　$\overline{k}=k$，$\overline{k\alpha}=k\overline{\alpha}$

更に　$\overline{\alpha^2}=\overline{\alpha\alpha}=\overline{\alpha}\,\overline{\alpha}=(\overline{\alpha})^2$，$\overline{\alpha^3}=\overline{\alpha^2\alpha}=\overline{\alpha^2}\,\overline{\alpha}=(\overline{\alpha})^2\overline{\alpha}=(\overline{\alpha})^3$，……

一般に　$\overline{\alpha^n}=(\overline{\alpha})^n$

これらの性質を使って，② の性質が証明できる。

例えば，実数係数の 3 次方程式 $ax^3+bx^2+cx+d=0$ が虚数解 α をもつとき，

$a\alpha^3+b\alpha^2+c\alpha+d=0$ であるから

$$\overline{a\alpha^3+b\alpha^2+c\alpha+d}=\overline{0}\longrightarrow \overline{a\alpha^3}+\overline{b\alpha^2}+\overline{c\alpha}+\overline{d}=0$$
$$\longrightarrow a\overline{\alpha^3}+b\overline{\alpha^2}+c\overline{\alpha}+d=0$$
$$\longrightarrow a(\overline{\alpha})^3+b(\overline{\alpha})^2+c\overline{\alpha}+d=0$$

最後の等式は，$\overline{\alpha}$ も $ax^3+bx^2+cx+d=0$ の解であることを示している。

③ **実数係数の奇数次の方程式は，少なくとも 1 つの実数解をもつ。**

② により，虚数解は 2 個ずつ共役複素数のペアになり，全部で偶数個ある。
① により，解の総数は奇数個であるから，少なくとも 1 個は実数解である。

④ **有理数係数の n 次方程式が $p+q\sqrt{r}$ を解にもつと，$p-q\sqrt{r}$ も解である。**

（p，q，r は有理数，$\sqrt{r}$ は無理数）

これは ② と同じように考えて証明することができる。

例題 38 重解をもつ3次方程式 ★★★☆☆

3次方程式 $x^3+(a-1)x^2+2ax-3a=0$ の3つの解のうちのちょうど2つが等しいとき，定数 a の値を求めよ。

指針 「3つの解のうちのちょうど2つが等しい」とは，**2重解と他の解をもつ** ということ。
まず，左辺を因数分解して，(**1次式**)×(**2次式**)$=0$ の形にする。
方程式が $(x-\alpha)(x^2+px+q)=0$ と分解されたなら，2重解をもつための条件は

[1] $x^2+px+q=0$ が重解をもつ。その重解は $\neq\alpha$

[2] $x=\alpha$ が重解 ⟶ $x^2+px+q=0$ の解の1つが α，他の解が $\neq\alpha$

うっかりすると，[1]，[2] の一方を見落とすことがあるから要注意である。また，[1] は2次方程式の重解条件と **似た問題** だが，＿＿の条件を落としてはいけない。

CHART 》高次の問題

1 分解して　1次・2次へ
2 似た問題　方法をまねる　落とし穴あり

解答 $f(x)=x^3+(a-1)x^2+2ax-3a$ とすると

$$f(1)=1+a-1+2a-3a=0$$

よって，$f(x)$ は $x-1$ を因数にもつから

$$f(x)=(x-1)(x^2+ax+3a)$$

1	$a-1$	$2a$	$-3a$	$\lfloor 1$
	1	a	$3a$	
1	a	$3a$	0	

ゆえに，方程式は　$(x-1)(x^2+ax+3a)=0$

したがって　$x-1=0$　または　$x^2+ax+3a=0$

3次方程式 $f(x)=0$ が2重解と他の解をもつのは，次の [1] または [2] の場合である。

◀ $(x^2+2x-3)a+x^3-x^2$
$=(x-1)(x+3)a+x^2(x-1)$
$=(x-1)(x^2+ax+3a)$
としてもよい。

[1] $x^2+ax+3a=0$ が $x\neq1$ である重解をもつ。

判別式を D とすると　$D=0$　かつ　$-\dfrac{a}{2\cdot1}\neq1$

$$D=a^2-4\cdot1\cdot3a=a^2-12a=a(a-12)$$

$D=0$ とすると　$a=0,\ 12$

$a=0,\ 12$ はともに $a\neq-2$ を満たす。

◀ $Ax^2+Bx+C=0$ の重解は
$x=-\dfrac{B}{2A}$

[2] $x^2+ax+3a=0$ の解の1つが1で，他の解が1でない。

$1^2+a\cdot1+3a=0$ …… ①　かつ　$3a\neq1$

① を解くと，$4a+1=0$ から　$a=-\dfrac{1}{4}$

これは $a\neq\dfrac{1}{3}$ を満たす。

◀ 他の解を β とすると，解と係数の関係から
$1\cdot\beta=3a$
$\beta\neq1$ から　$3a\neq1$

以上から，求める定数 a の値は　$\boldsymbol{a=0,\ 12,\ -\dfrac{1}{4}}$

練習 38 3次方程式 $x^3+(a+2)x^2-4a=0$ がちょうど2つの実数解をもつような実数 a をすべて求めよ。〔学習院大〕

例題 39 解の対称式の値（3次方程式） ★★★☆☆

$x^3-2x+3=0$ の3つの解を α, β, γ とする。次の式の値を求めよ。

(1) $\alpha^2+\beta^2+\gamma^2$

(2) $(\alpha-\beta)^2+(\beta-\gamma)^2+(\gamma-\alpha)^2$

(3) $\alpha^3+\beta^3+\gamma^3$

(4) $\dfrac{1}{(1-\beta)(1-\gamma)}+\dfrac{1}{(1-\gamma)(1-\alpha)}+\dfrac{1}{(1-\alpha)(1-\beta)}$

指針 値を求める式はどれも α, β, γ の対称式。したがって，2次方程式の場合と同様に，次の方法で求めることができる。

解の対称式の値
1. **基本対称式 $\alpha+\beta+\gamma$，$\alpha\beta+\beta\gamma+\gamma\alpha$，$\alpha\beta\gamma$ で表す。**
2. **$ax^3+bx^2+cx+d=a(x-\alpha)(x-\beta)(x-\gamma)$ の利用。**
3. **$a\alpha^3+b\alpha^2+c\alpha+d=0$ などの利用。**

解答 3次方程式の解と係数の関係から

$$\alpha+\beta+\gamma=0,\ \alpha\beta+\beta\gamma+\gamma\alpha=-2,\ \alpha\beta\gamma=-3$$

(1) $\alpha^2+\beta^2+\gamma^2=(\alpha+\beta+\gamma)^2-2(\alpha\beta+\beta\gamma+\gamma\alpha)$
$=0^2-2\cdot(-2)=\mathbf{4}$

◀ 1. の方法。

(2) $(\alpha-\beta)^2+(\beta-\gamma)^2+(\gamma-\alpha)^2$
$=2\{\alpha^2+\beta^2+\gamma^2-(\alpha\beta+\beta\gamma+\gamma\alpha)\}$
$=2\{4-(-2)\}=\mathbf{12}$

◀ (1)の結果を利用。

(3) $\alpha^3+\beta^3+\gamma^3=(\alpha+\beta+\gamma)(\alpha^2+\beta^2+\gamma^2-\alpha\beta-\beta\gamma-\gamma\alpha)+3\alpha\beta\gamma$
$=0+3\cdot(-3)=\mathbf{-9}$

◀ この式変形は重要。

(4) $x^3-2x+3=(x-\alpha)(x-\beta)(x-\gamma)$ が成り立つ。
両辺に $x=1$ を代入すると

$$(1-\alpha)(1-\beta)(1-\gamma)=2$$

◀ 2. の方法。

したがって

$$\frac{1}{(1-\beta)(1-\gamma)}+\frac{1}{(1-\gamma)(1-\alpha)}+\frac{1}{(1-\alpha)(1-\beta)}$$
$$=\frac{1-\alpha+1-\beta+1-\gamma}{(1-\alpha)(1-\beta)(1-\gamma)}=\frac{3-(\alpha+\beta+\gamma)}{2}=\frac{3-0}{2}=\mathbf{\frac{3}{2}}$$

検討 $x^3=2x-3$ であるから $\alpha^3=2\alpha-3$ などが成り立つ。このことを利用して式の**次数を下げる**と，式の値の計算をより簡単に行うことができる。

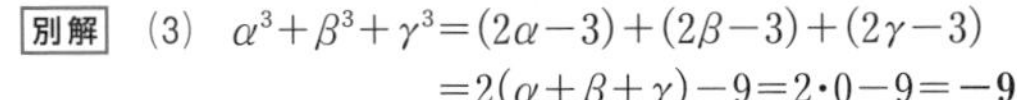

別解 (3) $\alpha^3+\beta^3+\gamma^3=(2\alpha-3)+(2\beta-3)+(2\gamma-3)$
$=2(\alpha+\beta+\gamma)-9=2\cdot0-9=\mathbf{-9}$

練習 39 $x^3-2x^2-4=0$ の3つの解を α, β, γ とする。次の式の値を求めよ。

(1) $\alpha^2+\beta^2+\gamma^2$　(2) $\alpha^3+\beta^3+\gamma^3$　(3) $\alpha^4+\beta^4+\gamma^4$

(4) $(\alpha+1)(\beta+1)(\gamma+1)$　(5) $\dfrac{1}{\alpha}+\dfrac{1}{\beta}+\dfrac{1}{\gamma}$

例題 40 | 3次方程式の作成 ★★★☆☆

3次方程式 $x^3+3x^2-x+1=0$ の3つの解を α, β, γ とする。$\alpha+1$, $\beta+1$, $\gamma+1$ を解とする3次方程式を1つ作れ。

◀例題 39

指針 2次方程式については，同じような問題を $p.65$ 例題 21 で学んでいる。

CHART》 似た問題　方法をまねる

$\alpha+1=\alpha'$, $\beta+1=\beta'$, $\gamma+1=\gamma'$ とおくと，α', β', γ' を3つの解とする3次方程式は

$$(x-\alpha')(x-\beta')(x-\gamma')=0$$

◀ x^3 の係数は1として考える。

すなわち　$x^3-(\alpha'+\beta'+\gamma')x^2+(\alpha'\beta'+\beta'\gamma'+\gamma'\alpha')x-\alpha'\beta'\gamma'=0$

したがって，まず $\alpha'+\beta'+\gamma'$, $\alpha'\beta'+\beta'\gamma'+\gamma'\alpha'$, $\alpha'\beta'\gamma'$ の値を求める。

解答 3次方程式の解と係数の関係から

$$\alpha+\beta+\gamma=-3,\ \alpha\beta+\beta\gamma+\gamma\alpha=-1,\ \alpha\beta\gamma=-1$$

よって　$(\alpha+1)+(\beta+1)+(\gamma+1)=(\alpha+\beta+\gamma)+3$

$=-3+3=0$ …… ①

◀ $\alpha'+\beta'+\gamma'$ (①)

$(\alpha+1)(\beta+1)+(\beta+1)(\gamma+1)+(\gamma+1)(\alpha+1)$

$=(\alpha\beta+\beta\gamma+\gamma\alpha)+2(\alpha+\beta+\gamma)+3$

$=-1+2\cdot(-3)+3=-4$ …… ②

◀ $\alpha'\beta'+\beta'\gamma'+\gamma'\alpha'$ (②)

また，$x^3+3x^2-x+1=(x-\alpha)(x-\beta)(x-\gamma)$ が成り立つ。

◀ $(\alpha+1)(\beta+1)(\gamma+1)$ を展開して求めてもよい。$\alpha'\beta'\gamma'$ (③)

両辺に $x=-1$ を代入して

$$-1+3+1+1=(-1-\alpha)(-1-\beta)(-1-\gamma)$$

ゆえに　$(\alpha+1)(\beta+1)(\gamma+1)=-4$ …… ③

①，②，③ から，求める3次方程式の1つは

$x^3-0\cdot x^2+(-4)x-(-4)=0$　すなわち　$\boldsymbol{x^3-4x+4=0}$

◀ ①,②,③ を(＊)に代入。

検討 α, β, γ は $x^3+3x^2-x+1=0$ の解であるから

$$\alpha^3+3\alpha^2-\alpha+1=0,\quad \beta^3+3\beta^2-\beta+1=0,\quad \gamma^3+3\gamma^2-\gamma+1=0$$

3つの数 $\alpha+1$, $\beta+1$, $\gamma+1$ は α, β, γ より1ずつ大きい。そこで，$x=\alpha$, β, γ に対して $x+1=t$ とおくと，$x=t-1$ は $x^3+3x^2-x+1=0$ を満たすから

$$(t-1)^3+3(t-1)^2-(t-1)+1=0 \quad \cdots\cdots Ⓐ$$

$t=\alpha+1$, $\beta+1$, $\gamma+1$ は Ⓐ を満たす。

左辺を展開して整理すると　$t^3-4t+4=0$

t を x におき換えて　$x^3-4x+4=0$ …… Ⓑ

これが求める方程式である。

ここで，方程式 Ⓑ の解 α', β', γ' が求められれば，問題の3次方程式 $x^3+3x^2-x+1=0$ の解は $x=\alpha'-1$, $\beta'-1$, $\gamma'-1$ で得られることになる。

このような考え方を **解の変換** という。

練習 40 3次方程式 $x^3-4x+2=0$ の3つの解を α, β, γ とする。次の3つの数を解とする3次方程式を求めよ。ただし，x^3 の係数は1とする。

(1) $\alpha-1$, $\beta-1$, $\gamma-1$　(2) $\alpha+\beta$, $\beta+\gamma$, $\gamma+\alpha$　〔類 東北福祉大〕

➡p. 96 演習 27

COLUMN コラム　3 次方程式の一般的解法

2 次方程式に解の公式があるように，3 次，4 次方程式にも一般的な解法がある。

高校数学の範囲を超える内容であるが，ここでは **Cardano（カルダーノ）の解法** として知られる，3 次方程式の一般的解法を紹介しよう。

3 次方程式は，x^3 の係数 $(\neq 0)$ で両辺を割ると，次の形になる。

$$x^3+ax^2+bx+c=0 \quad \cdots\cdots ①$$

ここで，$x=y-\dfrac{a}{3}$ とおく解の変換により，y^2 の項が消えて次の形になる。

$$y^3+py+q=0 \quad \cdots\cdots ②$$

更に，$y=u+v$ とおいて ② に代入し，整理すると

$$u^3+v^3+q+(3uv+p)(u+v)=0 \quad \cdots\cdots ③$$

◀ $(u+v)^3=u^3+v^3+3uv(u+v)$

そこで，$u^3+v^3+q=0,\ 3uv+p=0 \quad \cdots\cdots ④$

を満たす u，v を求めれば，$y=u+v$ は ② を満たし，更に $x=y-\dfrac{a}{3}$ が ① を満たすことになる。

ここで，④ より $u^3+v^3=-q$，$uv=-\dfrac{p}{3}$ すなわち $u^3v^3=-\dfrac{p^3}{27}$ であるから，u^3 と v^3 は 2 次方程式 $t^2+qt-\dfrac{p^3}{27}=0$ の解である。

これを解くと　$t=\dfrac{1}{2}\left\{-q\pm\sqrt{q^2-4\left(-\dfrac{p^3}{27}\right)}\right\}=-\dfrac{q}{2}\pm\sqrt{\left(\dfrac{p}{3}\right)^3+\left(\dfrac{q}{2}\right)^2}$

$u^3=-\dfrac{q}{2}+\sqrt{R}$，$v^3=-\dfrac{q}{2}-\sqrt{R}$　$\left[R=\left(\dfrac{p}{3}\right)^3+\left(\dfrac{q}{2}\right)^2\right]$ とおくと，それぞれ右辺の 3 乗根が 3 つずつ得られる。$uv=-\dfrac{p}{3}$ より，$p\neq 0$ なら u が 1 つの値をとると v は 1 つに定まるから，$(u,\ v)$ の組は 3 組ある。ゆえに，② を満たす y（すなわち ① を満たす x）が 3 個得られる。$p=0$ のとき，② は $y^3+q=0$ となり，簡単に解ける。

ここで，④ は ③ の十分条件で必要条件ではないが，3 次方程式の解は 3 個であるから，以上によって，3 次方程式 ① が解けたことになる。

◀ ④ は $p=0$ のときの解も正しく与えていることに注意。

例えば，3 次方程式 $(x-3)(x^2-2)=0$ すなわち $x^3-3x^2-2x+6=0$ を考えてみよう。

この方程式の解は $x=3,\ \pm\sqrt{2}$ で，実数解のみをもつが，この方程式を Cardano の解法によって解こうとすると

$a=-3$ から $x=y+1$ と変換すると

$(y+1)^3-3(y+1)^2-2(y+1)+6=0$　　整理して　　$y^3-5y+2=0$

$p=-5,\ q=2$ から　　$R=\left(\dfrac{p}{3}\right)^3+\left(\dfrac{q}{2}\right)^2=\left(-\dfrac{5}{3}\right)^3+1=-\dfrac{98}{27}<0$

よって，u^3 と v^3 の値は虚数になってしまう。

すなわち，3 次方程式を解くためには，たとえ実数解のみをもつ場合でも，解法の途中で虚数を扱う必要があることになる。

実はこれが，人々が虚数を認めるきっかけとなったのである。

演習問題

13 整数 a, b は等式 $(a+bi)^3=-16+16i$ を満たす。ただし，i は虚数単位とする。

(1) $a=$ ア□，$b=$ イ□ である。

(2) $\dfrac{i}{a+bi}-\dfrac{1+5i}{4}$ を計算すると，ウ□ である。　〔慶応大〕 ➤例13，14

14 k を実数とし，x についての2次方程式 $x^2-kx+3k-4=0$ を考える。

(1) $x^2-kx+3k-4=0$ が虚数解をもつような k の値の範囲を求めよ。

(2) $x^2-kx+3k-4=0$ が虚数解 α をもち，α^4 が実数になるような k の値をすべて求めよ。　〔岡山大〕 ➤例16

15 $i=\sqrt{-1}$ は虚数単位である。

(1) 実数の定数 a を含む方程式 $(a+i)x+8-a^2i=0$ が実数解をもつとき，実数解と a の値を求めよ。

(2) 実数の定数 b を含む方程式 $(1+i)x^2+(2b-1+b^2i)x+b+b^2i=0$ が実数解をもつとき，実数解と b の値を求めよ。　〔津田塾大〕 ➤例題20

16 c は実数とする。x, y の多項式 $x^2+y^2-5-c(xy-2)$ を考える。

(1) $x^2+y^2-5-c(xy-2)=0$ がどのような実数 c に対しても成り立つような実数 x, y の組 $(x,\ y)$ をすべて求めよ。

(2) $c=2$ のとき，$x^2+y^2-5-c(xy-2)$ を x, y の1次式の積として表せ。

(3) $c=0$ のとき，$x^2+y^2-5-c(xy-2)$ は x, y の1次式の積として表されないことを示せ。すなわち，x, y の多項式として $x^2+y^2-5=(px+qy+r)(sx+ty+u)$ を満たす実数 p, q, r, s, t, u は存在しないことを示せ。

(4) $x^2+y^2-5-c(xy-2)$ が x, y の1次式の積として表されるような c の値をすべて求めよ。　〔高知大〕 ➤例題22

17 a は実数とする。2次方程式 $x^2+ax+a-2=0$ について，次の問いに答えよ。

(1) 任意の a に対して，この2次方程式が異なる2つの実数解をもつことを示せ。

(2) この2次方程式の実数解を α, β とするとき，α, β が異なる符号をもつような a の値の範囲を求めよ。

(3) $5<|\alpha-\beta|<6$ となるような a の値の範囲を求めよ。　〔名城大〕 ➤例16，17，例題25

ヒント **16** (3) 問題の等式が成り立つと仮定して，矛盾を導く。

(4) $P=x^2-cyx+y^2+2c-5$ として，$P=0$ を x についての2次方程式と考えたときの解が y の1次式でなければならない。

18 a, b は $a \geqq b > 0$ を満たす整数とし，x と y の 2 次方程式

$$x^2+ax+b=0,\ y^2+by+a=0$$

がそれぞれ整数解をもつとする。

(1) $a=b$ とするとき，条件を満たす整数 a の値をすべて求めよ。

(2) $a>b$ とするとき，条件を満たす整数の組 (a, b) をすべて求めよ。〔名古屋大〕

➤例題 24

19 x^3 の係数が 1 である 3 次式 $Q(x)$ は，$x-1$ で割ると余りが -1，$x-2$ で割ると余りが 8 となる。

(1) $Q(x)$ を $(x-1)(x-2)$ で割った余りを求めよ。

(2) $Q(-1)=-1$ のとき，$Q(x)$ を求めよ。

(3) (2) で求めた $Q(x)$ に対して，3 次式 $P(x)$ は $P(x^2)=P(x)Q(x)+2x$ を満たす。このとき，$P(0)$，$P(1)$，$P(-1)$ の値を求めよ。

(4) $P(x)$ が (3) の条件を満たすとき，$P(x)$ を $x(x-1)(x+1)$ で割った余りを求めよ。

(5) $P(x)$ が (3) の条件を満たすとき，$P(x)$ を求めよ。〔立教大〕 ➤例題 29

20 x についての整式 $P(x)$ は，$(x+1)^2$ で割ると $-x+4$ 余り，$(x-1)^2$ で割ると $2x+5$ 余るとする。

(1) $P(x)$ を $(x+1)(x-1)$ で割ったときの余りを求めよ。

(2) $P(x)$ を $(x+1)(x-1)^2$ で割ったときの余りを求めよ。

(3) $P(x)$ を $(x+1)^2(x-1)^2$ で割ったときの余りを求めよ。〔宮崎大〕 ➤例題 30

21 $Q(x)$ を 2 次式とする。整式 $P(x)$ は $Q(x)$ では割り切れないが，$\{P(x)\}^2$ は $Q(x)$ で割り切れるという。このとき，2 次方程式 $Q(x)=0$ は重解をもつことを示せ。

〔京都大〕

22 整式 $f(x)=x^4-x^2+1$ について，次の問いに答えよ。

(1) x^6 を $f(x)$ で割ったときの余りを求めよ。

(2) x^{2021} を $f(x)$ で割ったときの余りを求めよ。

(3) 自然数 n が 3 の倍数であるとき，$(x^2-1)^n-1$ が $f(x)$ で割り切れることを示せ。

〔早稲田大〕 ➤例題 31

ヒント **18** 整数解を p とし，もう 1 つの解を q とすると，q も整数となる。

20 (2) $P(x)$ を $(x+1)(x-1)^2$ で割ったときの余りを px^2+qx+r とすると，$P(x)$ を $(x-1)^2$ で割ったときの余りは，px^2+qx+r を $(x-1)^2$ で割ったときの余りと一致する。

21 $P(x)=Q(x)f(x)+ax+b$ とすると，$(ax+b)^2$ が $Q(x)$ で割り切れる。

別解 $Q(x)=a(x-\alpha)(x-\beta)$ とおき，$\alpha \neq \beta$ と仮定して矛盾を導く。

22 (2)，(3) 二項定理を利用する。

23 3で割った余りが1となる自然数nに対し，$(x-1)(x^{3n}-1)$ が $(x^3-1)(x^n-1)$ で割り切れることを証明せよ。 〔慶応大〕 ➤例26，例題36

24 実数α，βに対して，整式 $f(x)=x^4+2\alpha x^3+(\alpha^2-\beta^2+2)x^2+2\alpha x+1$ を考える。

(1) $y=x+\dfrac{1}{x}$ とおく。このとき，$\dfrac{1}{x^2}f(x)$ をyの整式で表せ。

(2) $(\alpha,\ \beta)=\left(\dfrac{1}{2},\ \dfrac{3}{2}\right)$ のとき，方程式 $f(x)=0$ の解をすべて求めよ。

(3) 方程式 $f(x)=0$ がちょうど1つの解をもつような $(\alpha,\ \beta)$ をすべて求めよ。

〔鹿児島大〕 ➤例題34

25 iを虚数単位とする。mを整数とし，$g(x)=x^3-5x^2+mx-13$ とする。整数aと0でない整数bが $g(a+bi)=0$ を満たすとき，以下の問いに答えよ。

(1) $g(a-bi)=0$ が成り立つことを示せ。

(2) $g(x)$ が $x^2-2ax+a^2+b^2$ で割り切れることを示せ。

(3) mの値を求めよ。 〔首都大東京〕 ➤例題37

26 次数がnの多項式 $f(x)=x^n+a_{n-1}x^{n-1}+\cdots\cdots+a_1x+a_0$ が $f(x)=(x-\alpha)^n$ という形に因数分解できるとき，αを方程式 $f(x)=0$ のn重解ということにする。

(1) 方程式 $x^2+ax+b=0$ が2重解αをもつとする。a，bが整数のとき，αは整数であることを示せ。

(2) 方程式 $x^4+px^3+qx^2+rx+s=0$ が4重解βをもつとする。p，qが整数のとき，βは整数であり，r，sも整数であることを示せ。 〔津田塾大〕

27 kを実数とする。3次式 $f(x)=x^3-kx^2-1$ に対し，方程式 $f(x)=0$ の3つの解をα，β，γとする。$g(x)$ はx^3の係数が1である3次式で，方程式 $g(x)=0$ の3つの解が $\alpha\beta$，$\beta\gamma$，$\gamma\alpha$ であるものとする。

(1) $g(x)$ をkを用いて表せ。

(2) 2つの方程式 $f(x)=0$ と $g(x)=0$ が共通の解をもつようなkの値を求めよ。

〔東北大〕 ➤例題40

ヒント **26** (1) a，bをαで表し，αを消去してa，bの関係式を導く。

(2) (方程式の左辺)$=(x-\beta)^4$ と表される。係数を比較してp，q，r，sをβで表し，p，qの関係式を導く。

27 (1) 3次方程式の解と係数の関係を利用する。

(2) 共通解をpとすると　$f(p)=0$，$g(p)=0$

〈この章で学ぶこと〉
17 世紀の数学者デカルトは，図形の問題を文字式を用いて「代数的」に解くことを提唱した。この方法は，後に平面の点を座標で表すことにより研究する解析幾何学に発展し，図形の研究に有力な手段を提供することとなった。
この章では，座標の考えを使って，最も簡単な図形である直線と円について学ぶ。特にその位置関係を方程式に帰着させて調べ，座標の基本的手法に習熟することを目標とする。

第3章 図形と方程式

例，例題一覧

● …… 基本的な内容の例　■ …… 標準レベルの例題　◆ …… やや発展的な例題

13 点と座標

《基本事項》

1 直線上の点

数直線上の各点には実数が1つ対応する。点Pに実数 a が対応するとき，a を点Pの座標という。座標が a である点Pを $\mathrm{P}(a)$ で表す。

2点間の距離

原点Oと点 $\mathrm{P}(a)$ の間の距離は　$\mathbf{OP}=|\boldsymbol{a}|$

2点 $\mathrm{A}(a)$，$\mathrm{B}(b)$ 間の距離は

$a \leqq b$ のとき　$\mathrm{AB}=b-a$

$a>b$ のとき　$\mathrm{AB}=a-b$

まとめると　$\mathbf{AB}=|\boldsymbol{b}-\boldsymbol{a}|$　◀ $\mathrm{AB}=|a-b|$ でもよい。

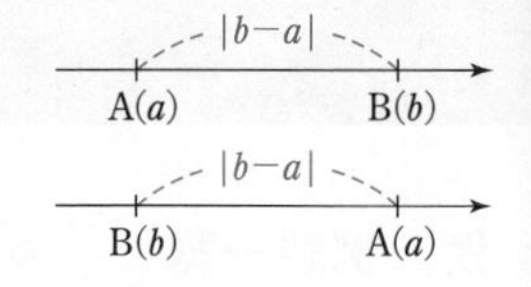

内分点，外分点の座標

2点 $\mathrm{A}(a)$，$\mathrm{B}(b)$ に対して，線分ABを $m:n$ に

内分する点の座標は $\dfrac{\boldsymbol{na+mb}}{\boldsymbol{m+n}}$，　外分する点の座標は $\dfrac{\boldsymbol{-na+mb}}{\boldsymbol{m-n}}$

特に，線分ABの中点の座標は $\dfrac{\boldsymbol{a+b}}{\boldsymbol{2}}$

証明　内分・外分する点を $\mathrm{P}(x)$ とする。

$\mathrm{AP}:\mathrm{PB}=m:n$ から

$|x-a|:|b-x|=m:n$

すなわち　$n|x-a|=m|b-x|$　…… ①

Pが内分点のとき，$x-a$ と $b-x$ は同符号。

①は　$n(x-a)=m(b-x)$

Pが外分点のとき，$x-a$ と $b-x$ は異符号。

①は　$-n(x-a)=m(b-x)$　$(m \neq n)$

それぞれを x について解くと，内分点，外分点の座標が求められる。また，中点は，線分ABを1:1に内分する点であるから，内分点の座標において $m=n=1$ とすれば得られる。

内分

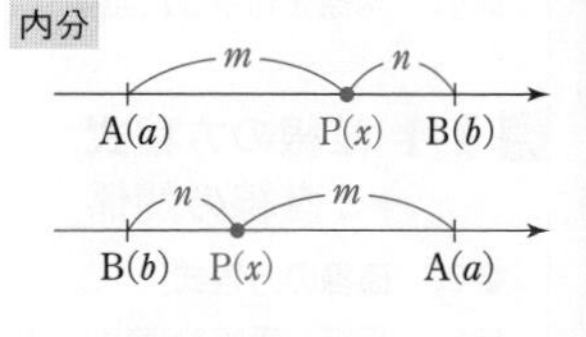

外分

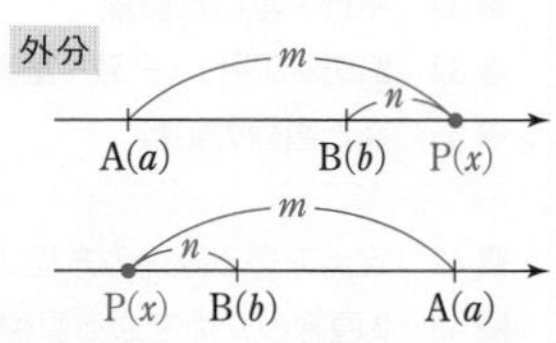

2 平面上の2点間の距離

$\mathrm{O}(0,\ 0)$，$\mathrm{A}(x_1,\ y_1)$，$\mathrm{B}(x_2,\ y_2)$ とすると

$$\mathbf{AB}=\sqrt{(\boldsymbol{x_2-x_1})^2+(\boldsymbol{y_2-y_1})^2}$$

特に　$\mathbf{OA}=\sqrt{\boldsymbol{x_1}^2+\boldsymbol{y_1}^2}$

この式は，AとBが一致する場合 $(x_1=x_2,\ y_1=y_2)$，線分ABが座標軸に平行 $(x_1=x_2$ または $y_1=y_2)$ である場合も成り立つ。

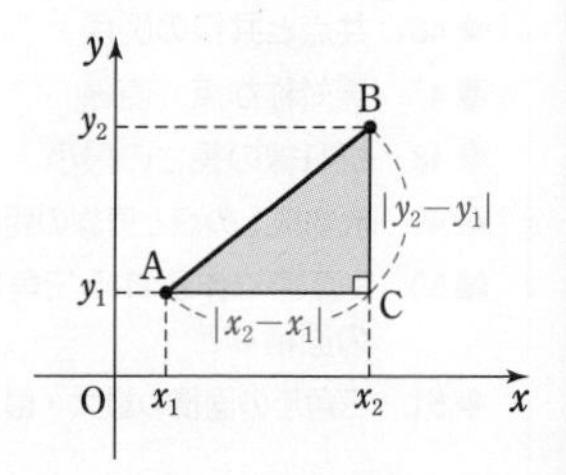

3 平面上の線分の内分点・外分点の座標

点 A$(x_1,\ y_1)$, B$(x_2,\ y_2)$ に対して，線分 AB を $m:n$ に内分する点を P$(x,\ y)$ とする。

このとき，右の図のように A, B, P から x 軸に垂線を下ろすと，点 P′ は線分 A′B′ を $m:n$ に内分する。

よって，数直線上の内分点の公式により，x 座標は

$$x=\frac{nx_1+mx_2}{m+n} \quad \cdots\cdots ①$$

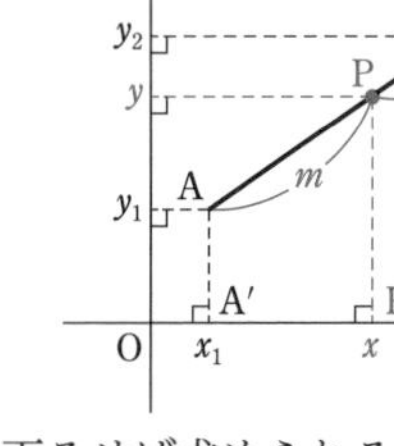

線分 AB が x 軸に垂直であるときも $x=x_1=x_2$ であるから，① は成り立つ。同様にして，y 座標も y 軸に垂線を下ろせば求められる。

外分点，中点の座標についても，同様に考えて求めることができる。

A$(x_1,\ y_1)$, B$(x_2,\ y_2)$ とする。
線分 AB を $m:n$ に内分・外分する点の座標は

内分 $\left(\dfrac{nx_1+mx_2}{m+n},\ \dfrac{ny_1+my_2}{m+n}\right)$　　**外分** $\left(\dfrac{-nx_1+mx_2}{m-n},\ \dfrac{-ny_1+my_2}{m-n}\right)$

特に，線分 AB の **中点** の座標は $\left(\dfrac{x_1+x_2}{2},\ \dfrac{y_1+y_2}{2}\right)$

4 三角形の重心の座標

3 点 A$(x_1,\ y_1)$, B$(x_2,\ y_2)$, C$(x_3,\ y_3)$ を頂点とする △ABC の重心Gの座標は

$$\left(\frac{x_1+x_2+x_3}{3},\ \frac{y_1+y_2+y_3}{3}\right)$$

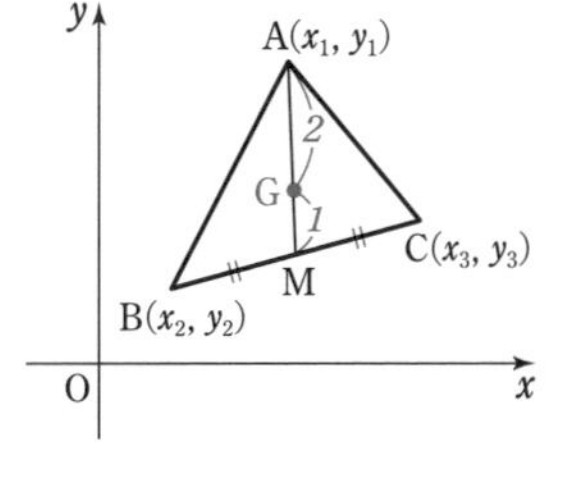

証明　辺 BC の中点 M の座標は $\left(\dfrac{x_2+x_3}{2},\ \dfrac{y_2+y_3}{2}\right)$

重心 G$(x,\ y)$ は線分 AM を $2:1$ に内分する点であるから

$$x=\frac{1\cdot x_1+2\cdot\dfrac{x_2+x_3}{2}}{2+1}=\frac{x_1+x_2+x_3}{3},\quad y=\frac{1\cdot y_1+2\cdot\dfrac{y_2+y_3}{2}}{2+1}=\frac{y_1+y_2+y_3}{3}$$

CHECK 問題

26 次の 2 点間の距離を求めよ。

(1) A(-5), B(3)　　(2) A(-7), B(-9)　　→ 1

27 2 点 A(-3), B(6) を結ぶ線分 AB について，次の点の座標を求めよ。

(1) $2:1$ に内分する点　　(2) $2:1$ に外分する点

(3) $1:2$ に外分する点　　(4) 中点　　→ 1

28 次の 2 点間の距離を求めよ。

(1) A$(1,\ -1)$, B$(3,\ 2)$　　(2) O$(0,\ 0)$, A$(4,\ -2)$　　→ 2

例 28 | 平面上の2点間の距離 ★★☆☆☆

(1) 2点 A$(-2,\ 3)$, B$(3,\ -4)$ から等距離にある x 軸上の点Pの座標を求めよ。
(2) 3点 A$(9,\ 10)$, B$(-5,\ 8)$, C$(-7,\ 2)$ から等距離にある点Pの座標を求めよ。

指針 A$(x_1,\ y_1)$, B$(x_2,\ y_2)$ のとき, $\mathrm{AB}=\sqrt{(x_2-x_1)^2+(y_2-y_1)^2}$ であるが, 実際に計算するときは, 根号が出てこない2乗の形

$$\mathbf{AB^2=(x_2-x_1)^2+(y_2-y_1)^2}$$

の方が扱いやすい。

(1) Pは x 軸上の点であるから, その座標を $(x,\ 0)$ とする。次に, AP=BP の条件を $\mathrm{AP}^2=\mathrm{BP}^2$ として, x の方程式を解く。

(2) P$(x,\ y)$ とする。AP=BP=CP から, $\mathrm{AP}^2=\mathrm{BP}^2=\mathrm{CP}^2$ として, x と y の連立方程式を解く。

CHART》距離の問題

2乗した形で扱う　$\mathrm{AP=BP} \iff \mathrm{AP^2=BP^2}$

検討

2つの定点A, Bから等距離にある点は, 線分ABの垂直二等分線上にある。よって, (2)の点Pは, 線分ABの垂直二等分線と線分ACの垂直二等分線の交点である。
このとき, AP=BP=CP であるから, 点Pは △ABC の **外心** (外接円の中心) である。

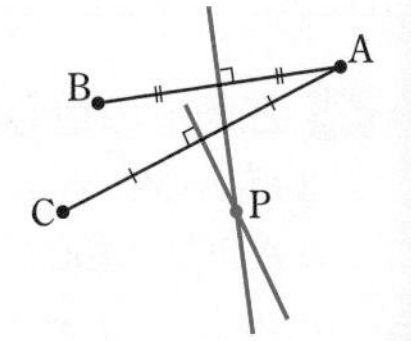

例 29 | 三角形の形状 ★★☆☆☆

4点 A$(4,\ 0)$, B$(0,\ 2)$, C$(3,\ 3)$, D について, 次の問いに答えよ。
(1) △ABC はどのような形の三角形か。
(2) △ABD が正三角形になるとき, 点Dの座標を求めよ。

指針 三角形の形状の判断は, 辺の長さ (またはその2乗) を計算した後, 次のことに注目。

二等辺三角形 $\iff$ 2辺が等しい
正三角形 $\iff$ 3辺が等しい
直角三角形 $\iff$ 三平方の定理が成り立つ

(1) 3辺の長さを, 距離の公式を用いて求める。長さ (距離) は2乗の形が扱いやすい。
なお, 解答では, 等しい辺, 直角である角についても記しておく。

(2) △ABD が正三角形であるための条件は　BD=AD=AB
D$(x,\ y)$ として, この条件を式で表す。

CHART》三角形の形状

等しい辺はないか, 三平方の定理を満たすかどうか

例 30 内分点，外分点，重心の座標 ★★☆☆☆

A$(-2,\ 5)$，B$(6,\ -3)$，C$(1,\ 7)$ とするとき，次の点の座標を求めよ。
(1) 線分 BC を 3：2 に内分する点P
(2) 線分 CA を 3：2 に外分する点Q
(3) 線分 AB の中点R　　(4) △PQR の重心G
(5) 点Aに関して，点Bと対称な点S

指針 線分の内分点，外分点の座標，三角形の重心の座標の公式に当てはめる。
A$(x_1,\ y_1)$，B$(x_2,\ y_2)$，C$(x_3,\ y_3)$ とする。

線分 AB を $m:n$ に内分する点の座標は $\left(\dfrac{nx_1+mx_2}{m+n},\ \dfrac{ny_1+my_2}{m+n}\right)$

特に，**線分 AB の中点の座標は** $\left(\dfrac{x_1+x_2}{2},\ \dfrac{y_1+y_2}{2}\right)$ ◀中点は 2 点の平均

線分 AB を $m:n$ に外分する点の座標は $\left(\dfrac{-nx_1+mx_2}{m-n},\ \dfrac{-ny_1+my_2}{m-n}\right)$

内分点の座標の公式で n を $-n$ におき換えた形

△ABC の重心の座標は $\left(\dfrac{x_1+x_2+x_3}{3},\ \dfrac{y_1+y_2+y_3}{3}\right)$ ◀重心は 3 点の平均

(1)，(2) 内分点Pと外分点Qについては，図をかいて，分点の位置を正確につかむ。特に，(2) の外分点は間違いやすいので注意が必要。
点Qは線分 CA を 3：2 に**外分** ⟺ CQ：AQ=3：2 より，CQ>AQ であるから，**Qは線分 CA の延長上**（線分 CA の右外）にある。

(5) 点Sの座標を $(x,\ y)$ とし，
点Aに関して，点Bと点Sは対称
⟺ **点Aは線分 BS の中点**
を用いて，x，y の 1 次方程式を立てる。

(1)

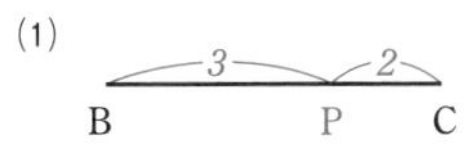

(2)

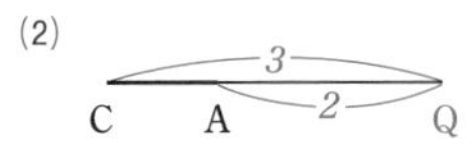

(5)

S　A　B

例 31 平行四辺形の頂点の座標 ★★☆☆☆

3 点 A$(1,\ 2)$，B$(5,\ 4)$，C$(3,\ 6)$ を頂点とする平行四辺形の残りの頂点Dの座標を求めよ。

指針 問題の平行四辺形を「平行四辺形 ABCD」と決めつけてはいけない。本問では，**頂点の順序が示されていない** から，
平行四辺形 ABCD，　平行四辺形 ABDC，
平行四辺形 ADBC
の 3 つの場合が考えられる（右の図を参照）。
そして，本問は，座標平面上の問題であるから，残りの頂点Dの座標 $(x,\ y)$ を求めるには，
平行四辺形は，2 本の対角線の中点が一致する
ことを利用して，x，y の 1 次方程式を立てる。

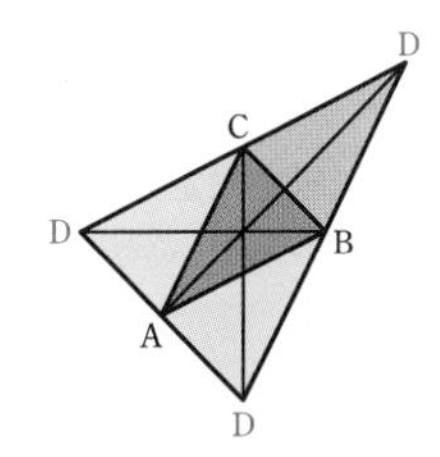

例題 41 座標を利用した証明 ★★★☆☆

△ABC において，3つの中線 AL，BM，CN は1点（重心）で交わる。
このことを証明せよ。

指針 三角形の頂点とそれに向かい合う辺の中点を結ぶ線分を **中線** といい，3つの中線の交点が **重心** である。本問は，「重心が存在することを証明せよ」ということなので，重心の存在を仮定するわけにはいかないが，3つの中線の交点が重心であることを念頭におき，線分 AL，BM，CN をそれぞれ 2：1 に内分する点がすべて同じ点になることを示す。

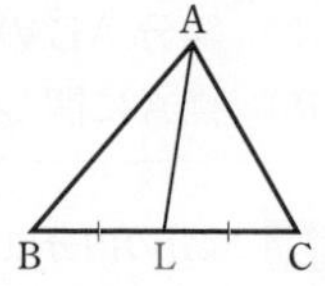

このことは，座標を用いなくても証明できるが，座標を用いると補助線が不要となり，簡単な計算で結論を導くことができる。
図形の性質を座標を用いて調べるには，**座標をどのようにとるか** が第一のポイントとなる。原則としては，計算がらくになるようにするため

問題に出てくる点を　なるべく座標軸上にとる

のがよい。本問では，1辺を x 軸上にとり，その中点を原点にとると簡単にいく。

解答 直線 BC を x 軸に，辺 BC の垂直二等分線を y 軸にとると，辺 BC の中点Lは原点Oになり，各頂点の座標は　◀ 下の（注意）参照。

$$A(a,\ b),\ B(-c,\ 0),\ C(c,\ 0)$$

と表すことができる。このとき

$$L(0,\ 0),\ M\left(\frac{a+c}{2},\ \frac{b}{2}\right),\ N\left(\frac{a-c}{2},\ \frac{b}{2}\right)$$

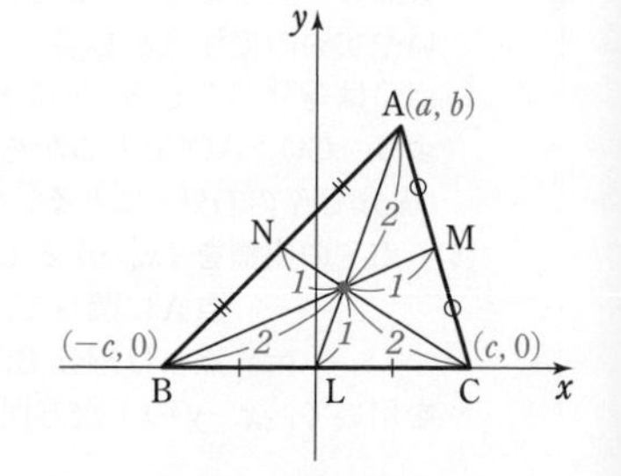

よって，中線 AL，BM，CN を 2：1 に内分する点の座標はそれぞれ

$$\left(\frac{a}{3},\ \frac{b}{3}\right),\ \left(\frac{-c+(a+c)}{2+1},\ \frac{0+b}{2+1}\right),$$
$$\left(\frac{c+(a-c)}{2+1},\ \frac{0+b}{2+1}\right)$$

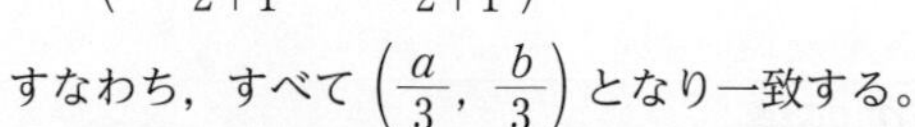

すなわち，すべて $\left(\dfrac{a}{3},\ \dfrac{b}{3}\right)$ となり一致する。

したがって，3つの中線 AL，BM，CN はこの点で交わる。

（注意） **間違った座標設定**
例えば，$A(0,\ b)$，$B(c,\ 0)$，$C(-c,\ 0)$ では，△ABC は二等辺三角形で，特別な三角形しか表さない。座標を設定するときは，**一般性を失わない** ようにしなければならない。

[座標設定の方法]
例えば，△ABC については，次の2通りが考えられる。

1 特定形　x 軸上に B，C をとり，辺 BC の中点を原点にとる。

$$A(a,\ b),\ B(-c,\ 0),\ C(c,\ 0)$$　◀ 上の解答。

一般に　[1] **座標に 0 を多く含む**　[2] **$-c$，c のように対称にとる**
の方針で考えるとよい。もう1つ0を多くして，次のようにすることもできる。

$$A(a,\ b),\ B(0,\ 0),\ C(c,\ 0)\qquad A(0,\ a),\ B(b,\ 0),\ C(c,\ 0)$$

2 一般形　$A(x_1,\ y_1)$, $B(x_2,\ y_2)$, $C(x_3,\ y_3)$ のようにおく方法。

A, B, C に関して **対称な性質** を調べるときは，このように座標を定めておけば，Aについての計算がそのままB, C についても適用できる。すなわち，文字をおき換えるだけである。

2 の方法による例題 41 の解答は，次の 別解 のようになる。
AL についてGの x 座標を計算すると，それを公式とすることでGの y 座標も得られる。更に，BM, CN についても，文字をおき換えるだけですむ。

別解 一般に，点Pの座標を $(x_P,\ y_P)$ で表すことにする。

Lは辺 BC の中点で

$$x_L=\frac{x_B+x_C}{2}$$

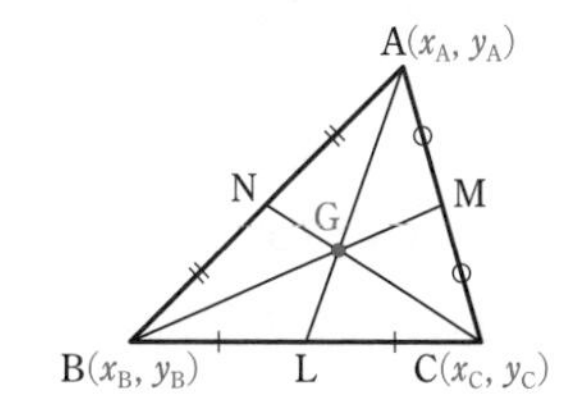

中線 AL を 2：1 に内分する点Gについて

$$x_G=\frac{1\cdot x_A+2x_L}{2+1}=\frac{x_A+x_B+x_C}{3}$$

同様に　$y_G=\dfrac{y_A+y_B+y_C}{3}$　◀ 文字 x を y に おき換える だけでよい。

また，中線 BM を 2：1 に内分する点の座標は，上で A, B, C の代わりに B, C, A と おき換える と得られるから

$$\left(\frac{x_B+x_C+x_A}{3},\ \frac{y_B+y_C+y_A}{3}\right)$$

同様に，中線 CN を 2：1 に内分する点の座標は，上で A, B, C の代わりに C, A, B と おき換える と得られるから

$$\left(\frac{x_C+x_A+x_B}{3},\ \frac{y_C+y_A+y_B}{3}\right)$$

よって，ともにGと一致する。すなわち，3 つの中線は 1 点Gで交わる。

CHART 》座標設定の方法

計算がらくになるように

1 特定形　0 を多く，対称に点をとる

2 一般形　公式化して順番におき換える

1 は，個々の計算は少し簡単であるが，AL, BM, CN の 1 つ 1 つについて計算しなければならない。**2** は，文字を順番におき換えるだけで結論が得られる。両者の特長に留意して，どちらを使うかを選ぶとよい。

練習 41 (1) △ABC において，辺 BC を 3 等分する点 P, Q を BP＝PQ＝QC となるようにとる。このとき，次の関係式が成り立つことを証明せよ。

$$2AB^2+AC^2=3(AP^2+2BP^2)$$

〔(1) 福島大〕

(2) 長方形 ABCD と同じ平面上の任意の点をPとする。このとき，等式 $PA^2+PC^2=PB^2+PD^2$ が成り立つことを証明せよ。

14 | 直線の方程式，2直線の関係

《 基本事項 》

1 x，y の1次方程式と直線

x，y の方程式を満たす点 $(x,\ y)$ の全体からできる図形のことを，**方程式の表す図形** といい，その方程式を **図形の方程式** という。2元1次方程式 $ax+by=c$ …… ① のグラフは直線であることを中学で学習したが，これは方程式 ① の解を座標とする点 $(x,\ y)$ の集合を考えると，直線 ① 上の点全体の集合となるということである。そして，① を直線 $ax+by=c$ の方程式という。
一般に，座標平面上のすべての直線は，次の形の x，y の1次方程式で表される。

$$\boldsymbol{ax+by+c=0}\quad (\boldsymbol{a \neq 0} \text{ または } \boldsymbol{b \neq 0})$$

◀ 上の ① も移項により，この形に整理できる。

逆に，この方程式は，$b \neq 0$ なら $y=-\dfrac{a}{b}x-\dfrac{c}{b}$，$b=0$ なら $x=-\dfrac{c}{a}$ と変形できるから，直線を表す。更に，次のことも重要である。

直線 $ax+by+c=0$ が点 $(x_1,\ y_1)$ を通る $\iff$ $ax_1+by_1+c=0$

2 直線の方程式

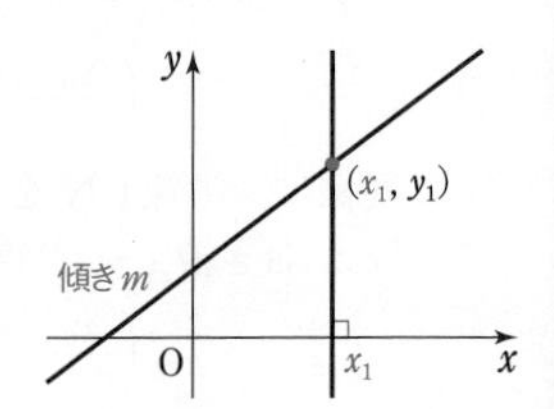

1 [1] **点 $(x_1,\ y_1)$ を通り，傾きが m** の直線の方程式は

$$\boldsymbol{y-y_1=m(x-x_1)}$$

[2] **点 $(x_1,\ y_1)$ を通り，x 軸に垂直** な直線の方程式は

$$\boldsymbol{x=x_1}$$

2 **異なる2点 $(x_1,\ y_1)$，$(x_2,\ y_2)$ を通る** 直線の方程式は

$\boldsymbol{x_1 \neq x_2}$ **のとき** $\quad \boldsymbol{y-y_1=\dfrac{y_2-y_1}{x_2-x_1}(x-x_1)}$

$\boldsymbol{x_1=x_2}$ **のとき** $\quad \boldsymbol{x=x_1}$

参考 一般に $(y_2-y_1)(x-x_1)-(x_2-x_1)(y-y_1)=0$

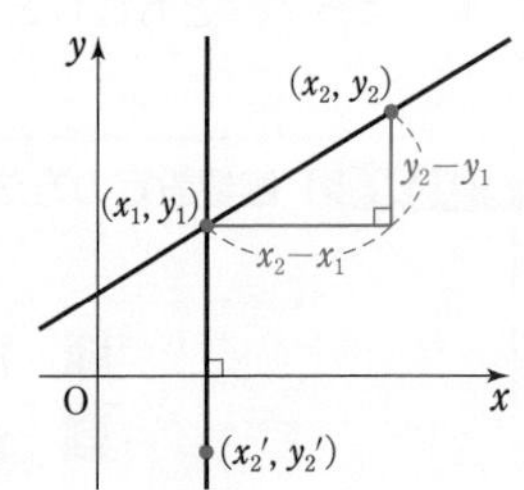

3 **2点 $(a,\ 0)$，$(0,\ b)$** $[a \neq 0,\ b \neq 0]$ **を通る** 直線の方程式は

$y-0=\dfrac{b-0}{0-a}(x-a)$ から $\qquad \boldsymbol{\dfrac{x}{a}+\dfrac{y}{b}=1}$

直線が x 軸，y 軸とそれぞれ点 $(a,\ 0)$ と点 $(0,\ b)$ で交わるとき，a をこの直線の **x 切片**，b をこの直線の **y 切片** という。

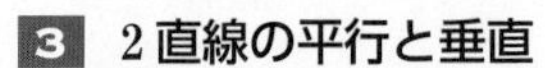

3 2直線の平行と垂直

2直線 $y=m_1x+n_1$ …… ①，$y=m_2x+n_2$ …… ② について

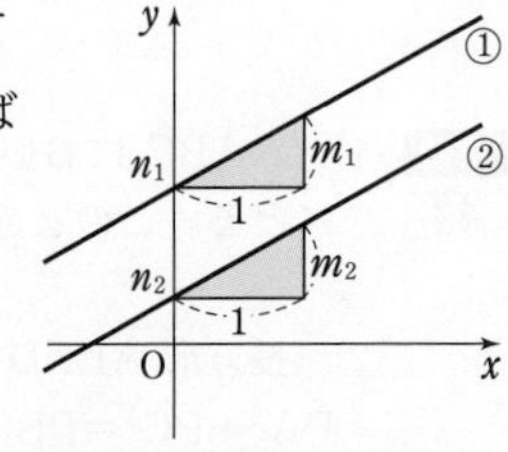

1 2直線は，傾きが等しいとき平行であり，逆に平行ならば傾きは等しい。したがって，次のことが成り立つ。

2直線 ① と ② が平行 $\iff$ $m_1=m_2$

注意 $m_1=m_2$，$n_1=n_2$ のとき，2直線 ①，② は一致するが，この場合も直線 ①，② は平行であると考えることにする。

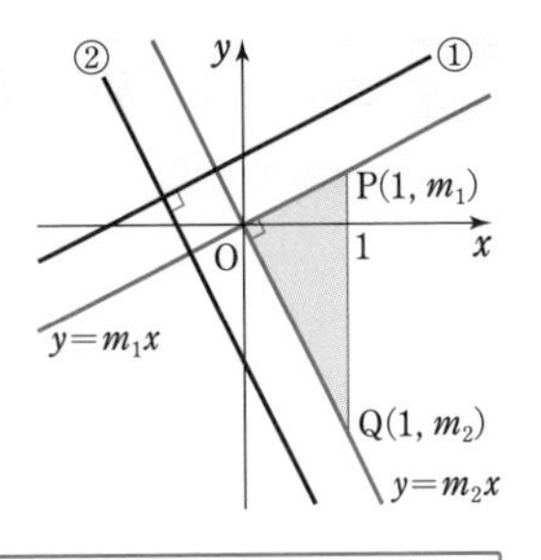

2　2 直線 ① と ② が垂直であるための条件は，2 直線 ①，② のそれぞれに平行で原点を通る 2 直線 $y=m_1x$，$y=m_2x$ 上に点 P$(1,\ m_1)$，Q$(1,\ m_2)$ をとると

2 直線 ① と ② が垂直 $\iff$ $\angle\mathbf{POQ=90°}$

$\iff$ $\mathrm{OP}^2+\mathrm{OQ}^2=\mathrm{PQ}^2$

$\iff$ $1+m_1{}^2+1+m_2{}^2=(m_2-m_1)^2$

$\iff$ $\boldsymbol{m_1m_2=-1}$

> 2 直線 $y=m_1x+n_1$，$y=m_2x+n_2$ について
> 2 直線が **平行** $\iff$ $\boldsymbol{m_1=m_2}$　　　2 直線が **垂直** $\iff$ $\boldsymbol{m_1m_2=-1}$

一般の 2 直線 $a_1x+b_1y+c_1=0$，$a_2x+b_2y+c_2=0$ については

$b_1b_2\neq 0$ のとき　　**平行** $\iff$ $-\dfrac{a_1}{b_1}=-\dfrac{a_2}{b_2}$　｜　**垂直** $\iff$ $\left(-\dfrac{a_1}{b_1}\right)\left(-\dfrac{a_2}{b_2}\right)=-1$

$\iff$ $\boldsymbol{a_1b_2-a_2b_1=0}$　｜　$\iff$ $\boldsymbol{a_1a_2+b_1b_2=0}$

$b_1=0$ のときは $a_1\neq 0$ であり，上の各式から，平行 $\iff$ $b_2=0$，垂直 $\iff$ $a_2=0$ が得られる。$b_2=0$ のときも同様。

4 点と直線の距離

点 P から直線 ℓ に下ろした垂線の長さを **点 P と直線 ℓ の距離** という。

> **点 P$(x_1,\ y_1)$ と直線 $ax+by+c=0$ の距離は**　$\dfrac{|ax_1+by_1+c|}{\sqrt{a^2+b^2}}$

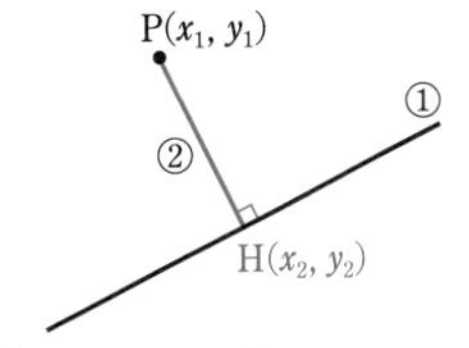

証明　点 P$(x_1,\ y_1)$ から直線 $ax+by+c=0$ …… ① に

垂線 PH：$b(x-x_1)-a(y-y_1)=0$ …… ② を下ろす。

H$(x_2,\ y_2)$ は ①，② を満たすから

$a(x_2-x_1)+b(y_2-y_1)+(ax_1+by_1+c)=0$

$b(x_2-x_1)-a(y_2-y_1)=0$　$[a^2+b^2\neq 0]$

これを解いて　$x_2-x_1=-\dfrac{a(ax_1+by_1+c)}{a^2+b^2}$，$y_2-y_1=-\dfrac{b(ax_1+by_1+c)}{a^2+b^2}$

これを用いて　$\mathrm{PH}^2=(x_2-x_1)^2+(y_2-y_1)^2=\dfrac{(ax_1+by_1+c)^2}{a^2+b^2}$

よって　$\mathrm{PH}=\dfrac{|ax_1+by_1+c|}{\sqrt{a^2+b^2}}$

CHECK 問題

29 次の直線のうち，互いに平行な直線，垂直な直線はどれとどれか。

① $y=2x+3$　② $y=\sqrt{2}x-1$　③ $y=-2x+1$

④ $2x-\sqrt{2}y+1=0$　⑤ $x+2y-5=0$　→ 3

30 次の点と直線の距離を求めよ。

(1) 原点，$4x+3y-12=0$　(2) 点 $(4,\ -1)$，$2x-3y+5=0$　→ 4

例 32 | 直線の方程式 ★☆☆☆☆

次の直線の方程式を求めよ。

(1) 点 $(1,\ -2)$ を通り，傾きが 3　　(2) 2 点 $(-1,\ 3)$，$(5,\ -1)$ を通る

(3) 2 点 $(-3,\ 5)$，$(-3,\ 1)$ を通る　　(4) 2 点 $(2,\ 4)$，$(-6,\ 4)$ を通る

(5) 点 $(5,\ 6)$ を通り，y 軸に平行　　(6) 2 点 $(-2,\ 0)$，$(0,\ 4)$ を通る

指針 1 [1] 点 $(x_1,\ y_1)$ を通り，傾きが m の直線の方程式は　$\boldsymbol{y-y_1=m(x-x_1)}$

[2] 点 $(x_1,\ y_1)$ を通り，x 軸に垂直な直線の方程式は　$\boldsymbol{x=x_1}$

2 異なる 2 点 $(x_1,\ y_1)$，$(x_2,\ y_2)$ を通る直線の方程式は

$x_1 \neq x_2$ のとき　$\boldsymbol{y-y_1=\dfrac{y_2-y_1}{x_2-x_1}(x-x_1)}$　　$x_1=x_2$ のとき　$\boldsymbol{x=x_1}$

3 2 点 $(a,\ 0)$，$(0,\ b)$ $[a \neq 0,\ b \neq 0]$ を通る直線の方程式は　$\boldsymbol{\dfrac{x}{a}+\dfrac{y}{b}=1}$

傾きと通る 1 点がわかっているときは 1，通る 2 点がわかっているときは 2 または 3 を利用して求めるのが基本。ただし，x 軸に垂直（y 軸に平行）な直線には，傾きは存在しない ことに注意する。

例 33 | 平行・垂直な直線 ★★☆☆☆

次の直線の方程式を求めよ。

(1) 点 $(6,\ -4)$ を通り，直線 $3x+y-7=0$ に平行な直線

(2) 点 $(-1,\ 3)$ を通り，直線 $x-5y+2=0$ に垂直な直線

指針 平行・垂直の問題で $y=mx+n$ の形を利用するなら，**傾きに着目** する。

平行 ⟺ 傾きが一致　　**垂直 ⟺ 傾きの積が -1**

求める直線の傾き m がわかれば，後は $y-y_1=m(x-x_1)$ で求められる。
一般形 $ax+by+c=0$ の形を利用するときは，下の **検討** を参照。

2 直線 $a_1x+b_1y+c_1=0$，$a_2x+b_2y+c_2=0$ について，$p.105$ により

$$2\text{ 直線が平行} \iff a_1b_2-a_2b_1=0 \iff \boldsymbol{a_1b_2=a_2b_1} \iff \boldsymbol{a_1 : b_1=a_2 : b_2}$$

よって，直線 $ax+by+c=0$ に平行な直線の方程式は，$ax+by+c'=0$ と表される。
この直線が点 $(x_1,\ y_1)$ を通るとき，$ax_1+by_1+c'=0$ から　$c'=-ax_1-by_1$
$ax+by+c'=0$ に代入して　$ax+by-ax_1-by_1=0$
したがって　$\boldsymbol{a(x-x_1)+b(y-y_1)=0}$

次に，2 直線が垂直 $\iff a_1a_2+b_1b_2=0 \iff \boldsymbol{-a_1a_2=b_1b_2} \iff \boldsymbol{a_1 : b_1=b_2 : (-a_2)}$

よって，直線 $ax+by+c=0$ に垂直な直線の方程式は，$bx-ay+c'=0$ と表される。
平行の場合と同様に考えると，この直線が点 $(x_1,\ y_1)$ を通るとき　$c'=-bx_1+ay_1$
$bx-ay+c'=0$ に代入して　$bx-ay-bx_1+ay_1=0$
したがって　$\boldsymbol{b(x-x_1)-a(y-y_1)=0}$

例 34　2直線の平行・一致・垂直　★★☆☆☆

2直線 $(a-2)x+ay+2=0$，$x+(a-2)y+1=0$ が平行になるときは $a=$ ア☐ であり，特に一致する場合は $a=$ イ☐ である。また，垂直になるときは $a=$ ウ☐ である。

指針　$y=mx+n$ の形に変形してもよいが，y の係数に文字を含むので場合分けが必要となる。よって，2直線 $a_1x+b_1y+c_1=0$，$a_2x+b_2y+c_2=0$ の平行・垂直条件を利用する。

平行 $\Leftrightarrow$ $a_1b_2-a_2b_1=0$　　　**垂直** $\Leftrightarrow$ $a_1a_2+b_1b_2=0$

↑ **一致**も平行に含めている。

(イ)　2直線の一致条件は，$a_1b_1c_1 \neq 0$，$a_2b_2c_2 \neq 0$ のとき，$a_1:b_1:c_1=a_2:b_2:c_2$ と書くことができるが，係数や定数項に文字を含むときは場合分けが複雑になる。そこで，平行条件 $a_1b_2-a_2b_1=0$（一致も含む）を利用し，求めた値を直線の方程式に代入して，一致するかどうかを確認すればよい。

検討　2直線 $a_1x+b_1y+c_1=0$，$a_2x+b_2y+c_2=0$ が共有点をもつとき，その共有点の座標は，連立方程式 $\begin{cases} a_1x+b_1y+c_1=0 \\ a_2x+b_2y+c_2=0 \end{cases}$ の解である。この2直線の関係と連立方程式の解について，次のことが成り立つ。

[1]　**2直線が1点で交わる** $\Leftrightarrow$ 連立方程式は **ただ1組の解をもつ**　…… $a_1b_2-a_2b_1 \neq 0$
[2]　**2直線が平行で異なる** $\Leftrightarrow$ 連立方程式は **解をもたない**　（不能）
[3]　**2直線が一致する** $\Leftrightarrow$ 連立方程式は **無数の解をもつ**（不定）
（[2]，[3]）…… $a_1b_2-a_2b_1=0$

例 35　点と直線の距離　★★☆☆☆

(1)　点 $(2,\ 1)$ から直線 $kx+y+1=0$ に下ろした垂線の長さが $\sqrt{3}$ であるとき，定数 k の値を求めよ。　〔中央大〕

(2)　2直線 $5x+4y=20$，$5x+4y=60$ 間の距離を求めよ。

指針　(1)　（点Pから直線 ℓ に下ろした垂線の長さ）=（点Pと直線 ℓ の距離）である。公式から

$$\frac{|k\cdot 2+1+1|}{\sqrt{k^2+1^2}}=\sqrt{3}$$　両辺は0以上であるから，平方しても同値。

(2)　**平行な2直線 ℓ，m 間の距離**

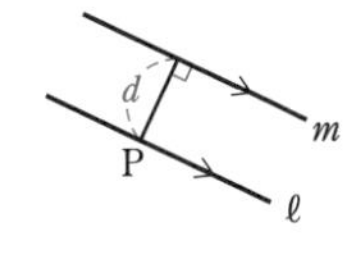

直線 ℓ 上の点Pと直線 m の距離 d は，Pのとり方によらず一定である。この距離 d を **2直線 ℓ と m の距離** という。
よって，2直線のうち，いずれかの上にある1点をうまく選び，これと他の直線の距離を求めればよい。

検討　一般に，2直線 ℓ，m 上にそれぞれ点P，Qをとるとき，2点P，Q間の距離の最小値を，**2直線 ℓ，m 間の距離** という。平面上の2直線間の距離は

ℓ と m が交わるときは　0
$\ell /\!/ m$ のときは，一方の直線上の任意の点ともう一方の直線の距離

であるが，空間でねじれの位置にある2直線間の距離を求めるのは，簡単ではない。

例題 42 定点を通る直線の方程式 ★★☆☆☆

k は定数とする。直線 $(2k+1)x+(k-4)y-7k+1=0$ は k の値に関係なく定点を通る。その定点の座標は ^{ア}□ である。また，この直線の傾きが $\dfrac{1}{3}$ となるときの k の値は ^{イ}□ である。〔福岡大〕

指針 直線 $(2k+1)x+(k-4)y-7k+1=0$ …… Ⓐ は k の値に関係なく定点を通る。
⟶ 定点 $A(x_1,\ y_1)$ を通るとしたら　$(2k+1)x_1+(k-4)y_1-7k+1=0$ …… $(*)$
　これが，**k の値に関係なく成り立つ**（k にどんな値を代入しても等式が成り立つ）。
　── ということは，$(*)$ は **k についての恒等式**。
のように考える。
そこで，Ⓐ を **k について整理** すると　$(2x+y-7)k+(x-4y+1)=0$
これは 2 直線 $2x+y-7=0$，$x-4y+1=0$ の交点を通る直線を表す（**検討** を参照）。
(イ) Ⓐ を y について解き，傾きを k の式で表してもよいが，(ア) の結果に着目しよう。

解答 $(2k+1)x+(k-4)y-7k+1=0$ を k について整理すると

$$(2x+y-7)k+(x-4y+1)=0 \quad \cdots\cdots ①$$

(ア) k の値に関係なく ① が成り立つための条件は

$$2x+y-7=0, \quad x-4y+1=0$$

2 式を連立して解くと　$x=3,\ y=1$
よって，求める定点の座標は　**(3, 1)**

(イ) (ア) より，直線 ① は点 (3, 1) を通るから，傾きが $\dfrac{1}{3}$ となるとき，方程式は

$$y-1=\frac{1}{3}(x-3) \quad すなわち \quad y=\frac{1}{3}x$$

したがって，直線 ① は原点も通る。
$x=0,\ y=0$ を ① に代入すると　$-7k+1=0$
これを解いて　$\boldsymbol{k=\dfrac{1}{7}}$

◀ **$kA+B=0$ が k の恒等式 ⟺ $A=0,\ B=0$**

◀ $k\neq4$ のとき，傾きについて $-\dfrac{2k+1}{k-4}=\dfrac{1}{3}$ これを解いてもよい。

検討 $(2x+y-7)k+(x-4y+1)=0$ …… ① は上のように，2 直線 $\ell：2x+y-7=0$，$m：x-4y+1=0$ の交点 A(3, 1) を通る直線になっているが，この交点Aを通る任意の直線は ① で表される（ただし，直線 $\ell：2x+y-7=0$ は除く）。それは，直線 $\ell：2x+y-7=0$ 以外の任意の直線上の点 $B(x_2,\ y_2)$ に対して

$$(2x_2+y_2-7)k+(x_2-4y_2+1)=0$$

を満たすように k の値を決めれば，① は A，B を通る直線になるからである。このことは，次のページで詳しく取り上げる。

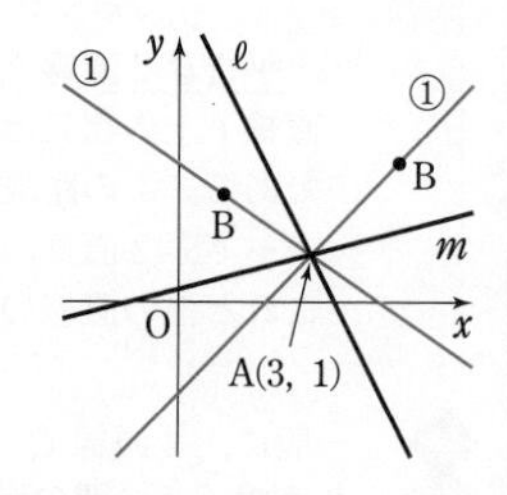

練習 42 k は定数とする。座標平面上の直線 $(3k+1)x-(2k+4)y-10k+10=0$ は，k の値に関係なく定点を通る。その定点の座標を求めよ。〔立教大〕

例題 43　2直線の交点を通る直線　★★☆☆☆

直線 $x+y-4=0$ …… ① と直線 $2x-y+1=0$ …… ② の交点をAとする。交点Aを通り，次の条件を満たす直線の方程式を，それぞれ求めよ。

(1)　点 $(-2,\ 1)$ を通る　　　(2)　直線 $2x-3y-7=0$ に垂直

指針　① と ② を連立して解き，交点Aの座標を求めるのが自然な考え方であるが，ここでは，前ページで学習した **定点を通る直線の方程式** の考え方により，交点Aの座標を求めることなく，2直線 ①，② の交点を通る直線を表す手法を紹介しよう。

k を定数として，2直線 ①，② の方程式を用いた，次の方程式 ③ を考える。

$$\boldsymbol{k(x+y-4)+2x-y+1=0} \quad \cdots\cdots ③$$

◀ k は ①，② の簡単な方に付ける。

直線 ③ は，k の値に関係なく定点を通るが，その定点は **2直線 ①，② の交点** Aである。
③ は x，y の1次方程式であるから **直線** を表す。
したがって，③ は，2直線 ①，② の交点を通る直線である（① を表すことはできない）。

解答　k は定数とする。方程式

$$k(x+y-4)+2x-y+1=0 \quad \cdots\cdots ③$$

は，2直線 ①，② の交点を通る直線を表す。

(1)　直線 ③ が点 $(-2,\ 1)$ を通るとき，$x=-2$，$y=1$ を ③ に代入して　$-5k-4=0$　　よって　$k=-\dfrac{4}{5}$

これを ③ に代入して，分母を払うと

$$-4(x+y-4)+5(2x-y+1)=0$$

整理して　　$\boldsymbol{2x-3y+7=0}$

(2)　③ を x，y について整理すると

$$(k+2)x+(k-1)y-4k+1=0 \quad \cdots\cdots ③'$$

直線 ③ が直線 $2x-3y-7=0$ に垂直であるための条件は　　$(k+2)\cdot 2+(k-1)\cdot(-3)=0$

これを解いて　　$k=7$

③′ に代入して整理すると　　$\boldsymbol{3x+2y-9=0}$

◀ $k(2x-y+1)+x+y-4=0$ としてもよい。ただし，この場合，直線 ② を表すことはできない。

◀ $-\dfrac{4}{5}(x+y-4)+2x-y+1=0$ の両辺に5を掛ける。

◀ 2直線 $a_1x+b_1y+c_1=0$，$a_2x+b_2y+c_2=0$ について，**2直線が垂直** $\Longleftrightarrow$ $\boldsymbol{a_1a_2+b_1b_2=0}$

検討　上で考えた ③ の方程式は，交点 $\mathrm{A}(1,\ 3)$ を通る直線を表すが，直線 ① を表すことはできない。これは直線 ① 上の点 $(0,\ 4)$ が ③ を満たさないことからもわかる。
交点Aを通り，① を含む直線を表すには

$$k(2x-y+1)+x+y-4=0$$

とすればよい。ただし，こちらは直線 ② を表すことができない。なお，交点Aを通る直線のすべてを表す方程式は，定数 k，l を用いて，次のように書ける。

$$k(x+y-4)+l(2x-y+1)=0$$

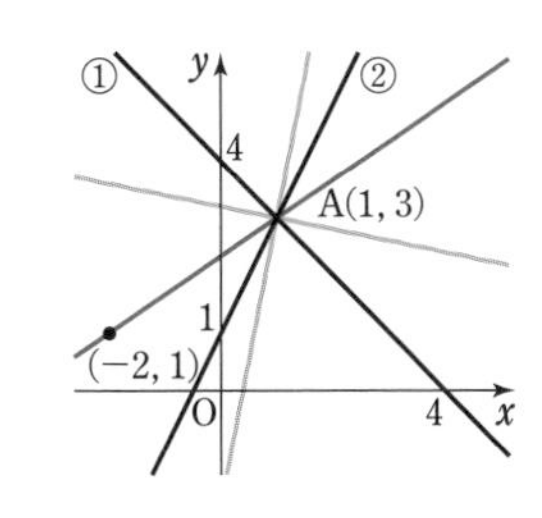

練習 43　2直線 $2x-y-1=0$，$x+5y-17=0$ の交点を通り，直線 $4x+3y-6=0$ に平行な直線と垂直な直線の方程式を求めよ。

例題 44 一直線上にある3点，1点で交わる3直線 ★★☆☆☆

次の条件を満たす定数 a の値を，それぞれ求めよ。

(1) 3点 $\mathrm{A}(-2,\ 3)$，$\mathrm{B}(1,\ 2)$，$\mathrm{C}(a,\ a+9)$ が一直線上にある。

(2) 3直線 $3x+4y-2=0$，$2x-y-5=0$，$x+ay+3=0$ が1点で交わる。

指針 (1) **異なる3点が一直線上にある（共線）$\Longleftrightarrow$ 2点を通る直線上に第3の点がある**

直線ABに点Cがあると考えて，まず，直線ABの方程式を求める。

別解 **直線ABと直線ACの傾きが等しい** と考える。

(2) **異なる3直線が1点で交わる（共点）$\Longleftrightarrow$ 2直線の交点を第3の直線が通る**

係数に文字がない2直線の交点の座標を求め，第3の直線の方程式に代入する。

解答 (1) 2点A，Bを通る直線の方程式は

$$y-3=\frac{2-3}{1-(-2)}\{x-(-2)\}$$

すなわち　　$x+3y-7=0$

直線AB上に点Cがあるための条件は

$$a+3(a+9)-7=0$$

よって　　$4a+20=0$

したがって　　$\boldsymbol{a=-5}$

A　B　C

直線AB上にC

別解 $a=-2$ のとき，直線ACの方程式は $x=-2$ となるが，点Bは直線 $x=-2$ 上にないから　　$a\neq-2$

$a\neq-2$ のとき，3点A，B，Cが一直線上にあるための条件は，直線ABと直線ACの傾きが等しいことであるから

$$\frac{2-3}{1-(-2)}=\frac{(a+9)-3}{a-(-2)}$$

両辺に $3(a+2)$ を掛けて分母を払うと

$$-(a+2)=3(a+6)$$

よって　　$\boldsymbol{a=-5}$　　　これは $a\neq-2$ を満たす。

(2) $3x+4y-2=0$ …… ① と $2x-y-5=0$ …… ②

を連立して解くと　　$x=2,\ y=-1$

2直線①，②の交点の座標は　　$(2,\ -1)$

点 $(2,\ -1)$ が直線 $x+ay+3=0$ 上にあるための条件は

$$2+a\cdot(-1)+3=0$$

これを解いて　　$\boldsymbol{a=5}$

◀ 座標に文字を含まない2点A，Bを通る直線の方程式を求める。

◀ **ABの傾き＝ACの傾き** による解法。しかし，この考えは x 軸に垂直な直線には適用できないので，吟味が必要になる。なお，これと似た考え方をベクトル（数学C）で学ぶ。

◀ 交点の座標を求める2直線は，文字を含まない①，②を使う。

練習 44 (1) 座標平面上で3点 $\mathrm{A}(a,\ 2)$，$\mathrm{B}(5,\ 1)$，$\mathrm{C}(-4,\ 2a)$ が一直線上にあるとき，定数 a の値を求めよ。

(2) t を実数とする。座標平面上の3つの直線 $x+(2t-2)y-4t+2=0$，$x+(2t+2)y-4t-2=0$，$2tx+y-4t=0$ が1点で交わるような t の値を求めよ。

［(1) 日本女子大，(2) 立教大］

例題 45 三角形を作らない3直線 ★★★☆☆

3直線 $x-y=-1$, $3x+2y=12$, $kx-y=k-1$ が三角形を作らないような定数 k の値を求めよ。 〔日本歯大〕

◀例題 44

指針 3直線が三角形を作らないのは，次の2通りの場合がある。

[1] 3直線が1点で交わる。
[2] 少なくとも2直線が平行。
(一致する場合を含む)

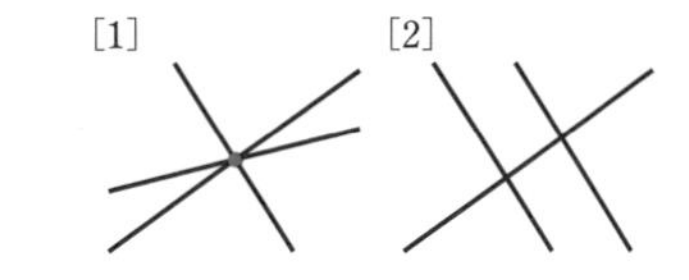

異なる3直線が1点で交わる条件（共点条件） は，
2直線の交点を第3の直線が通る ことである。

解答 $x-y=-1$ …… ①, $3x+2y=12$ …… ②,
$kx-y=k-1$ …… ③ とする。

[1] 3直線が1点で交わるとき
①, ② を連立して解くと $x=2$, $y=3$
2直線 ①, ② の交点の座標は $(2, 3)$
直線 ③ が点 $(2, 3)$ を通るための条件は
$$2k-3=k-1$$
これを解いて $k=2$

[2] 少なくとも2直線が平行であるとき
直線 ① と直線 ② は平行でない。
(i) 直線 ① と直線 ③ が平行であるための条件は，
$1\cdot(-1)-(-1)\cdot k=0$ すなわち $-1+k=0$
これを解いて $k=1$
(ii) 直線 ② と直線 ③ が平行であるための条件は，
$3\cdot(-1)-2k=0$ すなわち $-3-2k=0$
これを解いて $k=-\dfrac{3}{2}$

以上から，求める k の値は $\boldsymbol{k=-\dfrac{3}{2}, 1, 2}$

◀ 係数に文字を含まない ①, ② を連立して解く。

◀ 2直線 $a_1x+b_1y+c_1=0$, $a_2x+b_2y+c_2=0$ について，**2直線が平行** $\iff$ $\boldsymbol{a_1b_2-a_2b_1=0}$
なお，3直線 ①, ②, ③ はいずれも x 軸に垂直ではない（y の係数が0でない）から，傾きを求めて比較してもよい。

●前ページとこのページで用いた考え方をまとめておこう。

CHART 共線条件，共点条件

3点が一直線上にある（共線）$\iff$ 2点を通る直線上に第3の点がある

3直線が1点で交わる（共点）$\iff$ 2直線の交点を第3の直線が通る

練習 45 次の3直線が三角形を作らないときの k の値のうち，最も小さい値を求めよ。
$$3x-2y=-4,\ 2x+y=-5,\ x+ky=k+2$$
〔東北福祉大〕

重要例題 46 共点と共線の関係 ★★★☆☆

異なる3直線

$x+y=1$ …… ①,　$3x+4y=1$ …… ②,　$ax+by=1$ …… ③

が1点で交わるとき，3点 $(1,\ 1)$, $(3,\ 4)$, $(a,\ b)$ は，同じ直線上にあることを示せ。

◀例題44，45

指針 素直に考えると，次の手順になる。

[1]　2直線①，②の交点が直線③上にあるための a, b の条件を求める。

[2]　2点 $(1,\ 1)$, $(3,\ 4)$ を通る直線が点 $(a,\ b)$ を通ることを，[1]の条件から示す。

また，1つの等式を2通りに読み取る 方針で，次のように考えてもよい。

点 $(p,\ q)$ が直線 $ax+by+c=0$ 上にある

$\iff ap+bq+c=0$

$\iff$ 点 $(a,\ b)$ が直線 $px+qy+c=0$ 上にある

解答 ①，②を連立して解くと　$x=3$, $y=-2$

よって，2直線①，②の交点の座標は　$(3,\ -2)$

点 $(3,\ -2)$ は直線③上にあるから

$3a-2b=1$ …… Ⓐ

また，2点 $(1,\ 1)$, $(3,\ 4)$ を通る直線の方程式は

$$y-1=\frac{4-1}{3-1}(x-1)\quad すなわち\quad 3x-2y=1$$

Ⓐから，点 $(a,\ b)$ は，直線 $3x-2y=1$ 上にある。

よって，3点 $(1,\ 1)$, $(3,\ 4)$, $(a,\ b)$ は，同じ直線 $3x-2y=1$ 上にある。

◀ 係数に文字を含まない①，②を連立して解く。

◀ $3a-2b=1$ $\iff$ 点 $(a,\ b)$ は直線 $3x-2y=1$ 上にある。

別解 3直線①，②，③が1点で交わるとき，その交点をPとし，点Pの座標を $(p,\ q)$ とする。

3直線①，②，③はすべて原点を通らないから

$p\neq 0$　または　$q\neq 0$

3直線①，②，③は点Pを通るから

$p+q=1$,　$3p+4q=1$,　$ap+bq=1$ …… Ⓑ

$p\neq 0$ または $q\neq 0$ であるから，Ⓑの3つの式は，3点 $(1,\ 1)$, $(3,\ 4)$, $(a,\ b)$ が 直線 $px+qy=1$ 上にあることを示している。

したがって，3点 $(1,\ 1)$, $(3,\ 4)$, $(a,\ b)$ は，同じ直線 $px+qy=1$ 上にある。

◀ 点 $(p,\ q)$ が直線 $x+y=1$ 上にある $\iff p+q=1$ $\iff$ 点 $(1,\ 1)$ が直線 $px+qy=1$ 上にある。

練習 46 次の3直線が与えられている。ここで，a, b は定数とする。

$x-y+1=0$, $x-3y+5=0$, $ax+by=1$

この3直線が同じ点を通るとき，3点 $(-1,\ 1)$, $(3,\ -1)$, $(a,\ b)$ は同じ直線上にあることを示せ。

〔類 愛知大〕

➡p. 164 演習 30

例題 47 線対称な点，直線 ★★☆☆☆

直線 $x+2y-3=0$ を ℓ とする。次のものを求めよ。

(1) 直線 ℓ に関して，点 P$(0,\ -2)$ と対称な点Qの座標

(2) 直線 ℓ に関して，直線 $m：3x-y-2=0$ と対称な直線 n の方程式

指針 (1) **直線 ℓ に関して，点Pと点Qが対称** $\Longleftrightarrow$ $\begin{cases} \text{PQ}\perp\ell \\ \text{線分 PQ の中点が } \ell \text{ 上にある} \end{cases}$

(2) 直線 ℓ に関して，直線 m と直線 n が対称であるとき，次の2つの場合が考えられる。

[1] **3直線が平行 ($m /\!/ \ell /\!/ n$)。**

[2] **3直線 ℓ，m，n が1点で交わる。**

本問は，[2] の場合である。右の図のように，2直線 ℓ，m の交点をRとし，Rと異なる直線 m 上の点Pの，直線 ℓ に関する対称点をQとすると，直線 QR が直線 n となる。

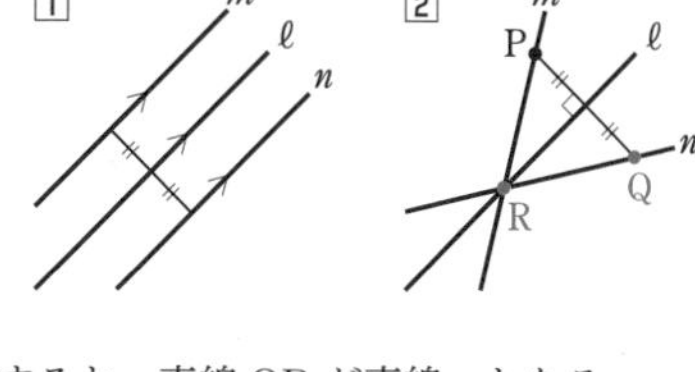
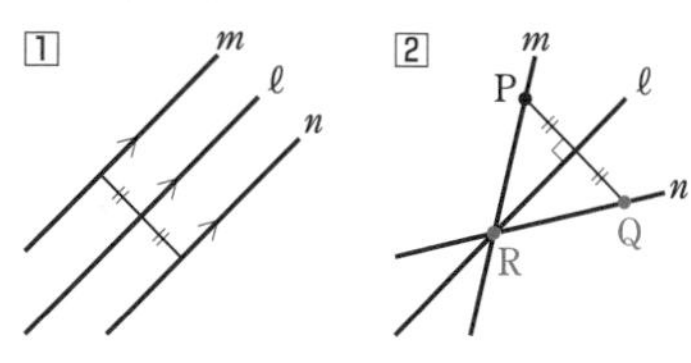

解答 (1) 点Qの座標を $(p,\ q)$ とする。

直線 PQ は ℓ に垂直であるから

$$\frac{q+2}{p}\cdot\left(-\frac{1}{2}\right)=-1$$

よって　$2p-q-2=0$　…… ①

線分 PQ の中点 $\left(\dfrac{p}{2},\ \dfrac{q-2}{2}\right)$ は直線 ℓ 上にあるから

$$\frac{p}{2}+2\cdot\frac{q-2}{2}-3=0$$

よって　$p+2q-10=0$　…… ②

①，② を連立して解くと　$p=\dfrac{14}{5}$，$q=\dfrac{18}{5}$

すなわち　**Q$\left(\dfrac{14}{5},\ \dfrac{18}{5}\right)$**

◀ 点Pを通り，ℓ に垂直な直線の方程式は
$2(x-0)-(y+2)=0$
点Qはこの直線上にあるから
$2p-(q+2)=0$
とすることもできる。
なお，図からわかるように，点Qの x 座標については，$p\neq0$ である。

(2) ℓ，m の方程式を連立して解くと　$x=1$，$y=1$

ゆえに，2直線 ℓ，m の交点Rの座標は　$(1,\ 1)$

また，点Pの座標を直線 m の方程式に代入すると，

$3\cdot0-(-2)-2=0$ となるから，点Pは直線 m 上にある。

よって，直線 n は2点Q，Rを通るから，その方程式は

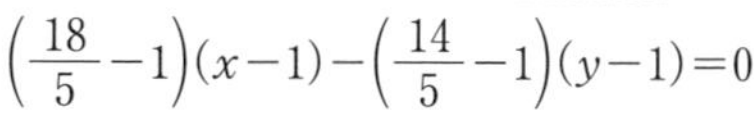

$$\left(\frac{18}{5}-1\right)(x-1)-\left(\frac{14}{5}-1\right)(y-1)=0$$

したがって　$\mathbf{13x-9y-4=0}$

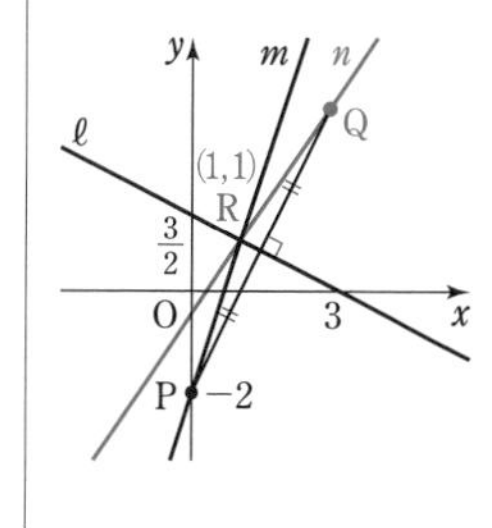

練習 47 (1) 直線 $y=2x+3$ に関して，点 P$(3,\ 4)$ と対称な点の座標を求めよ。

(2) 直線 $y=2x+3$ に関して，直線 $3x-2y-1=0$ と対称な直線の方程式を求めよ。

重要例題 48 折れ線の長さの最小 ★★★☆☆

xy 平面上に 2 点 A(3, 2), B(8, 9) がある。点Pが直線 ℓ：$y=x-3$ 上を動くとき，AP+PB の最小値と，そのときの点Pの座標を求めよ。

〔類 松山大〕 ◀例題 47

指針 折れ線 AP+PB の最小値に関する問題は，数学A図形の性質でも学習した（チャート式数学 I+A p. 355 参照）。座標平面上でも，次のチャートに従って考える。

CHART》 折れ線の最小

折れ線は直線にのばせ　対称点を利用

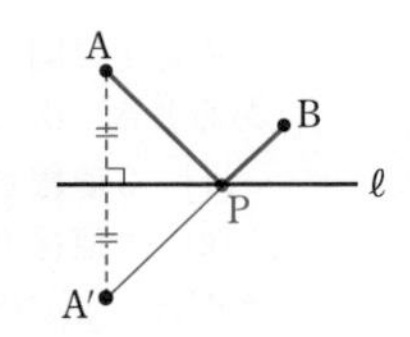

2点A，Bは直線 ℓ に関して同じ側にあるから，Aの直線 ℓ に関する**対称点**を A′ として，直線 A′B と ℓ の交点をPとすると，A′P=AP より　AP+PB=A′P+PB≧A′B

解答 図のように，2点A，Bは直線 ℓ に関して同じ側にある。

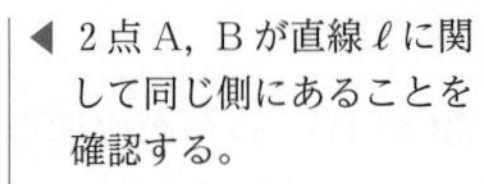

◀ 2点A，Bが直線 ℓ に関して同じ側にあることを確認する。

直線 ℓ に関して点Aと対称な点を A′$(a,\ b)$ とする。

直線 AA′ は ℓ に垂直であるから　$\dfrac{b-2}{a-3}\cdot 1=-1$

◀ 直線 ℓ の傾きは1で，明らかに　$a\neq 3$

ゆえに　$a+b=5$ …… ①

線分 AA′ の中点は直線 ℓ 上にあるから　$\dfrac{2+b}{2}=\dfrac{3+a}{2}-3$

◀ 線分 AA′ の中点の座標は $\left(\dfrac{3+a}{2},\ \dfrac{2+b}{2}\right)$

ゆえに　$a-b=5$ …… ②

①，② を連立して解くと　$a=5,\ b=0$

したがって，点 A′ の座標は　(5, 0)

ここで　AP+PB=A′P+PB≧A′B

◀ AP=A′P

よって，3点 A′, P, B が同じ直線上にあるとき，AP+PB は最小になり，その**最小値は**

$$\mathrm{A'B}=\sqrt{(8-5)^2+(9-0)^2}=\boldsymbol{3\sqrt{10}}$$

◀ **2点間の最短経路は，2点を結ぶ線分である。**

また，直線 A′B の方程式は　$y=3x-15$ …… ③

直線 ③ と ℓ の方程式を連立して解くと　$x=6,\ y=3$

したがって，求める点Pの座標は　**(6, 3)**

練習 48 平面上に点 A(7, 1) がある。また，直線 $x-2y=0$ を ℓ とする。

(1) x 軸に関して点Aと対称な点Bの座標は ア□ であり，直線 ℓ に関して点Aと対称な点Cの座標は イ□ である。

(2) 点Pは x 軸上を動き，点Qは直線 ℓ 上を動くものとする。このとき，AP+PQ+QA を最小にする点Pの座標は ウ□ であり，Qの座標は エ□ である。

〔類 関西大〕

重要例題 49 放物線上の点と直線の距離 ★★★☆☆

2点 A(0, 1), B(2, 5) と放物線 $y=x^2+4x+7$ …… ① 上を動く点Pがある。このとき，△PAB の面積 S の最小値を求めよ。

◀例35

指針 △PAB の面積は，線分 AB を底辺とみると $S=\frac{1}{2}\times \mathrm{AB}\times$(点Pと直線 AB の距離)

線分 AB の長さは一定であるから，面積 S が最小になるのは，△PAB の高さ，すなわち，点Pと直線 AB の距離が最小になるときである。

点Pは放物線 ① 上の点であるから，$\mathrm{P}(t,\ t^2+4t+7)$ とすると，点Pと直線 AB の距離は t の2次式で表される。 ⟶ **2次式は基本形に直せ**

解答 点Pの座標を $(t,\ t^2+4t+7)$ とする。

点Pと直線 AB の距離を d とすると $S=\frac{1}{2}\mathrm{AB}\cdot d$

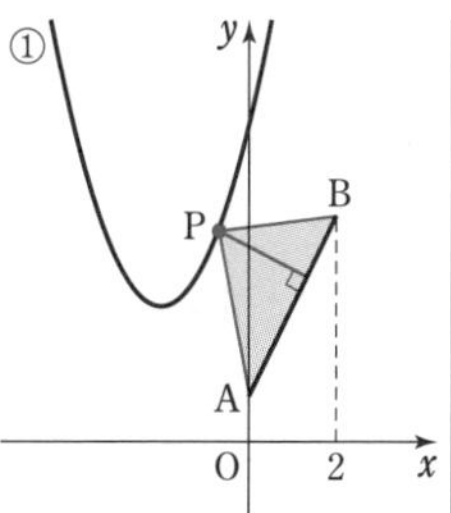

◀ △PAB の高さは，点Pから直線 AB に下ろした垂線の長さであるが，これは点Pと直線 AB の距離に他ならない。

直線 AB の方程式は

$$y=\frac{5-1}{2-0}x+1$$

すなわち $2x-y+1=0$

よって $d=\frac{|2\cdot t-(t^2+4t+7)+1|}{\sqrt{2^2+(-1)^2}}=\frac{|-t^2-2t-6|}{\sqrt{5}}$

◀ 点と直線の距離。

$$=\frac{|t^2+2t+6|}{\sqrt{5}}=\frac{|(t+1)^2+5|}{\sqrt{5}}$$

◀ $|-A|=|A|$ を用いて，t^2 の係数を正にする。

$\mathrm{AB}=\sqrt{(2-0)^2+(5-1)^2}=\sqrt{20}=2\sqrt{5}$ であるから

$$S=\frac{1}{2}\cdot 2\sqrt{5}\cdot\frac{|(t+1)^2+5|}{\sqrt{5}}=(t+1)^2+5$$

◀ $(t+1)^2+5>0$

したがって，S は $t=-1$ のとき **最小値 5** をとる。

◀ このとき P(−1, 4)

検討 上の例題において，直線 AB と平行な直線が放物線 ① と接する場合を考える。動点Pと直線 AB との距離が最小となるのは，Pがこの場合の接点と一致するときである (放物線 ① は下に凸であるため，このようになる)。

よって，その接線の方程式を $y=2x+k$ …… ② とすると，① と ② から y を消去した方程式 $x^2+4x+7=2x+k$ すなわち $x^2+2x-k+7=0$ が重解をもつとき，その重解 $x=-1$ が，S が最小となるときの点Pの x 座標である。

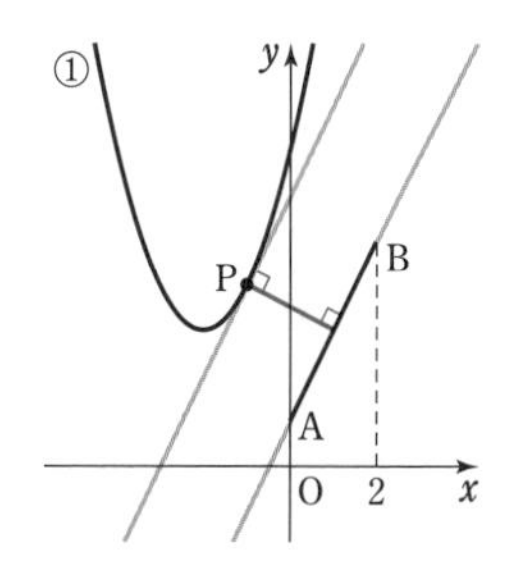

練習 49 xy 平面上に，放物線 C：$y=-x^2+4$ と直線 ℓ：$y=4x$ がある。放物線 C と直線 ℓ は異なる2点で交わり，その交点を P，Q とする。点Pと点Qの座標を求めよ。また，放物線 C 上の点Rが点Pから点Qまで動くとする。このとき，△PQR の面積が最大になるような点Rの座標を求めよ。

➡ p. 164 演習 31

例題 50 3直線で作られる三角形の面積など ★★★☆☆

3直線 $3x+2y-16=0$ …… ①，$2x-y+1=0$ …… ②，$x-4y+4=0$ …… ③ によって囲まれてできる三角形について，次のものを求めよ。

(1) 面積 S　　(2) 外心（外接円の中心）の座標

◀例題 49

指針 まず，三角形の頂点の座標を求める。

(1) 前ページの例題 49 のように，点と直線の距離を利用して三角形の高さを求めてもよいが，面積の公式（解答右横の **検討** 参照）を利用するのが早い。

(2) **外心** は，**各辺の垂直二等分線の交点** である。
例えば，右の図において，辺 AB の垂直二等分線は，直線 ② に垂直で，辺 AB の中点 (1, 3) を通るから，その方程式は　$-1\cdot(x-1)-2(y-3)=0$　◀ $p.106$ 検討

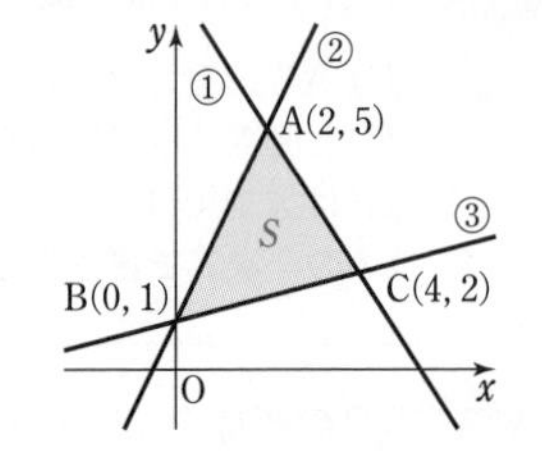

解答 2直線 ①，② の交点をA，2直線 ②，③ の交点をBとし，2直線 ③，① の交点をCとする。それぞれの座標は

$$\begin{cases}3x+2y-16=0\\2x-y+1=0\end{cases},\quad\begin{cases}2x-y+1=0\\x-4y+4=0\end{cases},\quad\begin{cases}x-4y+4=0\\3x+2y-16=0\end{cases}$$

を解いて　A(2, 5)，　B(0, 1)，　C(4, 2)

(1) 点 B(0, 1) が点 O(0, 0) にくるように平行移動すると，点 A(2, 5) は点 A′(2, 4)，点 C(4, 2) は点 C′(4, 1) に移動する。$\triangle ABC \equiv \triangle A'OC'$ であるから

$$S=\frac{1}{2}|2\cdot1-4\cdot4|=\mathbf{7}$$

(2) 辺 AB の垂直二等分線は，辺 AB の中点 (1, 3) を通り，直線 AB すなわち直線 ② に垂直な直線であるから，その方程式は　$-(x-1)-2(y-3)=0$ …… (＊)
すなわち　$x+2y-7=0$ …… ④
また，辺 BC の垂直二等分線は，辺 BC の中点 $\left(2,\ \frac{3}{2}\right)$ を通り，直線 BC すなわち直線 ③ に垂直な直線であるから，その方程式は　$-4(x-2)-\left(y-\frac{3}{2}\right)=0$ … (＊)
すなわち　$8x+2y-19=0$ …… ⑤
外心は2直線 ④，⑤ の交点で，④，⑤ を連立して解くと
$x=\frac{12}{7}$，$y=\frac{37}{14}$ から，求める座標は　$\left(\mathbf{\frac{12}{7}},\ \mathbf{\frac{37}{14}}\right)$

検討 3点 O(0, 0), $P(x_1,\ y_1)$, $Q(x_2,\ y_2)$ を頂点とする三角形の面積は　$S=\frac{1}{2}|x_1y_2-x_2y_1|$
（証明は解答編 $p.81$）
例題では，△ABC の頂点にOが含まれていないため，公式が直ちに使えない。
そこで，B(0, 1) が O(0, 0) にくるように平行移動すると，
A(2, 5) ⟶ A′(2, 4)，
C(4, 2) ⟶ C′(4, 1)
に移動し，△A′OC′ の面積の問題となる。

(＊) 点 $(x_1,\ y_1)$ を通り，直線 $ax+by+c=0$ に **垂直** な直線の方程式は
$b(x-x_1)-a(y-y_1)=0$

別解 外心を $P(p,\ q)$ とし，
$AP^2=BP^2=CP^2$
から，p，q の連立方程式を解く。

練習 50
(1) 3点 O(0, 0)，A(−1, 2)，B(3, 6) を頂点とする △OAB の面積は ア[　] であり，△OAB の内接円の半径は イ[　] である。〔神奈川大〕
(2) 3点 A(2, 3)，B(−2, 2)，C(1, −1) を頂点とする △ABC の面積は ウ[　] であり，△ABC の外心の座標は エ[　] である。〔類 富山県大〕

重要例題 51 三角形の面積の最大・最小 ★★★★☆

$0<a<\sqrt{3}$ とする。3 直線 $\ell: y=1-x$, $m: y=\sqrt{3}x+1$, $n: y=ax$ がある。ℓ と m の交点をA, m と n の交点をB, n と ℓ の交点をCとする。△ABC の面積 S が最小となる a を求めよ。また，そのときの S を求めよ。〔類 岡山県大〕

指針 座標平面上の三角形の面積を求める方法はいろいろある。
例えば，右の図の △OAB の面積を S とすると

$$S=\frac{1}{2}\mathrm{AB}\cdot d,\quad \text{公式 } S=\frac{1}{2}|x_1y_2-x_2y_1|$$

$$S=\triangle\mathrm{OAC}+\triangle\mathrm{OBC}=\frac{1}{2}\mathrm{OC}(\mathrm{OD}+\mathrm{OE})=\frac{1}{2}\mathrm{OC}\cdot\mathrm{DE}$$

$$S=(\text{四角形 ADEF})-\triangle\mathrm{OAD}-\triangle\mathrm{OBE}-\triangle\mathrm{ABF}$$ など。

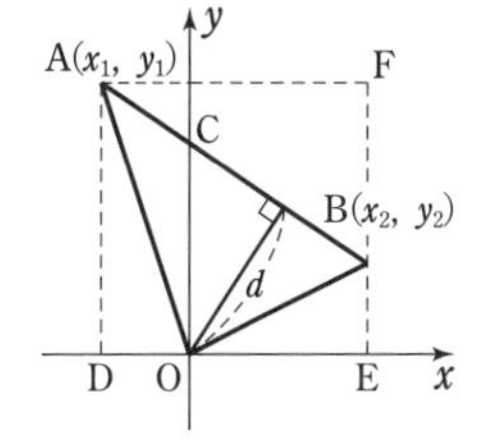

問題に応じて，最も計算しやすい方法を選択しよう。

解答 $0<a<\sqrt{3}$ より $a\neq-1$, $a\neq\sqrt{3}$ であるから，

$$\begin{cases}y=1-x\\ y=\sqrt{3}x+1\end{cases},\quad \begin{cases}y=\sqrt{3}x+1\\ y=ax\end{cases},\quad \begin{cases}y=ax\\ y=1-x\end{cases}$$

を解いて，各交点の座標を求めると

$$\mathrm{A}(0,\ 1),\ \mathrm{B}\left(\frac{1}{a-\sqrt{3}},\ \frac{a}{a-\sqrt{3}}\right),\ \mathrm{C}\left(\frac{1}{a+1},\ \frac{a}{a+1}\right)$$

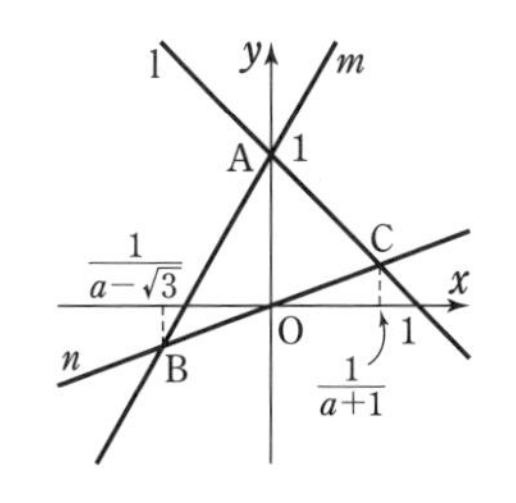

よって，△ABC の面積は

$$S=\triangle\mathrm{OAB}+\triangle\mathrm{OAC}$$
$$=\frac{1}{2}\cdot1\cdot\left(\frac{1}{a+1}-\frac{1}{a-\sqrt{3}}\right)=\frac{1+\sqrt{3}}{2(\sqrt{3}-a)(a+1)}$$

◀ $\mathrm{D}\left(\frac{1}{a-\sqrt{3}},\ 0\right)$, $\mathrm{E}\left(\frac{1}{a+1},\ 0\right)$ とすると $\triangle\mathrm{ABC}=\frac{1}{2}\mathrm{OA}\cdot\mathrm{DE}$ である。このとき
$\mathrm{DE}=\frac{1}{a+1}-\frac{1}{a-\sqrt{3}}$
$=\frac{a-\sqrt{3}-(a+1)}{(a+1)(a-\sqrt{3})}$

$f(a)=(\sqrt{3}-a)(a+1)$ とすると，$0<a<\sqrt{3}$ の範囲において，$f(a)>0$ であるから，S が最小となるのは $f(a)$ が最大となるときである。

$$f(a)=-a^2+(\sqrt{3}-1)a+\sqrt{3}$$
$$=-\left(a-\frac{\sqrt{3}-1}{2}\right)^2+\frac{2+\sqrt{3}}{2}$$

$0<\frac{\sqrt{3}-1}{2}<\sqrt{3}$ であるから，$f(a)$ は $\boldsymbol{a=\frac{\sqrt{3}-1}{2}}$ のとき最大値 $\frac{2+\sqrt{3}}{2}$ をとる。

このとき，S は最小となり，その最小値は

$$\boldsymbol{S}=\frac{1+\sqrt{3}}{2}\cdot\frac{2}{2+\sqrt{3}}=\frac{(1+\sqrt{3})(2-\sqrt{3})}{(2+\sqrt{3})(2-\sqrt{3})}=\boldsymbol{\sqrt{3}-1}$$

練習 51 実数 t は $0<t<1$ を満たすとし，座標平面上の 4 点 O(0, 0), A(0, 1), B(1, 0), C(t, 0) を考える。また，線分 AB 上の点Dを ∠ACO=∠BCD となるように定める。t を動かしたときの三角形 ACD の面積の最大値を求めよ。〔東京大〕

15 円の方程式

《基本事項》

1 円の方程式

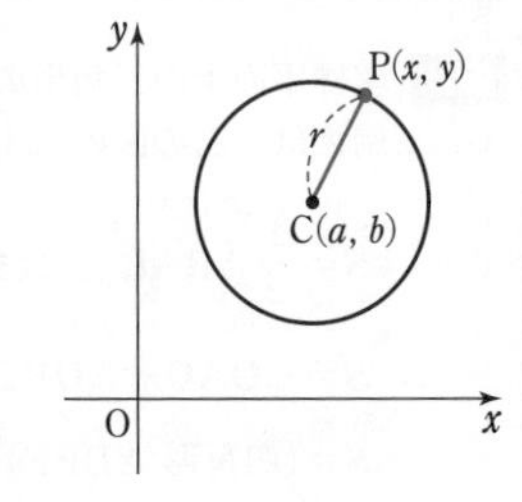

中心がC，半径が r の円は，CP$=r$ を満たす点P全体の集合である。座標平面上で，中心Cの座標を $(a,\ b)$，点Pの座標を $(x,\ y)$ とし，条件 CP$=r$ を座標を用いて表すと

$$\sqrt{(x-a)^2+(y-b)^2}=r$$

すなわち　$\boldsymbol{(x-a)^2+(y-b)^2=r^2}$ …… ①

① を，点 $(a,\ b)$ を中心とし，半径が r の円の方程式の **基本形** ということにする。

特に，原点Oを中心とし，半径が r の円の方程式は，① で $a=b=0$ とおいて

$$\boldsymbol{x^2+y^2=r^2}$$

次に，円の方程式 $(x-a)^2+(y-b)^2=r^2$ を変形すると，次のようになる。

$$x^2+y^2-2ax-2by+a^2+b^2-r^2=0$$

一般に，円の方程式は $l,\ m,\ n$ を定数として，次の形に表される。

$$x^2+y^2+lx+my+n=0 \quad \cdots\cdots ②$$

② を円の方程式の **一般形** ということにする。

② を変形すると　$x^2+2\cdot\dfrac{l}{2}x+\left(\dfrac{l}{2}\right)^2+y^2+2\cdot\dfrac{m}{2}y+\left(\dfrac{m}{2}\right)^2-\left(\dfrac{l}{2}\right)^2-\left(\dfrac{m}{2}\right)^2+n=0$

すなわち　$\left(x+\dfrac{l}{2}\right)^2+\left(y+\dfrac{m}{2}\right)^2=\dfrac{l^2+m^2-4n}{4}$

よって　$l^2+m^2-4n>0$ のとき，② は円を表す。

$l^2+m^2-4n=0$ のとき，② は点 $\left(-\dfrac{l}{2},\ -\dfrac{m}{2}\right)$ を表す。　◀ **点円** ともいう。

$l^2+m^2-4n<0$ のとき，② が表す図形は存在しない。　◀ **虚円** ともいう。

なお，円は3点で決まるから，異なる3点の座標 $(x,\ y)$ に対して ② を満たす $l,\ m,\ n$ が存在すれば，② はその3点を通る円の方程式を表す（$l^2+m^2-4n>0$ は成立)。

円の方程式	$\boldsymbol{(x-a)^2+(y-b)^2=r^2}$	◀ 中心 $(a,\ b)$，半径 r
	$\boldsymbol{x^2+y^2=r^2}$	◀ 中心が原点，半径 r
	$\boldsymbol{x^2+y^2+lx+my+n=0}$	◀ 一般形，$l^2+m^2-4n>0$

円の方程式の特徴　[1]　$x,\ y$ の2次方程式　[2]　x^2 と y^2 の係数が等しい
[3]　xy の項がない　[4]　$l^2+m^2-4n>0$ (半径>0)

CHECK 問題

31 次の円の方程式を求めよ。 → 1

(1) 中心が点 $(-3,\ 1)$，半径が 2　　(2) 中心が原点，半径が $\sqrt{5}$

例 36 | 円の方程式 (1) ★☆☆☆☆

(1) 点 $(-5,\ 4)$ を中心とし，原点を通る円の方程式を求めよ。

(2) 2点 $\mathrm{A}(-3,\ 6)$，$\mathrm{B}(3,\ -2)$ を直径の両端とする円の方程式を求めよ。

指針 円では，与えられた条件に応じて，次のどちらか **都合のよい形を選ぶ**。

基本形 $(x-a)^2+(y-b)^2=r^2$ ◀ **中心**，**半径** が見えている場合。

一般形 $x^2+y^2+lx+my+n=0$ ◀ **通る 3 点** が与えられている場合。

(1) 中心がわかっているから，**基本形** を利用する。半径 r は中心 $(-5,\ 4)$ と原点の距離から求められる。

(2) 中心は直径の中点でわかるから，**基本形** を利用。半径は中心と端点の距離である。

別解 **直径** $\Longleftrightarrow$ **直角** により，円周上の点 $\mathrm{P}(x,\ y)$ に対しては $\angle\mathrm{APB}=90^\circ$ すなわち $\mathrm{AP}\perp\mathrm{BP}$ であるから，直線 AP，BP の傾きの積が -1 となることを利用する。
なお，一般に，2点 $(x_1,\ y_1)$，$(x_2,\ y_2)$ を直径の両端とする円の方程式は

$$(x-x_1)(x-x_2)+(y-y_1)(y-y_2)=0$$

例 37 | 円の方程式 (2) ★★☆☆☆

3点 $\mathrm{A}(8,\ 5)$，$\mathrm{B}(1,\ -2)$，$\mathrm{C}(9,\ 2)$ を通る円の方程式を求めよ。

指針 通る 3 点が与えられているときは，**一般形** $x^2+y^2+lx+my+n=0$ を利用し，次の手順に従って円の方程式を求める。

1 $x^2+y^2+lx+my+n=0$ に通る 3 点の座標を代入する。

2 l，m，n の連立 3 元 1 次方程式を解く。

別解 求める円の中心は，$\triangle\mathrm{ABC}$ の外心であるから，線分 AB，BC のそれぞれの垂直二等分線の交点の座標を求めてもよい。

例 38 | 方程式の表す図形 ★★☆☆☆

(1) 方程式 $x^2+y^2+4x-6y+4=0$ はどんな図形を表すか。

(2) 方程式 $x^2+y^2+2px+3py+13=0$ が円を表すように，定数 p の値の範囲を定めよ。

指針 方程式 $x^2+y^2+lx+my+n=0$ の表す図形 $\longrightarrow$ **x，y について平方完成する**

$\left\{x^2+2\cdot\dfrac{l}{2}x+\left(\dfrac{l}{2}\right)^2\right\}+\left\{y^2+2\cdot\dfrac{m}{2}y+\left(\dfrac{m}{2}\right)^2\right\}-\left(\dfrac{l}{2}\right)^2-\left(\dfrac{m}{2}\right)^2+n=0$ として，

$\left(x+\dfrac{l}{2}\right)^2+\left(y+\dfrac{m}{2}\right)^2=\dfrac{l^2+m^2-4n}{4}$ の形に直す。

$l^2+m^2-4n>0$ のとき　中心 $\left(-\dfrac{l}{2},\ -\dfrac{m}{2}\right)$，半径 $\dfrac{\sqrt{l^2+m^2-4n}}{2}$ の円

$l^2+m^2-4n=0$ のとき　1点 $\left(-\dfrac{l}{2},\ -\dfrac{m}{2}\right)$

$l^2+m^2-4n<0$ のとき　表す図形はない。

例題 52 座標軸に接する，直線上に中心がある円 ★★☆☆☆

次のような円の方程式を求めよ。

(1) x 軸と y 軸の両方に接し，点 A$(-4,\ 2)$ を通る。

(2) 点 $(3,\ 4)$ を通り，x 軸に接し，中心が直線 $y=x-1$ 上にある。 ◀例36

指針 円の方程式を求める問題では，**都合のよい形を選ぶ**。ここでは，いずれも中心の座標は1つの文字で表されるから，**基本形** $(x-a)^2+(y-b)^2=r^2$ を使う。

(1) x 軸，y 軸の両方に接し，第2象限の点Aを通るから，半径を r とすると，中心の座標は $(-r,\ r)$ とおける。

(2) [1] **中心は直線 $y=x-1$ 上** にあるから，その座標は $(t,\ t-1)$ と表される。
　[2] **x 軸に接する** から，**円の半径は，中心の y 座標の絶対値 $|t-1|$** に等しい。

解答 (1) x 軸，y 軸の両方に接し，点 A$(-4,\ 2)$ を通る円の中心は第2象限にある。

よって，半径を r とすると，中心の座標は $(-r,\ r)$ と表されるから，求める円の方程式は

$$(x+r)^2+(y-r)^2=r^2$$

この円が点 A$(-4,\ 2)$ を通るから

$$(-4+r)^2+(2-r)^2=r^2$$

整理して　$r^2-12r+20=0$

これを解いて　$r=2,\ 10$　◀ $(r-2)(r-10)=0$

したがって，求める円の方程式は

$$\boldsymbol{(x+2)^2+(y-2)^2=4,}$$
$$\boldsymbol{(x+10)^2+(y-10)^2=100}$$

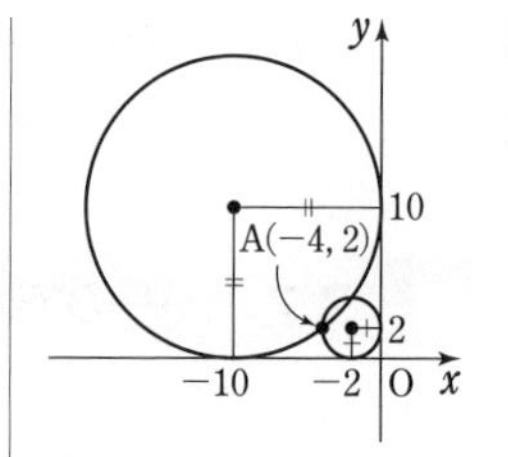

(2) 中心の座標は $(t,\ t-1)$ とおくことができ，この円が x 軸に接するから，半径は $|t-1|$ と表される。

よって，求める円の方程式は

$$(x-t)^2+\{y-(t-1)\}^2=|t-1|^2$$

この円が点 $(3,\ 4)$ を通るから

$$(3-t)^2+\{4-(t-1)\}^2=(t-1)^2$$　◀ $|A|^2=A^2$

整理して　$t^2-14t+33=0$

これを解いて　$t=3,\ 11$　◀ $(t-3)(t-11)=0$

したがって，求める円の方程式は

$$\boldsymbol{(x-3)^2+(y-2)^2=4,}$$
$$\boldsymbol{(x-11)^2+(y-10)^2=100}$$

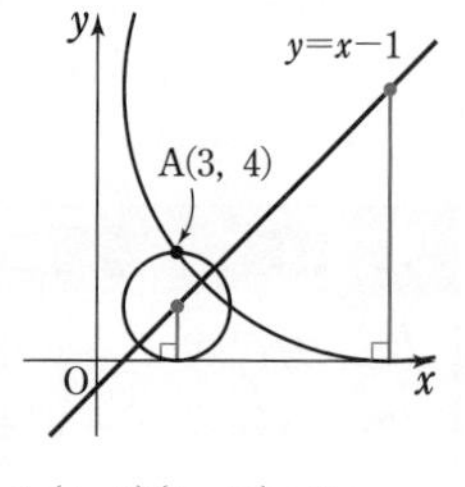

練習 52 次のような円の方程式を求めよ。

(1) 2点 A$(-1,\ -2)$，B$(3,\ 4)$ を通り，中心が直線 $y=2x-9$ 上にある。 〔類 大同工大〕

(2) 直線 $2x+y-3=0$ 上に中心をもち，x 軸と y 軸に接する。 〔西南学院大〕

16 円と直線

《 基本事項 》

1 円と直線の位置関係

半径 r の円 $(x-a)^2+(y-b)^2=r^2$ …… ① と直線 $px+qy+s=0$ …… ② について，円 ① の中心と直線 ② の距離を d とする。また，① と ② から y (または x) を消去して得られる 2 次方程式の判別式を D とする。このとき，次のことが成り立つ。

円と直線が
- **異なる 2 点で交わる** $\iff$ $\boldsymbol{d<r}$ $\iff$ $\boldsymbol{D>0}$
- (1 点で) **接する** $\iff$ $\boldsymbol{d=r}$ $\iff$ $\boldsymbol{D=0}$
- **共有点をもたない** $\iff$ $\boldsymbol{d>r}$ $\iff$ $\boldsymbol{D<0}$

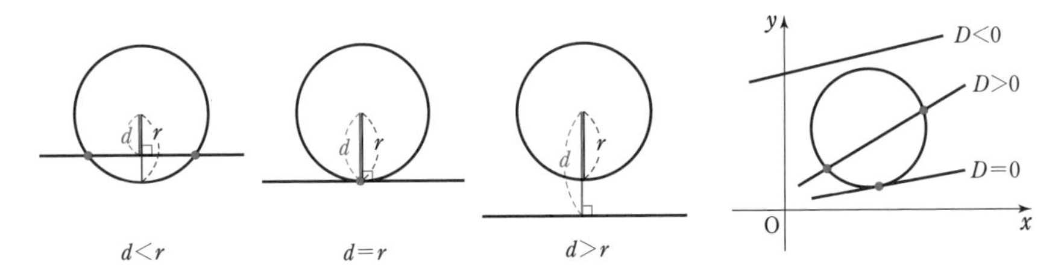

円と直線に共有点があれば，その座標は，方程式 ①, ② を連立させた連立方程式の **実数解** として求めることができる。また，共有点が接点のときは，解は **重解** になる。

2 円の接線の方程式

> 円 $x^2+y^2=r^2$ 上の点 $\mathrm{P}(x_1,\ y_1)$ における，この接線の方程式は　　　$\boldsymbol{x_1x+y_1y=r^2}$

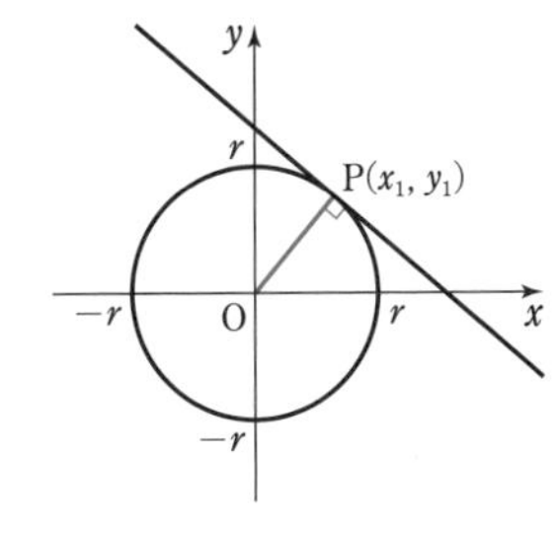

証明　点 $\mathrm{P}(x_1,\ y_1)$ における接線を ℓ とする。

直線 OP の方程式は　　　◀ O は原点 (右の図)。

$$y_1x-x_1y=0$$　　　◀ 2 点 O，P を通る。

接線 ℓ は直線 OP に垂直であるから，その方程式は

$$-x_1(x-x_1)-y_1(y-y_1)=0$$　　　◀ p. 106 **検討** 参照。

整理すると　$x_1x+y_1y=x_1{}^2+y_1{}^2$

点 $\mathrm{P}(x_1,\ y_1)$ は円周上にあるから　$x_1{}^2+y_1{}^2=r^2$

よって，点 $\mathrm{P}(x_1,\ y_1)$ における接線の方程式は　$x_1x+y_1y=r^2$

CHECK 問題

32 次の円の，与えられた点における接線の方程式を求めよ。

(1) $x^2+y^2=10$，点 $(1,\ -3)$　　　(2) $x^2+y^2=13$，点 $(-3,\ 2)$

→ 2

例 39 | 円と直線の共有点の座標 ★★☆☆☆

円 $x^2+y^2=10$ …… Ⓐ と次の直線は共有点か。もつときはその座標を求めよ。

(1) $y=-x+2$　　(2) $y=3x+10$　　(3) $y=2x-8$

指針 円と直線が共有点をもつとき，その共有点の座標は，円の方程式と直線の方程式を連立させた **連立方程式の実数解** として得られる。

共有点 $\Longleftrightarrow$ 実数解　　接点 $\Longleftrightarrow$ 重解

直線の方程式を円の方程式に代入して y（または x）を消去し，x（または y）の 2 次方程式を導く。その 2 次方程式の解について，判別式を D とすると

異なる 2 つの実数解 $\Longleftrightarrow$ 異なる 2 点で交わる $\Longleftrightarrow D>0$
重解 $\Longleftrightarrow$（1 点で）接する $\Longleftrightarrow D=0$
（$D>0$，$D=0$ をあわせて）**$D\geqq0 \Longleftrightarrow$ 共有点をもつ**
実数解をもたない $\Longleftrightarrow$ 共有点をもたない $\Longleftrightarrow D<0$

例 40 | 円と直線の位置関係 ★★☆☆☆

円 $(x-2)^2+(y-2)^2=1$ と直線 $y=ax+1$ が異なる 2 点で交わるとき，定数 a の値の範囲を求めよ。〔中央大〕

指針 円と直線の位置関係（異なる 2 点で交わる・接する・共有点をもたない）を判断するには，

1 円と直線の方程式から 1 文字を消去して得られる 2 次方程式の **判別式 D の符号** を調べる。

2 円の **中心と直線の距離 d と半径 r の大小関係** を調べる。

$d<r \Longleftrightarrow$ 2 点で交わる，$d=r \Longleftrightarrow$ 接する，$d>r \Longleftrightarrow$ 共有点をもたない

の 2 つの方法がある。本問では共有点の座標を求める必要はないから，2 で解決できる。

例 41 | 円周上の点における接線 (1) ★★☆☆☆

円 C：$x^2-2x+y^2-6y-15=0$ の中心をCとし，円 C の周上の点 A$(-2,\ 7)$ における接線を ℓ とする。接線 ℓ は円 C の半径 CA に垂直であることを利用して，その方程式を求めよ。

指針 中心が原点でないから，$p.121$ 基本事項 2 の公式

$x^2+y^2=r^2$ 上の点 $(x_1,\ y_1)$ における接線 $\longrightarrow x_1x+y_1y=r^2$

は使えないが，問題文にもあるように，**接線⊥半径** を利用すると，接線の方程式は比較的簡単に求められる。なお，この他にもいろいろな解き方がある（$p.124$ 例題 54 参照）。

CHART》円と直線

1 **共有点 $\Longleftrightarrow$ 実数解**　　2 **d と r の利用**

3 **接点 $\Longleftrightarrow$ 重解　　接線⊥半径**

例題 53 円の弦の長さ ★★★☆☆

直線 $y=-x+6$ が円 $x^2+y^2=25$ によって切り取られる弦の長さ l を求めよ。

◀例39

指針 中学で学習した円の弦の性質を利用する。

円の弦の垂直二等分線は，円の対称軸となり，
円の中心を通る

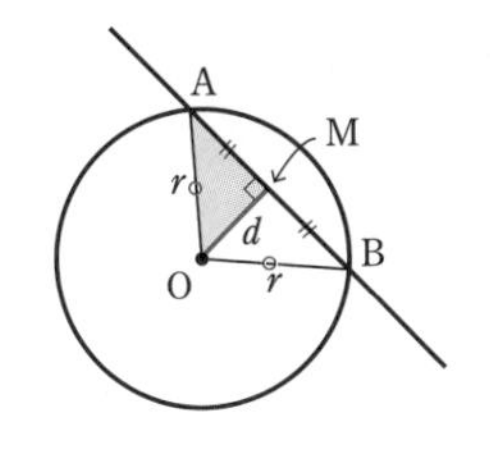

よって，右の図のように，円の中心Oから弦ABに垂線OMを引くと，2つの合同な **直角三角形** ができる。

$\longrightarrow$ AB=2AM であり　　$\mathrm{AM}=\sqrt{\mathrm{OA}^2-\mathrm{OM}^2}$

別解 円と直線の方程式から y を消去して得られる x の2次方程式において，**解と係数の関係** を利用する。

解答 円の中心を O(0, 0) とする。
また，円と直線の交点を A，B とし，中心Oから直線ABに垂線OMを引く。

◀ Mは線分ABの中点。

点Oと直線 $y=-x+6$ すなわち $x+y-6=0$ の距離は

$$\mathrm{OM}=\frac{|-6|}{\sqrt{1^2+1^2}}=3\sqrt{2}$$

◀ 点 $(x_1,\ y_1)$ と直線 $ax+by+c=0$ の距離は $\dfrac{|ax_1+by_1+c|}{\sqrt{a^2+b^2}}$

OA=5 であるから　　$l=\mathrm{AB}=2\mathrm{AM}=2\sqrt{\mathrm{OA}^2-\mathrm{OM}^2}$

$$=2\sqrt{5^2-(3\sqrt{2})^2}=\mathbf{2\sqrt{7}}$$

別解 $y=-x+6$ と $x^2+y^2=25$ から y を消去すると

$$x^2+(-x+6)^2=25$$

整理して　　$2x^2-12x+11=0$　…… ①

円と直線の交点の座標を $(\alpha,\ -\alpha+6)$，$(\beta,\ -\beta+6)$ とすると，α，β は2次方程式 ① の解であるから，解と係数の関係により　　$\alpha+\beta=6$，　$\alpha\beta=\dfrac{11}{2}$

よって　　$l^2=(\beta-\alpha)^2+\{(-\beta+6)-(-\alpha+6)\}^2$

$$=(\beta-\alpha)^2+\{-(\beta-\alpha)\}^2=2(\beta-\alpha)^2$$

$$=2\{(\alpha+\beta)^2-4\alpha\beta\}=2\left(6^2-4\cdot\frac{11}{2}\right)=28$$

$l>0$ であるから　　$l=\sqrt{28}=\mathbf{2\sqrt{7}}$

円と直線の方程式を連立して解き，交点の座標を求めてもよい。
しかし，例えば，2次方程式 ① の解は
$x=\dfrac{6\pm\sqrt{14}}{2}$
で，計算が複雑になるから，解と係数の関係を利用した方がよい。

練習 53 (1) 直線 $x+y=1$ が円 $x^2+y^2=4$ によって切り取られる弦の中点の座標と，弦の長さを求めよ。

(2) 円 $C：x^2+y^2-4x-2y+3=0$ と直線 $\ell：y=-x+k$ が異なる2点で交わるような k の値の範囲を求めよ。また，ℓ が C によって切り取られてできる線分の長さが2となるとき，定数 k の値を求めよ。

〔名城大〕 ➡p.164 演習 32

例題 54 円周上の点における接線(2) ★★★☆☆

次の円の周上の点 P(4, 6) における接線の方程式を求めよ。

$$(x-1)^2+(y-2)^2=25$$

◀例41

指針 円の接線の方程式を求めるには，いろいろな方法がある。

1 **公式利用** ⟶ 円 $(x-a)^2+(y-b)^2=r^2$ 上の点 $(x_1,\ y_1)$ における接線の方程式は　$\boldsymbol{(x_1-a)(x-a)+(y_1-b)(y-b)=r^2}$

2 **接線⊥半径**　3 **中心と接線の距離＝半径**　4 **接点 ⟺ 重解**

本問のように，円の中心と接点がわかっている場合は，1，2 を利用すると計算がらく。
2 は p.122 例 41 で学習したので，ここでは，1，3 を中心に取り上げる。

解答 1　公式により

$(4-1)(x-1)+(6-2)(y-2)=25$

すなわち　$\boldsymbol{3x+4y=36}$

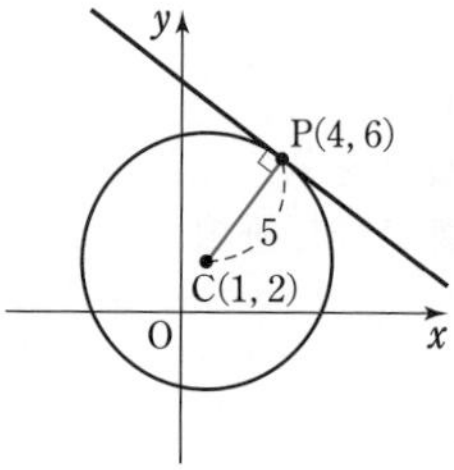

3　点Pにおける接線は x 軸に垂直でないから，傾きを m とすると，その方程式は

$$y-6=m(x-4)$$

すなわち　$mx-y-4m+6=0$ …… ①

円の中心 (1, 2) と直線 ① の距離が円の半径 5 に等しいから　$\dfrac{|m\cdot1-2-4m+6|}{\sqrt{m^2+(-1)^2}}=5$

よって　$|-3m+4|=5\sqrt{m^2+1}$

両辺を平方して　$(-3m+4)^2=25(m^2+1)$

整理すると　$(4m+3)^2=0$　　よって　$m=-\dfrac{3}{4}$

これを ① に代入して整理すると　$\boldsymbol{3x+4y=36}$

別解 4　接線の方程式は　$y=mx-4m+6$ …… ②

② を円の方程式に代入して整理すると

$$(x-1)^2+(mx-4m+4)^2=25$$

$$(m^2+1)x^2-2(4m^2-4m+1)x+8(2m^2-4m-1)=0$$

この 2 次方程式の判別式を D とすると

$$\frac{D}{4}=(4m^2-4m+1)^2-8(m^2+1)(2m^2-4m-1)=16m^2+24m+9=(4m+3)^2$$

直線 ① が円と接するための条件は $D=0$ であるから，$(4m+3)^2=0$ を解いて，m の値が求められる。

---

2 **接線⊥半径**
C(1, 2) とする。
直線 CP の傾きは $\dfrac{4}{3}$ であるから，求める接線の方程式は，$y-6=-\dfrac{3}{4}(x-4)$
より　$\boldsymbol{3x+4y=36}$

3 **中心と接線の距離＝半径**
◀ x 軸に垂直な直線は $y=mx+n$ の形で表せないから，＿＿の確認をしている。

4 **接点 ⟺ 重解**

◀ x について整理。また，$m^2+1\neq0$ である。

◀ 4 の方法は，計算がかなり大変。

◀ 以後，3 と同じ。

練習 54 円 $(x-3)^2+(y-4)^2=25$ 上の点 P(6, 8) における接線の方程式を求めよ。

例題 55 接線の条件と円・直線の方程式 ★★★☆☆

(1) 点 $(-1,\ 2)$ を中心とし，直線 $4x+3y-12=0$ に接する円の方程式を求めよ。

(2) 円 $x^2+y^2-2x-4y-4=0$ に接し，傾きが 2 の直線の方程式を求めよ。

◀例題 54

指針 円と直線が接するときは，次のことを利用するとよい。

中心と接線の距離 d＝半径 r

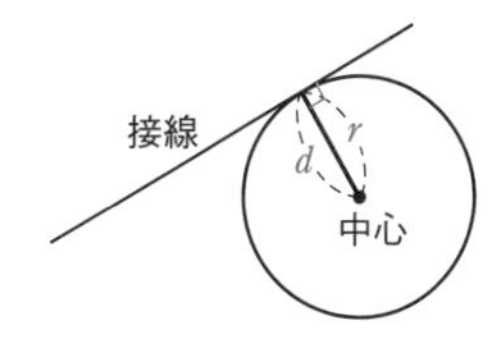

(1) 求める円の方程式は，$(x+1)^2+(y-2)^2=r^2$ と書けるから，$\boldsymbol{d=r}$ を用いて，半径 r を求める。

(2) 傾きがわかっているから，求める接線の方程式を $y=2x+n$ とし，$\boldsymbol{d=r}$ を利用して y 切片 n を求める。

解答 (1) 求める円の方程式は，半径を r とすると

$$(x+1)^2+(y-2)^2=r^2 \quad \cdots\cdots ①$$

円 ① が直線 $4x+3y-12=0$ …… ② に接するための条件は，円の中心 $(-1,\ 2)$ と直線 ② との距離が円の半径に等しいことであるから

$$r=\frac{|4\cdot(-1)+3\cdot 2-12|}{\sqrt{4^2+3^2}}=2$$

よって，求める円の方程式は

$$\boldsymbol{(x+1)^2+(y-2)^2=4}$$

(2) 円の方程式を変形すると

$$(x-1)^2+(y-2)^2=3^2 \quad \cdots\cdots ①$$

また，求める直線の傾きは 2 であるから，その方程式を

$$y=2x+n \quad \cdots\cdots ②$$

すなわち，$2x-y+n=0$ とする。

直線 ② が円 ① に接するための条件は，円の中心 $(1,\ 2)$ と直線 ② の距離が円の半径 3 に等しいことであるから

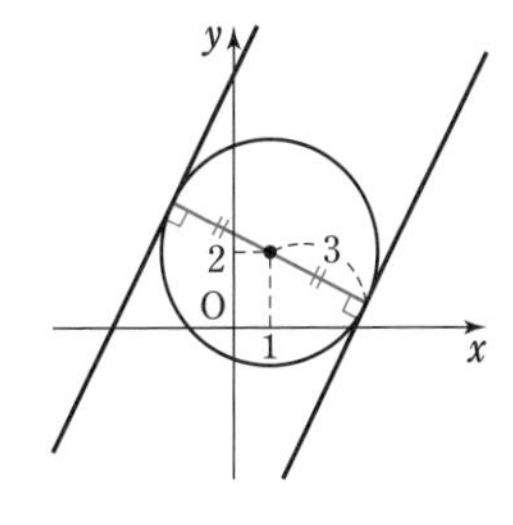

$$\frac{|2\cdot 1-2+n|}{\sqrt{2^2+(-1)^2}}=3 \qquad ◀ d=r$$

よって　$|n|=3\sqrt{5}$　すなわち　$n=\pm 3\sqrt{5}$

これを ② に代入して，求める直線の方程式は　$\boldsymbol{y=2x\pm 3\sqrt{5}}$

検討 上の例題は，**接点 ⟺ 重解** に着目し，円と直線の方程式を連立して得られる 2 次方程式の判別式で $D=0$ としても解くことができる。しかし，この問題のように，接点の座標を求めなくてもよいときは，上の解答のような **中心と接線の距離＝半径** の方針の方がらくなことが多い。

練習 55 (1) 中心が直線 $y=x$ 上にあり，直線 $3x+4y=12$ と両座標軸に接する円の方程式を求めよ。

(2) 円 $x^2+2x+y^2-2y=0$ に接し，傾きが -1 の直線の方程式を求めよ。

例題 56 円外の点から引いた接線 ★★☆☆☆

点 A(3, 1) を通り，円 $x^2+y^2=5$ に接する直線の方程式を求めよ。

◀例題 54

指針 点Aを **通る** からといって，Aが **接点** であるとは限らない。実際，点Aの座標を円の方程式 $x^2+y^2=5$ に代入すると，$3^2+1^2\neq5$ となるから，Aはこの円周上の点ではない。

CHART》 接点が不明な問題　**接点の座標を設定せよ**

接点の座標を $(x_1,\ y_1)$ と設定すると，円 $x^2+y^2=5$ 上の点 $(x_1,\ y_1)$ ❶ における接線 $x_1x+y_1y=5$ が点 A(3, 1) を通る ❷ ことから　❶ $x_1{}^2+y_1{}^2=5$　❷ $3x_1+5y_1=5$

よって，❶，❷ を連立して解くと，接点の座標がわかって，接線の方程式が求められる。

解答 接点を $\mathrm{P}(x_1,\ y_1)$ とすると

$$x_1{}^2+y_1{}^2=5 \quad \cdots\cdots ①$$

また，点Pにおけるこの円の接線の方程式は

$$x_1x+y_1y=5 \quad \cdots\cdots ②$$

この直線が点Aを通るから

$$3x_1+y_1=5 \quad \cdots\cdots ③$$

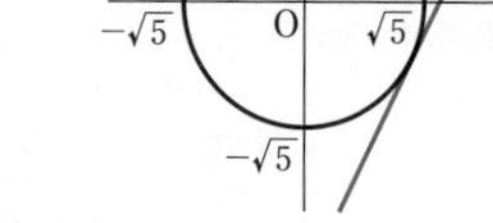

◀ この解法の特長は，接線の方程式と接点の座標が同時に求められるところにある。

①，③ から y_1 を消去して整理すると

$$x_1{}^2-3x_1+2=0 \qquad これを解いて \quad x_1=1,\ 2$$

③ から　$x_1=1$ のとき　$y_1=2$，$x_1=2$ のとき　$y_1=-1$

よって，求める接線の方程式は，② から

$$\boldsymbol{x+2y=5,\ 2x-y=5}$$

◀ ゆえに，接点の座標は (1, 2)，(2, −1)

別解 点Aを通り，x 軸に垂直な直線 $x=3$ は円 $x^2+y^2=5$ の接線ではない。

◀ **中心と接線の距離＝半径** の利用。x 軸に垂直な直線の扱いに注意。

点Aを通り，傾き m の直線の方程式は　$y-1=m(x-3)$

すなわち　$mx-y+1-3m=0 \quad \cdots\cdots ①$

直線 ① が円 $x^2+y^2=5$ に接するための条件は，円の中心 (0, 0) と直線 ① の距離が円の半径 $\sqrt{5}$ に等しいことであるから

$$\frac{|1-3m|}{\sqrt{m^2+(-1)^2}}=\sqrt{5}$$

◀ ① と円の方程式から y を消去すると x の 2 次方程式が得られる。その判別式 $D=0$ から m の値を求めてもよい。つまり **接点 ⟺ 重解**

分母を払って　$|1-3m|=\sqrt{5(m^2+1)}$

両辺を平方して　$(1-3m)^2=5(m^2+1)$

整理して　$2m^2-3m-2=0$　　よって　$m=2,\ -\dfrac{1}{2}$

◀ $(m-2)(2m+1)=0$

これを ① に代入すると　$\boldsymbol{2x-y-5=0,\ x+2y-5=0}$

練習 56 点 (2, 4) から円 $x^2+y^2=10$ に引いた接線の方程式と，そのときの接点の座標を求めよ。

重要例題 57 2つの接点を通る直線 ★★★☆☆

点 A(4, 4) から円 $x^2+y^2=10$ に引いた2つの接線の接点をP, Qとする。このとき，直線PQの方程式を求めよ。

◀例題56

指針 点 A(4, 4) から円 $x^2+y^2=10$ に引いた接線の方程式に関する問題であるから，例題56と同じ要領で2つの接点P, Qの座標を求め，その後に直線PQの方程式を求めてもよい。しかし，本問のように，接点の座標を求めるのに手間を要することもある。ここでは，p.112 例題46で学習した **1つの等式を2通りに読み取る** 方針で考えてみよう。

点 $(p,\ q)$ が直線 $ax+by+c=0$ 上にある
$\iff$ **$ap+bq+c=0$**
$\iff$ **点 $(a,\ b)$ が直線 $px+qy+c=0$ 上にある**

解答 $P(p,\ q)$, $Q(p',\ q')$ とすると，
接線の方程式は，それぞれ

$px+qy=10$,
$p'x+q'y=10$

2つの直線は，点 A(4, 4) を通るから，それぞれ

$4p+4q=10$,
$4p'+4q'=10$

を満たし，これは2点 $P(p,\ q)$, $Q(p',\ q')$ が直線 $4x+4y=10$ すなわち $2x+2y=5$ 上にあることを示している。
よって，直線PQの方程式は　　$\boldsymbol{2x+2y=5}$

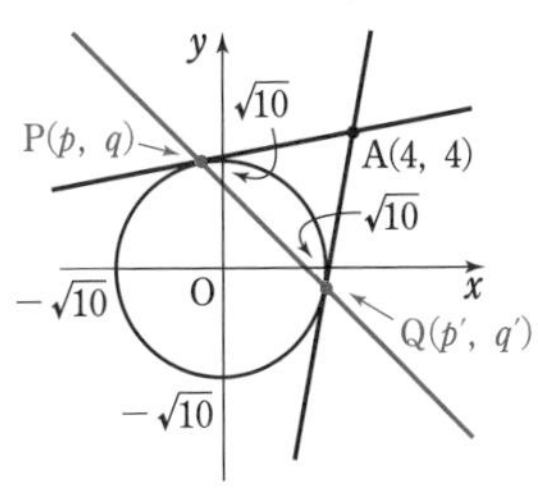

接点の座標を $(x_1,\ y_1)$ として，連立方程式

$$\begin{cases} x_1{}^2+y_1{}^2=10 \\ 4x_1+4y_1=10 \end{cases}$$

を解くと

$$x_1=\frac{5\pm\sqrt{55}}{4}$$
$$y_1=\frac{5\mp\sqrt{55}}{4}$$

(複号同順)

この例題を一般化すると，次のようになる。

円 $x^2+y^2=r^2$ の外部の点 $A(p,\ q)$ からこの円に引いた2本の接線の接点P, Qを通る直線 ℓ の方程式は
$$\boldsymbol{px+qy=r^2}$$

このとき，直線 ℓ を点Aに関する円の **極線** といい，Aを **極** という。極線に関しては，次のことが成り立つ（証明は解答編 p.88 参照)。

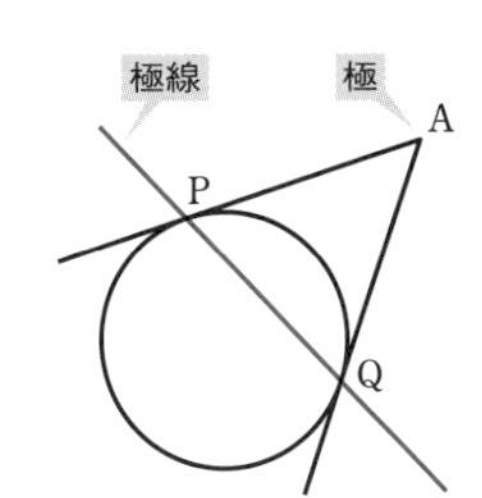

① 点Aに関する極線が他の点Bを通るとき，Bに関する極線はAを通る。
② 2点A, Bに関する極線がともに点Cを通るならば，点Cに関する極線は直線ABである。

練習 57 a は定数で，$a>1$ とする。座標平面において，円 $C: x^2+y^2=1$, 直線 $\ell: x=a$ とする。直線 ℓ 上の点Pを通り円 C に接する2本の接線の接点をそれぞれA, Bとするとき，直線ABは，点Pによらず，ある定点を通ることを示し，その定点の座標を求めよ。

［早稲田大］

➡p.165 演習 33

重要例題 58 放物線と円の共有点 ★★★★☆

r は正の定数とする。放物線 $y=x^2$ と円 $x^2+(y-2)^2=r^2$ について，次の問いに答えよ。

(1) $r=2$ のとき，放物線と円の共有点の座標をすべて求めよ。

(2) r がすべての正の実数値をとって変化するとき，放物線と円の共有点の個数はどのように変わるか調べよ。

指針 放物線と円の共有点についても，これまでと同様，次の方針で考えればよい。

共有点 ⟺ 実数解　　接点 ⟺ 重解

本問では，x^2 を消去した y の 2 次方程式 $y+(y-2)^2=r^2$ の実数解について考える。

(2) まず，固定されているもの，変化するものを認識する。

この問題では，放物線 $y=x^2$ と円の中心 $(0,\ 2)$ は **固定** されているのに対し，円は半径 r の値に応じて **変化** する。

図をかくと，円の半径が大きくなるにつれ，図 [a]～[e] のように，放物線と円の共有点の個数は変化する。

[a] 共有点 0 個

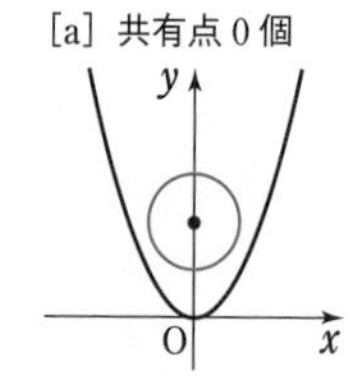

[b] 共有点 2 個

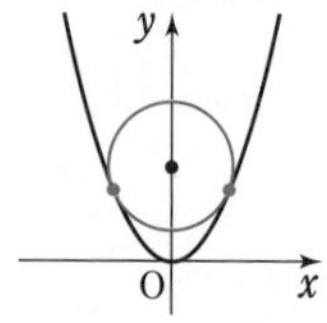

[c] 共有点 4 個

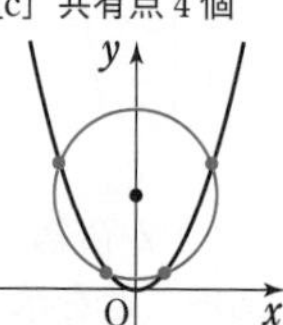

[d] 共有点 3 個

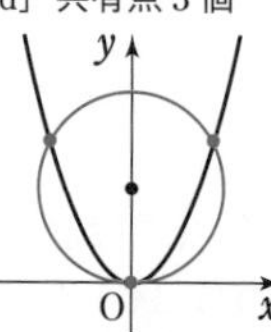

[e] 共有点 2 個

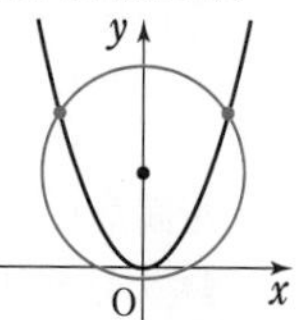

つまり，r の値で場合分けして答えることになるが，その場合分けの境目は，放物線と円が接するとき である。なお，放物線と円が **接する** とは，放物線と円が共通の接線をもつことであり，この問題では，図 [b]：**2 点で接する場合** (接点の y 座標は一致) と，図 [d]：**1 点で接する場合** (接点は放物線の頂点) がある。

解答 $y=x^2$ …… ①，$x^2+(y-2)^2=r^2$ …… ② とする。

(1) $r=2$ のとき，② は　$x^2+(y-2)^2=4$ …… ②′

① と ②′ から x^2 を消去して　$y+(y-2)^2=4$

◀ $y^2-3y=0$

すなわち　$y(y-3)=0$　　ゆえに　$y=0,\ 3$

① から　$y=0$ のとき $x=0$，$y=3$ のとき $x=\pm\sqrt{3}$

よって，$r=2$ のとき，放物線と円の共有点の座標は

$$(0,\ 0),\ (\sqrt{3},\ 3),\ (-\sqrt{3},\ 3)$$

(2) ①，② から x^2 を消去して整理すると

$$y^2-3y+4-r^2=0 \quad \cdots\cdots ③$$

① より $x^2 \geqq 0$ であるから　$y \geqq 0$

また，**$y>0$ である 1 個の y に対し $x=\pm\sqrt{y}$ の 2 個，$y=0$ のときは $x=0$ の 1 個** が定まる。

円 ② の中心は $(0,\ 2)$ で一定で，r の値の変化に伴い，放物線 ① と円 ② の共有点の個数も変化する。

(2) では，図を利用して答えているが，2 次方程式 ③ の $y>0$ を満たす解と共有点の個数の対応については，次ページ側注のようになる。なお，$y=0$ のときは $x=0$ の 1 個しかないため，別に考える。

ここで，放物線と円が接する場合について調べる。

[1]　放物線と円が 2 点で接する場合（共有点は 2 個）

2 次方程式 ③ は正の重解をもち，判別式を D とすると

$$D=(-3)^2-4(4-r^2)=4r^2-7$$

$D=0$ から　$r^2=\frac{7}{4}$　　$r>0$ であるから　$r=\frac{\sqrt{7}}{2}$

③ の重解は $y=-\frac{-3}{2\cdot1}=\frac{3}{2}$ で，正の重解をもつ。

[2]　放物線と円が 1 点で接する場合（共有点は 3 個）

(1) の結果から　　$r=2$

よって，右の図から，円の半径が $0<r<\frac{\sqrt{7}}{2}$ のとき，放物線と円は共有点をもたない。

$\frac{\sqrt{7}}{2}<r<2$ のときは 4 個の共有点をもち，$2<r$ のときは 2 個の共有点をもつ。

以上から，共有点の個数は

$0<r<\frac{\sqrt{7}}{2}$ のとき 0 個，$r=\frac{\sqrt{7}}{2}$ のとき 2 個，

$\frac{\sqrt{7}}{2}<r<2$ のとき 4 個，$r=2$ のとき 3 個，

$2<r$ のとき 2 個

$f(y)=y^2-3y+4-r^2$ とすると，$z=f(y)$ の軸について，$y=\frac{3}{2}>0$ は常に成り立つ。よって，③ の $y>0$ を満たす解は

(i)　$D<0$ のとき 0 個 ⟶ 共有点は 0 個

(ii)　$D=0$ のとき 1 個 ⟶ 共有点は 2 個

(iii)　$D>0$ かつ $f(0)>0$ のとき 2 個 ⟶ 共有点は 4 個

(iv)　$D>0$ かつ $f(0)\leqq0$ のとき 1 個 ⟶ 共有点は 2 個

$y=0$ のとき，③ から $r=2$　$(r>0)$ ⟶ (1) の結果から，共有点は 3 個

参考　③ から　　$y^2-3y+4=r^2$

よって，$z=y^2-3y+4=\left(y-\frac{3}{2}\right)^2+\frac{7}{4}$ のグラフと直線 $z=r^2$ の $y\geqq0$ の範囲における共有点の個数を調べてもよい。

具体的には，右の図で，直線 $z=r^2$ を上下に動かして判断する。

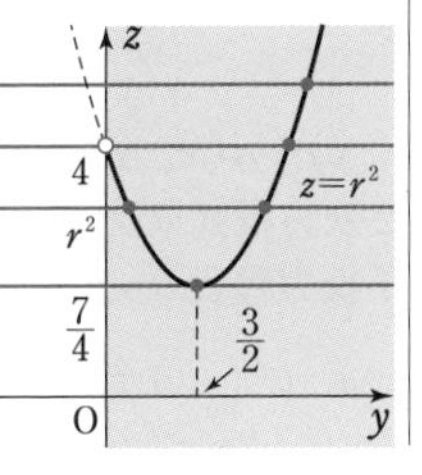

◀ 定数 r^2 を分離して考える。

(1) の結果より，$r=2$ のとき，放物線 ① と円 ② は 1 点 $(0,\ 0)$ で接するが，このことは，2 次方程式 ③：$y^2-3y+4-r^2=0$ の判別式 $D=0$（**接点 ⟺ 重解**）からは導かれない。

図 [b] の 2 つの接点は，r が $2\longrightarrow\frac{\sqrt{7}}{2}$ のように変化するときに，図 [c] の y 座標が同じ上下 2 個の交点が，それぞれ重なり合ってできたものである。一方，図 [d] の接点 $(0,\ 0)$ であるが，2 個の交点が重なり合ってできたものではない。**接点 ⟺ 重解** は，2 個の交点が重なり合ってできるものに対して使える。

練習 58　放物線 $y=x^2+a$ と円 $x^2+y^2=9$ について，次のものを求めよ。

(1)　この放物線と円が接するときの定数 a の値

(2)　異なる 4 個の交点をもつような定数 a の値の範囲

➡ p. 165 演習 **34**

17 2 つ の 円

《 基本事項 》

1 2つの円の位置関係

半径がそれぞれ r, r' $(r>r')$ である2つの円の中心間の距離を d とする。このとき，2つの円の位置関係には，次の [1] ～ [5] の場合がある。なお，[1] ～ [3] は $r=r'$ のときも成り立つ。

[1] 一方が他方の外部にある	[2] 外接する	[3] 2点で交わる	[4] 内接する	[5] 一方が他方の内部にある
r, r', d	接点, r, r', d	r, r', d, 共通弦	r, r', d, 接点	r, r', d
$d>r+r'$	$d=r+r'$	$r-r'<d<r+r'$	$d=r-r'$	$d<r-r'$

[2], [4] のように，2つの円がただ1つの共有点をもつとき，この2つの円は **接する** といい，この共有点を **接点** という。また，[2] のように接する場合，2つの円は **外接** するといい，[4] のように接する場合，2つの円は **内接** するという。

2 2つの円の交点，円と直線の交点を通る円，直線

x, y の式を $f(x,\ y)$ のように書き，方程式 $f(x,\ y)=0$ が1つの曲線（直線となる場合も含む）を表すとき，この曲線を **曲線 $f(x,\ y)=0$** といい，この方程式を **曲線の方程式** という。

2つの円 $f(x,\ y)=0$ …… ①，$g(x,\ y)=0$ …… ② が2点で交わるとき，k を定数とすると，方程式 $kf(x,\ y)+g(x,\ y)=0$ …… ③ は，次の図形を表す。

[1] ③ が x, y の **2次方程式** のとき，2つの円 ①，② の交点を通る **円**（① を除く）

[2] ③ が x, y の **1次方程式** のとき，2つの円 ①，② の交点を通る **直線**

例 $f(x,\ y)=x^2+y^2-1$, $g(x,\ y)=x^2+y^2+2x-2y+1$ とする。 ◀ 2曲線はともに円

$k(x^2+y^2-1)+x^2+y^2+2x-2y+1=0$ を x, y について整理すると

$(k+1)x^2+(k+1)y^2+2x-2y-k+1=0$ …… (*)

$k=-1$ のとき，(*) は　$x-y+1=0$

これは x, y の1次方程式で，**直線** を表す。

$k \neq -1$ のとき，(*) を変形すると，次の式が得られる。

$$\left(x+\frac{1}{k+1}\right)^2+\left(y-\frac{1}{k+1}\right)^2=\frac{k^2+1}{(k+1)^2}$$

$k \neq -1$ では (右辺)>0 であるから，これは **円** を表す。

ただし，円 $x^2+y^2=1$ は除く。

また，2曲線 $f(x,\ y)=0$, $g(x,\ y)=0$ の2つの交点の座標を $(x_1,\ y_1)$, $(x_2,\ y_2)$ とすると，$f(x_1,\ y_1)=0$, $g(x_1,\ y_1)=0$ により　$kf(x_1,\ y_1)+g(x_1,\ y_1)=0$

同様に $kf(x_2,\ y_2)+g(x_2,\ y_2)=0$ であるから，曲線 $kf(x,\ y)+g(x,\ y)=0$ は，2点 $(x_1,\ y_1)$, $(x_2,\ y_2)$ を通る。

例題 59 2つの円の位置関係 ★★☆☆☆

2円 $x^2+y^2=r^2\ (r>0)$ …… ①，$x^2+y^2-8x-4y+15=0$ …… ② について

(1) 円①と円②が内接するとき，定数 r の値を求めよ。

(2) 円①と円②が異なる2点で交わるとき，定数 r の値の範囲を求めよ。

指針 **2円の位置関係** は，**2円の半径と中心間の距離の関係** を調べる。
2円の半径を r，r'，中心間の距離を d とすると，求める条件は
(1) $\boldsymbol{d=|r-r'|}$　　(2) $\boldsymbol{|r-r'|<d<r+r'}$

解答 円①の中心は点 $(0,\ 0)$，半径は r である。
円②の方程式を変形すると　$(x-4)^2+(y-2)^2=5$
ゆえに，円②の中心は点 $(4,\ 2)$，半径は $\sqrt{5}$ である。
よって，2円①，②の中心間の距離は　$\sqrt{4^2+2^2}=2\sqrt{5}$

◀ まず，2つの円の中心と半径を調べる。

(1) 円①と円②が内接するための条件は　$|r-\sqrt{5}|=2\sqrt{5}$
ゆえに　$r-\sqrt{5}=\pm 2\sqrt{5}$
よって　$r=3\sqrt{5},\ -\sqrt{5}$
$r>0$ であるから　$\boldsymbol{r=3\sqrt{5}}$

◀ r と $\sqrt{5}$ の大小関係が不明なので，絶対値を用いて表す。

(注意) 2円①，②が内接するとき
[1] 円①が円②に内接する。
[2] 円②が円①に内接する。
の2つの場合が考えられるが，この問題では，円①の中心 $(0,\ 0)$ は円②の外部にある $(d>\sqrt{5})$ から，[1] の場合は起こりえない。

◀ $d>$ 円②の半径

(2) 円①と円②が異なる2点で交わるための条件は
$|r-\sqrt{5}|<2\sqrt{5}<r+\sqrt{5}$

◀ $|r-r'|<d<r+r'$

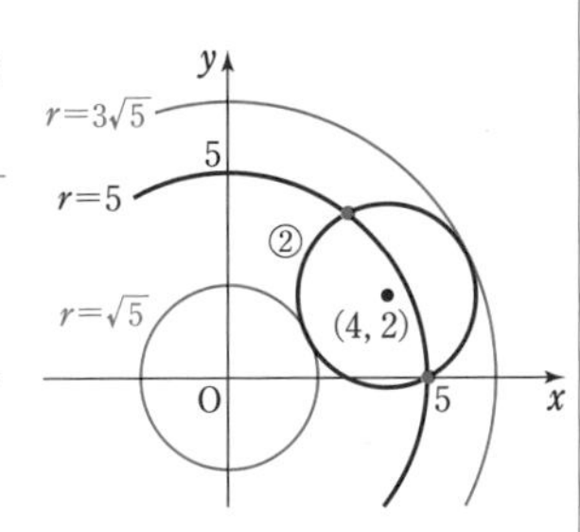

$|r-\sqrt{5}|<2\sqrt{5}$ から
$-2\sqrt{5}<r-\sqrt{5}<2\sqrt{5}$
よって　$-\sqrt{5}<r<3\sqrt{5}$ …… ③

◀ $|A|<B \Leftrightarrow -B<A<B$

$2\sqrt{5}<r+\sqrt{5}$ から
$\sqrt{5}<r$ …… ④
③，④と $r>0$ の共通範囲を求めて
$\boldsymbol{\sqrt{5}<r<3\sqrt{5}}$

練習 59 円 $C: x^2+y^2=25$ について，次の問いに答えよ。
(1) 中心が点 $(12,\ 5)$ で，円 C に外接する円の方程式を求めよ。
(2) 中心が点 $(1,\ -\sqrt{3})$ で，円 C に内接する円の方程式を求めよ。

例題 60　2つの円の交点を通る円　★★☆☆☆

2つの円 $x^2+y^2=4$ …… ①, $x^2+y^2-8x-4y+4=0$ …… ② について

(1)　2円の共有点の座標を求めよ。

(2)　2円の共有点と点 $(1,\ 1)$ を通る円の中心と半径を求めよ。

指針 (1)　**2円の共有点の座標 ⟶ 連立方程式の実数解** を求める。本問のような2次と2次の連立方程式では，**1次の関係を作り出す** とよい。そのためには，① の $x^2+y^2=4$ を ② に代入する，あるいは ①−② から2次の項を消去してもよい。

(2)　(1) で求めた2点と点 $(1,\ 1)$ を通ることから，円の方程式の一般形を利用して解決できるが，ここでは，$p.130$ 基本事項 **2** を利用してみよう。

$f(x,\ y)$ を f として略記

2点で交わる2つの円 $f=0$, $g=0$ に対し　方程式 $kf+g=0$ (k は定数)

つまり，2円 ①, ② の交点を通る図形として，次の方程式を考える。

$$k(x^2+y^2-4)+(x^2+y^2-8x-4y+4)=0$$

この図形が点 $(1,\ 1)$ を通るとして，$x=1$, $y=1$ を代入し，定数 k の値を求める。

CHART》　2曲線 $f=0$, $g=0$ の交点を通る図形　$kf+g=0$ (k は定数)

解答 (1)　①−② から　$8x+4y-4=4$

よって　$y=-2x+2$ …… ③

これを ① に代入して　$x^2+(-2x+2)^2=4$

整理して　$5x^2-8x=0$

これを解いて　$x=0,\ \dfrac{8}{5}$

③ から　$x=0$ のとき　$y=2$,　$x=\dfrac{8}{5}$ のとき　$y=-\dfrac{6}{5}$

したがって，共有点の座標は　**$(0,\ 2)$, $\left(\dfrac{8}{5},\ -\dfrac{6}{5}\right)$**

◀ ③ は，2円の共有点を通る直線の方程式である。これは，(2) の解答の Ⓐ に $k=-1$ を代入して得られる式と同じである。

(2)　k を定数として，次の方程式を考える。

$k(x^2+y^2-4)+x^2+y^2-8x-4y+4=0$ …… Ⓐ

Ⓐ は，(1) で求めた2円 ①, ② の共有点を通る図形を表す。

図形 Ⓐ が点 $(1,\ 1)$ を通るとして，Ⓐ に $x=1$, $y=1$ を代入すると　$-2k-6=0$

よって　$k=-3$

これを Ⓐ に代入して整理すると　$x^2+y^2+4x+2y-8=0$

すなわち　$(x+2)^2+(y+1)^2=13$

したがって　**中心 $(-2,\ -1)$, 半径 $\sqrt{13}$**

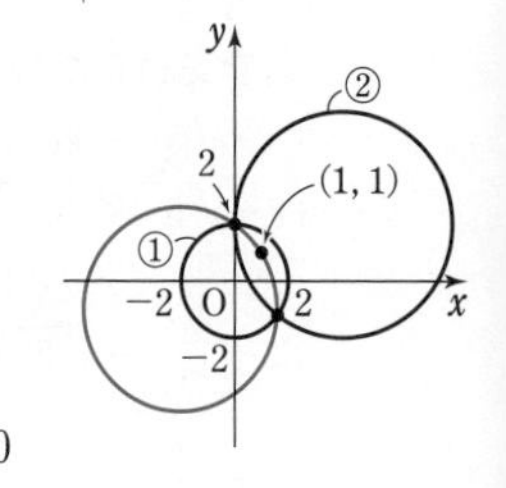

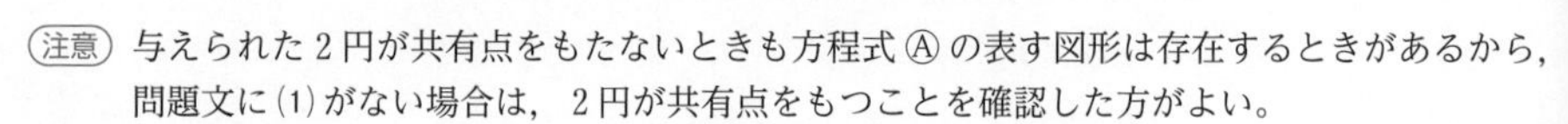

(注意) 与えられた2円が共有点をもたないときも方程式 Ⓐ の表す図形は存在するときがあるから，問題文に (1) がない場合は，2円が共有点をもつことを確認した方がよい。

練習 60　2つの円 $x^2+y^2-2x-4y+1=0$, $x^2+y^2=5$ について

(1)　2円の2つの交点を通る直線の方程式を求めよ。

(2)　2円の2つの交点と点 $(1,\ 3)$ を通る円の中心と半径を求めよ。

例題 61 円と直線の交点を通る円 ★★☆☆☆

円 $x^2+y^2=50$ …… ① と直線 $3x+y=20$ …… ② の 2 つの交点と点 (10, 0) を通る円の中心と半径を求めよ。

◀例題60

指針 円と直線の交点を通る図形として，前ページと同じように，次の方程式を考える。

$$\boldsymbol{k(3x+y-20)+x^2+y^2-50=0} \quad (k \text{ は定数})$$

なお，2 つの円でも起こりうることであるが，円と直線が共有点をもたない場合でも $kf+g=0$ から，円の方程式が導かれてしまうことがある (p. 134 参照)。
よって，① の方程式を考える前に，2 つの交点が存在することを，点と直線の距離の公式を用いて確かめておくとよい。

解答 円 ① の中心 (0, 0) と直線
②：$3x+y-20=0$ の距離は

$$\frac{|-20|}{\sqrt{3^2+1^2}}=\frac{20}{\sqrt{10}}=2\sqrt{10}=\sqrt{40}$$

円の半径は　$\sqrt{50}$

$\sqrt{40}<\sqrt{50}$ であるから，円 ① と直線 ② は 2 点で交わる。

◀「2 つの交点」の存在を確認する。

k を定数として，次の方程式を考える。

$$k(3x+y-20)+x^2+y^2-50=0 \quad \cdots\cdots \text{Ⓐ}$$

◀ $k(x^2+y^2-50)+3x+y-20=0$ でもよいが，Ⓐ のように，x，y の 1 次式である直線の方程式に k を付けた方が後の計算がらく。

Ⓐ は，与えられた円と直線の交点を通る図形を表す。
Ⓐ が点 (10, 0) を通るとして，$x=10$，$y=0$ を代入すると

$$10k+50=0$$

これを解いて　$k=-5$

Ⓐ に代入して　$-5(3x+y-20)+x^2+y^2-50=0$

整理すると　$x^2+y^2-15x-5y+50=0$

◀ $(-15)^2+(-5)^2-4\cdot50>0$ (p. 118 参照)

すなわち　$\left(x-\dfrac{15}{2}\right)^2+\left(y-\dfrac{5}{2}\right)^2=\dfrac{25}{2}$

したがって　**中心 $\left(\dfrac{15}{2},\ \dfrac{5}{2}\right)$，半径 $\dfrac{5}{\sqrt{2}}=\dfrac{5\sqrt{2}}{2}$**

検討 交わる 2 直線 $a_1x+b_1y+c_1=0$，$a_2x+b_2y+c_2=0$ に対し

$$\boldsymbol{k(a_1x+b_1y+c_1)+a_2x+b_2y+c_2=0} \quad \cdots\cdots \text{Ⓑ}$$

は，**2 直線の交点を通る直線** を表す (直線 $a_1x+b_1y+c_1=0$ を除く)。

[解説]　Ⓑ を x，y について整理すると　$(ka_1+a_2)x+(kb_1+b_2)y+kc_1+c_2=0$
ここで，$ka_1+a_2=kb_1+b_2=0$ と仮定すると，$ka_1=-a_2$，$kb_1=-b_2$ から
$k(a_1b_2-a_2b_1)=0$ となるが，最初の 2 直線は平行でないから　$a_1b_2-a_2b_1\neq0$
よって，Ⓑ の x と y の係数をともに 0 とするような定数 k は存在しない。
すなわち，Ⓑ は直線の方程式である。

練習 61 円 $x^2+y^2-2x-4y-3=0$ と直線 $x+2y=5$ の 2 つの交点と点 (3, 2) を通る円の中心と半径を求めよ。

2曲線の交点を通る曲線の方程式

異なる2曲線 $f(x,\ y)=0$, $g(x,\ y)=0$ がいくつかの交点をもつとき，方程式

$$\boldsymbol{kf(x,\ y)+g(x,\ y)=0} \quad (k\text{ は定数}) \quad \cdots\cdots \text{Ⓐ}$$

は，それらの交点すべてを通る曲線を表す［ただし，曲線 $f(x,\ y)=0$ を除く］。

［解説］ 2曲線が n 個の交点 $A_i(x_i,\ y_i)$ $(i=1,\ 2,\ \cdots\cdots,\ n)$ をもつとする。
2曲線はともに点 A_i を通るから，$f(x_i,\ y_i)=0$, $g(x_i,\ y_i)=0$ がともに成り立つ。
よって，k の値に関係なく，$kf(x_i,\ y_i)+g(x_i,\ y_i)=0$ が成り立つ。
すなわち，Ⓐ の表す曲線は点 A_i $(i=1,\ 2,\ \cdots\cdots,\ n)$ を通る。
しかし，曲線 $f(x,\ y)=0$ 上で交点以外の点を $P(s,\ t)$ とすると，$f(s,\ t)=0$ かつ $g(s,\ t)\neq 0$ であるから，$kf(s,\ t)+g(s,\ t)=0$ を満たす k は存在しない。
すなわち，方程式 Ⓐ が曲線 $f(x,\ y)=0$ を表すことはない。

また，直線や円以外でも Ⓐ の利用が有効な場合がある。

● **2つの放物線の交点を通る直線**

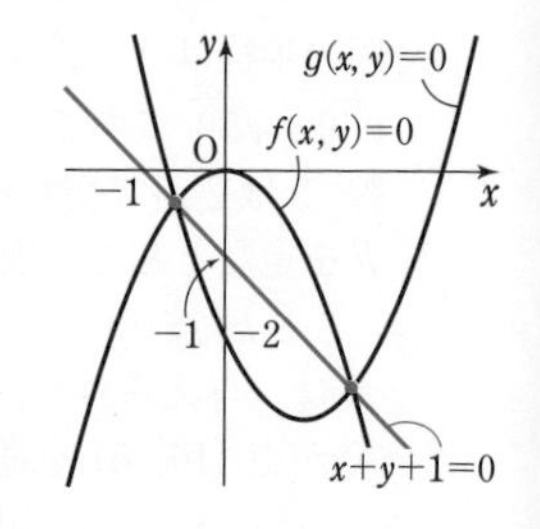

$f(x,\ y)=x^2+y$, $g(x,\ y)=-x^2+2x+y+2$ とすると
$f(x,\ y)=0$ は $y=-x^2$, $g(x,\ y)=0$ は $y=x^2-2x-2$
となり，ともに放物線を表す。
k を定数として，方程式 $kf(x,\ y)+g(x,\ y)=0$
つまり，$k(x^2+y)-x^2+2x+y+2=0$ を考えると，
$k=1$ のとき　$2x+2y+2=0$　すなわち　$x+y+1=0$
これは，2つの放物線 $f(x,\ y)=0$, $g(x,\ y)=0$ の交点を通る直線の方程式を表す。

● **交点をもたない2つの円**

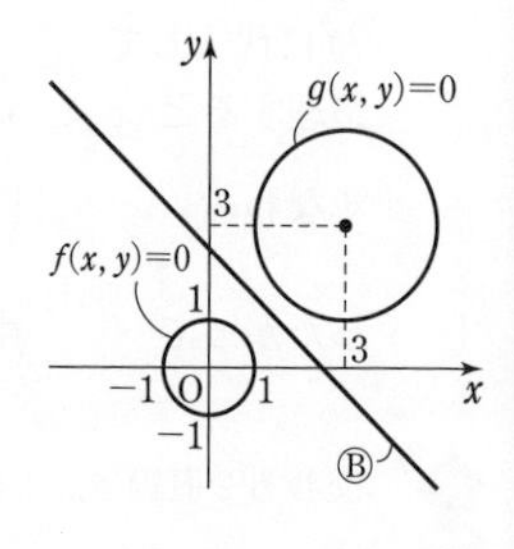

$f(x,\ y)=x^2+y^2-1$, $g(x,\ y)=x^2+y^2-6x-6y+14$ とすると，$f(x,\ y)=0$, $g(x,\ y)=0$ は右の図のような2つの円を表す。
k を定数として，方程式 $kf(x,\ y)+g(x,\ y)=0$
つまり，$k(x^2+y^2-1)+x^2+y^2-6x-6y+14=0$ を考えると，
$k=-1$ のとき　　$2x+2y-5=0$　$\cdots\cdots$ Ⓑ
が得られる。しかし，2つの円は交わらないから，Ⓑ は2つの円の交点を通る直線ではない。
ここで，直線 Ⓑ は次のような意味をもつ。
$f(x,\ y)$, $g(x,\ y)$ に共通な数 t を加えて（例えば $t=-4$）

$$f'(x,\ y)=f(x,\ y)+t,\ g'(x,\ y)=g(x,\ y)+t$$

とすることで，交わる2円 $f'(x,\ y)=0$ $\cdots\cdots$ Ⓒ, $g'(x,\ y)=0$ $\cdots\cdots$ Ⓓ が得られる。k' を定数として，
方程式 $k'f'(x,\ y)+g'(x,\ y)=0$ を考え，$k'=-1$ とすると

$$-f'(x,\ y)+g'(x,\ y)=-f(x,\ y)+g(x,\ y)=0$$

よって，Ⓑ は2円 Ⓒ, Ⓓ の交点を通る直線の方程式を表す（右図参照）。

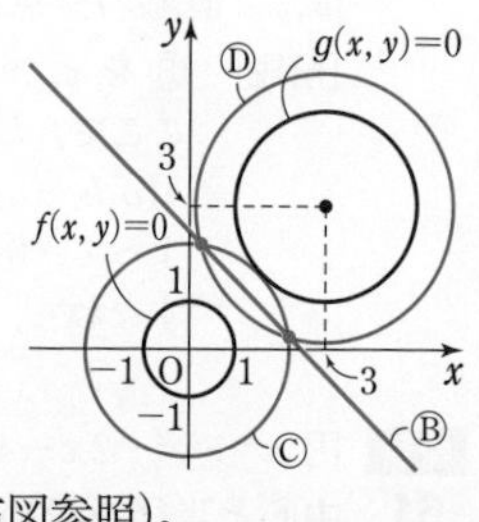

重要例題 62 | 2つの円の共通接線 ★★★☆☆

円 C_1：$x^2+y^2=4$ と円 C_2：$(x-5)^2+y^2=1$ の共通接線の方程式を求めよ。

◀例題 56

指針 共通接線の本数は2円の位置関係によって変わる（数学A）が，本問のように，一方が他方の外部にあって離れているときは，**共通内接線** と **共通外接線** がそれぞれ2本ずつある。
それらの方程式を求めるときは

円 C_1 上の点 $(x_1,\ y_1)$ における接線が円 C_2 にも接する

と考えて進めると，計算がらくになることが多い。

共通内接線
共通外接線

解答 円 C_1 上の接点の座標を $(x_1,\ y_1)$ とすると

$x_1{}^2+y_1{}^2=4$ …… ①

接線の方程式は　$x_1x+y_1y=4$ …… ②

直線 ② が円 C_2 に接するための条件は，円 C_2 の中心 $(5,\ 0)$ と直線 ② の距離が，円 C_2 の半径1に

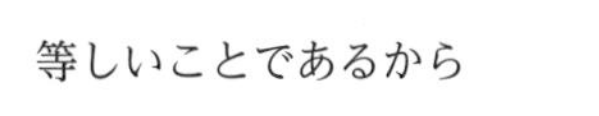

等しいことであるから　$\dfrac{|5x_1-4|}{\sqrt{x_1{}^2+y_1{}^2}}=1$

① を代入して整理すると　$|5x_1-4|=2$

よって　$5x_1-4=\pm 2$　　したがって　$x_1=\dfrac{6}{5},\ \dfrac{2}{5}$

$x_1=\dfrac{6}{5}$ のとき，① から　$y_1{}^2=\dfrac{64}{25}$　　ゆえに　$y_1=\pm\dfrac{8}{5}$，

$x_1=\dfrac{2}{5}$ のとき，① から　$y_1{}^2=\dfrac{96}{25}$　　ゆえに　$y_1=\pm\dfrac{4\sqrt{6}}{5}$

これらを ② に代入して，求める共通接線の方程式は

$\dfrac{6}{5}x\pm\dfrac{8}{5}y=4$，$\dfrac{2}{5}x\pm\dfrac{4\sqrt{6}}{5}y=4$　すなわち　$\mathbf{3x\pm 4y=10}$（共通内接線），$\mathbf{x\pm 2\sqrt{6}\,y=10}$（共通外接線）

別解 求める共通接線は x 軸に垂直でないから，その方程式を $y=mx+n$ とする。
この直線が円 C_1，C_2 に接するための条件は，それぞれ

$$\frac{|n|}{\sqrt{m^2+(-1)^2}}=2,\quad \frac{|5m+n|}{\sqrt{m^2+(-1)^2}}=1$$

◀ 中心と接線の距離＝半径

したがって　$|n|=2\sqrt{m^2+1}$，　$|5m+n|=\sqrt{m^2+1}$ …… Ⓐ

ゆえに　$|n|=2|5m+n|$　　よって　$n=\pm 2(5m+n)$

したがって　$n=-10m$　または　$n=-\dfrac{10}{3}m$

このようにして，一方の文字を消去し，連立方程式 Ⓐ を解くと，m と n の値が求められる。

練習 62 次の2円の共通接線の方程式を求めよ。

(1) $x^2+y^2=9$，$x^2+(y-2)^2=4$　　(2) $x^2+y^2=1$，$(x-3)^2+y^2=4$

➡ p. 165 演習 35

18 軌跡と方程式

《 基本事項 》

1 軌　跡

与えられた条件を満たす点が動いてできる図形を，その条件を満たす点の **軌跡** という。
与えられた条件を満たす点Pの軌跡が図形Fであることを示すには，次の2つのことを証明する。

1　与えられた条件を満たす任意の点Pは，図形F上にある。
2　図形F上の任意の点Pは，与えられた条件を満たす。

（注意）1の証明を逆にたどることによって，2の成り立つことが明らかな場合は，2の証明を省略することがある。

2 軌跡を求める手順

[1]　求める軌跡上の任意の点の座標を$(x,\ y)$などで表し，与えられた条件をx，yについての関係式で表す。
[2]　軌跡の方程式を導き，その方程式の表す図形を求める。
[3]　その図形上の任意の点が条件を満たしていることを確かめる。図形上の点のうち，条件を満たさないものがあれば除く。

3 基本的な軌跡

条　　件	図　形　F　（軌　跡）
①　定直線ℓからの距離が一定値dである点	ℓとの距離がdでℓと平行な2直線
②　2定点A，Bから等距離にある点	線分ABの垂直二等分線
③　交わる2直線から等距離にある点	2組の対頂角の二等分線
④　定点Aと定直線ℓ上の点を結ぶ線分を定比$m:n$に分ける点	Aからℓに引いた垂線を$m:n$に分ける点を通りℓに平行な直線
⑤　定点Oからの距離が一定値rである点	中心O，半径rの円
⑥　2定点A，Bを見込む角が一定値αである点	ABを弦としαの角を含む弓形の弧。特に，$\alpha=90°$のときは直径ABの円（ともにA，Bを除く）

①
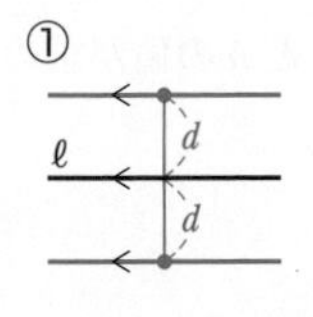

②
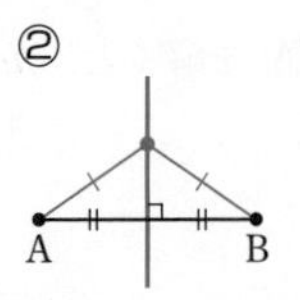

③
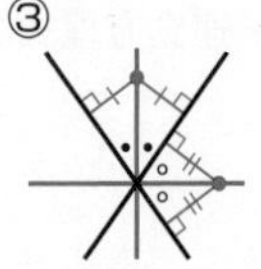

④
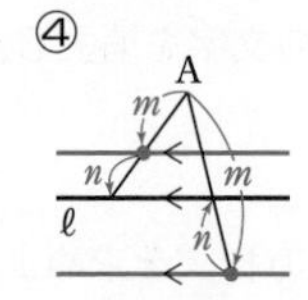

⑤
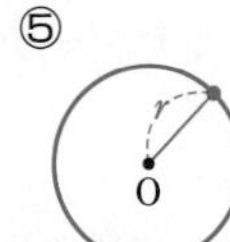

⑥
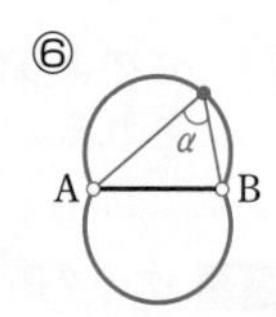

例題 63 条件を満たす点の軌跡 (1) ★★☆☆☆

2 点 A$(-4,\ 0)$, B$(2,\ 0)$ と点 P を頂点とする △PAB が AP：BP＝2：1 を満たしながら動くとき，点 P の軌跡を求めよ。

指針 CHART》 軌跡上の点 $(x,\ y)$ の関係式を導け

条件は $\begin{cases} \text{P は △PAB の頂点} \\ \text{AP : BP}=2:1 \end{cases}$ ⟹ AP＝2BP ⟺ AP²＝4BP²　(AP＞0, BP＞0 から)
（⟸ ではない）

これより，x，y の式 (軌跡の方程式) が導かれるが，これを求める軌跡とするのは誤り。なぜなら，点 P が直線 AB 上にあるとき，△PAB は存在しない。よって，方程式の表す図形から，条件を満たさない点 (除外点) を示して答えなければならない。

解答 条件を満たす点を P$(x,\ y)$ とする。

AP：BP＝2：1 より，
AP＝2BP であるから

$$AP^2=4BP^2$$

したがって

$$(x+4)^2+y^2=4\{(x-2)^2+y^2\}$$

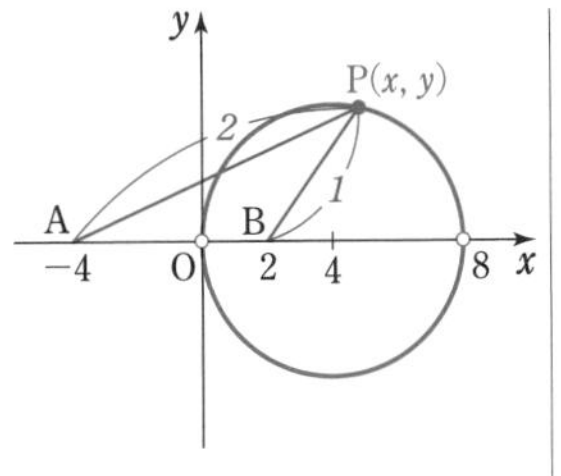

整理して　$x^2+y^2-8x=0$

すなわち　$(x-4)^2+y^2=4^2$　…… ①

点 P が直線 AB 上にあるとき，△PAB は存在しない。このとき，① で $y=0$ とすると　$x=0,\ 8$

よって，点 $(0,\ 0)$，点 $(8,\ 0)$ 以外の円 ① 上の点は条件を満たす。

したがって，求める軌跡は

中心が点 $(4,\ 0)$，半径が 4 の円。
ただし，2 点 $(0,\ 0)$，$(8,\ 0)$ を除く。

◀ P は △PAB の頂点という条件を満たすかどうかについては，前ページ **2** の手順 [3] で確認する。

◀ 図の ○ の点

◀ 円 $(x-4)^2+y^2=4^2$ と表してもよい。

上の解答の円 ①：$(x-4)^2+y^2=4^2$ は，点 P が △PAB の頂点という条件をはずした場合の，「2 定点 A，B からの距離の比が 2：1 である点」の軌跡で，線分 AB を 2：1 に内分する点 $(0,\ 0)$，外分する点 $(8,\ 0)$ を直径の両端とする円である。
一般に，2 定点 A，B からの距離の比が $m:n$ $(m>0,\ n>0,\ m\neq n)$ である点の軌跡は，線分 AB を **$m:n$ に内分する点と外分する点を直径の両端とする円** である。この円を **アポロニウスの円** という。
なお，$m=n$ のとき，軌跡は，線分 AB の **垂直二等分線** である。

練習 63
(1)　2 点 A$(0,\ -2)$，B$(0,\ 6)$ と点 P を頂点とする △PAB が AP：BP＝1：3 を満たしながら動くとき，点 P の軌跡を求めよ。
(2)　座標平面上の 2 点 A$(1,\ 4)$，B$(-1,\ 0)$ からの距離の 2 乗の和 AP^2+BP^2 が 18 である点 P の軌跡を求めよ。　［(2) 北海学園大］

例題 64 条件を満たす点の軌跡 (2) ★★☆☆☆

2 定点 A，B からの距離の平方の差が一定値 k である点 P の軌跡を求めよ。ただし，$k>0$ とする。

◀例題 63

指針 P$(x,\ y)$ として，軌跡の条件を式に表すには，2 点 A，B の座標が必要。そこで，

CHART》 座標の工夫　1 0 を多く　2 対称にとる

に従い，A$(-a,\ 0)$，B$(a,\ 0)$ とすると，軌跡の条件は　$|\mathrm{AP}^2-\mathrm{BP}^2|=k$

これより，点 $(x,\ y)$ の関係式を導く。

なお，軌跡は，問題文に則して答えることに注意する。この例題では座標が与えられていないから，座標（独自に設定した文字 a）を使わないで答えるのが望ましい。

補足　例題は **平方の差** の軌跡，下の練習は **平方の和** の軌跡に関する問題である。

解答 直線 AB を x 軸に，線分 AB の中点を原点にとって，2 点 A，B の座標をそれぞれ

$\mathrm{A}(-a,\ 0)$，$\mathrm{B}(a,\ 0)$

のように定める。

ただし，$a>0$ とする。

点 P の座標を $(x,\ y)$ とすると，与えられた条件から

$$|\mathrm{AP}^2-\mathrm{BP}^2|=k$$

よって　$|(x+a)^2+y^2-\{(x-a)^2+y^2\}|=k$

整理して　$|4ax|=k$

$a>0$，$k>0$ であるから　$4ax=\pm k$

したがって　$x=\pm\dfrac{k}{4a}$ …… ①

（↑ x 軸に垂直な 2 直線）

よって，条件を満たす点 P は，直線 ① 上にある。

逆に，直線 ① 上の任意の点 P$(x,\ y)$ は，条件を満たす。

したがって，求める軌跡は

直線 AB 上にあって，線分 AB の中点からの距離が $\dfrac{k}{2\mathrm{AB}}$ である点 H，K を通り，それぞれ AB に垂直な 2 直線。

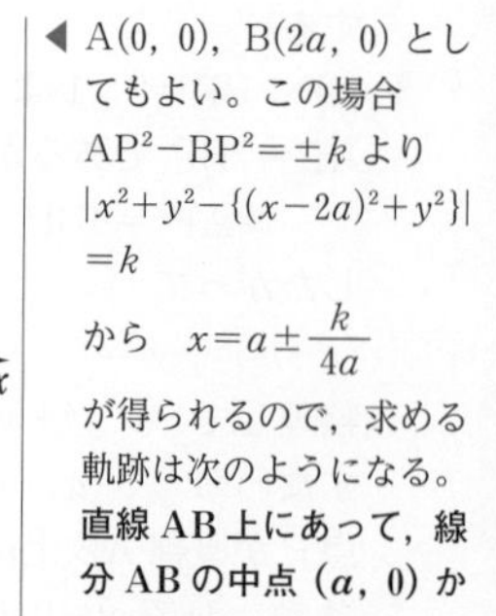

◀ A(0, 0)，B$(2a,\ 0)$ としてもよい。この場合 $\mathrm{AP}^2-\mathrm{BP}^2=\pm k$ より $|x^2+y^2-\{(x-2a)^2+y^2\}|=k$ から　$x=a\pm\dfrac{k}{4a}$ が得られるので，求める軌跡は次のようになる。**直線 AB 上にあって，線分 AB の中点 $(a,\ 0)$ からの距離が $\dfrac{k}{2\mathrm{AB}}$ である 2 点を通り，それぞれ AB に垂直な 2 直線。**

◀ 線分 AB の中点は原点 O にとっている。

◀ 単に 2 直線 $x=\pm\dfrac{k}{4a}$ と答えないように。

練習 64

(1)　2 定点 A，B からの距離の平方の和が一定値 k である点 P の軌跡を求めよ。ただし，$k>0$ とする。

(2)　円 $x^2+(y-3)^2=1$ に外接し，x 軸に接する円 C の中心の軌跡を求めよ。

例題 65 連動して動く点の軌跡 ★★★☆☆

2点 O(0, 0), A(1, 0) と円 $x^2+y^2=1$ 上を動く点Pを3つの頂点とする △OAP の重心Gの軌跡を求めよ。

指針 動点Pが円周上を動くとき，それに伴って（**連動** して）動く点Gの軌跡である。**連動形** では，軌跡を描く動点Gの座標を $(x,\ y)$ とすると，点Pの座標は他の文字（s, t など）を用いて表す必要がある。その上で，次の手順で進める。

1 点Pの条件を s, t を用いて表す。その際，**除外点** に注意する。

2 P，G の関係から，s, t を x, y で表す。

3 1，2 の式から s, t を消去 して，**x, y の関係式を導く**。

本問では，1 において，**△OAP ができない場合を除外する** ことに注意する。

（注意） 上の 1 ～ 3 で用いた s, t を，本書では つなぎの文字 と呼ぶことにする。

解答 G$(x,\ y)$, P$(s,\ t)$ とする。

点Pは円 $x^2+y^2=1$ 上を動くから

$s^2+t^2=1$ …… ①　◀ 点Pの条件。

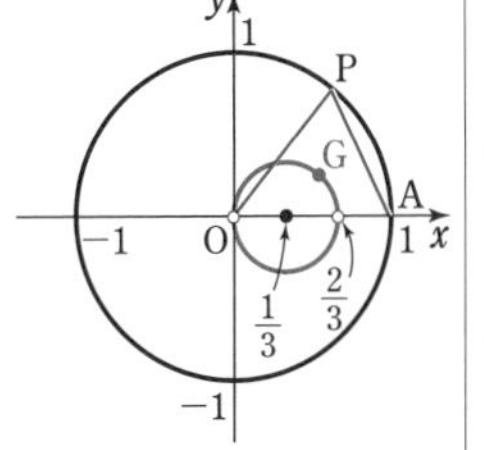

△OAP ができるとき，点Pは x 軸上にはないから

$s \neq \pm 1,\ t \neq 0$ …… ②　◀ 除外点。

このとき，点Gは △OAP の重心であるから　$x=\dfrac{0+1+s}{3}$，$y=\dfrac{0+0+t}{3}$　◀ P，G の関係から s, t を x, y で表す。

よって　$s=3x-1,\ t=3y$ …… ③

これを ① に代入して　$(3x-1)^2+(3y)^2=1$

ゆえに　$\left(x-\dfrac{1}{3}\right)^2+y^2=\left(\dfrac{1}{3}\right)^2$

ここで，②，③ から　$x \neq 0,\ x \neq \dfrac{2}{3},\ y \neq 0$　◀ $3x-1 \neq \pm 1,\ 3y \neq 0$

したがって，求める軌跡は

円 $\left(x-\dfrac{1}{3}\right)^2+y^2=\dfrac{1}{9}$　ただし，2点 $(0,\ 0)$，$\left(\dfrac{2}{3},\ 0\right)$ を除く。

CHART》軌　跡

1 軌跡上の点 $(x,\ y)$ の関係式を導け

2 連動形なら　つなぎの文字を消去する

練習 65 放物線 $y=x^2$ 上を動く点Pと2点 A(3, −1), B(0, 2) に対して，次の点Q，Rの軌跡を求めよ。

(1) 線分 AP を 2：1 に内分する点Q　(2) △PAB の重心R

➡ p. 165 演習 36

例題 66 | 角の二等分線，線対称な直線の方程式 ★★★☆☆

次の直線の方程式を求めよ。

(1) 2 直線 $4x+3y-8=0$，$5y+3=0$ のなす角の二等分線

(2) 直線 ℓ：$2x-y+4=0$ に関して直線 $x+y-3=0$ と対称な直線

◀例題 47

指針 いろいろな解法があるが，ここでは軌跡の考え方を用いて解いてみよう。

(1) 角の二等分線 ⟶ 2 直線から等距離にある点の軌跡

(2) 直線 $x+y-3=0$ 上を動く点Qに対し，
直線 ℓ に関して対称な点Pの軌跡　と考える。
なお，線対称な点については，次のことがポイント。

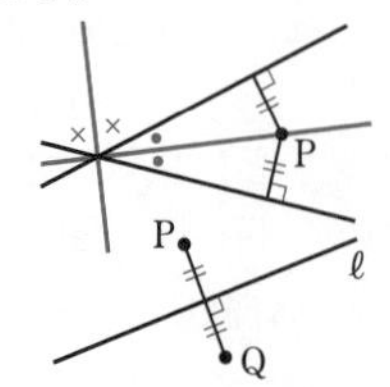

2 点 P，Q が直線 ℓ に関して対称 ⟺ $\begin{cases} \text{PQ}\perp\ell \\ \text{線分 PQ の中点が } \ell \text{ 上} \end{cases}$

…… p. 113 例題 47 参照。

解答 (1) 求める二等分線上の点 P$(x,\ y)$ は，2 直線 $4x+3y-8=0$，$5y+3=0$ から等距離にある。

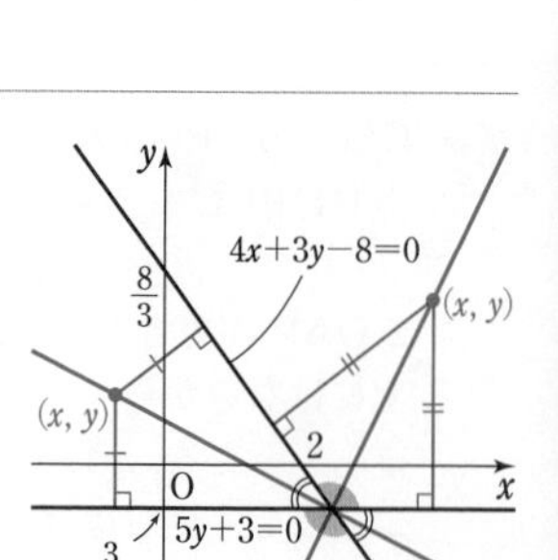

ゆえに　$\dfrac{|4x+3y-8|}{\sqrt{4^2+3^2}}=\dfrac{|0\cdot x+5y+3|}{\sqrt{0^2+5^2}}$

よって　$4x+3y-8=\pm(5y+3)$

したがって，求める二等分線の方程式は

$4x+3y-8=5y+3$ から　$\boldsymbol{4x-2y-11=0}$

$4x+3y-8=-5y-3$ から　$\boldsymbol{4x+8y-5=0}$

(2) 直線 $x+y-3=0$ 上の動点を Q$(s,\ t)$ とし，直線 ℓ に関してQと対称な点を P$(x,\ y)$ とする。

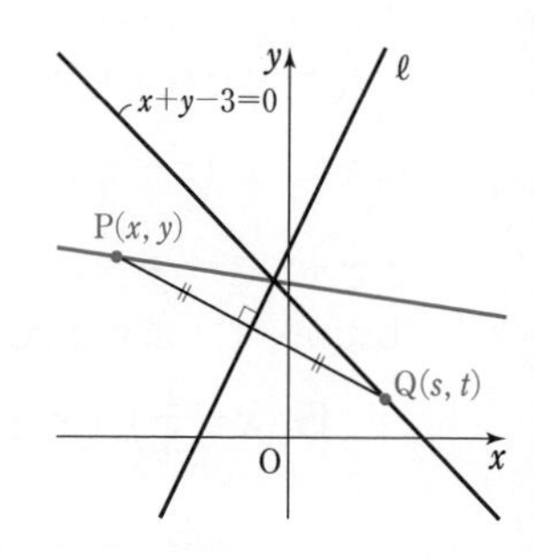

直線 PQ は ℓ に垂直であるから

$$\frac{t-y}{s-x}\cdot 2=-1$$

よって　$s+2t=x+2y$　…… ①

線分 PQ の中点は直線 ℓ 上にあるから

$$2\cdot\frac{x+s}{2}-\frac{y+t}{2}+4=0$$

よって　$2s-t=-2x+y-8$　…… ②

①，② から

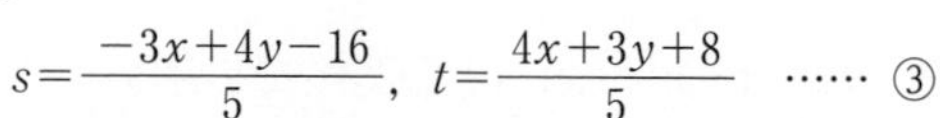
$$s=\frac{-3x+4y-16}{5},\quad t=\frac{4x+3y+8}{5}\quad \cdots\cdots ③$$

Qは直線 $x+y-3=0$ 上を動くから　$s+t-3=0$

これに ③ を代入して，求める直線の方程式は　$\boldsymbol{x+7y-23=0}$

練習 66 次の直線の方程式を求めよ。

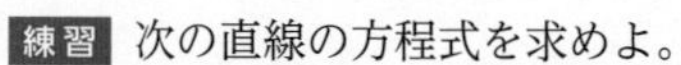
(1) 2 直線 $x-\sqrt{3}\,y-\sqrt{3}=0$，$\sqrt{3}\,x-y+1=0$ のなす角の二等分線

(2) 直線 ℓ：$2x+y+1=0$ に関して直線 $3x-y-2=0$ と対称な直線

例題 67 媒介変数と軌跡 ★★★☆☆

放物線 $y=x^2+(2t-10)x-4t+16$ の頂点をPとする。t が0以上の値をとって変化するとき，頂点Pの軌跡を求めよ。

◀例題65

指針 t の値を1つ定めると放物線が決まり，頂点も定まる。例えば，

$t=0$ のとき $\longrightarrow$ $y=x^2-10x+16$，頂点 $(5,\ -9)$

$t=1$ のとき $\longrightarrow$ $y=x^2-8x+12$，頂点 $(4,\ -4)$

頂点の座標を $\mathrm{P}(x,\ y)$ とすると，$x=(t\text{ の式})$，$y=(t\text{ の式})$ と表される。

CHART》 つなぎの文字 t を消去して，x，y だけの関係式を導く

なお，$t\geqq 0$ の条件に要注意。

解答

$$y=x^2+(2t-10)x-4t+16$$
$$=\{x+(t-5)\}^2-(t-5)^2-4t+16$$
$$=\{x+(t-5)\}^2-t^2+6t-9$$
$$=\{x+(t-5)\}^2-(t-3)^2$$

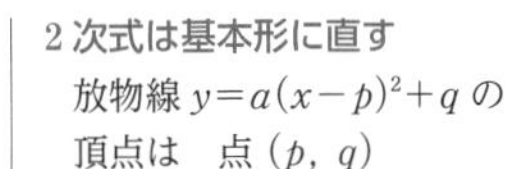

2次式は基本形に直す
放物線 $y=a(x-p)^2+q$ の頂点は　点 $(p,\ q)$

よって，放物線の頂点Pの座標を $(x,\ y)$ とすると

$x=-t+5$ …… ①

$y=-(t-3)^2$ …… ②

◀ x，y は t の式で表される。

① から　　$t=5-x$

② に代入して

$y=-\{(5-x)-3\}^2=-(x-2)^2$

◀ t を消去。

また，$t\geqq 0$ であるから

$5-x\geqq 0$

したがって　$x\leqq 5$

◀ t の値に制限があるから，x，y の範囲にも制限がある。これを調べる。

よって，求める軌跡は，

放物線 $y=-(x-2)^2$ の $x\leqq 5$ の部分

平面上の曲線 C が1つの変数，例えば t によって $x=f(t)$，$y=g(t)$ の形に表されるとき，これを曲線 C の **媒介変数表示** といい，変数 t を **媒介変数**（パラメータ）という（数学Cの内容）。

t が実数値をとると，$x=f(t)$，$y=g(t)$ により，$(x,\ y)$ の座標が1つに決まり，t が変化すると点 $(x,\ y)$ は座標平面上を動き，図形を描く。

例　$x=t+1$，$y=t^2$ は放物線 $y=(x-1)^2$ を表す。（右の図）

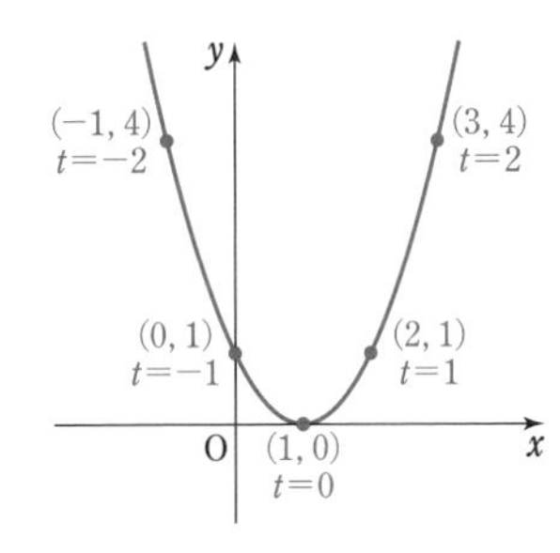

練習 67 方程式 $x^2+y^2-4kx+(6k-2)y+14k^2-8k+1=0$ が円を表すとき

(1) 定数 k の値の範囲を求めよ。

(2) k の値がこの範囲で変化するとき，円の中心の軌跡を求めよ。

例題 68 弦の中点の軌跡 ★★★☆☆

直線 $y=mx$ と円 $(x-4)^2+y^2=12$ が異なる 2 点 A, B で交わるとき，線分 AB の中点 P の軌跡を求めよ。

◀例題 65

指針 交点 A, B の座標を求めて，中点 P の座標 $(x,\ y)$ を計算すると，x と y はともに m の式で表されるはず。したがって，次の方針でいく。

CHART》 つなぎの文字 m を消去して，x，y だけの関係式を導く

その際，交点の x 座標は，y を消去した 2 次方程式の 2 つの実数解であるから

直線と円が **異なる 2 点で交わる** $\Longleftrightarrow$ **判別式 $D>0$**

また，線分 AB の中点の x 座標は **解と係数の関係を利用** する。

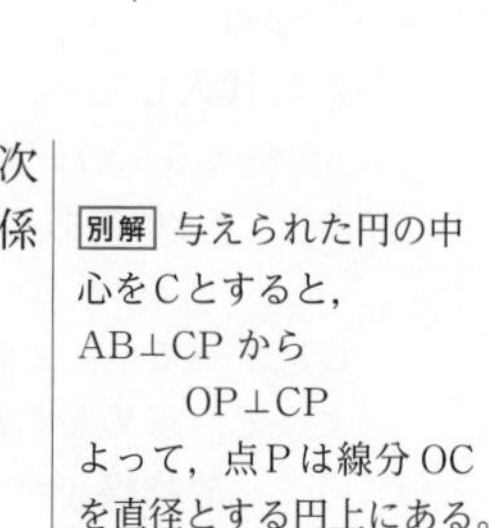

解答 $y=mx$ と $(x-4)^2+y^2=12$ から y を消去して整理すると

$$(m^2+1)x^2-8x+4=0 \quad \cdots\cdots ①$$

直線と円が異なる 2 点で交わるとき，2 次方程式 ① の判別式を D とすると　$D>0$

$$\frac{D}{4}=(-4)^2-4(m^2+1)=4(3-m^2)$$

直線と円が異なる 2 点で交わるとき，$D>0$ であるから

$$3-m^2>0 \quad \text{すなわち} \quad m^2<3$$

これを解いて　$-\sqrt{3}<m<\sqrt{3}$　$\cdots\cdots$ ②

交点 A, B の x 座標をそれぞれ α, β とすると，これらは 2 次方程式 ① の異なる 2 つの実数解であるから，解と係数の関係により　$\alpha+\beta=\dfrac{8}{m^2+1}$

よって，線分 AB の中点を $\mathrm{P}(x,\ y)$ とすると

$$x=\frac{\alpha+\beta}{2}=\frac{4}{m^2+1} \quad \cdots\cdots ③, \qquad y=mx \quad \cdots\cdots ④$$

③ より $x\neq 0$ であるから，③ と ④ から m を消去して

$$\left\{\left(\frac{y}{x}\right)^2+1\right\}x=4 \qquad \text{ゆえに} \qquad \frac{y^2}{x}+x=4$$

分母を払って整理すると　$(x-2)^2+y^2=4$

② より $0\leqq m^2<3$ であるから　$1\leqq m^2+1<4$

各辺の逆数をとって　$\dfrac{1}{4}<\dfrac{1}{m^2+1}\leqq 1$　③ から　$1<x\leqq 4$

したがって，求める軌跡は

円 $(x-2)^2+y^2=4$ の $1<x\leqq 4$ の部分。

別解 与えられた円の中心を C とすると，AB⊥CP から OP⊥CP

よって，点 P は線分 OC を直径とする円上にある。これを利用して，P の軌跡を求めてもよい（解答編 $p.94$ 参照）。

◀ m の値に制限があるから，x, y の値の範囲にも制限がある。

練習 68

(1) 点 $(5,\ 0)$ を通る傾き m の直線と円 $x^2+y^2=9$ が異なる 2 点 P, Q で交わるとき，線分 PQ の中点 M の軌跡を求めよ。〔類 群馬大〕

(2) 放物線 $y=x^2$ と直線 $y=m(x+2)$ が異なる 2 点 A, B で交わっている。m の値が変化するとき，線分 AB の中点の軌跡を求めよ。〔類 東北福祉大〕

➡p. 165 演習 37

重要例題 69 放物線の 2 接線に関する軌跡 ★★★★☆

放物線 $y=x^2$ 上の異なる 2 点 $P(p,\ p^2)$，$Q(q,\ q^2)$ における接線をそれぞれ ℓ_1，ℓ_2 とし，その交点をRとする。ℓ_1 と ℓ_2 が直交するように 2 点 P，Q が動くとき，点R の軌跡を求めよ。 〔類 名城大〕 ◀例題65

指針 ℓ_1, ℓ_2 の方程式から交点Rの座標 $(x,\ y)$ を求めると，x と y はともに p, q の式で表される。したがって，方針は　**つなぎの文字 p，q を消去する**

そこで用いるのは　**2 直線が垂直 ⟺ (傾きの積)＝−1**

解答 x 軸に垂直な接線は考えられないから，ℓ_1 の傾きを m とすると，その方程式は

$y-p^2=m(x-p)$　すなわち　$y=m(x-p)+p^2$

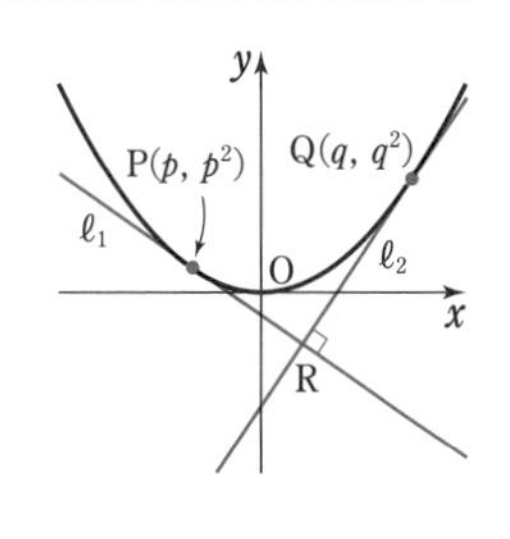

これと $y=x^2$ を連立して　$x^2=m(x-p)+p^2$

整理すると　$x^2-mx+mp-p^2=0$

この 2 次方程式が重解をもつから，判別式を D とすると

$D=(-m)^2-4(mp-p^2)=m^2-4mp+4p^2=(m-2p)^2$

$D=0$ から　$(m-2p)^2=0$　よって　$m=2p$

したがって，ℓ_1 の方程式は

$y=2p(x-p)+p^2$　すなわち　$y=2px-p^2$ …… ①

同様にして，ℓ_2 の方程式は　$y=2qx-q^2$ …… ②

◀ ① で p を q におき換える。

交点Rの座標 $(x,\ y)$ は，連立方程式 ①，② の解である。

y を消去して整理すると　$2(p-q)x=(p+q)(p-q)$

$p \neq q$ であるから　$x=\dfrac{p+q}{2}$

これを ① に代入して　$y=2p\cdot\dfrac{p+q}{2}-p^2=pq$

$\ell_1 \perp \ell_2$ から　$2p\cdot 2q=-1$　◀ 傾きの積が −1

よって　$pq=-\dfrac{1}{4}$　すなわち　$y=-\dfrac{1}{4}$

また，p，q は 2 次方程式 $t^2-2xt-\dfrac{1}{4}=0$ …… ③ の解である。③ の判別式を D' とすると

$\dfrac{D'}{4}=(-x)^2-1\cdot\left(-\dfrac{1}{4}\right)=x^2+\dfrac{1}{4}$　よって　$D'>0$

ゆえに，任意の x に対して実数 p，q $(p \neq q)$ が存在する。　◀ 逆の確認。

したがって，求める軌跡は　**直線 $y=-\dfrac{1}{4}$**

参考　左の解答はこれまでに学習した知識のみを用いて接線の方程式を求めているが，後で学習する微分法を用いると，より簡単に求めることができる（第 6 章微分法を参照）。

練習 69 放物線 $y=\dfrac{x^2}{4}$ 上の点 Q，R は，それぞれの点における接線が直交するように動く。この 2 本の接線の交点を P，線分 QR の中点を M とする。

(1) 点Pの軌跡を求めよ。　(2) 点Mの軌跡を求めよ。　〔類 岩手大〕

重要例題 70　2直線の交点の軌跡　★★★★☆

t が任意の実数値をとって変わるとき，2直線 $tx-y=t$ …… ①，$x+ty=2t+1$ …… ② の交点Pはどんな図形を描くか。

◀例題67

指針 交点 $P(x,\ y)$ の座標は，連立方程式①，②を解くと　$x=\dfrac{(t+1)^2}{t^2+1}$，$y=\dfrac{2t^2}{(t^2+1)}$

これより x，y の関係式を導きたいが，t の消去が簡単ではない。そこで，**見方を変える**。
t の値を1つ定めると2直線①，②が決まり，2直線①，②の交点Pが定まる。つまり，
2直線①，②の交点が描く図形上の点 $(x,\ y)$ には，対応する t の値が存在する。
したがって，①，②を同時に満たす t が存在するための $(x,\ y)$ の条件 を求める。

解答 $P(x,\ y)$ とすると，x，y は①，②を同時に満たす。

①から　$t(x-1)=y$

[1]　$x\neq1$ のとき　$t=\dfrac{y}{x-1}$ …… ①′

②から　$x-1+t(y-2)=0$

これに①′を代入して分母を払うと

$(x-1)^2+y(y-2)=0$

ゆえに　$(x-1)^2+(y-1)^2=1$ …… ③

③で $x=1$ とすると　$y=0,\ 2$

よって，$x\neq1$ のとき，点Pは円③から2点 $(1,\ 0)$，$(1,\ 2)$ を除いた図形を描く。

[2]　$x=1$ のとき　①から　$y=0$

$x=1$，$y=0$ を②に代入して　$t=0$

よって，点 $(1,\ 0)$ は2直線①，②の交点である。

[1]，[2]から，点Pの描く図形は

円 $(x-1)^2+(y-1)^2=1$，ただし，点 $(1,\ 2)$ を除く。

◀ t を消去するにあたり，$t=\dfrac{y}{x-1}$ を利用したいので，$x\neq1$ と $x=1$ の場合に分ける。

◀ $x\neq1$ のときの条件を求めているから，$x=1$ のときの2点は，除外点となる。

◀ $x=1$，$y=0$ のとき，①，②を同時に満たす実数 t が存在する。

検討 ①，②を t について整理すると

$(x-1)t-y=0$，　$x-1+(y-2)t=0$

よって，直線①は点 $A(1,\ 0)$ を，②は点 $B(1,\ 2)$ を通る。
ここで，①，②の x と y の係数について　$t\cdot1+(-1)\cdot t=0$
であるから，2直線①，②は垂直で，その交点PがA，Bと異なるときは，$\angle APB=90°$ が成り立つ。
よって，Pは線分ABを直径とする円周上にある。
更に，$t=0$ のとき，①は x 軸，②は直線 $x=1$ となり，その交点 $A(1,\ 0)$ に点Pが重なる。

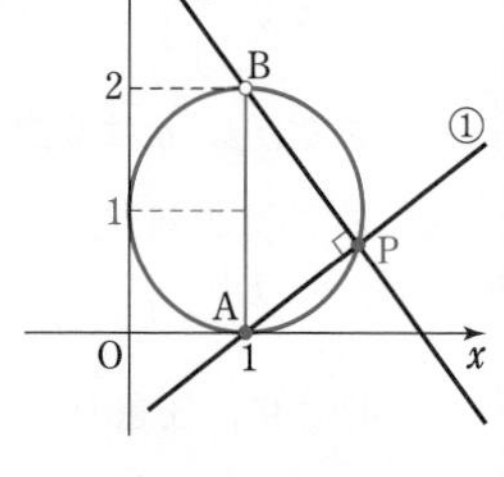

一方，t がどんな実数値をとっても，①は直線 $x=1$ を表さず，②は直線 $y=2$ を表さないから，その交点 $B(1,\ 2)$ に点Pが重なることはない。

練習 70 m が任意の実数値をとって変化するとき，2直線 $mx+y=4m$，$x-my=-4m$ の交点の軌跡を求めよ。

重要例題 71 反転 OP・OQ=(一定) の軌跡 ★★★★☆

原点Oを通る直線上の2点 $P(x, y)$, $Q(X, Y)$ が $OP\cdot OQ=8$ を満たし，点Pと点Qは原点Oに関して同じ側にある。

(1) x, y を X, Y で表せ。

(2) 点Pが円 $(x-2)^2+(y-1)^2=5$ 上を動くとき，点Qの軌跡を求めよ。

指針 (1) **点Pと点Qは原点Oに関して同じ側にある** から，点Qは半直線OP上にある（点Pは半直線OQ上にあるでもよい）。よって，2点P，Qの関係は

点Qが半直線OP上にある $\iff$ $\boldsymbol{x=kX}$, $\boldsymbol{y=kY}$ **ただし，$\boldsymbol{k}$ は正の実数**

(2) 求めるのは，点 $P(x, y)$ に連動して動く点 $Q(X, Y)$ の軌跡である。よって，(1)の結果を用いて，つなぎの文字 x, y を消去し，X, Y だけの関係式を導く。

(注意) (2)で求める軌跡は，xy 平面上の図形である。したがって，X, Y で表された式ではなく，x, y の式で答えるようにする。

解答 (1) 2点P，Qは原点Oとは異なる。

また，点Pと点Qは原点Oに関して同じ側にあるから，点Qは半直線OP上の点で，k を正の実数とすると

$$x=kX,\ y=kY \quad \cdots\cdots ①$$

と表される。

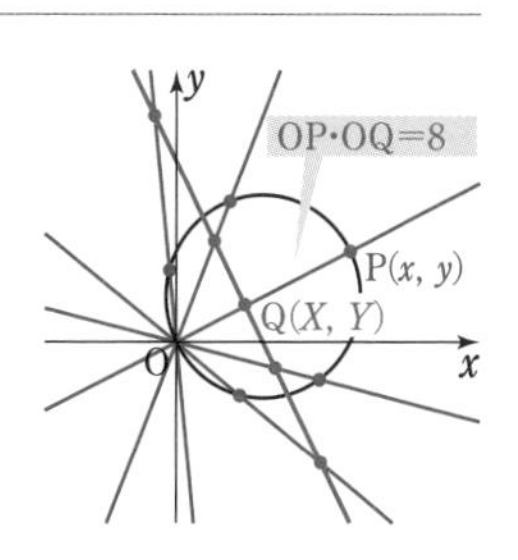

$OP\cdot OQ=8$ より $OP^2\cdot OQ^2=8^2$ であるから

$$(x^2+y^2)(X^2+Y^2)=8^2 \quad \cdots\cdots ②$$

① を代入して　$k^2(X^2+Y^2)^2=8^2$

$X^2+Y^2\neq 0$ であるから　$k=\dfrac{8}{X^2+Y^2}$

これを ① に代入して　$\boldsymbol{x=\dfrac{8X}{X^2+Y^2}}$, $\boldsymbol{y=\dfrac{8Y}{X^2+Y^2}}$

◀ k を消去。

(2) 点Pは円 $(x-2)^2+(y-1)^2=5$ 上を動くから

$$\left(\frac{8X}{X^2+Y^2}-2\right)^2+\left(\frac{8Y}{X^2+Y^2}-1\right)^2=5$$

◀ (1)の結果を代入し，x, y を消去。

両辺に $(X^2+Y^2)^2$ を掛けて

$$\{8X-2(X^2+Y^2)\}^2+\{8Y-(X^2+Y^2)\}^2=5(X^2+Y^2)^2$$

ゆえに　$(X^2+Y^2)(2X+Y-4)=0$

$X^2+Y^2\neq 0$ であるから　$2X+Y-4=0$

よって，求める点Qの軌跡は　**直線 $\boldsymbol{2x+y-4=0}$**

参考　例題71と練習71は **反転** の問題である。反転については次ページを参照。

練習 71 xy 平面において，原点 $O(0, 0)$ とは異なる点Pに対し，Qを半直線OP上にあって，$OP\cdot OQ=1$ を満たす点とする。また，$a>0$ に対し，中心 $(a, 0)$，半径 b の円を C とする。

(1) C が原点を通るとする。Pが C 上の原点とは異なる点全体を動くとき，点Qの軌跡を求めよ。

(2) C が原点を通らないとする。Pが C 上の点全体を動くとき，点Qの軌跡を求めよ。

［愛知教育大］

研究 深めよう　反　転

定点Oを中心とする半径rの円Oがある。Oとは異なる点Pに対し，Oを端点とする半直線OP上の点P′を$\mathrm{OP}\cdot\mathrm{OP}'=r^2$によって定めるとき，点Pに点P′を対応させることを円Oに関する **反転** といい，円Oを **反転円**，その中心Oを **反転の中心** という。

また，点Pが図形F上を動くとき，点P′が描く図形F'をFの **反形** という。

円や直線の反形に関しては，次のような性質がある。

> (1) **反転の中心Oを通る円の反形は，Oを通らない直線になる。**
> (2) **反転の中心Oを通らない直線の反形は，Oを通る円になる。**
> (3) **反転の中心Oを通らない円の反形は，Oを通らない円になる。**
> (4) **反転の中心Oを通る直線の反形は，その直線自身になる。**

前ページの例題71は円$x^2+y^2=8$に関する反転の例で，点Pが動く円は，反転円の中心Oを通るから，点Qが描く図形はOを通らない直線$2x+y-4=0$になっている。

(1)～(4)が成り立つことは，以下のように証明できる。

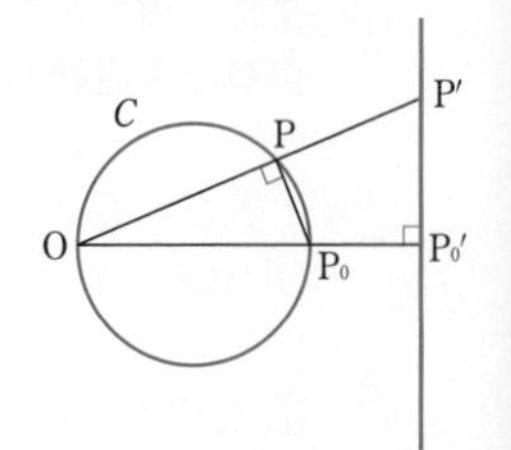

証明　(1)　点PがOを通る円C上を動くとする。

円Cの直径$\mathrm{OP_0}$をとり，$\mathrm{P_0}$を反転した点を$\mathrm{P_0}'$とすると，点Pが$\mathrm{P_0}$と異なるとき，$\mathrm{OP}\cdot\mathrm{OP}'=\mathrm{OP_0}\cdot\mathrm{OP_0}'\ (=r^2)$より

$\mathrm{OP}:\mathrm{OP_0}'=\mathrm{OP_0}:\mathrm{OP}'$，$\angle\mathrm{P_0OP}=\angle\mathrm{P'OP_0}'$であるから

$$\triangle\mathrm{OP_0P}\backsim\triangle\mathrm{OP'P_0}'$$

ゆえに　　$\angle\mathrm{P'P_0'O}=\angle\mathrm{P_0PO}=90°$

よって，点P′は点$\mathrm{P_0}'$を通り$\mathrm{OP_0}'$に垂直な直線を描く。

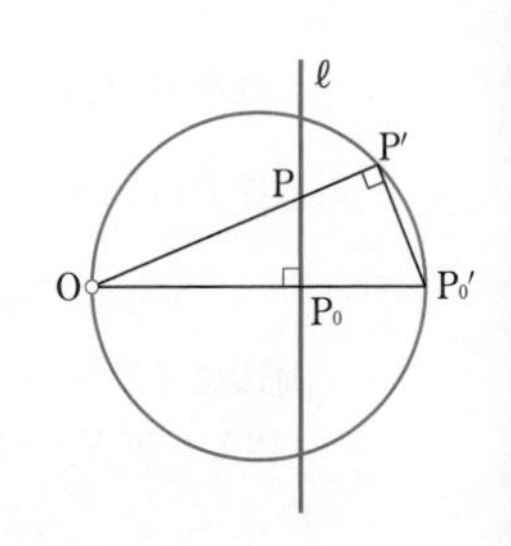

(2)　点PがOを通らない直線ℓ上を動くとする。

Oからℓに下ろした垂線を$\mathrm{OP_0}$とし，$\mathrm{P_0}$を反転した点を$\mathrm{P_0}'$とすると，点Pが$\mathrm{P_0}$と異なるとき，(1)と同様にして

$$\triangle\mathrm{OP_0P}\backsim\triangle\mathrm{OP'P_0}'$$

ゆえに　　$\angle\mathrm{OP'P_0}'=\angle\mathrm{OP_0P}=90°$

よって，点P′は線分$\mathrm{OP_0}'$を直径とする円を描く。

ただし，$\mathrm{OP}'>0$であるから，点Oは除く。

(3)　点PがOを通らない円C上を動くとする。

図のように円Cの直径$\mathrm{P_0P_1}$をとり，$\mathrm{P_0}$, $\mathrm{P_1}$を反転した点をそれぞれ$\mathrm{P_0}'$，$\mathrm{P_1}'$とすると

$$\triangle\mathrm{OP_0P}\backsim\triangle\mathrm{OP'P_0}',\quad \triangle\mathrm{OP_1P}\backsim\triangle\mathrm{OP'P_1}'$$

ゆえに　　$\angle\mathrm{P_0'P'P_1}'=\angle\mathrm{OP_1'P'}-\angle\mathrm{OP_0'P'}$
$=\angle\mathrm{OPP_1}-\angle\mathrm{OPP_0}$
$=\angle\mathrm{P_0PP_1}=90°$

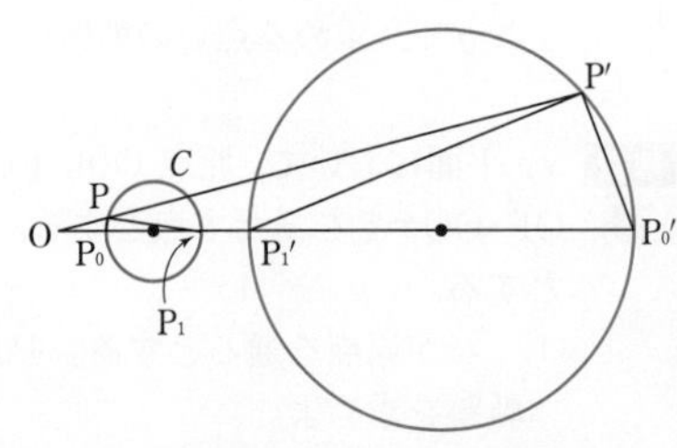

よって，点P′は線分$\mathrm{P_0'P_1}'$を直径とする円（点Oを通らない）を描く。

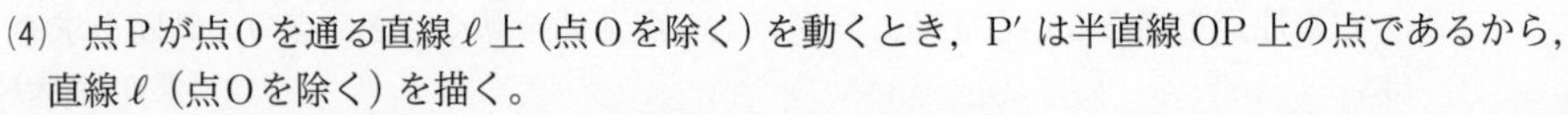
(4)　点Pが点Oを通る直線ℓ上（点Oを除く）を動くとき，P′は半直線OP上の点であるから，直線ℓ（点Oを除く）を描く。

19 不等式の表す領域

《 基本事項 》

1 $y>f(x)$，$y<f(x)$ の表す領域

一般に，変数 x，y についての不等式を満たす座標平面上の点 $(x,\ y)$ 全体の集合を，その不等式の表す **領域** という。

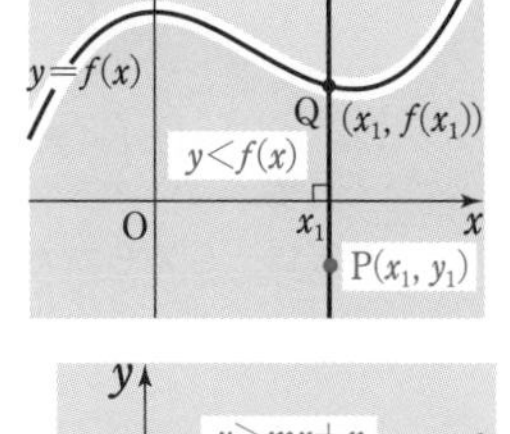

直線 $x=x_1$ と曲線 $y=f(x)$ の交点は $Q(x_1,\ f(x_1))$ であるから，直線 $x=x_1$ 上の点 $P(x_1,\ y_1)$ について

$y_1>f(x_1) \iff$ PはQより上側

$y_1<f(x_1) \iff$ PはQより下側

よって，曲線 $y=f(x)$ で分けられた2つの領域について

$\boldsymbol{y>f(x)}$ の表す領域は曲線 $y=f(x)$ の **上側の部分**

$\boldsymbol{y<f(x)}$ の表す領域は曲線 $y=f(x)$ の **下側の部分**

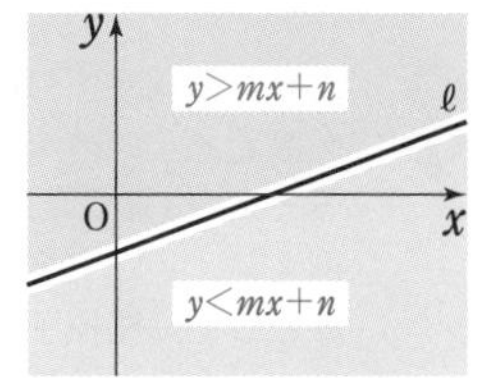

不等号が「≧」「≦」のように等号を含む場合は，その不等式の表す領域は境界線を含む。

$f(x)=mx+n$ の場合は，直線 $y=mx+n$ を ℓ とすると

$\boldsymbol{y>mx+n}$ の表す領域は直線 ℓ の **上側の部分**

$\boldsymbol{y<mx+n}$ の表す領域は直線 ℓ の **下側の部分**

2 円と領域

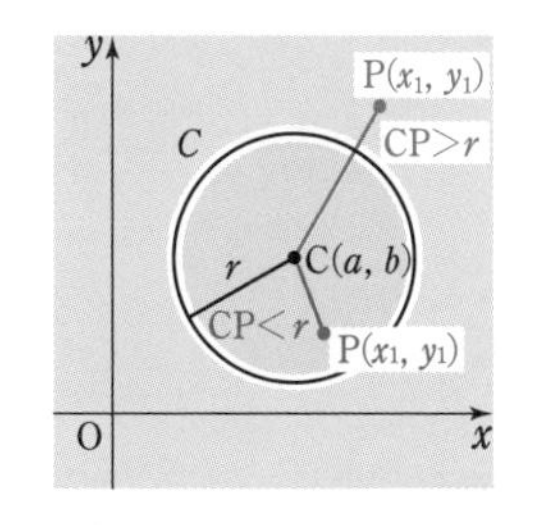

円 $C:(x-a)^2+(y-b)^2=r^2$ の中心を $C(a,\ b)$ とすると，平面上の点 $P(x_1,\ y_1)$ について

$(x_1-a)^2+(y_1-b)^2>r^2 \iff CP^2>r^2 \iff CP>r$

$(x_1-a)^2+(y_1-b)^2<r^2 \iff CP^2<r^2 \iff CP<r$

であるから

$\boldsymbol{(x-a)^2+(y-b)^2>r^2}$ の表す領域は円 C の **外部**

$\boldsymbol{(x-a)^2+(y-b)^2<r^2}$ の表す領域は円 C の **内部**

不等号が「≧」「≦」のときは，円 C 上の点を含む。

(注意) 本書では，断りのない限り，求める領域は斜線を施して示し，境界線を含まないときは斜線を境界線から離してかく。また，領域に含まれることを強調する点は•で，含まれないことを示す点は◦で表す。

CHECK 問題

33 次の不等式の表す領域を図示せよ。

(1) $2x-y+2<0$　　(2) $4x+3\geqq 0$

(3) $y>x^2-3x$　　(4) $(x-2)^2+(y-1)^2\geqq 5$

→ 1，2

例 42 不等式の表す領域 ★☆☆☆☆

次の不等式の表す領域を図示せよ。

(1) $2x-3y+6>0$　(2) $y \geqq x^2-4x+3$　(3) $(x-2)^2+(y-1)^2 \geqq 5$

指針 まず，**不等号を等号におき換えた曲線**（直線を含む），すなわち **境界線をかく**。

[1] $y>f(x)$ なら $y=f(x)$ の**上側**，　$y<f(x)$ なら $y=f(x)$ の**下側**

[2] 円なら $(x-a)^2+(y-b)^2<r^2$ は**内部**，$(x-a)^2+(y-b)^2>r^2$ は**外部**

CHART》 不等式の表す領域　＞を＝に　まず　境界線をかく

そして，領域の図をかいたときは，その領域が **境界線を含むのか含まないのか** を明記しておくことが大切である。

(2), (3)　≦は「＜または＝」，≧は「＞または＝」の意味であるから，**境界線上の点も含まれる。**

最後に，与えられた不等式に適当な値を代入して，領域を確認するとよい（**検討** 参照）。

求めた領域が正しいかどうかは，求めた領域内から 適当な1点を選んで，その座標が与えられた不等式を満たすことを確認するとよい（検算になる）。
例えば，$y<-2x+3$ の表す領域は，直線 $y=-2x+3$ を境界線として，座標平面が分けられる2つのブロックのいずれかである。ここで，例えば $x=0$，$y=0$ を不等式に代入すると，
$0<-2\cdot0+3$ となり不等式を満たす。
よって，$y<-2x+3$ の表す領域は，原点 $(0,\ 0)$ を含む領域である（右の図の赤く塗った部分）。ただし，境界線を含まない。

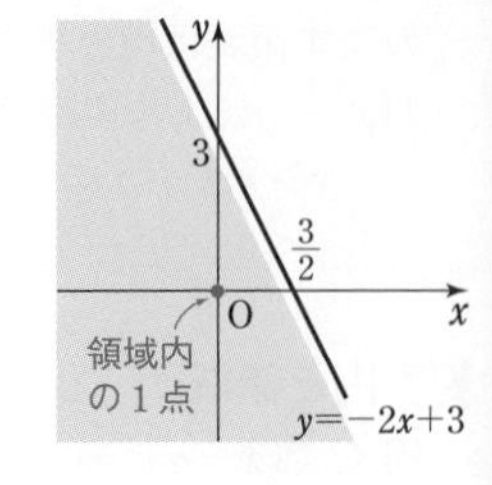

例 43 連立不等式の表す領域 ★★☆☆☆

次の連立不等式の表す領域を図示せよ。

(1) $\begin{cases} x-2y-4<0 \\ 4x+3y-12<0 \end{cases}$　(2) $\begin{cases} x^2+y^2<4 \\ x-y \leqq 0 \end{cases}$

指針 「連立不等式を満たす ⟺ それぞれの不等式を **同時に** 満たす」であるから，それぞれの不等式が表す領域の **共通部分** を答える。

CHART》 連立不等式の表す領域　**それぞれの領域の共通部分**

(2)　不等式の一部にのみ等号を含むときは注意が必要。つまり，直線 $x-y=0$ と円 $x^2+y^2=4$ の交点は，求める領域に含まれない。
また，境界線について「直線 $x-y=0$ を含み，他は含まない」と書くと，円と直線の交点が領域に含まれることになってしまい，誤りになるので，境界線の断り書きにも注意が必要である。

例題 72 絶対値を含む不等式の表す領域 ★★★☆☆

次の不等式の表す領域を図示せよ。

(1) $|2x+5y|\leqq 4$　　(2) $|x|+|y+1|\leqq 2$

◀例 42，43

指針　CHART》 絶対値　**1** 場合に分けよ　**2** 同値関係を利用

(1) 場合に分けてもよいが，**2** 同値関係 $|A|\leqq B \Longleftrightarrow -B\leqq A\leqq B$ を利用するのが早い。

(2) 絶対値が 2 つあるため，x，$y+1$ の符号によって 4 通りの場合分けが必要になる。この方針でもよいが，**対称性** や **平行移動** に着目すると，領域の図示は比較的らくになる。
なお，対称性については，一般に，次のことが成り立つ。

曲線 $f(x,\ y)=0$ や，不等式 $f(x,\ y)\geqq 0$ の表す領域は		$y=f(x)$ なら
$f(-x,\ y)=f(x,\ y)$	ならば **y 軸** に関して **対称**	$f(-x)=f(x)$
$f(x,\ -y)=f(x,\ y)$	ならば **x 軸** に関して **対称**	
$f(-x,\ -y)=f(x,\ y)$	ならば **原点** に関して **対称**	$f(-x)=-f(x)$

解答 (1) $|2x+5y|\leqq 4$ から　$-4\leqq 2x+5y\leqq 4$

よって $\begin{cases} -4\leqq 2x+5y \\ 2x+5y\leqq 4 \end{cases}$ すなわち $\begin{cases} y\geqq -\dfrac{2}{5}x-\dfrac{4}{5} \\ y\leqq -\dfrac{2}{5}x+\dfrac{4}{5} \end{cases}$

求める領域は，**図 (1) の斜線部分。ただし，境界線を含む。**

◀ $|A|\leqq B$
$\Longleftrightarrow -B\leqq A\leqq B$

(2) $|x|+|y+1|\leqq 2$ …… ①，$|x|+|y|\leqq 2$ …… ② とする。
領域 ① は領域 ② を y 軸方向に -1 だけ平行移動したもので，領域 ② は y 軸と x 軸に関して対称であるから，
領域 ① は y 軸と直線 $y=-1$ に関して対称である。
$x\geqq 0$，$y\geqq -1$ のとき，① から
$x+y+1\leqq 2$
すなわち　$y\leqq -x+1$
3 つの不等式の表す領域は，右の図の斜線部分 (境界線を含む)。
求める領域は，**図 (2) の斜線部分。ただし，境界線を含む。**

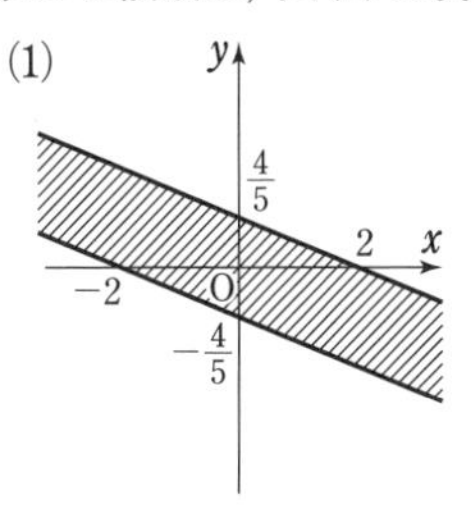

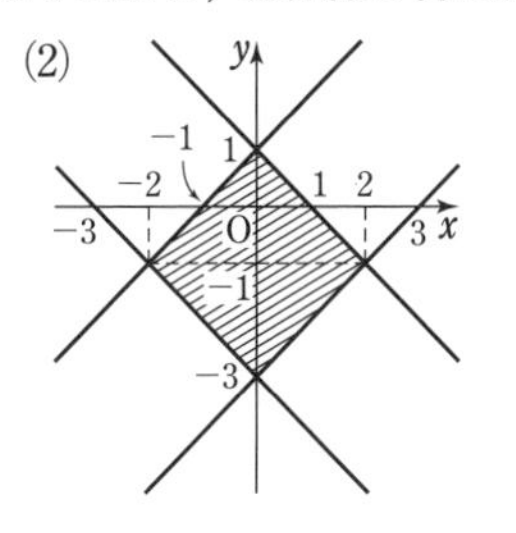

1 場合に分けよ なら
[1] $x\geqq 0$，$y\geqq -1$ のとき
$x+(y+1)\leqq 2$
$y\leqq -x+1$
[2] $x\geqq 0$，$y<-1$ のとき
$x-(y+1)\leqq 2$
$y\geqq x-3$
[3] $x<0$，$y\geqq -1$ のとき
$-x+(y+1)\leqq 2$
$y\leqq x+1$
[4] $x<0$，$y<-1$ のとき
$-x-(y+1)\leqq 2$
$y\geqq -x-3$
[1] ～ [4] の各場合を合わせたもの (和集合) が求める領域となる。

練習 72 次の不等式の表す領域を図示せよ。　[(3) 小樽商大]
(1) $|3x-2y|\leqq 6$　(2) $|x-1|+|y-1|\leqq 1$　(3) $x^2+y^2\leqq|x|+|y|$

例題 73 不等式 $AB<0$ の表す領域 ★★☆☆☆

不等式 $(x+y)(x^2+y^2-2)<0$ の表す領域を図示せよ。

◀例 43

指針

$$AB>0 \iff ① \begin{cases} A>0 \\ B>0 \end{cases} \text{ または } ② \begin{cases} A<0 \\ B<0 \end{cases}$$

$$AB<0 \iff ① \begin{cases} A>0 \\ B<0 \end{cases} \text{ または } ② \begin{cases} A<0 \\ B>0 \end{cases}$$

であるから，求める領域（本問は後者の形）は，連立不等式 ① の表す領域 D_1 と ② の表す領域 D_2 の和集合 $D_1 \cup D_2$ となる。

解答 与えられた不等式は

$$\begin{cases} x+y>0 \\ x^2+y^2-2<0 \end{cases} \text{ または } \begin{cases} x+y<0 \\ x^2+y^2-2>0 \end{cases}$$

すなわち

$$① \begin{cases} y>-x \\ x^2+y^2<2 \end{cases} \text{ または } ② \begin{cases} y<-x \\ x^2+y^2>2 \end{cases}$$

と同値である。

したがって，求める領域は，① の表す領域 D_1 と ② の表す領域 D_2 の和集合 $D_1 \cup D_2$ で，**右の図の斜線部分。ただし，境界線を含まない。**

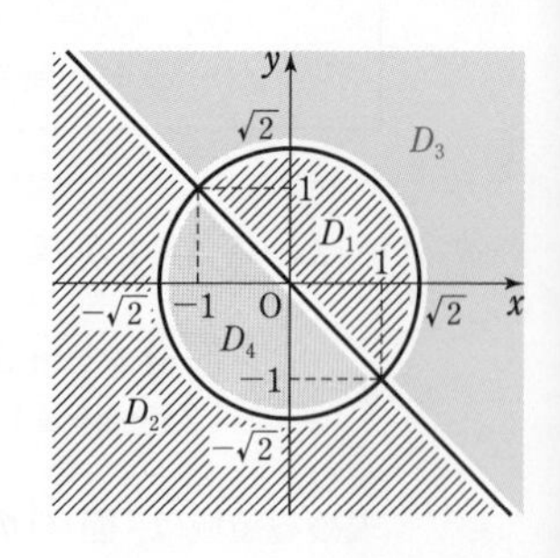

検討 例題の不等式が表す領域は，方程式 $(x+y)(x^2+y^2-2)=0$ が表す図形，すなわち直線 $x+y=0$ と円 $x^2+y^2=2$ によって分けられた 4 つのブロック D_1, D_2, D_3, D_4 のうち D_1 と D_2 の部分である。

解答の図の各ブロックから 1 つずつ点を選んで，$f(x,\ y)=(x+y)(x^2+y^2-2)$ の符号を調べると

D_1 : $f(1,\ 0)=1\cdot(-1)<0$　　　D_2 : $f(-2,\ 0)=-2\cdot2<0$

D_3 : $f(2,\ 0)=2\cdot2>0$　　　D_4 : $f(-1,\ 0)=-1\cdot(-1)>0$

となり，D_1 と D_2 内の点が与えられた不等式を満たすことがわかる。

なお，$f(x,\ y)>0$ の表す領域を **正領域**，$f(x,\ y)<0$ の表す領域を **負領域** という。

CHART》 不等式の領域

1 ＞ を ＝ に　　境界線でブロックに分ける

2 1点で調べる　　検算に役に立つ

練習 73 次の不等式の表す領域を図示せよ。

(1) $(y-x)(x+y-2)<0$　　(2) $(y-x^2)(x-y+2)\geqq0$

(3) $(x+2y-4)(x^2+y^2-2x-8)<0$

符号と領域

一般に，曲線 $f(x, y)=0$ は座標平面を **いくつかの部分（ブロック）** に分ける。
そして，$f(x, y)$ が x，y の多項式であるとき，

$f(x, y)$ の符号（正・負）は，分けられたブロック内で一定である。……（＊）

$f(x,y)=0$ となるのは曲線上のみ。
$Q(x_2, y_2)$
$P(x_1, y_1)$
PとQの間に $f(x,y)=0$ となる点はない。

解説　1つのブロック内に任意の2点 $P(x_1, y_1)$，$Q(x_2, y_2)$ をとり，PとQをブロックの中だけを通る曲線で結ぶ。この曲線上に $f(x, y)=0$ となる点は存在しないから，PからQまで曲線上を動く間に $f(x, y)$ の符号は変化しない。よって，$f(x_1, y_1)$ と $f(x_2, y_2)$ は同符号である。

前ページの **検討** では，4つのブロックから **各1点を選んで** $f(x, y)$ の符号を確認したが，上で述べたことを用いると，この確認によって

ブロック D_1 と D_2 では常に $f(x, y)<0$，D_3 と D_4 では常に $f(x, y)>0$

であることがわかったことになる。

更に，これらの各ブロックは，$f(x, y)>0$ の領域（**正領域**）と $f(x, y)<0$ の領域（**負領域**）が交互に並んでおり，境界線を挟んで隣り合うブロックは $f(x, y)$ の符号が異なっている。

例えば，ブロック D_3 からブロック D_1 に境界線を越えて移動すると

円 $x^2+y^2=2$ を越える ⟶ x^2+y^2-2 の符号が（正から負に）変わる
直線 $y=-x$ を越えない ⟶ $x+y$ の符号は（正のままで）変わらない

よって，$f(x, y)=(x+y)(x^2+y^2-2)$ の符号は，ブロック D_3 から D_1 に移るときに（正から負に）変わることになる（下の図参照）。

同様にして，境界線の交点以外のところで境界線を越えると，$f(x, y)$ の符号が変わる。

以上のことを踏まえると，例題73は次のように考えてよいことになる。

別解　方程式 $(x+y)(x^2+y^2-2)=0$ の表す図形，すなわち直線 $y=-x$ と円 $x^2+y^2=2$ によって，平面は図の4つのブロック D_1，D_2，D_3，D_4 に分けられる。
$f(x, y)=(x+y)(x^2+y^2-2)$ とすると，ブロック D_3 内の点 $(2, 0)$ について　　$f(2, 0)=2\cdot 2>0$
したがって，D_3 は $f(x, y)$ の正領域である。
D_3 から境界線を1本越えるごとに $f(x, y)$ の符号が変わるから

D_1 は負領域，D_4 は正領域，D_2 は負領域

となる。よって，与えられた不等式の表す領域は D_1 と D_2 である。

y, x, O, $\sqrt{2}$, $-\sqrt{2}$, 1, -1, $(2, 0)$, D_1, D_2, D_3, D_4, ⊕, ⊖

注意　$x(x-y)^2>0$ の領域は $x>0$ の領域から直線 $x-y=0$ を除いた部分である。この領域では，境界線 $x-y=0$ を越えても，$x(x-y)^2$ の符号は変わらない。

重要例題 74 | 正領域，負領域の考え ★★★☆☆

直線 $y=ax+b$ が，2 点 A$(-3,\ 2)$，B$(2,\ -3)$ を結ぶ線分と共有点をもつような a，b の条件を求め，それを ab 平面上の領域として表せ。

指針 直線 ℓ：$y=ax+b$ が線分 AB と共有点をもつのは，次のいずれかの場合である。

[1] **AまたはBが直線 ℓ 上にある。**

[2] **AとBが，直線 ℓ に関して反対側にある。**

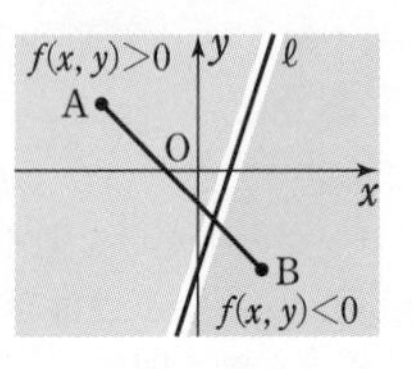

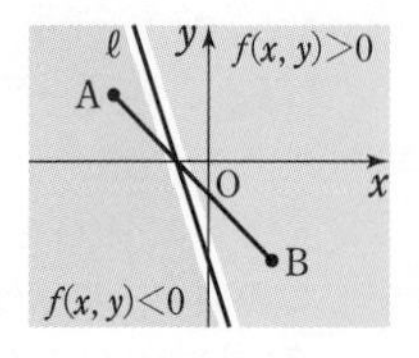

$f(x,\ y)=y-(ax+b)$ とすると，直線 ℓ によって，平面全体は $f(x,\ y)$ の正領域と負領域に分かれ，

[1] $f(-3,\ 2)=0$ または $f(2,\ -3)=0 \iff f(-3,\ 2)\cdot f(2,\ -3)=0$

[2] $f(-3,\ 2)$ と $f(2,\ -3)$ が異符号 $\iff f(-3,\ 2)\cdot f(2,\ -3)<0$

したがって，求める条件は　$\boldsymbol{f(-3,\ 2)\cdot f(2,\ -3)\leqq 0}$

これより，a と b に関する不等式が得られる。

解答 $f(x,\ y)=y-ax-b$ とする。

◀ $f(x,\ y)$ の表記については，$p.130$ 参照。

直線 $y=ax+b$ すなわち $f(x,\ y)=0$ が線分 AB と共有点をもつための条件は，A$(-3,\ 2)$，B$(2,\ -3)$ から

$$f(-3,\ 2)\cdot f(2,\ -3)\leqq 0$$

すなわち　$(2+3a-b)(-3-2a-b)\leqq 0$

これは $\begin{cases} b\leqq 3a+2 \\ b\geqq -2a-3 \end{cases}$

または $\begin{cases} b\geqq 3a+2 \\ b\leqq -2a-3 \end{cases}$

と同値である。

よって，求める領域は **図の斜線部分。ただし，境界線を含む。**

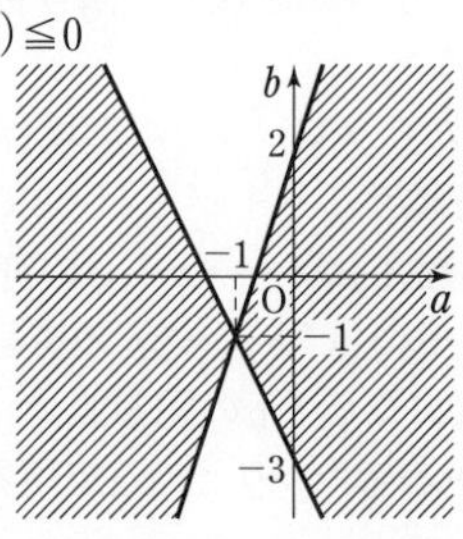

(注意) ab 平面とは，横軸に a の値，縦軸に b の値をとった座標平面のことで，座標軸をそれぞれ a 軸，b 軸として図をかく。
なお，問題文が「点 $(a,\ b)$ の存在する領域を図示せよ」となっている場合は，文字 a，b をそれぞれ x，y におき換えた不等式を作って，xy 平面上の領域を図示してもよい。

練習 74
(1) 点 A，B を A$(-1,\ 5)$，B$(2,\ -1)$ とする。実数 a，b について，直線 $y=(b-a)x-(3b+a)$ が線分 AB と共有点をもつとする。点 P$(a,\ b)$ の存在する領域を図示せよ。〔茨城大〕

(2) 2 点 A$(1,\ -2)$，B$(-2,\ 1)$ を結ぶ線分と放物線 $y=x^2+ax+b$ が，A，B を除くただ 1 点で交わるとき，点 $(a,\ b)$ の存在範囲を ab 平面上に図示せよ。

例題 75 領域を利用した証明法 ★★☆☆☆

x, y は実数とする。次のことを証明せよ。

$$x^2+y^2<1 \quad ならば \quad x^2+y^2>4x-3$$

指針 条件 p, q を満たす要素全体の集合をそれぞれ P, Q とすると,

「命題 $p \Longrightarrow q$ が真」$\Longleftrightarrow$ $P \subset Q$ ◀下の **検討** を参照。

本問の場合, 条件 p, q はそれぞれ不等式 $x^2+y^2<1$, $x^2+y^2>4x-3$ で

$P=\{(x,\ y) \mid x^2+y^2<1\}$, $Q=\{(x,\ y) \mid x^2+y^2>4x-3\}$

とすると, P, Q は **領域 ⟶ 図示して $P \subset Q$ となることを示す。**

CHART》 条件が2変数の不等式 領域図示も有効

解答 不等式 $x^2+y^2<1$, $x^2+y^2>4x-3$ の表す領域をそれぞれ P, Q とする。
P は円 $x^2+y^2=1$ の内部である。
また, $x^2+y^2>4x-3$ を変形すると

$$(x-2)^2+y^2>1$$

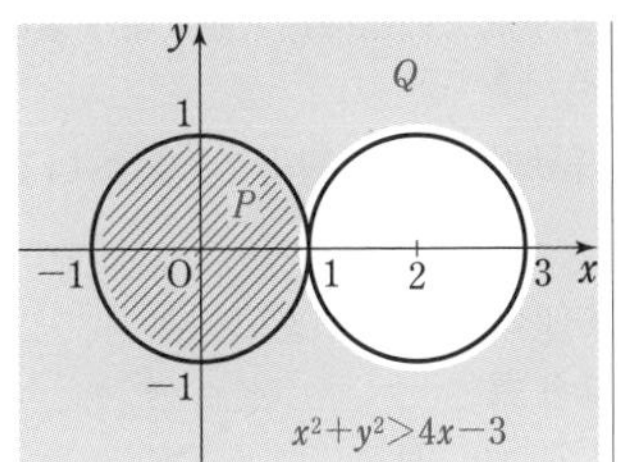

したがって, Q は円 $(x-2)^2+y^2=1$ の外部であり, 図から $P \subset Q$ である。
よって, $x^2+y^2<1$ ならば $x^2+y^2>4x-3$ である。

◀与えられた命題は, 式の変形だけで証明しにくい。このようなとき, 領域を利用した証明法が有効となる。

検討 全体集合 U があって, 条件 p が与えられると, p を満たす U の要素全体の集合 $P=\{x \mid p\text{は真},\ x \in U\}$ が定まる。これを条件 p の **真理集合** という(チャート式数学Ⅰ+A $p.69$ 参照)。

命題 $p \Longrightarrow q$ が成り立つ(真である)とは,

条件 p を満たすものはすべて条件 q を満たす

ということである。したがって, 全体集合を U とし, 条件 p, q を満たすもの全体の集合をそれぞれ P, Q とすると, 次のことが成り立つ。

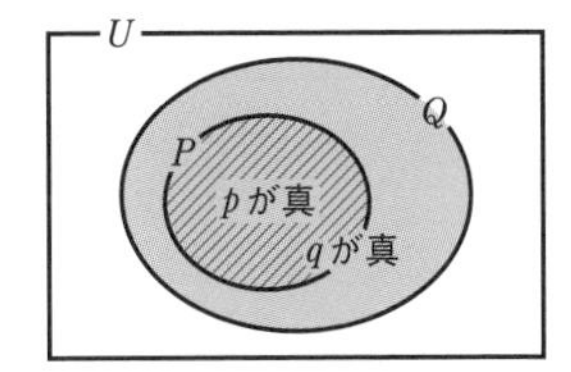

命題 $p \Longrightarrow q$ が真 $\Longleftrightarrow$ $P \subset Q$ $\Longleftrightarrow$ $P \cap \overline{Q}=\varnothing$

命題 $p \Longleftrightarrow q$ が真 $\Longleftrightarrow$ $P=Q$

練習 75 (1) x, y は実数とする。次のことを証明せよ。

(ア) $x^2+y^2<x+y$ ならば $0<x+y<2$

(イ) $x^2+y^2>1$ ならば $|x|+|y|>1$

(2) 2つの不等式 $x^2+y^2-2x-2y \leqq 0$, $x-2y+1 \leqq 0$ を同時に満たす実数 x, y が常に不等式 $y-kx-k-1 \leqq 0$ を満たすように, 定数 k の値の範囲を定めよ。

➡ p.166 演習 38

例題 76 | 領域における最大・最小 (1) ★★☆☆☆

x, y が連立不等式 $x+y \geqq 1$, $3x-y \leqq 11$, $3x-5y \geqq -5$ を満たすとき, $x+2y$ の最大値および最小値を求めよ。

指針 条件が連立不等式の問題では, 図示が有効。まず, 条件の不等式が表す領域を図示する。
例題の連立不等式の表す領域を D とすると, 領域 D 内に含まれる (x, y) に対して, $x+2y$ の値が定まるから, これを k とおくと　$x+2y=k$ …… ①
しかし, 領域 D 内のすべての (x, y) に対して, $x+2y$ の値を求めるのは不可能である。
そこで, **見方を変えて $k=x+2y$ を満たす実数 k が存在するための (x, y) の条件** ——
図形的には, **直線 ①**: $x+2y=k$ すなわち $y=-\frac{1}{2}x+\frac{k}{2}$ **が領域 D と共有点をもつような実数 k が存在する** —— そのための k の値の範囲を考える。具体的には, 直線 ① が領域 D と共有点をもつような k の値の最大値と最小値を, 直線 ① を動かして (k の値の変化に伴い平行移動する) 調べる。

CHART》 領域と最大・最小　図示して $=k$ の直線 (曲線) の動きを追う

解答 連立不等式の表す領域を D とすると, 領域 D は 3 点
$(0, 1)$, $(3, -2)$, $(5, 4)$
を頂点とする三角形の周および内部である。

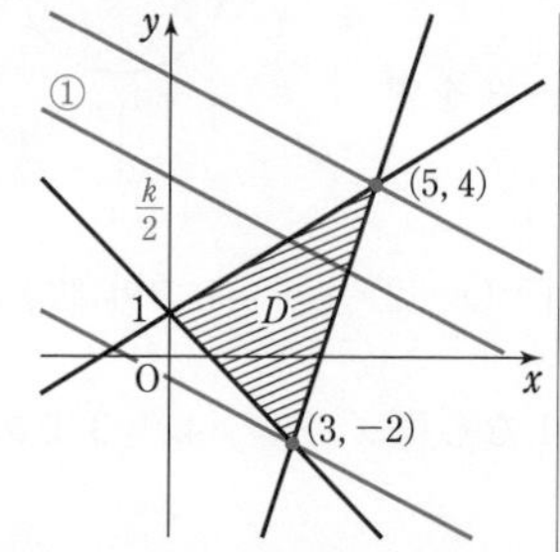

$x+2y=k$ …… ① とおくと, これは傾き $-\frac{1}{2}$, y 切片 $\frac{k}{2}$ の直線を表す。
この直線 ① が領域 D と共有点をもつような k の値の最大値と最小値を求めると, 図から, k の値は, 直線 ① が点 $(5, 4)$ を通るとき最大となり, 点 $(3, -2)$ を通るとき最小となる。よって, $x+2y$ は

$x=5$, $y=4$ のとき最大値 $5+2\cdot4=$**13**;
$x=3$, $y=-2$ のとき最小値 $3+2\cdot(-2)=$**-1**

をとる。

◀ 境界線は $x+y=1$, $3x-y=11$, $3x-5y=-5$ から $\frac{3}{-5}x+y=1$
境界線の交点の座標を求めておくこと。

◀ $y=-\frac{1}{2}x+\frac{k}{2}$

◀ 直線 ① の傾きと, D の境界線の傾きを比べる。直線 ① が三角形の頂点を通る場合に注目。

検討 x, y がいくつかの 1 次不等式を満たすとき, x, y の 1 次式 $ax+by$ の最大値または最小値について考える方法を, **線形計画法** という。線形計画法の問題では, 条件の表す領域を図示すると, 多角形になるが, $ax+by$ は多角形のいずれかの頂点で最大値または最小値をとることが多い。

練習 76 次の式の最大値および最小値を求めよ。 [(3) 類 東京女子大]

(1) x, y が 4 つの不等式 $x \geqq 0$, $y \geqq 0$, $x+2y \leqq 6$, $2x+y \leqq 6$ を満たすとき　$x-y$
(2) x, y が連立不等式 $x+y \geqq 1$, $2x+y \leqq 6$, $x+2y \leqq 4$ を満たすとき　$2x+y$
(3) x, y が連立不等式 $0 \leqq 2x+y \leqq 1$, $0 \leqq x-y \leqq 1$ を満たすとき　$x+y$

例題 77 線形計画法の文章題 ★★★☆☆

ある工場の製品にAとBの2種類がある。1 kg 生産するのに，Aは電力 60 kwh とガス 2 m^3，Bは電力 40 kwh とガス 6 m^3 を要する。1 kg あたりの価格は，Aは2万円，Bは3万円である。この工場への1日の供給量が電力 2200 kwh，ガス 120 m^3 までとすると，1日に生産される製品の総価格を最大にするには，A，Bをそれぞれ何 kg ずつ生産すればよいか。 ◀例題76

指針 文章が長くて，このままではわかりにくい。そこで，右のような表を作り，条件を整理する。

	A1 kg	B1 kg	限度
電力	60	40	2200
ガス	2	6	120
価格	2万円	3万円	

Aを x kg，Bを y kg 生産するとして，式に表すと，

条件は x，y の連立1次不等式
総価格は $2x+3y$（万円）

よって，条件の連立不等式が表す領域と直線 $2x+3y=k$ が共有点をもつような k の最大値が求めるものである。

解答 1日にAを x kg，Bを y kg 生産するものとすると

$x \geqq 0,\ y \geqq 0$

電力，ガスの制限から

$60x+40y \leqq 2200,\ 2x+6y \leqq 120$

すなわち　$3x+2y \leqq 110,\ x+3y \leqq 60$

この条件のもとで，総価格 $2x+3y$（万円）を最大にする x，y の値を求める。

4つの不等式の表す領域は，図の斜線部分になる。ただし，境界線を含む。

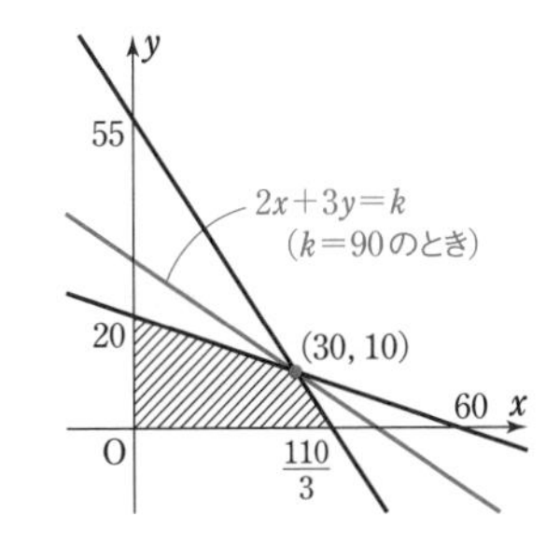

$2x+3y=k$ …… ① とおくと，これは傾き $-\dfrac{2}{3}$，y 切片 $\dfrac{k}{3}$ の直線を表す。

直線①と境界線 $3x+2y=110$，$x+3y=60$ の傾きについて $-\dfrac{3}{2}<-\dfrac{2}{3}<-\dfrac{1}{3}$ であるから，直線①が点 $(30,\ 10)$ を通るとき，k の値は最大になる。

よって，総価格を最大にするには，**Aを 30 kg，Bを 10 kg 生産すればよい。**

補足　総価格の最大値は　$2\cdot30+3\cdot10=90$（万円）

練習 77 野菜Aには1個あたり栄養素 x_1 が 8 g，栄養素 x_2 が 4 g，栄養素 x_3 が 2 g 含まれ，野菜Bには1個あたり栄養素 x_1 が 4 g，栄養素 x_2 が 6 g，栄養素 x_3 が 6 g 含まれている。これら2種類の野菜をそれぞれ何個かずつ選んでミックスし，野菜ジュースを作る。選んだ野菜は丸ごとすべて用いて，栄養素 x_1 を 42 g 以上，栄養素 x_2 を 48 g 以上，栄養素 x_3 を 30 g 以上含まれるようにしたい。野菜Aの個数と野菜Bの個数の和をなるべく小さくしてジュースを作るとき，野菜Aの個数 a と野菜Bの個数 b の組 $(a,\ b)$ は

$(a,\ b)=($ア□$,$ イ□$),\ ($ウ□$,$ エ□$)$

である。ただし，ア□ < ウ□ とする。 〔上智大〕

例題 78 | 領域における最大・最小 (2) ★★★☆☆

点 (x, y) が連立不等式 $x^2+y^2 \leqq 10$, $y \geqq -2x+5$ の表す領域Dを動くとき，$x+y$ の最大値および最小値を求めよ。

◀例題 76

指針 連立不等式の表す領域Dを図示し，$x+y=k$ とおいて，直線 $x+y=k$ が領域Dと共有点をもつようなkの値の範囲を調べる。境界線に円弧が現れるが，このような場合には，**領域の端の点** や **円弧との接点** でkの値が最大・最小になることが多い。

CHART》 境界線が　多角形 ⟶ 頂点・線上の点，
放物線・円 ⟶ 端の点，接点に注目

解答 $x^2+y^2=10$ …… ①,
$y=-2x+5$ …… ② とする。
連立方程式 ①，② を解くと
$(x, y)=(1, 3), (3, -1)$
連立不等式 $x^2+y^2 \leqq 10$,
$y \geqq -2x+5$ の表す領域Dは，図の斜線部分。境界線を含む。
$x+y=k$ …… ③ とおくと，これは傾き -1，y切片kの直線を表す。
点 $(1, 3)$ における円 ① の接線 $x+3y=10$ の傾きは $-\dfrac{1}{3}$，直線 ③ の傾きは -1 で，$-1<-\dfrac{1}{3}$ であるから，図より，直線 ③ が円 ① と第1象限 $(x>0, y>0)$ で接するとき，kの値は最大となる。
このとき，$k>0$ であり，円 ① の中心 $(0, 0)$ と直線 ③ の距離を考えて　$\dfrac{|-k|}{\sqrt{1^2+1^2}}=\sqrt{10}$
$k>0$ であるから　$k=2\sqrt{5}$
直線 $x+y=2\sqrt{5}$ …… ③′ に垂直で，円 ① の中心 $(0, 0)$ を通る直線の方程式は　$y=x$ …… ④
円 ① と直線 ③′ の接点の座標は，③′ と ④ を連立して解くと　$x=\sqrt{5}$, $y=\sqrt{5}$
次に，直線 ② の傾きは -2，直線 ③ の傾きは -1 で，$-2<-1$ であるから，図より，kの値が最小となるのは，直線 ③ が点 $(3, -1)$ を通るときである。
このとき，kの値は　$k=3+(-1)=2$
したがって　**$x=\sqrt{5}$, $y=\sqrt{5}$ のとき最大値 $2\sqrt{5}$；**
$x=3$, $y=-1$ のとき最小値 2

◀ ①，② からyを消去すると　$x^2+(-2x+5)^2=10$
ゆえに　$x^2-4x+3=0$
よって　$x=1, 3$

別解 [kの最大値]
①，③ からyを消去して整理すると
$2x^2-2kx+k^2-10=0$ …… (＊)
判別式を D' とすると
$\dfrac{D'}{4}=(-k)^2-2(k^2-10)=20-k^2$
直線 ③ が円 ① に接するための条件は　$D'=0$
$20-k^2=0$ と $k>0$ から　$k=2\sqrt{5}$
このとき，(＊) の重解は
$x=-\dfrac{-2\cdot2\sqrt{5}}{2\cdot2}=\sqrt{5}$
$x=\sqrt{5}$ のとき，③ から
$y=2\sqrt{5}-\sqrt{5}=\sqrt{5}$

参考 接点の座標を (x_1, y_1) とすると
$x_1x+y_1y=10$ …… ⑤
$x+y=2\sqrt{5}$ の両辺に $\sqrt{5}$ を掛けて
$\sqrt{5}x+\sqrt{5}y=10$ … ⑥
⑤，⑥ を比較して
$x_1=\sqrt{5}$, $y_1=\sqrt{5}$

練習 78 連立不等式 $x^2+y^2 \leqq 4$, $x+y \geqq 2$ の表す領域をDとする。点 (x, y) が領域D内を動くとき，$2x+y$ の最大値および最小値を求めよ。

➡p.166 演習 39

重要例題 79 | 領域における最大・最小 (3) ★★★★☆

実数 x, y が 3 つの不等式 $y \geqq 2x-5$, $y \leqq x-1$, $y \geqq 0$ を満たすとき，$x^2+(y-3)^2$ の最大値，最小値を求めよ。 〔東京経大〕 ◀例題76

指針 CHART》 領域と最大・最小 図示して $=k$ の曲線の動きを追う

$x^2+(y-3)^2=k$ …… ① とおくと，k ($\geqq 0$) の値は点 P(x, y) と定点 A(0, 3) の距離の平方 AP^2 を表す。すなわち，点Pは，A(0, 3) を中心とし，半径 $\sqrt{k}$ の円上にあると考えて，3 つの不等式の表す領域と円 ① が共有点をもつような半径 $\sqrt{k}$ の最大・最小を調べる。⟶ ポイントは，**境界線との接点** と **領域の端の点**

解答 3 つの不等式の表す領域 D は，

3 点 (1, 0), $\left(\dfrac{5}{2}, 0\right)$, (4, 3)

を頂点とする三角形の周および内部である。

$x^2+(y-3)^2=k$ …… ① とおくと，$k>0$ のとき，① は中心が点 (0, 3)，半径が $\sqrt{k}$ の円を表す。

この円 ① が領域 D と共有点をもつような k の値の最大値と最小値を考える。

◀ $=k^2$ ($k \geqq 0$) とおいてもよい。この場合，円 ① の半径は k となる。

k が最大，すなわち円 ① の半径が最大となるのは，図から，円 ① が点 (4, 3) または点 $\left(\dfrac{5}{2}, 0\right)$ のいずれかを通るときである。

◀ 領域 D は三角形で，その 3 つの頂点のうち，円 ① が中心 (0, 3) から最も遠い点を通るときに半径 $\sqrt{k}$，すなわち k は最大となる。

円 ① が点 (4, 3) を通るとき $k=4^2+(3-3)^2=16$

円 ① が点 $\left(\dfrac{5}{2}, 0\right)$ を通るとき $k=\left(\dfrac{5}{2}\right)^2+(0-3)^2=\dfrac{61}{4}<16$

よって，点 (4, 3) を通るとき，k は最大となる。

k が最小，すなわち円 ① の半径が最小となるのは，図から，円 ① が直線 $y=x-1$ …… ② と接するときである。

◀ ① と $y=x-1$ から y を消去してできる 2 次方程式の判別式を利用してもよい。

接点の座標は，直線 ② に垂直で円 ① の中心 (0, 3) を通る直線の方程式が $y=-x+3$ であるから，② と $y=-x+3$ を連立して解くと $x=2$, $y=1$

円 ① が点 (2, 1) を通るとき $k=2^2+(1-3)^2=8$

◀ 点 (2, 1) は領域 D に含まれる。

したがって **$x=4$, $y=3$ のとき最大値 16；**

$x=2$, $y=1$ のとき最小値 8

練習 79 連立不等式 $y \leqq \dfrac{1}{2}x+3$, $y \leqq -5x+25$, $x \geqq 0$, $y \geqq 0$ の表す領域を点 (x, y) が動くとき，次の最大値と最小値を求めよ。

(1) x^2+y^2 (2) $x^2+y^2-2(x+6y)$ 〔東京理科大〕

➡ p. 166 演習 40

重要例題 80 | 曲線の通過範囲 ★★★★☆

放物線 $y=-(x-a)^2+1-a^2$ …… ① について，a がすべての実数値をとって変化するとき，放物線 ① が通る座標平面上の範囲を図示せよ。

指針 放物線 ① の頂点の座標は　$(a,\ 1-a^2)$
よって，a が実数値をとって変化すると，頂点が放物線 $y=1-x^2$ 上を動きながら平行移動する。求めたいのは，放物線 ① が通る点 $(x,\ y)$ の関係である。
「放物線 ① が点 $(x,\ y)$ を通る」とは，逆に考えると，「点 $(x,\ y)$ を通る放物線 ① がある」ということ。「① がある」というのは，「① が成り立つような実数 a がある」ということ。すなわち

放物線 ① が点 $(x,\ y)$ を通る $\Longleftrightarrow$ ① を満たす実数 a が存在する

そこで，① を a について整理し，① が実数解 a をもつような $(x,\ y)$ の範囲を求める。

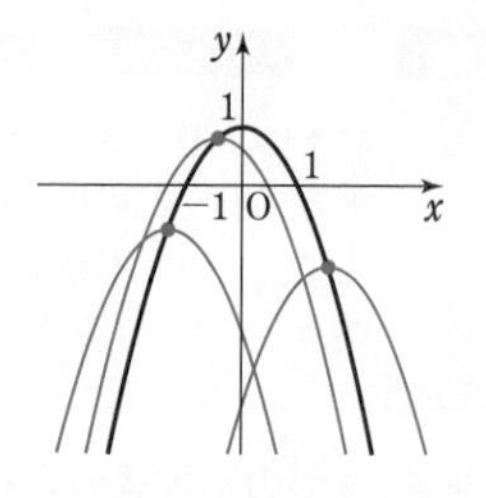

解答 ① を a について整理すると

$$2a^2-2xa+y+x^2-1=0 \quad \cdots\cdots \ ②$$

◀ a の 2 次方程式と考える。

放物線 ① が点 $(x,\ y)$ を通るための条件は，② を満たす実数 a が存在することである。
したがって，a の 2 次方程式 ② の判別式を D とすると

$D \geqq 0$

$$\frac{D}{4}=(-x)^2-2(y+x^2-1)$$
$$=-2y-x^2+2$$

$D \geqq 0$ から　$y \leqq -\dfrac{x^2}{2}+1$

よって，求める範囲は，**右の図の斜線部分。ただし，境界線を含む。**

参考 解答の図の境界の放物線 $y=-\dfrac{x^2}{2}+1$ は，($D=0$ として得られる) a の値に関係なく，放物線 ① が常に接する曲線である。これを放物線 ① の **包絡線** という。

x を **固定** ($x=X$ とおく) し，a が実数値をとって変化するときに，放物線 ① が，直線 $x=X$ のどの部分を通過するかを考えて，y のとりうる値の範囲を求めることができる。

$x=X$ のとき，① は　$y=-(X-a)^2+1-a^2$

これを a の関数とみて　$y=-2\left(a-\dfrac{X}{2}\right)^2-\dfrac{X^2}{2}+1$

y は $a=\dfrac{X}{2}$ のとき最大値 $-\dfrac{X^2}{2}+1$ をとるから，

a がすべての実数値をとって変化するとき　$y \leqq -\dfrac{X^2}{2}+1$

X はすべての実数値をとるから，X を x におき換えると，解答と同じ結果が得られる。

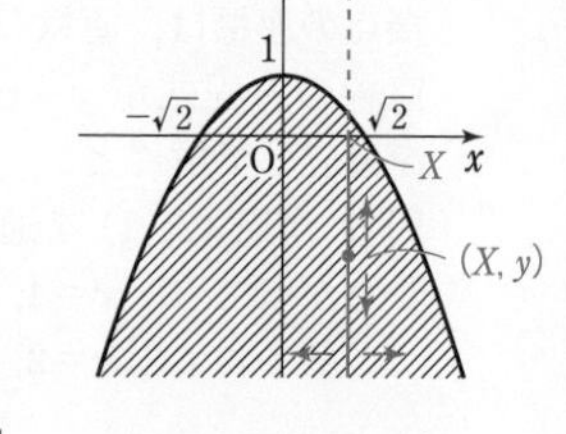

練習 80 k がすべての実数値をとって変わるとき，放物線 $y=x^2-kx+k^2$ が通らない点の範囲を求め，図示せよ。

➡ p. 166 演習 41

正像法と逆像法

まず，数学Iでも学習したが，次の問題をもとに説明しよう。

問　関数 $y=-2x+3$ $(-3\leqq x\leqq 2)$ の値域を求めよ。

解答　関数 $y=-2x+3$ は，x が増加すると y は減少する。
$x=-3$ のとき $y=9$，$x=2$ のとき $y=-1$ であるから，値域は　$\boldsymbol{-1\leqq y\leqq 9}$

さて，上の解答に，集合の考えを導入すると，集合 $A=\{x\mid -3\leqq x\leqq 2\}$（定義域）の各要素に対して，関係式 $y=-2x+3$ を満たす y 全体の集合 $B=\{y\mid -1\leqq y\leqq 9\}$（値域）を求めていることになる。

このように，集合 A の要素からそれに対応する集合 B の要素を求め，B の要素全体の集合である値域を求める考え方を **正像法** または **順像法** と呼ぶ（ただし，正式な数学用語ではない）。

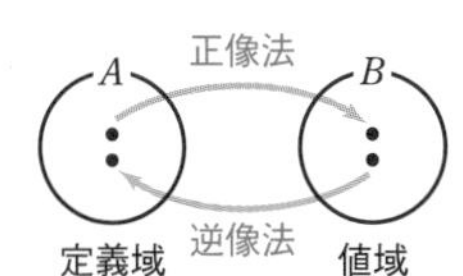

ところで，集合 A のどの要素にも集合 B の要素が1つずつ対応しているのであれば，逆に，集合 B の各要素には対応する集合 A の要素が必ず存在する。$A\longrightarrow B$ とは逆の対応 $B\longrightarrow A$ より，x が集合 A に属するための条件から，値域を求める考え方を **逆像法**（下の 別解）と呼ぶ。

別解　**[逆像法]**　$y=-2x+3$ を満たす x が $-3\leqq x\leqq 2$ の範囲に存在するための y のとりうる値の範囲を求める。$y=-2x+3$ を x について解くと　$x=\dfrac{3-y}{2}$

x が $-3\leqq x\leqq 2$ の範囲に存在するための条件は　$-3\leqq \dfrac{3-y}{2}\leqq 2$

これを解くと　$-1\leqq y\leqq 9$　　よって，求める値域は　$\boldsymbol{-1\leqq y\leqq 9}$

前ページの例題80の解答は，逆像法によるものである。一方，例題の下の **検討** では，x を $\boldsymbol{x=X}$ **と固定し**，a を変化させる（① を a の関数とみる）。このとき，放物線 ① と x 軸に垂直な直線 $x=X$ の交点 $(X,\ y)$ の y 座標がどのように動くかを考え ― 点 $(X,\ y)$ の全体は半直線を描く ―，次に，**固定した $\boldsymbol{X}$ を動かして**，通過範囲を求めている。この考えは正像法（順像法）にあたる。この考え方がファクシミリ（文字や画像を電気信号に変えて伝達する通信方式）の原理に似ていることから，**ファクシミリ論法** と呼ばれることもある。

正像法，逆像法の違いを簡単にまとめると，次のようになる。

> a を媒介変数とするとき，曲線 $f(x,\ y,\ a)=0$ の通過範囲について
> **正像法：$\boldsymbol{x}$ を固定して，媒介変数 $\boldsymbol{a}$ が変化したときの $\boldsymbol{y}$ のとりうる値の範囲を考える。**
> **逆像法：媒介変数 $\boldsymbol{a}$ を主文字とみて，実数 $\boldsymbol{a}$ が存在するための $(\boldsymbol{x},\ \boldsymbol{y})$ の条件を考える。**

注意　ここで，取り上げた正像法，順像法，逆像法，ファクシミリ論法は，正式な数学用語ではないため，記述式の試験において，これらの用語を答案に書くのは避けた方がよい。

重要例題 81 線分の通過範囲 ★★★★★

放物線 $y=x^2$ 上に2点 $\mathrm{P}(t,\ t^2)$, $\mathrm{Q}(t+1,\ (t+1)^2)$ をとる。t が $-1\leqq t\leqq 0$ の範囲を動くとき，線分 PQ が通過する領域を図示せよ。 〔類 横浜国大〕 ◀例題80

指針 直線 PQ の方程式は $y-t^2=\dfrac{(t+1)^2-t^2}{(t+1)-t}(x-t)$ すなわち $y-t^2=(2t+1)(x-t)$

これを t について整理すると $t^2-(2x-1)t+y-x=0$ …… ①

「t が $-1\leqq t\leqq 0$ の範囲を動く $\Longleftrightarrow$ ① が **$-1\leqq t\leqq 0$ の範囲に少なくとも1つの実数解をもつ**」と考えて，そのときの x, y の条件を求める。 ［逆像法］

解答 直線 PQ の方程式は $y-t^2=\dfrac{(t+1)^2-t^2}{(t+1)-t}(x-t)$

すなわち $y=(2t+1)x-t^2-t$

ゆえに $t^2-(2x-1)t+y-x=0$ …… ① ◀ t について整理。

この t の2次方程式 ① が $-1\leqq t\leqq 0$ の範囲に少なくとも1つの実数解をもつのは，次の [1] ～ [3] の場合である。

① の判別式を D とし，① の左辺を $f(t)$ とする。

[1] $-1<t<0$ の範囲にすべての解をもつ場合 ◀ 重解も含む。

条件は $D\geqq 0$, $f(-1)>0$, $f(0)>0$, $-1<$ 軸 <0

$D\geqq 0$ から $\{-(2x-1)\}^2-4(y-x)=4x^2-4y+1\geqq 0$

$f(-1)>0$ から $x+y>0$ $f(0)>0$ から $-x+y>0$

軸は $t=x-\dfrac{1}{2}$ であるから $-1<x-\dfrac{1}{2}<0$

よって $y\leqq x^2+\dfrac{1}{4}$, $y>-x$, $y>x$, $-\dfrac{1}{2}<x<\dfrac{1}{2}$

[2] 「$-1<t<0$」の範囲と「$t<-1,\ 0<t$」の範囲にそれぞれ解を1つずつもつ場合

$f(-1)f(0)<0$ から $(x+y)(-x+y)<0$ ◀ $f(-1)$ と $f(0)$ が異符号。

よって $y<-x$, $y>x$ または $y>-x$, $y<x$

[3] $t=-1$ または $t=0$ を解にもつ場合

$f(-1)f(0)=0$ から $(x+y)(-x+y)=0$

よって $y=-x$ または $y=x$

また，線分 PQ は，直線 PQ が放物線 $y=x^2$ によって切り取られる弦で，放物線 $y=x^2$ は下に凸であるから，$y\geqq x^2$ …… ② の範囲にある。

[1] ～ [3] の場合と ② から，求める領域は，**右の図の斜線部分。ただし，境界線を含む。**

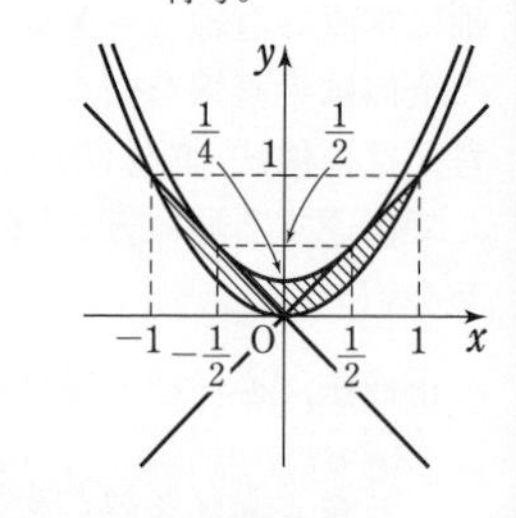

検討 逆像法では，媒介変数が実数として存在するための条件を考える。多くは，媒介変数を主文字とみた2次方程式の **実数条件** を考えることで解決できる。

しかし，上の例題では t の範囲に制限があるから，2次方程式の解の存在範囲の問題の中で，最も面倒な「$-1\leqq t\leqq 0$ の範囲に **少なくとも1つの実数解をもつ**」タイプに帰着されてしまう。そのため，わかりにくく感じられるかもしれない。

それでは，例題を **正像法** の考えで解くとどうなるか，それには，次の **問題** が参考になる。

問題 実数 t に対して，2 点 $\mathrm{P}(t,\ t^2)$，$\mathrm{Q}(t+1,\ (t+1)^2)$ を考える。〔類 名古屋大〕

(1) 2 点 P，Q を通る直線 ℓ の方程式を求めよ。

(2) a は定数とし，直線 $x=a$ と ℓ の交点の y 座標を t の関数と考えて，$f(t)$ とする。t が $-1\leqq t\leqq 0$ の範囲を動くときの $f(t)$ の最大値を a を用いて表せ。

(3) t が $-1\leqq t\leqq 0$ の範囲を動くとき，線分 PQ が通過してできる図形を図示せよ。

指針 ここでは，以下の手順により，線分 PQ が通過してできる図形を求める。

① **$x=a$ と固定する**。t が $-1\leqq t\leqq 0$ の範囲で変化するとき，直線 ℓ と直線 $x=a$ の交点 $(a,\ f(t))$ の y 座標が動く範囲を調べる。

② 次に，a すなわち **x を動かす**。

(2) (1) から $\quad f(t)=-\left\{t-\left(a-\dfrac{1}{2}\right)\right\}^2+a^2+\dfrac{1}{4}$

グラフは上に凸の放物線であるから，グラフの軸と区間 $-1\leqq t\leqq 0$ の位置関係で，

〔2−1〕$a-\dfrac{1}{2}<-1$，〔2−2〕$-1\leqq a-\dfrac{1}{2}\leqq 0$，〔2−3〕$0<a-\dfrac{1}{2}$ の場合に分けて考える。

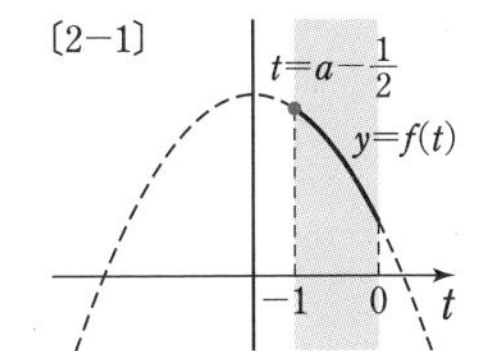

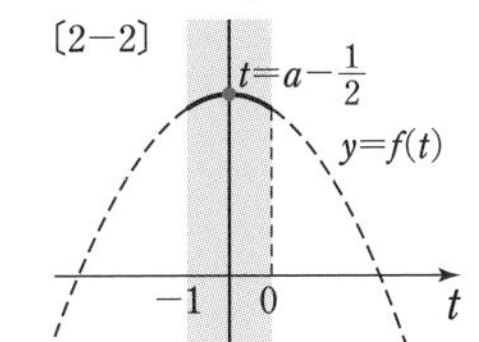

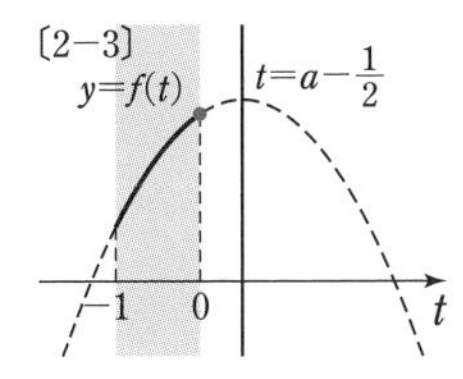

(3) 線分 PQ は直線 ℓ の $t\leqq x\leqq t+1$ の部分で，$x=a$ と固定すると，$t\leqq a\leqq t+1$ より $a-1\leqq t\leqq a$ であるから，$-1\leqq t\leqq 0$ かつ $a-1\leqq t\leqq a$ における $f(t)$ のとりうる値の範囲を，区間 $a-1\leqq t\leqq a$ の中央の値は $a-\dfrac{1}{2}$，区間の幅はともに 1 であることに注意して，次の 4 つの場合に分けて考える。

〔3−1〕 $a-1\leqq 0<a-\dfrac{1}{2}$，　〔3−2〕 $a-\dfrac{1}{2}\leqq 0<a$，

〔3−3〕 $a-1\leqq -1<a-\dfrac{1}{2}$，　〔3−4〕 $a-\dfrac{1}{2}\leqq -1\leqq a$

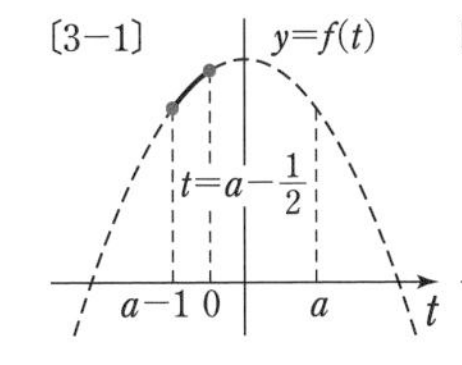

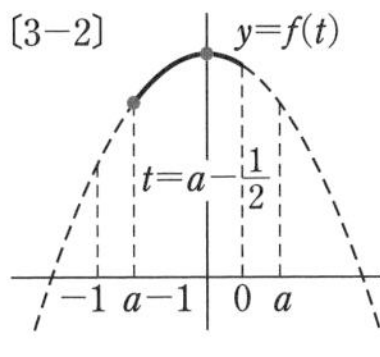

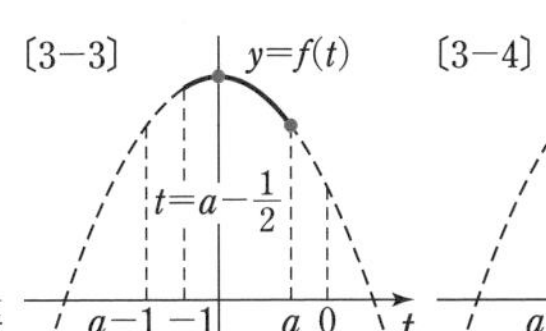

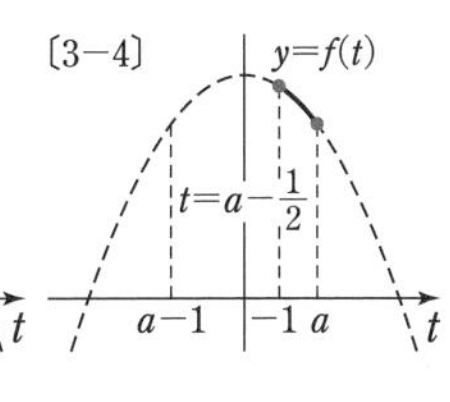

(注意) この **問題** の解答は，解答編 $p.105$ 参照。

練習 81 Oを原点とする xy 平面において，直線 $y=1$ の $|x|\geqq 1$ を満たす部分を C とする。

(1) C 上に点 $\mathrm{A}(t,\ 1)$ をとるとき，線分 OA の垂直二等分線の方程式を求めよ。

(2) 点Aが C 全体を動くとき，線分 OA の垂直二等分線が通過する範囲を求め，それを図示せよ。〔筑波大〕

重要例題 82 点が動く範囲 (1) ★★★★☆

点 $(x,\ y)$ が $x^2+y^2 \leqq 2(x+y)$，$x^2-y^2 \geqq x-y$ を満たしながら動くとき，点 $(x+y,\ x-y)$ が動く範囲を図示せよ。〔関西大〕

指針 $x+y=X$ …… ①，$x-y=Y$ …… ② とおくと，求めるのは点 $(X,\ Y)$ の軌跡である。ここで，x，y は **つなぎの文字** と考えられる。したがって

CHART》 つなぎの文字を消去して X，Y の関係式を導く

ことができればよい。そのためには

①+② から $2x=X+Y$，　①−② から $2y=X-Y$

により，x と y を消去することができる。

解答 $x+y=X$ …… ①，$x-y=Y$ …… ② とおくと

①+② から $2x=X+Y$

①−② から $2y=X-Y$

すなわち $x=\dfrac{X+Y}{2}$，$y=\dfrac{X-Y}{2}$ …… ③

③ を $x^2+y^2 \leqq 2(x+y)$ に代入して

$$\left(\frac{X+Y}{2}\right)^2+\left(\frac{X-Y}{2}\right)^2 \leqq 2X$$

整理すると $X^2+Y^2 \leqq 4X$

よって $(X-2)^2+Y^2 \leqq 4$

③ を $x^2-y^2 \geqq x-y$ すなわち $(x+y)(x-y) \geqq x-y$ に代入して $XY \geqq Y$

すなわち $(X-1)Y \geqq 0$

ゆえに $\begin{cases} X-1 \geqq 0 \\ Y \geqq 0 \end{cases}$ または $\begin{cases} X-1 \leqq 0 \\ Y \leqq 0 \end{cases}$

よって $\begin{cases} X \geqq 1 \\ Y \geqq 0 \end{cases}$ または $\begin{cases} X \leqq 1 \\ Y \leqq 0 \end{cases}$

ゆえに，点 $(X,\ Y)$ すなわち点 $(x+y,\ x-y)$ が動く範囲は，変数を x，y におき換えて

$(x-2)^2+y^2 \leqq 4$，

$\begin{cases} x \geqq 1 \\ y \geqq 0 \end{cases}$ または $\begin{cases} x \leqq 1 \\ y \leqq 0 \end{cases}$

よって，求める範囲は，**右の図の斜線部分**。

ただし，境界線を含む。

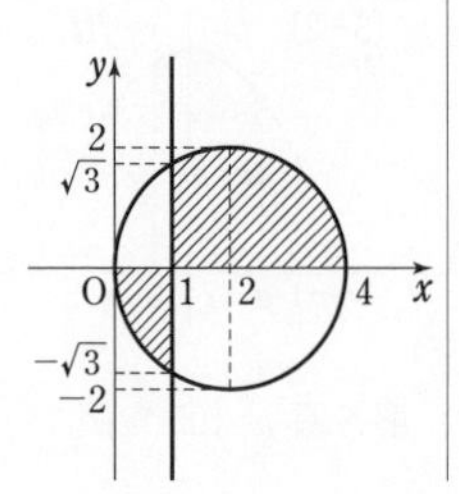

参考 領域の変換

ある対応によって，座標平面上の点Pに，同じ平面上の点Qがちょうど1つ定まるとき，この対応を座標平面上の **変換** といい，Qをこの変換による点Pの **像** という。

座標平面上の変換 f によって，点 $\mathrm{P}(x,\ y)$ が点 $\mathrm{Q}(x',\ y')$ に移るとき，この変換を

$f:(x,\ y) \longrightarrow (x',\ y')$

のように書き表す。

この例題は，連立不等式の表す領域内の点を

$f:(x,\ y) \longrightarrow (x+y,\ x-y)$

によって変換し，その像の点全体からなる領域を求める問題である。

練習 82 点 $(x,\ y)$ が3点 $\mathrm{O}(0,\ 0)$，$\mathrm{A}(1,\ 0)$，$\mathrm{B}(0,\ 1)$ を頂点とする三角形の内部を動くとき，点 $(2x+y,\ x+2y)$ が動く範囲を図示せよ。

重要例題 83 | 点が動く範囲 (2) ★★★★☆

点 $(x,\ y)$ が原点を中心とする半径 1 の円の内部を動くとき，点 $(x+y,\ xy)$ の動く範囲を図示せよ。

〔東京大〕 ◀例題 82

指針 $x+y=X$, $xy=Y$ とおいて，**点 $(X,\ Y)$ の満たす関係式** を導けばよい。
点 $(x,\ y)$ は原点を中心とする半径 1 の円の内部を動くから　$x^2+y^2<1$
ここで $x^2+y^2=(x+y)^2-2xy$ を使うと

$$X^2-2Y<1 \quad すなわち \quad Y>\frac{X^2}{2}-\frac{1}{2}$$

◀ 放物線の上側の部分。

しかし　**CHART》 条件式　変数の変域にも注意**

$x^2+y^2<1$ であるから，x, y の値には制限があり，$x+y=X$, $xy=Y$ のとる値にも制限がつくはずである。その制限は **x, y の実数条件** で，次のようになる。

$x+y=X$, $xy=Y$ であるとき

[1] x, y は 2 次方程式 $t^2-Xt+Y=0$ の 2 つの解である。

[2] x, y は実数 $\iff D=X^2-4Y\geqq 0$

解答 $x+y=X$, $xy=Y$ とおく。
点 $(x,\ y)$ は円 $x^2+y^2=1$ の内部を動くから　$x^2+y^2<1$
ゆえに，$(x+y)^2-2xy<1$ であり　$X^2-2Y<1$ …… ①
また，x, y は 2 次方程式 $t^2-Xt+Y=0$ の 2 つの実数解である。この 2 次方程式の判別式を D とすると

$$D=X^2-4Y$$

実数解をもつための条件は，$D\geqq 0$ であるから

$$X^2-4Y\geqq 0 \quad \cdots\cdots ②$$

よって，①, ② から，X, Y の満たす条件は

$$\frac{X^2}{2}-\frac{1}{2}<Y\leqq\frac{X^2}{4}$$

ゆえに，点 $(X,\ Y)$ すなわち点 $(x+y,\ xy)$ の動く範囲は，変数を x, y におき換えて

$$\frac{x^2}{2}-\frac{1}{2}<y\leqq\frac{x^2}{4}$$

したがって，求める範囲は，**右の図の斜線部分** になる。ただし，**境界線は放物線 $y=\dfrac{x^2}{2}-\dfrac{1}{2}$ を含まず，他は含む。**

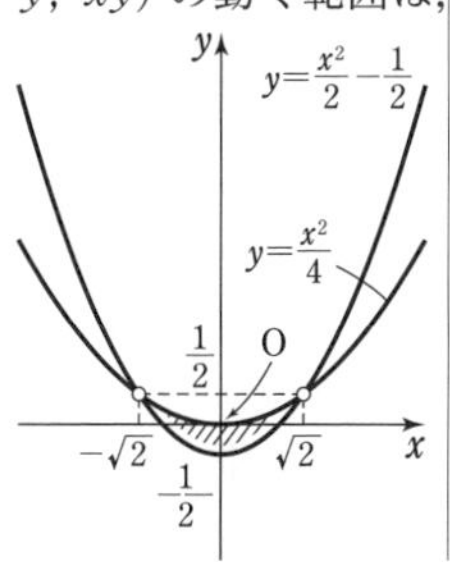

(注意) 点の座標は実数
① の条件だけでは不十分。
例えば，

$$x=\frac{1+i}{2},\ y=\frac{1-i}{2}$$

とすると

$$x^2+y^2=0<1$$

$$x+y=1,\ xy=\frac{1}{2}$$

である。このような場合を除くために，② の実数条件 $D\geqq 0$ を忘れてはいけない。

練習 83 (1) 座標平面上の点 $(p,\ q)$ は $x^2+y^2\leqq 8$, $y\geqq 0$ で表される領域を動く。点 $(p+q,\ pq)$ の動く範囲を図示せよ。〔関西大〕

(2) 実数 x, y が $x^2+y^2\leqq 3$ を満たしているとき，$x-y-xy$ の最大値は □ である。〔早稲田大〕 ➡p.166 演習 42

演習問題

28　t がすべての実数値をとるとき，3点 $\mathrm{A}(t,\ t^2)$，$\mathrm{B}(t,\ t-2)$，$\mathrm{C}(t+\sqrt{3},\ t^2-t-1)$ について，次の問いに答えよ。

(1)　各実数 t に対して，AとBは異なる点であることを示せ。

(2)　△ABC が直角三角形になる t をすべて求めよ。

(3)　△ABC が鋭角三角形になる t の範囲を求めよ。　〔香川大〕

➤例 29

29　3つの直線 $x-y=1$，$3x-y=1$，$x+y=4\sqrt{2}-1$ で囲まれてできる三角形の内接円の中心と半径を求めよ。　〔慶応大〕

➤例 35

30　xy 平面上で，原点以外の互いに異なる3点 $\mathrm{P}_1(a_1,\ b_1)$，$\mathrm{P}_2(a_2,\ b_2)$，$\mathrm{P}_3(a_3,\ b_3)$ をとる。更に，3直線 $\ell_1：a_1x+b_1y=1$，$\ell_2：a_2x+b_2y=1$，$\ell_3：a_3x+b_3y=1$ をとる。

(1)　2直線 ℓ_1，ℓ_2 が点 $\mathrm{A}(p,\ q)$ で交わるとき，2点 P_1，P_2 を通る直線の方程式が $px+qy=1$ であることを示せ。

(2)　3直線 ℓ_1，ℓ_2，ℓ_3 が1点で交わるとき，3点 P_1，P_2，P_3 が同一直線上にあることを示せ。

(3)　3点 P_1，P_2，P_3 が同一直線 ℓ 上にあるとき，3直線 ℓ_1，ℓ_2，ℓ_3 が1点で交わるための必要十分条件は直線 ℓ が原点を通らないことである。これを示せ。

〔佐賀大〕 ➤例題 46

31　k は正の定数で，実数 a，b は条件 $a>0$，$b>0$，$a+b=k$ を満たしながら動くものとする。このとき，xy 平面の2点 $\mathrm{A}(a,\ 0)$，$\mathrm{B}(0,\ b)$ を通る直線と点 $\mathrm{P}(a,\ b)$ との距離の最大値を求めよ。　〔奈良県医大〕

➤例題 49

32　座標平面において，点 $\mathrm{P}(0,\ 1)$ を中心とする半径1の円を C とする。a を $0<a<1$ を満たす実数とし，直線 $y=a(x+1)$ と C との交点を Q，R とする。

(1)　△PQR の面積 $S(a)$ を求めよ。

(2)　a が $0<a<1$ の範囲を動くとき，$S(a)$ が最大となる a を求めよ。　〔東京大〕

➤例題 51，53

ヒント

28　(3)　∠C が鋭角 ⇔ $\mathrm{AB}^2<\mathrm{BC}^2+\mathrm{CA}^2$

29　三角形の内接円の中心（内心）は，3辺から等距離にある。

31　点Pと直線 AB の距離を求めると，(相加平均)≧(相乗平均) が使える形になる。

33 $a>b>0$ とする。円 $x^2+y^2=a^2$ 上の点 $(b,\ \sqrt{a^2-b^2})$ における接線と x 軸との交点をPとする。また，円の外部の点 $(b,\ c)$ からこの円に2本の接線を引き，接点をQ，Rとする。このとき，2点Q，Rを通る直線はPを通ることを示せ。〔大阪大〕

➤例題57

34 m を実数とする。座標平面上の放物線 $y=x^2$ と直線 $y=mx+1$ の共有点をA，Bとし，原点をOとする。

(1) $\angle AOB=90°$ であることを示せ。

(2) 3点A，B，Oを通る円の方程式を求めよ。

(3) 放物線 $y=x^2$ と(2)の円がA，B，O以外の共有点をもたないような m の値をすべて求めよ。〔類 神戸大〕

➤例題58

35 a を実数の定数とし，2つの円 $C_1：x^2+y^2=4$，$C_2：x^2-6x+y^2-2ay+4a+4=0$ について考える。

(1) C_2 は a の値に関わらず2つの定点を通る。これらの定点の座標を求めよ。

(2) C_2 が直線 $y=x+1$ と異なる2点で交わるような a の値の範囲を求めよ。

(3) C_1 と C_2 が外接するような a の値を求めよ。

(4) $a=1$ のとき，C_1 と C_2 は2つの共有点A，Bをもつ。このとき，直線ABの方程式を求めよ。また，点A，Bと原点 $(0,\ 0)$ を通る円を C_3 とする。C_3 の中心と半径を求めよ。

(5) $a=0$ のとき，C_1 上の点 $(x_1,\ y_1)$ における C_1 の接線が C_2 に接するような x_1 の値を求めよ。〔類 関西学院大〕

➤例題59，60，62

36 xy 平面上の放物線 $y=x^2$ 上を動く2点A，Bと原点Oを線分で結んだ $\triangle AOB$ において，$\angle AOB=90°$ である。このとき，$\triangle AOB$ の重心Gの軌跡を求めよ。

〔類 慶応大〕 ➤例題65

37 a，b を正の実数とする。直線 $\ell：ax+by=1$ と曲線 $y=-\dfrac{1}{x}$ との2つの交点のうち，y 座標が正のものをP，負のものをQとする。また，ℓ と x 軸との交点をRとし，ℓ と y 軸との交点をSとする。

a，b が条件：$\dfrac{PQ}{RS}=\sqrt{2}$ を満たしながら動くとき，線分PQの中点の軌跡を求めよ。

〔京都大〕 ➤例題68

ヒント 36 2点A，Bの座標を文字でおき，それを用いて重心Gの座標を表す。$\angle AOB=90°$ の条件は，(OAの傾き)×(OBの傾き)$=-1$ として考える。

37 直線と曲線の式から y を消去して得られる2次方程式について，解と係数の関係を利用。

38 2つの条件 $p:(x-1)^2+(y-1)^2\leqq 4$, $q:|x|+|y|\leqq r$ を考える。ただし，$r>0$ とする。q が p の必要条件であるような定数 r の値の範囲は ア□ である。また，q が p の十分条件であるような定数 r の値の範囲は イ□ である。 〔慶応大〕

➤例題75

39 連立不等式 $x^2+y^2-1\leqq 0$, $x+2y-2\leqq 0$ の表す領域を D とする。点 $(x,\ y)$ が領域 D 内を動くとき，$ax+y$ の最大値と最小値を，a を用いて表せ。ただし，a は実数の定数とする。 〔類 広島大〕

➤例題78

40 (1) 連立不等式 $x^2+y^2\leqq 1$, $y\geqq x^2-1$ の表す領域 D を図示せよ。

(2) (1)の領域 D 内の点 $(x,\ y)$ に対して $\dfrac{4y-7}{x-3}$ が最大となる $(x,\ y)$ を求めよ。 〔類 津田塾大〕

➤例題78，79

41 0でない実数 a に対して，曲線 $y=ax^2+\dfrac{1}{a}$ を C_a とする。

(1) 直線 ℓ は，0でないすべての実数 a に対して曲線 C_a と接するとする。このような直線 ℓ の方程式を求めよ。

(2) a を $a\geqq 1$ の範囲で動かしたときに曲線 C_a が通過する領域を図示せよ。 〔東北大〕

➤例題80

42 2つの数 x，y に対し，$s=x+y$，$t=xy$ とおく。

(1) x，y が実数を動くとき，点 $(s,\ t)$ の存在範囲を求めよ。

(2) 実数 x，y が $(x-y)^2+x^2y^2=4$ を満たしながら変化するとする。

(ア) 点 $(s,\ t)$ の描く図形を st 平面上に図示せよ。

(イ) $(1-x)(1-y)$ のとりうる値の範囲を求めよ。 〔東京理科大〕

➤例題83

ヒント **40** (2) $\dfrac{4y-7}{x-3}=k$ とおくと $y-\dfrac{7}{4}=\dfrac{k}{4}(x-3)$ これは，点 $\left(3,\ \dfrac{7}{4}\right)$ を通る直線を表す。

41 (2) 曲線 C_a を表す式を a の2次方程式とみて，$a\geqq 1$ の範囲に実数解をもつための条件を x，y で表す。

42 (2)(ア) $(x-y)^2=(x+y)^2-4xy$ を利用すると，s，t だけの式が得られる。(1)の範囲に注意。

(イ) (ア)を利用する。$(1-x)(1-y)=k$ …… ① とおくと，①は s，t の1次式となる。

〈この章で学ぶこと〉
この章で学ぶ三角関数は，これまで 0° から 180° までの角に対して定義されていた sin，cos，tan を，角の範囲を拡張して，関数の立場で考えていくものである。
三角関数は，これまでに学んだ 1 次関数，2 次関数にはない性質（周期性や加法定理）をもち，円や他の曲線の性質を調べるときに役立つ。

第 4 章 三角関数

例，例題一覧

●…… 基本的な内容の例　■…… 標準レベルの例題　◆…… やや発展的な例題

20 一般角と三角関数

《基本事項》

1 一般角

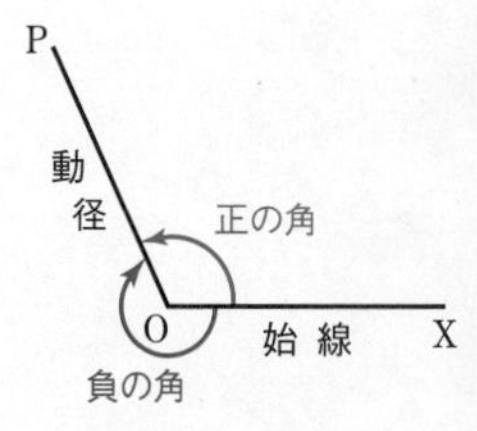

平面上で，点Oを中心として半直線OPを回転させるとき，この半直線OPを **動径** といい，その最初の位置を示す半直線OXを **始線** という。
時計の針の回転と逆の向き（**正の向き**）に測った角を **正の角**，時計の針の回転と同じ向き（**負の向き**）に測った角を **負の角** という。

回転の向きと大きさを表す量として拡張した角を **一般角** という。また，一般角 θ に対して，始線OXから角 θ だけ回転した位置にある動径OPを，**θ の動径** という。
始線の位置を決めたとき，角が定まると動径の位置が決まる。
しかし，動径の位置を定めても動径の位置を表す角は1つに決まらない。
例えば，30° の動径OPと 750° の動径は一致する。
一般に，動径OPと始線OXのなす角の1つを α とすると，**動径OPの表す角** は，$\boldsymbol{\alpha+360^\circ\times n}$（$n$ は整数）と表される。

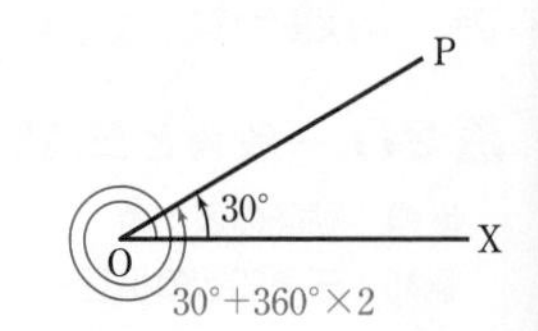

2 象限の角

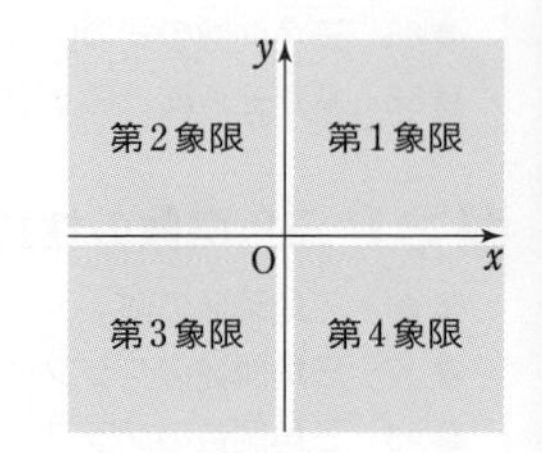

Oを原点とする座標平面において，x 軸の正の部分を始線にとり，動径OPの表す角を θ とする。
例えば，OPが第3象限にあるとき，θ を **第3象限の角** という。OPが座標軸に重なるときは，θ はどの象限の角でもないとする。

3 弧度法

半径1の円上に長さ1の弧ABをとり，この弧に対する中心角の大きさを **1ラジアン**（1弧度）という。
中心角の大きさと弧の長さは比例するから，1ラジアンの大きさを x° とすると　$x^\circ : 360^\circ = 1 : 2\pi$

よって　　$x^\circ=\left(\dfrac{180}{\pi}\right)^\circ \fallingdotseq 57.3^\circ$

1ラジアンを単位とする角の大きさの表し方を **弧度法** という。
これに対し，直角を 90° とする角の大きさの表し方を **度数法** という。

1ラジアン $=\left(\dfrac{180}{\pi}\right)^\circ$ であるから　　$\boldsymbol{180^\circ=\pi}$ **ラジアン**，$\boldsymbol{1^\circ=\dfrac{\pi}{180}}$ **ラジアン**

一般に，$\boldsymbol{\alpha^\circ=\dfrac{\pi}{180}\alpha}$ **ラジアン**，$\boldsymbol{\theta}$ **ラジアン** $\boldsymbol{=\left(\dfrac{180}{\pi}\theta\right)^\circ}$ が成り立ち，次のような換算表ができる。

度数法	0°	30°	45°	60°	90°	120°	135°	150°	180°	270°	360°
弧度法	0	$\frac{\pi}{6}$	$\frac{\pi}{4}$	$\frac{\pi}{3}$	$\frac{\pi}{2}$	$\frac{2}{3}\pi$	$\frac{3}{4}\pi$	$\frac{5}{6}\pi$	π	$\frac{3}{2}\pi$	2π

(注意) 弧度法では，普通，上のように単位（ラジアン）を省略して，単に π などと書く。

弧度法では，動径 OP と始線 OX のなす角の 1 つを α とすると，動径 OP の表す角は，$\boldsymbol{\alpha+2n\pi}$（$n$ は整数）と表される。

4 扇形の弧の長さと面積

半径が r，中心角が θ（ラジアン）の扇形の弧の長さを l，面積を S とする。
弧の長さ，扇形の面積は中心角の大きさに比例するから

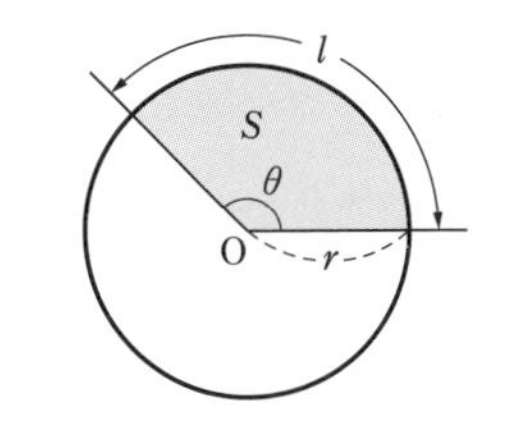

$\frac{l}{2\pi r}=\frac{\theta}{2\pi}$　　よって　　$\boldsymbol{l=r\theta}$

$\frac{S}{\pi r^2}=\frac{\theta}{2\pi}$　　よって　　$\boldsymbol{S=\frac{1}{2}r^2\theta=\frac{1}{2}rl}$

5 三角関数

座標平面上で，x 軸の正の部分を始線にとり，一般角 θ の動径と，原点を中心とする半径 r の円との交点 P の座標を $(x,\ y)$ とすると，$\frac{y}{r}$，$\frac{x}{r}$，$\frac{y}{x}$ の各値は円の半径 r に無関係で，角 θ だけによって定まる。
そこで，三角比の場合（数学 I で学習）と同様に

$$\sin\theta=\frac{y}{r},\quad \cos\theta=\frac{x}{r},\quad \tan\theta=\frac{y}{x}$$

と定め，これらをそれぞれ，一般角 θ の **正弦**，**余弦**，**正接** という。

なお，$\theta=\frac{\pi}{2}+n\pi$（$n$ は整数）に対しては $x=0$ となるから，$\tan\theta$ の値は定義しない。

また，この定義から　$\boldsymbol{x=r\cos\theta}$，$\boldsymbol{y=r\sin\theta}$　が成り立つ。
$\sin\theta$，$\cos\theta$，$\tan\theta$ は θ の関数である。これらをまとめて **三角関数** という。

6 三角関数の値の範囲

原点を中心とする半径 1 の円を **単位円** という。
右の図のように，角 θ の動径と単位円の交点を $\mathrm{P}(x,\ y)$ とし，直線 OP と直線 $x=1$ の交点を $\mathrm{T}(1,\ m)$ とすると

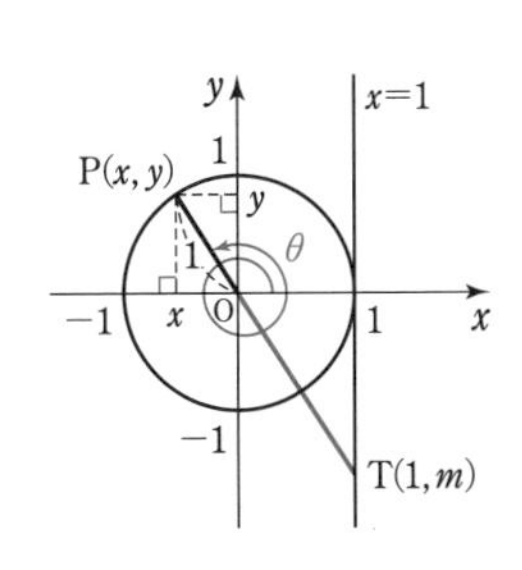

$$\sin\theta=\frac{y}{1}=y,\quad \cos\theta=\frac{x}{1}=x,\quad \tan\theta=\frac{y}{x}=\frac{m}{1}=m$$

よって　　$\boldsymbol{y=\sin\theta}$，$\boldsymbol{x=\cos\theta}$，$\boldsymbol{m=\tan\theta}$
すなわち　　$\boldsymbol{\mathrm{P}(\cos\theta,\ \sin\theta)}$，$\boldsymbol{\mathrm{T}(1,\ \tan\theta)}$
右の図において，点 P が単位円の周上を動き，それに伴って，点 $\mathrm{T}(1,\ m)$ は直線 $x=1$ 上のすべての点を動く。

したがって，三角関数の値の範囲について，次のことが成り立つ。

$-1 \leqq \sin\theta \leqq 1$，$-1 \leqq \cos\theta \leqq 1$，$\tan\theta$ の値の範囲は実数全体

7 三角関数の相互関係

① $\tan\theta = \dfrac{\sin\theta}{\cos\theta}$　② $\sin^2\theta + \cos^2\theta = 1$　③ $1 + \tan^2\theta = \dfrac{1}{\cos^2\theta}$

証明　一般角 θ の動径と，原点を中心とする半径 r の円との交点を

$P(x, y)$ とすると　$\sin\theta = \dfrac{y}{r}$，$\cos\theta = \dfrac{x}{r}$，$\tan\theta = \dfrac{y}{x}$

であるから，$\cos\theta \neq 0$ のとき

① $\tan\theta = \dfrac{y}{x} = \left(\dfrac{y}{r}\right) \div \left(\dfrac{x}{r}\right) = \dfrac{\sin\theta}{\cos\theta}$

② $\sin^2\theta + \cos^2\theta = \left(\dfrac{y}{r}\right)^2 + \left(\dfrac{x}{r}\right)^2 = \dfrac{x^2 + y^2}{r^2}$

ここで，点Pは円 $x^2 + y^2 = r^2$ の周上の点であるから

$$\sin^2\theta + \cos^2\theta = \frac{r^2}{r^2} = 1 \quad \cdots\cdots \text{Ⓐ}$$

また，$\cos\theta \neq 0$ のとき，Ⓐ の両辺を $\cos^2\theta$ で割ると

$$\left(\frac{\sin\theta}{\cos\theta}\right)^2 + 1 = \frac{1}{\cos^2\theta} \quad \text{すなわち} \quad 1 + \tan^2\theta = \frac{1}{\cos^2\theta}$$

CHECK 問題

34 次の角を，度数は弧度に，弧度は度数に，それぞれ書き直せ。

(1) $84°$　(2) $-780°$　(3) $\dfrac{7}{12}\pi$　(4) $-\dfrac{56}{45}\pi$

→ 3

35 半径 4，中心角 $150°$ の扇形の弧の長さ，面積を求めよ。

→ 4

36 次の角の正弦，余弦，正接の値を求めよ。

(1) $\dfrac{11}{6}\pi$　(2) $-\dfrac{2}{3}\pi$　(3) $-\dfrac{7}{4}\pi$　(4) $\dfrac{3}{2}\pi$

→ 5

37 次の等式を証明せよ。

(1) $\dfrac{\cos\theta}{1 + \sin\theta} + \tan\theta = \dfrac{1}{\cos\theta}$　(2) $\dfrac{\cos\theta}{1 + \sin\theta} + \dfrac{\cos\theta}{1 - \sin\theta} = \dfrac{2}{\cos\theta}$

→ 7

例 44 動径の表す角 ★☆☆☆☆

次の角の動径を図示せよ。また，第何象限の角か答えよ。

(1) $650°$　　(2) $840°$　　(3) $-495°$　　(4) $-1260°$

指針 まず，与えられた角を $\boldsymbol{\alpha+360°\times n}$ $(0°\leqq\alpha<360°,\ n$ は整数$)$ の形で表す。このとき，与えられた角を **360° で割った余り** を α として考えるとよい。
なお，回転の向きは，正の角なら **左回り**（反時計回り）となり，負の角なら **右回り**（時計回り）となる。
また，「第何象限の角か」とは，**角を表す動径が第何象限にあるか** ということである。

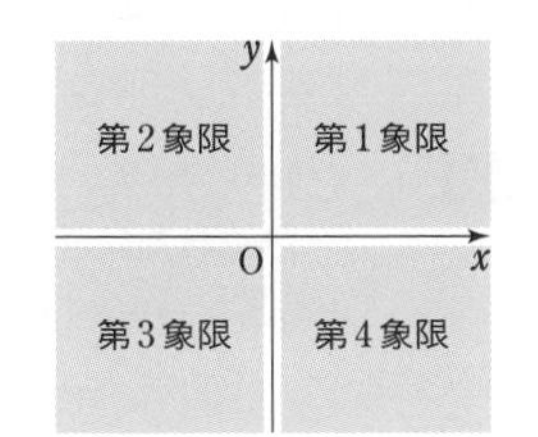

(注意) 動径が座標軸に重なるときは，どの象限の角でもない。

例 45 三角関数の相互関係 ★★☆☆☆

(1) $\pi<\theta<2\pi$ とする。$\cos\theta=\dfrac{12}{13}$ のとき，$\sin\theta$，$\tan\theta$ の値を求めよ。

(2) $\tan\theta=2$ のとき，$\sin\theta$，$\cos\theta$ の値を求めよ。

指針 $\sin\theta$，$\cos\theta$，$\tan\theta$ のうちの1つの値が与えられると，他の2つの値は

① $\boldsymbol{\tan\theta=\dfrac{\sin\theta}{\cos\theta}}$　　② $\boldsymbol{\sin^2\theta+\cos^2\theta=1}$　　③ $\boldsymbol{1+\tan^2\theta=\dfrac{1}{\cos^2\theta}}$

を利用すると，次のような手順で求められる。

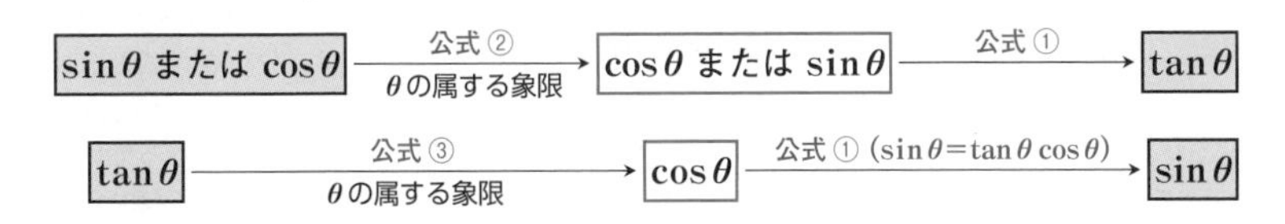

ただし，θ の属する象限によって，$\sin\theta$，$\cos\theta$，$\tan\theta$ の符号が決まることに注意する。
⟶ 三角関数の値の符号は，その角 θ の動径が，どの象限に含まれるかで決まる。

別解 図をかいて求める

(1) $\cos\theta=\dfrac{12}{13}$ であるから，$\boldsymbol{r=13}$，$\boldsymbol{x=12}$ である点 $\mathrm{P}(x,\ y)$ を第4象限にとると
$$y=-\sqrt{13^2-12^2}=-5$$
よって，定義から，$\sin\theta$，$\tan\theta$ の値が求められる。

(2) $\tan\theta=2$ であるから，$\boldsymbol{(x,\ y)=(1,\ 2)}$ または $\boldsymbol{(x,\ y)=(-1,\ -2)}$ である点Pを，図のようにとると　$(x,\ y)=(1,\ 2)$ のとき　$r=\sqrt{1^2+2^2}=\sqrt{5}$
$(x,\ y)=(-1,\ -2)$ のとき　$r=\sqrt{(-1)^2+(-2)^2}=\sqrt{5}$
よって，(1)と同様にして，定義から $\sin\theta$，$\cos\theta$ の値が求められる。

例題 84 三角関数の式の値 (1) ★★☆☆☆

$\sin\theta+\cos\theta=\dfrac{\sqrt{3}}{2}$ とする。次の式の値を求めよ。

(1) $\sin\theta\cos\theta$, $\sin^3\theta+\cos^3\theta$ (2) $\dfrac{\pi}{2}<\theta<\pi$ のとき, $\cos\theta-\sin\theta$

指針 (1) (前半) 数学Ⅰでも学習したように, 条件式の両辺を2乗すると,
かくれた条件 $\sin^2\theta+\cos^2\theta=1$ と $\sin\theta\cos\theta$ が現れる。

(後半) $\sin^3\theta+\cos^3\theta$ は **$\sin\theta$, $\cos\theta$ の対称式** であるから
$\sin\theta+\cos\theta$, $\sin\theta\cos\theta$ で表す

(2) まず $(\cos\theta-\sin\theta)^2$ を求め, その平方根をとる。ただし, $\cos\theta-\sin\theta$ の **符号に注意**。θ が第2象限の角のとき $\cos\theta-\sin\theta=$ **負** $-$ **正** $=$ **負** である。

解答 (1) $\sin\theta+\cos\theta=\dfrac{\sqrt{3}}{2}$ の両辺を2乗すると

$$\sin^2\theta+2\sin\theta\cos\theta+\cos^2\theta=\frac{3}{4}$$

ゆえに $1+2\sin\theta\cos\theta=\dfrac{3}{4}$

◀ $\sin^2\theta+\cos^2\theta=1$

よって $\boldsymbol{\sin\theta\cos\theta=\dfrac{1}{2}\left(\dfrac{3}{4}-1\right)=-\dfrac{1}{8}}$

ゆえに $\boldsymbol{\sin^3\theta+\cos^3\theta}$

$$=(\sin\theta+\cos\theta)(\sin^2\theta-\sin\theta\cos\theta+\cos^2\theta)$$

$$=\frac{\sqrt{3}}{2}\left\{1-\left(-\frac{1}{8}\right)\right\}=\boldsymbol{\frac{9\sqrt{3}}{16}}$$

◀ $\boldsymbol{a^3+b^3=(a+b)(a^2-ab+b^2)}$
$\sin^2\theta+\cos^2\theta=1$ が使えるから, 因数分解の公式の方が使い勝手がよい。

(2) $(\cos\theta-\sin\theta)^2=\cos^2\theta-2\cos\theta\sin\theta+\sin^2\theta$

$$=1-2\left(-\frac{1}{8}\right)=\frac{5}{4} \quad \cdots\cdots ①$$

$\dfrac{\pi}{2}<\theta<\pi$ のとき $\sin\theta>0$, $\cos\theta<0$

したがって $\cos\theta-\sin\theta<0$

よって, ① から $\boldsymbol{\cos\theta-\sin\theta=-\sqrt{\dfrac{5}{4}}=-\dfrac{\sqrt{5}}{2}}$

(2) 条件式と (1) より, $\sin\theta$ と $\cos\theta$ の和と積がわかっているから,
$\boldsymbol{x^2-(和)x+(積)=0}$
を用いて, $\sin\theta$ と $\cos\theta$ の値を直接求めることもできる。具体的には, 参考 を参照。

参考 $\sin\theta$, $\cos\theta$ は2次方程式 $x^2-\dfrac{\sqrt{3}}{2}x-\dfrac{1}{8}=0$ の2つの解で, この方程式を解くと
$x=\dfrac{\sqrt{3}\pm\sqrt{5}}{4}$ であるから, $\dfrac{\pi}{2}<\theta<\pi$ のとき $\sin\theta=\dfrac{\sqrt{3}+\sqrt{5}}{4}$, $\cos\theta=\dfrac{\sqrt{3}-\sqrt{5}}{4}$

練習 84
(1) $\sin\theta+\cos\theta=-\dfrac{1}{2}$, $\pi\leqq\theta\leqq2\pi$ のとき, $\sin^3\theta-\cos^3\theta$ の値を求めよ。

(2) $\cos\theta+\cos^2\theta=1$ のとき, $\dfrac{\sin^4\theta+\cos^3\theta}{2\cos\theta}$ の値を求めよ。 〔酪農学園大〕

(3) $\sin\theta+\sin^2\theta=1$ のとき, $\cos^2\theta+2\cos^4\theta$ の値を求めよ。 〔昭和薬大〕

重要例題 85 三角関数の式の値(2) ★★★★☆

$\sin^3\theta+\cos^3\theta=\dfrac{13}{27}\left(\dfrac{\pi}{2}<\theta<\pi\right)$ のとき，$\sin\theta$ および $\cos\theta$ の値を求めよ。

〔横浜国大〕 ◀例題84

指針 前ページの例題84(2)の側注や 参考 でも取り上げたように，$\sin\theta$，$\cos\theta$ の値は，和 $\sin\theta+\cos\theta$，積 $\sin\theta\cos\theta$ の値がわかれば，2次方程式 $\boldsymbol{x^2-(和)x+(積)=0}$ を作り，その2つの解として求められる。

$\sin\theta+\cos\theta=a$，$\sin\theta\cos\theta=b$ とおくと，条件の式と **かくれた条件** $\sin^2\theta+\cos^2\theta=1$ から　$a(1-b)=\dfrac{13}{27}$，$a^2-2b=1$　　b を消去すると　$\dfrac{a(3-a^2)}{2}=\dfrac{13}{27}$ …… (＊)

ただし，θ は第2象限の角であるから　$0<\sin\theta<1$，$-1<\cos\theta<0$

ゆえに，$\sin\theta+\cos\theta=a$ のとりうる値の範囲に注意して，a の3次方程式 (＊) を解く。

解答 $\sin\theta+\cos\theta=a$，$\sin\theta\cos\theta=b$ とおく。

$$\sin^3\theta+\cos^3\theta=(\sin\theta+\cos\theta)(\sin^2\theta-\sin\theta\cos\theta+\cos^2\theta)$$
$$=(\sin\theta+\cos\theta)(1-\sin\theta\cos\theta) \quad \cdots\cdots ①$$

◀ $\sin^2\theta+\cos^2\theta=1$

また，$\sin\theta+\cos\theta=a$ の両辺を2乗して

$$\sin^2\theta+2\sin\theta\cos\theta+\cos^2\theta=a^2$$

ゆえに　$1+2b=a^2$

◀ $\sin^2\theta+\cos^2\theta=1$

① より $a(1-b)=\dfrac{13}{27}$ であるから，これに

$b=\dfrac{a^2-1}{2}$ …… ② を代入して　$\dfrac{a(3-a^2)}{2}=\dfrac{13}{27}$

◀ $1+2b=a^2$ から。

すなわち　$27a^3-81a+26=0$

$(3a-1)(9a^2+3a-26)=0$

◀ 因数定理を利用。

$a=\dfrac{1}{3}$，$\dfrac{-1\pm\sqrt{105}}{6}$

◀ $\dfrac{-1+\sqrt{105}}{6}>\underbrace{\dfrac{-1+\sqrt{100}}{6}}_{>1}$

$\dfrac{-1-\sqrt{105}}{6}<\underbrace{\dfrac{-1-\sqrt{100}}{6}}_{<-1}$

$\dfrac{\pi}{2}<\theta<\pi$ より，$0<\sin\theta<1$，$-1<\cos\theta<0$ であるから

$-1<\sin\theta+\cos\theta<1$　すなわち　$-1<a<1$

よって，$a=\dfrac{1}{3}$ であり，このとき ② から　$b=-\dfrac{4}{9}$

◀ $b=\dfrac{1}{2}\left\{\left(\dfrac{1}{3}\right)^2-1\right\}$

ゆえに，$\sin\theta$，$\cos\theta$ は2次方程式 $x^2-\dfrac{1}{3}x-\dfrac{4}{9}=0$

◀ $\boldsymbol{x^2-(和)x+(積)=0}$

すなわち $9x^2-3x-4=0$ の解である。

これを解くと　$x=\dfrac{1\pm\sqrt{17}}{6}$

◀ $0<\sin\theta<1$，$-1<\cos\theta<0$

したがって　$\boldsymbol{\sin\theta=\dfrac{1+\sqrt{17}}{6}}$，$\boldsymbol{\cos\theta=\dfrac{1-\sqrt{17}}{6}}$

練習 85 $\sin^3\theta+\cos^3\theta=\dfrac{11}{16}$ のとき，$\sin\theta+\cos\theta$ の値を求めよ。

例題 86 解が三角関数の 2 次方程式 ★★★☆☆

2 次方程式 $8x^2-4x+k=0$ の 2 つの解が $\sin\theta$, $\cos\theta$ であるとき，定数 k の値と $\sin\theta$, $\cos\theta$ の値を求めよ。ただし，$0<\theta<\pi$ とする。

◀例題 84，85

指針 2 次方程式の 2 つの **解** と **係数** の問題であるから，**解と係数の関係** を利用する。これから

$$\sin\theta+\cos\theta=\frac{1}{2},\ \sin\theta\cos\theta=\frac{k}{8}$$

k, $\sin\theta$, $\cos\theta$ の 3 つの未知数に対し，方程式は 2 つで，1 つ足りないが，$\boldsymbol{\sin^2\theta+\cos^2\theta=1}$ より

$$(\sin\theta+\cos\theta)^2=1+2\sin\theta\cos\theta$$

であるから，これより θ が消去できて，k の値を求めることができる。
また，$0<\theta<\pi$ の条件に注意。

解と係数の関係
2 次方程式 $ax^2+bx+c=0$ の 2 つの解を α, β とすると
$$\boldsymbol{\alpha+\beta=-\frac{b}{a},\ \alpha\beta=\frac{c}{a}}$$

解答 2 次方程式 $8x^2-4x+k=0$ の 2 つの解が $\sin\theta$, $\cos\theta$ であるから，解と係数の関係により

$$\sin\theta+\cos\theta=\frac{1}{2}\ \cdots\cdots ①,\ \sin\theta\cos\theta=\frac{k}{8}\ \cdots\cdots ②$$

① の両辺を 2 乗して

$$\sin^2\theta+2\sin\theta\cos\theta+\cos^2\theta=\frac{1}{4}$$

ゆえに　$1+2\sin\theta\cos\theta=\frac{1}{4}$

◀ $\sin^2\theta+\cos^2\theta=1$

よって　$\sin\theta\cos\theta=-\frac{3}{8}$ ······ ③

◀ $\sin\theta$ と $\cos\theta$ の積は負であるから，$\sin\theta$ と $\cos\theta$ は異符号である。また，$0<\theta<\pi$ であるから，θ は第 2 象限の角である。

②，③ から　$\frac{k}{8}=-\frac{3}{8}$　ゆえに　$\boldsymbol{k=-3}$

このとき，方程式は　$8x^2-4x-3=0$

これを解いて　$x=\frac{1\pm\sqrt{7}}{4}$

また　$\frac{1-\sqrt{7}}{4}<0<\frac{1+\sqrt{7}}{4}$

$0<\theta<\pi$ では，$\sin\theta>0$ であるから

$$\boldsymbol{\sin\theta=\frac{1+\sqrt{7}}{4},\ \cos\theta=\frac{1-\sqrt{7}}{4}}$$

練習 86 k を正の実数とし，2 次方程式 $8x^2-12kx+3k^2+8=0$ は $\sin\theta+2\cos\theta$, $2\sin\theta+\cos\theta$ を解にもつとする。ただし，$0\leqq\theta\leqq\frac{\pi}{4}$ とする。

(1) $\sin\theta+\cos\theta$, $\sin\theta\cos\theta$ をそれぞれ k を用いて表せ。
(2) k の値を求めよ。
(3) $\sin\theta$, $\cos\theta$ の値を求めよ。　〔首都大東京〕

21 三角関数の性質，グラフ

《基本事項》

1 三角関数に関するいろいろな等式

① $\theta+2n\pi$（n は整数）の三角関数

角 $\theta+2n\pi$ の動径は，角 θ の動径と一致するから

$$\sin(\theta+2n\pi)=\sin\theta,\quad \cos(\theta+2n\pi)=\cos\theta,\quad \tan(\theta+2n\pi)=\tan\theta$$

② $-\theta$ の三角関数

角 θ，$-\theta$ の動径と単位円の交点をそれぞれ P，Q とすると，2 点 P，Q は x 軸に関して対称であるから，$\mathrm{P}(a,\ b)$ に対して，$\mathrm{Q}(a,\ -b)$ となる。

したがって，次の公式が成り立つ。

$$\sin(-\theta)=-\sin\theta,\quad \cos(-\theta)=\cos\theta,$$
$$\tan(-\theta)=-\tan\theta$$

③ $\theta+\pi$ の三角関数

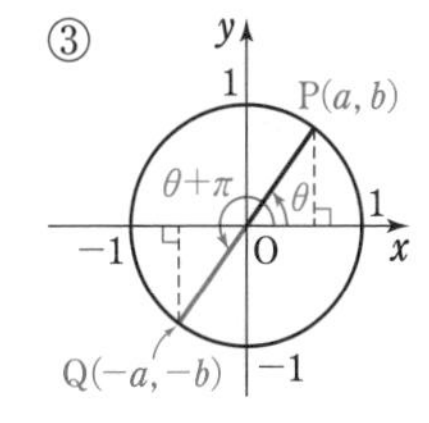

角 θ，$\theta+\pi$ の動径と単位円の交点をそれぞれ P，Q とすると，2 点 P，Q は原点に関して対称であるから，$\mathrm{P}(a,\ b)$ に対して，$\mathrm{Q}(-a,\ -b)$ となる。

したがって，次の公式が成り立つ。

$$\sin(\theta+\pi)=-\sin\theta,\quad \cos(\theta+\pi)=-\cos\theta,$$
$$\tan(\theta+\pi)=\tan\theta$$

④ $\pi-\theta$ の三角関数

③ において θ を $-\theta$ とおき換え，② を用いると，次の公式が成り立つ。

$$\sin(\pi-\theta)=\sin\theta,\quad \cos(\pi-\theta)=-\cos\theta,\quad \tan(\pi-\theta)=-\tan\theta$$

⑤ $\theta+\dfrac{\pi}{2}$ の三角関数

角 θ，$\theta+\dfrac{\pi}{2}$ の動径と単位円の交点をそれぞれ P，Q とすると，動径 OQ は動径 OP を $\dfrac{\pi}{2}$ だけ回転した位置にあるから，$\mathrm{P}(a,\ b)$ に対して，$\mathrm{Q}(-b,\ a)$ となる。

したがって，次の公式が成り立つ。

$$\sin\left(\theta+\frac{\pi}{2}\right)=\cos\theta,\quad \cos\left(\theta+\frac{\pi}{2}\right)=-\sin\theta,\quad \tan\left(\theta+\frac{\pi}{2}\right)=-\frac{1}{\tan\theta}$$

⑥ $\dfrac{\pi}{2}-\theta$ の三角関数

⑤ において，θ を $-\theta$ とおき換え，② を用いると，次の公式が成り立つ。

$$\sin\left(\frac{\pi}{2}-\theta\right)=\cos\theta,\quad \cos\left(\frac{\pi}{2}-\theta\right)=\sin\theta,\quad \tan\left(\frac{\pi}{2}-\theta\right)=\frac{1}{\tan\theta}$$

2 三角関数のグラフ

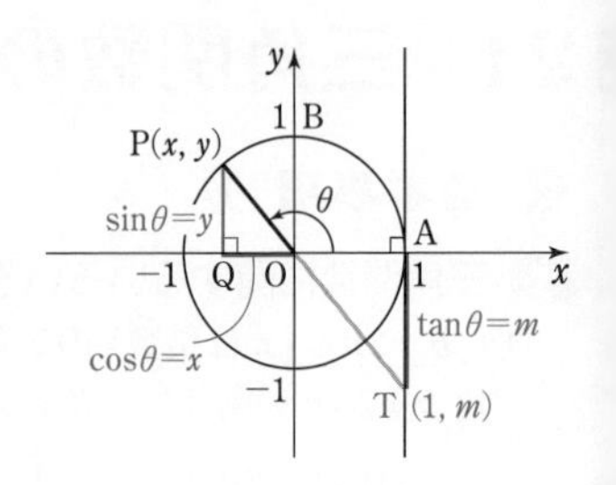

右の図のように，角 θ の動径と単位円の交点を $\mathrm{P}(x,\ y)$ とし，単位円の周上の点 $\mathrm{A}(1,\ 0)$ における接線と直線 OP の交点を $\mathrm{T}(1,\ m)$ とすると，

$$\sin\theta=y,\quad \cos\theta=x,\quad \tan\theta=m$$

となる。これを利用すると，関数 $y=\sin\theta$，$y=\cos\theta$，$y=\tan\theta$ のグラフをかくことができる。

$y=\sin\theta$，$\cos\theta$ のグラフの形の曲線を **正弦曲線** といい，$y=\tan\theta$ のグラフの形の曲線を **正接曲線** という。

① **$y=\sin\theta$ のグラフ**

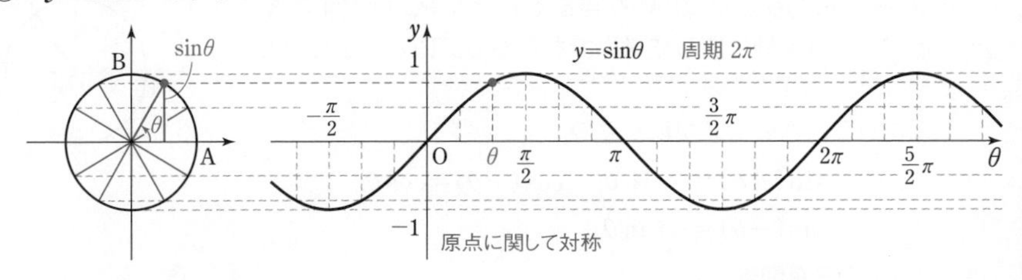

② **$y=\cos\theta$ のグラフ**

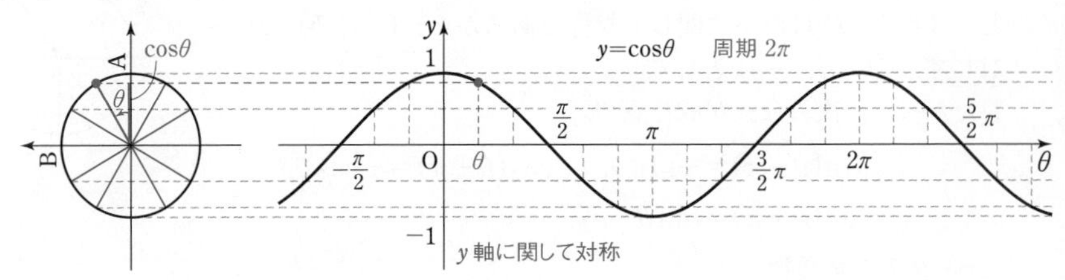

$\cos\theta=\sin\left(\theta+\dfrac{\pi}{2}\right)$ であるから，$y=\cos\theta$ のグラフは $y=\sin\theta$ のグラフを θ 軸方向に $-\dfrac{\pi}{2}$ だけ平行移動したものである。

③ **$y=\tan\theta$ のグラフ**

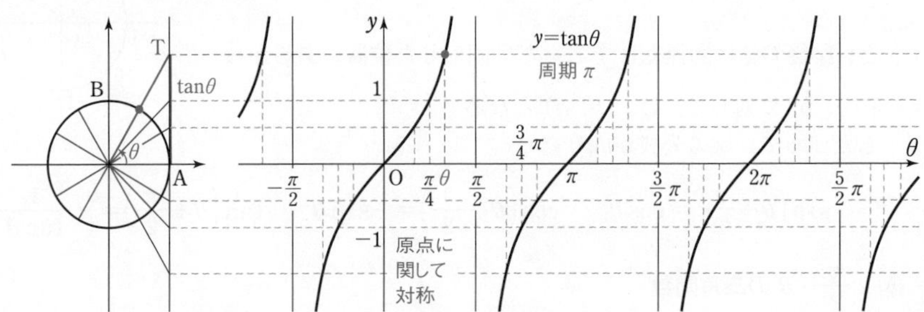

一般に，ある曲線が一定の直線に限りなく近づくとき，その直線を，その曲線の **漸近線** という。$y=\tan\theta$ のグラフは，直線 $\boldsymbol{\theta=\dfrac{\pi}{2}+n\pi}$（$n$ は整数）を漸近線にもつ。

3 奇関数，偶関数

一般に，関数 $f(x)$ において

常に $f(-x)=-f(x)$ が成り立つとき，

　　$f(x)$ は **奇関数**

常に $f(-x)=f(x)$ が成り立つとき，

　　$f(x)$ は **偶関数**

であるという。

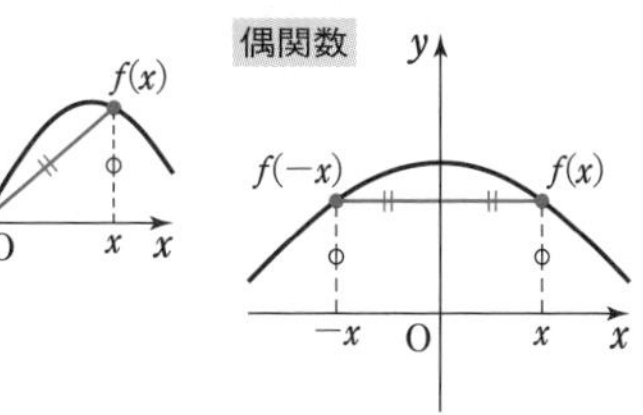

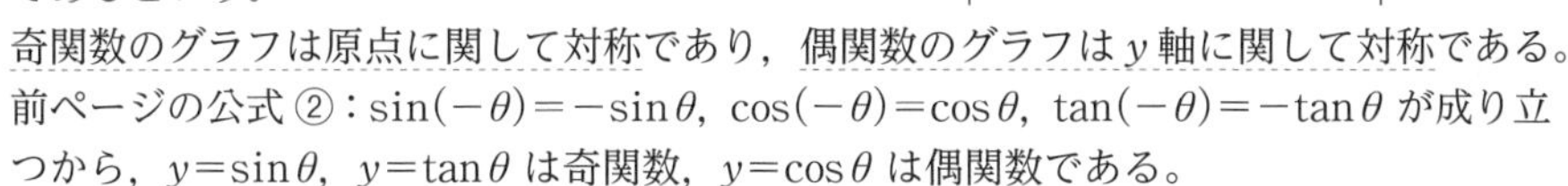

奇関数のグラフは原点に関して対称であり，偶関数のグラフは y 軸に関して対称である。

前ページの公式②：$\sin(-\theta)=-\sin\theta$，$\cos(-\theta)=\cos\theta$，$\tan(-\theta)=-\tan\theta$ が成り立つから，$y=\sin\theta$，$y=\tan\theta$ は奇関数，$y=\cos\theta$ は偶関数である。

4 周期と周期関数

関数 $f(x)$ において，0 でない定数 p に対し，$f(x+p)=f(x)$ がどんな x の値に対しても成り立つとき，$f(x)$ は p を **周期** とする **周期関数** という。

このとき，$2p$，$3p$，$-p$，$-2p$ なども $f(x)$ の周期であって，周期関数の周期は無数にあるが，普通，周期というときは，正の周期のうち，最小のものを意味する。

◀ $f(x+2p)=f((x+p)+p)$
$=f(x+p)=f(x)$ など

◀ **基本周期** ということもある。

$\sin(\theta+2\pi)=\sin\theta$，$\cos(\theta+2\pi)=\cos\theta$，$\tan(\theta+\pi)=\tan\theta$ であるから，

　$y=\sin\theta$，$y=\cos\theta$ は 2π を，$y=\tan\theta$ は π を周期とする周期関数である。

また，$f(x)=\sin kx$ （k は 0 でない定数）とすると

$$f\left(x+\frac{2\pi}{k}\right)=\sin k\left(x+\frac{2\pi}{k}\right)=\sin(kx+2\pi)=\sin kx=f(x)$$

よって　　**関数 $y=\sin k\theta$ の周期は $\dfrac{2\pi}{|k|}$**

例　$y=\sin 4\theta$ の周期は $\dfrac{2\pi}{4}=\dfrac{\pi}{2}$

同様に　　**関数 $y=\cos k\theta$ の周期は $\dfrac{2\pi}{|k|}$，**

　　　　　関数 $y=\tan k\theta$ の周期は $\dfrac{\pi}{|k|}$

5 いろいろな三角関数のグラフ

三角関数では，基本形 $y=\sin\theta$，$y=\cos\theta$，$y=\tan\theta$ との関係を考える。

一般に，関数 $y=f(x)$ のグラフに対し，次の関数のグラフは

　$y=f(x-p)+q$ ⟶ x 軸方向に p，y 軸方向に q だけ平行移動

　$y=af(x)$ ⟶ y 軸方向に a 倍に拡大または縮小　$(a>0)$

　$y=f(kx)$ ⟶ x 軸方向に $\dfrac{1}{k}$ 倍に拡大または縮小　$(k>0)$

CHECK 問題

38 次の関数の周期のうち，正で最小のもの（基本周期）を求めよ。 → 4

(1) $f(\theta)=\dfrac{1}{2}\sin\theta$　　(2) $f(\theta)=\cos(-2\theta)$　　(3) $f(\theta)=\tan\dfrac{\theta}{2}$

例 46 三角関数の値 ★☆☆☆☆

次の値を求めよ。

(1) $\sin\dfrac{17}{3}\pi$　　(2) $\cos\left(-\dfrac{4}{3}\pi\right)$　　(3) $\tan\dfrac{21}{4}\pi$

(4) $\sin\dfrac{6}{7}\pi+\cos\dfrac{11}{14}\pi+\sin\dfrac{5}{7}\pi-\sin\dfrac{\pi}{7}$

指針 前ページの公式を用いる。次の手順で進めればよい。

[1] **負の角** は $-\theta$ の公式で **正の角** に直す。

[2] **2π 以上の角** は $\theta+2n\pi$ の公式で **2π より小さい角** に直す。
特に，tan は $\theta+n\pi$ の公式で **π より小さい角** に直す。

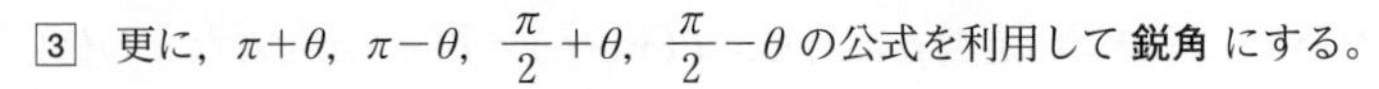

[3] 更に，$\pi+\theta$，$\pi-\theta$，$\dfrac{\pi}{2}+\theta$，$\dfrac{\pi}{2}-\theta$ の公式を利用して **鋭角** にする。

(4) まずは1つずつ **鋭角の三角関数** に直してから考える。

検討 $p.175$ の6つの公式のうち，特に，③と④，⑤と⑥をそのまま記憶するのは簡単ではない。そこで，特徴をつかんで覚えるとよい。以下，③と④，⑤と⑥を複号（同順である）を用いてまとめた。

③，④　$\sin(\pi\pm\theta)=\mp\sin\theta$，　$\cos(\pi\pm\theta)=-\cos\theta$，　$\tan(\pi\pm\theta)=\pm\tan\theta$

⑤，⑥　$\sin\left(\dfrac{\pi}{2}\pm\theta\right)=\cos\theta$，　$\cos\left(\dfrac{\pi}{2}\pm\theta\right)=\mp\sin\theta$，　$\tan\left(\dfrac{\pi}{2}\pm\theta\right)=\mp\dfrac{1}{\tan\theta}$

まず，符号を考えない場合，次のような特徴がある。

③，④　sin ⟶ sin，cos ⟶ cos，tan ⟶ tan　のように，関数が変わらない。

⑤，⑥　sin ⟶ cos，cos ⟶ sin，tan ⟶ $\dfrac{1}{\tan}$ のように，関数が変わる。

更に，**符号** について，上の公式は，θ がどんな角でも成り立つから，θ を第1象限の角（鋭角）と考えて，角 $\pi\pm\theta$，$\dfrac{\pi}{2}\pm\theta$ が属する象限を調べ，それに対する もとの関数の符号 をつければよい。

CHART $\pi\pm\theta$，$\dfrac{\pi}{2}\pm\theta$ の三角関数

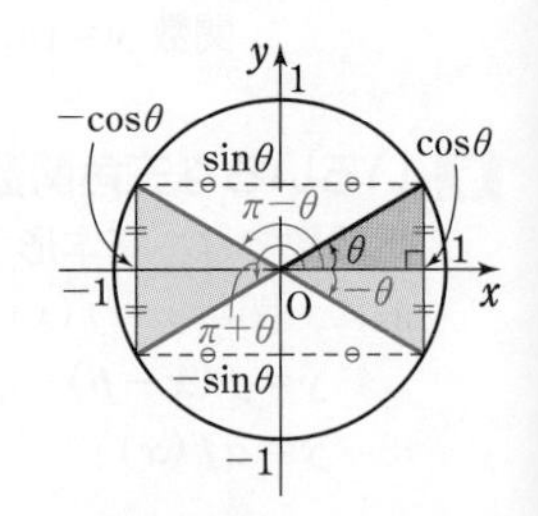

関数の決定
- $\pi\pm\theta$　**そのまま**
- $\dfrac{\pi}{2}\pm\theta$　sin ⟶ cos，cos ⟶ sin　tan ⟶ $\dfrac{1}{\tan}$

符号の決定
- **θ を第1象限の角と考えて**
- **$\pi\pm\theta$，$\dfrac{\pi}{2}\pm\theta$ の属する象限を調べる**

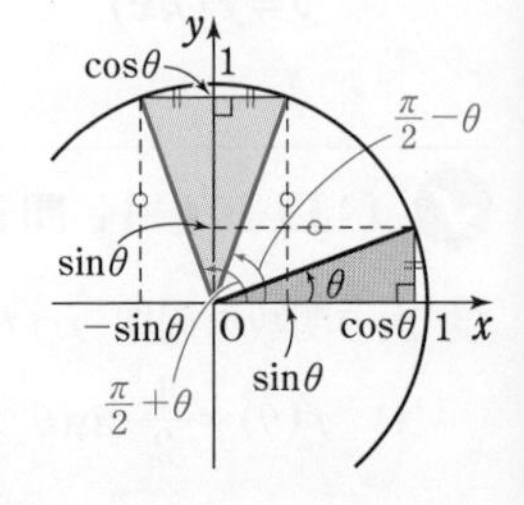

補足 角 θ に対して，$\dfrac{\pi}{2}-\theta$ を θ の **余角**，$\pi-\theta$ を θ の **補角** という。角 θ の動径との位置関係より，$-\theta$ は x 軸に関して対称，補角は y 軸に関して対称（右上の図参照），余角は直線 $y=x$ に関して対称（右下の図参照）である。

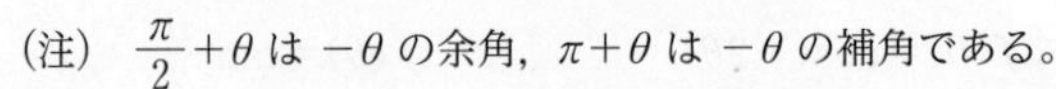

(注) $\dfrac{\pi}{2}+\theta$ は $-\theta$ の余角，$\pi+\theta$ は $-\theta$ の補角である。

例 47 | 三角関数のグラフ (1)

★☆☆☆☆

次の関数のグラフをかけ。

(1) $y=\sin\left(\theta-\dfrac{\pi}{2}\right)$ (2) $y=\sin\theta+1$ (3) $y=\tan\left(\theta+\dfrac{\pi}{2}\right)$

指針 三角関数のグラフは，基本形である $y=\sin\theta$，$y=\cos\theta$，$y=\tan\theta$ のグラフとの関係を調べてかく。すなわち，$y=f(\theta)$ のグラフに対し，

$\boldsymbol{y=f(\theta-p)}$ $\longrightarrow$ **θ 軸方向に p だけ平行移動**
$\boldsymbol{y=f(\theta)+q}$ $\longrightarrow$ **y 軸方向に q だけ平行移動**
$\boldsymbol{y=f(\theta-p)+q}$ $\longrightarrow$ **θ 軸方向に p，y 軸方向に q だけ平行移動**

なお，三角関数のような周期関数のグラフは，定義域が実数全体の場合，少なくとも **1 周期分以上** はかいておく。

(1) $\sin\left(\theta-\dfrac{\pi}{2}\right)=-\sin\left(\dfrac{\pi}{2}-\theta\right)=-\cos\theta$ であるから，$y=\sin\left(\theta-\dfrac{\pi}{2}\right)$ のグラフは，$y=\sin\theta$ を θ 軸方向に $\dfrac{\pi}{2}$ だけ移動したものであり，$y=-\cos\theta$ のグラフと同じである（p. 180 例 50 (1) 参照）。

例 48 | 三角関数のグラフ (2)

次の関数のグラフをかけ。また，その周期をいえ。

(1) $y=3\sin\theta$ (2) $y=\cos 2\theta$ (3) $y=\dfrac{1}{2}\tan\theta$

指針 前ページの例題と同様に，$y=\sin\theta$，$y=\cos\theta$，$y=\tan\theta$ のグラフを基本に考える。すなわち，$y=f(\theta)$ のグラフに対し

(1),(3) $y=af(\theta)$ $\longrightarrow$ y 軸方向に a 倍に拡大・縮小 $(a>0)$

(2) $y=f(k\theta)$ $\longrightarrow$ θ 軸方向に $\dfrac{1}{k}$ 倍に拡大・縮小 …… **k 倍ではない！** $(k>0)$

以下では，$a>0$，$k>0$ とする。
関数 $y=af(\theta)$ の値は，常に $y=f(\theta)$ の値の a 倍である。
また，$y=f(k\theta)$ の $\theta=\dfrac{\alpha}{k}$ における値は，$y=f(\theta)$ の $\theta=\alpha$ における値と常に等しい。
よって，関数 $y=f(\theta)$ のグラフに対し，次の関数のグラフは

$\boldsymbol{y=af(\theta)}$ $\longrightarrow$ **y 軸方向に a 倍に拡大または縮小**
$\boldsymbol{y=f(k\theta)}$ $\longrightarrow$ **θ 軸方向に $\dfrac{1}{k}$ 倍に拡大または縮小**

このことと，数学 I で学習したグラフの平行移動，対称移動を組み合わせることで，いろいろな三角関数のグラフがかける。

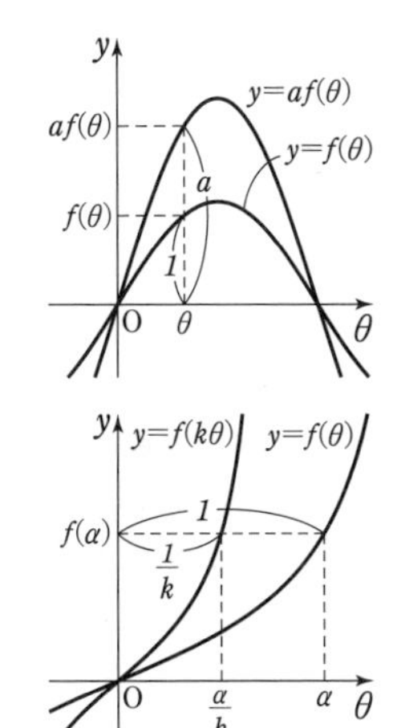

例 49 三角関数のグラフ (3) ★★☆☆☆

関数 $y=3\cos\left(2\theta+\dfrac{\pi}{3}\right)$ のグラフをかけ。また，その周期をいえ。

指針 $y=3\cos\left(2\theta+\dfrac{\pi}{3}\right)$ から　$y=3\cos 2\left(\theta+\dfrac{\pi}{6}\right)$

まず，基本形 $y=\cos\theta$ のグラフを **y 軸方向に 3 倍に拡大** し，**θ 軸方向に $\dfrac{1}{2}$ 倍に縮小** した $y=3\cos 2\theta$ のグラフをかく。

次に，このグラフを **θ 軸方向に $-\dfrac{\pi}{6}$ だけ平行移動** する。　◀ $-\dfrac{\pi}{3}$ と誤るな。

また，関数 $f(k\theta)$ の周期は，$f(\theta)$ の周期の $\dfrac{1}{|k|}$ 倍　になる。

上の指針では，基本形のグラフを先に拡大・縮小してから

$$y=3\cos 2\underline{\theta} \longrightarrow y=3\cos 2\underline{\left(\theta+\frac{\pi}{6}\right)} \quad \left(\theta\text{ 軸方向に }-\frac{\pi}{6}\text{ だけ平行移動}\right)$$

としているが，この順番を逆にすると次のようになる。

$$y=\cos\theta \longrightarrow y=\cos\left(\underline{\theta}+\frac{\pi}{3}\right) \quad \left(\theta\text{ 軸方向に }-\frac{\pi}{3}\text{ だけ平行移動}\right)$$

$$\longrightarrow y=3\cos\left(\underline{2\theta}+\frac{\pi}{3}\right) \quad (\text{拡大・縮小})$$

しかし，先に平行移動して対称性が失われた（偶関数でも奇関数でもなくなった）グラフを θ 軸方向に拡大（縮小）するのは，頂点や θ 軸との交点の位置を確認するのが面倒である。

例 50 三角関数のグラフ (4) ★★☆☆☆

次の関数のグラフをかけ。また，その周期をいえ。

(1) $y=-\cos\theta$　(2) $y=\tan\left(-\dfrac{\theta}{2}\right)$　(3) $y=|\sin\theta|$

指針 (1), (2)　数学 I で学習した 2 次関数のグラフと同様，$y=f(\theta)$ のグラフに対し，

$y=-f(\theta) \longrightarrow$ θ 軸に関して対称移動
$y=f(-\theta) \longrightarrow$ y 軸に関して対称移動

(3)　**絶対値　場合分け**　の方針でもよいが，数学 I で学習したように

$y=|f(x)|$ のグラフは，$y=f(x)$ のグラフで x 軸より下側の部分を x 軸に関して対称に折り返したものである。

グラフをかくだけであれば，これと同じように考えた方が早い。なお，周期はグラフから判断する。

22 方程式，不等式，最大・最小

《基本事項》

1 三角方程式の解

三角関数を含む方程式を **三角方程式** といい，方程式を満たす角（解）を求めることを **三角方程式を解く** という。また，一般角で表された解を三角方程式の **一般解** という。
三角方程式は，単位円を利用して，次のように図に表して解く。

$\sin\theta=a$ なら，直線 $y=a$ と単位円の共有点
$\cos\theta=a$ なら，直線 $x=a$ と単位円の共有点
$\tan\theta=a$ なら，$T(1,\ a)$ とすると，直線 OT と単位円の共有点

を考える。

① $\sin\theta=a$ $(-1\leqq a\leqq 1)$

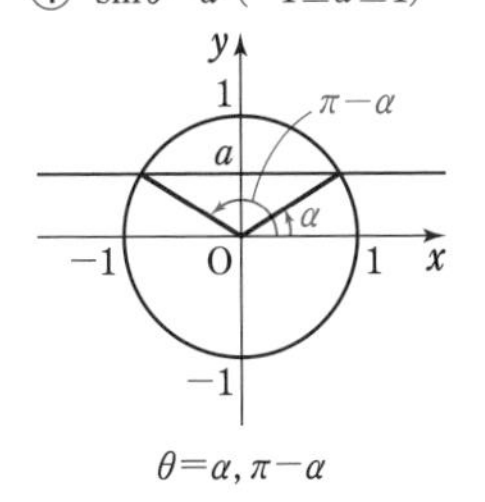

$\theta=\alpha,\ \pi-\alpha$

1つの解を α とすると，$\pi-\alpha$ も解。
一般解は $\alpha+2n\pi$, $(\pi-\alpha)+2n\pi$ **(n は整数)**

② $\cos\theta=a$ $(-1\leqq a\leqq 1)$

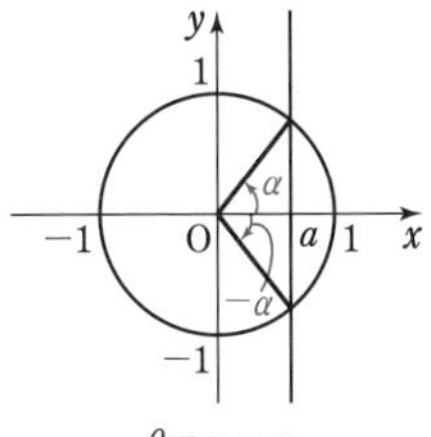

$\theta=\alpha,\ -\alpha$

1つの解を α とすると，$-\alpha$ も解。
一般解は $\pm\alpha+2n\pi$ **(n は整数)**

③ $\tan\theta=a$

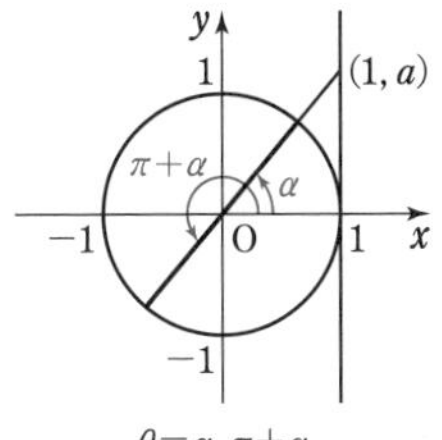

$\theta=\alpha,\ \pi+\alpha$

$\tan\theta$ の周期は π
1つの解を α とすると
一般解は $\alpha+n\pi$ **(n は整数)**

なお，① の一般解は $\alpha+2n\pi$，$-\alpha+(2n+1)\pi$ とも表されるから，1つにまとめて $\theta=(-1)^n\alpha+n\pi$（n は整数）と書くこともできる。

(注意) 1つの解 α としては普通，最小の正の角をとるが，sin や tan の場合は絶対値が最小の負の角をとってもよい。例えば，$\sin\theta=-\dfrac{1}{2}$ の一般解は，次のどちらでもよい。

$$\theta=(-1)^n\cdot\frac{7}{6}\pi+n\pi\ (n\text{ は整数}),\quad \theta=\underline{-(-1)^n\cdot\frac{\pi}{6}}+n\pi\ (n\text{ は整数})$$

└ $(-1)^n\cdot\left(-\dfrac{\pi}{6}\right)$

2 三角不等式の解

三角関数を含む不等式を **三角不等式** といい，不等式を満たす角の範囲（解）を求めることを **三角不等式を解く** という。
三角不等式 $\sin\theta>a$，$\cos\theta\leqq a$，$\tan\theta>a$ などの解を求めるには

① **不等号を＝とおいた三角方程式の解を求める。**
② **その解を利用し，動径の存在範囲を調べて不等式の解を求める。**

例 51　三角方程式の解法（基本）　★☆☆☆☆

$0 \leqq \theta < 2\pi$ のとき，次の方程式を解け。また，一般解も求めよ。

(1)　$2\sin\theta = 1$　　(2)　$2\cos\theta + \sqrt{3} = 0$　　(3)　$\tan\theta + \sqrt{3} = 0$

指針　三角方程式を解く要領は，次のようになる。

1　**基本の形** $\sin\theta = a$，$\cos\theta = a$，$\tan\theta = a$ を導く（係数を1にする）。

2　**単位円**と次の直線をかき，共有点をP，Q，Tとする。
　$\sin\theta = a$ なら，直線 $y = a$ と単位円の共有点をP，Qとする。
　$\cos\theta = a$ なら，直線 $x = a$ と単位円の共有点をP，Qとする。
　$\tan\theta = a$ なら，直線 $y = a$ と**直線 $x=1$** の交点をT$(1,\ a)$ とし，直線OTと単位円の共有点をP，Qとする。

3　動径OP，OQの表す角を求める。一般角なら，整数 n を用いて答える。

例 52　三角不等式の解法（基本）　★☆☆☆☆

$0 \leqq \theta < 2\pi$ のとき，次の不等式を解け。

(1)　$2\sin\theta - \sqrt{2} \geqq 0$　　(2)　$2\cos\theta - 1 < 0$　　(3)　$\sqrt{3}\tan\theta - 1 < 0$

指針　三角不等式も，方程式と同様，単位円を利用して解く。一般に，次のような手順になる。

1　**基本の形** $\sin\theta < a$，$\cos\theta < a$，$\tan\theta > a$ などを導く（係数を1にする）。

2　不等号を **＝とおいた方程式を解く**。

3　方程式の解を利用し，不等式を満たす θ の範囲を，図から読み取る。

(3)　**$\tan\theta$ には注意が必要**。周期は π で，$0 \leqq \theta < 2\pi$ では　$\theta \neq \frac{\pi}{2}$，$\theta \neq \frac{3}{2}\pi$

例 53　三角関数の最大・最小 (1)　★★☆☆☆

関数 $y = 4\sin^2\theta - 4\cos\theta + 1$ $(0 \leqq \theta < 2\pi)$ の最大値と最小値を求めよ。また，そのときの θ の値を求めよ。

指針　**CHART》** 三角関数の式　**sin，cos，tan の1種類の三角関数で表す**
$\sin^2 \Longleftrightarrow \cos^2$ の変身自在に

$\sin^2\theta$ と $\cos\theta$ があるから，**かくれた条件 $\sin^2\theta + \cos^2\theta = 1$** を使って，関数の式の右辺を，$\cos\theta$ だけの式に直すと　$y = 4(1-\cos^2\theta) - 4\cos\theta + 1$

$\cos\theta = x$ と **おき換え** て整理すると　$y = -4x^2 - 4x + 5$　◀ x の2次関数。

ただし，$= x$ とおき換えたら，x の変域に要注意。

$0 \leqq \theta < 2\pi$ のとき $-1 \leqq \cos\theta \leqq 1$ であるから　$-1 \leqq x \leqq 1$

つまり，関数 $y = -4x^2 - 4x + 5$ $(-1 \leqq x \leqq 1)$ の最大値と最小値を求めることになる。

CHART》 選手（変数）交代　　守備範囲（変数の変域）に注意

例題 87 三角方程式・不等式 (1) ★★☆☆☆

$0 \leqq \theta < 2\pi$ のとき，次の方程式，不等式を解け。

(1) $\sin\left(2\theta+\frac{\pi}{3}\right)=-\frac{\sqrt{3}}{2}$ (2) $\sin\left(\theta+\frac{\pi}{4}\right)<\frac{1}{2}$

◀例51，52

指針 ( ) 内を α とおくと，(1) $\sin\alpha=a$，(2) $\sin\alpha<a$ の形となる。これを解くとき

CHART》 変数のおき換え 範囲に注意

(1) なら $0 \leqq \theta < 2\pi \xrightarrow{\text{2倍して}} 0 \leqq 2\theta < 4\pi \xrightarrow{\frac{\pi}{3}\text{を加えて}} \frac{\pi}{3} \leqq 2\theta+\frac{\pi}{3} < 4\pi+\frac{\pi}{3}$

なお，$4\pi+\frac{\pi}{3}$ は，$\frac{\pi}{3}$ から始まって 2 回転した角である。

(2) も同様に α の範囲を求め，それぞれの範囲で α の方程式，不等式を解く。

解答 (1) $2\theta+\frac{\pi}{3}=\alpha$ とおくと $\sin\alpha=-\frac{\sqrt{3}}{2}$ …… ①

$0 \leqq \theta < 2\pi$ であるから $\frac{\pi}{3} \leqq \alpha < 4\pi+\frac{\pi}{3}$

この範囲において，① の解は

$$\alpha=\frac{4}{3}\pi,\ \frac{5}{3}\pi,\ \frac{10}{3}\pi,\ \frac{11}{3}\pi$$

すなわち $2\theta+\frac{\pi}{3}=\frac{4}{3}\pi,\ \frac{5}{3}\pi,\ \frac{10}{3}\pi,\ \frac{11}{3}\pi$

よって $\boldsymbol{\theta=\frac{\pi}{2},\ \frac{2}{3}\pi,\ \frac{3}{2}\pi,\ \frac{5}{3}\pi}$

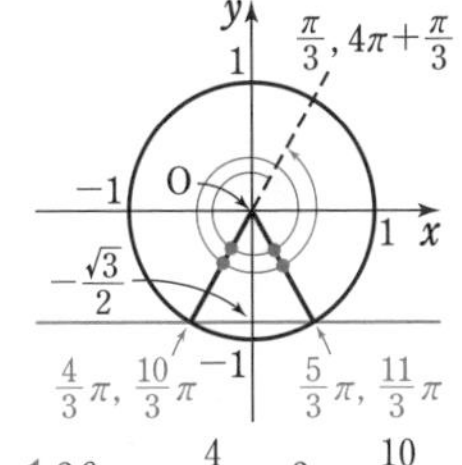

◀ $2\theta=\pi,\ \frac{4}{3}\pi,\ 3\pi,\ \frac{10}{3}\pi$

(2) $\theta+\frac{\pi}{4}=\alpha$ とおくと $\sin\alpha<\frac{1}{2}$ …… ①

$0 \leqq \theta < 2\pi$ であるから $\frac{\pi}{4} \leqq \alpha < 2\pi+\frac{\pi}{4}$

この範囲において，① の解は

$$\frac{5}{6}\pi<\alpha<\frac{13}{6}\pi$$

すなわち $\frac{5}{6}\pi<\theta+\frac{\pi}{4}<\frac{13}{6}\pi$

よって $\boldsymbol{\frac{7}{12}\pi<\theta<\frac{23}{12}\pi}$

◀ $\sin\alpha=\frac{1}{2}$ を α の範囲で解くと $\alpha=\frac{5}{6}\pi,\ \frac{13}{6}\pi$

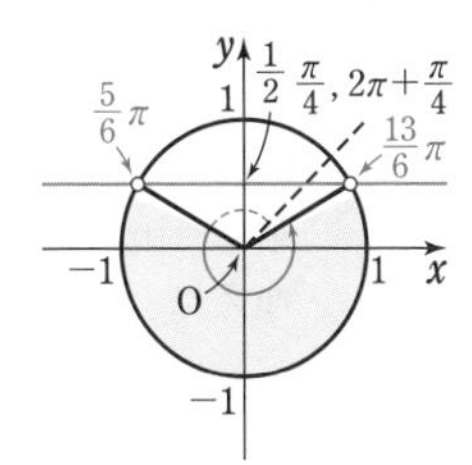

練習 87 $0 \leqq \theta < 2\pi$ のとき，次の方程式，不等式を解け。

(1) $2\cos\left(2\theta-\frac{\pi}{3}\right)=\sqrt{3}$ (2) $2\cos\left(2\theta-\frac{\pi}{3}\right)<\sqrt{3}$

(3) $\tan\left(\theta+\frac{\pi}{4}\right)=-\sqrt{3}$ (4) $\tan\left(\theta+\frac{\pi}{4}\right)\geqq-\sqrt{3}$

例題 88　三角方程式・不等式 (2)　★★☆☆☆

$0 \leqq \theta < 2\pi$ のとき，次の方程式，不等式を解け。

(1)　$2\sin^2\theta + \cos\theta - 1 = 0$　　(2)　$2\cos^2\theta + 5\sin\theta < 4$

◀例 51，52

指針　2 次の三角方程式，三角不等式は，最終的に **基本の形** ($\sin\theta = a$，$\cos\theta < a$ など) を導いて解く。そのためには，次の ①，② の手段をとるのが有効である。

① **sin，cos，tan の 1 種類の関数で表す**　◀ 三角関数の相互関係を利用。

② **方程式なら　積$=0$，　不等式なら　積$\gtreqless 0$ の形にする**

(1)　$\boldsymbol{\sin^2\theta = 1 - \cos^2\theta}$ を用いて，$\cos\theta$ だけの方程式にする。　◀ $\cos\theta$ の 2 次方程式になる。

(2)　$\boldsymbol{\cos^2\theta = 1 - \sin^2\theta}$ を用いて，$\sin\theta$ だけの不等式にする。　◀ $\sin\theta$ の 2 次不等式になる。

2 次方程式または 2 次不等式を変形すると，$\cos\theta$ や $\sin\theta$ について **基本の形** が導かれるが，$-1 \leqq \sin\theta \leqq 1$，$-1 \leqq \cos\theta \leqq 1$　であるから，$\sin\theta$，$\cos\theta$ のとりうる値には制限があることに注意する。

解答　(1)　方程式から　$2(1-\cos^2\theta) + \cos\theta - 1 = 0$　◀ $\sin^2\theta = 1 - \cos^2\theta$

整理すると　$2\cos^2\theta - \cos\theta - 1 = 0$

よって　$(\cos\theta - 1)(2\cos\theta + 1) = 0$

ゆえに　$\cos\theta = 1,\ -\dfrac{1}{2}$

$0 \leqq \theta < 2\pi$ であるから

$\cos\theta = 1$ より　$\theta = 0$

$\cos\theta = -\dfrac{1}{2}$ より　$\theta = \dfrac{2}{3}\pi,\ \dfrac{4}{3}\pi$

したがって，解は　$\boldsymbol{\theta = 0,\ \dfrac{2}{3}\pi,\ \dfrac{4}{3}\pi}$

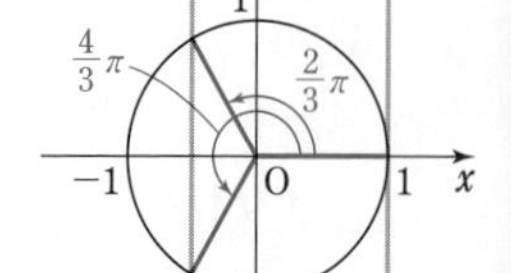

(2)　不等式から　$2(1-\sin^2\theta) + 5\sin\theta < 4$　◀ $\cos^2\theta = 1 - \sin^2\theta$

整理すると　$2\sin^2\theta - 5\sin\theta + 2 > 0$　◀ $\sin\theta = x$ とおくと $2x^2 - 5x + 2 > 0$　$(x-2)(2x-1) > 0$

よって　$(\sin\theta - 2)(2\sin\theta - 1) > 0$

$0 \leqq \theta < 2\pi$ のとき，$-1 \leqq \sin\theta \leqq 1$ であるから

常に $\sin\theta - 2 < 0$ である。

ゆえに　$2\sin\theta - 1 < 0$　◀ $AB > 0$ かつ $A < 0$ $\Longrightarrow B < 0$

よって　$\sin\theta < \dfrac{1}{2}$

これを解いて　$\boldsymbol{0 \leqq \theta < \dfrac{\pi}{6},\ \dfrac{5}{6}\pi < \theta < 2\pi}$

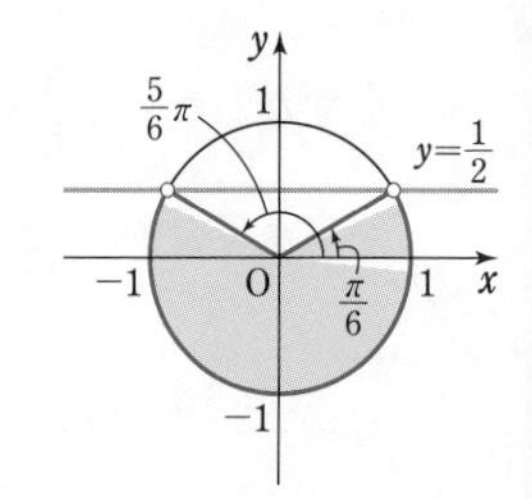

練習 88　$0 \leqq \theta < 2\pi$ のとき，(1)〜(4) の方程式，不等式を解け。

(1)　$2\cos^2\theta - \sqrt{3}\sin\theta + 1 = 0$　　(2)　$\sqrt{2}\cos\theta = \tan\theta$

(3)　$2\sin^2\theta + \sqrt{3}\cos\theta + 1 > 0$　　(4)　$\cos\theta < 0$ かつ $4\cos^2\theta - 1 < 0$

(5)　$0 \leqq x < 2\pi$，$0 \leqq y < 2\pi$ のとき，連立方程式 $\begin{cases} \sin x - \cos y = 0 \\ \cos x + \sin y = \sqrt{3} \end{cases}$ を解け。

例題 89 三角関数の最大・最小 (2) ★★★☆☆

関数 $f(\theta)=\cos^2\theta+2a\sin\theta$ $(0\leqq\theta\leqq2\pi)$ の最大値を $M(a)$ とする。a が実数全体を動くとき，関数 $y=M(a)$ のグラフをかけ。

◀例53

指針 例53と同様に sin の 1 種類の関数で表し，$\sin\theta=x$ とおくと　$f(\theta)=1-x^2+2ax$
ただし，$=x$ と おき換え たら，x の 変域に注意 が必要で，$0\leqq\theta<2\pi$ から　$-1\leqq x\leqq1$
よって，関数 $y=-x^2+2ax+1$ $(-1\leqq x\leqq1)$ の最大値を考える問題に帰着できる。
$y=-x^2+2ax+1$ のグラフは上に凸の放物線であるから，最大値 $M(a)$ は，軸 $x=a$ と区間 $-1\leqq x\leqq1$ の位置関係で，次のように，場合に分けて考える。
⟶ **軸が区間の** [1] **左外にある**　[2] **区間内にある**　[3] **右外にある**

解答 $f(\theta)=(1-\sin^2\theta)+2a\sin\theta$　◀ $\sin^2\theta+\cos^2\theta=1$

$\sin\theta=x$ とおくと，$0\leqq\theta\leqq2\pi$ であるから　$-1\leqq x\leqq1$　◀ x の変域に要注意！

$f(\theta)$ を x の式で表すと　$f(\theta)=1-x^2+2ax$

$g(x)=-x^2+2ax+1$ とすると

$g(x)=-(x-a)^2+a^2+1$　$(-1\leqq x\leqq1)$

$y=g(x)$ のグラフは上に凸の放物線で，軸は直線 $x=a$

[1] 軸 $x=a$ が $x<-1$ の範囲にあるとき，すなわち $a<-1$ のとき
$g(x)$ は $x=-1$ で最大となる。
よって　$M(a)=g(-1)=-2a$

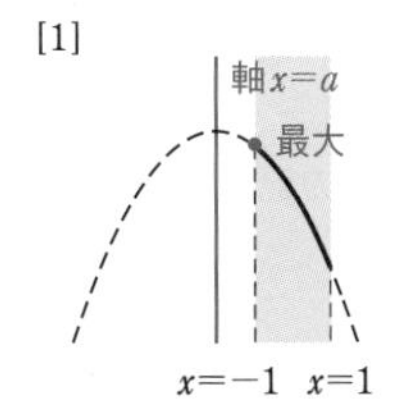

[2] 軸 $x=a$ が $-1\leqq x\leqq1$ の範囲にあるとき，すなわち $-1\leqq a\leqq1$ のとき
$g(x)$ は $x=a$ で最大となる。
よって　$M(a)=g(a)=a^2+1$

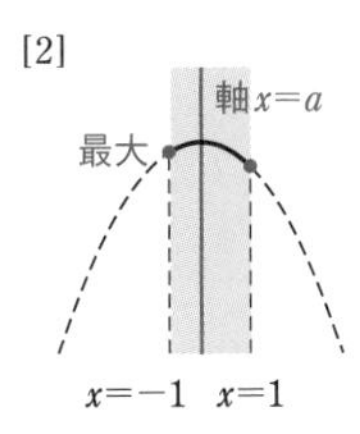

[3] 軸 $x=a$ が $x>1$ の範囲にあるとき，すなわち $a>1$ のとき
$g(x)$ は $x=1$ で最大となる。
よって　$M(a)=g(1)=2a$

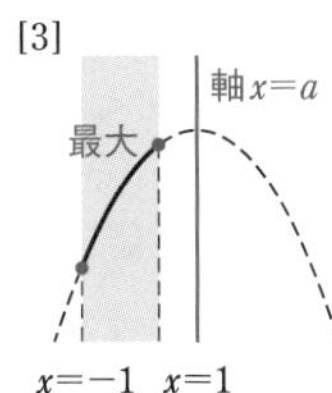

[1]〜[3] から

$$M(a)=\begin{cases}-2a & (a<-1)\\ a^2+1 & (-1\leqq a\leqq1)\\ 2a & (a>1)\end{cases}$$

したがって，$y=M(a)$ のグラフは，**右の図** のようになる。

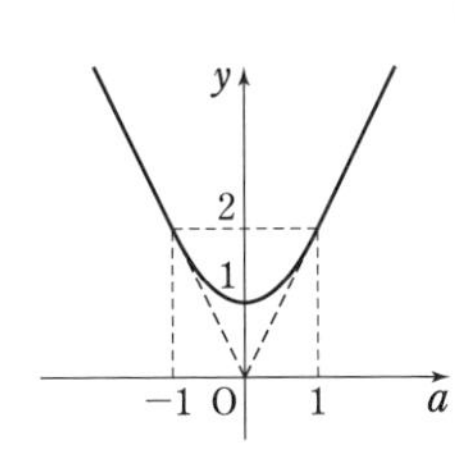

練習 89
(1) 関数 $y=\cos^2\theta+a\sin\theta$ $\left(-\dfrac{\pi}{3}\leqq\theta\leqq\dfrac{\pi}{4}\right)$ の最大値を $M(a)$ とする。a が実数全体を動くとき，$b=M(a)$ のグラフをかき，$M(a)$ の最小値を求めよ。
(2) すべての θ に対して，不等式 $2\sin^2\theta+2k\cos\theta-k+2\geqq0$ が成り立つように，定数 k の値の範囲を定めよ。

23 加法定理

《基本事項》

1 加法定理

2つの角 α, β の和 $\alpha+\beta$ や差 $\alpha-\beta$ の三角関数は，α, β の三角関数を用いて，次の 1～3 のように表される。これを三角関数の **加法定理** という。

1 $\sin(\alpha+\beta)=\sin\alpha\cos\beta+\cos\alpha\sin\beta$ ◀ 証明は，p. 188 コラム参照。

　$\sin(\alpha-\beta)=\sin\alpha\cos\beta-\cos\alpha\sin\beta$

2 $\cos(\alpha+\beta)=\cos\alpha\cos\beta-\sin\alpha\sin\beta$

　$\cos(\alpha-\beta)=\cos\alpha\cos\beta+\sin\alpha\sin\beta$

3 $\tan(\alpha+\beta)=\dfrac{\tan\alpha+\tan\beta}{1-\tan\alpha\tan\beta}$　　$\tan(\alpha-\beta)=\dfrac{\tan\alpha-\tan\beta}{1+\tan\alpha\tan\beta}$

2 2直線のなす角

交わる2直線 $y=m_1x+n_1$, $y=m_2x+n_2$ が x 軸の正の向きとなす角をそれぞれ α, β とし，$0\leqq\beta<\alpha<\pi$ とする。

このとき，$\theta'=\alpha-\beta$ は2直線のなす角 $(0<\theta'<\pi)$ であり，特に2直線が垂直でないとき，2直線のなす鋭角を θ とすると，$\tan\theta=\left|\dfrac{m_1-m_2}{1+m_1m_2}\right|$ が成り立つ。

解説　2直線 $y=m_1x+n_1$, $y=m_2x+n_2$ のなす角は，それぞれと平行な原点を通る直線 $y=m_1x$ …… ①，$y=m_2x$ …… ② のなす角に等しい。

$0\leqq\beta<\alpha<\pi$ であるから，$\theta'=\alpha-\beta$ $(0<\theta'<\pi)$ は，2直線①，②のなす角である。

2直線①，②が垂直でないとき　　$m_1m_2\neq-1$

$$\tan\theta'=\tan(\alpha-\beta)=\frac{\tan\alpha-\tan\beta}{1+\tan\alpha\tan\beta}$$

$\tan\alpha=m_1$, $\tan\beta=m_2$ であるから

$$\tan\theta'=\frac{m_1-m_2}{1+m_1m_2} \quad \cdots\cdots ③$$

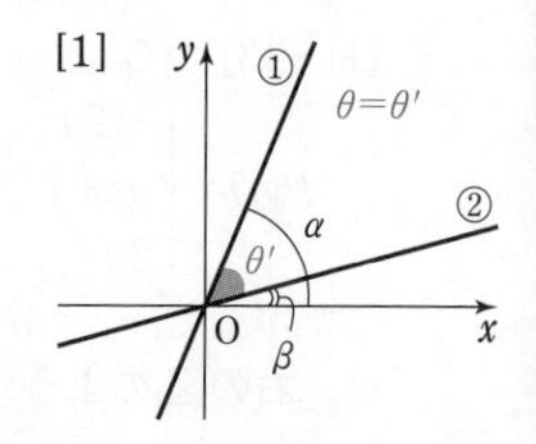

$0<\theta'<\pi$ であるから

[1]　(③の右辺)>0 のとき，θ' は鋭角である。

すなわち，2直線①，②のなす鋭角 θ に対し

$$\tan\theta=\frac{m_1-m_2}{1+m_1m_2}$$

[2]　(③の右辺)<0 のとき，θ' は鈍角である。

このとき，$\pi-\theta'=\theta$ は鋭角となる。

すなわち，2直線①，②のなす鋭角 θ $(=\pi-\theta')$ に対し　$\tan\theta=\tan(\pi-\theta')=-\tan\theta'=-\dfrac{m_1-m_2}{1+m_1m_2}$

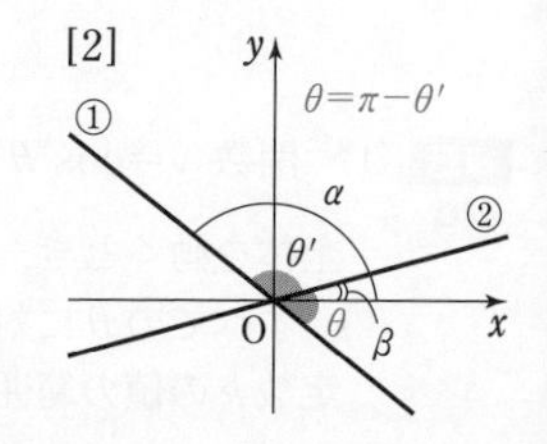

[1]，[2] をまとめて　　$\tan\theta=\left|\dfrac{m_1-m_2}{1+m_1m_2}\right|$

3 倍角の公式

加法定理の 1，2，3 において，それぞれβをαでおき換えると，次の **2 倍角の公式** が得られる。

2 倍角の公式

$$\sin 2\alpha = 2\sin\alpha\cos\alpha$$
$$\cos 2\alpha = \cos^2\alpha - \sin^2\alpha = 1 - 2\sin^2\alpha = 2\cos^2\alpha - 1$$
$$\tan 2\alpha = \frac{2\tan\alpha}{1 - \tan^2\alpha}$$

また，加法定理と 2 倍角の公式を用いて，次の **3 倍角の公式** を導くことができる。

3 倍角の公式

$$\sin 3\alpha = 3\sin\alpha - 4\sin^3\alpha$$
$$\cos 3\alpha = -3\cos\alpha + 4\cos^3\alpha$$

参考　$\tan 3\alpha = \dfrac{\tan^3\alpha - 3\tan\alpha}{3\tan^2\alpha - 1}$

4 半角の公式

2 倍角の公式 $\cos 2\alpha = 1 - 2\sin^2\alpha$，$\cos 2\alpha = 2\cos^2\alpha - 1$ を変形すると

$$\sin^2\alpha = \frac{1 - \cos 2\alpha}{2}, \quad \cos^2\alpha = \frac{1 + \cos 2\alpha}{2}$$

ここで，αの代わりに $\dfrac{\alpha}{2}$ とおくと，次の **半角の公式** が得られる。

半角の公式

$$\sin^2\frac{\alpha}{2} = \frac{1 - \cos\alpha}{2} \quad \cos^2\frac{\alpha}{2} = \frac{1 + \cos\alpha}{2} \quad \tan^2\frac{\alpha}{2} = \frac{1 - \cos\alpha}{1 + \cos\alpha}$$

CHECK 問題

39 加法定理を用いて，次の値を求めよ。

(1) $\sin 105^\circ$，$\cos 105^\circ$，$\tan 105^\circ$　　(2) $\sin 15^\circ$，$\cos 15^\circ$，$\tan 15^\circ$

→ 1

40 加法定理と 2 倍角の公式を用いて，次の等式 (3 倍角の公式) を証明せよ。

(1) $\sin 3\alpha = 3\sin\alpha - 4\sin^3\alpha$　　(2) $\cos 3\alpha = -3\cos\alpha + 4\cos^3\alpha$

→ 1，3

41 $\tan\theta = \dfrac{1}{2}$ のとき，$\cos 2\theta$，$\sin 2\theta$ の値を求めよ。

→ 3

42 $\sin\dfrac{3}{8}\pi$，$\cos\dfrac{3}{8}\pi$，$\tan\dfrac{3}{8}\pi$ の値を求めよ。

→ 4

加法定理の証明

以前，大学入試で次のような問題が出題されて話題になった。加法定理を使いこなしていた受験生にとっても手強い問題だったようで，正答率は低かったとも言われている。「定義を疎かにしないように，定理や公式は証明できるようになってから使いなさい」といった，出題者のメッセージが込められていたのかもしれない。

問題 (1) 一般角 θ に対して $\sin\theta$，$\cos\theta$ の定義を述べよ。
(2) (1) で述べた定義にもとづき，一般角 α，β に対して

$$\sin(\alpha+\beta)=\sin\alpha\cos\beta+\cos\alpha\sin\beta \quad \cdots\cdots ①$$

$$\cos(\alpha+\beta)=\cos\alpha\cos\beta-\sin\alpha\sin\beta \quad \cdots\cdots ②$$

を証明せよ。

また，(2) は単なる公式の証明ではなく，「(1) で述べた定義にもとづき」とあるように，(1) と (2) には論理的な繋がりがあるということにも注意してほしい。以下，解答例である。

[解答例]

(1) 単位円周上の点 $P(x,\ y)$ に対して，OP と x 軸とのなす角を θ とするとき，$\sin\theta=y$，$\cos\theta=x$ と定義する。

◀ p. 169 参照。

(2) 等式 ② が成り立つことを証明する。
右の図のように，$A(1,\ 0)$，$P(\cos(\alpha+\beta),\ \sin(\alpha+\beta))$
とすると　$AP^2=\{\cos(\alpha+\beta)-1\}^2+\sin^2(\alpha+\beta)$

$=2-2\cos(\alpha+\beta)$ $\cdots\cdots$ ③

次に，2 点 P，A を原点を中心として，$-\alpha$ だけ回転した点をそれぞれ Q，R とすると，その座標は

$Q(\cos\beta,\ \sin\beta)$，$R(\cos\alpha,\ -\sin\alpha)$

よって　$RQ^2=(\cos\beta-\cos\alpha)^2+(\sin\beta+\sin\alpha)^2$

$=2-2(\cos\alpha\cos\beta-\sin\alpha\sin\beta)$ $\cdots\cdots$ ④

$\triangle OAP\equiv\triangle ORQ$ であるから　$AP=RQ$ すなわち $AP^2=RQ^2$
③，④ から　$2-2\cos(\alpha+\beta)=2-2(\cos\alpha\cos\beta-\sin\alpha\sin\beta)$
したがって，等式 ② が成り立つ。

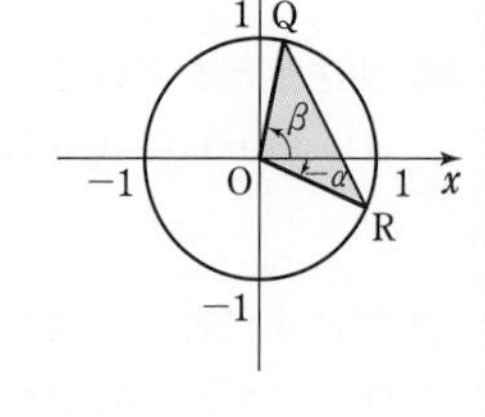

等式 ② の両辺の α を $\dfrac{\pi}{2}+\alpha$ でおき換えると

$$\cos\left\{\left(\frac{\pi}{2}+\alpha\right)+\beta\right\}=\cos\left(\frac{\pi}{2}+\alpha\right)\cos\beta-\sin\left(\frac{\pi}{2}+\alpha\right)\sin\beta$$

$$-\sin(\alpha+\beta)=-\sin\alpha\cos\beta-\cos\alpha\sin\beta$$

したがって，等式 ① が成り立つ。

(注意) 等式 ①，② のそれぞれの両辺において，β を $-\beta$ におき換えると

$$\sin(\alpha-\beta)=\sin\alpha\cos\beta-\cos\alpha\sin\beta,\qquad \cos(\alpha-\beta)=\cos\alpha\cos\beta+\sin\alpha\sin\beta$$

更に，$\tan(\alpha\pm\beta)=\dfrac{\sin(\alpha\pm\beta)}{\cos(\alpha\pm\beta)}$（複号同順）として，右辺に p. 186 の公式 1，2 を代入し，分母と分子を $\cos\alpha\cos\beta$ で割ると，tan の加法定理の公式 3 が導かれる。

例 54 式の値 (加法定理) ★★☆☆☆

(1) α は鋭角，β は鈍角で，$\cos\alpha=\dfrac{\sqrt{5}}{3}$，$\sin\beta=\dfrac{2}{7}$ のとき，$\sin(\alpha+\beta)$，$\tan(\alpha-\beta)$ の値を求めよ。

(2) $\sin\alpha-\sin\beta=\dfrac{1}{2}$，$\cos\alpha+\cos\beta=\dfrac{1}{2}$ のとき，$\cos(\alpha+\beta)$ の値を求めよ。

指針 $\alpha\pm\beta$ の三角関数の値を求めるのだから，**加法定理** を利用する。

(1) $\sin\alpha$，$\cos\beta$ の値を求めるには，かくれた条件 $\sin^2\theta+\cos^2\theta=1$ を利用する。

(2) 加法定理により $\cos(\alpha+\beta)=\cos\alpha\cos\beta-\sin\alpha\sin\beta$ であるが，$\boldsymbol{\cos\alpha\cos\beta}$ と $\boldsymbol{\sin\alpha\sin\beta}$ は，条件の式を **2 乗した式に現れる** ことに注目。

例 55 3 つの角の正接の加法定理 ★★★☆☆

α，β，γ が，$-\dfrac{\pi}{2}<\alpha<\dfrac{\pi}{2}$，$-\dfrac{\pi}{2}<\beta<\dfrac{\pi}{2}$，$-\dfrac{\pi}{2}<\gamma<\dfrac{\pi}{2}$ かつ $\tan\alpha+\tan\beta+\tan\gamma=\tan\alpha\tan\beta\tan\gamma$ を満たすとき，$\alpha+\beta+\gamma$ の値を求めよ。

［学習院大］

指針 $\alpha+\beta+\gamma$ の値を求めるには，**基本の形** $\tan(\alpha+\beta+\gamma)=a$ を導く。
ここで，3 つの角の和である $\tan(\alpha+\beta+\gamma)$ の値は，$\alpha+\beta+\gamma=\boldsymbol{\alpha+(\beta+\gamma)}$ とみると

$$\tan(\alpha+\beta+\gamma)=\tan\{\boldsymbol{\alpha+(\beta+\gamma)}\}=\frac{\tan\alpha+\tan(\beta+\gamma)}{1-\tan\alpha\tan(\beta+\gamma)}$$

したがって，第 3 辺の $\tan(\beta+\gamma)$ に再び加法定理を用いて計算し，条件として与えられた tan についての等式を代入すると，$\tan(\alpha+\beta+\gamma)$ の値が求められる。

例 56 2 直線のなす角 ★★☆☆☆

(1) 2 直線 $\sqrt{3}x-2y+2=0$，$3\sqrt{3}x+y-1=0$ のなす鋭角 θ を求めよ。

(2) 直線 $y=2x-1$ と $\dfrac{\pi}{4}$ の角をなす直線の傾きを求めよ。

指針 直線 $y=mx+n$ と x 軸の正の向きとのなす角を θ とすると

$$m=\tan\theta\quad\left(0\leqq\theta<\frac{\pi}{2},\ \frac{\pi}{2}<\theta<\pi\right)$$

(1) 2 直線と x 軸の正の向きとのなす角を α，β とすると，2 直線のなす鋭角 θ は，$\alpha<\beta$ なら $\boldsymbol{\beta-\alpha}$ **または** $\boldsymbol{\pi-(\beta-\alpha)}$ で表される。 ◀ 図をかいて判断する。
この問題では，$\tan\alpha$，$\tan\beta$ の値から具体的な角が得られないので，$\tan(\beta-\alpha)$ の計算に **加法定理** を利用する。

(2) 直線 $y=2x-1$ と x 軸の正の向きとのなす角を α とすると，求める傾きは $\tan\left(\alpha\pm\dfrac{\pi}{4}\right)$ で表される。

例題 90 点の回転 ★★★☆☆

点 P(1, 4) を，点 A(3, 1) を中心として $\dfrac{\pi}{3}$ だけ回転させた点をQとする。

(1) 点Aが原点Oに移るような平行移動により，点Pが点 P′ に移るとする。

点 P′ を原点Oを中心として $\dfrac{\pi}{3}$ だけ回転させた点 Q′ の座標を求めよ。

(2) 点Qの座標を求めよ。

指針 点 $P(x_0,\ y_0)$ を，原点Oを中心として θ だけ回転させた点を $Q(x,\ y)$ とする。

OP$=r$ とし，動径 OP と x 軸の正の向きとのなす角を α とすると

$$x_0=r\cos\alpha,\ y_0=r\sin\alpha$$

OQ$=r$ で，動径 OQ と x 軸の正の向きとのなす角を考えると，**加法定理** により

$$x=r\cos(\alpha+\theta)=r\cos\alpha\cos\theta-r\sin\alpha\sin\theta=x_0\cos\theta-y_0\sin\theta$$

$$y=r\sin(\alpha+\theta)=r\sin\alpha\cos\theta+r\cos\alpha\sin\theta=y_0\cos\theta+x_0\sin\theta$$

この問題では，回転の中心が原点ではないから，上のことを直接使うわけにはいかないので，3点P，A，Qを，**回転の中心である点Aが原点に移るように平行移動** して考える。

解答 (1) 点Aが原点Oに移るような平行移動により，点Pは点 P′(−2, 3) に移る。

◀ 点Pを x 軸方向に -3，y 軸方向に -1 だけ平行移動。

次に，点 Q′ の座標を $(x',\ y')$ とする。

また，OP′$=r$ とし，OP′ と x 軸の正の向きとのなす角を α とすると　$-2=r\cos\alpha,\ 3=r\sin\alpha$

したがって

$$x'=r\cos\left(\alpha+\frac{\pi}{3}\right)=r\cos\alpha\cos\frac{\pi}{3}-r\sin\alpha\sin\frac{\pi}{3}$$

$$=-2\cdot\frac{1}{2}-3\cdot\frac{\sqrt{3}}{2}=-\frac{2+3\sqrt{3}}{2}$$

$$y'=r\sin\left(\alpha+\frac{\pi}{3}\right)=r\sin\alpha\cos\frac{\pi}{3}+r\cos\alpha\sin\frac{\pi}{3}$$

$$=3\cdot\frac{1}{2}+(-2)\cdot\frac{\sqrt{3}}{2}=\frac{3-2\sqrt{3}}{2}$$

よって，点 Q′ の座標は　$\left(\boldsymbol{-\dfrac{2+3\sqrt{3}}{2},\ \dfrac{3-2\sqrt{3}}{2}}\right)$

(2) 原点Oを点Aに移す平行移動によって，点 Q′ が点Qに移るから，点Qの座標は

$$\left(-\frac{2+3\sqrt{3}}{2}+3,\ \frac{3-2\sqrt{3}}{2}+1\right)$$

すなわち　$\mathbf{Q}\left(\boldsymbol{\dfrac{4-3\sqrt{3}}{2},\ \dfrac{5-2\sqrt{3}}{2}}\right)$

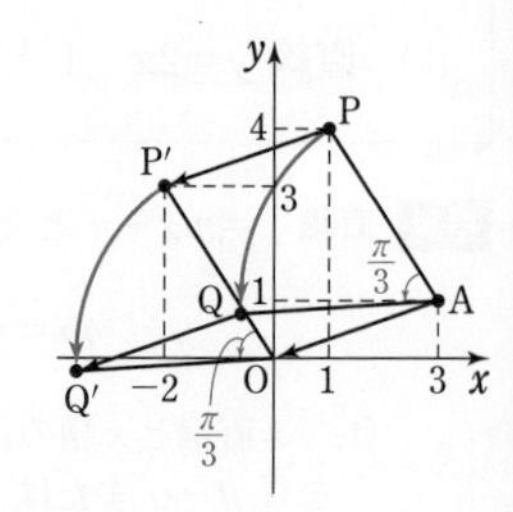

練習 90 (1) 点 P(−2, 3) を，原点を中心として $\dfrac{5}{6}\pi$ だけ回転させた点Qの座標を求めよ。

(2) 点 P(3, −1) を，点 A(−1, 2) を中心として $-\dfrac{\pi}{3}$ だけ回転させた点Qの座標を求めよ。

例題 91 三角関数の等式・不等式の証明 ★★★☆☆

$t=\tan\dfrac{\theta}{2}$ $(t \neq \pm1)$ のとき，次の等式が成り立つことを証明せよ。

$$\sin\theta=\frac{2t}{1+t^2},\quad \cos\theta=\frac{1-t^2}{1+t^2},\quad \tan\theta=\frac{2t}{1-t^2}$$

指針 $\theta=2\cdot\dfrac{\theta}{2}$ であるから，**2倍角の公式** を利用して，まず $\tan\theta=\dfrac{2t}{1-t^2}$ を証明する。
次に，**三角関数の相互関係** も利用して $\cos\theta$，$\sin\theta$ の順に証明する。

別解 $\sin\dfrac{\theta}{2}=s$，$\cos\dfrac{\theta}{2}=c$ とおくと，2倍角の公式から $\sin\theta=2sc$，$\cos\theta=c^2-s^2$
$t=\dfrac{s}{c}$，$s^2+c^2=1$ を証明すべき $\sin\theta$ と $\cos\theta$ の右辺の式に代入する（側注参照）。

解答 $\tan\theta=\tan2\cdot\dfrac{\theta}{2}=\dfrac{2\tan\dfrac{\theta}{2}}{1-\tan^2\dfrac{\theta}{2}}=\dfrac{2t}{1-t^2}$

$1+\tan^2\dfrac{\theta}{2}=\dfrac{1}{\cos^2\dfrac{\theta}{2}}$ から $\cos^2\dfrac{\theta}{2}=\dfrac{1}{1+\tan^2\dfrac{\theta}{2}}=\dfrac{1}{1+t^2}$

よって $\cos\theta=\cos2\cdot\dfrac{\theta}{2}=2\cos^2\dfrac{\theta}{2}-1$

$=\dfrac{2}{1+t^2}-1=\dfrac{1-t^2}{1+t^2}$

ゆえに $\sin\theta=\tan\theta\cos\theta$

$=\dfrac{2t}{1-t^2}\cdot\dfrac{1-t^2}{1+t^2}=\dfrac{2t}{1+t^2}$

別解 $1+t^2=1+\dfrac{s^2}{c^2}$
$=\dfrac{c^2+s^2}{c^2}=\dfrac{1}{c^2}$
であるから
$\dfrac{2t}{1+t^2}=2\cdot\dfrac{s}{c}\cdot c^2=2sc$
$=\sin\theta$
$\dfrac{1-t^2}{1+t^2}=\dfrac{c^2-s^2}{c^2}\cdot c^2$
$=c^2-s^2=\cos\theta$
$\tan\theta=\dfrac{\sin\theta}{\cos\theta}=\dfrac{2t}{1-t^2}$

円 $x^2+y^2=1$ …… ① と，点 $\mathrm{A}(-1,\ 0)$ を通り傾き t の直線 $y=t(x+1)$ …… ② の，Aと異なる交点を $\mathrm{P}(x,\ y)$ とする。
①，② を連立させて解くと

$$x=\frac{1-t^2}{1+t^2},\quad y=\frac{2t}{1+t^2}$$

ここで，動径 OP の表す角を θ とすると，$x=\cos\theta$，$y=\sin\theta$，$t=\tan\dfrac{\theta}{2}$ となり，上の例題と同じ結果となる。
なお，例題の等式を三角関数の **媒介変数表示** という（数学C）。

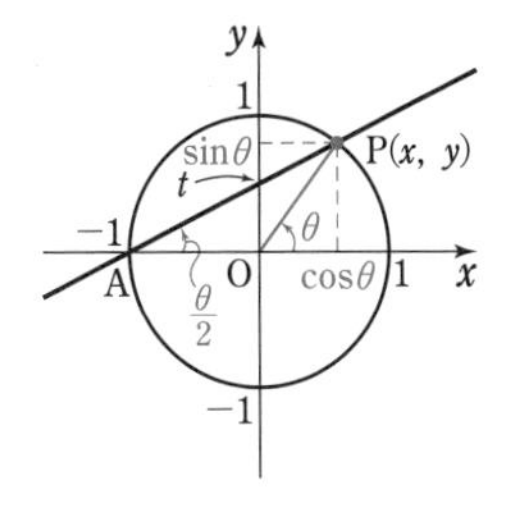

練習 91 (1) 等式 $\dfrac{1+\sin\theta-\cos\theta}{1+\sin\theta+\cos\theta}=\tan\dfrac{\theta}{2}$ を証明せよ。

(2) θ が $\dfrac{\pi}{3}\leqq\theta<\pi$ を満たすとき，$0<\dfrac{\cos\theta+1}{\sin\dfrac{\theta}{2}+1}\leqq1$ が成り立つことを証明せよ。

［(2) 愛媛大］

例題 92 三角方程式・不等式(3) ★★☆☆☆

$0 \leqq \theta < 2\pi$ のとき，次の方程式，不等式を解け。

(1) $\sin 2\theta = \cos\theta$　　　　(2) $\cos 2\theta - 3\cos\theta + 2 \geqq 0$

◀例題 87，88

指針 これまでと同じように，**基本の形** $(\sin\theta = a,\ \cos\theta > a)$ を導く方針には変わりないが，問題の式では，θ と 2θ の三角関数が混在している。このような方程式，不等式を解くには，

まず　　　　**倍角の公式を用いて　角を統一する**

その際，1種類の三角関数で表すことができなくても，因数分解して **(積)=0** のような形にもち込むことができれば，解決できる。なお，$0 \leqq \theta < 2\pi$ の範囲では，$-1 \leqq \sin\theta \leqq 1$，$-1 \leqq \cos\theta \leqq 1$ であることにも注意する。

解答 (1) 方程式から　　$2\sin\theta\cos\theta = \cos\theta$

ゆえに　　$\cos\theta(2\sin\theta - 1) = 0$

よって　　$\cos\theta = 0,\ \sin\theta = \dfrac{1}{2}$

$0 \leqq \theta < 2\pi$ であるから

$\cos\theta = 0$ より　　$\theta = \dfrac{\pi}{2},\ \dfrac{3}{2}\pi$

$\sin\theta = \dfrac{1}{2}$ より　　$\theta = \dfrac{\pi}{6},\ \dfrac{5}{6}\pi$

以上から，解は　　$\boldsymbol{\theta = \dfrac{\pi}{6},\ \dfrac{\pi}{2},\ \dfrac{5}{6}\pi,\ \dfrac{3}{2}\pi}$

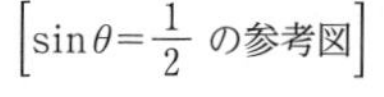

[$\sin\theta = \dfrac{1}{2}$ の参考図]

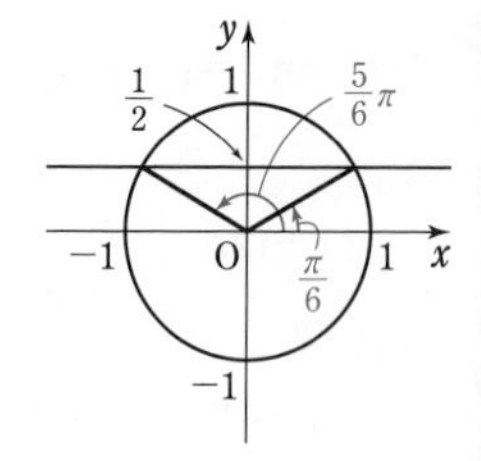

(2) 不等式から　　$2\cos^2\theta - 1 - 3\cos\theta + 2 \geqq 0$

整理すると　　$2\cos^2\theta - 3\cos\theta + 1 \geqq 0$

ゆえに　　$(2\cos\theta - 1)(\cos\theta - 1) \geqq 0$

よって　　$\cos\theta \leqq \dfrac{1}{2},\ 1 \leqq \cos\theta$

$0 \leqq \theta < 2\pi$ では，$\cos\theta \leqq 1$ であるから

$\cos\theta \leqq \dfrac{1}{2},\ \cos\theta = 1^{(*)}$

したがって，解は　　$\boldsymbol{\theta = 0,\ \dfrac{\pi}{3} \leqq \theta \leqq \dfrac{5}{3}\pi}$

(＊) $1 \leqq \cos\theta$ かつ $\cos\theta \leqq 1$ から，$\cos\theta = 1$　となる。

[$\cos\theta \leqq \dfrac{1}{2}$ の参考図]

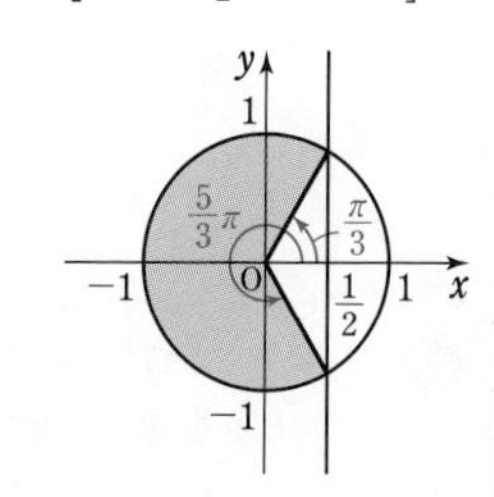

練習 92 次の方程式，不等式を解け。

(1) $\cos 2\theta + 5\sin\theta - 3 < 0$　$(0 \leqq \theta \leqq \pi)$

(2) $2\sin 2\theta - 2(\sin\theta - \sqrt{3}\cos\theta) - \sqrt{3} = 0$　$(0 \leqq \theta < 2\pi)$

(3) $\cos\theta - 3\sqrt{3}\cos\dfrac{\theta}{2} + 4 > 0$　$(0 \leqq \theta < 2\pi)$　　[(1)，(3) 弘前大]

➡p. 213 演習 48

例題 93 三角関数と 3 次多項式 ★★★☆☆

(1) $0<\alpha<\dfrac{\pi}{2}$，$\cos 2\alpha=\cos 3\alpha$ を満たす角 α を求めよ。

(2) (1)の α に対して，$\cos\alpha$ の値を求めよ。〔類 滋賀大〕

指針 (1) $\cos 2\alpha=\cos 3\alpha$ が成り立つのは，角 2α を表す動径と角 3α を表す動径が

一致する または **x 軸に関して対称**

となるときである。α の範囲から，そのどちらになるか判断する。

(2) 2 倍角の公式と 3 倍角の公式を用いて，(1)の等式を **$\cos\alpha$ だけ** の方程式に直す。

解答 (1) $0<\alpha<\dfrac{\pi}{2}$ から

$$0<2\alpha<3\alpha<\frac{3}{2}\pi$$

◀ 動径が一致することはない。

よって，$\cos 2\alpha=\cos 3\alpha$ が成り立つのは　$3\alpha=2\pi-2\alpha$

のときである。

◀ x 軸に関して対称。

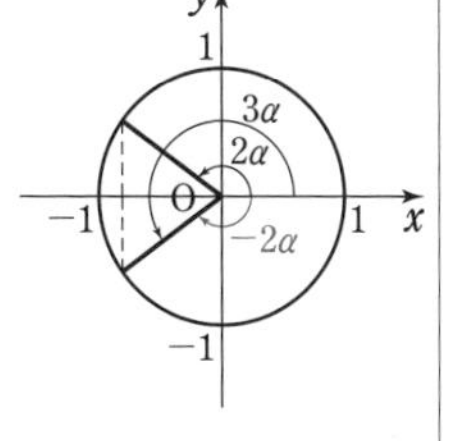

これを解いて　$\boldsymbol{\alpha=\dfrac{2}{5}\pi}$

◀ 度数法で表すと 72°

(2) 2 倍角，3 倍角の公式により，(1)の等式は

$$2\cos^2\alpha-1=4\cos^3\alpha-3\cos\alpha$$

すなわち　$4\cos^3\alpha-2\cos^2\alpha-3\cos\alpha+1=0$

ゆえに　$(\cos\alpha-1)(4\cos^2\alpha+2\cos\alpha-1)=0$

◀ 因数定理。

よって　$\cos\alpha=1,\ \dfrac{-1\pm\sqrt{5}}{4}$

◀ $\cos\alpha-1=0$ または $4\cos^2\alpha+2\cos\alpha-1=0$

$0<\alpha<\dfrac{\pi}{2}$ より，$0<\cos\alpha<1$ であるから

$$\boldsymbol{\cos\alpha=\frac{-1+\sqrt{5}}{4}}$$

検討 (1) 和 ⟶ 積の公式 ($p.196$) を用いると，等式から

$\cos 3\alpha-\cos 2\alpha=0$　よって　$-2\sin\dfrac{5}{2}\alpha\sin\dfrac{\alpha}{2}=0$

$0<\dfrac{5}{2}\alpha<\dfrac{5}{4}\pi$，$0<\dfrac{\alpha}{2}<\dfrac{\pi}{4}$ から　$\dfrac{5}{2}\alpha=\pi$　すなわち　$\alpha=\dfrac{2}{5}\pi$

(2) $\dfrac{2}{5}\pi$ を度数で表すと 72° であるから，右の図の三角形を利用して，$\cos 72°$ の値を求める (チャート式数学 I＋A $p.170$ 例題 85 参照)。

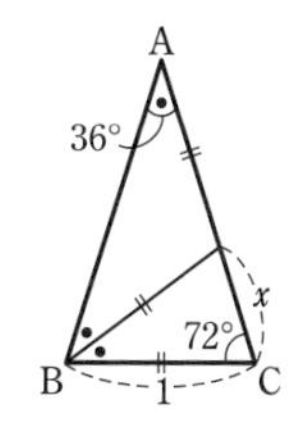

練習 93 (1) $\theta=18°$ に対して，$\sin 2\theta=\cos 3\theta$ が成り立つことを示せ。

(2) 実数 α に対して，$\cos 3\alpha=4\cos^3\alpha-3\cos\alpha$ が成り立つことを示せ。

(3) 半径 1 の円に内接する正二十角形の面積を求めよ。〔兵庫県大〕

➡ p. 213 演習 49

重要例題 94 ｜ 三角関数と論証問題 ★★★☆☆

$0<\theta<\dfrac{\pi}{2}$ とする。$\cos\theta$ は有理数ではないが，$\cos 2\theta$ と $\cos 3\theta$ がともに有理数となるような θ の値を求めよ。ただし，p が素数のとき，$\sqrt{p}$ が有理数でないことは証明なしに用いてよい。 〔京都大〕

指針 $\cos 2\theta$ と $\cos 3\theta$ が有理数となるような θ の値は予想がつくかもしれないが，その値しか存在しないことを示す必要がある。そこで，$\cos\theta$ は **有理数ではない** という仮定に着目し，

CHART》 直接がダメなら間接で　背理法

の方針で進める。具体的には，$\cos 3\theta$ を $\cos 2\theta$ と $\cos\theta$ の式で表し，**有理数の和・差・積・商は有理数である** であることから，矛盾を導く。

解答 $\cos 2\theta=a$，$\cos 3\theta=b$ とおくと

$$\cos 2\theta=2\cos^2\theta-1=a \quad \cdots\cdots ①$$

$$\cos 3\theta=4\cos^3\theta-3\cos\theta=b$$

すなわち　$\cos\theta(4\cos^2\theta-3)=b \quad \cdots\cdots ②$

① より，$2\cos^2\theta=a+1$ であるから，これを ② に代入して整理すると　$\cos\theta(2a-1)=0$

ここで，$2a-1\neq 0$ とすると　$\cos\theta=0$

これは $\cos\theta$ が無理数であるという仮定に矛盾する。

したがって，$2a-1=0$ すなわち $a=\dfrac{1}{2}$ である。

よって　$\cos 2\theta=\dfrac{1}{2}$

$0<\theta<\dfrac{\pi}{2}$ より，$0<2\theta<\pi$ であるから

$$2\theta=\frac{\pi}{3} \quad すなわち \quad \boldsymbol{\theta=\frac{\pi}{6}}$$

このとき　$\cos\theta=\cos\dfrac{\pi}{6}=\dfrac{\sqrt{3}}{2}$，$\cos 3\theta=\cos\dfrac{\pi}{2}=0$

すなわち，$\cos\theta$ は有理数ではないが，$\cos 2\theta$ と $\cos 3\theta$ は有理数である。

◀ 2倍角の公式，3倍角の公式から，$\cos 2\theta$ と $\cos 3\theta$ は $\cos\theta$ の多項式で表される。

◀ (無理数)×(有理数)＝(有理数) となるような数は 0 のみである。

◀ 3は素数で，$\sqrt{3}$ は有理数でない。

練習 94 x 座標と y 座標がともに有理数である xy 平面上の点を有理点と呼ぶ。原点Oを中心とする半径1の円周上の2つの有理点A，Bに対し，線分OAと線分OBのなす角を θ とする。

(1) $\sin\theta$ と $\cos\theta$ はともに有理数であることを示せ。

(2) 正の整数 n に対して $\sin\theta=\dfrac{1}{n}$ となるならば，$n=1$ であることを示せ。

〔大阪市大〕

COLUMN コラム tan 1° は有理数か

タイトルの問題は，大学入試史上最も短い問題文と言われている。他では，チャート式数学 I＋A p. 198 コラムで紹介したように，「円周率が 3.05 より大きいことを証明せよ。」という問題が入試で出題されて話題になった。ともにシンプルな問題であるのに，受験生にとっては手強い問題で，総合的な知識や論証力が試される良問と評価する声も多い。

さて，三角関数の値のほとんどは無理数であるから，tan 1° も無理数の可能性があるという予測はつくかもしれないが，単に「有理数でない」とだけ答えたら 0 点で，その根拠を示す必要がある。
実数のうち有理数でないものが無理数の定義であるから，前ページの例題 94 と同様に

CHART》 直接がダメなら間接で　「でない」の証明　背理法

に従い，「**tan 1° を有理数と仮定し**，加法定理を利用して **矛盾を示す**」方針で考えればよい。

解答 tan 1° が有理数であると仮定すると，2 倍角の公式

$\tan 2\alpha=\dfrac{2\tan\alpha}{1-\tan^2\alpha}$ を繰り返し用いることにより，

$\tan 2°,\ \tan 4°,\ \tan 8°,\ \tan 16°,\ \tan 32°,\ \tan 64°$

はすべて有理数となる。ここで

$$\tan 60°=\tan(64°-4°)=\frac{\tan 64°-\tan 4°}{1+\tan 64°\tan 4°}$$

よって，tan 4°，tan 64° は有理数であるから，tan 60° は有理数となる。

一方，$\tan 60°=\sqrt{3}$ より，$\sqrt{3}$ は無理数であるから，これは矛盾である。

したがって，**tan 1° は有理数ではない**。

◀ tan 1° が有理数でないことを背理法で示すにあたり，$\tan 60°=\sqrt{3}$ と結び付けて，
有理数＝無理数
のような矛盾した等式を導く。
$\tan 30°=\dfrac{1}{\sqrt{3}}$ を利用してもよい。

ところで，tan 1° が有理数でないことは証明されたが，cos 1° や sin 1° はどうなるだろうか。sin，cos の加法定理には sin と cos が現れるから，tan のときのようにはいかない。そこで，次のことを利用する（p. 501 **チェビシェフの多項式** 参照）。

$\cos n\theta$（n は自然数）は n 次の $\cos\theta$ の多項式で表される

具体的には，cos 1° を有理数と仮定すると，cos(30×1°) も有理数となる。
ところが，cos 30° は無理数であるから，これは矛盾である。よって，cos 1° は有理数でない。
また，$\cos 30°=\cos(5\times 6°)$，$\cos 6°=\cos(3\times 2°)$，$\cos 2°=\cos(2\times 1°)$ であるから，2 倍角・3 倍角の公式と $\cos 5\theta=\cos(3\theta+2\theta)=16\cos^5\theta-20\cos^3\theta+5\cos\theta$ より，cos 1° と cos 30° を結びつけて矛盾を示すこともできる。

次に，sin 1° であるが，$\sin 2\theta=2\sin\theta\cos\theta$ のように，$\sin n\theta$ は $\sin\theta$ だけの多項式で表されるとは限らない。しかし，$\sin 3\theta=3\sin\theta-4\sin^3\theta$ のように，

n が奇数のとき，$\sin n\theta$ は n 次の $\sin\theta$ の多項式で表される

であることが知られているから，これを利用すると，cos 1° のときと同様に sin 1° は有理数でないことが証明できる。

24 | 和と積の公式

《 基本事項 》

1 積 ⟶ 和の公式

sin の加法定理から　　$\sin(\alpha+\beta)=\sin\alpha\cos\beta+\cos\alpha\sin\beta$ …… ①

$\sin(\alpha-\beta)=\sin\alpha\cos\beta-\cos\alpha\sin\beta$ …… ②

①+② から　　$\sin(\alpha+\beta)+\sin(\alpha-\beta)=2\sin\alpha\cos\beta$

したがって　　$\sin\alpha\cos\beta=\frac{1}{2}\{\sin(\alpha+\beta)+\sin(\alpha-\beta)\}$ …… Ⓐ

①−② から同様に　　$\cos\alpha\sin\beta=\frac{1}{2}\{\sin(\alpha+\beta)-\sin(\alpha-\beta)\}$

cos の加法定理についても同様に考えて，積を和に直す次の公式が導かれる。

積 ⟶ 和の公式

$$\sin\alpha\cos\beta=\frac{1}{2}\{\sin(\alpha+\beta)+\sin(\alpha-\beta)\}$$

$$\cos\alpha\sin\beta=\frac{1}{2}\{\sin(\alpha+\beta)-\sin(\alpha-\beta)\}$$

$$\cos\alpha\cos\beta=\frac{1}{2}\{\cos(\alpha+\beta)+\cos(\alpha-\beta)\}$$

$$\sin\alpha\sin\beta=-\frac{1}{2}\{\cos(\alpha+\beta)-\cos(\alpha-\beta)\}$$

2 和 ⟶ 積の公式

$\alpha+\beta=A$，$\alpha-\beta=B$ とおくと　　$\alpha=\frac{A+B}{2}$，$\beta=\frac{A-B}{2}$ …… ③

③ を Ⓐ に代入すると　　$\sin\frac{A+B}{2}\cos\frac{A-B}{2}=\frac{1}{2}(\sin A+\sin B)$

したがって　　$\sin A+\sin B=2\sin\frac{A+B}{2}\cos\frac{A-B}{2}$

また，③ を他の積 ⟶ 和の公式に代入すると，和を積に直す次の公式が得られる。

和 ⟶ 積の公式

$$\sin A+\sin B=2\sin\frac{A+B}{2}\cos\frac{A-B}{2}$$

$$\sin A-\sin B=2\cos\frac{A+B}{2}\sin\frac{A-B}{2}$$

$$\cos A+\cos B=2\cos\frac{A+B}{2}\cos\frac{A-B}{2}$$

$$\cos A-\cos B=-2\sin\frac{A+B}{2}\sin\frac{A-B}{2}$$

例題 95 和と積の公式(1) ★★☆☆☆

積 ⟶ 和，和 ⟶ 積の公式を用いて，次の値を求めよ。

(1) $\sin 75^\circ \cos 15^\circ$　　(2) $\cos 105^\circ - \cos 15^\circ$

(3) $\sin 20^\circ \sin 40^\circ \sin 80^\circ$

指針 (3)　3 つの積や下の練習 95 (6) のような 3 つの項の和の問題では，60°，120° など値がわかる三角比が現れるように公式を用いる。

なお，積 ⟶ 和，和 ⟶ 積の公式は，丸暗記しようとすると，符号を間違えたり，sin，cos を間違えたりしかねない。前ページの基本事項にあるように，公式は加法定理から容易に導けるので，自分で作り出せるようにしておこう。

解答 (1) $\sin 75^\circ \cos 15^\circ = \frac{1}{2}\{\sin(75^\circ+15^\circ)+\sin(75^\circ-15^\circ)\}$

$= \frac{1}{2}(\sin 90^\circ + \sin 60^\circ)$

$= \frac{1}{2}\left(1+\frac{\sqrt{3}}{2}\right) = \boldsymbol{\frac{2+\sqrt{3}}{4}}$

◀ $\sin\alpha\cos\beta = \frac{1}{2}\{\sin(\alpha+\beta)+\sin(\alpha-\beta)\}$

(2) $\cos 105^\circ - \cos 15^\circ = -2\sin\frac{105^\circ+15^\circ}{2}\sin\frac{105^\circ-15^\circ}{2}$

$= -2\sin 60^\circ \sin 45^\circ$

$= -2\cdot\frac{\sqrt{3}}{2}\cdot\frac{\sqrt{2}}{2} = \boldsymbol{-\frac{\sqrt{6}}{2}}$

◀ $\cos A - \cos B = -2\sin\frac{A+B}{2}\times\sin\frac{A-B}{2}$

(3) $\sin 20^\circ \sin 40^\circ \sin 80^\circ = (\sin 80^\circ \sin 40^\circ)\sin 20^\circ$

$= -\frac{1}{2}\{\cos(80^\circ+40^\circ)-\cos(80^\circ-40^\circ)\}\sin 20^\circ$

◀ $\sin\alpha\sin\beta = -\frac{1}{2}\{\cos(\alpha+\beta)-\cos(\alpha-\beta)\}$

$= -\frac{1}{2}(\cos 120^\circ - \cos 40^\circ)\sin 20^\circ$

◀ $\cos 120^\circ = -\frac{1}{2}$

$= -\frac{1}{2}\cdot\left(-\frac{1}{2}\right)\sin 20^\circ + \frac{1}{2}\cos 40^\circ \sin 20^\circ$

◀ $\cos\alpha\sin\beta = \frac{1}{2}\{\sin(\alpha+\beta)-\sin(\alpha-\beta)\}$

$= \frac{1}{4}\sin 20^\circ + \frac{1}{2}\cdot\frac{1}{2}\{\sin(40^\circ+20^\circ)-\sin(40^\circ-20^\circ)\}$

$= \frac{1}{4}\sin 20^\circ + \frac{1}{4}(\sin 60^\circ - \sin 20^\circ)$

◀ $\sin 20^\circ$ の値はわからないが，計算すると消し合う。

$= \frac{1}{4}\sin 20^\circ + \frac{1}{4}\cdot\frac{\sqrt{3}}{2} - \frac{1}{4}\sin 20^\circ$

$= \boldsymbol{\frac{\sqrt{3}}{8}}$

練習 95 積 ⟶ 和，和 ⟶ 積の公式を用いて，次の値を求めよ。

(1) $\cos 75^\circ \sin 45^\circ$　　(2) $\sin 105^\circ \sin 45^\circ$

(3) $\sin 75^\circ + \sin 15^\circ$　　(4) $\cos 75^\circ + \cos 15^\circ$

(5) $\cos 20^\circ \cos 40^\circ \cos 80^\circ$　　(6) $\sin 10^\circ - \sin 110^\circ - \sin 230^\circ$

例題 96 和と積の公式 (2) ★★★☆☆

△ABC において，次の等式が成り立つことを証明せよ。

$$\sin A+\sin B+\sin C=4\cos\frac{A}{2}\cos\frac{B}{2}\cos\frac{C}{2}$$

指針 △ABC であるから　$A+B+C=\pi$ …… **条件式**

CHART》 条件式　文字を減らす方針で使う

$C=\pi-(A+B)$ を用いて C を消去すると，次の等式の証明になる。

$$\sin A+\sin B+\sin(A+B)=4\cos\frac{A}{2}\cos\frac{B}{2}\sin\frac{A+B}{2}$$

右辺の積に注目 ⟶ まず $\sin\dfrac{A+B}{2}$ ⟶ 左辺の $\sin A+\sin B$，$\sin(A+B)$ から，この因数を見つけられないか？　実際，この因数が見つかって O.K. となる。解答では，このことを念頭において式を変形する。

解答 $A+B+C=\pi$ から　　$C=\pi-(A+B)$

$$\begin{aligned}
&\sin A+\sin B+\sin C\\
&=(\sin A+\sin B)+\sin C\\
&=(\sin A+\sin B)+\sin\{\pi-(A+B)\}\\
&=(\sin A+\sin B)+\sin(A+B)\\
&=2\sin\frac{A+B}{2}\cos\frac{A-B}{2}+2\sin\frac{A+B}{2}\cos\frac{A+B}{2}\\
&=2\sin\frac{A+B}{2}\left(\cos\frac{A-B}{2}+\cos\frac{A+B}{2}\right)\\
&=2\sin\frac{A+B}{2}\cdot 2\cos\frac{A}{2}\cos\frac{-B}{2}\\
&=4\sin\left(\frac{\pi}{2}-\frac{C}{2}\right)\cos\frac{A}{2}\cos\frac{B}{2}\\
&=4\cos\frac{A}{2}\cos\frac{B}{2}\cos\frac{C}{2}
\end{aligned}$$

よって，等式は証明された。

◀ $\sin(\pi-\theta)=\sin\theta$

◀ 〰〰 和 ⟶ 積の公式
　 ----- 2 倍角の公式

◀ 〰〰 和 ⟶ 積の公式

◀ $\cos(-\theta)=\cos\theta$

◀ $\sin\left(\dfrac{\pi}{2}-\theta\right)=\cos\theta$

練習 96 △ABC において，∠A，∠B，∠C の大きさをそれぞれ A，B，C で表す。

(1) $\cos C=\sin^2\dfrac{A+B}{2}-\cos^2\dfrac{A+B}{2}$ であることを示せ。

(2) $\cos A+\cos B+\cos C>1$ であることを示せ。

(3) $A=B$ のとき，$\cos A+\cos B+\cos C$ の最大値を求めよ。また，そのときの A，B，C の値を求めよ。

［関西大］

例題 97 三角方程式（和と積の公式利用） ★★★☆☆

$0 \leqq \theta \leqq \pi$ のとき，次の方程式を解け。

$$\cos 2\theta + \cos 3\theta + \cos 4\theta = 0$$

◀例題 96

指針 2 倍角，3 倍角の公式を利用し，$\cos\theta$ の 4 次方程式にして解いてもよいが，次数の高い式を扱うので，計算がやや面倒（別解 を参照）。そこで，$\dfrac{2\theta+4\theta}{2}=3\theta$ **に着目** して，第 1 項と第 3 項の和を積の形に直すと，第 2 項との共通因数が現れる。

CHART》三角関数の和や積

1 2 項ずつ組み合わせる　　**2** 共通因数の発見

解答 (左辺)$=(\cos 4\theta+\cos 2\theta)+\cos 3\theta$

$$=2\cos\frac{4\theta+2\theta}{2}\cos\frac{4\theta-2\theta}{2}+\cos 3\theta$$

$$=2\cos 3\theta\cos\theta+\cos 3\theta$$

$$=\cos 3\theta(2\cos\theta+1)$$

よって，与えられた方程式は

$$\cos 3\theta(2\cos\theta+1)=0$$

ゆえに　$\cos 3\theta=0$　または　$\cos\theta=-\dfrac{1}{2}$

$0 \leqq \theta \leqq \pi$ から　$0 \leqq 3\theta \leqq 3\pi$

この範囲で $\cos 3\theta=0$ を解くと

$$3\theta=\frac{\pi}{2},\ \frac{3}{2}\pi,\ \frac{5}{2}\pi$$

よって　$\theta=\dfrac{\pi}{6},\ \dfrac{\pi}{2},\ \dfrac{5}{6}\pi$

$0 \leqq \theta \leqq \pi$ の範囲で $\cos\theta=-\dfrac{1}{2}$ を解くと　$\theta=\dfrac{2}{3}\pi$

したがって，求める解は

$$\boldsymbol{\theta=\frac{\pi}{6},\ \frac{\pi}{2},\ \frac{2}{3}\pi,\ \frac{5}{6}\pi}$$

別解 $\cos\theta=x$ とおくと

$$\cos 4\theta=\cos 2\cdot 2\theta$$
$$=2\cos^2 2\theta-1$$
$$=2(2x^2-1)^2-1$$

よって，左辺は

$$2x^2-1-3x+4x^3+2(2x^2-1)^2-1$$
$$=8x^4+4x^3-6x^2-3x$$
$$=x(2x+1)(4x^2-3)$$

ゆえに，方程式は

$$x(2x+1)(4x^2-3)=0$$

したがって

$$x=0,\ -\frac{1}{2},\ \pm\frac{\sqrt{3}}{2}$$

すなわち

$$\cos\theta=0,\ -\frac{1}{2},\ \pm\frac{\sqrt{3}}{2}$$

$0 \leqq \theta \leqq \pi$ の範囲でこれを解くと

$$\boldsymbol{\theta=\frac{\pi}{6},\ \frac{\pi}{2},\ \frac{2}{3}\pi,\ \frac{5}{6}\pi}$$

練習 97 次の方程式，不等式を解け。

(1) $\sin 3x=\cos 2x$　$(0 \leqq x \leqq \pi)$　〔福島県医大〕

(2) $\sin x+\sin 2x+\sin 3x+\sin 4x=0$　$\left(0<x<\dfrac{\pi}{2}\right)$　〔上智大，立教大〕

(3) $\cos 3\theta+\sin 2\theta+\cos\theta>0$　$(0 \leqq \theta<2\pi)$　〔茨城大〕

(4) $\sin x+\sin 2x+\sin 3x=\cos x+\cos 2x+\cos 3x$　$(0 \leqq x \leqq \pi)$　〔宮崎大〕

➡ p. 213 演習 **50**

25 三角関数の合成

《 基本事項 》

1 三角関数の合成

$a\sin\theta+b\cos\theta$ の形の式（同じ周期の sin，cos の定数倍の和）は，加法定理を利用して $r\sin(\theta+\alpha)$ $[r>0]$ の形に変形することができる。

座標平面上に点 $\mathrm{P}(a,\ b)$ をとり，動径 OP が x 軸の正の向きとなす角を α とする。また，線分 OP の長さを r とすると

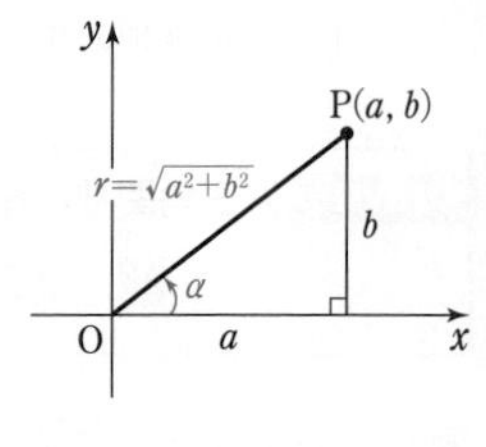

$$r=\sqrt{a^2+b^2},\quad a=r\cos\alpha,\quad b=r\sin\alpha$$

ゆえに
$$\begin{aligned}a\sin\theta+b\cos\theta&=r\cos\alpha\sin\theta+r\sin\alpha\cos\theta\\&=r(\sin\theta\cos\alpha+\cos\theta\sin\alpha)\\&=r\sin(\theta+\alpha)\\&=\sqrt{a^2+b^2}\sin(\theta+\alpha)\end{aligned}$$

よって，次のことが成り立つ。このような変形を **三角関数の合成** という。

> **三角関数の合成**　$\boldsymbol{a\sin\theta+b\cos\theta=\sqrt{a^2+b^2}\sin(\theta+\alpha)}$ …… Ⓐ
>
> ただし　$\boldsymbol{\sin\alpha=\dfrac{b}{\sqrt{a^2+b^2}},\ \cos\alpha=\dfrac{a}{\sqrt{a^2+b^2}}}$ …… Ⓑ

なお，Ⓐ の変形を行うときは，公式にそのまま当てはめるのではなく，まず，図をかいて，点 $\mathrm{P}(a,\ b)$ をとり，次に $\mathrm{OP}=\sqrt{a^2+b^2}$ となす角 α を定め，Ⓐ の右辺の形にまとめればよい。

（注意） α は普通 **$-\pi<\alpha\leqq\pi$ または $0\leqq\alpha<2\pi$ の範囲** にとる。もし，α が具体的に求められない場合は，上の Ⓑ のただし書きを添えて表す。

参考　$a\sin\theta+b\cos\theta$ の形の式は，$\boldsymbol{r\cos(\theta-\beta)}$ の形にも変形できる。
点 $\mathrm{Q}(b,\ a)$ をとり，動径 OQ が x 軸の正の向きとなる角を β とする。また，線分 OQ の長さを r とすると

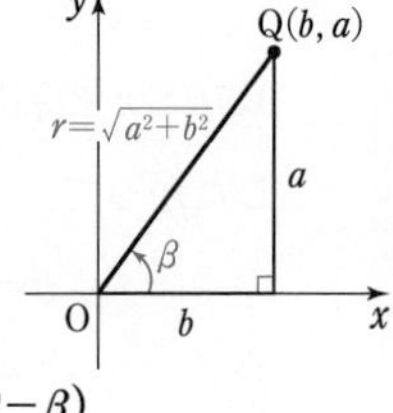

$$r=\sqrt{b^2+a^2},\quad b=r\cos\beta,\quad a=r\sin\beta$$

よって
$$\begin{aligned}\boldsymbol{a\sin\theta+b\cos\theta}&=b\cos\theta+a\sin\theta\\&=r\cos\beta\cos\theta+r\sin\beta\sin\theta\\&=r(\cos\theta\cos\beta+\sin\theta\sin\beta)=\boldsymbol{r\cos(\theta-\beta)}\end{aligned}$$

ただし　$\sin\beta=\dfrac{a}{r}=\dfrac{\boldsymbol{a}}{\boldsymbol{\sqrt{a^2+b^2}}},\ \cos\beta=\dfrac{b}{r}=\dfrac{\boldsymbol{b}}{\boldsymbol{\sqrt{a^2+b^2}}}$

✔ CHECK 問題

43 次の式を $r\sin(\theta+\alpha)$ の形に変形せよ。ただし，$r>0$，$-\pi<\alpha\leqq\pi$ とする。

(1) $\sqrt{3}\sin\theta+3\cos\theta$　　(2) $\cos\theta-\sqrt{3}\sin\theta$

(3) $2\sin\theta+\sqrt{5}\cos\theta$

→ 1

例題 98 三角方程式・不等式 (4) ★★☆☆☆

$0 \leqq \theta < 2\pi$ のとき，次の方程式，不等式を解け。

(1) $\sqrt{3}\sin\theta - \cos\theta = 1$　　(2) $\cos 2\theta + \sin 2\theta + 1 > 0$

指針 CHART 三角関数の式　1種類の関数で表す

$a\sin\theta + b\cos\theta$ の形の式（係数と関数は異なるが，角は同じ*）は，**三角関数の合成** により，1つの関数にまとめることができる。

$$\boldsymbol{a\sin\theta + b\cos\theta = \sqrt{a^2+b^2}\sin(\theta+\alpha)}$$

ただし　$\sin\alpha = \dfrac{b}{\sqrt{a^2+b^2}}$，$\cos\alpha = \dfrac{a}{\sqrt{a^2+b^2}}$

◀ 座標平面上に，点 P(a, b) をとり，OP$=\sqrt{a^2+b^2}$ と角 α を定める。

これにより，(1) は $\sin(\theta+\alpha)$ の方程式，(2) は $\sin(2\theta+\alpha)$ の不等式に変形する。
ただし，(1) の方程式と (2) の不等式は，それぞれ **合成した後の角 $\theta+\alpha$，$2\theta+\alpha$ の範囲で解く** ことに注意する。
（＊）2π の整数倍を含めて同じという意味。すなわち，周期が同じということである。

解答 (1) $\sqrt{3}\sin\theta - \cos\theta = 2\sin\left(\theta - \dfrac{\pi}{6}\right)$

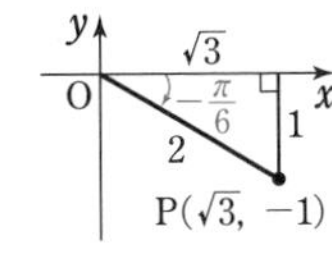

よって，方程式は　$\sin\left(\theta - \dfrac{\pi}{6}\right) = \dfrac{1}{2}$ …… ①

$0 \leqq \theta < 2\pi$ から　$-\dfrac{\pi}{6} \leqq \theta - \dfrac{\pi}{6} < \dfrac{11}{6}\pi$

ゆえに，① から　$\theta - \dfrac{\pi}{6} = \dfrac{\pi}{6}$，$\dfrac{5}{6}\pi$

したがって　$\boldsymbol{\theta = \dfrac{\pi}{3}, \pi}$

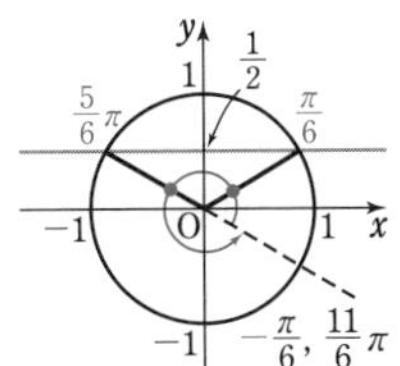

(2) $\sin 2\theta + \cos 2\theta = \sqrt{2}\sin\left(2\theta + \dfrac{\pi}{4}\right)$

よって，不等式は　$\sin\left(2\theta + \dfrac{\pi}{4}\right) > -\dfrac{1}{\sqrt{2}}$ …… ①

$0 \leqq \theta < 2\pi$ から　$\dfrac{\pi}{4} \leqq 2\theta + \dfrac{\pi}{4} < \dfrac{17}{4}\pi$

ゆえに，① から

$\dfrac{\pi}{4} \leqq 2\theta + \dfrac{\pi}{4} < \dfrac{5}{4}\pi$，$\dfrac{7}{4}\pi < 2\theta + \dfrac{\pi}{4} < \dfrac{13}{4}\pi$，

$\dfrac{15}{4}\pi < 2\theta + \dfrac{\pi}{4} < \dfrac{17}{4}\pi$

したがって　$\boldsymbol{0 \leqq \theta < \dfrac{\pi}{2}, \dfrac{3}{4}\pi < \theta < \dfrac{3}{2}\pi, \dfrac{7}{4}\pi < \theta < 2\pi}$

y
P(1, 1)
√2
1
π/4
O
1
x

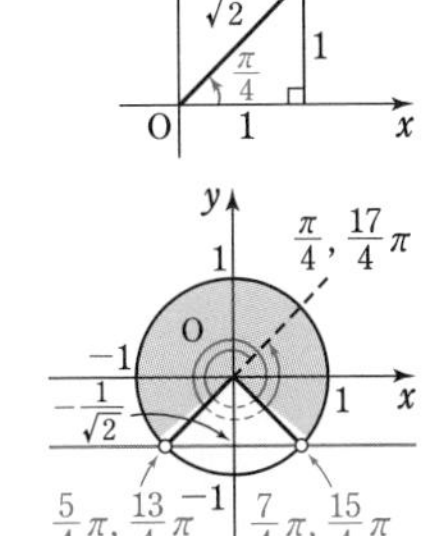

練習 98 $0 \leqq \theta < 2\pi$ のとき，次の方程式，不等式を解け。

(1) $\sin\theta + \sqrt{3}\cos\theta = \sqrt{2}$　　(2) $\sqrt{3}\sin 2\theta - \cos 2\theta < 1$

(3) $\sin\theta \leqq \sqrt{3}\cos\theta$

例題 99 三角関数の最大・最小 (3) ★★☆☆☆

次の関数の最大値と最小値を求めよ。ただし，$0 \leqq \theta \leqq \pi$ とする。

(1) $y=\sin 2\theta+\sqrt{3}\cos 2\theta$ (2) $y=-4\sin\theta+3\cos\theta$

◀例題 98

指針 (1), (2) ともに関数の右辺の式は，$a\sin$●$+b\cos$●（●は同じ角）の形をしているから

CHART》 sin と cos の和　角が同じなら 合成

により $\sin($●$+\alpha)$ の形にまとめられる。ただし，**合成した後の角 ●$+\alpha$ の範囲に注意。**

解答 (1) $y=\sin 2\theta+\sqrt{3}\cos 2\theta=2\sin\left(2\theta+\dfrac{\pi}{3}\right)$

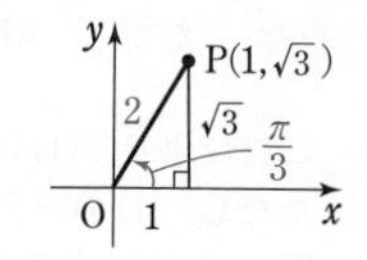

$0 \leqq \theta \leqq \pi$ であるから　$\dfrac{\pi}{3} \leqq 2\theta+\dfrac{\pi}{3} \leqq \dfrac{7}{3}\pi$

よって　$-1 \leqq \sin\left(2\theta+\dfrac{\pi}{3}\right) \leqq 1$

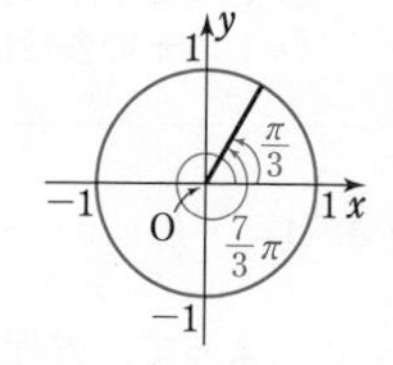

したがって，y は

$2\theta+\dfrac{\pi}{3}=\dfrac{\pi}{2}$ すなわち $\theta=\dfrac{\pi}{12}$ で **最大値 2**

$2\theta+\dfrac{\pi}{3}=\dfrac{3}{2}\pi$ すなわち $\theta=\dfrac{7}{12}\pi$ で **最小値 −2**

をとる。

(2) $y=-4\sin\theta+3\cos\theta=5\sin(\theta+\alpha)$

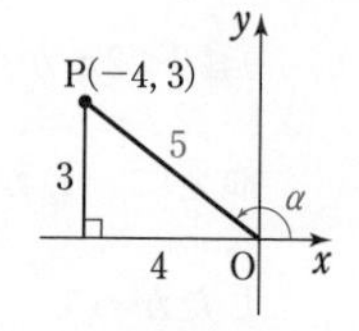

ただし　$\cos\alpha=-\dfrac{4}{5}$，$\sin\alpha=\dfrac{3}{5}$　$\left(\dfrac{\pi}{2}<\alpha<\pi\right)$

$0 \leqq \theta \leqq \pi$ であるから　$\alpha \leqq \theta+\alpha \leqq \pi+\alpha$

また，$\dfrac{\pi}{2}<\alpha<\pi$ であるから　$\dfrac{3}{2}\pi<\pi+\alpha<2\pi$

ゆえに　$\sin\dfrac{3}{2}\pi \leqq \sin(\theta+\alpha) \leqq \sin\alpha$

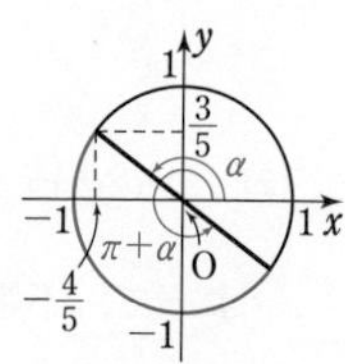

すなわち　$-1 \leqq \sin(\theta+\alpha) \leqq \dfrac{3}{5}$

したがって，y は

$\theta+\alpha=\alpha$ すなわち $\theta=0$ で **最大値 3**

$\theta+\alpha=\dfrac{3}{2}\pi$ すなわち $\theta=\dfrac{3}{2}\pi-\alpha$ で **最小値 −5**

をとる。

検討 (2)　θ と α の 2 つの文字があるが，**θ は変数** で，**α は** $\cos\alpha=-\dfrac{4}{5}$，$\sin\alpha=\dfrac{3}{5}$ を満たす **定数** であることに注意する。

合成後の角の変域は $\alpha \leqq \theta+\alpha \leqq \pi+\alpha$ で，α は第 2 象限の角，$\pi+\alpha$ は第 4 象限の角であるから，角 $\theta+\alpha$ の動径と単位円の交点は右上の図の赤い円弧上にある。

したがって，$\sin(\theta+\alpha)$ のとりうる値の範囲は　$\sin\dfrac{3}{2}\pi \leqq \sin(\theta+\alpha) \leqq \sin\alpha$

練習 99 次の関数の最大値と最小値を求めよ。ただし，$0 \leqq \theta \leqq \pi$ とする。

(1) $y=\cos\theta-\sin\theta$ (2) $y=2\sin\theta+3\cos\theta$ ［(2) 慶応大］

例題 100　三角関数の最大・最小 (4)　★★★☆☆

関数 $f(\theta)=\sin 2\theta+2(\sin\theta+\cos\theta)-1$ を考える。ただし，$0\leqq\theta<2\pi$ とする。

(1)　$t=\sin\theta+\cos\theta$ とおくとき，$f(\theta)$ を t の式で表せ。

(2)　t のとりうる値の範囲を求めよ。

(3)　$f(\theta)$ の最大値と最小値を求め，そのときの θ の値を求めよ。　〔類　秋田大〕

◀例題 99

指針 (1)　$t=\sin\theta+\cos\theta$ の両辺を 2 乗すると，$2\sin\theta\cos\theta$ が現れる。

(2)　$\sin\theta+\cos\theta$ の最大値，最小値を求めるのと同じ。

(3)　(1) の結果から，t の 2 次関数の最大・最小問題（t の範囲に注意）となる。よって，例 53 と同様に **2 次式は基本形に直す** に従って処理する。

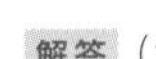

解答 (1)　$t=\sin\theta+\cos\theta$ の両辺を 2 乗すると

$$t^2=\sin^2\theta+2\sin\theta\cos\theta+\cos^2\theta$$

ゆえに　$t^2=1+\sin 2\theta$　　よって　$\sin 2\theta=t^2-1$

◀ $\sin^2\theta+\cos^2\theta=1$

したがって　$\boldsymbol{f(\theta)=t^2-1+2t-1=t^2+2t-2}$

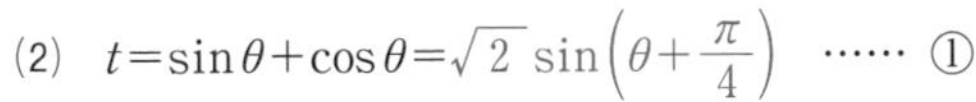

(2)　$t=\sin\theta+\cos\theta=\sqrt{2}\sin\left(\theta+\dfrac{\pi}{4}\right)$ …… ①

$0\leqq\theta<2\pi$ のとき，$\dfrac{\pi}{4}\leqq\theta+\dfrac{\pi}{4}<\dfrac{9}{4}\pi$ …… ② であるから

$$-1\leqq\sin\left(\theta+\frac{\pi}{4}\right)\leqq 1$$

よって　$\boldsymbol{-\sqrt{2}\leqq t\leqq\sqrt{2}}$

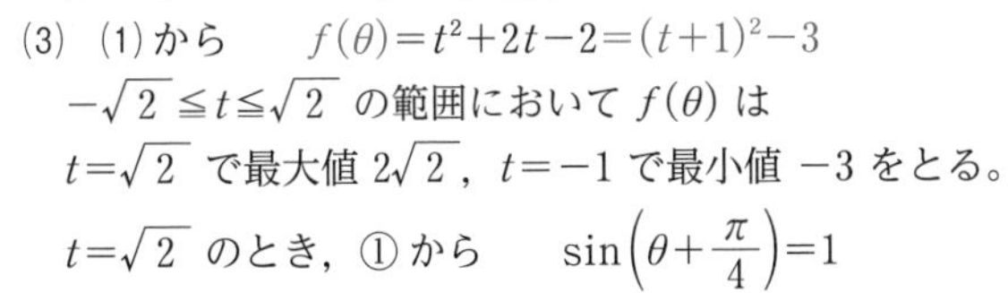

(3)　(1) から　$f(\theta)=t^2+2t-2=(t+1)^2-3$

$-\sqrt{2}\leqq t\leqq\sqrt{2}$ の範囲において $f(\theta)$ は

$t=\sqrt{2}$ で最大値 $2\sqrt{2}$，$t=-1$ で最小値 -3 をとる。

$t=\sqrt{2}$ のとき，① から　$\sin\left(\theta+\dfrac{\pi}{4}\right)=1$

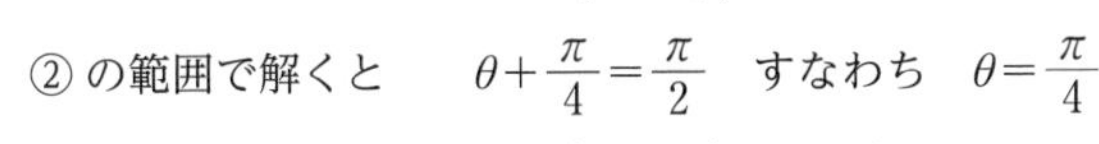

② の範囲で解くと　$\theta+\dfrac{\pi}{4}=\dfrac{\pi}{2}$　すなわち　$\theta=\dfrac{\pi}{4}$

$t=-1$ のとき，① から　$\sin\left(\theta+\dfrac{\pi}{4}\right)=-\dfrac{1}{\sqrt{2}}$

② の範囲で解くと　$\theta+\dfrac{\pi}{4}=\dfrac{5}{4}\pi,\ \dfrac{7}{4}\pi$　すなわち　$\theta=\pi,\ \dfrac{3}{2}\pi$

よって　$\boldsymbol{\theta=\dfrac{\pi}{4}}$ **のとき最大値** $\boldsymbol{2\sqrt{2}}$；$\boldsymbol{\theta=\pi,\ \dfrac{3}{2}\pi}$ **のとき最小値** $\boldsymbol{-3}$

練習 100　x の関数 $y=\sqrt{2}(\sin x-\cos x)-\sin x\cos x+1\ \left(-\dfrac{\pi}{2}\leqq x\leqq\dfrac{\pi}{2}\right)$ を考える。

(1)　$t=\sin x-\cos x$ とおくと，$y=$ ア□ t^2+ イ□ $t+$ ウ□ が成り立つ。

(2)　$x=$ エ□ で y は最大値 オ□ をとり，$x=$ カ□ で y は最小値 キ□ をとる。

〔上智大〕 ➡ p. 213 演習 51

例題 101 三角関数の最大・最小 (5) ★★★☆☆

$0 \leqq \theta < 2\pi$ のとき，$y=2\sin^2\theta+3\sin\theta\cos\theta+6\cos^2\theta$ の最大値と最小値を求めよ。

◀例題100

指針 三角関数の式は，まず，**1種類の三角関数で表す** のが基本。
しかし，本問では，$\sin^2\theta$，$\sin\theta\cos\theta$，$\cos^2\theta$ のように **$\sin\theta$，$\cos\theta$ の2次の項** だけの式（**$\sin\theta$，$\cos\theta$ の2次の同次式**）であるから，半角の公式，倍角の公式により

$$\sin^2\theta=\frac{1-\cos 2\theta}{2},\quad \sin\theta\cos\theta=\frac{\sin 2\theta}{2},\quad \cos^2\theta=\frac{1+\cos 2\theta}{2}$$

この関係式により，右辺は **$\sin 2\theta$ と $\cos 2\theta$ の和** で表される。
これを合成すると，本問の三角関数の式は

$$y=p\sin(2\theta+\alpha)+q$$

の形に変形され，$0 \leqq \theta < 2\pi$ から $2\theta+\alpha$ の範囲が定まり，$\sin(2\theta+\alpha)$ のとりうる値の範囲が定まる。

解答

$$y=2\sin^2\theta+3\sin\theta\cos\theta+6\cos^2\theta$$
$$=2\cdot\frac{1-\cos 2\theta}{2}+3\cdot\frac{\sin 2\theta}{2}+6\cdot\frac{1+\cos 2\theta}{2}$$
$$=\frac{1}{2}(3\sin 2\theta+4\cos 2\theta)+4$$
$$=\frac{1}{2}\cdot 5\left(\frac{3}{5}\sin 2\theta+\frac{4}{5}\cos 2\theta\right)+4$$
$$=\frac{5}{2}\sin(2\theta+\alpha)+4$$

◀ 同周期の $\sin 2\theta$，$\cos 2\theta$ の和。

◀ $\sqrt{3^2+4^2}=5$

ただし　$\cos\alpha=\frac{3}{5}$，$\sin\alpha=\frac{4}{5}$ $\left(0<\alpha<\frac{\pi}{2}\right)$

$0 \leqq \theta < 2\pi$ より，$0 \leqq 2\theta < 4\pi$ であるから

$$\alpha \leqq 2\theta+\alpha < 4\pi+\alpha$$

ゆえに　$-1 \leqq \sin(2\theta+\alpha) \leqq 1$

よって　$\frac{5}{2}\cdot(-1)+4 \leqq \frac{5}{2}\sin(2\theta+\alpha)+4 \leqq \frac{5}{2}\cdot 1+4$

$$\frac{3}{2} \leqq \frac{5}{2}\sin(2\theta+\alpha)+4 \leqq \frac{13}{2}$$

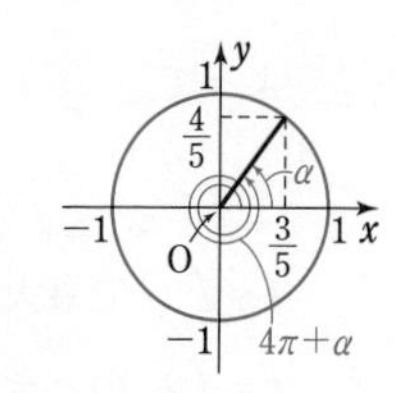

したがって，y の **最大値は $\frac{13}{2}$，最小値は $\frac{3}{2}$**

(注意) $\sin(2\theta+\alpha)=1$ となるのは，$2\theta+\alpha=\frac{\pi}{2}$，$\frac{5}{2}\pi$ すなわち $\theta=\frac{\pi}{4}-\frac{\alpha}{2}$，$\frac{5}{4}\pi-\frac{\alpha}{2}$ のとき。

$\sin(2\theta+\alpha)=-1$ となるのは，$2\theta+\alpha=\frac{3}{2}\pi$，$\frac{7}{2}\pi$ すなわち $\theta=\frac{3}{4}\pi-\frac{\alpha}{2}$，$\frac{7}{4}\pi-\frac{\alpha}{2}$ のときである。

練習 101 次の関数の最大値と最小値を求めよ。ただし，$0 \leqq \theta \leqq \pi$ とする。

(1) $y=\cos^2\theta+\sin\theta\cos\theta$

(2) $y=2\cos^2\theta-\sqrt{3}\cos\theta\sin\theta-\sin^2\theta$　［(2) 類 慶応大］

重要例題 102 2次同次式の最大・最小 ★★★★☆

実数 x, y が $x^2+y^2=1$ を満たすとき，$3x^2+2xy+y^2$ の最大値は ア□，最小値は イ□ である。

指針 条件式を用いて1文字を消去したり，$=k$ とおいて実数解条件を利用したりする方針ではうまくいかない。そこで，条件式の形に着目。

実数 x, y が $x^2+y^2=1$ を満たす $\iff$ 点 (x, y) が単位円 $x^2+y^2=1$ 上にある
$\iff x=\cos\theta,\ y=\sin\theta$ **とおける**

これを $3x^2+2xy+y^2$ に代入すると，**$\sin\theta$ と $\cos\theta$ の2次の同次式**となり，以後は前ページの例題101と同様にして解ける。
一般に，原点Oを中心とする半径 r の円 $x^2+y^2=r^2$ の**媒介変数表示**（p. 141 参照）は，**$x=r\cos\theta$, $y=r\sin\theta$** である（例題は $r=1$ の場合）。条件式が図形的に円を表す場合，x, y を媒介変数 θ で表すのが有効である。

解答 $x^2+y^2=1$ であるから，$x=\cos\theta$, $y=\sin\theta$ $(0\leqq\theta<2\pi)$ とおくことができる。

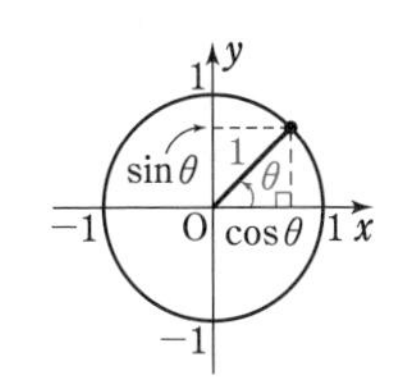

$P=3x^2+2xy+y^2$ とすると

$$P=3\cos^2\theta+2\cos\theta\sin\theta+\sin^2\theta$$
$$=3\cdot\frac{1+\cos2\theta}{2}+\sin2\theta+\frac{1-\cos2\theta}{2}$$
$$=\sin2\theta+\cos2\theta+2$$
$$=\sqrt{2}\sin\left(2\theta+\frac{\pi}{4}\right)+2$$

◀ 2θ の三角関数に直して合成。

$0\leqq\theta<2\pi$ のとき，$\frac{\pi}{4}\leqq2\theta+\frac{\pi}{4}<\frac{17}{4}\pi$ であるから

◀ $0\leqq\theta<2\pi$ から $0\leqq2\theta<4\pi$

$$-1\leqq\sin\left(2\theta+\frac{\pi}{4}\right)\leqq1$$
$$-\sqrt{2}\leqq\sqrt{2}\sin\left(2\theta+\frac{\pi}{4}\right)\leqq\sqrt{2}$$

ゆえに $-\sqrt{2}+2\leqq\sqrt{2}\sin\left(2\theta+\frac{\pi}{4}\right)+2\leqq\sqrt{2}+2$

◀ sin●=1 で最大，sin●=−1 で最小。

よって　P の最大値は ア$\mathbf{2+\sqrt{2}}$，最小値は イ$\mathbf{2-\sqrt{2}}$

検討 上の例題で，P が最大となるときの x, y の値を求めようとすると，次のようになる。
P が最大となるのは，$\sin\left(2\theta+\frac{\pi}{4}\right)=1$ すなわち $2\theta+\frac{\pi}{4}=\frac{\pi}{2}$, $\frac{5}{2}\pi$ から $\theta=\frac{\pi}{8}$, $\frac{9}{8}\pi$ のときであり，このとき $(x, y)=\left(\cos\frac{\pi}{8},\ \sin\frac{\pi}{8}\right)$, $\left(\cos\frac{9}{8}\pi,\ \sin\frac{9}{8}\pi\right)$
この x, y の値を実際に求めるには，半角の公式や $\pi+\theta$ の公式を用いる（練習102参照）。

練習 102 平面上の点 $\mathrm{P}(x, y)$ が単位円周上を動くとき，$15x^2+10xy-9y^2$ の最大値と，最大値を与える点Pの座標を求めよ。〔学習院大〕

単　振　動

物体が円周上を一定の速さで運動するとき，この運動を **等速円運動** という。円運動において，物体が1秒間に回転する角度を **角速度** といい，これは回転の速さを表す量で，単位はラジアン毎秒 (rad/s) などである。t 秒間に θ (ラジアン) だけ回転するときの角速度を ω (rad/s) とすると，$\omega=\dfrac{\theta}{t}$ または $\theta=\omega t$ である。

円 $x^2+y^2=r^2$ 上の点Pが，点 $P_0(r\cos\alpha,\ r\sin\alpha)$ を出発し，動径OPの表す角が一定の速さ ω で増えていくように動くとき，この点Pの運動は等速円運動であり，ω はその角速度である。

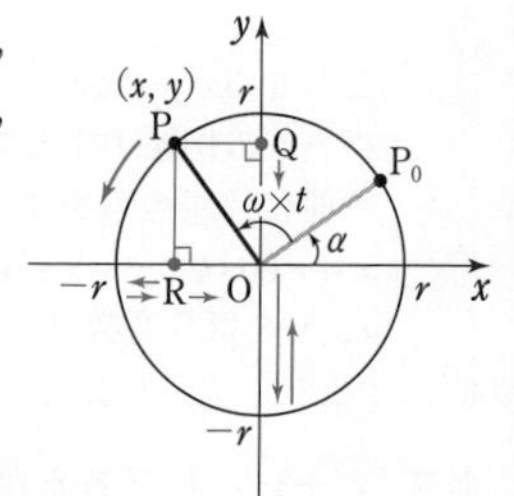

点 P_0 を出発して t 秒後の点Pの座標を $P(x,\ y)$ とし，点Pから y 軸に垂線PQを下ろすと，点Qは y 軸上で

$$y=r\sin(\omega t+\alpha)$$

で表される往復運動をする。この点Qのような運動を **単振動** という。

$\alpha=0$ のとき，単振動は，次のようなグラフとなる (正弦曲線)。

点Qの単振動 $y=r\sin(\omega t+\alpha)$ において，r を **振幅**，α を **初期位相** という。単振動の1往復する時間を **周期** といい，T で表すと，T は等速円運動の周期と一致する。
また，1秒あたりの往復数を **振動数** (または周波数) といい，f (Hz) (ヘルツという) で表すと，f は等速円運動の回転数と一致する。
単振動の1秒あたりの **回転角** は，等速円運動の角速度 ω (rad/s) であるから，$\omega>0$ とすると

$$T=\frac{2\pi}{\omega}, \qquad f=\frac{\omega}{2\pi}\left(=\frac{1}{T}\right)$$

周期＝2π÷角速度　　　振動数＝角速度÷2π

ここで，点Pから x 軸に垂線PRを下ろすと，点Rの運動は

$$x=r\cos(\omega t+\alpha)=r\sin\left\{\omega t+\left(\alpha+\frac{\pi}{2}\right)\right\}$$

で表されるから，点Qの運動と同じ周期をもち，初期位相が $\dfrac{\pi}{2}$ だけずれた単振動である。

なお，一般に $f(t)=a\sin\omega t+b\cos\omega t$ で表される周期の等しい2つの単振動の和は

$$f(t)=r\sin(\omega t+\alpha) \qquad \text{または} \qquad f(t)=r\cos(\omega t-\beta)$$

の形に変形することができるので，単振動となる (**単振動の合成**)。

26 三角関数の種々の問題

重要例題 103 三角方程式の解の存在条件 ★★★★☆

a は定数とする。方程式 $\sin^2\theta+2a\cos\theta-3a-1=0$ を満たす角 θ が存在するための a の値の範囲を求めよ。

指針 まず，1種類の三角関数で表す ⟶ $\cos\theta=x$ とおくと，$-1\leqq x\leqq 1$ で，方程式は

$(1-x^2)+2ax-3a-1=0$ すなわち $x^2-2ax+3a=0$ …… Ⓐ

よって，2次方程式 Ⓐ が，**$-1\leqq x\leqq 1$ の範囲に少なくとも1つの実数解をもつ** ための条件を考えることになる。

しかし， **解と k の大小 グラフ利用 D，軸，$f(k)$ を押さえる** の方針では，次の4通りの場合を考えなければならず，わかりにくい（下の練習 103 はこの方針で解いた）。

[1] 2つの解がともに $-1<x<1$ の範囲にある。
[2] 解の1つが $x=-1$ である。 [3] 解の1つが $x=1$ である。
[4] 解の1つが $-1<x<1$，他の解が $x<-1$ または $1<x$ の範囲にある。

ここでは，Ⓐ を $x^2=2ax-3a$ と変形し，放物線 $y=x^2$ と直線 $y=2ax-3a$ が $-1\leqq x\leqq 1$ の範囲に少なくとも1つの共有点をもつための条件を求める考え方を紹介しておこう。

解答 $\cos\theta=x$ とおくと，$-1\leqq x\leqq 1$ であり，方程式は

$$(1-x^2)+2ax-3a-1=0$$

ゆえに $x^2=(2x-3)a$ ◀ a について整理。

よって $x^2=2a\left(x-\frac{3}{2}\right)$ ◀ $2x-3=2\left(x-\frac{3}{2}\right)$

求める条件は，放物線 $y=x^2$ と，定点 $\left(\frac{3}{2},\ 0\right)$ を通り，傾き $2a$ の直線 $y=2a\left(x-\frac{3}{2}\right)$ …… ① が，$-1\leqq x\leqq 1$ の範囲に少なくとも1つの共有点をもつことである。

◀ 放物線 $y=x^2$ は固定されている。

直線 ① の傾き $2a$ が最大となるのは，直線 ① が放物線 $y=x^2$ の頂点である原点 $(0,\ 0)$ で接するときであるから $2a=0$

すなわち $a=0$

直線 ① の傾き $2a$ が最小となるのは，直線 ① が点 $(1,\ 1)$ を通るときであるから，$2a=-2$ より $a=-1$

したがって，右の図から **$-1\leqq a\leqq 0$**

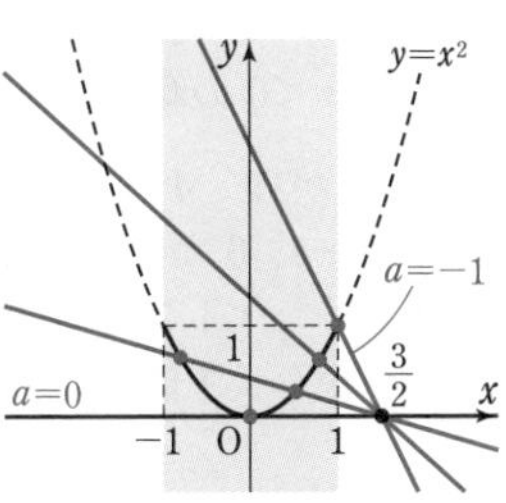

◀ 放物線 $y=x^2$ と直線 ① が $-1\leqq x\leqq 1$ の範囲で共有点をもつような a の値の範囲を，図から求める。

練習 103 方程式 $\cos 2\theta+2k\sin\theta+k-5=0$ が解をもつような定数 k の値の範囲を求めよ。

➡ p. 214 演習 54

重要例題 104 三角方程式の解の個数 ★★★★☆

方程式 $\sin^2\theta-\cos\theta+a=0$ $(0\leqq\theta<2\pi)$ の解の個数を，定数 a の値によって分類して答えよ。

◀例題 103

指針 $\cos\theta$ だけの式に直し，$\cos\theta=x$ とおくと　$1-x^2-x+a=0$　…… Ⓐ
また，**変数のおき換えは範囲に注意** であるから，$0\leqq\theta<2\pi$ より　$-1\leqq x\leqq 1$
よって，まず，例題 103 のように **定数 a を分離して**，Ⓐ を $x^2+x-1=a$ の形に変形し，**放物線 $y=x^2+x-1$ と直線 $y=a$ の共有点のうち，x 座標が $-1\leqq x\leqq 1$ であるものの個数** を，a の値で分類して調べる。
こうして調べた個数を θ の個数に言い換えることになるが，$\cos\theta=x$ $(0\leqq\theta<2\pi)$ を満たす θ の個数と x の個数は，次のように，1 対 1 に対応していない。

$-1<x<1$ の範囲の x に対して	θ は 2 個ずつ
$x=-1$ または $x=1$ に対して	θ は 1 個ずつ
$x<-1,\ 1<x$ の範囲の x に対して	θ は 0 個

この x と θ の対応関係に注意して，θ の個数を答えなければならない。

解答 $\cos\theta=x$ とおくと，$0\leqq\theta<2\pi$ から　$-1\leqq x\leqq 1$
方程式に $\cos\theta=x$ を代入して整理すると

$$x^2+x-1=a$$

$f(x)=x^2+x-1=\left(x+\frac{1}{2}\right)^2-\frac{5}{4}$ とすると
関数 $y=f(x)$ のグラフと直線 $y=a$ の共有点を考えて，求める解 θ の個数は次のようになる。

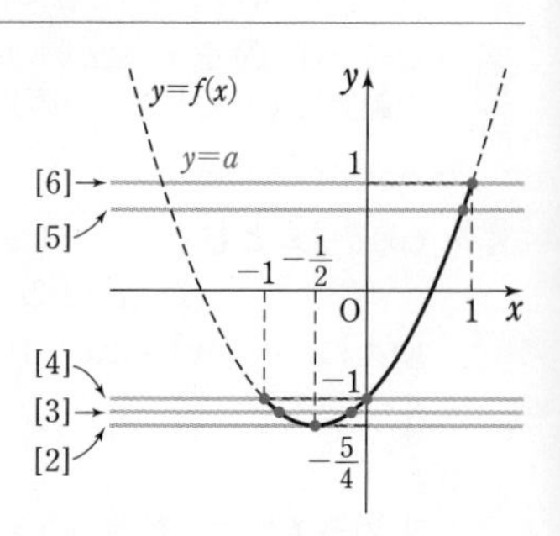

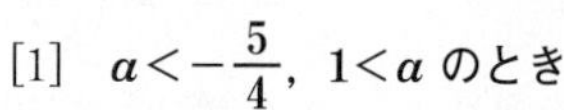

[1]　**$a<-\frac{5}{4}$，$1<a$ のとき**
　共有点はないから　**0 個**

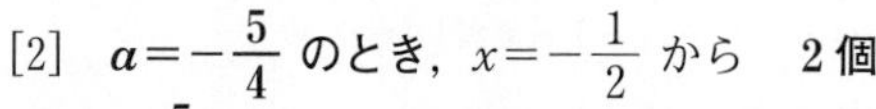

[2]　**$a=-\frac{5}{4}$ のとき**，$x=-\frac{1}{2}$ から　**2 個**

[3]　**$-\frac{5}{4}<a<-1$ のとき**
　$-1<x<-\frac{1}{2}$，$-\frac{1}{2}<x<0$ の範囲に共有点はそれぞれ 1 個ずつあるから　**4 個**

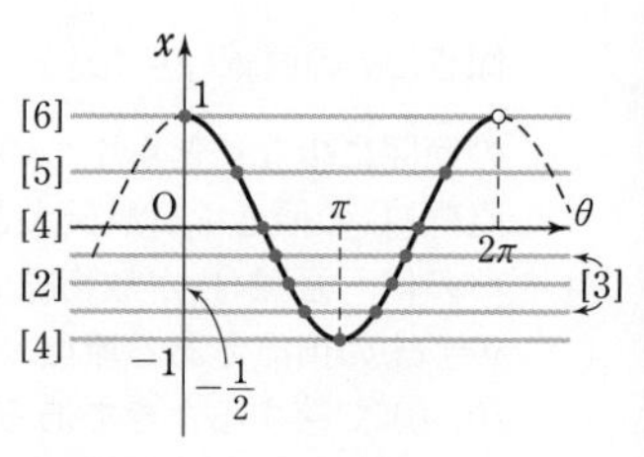

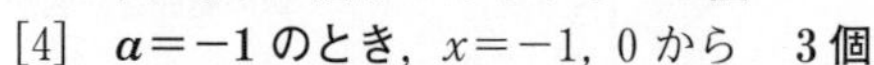

[4]　**$a=-1$ のとき**，$x=-1,\ 0$ から　**3 個**

[5]　**$-1<a<1$ のとき**，$0<x<1$ の範囲に共有点は 1 個あるから　**2 個**

[6]　**$a=1$ のとき**，$x=1$ から　**1 個**

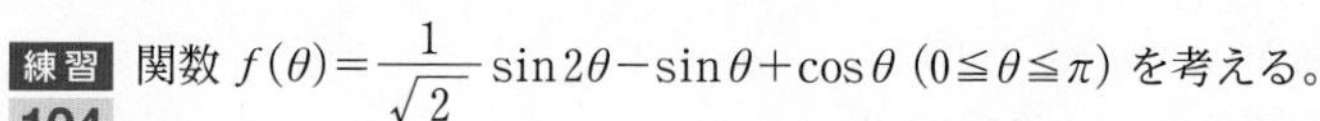

練習 104 関数 $f(\theta)=\frac{1}{\sqrt{2}}\sin 2\theta-\sin\theta+\cos\theta$ $(0\leqq\theta\leqq\pi)$ を考える。

(1)　$t=\sin\theta-\cos\theta$ とおく。$f(\theta)$ を t の式で表せ。

(2)　$f(\theta)$ の最大値と最小値，およびそのときの θ の値を求めよ。

(3)　a を実数の定数とする。$f(\theta)=a$ となる θ がちょうど 2 個であるような a の範囲を求めよ。

〔北海道大〕 ➡p. 213 演習 52

重要例題 105 三角不等式の表す領域 ★★★★☆

次の連立不等式の表す領域を図示せよ。

$$|x|\leqq\pi,\ |y|\leqq\pi,\ \sin(x+y)-\sqrt{3}\cos(x+y)\geqq 1$$

〔弘前大〕

◀例題 98

指針 三角不等式を解いて，x，y だけの不等式に表し，図示する。
$\sin(x+y)-\sqrt{3}\cos(x+y)\geqq 1$ を，角 $x+y$ に関する三角不等式とみれば

CHART》 sin と cos の和　角が同じなら合成

の方針で解くことができる。
なお，$\sin(x+y+\alpha)\geqq a$ の形に変形したら，角の範囲を確認して不等式を解くことに注意する。
$\longrightarrow |x|\leqq\pi \Longleftrightarrow -\pi\leqq x\leqq\pi$，$|y|\leqq\pi \Longleftrightarrow -\pi\leqq y\leqq\pi$ から　$-2\pi+\alpha\leqq x+y+\alpha\leqq 2\pi+\alpha$

解答 $|x|\leqq\pi$，$|y|\leqq\pi$ から　$-\pi\leqq x\leqq\pi$，$-\pi\leqq y\leqq\pi$　…… ①

また　$\sin(x+y)-\sqrt{3}\cos(x+y)=2\sin\left(x+y-\dfrac{\pi}{3}\right)$

◀ 三角関数の合成。

よって，$\sin(x+y)-\sqrt{3}\cos(x+y)\geqq 1$ は

$$\sin\left(x+y-\frac{\pi}{3}\right)\geqq\frac{1}{2}\quad\cdots\cdots ②$$

① の各辺をそれぞれ加えると　$-2\pi\leqq x+y\leqq 2\pi$

ゆえに　$-\dfrac{7}{3}\pi\leqq x+y-\dfrac{\pi}{3}\leqq\dfrac{5}{3}\pi$

この範囲で不等式 ② を解くと

$$-\frac{11}{6}\pi\leqq x+y-\frac{\pi}{3}\leqq -\frac{7}{6}\pi$$

または　$\dfrac{\pi}{6}\leqq x+y-\dfrac{\pi}{3}\leqq\dfrac{5}{6}\pi$

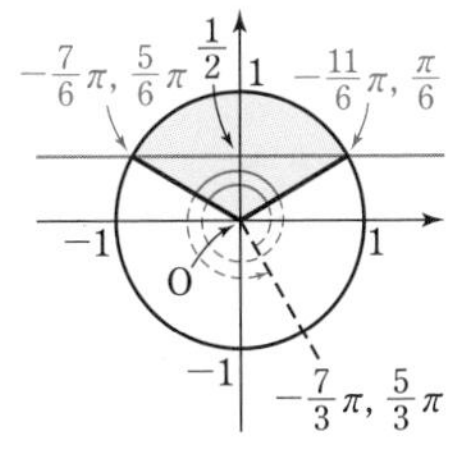

すなわち

$$-x-\frac{3}{2}\pi\leqq y\leqq -x-\frac{5}{6}\pi$$

または　$-x+\dfrac{\pi}{2}\leqq y\leqq -x+\dfrac{7}{6}\pi$

これと ① から，求める領域は **右の図の斜線部分**。
ただし，境界線を含む。

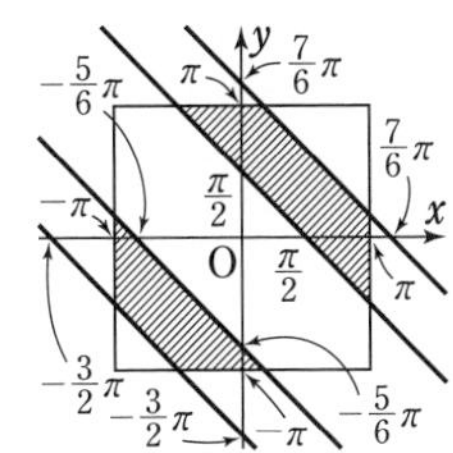

練習 105 xy 平面において，連立不等式 $0\leqq x\leqq\pi$，$0\leqq y\leqq\pi$，
$2\sin(x+y)-2\cos(x+y)\geqq\sqrt{2}$ の表す領域を D とする。
(1) Dを図示せよ。
(2) 点 $(x,\ y)$ が領域Dを動くとき，$2x+y$ の最大値と最小値を求めよ。〔大阪大〕

➡ p. 214 演習 **53，54**

重要例題 106 図形への応用 (1) ★★★★☆

正三角形 ABC が半径1の円に内接しているとする。Pは点 A，B と異なる点で，A，B を両端とし，点Cを含まない弧の上を動くものとする。

(1) $\angle PBA=\theta$ とするとき，PA，PB，PC をそれぞれ θ を用いて表せ。また，PA+PB+PC の最大値を求めよ。

(2) $PA^2+PB^2+PC^2$ を求めよ。 〔熊本大〕 ◀例題99

指針 △PAB と △PBC も半径1の円に内接しているから，正弦定理を利用して，PA，PB，PC を $\sin\theta$ で表し，PA+PB+PC，$PA^2+PB^2+PC^2$ を θ を用いて表す。

解答 (1) △PAB において，正弦定理により

$$\frac{PA}{\sin\angle PBA}=2\cdot 1 \quad \text{すなわち} \quad \mathbf{PA=2\sin\theta}$$

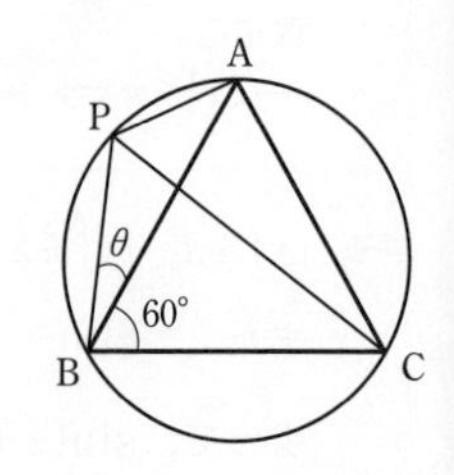

また $\angle PCB=\angle ACB-\angle PCA=60^\circ-\angle PBA=60^\circ-\theta$

$\angle PBC=\angle ABC+\angle PBA=60^\circ+\theta$

したがって，△PBC において，正弦定理により

$$\mathbf{PB=2\sin(60^\circ-\theta),\ PC=2\sin(60^\circ+\theta)}$$

ゆえに PA+PB+PC

$$=2\sin\theta+2\sin(60^\circ-\theta)+2\sin(60^\circ+\theta)$$

$$=2\sin\theta+2\left(\frac{\sqrt{3}}{2}\cos\theta-\frac{1}{2}\sin\theta\right)+2\left(\frac{\sqrt{3}}{2}\cos\theta+\frac{1}{2}\sin\theta\right)$$

$$=2(\sin\theta+\sqrt{3}\cos\theta)=4\sin(\theta+60^\circ)$$

ここで，$\theta=\angle PBA=\angle PCA$ より，点Pが弧 AB 上を動くとき，$0^\circ<\theta<60^\circ$ であるから $60^\circ<\theta+60^\circ<120^\circ$

よって，PA+PB+PC は，$\theta+60^\circ=90^\circ$ すなわち $\theta=30^\circ$ のとき，**最大値 4** をとる。

(2) $PA^2+PB^2+PC^2$

$$=4\sin^2\theta+4\sin^2(60^\circ-\theta)+4\sin^2(60^\circ+\theta)$$

$$=4\sin^2\theta+4\left(\frac{\sqrt{3}}{2}\cos\theta-\frac{1}{2}\sin\theta\right)^2+4\left(\frac{\sqrt{3}}{2}\cos\theta+\frac{1}{2}\sin\theta\right)^2$$

$$=6\sin^2\theta+6\cos^2\theta=6(\sin^2\theta+\cos^2\theta)=\mathbf{6}$$

◀ $\sin^2\theta+\cos^2\theta=1$

参考 (1) **後半の別解**
四角形 PBCA は円に内接するから，**トレミーの定理**により

$$\mathbf{PA\cdot BC+PB\cdot AC=PC\cdot AB}$$

AB=BC=CA のとき PA+PB=PC であるから

PA+PB+PC=2PC

弦 PC が直径となるとき，その長さは最大になる。
よって，求める最大値は

$2PC=2\cdot 2=\mathbf{4}$

練習 106 α は定数 $\left(0<\alpha\leqq\frac{\pi}{2}\right)$ とし，四角形 ABCD に関する次の2つの条件を考える。

(i) 四角形 ABCD は半径1の円に内接する。 (ii) $\angle ABC=\angle DAB=\alpha$

条件(i)と(ii)を満たす四角形の中で，4辺の長さの積 $k=AB\cdot BC\cdot CD\cdot DA$ が最大となるものについて，k の値を求めよ。 〔京都大〕 ➡p. 214 演習 55

重要例題 107 図形への応用 (2) ★★★★☆

定数 k は $k>1$ を満たすとする。xy 平面上の点 A(1, 0) を通り x 軸に垂直な直線の第 1 象限に含まれる部分を，2 点 X，Y が AY$=k$AX を満たしながら動いている。原点 O(0, 0) を中心とする半径 1 の円と線分 OX，OY が交わる点をそれぞれ P，Q とするとき，△OPQ の面積 S の最大値を k を用いて表せ。〔東京工大〕

指針 $S=\frac{1}{2}\mathrm{OP}\cdot\mathrm{OQ}\sin\angle\mathrm{POQ}=\frac{1}{2}\cdot 1^2\cdot\sin\angle\mathrm{POQ}$ であるから，$\sin\angle\mathrm{POQ}$ が最大となるときを考えればよい。$\angle\mathrm{POQ}=\theta$ とし，$\angle\mathrm{AOX}=\alpha$，$\angle\mathrm{AOY}=\beta$ とすると，$\sin\theta=\sin(\beta-\alpha)$ である。AX$=t$ として，加法定理により $\sin\theta$ を k，t で表す。

解答 $\angle\mathrm{AOX}=\alpha$，$\angle\mathrm{AOY}=\beta$ とすると，

$0°<\alpha<\beta<90°$ であり　　$\angle\mathrm{POQ}=\beta-\alpha$ ($=\theta$ とおく)

ゆえに　　$S=\frac{1}{2}\cdot 1^2\cdot\sin\angle\mathrm{POQ}=\frac{1}{2}\sin\theta$

θ は鋭角であるから，S が最大となるのは，$\sin\theta$ が最大となるときである。

$t>0$ として，AX$=t$ とすると，AY$=kt$ であり

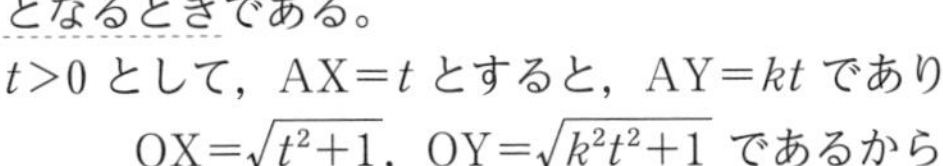

$\mathrm{OX}=\sqrt{t^2+1}$，$\mathrm{OY}=\sqrt{k^2t^2+1}$ であるから

$\sin\theta=\sin(\beta-\alpha)=\sin\beta\cos\alpha-\cos\beta\sin\alpha$

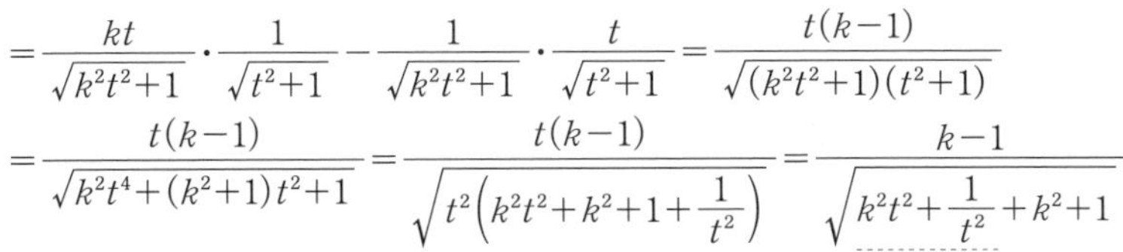

$$=\frac{kt}{\sqrt{k^2t^2+1}}\cdot\frac{1}{\sqrt{t^2+1}}-\frac{1}{\sqrt{k^2t^2+1}}\cdot\frac{t}{\sqrt{t^2+1}}=\frac{t(k-1)}{\sqrt{(k^2t^2+1)(t^2+1)}}$$

$$=\frac{t(k-1)}{\sqrt{k^2t^4+(k^2+1)t^2+1}}=\frac{t(k-1)}{\sqrt{t^2\left(k^2t^2+k^2+1+\frac{1}{t^2}\right)}}=\frac{k-1}{\sqrt{k^2t^2+\frac{1}{t^2}+k^2+1}}$$

$k>0$，$t>0$ であるから，(相加平均)≧(相乗平均) により

$$k^2t^2+\frac{1}{t^2}\geqq 2\sqrt{k^2t^2\cdot\frac{1}{t^2}}=2k$$

等号は $k^2t^2=\frac{1}{t^2}$ すなわち $t=\frac{1}{\sqrt{k}}$ のとき成り立ち，このとき $k^2t^2+\frac{1}{t^2}$ は最小となるから，$\sin\theta$ は最大となる。

$k>1$ であるから，△OPQ の面積 S の最大値は

$$\frac{1}{2}\sin\theta=\frac{1}{2}\cdot\frac{k-1}{\sqrt{2k+k^2+1}}=\frac{1}{2}\cdot\frac{k-1}{\sqrt{(k+1)^2}}=\boldsymbol{\frac{k-1}{2(k+1)}}$$

練習 107 点 P は円 $x^2+y^2=4$ 上の第 1 象限を動く点であり，点 Q は円 $x^2+y^2=16$ 上の第 2 象限を動く点である。ただし，原点 O に対して，常に $\angle\mathrm{POQ}=90°$ であるとする。また，点 P から x 軸に垂線 PH を下ろし，点 Q から x 軸に垂線 QK を下ろす。更に $\angle\mathrm{POH}=\theta$ とする。このとき，△QKH の面積 S は $\tan\theta=$ ア☐ のとき，最大値 イ☐ をとる。〔類 早稲田大〕

➡ p. 214 演習 56

演習問題

43 (1) $\sin 1$，$\sin 2$，$\sin 3$，$\cos 1$ という4つの数値を小さい方から順に並べよ。ただし，1，2，3は，それぞれ1ラジアン，2ラジアン，3ラジアンを表す。

(2) 次の数 a，b，c，d を左から小さい順に並べよ。ただし，π は円周率である。

$$a=\cos\frac{\pi}{5},\quad b=\cos\frac{3}{2},\quad c=\sin\frac{3}{2},\quad d=\tan\frac{3}{2}$$

〔(1) 鹿児島大，(2) 日本女子大〕 ➤例46

44 $\dfrac{1}{2+\sin\alpha}+\dfrac{1}{2+\sin 2\beta}=2$ のとき，$|\alpha+\beta-8\pi|$ の最小値は □ である。

〔早稲田大〕 ➤例51

45 $\dfrac{1}{\tan\frac{\pi}{24}}-\sqrt{2}-\sqrt{3}-\sqrt{6}$ は整数である。その値を求めよ。 〔横浜市大〕

➤例54

46 m，n を $0<m<n$ を満たす整数とする。α，β を $0<\alpha<\dfrac{\pi}{2}$，$0<\beta<\dfrac{\pi}{2}$，$m=\tan\alpha$，$n=\tan\beta$ を満たす実数とする。

(1) $\tan\dfrac{7\pi}{12}$ の値を求めよ。 (2) $\alpha+\beta>\dfrac{7\pi}{12}$ であることを示せ。

(3) $\tan(\alpha+\beta)$ が整数となるような組 $(m,\ n)$ をすべて求めよ。 〔神戸大〕

➤例54

47 $0\leqq\alpha\leqq\pi$ として，$\sin\alpha=\cos 2\beta$ を満たす β について考える。ただし，$0\leqq\beta\leqq\pi$ とする。

(1) $\alpha=\dfrac{\pi}{6}$ のとき，β のとりうる値を求めよ。

(2) α の各値に対して，β のとりうる値は2つある。そのうちの小さい方を β_1，大きい方を β_2 とし，$y=\sin\left(\alpha+\dfrac{\beta_1}{2}+\dfrac{\beta_2}{3}\right)$ が最大となる α の値とそのときの y の値を求めよ。

〔類 センター試験〕

ヒント **44** $2+\sin\alpha$，$2+\sin 2\beta$ のとりうる値の範囲を調べる。

45 $\dfrac{\pi}{24}=\theta$ とおくと $2\theta=\dfrac{\pi}{12}=\dfrac{\pi}{3}-\dfrac{\pi}{4}$ $\dfrac{1}{\tan\theta}$ を $\sin 2\theta$，$\cos 2\theta$ で表す。

46 (3) (2)の不等式から，$\tan(\alpha+\beta)$ がとりうる整数値がわかる。加法定理から得られる m，n の式を ( )( )=**整数** の形に表す。

48 $0 \leqq x \leqq 2\pi$ のとき，以下の問いに答えよ。

(1) 方程式 $\sin 3x = -\sin x$ を満たす x の値をすべて求めよ。

(2) 方程式 $\sin 3x = \sin x$ を満たす x の値をすべて求めよ。

(3) 不等式 $\sin 3x \geqq a \sin x$ が $-1 \leqq a \leqq 1$ を満たすすべての a に対して成り立つような x の値の範囲を求めよ。〔岡山大〕

➤例題 92

49 (1) $A = \sin x$ とおく。$\sin 5x$ を A の整式で表せ。

(2) $\sin^2 \dfrac{\pi}{5}$ の値を求めよ。

(3) 曲線 $y = \cos 3x$ $(x \geqq 0)$ と曲線 $y = \cos 7x$ $(x \geqq 0)$ の共有点の x 座標を小さい方から順に x_1, x_2, x_3, …… とする。このとき，関数 $y = \cos 3x$ $(x_5 \leqq x \leqq x_6)$ の値域を求めよ。〔広島大〕

➤例題 93

50 (1) 実数 x, y に対して，等式 $\sin x = \sin y$ が成り立つとき，y を x を用いて表せ。

(2) $0 \leqq s < 2\pi$ のとき，等式 $\sin 2s = \sin(3s+1)$ を満たす実数 s をすべて求めよ。

(3) $0 \leqq s < t < 2\pi$ のとき，2つの等式 $\begin{cases} \cos s = \cos t \\ \sin 5s = \sin 5t \end{cases}$ を同時に満たす実数 s, t の組をすべて求めよ。〔類 岐阜大〕

➤例題 97

51 a を定数とし，$y = (\sin\theta + a)(\cos\theta + a)$ とする。ただし，$0 \leqq \theta < 2\pi$ とする。

(1) $t = \sin\theta + \cos\theta$ とするとき，y を a と t を用いて表せ。

(2) t のとりうる値の範囲を求めよ。

(3) y の最大値と最小値を a を用いて表せ。〔熊本大〕

➤例題 100

52 a を実数の定数とする。x についての方程式 $4\sin^2 x - a\sin x + 1 = 0$ $(0 \leqq x \leqq \pi)$ は4つの相異なる解をもち，そのうちの2つの解 x_1, x_2 $(x_1 < x_2)$ の差が $\dfrac{\pi}{2}$ である。

(1) $\sin x_1 = \sin x_2$ のとき，$a =$ ア□ である。

(2) $\sin x_1 \neq \sin x_2$ のとき，$a =$ イ□ であり，4つの解のうち，最も値が大きい解は ウ□ である。〔早稲田大〕

➤例題 104

ヒント **51** (3) y は t の2次関数で表される。(2)で求めた範囲と，この2次関数のグラフの軸の位置関係によって場合分けして考える。

52 (2) $t = \sin x$ $(0 \leqq x \leqq \pi)$ とおくと，$0 \leqq t < 1$ である t に対して x は2個，$t = 1$ に対して x は1個ある。

53 次の条件（∗）を満たす正の実数の組 $(a,\ b)$ の範囲を求め，座標平面上に図示せよ。

（∗） $\cos a\theta=\cos b\theta$ かつ $0<\theta\leqq\pi$ となる θ がちょうど1つある。〔京都大〕

➤例題105

54 $a,\ b$ を実数とする。このとき，変数 x の関係 $f(x)=\sin 2x+a(\sin x+\cos x)+b$ について，次の問いに答えよ。

(1) $t=\sin x+\cos x$ とおくとき，$f(x)$ を，t を用いて表せ。

(2) x の方程式 $f(x)=0$ が少なくとも1つの実数解をもつようなすべての $a,\ b$ を，座標平面上の点 $(a,\ b)$ として図示せよ。〔宮崎大〕

➤例題103，105

55 △ABC の内接円の半径を r，外接円の半径を R とし，$h=\dfrac{r}{R}$ とする。また，$\angle\mathrm{A}=2\alpha,\ \angle\mathrm{B}=2\beta,\ \angle\mathrm{C}=2\gamma$ とする。

(1) $h=4\sin\alpha\sin\beta\sin\gamma$ となることを示せ。

(2) △ABC が直角三角形のとき $h\leqq\sqrt{2}-1$ が成り立つことを示せ。また，等号が成り立つのはどのような場合か。

(3) 一般の △ABC に対して $h\leqq\dfrac{1}{2}$ が成り立つことを示せ。また，等号が成り立つのはどのような場合か。〔東北大〕

➤例題106

56 Oを原点とする座標平面上に点 $\mathrm{A}(-3,\ 0)$ をとり，$0^\circ<\theta<120^\circ$ の範囲にある θ に対して，次の条件 (a)，(b) を満たす2点 B，C を考える。

(a) Bは $y>0$ の部分にあり，$\mathrm{OB}=2$ かつ $\angle\mathrm{AOB}=180^\circ-\theta$ である。

(b) Cは $y<0$ の部分にあり，$\mathrm{OC}=1$ かつ $\angle\mathrm{BOC}=120^\circ$ である。ただし，△ABC はOを含むものとする。

(1) △OAB と △OAC の面積が等しいとき，θ の値を求めよ。

(2) θ を $0^\circ<\theta<120^\circ$ の範囲で動かすとき，△OAB と △OAC の面積の和の最大値と，そのときの $\sin\theta$ の値を求めよ。〔東京大〕

➤例題107

ヒント **54** (2) (1)の t の式を $g(t)$ として，放物線 $y=g(t)$ と t 軸の共有点を考える。ただし，t のとりうる値の範囲には制限がある。

55 (1) 内接円の中心から辺 BC に下ろした垂線と辺 BC の交点をHとすると　$\mathrm{BC}=\mathrm{BH}+\mathrm{HC}$
これを $\tan\beta$ と $\tan\gamma$ で表し，更に sin，cos の式に変形する。

(2) $2\alpha=\dfrac{\pi}{2}$ としても一般性は失われない。

56 (1) △OAB と △OAC は辺 OA を共有することに着目する。

〈この章で学ぶこと〉
a^n における指数 n の値は，これまで自然数の範囲でしか考えなかった。これを実数全体に拡張して，指数関数 $y=a^x$（a は正の定数）を定めることができる。対数関数は，$x=a^y$ を y について解き，それを $y=\log_a x$ と表すことにより定められる関数である。この章では，これらの関数の性質とさまざまな応用について考える。

第5章

指数関数・対数関数

例，例題一覧

●…… 基本的な内容の例　■…… 標準レベルの例題　◆…… やや発展的な例題

27 指数の拡張

● 57 指数法則，累乗根の計算

■ 108 指数の計算，式の値

28 指数関数

● 58 指数関数のグラフ
● 59 累乗・累乗根の大小比較
● 60 指数方程式
● 61 指数不等式

■ 109 指数関数の最大・最小 (1)
■ 110 指数関数の最大・最小 (2)
◆ 111 指数方程式の解の個数
◆ 112 指数方程式の有理数解

29 対数とその性質

● 62 対数の値，計算
● 63 底の変換と式の計算

■ 113 対数の表現
■ 114 指数と対数

30 対数関数

● 64 対数関数のグラフ
● 65 対数の大小比較

■ 115 対数方程式 (1)
■ 116 対数方程式 (2)
■ 117 対数不等式
◆ 118 対数不等式の表す領域
■ 119 対数関数の最大・最小 (1)
■ 120 対数関数の最大・最小 (2)
◆ 121 対数方程式の解の個数
◆ 122 対数の評価

31 常用対数

■ 123 桁数と小数首位
■ 124 特定の位の数字
■ 125 常用対数と不等式
■ 126 対数利用の文章題

27 | 指数の拡張

《 基本事項 》

1 0や負の整数の指数

m, n を正の整数とするとき，次の指数法則が成り立つ。

1 $\boldsymbol{a^m a^n = a^{m+n}}$ 2 $\boldsymbol{(a^m)^n = a^{mn}}$ 3 $\boldsymbol{(ab)^n = a^n b^n}$

$a \neq 0$ とする。指数法則 1 が，整数の指数について成り立つとすると

$n=0$ のとき $a^m a^0 = a^{m+0} = a^m$ よって $\boldsymbol{a^0 = 1}$

また，指数法則 1 において，n が正の整数で $m=-n$ のとき

$$a^{-n}a^n = a^{-n+n} = a^0 = 1 \qquad \text{よって} \qquad \boldsymbol{a^{-n} = \frac{1}{a^n}}$$

0や負の指数を指数とする累乗をこのように定義すると，$a \neq 0$, $b \neq 0$ のとき，指数法則 1 ～ 3 は，m, n が任意の整数のときにも成り立つ。

(注意) 0^{-n} ($-n$ は負の整数) と 0^0 は定義しない。

> **指数法則** $a \neq 0$, $b \neq 0$ で，m, n が整数のとき
>
> 1 $\boldsymbol{a^m a^n = a^{m+n}}$ 2 $\boldsymbol{(a^m)^n = a^{mn}}$ 3 $\boldsymbol{(ab)^n = a^n b^n}$
>
> 1′ $\boldsymbol{\dfrac{a^m}{a^n} = a^{m-n}}$ 3′ $\boldsymbol{\left(\dfrac{a}{b}\right)^n = \dfrac{a^n}{b^n}}$

2 累乗根

n を正の整数とするとき，n 乗して a になる数を a の **n 乗根** という。（$\boldsymbol{x^n = a}$ を満たす数 x）

2乗根 (平方根)，3乗根 (立方根)，4乗根，…… を，まとめて **累乗根** という。

関数 $y=x^n$ のグラフは，n が奇数であるか，偶数であるかによって，それぞれ右の図のようになる。

よって，**実数 a の n 乗根のうち実数であるもの** は

[1] n が奇数のとき

ただ1つあって，これを $\boldsymbol{\sqrt[n]{a}}$ で表す。

[2] n が偶数のとき

$a>0$ なら2つあるが，その正の方を $\boldsymbol{\sqrt[n]{a}}$ で表す。

このとき，負の方は $-\sqrt[n]{a}$ である。

$a<0$ なら，実数の範囲には存在しない。

なお，n が奇数でも偶数でも $\boldsymbol{\sqrt[n]{0}=0}$ と定める。

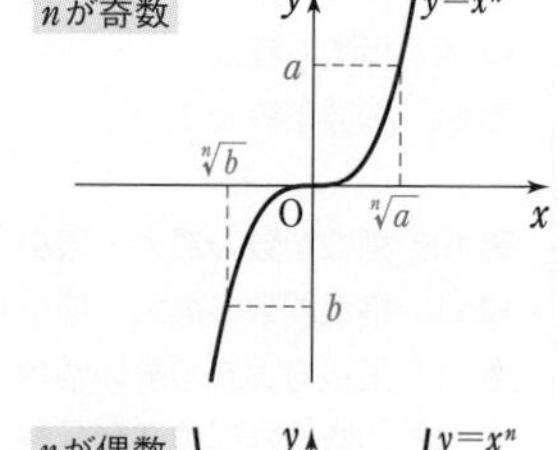

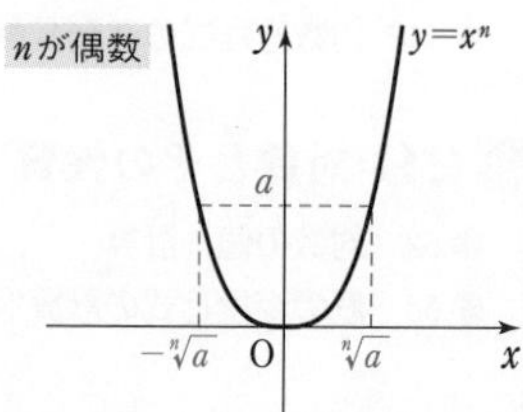

(注意) $\sqrt[2]{a}$ は今まで通り $\sqrt{a}$ と書く。

$\boldsymbol{a>0}$ のとき，$\boldsymbol{\sqrt[n]{a}}$ **の定義** $[(\sqrt[n]{a})^n = a,\ \sqrt[n]{a} > 0]$ から，累乗根について，次の性質が導かれる。例えば，1 の証明は $(\sqrt[n]{a}\sqrt[n]{b})^n = (\sqrt[n]{a})^n(\sqrt[n]{b})^n = ab$

$\sqrt[n]{a} > 0$, $\sqrt[n]{b} > 0$ から $\sqrt[n]{a}\sqrt[n]{b} > 0$ よって $\sqrt[n]{a}\sqrt[n]{b} = \sqrt[n]{ab}$ 終

累乗根の性質　$a>0$, $b>0$ で, m, n, p が正の整数のとき

1　$\sqrt[n]{a}\sqrt[n]{b}=\sqrt[n]{ab}$　　2　$\dfrac{\sqrt[n]{a}}{\sqrt[n]{b}}=\sqrt[n]{\dfrac{a}{b}}$　　3　$(\sqrt[n]{a})^m=\sqrt[n]{a^m}$

4　$\sqrt[m]{\sqrt[n]{a}}=\sqrt[mn]{a}$　　5　$\sqrt[n]{a^m}=\sqrt[np]{a^{mp}}$

3 有理数の指数

$a>0$ とする。指数が有理数のときにも指数法則が成り立つと仮定すると, 正の整数 m, n, 正の有理数 $\dfrac{m}{n}$ に対して

$$(a^{\frac{m}{n}})^n=a^{\frac{m}{n}\times n}=a^m \qquad よって \qquad a^{\frac{m}{n}}=\sqrt[n]{a^m}$$

また, 指数が負の有理数 $-r$ (r は正の有理数) については

$$a^{-r}a^r=a^{-r+r}=a^0=1 \qquad よって \qquad a^{-r}=\frac{1}{a^r}$$

このように定義すると, 指数法則 1 ～ 3 は, 指数が有理数のときにもそのまま成り立つ。

指数法則　$a>0$, $b>0$ で, r, s が有理数のとき

1　$a^ra^s=a^{r+s}$　　2　$(a^r)^s=a^{rs}$　　3　$(ab)^r=a^rb^r$

1′　$\dfrac{a^r}{a^s}=a^{r-s}$　　3′　$\left(\dfrac{a}{b}\right)^r=\dfrac{a^r}{b^r}$

(注意) 1. **累乗 a^r (r は有理数) では, a は正の数** のときに限って定義する。そうしないと, 例えば $(-2)^{\frac{1}{3}}=(-2)^{\frac{2}{6}}=\{(-2)^2\}^{\frac{1}{6}}=4^{\frac{1}{6}}=(2^2)^{\frac{1}{6}}=2^{\frac{1}{3}}$ のような矛盾が起きる。

2. **無理数の指数** については, 例えば, $a^{\sqrt{2}}$ は $\sqrt{2}$ に近づく数の列 1, 1.4, 1.41, …… を用いて, a^1, $a^{1.4}$, $a^{1.41}$, …… の近づく値と定める。このときも, 上の指数法則が成り立つ。つまり, **r, s が実数のときも指数法則が成り立つ。**

例 57 | 指数法則, 累乗根の計算　★★☆☆☆

次の計算をせよ。ただし, $a>0$, $b>0$ とする。

(1)　$8^{\frac{1}{2}}\times 8^{\frac{1}{3}}\div 8^{\frac{1}{6}}$　　(2)　$a^2\times(a^{-1})^3\div a^{-2}$　　(3)　$(ab^{-2})^{-\frac{1}{2}}\times a^{\frac{3}{2}}b^{-1}$

(4)　$\sqrt[4]{16}=$ア□, $\sqrt[4]{625}=$イ□, $\sqrt[5]{-243}=$ウ□

(5)　$\sqrt[3]{\sqrt{64}}\times\sqrt{16}\div\sqrt[3]{8}$　　(6)　$(\sqrt[3]{16}+2\sqrt[6]{4}-3\sqrt[9]{8})^3$

(7)　$\sqrt[3]{54}+\sqrt[3]{-250}-\sqrt[3]{-16}$　　(8)　$\dfrac{\sqrt[3]{a^4}}{\sqrt{b}}\times\dfrac{\sqrt[3]{b}}{\sqrt[3]{a^2}}\times\sqrt[3]{a\sqrt{b}}$

指針 次の **指数法則** を利用する。$a>0$, $b>0$, r, s が有理数のとき

1　$a^ra^s=a^{r+s}$　　2　$(a^r)^s=a^{rs}$　　3　$(ab)^r=a^rb^r$

(4)　**$\sqrt[n]{a}$ の定義 $(\sqrt[n]{a})^n=a$,　n が奇数のとき $\sqrt[n]{-a}=-\sqrt[n]{a}$**　から。

(5), (8)　累乗根の積・商は, **$\sqrt[n]{a^m}=a^{\frac{m}{n}}$** ($m$, n は整数) を用いて, a^r (r は有理数) の形に直してから計算するとよい。ただし, a^r は **$a>0$ のときに限って定義される** ことに注意。

(6), (7)　累乗根の和・差は, まず $\sqrt{\ }$ 内を簡単にし, $\sqrt[n]{\ }$ を文字とみて計算する。

例題 108 指数の計算，式の値 ★★★☆☆

(1) $a>0$, $b>0$ のとき，次の式を計算せよ。

(ア) $(\sqrt[3]{a}+\sqrt[6]{b})(\sqrt[3]{a}-\sqrt[6]{b})(\sqrt[3]{a^4}+\sqrt[3]{a^2b}+\sqrt[3]{b^2})$

(イ) $(a^{\frac{1}{2}}+b^{-\frac{1}{2}})(a^{\frac{1}{4}}+b^{-\frac{1}{4}})(a^{\frac{1}{4}}-b^{-\frac{1}{4}})$

(2) $2^x-2^{-x}=3$ のとき，$2^{3x}-2^{-3x}$ の値を求めよ。 [(2) 千葉工大]

◀例57

指針 (1) 式を適当におき換えると，**展開の公式** が使える形。

(ア) $\boldsymbol{\sqrt[3]{a}=A,\ \sqrt[6]{b}=B}$ **とおくと**

$$(A+B)(A-B)(A^4+A^2B^2+B^4)=(A^2-B^2)\{(A^2)^2+A^2B^2+(B^2)^2\}$$
$$=(A^2)^3-(B^2)^3=A^6-B^6$$

(イ) $\boldsymbol{a^{\frac{1}{4}}=A,\ b^{-\frac{1}{4}}=B}$ **とおくと**

$$(A^2+B^2)(A+B)(A-B)=(A^2+B^2)(A^2-B^2)=A^4-B^4$$

(2) $2^x=A$, $2^{-x}=B$ とおくと

$$2^{3x}-2^{-3x}=(2^x)^3-(2^{-x})^3=A^3-B^3,\quad \text{また}\quad AB=\boldsymbol{2^x\cdot 2^{-x}=1}$$

したがって，$A-B=3$, $AB=1$ のとき，A^3-B^3 の値を求める問題となる。

⟶ $\boldsymbol{A^3-B^3=(A-B)^3+3AB(A-B)}$ を利用して計算。

解答 (1) (ア) $(\sqrt[3]{a}+\sqrt[6]{b})(\sqrt[3]{a}-\sqrt[6]{b})(\sqrt[3]{a^4}+\sqrt[3]{a^2b}+\sqrt[3]{b^2})$

$=\{(\sqrt[3]{a})^2-(\sqrt[6]{b})^2\}(\sqrt[3]{a^4}+\sqrt[3]{a^2b}+\sqrt[3]{b^2})$

$=(\sqrt[3]{a^2}-\sqrt[3]{b})\{(\sqrt[3]{a^2})^2+\sqrt[3]{a^2}\sqrt[3]{b}+(\sqrt[3]{b})^2\}$

$=(\sqrt[3]{a^2})^3-(\sqrt[3]{b})^3=\boldsymbol{a^2-b}$

◀ $(A+B)(A-B)=A^2-B^2$

◀ $(\sqrt[3]{a})^2=\sqrt[3]{a^2}$,
$(\sqrt[6]{b})^2=(\sqrt{\sqrt[3]{b}})^2=\sqrt[3]{b}$

(イ) $(a^{\frac{1}{2}}+b^{-\frac{1}{2}})(a^{\frac{1}{4}}+b^{-\frac{1}{4}})(a^{\frac{1}{4}}-b^{-\frac{1}{4}})$

$=(a^{\frac{1}{2}}+b^{-\frac{1}{2}})\{(a^{\frac{1}{4}})^2-(b^{-\frac{1}{4}})^2\}$

$=(a^{\frac{1}{2}}+b^{-\frac{1}{2}})(a^{\frac{1}{2}}-b^{-\frac{1}{2}})$

$=(a^{\frac{1}{2}})^2-(b^{-\frac{1}{2}})^2=\boldsymbol{a-b^{-1}}$

◀ $a-\dfrac{1}{b}$ でもよい。

(2) $2^{3x}-2^{-3x}=(2^x)^3-(2^{-x})^3$

$=(2^x-2^{-x})^3+3\cdot 2^x\cdot 2^{-x}(2^x-2^{-x})$

$=3^3+3\cdot 3=\boldsymbol{36}$

◀ A^3-B^3
$=(A-B)^3+3AB(A-B)$

別解 $(2^x-2^{-x})^2=3^2$ から $\quad 2^{2x}+2^{-2x}=11$

よって $\quad 2^{3x}-2^{-3x}=(2^x-2^{-x})(2^{2x}+1+2^{-2x})$

$=3(11+1)=\boldsymbol{36}$

練習 108 (1) 次の式を計算せよ。ただし，$a>0$, $b>0$ とする。

(ア) $(\sqrt[4]{2}+\sqrt[4]{3})(\sqrt[4]{2}-\sqrt[4]{3})(\sqrt{2}+\sqrt{3})$ (イ) $(a^{\frac{1}{2}}+b^{\frac{1}{2}})^2+(a^{\frac{1}{2}}-b^{\frac{1}{2}})^2$

(ウ) $(a^{\frac{1}{6}}-b^{\frac{1}{6}})(a^{\frac{1}{6}}+b^{\frac{1}{6}})(a^{\frac{2}{3}}+a^{\frac{1}{3}}b^{\frac{1}{3}}+b^{\frac{2}{3}})$

(2) (ア) $x>0$, $x^{\frac{1}{2}}+x^{-\frac{1}{2}}=\sqrt{5}$ のとき，$x+x^{-1}$, $x^{\frac{3}{2}}+x^{-\frac{3}{2}}$ の値を求めよ。

(イ) $a>0$, $x>0$, $a^x+a^{-x}=5$ のとき，$a^{\frac{1}{2}x}+a^{-\frac{1}{2}x}$, $a^{\frac{3}{2}x}+a^{-\frac{3}{2}x}$ の値を求めよ。

[(2) 弘前大]

28 指数関数

《 基本事項 》

1 指数関数 $y=a^x$ ($a>0$, $a\neq1$)

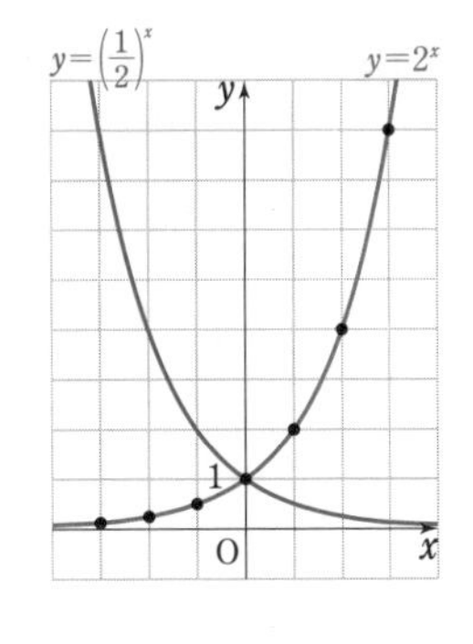

$y=2^x$ において，x のいろいろな値に対応する y の値を求め，それらの値の組を座標にもつ点をとる。そして，これらの点を滑らかな曲線で結ぶと，右の図のように，関数 $y=2^x$ のグラフが得られる。

また，$y=\left(\frac{1}{2}\right)^x$ のグラフは，　$\left(\frac{1}{2}\right)^x=(2^{-1})^x=2^{-x}$

であるから，$y=2^x$ のグラフと **y 軸に関して対称** なグラフとなる (右の図)。

一般に，$a>0$, $a\neq1$ のとき，関数 $\boldsymbol{y=a^x}$ を x の **指数関数** といい，a をその **底**（てい）という。

指数関数は常に正の値をとる関数で，次の性質がある。

指数関数 $\boldsymbol{y=a^x}$ の性質　◀「指数関数 $y=a^x$」と書けば $a>0$, $a\neq1$

① 定義域は実数全体，値域は正の数全体

② $a>1$ のとき　単調に増加，　$0<a<1$ のとき　単調に減少

③ グラフは点 $(0,\ 1)$ を通り，x 軸はその漸近線である。

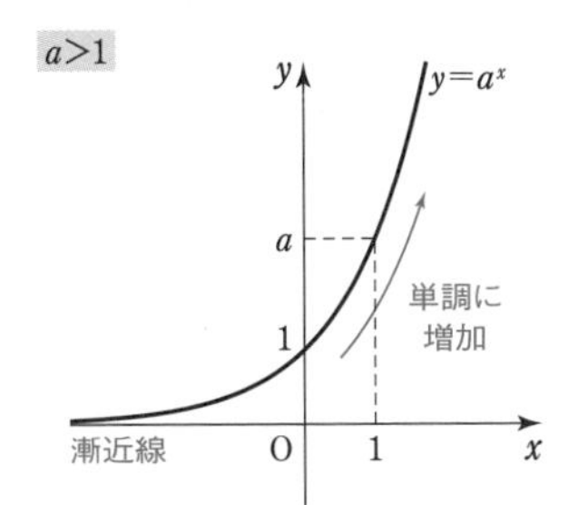

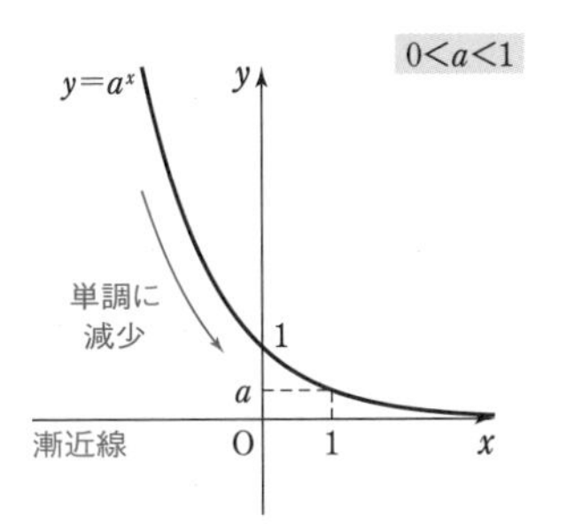

(注意) 関数 $y=f(x)$ において，x の値が増加すると y の値が増加 (減少) するとき，関数 $y=f(x)$ は **単調に増加 (減少)** するという。

単調に増加　$\Longleftrightarrow$　$\boldsymbol{x_1<x_2}$ **ならば** $\boldsymbol{f(x_1)<f(x_2)}$

単調に減少　$\Longleftrightarrow$　$\boldsymbol{x_1<x_2}$ **ならば** $\boldsymbol{f(x_1)>f(x_2)}$

指数関数 $f(x)=a^x$ は，指数法則 $a^{x+y}=a^xa^y$, $a^{nx}=(a^x)^n$ により

$$f(x+y)=f(x)f(y),\qquad f(nx)=\{f(x)\}^n$$

を満たしている。これも指数関数の重要な性質である。

例 58 指数関数のグラフ ★★☆☆☆

次の関数のグラフをかけ。また，関数 $y=3^x$ のグラフとの位置関係をいえ。

(1) $y=-3^{x+1}$　　(2) $y=\dfrac{9}{3^x}$　　(3) $y=-3^x+1$

指針 $y=3^x$ のグラフの平行移動・対称移動を考える。
一般に，関数 $y=f(x)$ のグラフに対して，次のような位置関係にある。

$y=f(x-p)+q$	……	x 軸方向に p，y 軸方向に q だけ平行移動したもの
$y=-f(x)$	……	x 軸に関して $y=f(x)$ のグラフと対称
$y=f(-x)$	……	y 軸に関して $y=f(x)$ のグラフと対称
$y=-f(-x)$	……	原点に関して $y=f(x)$ のグラフと対称

例 59 累乗・累乗根の大小比較 ★★☆☆☆

次の各組の 3 数の大小を等号，不等号を用いて表せ。

(1) $2^{\frac{1}{2}}$, $4^{\frac{1}{4}}$, $8^{\frac{1}{8}}$　　(2) 2^{30}, 3^{20}, 10^{10}　　(3) $\sqrt{2}$, $\sqrt[3]{3}$, $\sqrt[6]{6}$

指針 (1) $4=2^2$, $8=2^3$ により，各数の 底を 2 にそろえて 2^r の形で表すと，$y=2^x$ (底 $2>1$) は単調に増加する関数であるから，指数 r の大小によって比較することができる。

$$a>1 \text{ のとき} \quad m<n \iff a^m<a^n \quad \text{大小一致}$$
$$0<a<1 \text{ のとき} \quad m<n \iff a^m>a^n \quad \text{大小反対}$$

底 (a) に向きあり

(2) 各数の底は 2，3，10 でそろえることができないから，指数をそろえる ことを考える。

$$2^{30}=(2^3)^{10}=8^{10}, \quad 3^{20}=(3^2)^{10}=9^{10}, \quad 10^{10}$$

$y=x^{10}$ ($x \geqq 0$) は単調に増加する関数であるから，底の大小によって比較できる。

$$a>0,\ b>0,\ n>0 \text{ のとき}$$
$$a<b \iff a^n<b^n$$

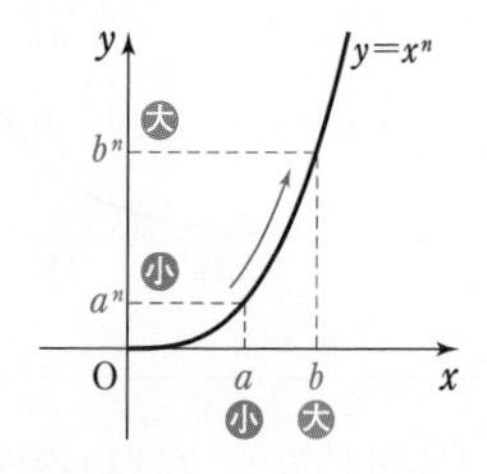

(3) (2) と同様に，指数をそろえて 考える。各数の 2 乗根，3 乗根，6 乗根であるから，それぞれ 6 乗根で表してみる。

別解 各数を指数の形で表すと $2^{\frac{1}{2}}$, $3^{\frac{1}{3}}$, $6^{\frac{1}{6}}$ であるから，各数を **6 乗** (指数の分母 2, 3, 6 の 最小公倍数 は 6) して，大小を比較してもよい。

CHART 累乗，累乗根の大小

1 底をそろえて　指数を比較

2 指数をそろえて　底を比較

例 60 指数方程式 ★★☆☆☆

次の(1)，(2)の方程式，(3)の連立方程式を解け。 〔(1) 千葉工大，(3) 京都産大〕

(1) $16^{2-x}=8^x$　(2) $4^x-2^{x+2}-32=0$　(3) $\begin{cases} 2^{3x+y}=16 \\ 2^{3x}-2^y=-6 \end{cases}$

指針 **指数方程式は $a^x=a^k$ の形を導く** のが基本。この形を導いたら，性質

$$a>0,\ a\neq1 \text{ のとき} \quad a^m=a^n \iff m=n$$

を利用して解を求める。

◀ 指数関数 $y=a^x$ の単調性（単調増加・単調減少）から成り立つ。

(1) 両辺の底を 2 にそろえる。

(2) $4^x=(2^x)^2$ であるから，$2^x=t$ とおくと　$t^2-4t-32=0$

◀ t の 2 次方程式。

また，$2^x>0$ であるから，**$t>0$ であることに注意** する。

(3) $2^{3x}=X>0$，$2^y=Y>0$ とおくと　$\begin{cases} 2^{3x+y}=16 \\ 2^{3x}-2^y=-6 \end{cases} \iff \begin{cases} XY=16 \\ X-Y=-6 \end{cases}$

例 61 指数不等式 ★★☆☆☆

次の不等式を解け。

(1) $\left(\frac{1}{9}\right)^{x+2}>\left(\frac{1}{27}\right)^x$ 〔信州大〕　(2) $3^{2x+1}+17\cdot3^x-6<0$ 〔千葉工大〕

指針 指数不等式も，方程式と同じように，底をそろえて **$A^x>A^k$，$A^x\leqq A^k$ などの形を導く** のが基本である。ただし，不等式では，次のことに要注意。

CHART》 底に向きあり　$0<a<1$ なら 不等号の向きが変わる

$$a>1 \text{ のとき} \quad m<n \iff a^m<a^n \quad \text{大小一致}$$

$$0<a<1 \text{ のとき} \quad m<n \iff a^m>a^n \quad \text{大小反対}$$

例　$2^x<8 \iff 2^x<2^3 \iff x<3$　　$\left(\frac{1}{2}\right)^x<8 \iff \left(\frac{1}{2}\right)^x<\left(\frac{1}{2}\right)^{-3} \iff x>-3$

不等号の向きは変わらない　　不等号の向きが変わる

(1) 底を $\frac{1}{3}$ にそろえると，不等式は　$\left\{\left(\frac{1}{3}\right)^2\right\}^{x+2}>\left\{\left(\frac{1}{3}\right)^3\right\}^x \iff 2(x+2)<3x$

不等号の向きが変わらないように，底を 3 にそろえると，不等式は

$$(3^{-2})^{x+2}>(3^{-3})^x \iff -2(x+2)>-3x$$

なお，この場合は，$\frac{1}{a^n}=a^{-n}$ や指数法則による変形を間違えないようにしたい。

(2) $3^x=t$ とおくと　$(3^x)^2\cdot3+17\cdot3^x-6<0 \iff 3t^2+17t-6>0 \iff (t+6)(3t-1)<0$

この t の 2 次不等式を解いて，基本の形を導く。ただし，$3^x=t>0$ に注意。

CHART》 指数の問題

1 底をそろえよ　底に向きあり

2 まとめる（$a^m=a^n$）か　おき換え（$a^x=t$）

変数のおき換え　範囲に注意　$a^x>0$

例題 109 指数関数の最大・最小 (1) ★★☆☆☆

関数 $y=\left(\dfrac{1}{2}\right)^{2x}-8\left(\dfrac{1}{2}\right)^{x}+10\ (-3\leqq x\leqq 0)$ について

(1) $\left(\dfrac{1}{2}\right)^{x}=t$ とおくとき，t のとりうる値の範囲を求めよ。

(2) 関数 y の最大値，最小値と，そのときの x の値を求めよ。

指針 (1) 横軸を x，縦軸を t として，$t=\left(\dfrac{1}{2}\right)^{x}$ のグラフをかき，$-3\leqq x\leqq 0$ における t の最大値・最小値を考える。

(2) $\left(\dfrac{1}{2}\right)^{x}=t$ とおくと，y は t の 2 次式になるから

2 次式は　基本形 $a(t-p)^2+q$ に直せ

の方針で考えればよい。ただし，(1) で求めた t のとりうる値の範囲に注意すること。

参考　高校の数学では，いろいろな関数を学ぶが，この例題のように，適当な **おき換え** によって，結局は **2 次関数の問題に帰着** されることが多い。

解答 (1) 底 $\dfrac{1}{2}$ は 1 より小さいから，関数 $t=\left(\dfrac{1}{2}\right)^{x}$ は減少関数である。

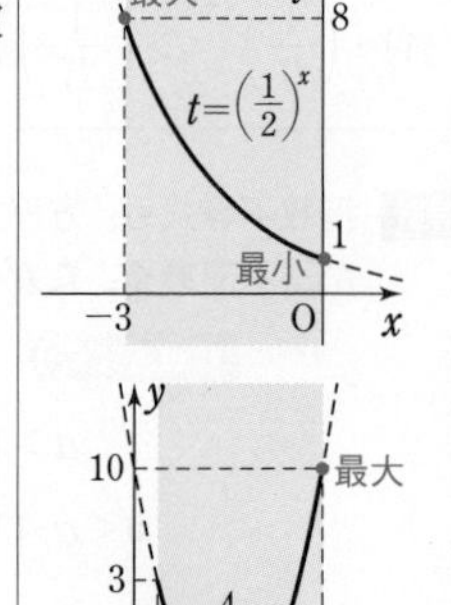

よって，$-3\leqq x\leqq 0$ のとき　$\left(\dfrac{1}{2}\right)^{-3}\geqq t\geqq\left(\dfrac{1}{2}\right)^{0}$

すなわち　**$1\leqq t\leqq 8$**

(2) $\left(\dfrac{1}{2}\right)^{2x}=\left\{\left(\dfrac{1}{2}\right)^{x}\right\}^{2}=t^2$

y を t の式で表すと

$$y=t^2-8t+10=(t-4)^2-6$$

$1\leqq t\leqq 8$ の範囲において，y は

$t=8$ で最大値 10，$t=4$ で最小値 -6

をとる。

$t=8$ のとき　$\left(\dfrac{1}{2}\right)^{x}=8$　すなわち　$2^{-x}=2^3$

したがって　$x=-3$　◀ $-x=3$

$t=4$ のとき　$\left(\dfrac{1}{2}\right)^{x}=4$　すなわち　$2^{-x}=2^2$

したがって　$x=-2$　◀ $-x=2$

よって，y は **$x=-3$ で最大値 10，**

$x=-2$ で最小値 -6　をとる。

練習 109 次の関数に最大値，最小値があれば，それを求めよ。

(1) $y=9^x-6\cdot 3^x+10$　　(2) $y=4^x-2^{x+2}+1\ (-1\leqq x\leqq 2)$

例題 110 指数関数の最大・最小 (2) ★★★☆☆

関数 $f(x)=4^x+4^{-x}-2^{2+x}-2^{2-x}+2$ について，次の問いに答えよ。

(1) $2^x+2^{-x}=t$ とおいて，$f(x)$ を t の式で表せ。

(2) 関数 $f(x)$ の最小値と，そのときの x の値を求めよ。 〔類 高知大〕

◀例題 109

指針 (1) 4^x+4^{-x} が 2^x+2^{-x} で表されればよい。

$2^x=a$ とおくと，$2^{-x}=\dfrac{1}{a}$ で　$4^x+4^{-x}=(2^x)^2+(2^{-x})^2=a^2+\dfrac{1}{a^2}$

$a^2+\dfrac{1}{a^2}=\left(a+\dfrac{1}{a}\right)^2-2$ であるから　$4^x+4^{-x}=(2^x+2^{-x})^2-2=t^2-2$

(2) **CHART》 変数のおき換え　範囲に注意**

$2^x>0$，$2^{-x}>0$ であるから，**(相加平均)≧(相乗平均)** が利用できる。
$f(x)$ は t についての 2 次式で表されるから，前ページと同様，2 次関数の最大・最小の問題に帰着される。

解答 (1) $4^x+4^{-x}=(2^x)^2+(2^{-x})^2=(2^x+2^{-x})^2-2\cdot2^x\cdot2^{-x}$

$=(2^x+2^{-x})^2-2=t^2-2$

◀ $2^x\cdot2^{-x}=2^0=1$

$2^{2+x}+2^{2-x}=2^2\cdot2^x+2^2\cdot2^{-x}=2^2(2^x+2^{-x})=4t$

よって　$f(x)=(t^2-2)-4t+2$

したがって　$\boldsymbol{f(x)=t^2-4t}$

(2) $2^x>0$，$2^{-x}>0$ であるから，(相加平均)≧(相乗平均)

により　$2^x+2^{-x}\geqq2\sqrt{2^x\cdot2^{-x}}=2$

ゆえに　$t\geqq2$

また　$f(x)=(t-2)^2-4$

$t\geqq2$ の範囲において，$f(x)$ は $t=2$ で最小値 -4 をとる。

このとき　$2^x=2^{-x}$

すなわち　$x=-x$

したがって　$x=0$

よって，$f(x)$ は

$x=0$ で最小値 -4

をとる。

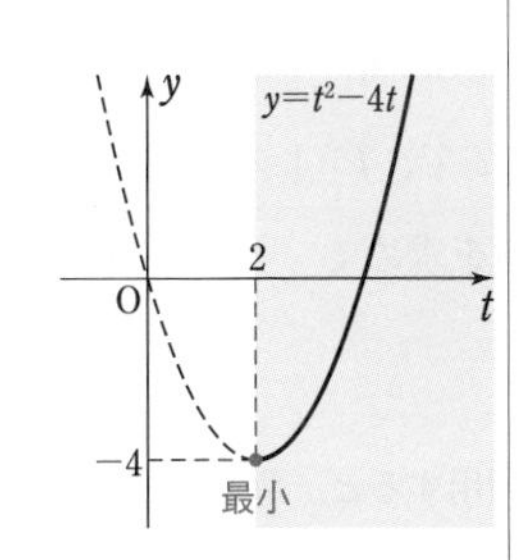

相加平均と相乗平均の大小関係
$a>0$，$b>0$ のとき
$\dfrac{a+b}{2}\geqq\sqrt{ab}$
等号が成り立つのは $a=b$ のとき

◀ $t=2$ となるのは (相加平均)≧(相乗平均) で等号が成り立つとき。

練習 110 正の定数 a $(a\neq1)$ に対して，関数 $f(x)$ を次のように定める。

$$f(x)=a^{2x}+a^{-2x}-2(a+a^{-1})(a^x+a^{-x})+2(a+a^{-1})^2$$

(1) $a^x+a^{-x}=t$ とおくとき，t の最小値を求めよ。また，そのときの x の値を求めよ。

(2) $f(x)$ の最小値と，そのときの x の値を求めよ。

〔金沢大〕

重要例題 111　指数方程式の解の個数　★★★★☆

a は定数とする。x の方程式 $4^{x+1}-2^{x+4}+5a+6=0$ が異なる 2 つの正の解をもつような a の値の範囲を求めよ。〔日本女子大〕

◀例60

指針 $2^x=t$ とおくと，方程式は　$4t^2-16t+5a+6=0$ …… ①

このとき　**CHART》 変数のおき換え　範囲に注意**

$x>0 \iff t=2^x>1$ で，x と t は **1 対 1 に対応** しているから，$x>0$ を満たす x の個数と $t>1$ を満たす t の個数は一致する。 → x が 1 つ定まると，t もただ 1 つに定まる。

したがって，2 次方程式 ① が1より大きい2つの実数解をもつための条件を考えればよい。

解答 $2^x=t$ とおくと，方程式は　$4t^2-16t+5a+6=0$

$f(t)=4t^2-16t+5a+6$ とする。

$x>0$ のとき $t>1$ であり，x と t の値は 1 対 1 に対応するから，求める条件は，2 次方程式 $f(t)=0$ が $t>1$ の範囲に異なる 2 つの実数解をもつことである。

ゆえに，$f(t)=0$ の判別式を D とすると，次の [1]～[3] が同時に成り立つ。

[1]　$D>0$　　[2]　$f(1)>0$

[3]　放物線 $y=f(t)$ の軸が $t>1$ の範囲にある

[1]　$\dfrac{D}{4}=(-8)^2-4(5a+6)=40-20a=20(2-a)$

$D>0$ から　$2-a>0$　よって　$a<2$ …… ①

[2]　$f(1)=4\cdot1^2-16\cdot1+5a+6=5a-6$

ゆえに　$5a-6>0$　よって　$a>\dfrac{6}{5}$ …… ②

[3]　軸は直線 $t=2$ で，$t>1$ の範囲にある。

①，② の共通範囲を求めて　$\boldsymbol{\dfrac{6}{5}<a<2}$

◀ $4^{x+1}=4(2^x)^2$，$2^{x+4}=16\cdot2^x$

◀ ＿＿ の断り書きは重要。
［1 対 1 対応でない例］
$\sin\theta=x$ $(0\leqq\theta<2\pi)$ において，$x=0$ のとき
$\theta=0,\ \pi$
(p. 208 例題 104 も参照)

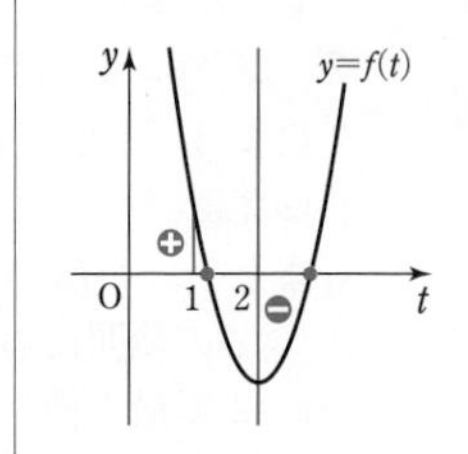

検討 解と係数の関係を利用すると，解答の [2]，[3] は次のようになる。

2 次方程式 ① の解を α，β とすると　$\alpha>1,\ \beta>1 \iff \alpha-1>0,\ \beta-1>0$

よって　$(\alpha-1)+(\beta-1)=(\alpha+\beta)-2=4-2=2>0$（常に成り立つ）　◀ [3] に対応。

$(\alpha-1)(\beta-1)=\alpha\beta-(\alpha+\beta)+1=\dfrac{5a+6}{4}-4+1=\dfrac{5a-6}{4}>0$　◀ [2] に対応。

これと，[1] $\dfrac{D}{4}=20(2-a)>0$ を連立させて解けば，上の解答と同じ結果が得られる。

練習 111 x についての方程式 $9^x+2a\cdot3^x+2a^2+a-6=0$ が正の解，負の解を 1 つずつもつとき，定数 a のとりうる値の範囲を求めよ。〔津田塾大〕

➡ p. 247 演習 59

重要例題 112 指数方程式の有理数解 ★★★★☆

(1) $2^r=3$ を満たす r は有理数でないことを示せ。

(2) $2^x 3^{-2y}=3^x 2^{y-6}$ を満たす有理数 x, y を求めよ。 〔類 福島大〕

◀例60

指針 (1) **有理数でない** ことの証明は

CHART 》「でない」の証明 ⟶ 背理法

による。したがって，**有理数である** と仮定して矛盾を導く。

また，r が **有理数** とは，$\dfrac{m}{n}$ (m, n は整数，$n \neq 0$) と表されること。

(2) 方程式 1 つに変数が x, y の 2 つ。有理数という条件で解くから，(1) が利用できそう。底が 2，3 であるから，$2^r=3$ [(1)] の形にならないことを用いる。

解答 (1) $2^r=3$ を満たす有理数 r が存在すると仮定する。

$2^r=3>1$ であるから，$r>0$ である。

よって，$r=\dfrac{m}{n}$ (m, n は正の整数) と表され

$$2^{\frac{m}{n}}=3$$

両辺を n 乗して $2^m=3^n$ …… ①

① の左辺は 2 の倍数であるが，右辺は 2 の倍数ではないから，矛盾。

したがって，$2^r=3$ を満たす r は有理数ではない。

(2) 等式から $2^{x-y+6}=3^{x+2y}$ …… ②

$x+2y \neq 0$ と仮定すると，② から

$$2^{\frac{x-y+6}{x+2y}}=3 \quad \cdots\cdots ③$$

x, y が有理数のとき，$x-y+6$, $x+2y$ はともに有理数となるから，$\dfrac{x-y+6}{x+2y}$ も有理数となる。

ところが，(1) により，③ は成り立たない。

よって $x+2y=0$ …… ④

このとき，② から $2^{x-y+6}=1$

ゆえに $x-y+6=0$ …… ⑤

④，⑤ を連立して解くと **$x=-4$，$y=2$**

背理法：事柄が成り立たないと仮定して矛盾を導き，それによって事柄が成り立つとする証明法 (数学 I)

◀ 2 と 3 は互いに素。

◀ すなわち r は無理数。

◀ 等式の両辺に $2^{-(y-6)}3^{2y}$ を掛ける。

◀ (1) で $2^r=3$ を満たす r は有理数でないことを証明した。

◀ $x+2y \neq 0$ と仮定すると矛盾を生じたから，$x+2y=0$ である。

練習 112 (1) $3^x=5$ を満たす x は有理数でないことを示せ。

(2) $20^x=10^{y+1}$ を満たす有理数 x, y を求めよ。

(3) $(n^2-3n+3)^{n^2-8n+15}=1$ を満たす自然数 n のうち，最小なものと最大なものを求めよ。 〔(3) 名城大〕

29 対数とその性質

《 基本事項 》

1 対数の定義

指数関数 $y=a^x$ $(a>0,\ a\neq 1)$ は，そのグラフからもわかるように，正の数 y の値を定めると，それに対応して x の値がただ1つ定まる。すなわち，任意の正の数 M に対して $a^p=M$ を満たす実数 p が，ただ1つ定まる。

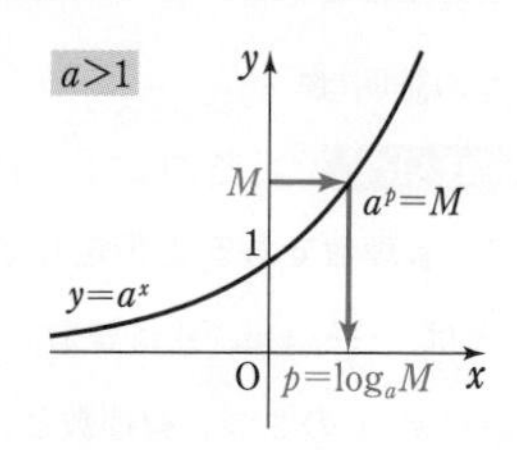

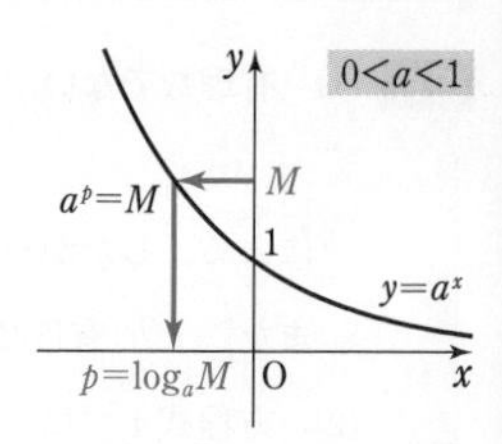

この p を，a を **底** とする M の **対数** といい，$\log_a M$ と書く。また，M をこの対数の **真数** という。$M=a^p>0$ であるから **対数の真数は，正の数である。**

なお，**log** は，対数を意味する英語 logarithm の略である。

> **対数の定義**　$a^p=M \iff p=\log_a M$　　ただし　$a>0,\ a\neq 1,\ M>0$
>
> 定義により　$\log_a a^p=p$　　特に　$\log_a a=1,\ \log_a 1=0,\ \log_a \dfrac{1}{a}=-1$

2 対数の性質，底の変換公式

対数の定義と指数法則などから対数に関する種々の性質や公式が導かれる。

> $a,\ b,\ c$ は正の数で $a\neq 1,\ b\neq 1,\ c\neq 1,\ M>0,\ N>0$ で，k は実数とする。
>
> 1　$\log_a MN=\log_a M+\log_a N$　　2　$\log_a \dfrac{M}{N}=\log_a M-\log_a N$
>
> 3　$\log_a M^k=k\log_a M$　　4　（底の変換公式）$\log_a b=\dfrac{\log_c b}{\log_c a}$

2，3，4 から，それぞれ次の 2′，3′，4′ が得られる。

2′　$\log_a \dfrac{1}{N}=-\log_a N$　　3′　$\log_a \sqrt[n]{M}=\dfrac{1}{n}\log_a M$　　4′　$\log_a b=\dfrac{1}{\log_b a}$

証明　$p=\log_a M,\ q=\log_a N,\ r=\log_a b$ とすると　$a^p=M,\ a^q=N,\ a^r=b$

1　$MN=a^pa^q=a^{p+q}$ から　$\log_a MN=p+q=\log_a M+\log_a N$

2　$\dfrac{M}{N}=\dfrac{a^p}{a^q}=a^{p-q}$ から　$\log_a \dfrac{M}{N}=p-q=\log_a M-\log_a N$

3　$M^k=(a^p)^k=a^{kp}$ から　$\log_a M^k=kp=k\log_a M$

4　$a^r=b$ の両辺の c を底とする対数をとると　$\log_c a^r=\log_c b$

3 から　$r\log_c a=\log_c b$

$a\neq 1$ より，$\log_c a\neq 0$ であるから　$r=\dfrac{\log_c b}{\log_c a}$　すなわち　$\log_a b=\dfrac{\log_c b}{\log_c a}$

例 62 | 対数の値，計算 ★☆☆☆☆

(1) (ア) $\log_3 27$　(イ) $\log_{\frac{1}{3}}\sqrt{243}$ の値を求めよ。

(2) $2\log_2 12-\dfrac{1}{4}\log_2\dfrac{8}{9}-5\log_2\sqrt{3}$ を簡単にせよ。

指針 $a>0$, $a\neq1$, $M>0$, $N>0$ とする。

(1) 対数の定義から　$\boldsymbol{a^p=M}$ …… ① $\Longleftrightarrow$ $\boldsymbol{p=\log_a M}$ …… ②

①を②に代入すると　$\boldsymbol{\log_a a^p=p}$

(2) 次の公式 1 ～ 3 を利用して，**1 つの対数 $\log_2 M$ の形にまとめる** か，**$\log_2 2$ $(=1)$, $\log_2 3$ に分解して** 計算する。

1　$\log_a MN=\log_a M+\log_a N$

2　$\log_a\dfrac{M}{N}=\log_a M-\log_a N$　　2′　$\log_a\dfrac{1}{N}=-\log_a N$

3　$\log_a M^k=k\log_a M$　　3′　$\log_a\sqrt[n]{M}=\dfrac{1}{n}\log_a M$

CHART》 対数の計算　まとめる　か　分解する

例 63 | 底の変換と式の計算 ★★☆☆☆

次の式を簡単にせよ。

(1) $(\log_{27}4+\log_9 4)(\log_2 27-\log_4 3)$　〔信州大〕

(2) $\log_2 25\cdot\log_3 16\cdot\log_5 27$

指針 **CHART》** 対数の計算　まず　底をそろえよ

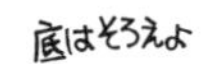

底の異なる対数が混在した式は，**底の変換公式**
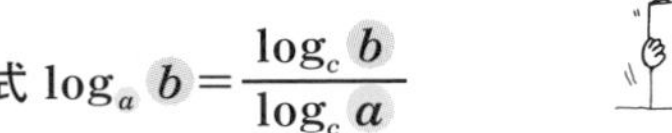
$\log_a b=\dfrac{\log_c b}{\log_c a}$
を用いて底をそろえる

(1) 底が $27=3^3$, $9=3^2$, 2, $4=2^2$ であるから，底を 3 または 2 にそろえて計算する。

(2) 底を 2, 3, 5 のいずれかにそろえて計算する。

検討 次の各等式は，公式として用いると，対数の計算に便利である。

①　$\log_a b=\dfrac{1}{\log_b a}$　　②　$\log_a b\cdot\log_b c\cdot\log_c a=1$

③　$\log_{a^m}b^n=\dfrac{n}{m}\log_a b$　　特に　$\log_{a^n}b^n=\log_a b$

[① の証明]　$\log_a b=\dfrac{\log_b b}{\log_b a}=\dfrac{1}{\log_b a}$

[② の証明]　$\log_a b\cdot\log_b c\cdot\log_c a=\log_a b\cdot\dfrac{\log_a c}{\log_a b}\cdot\dfrac{\log_a a}{\log_a c}=1$

[③ の証明]　$\log_{a^m}b^n=\dfrac{\log_a b^n}{\log_a a^m}=\dfrac{n}{m}\log_a b$

特に，$m=n$ のとき　$\log_{a^n}b^n=\dfrac{n}{n}\log_a b=\log_a b$

例題 113 対数の表現 ★★★☆☆

(1) $\log_2 3=a$，$\log_3 5=b$ とするとき，$\log_2 10$ と $\log_{32} 20$ を a と b を用いて表せ。

(2) n は自然数とし，a，b を 1 以外の正の数とする。このとき，
$(\log_a b+\log_{a^n} b^n)(\log_b a^n+\log_{b^n} a)$ を n のみを用いて表せ。

(3) a，b，c を 1 でない正の数とし，$\log_a b=\alpha$，$\log_b c=\beta$，$\log_c a=\gamma$ とする。

このとき，$\alpha\beta+\beta\gamma+\gamma\alpha=\dfrac{1}{\alpha}+\dfrac{1}{\beta}+\dfrac{1}{\gamma}$ が成り立つことを証明せよ。

［(1) 類 芝浦工大，(2) 類 立命館大］ ◀例63

指針 (1) $\log_2 10=\log_2(2\cdot 5)=1+\log_2 5$ であるから，**底の変換公式** を利用して，$\log_2 5$ を a と b の式で表す。$\log_{32} 20$ は $32=2^5$，$20=2^2\cdot 5$ に着目して，2 を底とする対数で表す。

(2) **底の変換公式** を用いて，与式を $\log_a b$ または $\log_b a$ で表すことを考える。

(3) 右辺を通分すると，分母に $\alpha\beta\gamma$ が現れる。これを計算してみる。

解答 (1) $\log_2 10=\log_2(2\cdot 5)=\log_2 2+\log_2 5=1+\log_2 5$

ここで　$\log_2 5=\dfrac{\log_3 5}{\log_3 2}=\log_2 3\cdot\log_3 5=ab$

◀ $\log_2 3=\dfrac{1}{\log_3 2}$

よって　$\boldsymbol{\log_2 10=1+ab}$

また　$\boldsymbol{\log_{32} 20}=\dfrac{\log_2 20}{\log_2 32}=\dfrac{\log_2(5\cdot 2^2)}{\log_2 2^5}$

$=\dfrac{\log_2 5+2}{5}=\boldsymbol{\dfrac{ab+2}{5}}$

◀ $\log_2 5=ab$

(2) $(\log_a b+\log_{a^n} b^n)(\log_b a^n+\log_{b^n} a)$

$=\left(\log_a b+\dfrac{\log_a b^n}{\log_a a^n}\right)\left(n\log_b a+\dfrac{\log_b a}{\log_b b^n}\right)$

$=(\log_a b+\log_a b)\left(n\log_b a+\dfrac{\log_b a}{n}\right)$

◀ $\boldsymbol{\log_{a^n} b^n=\log_a b}$

$=2\log_a b\cdot\log_b a\left(n+\dfrac{1}{n}\right)=\boldsymbol{2\left(n+\dfrac{1}{n}\right)}$

(3) $\dfrac{1}{\alpha}+\dfrac{1}{\beta}+\dfrac{1}{\gamma}=\dfrac{\alpha\beta+\beta\gamma+\gamma\alpha}{\alpha\beta\gamma}$ …… ①

$\alpha\beta\gamma=\log_a b\log_b c\log_c a=\log_a b\cdot\dfrac{\log_a c}{\log_a b}\cdot\dfrac{1}{\log_a c}=1$

であるから，① より $\dfrac{1}{\alpha}+\dfrac{1}{\beta}+\dfrac{1}{\gamma}=\alpha\beta+\beta\gamma+\gamma\alpha$ が成り立つ。したがって，等式は証明された。

(3) 別解
$\alpha\beta=\log_a b\log_b c=\log_a c$
同様に　$\beta\gamma=\log_b a$
　　　　$\gamma\alpha=\log_c b$
よって　(左辺)
$=\log_a c+\log_b a+\log_c b$
$=\dfrac{1}{\gamma}+\dfrac{1}{\alpha}+\dfrac{1}{\beta}$

練習 113 (1) $\log_3 2=a$，$\log_5 4=b$ とするとき，$\log_{15} 8$ を a，b を用いて表せ。

(2) a，b を 1 でない正の数とし，$A=\log_2 a$，$B=\log_2 b$ とする。a，b が $\log_a 2+\log_b 2=1$，$\log_{ab} 2=-1$，$ab\neq 1$ を満たすとき，A，B を求めよ。

［(1) 芝浦工大，(2) 類 京都産大］

例題 114 指数と対数 ★★★☆☆

(1) $25^{\log_5 3}$ の値を求めよ。 〔(1) 類 福岡大〕

(2) x, y, z は 0 でない実数とする。$2^x=3^y=6^z$ のとき，等式 $\dfrac{1}{x}+\dfrac{1}{y}=\dfrac{1}{z}$ が成り立つことを示せ。 〔(2) 富山県大〕

指針 (1) 対数の定義 $\boldsymbol{a^p=M \iff p=\log_a M}$ から　$\boldsymbol{a^{\log_a M}=M}$

$a^p=M$ の p に $p=\log_a M$ を代入すると得られる。

(2) 条件式が累乗の形の等式であるが，各辺の a $(a>0,\ a\neq1)$ を底とする 対数をとる と，$\log_a M^k=k\log_a M$ により，指数を前に出すことができる。

⟶ 各辺の 2 を底とする対数をとり，y, z を x で表す。

解答 (1) $25^{\log_5 3}=(5^2)^{\log_5 3}=5^{2\log_5 3}=5^{\log_5 3^2}=3^2=9$

(2) $2^x=3^y=6^z$ の各辺の 2 を底とする対数をとると

$$x=y\log_2 3=z\log_2 6$$

すなわち　$y=\dfrac{x}{\log_2 3}$, $z=\dfrac{x}{\log_2 6}$

よって　$\dfrac{1}{x}+\dfrac{1}{y}=\dfrac{1}{x}+\dfrac{\log_2 3}{x}=\dfrac{\log_2 2+\log_2 3}{x}$

$=\dfrac{\log_2(2\cdot3)}{x}=\dfrac{\log_2 6}{x}=\dfrac{1}{z}$

したがって，等式は証明された。

別解 $2^x=3^y=6^z=k$ $(k>0)$ とおくと $x=\log_2 k$, $y=\log_3 k$, $z=\log_6 k$

$\dfrac{1}{x}+\dfrac{1}{y}=\log_k 2+\log_k 3$

$=\log_k 6=\dfrac{1}{z}$

検討 (1)では，$25^{\log_5 3}=M$ とおいて，$5^{2\log_5 3}=M$ の両辺の 5 を底とする対数をとり，Mの値を求めてもよい。 ⟶ $2\log_5 3=\log_5 M$ すなわち $\log_5 3^2=\log_5 M$ から　$M=3^2=9$

しかし，実質的には上の解答と変わらない。指針でも説明したように，$\boldsymbol{a^{\log_a M}=M}$ は対数の定義 $a^p=M \iff p=\log_a M$ において，$a^p=M$ の p に $p=\log_a M$ を代入することで得られる。そもそも対数の定義を文章で表すと

a を何乗すると Mになるかを考え，そのときの指数を $\log_a M$ とする

ということであり，$a^{\log_a M}=M$ は対数の定義のそのものであるといえる。

参考 a, b, c は正の数 $(b\neq1)$ とすると，$\boldsymbol{a^{\log_b c}=c^{\log_b a}}$ (a と c は交換可能) が成り立つ。

(証明) $a=b^{\log_b a}$ から　$a^{\log_b c}=(b^{\log_b a})^{\log_b c}=b^{(\log_b a)(\log_b c)}$

$c=b^{\log_b c}$ から　$c^{\log_b a}=(b^{\log_b c})^{\log_b a}=b^{(\log_b a)(\log_b c)}$　よって　$a^{\log_b c}=c^{\log_b a}$

練習 114 (1) 次の値を求めよ。 〔(イ) 法政大，(ウ) 福岡工大〕

(ア) $16^{\log_2 3}$　(イ) $9^{-\log_3 8}$　(ウ) $11^{\log_{121} 36}$

(2) 0 でない実数 x, y, z が $3^x=2^y=5^z=\left(\dfrac{6}{5}\right)^7$ を満たすとき，$\dfrac{1}{x}+\dfrac{1}{y}-\dfrac{1}{z}$ の値を求めると $\square$ である。 〔福岡大〕

➡ p. 247 演習 61

30 | 対数関数

《 基本事項 》

1 対数関数 $y=\log_a x$ $(a>0,\ a\neq 1)$

$a>0$, $a\neq 1$ のとき，関数 $y=\log_a x$ を，a を **底** とする x の **対数関数** という。

$y=\log_a x \iff x=a^y$ から，点 $\mathrm{Q}(M,\ p)$ が対数関数 $y=\log_a x$ のグラフ上にあれば，点 $\mathrm{P}(p,\ M)$ は指数関数 $y=a^x$ のグラフ上にあり，その逆もいえる。

また，点 $\mathrm{Q}(M,\ p)$ と点 $\mathrm{P}(p,\ M)$ は直線 $y=x$ に関して対称であるから，$y=\log_a x$ のグラフは，$y=a^x$ のグラフと直線 $y=x$ に関して対称である。

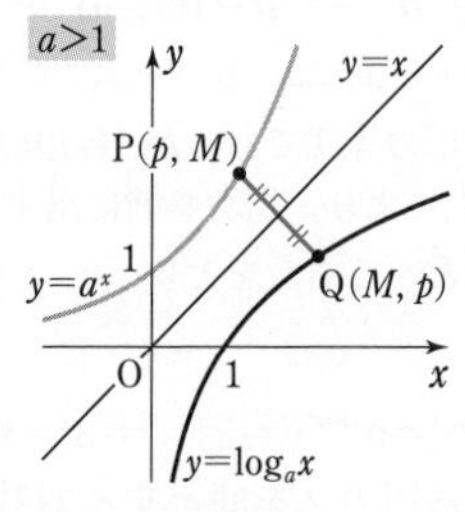

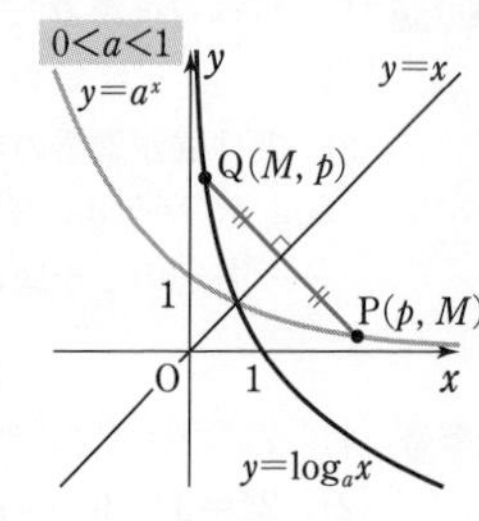

対数関数 $y=\log_a x$ の性質

◀ 対数関数の底は $a>0$, $a\neq 1$

① 定義域は正の数全体，
　値域は実数全体

② 　$a>1$ のとき　単調に増加，
　$0<a<1$ のとき　単調に減少

③ グラフは点 $(1,\ 0)$ を通り，
　y 軸が漸近線。直線 $y=x$ に
　関して $y=a^x$ のグラフと対称。

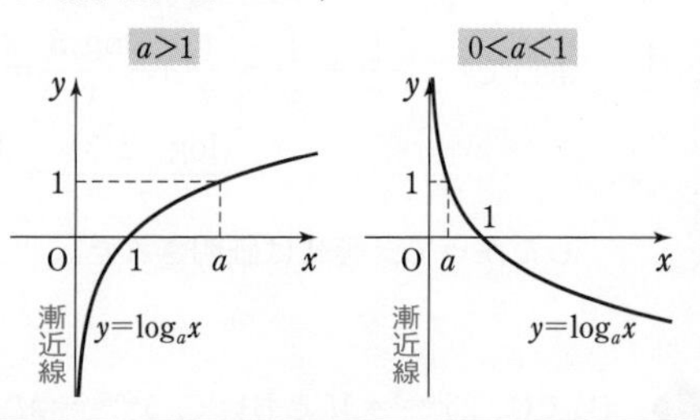

対数関数 $y=\log_a x$ のグラフから，対数の相等，大小について，次のことがわかる。

対数の相等　　$A=B \iff \log_a A=\log_a B$

対数の大小　　$a>1$ **のとき**　　$A<B \iff \log_a A<\log_a B$　　**大小一致**

　　　　　$0<a<1$ **のとき**　　$A<B \iff \log_a A>\log_a B$　　**大小反対**

ただし，$A>0$, $B>0$, $a>0$, $a\neq 1$ とする。

更に，対数の性質 $\log_a MN=\log_a M+\log_a N$, $\log_a M^n=n\log_a M$ により，対数関数 $f(x)=\log_a x$ は次の等式を満たす。これも対数関数の重要な性質の1つである。

$$f(xy)=f(x)+f(y),\quad f(x^n)=nf(x)$$

CHECK 問題

44 次の関数のグラフをかけ。

(1) $y=\log_2 x$　　　　(2) $y=\log_{\frac{1}{2}} x$

→ 1

例 64　対数関数のグラフ　★★☆☆☆

次の関数のグラフをかけ。また，関数 $y=\log_4 x$ のグラフとの位置関係をいえ。

(1)　$y=\log_4(x-2)$　　(2)　$y=\log_{\frac{1}{4}}x$

(3)　$y=\log_4 4x$　　(4)　$y=\log_{\frac{1}{4}}(2-x)$

指針　$y=\log_4 x$ のグラフの平行移動・対称移動を考える。$p.220$ 例 58 の指針でも取り上げたように，一般に，関数 $y=f(x)$ のグラフに対して，次のような位置関係にある。

$y=f(x-p)+q$	……	x 軸方向に p，y 軸方向に q だけ平行移動したもの
$y=-f(x)$	……	x 軸に関して $y=f(x)$ のグラフと対称
$y=f(-x)$	……	y 軸に関して $y=f(x)$ のグラフと対称
$y=-f(-x)$	……	原点に関して $y=f(x)$ のグラフと対称

例 65　対数の大小比較　★★★☆☆

次の各組の数の大小を不等号を用いて表せ。

(1)　1.5，$\log_2 5$，$\log_4 9$　　(2)　$\log_2 3$，$\log_3 4$，$\log_4 2$

指針　対数の大小比較では，対数関数の次の性質を利用する。

$a>1$ のとき　$A<B \Longleftrightarrow \log_a A<\log_a B$　大小一致

$0<a<1$ のとき　$A<B \Longleftrightarrow \log_a A>\log_a B$　大小反対

また　**CHART》 まず　底をそろえよ**

(1)　小数は分数に直す。そして，底を 2 または 4 にそろえ，真数の大小を比較する。

(2)　**多くの数の大小比較 ⟶ まず，大小の見当をつける。**

$2<3 \Longleftrightarrow \log_2 2<\log_2 3$ から　$1<\log_2 3$

同様に，$\log_3 3<\log_3 4$，$\log_4 2<\log_4 4$ から　$1<\log_3 4$，$\log_4 2<1$

なお，$\log_2 3$ と $\log_3 4$ の大小は，底をそろえても比較できない。よって，**大小比較は差を作れ** に従い，$P=\log_2 3-\log_3 4$ の正負を調べて大小を比較する。

検討　上の例 65(2)の，$\log_2 3$ と $\log_3 4$ の大小比較のように，底をそろえても比較できないときは，差を作る他に，およその数との大小を比較して調べる方法もある。

例　**$\log_2 3$ と $\log_3 5$ の大小比較**

$2^3<3^2$ から　$2^{\frac{3}{2}}<3$　両辺の 2 を底とする対数をとると　$\dfrac{3}{2}<\log_2 3$

$3^3>5^2$ から　$3^{\frac{3}{2}}>5$　両辺の 3 を底とする対数をとると　$\dfrac{3}{2}>\log_3 5$

したがって　$\log_3 5<\dfrac{3}{2}<\log_2 3$　◀ $\log_2 3=1.58496\cdots$，$\log_3 5=1.46497\cdots$

このように近似値を考えて，不等式から大小関係を判断することを，不等式を用いて **評価する** という。なお，$p.239$ 例題 122(2)で，対数 $\log_2 3$ の評価について学習する。

例題 115 対数方程式 (1) ★★☆☆☆

次の方程式を解け。

(1) $\log_3 x+\log_3(x-2)=1$　　(2) $\log_2(x^2-x-18)-\log_2(x-1)=3$

(3) $\log_2(x+1)-\log_4(x+4)=1$　　〔(2) 千葉工大, (3) 慶応大〕

指針 対数に変数を含む方程式 (対数方程式) を解く一般的な手順は，次の通りである。

1 真数>0 (**真数条件**) と，底に文字があるときは 底>0，底≠1 の条件を確認する。
2 異なる底があれば そろえる。
3 方程式の両辺を対数の性質を使って変形し，$\log_a A=\log_a B \iff A=B$ を利用する。
4 3 の $A=B$ より得られた解のうち，1 の条件を満たすものを解とする。

解答 (1) 真数は正であるから　$x>0$ かつ $x-2>0$

共通範囲は　$x>2$

方程式から　$\log_3 x(x-2)=\log_3 3$

よって　$x(x-2)=3$　　整理して　$x^2-2x-3=0$

これを解くと，$(x+1)(x-3)=0$ から　$x=-1,\ 3$

$x>2$ であるから，解は　$\boldsymbol{x=3}$

(2) 真数は正であるから

$x^2-x-18>0$ かつ $x-1>0$ …… ①

方程式から　$\log_2\dfrac{x^2-x-18}{x-1}=\log_2 2^3$

よって　$x^2-x-18=2^3(x-1)$

整理して　$x^2-9x-10=0$

これを解くと，$(x+1)(x-10)=0$ から　$x=-1,\ 10$

このうち，① を満たすものが解であるから　$\boldsymbol{x=10}$

(3) 真数は正であるから　$x+1>0$ かつ $x+4>0$

共通範囲は　$x>-1$

方程式から　$\log_2(x+1)-\dfrac{\log_2(x+4)}{2}=1$

すなわち　$2\log_2(x+1)-\log_2(x+4)=2$

ゆえに，$\log_2\dfrac{(x+1)^2}{x+4}=2$ から　$\dfrac{(x+1)^2}{x+4}=2^2$

よって　$(x+1)^2=4(x+4)$　　整理して　$x^2-2x-15=0$

これを解くと，$(x+3)(x-5)=0$ から　$x=-3,\ 5$

$x>-1$ であるから，解は　$\boldsymbol{x=5}$

◀ $\log_a M+\log_a N=\log_a MN$

◀ 連立不等式 ① を解いて，x の値の範囲を求めてもよいが，対数方程式では，必ずしもその必要はない。$\log_a A=\log_a B \iff A=B$ により得られる x の値が ① を満たすかどうかを確認し，満たすものを解とすればよい。

◀ 底を 4 にそろえてもよい。

◀ $2\log_2(x+1)=2+\log_2(x+4)$ のように変形して $\log_2 A=\log_2 B$ の形を導いてもよい。

練習 115 次の方程式を解け。

(1) $\log_2(x^2+3x+4)=1$　　(2) $\log_3(x-5)+\log_3(2x-3)=2$

(3) $\log_2 x^2=2+\log_2|x-2|$　〔長崎大〕

(4) $\log_2(x^2+4x-4)+\log_{\frac{1}{2}}(x+1)=3$　〔成蹊大〕

(5) $\log_2 x+\log_4(x+3)=1$　〔創価大〕　　(6) $\log_x 5\sqrt{5}=\dfrac{1}{2}$　〔小樽商大〕

例題 116 対数方程式 (2) ★★★☆☆

次の方程式を解け。

(1) $(\log_2 x)^2-7\log_2 x-8=0$　　(2) $\log_2 x+6\log_x 2=5$

◀例題 115

指針 (1) この方程式は log の 1 次の形ではないから，$\log_a A=\log_a B$ の形には導けそうにない。このようなタイプでは，$\log_a x=t$ とおき換えて，t の 2 次方程式を導く。

(2) 底にも変数 x が含まれているから，真数>0 だけではなく，底の条件 [底>0，底$\neq1$] の確認を忘れずに。

解答 (1) 真数は正であるから　$x>0$

方程式から　$(\log_2 x+1)(\log_2 x-8)=0$

よって　$\log_2 x=-1,\ 8$

$\log_2 x=-1$ から　$x=2^{-1}$，$\log_2 x=8$ から　$x=2^8$

したがって，解は　$\boldsymbol{x=\frac{1}{2},\ 256}$

◀ $\log_2 x=t$ のおき換えは頭の中で行う。

(2) 真数は正で，底は 1 でない正の数であるから

$0<x<1,\ 1<x$ …… ①

◀ この問題では，底の条件は真数の条件を満たす。

このとき，方程式の両辺に $\log_2 x$ を掛けて

◀ $x\neq1$ から　$\log_2 x\neq0$

$(\log_2 x)^2+6=5\log_2 x$

◀ 底の変換公式により
$\log_x 2=\frac{\log_2 2}{\log_2 x}=\frac{1}{\log_2 x}$
よって　$\log_2 x\log_x 2=1$

整理して　$(\log_2 x)^2-5\log_2 x+6=0$

ゆえに　$(\log_2 x-2)(\log_2 x-3)=0$

よって　$\log_2 x=2,\ 3$

$\log_2 x=2$ から　$x=4$　　$\log_2 x=3$ から　$x=8$

$x=4,\ 8$ は ① を満たすから，解は　$\boldsymbol{x=4,\ 8}$

CHART 》対数方程式

1. まず　底をそろえよ
2. log について 1 次の形 ⟶ まとめる $(\log_a M=\log_a N)$
   log について 1 次でない ⟶ おき換え ($\log_a x=t$ など)
3. 底，真数条件に注意　　底>0，底$\neq1$，真数>0

練習 116 [(1)~(4)] 次の方程式を解け。

(1) $5\log_3 3x^2-4(\log_3 x)^2+1=0$　　(2) $\log_2 x^2-\log_x 4+3=0$　〔岡山県大〕

(3) $x^{\log_2 x}=\frac{x^5}{64}$　〔早稲田大〕　　(4) $(x^{\log_2 x})^{\log_2 x}=64x^{6\log_2 x-11}$　〔関西大〕

(5) 連立方程式 $\begin{cases}8\cdot3^x-3^y=-27\\ \log_2(x+1)-\log_2(y+3)=-1\end{cases}$ を解け。　〔早稲田大〕

➡ p. 248 演習 62

例題 117 対数不等式 ★★☆☆☆

次の不等式を解け。

(1) $2\log_{\frac{1}{3}}(x-2)>\log_{\frac{1}{3}}(2x-1)$ (2) $2(\log_2 x)^2+3\log_2 4x<8$

◀例題115，116

指針 対数に変数を含む不等式（**対数不等式**）も，方程式と同じ方針で進める。
まず，真数>0 と，（底に文字があれば）底>0，底$\neq 1$ の条件を確認し，変形して $\log_a A<\log_a B$ などの形を導く。しかし，その後は

$a>1$ のとき $\log_a A<\log_a B \iff A<B$ 大小一致

$0<a<1$ のとき $\log_a A<\log_a B \iff A>B$ 大小反対

のように，**底 a と1の大小によって，不等号の向きが変わる**ことに要注意。
(2) $\log_2 x$ についての2次不等式とみて解く。

解答 (1) 真数は正であるから $x-2>0$ かつ $2x-1>0$
共通範囲は $x>2$
不等式から $\log_{\frac{1}{3}}(x-2)^2>\log_{\frac{1}{3}}(2x-1)$
底 $\frac{1}{3}$ は1より小さいから $(x-2)^2<2x-1$ ◀不等号の向きが変わる。
整理すると $x^2-6x+5<0$
これを解くと，$(x-1)(x-5)<0$ から $1<x<5$
$x>2$ との共通範囲を求めて $\boldsymbol{2<x<5}$

(2) 真数は正であるから $x>0$
不等式から $2(\log_2 x)^2+3\log_2 x-2<0$ ◀ $3\log_2 4x=3(\log_2 4+\log_2 x)=6+3\log_2 x$
よって $(\log_2 x+2)(2\log_2 x-1)<0$
これを解くと $-2<\log_2 x<\frac{1}{2}$
すなわち $\log_2 2^{-2}<\log_2 x<\log_2 2^{\frac{1}{2}}$
底2は1より大きいから $\boldsymbol{\frac{1}{4}<x<\sqrt{2}}$ ◀ $x>0$ を満たす。

CHART》対数不等式

1 底，真数条件に注意 底>0，底$\neq 1$，真数>0

2 底に向きあり $\log_a M<\log_a N \Longrightarrow \begin{cases} M<N & (a>1 \text{ のとき}) \\ M>N & (0<a<1 \text{ のとき}) \end{cases}$

練習 117 次の不等式を解け。

(1) $\log_{\frac{1}{3}}(-x)\geqq 2$ (2) $\log_2 x-\log_{\frac{1}{2}}(4-x)<1$ 〔宮崎大〕

(3) $(\log_2 x)^2-2\log_2 x-4<0$ (4) $\log_7 x-3\log_x 7x\leqq -1$ 〔学習院大〕

➡p. 248 演習 63

重要例題 118　対数不等式の表す領域　★★★★☆

次の不等式の表す領域を図示せよ。

$$2-\log_y(1+x)<\log_y(1-x)$$

〔山梨大〕

◀例43，例題117

指針 対数不等式を解く要領で進める。

CHART》 底，真数条件に注意　　底に向きあり

log の式の底に変数 y があるから，$0<y<1$ と $y>1$ の場合に分けて考える。

$y>1$ のとき　$\log_y A<\log_y B \iff A<B$　　大小一致

$0<y<1$ のとき　$\log_y A<\log_y B \iff A>B$　　大小反対

に注意し，x と y についての不等式を導く。

解答 真数は正であるから　$1+x>0$，$1-x>0$

共通範囲は　$-1<x<1$

底は 1 でない正の数であるから　$y>0$，$y\neq1$

不等式から　$2<\log_y(1-x)+\log_y(1+x)$

すなわち　$\log_y y^2<\log_y(1-x^2)$　…… ①

[1] $0<y<1$ のとき

① から　$y^2>1-x^2$

ゆえに　$x^2+y^2>1$

[2] $y>1$ のとき

① から　$y^2<1-x^2$

ゆえに　$x^2+y^2<1$

$y>1$ かつ $x^2+y^2<1$ を同時に満たす実数 x，y は存在しない。

よって，求める領域は，連立不等式

$$\begin{cases}-1<x<1\\0<y<1\\x^2+y^2>1\end{cases}$$

が表す領域で，**右の図の斜線部分。ただし，境界線を含まない。**

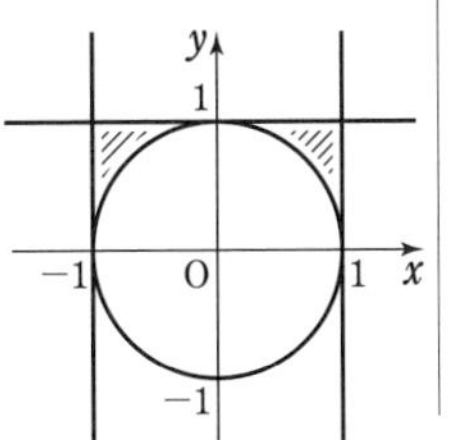

◀ 真数>0

◀ 底>0，底≠1

◀ (右辺) $=\log_y(1-x)(1+x)$

◀ **底<1** と **底>1** で場合分け。底<1 のときは不等号の向きが変わる。

◀ $-1<x<1$ の条件を忘れずに。

練習 118 (1) a，b は実数，k は $k>2$ を満たす定数とする。不等式 $\log_a b+\log_a(k-b)>2$ を満たす点 $(a,\ b)$ 全体の集合を ab 平面上に図示せよ。

〔類 広島大〕

(2) 不等式 $\log_x y+2\log_y x<3$ を満たす点 $(x,\ y)$ の存在範囲を図示せよ。

例題 119 対数関数の最大・最小 (1)　★★☆☆☆

(1) 関数 $y=\left(\log_2\dfrac{x}{4}\right)^2-\log_2 x^2+6$ の $2\leqq x\leqq 16$ における最大値と最小値，およびそのときの x の値を求めよ。〔山口大〕

(2) 関数 $y=\log_3 x+3\log_x 3$ $(x>1)$ の最小値を求めよ。〔立教大〕

指針 対数関数の最大・最小問題では，$\log_a x=t$ などのおき換えによって，**t の2次関数の最大・最小問題** に帰着させることが，最も重要で基本的である。

(1) $\log_2 x=t$ とおくと，y は t の2次式で表される。⟶ **2次式は基本形に直せ**

なお，変数のおき換え は 範囲に注意 ⟶ $t=\log_2 x$ $(2\leqq x\leqq 16)$ の t の変域に注意が必要。

(2) 底を3にそろえて $\log_3 x=t$ とおくと，y は $t+\dfrac{定数}{t}$ の形で表されるが，$x>1$ より $t>0$ であるから，**(相加平均)≧(相乗平均)** が利用できる。

解答 (1) $\log_2 x=t$ とおくと，$2\leqq x\leqq 16$ から　$1\leqq t\leqq 4$

また　$\log_2\dfrac{x}{4}=\log_2 x-\log_2 4=t-2$

y を t の式で表すと

$$y=(t-2)^2-2t+6=t^2-6t+10=(t-3)^2+1$$

$1\leqq t\leqq 4$ の範囲において，y は

$t=1$ で最大値5，$t=3$ で最小値1　をとる。

$t=1$ のとき，$\log_2 x=1$ から　$x=2$

$t=3$ のとき，$\log_2 x=3$ から　$x=8$

よって，**$x=2$ で最大値5，$x=8$ で最小値1** をとる。

(2) $\log_3 x=t$ とおくと，$x>1$ から　$t>0$

◀ 範囲に注意！

$$y=\log_3 x+\frac{3}{\log_3 x}=t+\frac{3}{t}$$

◀ 底を3にそろえる。$\log_a b=\dfrac{1}{\log_b a}$

$t>0$ であるから，(相加平均)≧(相乗平均) により

$$t+\frac{3}{t}\geqq 2\sqrt{t\cdot\frac{3}{t}}=2\sqrt{3}$$

等号は $t=\dfrac{3}{t}$，$t>0$ すなわち $t=\sqrt{3}$ のとき成り立つ。

◀ $t^2=3$，$t>0$ から $t=\sqrt{3}$

このとき，$\log_3 x=\sqrt{3}$ から　$x=3^{\sqrt{3}}$

よって，**$x=3^{\sqrt{3}}$ で最小値 $2\sqrt{3}$** をとる。

練習 119 次の関数に最大値，最小値があれば，それを求めよ。

(1) $y=(\log_2 x)^2+2\log_{\frac{1}{2}} x+3$　$(1\leqq x\leqq 8)$　〔京都産大〕

(2) $y=\left(\log_{10}\dfrac{x}{100}\right)\left(\log_{10}\dfrac{1}{x}\right)$　$(1<x\leqq 100)$　〔名城大〕

(3) $y=\log_2(x-2)+2\log_4(3-x)$　〔南山大〕

(4) $y=\log_2 x^2+\log_x 16$　$(x>1)$

➡ p.248 演習 64

例題 120 対数関数の最大・最小 (2) ★★★☆☆

$x^2y=16$, $x \geqq 1$, $y \geqq 1$ のとき，$z=(\log_2 x)(\log_2 y)$ の最大値と最小値を求めよ。また，そのときの x, y の値も求めよ。

◀例題119

指針 条件式は $x^2y=16$, $x \geqq 1$, $y \geqq 1$ であるのに対し，値を考える式は $(\log_2 x)(\log_2 y)$ のように，式の形が異なるから扱いにくい。したがって，**式の形を統一する** ことから始める。
⟶ $(\log_2 x)(\log_2 y)$ の log を取り去ることはできないから，条件式を **対数で表す**。
ゆえに，$x^2y=16$, $x \geqq 1$, $y \geqq 1$ のそれぞれにおいて，両辺の 2 を底とする対数をとると

$$2\log_2 x+\log_2 y=4,\ \log_2 x \geqq 0,\ \log_2 y \geqq 0$$

が導かれる。よって，$\log_2 x=X$, $\log_2 y=Y$ とおくと，本問は

$2X+Y=4$, $X \geqq 0$, $Y \geqq 0$ のとき，XY の最大・最小を求める問題

になる。これは，次の要領で解決できる。

CHART》 条件式　文字を減らす方針で使え　　変数の変域にも注意

解答 $x^2y=16$, $x \geqq 1$, $y \geqq 1$ のそれぞれにおいて，両辺の 2 を底とする対数をとると

$$\log_2 x^2y=\log_2 16,\quad \log_2 x \geqq \log_2 1,\quad \log_2 y \geqq \log_2 1$$

◀ $\log_2 x^2y=\log_2 x^2+\log_2 y$, $\log_2 16=\log_2 2^4$

ゆえに　$2\log_2 x+\log_2 y=4$ …… ①，
$\log_2 x \geqq 0$ …… ②，　$\log_2 y \geqq 0$ …… ③

① から　$\log_2 y=4-2\log_2 x$

③ から　$4-2\log_2 x \geqq 0$　すなわち　$\log_2 x \leqq 2$

② との共通範囲は

$$0 \leqq \log_2 x \leqq 2 \quad \cdots\cdots ④$$

このとき　$z=(\log_2 x)(\log_2 y)$
$=(\log_2 x)(4-2\log_2 x)$
$=-2(\log_2 x)^2+4\log_2 x$
$=-2(\log_2 x-1)^2+2$

◀ $-2X^2+4X=-2(X-1)^2+2$

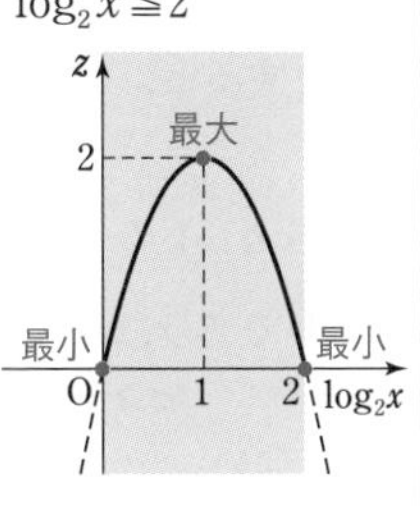

④ の範囲において，z は
$\log_2 x=1$ で最大値 2；$\log_2 x=0$, 2 で最小値 0

をとり　$\log_2 x=1$ のとき　$x=2$, $y=4$
$\log_2 x=0$ のとき　$x=1$, $y=16$
$\log_2 x=2$ のとき　$x=4$, $y=1$

◀ 条件 $x^2y=16$ から $y=\dfrac{16}{x^2}$
y の値はこれに代入して求める。

よって　**$x=2$, $y=4$ で最大値 2；**
$x=1$, $y=16$ または $x=4$, $y=1$ で最小値 0

練習 120 次のものを求めよ。　［(1) 類 福岡大，(2) 群馬大］

(1) $xy=10^5$, $10 \leqq x \leqq 1000$ のとき，$z=(\log_{10} x)(\log_{10} y)$ の最大値と最小値

(2) $x>0$, $y>0$ で $2x+3y=12$ のとき，$z=\log_6 x+\log_6 y$ の最大値

重要例題 121 対数方程式の解の個数 ★★★★☆

a は実数とする。x に関する方程式 $\log_3(x-1)=\log_9(4x-a-3)$ が異なる 2 つの実数解をもつとき，a のとりうる値の範囲を求めよ。〔新潟大〕 ◀例題115

指針 与えられた方程式は，log の 1 次の形であるから，例題 115 と同様の手順で考える。

1 真数>0 から　$x-1>0$　かつ　$4x-a-3>0$　…… Ⓐ

2，3 右辺の真数に文字 a を含むから，左辺の 底を 9 にそろえると

$\log_9(x-1)^2=\log_9(4x-a-3)$　すなわち　$(x-1)^2=4x-a-3$　…… Ⓑ

よって，2 次方程式 Ⓑ が，2 つの不等式 Ⓐ の共通範囲に異なる 2 つの実数解をもつための条件を考える。ただし，Ⓐ の共通範囲は，a のとる値によって場合分けが必要。

解答 真数は正であるから　$x-1>0$　かつ　$4x-a-3>0$

すなわち　$x>1$　かつ　$x>\dfrac{a+3}{4}$　…… ①

$\log_3(x-1)=\log_{3^2}(x-1)^2$ であるから，方程式は

$\log_9(x-1)^2=\log_9(4x-a-3)$

よって　$(x-1)^2=4x-a-3$

整理して　$x^2-6x+a+4=0$　…… ②

2 次方程式 ② が，① の範囲に異なる 2 つの実数解をもつための条件を考える。② の判別式を D とすると　$D>0$

◀ ① の共通範囲が $x>1$ となるのか $x>\dfrac{a+3}{4}$ となるのかによって場合分け。

◀ $\log_{a^n}b^n=\log_a b$ を用いて，底を 9 にそろえる。

$\dfrac{D}{4}=(-3)^2-(a+4)=5-a$ であるから，$D>0$ より　$5-a>0$ すなわち $a<5$

$f(x)=x^2-6x+a+4$ とすると，放物線 $y=f(x)$ の軸は直線 $x=3$ である。

[1]　$\dfrac{a+3}{4}\leqq 1$ すなわち $a\leqq 1$ のとき

① の共通範囲は $x>1$ であり，条件は　$f(1)>0$

$f(1)=a-1$ であるから　$a>1$

これは $a\leqq 1$ を満たさない。

[1]
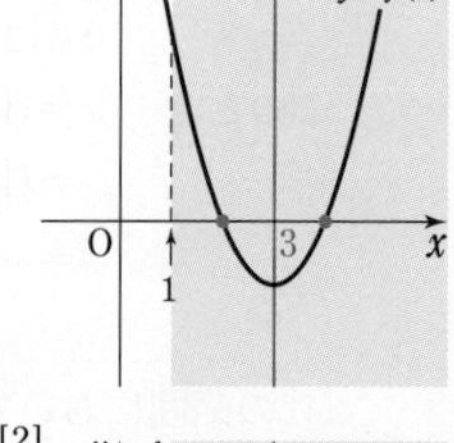

[2]　$\dfrac{a+3}{4}>1$ かつ $a<5$ すなわち $1<a<5$ のとき

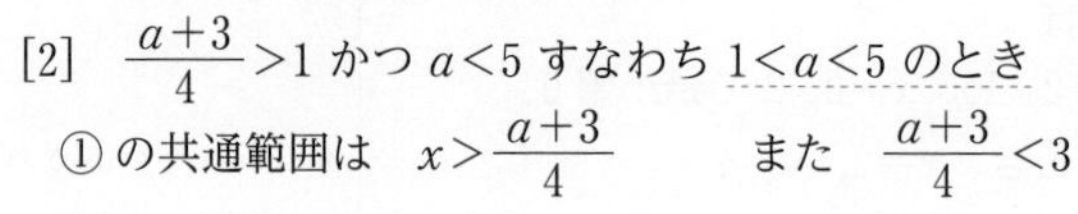

① の共通範囲は　$x>\dfrac{a+3}{4}$　　また　$\dfrac{a+3}{4}<3$

よって，条件は　$f\left(\dfrac{a+3}{4}\right)>0$

$f\left(\dfrac{a+3}{4}\right)=\dfrac{1}{16}(a-1)^2$ であるから，これは，$1<a<5$ で常に成り立つ。

[2]
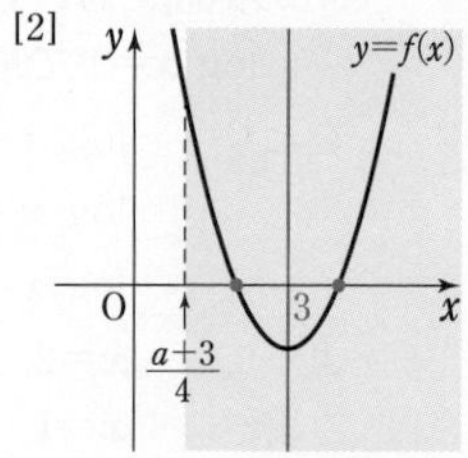

[1]，[2] から，求める a の値の範囲は　$\boldsymbol{1<a<5}$

練習 121 方程式 $\log_3\left(x-\dfrac{4}{3}\right)=\log_9(2x+a)$ が異なる 2 つの実数解をもつとき，実数 a の値の範囲を求めよ。〔名城大〕

重要例題 122 対数の評価 ★★★★☆

(1) $\log_2 3=\dfrac{m}{n}$ を満たす自然数 m, n は存在しないことを証明せよ。

(2) $8<9$ および $243<256$ に注意して，$\log_2 3$ の値の小数第 1 位を求めよ。

〔類 広島大〕 ◀例題112

指針 (1) **存在しない** ことの証明は

CHART》「でない」の証明 ⟶ 背理法

存在する と仮定して矛盾を導く（p. 225 参照）。

(2) $8<9$, $243<256$ の各辺の 2 を底とする対数をとると

$\log_2 8<\log_2 9 \iff 3<2\log_2 3$, $\log_2 243<\log_2 256 \iff 5\log_2 3<8$

これらの不等式から，$\log_2 3$ の値の範囲を求め，小数第 1 位を見つける。

解答 (1) $\log_2 3=\dfrac{m}{n}$ を満たす自然数 m, n が存在すると仮定する。このとき，$2^{\frac{m}{n}}=3$ であるから，両辺を n 乗して

$2^m=3^n$ …… ①

① の左辺は 2 の倍数であるが，右辺は 2 の倍数ではないから，矛盾。

したがって，$\log_2 3=\dfrac{m}{n}$ を満たす自然数 m, n は存在しない。

参考 (1) の結論から，$\log_2 3$ は無理数であることがわかる。

◀ 背理法。
◀ $a^p=M \iff p=\log_a M$
◀ 2 と 3 は互いに素。

(2) $8<9$ の両辺において，2 を底とする対数をとると

$\log_2 8<\log_2 9$ すなわち $\log_2 2^3<\log_2 3^2$

よって $3<2\log_2 3$

ゆえに $1.5<\log_2 3$ …… ②

$243<256$ の両辺において，2 を底とする対数をとると

$\log_2 243<\log_2 256$ すなわち $\log_2 3^5<\log_2 2^8$

よって $5\log_2 3<8$

ゆえに $\log_2 3<1.6$ …… ③

②, ③ から $1.5<\log_2 3<1.6$

したがって，$\log_2 3$ の値の小数第 1 位は **5**

◀ 底 $2>1$ であるから，不等号の向きは不変。
◀ $\dfrac{3}{2}<\log_2 3$ であるが，小数第 1 位を求めるので，小数で表した。
◀ $\log_2 3=1.5\cdots\cdots$

練習 122 (1) $\log_{10} 2$ は $\dfrac{3}{10}$ より大きいことを示せ。

(2) $80<81$ および $243<250$ であることに注意して，$\dfrac{3}{10}<\log_{10} 2<\dfrac{23}{75}$, $\dfrac{19}{40}<\log_{10} 3<\dfrac{12}{25}$ であることを示せ。 〔類 岩手大〕

逆関数とそのグラフ

指数関数 $y=a^x$ と対数関数 $y=\log_a x$ の関係について，数学Ⅲで学習する **逆関数** の考え方を用いて整理してみよう。

1 逆関数

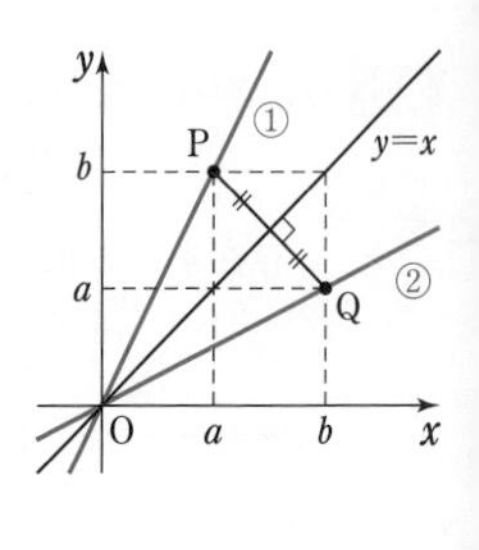

1次関数 $f(x)=2x$ …… ① において，q を任意の実数とすると　$q=f(p)$　すなわち　$q=2p$

となる実数 p が $p=\frac{1}{2}q$ としてただ1つ定められる。

q に p を対応させるこの関係は，関数 $g(x)$ として

$g(x)=\frac{1}{2}x$ …… ② と表される。このように関数 $y=f(x)$ において，y の値を定めると対応する x の値がただ1つに定まるとき，x は y の関数として，$x=g(y)$ の形で表される。

この変数 y を x に書き直した関数 $g(x)$ を $f(x)$ の **逆関数** といい，$\boldsymbol{f^{-1}(x)}$ で表す。

関数 ② は関数 ① の逆関数，すなわち $f(x)=2x$ に対して $f^{-1}(x)=\frac{1}{2}x$ である。
関数によっては逆関数をもたない場合もある。

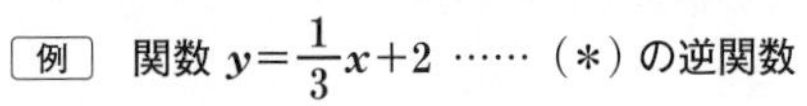

例　**関数 $y=\frac{1}{3}x+2$ …… (∗) の逆関数**

(∗) を x について解くと　$x=3y-6$　　x と y を入れ替えて　$\boldsymbol{y=3x-6}$

例　**関数 $y=x^2$ の逆関数**

関数 $y=x^2$ は y の値を定めても x の値はただ1つに定まらないから，**逆関数をもたない。**
ただし，定義域を制限した関数 $y=x^2$ $(x \geqq 0)$ は逆関数 $y=\sqrt{x}$ をもつ。

点 $\mathrm{P}(a,\ b)$ が関数 $y=f(x)$ のグラフ上にあるとき，点 $\mathrm{Q}(b,\ a)$ は逆関数 $y=f^{-1}(x)$ のグラフ上にある。2点 P，Q は直線 $y=x$ に関して対称であるから，$y=f(x)$ と $y=f^{-1}(x)$ のグラフは **直線 $y=x$ に関して対称** である。

2 指数関数 $y=a^x$ と対数関数 $y=\log_a x$ について

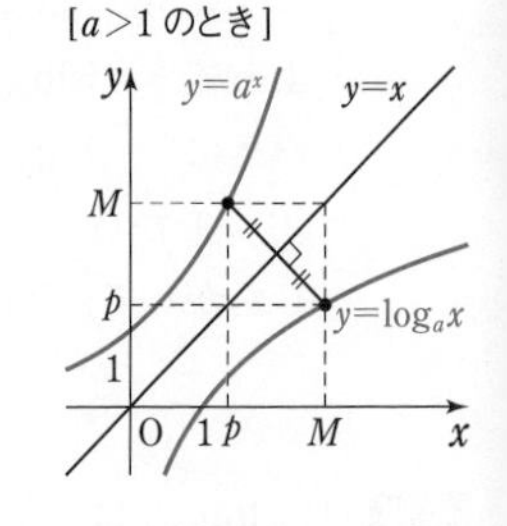

1 を踏まえた上で，指数関数 $y=a^x$ と対数関数 $y=\log_a x$ を見てみよう。なお，a は $a>0$，$a \neq 1$ の定数とする。

対数の定義から　$y=a^x \Longleftrightarrow x=\log_a y$　が成り立つ。

$x=\log_a y$ の x と y を入れ替えた $y=\log_a x$ は $y=a^x$ の逆関数である。よって，$y=a^x$ のグラフと $y=\log_a x$ のグラフは直線 $y=x$ に関して対称である。

また，定義域，値域について

関数 $y=a^x$	定義域：**すべての実数**，値域：$\boldsymbol{y>0}$
関数 $y=\log_a x$	定義域：$\boldsymbol{x>0}$，値域：**すべての実数**

であり，定義域と値域が互いに入れ替わった形になっている。
これは，逆関数の性質の1つである。

31 常用対数

《基本事項》

1 常用対数

10 を底とする対数を **常用対数** という。

例えば，$123000=1.23\times10^5$，$0.0456=4.56\times10^{-2}$ のように，10 進法で表された正の数 x は，常に次の形で表すことができる。

$$x=a\times10^n \qquad \text{ただし，} n \text{ は整数で，} 1\leqq a<10$$

このとき，x の常用対数は　$\log_{10}x=\log_{10}(a\times10^n)=\log_{10}a+\log_{10}10^n=n+\log_{10}a$

ここで，$1\leqq a<10$ であるから，$\log_{10}1\leqq\log_{10}a<\log_{10}10$ すなわち $0\leqq\log_{10}a<1$ である。

本書巻末の **常用対数表** には，a が 1.00，1.01，……，9.99 のときの常用対数 $\log_{10}a$ の値を，その小数第 5 位を四捨五入して，小数第 4 位まで載せている。その表を用いて，正の数の常用対数の値が求められる。底が 10 でない対数の値も，底の変換公式を利用して常用対数で表すことにより，求めることができる。

例　$\log_{10}2=0.3010$，$\log_{10}3=0.4771$ とする。

(1)　$\log_{10}5=\log_{10}\dfrac{10}{2}=\log_{10}10-\log_{10}2=1-\log_{10}2=1-0.3010=0.6990$

注意　$\log_{10}5=1-\log_{10}2$ の変形は良く用いられるので，公式として記憶しておく。

(2)　$\log_{10}6=\log_{10}(2\times3)=\log_{10}2+\log_{10}3=0.3010+0.4771=0.7781$

(3)　$\log_2 5=\dfrac{\log_{10}5}{\log_{10}2}=\dfrac{1-\log_{10}2}{\log_{10}2}=\dfrac{0.6990}{0.3010}=2.332\cdots\cdots$

◀ $\log_{10}5$ の値は，(1)の結果を用いた。

2 常用対数の応用

常用対数を利用すると，正の数の桁数や小数第何位に初めて 0 でない数字が現れるか (小数首位) ということを知ることができる。

一般に，$N>0$，k を正の整数とすると，次のことが成り立つ。

① **Nの整数部分が k 桁 $\Longleftrightarrow$ $10^{k-1}\leqq N<10^k$ $\Longleftrightarrow$ $k-1\leqq\log_{10}N<k$**

② **Nは小数第 k 位に初めて 0 でない数字が現れる**

$$\Longleftrightarrow \frac{1}{10^k}\leqq N<\frac{1}{10^{k-1}} \Longleftrightarrow 10^{-k}\leqq N<10^{-k+1}$$

$$\Longleftrightarrow -k\leqq\log_{10}N<-k+1$$

CHECK 問題

45 常用対数表 (巻末) を用いて，次の値を小数第 4 位まで求めよ。

(1)　$\log_{10}32.3$　　(2)　$\log_{10}0.0824$　　(3)　$\log_2 165$　　→ 1

46 $\log_{10}2=0.3010$，$\log_{10}3=0.4771$ として，次の値を求めよ。

(1)　$\log_{10}15$　　(2)　$\log_{10}2.25$　　(3)　$\log_{10}\sqrt[3]{18}$　　→ 1

COLUMN コラム 対数の導入

対数は17世紀の初めに，桁数の大きな数の乗除を計算する方法として考え出された。対数による計算を考え出したのは，スコットランドのジョン・ネイピア (1550～1617) である。当時は大航海時代といわれる時代で，航海術や天文学の研究が盛んに行われていた。そして，その研究には大きな桁数の計算が必要で，特に乗法や除法が大変であった。

航海術や天文学では三角関数，特に正弦 (sin) に関する計算が行われていた。正弦どうしの積では，計算が大変なため，三角関数の積 ⟶ 和の公式

$$\sin\alpha\sin\beta=\frac{1}{2}\{\cos(\alpha-\beta)-\cos(\alpha+\beta)\}\left[\sin\alpha\sin\beta=-\frac{1}{2}\{\cos(\alpha+\beta)-\cos(\alpha-\beta)\}\right]$$

などが利用されていた。積を和の形に表すことで，計算をらくにしていたのである。

ネイピアはこの「積を和に直して計算する」という方法に大いに刺激を受けた。「掛け算を易しい足し算で済ませる方法はないか」と考えたのである。そして彼は，指数計算にも同様の関係が成り立つことに気がついた。すなわち，指数法則 $a^m\times a^n=a^{m+n}$ である。この事実をもとに，航海術に必要な値を a^x の形にした表を作成し，それらの数の乗法 (除法) を実質的に加法 (減法) で済ませてしまう方法を編み出した。

これについて，次の問題を通して少し触れてみよう。

問題 次の計算を，常用対数表を用いて小数第2位まで求めよ。

(1) 2.37×3.79　　(2) $7.67\div2.86$

解答 (1) 常用対数表から　$2.37=10^{0.3747}$，　$3.79=10^{0.5786}$

よって　$2.37\times3.79=10^{0.3747}\times10^{0.5786}$

$=10^{0.3747+0.5786}=10^{0.9533}$

常用対数表で近い値を調べると　$10^{0.9533}\fallingdotseq8.98$

したがって　$2.37\times3.79\fallingdotseq\mathbf{8.98}$

(2) 常用対数表から　$7.67=10^{0.8848}$，　$2.86=10^{0.4564}$

よって　$7.67\div2.86=10^{0.8848}\div10^{0.4564}$

$=10^{0.8848-0.4564}=10^{0.4284}$

常用対数表で近い値を調べると　$10^{0.4284}\fallingdotseq2.68$

したがって　$7.67\div2.86\fallingdotseq\mathbf{2.68}$

◀ $10^x=2.37$ とすると $x=\log_{10}2.37$ であるから，$\log_{10}2.37$ の値を常用対数表から調べるのと同じ要領である。

参考　電卓で確認すると
(1) $2.37\times3.79=8.9823$
(2) $7.67\div2.86$
$=2.6818\cdots\cdots$

この計算方法で注目すべき点は

掛け算の計算をする際に実質的に行った計算は，(指数部分の) 足し算である
割り算の計算をする際に実質的に行った計算は，(指数部分の) 引き算である

ことである。

現在では，電卓やコンピュータなど常用対数表よりずっと便利なものがあるため，我々はこの計算方法の便利さがあまり実感できないが，当時はとても重宝されていた。

なお，ネイピアが最初に考えた対数の底は $1-\dfrac{1}{10^7}$ といわれている。かなり特殊な値で不便な面もあったため，その後ネイピアはロンドンの数学者ブリッグス (1561～1630) と相談し，底を10とする対数を考えた。そしてネイピアの死後，ブリッグスは独自で底を10とする対数表を作成した。これが今日用いられている常用対数表である。

例題 123 桁数と小数首位 ★★☆☆☆

$\log_{10}2=0.3010$，$\log_{10}3=0.4771$ とする。 〔(1) 類 関西大，(2) 愛媛大〕

(1) 15^{15} は何桁の整数か。

(2) $\left(\frac{1}{3}\right)^{26}$ を小数で表すと，小数第何位に初めて 0 でない数字が現れるか。

指針 (1), (2) まず，$\log_{10}15^{15}$，$\log_{10}\left(\frac{1}{3}\right)^{26}$ の値を求める。

正の数 N の整数部分が k 桁 $\iff$ $10^{k-1}\leqq N<10^k$

正の数 N は小数第 k 位に初めて 0 でない数字が現れる $\iff$ $10^{-k}\leqq N<10^{-k+1}$

解答 (1) $\log_{10}15^{15}=15\log_{10}15=15\log_{10}(3\cdot5)$

$=15(\log_{10}3+\log_{10}5)$

$=15(\log_{10}3+1-\log_{10}2)$

$=15(0.4771+1-0.3010)=17.6415$

ゆえに　$17<\log_{10}15^{15}<18$

よって　$10^{17}<15^{15}<10^{18}$

したがって，15^{15} は **18 桁** の整数である。

(2) $\log_{10}\left(\frac{1}{3}\right)^{26}=\log_{10}3^{-26}=-26\log_{10}3$

$=-26\times0.4771=-12.4046$

ゆえに　$-13<\log_{10}\left(\frac{1}{3}\right)^{26}<-12$

よって　$10^{-13}<\left(\frac{1}{3}\right)^{26}<10^{-12}$

したがって，$\left(\frac{1}{3}\right)^{26}$ は **小数第 13 位** に初めて 0 でない数字が現れる。

◀ $\log_{10}5=1-\log_{10}2$ この変形はよく用いられる。

◀ $k-1\leqq\log_{10}N<k$ $\iff$ $10^{k-1}\leqq N<10^k$

◀ $-k\leqq\log_{10}N<-k+1$ $\iff$ $10^{-k}\leqq N<10^{-k+1}$

検討 $10^{k-1}\leqq N<10^k$ から，N が $k-1$ 桁なのか k 桁なのか判断に迷うときは，次のように **簡単な数で** 確認してみるとよい。

$N=100$ とすると　$\log_{10}100=2$　　よって　$2\leqq\log_{10}100<3$

ゆえに　$10^2\leqq100<10^3$　　100 は 3 桁 の整数である。 ◀ k 桁の整数

小数首位についても同様に確認することができる。

$N=0.01$ とすると　$\log_{10}0.01=-2$　　よって　$-2\leqq\log_{10}0.01<-1$

ゆえに　$10^{-2}\leqq0.01<10^{-1}$

0.01 は 小数第 2 位 に初めて 0 でない数字が現れる。 ◀ 小数第 k 位

練習 123 $\log_{10}2=0.3010$，$\log_{10}3=0.4771$ とする。

(1) 6^{50} は何桁の整数か。

(2) 3^n が 10 桁の数となる最小の自然数 n は ア[　] である。また，$\left(\frac{1}{12}\right)^{15}$ は小数第 イ[　] 位に初めて 0 でない数字が現れる。 〔(2) 福岡工大〕

例題 124 特定の位の数字 ★★★☆☆

12^{60} は ア［　］桁の整数である。また，その最高位の数は イ［　］で，一の位の数は ウ［　］である。ただし，$\log_{10}2=0.3010$，$\log_{10}3=0.4771$ とする。〔類 慶応大〕

◀例題123

指針 (ア)，(イ)　自然数Nの桁数をk，最高位の数をa ($a=1, 2, \cdots\cdots, 9$) とすると

$$a\cdot 10^{k-1}\leqq N<(a+1)\cdot 10^{k-1} \iff (k-1)+\log_{10}a\leqq\log_{10}N<(k-1)+\log_{10}(a+1)$$

ここで，$1\leqq a\leqq 9$ より $0\leqq\log_{10}a<1$，$0<\log_{10}(a+1)\leqq 1$ であるから，$\log_{10}N$ の整数部分をp，小数部分をqとすると　$p=k-1$，$\log_{10}a\leqq q<\log_{10}(a+1)$

結局　**Nの桁数は　$\log_{10}N$ の整数部分で決まり，**
　　　Nの最高位の数は　$\log_{10}N$ の小数部分で決まる　ことになる。

(ウ)　12^n (nは自然数) の一の位の数は，いくつかの数の繰り返しになる。

解答 (ア)　$\log_{10}12^{60}=60\log_{10}(2^2\cdot 3)=60(2\log_{10}2+\log_{10}3)$
$=60(2\times 0.3010+0.4771)=64.746$

ゆえに　$64<\log_{10}12^{60}<65$

よって　$10^{64}<12^{60}<10^{65}$

したがって，12^{60} は **65** 桁の整数である。

(イ)　(ア)から　$\log_{10}12^{60}=64+0.746$　……①

$\log_{10}5=1-\log_{10}2=1-0.3010=0.6990$，

$\log_{10}6=\log_{10}2+\log_{10}3=0.3010+0.4771=0.7781$

であるから　$\log_{10}5<0.746<\log_{10}6$

よって，①から　$64+\log_{10}5<\log_{10}12^{60}<64+\log_{10}6$

すなわち　$5\cdot 10^{64}<12^{60}<6\cdot 10^{64}$

したがって，12^{60} の最高位の数は　**5**

(ウ)　12^1，12^2，12^3，12^4，12^5，…… の一の位の数は，順に
$2, 4, 8, 6, 2, \cdots\cdots$

となり，4つの数 2，4，8，6 を順に繰り返す。

$60=4\times 15$ であるから，12^{60} の一の位の数は　**6**

別解 (イ)　(ア)から
$12^{60}=10^{64.746}=10^{64}\cdot 10^{0.746}$
$10^0<10^{0.746}<10^1$ であるから，$10^{0.746}$ の整数部分が 12^{60} の最高位の数である。
ここで，$\log_{10}5=0.6990$
より　$10^{0.6990}=5$
また，$\log_{10}6=0.7781$
より　$10^{0.7781}=6$
$10^{0.6990}<10^{0.746}<10^{0.7781}$
から　$5<10^{0.746}<6$
よって，最高位の数は　**5**

別解　12^{60} の一の位の数は，12^{60} を 10 で割った余りに等しい。10 を法として
$12\equiv 2$，$2^5\equiv 32\equiv 2$ から　$12^{60}\equiv 2^{60}\equiv(2^5)^{12}\equiv 2^{12}\equiv(2^5)^2\cdot 2^2\equiv 2^2\cdot 2^2\equiv 16\equiv 6$

したがって，12^{60} の一の位の数は　**6**

練習 124　次の問いに答えよ。ただし，$\log_{10}2=0.3010$，$\log_{10}3=0.4771$ とする。

(1)　2^n が 22 桁で最高位の数字が 4 となるような自然数nの値を求めよ。また，2^n の末尾の数字を求めよ。〔慶応大〕

(2)　$\left(\dfrac{1}{125}\right)^{20}$ を小数で表したとき，小数第 ア［　］位に初めて 0 でない数字が現れ，その値は イ［　］である。〔早稲田大〕 ➡ p.248 演習 65

例題 125 常用対数と不等式 ★★★☆☆

(1) 7^{100} は 85 桁の数である。7^{29} は何桁の数か。〔武庫川女子大〕

(2) 3 進法で表すと 100 桁の自然数Nを，10 進法で表すと何桁の数になるか。ただし，$\log_{10}3=0.4771$ とする。

◀例題123

指針 条件を **桁数についての不等式で表し，各辺の常用対数をとる。**

(1) 7^{100} は 85 桁の数であるから　$10^{85-1} \leqq 7^{100} < 10^{85} \longrightarrow 84 \leqq 100\log_{10}7 < 85$ …… ①

7^{29} の桁数を k (自然数) とすると　$10^{k-1} \leqq 7^{29} < 10^{k} \longrightarrow k-1 \leqq 29\log_{10}7 < k$ …… ②

① から $\log_{10}7$ の値の範囲を求め，これを用いて，② を満たす自然数を求める。

(2) n 進法で k 桁の自然数 N は，$n^{k-1} \leqq N < n^{k}$ を満たす。したがって，3 進法で 100 桁の自然数 N は　$3^{100-1} \leqq N < 3^{100} \longrightarrow 99\log_{10}3 \leqq \log_{10}N < 100\log_{10}3$ …… ③

10 進法で k 桁の自然数 N は　$10^{k-1} \leqq N < 10^{k} \longrightarrow k-1 \leqq \log_{10}N < k$ …… ④

$\log_{10}3=0.4771$ と ③ から，$\log_{10}N$ の値の範囲を求め，④ を満たす自然数を求める。

解答 (1) 7^{100} は 85 桁の数であるから　$10^{84} \leqq 7^{100} < 10^{85}$

各辺の常用対数をとると　$84 \leqq 100\log_{10}7 < 85$

ゆえに　$0.84 \leqq \log_{10}7 < 0.85$

よって　$29 \times 0.84 \leqq 29\log_{10}7 < 29 \times 0.85$

すなわち　$24.36 \leqq \log_{10}7^{29} < 24.65$

ゆえに，$24 < \log_{10}7^{29} < 25$ であるから　$10^{24} < 7^{29} < 10^{25}$

したがって，7^{29} は **25 桁** の数である。

(2) Nは 3 進法で表すと 100 桁の自然数であるから

$3^{100-1} \leqq N < 3^{100}$　すなわち　$3^{99} \leqq N < 3^{100}$

各辺の常用対数をとると

$99\log_{10}3 \leqq \log_{10}N < 100\log_{10}3$

よって　$99 \times 0.4771 \leqq \log_{10}N < 100 \times 0.4771$

すなわち　$47.2329 \leqq \log_{10}N < 47.71$

ゆえに，$47 < \log_{10}N < 48$ であるから　$10^{47} < N < 10^{48}$

したがって，Nを 10 進法で表すと，**48 桁** の数となる。

別解 (2) $\log_{10}3=0.4771$ から　$10^{0.4771}=3$

$3^{99} \leqq N < 3^{100}$ から　$(10^{0.4771})^{99} \leqq N < (10^{0.4771})^{100}$

よって　$10^{47.2329} \leqq N < 10^{47.71}$　ゆえに　$10^{47} < N < 10^{48}$

したがって，Nを 10 進法で表すと，**48 桁** の数となる。

◀ Nが k 桁の整数 $\longrightarrow 10^{k-1} \leqq N < 10^{k}$

◀ $\log_{10}7^{29}=29\log_{10}7$

◀ Nが n 進法で k 桁の整数 $\longrightarrow n^{k-1} \leqq N < n^{k}$

◀ $p=\log_{a}M \iff a^{p}=M$

練習 125 $\log_{10}2=0.3010$，$\log_{10}3=0.4771$ とする。

(1) (ア) $48<49<50$ であることを用いて，$\log_{10}7$ の値を求めよ。ただし，小数第 3 位を切り捨て，小数第 2 位まで答えよ。

(イ) n^{7} が 7 桁となる自然数 n の値をすべて求めよ。〔類 京都薬大〕

(2) $\log_{3}2$ の値を求めよ。ただし，小数第 3 位を四捨五入せよ。また，この結果を利用して，4^{10} を 9 進法で表すと何桁の数になるか求めよ。

➡p. 248 演習 66

例題 126 対数利用の文章題 ★★★☆☆

いくつかのさいころを同時に投げるとき，出た目の積が偶数になる確率が 0.994 以上になるには，同時に投げるさいころの数は最低何個必要か。ただし，$\log_{10}2=0.3010$，$\log_{10}3=0.4771$ とする。 〔類 北海道薬大〕 ◀例題 125

指針 さいころを投げて，出た目の積が偶数となるのは，少なくとも 1 つ偶数の目が出るときである。⟶「少なくとも 1 つ」の確率は **余事象** を考える。
n 個のさいころを投げたとき，その確率が 0.994 以上になると考えて **不等式を立て**，その **常用対数をとって** n の値の範囲を求める。

解答 n 個のさいころを同時に投げるとき，出た目の積が偶数になるという事象は，出た目の積が奇数になるという事象，すなわち，出た目がすべて奇数となるという事象の余事象である。

したがって，その確率は $1-\left(\frac{3}{6}\right)^n=1-\left(\frac{1}{2}\right)^n$

この確率が 0.994 以上となるとき

$$1-\left(\frac{1}{2}\right)^n \geqq 0.994 \quad \text{すなわち} \quad \left(\frac{1}{2}\right)^n \leqq \frac{6}{1000}$$

両辺の常用対数をとると $-n\log_{10}2 \leqq \log_{10}6-3$

◀ 底 $10>1$ であるから，不等号の向きは変わらない。

ゆえに $n \geqq \dfrac{3-\log_{10}6}{\log_{10}2}=\dfrac{3-(\log_{10}2+\log_{10}3)}{\log_{10}2}$

$=\dfrac{3-(0.3010+0.4771)}{0.3010}=7.3\cdots\cdots$

◀「最低…」とあるから，$n \geqq 7.3\cdots$ を満たす最小の自然数を求める。

この不等式を満たす最小の自然数 n は $n=8$
よって，同時に投げるさいころは最低 **8 個** 必要である。

検討 文章題の解法は数学 I で学んだ（チャート式数学 I + A $p.51$ 参照）。上の例題で，その要領を復習しておこう。

① **文字の選定** n 個のさいころを同時に投げて，確率が 0.994 以上になるとする。
② **不等式を作る** 積が偶数となる確率について $1-\left(\frac{1}{2}\right)^n \geqq 0.994$
③ **不等式を解く** 両辺の常用対数をとって不等式を解く。
④ **解を検討する** 「最低何個」であるから，不等式を満たす最小の自然数 n を求める。

練習 126 A 町の人口は近年減少傾向にある。現在のこの町の人口は前年同時期の人口と比べて 4％ 減少したという。毎年この比率と同じ比率で減少すると仮定した場合，初めて人口が現在の半分以下になるのは何年後か。答えは整数で求めよ。ただし，$\log_{10}2=0.3010$，$\log_{10}3=0.4771$ とする。 〔立教大〕

演習問題

57 実数の組 (x, y, z) で，どのような整数 l，m，n に対しても，等式

$$l\cdot 10^{x-y}-nx+l\cdot 10^{y-z}+m\cdot 10^{x-z}=13l+36m+ny$$

が成り立つようなものをすべて求めよ。 〔大阪大〕

➤例60

58 $h(x)=2(8^{x-1}+8^{-x})-3(4^{x-1}+4^{-x})+2^{x-1}+2^{-x}$ とする。
方程式 $h(x)=0$ は，$t=2^{x-1}+2^{-x}$ とおくと，t についての3次方程式
$(2t-{}^{ア}\square)(t+{}^{イ}\square)(t-{}^{ウ}\square)=0$ となる。
したがって，$h(x)=0$ の解 x の値は小さい順に $x={}^{エ}\square$，$x={}^{オ}\square$ となる。
〔近畿大〕

➤例60，例題110

59 すべての実数 x に対して，不等式 $2^{2x+2}+2^{x}a+1-a>0$ が成り立つような実数 a の値の範囲を求めよ。 〔東北大〕

➤例題111

60 $a>1$，$b>1$，$c>1$，$d>1$ とする。

(1) $\log_2 a=\log_3 b$ のとき，$a^{\frac{1}{2}}$ と $b^{\frac{1}{3}}$ の大小を不等号を用いて表せ。

(2) $c^{\frac{1}{3}}=d^{\frac{1}{4}}$ のとき，$\log_3 c$ と $\log_4 d$ の大小を不等号を用いて表せ。 〔龍谷大〕

➤例59，65

61 a，b を実数，p を素数とし，$1<a<b$ とする。

(1) x，y，z を0でない実数とする。$a^x=b^y=(ab)^z$ ならば $\dfrac{1}{x}+\dfrac{1}{y}=\dfrac{1}{z}$ であることを示せ。

(2) m，n を $m>n$ を満たす自然数とし，$\dfrac{1}{m}+\dfrac{1}{n}=\dfrac{1}{p}$ とする。m，n の値を p を用いて表せ。

(3) m，n を自然数とし，$a^m=b^n=(ab)^p$ とする。b の値を a，p を用いて表せ。

〔神戸大〕

➤例題114

ヒント **57** どのような l，m，n に対しても等式が成り立つ $\Longleftrightarrow$ l，m，n の恒等式

61 (2) 等式 $\dfrac{1}{m}+\dfrac{1}{n}=\dfrac{1}{p}$ の分母を払って，(　)(　)=**整数** の形に変形する。p は素数，$m>n$ の条件から m，n の値の組は1組に決まる。

62 $0<x<1$，$0<y<1$ において，次の連立方程式を解け。

$$\begin{cases} \log_x y+\log_y x=2 \\ 2\log_x \sin(x+y)=\log_x \sin y+\log_y \cos x \end{cases}$$

〔芝浦工大〕

➤例題 116

63 a，b を 1 と異なる正の数とする。

(1) $\log_2\sqrt{a}-\log_a 2=\dfrac{1}{2}$ を満たす a の値を求めよ。

(2) $\log_2\sqrt{a}-\log_a 2 \geqq \dfrac{1}{2}$ を満たす a の値の範囲を求めよ。

(3) $a>1$ かつ $b>1$ とする。$\log_b\sqrt{a}-\log_a b \geqq \dfrac{1}{2}$ を満たすとき，a と b^2 の大小関係を調べよ。

(4) $a+b \leqq 8$ かつ $\log_b\sqrt{a}-\log_a b \geqq \dfrac{1}{2}$ を満たす自然数の組 $(a,\ b)$ をすべて求めよ。

〔金沢大〕

➤例題 117

64 a を 1 より大きい定数とする。関数

$$f(x)=(\log_2 x)^2-\log_2 x^4+1 \ (1 \leqq x \leqq a)$$

の最小値を求めよ。

〔日本女子大〕

➤例題 119

65 8.94^{18} の整数部分は何桁か。また最高位からの 2 桁の数字を求めよ。例えば，12345.6789 の最高位からの 2 桁は 12 を指す。

（注）必要があれば，常用対数表を用いてもよい。

〔京都大〕

➤例題 124

66 次の問いに答えよ。ただし，$0.3010<\log_{10}2<0.3011$ であることは用いてよい。

(1) 100 桁以下の自然数で，2 以外の素因数をもたないものの個数を求めよ。

(2) 100 桁の自然数で，2 と 5 以外の素因数をもたないものの個数を求めよ。

〔京都大〕

➤例題 125

ヒント **63** (2) 底を 2 にそろえた不等式の分母を払って，$\log_2 a$ の 2 次不等式を導く。ただし，分母を払う際に $\log_2 a$ の符号に要注意。

64 $\log_2 x=t$ とおくと，$f(x)$ は t の 2 次関数になる。t のとりうる値の範囲に注意して，軸と区間の位置関係で場合分けをする。

65 8.94^{18} の整数部分の桁数を k とすると，$8.94^{18}=10^{\alpha}\times 10^{k-1}$ $(0<\alpha<1)$ と表される。常用対数表を用いて，$\log_{10}p<\alpha<\log_{10}q$ となる 2 数 p，q を求める。

66 (2) 100 桁の自然数で，2 と 5 以外の素因数をもたないものの個数は，$10^{99} \leqq 2^m 5^n < 10^{100}$ を満たす 0 以上の整数 m，n の組 $(m,\ n)$ の個数である。

〈この章で学ぶこと〉
関数は，中学校以来考えてきた数学の重要な対象である。1次関数や2次関数は容易にその性質がわかるが，それ以上の関数ではそう簡単にはわからない。これに対して，より一般的な研究方法を与えるのが微分法である。この章ではxの多項式で表される関数について，その値の増減やグラフを調べ，微分法の基本的な考え方を学ぶ。

第6章 微分法

例，例題一覧

●……基本的な内容の例　■……標準レベルの例題　◆……やや発展的な例題

32 微分係数

《 基本事項 》

1 平均変化率

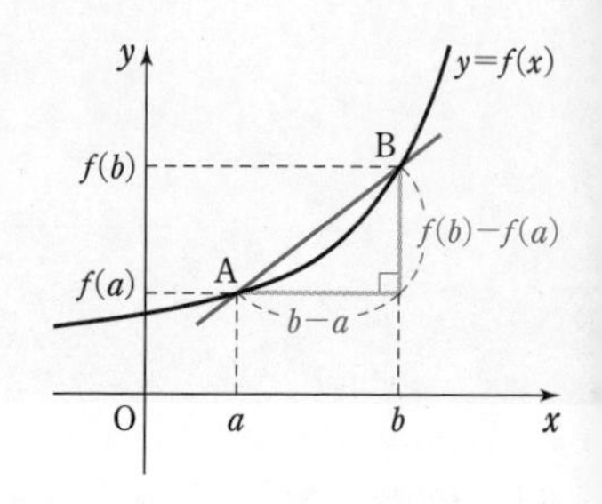

関数 $y=f(x)$ において，x の値が a から b まで変化するとき，y の変化量 $f(b)-f(a)$ の，x の変化量に対する割合　$\dfrac{f(b)-f(a)}{b-a}$ ……①

を，x が a から b まで変化するときの関数 $f(x)$ の **平均変化率** という。① は，$y=f(x)$ のグラフ上の 2 点 $\mathrm{A}(a,\ f(a))$，$\mathrm{B}(b,\ f(b))$ を通る直線 AB の傾きを表している。

2 関数の極限

関数 $f(x)$ において，x が a と異なる値をとりながら a に限りなく近づくとき，$f(x)$ がある一定の値 α に近づくということを

$$\lim_{x\to a}f(x)=\alpha \quad または \quad x\longrightarrow a \ のとき \ f(x)\longrightarrow \alpha$$

のように表す。このとき，α を $x\longrightarrow a$ のときの $f(x)$ の **極限値** という。

(注意) $x\longrightarrow a$ と $f(x)\longrightarrow \alpha$ では，同じ矢印 ⟶ でも少し意味が異なる。$x\longrightarrow a$ は，x が a 以外の値をとりながら a に近づくことを意味する。$f(x)\longrightarrow \alpha$ は途中で $f(x)=\alpha$ になることがあってもよい。とにかく，$x\longrightarrow a$ のとき $f(x)\longrightarrow \alpha$ となればよい。
また，$\lim\limits_{x\to a}f(x)$ は $f(a)$ のことではない。x が a に限りなく近づくとき，$f(x)$ が限りなく近づく一定の値があるならば，それを $\lim\limits_{x\to a}f(x)$ と表すのである。

例　(1) $\lim\limits_{x\to 3}2=2$　　(2) $\lim\limits_{x\to 2}(x^2-3x)=-2$

(3) $\dfrac{x^2-x}{x-1}$ は，$x=1$ のとき値は存在しない (分母が 0 になる) が，$x\neq 1$ のとき

$\dfrac{x^2-x}{x-1}=\dfrac{x(x-1)}{x-1}=x$ であるから　$\lim\limits_{x\to 1}\dfrac{x^2-x}{x-1}=\lim\limits_{x\to 1}x=1$

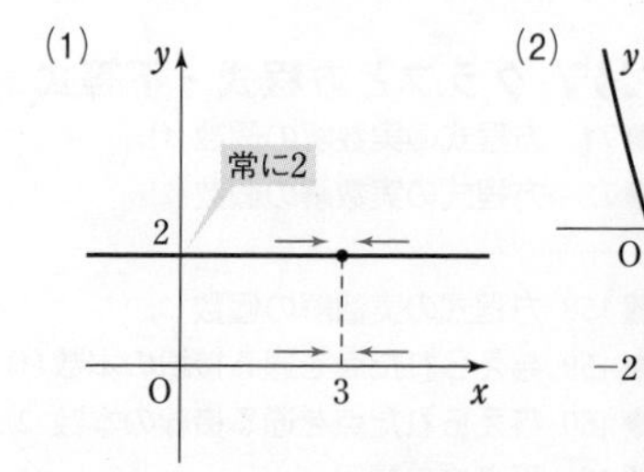

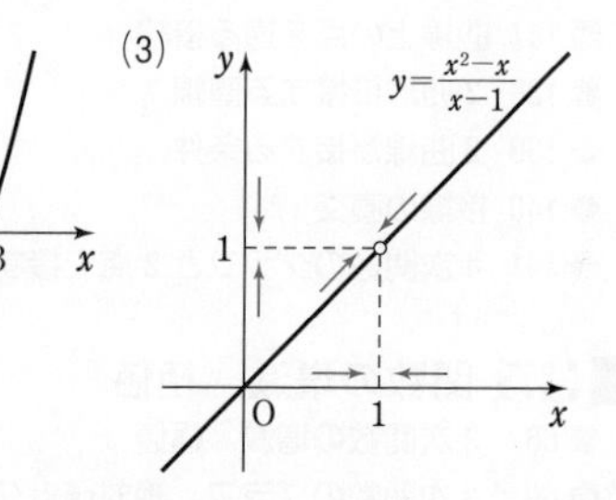

(3) のように，$x\longrightarrow a$ のとき $\dfrac{0}{0}$ の形になる極限を **不定形の極限** という。

一般に，$f(x)$ が多項式または分数式 ($x=a$ のとき分母 $\neq 0$) なら $\lim_{x\to a} f(x)=f(a)$ が成り立つ。また，次の **極限値の性質** が成り立つ。 ◀ 数学Ⅲで学習する。

> $\lim_{x\to a} f(x)=\alpha$，$\lim_{x\to a} g(x)=\beta$ とする。
>
> **定数倍** $\lim_{x\to a} kf(x)=k\alpha$ (k は定数)
>
> **和** $\lim_{x\to a} \{f(x)+g(x)\}=\alpha+\beta$ **差** $\lim_{x\to a} \{f(x)-g(x)\}=\alpha-\beta$
>
> **積** $\lim_{x\to a} f(x)g(x)=\alpha\beta$ **商** $\beta\neq 0$ のとき $\lim_{x\to a} \dfrac{f(x)}{g(x)}=\dfrac{\alpha}{\beta}$

この性質により，例 (2) は $\lim_{x\to 2}(x^2-3x)=2^2-3\cdot 2=-2$ のように計算できる。

3 微分係数，変化率

$y=f(x)$ の平均変化率は，一定区間における変化の平均の割合であるが，各点における変化の割合を考えるには，前ページの ① の平均変化率で $b\longrightarrow a$ とすればよい。

すなわち $\displaystyle\lim_{b\to a}\frac{f(b)-f(a)}{b-a}$

$b-a=h$ とおくと $\displaystyle\lim_{h\to 0}\frac{f(a+h)-f(a)}{h}$

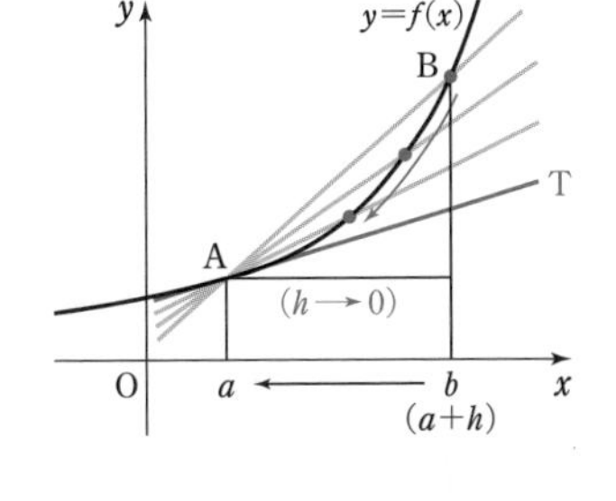

これが有限な値になるとき，その値を関数 $f(x)$ の $x=a$ における **微分係数** または変化率といい，$\boldsymbol{f'(a)}$ で表す。

なお，$b\longrightarrow a$ のとき，点 $\mathrm{B}(b,\ f(b))$ は $y=f(x)$ のグラフ上を移動して点 $\mathrm{A}(a,\ f(a))$ に限りなく近づく。

このとき，直線 AB は，点Aを通り傾きが $f'(a)$ である直線 AT に限りなく近づく。

この直線 AT を，曲線 $y=f(x)$ 上の点Aにおける曲線の **接線** といい，点Aをこの接線の **接点** という。

> $$f'(a)=\lim_{h\to 0}\frac{f(a+h)-f(a)}{h}$$ **(微分係数)=(接線の傾き)**

CHECK 問題

47 次の極限値を求めよ。

(1) $\lim_{x\to 1} 2x^2$ (2) $\lim_{x\to 3}(x^2+x)$ (3) $\lim_{x\to -1}(3x^2-1)$

→ 2

48 (1) $x=1$ から $x=3$ まで変化するとき，$f(x)=x^3-2x$ の平均変化率を求めよ。

(2) (1)の $f(x)$ について，微分係数 $f'(1)$ を定義に従って求めよ。

→ 1，3

例題 127 極限値の計算 ★★★☆☆

次の極限値を求めよ。

(1) $\displaystyle\lim_{x\to1}\frac{x^2-1}{x-1}$　(2) $\displaystyle\lim_{x\to2}\frac{3x^2-4x-4}{2x^2-7x+6}$　(3) $\displaystyle\lim_{x\to0}\frac{\sqrt{x+4}-2}{x}$

指針 (1) $\dfrac{x^2-1}{x-1}$ は $x=1$ では定義されないが，

$x\neq1$ のとき　$\dfrac{x^2-1}{x-1}=\dfrac{(x+1)(x-1)}{x-1}=x+1$

であるから，$x\longrightarrow1$ のとき，すなわち x が

1 以外の値をとりながら 1 に近づく

と右の図のようになって，**極限値は存在する**。

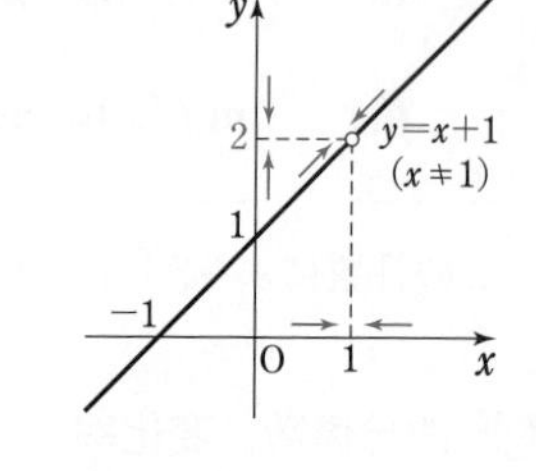

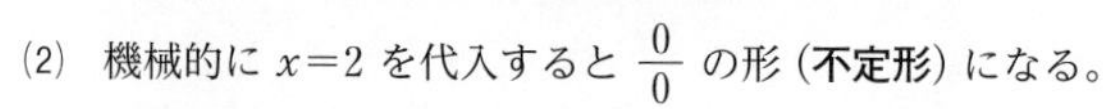

(2) 機械的に $x=2$ を代入すると $\dfrac{0}{0}$ の形 (**不定形**) になる。

多項式 $P(x)$ において　$P(2)=0\iff$ 因数 $x-2$ をもつ (因数定理)

そこで，分母・分子を因数分解して，$x-2$ で **約分** すると，0 が消える。

(3) $x\longrightarrow0$ で $\dfrac{0}{0}$ の形。0 になる $\sqrt{}$ の式を **有理化** すると，x で **約分** できる。

CHART》不定形の極限

$\dfrac{0}{0}$　**1** 0 になる式で約分し，分母の 0 を消す
　　2 0 になる $\sqrt{}$ の式は有理化

解答 (1) $\displaystyle\lim_{x\to1}\frac{x^2-1}{x-1}=\lim_{x\to1}\frac{(x+1)(x-1)}{x-1}=\lim_{x\to1}(x+1)=1+1=\mathbf{2}$　◀ $x-1$ で約分。

(2) $\displaystyle\lim_{x\to2}\frac{3x^2-4x-4}{2x^2-7x+6}=\lim_{x\to2}\frac{(x-2)(3x+2)}{(x-2)(2x-3)}$　◀ $x-2$ で約分。

$\displaystyle=\lim_{x\to2}\frac{3x+2}{2x-3}=\mathbf{8}$

(3) $\displaystyle\lim_{x\to0}\frac{\sqrt{x+4}-2}{x}=\lim_{x\to0}\frac{(\sqrt{x+4}-2)(\sqrt{x+4}+2)}{x(\sqrt{x+4}+2)}$　◀ 分子の有理化。

$\displaystyle=\lim_{x\to0}\frac{x}{x(\sqrt{x+4}+2)}$　◀ x で約分。

$\displaystyle=\lim_{x\to0}\frac{1}{\sqrt{x+4}+2}=\mathbf{\frac{1}{4}}$

練習 127 次の極限値を求めよ。

(1) $\displaystyle\lim_{x\to1}(x^3+5x-2)$　(2) $\displaystyle\lim_{x\to4}\frac{x^2-16}{x-4}$　(3) $\displaystyle\lim_{x\to-2}\frac{x^3+8}{x+2}$

(4) $\displaystyle\lim_{x\to3}\frac{x^2-2x-3}{x^2-x-6}$　(5) $\displaystyle\lim_{x\to0}\frac{1}{x}\left(\frac{1}{x+4}-\frac{1}{4}\right)$　(6) $\displaystyle\lim_{x\to9}\frac{\sqrt{x}-3}{x-9}$

例題 128 極限値から定数決定 ★★★☆☆

等式 $\lim_{x\to 2}\frac{x^2+ax+12}{x^2-5x+6}=b$ が成り立つように，定数 a，b の値を定めよ。

〔日本女子大〕 ◀例題127

指針 分数で表された式の極限について，一般に次のことが成り立つ（数学Ⅲの内容）。

$$\lim_{x\to a}\frac{f(x)}{g(x)}=\alpha \text{ かつ } \lim_{x\to a}g(x)=0 \Longrightarrow \lim_{x\to a}f(x)=0$$ **（必要条件）**

すなわち，(分母) ⟶ 0 となる式が極限値をもつならば，(分子) ⟶ 0 である。

証明 $\lim_{x\to a}f(x)=\lim_{x\to a}\left\{\frac{f(x)}{g(x)}\cdot g(x)\right\}=\alpha\cdot 0=0$

これを利用して，まず a を定める。

解答 $\lim_{x\to 2}\frac{x^2+ax+12}{x^2-5x+6}=b$ において，$\lim_{x\to 2}(x^2-5x+6)=2^2-5\cdot 2+6=0$

であるから

$\lim_{x\to 2}(x^2+ax+12)=0$ すなわち $2^2+a\cdot 2+12=0$ ◀ 必要条件。

よって $a=-8$ …… Ⓐ

このとき $\lim_{x\to 2}\frac{x^2+ax+12}{x^2-5x+6}=\lim_{x\to 2}\frac{x^2-8x+12}{x^2-5x+6}$

$=\lim_{x\to 2}\frac{(x-2)(x-6)}{(x-2)(x-3)}$ ◀ $x-2$ で約分。

$=\lim_{x\to 2}\frac{x-6}{x-3}=4$

ゆえに $\boldsymbol{a=-8,\ b=4}$ ◀ 必要十分条件。

分数（除法）の定義 $\frac{a}{b}=x \Longleftrightarrow a=bx$ において，(分母)$=0$ の場合を考えると

$\frac{1}{0}=x \Longleftrightarrow 1=0\cdot x$ これを満たす x は存在しない $\left(\frac{k}{0}\ [k\neq 0]\right.$ の形を **不能** という$\left.\right)$。

$\frac{0}{0}=x \Longleftrightarrow 0=0\cdot x$ これは任意の x について成り立つ $\left(\frac{0}{0}\right.$ の形を **不定** という$\left.\right)$。

極限の式が不能の形のとき，極限値は存在しない（数学Ⅲ）。
よって，極限値をもつ式が (分母) ⟶ 0 であるなら，それは不定形すなわち (分子)⟶0 の形である。
ただし，(分母) ⟶ 0 かつ (分子) ⟶ 0 であっても，極限値をもつとは限らない。

例 $\lim_{x\to 1}\frac{x-1}{x^2-2x+1}=\lim_{x\to 1}\frac{x-1}{(x-1)^2}=\lim_{x\to 1}\frac{1}{x-1}$ これは不能の形で，極限値をもたない。

すなわち，上の 解答 の Ⓐ は等式が成り立つための必要条件を求めたにすぎず，その後の計算で極限値 $b=4$ を求めることによって，必要十分条件となることに注意する。

練習 128 $\lim_{x\to -1}\frac{x^2+ax+b}{x+1}=-6$ を満たす実数 a，b を求めよ。 〔大阪工大〕

例題 129 平均変化率，微分係数 ★★☆☆☆

2 次関数 $f(x)=ax^2+bx+c$ について，$x=p$ から $x=q$ $(p<q)$ までの平均変化率は ア［　］で，$x=$イ［　］における微分係数に等しい。

指針 定義に従って求める。
微分係数 $f'(a)$ の定義は

$$f'(a)=\lim_{b\to a}\frac{f(b)-f(a)}{b-a}=\lim_{h\to 0}\frac{f(a+h)-f(a)}{h}$$

平均変化率の極限が微分係数であるから，(ア) の結果を (イ) の計算に利用できる。

解答 (ア) $x=p$ から $x=q$ までの平均変化率は

$$\frac{f(q)-f(p)}{q-p}=\frac{(aq^2+bq+c)-(ap^2+bp+c)}{q-p}$$
$$=\frac{a(q^2-p^2)+b(q-p)}{q-p}$$
$$=\frac{(q-p)\{a(q+p)+b\}}{q-p}$$
$$=\boldsymbol{a(q+p)+b} \quad \cdots\cdots ①$$

(イ) $x=r$ における微分係数 $f'(r)$ は，平均変化率 $\dfrac{f(q)-f(r)}{q-r}$ の $q\longrightarrow r$ のときの極限値である。
ゆえに，① を利用して

$$f'(r)=\lim_{q\to r}\frac{f(q)-f(r)}{q-r}$$
$$=\lim_{q\to r}\{a(q+r)+b\}=2ar+b \quad \cdots\cdots ②$$

①，② が等しくなるための条件は

$$a(q+p)+b=2ar+b$$

$f(x)$ は 2 次関数であるから　　$a\neq 0$

よって　　$r=\boldsymbol{\dfrac{p+q}{2}}$

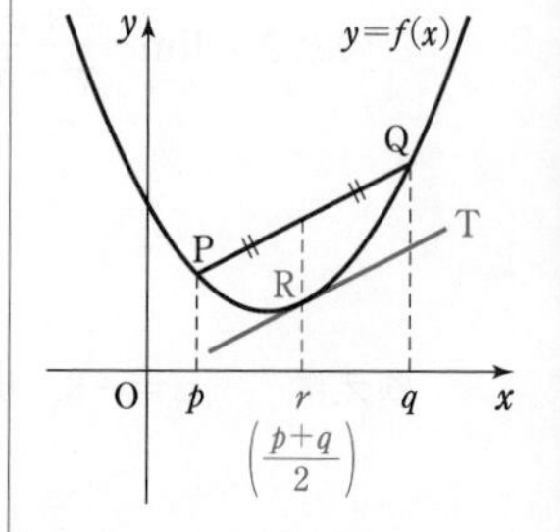

◀ 両辺の b が消える。

検討 $x=p,\ q,\ r$ に対応する曲線 $y=f(x)$ 上の点を，それぞれ P，Q，R とすると，
① は直線 PQ の傾き
② は R における接線の傾き
を表すから，PQ∥接線 RT である。
したがって，例題の結果は，放物線 $y=f(x)$ 上の 2 点 P，Q を結ぶ弦が，線分 PQ の中点の x 座標 $\dfrac{p+q}{2}$ に対応する点における，放物線 $y=f(x)$ の接線に平行であることを示している。

練習 129 $f(x)=x^3-3x^2$ とする。$y=f(x)$ のグラフ上の 2 点 $(1,\ f(1))$ と $(a,\ f(a))$ とを結ぶ直線の傾きが $x=b$ における $f(x)$ の微分係数に等しいとき，b を a で表せ。ただし，$1<b<a$ とする。　　［お茶の水大］

重要例題 130 微分係数と極限値 ★★★☆☆

微分係数 $f'(a)$ が存在するとき，次の極限値を $f'(a)$ を用いて表せ。

(1) $\displaystyle\lim_{h\to 0}\frac{f(a+2h)-f(a)}{h}$　　(2) $\displaystyle\lim_{h\to 0}\frac{f(a+3h)-f(a-2h)}{h}$

◀例題 129

指針 $f(x)$ の式が与えられていないから，使えるのは

$$\textbf{微分係数の定義}\quad f'(a)=\lim_{h\to 0}\frac{f(a+h)-f(a)}{h}$$

だけである。したがって，この定義を利用できるように **式を変形する**。

$h\longrightarrow 0$ のとき $2h\longrightarrow 0$ であるからといって，(1) の極限値も $f'(a)$ になると単純に考えてはいけない。**定義は忠実に使う** ようにする。

すなわち，$2h=k$ とおくと　$h\longrightarrow 0 \iff k\longrightarrow 0$　であり

$$\lim_{h\to 0}\frac{f(a+2h)-f(a)}{2h}=\lim_{k\to 0}\frac{f(a+k)-f(a)}{k}$$
$$=f'(a)$$

忠実に

(2) $\dfrac{f(a+\square)-f(a)}{\square}$ の形を作るために，**分子に $-f(a)+f(a)$ を加える**。

解答 (1) $\displaystyle\lim_{h\to 0}\frac{f(a+2h)-f(a)}{h}=\lim_{h\to 0}2\cdot\frac{f(a+2h)-f(a)}{2h}$

$$=\boldsymbol{2f'(a)}$$

(2) $\displaystyle\lim_{h\to 0}\frac{f(a+3h)-f(a-2h)}{h}=\lim_{h\to 0}\frac{f(a+3h)-f(a)+f(a)-f(a-2h)}{h}$

$$=\lim_{h\to 0}\left\{\frac{f(a+3h)-f(a)}{h}-\frac{f(a-2h)-f(a)}{h}\right\}$$

$$=\lim_{h\to 0}\left\{3\cdot\frac{f(a+3h)-f(a)}{3h}+2\cdot\frac{f(a-2h)-f(a)}{-2h}\right\}$$

$$=3f'(a)+2f'(a)$$

$$=\boldsymbol{5f'(a)}$$

微分係数を考える際は，x の変化量 h に y の変化量 $f(a+h)-f(a)$ を正しく対応させることが重要で，これが正しく対応していないと，間違った比の極限値を考えることになるから注意する。

微分係数	$\displaystyle f'(a)=\lim_{\triangle\to 0}\frac{f(a+\square)-f(a)}{\square}$
	$\triangle\longrightarrow 0$ のとき $\square\longrightarrow 0$　　**□は同じ式**

練習 130 微分係数 $f'(a)$ が存在するとき，次の極限値を a，$f(a)$，$f'(a)$ を用いて表せ。

(1) $\displaystyle\lim_{h\to 0}\frac{f(a+2h)-f(a-h)}{h}$　　(2) $\displaystyle\lim_{x\to a}\frac{x^2f(a)-a^2f(x)}{x^2-a^2}$，$a\neq 0$

33 導関数

《基本事項》

1 導関数

関数 $f(x)$ の $x=a$ における微分係数 $f'(a)$ は，a を変数とみると a の関数である。
そこで，$f'(a)$ において a を x に書き改めた $f'(x)$ を $f(x)$ の **導関数** という。
また，$f(x)$ からその導関数 $f'(x)$ を求めることを，$f(x)$ を **微分する** という。
関数 $y=f(x)$ の導関数は，次のようにいろいろな記法で表される。

$$f'(x) \qquad y' \qquad \frac{dy}{dx} \qquad \frac{d}{dx}f(x) \qquad \frac{df(x)}{dx}$$

x から $x+h$ までの間の平均変化率 $\dfrac{f(x+h)-f(x)}{h}$ において，h は x の変化量，
$f(x+h)-f(x)$ は対応する y の変化量で，これをそれぞれ **x の増分**，**y の増分** といい，
Δx，**Δy**（Δ はデルタと読む）で表す。

導関数の定義　$$f'(x)=\frac{dy}{dx}=\lim_{\Delta x\to 0}\frac{\Delta y}{\Delta x}=\lim_{h\to 0}\frac{f(x+h)-f(x)}{h}$$

2 導関数の公式

① **x の n 乗**（n は自然数）　$y=x^n$ $\longrightarrow$ $y'=nx^{n-1}$
② **定数関数**（c は定数）　$y=c$ $\longrightarrow$ $y'=0$
③ **定数倍**　（k は定数）　$y=kf(x)$ $\longrightarrow$ $y'=kf'(x)$
④ **和**　$y=f(x)+g(x)$ $\longrightarrow$ $y'=f'(x)+g'(x)$
③，④ により，k，l が定数のとき　$\{kf(x)+lg(x)\}'=kf'(x)+lg'(x)$

証明 ① は　$(x^n)'=\lim\limits_{h\to 0}\dfrac{(x+h)^n-x^n}{h}$

←第1章で学習した二項定理を利用。

$$=\lim_{h\to 0}\frac{(x^n+{}_n\mathrm{C}_1x^{n-1}h+{}_n\mathrm{C}_2x^{n-2}h^2+\cdots\cdots+h^n)-x^n}{h}$$
$$=\lim_{h\to 0}(nx^{n-1}+{}_n\mathrm{C}_2x^{n-2}h+\cdots\cdots+h^{n-1})$$
$$=nx^{n-1}$$

② は　$(c)'=\lim\limits_{h\to 0}\dfrac{c-c}{h}=\lim\limits_{h\to 0}\dfrac{0}{h}=\lim\limits_{h\to 0}0=0$

③，④ は，極限値の性質（$p.251$）により証明できる。

3 積と累乗の微分

積の形や累乗の形で表された関数の微分には，次の公式が便利である。これらは，数学Ⅲで学習するものであるが，覚えておくとよい。なお，n は自然数とする。

① $\{f(x)g(x)\}'=f'(x)g(x)+f(x)g'(x)$　◀積の導関数の公式という。
② $\{(ax+b)^n\}'=n(ax+b)^{n-1}\cdot a$
一般に　$(\{f(x)\}^n)'=n\{f(x)\}^{n-1}\cdot f'(x)$

① の証明

$F(x)=f(x)g(x)$ とおくと，導関数の定義から

$$F'(x)=\lim_{h\to 0}\frac{F(x+h)-F(x)}{h}=\lim_{h\to 0}\frac{f(x+h)g(x+h)-f(x)g(x)}{h}$$
$$=\lim_{h\to 0}\frac{f(x+h)g(x+h)-f(x)g(x+h)+f(x)g(x+h)-f(x)g(x)}{h}$$
$$=\lim_{h\to 0}\left\{\frac{f(x+h)-f(x)}{h}\cdot g(x+h)+f(x)\cdot\frac{g(x+h)-g(x)}{h}\right\}$$
$$=f'(x)g(x)+f(x)g'(x)$$

② の前半の証明は，数学Bで学習する数学的帰納法を利用する。解答編 $p.201$ 参照。

4 速度，変化率

例　ある球が右の図のように斜面を転がり落ちるとき，転がり始めてから t 秒間に進む距離 $f(t)$ m が $f(t)=t^2$ で表される場合，転がり始めて 1 秒後から $1+h$ 秒後までの平均の速さは

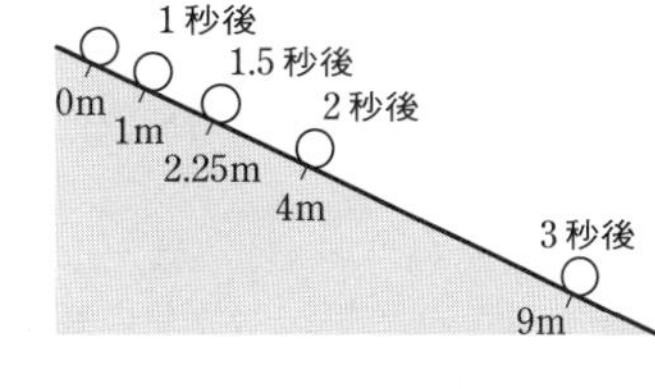

$$\frac{(1+h)^2-1^2}{(1+h)-1}=\frac{2h+h^2}{h}=2+h\ \text{(m/s)}$$

ここで，経過時間 h を 0 に限りなく近づけると，平均の速さは 2 m/s に限りなく近づく。これが転がり始めてから 1 秒後におけるこの球の **瞬間の速さ** である。　◀ 2 m/s は $t=1$ における変化率（微分係数 $f'(1)$）。

一般に，数直線上を運動する点Pの座標 x が時刻 t の関数として $x=f(t)$ で表されるとき，Pの速度 v は座標 x の時刻 t に対する変化率である。

すなわち　$v=\dfrac{dx}{dt}=f'(t)$　◀ $v>0$ なら正の向きに進み，$v<0$ なら負の向きに進む。

速度 は，点Pがどの向きへ動いているかも考え合わせた量であり，**速さ** はその大きさ（絶対値）である。直線運動の場合は，v の符号で運動の向きが決まる。特に $v=0$ のときPは停止している。
点の運動以外でも，時間的に変化する量 $Q(t)$ について，時刻 t に対する **変化率 $Q'(t)$** を速度と同じように考えることができる。

CHECK 問題

49 次の関数を微分せよ。ただし，(1)，(2) は定義に従って微分せよ。

(1) $y=5$　(2) $y=x^3+2x$　(3) $y=3x+2$
(4) $y=5x^2-2x$　(5) $y=x^3+8x$

→ 1，2

50 小石を地上 3 m の位置から毎秒 19.6 m の速さで真上に投げ上げるとき，t 秒後の小石の高さ y m は $y=3+19.6t-4.9t^2$ で表される。

(1) 投げ上げてから 3 秒後の小石の速度を求めよ。
(2) 小石が最高点に達したとき，その高さを求めよ。

→ 4

例 66 | 導関数の計算 (1) ★☆☆☆☆

(1) 関数 $y=\dfrac{1}{x}$ を定義に従って微分せよ。

(2) 関数 $y=2x^3-\dfrac{7}{2}x^2+x+\dfrac{1}{3}$ を微分せよ。

指針 (1) 「定義に従って」との指定があるから，定義を利用して導関数を求める。

導関数の定義 $\quad f'(x)=\lim\limits_{h\to 0}\dfrac{f(x+h)-f(x)}{h}$

極限は分母 $h\longrightarrow 0$ で，**0 になる式の約分** で解決する。

(2) 求め方に指定がないから

$$(x^n)'=nx^{n-1},\quad (\text{定数})'=0,\quad \{kf(x)+lg(x)\}'=kf'(x)+lg'(x)$$

の公式を使って導関数を求めればよい。

検討 公式 $(x^n)'=nx^{n-1}$ は，$p.256$ において n が自然数のとき成り立つと書いた。ところが，実はこの公式は，n が負の整数でも有理数でも成り立つ。(1) の結果を，公式 $(x^n)'=nx^{n-1}$ において，$n=-1$ とおくことで確かめてみよう。

ただし，このことは数学Ⅲで学習する。

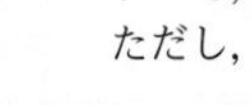

かしこくなった

例 67 | 導関数の計算 (2) ★★☆☆☆

次の関数を微分せよ。

(1) $y=(x-2)(x^2+1)$ (2) $y=(2x-1)^3$

(3) $y=(x^2-2x+3)^2$ (4) $y=(4x-3)^2(2x+3)$

指針 単に導関数を求めるのであれば，例 66 (2) のように次の公式を利用する。

$$(x^n)'=nx^{n-1},\quad (\text{定数})'=0,\quad \{kf(x)+lg(x)\}'=kf'(x)+lg'(x)$$

この公式は積の形のままでは利用できない。⟶ **展開** してから微分する。

別解 $p.256$ で紹介した，次の公式を利用してもよい。

$\{f(x)g(x)\}'=f'(x)g(x)+f(x)g'(x)$ （積の導関数の公式）

$\{(ax+b)^n\}'=n(ax+b)^{n-1}\cdot a$

一般に $(\{f(x)\}^n)'=n\{f(x)\}^{n-1}\cdot f'(x)$

別解の方法で解いた場合，結果が多項式の積の形になることがあるが，そのままの形で答えとしてよい。

(注意) 公式 $\{f(x)g(x)\}'=f'(x)g(x)+f(x)g'(x)$，$\{(ax+b)^n\}'=n(ax+b)^{n-1}\cdot a$ には，式を展開せずに計算できるメリットがある。ただし，便利な公式であるが，次のようなミスをしやすいので，正確に押さえておこう。

(1) $y'=(x-2)'(x^2+1)'$ × ◀ 両方を同時に微分しない。

$y'=(x-2)'(x^2+1)+(x-2)'(x^2+1)'$ × ◀ 後半の項の $x-2$ は微分しない。

(2) $y'=3(2x-1)^2$ × ◀ $(2x-1)'$ を掛けていない。

例題 131 導関数と微分係数，導関数の条件から関数の決定 ★★☆☆☆

(1) 関数 $f(x)=2x^3+3x^2-8x$ について，$x=-2$ における微分係数を求めよ。

(2) 2 次関数 $f(x)$ が次の条件を満たすとき，$f(x)$ を求めよ。

$$f(1)=-3,\quad f'(1)=-1,\quad f'(0)=3$$

(3) 2 次関数 $f(x)=x^2+ax+b$ が $2f(x)=(x+1)f'(x)+6$ を満たすとき，定数 a，b の値を求めよ。

◀例66

指針 (1) $x=a$ における微分係数 $f'(a)$ は，導関数 $f'(x)$ を求めて，それに $x=a$ を代入すると，簡単に求められる。

(2) 1 $f(x)$ は 2 次関数であるから，$f(x)=ax^2+bx+c$ $(a\neq0)$ とする。
2 導関数 $f'(x)$ を求め，条件を a，b，c で表す。
3 a，b，c の連立方程式を解く。

(3) 導関数 $f'(x)$ を求め，条件の等式に代入する。
⟶ **x についての恒等式である** ことから，a，b の値が求められる。

解答 (1) $f'(x)=6x^2+6x-8$

したがって　$f'(-2)=6\cdot(-2)^2+6\cdot(-2)-8$
$=\mathbf{4}$

(2) $f(x)=ax^2+bx+c$ $(a\neq0)$ とすると
$f'(x)=2ax+b$

$f(1)=-3$ から　$a+b+c=-3$
$f'(1)=-1$ から　$2a+b=-1$
$f'(0)=3$ から　$b=3$
これを解いて　$a=-2$，$b=3$，$c=-4$
したがって　$\boldsymbol{f(x)=-2x^2+3x-4}$

(3) $f(x)=x^2+ax+b$ から　$f'(x)=2x+a$

与えられた等式に代入すると
$2(x^2+ax+b)=(x+1)(2x+a)+6$
整理して　$2x^2+2ax+2b=2x^2+(a+2)x+a+6$
これが x についての恒等式であるから，両辺の係数を比較すると　$2a=a+2$，　$2b=a+6$
これを解いて　$\boldsymbol{a=2,\ b=4}$

微分係数 $f'(a)$ の求め方
[1] 定義（$p.251$ **3**）**に従って求める。**
[2] 導関数 $f'(x)$ を求めて，$x=a$ を代入する。
の 2 通りがある。
(1) では [2] の方法の方が速い。
なお，定義に従うなら
$$f'(-2)=\lim_{h\to0}\frac{f(-2+h)-f(-2)}{h}$$
として計算。

◀ 係数比較法。

練習 131
(1) 関数 $f(x)=-x^3+4x^2-2$ について，$x=2$ における微分係数を求めよ。

(2) 2 次関数 $f(x)$ が次の条件を満たすとき，$f(x)$ を求めよ。

$$f(0)=8,\quad f'(0)=-4,\quad f'(2)=0$$

(3) 関数 $f(x)=x^3+ax^2+bx+1$ について，$3f(x)-xf'(x)=2x+3$ がすべての x の値について成り立つとき，a，b の値を求めよ。ただし，a，b は実数の定数とする。

［(3) 桜美林大］

例題 132 変化率 ★★★☆☆

(1) 球の半径 r が変化するとき，球の表面積 S の $r=3$ における変化率を求めよ。

(2) 球形のゴム風船があり，半径 r が毎秒 0.1 cm の割合で伸びるように空気を入れる。半径が 1 cm の状態から膨らませるとして，半径が 3 cm になったときの，風船の体積 V の時刻 t に対する変化率を求めよ。

指針 (1) S は r の関数として表されるから，S を r で微分して $r=3$ を代入する。

(2) 体積 V の時刻 t に対する変化率は $\dfrac{dV}{dt}$

V を t で表して微分した式に，$r=3$ のときの t の値を代入する。

$V=\dfrac{4}{3}\pi r^3$ を r で微分して $r=3$ を代入するのは誤り。

$\longrightarrow$ $\dfrac{dV}{dr}$ は，体積 V の半径 r に対する変化率である。下の検討参照。

解答 (1) 半径が r の球の表面積 S は　$S=4\pi r^2$

S を r で微分すると　$\dfrac{dS}{dr}=4\pi\cdot(r^2)'=4\pi\cdot 2r=8\pi r$

求める変化率は $r=3$ とおいて　$8\pi\cdot 3=\mathbf{24\pi}$

(2) t 秒後の半径 r は $(0.1t+1)$ cm であるから

$$V=\frac{4}{3}\pi(0.1t+1)^3$$

よって　$\dfrac{dV}{dt}=\dfrac{4}{3}\pi\times 3(0.1t+1)^2\cdot 0.1$

$=0.4\pi(0.1t+1)^2$ …… ①

$r=3$ のとき　$0.1t+1=3$　ゆえに　$t=20$

求める変化率は ① で $t=20$ とおいて

$0.4\pi\cdot 9=\mathbf{3.6\pi}$ **(cm³/s)**

◀ 半径が r の球について
表面積 $S=4\pi r^2$
体積　$V=\dfrac{4}{3}\pi r^3$

◀ $\{(ax+b)^n\}'=n(ax+b)^{n-1}\cdot a$

検討 例題のように，どの変数で微分したのかを明示するときには，$\dfrac{dV}{dt}$，$\dfrac{dV}{dr}$ の形の記号を用いる。複数の変数を同時に扱う場合，V' という記号は避けた方がよい。
なお，$\dfrac{dV}{dt}$，$\dfrac{dV}{dr}$ は関数である。$t=5$ のときの変化率は「$t=5$ のとき，$\dfrac{dV}{dt}=$……」と書くようにする。「$\left.\dfrac{dV}{dt}\right|_{t=5}=$……」のように書くこともある。

練習 132 (1) 半径 10 cm の球があり，毎分 1 cm の割合で半径が大きくなる。5 分後に球の表面積 S cm² は毎分何 cm² の割合で大きくなっているか変化率を求めよ。
〔中央大〕

(2) 地上から真上に初速度 49 m/s で打ち上げられた物体の t 秒後の高さ y は $y=49t-4.9t^2$ (m) で与えられる。この運動について次のものを求めよ。

(ア) 3 秒後と 6 秒後の速度　(イ) 最高点に達したときの高さ

(ウ) 地上に落下したときの時刻と速度

重要例題 133 $(x-a)^2$ での割り算 ★★★★☆

x についての多項式 $f(x)$ を $(x-a)^2$ で割ったときの余りを，a，$f(a)$，$f'(a)$ を用いて表せ。
〔早稲田大〕 ◀例題 29，例 67

指針 割り算の問題では，$A=BQ+R$ が基本。
ここで，余り R の次数は B の次数より低いことに注意する。

CHART》 割り算の問題　　基本等式 $A=BQ+R$
1 R の次数に注意　　2 Q を消す … $B=0$ を考える

2 次式 $(x-a)^2$ で割ったときの余りは **$px+q$** (p，q は定数) とおける。

解答 多項式 $f(x)$ を $(x-a)^2$ で割ったときの商を $Q(x)$，余りを $px+q$ とすると，次の恒等式が成り立つ。

$$f(x)=(x-a)^2Q(x)+px+q \quad \cdots\cdots ①$$

◀ 2 次式で割ったときの余りは 1 次式または定数。

この $f(x)$ を微分すると

$$f'(x)=2(x-a)Q(x)+(x-a)^2Q'(x)+p \quad \cdots\cdots ②$$

◀ $\{f(x)g(x)\}'=f'(x)g(x)+f(x)g'(x)$

これも恒等式である。
①，② に $x=a$ を代入すると

◀ $B=0$ を考える。

$$f(a)=pa+q \quad \cdots\cdots ③$$
$$f'(a)=p \quad \cdots\cdots ④$$

④ を ③ に代入すると

$$f(a)=f'(a)\cdot a+q$$

ゆえに　$q=f(a)-af'(a)$
したがって，求める余りは

$$\boldsymbol{xf'(a)+f(a)-af'(a)}$$

◀ 余りは $px+q$

検討 $f(x)$ が $(x-a)^2$ で割り切れることは，余りが恒等的に 0 に等しいことであるから

$$f'(a)=0 \text{ かつ } f(a)-af'(a)=0$$

◀ 余り $px+q$ について　$p=0$ かつ $q=0$

ゆえに　$f(a)=f'(a)=0$
したがって，次のことが成り立つ。

> **x の多項式 $f(x)$ が $(x-a)^2$ で割り切れるための必要十分条件は**
> $f(a)=f'(a)=0$

このとき，$f(x)=0$ は $(x-a)^2Q(x)=0$ の形になる。
したがって，この条件は方程式 $f(x)=0$ が **$x=a$ を重解にもつ条件** であるともいえる。

練習 133 (1) $f(x)$ は x の多項式で，$f(3)=2$，$f'(3)=1$ であるという。このとき，$f(x)$ を $(x-3)^2$ で割ったときの余りを求めよ。
(2) n は自然数とする。$f(x)=ax^{n+1}+bx^n+1$ が $(x-1)^2$ で割り切れるように，定数 a，b の値を定めよ。

重要例題 134 関数方程式 ★★★★★

次の (A) を常に満たし，更に (B) も満たす多項式 $f(x)$ を求めよ。

(A) $(x+3)f'(x)=2f(x)+8x-12$ (B) $f(0)=3$

◀例題 131

指針 多項式 $f(x)$ の次数がわからないから，まず，その **次数を定める**。そのために

$f(x)$ の最高次の項を ax^n ($a \neq 0$, n は自然数) または c (定数)

とおいて，(A) の左辺と右辺の最高次の項を比べる。

解答 [1] $f(x)=c$ (定数) とすると，$f'(x)=0$ であるから，(A) により

$$0=2c+8x-12$$

これは x の恒等式ではないから，適さない。

[2] $f(x)$ の最高次の項を ax^n ($a \neq 0$, n は自然数) とする。

このとき，$(x+3)f'(x)$ の最高次の項は

$x \cdot nax^{n-1}$ すなわち nax^n

◀ $(ax^n)'=nax^{n-1}$

$2f(x)+8x-12$ の最高次の項は

$n=1$ のとき $(2a+8)x$, $n \geqq 2$ のとき $2ax^n$

◀ n の値によって異なる。

したがって

$n=1$ のとき $ax=(2a+8)x$ …… ①

$n \geqq 2$ のとき $nax^n=2ax^n$ …… ②

◀ 両辺の最高次の項を比較。

$n=1$ のとき

① から $a=2a+8$ よって $a=-8$

(B) から $f(x)$ の定数項は 3 であり，$f(x)=-8x+3$ となる。

このとき，$f'(x)=-8$ であり，(A) について

(左辺)$=(x+3)\cdot(-8)=-8x-24$

(右辺)$=2\cdot(-8x+3)+8x-12=-8x-6$

となり，適さない。

$n \geqq 2$ のとき

② から $na=2a$ $a \neq 0$ であるから $n=2$

よって，(B) から $f(x)=ax^2+bx+3$ とおける。

◀ $f(x)$ は 2 次式。

このとき $f'(x)=2ax+b$

(A) に代入すると

$$(x+3)(2ax+b)=2(ax^2+bx+3)+8x-12$$

整理すると $2ax^2+(6a+b)x+3b=2ax^2+(2b+8)x-6$

これが x についての恒等式であるから，両辺の係数を比較して $6a+b=2b+8$, $3b=-6$

これを解くと $a=1$, $b=-2$

したがって $\boldsymbol{f(x)=x^2-2x+3}$

練習 134 次の (A) を常に満たし，更に (B) も満たす多項式 $f(x)$ を求めよ。

(A) $(x-3)f'(x)=2f(x)-6$ (B) $f(0)=0$

➡ p. 300 演習 67

34 接　線

《基本事項》

1 接線と法線の方程式

$p.251$ で考えたように，関数 $f(x)$ の微分係数 $f'(a)$ は，曲線 $y=f(x)$ 上の点 $\mathrm{A}(a,\ f(a))$ における接線の傾きを表す。したがって，次のことがいえる。

> 曲線 $y=f(x)$ 上の点 $\mathrm{A}(a,\ f(a))$ における曲線の接線の方程式は
> $$\boldsymbol{y-f(a)=f'(a)(x-a)}$$

また，曲線 $y=f(x)$ 上の点Aを通り，Aにおける接線と直交する直線を，この曲線の点Aにおける **法線** という。曲線 $y=f(x)$ 上の点 $\mathrm{A}(a,\ f(a))$ における法線の方程式は次のようになる（数学Ⅲで詳しく学習する）。

$f'(a)\neq 0$ のとき　　$\boldsymbol{y-f(a)=-\dfrac{1}{f'(a)}(x-a)}$

$f'(a)=0$ のとき　　$\boldsymbol{x=a}$

例　**曲線 $y=x^3-x^2$ 上の点 $(1,\ 0)$ における接線と法線**

$f(x)=x^3-x^2$ とすると　　$f'(x)=3x^2-2x$

よって　　$f'(1)=3\cdot1^2-2\cdot1=1$

点 $(1,\ 0)$ における **接線の方程式** は

$y-0=1(x-1)$　すなわち　$\boldsymbol{y=x-1}$

また，**法線の方程式** は

$y-0=-\dfrac{1}{1}(x-1)$　すなわち　$\boldsymbol{y=-x+1}$

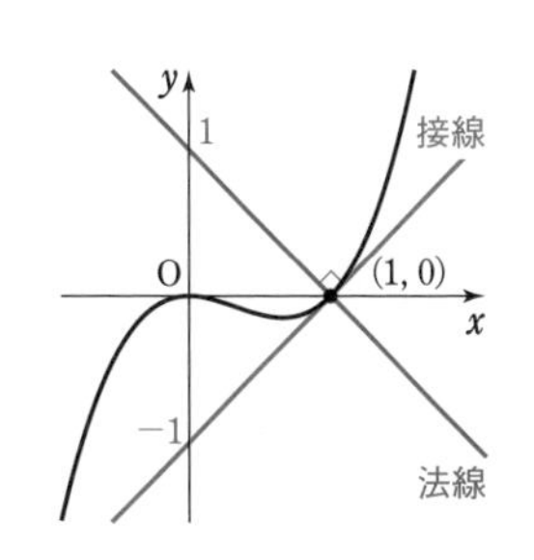

注意　3次関数のグラフについては，$p.272$ で学ぶ。

また，**接点** $\Longleftrightarrow$ **重解** は，既に学んだ放物線や円だけでなく，3次関数や4次関数のグラフについても通用する。

例えば，上の 例 の曲線と接線について

$x^3-x^2=x-1$ とすると　　$x^3-x^2-x+1=0$

左辺を因数分解すると　　$(x+1)(x-1)^2=0$　　◀ $(x-1)^2$ が因数。

これからわかるように，接点の x 座標1に対して，$x=1$ が重解になっている。

CHECK 問題

51 次の曲線上の点における，曲線の接線と法線の方程式を求めよ。

(1)　$y=x^2-3x+2,\ (1,\ 0)$　　(2)　$y=x^3-3x^2+6,\ (2,\ 2)$　　→ 1

52 曲線 $y=x^3-3x^2$ の接線の傾きが9となるような接点の x 座標を求めよ。　　→ 1

例題 135　接線と曲線の共有点　★★☆☆☆

曲線 $y=x^3-2x^2-3x$ 上の点 A$(-1,\ 0)$ における接線の方程式を求めよ。また，その接線と曲線の共有点のうち，点A以外の点の x 座標を求めよ。

指針 まず，点 A$(-1,\ 0)$ における接線の方程式を求める。
曲線 $y=f(x)$ 上の点 $(a,\ f(a))$ における接線の方程式は

$$\boldsymbol{y-f(a)=f'(a)(x-a)}$$

これを $y=mx+n$ とすると，接線と曲線の共有点の x 座標は

$$x^3-2x^2-3x=mx+n \quad \cdots\cdots ① \quad \text{の実数解}$$

である。この方程式を解けばよい。　◀ 共有点 ⟺ 実数解
なお，$x=-1$ は方程式 ① の重解になるはず（接点 ⟺ 重解）であり，このことを知っていると，計算の見通しが立つ。

CHART》接　線
1（接線の傾き）＝（微分係数）
2 接点 ⟺ 重解　も忘れずに

解答 $y=x^3-2x^2-3x$ から　　$y'=3x^2-4x-3$
よって，$x=-1$ のとき　　$y'=4$
点 A$(-1,\ 0)$ における接線の方程式は
$y-0=4(x+1)$　◀ $y-f(-1)=f'(-1)\{x-(-1)\}$
すなわち　　$\boldsymbol{y=4x+4}$
接点A以外の共有点の x 座標は，次の方程式の $x=-1$ 以外の実数解である。
$x^3-2x^2-3x=4x+4$
ゆえに　　$x^3-2x^2-7x-4=0$
よって　　$(x+1)^2(x-4)=0$
したがって，求める共有点の x 座標は　　**4**

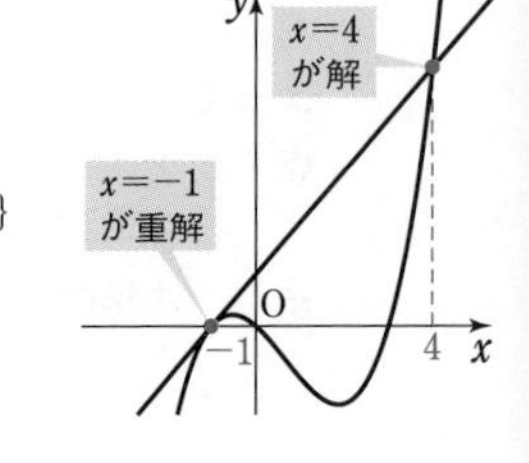

◀ $x=-1$ が重解 ⟺ $(x+1)^2$ が因数
$x^3-2x^2-7x-4=(x+1)^2(x+k)$ として，定数項を比較すると　$-4=k$

（注意） 2次関数のグラフとその接線は，接点以外の共有点をもたないが，3次関数のグラフとその接線は，上の例題のように，接点以外の共有点をもつことがある。
ただし，そのような共有点が必ずあるわけではない。
曲線と接線の方程式を連立させて得られた x の方程式（**指針** の①）が3重解をもつ場合，共有点は接点のみとなる（次ページ例題136の接線 $y=-x$ がその例である）。

［2次関数の場合］
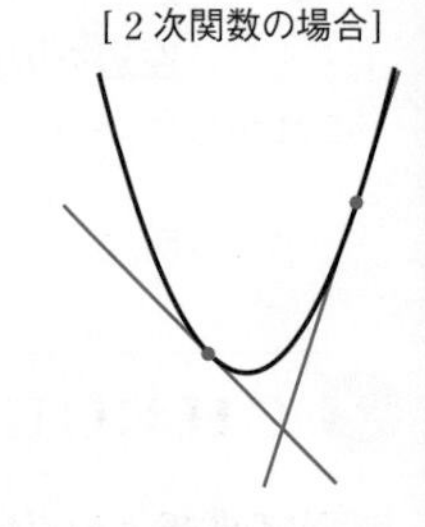

練習 135 曲線 $y=-x^3+3x$ 上の点 P$(a,\ -a^3+3a)$［ただし，$a\neq0$ とする］における接線の方程式を求めよ。また，その接線と曲線の共有点のうち，点P以外の点Qの x 座標を，a を用いて表せ。

例題 136 曲線外の点を通る接線 ★★☆☆☆

点 $(2,\ -2)$ から，曲線 $y=\dfrac{1}{3}x^3-x$ に引いた接線の方程式を求めよ。 ◀例題135

指針 **接点がわからない** から，公式から直ちに接線を求めることはできない。
しかし，とにかく **接点の x 座標を a とおいて**

点 $(a,\ f(a))$ における接線　　$\boldsymbol{y-f(a)=f'(a)(x-a)}$

を利用しようと考える。求める接線の条件は

点 $(2,\ -2)$ を通る $\Longleftrightarrow$ $-2-f(a)=f'(a)(2-a)$

これから，接点の x 座標 a を求めることができる。

接点がわからないときは　接点の x 座標を a とおく
［接点の座標を $(a,\ f(a))$ とおく］

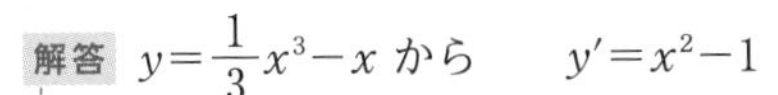

解答 $y=\dfrac{1}{3}x^3-x$ から　　$y'=x^2-1$

接点の x 座標を a とすると，接点の座標は

$\left(a,\ \dfrac{1}{3}a^3-a\right)$ となる。

したがって，接線の方程式は

$$y-\left(\dfrac{1}{3}a^3-a\right)=(a^2-1)(x-a)$$

よって　　$y=(a^2-1)x-\dfrac{2}{3}a^3$　…… ①

この直線が点 $(2,\ -2)$ を通るから

$$-2=(a^2-1)\cdot 2-\dfrac{2}{3}a^3$$

整理すると　　$a^2(a-3)=0$　　ゆえに　　$a=0,\ 3$

求める接線の方程式は，a の値を ① に代入して

$a=0$ のとき　$\boldsymbol{y=-x}$

$a=3$ のとき　$\boldsymbol{y=8x-18}$

検討 例題の接線 $y=-x$ の接点は点 $(0,\ 0)$ で，$x<0$ では接線の下側に曲線があり，$x>0$ では接線の上側に曲線がある。
このように，その接点で曲線を 2 つに分ける接線もある。

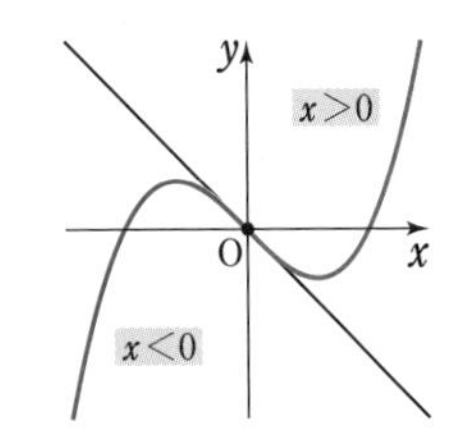

練習 136 (1)　次のような直線の方程式を求めよ。

(ア)　点 $(1,\ 0)$ から，曲線 $y=x^2-3x+6$ に引いた接線

(イ)　点 $(0,\ 4)$ から，曲線 $y=x^3+2$ に引いた接線

(2)　曲線 $y=x^3-3x^2+5x+1$ と直線 $y=kx-3$ が接するとき，定数 k の値と接点の座標を求めよ。 ［(2) 芝浦工大］

例題 137 曲線上の点を通る接線 ★★☆☆☆

点 $(2,\ 4)$ を通り，曲線 $y=x^3-3x+2$ に接する直線の方程式を求めよ。

◀例題 136

指針 点$(2,\ 4)$ は曲線 $y=x^3-3x+2$ 上にあるが，接点でない場合もあるので注意が必要。
曲線 $y=f(x)$ 上に点Aがあるとき，

「(a) 点A における 接線」と「(b) 点A を通る 接線」

には，次のような違いがある。

(a) 点A における 接線 ⟶ 図の直線 ① の 1 本 … 例題 135

(b) 点A を通る　接線 ⟶ 図の直線 ① と直線 ② の 2 本

(直線 ② については，例題 136 参照)

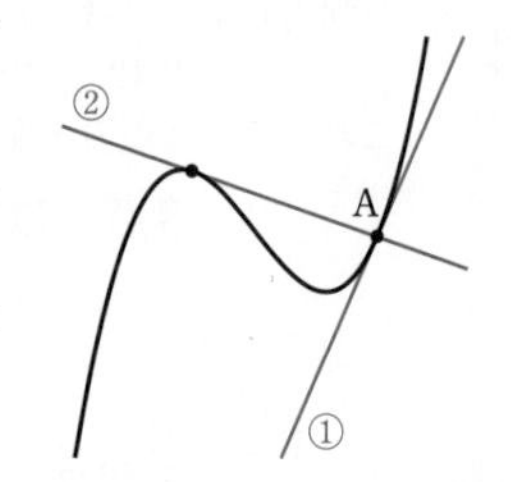

本問は(b)の「**通る**」場合のもので，接点は確定しているわけではないから，例題 136 と同様に，接点の x 座標を a とおくと

点 $(a,\ f(a))$ における接線 ⟶ $y-f(a)=f'(a)(x-a)$

この直線が点 $(2,\ 4)$ を通るから　$4-f(a)=f'(a)(2-a)$

解答 $y=x^3-3x+2$ から　$y'=3x^2-3$

接点の x 座標を a とすると，接線の方程式は

$$y-(a^3-3a+2)=(3a^2-3)(x-a)$$

◀ $y-f(a)=f'(a)(x-a)$

よって　$y=(3a^2-3)x-2a^3+2$　…… ①

◀ 接点は $(a,\ a^3-3a+2)$

この直線が点 $(2,\ 4)$ を通るから

$$4=(3a^2-3)\cdot 2-2a^3+2$$

ゆえに　$a^3-3a^2+4=0$

左辺を因数分解して　$(a+1)(a-2)^2=0$

◀
1	−3	0	4	−1
	−1	4	−4	
1	−4	4	0	

よって　$a=-1,\ 2$

求める直線の方程式は，a の値を ① に代入して

$a=-1$ のとき　$\boldsymbol{y=4}$

$a=2$ のとき　$\boldsymbol{y=9x-14}$

検討

曲線 $y=x^3-3x+2$ の概形は右の図のようになる。
$a=-1$ のときの接線 $y=4$ は，点 $(-1,\ 4)$ で曲線に接し，曲線上の点 $(2,\ 4)$ を通る。しかし，点 $(2,\ 4)$ は接点ではない。
一方，$a=2$ のときの接線 $y=9x-14$ は，点 $(2,\ 4)$ で曲線に接する。すなわち，点 $(2,\ 4)$ は接点である。
このように，3 次以上の関数のグラフとその接線は，接点以外の点を共有することがある (例題 135 (注意) 参照)。
つまり，「点P を **通る** 接線」とあるとき，Pは 接点であるとは限らない。

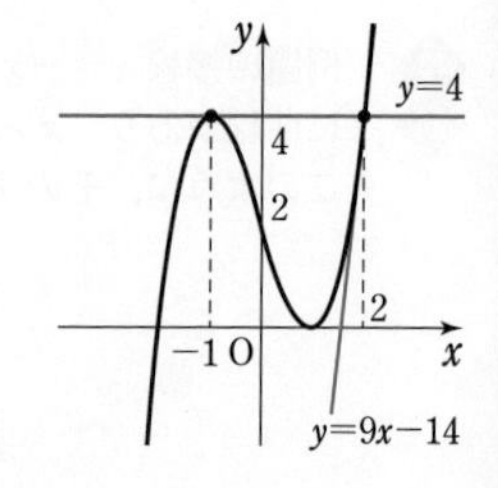

練習 137 原点 $(0,\ 0)$ を通り，曲線 $y=x^3-x^2$ に接する直線の方程式を求めよ。

例題 138　2 曲線に接する直線　★★★☆☆

2 つの放物線 $C_1: y=x^2+1$，$C_2: y=-2x^2+4x-3$ の両方に接する直線の方程式を求めよ。

◀例題135

指針 **両方に接する** という条件は，次のように考えることができる。

（方針 1）　一方の曲線の接線が，他方の曲線に接する（判別式 $D=0$）。

（方針 2）　2 つの曲線の接線が一致する（係数比較）。

接点 ⟺ 重解 も忘れないように。なお，両方に接する直線を 2 曲線の **共通接線** という。

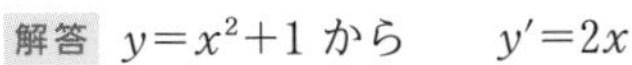

解答 $y=x^2+1$ から　　$y'=2x$

C_1 上の点 $(a,\ a^2+1)$ における接線の方程式は

$$y-(a^2+1)=2a(x-a)$$

すなわち　　$y=2ax-a^2+1$　…… ①

（方針 1） ① が C_2 と接するための条件は，y を消去した x の方程式

$$-2x^2+4x-3=2ax-a^2+1$$

すなわち　　$2x^2+2(a-2)x+4-a^2=0$

が重解をもつことである。　◀ **接点 ⟺ 重解**

よって，この判別式を D とすると　　$D=0$

$$\frac{D}{4}=(a-2)^2-2(4-a^2)=(a-2)\{a-2+2(a+2)\}=(a-2)(3a+2)$$

であるから，$D=0$ より　　$a=2,\ -\dfrac{2}{3}$

① に代入して，求める方程式は　　$\boldsymbol{y=4x-3,\ y=-\dfrac{4}{3}x+\dfrac{5}{9}}$

（方針 2） $y=-2x^2+4x-3$ から　　$y'=-4x+4$

C_2 上の点 $(b,\ -2b^2+4b-3)$ における接線の方程式は

$$y-(-2b^2+4b-3)=(-4b+4)(x-b)$$

すなわち　　$y=(-4b+4)x+2b^2-3$　…… ②

求める直線は ① と ② が一致する場合であり，その条件は

$2a=-4b+4$　… ③　かつ　$-a^2+1=2b^2-3$　… ④

③ から　　$a=-2(b-1)$

④ に代入して　　$-4(b^2-2b+1)+1=2b^2-3$

よって　　$-2b(3b-4)=0$　　ゆえに　　$b=0,\ \dfrac{4}{3}$

② に代入して，求める方程式は　　$\boldsymbol{y=4x-3,\ y=-\dfrac{4}{3}x+\dfrac{5}{9}}$

◀ 2 つの曲線の接線が一致する条件を求める。⟶ 係数比較を利用。

◀ **2 直線が一致 ⟺ 傾きと y 切片が一致**

練習 138

(1)　2 つの放物線 $C_1: y=x^2$，$C_2: y=x^2-6x+15$ の共通接線の方程式を求めよ。

(2)　3 次関数 $y=x^3$ のグラフの接線で，放物線 $y=-\left(x-\dfrac{4}{9}\right)^2$ にも接するものをすべて求めよ。

［(1) 名城大，(2) 学習院大］　➡ p. 300 演習 68

重要例題 139 2曲線が接する条件 ★★★☆☆

2曲線 $y=x^3-2x+1$，$y=x^2+2ax+1$ が接するとき，定数 a の値を求めよ。また，その接点における共通の接線の方程式を求めよ。

指針 「2曲線が接する」とは，2曲線が1点を共有し，かつ，共有点における接線が一致することである（この共有点を2曲線の接点という）。

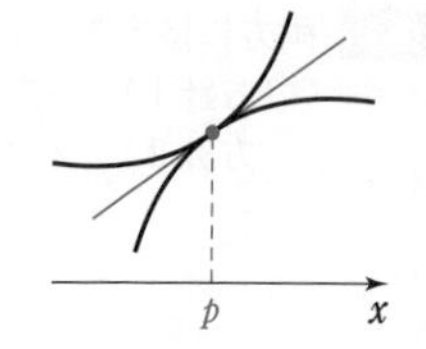

2曲線 $y=f(x)$，$y=g(x)$ が $x=p$ の点で接するための条件は

$$\begin{cases} \text{接点を共有する} & f(p)=g(p) \\ \text{接線の傾きが一致する} & f'(p)=g'(p) \end{cases}$$

解答 $f(x)=x^3-2x+1$，$g(x)=x^2+2ax+1$ とすると

$$f'(x)=3x^2-2,\ g'(x)=2x+2a$$

2曲線が $x=p$ の点で接するための条件は

$$f(p)=g(p) \text{ かつ } f'(p)=g'(p)$$

ゆえに $\begin{cases} p^3-2p+1=p^2+2ap+1 & \cdots\cdots ① \\ 3p^2-2=2p+2a & \cdots\cdots ② \end{cases}$

◀ $f(p)=g(p)$

◀ $f'(p)=g'(p)$

② から　$2a=3p^2-2p-2$　…… ③

◀ まず，a を消去。

これを ① に代入して

$$p^3-2p+1=p^2+(3p^2-2p-2)p+1$$

よって　$p^2(2p-1)=0$　　ゆえに　$p=0,\ \frac{1}{2}$

③ から　$p=0$ のとき　$a=-1$，

$p=\frac{1}{2}$ のとき　$a=-\frac{9}{8}$

接線の方程式は　$y-(p^3-2p+1)=(3p^2-2)(x-p)$

整理して　$y=(3p^2-2)x-2p^3+1$

よって　**$a=-1$ のとき　$y=-2x+1$**

$a=-\frac{9}{8}$ のとき　$y=-\frac{5}{4}x+\frac{3}{4}$

[$a=-1$ のとき]

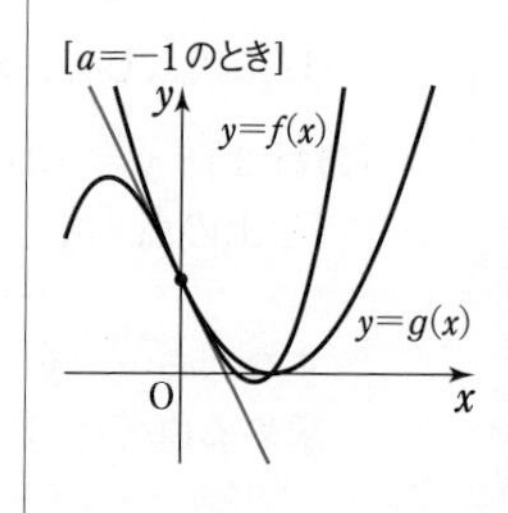

検討 上の例題は，**接点 ⟺ 重解** の考えを使って解くこともできる。

別解 $(x^3-2x+1)-(x^2+2ax+1)=(x-p)^2(x-q)$ とおけて，展開して整理すると

$$x^3-x^2-(2a+2)x=x^3-(2p+q)x^2+(p^2+2pq)x-p^2q$$

両辺の係数を比較して　$1=2p+q$，$-(2a+2)=p^2+2pq$，$0=-p^2q$

第1式と第3式から　$p=0$，$q=1$　または　$p=\frac{1}{2}$，$q=0$

よって，第2式から a の値が求められ，後は上の 解答 と同じである。

練習 139 2曲線 $y=2x^3+2x^2+a$，$y=x^3+2x^2+3x+b$ が接していて，接点における接線が点 $(2,\ 15)$ を通るとき，定数 a，b の値と接線の方程式を求めよ。

重要例題 140 接線の直交 ★★★★☆

曲線 $C: y=x^3-kx$ 上の点 $\mathrm{P}(a,\ a^3-ka)$ $[a \neq 0]$ における接線 ℓ が，曲線 C と点Pと異なる点Qで交わり，点Qにおける接線が直線 ℓ と直交している。

(1) 点Qの座標を a と k を用いて表せ。

(2) k のとりうる値の範囲を求めよ。〔類 大阪大〕

指針 2直線が **直交** ⟶ **(傾きの積)＝−1** を利用する。

また　条件を満たす点P，Qが存在する

⟶ Pの x 座標 a がある

⟶ a の満たす方程式が（0でない）**実数解をもつ**

のように考えて，このことから k の値の範囲を求める。

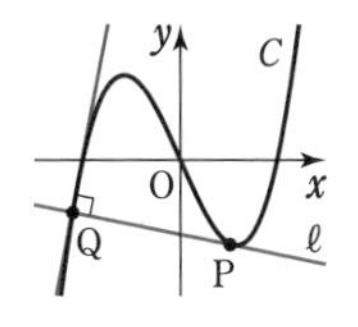

解答 (1) $y'=3x^2-k$ から，接線 ℓ の方程式は

$$y-(a^3-ka)=(3a^2-k)(x-a)$$

すなわち　$y=(3a^2-k)x-2a^3$

接線 ℓ と曲線 C の交点Qの x 座標について，y を消去して

$$x^3-kx=(3a^2-k)x-2a^3$$

よって　$x^3-3a^2x+2a^3=0$

ゆえに　$(x-a)^2(x+2a)=0$

$x \neq a$ であるから　$\mathbf{Q(-2a,\ -8a^3+2ka)}$

◀ $y-f(a)=f'(a)(x-a)$

◀ 接点 ⟺ 重解 $x=a$

(2) 点Qにおける接線の傾きは　$3\cdot(-2a)^2-k=12a^2-k$

接線が直交するための条件は　$(3a^2-k)(12a^2-k)=-1$

ゆえに　$36(a^2)^2-15ka^2+k^2+1=0$ …… ①

$a^2=t$ $(t>0)$ とおくと　$36t^2-15kt+k^2+1=0$ …… ①′

① を満たす実数 a $(\neq 0)$ が存在するための条件は，①′ が少なくとも1つの正の解をもつことである。

①′ の判別式を D とすると

$$D=(-15k)^2-4\cdot 36(k^2+1)=9(9k^2-16)$$
$$=9(3k+4)(3k-4)$$

$D \geqq 0$ から　$(3k+4)(3k-4) \geqq 0$　よって　$k \leqq -\dfrac{4}{3},\ \dfrac{4}{3} \leqq k$

①′ の解を α，β とすると　$\alpha\beta=\dfrac{k^2+1}{36}>0$

よって，α と β はともに正で　$\alpha+\beta=\dfrac{15k}{36}>0$

ゆえに　$\left(k \leqq -\dfrac{4}{3},\ \dfrac{4}{3} \leqq k\right)$ かつ $k>0$

したがって　$\boldsymbol{k \geqq \dfrac{4}{3}}$

◀ (傾きの積)＝−1

◀ a^2 の2次方程式。

◀ $3^2\{5^2k^2-4\cdot 4(k^2+1)\}$

◀ 解と係数の関係。

練習 140 原点Oと異なる2点P，Qが曲線 $C: y=x^3-mx$ 上にある。点Qにおける C の接線が直線OPに平行であるとき

(1) Pの x 座標を a とするとき，Qの x 座標を a を用いて表せ。

(2) ∠POQ が直角になるための m の値の範囲を求めよ。〔島根大〕 ➡ p. 300 演習 69

重要例題 141 | 4 次関数のグラフと 2 点で接する直線 ★★★★☆

曲線 $y=x^3(x-4)$ と異なる 2 点で接する直線の方程式を求めよ。

〔類 埼玉大〕 ◀例題 138

指針 1つの曲線に 2 点で接する直線を求める方針としては，$p.267$ 例題 138 で考えたような

(**方針 1**) $x=a$ における接線が，他の点 $(x=b)$ で再び接する。

(**方針 2**) $x=a$ における接線と，$x=b$ における接線が一致する。

の他に，次の方針もある。ここでは，この (**方針 3**) で解いてみよう。

(**方針 3**) **4 次曲線 $y=f(x)$ と直線 $y=mx+n$ が $x=a$，$x=b$ $(a \neq b)$ で接する。**

$\iff$ 方程式 $f(x)=mx+n$ が異なる 2 重解 a，b をもつ。

$\iff$ $f(x)-(mx+n)=k(x-a)^2(x-b)^2$ $[k \neq 0]$

なお，4 次関数のグラフの概形は $p.274$ で学ぶ。

解答 (**方針 3**) 曲線 $y=x^3(x-4)$ と直線 $y=mx+n$ が $x=a$，$x=b$ $(a \neq b)$ の 2 点で接するとき，次の恒等式が成り立つ。

$$x^3(x-4)-(mx+n)=(x-a)^2(x-b)^2$$

(左辺) $=x^4-4x^3-mx-n$

(右辺) $=\{(x-a)(x-b)\}^2=\{x^2-(a+b)x+ab\}^2$

$=x^4+(a+b)^2x^2+a^2b^2$

$\quad -2(a+b)x^3-2ab(a+b)x+2abx^2$

$=x^4-2(a+b)x^3+\{(a+b)^2+2ab\}x^2-2ab(a+b)x+a^2b^2$

両辺の係数を比較して

$-4=-2(a+b)$ …… ①，　$0=(a+b)^2+2ab$ …… ②，

$-m=-2ab(a+b)$ …… ③，　$-n=a^2b^2$ …… ④

① から　$a+b=2$　　これと ② から　$ab=-2$

③ から　$m=-8$　　④ から　$n=-4$

$a+b=2$，$ab=-2$ から，a，b は $t^2-2t-2=0$ の解である。

これを解くと　$t=1\pm\sqrt{3}$

◀ $a \neq b$ を確認する。

よって，曲線 $y=x^3(x-4)$ と $x=1+\sqrt{3}$，$x=1-\sqrt{3}$ の異なる 2 点で接する直線が存在し，その方程式は　$\boldsymbol{y=-8x-4}$

◀ 求める接線は $y=mx+n$

上の例題において，$x=a$ における接線の方程式は　$y=(4a^3-12a^2)x-3a^4+8a^3$

(**方針 1**) で解く場合，曲線と接線の方程式から y を消去した式

$$x^3(x-4)=(4a^3-12a^2)x-3a^4+8a^3$$

を変形して　$(x-a)^2\{x^2+2(a-2)x+3a^2-8a\}=0$

$x^2+2(a-2)x+3a^2-8a=0$ が重解 $x=b$ $(b \neq a)$ をもてばよい。

(**方針 2**) では，$x=a$ と $x=b$ $(a \neq b)$ における 2 つの接線

$$y=(4a^3-12a^2)x-3a^4+8a^3,\qquad y=(4b^3-12b^2)x-3b^4+8b^3$$

が一致すればよいが，この場合の計算はとても面倒になる。

練習 141 曲線 C：$y=x^4-2x^3-3x^2$ と異なる 2 点で接する直線の方程式を求めよ。

35 関数の増減，極値

《 基本事項 》

1 関数の増減

微分係数を用いて，関数の増減について調べてみよう。
$x=a$ の近くでは，曲線 $y=f(x)$ と点 $(a,\ f(a))$ における接線とは，ほぼ一致しているとみなせる。また，
$f'(a)=\lim_{h\to 0}\dfrac{f(a+h)-f(a)}{h}$ であるから，$h\fallingdotseq 0$ のとき
$\dfrac{f(a+h)-f(a)}{h}$ と $f'(a)$ は同符号であるとみてよい。

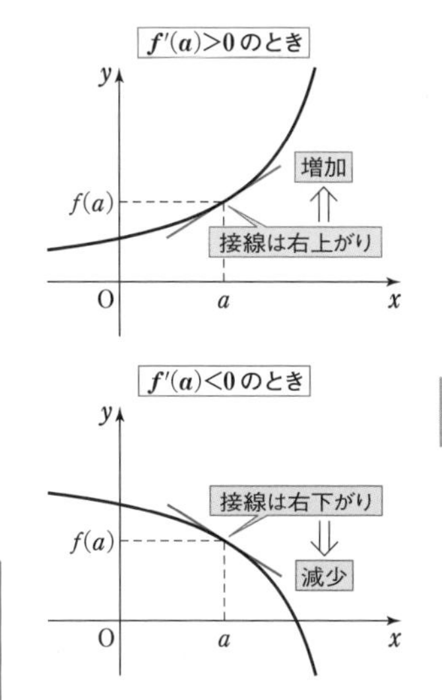

例えば，$f'(a)>0$ ならば　$\dfrac{f(a+h)-f(a)}{h}>0$
よって，$h<0$ では　$f(a+h)<f(a)$
　　　　$h>0$ では　$f(a+h)>f(a)$
ゆえに，$f(x)$ は $x=a$ の近くで増加の状態にある。

> ① **常に $f'(a)>0$** である区間では
> 　$f(x)$ は **単調に増加** する。
> ② **常に $f'(a)<0$** である区間では
> 　$f(x)$ は **単調に減少** する。
> ③ **常に $f'(a)=0$** である区間では
> 　$f(x)$ は **定数** である。

①，② の逆は成り立たない。
[単調に増加，単調に減少については $p.\,219$ (注意) を参照]

2 関数の極値

関数 $f(x)$ について，$x=a$ の近く $(x\neq a)$ で
$f(x)<f(a)$ すなわち $f(a)$ が $f(x)$ の最大値ならば，
　$f(x)$ は $x=a$ で **極大**，$f(a)$ を **極大値** という。
$f(x)>f(a)$ すなわち $f(a)$ が $f(x)$ の最小値ならば，
　$f(x)$ は $x=a$ で **極小**，$f(a)$ を **極小値** という。
極大値と極小値をまとめて **極値** という。

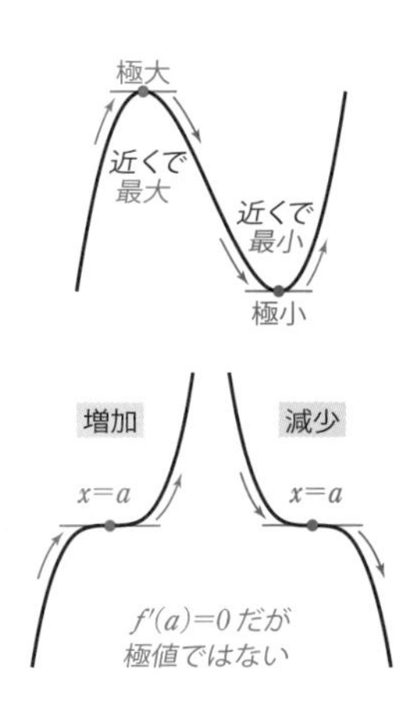

① **極大**　増加から減少に移る点。$f'(x)$ は正から負へ。
　極小　減少から増加に移る点。$f'(x)$ は負から正へ。
② **極値の求め方**　$f'(x)=0$ の実数解 $x=a$ を求め，
　その前後における $f'(x)$ の符号の変化を調べる。
なお，右の図のように，

　$f'(a)=0$ であっても，
　$f(x)$ は $x=a$ で極値をとるとは限らない。

例 68 | 3次関数の増減，極値 ★☆☆☆☆

次の関数の増減を調べよ。また，極値を求めよ。

(1) $y=\frac{1}{3}x^3-9x$　　(2) $y=-x^3+x^2-x+1$

指針 関数 $y=f(x)$ の **増減・極値の問題** では

導関数 $f'(x)$ の符号の変化を調べる。

そして，**増減表** を作り，表から **極値** を求める。具体的には，

[1] 導関数 y' を求め，方程式 $y'=0$ の実数解を求める。

[2] [1] で求めた x の値の前後で，導関数 y' の符号の変化を調べる。

CHART》 増減・極値

y' の符号の変化を調べよ

1 増減表を作れ　　2 必要十分に注意

(注意) [2] $f'(a)=0$ であっても，$f(x)$ は $x=a$ で極値をとるとは限らない。すなわち $f'(a)=0$ は，$f(x)$ が $x=a$ で極値をとるための **必要条件** であるが十分条件ではない。
よって，極値を求めるときは，**$f'(x)=0$ の解を調べた後に増減表をかき，$f'(x)$ の符号の変化を確認してから判断する** 必要がある。

例 69 | 3次関数のグラフ，絶対値とグラフ ★★☆☆☆

次の関数のグラフをかけ。

(1) $y=-x^3+6x^2-9x+2$　　(2) $y=\frac{1}{3}x^3+x^2+x+3$

(3) $y=|x^3-3x^2|$

指針 (1)，(2) 例68と同様に，方程式 $y'=0$ の実数解を求め，**増減表** を作る。
グラフと座標軸の共有点の座標をわかる範囲（複雑な値のときは省略してよい）で調べ，増減表をもとにグラフをかく。

x 軸との共有点の x 座標：$y=0$ としたときの，方程式の解。
y 軸との共有点の y 座標：$x=0$ としたときの，y の値。

対称性にも注意する。

CHART》 グラフの概形　増減表をもとにしてかく

(3) $y=|f(x)|$ のグラフは

$y=f(x)$ のグラフで x 軸より下側の部分を
x 軸に関して対称に折り返したもの

である（チャート式数学 I＋A $p.89$）。
そこで，まずは $y=x^3-3x^2$ のグラフをかき，そのグラフを x 軸に関して対称に折り返す。

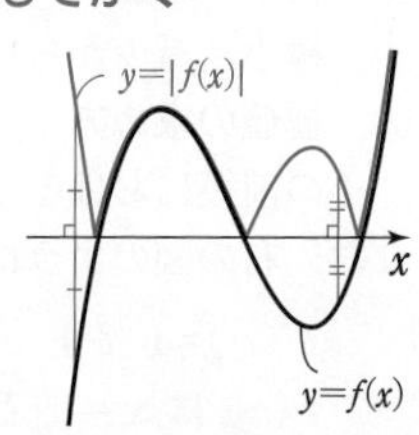

3次関数の極値とグラフ

3次関数 $f(x)=ax^3+bx^2+cx+d$ $(a \neq 0)$ の極値について調べてみよう。
方程式 $f'(x)=0$ すなわち $3ax^2+2bx+c=0$ の判別式を D とすると

$$\frac{D}{4}=b^2-3ac$$

[1]　$D>0$ ならば，$f'(x)=0$ は異なる2つの実数解をもつ。
その解を α，β $(\alpha<\beta)$ とすると　　$f'(x)=3a(x-\alpha)(x-\beta)$
よって，増減表をかくと，次のようになる。

$a>0$ のとき

x	$\cdots$	α	$\cdots$	β	$\cdots$
$f'(x)$	$+$	0	$-$	0	$+$
$f(x)$	↗	極大	↘	極小	↗

$a<0$ のとき

x	$\cdots$	α	$\cdots$	β	$\cdots$
$f'(x)$	$-$	0	$+$	0	$-$
$f(x)$	↘	極小	↗	極大	↘

したがって，このとき極大値と極小値を1つずつもつ。

[2]　$D=0$ ならば，$f'(x)=0$ は重解をもつ。
その重解を α とすると　　$\alpha=-\dfrac{b}{3a}$　　であり　　$f'(x)=3a(x-\alpha)^2$
このとき，$f'(x)$ は a と同符号または0である。よって，極値をもたない。

[3]　$D<0$ ならば，$f'(x)$ は常に a と同符号である。よって，極値をもたない。

[1]～[3] をまとめると，次の表のようになる。

D	$D>0$	$D=0$	$D<0$
$f'(x)=0$	異なる2実数解 α，β	重　解　α	虚　数　解
極　値	極値がある	極値がない	極値がない
$a>0$	y, 極大, 極小, O, α, $-\frac{b}{3a}$, β, x	y, $f'(x) \geqq 0$ 単調増加, O, $\alpha=-\frac{b}{3a}$, x	y, $f'(x)>0$ 単調増加, O, $-\frac{b}{3a}$, x
$a<0$	y, 極大, 極小, O, α, $-\frac{b}{3a}$, β, x	y, $f'(x) \leqq 0$ 単調減少, O, $\alpha=-\frac{b}{3a}$, x	y, $f'(x)<0$ 単調減少, O, $-\frac{b}{3a}$, x

重要　**3次関数 $f(x)$ の性質**

①　**極値をもつ $\Longleftrightarrow$ $f'(x)=0$ が異なる2つの実数解をもつ**
②　**極値をもつ $\Longleftrightarrow$ 極大値と極小値が1つずつ　(極大値)$>$(極小値)**

例題 142　4 次関数の極値とグラフ ★★☆☆☆

4 次関数 $f(x)=3x^4-16x^3+18x^2+5$ の極値を求めよ。また，$y=f(x)$ のグラフをかけ。

◀例 69

指針 4 次関数でも，**極値　$f'(x)$ の符号の変化を調べよ** の方針は同じ。

まず，導関数 $f'(x)$ を求め，$f'(x)=0$ の実数解を求める。

…… $f'(x)=12x(x-1)(x-3)$ であるから，$f'(x)=0$ の実数解は　$x=0,\ 1,\ 3$

次に，求めた x の値の前後で，**導関数 $f'(x)$ の符号の変化を調べる。**

…… 例えば，$0<x<1$ のとき $x>0$，$x-1<0$，$x-3<0$ であるから　$f'(x)>0$ など。

または 3 次関数 $y=f'(x)$ のグラフを利用して考えてもよい（解答編の $p.215$ 参照）。

解答 $f'(x)=12x^3-48x^2+36x=12x(x^2-4x+3)=12x(x-1)(x-3)$

$f'(x)=0$ とすると　　$x=0,\ 1,\ 3$

$f(x)$ の増減表は次のようになる。

x	$\cdots$	0	$\cdots$	1	$\cdots$	3	$\cdots$
$f'(x)$	$-$	0	$+$	0	$-$	0	$+$
$f(x)$	↘	極小 5	↗	極大 10	↘	極小 -22	↗

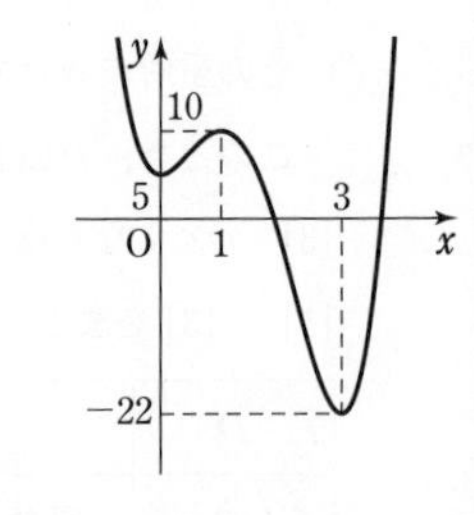

よって，$f(x)$ は　**$x=0$ で極小値 5，**

$x=1$ で極大値 10，

$x=3$ で極小値 -22 をとる。

$y=f(x)$ のグラフは **右の図** のようになる。

一般に，4 次関数 $f(x)$ [x^4 の係数を p とする] に対し，$f'(x)=0$ は 3 次方程式で，少なくとも 1 つの **実数解** をもつ。

その実数解を α とし，他の 2 つの解が実数であれば β，γ とする。この解は次の 4 つの場合がある（図は $p>0$ のとき）。

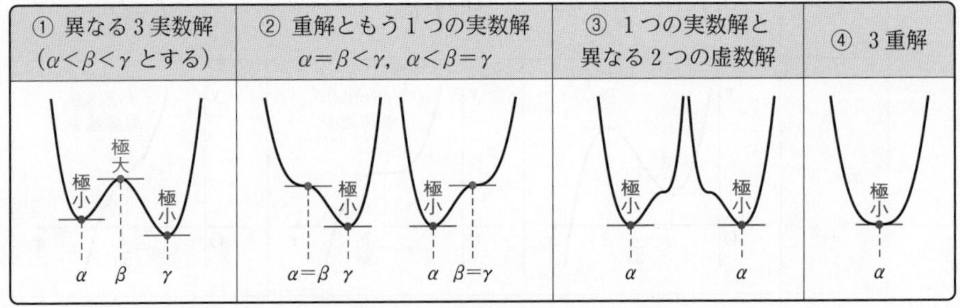

$p<0$ のときは，図の上下が逆になり，極大と極小が入れ替わる。

練習 142 次の 4 次関数の極値を求め，そのグラフをかけ。

(1) $y=x^4-2x^2-3$　　(2) $y=x^4-4x$　　(3) $y=-x^4+4x^3-3$

例題 143 極値の条件から関数の決定 ★★☆☆☆

関数 $f(x)=ax^3+bx^2+cx+d$ が $x=-2$ で極大値 15 をとり，$x=1$ で極小値 -12 をとるとき，定数 a，b，c，d の値を求めよ。

指針

$x=-2$ で極大値 15 $\Longrightarrow$ $f(-2)=15$，$f'(-2)=0$
$x=1$ で極小値 -12 $\Longrightarrow$ $f(1)=-12$，$f'(1)=0$

文字 4 つに対して等式が 4 つできるから，a，b，c，d の値を求めることができる。
しかし，$f'(-2)=0$，$f'(1)=0$ であるからといって $x=-2$ で極大，$x=1$ で極小になるとは限らない。

⟶ $f'(a)=0$ であっても，$f(x)$ は $x=a$ で極値をとるとは限らない。

そこで，解答 の「逆に」以降のように，題意に適することの確認 を行う。

解答 $f'(x)=3ax^2+2bx+c$

$x=-2$ で極大値 15 をとるから
$f(-2)=15$，$f'(-2)=0$

$x=1$ で極小値 -12 をとるから
$f(1)=-12$，$f'(1)=0$

よって　$-8a+4b-2c+d=15$，　$12a-4b+c=0$
　　　　$a+b+c+d=-12$，　$3a+2b+c=0$

これを解いて　$a=2$，$b=3$，$c=-12$，$d=-5$　…… Ⓐ

逆に，このとき

$f(x)=2x^3+3x^2-12x-5$
$f'(x)=6x^2+6x-12=6(x+2)(x-1)$

$f(x)$ の増減表は右のようになり，条件を満たす。
したがって　**$a=2$，$b=3$，$c=-12$，$d=-5$**

◀ **$f(x)$ が $x=a$ で極値をとる $\Longrightarrow$ $f'(a)=0$**

◀ 必要条件。

◀ 十分条件の確認。

x	…	-2	…	1	…
$f'(x)$	$+$	0	$-$	0	$+$
$f(x)$	↗	極大 15	↘	極小 -12	↗

検討 指針 で指摘したように，$f'(a)=0$ は $f(x)$ が $x=a$ で極値をとるための必要条件にすぎないから，上の 解答 を Ⓐ で終えてしまうと，減点は必至である。
なお，$p.273$ 検討の 3 次関数の極値とグラフの内容を用いて，Ⓐ 以降を
「逆に，このとき，$f'(x)=0$ は異なる 2 つの実数解 $x=-2$，1 をもち，
$f(-2)=15>f(1)=-12$ であるから，3 次関数 $f(x)$ は条件を満たす。」
のように書いても間違いではない。しかし，上の 解答 のように，微分して増減を調べる方が基本的で確実である。

$x=-2$ で極大値 $\Longleftrightarrow$ $x=-2$ の前後で **$f'(x)$ が正から負** かつ $f'(-2)=0$
$x=1$ 　で極小値 $\Longleftrightarrow$ $x=1$ 　の前後で **$f'(x)$ が負から正** かつ $f'(1)=0$

練習 143
(1) 関数 $f(x)=ax^3+bx^2+cx+d$ が $x=0$ で極大値 2 をとり，$x=2$ で極小値 -6 をとるとき，定数 a，b，c，d の値を求めよ。
(2) 関数 $f(x)=ax^3+(7-a^2)x^2+bx+c$ は，$x=-1$ で極小値を，$x=2$ で極大値をとり，極小値の絶対値の 2 倍が極大値に等しい。定数 a，b，c の値を求めよ。

［(1) 近畿大，(2) 愛媛大］ ➡p. 300 演習 70

例題 144 3次関数が極値をもつ条件，もたない条件 ★★☆☆☆

(1) 関数 $f(x)=x^3+3ax^2$ が極値をもつための定数 a の満たす条件を求めよ。

(2) 関数 $f(x)=x^3+2ax^2-ax+3$ が極値をもたないような定数 a の値の範囲を求めよ。

〔(2) 愛知工大〕

指針 3次関数 $f(x)$ が 極値をもつ
$\Longleftrightarrow$ $f'(x)$ の **符号が変わる x の値がある**
$\Longleftrightarrow$ $f'(x)=0$ が **異なる2つの実数解をもつ**
$\Longleftrightarrow$ $f'(x)=0$ の 判別式 $D>0$

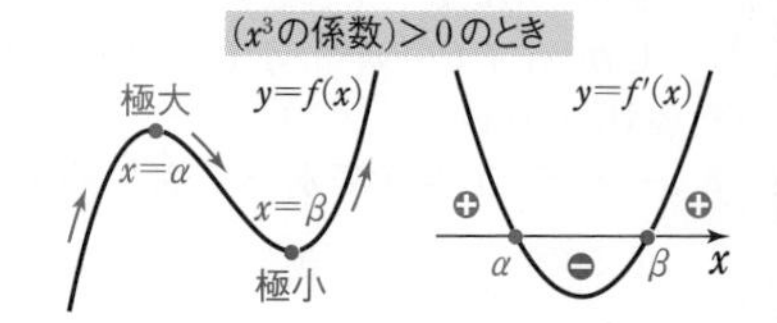

解答 (1) $f'(x)=3x^2+6ax$

$f(x)$ が極値をもつための必要十分条件は，$f'(x)=0$

すなわち　$3x^2+6ax=0$　…… ①

が異なる2つの実数解をもつことである。

よって，① の判別式を D とすると　$D>0$

$\dfrac{D}{4}=(3a)^2-3\cdot 0=9a^2$ であるから　$a^2>0$

ゆえに　$\boldsymbol{a \neq 0}$

◀ 3次関数が極値をもつとき，極大値と極小値を1つずつもつ。

◀ $3x(x+2a)=0$ から $x=0,\ -2a$ よって $a\neq 0$ としてもよい。

(2) $f'(x)=3x^2+4ax-a$

$f(x)$ が極値をもたないための必要十分条件は，$f'(x)$ の符号が変わらないことである。

よって，$f'(x)=0$ すなわち $3x^2+4ax-a=0$ …… ② は実数解を1つだけもつ（重解）かまたは実数解をもたない。

したがって，② の判別式を D とすると

$D\leqq 0$　……（＊）

$\dfrac{D}{4}=(2a)^2-3\cdot(-a)=a(4a+3)$ であるから

$a(4a+3)\leqq 0$

ゆえに　$\boldsymbol{-\dfrac{3}{4}\leqq a\leqq 0}$

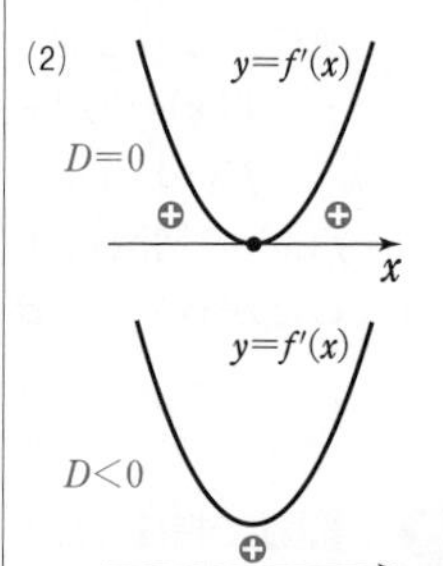

（＊）$D<0$ は誤り。

練習 144 (1) 関数 $f(x)=x^3+ax^2+(3a-6)x+5$ が極値をもつような定数 a の値の範囲を求めよ。〔類 名古屋大〕

(2) 関数 $f(x)=ax^3-\dfrac{3}{2}(a^2+1)x^2+3ax\ (a\neq 0)$ が極値をもたないような定数 a の値を求めよ。〔類 岐阜大〕

(3) 関数 $f(x)=x^3+2mx^2+5x$ が常に単調に増加するような定数 m の値の範囲を求めよ。〔広島修道大〕

例題 145　3次関数がある範囲に極値をもつ条件　★★★☆☆

関数 $f(x)=\frac{1}{3}x^3-ax^2+4(a^2-9)x+1$ が $x>0$ の範囲で極大値と極小値をもつための定数 a の値の範囲を求めよ。　〔類　昭和薬大〕 ◀例題144

指針 前ページの例題では，

3次関数 $f(x)$ が極値をもつ $\Longleftrightarrow$ $f'(x)=0$ が異なる2つの実数解 α，β をもつ

$\Longleftrightarrow$ 判別式 $D>0$

であった。本例題では，極値をとる x に範囲があるから

3次関数 $f(x)$ が $\boldsymbol{x>0}$ で 極大値と極小値をもつ

$\Longleftrightarrow$ $f'(x)=0$ が $\boldsymbol{x>0}$ で 異なる2つの実数解 α，β をもつ

（異なる2つの **正の解** をもつ）

$\Longleftrightarrow$ **判別式** $\boldsymbol{D>0}$，$\boldsymbol{\alpha+\beta>0}$，$\boldsymbol{\alpha\beta>0}$　（例題25参照）

となる。

解答 $f'(x)=x^2-2ax+4(a^2-9)$

3次関数 $f(x)$ が $x>0$ で極大値と極小値をもつための条件は，

2次方程式 $f'(x)=0$ が異なる2つの正の解をもつことである。

2次方程式 $f'(x)=0$ の判別式を D，2つの解を α，β とすると，

α，β がともに正であるための必要十分条件は

$$D>0 \quad かつ \quad \alpha+\beta>0 \quad かつ \quad \alpha\beta>0$$

◀ $p.70$ 例題25参照。

$\frac{D}{4}=(-a)^2-4(a^2-9)=-3(a^2-12)$ から，$D>0$ より

$a^2-12<0$　　よって　　$-2\sqrt{3}<a<2\sqrt{3}$　……①

$\alpha+\beta=2a$ から，$\alpha+\beta>0$ より　　$a>0$　……②

◀ 解と係数の関係。

$\alpha\beta=4(a^2-9)$ から，$\alpha\beta>0$ より

$a^2-9>0$　　よって　　$a<-3$，$3<a$　……③

①，②，③ の共通範囲を求めて

$$\boldsymbol{3<a<2\sqrt{3}}$$

参考 ［$y=f'(x)$ のグラフを利用して解く場合］

グラフが x 軸の正の部分と，異なる2点で交わるための条件は

$$D>0,\ 軸>0,\ f'(0)>0$$

$D>0$ から　　$-2\sqrt{3}<a<2\sqrt{3}$

軸 $x=a$ について　　$a>0$

$f'(0)>0$ から　　$4(a^2-9)>0$　　ゆえに　$a<-3$，$3<a$

これらの共通範囲を求めると　　$\boldsymbol{3<a<2\sqrt{3}}$

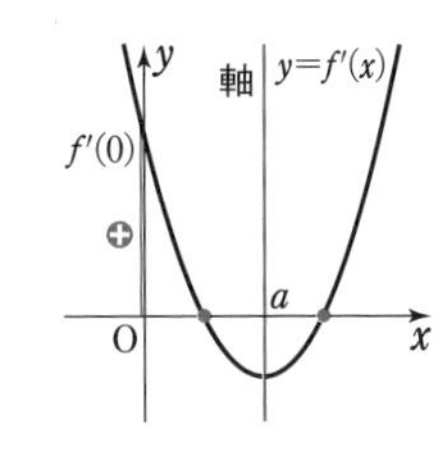

練習 145 関数 $y=x^3-3x^2+3ax$ は極値をもつとする。

(1) 極小値を与える x の値の範囲を求めよ。

(2) 極大値，極小値を与える x の値がともに $x>0$ の範囲にあるような定数 a の値の範囲を求めよ。　〔類　上智大〕 ➡ p.300 演習 71

重要例題 146 3次関数のグラフの対称性 ★★★★☆

3次関数 $f(x)=ax^3+bx^2+cx+d$ について，この関数のグラフ $F：y=f(x)$ は，F 上の点 $\mathrm{M}\left(-\dfrac{b}{3a},\ f\left(-\dfrac{b}{3a}\right)\right)$ に関して対称であることを証明せよ。

指針 ここでは，

$y=g(x)$ のグラフが原点に関して対称
$\iff g(-x)=-g(x)$ （奇関数）

を利用する。すなわち，点Mが原点Oに移るように F を平行移動して，移動後のグラフ G の関数 $y=g(x)$ が奇関数，すなわち，$y=ax^3+ex$ の形になることを示す。

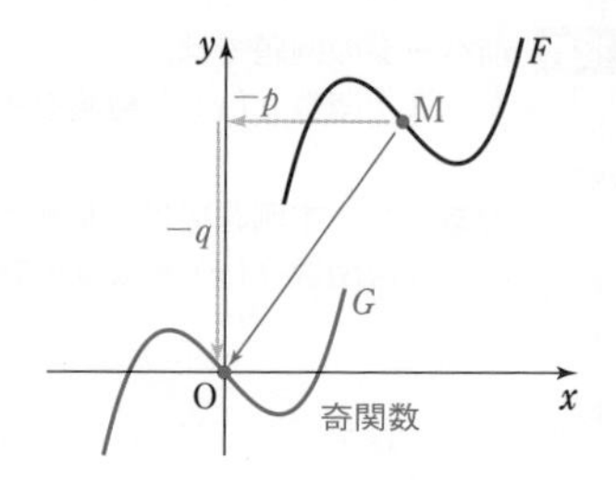

解答 $p=-\dfrac{b}{3a}$ …… ①，$q=f(p)\left(=f\left(-\dfrac{b}{3a}\right)\right)$ …… ②

とおく。

◀ 点Mの座標を $(p,\ q)$ とする。

また，$y=f(x)$ のグラフ F を x 軸方向に $-p$，y 軸方向に $-q$ だけ平行移動したグラフを G とする。

G の方程式は　$y+q=a(x+p)^3+b(x+p)^2+c(x+p)+d$

◀ $y-(-q)=f(x-(-p))$

整理すると　$y=ax^3+(3ap+b)x^2+(3ap^2+2bp+c)x+ap^3+bp^2+cp+d-q$ …… ③

① より　$3ap+b=0$

② より　$ap^3+bp^2+cp+d-q=0$ であるから，③ は

$$y=ax^3+(3ap^2+2bp+c)x$$

$g(x)=ax^3+(3ap^2+2bp+c)x$ とおくと　$g(-x)=-g(x)$ であるから，$y=g(x)$ は奇関数である。

◀ 奇関数であることを示す。

よって，曲線 G は原点に関して対称である。

曲線 F は曲線 G を x 軸方向に p，y 軸方向に $q=f(p)$ だけ平行移動したものであるから，曲線 F は F 上の点 $(p,\ f(p))$ すなわち点Mに関して対称である。

検討 例題146により，3次関数 $f(x)=ax^3+bx^2+cx+d$ が極値をもつとき，曲線 $y=f(x)$ の極大値・極小値をとる2点を結んだ線分の中点が，点 $\mathrm{M}\left(-\dfrac{b}{3a},\ f\left(-\dfrac{b}{3a}\right)\right)$ であることもわかる。

なお，この点Mは，曲線 $y=f(x)$ の凹凸（上に凸，下に凸）の状態が変わる境目となる点であり，この曲線の **変曲点** という（曲線の凹凸と変曲点については，数学Ⅲで学習する）。

練習 146 $f(x)=x^3+ax^2+bx+c$ とする。関数 $y=f(x)$ のグラフは点 $(2,\ 1)$ に関して対称であり，この関数は $x=1$ のとき極大値をとる。このとき，定数 $a,\ b,\ c$ の値を求めよ。

［上智大］ ➡p. 301 演習 72

例題 147 3次関数の極大値と極小値の和 ★★★☆☆

a は定数とする。$f(x)=x^3+ax^2+ax+1$ が $x=\alpha,\ \beta$ で極値をとるとき，$f(\alpha)+f(\beta)=2$ ならば $a=$ □ である。 〔類 上智大〕 ◀例題144

指針 2つの極値 $f(\alpha)$，$f(\beta)$ を実際に求めるのは計算が面倒。そこで
α，β は2次方程式 $f'(x)=0$ の解 ⟶ **解と係数の関係** を利用。
$f(\alpha)+f(\beta)$ は α，β の対称式になるから，基本対称式 $\alpha+\beta$，$\alpha\beta$ で表される。

解答 $f'(x)=3x^2+2ax+a$
$f(x)$ は $x=\alpha,\ \beta$ で極値をとるから，2次方程式 $f'(x)=0$
すなわち $3x^2+2ax+a=0$ …… ①
は異なる2つの実数解 α，β をもつ。
よって，① の判別式を D とすると $D>0$

$\dfrac{D}{4}=a^2-3a=a(a-3)$ であるから $a(a-3)>0$

したがって $a<0,\ 3<a$ …… ②

また，① で，解と係数の関係により $\alpha+\beta=-\dfrac{2}{3}a,\ \alpha\beta=\dfrac{1}{3}a$

ここで $f(\alpha)+f(\beta)$

$$=(\alpha^3+\beta^3)+a(\alpha^2+\beta^2)+a(\alpha+\beta)+2$$
$$=(\alpha+\beta)^3-3\alpha\beta(\alpha+\beta)+a\{(\alpha+\beta)^2-2\alpha\beta\}+a(\alpha+\beta)+2$$
$$=\left(-\frac{2}{3}a\right)^3-3\cdot\frac{1}{3}a\cdot\left(-\frac{2}{3}a\right)+a\left\{\left(-\frac{2}{3}a\right)^2-2\cdot\frac{1}{3}a\right\}+a\cdot\left(-\frac{2}{3}a\right)+2$$
$$=\frac{4}{27}a^3-\frac{2}{3}a^2+2$$

$f(\alpha)+f(\beta)=2$ から $\dfrac{4}{27}a^3-\dfrac{2}{3}a^2+2=2$

よって $2a^3-9a^2=0$ すなわち $a^2(2a-9)=0$

② を満たすものは $\boldsymbol{a=\dfrac{9}{2}}$

◀ $f(\alpha)+f(\beta)=2$ は極大値と極小値の和が2であるということ。

3次関数 $y=f(x)$ のグラフにおいて，極値をとる2点 $(\alpha,\ f(\alpha))$，$(\beta,\ f(\beta))$ を結ぶ線分の中点の座標は $\left(\dfrac{\alpha+\beta}{2},\ \dfrac{f(\alpha)+f(\beta)}{2}\right)$ であり，$\alpha+\beta=-\dfrac{2}{3}a$ と

$f(\alpha)+f(\beta)=2$ から $\left(-\dfrac{1}{3}a,\ 1\right)$

この点は $y=f(x)$ のグラフ上にある（前ページ参照）から

$$\left(-\frac{1}{3}a\right)^3+a\left(-\frac{1}{3}a\right)^2+a\left(-\frac{1}{3}a\right)+1=1$$

整理すると $2a^3-9a^2=0$ となり，これから a の値を求めることもできる。

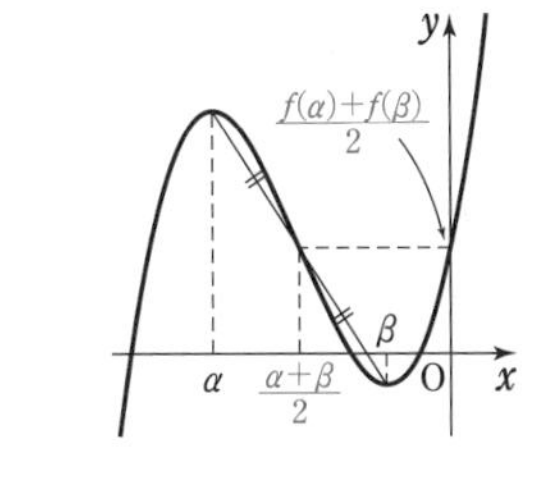

練習 147 関数 $f(x)=2x^3-3x^2+3ax$ の極大値と極小値の和が0であるとき，定数 a の値を求めよ。 〔類 名城大〕

例題 148 3次関数の極大値と極小値の差 ★★★☆☆

関数 $f(x)=x^3-3x^2+3ax-2$ の極大値と極小値の差が 32 となるとき，定数 a の値を求めよ。

◀例題 147

指針 前ページの例題と同じ方針で進める。$x=\alpha$ で極大値，$x=\beta$ で極小値をとるとすると

極大値と極小値の差が 32 $\iff f(\alpha)-f(\beta)=32$

$f(\alpha)$，$f(\beta)$ を実際に求めるのは面倒なので $f(\alpha)-f(\beta)$ を $\boldsymbol{\alpha-\beta}$，$\boldsymbol{\alpha+\beta}$，$\boldsymbol{\alpha\beta}$ で表し，更に $\boldsymbol{(\alpha-\beta)^2=(\alpha+\beta)^2-4\alpha\beta}$ を利用することで，$\alpha+\beta$，$\alpha\beta$ のみで表すことができる。

解答 $f'(x)=3x^2-6x+3a$

$f(x)$ は極大値と極小値をとるから，2次方程式 $f'(x)=0$

すなわち　$3x^2-6x+3a=0$　…… ①

は異なる2つの実数解 α，β $(\alpha<\beta)$ をもつ。

◀今回は差を考えるので，$\alpha<\beta$ と定める。

よって，① の判別式を D とすると　$D>0$

$\dfrac{D}{4}=(-3)^2-3\cdot(3a)=9(1-a)$ であるから　$1-a>0$

したがって　$a<1$　…… ②

$f(x)$ の x^3 の係数が正であるから，$f(x)$ は $x=\alpha$ で極大，$x=\beta$ で極小となる。

◀$\alpha<\beta$ から。

$$\begin{aligned}f(\alpha)-f(\beta)&=(\alpha^3-\beta^3)-3(\alpha^2-\beta^2)+3a(\alpha-\beta)\\&=(\alpha-\beta)\{(\alpha^2+\alpha\beta+\beta^2)-3(\alpha+\beta)+3a\}\\&=(\alpha-\beta)\{(\alpha+\beta)^2-\alpha\beta-3(\alpha+\beta)+3a\}\end{aligned}$$

◀定数項 -2 は消える。

① で，解と係数の関係により　$\alpha+\beta=2$，$\alpha\beta=a$

よって　$(\alpha-\beta)^2=(\alpha+\beta)^2-4\alpha\beta=2^2-4\cdot a=4(1-a)$

$\alpha<\beta$ より $\alpha-\beta<0$ であるから　$\alpha-\beta=-2\sqrt{1-a}$

ゆえに　$$\begin{aligned}f(\alpha)-f(\beta)&=-2\sqrt{1-a}\,(2^2-a-3\cdot2+3a)\\&=-2\sqrt{1-a}\,\{-2(1-a)\}\\&=4(\sqrt{1-a})^3\end{aligned}$$

◀$1-a=(\sqrt{1-a})^2$

$f(\alpha)-f(\beta)=32$ であるから　$4(\sqrt{1-a})^3=32$

すなわち　$(\sqrt{1-a})^3=8$　　よって　$\sqrt{1-a}=2$

ゆえに，$1-a=4$ から　$\boldsymbol{a=-3}$　これは ② を満たす。

検討 $f(\alpha)-f(\beta)$ の計算は，第7章で学習する積分法を利用すると，らくである。

$$\begin{aligned}f(\alpha)-f(\beta)&=\int_\beta^\alpha f'(x)\,dx\\&=\int_\beta^\alpha 3(x-\alpha)(x-\beta)\,dx=3\left\{-\frac{1}{6}(\alpha-\beta)^3\right\}\end{aligned}$$

◀ p. 310 例題 164 (1)

これに $\alpha-\beta=-2\sqrt{1-a}$ を代入して，$f(\alpha)-f(\beta)=4(\sqrt{1-a})^3$ となる。

練習 148 関数 $f(x)=x^3+ax^2+bx+c$ が $x=\alpha$ で極大値，$x=\beta$ で極小値をとり，$f(\alpha)-f(\beta)=4$，$b=a^2-5$ となるとき，a の値を求めよ。　〔類 松山大〕

重要例題 149 4次関数が極大値をもたない条件 ★★★★☆

関数 $f(x)=x^4-8x^3+18kx^2$ が極大値をもたないとき，定数 k の値の範囲を求めよ。

〔福島大〕 ◀例題144

指針 **関数 $f(x)$ が $x=p$ で極大値をとる**

$\Longleftrightarrow$ $x=p$ の前後で導関数 $f'(x)$ の符号が正から負に変わる

x	$\cdots$	p	$\cdots$
$f'(x)$	$+$	0	$-$
$f(x)$	↗	極大	↘

したがって，4次関数 $f(x)$ が極大値をもたないための条件は

3次関数 $f'(x)$ の符号が正から負に変わる x の値が存在しない

ことである。

$y=f'(x)$ のグラフと x 軸との位置関係を考えると，グラフが x 軸に対して「上から下に交わる点がない」ということになる。

$f'(x)$ において x^3 の係数は正であるから，これは

曲線 $y=f'(x)$ と x 軸との共有点が2個以下

であることと同値である。

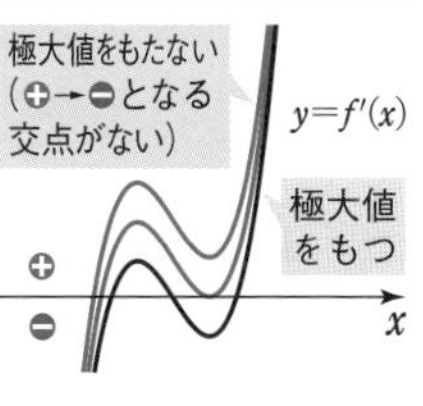

解答 $f'(x)=4x^3-24x^2+36kx=4x(x^2-6x+9k)$

関数 $f(x)$ が極大値をもたないための条件は

$f'(x)$ の符号が正から負に変わる x の値が存在しない …… ①

ことである。

3次関数 $f'(x)$ において，x^3 の係数は正であるから，① は

方程式 $f'(x)=0$ の異なる実数解が2個以下である

ことと同値である。

$f'(x)=0$ とすると　$x=0$　または　$x^2-6x+9k=0$

◀ $x=0$ は実数解であるから，② が $x\neq 0$ の実数解を2個もたなければよい。

2次方程式 $x^2-6x+9k=0$ …… ② について

[1] $x=0$ を解にもつとき

② に $x=0$ を代入して　$k=0$

◀ このとき $x=0$ (重解)，6

[2] 重解または虚数解をもつとき

② の判別式を D とすると　$D\leqq 0$

$\frac{D}{4}=(-3)^2-1\cdot 9k=9(1-k)$ であるから　$1-k\leqq 0$

よって　$k\geqq 1$

したがって，求める条件は　**$k=0$ または $k\geqq 1$**

参考 $y=f(x)$ のグラフは右の図のようになる。

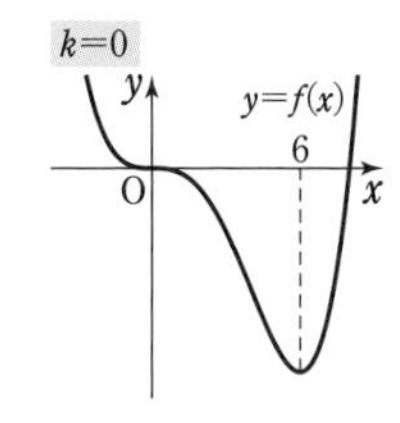

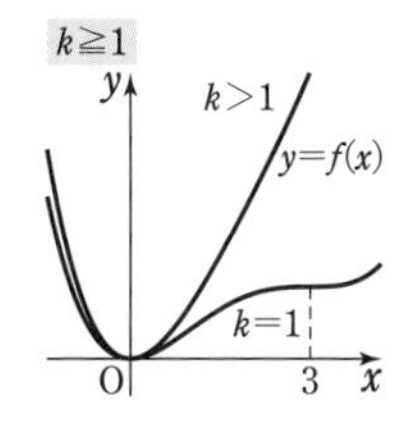

練習 149 $f(x)=x^4+4x^3+ax^2$ について，次の条件を満たす定数 a の値の範囲を求めよ。

(1) ただ1つの極値をもつ。　(2) 極大値と極小値をもつ。

➡ p. 301 演習 73

36 最大値・最小値

例 $f(x)=2x^3-3x^2-12x+4$ $(-2\leqq x\leqq 4)$ の最大値・最小値

$f'(x)=6x^2-6x-12=6(x+1)(x-2)$

$f'(x)=0$ とすると　$x=-1,\ 2$

$-2\leqq x\leqq 4$ における $f(x)$ の増減表は次のようになる。

x	-2	$\cdots$	-1	$\cdots$	2	$\cdots$	4
$f'(x)$		$+$	0	$-$	0	$+$	
$f(x)$	0	↗	極大 11	↘	極小 -16	↗	36

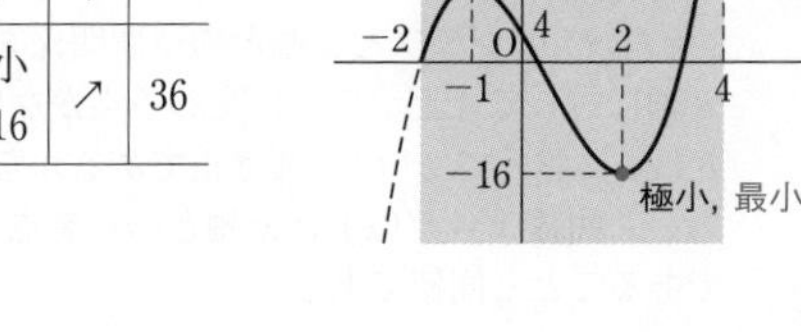

$11<36$, $0>-16$ であるから

$x=4$ で最大値 36,

$x=2$ で最小値 -16

上の 例 では，**増減表を利用** して，

最大値 は，**極大値** 11 と **端の値** 36
最小値 は，**端の値** 0 と **極小値** −16
を比較して決定している。

例 70 | 区間における関数の最大・最小 ★☆☆☆☆

次の関数の最大値と最小値を求めよ。また，そのときの x の値を求めよ。

(1) $y=x^3-6x^2+10$ $(-2\leqq x\leqq 3)$　(2) $y=3x^4-4x^3-12x^2$ $(-1\leqq x\leqq 3)$

指針 区間における最大・最小について，数学Ⅰで学んだのは

グラフを利用　端点に注目

であった。3 次以上の関数についても要領は同じであるが，

y' の符号の変化を調べよ　増減表を作れ

の方針で求める。

増減表の極値および端点の値のうち，最も大きな値が最大値，最も小さな値が最小値である。極大値・極小値が，必ずしも最大値・最小値ではないということに注意すること。

CHART》最大・最小

増減表を利用　極値と端の値に注意

$a\leqq x\leqq b$ 以外の区間における最大・最小も，同じように考えることができる。

注意 区間 $a\leqq x\leqq b$（これを **閉区間** という）においては常に最大値・最小値が存在する（詳しくは数学Ⅲで学習する）が，閉区間以外の区間については，最大値または最小値が存在しない場合がある。

例題 150 最大・最小の文章題（微分利用） ★★★☆☆

半径1の球面上の5点A，B_1，B_2，B_3，B_4 は，正方形 $B_1B_2B_3B_4$ を底面とする四角錐をなしている。この5点が球面上を動くとき，四角錐 $AB_1B_2B_3B_4$ の体積の最大値を求めよ。〔京都大〕 ◀例70

指針 文章題は **題意（求めたい量）を式で表す** ことが出発点。次の手順で考える。

[1] 変数を決めて，その変域を確かめる。 ◀扱いやすいように決める。

[2] 体積 V を変数を用いて表し，その最大値を求める。

CHART》 文章題　題意を式に　変数の変域に注意

解答 球面の中心をO，正方形 $B_1B_2B_3B_4$ の2本の対角線の交点をHとする。
四角錐 $AB_1B_2B_3B_4$ の体積が最大となるのは，底面 $B_1B_2B_3B_4$ に垂直でHを通る直線と球面との2つの交点のうち，Hに近くない方の交点がAとなるときである。
このとき，Oは線分AH上にある。

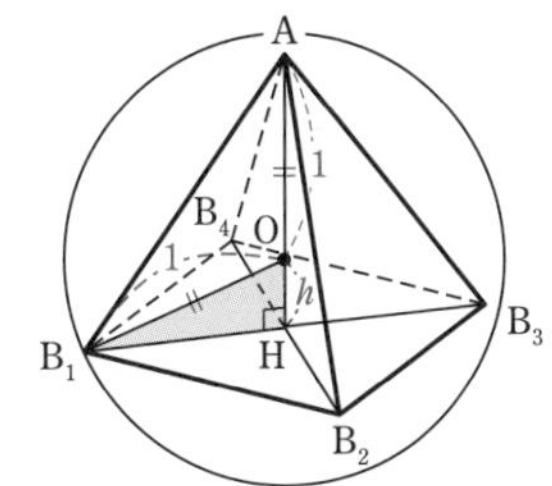

$OH=h$ とすると，三平方の定理から

$B_1H=\sqrt{1-h^2}$，$0<h<1$

四角錐 $AB_1B_2B_3B_4$ の体積を V とすると

$$V=\frac{1}{3}\cdot(\sqrt{2}\,B_1H)^2\cdot(1+h)$$

$$=\frac{2}{3}(1-h^2)(1+h)=\frac{2}{3}(-h^3-h^2+h+1)$$

よって $\dfrac{dV}{dh}=\dfrac{2}{3}(-3h^2-2h+1)$

$$=-\frac{2}{3}(h+1)(3h-1)$$

◀ V を h の関数で表し，h で微分する。

$\dfrac{dV}{dh}=0$ とすると　$h=-1，\dfrac{1}{3}$

$0<h<1$ における V の増減表は，右のようになる。

h	0	$\cdots$	$\frac{1}{3}$	$\cdots$	1
$\frac{dV}{dh}$		$+$	0	$-$	
V		↗	極大 $\frac{64}{81}$	↘	

よって，V は $h=\dfrac{1}{3}$ のとき極大かつ最大になる。

したがって，求める最大値は $\boldsymbol{\dfrac{64}{81}}$

練習 150 (1) 放物線 $y=9-x^2$ と x 軸との交点をA，Bとする。この放物線と x 軸とによって囲まれる図形に，線分ABを底辺にもつ台形を内接させるとき，このような台形の面積の最大値を求めよ。

(2) 底面の直径が6，高さが12の円錐に図のように底面を共有して内接する円柱を考える。

(ア) この円柱の底面の半径を r とするとき，円柱の高さを r で表せ。

(イ) この円柱の体積の最大値を求めよ。〔(2) 立教大〕

例題 151 いろいろな関数の最大・最小（微分利用 1） ★★★☆☆

$0 \leqq \theta \leqq 2\pi$ で定義された関数 $f(\theta)=8\sin^3\theta-3\cos 2\theta-12\sin\theta+7$ の最大値，最小値と，そのときの θ の値をそれぞれ求めよ。〔東京理科大〕 ◀例70

指針 $f(\theta)$ の式に θ と 2θ の三角関数が混在しているから，$p.192$ 例題 92 と同様に

倍角の公式を用いて　角を統一する。

$\sin\theta=x$ とおくと，$f(\theta)$ は x の 3 次関数になるから

CHART》 最大・最小　　増減表を利用　極値と端の値に注意

なお　**変数のおき換え　範囲に注意**　である。

解答 $f(\theta)=8\sin^3\theta-3\cos 2\theta-12\sin\theta+7$

$=8\sin^3\theta-3(1-2\sin^2\theta)-12\sin\theta+7$

$=8\sin^3\theta+6\sin^2\theta-12\sin\theta+4$

◀ **2 倍角の公式** $\cos 2\theta=1-2\sin^2\theta$

$\sin\theta=x$ とおくと，$0 \leqq \theta \leqq 2\pi$ から　$-1 \leqq x \leqq 1$ …… ①

◀ **変数のおき換え　範囲に注意**

$g(x)=8x^3+6x^2-12x+4$ とすると

$g'(x)=24x^2+12x-12=12(x+1)(2x-1)$

$g'(x)=0$ とすると　$x=-1, \frac{1}{2}$

① の範囲における $g(x)$ の増減表は右のようになる。

x	-1	…	$\frac{1}{2}$	…	1
$g'(x)$		$-$	0	$+$	
$g(x)$	14	↘	極小 $\frac{1}{2}$	↗	6

よって，$g(x)$ は $x=-1$ で最大値 14，

$x=\frac{1}{2}$ で最小値 $\frac{1}{2}$　をとる。

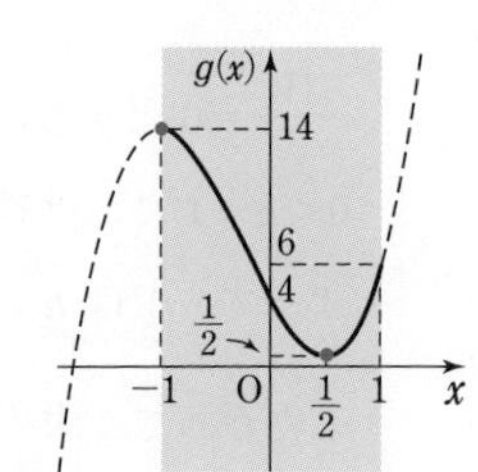

$\sin\theta=x$，$0 \leqq \theta \leqq 2\pi$ であるから

$x=-1$ のとき　$\theta=\frac{3}{2}\pi$

$x=\frac{1}{2}$ のとき　$\theta=\frac{\pi}{6}, \frac{5}{6}\pi$

ゆえに，$f(\theta)$ は

$\boldsymbol{\theta=\frac{3}{2}\pi}$ **で　最大値 14**

$\boldsymbol{\theta=\frac{\pi}{6}, \frac{5}{6}\pi}$ **で　最小値 $\frac{1}{2}$**

をとる。

練習 151 (1) $-\pi \leqq x \leqq \pi$ で定義された関数 $f(x)=3\sin x\sin 2x+\cos 3x$ がある。$f(x)$ を $\cos x$ の式で表し，$f(x)$ の最大値および最小値を求めよ。また，そのときの x の値を求めよ。〔長崎大〕

(2) $y=\sin^3 x-\cos^3 x$ $(0 \leqq x \leqq \pi)$ とする。〔類 熊本大〕

(ア) $\sin x-\cos x=t$ とおいて，y を t の式で表せ。

(イ) y の最大値，最小値と，そのときの x の値を求めよ。

➡ p. 301 演習 74

例題 152 いろいろな関数の最大・最小（微分利用 2） ★★★☆☆

(1) 関数 $f(x)=2^{3x}-3\cdot 2^x$ の最小値と，そのときの x の値を求めよ。

(2) 関数 $f(x)=\log_2 x+2\log_2(6-x)$ の最大値と，そのときの x の値を求めよ。

［(2) 熊本大］ ◀例題 151

指針 (1) 例題 151 と同様に **変数のおき換え** をする。$2^x=t$ とおくと，t の 3 次関数になる。

CHART》 最大・最小　増減表を利用　極値と端の値に注意
変数のおき換え　範囲に注意

(2) 真数条件から x の値の範囲を求める。
$f(x)=\log_2 x(6-x)^2$ であり，$f(x)=\log_2 g(x)$ とおくと，$g(x)$ は x の 3 次関数になる。底 2 は 1 より大きいから，$g(x)$ が最大のとき，$f(x)$ も最大になる。

解答 (1) $f(x)=(2^x)^3-3\cdot 2^x$

◀ $(2^3)^x=(2^x)^3$

$2^x=t$ とおくと　$t>0$ ……①

◀ 変数のおき換え
範囲に注意

$g(t)=t^3-3t$ とすると　$g'(t)=3t^2-3=3(t+1)(t-1)$

$g'(t)=0$ とすると　$t=-1,\ 1$

①の範囲における $g(t)$ の増減表は右のようになる。

t	0	$\cdots$	1	$\cdots$
$g'(t)$		$-$	0	$+$
$g(t)$		↘	極小 -2	↗

よって，$g(t)$ は $t=1$ で最小値 -2 をとる。

$t=1$ のとき，$2^x=1$ から　$x=0$

したがって，$f(x)$ は **$x=0$ で最小値 -2** をとる。

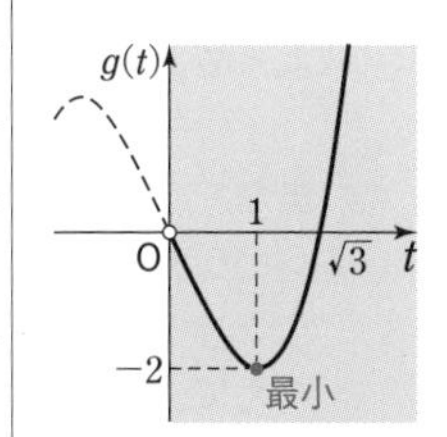

(2) 真数は正であるから　$x>0$ かつ $6-x>0$

すなわち　$0<x<6$ ……②

◀ **真数条件。**

このとき　$f(x)=\log_2 x+\log_2(6-x)^2=\log_2 x(6-x)^2$

◀ $k\log_a M=\log_a M^k$
$\log_a M+\log_a N=\log_a MN$

$g(x)=x(6-x)^2$ とすると　$f(x)=\log_2 g(x)$

$g(x)=x^3-12x^2+36x$ であるから

$g'(x)=3x^2-24x+36=3(x^2-8x+12)=3(x-2)(x-6)$

$g'(x)=0$ とすると　$x=2,\ 6$

②の範囲における $g(x)$ の増減表は右のようになる。

x	0	$\cdots$	2	$\cdots$	6
$g'(x)$		$+$	0	$-$	
$g(x)$		↗	極大 32	↘	

よって，$g(x)$ は $x=2$ で最大値 32 をとり，底 2 は 1 より大きいから，このとき $f(x)$ も最大となる。

ゆえに，$f(x)$ は **$x=2$ で最大値** $\log_2 32=$**5** をとる。

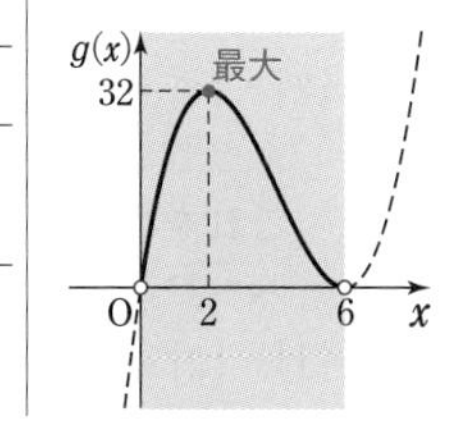

練習 152 (1) $x\leqq 0$ において，$y=3^{3x}-2\cdot 3^{2x}+3^x+3$ の最大値と，そのときの x の値を求めよ。

(2) 関数 $y=\log_2(2-x)+\log_{\sqrt{2}}(x+1)$ の最大値と，そのときの x の値を求めよ。

［(1) 類 愛知工大，(2) 類 弘前大］

6章 36 最大値・最小値

例題 153 最大値・最小値から3次関数の決定 ★★★☆☆

$0<a<3$ とする。関数 $f(x)=2x^3-3ax^2+b\ (0\leqq x\leqq 3)$ の最大値が 10，最小値が -18 のとき，定数 a，b の値を求めよ。

◀例 70

指針 ① 区間における増減表をかいて，$f(x)$ の値の変化を調べる。
② ① の増減表から最小値はわかるが，最大値は候補が 2 つ出てくる。よって，その**最大値の候補の大小を比較**し，a の値で場合分けをして最大値を a，b で表す。

解答 $f'(x)=6x^2-6ax=6x(x-a)$

$f'(x)=0$ とすると　$x=0,\ a$

$0<a<3$ であるから，$0\leqq x\leqq 3$ における $f(x)$ の増減表は次のようになる。

x	0	$\cdots$	a	$\cdots$	3
$f'(x)$	0	$-$	0	$+$	
$f(x)$	b	↘	極小 $b-a^3$	↗	$b-27a+54$

よって，最小値は $f(a)=b-a^3$ であり

$b-a^3=-18$ …… ①　　◀ (最小値)$=-18$

また，最大値は $f(0)=b$　または　$f(3)=b-27a+54$　　◀ **最大・最小** 極値と端の値に注意

$f(0)$ と $f(3)$ を比較すると

$f(3)-f(0)=-27a+54=-27(a-2)$　　◀ 大小比較は差を作れ

ゆえに　$0<a<2$ のとき　$f(0)<f(3)$

$2\leqq a<3$ のとき　$f(3)\leqq f(0)$

[1] $0<a<2$ のとき，最大値は　$f(3)=b-27a+54$

よって　$b-27a+54=10$　すなわち　$b=27a-44$　　◀ (最大値)$=10$

これを ① に代入して整理すると　$a^3-27a+26=0$

ゆえに　$(a-1)(a^2+a-26)=0$　　◀ 因数定理による。

よって　$a=1,\ \dfrac{-1\pm\sqrt{105}}{2}$

$0<a<2$ を満たすものは　$a=1$　　◀ 場合分けの条件を満たすかどうかを確認。

このとき，① から　$b=-17$

[2] $2\leqq a<3$ のとき，最大値は　$f(0)=b$

よって　$b=10$　　◀ (最大値)$=10$

これを ① に代入して整理すると　$a^3=28$

$28>3^3$ であるから，$a=\sqrt[3]{28}>3$ となり，不適。　　◀ 場合分けの条件を満たすかどうかを確認。

[1]，[2] から　$\boldsymbol{a=1,\ b=-17}$

練習 153 a，b は定数とし，$0<a<1$ とする。関数 $f(x)=x^3+3ax^2+b\ (-2\leqq x\leqq 1)$ の最大値が 1，最小値が -5 となるような a，b の値を求めよ。

［類 大阪市大］

重要例題 154 係数に文字を含む関数の最大・最小 ★★★★☆

a は正の定数とする。関数 $f(x)=-2x^3+3ax^2$ の $-1 \leqq x \leqq 3$ における最大値を a を用いて表せ。

◀例70

指針 係数に文字を含む関数であるが，基本方針は同じ。

増減表を利用　極値と端の値に注意

右の図のように，文字 a のとる値によって，$y=f(x)$ のグラフの形が変わる。最大値を求めるから，極大値をとる x の値 a が区間内にあるかないかで **場合分け** をする。更に，**極大値と端の値の大小比較** も必要になる（例題 155，156 も参照）。

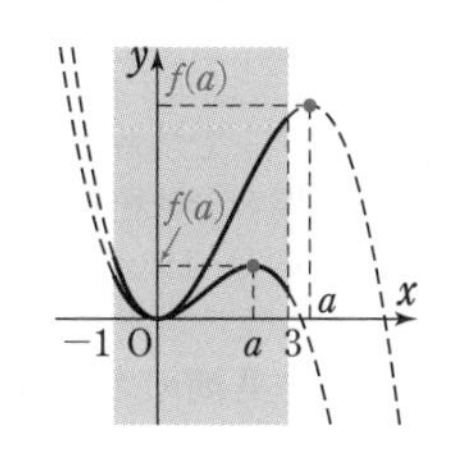

解答 $f'(x)=-6x^2+6ax=-6x(x-a)$

$f'(x)=0$ とすると　　$x=0,\ a$

$a>0$ であるから，$f(x)$ の増減表は右のようになる。

x	$\cdots$	0	$\cdots$	a	$\cdots$
$f'(x)$	$-$	0	$+$	0	$-$
$f(x)$	↘	極小	↗	極大	↘

[1]　$0<a<3$ のとき　　◀ 極大値が区間内にある。

x	-1	$\cdots$	0	$\cdots$	a	$\cdots$	3
$f'(x)$		$-$	0	$+$	0	$-$	
$f(x)$	$3a+2$	↘	0	↗	a^3	↘	$27a-54$

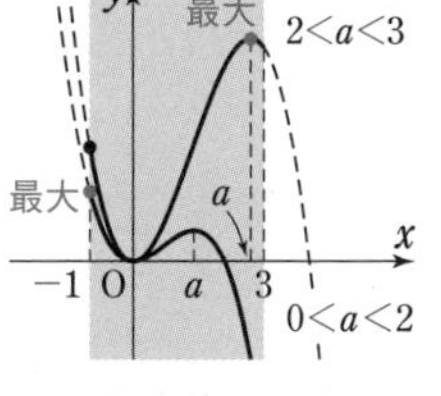

ここで　　$f(a)-f(-1)=a^3-(3a+2)=(a+1)^2(a-2)$

よって，$0<a<2$ のとき

$f(-1)>f(a)$ から，最大値は　$f(-1)=3a+2$

$a=2$ のとき　　$f(-1)=f(a)$ から，最大値は　$f(-1)=f(2)=8$

$2<a<3$ のとき　　$f(-1)<f(a)$ から，最大値は　$f(a)=a^3$

[2]　$a \geqq 3$ のとき　　◀ 極大値が区間の右外側にある。

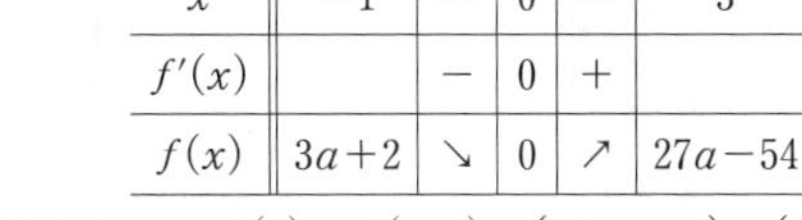

x	-1	$\cdots$	0	$\cdots$	3
$f'(x)$		$-$	0	$+$	
$f(x)$	$3a+2$	↘	0	↗	$27a-54$

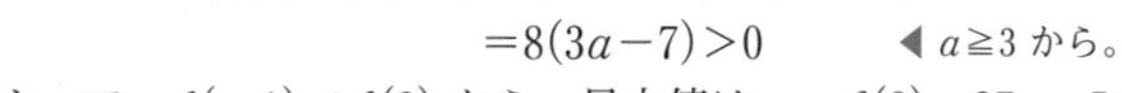

ここで　　$f(3)-f(-1)=(27a-54)-(3a+2)$

$=8(3a-7)>0$　　◀ $a \geqq 3$ から。

よって，$f(-1)<f(3)$ から，最大値は　　$f(3)=27a-54$

[1]，[2] から　　**$0<a<2$ のとき $x=-1$ で最大値 $3a+2$**

$a=2$ のとき　　$x=-1,\ 2$ で最大値 8

$2<a<3$ のとき $x=a$ で最大値 a^3

$3 \leqq a$ のとき　　$x=3$ で最大値 $27a-54$

練習 154 関数 $f(x)=\dfrac{x^3}{3}-s^2x+2s^2$ の，区間 $0 \leqq x \leqq 2$ における最小値を $g(s)$ とする。ただし，s は実数である。〔東京理科大〕

(1)　$g(s)$ を求めよ。　　(2)　関数 $t=g(s)$ のグラフをかけ。

➡ p. 301 演習 **75，76**

重要例題 155 区間に文字を含む関数の最大・最小 (1) ★★★☆☆

a は正の定数とする。$0 \leqq x \leqq a$ における関数 $y=-x^3+3x^2$ について，次の値を求めよ。

(1) 最大値　　　　(2) 最小値

指針 数学Ⅰで学習した，区間に文字を含む 2 次関数の最大・最小では，軸と区間の位置関係から場合分けをしたが，3 次関数では極値をとる x の値と区間の位置関係で場合分けをする。

区間は $0 \leqq x \leqq a$ であるが，文字 a の値が変わると，**区間の右端が動き**，右の図のように，**最大・最小となる場所が変わる**。よって，区間の右端の位置で **場合分け** をする。

$f(x)=-x^3+3x^2$ とする。

(1) 最大値は，次の 2 つの場合に分ける。

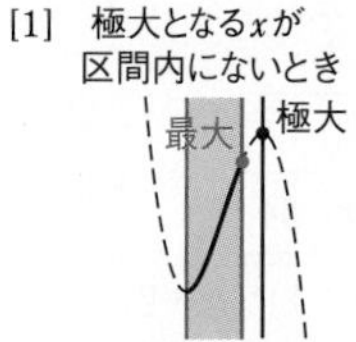

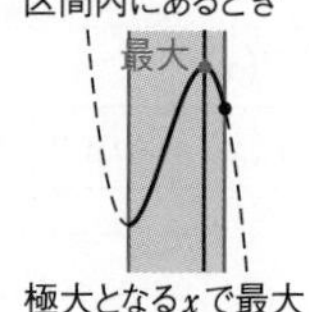

(2) 最小値は，区間の左端の値 $f(0)$ と右端の値 $f(a)$ の大小を比較して，次の 3 つの場合に分ける。

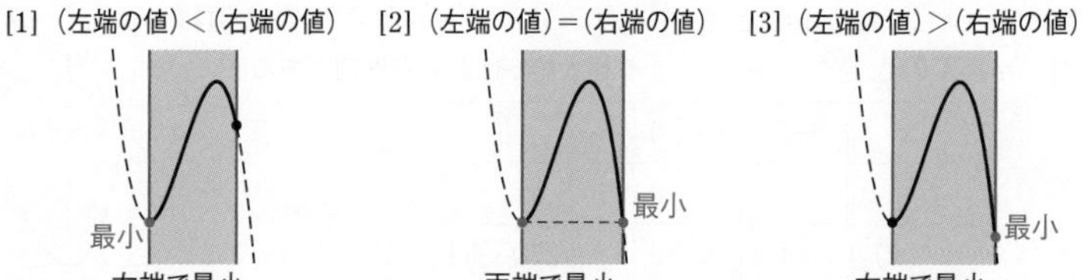

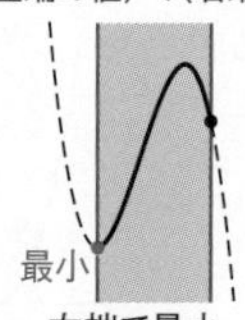

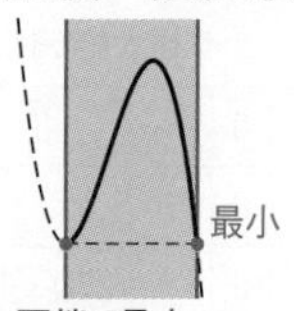

解答 $f(x)=-x^3+3x^2$ とする。

$$f'(x)=-3x^2+6x=-3x(x-2)$$

$f'(x)=0$ とすると　$x=0,\ 2$

$f(x)$ の増減表は次のようになる。

x	$\cdots$	0	$\cdots$	2	$\cdots$
$f'(x)$	$-$	0	$+$	0	$-$
$f(x)$	↘	極小 0	↗	極大 4	↘

よって，$y=f(x)$ のグラフは右の図のようになる。

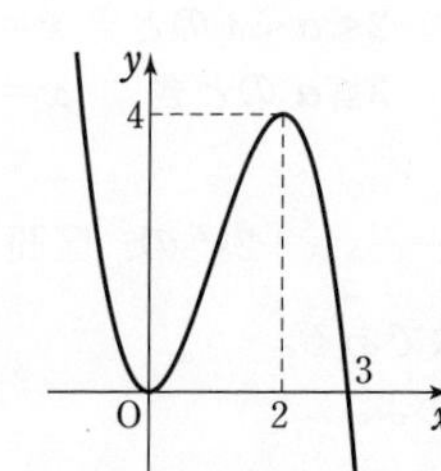

◀ まず，グラフをかく。

◀ $f(x)$ は $x=2$ で極大となる。また，グラフと x 軸の共有点の x 座標は $f(x)=-x^2(x-3)$ から　$x=0,\ 3$

(1) [1] $0<a<2$ のとき
右のグラフから，$x=a$ で最大値
$f(a)=-a^3+3a^2$ をとる。

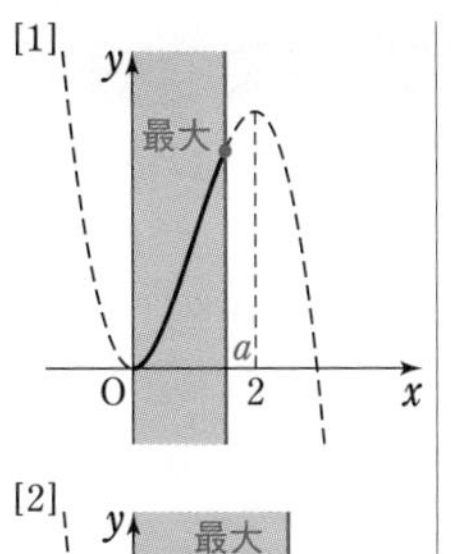

◀ 極大となる x の値 2 が区間内にない。

[2] $2\leqq a$ のとき
右のグラフから，$x=2$ で最大値
$f(2)=4$ をとる。
[1]，[2] から
$0<a<2$ のとき
$x=a$ で最大値 $-a^3+3a^2$
$2\leqq a$ のとき
$x=2$ で最大値 4

◀ 極大となる x の値 2 が区間内にある。
$a=2$ のときも成り立つことに注意。

(2) [1] $f(0)<f(a)$ すなわち
$0<a<3$ のとき
右のグラフから，$x=0$ で最小値
$f(0)=0$ をとる。

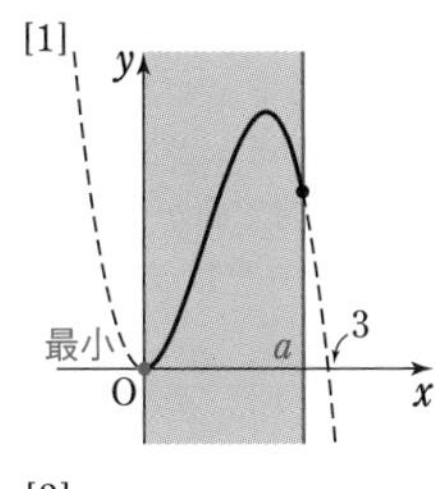

◀ (左端の値)
<(右端の値)

[2] $f(0)=f(a)$ すなわち
$a=3$ のとき
右のグラフから，$x=0$, 3 で最小値 $f(0)=f(3)=0$ をとる。

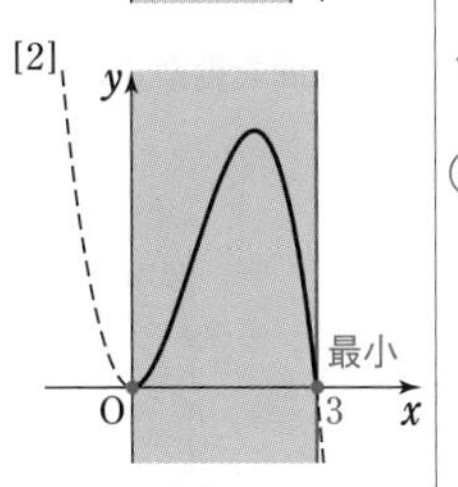

◀ (左端の値)
=(右端の値)

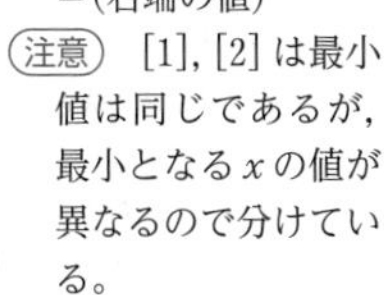
注意 [1], [2] は最小値は同じであるが，最小となる x の値が異なるので分けている。

[3] $f(0)>f(a)$ すなわち
$3<a$ のとき
右のグラフから，$x=a$ で最小値
$f(a)=-a^3+3a^2$ をとる。
以上から
$0<a<3$ のとき
$x=0$ で最小値 0
$a=3$ のとき
$x=0$, 3 で最小値 0
$3<a$ のとき　$x=a$ で最小値 $-a^3+3a^2$

◀ (左端の値)
>(右端の値)

練習 155 a は定数で，$a>1$ とする。$1\leqq x\leqq a$ における関数 $y=2x^3-9x^2+12x$ について，次の値を求めよ。
(1) 最小値　　(2) 最大値

重要例題 156 区間に文字を含む関数の最大・最小 (2) ★★★★☆

a は定数とし，関数 $f(x)=x^3-3x$ の $a \leqq x \leqq a+1$ における最小値を $m(a)$ とする。
(1) $y=f(x)$ のグラフをかけ。
(2) $f(a)=f(a+1)$ を満たす a の値を求めよ。
(3) a の値で場合を分けて，$m(a)$ を a の式で表せ。 〔類 中央大〕 ◀例題155

指針 例題 155 では，区間の左端が固定されていて，右端が動く問題であった。
本問は，区間の幅が一定で，区間全体が動く。

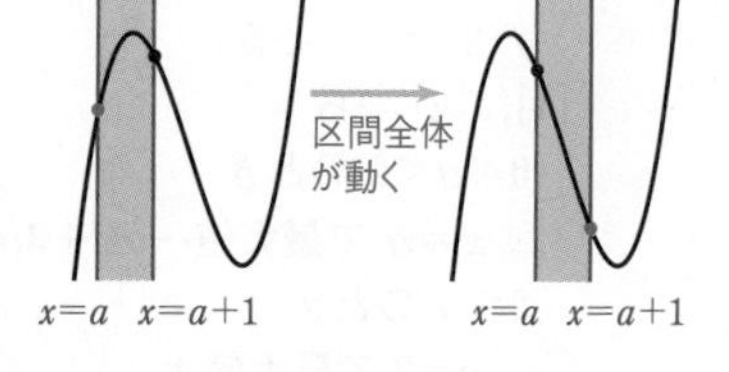

(3) 場合分けをするときは，次のことに注意する。
(i) 区間で単調増加のとき，区間の左端で最小。
(ii) 区間で単調減少のとき，区間の右端で最小。
区間内に両極値をとる x が同時に含まれないから
(iii) 区間内に極小となる x があるとき，極小となる x で最小。
(iv) 区間内に極大となる x があるとき，区間の両端で値の小さい方の x で最小。
(iv) の場合，区間の両端で値が等しくなる場合が境目となる。
すなわち，**$f(a)=f(a+1)$ となる a の値を求める** ことになるが，これは (2) で得られた a を用いればよい。

(1), (2) は (3) のヒント　結果を使う

上の方針で実際に区間を動かすと，次のようになる。

[1]−1

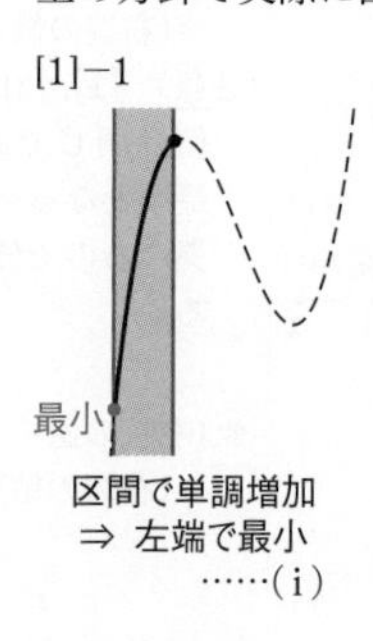

区間で単調増加
⇒ 左端で最小
……(i)

[1]−2

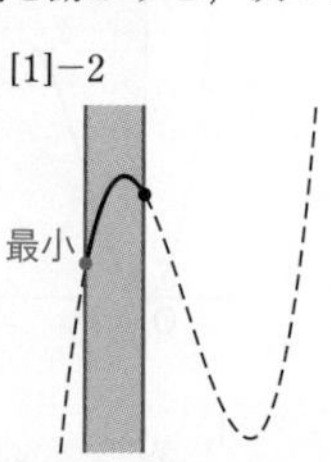

区間内に極大となる
xがあり左端で最小
……(iv)

[2]−1

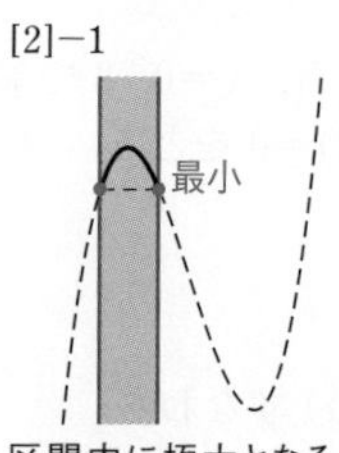

区間内に極大となる
xがあり両端で最小
……(iv)

[2]−2

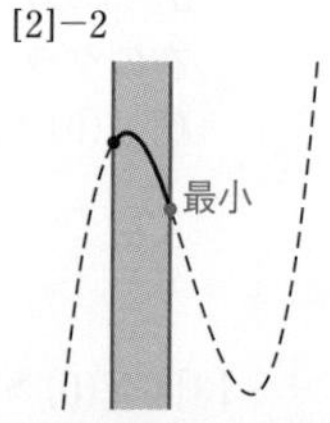

区間内に極大となる
xがあり右端で最小
……(iv)

[2]−3

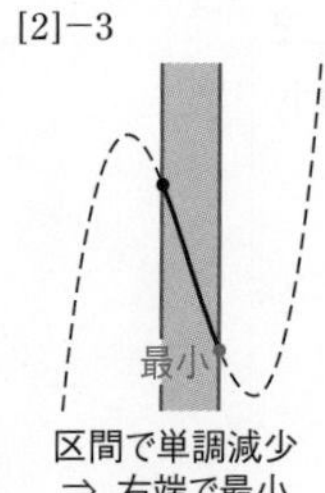

区間で単調減少
⇒ 右端で最小
……(ii)

[3]

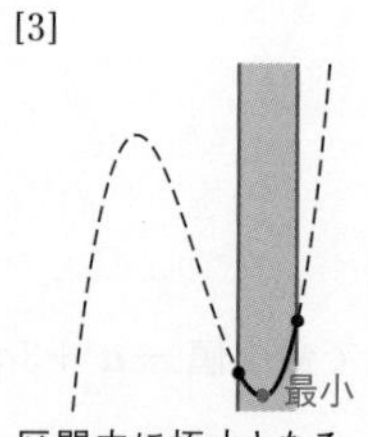

区間内に極小となる
xがあり極小となるx
で最小 ……(iii)

[4]

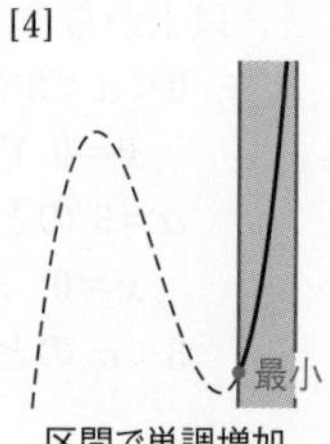

区間で単調増加
⇒ 左端で最小
……(i)

解答 (1) $f'(x)=3x^2-3=3(x+1)(x-1)$

$f'(x)=0$ とすると　　$x=-1,\ 1$

$f(x)$ の増減表は次のようになる。

x	$\cdots$	-1	$\cdots$	1	$\cdots$
$f'(x)$	$+$	0	$-$	0	$+$
$f(x)$	↗	極大 2	↘	極小 -2	↗

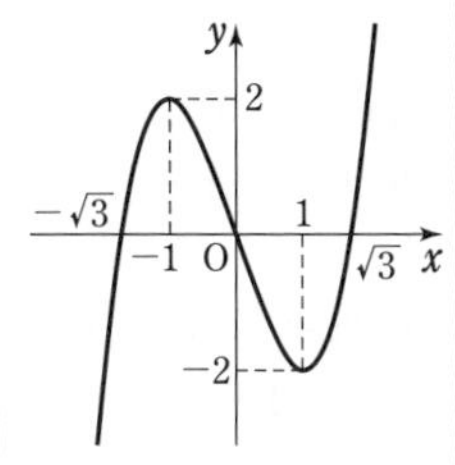

◀ $f(-x)=-f(x)$ から $y=f(x)$ のグラフは原点に関して対称。
$f(x)=x(x+\sqrt{3})\times(x-\sqrt{3})$

よって，$y=f(x)$ のグラフは **右図** のようになる。

(2) $f(a)=f(a+1)$ から　　$a^3-3a=(a+1)^3-3(a+1)$

整理して　$3a^2+3a-2=0$　　よって　$\boldsymbol{a=\dfrac{-3\pm\sqrt{33}}{6}}$

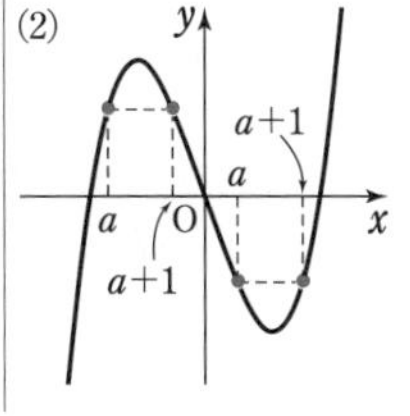

(3) 区間 $a\leqq x\leqq a+1$ 内に極大となる x があるとき，

$f(a)=f(a+1)$ となるのは $a=\dfrac{-3-\sqrt{33}}{6}$ の場合である。

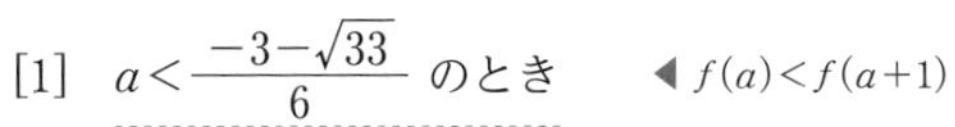

[1] $a<\dfrac{-3-\sqrt{33}}{6}$ のとき　◀ $f(a)<f(a+1)$

右のグラフから，$x=a$ で最小となり，最小値は

$m(a)=f(a)=a^3-3a$

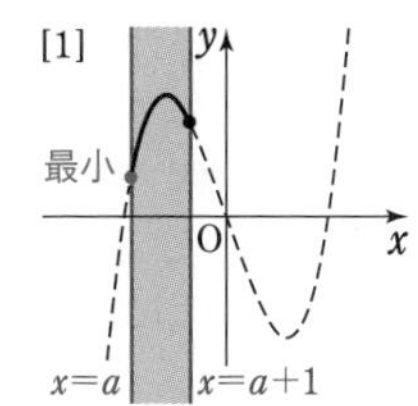

[2] $a\geqq\dfrac{-3-\sqrt{33}}{6}$ かつ $a+1<1$

すなわち $\dfrac{-3-\sqrt{33}}{6}\leqq a<0$ のとき

右のグラフから，$x=a+1$ で最小となり，最小値は

$m(a)=f(a+1)=(a+1)^3-3(a+1)$
$=a^3+3a^2-2$

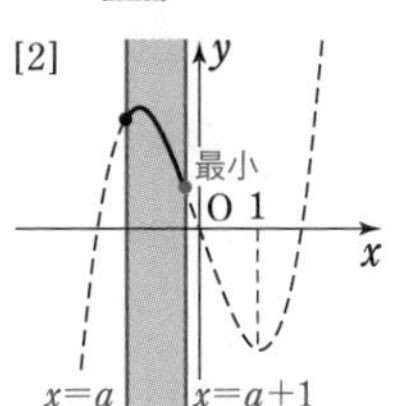

[3] $a<1\leqq a+1$ すなわち $0\leqq a<1$ のとき

右のグラフから，$x=1$ で最小となり，最小値は

$m(a)=f(1)=-2$

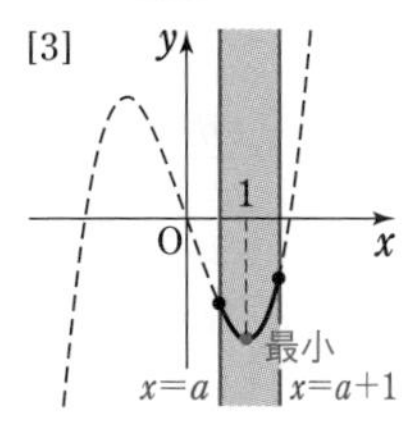

[4] $a\geqq1$ のとき

右のグラフから，$x=a$ で最小となり，最小値は

$m(a)=f(a)=a^3-3a$

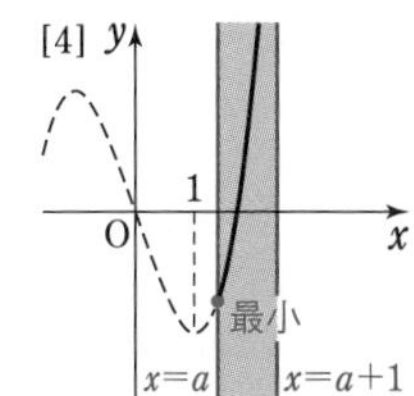

以上から

$\boldsymbol{a<\dfrac{-3-\sqrt{33}}{6}}$，$\boldsymbol{a\geqq1}$ **のとき**　$\boldsymbol{m(a)=a^3-3a}$

$\boldsymbol{\dfrac{-3-\sqrt{33}}{6}\leqq a<0}$ **のとき**　$\boldsymbol{m(a)=a^3+3a^2-2}$

$\boldsymbol{0\leqq a<1}$ **のとき**　$\boldsymbol{m(a)=-2}$

練習 156 a は定数とし，関数 $f(x)=x^3-6x^2+9x$ の $a\leqq x\leqq a+2$ における最大値を $M(a)$ とする。$M(a)$ を a の式で表せ。

重要例題 157 条件つきの最大・最小 ★★★★☆

x, y, z は $x+y+z=0$, $x^2+x-1=yz$ を満たす実数とする。
(1) x のとりうる値の範囲を求めよ。
(2) $P=x^3+y^3+z^3$ の最大値，最小値と，そのときの x の値を求めよ。

◀例70

指針 条件つきの最大・最小の問題であるから

CHART》 条件式　文字を減らす方針で使う

(1) x の範囲 ⟶ x を係数にもつ方程式を作り，**実数条件（判別式 $D\geqq 0$）を利用する。**
$z=-x-y$ を $x^2+x-1=yz$ に代入して，z を消去すると
$x^2+x-1=y(-x-y)$　　よって　　$y^2+xy+x^2+x-1=0$
y は実数であるから，$D=x^2-4(x^2+x-1)\geqq 0$ より x の値の範囲が求められる。
(2) x の値の範囲が出たら，P を x で表し，その最大・最小を求める。
P が x, y, z の対称式であるから，解答 のように **$y+z$, yz をペア** で扱うとよい。

解答 (1) 条件から　　$y+z=-x$,　　$yz=x^2+x-1$
よって，y, z は　$t^2+xt+(x^2+x-1)=0$　…… ①
の解である。
y, z は実数であるから，t の 2 次方程式 ① は実数解をもつ。
ゆえに，2 次方程式 ① の判別式を D とすると　　$D\geqq 0$
$D=x^2-4\cdot 1\cdot(x^2+x-1)=-3x^2-4x+4$
$D\geqq 0$ から　　$3x^2+4x-4\leqq 0$　　よって　　$(x+2)(3x-2)\leqq 0$
ゆえに　　$\boldsymbol{-2\leqq x\leqq \dfrac{2}{3}}$　…… ②

◀ y, z を解とする 2 次方程式は $t^2-(y+z)t+yz=0$

(2) $P=x^3+y^3+z^3=x^3+(y+z)^3-3yz(y+z)$
$=x^3+(-x)^3-3(x^2+x-1)\cdot(-x)=3x^3+3x^2-3x$
よって　$\dfrac{dP}{dx}=9x^2+6x-3=3(3x^2+2x-1)$
$=3(x+1)(3x-1)$
$\dfrac{dP}{dx}=0$ とすると　　$x=-1$, $\dfrac{1}{3}$
② の範囲における P の増減表は右のようになる。

x	-2	…	-1	…	$\frac{1}{3}$	…	$\frac{2}{3}$
$\frac{dP}{dx}$		$+$	0	$-$	0	$+$	
P	-6	↗	極大 3	↘	極小 $-\frac{5}{9}$	↗	$\frac{2}{9}$

したがって，P は
$x=-1$ で最大値 3，$x=-2$ で最小値 -6 をとる。

練習 157 (1) x, y, z は $x+y+z=1$, $xy+yz+zx=-8$ を満たす実数とする。
(ア) x のとりうる値の範囲を求めよ。
(イ) $P=x^3+y^3+z^3$ のとりうる値の範囲を求めよ。
(2) 実数 x, y が条件 $x^2+xy+y^2=6$ を満たしながら動くとき，
$x^2y+xy^2-x^2-2xy-y^2+x+y$ がとりうる値の範囲を求めよ。　〔(2) 京都大〕

➡ p. 302 演習 77

37 グラフと方程式・不等式

例 **方程式 $x^3-3x^2+3=0$ の実数解**

$f(x)=x^3-3x^2+3$ とする。

$f'(x)=3x^2-6x=3x(x-2)$

x	$\cdots$	0	$\cdots$	2	$\cdots$
$f'(x)$	+	0	−	0	+
$f(x)$	↗	極大 3	↘	極小 −1	↗

また　　$f(-1)=-1$，$f(1)=1$，$f(3)=3$

$y=f(x)$ のグラフの概形は右の図のようになり，

x 軸と 3 点で交わる。したがって，実数解の個数は 3 個。

その解は $-1<x<0$，$1<x<2$，$2<x<3$ の範囲に 1 個ずつある。

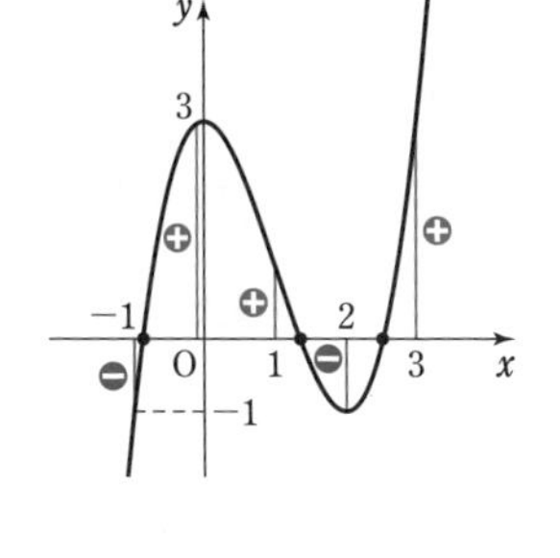

例 71 方程式の実数解の個数 (1) ★☆☆☆☆

次の方程式の実数解について，正の解，負の解の個数をそれぞれ求めよ。

(1) $x^3+3x^2-9x-9=0$　　(2) $x^3-6x^2+9x-5=0$

(3) $x^3-3x+1=0$　　(4) $x^4-6x^2-8x-3=0$

指針 上の 例 のように，方程式 $f(x)=0$ の実数解は，$y=f(x)$ のグラフと x 軸の共有点の x 座標であることを利用する。

CHART 》　**共有点 ⟺ 実数解**

必ずグラフをかくようにし，増減表と極値だけから判別しないようにする。

例 72 方程式の実数解の個数 (2) ★★☆☆☆

3 次方程式 $2x^3-6x+a=0$ の異なる実数解の個数は，定数 a の値によってどのように変わるかを調べよ。

指針 ここでも，**共有点 ⟺ 実数解** に従って調べればよい。

方程式の左辺をそのまま $y=2x^3-6x+a$ とおいたグラフと x 軸との共有点について調べても解けるが，このグラフは a の値とともに上下に平行移動するから，答案が書きにくい（右図）。

そこで，次の方針で解く。

文字定数の入った方程式　文字定数を分離する

方程式を $\boldsymbol{f(x)=a}$ の形に変形して $y=f(x)$ のグラフを **固定** し，曲線 $y=f(x)$ と直線 $y=a$（x 軸に平行）の共有点について，直線を動かして考察するとよい。

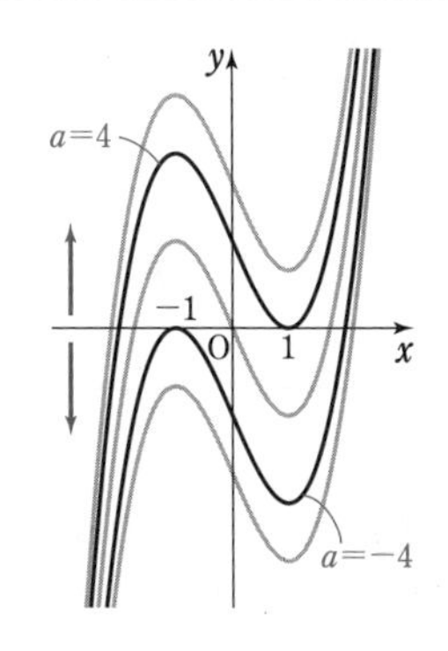

例題 158 方程式の実数解の個数 (3) ★★★☆☆

3 次方程式 $x^3-3a^2x+4a=0$ が異なる 3 個の実数解をもつとき，定数 a の値の範囲を求めよ。 〔昭和薬大〕

指針 前ページの例 72 とは違い，方程式を $f(x)=a$ の形にすることができない。
そこで，$y=x^3-3a^2x+4a$ のグラフを考えて

3 次方程式が異なる 3 つの実数解をもつ

$\Longleftrightarrow$ グラフと x 軸が異なる 3 点で交わる

$\Longleftrightarrow$ **(極大値)>0 かつ (極小値)<0**

$\Longleftrightarrow$ (極大値)×(極小値)<0

◀ 3 次関数では (極大値)$>$(極小値)

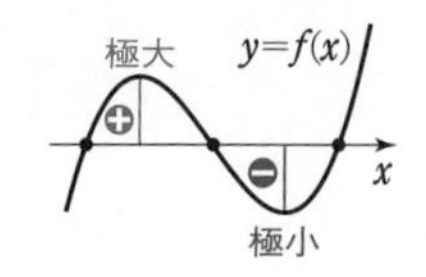

解答 $f(x)=x^3-3a^2x+4a$ とする。

3 次方程式 $f(x)=0$ が異なる 3 つの実数解をもつための条件は，3 次関数 $f(x)$ が極値をもち，極大値と極小値が異符号になることである。

$$f'(x)=3x^2-3a^2=3(x+a)(x-a)$$

$f'(x)=0$ とすると　$x=\pm a$　よって　$a\neq 0$

◀ $f(x)$ が極値をもつ $\Longleftrightarrow$ $f'(x)=0$ が異なる 2 つの実数解をもつ。

$f(x)$ の増減表は次のようになる。

$a>0$ のとき

x	$\cdots$	$-a$	$\cdots$	a	$\cdots$
$f'(x)$	$+$	0	$-$	0	$+$
$f(x)$	↗	極大	↘	極小	↗

$a<0$ のとき

x	$\cdots$	a	$\cdots$	$-a$	$\cdots$
$f'(x)$	$+$	0	$-$	0	$+$
$f(x)$	↗	極大	↘	極小	↗

$f(-a)f(a)<0$ から　$(2a^3+4a)(-2a^3+4a)<0$

◀ a の符号によらないで $f(-a)f(a)<0$ が条件。

すなわち　$4a^2(a^2+2)(a^2-2)>0$

$4a^2(a^2+2)>0$ であるから　$a^2-2>0$

◀ $a\neq 0$ から $a^2>0$

したがって　$\boldsymbol{a<-\sqrt{2},\ \sqrt{2}<a}$

検討 3 次方程式 $f(x)=0$ の異なる実数解の個数と極値の関係をグラフを用いてまとめると，次のようになる。

① 実数解が 1 個 極値が同符号　または　極値なし	② 実数解が 2 個 極値の一方が 0	③ 実数解が 3 個 極値が異符号
α　β　x	α　β　x	α　β　x
$f(\alpha)f(\beta)>0$	$f(\alpha)f(\beta)=0$	$f(\alpha)f(\beta)<0$

練習 158 x についての方程式 $2x^3-(3a+1)x^2+2ax+b=0$ が異なる 2 つの実数解をもつときの定数 a，b の条件を求めよ。 〔山口大〕 ➡ p. 302 演習 79

重要例題 159 与えられた点を通る接線の本数(1) ★★★★☆

曲線 $C: y=x^3+3x^2+x$ の接線で，点 $\mathrm{A}(1,\ a)$ を通るものが 3 本あるとき，定数 a の値の範囲を求めよ。 〔類 北海道教育大〕 ◀例72

指針 点 $(1,\ a)$ を通る接線は，$p.266$ 例題 137 と同じように，接点の x 座標を文字（ここでは t）で表して方程式を作り，それが点 $(1,\ a)$ を通ると考える。そのときの **t の個数** から **接線の本数** を調べる。
ただし，次のことに注意する。

3 次関数のグラフでは
接点の x 座標が異なると接線も異なる

この 3 次関数の性質を利用する。 ◀ 証明は検討参照。

解答 $y'=3x^2+6x+1$ であるから，C 上の点 $(t,\ t^3+3t^2+t)$ における接線の方程式は

$$y-(t^3+3t^2+t)=(3t^2+6t+1)(x-t)$$

よって $y=(3t^2+6t+1)x-2t^3-3t^2$

この接線が点 $(1,\ a)$ を通るとすると

$$a=(3t^2+6t+1)\cdot 1-2t^3-3t^2 \quad すなわち$$

$$-2t^3+6t+1=a \quad \cdots\cdots ①$$

◀ **定数 a を分離。**

3 次関数のグラフでは，接点が異なると接線も異なるから (*)，t の 3 次方程式 ① が異なる 3 つの実数解をもつように a の値を定めればよい。

$f(t)=-2t^3+6t+1$ とすると

$$f'(t)=-6t^2+6=-6(t+1)(t-1)$$

$f'(t)=0$ とすると $t=\pm 1$

$f(t)$ の増減表は右のようになり，$y=f(t)$ のグラフと直線 $y=a$ の共有点の個数を調べると，求める a の値の範囲は

$$-3<a<5$$

t	$\cdots$	-1	$\cdots$	1	$\cdots$
$f'(t)$	$-$	0	$+$	0	$-$
$f(t)$	↘	極小 -3	↗	極大 5	↘

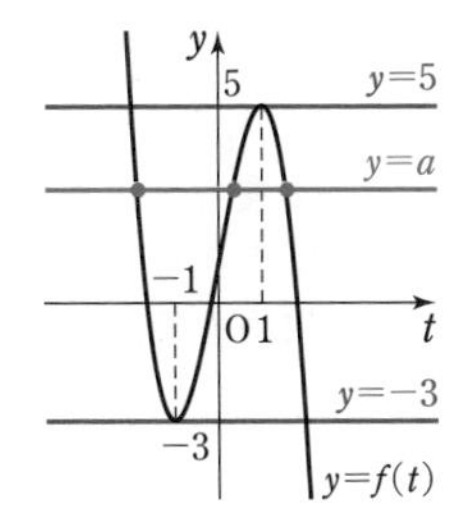

「接点が異なる ⟹ 接線が異なる」の証明

3 次関数 $y=g(x)$ のグラフに直線 $y=mx+n$ が $x=\alpha,\ \beta\ (\alpha \neq \beta)$ で接すると仮定すると

$$g(x)-(mx+n)=k(x-\alpha)^2(x-\beta)^2 \quad (k \neq 0)$$

◀ 接点 ⟺ 重解

の形の等式が成り立つはずである。ところが，この左辺は 3 次式，右辺は 4 次式であり矛盾している。よって，3 次関数のグラフでは接点が異なると接線も異なる。
これに対して，例えば 4 次関数のグラフは，異なる 2 点で接する直線がありうる（$p.270$ 例題 141 参照）。したがって，上の 解答 で (*) の断り書きは重要である。

練習 159 曲線 $C: y=x^3-9x^2+15x-7$ の接線で，点 $\mathrm{A}(0,\ a)$ を通るものの本数は，定数 a の値によってどのように変わるか。

重要例題 160 与えられた点を通る接線の本数 (2) ★★★★☆

$f(x)=x^3-x$ とする。xy 平面上の点 $(p,\ q)$ から曲線 $C:y=f(x)$ に 3 本の接線を引くことができるとき，$p,\ q$ の条件を求めよ。また，その条件を満たす点 $(p,\ q)$ の範囲を図示せよ。

〔類 早稲田大〕 ◀例題158

指針 前ページの例題 159 と考え方は同様である。
曲線 C 上の点 $(t,\ f(t))$ における接線の方程式を求め，それが点 $(p,\ q)$ を通ることから，t の 3 次方程式を導く。
3 次関数のグラフでは，接点が異なれば接線も異なる から，
接線が 3 本存在 する ⟺ 接点が 3 個ある
⟺ **3 次方程式が異なる 3 個の実数解をもつ** …… Ⓐ
Ⓐ の条件を $p,\ q$ の式で表す。

解答 $f'(x)=3x^2-1$ であるから，曲線 C 上の点 $(t,\ f(t))$ における接線の方程式は

$$y-(t^3-t)=(3t^2-1)(x-t) \quad \text{すなわち} \quad y=(3t^2-1)x-2t^3$$

この接線が点 $(p,\ q)$ を通るとすると　$q=(3t^2-1)p-2t^3$

よって　$2t^3-3pt^2+p+q=0$ …… ①

3 次関数のグラフでは，接点が異なれば接線も異なるから，点 $(p,\ q)$ から C に 3 本の接線を引くことができるための条件は，t の 3 次方程式 ① が異なる 3 個の実数解をもつことである。

よって，$g(t)=2t^3-3pt^2+p+q$ とすると，$g(t)$ は極値をもち，極大値と極小値の積が負となる。

$g'(t)=6t^2-6pt=6t(t-p)$ であるから

$$p\neq 0 \quad \text{かつ} \quad g(0)g(p)<0$$

◀ $t=0,\ p\ (\neq 0)$ で極値をとる。

$g(0)g(p)<0$ から　$\boldsymbol{(p+q)(-p^3+p+q)<0}$ …… ②

◀ p. 294 検討参照。

② で $p=0$ とすると，$q^2<0$ となり，これを満たす実数 q は存在しない。ゆえに，条件 $p\neq 0$ は ② に含まれるから，求める条件は ② である。

② から　$\begin{cases} p+q>0 \\ -p^3+p+q<0 \end{cases}$ または $\begin{cases} p+q<0 \\ -p^3+p+q>0 \end{cases}$

$\therefore$　$\begin{cases} q>-p \\ q<p^3-p \end{cases}$ または $\begin{cases} q<-p \\ q>p^3-p \end{cases}$

したがって，点 $(p,\ q)$ の存在範囲は **右の図の斜線部分。ただし，境界線を含まない。**

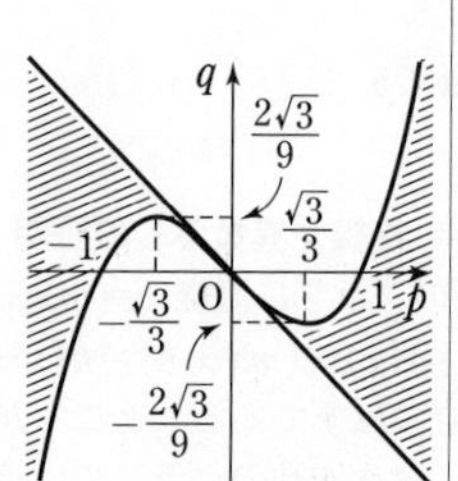

◀ $q=p^3-p$ のとき
$q'=3p^2-1$
$q'=0$ から $p=\pm\frac{\sqrt{3}}{3}$
$p=\pm\frac{\sqrt{3}}{3}$ のとき
$q=\mp\frac{2\sqrt{3}}{9}$（複号同順）

◀ 直線 $q=-p$ は曲線 $q=p^3-p$ の原点Oにおける接線（$p=0$ のとき $q'=-1$）

練習 160 $f(x)=-x^3+3x$ とし，関数 $y=f(x)$ のグラフを曲線 C とする。点 $(u,\ v)$ を通る曲線 C の接線が 3 本存在するための $u,\ v$ の満たすべき条件を求めよ。また，その条件を満たす点 $(u,\ v)$ の存在範囲を図示せよ。

➡ p. 302 演習 **80，81**

3次関数のグラフの接線の本数

一般の3次関数のグラフの接線で，定点Pを通るものの本数について調べてみよう。

p.278 検討で述べたように，3次関数のグラフは変曲点に関して対称である。よって，変曲点が原点に移るように平行移動すると原点に関して対称となり，グラフの方程式は $y=ax^3+bx$ $(a\neq0)$ と表される。3次関数をこの形と仮定して，次の問題を考える。

問題 曲線 $y=ax^3+bx$ …… ① の接線で，定点 $\mathrm{P}(p,\ q)$ を通るものの本数は，Pの位置によってどのように変わるか。ただし，a，b は定数で $a>0$ とする。

① 上の点 $(t,\ at^3+bt)$ における接線の方程式は，$y'=3ax^2+b$ から $\quad y-(at^3+bt)=(3at^2+b)(x-t)$

すなわち $\quad y=(3at^2+b)x-2at^3$

この直線が点 $\mathrm{P}(p,\ q)$ を通るとすると $\quad q=(3at^2+b)p-2at^3$

整理して $\quad 2at^3-3apt^2+q-bp=0$ …… ②

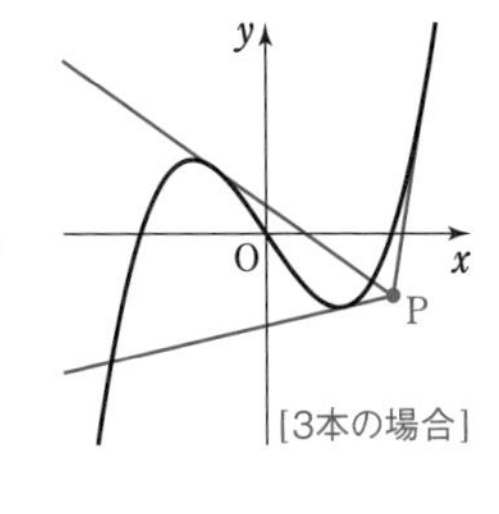

[3本の場合]

3次関数のグラフでは，接点が異なれば接線も異なるから，t の3次方程式 ② の異なる実数解の個数が接線の本数となる。

$f(t)=2at^3-3apt^2+q-bp$ とする。

$f'(t)=6at^2-6apt=6at(t-p)$ であり，$f'(t)=0$ とすると $\quad t=0,\ p$

[1] $p\neq0$ のとき，3次関数 $f(t)$ は極値 $f(0)$，$f(p)$ をもつ。

◀ $f(0)=q-bp$
$f(p)=-ap^3+q-bp$

◀ p.294 検討参照。

(i) $f(0)f(p)<0$ のとき $\quad \boldsymbol{(q-bp)(-ap^3+q-bp)<0}$

よって $\begin{cases} q<bp \\ q>ap^3+bp \end{cases}$ または $\begin{cases} q>bp \\ q<ap^3+bp \end{cases}$

このとき，② の異なる実数解は3個で，**接線の本数は3本**。

(ii) $f(0)f(p)=0$ のとき $\quad \boldsymbol{(q-bp)(-ap^3+q-bp)=0}$

よって $\quad q=bp$ または $q=ap^3+bp$

このとき，② の異なる実数解は2個で，**接線の本数は2本**。

(iii) $f(0)f(p)>0$ のとき $\quad \boldsymbol{(q-bp)(-ap^3+q-bp)>0}$

よって $\begin{cases} q<bp \\ q<ap^3+bp \end{cases}$ または $\begin{cases} q>bp \\ q>ap^3+bp \end{cases}$

このとき，② の実数解は1個で，**接線の本数は1本**。

[2] $\boldsymbol{p=0}$ **のとき**，$f'(t)=6at^2\geqq0$ で，$f(t)$ は単調に増加する。

このとき，② の異なる実数解は1個で，**接線の本数は1本**。

[1]，[2] から，点Pの存在範囲を図示すると，次のようになる。

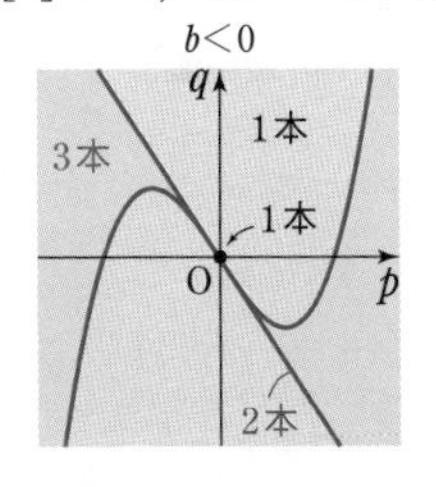

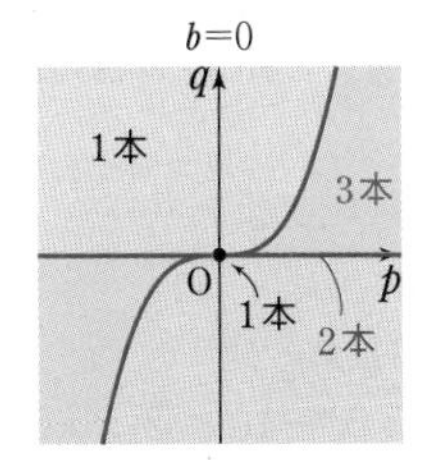

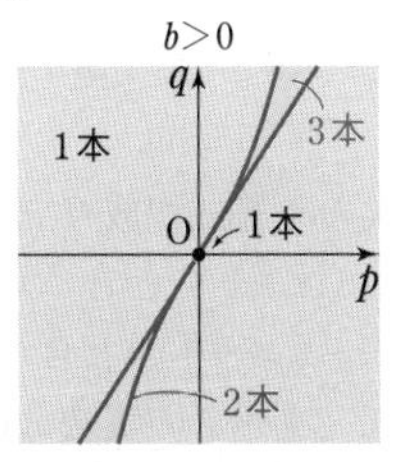

例題 161 不等式の証明 ★★☆☆☆

次の不等式が成り立つことを証明せよ。(2) で n は自然数とする。

(1) $x \geqq 0$ のとき　$2x^3+1 \geqq 3x^2$　　　(2) $x>1$ のとき　$x^{n+1}+n>(n+1)x$

指針 (1) **大小比較は差を作れ** に従って，$f(x)=(2x^3+1)-3x^2$ とし，この関数の値の変化を調べて **(最小値)≧0** を示す方針で解決する。

(2) (1) と同様，**差を作って**，$f(x)=(x^{n+1}+n)-(n+1)x$ の値の変化を調べる。

解答 (1) $f(x)=(2x^3+1)-3x^2$ $(x \geqq 0)$ とすると

$$f'(x)=6x^2-6x=6x(x-1)$$

$f'(x)=0$ とすると　　$x=0,\ 1$

$x \geqq 0$ における $f(x)$ の増減表は右のようになる。

x	0	$\cdots$	1	$\cdots$
$f'(x)$		$-$	0	$+$
$f(x)$	1	↘	極小 0	↗

よって，$x \geqq 0$ のとき $f(x)$ は $x=1$ で最小値 0 をとる。

ゆえに，$x \geqq 0$ のとき

$$f(x)=(2x^3+1)-3x^2 \geqq 0$$

したがって　　$2x^3+1 \geqq 3x^2$　　◀ $x=1$ のとき等号成立。

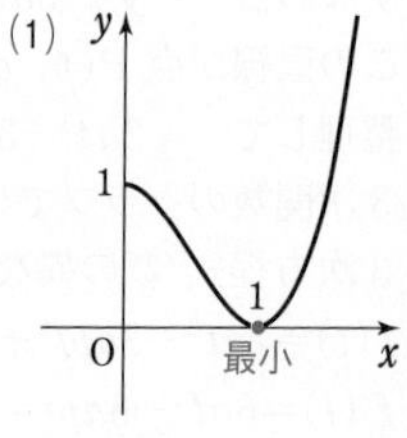

(2) $f(x)=(x^{n+1}+n)-(n+1)x$ $(x \geqq 1)$ とすると

$$f'(x)=(n+1)x^n-(n+1)=(n+1)(x^n-1)$$

$n \geqq 1$ であるから，$x>1$ では

$$x^n>1$$

よって，$x>1$ のとき　　$f'(x)>0$

$f(x)$ の増減表は右のようになる。

x	1	$\cdots$
$f'(x)$		$+$
$f(x)$	0	↗

ゆえに，$x \geqq 1$ のとき $f(x)$ は単調に増加し，$x>1$ のとき

$$f(x)>f(1)=0$$

よって　　$(x^{n+1}+n)-(n+1)x>0$

したがって　　$x^{n+1}+n>(n+1)x$

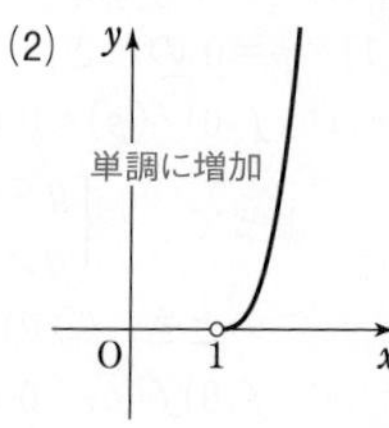

(注意) (2) では，$f(x)$ $[x>1]$ に最小値が存在しないため，$x \geqq 1$ に対して $f(x)$ を定義した。

CHART》不等式の問題

1 大小比較は差を作れ

2 常に正 ⟺ (最小値)>0

1 $f(x)>g(x) \iff$ **差** $f(x)-g(x)>0$，　$f(x)=g(x) \iff$ **差** $f(x)-g(x)=0$

2 $f(x)$ に最小値が存在するとき　　**$f(x)$ が常に正 ⟺ {$f(x)$ の最小値}>0**

練習 161 次の不等式が成り立つことを証明せよ。

(1) $x>1$ のとき　$x^3+3>3x$

(2) $x \geqq -4$ のとき　$x^3-7>12(x-2)$

(3) すべての実数 x に対して　$x^4-16 \geqq 32(x-2)$

重要例題 162 不等式の成立条件 ★★★★☆

不等式 $3a^2x-x^3 \leqq 16$ が $x \geqq 0$ に対して常に成り立つような定数 a の値の範囲を求めよ。

指針 **大小比較は差を作れ** に従って，差を作ると　$16-(3a^2x-x^3) \geqq 0$
よって，$x \geqq 0$ での $f(x)=16-(3a^2x-x^3)$ の **(最小値)≧0** を示せばよい。
なお，$f'(x)=3x^2-3a^2=3(x+a)(x-a)$ となり，a の符号によって最小値をとる x の値が変わる ⟶ $a>0$，$a=0$，$a<0$ で **場合に分ける**。

解答 不等式を変形すると　$x^3-3a^2x+16 \geqq 0$
$f(x)=x^3-3a^2x+16$ とすると　$f'(x)=3x^2-3a^2=3(x+a)(x-a)$
$f'(x)=0$ とすると　$x=\pm a$
求めるものは，「$x \geqq 0$ のとき $f(x) \geqq 0$」…… ① を満たす a の値の範囲である。
以下，$x \geqq 0$ の範囲で考える。

[1] $a>0$ のとき
$f(x)$ の増減表は右のようになる。

x	0	…	a	…
$f'(x)$		$-$	0	$+$
$f(x)$		↘	$-2a^3+16$	↗

① を満たすための条件は　$-2a^3+16 \geqq 0$
よって　$a^3-8 \leqq 0$
ゆえに　$(a-2)(a^2+2a+4) \leqq 0$
$a^2+2a+4=(a+1)^2+3>0$ であるから
　$a-2 \leqq 0$
したがって　$a \leqq 2$
これと $a>0$ との共通範囲を求めて　$0<a \leqq 2$

[2] $a=0$ のとき
$f'(x)=3x^2 \geqq 0$ で，$f(x)$ は $x=0$ で最小となり
　$f(x) \geqq f(0)=16$
よって，$a=0$ は ① を満たす。

◀ $f(x)$ は $x \geqq 0$ で **単調増加**。

[3] $a<0$ のとき
$f(x)$ の増減表は右のようになる。

x	0	…	$-a$	…
$f'(x)$		$-$	0	$+$
$f(x)$		↘	$2a^3+16$	↗

① を満たすための条件は　$2a^3+16 \geqq 0$
よって　$a^3+8 \geqq 0$
ゆえに　$(a+2)(a^2-2a+4) \geqq 0$
$a^2-2a+4=(a-1)^2+3>0$ であるから
　$a+2 \geqq 0$
したがって　$a \geqq -2$
これと $a<0$ との共通範囲を求めて　$-2 \leqq a<0$

[1] ~ [3] から，求める a の値の範囲は
　$\boldsymbol{-2 \leqq a \leqq 2}$

練習 162 不等式 $x^3-2 \geqq 3k(x^2-2)$ が $x \geqq 0$ に対して常に成り立っているとする。このとき，実数 k の値の範囲を求めよ。　〔立命館大〕

演習問題

67 x の多項式で表される関数 $f(x)$ と，その導関数 $f'(x)$ について，

$$\begin{cases} f(x)=(x+2)f'(x)-\{f'(x)\}^2 & \cdots\cdots ① \\ f'(1)=\dfrac{3}{2} & \cdots\cdots ② \end{cases}$$

が成り立つとき，次の問いに答えよ。

(1) $f(x)$ が3次以上にならない理由を簡潔に述べよ。

(2) 関数 $f(x)$ を求めよ。

➤例題 134

68 xy 平面上の異なる2つの曲線 C_1：$y=x^2$，C_2：$y=ax^2+bx+ab$ $(a\neq 0)$ について，次の問いに答えよ。

(1) $b\neq 0$ であるとき，C_1 と C_2 の両方に接する直線（共通接線）がただ1つ存在するための a，b についての必要十分条件を求めよ。

(2) C_1 と C_2 の共通接線が1つ以上存在するとき，点 $(a,\ b)$ の存在する領域を ab 平面上に図示せよ。

〔早稲田大〕 ➤例題 138

69 x の2次関数で，そのグラフが $y=x^2$ のグラフと2点で直交するようなものをすべて求めよ。ただし，2つの関数のグラフがある点で直交するとは，その点が2つのグラフの共有点であり，かつ接線どうしが直交することをいう。〔京都大〕 ➤例題 140

70 以下の4つの条件を満たす3次関数 $f(x)$ を求めよ。

(i) $f(0)=0$，$f(2)=1$　　(ii) $0.2<f(1)<0.3$

(iii) $f(x)$ は極大値0をもつ　　(iv) $f(x)=0$ の解はすべて整数

〔一橋大〕 ➤例題 143

71 3次関数 $f(x)=x^3+ax^2+bx$ は極大値と極小値をもち，それらを区間 $-1\leqq x\leqq 1$ 内でとるものとする。この条件を満たす実数の組 $(a,\ b)$ の存在範囲を図示せよ。

〔東京大〕 ➤例題 145

ヒント
67 (1) $f(x)$ の次数を n とし，① の両辺の次数を比較する。
68 (1) 接点 $\Longleftrightarrow$ 重解 を利用する。
69 $y=ax^2+bx+c$ $(a\neq 0)$ とおき，共有点をもつことと直交することから a または b の式で表す。
70 まず，極大値をとる x の値が0でない整数 n であることを導く。それにより，$a\neq 0$ として $f(x)=ax(x-n)(x-x_1)$ と表される。
71 方程式 $f'(x)=0$ が，区間 $-1\leqq x\leqq 1$ に異なる2つの実数解をもつ。

72 aは実数とする。傾きがmである2つの直線が，曲線 $y=x^3-3ax^2$ とそれぞれ点A，点Bで接している。

(1) 線分ABの中点をCとすると，Cは曲線 $y=x^3-3ax^2$ 上にあることを示せ。

(2) 直線ABの方程式が $y=-x-1$ であるとき，a，mの値を求めよ。〔一橋大〕

➤ p. 263 基本事項，例題146

73 a，bは実数として，xの4次関数 $f(x)=x^4-ax^2+bx$ を考える。

(1) s，tは異なる実数とする。曲線 $y=f(x)$ の，$x=s$ における接線の傾きと，$x=t$ における接線の傾きが等しいとき，aをsとtを用いて表せ。

(2) 曲線 $y=f(x)$ が異なる2点で共通の接線ℓをもつとし，その接点のx座標の1つをsとする。

(ア) aをsを用いて表せ。　　(イ) ℓの方程式を，aとbを用いて表せ。

(3) 関数 $f(x)$ が極大値をもつための必要十分条件をaとbに関する不等式で表せ。

〔東京理科大〕 ➤例題141，149

74 $0\leqq\theta<2\pi$ とする。座標平面上の3点 O(0, 0)，P($\cos\theta$, $\sin\theta$)，Q(1, $3\sin2\theta$) が三角形をなすとき，△OPQの面積の最大値を求めよ。〔一橋大〕 ➤例題151

75 実数a，bに対し，$f(x)=x^3-3ax+b$ とおく。$-1\leqq x\leqq1$ における $|f(x)|$ の最大値をMとする。

(1) $a>0$ のとき，$f(x)$ の極値をa，bを用いて表せ。

(2) $b\geqq0$ のとき，Mをa，bを用いて表せ。

(3) a，bが実数全体を動くとき，Mのとりうる値の範囲を求めよ。〔東京医歯大〕

➤例題154

76 aは定数とし，$f(x)=8^x+8^{-x}-3a(4^x+4^{-x})+3(2^x+2^{-x})$ とする。$f(x)$ を最小にするxの値と，そのときの最小値を求めよ。〔横浜国大〕

➤例題110，152，154

ヒント 72 A，Bのx座標をそれぞれα，βとすると
点A，Bにおける接線の傾きがともにm $\Longleftrightarrow$ $f'(x)=m$ の解がα，β

73 (2) $x=s$ における接線と $x=t$ における接線が一致する，と考えるとよい。

74 座標平面上の3点 (0, 0)，(x_1, y_1)，(x_2, y_2) を頂点とする三角形の面積は $\frac{1}{2}|x_1y_2-x_2y_1|$ である。p. 116 検討参照。

75 (2) $y=f(x)-b$ が奇関数であることを利用する。
(3) $b'=-b$ とおくと，$b<0$ のときは，$b\geqq0$ のときと同様に考えられる。

76 $2^x+2^{-x}=t$ とおく。tの範囲に注意。

77 縦 x cm，横 y cm，高さ z cm の直方体がある。この直方体の対角線の長さは 3 cm，全表面積は 16 cm^2 である。

(1) $x+y+z$ の値は □ である。

(2) この直方体の最小の体積は □ cm^3 である。

(3) この直方体が最大の体積をもつとき，最も長い辺の長さは □ cm である。

〔早稲田大〕 ➤例題 157

78 3 次関数 $f(x)=x^3-3x^2-4x+k$ について，次の問いに答えよ。ただし，k は定数とする。

(1) $f(x)$ が極値をとるときの x の値を求めよ。

(2) 方程式 $f(x)=0$ が異なる 3 つの整数解をもつとき，k の値およびその整数解を求めよ。

〔横浜国大〕 ➤例 72

79 a を正の実数とする。座標平面上の曲線 C を $y=ax^3-2x$ で定める。原点を中心とする半径 1 の円と C の共有点の個数が 6 個であるような a の値の範囲を求めよ。

〔東京大〕 ➤例題 158

80 3 次関数 $f(x)=x^3+ax^2+b$ について，曲線 $y=f(x)$ 上の点 $\mathrm{P}(t,\ f(t))$ における曲線の接線を ℓ_t とする。ℓ_t が原点を通るような t の値がただ 1 つに定まるための a，b の条件を求め，点 $(a,\ b)$ が存在する領域を図示せよ。

〔類 富山大〕

➤例題 160，p. 297 研究

81 xy 平面において，3 次関数 $y=x^3-x$ のグラフを C とし，不等式 $x^3-x>y>-x$ の表す領域を D とする。また，P を D の点とする。

(1) P を通り C に接する直線が 3 本存在することを示せ。

(2) P を通り C に接する 3 本の直線の傾きの和と積がともに 0 となるような P の座標を求めよ。

〔東北大〕 ➤例題 160

ヒント **77** (1) まず，$(x+y+z)^2$ の値を求める。

(2) x，y，z を t の 3 次方程式の正の解として，直方体の体積 xyz を t の 3 次式で表し，そのグラフを考える。3 次方程式の解と係数の関係を利用する。

78 (2) $f(x)=0 \iff -x^3+3x^2+4x=k$ から，$g(x)=-x^3+3x^2+4x$ のグラフと直線 $y=k$ の共有点を考えるとよい。曲線上の格子点から，解の候補を絞り込む。

79 C 上の点 $(t,\ at^3-2t)$ と原点の距離が 1 となる条件式を求める。その条件式を満たす実数 t が 6 個存在する。

80 ℓ_t が原点を通るための条件は，t の 3 次方程式で表される。

81 (2) 3 次方程式の解と係数の関係を利用する。

〈この章で学ぶこと〉
積分法は，面積や体積を求める問題から始まり，それが微分して $f(x)$ になる関数 ── $f(x)$ の原始関数 ── を求めることに帰着するという事実を，ニュートンとライプニッツが発見したのが微分積分学のはじまりである。この章では，多項式で表される関数について，積分の計算と応用を取り扱い，その基本的な考え方を学ぶ。

第7章 積分法

例，例題一覧

● …… 基本的な内容の例　■ …… 標準レベルの例題　◆ …… やや発展的な例題

38 不定積分
● 73 不定積分の計算
● 74 導関数から関数の決定

39 定積分
● 75 定積分の計算 (1) … 基本
● 76 定積分の計算 (2) … $(ax+b)^n$ 型

……………

■ 163 定積分の計算 (3) … 絶対値を含む関数など
■ 164 定積分の計算 (4) … 6分の1公式
■ 165 定積分と恒等式

40 定積分で表された関数
■ 166 定積分で表された関数
■ 167 定積分と微分法
■ 168 定積分で表された関数の極値

41 面積
■ 169 曲線と x 軸，2曲線の間の面積
■ 170 不等式の表す領域の面積
■ 171 放物線と接線の囲む面積 (1)
■ 172 放物線と接線の囲む面積 (2)
■ 173 2つの放物線とその共通接線の囲む面積
■ 174 3次関数のグラフと接線の囲む面積
◆ 175 4次関数のグラフと接線の囲む面積
■ 176 放物線と円が囲む面積
■ 177 面積の2等分
■ 178 面積が一定であることの証明
◆ 179 面積の相等と関数の決定
■ 180 面積の最大・最小 (1)
■ 181 面積の最大・最小 (2)
◆ 182 面積の最大・最小 (3)
◆ 183 絶対値を含む関数の定積分 (1) … 1次
◆ 184 絶対値を含む関数の定積分 (2) … 2次
◆ 185 絶対値を含む関数の定積分 (3)
… 積分区間が文字
◆ 186 曲線と y 軸の間の面積

42 発展 体積
◆ 187 体積

38 不定積分

《 基本事項 》

1 不定積分

関数 $f(x)$ に対して，微分すると $f(x)$ になる関数，すなわち

$$F'(x)=f(x)$$

となる関数 $F(x)$ を，$f(x)$ の **原始関数** という。

一般に　　$f(x)$ の原始関数は，定数だけしか違わない。

◀ 例えば，$(x^3)'=3x^2$，$(x^3+2)'=3x^2$ から x^3，x^3+2 はいずれも $3x^2$ の原始関数である。

関数 $f(x)$ の原始関数の1つを $F(x)$ とするとき，$f(x)$ の任意の原始関数は，任意の定数をCとして $F(x)+C$ で表される。この $F(x)+C$ で表される関数を総称して，$f(x)$ の **不定積分** といい，記号 $\int f(x)dx$ で表す。

$F'(x)=f(x)$ のとき　$\int f(x)dx=F(x)+C$　（**Cは任意の定数**）

上の任意の定数Cを **積分定数** という。

不定積分 $\int f(x)dx$ を求めることを $f(x)$ を **積分する** といい，この $f(x)$ を **被積分関数**，x を **積分変数** という。

◀ 積分は微分の逆の計算である。つまり，微分して $f(x)$ になる関数を求める計算が積分である。

(注意) 不定積分の用語を原始関数と同じ意味で使っている教科書もある。
本書では，以後，支障の出ない限り，不定積分の用語のみを使うことにする。

2 不定積分の公式

不定積分を求めること，すなわち，積分することは微分することの逆の計算であるから，微分法の公式を逆に見ると不定積分の公式になる。以下，Cは積分定数。

① **x^n の不定積分**　$\int x^n dx=\frac{1}{n+1}x^{n+1}+C$　（nは0または正の整数）

② **不定積分の性質**　k，l は定数とする。

定数倍　$\int kf(x)dx=k\int f(x)dx$

和　$\int \{f(x)+g(x)\}dx=\int f(x)dx+\int g(x)dx$

一般に　$\int \{kf(x)+lg(x)\}dx=k\int f(x)dx+l\int g(x)dx$

①で，$n=0$ のときは $\int 1dx=x+C$ となり，$\int dx=x+C$ とかく。

②で，$k=1$，$l=-1$ とすると，次の等式が得られる。

差　$\int \{f(x)-g(x)\}dx=\int f(x)dx-\int g(x)dx$

例 73 | 不定積分の計算 ★☆☆☆☆

次の不定積分を求めよ。ただし，(3) の x は t に無関係とする。

(1) $\int(x^3-3x^2+6x-2)dx$　　(2) $\int(2x-3)(3x+4)dx$

(3) $\int(t+x)(t-2x)dt$

指針 公式 $\int x^n dx=\frac{1}{n+1}x^{n+1}+C$ (n は 0 または正の整数) が基本となる。

(1) 公式 $\int\{kf(x)+lg(x)\}dx=k\int f(x)dx+l\int g(x)dx$ …… ① を用いて，x^n の積分に直して求める。⟶ 検討参照。

公式 ① は，$\int kf(x)dx=k\int f(x)dx$，$\int\{f(x)+g(x)\}dx=\int f(x)dx+\int g(x)dx$ を 1 つの式にまとめて表したものである。

(2) 被積分関数が積の場合は，展開してから積分する。

$$(2x-3)(3x+4)=6x^2-x-12$$

◀ これを積分する。

(3) ここでも，まず被積分関数を展開してから積分する。

文字が t，x の 2 つあるが，dt とあるから **t が積分変数で x は定数** とみる。

積は展開してから積分　　積分変数を見分けよ

(1) を変形すると次のようになる。

$$\int(x^3-3x^2+6x-2)dx=\int x^3dx-3\int x^2dx+6\int xdx-2\int dx$$

ここで，$\int x^3dx=\frac{x^4}{4}+C_1$，$\int x^2dx=\frac{x^3}{3}+C_2$，$\int xdx=\frac{x^2}{2}+C_3$，$\int dx=x+C_4$ (C_1，C_2，C_3，C_4 は積分定数) を利用することになるが，計算した後に定数項をまとめて C とおいたものを答えとする。

例 74 | 導関数から関数の決定 ★★☆☆☆

次のような関数 $f(x)$ を求めよ。

(1) $f'(x)=2x^2-3x$，$f(0)=2$ を満たす関数 $f(x)$

(2) 曲線 $y=f(x)$ が点 $(1,\ 0)$ を通り，更に点 $(x,\ f(x))$ における接線の傾きが x^2-1 であるときの関数 $f(x)$　〔(2) 小樽商大〕

指針 (1) $f'(x)=2x^2-3x$ ⟶ $f(x)$ は $2x^2-3x$ の **不定積分**。

積分定数 C が出てくるが，これは条件 $f(0)=2$ を利用して定める。

(2) 曲線 $y=f(x)$ の接線の傾きは $f'(x)$，点 $(1,\ 0)$ を通る。

⟶ 条件は　$f'(x)=x^2-1$，$f(1)=0$

この後は，(1) と同様にして解けばよい。

一般に $f'(x)$ の不定積分は無数にあるが，定数だけしか違わない。したがって，上の (1) $f(0)=2$，(2) $f(1)=0$ のような適当な条件が与えられると，積分定数 C の値が定まる。この条件のことを **初期条件** という。

7章 38 不定積分

39 定積分

《 基本事項 》

1 定積分

関数 $f(x)$ の1つの不定積分を $F(x)$ とするとき，$F(b)-F(a)$ を $f(x)$ の a から b までの **定積分** といい，$\displaystyle\int_a^b f(x)dx$ で表す。また，$F(b)-F(a)$ を $\Big[F(x)\Big]_a^b$ で表す。

すなわち，$F'(x)=f(x)$ のとき　$$\int_a^b f(x)dx=\Big[F(x)\Big]_a^b=F(b)-F(a)$$

a を **下端**，b を **上端** という。

(注意) $F(x)$ の代わりに $F(x)+C$（Cは積分定数）を用いても

$$\Big[F(x)+C\Big]_a^b=\{F(b)+C\}-\{F(a)+C\}=F(b)-F(a)$$

となって同じ結果になるから，定積分の計算では **積分定数 Cは最初から省略してよい。**

> 区間 $a\leqq x\leqq b$ で $f(x)\geqq 0$ ならば，この定積分の値はこの区間で曲線 $y=f(x)$ と x 軸で挟まれる部分の面積 Sを表す。

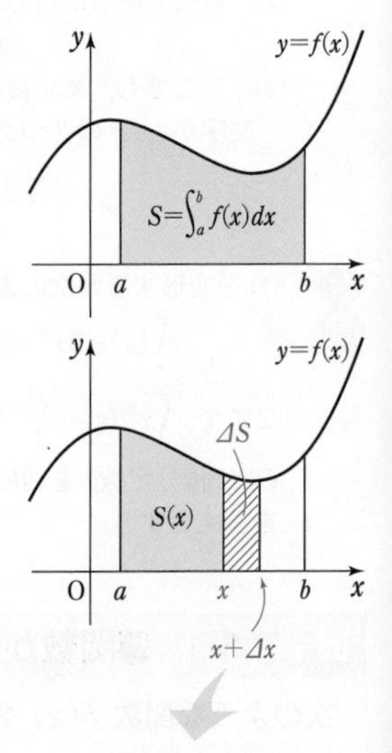

証明　x 座標が a から x $(a\leqq x\leqq b)$ までの部分で，曲線 $y=f(x)$ と x 軸で挟まれる部分の面積を $S(x)$ とする。
$\varDelta x>0$ のとき，x から $x+\varDelta x$ までの区間における $f(x)$ の最大値をM，最小値を m とすると

$$m\cdot\varDelta x\leqq S(x+\varDelta x)-S(x)\leqq M\cdot\varDelta x \quad\cdots\cdots ①$$

よって　$$m\leqq\frac{S(x+\varDelta x)-S(x)}{\varDelta x}\leqq M \quad\cdots\cdots ②$$

ここで　$$\lim_{\varDelta x\to 0}\frac{S(x+\varDelta x)-S(x)}{\varDelta x}=S'(x)$$ ← 導関数の定義。

$y=f(x)$ のグラフから　$\displaystyle\lim_{\varDelta x\to 0}m=\lim_{\varDelta x\to 0}M=f(x)$

よって，② において $\varDelta x\longrightarrow 0$ とすると

$$f(x)\leqq S'(x)\leqq f(x)$$

すなわち　$S'(x)=f(x)$　…… ③

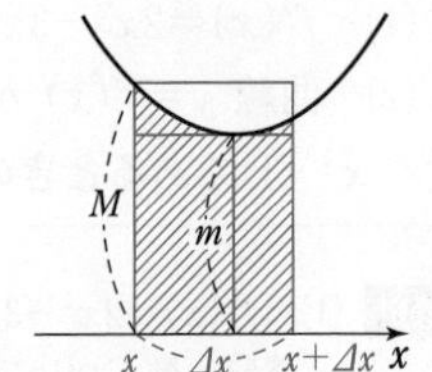

$\varDelta x<0$ ならば，① の各辺は負で不等号の向きが逆になり，② はそのまま成り立つから，③ も成り立つ。
そこで，$F'(x)=f(x)$ とすると

$$S(x)=F(x)+C \quad (C\text{は積分定数})$$

$x=a$ とおくと，$S(x)$ の定義より $S(a)=0$ であるから　$0=F(a)+C$

ゆえに　$C=-F(a)$　　よって　$S(x)=F(x)-F(a)$

したがって　$\displaystyle S=S(b)=F(b)-F(a)=\int_a^b f(x)dx$

◀ 定積分と面積については，$p.316$ 以降で詳しく学ぶ。

(注意) $a\leqq x\leqq b$ で $f(x)\leqq 0$ のときは，$\displaystyle\int_a^b f(x)dx=-S$ となる。

2 定積分の性質

前ページの定義と不定積分の性質（$p.\,304$）から，次の定積分の性質が得られる。

⓪ $\displaystyle\int_a^b f(x)\,dx=\int_a^b f(t)\,dt$　　◀ 定積分は積分変数の文字には無関係。

① **定数倍**　$\displaystyle\int_a^b kf(x)\,dx=k\int_a^b f(x)\,dx$　　ただし，k は定数

② **和**　$\displaystyle\int_a^b \{f(x)+g(x)\}\,dx=\int_a^b f(x)\,dx+\int_a^b g(x)\,dx$

一般に，k，l は定数とする。

$$\int_a^b \{kf(x)+lg(x)\}\,dx=k\int_a^b f(x)\,dx+l\int_a^b g(x)\,dx$$

③ $\displaystyle\int_a^a f(x)\,dx=0$

④ $\displaystyle\int_a^b f(x)\,dx=-\int_b^a f(x)\,dx$

⑤ **積分区間の分割**

$$\int_a^b f(x)\,dx=\int_a^c f(x)\,dx+\int_c^b f(x)\,dx$$

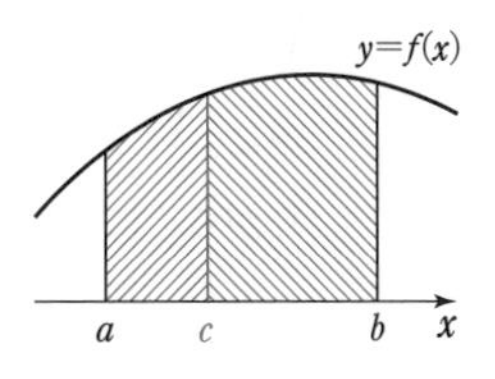

特に $a<c<b$，$f(x)\geqq 0$ のときは，右の図のようになる。

（注意） ⑤ は a，b，c の大小に関係なく成り立つ。

⑥ **奇関数・偶関数**（$p.\,177$）**の定積分**

$f(-x)=-f(x)$［奇関数］のとき

$\displaystyle\int_{-a}^a f(x)\,dx=0$

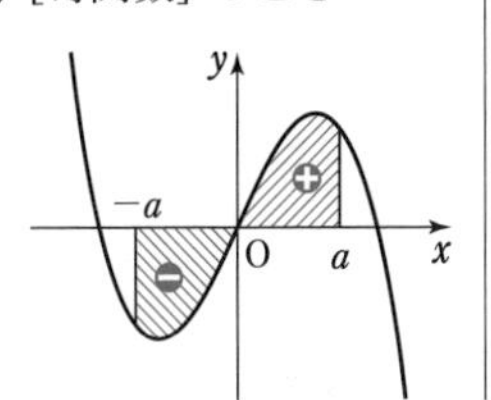

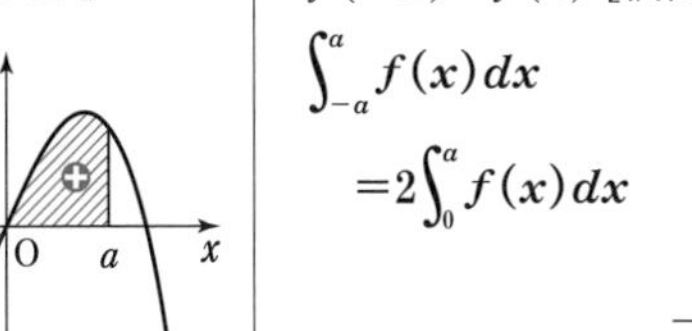

$f(-x)=f(x)$［偶関数］のとき

$\displaystyle\int_{-a}^a f(x)\,dx$

$\displaystyle=2\int_0^a f(x)\,dx$

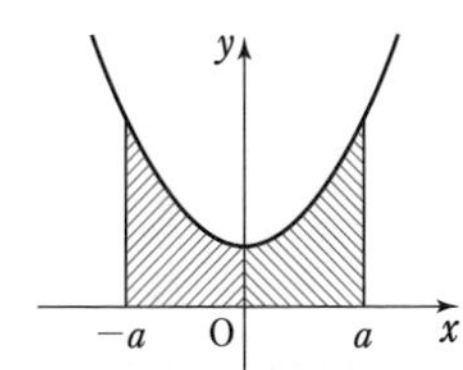

特に　$\displaystyle\int_{-a}^a x^{2n+1}\,dx=0,\quad \int_{-a}^a x^{2n}\,dx=2\int_0^a x^{2n}\,dx$　（n は 0 または正の整数）

例　$\displaystyle\int_{-1}^1 (x^3+x^2+x+1)\,dx=\int_{-1}^1 (x^3+x)\,dx+\int_{-1}^1 (x^2+1)\,dx$

$\displaystyle=0+2\int_0^1 (x^2+1)\,dx$

$\displaystyle=2\left[\frac{x^3}{3}+x\right]_0^1=2\left(\frac{1}{3}+1\right)-0$

$\displaystyle=\frac{8}{3}$

CHECK 問題

53 次の定積分を求めよ。

(1) $\displaystyle\int_0^5 (2x-3)\,dx$　(2) $\displaystyle\int_1^2 (2x^2-3x+4)\,dx$　(3) $\displaystyle\int_{-1}^0 (t^2-2t+3)\,dt$

(4) $\displaystyle\int_0^2 (x^3-3x^2-1)\,dx$　(5) $\displaystyle\int_{-2}^2 (2x^3-x^2-3x+4)\,dx$　→ 1, 2

例 75 | 定積分の計算 (1) … 基本 ★★☆☆☆

次の定積分を求めよ。

(1) $\int_1^3 (t+1)(t-2)dt$　　(2) $\int_1^4 (x+1)^2dx-\int_1^4 (x-1)^2dx$

(3) $\int_{-2}^0 (3x^3+x^2)dx-\int_2^0 (3x^3+x^2)dx$

指針 **定積分の計算の基本** は　不定積分 $F(x)$ を求めて $F(b)-F(a)$

(1) dt とあるから，t についての積分。積の形は展開してから積分する。
分数の計算は，**同じ分母ごとにまとめて** 計算するとらくになる。

(2) 積分区間 $1\leqq x\leqq 4$ が共通であるから，先に1つの定積分にまとめるとよい。

(3) 被積分関数 $3x^3+x^2$ が共通。公式 $\int_a^b \boldsymbol{f(x)dx}=-\int_b^a \boldsymbol{f(x)dx}$ と
$\int_a^b \boldsymbol{f(x)dx}=\int_a^c \boldsymbol{f(x)dx}+\int_c^b \boldsymbol{f(x)dx}$ を順に用いて，1つの定積分にまとめる。
更に，$\int_{-a}^a \boldsymbol{x^{2n+1}dx=0}$，$\int_{-a}^a \boldsymbol{x^{2n}dx=2\int_0^a x^{2n}dx}$（$n$ は0または正の整数）を利用すると計算がらくになる。前ページの **2** ⑥ の 例 参照。

CHART》 定積分の計算

計算はらくにやれ　**1** 同じ分母ごとに
　　　　　　　　　2 $\int_{-a}^a$　奇数次は0，偶数次は $2\int_0^a$

例 76 | 定積分の計算 (2) … $(ax+b)^n$ 型 ★★☆☆☆

次の定積分を求めよ。

(1) $\int_0^1 (3x-1)^4dx$　　(2) $\int_{-3}^1 (x+3)^2(x-1)dx$

指針 それぞれ，展開してから積分することも可能だが，計算が面倒。

(1) $p.256$ **3** ② から　$\{(ax+b)^{n+1}\}'=(n+1)(ax+b)^n\cdot a$

よって，$a\neq 0$ のとき　$\left\{\dfrac{1}{a}\cdot\dfrac{(ax+b)^{n+1}}{n+1}\right\}'=(ax+b)^n$

したがって　$\displaystyle\int(\boldsymbol{ax+b})^n\boldsymbol{dx}=\frac{\boldsymbol{1}}{\boldsymbol{a}}\cdot\frac{(\boldsymbol{ax+b})^{n+1}}{\boldsymbol{n+1}}+\boldsymbol{C}$　◀ $\dfrac{1}{a}$ を忘れない！

特に　$\displaystyle\int(\boldsymbol{x+p})^n\boldsymbol{dx}=\frac{(\boldsymbol{x+p})^{n+1}}{\boldsymbol{n+1}}+\boldsymbol{C}$　（ともに C は積分定数）

(2) $(x+3)^2(x-1)=(x+3)^2\{(x+3)-4\}=(x+3)^3-4(x+3)^2$
と変形すると，上の公式が使える形になる。
一般に，次の式変形は技巧的ではあるが，積分の計算で役立つことがある。

$$(\boldsymbol{x-\alpha})^n(\boldsymbol{x-\beta})=(\boldsymbol{x-\alpha})^n\{(\boldsymbol{x-\alpha})+(\boldsymbol{\alpha-\beta})\}$$
$$=(\boldsymbol{x-\alpha})^{n+1}+(\boldsymbol{\alpha-\beta})(\boldsymbol{x-\alpha})^n$$

例題 163　定積分の計算(3)…絶対値を含む関数など　★★☆☆☆

次の定積分を求めよ。

(1) $\int_0^2 |x^2-4x+3|\,dx$　　(2) $\int_0^{\frac{\sqrt{5}-1}{2}} (x^2+x-1)\,dx$

◀例75

指針 (1) 絶対値記号がついたままでは積分できない。そこで

CHART》 絶対値　場合に分けよ

$x^2-4x+3=(x-1)(x-3)$ であるから，$0 \leqq x \leqq 2$ では

$$|x^2-4x+3|=\begin{cases} x^2-4x+3 & (0 \leqq x \leqq 1) \\ -(x^2-4x+3) & (1 \leqq x \leqq 2) \end{cases}$$

よって，積分区間を 2 つに分ける。更に，次のことを利用。

$$\Big[F(x)\Big]_a^c-\Big[F(x)\Big]_c^b=\{F(c)-F(a)\}-\{F(b)-F(c)\}$$
$$=2F(c)-F(a)-F(b)$$

(2) 上端の値をそのまま代入すると計算が複雑になる。

そこで $\alpha=\dfrac{\sqrt{5}-1}{2}$ とおいて，α の満たす等式を利用する。

(1) の定積分は，図の赤い部分の面積を表す。

解答 (1) $\int_0^2 |x^2-4x+3|\,dx=\int_0^1 (x^2-4x+3)\,dx+\int_1^2 \{-(x^2-4x+3)\}\,dx$

$$=\left[\frac{x^3}{3}-2x^2+3x\right]_0^1-\left[\frac{x^3}{3}-2x^2+3x\right]_1^2$$
$$=2\left(\frac{1}{3}-2+3\right)-0-\left(\frac{8}{3}-8+6\right)=\mathbf{2}$$

└ $\{F(1)-F(0)\}-\{F(2)-F(1)\}=2F(1)-F(0)-F(2)$

(2) $\int_0^{\frac{\sqrt{5}-1}{2}} (x^2+x-1)\,dx=\left[\frac{x^3}{3}+\frac{x^2}{2}-x\right]_0^{\frac{\sqrt{5}-1}{2}}$

$\alpha=\dfrac{\sqrt{5}-1}{2}$ とおくと　　$2\alpha+1=\sqrt{5}$

両辺を 2 乗して整理すると　　$\alpha^2+\alpha-1=0$

また　$\dfrac{x^3}{3}+\dfrac{x^2}{2}-x=\dfrac{1}{6}(2x^3+3x^2-6x)$

$$=\frac{1}{6}\{(x^2+x-1)(2x+1)-5x+1\}$$

└ α を代入すると 0 である。

◀ $A=BQ+R$

$$\begin{array}{r} 2x+1 \\ x^2+x-1 \,\big)\, 2x^3+3x^2-6x \\ 2x^3+2x^2-2x \\ \hline x^2-4x \\ x^2+\;x-1 \\ \hline -5x+1 \end{array}$$

よって　$\int_0^{\frac{\sqrt{5}-1}{2}} (x^2+x-1)\,dx=\dfrac{1}{6}\left(0-5\cdot\dfrac{\sqrt{5}-1}{2}+1\right)-0=\mathbf{\dfrac{7-5\sqrt{5}}{12}}$

練習 163 次の定積分を求めよ。

(1) $\int_1^4 |x^2-2x-3|\,dx$　　(2) $\int_{-1}^1 \left|x^2-\frac{1}{2}x-\frac{1}{2}\right|\,dx$

(3) $\int_0^2 |x^2+2x-4|\,dx$

［(2) 京都大］

例題 164 定積分の計算 (4) … 6 分の 1 公式 ★★☆☆☆

(1) 等式 $\displaystyle\int_{\alpha}^{\beta}(x-\alpha)(x-\beta)\,dx=-\frac{1}{6}(\beta-\alpha)^3$ を証明せよ。

(2) 定積分 $\displaystyle\int_{1-\sqrt{2}}^{1+\sqrt{2}}(x^2-2x-1)\,dx$ を求めよ。

◀例 76

指針 (1) $\displaystyle\int_{\alpha}^{\beta}(x-\alpha)(x-\beta)\,dx=\int_{\alpha}^{\beta}\{x^2-(\alpha+\beta)x+\alpha\beta\}\,dx=\left[\frac{x^3}{3}-\frac{\alpha+\beta}{2}x^2+\alpha\beta x\right]_{\alpha}^{\beta}$

$$=\frac{1}{3}(\beta^3-\alpha^3)-\frac{1}{2}(\alpha+\beta)(\beta^2-\alpha^2)+\alpha\beta(\beta-\alpha)$$

と計算した式を整理しても証明できるが，**因数 $x-\alpha$ と積分区間の下端 α に着目** して，$p.$ 308 例 76 (2) の要領で計算するとらくである。

(2) 2 次方程式 $x^2-2x-1=0$ の解が $x=1\pm\sqrt{2}$ であることに着目する。

一般に，$ax^2+bx+c=0$ $(a\neq 0)$ の解を α，β とすると，

$ax^2+bx+c=a(x-\alpha)(x-\beta)$ であるから，積分区間の両端が α，β ならば

$$\int_{\alpha}^{\beta}(ax^2+bx+c)\,dx=a\int_{\alpha}^{\beta}(x-\alpha)(x-\beta)\,dx=-\frac{a}{6}(\beta-\alpha)^3$$

◀ **a を忘れない！**

の形で (1) の等式を利用することができる。

解答 (1) $(x-\alpha)(x-\beta)=(x-\alpha)\{(x-\alpha)-(\beta-\alpha)\}=(x-\alpha)^2-(\beta-\alpha)(x-\alpha)$ から

$$\int_{\alpha}^{\beta}(x-\alpha)(x-\beta)\,dx=\int_{\alpha}^{\beta}\{(x-\alpha)^2-(\beta-\alpha)(x-\alpha)\}\,dx$$

$$=\left[\frac{(x-\alpha)^3}{3}-\frac{\beta-\alpha}{2}(x-\alpha)^2\right]_{\alpha}^{\beta}$$

$$=\frac{(\beta-\alpha)^3}{3}-\frac{(\beta-\alpha)^3}{2}=-\frac{1}{6}(\beta-\alpha)^3$$

(1) の定積分は，図の面積 S に対して $-S$ を表す。

(2) $x^2-2x-1=0$ を解くと　$x=1\pm\sqrt{2}$

$\alpha=1-\sqrt{2}$，$\beta=1+\sqrt{2}$ とすると，(1) の等式から

$$\int_{1-\sqrt{2}}^{1+\sqrt{2}}(x^2-2x-1)\,dx=\int_{\alpha}^{\beta}(x-\alpha)(x-\beta)\,dx$$

$$=-\frac{1}{6}(\beta-\alpha)^3$$

$$=-\frac{1}{6}\{(1+\sqrt{2})-(1-\sqrt{2})\}^3$$

$$=-\frac{1}{6}(2\sqrt{2})^3=-\frac{8\sqrt{2}}{3}$$

◀ x^2-2x-1
$=\{x-(1-\sqrt{2})\}\{x-(1+\sqrt{2})\}$
$=(x-\alpha)(x-\beta)$

参考 (1) の等式を俗に「**6 分の 1 公式**」といい，放物線を境界とする図形の面積を求める際によく用いられる。(2) のような使い方も含め，理解しておこう（$p.$ 318 例題 169 (2) 参照）。

練習 164 次の定積分を求めよ。

(1) $\displaystyle\int_{-1}^{2}(x+1)(x-2)\,dx$　　(2) $\displaystyle\int_{-\frac{1}{2}}^{3}(2x+1)(x-3)\,dx$

(3) $\displaystyle\int_{2-\sqrt{7}}^{2+\sqrt{7}}(x^2-4x-3)\,dx$

例題 165 定積分と恒等式 ★★★☆☆

関数 $f(x)=x^3+ax^2+bx+c$ が，どんな 2 次関数 $g(x)$ に対しても $\int_{-1}^{1}f(x)g(x)dx=0$ を満たすという。このような $f(x)$ を求めよ。

◀例題 6，例 75

指針 $g(x)$ は 2 次関数であるから，$g(x)=px^2+qx+r$ とおける。（ただし，$p\neq0$）
「**どんな 2 次関数 $g(x)$ に対しても**」とは「**どんな定数 p，q，r に対しても**」ということ。
すなわち，等式が p，q，r の恒等式となることである。

どんな p，q，r に対しても ⟶ p，q，r について整理

解答 $g(x)=px^2+qx+r$ $(p\neq0)$ とおく。

$$\int_{-1}^{1}f(x)g(x)dx=\int_{-1}^{1}(x^3+ax^2+bx+c)(px^2+qx+r)dx$$

$$=2p\int_{0}^{1}(ax^4+cx^2)dx+2q\int_{0}^{1}(x^4+bx^2)dx+2r\int_{0}^{1}(ax^2+c)dx$$

$$=2p\left(\frac{a}{5}+\frac{c}{3}\right)+2q\left(\frac{1}{5}+\frac{b}{3}\right)+2r\left(\frac{a}{3}+c\right)$$

どのような p，q，r に対しても $\int_{-1}^{1}f(x)g(x)dx=0$ が成り立つための条件は

$$\frac{a}{5}+\frac{c}{3}=0,\quad \frac{1}{5}+\frac{b}{3}=0,\quad \frac{a}{3}+c=0$$

よって　$a=c=0$，$b=-\dfrac{3}{5}$

したがって　$\boldsymbol{f(x)=x^3-\dfrac{3}{5}x}$

◀ $g(x)$ は 2 次関数 ⟶ $p\neq0$

◀ 下の検討参照。

◀ $ap+bq+cr=0$ が p，q，r の恒等式 ⟺ $a=b=c=0$

定積分の計算を $(x^3+ax^2+bx+c)(px^2+qx+r)=px^5+\cdots\cdots$ のように展開しないで，上のようにしたのは，

[1] **CHART》** $\int_{-a}^{a}$ 奇数次は 0　より，奇数次は計算する必要がないから

[2] 最後に **p，q，r について整理** する必要があり，最初から p，q，r について整理して計算を進めるのが得策だから

である。

なお，任意の 2 次関数 $g(x)$ について成り立つから，例えば $g(x)=x^2$，$g(x)=x^2+1$，$g(x)=x^2+x$ でも成り立つとして a，b，c を定めてもよい。ただし，この場合は **逆の確認** が必要である。すなわち，$f(x)=x^3-\dfrac{3}{5}x$ と $g(x)=px^2+qx+r$ について，$\int_{-1}^{1}f(x)g(x)dx=0$ が成り立つことを示す必要がある（p. 32 例 7 参照）。

注意

練習 165 すべての 2 次以下の多項式 $f(x)=ax^2+bx+c$ に対して，$\int_{-k}^{k}f(x)dx=f(s)+f(t)$ が常に成り立つような定数 k，s，t の値を求めよ。ただし，$s<t$ とする。

［県立広島大］ ➡ p. 340 演習 83

40 | 定積分で表された関数

《 基本事項 》

以下では，x は t に無関係な変数で，a，b は定数とする。

1 定積分で表された関数

$\int_a^b(x,\ t$ の式$)dt$ の形の定積分は，計算すると積分変数 t が消えて，x の関数となる。

例 $\displaystyle\int_1^4(t^2+2xt+1)dt=\left[\frac{t^3}{3}+xt^2+t\right]_1^4=\frac{4^3-1^3}{3}+x(4^2-1^2)+(4-1)$
$=15x+24$

← x を定数とみて積分する。

次の形の定積分も x の関数となる。

$$\int_a^x(t\text{ の式})dt,\quad \int_x^a(t\text{ の式})dt,\quad \int_{x\text{の式}}^{x\text{の式}}(t\text{ の式})dt$$

例 $\displaystyle\int_x^{x+1}(2t+3)dt=\left[t^2+3t\right]_x^{x+1}=\{(x+1)^2-x^2\}+3\{(x+1)-x\}=2x+4$

2 定積分と微分法

$\int_a^x f(t)dt$ は x の関数であり，その導関数について次のことが成り立つ。

$$\frac{d}{dx}\int_a^x f(t)dt=f(x)$$

◀ 上端の x を $f(t)$ の t に代入した形。

証明 関数 $f(t)$ の不定積分の1つを $F(t)$ とすると　　$F'(t)=f(t)$

また　　$\displaystyle\int_a^x f(t)dt=\left[F(t)\right]_a^x=F(x)-F(a)$

よって　　$\displaystyle\frac{d}{dx}\int_a^x f(t)dt=F'(x)-0=f(x)$

◀ $\int_a^x f(t)dt$ は $f(x)$ の不定積分。

CHECK 問題

54 定積分 $\displaystyle\int_{-1}^1(9xt^2+2x^2t-x^3)dt$ を x の式で表せ。 → 1

55 次の定積分で表された関数を x で微分せよ。 〔(3) 小樽商大〕

(1) $\displaystyle\int_1^x(6t^2+3)dt$　(2) $\displaystyle\int_x^7(t^8-3t^3+1)dt$　(3) $\displaystyle\int_{-x}^x(t^2+1)dt$ → 2

56 すべての実数 x に対して $\displaystyle\int_1^x f(t)dt=x^4+a$ が成り立つとき，関数 $f(x)$ と定数 a の値を求めよ。 〔東京電機大〕

→ 2

例題 166 定積分で表された関数 ★★☆☆☆

次の等式を満たす関数 $f(x)$ を求めよ。 〔(1) 類 藤田保健衛生大，(2) 近畿大〕

(1) $f(x)=3x^2+5x+\int_{-1}^{1}f(t)dt$　　(2) $f(x)=2x+\int_{0}^{1}(x+t)f(t)dt$

指針 (1) $\int_{-1}^{1}f(t)dt=\Big[F(t)\Big]_{-1}^{1}=F(1)-F(-1)$ であるから，$\boldsymbol{\int_{-1}^{1}f(t)dt=a}$ **(定数)** とおける。
このとき $f(x)=3x^2+5x+a$ と表されるから，これを利用する。

(2) $\int_{0}^{1}(x+t)f(t)dt$ は変数 x を含むから，$\int_{0}^{1}(x+t)f(t)dt=$(定数) とおくことはできない。そこで，$\int_{0}^{1}\{xf(t)+tf(t)\}dt=\int_{0}^{1}xf(t)dt+\int_{0}^{1}tf(t)dt$ と変形する。
$\int_{0}^{1}xf(t)dt$ において，x は積分変数でないから，$\int_{0}^{1}$ の前に出すことができる。

解答 (1) $\int_{-1}^{1}f(t)dt=a$ とおくと　$f(x)=3x^2+5x+a$

ゆえに　$\int_{-1}^{1}f(t)dt=\int_{-1}^{1}(3t^2+5t+a)dt=2\int_{0}^{1}(3t^2+a)dt$

$=2\Big[t^3+at\Big]_{0}^{1}=2(1+a)$

◀ 奇数次は 0
偶数次は $2\int_0^a$

よって　$2(1+a)=a$　　ゆえに　$a=-2$

◀ $\int_{-1}^{1}f(t)dt=a$ に代入。

したがって　$\boldsymbol{f(x)=3x^2+5x-2}$

(2) $f(x)=2x+\int_{0}^{1}\{xf(t)+tf(t)\}dt=2x+x\int_{0}^{1}f(t)dt+\int_{0}^{1}tf(t)dt$

$\int_{0}^{1}f(t)dt=a$，$\int_{0}^{1}tf(t)dt=b$ とおくと　$f(x)=(2+a)x+b$

$\int_{0}^{1}f(t)dt=\int_{0}^{1}\{(2+a)t+b\}dt=\left[\frac{2+a}{2}t^2+bt\right]_{0}^{1}=1+\frac{a}{2}+b$

$\int_{0}^{1}tf(t)dt=\int_{0}^{1}\{(2+a)t^2+bt\}dt=\left[\frac{2+a}{3}t^3+\frac{b}{2}t^2\right]_{0}^{1}=\frac{2}{3}+\frac{a}{3}+\frac{b}{2}$

よって　$1+\frac{a}{2}+b=a$，$\frac{2}{3}+\frac{a}{3}+\frac{b}{2}=b$

◀ $\int_{0}^{1}f(t)dt=a$，
$\int_{0}^{1}tf(t)dt=b$ に代入。

ゆえに　$a-2b=2$，$2a-3b=-4$
これらを連立して解くと　$a=-14$，$b=-8$
したがって　$\boldsymbol{f(x)=-12x-8}$

CHART 》定積分の扱い

1 積分変数以外の文字は定数として扱う

2 $\int_{a}^{b}f(t)dt$ は定数

練習 166 次の等式を満たす関数 $f(x)$ を求めよ。 〔(1) 学習院大，(2) 小樽商大〕

(1) $f(x)+\int_{0}^{1}f(t)dt=x^2+x$　　(2) $f(x)=\int_{-1}^{1}(x-t)f(t)dt+1$

例題 167 定積分と微分法 ★★★☆☆

次の等式を満たす関数 $f(x)$ を求めよ。ただし，(1) は定数 a の値も求めよ。

(1) $\displaystyle\int_a^x f(t)dt=x^2-9$　　(2) $\displaystyle f(x)+\int_0^x tf'(t)dt=\frac{4}{3}x^3+x^2-2x+3$

〔(2) 日本女子大〕

指針 積分区間に変数 x を含む定積分については，次の 2 つが基本になる。

$$\boldsymbol{\frac{d}{dx}\int_a^x f(t)dt=f(x),\quad \int_a^a f(t)dt=0}$$

(1) 等式の両辺の関数を x で微分。また，等式で $x=a$ とおくと $\underline{\displaystyle\int_a^a f(t)dt}=a^2-9$（$\displaystyle\int_a^a f(t)dt=0$）

(2) $\displaystyle\frac{d}{dx}\int_0^x tf'(t)dt=xf'(x)$ であるから，等式の両辺の関数を x で微分すると

$f'(x)+xf'(x)=4x^2+2x-2 \longrightarrow f'(x)$ が求められる。

また，等式で $x=0$ とおくと $f(0)+\underline{\displaystyle\int_0^0 tf'(t)dt}=3 \longrightarrow f(0)$ が求められる。（$\displaystyle\int_0^0 tf'(t)dt=0$）

後は $p.$ 305 例 74 (1) の要領で $f(x)$ を求めればよい。

解答 (1) 両辺を x で微分すると　$f(x)=2x$

また，与えられた等式で $x=a$ とおくと　$0=a^2-9$　◀ $\displaystyle\int_a^a f(t)dt=0$

これを解くと　$a=\pm3$

よって　$\boldsymbol{f(x)=2x,\ a=\pm3}$

(2) 両辺を x で微分すると　$f'(x)+xf'(x)=4x^2+2x-2$

ゆえに　$(x+1)f'(x)=2(x+1)(2x-1)$

これがすべての x について成り立つとき

$f'(x)=2(2x-1)=4x-2$

よって　$\displaystyle f(x)=\int(4x-2)dx$

$=2x^2-2x+C$　（C は積分定数）

与えられた等式で $x=0$ とおくと　$f(0)=3$　◀ $\displaystyle\int_0^0 tf'(t)dt=0$

ゆえに　$C=3$　　したがって　$\boldsymbol{f(x)=2x^2-2x+3}$

CHART》定積分の扱い

$\displaystyle\int_a^x,\ \int_x^a$ **を含むなら x で微分**

練習 167 (1) 次の等式を満たす関数 $f(x)$ および定数 a の値を求めよ。

(ア) $\displaystyle\int_a^x f(t)dt=x^2+5x-6$　　(イ) $\displaystyle\int_x^a f(t)dt=-x^3+2x-1$

(2) 等式 $\displaystyle f(x)-\int_1^x 3tf'(t)dt=2x^3-x^2+5$ を満たす関数 $f(x)$ を求めよ。

➡ p. 340 演習 85

例題 168 定積分で表された関数の極値 ★★☆☆☆

関数 $f(x)=\int_{-2}^{x}(t^2-t-2)\,dt$ の極値を求めよ。

◀例題167

指針 極値を求めるには導関数が必要。$\dfrac{d}{dx}\int_a^x f(t)\,dt=f(x)$ を用いると

$$f'(x)=\frac{d}{dx}\int_{-2}^{x}(t^2-t-2)\,dt=x^2-x-2=(x+1)(x-2)$$

よって，極値をとる x の値 $x=-1,\ 2$ がわかる。このとき，極値は

$$f(-1)=\int_{-2}^{-1}(t^2-t-2)\,dt,\qquad f(2)=\int_{-2}^{2}(t^2-t-2)\,dt$$

を計算しても求められるが，$f(x)=\int_{-2}^{x}(t^2-t-2)\,dt$ を先に求め，これに $x=-1,\ 2$ を代入してもよい。結局，与えられた定積分を最初に計算して $f(x)$ を求めても，手間はあまり変わらないことになる。

解答 $f'(x)=\dfrac{d}{dx}\int_{-2}^{x}(t^2-t-2)\,dt=x^2-x-2=(x+1)(x-2)$

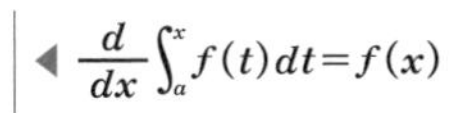

$f'(x)=0$ とすると　　$x=-1,\ 2$

よって，$f(x)$ の増減表は次のようになる。

x	$\cdots$	-1	$\cdots$	2	$\cdots$
$f'(x)$	$+$	0	$-$	0	$+$
$f(x)$	↗	極大	↘	極小	↗

ここで　$f(x)=\int_{-2}^{x}(t^2-t-2)\,dt$

$$=\left[\frac{t^3}{3}-\frac{t^2}{2}-2t\right]_{-2}^{x}$$

$$=\frac{x^3}{3}-\frac{x^2}{2}-2x+\frac{2}{3}$$

◀ 極値を求めるために $f(x)$ を求める。

ゆえに　$f(-1)=-\dfrac{1}{3}-\dfrac{1}{2}+2+\dfrac{2}{3}=\dfrac{11}{6}$,

$$f(2)=\frac{8}{3}-2-4+\frac{2}{3}=-\frac{8}{3}$$

よって，$f(x)$ は **$x=-1$ で極大値 $\dfrac{11}{6}$**,

$x=2$ で極小値 $-\dfrac{8}{3}$ をとる。

練習 168 $f(x)=\int_{1}^{x}(t^2-6t+8)\,dt$ とするとき，次の問いに答えよ。〔類 滋賀大〕

(1) $f(x)=0$ を満たす x の値を求めよ。

(2) $f(x)$ の $0\leqq x\leqq 5$ における最大値と最小値を求めよ。また，そのときの x の値を求めよ。

41 面　積

《 基本事項 》

1 曲線と x 軸の間の面積

区間 $a \leqq x \leqq b$ において，曲線 $y=f(x)$ と x 軸で挟まれた部分の面積を S とする。

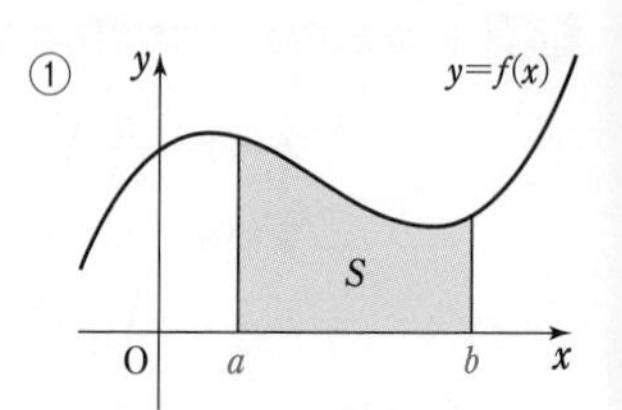

① 常に $f(x) \geqq 0$ のとき

$p.306$ で考えたように，S は次の定積分で表される。

$$S=\int_a^b f(x)dx$$

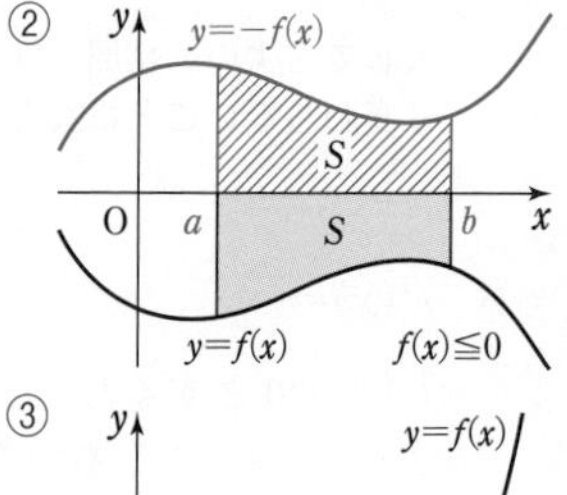

② 常に $f(x) \leqq 0$ のとき

曲線 $y=-f(x)$ は，曲線 $y=f(x)$ と x 軸に関して対称であり，常に $-f(x) \geqq 0$ であるから

$$S=\int_a^b \{-f(x)\}dx=-\int_a^b f(x)dx$$

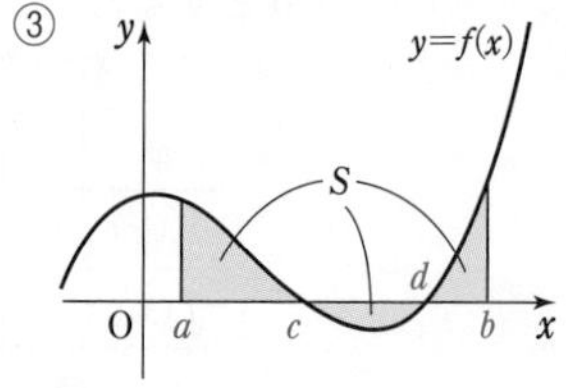

③ $f(x) \geqq 0$ と $f(x) \leqq 0$ の部分があるとき

区間を分けて求める。例えば，右の図 ③ の場合は

$$S=\int_a^c f(x)dx-\int_c^d f(x)dx+\int_d^b f(x)dx$$

> 一般に，曲線 $y=f(x)$，x 軸，および 2 直線 $x=a$，$x=b$ $(a<b)$ で囲まれた部分の面積 S は
>
> $$S=\int_a^b |f(x)|dx$$

2 2 つの曲線の間の面積

区間 $a \leqq x \leqq b$ において，2 つの曲線 $y=f(x)$ と $y=g(x)$ で挟まれた部分の面積を S とする。

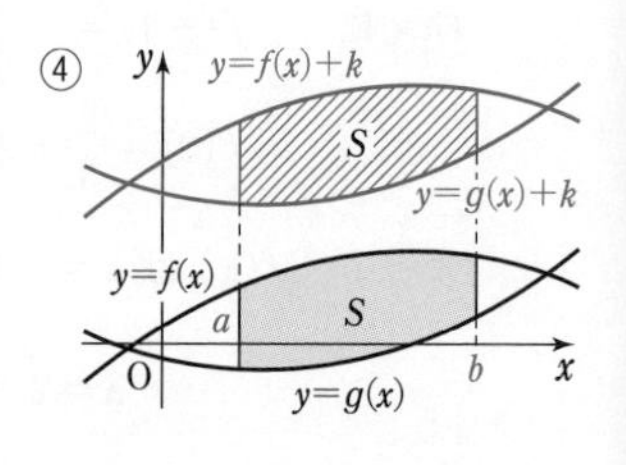

④ 常に $f(x) \geqq g(x)$ のとき

$f(x)$，$g(x)$ が負の値をとることがある場合は，適当な正の数 k を選んで，$f(x)+k \geqq g(x)+k \geqq 0$ とすることができるから

$$S=\int_a^b \{f(x)+k\}dx-\int_a^b \{g(x)+k\}dx$$

$$=\int_a^b \{f(x)-g(x)\}dx$$

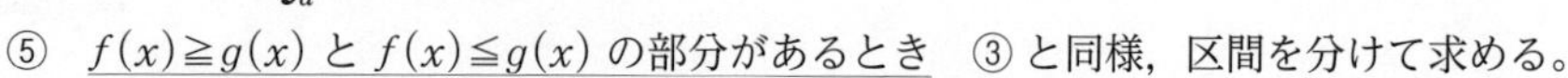

⑤ $f(x) \geqq g(x)$ と $f(x) \leqq g(x)$ の部分があるとき　③ と同様，区間を分けて求める。

> 一般に　$S=\displaystyle\int_a^b |f(x)-g(x)|dx$　$(a<b)$

1 は曲線 $y=f(x)$ と直線 $y=0$ の間の面積であるから，2 の場合に含まれる。

区分求積法

これまでは，三角形や四角形，円といった一部の図形の面積しか求めることができなかったが，積分法によって曲線で囲まれた図形の面積が求められるようになった。

では，昔の人々は積分法が発見されるまで，どのようにして曲線で囲まれた図形の面積を求めていたのであろうか。例として，放物線 $y=x^2$ と x 軸および直線 $x=1$ で囲まれた部分の面積 S を考えてみよう。

まず，区間 $0 \leqq x \leqq 1$ を 10 等分する。

そして，右の図のように，各区間の最大値を高さとして長方形を作る。各長方形の幅は $\dfrac{1}{10}$ であり，長方形の面積の和は

$$\frac{1}{10}\left(\frac{1}{10}\right)^2+\frac{1}{10}\left(\frac{2}{10}\right)^2+\cdots\cdots+\frac{1}{10}\left(\frac{10}{10}\right)^2$$

$$=\frac{1}{10}\left\{\left(\frac{1}{10}\right)^2+\left(\frac{2}{10}\right)^2+\cdots\cdots+\left(\frac{10}{10}\right)^2\right\}=\frac{385}{1000}=0.385$$

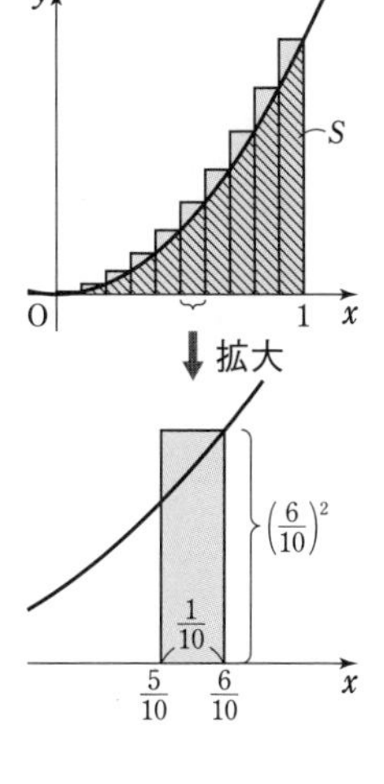

図からもわかるように，この値は $S=\int_0^1 x^2dx=\dfrac{1}{3}$ $(=0.333\cdots)$ よりも大きいが，分割数を 20，30，…… と大きくすることで，$\dfrac{1}{3}$ に近づくことが予想される。

実際に，分割数を n，そのときの長方形の面積の和を S_n とすると，次のようになる。

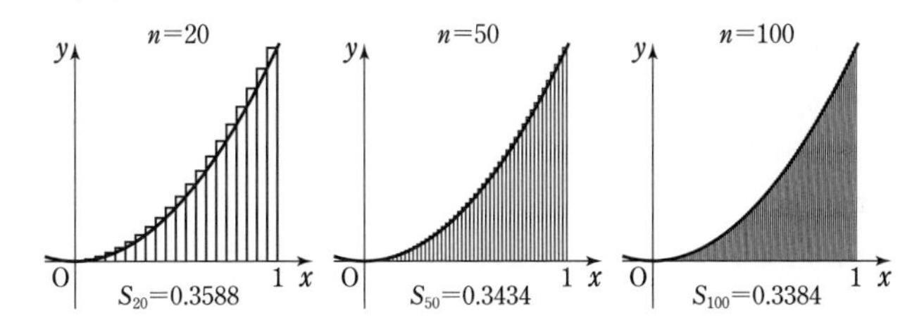

n	S_n
500	0.334334
1000	0.333834
5000	0.333433

では，今度は右の図のように各区間の最小値を高さとして長方形を作ってみよう。

分割数 n に対して，この長方形の面積の和を T_n とすると

$$T_{10}=\frac{1}{10}\cdot 0^2+\frac{1}{10}\left(\frac{1}{10}\right)^2+\cdots\cdots+\frac{1}{10}\left(\frac{9}{10}\right)^2$$

$$=\frac{1}{10}\left\{\left(\frac{1}{10}\right)^2+\left(\frac{2}{10}\right)^2+\cdots\cdots+\left(\frac{9}{10}\right)^2\right\}=\frac{285}{1000}=0.285$$

当然，S より小さい値をとることがわかるが，$n=20$，30，…… と n の値を大きくすることで，S に近づくことが予想できる。

n	T_n
500	0.332334
1000	0.332834
5000	0.333233

この考え方を **区分求積法** といい，数学Ⅲで学習する。

例題 169 曲線とx軸，2曲線の間の面積 ★★☆☆☆

次の曲線や直線で囲まれた部分の面積Sを求めよ。

(1) $y=x^2-2x$，x軸，$x=3$　　(2) $y=x^2-x$，$y=-x^2+3x+4$

指針 面積の計算では，まず，求める部分がどのような図形かを知る必要がある。

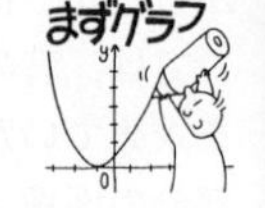

CHART》 面積　まず　グラフをかけ

(1) グラフの上下関係（この場合はグラフがx軸の上にあるか下にあるか）に注意して，積分区間を分ける。
グラフをかくときは，本問では曲線とx軸の**上下関係**と**共有点**（交点）さえわかればよい。よって，面積を求める目的が達せられる程度の図で十分である。

(2) 放物線と直線，または2つの放物線で囲まれた部分の面積では，次の CHART》 で示した公式が必ず利用できる。これを利用すると計算がらくになる。例題164参照。

CHART》 $\displaystyle\int_\alpha^\beta (x-\alpha)(x-\beta)\,dx=-\frac{1}{6}(\beta-\alpha)^3$ **を活用**

解答 (1) $x^2-2x=x(x-2)$

曲線とx軸の交点のx座標は　$x=0,\ 2$

よって，図から，求める面積Sは

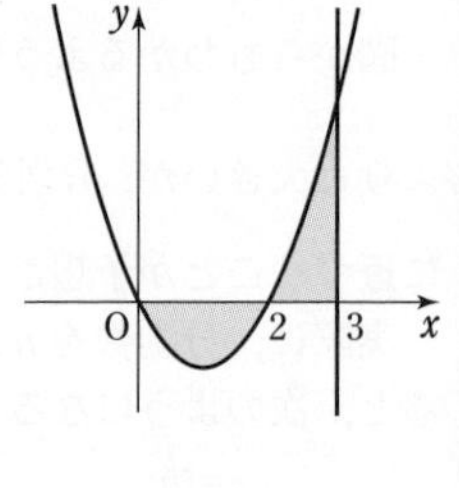

$$S=-\int_0^2 (x^2-2x)\,dx+\int_2^3 (x^2-2x)\,dx$$

◀ x軸より下
$\rightarrow S=-\int_a^b f(x)\,dx$

$$=-\left[\frac{x^3}{3}-x^2\right]_0^2+\left[\frac{x^3}{3}-x^2\right]_2^3$$

$$=-\left(\frac{8}{3}-4\right)+0+(9-9)-\left(\frac{8}{3}-4\right)=\boldsymbol{\frac{8}{3}}$$

(2) 2つの放物線の交点のx座標は，

$x^2-x=-x^2+3x+4$　すなわち　$x^2-2x-2=0$　…… ①

を解いて　$x=1\pm\sqrt{3}$

$\alpha=1-\sqrt{3}$，$\beta=1+\sqrt{3}$ とすると，求める面積Sは

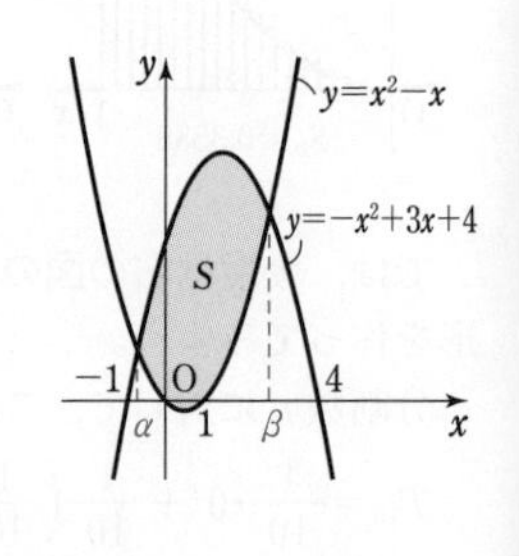

$$S=\int_\alpha^\beta \{(-x^2+3x+4)-(x^2-x)\}\,dx$$

$$=\int_\alpha^\beta (-2x^2+4x+4)\,dx=-2\int_\alpha^\beta (x-\alpha)(x-\beta)\,dx$$

$$=-2\left\{-\frac{1}{6}(\beta-\alpha)^3\right\}=\frac{1}{3}(\beta-\alpha)^3$$

$$=\frac{1}{3}\{(1+\sqrt{3})-(1-\sqrt{3})\}^3=\boldsymbol{8\sqrt{3}}$$

別解 2次方程式①の解と係数の関係から　$\alpha+\beta=2$，$\alpha\beta=-2$
$(\beta-\alpha)^2=(\alpha+\beta)^2-4\alpha\beta$ を利用してもよい。

練習 169 次の曲線や直線で囲まれた部分の面積Sを求めよ。

(1) $y=x^2-4x-5$ $(x\leqq 4)$，x軸，$x=-2$，$x=4$

(2) $y=x^3-5x^2+6x$，x軸　　(3) $y=2x^2-3x+1$，$y=2x-1$

(4) $y=x^2-3x$，$y=-x^2+x+5$

例題 170 不等式の表す領域の面積 ★★☆☆☆

連立不等式 $y \geqq x^2-1$, $y \leqq x+5$, $y \leqq -3x+9$ の表す領域の面積 S を求めよ。

〔日本女子大〕 ◀例 43, 例題 169

指針 CHART 》 **連立不等式の表す領域　それぞれの領域の共通部分**

に従って領域を図示する。まず，境界線の交点の座標を求めておく。

$a \leqq x \leqq b$ で常に $f(x) \geqq g(x)$ ならば，面積は $\int_a^b \{f(x)-g(x)\}\,dx$ を利用する。

⟶ 領域は，解答 の図のようになり，$-2 \leqq x \leqq 1$, $1 \leqq x \leqq 2$ の部分に分けて計算する。
なお，別解 のように $-1 \leqq y \leqq 3$, $3 \leqq y \leqq 6$ の部分に分けて計算してもよい。

解答 境界線の方程式は

$y=x^2-1$ …… ①, $y=x+5$ …… ②, $y=-3x+9$ …… ③

①, ② を連立して解くと

$(x, y)=(-2, 3), (3, 8)$

①, ③ を連立して解くと

$(x, y)=(-5, 24), (2, 3)$

②, ③ を連立して解くと

$(x, y)=(1, 6)$

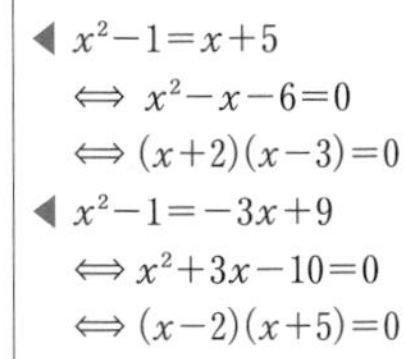

◀ $x^2-1=x+5$
$\iff x^2-x-6=0$
$\iff (x+2)(x-3)=0$

◀ $x^2-1=-3x+9$
$\iff x^2+3x-10=0$
$\iff (x-2)(x+5)=0$

したがって，連立不等式の表す領域は，図の斜線部分である。ただし，境界線を含む。

よって，求める面積 S は

$$S=\int_{-2}^{1}\{(x+5)-(x^2-1)\}\,dx+\int_{1}^{2}\{(-3x+9)-(x^2-1)\}\,dx$$

$$=\int_{-2}^{1}(-x^2+x+6)\,dx+\int_{1}^{2}(-x^2-3x+10)\,dx$$

$$=\left[-\frac{x^3}{3}+\frac{x^2}{2}+6x\right]_{-2}^{1}+\left[-\frac{x^3}{3}-\frac{3}{2}x^2+10x\right]_{1}^{2}$$

$$=\frac{27}{2}+\frac{19}{6}=\boldsymbol{\frac{50}{3}}$$

別解 領域を右のように分けて考えると

$$S=\int_{-2}^{2}\{3-(x^2-1)\}\,dx+\frac{1}{2}\cdot\{2-(-2)\}\cdot(6-3)$$

$$=-\int_{-2}^{2}(x+2)(x-2)\,dx+6$$

$$=-\left(-\frac{1}{6}\right)\{2-(-2)\}^3+6=\boldsymbol{\frac{50}{3}}$$

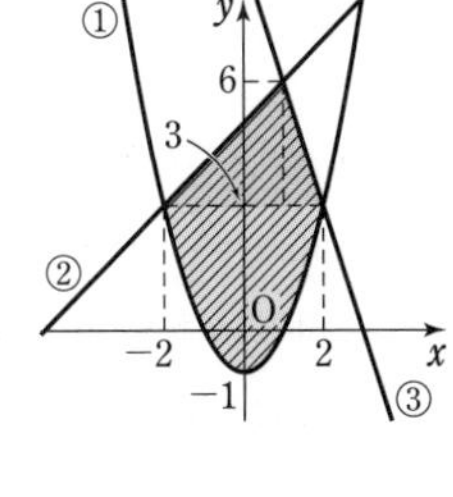

◀ 青い部分は三角形。

◀ $\int_\alpha^\beta (x-\alpha)(x-\beta)\,dx = -\frac{(\beta-\alpha)^3}{6}$

練習 170 連立不等式 $2y-x^2 \geqq 0$, $5x-4y+7 \geqq 0$, $x+y-4 \leqq 0$ の表す領域の面積 S を求めよ。

➡ p. 341 演習 **86**

例題 171　放物線と接線の囲む面積 (1)　★★★☆☆

放物線 $C：y=2-x^2$ 上の点 $\mathrm{P}(1,\ 1)$ における接線を ℓ とする。　〔類 鳥取大〕

(1) 直線 ℓ の方程式を求めよ。

(2) 直線 ℓ と放物線 C および y 軸で囲まれた図形の面積 S を求めよ。

指針　曲線とその接線が囲む図形の面積を求める際のポイントは　**接点 $\Longleftrightarrow$ 重解**

(1) で求めた接線 ℓ の方程式を $y=mx+n$ とすると，(2) で求める図形の面積は

$$S=\int_0^1\{mx+n-(2-x^2)\}\,dx$$

方程式 $mx+n=2-x^2$ すなわち $mx+n-(2-x^2)=0$ の解は，重解 $x=1$ であるから

$$mx+n-(2-x^2)=(x-1)^2$$

よって，面積を求める定積分の計算に，$\displaystyle\int(x+p)^n dx=\frac{(x+p)^{n+1}}{n+1}+C$ が使える。

解答　(1) $y=2-x^2$ から　$y'=-2x$

よって，$\mathrm{P}(1,\ 1)$ における接線の方程式は

$$y-1=-2(x-1)$$

すなわち　$\boldsymbol{y=-2x+3}$

(2) $$S=\int_0^1\{(-2x+3)-(2-x^2)\}\,dx$$

$$=\int_0^1(x-1)^2dx=\left[\frac{(x-1)^3}{3}\right]_0^1=\boldsymbol{\frac{1}{3}}$$

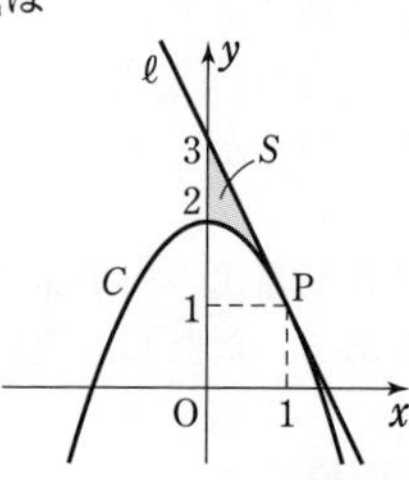

◀ $y-f(a)$
$=f'(a)(x-a)$

◀ $0\leqq x\leqq 1$ で
$-2x+3\geqq 2-x^2$

上の例題は，**指針** が理解できれば，(1) で直線 ℓ の方程式を求めていなくても，(2) の面積が計算できることになる。

一般に，放物線 $y=f(x)$ と直線 $y=g(x)$ が $x=\alpha$ において接するとき，

$$f(x)=ax^2+bx+c,\ g(x)=mx+n$$

とすると，方程式 $f(x)=g(x)$ が重解 $x=\alpha$ をもつから

$$f(x)-g(x)=a(x-\alpha)^2$$

と変形できる。

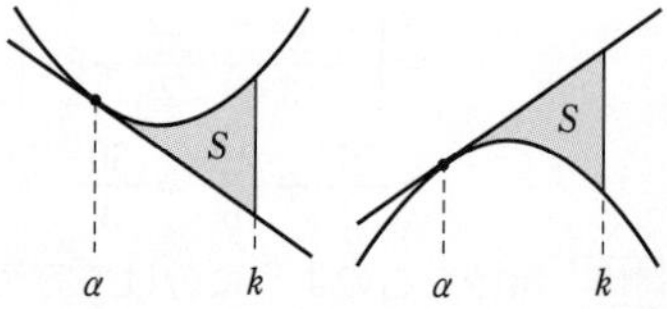

(図: S, α, k / S, α, k)

よって，右の図の区間 $\alpha\leqq x\leqq k$ の部分の面積 S は

$$S=\int_\alpha^k|f(x)-g(x)|dx=\int_\alpha^k|a|(x-\alpha)^2dx=|a|\left[\frac{(x-\alpha)^3}{3}\right]_\alpha^k=\frac{|a|}{3}(k-\alpha)^3$$

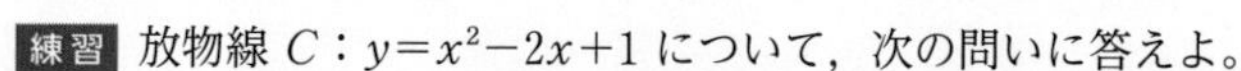

これを俗に「3分の1公式」という。

練習 171　放物線 $C：y=x^2-2x+1$ について，次の問いに答えよ。

(1) 原点 $(0,\ 0)$ を通る C の接線のうち，傾きが負であるものの方程式を求めよ。

(2) (1) で求めた接線と放物線 C および y 軸で囲まれた図形の面積を求めよ。

〔類 岡山理科大〕 ➡ p. 341 演習 87

例題 172 放物線と接線の囲む面積 (2) ★★★☆☆

放物線 $y=x^2$ と，点 $(1,\ -3)$ を通りこの放物線に接する 2 直線で囲まれる図形の面積 S を求めよ。

〔日本女子大〕 ◀例題 171

指針 点 $(1,\ -3)$ は放物線外の点であるから，例題 136 と同じ手順で接線の方程式を求める。
次に，2 接線の交点の x 座標を求め，グラフをかく。この交点の x 座標を境に接線の方程式が変わるから，被積分関数も変わる。
⟶ 放物線と接線が囲む図形の面積であるから，例題 171 と同様に

$\displaystyle\int(x+p)^n dx=\frac{(x+p)^{n+1}}{n+1}+C$ の公式が利用できる。

解答 $y=x^2$ から　$y'=2x$

接点の x 座標を t とすると，接線の方程式は

$$y-t^2=2t(x-t)$$

すなわち　$y=2tx-t^2$

この直線が点 $(1,\ -3)$ を通るから

$$-3=2t-t^2$$

ゆえに　$t^2-2t-3=0$

これを解くと　$t=-1,\ 3$

よって，接線の方程式は　$t=-1$ のとき　$y=-2x-1$

$t=3$　のとき　$y=6x-9$

2 接線の交点の x 座標は　$x=1$

求める面積 S は，図の斜線部分で

$$S=\int_{-1}^{1}\{x^2-(-2x-1)\}dx+\int_{1}^{3}\{x^2-(6x-9)\}dx$$

$$=\int_{-1}^{1}(x+1)^2dx+\int_{1}^{3}(x-3)^2dx$$

$$=\left[\frac{(x+1)^3}{3}\right]_{-1}^{1}+\left[\frac{(x-3)^3}{3}\right]_{1}^{3}=\boldsymbol{\frac{16}{3}}$$

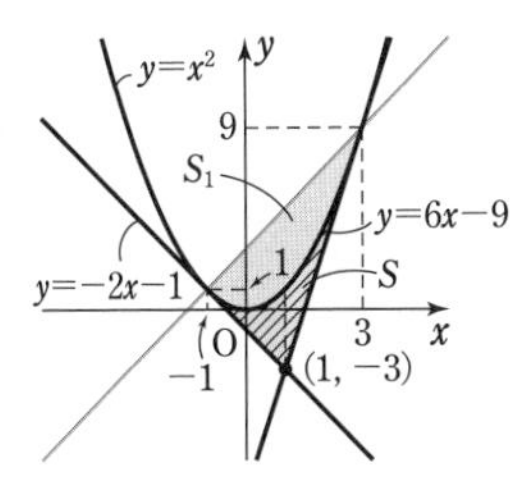

◀ 2 本の接線の接点の x 座標。

◀ 問題文から。

◀ $x=1$ を境に被積分関数が変わる。

◀ **接点 ⟺ 重解**

検討 放物線と 2 本の接線で囲まれた部分の面積について，次が成り立つ。

> x^2 の係数が $a\ (\neq 0)$ の放物線 C の 2 本の接線を ℓ，m とし，それぞれの接点の x 座標を α，$\beta\ (\alpha<\beta)$ とする。
>
> このとき，ℓ と m の交点 P の x 座標は　$\boldsymbol{\dfrac{\alpha+\beta}{2}}$
>
> また，右の図の面積 S_1，S_2 について
>
> $\boldsymbol{S_1 : S_2=2 : 1}$　$\left(S_1=\dfrac{|a|}{6}(\beta-\alpha)^3,\ \boldsymbol{S_2=\dfrac{|a|}{12}(\beta-\alpha)^3}\right)$

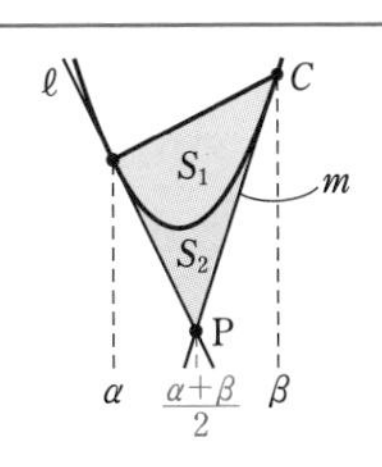

証明は，解答編 $p.259$ 参照。

練習 172 放物線 $y=-x^2+x$ と点 $(0,\ 0)$ における接線，点 $(2,\ -2)$ における接線により囲まれる図形の面積を求めよ。

➡ p. 341 演習 88

例題 173 ２つの放物線とその共通接線の囲む面積 ★★★☆☆

２つの放物線を $F_1：y=x^2+x+2$，$F_2：y=x^2-7x+10$ とする。〔類 慶応大〕

(1) F_1 と F_2 の両方に接する直線 ℓ の方程式を求めよ。

(2) 放物線 F_1，F_2 と直線 ℓ で囲まれた部分の面積を求めよ。

◀例題138，171

指針 $p.267$ 例題 138 で学習したように，共通接線を求めるには次のような方法がある。

（方針１） 一方の曲線の接線が，他方の曲線に接する（判別式 $D=0$）。

（方針２） ２つの曲線の接線が一致する（係数比較）。

本問の場合，面積の定積分を計算するときに２つの接点の x 座標が必要となるから，（方針２）で考えてみる。なお，本問も $\displaystyle\int(x+p)^n dx=\frac{(x+p)^{n+1}}{n+1}+C$ が利用できる。

解答 (1) F_1 上の点 $(a,\ a^2+a+2)$ における接線の方程式は，$y'=2x+1$ から

$y-(a^2+a+2)=(2a+1)(x-a)$ すなわち $y=(2a+1)x-a^2+2$ ……①

F_2 上の点 $(b,\ b^2-7b+10)$ における接線の方程式は，$y'=2x-7$ から

$y-(b^2-7b+10)=(2b-7)(x-b)$ すなわち $y=(2b-7)x-b^2+10$ ……②

直線 ℓ は①と②が一致する場合であるから

$2a+1=2b-7$ かつ $-a^2+2=-b^2+10$

第１式から　$b=a+4$

これを第２式に代入して　$-a^2+2=-(a+4)^2+10$

これを解くと　$a=-1$　ゆえに　$b=3$

よって，ℓ の方程式は　$\boldsymbol{y=-x+1}$

(2) F_1 と F_2 の交点の x 座標は，$x^2+x+2=x^2-7x+10$ を解いて　$x=1$

よって，求める面積を S とすると

$$S=\int_{-1}^{1}\{(x^2+x+2)-(-x+1)\}dx+\int_{1}^{3}\{(x^2-7x+10)-(-x+1)\}dx$$

$$=\int_{-1}^{1}(x+1)^2dx+\int_{1}^{3}(x-3)^2dx=\left[\frac{(x+1)^3}{3}\right]_{-1}^{1}+\left[\frac{(x-3)^3}{3}\right]_{1}^{3}=\boldsymbol{\frac{16}{3}}$$

２つの放物線とその共通接線で囲まれた部分の面積について，次が成り立つ。

x^2 の係数が $a\ (\neq 0)$ で等しい放物線 C_1，C_2 について，C_1 と C_2 の共通接線を ℓ，それぞれの接点の x 座標を α，$\beta\ (\alpha<\beta)$ とする。

このとき，C_1 と C_2 の交点Pの x 座標は　$\dfrac{\alpha+\beta}{2}$

また，右の図の面積 S について　$\boldsymbol{S=\dfrac{|a|}{12}(\beta-\alpha)^3}$

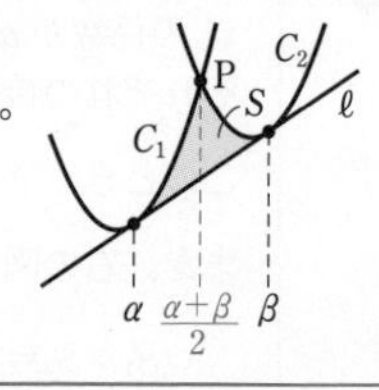

証明は，解答編 $p.260$ 参照。

練習 173 直線 ℓ は，傾きが正で，２つの放物線 $C_1：y=x^2$，$C_2：y=4x^2+12x$ に接している。直線 ℓ の方程式を求めよ。また，放物線 C_1，C_2 および直線 ℓ で囲まれた図形の面積を求めよ。〔和歌山大〕

例題 174 | 3 次関数のグラフと接線の囲む面積 ★★★☆☆

曲線 $y=x^3-5x^2+2x+6$ と，その曲線上の点 $(3,\ -6)$ における接線で囲まれた図形の面積 S を求めよ。

◀例題 135，例 76

指針 まず，$p.264$ 例題 135 と同様に，接線の方程式と，接点以外の共有点の座標を求める。
面積を求める際は，3 次関数のグラフであっても **接点** $\Longleftrightarrow$ **重解** がポイントになる。

曲線 $y=f(x)$ と直線 $y=g(x)$ が $x=\alpha$ で接する
$\Longleftrightarrow$ $f(x)-g(x)$ が因数 $(x-\alpha)^2$ をもつ

解答 $y'=3x^2-10x+2$ であるから，接線の方程式は

$$y-(-6)=(3\cdot3^2-10\cdot3+2)(x-3)$$

したがって　$y=-x-3$

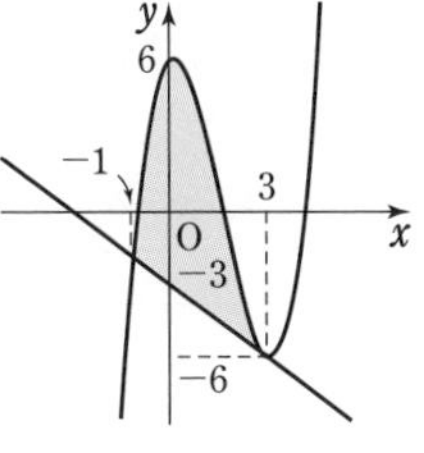

この接線と曲線の共有点の x 座標は，

$x^3-5x^2+2x+6=-x-3$　すなわち　$x^3-5x^2+3x+9=0$

の解である。

左辺が $(x-3)^2$ を因数にもつことに注意して，因数分解すると　$(x-3)^2(x+1)=0$

◀ $(x-3)^2(x+c)$ とおき，定数項を比較する。$9c=9$ から　$c=1$

よって　$x=3,\ -1$

したがって，図から，求める面積 S は

$$S=\int_{-1}^{3}\{(x^3-5x^2+2x+6)-(-x-3)\}\,dx$$

$$=\int_{-1}^{3}(x-3)^2(x+1)\,dx=\int_{-1}^{3}(x-3)^2\{(x-3)+4\}\,dx$$

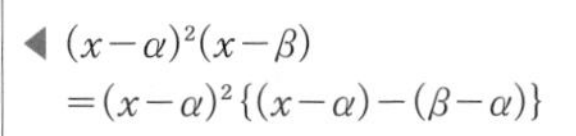

◀ $(x-\alpha)^2(x-\beta)$
$=(x-\alpha)^2\{(x-\alpha)-(\beta-\alpha)\}$

$$=\int_{-1}^{3}\{(x-3)^3+4(x-3)^2\}\,dx$$

$$=\left[\frac{(x-3)^4}{4}\right]_{-1}^{3}+4\left[\frac{(x-3)^3}{3}\right]_{-1}^{3}=-64+\frac{256}{3}=\boldsymbol{\frac{64}{3}}$$

◀ $\displaystyle\int(x-\alpha)^n dx=\frac{(x-\alpha)^{n+1}}{n+1}+C$

検討 $f(x)$ の 3 次の係数を $a>0$ とすると，右の図の場合，
$f(x)-g(x)=a(x-\alpha)^2(x-\beta)$ となる。

$$S=-\int_{\alpha}^{\beta}\{f(x)-g(x)\}\,dx=-a\int_{\alpha}^{\beta}(x-\alpha)^2(x-\beta)\,dx$$

$$=-a\int_{\alpha}^{\beta}(x-\alpha)^2\{(x-\alpha)-(\beta-\alpha)\}\,dx$$

$$=-a\int_{\alpha}^{\beta}\{(x-\alpha)^3-(\beta-\alpha)(x-\alpha)^2\}\,dx$$

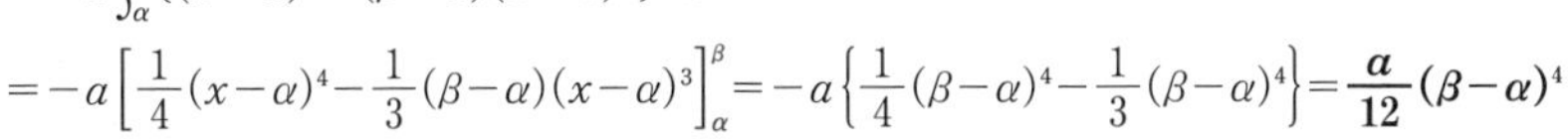

$$=-a\left[\frac{1}{4}(x-\alpha)^4-\frac{1}{3}(\beta-\alpha)(x-\alpha)^3\right]_{\alpha}^{\beta}=-a\left\{\frac{1}{4}(\beta-\alpha)^4-\frac{1}{3}(\beta-\alpha)^4\right\}=\boldsymbol{\frac{a}{12}(\beta-\alpha)^4}$$

3 次曲線と接線で囲まれた部分の面積では $\displaystyle\int_{\alpha}^{\beta}(x-\alpha)^2(x-\beta)\,dx=-\frac{1}{12}(\beta-\alpha)^4$ が必ず利用できる。この公式はいちいち記憶しておく必要はないが，計算するときに便利である。

練習 174 曲線 $y=x-x^3$ と，その曲線上の点 $(-1,\ 0)$ における接線で囲まれた図形の面積 S を求めよ。

➡ p. 341 演習 89

重要例題 175 4次関数のグラフと接線の囲む面積 ★★★★☆

$f(x)=x^4+2x^3-2x^2$ として，次の問いに答えよ。〔類 山形大〕 ◀例題141

(1) 曲線 $y=f(x)$ に2点で接する直線の方程式 $y=g(x)$ を求めよ。

(2) 曲線 $y=f(x)$ と(1)で求めた直線 $y=g(x)$ で囲まれる部分の面積 S を求めよ。

必要に応じて $\int_\alpha^\beta(x-\alpha)^2(x-\beta)^2dx=\frac{1}{30}(\beta-\alpha)^5$ を使ってよい。

指針 4次関数のグラフと2点で接する直線の方程式の求め方は，例題141で学習したように3通りの方針があるが，(2)で $\int_\alpha^\beta(x-\alpha)^2(x-\beta)^2dx=\frac{1}{30}(\beta-\alpha)^5$ を利用するために，

4次曲線 $y=f(x)$ と直線 $y=mx+n$ が $x=a$，$x=b$ $(a\neq b)$ で接する。
$\Longleftrightarrow$ $f(x)-(mx+n)=k(x-a)^2(x-b)^2$ $[k\neq0]$ の方針でいく。

$\int_\alpha^\beta(x-\alpha)^2(x-\beta)^2dx=\frac{1}{30}(\beta-\alpha)^5$ の証明は解答編 $p.261$ 参照。

解答 (1) $g(x)=mx+n$ とする。曲線 $y=f(x)$ と直線 $y=g(x)$ が $x=a$，$x=b$ $(a<b)$ の2点で接するとき，次の恒等式が成り立つ。

$$x^4+2x^3-2x^2-(mx+n)=(x-a)^2(x-b)^2$$

(左辺)$=x^4+2x^3-2x^2-mx-n$

(右辺)$=x^4-2(a+b)x^3+\{(a+b)^2+2ab\}x^2-2ab(a+b)x+a^2b^2$

両辺の係数を比較して

$2=-2(a+b)$ …… ①，　$-2=(a+b)^2+2ab$ …… ②，

$-m=-2ab(a+b)$ …… ③，　$-n=a^2b^2$ …… ④

① から　$a+b=-1$　　これと ② から　$ab=-\frac{3}{2}$

これらを ③，④ に代入して　$m=3$，$n=-\frac{9}{4}$

a，b は2次方程式 $t^2+t-\frac{3}{2}=0$ の解 $t=\frac{-1\pm\sqrt{7}}{2}$ であるから　$a\neq b$

したがって，求める直線の方程式は　$\boldsymbol{y=3x-\frac{9}{4}}$

(2) $a=\frac{-1-\sqrt{7}}{2}$，$b=\frac{-1+\sqrt{7}}{2}$ から　$b-a=\sqrt{7}$

区間 $a\leqq x\leqq b$ で $f(x)\geqq g(x)$ であるから

$$S=\int_a^b\{f(x)-g(x)\}dx=\int_a^b(x-a)^2(x-b)^2dx$$

$$=\frac{1}{30}(b-a)^5=\frac{1}{30}(\sqrt{7})^5=\boldsymbol{\frac{49\sqrt{7}}{30}}$$

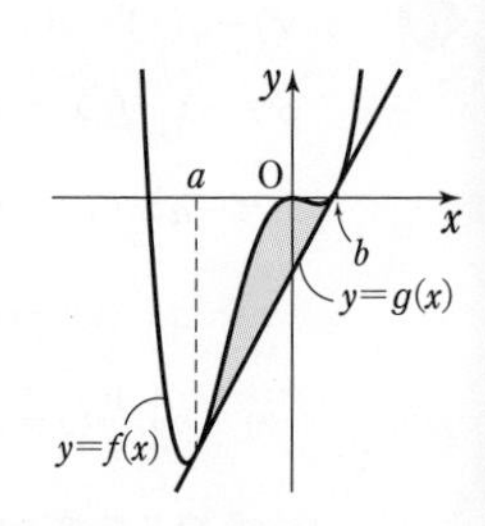

練習 175 $f(x)=x^4+2x^3-3x^2$ とする。〔類 東京理科大〕

(1) 曲線 $y=f(x)$ に2点で接する直線の方程式を求めよ。

(2) 曲線 $y=f(x)$ と(1)で求めた直線で囲まれる部分の面積 S を求めよ。

➡ p.342 演習 90

例題 176 放物線と円が囲む面積 ★★★☆☆

放物線 $A: y=x^2$ と y 軸上に中心Bをもつ円 C が2点P，Qで接している。$\angle PBQ=120°$ であるとき，放物線 A と円 C で囲まれた領域（放物線より上で円より下の部分）の面積 S を求めよ。

〔類 茨城大〕 ◀例題169

指針 円弧を境界線とする図形の面積を定積分で求めることは，数学IIの範囲ではできないから，**扇形の面積を利用** して，面積を求めることを考える。
なお，放物線と円が接するための条件を，$p.128$ 例題58では **接点 ⟺ 重解** で考えたが，ここでは微分法を利用して次のように考えてみよう。

A と C が **点Pで接する** ⟺ **点Pで接線 ℓ を共有** する ⟺ **BP⊥ℓ**

解答 点Pが第1象限にあるものとしてよい。

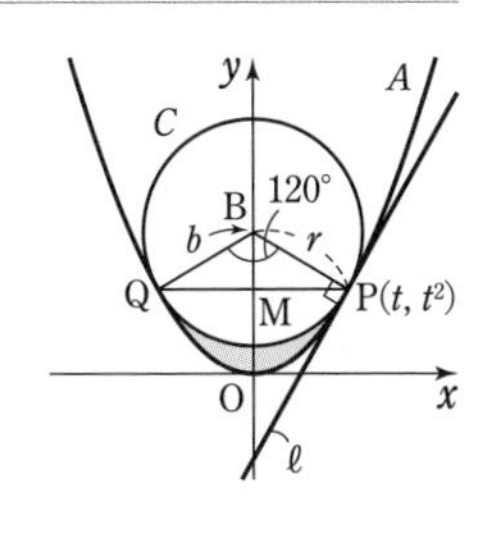

B$(0,\ b)$，P$(t,\ t^2)$，円 C の半径を r $(b>0,\ t>0,\ r>0)$ とし，直線PQと y 軸の交点をMとする。

$y=x^2$ より $y'=2x$ であるから，点Pにおける接線 ℓ の傾きは　$2t$

BP⊥ℓ であるから　$\dfrac{t^2-b}{t-0}\cdot 2t=-1$　◀（傾きの積）$=-1$

よって　$b-t^2=\dfrac{1}{2}$　　すなわち　$\mathrm{BM}=\dfrac{1}{2}$

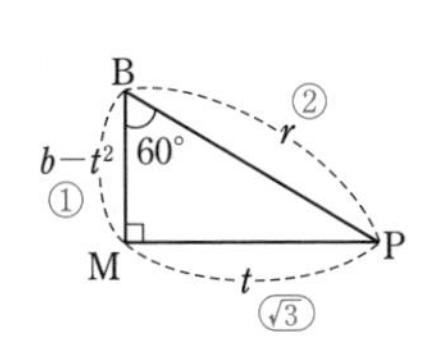

$\angle PBQ=120°$ より $\angle PBM=60°$ であるから

$r=\mathrm{BP}=2\mathrm{BM}=1$，$t=\mathrm{PM}=\sqrt{3}\,\mathrm{BM}=\dfrac{\sqrt{3}}{2}$，$t^2=\dfrac{3}{4}$

直線PQと放物線 A で囲まれた部分の面積を S_1 とすると

$$S=S_1+\triangle BPQ-(\text{扇形 }BPQ)$$

$$=\int_{-\frac{\sqrt{3}}{2}}^{\frac{\sqrt{3}}{2}}\left(\frac{3}{4}-x^2\right)dx+\frac{1}{2}\cdot 1^2\cdot\sin\frac{2}{3}\pi-\frac{1}{2}\cdot 1^2\cdot\frac{2}{3}\pi$$

$$=-\int_{-\frac{\sqrt{3}}{2}}^{\frac{\sqrt{3}}{2}}\left(x+\frac{\sqrt{3}}{2}\right)\left(x-\frac{\sqrt{3}}{2}\right)dx+\frac{\sqrt{3}}{4}-\frac{\pi}{3}$$

$$=-\left(-\frac{1}{6}\right)\left\{\frac{\sqrt{3}}{2}-\left(-\frac{\sqrt{3}}{2}\right)\right\}^3+\frac{\sqrt{3}}{4}-\frac{\pi}{3}$$

$$=\boldsymbol{\frac{3\sqrt{3}}{4}-\frac{\pi}{3}}$$

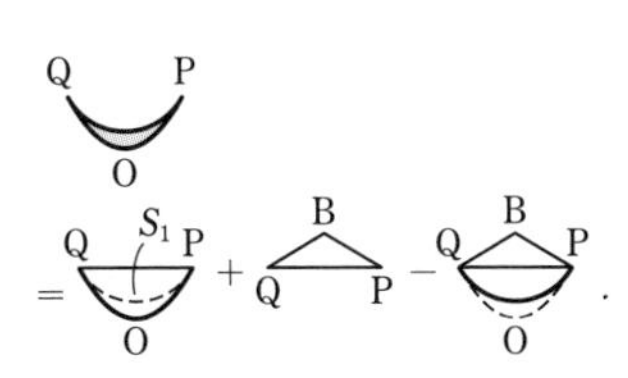

練習 176 (1) 連立不等式 $x^2+y^2\leqq 1$，$\sqrt{2}\,x^2\leqq y$ を満たす部分の面積を求めよ。〔小樽商大〕

(2) 放物線 $C: y=\dfrac{1}{2}x^2$ 上に点 $\mathrm{P}\left(1,\ \dfrac{1}{2}\right)$ をとる。x 軸上に中心Aをもち点Pで放物線に接する円と x 軸との交点のうち原点に近い方をBとするとき，円弧BP（短い方）と放物線 C および x 軸で囲まれた部分の面積を求めよ。〔類 県立広島大〕

➡p.342 演習91

例題 177 面積の2等分 ★★★☆☆

放物線 $y=x(x-1)$ と直線 $y=ax$ $(a>0)$ で囲まれた部分の面積が x 軸で2等分されるときの a の値を求めよ。〔下関市大〕 ◀例題169

指針 右の図の各部分の面積を S_1, S_2 とし，放物線と直線 $y=ax$ で囲まれた面積を S とする。

解き方の方針は，いくつか考えられる。

(方針1) $S_1=S_2$ と考える。⟶ S_2 を求めるのが少し面倒。

(方針2) $S=2S_1$ と考える。

(方針3) $y=0$ (x 軸) は $y=ax$ で $a=0$ とおいたもの。
そこで，先に $\boldsymbol{S=S(a)}$ を計算しておいて，$a=0$ とおくと $S_1=S(0)$ が得られ，$S(a)=2S(0)$ となる。

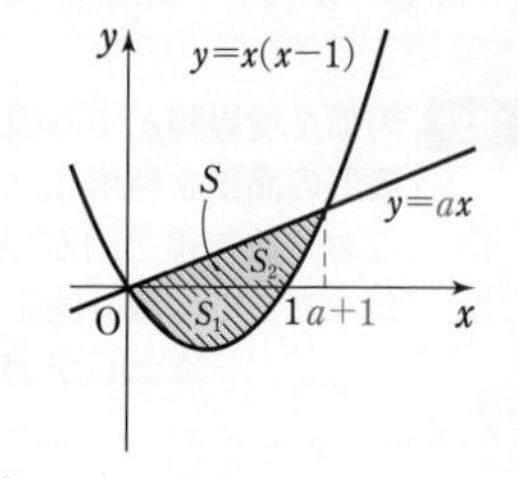

CHART》面積の等分

1 $S_1=S_2$ か $S=2S_1$ **2** 便法 $S(a)=2S(0)$

解答 放物線 $y=x(x-1)$ と直線 $y=ax$ の共有点の x 座標は

$$x(x-1)=ax \quad \text{すなわち} \quad x^2-(a+1)x=0$$

を解くと，$x\{x-(a+1)\}=0$ から $x=0,\ a+1$ …… (*)

(方針2) 放物線と直線 $y=ax$ で囲まれた部分の面積を S，放物線と x 軸で囲まれた部分の面積を S_1 とすると

$$S=\int_0^{a+1}\{ax-x(x-1)\}dx$$

$$=-\int_0^{a+1}x\{x-(a+1)\}dx=\frac{1}{6}(a+1)^3$$

$$S_1=-\int_0^1 x(x-1)dx=\frac{1}{6}$$

◀ $\int_\alpha^\beta(x-\alpha)(x-\beta)dx=-\frac{1}{6}(\beta-\alpha)^3$ を利用。

$S=2S_1$ であるから $\quad \frac{1}{6}(a+1)^3=2\cdot\frac{1}{6}$

よって $\quad (a+1)^3=2$

ゆえに $\quad a+1=\sqrt[3]{2}$

したがって $\quad \boldsymbol{a=\sqrt[3]{2}-1}$ ($a>0$ を満たす)

別解 **(方針3)** 放物線と直線で囲まれた部分の面積を $S(a)$ とすると

◀ (*) までは同じ。

$$S(a)=\int_0^{a+1}\{ax-x(x-1)\}dx=\frac{1}{6}(a+1)^3$$

◀ 解答 の S と同じ。

放物線と x 軸 ($y=0$) で囲まれた部分の面積は $S(0)$ であるから

2等分されるとき $\quad S(a)=2S(0)$

よって $\quad \frac{1}{6}(a+1)^3=2\cdot\frac{1}{6}$ (以後は，上の 解答 と同じ)

練習 177 放物線 $y=x^2-px$ $(p>0)$ と x 軸で囲まれる部分の面積を，放物線 $y=ax^2$ が2等分するように a の値を定めよ。

例題 178 面積が一定であることの証明 ★★★☆☆

a は正の定数とする。放物線 $y=x^2+a$ 上の任意の点Pにおける接線と放物線 $y=x^2$ で囲まれる図形の面積は，点Pの位置によらず一定であることを示し，その一定の値を求めよ。

〔類 名城大〕 ◀例題169

指針 「点Pの位置によらず面積が一定」とは，求める面積が点Pの座標と無関係な式で表されるということ。$P(p,\ p^2+a)$ として，指示された通りの手順で計算していったときに，最後に得られる面積が p を含まない式で表されることを示せばよい。

解答 $P(p,\ p^2+a)$ とする。

$y=x^2+a$ 上の点Pにおける接線の方程式は，$y'=2x$ から

$$y-(p^2+a)=2p(x-p)$$

すなわち　$y=2px-p^2+a$

この接線と放物線 $y=x^2$ の交点の x 座標を求めると

$x^2=2px-p^2+a$ から

$$x^2-2px+p^2=a \quad すなわち \quad (x-p)^2=a$$

$a>0$ であるから　$x-p=\pm\sqrt{a}$

よって　$x=p\pm\sqrt{a}$

$\alpha=p-\sqrt{a}$，$\beta=p+\sqrt{a}$ とおくと，求める面積は

$$\int_\alpha^\beta\{(2px-p^2+a)-x^2\}dx=\int_\alpha^\beta(-x^2+2px-p^2+a)dx$$

$$=-\int_\alpha^\beta(x-\alpha)(x-\beta)dx$$

$$=-\left(-\frac{1}{6}\right)(\beta-\alpha)^3$$

$$=\frac{1}{6}(2\sqrt{a})^3=\boldsymbol{\frac{4a\sqrt{a}}{3}}$$

よって，求める面積は点Pの位置によらず一定である。

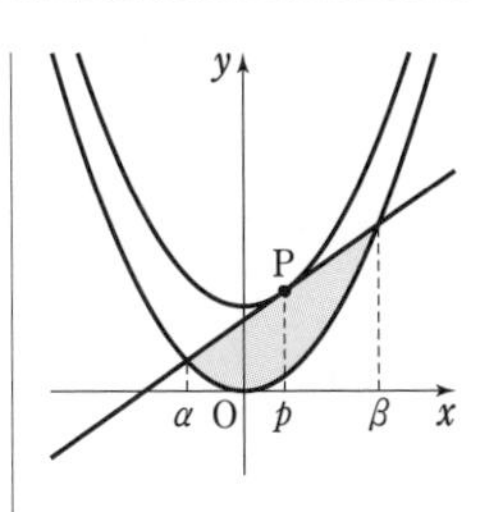

◀ $-x^2+2px-p^2+a=0$ の解が $x=\alpha,\ \beta$

◀ p を含まない。

参考 $\alpha,\ \beta$ は方程式 $x^2=2px-p^2+a$ すなわち $x^2-2px+p^2-a=0$ の解であるから，解と係数の関係により　$\alpha+\beta=2p,\ \alpha\beta=p^2-a$

よって　$(\beta-\alpha)^2=(\alpha+\beta)^2-4\alpha\beta=(2p)^2-4(p^2-a)=4a$

$a>0$ であるから　$\beta-\alpha=2\sqrt{a}$

これを利用して，$-\int_\alpha^\beta(x-\alpha)(x-\beta)dx=\frac{1}{6}(\beta-\alpha)^3$ を計算してもよい。

なお，$\frac{\alpha+\beta}{2}=p$ であるから，点Pは2点 $(\alpha,\ \alpha^2)$，$(\beta,\ \beta^2)$ を結ぶ線分の中点である。

練習 178 a は正の定数とし，$f(x)=x^3-3a^2x$ とする。曲線 $C:y=f(x)$ の原点Oにおける接線を ℓ_1，原点以外の任意の点 $P(p,\ f(p))$ における接線を ℓ_2 とし，2つの直線 ℓ_1，ℓ_2 の交点をQとする。曲線 C と線分 OP で囲まれた図形の面積を S，曲線 C と2つの線分 OQ，PQ で囲まれた図形の面積を T とするとき，比 $S:T$ は一定であることを示せ。

〔類 香川大〕 ➡p. 342 演習 92

重要例題 179 面積の相等と関数の決定 ★★★★☆

曲線 $y=x^3-6x^2+9x$ と直線 $y=mx$ で囲まれた2つの図形の面積が等しくなるような定数 m の値を求めよ。ただし，$0<m<9$ とする。

指針 右の図のように，曲線 $y=f(x)$ と直線 $y=g(x)$ で囲まれる2つの図形の面積について，$S_1=S_2$ であるとき $\boldsymbol{S_1-S_2=0}$ である。

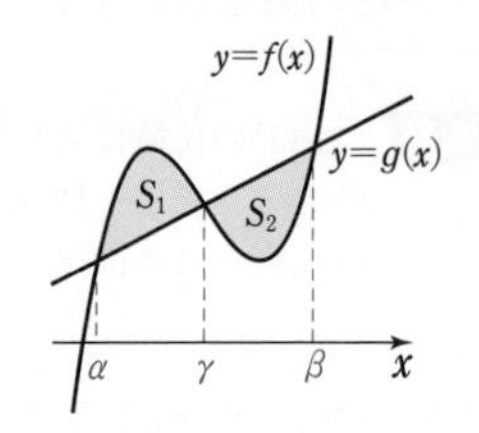

$$S_1-S_2=\int_\alpha^\gamma\{f(x)-g(x)\}dx-\int_\gamma^\beta\{g(x)-f(x)\}dx$$
$$=\int_\alpha^\gamma\{f(x)-g(x)\}dx+\int_\gamma^\beta\{f(x)-g(x)\}dx$$
$$=\int_\alpha^\beta\{f(x)-g(x)\}dx \qquad ◀\int_\alpha^\gamma+\int_\gamma^\beta=\int_\alpha^\beta$$

よって，$S_1=S_2$ という条件は $S_1-S_2=0$ すなわち $\displaystyle\int_\alpha^\beta\boldsymbol{\{f(x)-g(x)\}dx=0}$ と言い換えることができる。

また，このことから，交点の x 座標のうち，真ん中の γ は求めなくてもよい（または使わない）ことがわかる。

解答 曲線と直線の交点の x 座標は，方程式

$$x^3-6x^2+9x=mx$$

の解である。

左辺を変形すると　$x(x-3)^2=mx$

よって　$x\{(x-3)^2-m\}=0$

ゆえに　$x=0$　または　$(x-3)^2-m=0$

$(x-3)^2-m=0$ …… ① について

$$(x-3)^2=m$$

$m>0$ であるから　$x-3=\pm\sqrt{m}$

よって　$x=3\pm\sqrt{m}$

したがって，曲線と直線の交点の x 座標は

$$x=0,\ 3\pm\sqrt{m}$$

$3-\sqrt{m}=\alpha$，$3+\sqrt{m}=\beta$ とおくと　$0<\alpha<\beta$

◀ $0<m<9$ から $\alpha=3-\sqrt{m}>0$

2つの図形の面積が等しくなるための条件は

$$\int_0^\alpha\{(x^3-6x^2+9x)-mx\}dx=\int_\alpha^\beta\{mx-(x^3-6x^2+9x)\}dx$$

すなわち　$\displaystyle\int_0^\alpha\{(x^3-6x^2+9x)-mx\}dx-\int_\alpha^\beta\{mx-(x^3-6x^2+9x)\}dx=0$

$$(\text{左辺})=\int_0^\alpha\{(x^3-6x^2+9x)-mx\}dx+\int_\alpha^\beta\{(x^3-6x^2+9x)-mx\}dx$$
$$=\int_0^\beta\{(x^3-6x^2+9x)-mx\}dx \qquad ◀\int_0^\alpha+\int_\alpha^\beta=\int_0^\beta$$
$$=\int_0^\beta\{x^3-6x^2+(9-m)x\}dx$$

したがって　$\displaystyle\int_0^\beta\{x^3-6x^2+(9-m)x\}dx=0$

この左辺の定積分を I とすると

$$I=\left[\frac{x^4}{4}-2x^3+\frac{9-m}{2}x^2\right]_0^\beta=\frac{\beta^4}{4}-2\beta^3+\frac{9-m}{2}\beta^2$$

$$=\frac{\beta^2}{4}\{\beta^2-8\beta+2(9-m)\}$$

ゆえに　$\frac{\beta^2}{4}\{\beta^2-8\beta+2(9-m)\}=0$

$\beta \neq 0$ であるから　$\beta^2-8\beta+2(9-m)=0$　…… ②

ここで，β は ① の解であるから　$(\beta-3)^2-m=0$

すなわち　$\beta^2-6\beta+9-m=0$

よって　$\beta^2=6\beta-(9-m)$

◀ β^2 を β で表すことで，次数を下げる。

これを ② に代入すると

$$6\beta-(9-m)-8\beta+2(9-m)=0$$

ゆえに　$-2\beta+9-m=0$

$\beta=3+\sqrt{m}$ を代入して整理すると　$m+2\sqrt{m}-3=0$

◀ $(\sqrt{m})^2+2\sqrt{m}-3=0$

よって　$(\sqrt{m}-1)(\sqrt{m}+3)=0$

$\sqrt{m}+3>0$ であるから　$\sqrt{m}=1$　すなわち　$\boldsymbol{m=1}$

これは $0<m<9$ を満たす。

検討

$p.278$ で考えたように，3 次関数のグラフはその変曲点Mに関して対称であるから，直線 $y=mx$ が点Mを通るとき 2 つの面積が等しくなる。

この考え方を利用して求めてみよう。

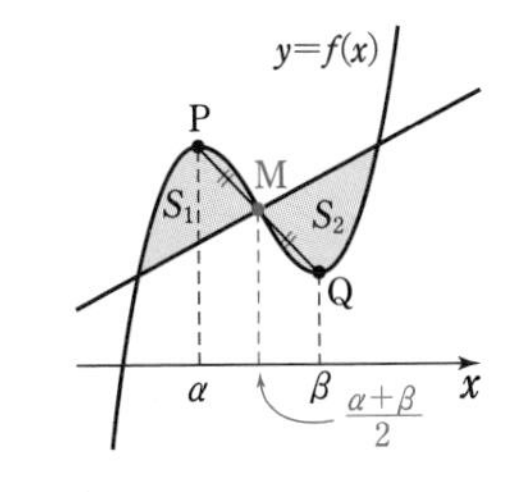

$y=x^3-6x^2+9x$ から　$y'=3x^2-12x+9=3(x-1)(x-3)$

$y'=0$ とすると　$x=1,\ 3$

よって，曲線 $y=x^3-6x^2+9x$ は，$x=1,\ 3$ で極値をとる。

$x=1$ のとき　$y=4$,　$x=3$ のとき　$y=0$

ゆえに，極値を与える 2 点の座標は　$(1,\ 4)$，$(3,\ 0)$

$\mathrm{P}(1,\ 4)$，$\mathrm{Q}(3,\ 0)$ とすると，変曲点Mは線分 PQ の中点であるから

$\mathrm{M}\left(\frac{1+3}{2},\ \frac{4+0}{2}\right)$　すなわち　$\mathrm{M}(2,\ 2)$

直線 $y=mx$ が点Mを通るとき 2 つの面積が等しくなるから

$2=2m$　よって　$\boldsymbol{m=1}$

参考　検討の内容，すなわち

3 次関数のグラフとその変曲点（極値を与える 2 点の中点）を通る直線で囲まれた 2 つの部分の面積は等しい

という性質は，3 次関数のグラフの対称性から常に成り立つ。

練習 179　$f(x)=x^3-3x^2+2x$，$g(x)=ax(x-2)$（ただし，$a>1$）とする。曲線 $y=f(x)$ と曲線 $y=g(x)$ の交点の x 座標は ア□ である。この 2 曲線によって囲まれる 2 つの部分の面積が等しくなるのは $a=$ イ□ のときである。

［慶応大］ ➡ p. 342 演習 93

例題 180 面積の最大・最小 (1) ★★★☆☆

点 $(1,\ 2)$ を通る傾き m の直線と放物線 $y=x^2$ で囲まれる部分の面積を S とする。S の最小値とそのときの m の値を求めよ。 〔類 京都大〕 ◀例題169

指針 点 $(1,\ 2)$ を通る傾き m の直線の方程式は　$y=m(x-1)+2$
これと放物線 $y=x^2$ で囲まれる図形の面積は

CHART 》 $\displaystyle\int_\alpha^\beta (x-\alpha)(x-\beta)\,dx=-\frac{1}{6}(\beta-\alpha)^3$ を活用

S は m で表されるから，その最小値を求める。

解答 点 $(1,\ 2)$ を通る傾き m の直線の方程式は

$$y=m(x-1)+2$$

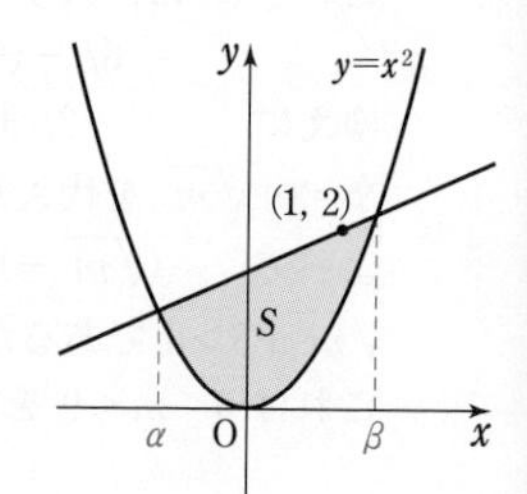

図から，この直線と放物線 $y=x^2$ は，常に異なる 2 点で交わる。
交点の x 座標は

$$x^2=m(x-1)+2$$

すなわち　$x^2-mx+m-2=0$　…… ①
の実数解であるから，その解を $\alpha,\ \beta\ (\alpha<\beta)$ とすると

$$S=\int_\alpha^\beta \{m(x-1)+2-x^2\}\,dx$$
$$=-\int_\alpha^\beta (x^2-mx+m-2)\,dx$$
$$=-\int_\alpha^\beta (x-\alpha)(x-\beta)\,dx=\frac{1}{6}(\beta-\alpha)^3$$

ここで，① より，解と係数の関係から

$$\alpha+\beta=m,\ \alpha\beta=m-2$$

よって　$(\beta-\alpha)^2=(\alpha+\beta)^2-4\alpha\beta=m^2-4(m-2)=(m-2)^2+4$

ゆえに　$S=\dfrac{1}{6}\{(\beta-\alpha)^2\}^{\frac{3}{2}}=\dfrac{1}{6}\{(m-2)^2+4\}^{\frac{3}{2}}$

したがって，S は $\boldsymbol{m=2}$ **で最小値** $\boldsymbol{\dfrac{1}{6}\cdot 4^{\frac{3}{2}}=\dfrac{4}{3}}$ をとる。

別解 $\alpha,\ \beta$ は ① の解であるから，判別式を D とすると，解の公式から

$$\beta-\alpha=\frac{m+\sqrt{D}}{2}-\frac{m-\sqrt{D}}{2}=\sqrt{D}=\sqrt{m^2-4(m-2)}$$

これから S を求めてもよい。

参考 例題 178 では，$\alpha,\ \beta$ がそれほど複雑ではないので，直接 $\beta-\alpha$ を計算したが，上の例題のように，$\alpha,\ \beta$ が複雑になる場合は，解と係数の関係を利用した方がらくな場合がある。

練習 180 頂点が直線 $y=x$ 上にある放物線 $y=x^2+bx+c$ と放物線 $y=-x^2+4$ が異なる 2 つの交点をもつとする。また，この 2 つの放物線で囲まれる部分の面積を S とする。S の最大値とそのときの $b,\ c$ の値を求めよ。

例題 181 面積の最大・最小 (2) ★★★☆☆

$a>0$ とし，放物線 $y=ax^2$ 上の点 $\mathrm{P}(1,\ a)$ における接線を ℓ，点Pを通り ℓ と直交する直線を ℓ'，y 軸と ℓ' の交点をQとする。
このとき，線分 PQ，y 軸および放物線 $y=ax^2$ で囲まれる図形の面積を求めよ。
また，このとき面積を最小にする a の値と最小値を求めよ。　〔上智大〕

指針 点Pを通り ℓ と直交する直線 ℓ' ⟶ **ℓ' は点Pにおける法線**
したがって，$f(x)=ax^2$ とすると，直線 ℓ' の方程式は　$\boldsymbol{y-f(1)=-\dfrac{1}{f'(1)}(x-1)}$
求める面積を $S(a)$ とすると，$S(a)$ は a の分数式で表される。ここで，「**文字が正，和に対し積が定数**」の形であることに着目し，(相加平均)≧(相乗平均) の関係を利用する。

解答 $f(x)=ax^2$ とすると　$f'(x)=2ax$
よって　$f'(1)=2a$
直線 ℓ' は，放物線 $y=f(x)$ の点Pにおける法線である。
よって，$a>0$ であるから，ℓ' の方程式は

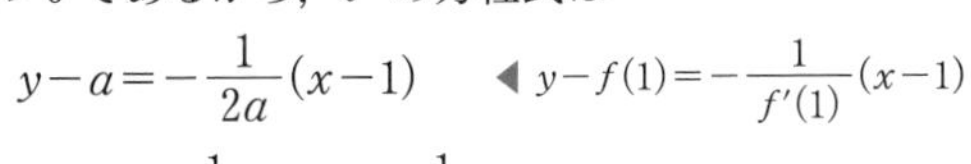

$$y-a=-\frac{1}{2a}(x-1)$$　◀ $y-f(1)=-\dfrac{1}{f'(1)}(x-1)$

すなわち　$y=-\dfrac{1}{2a}x+a+\dfrac{1}{2a}$　…… (＊)
よって，図から，求める面積を $S(a)$ とすると

$$S(a)=\int_0^1\left(-\frac{1}{2a}x+a+\frac{1}{2a}-ax^2\right)dx$$
$$=\left[-\frac{1}{4a}x^2+ax+\frac{1}{2a}x-\frac{1}{3}ax^3\right]_0^1=\boldsymbol{\frac{2}{3}a+\frac{1}{4a}}$$

$a>0$ であるから，(相加平均)≧(相乗平均) により　$S(a)\geqq2\sqrt{\dfrac{2}{3}a\cdot\dfrac{1}{4a}}=\dfrac{\sqrt{6}}{3}$

等号が成り立つのは，$\dfrac{2}{3}a=\dfrac{1}{4a}$ かつ $a>0$ すなわち $a=\dfrac{\sqrt{6}}{4}$ のときである。

よって，$S(a)$ は $\boldsymbol{a=\dfrac{\sqrt{6}}{4}}$ **で最小値** $\boldsymbol{\dfrac{\sqrt{6}}{3}}$ をとる。

別解 接線 ℓ の方程式は　$y-a=2a(x-1)$　すなわち　$y=2ax-a$
よって，接線 ℓ と y 軸の交点Rは　$\mathrm{R}(0,\ -a)$
ゆえに　$S(a)=\triangle\mathrm{PQR}-\displaystyle\int_0^1\{ax^2-(2ax-a)\}dx$

$$=\frac{1}{2}\left\{a+\frac{1}{2a}-(-a)\right\}\cdot1-\int_0^1 a(x-1)^2dx$$
$$=a+\frac{1}{4a}-\frac{a}{3}=\boldsymbol{\frac{2}{3}a+\frac{1}{4a}}$$

◀ $\triangle\mathrm{PQR}=\dfrac{1}{2}\mathrm{QR}\cdot$(Pの x 座標)
(＊) から $\mathrm{Q}\left(0,\ a+\dfrac{1}{2a}\right)$

練習 181 t は正の実数とする。xy 平面上に2点 $\mathrm{P}(t,\ t^2)$，$\mathrm{Q}(-t,\ t^2+1)$ および放物線 $C:y=x^2$ がある。直線 PQ と C で囲まれる図形の面積を $f(t)$ とするとき，$f(t)$ の最小値とそのときの t の値を求めよ。　〔類 横浜国大〕

重要例題 182 面積の最大・最小 (3) ★★★★☆

曲線 $y=|x^2-x|$ と直線 $y=mx$ が異なる 3 つの共有点をもつとき，この曲線と直線で囲まれた 2 つの部分の面積の和 S が最小になるような m の値を求めよ。

〔類 山形大〕 ◀例題 169

指針 曲線 $y=|x^2-x|$ は，曲線 $y=x^2-x$ の $y<0$ の部分を x 軸に関して対称に折り返したもので，図のようになる。

よって，曲線 $y=|x^2-x|$ と直線 $y=mx$ が異なる 3 つの共有点をもつための条件は，直線 $y=mx$ が原点を通ることから

$0<m<$(原点における接線の傾き)　　である。

ここで，曲線と直線の原点以外の共有点の x 座標を a，b とし，図のように面積 S_1，S_2 を定めると，面積 S は

$S=S_1+S_2$　　と表される。

S_1 は，放物線と直線で囲まれた部分の面積であるから，

$\displaystyle\int_\alpha^\beta(x-\alpha)(x-\beta)\,dx=-\frac{1}{6}(\beta-\alpha)^3$ …… ① の公式が利用できる。

S_2 は，$\displaystyle\int_a^1\{mx-(-x^2+x)\}\,dx+\int_1^b\{mx-(x^2-x)\}\,dx$ を計算しても求められるが，下の図の赤または黒で塗った部分の面積の和・差として考えると，公式 ① が利用できるので，計算がらくになる。

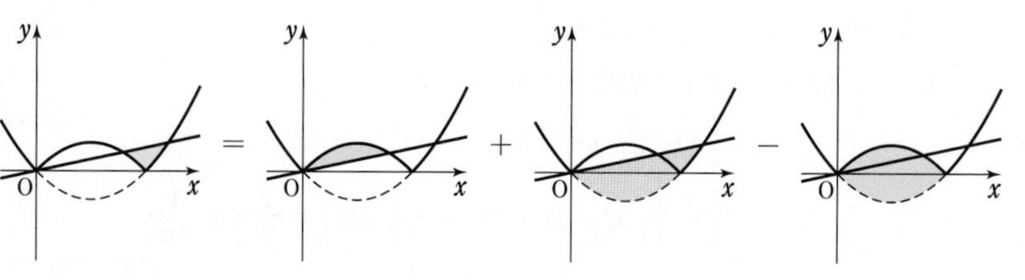

解答 曲線 $y=|x^2-x|$ は，図のようになる。

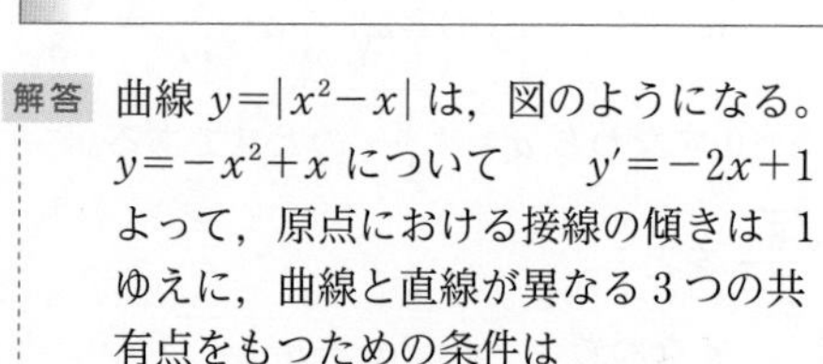

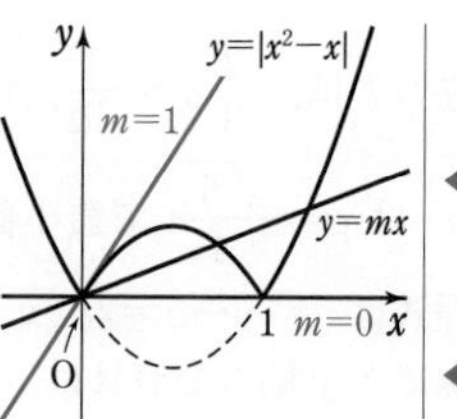

$y=-x^2+x$ について　　$y'=-2x+1$

よって，原点における接線の傾きは 1　　◀ $-2\cdot0+1=1$

ゆえに，曲線と直線が異なる 3 つの共有点をもつための条件は

$0<m<1$　　◀ m を動かして，図から判断する。

異なる 3 つの共有点の x 座標は，方程式 $|x^2-x|=mx$ の解である。

絶対値　場合に分けよ

$x^2-x\geqq0$ すなわち $x\leqq0$，$1\leqq x$ のとき

$x^2-x=mx$ から　　$x\{x-(1+m)\}=0$

よって　　$x=0,\ 1+m$　　◀ $0<m<1$ であるから　$1\leqq1+m$ ($1\leqq x$ を満たす)

$x^2-x<0$ すなわち $0<x<1$ のとき

$-x^2+x=mx$ から　　$x\{x-(1-m)\}=0$

$0<x<1$ から　　$x=1-m$　　◀ $0<m<1$ から $0<1-m<1$ ($0<x<1$ を満たす)

ゆえに，3 つの共有点の x 座標は　　$x=0,\ 1-m,\ 1+m$

面積 S_1, S_2, S_3, S_4 を図のように定めると

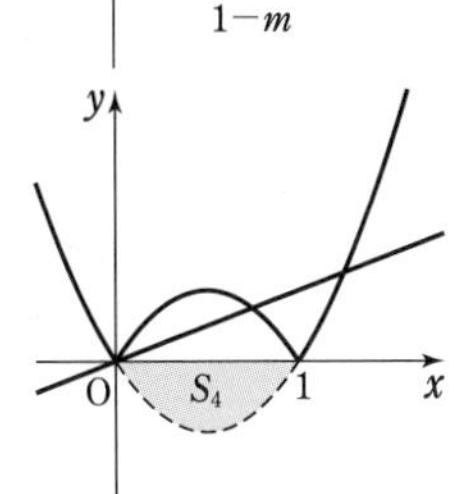

$$S=S_1+S_2=S_1+(S_1+S_3-2S_4)$$
$$=2S_1+S_3-2S_4$$

$$S_1=\int_0^{1-m}\{(-x^2+x)-mx\}\,dx$$
$$=-\int_0^{1-m}x\{x-(1-m)\}\,dx=\frac{1}{6}(1-m)^3$$

$$S_3=\int_0^{1+m}\{mx-(x^2-x)\}\,dx$$
$$=-\int_0^{1+m}x\{x-(1+m)\}\,dx$$
$$=\frac{1}{6}(1+m)^3$$

$$S_4=-\int_0^1 x(x-1)\,dx=\frac{1}{6}$$

よって　$S=\dfrac{1}{3}(1-m)^3+\dfrac{1}{6}(1+m)^3-\dfrac{1}{3}$

$$=-\frac{1}{6}(m^3-9m^2+3m-1)$$

◀ S は m の 3 次関数 ⟶ 微分して増減表。

ゆえに　$\dfrac{dS}{dm}=-\dfrac{1}{2}(m^2-6m+1)$

$0<m<1$ の範囲において $\dfrac{dS}{dm}=0$ とすると　$m=3-2\sqrt{2}$

S の増減表から，S が最小になるような m の値は　**$m=3-2\sqrt{2}$**

m	0	$\cdots$	$3-2\sqrt{2}$	$\cdots$	1
$\dfrac{dS}{dm}$		$-$	0	$+$	
S		↘	極小	↗	

◀ $\sqrt{9}-\sqrt{8}>0$ から $3-2\sqrt{2}>0$
$1-(3-2\sqrt{2})$
$=2\sqrt{2}-2$
$=\sqrt{8}-\sqrt{4}>0$ から $3-2\sqrt{2}<1$

参考　S_2 を直接計算すると

$$S_2=\int_{1-m}^{1}\{mx-(-x^2+x)\}\,dx+\int_1^{1+m}\{mx-(x^2-x)\}\,dx$$

◀ やや計算が面倒になる。

$$=\int_{1-m}^{1}\{x^2-(1-m)x\}\,dx+\int_1^{1+m}\{-x^2+(1+m)x\}\,dx$$
$$=\left[\frac{x^3}{3}-\frac{1-m}{2}x^2\right]_{1-m}^{1}+\left[-\frac{x^3}{3}+\frac{1+m}{2}x^2\right]_1^{1+m}$$
$$=\frac{1}{3}-\frac{1-m}{2}-\frac{(1-m)^3}{3}+\frac{(1-m)^3}{2}-\frac{(1+m)^3}{3}+\frac{(1+m)^3}{2}+\frac{1}{3}-\frac{1+m}{2}$$
$$=\frac{1}{6}(1-m)^3+\frac{1}{6}(1+m)^3-\frac{1}{3}$$

よって　$S=S_1+S_2=\dfrac{1}{3}(1-m)^3+\dfrac{1}{6}(1+m)^3-\dfrac{1}{3}$

練習 182　xy 平面上に放物線 $C:y=-3x^2+3$ と 2 点 A(1, 0), P(0, $3p$) がある。線分 AP と C は，A とは異なる点 Q を共有している。〔一橋大〕

(1) 定数 p の存在する範囲を求めよ。

(2) S_1 を，C と線分 AQ で囲まれた領域とし，S_2 を，C，線分 QP，および y 軸で囲まれた領域とする。S_1 と S_2 の面積の和が最小となる p の値を求めよ。

重要例題 183 絶対値を含む関数の定積分 (1)… 1次 ★★★★☆

$f(x)=\int_0^1 |t-x|\,dt$ とするとき，$y=f(x)$ のグラフをかけ。

◀例題 163

指針 まず，**グラフをかく。**

dt とあるから，被積分関数は **t の関数 $y=|t-x|$** である（x は定数とみる）。
そこで，この関数のグラフをかくと，図のようになる。

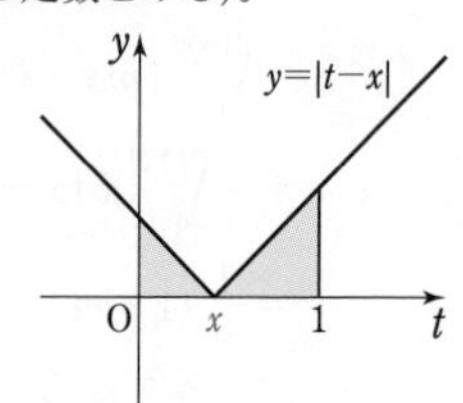

定積分 $\int_0^1 |t-x|\,dt$ は図の赤い部分の面積を表す。

積分区間は $0\leqq t\leqq 1$ で固定されているから，変化するのは，**$t=x$ の位置**である。

⟶ $t=x$ の位置が区間 $0\leqq t\leqq 1$ の
　左外，内部，右外 にある場合で分ける。

解答 積分区間 $0\leqq t\leqq 1$ で考える。

[1] $x<0$ のとき　　◀ $t=x$ が区間の左外。

$x<t$ であるから　$|t-x|=t-x$

よって　$f(x)=\int_0^1 (t-x)\,dt=\left[\dfrac{t^2}{2}-xt\right]_0^1=\dfrac{1}{2}-x$

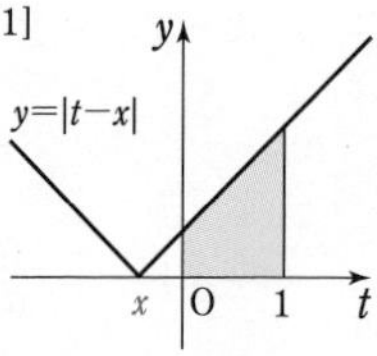

[2] $0\leqq x\leqq 1$ のとき　　◀ $t=x$ が区間の内部。

$0\leqq t\leqq x$ では　$|t-x|=-(t-x)$

$x\leqq t\leqq 1$ では　$|t-x|=t-x$

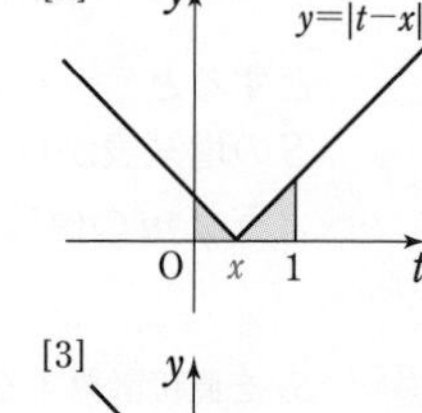

よって　$f(x)=-\int_0^x (t-x)\,dt+\int_x^1 (t-x)\,dt$

$=-\left[\dfrac{t^2}{2}-xt\right]_0^x+\left[\dfrac{t^2}{2}-xt\right]_x^1$

$=x^2-x+\dfrac{1}{2}$

[3] $1<x$ のとき　　◀ $t=x$ が区間の右外。

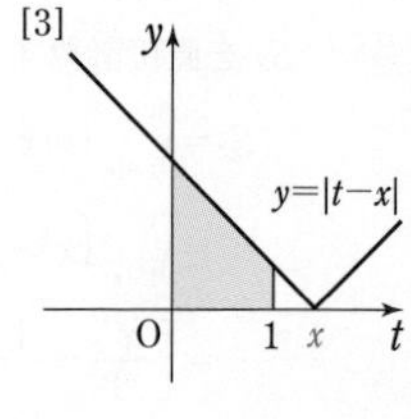

$t<x$ であるから　$|t-x|=-(t-x)$

よって

$f(x)=-\int_0^1 (t-x)\,dt=-\left[\dfrac{t^2}{2}-xt\right]_0^1=x-\dfrac{1}{2}$

[1]～[3] から，$y=f(x)$ のグラフは **右の図の実線部分。**

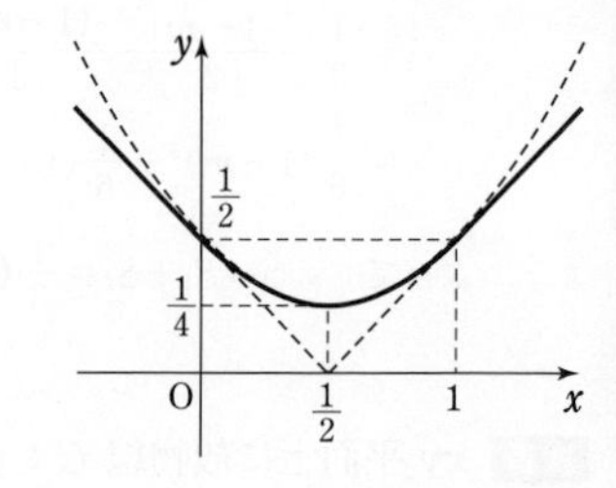

参考 右のグラフから，関数 $f(x)$ は

$x=\dfrac{1}{2}$ で最小値 $\dfrac{1}{4}$

をとることがわかる。

練習 183 $f(x)=\dfrac{1}{3}\int_0^3 (x+t)|x-t|\,dt$ とする。

(1) $f(x)$ を計算せよ。　(2) 関数 $y=f(x)$ のグラフをかけ。

(3) $-1\leqq x\leqq 2$ における関数 $f(x)$ の最大値と最小値を求めよ。〔慶応大〕

重要例題 184 絶対値を含む関数の定積分 (2) … 2 次 ★★★★☆

関数 $f(x)=\int_0^1|t^2-x^2|dt$ の $0\leqq x\leqq 2$ における最大値および最小値を求めよ。

〔山梨大〕 ◀例題 183

指針 例題 183 と同様，まずは **グラフをかく**。被積分関数は，t の関数 $y=|t^2-x^2|$（x は定数とみる）であり，グラフは x の値によって変化する。
このとき，x に適当な値を代入してみるとよい。
例えば，$x=\frac{1}{2}$，$\frac{3}{2}$ とすると，グラフはそれぞれ図のようになる。
⟶ x と 1 の大小関係で場合分けをする。

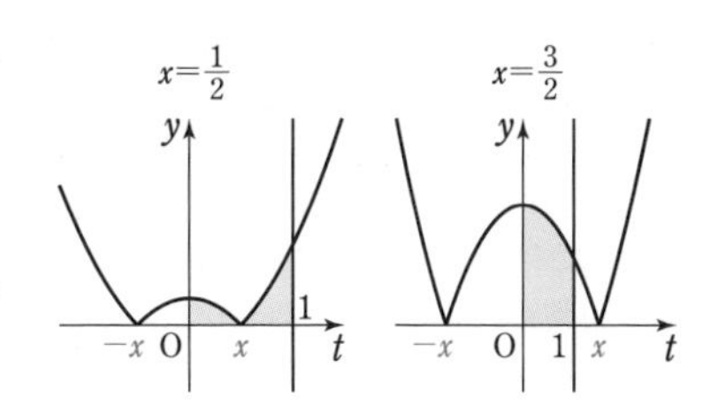

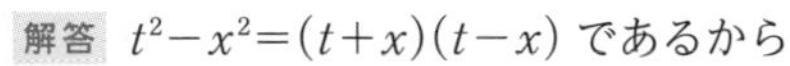

解答 $t^2-x^2=(t+x)(t-x)$ であるから

[1] $0\leqq x\leqq 1$ のとき　◀ $t=x$ が $0\leqq t\leqq 1$ の内部にある場合。

$$f(x)=-\int_0^x(t^2-x^2)dt+\int_x^1(t^2-x^2)dt$$
$$=-\left[\frac{t^3}{3}-x^2t\right]_0^x+\left[\frac{t^3}{3}-x^2t\right]_x^1$$
$$=-2\left(\frac{x^3}{3}-x^3\right)+\left(\frac{1}{3}-x^2\right)=\frac{4}{3}x^3-x^2+\frac{1}{3}$$

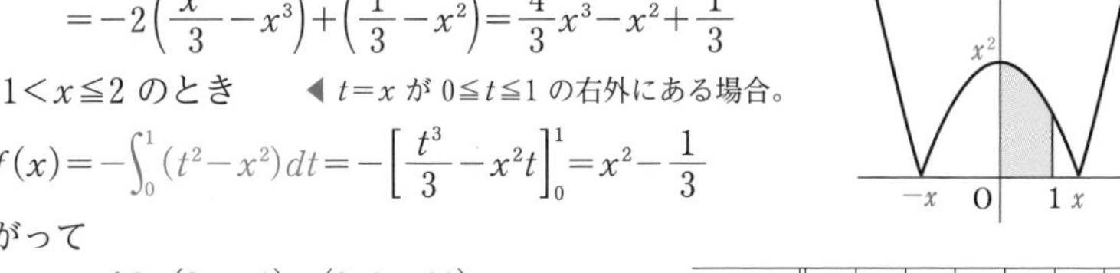

[2] $1<x\leqq 2$ のとき　◀ $t=x$ が $0\leqq t\leqq 1$ の右外にある場合。

$$f(x)=-\int_0^1(t^2-x^2)dt=-\left[\frac{t^3}{3}-x^2t\right]_0^1=x^2-\frac{1}{3}$$

[1] $y=|t^2-x^2|$, x^2, $-x$, O, x, 1, t

[2] $y=|t^2-x^2|$, x^2, $-x$, O, 1, x, t

したがって

$$f'(x)=\begin{cases}2x(2x-1) & (0\leqq x\leqq 1)\\ 2x & (1<x\leqq 2)\end{cases}$$

$f'(x)=0$ とすると　　$x=0$，$\frac{1}{2}$

$f(x)$ の増減表は右のようになる。

x	0	…	$\frac{1}{2}$	…	1	…	2
$f'(x)$		−	0	+		+	
$f(x)$	$\frac{1}{3}$	↘	$\frac{1}{4}$	↗	$\frac{2}{3}$	↗	$\frac{11}{3}$

▲下の 注意 参照。

よって，**$x=2$ で最大値 $\frac{11}{3}$**，
$x=\frac{1}{2}$ で最小値 $\frac{1}{4}$ をとる。

(注意) 関数の式の変わり目である $x=1$ における $f'(x)$ の値は，特に考える必要がないから増減表には記入しなかった。しかし，$x>1$，$x<1$ のいずれでも $\lim_{x\to 1}f'(x)=2$ であるから，$f'(1)=2$ としてよい（数学Ⅲの内容）。

練習 184 $f(t)=\int_0^1|x^2-2tx|dx$ とおくとき，$f(t)$ の最小値と，最小値を与える t の値を求めよ。

〔名古屋大〕

重要例題 185 絶対値を含む関数の定積分 (3) … 積分区間が文字 ★★★★☆

$0 \leqq t \leqq 2$ のとき，関数 $f(t)=\int_t^{t+1}|x(x-2)|dx$ の最大値，最小値を求めよ。

〔類 東北学院大〕 ◀例題 184

指針 例題 183，184 では，被積分関数に変数が含まれていたが，この問題では積分区間に変数が含まれている。しかし，最初にすることは変わらず **グラフをかく** ことである。
本問題は，グラフが固定されており，区間が動く。$0 \leqq t \leqq 2$ であるから　$1 \leqq t+1 \leqq 3$
よって，$f(t)$ は図のように変化する。⟶ $t+1$ と 2 の大小関係で場合分けをする。

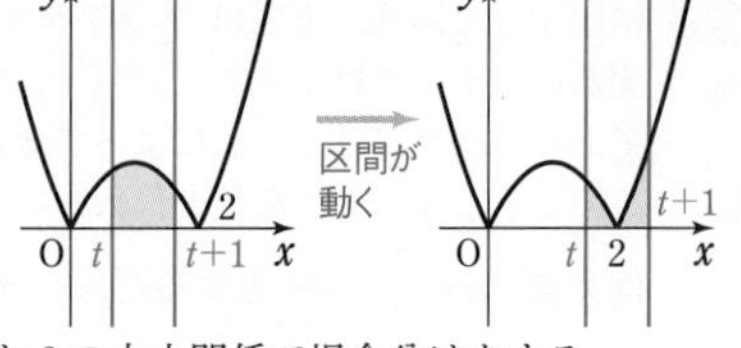

解答 $|x(x-2)|=|x^2-2x|$

[1]　$1 \leqq t+1 < 2$ すなわち $0 \leqq t < 1$ のとき

$$f(t)=-\int_t^{t+1}(x^2-2x)dx=-\left[\frac{x^3}{3}-x^2\right]_t^{t+1}$$

$$=-t^2+t+\frac{2}{3}$$

[2]　$2 \leqq t+1 \leqq 3$ すなわち $1 \leqq t \leqq 2$ のとき

$$f(t)=-\int_t^2(x^2-2x)dx+\int_2^{t+1}(x^2-2x)dx$$

$$=-\left[\frac{x^3}{3}-x^2\right]_t^2+\left[\frac{x^3}{3}-x^2\right]_2^{t+1}$$

$$=\frac{2}{3}t^3-t^2-t+2$$

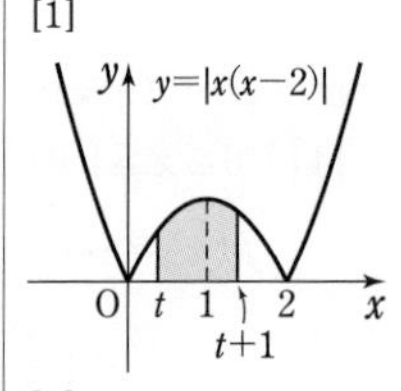

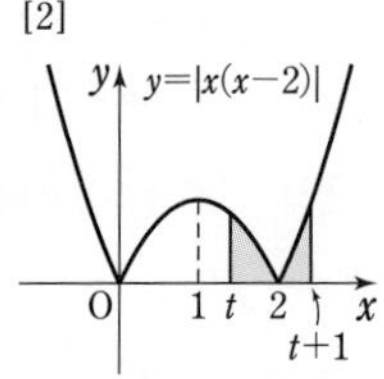

したがって　$f'(t)=\begin{cases}-2t+1 & (0 \leqq t < 1)\\ 2t^2-2t-1 & (1 \leqq t \leqq 2)\end{cases}$

$f'(t)=0$ とすると　$t=\frac{1}{2}$，$t=\frac{1+\sqrt{3}}{2}$

◀ $\frac{1-\sqrt{3}}{2}<0$ から $t=\frac{1-\sqrt{3}}{2}$ は除外。

$f(t)$ の増減表は次のようになる。

t	0	…	$\frac{1}{2}$	…	1	…	$\frac{1+\sqrt{3}}{2}$	…	2
$f'(t)$		+	0	−		−	0	+	
$f(t)$	$\frac{2}{3}$	↗	$\frac{11}{12}$	↘	$\frac{2}{3}$	↘	$\frac{8-3\sqrt{3}}{6}$	↗	$\frac{4}{3}$

◀ $\frac{11}{12}<1<\frac{4}{3}$

よって，$f(t)$ は

$t=2$ で最大値 $\frac{4}{3}$，$t=\frac{1+\sqrt{3}}{2}$ で最小値 $\frac{8-3\sqrt{3}}{6}$

をとる。

練習 185 $0<a<2$ のとき，$I=\int_a^{a+2}\left(|x^2-4|+\frac{1}{6}\right)dx$ の最小値を求めよ。〔類 早稲田大〕

➡p. 342 演習 94

重要例題 186 曲線と y 軸の間の面積 ★★★☆☆

次の曲線や直線で囲まれた部分の面積 S を求めよ。

(1) $x=y^2$, $x=y+2$　　(2) $y=2x^2$, $4x=y^2$

◀例題 169

指針 $x=f(y)$ で表されている曲線は，文字 x と文字 y がこれまでと逆になっているだけと考えればよい。その他はこれまでとほぼ同じである。
区間 $c\leqq y\leqq d$ で常に $f(y)\geqq g(y)$ のとき，2 曲線 $x=f(y)$, $x=g(y)$ と 2 直線 $y=c$, $y=d$ で囲まれた図形の面積を S とすると

$$S=\int_c^d\{\underset{右}{f(y)}-\underset{左}{g(y)}\}dy$$

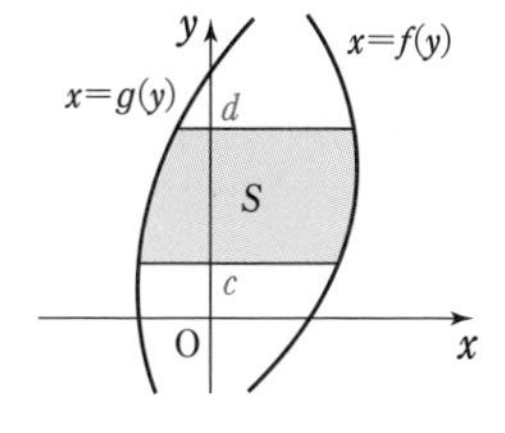

解答 (1) 放物線と直線の交点の y 座標は，
$y^2=y+2$　すなわち　$y^2-y-2=0$
を解くと，$(y+1)(y-2)=0$ から
$y=-1,\ 2$
よって，求める面積 S は

$$S=\int_{-1}^2\{(y+2)-y^2\}dy$$
$$=-\int_{-1}^2(y+1)(y-2)dy$$
$$=-\left(-\frac{1}{6}\right)\{2-(-1)\}^3=\frac{9}{2}$$

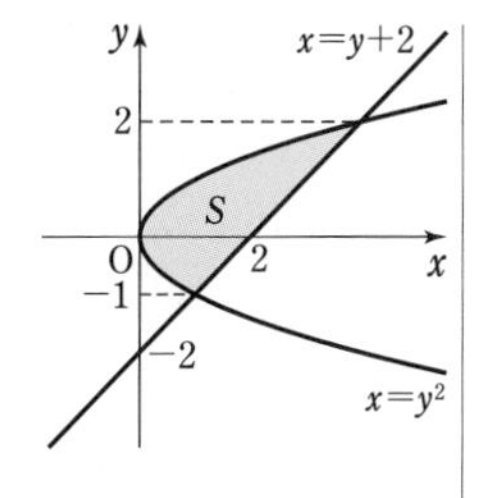

◀ $\int_\alpha^\beta(y-\alpha)(y-\beta)dy=-\frac{1}{6}(\beta-\alpha)^3$
x が y に変わっても同様に使える。

(2) 2 曲線 $y=2x^2$, $4x=y^2$ の交点の x 座標は，y を消去した方程式
$4x=4x^4$
の実数解である。
$x(x^3-1)=0$ から　　$x=0,\ 1$
求める面積は，右の図において，長方形 OABC の面積から，2 つの図形の面積 S_1, S_2 を引いて得られる。
したがって

$$S=1\cdot2-\int_0^1 2x^2dx-\int_0^2\frac{y^2}{4}dy$$
$$=2-\left[\frac{2}{3}x^3\right]_0^1-\left[\frac{y^3}{12}\right]_0^2$$
$$=2-\frac{2}{3}-\frac{2}{3}=\frac{2}{3}$$

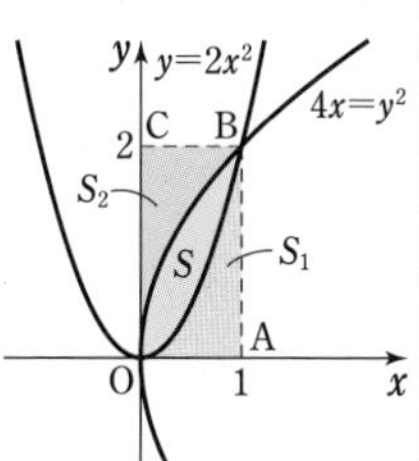

◀ $x^3-1=0$ の実数解は　$x=1$

◀ S_2 は y で積分する。

練習 186 次の曲線や直線で囲まれた部分の面積 S を求めよ。
(1) $x=y^2-2y$, y 軸　　(2) $y^2=2x$, $y^2=2+4y-2x$

42 発展 体 積

《 基本事項 》

曲線で囲まれた図形の面積を定積分によって求めたのと同様に，立体の体積は定積分によって求めることができる。
以下の内容は数学Ⅲで詳しく学習するが，定積分に対する理解を深めるために，ここで紹介しておこう。

1 定積分と体積

ある立体の，平行な 2 つの平面 α，β の間に挟まれた部分の体積を V とする。
α，β に垂直な直線を x 軸にとり，x 軸と α，β との交点の座標を，それぞれ a，b とする。
また，$a \leqq x \leqq b$ として，x 軸に垂直で，x 軸との交点の座標が x である平面でこの立体を切ったときの断面積を $S(x)$ とすると，体積 V は次の定積分で表される。

$$\boldsymbol{V=\int_a^b S(x)dx} \qquad \text{ただし，} a<b$$

証明　x 軸に垂直で x 軸との交点の座標が x である平面と，平面 α に挟まれる立体の部分の体積を $V(x)$ とし，x の増分 Δx に対する $V(x)$ の増分を ΔV とする。
$\Delta x>0$ のとき，ΔV は右の図の赤い部分の体積を表している。Δx が十分小さいときは

$$\Delta V \fallingdotseq S(x)\Delta x$$

よって　$\dfrac{\Delta V}{\Delta x} \fallingdotseq S(x)$　…… ①

$\Delta x<0$ のときも，① が成り立つ。

$\Delta x \longrightarrow 0$ のとき，① の両辺の差は 0 に近づくから　$V'(x)=\displaystyle\lim_{\Delta x \to 0}\frac{\Delta V}{\Delta x}=S(x)$

$V(x)$ は $S(x)$ の不定積分の 1 つであるから　$V(b)-V(a)=\displaystyle\int_a^b S(x)dx$

$V(a)=0$，$V(b)=V$ を代入して　$V=\displaystyle\int_a^b S(x)dx$

2 回転体の体積

曲線 $y=f(x)$ と x 軸，および 2 直線 $x=a$，$x=b$ で囲まれた部分を x 軸の周りに 1 回転してできる回転体を考える。
この回転体を x 軸に垂直な平面で切ったときの断面は，半径が $|f(x)|$ の円であるから，その断面積 $S(x)$ は

$$S(x)=\pi|f(x)|^2=\pi\{f(x)\}^2$$

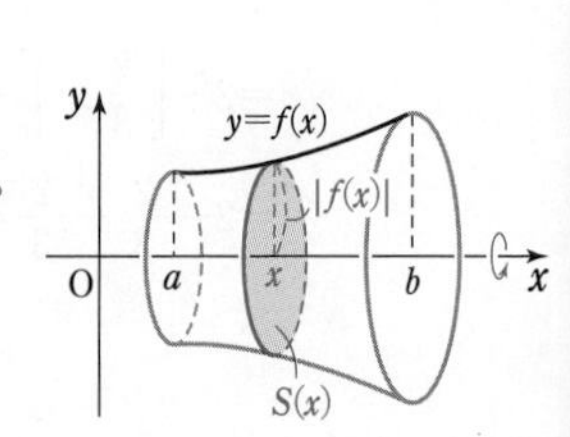

ゆえに，この回転体の体積 V は次の定積分で表される。

$$\boldsymbol{V=\pi\int_a^b \{f(x)\}^2dx=\pi\int_a^b y^2dx} \qquad \text{ただし，} a<b$$

重要例題 187 体積 ★★★★☆

(1) 右の図のように，2 点 $\mathrm{P}(x,\ 0)$，$\mathrm{Q}(x,\ 1-x^2)$ を結ぶ線分を 1 辺とする正方形を，x 軸に垂直な平面上に作る。点 P が x 軸上を原点 O から点 $(1,\ 0)$ まで動くとき，この正方形が描く立体の体積を求めよ。

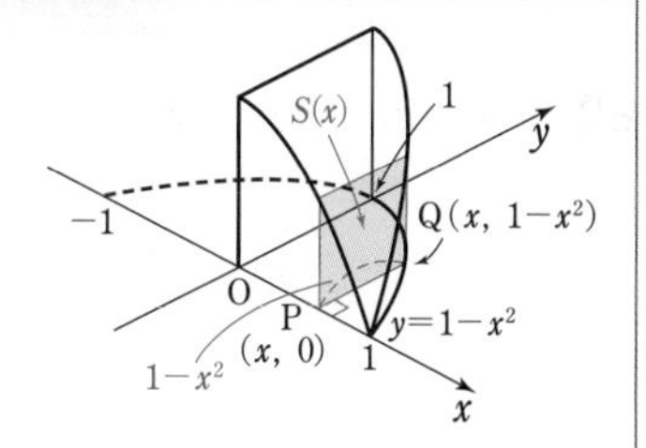

(2) 曲線 $y=x^2+2$ と x 軸および 2 直線 $x=1$，$x=3$ で囲まれた部分を x 軸の周りに 1 回転してできる回転体の体積を求めよ。

指針 定積分を用いて体積を求めるには，**断面積 $S(x)$ を求めて積分する。**

(1) 線分 PQ を 1 辺とする正方形が，x 軸に垂直な平面で立体を切ったときの断面である。

(2) 回転体を，回転軸に垂直な平面で切ったときの断面は円である。

よって，断面積は　$S(x)=\pi(x^2+2)^2$　◀ π を忘れるな！

CHART》 体積　まず断面をつかむ　回転体なら断面は円

解答 (1) $\mathrm{P}(x,\ 0)$，$\mathrm{Q}(x,\ 1-x^2)$，$0\leqq x\leqq 1$ であるから

$$\mathrm{PQ}=1-x^2$$

2 点 P，Q を結ぶ線分を 1 辺とする正方形の面積を $S(x)$ とすると　◀ 断面は正方形。

$$S(x)=\mathrm{PQ}^2=(1-x^2)^2$$

したがって，求める立体の体積を V とすると

$$V=\int_0^1 S(x)\,dx=\int_0^1(1-x^2)^2dx$$
$$=\int_0^1(x^4-2x^2+1)\,dx$$
$$=\left[\frac{x^5}{5}-\frac{2}{3}x^3+x\right]_0^1=\boldsymbol{\frac{8}{15}}$$

(2) 求める回転体の体積を V とすると

$$V=\pi\int_1^3 y^2dx=\pi\int_1^3(x^2+2)^2dx$$
$$=\pi\int_1^3(x^4+4x^2+4)\,dx$$
$$=\pi\left[\frac{x^5}{5}+\frac{4}{3}x^3+4x\right]_1^3=\boldsymbol{\frac{1366}{15}\pi}$$

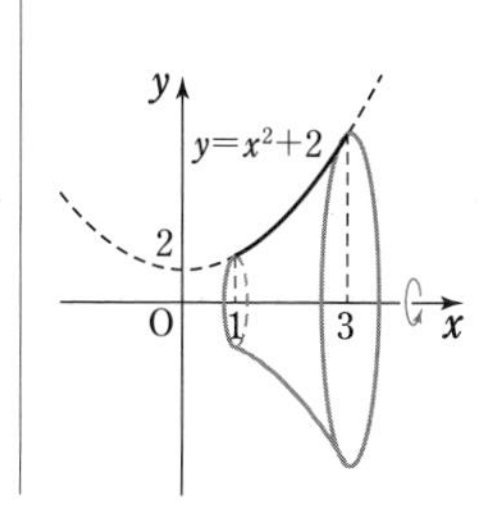

練習 187 (1) 底面の半径が r，高さが r である直円柱を，底面の直径 AB を含み底面と 45° の傾きをなす平面で 2 つの立体に分けるとき，小さい方の立体の体積を求めよ。

(2) 3 次関数 $y=x^3-2x^2-x+2$ のグラフ上の点 $(1,\ 0)$ における接線を ℓ とする。この 3 次関数のグラフと接線 ℓ で囲まれた部分を x 軸の周りに回転して立体を作る。その立体の体積を求めよ。　[(2) 京都大]

演習問題

82 $f(0)=1$, $g(0)=2$ を満たす2つの多項式 $f(x)$, $g(x)$ に対して

$$p(x)=f(x)+g(x),\ q(x)=f(x)g(x)$$

とおく。$\dfrac{d}{dx}p(x)=3$, $\dfrac{d}{dx}q(x)=4x+k$ であるとき，k の値を求めよ。〔上智大〕

➤例74

83 整数 a, b, c に関する次の条件 (＊) を考える。

$$\int_a^c (x^2+bx)dx=\int_b^c (x^2+ax)dx \quad \cdots\cdots \ (*)$$

(1) 整数 a, b, c が (＊) および $a \neq b$ を満たすとき，c^2 を a, b を用いて表せ。

(2) $c=3$ のとき，(＊) および $a<b$ を満たす整数の組 (a, b) をすべて求めよ。

(3) 整数 a, b, c が (＊) および $a \neq b$ を満たすとき，c は3の倍数であることを示せ。

〔大阪大〕 ➤例題165

84 (1) $f(x)$ が x の1次式で $\int_0^1 f(x)dx=1$ のとき，$\int_0^1 \{f(x)\}^2dx>1$ であることを証明せよ。〔名古屋大〕

(2) a, b, c は定数で $a \neq 0$ のとき，次の不等式を証明せよ。

$$\left\{\int_0^1 (ax^2+bx+c)dx\right\}^2<\int_0^1 (ax^2+bx+c)^2dx$$

➤p. 306〜311

85 多項式 $f(x)$ と実数 C が $\int_0^x f(y)dy+\int_0^1 (x+y)^2 f(y)dy=x^2+C$ を満たすとき，この $f(x)$ と C を求めよ。

〔京都大〕 ➤例題167

ヒント **82** まず，$p(x)$, $q(x)$ を求める。

83 (2), (3) は方程式の整数解に関する問題。(1) において，c^2 を表した a, b の式は因数分解した式のままで利用する。

84 一般に，次の **シュワルツの不等式** が成り立つ。証明は，解答編 p. 274 参照。

$$\left\{\int_a^b f(x)g(x)dx\right\}^2 \leqq \int_a^b \{f(x)\}^2dx \int_a^b \{g(x)\}^2dx \quad (a<b)$$

等号は $f(x)=0$ または $g(x)=0$ または $g(x)=kf(x)$ が恒等式 (k は定数) のとき成り立つ。

85 左辺の第2項の定積分は，p. 313 例題 166 (2) と同様に考える。

86 xy 平面上に 3 点 $\mathrm{A}(a,\ b)$，$\mathrm{B}(a+3,\ b)$，$\mathrm{C}(a+1,\ b+2)$ がある。不等式 $y \geqq x^2$ の表す領域を D，不等式 $y \leqq x^2$ の表す領域を E とする。

(1) 点Cが領域 D に含まれ，点Aと点Bが領域 E に含まれるような a，b の条件を連立不等式で表せ。

(2) (1) で求めた条件を満たす点 $(a,\ b)$ の領域 F を ab 平面上に図示せよ。

(3) (2) で求めた領域 F の面積を求めよ。 〔北海道大〕

➤例題 170

87 a，b は正の実数とする。放物線 $C_1 : y=x^2-a$ と放物線 $C_2 : y=-b(x-2)^2$ は，ともに点 $\mathrm{P}(x_0,\ y_0)$ において直線 ℓ に接しているとする。S_1 を直線 $x=0$ と放物線 C_1 と接線 ℓ で囲まれた領域の面積とし，S_2 を直線 $x=2$ と放物線 C_2 と接線 ℓ で囲まれた領域の面積とするとき，次の問いに答えよ。 〔茨城大〕

(1) a，x_0，y_0 を b で表せ。　(2) 面積の比 $S_1 : S_2$ を b で表せ。

➤例題 139，171

88 点Pから放物線 $y=\dfrac{1}{2}x^2$ へ 2 本の接線が引けるとき，2 つの接点を A，B とし，線分 PA，PB およびこの放物線で囲まれる図形の面積を S とする。PA，PB が直交するときの S の最小値を求めよ。 〔東京工大〕

➤例題 172，181

89 座標平面において，次の条件 (＊) を満たす直線 ℓ を考える。

(＊) ℓ の傾きは 1 で，曲線 $y=x^3-2x$ と異なる 3 点で交わる。

その交点を x 座標が小さなものから順に P，Q，R とし，更に線分 PQ の中点を S とする。

(1) 点Rの座標を $(a,\ a^3-2a)$ とするとき，点Sの座標を求めよ。

(2) 直線 ℓ が条件 (＊) を満たしながら動くとき，点Sの軌跡を求めよ。

(3) 直線 ℓ が条件 (＊) を満たしながら動くとき，線分 PS が動いてできる領域の面積を求めよ。 〔東北大〕

➤例題 174

ヒント **86** 点 $(\alpha,\ \beta)$ が領域 $y \geqq f(x)$ に含まれる $\iff \beta \geqq f(\alpha)$

87 (1) 2 曲線 $y=f(x)$，$y=g(x)$ が $x=p$ の点で接するための条件は

$$f(p)=g(p) \text{ かつ } f'(p)=g'(p)$$

88 $\mathrm{A}\left(\alpha,\ \dfrac{1}{2}\alpha^2\right)$，$\mathrm{B}\left(\beta,\ \dfrac{1}{2}\beta^2\right)$ $(\alpha<\beta)$ として考える。

89 (2) 直線 ℓ が曲線 $y=x^3-2x$ と接する場合を考えて，点Rの x 座標 a の値の範囲を求める。

(3) 点Sの軌跡と曲線 $y=x^3-2x$ とその接線で囲まれた領域（範囲に注意）の面積を求める。なお，ここでは領域の境界線上の点も含めて面積を求める。

90 関数 $f(x)=x^4-2x^2+4x$ を考える。直線 $y=g(x)$ は曲線 $y=f(x)$ と異なる2点P, Qで接し，2次関数 $h(x)$ が定める放物線 $y=h(x)$ はP, Qおよび原点Oを通るとする。

(1) 関数 $g(x)$，$h(x)$ を求めよ。

(2) 曲線 $y=f(x)$ と放物線 $y=h(x)$ で囲まれる図形の面積を求めよ。〔東北大〕

➤例題175

91 (1) 任意の角 θ に対して，$-2\leqq x\cos\theta+y\sin\theta\leqq y+1$ が成立するような点 $(x,\ y)$ の全体からなる領域を xy 平面上に図示し，その面積を求めよ。

(2) 任意の角 α，β に対して，$-1\leqq x^2\cos\alpha+y\sin\beta\leqq 1$ が成立するような点 $(x,\ y)$ の全体からなる領域を xy 平面上に図示し，その面積を求めよ。〔一橋大〕

➤例題169，176

92 m は正の実数である。放物線 C_1：$y=x^2+m^2$ 上の点Pにおける C_1 の接線と放物線 C_2：$y=x^2$ との交点をA，Bとし，C_2 上のAとBの間の点Qに対して，直線AQと C_2 とで囲まれる領域の面積と，直線QBと C_2 とで囲まれる領域の面積の和を S とする。Qが C_2 上のAとBの間を動くときの S の最小値はPのとり方によらないことを示し，その値を m を用いて表せ。〔学習院大〕 ➤例題178，180

93 (1) 関数 $y=-x^4+2x^2$ のグラフの概形をかけ。

(2) 関数 $y=-x^4+2x^2$ のグラフと直線 $y=k$ が4点で交わるような実数 k の値の範囲を求めよ。

(3) (2)のとき，4つの交点の x 座標を小さい方から順に $-\alpha$，$-\beta$，β，α とする。ただし，$0<\beta<\alpha$ である。このとき，$\dfrac{\alpha^3+\beta^3}{\alpha+\beta}$ と $\dfrac{\alpha^5+\beta^5}{\alpha+\beta}$ の値をそれぞれ k を用いて表せ。

(4) 関数 $y=-x^4+2x^2$ のグラフと直線 $y=k$ で囲まれる部分は3つあり，それらの面積は等しいという。k の値を求めよ。〔広島大〕 ➤例題179

94 $x>0$ に対し $F(x)=\dfrac{1}{x}\displaystyle\int_{2-x}^{2+x}|t-x|\,dt$ と定める。$F(x)$ の最小値を求めよ。

〔一橋大〕 ➤例題185

ヒント **90** (1) $f(x)-g(x)$ を2通りの方法で表し，係数を比較する。

91 (1) 三角関数の合成を利用する。　(2) (1)との違いに注意。

92 CHART》 $\displaystyle\int_\alpha^\beta(x-\alpha)(x-\beta)\,dx=-\frac{1}{6}(\beta-\alpha)^3$ を活用

93 (4) 3つの部分の面積を左から順に S_1，S_2，S_3 とすると，曲線 $y=-x^4+2x^2$ は y 軸に関して対称であるから，$S_1=S_3$ は常に成り立つ。

94 $x\leqq 2-x$，$2-x<x<2+x$ で場合分けを行う。最小値は相加・相乗平均の関係を利用。

定義の重要性

188 ページのコラム「加法定理の証明」で紹介されているように，「$\sin\theta$, $\cos\theta$ の定義を述べよ」という意表を突く問題が，実際の大学入試で出題された。そこには「定義を疎かにしないように！」という，大学側から受験生へのメッセージが垣間見える。

数学のさまざまな概念には定義がある。「定義」とは，その概念に数学的意味を与える出発点だ。そして，定義には（少なくとも外見上は）さまざまなものがあり得る。何を $\sin\theta$, $\cos\theta$ の定義とするかは，その場の状況に応じて，あるいは個人的な趣味に応じて，いろいろな可能性があってよい。だからこそ，上の入試問題では受験生に定義を述べさせて，各人が選んだ定義に基づいて，三角関数の加法定理を証明させているわけなのだ。

数学における定義とは，頭ではわかっていても，あまりピンとこないものかもしれない。定義なんて議論の前置きのようなもので，そんな能書きよりも，実際の計算方法や解法のテクニックの方がずっと大事だと思っている人も多いだろう。そういう人にとっては，定義なんてサッサと終わらせて，すぐに演習問題をバンバン解くことが理解への早道だということになるかもしれない。しかし，**数学で最も重要なのは定義である**。これは，多くの数学者たちの一致した意見だと思う。定理や証明も，そして問題を解くことも大事だ。しかし，定義こそが数学の礎であり，そこから定理や証明が湧き出る泉なのである。だから，定義を疎かにする人は，決して数学が得意にはなれないだろう。逆に，定義を大事にする人は，計算や議論に行き詰まっても，いつでも定義に立ち返って理解を深めることができる。だから，公式の暗記も極々最小限で済ませることができる。数学ができる人とは，いつでも「0から考える」ことができる人だ。そしてその「0を1にする」出発点こそが定義なのだ。

例えば，「関数」の定義は何だろうか？　こういう基本的なことがきちんと理解できている人は少ないかもしれない。関数は写像の特別な場合だ。すなわち，実数の集合を定義域として，実数の集合を値域とする写像のことである。つまり，「関数」という概念の中には，「定義域」という概念も内蔵されているというわけだ。「$y=f(x)$」という「関数関係」だけが関数だと思っている人も多いだろう。しかし，関数とは「関数関係＋定義域」という複合概念である。定義域が異なれば，関数として異なる。実際，240 ページの研究でも述べられているように，$y=x^2$ という関係式に「実数全体」という定義域をつけて関数としたものは逆関数をもたないが，「正の実数全体」が定義域の場合は逆関数をもつ。逆関数の存在・非存在のような重要な性質は，関数関係だけからは決まらないということだ。「関数」という概念の定義をきちんと理解している人にとっては，このようなことは当たり前のことだろう。しかし，定義を曖昧にしていると，逆関数の理解も曖昧なままである。

もちろん，定義するのが難しいものもある。典型的なのは「自然数」だ。これは基本的すぎて定義が難しい。他の例を挙げると，「集合」もそうだ。しかし，これら「基本的すぎる」もの以外の，高校数学のほとんどの概念には定義が必ずある。定義を大切にすることこそ，「ちゃんとした数学」が理解できるようになる近道なのだ。

Column

人類の営みを支える数学

2008 年 5 月，私（加藤文元）はスコットランドのエディンバラに滞在した。そこには是非とも行ってみたいところがあった。ネイピア大学という大学の構内にある「マーキストン城」だ。その場所は特に観光スポットになっているわけでもないので，城内には関係者しか入れない。そこに入って中を見せてもらいたい。その願いが叶うまで，私は結局 3 回も現地に赴いて交渉した。そして念願かなって，写真撮影はしないこと，警備員が一人同行することを条件に，中を見せてもらった。

マーキストン城は対数の発見者ジョン・ネイピア（1550〜1617）の居城である。彼はその小さな城の小さな一室に，20 年近くもの間たった一人でこもって，ひたすら対数表を作成するための手計算を続けたのである。そのとてつもない努力が実って，彼の最初の対数表が世に出たのは 1614 年であった。

17 世紀は科学革命の世紀だ。ネイピアの対数表が完成する 5 年前の 1609 年は，ガリレオが自作の望遠鏡を夜空の天体に向けて観測を始めた年である。そしてその世紀が終わるまでに，ケプラーは天体運動の 3 法則を発見し，ニュートンは『プリンキピア』を書き，微分積分学が完成した。

しかし，これらばかりが，続く 18 世紀の産業革命を準備したわけではない。力学や機械学など，およそ科学・工学につきものの大量の計算の重荷から実務家たちが解放されなければ，産業革命など起こりようがなかっただろう。彼らは，桁数の大きな数の計算を大量にこなさなければならない。計算機などなかった時代には，なんでも手で計算しなければならなかった。しかも，計算ミスは許されない。特に，桁数の大きな数同士の掛け算や割り算が大変だった。

その重荷を激減させる，数学的イノベーションが対数だった。それは掛け算を足し算に，割り算を引き算に変換させる。掛け算や割り算に比べて，足し算や引き算はずっと楽にできる。対数表を使って計算したい数を対数に変換し，足し算（あるいは引き算）を行なって，また対数表を使って元に戻す。そうすれば，掛け算や割り算を，足し算や引き算によって計算できるというわけだ。この発明によって，計算は格段に楽になった。この人類史的ブレークスルーがなければ，科学革命も骨抜きになってしまっただろうし，産業革命もずっと遅くまで起こらなかっただろう。

ネイピアの対数表は，この巨大なイノベーションの先鞭だった。それは人類の歴史を，それ以前とはまったく違うものにしてしまったのだ。数学は人類の歴史を刷新してしまうことがある。そういうことは歴史の中で何度か起こった。ネイピアによる対数の発見と対数表の発明は，その中でも極めて重要なものだ。

スコットランド訛りの警備員と二人で，その小さな城の中の小さな部屋部屋を巡りながら，私はその場所が人類の文明を大きく変えた数学の発信源であることに，感動を覚えずにはいられなかった。400 年前に，来る日も来る日も飽くことなく地味な計算が続けられたその場所こそ，数学が人類の営みを変える大きな力を持っていることの証なのである。

数学と文字

数学の「始まり」とは何か？　何をもって数学の「始まり」とみなすべきか？　というのは難しい問題である。しかし，もっとも基本的なレベルとしては，「数える」ことから数学が始まったとしてよいだろう。もちろん，そのレベルの数学には具体的な数字はあっても，文字を使って数学をするという発想はなかっただろう。

文字がない数学とは，どのようなものだったのか。未知数を表す文字，現在なら x や y などで表す文字がないと，方程式が書けない。それ以前に，「公式」が書けない。例えば，図形の面積や体積の計算方法は，公式によるのではなく，手順（アルゴリズム）で表現していた。だから，それは今より秘伝とか奥義になりやすかっただろう。古代世界では，数学が一部の高位聖職者や行政官などに牛耳られていて，庶民には手の届かないものだったが，そのことにも関係しているかもしれない。

紀元前５世紀くらいの古代ギリシャから西暦５世紀くらいまでの後期ヘレニズム時代までの，いわゆるギリシャ数学では，数ではなく線分や面などの図形量を用いて，数学の多くの側面が議論された。紀元前３世紀頃に書かれた，いわゆる『ユークリッド原論』では，例えば，「偶数＋偶数＝偶数」を証明するために，２つの偶数を「線分 AB と線分 BC」というように，線分を用いて表現している。そこでは記号が数を直接表すのではなく，A や B といった点の記号が表現する「線分」が，数の代わりに数学的な量概念を表していた。したがって，ギリシャ世界の数学においては，数学の多くの側面が，すべて平面や空間の「幾何学」によって支配されていたと言ってもよいだろう。

ギリシャ的幾何学は，定理を証明することは得意だが，具体的な数の計算はしない。それに対して，数の計算を機械的に行うやり方として「代数学」がある。その始源には，９世紀アラビア数学を代表する数学者であるアル＝フワリズミーがいる。彼は現在では「移項」とか「簡約」といった式変形のための操作にあたる，「ジャブルとムカーバラ」という方法を発明し，代数学に先鞭をつけた。しかし，この代数学も，数の操作を機械的に示す「手順」を扱う学問であり，それらの手順は普通の言葉で表現された。アル＝フワリズミーという名前は，手順を表す「アルゴリズム」という言葉の語源になっている。

代数学が記号を本格的に使って公式を扱うようになったのは，16 世紀終わりのフランソワ・ヴィエトからである。そこでは未知数だけでなく，既知数も記号で表すことが始められた。これによって，例えば２次方程式や，その解の公式などを，個々の具体例や手順としてではなく，一般的な「公式」として書くことができる。ヴィエトの記号代数学は，その後，デカルトを含む多くの人々によって改良された。これはギリシャ由来の幾何学とインド・アラビア由来の代数学を融合した「普遍数学」の構築にも重要な役割を果たした。

現在の数学は，数も図形・空間も関数も統一的に扱うことができる，極めて普遍性の高い学問になっている。その影には，これらの互いに異なる数学的対象を上手に表現できる記号法や，集合や写像といった基本的対象のアイデアがあるのである。

Column

大学で学ぶ数学

高校で学ぶ数学と，大学で学ぶ数学の間には，どのような違いがあるだろうか？　高校での学習では，どうしても大学入試を乗り越えるという目的を無視することができない。だから，数学の学習方法においても内容においても，入試問題を解くための対策という色合いが少なからずあるだろう。しかし，大学で学ぶ数学には，試験対策という意味合いはほとんどないので，問題を解くための学びではなく，それぞれの専門分野で必要な素養や知識を身につけるための学びとなる。したがって，その内容や重みは，各人が目指す専門分野によってかなり異なってくるのは当然である。

理系の学部・学科に進む学生は，その初年度に「線形代数学」と「微分積分学」を履修することが多い。

「線形代数学」とは，大雑把に言えば，ベクトル※やベクトル空間の学問であって，同時に連立１次方程式の理論でもあって，それらを通じて，多くの学問分野に現れる「線形的」現象や対象の一般的な数学モデルを考察する学問である。他方の「微分積分学」は，関数の極限や微分，積分といった，関数を解析する手法を広く習得し，それらを用いた計算に熟達することを目的とした学問である。どちらも，多くの専門科目に現れる数理的な現象を扱う上での，数理的技術や理論の基礎となっていることから，これまで特に理系学部の初年度教育では必須のものとしてみなされてきた。（※：ベクトルは高校では数学Cで学ぶ）

というわけで，線形代数学や微分積分学が扱う数学の内容は，数理科学や情報科学に進む学生はもちろんであるが，基本的にはどの理系学科に進むにしても，それなりの需要があるものとみなされている。このほかに，確率論や統計学，また分野によっては微分方程式の一般論や，特殊関数論などを履修するケースもある。文系の学部・学科に進む場合は，これほど多くの数学科目を履修する必要は（多くの場合）ないが，それでも近年では統計学やデータ解析の手法は，理系・文系を問わず広い分野で需要が高まっており，その現状を踏まえて，ある程度はレベルの高い数学の履修を課す学部や学科が増える傾向にある。

これら専門的な数学の履修のために，その前提知識となる基礎的な素養の多くが「線形代数学」や「微分積分学」の中に含まれているため，この２科目が特に初年度科目として設定されているわけだ。もちろん，一口に線形・微積といっても，各々の専門分野が必要とする側面は様々なので，すべての学生が一律に同じ内容を学ぶ必要はない。しかし，その基礎的な部分については，ある程度は必須事項であるとみなしてよいかもしれない。

大学の専門分野の中でも，数学を最もハードに使うのは，もちろん数学や物理などの数理科学的分野であるが，近年では情報系科目でも，かなり理論的に高度な数学の需要が高まっている。さらに，従来ならば数学とはあまり縁のなかった分野でも，近年の量子計算や人工知能などとの関連から，様々な種類の数学が必要とされるようになっている。したがって，今後は教える側も教わる側も，どのような数学が必要なのかということに対して意識を高く持って，柔軟に対応していく必要があるだろう。

〈この章で学ぶこと〉

1, 3, 5, 7, 9, ……

のように数を1列に並べたものを数列という。
この章では，規則性をもつ数列のうち基本的なものの性質やその和について学ぶ。また，自然数に関係する命題の重要な証明法の1つである「数学的帰納法」の原理を理解し，証明問題に活用できるようにする。

第1章 数列

例，例題一覧

●…… 基本的な内容の例　■…… 標準レベルの例題　◆…… やや発展的な例題

1 | 等差数列

《基本事項》

1 数列

数を一列に並べたものを **数列** といい，数列を作っている各数を **項** という。数列を一般的に表すには

$$a_1,\ a_2,\ a_3,\ \cdots\cdots,\ a_n,\ \cdots\cdots$$

◀ 右下の数字を **添え字** という。

のように書く。または，単に $\{a_n\}$ と表すこともある。

一般に，n番目の項 a_n を，この数列の **第n項** といい，特に a_1 を **初項** という。a_n が nの式で書かれ，それによって数列が一般的に表されるとき，a_n を **一般項** という。

数列の各項はその番号を表す自然数 n によって定まるから，a_n は n の関数とみることができる。

項の個数が有限である数列を **有限数列** といい，項がどこまでも限りなく続く数列を **無限数列** という。有限数列においては，項の個数を **項数**，最後の項を **末項** という。

2 等差数列とその和

各項に一定の数を加えると次の項が得られる数列を **等差数列** といい，その一定の数を **公差** という。等差数列 $\{a_n\}$ の初項を a，公差を d とすると，各項は

$+d$ は $(n-1)$ 回

$$\underset{a_1}{a},\ \underset{a_2}{a+d},\ \underset{a_3}{a+2d},\ \cdots\cdots,\ \underset{a_{n-1}}{a+(n-2)d},\ \underset{a_n}{a+(n-1)d},\ \underset{a_{n+1}}{a+nd}$$

① **定　義**　すべての自然数 n について　　$a_{n+1}-a_n=d$（一定），d は公差

② **一般項**　初項を a，公差を d とすると　$a_n=a+(n-1)d$

③ 初項 a，公差 d，末項 l，項数 n の等差数列の和を S_n とすると

[1]　$S_n=\dfrac{1}{2}n(a+l)$　　　[2]　$S_n=\dfrac{1}{2}n\{2a+(n-1)d\}$

[1] の式は，次の台形の面積と同じ。

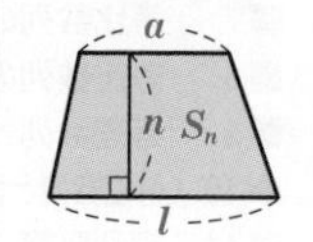

③の 証明　　$S_n=a+(a+d)+(a+2d)+\cdots\cdots+(l-d)+l$

順序を逆にして　$S_n=l+(l-d)+(l-2d)+\cdots\cdots+(a+d)+a$

辺々加えて　$2S_n=(a+l)+(a+l)+(a+l)+\cdots+(a+l)+(a+l)$

$=n(a+l)$　　　└ $a+l$ が n 個

ゆえに　$S_n=\dfrac{1}{2}n(a+l)$　　すなわち，[1] が導かれた。

$l=a+(n-1)d$ を代入すると　　$S_n=\dfrac{1}{2}n[a+\{a+(n-1)d\}]=\dfrac{1}{2}n\{2a+(n-1)d\}$

すなわち，[2] が得られた。

例 1 | 数列の一般項 ★☆☆☆☆

次の数列はどのような規則によって作られているかを考え，第 n 項を n の式で表せ。また，第 6 項の値を求めよ。

$$1\cdot1,\ -4\cdot3,\ 9\cdot5,\ -16\cdot7,\ \cdots\cdots$$

指針 数列の規則性を見つけて，第 n 項を求める。まず，**符号に注目** すると

$(-1)^n$　：$-1,\ 1,\ -1,\ 1,\ -1,\ \cdots\cdots$

$(-1)^{n+1}$：$1,\ -1,\ 1,\ -1,\ 1,\ \cdots\cdots$　◀ $(-1)^{n-1}$ でも同じ。

次に，符号を除いた数列 $1\cdot1,\ 4\cdot3,\ 9\cdot5,\ 16\cdot7,\ \cdots\cdots$ の **・の左側の数，右側の数に注目** する。第 6 項は第 n 項の n に 6 を代入して求める。

数列は，その一部分が与えられても全体が決まるものではなく，規則はいろいろに定めることができる。
例えば，一般項が $(n-1)(n-2)(n-3)(n-4)Q(n)+(-1)^{n+1}\cdot n^2(2n-1)$ [$Q(n)$ は n の多項式] の数列も，第 1 項から第 4 項までが例題の数列と同じになる。

[…… $Q(n)$ がどのような多項式でも，$n=1,\ 2,\ 3,\ 4$ のとき $(n-1)(n-2)(n-3)(n-4)Q(n)=0$]

このように，**第 n 項の表し方は 1 通りとは限らない。**
この種の問題は，答えが 1 通りに決まらないという意味では，問題として不備であるといえなくもないが，今後数列を考えていくのに，その初めの方の数項から見当をつけることが大切なので，ここで取り上げた。なお，このような問題の解答としては，普通考えられる最も簡単なものを 1 つあげて答える。

例 2 | 等差数列の一般項 ★☆☆☆☆

(1) 等差数列 100, 93, 86, …… の一般項 a_n を求めよ。また，第 20 項を求めよ。
(2) 第 6 項が 13，第 15 項が 31 の等差数列 $\{a_n\}$ において
　(ア) 一般項を求めよ。　(イ) 71 は第何項か。
　(ウ) 初めて 1000 を超えるのは第何項か。　[(2) 類 国士舘大]

指針 等差数列の一般項（第 n 項）a_n は　$a_n=a+(n-1)d$　◀ $a_●=$(初項)$+$(●-1)$\times$(公差)
であるから，初項 a，公差 d で決まる。そこで，**まず，初項 a と公差 d を求める。**
(1) 初項 $a=100$ はすぐわかる。公差 d は $d=$(後の項)$-$(前の項)$=93-100$ から。
(2) (ア) **初項を a，公差を d として，**$a_6=13$，$a_{15}=31$ の条件から，**a，d の連立方程式を作り，** それを解く。
　(イ) 自然数 n についての方程式 $a_n=71$ を解く。
　(ウ) 初めて 1000 を超える項 ⟶ 不等式 $a_n>1000$ を満たす最小の自然数 n を求める。

CHART》等差数列

まず 初項と公差

例 3 調和数列とその一般項 ★★☆☆☆

調和数列 60, 40, 30, 24, …… の一般項 a_n を求めよ。

(注) 数列 $\{a_n\}$ (ただし，すべての n に対して $a_n \neq 0$) において，数列 $\left\{\dfrac{1}{a_n}\right\}$ が等差数列をなすとき，もとの数列 $\{a_n\}$ を **調和数列** という。

指針 **数列 $\{a_n\}$ が調和数列 $\iff$ 数列 $\left\{\dfrac{1}{a_n}\right\}$ が等差数列**

$$\iff \frac{1}{a_{n+1}}-\frac{1}{a_n}=d\ (\text{一定})$$

つまり，調和数列の問題は，逆数をとって，等差数列に直して考える。

各項の逆数をとると　$\dfrac{1}{60}$, $\dfrac{1}{40}$, $\dfrac{1}{30}$, $\dfrac{1}{24}$, ……

この等差数列の一般項を n で表し，再びその逆数をとる。

検討 数列 a, b, c が調和数列となるとき，数列 $\dfrac{1}{a}$, $\dfrac{1}{b}$, $\dfrac{1}{c}$ が等差数列となるから

$$\frac{2}{b}=\frac{1}{a}+\frac{1}{c}^{(*)}\quad \text{すなわち}\quad b=\frac{2}{\dfrac{1}{a}+\dfrac{1}{c}}$$

◀ (＊) は例 4 指針 [3] 参照。

したがって，b は a と c の調和平均となっていることがわかる。
(調和平均については数学Ⅱ $p.50$ 参照。)

例 4 等差数列をなす 3 数 ★★☆☆☆

等差数列をなす 3 つの数があって，その和は 18，積は 162 である。この 3 つの数を求めよ。

指針 等差数列をなす 3 つの数の表し方には，次の 3 通りがある。

[1] **初項を a，公差を d として**　a,　$a+d$, $a+2d$　← 公差形
[2] **中央の項を a，公差を d として**　$a-d$,　a,　$a+d$　← 対称形
[3] **数列 a, b, c が等差数列** $\iff b-a=c-b \iff 2b=a+c$　← 平均形

$b=\dfrac{a+c}{2}$ であるから，b は a と c の相加平均

対称形と平均形がよく利用される。特に，対称形は 3 つの数の和をとると，d が消えるので，公差形に比べて一般に計算はらくになる。また，等差数列をなす数が 4 つまたは 5 つに拡張されたときにも有用である。

参考　数列 a, b, c が等差数列であるとき，中央の項 b のことを **等差中項** という。

CHART》 等差数列をなす 3 数
1 対称形 $a-d$, a, $a+d$　**2** 平均形 $2b=a+c$

例題 1 等差数列であることの証明 ★★☆☆☆

一般項が $a_n=2n-5$ である数列 $\{a_n\}$ について

(1) 数列 $\{a_n\}$ は等差数列であることを証明し，その初項と公差を求めよ。

(2) 一般項が $b_n=a_{3n}$ である数列 $\{b_n\}$ は等差数列であることを証明せよ。
また，等差数列 $\{b_n\}$ の初項と公差を求めよ。

指針 等差数列 $\{a_n\}$ $\Longleftrightarrow$ $a_{n+1}-a_n=d$（隣り合う 2 項の差が一定）

(1) $a_{n+1}-a_n$ を計算して，n を含まない数（定数）になることを示す。

(2) b_n を n の 1 次式で表し，$b_{n+1}-b_n$ を計算して，定数になることを示す。

解答 (1) $a_n=2n-5$ であるから

$$a_{n+1}-a_n=\{2(n+1)-5\}-(2n-5)$$
$$=2 \quad (\text{一定})$$

◀ 公差は 2

よって，数列 $\{a_n\}$ は等差数列である。

また **公差は 2，初項は** $a_1=2\cdot1-5=\mathbf{-3}$

(2) $b_n=a_{3n}=2\cdot(3n)-5=6n-5$

◀ a_{3n} は $a_n=2n-5$ の n に $3n$ を代入したもの。

ゆえに $b_{n+1}-b_n=\{6(n+1)-5\}-(6n-5)$
$$=6 \quad (\text{一定})$$

よって，数列 $\{b_n\}$ は等差数列である。

また **公差は 6，初項は** $b_1=6\cdot1-5=\mathbf{1}$

注意 数列 $\{b_n\}$ は，a_3 を初項として，数列 $\{a_n\}$ の項を 2 つおきに抜き出した数列である。
このように，**等差数列の項を等間隔に抜き出してできる数列は等差数列になる。**
この例では，$b_n=a_{3n}$ から
$b_1=a_3$，$b_2=a_6$，$b_3=a_9$，…… であり，
b_{n+1} については，$b_{n+1}=a_{3(n+1)}$ となる（$b_{n+1}=a_{3n+1}$ ではないことに注意）。

a_1 a_2 a_3 a_4 a_5 a_6 a_7 a_8 a_9 …
+2 +2 … … … … … …
-3, -1, **1**, 3, 5, **7**, 9, 11, **13**, …
+6 +6
b_1 b_2 b_3

数列 $\{a_n\}$ が初項 a，公差 d の等差数列であるとすると，第 n 項 a_n は
$a_n=a+(n-1)d=dn+(a-d)$ となり，**n の 1 次式** または **定数**（$d=0$）である。
逆に，$a_n=pn+q$ とすると　$a_{n+1}-a_n=\{p(n+1)+q\}-(pn+q)=p$（一定）
よって，数列 $\{a_n\}$ は初項 $p+q$，公差 p の等差数列である。
以上をまとめると，次のようになる。

$a_n=pn+q$ **である数列** $\Longleftrightarrow$ **初項** $p+q$，**公差** p **の等差数列**

練習 1 (1) 数列 5，-2，……，-1010，…… は等差数列となることができるか。できるならば，-1010 は第何項か。

(2) 初項 a，公差 d の等差数列を $\{a_n\}$，初項 b，公差 e の等差数列を $\{b_n\}$ とする。このとき，n に無関係な定数 p，q に対し，数列 $\{pa_n+qb_n\}$ も等差数列であることを示し，その初項と公差を求めよ。

例題 2 等差数列の和 ★★☆☆☆

次のような和 S を求めよ。 ◀例2

(1) 等差数列 2, 8, 14, ……, 98 の和

(2) 初項 100, 公差 -8 の等差数列の初項から第 30 項までの和

(3) 第 8 項が 37, 第 24 項が 117 の等差数列の第 10 項から第 20 項までの和

指針 等差数列の和 **初項 a, 末項 l, 項数 n のとき** $S_n=\frac{1}{2}n(a+l)$ …… ①

初項 a, 公差 d, 項数 n のとき $S_n=\frac{1}{2}n\{2a+(n-1)d\}$ …… ②

末項 がわかれば ① を, 公差 がわかれば ② を使う (末項も公差もわかる場合は, ① の方が計算はらく)。初項, 項数は ①, ② どちらの公式でも必要となる。

(3) まず, 条件から初項 a と公差 d を求める。初項から第 n 項までの和を S_n とすると

$S=S_{20}-S_9$ ◀ (初項から第 20 項までの和)−(初項から第 9 項までの和)

解答 (1) 初項は 2, 公差は 6 であるから, 末項 98 が第 n 項であるとすると $2+(n-1)\cdot 6=98$ よって $n=17$

ゆえに, 初項 2, 末項 98, 項数 17 の等差数列の和を求めて $S=\frac{1}{2}\cdot 17(2+98)=\mathbf{850}$

(2) $S=\frac{1}{2}\cdot 30\{2\cdot 100+(30-1)\cdot(-8)\}=\mathbf{-480}$

(3) 初項を a, 公差を d, 一般項を a_n とする。

$a_8=37$, $a_{24}=117$ であるから $\begin{cases} a+7d=37 \\ a+23d=117 \end{cases}$

この連立方程式を解いて $a=2$, $d=5$

初項から第 n 項までの和を S_n とすると

$$S_{20}=\frac{1}{2}\cdot 20\{2\cdot 2+(20-1)\cdot 5\}=990 \quad ◀②$$

$$S_9=\frac{1}{2}\cdot 9\{2\cdot 2+(9-1)\cdot 5\}=198 \quad ◀②$$

よって $S=S_{20}-S_9{}^{(*)}=990-198=\mathbf{792}$

別解 (3) $a_{10}=a+9d=2+9\cdot 5=47$ **を初項と考えると**, 第 10 項から第 20 項までの項数は $20-10+1=11$ であるから

$$S=\frac{1}{2}\cdot 11\{2\cdot 47+(11-1)\cdot 5\}=\mathbf{792}$$

◀ 項数 n を求める。

①: $\frac{1}{2}$ 項数 (初項 + 末項)

②: $\frac{1}{2}$ 項数 × {2 初項 + (項数 − 1) 公差}

(3) 等差数列では まず 初項と公差

(∗) $S=S_{20}-S_{10}$ は誤り! これでは S に a_{10} が含まれない。

練習 2

(1) 等差数列 $2,\ \frac{17}{6},\ \frac{11}{3},\ \frac{9}{2},\ \cdots\cdots,\ 12$ の和 S を求めよ。

(2) 初項 1, 公差 -2 の等差数列の初項から第 100 項までの和 S を求めよ。

(3) 第 10 項が 1, 第 16 項が 5 の等差数列の第 15 項から第 30 項までの和 S を求めよ。

(4) 初項から第 5 項までの和が 125 で, 初項から第 10 項までの和が 500 である等差数列の初項 a と公差 d を求めよ。

例題 3 等差数列の利用（倍数の和） ★★☆☆☆

100 から 200 までの自然数のうち，次の数の和を求めよ。

(1) 7 で割って 2 余る数　　(2) 4 または 6 の倍数

◀例題2

指針 **等差数列の和** として求める。ただし，項数に注意。⟶ (注意)

初項 a，末項 l，項数 n のとき　$S_n=\frac{1}{2}n(a+l)$　を利用。

(注意) 整数 m，n $(m<n)$ に対して，m から n までの整数の個数は $n-(m-1)=\boldsymbol{n-m+1}$ である。$n-m$ ではない。

(1) 7 で割って 2 余る数は，$7k+2$（k は整数）で表され，100 から 200 までで　$7\cdot14+2$，$7\cdot15+2$，……，$7\cdot28+2$
初項と末項はわかるから，項数を求めて上の公式を利用。

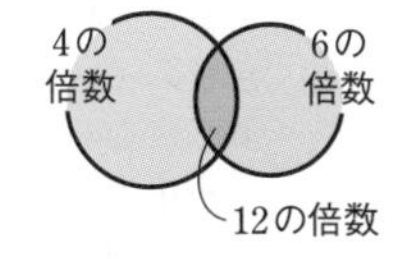

(2) **（4 または 6 の倍数の和）**
＝（4 の倍数の和）＋（6 の倍数の和）－（4 かつ 6 の倍数の和）

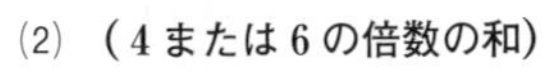

解答 (1) 100 から 200 までで，7 で割って 2 余る数は

$$7\cdot14+2,\ 7\cdot15+2,\ \cdots\cdots,\ 7\cdot28+2$$

これは，初項が $7\cdot14+2=100$，末項が $7\cdot28+2=198$，項数が $28-14+1=15$ の等差数列であるから，その和は

$$\frac{1}{2}\cdot15(100+198)=\mathbf{2235}$$

(2) 100 から 200 までの 4 の倍数は

$$4\cdot25,\ 4\cdot26,\ \cdots\cdots,\ 4\cdot50$$

これは，初項 100，末項 200，項数 26 の等差数列であるから，その和は　$\frac{1}{2}\cdot26(100+200)=3900$　……①

100 から 200 までの 6 の倍数は

$$6\cdot17,\ 6\cdot18,\ \cdots\cdots,\ 6\cdot33$$

これは，初項 102，末項 198，項数 17 の等差数列であるから，その和は　$\frac{1}{2}\cdot17(102+198)=2550$　……②

100 から 200 までの 12 の倍数は

$$12\cdot9,\ 12\cdot10,\ \cdots\cdots,\ 12\cdot16$$

これは，初項 108，末項 192，項数 8 の等差数列であるから，その和は　$\frac{1}{2}\cdot8(108+192)=1200$　……③

よって，①，②，③ から，求める和は

$$3900+2550-1200^{(*)}=\mathbf{5250}$$

◀ $100\div7=14.2\cdots$，$200\div7=28.5\cdots$ から。

別解 (1) $S_n=\frac{1}{2}n\{2a+(n-1)d\}$ を利用すると
$\frac{1}{2}\cdot15\{2\cdot100+(15-1)\cdot7\}=\mathbf{2235}$

◀ 初項 $4\cdot25=100$，末項 $4\cdot50=200$，項数 $50-25+\mathbf{1}=26$

◀ 初項 $6\cdot17=102$，末項 $6\cdot33=198$，項数 $33-17+\mathbf{1}=17$

◀ 4 と 6 の最小公倍数は 12

(＊) 個数定理の公式 $n(A\cup B)=n(A)+n(B)-n(A\cap B)$ ［数学A］を適用する要領。

練習 3 2 桁の自然数のうち，次の数の和を求めよ。
(1) 5 で割って 3 余る数　　(2) 奇数または 3 の倍数

例題 4 等差数列の和の最大 ★★☆☆☆

初項 40，公差 -3 の等差数列 $\{a_n\}$ において　◀例題2

(1) 初めて負になるのは第何項か。

(2) 初項から第何項までの和が最大となるか。また，そのときの和を求めよ。

指針 (1) 一般項 a_n を求めて，$a_n<0$ を満たす最小の自然数 n を求める。

(2) 初項は正で公差は負であるから，第 k 項から負になるとすると，項の値，和の値の大きさのイメージは，右の図のようになる。

→ 正の数の項を加えると和は増加し，負の数の項を加えると和は減少するから，

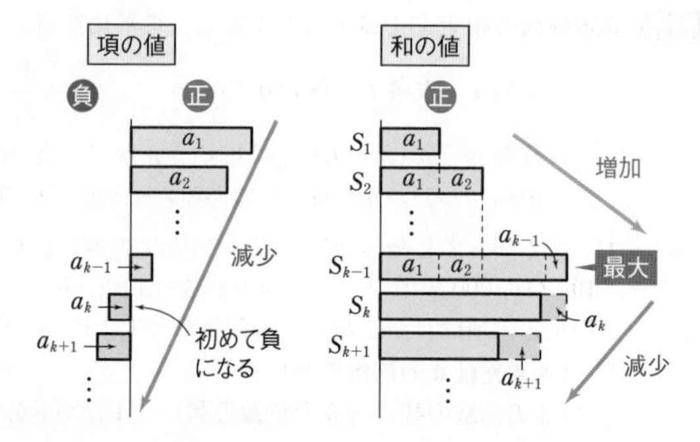

第 $(k-1)$ 項まで，すなわち，**正または 0 の数の項だけの和が最大** となる。

CHART》 等差数列 $\{a_n\}$ の和の最大・最小

a_n の符号が変わる n に着目

解答 (1) 初項 40，公差 -3 の等差数列の一般項 a_n は

$$a_n=40+(n-1)\cdot(-3)=-3n+43$$

◀ $a_n=a+(n-1)d$

$a_n<0$ とすると，$-3n+43<0$ から　$n>\dfrac{43}{3}=14.3\cdots$

◀ $a_{14}=-3\cdot14+43=1$，$a_{15}=-3\cdot15+43=-2$

この不等式を満たす最小の自然数 n は　$n=15$

したがって，初めて負になるのは　**第 15 項**

◀ n は自然数。

(2) (1)から，$n\leqq14$ のとき $a_n>0$，$n\geqq15$ のとき $a_n<0$

よって，初項から **第 14 項** までの和が最大で，その和は

$$\frac{1}{2}\cdot14\{2\cdot40+(14-1)\cdot(-3)\}=\mathbf{287}$$

◀ $S_n=\dfrac{1}{2}n\{2a+(n-1)d\}$

別解 初項から第 n 項までの和を S_n とすると

◀ S_n の式を平方完成する方針の解答。

$$S_n=\frac{1}{2}n\{2\cdot40+(n-1)\cdot(-3)\}=\frac{1}{2}(-3n^2+83n)$$

$$=-\frac{1}{2}\left\{3\left(n-\frac{83}{6}\right)^2-3\left(\frac{83}{6}\right)^2\right\}=-\frac{3}{2}\left(n-\frac{83}{6}\right)^2+\frac{3}{2}\cdot\left(\frac{83}{6}\right)^2$$

$\dfrac{83}{6}=13.8\cdots$ であるから，**$n=14$ のとき最大値**

$\dfrac{1}{2}\cdot14\cdot(-3\cdot14+83)=\mathbf{287}$ をとる。

└$n=14$ の方が $n=13$ よりも頂点に近い。

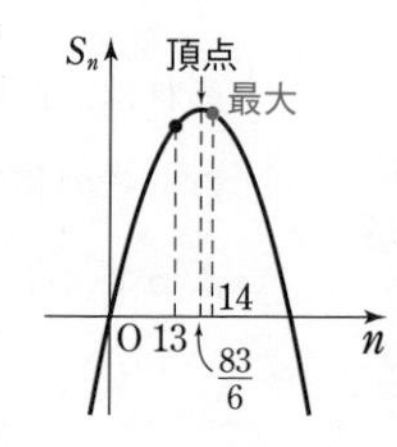

練習 4 初項 50，公差 -2 の等差数列 $\{a_n\}$ において，初項から第何項までの和が最大となるか。また，そのときの和を求めよ。　〔類 福島大〕 ➡ p. 424 演習 2

重要例題 5 既約分数の和 ★★★★☆

p は素数，m，n は正の整数で $m<n$ とする。m と n の間にあって，p を分母とする既約分数の総和を求めよ。〔同志社大〕

◀例題2

指針 m と n の間にあって，p を分母とする分数は，m，n も含めると

$$\frac{mp}{p},\ \frac{mp+1}{p},\ \frac{mp+2}{p},\ \cdots\cdots,\ \frac{np-1}{p},\ \frac{np}{p}$$

$=m$　　　$=n$

◀ 公差 $\frac{1}{p}$ の等差数列

ここで，分母 p は素数であるから，～～の中で既約分数でないものは整数となる。よって，求める和は，**全体の和から整数の和を除く** ことで求められる。

解答 まず，q を自然数として，$m<\frac{q}{p}<n$ を満たす $\frac{q}{p}$ を求める。

◀「m と n の間」であるから，両端の m と n は含まない。

$mp<q<np$ であるから

$$q=mp+1,\ mp+2,\ \cdots\cdots,\ np-1$$

よって　$\frac{q}{p}=\frac{mp+1}{p},\ \frac{mp+2}{p},\ \cdots\cdots,\ \frac{np-1}{p}$　…①

◀ 初項 $\frac{mp+1}{p}$，公差 $\frac{1}{p}$ の等差数列。

これらの和を S_1 とすると

$$S_1=\frac{(np-1)-(mp+1)+1}{2}\left(\frac{mp+1}{p}+\frac{np-1}{p}\right)$$

$$=\frac{np-mp-1}{2}(m+n)$$

◀ $\frac{項数}{2}$(初項＋末項)

① のうち，$\frac{q}{p}$ が整数となるものは

$$\frac{q}{p}=m+1,\ m+2,\ \cdots\cdots,\ n-1$$

◀ この問題では「(素数) p を分母とする既約分数」となっているから，約分すると整数になる数，すなわち指針の～～のうち，$\frac{(m+1)p}{p}$，$\frac{(m+2)p}{p}$，……，$\frac{(n-1)p}{p}$ は「既約分数」に含まれない。

これらの和を S_2 とすると

$$S_2=\frac{(n-1)-(m+1)+1}{2}\{(m+1)+(n-1)\}$$

$$=\frac{n-m-1}{2}(m+n)$$

求める総和を S とすると，$S=S_1-S_2$ であるから

$$S=\frac{np-mp-1}{2}(m+n)-\frac{n-m-1}{2}(m+n)$$

$$=\frac{1}{2}(m+n)\{(n-m)p-(n-m)\}$$

$$=\boldsymbol{\frac{1}{2}(m+n)(n-m)(p-1)}$$

練習 5 p を素数とするとき，0 と p の間にあって，p^2 を分母とする既約分数の総和を求めよ。

例題 6 等差数列の共通項 ★★★☆☆

等差数列 $\{a_n\}$, $\{b_n\}$ の一般項がそれぞれ $a_n=4n-3$, $b_n=7n-5$ であるとき，この 2 つの数列に共通に含まれる数を，小さい方から順に並べてできる数列 $\{c_n\}$ の一般項を求めよ。

◀数学A例題 96

指針 具体的に項を書き出すのは非効率なので，問題の条件を **1 次不定方程式に帰着** させ，その解を求める方針で解いてみよう。
共通に含まれる数が，数列 $\{a_n\}$ の第 l 項，数列 $\{b_n\}$ の第 m 項であるとすると　$a_l=b_m$
よって，l, m は不定方程式 $4l-3=7m-5$ の整数解である。これを解くと l, m は整数 k で表され，例えば $l=(k$ の式$)$ を $a_l=4l-3$ に代入すると，共通な数が k の式で表される。ただし，$l\geqq1$, $m\geqq1$ であるから，k のとりうる値の範囲に注意する (**検討** 参照)。

解答 共通に含まれる数が数列 $\{a_n\}$ の第 l 項，数列 $\{b_n\}$ の第 m 項であるとすると，$a_l=b_m$ から　　$4l-3=7m-5$
よって　　$4l-7m=-2$　…… ①
$l=-4$, $m=-2$ は ① の整数解の 1 つであるから
$$4(l+4)-7(m+2)=0$$
すなわち　　$4(l+4)=7(m+2)$
4 と 7 は互いに素であるから，k を整数として
$$l+4=7k,\quad m+2=4k$$
と表される。したがって，方程式 ① の解は
$$l=7k-4,\quad m=4k-2$$
ここで，$l\geqq1$ かつ $m\geqq1$ であるから　　$k\geqq1$
ゆえに，数列 $\{c_n\}$ の第 k 項は，数列 $\{a_n\}$ の第 l 項，すなわち第 $(7k-4)$ 項で　　$4(7k-4)-3=28k-19$
求める一般項は，k を n におき換えて　　$\boldsymbol{c_n=28n-19}$

◀ $ax+by=c$ の 1 つの解が $(x,\ y)=(p,\ q)$ ⟶ $a(x-p)+b(y-q)=0$

a, b が互いに素で，an が b の倍数ならば，n は b の倍数である。
(a, b, n は整数)

◀ $k\geqq\dfrac{5}{7}$ かつ $k\geqq\dfrac{3}{4}$

◀ $b_{4k-2}=7(4k-2)-5$ としてもよい。

検討 方程式 ① の特殊解を $l=3$, $m=2$ として解くと，$l\geqq1$ かつ $m\geqq1$ であるから，解は
$$l=7k+3,\quad m=4k+2\quad (k\text{ は整数，}k\geqq0)$$
$l=7k+3$ を $a_l=4l-3$ に代入すると　$a_{7k+3}=4(7k+3)-3=28k+9$　$(b_{4k+2}=28k+9)$
この後 k を n におき換えると，$c_n=28n+9$ が得られるが，上の結果と一致せず誤答となる。
ここで，k のとりうる値の範囲は，$k\geqq0$ であるから，k は 0 から始まる。しかし，数列 $\{c_n\}$ の n は 1 から始まる。すなわち，例えば
　$k=0$ のとき　$a_3=b_2=c_1$，　$k=1$ のとき　$a_{10}=b_6=c_2$，　$k=2$ のとき　$a_{17}=b_{10}=c_3$
つまり，誤答の原因は，**単純に k を n におき換えたところにある**。上のようにして解いた場合，**自然数 n には自然数 $k+1$ が対応する** から，
$$28k+9=28(k+1)-19 \longrightarrow k+1 \text{ を } n \text{ におき換えて}\quad \boldsymbol{c_n=28n-19}$$
としなければならない。特殊解のとり方にもよるが，k と n の対応には注意が必要である。

練習 6 $a_n=3n-2$, $b_n=4n+1$, $c_n=7n$ $(n=1,\ 2,\ \cdots\cdots)$ で定義される 3 つの数列 $\{a_n\}$, $\{b_n\}$, $\{c_n\}$ のどれにも現れる値のうち，1000 以下になるものの個数とその総和を求めよ。

〔類 横浜国大〕 ➡ p. 424 演習 3

2 等比数列

《基本事項》

1 等比数列

各項に一定の数を掛けると次の項が得られる数列を **等比数列** といい，その一定の数を **公比** という。

等比数列 $\{a_n\}$ の初項を a，公比を r とすると，各項は

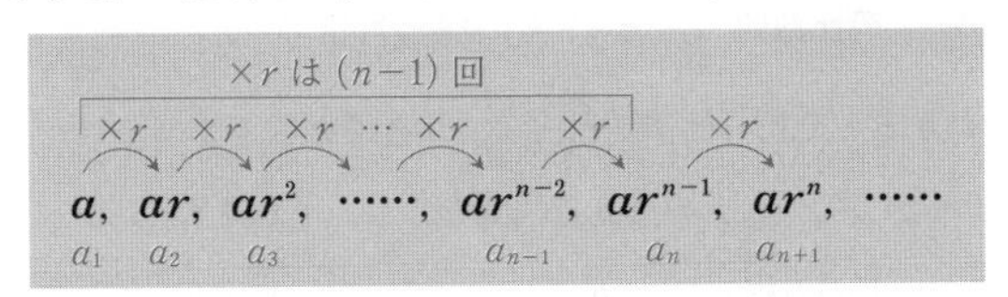

① **定　義**　すべての自然数 n について　　$a_{n+1}=a_nr$　（r は公比）

特に，a_1 も r も 0 でないとき　$\dfrac{a_{n+1}}{a_n}=r$（一定）　である。　　◀ 比の値が一定。

一般項 a_n は，初項 a に公比 r を $(n-1)$ 回掛けたものであるから

② **一般項**　初項を a，公比を r とすると　　$a_n=ar^{n-1}$

(注意) 本書では，断りのない限り，等比数列の各項は実数とする。

2 等比数列の和

初項 a，公比 r，項数 n の等比数列の和 S_n は

[1]　**$r \neq 1$ のとき**　　$S_n=\dfrac{a(1-r^n)}{1-r}=\dfrac{a(r^n-1)}{r-1}$

[2]　**$r=1$ のとき**　　$S_n=na$

◀ 末項を l とすると
[1]′　$S_n=\dfrac{a-rl}{1-r}$

(証明) [1]　$r \neq 1$ のとき　　$S_n=a+ar+ar^2+ar^3+\cdots\cdots+ar^{n-1}$

$rS_n=\quad ar+ar^2+ar^3+\cdots\cdots+ar^{n-1}+ar^n$

辺々引いて　　$(1-r)S_n=a-ar^n$　　◀ ▒ の項が消し合う。

$r \neq 1$ のとき，$1-r \neq 0$ であるから，$(1-r)S_n=a(1-r^n)$ より導かれる。

[2]　$r=1$ のとき　$S_n=a+a+\cdots\cdots+a=na$　　◀ a が n 個。

和の公式は，$r<1$ なら $\dfrac{a(1-r^n)}{1-r}$，$r>1$ なら $\dfrac{a(r^n-1)}{r-1}$ を利用し，末項 l が既知なら $\dfrac{a-rl}{1-r}$ を利用するとよい。

CHECK 問題

1 次の数列のうち，等比数列であるものはどれか。

① 1, 3, 9, 27, 81　　② 1, 4, 7, 10, 13

③ 2, −2, 2, −2, 2　　④ 3, 3, 3, 3, 3

→ 1

例 5 ｜ 等比数列の一般項 ★☆☆☆☆

(1) 等比数列 2, -6, 18, …… の一般項 a_n を求めよ。また，第 8 項を求めよ。

(2) 第 3 項が 12, 第 6 項が -96 である等比数列の一般項を求めよ。ただし，公比は実数とする。

指針 等比数列の一般項は　$a_n=ar^{n-1}$　◀ $a_●=$(初項)×(公比)$^{●-1}$

つまり，初項 a，公比 r で決まる。そこで，**まず初項 a と公比 r を求める。**

CHART》 等比数列　まず 初項と公比

(1) 初項 $a=2$ はすぐわかる。公比 r は $r=\dfrac{後の項}{前の項}$ から求める。

(2) 初項を a，公比を r として，a，r の連立方程式を作り，それを解く。

(注意) (2) では，公比についての方程式 $r^n=p$（n は自然数，p は実数）を解くことになるが，その実数解は，次のようになる。

n が奇数のとき　$r^n=p^n \iff r=p$

n が偶数，$p≧0$ のとき

$r^n=p^n \iff r=\pm p$

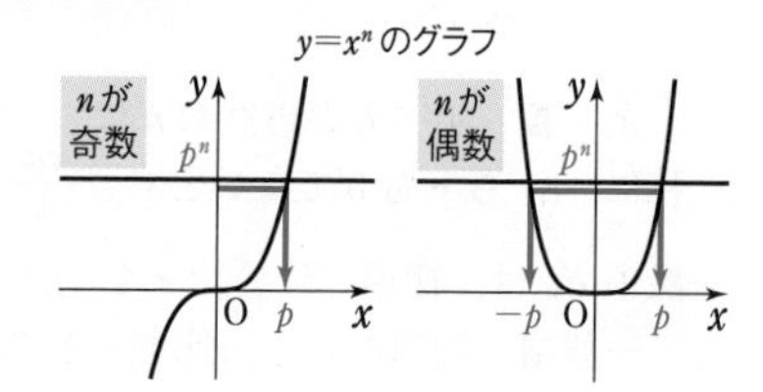

例 6 ｜ 等比数列をなす 3 数 ★★☆☆☆

3 つの実数 a, b, c はこの順序で等差数列になり，b, c, a の順序で等比数列となる。a, b, c の積が 125 であるとき，a, b, c の値を求めよ。 ◀例 4

指針 等差数列をなす 3 つの数の表し方については，公差形 (a, $a+d$, $a+2d$)，対称形 ($a-d$, a, $a+d$)，平均形 ($2b=a+c$) があった（例 4 指針参照）。
等比数列をなす 3 つの数の表し方についても，次の 3 通りの表し方がある。

[1] **初項を a，公比を r として**　a,　ar,　ar^2　← **公比形**

[2] **中央の項を a，公比を r として**　ar^{-1},　a,　ar　← **対称形**

[3] **数列 a, b, c が等比数列 $\iff b^2=ac$**　（検討 参照）　← **平均形**

この問題では，3 つの実数 a, b, c の並び方によって，等差数列にもなり，等比数列にもなるから，公差 d や公比 r が出てこない **平均形** を用いて，条件を書き出してみるとよい。

(注意) [2] の **対称形** で，3 つの数の積をとると，$ar^{-1}\cdot a\cdot ar=a^3$ となって公比 r が消える。しかし，中央の項がわかるだけで，公比や他の項を求めるのに手間がかかる。

数列 a, b, c が等比数列をなすとき，b を a と c の **等比中項** という。

a, b, c が 0 でないとき，$\dfrac{b}{a}=\dfrac{c}{b}$ であるから，次のことが成り立つ。

数列 a, b, c が等比数列 $\iff b^2=ac$

平均形

公比が 0，すなわち $b=c=0$ の場合でも $b^2=ac$ は成り立つ。
したがって，a, b, c が等比数列ならば，$b^2=ac$ は常に成り立つ。
なお，正の数の数列 a, b, c が等比数列であるとき，b は a と c の相乗平均 $\sqrt{ac}$ に等しい。

例題 7 等比数列の和 (1) ★★☆☆☆

(1) 等比数列 a, $2a^2$, $4a^3$, $8a^4$, …… の初項から第 n 項までの和 S_n を求めよ。ただし，$a \neq 0$ とする。

(2) 初項と第 2 項との和が -9, 初項から第 4 項までの和が -90 であるとき，この等比数列の公比を求めよ。 [(2) 類 福井工大]

指針 **等比数列の和** 初項 a，公比 r，項数 n の等比数列の和 S_n は

① $r \neq 1$ のとき $S_n=\overset{ⓐ}{\dfrac{a(r^n-1)}{r-1}}=\overset{ⓑ}{\dfrac{a(1-r^n)}{1-r}}$

② $r=1$ のとき $S_n=na$

◀ 分母が正となるように，$r>1$ のときは ⓐ, $r<1$ のときは ⓑ を使うとよい。

(1) 初項 a，公比 $2a^2 \div a=2a$，項数 n の等比数列の和であるが，公比に文字 a が含まれるため，$2a \neq 1$ と $2a=1$ の場合に分けて和を求める。

CHART》 等比数列の和 $r \neq 1$ か $r=1$ に注意

(2) 初項を a，公比を r，初項から第 n 項までの和を S_n とすると $S_2=-9$, $S_4=-90$

$r \neq 1$ のとき，公式 ① から $\dfrac{S_4}{S_2}=\dfrac{a(r^4-1)}{r-1}\cdot\dfrac{r-1}{a(r^2-1)}=10$ ◀ r^2 の方程式が得られる。

解答 (1) 初項 a，公比 $2a$，項数 n の等比数列の和であるから

[1] $2a \neq 1$ すなわち $a \neq \dfrac{1}{2}$ のとき $S_n=\dfrac{a\{(2a)^n-1\}}{2a-1}$ ◀ 公比が 1 でないとき

[2] $2a=1$ すなわち $a=\dfrac{1}{2}$ のとき $S_n=na=\dfrac{1}{2}n$ ◀ 公比が 1 のとき

(2) 初項を a，公比を r とし，初項から第 n 項までの和を S_n とすると，条件から ◀ 第 n 項は ar^{n-1}

$S_2=-9$, $S_4=-90$ …… ①

$r=1$ とすると，$S_2=2a$, $S_4=4a$ であるが，$2a=-9$ かつ $4a=-90$ を満たす実数 a は存在しない。

したがって，$r \neq 1$ であるから，① より

$$\frac{a(r^2-1)}{r-1}=-9, \quad \frac{a(r^4-1)}{r-1}=-90$$

よって $\dfrac{S_4}{S_2}=\dfrac{a(r^4-1)}{r-1}\cdot\dfrac{r-1}{a(r^2-1)}=10$

ゆえに $r^2+1=10$ よって $r^2=9$

したがって，求める公比は $r=\pm 3$

別解 項数が少ないので，項の和の形に表してもよい。
$a+ar=-9$,
$a+ar+ar^2+ar^3=-90$ から
$a+ar+r^2(a+ar)=-90$ より
$-9+r^2(-9)=-90$

練習 7

(1) 等比数列 96, -48, 24, -12, …… の初項から第 7 項までの和を求めよ。

(2) 等比数列 1, $x+1$, $(x+1)^2$, ……, $(x+1)^n$ の和 S を求めよ。

(3) 公比が正の数である等比数列について，初めの 3 項の和が 21 であり，次の 6 項の和が 1512 であるとき，この数列の初項および，初めの 5 項の和を求めよ。 [(3) 成蹊大]

例題 8 等比数列の和 (2) ★★★☆☆

初項から第 7 項までの和が 3，初項から第 14 項までの和が 18 である等比数列がある。この等比数列の公比を r とすると，$r^7=$ ア［　］である。また，初項から第 21 項までの和は イ［　］であり，第 22 項から第 28 項までの和は ウ［　］である。

〔甲南大〕 ◀例題 7

指針 条件より，項数はわかっているから，初項を a（公比を r）として，等比数列の和の公式を利用し，条件 $S_7=3$，$S_{14}=18$ を a と r の式で表す。ただし，$r=1$ の可能性もあるから，$r\neq1$ と決めつけてはいけない。最初に，$r=1$ のときを調べるのがよい。

CHART 》 等比数列の和　$r\neq1$ か $r=1$ に注意

なお，この問題では，(イ)，(ウ) の和を求めるのに，a，r の値がわからなくても，(ア) の r^7 の値などを利用して求めることができる。

解答 初項を a とし，初項から第 n 項までの和を S_n とすると，

条件から　$S_7=3$ …… ①，　$S_{14}=18$ …… ②

$r=1$ とすると，① から　$7a=3$

② から　$14a=18$　すなわち　$7a=9$

$7a=3$ と $7a=9$ を同時に満たす実数 a は存在しないから，$r\neq1$ である。したがって，①，② から

$$\frac{a(r^7-1)}{r-1}=3 \quad \cdots\cdots ③, \quad \frac{a(r^{14}-1)}{r-1}=18 \quad \cdots\cdots ④$$

④÷③ から　$$\frac{a(r^{14}-1)}{r-1}\cdot\frac{r-1}{a(r^7-1)}=\frac{18}{3}$$

ここで，$r^{14}-1=(r^7+1)(r^7-1)$ であるから

$r^7+1=6$　すなわち　$r^7=$ ア$\mathbf{5}$ …… ⑤

また　$$S_{21}=\frac{a(r^{21}-1)}{r-1}=\frac{a(r^7-1)}{r-1}\{(r^7)^2+r^7+1\}$$

③，⑤ を代入して　$S_{21}=3(5^2+5+1)=$ イ$\mathbf{93}$

更に　$$S_{28}=\frac{a(r^{28}-1)}{r-1}=\frac{a(r^{14}-1)(r^{14}+1)}{r-1}$$
$$=\frac{a(r^{14}-1)}{r-1}\{(r^7)^2+1\}$$

④，⑤ を代入して　$S_{28}=18(5^2+1)=468$

第 22 項から第 28 項までの和は $S_{28}-S_{21}$ であるから

$S_{28}-S_{21}=468-93=$ ウ$\mathbf{375}$

◀ $r=1$ のとき $S_n=na$

◀ $r\neq1$ のとき $S_n=\dfrac{a(r^n-1)}{r-1}$

◀ $r^{14}-1=(r^7)^2-1=(r^7+1)(r^7-1)$

◀ $r^{21}-1=(r^7)^3-1=(r^7-1)\times\{(r^7)^2+r^7+1\}$

◀ $S_{28}-S_{22}$ とすると，第 22 項が含まれない。

練習 8
(1) 次の等比数列で，指定されたものを求めよ。
　(ア) 初項が 3，公比が 2，和が 189 のとき　項数
　(イ) 公比が -2，第 10 項までの和が -1023 のとき　初項
(2) ある等比数列の初項から第 8 項までの和が 54，初項から第 16 項までの和が 63 であるとき，この等比数列の第 17 項から第 24 項までの和を求めよ。

例題 9 等差数列と等比数列 ★★☆☆☆

数列 $\{a_n\}$ を公比が 0 でない初項 1 の等比数列とする。また，数列 $\{b_n\}$ を $b_1=a_3$, $b_2=a_4$, $b_3=a_2$ を満たす等差数列とする。
(1) 数列 $\{a_n\}$ の公比を求めよ。　(2) 数列 $\{b_n\}$ の一般項を求めよ。

〔名城大〕 ◀例4，6

指針 とにかく，**各項を具体的に書き出す。**

(1) 等比数列 $\{a_n\}$ の公比を r $(r\neq0)$ とすると　$a_1=1$, $a_2=r$, $a_3=r^2$, $a_4=r^3$
また，数列 $b_1=a_3=r^2$, $b_2=a_4=r^3$, $b_3=a_2=r$ は等差数列であるから，**平均形** $\boldsymbol{2b_2=b_1+b_3}$ により，r の方程式が得られる。ただし，(2) で等差数列 $\{b_n\}$ の公差 d が必要になるから，**対称形** $\boldsymbol{b_1=b_2-d}$, $\boldsymbol{b_3=b_2+d}$ すなわち $r^2=r^3-d$, $r=r^3+d$ より d を消去して，r の方程式を導く方針で解いてみよう。

(2) (1) で求めた r の値を $r^2=r^3-d$ または $r=r^3+d$ に代入して d について解くと，等差数列 $\{b_n\}$ の公差が求められる。

解答 (1) 等比数列 $\{a_n\}$ の公比を r $(r\neq0)$ とすると

$$a_1=1,\ a_2=r,\ a_3=r^2,\ a_4=r^3$$

数列 $b_1=a_3$, $b_2=a_4$, $b_3=a_2$ は等差数列であるから，
公差を d とすると　$b_1=b_2-d$, $b_3=b_2+d$
ゆえに　$r^2=r^3-d$ …… ①, $r=r^3+d$ …… ②
①+② から　$r^2+r=2r^3$
すなわち　$2r^3-r^2-r=0$
$r\neq0$ であるから　$2r^2-r-1=0$
よって，数列 $\{a_n\}$ の公比は，$(r-1)(2r+1)=0$ を解いて

$$\boldsymbol{r=1,\ -\frac{1}{2}}$$

◀ **平均形** $2b_2=b_1+b_3$ を利用すると
$2r^3=r^2+r$
r の値を求めるだけであれば，この方がスムーズである。
しかし，数列 $\{b_n\}$ の公差を求めるときに，隣り合う 2 項，例えば，b_1, b_2 の値を調べなければならない。

(2) [1] $r=1$ のとき，② から　$d=0$　また　$b_1=1$

[2] $r=-\dfrac{1}{2}$ のとき，② から　$-\dfrac{1}{2}=-\dfrac{1}{8}+d$

これを解いて　$d=-\dfrac{3}{8}$　また　$b_1=\left(-\dfrac{1}{2}\right)^2=\dfrac{1}{4}$

以上から，数列 $\{b_n\}$ の一般項は，**数列 $\{a_n\}$ の公比を r とすると　$r=1$ のとき　$b_n=1$**

$r=-\dfrac{1}{2}$ のとき

$$\boldsymbol{b_n=\frac{1}{4}+(n-1)\left(-\frac{3}{8}\right)=-\frac{3}{8}n+\frac{5}{8}}$$

◀ $b_n=b_1+(n-1)d$

練習 9 等差数列 $\{a_n\}$ と等比数列 $\{b_n\}$ がある。ただし，数列 $\{a_n\}$ の公差は 0 でない。$a_1=b_1$, $a_2=b_2$, $a_4=b_4$ であるとき，数列 $\{b_n\}$ の公比は ア[　　] であり，更に，$b_3=144$ であれば $a_3=$ イ[　　] である。

〔南山大〕 ➡p. 424 演習 4

重要例題 10 等差数列と等比数列の共通項 ★★★★☆

数列 $\{a_n\}$，$\{b_n\}$ の一般項を $a_n=2^n$，$b_n=3n+2$ とする。数列 $\{a_n\}$ の項のうち，数列 $\{b_n\}$ の項でもあるものを小さいものから順に並べて得られる数列 $\{c_n\}$ の一般項を求めよ。

〔類 大阪大〕 ◀例題6

指針 方針は2つの等差数列の共通項の問題（例題6）と同様である。

共通な項の問題は，$a_l=b_m$（l，m は自然数）として，l と m の関係を調べる。

しかし，この問題においては，それだけでは数列 $\{c_n\}$ の一般項を求めることができない。そこで，等比数列 $\{a_n\}$ に着目し，a_l が数列 $\{b_n\}$ の項になるとしたときに

a_{l+1} が数列 $\{b_n\}$ の項になるか，a_{l+2} が数列 $\{b_n\}$ の項になるか，……

を順に調べ，規則性を見つける。

解答 $\{a_n\}$：2，4，8，……　　$\{b_n\}$：5，8，11，……

よって　$c_1=a_3=8$

数列 $\{a_n\}$ の第 l 項が数列 $\{b_n\}$ の第 m 項に等しいとすると

$$2^l=3m+2$$

ゆえに　$a_{l+1}=2^{l+1}=2\cdot2^l=2(3m+2)=3(2m+1)+1$　…… ①

よって，a_{l+1} は数列 $\{b_n\}$ の項ではない。

① から　$a_{l+2}=2^{l+2}=2a_{l+1}=3(4m+2)+2$

ゆえに，a_{l+2} は数列 $\{b_n\}$ の項である。

よって，$c_1=a_3$，$c_2=a_5$，$c_3=a_7$，……，$c_n=a_{2n+1}$ となり

$$\boldsymbol{c_n=2^{2n+1}}$$

◀ $\{c_n\}$ の初項を求めるため，項をいくつか書き出してみる。

◀ $3\cdot●+2$ の形にならない。

◀ $3\cdot●+2$ の形になる。

（注意） 数列 $\{c_n\}$ は，a_3 を初項として，数列 $\{a_n\}$ の項を1つおきに抜き出した数列である。

このように，**等比数列を等間隔に抜き出してできる数列は等比数列になる。**

a_1　a_2　a_3　a_4　a_5　a_6　a_7　…

×2　×2　×2　×2　×2　×2

2，4，8，16，32，64，128，…

×4　×4

c_1　c_2　c_3　…

[合同式を用いる方法]

数列 $\{b_n\}$ の各項の数は，3で割ると2余る5以上の整数であるから，2^n（$n\geqq3$）を3で割ると2余るときの n の規則性がわかればよい。

⟶ $2^n\equiv2 \pmod 3$ ……（＊）となる n は，合同式（チャート式数学Ⅰ＋A $p.418$～参照）を利用すると，次のようにして求めることができる。

$4\equiv1 \pmod 3$ であるから，自然数 m に対して　$4^m\equiv1 \pmod 3$

すなわち　$2^{2m}\equiv1 \pmod 3$

両辺を2倍すると $2^{2m+1}\equiv2 \pmod 3$ となるから，$n=2m+1$ のとき，すなわち，n が3以上の奇数のとき，（＊）が成り立つ。

なお，n が偶数のときは $2^n\equiv1 \pmod 3$ となるから，（＊）は成り立たない。

練習 10 数列 $\{a_n\}$，$\{b_n\}$ の一般項を $a_n=15n-2$，$b_n=7\cdot2^{n-1}$ とする。数列 $\{b_n\}$ の項のうち，数列 $\{a_n\}$ の項でもあるものを小さい方から並べて数列 $\{c_n\}$ を作るとき，数列 $\{c_n\}$ の一般項を求めよ。

例題 11 複利計算 ★★★☆☆

年利率 r，1年ごとの複利での計算とするとき，次のものを求めよ。
(1) n 年後の元利合計を S 円にするときの元金 T 円
(2) 毎年初めに P 円ずつ積立貯金し，n 年経過時の元利合計 S_n 円

◀例題7

指針 「1年ごとの複利で計算する」とは，1年ごとに利息を元金に繰り入れて利息を計算することをいう。複利計算では，期末ごとの元金，利息，元利合計を順々に書き出して考えるとよい。元金が P 円，年利率を r とすると

(1) 1年後 ── 元金 P，　利息 Pr　… 合計 $P(1+r)$
　2年後 ── 元金 $P(1+r)$，　利息 $P(1+r)\cdot r$　… 合計 $P(1+r)^2$
　3年後 ── 元金 $P(1+r)^2$，　利息 $P(1+r)^2\cdot r$　… 合計 $P(1+r)^3$
　⋮
　n 年後 ── 元金 $P(1+r)^{n-1}$，　利息 $P(1+r)^{n-1}\cdot r$　… 合計 $P(1+r)^n$

(2) 例えば，3年末にいくらになるかを考えると

	1年末	2年末	3年末
1年目の積み立て … P	$\longrightarrow P(1+r)$	$\longrightarrow P(1+r)^2$	$\longrightarrow P(1+r)^3$
2年目の積み立て …	P	$\longrightarrow P(1+r)$	$\longrightarrow P(1+r)^2$
3年目の積み立て …		P	$\longrightarrow P(1+r)$

したがって，3年末の元利合計は　$P(1+r)^3+P(1+r)^2+P(1+r)$　◀ **等比数列** の和。

解答 (1) 元金 T 円の n 年後の元利合計は $T(1+r)^n$ 円であるから　$T(1+r)^n=S$　よって　$\boldsymbol{T=\dfrac{S}{(1+r)^n}}$

◀ 年利率とは1年当たりの利息の割合のことで，百分率で表される。
すなわち　$0<r<1$

(2) 毎年初めの元金は，1年ごとに利息がついて $(1+r)$ 倍となる。よって，n 年経過時には，
　1年目の初めの P 円は　$P(1+r)^n$ 円，
　2年目の初めの P 円は　$P(1+r)^{n-1}$ 円，
　……
　n 年目の初めの P 円は　$P(1+r)$ 円　となる。
したがって，求める元利合計 S_n 円は

$$S_n=P(1+r)^n+P(1+r)^{n-1}+\cdots\cdots+P(1+r)$$
$$=\frac{P(1+r)\{(1+r)^n-1\}}{(1+r)-1}$$
$$=\boldsymbol{\frac{P(1+r)\{(1+r)^n-1\}}{r}}$$

◀ 右端を初項と考えると，S_n は初項 $P(1+r)$，公比 $1+r$，項数 n の等比数列の和である。

練習 11 (1) 年利率5%，1年ごとの複利で，毎年度初めに20万円ずつ積み立てると，7年度末には元利合計はいくらになるか。$(1.05)^7=1.4071$ とする。〔類 立教大〕
(2) 今年の初めに年利率4%の自動車ローンを100万円借りた。年末に一定額を返済し，15年で全額返済しようとする場合，毎年返済する金額を求めよ。ただし，1年ごとの複利法で計算し，$1.04^{15}=1.80$ とする。〔類 東京農大〕

例題 12 等比数列と対数 ★★★☆☆

初項が 3，公比が 2 の等比数列を $\{a_n\}$ とする。ただし，$\log_{10}2=0.3010$，$\log_{10}3=0.4771$ とする。

(1) $10^3<a_n<10^5$ を満たす n の値の範囲を求めよ。

(2) 初項から第 n 項までの和が 30000 を超える最小の n の値を求めよ。

◀例題7

指針 等比数列において，項の値が飛躍的に大きくなったり，小さくなったりして処理に困るときは，**対数**（数学Ⅱ）を用いて項や和を考察するとよい。

(1) $10^3<a_n<10^5$ の各辺の **常用対数**（底が 10 の対数）をとる。

(2) （初項から第 n 項までの和）>30000 として **常用対数** を利用する。

解答 (1) $10^3<a_n<10^5$ から　$10^3<3\cdot2^{n-1}<10^5$

各辺の常用対数をとると

$$\log_{10}10^3<\log_{10}3\cdot2^{n-1}<\log_{10}10^5$$

よって　$3<\log_{10}3+(n-1)\log_{10}2<5$

ゆえに　$1+\dfrac{3-\log_{10}3}{\log_{10}2}<n<1+\dfrac{5-\log_{10}3}{\log_{10}2}$

よって　$1+\dfrac{3-0.4771}{0.3010}<n<1+\dfrac{5-0.4771}{0.3010}$

すなわち　$9.38\cdots\cdots<n<16.02\cdots\cdots$

n は自然数であるから　$\boldsymbol{10\leqq n\leqq 16}$

◀ 数列 $\{a_n\}$ の一般項は $a_n=3\cdot2^{n-1}$

◀ $\log_{10}10^3=3\log_{10}10=3$，$\log_{10}3\cdot2^{n-1}=\log_{10}3+\log_{10}2^{n-1}=\log_{10}3+(n-1)\log_{10}2$，$\log_{10}10^5=5\log_{10}10=5$

(2) 初項から第 n 項までの和は　$\dfrac{3(2^n-1)}{2-1}=3(2^n-1)$

$3(2^n-1)>30000$ とすると　$2^n-1>10^4$　…… ①

ここで，$2^n>10^4$ について両辺の常用対数をとると

$$n\log_{10}2>4$$

よって　$n>\dfrac{4}{\log_{10}2}=\dfrac{4}{0.3010}=13.2\cdots\cdots$

ゆえに，$n\geqq14$ のとき $2^n>10^4$ が成り立ち

$$2^{14}-1=(2^7+1)(2^7-1)=129\cdot127=16383>10^4$$

$$2^{13}-1=\frac{1}{2}(2^{14}-1)-\frac{1}{2}=\frac{16383-1}{2}=8191<10^4$$

2^n-1 は単調に増加する(*) から，① を満たす最小の n の値は　$\boldsymbol{n=14}$

◀ $S_n=\dfrac{a(r^n-1)}{r-1}$

◀ $10000=10^4$

◀ $\log_{10}2>0$

◀ この結果を利用する。

◀ $a^2-b^2=(a+b)(a-b)$

(*) $f(n)$ が「単調に増加する」とは，n の値が大きくなると $f(n)$ の値も大きくなるということ。

練習 12 初項が 2，公比が 4 の等比数列を $\{a_n\}$ とする。ただし，$\log_{10}2=0.3010$，$\log_{10}3=0.4771$ とする。次のものを求めよ。

(1) 和 $\log_2a_1+\log_2a_2+\cdots\cdots+\log_2a_n$

(2) a_n が 10000 を超える最小の n の値

(3) 初項から第 n 項までの和が 100000 を超える最小の n の値

➡ p. 424 演習 5

3 | 和の記号 Σ

《 基本事項 》

1 累乗の和

自然数，平方数，立方数の数列の和は，次のようになる。

① $1+2+3+\cdots\cdots+n=\dfrac{1}{2}n(n+1)$

② $1^2+2^2+3^2+\cdots\cdots+n^2=\dfrac{1}{6}n(n+1)(2n+1)$

③ $1^3+2^3+3^3+\cdots\cdots+n^3=\left\{\dfrac{1}{2}n(n+1)\right\}^2$

証明 ① 初項 1，末項 n，項数 n の等差数列の和として求められる。

② 恒等式 $(k+1)^3-k^3=3k^2+3k+1$ において，

$k=1,\ 2,\ 3,\ \cdots\cdots,\ n$ として辺々を加えると，

右の計算のようになる。したがって

$$\begin{aligned}
&3(1^2+2^2+3^2+\cdots\cdots+n^2)\\
&=(n+1)^3-1-3\cdot\frac{1}{2}n(n+1)-n\\
&=(n+1)^3-\frac{3}{2}n(n+1)-(n+1)\\
&=\frac{1}{2}(n+1)\{2(n+1)^2-3n-2\}\\
&=\frac{1}{2}(n+1)(2n^2+n)\\
&=\frac{1}{2}n(n+1)(2n+1)
\end{aligned}$$

から。

項別に加える

$$\begin{array}{rl}
2^3-1^3= & 3\cdot1^2\quad+3\cdot1\quad+1\\
3^3-2^3= & 3\cdot2^2\quad+3\cdot2\quad+1\\
4^3-3^3= & 3\cdot3^2\quad+3\cdot3\quad+1\\
\cdots\cdots & \cdots\cdots\\
+)\ (n+1)^3-n^3= & 3\cdot n^2\quad+3\cdot n\quad+1\\
\hline
(n+1)^3-1^3 & \\
=3(1^2+2^2+3^2+\cdots\cdots+n^2) & \\
+3(1+2+3+\cdots\cdots+n)+1\times n &
\end{array}$$

この和は ① で求めた。

③ 恒等式 $(k+1)^4-k^4=4k^3+6k^2+4k+1$ において，$k=1,\ 2,\ 3,\ \cdots\cdots,\ n$ として辺々を加えると

◀ $(k+1)^4=k^4+4k^3+6k^2+4k+1$ [パスカルの三角形（数学Ⅱ，$p.18$）参照。]

$$\begin{aligned}
(n+1)^4-1^4=&4(1^3+2^3+3^3+\cdots\cdots+n^3)+6(1^2+2^2+3^2+\cdots\cdots+n^2)\\
&+4(1+2+3+\cdots\cdots+n)+1\times n
\end{aligned}$$

よって $4(1^3+2^3+3^3+\cdots\cdots+n^3)$

$$\begin{aligned}
&=(n+1)^4-1-6\cdot\frac{1}{6}n(n+1)(2n+1)-4\cdot\frac{1}{2}n(n+1)-n\\
&=(n+1)^4-n(n+1)(2n+1)-2n(n+1)-(n+1)\\
&=(n+1)\{(n+1)^3-n(2n+1)-2n-1\}\\
&=(n+1)(n^3+n^2)\\
&=\{n(n+1)\}^2
\end{aligned}$$

から。

◀ $n+1$ でくくる。

参考 同様の計算で，自然数の 4 乗の和，5 乗の和，…… を計算することができる（$p.368$ の **研究** 参照）。

2 和の記号Σとその性質

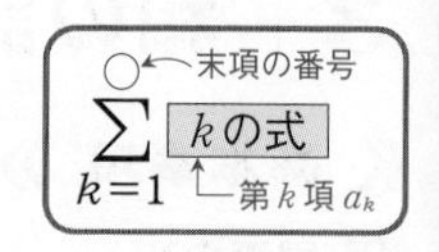

数列 $\{a_n\}$ の和 $a_1+a_2+\cdots\cdots+a_n$ を $\sum\limits_{k=1}^{n} a_k$ と表す。Σは，英語の S（和 Sum の頭文字）に相当するギリシャ文字で，シグマと読む。表現を変えると，$\sum\limits_{k=1}^{n} a_k$ は **a_k の k に 1，2，……，n を代入したものの和** ということである。

（なお，$\sum\limits_{k=●}^{▲} a_k$ は，数列 $\{a_n\}$ の第●項から第▲項までの和である。）

また，$\sum\limits_{k=1}^{n} a_k$ を $\sum\limits_{r=1}^{n} a_r$ と書いても同じである。すなわち，$\sum\limits_{□=1}^{n} a_{□}$ の□は同じ文字であれば何でもよい。　◀「何でもよい」とあるが，a，n は紛れるから，避ける。

3 数列の和の公式

既に学んだ数列の和の公式は，Σを用いると，次のように表される。

$$\sum_{k=1}^{n} c=nc \quad (c\text{ は定数}) \qquad \text{特に} \quad \sum_{k=1}^{n} 1=n$$

◀ $\sum\limits_{k=1}^{n} 1$ の 1 を省略してはダメ。

$$\sum_{k=1}^{n} k=\frac{1}{2}n(n+1) \qquad \sum_{k=1}^{n} k^2=\frac{1}{6}n(n+1)(2n+1)$$

$$\sum_{k=1}^{n} k^3=\left\{\frac{1}{2}n(n+1)\right\}^2 \qquad \sum_{k=1}^{n} r^{k-1}=\frac{1-r^n}{1-r} \quad (r\neq 1)$$

補足　$\sum\limits_{k=1}^{n} r^{k-1}$ は，初項 1 $(=r^0)$，公比 r，項数 n の等比数列の和を表している。

4 Σの性質

① $\sum\limits_{k=1}^{n}(a_k+b_k)=\sum\limits_{k=1}^{n} a_k+\sum\limits_{k=1}^{n} b_k$

② $\sum\limits_{k=1}^{n} pa_k=p\sum\limits_{k=1}^{n} a_k$　　p は k に無関係な定数

① は $(a_1+b_1)+(a_2+b_2)+\cdots\cdots+(a_n+b_n)=(a_1+a_2+\cdots\cdots+a_n)+(b_1+b_2+\cdots\cdots+b_n)$
② は $pa_1+pa_2+\cdots\cdots+pa_n=p(a_1+a_2+\cdots\cdots+a_n)$ のことで，簡単に証明できる。

✓ CHECK 問題

2 次の (1)，(2) の和を Σ を用いないで表せ。更に，(3)，(4) の和を Σ を用いて表せ。

(1) $\sum\limits_{k=1}^{6} \dfrac{1}{3^{k-1}}$　(2) $\sum\limits_{l=6}^{12} (l^2+1)$　(3) $3\cdot5+5\cdot7+7\cdot9+\cdots\cdots$（第 n 項までの和）

(4) $1-3+3^2-3^3+\cdots\cdots+3^{10}-3^{11}$　→ 2

3 次の和を求めよ。

(1) $\sum\limits_{k=1}^{20} k$　(2) $\sum\limits_{i=1}^{12} i^2$　(3) $\sum\limits_{k=1}^{6} 3^{k-1}$　→ 3

例 7 | Σ(多項式)の計算 ★★☆☆☆

次の和を求めよ。

(1) $\sum_{k=1}^{n}(6k^2-1)$　(2) $\sum_{k=1}^{n}(k-1)(k^2+k+4)$　(3) $\sum_{i=11}^{20}(2i+3)$　(4) $\sum_{k=1}^{n}\left(\sum_{l=1}^{k}2l\right)$

指針 Σの性質を利用して，$a\sum_{k=1}^{n}k^3+b\sum_{k=1}^{n}k^2+c\sum_{k=1}^{n}k+d\sum_{k=1}^{n}1$ の形に変形する。

そして，$\sum_{k=1}^{n}\boldsymbol{k^3}$，$\sum_{k=1}^{n}\boldsymbol{k^2}$，$\sum_{k=1}^{n}\boldsymbol{k}$，$\sum_{k=1}^{n}1$ **の公式** を適用。

$$\sum_{k=1}^{n}k=\frac{1}{2}n(n+1)\qquad \sum_{k=1}^{n}k^2=\frac{1}{6}n(n+1)(2n+1)\qquad \sum_{k=1}^{n}k^3=\left\{\frac{1}{2}n(n+1)\right\}^2$$

+1　　n と $n+1$ の和　　$\sum_{k=1}^{n}k$ の2乗

（Σk，Σk^2，Σk^3 の公式は暗記しておく。）

(2) まず，$(k-1)(k^2+k+4)$ を展開する。

(3) Σの公式を使うときには，$i=1$ からにした方が間違いにくい。

⟶ $\sum_{i=11}^{20}(2i+3)=\sum_{i=1}^{20}(2i+3)-\sum_{i=1}^{10}(2i+3)$ として求めるとよい。

別解　$i=k+10$ とおくと，$k=i-10$ であるから　$\sum_{i=11}^{20}(2i+3)=\sum_{k=1}^{10}\{2(k+10)+3\}$

(4) (　) 内の $\sum_{l=1}^{k}2l$ を先に計算する（k の式にする）。

注意 Σの計算結果は因数分解しておくことが多い。

例 8 | 一般項を求めて和の公式利用 ★★☆☆☆

次の数列の初項から第 n 項までの和 S_n を求めよ。

(1) $2\cdot5,\ 3\cdot7,\ 4\cdot9,\ 5\cdot11,\ \cdots\cdots$　　(2) $1,\ 1+2,\ 1+2+2^2,\ \cdots\cdots$

指針 一般項（第 k 項）を k の式で表し，Σの性質と，既知の数列の和の公式を用いて計算する。ここで，一般項を第 n 項としないで **第 k 項** としたのは，文字 n は項数を表しているからである。

(1) 第 k 項を調べる際は，・の左側の数列，・の右側の数列で分けて考える。

(2) 第 k 項は，等比数列の和の形 ⟶ 和の公式（$p.$ 357 参照）を利用して第 k 項を求める。

注意 例えば，(1)では $a_1=10$，$a_2=21$，$a_3=36$ であるから，$S_1=10$，$S_2=31$，$S_3=67$ でなければならない。そこで，(1)の結果の式（＊）に $n=1,\ 2,\ 3$ を代入すると，確かに成り立っていることが確認できる。このように，和を求めたら，$\boldsymbol{n=1,\ 2,\ 3}$ **を代入して検算** するように心掛けるとよい。

CHART》数列の和の計算

まず，一般項　第 k 項を k の式で表す

$\sum_{k=1}^{n} k^{\bullet}$ の公式とその背景

$\sum_{k=1}^{n} k$, $\sum_{k=1}^{n} k^2$, $\sum_{k=1}^{n} k^3$ の公式をこれまで扱ってきたが, $\sum_{k=1}^{n} k^4$, $\sum_{k=1}^{n} k^5$ は次のような n の式で表される。

$$\sum_{k=1}^{n} k^4=\frac{1}{30}n(n+1)(2n+1)(3n^2+3n-1) \quad \cdots\cdots ①$$

$$\sum_{k=1}^{n} k^5=\frac{1}{12}n^2(n+1)^2(2n^2+2n-1) \quad \cdots\cdots ②$$

①, ② の公式は, $p.365$ において $\sum_{k=1}^{n} k^3$ を導くのに, 恒等式
$(k+1)^4-k^4=4k^3+6k^2+4k+1$ …… Ⓐ を利用したのと同じ要領で導かれる。
すなわち, ① は恒等式 $(k+1)^5-k^5=5k^4+10k^3+10k^2+5k+1$ …… Ⓑ
② は恒等式 $(k+1)^6-k^6=6k^5+15k^4+20k^3+15k^2+6k+1$ …… Ⓒ
において, それぞれ $k=1, 2, \cdots\cdots, n$ とおいたものを辺々加えることで導くことができる。① や ② の公式を導くことはよい計算練習となるので, 挑戦してみてほしい。

補足 $(k+1)^4$, $(k+1)^5$, $(k+1)^6$ の展開は, 二項定理
$(k+1)^n={}_nC_0k^n+{}_nC_1k^{n-1}+{}_nC_2k^{n-2}+\cdots\cdots+{}_nC_{n-1}k+{}_nC_n$ を利用するとよい。

このように, 恒等式を利用することによって $\sum k^{\bullet}$ の公式が導かれたわけであるが, Ⓐ~Ⓒ のような恒等式がどうして出てくるのか, ということが疑問に感じられるかもしれない。この考え方の背景として, 次の 2 つのことがあげられる。

- 数列 $\{a_n\}$ の第 k 項 a_k が $\boldsymbol{a_k=f(k+1)-f(k)}$ **[差の形]** に表されるとき
  $\displaystyle\sum_{k=1}^{n} \boldsymbol{a_k=f(n+1)-f(1)}$ …… (*) となる。 ◀ 階差数列の考え。
  $=\{f(2)-f(1)\}+\{f(3)-f(2)\}+\cdots\cdots+\{f(n+1)-f(n)\}$
- $f(k)$ が m 次式 $(m\geqq1)$ のときは, $f(k+1)-f(k)$ は $(m-1)$ 次式となる。

例えば, 3 乗の和 $\sum_{k=1}^{n} k^3$ を求める方法については, 4 次式の最も簡単な形 $f(k)=k^4$ として等式 (*) を利用すると, $a_k=f(k+1)-f(k)$ は 3 次式となるため, (*) の左辺 $\sum_{k=1}^{n} a_k$ は $\sum_{k=1}^{n} a_k=p\sum_{k=1}^{n} k^3+q\sum_{k=1}^{n} k^2+r\sum_{k=1}^{n} k+s\sum_{k=1}^{n} 1$ の形になる。

ここで, $\sum_{k=1}^{n} k^2$, $\sum_{k=1}^{n} k$, $\sum_{k=1}^{n} 1$ は先に n の式で表している。一方, (*) の右辺
$f(n+1)-f(1)=(n+1)^4-1^4$ も n の式で表すことができるから, 等式 (*) は $\sum_{k=1}^{n} k^3$ についての方程式とみなすことができる。このような考え方 (発想) が恒等式の選定の背景にある。

例題 13 第k項にnを含む数列の和 ★★★☆☆

次の数列の和を求めよ。

$1\cdot n,\ 2\cdot(n-1),\ 3\cdot(n-2),\ \cdots\cdots,\ (n-1)\cdot 2,\ n\cdot 1$ 〔類 浜松大〕

◀例8

指針 方針は例8と同様，**第k項a_kをkの式で表し，$\sum a_k$を計算**である。
しかし，第n項が$n\cdot 1$であるからといって，第k項を**$k\cdot 1$としてはいけない。**
各項の・の左側の数，右側の数をそれぞれ取り出した数列を考えると

・の左側の数列 $1,\ 2,\ 3,\ \cdots\cdots,\ n-1,\ n$ ⟶ 第k項は k

・の右側の数列 $n,\ n-1,\ n-2,\ \cdots\cdots,\ 2,\ 1$

⟶ 初項n，公差-1の等差数列で，第k項は $n+(k-1)\cdot(-1)=n-k+1$

よって，この数列の第k項a_kは $a_k=k(n-k+1)$ ◀ nとkの式

また，数列の各項を，1がn個，2が$(n-1)$個，……，$(n-1)$が2個，nが1個と考えた，別解のような解答も考えられる。

解答 この数列の第k項は

$$k\{n+(k-1)\cdot(-1)\}=-k^2+(n+1)k$$

したがって，求める和をSとすると

$$S=\sum_{k=1}^{n}\{-k^2+(n+1)k\}=-\sum_{k=1}^{n}k^2+(n+1)\sum_{k=1}^{n}k$$

◀ **$n+1$はkに無関係 ⟶ 定数とみて，Σの前に出す**

$$=-\frac{1}{6}n(n+1)(2n+1)+(n+1)\cdot\frac{1}{2}n(n+1)$$

$$=\frac{1}{6}n(n+1)\{-(2n+1)+3(n+1)\}$$

◀ $\frac{1}{6}n(n+1)$でくくる。

$$=\boldsymbol{\frac{1}{6}n(n+1)(n+2)}$$

別解 求める和をSとすると

$$S=1+(1+2)+(1+2+3)+\cdots\cdots+(1+2+\cdots\cdots+n)\ \cdots(*)$$

$$=\sum_{k=1}^{n}(1+2+\cdots\cdots+k)=\frac{1}{2}\sum_{k=1}^{n}k(k+1)$$

$$=\frac{1}{2}\sum_{k=1}^{n}(k^2+k)=\frac{1}{2}\left(\sum_{k=1}^{n}k^2+\sum_{k=1}^{n}k\right)$$

$$=\frac{1}{2}\left\{\frac{1}{6}n(n+1)(2n+1)+\frac{1}{2}n(n+1)\right\}$$

$$=\frac{1}{2}\cdot\frac{1}{6}n(n+1)\{(2n+1)+3\}=\boldsymbol{\frac{1}{6}n(n+1)(n+2)}$$

◀ n個
$1+1+1+\cdots\cdots+1+1$
$2+2+\cdots\cdots+2+2$
$3+\cdots\cdots+3+3$
……
$(n-1)+(n-1)$
$+)\qquad n$
____は，これを縦の列ごとに加えたもの。

検討 $(*)$の和は$\displaystyle\sum_{k=1}^{n}\left(\sum_{l=1}^{k}l\right)$と表すこともできる。これは，例7(4)と同様の式である。

練習 13 次の数列の和を求めよ。

(1) $(n+1)^2,\ (n+2)^2,\ (n+3)^2,\ \cdots\cdots,\ (n+n)^2$ 〔神奈川大〕

(2) $1^2\cdot n,\ 2^2(n-1),\ 3^2(n-2),\ \cdots\cdots,\ (n-1)^2\cdot 2,\ n^2\cdot 1$

4 階差数列

《 基本事項 》

1 階差数列

数列 $\{a_n\}$ の隣り合う 2 つの項の差 $\boldsymbol{b_n=a_{n+1}-a_n}$ $(n=1,\ 2,\ 3,\ \cdots\cdots)$ によって作られた数列 $\{b_n\}$ を，$\{a_n\}$ の **階差数列**，または **第 1 階差数列** という。
また，$\{b_n\}$ の階差数列 $\{c_n\}$ を $\{a_n\}$ の **第 2 階差数列** という。

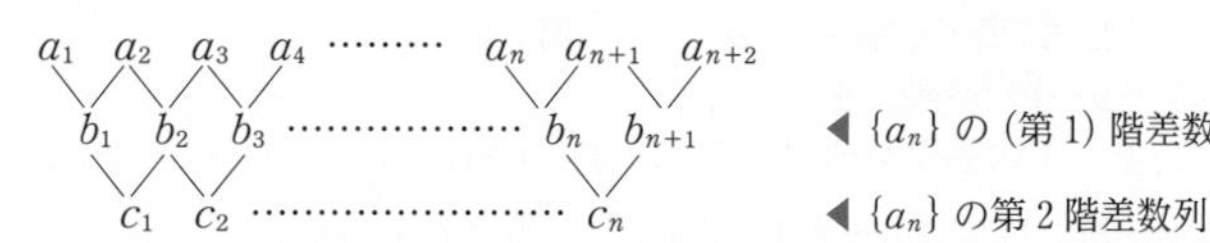

◀ $\{a_n\}$ の (第 1) 階差数列

◀ $\{a_n\}$ の第 2 階差数列

階差数列 $\{b_n\}$ と初項 a_1 が与えられると，もとの数列 $\{a_n\}$ の第 n 項 a_n は，右のようにして求められる。

$$\begin{aligned} a_2 - a_1 &= b_1 \\ a_3 - a_2 &= b_2 \\ &\vdots \\ a_{n-1} - a_{n-2} &= b_{n-2} \\ +)\ a_n - a_{n-1} &= b_{n-1} \\ \hline a_n - a_1 &= \sum_{k=1}^{n-1} b_k \end{aligned}$$

$$n \geqq 2 \text{ のとき} \quad \boldsymbol{a_n=a_1+\sum_{k=1}^{n-1} b_k} \quad \cdots\cdots (*)$$

2 和 S_n の与えられた数列

数列 $\{a_n\}$ の初項から第 n 項までの和を S_n とすると

$$\boldsymbol{a_1=S_1} \qquad n \geqq 2 \text{ のとき} \quad \boldsymbol{a_n=S_n-S_{n-1}} \quad \cdots\cdots (*)$$

証明　$S_1=a_1$ は明らかに成り立つ。
$n \geqq 2$ のとき

$$\begin{aligned} S_n &= a_1+a_2+\cdots\cdots+a_{n-1}+a_n \\ -)\ S_{n-1} &= a_1+a_2+\cdots\cdots+a_{n-1} \\ \hline S_n-S_{n-1} &= a_n \end{aligned}$$

したがって　$a_n=S_n-S_{n-1}$

例 9 | 階差数列 (第 1 階差)　★★☆☆☆

次の数列 $\{a_n\}$ の一般項を求めよ。

$$6,\ 15,\ 28,\ 45,\ 66,\ \cdots\cdots$$

指針 数列を作る規則が簡単にわからないときは，階差数列を利用するとよい。
数列 $\{a_n\}$ の **階差数列** を $\{b_n\}$ とすると　$\boldsymbol{b_n=a_{n+1}-a_n}$　(定義)

$\{a_n\}$: a_1 a_2 a_3 a_4 …… a_{n-1} a_n ……
$\{b_n\}$: b_1 b_2 b_3 …………… b_{n-1} ……

$$n \geqq 2 \text{ のとき} \quad \boldsymbol{a_n=a_1+\sum_{k=1}^{n-1} b_k}$$

注意　基本事項 **1** や **2** の公式 (＊) は $n \geqq 2$ のときに成り立つものであるから，$n \geqq 2$ のときについて一般項を求めた後は，それが $n=1$ のときも成り立つかどうかを確認する必要がある。

例題 14 階差数列（第2階差） ★★★☆☆

次の数列の一般項を求めよ。 〔岩手大〕

6, 24, 60, 120, 210, 336, 504, ……

◀例9

指針 与えられた数列 $\{a_n\}$ の階差数列 $\{b_n\}$ を作っても，規則性がつかめないときは $\{b_n\}$ の階差数列（$\{a_n\}$ の **第2階差数列**）$\{c_n\}$ を調べてみる。一般項 c_n がわかれば，$c_n \longrightarrow b_n \longrightarrow a_n$ の順に一般項 a_n を求めることができる。このとき，数列 $\{b_n\}$ を $\{a_n\}$ の **第1階差数列** という。

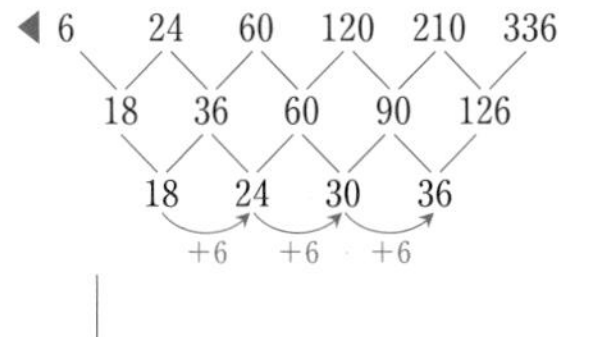

解答 与えられた数列を $\{a_n\}$，その階差数列を $\{b_n\}$ とする。
また，数列 $\{b_n\}$ の階差数列を $\{c_n\}$ とすると

$\{a_n\}$：6, 24, 60, 120, 210, 336, 504, ……
$\{b_n\}$：18, 36, 60, 90, 126, 168, ……
$\{c_n\}$：18, 24, 30, 36, 42, ……

◀ 6 24 60 120 210 336 / 18 36 60 90 126 / 18 24 30 36 / +6 +6 +6

数列 $\{c_n\}$ は，初項18，公差6の等差数列であるから

$$c_n=18+(n-1)\cdot 6=6n+12$$

$n \geqq 2$ のとき

$$b_n=b_1+\sum_{k=1}^{n-1} c_k=18+\sum_{k=1}^{n-1}(6k+12)$$

$$=18+6\cdot\frac{1}{2}(n-1)n+12(n-1)=3n^2+9n+6$$

◀ $\displaystyle\sum_{k=1}^{n-1} k=\frac{1}{2}(n-1)n$, $\displaystyle 12\sum_{k=1}^{n-1} 1=12(n-1)$

初項は $b_1=18$ であるから，この式は $n=1$ のときも成り立つ。ゆえに　$b_n=3n^2+9n+6$　$(n \geqq 1)$

◀ 初項は特別扱い

よって，$n \geqq 2$ のとき

$$a_n=a_1+\sum_{k=1}^{n-1} b_k=6+\sum_{k=1}^{n-1}(3k^2+9k+6)$$

$$=6+3\cdot\frac{1}{6}(n-1)n(2n-1)+9\cdot\frac{1}{2}(n-1)n+6(n-1)$$

$$=\frac{n}{2}\cdot 2(n^2+3n+2)=n(n+1)(n+2)$$

◀ $\displaystyle\sum_{k=1}^{n-1} k^2=\frac{1}{6}(n-1)\{(n-1)+1\}\times\{2(n-1)+1\}=\frac{1}{6}(n-1)n(2n-1)$

初項は $a_1=6$ であるから，この式は $n=1$ のときも成り立つ。ゆえに　$a_n=\boldsymbol{n(n+1)(n+2)}$

◀ 初項は特別扱い

検討 $b_n=b_1+\sum_{k=1}^{n-1} c_k$ において，$n=1$ とすると，$\sum_{k=1}^{n-1} c_k$ が $\sum_{k=1}^{0} c_k$ となって意味をなさない。よって，この式は $n \geqq 2$ のときに限り成り立つ。そのため，解答では $n=1$ のときに成り立つかどうかを確認している。ただし，解答の $\sum_{k=1}^{n-1} c_k$, $\sum_{k=1}^{n-1} b_k$ にでてくる和は，$\sum_{k=1}^{n-1} k$, $\sum_{k=1}^{n-1} 1$, $\sum_{k=1}^{n-1} k^2$ の形であるから，すべて因数 $n-1$ を含み，$n=1$ のとき0になる式が出てくるので，b_n, a_n は $n=1$ の場合にも適する。

練習 14 次の数列の一般項を求めよ。

2, 10, 38, 80, 130, 182, 230, …… 〔類 立命館大〕

例題 15 数列の和と一般項，部分数列

★★☆☆☆

初項から第 n 項までの和 S_n が $S_n=2n^2-n$ となる数列 $\{a_n\}$ について
(1) 一般項 a_n を求めよ。　(2) 和 $a_1+a_3+a_5+\cdots\cdots+a_{2n-1}$ を求めよ。

指針 (1) $S_n=a_1+a_2+\cdots\cdots+a_{n-1}+a_n=S_{n-1}+a_n$
したがって　$n\geqq 2$ のとき　$a_n=S_n-S_{n-1}$　また　$a_1=S_1$

(2) 数列の和 ⟶ **CHART》 まず，一般項　第 k 項を k の式で表す**

各項の添え字は 1，3，5，……，$2n-1$ のように，奇数の列になっているから，a_n に $n=2k-1$ を代入して第 k 項の式を求める。
なお，数列 a_1，a_3，a_5，……，a_{2n-1} のように，数列 $\{a_n\}$ からいくつかの項を取り除いてできる数列を，$\{a_n\}$ の **部分数列** という。

解答 (1) $n\geqq 2$ のとき

$$a_n=S_n-S_{n-1}=(2n^2-n)-\{2(n-1)^2-(n-1)\}$$
$$=4n-3 \quad \cdots\cdots ①$$

◀ $S_{●}=2●^2-●$ とみて $S_{n-1}=2(n-1)^2-(n-1)$

また　$a_1=S_1=2\cdot1^2-1=1$

◀ 初項は特別扱い

ここで，① において $n=1$ とすると　$a_1=4\cdot1-3=1$
よって，$n=1$ のときも ① は成り立つ。
したがって　$\boldsymbol{a_n=4n-3}$

◀ a_n は $n\geqq 1$ で 1 つの式に表される。

(2) (1) から　$a_{2k-1}=4(2k-1)-3=8k-7$

◀ a_{2k-1} は $a_n=4n-3$ において n に $2k-1$ を代入すると得られる。

よって　$a_1+a_3+a_5+\cdots\cdots+a_{2n-1}$

$$=\sum_{k=1}^{n}a_{2k-1}=\sum_{k=1}^{n}(8k-7)=8\cdot\frac{1}{2}n(n+1)-7n$$
$$=n\{4(n+1)-7\}=\boldsymbol{n(4n-3)}$$

◀ Σk，$\Sigma 1$ の公式を利用。

別解 (2) $b_n=a_{2n-1}$ とすると　$b_n=8n-7=1+(n-1)\cdot8$

◀ $b_n=4(2n-1)-3$

数列 $\{b_n\}$ は初項 1，公差 8 の等差数列であるから，求める和は　$\dfrac{1}{2}n\{1+(8n-7)\}=\boldsymbol{n(4n-3)}$

◀ 末項 $8n-7$，項数 n

$a_n=S_n-S_{n-1}$ で $n=1$ とすると，$a_1=S_1-S_0$ となる。つまり，$S_0=0$ となるような式，すなわち，**S_n が n の多項式で，その定数項が 0** の場合であれば，$a_n=S_n-S_{n-1}$ $(n\geqq 2)$ から得られた a_n に $n=1$ を代入しても成り立つ。ただし，もし，$S_n=2n^2-n+1$ のように，定数項が 0 でない場合，$a_n=S_n-S_{n-1}=4n-3$ $(n\geqq 2)$ …… ①　となり，① で $n=1$ とした値と $a_1=S_1=2$ が一致しない。このようなとき，最後の答えは
「**$n\geqq 2$ のとき $a_n=4n-3$，$a_1=2$**」と書く。

CHART》 和 S_n と一般項 a_n

$a_n=S_n-S_{n-1}$　$n\geqq 2$ を忘れるな　　$a_1=S_1$　初項は特別扱い

練習 15 (1) 数列 $\{a_n\}$ の初項から第 n 項までの和 S_n が　(ア) $S_n=4^n-1$
(イ) $S_n=3n^2+4n+2$　で表されるとき，一般項 a_n をそれぞれ求めよ。
(2) (1) の (イ) の数列 $\{a_n\}$ について，和 $a_1{}^2+a_3{}^2+a_5{}^2+\cdots\cdots+a_{2n-1}{}^2$ を求めよ。

5 いろいろな数列の和

例題 16 分数の数列の和（部分分数分解） ★★★☆☆

次の数列の和を求めよ。

$$\frac{1}{1\cdot5},\ \frac{1}{5\cdot9},\ \frac{1}{9\cdot13},\ \cdots\cdots,\ \frac{1}{(4n-3)(4n+1)}$$

◀数学Ⅱ例6

指針 第 k 項を k の式で表し $\sum_{k=1}^{n}$（第 k 項）を計算する，という今までの方針では解決できそうにない。ここでは，各項は分数で，分母は積の形になっていることに注目し，第 k 項を差の形 に表す，すなわち **部分分数に分解する** ことを考える。

$\dfrac{1}{4k-3}-\dfrac{1}{4k+1}$ を計算すると $\quad =\dfrac{4}{(4k-3)(4k+1)}$

よって $\quad \dfrac{1}{(4k-3)(4k+1)}=\dfrac{1}{4}\left(\dfrac{1}{4k-3}-\dfrac{1}{4k+1}\right)$

この式に $k=1,\ 2,\ \cdots\cdots,\ n$ を代入して辺々を加えると，隣り合う項が消える。

CHART》分数の数列の和

部分分数に分解して途中を消す

解答 この数列の第 k 項は

$$\frac{1}{(4k-3)(4k+1)}=\frac{1}{4}\left(\frac{1}{4k-3}-\frac{1}{4k+1}\right)$$

◀ 部分分数に分解する。

求める和を S とすると

$$S=\frac{1}{4}\left\{\left(\frac{1}{1}-\frac{1}{5}\right)+\left(\frac{1}{5}-\frac{1}{9}\right)+\left(\frac{1}{9}-\frac{1}{13}\right)+\cdots\cdots+\left(\frac{1}{4n-3}-\frac{1}{4n+1}\right)\right\}$$

◀ 途中が消えて，最初と最後だけ残る。

$$=\frac{1}{4}\left(1-\frac{1}{4n+1}\right)=\boldsymbol{\frac{n}{4n+1}}$$

◀ $=\dfrac{1}{4}\cdot\dfrac{(4n+1)-1}{4n+1}$

検討 部分分数に分解するのに，$\dfrac{1}{(k+a)(k+b)}=\dfrac{p}{k+a}+\dfrac{q}{k+b}$ とおいて，恒等式の考えにより，$p,\ q$ の値を決める方法を数学Ⅱで学ぶが，次のような考えによる式変形も便利である。覚えておくとよい。

$$\frac{1}{(k+a)(k+b)}=\frac{1}{b-a}\cdot\frac{(k+b)-(k+a)}{(k+a)(k+b)}=\frac{1}{b-a}\left(\frac{1}{k+a}-\frac{1}{k+b}\right)$$

差が $b-a$　　　ここが $b-a$ となる。

練習 16 次の和を求めよ。

(1) $\dfrac{1}{1\cdot3}+\dfrac{1}{3\cdot5}+\dfrac{1}{5\cdot7}+\cdots\cdots+\dfrac{1}{49\cdot51}$　　(2) $\displaystyle\sum_{k=1}^{n}\frac{1}{(3k-1)(3k+2)}$

例題 17 分数の数列の和の応用 ★★★☆☆

次の数列の和 S を求めよ。

(1) $\dfrac{1}{1\cdot2\cdot3},\ \dfrac{1}{2\cdot3\cdot4},\ \dfrac{1}{3\cdot4\cdot5},\ \cdots\cdots,\ \dfrac{1}{n(n+1)(n+2)}$ 〔類 一橋大〕

(2) $\dfrac{1}{1+\sqrt{3}},\ \dfrac{1}{\sqrt{2}+\sqrt{4}},\ \dfrac{1}{\sqrt{3}+\sqrt{5}},\ \cdots\cdots,\ \dfrac{1}{\sqrt{n}+\sqrt{n+2}}$

◀例題 16

指針 (1) 例題 16 と方針は同じ。まず，第 k 項を **部分分数に分解** し，差の形 に変形する。
分母の因数が 3 つのときは，解答のように 2 つずつ組み合わせる。

$$\frac{1}{k(k+1)(k+2)}=\frac{1}{k(k+2)}\cdot\frac{1}{k+1}=\frac{1}{2}\left(\frac{1}{k}-\frac{1}{k+2}\right)\cdot\frac{1}{k+1}$$
$$=\frac{1}{2}\left\{\frac{1}{k(k+1)}-\frac{1}{(k+1)(k+2)}\right\}$$

← $k+2$ と k の差が 2 であるから，$\frac{1}{2}$ が現れる。

(2) 第 k 項の **分母を有理化** すると，差の形 で表される。

解答 (1) 第 k 項は

$$\frac{1}{k(k+1)(k+2)}=\frac{1}{2}\left\{\frac{1}{k(k+1)}-\frac{1}{(k+1)(k+2)}\right\}$$

◀ 部分分数に分解する。

したがって

$$S=\frac{1}{2}\left[\left(\frac{1}{1\cdot2}-\frac{1}{2\cdot3}\right)+\left(\frac{1}{2\cdot3}-\frac{1}{3\cdot4}\right)+\left(\frac{1}{3\cdot4}-\frac{1}{4\cdot5}\right)\right.$$
$$\left.+\cdots\cdots+\left\{\frac{1}{n(n+1)}-\frac{1}{(n+1)(n+2)}\right\}\right]$$
$$=\frac{1}{2}\left\{\frac{1}{1\cdot2}-\frac{1}{(n+1)(n+2)}\right\}$$
$$=\frac{1}{2}\cdot\frac{(n+1)(n+2)-2}{2(n+1)(n+2)}=\boldsymbol{\frac{n(n+3)}{4(n+1)(n+2)}}$$

◀ 途中が消えて，最初と最後だけが残る。

(2) 第 k 項は

$$\frac{1}{\sqrt{k}+\sqrt{k+2}}=\frac{\sqrt{k}-\sqrt{k+2}}{(\sqrt{k}+\sqrt{k+2})(\sqrt{k}-\sqrt{k+2})}$$
$$=\frac{1}{2}(\sqrt{k+2}-\sqrt{k})$$

◀ 分母の有理化。

したがって

$$S=\frac{1}{2}\{(\sqrt{3}-1)+(\sqrt{4}-\sqrt{2})+(\sqrt{5}-\sqrt{3})$$
$$+\cdots\cdots+(\sqrt{n+1}-\sqrt{n-1})+(\sqrt{n+2}-\sqrt{n})\}$$
$$=\boldsymbol{\frac{1}{2}(\sqrt{n+1}+\sqrt{n+2}-1-\sqrt{2})}$$

◀ 途中の $\pm\sqrt{3}$，$\pm\sqrt{4}$，$\pm\sqrt{5}$，…，$\pm\sqrt{n-1}$，$\pm\sqrt{n}$ が消える。

練習 17 次の数列の和 S を求めよ。

(1) $\dfrac{1}{1\cdot3\cdot5},\ \dfrac{1}{3\cdot5\cdot7},\ \dfrac{1}{5\cdot7\cdot9},\ \cdots\cdots,\ \dfrac{1}{(2n-1)(2n+1)(2n+3)}$

(2) $\dfrac{1}{1+\sqrt{3}},\ \dfrac{1}{\sqrt{3}+\sqrt{5}},\ \dfrac{1}{\sqrt{5}+\sqrt{7}},\ \cdots\cdots,\ \dfrac{1}{\sqrt{2n-1}+\sqrt{2n+1}}$

例題 18 (等差)×(等比) 型の数列の和 ★★☆☆☆

次の和を求めよ。ただし，$a \neq \pm 1$ とする。

$$S=1+2a^2+3a^4+\cdots\cdots+na^{2(n-1)}$$

〔東京電機大〕

◀例題7

指針 $a^{\bullet}$ の係数は 1, 2, 3, ……, n で，等差数列の形のため，S は等比数列の和ではない。しかし，等比数列の和 $1+a^2+a^4+\cdots\cdots+a^{2(n-1)}$ に **似た形** である。したがって

CHART》 似た問題　結果を使う　か　方法をまねる

等比数列の和の公式 ($p.357$) を求めるときに用いた **方法をまねて**，$S-a^2S$ を計算する。

CHART》 (等差×等比) の和 S　　$S-rS$ を作れ

解答

$$S=1+2a^2+3a^4+\cdots\cdots+\qquad na^{2(n-1)}$$
$$a^2S=\qquad a^2+2a^4+\cdots\cdots+(n-1)a^{2(n-1)}+na^{2n}$$

◀ a の指数が同じ項を上下にそろえて書くとわかりやすい。

辺々引くと

$$(1-a^2)S=\underline{1+a^2+a^4+\cdots\cdots+a^{2(n-1)}}-na^{2n}$$

◀ 項別に引く。

$a \neq \pm 1$ より $a^2 \neq 1$ であるから

◀ (公比)$\neq 1$ を確認。

$$1+a^2+a^4+\cdots\cdots+a^{2(n-1)}=\frac{1-(a^2)^n}{1-a^2}$$

◀ 〰〰 は初項 1，公比 a^2，項数 n の等比数列の和。

したがって

$$(1-a^2)S=\frac{1-a^{2n}}{1-a^2}-na^{2n}$$
$$=\frac{1-a^{2n}-na^{2n}(1-a^2)}{1-a^2}$$
$$=\frac{1-(n+1)a^{2n}+na^{2(n+1)}}{1-a^2}$$

両辺を $1-a^2$ $(\neq 0)$ で割って

◀ $a \neq \pm 1$ より，$a^2 \neq 1$ であるから　$1-a^2 \neq 0$

$$\boldsymbol{S=\frac{1-(n+1)a^{2n}+na^{2(n+1)}}{(1-a^2)^2}}$$

検討 **結果を使う** ために，和 S から指針の $1+a^2+a^4+\cdots\cdots+a^{2(n-1)}$ $(=T$ とおく$)$ を取り出すと

$$S=\{1+a^2+a^4+\cdots\cdots+a^{2(n-1)}\}+a^2+2a^4+\cdots\cdots+(n-1)a^{2(n-1)}$$
$$=T+a^2\{1+2a^2+\cdots\cdots+(n-1)a^{2(n-2)}\}$$
$$=T+a^2\{S-na^{2(n-1)}\}$$

よって　　$(1-a^2)S=T-na^{2n}$

T は等比数列の和として求めることができるから，S も計算できる。

練習 18 次の和を求めよ。ただし，$n \geqq 2$ とする。

(1) $1\cdot 2^3+2\cdot 2^4+3\cdot 2^5+\cdots\cdots+n\cdot 2^{n+2}$　　〔類 慶応大〕

(2) $1+3x+5x^2+\cdots\cdots+(2n-1)x^{n-1}$

重要例題 19 異なる 2 項の積の和 ★★★★☆

n が 2 以上の自然数のとき，1，2，3，……，n の中から異なる 2 個の自然数を取り出して作った積すべての和 S を求めよ。〔宮城教育大〕

◀例 8，例題 13

指針 小さな値で **小手調べ** $\begin{cases} n=3 \text{ のとき} & S=1\cdot2+1\cdot3+2\cdot3 \\ n=4 \text{ のとき} & S=1\cdot2+1\cdot3+1\cdot4+2\cdot3+2\cdot4+3\cdot4 \end{cases}$

ここで，$n=3$ の場合，$(a+b+c)^2=a^2+b^2+c^2+2(ab+bc+ca)$ に着目し，a，b，c を 1 以上 3 以下の異なる自然数と考えると，$ab+bc+ca$ は異なる 2 個の自然数の積の和である。同様に，$(a+b+c+d)^2$ の展開式から，異なる 2 個の自然数の積の和 $ab+ac+ad+bc+bd+cd$ が現れる。
一般に，$n\geqq2$ のとき，次の等式が成り立つ。

$$(\boldsymbol{a_1+a_2+a_3+\cdots\cdots+a_n})^2=\boldsymbol{a_1}^2+\boldsymbol{a_2}^2+\boldsymbol{a_3}^2+\cdots\cdots+\boldsymbol{a_n}^2+2(\underbrace{\boldsymbol{a_1a_2+a_1a_3+\cdots\cdots+a_{n-1}a_n}}_{S})$$

これを利用する。

解答 求める和 S について，次の等式が成り立つ。

$$(1+2+3+\cdots\cdots+n)^2=1^2+2^2+3^2+\cdots\cdots+n^2+2S$$

よって

$$\begin{aligned} \boldsymbol{S}&=\frac{1}{2}\{(1+2+3+\cdots\cdots+n)^2-(1^2+2^2+3^2+\cdots\cdots+n^2)\} \\ &=\frac{1}{2}\left[\left\{\frac{1}{2}n(n+1)\right\}^2-\frac{1}{6}n(n+1)(2n+1)\right] \\ &=\frac{1}{24}n(n+1)\{3n(n+1)-2(2n+1)\} \\ &=\boldsymbol{\frac{1}{24}n(n+1)(n-1)(3n+2)} \end{aligned}$$

◀下の **検討** も参照。

◀ $S=\dfrac{1}{2}\left\{\left(\sum_{k=1}^{n}k\right)^2-\sum_{k=1}^{n}k^2\right\}$

◀ { } 内
$=3n^2+3n-4n-2$
$=3n^2-n-2$
$=(n-1)(3n+2)$

検討 $(1+2+3+\cdots\cdots+n)^2$ は右の表の数の和である。
この表から

$$\begin{aligned} &(1+2+3+\cdots\cdots+n)^2 \\ &=\boldsymbol{1^2+2^2+3^2+\cdots\cdots+n^2} \\ &\quad+2\{1\cdot2+1\cdot3+2\cdot3+\cdots\cdots+(n-1)n\} \end{aligned}$$

であることがわかる。また，S は表の赤い部分の和であるから，赤い部分のうち，左から k $(1\leqq k\leqq n-1)$ 番目の列の和は

	1	2	3	…	n
1	$\boldsymbol{1^2}$	$1\cdot2$	$1\cdot3$		$1\cdot n$
2	$2\cdot1$	$\boldsymbol{2^2}$	$2\cdot3$		$2\cdot n$
3	$3\cdot1$	$3\cdot2$	$\boldsymbol{3^2}$		$3\cdot n$
⋮					
n	$n\cdot1$	$n\cdot2$	$n\cdot3$		$\boldsymbol{n^2}$

$$1\cdot(k+1)+2\cdot(k+1)+3\cdot(k+1)+\cdots\cdots+k\cdot(k+1)$$
$$=(k+1)(1+2+3+\cdots\cdots+k)=\frac{1}{2}k(k+1)^2$$

したがって，$S=\sum_{k=1}^{n-1}\frac{1}{2}k(k+1)^2$ として求めることもできる。

練習 19 n が 2 以上の自然数のとき，数列 1，3，5，……，$2n-1$ において，異なる 2 項を取り出して作った積すべての和 S を求めよ。

重要例題 20 S_{2m}, S_{2m-1} に分けて和を求める ★★★★☆

一般項が $a_n=(-1)^{n+1}n^2$ で与えられる数列 $\{a_n\}$ に対して，$S_n=\sum_{k=1}^{n} a_k$ とするとき，S_n を求めよ。

指針 Σ記号を用いないで，和の形に書き表すと　$S_n=1^2-2^2+3^2-4^2+5^2-6^2+\cdots\cdots$

となるが，右辺の奇数番目の項と偶数番目の項の符号が異なるため，和は簡単に求められない。そこで，次のように項を2つずつ区切ってみると

$$S_n=\underbrace{(1^2-2^2)}_{b_1}+\underbrace{(3^2-4^2)}_{b_2}+\underbrace{(5^2-6^2)}_{b_3}+\cdots\cdots$$

数列 $\{b_n\}$ については，$b_k=a_{2k-1}+a_{2k}$ (k は自然数) であるから，m を自然数とすると

[1]　n が偶数，すなわち $n=2m$ のときは $S_{2m}=\sum_{k=1}^{m} b_k=\sum_{k=1}^{m}(a_{2k-1}+a_{2k})$ として求められる。

[2]　n が奇数，すなわち $n=2m-1$ のときは，$\boldsymbol{S_{2m}=S_{2m-1}+a_{2m}}$ より

$S_{2m-1}=S_{2m}-a_{2m}$ であるから，[1] の結果を利用して S_{2m-1} が求められる。

このように，この問題では，**n が偶数の場合と奇数の場合に分けて和を求める** ことがポイントとなる。

解答 以下では，k，m は自然数とする。

$$a_{2k-1}+a_{2k}=(-1)^{2k}(2k-1)^2+(-1)^{2k+1}(2k)^2$$
$$=(2k-1)^2-(2k)^2=1-4k$$

◀ $(-1)^{偶数}=1$，$(-1)^{奇数}=-1$

◀ $=\{(2k-1)+2k\}\times\{(2k-1)-2k\}$

[1]　$n=2m$ のとき

$$S_{2m}=\sum_{k=1}^{m}(a_{2k-1}+a_{2k})=\sum_{k=1}^{m}(1-4k)$$
$$=m-4\cdot\frac{1}{2}m(m+1)=-2m^2-m$$

◀ $S_{2m}=(a_1+a_2)+(a_3+a_4)+\cdots\cdots+(a_{2m-1}+a_{2m})$

$m=\dfrac{n}{2}$ であるから

$$S_n=-2\left(\frac{n}{2}\right)^2-\frac{n}{2}=-\frac{1}{2}n(n+1)$$

◀ $S_{2m}=-2m^2-m$ に $m=\dfrac{n}{2}$ を代入して，n の式に直す。

[2]　$n=2m-1$ のとき

◀ $\boldsymbol{S_{2m}=S_{2m-1}+a_{2m}}$ を利用する。

$a_{2m}=(-1)^{2m+1}(2m)^2=-4m^2$ であるから

$$S_{2m-1}=S_{2m}-a_{2m}=-2m^2-m+4m^2=2m^2-m$$

$m=\dfrac{n+1}{2}$ であるから

◀ $S_{2m-1}=2m^2-m$ を n の式に直す。

$$S_n=2\left(\frac{n+1}{2}\right)^2-\frac{n+1}{2}=\frac{1}{2}(n+1)\{(n+1)-1\}$$
$$=\frac{1}{2}n(n+1)$$

[1]，[2] から　$\boldsymbol{S_n=\dfrac{(-1)^{n+1}}{2}n(n+1)}$　$\cdots\cdots$ (＊)

(＊) [1]，[2] の S_n の式は符号が異なるだけだから，(＊) のようにまとめることができる。

練習 20 一般項が $a_n=(-1)^n n(n+2)$ で与えられる数列 $\{a_n\}$ に対して，初項から第 n 項までの和 S_n を求めよ。

重要例題 21 ガウス記号と数列の和 ★★★★★

実数 x に対し，x を超えない最大の整数を $[x]$ で表す。数列 $\{a_k\}$ を $a_k=2^{[\sqrt{k}]}$ $(k=1,\ 2,\ 3,\ \cdots\cdots)$ で定義する。正の整数 n に対して $b_n=\sum_{k=1}^{n^2} a_k$ を求めよ。

〔一橋大〕 ◀例題 18

指針 $b_n=\sum_{k=1}^{n^2} a_k=a_1+a_2+a_3+\cdots\cdots+a_{n^2-1}+a_{n^2}=2^{[\sqrt{1}]}+2^{[\sqrt{2}]}+2^{[\sqrt{3}]}+\cdots\cdots+2^{[\sqrt{n^2-1}]}+2^{[\sqrt{n^2}]}$

であるが，記号 [ ]（**ガウス記号**）が残ったままでは手がつけられない。そこで，

$$\boldsymbol{n \leqq x < n+1}\quad \textbf{ならば}\quad \boldsymbol{[x]=n}\quad (x\text{ は実数，}n\text{ は整数})$$

に従い，$[\sqrt{k}]=m$ $(m=1,\ 2,\ \cdots\cdots,\ n-1)$ となるような k の範囲で区切って考える。

解答 m は正の整数とすると，$m\leqq\sqrt{k}<m+1$ すなわち

$$m^2\leqq k<(m+1)^2 \text{ ならば } [\sqrt{k}]=m$$

$a_k=2^{[\sqrt{k}]}$ から　$a_{m^2}=a_{m^2+1}=\cdots\cdots=a_{(m+1)^2-1}=2^m$

この個数は　$(m+1)^2-1-m^2+1=2m+1$ (個)

したがって，$n\geqq 2$ のとき

$$b_n=\sum_{k=1}^{n^2} a_k=\sum_{k=1}^{n^2-1} a_k+a_{n^2}$$
$$=\sum_{m=1}^{n-1}(2m+1)\cdot 2^m+2^n$$

ここで，$S_n=\sum_{m=1}^{n-1}(2m+1)\cdot 2^m$ とおくと

$$S_n=3\cdot 2+5\cdot 2^2+\cdots\cdots+(2n-1)\cdot 2^{n-1} \quad \cdots\cdots ①$$
$$2S_n=\quad 3\cdot 2^2+\cdots\cdots+(2n-3)\cdot 2^{n-1}+(2n-1)\cdot 2^n \quad \cdots\cdots ②$$

①−② より

$$-S_n=3\cdot 2+2\cdot 2^2+\cdots\cdots+2\cdot 2^{n-1}-(2n-1)\cdot 2^n$$
$$=6+2\cdot\frac{2^2(2^{n-2}-1)}{2-1}-(2n-1)\cdot 2^n$$
$$=(-2n+3)\cdot 2^n-2$$

ゆえに　$S_n=(2n-3)\cdot 2^n+2$

したがって　$b_n=(2n-3)\cdot 2^n+2+2^n=(n-1)\cdot 2^{n+1}+2$

$b_1=a_1=2$ であるから，これは $n=1$ のときも成り立つ。

よって　$\boldsymbol{b_n=(n-1)\cdot 2^{n+1}+2}$

◀ 第 m 群には，$2m+1$ 個の数が並ぶ（$p.380$ 参照）。

◀ $[\sqrt{k}]=n$ となる k は $k=n^2$ の 1 個のみであるから，別に考える。

◀ （等差×等比）の和 S　$S-rS$ を作れ

◀ $a_1=2^{[\sqrt{1}]}=2$

練習 21 実数 x に対して，x 以下の最大の整数を $[x]$ と表すことにする。いま，数列 $\{a_n\}$ を $a_n=\left[\sqrt{2n}+\frac{1}{2}\right]$ と定義する。このとき，$a_n=10$ となるのは，ア□ $\leqq n\leqq$ イ□ の場合に限られる。また，$\sum_{n=1}^{イ□} a_n=$ ウ□ である。

〔類 慶応大〕

重要例題 22 並べ替えた数列 ★★★★★

数列 x_1, x_2, ……, x_n は n 個の自然数 1, 2, ……, n を並べ替えたものである。

(1) $\sum_{k=1}^{n}(x_k-k)^2+\sum_{k=1}^{n}(x_k-n+k-1)^2$ を n の式で表せ。

(2) $\sum_{k=1}^{n}(x_k-k)^2$ が最大となる x_1, x_2, ……, x_n の並べ方を求めよ。

〔東京理科大，類 一橋大〕 ◀例題13

指針 (1) まず $(x_k-k)^2$, $(x_k-n+k-1)^2$ を展開する。Σ の計算では，**n は k に無関係** である ことに注意する。また，$\sum_{k=1}^{n}x_k=x_1+x_2+\cdots+x_n=1+2+\cdots+n=\sum_{k=1}^{n}k$ などが成り立つ。

(2) (1) の式は，**並べ方に関係なく一定** であることに着目する。

解答 (1) $(x_k-k)^2+(x_k-n+k-1)^2$

$=x_k{}^2-2kx_k+k^2+x_k{}^2-2(n-k+1)x_k+(n-k+1)^2$

$=2x_k{}^2+k^2-2(n+1)x_k+(n-k+1)^2$ …… ①

◀ $(x_k-n+k-1)^2$ は $\{x_k-(n-k+1)\}^2$ とみて計算。

x_1, x_2, ……, x_n は 1, 2, ……, n を並べ替えたものであるから $\sum_{k=1}^{n}x_k{}^2=\sum_{k=1}^{n}k^2$, $\sum_{k=1}^{n}x_k=\sum_{k=1}^{n}k$

また $\sum_{k=1}^{n}(n-k+1)^2=\sum_{k=1}^{n}k^2$

◀ $n-k+1$ で $k=1$, 2, 3, ……, n とすると n, $n-1$, $n-2$, ……, 1

① から $\sum_{k=1}^{n}(x_k-k)^2+\sum_{k=1}^{n}(x_k-n+k-1)^2$

$=2\sum_{k=1}^{n}x_k{}^2+\sum_{k=1}^{n}k^2-2(n+1)\sum_{k=1}^{n}x_k+\sum_{k=1}^{n}(n-k+1)^2$

◀ $(n+1)$ は k に無関係。

$=2\sum_{k=1}^{n}k^2+\sum_{k=1}^{n}k^2-2(n+1)\sum_{k=1}^{n}k+\sum_{k=1}^{n}k^2$

$=4\sum_{k=1}^{n}k^2-2(n+1)\sum_{k=1}^{n}k$

$=4\cdot\frac{1}{6}n(n+1)(2n+1)-2(n+1)\cdot\frac{1}{2}n(n+1)$

◀ $\frac{1}{3}n(n+1)$ でくくる。

$=\boldsymbol{\frac{1}{3}n(n+1)(n-1)}$

(2) (1) の結果から，$\sum_{k=1}^{n}(x_k-k)^2+\sum_{k=1}^{n}(x_k-n+k-1)^2$ は，x_1, x_2, ……, x_n の並べ方によらず一定である。

◀ (1) より，n のみで決まる。

また，$\sum_{k=1}^{n}(x_k-n+k-1)^2\geqq 0$ が成り立つ。

したがって，$\sum_{k=1}^{n}(x_k-k)^2$ は $\sum_{k=1}^{n}(x_k-n+k-1)^2=0$ すなわち $x_k=n-k+1$ ($k=1$, 2, ……, n) のとき最大になる。

よって，求める並べ方は　**n, $n-1$, $n-2$, ……, 1**

練習 22 自然数 1, 2, ……, n をある順に並べ替えたものの 1 つを a_1, a_2, ……, a_n とする。$1\cdot a_1+2a_2+\cdots\cdots+na_n$ を最大にする $\{a_n\}$ はどのような数列か。

例題 23 群数列 (1) …… 基本 ★★★☆☆

正の奇数の数列を，次のように，第 n 群が n 個の数を含むように分ける。

$$1 \mid 3,\ 5 \mid 7,\ 9,\ 11 \mid 13,\ 15,\ 17,\ 19 \mid 21,\ \cdots\cdots$$

(1) 第 n 群の最初の奇数を求めよ。　(2) 第 n 群の総和を求めよ。

(3) 621 は第何群の何番目に並ぶ数か。

指針 ある数列を，一定の規則によって，いくつかの組 (群) に分けたものを **群数列** という。
群数列の問題では，もとの数列や群の分け方の規則，第 n 群の初項と末項，項数や総和 に注目することがポイントになる。

⟶ もとの数列の第 k 項は，$a_k=2k-1$ と表される。また，第 k 群には k 個の奇数が含まれるから，第 n 群の末項までに $1+2+\cdots\cdots+n$ (個) の奇数が並ぶ。

(1) **「第 n 群の 1 番目** の奇数は，もとの数列の何番目か」を考える。

(2) 第 n 群は，(1) で求めた **奇数が初項，公差が 2，項数 n の等差数列** である。

(3) $621=2k-1$ を解くと，621 が **「もとの数列の k 番目にある」** ことがわかる。次に，その k 番目の数は「**第 n 群の何番目か**」ということを，次の不等式により調べる。

第 $(n-1)$ 群の項数 $<k\leqq$ 第 n 群の項数

解答 もとの数列の第 k 項は $2k-1$ と表され，第 1 群の初項から第 n 群の末項までの奇数の個数は

$$1+2+\cdots\cdots+(n-1)+n=\frac{1}{2}n(n+1)$$

◀ 第 k 群には k 個の奇数が含まれる。

(1) $n\geqq2$ のとき，第 n 群の最初の奇数は，

$\left\{\frac{1}{2}(n-1)n+1\right\}$ 番目の奇数であるから

$$2\left\{\frac{1}{2}(n-1)n+1\right\}-1=\boldsymbol{n^2-n+1}$$

これは $n=1$ のときも成り立つ。

◀ 第 $(n-1)$ 群を考えるから，$n\geqq2$ という条件がつく。

◀ $1^2-1+1=1$

(2) (1) より，第 n 群は初項 n^2-n+1，公差 2，項数 n の等差数列をなすから，その総和は

$$\frac{1}{2}n\{2\cdot(n^2-n+1)+(n-1)\cdot2\}=\boldsymbol{n^3}$$

◀ $\frac{1}{2}n\{2a+(n-1)d\}$

(3) $2k-1=621$ とすると　$k=311$

よって，621 はもとの数列の第 311 項である。

621 が第 n 群に含まれるとすると

$$\frac{1}{2}n(n-1)<311\leqq\frac{1}{2}n(n+1)$$

ゆえに　$n(n-1)<622\leqq n(n+1)$

$24\cdot25=600$，$25\cdot26=650$ であるから，この不等式を満たす自然数 n は　$n=25$

第 25 群の最初の奇数は $25^2-25+1=601$ であるから，621 が第 25 群の m 番目にあるとすると

$621=601+2(m-1)$ から　$m=11$

よって，621 は **第 25 群の 11 番目** に並ぶ数である。

別解 621 が第 n 群に含まれるとすると，(1) から
$n^2-n+1\leqq621$
$<(n+1)^2-(n+1)+1$
したがって
$(n-1)n\leqq620<n(n+1)$
同様にして，$n=25$ が得られる。

(注) 練習 23 は，次ページで扱っている。

例題 24 群数列 (2) …… 分数の数列 ★★★☆☆

数列 $\frac{1}{2}$, $\frac{1}{3}$, $\frac{2}{3}$, $\frac{1}{4}$, $\frac{2}{4}$, $\frac{3}{4}$, $\frac{1}{5}$, $\frac{2}{5}$, $\frac{3}{5}$, $\frac{4}{5}$, $\frac{1}{6}$, $\frac{2}{6}$, …… において，初項から第 800 項までの和を求めよ。 〔類 青山学院大〕 ◀例題 23

指針 分母が変わるところで 区切りを入れ，群数列の問題として考える。まず，第 800 項が第何群の何番目の数であるかを調べる。

CHART 》群数列

1 数列の規則性を見つけ，区切りを入れる

2 第 k 群の初項・項数に注目

解答 分母が等しいものを群として，次のように区切って考える。

$$\frac{1}{2} \,\Big|\, \frac{1}{3},\ \frac{2}{3} \,\Big|\, \frac{1}{4},\ \frac{2}{4},\ \frac{3}{4} \,\Big|\, \frac{1}{5},\ \frac{2}{5},\ \frac{3}{5},\ \frac{4}{5} \,\Big|\, \frac{1}{6},\ \frac{2}{6},\ \cdots\cdots$$

◀ 第 k 群は分母が $k+1$ で，k 個の数を含む。

第 1 群から第 n 群までの項数は　$1+2+\cdots\cdots+n=\frac{1}{2}n(n+1)$

第 800 項が第 n 群に属するとすると

$$\frac{1}{2}(n-1)n<800\leqq\frac{1}{2}n(n+1)$$

すなわち　$(n-1)n<1600\leqq n(n+1)$

$39\cdot40=1560$，$40\cdot41=1640$ であるから，この不等式を満たす自然数 n は　$n=40$

よって，第 800 項は第 40 群の $800-780=20$ (番目) の数である。

◀ 第 1 群から第 39 群までの項数は $\frac{1}{2}\cdot39\cdot40=780$

また，第 n 群に属するすべての数の和は

$$\frac{1}{n+1}(1+2+\cdots\cdots+n)=\frac{1}{n+1}\cdot\frac{1}{2}n(n+1)=\frac{n}{2}$$

したがって，初項から第 800 項までの和は

$$\sum_{k=1}^{39}\frac{k}{2}+\frac{1}{41}(1+2+\cdots\cdots+20)$$

$$=\frac{1}{2}\cdot\frac{1}{2}\cdot39\cdot40+\frac{1}{41}\cdot\frac{1}{2}\cdot20\cdot21=\frac{10(39\cdot41+21)}{41}=\mathbf{\frac{16200}{41}}$$

◀ (第 780 項までの和) ＋(第 781 項～第 800 項の和)

練習 23 自然数の列を，次のように奇数個ずつの群に分ける。 〔類 関西大〕

1, 2, 3 | 4, 5, 6, 7, 8 | 9, 10, 11, 12, 13, 14, 15 | 16, ……
(第 1 群, 第 2 群, 第 3 群)

(1) 第 n 群の最初の数と最後の数を求めよ。

(2) 第 n 群に含まれるすべての数の和を求めよ。

(3) 2014 は第何群の何番目の数であるか。

➡ p. 425 演習 7

練習 24 数列 $\frac{1}{2}$, $\frac{1}{4}$, $\frac{3}{4}$, $\frac{1}{8}$, $\frac{3}{8}$, $\frac{5}{8}$, $\frac{7}{8}$, $\frac{1}{16}$, $\frac{3}{16}$, …… において，$\frac{9}{128}$ は第何項であるか。また，初項からその項までの和を求めよ。

重要例題 25 群数列(3)……表の問題 ★★★★☆

自然数を右の図のように並べる。

(1) n が偶数のとき，1番上の段の左から n 番目の数を n の式で表せ。

(2) n が奇数のとき，1番上の段の左から n 番目の数を n の式で表せ。

(3) 1000 は左から何番目，上から何段目にあるか。

1	3	4	10	11	…
2	5	9	12	…	…
6	8	13	…	…	…
7	14	…	…	…	…
15	17	…	…	…	…
16	…	…	…	…	…

〔岩手大〕 ◀例題23，24

指針 縦と横の数の並びについて，その規則性はわからない。
そこで，右の図のように，斜めに配置されているとみて，**群数列**

$1 \mid 2,\ 3 \mid 4,\ 5,\ 6 \mid 7,\ 8,\ 9,\ 10 \mid \cdots\cdots$

を考えると，第 n 群には n 個の自然数が含まれるから，第 n 群の末項までに $1+2+\cdots\cdots+n$ 個の自然数が並ぶ。

1	3	4	10	11
2	5	9	12	
6	8	13		
7	14			
15				

解答 並べられた自然数を，次のように区切って考える。

$1 \mid 2,\ 3 \mid 4,\ 5,\ 6 \mid 7,\ 8,\ 9,\ 10 \mid \cdots\cdots$ …… ①

(1) 1番上の段の左から n 番目の数は，n が偶数のとき，① の第 n 群の末項である。

よって，求める数は $1+2+\cdots\cdots+n=\boldsymbol{\frac{1}{2}n(n+1)}$

(2) 1番上の段の左から n 番目の数は，n が奇数のとき，① の第 n 群の初項である。

$n \geqq 2$ のとき，第 $(n-1)$ 群の末項は $1+2+\cdots\cdots+(n-1)=\frac{1}{2}(n-1)n$

よって，n が3以上の奇数のとき，求める数は $\frac{1}{2}(n-1)n+1=\boldsymbol{\frac{1}{2}(n^2-n+2)}$

これは $n=1$ のときにも適する。

(3) 1000 が ① の第 n 群に属するとすると

$\frac{1}{2}(n-1)n<1000 \leqq \frac{1}{2}n(n+1)$ すなわち $n(n-1)<2000 \leqq n(n+1)$

$44 \cdot 45=1980$，$45 \cdot 46=2070$ であるから，この不等式を満たす自然数 n は $n=45$

よって，1000 は第45群の $1000-990=10$（番目）の数である。

したがって，1000 は，**左から** $45-10+1=$ **36（番目）**，**上から10段目** にある。

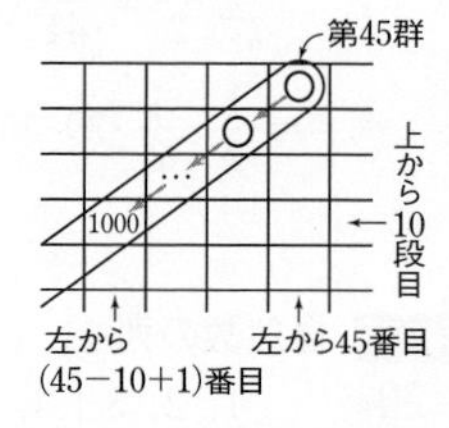

練習 25 自然数 1，2，3，…… を，右の図のように並べていく。

(1) 左から m 番目，上から m 番目の位置にある自然数を m を用いて表せ。

(2) 90 は左から何番目，上から何番目の位置にあるか。

(3) 自然数 n を $n=k^2+l$（k は負でない整数，$1 \leqq l \leqq 2k+1$）と表すとき，n は左から何番目，上から何番目の位置にあるか。k，l を用いて表せ。 〔宮崎大〕

1	2	5	10	17	…
4	3	6	11	18	…
9	8	7	12	…	…
16	15	14	13	…	…
…	…	…	…	…	…

例題 26 格子点の個数 ★★★☆☆

次の連立不等式の表す領域に含まれる **格子点**（x 座標，y 座標がともに整数である点）の個数を求めよ。ただし，n は自然数とする。

(1) $x \geqq 0$，$y \geqq 0$，$x+2y \leqq 2n$　　(2) $x \geqq 0$，$y \leqq n^2$，$y \geqq x^2$

◀例 8，例題 13

指針 連立不等式の表す領域（数学Ⅱの第 3 章参照）に含まれる格子点の個数を求めるには，次のことが基本。

直線 $x=k$ または $y=k$ ……（＊） 上の格子点の個数を k を用いて表し，和をとる。

（＊） 境界線との交点が格子点となる直線を選ぶ。

(1) 直線 $y=k$ $(k=n,\ n-1,\ \cdots\cdots,\ 1,\ 0)$ 上には，$(2n-2k+1)$ 個の格子点が並ぶ。

(2) 直線 $x=k$ $(k=0,\ 1,\ \cdots\cdots,\ n-1,\ n)$ 上には (n^2-k^2+1) 個の格子点が並ぶ。

この他に，**図形の対称性** を利用する方法もある。 ⟶ 別解 参照。

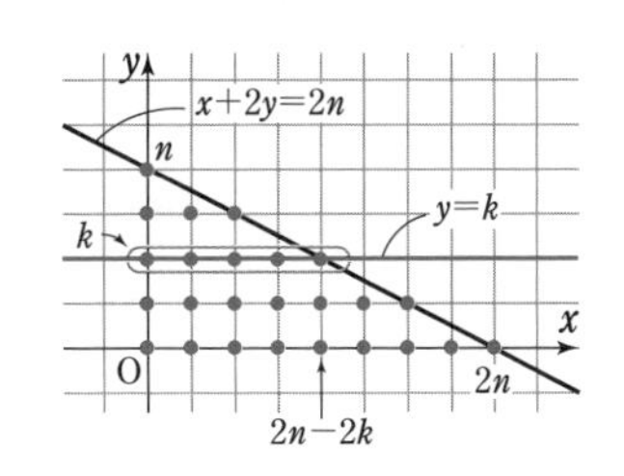

解答 (1) 領域は，右の図の赤く塗った三角形の周および内部である。

直線 $y=k$ $(k=n,\ n-1,\ \cdots\cdots,\ 0)$ 上には，$(2n-2k+1)$ 個の格子点が並ぶ。

よって，格子点の総数は

$$\sum_{k=0}^{n}(2n-2k+1)$$

$$=(2n-2\cdot 0+1)+\sum_{k=1}^{n}(-2k+2n+1)$$

$$=2n+1-2\cdot\frac{1}{2}n(n+1)+(2n+1)n$$

$$=(2n+1)(n+1)-n(n+1)$$

$$=(2n+1-n)(n+1)$$

$$=\boldsymbol{(n+1)^2}\ \textbf{(個)}$$

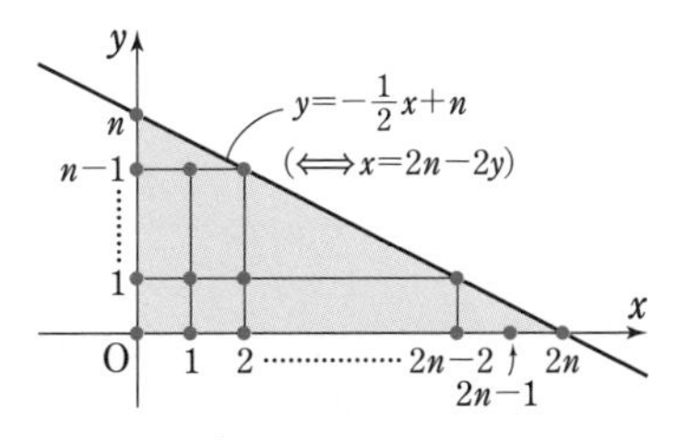

◀ $k=0$ の値を別扱いしたが，
$-2\sum_{k=0}^{n}k+(2n+1)\sum_{k=0}^{n}1$
$=-2\cdot\frac{1}{2}n(n+1)$
$\quad+(2n+1)(n+1)$
でもよい。

別解 線分 $x+2y=2n$ $(0 \leqq y \leqq n)$ 上の格子点 $(0,\ n)$，$(2,\ n-1)$，……，$(2n,\ 0)$ の個数は　$n+1$

4 点 $(0,\ 0)$，$(2n,\ 0)$，$(2n,\ n)$，$(0,\ n)$ を頂点とする長方形の周および内部にある格子点の個数は

$$(2n+1)(n+1)$$

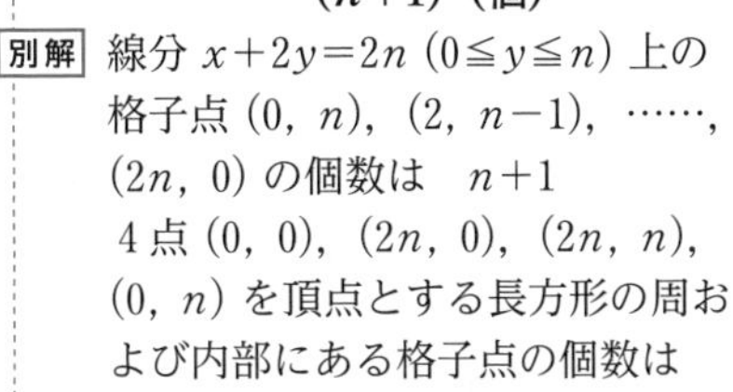

ゆえに，求める格子点の個数を N とすると

$$2N-(n+1)=(2n+1)(n+1) \quad \cdots\cdots (*)$$

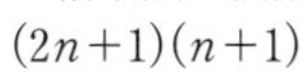

よって　$N=\dfrac{1}{2}\{(2n+1)(n+1)+(n+1)\}$

$$=\frac{1}{2}(n+1)(2n+2)=\boldsymbol{(n+1)^2}\ \textbf{(個)}$$

（＊） 長方形は，対角線で 2 つの合同な三角形に分けられる。よって
（求める格子点の数）×2
−（対角線上の格子点の数）
＝（長方形の周および内部にある格子点の数）

(2) 領域は，右の図の赤く塗った部分の周および内部である。

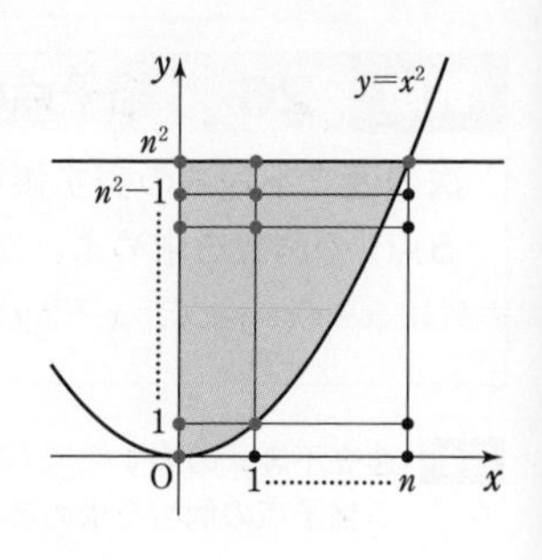

直線 $x=k$ $(k=0,\ 1,\ 2,\ \cdots\cdots,\ n-1,\ n)$ 上には，

(n^2-k^2+1) 個の格子点が並ぶ。

よって，格子点の総数は

$$\sum_{k=0}^{n}(n^2-k^2+1)=(n^2-0^2+1)+\sum_{k=1}^{n}(n^2+1-k^2)$$
$$=(n^2+1)+(n^2+1)\sum_{k=1}^{n}1-\sum_{k=1}^{n}k^2$$
$$=(n^2+1)+(n^2+1)n-\frac{1}{6}n(n+1)(2n+1)$$
$$=(n+1)(n^2+1)-\frac{1}{6}n(n+1)(2n+1)$$
$$=\frac{1}{6}(n+1)\{6(n^2+1)-n(2n+1)\}=\boldsymbol{\frac{1}{6}(n+1)(4n^2-n+6)}\ \textbf{(個)}$$

別解 4 点 $(0,\ 0)$，$(n,\ 0)$，$(n,\ n^2)$，$(0,\ n^2)$ を頂点とする長方形の周および内部にある格子点の個数は　$(n+1)(n^2+1)$

また，直線 $x=k$ $(k=1,\ 2,\ \cdots\cdots,\ n)$ 上の格子点のうち，$0\leqq y<k^2$ を満たすものの個数は　k^2

よって，求める格子点の個数は

$$(n+1)(n^2+1)-\sum_{k=1}^{n}k^2=(n+1)(n^2+1)-\frac{1}{6}n(n+1)(2n+1)$$
$$=\boldsymbol{\frac{1}{6}(n+1)(4n^2-n+6)}\ \textbf{(個)}$$

◀ 長方形の周および内部にある格子点の数から，領域外にあるものの個数を引く方針。

検討 格子点を頂点とする多角形の内部，または辺上の格子点の個数，およびその面積について，次のことが成り立つ。これを **ピックの定理** という。

> 格子点を頂点とする多角形を D とする。D の内部にある格子点の個数を a，D の辺上にある格子点の個数を b，D の面積を S とすると　$\boldsymbol{S=a+\frac{b}{2}-1}$　が成り立つ。

ピックの定理を利用すると，例題 26 (1) は次のように解くこともできる。

例　不等式の表す領域 (三角形) について，面積は

$$S=\frac{1}{2}\cdot 2n\cdot n=n^2$$

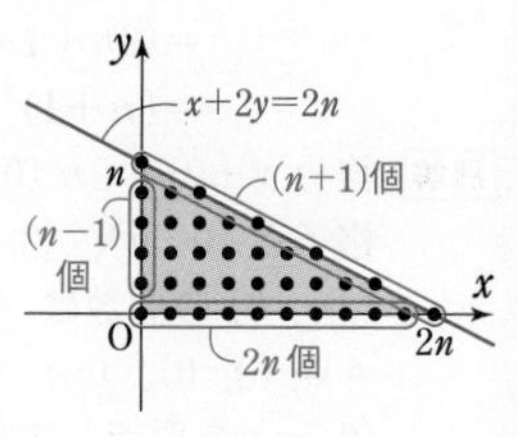

領域の辺上の格子点の個数は

$$b=2n+(n-1)+(n+1)=4n$$

領域の内部の格子点の個数を a とすると，求める格子点の個数は $a+b$ であり，ピックの定理から　$a+\frac{b}{2}=S+1$

したがって　$a+b=S+1+\frac{b}{2}=n^2+1+\frac{4n}{2}=\boldsymbol{(n+1)^2}$ **(個)**

練習 26 n は自然数とする。次の連立不等式の表す領域に含まれる格子点の個数を求めよ。

(1) $|x|\leqq n,\ n\leqq|y|\leqq 2n$　　(2) $x\geqq 0,\ y\geqq 0,\ x+3y\leqq 3n$

(3) $0\leqq x\leqq n,\ y\geqq x^2,\ y\leqq 2x^2$　　(4) $x\geqq 0,\ y\geqq 0,\ 5x+2y\leqq 100$

➡ p. 425 演習 **8**

6 漸化式と数列

《基本事項》

1 漸化式

数列 $\{a_n\}$ が，例えば，次の 2 つの条件を満たしているとする。

[1] $a_1=3$　　[2] $a_{n+1}=3a_n-4$ $(n=1,\ 2,\ 3,\ \cdots\cdots)$

このとき，[1] の $a_1=3$ をもとにして，[2] において，$n=1,\ 2,\ 3,\ \cdots\cdots$ とすると，順に，$a_2,\ a_3,\ a_4,\ \cdots\cdots$ の値がただ 1 通りに定まる。他の例として，数列 $\{a_n\}$ が 2 つの条件

[1] $a_1=1,\ a_2=1$　　[2] $a_{n+2}=a_{n+1}+a_n$ $(n=1,\ 2,\ 3,\ \cdots\cdots)$

を満たしているとき，同様に，[1]，[2] によって，$a_3,\ a_4,\ a_5,\ \cdots\cdots$ の値がただ 1 通りに定まる。

このように，数列 $\{a_n\}$ の初めのいくつかの値と，それをもとにして，順に，項の値をただ 1 通りに定めていく規則を与えると，数列 $\{a_n\}$ のすべての項が定義される。このような定義を **帰納的定義** という。また，上の式 [2] のように，数列において，その前の項から次の項をただ 1 通りに定める規則を示す等式を **漸化式** という。

(注意) 今後，特に断りがない場合，漸化式は $n=1,\ 2,\ 3,\ \cdots\cdots$ で成り立つものとする。

CHECK 問題

4 次の条件によって定められる数列 $\{a_n\}$ の第 5 項を求めよ。

(1) $a_1=-3,\ a_{n+1}=5+a_n$　　(2) $a_1=0,\ a_{n+1}=2a_n+(-1)^{n+1}$

(3) $a_1=0,\ a_2=1,\ a_{n+2}=2a_{n+1}-a_n$

→ 1

例 10 等差・等比・階差数列と漸化式 ★☆☆☆☆

次の条件によって定められる数列 $\{a_n\}$ の一般項を求めよ。

(1) $a_1=-5,\ a_{n+1}-a_n=6$　　(2) $a_1=7,\ 3a_{n+1}+2a_n=0$

(3) $a_1=1,\ a_{n+1}=a_n+2^n+3n-2$

指針 漸化式を変形して，数列 $\{a_n\}$ がどのような数列かを考える。

(1) $\boldsymbol{a_{n+1}=a_n+d}$ (a_n の係数が 1 で，d は n に無関係) ⟶ 公差 d の **等差数列**

(2) $\boldsymbol{a_{n+1}=ra_n}$　(定数項がなく，r は n に無関係)　⟶ 公比 r の **等比数列**

(3) $\boldsymbol{a_{n+1}=a_n+f(n)}$ (a_n の係数が 1 で，$f(n)$ は n の式)

⟶ $f(n)=b_n$ とすると，数列 $\{b_n\}$ は $\{a_n\}$ の **階差数列** であるから，公式

$n\geqq2$ のとき $a_n=a_1+\sum_{k=1}^{n-1}b_k$ を利用して一般項 a_n を求める。

例題 27 $a_{n+1}=pa_n+q$ 型の漸化式 ★★☆☆☆

$a_1=1$，$a_{n+1}=2a_n+3$ ($n=1$, 2, 3, ……) で定義される数列 $\{a_n\}$ の一般項を求めよ。

〔お茶の水大〕

◀例10

指針 $a_{n+1}=pa_n+q$ ($p\neq1$, $q\neq0$) の形の漸化式で，定数項 q がなければ $a_{n+1}=pa_n$ ◀ 等比数列

CHART》 $a_n-\alpha=b_n$ とおいて，定数項の消去をはかれ

a_{n+1}，a_n の代わりに α とおいた方程式 $\alpha=p\alpha+q$ (**特性方程式** と呼ぶ。詳しくは **検討** を参照) を考え，右の図式のように，辺々引くと

$$a_{n+1}-\alpha=p(a_n-\alpha)$$ ◀ 定数項 q が消えた。

$$\begin{array}{rl} & a_{n+1}=pa_n+q \\ -) & \alpha=p\alpha+q \\ \hline & a_{n+1}-\alpha=p(a_n-\alpha) \end{array}$$

よって，数列 $\{a_n-\alpha\}$ は，初項 $a_1-\alpha$，公比 p の **等比数列**

であるから　$a_n-\alpha=(a_1-\alpha)p^{n-1}$

すなわち　$a_n=(a_1-\alpha)p^{n-1}+\alpha$

本問でも，この方法に従い，特性方程式 $\alpha=2\alpha+3$ の解を求めて，$a_{n+1}-\alpha=2(a_n-\alpha)$ の形に変形する。そして，数列 $\{a_n-\alpha\}$ の一般項を求める。

別解 として，**1．階差数列を利用する方法，2．一般項を予想して，それを証明する方法** も紹介した。

解答 漸化式を変形すると

$$a_{n+1}+3=2(a_n+3)$$

また　$a_1+3=1+3=4$

よって，数列 $\{a_n+3\}$ は初項 4，公比 2 の等比数列である。

ゆえに　$a_n+3=4\cdot2^{n-1}$

よって　$\boldsymbol{a_n=2^{n+1}-3}$

◀ $\alpha=2\alpha+3$ の解は $\alpha=-3$
なお，この **特性方程式を解く過程は，解答に書かなくてよい。**

◀ $a_n+3=b_n$ とおくと $b_{n+1}=2b_n$　慣れないうちはこのようにおき換えを利用して考えてもよい。

別解 1．階差数列を利用する方法

漸化式 $a_{n+1}=2a_n+3$ で，n の代わりに $n+1$ とおくと

$$a_{n+2}=2a_{n+1}+3$$

辺々引くと　$a_{n+2}-a_{n+1}=2(a_{n+1}-a_n)$

$b_n=a_{n+1}-a_n$ とおくと　$b_{n+1}=2b_n$

また　$b_1=a_2-a_1=(2\cdot1+3)-1=4$

よって，数列 $\{b_n\}$ は初項 4，公比 2 の等比数列であるから　$b_n=4\cdot2^{n-1}$ …… (＊)

$n\geqq2$ のとき　$a_n=a_1+\sum_{k=1}^{n-1}b_k=1+\sum_{k=1}^{n-1}4\cdot2^{k-1}$

$$=1+\frac{4(2^{n-1}-1)}{2-1}=2^{n+1}-3 \quad \cdots\cdots ①$$

$a_1=1$ であるから，① は $n=1$ のときも成り立つ。

したがって　$\boldsymbol{a_n=2^{n+1}-3}$

別解 1 の〔手順〕

$a_{n+1}=pa_n+q$ …… Ⓐ

1 Ⓐ で n の代わりに $n+1$ とおくと
$a_{n+2}=pa_{n+1}+q$ …… Ⓑ

2 Ⓑ−Ⓐ から
$\boldsymbol{a_{n+2}-a_{n+1}=p(a_{n+1}-a_n)}$

3 階差数列 $\{a_{n+1}-a_n\}$ が等比数列になることを利用。

◀ 初項は特別扱い

参考 (＊) で数列 $\{b_n\}$ の一般項を求めた後は，次のようにすると Σ の計算をしなくて済む。

(＊) から　$a_{n+1}-a_n=4\cdot2^{n-1}$　$a_{n+1}=2a_n+3$ を代入すると　$(2a_n+3)-a_n=2^{n+1}$

したがって　$\boldsymbol{a_n=2^{n+1}-3}$

別解 2．**一般項を予想して，それを証明する方法**

$a_1=1,\ a_2=2a_1+3=2\cdot1+3,$

$a_3=2a_2+3=2(2\cdot1+3)+3=2^2+2\cdot3+3,$

$a_4=2a_3+3=2(2^2+2\cdot3+3)+3=2^3+2^2\cdot3+2\cdot3+3$

これらから，一般項 a_n $(n\geqq2)$ は次のように予想される。

$$a_n=2^{n-1}+(2^{n-2}+2^{n-3}+\cdots\cdots+1)\cdot3$$

よって　$a_n=2^{n-1}+\dfrac{2^{n-1}-1}{2-1}\cdot3=2^{n+1}-3$　…… ①

このとき　$a_1=2^2-3=1,$

$a_{n+1}-(2a_n+3)=2^{n+2}-3-\{2(2^{n+1}-3)+3\}=0$

ゆえに，① は条件を満たすから　$\boldsymbol{a_n=2^{n+1}-3}$

◀ **初めのいくつかの項を調べる**。ここでは，左のような形で表すと見通しが立てやすい。

◀ この時点では **予想**。

◀ 予想が正しい（2つの条件式を満たす）ことを示す。

(注意) [1]　別解 2 の方法は，一般項が予想できれば，どのようなタイプの漸化式にも有効である。

[2]　予想した一般項がすべての自然数について成り立つことを証明するには，後で学ぶ **数学的帰納法** を利用してもよい（$p.419$ 参照）。

［漸化式 $a_{n+1}=pa_n+q$ において特性方程式を考える理由］

漸化式 $a_{n+1}=pa_n+q$ $(p\neq1,\ q\neq0)$ から一般項を求めるとき，何らかの変形をして，**既習の数列（等差数列，等比数列，階差数列）の形** を導きたい。

$p=1$ のときは等差数列の形となるが，$p\neq1$ であるから，等比数列の形に変形することを考える。

$q\neq0$ であるから，そのままでは等比数列の形とならない。そこで，次のようにする。

$b_n=a_n-\alpha$ とおいて，数列 $\{b_n\}$ が等比数列になるかどうかを調べる。

$a_n=b_n+\alpha,\ a_{n+1}=b_{n+1}+\alpha$ を $a_{n+1}=pa_n+q$ に代入して

$b_{n+1}+\alpha=p(b_n+\alpha)+q$　すなわち　$b_{n+1}+\alpha=pb_n+p\alpha+q$

$\alpha=p\alpha+q$ …… ㋐ の解 α が存在すれば（$p\neq1$ であるから存在する），その解 α に対して，$b_{n+1}=pb_n$ となり，数列 $\{b_n\}$ は等比数列となる。

㋐ は，与えられた漸化式 $a_{n+1}=pa_n+q$ …… ㋑ の $a_{n+1},\ a_n$ の代わりに α とおいた方程式と同じであり，これを本書では漸化式 ㋑ の **特性方程式** と呼ぶことにする。

なお，上では，特性方程式を利用することで既習の等比数列の形に変形している。

このように，既習の数列（等差数列，等比数列，階差数列）の形に変形する　ことは，さまざまなタイプの漸化式の一般項を求める際の基本となる考え方である。

CHART 》 漸化式から一般項を求める基本方針

既習の数列の形に変形
- ①　**等差数列，等比数列の形に**
- ②　**階差数列の利用**

練習 27　次の条件によって定められる数列 $\{a_n\}$ の一般項を求めよ。

(1)　$a_1=2,\ a_{n+1}=3a_n+8$　　(2)　$a_1=-18,\ 4a_{n+1}-5a_n-20=0$

［(1) 関西学院大　(2) 類 静岡大］

漸化式のグラフによる考察

漸化式を，グラフを利用して考えてみよう。

例 1　$a_{n+1}=a_n+d$（d は定数）の場合

まず，直線 $y=x$ 上に点 $(a_1,\ a_1)$ をとる。

次に，点 $(a_1,\ a_2)$ すなわち点 $(a_1,\ a_1+d)$ を直線 $y=x+d$ 上にとる。

次に，点 $(a_2,\ a_2)$ すなわち点 $(a_1+d,\ a_1+d)$ を直線 $y=x$ 上にとる。

このようにして，次々に点をとっていくと，図 [1] のように階段状に点を定めることができる。

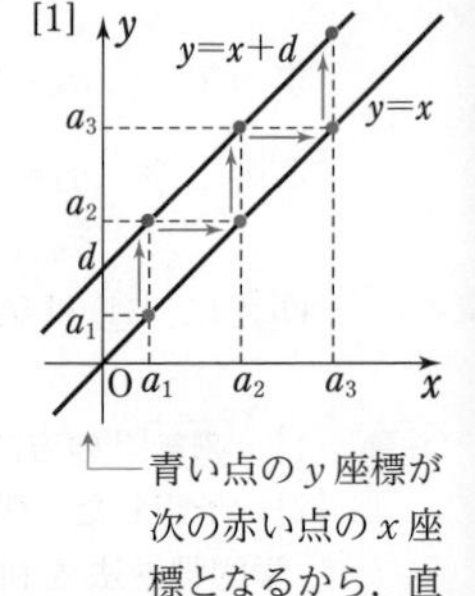

青い点の y 座標が次の赤い点の x 座標となるから，直線 $y=x$ が必要。

$a_{n+1}=a_n+d$ 型の漸化式

平行な 2 直線 $y=x$，$y=x+d$ によって表すことができる。

↑ $a_{n+1}=a_n+d$ において a_{n+1} を y，a_n を x におき換えた式

例 2　$a_{n+1}=ra_n$（r は定数）の場合

例 1 と同様に $(a_1,\ a_1)\longrightarrow(a_1,\ ra_1)\longrightarrow(ra_1,\ ra_1)\longrightarrow\cdots\cdots$ と次々に点をとっていくと，図 [2] のように階段状に点を定めることができる。

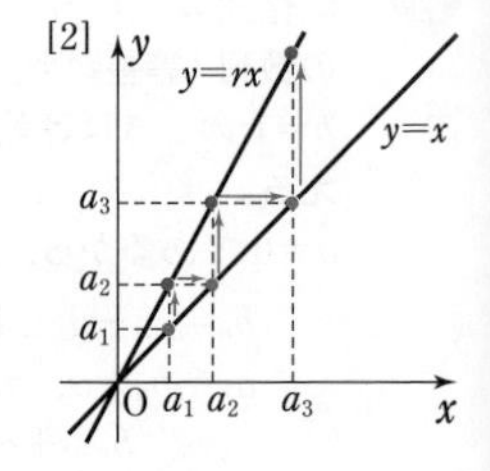

$a_{n+1}=ra_n$ 型の漸化式

原点を通る 2 直線 $y=x$，$y=rx$ によって表すことができる。

↑ $a_{n+1}=ra_n$ において a_{n+1} を y，a_n を x におき換えた式

では，漸化式 $a_{n+1}=pa_n+q$（p，q は定数）をグラフで表すとどうなるかを考えてみよう。

例 3　$a_1=1$，$a_{n+1}=2a_n+3$ の場合　◀ 例題 27 の漸化式

2 直線 $y=x$，$y=2x+3$（a_{n+1} を y，a_n を x におき換えた式）は図 [3] のようになり，

① $(1,\ 1)\longrightarrow(1,\ 2\cdot1+3)\longrightarrow(2\cdot1+3,\ 2\cdot1+3)\longrightarrow\cdots\cdots$

と階段状に点を定めることができる。

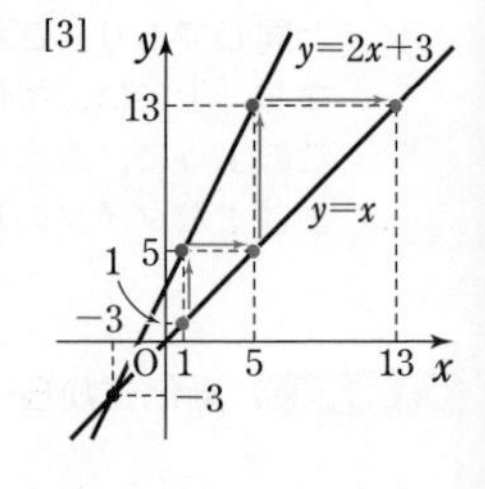

ここで，連立方程式 $y=x$，$y=2x+3$ を解く，すなわち $x=2x+3$（漸化式 $a_{n+1}=2a_n+3$ の特性方程式と同じ）を満たす x を求めると　　$x=-3$

よって，2 直線 $y=x$，$y=2x+3$ の交点の座標は $(-3,\ -3)$ である。ここで，この 2 直線を，点 $(-3,\ -3)$ が原点に移るように平行移動，つまり x 軸方向に 3，y 軸方向に 3 だけ平行移動すると，それぞれ直線 $y=x$，直線 $y=2x$ に移る。

このとき，① は

$$(1+3,\ 1+3)\longrightarrow(1+3,\ 2(1+3))\longrightarrow(2(1+3),\ 2(1+3))\longrightarrow\cdots\cdots$$

となり，これを漸化式に戻すと，$a_{n+1}+3=2(a_n+3)$ となる。

この例のように考えると，なぜ，特性方程式の解 α に対して，**漸化式 $a_{n+1}=pa_n+q$**（p，q は定数）が **$a_{n+1}-\alpha=p(a_n-\alpha)$** と変形できるのかが図形的に理解できるだろう。

例題 28 $a_{n+1}=pa_n+f(n)$ 型の漸化式 ★★★☆☆

次の条件によって定められる数列 $\{a_n\}$ の一般項を求めよ。〔北海学園大〕

$$a_1=1,\ a_{n+1}=3a_n+2n-1$$

◀例10，例題27

指針 本問は $a_{n+1}=pa_n+q$ の形であるが，q が定数でなく **n の多項式**（1次式）である。
ここでは，例題 27 の 別解 1 ($p.386$) と同じように，a_{n+2} についての関係式を作って差をとり，**階差数列** $\{a_{n+1}-a_n\}$ **についての漸化式** を処理する。
なお，この種の問題では，おき換えの方法などが問題文に与えられているのが普通で，これに従って解けばよい。

解答

$$a_{n+2}=3a_{n+1}+2(n+1)-1$$
$$a_{n+1}=3a_n\ \ +2n\ \ \ \ \ \ -1$$

◀ 漸化式の n に $n+1$ を代入したもの。

辺々引くと　$a_{n+2}-a_{n+1}=3(a_{n+1}-a_n)+2$　◀ n を消去する。

$b_n=a_{n+1}-a_n$ とおくと　$b_{n+1}=3b_n+2$　◀ 例題27のタイプの漸化式。

これを変形すると　$b_{n+1}+1=3(b_n+1)$　◀ $\alpha=3\alpha+2$ を解くと $\alpha=-1$

また　$b_1+1=a_2-a_1+1=(3\cdot1+2\cdot1-1)-1+1=4$

よって　$b_n+1=4\cdot3^{n-1}$

ゆえに　$b_n=4\cdot3^{n-1}-1$ …… (＊)

$n\geqq2$ のとき

$$a_n=a_1+\sum_{k=1}^{n-1}(4\cdot3^{k-1}-1)=1+\frac{4(3^{n-1}-1)}{3-1}-(n-1)$$
$$=2\cdot3^{n-1}-n\ \cdots\cdots ①$$

◀ $n\geqq2$ のとき $a_n=a_1+\sum_{k=1}^{n-1}b_k$

$a_1=1$ であるから，① は $n=1$ のときも成り立つ。　◀ 初項は特別扱い

したがって　$\boldsymbol{a_n=2\cdot3^{n-1}-n}$

参考 (＊) から　$a_{n+1}=a_n+4\cdot3^{n-1}-1$　これを $a_{n+1}=3a_n+2n-1$ に代入すると
$a_n+4\cdot3^{n-1}-1=3a_n+2n-1$　よって　$\boldsymbol{a_n=2\cdot3^{n-1}-n}$　このように進めてもよい。

検討 例題の漸化式は $a_{n+1}=pa_n+f(n)$ [$f(n)$ は n の1次式] の形をしている。そこで，
$f(n)=\alpha n+\beta$ とおき，$a_{n+1}=3a_n+2n-1$ が，

$$\boldsymbol{a_{n+1}-f(n+1)=3\{a_n-f(n)\}}\ \cdots\cdots ①$$

の形 (**等比数列の形**) に変形できるように α，β の値を定める。

① から　$a_{n+1}-\{\alpha(n+1)+\beta\}=3\{a_n-(\alpha n+\beta)\}$

ゆえに　$a_{n+1}=3a_n-2\alpha n+\alpha-2\beta$

これと $a_{n+1}=3a_n+2n-1$ の右辺の係数を比較して　$-2\alpha=2$，　$\alpha-2\beta=-1$

よって　$\alpha=-1$，$\beta=0$　ゆえに　$f(n)=-n$

このとき，① より，数列 $\{a_n-(-n)\}$ は初項 $a_1+1=2$，公比 3 の等比数列であるから

$a_n-(-n)=2\cdot3^{n-1}$　したがって　$\boldsymbol{a_n=2\cdot3^{n-1}-n}$

練習 28
(1) $a_1=1$，$a_{n+1}=3a_n+4n$ によって定められる数列 $\{a_n\}$ の一般項を求めよ。
(2) 数列 $\{a_n\}$ が $a_1=3$，$a_{n+1}=2a_n-n^2+n$ で定義されている。数列 $\{a_n-f(n)\}$ が公比 2 の等比数列となるように n の 2 次式 $f(n)$ を定め，a_n を n で表せ。

〔(1) 立教大，(2) 関西大〕

例題 29 $a_{n+1}=pa_n+q^n$ 型の漸化式 ★★★☆☆

次の条件によって定められる数列 $\{a_n\}$ の一般項を求めよ。〔類 東京理科大〕

$$a_1=3,\ a_{n+1}=2a_n+5\cdot 3^n$$

◀例 10，例題 27

指針 漸化式 $a_{n+1}=pa_n+f(n)$ において，$f(n)=q^n$ の場合である。このタイプの漸化式は，$a_{n+1}=pa_n+q^n$ の両辺を q^{n+1} で割ると，$\dfrac{a_{n+1}}{q^{n+1}}=\dfrac{p}{q}\cdot\dfrac{a_n}{q^n}+\dfrac{1}{q}$ となるから，$b_n=\dfrac{a_n}{q^n}$ **とおく** ことにより，$b_{n+1}=●b_n+■$ 型（例題 27 のタイプ）の漸化式に帰着できる。
または，別解 のように，p^{n+1} で割って，**階差数列** に帰着させてもよい。

CHART》 漸化式 $a_{n+1}=pa_n+q$ 両辺を q^{n+1} で割る

解答 $a_{n+1}=2a_n+5\cdot 3^n$ の両辺を 3^{n+1} で割ると

$$\frac{a_{n+1}}{3^{n+1}}=\frac{2}{3}\cdot\frac{a_n}{3^n}+\frac{5}{3}$$

$\dfrac{a_n}{3^n}=b_n$ とおくと $b_{n+1}=\dfrac{2}{3}b_n+\dfrac{5}{3}$

これを変形すると $b_{n+1}-5=\dfrac{2}{3}(b_n-5)$

また $b_1-5=\dfrac{a_1}{3}-5=\dfrac{3}{3}-5=-4$

よって，数列 $\{b_n-5\}$ は初項 -4，公比 $\dfrac{2}{3}$ の等比数列であるから $b_n-5=-4\cdot\left(\dfrac{2}{3}\right)^{n-1}$ ゆえに $b_n=5-4\cdot\left(\dfrac{2}{3}\right)^{n-1}$

したがって $a_n=3^nb_n=5\cdot 3^n-4\cdot 3\cdot 2^{n-1}=\mathbf{5\cdot 3^n-6\cdot 2^n}$

別解 $a_{n+1}=2a_n+5\cdot 3^n$ の両辺を 2^{n+1} で割ると

$$\frac{a_{n+1}}{2^{n+1}}=\frac{a_n}{2^n}+\frac{5}{2}\left(\frac{3}{2}\right)^n$$

$\dfrac{a_n}{2^n}=b_n$ とおくと $b_{n+1}=b_n+\dfrac{5}{2}\left(\dfrac{3}{2}\right)^n$ また $b_1=\dfrac{a_1}{2}=\dfrac{3}{2}$

よって，$n\geqq 2$ のとき

$$b_n=b_1+\sum_{k=1}^{n-1}\frac{5}{2}\left(\frac{3}{2}\right)^k=\frac{3}{2}+\frac{\frac{5}{2}\cdot\frac{3}{2}\left\{\left(\frac{3}{2}\right)^{n-1}-1\right\}}{\frac{3}{2}-1}$$

$$=\frac{3}{2}+\frac{15}{2}\left\{\left(\frac{3}{2}\right)^{n-1}-1\right\}=5\left(\frac{3}{2}\right)^n-6\ \cdots\cdots ①$$

$b_1=\dfrac{3}{2}$ であるから，① は $n=1$ のときも成り立つ。

したがって $a_n=2^nb_n=\mathbf{5\cdot 3^n-6\cdot 2^n}$

◀ $3^{n+1}=3\cdot 3^n$ に注意。

◀ $\dfrac{a_{n+1}}{3^{n+1}}=b_{n+1}$

◀ $\alpha=\dfrac{2}{3}\alpha+\dfrac{5}{3}$ を解くと $\alpha=5$

（注意） 漸化式の両辺を 3^n で割ると $\dfrac{a_{n+1}}{3^n}$ が現れ，$\dfrac{a_●}{3^●}$ の形が作りにくくなる。3^{n+1} で割ると〰〰の形が現れ，おき換えもしやすい。

◀ 階差数列型の漸化式が現れた。

◀ $n\geqq 2$ のとき $b_n=b_1+\sum_{k=1}^{n-1}(b_{k+1}-b_k)$

$\dfrac{\frac{5}{2}\cdot\frac{3}{2}}{\frac{3}{2}-1}=\dfrac{15}{4}\div\dfrac{1}{2}$

◀ 初項は特別扱い

練習 29 次の条件によって定められる数列 $\{a_n\}$ の一般項を求めよ。

(1) $a_1=1,\ a_{n+1}=3a_n+2^{n-1}$　(2) $a_1=-30,\ 9a_{n+1}=a_n+\dfrac{4}{3^n}$

例題 30 | 和 S_n と漸化式 ★★★☆☆

数列 $\{a_n\}$ の初項 a_1 から第 n 項 a_n までの和を S_n とする。$S_n+a_n=4n+2$ であるとき，$a_1=$ ア□，$a_2=$ イ□ である。
a_{n+1} を a_n を用いて表すと，$a_{n+1}=$ ウ□ a_n+ エ□ である。これより，この数列の一般項は $a_n=$ オ□ である。 〔立命館大〕

◀例題 15，27

指針 $S_n+a_n=4n+2$ を，**S_n または a_n の一方のみで表す**。ここで，$p.372$ 例題 15 で学習したように，数列の和 S_n と一般項 a_n について，次のことが成り立つ。

CHART》 和 S_n と a_n　　$a_1=S_1$，$a_n=S_n-S_{n-1}$ $(n\geqq 2)$

これを利用するが，漸化式 $a_{n+1}=$(ウ)a_n+(エ) を導く際，$n\geqq 2$ と $n=1$ のときに分けて書かなくても済むように，$S_n+a_n=4n+2$ で n の代わりに $n+1$ とおき，関係式 $a_{n+1}=S_{n+1}-S_n$ ($n\geqq 1$ に対して成り立つ) を用いるとよい。

解答 $S_1+a_1=4\cdot 1+2$ から　　$a_1+a_1=6$

$2a_1=6$ を解いて　　$a_1=$ ア $\mathbf{3}$

$S_2+a_2=4\cdot 2+2$ から　　$(a_1+a_2)+a_2=10$

ゆえに　　$3+2a_2=10$　　よって　　$a_2=$ イ $\dfrac{\mathbf{7}}{\mathbf{2}}$

$S_n+a_n=4n+2$ …… ① とする。

① において，n の代わりに $n+1$ とおくと

$$S_{n+1}+a_{n+1}=4(n+1)+2 \quad \cdots\cdots ②$$

②−① から　　$(S_{n+1}-S_n)+(a_{n+1}-a_n)=4$

$S_{n+1}-S_n=a_{n+1}$ であるから　　$a_{n+1}+a_{n+1}-a_n=4$

したがって　　$a_{n+1}=$ ウ $\dfrac{\mathbf{1}}{\mathbf{2}}a_n+$ エ $\mathbf{2}$

これを変形すると　　$a_{n+1}-4=\dfrac{1}{2}(a_n-4)$

数列 $\{a_n-4\}$ は，初項 $a_1-4=-1$，公比 $\dfrac{1}{2}$ の等比数列であるから　　$a_n-4=-1\cdot\left(\dfrac{1}{2}\right)^{n-1}$

すなわち　　$a_n=$ オ $-\left(\dfrac{\mathbf{1}}{\mathbf{2}}\right)^{n-1}+\mathbf{4}$

◀ $S_1=a_1$

◀ $S_n+a_n=4n+2$ に $n=2$ を代入。

(注意) S_n だけで表すこともできる。
与えられた漸化式から
$S_{n+1}+a_{n+1}$
$=4(n+1)+2$
a_{n+1} について解き，
$S_{n+1}-S_n=a_{n+1}$ に代入して整理すると
$S_{n+1}=\dfrac{1}{2}S_n+2n+3$
しかし，例題 28 で学習した漸化式の型となるため，これから S_n を n の式で表すのは少し面倒である。

練習 30 数列 $\{a_n\}$ の初項から第 n 項までの和を S_n としたとき，条件 $5a_n=2S_n-2n+3$ ($n=1$, 2, 3, ……) が成り立っているとする。

(1) a_1，a_2 の値を求めよ。　(2) a_{n+1} と a_n の関係式を求めよ。
(3) a_n を n を用いて表せ。　(4) S_n を n を用いて表せ。

〔香川大〕

例題 31 積や累乗のみの漸化式（対数利用） ★★★☆☆

$a_1=1$，$a_{n+1}a_n=2\sqrt{a_n}$ で定められる数列 $\{a_n\}$ の一般項を求めよ。

◀例題 27

指針 隣接 2 項間の漸化式であるが，積や累乗の形ばかりで，和や差の形がない。
このようなときは，対数 (log) をとると，**和や差の形を導く** ことができる。
漸化式の右辺に 2 があることに注目して，2 を底とする対数をとると

$$\log_2 a_{n+1}+\log_2 a_n=1+\frac{1}{2}\log_2 a_n$$ ◀ $\log_2 2=1$

となる。よって，$\log_2 a_n=b_n$ とおくと，$b_{n+1}=●b_n+■$ 型の漸化式になる。なお，対数をとるときは，**(真数)>0** であること，ここでは数列 $\{a_n\}$ の各項が正となることを確認しておく。

CHART》 積や累乗ばかりの漸化式

対数をとって，和・差の漸化式へ

解答 $a_1>0$ であるから，漸化式より　$a_2>0$　◀ $a_2\cdot 1=2\cdot 1$

同様にして，すべての自然数 n について　$a_n>0$　◀ 厳密には数学的帰納法で証明できる。

$a_{n+1}a_n=2\sqrt{a_n}$ の両辺の 2 を底とする対数をとると

$$\log_2 a_{n+1}+\log_2 a_n=\log_2 2+\frac{1}{2}\log_2 a_n$$

◀ $\log_2 2=1$，$\log_2\sqrt{a_n}=\log_2 a_n^{\frac{1}{2}}=\frac{1}{2}\log_2 a_n$

よって　$\log_2 a_{n+1}=1-\dfrac{1}{2}\log_2 a_n$

$\log_2 a_n=b_n$ とおくと　$b_{n+1}=-\dfrac{1}{2}b_n+1$

これを変形して　$b_{n+1}-\dfrac{2}{3}=-\dfrac{1}{2}\left(b_n-\dfrac{2}{3}\right)$　◀ $\alpha=-\frac{1}{2}\alpha+1$ を解くと　$\alpha=\frac{2}{3}$

ゆえに，数列 $\left\{b_n-\dfrac{2}{3}\right\}$ は初項 $b_1-\dfrac{2}{3}=\log_2 a_1-\dfrac{2}{3}=-\dfrac{2}{3}$，　◀ $\log_2 a_1=\log_2 1=0$

公比 $-\dfrac{1}{2}$ の等比数列であるから

$$b_n-\frac{2}{3}=-\frac{2}{3}\left(-\frac{1}{2}\right)^{n-1}$$

よって　$b_n=\dfrac{2}{3}-\dfrac{2}{3}\left(-\dfrac{1}{2}\right)^{n-1}$

したがって　$\boldsymbol{a_n=2^{\frac{2}{3}-\frac{2}{3}\left(-\frac{1}{2}\right)^{n-1}}}$　◀ $\log_2 a_n=p \iff a_n=2^p$

練習 31 $a_1=2$，$a_{n+1}=a_n{}^3\cdot 4^n$ で定められる数列 $\{a_n\}$ がある。

(1) $b_n=\log_2 a_n$ とするとき，b_{n+1} を b_n を用いて表せ。

(2) α，β を定数とし，$f(n)=\alpha n+\beta$ とする。このとき，
$b_{n+1}-f(n+1)=3\{b_n-f(n)\}$ が成り立つように α，β を定めよ。

(3) 数列 $\{a_n\}$，$\{b_n\}$ の一般項をそれぞれ求めよ。　〔静岡大〕

例題 32　$a_{n+1}=f(n)a_n+q$ 型の漸化式　★★★☆☆

$a_1=2$，$a_{n+1}=\dfrac{n+2}{n}a_n+1$ によって定められる数列 $\{a_n\}$ がある。

(1) $\dfrac{a_n}{n(n+1)}=b_n$ とおくとき，b_{n+1} を b_n と n の式で表せ。

(2) a_n を n の式で表せ。

◀例 10，例題 16

指針 (1) $b_n=\dfrac{a_n}{n(n+1)}$，$b_{n+1}=\dfrac{a_{n+1}}{(n+1)(n+2)}$ を利用するため，**漸化式の両辺を $(n+1)(n+2)$ で割る**。

(2) (1)から　$\boldsymbol{b_{n+1}=b_n+f(n)}$ [**階差数列** の形]。まず，数列 $\{b_n\}$ の一般項を求める。

解答 (1) $a_{n+1}=\dfrac{n+2}{n}a_n+1$ の両辺を $(n+1)(n+2)$ で割ると

$$\frac{a_{n+1}}{(n+1)(n+2)}=\frac{a_n}{n(n+1)}+\frac{1}{(n+1)(n+2)} \quad \cdots\cdots (*)$$

$\dfrac{a_n}{n(n+1)}=b_n$ とおくと　$\boldsymbol{b_{n+1}=b_n+\dfrac{1}{(n+1)(n+2)}}$

◀ $a_n=n(n+1)b_n$，$a_{n+1}=(n+1)(n+2)b_{n+1}$ を漸化式に代入してもよい。

(2) $b_1=\dfrac{a_1}{1\cdot 2}=1$ である。(1)から，$n\geqq 2$ のとき

$$b_n=b_1+\sum_{k=1}^{n-1}\frac{1}{(k+1)(k+2)}=1+\sum_{k=1}^{n-1}\left(\frac{1}{k+1}-\frac{1}{k+2}\right)$$

◀ 部分分数に分解して，差の形 を作る。

$$=1+\left(\frac{1}{2}-\frac{1}{3}\right)+\left(\frac{1}{3}-\frac{1}{4}\right)+\cdots\cdots+\left(\frac{1}{n}-\frac{1}{n+1}\right)$$

◀ 途中が消えて，最初と最後だけが残る。
(例題 16 と同様。)

$$=1+\frac{1}{2}-\frac{1}{n+1}=\frac{3}{2}-\frac{1}{n+1}=\frac{3n+1}{2(n+1)} \quad \cdots\cdots ①$$

$b_1=1$ であるから，① は $n=1$ のときも成り立つ。

◀ 初項は特別扱い

よって　$\boldsymbol{a_n}=n(n+1)b_n=n(n+1)\cdot\dfrac{3n+1}{2(n+1)}$

$$=\boldsymbol{\frac{n(3n+1)}{2}}$$

検討

上の例題で，おき換えの式が与えられていない場合は，次のように対処する。
漸化式の a_n に $\dfrac{n+2}{n}$ が掛けられているから，漸化式の両辺に ×(n の式) をすることで

$\boldsymbol{f(n+1)a_{n+1}=f(n)a_n+g(n)}$ [**階差数列型の漸化式**] に変形することを目指す。
($f(n+1)$：$(n+1)$ の式，$f(n)$：n の式)

まず，漸化式の右辺には n と $n+2$ があるが，大きい方の $n+2$ は左辺にあった方がよいであろうと考え，両辺を **$(n+2)$ で割る** と　$\dfrac{a_{n+1}}{n+2}=\dfrac{a_n}{n}+\dfrac{1}{n+2}$　…… Ⓐ

2 つの項＿＿のうち，左側の分母を $f(n+1)$，右側の分母を $f(n)$ の形にするために，Ⓐ の両辺を更に **$(n+1)$ で割る** と，解答 の $(*)$ の式が導かれてうまくいく。

練習 32　$a_1=1$，$na_{n+1}-(n+2)a_n+1=0$ によって定められる数列 $\{a_n\}$ の一般項を求めよ。

〔類 立教大〕

重要例題 33 特殊な漸化式 ★★★★☆

$a_1=\dfrac{1}{2}$，$(n+1)a_n=(n-1)a_{n-1}$ $(n\geqq 2)$ によって定められる数列を $\{a_n\}$ とする。このとき，a_n を n の式で表せ。 〔類 広島大〕

指針 今までは漸化式を $a_{n+1}=pa_n+q$ (p，q は定数) の形にもち込んでいたが，本問はどのように変形しても p，q に n を含んでしまう。 ◀ 発想の転換が必要。
そこで，漸化式の特徴に注目して，次の 2 つの方法を考えてみる。

解法 1． 漸化式を $\boldsymbol{a_n=f(n)a_{n-1}}$ と変形すると　$a_n=f(n)\cdot f(n-1)a_{n-2}$
これを繰り返すと　$a_n=f(n)f(n-1)\cdots\cdots f(2)a_1$

解法 2． $g(n)a_n=g(n-1)a_{n-1}$ となるように $g(n)$ を定められないかと考える。
$g(n)$ が定まれば　$g(n)a_n=g(n-1)a_{n-1}=g(n-2)a_{n-2}=\cdots\cdots=g(1)a_1$
そこで，漸化式の両辺に **n を掛けると**　$(n+1)na_n=n(n-1)a_{n-1}$
$g(n)=(n+1)n$ とおくと，$g(n-1)=n(n-1)$ となって O.K.

解答 1．$n\geqq 2$ のとき，漸化式を変形して　$a_n=\dfrac{n-1}{n+1}a_{n-1}$

$a_{n-1}=\dfrac{n-2}{n}a_{n-2}$ であるから　$a_n=\dfrac{n-1}{n+1}\cdot\dfrac{n-2}{n}a_{n-2}$

◀ $a_{n-1}=\dfrac{(n-1)-1}{(n-1)+1}a_{(n-1)-1}=\dfrac{n-2}{n}a_{n-2}$，$a_{n-2}=\dfrac{(n-2)-1}{(n-2)+1}a_{(n-2)-1}=\dfrac{n-3}{n-1}a_{n-3}$，……

$n\geqq 3$ のとき，これを繰り返して

$$a_n=\frac{n-1}{n+1}\cdot\frac{n-2}{n}\cdot\frac{n-3}{n-1}\cdot\cdots\cdots\cdot\frac{3}{5}\cdot\frac{2}{4}\cdot\frac{1}{3}a_1$$

よって　$a_n=\dfrac{2\cdot 1}{(n+1)n}\cdot\dfrac{1}{2}$

すなわち　$a_n=\dfrac{1}{n(n+1)}$　…… ①

$a_1=\dfrac{1}{1\cdot(1+1)}=\dfrac{1}{2}$，$a_2=\dfrac{1}{2\cdot 3}=\dfrac{1}{6}$ であるから，① は $n=1$，2 のときも成り立つ。

◀ 漸化式から $a_2=\dfrac{2-1}{2+1}a_1=\dfrac{1}{3}\cdot\dfrac{1}{2}=\dfrac{1}{6}$

したがって　$\boldsymbol{a_n=\dfrac{1}{n(n+1)}}$

解答 2．漸化式の両辺に n を掛けて

$n(n+1)a_n=(n-1)na_{n-1}$

◀ $n+1$ と $n-1$ の間にある n を掛けると都合がよい。

ゆえに　$n(n+1)a_n=(n-1)na_{n-1}=\cdots\cdots=1\cdot 2a_1=1$

よって　$\boldsymbol{a_n=\dfrac{1}{n(n+1)}}$

◀ 数列 $\{(n+1)na_n\}$ は，すべての項が等しい。

練習 33 $a_1=\dfrac{2}{3}$，$a_n=\dfrac{n-1}{n+2}a_{n-1}$ $(n\geqq 2)$ によって定められる数列 $\{a_n\}$ の一般項を求めよ。 〔弘前大〕

➡ p. 425 演習 9

例題 34 分数形の漸化式 (1) … 逆数をとる ★★★☆☆

$a_1=\dfrac{1}{3}$, $a_{n+1}=\dfrac{a_n}{3a_n-2}$ によって定められる数列 $\{a_n\}$ の一般項を求めよ。

◀例題 27

指針 例題 34～36 では，分数の形をした漸化式を取り上げる。その一般形は

$$a_{n+1}=\frac{pa_n+q}{ra_n+s}\ (r\neq 0)\ \cdots\cdots (*)$$

のように表される。

◀ $\dfrac{ax+b}{cx+d}$ の形をした式を，1次分数形と呼ぶこともある。

例題 34 の漸化式は (*) において，$q=0$ の場合で，分数形の漸化式の中でも比較的取り組みやすい。具体的には，$a_{n+1}=\dfrac{pa_n}{ra_n+s}$ の 両辺の逆数をとると，$\dfrac{1}{a_{n+1}}=\dfrac{1}{p}\left(\dfrac{s}{a_n}+r\right)$ となるから，$\dfrac{1}{a_n}=b_n$ とおくと，**$b_{n+1}=$●b_n+■ 型** の漸化式に帰着できる。

なお，逆数を考えるために，$a_n\neq 0\ (n\geqq 1)$ であることを示しておく必要がある。

CHART 漸化式 $a_{n+1}=\dfrac{a_n}{pa_n+q}$

両辺の逆数をとる

解答 $a_{n+1}=\dfrac{a_n}{3a_n-2}$ …… ① とする。

① において，$a_{n+1}=0$ とすると $a_n=0$ であるから，$a_n=0$ となる n があると仮定すると

$$a_{n-1}=a_{n-2}=\cdots\cdots=a_1=0$$

◀ $a_n=0$ から $a_{n-1}=0$ これから $a_{n-2}=0$ 以後これを繰り返す。(厳密には数学的帰納法。)

ところが $a_1=\dfrac{1}{3}\ (\neq 0)$ であるから，これは矛盾。

よって，すべての自然数 n について $a_n\neq 0$ である。

◀ 逆数をとるための断り。

① の両辺の逆数をとると $\dfrac{1}{a_{n+1}}=3-\dfrac{2}{a_n}$

◀ $\dfrac{1}{a_{n+1}}=\dfrac{3a_n-2}{a_n}$

$\dfrac{1}{a_n}=b_n$ とおくと　$b_{n+1}=3-2b_n$

これを変形すると　$b_{n+1}-1=-2(b_n-1)$

◀ $\alpha=3-2\alpha$ を解くと $\alpha=1$

また　$b_1-1=\dfrac{1}{a_1}-1=3-1=2$

ゆえに，数列 $\{b_n-1\}$ は初項 2，公比 -2 の等比数列で

$$b_n-1=2\cdot(-2)^{n-1}\quad すなわち\quad b_n=1-(-2)^n$$

したがって　$a_n=\dfrac{1}{b_n}=\mathbf{\dfrac{1}{1-(-2)^n}}$

◀ $b_n=\dfrac{1}{a_n}$ という式の形から $b_n\neq 0$

練習 34 $a_1=1$, $a_{n+1}=\dfrac{a_n}{4a_n+3}$ によって定められる数列 $\{a_n\}$ の一般項を求めよ。

例題 35　分数形の漸化式 (2)　★★★☆☆

$a_1=4$, $a_{n+1}=\dfrac{4a_n-9}{a_n-2}$ …… ① によって定められる数列 $\{a_n\}$ について

(1)　$b_n=a_n-\alpha$ とおく。① は $\alpha=$ア□ のとき，$b_{n+1}=\dfrac{ウ\square\, b_n}{b_n+イ\square}$ と変形できる。

(2)　数列 $\{a_n\}$ の一般項を求めよ。

◀例題 34

指針　例題の漸化式 ① は，一般形 $a_{n+1}=\dfrac{pa_n+q}{ra_n+s}$ $(r\neq 0)$ において，$q\neq 0$ の場合である。その解き方は一般に難しく，初見では手が出ない。しかし，問題文には **おき換え** の指示があるから，その指示に従い，例題 34 のような，**分子の定数が 0 の場合の $b_{n+1}=\dfrac{p'b_n}{r'b_n+s'}$ の形に帰着させる** ことを目指す。

解答　(1)　$b_n=a_n-\alpha$ とおくと，$a_n=b_n+\alpha$ であり，漸化式から

$$b_{n+1}+\alpha=\frac{4(b_n+\alpha)-9}{(b_n+\alpha)-2}$$

よって　$b_{n+1}=\dfrac{(4-\alpha)b_n-(\alpha-3)^2}{b_n+\alpha-2}$

◀ ＿＿の左辺の α を右辺へ移項し，通分する。

ここで，$\alpha=$ア**3** とすると　$b_{n+1}=\dfrac{ウ\mathbf{1}\cdot b_n}{b_n+イ\mathbf{1}}$ …… ②

と変形できる。

(2)　$b_1=a_1-3=1$　$b_1>0$ であるから，② により　$b_2>0$

同様にして　$b_3>0$

以下同じようにして，すべての自然数 n に対して　$b_n>0$

◀ 逆数をとるために，$b_n\neq 0$ $(n\geqq 1)$ を示す。

② の両辺の逆数をとると　$\dfrac{1}{b_{n+1}}=1+\dfrac{1}{b_n}$

◀ **等差数列** に帰着。

ゆえに，数列 $\left\{\dfrac{1}{b_n}\right\}$ は初項 $\dfrac{1}{b_1}=1$，公差 1 の等差数列であるから　$\dfrac{1}{b_n}=n$

◀ $a+(n-1)d$

よって　$\boldsymbol{a_n}=b_n+3=\dfrac{1}{n}+3=\boldsymbol{\dfrac{3n+1}{n}}$

漸化式 $a_{n+1}=\dfrac{pa_n+q}{ra_n+s}$ …… $(*)$ において，a_{n+1}, a_n の代わりに x とおいた方程式を **特性方程式** という。例題 35 の漸化式について，特性方程式は，$x=\dfrac{4x-9}{x-2}$　すなわち $x^2-6x+9=0$ であり，その解 $x=3$ (重解) は解答の $\alpha=3$ に一致している。このように，漸化式 $(*)$ の **特性方程式が重解 α をもつ場合は，$b_n=a_n-\alpha$ $\left(\text{または } b_n=\dfrac{1}{a_n-\alpha}\right)$ のおき換えを利用する** と，例題 34 タイプの漸化式に帰着できる。

練習 35　$a_1=0$, $a_{n+1}=\dfrac{4}{12-9a_n}$ で定められる数列 $\{a_n\}$ の一般項を求めよ。

重要例題 36 分数形の漸化式 (3) ★★★★☆

数列 $\{a_n\}$ が $a_1=3$, $a_{n+1}=\dfrac{3a_n+2}{a_n+2}$ で定められている。

(1) $b_n=\dfrac{a_n-\beta}{a_n-\alpha}$ とおく。このとき，数列 $\{b_n\}$ が等比数列となるような α, β $(\alpha>\beta)$ の値を求めよ。

(2) 一般項 a_n を求めよ。

◀例題 35

指針 本問も分数形の漸化式であるが，誘導があるので，それに従って進める。

(1) $b_{n+1}=\dfrac{a_{n+1}-\beta}{a_{n+1}-\alpha}$ に与えられた漸化式を代入するとよい。$b_{n+1}=rb_n$ となるように α, β の値を定める。公比 r は α, β の値により決まる。

(2) (1) から，**等比数列** の問題に帰着される。まず，一般項 b_n を求める。

解答 (1) $$b_{n+1}=\frac{a_{n+1}-\beta}{a_{n+1}-\alpha}=\frac{\dfrac{3a_n+2}{a_n+2}-\beta}{\dfrac{3a_n+2}{a_n+2}-\alpha}=\frac{(3-\beta)a_n+2-2\beta}{(3-\alpha)a_n+2-2\alpha}$$

$$=\frac{3-\beta}{3-\alpha}\cdot\frac{a_n+\dfrac{2-2\beta}{3-\beta}}{a_n+\dfrac{2-2\alpha}{3-\alpha}} \quad \cdots\cdots ①$$

数列 $\{b_n\}$ が等比数列となるための条件は

$$\frac{2-2\beta}{3-\beta}=-\beta,\ \frac{2-2\alpha}{3-\alpha}=-\alpha \quad \cdots\cdots ②$$

よって，α, β は 2 次方程式 $2-2x=-x(3-x)$ の 2 つの解であり，$x^2-x-2=0$ を解いて　$x=-1,\ 2$

$\alpha>\beta$ であるから　$\boldsymbol{\alpha=2,\ \beta=-1}$

(2) $\dfrac{3-\beta}{3-\alpha}=\dfrac{3+1}{3-2}=4$ と ①，② から　$b_{n+1}=4b_n$

また　$b_1=\dfrac{a_1+1}{a_1-2}=4$　　よって　$b_n=4\cdot4^{n-1}=4^n$

ゆえに　$\dfrac{a_n+1}{a_n-2}=4^n$　　よって　$\boldsymbol{a_n=\dfrac{2\cdot4^n+1}{4^n-1}}$

◀ (繁分数式) の扱い　分母，分子に a_n+2 を掛けて整理する。

◀ の分母を $3-\alpha$ で，分子を $3-\beta$ でくくる。

◀ と $b_n=\dfrac{a_n-\beta}{a_n-\alpha}$ の右辺の分母・分子をそれぞれ比較。

◀ $(x-2)(x+1)=0$

◀ $\dfrac{2-2\beta}{3-\beta}=-\beta=1$, $\dfrac{2-2\alpha}{3-\alpha}=-\alpha=-2$, $b_n=\dfrac{a_n+1}{a_n-2}$

◀ $a_n+1=4^n(a_n-2)$

検討 例題の漸化式の特性方程式は，$x=\dfrac{3x+2}{x+2}$ すなわち $x^2-x-2=0$ で，これを解くと，$(x+1)(x-2)=0$ から　$x=-1,\ 2$　◀ (1) の α, β と一致している。

一般に，分数形の漸化式 $a_{n+1}=\dfrac{pa_n+q}{ra_n+s}$ $(r\neq0)$ の **特性方程式の解が α, β $(\alpha\neq\beta)$ のときは，$b_n=\dfrac{a_n-\beta}{a_n-\alpha}$ とおいて進める** とよい。

練習 36 数列 $\{a_n\}$ が $a_1=3$, $a_{n+1}=\dfrac{4a_n-2}{a_n+1}$ で定められている。このとき，一般項 a_n を上の例題と同様の方法で求めよ。

例題 37 隣接 3 項間の漸化式 (1) ★★★☆☆

次の条件によって定められる数列 $\{a_n\}$ の一般項を求めよ。

(1) $a_1=0,\ a_2=1,\ a_{n+2}=a_{n+1}+6a_n$ (2) $a_1=1,\ a_2=4,\ a_{n+2}+a_{n+1}-2a_n=0$

指針 まず，a_{n+2} を x^2，a_{n+1} を x，a_n を 1 とおいた x の 2 次方程式 (**特性方程式**) を解く。
その 2 つの解を $\alpha,\ \beta$ とすると，$\alpha\neq\beta$ のとき

$$\boldsymbol{a_{n+2}-\alpha a_{n+1}=\beta(a_{n+1}-\alpha a_n),\ a_{n+2}-\beta a_{n+1}=\alpha(a_{n+1}-\beta a_n)} \quad \cdots\cdots Ⓐ$$

(1) 特性方程式の解は $x=-2,\ 3$ ⟶ **解に 1 を含まない** から，Ⓐ を用いて **2 通りに表し**，**等比数列** $\{a_{n+1}+2a_n\}$，$\{a_{n+1}-3a_n\}$ を考える。

(2) 特性方程式の解は $x=1,\ -2$ ⟶ **解に 1 を含む** から，漸化式は
$a_{n+2}-a_{n+1}=-2(a_{n+1}-a_n)$ と変形され，**階差数列** を利用することで解決する。

解答 (1) 漸化式を変形して

$a_{n+2}+2a_{n+1}=3(a_{n+1}+2a_n)$, $a_2+2a_1=1$ ⋯⋯ ①

$a_{n+2}-3a_{n+1}=-2(a_{n+1}-3a_n)$, $a_2-3a_1=1$ ⋯⋯ ②

① から $a_{n+1}+2a_n=1\cdot 3^{n-1}$ ⋯⋯ ③

② から $a_{n+1}-3a_n=1\cdot(-2)^{n-1}$ ⋯⋯ ④

③−④ から $5a_n=3^{n-1}-(-2)^{n-1}$

したがって $\boldsymbol{a_n=\dfrac{1}{5}\{3^{n-1}-(-2)^{n-1}\}}$

◀ $x^2=x+6$ を解くと，$(x+2)(x-3)=0$ から $x=-2,\ 3$

◀ $\{a_{n+1}+2a_n\}$ は初項 1，公比 3 の等比数列。

◀ a_{n+1} を消去。

(2) 漸化式を変形して

$a_{n+2}-a_{n+1}=-2(a_{n+1}-a_n)$, $a_2-a_1=3$

ゆえに $a_{n+1}-a_n=3(-2)^{n-1}$ ⋯⋯ ㋐

$n\geqq 2$ のとき

$$a_n=a_1+\sum_{k=1}^{n-1}3(-2)^{k-1}=1+\frac{3\{1-(-2)^{n-1}\}}{1-(-2)}=2-(-2)^{n-1}$$

$a_1=1$ であるから，これは $n=1$ のときも成り立つ。

したがって $\boldsymbol{a_n=2-(-2)^{n-1}}$

◀ $x^2+x-2=0$ の解は $(x-1)(x+2)=0$ から $x=1,\ -2$

◀ $n\geqq 2$ のとき $a_n=a_1+\sum_{k=1}^{n-1}(a_{k+1}-a_k)$

◀ 初項は特別扱い

別解 (2) 漸化式を変形して

$a_{n+2}+2a_{n+1}=a_{n+1}+2a_n$ ⋯⋯ (＊)

ゆえに $a_{n+1}+2a_n=a_n+2a_{n-1}=\cdots\cdots=a_2+2a_1=6$

すなわち，$a_{n+1}+2a_n=6$ ⋯⋯ ㋑ が成り立つ。

変形すると $a_{n+1}-2=-2(a_n-2)$, $a_1-2=-1$

よって $a_n-2=-1\cdot(-2)^{n-1}$

したがって $\boldsymbol{a_n=2-(-2)^{n-1}}$

◀ $a_{n+2}-(-2)a_{n+1}=1\cdot\{a_{n+1}-(-2)a_n\}$

◀ (＊) を繰り返し使う。

◀ $\boldsymbol{a_{n+1}=pa_n+q}$ **型**。

◀ $\alpha+2\alpha=6$ から $\alpha=2$

(注意) $a_{n+1}+2a_n=6$ ⋯⋯ ㋑ を導いたら，これと $a_{n+1}-a_n=3(-2)^{n+1}$ ⋯⋯ ㋐ の辺々を引いて
$3a_n=6-3(-2)^{n+1}$ すなわち $\boldsymbol{a_n=2-(-2)^{n-1}}$

練習 37 次の条件によって定められる数列 $\{a_n\}$ の一般項を求めよ。

(1) $a_1=1,\ a_2=13,\ a_{n+2}-5a_{n+1}-6a_n=0$

(2) $a_1=1,\ a_2=2,\ a_{n+2}-4a_{n+1}+3a_n=0$

➡ p. 425 演習 10

例題 38 隣接 3 項間の漸化式 (2) ★★★☆☆

次の条件によって定められる数列 $\{a_n\}$ の一般項を求めよ。

$a_1=0,\ a_2=2,\ a_{n+2}-4a_{n+1}+4a_n=0$

◀例題 37

指針 前ページの例題と違って，**特性方程式の解が** 重解 $(x=\alpha)$ の場合，漸化式は

$$\boldsymbol{a_{n+2}-\alpha a_{n+1}=\alpha(a_{n+1}-\alpha a_n)}$$

と変形でき，数列 $\{a_{n+1}-\alpha a_n\}$ は，初項 $a_2-\alpha a_1$，公比 α の等比数列であることがわかる。

よって　$a_{n+1}-\alpha a_n=(a_2-\alpha a_1)\alpha^{n-1}$ …… ①

すなわち，$\boldsymbol{a_{n+1}=pa_n+q^n}$ **型の漸化式に帰着** できる。

① の両辺を α^{n+1} で割ると　$\dfrac{a_{n+1}}{\alpha^{n+1}}-\dfrac{a_n}{\alpha^n}=\dfrac{a_2-\alpha a_1}{\alpha^2}$

$\dfrac{a_n}{\alpha^n}=b_n$ とおくと　$b_{n+1}-b_n=\dfrac{a_2-\alpha a_1}{\alpha^2}$　◀ **等差数列** の形に帰着。

解答 漸化式を変形して　$a_{n+2}-2a_{n+1}=2(a_{n+1}-2a_n)$

◀ $x^2-4x+4=0$ を解くと，$(x-2)^2=0$ から　$x=2$（重解）

ゆえに，数列 $\{a_{n+1}-2a_n\}$ は，初項 $a_2-2a_1=2-0=2$，公比 2 の等比数列であるから

$$a_{n+1}-2a_n=2\cdot 2^{n-1}\quad すなわち\quad a_{n+1}-2a_n=2^n$$

◀ $a_{n+1}=pa_n+q^n$ 型は，両辺を q^{n+1} で割る（例題 29 参照）。

両辺を 2^{n+1} で割ると　$\dfrac{a_{n+1}}{2^{n+1}}-\dfrac{a_n}{2^n}=\dfrac{1}{2}$

$\dfrac{a_n}{2^n}=b_n$ とおくと　$b_{n+1}-b_n=\dfrac{1}{2}$

◀ $a_{n+1}-a_n=d$（公差）

数列 $\{b_n\}$ は初項 $b_1=\dfrac{a_1}{2}=0$，公差 $\dfrac{1}{2}$ の等差数列であるから　$b_n=0+(n-1)\cdot\dfrac{1}{2}=\dfrac{1}{2}(n-1)$

よって　$\boldsymbol{a_n}=2^n\cdot\dfrac{1}{2}(n-1)=\boldsymbol{2^{n-1}(n-1)}$

◀ $a_n=2^nb_n$

隣接 3 項間の漸化式 $\boldsymbol{a_1=a,\ a_2=b,\ pa_{n+2}+qa_{n+1}+ra_n=0}$ …… ① $(pqr\neq 0)$ が等比数列型の漸化式 $a_{n+2}-\alpha a_{n+1}=\beta(a_{n+1}-\alpha a_n)$ すなわち $a_{n+2}-(\alpha+\beta)a_{n+1}+\alpha\beta a_n=0$ …… ② に変形できたとする。このとき，① の両辺を p で割った式と ② の係数を比較すると

$$\frac{q}{p}=-(\alpha+\beta),\ \frac{r}{p}=\alpha\beta\quad すなわち\quad \alpha+\beta=-\frac{q}{p},\ \alpha\beta=\frac{r}{p}$$

よって，α，β は 2 次方程式 $px^2+qx+r=0$ …… ③ の解である。

ここで，③ は，① の a_{n+2} を x^2，a_{n+1} を x，a_n を 1 とおいた 2 次方程式であり，これを漸化式 ① の **特性方程式** という。

漸化式 ① については，**特性方程式 $\boldsymbol{px^2+qx+r=0}$ の 2 つの解を $\boldsymbol{\alpha}$，$\boldsymbol{\beta}$ とすると**

$$\boldsymbol{a_{n+2}-\alpha a_{n+1}=\beta(a_{n+1}-\alpha a_n),\ a_{n+2}-\beta a_{n+1}=\alpha(a_{n+1}-\beta a_n)}$$

と変形できることがわかる。$\alpha\neq\beta$ のときは例題 37，$\alpha=\beta$ のときは例題 38 のようにして，一般項を求めていく。

練習 38 次の条件によって定められる数列 $\{a_n\}$ の一般項を求めよ。

$a_1=1,\ a_2=5,\ a_{n+2}+8a_{n+1}+16a_n=0$

重要例題 39 フィボナッチ数列の一般項 ★★★★☆

n 段（n は自然数）ある階段を 1 歩で 1 段または 2 段上がるとき，この階段の上がり方の総数を a_n とする。このとき，数列 $\{a_n\}$ の一般項を求めよ。 ◀例題 37

指針 1 歩で上がれるのは 1 段または 2 段であるから，$n \geqq 3$ のとき n 段に達する **直前の動作** を考えると　[1]　2 段手前 $[(n-2)$ 段$]$ から 2 歩上がりで到達する。
[2]　1 段手前 $[(n-1)$ 段$]$ から 1 歩上がりで到達する。
の 2 つの方法がある。[1]，[2] より，数列 $\{a_n\}$ についての隣接 3 項間の漸化式を導く。
⟶ 漸化式から一般項を求める要領は，例題 37 と同様であるが，ここでは特性方程式の解 α，β が無理数を含む複雑な値となってしまう。計算をらくに扱うためには，文字 α，β のままできるだけ進めて，最後に値に直すとよい。

解答 $a_1=1$，$a_2=2$ である。
$n \geqq 3$ のとき，n 段の階段を上がる方法には，次の [1]，[2] の場合がある。
[1]　最後が 1 段上がりのとき，場合の数は $(n-1)$ 段目までの上がり方の総数と等しく　a_{n-1} 通り
[2]　最後が 2 段上がりのとき，場合の数は $(n-2)$ 段目までの上がり方の総数と等しく　a_{n-2} 通り

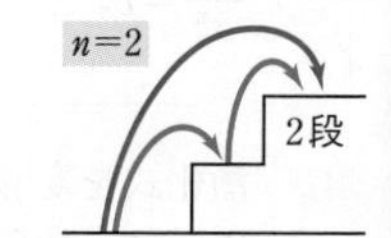

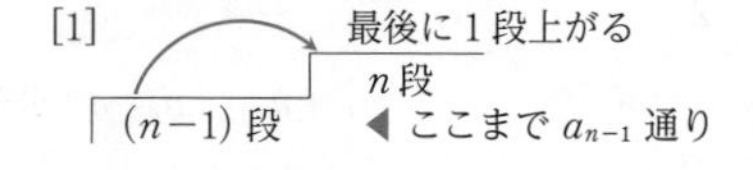

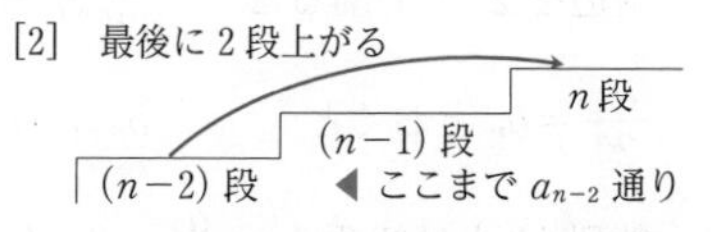

よって　$a_n=a_{n-1}+a_{n-2}$ $(n \geqq 3)$ …… (＊)　◀ 和の法則（数学A）
この漸化式は，$a_{n+2}=a_{n+1}+a_n$ $(n \geqq 1)$ …… ① と同値である。　◀ (＊) で $n \longrightarrow n+2$
$x^2=x+1$ の 2 つの解を α，β $(\alpha<\beta)$ とすると，解と係数の関係から　$\alpha+\beta=1$，　$\alpha\beta=-1$　◀ 特性方程式 $x^2-x-1=0$ の解は $x=\dfrac{1\pm\sqrt{5}}{2}$
また，① から　$a_{n+2}-(\alpha+\beta)a_{n+1}+\alpha\beta a_n=0$　よって
$a_{n+2}-\alpha a_{n+1}=\beta(a_{n+1}-\alpha a_n)$，$a_2-\alpha a_1=2-\alpha$ …… ②　◀ $a_1=1$，$a_2=2$
$a_{n+2}-\beta a_{n+1}=\alpha(a_{n+1}-\beta a_n)$，$a_2-\beta a_1=2-\beta$ …… ③
② から　$a_{n+1}-\alpha a_n=(2-\alpha)\beta^{n-1}$ …… ④　◀ ar^{n-1}
③ から　$a_{n+1}-\beta a_n=(2-\beta)\alpha^{n-1}$ …… ⑤
④−⑤ から　$(\beta-\alpha)a_n=(2-\alpha)\beta^{n-1}-(2-\beta)\alpha^{n-1}$ …… ⑥　◀ **a_{n+1} を消去。**
ここで，$\alpha=\dfrac{1-\sqrt{5}}{2}$，$\beta=\dfrac{1+\sqrt{5}}{2}$ であるから　$\beta-\alpha=\sqrt{5}$　◀ α，β を値に直す。
また，$\alpha+\beta=1$，$\alpha^2=\alpha+1$，$\beta^2=\beta+1$ であるから
$2-\alpha=2-(1-\beta)=\beta+1=\beta^2$　　同様にして　$2-\beta=\alpha^2$　◀ $2-\alpha$，$2-\beta$ については，α，β の値を直接代入してもよいが，ここでは計算を工夫している。
よって，⑥ から　$$\boldsymbol{a_n=\frac{1}{\sqrt{5}}\left\{\left(\frac{1+\sqrt{5}}{2}\right)^{n+1}-\left(\frac{1-\sqrt{5}}{2}\right)^{n+1}\right\}}$$

練習 39 次の条件によって定められる数列 $\{a_n\}$ の一般項を求めよ。
$a_1=a_2=1$，$a_{n+2}=a_{n+1}+3a_n$　〔類 北海道大〕

フィボナッチ数列

フィボナッチは，13 世紀に活躍したイタリアの数学者である。その著書「算盤の書」において，次のような問題を取り上げた。

> ある月に生まれた 1 対のウサギは，生まれた月の翌々月から毎月 1 対の子どもを産み，新たに生まれた対のウサギも同様であるとする。このように増えていくとき，今月に生まれたばかりの 1 対のウサギから始めて，n か月後には何対のウサギになっているであろうか。

月末の数に着目して，数列を作ると

1，1，2，3，5，8，13，21，……

となり，これを **フィボナッチ数列** と呼ぶ。

漸化式で表すと，次のようになる。

$$\boldsymbol{a_1=1,\ a_2=1,\ a_{n+2}=a_{n+1}+a_n} \quad \cdots\cdots ①$$

このことから，前ページの例題 39 の数列 $\{a_n\}$ もフィボナッチ数列であることがわかる（例題では，$a_1=1$，$a_2=2$ としている）。

① で定められる数列 $\{a_n\}$ の一般項を，例題 39 の解答と同様にして求めると

$$a_n=\frac{1}{\sqrt{5}}\left\{\left(\frac{1+\sqrt{5}}{2}\right)^n-\left(\frac{1-\sqrt{5}}{2}\right)^n\right\} \quad \cdots\cdots ②$$

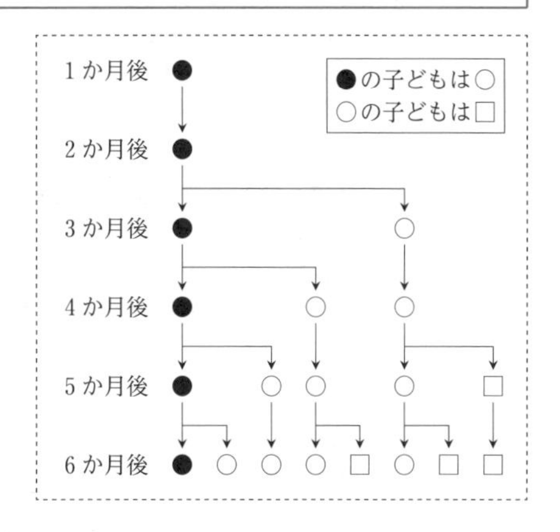

① から，数列 $\{a_n\}$ の各項は自然数となることがわかるが，これは ② の式からは予想できないことである。② の式から各項が自然数となることは，次のようにして説明できる。

$\alpha=\dfrac{1-\sqrt{5}}{2}$，$\beta=\dfrac{1+\sqrt{5}}{2}$（$\beta$ は黄金比の値）とおくと，例題 39 の解答で示したように，

$\beta-\alpha=\sqrt{5}$ であり，α，β は $x^2=x+1$ の解である。$x^2=x+1$ が成り立つとき

$$x^3=x(x+1)=x^2+x=(x+1)+x=2x+1, \qquad x^4=x(2x+1)=2x^2+x=3x+2$$

以後同様に考えると，$x^n=px+q$（n，p，q は自然数）となるから

$$a_n=\frac{1}{\sqrt{5}}(\beta^n-\alpha^n)=\frac{1}{\sqrt{5}}\{(p\beta+q)-(p\alpha+q)\}=\frac{p(\beta-\alpha)}{\sqrt{5}}=\frac{p\cdot\sqrt{5}}{\sqrt{5}}=p \text{（自然数）}$$

なお，フィボナッチ数列は自然界に多く現れる。例えば，木は成長していくと枝の数が増えていくが，その枝の増え方にフィボナッチ数列が関係している（ちなみに，木は日光を効率よく受けられる方向に枝を出す習性があり，そのような枝の角度には黄金比 β が関係している）。また，カタツムリの殻にもフィボナッチ数列（フィボナッチの渦巻き）が現れる。

木の枝分かれのイメージ

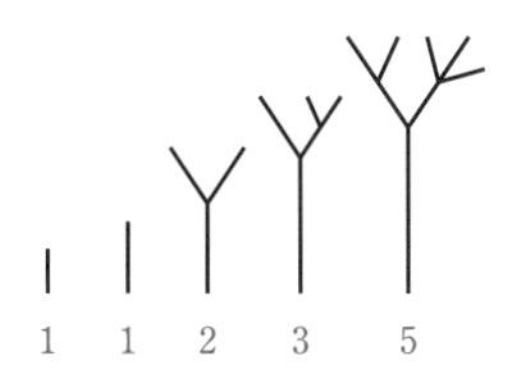

カタツムリの渦巻き（らせん）

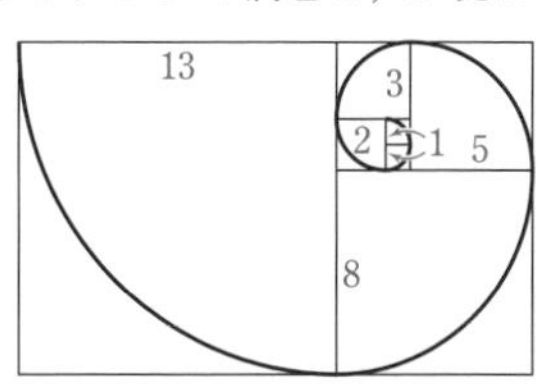

例題 40 連立漸化式 (1) ★★★☆☆

2つの数列 $\{a_n\}$, $\{b_n\}$ が

$$a_1=b_1=1,\quad a_{n+1}=a_n+4b_n,\quad b_{n+1}=a_n+b_n$$

で定められている。数列 $\{a_n\}$, $\{b_n\}$ の一般項を求めよ。

◀例題 37

指針 ここでは，2つの数列についての漸化式から一般項を求める方法について学ぶ。2つの数列の漸化式であっても， **CHART》 既習の数列に変形** の考えが基本となる。

解法 1．等比数列を作る方法

数列 $\{a_n+\alpha b_n\}$ を考えて，これが等比数列となることを目指す。すなわち，$\boldsymbol{a_{n+1}+\alpha b_{n+1}=\beta(a_n+\alpha b_n)}$ が成り立つように α, β の値を決める。

⟶ 本問では，値の組 $(\alpha,\ \beta)$ が2つ定まるから，一般項 $a_n+●b_n$ を2つ n の式で表した後，それを a_n, b_n の連立方程式とみて解く。

(注意) 値の組 $(\alpha,\ \beta)$ が1つしか定まらない場合は，次の例題 41 のように対応する。

解法 2．隣接3項間の漸化式に帰着する方法

2つ目の漸化式から　$a_n=b_{n+1}-b_n$ …… (＊)　　よって　$a_{n+1}=b_{n+2}-b_{n+1}$

この2式を1つ目の漸化式に代入し，**$\boldsymbol{a_{n+1}}$, $\boldsymbol{a_n}$ を消去する** ことによって，数列 $\{b_n\}$ についての隣接3項間の漸化式を導くことができる。　⟶ 例題 37 参照。

まず，一般項 b_n を求め，次に (＊) を利用して一般項 a_n を求める。

解答 1．〔等比数列を作る方法〕

$a_{n+1}+\alpha b_{n+1}=\beta(a_n+\alpha b_n)$ とすると

$$a_n+4b_n+\alpha(a_n+b_n)=\beta a_n+\alpha\beta b_n$$

◀ $a_{n+1}=a_n+4b_n$, $b_{n+1}=a_n+b_n$ を代入。

よって　$(1+\alpha)a_n+(4+\alpha)b_n=\beta a_n+\alpha\beta b_n$

◀ a_n, b_n についての恒等式とみて，係数を比較。

数列 $\{a_n+\alpha b_n\}$ が等比数列となるための条件は

$$1+\alpha=\beta,\ 4+\alpha=\alpha\beta \quad \cdots\cdots ㋐$$

$\beta=1+\alpha$ …… ① を $4+\alpha=\alpha\beta$ に代入して整理すると

$$\alpha^2=4$$

◀ 代入法で ㋐ を解く。β を消去すると $4+\alpha=\alpha+\alpha^2$

ゆえに　$\alpha=\pm 2$

① から　$\alpha=2$ のとき　$\beta=3$

　　　　$\alpha=-2$ のとき　$\beta=-1$

ゆえに　$a_{n+1}+2b_{n+1}=3(a_n+2b_n)$,　$a_1+2b_1=3$；

　　　　$a_{n+1}-2b_{n+1}=-(a_n-2b_n)$,　$a_1-2b_1=-1$

◀ $\alpha=2$, $\beta=3$

◀ $\alpha=-2$, $\beta=-1$

よって，数列 $\{a_n+2b_n\}$ は初項3，公比3の等比数列；

　　　数列 $\{a_n-2b_n\}$ は初項 -1，公比 -1 の等比数列。

ゆえに　$a_n+2b_n=3\cdot 3^{n-1}=3^n$ …… ②,

　　　　$a_n-2b_n=-(-1)^{n-1}=(-1)^n$ …… ③

◀ ar^{n-1}

(②＋③)÷2 から　$\boldsymbol{a_n=\dfrac{3^n+(-1)^n}{2}}$

◀ b_n を消去。

(②－③)÷4 から　$\boldsymbol{b_n=\dfrac{3^n-(-1)^n}{4}}$

◀ a_n を消去。

解答 2．〔**隣接 3 項間の漸化式に帰着する方法**〕

$a_{n+1}=a_n+4b_n$ ……①，$b_{n+1}=a_n+b_n$ ……② とする。

② から　$a_n=b_{n+1}-b_n$ ……③

よって　$a_{n+1}=b_{n+2}-b_{n+1}$ ……④

◀ ③ で n の代わりに $n+1$ とおいたもの。

③，④ を ① に代入すると

$$b_{n+2}-b_{n+1}=(b_{n+1}-b_n)+4b_n$$

ゆえに　$b_{n+2}-2b_{n+1}-3b_n=0$ ……⑤

◀ 隣接 3 項間の漸化式。

また，② から　$b_2=a_1+b_1=1+1=2$

◀ 隣接 3 項間の漸化式では，第 2 項も必要。

⑤ を変形すると

$$b_{n+2}+b_{n+1}=3(b_{n+1}+b_n),\quad b_2+b_1=3\ ;$$
$$b_{n+2}-3b_{n+1}=-(b_{n+1}-3b_n),\quad b_2-3b_1=-1$$

◀ ⑤ の特性方程式 $x^2-2x-3=0$ の解は，$(x+1)(x-3)=0$ から $x=-1,\ 3$

よって，数列 $\{b_{n+1}+b_n\}$ は初項 3，公比 3 の等比数列；
数列 $\{b_{n+1}-3b_n\}$ は初項 -1，公比 -1 の等比数列。

ゆえに　$b_{n+1}+b_n=3\cdot 3^{n-1}=3^n$ ……⑥

$b_{n+1}-3b_n=-1\cdot(-1)^{n-1}=(-1)^n$ ……⑦

◀ ar^{n-1}

(⑥－⑦)÷4 から　$\boldsymbol{b_n=\dfrac{3^n-(-1)^n}{4}}$

◀ b_{n+1} を消去。

よって，③ から　$a_n=\dfrac{3^{n+1}-(-1)^{n+1}}{4}-\dfrac{3^n-(-1)^n}{4}$

$$=\frac{2\cdot 3^n+2\cdot(-1)^n}{4}=\boldsymbol{\frac{3^n+(-1)^n}{2}}$$

◀ $3^{n+1}=3\cdot 3^n$，$(-1)^{n+1}=-(-1)^n$

CHART 》連立漸化式

1 数列 $\{a_n+\alpha b_n\}$ を等比数列にする

2 隣接 3 項間の漸化式に帰着

解答 1 では，$a_{n+1}+\alpha b_{n+1}=\beta(a_n+\alpha b_n)$ とおくことにより，等比数列を導き出したが，$a_{n+1}=pa_n+qb_n$ ……Ⓐ，$b_{n+1}=qa_n+pb_n$ ……Ⓑ のように，a_n の係数と b_n の係数を交換した形の漸化式のときは

Ⓐ＋Ⓑ から　$a_{n+1}+b_{n+1}=(p+q)(a_n+b_n)$

Ⓐ－Ⓑ から　$a_{n+1}-b_{n+1}=(p-q)(a_n-b_n)$

となり，2 つの漸化式の和・差をとると，うまく等比数列の形を作ることができる。下の練習 (1) で試してみよう。

練習 40 次の条件によって定められる数列 $\{a_n\}$，$\{b_n\}$ の一般項を求めよ。

(1) $a_1=3,\ b_1=1,\ a_{n+1}=2a_n+b_n,\ b_{n+1}=a_n+2b_n$ 〔類 明治薬大〕

(2) $a_1=1,\ b_1=3,\ a_{n+1}=3a_n+b_n,\ b_{n+1}=2a_n+4b_n$ 〔類 三重大〕

例題 41 連立漸化式 (2) ★★★☆☆

次の条件で定められる数列 $\{a_n\}$, $\{b_n\}$ の一般項を求めよ。

$$a_1=1,\ b_1=-1,\ a_{n+1}=5a_n-4b_n,\ b_{n+1}=a_n+b_n$$

◀例題 40

指針 例題 40 と同様に,「**等比数列を利用**」の方針で進めると,本問では $a_{n+1}+\alpha b_n=\beta(a_n+\alpha b_n)$ を満たす値の組 $(\alpha,\ \beta)$ が 1 つだけ定まる。
→ $a_n+\alpha b_n=(a_1+\alpha b_1)\beta^{n-1}$ の形を導くことができるが,これに $a_n=b_{n+1}-b_n$ を代入して **a_n を消去** すると $b_{n+1}=(1-\alpha)b_n+(a_1+\alpha b_1)\beta^{n-1}$ となり,**$b_{n+1}=pb_n+q^n$ 型の漸化式** (例題 29 のタイプ) に帰着できる。
なお,「**隣接 3 項間の漸化式に帰着**」の方針でも解ける。これについては 別解 参照。

解答 $a_{n+1}+\alpha b_{n+1}=\beta(a_n+\alpha b_n)$ …… ① とすると

$$5a_n-4b_n+\alpha(a_n+b_n)=\beta a_n+\alpha\beta b_n$$

よって $(5+\alpha)a_n+(\alpha-4)b_n=\beta a_n+\alpha\beta b_n$ …… (＊)

数列 $\{a_n+\alpha b_n\}$ が等比数列となるための条件は

$$5+\alpha=\beta,\ \alpha-4=\alpha\beta$$

これを解くと $\alpha=-2,\ \beta=3$

ゆえに,① から $a_{n+1}-2b_{n+1}=3(a_n-2b_n),\ a_1-2b_1=3$

よって $a_n-2b_n=3\cdot3^{n-1}=3^n$

すなわち $a_n=2b_n+3^n$ …… ②

これに $a_n=b_{n+1}-b_n$ を代入すると $b_{n+1}=3b_n+3^n$

両辺を 3^{n+1} で割ると $\dfrac{b_{n+1}}{3^{n+1}}=\dfrac{b_n}{3^n}+\dfrac{1}{3}$

数列 $\left\{\dfrac{b_n}{3^n}\right\}$ は初項 $\dfrac{b_1}{3^1}=\dfrac{-1}{3}=-\dfrac{1}{3}$,公差 $\dfrac{1}{3}$ の等差数列であるから $\dfrac{b_n}{3^n}=-\dfrac{1}{3}+(n-1)\cdot\dfrac{1}{3}=\dfrac{n-2}{3}$

よって $\boldsymbol{b_n=3^{n-1}(n-2)}$

これを ② に代入して $\boldsymbol{a_n=3^{n-1}(2n-1)}$

◀ $a_{n+1}=5a_n-4b_n$, $b_{n+1}=a_n+b_n$ を代入。
◀ (＊) の両辺の係数比較。
◀ まず,$\beta=5+\alpha$ を $\alpha-4=\alpha\beta$ に代入して,β を消去。
◀ $\{a_n-2b_n\}$ は初項 3,公比 3 の等比数列。
◀ a_n を消去。
◀ **$b_{n+1}=pb_n+q^n$ 型は両辺を q^{n+1} で割り,$c_{n+1}=$●c_n+■ 型へ** (例題 29 参照)。
◀ $\dfrac{3^n}{3}=3^{n-1}$
◀ $3^{n-1}(2n-4)+3\cdot3^{n-1}$

別解 $a_{n+1}=5a_n-4b_n$ …… ①, $b_{n+1}=a_n+b_n$ …… ② とする。

② から $a_n=b_{n+1}-b_n$ …… ③ よって $a_{n+1}=b_{n+2}-b_{n+1}$ …… ④

③, ④ を ① に代入して整理すると $b_{n+2}-6b_{n+1}+9b_n=0$

変形すると $b_{n+2}-3b_{n+1}=3(b_{n+1}-3b_n),\ b_2-3b_1=(1-1)-3(-1)=3$

($x^2-6x+9=0$ の解は $x=3$ (重解))

ゆえに $b_{n+1}-3b_n=3\cdot3^{n-1}$

両辺を 3^{n+1} で割ると $\dfrac{b_{n+1}}{3^{n+1}}-\dfrac{b_n}{3^n}=\dfrac{1}{3},\ \dfrac{b_1}{3}=-\dfrac{1}{3}$

よって $\dfrac{b_n}{3^n}=-\dfrac{1}{3}+(n-1)\cdot\dfrac{1}{3}=\dfrac{n-2}{3}$ ゆえに $\boldsymbol{b_n=3^{n-1}(n-2)}$

③ から $a_n=3^n(n-1)-3^{n-1}(n-2)=3^{n-1}\{3(n-1)-(n-2)\}=\boldsymbol{3^{n-1}(2n-1)}$

練習 41 次の条件で定められる数列 $\{a_n\}$, $\{b_n\}$ の一般項を求めよ。

$$a_1=b_1=1,\ a_{n+1}=3a_n+b_n,\ b_{n+1}=-a_n+b_n$$

重要例題 42 偶奇で式が異なる漸化式の扱い ★★★★☆

数列 $\{a_n\}$ が次のように定められている。

$$a_1=0,\quad a_{n+1}=\begin{cases}2a_n & (n\text{ が奇数のとき})\\ a_n+1 & (n\text{ が偶数のとき})\end{cases}\quad (n=1,\ 2,\ 3,\ \cdots\cdots)$$

(1) n が奇数の場合と偶数の場合それぞれについて，a_{n+4} を a_n で表せ。

(2) a_n を 3 で割ったときの余りを求めよ。 〔類 岡山大〕

指針 (1) $a_{(奇数)+1}=2a_{(奇数)}$，$a_{(偶数)+1}=a_{(偶数)}+1$ を利用して，項の番号を1つずつ小さくしていく。

(2) 漸化式が場合分けされているため，一般項 a_n が考えにくい。そこで，

(1) は (2) のヒント ととらえて，a_{n+4} と a_n の規則性を考える。

解答 (1) [1] **n が奇数のとき**

$$\boldsymbol{a_{n+4}}=a_{(n+3)+1}=a_{n+3}+1=a_{(n+2)+1}+1=2a_{n+2}+1$$
$$=2a_{(n+1)+1}+1=2(a_{n+1}+1)+1=2\cdot 2a_n+3=\boldsymbol{4a_n+3}$$

[2] **n が偶数のとき**

$$\boldsymbol{a_{n+4}}=a_{(n+3)+1}=2a_{n+3}=2a_{(n+2)+1}=2(a_{n+2}+1)$$
$$=2a_{(n+1)+1}+2=2\cdot 2a_{n+1}+2=4(a_n+1)+2=\boldsymbol{4a_n+6}$$

◀偶奇に注意しながら，漸化式を繰り返し利用する。

(2) n が奇数のとき $a_{n+4}=3(a_n+1)+a_n$

n が偶数のとき $a_{n+4}=3(a_n+2)+a_n$

$3(a_n+1)$，$3(a_n+2)$ は 3 で割り切れるから，n が奇数，偶数のいずれの場合についても，a_{n+4} を 3 で割った余りは，a_n を 3 で割った余りと等しい。

◀(1) の結果の式を，3 で割ったときの割り算の等式に変形。

$a_1=0$，$a_2=0$，$a_3=1$，$a_4=2$ であるから，a_n を 3 で割ったときの余りは，**k を自然数として**

$n=4k-3$，$4k-2$ のとき 0；$n=4k-1$ のとき 1；$n=4k$ のとき 2

◀$a_2=2a_1=0$，$a_3=a_2+1=1$，$a_4=2a_3=2$

検討 上の例題の数列 $\{a_n\}$ の一般項は，次のようにして求められる。

自然数 n に対して，$b_n=a_{2n-1}$ とおくと

$$b_{n+1}=a_{2n+1}=a_{2n}+1=2a_{2n-1}+1=2b_n+1 \qquad よって \qquad b_{n+1}+1=2(b_n+1)$$

ゆえに，数列 $\{b_n+1\}$ は初項 $b_1+1=a_1+1=1$，公比 2 の等比数列であるから

$$b_n+1=2^{n-1} \quad すなわち \quad b_n=2^{n-1}-1$$

よって $a_{2n-1}=b_n=2^{n-1}-1$，$a_{2n}=2a_{2n-1}=2^n-2$

ゆえに **n が奇数のとき $a_n=2^{\frac{n-1}{2}}-1$，　n が偶数のとき $a_n=2^{\frac{n}{2}}-2$**

練習 42 a_1 を自然数とし，$a_{n+1}=\begin{cases}\dfrac{a_n}{2} & (a_n\text{ が偶数のとき})\\ a_n+1 & (a_n\text{ が奇数のとき})\end{cases}\quad (n=1,\ 2,\ 3,\ \cdots\cdots)$

で定まる自然数からなる数列 $\{a_n\}$ を考える。

(1) $a_1=5$ のとき，a_4，a_7，a_{10} を求めよ。

(2) $a_n>2$ のとき，$a_{n+2}<a_n$ であることを示せ。

(3) 初項 a_1 の値によらず，数列 $\{a_n\}$ は必ず値が 1 の項をもつことを示せ。

〔芝浦工大〕 ➡p. 426 演習 11

例題 43 図形と漸化式(1)…相似な図形 ★★★☆☆

$\angle XPY=60^\circ$ となる2つの半直線 PX, PY に接する半径1の円を O_1 とする。半直線 PX, PY および円 O_n に接する円のうち半径の小さい方の円を O_{n+1} とする。また，円 O_n の半径と面積をそれぞれ r_n, S_n とする。

(1) r_n を求めよ。

(2) $\pi<3.15$ を利用し，任意の自然数 n について $S_1+S_2+\cdots\cdots+S_n<3.6$ となることを示せ。

〔類 佐賀大〕 ◀例10

指針 (1) **CHART》** 繰り返しの操作　**n 番目と $(n+1)$ 番目の関係に注目**

図をかいて，r_n と r_{n+1} の関係を調べる。 まずは，r_2 と r_1 の具体例で見通しを立てるとよい。右の図において

$$O_1O_2=r_1+r_2,\quad O_1H=r_1-r_2$$

$O_1O_2=2O_1H$ から　$r_1+r_2=2(r_1-r_2)$　　よって　$r_2=\dfrac{1}{3}r_1$

このことから，漸化式 $r_{n+1}=\dfrac{1}{3}r_n$ が成り立つのではないか，と考える。

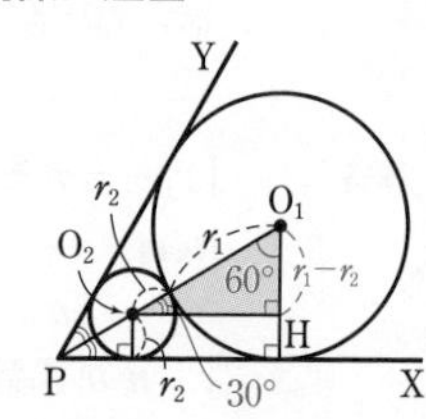

解答 (1) 右の図の $\triangle O_nO_{n+1}H$ について

$$O_nO_{n+1}=r_n+r_{n+1},$$
$$O_nH=r_n-r_{n+1}$$

$\angle O_nO_{n+1}H=30^\circ$ であるから

$$O_nO_{n+1}=2O_nH$$

よって　$r_n+r_{n+1}=2(r_n-r_{n+1})$

ゆえに　$r_{n+1}=\dfrac{1}{3}r_n$　　また　$r_1=1$

よって，数列 $\{r_n\}$ は初項1，公比 $\dfrac{1}{3}$ の等比数列であるから　$\boldsymbol{r_n=\left(\dfrac{1}{3}\right)^{n-1}}$

◀ 指針の $n=1$, 2 の場合を n, $n+1$ の場合に変えたもの。

◀ 半直線 PO_n は $\angle XPY(=60^\circ)$ の二等分線，$PX /\!/ O_{n+1}H$ ならば $\angle O_nO_{n+1}H=30^\circ$
よって $O_nO_{n+1}:O_nH=2:1$

(2) $S_n=\pi r_n{}^2=\pi\left(\dfrac{1}{9}\right)^{n-1}$ であるから

$$S_1+S_2+\cdots\cdots+S_n=\frac{\pi\left\{1-\left(\frac{1}{9}\right)^n\right\}}{1-\frac{1}{9}}=\frac{9}{8}\pi\left\{1-\left(\frac{1}{9}\right)^n\right\}$$

◀ 数列 $\{S_n\}$ は初項 π，公比 $\dfrac{1}{9}$ の等比数列。

よって　$S_1+S_2+\cdots+S_n<\dfrac{9}{8}\pi<1.125\times3.15=3.54375<3.6$

練習 43 1辺の長さが a の正三角形 $P_1Q_1R_1$ の内接円を C_1, $\triangle P_1Q_1R_1$ と円 C_1 の接点を P_2, Q_2, R_2 とし，$\triangle P_2Q_2R_2$ の内接円を C_2 とする。これを繰り返し，$\triangle P_nQ_nR_n$ の内接円を C_n $(n=1,\ 2,\ \cdots\cdots)$ とする。

(1) 円 C_n の半径 r_n を求めよ。

(2) 円 C_n の面積を S_n とするとき，$S_1+S_2+\cdots\cdots+S_n=\dfrac{455}{4096}\pi a^2$ となる n の値を求めよ。

〔信州大〕

例題 44 図形と漸化式 (2) … 領域の個数 ★★★☆☆

平面上に，どの 2 つの円をとっても互いに交わり，また，3 つ以上の円は同一の点では交わらない n 個の円がある。これらの円によって，平面は何個の部分に分けられるか。

◀例10

指針 CHART》 **n 番目と $(n+1)$ 番目の関係に注目** の方針であるが，いきなり n 個の円の図をかくことは難しい。そこで，まずは $n=1$, 2, 3, 4 で小手調べ。

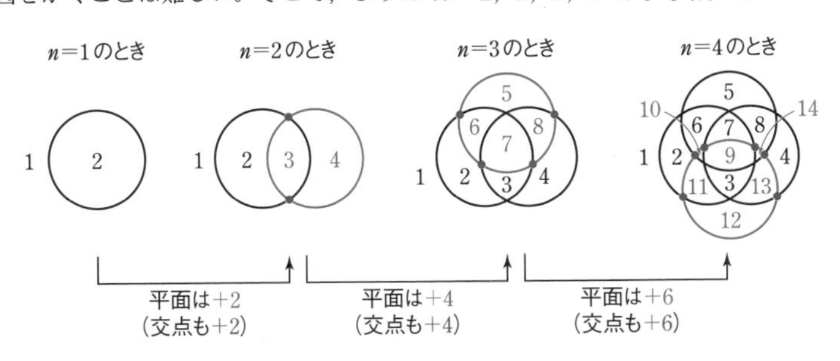

($n=2$, 3, 4 の図は，それぞれ $n=1$, 2, 3 の図に ○ の円を加えたもの。)

n 個の円によって平面が a_n 個の部分に分かれているとき，円を 1 個追加すると平面の部分は何個増えるかを考えて，漸化式を作る。

解答 n 個の円で分けられる平面の部分の個数を a_n とする。

条件を満たす n 個の円に，更に条件を満たす円を 1 個加えると，この円は n 個の円のおのおのと 2 点で交わるから，交点の総数は $2n$ 個で，$2n$ 個の弧に分割される。これらの弧 1 つ 1 つに対して，新しい部分が 1 つずつ増えるから，平面の部分は $2n$ 個だけ増加する。

よって　　$a_{n+1}=a_n+2n$

すなわち　　$a_{n+1}-a_n=2n$

ゆえに，数列 $\{a_n\}$ の階差数列の一般項は $2n$ であり，$a_1=2^{(*)}$ であるから，$n\geqq 2$ のとき

$$a_n=a_1+\sum_{k=1}^{n-1}2k=2+2\cdot\frac{1}{2}(n-1)n$$

$$=n^2-n+2 \quad \cdots\cdots ①$$

$a_1=2$ であるから，① は $n=1$ のときも成り立つ。

したがって　　**n^2-n+2 個**

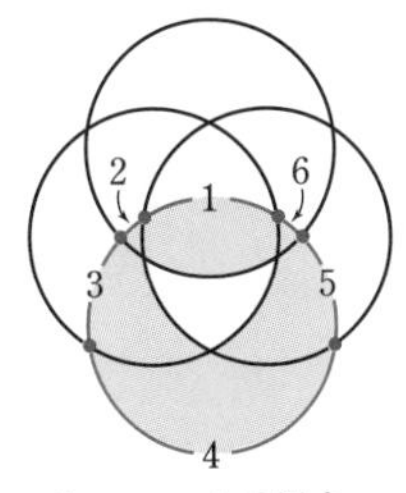

$n=3 \longrightarrow n=4$ の場合。
交点が +6 より，弧も +6
よって，平面も +6

(＊) $a_1=2$ については，指針の図 ($n=1$) を参照。

練習 44 1 つの円に n 本の弦を，どの 2 本も円の内部で交わり，どの 3 本も同じ点を通ることがないように引く。円の内部が，これらの弦によって分けられる部分の個数を D_n とする。このとき，$D_3=$ ア□，$D_4=$ イ□ であり，$D_n=$ ウ□ となる。また，D_n 個の部分のうち，多角形であるものの個数を d_n とする。n が 4 以上のとき，$d_n=$ エ□ となる。

重要例題 45 場合の数と漸化式 ★★★★☆

3文字 a, b, c を横に n 個書き並べたものを長さ n の単語と呼ぶことにする。ただし, $n=1, 2, 3, \cdots\cdots$ とする。例えば, $abba$, $baca$, $caab$ はどれも長さ4の異なる単語である。このような長さ n の単語のうち, a を奇数個含むものの数を x_n で, 残りのものの数を y_n で表す。このとき, x_n, y_n を求めよ。〔類 電通大〕

指針 長さ n の単語は, 異なる3文字から重複を許して n 個取り出す順列の総数で 3^n 通りある。
n 番目と $(n+1)$ 番目, つまり x_n と x_{n+1} の関係については, 長さ n の単語に a が奇数個含まれるときと, 偶数個含まれるときの場合に分け, $(n+1)$ 個目の並べ方を考える。

解答 長さ n の単語は, 3文字 a, b, c から重複を許して並べてできる順列の総数に等しいから, 全部で 3^n 個ある。

◀ 異なる3個から n 個取る重複順列。

したがって　$x_n+y_n=3^n$ …… ①

また, x_{n+1} について, 長さ $n+1$ の単語のうち, a が奇数個含まれるものには, 次の2つの場合が考えられる。

[1] 長さ n の単語に a が奇数個含まれ, $n+1$ 個目が b または c である。

[2] 長さ n の単語に a が偶数個含まれ, $n+1$ 個目が a である。

よって　$x_{n+1}=2x_n+y_n$ …… ②

① から　$y_n=3^n-x_n$ …… ①′

これを ② に代入して整理すると　$x_{n+1}-x_n=3^n$

また, 長さ1の単語について　$x_1=1$

したがって, $n \geqq 2$ のとき

$$x_n=x_1+\sum_{k=1}^{n-1}3^k=1+\frac{3(3^{n-1}-1)}{3-1}=\frac{1}{2}(3^n-1) \quad \cdots\cdots ③$$

$x_1=1$ であるから, ③ は $n=1$ のときも成り立つ。

よって　$\boldsymbol{x_n=\frac{1}{2}(3^n-1)}$

①′ に代入して　$\boldsymbol{y_n=\frac{1}{2}(3^n+1)}$

長さ n		長さ $n+1$
⋮		⋮
x_n		a の個数
a が奇数個	a →	偶数
	b, c →	奇数
y_n		a の個数
a が偶数個	a →	奇数
	b, c →	偶数

練習 45 n は自然数とし, あるウイルスの感染拡大について次の仮定で試算を行う。このウイルスの感染者は感染してから1日の潜伏期間をおいて, 2日後から毎日2人の未感染者にこのウイルスを感染させるとする。新たな感染者1人が感染源となった n 日後の感染者数を a_n 人とする。例えば, 1日後は感染者は増えず $a_1=1$ で, 2日後は2人増えて $a_2=3$ となる。

(1) a_{n+2}, a_{n+1}, a_n の間に成り立つ関係式を求めよ。

(2) 一般項 a_n を求めよ。

(3) 感染者数が初めて1万人を超えるのは何日後か求めよ。〔東北大〕

重要例題 46 無理数の n 乗と漸化式 ★★★★☆

自然数の数列 $\{a_n\}$, $\{b_n\}$ は $(2+\sqrt{3})^n=a_n+b_n\sqrt{3}$ を満たすものとする。
(1) a_{n+1}, b_{n+1} を a_n, b_n を用いて表せ。
(2) $c_n=a_n-b_n\sqrt{3}$ とするとき, 数列 $\{c_n\}$ の一般項を求めよ。
(3) 数列 $\{a_n\}$, $\{b_n\}$ の一般項を求めよ。 〔鳥取大〕

◀例題 40

指針 (1) a_{n+1}, b_{n+1} と a_n, b_n を結びつけるため, $(2+\sqrt{3})^{n+1}=(2+\sqrt{3})^n(2+\sqrt{3})$ として進める。一般に, a, b, c, d が有理数のとき

$$\boldsymbol{a+b\sqrt{3}=c+d\sqrt{3} \iff a=c \text{ かつ } b=d} \quad \cdots\cdots (*)$$ このことも利用。

(2) 数列 $\{c_n\}$ の漸化式を作る。$c_{n+1}=a_{n+1}-b_{n+1}\sqrt{3}$ に (1) の結果を代入。
(3) (2) の結果から, $a_n-b_n\sqrt{3}$ も n の式で表されることがわかったから,
$a_n+b_n\sqrt{3}=(2+\sqrt{3})^n$ と連立させて, a_n, b_n を n の式で表す。
⟶ 和・差をとるとうまくいくタイプである。

解答 (1) $a_{n+1}+b_{n+1}\sqrt{3}=(2+\sqrt{3})^{n+1}=(2+\sqrt{3})^n(2+\sqrt{3})$
$=(a_n+b_n\sqrt{3})(2+\sqrt{3})$
$=2a_n+3b_n+(a_n+2b_n)\sqrt{3}$

◀ $(2+\sqrt{3})^n=a_n+b_n\sqrt{3}$

a_{n+1}, b_{n+1}, $2a_n+3b_n$, a_n+2b_n は有理数であるから

◀ 指針の (∗) を利用。

$$\boldsymbol{a_{n+1}=2a_n+3b_n,\quad b_{n+1}=a_n+2b_n}$$

(2) $c_{n+1}=a_{n+1}-b_{n+1}\sqrt{3}=2a_n+3b_n-(a_n+2b_n)\sqrt{3}$
$=a_n(2-\sqrt{3})-\sqrt{3}\,b_n(2-\sqrt{3})$
$=(2-\sqrt{3})(a_n-b_n\sqrt{3})=(2-\sqrt{3})c_n$

よって $c_{n+1}=(2-\sqrt{3})c_n$
また $c_1=a_1-b_1\sqrt{3}=2-\sqrt{3}$

◀ $2+\sqrt{3}=a_1+b_1\sqrt{3}$ から $a_1=2$, $b_1=1$

したがって $\boldsymbol{c_n}=c_1(2-\sqrt{3})^{n-1}\boldsymbol{=(2-\sqrt{3})^n}$

(3) 条件から $a_n+b_n\sqrt{3}=(2+\sqrt{3})^n$ ……①
(2) の結果から $a_n-b_n\sqrt{3}=(2-\sqrt{3})^n$ ……②
①+② から $2a_n=(2+\sqrt{3})^n+(2-\sqrt{3})^n$
よって $\boldsymbol{a_n=\dfrac{1}{2}\{(2+\sqrt{3})^n+(2-\sqrt{3})^n\}}$
①−② から $2\sqrt{3}\,b_n=(2+\sqrt{3})^n-(2-\sqrt{3})^n$
よって $\boldsymbol{b_n=\dfrac{\sqrt{3}}{6}\{(2+\sqrt{3})^n-(2-\sqrt{3})^n\}}$

参考 一般に, 有理数 p, 無理数 $\sqrt{q}$ に対し,
$(p+\sqrt{q})^n=a_n+b_n\sqrt{q}$
のとき
$(p-\sqrt{q})^n=a_n-b_n\sqrt{q}$
となる。ただし, a_n, b_n は有理数とする。

練習 46 自然数の数列 $\{a_n\}$, $\{b_n\}$ は $(5+\sqrt{2})^n=a_n+b_n\sqrt{2}$ を満たすものとする。
(1) a_{n+1}, b_{n+1} を a_n, b_n を用いて表せ。
(2) すべての自然数 n に対して $a_{n+1}+pb_{n+1}=q(a_n+pb_n)$ が成り立つような定数 p, q を 2 組求めよ。
(3) a_n, b_n を n を用いて表せ。 〔筑波大〕

例題 47 確率と漸化式(1)… $a_{n+1}=pa_n+q$ 型 ★★★☆☆

円周を3等分する点を時計回りにA, B, Cとおく。点QはAから出発し，A, B, Cを以下のように移動する。

1個のさいころを投げて，1の目が出た場合は時計回りに隣の点に移動し，2の目が出た場合は反時計回りに隣の点に移動し，その他の目が出た場合は移動しない。

さいころをn回投げた後にQがAに位置する確率をp_nとする。

(1) p_2を求めよ。　(2) p_{n+1}をp_nを用いて表せ。

(3) p_nを求めよ。

〔大阪大〕 ◀例題27

指針 確率p_2, p_3程度であれば，比較的簡単に求められる。しかし，確率p_nを考えるために，例えば，樹形図をかいて，1回目から順にn回目のときを調べようとしても，枝分かれが多くなって無理がある。確率p_nを直接求められないときは，**漸化式を作る**ことを試す。

CHART》 確率 p_n の問題　n回目と$(n+1)$回目に注目

解答 (1) 点Qが2回の移動でAに位置するのは

A ⟶ A ⟶ A, A ⟶ B ⟶ A, A ⟶ C ⟶ A

と移動する場合であるから

$$p_2=\frac{4}{6}\cdot\frac{4}{6}+\frac{1}{6}\cdot\frac{1}{6}+\frac{1}{6}\cdot\frac{1}{6}=\mathbf{\frac{1}{2}}$$

◀ 互いに排反な事象である。

(2) 点Qが$(n+1)$回の移動でAに位置するのは

[1] n回の移動でAに位置し，$(n+1)$回目で移動しない。

[2] n回の移動でBまたはCに位置し，$(n+1)$回目でAに移動する。

の場合で，[1]と[2]は互いに排反であるから

$$p_{n+1}=p_n\times\frac{4}{6}+(1-p_n)\times\frac{1}{6}=\frac{1}{2}p_n+\frac{1}{6}\quad\cdots\cdots ①$$

◀ n回目と$(n+1)$回目の関係性をつかむために，$(n+1)$回目の状態から，n回目の状態にさかのぼって調べる。

(3) ①から　$p_{n+1}-\frac{1}{3}=\frac{1}{2}\left(p_n-\frac{1}{3}\right)$

また　$p_1-\frac{1}{3}=\frac{4}{6}-\frac{1}{3}=\frac{1}{3}$

数列$\left\{p_n-\frac{1}{3}\right\}$は，初項$\frac{1}{3}$，公比$\frac{1}{2}$の等比数列であるから

$p_n-\frac{1}{3}=\frac{1}{3}\left(\frac{1}{2}\right)^{n-1}$　すなわち　$p_n=\mathbf{\frac{1}{3}\left(\frac{1}{2}\right)^{n-1}+\frac{1}{3}}$

◀ 特性方程式 $\alpha=\frac{1}{2}\alpha+\frac{1}{6}$ を解くと　$\alpha=\frac{1}{3}$

練習 47 2つの粒子が時刻0において△ABCの頂点Aに位置している。これらの粒子は独立に運動し，それぞれ1秒ごとに隣の頂点に等確率で移動していくとする。nを自然数とし，この2つの粒子が，時刻0のn秒後に同じ点にいる確率をp_nとする。

(1) p_1を求めよ。　(2) p_{n+1}をp_nで表せ。　(3) p_nをnで表せ。

〔類 京都大〕 ➡p. 426 演習 12

例題 48 確率と漸化式(2)… 3項間 ★★★☆☆

座標平面上で，点Pを次の規則に従って移動させる。

1個のさいころを投げて出た目を a とするとき，$a \leqq 2$ のときは x 軸の正の方向へ a だけ移動させ，$a \geqq 3$ のときは y 軸の正の方向へ1だけ移動させる。

原点を出発点としてさいころを繰り返し投げ，点Pを順次移動させるとき，自然数 n に対し，点Pが点 $(n,\ 0)$ に至る確率を p_n で表し，$p_0=1$ とする。

(1) p_{n+1} を p_n，p_{n-1} で表せ。　(2) p_n を求めよ。

◀例題47，37

指針 (1) **CHART》** 確率 p_n の問題　n 回目と $(n+1)$ 回目に注目

p_{n+1} は点Pが点 $(n+1,\ 0)$ に至る確率。
点Pが点 $(n+1,\ 0)$ に到達する **直前の状態** を，次の排反事象 [1]，[2] に分けて考える。

[1] 点 $(n,\ 0)$ にいて1の目が出る。
[2] 点 $(n-1,\ 0)$ にいて2の目が出る。

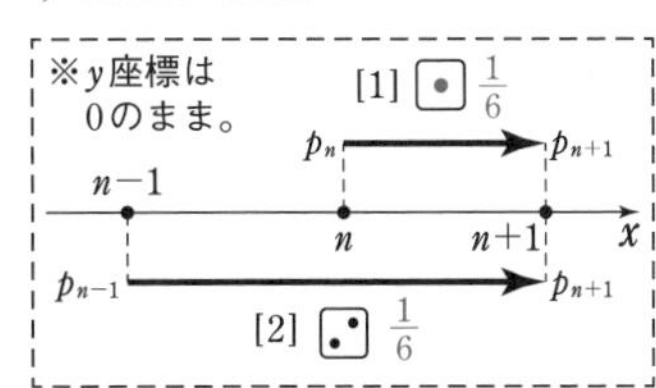

(2) (1)で導かれたのは，**隣接3項間の漸化式**。
⟶ 例題37と同じ要領で一般項 p_n を求める。

解答 (1) 点Pが点 $(n+1,\ 0)$ に到達するのは

[1] 点 $(n,\ 0)$ にいて1の目が出る
[2] 点 $(n-1,\ 0)$ にいて2の目が出る

のいずれかであり，[1]，[2] は互いに排反であるから

$$p_{n+1}=\frac{1}{6}p_n+\frac{1}{6}p_{n-1} \quad \cdots\cdots ①$$

◀ 点 $(n,\ 0)$，$(n-1,\ 0)$ にいる確率はそれぞれ p_n，p_{n-1}

(2) $p_0=1$，$p_1=\dfrac{1}{6}$ である。

◀ 点 $(1,\ 0)$ に至るのは，1回目に1が出る場合。

① を変形すると

$$p_{n+1}+\frac{1}{3}p_n=\frac{1}{2}\left(p_n+\frac{1}{3}p_{n-1}\right),\quad p_1+\frac{1}{3}p_0=\frac{1}{2}$$

$$p_{n+1}-\frac{1}{2}p_n=-\frac{1}{3}\left(p_n-\frac{1}{2}p_{n-1}\right),\quad p_1-\frac{1}{2}p_0=-\frac{1}{3}$$

◀ $x^2=\dfrac{1}{6}x+\dfrac{1}{6}$ から $6x^2-x-1=0$　よって $x=-\dfrac{1}{3},\ \dfrac{1}{2}$

よって　$p_{n+1}+\dfrac{1}{3}p_n=\dfrac{1}{2}\left(\dfrac{1}{2}\right)^n=\left(\dfrac{1}{2}\right)^{n+1}$ …… ②，

$$p_{n+1}-\frac{1}{2}p_n=-\frac{1}{3}\left(-\frac{1}{3}\right)^n=\left(-\frac{1}{3}\right)^{n+1} \quad \cdots\cdots ③$$

◀ 数列 $\{a_n\}$ $(n \geqq 0)$ が公比 r の等比数列であるとき　$a_n=a_0r^n$

(②−③)÷$\dfrac{5}{6}$ から　$\boldsymbol{p_n=\dfrac{6}{5}\left\{\left(\dfrac{1}{2}\right)^{n+1}-\left(-\dfrac{1}{3}\right)^{n+1}\right\}}$

練習 48 数直線上の原点Oを出発点とし，硬貨を投げるたびに，表が出たら2，裏が出たら1だけ正の方向へ進むものとする。点 n に到達する確率を p_n とする。ただし，n は自然数とする。

(1) 3以上の n について，p_n，p_{n-1}，p_{n-2} の関係式を求めよ。

(2) p_n を求めよ。　〔類 横浜市大〕

重要例題 49 確率と漸化式(3)… $a_n+b_n+c_n=1$ の利用 ★★★★★

初めに，Aが赤玉を1個，Bが白玉を1個，Cが青玉を1個持っている。表裏の出る確率がそれぞれ $\frac{1}{2}$ の硬貨を投げ，表が出ればAとBの玉を交換し，裏が出ればBとCの玉を交換する，という操作を考える。この操作を n 回繰り返した後にA，B，Cが赤玉を持っている確率をそれぞれ a_n，b_n，c_n とする。

(1) a_1，b_1，c_1，a_2，b_2，c_2 を求めよ。

(2) a_{n+1}，b_{n+1}，c_{n+1} を a_n，b_n，c_n で表せ。

(3) a_n，b_n，c_n を求めよ。　〔類　名古屋大〕 ◀例題47，48

指針 (1) 2回の操作後までの，A，B，Cの持つ玉の色のパターンを **樹形図** で表す。赤玉か，赤玉でないかが問題となるから，赤玉を ○，赤玉以外を × のように書くとよい。

(2) n 回の操作後に，赤玉を持っている人が，AかBかCかに分けて，$(n+1)$ 回目の操作による状態の変化に注目する。

(3) 操作を n 回繰り返した後，A，B，Cのいずれかが赤玉を持っているから，すべての自然数 n に対して，$\boldsymbol{a_n+b_n+c_n=1}$ が成り立つ。このかくれた条件がカギとなる。

CHART》確率の漸化式の問題

1 n 回目と $(n+1)$ 回目に注目　**2** (確率の和)＝1 にも注意

解答 (1) 赤玉を持っていることを○，持っていないことを×とし，A，B，Cの順に○，×を表すことにする。2回の操作によるA，B，Cの玉の移動は，右のようになるから

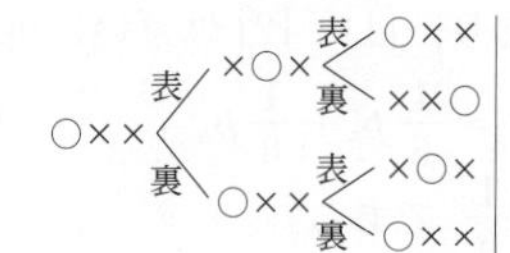

◀ 例えば，○××は A：赤，B：赤以外，C：赤以外 ということ。各枝のように推移する確率はどれも $\frac{1}{2}$ である。

$$\boldsymbol{a_1=\frac{1}{2}},\ \boldsymbol{b_1=\frac{1}{2}},\ \boldsymbol{c_1=0},\ \boldsymbol{a_2}=\frac{1}{2}\cdot\frac{1}{2}+\frac{1}{2}\cdot\frac{1}{2}=\boldsymbol{\frac{1}{2}},$$

$$\boldsymbol{b_2}=\frac{1}{2}\cdot\frac{1}{2}=\boldsymbol{\frac{1}{4}},\ \boldsymbol{c_2}=\frac{1}{2}\cdot\frac{1}{2}=\boldsymbol{\frac{1}{4}}$$

(2) A，B，Cが赤玉を持っているとき，硬貨の表裏の出方によって，赤玉の移動は右のようになる。ゆえに

◀ 各枝のように推移する確率はどれも $\frac{1}{2}$ である。

$$\boldsymbol{a_{n+1}=\frac{1}{2}a_n+\frac{1}{2}b_n}\ \cdots\cdots ①,$$

$$\boldsymbol{b_{n+1}=\frac{1}{2}a_n+\frac{1}{2}c_n}\ \cdots\cdots ②,$$

$$\boldsymbol{c_{n+1}=\frac{1}{2}b_n+\frac{1}{2}c_n}\ \cdots\cdots ③$$

◀ 例えば，$(n+1)$ 回後にAが赤玉を持っているのは，

n 回後　$(n+1)$ 回後

A　⟶　A

B　⟶　A

のように赤玉を持つ人が変わる場合である。

(3) 操作を n 回繰り返した後，A，B，C のいずれかが赤玉を持っているから，$a_n+b_n+c_n=1$ である。　◀ (確率の和)=1

② から　$b_{n+1}=\frac{1}{2}(a_n+c_n)=\frac{1}{2}(1-b_n)$　◀ b_n から求める (**検討**参照)。

よって　$b_{n+1}-\frac{1}{3}=-\frac{1}{2}\left(b_n-\frac{1}{3}\right)$,　◀ $\alpha=\frac{1}{2}(1-\alpha)$ を解くと $\alpha=\frac{1}{3}$

また　$b_1-\frac{1}{3}=\frac{1}{2}-\frac{1}{3}=\frac{1}{6}$　b_1 は (1) で求めた。

ゆえに　$b_n-\frac{1}{3}=\frac{1}{6}\left(-\frac{1}{2}\right)^{n-1}$

したがって　$\boldsymbol{b_n=\frac{1}{6}\left(-\frac{1}{2}\right)^{n-1}+\frac{1}{3}}$

また　$a_n+c_n=1-b_n=1-\left\{\frac{1}{6}\left(-\frac{1}{2}\right)^{n-1}+\frac{1}{3}\right\}$　◀ $a_n+b_n+c_n=1$ を利用。② から $a_n+c_n=2b_{n+1}$ これを利用してもよい。

よって　$a_n+c_n=\frac{1}{3}\left(-\frac{1}{2}\right)^n+\frac{2}{3}$ …… ④

①−③ から

$$a_{n+1}-c_{n+1}=\frac{1}{2}(a_n-c_n),\ a_1-c_1=\frac{1}{2}-0=\frac{1}{2}$$

◀ $d_{n+1}=\frac{1}{2}d_n$ の形。

ゆえに　$a_n-c_n=\frac{1}{2}\left(\frac{1}{2}\right)^{n-1}=\left(\frac{1}{2}\right)^n$ …… ⑤

(④+⑤)÷2 から　$\boldsymbol{a_n=\frac{1}{6}\left(-\frac{1}{2}\right)^n+\left(\frac{1}{2}\right)^{n+1}+\frac{1}{3}}$　◀ c_n を消去。

(④−⑤)÷2 から　$\boldsymbol{c_n=\frac{1}{6}\left(-\frac{1}{2}\right)^n-\left(\frac{1}{2}\right)^{n+1}+\frac{1}{3}}$　◀ a_n を消去。

(2) の ①〜③ は　①：$a_{n+1}=\frac{1}{2}(a_n+b_n)$，②：$b_{n+1}=\frac{1}{2}(a_n+c_n)$，③：$c_{n+1}=\frac{1}{2}(b_n+c_n)$ となるから，$a_n+b_n+c_n=1$ から導かれる $a_n+b_n=1-c_n$，$a_n+c_n=1-b_n$，$b_n+c_n=1-a_n$ を代入することが思いつく。このうち，$a_n+c_n=1-b_n$ を ② に代入すると，数列 $\{b_n\}$ についての $b_{n+1}=pb_n+q$ 型の漸化式が導かれるので，まず b_n が求められる。

また，求めた b_n の式を ① に代入すると　$a_{n+1}=\frac{1}{2}a_n+\frac{1}{3}\left(-\frac{1}{2}\right)^{n+1}+\frac{1}{6}$

この漸化式から一般項 a_n を求めるには，$a_{n+1}-\frac{1}{3}=\frac{1}{2}\left(a_n-\frac{1}{3}\right)+\frac{1}{3}\left(-\frac{1}{2}\right)^{n+1}$ と変形し，両辺に $(-2)^{n+1}$ を掛けることで，$d_{n+1}=●d_n+■$ 型の漸化式が導かれて，解決できる。

更に，② を $c_n=2b_{n+1}-a_n$ とした式を利用すると，一般項 c_n を求めることもできる。

練習 49　各面に 1 から 8 までの数字が 1 つずつ書かれた正八面体のさいころを繰り返し投げ，n 回目までに出た数字の合計を $X(n)$ とする。$X(n)$ が 3 で割り切れる確率を a_n，$X(n)$ を 3 で割ったとき 1 余る確率を b_n，$X(n)$ を 3 で割ったとき 2 余る確率を c_n とする。ただし，1 から 8 までの数字の出る確率はどれも同じとする。

(1) a_1，b_1，c_1 を求めよ。

(2) a_{n+1}，b_{n+1}，c_{n+1} を a_n，b_n，c_n を用いて表せ。

(3) a_{n+1} を a_n を用いて表せ。　(4) a_n，b_n，c_n を求めよ。　〔埼玉大〕

研究 深めよう　モンモール数の一般項

数学Aの「場合の数」において，次のことを学んだ。

1からnまでの番号を1列に並べるとき，左からk番目の番号がkでないような順列を **完全順列** という。また，n個のものの完全順列の数 $W(n)$ を **モンモール数** といい

$$\boldsymbol{W(1)=0,\ W(2)=1,\ W(n)=(n-1)\{W(n-1)+W(n-2)\}\ (n\geqq3)} \quad \cdots\cdots ①$$

が成り立つ（詳しくは，チャート式数学Ⅰ＋A $p.264$ 参照）。

ここでは，漸化式①から $W(n)$ をnの式で表すことを考えてみよう。
なお，表記を簡単にするために，①を次のように書き直した漸化式について考えることにする。　$a_1=0,\ a_2=1,\ a_n=(n-1)(a_{n-1}+a_{n-2})$　……②　$(n\geqq3)$

②を変形すると　$a_n-na_{n-1}=-\{a_{n-1}-(n-1)a_{n-2}\}$
└ $f(n)=-f(n-1)$ の形。

◀ ②の右辺の $(n-1)a_{n-1}$ を $na_{n-1}-a_{n-1}$ とみることで，この変形が思いつく。

この式を繰り返し用いると

$$\begin{aligned}a_n-na_{n-1}&=-\{a_{n-1}-(n-1)a_{n-2}\}\\&=(-1)^2\{a_{n-2}-(n-2)a_{n-3}\}=\cdots\cdots\\&=(-1)^{n-2}(a_2-2a_1)=(-1)^{n-2}(1-2\cdot0)\\&=(-1)^{n-2}=(-1)^n\end{aligned}$$

◀ $n-2$ とnの偶奇は同じ。

$a_n-na_{n-1}=(-1)^n$ の両辺を $n!$ で割ると　$\dfrac{a_n}{n!}-\dfrac{a_{n-1}}{(n-1)!}=\dfrac{(-1)^n}{n!}$

よって，$\dfrac{a_n}{n!}=\boldsymbol{p_n}$ とおき，数列 $\{p_n\}$ の階差数列を $\{q_n\}$ とすると　$q_{n-1}=\dfrac{(-1)^n}{n!}$　$(n\geqq2)$

ゆえに，$n\geqq2$ のとき　$p_n=p_1+\displaystyle\sum_{k=1}^{n-1}q_k=\frac{a_1}{1!}+\sum_{k=2}^{n}q_{k-1}=\sum_{k=2}^{n}\frac{(-1)^k}{k!}$

したがって　$\boldsymbol{a_1=0}$**，**$\boldsymbol{n\geqq2}$ **のとき**　$\boldsymbol{a_n=n!\displaystyle\sum_{k=2}^{n}\frac{(-1)^k}{k!}}$

◀ $a_n=n!p_n$

なお，n個のものを1列に並べる方法は ${}_n\mathrm{P}_n=n!$（通り）あるから，上の $\boldsymbol{p_n}$ は，『異なるn枚のカードが1列に並んでいるとき，その並び方を無作為に替えた場合にどのカードももとの位置に戻らない確率』を表している。また，p_n の値を順に求めると

$$p_2=\frac{1}{2!}=\frac{1}{2},\ p_3=p_2-\frac{1}{3!}=\frac{1}{3},\ p_4=p_3+\frac{1}{4!}=\frac{3}{8}$$

以後同様にして $p_5=\dfrac{11}{30}$，$p_6=\dfrac{53}{144}$，$p_7=\dfrac{103}{280}$，……で，各値を小数に直すと

$$0.5,\ 0.33\cdots,\ 0.375,\ 0.366\cdots,\ 0.368\cdots,\ 0.3678\cdots,\ \cdots\cdots$$

となり，一定の値に近づいていくらしいことがわかる。実際，その値はネイピアの数と呼ばれる無理数 e $(e=2.71828\cdots)$ の逆数に近づいていくことがわかっている。

（注意）ネイピアの数eは，極限値 $\displaystyle\lim_{x\to0}(1+x)^{\frac{1}{x}}$ で定義される数。詳しくは数学Ⅲで学ぶ。

よって，例えばあるパーティーで，参加者どうしが1個ずつ持参したプレゼントの交換を行うとき，全員が他の人のプレゼントをもらう確率は，参加者が多ければ多いほど $\dfrac{1}{e}=0.3678\cdots$ に近い値になる（各人がプレゼントを選ぶ方法は同様に確からしいとする）。

7 数学的帰納法

《基本事項》

1 数学的帰納法

自然数 n に関する命題を $P(n)$ で表し，これを関数の記号のように考えて，$n=k$ のときの命題を $P(k)$ とする。命題 $P(n)$ を証明するのに，次のような方法がある。

> [1]　$n=1$ のとき，命題が成り立つ。
> 　　　…… $P(1)$ が真
> [2]　$n=k$（k は自然数）のとき，命題が成り立つと仮定すると，$n=k+1$ のときにも命題が成り立つ。
> 　　　…… $P(k)$ が真 $\Longrightarrow$ $P(k+1)$ も真
> [1] と [2] を証明して，次のように結論する。
> [3]　命題 $P(n)$ は，すべての自然数 n について成り立つ。

数学的帰納法は，ドミノ倒しに例えられる。
[1]　1枚目のドミノが倒れる。
[2]　k 枚目のドミノが倒れたとき，$(k+1)$ 枚目のドミノが倒れる。
[3]　すべてのドミノが倒れる。

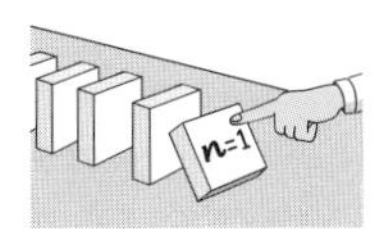

このような証明法を **数学的帰納法** という。[1]，[2] が示されれば
　$P(1)$ が成り立つから，([2] により) $P(2)$ が成り立つ $\longrightarrow$ $P(2)$ が成り立つから，
　$P(3)$ が成り立つ $\longrightarrow$ $P(3)$ が成り立つから，$P(4)$ が成り立つ $\longrightarrow$ ……
したがって，すべての自然数 n について $P(n)$ が成り立つことがわかる。

例 11 | 等式の証明　★☆☆☆☆

n が自然数のとき，数学的帰納法を用いて次の等式を証明せよ。

$$\frac{1}{2}+\frac{2}{4}+\frac{3}{8}+\cdots\cdots+\frac{n}{2^n}=2-\frac{n+2}{2^n} \qquad \cdots\cdots ①$$

指針 数学的帰納法の証明の手順は

[1]　$n=1$ のときを証明。　　$\longleftarrow$ **出発点**
[2]　$n=k$ のときを仮定し，$n=k+1$ のときを証明。

ポイントとなるのは，第2段階の

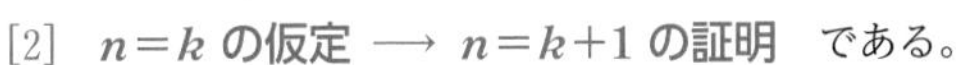

[2]　**$n=k$ の仮定 $\longrightarrow$ $n=k+1$ の証明**　である。

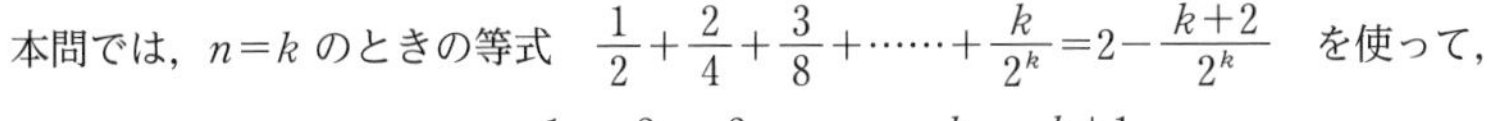

本問では，$n=k$ のときの等式　$\frac{1}{2}+\frac{2}{4}+\frac{3}{8}+\cdots\cdots+\frac{k}{2^k}=2-\frac{k+2}{2^k}$　を使って，

$n=k+1$ のときの ① の左辺 $\frac{1}{2}+\frac{2}{4}+\frac{3}{8}+\cdots\cdots+\frac{k}{2^k}+\frac{k+1}{2^{k+1}}$ が $n=k+1$ のときの ① の右辺 $2-\frac{(k+1)+2}{2^{k+1}}$ に等しいことを導く。

例題 50 整数の性質の証明 ★★☆☆☆

すべての自然数 n について，$2^{n+1}+3^{2n-1}$ は 7 の倍数であることを証明せよ。

◀例11

指針 CHART》 自然数 n の問題　**証明は数学的帰納法**

このような自然数 n に関する証明問題では，数学的帰納法が威力を発揮する。
証明のポイントは　**$n=k$ の仮定 ⟶ $n=k+1$ の証明**　である。ここでは
$2^{k+1}+3^{2k-1}=7m$（m は整数）とおいて　…… $n=k$ の仮定
$2^{(k+1)+1}+3^{2(k+1)-1}=7\times$(整数) と表されることを示す。　…… $n=k+1$ の証明

N が ● の倍数
$\Longleftrightarrow N=$●k（k は整数）

解答 [1] $n=1$ のとき

$$2^{n+1}+3^{2n-1}=2^2+3=7$$

よって，$n=1$ のとき，$2^{n+1}+3^{2n-1}$ は 7 の倍数である。

[2] $n=k$ のとき，$2^{k+1}+3^{2k-1}$ は 7 の倍数であると仮定すると，m を整数として，次のように表される。

◀ $n=k$ の仮定。

$$2^{k+1}+3^{2k-1}=7m \quad \cdots\cdots ①$$

$n=k+1$ のときを考えると，① から

$$\begin{aligned}2^{(k+1)+1}+3^{2(k+1)-1}&=2\cdot\underline{2^{k+1}}+3^{2k+1}\\&=2(7m-3^{2k-1})+3^{2k+1}\\&=2\cdot 7m+3^{2k-1}(-2+9)\\&=7(2m+3^{2k-1})\end{aligned}$$

◀ ① から
$\underline{2^{k+1}}=7m-3^{2k-1}$
これを代入。

$2m+3^{2k-1}$ は整数であるから，$2^{(k+1)+1}+3^{2(k+1)-1}$ は 7 の倍数である。すなわち，$n=k+1$ のときも $2^{n+1}+3^{2n-1}$ は 7 の倍数である。

◀ $n=k+1$ の証明。

[1]，[2] から，すべての自然数 n について $2^{n+1}+3^{2n-1}$ は 7 の倍数である。

◀ 結論を書く。

上の例題は，数学的帰納法を使わなくても，次の 2 つの方法で証明することができる。
$n=1$ のときは，上の解答の [1] と同様である。よって，$n\geqq 2$ のときについて考える。

〔方法 1〕 二項定理（数学Ⅱ）を利用

$$\begin{aligned}2^{n+1}+3^{2n-1}&=2^{n+1}+3^{(2n-2)+1}=2^{n+1}+3\cdot 9^{n-1}=2^{(n-1)+2}+3(2+7)^{n-1}\\&=4\cdot 2^{n-1}+3(2^{n-1}+{}_{n-1}C_1 2^{n-2}\cdot\underline{7}+{}_{n-1}C_2 2^{n-3}\cdot\underline{7}^2+\cdots\cdots+{}_{n-1}C_{n-2}2\cdot\underline{7}^{n-2}+\underline{7}^{n-1})\\&=\underline{7}(2^{n-1}+{}_{n-1}C_1 2^{n-2}+{}_{n-1}C_2 2^{n-3}\cdot 7+\cdots\cdots+{}_{n-1}C_{n-2}2\cdot 7^{n-3}+7^{n-2})\end{aligned}$$

よって，$2^{n+1}+3^{2n-1}$ は 7 の倍数である。

〔方法 2〕 合同式を利用（チャート式数学Ⅰ＋A $p.418$ 参照）

$9\equiv 2 \pmod 7$ から　$9^{n-1}\equiv 2^{n-1} \pmod 7$　◀ $a\equiv b \pmod m$ のとき $a^k\equiv b^k \pmod m$

よって　$3\cdot 9^{n-1}\equiv 3\cdot 2^{n-1} \pmod 7$

両辺に 2^{n+1} すなわち $4\cdot 2^{n-1}$ を加えると　$4\cdot 2^{n-1}+3\cdot 9^{n-1}\equiv 7\cdot 2^{n-1}\equiv 0 \pmod 7$

ゆえに　$2^{n+1}+3^{2n-1}\equiv 0 \pmod 7$　よって，$2^{n+1}+3^{2n-1}$ は 7 の倍数である。

練習 50
(1) n が自然数のとき，$4^{2n+1}+3^{n+2}$ は 13 の倍数であることを証明せよ。
(2) n が正の奇数ならば，2^n+1 は 3 で割り切れることを証明せよ。

例題 51 不等式の証明 ★★★☆☆

n が 3 以上の自然数であるとき，不等式 $2^n \geqq n^2-n+2$ …… ① が成り立つことを，数学的帰納法によって証明せよ。 ◀例11

指針 CHART》 数学的帰納法　**出発点は $n=1$ に限らず**

n が 3 以上の自然数であるから，まず，[1]　$n=1$ のとき　の代わりに
[1]　**$n=3$ のとき**　を出発点とする。
不等式の場合でも，**$n=k$ の仮定 ⟶ $n=k+1$ の証明**　に沿って考える。
すなわち，$2^k \geqq k^2-k+2$ を仮定して $2^{k+1} \geqq (k+1)^2-(k+1)+2$ を証明する。
なお，不等式の証明では

大小比較は差を作る　$A>B$ の証明は 差 $A-B>0$ を示す

解答 [1]　$n=3$ のとき

$$(左辺)=2^3=8, \quad (右辺)=3^2-3+2=8$$

したがって，① は成り立つ。

[2]　$n=k\ (k \geqq 3)$ のとき ① が成り立つ，すなわち

$$2^k \geqq k^2-k+2 \quad \cdots\cdots ②$$

と仮定する。

$n=k+1$ のとき，① の両辺の差を考えると，② から

$$\begin{aligned}
&2^{k+1}-\{(k+1)^2-(k+1)+2\}\\
&=2\cdot 2^k-k^2-k-2\\
&\geqq 2(k^2-k+2)-k^2-k-2\\
&=k^2-3k+2\\
&=(k-1)(k-2)>0
\end{aligned}$$

よって　$2^{k+1}>(k+1)^2-(k+1)+2$

すなわち，$n=k+1$ のときも ① は成り立つ。

[1]，[2] から，3 以上のすべての自然数 n について ① は成り立つ。

◀ 出発点は $n=3$
◀ (左辺)=(右辺)
◀ 出発点が $n=3$ より，k については $k \geqq 3$ となる。
◀ ② を利用できる形を作り出す。
◀ $k \geqq 3$ のとき $k-1>0$，$k-2>0$

検討

$n=k+1$ のときも ① が成り立つことを，次のように示してもよい。

② の両辺を 2 倍して　$2^{k+1} \geqq 2(k^2-k+2)$

ここで　$2(k^2-k+2)-\{(k+1)^2-(k+1)+2\}=k^2-3k+2$
$=(k-1)(k-2)>0$

ゆえに　$2(k^2-k+2)>(k+1)^2-(k+1)+2$

よって　$2^{k+1}>(k+1)^2-(k+1)+2$

◀ 2^{k+1} の形を作り出す。
◀ ① の右辺に $n=k+1$ を代入したものと比べる。

練習 51 n を自然数とするとき，次の不等式が成り立つことを示せ。

(1)　$n! \geqq 2^{n-1}$　　(2)　$\dfrac{1}{1!}+\dfrac{1}{2!}+\dfrac{1}{3!}+\cdots\cdots+\dfrac{1}{n!}<2$　〔名古屋市大〕

➡ p. 426 演習 14

例題 52 大小比較と数学的帰納法 ★★★★☆

n は自然数とする。n^2 と 4^{n-2} の大小を比較せよ。〔名古屋市大〕

◀例題 51

指針 まず，$n=1,\ 2,\ 3,\ \cdots$ で **小手調べ** すると，解答の表のようになる。

$n=1,\ 2,\ 3$ のとき　$n^2>4^{n-2}$，　$n=4$ のとき　$n^2=4^{n-2}$

ここまでは正しい。

$n\geqq 5$ のときは　$n^2<4^{n-2}$　となる **らしい**。…… これは **予想**。

正しいかどうかは **証明** しなければならない。証明方法は，自然数 n の問題であるから，数学的帰納法による。また，[1]　**$n=5$ のとき**　を出発点とする。

CHART》 自然数 n の問題

1 $n=1,\ 2,\ 3,\ \cdots\cdots$ で小手調べ ⟶ 予想して証明

2 証明は数学的帰納法

① n の出発点に注意　　② $k+1$ の場合に注目して変形

解答 $n=1,\ 2,\ 3,\ 4,\ 5$ のとき，n^2 と 4^{n-2} の値を計算すると，右の表のようになる。そこで

$n\geqq 5$ のとき　$n^2<4^{n-2}$　…… ①

を考える。

n	1	2	3	4	5	…
n^2	1	4	9	16	25	…
4^{n-2}	$\frac{1}{4}$	1	4	16	64	…

[1]　$n=5$ のとき，① は成り立つ。

[2]　$n=k\ (k\geqq 5)$ のとき ① が成り立つ，すなわち

$k^2<4^{k-2}$ …… ②

と仮定する。

$n=k+1$ のとき，① の両辺の差を考えると，② から

$$\begin{aligned}4^{(k+1)-2}-(k+1)^2&=4\cdot 4^{k-2}-(k+1)^2\\&>4k^2-(k+1)^2\\&=3k^2-2k-1\\&=(k-1)(3k+1)\end{aligned}$$

$k\geqq 5$ であるから　　$(k-1)(3k+1)>0$

よって　　$4^{(k+1)-2}>(k+1)^2$

すなわち，$n=k+1$ のときも ① は成り立つ。

[1]，[2] から，$n\geqq 5$ であるすべての自然数 n について ① は成り立つ。

以上により　**$1\leqq n\leqq 3$ のとき　$n^2>4^{n-2}$**

$n=4$ のとき　$n^2=4^{n-2}$

$n\geqq 5$ のとき　$n^2<4^{n-2}$

$y=x^2$，$y=4^{x-2}$ のグラフ

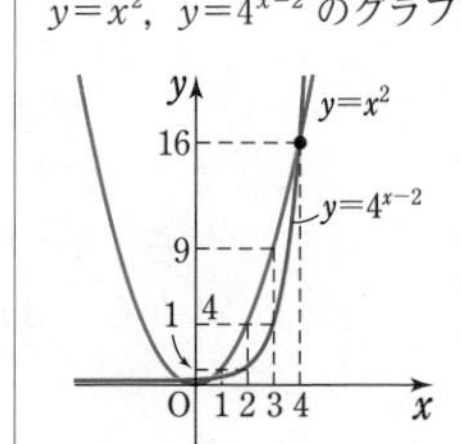

◀ $k\geqq 5$ のとき
$k-1>0$，$3k+1>0$

練習 52 n は自然数とする。$n!$ と 3^n の大小を比較せよ。

例題 53 a_n の推測と数学的帰納法 ★★★☆☆

$a_n=\frac{1}{2!}+\frac{2}{3!}+\frac{3}{4!}+\cdots\cdots+\frac{n}{(n+1)!}$ とする。〔小樽商大〕

(1) $n=1, 2, 3, 4$ に対して，a_n を求めよ。

(2) 数列 $\{a_n\}$ の一般項を推測し，その推測が正しいことを数学的帰納法で証明せよ。

◀例11

指針 漸化式から一般項を予想して証明する方法は，$p.387$ の 別解 2 で取り上げた。ここでは，その証明を **数学的帰納法** で行う。

CHART》一般項の推測

$n=1, 2, 3, \cdots\cdots$ で調べて，n の式で一般化

解答 (1) $\boldsymbol{a_1}=\frac{1}{2!}=\boldsymbol{\frac{1}{2}}$，$\boldsymbol{a_2}=a_1+\frac{2}{3!}=\frac{1}{2}+\frac{2}{3\cdot2\cdot1}=\boldsymbol{\frac{5}{6}}$，

◀ $n=1, 2, 3, 4$ を順に代入。

$\boldsymbol{a_3}=a_2+\frac{3}{4!}=\frac{5}{6}+\frac{3}{4\cdot3\cdot2\cdot1}=\boldsymbol{\frac{23}{24}}$，$\boldsymbol{a_4}=a_3+\frac{4}{5!}=\frac{23}{24}+\frac{4}{5\cdot4\cdot3\cdot2\cdot1}=\boldsymbol{\frac{119}{120}}$

(2) (1) から　$a_n=1-\frac{1}{(n+1)!}$ …… ①　と推測できる。

この推測が正しいことを，数学的帰納法で証明する。

[1] $n=1$ のとき，① で $n=1$ とおくと　$a_1=1-\frac{1}{2!}=\frac{1}{2}$

ゆえに，① は成り立つ。

[2] $n=k$ のとき，① が成り立つ，すなわち

$$a_k=1-\frac{1}{(k+1)!}$$　と仮定する。

$n=k+1$ のときを考えると，この仮定から

$$a_{k+1}=a_k+\frac{k+1}{(k+2)!}=1-\frac{1}{(k+1)!}+\frac{k+1}{(k+2)!}$$

$$=1-\frac{(k+2)-(k+1)}{(k+2)!}=1-\frac{1}{(k+2)!}$$

$$=1-\frac{1}{\{(k+1)+1\}!}$$

よって，$n=k+1$ のときも ① は成り立つ。

[1]，[2] から，すべての自然数 n について ① は成り立つ。

◀ $a_1=1-\frac{1}{2}=1-\frac{1}{2!}$
$a_2=1-\frac{1}{6}=1-\frac{1}{3!}$
$a_3=1-\frac{1}{24}=1-\frac{1}{4!}$
$a_4=1-\frac{1}{120}=1-\frac{1}{5!}$

◀ $n=k+1$ のときの ① の右辺。

参考 $a_n=\sum_{k=1}^{n}\frac{k}{(k+1)!}=\sum_{k=1}^{n}\left\{\frac{1}{k!}-\frac{1}{(k+1)!}\right\}=1-\frac{1}{(n+1)!}$

練習 53 数列 $\{a_n\}$ を $a_1=\frac{3}{4}$，$a_{n+1}=1-\frac{1}{4a_n}$ で定める。〔類 岐阜大〕

(1) a_2，a_3，a_4，a_5，a_6 を求めよ。また，それより一般項 a_n を推定せよ。

(2) 数学的帰納法により，(1) の一般項の推定が正しいことを証明せよ。

重要例題 54 漸化式と数学的帰納法 ★★★☆☆

n は自然数とする。$\alpha>1$ とし，数列 $\{a_n\}$ を $a_1=\alpha$，$a_{n+1}=\sqrt{\dfrac{2a_n}{a_n+1}}$ で定める。

(1) $a_n>1$ …… ① が成り立つことを証明せよ。

(2) $x\geqq 0$ のとき，$\sqrt{x}-1\leqq\dfrac{1}{2}(x-1)$ が成り立つ。このことを用いて，

$a_n-1\leqq\left(\dfrac{1}{4}\right)^{n-1}(\alpha-1)$ …… ② が成り立つことを証明せよ。

◀例題51

指針 (1) すべての自然数 n について成り立つことを示すのだから，**数学的帰納法** の利用。

(2) **CHART》** (1)，(2) の問題 (1) は (2) のヒント

まずは，(1) の結果 (①) と与えられた不等式を利用して，$a_{n+1}-1<\dfrac{1}{4}(a_n-1)$ を示す。この不等式を繰り返し利用すると，② を示すことができる。

解答 (1) [1] $n=1$ のとき $a_1=\alpha>1$

よって，① は成り立つ。

[2] $n=k$ のとき，$a_k>1$ が成り立つと仮定すると

$$a_{k+1}=\sqrt{\frac{2a_k}{a_k+1}}=\sqrt{\frac{2}{1+\dfrac{1}{a_k}}}$$

$a_k>1$ より，$1+\dfrac{1}{a_k}<2$ であるから $a_{k+1}>1$

ゆえに，$n=k+1$ のときも ① は成り立つ。

[1]，[2] から，すべての自然数 n について ① は成り立つ。

(2) $a_{n+1}-1=\sqrt{\dfrac{2a_n}{a_n+1}}-1\leqq\dfrac{1}{2}\left(\dfrac{2a_n}{a_n+1}-1\right)=\dfrac{1}{2}\cdot\dfrac{a_n-1}{a_n+1}$

$\underline{a_n}>\underline{1}$ であるから $\dfrac{1}{2}\cdot\dfrac{a_n-1}{\underline{a_n}+1}<\dfrac{1}{2}\cdot\dfrac{a_n-1}{\underline{1}+1}=\dfrac{1}{4}(a_n-1)$

ゆえに $a_{n+1}-1<\dfrac{1}{4}(a_n-1)$

よって，$n\geqq 2$ のとき

$$a_n-1<\frac{1}{4}(a_{n-1}-1)<\left(\frac{1}{4}\right)^2(a_{n-2}-1)<\cdots\cdots<\left(\frac{1}{4}\right)^{n-1}(a_1-1)=\left(\frac{1}{4}\right)^{n-1}(\alpha-1)$$

$n=1$ のとき，② の (左辺)$=\alpha-1$，(右辺)$=\alpha-1$ ゆえに，② は成り立つ。

したがって，すべての自然数 n について ② が成り立つ。

◀ 出発点は $n=1$

◀ 漸化式を利用。$\sqrt{}$ の中の分子・分母を a_k で割る。

◀ $0<\dfrac{1}{a_k}<1$

◀ $\sqrt{x}-1\leqq\dfrac{1}{2}(x-1)$ を 〜〜 で使用。

◀ $\underline{a_n}+1>\underline{1}+1$ から $\dfrac{1}{\underline{a_n}+1}<\dfrac{1}{\underline{1}+1}$

参考 ①，② から $1<a_n\leqq\left(\dfrac{1}{4}\right)^{n-1}(\alpha-1)+1$ …… ③ ここで，n の値を限りなく大きくすると，$\left(\dfrac{1}{4}\right)^{n-1}$ の値は 0 に近づいていく。よって，③ の $\left(\dfrac{1}{4}\right)^{n-1}(\alpha-1)+1$ の値は 1 に近づいていくから，③ により a_n の値も 1 に近づいていく (はさみうちの原理。数学Ⅲ)。

練習 54 n は自然数とする。$a_1=5$，$a_{n+1}=\dfrac{a_n}{2}+\dfrac{8}{a_n}$ で定められる数列 $\{a_n\}$ について，次の不等式を示せ。 〔大阪府大〕

(1) $a_n>4$　(2) $a_{n+1}<a_n$　(3) $a_n-4\leqq\dfrac{1}{2^{n-1}}$

重要例題 55 フェルマーの小定理に関する証明 ★★★★☆

p は素数とする。このとき，自然数 n について，n^p-n が p の倍数であることを数学的帰納法によって証明せよ。　〔類 茨城大，埼玉大〕 ◀例題 50

指針 $n=k+1$ の場合に $(k+1)^p$ が現れるが，この展開には **二項定理**（数学Ⅱ）を利用する。

$$(k+1)^p=k^p+{}_pC_1k^{p-1}+\cdots\cdots+{}_pC_{p-1}k+1$$

よって　$(k+1)^p-(k+1)={}_pC_1k^{p-1}+{}_pC_2k^{p-2}+\cdots\cdots+{}_pC_{p-2}k^2+{}_pC_{p-1}k+k^p-k$

$n=k$ のときの仮定により，k^p-k は p で割り切れるから，${}_pC_1$，${}_pC_2$，……，${}_pC_{p-1}$ すなわち **${}_pC_r$ $(1\leqq r\leqq p-1)$ が p で割り切れる** ことを示す。

解答 「n^p-n は p の倍数である」を ① とする。

[1]　$n=1$ のとき　$1^p-1=0$

よって，① は成り立つ。

[2]　$n=k$ のとき，① が成り立つと仮定すると，$k^p-k=pm$（m は整数）…… ②

とおける。

$n=k+1$ のときを考えると，② から

$$(k+1)^p-(k+1)$$
$$=k^p+{}_pC_1k^{p-1}+{}_pC_2k^{p-2}+\cdots\cdots+{}_pC_{p-2}k^2+{}_pC_{p-1}k+1-(k+1)$$
$$={}_pC_1k^{p-1}+{}_pC_2k^{p-2}+\cdots\cdots+{}_pC_{p-2}k^2+{}_pC_{p-1}k+pm \quad\cdots\cdots ③$$

$1\leqq r\leqq p-1$ のとき　${}_pC_r=\dfrac{p!}{r!(p-r)!}=\dfrac{p}{r}\cdot\dfrac{(p-1)!}{(r-1)!(p-r)!}=\dfrac{p}{r}\cdot{}_{p-1}C_{r-1}$

よって　$r\cdot{}_pC_r=p\cdot{}_{p-1}C_{r-1}$

p は素数であるから，r と p は互いに素であり，${}_pC_r$ は p で割り切れる。

ゆえに，③ から，$(k+1)^p-(k+1)$ は p の倍数である。

したがって，$n=k+1$ のときも ① は成り立つ。

[1]，[2] から，すべての自然数 n について，n^p-n は p の倍数である。

検討 上の例題で証明した結果を用いると，n と p が互いに素であるとき，n^p-n すなわち $n(n^{p-1}-1)$ は p で割り切れるから，$n^{p-1}-1$ は p で割り切れることが導かれる。

このことは，次の **フェルマーの小定理** そのものである。　◀ 数学Ⅱ例題 3 参照。

> **フェルマーの小定理**　p は素数とする。
> n が p と互いに素な自然数のとき，$n^{p-1}-1$ は p で割り切れる。
> └ $n^{p-1}\equiv1 \pmod p$ と表すこともできる。

練習 55 自然数 $m\geqq2$ に対し，$m-1$ 個の二項係数 ${}_mC_1$，${}_mC_2$，……，${}_mC_{m-1}$ を考え，これらすべての最大公約数を d_m とする。すなわち d_m はこれらすべてを割り切る最大の自然数である。

(1)　m が素数ならば，$d_m=m$ であることを示せ。

(2)　すべての自然数 k に対し，k^m-k が d_m で割り切れることを，k に関する数学的帰納法によって示せ。　〔東京大〕

重要例題 56 $n=k$, $k+1$ の仮定 ★★★★☆

p, q は正の整数とする。2 次方程式 $x^2-px-q=0$ の 2 つの実数解を α, β とするとき，すべての自然数 n について，$\alpha^n+\beta^n$ は整数であることを証明せよ。

〔類 大阪大〕

指針 **自然数 n に関する問題** であるから，**数学的帰納法** で証明する。
ただし，$n=k+1$ のときについて，$\alpha^{k+1}+\beta^{k+1}$ を $\alpha^k+\beta^k$ で表そうと考えると

$$\alpha^{k+1}+\beta^{k+1}=(\alpha^k+\beta^k)(\alpha+\beta)-\alpha\beta(\alpha^{k-1}+\beta^{k-1})$$

であるから，「$\alpha^k+\beta^k$ は整数」だけではなく，**「$\alpha^{k-1}+\beta^{k-1}$ は整数」の仮定も必要** になる。
⟶ 1 つ前の仮定だけではなく，2 つ前の仮定も必要ということ。

よって，上の例題を，数学的帰納法により証明する手順は，次の [1]，[2] のようになる。

[1] $n=1$, 2 のとき **成り立つことを示す。**

[2] $n=k$, $k+1$ のとき **成り立つと仮定して,** $n=k+2$ のときも **成り立つことを示す。**

(注意) $n=k-1$, k のときを仮定すると，$k-1\geqq1$ すなわち $k\geqq2$ としなければならない。手順 [2] において，$n=k$, $k+1$ としたのは，それを避けるためである。

CHART》 数学的帰納法　**仮定に $n=k$, $k+1$ などの場合がある**
出発点もそれに応じて，$n=1$, 2 を証明

解答 解と係数の関係により　$\alpha+\beta=p$,　$\alpha\beta=-q$

「$\alpha^n+\beta^n$ は整数である」 …… ①　とする。

[1] $n=1$ のとき　$\alpha^1+\beta^1=\alpha+\beta=p$

p は整数であるから，① は成り立つ。

$n=2$ のとき　$\alpha^2+\beta^2=(\alpha+\beta)^2-2\alpha\beta=p^2-2q$

p^2, q は整数であるから，① は成り立つ。

[2] $n=k$, $k+1$ のとき，① が成り立つ，すなわち，

$\alpha^k+\beta^k$ と $\alpha^{k+1}+\beta^{k+1}$ はともに整数である

と仮定する。 …… ①′

$n=k+2$ のときを考えると

$$\alpha^{k+2}+\beta^{k+2}=(\alpha^{k+1}+\beta^{k+1})(\alpha+\beta)-\alpha\beta(\alpha^k+\beta^k)$$
$$=p(\alpha^{k+1}+\beta^{k+1})+q(\alpha^k+\beta^k)$$

p, q は整数であるから，①′ の仮定により，

$\alpha^{k+2}+\beta^{k+2}$ も整数である。

よって，$n=k+2$ のときも ① は成り立つ。

[1]，[2] から，すべての自然数 n について ① は成り立つ。

◀ ① を自然数 n に関する命題 $P(n)$ とする。
[1] **$P(1)$, $P(2)$ が成り立つ** ことを示す。
[2] **$P(k)$, $P(k+1)$ が成り立つと仮定して,** $P(k+2)$ も成り立つことを示す。

$P(1)$, $P(2)$ が成り立つから，[2] により $P(3)$ が成り立つ。次に $P(2)$, $P(3)$ が成り立つから，$P(4)$ が成り立つ……
これを繰り返すことにより，すべての自然数 n に対して，$P(n)$ が成り立つという論法である。

練習 56 (1) $\alpha=1+\sqrt{2}$, $\beta=1-\sqrt{2}$ に対して，$P_n=\alpha^n+\beta^n$ とする。このとき，P_1 および P_2 の値を求めよ。また，すべての自然数 n に対して，P_n は 4 の倍数ではない偶数であることを証明せよ。

〔長崎大〕

(2) $t=x+\dfrac{1}{x}$ とおくと，$x^n+\dfrac{1}{x^n}$ は t の n 次式になることを数学的帰納法により証明せよ。

重要例題 57 $n \leqq k$ の仮定 ★★★★☆

数列 $\{a_n\}$ (ただし $a_n>0$) について，関係式

$$(a_1+a_2+\cdots\cdots+a_n)^2=a_1{}^3+a_2{}^3+\cdots\cdots+a_n{}^3$$

が成り立つとき，$a_n=n$ であることを証明せよ。

指針 自然数 n に関する問題であるから，**数学的帰納法** で証明する。
ただし,「$n=k$ のとき成り立つ」と仮定すると，$n=k-1$, $k-2$, …… の場合，すなわち $a_{k-1}=k-1$, $a_{k-2}=k-2$, …… が成り立つことは仮定していないことになり，次の等式 Ⓐ が作れなくなってしまう。

$$(1+2+\cdots\cdots+k+a_{k+1})^2=1^3+2^3+\cdots\cdots+k^3+a_{k+1}{}^3 \quad \cdots\cdots \text{Ⓐ}$$

よって，$n \leqq k$ の仮定が必要となる。したがって，上の例題を，数学的帰納法により証明する手順は，次の [1], [2] のようになる。

[1] **$n=1$ のとき成り立つことを示す。**

[2] $n \leqq k$ のとき **成り立つと仮定して，$n=k+1$ のときも成り立つことを示す。**

CHART 数学的帰納法 $n \leqq k$ で成立を仮定する場合もある

解答 [1] $n=1$ のとき　関係式から　$a_1{}^2=a_1{}^3$

よって　$a_1{}^2(a_1-1)=0$　$a_1>0$ から　$a_1=1$

ゆえに，$n=1$ のとき，$a_n=n$ は成り立つ。

[2] $n \leqq k$ のとき，$a_n=n$ が成り立つと仮定する。

このとき，仮定から，次の関係式が成り立つ。

$$(1+2+\cdots\cdots+k)^2=1^3+2^3+\cdots\cdots+k^3 \quad \cdots\cdots ①$$

また，$n=k+1$ の場合について，関係式から

$$(1+2+\cdots+k+a_{k+1})^2=1^3+2^3+\cdots+k^3+a_{k+1}{}^3 \quad \cdots ②$$

が成り立つ。

② の左辺を変形すると，① から

$$\begin{aligned}(②\text{ の左辺})&=(1+2+\cdots+k)^2+2(1+2+\cdots+k)a_{k+1}+a_{k+1}{}^2\\&=1^3+2^3+\cdots+k^3+k(k+1)a_{k+1}+a_{k+1}{}^2\end{aligned}$$

② の右辺と比較して　$k(k+1)a_{k+1}+a_{k+1}{}^2=a_{k+1}{}^3$

よって　$a_{k+1}(a_{k+1}+k)\{a_{k+1}-(k+1)\}=0$

$a_{k+1}>0$ であるから　$a_{k+1}=k+1$

したがって，$n=k+1$ のときも $a_n=n$ は成り立つ。

[1], [2] から，すべての自然数 n について $a_n=n$ は成り立つ。

◀ **$n=1$ のときの証明。**

◀ **$n \leqq k$ の仮定。**

◀ $a_n=n$ $(n=1, 2, \cdots\cdots, k)$

◀ **$n=k+1$ のときの証明。**

◀ $1+2+\cdots\cdots+k=\dfrac{1}{2}k(k+1)$

◀ $a_{k+1}\{a_{k+1}{}^2-a_{k+1}-k(k+1)\}=0$

練習 57 数列 $\{a_n\}$ に対し，$S_n=\sum_{k=1}^{n} a_k$, $T_n=\sum_{k=1}^{n} a_k{}^2$ $(n=1, 2, 3, \cdots\cdots)$ とする。
すべての自然数 n に対して，$a_n>0$ および関係式 $(3n^2+3n-1)S_n=5T_n$ が成り立つものとする。

(1) a_1, a_2, a_3 を求めよ。

(2) 一般項 a_n を推測し，その推測が正しいことを数学的帰納法を用いて証明せよ。

〔横浜国大〕 ➡p. 426 演習 15

演習問題

1 a, b, c を整数とし，a を 2 以上 50 以下の偶数とする。a, b, c がこの順で等比数列であり，b, c, $\frac{2}{9}a$ がこの順で等差数列であるとする。このような整数の組 $(a,\ b,\ c)$ をすべて求めよ。 〔慶応大〕 ➤例4，6

2 a と d を整数とする。数列 $\{a_n\}$ を初項 a，公差 d の等差数列とする。数列 $\{a_n\}$ の初項から第 n 項までの和を S_n とする。 〔奈良女子大〕

(1) S_n を a, d, n を用いて表せ。

(2) $n \leqq 34$ のとき $S_n \leqq 0$, $n \geqq 35$ のとき $S_n > 0$ であるとする。

(ア) S_n が最小となる n の値を求めよ。

(イ) S_n の最小値が -289 のとき，a と d の値をそれぞれ求めよ。 ➤例題4

3 初項が 1 で公差が 6 である等差数列 1, 7, 13, …… の第 n 項を a_n とし，また初項が 3 で公差が 4 である等差数列 3, 7, 11, …… の第 m 項を b_m とする。2 つの数列 $\{a_n\}$, $\{b_m\}$ に共通に現れる数すべてを小さい順に並べてできる数列を $\{c_k\}$ とし，2 つの数列 $\{a_n\}$, $\{b_m\}$ の少なくとも 1 つの項になっている数すべてを小さい順に並べてできる数列を $\{d_l\}$ とする。したがって，$c_1=7$ であり，また数列 $\{d_l\}$ の初めの 5 項は 1, 3, 7, 11, 13 となる。 〔千葉大〕 ➤例題6

(1) 数列 $\{c_k\}$ の一般項を求めよ。 (2) d_{1000} および d_{1001} の値を求めよ。

4 $a>0$, $r>0$ とし，数列 $\{a_n\}$ を初項 a，公比 r の等比数列とする。また，数列 $\{b_n\}$ は次のように定義される。

$$b_1=a_1,\quad b_{n+1}=b_n a_{n+1} \quad (n=1,\ 2,\ 3,\ \cdots\cdots)$$

(1) b_n を a, r および n を用いて表せ。

(2) 一般項が $c_n=\dfrac{\log_2 b_n}{n}$ である数列 $\{c_n\}$ は等差数列であることを証明せよ。

(3) (2) で与えられた数列 $\{c_n\}$ の初項から第 n 項までの平均を M_n とする。すなわち，$M_n=\dfrac{1}{n}\sum_{k=1}^{n} c_k$ とする。このとき，一般項が $d_n=2^{M_n}$ である数列 $\{d_n\}$ は等比数列であることを証明せよ。 〔広島大〕 ➤例題9

5 初項 $\dfrac{10}{9}$，公比 $\dfrac{10}{9}$ の等比数列 $\{a_n\}$ について考える。$\log_{10}3=0.477$ とする。この数列の一般項は $a_n=$ ア□ と表され，$a_n>9$ を満たす最小の n の値は イ□ である。$\{a_n\}$ の初項から第 n 項までの和を S_n とすると，$S_n=$ ウ□ と表される。これを a_n を用いて表すと，$S_n=$ エ□ $\times a_n-10$ となり，$S_n>90$ を満たす最小の n の値は オ□ となる。また，$\{a_n\}$ の初項から第 n 項までの積を P_n とすると，$P_n>S_n+10$ を満たす最小の n の値は カ□ となる。 〔立命館大〕 ➤例題12

ヒント **2** (2)(ア) $S_{34} \leqq 0$, $S_{35}>0$ から得られる a と d の不等式と，公差 d の条件から初項 a の範囲を絞る。
3 (2) 数列 $\{d_l\}$ の項は，p を自然数とすると，c_p-6, c_p-4, c_p, c_p+4 の順に並ぶ。

6 自然数nに対して，S_n，T_n，U_nをそれぞれ

$$S_n=\sum_{k=1}^{n}k(n+1-k),\qquad T_n=\sum_{k=1}^{2n}\frac{1}{k(k+2)}\left|\sin\frac{k\pi}{2}\right|,\qquad U_n=\sum_{k=1}^{3n}\left(\frac{1}{3}\right)^k\sin\frac{2k\pi}{3}$$

と定める。

(1) S_nをnを用いて表せ。　(2) T_nをnを用いて表せ。

(3) U_nをnを用いて表せ。　〔大阪府大〕 ➤例7

7 正の整数の列$\{a_n\}$：

$$1,\ 2,\ 8,\ 3,\ 12,\ 27,\ 4,\ 16,\ 36,\ 64,\ 5,\ 20,\ 45,\ 80,\ 125,\ 6,\ \cdots\cdots$$

を，次のように群に分け，第s群にはs個の整数が入るようにする。

1	2, 8	3, 12, 27	4, 16, 36, 64	5, 20, 45, 80, 125	6, ……
第1群	第2群	第3群	第4群	第5群	

(1) 第s群のt番目（$t\leqq s$とする）の項をsとtの式で表すと□である。

(2) $\{a_n\}$の77番目の項は$a_{77}=$□である。

(3) 群内の項の総和が，初めて群内の最後の項の5倍以上になるのは，第□群である。　〔慶応大〕 ➤例題23

8 図のように，原点を開始点とし，平面上の格子点を渦巻き状にたどっていくことを考える。選ばれた格子点は順に$(0,\ 0)$，$(1,\ 0)$，$(1,\ 1)$，…… となる。n番目に選ばれた格子点の座標を$(x_n,\ y_n)$で表す。

$(x_n,\ y_n)$を用いて数列$\{a_n\}$を$a_n=x_n\cdot y_n$と定義するとき

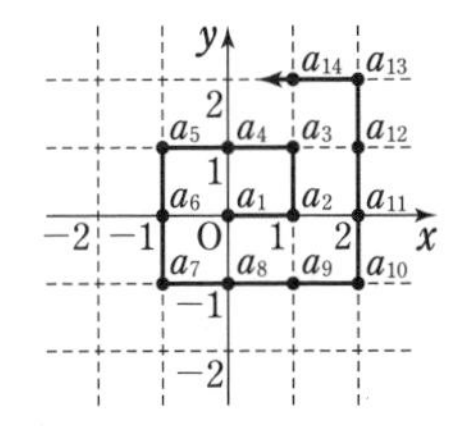

(1) a_{758}を求めよ。

(2) 数列$\{a_n\}$の初項から第758項までの和を求めよ。　〔名古屋市大〕 ➤例題25，26

9 自然数nに対して，xの1次式P_nを次のように定める。

$$P_1=x,\ P_{n+1}=(n+3)P_n+(n+1)!\quad (n=1,\ 2,\ 3,\ \cdots\cdots)$$

P_nのxについて1次の項の係数をa_nとし，P_nの定数項をb_nとする。

(1) P_4を求めよ。　(2) 数列$\{a_n\}$の一般項を求めよ。

(3) $\dfrac{b_{n+1}}{a_{n+1}}-\dfrac{b_n}{a_n}$を$n$で表せ。　(4) 数列$\left\{\dfrac{b_n}{a_n}\right\}$の一般項を求めよ。

(5) 数列$\{b_n\}$の一般項を求めて，$S_n=\displaystyle\sum_{k=1}^{n}\frac{b_k}{3^k}$を求めよ。　〔名古屋工大〕 ➤例題32，33

10 nを自然数として，数列$\{a_n\}$を$a_{n+3}-4a_{n+2}+5a_{n+1}-2a_n=0$によって定める。

(1) 3次方程式$x^3-4x^2+5x-2=0$の3つの実数解をα，β，γ $(\alpha\leqq\beta\leqq\gamma)$とする。$\beta$，$\gamma$に対し，$b_n=a_{n+1}-\beta a_n$，$c_n=b_{n+1}-\gamma b_n$とおく。このとき，$b_{n+2}$を$b_{n+1}$と$b_n$を用いて表せ。また，$c_{n+1}$を$c_n$を用いて表せ。

(2) $a_1=1$, $a_2=2$, $a_3=5$とする。このとき，b_nをnを用いて表せ。更に，a_nをnを用いて表せ。　〔類 関西大〕 ➤例題37

ヒント **8** (1) kを自然数とする。原点を中心として，1辺の長さが$2k$の正方形の周上にある格子点の集合を第k群とし，群数列の問題ととらえる。

11 数列 $\{a_n\}$ は，$a_1=1$，および，すべての自然数 m に対して，$a_{2m}=a_{2m-1}+1$，$a_{2m+1}=2a_{2m}$ を満たすとする。

(1) a_2，a_3，a_4，a_5 を求めよ。　　(2) 数列 $\{a_n\}$ の一般項を求めよ。

(3) $\displaystyle\sum_{k=1}^{n} a_k$ を求めよ。

〔高知大〕 ➤例題 27，42

12 1つのさいころを n 回続けて投げ，出た目を順に X_1，X_2，……，X_n とする。このとき，次の条件を満たす確率を n を用いて表せ。ただし，$X_0=0$ としておく。

条件：$1\leqq k\leqq n$ を満たす k のうち，$X_{k-1}\leqq 4$ かつ $X_k\geqq 5$ が成立するような k の値はただ1つである。

〔京都大〕 ➤例題 47

13 i を虚数単位とする。

(1) $n=2$，3，4，5 のとき $(3+i)^n$ を求めよ。また，それらの虚部の整数を 10 で割った余りを求めよ。

(2) n を正の整数とするとき $(3+i)^n$ は虚数であることを示せ。

〔神戸大〕

➤例 11，例題 50

14 α を $\alpha>1$ を満たす有理数とする。

(1) β を $\beta>0$ を満たす有理数とし，t，u を $0<t<u$ を満たす実数とする。このとき，$t^\beta<u^\beta$ が成り立つことを示せ。

(2) t を正の実数とする。このとき，$1+t^\alpha<(1+t)^\alpha$ が成り立つことを示せ。

(3) x，y を正の実数とする。このとき，$x^\alpha+y^\alpha<(x+y)^\alpha$ が成り立つことを示せ。

(4) n を 2 以上の自然数とし，x_1，x_2，……，x_n を正の実数とする。このとき，$x_1{}^\alpha+x_2{}^\alpha+\cdots\cdots+x_n{}^\alpha<(x_1+x_2+\cdots\cdots+x_n)^\alpha$ が成り立つことを示せ。

〔東京都立大〕 ➤例題 51

15 (1) n を自然数とするとき，$\displaystyle\sum_{k=1}^{n} k2^{k-1}$ を求めよ。

(2) 次のように定義される数列 $\{a_n\}$ の一般項を求めよ。

$$a_1=2,\quad a_{n+1}=1+\frac{1}{2}\sum_{k=1}^{n}(n+1-k)a_k \quad (n=1,\ 2,\ 3,\ \cdots\cdots)$$

〔九州大〕 ➤例題 57

ヒント **12** 条件を満たし $X_n\leqq 4$ となる確率を p_n，条件を満たし $X_n\geqq 5$ となる確率を q_n とすると，求める確率は p_n+q_n と表される。

13 (2) (1) は (2) のヒント　$(3+i)^n=a_n+b_ni$ (a_n，b_n は実数) とおくと，a_n を 10 で割った余りは 8，b_n を 10 で割った余りは 6 と推測できる。

15 (2) 漸化式から一般項を推測し，$n\leqq m$ ($m\geqq 2$) のとき成り立つと仮定して，数学的帰納法により証明する。

〈この章で学ぶこと〉
様々な分野で活用されており，現代社会において欠かせない理論である，統計的な推測の考え方を学ぶ。具体的には，確率分布や標本分布の特徴を，確率変数の平均，分散，標準偏差などを用いて考察する。
二項分布と正規分布の性質や特徴，そして，正規分布を用いた区間推定及び仮説検定の方法を学ぶ。

第2章 統計的な推測

例，例題一覧

●…… 基本的な内容の例　■…… 標準レベルの例題　◆…… やや発展的な例題

8 確率変数と確率分布

● 12 確率変数の分散・標準偏差 (1)
● 13 確率変数の分散・標準偏差 (2)

■ 58 数列の和と期待値，分散
◆ 59 二項定理と期待値

9 確率変数の変換

● 14 確率変数の変換 (1)

■ 60 確率変数の変換 (2)

10 確率変数の和と期待値

● 15 同時分布
● 16 事象の独立，従属
● 17 確率変数の和と積の期待値
● 18 確率変数 $aX+bY$ の期待値，分散

■ 61 3 つ以上の確率変数と期待値，分散

11 二 項 分 布

● 19 二項分布の平均，分散
● 20 試行回数などの決定

■ 62 二項分布と確率変数の変換

12 正 規 分 布

● 21 確率密度関数と確率
● 22 正規分布と確率

■ 63 確率密度関数と期待値，標準偏差
■ 64 正規分布の利用
■ 65 二項分布の正規分布による近似

13 母集団と標本，標本平均とその分布

● 23 母平均，母標準偏差
● 24 標本平均の期待値，標準偏差 (1)

■ 66 標本平均の期待値，標準偏差 (2)
■ 67 標本比率と正規分布
■ 68 標本平均と正規分布
■ 69 大数の法則

14 推　定

■ 70 母平均の推定 (1)
■ 71 母平均の推定 (2)
■ 72 母比率の推定

15 仮 説 検 定

● 25 仮説検定

■ 73 母比率の検定 (1)…… 両側検定
■ 74 母比率の検定 (2)…… 片側検定
■ 75 母平均の検定

8 確率変数と確率分布

《 基本事項 》

これまでは，ある試行の個々の事象の確率を求めることを学んだ。ここでは，ある試行について，すべての場合を取り上げ，各場合の確率をまとめて考える。

1 確率変数

全事象をUとして，$U=\{u_1,\ u_2,\ \cdots\cdots,\ u_n\}$とすると，$u_1,\ u_2,\ \cdots\cdots,\ u_n$は1つ1つの試行の結果を表している。このとき，ある試行の結果$u_1,\ u_2,\ \cdots\cdots,\ u_n$によって，その値$x_1,\ x_2,\ \cdots\cdots,\ x_n$が定まり，各値に対応してその値をとる確率が定まるような変数を**確率変数**という。

確率変数をXとすると，$X(u_k)=x_k\ (k=1,\ 2,\ \cdots\cdots,\ n)$と表すことができ，$X$は全事象$U$からとりうる値の集合$\{x_1,\ x_2,\ \cdots\cdots,\ x_n\}$への関数である。

2 確率分布

一般に，確率変数Xのとりうる値が$x_1,\ x_2,\ \cdots\cdots,\ x_n$であり，それぞれの値をとる確率$P$が$p_1,\ p_2,\ \cdots\cdots,\ p_n$であるとき，

$$p_1\geqq 0,\ p_2\geqq 0,\ \cdots\cdots,\ p_n\geqq 0$$
$$p_1+p_2+\cdots\cdots+p_n=1$$

（表1）

X	x_1	x_2	$\cdots\cdots$	x_n	計
P	p_1	p_2	$\cdots\cdots$	p_n	1

が成り立つ。この対応関係は，表1で表される。

ここで示したような，確率変数Xのとりうる値とその値をとる確率との対応関係を，Xの**確率分布**，または単に**分布**といい，確率変数Xはこの**分布に従う**という。

確率変数Xがaという値をとる確率を$\boldsymbol{P(X=a)}$または$\boldsymbol{P(a)}$と表す。この表し方を用いると，確率変数Xの確率分布は

$$P(X=x_k)=p_k \qquad (k=1,\ 2,\ \cdots\cdots,\ n)$$

のように表すこともできる。なお，Xがa以上b以下の値をとる確率を$\boldsymbol{P(a\leqq X\leqq b)}$で表す。また，$X$が$a$以下の値をとる確率，$a$以上の値をとる確率をそれぞれ$P(X\leqq a)$，$P(X\geqq a)$のように表す。

3 確率変数の期待値

確率変数Xが右の確率分布に従うとき

X	x_1	x_2	$\cdots\cdots$	x_n	計
P	p_1	p_2	$\cdots\cdots$	p_n	1

$$x_1p_1+x_2p_2+\cdots\cdots+x_np_n$$

を確率変数Xの**期待値**または**平均値**といい，$\boldsymbol{E(X)}$または$\boldsymbol{m}$で表す。

$$\textbf{期待値}\quad E(X)=x_1p_1+x_2p_2+\cdots\cdots+x_np_n=\sum_{k=1}^{n}x_kp_k$$

4 確率変数の分散，標準偏差

確率変数Xが右の表に示される確率分布に従うとする。このXの期待値をmとするとき，Xとmの隔たりの程度を表す$(X-m)^2$もまた1つの確率変数で，その確率分布は次のようになる。

X	x_1	x_2	……	x_n	計
P	p_1	p_2	……	p_n	1

$(X-m)^2$	$(x_1-m)^2$	$(x_2-m)^2$	……	$(x_n-m)^2$	計
P	p_1	p_2	……	p_n	1

この確率変数$(X-m)^2$の期待値を **分散** といい，$\boldsymbol{V(X)}$で表す。よって，次の公式①が成り立つ。

分散　$$V(X)=E((X-m)^2)=\sum_{k=1}^{n}(x_k-m)^2p_k$$ ◀定義

$$V(X)=E(X^2)-\{E(X)\}^2 \quad \cdots\cdots ①$$

①の 証明　$V(X)=\sum_{k=1}^{n}(x_k-m)^2p_k=\sum_{k=1}^{n}(x_k{}^2p_k-2mx_kp_k+m^2p_k)$

$=\sum_{k=1}^{n}x_k{}^2p_k-2m\sum_{k=1}^{n}x_kp_k+m^2\sum_{k=1}^{n}p_k$　◀ $\sum_{k=1}^{n}x_kp_k=m$，$\sum_{k=1}^{n}p_k=1$

$=\sum_{k=1}^{n}x_k{}^2p_k-m^2=E(X^2)-\{E(X)\}^2$

Xの測定単位が，例えばkgなら，期待値の単位はkg，分散の単位はkg^2となり，分布の様子をみるときに不便である。そこで，Xのとる値と単位を一致させるために，分散の正の平方根を考え，これをXの **標準偏差** といい，$\boldsymbol{\sigma(X)}$で表す。

標準偏差　$$\sigma(X)=\sqrt{V(X)}$$

$\sigma(X)$はXのとる値が散らばる程度を表しており，$\sigma(X)$が小さいとXのとる値は，分布の平均mの近くに集中する傾向がある。
なお，確率変数Xの期待値，分散，標準偏差のことを，それぞれXの **分布の平均**，**分散**，**標準偏差** ともいう。

CHECK 問題

5 2個のさいころを同時に投げるとき，出る目の和をXとする。
(1) 確率変数Xの確率分布を求めよ。　(2) $P(5\leqq X\leqq 8)$を求めよ。

→ 2

6 1枚の硬貨を投げて，表が出たら得点を1，裏が出たら得点を2とする。これを2回繰り返したときの合計得点をXとする。このとき，Xの期待値$E(X)$，分散$V(X)$，標準偏差$\sigma(X)$を求めよ。

→ 4

例 12 | 確率変数の分散・標準偏差 (1) ★☆☆☆☆

Xの確率分布が右の表のようになるとき，期待値 $E(X)$，分散 $V(X)$，標準偏差 $\sigma(X)$ を求めよ。

X	1	2	3	4	5	計
P	$\frac{35}{70}$	$\frac{20}{70}$	$\frac{10}{70}$	$\frac{4}{70}$	$\frac{1}{70}$	1

指針 次の式を利用して期待値 $E(X)$，分散 $V(X)$，標準偏差 $\sigma(X)$ を計算する。

期 待 値 $E(X)=\sum x_k p_k$ ⟵ (変数)×(確率) の和

分 散 $V(X)=E(X^2)-\{E(X)\}^2$ ⟵ (X^2 の期待値)−(Xの期待値)^2

標準偏差 $\sigma(X)=\sqrt{V(X)}$ ⟵ $\sqrt{(分散)}$

CHART》 分散の計算　X，X^2 の期待値から $E(X^2)-\{E(X)\}^2$

(注意) [分散の計算]

上では，分散 $V(X)$ の公式として，$V(X)=E(X^2)-\{E(X)\}^2$ $(=\sum x_k{}^2 p_k-m^2)$ を取り上げたが，分散の定義式 $V(X)=\sum(x_k-m)^2 p_k$ ……（∗） を利用してもよい。

ただし，この問題では，**(X^2 の期待値)−(Xの期待値)^2** を利用して分散を求めた方が計算はらくである。なお，定義の式（∗）を利用する場合，x_k-m が整数値にならないと，計算が面倒になるケースが多い。

例 13 | 確率変数の分散・標準偏差 (2) ★★☆☆☆

袋の中に 1 と書いてあるカードが 3 枚，2 と書いてあるカードが 1 枚，3 と書いてあるカードが 1 枚，合計 5 枚のカードが入っている。この袋から 1 枚のカードを取り出し，それを戻さずにもう 1 枚カードを取り，これら 2 枚のカードに書かれている数字の平均をXとする。Xの期待値 $E(X)$，分散 $V(X)$，標準偏差 $\sigma(X)$ を求めよ。

〔類 琉球大〕

指針 まず，確率分布を求める。それには，数学Aで学んだように，**樹形図 (tree)** をもとに，**確率の乗法定理** を利用して確率を計算するとよい。

ここで，取り出したカードの数字の組合せによって平均Xが決まる。

期待値，分散などの計算方法は，例 12 と同様。

期 待 値 $E(X)=\sum x_k p_k$

分 散 $V(X)=E(X^2)-\{E(X)\}^2$

標準偏差 $\sigma(X)=\sqrt{V(X)}$

1回目	2回目	平均
1 $\left(\frac{3}{5}\right)$	1 $\left(\frac{2}{4}\right)$	1
	2 $\left(\frac{1}{4}\right)$	$\frac{3}{2}$
	3 $\left(\frac{1}{4}\right)$	2
2 $\left(\frac{1}{5}\right)$	1 $\left(\frac{3}{4}\right)$	$\frac{3}{2}$
	3 $\left(\frac{1}{4}\right)$	$\frac{5}{2}$
3 $\left(\frac{1}{5}\right)$	1 $\left(\frac{3}{4}\right)$	2
	2 $\left(\frac{1}{4}\right)$	$\frac{5}{2}$

例題 58 数列の和と期待値，分散 ★★★★☆

1，2，……，n の番号のついたカードが，それぞれ n 枚，$n-1$ 枚，……，1 枚ある。このカードを袋の中に入れる。袋の中をよく混ぜてから 1 枚のカードを取り出し，それに書いてある番号を確率変数 X とする。

(1) $X=k$ となる確率 p_k を求めよ。

(2) X の期待値 $E(X)$ と分散 $V(X)$ を求めよ。

◀例 12

指針 期待値 $E(X)=\sum x_k p_k$，　分散 $V(X)=E(X^2)-\{E(X)\}^2$

x_k は p_k に対応する確率変数 X の値であるから，$x_k=k$ である。

なお　$\displaystyle\sum_{k=1}^{n}k=\frac{1}{2}n(n+1)$，$\displaystyle\sum_{k=1}^{n}k^2=\frac{1}{6}n(n+1)(2n+1)$，$\displaystyle\sum_{k=1}^{n}k^3=\left\{\frac{1}{2}n(n+1)\right\}^2$

解答 (1) カードは全部で $1+2+\cdots\cdots+n=\frac{1}{2}n(n+1)$ 枚ある。

その中に k の番号のカードは $n-k+1$ 枚あるから，$X=k$ となる確率は

$$p_k=\frac{n-k+1}{\frac{1}{2}n(n+1)}=\boldsymbol{\frac{2(n-k+1)}{n(n+1)}}$$

(2)

n は k に関して定数。$\sum$ の外に出すことができる。

$$E(X)=\sum_{k=1}^{n}k\cdot\frac{2(n-k+1)}{n(n+1)}=\frac{2}{n(n+1)}\left\{(n+1)\sum_{k=1}^{n}k-\sum_{k=1}^{n}k^2\right\}$$

$$=\frac{2}{n(n+1)}\left\{(n+1)\cdot\frac{1}{2}n(n+1)-\frac{1}{6}n(n+1)(2n+1)\right\}=\boldsymbol{\frac{n+2}{3}}$$

$$V(X)=\sum_{k=1}^{n}k^2\cdot\frac{2(n-k+1)}{n(n+1)}-\left(\frac{n+2}{3}\right)^2$$

◀ $V(X)=E(X^2)-\{E(X)\}^2$

$$=\frac{2}{n(n+1)}\left\{(n+1)\sum_{k=1}^{n}k^2-\sum_{k=1}^{n}k^3\right\}-\left(\frac{n+2}{3}\right)^2$$

$$=\frac{2}{n(n+1)}\left[(n+1)\cdot\frac{1}{6}n(n+1)(2n+1)-\left\{\frac{1}{2}n(n+1)\right\}^2\right]-\left(\frac{n+2}{3}\right)^2$$

$$=\frac{1}{3}(n+1)(2n+1)-\frac{1}{2}n(n+1)-\frac{1}{9}(n+2)^2$$

$$=\frac{1}{18}\{(12n^2+18n+6)-(9n^2+9n)-(2n^2+8n+8)\}$$

$$=\boldsymbol{\frac{(n-1)(n+2)}{18}}$$

練習 58 n 本（n は 3 以上の整数）のくじの中に当たりくじとはずれくじがあり，そのうちの 2 本がはずれくじである。このくじを 1 本ずつ引いていき，はずれくじ 2 本を引いたとき，それまでに引いた当たりくじの本数を確率変数 X とする。ただし，引いたくじはもとに戻さないものとする。

(1) X の確率分布を求めよ。　　(2) X の期待値 $E(X)$ を求めよ。

〔類 新潟大〕 ➡p. 470 演習 16

重要例題 59 | 二項定理と期待値 ★★★★☆

2 枚の硬貨を同時に投げる試行を n 回繰り返す。k 回目 $(k \leqq n)$ に表の出た枚数を X_k とし，確率変数 Z を $Z=X_1 \cdot X_2 \cdot \cdots\cdots \cdot X_n$ で定める。

(1) $m=0,\ 1,\ 2,\ \cdots\cdots,\ n$ に対して，$Z=2^m$ となる確率を求めよ。

(2) Z の期待値 $E(Z)$ を求めよ。〔弘前大〕

指針 (1) $X_k\ (1 \leqq k \leqq n)$ のとりうる値は 0，1，2 であるから，Z のとりうる値は

$$0,\ 1,\ 2,\ 2^2,\ \cdots\cdots,\ 2^n$$

$Z=2^m$ となるのは，n 回のうち表が 2 枚出ることが m 回，表が 1 枚出ることが $(n-m)$ 回起こるときである。

(2) $E(Z)$ の計算過程で $\sum_{m=0}^{n} {}_n\mathrm{C}_m$ が現れるから，**二項定理 $(a+b)^n=\sum_{m=0}^{n} {}_n\mathrm{C}_m a^{n-m}b^m$** (数学II) **を利用** して計算をする。

解答 (1) $X_k\ (1 \leqq k \leqq n)$ のとりうる値は 0，1，2 であり

$$P(X_k=1)={}_2\mathrm{C}_1\left(\frac{1}{2}\right)\left(\frac{1}{2}\right)=\frac{1}{2},$$

$$P(X_k=2)={}_2\mathrm{C}_2\left(\frac{1}{2}\right)^2\left(\frac{1}{2}\right)^0=\frac{1}{4}$$

◀ $P(X_k=l)={}_2\mathrm{C}_l\left(\frac{1}{2}\right)^l\left(\frac{1}{2}\right)^{2-l}$ $(l=0,\ 1,\ 2)$

$Z=2^m\ (0 \leqq m \leqq n)$ となるのは，n 回の試行中，$X_k=2$ となる k が m 回，$X_k=1$ となる k が $(n-m)$ 回起こるときであるから

◀ $Z=2^m>0$ であるから，$X_k=0$ のときはない。

$$P(Z=2^m)={}_n\mathrm{C}_m\left(\frac{1}{4}\right)^m\left(\frac{1}{2}\right)^{n-m}=\boldsymbol{\frac{{}_n\mathrm{C}_m}{2^{n+m}}}$$

(2) Z のとりうる値は　$Z=0,\ 1,\ 2,\ 2^2,\ \cdots\cdots,\ 2^n$

よって，(1) から　$E(Z)=\sum_{m=0}^{n} 2^m \cdot \frac{{}_n\mathrm{C}_m}{2^{m+n}}=\frac{1}{2^n}\sum_{m=0}^{n} {}_n\mathrm{C}_m$

◀ $\frac{1}{2^n}$ は m に無関係。

二項定理により　$(1+1)^n=\sum_{m=0}^{n} {}_n\mathrm{C}_m \cdot 1^{n-m} \cdot 1^m$

◀ $(a+b)^n=\sum_{m=0}^{n} {}_n\mathrm{C}_m a^{n-m}b^m$ で $a=b=1$ とした。

したがって，$\sum_{m=0}^{n} {}_n\mathrm{C}_m=2^n$ であるから

$$\boldsymbol{E(Z)=\frac{1}{2^n} \cdot 2^n=1}$$

参考 [Z を n 個の確率変数 X_1，X_2，……，X_n の積としてとらえる]

$1 \leqq k \leqq n$ に対して　$E(X_k)=1 \cdot \frac{1}{2}+2 \cdot \frac{1}{4}=1$　◀ $0 \cdot P(X_k=0)$ は省略。

X_1，X_2，……，X_n は互いに独立であるから

$$E(Z)=E(X_1)E(X_2)\cdots\cdots E(X_n)=1^n=1$$

◀ $p.436$ 参照。

練習 59 n を 2 以上の自然数とする。n 人全員が一組となってじゃんけんを 1 回するとき，勝った人の数を X とする。ただし，あいこのときは $X=0$ とする。

(1) ちょうど k 人が勝つ確率 $P(X=k)$ を求めよ。ただし，$1 \leqq k \leqq n-1$ とする。

(2) X の期待値を求めよ。〔類 名古屋大〕

9 確率変数の変換

《 基本事項 》

1 確率変数の変換

右のような確率分布に従う確率変数Xを考える。
a, bが定数のとき，Xの1次式 $Y=aX+b$ でYを定めると，Yもまた確率変数になる。
このとき，Yのとる値は

$$y_k=ax_k+b \quad (k=1,\ 2,\ \cdots\cdots,\ n)$$

であり，Yの確率分布は右の2番目の表のようになる。
Xに対して上のようなYを考えることを，**確率変数の変換** という。

X	x_1	x_2	……	x_n	計
P	p_1	p_2	……	p_n	1

Y	y_1	y_2	……	y_n	計
P	p_1	p_2	……	p_n	1

2 $Y=aX+b$ の期待値，分散，標準偏差

確率変数Xと定数a, bに対して，$Y=aX+b$ も確率変数になり

① $\boldsymbol{E(aX+b)=aE(X)+b}$

② $\boldsymbol{V(aX+b)=a^2V(X)}$　　$\boldsymbol{\sigma(aX+b)=|a|\sigma(X)}$

証明 ① $E(Y)=\sum_{k=1}^{n}y_kp_k=\sum_{k=1}^{n}(ax_k+b)p_k=\sum_{k=1}^{n}(ax_kp_k+bp_k)$

$=a\sum_{k=1}^{n}x_kp_k+b\sum_{k=1}^{n}p_k=aE(X)+b$　　◀ $\sum_{k=1}^{n}p_k=1$（確率の和は1）

② $y_k-E(Y)=(ax_k+b)-\{aE(X)+b\}=a\{x_k-E(X)\}$ であるから

$V(Y)=\sum_{k=1}^{n}\{y_k-E(Y)\}^2p_k=a^2\sum_{k=1}^{n}\{x_k-E(X)\}^2p_k=a^2V(X)$

$\sigma(Y)=\sqrt{V(Y)}=\sqrt{a^2V(X)}=|a|\sqrt{V(X)}=|a|\sigma(X)$

例 14 | 確率変数の変換 (1)　★☆☆☆☆

1個のさいころを3回投げるとき，3の倍数の目が出る回数をXとする。
(1) 確率変数Xの期待値 $E(X)$，分散 $V(X)$，標準偏差 $\sigma(X)$ を求めよ。
(2) 確率変数 $3X-2$ の期待値 $E(3X-2)$，分散 $V(3X-2)$，標準偏差 $\sigma(3X-2)$ を求めよ。

指針 (1) 確率変数Xのとりうる値は　$X=0,\ 1,\ 2,\ 3$
それぞれの場合の確率を求め，確率分布の表を作る。
(2) 上の基本事項 2 の公式を利用して，$E(3X-2)$, $V(3X-2)$, $\sigma(3X-2)$ を求める。

期待値　$\boldsymbol{E(aX+b)=aE(X)+b}$
分散　$\boldsymbol{V(aX+b)=a^2V(X)}$　　(a, bは定数)
標準偏差　$\boldsymbol{\sigma(aX+b)=|a|\sigma(X)}$

例題 60 確率変数の変換 (2) ★★★☆☆

赤玉6個，白玉4個が入った袋がある。この中から玉を2個同時に取り出すとき，取り出された赤玉の個数をXとする。この確率変数Xから，1次式 $Y=aX+b$ によって，期待値0，標準偏差1の確率変数Yを作りたい。定数a，bの値を求めよ。ただし，$a>0$ とする。

指針 公式 $\boldsymbol{E(aX+b)=aE(X)+b}$，$\boldsymbol{\sigma(aX+b)=|a|\sigma(X)}$ を活用する。
$E(Y)=0$，$\sigma(Y)=1$，$a>0$ から　$aE(X)+b=0$，$a\sigma(X)=1$
$E(X)$，$\sigma(X)$ を求めて，このa，bについての連立方程式を解く。

解答 確率変数Xの値がkになる確率を p_k とすると

$$p_0=\frac{{}_4C_2}{{}_{10}C_2}=\frac{2}{15},\quad p_1=\frac{{}_6C_1\cdot{}_4C_1}{{}_{10}C_2}=\frac{8}{15},$$

$$p_2=\frac{{}_6C_2}{{}_{10}C_2}=\frac{5}{15}$$

◀ Xのとりうる値は 0，1，2

よって　$E(X)=0\cdot\frac{2}{15}+1\cdot\frac{8}{15}+2\cdot\frac{5}{15}=\frac{6}{5}$

◀ $E(X)=\sum_{k=0}^{2}kp_k$

$$V(X)=\left(0^2\cdot\frac{2}{15}+1^2\cdot\frac{8}{15}+2^2\cdot\frac{5}{15}\right)-\left(\frac{6}{5}\right)^2$$

$$=\frac{28}{15}-\frac{36}{25}=\frac{32}{75}$$

◀ $V(X)=E(X^2)-\{E(X)\}^2$

$$\sigma(X)=\sqrt{V(X)}=\sqrt{\frac{32}{75}}=\frac{4\sqrt{6}}{15}$$

したがって

$$E(Y)=E(aX+b)=aE(X)+b=\frac{6}{5}a+b$$

$$\sigma(Y)=\sigma(aX+b)=a\sigma(X)=\frac{4\sqrt{6}}{15}a$$

◀ $a>0$ のとき $|a|=a$

$E(Y)=0$，$\sigma(Y)=1$ から　$\frac{6}{5}a+b=0$，$\frac{4\sqrt{6}}{15}a=1$

連立して解くと　$\boldsymbol{a=\frac{5\sqrt{6}}{8}}$，$\boldsymbol{b=-\frac{3\sqrt{6}}{4}}$

◀ $a=\frac{15}{4\sqrt{6}}=\frac{15\sqrt{6}}{4\cdot6}$

検討 期待値 $E(X)=m$，標準偏差 $\sigma(X)=\sigma$ をもつ確率変数Xを

$Y=\frac{X-m}{\sigma}$ で変換すると　$E(Y)=\frac{1}{\sigma}E(X)-\frac{m}{\sigma}=0$，$\sigma(Y)=\frac{\sigma(X)}{\sigma}=1$

すなわち，Yの **期待値は0**，**標準偏差は1** である。
この変換を，確率変数Xの **標準化** という。

練習 60 確率変数Xは，$X=2$ または $X=a$ のどちらかの値をとるものとする。確率変数 $Y=3X+1$ の平均値（期待値）が10で，分散が18であるとき，aの値を求めよ。
〔香川大〕

10 確率変数の和と期待値

《 基本事項 》

1 同時分布

2つの確率変数 X, Y について

Xのとる値が x_1, x_2, ……, x_n

Yのとる値が y_1, y_2, ……, y_m

であるとする。すべての i, j の組合せについて, $P(X=x_i,\ Y=y_j)=p_{ij}$ とすると, 右の表のように $(x_i,\ y_j)$ と p_{ij} の対応が得られる。

この対応をXとYの **同時分布** という。

X \ Y	y_1	y_2	……	y_m	計
x_1	p_{11}	p_{12}	……	p_{1m}	p_1
x_2	p_{21}	p_{22}	……	p_{2m}	p_2
⋮	……	……	……	……	⋮
⋮	……	……	……	……	⋮
x_n	p_{n1}	p_{n2}	……	p_{nm}	p_n
計	q_1	q_2	……	q_m	1

2 確率変数の和の期待値

2つの確率変数 X, Y の和 $X+Y$ もまた, 確率変数であり, 期待値について, 次の定理が成り立つ。

① $\boldsymbol{E(X+Y)=E(X)+E(Y)}$ ◀ 期待値の **加法定理** ということがある。

② $\boldsymbol{E(aX+bY)=aE(X)+bE(Y)}$ (a, b は定数)

証明 Xのとる値が x_1, x_2, ……, x_n, Yのとる値が y_1, y_2, ……, y_m のとき, $P(X=x_i,\ Y=y_j)=p_{ij}$ とすると, X, Y の同時分布は 1 の表のようになる。

$$P(X=x_i)=\sum_{j=1}^{m}p_{ij}=p_{i1}+p_{i2}+\cdots\cdots+p_{im}=p_i$$

$$P(Y=y_j)=\sum_{i=1}^{n}p_{ij}=p_{1j}+p_{2j}+\cdots\cdots+p_{nj}=q_j$$

また $E(X)=\sum_{i=1}^{n}x_ip_i,\quad E(Y)=\sum_{j=1}^{m}y_jq_j$ ……(*)

① $E(X+Y)=\sum_{i=1}^{n}\left\{\sum_{j=1}^{m}(x_i+y_j)p_{ij}\right\}=\sum_{i=1}^{n}\left(\sum_{j=1}^{m}x_ip_{ij}\right)+\sum_{j=1}^{m}\left(\sum_{i=1}^{n}y_jp_{ij}\right)$

$=\sum_{i=1}^{n}x_i\left(\sum_{j=1}^{m}p_{ij}\right)+\sum_{j=1}^{m}y_j\left(\sum_{i=1}^{n}p_{ij}\right)=\sum_{i=1}^{n}x_ip_i+\sum_{j=1}^{m}y_jq_j=E(X)+E(Y)$

② 定理 ① と確率変数の変換の公式から

$$E(aX+bY)=E(aX)+E(bY)=aE(X)+bE(Y)$$

3 確率変数の独立

2つの確率変数 X, Y があり, Xのとる任意の値 a とYのとる任意の値 b について

$$\boldsymbol{P(X=a,\ Y=b)=P(X=a)P(Y=b)}$$

が成り立つとき, 確率変数XとYは互いに **独立** であるという。

2つの確率変数XとYの同時分布が 1 の表のとおりであるとき, XとYが独立であることと, $p_{ij}=p_iq_j$ がすべての i, j の組合せについて成り立つことが同値である。

3つ以上の確率変数が独立であることも, 2つの確率変数の場合と同様に定義される。例えば, 確率変数 X, Y, Z があって, Xのとる任意の値 a, Yのとる任意の値 b, Zのとる任意の値 c について

$$\boldsymbol{P(X=a,\ Y=b,\ Z=c)=P(X=a)P(Y=b)P(Z=c)}$$

が成り立つとき, 確率変数 X, Y, Z は互いに **独立** であるという。

4 事象の独立と従属

2つの事象 A, B において, $\boldsymbol{P_A(B)=P(B)}$ …… ① が成り立つとき, 事象 B は事象 A に **独立** であるという。① は事象 A の起こることが事象 B の起こる確率に影響を与えないことを表している。

① が成り立つとき, 乗法定理 $P(A\cap B)=P(A)P_A(B)$ から次の等式が成り立つ。

$$P(A\cap B)=P(A)P(B) \quad \cdots\cdots \text{②}$$

また, ② が成り立つとき, 乗法定理より ① が導かれるから, ① と ② は同値である。

一方, $P(A\cap B)=P(B\cap A)=P(B)P_B(A)$ も成り立つから, $P_B(A)=P(A)$ と ② が同値であることもわかる。

独立でない2つの事象は **従属** であるという。

> **2つの事象 A, B が独立 $\iff \boldsymbol{P_A(B)=P(B)} \iff \boldsymbol{P_B(A)=P(A)}$**
> **$\iff \boldsymbol{P(A\cap B)=P(A)P(B)}$**

2つの事象 A, B が独立であることを示すには, 上の同値な3つの等式のどれか1つが成り立つことを示せばよい。

5 確率変数の積の期待値

2つの確率変数 X, Y の積 XY もまた確率変数であり, X と Y が互いに独立であるとき, 次の定理が成り立つ。

X と Y が互いに **独立** のとき　$\boldsymbol{E(XY)=E(X)E(Y)}$

証明　$p.435$ $(*)$ のもとで, X と Y が互いに独立のとき　$p_{ij}=p_iq_j$

このとき　$E(XY)=\sum_{i=1}^{n}\left(\sum_{j=1}^{m}x_iy_jp_{ij}\right)=\sum_{i=1}^{n}\left(\sum_{j=1}^{m}x_iy_jp_iq_j\right)=\left(\sum_{i=1}^{n}x_ip_i\right)\left(\sum_{j=1}^{m}y_jq_j\right)$
$=E(X)E(Y)$

6 確率変数の和の分散

2つの確率変数 X, Y について, 次のことが成り立つ。

X と Y が互いに **独立** のとき　$\boldsymbol{V(X+Y)=V(X)+V(Y)}$

証明　$V(X+Y)=E((X+Y)^2)-\{E(X+Y)\}^2$
$=E(X^2+2XY+Y^2)-\{E(X)+E(Y)\}^2$
$=E(X^2)+2E(XY)+E(Y^2)-\{E(X)\}^2-2E(X)E(Y)-\{E(Y)\}^2$

X と Y は独立であるから
$E(XY)=E(X)E(Y)$

よって　$V(X+Y)=E(X^2)+E(Y^2)-\{E(X)\}^2-\{E(Y)\}^2$
$=[E(X^2)-\{E(X)\}^2]+[E(Y^2)-\{E(Y)\}^2]$
$=V(X)+V(Y)$　(証明終)

また, X と Y が互いに **独立** ならば, aX と bY も互いに独立であるから, 上の定理と確率変数の変換の公式により, 次のことが成り立つ。

X と Y が互いに **独立** のとき　$\boldsymbol{V(aX+bY)=a^2V(X)+b^2V(Y)}$

例 15 同時分布 ★☆☆☆☆

袋の中に1, 2, 3の数字を書いたカードがそれぞれ2枚, 3枚, 4枚の計9枚入っている。これらのカードをもとに戻さずに1枚ずつ2回取り出すとき, 1回目のカードの数字をX, 2回目のカードの数字をYとする。
このとき, X, Yの同時分布を求めよ。

指針 X, Yの **同時分布** ⟶ Xの確率分布とYの確率分布を同時に求めるのではなく, **(X, Y) の確率分布** を求める。(X, Y) のとりうる値は
(1, 1), (1, 2), (1, 3),　(2, 1), (2, 2), (2, 3),　(3, 1), (3, 2), (3, 3)

検討 $p.435$ の基本事項の同時分布において, その表から

各iについて　$P(X=i)=\sum_{j=1}^{m} p_{ij}=p_i$

各jについて　$P(Y=j)=\sum_{i=1}^{n} p_{ij}=q_j$

となるから, XとYはそれぞれ右の表の分布に従う。
これを **周辺分布** という。

X	x_1	x_2	……	x_n	計
P	p_1	p_2	……	p_n	1

Y	y_1	y_2	……	y_m	計
P	q_1	q_2	……	q_m	1

例 16 事象の独立, 従属 ★★☆☆☆

1個のさいころを2回続けて投げるとき, 出る目の数を順にm, nとする。
$m<3$ である事象をA, 積 mn が奇数である事象をB, $|m-n|<5$ である事象をCとするとき, AとB, AとCはそれぞれ独立か従属かを調べよ。

指針 事象が独立か従属かの判定には, 次の3つの関係式のうち確かめやすいものを利用する。

$$\text{事象}A\text{と}B\text{が独立} \iff P_A(B)=P(B) \iff P_B(A)=P(A) \quad (\text{定義})$$
$$\iff P(A\cap B)=P(A)P(B) \quad (\text{乗法定理})$$

ここでは, 乗法定理が成り立つかどうかを確認する方法で調べてみよう。
(AとC)　Cについて, $|m-n|<5$ を満たす組 (m, n) の総数は多いので, 余事象 $\overline{C}$ を考えてみる。**AとCが独立 $\iff$ Aと$\overline{C}$が独立**　であることに注目して, Aと$\overline{C}$が独立か従属かを調べる。

検討 2つの事象AとBが独立であるとき

$$P(A\cap B)=P(A)P(B)$$

が成り立つ。このとき, 積事象 $A\cap\overline{B}$ の確率を考えると

$$\begin{aligned}P(A\cap\overline{B})&=P(A)-P(A\cap B)\\&=P(A)-P(A)P(B)\\&=P(A)\{1-P(B)\}\\&=P(A)P(\overline{B})\end{aligned}$$

◀ $P(B)+P(\overline{B})=1$

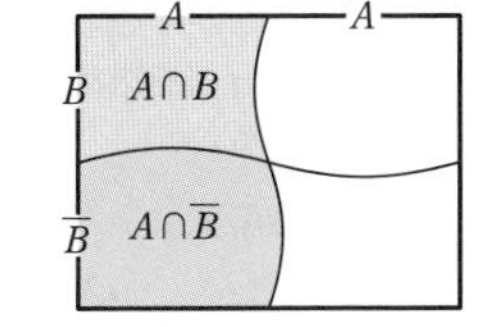

よって, AとBが独立ならば, Aと$\overline{B}$も独立である。
このことはAとBが独立であるとき, その一方を余事象に変えても独立になるということを示している。したがって, 次の関係が成り立つ。

A, Bが独立 $\iff$ A, $\overline{B}$が独立 $\iff$ $\overline{A}$, Bが独立 $\iff$ $\overline{A}$, $\overline{B}$が独立

例 17 確率変数の和と積の期待値 ★☆☆☆☆

袋Aの中には赤玉2個，黒玉3個，袋Bの中には白玉2個，青玉3個が入っている。Aから玉を2個同時に取り出したときの赤玉の個数をX，Bから玉を2個同時に取り出したときの青玉の個数をYとするとき，X，Yは確率変数である。
このとき，期待値$E(X+4Y)$と$E(XY)$を求めよ。

指針 X，Yのとりうる値は，ともに0，1，2であり，それぞれの確率分布は，右の表のようになる。

X	0	1	2	計
p_i	p_1	p_2	p_3	1

Y	0	1	2	計
q_j	q_1	q_2	q_3	1

(p_i，q_jは確率。$i=1, 2, 3$；$j=1, 2, 3$)
これより，確率変数$X+4Y$の期待値は

$$(0+4\cdot0)p_1q_1+(0+4\cdot1)p_1q_2+(0+4\cdot2)p_1q_3+(1+4\cdot0)p_2q_1+\cdots\cdots+(2+4\cdot2)p_3q_3$$

として求めることもできるが，これは計算が面倒。そこで，まず，X，Y**それぞれの確率分布を求め，期待値$E(X)$，$E(Y)$を求める。**
次に，**$E(aX+bY)$，$E(XY)$の性質を利用**(a，bは定数)。

$$E(aX+bY)=aE(X)+bE(Y)$$

X，Yが互いに**独立**ならば　$E(XY)=E(X)E(Y)$　……(*)

(*)の公式は，XとYが互いに独立のときのみ成り立つことに注意。

例 18 確率変数 $aX+bY$ の期待値，分散 ★★☆☆☆

さいころの1つの面を1，他の2つの面を2，残りの3つの面を3と書き直す。このさいころを2回投げて，1回目に出た目の数Xを十の位，2回目に出た目の数Yを一の位として得られる2桁の数をZとする。
確率変数Zの期待値$E(Z)$と分散$V(Z)$を求めよ。

指針 X，Yの確率分布は，右の表のようになる。これより，$Z=10X+Y$の期待値は，

X	1	2	3	計
P	$\frac{1}{6}$	$\frac{2}{6}$	$\frac{3}{6}$	1

Y	1	2	3	計
P	$\frac{1}{6}$	$\frac{2}{6}$	$\frac{3}{6}$	1

$$11\cdot\frac{1}{6}\cdot\frac{1}{6}+12\cdot\frac{1}{6}\cdot\frac{2}{6}+13\cdot\frac{1}{6}\cdot\frac{3}{6}$$

$+21\cdot\frac{2}{6}\cdot\frac{1}{6}+\cdots\cdots+33\cdot\frac{3}{6}\cdot\frac{3}{6}$ を計算して求め，分散は$E(Z^2)-\{E(Z)\}^2$によって求めることができるが，計算が面倒。そこで，例17と同じ流れで考える。X，Yのそれぞれの確率分布を求めたら，期待値$E(X)$，$E(Y)$と分散$V(X)$，$V(Y)$を求め，次の公式を利用する。

確率変数 $aX+bY$ の期待値　$E(aX+bY)=aE(X)+bE(Y)$　(a，bは定数)
$aX+bY$ の分散　X，Yが**独立**ならば
$$V(aX+bY)=a^2V(X)+b^2V(Y)$$

(注意) $p.435$，436の基本事項 **2**，**5**，**6** の公式を使うときは

$$E(aX+bY)=aE(X)+bE(Y)\quad (a,\ b\text{は定数})$$

以外のものは，どれも「XとYが互いに**独立**」という条件がつくことに注意。

例題 61 3つ以上の確率変数と期待値，分散 ★★★☆☆

袋の中に $\boxed{1}$，$\boxed{3}$，$\boxed{5}$ のカードがそれぞれ3枚，4枚，1枚ずつ入っている。この袋の中から1枚取り出しては袋に戻す試行を5回繰り返し，k 回目 $(k=1,\ 2,\ \cdots\cdots,\ 5)$ に出たカードの番号が p のとき kp を得点として得られる。このとき，得点の合計の期待値と分散を求めよ。

◀例18

指針 k 回目 $(k=1,\ 2,\ \cdots\cdots,\ 5)$ のカードの番号を X_k とし，得点の合計を X とすると

$$X=1\cdot X_1+2X_2+3X_3+4X_4+5X_5$$

まず，$E(X_k)$，$V(X_k)$ $(k=1,\ 2,\ \cdots\cdots,\ 5)$ を求め，次の **性質を利用** する。ただし，a_1，a_2，……，a_n は定数とする。

$$\boldsymbol{E(a_1X_1+a_2X_2+\cdots\cdots+a_nX_n)=a_1E(X_1)+a_2E(X_2)+\cdots\cdots+a_nE(X_n)}$$

X_1，X_2，……，X_n が互いに **独立** ならば

$$\boldsymbol{V(a_1X_1+a_2X_2+\cdots\cdots+a_nX_n)=a_1^2V(X_1)+a_2^2V(X_2)+\cdots\cdots+a_n^2V(X_n)}$$

解答 k 回目 $(k=1,\ 2,\ \cdots\cdots,\ 5)$ のカードの番号を X_k とすると

$$P(X_k=1)=\frac{3}{8},\quad P(X_k=3)=\frac{4}{8},\quad P(X_k=5)=\frac{1}{8}$$

◀ 反復試行であるから，X_1，X_2，……，X_5 は同じ確率分布(以下)に従う。

X_k	1	3	5	計
P	$\frac{3}{8}$	$\frac{4}{8}$	$\frac{1}{8}$	1

よって　$E(X_k)=1\cdot\frac{3}{8}+3\cdot\frac{4}{8}+5\cdot\frac{1}{8}=\frac{5}{2}$

$$V(X_k)=1^2\cdot\frac{3}{8}+3^2\cdot\frac{4}{8}+5^2\cdot\frac{1}{8}-\left(\frac{5}{2}\right)^2=8-\frac{25}{4}=\frac{7}{4}$$

得点の合計を X とすると

$$X=1\cdot X_1+2X_2+3X_3+4X_4+5X_5$$

◀ $X=\sum_{k=1}^{5}kX_k$

したがって

$$E(X)=E(X_1+2X_2+3X_3+4X_4+5X_5)$$
$$=E(X_1)+2E(X_2)+3E(X_3)+4E(X_4)+5E(X_5)$$

◀期待値の性質

$$=(1+2+3+4+5)\cdot\frac{5}{2}$$
$$=\frac{1}{2}\cdot5\cdot6\cdot\frac{5}{2}=\boldsymbol{\frac{75}{2}}$$

◀ $\boldsymbol{\sum_{k=1}^{n}k=\frac{1}{2}n(n+1)}$

X_1，X_2，……，X_5 は互いに独立であるから

◀ この断り書きは重要。

$$V(X)=V(X_1+2X_2+3X_3+4X_4+5X_5)$$
$$=V(X_1)+2^2V(X_2)+3^2V(X_3)+4^2V(X_4)+5^2V(X_5)$$

◀ 分散の性質

$$=(1+2^2+3^2+4^2+5^2)\cdot\frac{7}{4}$$
$$=\frac{1}{6}\cdot5\cdot6\cdot11\cdot\frac{7}{4}=\boldsymbol{\frac{385}{4}}$$

◀ $\boldsymbol{\sum_{k=1}^{n}k^2=\frac{1}{6}n(n+1)(2n+1)}$

練習 61 白球4個，黒球6個が入っている袋から球を1個取り出し，もとに戻す操作を10回行う。白球の出る回数を X とするとき，X の期待値と分散を求めよ。

11 二項分布

《基本事項》

1 二項分布

1回の試行で事象Aの起こる確率がpであるとする。この試行をn回繰り返すとき，事象Aの起こる回数Xは確率変数であり
　　←反復試行

$$P(X=r)={}_n\mathrm{C}_r p^r q^{n-r}\quad (r=0,\ 1,\ 2,\ \cdots\cdots,\ n),\ 0<p<1,\ q=1-p$$

が成り立つ。このXの確率分布を **二項分布** といい，$\boldsymbol{B(n,\ p)}$ で表す。
確率変数Xが二項分布 $B(n,\ p)$ に従うとき，$q=1-p$ として

平均 $\boldsymbol{E(X)=np}$，　**分散** $\boldsymbol{V(X)=npq}$，　**標準偏差** $\boldsymbol{\sigma(X)=\sqrt{npq}}$

証明　1回の試行で事象Aの起こる確率をpとする。この試行をn回繰り返すとき，第k回目の試行でAが起これば1，起こらなければ0の値をとる確率変数を X_k とする。
このとき　$P(X_k=1)=p$，　$P(X_k=0)=q$
よって　$E(X_k)=1\cdot p+0\cdot q=p$，　$E(X_k{}^2)=1^2\cdot p+0^2\cdot q=p$
　　$V(X)=E(X_k{}^2)-\{E(X_k)\}^2=p-p^2=p(1-p)=pq$
ここで，$X=X_1+X_2+\cdots\cdots+X_n$ とおくと，Xも確率変数で，このXはn回のうちAが起こる回数を示すから，二項分布 $B(n,\ p)$ に従う。
よって　$E(X)=E(X_1+X_2+\cdots\cdots+X_n)=E(X_1)+E(X_2)+\cdots\cdots+E(X_n)=np$
また，確率変数 X_1，X_2，$\cdots\cdots$，X_n は独立であるから
　　$V(X)=V(X_1+X_2+\cdots\cdots+X_n)=V(X_1)+V(X_2)+\cdots\cdots+V(X_n)=npq$
ゆえに　$\sigma(X)=\sqrt{V(X)}=\sqrt{npq}$

次のように，二項定理を利用して証明することもできる。

証明　二項係数の性質 $\boldsymbol{k\,{}_n\mathrm{C}_k=n\,{}_{n-1}\mathrm{C}_{k-1}}$ $\cdots\cdots$ (＊) を利用する。

定義から　$\boldsymbol{E(X)}=\sum_{k=0}^{n}kP(X=k)=\sum_{k=1}^{n}k\,{}_n\mathrm{C}_k p^k q^{n-k}=\sum_{k=1}^{n}n\,{}_{n-1}\mathrm{C}_{k-1}p^k q^{n-k}$　◀ (＊) を利用。

$=np\sum_{k=1}^{n}{}_{n-1}\mathrm{C}_{k-1}p^{k-1}q^{n-k}=np\sum_{m=0}^{n-1}{}_{n-1}\mathrm{C}_m p^m q^{(n-1)-m}$　◀ $m=k-1$ とおいた。

$=np(p+q)^{n-1}=\boldsymbol{np}$　◀ $p+q=1$

また　$E(X^2)=\sum_{k=0}^{n}k^2P(X=k)=\sum_{k=1}^{n}k^2\,{}_n\mathrm{C}_k p^k q^{n-k}=\sum_{k=1}^{n}kn\,{}_{n-1}\mathrm{C}_{k-1}p^k q^{n-k}$

$=n\sum_{k=1}^{n}\{(k-1)+1\}{}_{n-1}\mathrm{C}_{k-1}p^k q^{n-k}$　◀ (＊) を利用することを見越した変形。

$=n\sum_{k=2}^{n}(k-1)\,{}_{n-1}\mathrm{C}_{k-1}p^k q^{n-k}+n\sum_{k=1}^{n}{}_{n-1}\mathrm{C}_{k-1}p^k q^{n-k}$

$=np^2\sum_{k=2}^{n}(n-1)\,{}_{n-2}\mathrm{C}_{k-2}p^{k-2}q^{n-k}+np\sum_{k=1}^{n}{}_{n-1}\mathrm{C}_{k-1}p^{k-1}q^{n-k}$

$=n(n-1)p^2\sum_{j=0}^{n-2}{}_{n-2}\mathrm{C}_j p^j q^{(n-2)-j}+np\sum_{m=0}^{n-1}{}_{n-1}\mathrm{C}_m p^m q^{(n-1)-m}$　◀ $j=k-2$，$m=k-1$ とおいた。

$=n(n-1)p^2(p+q)^{n-2}+np(p+q)^{n-1}=n(n-1)p^2+np$

よって　$\boldsymbol{V(X)}=E(X^2)-\{E(X)\}^2=n(n-1)p^2+np-(np)^2$

$=-np^2+np=np(1-p)=\boldsymbol{npq}$

例 19 二項分布の平均，分散 ★☆☆☆☆

赤球 5 個，白球 3 個，青球 2 個が入っている箱から任意に 1 球を取り出し，色を調べてもとに戻す試行を 5 回繰り返す。このとき，赤球または白球が出る回数を X とする。X の期待値 $E(X)$ と分散 $V(X)$ を求めよ。

指針「箱から任意に 1 球を取り出し，色を調べてもとに戻す試行を 5 回繰り返す」
⟶ **反復試行** で，X の確率分布は **二項分布**。

$$P(X=r)={}_n\mathrm{C}_r p^r q^{n-r} \quad (q=1-p)$$

二項分布に従う確率変数 X の期待値，分散は，n，p，q $(q=1-p)$ がわかれば，公式 $E(X)=np$，$V(X)=npq$ によって計算できる。

CHART 》二項分布

1. 確率分布　$P_k={}_n\mathrm{C}_k p^k q^{n-k} \Longleftrightarrow B(n,\ p)$
2. 二項分布 では　まず　n と p

例 20 試行回数などの決定 ★★★☆☆

赤玉 a 個，青玉 b 個，白玉 c 個合わせて 100 個入った袋がある。この袋から無作為に 1 個の玉を取り出し，色を調べてからもとに戻す操作を n 回繰り返す。このとき，赤玉を取り出した回数を X とする。

X の期待値が $\dfrac{16}{5}$，分散が $\dfrac{64}{25}$ であるとき，袋の中の赤玉の個数 a および回数 n を求めよ。

指針 1 回の操作で赤玉を取り出す確率を p とすると，X は二項分布 $B(n,\ p)$ に従う。

二項分布 $B(n,\ p)$　　$E(X)=np$，$V(X)=npq$　$(q=1-p)$

a，n に関する連立方程式を作り，それを解く。

1 つの実験において，A か B $(B=\overline{A})$ かの 2 つの事象のみに注目し，このような実験を独立に n 回行う実験を **ベルヌーイ試行**(*) という。例えば，硬貨を投げて表が出るか裏が出るかのような実験を n 回繰り返す試行がベルヌーイ試行である。一般に，ベルヌーイ試行は，次の 3 つの条件を満たす。

[1]　各回の試行の結果は，A（**成功**）または $\overline{A}$（**失敗**）のいずれかである。
[2]　各回の試行は **独立** である。
[3]　成功の確率 p，失敗の確率 $1-p$ は試行を通して **一定** である。ただし，$0 \leqq p \leqq 1$

ベルヌーイ試行を n 回行ったとき，事象 A の起こる回数を，確率変数 X としたものが二項分布 $B(n,\ p)$ である。また，二項分布 $B(n,\ p)$ において，$B(1,\ p)$ をベルヌーイ分布ということもある。

(*)　ベルヌーイ：スイスの数学者 (1654-1705)

例題 62 二項分布と確率変数の変換 ★★★★☆

甲，乙のさいころを同時に振る試行Aにおいて，甲の出た目が乙の出た目より大きいときにのみ，動点Pは原点Oを出発し，x 軸上の正の方向に1だけ進むものとする。試行Aを n 回（n は正の整数）繰り返した後の動点Pの x 座標を X で表す。また，xy 平面上で定点 $\mathrm{Q}(n,\ 2)$，$\mathrm{R}(-1,\ 0)$ と動点Pとを頂点とする三角形の面積を Y で表す。次のものを求めよ。〔新潟大〕

(1) 試行Aにおいて，甲の出た目が乙の出た目より大きくなる確率 p

(2) X の確率分布　　(3) Y の期待値 $E(Y)$ と分散 $V(Y)$

指針 (1) 2つの条件「甲の目＞乙の目」,「甲の目＜乙の目」は，甲と乙を入れ替えても変わらないから，**条件が対等**。これらの **確率が等しい** ことが利用できる。

(2) **CHART》** **二項分布** $B(n,\ p) \Longleftrightarrow P_k={}_n\mathrm{C}_k p^k q^{n-k}$

(3) Y は X の1次式で表されるから　$E(aX+b)=aE(X)+b$，$V(aX+b)=a^2V(X)$

解答 (1) 求める確率 p と，甲の出た目が乙の出た目より小さくなる確率は等しい。

また，甲と乙の目が等しい確率は $\dfrac{1}{6}$ であるから

$$p+p+\frac{1}{6}=1 \qquad \text{これを解いて} \qquad \boldsymbol{p=\frac{5}{12}}$$

◀ (甲＞乙の確率)＋(甲＜乙の確率)＋(甲＝乙の確率)＝1

(2) (1)から　$\boldsymbol{P(X=k)={}_n\mathrm{C}_k\left(\frac{5}{12}\right)^k\left(\frac{7}{12}\right)^{n-k}}$

$\boldsymbol{(k=0,\ 1,\ 2,\ \cdots\cdots,\ n)}$

(3) (2)から，X は二項分布 $B\left(n,\ \dfrac{5}{12}\right)$ に従う。

よって　$E(X)=n\times\dfrac{5}{12}=\dfrac{5}{12}n$,

◀ $E(X)=np$

$V(X)=n\times\dfrac{5}{12}\times\left(1-\dfrac{5}{12}\right)=\dfrac{35}{144}n$

◀ $V(X)=np(1-p)$

△PQR の面積は　$Y=\dfrac{1}{2}\{X-(-1)\}\cdot2=X+1$

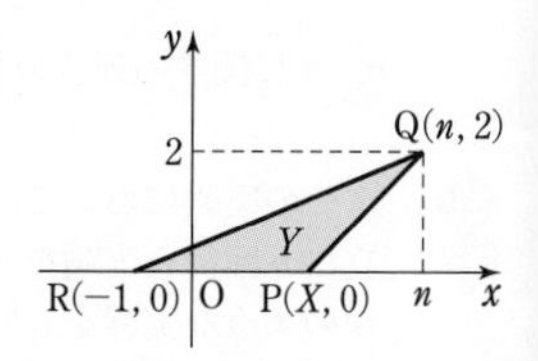

ゆえに　$\boldsymbol{E(Y)}=E(X+1)=E(X)+1\boldsymbol{=\frac{5}{12}n+1}$

$\boldsymbol{V(Y)}=V(X+1)=V(X)\boldsymbol{=\frac{35}{144}n}$

練習 62 原点Oから出発して数直線上を動く点Pがある。硬貨を投げて表が出たら $+3$ だけ移動し，裏が出たら -2 だけ移動する。硬貨を3回投げ終わったときの表の出た回数を X，点Pの座標を T とする。T を X で表せば $T=$ ア□ であるから，T の分散は $V(T)=$ イ□ となる。〔小樽商大〕

➡ p. 471 演習 20

COLUMN コラム　負の二項分布，幾何分布

離散型確率変数が従う確率分布では，この単元で学習した **二項分布** が代表的である。ここでは，二項分布に関連して，表題の 2 つの確率分布を取り上げる。

二項分布　**ベルヌーイ試行**（p.441 **検討** 参照）を n 回行ったとき，ある事象が起こる（成功する）回数 X が従う確率分布が **二項分布** であり，$\boldsymbol{B(n,\ p)}$ で表される。
n 回の試行を行ったとき，ちょうど k 回成功する確率は，次の式で求められる。

$$P(X=k)={}_n\mathrm{C}_k p^k(1-p)^{n-k}\quad (k=0,\ 1,\ \cdots\cdots,\ n)$$

1　負の二項分布

注意　現在（2022 年），2 つの定義が知られているが，確定したものではない。

[定義 1]　ベルヌーイ試行を繰り返すとき，事象 A が k 回起こる（成功する）までの試行回数 X が従う確率分布を **負の二項分布** と定義する。
X が負の二項分布に従うとき，事象 A が k 回起こるまでの試行回数を r として，$X=r$ である確率を考えると，$(r-1)$ 回目までに事象 A が $(k-1)$ 回起こり，r 回目に k 回目の事象 A が起こる場合の確率であるから

$$P(X=r)={}_{r-1}\mathrm{C}_{k-1}p^{k-1}(1-p)^{(r-1)-(k-1)}\cdot p={}_{r-1}\mathrm{C}_{k-1}p^k(1-p)^{r-k}\quad ①$$
$$(k=1,\ 2,\ 3,\ \cdots\cdots)$$

[定義 2]　ベルヌーイ試行を繰り返すとき，事象 A が k 回起こる（成功する）までに，事象 $\overline{A}$ が起こる（失敗する）試行回数 Y が従う確率分布を **負の二項分布** と定義する。
Y が負の二項分布に従うとき，事象 A が k 回起こるまでに，事象 $\overline{A}$ が起こる回数を r として，$Y=r$ である確率を考えると，試行を $(k+r)$ 回行い，$(k+r-1)$ 回目までに事象 $\overline{A}$ が r 回起こり，$(k+r)$ 回目に k 回目の事象 A が起こる場合の確率であるから

$$P(Y=r)={}_{k+r-1}\mathrm{C}_{k-1}p^{k-1}(1-p)^r\cdot p={}_{k+r-1}\mathrm{C}_{k-1}p^k(1-p)^r\quad ②$$
$$(k=1,\ 2,\ 3,\ \cdots\cdots)$$

2　幾何分布

ベルヌーイ試行を繰り返すとき，事象 A が初めて起こるまでの試行回数 Z が従う確率分布を **幾何分布** という。Z が幾何分布に従うとき，$Z=k$ となる確率は，$(k-1)$ 回目まで事象 A が起こらずに，k 回目に事象 A が起こる場合の確率であるから

$$P(Z=k)=(1-p)^{k-1}p\qquad (k=1,\ 2,\ 3,\ \cdots\cdots)\quad ③$$

これは，負の二項分布の **[定義 1]** の ① で $k=1$ としたものであり，**[定義 2]** の ② で k を 1，r を $k-1$ におき換えたものということもできる。よって，幾何分布は負の二項分布の特殊なケースであるということができる。

補足　③ は等比数列 $a_n=ar^{n-1}$ と似た式の形であり，等比数列のことを幾何数列ともいうことから，幾何分布と呼ばれるようになったともいわれている。

12 正規分布

《 基本事項 》

1 連続型確率分布

人の身長などは連続的な値をとりうる変量であるが，実際の測定にあたっては，その資料は階級に分けて度数分布として処理した。すなわち，階級を表す数値 x_1，x_2，……，x_k，……，x_n のような離散的な値（とびとびの値）を変数として扱った。

一般に，資料の総数が非常に多いときは，階級の幅を十分細かく分けると，分布の形は1つの曲線（**分布曲線**）に近くなる。
そこで，連続的な変量Xの確率分布を考える場合に，Xの分布曲線の方程式を $y=f(x)$ とすると，関数 $f(x)$ は次の[1]～[3]の性質をもつ。

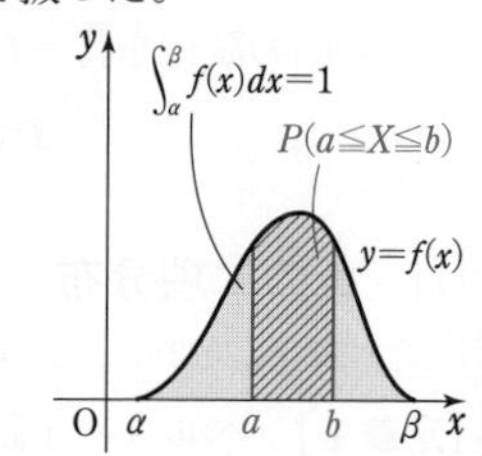

[1] 常に $f(x)\geqq 0$

[2] 確率 $P(a\leqq X\leqq b)$ は，$y=f(x)$ のグラフとx軸および2直線 $x=a$，$x=b$ で囲まれた部分の面積に等しい。

$$P(a\leqq X\leqq b)=\int_a^b f(x)dx$$

[3] 特に，Xのとる値の範囲が $\alpha\leqq X\leqq\beta$ のとき，曲線 $y=f(x)$ $(\alpha\leqq x\leqq\beta)$ とx軸で囲まれた部分全体の面積は1である。

$$\int_\alpha^\beta f(x)dx=1$$

このXを **連続型確率変数**，$f(x)$ をXの **確率密度関数** という。
また，$\alpha\leqq\gamma\leqq\beta$ である任意の実数γについて　　$P(X=\gamma)=0$
なお，これまで学んできたような，とびとびの値をとる確率変数を **離散型確率変数** という。

例　確率変数Xの確率密度関数 $f(x)$ が $f(x)=\frac{1}{2}x$ $(0\leqq x\leqq 2)$ のとき

$$P\left(\frac{1}{3}\leqq X\leqq\frac{3}{2}\right)=P\left(0\leqq X\leqq\frac{3}{2}\right)-P\left(0\leqq X\leqq\frac{1}{3}\right)$$
$$=\frac{1}{2}\cdot\frac{3}{2}\cdot\frac{3}{4}-\frac{1}{2}\cdot\frac{1}{3}\cdot\frac{1}{6}=\frac{77}{144}$$

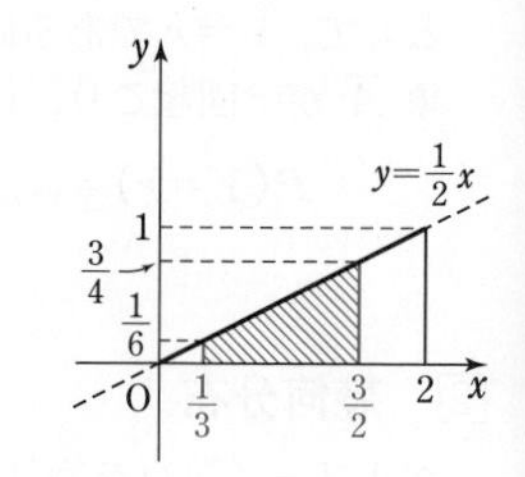

2 連続型確率変数の期待値・分散

確率変数Xのとる値の範囲が $\alpha\leqq X\leqq\beta$ で，その確率密度関数が $f(x)$ のとき，Xの期待値 $E(X)$ と分散 $V(X)$，標準偏差 $\sigma(X)$ は，次のように定義される。

期待値　$E(X)=m=\int_\alpha^\beta xf(x)dx$

分　散　$V(X)=\int_\alpha^\beta (x-m)^2f(x)dx$

標準偏差　$\sigma(X)=\sqrt{V(X)}$

3 正規分布

連続型確率変数Xの確率密度関数 $f(x)$ が $\boldsymbol{f(x)=\dfrac{1}{\sqrt{2\pi}\sigma}e^{-\frac{(x-m)^2}{2\sigma^2}}}$ で与えられるとき，

Xは **正規分布 $N(m,\ \sigma^2)$ に従う** といい，$y=f(x)$ のグラフを **正規分布曲線** という。
e は無理数で，$e=2.71828\cdots\cdots$ である。このとき，次のことが成り立つ。

> Xが正規分布 $N(m,\ \sigma^2)$ に従う確率変数であるとき
> **期待値 $E(X)=m$，　標準偏差 $\sigma(X)=\sigma$**

正規分布 $N(m,\ \sigma^2)$ の分布曲線 $y=f(x)$ は，前ページの性質 [1]～[3] の他に，次の性質をもつ。

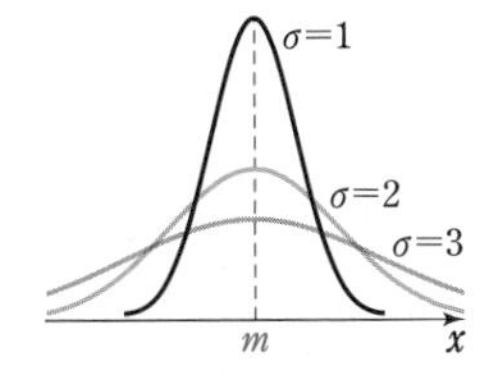

[4]　曲線は，直線 $x=m$ に関して対称で，$f(x)$ の値は $x=m$ で最大となる。
[5]　x 軸を漸近線とする。
[6]　標準偏差σが大きくなると，曲線の山が低くなって横に広がり，σが小さくなると曲線の山が高くなって対称軸 $x=m$ の近くに集中する。

4 標準正規分布

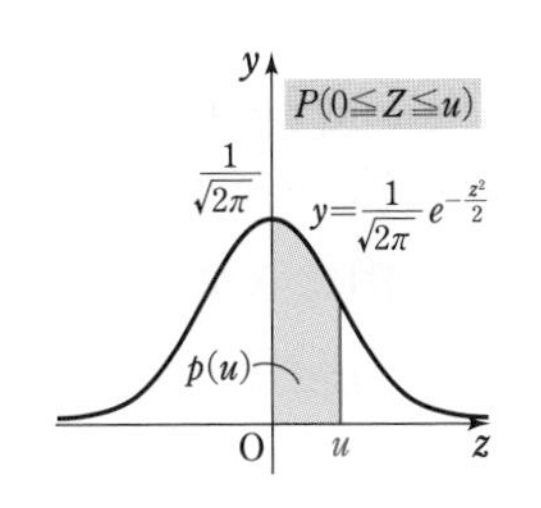

期待値が 0，標準偏差が 1 の正規分布 $\boldsymbol{N(0,\ 1)}$ を **標準正規分布** という。
$N(0,\ 1)$ に従う確率変数Zの確率密度関数 $f(z)$ は

$$f(z)=\frac{1}{\sqrt{2\pi}}e^{-\frac{z^2}{2}}$$

で，そのグラフは右の図のようになる。
また，標準正規分布 $N(0,\ 1)$ に従う確率変数Zに対し，確率 $P(0\leqq Z\leqq u)$ を $\boldsymbol{p(u)}$ で表すとき，いろいろなuの値に対する $p(u)$ の値を表にまとめたものが巻末の正規分布表である。
以下では，断りがなくても，巻末の正規分布表を使用するものとする。

5 正規分布の標準化

連続的な確率変数Xについても，次の等式は成り立つ。

$$E(aX+b)=aE(X)+b,\qquad V(aX+b)=a^2V(X)\qquad (a,\ b\text{は定数})$$

また，Xが正規分布 $N(m,\ \sigma^2)$ に従うとき，$aX+b$ も正規分布に従う。
特に，$Z=\dfrac{X-m}{\sigma}$ とすると，Zは標準正規分布 $N(0,\ 1)$ に従う。

証明　$E(Z)=E\left(\dfrac{X}{\sigma}-\dfrac{m}{\sigma}\right)=\dfrac{E(X)}{\sigma}-\dfrac{m}{\sigma}=\dfrac{m}{\sigma}-\dfrac{m}{\sigma}=0$　◀ $E(X)=m$

$V(Z)=V\left(\dfrac{X}{\sigma}-\dfrac{m}{\sigma}\right)=\dfrac{1}{\sigma^2}V(X)=\dfrac{1}{\sigma^2}\cdot\sigma^2=1$　◀ $V(X)=\sigma^2$

6 二項分布と正規分布の関係

二項分布 $B(n,\ p)$ に従う確率変数Xについて，$X=r$ となる確率

$$P(X=r)=P_r={}_n\mathrm{C}_r p^r(1-p)^{n-r}$$

を $p=\dfrac{1}{6}$，$n=10,\ 20,\ 30,\ 40,\ 50$ の各場合について計算すると，右の表のようになる。点 $(r,\ P_r)$ をとり，折れ線グラフで示すと，下の図のようになる。

P_r ＼ n	10	20	30	40	50
P_0	0.162	0.026	0.004	0.001	0.000
P_1	0.323	0.104	0.025	0.005	0.001
P_2	0.291	0.198	0.073	0.021	0.005
P_3	0.155	0.238	0.137	0.054	0.017
P_4	0.054	0.202	0.185	0.099	0.040
P_5	0.013	0.129	0.192	0.143	0.075
P_6	0.002	0.065	0.160	0.167	0.112
P_7	0.000	0.026	0.110	0.162	0.140
P_8	⋮	0.008	0.063	0.134	0.151
P_9	⋮	0.002	0.031	0.095	0.141
P_{10}	⋮	0.000	0.013	0.059	0.116
P_{11}		⋮	0.005	0.032	0.084
P_{12}		⋮	0.001	0.016	0.055
P_{13}		⋮	0.000	0.007	0.032
P_{14}		⋮	⋮	0.003	0.017
P_{15}		⋮	⋮	0.001	0.008
P_{16}		⋮	⋮	0.000	0.004
P_{17}		⋮	⋮	⋮	0.001
P_{18}		⋮	⋮	⋮	0.001
P_{19}		⋮	⋮	⋮	0.000
P_{20}		⋮	⋮	⋮	⋮

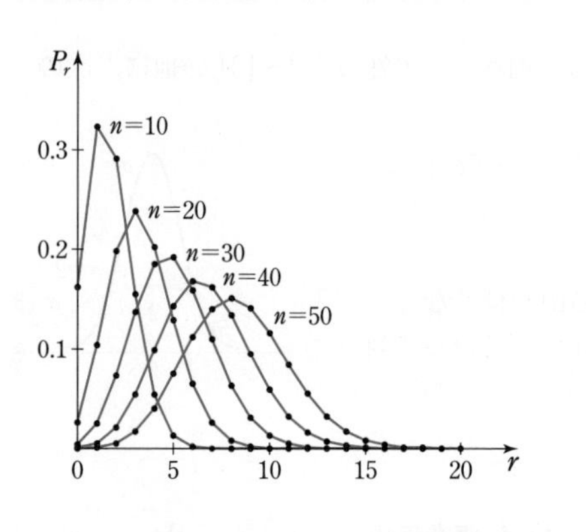

この図でもわかるように，二項分布 $B(n,\ p)$ のグラフはnが小さいときは非対称であるが，nが大きくなるにつれて，ほぼ対称で正規分布曲線の形に近づく。

一般に，Xが二項分布 $B(n,\ p)$ に従うとき，$Z=\dfrac{X-np}{\sqrt{np(1-p)}}$ とすると，nが大きいとき，確率変数Zは **近似的に標準正規分布 $N(0,\ 1)$ に従う** ことが知られている。よって，nが大きいときは，二項分布 $B(n,\ p)$ に従う確率変数Xについて，$P(a \leqq X \leqq b)$ を考えるとき，Xが正規分布 $N(np,\ np(1-p))$ に従うとみなして計算してよい。このことを二項分布の **正規近似** という。

① **二項分布 $B(n,\ p)$　$P(X=r)={}_n\mathrm{C}_r p^r(1-p)^{n-r}$**　$0 \leqq p \leqq 1,\ q=1-p$

平均 $E(X)=np$　標準偏差 $\sigma(X)=\sqrt{npq}$

② **二項分布 $B(n,\ p)$ に従う確率変数Xは，nが大きいとき，近似的に正規分布 $N(np,\ npq)$ に従う。**

例　1個のさいころを600回投げるとき，1の目が出る回数をXとすると，Xは二項分布 $B\left(600,\ \dfrac{1}{6}\right)$ に従うから，近似的に $N\left(100,\ \dfrac{250}{3}\right)$ に従う。

例 21 | 確率密度関数と確率 ★☆☆☆☆

確率変数Xの確率密度関数 $f(x)$ が $f(x)=1-|x|\ (-1\leqq x\leqq 1)$ で与えられているとき，次の確率を求めよ。

(1) $P(0.5\leqq X\leqq 1)$　　(2) $P(-0.5\leqq X\leqq 0.3)$

指針 連続型確率変数Xの確率密度関数 $f(x)$ [常に $f(x)\geqq 0$] において，確率 $P(a\leqq x\leqq b)$ は，曲線 $y=f(x)$ と x 軸および 2 直線 $x=a$，$x=b$ で囲まれた部分の面積である。

$$\longrightarrow \boldsymbol{P(a\leqq x\leqq b)=\int_a^b f(x)\,dx}$$

$f(x)=1-|x|$ とすると，求める確率は，(1) $\displaystyle\int_{0.5}^1 f(x)\,dx$，(2) $\displaystyle\int_{-0.5}^{0.3} f(x)\,dx$ であるが，定積分を計算するのではなく，三角形または四角形の面積を考えて計算すればよい。

なお，確率密度関数 $f(x)$ については，

(確率の総和)=1 ⟺ (全面積)=1

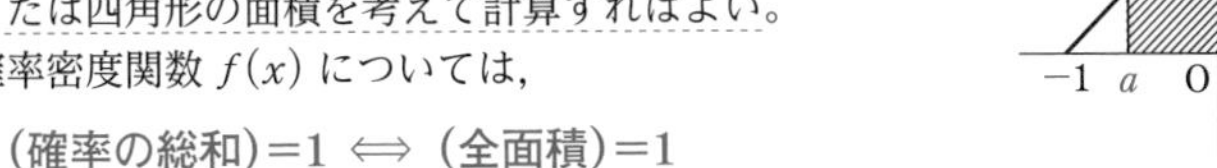

が成り立つ。この問題では　$\displaystyle\int_{-1}^1 f(x)\,dx=1$

例 22 | 正規分布と確率 ★☆☆☆☆

(1) 確率変数Zが標準正規分布 $N(0,\ 1)$ に従うとき，次の確率を求めよ。

(ア) $P(0.8\leqq Z\leqq 2.5)$　　(イ) $P(-2.7\leqq Z\leqq -1.3)$　　(ウ) $P(Z\geqq -0.6)$

(2) 確率変数Xが正規分布 $N(12,\ 4^2)$ に従うとき，次の確率を求めよ。

(ア) $P(14\leqq X\leqq 22)$　　(イ) $P(X\leqq 18)$　　(ウ) $P(6\leqq X\leqq 15)$

指針 (注意) **以後，本書では断りがなくても巻末の正規分布表を用いるものとする。**

(1) 標準正規分布 $N(0,\ 1)$ に従う確率変数Zについては，$u\geqq 0$ のときの確率 $P(0\leqq Z\leqq u)=p(u)$ を正規分布表で調べることができる。

また，次の性質を利用する。

$\boldsymbol{u>0}$ **のとき**　$\boldsymbol{P(-u\leqq Z\leqq 0)=P(0\leqq Z\leqq u)}$

$\boldsymbol{P(Z\geqq 0)=P(Z\leqq 0)=0.5}$

◀ $N(0,\ 1)$ に従う確率変数の正規分布曲線は直線 $x=0$ に関して対称。

(2) **標準化** して，標準正規分布を利用して考える。

$Z=\dfrac{X-12}{4}$ とおくと，Zは標準正規分布 $N(0,\ 1)$ に従う。

例題 63 確率密度関数と期待値，標準偏差 ★★★☆☆

確率変数Xが区間 $[0,\ 10]$ の任意の値をとることができ，その確率密度関数は $f(x)=kx(10-x)$ （k は定数）で与えられている。このとき

$k=$ ア□，　確率 $P(3\leqq X\leqq 7)=$ イ□

平均値 $E(X)=$ ウ□，　標準偏差 $\sigma(X)=$ エ□　〔旭川医大〕

指針 (ア) **（確率の総和）=1 $\Longleftrightarrow$ （全面積）=1** を利用する。

本問では，面積（確率）の計算を積分によって行う。

$$\int x^n dx=\frac{1}{n+1}x^{n+1}+C \quad (n \text{ は 0 以上の整数，} C \text{ は積分定数})$$

解答 (ア) $\displaystyle\int_0^{10} f(x)\,dx=\int_0^{10} kx(10-x)\,dx$

$\displaystyle=k\left[5x^2-\frac{x^3}{3}\right]_0^{10}=\frac{500}{3}k$

$\displaystyle\int_0^{10} f(x)\,dx=1$ から　$\displaystyle\frac{500}{3}k=1$

よって　$k=$ ア $\boldsymbol{\dfrac{3}{500}}$

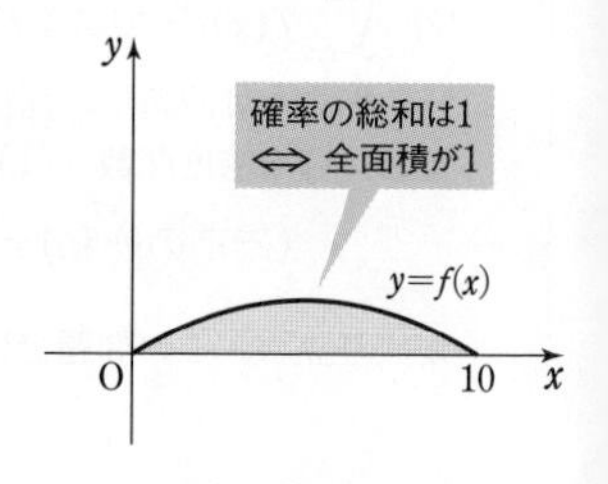

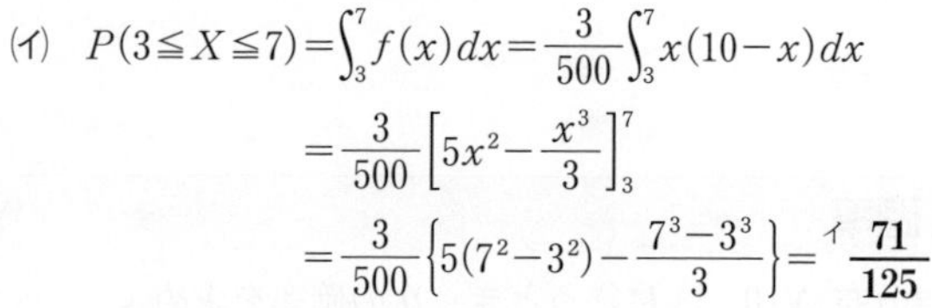

(イ) $\displaystyle P(3\leqq X\leqq 7)=\int_3^7 f(x)\,dx=\frac{3}{500}\int_3^7 x(10-x)\,dx$

$\displaystyle=\frac{3}{500}\left[5x^2-\frac{x^3}{3}\right]_3^7$

$\displaystyle=\frac{3}{500}\left\{5(7^2-3^2)-\frac{7^3-3^3}{3}\right\}=$ イ $\boldsymbol{\dfrac{71}{125}}$

◀ $P(3\leqq X\leqq 7)$ $=$（$[3,\ 7]$ における $f(x)$ の囲む面積）

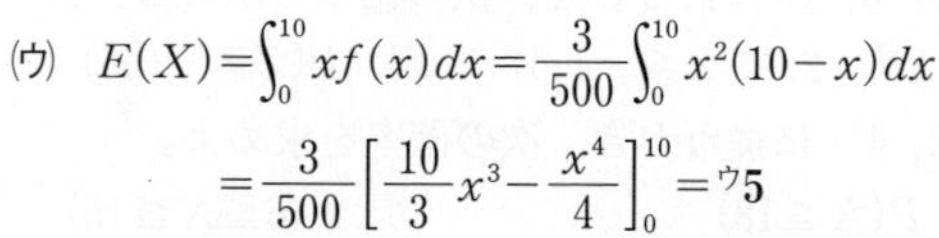

(ウ) $\displaystyle E(X)=\int_0^{10} xf(x)\,dx=\frac{3}{500}\int_0^{10} x^2(10-x)\,dx$

$\displaystyle=\frac{3}{500}\left[\frac{10}{3}x^3-\frac{x^4}{4}\right]_0^{10}=$ ウ $\mathbf{5}$

◀ $E(X)$ $\displaystyle=m=\int_\alpha^\beta xf(x)\,dx$

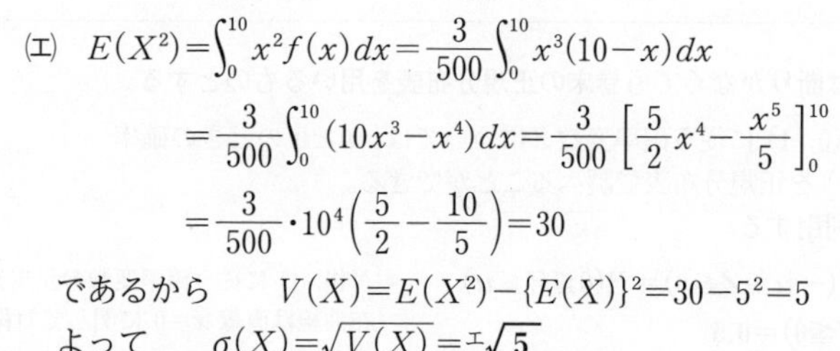

(エ) $\displaystyle E(X^2)=\int_0^{10} x^2f(x)\,dx=\frac{3}{500}\int_0^{10} x^3(10-x)\,dx$

$\displaystyle=\frac{3}{500}\int_0^{10}(10x^3-x^4)\,dx=\frac{3}{500}\left[\frac{5}{2}x^4-\frac{x^5}{5}\right]_0^{10}$

$\displaystyle=\frac{3}{500}\cdot 10^4\left(\frac{5}{2}-\frac{10}{5}\right)=30$

◀ $V(X)$ $\displaystyle=\int_\alpha^\beta (x-m)^2f(x)\,dx$ を利用してもよいが，計算が少し面倒。

であるから　$V(X)=E(X^2)-\{E(X)\}^2=30-5^2=5$

よって　$\sigma(X)=\sqrt{V(X)}=$ エ $\boldsymbol{\sqrt{5}}$

練習 63 確率変数Xの確率密度関数 $f(x)$ が右のようなとき，確率 $P\left(a\leqq X\leqq \dfrac{3}{2}a\right)$ およびXの平均を求めよ。ただし，a は正の実数とする。　〔類 センター試験〕

$$f(x)=\begin{cases}\dfrac{2}{3a^2}(x+a) & (-a\leqq x\leqq 0)\\[2mm] \dfrac{1}{3a^2}(2a-x) & (0\leqq x\leqq 2a)\end{cases}$$

例題 64 正規分布の利用 ★★☆☆☆

ある大学の入学試験は1000点満点で，全受験者2000名の得点の分布は，平均450点，標準偏差75点の正規分布をしていることがわかった。また，入学定員は320名である。〔類 小樽商大〕

(1) 540点以上の者は，約何名いると考えられるか。

(2) 合格最低点は，およそ何点であると考えられるか。

◀例22

指針 得点Xは正規分布 $N(450,\ 75^2)$ に従う。このとき

(1) 確率 $P(X \geqq 540)$ を求め，$\times 2000$（人） とする。

(2) 得点の高い方から320番目の得点を求める。

$\longrightarrow$ $2000 \times P(a \leqq X)=320$ となるaの値を求める。

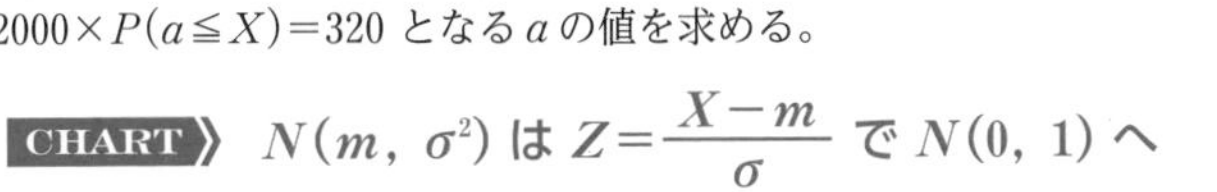

CHART》 $N(m,\ \sigma^2)$ は $Z=\dfrac{X-m}{\sigma}$ で $N(0,\ 1)$ へ

解答 得点Xは正規分布 $N(450,\ 75^2)$ に従うから，

$Z=\dfrac{X-450}{75}$ は標準正規分布 $N(0,\ 1)$ に従う。

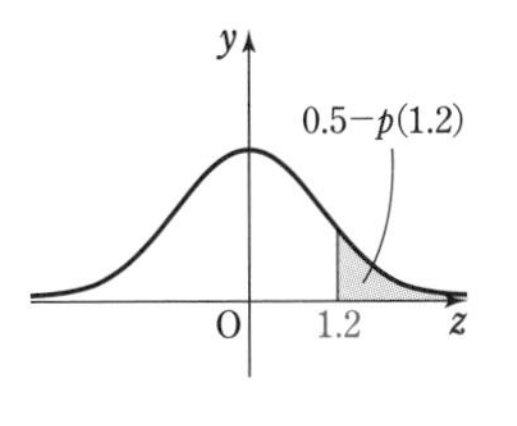

(1) $P(X \geqq 540)=P\left(Z \geqq \dfrac{540-450}{75}\right)=P(Z \geqq 1.2)$

$=0.5-p(1.2)$

$=0.5-0.3849=0.1151$

$2000 \times 0.1151=230.2$ であるから，540点以上の者は

約230名

(2) 得点の高い方から320番目については

$$\frac{320}{2000}=0.16$$

よって，$P(Z \geqq u)=0.16$ となるuの値を求める。

$P(0 \leqq Z \leqq u)=0.5-P(Z \geqq u)=0.5-0.16=0.34$

したがって，正規分布表から　$u \fallingdotseq 1.0$

◀ 正規分布表から $p(u)=0.34$ となるuの値を探す。

得点の高い方から320番目の得点をx点とすると

$$1.0=\frac{x-450}{75}$$

ゆえに　$x=525$

よって，求める点数は　**約525点**

練習 64

ある高校の2年男子500人の身長は，平均170.1 cm，標準偏差5.6 cmの正規分布に従うものとする。

(1) 身長が165 cmから175 cmまでの生徒は約何人いるか。

(2) 高い方から100人の中に入るのは，約何cm以上の生徒か。

➡p. 471 演習 **22**

例題 65 二項分布の正規分布による近似 ★★☆☆☆

ある国では，その国民の血液型の割合はO型 30 %，A型 35 %，B型 25 %，AB 型 10 % であるといわれている。いま，無作為に 400 人を選ぶとき，AB 型の人が 37 人以上 49 人以下となる確率を求めよ。

〔旭川医大〕

◀例 19，例題 64

指針 AB 型の人数 X は二項分布 $B(400,\ 0.1)$ に従う。
$n=400$ は十分大きいから，**正規近似** として取り扱うことができる。

二項分布 $B(n,\ p)$ $\quad m=np,\ \sigma=\sqrt{np(1-p)}$

正規分布 $N(m,\ \sigma^2)$ $\quad Z=\dfrac{X-m}{\sigma}$ **で標準化** …… $N(0,\ 1)$

CHART 二項分布

1 **まず** n と p

2 n **が大なら　正規分布** $N(np,\ np(1-p))$

解答 AB 型の人数 X は二項分布 $B(400,\ 0.1)$ に従う。

ゆえに　平均 $m=400\times0.1=40$

標準偏差 $\sigma=\sqrt{400\times0.1\times0.9}=6$

$n=400$ は十分大きいから，この X の分布は正規分布 $N(40,\ 6^2)$ で近似される。

よって，$Z=\dfrac{X-40}{6}$ とおくと，Z は標準正規分布 $N(0,\ 1)$ に従う。

したがって

$$\begin{aligned}P(37\leqq X\leqq 49)&=P\left(\frac{37-40}{6}\leqq Z\leqq\frac{49-40}{6}\right)\\&=P(-0.5\leqq Z\leqq 1.5)\\&=p(0.5)+p(1.5)\\&=0.1915+0.4332\\&=\mathbf{0.6247}\end{aligned}$$

◀ 無作為に人を選ぶとき，AB 型の人を選ぶ確率は 0.1 (10 %)

◀ n が十分大きいことの確認を忘れないように。

練習 65 1 から 9 までの整数が 1 つずつ書かれた 9 枚のカードから，6 枚のカードを同時に抜き出すという試行において，抜き出された 6 枚のカードに書かれた整数のうち最小のものが 1 であるという事象を A とする。この試行を 200 回繰り返すとき，事象 A の起こる回数が 125 回以下である確率を，正規分布による近似を用いて求めよ。

〔類 滋賀大〕

COLUMN コラム チェビシェフの定理と正規分布

確率変数Xの期待値は，その試行において，平均的に期待される値であるが，実際に試行を繰り返すとき，Xのとる値は試行のたびに変動して，Xは散らばった値をとる。

この確率変数のとる値の散らばる程度を表す量が分散，標準偏差で，これに関して，次の **チェビシェフの定理** が成り立つ。

> 確率変数Xの期待値をm，標準偏差をσとする。
> $\sigma \neq 0$ ならば，任意の正の数kに対して，次の不等式が成り立つ。
> $$P(|X-m| \leqq k\sigma) \geqq 1-\frac{1}{k^2} \quad \cdots\cdots ①$$

証明　確率変数Xのとる値の範囲を $\alpha \leqq x \leqq \beta$ とし，その確率密度関数を $f(x)$ とする。

$$\begin{aligned}\sigma^2&=\int_\alpha^\beta (x-m)^2 f(x)dx\\&=\int_\alpha^{m-k\sigma}(x-m)^2f(x)dx+\int_{m-k\sigma}^{m+k\sigma}(x-m)^2f(x)dx+\int_{m+k\sigma}^\beta (x-m)^2f(x)dx\\&\geqq\int_\alpha^{m-k\sigma}(x-m)^2f(x)dx+\int_{m+k\sigma}^\beta (x-m)^2f(x)dx\\&\geqq\int_\alpha^{m-k\sigma}(k\sigma)^2f(x)dx+\int_{m+k\sigma}^\beta (k\sigma)^2f(x)dx\\&=(k\sigma)^2\{1-P(|X-m|\leqq k\sigma)\}\end{aligned}$$

◀ $x \leqq m-k\sigma$，$m+k\sigma \leqq x$ のとき　$|X-m| \geqq k\sigma$

したがって　　$1 \geqq k^2\{1-P(|X-m| \leqq k\sigma)\}$　　　　よって，不等式 ① が成り立つ。

不等式 ① において，$k=3$ とすると　　$P(|X-m| \leqq 3\sigma) \geqq \frac{8}{9} \fallingdotseq 0.8888$　　$\cdots\cdots$ ②

一方，Xが正規分布 $N(m,\ \sigma^2)$ に従うと仮定すると

$P(|X-m| \leqq k\sigma)=P\left(\left|\frac{X-m}{\sigma}\right| \leqq k\right)=P(|Z| \leqq k)=2p(k)$ であるから

$P(|X-m| \leqq 2\sigma)=2\cdot 0.4772=0.9544$，$P(|X-m| \leqq 3\sigma)=2\cdot 0.49865=0.9973$　$\cdots\cdots$ ③

である。

ここで，例えば，10000 人が受験した 100 点満点のテストにおいて，A さんの得点は 85 点であった。平均点が $m=50$，標準偏差が $\sigma=10$ であったとき，A さんが 10000 人の中で上位何 % に含まれるか予測してみよう。

$X=85$ とすると　　$85-50>3\cdot 10$ (すなわち $|X-m|>3\sigma$)

② を使って予測すると，$P(|X-m|>3\sigma)=1-\frac{8}{9}=\frac{1}{9}=0.1111\cdots\cdots$ であるから，A さんは上位 11.1… % に含まれると予測できる。

一方，受験生の得点が正規分布に従うとして，85 点以上の人の割合は，③ から

$$P\left(\left|\frac{X-m}{\sigma}\right|>3\right)=P\left(\left|\frac{X-50}{10}\right|>3\right)=1-0.9973=0.0027$$

したがって，A さんは上位 0.27 % に含まれると予測できる。

以上のことから，正規分布に従うという仮定は，非常に大きな影響を与えることがわかる。

13 母集団と標本，標本平均とその分布

《 基本事項 》

1 母集団と標本

統計調査の方法には，次の 2 通りの方法がある。

全数調査 …… 調査の対象全体にわたって，もれなく資料を集めて調べる。
標本調査 …… 工場の製品の抜き取り調査のように，全体から一部だけを抜き出して調べ，その結果から全体の状況を推測する。

国勢調査は全数調査である。しかし，全数調査は普通多くの手間，時間，費用がかかる。また，検査によって製品に傷がつくときなどは全数調査は好ましくない。このようなときには標本調査が適当であり，広く行われている。
標本調査では，本来調べたい対象全体の集まりを **母集団** といい，調査のために母集団から抜き出された要素の集合を **標本** という。そして，母集団から標本を抜き出すことを **抽出** という。また，母集団の要素の個数を **母集団の大きさ** といい，標本の要素の個数を **標本の大きさ** という。

2 母集団分布

大きさNの母集団における変量xの度数分布表が右のように与えられているものとする。いま，この母集団から 1 個の要素を無作為に抽出するとき，変量xの値が x_k である確率 p_k は

階級値	度数
x_1	f_1
x_2	f_2
⋮	⋮
x_n	f_n
計	N

$$p_k=\frac{f_k}{N}\ (k=1,\ 2,\ \cdots\cdots,\ n)$$

である。
したがって，変量xの値をXとすると，Xは右下の表のような確率分布をもつ確率変数であると考えられる。この確率分布は，母集団の相対度数分布と一致する。
よって，母集団における変量xの平均値をm，標準偏差をσとすると，この確率変数Xの期待値 $E(X)$，標準偏差 $\sigma(X)$ について

X	x_1	x_2	……	x_n	計
P	$\frac{f_1}{N}$	$\frac{f_2}{N}$	……	$\frac{f_n}{N}$	1

$$\boldsymbol{E(X)=m,\quad \sigma(X)=\sigma}$$

一般に，母集団における変量xの分布を **母集団分布**，その平均値を **母平均**，標準偏差を **母標準偏差** という。したがって，大きさ 1 の無作為標本における変量の値Xは，母集団分布に従う確率変数で，その期待値，標準偏差は，それぞれ母平均，母標準偏差と一致する。

3 標本の抽出

母集団の中から標本を抽出するのに，毎回もとに戻しながら次のものを1個ずつ取り出すことを **復元抽出** という。これに対して，取り出したものをもとに戻さずに続けて抽出することを **非復元抽出** という。

母集団から大きさ n の標本を無作為に抽出し，その n 個の要素における変量の値を X_1, X_2, ……, X_n とする。

[1] 復元抽出によって抽出する場合，それは大きさ1の標本を無作為に抽出する試行を n 回繰り返す反復試行とみなすことができる。したがって，X_1, X_2, ……, X_n は，それぞれが母集団分布に従う互いに独立な確率変数となる。

[2] 非復元抽出によって抽出する場合，その標本もまた n 個の確率変数 X_1, X_2, ……, X_n で表されるが，これらは互いに独立ではない。しかし，母集団の大きさ N が抽出された標本の大きさ n に比べて十分大きい（目安としては，n は N の10分の1以下）ときは，母集団の構成にはほとんど変化がないと考えられるから，非復元抽出で取り出した標本も近似的に復元抽出で取り出した標本とみなすことができる。

4 標本平均の期待値，標準偏差

① 変量 x に関する母集団から大きさ n の無作為標本を抽出し，その変量の値を X_1, X_2, ……, X_n とする。この標本を1組の資料とみなしたとき，その平均値

$$\overline{X}=\frac{1}{n}(X_1+X_2+\cdots\cdots+X_n)$$

を **標本平均** という。同様に，標本を1組の資料とみなしたときの分散，標準偏差を，それぞれ **標本分散**，**標本標準偏差** という。
これらは標本抽出という試行の結果により定まる確率変数である。

② 母平均 m，母標準偏差 σ の母集団から大きさ n の無作為標本を抽出するとき，標本平均 $\overline{X}$ の期待値と標準偏差は

$$E(\overline{X})=m,\quad \sigma(\overline{X})=\frac{\sigma}{\sqrt{n}}$$

証明 ② 母平均 m，母標準偏差 σ の母集団から大きさ n の無作為標本 X_1, X_2, ……, X_n を抽出するとき，X_1, X_2, ……, X_n のそれぞれは大きさ1の標本とみなされるから

$$E(X_1)=E(X_2)=\cdots\cdots=E(X_n)=m,$$
$$\sigma(X_1)=\sigma(X_2)=\cdots\cdots=\sigma(X_n)=\sigma$$

したがって

$$E(\overline{X})=E\left(\frac{X_1+X_2+\cdots\cdots+X_n}{n}\right)=\frac{1}{n}\{E(X_1)+E(X_2)+\cdots\cdots+E(X_n)\}=m$$

復元抽出の場合，X_1, X_2, ……, X_n は独立であるから，分散 $V(\overline{X})$ は

$$V(\overline{X})=\frac{1}{n^2}\{V(X_1)+V(X_2)+\cdots\cdots+V(X_n)\}=\frac{\sigma^2}{n}$$

よって　$\sigma(\overline{X})=\dfrac{\sigma}{\sqrt{n}}$

非復元抽出の場合も，n に比べて母集団の大きさが十分大きいときは，復元抽出と同様に扱ってよい。

5 標本比率

母集団の中で特性Aをもつ要素の割合を，特性Aの **母比率**，抽出された標本の中で特性Aをもつ要素の割合を，特性Aの **標本比率** という。標本比率も確率変数である。

母比率 p，大きさ n の無作為標本の標本比率を R とすると，次の ①，② が成り立つ。

① **期待値 $E(R)=p$　　標準偏差 $\sigma(R)=\sqrt{\dfrac{p(1-p)}{n}}$**

② **n が大きいとき，R は近似的に正規分布 $N\left(p,\ \dfrac{p(1-p)}{n}\right)$ に従う。**

証明 ① 特性Aの母比率が p である母集団から大きさ n の無作為標本を抽出するとき，標本の中で特性Aをもつ要素の個数を S とすると，S は二項分布 $B(n,\ p)$ に従う。よって，特性Aの標本比率を R とすると

$$E(R)=E\left(\frac{S}{n}\right)=\frac{1}{n}E(S)=\frac{1}{n}\cdot np=p$$

$$\sigma(R)=\frac{1}{n}\sigma(S)=\frac{1}{n}\sqrt{np(1-p)}=\sqrt{\frac{p(1-p)}{n}}$$

6 標本平均の分布

一般に，次の **中心極限定理** が成り立つことが知られている。

確率変数 X_1，X_2，……，X_n は互いに独立で，平均値 m，分散 σ^2 の同じ分布に従うとする。このとき，$X_1+X_2+\cdots\cdots+X_n$ を標準化した確率変数 $\dfrac{\overline{X}-m}{\dfrac{\sigma}{\sqrt{n}}}$ は，n が十分大きいとき，近似的に標準正規分布 $N(0,\ 1)$ に従う。

この定理によって，母集団分布が何であっても，母平均が m，母標準偏差が σ のとき，n が十分大きい標本では，**標本平均 $\overline{X}$ は近似的に正規分布 $N\left(m,\ \dfrac{\sigma^2}{n}\right)$ に従う** と考えることができる。

ここで，$Z=\dfrac{\overline{X}-m}{\dfrac{\sigma}{\sqrt{n}}}$ は近似的に $N(0,\ 1)$ に従うから

$$P(|Z|\leqq 1.96)\fallingdotseq 0.95,\quad P(|Z|\leqq 2.58)\fallingdotseq 0.99$$

これを書き換えると

$$P\left(m-1.96\frac{\sigma}{\sqrt{n}}\leqq \overline{X}\leqq m+1.96\frac{\sigma}{\sqrt{n}}\right)\fallingdotseq 0.95 \qquad Ⓐ$$

$$P\left(m-2.58\frac{\sigma}{\sqrt{n}}\leqq \overline{X}\leqq m+2.58\frac{\sigma}{\sqrt{n}}\right)\fallingdotseq 0.99 \qquad Ⓑ$$

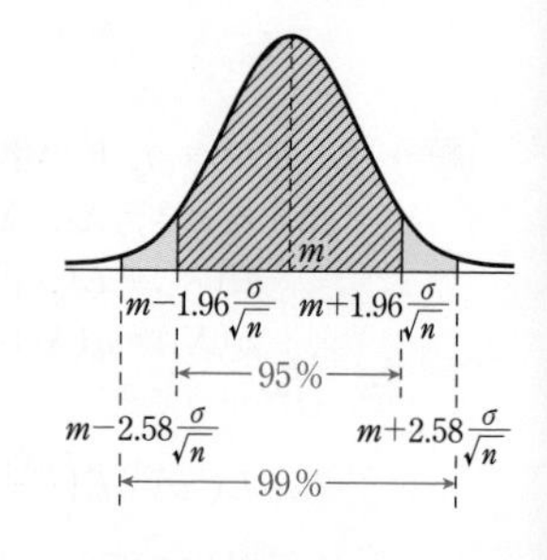

母集団分布が正規分布 $N(m,\ \sigma^2)$ のときは，n が大きくなくても，大きさ n の標本平均 $\overline{X}$ は常に正規分布 $N\left(m,\ \dfrac{\sigma^2}{n}\right)$ に従う。

7 大数の法則

母平均 m の母集団から大きさ n の無作為標本を抽出するとき，その標本平均 $\overline{X}$ は，n が大きくなるに従って，母平均 m に近づく。

研究 深めよう ／ 大数の法則

母平均 m，母標準偏差 σ の母集団から抽出した大きさ n の無作為標本の標本平均 $\overline{X}$ について，$\sigma=10$ として $n=100$，400，900 の場合の近似的な分布 $N\left(m,\ \dfrac{\sigma^2}{n}\right)$ を図示すると，右のようになる。$\overline{X}$ の平均値 m は一定であるが，n が大きくなるに従って，標準偏差 $\dfrac{\sigma}{\sqrt{n}}$ は小さくなり，$\overline{X}$ の分布は m の近くで高くなる（$\overline{X}$ が m に近い値をとる確率が大きくなる)。

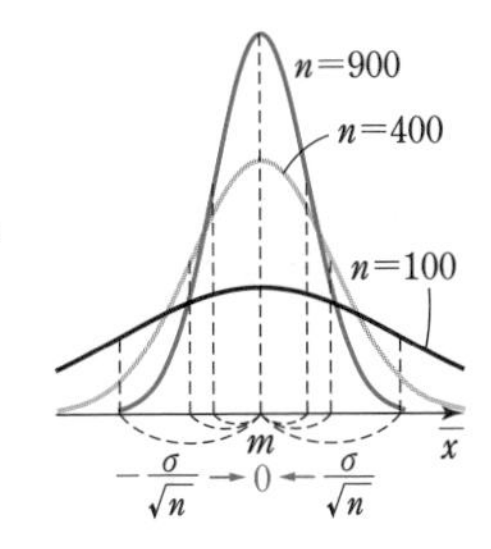

一般に，n を限りなく大きくしていくと，標準偏差 $\dfrac{\sigma}{\sqrt{n}}$ は限りなく 0 に近づき，$\overline{X}$ は母平均 m の近くに限りなく集中して分布するようになる。よって，$\overline{X}$ が m に近い値をとる確率が 1 に近づく。したがって，次の **大数の法則** が成り立つ。

母平均 m の母集団から大きさ n の無作為標本を抽出するとき，その標本平均 $\overline{X}$ は，n が大きくなるに従って，母平均 m に近づく。

大数の法則を，式を用いて表すと　　任意の正の数 ε に対して $\displaystyle\lim_{n\to\infty}P(|\overline{X}-m|<\varepsilon)=1$

ε はどんなに小さい数でもよいから，$|\overline{X}-m|<\varepsilon$ は $\overline{X}\fallingdotseq m$ ということであり，その確率が 1 に近づくのであるから

n が大きくなれば $\overline{X}\fallingdotseq m$ であることは，ほとんど確実

ということがいえる。つまり，n が大きくなるに従って，標本平均 $\overline{X}$ は母平均 m に近づく。

補足　一般に，数列 $\{a_n\}$ において，n を限りなく大きくするとき，a_n が一定の値 α に限りなく近づく場合 $\displaystyle\lim_{n\to\infty}a_n=\alpha$ または $n\longrightarrow\infty$ **のとき** $a_n\longrightarrow\alpha$ と書き，α を数列 $\{a_n\}$ の **極限値**（または **極限**）といい，数列 $\{a_n\}$ は **α に収束する** という。なお，記号 ∞ は「無限大」と読む。∞ はある値を表すものではない。
以上のことは，数学Ⅲで詳しく学習する。

証明　$E(\overline{X})=m$，$\sigma(\overline{X})=\dfrac{\sigma}{\sqrt{n}}$ であるから，チェビシェフの定理（$p.$ 451）により

$$P\left(|\overline{X}-m|<k\cdot\frac{\sigma}{\sqrt{n}}\right)\geqq 1-\frac{1}{k^2}$$

が成り立つ。ε に対して $k=\dfrac{\varepsilon\sqrt{n}}{\sigma}$ とおいて，$P\leqq 1$ も利用すると

$$1\geqq P(|\overline{X}-m|<\varepsilon)\geqq 1-\frac{\sigma^2}{\varepsilon^2 n}$$

ここで，$n\longrightarrow\infty$ とすると　$\displaystyle\lim_{n\to\infty}\left(1-\frac{\sigma^2}{\varepsilon^2 n}\right)=1$

したがって　　$\displaystyle\lim_{n\to\infty}P(|\overline{X}-m|<\varepsilon)=1$　　◀ はさみうちの原理 ……（＊）（証明終）

（＊）すべての n について $a_n\leqq c_n\leqq b_n$ のとき　$\displaystyle\lim_{n\to\infty}a_n=\lim_{n\to\infty}b_n=\alpha$ ならば $\displaystyle\lim_{n\to\infty}c_n=\alpha$

例 23 | 母平均，母標準偏差 ★☆☆☆☆

3と書かれた玉が2個，5と書かれた玉が3個，7と書かれた玉が5個袋の中に入っている。これを母集団として，玉に書かれている数字の母集団分布と母平均 m，母標準偏差 σ を求めよ。

指針 **母集団分布は，大きさ1の無作為標本**（すなわち，玉1個を取り出すこと）**の確率分布と一致する。**

よって，玉に書かれている数字を確率変数 X とみたときの確率分布，期待値（平均値），標準偏差を求める。

① **確率分布** $P(X=x_k)=p_k$ $(k=1,\ 2,\ \cdots\cdots,\ n)$ $p_1+p_2+\cdots\cdots+p_n=1$

② **期待値（平均値）** $E(X)=\sum_{k=1}^{n} x_k p_k$

分　散 $V(X)=E((X-E(X))^2)=E(X^2)-\{E(X)\}^2$

標準偏差 $\sigma(X)=\sqrt{V(X)}$

右の表は，枝豆のさやを250個抽出して1個1個のさやに含まれる豆の個数を調べ，その個数ごとにさやの個数を集計したものである。

豆の個数	1	2	3	4	計
さやの個数	4	129	111	6	250

この表は抽出した250個の標本の分布を示しているが，枝豆全体についての分布を示すものではない。枝豆全体，すなわち母集団を考える場合は，現在この場にある枝豆だけではなく，今までに収穫したものや今後収穫するものも含めた全部について考慮する必要がある。したがって，この場合，母集団の要素は無限個存在することになる。

実際の統計においては，母集団の大きさは非常に大きいのが普通であり，その場合，母集団分布は連続型確率変数の分布で近似されることが多い。特に，人間の身長や卵の重さなど，自然発生した数量の分布は近似的に正規分布に従うことが知られている。

例 24 | 標本平均の期待値，標準偏差 (1) ★★☆☆☆

(1) 母集団 $\{1,\ 2,\ 2,\ 3,\ 3\}$ から復元抽出された大きさ2の標本 $(X_1,\ X_2)$ について，その標本平均 $\overline{X}$ の確率分布を求めよ。

(2) 母集団の変量 x が右の分布をなしている。この母集団から復元抽出によって得られた大きさ25の無作為標本を $X_1,\ X_2,\ \cdots\cdots,\ X_{25}$ とするとき，その標本平均 $\overline{X}$ の期待値 $E(\overline{X})$ と標準偏差 $\sigma(\overline{X})$ を求めよ。

x	1	2	3	計
度数	9	17	4	30

指針 (1) X_1，X_2 のとりうる値とそのときの $\overline{X}$ の値を表にまとめ，$\overline{X}$ のとりうる値と各値をとる確率を調べる。なお，2つの「2」と「3」は異なるものとして考える。

(2) まず，母平均 m と母標準偏差 σ を求める。そして，次の公式を利用する。

母平均 m，母標準偏差 σ の母集団から大きさ n の無作為標本を抽出するとき，標本平均 $\overline{X}$ の　**期待値** $E(\overline{X})=m$，　**標準偏差** $\sigma(\overline{X})=\dfrac{\sigma}{\sqrt{n}}$

例題 66　標本平均の期待値，標準偏差 (2)　★★★☆☆

ある県の有権者のA政党の支持率は48%である。この県の有権者の中から無作為にn人を抽出して，k番目に抽出された人がA政党支持なら1，不支持なら0の値を対応させる確率変数をX_kとし，$\overline{X}=\dfrac{X_1+X_2+\cdots\cdots+X_n}{n}$とする。

(1)　$n=100$のとき，期待値$E(\overline{X})$と標準偏差$\sigma(\overline{X})$を求めよ。

(2)　$\sigma(\overline{X})$を0.03以下にするためには，抽出される標本の大きさは少なくとも何人以上必要であるか。

◀例24

指針　(1)　まず，母平均mと母標準偏差σを求める。

(2)　$\dfrac{\sigma}{\sqrt{n}}\leqq 0.03$を満たす最小の自然数$n$を求める。

解答　(1)　母集団における変量は，A政党支持なら1，不支持なら0（不支持率は$1-0.48=0.52$）という2つの値をとる。

X_k	0	1	計
P	0.52	0.48	1

母平均mは　　$m=0\times0.52+1\times0.48=0.48$

母標準偏差σは　$\sigma=\sqrt{0^2\times0.52+1^2\times0.48-(0.48)^2}$

$$=\sqrt{\frac{48}{100}\left(1-\frac{48}{100}\right)}=\frac{2\sqrt{39}}{25}$$

◀小数で表すと$\sqrt{0.2496}\fallingdotseq0.50$となるが，手計算での開平は無理なので，根号が付いたままの分数の形で表した。

よって　　$\boldsymbol{E(\overline{X})}=m=\mathbf{0.48}$，

$$\boldsymbol{\sigma(\overline{X})}=\frac{\sigma}{\sqrt{100}}=\boldsymbol{\frac{\sqrt{39}}{125}}$$

(2)　$\dfrac{\sigma}{\sqrt{n}}\leqq0.03$とすると　　$\sqrt{n}\geqq\dfrac{\sigma}{0.03}=\dfrac{8\sqrt{39}}{3}$

◀ $\dfrac{\sigma}{0.03}=\dfrac{2\sqrt{39}}{25}\div\dfrac{3}{100}=\dfrac{2\sqrt{39}}{25}\cdot\dfrac{100}{3}$

両辺を平方して　$n\geqq\dfrac{8^2\cdot39}{3^2}=\dfrac{64\cdot13}{3}=277.33\cdots$

この不等式を満たす最小の自然数nは　　$n=278$

したがって，少なくとも**278人以上**必要である。

検討　特性Aの母比率がpである母集団において，特性Aをもつ要素を1，もたない要素を0で表す変量xを考えると，大きさnの標本の各要素を表すxの値X_1，X_2，……，X_nはそれぞれ1または0である。特性Aの標本比率Rはこれらのうち値が1であるものの割合であるから，Rは$\dfrac{X_1+X_2+\cdots\cdots+X_n}{n}$，すなわち標本平均$\overline{X}$に他ならない。

このように，標本比率は標本平均の特別な場合として扱うことができる。

練習 66　全国の有権者のA政党の支持率は32%である。無作為に抽出した100人の有権者において，k番目に抽出された人がA政党支持なら1，不支持なら0の値を対応させる確率変数をX_kとする。標本平均$\overline{X}$の期待値$E(\overline{X})$と標準偏差$\sigma(\overline{X})$を求めよ。

例題 67 標本比率と正規分布 ★★★☆☆

A市の新生児の男子と女子の割合は等しいことがわかっている。ある年のA市の新生児の中から 250 人を無作為抽出したときの女子の割合を R とする。

(1) 標本比率 R の期待値 $E(R)$ と標準偏差 $\sigma(R)$ を求めよ。

(2) 標本比率 R が 50 % 以上，55 % 以下である確率を求めよ。

指針 母比率 p は $p=0.5$ 標本の大きさ $n=250$ は十分大きいから，標本比率 R は近似的に正規分布 $N\left(p,\ \dfrac{p(1-p)}{n}\right)$ に従う。このことを利用する。

また **CHART** $N(m,\ \sigma^2)$ は $Z=\dfrac{X-m}{\sigma}$ で $N(0,\ 1)$ へ

解答 (1) 母比率 p は $p=0.5$ 標本の大きさは $n=250$

よって，期待値は $\boldsymbol{E(R)=p=0.5}$

標準偏差は

$$\sigma(R)=\sqrt{\frac{p(1-p)}{n}}=\sqrt{\frac{0.5\times0.5}{250}}$$

$$=\sqrt{\frac{1}{1000}}=\boldsymbol{\frac{\sqrt{10}}{100}}$$

◀ $\sqrt{10}=3.1622\cdots$

(2) $n=250$ は十分大きいから，標本比率 R は近似的に正規分布 $N\left(0.5,\ \dfrac{1}{1000}\right)$ に従う。

◀ 二項分布の正規分布による近似。

ゆえに，$Z=\dfrac{R-0.5}{\sqrt{\dfrac{1}{1000}}}$ すなわち $Z=10\sqrt{10}(R-0.5)$ とおくと，Z は標準正規分布 $N(0,\ 1)$ に従う。

よって $P(0.50\leqq R\leqq 0.55)$

$$=P(10\sqrt{10}(0.50-0.5)\leqq Z\leqq 10\sqrt{10}(0.55-0.5))$$

$$\fallingdotseq P(0\leqq Z\leqq 1.58)=p(1.58)=\boldsymbol{0.4429}$$

◀ $10\sqrt{10}=31.6227\cdots$

特性Aの母比率が p である母集団から大きさ n の無作為標本を抽出するとき，標本の中で特性Aをもつ要素の個数を S とすると，S は二項分布 $B(n,\ p)$ に従う。よって，n が大きいとき，S は近似的に正規分布 $N(np,\ np(1-p))$ に従う。

◀ p. 446 基本事項

また，p. 454 の Ⓐ，Ⓑ から，次の関係式が導かれる。

$$P(np-1.96\sqrt{np(1-p)}\leqq S\leqq np+1.96\sqrt{np(1-p)})\fallingdotseq 0.95 \quad \cdots\cdots \text{Ⓒ}$$

$$P(np-2.58\sqrt{np(1-p)}\leqq S\leqq np+2.58\sqrt{np(1-p)})\fallingdotseq 0.99 \quad \cdots\cdots \text{Ⓓ}$$

練習 67 ある国の有権者の内閣支持率が 40 % であるとき，無作為に抽出した 400 人の有権者の内閣の支持率を R とする。R が 38 % 以上，42 % 以下である確率を求めよ。

例題 68 標本平均と正規分布 ★★☆☆☆

体長が平均 50 cm，標準偏差 3 cm の正規分布に従う生物集団がある。
(1) 体長が 47 cm から 56 cm までのものは全体の何 % であるか。
(2) 4 つの個体を無作為に取り出したとき，標本平均が 53 cm 以上になる確率を求めよ。
〔類 福岡大〕

指針 (1) **CHART》** $N(m,\ \sigma^2)$ は $Z=\dfrac{X-m}{\sigma}$ で $N(0,\ 1)$ へ

(2) 母集団が正規分布 $N(50,\ 3^2)$ に従うから，この母集団から抽出された **大きさ 4** の無作為標本の標本平均 $\overline{X}$ は，正規分布 $N\left(50,\ \dfrac{3^2}{4}\right)$ に従う。

一般に　**標本平均 $\overline{X}$ の分布　n が大なら　$N\left(m,\ \dfrac{\sigma^2}{n}\right)$**

この例題のように，母集団が正規分布に従うなら，n が大きくなくても，$\overline{X}$ の分布は正規分布となる。

解答 母集団は正規分布 $N(50,\ 3^2)$ に従う。

(1) $Z=\dfrac{X-50}{3}$ とおくと，Z は標準正規分布 $N(0,\ 1)$ に従う。

よって
$$P(47\leqq X\leqq 56)=P\left(\frac{47-50}{3}\leqq Z\leqq\frac{56-50}{3}\right)$$
$$=P(-1\leqq Z\leqq 2)$$
$$=p(1)+p(2)$$
$$=0.3413+0.4772=0.8185$$

したがって　**81.85 %**

◀ 全体の何 % であるか ⟶ まず，確率 $P(47\leqq X\leqq 56)$ を求める。

(2) 標本平均 $\overline{X}$ は，正規分布 $N\left(50,\ \dfrac{3^2}{4}\right)$ に従う。

◀ $N\left(50,\ \left(\dfrac{3}{2}\right)^2\right)$

ゆえに，$Z=\dfrac{\overline{X}-50}{\frac{3}{2}}$ とおくと，Z は標準正規分布 $N(0,\ 1)$ に従う。

よって
$$P(\overline{X}\geqq 53)=P\left(Z\geqq\frac{53-50}{\frac{3}{2}}\right)=P(Z\geqq 2)$$
$$=0.5-p(2)=0.5-0.4772$$
$$=\mathbf{0.0228}$$

練習 68 ある全国共通のテストの成績は平均値 60 点，標準偏差 20 点の正規分布に従うものとする。また，ある学校では 50 名がこのテストを受けたという。
このとき，この 50 名の平均点が 65 点以上，68 点以下である確率を求めよ。ただし，テストは 100 点満点である。

➡ p. 471 演習 23

例題 69 大数の法則 ★★☆☆☆

母平均 0，母標準偏差 1 をもつ母集団から抽出した大きさ n の標本の標本平均を $\overline{X}$ とする。

(1) $\overline{X}$ が -0.1 以上 0.1 以下である確率 $P(|\overline{X}|\leqq 0.1)$ と，-0.01 以上 0.01 以下である確率 $P(|\overline{X}|\leqq 0.01)$ を，$n=100$，900 の各場合についてそれぞれ求めよ。

(2) $P(|\overline{X}|\leqq 0.01)\geqq 0.9$ となるような標本の大きさ n の最小値を求めよ。

指針 $m=0$，$\sigma=1$ であるから，標本平均 $\overline{X}$ は近似的に正規分布 $N\left(0,\ \dfrac{1^2}{n}\right)$ に従う。

(1) **CHART》 $N(m,\ \sigma^2)$ は $Z=\dfrac{X-m}{\sigma}$ で $N(0,\ 1)$ へ**

に従い，$n=100$，900 の各場合について，確率 $P(|\overline{X}|\leqq 0.1)$，$P(|\overline{X}|\leqq 0.01)$ を求める。

(2) $P(|\overline{X}|\leqq 0.01)\geqq 0.9$ を，上のチャートに従い，n の不等式で表す。

解答 (1) $n=100$ のとき，$\overline{X}$ は近似的に正規分布 $N\left(0,\ \dfrac{1}{100}\right)$ に従うから，$Z=\dfrac{\overline{X}}{\frac{1}{10}}$ とおくと，Z は $N(0,\ 1)$ に従う。

したがって，**$n=100$ のとき**

$\boldsymbol{P(|\overline{X}|\leqq 0.1)}=P(|Z|\leqq 1)=2p(1)=2\cdot 0.3413=\boldsymbol{0.6826}$

$\boldsymbol{P(|\overline{X}|\leqq 0.01)}=P(|Z|\leqq 0.1)=2p(0.1)=2\cdot 0.0398$
$=\boldsymbol{0.0796}$

$n=900$ のとき，$\overline{X}$ は近似的に正規分布 $N\left(0,\ \dfrac{1}{900}\right)$ に従うから，$Z=\dfrac{\overline{X}}{\frac{1}{30}}$ とおくと，Z は $N(0,\ 1)$ に従う。

したがって，**$n=900$ のとき**

$\boldsymbol{P(|\overline{X}|\leqq 0.1)}=P(|Z|\leqq 3)=2p(3)=2\cdot 0.49865=\boldsymbol{0.9973}$

$\boldsymbol{P(|\overline{X}|\leqq 0.01)}=P(|Z|\leqq 0.3)=2p(0.3)=2\cdot 0.1179$
$=\boldsymbol{0.2358}$

(2) $\overline{X}$ は近似的に正規分布 $N\left(0,\ \dfrac{1}{n}\right)$ に従うから，

$Z=\dfrac{\overline{X}}{\frac{1}{\sqrt{n}}}$ とおくと，Z は $N(0,\ 1)$ に従う。

$P(|\overline{X}|\leqq 0.01)=P(|Z|\leqq 0.01\sqrt{n})\geqq 0.9$ とすると

$0.01\sqrt{n}\geqq 1.65$ から　　$n\geqq 165^2=27225$

この不等式を満たす最小の自然数 n は　　$\boldsymbol{n=27225}$

(1) $n=100$，900 は十分に大きいと考えてよい。

$P(|\overline{X}|\leqq\varepsilon)$ において，ε をいくら小さくしても n を十分に大きくすれば，$P(|\overline{X}|\leqq\varepsilon)$ は 1 に近づくということが **大数の法則** である。

◀ 正規分布表から $P(|Z|\leqq 1.65)=2p(1.65)\fallingdotseq 0.9$

練習 69 さいころを n 回投げるとき，1 の目が出る相対度数を R とする。$n=500$，2000，4500 の各場合について，$P\left(\left|R-\dfrac{1}{6}\right|\leqq\dfrac{1}{60}\right)$ の値を求めよ。

14 推　定

《基本事項》

一般に，母集団の大きさが大きいときには，それらの分布を調べることは簡単ではない。そこで，標本を抽出し，その分布から，どの程度の確からしさで推定するかの目安（**信頼度**）に応じて，母平均，母比率の値の範囲（**信頼区間**）を推定することを考える。

1 母平均の推定

母平均 m，母標準偏差 σ をもつ母集団から，大きさ n の無作為標本を抽出するとき，標本平均 $\overline{X}$ は，**n が大きいとき**，近似的に正規分布 $N\left(m,\ \dfrac{\sigma^2}{n}\right)$ に従う。 ◀ $p.454$

したがって，$\overline{X}$ のとる値のうち 95 %，99 % のものは，$p.454$ の Ⓐ，Ⓑ からそれぞれ

$|\overline{X}-m|\leqq 1.96\dfrac{\sigma}{\sqrt{n}}$，$|\overline{X}-m|\leqq 2.58\dfrac{\sigma}{\sqrt{n}}$ の範囲に入る。これは，区間

$$\left[\overline{X}-1.96\frac{\sigma}{\sqrt{n}},\ \overline{X}+1.96\frac{\sigma}{\sqrt{n}}\right],\quad \left[\overline{X}-2.58\frac{\sigma}{\sqrt{n}},\ \overline{X}+2.58\frac{\sigma}{\sqrt{n}}\right]$$

が m の値を含むことが，それぞれ 95 %，99 % の確率で期待できることを示している。
これによって，標本平均 $\overline{X}$ がわかると，母平均 m の存在区間を推定できることがわかる。この区間を，それぞれ **信頼度** 95 %，99 % の母平均 m の **信頼区間** という。

2 母比率の推定

大きさ n の標本の中で，ある特性をもつ要素の個数を S とすると，標本比率 R は

$R=\dfrac{S}{n}$ となる。母比率の推定は，n が十分大きいときには，二項分布 $B(n,\ p)$ が正規分布で近似されることを利用する。$p.458$ の Ⓒ，Ⓓ の（　）の中の各辺を n で割って，

$\dfrac{S}{n}=R$ とおくと

$$P\left(p-1.96\sqrt{\frac{p(1-p)}{n}}\leqq R\leqq p+1.96\sqrt{\frac{p(1-p)}{n}}\right)\fallingdotseq 0.95$$

$$P\left(p-2.58\sqrt{\frac{p(1-p)}{n}}\leqq R\leqq p+2.58\sqrt{\frac{p(1-p)}{n}}\right)\fallingdotseq 0.99$$

ここで，n が十分大きいとき，大数の法則により $R\fallingdotseq p$ としてよいから，p と R を入れ替えると，信頼区間は次のようになる。
標本比率を R とするとき，標本の大きさ **n が大きければ，母比率 p に対する**

信頼度 95 % の信頼区間は $\left[R-1.96\sqrt{\dfrac{R(1-R)}{n}},\ R+1.96\sqrt{\dfrac{R(1-R)}{n}}\right]$

信頼度 99 % の信頼区間は $\left[R-2.58\sqrt{\dfrac{R(1-R)}{n}},\ R+2.58\sqrt{\dfrac{R(1-R)}{n}}\right]$

例題 70 母平均の推定 (1) ★★☆☆☆

砂糖の袋の山から 100 個を無作為に抽出して，重さを量ったところ，平均値 300.4 g を得た。重さの母標準偏差を 7.5 g として，1 袋あたりの重さの平均値を信頼度 95 % で推定せよ。

指針 例えば，母平均 m に対して信頼度 95 % の信頼区間を求めることを，「**母平均 m を信頼度 95 % で推定する**」ということがある。つまり，この問題は母平均 (砂糖の袋の山全体の平均の重さ) の信頼度 95 % の信頼区間を求めることに他ならない。

信頼度 95 % の信頼区間 $\left[\overline{X}-1.96\dfrac{\sigma}{\sqrt{n}},\ \overline{X}+1.96\dfrac{\sigma}{\sqrt{n}}\right]$

解答 標本の大きさは $n=100$，標本平均は $\overline{X}=300.4$，母標準偏差は $\sigma=7.5$ で，n は大きいから，$\overline{X}$ は近似的に正規分布 $N\left(m,\ \dfrac{\sigma^2}{n}\right)$ に従う。

◀問題文から n, $\overline{X}$, σ を読み取る。

よって，母平均に対する信頼度 95 % の信頼区間は

$$\left[300.4-1.96\frac{7.5}{\sqrt{100}},\ 300.4+1.96\frac{7.5}{\sqrt{100}}\right]$$

◀ $1.96\dfrac{7.5}{\sqrt{100}}=1.47$

ゆえに　$[298.93,\ 301.87]$

すなわち　**$[298.9,\ 301.9]$　ただし，単位は g**

◀小数第 2 位を四捨五入。

検討 $\overline{X}$ は確率変数であるから，標本から実際に得られる値 $\overline{x}$ は抽出される標本によって異なる。

したがって，$\left[\overline{X}-1.96\dfrac{\sigma}{\sqrt{n}},\ \overline{X}+1.96\dfrac{\sigma}{\sqrt{n}}\right]$ …… ① の $\overline{X}$ に $\overline{x}$ を代入して得られる信頼区間は，母平均 m を含むことも含まないこともあるが

$$P\left(\overline{X}-1.96\frac{\sigma}{\sqrt{n}} \leqq m \leqq \overline{X}+1.96\frac{\sigma}{\sqrt{n}}\right)=0.95$$

は「区間 ① が m を含む」と主張したとき，その主張が的中する確率が 95 % であることを示している。

すなわち，右の図のように，大きさ n の標本を抽出して信頼区間を作る操作を何回も行うと，その回数が多いときには，これらの区間のうち m を含むものがほぼ 95 % あることが期待される。これが **信頼度 95 % の信頼区間の意味** である。

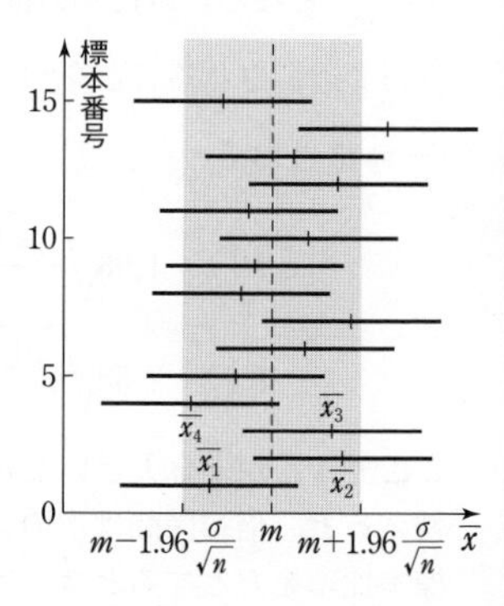

練習 70 ある工場で大量生産されている電球の中から無作為に抽出した 25 個について試験したところ，それらの寿命の平均値は 1983 時間であった。
この電球全体の平均寿命を信頼度 95 % で推定せよ。ただし，電球の寿命は正規分布に従うものとし，母標準偏差は 110 時間である。

例題 71 母平均の推定(2) ★★★☆☆

ある高校で 100 人の生徒を無作為に抽出して調べたところ，本人を含む兄弟の数 X は下の表のようであった。1 人当たりの本人を含む兄弟の数の平均値を信頼度 99 % で推定せよ。

本人を含む兄弟の数	1	2	3	4	5	計
度　数	36	40	16	7	1	100

◀例題 70

(注) 開平が必要なときは電卓を用いてよい。その場合は，小数第 3 位を四捨五入して小数第 2 位まで表せ。

指針 前の例題では母標準偏差 σ が与えられていたが，一般には，σ の値はわからないことが多い。しかし，**標本の大きさ n が大きいときは，母標準偏差 σ の代わりに標本標準偏差 S** $\left[S=\sqrt{\dfrac{1}{n}\sum_{k=1}^{n}(X_k-\overline{X})^2}\right]$ **を用いても差し支えない。**

この問題では，まず標本の平均値 $\overline{X}$ と標準偏差 S を求める。

なお，S の計算は $\sqrt{\dfrac{1}{n}\sum_{i=1}^{n}X_i{}^2f_i-(\overline{X})^2}$ を用いて計算すると早い (**表を作る**)。

信頼度 99 % の信頼区間 $\left[\overline{X}-2.58\dfrac{S}{\sqrt{n}},\ \overline{X}+2.58\dfrac{S}{\sqrt{n}}\right]$

解答 標本の平均値 $\overline{X}$ と標本標準偏差 S を，右の表から求めると

$$\overline{X}=\frac{197}{100}=1.97$$

$$S=\sqrt{\frac{477}{100}-(1.97)^2}=\sqrt{0.8891}\fallingdotseq 0.94$$

x	f	xf	x^2f
1	36	36	36
2	40	80	160
3	16	48	144
4	7	28	112
5	1	5	25
計	100	197	477

$n=100$ は十分大きいから，$\overline{X}$ は近似的に正規分布 $N\left(m,\ \dfrac{S^2}{n}\right)$ に従う。

よって，母平均に対する信頼度 99 % の信頼区間は

$$\left[1.97-2.58\frac{0.94}{\sqrt{100}},\ 1.97+2.58\frac{0.94}{\sqrt{100}}\right]$$

ゆえに　$[1.97-0.24,\ 1.97+0.24]$

すなわち　**[1.73, 2.21]**　　　**ただし，単位は 人**

練習 71 ある県で，15 歳の男子の中から 100 人を無作為抽出して，身長を測定したら，右の表のようであった。
これから，信頼度 95 % で考えて
(1) この県の 15 歳の男子の平均身長を推定せよ。
(2) 平均身長を誤差 0.5 cm 以内で推定するには，何人ぐらいの資料が必要と考えられるか。

身　長 (cm)	人数
145～150	1
150～155	2
155～160	14
160～165	29
165～170	33
170～175	16
175～180	4
180～185	1

➡ p. 472 演習 24

例題 72 母比率の推定 ★★★☆☆

(1) ある工場の製品 400 個について検査したところ，不良品が 8 個あった。全製品における不良率を，信頼度 95 % で推定せよ。

(2) ある意見に対する賛成率は約 60 % と予想されている。この意見に対する賛成率 p を，信頼度 99 % で信頼区間の幅が 6 % 以下になるように推定したい。何人以上抽出して調べればよいか。

指針 (1) **母比率の推定**

信頼度 95 % の信頼区間 $\left[R-1.96\sqrt{\dfrac{R(1-R)}{n}},\ R+1.96\sqrt{\dfrac{R(1-R)}{n}}\right]$

(2) 抽出する標本の大きさ n が大きいとき，標本比率を R とすると，母比率 p に対する信頼度 99 % の **信頼区間の幅** は $2\times2.58\sqrt{\dfrac{R(1-R)}{n}}$

解答 (1) 標本比率 R は $R=\dfrac{8}{400}=0.02$

$n=400$ であるから $\sqrt{\dfrac{R(1-R)}{n}}=\sqrt{\dfrac{0.02\cdot0.98}{400}}=0.007$

よって，不良率に対する信頼度 95 % の信頼区間は

$[0.02-1.96\cdot0.007,\ 0.02+1.96\cdot0.007]$

すなわち **[0.006, 0.034]** ◀ 0.6 % 以上 3.4 % 以下

◀ $1.96\cdot0.007\fallingdotseq0.014$ 小数第 4 位を四捨五入して小数第 3 位まで求める。

(2) 標本比率を R，標本の大きさを n 人とすると，信頼度 99 % の信頼区間の幅は

$$2\times2.58\sqrt{\frac{R(1-R)}{n}}=5.16\sqrt{\frac{R(1-R)}{n}}$$

信頼区間の幅を 6 % 以下とすると $5.16\sqrt{\dfrac{R(1-R)}{n}}\leqq0.06$

標本比率 R は賛成率で，$R\fallingdotseq0.60$ とみてよいから

◀ R は $p=0.60$ に近いとみなしてよい。

$$5.16\sqrt{\frac{0.6\cdot0.4}{n}}\leqq0.06$$

よって $\sqrt{n}\geqq\dfrac{5.16\sqrt{0.6\cdot0.4}}{0.06}$

◀ $\dfrac{5.16}{0.06}=86$

両辺を平方して $n\geqq86^2\cdot0.24=1775.04$

この不等式を満たす最小の自然数 n は $n=1776$

したがって，**1776 人以上** 抽出すればよい。

練習 72 2 つの地域 A，B 産の大豆をある比率で混ぜ合わせたものがある。A 産の大豆の全体に対する比率は 0.2 くらいであると考えられている。
いま，このような大豆の集まりから無作為に何粒かを選び出すことにする。A 産の大豆の比率 p を信頼度 95 % で推定するとき，信頼区間の幅を 0.02 以下にするには，何粒くらいを選び出すとよいか。 〔旭川医大〕

15 仮説検定

《 基本事項 》

1 仮説検定

母集団分布に関する仮定を **仮説** といい，標本から得られた結果によって，この仮説が正しいか正しくないかを判断する方法を **仮説検定** という。また，仮説が正しくないと判断することを，仮説を **棄却する** という。

また，仮説検定において，正しいかどうか判断したい主張に反する仮定として立てた仮説を **帰無仮説**（きむ）といい，もとの主張を **対立仮説** という。帰無仮説には H_0，対立仮説には H_1 がよく用いられる。

補足　Hは仮説を意味する英語 hypothesis の頭文字である。

2 有意水準と棄却域

仮説検定においては，どの程度小さい確率の事象が起こると仮説を棄却するか，という基準を予め定めておく。この基準となる確率 α を **有意水準** または **危険率** という。

有意水準 α に対し，立てた仮説のもとでは実現しにくい確率変数の値の範囲を，その範囲の確率が α になるように定める。この範囲を有意水準 α の **棄却域** といい，実現した確率変数の値が棄却域に入れば仮説を棄却する。

補足　有意水準は，0.05 (5 %) や 0.01 (1 %) とすることが多い。

3 仮説検定の手順

仮説検定の手順を示すと，次のようになる。

① 事象が起こった状況や原因を推測し，仮説を立てる。

② 有意水準 α を定め，仮説に基づいて棄却域を求める。

③ 標本から得られた確率変数の値が棄却域に入れば仮説を棄却し，棄却域に入らなければ仮説を棄却しない。

注意　有意水準 α で仮説検定を行うことを，「有意水準 α で検定する」ということがある。

参考　**第 1 種の過誤と第 2 種の過誤**

帰無仮説 H_0 が正しいのに仮説 H_0 を棄却してしまうことを **第 1 種の過誤** という。有意水準 α は第 1 種の過誤が起こる確率である。また，仮説 H_0 が本当は正しくないのに仮説 H_0 を棄却しない (採択する) ことを **第 2 種の過誤** という。まとめると，次のようになる。

	仮説 H_0 を棄却	仮説 H_0 を採択
仮説 H_0 が正しい	第 1 種の過誤	正しい判断
仮説 H_0 が誤り	正しい判断	第 2 種の過誤

＊仮説検定は，母集団に関する仮説を立て，その仮説が正しいかどうかを判断する統計的な手法である。具体的なことは，次ページの例 25 で説明しよう。

例 25 | 仮説検定 ★★☆☆☆

あるコインは，表と裏の出方に偏りがあると言われている。実際にこのコインを100回投げたところ，表が62回出た。このことから，「このコインは表と裏の出方に偏りがある」と判断してよいだろうか。有意水準5％で検定せよ。

指針 このコインの表の出る確率をpとして，次の仮説を立てる。

(対立) 仮説 H_1：$p \neq 0.5$ ←
(帰無) 仮説 H_0：$p=0.5$ ← ―― 互いに反する仮説

仮説H_0のもとで，コインを100回投げて表が62回出ることはどの程度珍しいかを考える。ここでは，起こる可能性が低いと判断する基準となる確率（有意水準）を0.05として，仮説検定を行う。

[解説] このコインの表の出る確率を0.5として100回投げたとき，表が出る回数をXとすると，Xは二項分布$B(100,\ 0.5)$に従う確率変数である。
Xの期待値mと標準偏差σは

$$m=100\cdot 0.5=50,\quad \sigma=\sqrt{100\cdot 0.5\cdot(1-0.5)}=5$$

よって，$Z=\dfrac{X-50}{5}$ は近似的に標準正規分布$N(0,\ 1)$に従う。

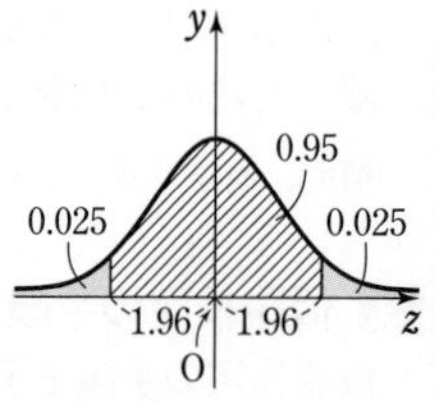

正規分布表より，$P(-1.96 \leqq Z \leqq 1.96) \fallingdotseq 0.95$ である。
これは，仮説H_0のもとでは，確率0.95で$-1.96 \leqq Z \leqq 1.96$となることを意味し，逆に言えば，

「$Z \leqq -1.96$ または $1.96 \leqq Z$ …… ①」

となる事象は，確率0.05でしか起こらないことを示している。

$X=62$のとき，$Z=\dfrac{62-50}{5}=2.4$であり，$Z=2.4$は①の範囲に含まれている。
したがって，$X=62$という結果は，仮説H_0のもとでは起こる可能性の低いことが起きた，ということになる。
よって，仮説H_0：$p=0.5$は正しくなく，仮説H_1：$p \neq 0.5$が正しい，すなわち「このコインは表と裏の出方に偏りがある」と判断するのが適切である。（このようなとき，仮説H_0を**棄却する**という。）

上の例では，表の出た回数が大きすぎても小さすぎても仮説が棄却されるように，棄却域を両側にとっている。このような検定を**両側検定**という。これに対し，「表が出やすい」かどうかを判断する場合は，$p \geqq 0.5$を前提として，

仮説H_1：このコインは表が出やすい ⟶ $p>0.5$
仮説H_0：このコインの表と裏の出方に偏りはない ⟶ $p=0.5$

のように仮説を立てて検定を行う。
この場合，右の図のように，表の出た回数が大きい方のみに棄却域をとる。このような，棄却域を片側にとる検定を**片側検定**という。

両側検定

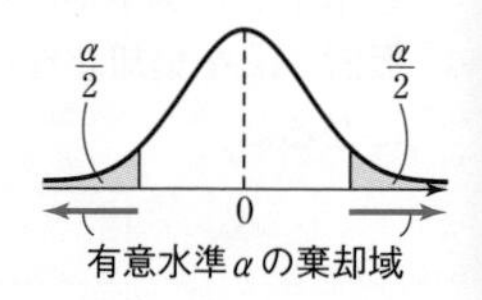

片側検定

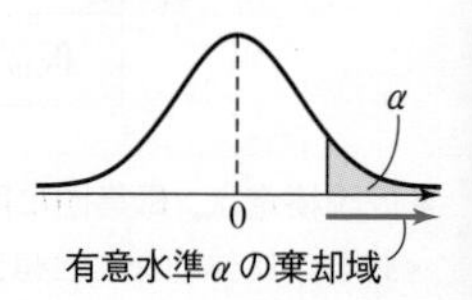

例題 73 母比率の検定 (1) …… 両側検定 ★★☆☆☆

ある 1 個のさいころを 720 回投げたところ，1 の目が 95 回出た。このさいころは，1 の目の出る確率が $\frac{1}{6}$ ではないと判断してよいか。有意水準 5 % で検定せよ。

指針 母比率の検定は，次の手順で行う。

① 判断したい仮説 (対立仮説) に反する **仮説 H_0** (帰無仮説) **を立てる**。

② 有意水準に従い，仮説 H_0 のもとで **棄却域を求める**。

③ 標本から得られた確率変数の値が **棄却域に入れば仮説 H_0 を棄却し，棄却域に入らなければ仮説 H_0 を棄却しない**。

解答 1 の目が出る確率を p とする。1 の目の出る確率が $\frac{1}{6}$ でないならば，$p \neq \frac{1}{6}$ である。ここで，1 の目の出る確率が $\frac{1}{6}$ であるという次の仮説を立てる。

$$\text{仮説 } H_0 : p=\frac{1}{6}$$

◀ ①：仮説を立てる。判断したい仮説が「p が $\frac{1}{6}$ ではない」であるから，帰無仮説 $H_0 : p=\frac{1}{6}$，対立仮説 $H_1 : p \neq \frac{1}{6}$ となり，両側検定で考える。

仮説 H_0 が正しいとすると，720 回のうち 1 の目の出る回数 X は，二項分布 $B\left(720, \frac{1}{6}\right)$ に従う。

X の期待値 m と標準偏差 σ は

$$m=720\cdot\frac{1}{6}=120, \quad \sigma=\sqrt{720\cdot\frac{1}{6}\cdot\left(1-\frac{1}{6}\right)}=10$$

◀ $m=np$，$\sigma=\sqrt{npq}$ ただし $q=1-p$

標本の大きさ 720 は十分大きいから，$Z=\frac{X-120}{10}$ は近似的に標準正規分布 $N(0, 1)$ に従う。

正規分布表より $P(-1.96 \leqq Z \leqq 1.96) \fallingdotseq 0.95$ であるから，有意水準 5 % の棄却域は　$Z \leqq -1.96$，$1.96 \leqq Z$

◀ ②：棄却域を求める。

$X=95$ のとき $Z=\frac{95-120}{10}=-2.5$ であり，この値は棄却域に入るから，仮説 H_0 を棄却できる。

◀ ③：実際に得られた値が棄却域に入るかどうか調べ，仮説を棄却するかどうか判断する。

したがって，**1 の目が出る確率が $\frac{1}{6}$ ではないと判断してよい。**

参考 仮説 H_0 が棄却されないときは，仮説 H_0 を積極的に正しいと主張するわけではなく，他のより多くのデータや情報を待って判断する。この意味で，仮説が棄却されないことを **消極的容認** ともいう。

練習 73 えんどう豆の交配で，2 代雑種において黄色の豆と緑色の豆のできる割合は，メンデルの法則に従えば 3 : 1 である。ある実験で黄色の豆が 428 個，緑色の豆が 132 個得られたという。この結果はメンデルの法則に反するといえるか。有意水準 5 % で検定せよ。ただし，$\sqrt{105}=10.25$ とする。

例題 74 母比率の検定 (2) …… 片側検定 ★★☆☆☆

ある種子の発芽率は，従来 80 % であったが，発芽しやすいように品種改良した。品種改良した種子から無作為に 400 個抽出して種をまいたところ 334 個が発芽した。品種改良によって発芽率が上がったと判断してよいか。

(1) 有意水準 5 % で検定せよ。

(2) 有意水準 1 % で検定せよ。

◀例題 73

指針 「発芽率が上がったと判断してよいか」とあるから，**片側検定** の問題である。
(1), (2) のそれぞれの場合について，正規分布表から棄却域を求め，標本から得られたデータが棄却域に入るかどうかで判断する。

解答 (1) 品種改良した種子の発芽率を p とする。品種改良によって発芽率が上がったならば，$p>0.8$ である。
ここで，「品種改良によって発芽率は上がらなかった」という次の仮説を立てる。

$$仮説 \mathrm{H}_0：p=0.8$$

仮説 H_0 が正しいとすると，400 個のうち発芽する種子の個数 X は，二項分布 $B(400,\ 0.8)$ に従う。
X の期待値 m と標準偏差 σ は

$$m=400\cdot 0.8=320,\quad \sigma=\sqrt{400\cdot 0.8\cdot(1-0.8)}=8$$

標本の大きさ 400 は十分大きいから，$Z=\dfrac{X-320}{8}$ は近似的に標準正規分布 $N(0,\ 1)$ に従う。
正規分布表より $P(Z\leqq 1.64)\fallingdotseq 0.95$ であるから，有意水準 5 % の棄却域は　$Z\geqq 1.64$　…… ①
$X=334$ のとき $Z=\dfrac{334-320}{8}=1.75$ であり，この値は棄却域 ① に入るから，仮説 H_0 を棄却できる。
ゆえに，**品種改良によって発芽率が上がったと判断してよい。**

(2) 正規分布表より $P(Z\leqq 2.33)\fallingdotseq 0.99$ であるから，有意水準 1 % の棄却域は　$Z\geqq 2.33$　…… ②
$Z=1.75$ は棄却域 ② に入らないから，仮説 H_0 を棄却できない。
ゆえに，**品種改良によって発芽率が上がったとは判断できない。**

◀「発芽率が上がったと判断してよいか」とあるから，$p\geqq 0.8$ を前提とする。このとき，仮説は
帰無仮説 $\mathrm{H}_0：p=0.8$
対立仮説 $\mathrm{H}_1：p>0.8$
となり，片側検定で考える。

◀ $m=np$，$\sigma=\sqrt{npq}$
ただし　$q=1-p$

◀片側検定であるから，棄却域を分布の片側だけにとる。

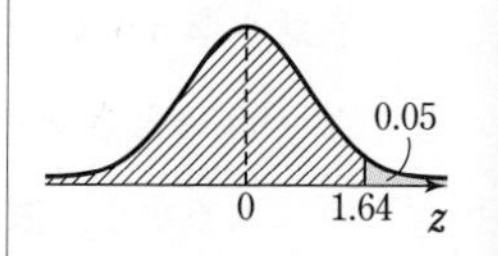

◀ 有意水準 1 % の棄却域。
$P(Z\leqq 2.33)$
$=0.5+p(2.33)$
$\fallingdotseq 0.5+0.49=0.99$

練習 74 あるところにきわめて多くの白球と黒球がある。いま，900 個の球を無作為に取り出したとき，白球が 480 個，黒球が 420 個あった。この結果から，白球の方が多いといえるか。

(1) 有意水準 5 % で検定せよ。　(2) 有意水準 1 % で検定せよ。

〔類 中央大〕 ➡p. 472 演習 27

例題 75 母平均の検定 ★★☆☆☆

内容量が 255 g と表示されている大量の缶詰から，無作為に 64 個を抽出して内容量を調べたところ，平均値が 252 g であった。母標準偏差が 9.6 g であるとき，1 缶あたりの内容量は表示通りでないと判断してよいか。有意水準 5 % で検定せよ。

指針 母平均についても，母比率の検定と同様に検定を行うことができる。
仮説 $m=255$ を立てて検定を行うが，内容量の標本平均 $\overline{X}$ が従う分布に注意。
母平均 m，母標準偏差 σ の母集団から大きさ n の無作為標本を抽出するとき，標本平均 $\overline{X}$ の分布について，次のことが成り立つ。

CHART》 標本平均 $\overline{X}$ の分布

n が大きいとき，近似的に正規分布 $N\left(m,\ \dfrac{\sigma^2}{n}\right)$ に従う

解答 無作為抽出した 64 個の缶詰について，内容量の標本平均を $\overline{X}$ とする。ここで，

仮説 H_0：母平均 m について $m=255$ である

を立てる。
標本の大きさは十分大きいと考えると，仮説 H_0 が正しいとするとき，$\overline{X}$ は近似的に正規分布 $N\left(255,\ \dfrac{9.6^2}{64}\right)$ に従う。
$\dfrac{9.6^2}{64}=1.2^2$ であるから，$Z=\dfrac{\overline{X}-255}{1.2}$ は近似的に $N(0,\ 1)$ に従う。
正規分布表より $P(-1.96 \leqq Z \leqq 1.96) \fallingdotseq 0.95$ であるから，有意水準 5 % の棄却域は

$$Z \leqq -1.96,\ 1.96 \leqq Z$$

$\overline{X}=252$ のとき $Z=\dfrac{252-255}{1.2}=-2.5$ であり，この値は棄却域に入るから，仮説 H_0 を棄却できる。
すなわち，**1 缶あたりの内容量は表示通りでないと判断してよい。**

◀ 内容量についての仮説を立て，両側検定で考える。

◀ まず，$\overline{X}$ がどのような正規分布に従うかを求め，その後，$\overline{X}$ を標準化した Z から棄却域を求める。母標準偏差は 9.6 であるが，$Z=\dfrac{\overline{X}-255}{9.6}$ とするのは **誤り！**

(注意) 母標準偏差 σ も不明のときは，推定の場合と同様に，標本の大きさが十分大きければ，σ の代わりに標本標準偏差を用いて検定を行う。下の練習 75 参照。

練習 75 ある県全体の高校で 1 つのテストを行った結果，その平均点は 56.3 であった。ところで，県内のA高校の生徒のうち，225 人を抽出すると，その平均点は 54.8，標準偏差は 12.5 であった。この場合，A高校全体の平均点が，県の平均点と異なると判断してよいか。有意水準 5 % で検定せよ。

➡ p. 472 演習 26

演習問題

16 赤い本が2冊，青い本がn冊ある。この$n+2$冊の本を無作為に1冊ずつ，本棚に左から並べていく。2冊の赤い本の間にある青い本の冊数をXとする。

(1) $k=0, 1, 2, \cdots\cdots, n$ に対して $X=k$ となる確率を求めよ。

(2) Xの期待値，分散を求めよ。 〔類 一橋大〕

➤例題58

17 1，2，3，4，5，6の数字が1つずつ記入された6枚のカードを袋の中に入れる。この袋の中から2枚のカードを同時に抜き出し，それらのカードの数の大きい方をX，小さい方をYとする。

(1) 確率変数Xの期待値 $E(X)$ を求めよ。

(2) 確率変数XとYは互いに独立であるか，独立でないか，答えよ。

(3) 確率変数 XY の期待値 $E(XY)$ を求めよ。 〔鹿児島大〕

➤例15，17

18 50円と100円の硬貨が3枚ずつの計6枚と，さいころが1個ある。これらの硬貨6枚とさいころ1個を同時に投げて，表が出た硬貨の合計額にさいころの目の数nから2を引いた数の絶対値 $|n-2|$ を掛け合わせた賞金をもらえるものとする。例えば，硬貨6枚すべてが表となり，さいころの目が6となった場合，表が出た硬貨の合計額450円を4倍した1800円を賞金としてもらえる。

(1) 賞金をまったくもらえない確率を求めよ。

(2) もらえる賞金が500円以上となる確率を求めよ。

(3) もらえる賞金の期待値を求めよ。 〔九州大〕

➤例17

19 1個のさいころを6回投げるとき，偶数の目が出る回数をXとする。
Xの期待値をm，標準偏差をσとするとき，確率 $P(|X-m|<\sigma)$ を求めよ。ただし，$\sqrt{6}=2.45$ とする。 〔弘前大〕

➤例19

ヒント **16** (1) まず，赤い本2冊とその間にある青い本k冊をまとめて1冊ととらえ，残りの $(n-k)$ 冊とまとめた1冊の並べ方について考える。

18 (3) 表が出た硬貨の合計額をX，さいころの目をYとすると，求めるものは $E(X|Y-2|)$ であるが，Xと $|Y-2|$ は独立である。よって，$E(X)E(|Y-2|)$ を求めればよい。

19 Xは二項分布に従う。また，$|X-m|<\sigma \iff m-\sigma<X<m+\sigma$ である。

20 座標平面上の点Pの移動を大小2つのさいころを同時に投げて決める。大きいさいころの目が1または2のとき，Pをx軸の正の方向に1だけ動かし，その他の場合はx軸の負の方向に1だけ動かす。更に，小さいさいころの目が1のとき，Pをy軸の正の方向に1だけ動かし，その他の場合はy軸の負の方向に1だけ動かす。最初，点Pが原点にあり，この試行をn回繰り返した後のPの座標を$(x_n,\ y_n)$とするとき，次の問いに答えよ。

(1) x_nの平均と分散を求めよ。　　(2) $x_n{}^2$の平均を求めよ。

(3) 原点を中心とし，点$(x_n,\ y_n)$を通る円の面積Sの平均を求めよ。ただし，$(x_n,\ y_n)=(0,\ 0)$のときは$S=0$とする。　〔三重大〕

➤例題62

21 連続型の確率変数Xのとりうる値の範囲が$1\leqq X\leqq 3$であり，その確率密度関数が$f(x)=1-|x-2|$と表されている。

(1) Xの平均$E(X)$と分散$V(X)$を求めよ。

(2) 確率が$P(2-c\leqq X\leqq 2+c)=0.5$となる実数$c$の値を求めよ。　〔類 横浜市大〕

➤例21

22 AとBが跳んだ距離を競う競技会に参加している。Bが跳ぶ距離の確率分布はほぼ正規分布をなすものとする。Bが最近参加した20回の競技会で跳んだ距離の記録x_i ($i=1,\ 2,\ \cdots\cdots,\ 20$；単位はm) を調べたところ$\displaystyle\sum_{i=1}^{20}x_i=107.00$，$\displaystyle\sum_{i=1}^{20}x_i{}^2=572.90$であった。いま，先に跳んだAの記録が5.65mであったとき，AがBに勝つ確率はおよそいくらか。　〔山梨医大〕

➤例題64

23 (1) 確率変数Xが正規分布$N(m,\ \sigma^2)$に従うとき，$P\left(|X-m|\geqq\dfrac{\sigma}{4}\right)$を求めよ。ただし，小数第4位を四捨五入せよ。

(2) 母平均m，母標準偏差σの正規分布に従う母集団から大きさnの無作為標本を抽出するとき，その標本平均$\overline{X}$について，$P\left(|\overline{X}-m|\geqq\dfrac{\sigma}{4}\right)\leqq 0.02$を満たす最小の$n$を求めよ。　〔類 滋賀大〕

➤例22，例題68

ヒント **20** (1) 大きいさいころの1または2が出る回数をXとすると，Xは二項分布$B\left(n,\ \dfrac{1}{3}\right)$に従う。

22 Bが跳ぶ距離をXとすると，AがBに勝つ確率は$P(X<5.65)$である。

23 (2) 標本平均$\overline{X}$は正規分布$N\left(m,\ \dfrac{\sigma^2}{n}\right)$に従う。

24 ある動物の新しい飼料を試作し，任意に抽出された100匹にこの新しい飼料を毎日与えて1週間後に体重の変化を調べた。増加量の平均は2.57 kg，標準偏差は0.35 kgであった。この増加量について

(1) 母平均を信頼度95％で推定せよ。

(2) 標本平均と母平均の違いを95％の確率で0.05 kg以下にするには，標本数をいくらにすればよいか。〔山梨医大〕

➤例題71

25 頂点a，b，c，dの正四面体がある。Qは，ある頂点から他の頂点に移動し，どの観測時刻においてもこれらの頂点のいずれかに存在している。Qが頂点dに存在する確率が $\dfrac{1}{4}$ という仮説を立てた。この仮説の正しさを調べるために，Qの位置を異なる時刻で10回観測したところ，そのうち6回頂点dに存在した。この仮説の正しさを有意水準5％で検定せよ。〔類 名古屋工大〕

➤例25

26 次の標本は正規母集団 $N(a,\ 10^2)$ から抽出されたものである。

28　13　16　28　29　12　14　12　10

$a=25$ といえるか。有意水準（危険率）5％で検定せよ。〔類 九州芸工大〕

➤例題75

27 現在の治療法では治癒率が80％である病気がある。この病気の患者100人に対して現在の治療法を施すとき

(1) 治癒する人数 X が，その平均値 m 人より10人以上離れる確率

$$P(|X-m| \geqq 10)$$

を求めよ。ただし，二項分布を正規分布で近似して計算せよ。

(2) $P(|X-m| \geqq k) \leqq 0.05$ となる最小の整数 k を求めよ。

(3) 新しく開発された治療法をこの病気の患者100人に試みたところ，92人が治癒した。この新しい治療法は在来のものと比較して，治癒率が向上したと判断してよいか。有意水準（危険率）5％で検定せよ。〔類 和歌山県医大〕

➤例題74

ヒント **25** Qが頂点dに存在する確率が $\dfrac{1}{4}$ として，10回観測して6回以上Qが頂点dにいる確率について考える。

26 標本平均 $\overline{X}$ は，$N\left(25,\ \dfrac{10^2}{9}\right)$ に従うと考えて，棄却域に入るかどうかで検定を行う。

27 (2) X を標準化するときと同様に，不等式 $|X-m| \geqq k$ を変形する。

〈この章で学ぶこと〉
数学と社会生活について，数学的活動を通して，それらを数理的に考察することの有用性を認識し，社会生活などにおける問題を，数学を活用して解決する意義や，日常の事象や社会の事象などを数学化し，数理的に問題を解決する方法を学ぶ。2 つのデータ間の関係を散布図や相関係数を用いて調べたり，散布図に表したデータを関数とみなして処理したりすることも扱う。

第3章 数学と社会生活

内容一覧

※基本事項，例，例題と練習，章末の演習問題はありません。

① 議席の比例配分方式(1)…… ドント式

日本における国政選挙のうち，比例代表選挙の議席の割り振り方について紹介する。比例代表選挙では，各党の得票数に応じて「ドント式」と呼ばれる計算方法で各党の獲得議席数が決まる。この「ドント式」がどのような方法なのか，具体例を用いて解説しよう。

※「ドント式」は，ベルギーの数学者ヴィクトール・ドント（1841-1902）によって考案された方法である。

ドント式による議席配分の方法

各政党の得票数を 1，2，3，…… と整数で割っていき，得られた商が大きい順に議席を配分する方法。

問題① ある地域における比例代表制の選挙の議席数は 10 である。この選挙において，政党Aの得票数は 10000，政党Bの得票数は 8100，政党Cの得票数は 7200，政党Dの得票数は 4000 であった。

(1) ドント式による議席配分法を用いて，各政党の議席数を求めよ。

(2) 政党Bと政党Cは選挙戦略を考えて合併し，新たに政党Eを結成することにした。合併後のある選挙において，政党Aの得票数は 10000，政党Dの得票数は 4000，政党Eの得票数は 15300 であった。ドント式による議席配分法を用いて，各政党の議席数を求めよ。

指針 各政党の得票数と，1，2，3，…… で割った商を表にまとめる。表に現れる数値の大きい方から順に 10 個選び，各政党の獲得議席数を求める。

解答 (1) 各政党の得票数を，1，2，3，…… で割った商は，次の表のようになる。ただし，表では，小数点以下は切り捨てとした。

	政党A	政党B	政党C	政党D
得票数	10000	8100	7200	4000
1 で割った商	10000	8100	7200	4000
2 で割った商	5000	4050	3600	2000
3 で割った商	3333	2700	2400	1333
4 で割った商	2500	2025	1800	1000
5 で割った商	2000	1620	1440	800
6 で割った商	1666	1350	1200	666

この表に現れる数値のうち，大きい方から順に 10 個選ぶと，10000，8100，……，2500 (表の網の部分) となる。

したがって，各政党は次の議席を得る。

政党Aは 4 議席，政党Bは 3 議席，政党Cは 2 議席，政党Dは 1 議席

解答 (2) 各政党の得票数を，1，2，3，…… で割った商は，次の表のようになる。
ただし，小数点以下は切り捨てとした。

	政党A	政党D	政党E
得票数	10000	4000	15300
1で割った商	10000	4000	15300
2で割った商	5000	2000	7650
3で割った商	3333	1333	5100
4で割った商	2500	1000	3825
5で割った商	2000	800	3060
6で割った商	1666	666	2550
7で割った商	1428	571	2185

この表に現れる数値のうち，大きい方から順に10個選ぶと，15300，10000，……，2550 (表の網の部分) となる。
よって，**政党Aは3議席，政党Dは1議席，政党Eは6議席** を得る。

検討 (1)における政党Bと政党Cの議席数は合計で5議席であったが，(2)のように，合併により政党Eを結成し，合併前と同じ得票数の合計を得られるとして，他の政党の得票数は変わらないものと仮定すると，議席数は6になった。
このように，政党が合併することで得られる議席数が変化することがあるが，ドント式による議席配分について，次の性質が知られている。

ドント式の議席配分の性質

a，b は自然数とする。ある比例代表選挙において，ドント式の議席配分により，政党Xが a 議席，政党Yが b 議席を得るとする。
このとき，政党Xと政党Yが合併により新しく政党Zを結成して，合併前の政党Xと政党Yが得た票数の合計を政党Zが得ると仮定すると，政党Zが得る議席数は，$a+b$ 議席または $a+b+1$ 議席である。
ただし，他の政党の得票数は変わらないものとする。

証明 a，b は自然数であるから　　$a \geqq 1$，$b \geqq 1$
ドント式の議席配分が行われたとき，政党Xの得票数が x で，政党Yの得票数が y であるとし (x，y は自然数)，政党Xが a 議席，政党Yが b 議席を得るとする。
このとき，政党Xと政党Yが合併して，新たに政党Zを結成したとすると，政党Zの得票数は，仮定から $x+y$ である。
合併前の各政党の得票数を1，2，3，…… で割った商のうち，議席を獲得した最も小さいものに着目すると，政党Xは $\dfrac{x}{a}$，政党Yは $\dfrac{y}{b}$ である。

[1] $\dfrac{x}{a} \geqq \dfrac{y}{b}$ のとき

$\dfrac{x}{a} \geqq \dfrac{y}{b}$ から　　$bx \geqq ay$

両辺に by を加えて整理すると　　$b(x+y) \geqq (a+b)y$

よって　　$\dfrac{x+y}{a+b} \geqq \dfrac{y}{b}$ …… ①

[2] $\dfrac{x}{a} < \dfrac{y}{b}$ のとき

$\dfrac{x}{a} < \dfrac{y}{b}$ から　　$bx < ay$

両辺に ax を加えて整理すると　　$(a+b)x < a(x+y)$

よって　　$\dfrac{x}{a} < \dfrac{x+y}{a+b}$ …… ②

①, ② から, $\dfrac{x+y}{a+b}$ は, $\dfrac{x}{a}$ と $\dfrac{y}{b}$ の小さい方より大きい, あるいは等しいことがわかる。

よって, 政党Ｚは得票数 $x+y$ を $a+b$ で割った商の分で議席を得ることになるから, 政党Ｚは少なくとも $a+b$ 議席を得る。

次に, 議席数が $a+b+1$ 以下になることを示す。

[1] $\dfrac{x}{a+1} \geqq \dfrac{y}{b+1}$ のとき

$\dfrac{x}{a+1} \geqq \dfrac{y}{b+1}$ から　　$(b+1)x \geqq (a+1)y$

両辺に $(a+1)x$ を加えて整理すると　　$(a+b+2)x \geqq (a+1)(x+y)$

よって　　$\dfrac{x}{a+1} \geqq \dfrac{x+y}{a+b+2}$ …… ③

[2] $\dfrac{x}{a+1} < \dfrac{y}{b+1}$ のとき

$\dfrac{x}{a+1} < \dfrac{y}{b+1}$ から　　$(b+1)x < (a+1)y$

両辺に $(b+1)y$ を加えて整理すると　　$(b+1)(x+y) < (a+b+2)y$

よって　　$\dfrac{x+y}{a+b+2} < \dfrac{y}{b+1}$ …… ④

③, ④ から, $\dfrac{x+y}{a+b+2}$ は, $\dfrac{x}{a+1}$ と $\dfrac{y}{b+1}$ の大きい方より小さい, あるいは等しいことがわかる。

よって, 政党Ｚは得票数 $x+y$ を $a+b+2$ で割った商の分では議席を得ることはできず, 政党Ｚの議席数は $a+b+1$ 以下である。

以上から, 合併した政党Ｚの議席数は, $a+b$ または $a+b+1$ である。

この性質は, 複数の政党が合併し, 合併前の得票数の合計が合併後の得票数であると仮定すると, 獲得議席数は合併前の獲得議席数の合計と等しいか, 1つ多くなる, ということである。別の表現をすると, 合併により獲得議席数は減少しないが, 2つ以上多くなることはない。**問題** の (1) と (2) は, 合併によって議席数が1つ多くなった場合である。

② 議席の比例配分方式(2)… 最大剰余方式

政党に 1, 2, ……, n と番号を付ける。$k=1, 2, \cdots\cdots, n$ とし, p_k を番号 k が付いた政党 (以後, 政党 k と呼ぶ) の得票数とすると, $p=\sum_{k=1}^{n} p_k$ は投票総数を表す。
また, x_k は政党 k の当選者数, Nは総議席数とすると, $N=\sum_{k=1}^{n} x_k$ である。
ここで, $q_k=N\cdot\dfrac{p_k}{p}$ とおく。q_k が整数であれば, $x_k=q_k$ とするのがよいと考えられるが, 通常 q_k は整数とならない。そこで, **ガウス記号** $[x]$ (x を超えない最大の整数) を利用して, $[q_k]$ により各政党の議席を決めると, $\boldsymbol{x_k=[q_k]}$ または $\boldsymbol{x_k=[q_k]+1}$ である。
そして, 残りの議席は **q_k の小数部分の大きい順に決める** ことが考えられる。
このような議席の割り振り方を **最大剰余方式** という。

問題② 政党 1, 政党 2, 政党 3 の得票数は, それぞれ 30 万, 30 万, 10 万であるとする。
(1) 総議席数が 10 であるときの, 各政党の議席数を最大剰余方式で求めよ。
(2) 総議席数が 11 であるときの, 各政党の議席数を最大剰余方式で求めよ。

指針 問題の条件より, $p_1=p_2=30$ (万), $p_3=10$ (万) であるから　$p=p_1+p_2+p_3=70$ (万)
総議席数をNとして, $q_k=N\cdot\dfrac{p_k}{p}$ $(k=1, 2, 3)$ を計算し, x_1, x_2, x_3 を決める。

解答 $p_1=p_2=30$, $p_3=10$ として, $p=p_1+p_2+p_3$ とすると　$p=70$　◀単位は万票。
また, 総議席数をNとして $q_k=\dfrac{Np_k}{p}$ とおき, 各政党の議席数を x_k とする。
ただし　$k=1, 2, 3$
(1) $N=10$ であるとき　$q_1=q_2=\dfrac{10\cdot30}{70}=\dfrac{30}{7}=4+\dfrac{2}{7}$, $q_3=\dfrac{10\cdot10}{70}=\dfrac{10}{7}=1+\dfrac{3}{7}$
$[q_1]=[q_2]=4$, $[q_3]=1$ であり, 小数部分について, $q_1-4=q_2-4<q_3-1$ であるから　$x_1=x_2=4$,　$x_3=1+1=2$
したがって, **政党 1 と政党 2 は 4 議席, 政党 3 は 2 議席** を得る。
(2) $N=11$ であるとき　$q_1=q_2=\dfrac{11\cdot30}{70}=\dfrac{33}{7}=4+\dfrac{5}{7}$, $q_3=\dfrac{11\cdot10}{70}=\dfrac{11}{7}=1+\dfrac{4}{7}$
$[q_1]=[q_2]=4$, $[q_3]=1$ であり, 小数部分について, $q_1-4=q_2-4>q_3-1$ であるから　$x_1=x_2=4+1=5$,　$x_3=1$
したがって, **政党 1 と政党 2 は 5 議席, 政党 3 は 1 議席** を得る。

上の問題のように, 最大剰余方式では, 得票数が同じでも総議席数が増えると, ある政党の議席数が減るという現象が起きてしまう。これを「**アラバマ・パラドックス**」という。最大剰余方式は, アメリカではある時期まで議席の配分法として使われていた。1881 年に総議席数が増えたため, 再計算したところ, アラバマ州の議員数が減ることになったことから, このような名称がついたといわれている。
なお, ドント式は除数法とも言われる方法の 1 つで, これは議員総数を 1 人ずつ増やしていく方法であるから, アラバマ・パラドックスは生じていない。

③ 抜取検査

検査対象となる製品の母集団（ロット）から，標本を抽出して検査を行い，その結果と合否の判定基準を比較して，ロットの合格・不合格を判定するのが **抜取検査** である。

問題③ 多くの製品のひと山の中から，10 個を抜き取って検査し，その中に含まれる不良品が 0 個または 1 個ならば，そのひと山の製品を合格とし，2 個以上ならば不合格とすることにする。ひと山に含まれる不良品の割合（これを不良率という）を p とするとき，このひと山の合格する確率 $f(p)$ を求めよ。

指針 判定基準は，「標本中に不良品が 0 個または 1 個ならば合格，2 個以上なら不合格とする」ということであるから，10 個の中に不良品が 0 個または 1 個含まれる確率を求めればよい。

解答 10 個の標本の中に含まれる不良品の個数 X は二項分布 $B(10,\ p)$ に従う。

$r=0,\ 1,\ 2,\ \cdots\cdots,\ 10$ とすると，$X=r$ となる確率は

$$P(X=r)={}_{10}\mathrm{C}_r p^r(1-p)^{10-r}$$

よって
$$\begin{aligned}f(p)&=P(X=0)+P(X=1)\\&={}_{10}\mathrm{C}_0 p^0(1-p)^{10}+{}_{10}\mathrm{C}_1 p(1-p)^9\\&=(1-p)^9\{(1-p)+10p\}\\&=\boldsymbol{(1-p)^9(1+9p)}\end{aligned}$$

◀ **二項分布 $B(n,\ p)$**
$P(X=r)={}_n\mathrm{C}_r p^r(1-p)^{n-r}$ $(r=0,\ 1,\ \cdots\cdots,\ n)$ で与えられる分布。

参考 $p=0.01,\ 0.02,\ \cdots\cdots,\ 0.5$ のときの $f(p)$ の値は，表のようになる。
縦軸にロットの合格率，横軸に不良率をとり，抜取検査における合格率を算出して，グラフに表すと，右の図のようになる。
この曲線を **検査特性曲線**（**OC 曲線**）という。

p	$f(p)$
0.01	0.995734
0.02	0.983822
0.05	0.913862
0.1	0.736099
0.2	0.37581
0.5	0.010742

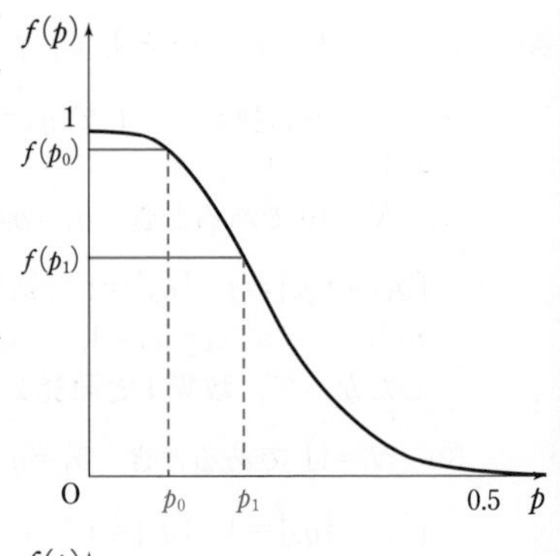

一般に，無作為抽出の標本について，ロットの合否を　$C\leqq C_0$ ならば合格，
$C>C_0$ ならば不合格
と設定し，不良率について，$0<p_0<p_1<1$ とする。
また，この方式で，不良率 p_0 のロットが合格する確率を $1-\alpha$，不良率 p_1 のロットが合格する確率を β とする。
このとき，不良率 p が p_0 に等しい品質をもつロットに対しては，生産者は **生産者危険率** α（右の図を参照）を覚悟して合格とし，不良率 p が p_1 に等しい品質をもつロットに対しては，消費

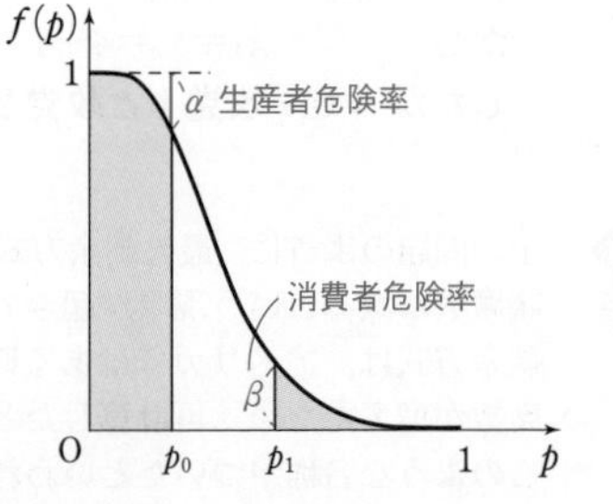

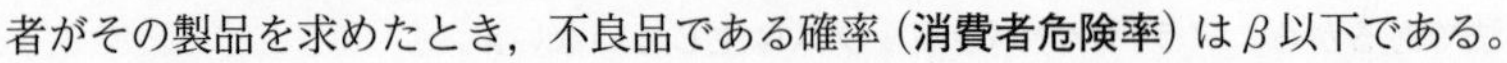
者がその製品を求めたとき，不良品である確率（**消費者危険率**）は β 以下である。

④ 品質管理 ― 3σ 方式

製品製造の過程において，工程の流れを監視し，できるだけ不良品ができる原因を突き止めようと試みるのが **品質管理** の目的である。このページでは，3σ 方式と呼ばれる品質管理の方法を紹介する。

工程が安定な状態にあるときは，不良品は少ないはずである。ここでは，母集団の製品が不良品でないことを示す確率変数は正規分布に従うと考え，その平均値を m，標準偏差を σ とする。この m と σ は，日頃のデータからあらかじめ求めておく必要がある。

工程が安定しているときは，製品のとる値が平均から 3 標準偏差分以上ずれる，すなわち $[m-3\sigma,\ m+3\sigma]$ …… ① の範囲から外れる確率 P は，正規分布表から

$$P=1-2p(3)\fallingdotseq 1-0.997=0.003$$

であり，ほとんど 0 に近いから，① の範囲外の値の製品が製造されたときには，生産工程に支障が生じたものと考えてよい。

そこで，右のようなグラフを作る。
平均値 m と $m+3\sigma$，$m-3\sigma$ に直線を引き，範囲外の製品が抽出されたときには，その工程が不安定な状態になるものと判断して，どこに原因があるかを探ればよい。
$m+3\sigma$ を **上方管理限界**，$m-3\sigma$ を **下方管理限界** といい，この図を **3σ 方式管理図** という。

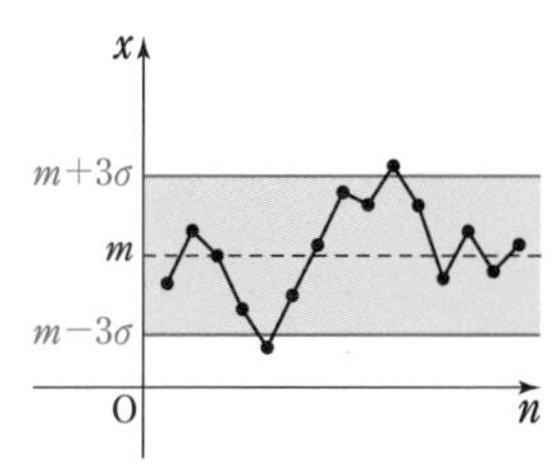

問題 ④ ある工程で製造された製品の重さの平均値が 8.62 kg，標準偏差が 0.25 kg であることが，過去のデータからわかっている。ある期間に製造された製品からいくつか抽出して重さを調べたところ，次のようになった。

8.41，7.97，8.68，9.30，9.05，7.85，8.89　(単位は kg)

この期間において，製造の工程に支障があったかどうか，3σ 方式を用いて調べよ。ただし，この製品の重さを表す確率変数は正規分布に従うものとする。

指針 平均値と標準偏差から，上方管理限界と下方管理限界を求め，その範囲から外れるデータがあるかどうか調べる。

解答 製品の平均値は 8.62 kg，標準偏差は 0.25 kg であるから

上方管理限界は　$8.62+0.25\times 3=9.37$ (kg)　◀ $m+3\sigma$

下方管理限界は　$8.62-0.25\times 3=7.87$ (kg)　◀ $m-3\sigma$

よって，$[7.87,\ 9.37]$ の範囲に含まれない製品があるかどうか調べればよい。
重さが 7.85 kg であるものは，$[7.87,\ 9.37]$ の範囲に含まれないから，この期間において，製造の工程に **支障があったと判断できる。**

⑤ 偏差値と正規分布

偏差値（チャート式数学Ⅰ＋A p. 232 参照）が試験の得点分布における各自の相対位置（指標）を求めることによく利用されていることは，周知の事実である。しかし，偏差値を利用する場合，注意することは

得点の分布が正規分布により近い形になることが前提条件

という点である。したがって，受験者数が少ない試験などでは，正規分布になりにくいため，偏差値はあまり有効な指標とはいえない。また，偏差値のとりうる値の範囲は，正規分布の場合はほぼ 25 以上 75 以下に収まる。

問題⑤ A君は平均点 57.2 点，標準偏差 5.2 点の試験を，B君は平均点 52.5 点，標準偏差 9.5 点の試験を受けたところ，2人の得点はともに 66 点であった。それぞれの試験を受けた全員の得点は正規分布に従うものとして，次の問いに答えよ。

(1) 偏差値を求めることにより，A君，B君どちらの方が全体における相対的な順位が高いと考えられるかを調べよ。

(2) 2つの試験の受験者はともに 2000 人であったという。A君，B君はそれぞれ上位から約何位であるか調べることにより，(1) の結果が正しいことを確かめよ。

指針 (1) 偏差値の定義式は $\quad 50+\dfrac{x-\overline{x}}{s_x}\times 10$ （$\overline{x}$：平均値，s_x：標準偏差）

(2) 各試験における得点はそれぞれ正規分布 $N(57.2,\ 5.2^2)$，$N(52.5,\ 9.5^2)$ に従う。66 点以上の人が全体に占める割合を正規分布表から求めるため，**標準化** を利用。

解答 (1) 偏差値はそれぞれ

$$\text{A}:50+\frac{66-57.2}{5.2}\times 10 \fallingdotseq 66.9,\qquad \text{B}:50+\frac{66-52.5}{9.5}\times 10 \fallingdotseq 64.2$$

よって，**A君の方が全体における相対的な順位が高い** と考えられる。

(2) A君，B君の受けた試験における得点をそれぞれ X，Y とすると，X は正規分布 $N(57.2,\ 5.2^2)$，Y は正規分布 $N(52.5,\ 9.5^2)$ にそれぞれ従う。

よって，$Z_1=\dfrac{X-57.2}{5.2}$，$Z_2=\dfrac{Y-52.5}{9.5}$ とおくと，Z_1，Z_2 はともに標準正規分布 $N(0,\ 1)$ に従う。

$$P(X \geqq 66)=P\left(Z_1 \geqq \frac{66-57.2}{5.2}\right) \fallingdotseq P(Z_1 \geqq 1.69)$$
$$=0.5-p(1.69)=0.5-0.4545=0.0455$$

$2000\times 0.0455=91$ から，A君は上位の約 91 位である。

$$P(Y \geqq 66)=P\left(Z_2 \geqq \frac{66-52.5}{9.5}\right) \fallingdotseq P(Z_2 \geqq 1.42)$$
$$=0.5-p(1.42)=0.5-0.4222=0.0778$$

$2000\times 0.0778=155.6$ から，B君は上位の約 156 位である。

したがって，A君の方が全体における順位が高く，これは (1) の結果と一致していることがわかる。

$P(X \geqq 66)$ の参考図

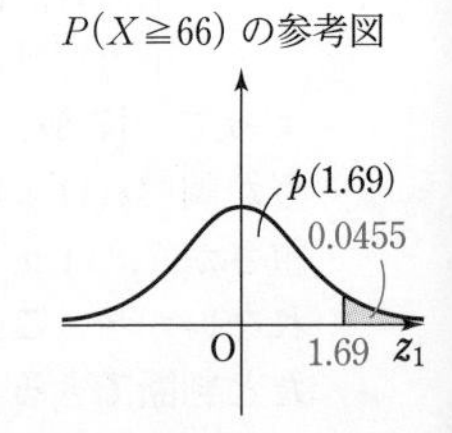

⑥ 回帰直線

散布図において，点の配列に「できるだけ合うように引いた直線」を **回帰直線** という。ここでは，「できるだけ合うように引く」という事柄を明確にし，回帰直線の式を求めてみよう。

大きさが n の2つの変量 x，y のデータを x_1，x_2，……，x_n；y_1，y_2，……，y_n とし，x の平均を $\overline{x}$，y の平均を $\overline{y}$，x の標準偏差を s_x，y の標準偏差を s_y，x と y の共分散を s_{xy}，相関係数を r とする。

ここで，回帰直線の式を $y=ax+b$ とし，

$P_1(x_1,\ y_1)$，$P_2(x_2,\ y_2)$，……，$P_n(x_n,\ y_n)$；

$Q_1(x_1,\ ax_1+b)$，$Q_2(x_2,\ ax_2+b)$，……，

$Q_n(x_n,\ ax_n+b)$

とする。

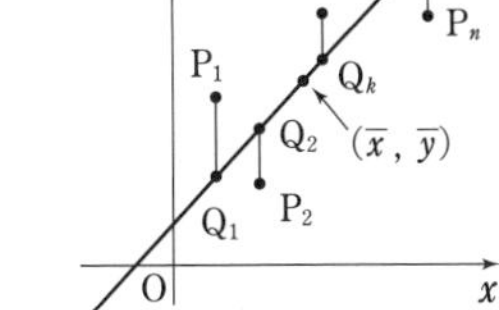

さて，「できるだけ合うように引く」とは，

① x，y の平均による点 $(\overline{x},\ \overline{y})$ を通り，

② $L=P_1Q_1{}^2+P_2Q_2{}^2+\cdots\cdots+P_nQ_n{}^2$ が最小となる

ということであるとする。 ↑散布図の各点からの距離の2乗の和が最小ということ。

①，② を満たす a，b の値を求めてみよう。

① より，$\overline{y}=a\overline{x}+b$ であるから　　$b=-a\overline{x}+\overline{y}$

よって，$1\leqq k\leqq n$，k は整数とすると，$P_k(x_k,\ y_k)$，$Q_k(x_k,\ a(x_k-\overline{x})+\overline{y})$ となり

$$\begin{aligned}P_kQ_k{}^2&=[y_k-\{a(x_k-\overline{x})+\overline{y}\}]^2\\&=\{(y_k-\overline{y})-a(x_k-\overline{x})\}^2\\&=(y_k-\overline{y})^2-2(x_k-\overline{x})(y_k-\overline{y})a+(x_k-\overline{x})^2a^2\end{aligned}$$

ゆえに

$$\begin{aligned}L&=\sum_{k=1}^{n}P_kQ_k{}^2\\&=\sum_{k=1}^{n}\{(y_k-\overline{y})^2-2(x_k-\overline{x})(y_k-\overline{y})a+(x_k-\overline{x})^2a^2\}\\&=\sum_{k=1}^{n}(y_k-\overline{y})^2-2a\sum_{k=1}^{n}(x_k-\overline{x})(y_k-\overline{y})+a^2\sum_{k=1}^{n}(x_k-\overline{x})^2\\&=ns_y{}^2-2a\cdot ns_{xy}+a^2\cdot ns_x{}^2\\&=ns_x{}^2a^2-2ns_{xy}a+ns_y{}^2\\&=n\left\{s_x{}^2\left(a-\frac{s_{xy}}{s_x{}^2}\right)^2+s_y{}^2-\frac{s_{xy}{}^2}{s_x{}^2}\right\}\end{aligned}$$

◀ a について整理。

◀ a の2次関数と考えて平方完成。

したがって，L は $\boldsymbol{a=\dfrac{s_{xy}}{s_x{}^2}}$ のとき最小となる。

相関係数 r を使うと，$a=\dfrac{s_y}{s_x}r$ となり，回帰直線の式は次のようになる。

$$y=\frac{s_y}{s_x}rx-\frac{s_y}{s_x}r\overline{x}+\overline{y}\quad \text{すなわち}\quad \boldsymbol{\frac{y-\overline{y}}{s_y}=r\cdot\frac{x-\overline{x}}{s_x}}$$

問題 ❻ あるクラスでは，20 点満点のテストを 2 回行った。右の表は，このクラスの中から A, B, C, D, E の 5 人の生徒を抽出し，1 回目のテスト，2 回目のテストのそれぞれの点数 x, y をまとめたものである。(単位は点)

	A	B	C	D	E
x	11	10	12	14	8
y	14	8	11	12	10

(1) x と y の相関係数 r を求めよ。

(2) x と y の回帰直線の式を $y=ax+b$ の形で表せ。

(3) 1 回目のテストの点数が 13 点であった生徒の 2 回目の点数は，(2) の回帰直線を利用すると，何点と予測できるか。

指針 (1) x と y の相関係数 r は $\quad r=\dfrac{s_{xy}}{s_x s_y}=\dfrac{\sum_{k=1}^{n}(x_k-\overline{x})(y_k-\overline{y})}{\sqrt{\left\{\sum_{k=1}^{n}(x_k-\overline{x})^2\right\}\left\{\sum_{k=1}^{n}(y_k-\overline{y})^2\right\}}}$

(2) 回帰直線の式は $\quad \dfrac{y-\overline{y}}{s_y}=r\cdot\dfrac{x-\overline{x}}{s_x}$

(3) (2) で求めた回帰直線の式に $x=13$ を代入する。

解答 (1) x, y の平均値をそれぞれ $\overline{x}$, $\overline{y}$ とし，x, y の分散をそれぞれ $s_x{}^2$, $s_y{}^2$ とすると

$$\overline{x}=\frac{1}{5}(11+10+12+14+8)=11,\quad \overline{y}=\frac{1}{5}(14+8+11+12+10)=11,$$

$$s_x{}^2=\frac{1}{5}\{(11-11)^2+(10-11)^2+(12-11)^2+(14-11)^2+(8-11)^2\}=4$$

$$s_y{}^2=\frac{1}{5}\{(14-11)^2+(8-11)^2+(11-11)^2+(12-11)^2+(10-11)^2\}=4$$

x と y の共分散は

$$s_{xy}=\frac{1}{5}\{(11-11)(14-11)+(10-11)(8-11)+(12-11)(11-11)+(14-11)(12-11)+(8-11)(10-11)\}=\frac{9}{5}$$

よって $\quad r=\dfrac{s_{xy}}{s_x x_y}=\dfrac{9}{5}\cdot\dfrac{1}{2\cdot 2}=\boldsymbol{\dfrac{9}{20}}$

(2) 回帰直線の式は $\quad \dfrac{y-11}{2}=\dfrac{9}{20}\cdot\dfrac{x-11}{2}\quad$ すなわち $\quad \boldsymbol{y=\dfrac{9}{20}x+\dfrac{121}{20}}$ …… ①

(3) (2) の ① に $x=13$ を代入すると

$$y=\frac{9}{20}\cdot 13+\frac{121}{20}=\frac{238}{20}=11.9$$

したがって，**12 点** と予測できる。

このデータの散布図をかくと，右の図のようになり，(2) の ① の回帰直線は，赤い線のようになる。
なお，この回帰直線は，変量 $(x_i,\ y_i)$ $(i=1,\ 2,\ 3,\ 4,\ 5)$ を座標とする点の分布に「できるだけ合うように引いた直線」といえるが，直線ではうまく合わないときは，曲線 (回帰曲線) を利用することもある。

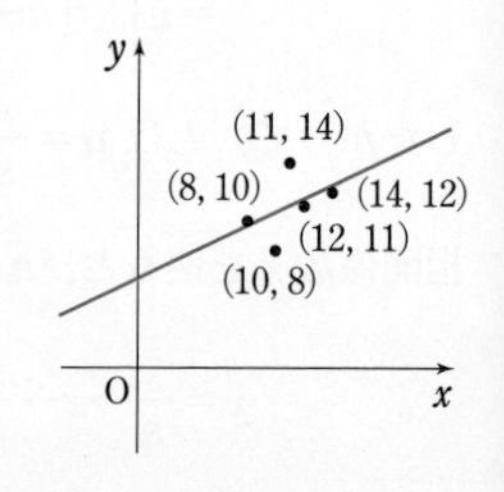

実践力を養うための総合的な問題を，最近の大学入試問題を中心に採録した。数学II，数学Bのひととおりの学習を終えた後に取り組んでほしい。
構成は，演習例題とその類題からなる。題材によっては，これまでと同様に，検討を設けて詳しく解説したものもある。

総合演習

演習例題の一覧

数学II

数学B

演習例題 1 二項定理の応用問題

$\dfrac{n}{1000} \leqq 1.001^{100} < \dfrac{n+1}{1000}$ を満たす整数 n を求めよ。〔一橋大〕

指針 $1.001=1+0.001$ であるから，$1.001^{100}=(1+0.001)^{100}$ と考えて **二項定理** を利用すると

$$1.001^{100}=1.1051117+\sum_{k=4}^{100}{}_{100}\mathrm{C}_k\left(\frac{1}{1000}\right)^k$$

$\dfrac{n}{1000} \leqq 1.001^{100} < \dfrac{n+1}{1000}$ を満たす整数 n を求めるには，

$\displaystyle\sum_{k=4}^{100}{}_{100}\mathrm{C}_k\left(\frac{1}{1000}\right)^k <$（十分に小さい数）という不等式を導きたい。そこで，

$\displaystyle\sum_{k=4}^{100}{}_{100}\mathrm{C}_k\left(\frac{1}{1000}\right)^k$ を等比数列の和と比較することを考える。

解答 $a=0.001$ とおくと，二項定理から

$$\begin{aligned}1.001^{100}&=(1+a)^{100}\\&=\sum_{k=0}^{100}{}_{100}\mathrm{C}_k a^k\\&=1+100a+{}_{100}\mathrm{C}_2a^2+{}_{100}\mathrm{C}_3a^3+\sum_{k=4}^{100}{}_{100}\mathrm{C}_k a^k\\&=1+100\cdot\frac{1}{1000}+\frac{100\cdot99}{2\cdot1}\cdot\frac{1}{1000^2}\\&\quad+\frac{100\cdot99\cdot98}{3\cdot2\cdot1}\cdot\frac{1}{1000^3}+\sum_{k=4}^{100}{}_{100}\mathrm{C}_k a^k\\&=1+0.1+0.00495+0.0001617+\sum_{k=4}^{100}{}_{100}\mathrm{C}_k a^k\\&=1.1051117+\sum_{k=4}^{100}{}_{100}\mathrm{C}_k a^k\end{aligned}$$

$\displaystyle\sum_{k=4}^{100}{}_{100}\mathrm{C}_k a^k$ について考える。

k を $4 \leqq k \leqq 100$ を満たす自然数とすると

$$\begin{aligned}{}_{100}\mathrm{C}_k a^k&=\frac{100\cdot99\cdot\cdots\cdots(101-k)}{k!}\cdot\frac{1}{1000^k}\\&=\frac{1}{k!}\cdot\frac{100}{1000}\cdot\frac{99}{1000}\cdot\cdots\cdots\cdot\frac{101-k}{1000}\end{aligned}$$

◀ ${}_{100}\mathrm{C}_k=\dfrac{{}_{100}\mathrm{P}_k}{k!}$，${}_{100}\mathrm{P}_k$ $=100\times99\times98$ $\times\cdots\times\{100-(k-1)\}$

ここで，$k \geqq 4$ であるから

$$\begin{aligned}k!&=k\cdot(k-1)\cdot\cdots\cdots\cdot4\cdot3\cdot2\cdot1\\&\geqq4\cdot4\cdot\cdots\cdots\cdot4\cdot3\cdot2\cdot1\\&=4^{k-3}\cdot6=\frac{4^k\cdot6}{4^3}\end{aligned}$$

よって　$\dfrac{1}{k!} \leqq \dfrac{4^3}{4^k\cdot6}$

また，$\dfrac{100}{1000} \leqq \dfrac{1}{10}$，$\dfrac{99}{1000} \leqq \dfrac{1}{10}$，……，$\dfrac{101-k}{1000} \leqq \dfrac{1}{10}$

であるから　$\dfrac{100}{1000}\cdot\dfrac{99}{1000}\cdot\cdots\cdots\cdot\dfrac{101-k}{1000} \leqq \left(\dfrac{1}{10}\right)^k$

ゆえに　$_{100}\mathrm{C}_k a^k=\dfrac{1}{k!}\cdot\dfrac{100}{1000}\cdot\dfrac{99}{1000}\cdot\cdots\cdots\cdot\dfrac{101-k}{1000}$

$$\leqq\frac{4^3}{4^k\cdot 6}\cdot\left(\frac{1}{10}\right)^k=\frac{4^3}{6}\cdot\left(\frac{1}{40}\right)^k$$

よって　$0<\displaystyle\sum_{k=4}^{100}{}_{100}\mathrm{C}_k a^k\leqq\sum_{k=4}^{100}\frac{4^3}{6}\left(\frac{1}{40}\right)^k$

ここで　$\displaystyle\sum_{k=4}^{100}\frac{4^3}{6}\left(\frac{1}{40}\right)^k=\frac{4^3}{6}\cdot\frac{1}{40^4}\cdot\frac{1-\left(\frac{1}{40}\right)^{97}}{1-\frac{1}{40}}$

$$=\frac{4^3}{6}\cdot\frac{1}{40^4}\cdot\frac{40}{39}\cdot\left\{1-\left(\frac{1}{40}\right)^{97}\right\}$$

$$<\frac{4^3}{6\cdot 39}\cdot\frac{1}{40^3}\cdot 1$$

$$=\frac{1}{234\cdot 10^3}<\frac{1}{10^2\cdot 10^3}=0.00001$$

◀初項 $\dfrac{4^3}{6}\cdot\dfrac{1}{40^4}$，公比 $\dfrac{1}{40}$，項数 97 の等比数列の和である。

◀ $0<1-\left(\dfrac{1}{40}\right)^{97}<1$

ゆえに　$0<\displaystyle\sum_{k=4}^{100}{}_{100}\mathrm{C}_k a^k<0.00001$

したがって，$1.1051117<1.001^{100}<1.1051217$ であるから

$$1.105<1.001^{100}<1.106$$

ゆえに，$\dfrac{n}{1000}\leqq 1.001^{100}<\dfrac{n+1}{1000}$ を満たす整数 n は

$\boldsymbol{n=1105}$

参考　$\displaystyle\sum_{k=4}^{100}{}_{100}\mathrm{C}_k a^k<$(十分に小さい数) を導く際，次のようにして考えてもよい。

$4\leqq k\leqq 100$ を満たす自然数 k に対し，$x_k={}_{100}\mathrm{C}_k a^k$ とすると

$$\frac{x_{k+1}}{x_k}=\frac{{}_{100}\mathrm{P}_{k+1}}{(k+1)!}\cdot\frac{k!}{{}_{100}\mathrm{P}_k}\cdot a=\frac{100-k}{k+1}a<1$$

よって　$x_4>x_5>\cdots\cdots>x_{100}$

ゆえに　$\displaystyle\sum_{k=4}^{100}x_k<\sum_{k=4}^{100}x_4=97\cdot{}_{100}\mathrm{C}_4 a^4$

ここで　$97\cdot{}_{100}\mathrm{C}_4 a^4=\dfrac{97\cdot 100\cdot 99\cdot 98\cdot 97}{4\cdot 3\cdot 2\cdot 1}\cdot\dfrac{1}{10^{12}}=25\cdot 33\cdot 49\cdot 97^2\cdot\dfrac{1}{10^{12}}$

$$<25\cdot 33\cdot 49\cdot 100^2\cdot\frac{1}{10^{12}}=0.00040425$$

類題 1　n を 2 以上の整数とする。

(1)　2011 の n 乗を 2010 で割れば 1 余ることを示せ。

(2)　$2^{4n}-1$ を 17 で割ったときの余りを求めよ。

(3)　$a_n=1+2+2^2+\cdots\cdots+2^n$ と定める。a_{2010}，a_{2011}，a_{2012}，a_{2013} をそれぞれ 17 で割ったときの余りを求めよ。　〔同志社大〕

演習例題 2 不等式の証明 (1)

a, b, c は自然数とするとき，次の不等式が成り立つことを示せ。

(1) $2^{a+b} \geqq 2^a + 2^b$　　(2) $2^{a+b+c} \geqq 2^a + 2^b + 2^c + 2$

(3) $2^{a+b+c} \geqq 2^{a+b} + 2^{b+c} + 2^{c+a} - 4$　　〔大阪教育大〕

指針　CHART 》 大小比較は差を作れ

(1) $2^a = A$, $2^b = B$ とおくと，$A \geqq 2$, $B \geqq 2$ のとき $AB \geqq A + B$ を示す問題となる。$AB - (A+B)$ の形には，因数分解 $AB - (A+B) + 1 = (A-1)(B-1)$ を利用。

(2), (3) (左辺)－(右辺) を式変形し，$2^c \geqq 2$ を用いて **文字を減らす**。更に

CHART 》 (1) は (2), (3) のヒント　結果を使う か 方法をまねる

解答　a は自然数であるから，$a \geqq 1$ より　$2^a \geqq 2$　同様に　$2^b \geqq 2$, $2^c \geqq 2$

(1) $2^{a+b} - (2^a + 2^b) = 2^{a+b} - (2^a + 2^b) + 1 - 1 = (2^a - 1)(2^b - 1) - 1$

$2^a \geqq 2$, $2^b \geqq 2$ より，$2^a - 1 \geqq 1$, $2^b - 1 \geqq 1$ であるから

$(2^a - 1)(2^b - 1) \geqq 1$　すなわち　$(2^a - 1)(2^b - 1) - 1 \geqq 0$

よって　$2^{a+b} - (2^a + 2^b) \geqq 0$　すなわち　$2^{a+b} \geqq 2^a + 2^b$

(2) $2^{a+b+c} - (2^a + 2^b + 2^c + 2) = 2^c(2^{a+b} - 1) - (2^a + 2^b) - 2$

$2^c \geqq 2$, $2^{a+b} - 1 > 0$, (1) より $-(2^a + 2^b) \geqq -2^{a+b}$ であるから

$2^c(2^{a+b} - 1) - (2^a + 2^b) - 2 \geqq 2(2^{a+b} - 1) - 2^{a+b} - 2 = 2^{a+b} - 4$

$2^{a+b} \geqq 2^{1+1} = 4$ から　$2^{a+b} - 4 \geqq 0$

よって　$2^{a+b+c} - (2^a + 2^b + 2^c + 2) \geqq 0$　すなわち　$2^{a+b+c} \geqq 2^a + 2^b + 2^c + 2$

(3) $2^{a+b+c} - (2^{a+b} + 2^{b+c} + 2^{c+a} - 4) = 2^c(2^{a+b} - 2^a - 2^b) - 2^{a+b} + 4$

$2^c \geqq 2$, (1) より $2^{a+b} - 2^a - 2^b \geqq 0$ であるから

$2^c(2^{a+b} - 2^a - 2^b) - 2^{a+b} + 4 \geqq 2(2^{a+b} - 2^a - 2^b) - 2^{a+b} + 4$

$= 2^{a+b} - 2 \cdot 2^a - 2 \cdot 2^b + 4 = (2^a - 2)(2^b - 2)$

$2^a \geqq 2$, $2^b \geqq 2$ であるから　$(2^a - 2)(2^b - 2) \geqq 0$

よって　$2^{a+b+c} - (2^{a+b} + 2^{b+c} + 2^{c+a} - 4) \geqq 0$

すなわち　$2^{a+b+c} \geqq 2^{a+b} + 2^{b+c} + 2^{c+a} - 4$

参考　それぞれ，等号が成り立つのは

(1) $2^a - 1 = 1$ かつ $2^b - 1 = 1$ すなわち $a = b = 1$ のとき。

(2) $2^c = 2$ かつ $2^a + 2^b = 2^{a+b}$ かつ $2^{a+b} - 4 = 0$ すなわち $a = b = c = 1$ のとき。

(3) ($2^c = 2$ または $2^{a+b} - 2^a - 2^b = 0$) かつ ($2^a - 2 = 0$ または $2^b - 2 = 0$)

から，a, b, c のうち少なくとも 2 つが 1 に等しいとき。

類題 2　(1) $a \geqq 1$, $b \geqq 1$ のとき，次の不等式が成立することを示せ。

$$\left(a^2 - \frac{1}{a^2}\right) + \left(b^2 - \frac{1}{b^2}\right) \geqq 2\left(ab - \frac{1}{ab}\right)$$

(2) $a \geqq 1$, $b \geqq 1$, $c \geqq 1$ のとき，次の不等式が成立することを示せ。

$$\left(a^3 - \frac{1}{a^3}\right) + \left(b^3 - \frac{1}{b^3}\right) + \left(c^3 - \frac{1}{c^3}\right) \geqq 3\left(abc - \frac{1}{abc}\right)$$

〔早稲田大〕

演習例題 3 不等式の証明 (2)

n は正の整数とする。

(1) $x>y>0$ とするとき，不等式 $x^{n+1}-y^{n+1}>(n+1)(x-y)y^n$ が成り立つことを証明せよ。

(2) $\left(1+\dfrac{1}{n}\right)^{n+1}$ と $\left(1+\dfrac{1}{n+1}\right)^{n+2}$ の大小を比較せよ。〔早稲田大〕

指針 $x\fallingdotseq 0$，$x\fallingdotseq y$ のとき，初項 x^{n-1}，公比 $\dfrac{y}{x}$，項数 n の等比数列の和（数学B）を求めると

$$x^{n-1}+x^{n-2}y+\cdots\cdots+xy^{n-2}+y^{n-1}=\frac{x^{n-1}\left\{1-\left(\dfrac{y}{x}\right)^n\right\}}{1-\dfrac{y}{x}}=\frac{x^n-y^n}{x-y}$$

よって　$\boldsymbol{x^n-y^n=(x-y)(x^{n-1}+x^{n-2}y+\cdots\cdots+xy^{n-2}+y^{n-1})}$

これは，$x=0$ または $x=y$ のときにも成り立つ。公式として覚えておくとよい。

(1) 上の公式を利用して左辺を因数分解し，$x>y>0$ を適用する。

(2) $1+\dfrac{1}{n}=x$，$1+\dfrac{1}{n+1}=y$ とおいて，(1)の結果を利用する。

総 総合演習

解答 (1) n は正の整数，$x>y>0$ であるから

$$\begin{aligned}x^{n+1}-y^{n+1}&=(x-y)(x^n+x^{n-1}y+\cdots\cdots+xy^{n-1}+y^n)\\&>(x-y)(y^n+y^{n-1}y+\cdots\cdots+yy^{n-1}+y^n)\\&=(x-y)\cdot(n+1)y^n=(n+1)(x-y)y^n\end{aligned}$$

◀ $x-y>0$ で，$x^2>y^2$，$x^3>y^3$，……，$x^n>y^n$

よって　$x^{n+1}-y^{n+1}>(n+1)(x-y)y^n$

(2) $1+\dfrac{1}{n}=x$，$1+\dfrac{1}{n+1}=y$ とおくと，$n>0$ から　$x>y>0$

よって，(1)の結果により

$$\begin{aligned}\left(1+\frac{1}{n}\right)^{n+1}-\left(1+\frac{1}{n+1}\right)^{n+2}&=x^{n+1}-\left(1+\frac{1}{n+1}\right)y^{n+1}=x^{n+1}-y^{n+1}-\frac{1}{n+1}y^{n+1}\\&>(n+1)\left\{\left(1+\frac{1}{n}\right)-\left(1+\frac{1}{n+1}\right)\right\}y^n-\frac{1}{n+1}y\cdot y^n\\&=(n+1)\left(\frac{1}{n}-\frac{1}{n+1}\right)y^n-\frac{1}{n+1}\left(1+\frac{1}{n+1}\right)y^n\\&=\frac{1}{n}y^n-\frac{n+2}{(n+1)^2}y^n=\frac{1}{n(n+1)^2}y^n>0\end{aligned}$$

ゆえに　$\boldsymbol{\left(1+\dfrac{1}{n}\right)^{n+1}>\left(1+\dfrac{1}{n+1}\right)^{n+2}}$

類題 3 (1) 正の実数 x, y に対して $\dfrac{y}{x}+\dfrac{x}{y}\geqq 2$ が成り立つことを示し，等号が成立するための条件を求めよ。

(2) n は自然数とする。n 個の正の実数 a_1，……，a_n に対して

$$(a_1+\cdots\cdots+a_n)\left(\frac{1}{a_1}+\cdots\cdots+\frac{1}{a_n}\right)\geqq n^2$$

が成り立つことを示し，等号が成立するための条件を求めよ。〔神戸大〕

演習例題 4 有理数係数の多項式

(1) $\sqrt[3]{2}$ が無理数であることを証明せよ。

(2) $P(x)$ は有理数を係数とする x の多項式で，$P(\sqrt[3]{2})=0$ を満たしているとする。このとき，$P(x)$ は x^3-2 で割り切れることを証明せよ。〔京都大〕

指針 (1) **背理法** によって証明する。$\sqrt[3]{2}$ が有理数であると仮定すると，m，n を整数として $\sqrt[3]{2}=\dfrac{m}{n}$ と表される。m，n は整数であるから，**素因数 2 の個数に着目** して考える。

(2) $P(x)$ を x^3-2 で割ったときの商を $Q(x)$，余りを ax^2+bx+c とすると

$$P(x)=(x^3-2)Q(x)+ax^2+bx+c \quad (a,\ b,\ c \text{ は有理数})$$

ここで，$P(\sqrt[3]{2})=0$ ならば $a=b=c=0$ であることを証明する。(1) より，$\sqrt[3]{2}$ は無理数であるから

A，B が有理数のとき　$\sqrt[3]{2}A+B=0$ ならば $A=B=0$

の形にもち込めばよい。

解答 (1) $\sqrt[3]{2}$ が無理数ではない，すなわち有理数であると仮定すると，$\sqrt[3]{2}=\dfrac{m}{n}$ (m，n は正の整数) と表される。

両辺を 3 乗して　$2=\dfrac{m^3}{n^3}$

よって　$m^3=2n^3$

m，n を素因数分解したときの素因数 2 の個数をそれぞれ a，b とすると，

m^3 を素因数分解したときの素因数 2 の個数は $3a$，

$2n^3$ を素因数分解したときの素因数 2 の個数は $3b+1$

となり，$m^3=2n^3$ と矛盾する。

したがって，$\sqrt[3]{2}$ は無理数である。

(2) $P(x)$ を x^3-2 で割ったときの商を $Q(x)$，余りを ax^2+bx+c とすると，次の等式が成り立つ。

ただし，a，b，c は有理数である。　◀ $P(x)$ の係数は有理数。

$$P(x)=(x^3-2)Q(x)+ax^2+bx+c$$

$x=\sqrt[3]{2}$ を代入して

$$P(\sqrt[3]{2})=(\sqrt[3]{2})^2a+\sqrt[3]{2}b+c$$

$P(\sqrt[3]{2})=0$ であるから

$$(\sqrt[3]{2})^2a+\sqrt[3]{2}b+c=0 \quad \cdots\cdots ①$$

①×$\sqrt[3]{2}$ から

$$2a+(\sqrt[3]{2})^2b+\sqrt[3]{2}c=0 \quad \cdots\cdots ②$$

◀ $(\sqrt[3]{2})^2$ の消去を考える。

①×b−②×a から

$$\sqrt[3]{2}(b^2-ca)+bc-2a^2=0 \quad \cdots\cdots ③$$

$b^2-ca\neq0$ と仮定すると　$\sqrt[3]{2}=\dfrac{2a^2-bc}{b^2-ca}$

a，b，c は有理数であるから，右辺は有理数である。

ところが，(1) より，$\sqrt[3]{2}$ は無理数であるから，これは矛盾。

◀ 有理数の和・差・積・商は有理数。

したがって　　$b^2-ca=0$

すなわち　　$b^2=ca$　…… ④

③ から　　$bc-2a^2=0$

すなわち　　$bc=2a^2$　…… ⑤

$a\neq0$ と仮定すると，④ から　　$c=\dfrac{b^2}{a}$

これと ⑤ から　　$\dfrac{b^3}{a}=2a^2$

ゆえに　　$\left(\dfrac{b}{a}\right)^3=2$　　　よって　　$\dfrac{b}{a}=\sqrt[3]{2}$

この左辺は有理数であるが，$\sqrt[3]{2}$ は無理数であるから，これは矛盾である。

したがって，$a=0$ である。

$a=0$ のとき，④ から　　$b=0$

$a=0$，$b=0$ を ① に代入して　　$c=0$

以上より，$P(x)$ を x^3-2 で割ったときの余りは 0 であるから，$P(x)$ は x^3-2 で割り切れる。

◀ $a=b=c=0$

検討

(1) において，素因数 2 の個数に着目したが，次の事実を用いて考えてもよい。

整数 m について，m^3 が偶数ならば m は偶数である

この事実を用いると，$\sqrt[3]{2}=\dfrac{m}{n}$（m，n は互いに素な正の整数）とし，(1) で $m^3=2n^3$ を導いた後，次のようにして矛盾を導くことができる。

ゆえに，m^3 は偶数であり，m も偶数である。
よって，$m=2k$（k は正の整数）とおくと，$m^3=2n^3$ から
　　$(2k)^3=2n^3$　すなわち　$n^3=4k^3$
ゆえに，n^3 は偶数であり，n も偶数である。
よって，m と n はともに偶数となるが，このことは m と n が互いに素であることに矛盾する。

類題 4　整数 a，b は 3 の倍数ではないとし，$f(x)=2x^3+a^2x^2+2b^2x+1$ とおく。

(1)　$f(1)$ と $f(2)$ を 3 で割った余りをそれぞれ求めよ。

(2)　$f(x)=0$ を満たす整数 x は存在しないことを示せ。

(3)　$f(x)=0$ を満たす有理数 x が存在するような組 $(a,\ b)$ をすべて求めよ。

［九州大］

演習例題 5 4次方程式の解法

4次方程式 $x^4-20x^2-8\sqrt{2}\,x+32=0$ …… ① のある解を見つけたい。

(1) 方程式 ① は区間 $4<x<5$ に解をもつことを示せ。

(2) (1)での解をオイラー (Leonhard Euler) の方法で求めよう。p, q, r を正の実数として $x=\sqrt{p}+\sqrt{q}+\sqrt{r}$ $(p,\ q,\ r>0)$ とおく。まず補助変数 f, g, h

$$f=p+q+r,\ g=pq+pr+qr,\ h=pqr$$

を導入する。x^2, x^4 を計算して $x^4-Ax^2-Bx-C=0$ …… ② としたとき，A, B, C を f, g, h を用いて表せ。次に ① と ② が同じ式と仮定して f, g, h を求めよ。

(3) 等式 $(X-p)(X-q)(X-r)=X^3-fX^2+gX-h$ と (2) で得られた f, g, h を用いて3次方程式 $X^3-fX^2+gX-h=0$ の3つの解 p, q, r を求めよ。

(4) 方程式 ① の解 $x=\sqrt{p}+\sqrt{q}+\sqrt{r}$ を等式

$$\alpha+\beta\pm2\sqrt{\alpha\beta}=(\sqrt{\alpha}\pm\sqrt{\beta})^2 \quad (\alpha,\ \beta>0\text{；複号同順})$$

を用いて簡略化し，それが区間 $4<x<5$ にあることを示せ。

〔横浜市大〕

指針 (3) 3次方程式の **解と係数の関係** を利用。

3次方程式 $ax^3+bx^2+cx+d=0$ の3つの解を α, β, γ とすると

$$\boldsymbol{\alpha+\beta+\gamma=-\frac{b}{a},\ \alpha\beta+\beta\gamma+\gamma\alpha=\frac{c}{a},\ \alpha\beta\gamma=-\frac{d}{a}}$$

解答 (1) $P(x)=x^4-20x^2-8\sqrt{2}\,x+32$ とすると

$$P(4)=4^4-20\cdot4^2-8\sqrt{2}\cdot4+32=-32-32\sqrt{2}<0$$

$$P(5)=5^4-20\cdot5^2-8\sqrt{2}\cdot5+32=157-40\sqrt{2}>157-40\cdot2=77>0$$

よって，方程式 $P(x)=0$ は区間 $4<x<5$ に解をもつ。

(2) $x^2=(\sqrt{p}+\sqrt{q}+\sqrt{r})^2=p+q+r+2(\sqrt{pq}+\sqrt{qr}+\sqrt{rp})$

ここで　$(\sqrt{pq}+\sqrt{qr}+\sqrt{rp})^2=pq+qr+rp+2(q\sqrt{rp}+r\sqrt{pq}+p\sqrt{qr})$

$$=g+2\sqrt{pqr}(\sqrt{p}+\sqrt{q}+\sqrt{r})$$

$$=g+2\sqrt{h}\,x$$

よって　$\sqrt{pq}+\sqrt{qr}+\sqrt{rp}=\sqrt{g+2\sqrt{h}\,x}$

ゆえに　$x^2=f+2\sqrt{g+2\sqrt{h}\,x}$

$$x^4=(f+2\sqrt{g+2\sqrt{h}\,x})^2=f^2+4f\sqrt{g+2\sqrt{h}\,x}+4(g+2\sqrt{h}\,x)$$

x^2 と x^4 の式の第2項を消去するため，x^4-2fx^2 を計算すると

◀ ② に $\sqrt{x}$ の項はない。

$$x^4-2fx^2=f^2-2f^2+4(g+2\sqrt{h}\,x)$$

すなわち　$x^4-2fx^2-8\sqrt{h}\,x+f^2-4g=0$

よって　$\boldsymbol{A=2f,\ B=8\sqrt{h},\ C=-f^2+4g}$

① と係数を比較すると　$2f=20,\ \sqrt{h}=\sqrt{2},\ f^2-4g=32$

したがって　$\boldsymbol{f=10,\ g=17,\ h=2}$

(3) (2)により，p，q，r は方程式 $X^3-10X^2+17X-2=0$ の3つの解である。

左辺を因数分解すると　$(X-2)(X^2-8X+1)=0$

これを解いて　$X=2,\ 4\pm\sqrt{15}$

すなわち，p，q，r は　**2，$4+\sqrt{15}$，$4-\sqrt{15}$**　(順不同)

◀ 1　−10　17　−2 |2
　　　2　−16　2
1　−8　1　0

(4) $\sqrt{4\pm\sqrt{15}}=\sqrt{\dfrac{8\pm2\sqrt{15}}{2}}=\sqrt{\dfrac{(5+3)\pm2\sqrt{5\cdot3}}{2}}$

$=\dfrac{\sqrt{5}\pm\sqrt{3}}{\sqrt{2}}=\dfrac{\sqrt{10}\pm\sqrt{6}}{2}$　(複号同順)

◀ $\dfrac{4\pm\sqrt{15}}{1}$ の分母・分子に2を掛ける。

よって　$x=\sqrt{p}+\sqrt{q}+\sqrt{r}$

$=\sqrt{2}+\dfrac{\sqrt{10}+\sqrt{6}}{2}+\dfrac{\sqrt{10}-\sqrt{6}}{2}$

$=\sqrt{2}+\sqrt{10}$

ここで，$1<2<1.5^2=2.25$，$9<10<3.5^2=12.25$ であるから

$1<\sqrt{2}<1.5$，$3<\sqrt{10}<3.5$

ゆえに　$4<\sqrt{2}+\sqrt{10}<5$

したがって，方程式①の解 $x=\sqrt{2}+\sqrt{10}$ は区間 $4<x<5$ にある。

4次方程式の一般的解法

上の例題における4次方程式の解 $x=\sqrt{p}+\sqrt{q}+\sqrt{r}$ に対して，次の式を考える。

$(x-\sqrt{p}-\sqrt{q}-\sqrt{r})(x-\sqrt{p}+\sqrt{q}+\sqrt{r})(x+\sqrt{p}-\sqrt{q}+\sqrt{r})(x+\sqrt{p}+\sqrt{q}-\sqrt{r})$

$=x^4-2(p+q+r)x^2-8\sqrt{pqr}\,x+p^2+q^2+r^2-2(pq+qr+rp)$

$=x^4-2fx^2-8\sqrt{h}\,x+f^2-4g$　…… (i)

一般に，4次方程式は，x^4 の係数 ($\neq0$) で両辺を割った式 $x^4+ax^3+bx^2+cx+d=0$ に対して $x=y-\dfrac{a}{4}$ とおくと，$y^4-Ay^2-By-C=0$ …… (ii) の形になる。

そこで，$A=2f$，$B=8\sqrt{h}$，$C=-f^2+4g$ によって f，g，h を定め，これらを係数とする3次方程式 $X^3-fX^2+gX-h=0$ の解 p，q，r を求めると，(i)により

$\sqrt{p}+\sqrt{q}+\sqrt{r}$，$\sqrt{p}-\sqrt{q}-\sqrt{r}$，$-\sqrt{p}+\sqrt{q}-\sqrt{r}$，$-\sqrt{p}-\sqrt{q}+\sqrt{r}$

の4つが(ii)の解となり，4次方程式は一般に解けることになる。

これは，オイラーが発見した解法の1つであるが，結局は3次方程式が解ける ($p.$93 コラム参照) ことによって4次方程式が解けるのである。

類題 5　a，b を正の実数とし，$f(x)=x^4-ax^3+bx^2-ax+1$ とする。

(1) c を実数とし，$f(x)$ が $x-c$ で割り切れるとする。このとき，$c>0$ であり，$f(x)$ は $(x-c)\left(x-\dfrac{1}{c}\right)$ で割り切れることを示せ。

(2) $f(x)$ がある実数 s，t，u，v を用いて $f(x)=(x-s)(x-t)(x-u)(x-v)$ と因数分解できるとき，$a\geqq4$ が成り立つことを示せ。

(3) $a=5$ とする。$f(x)$ がある実数 s，t，u，v を用いて $f(x)=(x-s)(x-t)(x-u)(x-v)$ と因数分解できるような自然数 b の値をすべて求めよ。　〔大阪大〕

演習例題　6　座標軸と直線に接する2つの円

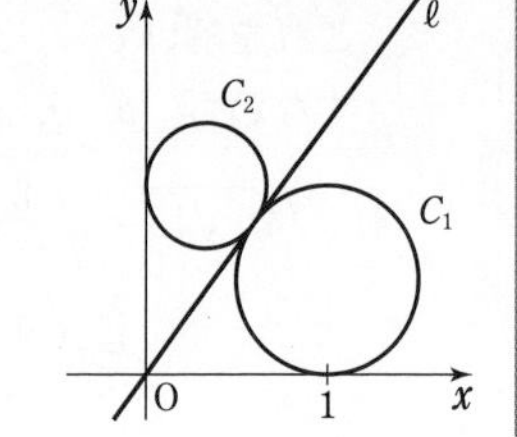

ℓ を座標平面上の原点を通り，傾きが正の直線とする。更に，以下の3条件(i)，(ii)，(iii)で定まる円 C_1，C_2 を考える。

(i)　円 C_1，C_2 は2つの不等式 $x\geqq 0$，$y\geqq 0$ で定まる領域に含まれる。

(ii)　円 C_1，C_2 は直線 ℓ と同一点で接する。

(iii)　円 C_1 は x 軸と点 $(1,\ 0)$ で接し，円 C_2 は y 軸と接する。

円 C_1 の半径を r_1，円 C_2 の半径を r_2 とする。$8r_1+9r_2$ が最小となるような直線 ℓ の方程式と，その最小値を求めよ。　〔東京大〕

指針　**円で重要な点は中心**である。まずこれを求める。
円 C_1，C_2 の中心をそれぞれA，Bとすると，Aの座標は，$(1,\ r_1)$ と表される。
また，右の図のように，円と座標軸や直線との接点をP，Q，Rとすると，OP=OQ=OR=1 であるから，Bの座標は $(r_2,\ 1)$ と表されることになる。

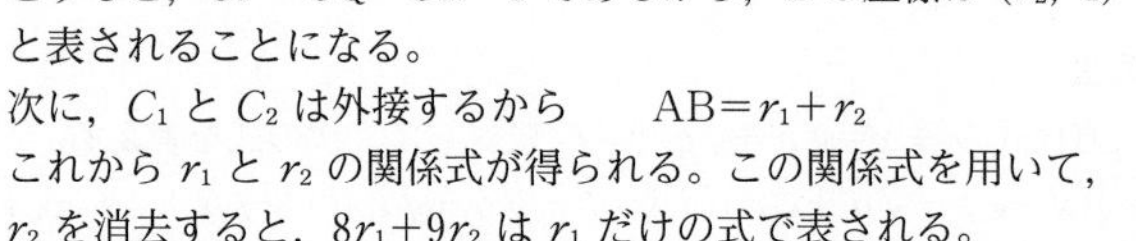

次に，C_1 と C_2 は外接するから　　$AB=r_1+r_2$
これから r_1 と r_2 の関係式が得られる。この関係式を用いて，r_2 を消去すると，$8r_1+9r_2$ は r_1 だけの式で表される。
なお，検討のように，$\angle AOP=\theta$ とおき，三角関数を利用して考えてもよい。

解答　

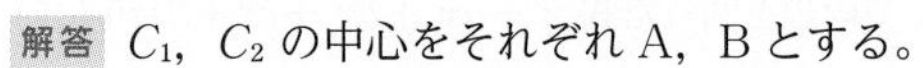

C_1，C_2 の中心をそれぞれA，Bとする。
また，C_1 と x 軸の接点 $(1,\ 0)$ をP，
　　C_1，C_2 と直線 ℓ の接点をQ，
　　C_2 と y 軸の接点をR
とすると，OP=OQ=OR=1 であるから，中心A，Bは

$$A(1,\ r_1),\quad B(r_2,\ 1)$$

と表される。
また，C_1 と C_2 は外接するから

$$AB=r_1+r_2$$

よって　　$(r_2-1)^2+(1-r_1)^2=(r_1+r_2)^2$

整理して　　$r_1r_2+r_1+r_2-1=0$

r_2 について解くと　　$r_2=\dfrac{1-r_1}{1+r_1}=\dfrac{2}{1+r_1}-1$　……①

$L=8r_1+9r_2$ とすると

$$L=8r_1+9\left(\frac{2}{1+r_1}-1\right)$$

$$=8(1+r_1)+\frac{18}{1+r_1}-17$$

$1+r_1>0$ であるから，(相加平均)≧(相乗平均) により

◀ 指針の図を参照。

◀ **円の外部からその円に引いた2本の接線の長さは等しい**（数学A）。

◀ (中心間の距離)＝(半径の和)

◀ $\dfrac{1-r_1}{1+r_1}=\dfrac{2-(1+r_1)}{1+r_1}$

$$8(1+r_1)+\frac{18}{1+r_1} \geqq 2\sqrt{8(1+r_1)\cdot\frac{18}{1+r_1}}=24$$

したがって　　$L \geqq 24-17=7$

等号は，$8(1+r_1)=\dfrac{18}{1+r_1}$ すなわち $(1+r_1)^2=\dfrac{9}{4}$ かつ

$r_1>0$ から，$r_1=\dfrac{1}{2}$ のとき成り立つ。

このとき，① から　　$r_2=\dfrac{1}{3}$

ゆえに，求める **最小値は 7** である。

L が最小値 7 をとるとき，$\mathrm{A}\left(1,\ \dfrac{1}{2}\right)$，$\mathrm{B}\left(\dfrac{1}{3},\ 1\right)$ であり，

直線 AB の傾きは $-\dfrac{3}{4}$ である。

よって，$\ell \perp \mathrm{AB}$ から，直線 ℓ の方程式は　　$\boldsymbol{y=\dfrac{4}{3}x}$

◀ $X>0$，$a>0$ のとき，$X+\dfrac{a}{X}$ の最小値を求めるのに，(相加平均)≧(相乗平均) が使えることがある。

◀ 垂直 ⟺ 傾きの積 -1

三角関数を利用して，次のように考えてもよい。

$\angle\mathrm{AOP}=\angle\mathrm{AOQ}=\theta$ とおくと，直線 ℓ の方程式は

$$y=(\tan 2\theta)x \qquad ただし\quad 0<\theta<\frac{\pi}{4}$$

$\angle\mathrm{QOR}=\dfrac{\pi}{2}-2\theta$ から　　$\angle\mathrm{BOQ}=\angle\mathrm{BOR}=\dfrac{\pi}{4}-\theta$

$\mathrm{OP}=\mathrm{OQ}=\mathrm{OR}=1$ であるから

$$r_1=\tan\theta,\ r_2=\tan\left(\frac{\pi}{4}-\theta\right)=\frac{1-\tan\theta}{1+\tan\theta}=\frac{2}{1+\tan\theta}-1$$

$1+\tan\theta>0$ であるから，(相加平均)≧(相乗平均) により

$$8r_1+9r_2=8\tan\theta+9\left(\frac{2}{1+\tan\theta}-1\right)=8(1+\tan\theta)+\frac{18}{1+\tan\theta}-17$$

$$\geqq 2\sqrt{8(1+\tan\theta)\cdot\frac{18}{1+\tan\theta}}-17=2\sqrt{2^3\cdot2\cdot3^2}-17=7$$

等号は，$8(1+\tan\theta)=\dfrac{18}{1+\tan\theta}$ から，$(1+\tan\theta)^2=\dfrac{9}{4}$ かつ $\tan\theta>0$ より，$\tan\theta=\dfrac{1}{2}$

$\left(0<\theta<\dfrac{\pi}{4}\ を満たす\right)$ のとき成り立つ。したがって，求める **最小値は 7** である。

このとき，$\tan 2\theta=\dfrac{2\tan\theta}{1-\tan^2\theta}=\dfrac{4}{3}$ から，直線 ℓ の方程式は　　$\boldsymbol{y=\dfrac{4}{3}x}$

座標平面上の円 $C：x^2+(y-1)^2=1$ と，x 軸上の 2 点 $\mathrm{P}(-a,\ 0)$，$\mathrm{Q}(b,\ 0)$ を考える。ただし，$a>0$，$b>0$，$ab \neq 1$ とする。点 P，Q のそれぞれから C に x 軸とは異なる接線を引き，その 2 つの接線の交点を R とする。

(1)　直線 QR の方程式を求めよ。　　(2)　R の座標を a，b で表せ。

(3)　R の y 座標が正であるとき，△PQR の周の長さを T とする。T を a，b で表せ。

(4)　2 点 P，Q が，条件「PQ=4 であり，R の y 座標は正である」を満たしながら動くとき，T を最小とする a の値とそのときの T の値を求めよ。　〔名古屋大〕

演習例題 7 軌跡

原点 O(0, 0) を中心とする半径 1 の円に，円外の点 P(x_0, y_0) から 2 本の接線を引く。

(1) 2 つの接点を結ぶ線分の中点を Q とするとき，点 Q の座標 (x_1, y_1) を点 P の座標 (x_0, y_0) を用いて表せ。また，OP・OQ=1 であることを示せ。

(2) 点 P が直線 $x+y=2$ 上を動くとき，点 Q の軌跡を求めよ。〔名古屋大〕

指針 (1) いくつかの解法が考えられる。

[1] **接線の公式を利用**　2 つの接点の座標を考え，中点 Q の座標を求める ($p.126$ 例題 56 参照)。その際，解と係数の関係を利用する。 ⟶ 解答

[2] 点 Q は直線 OP 上にある。更に，2 つの接点を通る直線は点 P に関する円の極線であるから，$p.127$ 例題57 の要領で直線 RS の方程式を求めることができる。⟶ 別解

[3] ベクトル (数学C参照) を用いると，$\overrightarrow{OQ}$ は $\overrightarrow{OP}$ と同じ向きであるから，OP・OQ=$\overrightarrow{OP}\cdot\overrightarrow{OQ}$，$\overrightarrow{OQ}=k\overrightarrow{OP}$ ($k>0$) と表される。 ⟶ 参考

(2) (1)の結果と OP・OQ=1 から x_0, y_0 を消去し，x_1, y_1 の関係式を導く。

解答 (1) 円 $x^2+y^2=1$ 上の点 (u, v) における接線 $ux+vy=1$ が点 P(x_0, y_0) を通るとき

$$ux_0+vy_0=1 \quad \cdots\cdots ①$$
$$u^2+v^2=1 \quad \cdots\cdots ②$$

が成り立つ。①，② から

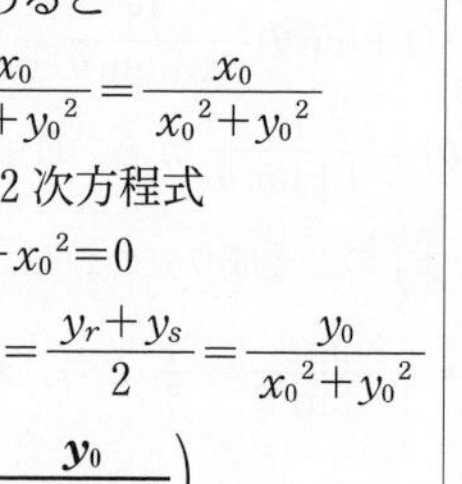

◀ $x_1x+y_1y=r^2$

$$y_0{}^2u^2+(1-ux_0)^2=y_0{}^2$$

◀ ② の両辺に $y_0{}^2$ を掛けて ① を代入。

よって　$(x_0{}^2+y_0{}^2)u^2-2x_0u+1-y_0{}^2=0 \quad \cdots\cdots ③$

2 つの接点の座標を R(x_r, y_r)，S(x_s, y_s) とすると，x_r, x_s は 2 次方程式 ③ の 2 つの解であるから，解と係数の関係を用いて中点 Q の x 座標を求めると

◀ $\alpha+\beta=-\dfrac{b}{a}$

$$x_1=\frac{x_r+x_s}{2}=\frac{1}{2}\cdot\frac{2x_0}{x_0{}^2+y_0{}^2}=\frac{x_0}{x_0{}^2+y_0{}^2}$$

◀ $x_0{}^2+y_0{}^2\neq 0$

同様に，①，② から u を消去した 2 次方程式

$$(x_0{}^2+y_0{}^2)v^2-2y_0v+1-x_0{}^2=0$$

の 2 つの解が y_r, y_s であるから $y_1=\dfrac{y_r+y_s}{2}=\dfrac{y_0}{x_0{}^2+y_0{}^2}$

ゆえに　$\boldsymbol{(x_1,\ y_1)=\left(\dfrac{x_0}{x_0{}^2+y_0{}^2},\ \dfrac{y_0}{x_0{}^2+y_0{}^2}\right)}$

よって　$\mathrm{OP}\cdot\mathrm{OQ}=\sqrt{x_0{}^2+y_0{}^2}\sqrt{x_1{}^2+y_1{}^2}$

$$=\sqrt{x_0{}^2+y_0{}^2}\sqrt{\frac{x_0{}^2}{(x_0{}^2+y_0{}^2)^2}+\frac{y_0{}^2}{(x_0{}^2+y_0{}^2)^2}}=1$$

別解 OR=OS，PR=PS であるから，線分 RS の中点 Q は直線 OP 上にある。すなわち，点 Q は 2 直線 RS，OP の交点である。

2 点 R(x_r, y_r)，S(x_s, y_s) における円の接線の方程式はそれぞれ

$$x_rx+y_ry=1,\ x_sx+y_sy=1$$

これらが点 $P(x_0,\ y_0)$ を通るから　$x_0x_r+y_0y_r=1,\ x_0x_s+y_0y_s=1$

これは R, S が直線 $x_0x+y_0y=1$ 上にあることを示している。

よって，直線 RS の方程式は　$x_0x+y_0y=1$

また，直線 OP の方程式は　$y_0x-x_0y=0$

この 2 式を連立して解くと，交点Qの座標 $(x_1,\ y_1)$ は

$$\boldsymbol{(x_1,\ y_1)=\left(\frac{x_0}{x_0^2+y_0^2},\ \frac{y_0}{x_0^2+y_0^2}\right)}\ \text{（以下同様）}$$

◀ 異なる 2 点を通る直線は一通り。

◀ $x_0^2+y_0^2 \neq 0$

参考　$\overrightarrow{OP}$ と $\overrightarrow{OQ}$ は同じ向きであるから

$$\overrightarrow{OP}\cdot\overrightarrow{OQ}=|\overrightarrow{OP}||\overrightarrow{OQ}|\cos 0^\circ=OP\cdot OQ$$

また　$\overrightarrow{OP}\cdot\overrightarrow{OR}=OP\cdot OR\cos\angle POR=OR^2=1$

$\overrightarrow{OP}\perp\overrightarrow{RQ}$ であるから　$\overrightarrow{OP}\cdot\overrightarrow{RQ}=0$

ゆえに　$OP\cdot OQ=\overrightarrow{OP}\cdot\overrightarrow{OQ}=\overrightarrow{OP}\cdot(\overrightarrow{OR}+\overrightarrow{RQ})$

$$=\overrightarrow{OP}\cdot\overrightarrow{OR}+\overrightarrow{OP}\cdot\overrightarrow{RQ}=1+0=1$$

$\overrightarrow{OQ}=k\overrightarrow{OP}\ (k>0)$ とおくと　$\overrightarrow{OR}\cdot\overrightarrow{OQ}=k\overrightarrow{OR}\cdot\overrightarrow{OP}=k$

ここで　$\overrightarrow{OR}\cdot\overrightarrow{OQ}=OR\cdot OQ\cos\angle ROQ=OQ^2$

$$=\frac{1}{OP^2}=\frac{1}{|\overrightarrow{OP}|^2}$$

よって　$\boldsymbol{(x_1,\ y_1)}=\overrightarrow{OQ}=\dfrac{\overrightarrow{OP}}{|\overrightarrow{OP}|^2}=\boldsymbol{\left(\dfrac{x_0}{x_0^2+y_0^2},\ \dfrac{y_0}{x_0^2+y_0^2}\right)}$

◀ $OP\cos\angle POR=OR$

◀ $\overrightarrow{OR}\cdot\overrightarrow{OP}=1$

◀ $OP\cdot OQ=1$

◀ $|\overrightarrow{OP}|^2=x_0^2+y_0^2$

(2)　点 $P(x_0,\ y_0)$ が直線 $x+y=2$ 上を動くとき

$$x_0+y_0=2\ \cdots\cdots ①$$

(1) の結果から　$x_0=(x_0^2+y_0^2)x_1,\ y_0=(x_0^2+y_0^2)y_1\ \cdots ②$

$OP\cdot OQ=1$ すなわち $OP^2\cdot OQ^2=1$ から

$$(x_0^2+y_0^2)(x_1^2+y_1^2)=1\ \cdots\cdots ③$$

$x_1^2+y_1^2\neq 0$ であるから　$x_0^2+y_0^2=\dfrac{1}{x_1^2+y_1^2}$

これと ② から　$x_0=\dfrac{x_1}{x_1^2+y_1^2},\ y_0=\dfrac{y_1}{x_1^2+y_1^2}\ \cdots ④$

①, ④ から　$\dfrac{x_1}{x_1^2+y_1^2}+\dfrac{y_1}{x_1^2+y_1^2}=2$

よって　$x_1^2-\dfrac{1}{2}x_1+y_1^2-\dfrac{1}{2}y_1=0$

ゆえに　$\left(x_1-\dfrac{1}{4}\right)^2+\left(y_1-\dfrac{1}{4}\right)^2=\left(\dfrac{\sqrt{2}}{4}\right)^2$

よって，$x_1^2+y_1^2\neq 0$ に注意すると，点 $Q(x_1,\ y_1)$ の軌跡は，**中心が点 $\left(\dfrac{1}{4},\ \dfrac{1}{4}\right)$，半径が $\dfrac{\sqrt{2}}{4}$ の円。ただし，原点を除く。**

◀ $x_0,\ y_0$ をつなぎの文字と考えて，$x_1,\ y_1$ の関係式を導くことを考える。

◀ $x_0,\ y_0$ を消去し，$x_1,\ y_1$ の関係式を求めた。

◀ ③ から $x_1^2+y_1^2\neq 0$

参考　$OP\cdot OQ=1$ から，(2) で求めた軌跡は，原点Oを反転の中心とする直線 $x+y=2$ の反形であり，点Oを通る円になる（$p.146$ 研究参照）。

類題 7　座標平面上の 1 点 $P\left(\dfrac{1}{2},\ \dfrac{1}{4}\right)$ をとる。放物線 $y=x^2$ 上の 2 点 $Q(\alpha,\ \alpha^2)$, $R(\beta,\ \beta^2)$ を，3 点 P, Q, R が QR を底辺とする二等辺三角形をなすように動かすとき，$\triangle PQR$ の重心 $G(X,\ Y)$ の軌跡を求めよ。　〔東京大〕

演習例題 8 点や曲線の通過範囲

a, b を実数とする。座標平面上の放物線 C：$y=x^2+ax+b$ は放物線 $y=-x^2$ と 2 つの共有点をもち，一方の共有点の x 座標は $-1<x<0$ を満たし，他方の共有点の x 座標は $0<x<1$ を満たす。

(1) 点 (a, b) のとりうる範囲を座標平面上に図示せよ。

(2) 放物線 C の通りうる範囲を座標平面上に図示せよ。〔東京大〕

指針 (1) 方程式 $x^2+ax+b=-x^2$ すなわち $2x^2+ax+b=0$ が $-1<x<0$ と $0<x<1$ の範囲に 1 つずつ解をもつ。このとき，放物線 $y=2x^2+ax+b$ と x 軸の位置関係は右の図のようになる。

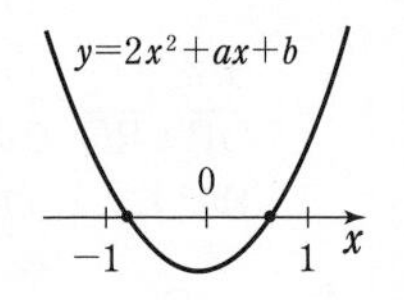

(2) (1) で求めた領域を D とすると，定点 (X, Y) において
「点 (X, Y) が放物線 C の通りうる範囲に存在する
$\Longleftrightarrow$ $Y=X^2+aX+b$ を満たすような領域 D 内の点 (a, b) が存在する」が成り立つ。
$Y=X^2+aX+b$ を満たすような領域 D 内の点 (a, b) が存在するとき，領域 D と ab 平面上の直線 $b=-Xa+Y-X^2$ が共有点をもつことを利用する。

解答 (1) $y=x^2+ax+b$ と $y=-x^2$ から y を消去して

$$x^2+ax+b=-x^2$$

すなわち　$2x^2+ax+b=0$

ここで，$f(x)=2x^2+ax+b$ とおく。

C と放物線 $y=-x^2$ が $-1<x<0$ の範囲と $0<x<1$ の範囲にそれぞれ 1 つずつ共有点をもつための必要十分条件は，方程式 $f(x)=0$ が $-1<x<0$ の範囲と $0<x<1$ の範囲にそれぞれ 1 つずつ実数解をもつことである。

$y=f(x)$ のグラフは下に凸の放物線であるから，求める必要十分条件は

$$f(-1)>0,\ f(0)<0,\ f(1)>0$$

がすべて成り立つことである。

$f(-1)>0$ から　　$b>a-2$

$f(0)<0$ から　　$b<0$

$f(1)>0$ から　　$b>-a-2$

これらが表す領域は，**右の図の斜線部分。**

ただし，境界線を含まない。

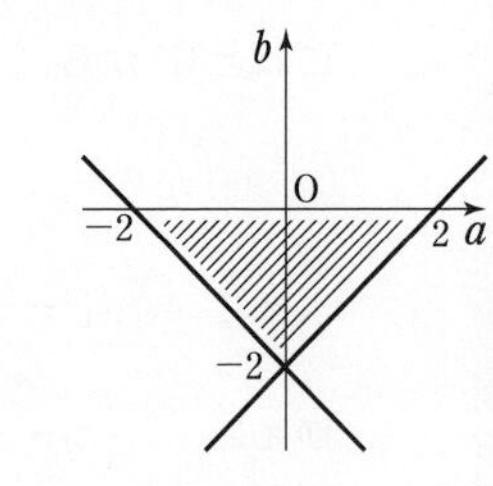

(2) (1) で求めた領域を D とおく。

X, Y を定数とみなしたとき，点 (X, Y) が放物線 C の通りうる範囲に存在するための必要十分条件は，$Y=X^2+aX+b$ を満たすような領域 D 内の点 (a, b) が存在すること，すなわち領域 D と

$$b=-Xa+Y-X^2 \quad \cdots\cdots ①$$

が共有点をもつことである。

① は ab 平面上で，傾きが $-X$，b 切片が $Y-X^2$ である直線を表す。

ここで，$k=Y-X^2$ とおくと，直線 ① が点 $(-2, 0)$，$(2, 0)$，$(0, -2)$ を通るような k の値はそれぞれ

$$k=-2X,\ 2X,\ -2$$

[1]　$-X \leqq -1$ すなわち $X \geqq 1$ のとき
　k のとりうる値の範囲は
$$-2X<k<2X$$
　よって，X，Y の満たすべき条件は
$$X^2-2X<Y<X^2+2X$$
[2]　$-1<-X \leqq 0$ すなわち $0 \leqq X<1$ のとき
　k のとりうる値の範囲は
$$-2<k<2X$$
　よって，X，Y の満たすべき条件は
$$X^2-2<Y<X^2+2X$$
[3]　$0<-X \leqq 1$ すなわち $-1 \leqq X<0$ のとき
　k のとりうる値の範囲は
$$-2<k<-2X$$
　よって，X，Y の満たすべき条件は
$$X^2-2<Y<X^2-2X$$
[4]　$-X>1$ すなわち $X<-1$ のとき
　k のとりうる値の範囲は
$$2X<k<-2X$$
　よって，X，Y の満たすべき条件は
$$X^2+2X<Y<X^2-2X$$

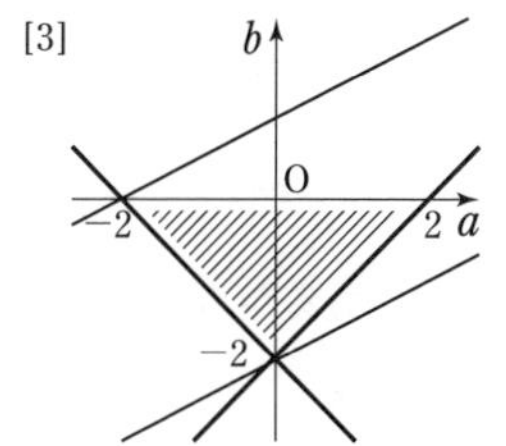

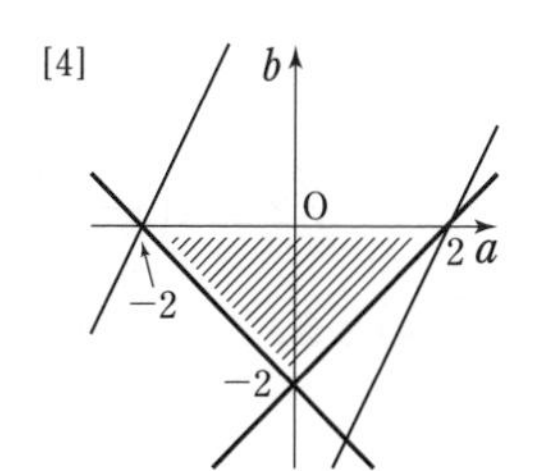

[1] ~ [4] から，点 $(X,\ Y)$ の存在しうる領域，すなわち放物線 C の通りうる範囲は，**右の図の斜線部分**。
ただし，境界線は含まない。

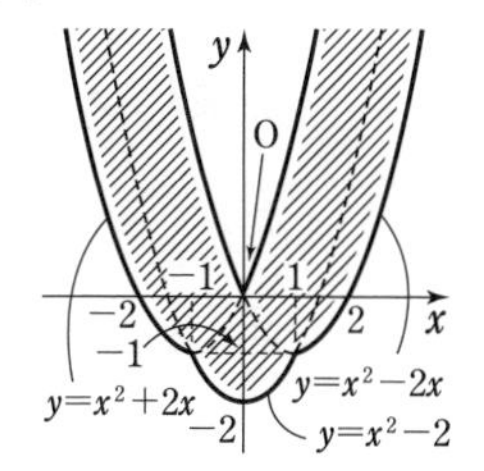

総
総合演習

a，t は実数とする。座標平面上の 3 点 O$(0,\ 0)$，A$(a,\ a-1)$，P$(t,\ t^2+1)$ を頂点とする三角形の重心Gの座標を $(X,\ Y)$ とする。a が 1 以上の実数全体を，t が実数全体を動くとき，Gが通過する範囲を座標平面上に図示せよ。　〔類　北海道大〕

演習例題 9 三角関数の大小比較

(1) $0 \leqq x \leqq \pi$ において，$|\cos x|=\sin x$ を満たす x の値を求め，$0 \leqq x \leqq \pi$ において，$\cos(\cos x)$，$\cos(\sin x)$ の大小を比較せよ。

(2) $\alpha \geqq 0$，$\beta \geqq 0$，$\alpha+\beta<\dfrac{\pi}{2}$ のとき，$\cos\alpha>\sin\beta$ となることを示し，$0 \leqq x \leqq \pi$ において，$\cos(\cos x)>\sin(\sin x)$ を示せ。 〔横浜国大〕

指針 (1) (前半) **CHART》 絶対値　場合に分ける**　$|\cos x|=\begin{cases}\cos x & \left(0 \leqq x \leqq \dfrac{\pi}{2}\right)\\ -\cos x & \left(\dfrac{\pi}{2} \leqq x \leqq \pi\right)\end{cases}$

(後半) $0 \leqq x \leqq \pi$ のとき　$0 \leqq \sin x \leqq 1$，$-1 \leqq \cos x \leqq 1$

$\cos(-\theta)=\cos\theta$ であるから，$-1 \leqq \cos x \leqq 0$ のとき　$\cos(\cos x)=\cos(-\cos x)$

つまり，$\cos(|\cos x|)$ と $\cos(\sin x)$ の大小比較となる。

よって，$\boldsymbol{0 \leqq \theta \leqq 1\ (\leqq \pi)}$ において，**関数 $\boldsymbol{y=\cos\theta}$ は単調に減少する** ことを利用する。

$\sin x$ と $|\cos x|$ の大小は，$y=\sin x$ と $y=|\cos x|$ のグラフをかくとわかりやすい。

(2) (前半) $0 \leqq x \leqq \dfrac{\pi}{2}$ において，関数 $y=\sin x$ は単調に増加することを利用する。

(後半) $0 \leqq x \leqq \dfrac{\pi}{2}$ と $\dfrac{\pi}{2} \leqq x \leqq \pi$ の場合に分けて考える。

解答 (1) $0 \leqq x \leqq \dfrac{\pi}{2}$ のとき，$\cos x=\sin x$ から $\sin x-\cos x=0$

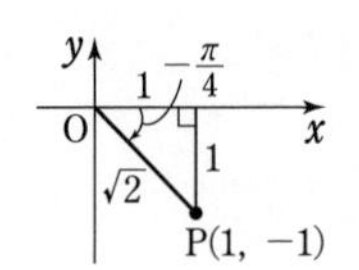

よって　$\sqrt{2}\sin\left(x-\dfrac{\pi}{4}\right)=0$

$0 \leqq x \leqq \dfrac{\pi}{2}$ のとき，$-\dfrac{\pi}{4} \leqq x-\dfrac{\pi}{4} \leqq \dfrac{\pi}{4}$ であるから

$$x-\frac{\pi}{4}=0 \quad \text{すなわち} \quad x=\frac{\pi}{4}$$

$\dfrac{\pi}{2} \leqq x \leqq \pi$ のとき，$-\cos x=\sin x$ から $\sin x+\cos x=0$

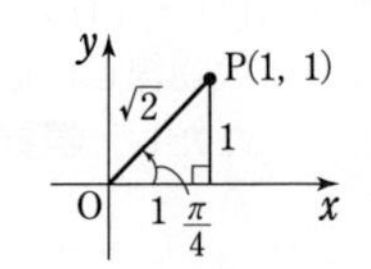

よって　$\sqrt{2}\sin\left(x+\dfrac{\pi}{4}\right)=0$

$\dfrac{\pi}{2} \leqq x \leqq \pi$ のとき，$\dfrac{3}{4}\pi \leqq x+\dfrac{\pi}{4} \leqq \dfrac{5}{4}\pi$ であるから

$$x+\frac{\pi}{4}=\pi \quad \text{すなわち} \quad x=\frac{3}{4}\pi$$

したがって　$\boldsymbol{x=\dfrac{\pi}{4},\ \dfrac{3}{4}\pi}$

よって，$0 \leqq x \leqq \pi$ における $y=|\cos x|$，$y=\sin x$ のグラフは右の図のようになる。

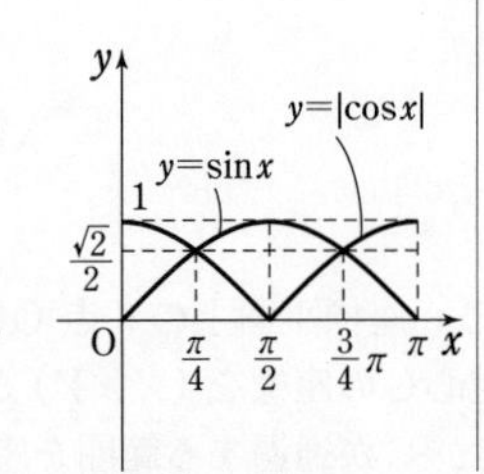

$\cos\theta=\cos(-\theta)$ より，$\cos(\cos x)=\cos(|\cos x|)$ であり，$0 \leqq x \leqq \pi$ において

$0 \leqq |\cos x| \leqq 1$，$0 \leqq \sin x \leqq 1$

◀ $y=|\cos x|$ のグラフは，$y=\cos x$ のグラフで x 軸より下の部分を x 軸に関して対称に折り返したものである。

$0 \leqq \theta \leqq 1$ において，$y=\cos\theta$ は単調に減少するから

$$\begin{cases} \cos(\cos x)<\cos(\sin x) & \left(0 \leqq x<\dfrac{\pi}{4},\ \dfrac{3}{4}\pi<x \leqq \pi\right) \\ \cos(\cos x)=\cos(\sin x) & \left(x=\dfrac{\pi}{4},\ \dfrac{3}{4}\pi\right) \\ \cos(\cos x)>\cos(\sin x) & \left(\dfrac{\pi}{4}<x<\dfrac{3}{4}\pi\right) \end{cases}$$

◀ $\cos x=|\cos x|>\sin x$ のとき $\cos(\cos x)<\cos(\sin x)$ など。

(2) $\alpha \geqq 0$，$\beta \geqq 0$，$\alpha+\beta<\dfrac{\pi}{2}$ から　　$0 \leqq \beta<\dfrac{\pi}{2}-\alpha \leqq \dfrac{\pi}{2}$

$0 \leqq x \leqq \dfrac{\pi}{2}$ において，$y=\sin x$ は単調に増加するから

$$\sin\beta<\sin\left(\frac{\pi}{2}-\alpha\right)=\cos\alpha$$

したがって，$\cos\alpha>\sin\beta$ …… ① となる。

[1]　$0 \leqq x \leqq \dfrac{\pi}{2}$ のとき　　$\cos x \geqq 0$，$\sin x \geqq 0$

$$\sin x+\cos x=\sqrt{2}\sin\left(x+\frac{\pi}{4}\right) \leqq \sqrt{2}$$

$$<\frac{\pi}{2}\ (=1.57\cdots)$$

◀ $\sqrt{2}=1.414\cdots$

よって，① において，$\alpha=\cos x$，$\beta=\sin x$ とすると

$$\cos(\cos x)>\sin(\sin x)$$

◀ ① の仮定を満たしている。

[2]　$\dfrac{\pi}{2} \leqq x \leqq \pi$ のとき　　$0 \leqq \pi-x \leqq \pi-\dfrac{\pi}{2}=\dfrac{\pi}{2}$

$\pi-x=t$ とおくと　　$0 \leqq t \leqq \dfrac{\pi}{2}$

[1] により　　$\cos(\cos t)>\sin(\sin t)$ …… ②

$\cos t=\cos(\pi-x)=-\cos x$，$\sin t=\sin(\pi-x)=\sin x$

であるから，② より

$$\cos(-\cos x)>\sin(\sin x)$$

◀ $\cos(-\theta)=\cos\theta$

したがって　　$\cos(\cos x)>\sin(\sin x)$

[1]，[2] から，$0 \leqq x \leqq \pi$ において，

$\cos(\cos x)>\sin(\sin x)$ が成り立つ。

類題 9　関数 $f(x)$ が 0 でない定数 p に対して，常に $f(x+p)=f(x)$ を満たすとき $f(x)$ は周期関数であるといい，p を周期という。正の周期のうちで最小のものを特に基本周期という。例えば，関数 $\sin x$ の基本周期は 2π である。

(1)　$y=|\sin x|$ のグラフをかき，関数 $|\sin x|$ の基本周期を求めよ。

(2)　自然数 m，n に対して関数 $f(x)$ を $f(x)=|\sin mx|\sin nx$ とする。p が関数 $f(x)$ の周期ならば $f\left(\dfrac{p}{2}\right)=f\left(-\dfrac{p}{2}\right)=0$ が成り立つことを示せ。また，このとき mp は π の整数倍であり，np は 2π の整数倍であることを示せ。

(3)　m，n は 1 以外の公約数をもたない自然数とする。(2) の結果を用いて，関数 $|\sin mx|\sin nx$ の基本周期を求めよ。　〔九州大〕

演習例題 10 三角関数とチェビシェフの多項式

$\cos\dfrac{2\pi}{5}$ の値を求めるために $\cos\dfrac{2\pi}{5}=t$ とおく。

(1) $\cos\dfrac{\pi}{10}$ を t で表せ。

(2) すべての実数 θ に対して $\cos 5\theta=P(\cos\theta)$ となる5次の多項式 $P(x)$ を1つ求めよ。

(3) t の値を求めよ。 〔横浜市大〕

指針 (1) $\dfrac{\pi}{10}=\dfrac{1}{4}\cdot\dfrac{2\pi}{5}$ であるから，半角の公式を2回用いる。

(2) $\cos 5\theta=\cos(4\theta+\theta)$ とみて，加法定理と2倍角の公式を用いて式変形する。

(3) (1)から，$\cos^2\dfrac{\pi}{10}$ の値がわかれば t が求められる。(2)の結果を利用する。

解答 (1) $\dfrac{\pi}{10}=\alpha$ とおくと　$\dfrac{2\pi}{5}=4\alpha$

半角の公式により　$\cos^2\alpha=\dfrac{\cos 2\alpha+1}{2}$，$\cos^2 2\alpha=\dfrac{\cos 4\alpha+1}{2}$

$\cos 2\alpha>0$，$\cos 4\alpha=t$ であるから　$\cos 2\alpha=\sqrt{\dfrac{t+1}{2}}$

$\cos\alpha>0$ であるから　$\cos\alpha=\sqrt{\dfrac{\sqrt{\dfrac{t+1}{2}}+1}{2}}=\boldsymbol{\sqrt{\sqrt{\dfrac{t+1}{8}}+\dfrac{1}{2}}}$

(2) $\cos 5\theta=\cos(4\theta+\theta)=\cos 4\theta\cos\theta-\sin 4\theta\sin\theta$

$\cos 4\theta=2\cos^2 2\theta-1=2(2\cos^2\theta-1)^2-1=8\cos^4\theta-8\cos^2\theta+1$ …… (*)

$\sin 4\theta=2\sin 2\theta\cos 2\theta=4\sin\theta\cos\theta(2\cos^2\theta-1)$

よって　
$$\begin{aligned}\cos 5\theta&=(8\cos^4\theta-8\cos^2\theta+1)\cos\theta-4\sin^2\theta\cos\theta(2\cos^2\theta-1)\\&=8\cos^5\theta-8\cos^3\theta+\cos\theta-4(1-\cos^2\theta)\cos\theta(2\cos^2\theta-1)\\&=8\cos^5\theta-8\cos^3\theta+\cos\theta+8\cos^5\theta-12\cos^3\theta+4\cos\theta\\&=16\cos^5\theta-20\cos^3\theta+5\cos\theta\end{aligned}$$

したがって　$\boldsymbol{P(x)=16x^5-20x^3+5x}$

(3) (1)，(2)から　$t=8\cos^4\alpha-8\cos^2\alpha+1$

◀ $t=\cos 4\alpha$ に(2)の(*)を適用。

すなわち　$\cos\dfrac{2\pi}{5}=8\cos^4\dfrac{\pi}{10}-8\cos^2\dfrac{\pi}{10}+1$ … ①

◀ $t=\cos\dfrac{2\pi}{5}$，$\alpha=\dfrac{\pi}{10}$

(2)から　$\cos 5\theta=16\cos^5\theta-20\cos^3\theta+5\cos\theta$

$\theta=\dfrac{\pi}{10}$ とおくと

$$0=16\cos^5\frac{\pi}{10}-20\cos^3\frac{\pi}{10}+5\cos\frac{\pi}{10}$$

$\cos\dfrac{\pi}{10}\neq 0$ であるから

$$16\cos^4\frac{\pi}{10}-20\cos^2\frac{\pi}{10}+5=0$$

$\cos^2\dfrac{\pi}{10}=k\ (0<k<1)$ とおくと

$$16k^2-20k+5=0 \quad \cdots\cdots ②$$

これを解くと　$k=\dfrac{5\pm\sqrt{5}}{8}$

$\cos\dfrac{\pi}{10}>\cos\dfrac{\pi}{4}=\dfrac{1}{\sqrt{2}}$ から　$\dfrac{1}{2}<k<1$

したがって　$k=\dfrac{5+\sqrt{5}}{8}$

◀ $\dfrac{5-\sqrt{5}}{8}<\dfrac{1}{2}$

①, ② から　$\cos\dfrac{2\pi}{5}=8k^2-8k+1$

$$=\frac{1}{2}(16k^2-20k+5)+2k-\frac{3}{2}$$

$$=\frac{1}{2}\cdot 0+2\cdot\frac{5+\sqrt{5}}{8}-\frac{3}{2}$$

$$=\mathbf{\frac{-1+\sqrt{5}}{4}}$$

チェビシェフの多項式

cos に関する 2 倍角の公式は　$\cos 2\theta=2\cos^2\theta-1$

3 倍角の公式は　$\cos 3\theta=4\cos^3\theta-3\cos\theta$

(2) で求めた 4 倍角の cos は　$\cos 4\theta=8\cos^4\theta-8\cos^2\theta+1$

5 倍角の cos は　$\cos 5\theta=16\cos^5\theta-20\cos^3\theta+5\cos\theta$

このように，$\cos n\theta$ は $\cos\theta$ の n 次式で表される（n は自然数）。すなわち

$\cos n\theta=T_n(\cos\theta)$ を満たす n 次式 $T_n(x)$ が存在する　…… Ⓐ

この $T_n(x)$ を **チェビシェフの多項式** といい，大学入試で取り上げられることも多い。
なお，一般に Ⓐ が成り立つことは，数学的帰納法（数学B）を用いて証明できる。

証明　[1]　$n=1,\ 2$ のとき　$\cos 1\theta=\cos\theta$, $\cos 2\theta=2\cos^2\theta-1$ であるから，Ⓐ を満たす 1 次式 $T_1(x)=x$, 2 次式 $T_2(x)=2x^2-1$ が存在する。

[2]　$n=k,\ k+1$ のとき　$\cos k\theta=T_k(\cos\theta)$, $\cos(k+1)\theta=T_{k+1}(\cos\theta)$ を満たすような k 次式 $T_k(x)$, $(k+1)$ 次式 $T_{k+1}(x)$ が存在すると仮定する。

ここで，和と積の公式から　$\cos(k+2)\theta+\cos k\theta=2\cos\theta\cos(k+1)\theta$

よって　$\cos(k+2)\theta=2\cos\theta\cos(k+1)\theta-\cos k\theta$

$$=2\cos\theta\, T_{k+1}(\cos\theta)-T_k(\cos\theta)$$

ゆえに，$T_{k+2}(x)=2xT_{k+1}(x)-T_k(x)$ …… Ⓑ　と定めると，多項式 $T_{k+2}(x)$ は $(k+2)$ 次式であり，$\cos(k+2)\theta=T_{k+2}(\cos\theta)$ を満たす。

[1], [2] から，すべての自然数 n について Ⓐ は成り立つ。

（証明の中で登場する漸化式 Ⓑ は，チェビシェフの多項式の重要な性質の 1 つである。）

類題 10　$\alpha=\dfrac{2\pi}{7}$ とする。

(1)　$\cos 4\alpha=\cos 3\alpha$ であることを示せ。

(2)　$f(x)=8x^3+4x^2-4x-1$ とするとき，$f(\cos\alpha)=0$ が成り立つことを示せ。

(3)　$\cos\alpha$ は無理数であることを示せ。　〔大阪大〕

演習例題 11 図形への応用問題

xy 平面の n 個の点 $\left(\cos\dfrac{2\pi k}{n},\ \sin\dfrac{2\pi k}{n}\right)$ $(k=1,\ 2,\ \cdots\cdots,\ n)$ を頂点とする正 n 角形の周および内部を D_n とする。このとき，D_3，D_4，D_5，D_6，…… の共通部分の面積を求めよ。 〔東京工大〕

指針 円に内接する正 n 角形は，頂点の個数 n が増えるに従って大きくなり，円に近づいていく。よって，D_3, D_4, D_5, …… の共通部分を次々と作っていくと，ある時点から先は，新しい正多角形が共通部分を内部に含むようになることが予想される。
実際に図をかいてみると，D_5 が D_3 と D_4 の共通部分を含んでいるように見える (右図)。
そこで，解答の方針を
　D_3 と D_4 の共通部分 E が，任意の D_n $(n\geqq5)$ に含まれることを示す
と定める。円の中心から E の頂点までの距離と，D_n の辺までの距離を比較するとよい。

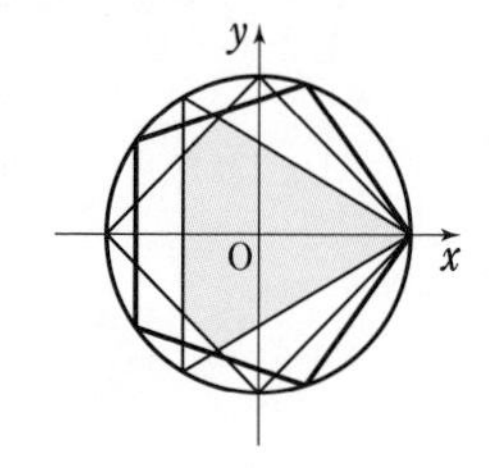

解答 D_3 と D_4 の共通部分を E とすると，E の概形は右の図のようになる。
図のように，D_3, D_4 の周上の交点を A，B，A′，B′ とする。

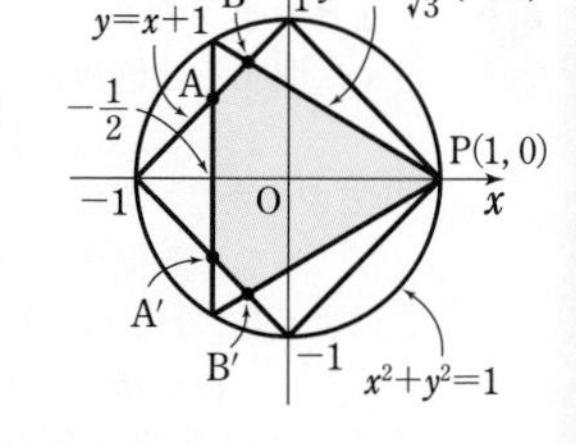

A は 2 直線 $y=x+1$，$x=-\dfrac{1}{2}$ の交点であるから

$$A\left(-\frac{1}{2},\ \frac{1}{2}\right)$$

B は 2 直線 $y=x+1$，$y=-\dfrac{1}{\sqrt{3}}(x-1)$ の交点であるから

$$B(\sqrt{3}-2,\ \sqrt{3}-1)$$

A′，B′ は A，B をそれぞれ x 軸に関して対称移動した点で，P(1, 0) とすると，E は五角形 PBAA′B′ の周と内部である。
これは x 軸に関して対称である。
以下，D_3，D_4，D_5，D_6，…… の共通部分が E となることを示す。
D_n の周である正 n 角形の各辺と原点 O との距離を d_n とすると，右の図から

$$d_n=\cos\frac{\pi}{n}$$

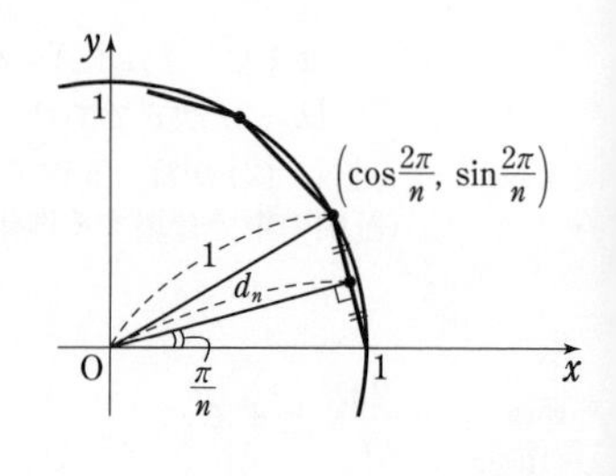

以下，n を 5 以上の自然数とする。
$\cos t$ は $0\leqq t\leqq\dfrac{\pi}{2}$ で単調に減少し，$0<\dfrac{\pi}{2}\leqq\dfrac{\pi}{5}$

であるから　　$d_n=\cos\dfrac{\pi}{n}\geqq\cos\dfrac{\pi}{5}$　…… ①

一方　　$OA^2=\left(-\dfrac{1}{2}\right)^2+\left(\dfrac{1}{2}\right)^2=\dfrac{1}{2}$,

$$OB^2=(\sqrt{3}-2)^2+(\sqrt{3}-1)^2=11-6\sqrt{3}$$

$1.73<\sqrt{3}<1.74$ であるから

$$11-6\cdot 1.74<\mathrm{OB}^2<11-6\cdot 1.73$$

すなわち　$0.56<\mathrm{OB}^2<0.62$　…… ②

よって　　$\mathrm{OA}<\mathrm{OB}$　…… ③

そこで，$\cos\dfrac{\pi}{5}$ の値を求めて OB と比較する。

$\theta=\dfrac{\pi}{5}$ とすると　　$3\theta=\pi-2\theta$

ゆえに　$\sin 3\theta=\sin(\pi-2\theta)$　すなわち　$\sin 3\theta=\sin 2\theta$

よって　$-4\sin^3\theta+3\sin\theta=2\sin\theta\cos\theta$

$\sin\theta\neq 0$ であるから　　$-4\sin^2\theta+3=2\cos\theta$

ゆえに　　$-4(1-\cos^2\theta)+3=2\cos\theta$

すなわち　$4\cos^2\theta-2\cos\theta-1=0$

$0<\cos\theta<1$ であるから　　$\cos\theta=\dfrac{1+\sqrt{5}}{4}$

したがって　　　$\cos\dfrac{\pi}{5}=\dfrac{1+\sqrt{5}}{4}$

$\sqrt{5}>2.2$ から　　$\cos\dfrac{\pi}{5}=\dfrac{1+\sqrt{5}}{4}>0.8$　…… ④

①，②，④ から　　$d_n{}^2>0.8^2=0.64>0.62>\mathrm{OB}^2$

これと ③ により　　$d_n>\mathrm{OB}>\mathrm{OA}$

よって，頂点 A，B は D_n $(n\geqq 5)$ に含まれる。

x 軸に関する対称性から A′，B′ も D_n に含まれ，また，P も D_n に含まれる。

ゆえに，E は D_n に含まれる。

したがって，D_3，D_4，D_5，D_6，… の共通部分は E となる。

点 $(-1,\ 0)$ を P′ とすると，E の面積は

$$(\text{四角形 PBP}'\text{B}')-\triangle \text{AP}'\text{A}'$$

$$=\left\{\frac{1}{2}\times 2\times(\sqrt{3}-1)\right\}\times 2-\frac{1}{2}\times 1\times\frac{1}{2}=\boldsymbol{2\sqrt{3}-\frac{9}{4}}$$

◀ $\theta=\dfrac{\pi}{5}$ から　$5\theta=\pi$
ゆえに　$3\theta=\pi-2\theta$
また，$\cos 3\theta$
$=\cos(\pi-2\theta)$
としてもよいが，$\cos\theta$ の 3 次方程式となる。

◀ $4x^2-2x-1=0$ を解くと
$x=\dfrac{1\pm\sqrt{5}}{4}$

◀ O と D_n $(n\geqq 5)$ の周上の点との最短距離より，O と A，B の距離の方が短い。

◀ E の頂点が D_n $(n\geqq 3)$ に含まれると，E の辺も含まれる。

類題 11　a，b は互いに素である自然数の定数で，$a\geqq 2$ とする。$0<x\leqq\pi$ のとき，

$$\begin{cases}\cos x\leqq\cos 2ax\\ \sin 2ax\leqq 0\end{cases}$$

を満たす x の値の範囲は，互いに共通部分をもたない n 個の閉区間の和集合であり，それら n 個の閉区間の長さの値を小さい方から順に x_1，x_2，……，x_n とする。$k=1,\ 2,\ \cdots\cdots,\ n$ に対し $\theta_k=2b(2a+1)x_k$ とおき，xy 平面において，一般角 θ_k の動径と単位円との交点を Z_k とするとき，次の問いに答えよ。ただし，動径は原点を中心とし，x 軸の正の部分を始線とする。

(1)　$n=a$ であり，$\theta_k=2k\pi\dfrac{b}{a}$ $(k=1,\ 2,\ \cdots\cdots,\ a)$ と表されることを示せ。

(2)　$k=1,\ 2,\ \cdots\cdots,\ a$ に対し，kb を a で割ったときの商を q_k，余りを r_k とする。$1\leqq i<j\leqq a$ を満たす任意の自然数 i，j に対し $r_i\neq r_j$ を示し，点 Z_1，Z_2，……，Z_a は単位円を a 等分する a 個の分点であることを示せ。　〔東京慈恵会医大〕

演習例題 12　指数・対数と証明問題

(1)　$x>1$, $y>1$ のとき，$x^x<y^y$ ならば $x<y$ であることを利用して，$a^{(a^a)}=b^b$ $(a>1,\ b>1)$ であるとき，$a^{a-1}<b<a^a$ であることを証明せよ。

(2)　a, b は 2 以上の自然数とするとき，$a^{(a^a)}=b^b$ となる a, b は存在しないことを証明せよ。

指針　(1)　$a^{\{(a-1)a^{a-1}\}}<a^{(a^a)}<a^{(a\cdot a^a)}$ が成り立つことを示せばよい。

(2)　$a^{(a^a)}=b^b$ となる a, b が存在すると仮定して矛盾を導く。(1) の不等式を利用。

CHART》「でない」の証明 ⟶ 背理法

解答　(1)　$(a-1)a^{a-1}<a\cdot a^{a-1}=a^a<a^{a+1}=a\cdot a^a$ であるから

$$a^{\{(a-1)a^{a-1}\}}<a^{(a^a)}<a^{(a\cdot a^a)}$$

◀ $a>1$

$a^{(a^a)}=b^b$ であるとき　　$(a^{a-1})^{(a^{a-1})}<b^b<(a^a)^{(a^a)}$

したがって，$a>1$, $b>1$ のとき　$a^{a-1}<b<a^a$ …… ①

◀ $x>1$, $y>1$ のとき $x^x<y^y$ ならば $x<y$ を利用。

(2)　a, b は 2 以上の自然数とするとき，$a^{(a^a)}=b^b$ であるとする。

両辺の a を底とする対数をとると　　$a^a=b\log_a b$

ゆえに，$\log_a b=\dfrac{a^a}{b}$ より，$\log_a b$ は有理数であるから

$$\log_a b=\frac{p}{q}\quad (p,\ q \text{ は互いに素である自然数})$$

と表される。よって　　$b=a^{\frac{p}{q}}$

① から　$a^{a-1}<b=a^{\frac{p}{q}}<a^a$　　ゆえに　$a-1<\dfrac{p}{q}<a$

◀ 各辺の a を底とする対数をとる。

よって，$\dfrac{p}{q}$ は自然数でないから　　$q\geqq 2$ …… ②

一方　　$\dfrac{p}{q}=\dfrac{a^a}{a^{\frac{p}{q}}}=a^{\frac{aq-p}{q}}$　すなわち　$a^{aq-p}=\left(\dfrac{p}{q}\right)^q$

◀ $a^{\frac{p}{q}}=b$

$1<\dfrac{p}{q}<a$ より，$aq-p>0$ で $aq-p$ は整数であるから，a^{aq-p} は自然数である。

p, q は互いに素であるから　　$q=1$

これは ② に矛盾する。

以上により，$a^{(a^a)}=b^b$ となる 2 以上の自然数 a, b は存在しない。

類題 12　(1)　$\log_5 3$ は無理数であることを示せ。

(2)　$\log_{10} r$ が有理数となる有理数 r は $r=10^q$ $(q=0,\ \pm1,\ \pm2,\ \cdots\cdots)$ に限ることを示せ。

(3)　任意の正の整数 n に対して，$\log_{10}(1+3+3^2+\cdots\cdots+3^n)$ は無理数であることを示せ。

〔一橋大〕

演習例題 13 最高位の数字

負でない実数aに対し，$0 \leqq r < 1$ で，$a-r$ が整数となる実数rを $\{a\}$ で表す。すなわち，$\{a\}$ はaの小数部分を表す。

(1) $\{n\log_{10}2\} < 0.02$ となる正の整数nを1つ求めよ。

(2) 10進法による表示で 2^n の最高位の数字が7となる正の整数nを1つ求めよ。ただし，$0.3010 < \log_{10}2 < 0.3011$，$0.8450 < \log_{10}7 < 0.8451$ である。〔京都大〕

指針 自然数Nの最高位の数字をkとすると　$\log_{10}k \leqq \{\log_{10}N\} < \log_{10}(k+1)$

(1) $\log_{10}1=0 \leqq \{n\log_{10}2\}=\{\log_{10}2^n\} < 0.02 < \log_{10}2$ から，2^n の最高位の数字が1
よって，$2^4=16$，$2^7=128$，$2^{10}=1024$，…… が候補となる。

(2) $\log_{10}7 \leqq \{n\log_{10}2\} < \log_{10}8$ を満たすnを1つ見つければよい。

解答 (1) $0.3010 < \log_{10}2 < 0.3011$ から　$3.010 < 10\log_{10}2 < 3.011$

よって，$10\log_{10}2$ の整数部分は3で，その小数部分は　$10\log_{10}2-3$

ゆえに　$0.010 < \{10\log_{10}2\} < 0.011 < 0.02$

したがって，$\{n\log_{10}2\} < 0.02$ を満たす正の整数の1つは　$\boldsymbol{n=10}$

(2) 2^n の最高位の数字が7であるとき

$$7\cdot10^m \leqq 2^n < 8\cdot10^m \ (m\text{ は正の整数})$$

各辺の常用対数をとって

$$\log_{10}7\cdot10^m \leqq \log_{10}2^n < \log_{10}8\cdot10^m$$

ゆえに　$m+\log_{10}7 \leqq n\log_{10}2 < m+\log_{10}8$

ここで　$0.8450 < \log_{10}7 < 0.8451$

また，$\log_{10}8=3\log_{10}2$ より，$0.9030 < \log_{10}8 < 0.9033$ であるから

$$0.8451 < \{n\log_{10}2\} < 0.9030 \quad \cdots\cdots (*)$$

を満たす正の整数nを1つ見つければよい。

ここで，$1.8060 < 6\log_{10}2 < 1.8066$ から　$0.8060 < \{6\log_{10}2\} < 0.8066$

(1)より，$0.010 < \{10\log_{10}2\} < 0.011$ であるから

$$0.8060+4\times0.010 < \{46\log_{10}2\} < 0.8066+4\times0.011$$

すなわち　$0.8460 < \{46\log_{10}2\} < 0.8506$

ゆえに，$n=46$ は $(*)$ を満たすから，求める正の整数の1つは　$\boldsymbol{n=46}$

(注意) $0.8060+5\times0.010=0.8560 < \{56\log_{10}2\} < 0.8066+5\times0.011=0.8616$
となり $(*)$ を満たすから，$n=56$ を答えとしてもよい。

類題 13 次の問いに答えよ。ただし，$\log_{10}2=0.3010$，$\log_{10}3=0.4771$，$\log_{10}7=0.8451$，$\log_{10}11=1.0414$ とする。

(1) 3^{20} の1の位の数字を求めよ。

(2) nを自然数とし，3^n が21桁で1の位の数字が7となるとき，nの値を求めよ。

(3) 7^{70} の最高位の数字を求めよ。

(4) 7^{70} の最高位の次の位の数字を求めよ。〔早稲田大〕

演習例題 14　2変数関数の最大値

関数 $y=x^2$ のグラフ上に点 A$(-1,\ 1)$, B$(p,\ p^2)$, C$(q,\ q^2)$, D$(1,\ 1)$ をとる。ただし, $-1<p<q<1$ とする。

(1) 四角形 ABCD の面積を p, q を用いて表せ。

(2) p を定数として固定して, q だけを変化させて考える。四角形 ABCD の面積を最大にする q の値を p で表せ。

(3) q を(2)で求めた値とし, 今度は p を変化させて考える。四角形 ABCD の面積を最大にする p の値を求めよ。　〔津田塾大〕

指針 四角形 ABCD の面積を S とすると, S は2つの変数 p, q で表される。
一般に, 互いに無関係な2つの変数 x, y によって z の値が定まるとき, $z=f(x,\ y)$ と書き, z を **x, y を変数とする2変数関数** という。
2変数関数の最大値を求めるには, 上の問題文で誘導されているように
[1] 変数の1つである **y を定数として固定し, z を x の関数とみて** 最大値 M を求める。
[2] M は y の式で表されるから, M を y の関数とみて最大値を求める。
という手順で進めればよい。最小値についても同様である。

解答 (1) 求める面積を S とする。E$(p,\ 1)$ とすると

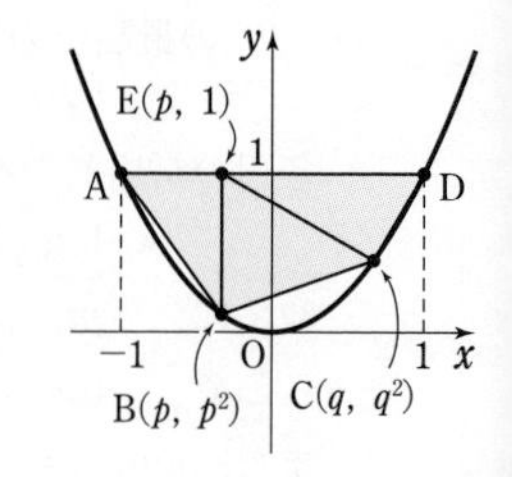

$$S=\triangle \mathrm{ABE}+\triangle \mathrm{BCE}+\triangle \mathrm{CDE}$$
$$=\frac{1}{2}(1-p^2)\{p-(-1)\}+\frac{1}{2}(1-p^2)(q-p)$$
$$+\frac{1}{2}(1-p)(1-q^2)$$
$$=\frac{1}{2}(1-p^2)(p+1+q-p)+\frac{1}{2}(1-p)(1-q^2)$$
$$=\frac{1}{2}(1-p)(1+q)\{(1+p)+(1-q)\}$$
$$=\boldsymbol{\frac{1}{2}(1-p)(1+q)(p-q+2)}$$

(2) (1)から　$S=-\dfrac{1}{2}(1-p)\{q^2-(p+1)q-p-2\}$

$$=-\frac{1}{2}(1-p)\left\{\left(q-\frac{p+1}{2}\right)^2-\left(\frac{p+1}{2}\right)^2-p-2\right\}$$
$$=-\frac{1}{2}(1-p)\left(q-\frac{p+1}{2}\right)^2-\frac{1}{8}(p-1)(p^2+6p+9)$$
$$=-\frac{1}{2}(1-p)\left(q-\frac{p+1}{2}\right)^2-\frac{1}{8}(p^3+5p^2+3p-9)$$

ここで, p を $-1<p<1$ を満たす定数として固定したとき

$$-\frac{1}{2}(1-p)<0 \quad かつ \quad p<\frac{p+1}{2}<1$$

したがって, q が $p<q<1$ の範囲を動くとき, S は $\boldsymbol{q=\dfrac{p+1}{2}}$ で最大値 $-\dfrac{1}{8}(p^3+5p^2+3p-9)$ をとる。

別解　p を固定，すなわち点Bを固定すると △ABD が固定されるから，△BCD の面積が最大となる場合を考えればよい。
線分 BD の長さは一定であるから，点Cと直線 BD の距離が最大となるとき，△BCD の面積は最大となる。
このとき，点Cにおける放物線の接線 ℓ と BD が平行になる。
$y=x^2$ から　$y'=2x$　　ゆえに，ℓ の傾きは　$2q$
一方，直線 BD の傾きは　$\dfrac{1-p^2}{1-p}=1+p$
よって，$\ell /\!/ \mathrm{BD}$ から　$2q=1+p$
したがって　$\boldsymbol{q=\dfrac{p+1}{2}}$

(3)　$q=\dfrac{p+1}{2}$ のとき　$S=-\dfrac{1}{8}(p^3+5p^2+3p-9)$
よって　$\dfrac{dS}{dp}=-\dfrac{1}{8}(3p^2+10p+3)=-\dfrac{1}{8}(p+3)(3p+1)$
$\dfrac{dS}{dp}=0$ とすると　$p=-3,\ -\dfrac{1}{3}$
$-1<p<1$ における S の増減表は右のようになる。
ゆえに，S は $p=-\dfrac{1}{3}$ のとき極大かつ最大となる。
したがって，求める p の値は　$\boldsymbol{p=-\dfrac{1}{3}}$

p	-1	$\cdots$	$-\dfrac{1}{3}$	$\cdots$	1
$\dfrac{dS}{dp}$		$+$	0	$-$	
S		↗	極大	↘	

参考　$S=-\dfrac{1}{2}(1-p)\{q^2-(p+1)q-p-2\}$ であるから，p を固定して，S を q についての関数とみて微分すると　$\dfrac{dS}{dq}=-\dfrac{1}{2}(1-p)\{2q-(p+1)\}$
$S=\dfrac{1}{2}(1+q)\{-p^2+(q-1)p-q+2\}$ であるから，q を固定して，S を p についての関数とみて微分すると　$\dfrac{dS}{dp}=-\dfrac{1}{2}(1+q)\{2p-(q-1)\}$
S が最大値をとるときの p，q の値は $\dfrac{dS}{dq}=\dfrac{dS}{dp}=0$ すなわち $2q-(p+1)=0$ かつ $2p-(q-1)=0$ を満たすことが必要である。
この連立方程式を解くと　$p=-\dfrac{1}{3},\ q=\dfrac{1}{3}$
よって，$p=-\dfrac{1}{3},\ q=\dfrac{1}{3}$ は最大値を与える p，q の値の候補である。
答案としては，この後に $p=-\dfrac{1}{3},\ q=\dfrac{1}{3}$ のときに最大値をとることを示さなければならない。
なお，このように他の文字を固定して，ある1文字についての関数とみて微分することを**偏微分する**という。

類題 14　3辺の長さが a と b と c の直方体を，長さが b の1辺を回転軸として 90° 回転させるとき，直方体が通過する点全体が作る立体を V とする。
(1)　V の体積を $a,\ b,\ c$ を用いて表せ。
(2)　$a+b+c=1$ のとき，V の体積のとりうる値の範囲を求めよ。　〔東京大〕

演習例題 15 方程式・不等式への応用

a, b, c, d, p, q, r は正の実数とする。

(1) $p \neq q$ とする。このとき $\dfrac{p+q+r}{3} > \sqrt[3]{pqr}$ を証明せよ。

(2) x を未知数とする方程式 $x^3-3ax^2+3b^2x-c^3=0$ が，相異なる 3 つの正の実数解をもつならば，$a>b>c$ であることを証明せよ。

(3) x を未知数とする方程式 $x^4-4ax^3+6b^2x^2-4c^3x+d^4=0$ が，相異なる 4 つの正の実数解をもつならば，$a>b>c>d$ であることを証明せよ。 〔岐阜大〕

指針 (1) $\sqrt[3]{p}=P$, $\sqrt[3]{q}=Q$, $\sqrt[3]{r}=R$ とおくと，与式は $P^3+Q^3+R^3>3PQR$ と同値。
$P^3+Q^3+R^3-3PQR$ を因数分解して符号を考える（p. 48 研究参照）。

(2) 異なる 3 つの正の実数解を α, β, γ とすると，3 次方程式の解と係数の関係から

$$\alpha+\beta+\gamma=3a,\quad \alpha\beta+\beta\gamma+\gamma\alpha=3b^2,\quad \alpha\beta\gamma=c^3$$

これと (1) の結果を用いて，a と b，b と c の大小を比較する。

(3) 与えられた 4 次方程式の左辺を $f(x)$ とする。$f'(x)$ は 3 次式であるから

$f(x)=0$ が異なる 4 つの正の解をもつ

$\Longrightarrow$ $f'(x)=0$ が異なる 3 つの正の解をもつ

ことを示すことができれば，(2) の結果を利用して a, b, c の大小がわかる。
c と d の比較は，(2) の **方法をまねる** 方針で
4 次方程式の解と係数の関係 と 4 数の相加・相乗平均の関係
を表す式を作って利用する。

解答 (1) $\sqrt[3]{p}=P$, $\sqrt[3]{q}=Q$, $\sqrt[3]{r}=R$ とおくと　$P>0$, $Q>0$, $R>0$

$$P^3+Q^3+R^3-3PQR=(P+Q+R)(P^2+Q^2+R^2-PQ-QR-RP)$$
$$=\frac{1}{2}(P+Q+R)\{(P-Q)^2+(Q-R)^2+(R-P)^2\}$$

$P>0$, $Q>0$, $R>0$ から　$P+Q+R>0$

また，$p \neq q$ から　$P \neq Q$

ゆえに　$P^3+Q^3+R^3-3PQR>0$　◀ $(P-Q)^2>0$

すなわち　$P^3+Q^3+R^3>3PQR$

よって　$\dfrac{p+q+r}{3}>\sqrt[3]{pqr}$

(2) $x^3-3ax^2+3b^2x-c^3=0$ が相異なる 3 つの正の解をもつとき，それらを α, β, γ $(0<\alpha<\beta<\gamma)$ とする。

3 次方程式の解と係数の関係により

$$\alpha+\beta+\gamma=3a,\ \alpha\beta+\beta\gamma+\gamma\alpha=3b^2,\ \alpha\beta\gamma=c^3$$

よって　$$a^2-b^2=\left(\frac{\alpha+\beta+\gamma}{3}\right)^2-\frac{\alpha\beta+\beta\gamma+\gamma\alpha}{3}$$
$$=\frac{1}{9}(\alpha^2+\beta^2+\gamma^2-\alpha\beta-\beta\gamma-\gamma\alpha)$$
$$=\frac{1}{18}\{(\alpha-\beta)^2+(\beta-\gamma)^2+(\gamma-\alpha)^2\}>0$$

ゆえに　$a^2>b^2$　　a, b は正であるから　$a>b$

◀ $a>0$, $b>0$ のとき $a^2>b^2 \iff a>b$

(1) と $0<\alpha<\beta<\gamma$ から

$$\frac{\alpha\beta+\beta\gamma+\gamma\alpha}{3}>\sqrt[3]{(\alpha\beta)(\beta\gamma)(\gamma\alpha)}=(\sqrt[3]{\alpha\beta\gamma})^2$$

ゆえに　$b^2>c^2$　　b, c は正であるから　$b>c$

したがって　$a>b>c$

(3)　$f(x)=x^4-4ax^3+6b^2x^2-4c^3x+d^4$ とすると

$$f'(x)=4x^3-12ax^2+12b^2x-4c^3$$
$$=4(x^3-3ax^2+3b^2x-c^3)$$

方程式 $f(x)=0$ が相異なる 4 つの正の実数解をもつとき，それらを α, β, γ, δ $(0<\alpha<\beta<\gamma<\delta)$ とする。

このとき，曲線 $y=f(x)$ は x 軸の正の部分と，異なる 4 点 $x=\alpha$, β, γ, δ で交わり，関数 $f(x)$ は

$$\alpha<x<\beta,\ \beta<x<\gamma,\ \gamma<x<\delta$$

の各区間で 1 つずつ極値をとる。

よって，方程式 $f'(x)=0$ すなわち

$x^3-3ax^2+3b^2x-c^3=0$ は相異なる 3 つの正の解をもつ。

したがって，(2) から　$a>b>c$　…… ①

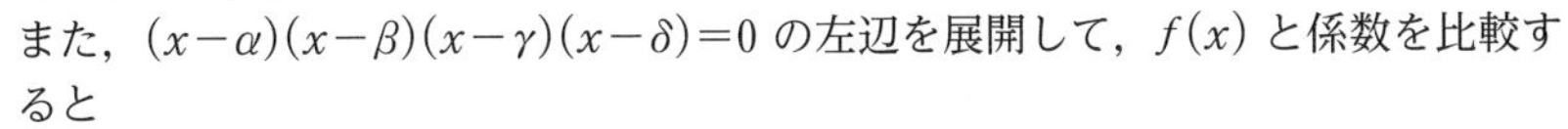

また，$(x-\alpha)(x-\beta)(x-\gamma)(x-\delta)=0$ の左辺を展開して，$f(x)$ と係数を比較すると

$$4c^3=\alpha\beta\gamma+\alpha\beta\delta+\alpha\gamma\delta+\beta\gamma\delta,\quad d^4=\alpha\beta\gamma\delta$$

ここで，正の数 p, q, r, s に対して，(相加平均)≧(相乗平均) により

$$\frac{\dfrac{p+q}{2}+\dfrac{r+s}{2}}{2}\geqq\frac{\sqrt{pq}+\sqrt{rs}}{2}\geqq\sqrt{\sqrt{pq}\cdot\sqrt{rs}}=\sqrt[4]{pqrs}$$

が成り立つ。

等号は「$p=q$ かつ $r=s$」かつ「$pq=rs$」のとき，すなわち，$p=q=r=s$ のときに成り立つことに注意して，$0<\alpha<\beta<\gamma<\delta$ から

$$\frac{\alpha\beta\gamma+\alpha\beta\delta+\alpha\gamma\delta+\beta\gamma\delta}{4}>\sqrt[4]{(\alpha\beta\gamma)(\alpha\beta\delta)(\alpha\gamma\delta)(\beta\gamma\delta)}=(\sqrt[4]{\alpha\beta\gamma\delta})^3$$

ゆえに　$c^3>d^3$　　c, d は実数であるから　$c>d$　…… ②

①, ② から　$a>b>c>d$

類題 15　$f(x)=x^3-3x+1$, $g(x)=x^2-2$ とし，方程式 $f(x)=0$ について考える。このとき，以下のことを示せ。

(1)　$f(x)=0$ は絶対値が 2 より小さい 3 つの相異なる実数解をもつ。

(2)　α が $f(x)=0$ の解ならば，$g(\alpha)$ も $f(x)=0$ の解となる。

(3)　$f(x)=0$ の解を小さい順に，α_1, α_2, α_3 とすれば，

$$g(\alpha_1)=\alpha_3,\quad g(\alpha_2)=\alpha_1,\quad g(\alpha_3)=\alpha_2$$

となる。　〔神戸大〕

演習例題 16　定積分の性質

多項式 $f(x)$ は区間 $0 \leqq x \leqq 1$ において増加関数であるとする。また，n を自然数とし，$S_n=\dfrac{1}{n}\sum_{i=1}^{n} f\left(\dfrac{i-1}{n}\right)$ とおく。

(1) $i=1,\ 2,\ \cdots\cdots,\ n$ のとき，不等式

$$\frac{1}{n}f\left(\frac{i-1}{n}\right) \leqq \int_{\frac{i-1}{n}}^{\frac{i}{n}} f(x)\,dx \leqq \frac{1}{n}f\left(\frac{i}{n}\right)$$

が成り立つことを示せ。

(2) 不等式 $0 \leqq \int_0^1 f(x)\,dx - S_n \leqq \dfrac{f(1)-f(0)}{n}$ が成り立つことを示せ。〔類 九州大〕

指針 (1) $g(x)$，$h(x)$ は多項式とする。区間 $a \leqq x \leqq b$ において

$$g(x) \leqq h(x) \text{ ならば，} \int_a^b g(x)\,dx \leqq \int_a^b h(x)\,dx$$

が成り立つことを利用する。

(2) 定積分の性質 $\int_a^c f(x)\,dx + \int_c^b f(x)\,dx = \int_a^b f(x)\,dx$ と (1) の結果を利用する。

解答 (1) $f(x)$ は区間 $0 \leqq x \leqq 1$ において増加関数であるから，

$f(x)$ は区間 $\dfrac{i-1}{n} \leqq x \leqq \dfrac{i}{n}$ $(i=1,\ 2,\ \cdots\cdots,\ n)$ においても増加関数である。

◀ $0 \leqq \dfrac{i-1}{n} \leqq \dfrac{i}{n} \leqq 1$

よって，区間 $\dfrac{i-1}{n} \leqq x \leqq \dfrac{i}{n}$ $(i=1,\ 2,\ \cdots\cdots,\ n)$ において

$$f\left(\frac{i-1}{n}\right) \leqq f(x) \leqq f\left(\frac{i}{n}\right)$$

ゆえに，定積分の性質から

$$\int_{\frac{i-1}{n}}^{\frac{i}{n}} f\left(\frac{i-1}{n}\right)dx \leqq \int_{\frac{i-1}{n}}^{\frac{i}{n}} f(x)\,dx \leqq \int_{\frac{i-1}{n}}^{\frac{i}{n}} f\left(\frac{i}{n}\right)dx$$

◀ 区間 $a \leqq x \leqq b$ において $g(x) \leqq h(x)$ ならば，$\int_a^b g(x)\,dx \leqq \int_a^b h(x)\,dx$

ここで，$f\left(\dfrac{i-1}{n}\right)$，$f\left(\dfrac{i}{n}\right)$ は定数であるから

$$\int_{\frac{i-1}{n}}^{\frac{i}{n}} f\left(\frac{i-1}{n}\right)dx = f\left(\frac{i-1}{n}\right)\int_{\frac{i-1}{n}}^{\frac{i}{n}} dx$$

$$= f\left(\frac{i-1}{n}\right)\left(\frac{i}{n}-\frac{i-1}{n}\right) = \frac{1}{n}f\left(\frac{i-1}{n}\right)$$

◀ $\int_{\frac{i-1}{n}}^{\frac{i}{n}} dx = \Big[x\Big]_{\frac{i-1}{n}}^{\frac{i}{n}} = \dfrac{i}{n}-\dfrac{i-1}{n}$

また

$$\int_{\frac{i-1}{n}}^{\frac{i}{n}} f\left(\frac{i}{n}\right)dx = f\left(\frac{i}{n}\right)\int_{\frac{i-1}{n}}^{\frac{i}{n}} dx$$

$$= f\left(\frac{i}{n}\right)\left(\frac{i}{n}-\frac{i-1}{n}\right) = \frac{1}{n}f\left(\frac{i}{n}\right)$$

よって　$\dfrac{1}{n}f\left(\dfrac{i-1}{n}\right) \leqq \displaystyle\int_{\frac{i-1}{n}}^{\frac{i}{n}} f(x)\,dx \leqq \dfrac{1}{n}f\left(\dfrac{i}{n}\right)$　…①

(2)　①に $i=1,\ 2,\ \cdots\cdots,\ n$ を代入し，辺々の和をとると

$$\sum_{i=1}^{n}\frac{1}{n}f\left(\frac{i-1}{n}\right) \leqq \sum_{i=1}^{n}\int_{\frac{i-1}{n}}^{\frac{i}{n}} f(x)\,dx \leqq \sum_{i=1}^{n}\frac{1}{n}f\left(\frac{i}{n}\right)$$

定積分の性質を繰り返し用いると

$$\sum_{i=1}^{n}\int_{\frac{i-1}{n}}^{\frac{i}{n}} f(x)\,dx=\int_0^1 f(x)\,dx$$

よって　$\displaystyle\sum_{i=1}^{n}\frac{1}{n}f\left(\frac{i-1}{n}\right) \leqq \int_0^1 f(x)\,dx \leqq \sum_{i=1}^{n}\frac{1}{n}f\left(\frac{i}{n}\right)$

$\dfrac{1}{n}$ は定数であるから

$$\frac{1}{n}\sum_{i=1}^{n}f\left(\frac{i-1}{n}\right) \leqq \int_0^1 f(x)\,dx \leqq \frac{1}{n}\sum_{i=1}^{n}f\left(\frac{i}{n}\right)$$

◀ $\displaystyle\sum_{i=1}^{n}\int_{\frac{i-1}{n}}^{\frac{i}{n}} f(x)\,dx$
$\displaystyle=\int_0^{\frac{1}{n}} f(x)\,dx$
$\displaystyle+\int_{\frac{1}{n}}^{\frac{2}{n}} f(x)\,dx+\cdots\cdots$
$\displaystyle+\int_{\frac{n-1}{n}}^{1} f(x)\,dx$

ゆえに　$\displaystyle 0 \leqq \int_0^1 f(x)\,dx-\frac{1}{n}\sum_{i=1}^{n}f\left(\frac{i-1}{n}\right) \leqq \frac{1}{n}\sum_{i=1}^{n}f\left(\frac{i}{n}\right)-\frac{1}{n}\sum_{i=1}^{n}f\left(\frac{i-1}{n}\right)$

ここで　$\displaystyle\int_0^1 f(x)\,dx-\frac{1}{n}\sum_{i=1}^{n}f\left(\frac{i-1}{n}\right)=\int_0^1 f(x)\,dx-S_n$

また　$\displaystyle\frac{1}{n}\sum_{i=1}^{n}f\left(\frac{i}{n}\right)-\frac{1}{n}\sum_{i=1}^{n}f\left(\frac{i-1}{n}\right)$

$$=\frac{1}{n}\sum_{i=1}^{n}\left\{f\left(\frac{i}{n}\right)-f\left(\frac{i-1}{n}\right)\right\}$$

$$=\frac{1}{n}\left[\left\{f\left(\frac{1}{n}\right)-f(0)\right\}+\left\{f\left(\frac{2}{n}\right)-f\left(\frac{1}{n}\right)\right\}+\cdots\cdots+\left\{f(1)-f\left(\frac{n-1}{n}\right)\right\}\right]$$

$$=\frac{1}{n}\{f(1)-f(0)\}$$

ゆえに　$\displaystyle 0 \leqq \int_0^1 f(x)\,dx-S_n \leqq \frac{f(1)-f(0)}{n}$

類題 16　$f(x)$ は2次以下の多項式で表される関数で $\displaystyle\int_{-1}^{1} f(x)\,dx=0$ を満たす。このようなすべての $f(x)$ に対して，不等式 $\displaystyle\int_{-1}^{1}\{f(x)\}^2dx \leqq k\int_{-1}^{1}\{f'(x)\}^2dx$ が成り立つ定数 k のうち最小のものを求めよ。　〔一橋大〕

演習例題 17 通過領域の面積

$A(-1,\ 0)$, $B(1,\ 0)$ を直径とする右の図のような半円がある。弧 AB 上の 2 点 P, Q に対して，弦 PQ を折り目として折り返したとき，弧 PQ が x 軸に接する。接点の x 座標を $t\ (-1 \leqq t \leqq 1)$ とするとき，次の問いに答えよ。

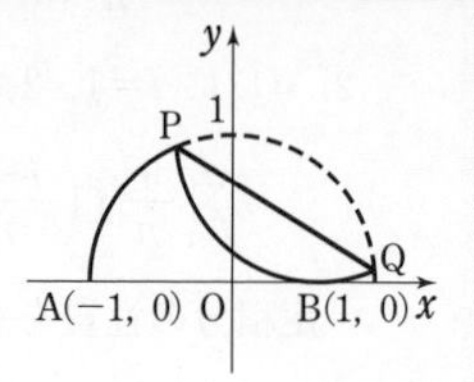

(1) 2 点 P, Q を通る直線の方程式を求めよ。

(2) t が -1 から 1 まで動くとき，弦 PQ が通過する範囲を図示し，その面積を求めよ。　〔広島大〕

指針 (1) もとの円を直線 PQ に関して折り返した円は，x 軸と点 $(t,\ 0)$ で接し，半径が 1 である。よって，この円ともとの円の交点を通る直線を求めればよい。

(2) 弦 PQ の通過する範囲を求めるには，弦 PQ 上の点 $(x,\ y)$ が満たす条件，すなわち

(1) で求めた直線上にある　かつ　半円の周または内部にある

を x と y の不等式で表せばよい。前者の条件については

直線の方程式を t の方程式とみて，実数解をもつための条件

を考えればよい。

解答 (1) 線分 AB を直径とする円を $C_1 : x^2+y^2=1$，C_1 を弦 PQ に関して折り返した円を C_2 とする。

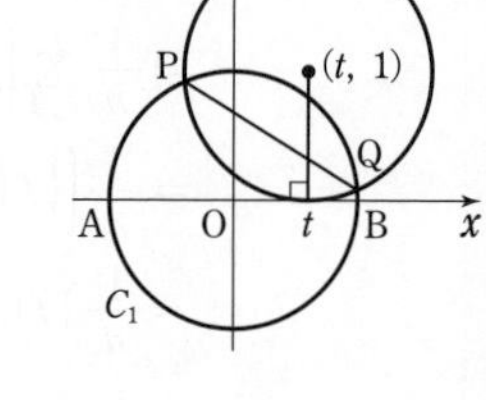
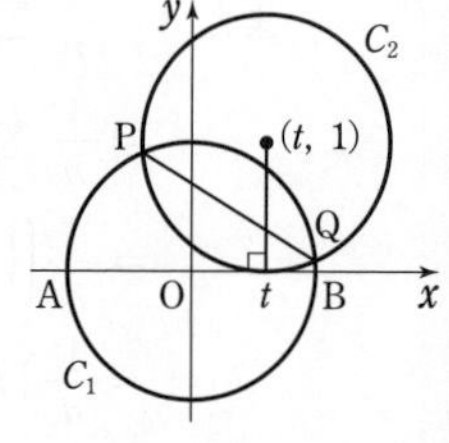

円 C_2 は x 軸と点 $(t,\ 0)$ で接し，半径が 1 である。
また，中心は x 軸の上側にあるから，中心の座標は $(t,\ 1)$ である。

ゆえに　　$C_2 : (x-t)^2+(y-1)^2=1$

ここで，方程式

$$k(x^2+y^2-1)+\{(x-t)^2+(y-1)^2-1\}=0$$

は，2 円 C_1, C_2 の交点 P, Q を通る図形を表し，$k=-1$ のときが直線 PQ である。

$k=-1$ として整理すると　　$\boldsymbol{2tx+2y=t^2+1}$

(2) 弦 PQ 上の点を $(x,\ y)$ とすると

$$2tx+2y=t^2+1 \ \cdots\cdots \text{①} \quad かつ \quad x^2+y^2 \leqq 1,\ y \geqq 0 \ \cdots\cdots \text{②}$$

① から　　$t^2-2xt-2y+1=0$

この t についての 2 次方程式が区間 $-1 \leqq t \leqq 1$ に少なくとも 1 つの実数解をもつための条件を考える。

$f(t)=t^2-2xt-2y+1$ とすると

$$f(t)=(t-x)^2-x^2-2y+1$$

ここで，② から　　$0 \leqq y^2 \leqq 1-x^2$

よって　　$-1 \leqq x \leqq 1$

ゆえに，放物線 $y=f(t)$ の軸 $t=x$ は区間 $-1 \leqq t \leqq 1$ にある。

したがって，2 次方程式 $f(t)=0$ が区間 $-1 \leqq t \leqq 1$ に実数解をもつための条件は

$$f(-1) \geqq 0 \text{ または } f(1) \geqq 0 \ \cdots\cdots \text{③} \quad かつ \quad -x^2-2y+1 \leqq 0 \ \cdots\cdots \text{④}$$

③ から　　$y \leqq x+1$ または $y \leqq -x+1$　　　④ から　　$y \geqq -\dfrac{x^2}{2}+\dfrac{1}{2}$

よって，点 $(x,\ y)$ の満たす条件は

$$\begin{cases} x^2+y^2 \leqq 1,\ y \geqq 0 \\ y \leqq x+1 \text{ または } y \leqq -x+1 \\ y \geqq -\dfrac{x^2}{2}+\dfrac{1}{2} \end{cases}$$

ゆえに，弦 PQ の通過する範囲は，**右の図の斜線部分**である。**ただし，境界線を含む**。

したがって，求める面積は

$$2\left\{\frac{\pi}{4}-\int_0^1\left(-\frac{x^2}{2}+\frac{1}{2}\right)dx\right\}=\frac{\pi}{2}-2\left[-\frac{x^3}{6}+\frac{x}{2}\right]_0^1=\boldsymbol{\frac{\pi}{2}-\frac{2}{3}}$$

「一文字固定」による別解

①，② を満たす点 $(x,\ y)$ の存在範囲を，次のように考えて求めることもできる。

① において，x を固定して，y を t の関数とみると

$$y=\frac{1}{2}t^2-xt+\frac{1}{2}=\frac{1}{2}(t-x)^2-\frac{x^2}{2}+\frac{1}{2}\quad(-1 \leqq t \leqq 1)$$

② より，$-1 \leqq x \leqq 1$ であるから，上の関数は

$t=x$ で最小値 $-\dfrac{x^2}{2}+\dfrac{1}{2}$

をとる。よって　　$y \geqq -\dfrac{x^2}{2}+\dfrac{1}{2}$

これと ② から，解答 と同じ領域が得られる。

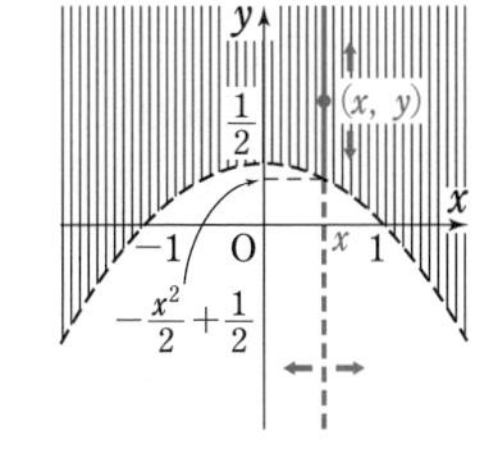

この解法の考え方は，

[1]　**x を固定 ⟶ x 軸に垂直な直線上で t を変化させて点 $(x,\ y)$ を動かし**，y のとりうる範囲を求める ⟶ 点 $(x,\ y)$ が線分（または半直線）を描く

[2]　**次に x を動かす**と，[1] で点 $(x,\ y)$ の描いた線分（または半直線）が，端点を上下に変化させながら左右に移動して，求める領域を埋めていく

というもので，「ファクシミリ論法」（または「正像法」）と呼ばれることもある（$p.$ 159 コラム参照）。

類題 17　放物線 $y=x^2$ 上の点 $(a,\ a^2)$ における接線を ℓ_a とする。

(1)　直線 ℓ_a が不等式 $y>-x^2+2x-5$ の表す領域に含まれるような a の範囲を求めよ。

(2)　a が (1) で求めた範囲を動くとき，直線 ℓ_a が通らない点 $(x,\ y)$ 全体の領域 D を図示せよ。

(3)　連立不等式 $\begin{cases}(y-x^2)(y+x^2-2x+5) \leqq 0 \\ y(y+5) \leqq 0\end{cases}$ の表す領域を E とする。D と E の共通部分の面積を求めよ。　〔千葉大〕

演習例題 18　面積に関する種々の問題

xy 平面上で考える。不等式 $y<-x^2+16$ の表す領域をDとし，不等式 $|x-1|+|y|\leqq 1$ の表す領域をEとする。

(1)　領域Dと領域Eをそれぞれ図示せよ。

(2)　$\mathrm{A}(a,\ b)$ を領域Dに属する点とする。点 $\mathrm{A}(a,\ b)$ を通り，傾きが $-2a$ の直線と放物線 $y=-x^2+16$ で囲まれた部分の面積を $S(a,\ b)$ とする。$S(a,\ b)$ を a，b を用いて表せ。

(3)　点 $\mathrm{A}(a,\ b)$ が領域Eを動くとき，$S(a,\ b)$ の最大値を求めよ。　〔大阪大〕

指針　(2)　放物線と直線で囲まれた図形の面積には

CHART 》 $\displaystyle\int_\alpha^\beta (x-\alpha)(x-\beta)\,dx=-\frac{1}{6}(\beta-\alpha)^3$ を活用

(3)　(2)で得られた $S(a,\ b)=\dfrac{4}{3}(-a^2-b+16)^{\frac{3}{2}}$ から，

$S(a,\ b)$ が最大 $\Longleftrightarrow$ $-a^2-b+16$ が最大

よって，点 $(a,\ b)$ が領域E内を動くときの $-a^2-b+16$ の最大値を求めればよいことになる。

解答　(1)　**領域Dは，右の図 [1] の斜線部分** である。
ただし，境界線を含まない。

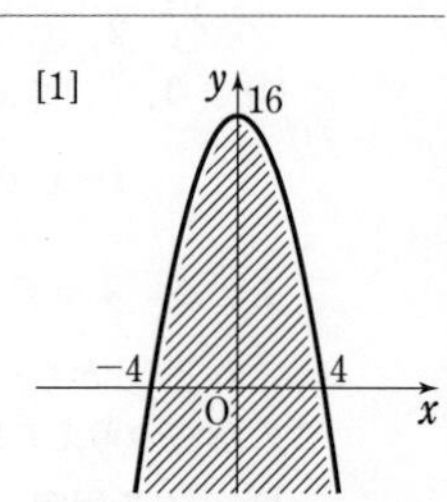

また，$|x-1|+|y|\leqq 1$ から

$x\geqq 1$，$y\geqq 0$ のとき　　$x-1+y\leqq 1$

すなわち　　$y\leqq -x+2$

$x\geqq 1$，$y<0$ のとき　　$x-1-y\leqq 1$

すなわち　　$y\geqq x-2$

$x<1$，$y\geqq 0$ のとき　　$-(x-1)+y\leqq 1$

すなわち　　$y\leqq x$

$x<1$，$y<0$ のとき　　$-(x-1)-y\leqq 1$

すなわち　　$y\geqq -x$

よって，**領域Eは右の図 [2] の斜線部分** である。
ただし，境界線を含む。

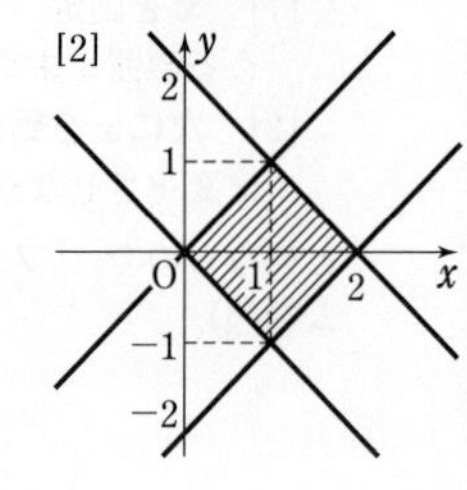

(2)　点 $\mathrm{A}(a,\ b)$ を通り，傾きが $-2a$ の直線の方程式は

$$y-b=-2a(x-a)\quad \text{すなわち}\quad y=-2ax+2a^2+b$$

$y=-x^2+16$，$y=-2ax+2a^2+b$ から y を消去して整理すると

$$x^2-2ax+2a^2+b-16=0\quad \cdots\cdots \text{①}$$

x の 2 次方程式① の判別式を D_1 とすると

$$\frac{D_1}{4}=(-a)^2-1\cdot(2a^2+b-16)=-a^2-b+16$$

点 $(a,\ b)$ は領域D内にあるから，$b<-a^2+16$ すなわち $-a^2-b+16>0$ を満たす。

したがって　　$D_1>0$

すなわち，放物線 $y=-x^2+16$ と直線 $y=-2ax+2a^2+b$ は異なる 2 点で交わる。
① の 2 つの実数解を α, β $(\alpha<\beta)$ とすると

$$\beta-\alpha=2\sqrt{\frac{D_1}{4}}=2\sqrt{-a^2-b+16}$$

◀ $\alpha=a-\sqrt{\frac{D_1}{4}}$, $\beta=a+\sqrt{\frac{D_1}{4}}$

ゆえに　$S(a,\ b)=\int_\alpha^\beta\{(-x^2+16)-(-2ax+2a^2+b)\}dx$

$$=-\int_\alpha^\beta(x-\alpha)(x-\beta)dx=-\left\{-\frac{1}{6}(\beta-\alpha)^3\right\}$$

$$=\boldsymbol{\frac{4}{3}(-a^2-b+16)^{\frac{3}{2}}}$$

(3)　(1) より，領域 E は領域 D に含まれるから，領域 E 内の点 $(a,\ b)$ は領域 D 内にある。よって，(2) から　$S(a,\ b)=\frac{4}{3}(-a^2-b+16)^{\frac{3}{2}}$

ゆえに，$S(a,\ b)$ が最大となるのは，$-a^2-b+16$ が最大となるときである。
$-a^2-b+16=k$ とおくと　$b=-a^2+16-k$
よって，点 $(a,\ b)$ は放物線 $y=-x^2+16-k$ 上にあり，k が最大となるとき，y 軸との交点の y 座標 $16-k$ が最小となる。
点 $(a,\ b)$ は領域 E を動くから，k が最大となるのは，放物線 $y=-x^2+16-k$ と直線 $y=-x$ が接するときで，$-x^2+16-k=-x$ すなわち $x^2-x+k-16=0$ の判別式を D_2 とすると

$$D_2=(-1)^2-4\cdot1\cdot(k-16)=65-4k$$

ゆえに，$D_2=0$ から　$k=\frac{65}{4}$

このときの接点 $\left(\frac{1}{2},\ -\frac{1}{2}\right)$ は領域 E の境界線上にある。

よって，$a=\frac{1}{2}$, $b=-\frac{1}{2}$ のとき k が最大，すなわち $S(a,\ b)$ が最大となる。

したがって，求める最大値は　$S\left(\frac{1}{2},\ -\frac{1}{2}\right)=\frac{4}{3}\left(\frac{65}{4}\right)^{\frac{3}{2}}=\boldsymbol{\frac{65\sqrt{65}}{6}}$

座標平面上の曲線 $C: y=x^3-x$ を考える。
(1)　座標平面上のすべての点 P が次の条件 (i) を満たすことを示せ。
　(i)　点 P を通る直線 ℓ で，曲線 C と相異なる 3 点で交わるものが存在する。
(2)　次の条件 (ii) を満たす点 P のとりうる範囲を座標平面上に図示せよ。
　(ii)　点 P を通る直線 ℓ で，曲線 C と相異なる 3 点で交わり，かつ，直線 ℓ と曲線 C で囲まれた 2 つの部分の面積が等しくなるものが存在する。〔東京大〕

演習例題 19 ガウス記号と数列の和，漸化式

$0 \leqq a < 1$ を満たす実数 a に対し，数列 $\{a_n\}$ を

$$a_1 = a,\ a_{n+1} = 3\left[a_n + \frac{1}{2}\right] - 2a_n\ (n = 1,\ 2,\ 3,\ \cdots\cdots)$$

という漸化式で定める。ただし $[x]$ は x 以下の最大の整数を表す。

(1) $a_n - [a_n] \geqq \frac{1}{2}$ ならば，$a_n < a_{n+1}$ であることを示せ。

(2) $a_n > a_{n+1}$ ならば，$a_{n+1} = 3[a_n] - 2a_n$ かつ $[a_{n+1}] = [a_n] - 1$ であることを示せ。

(3) ある 2 以上の自然数 k に対して，$a_1 > a_2 > \cdots\cdots > a_k$ が成り立つとする。このとき a_k を a の式で表せ。 ［類 名古屋大］

指針 $[x]$ はガウス記号であり，その定義は x を実数，n を整数とすると

$$[x] = n \iff n \leqq x < n+1$$

(2) (1)の対偶を考える。

(3) $[a_{n+1}] = [a_n] - 1$ から，数列 $\{[a_n]\}$ は等差数列である。

解答 (1) 漸化式より $\quad a_{n+1} - a_n = 3\left\{\left[a_n + \frac{1}{2}\right] - a_n\right\}$

$a_n - [a_n] \geqq \frac{1}{2}$ のとき，a_n の小数部分は $\frac{1}{2}$ 以上である。

よって，$\left[a_n + \frac{1}{2}\right] = m$ とおくと $\quad m > a_n$

したがって $\quad a_{n+1} - a_n = 3(m - a_n) > 0$

よって $\quad a_n < a_{n+1}$

(2) (1)の対偶をとると $\quad a_n \geqq a_{n+1}$ ならば $a_n - [a_n] < \frac{1}{2}$

$0 \leqq a_n - [a_n] < \frac{1}{2}$ のとき

$$[a_n] \leqq a_n < [a_n] + \frac{1}{2} \quad \cdots\cdots \text{①}$$

よって $\quad [a_n] + \frac{1}{2} \leqq a_n + \frac{1}{2} < [a_n] + 1$

したがって，$\left[a_n + \frac{1}{2}\right] = [a_n]$ が成り立つから，これを

$a_{n+1} = 3\left[a_n + \frac{1}{2}\right] - 2a_n$ に代入すると

$$a_{n+1} = 3[a_n] - 2a_n \quad \cdots\cdots \text{②}$$

また，① から $\quad -2[a_n] - 1 < -2a_n \leqq -2[a_n]$

よって $\quad [a_n] - 1 < 3[a_n] - 2a_n \leqq [a_n]$

② から $\quad [a_n] - 1 < a_{n+1} \leqq [a_n]$

ここで，① において等号が成り立つと仮定する，すなわち

$a_n = [a_n]$ と仮定すると，② から $a_{n+1} = 3a_n - 2a_n = a_n$ となる。

これは $a_n > a_{n+1}$ に矛盾するから $\quad [a_n] - 1 < a_{n+1} < [a_n]$

◀ $a_n - [a_n]$ は a_n の小数部分を表す。

◀ $n \leqq x < n+1 \iff [x] = n$

よって　　$[a_{n+1}]=[a_n]-1$

◀ $n \leqq x < n+1 \iff [x]=n$

(3)　ある2以上の自然数 k に対して $a_1>a_2>\cdots\cdots>a_k$ が成り立つとき，$1 \leqq n \leqq k-1$ に対して，(2) から

$$a_{n+1}=3[a_n]-2a_n \text{ かつ } [a_{n+1}]=[a_n]-1$$

が成り立つ。

$[a_{n+1}]=[a_n]-1$ から　　$[a_n]=[a_1]-(n-1)=-n+1$

◀ 数列 $\{[a_n]\}$ は初項 $[a_1]$，公差 -1 の等差数列である。

これを $a_{n+1}=3[a_n]-2a_n$ に代入すると

$$a_{n+1}=3(-n+1)-2a_n$$

すなわち　　$a_{n+1}=-2a_n-3n+3$　…… ③

ここで，$a_{n+1}-\{p(n+1)+q\}=-2\{a_n-(pn+q)\}$　…… ④

が成り立つような定数 p，q の値を求める。

④ を変形すると　　$a_{n+1}=-2a_n+3pn+p+3q$

これが ③ と一致するための条件は

◀ n の項，定数項を比較する。

$$3p=-3 \text{ かつ } p+3q=3 \qquad \text{よって} \qquad p=-1,\ q=\frac{4}{3}$$

④ に代入して

$$a_{n+1}-\left\{-(n+1)+\frac{4}{3}\right\}=-2\left\{a_n-\left(-n+\frac{4}{3}\right)\right\}$$

したがって，数列 $\left\{a_n-\left(-n+\frac{4}{3}\right)\right\}$ は，初項

$a_1-\left(-1+\frac{4}{3}\right)=a-\frac{1}{3}$，公比 -2 の等比数列である。

よって　　$a_n-\left(-n+\frac{4}{3}\right)=\left(a-\frac{1}{3}\right)\cdot(-2)^{n-1}$

ゆえに　　$a_n=\left(a-\frac{1}{3}\right)\cdot(-2)^{n-1}-n+\frac{4}{3}$

したがって　　$\boldsymbol{a_k=\left(a-\frac{1}{3}\right)\cdot(-2)^{k-1}-k+\frac{4}{3}}$

類題 19　実数 x に対して，x を超えない最大の整数を $[x]$ で表す。2以上の整数 n に対して $S_n=\sum_{k=1}^{n-1}\left[\frac{k^3}{n}\right]$ と定める。例えば，

$$S_3=\left[\frac{1}{3}\right]+\left[\frac{8}{3}\right]=2, \qquad S_5=\left[\frac{1}{5}\right]+\left[\frac{8}{5}\right]+\left[\frac{27}{5}\right]+\left[\frac{64}{5}\right]=18$$

である。以下の問いに答えよ。必要ならば，正の整数 m に対して

$$\sum_{k=1}^{m}k=\frac{m(m+1)}{2}, \qquad \sum_{k=1}^{m}k^2=\frac{m(m+1)(2m+1)}{6}$$

が成り立つことを，証明なしで用いてよい。〔広島大〕

(1)　n を2以上の整数とし，k を n 未満の正の整数とする。n と k が互いに素であるとき，$\left[\frac{k^3}{n}\right]+\left[\frac{(n-k)^3}{n}\right]$ を n，k についての整式として表せ。

(2)　p を素数とするとき，S_p を p を用いて表せ。また，S_{23} を求めよ。

(3)　p を素数とするとき，S_{p^2} を p を用いて表せ。また，S_{25} を求めよ。

演習例題 20 格子点の個数

(1) k を 0 以上の整数とするとき，$\dfrac{x}{3}+\dfrac{y}{2}\leqq k$ を満たす 0 以上の整数 x，y の組 $(x,\ y)$ の個数を a_k とする。a_k を k の式で表せ。

(2) n を 0 以上の整数とするとき，$\dfrac{x}{3}+\dfrac{y}{2}+z\leqq n$ を満たす 0 以上の整数 x，y，z の組 $(x,\ y,\ z)$ の個数を b_n とする。b_n を n の式で表せ。〔横浜国大〕

指針 (1) まず，不等式 $x\geqq 0$，$y\geqq 0$，$\dfrac{x}{3}+\dfrac{y}{2}\leqq k$ の表す領域は，下の 解答 (1) の図の黒く塗った部分（境界線を含む）である。この黒い部分にある格子点の個数が a_k である。
直線 $y=l$ $(l=0,\ 1,\ \cdots\cdots,\ 2k)$ にある格子点の個数を l で表して，Σ（各直線上の格子点の個数）で a_k を計算する。
⟶ ここで，l の偶奇によって，格子点の個数は変わってくることに注意が必要である。

(2) **CHART 》 (1)，(2) の問題　結果の利用**

$z=i$ $(i=0,\ 1,\ \cdots\cdots,\ n)$ を固定して考えて，$x\geqq 0$，$y\geqq 0$，$\dfrac{x}{3}+\dfrac{y}{2}\leqq n-i$ を満たす整数 x，y の組の個数をまず求める。 ⟵ (1) の結果が利用できる。

解答 (1) $k=0$ のとき，$\dfrac{x}{3}+\dfrac{y}{2}\leqq k$ を満たす 0 以上の整数 x，y の組は $(x,\ y)=(0,\ 0)$ のみであるから　$a_0=1$

◀ $k=0$ のときは別扱い。

$k\geqq 1$ のとき，$x\geqq 0$，$y\geqq 0$，$\dfrac{x}{3}+\dfrac{y}{2}\leqq k$ の表す領域 D は，右図の黒く塗った部分（境界線を含む）である。

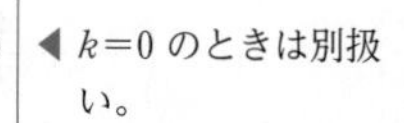

◀ 直線 $\dfrac{x}{3}+\dfrac{y}{2}=k$ について，$\dfrac{x}{3k}+\dfrac{y}{2k}=1$ から，x 切片は $3k$，y 切片は $2k$ である。

直線 $y=l$ $(l=0,\ 1,\ \cdots\cdots,\ 2k)$ と直線 $\dfrac{x}{3}+\dfrac{y}{2}=k$ の交点の座標は

$$\left(3k-\frac{3}{2}l,\ l\right)$$

[1] $l=2m$ $(m=0,\ 1,\ \cdots\cdots,\ k)$ のとき，直線 $y=l$ 上にある格子点のうち，領域 D に含まれるものは

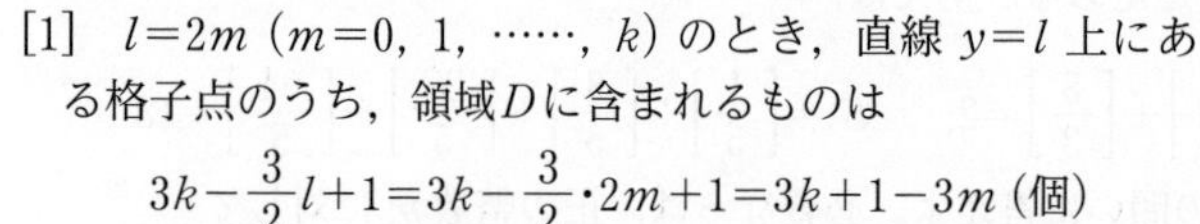

$$3k-\frac{3}{2}l+1=3k-\frac{3}{2}\cdot 2m+1=3k+1-3m \text{（個）}$$

[2] $l=2m-1$ $(m=1,\ 2,\ \cdots\cdots,\ k)$ のとき，直線 $y=l$ にある格子点のうち，領域 D に含まれるものは

$$3k-\frac{3}{2}l-\frac{1}{2}+1=3k+\frac{1}{2}-\frac{3}{2}(2m-1)=3k+2-3m \text{（個）}$$

よって　$$a_k=\sum_{m=0}^{k}(3k+1-3m)+\sum_{m=1}^{k}(3k+2-3m)$$
$$=3k+1+\sum_{m=1}^{k}\{(3k+1-3m)+(3k+2-3m)\}$$

参考　ピックの定理（$p.384$）を用いると，
$b=(k+1)+3k+(2k-1)=6k$
から
$a_k=S+1+\dfrac{b}{2}$
$=3k^2+3k+1$
（b は D の境界線上の格子点の個数，S は D の面積。）

◀ $\displaystyle\sum_{m=0}^{k}(3k+1-3m)$
$\displaystyle=3k+1-3\cdot 0+\sum_{m=1}^{k}(3k+1-3m)$

$=3k+1+\sum_{m=1}^{k}(6k+3-6m)$

$=3k+1+(6k+3)\cdot k-6\cdot\frac{1}{2}k(k+1)$

$=3k^2+3k+1$

この式は $k=0$ のときにも成り立つ。

以上から　　$\boldsymbol{a_k=3k^2+3k+1}$

◀ $6k+3$ は m に無関係
$\longrightarrow \sum_{m=1}^{k}(6k+3-6m)$
$=(6k+3)\sum_{m=1}^{k}1-6\sum_{m=1}^{k}m$

◀ $3\cdot0^2+3\cdot0+1=1$

◀ $k\geqq0$ で成り立つ。

(2) $x\geqq0$, $y\geqq0$, $z\geqq0$, $\frac{x}{3}+\frac{y}{2}+z\leqq n$ を満たす整数 x, y, z の組 $(x,\ y,\ z)$ について, $0\leqq z\leqq n$ である。

$z=i$ $(i=0,\ 1,\ 2,\ \cdots\cdots,\ n)$ のとき, x, y は

$x\geqq0$, $y\geqq0$, $\frac{x}{3}+\frac{y}{2}\leqq n-i$ …… ①　を満たす。

◀まず, z を固定して考える。

ここで, $n-i$ は0以上の整数である。

よって, (1)から, ① を満たす整数 x, y の組の個数は

$3(n-i)^2+3(n-i)+1$　…… (＊)

◀ このことから, (1)と同じ設定 (k が $n-j$ の場合) になり, (1)の結果が利用できる。

ゆえに　　$b_n=\sum_{i=0}^{n}\{3(n-i)^2+3(n-i)+1\}$

ここで, $n-i=j$ とおくと, $i=0,\ 1,\ \cdots\cdots,\ n$ のとき j の値は順に $n,\ n-1,\ \cdots\cdots,\ 0$ であるから

$\boldsymbol{b_n}=\sum_{j=0}^{n}(3j^2+3j+1)=\sum_{j=1}^{n}(3j^2+3j+1)+1$

$=3\cdot\frac{1}{6}n(n+1)(2n+1)+3\cdot\frac{1}{2}n(n+1)+n+1$

$=\frac{1}{2}(n+1)\{n(2n+1)+3n+2\}=\boldsymbol{(n+1)^3}$

◀ b_n
$=(3n^2+3n+1)$
$+\{3(n-1)^2$
$+3(n-1)+1\}$
$+\cdots\cdots$
$+(3\cdot2^2+3\cdot2+1)$
$+(3\cdot1^2+3\cdot1+1)+1$
$=\sum_{j=1}^{n}(3j^2+3j+1)+1$
と考えてもよい。

(1) a_k を x 軸に垂直な直線 $x=l$ $(l=0,\ 1,\ \cdots\cdots,\ 3k)$ 上の格子点の個数の和として求める方法も考えられるが, この場合は, 格子点の個数を $l=3m$, $l=3m-1$, $l=3m-2$ に分けて調べる必要がある。つまり, 場合分けの数が多くなるので, 解答 よりも解答は面倒になる。そのため, 解答 では直線 $y=l$ $(l=0,\ 1,\ \cdots\cdots,\ 2k)$ 上の格子点の個数の和として求めているのである。

(2) $n\geqq1$ のとき, $x\geqq0$, $y\geqq0$, $z\geqq0$, $\frac{x}{3}+\frac{y}{2}+z\leqq n$ の表す図形は, 右図の四面体 OABC の表面と内部である。

(平面 $\frac{x}{3n}+\frac{y}{2n}+\frac{z}{n}=1$ は右図の平面 ABC である。)

この立体を F とすると, F を平面 $z=i$ $(i=0,\ 1,\ \cdots\cdots,\ n)$ で切ったときの切り口, すなわち, 右図の △PQR の周および内部にある格子点の個数が, 解答 (2)の (＊) $[3(n-i)^2+3(n-i)+1]$ となっている。

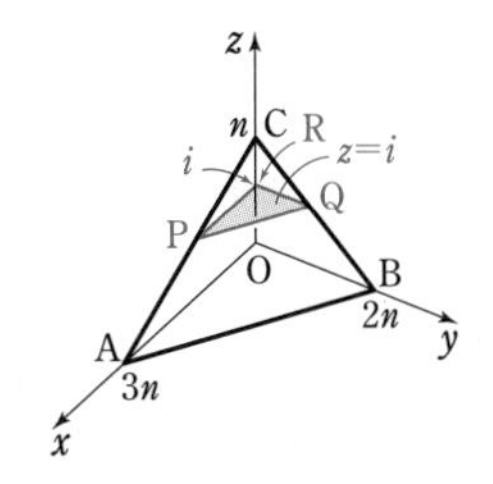

(1) $3x+2y\leqq2008$ を満たす0以上の整数の組 $(x,\ y)$ の個数を求めよ。

(2) $\frac{x}{2}+\frac{y}{3}+\frac{z}{6}\leqq10$ を満たす0以上の整数の組 $(x,\ y,\ z)$ の個数を求めよ。

〔名古屋大〕

総

総合演習

演習例題 21 複雑な漸化式で定められる数列の一般項

p を 2 以上の自然数とし，数列 $\{x_n\}$ は

$$x_1=\frac{1}{2^p+1},\quad x_{n+1}=|2x_n-1|\ (n=1,\ 2,\ 3,\ \cdots\cdots)$$

を満たすとする。

(1) $p=3$ のとき，x_n を求めよ。

(2) $x_{p+1}=x_1$ であることを示せ。 〔神戸大〕

指針 x_1，x_2，x_3，…… と順に求めると規則性が見えてくる。

(2) x_n を推測し，それが正しいことを数学的帰納法で示す。

解答 (1) $p=3$ のとき

$$x_1=\frac{1}{2^3+1}=\frac{1}{9},$$

$$x_2=|2x_1-1|=\left|2\cdot\frac{1}{9}-1\right|=\frac{7}{9},$$

$$x_3=|2x_2-1|=\left|2\cdot\frac{7}{9}-1\right|=\frac{5}{9},$$

$$x_4=|2x_3-1|=\frac{1}{9}=x_1$$

よって，数列 $\{x_n\}$ は周期が 3 の数列であるから

$$\boldsymbol{x_n=\begin{cases}\dfrac{1}{9} & (n=3m-2)\\[2mm] \dfrac{7}{9} & (n=3m-1)\quad (m\text{ は自然数})\\[2mm] \dfrac{5}{9} & (n=3m)\end{cases}}$$

◀ $x_5=|2x_4-1|$
$=|2x_1-1|$
$=x_2$
$x_6=|2x_5-1|$
$=|2x_2-1|$
$=x_3$
であり，以降も同様となる。

(2) 条件により

$$x_2=\left|2\cdot\frac{1}{2^p+1}-1\right|=1-\frac{2}{2^p+1}$$

$$x_3=\left|2\left(1-\frac{2}{2^p+1}\right)-1\right|=1-\frac{2^2}{2^p+1}$$

……

◀ 順に求めて規則性について考える。

ゆえに，$2\leqq n\leqq p+1$ に対して，

$$x_n=1-\frac{2^{n-1}}{2^p+1}\quad\cdots\cdots\ ①$$

となることが推測される。

[1] $n=2$ のとき

① の右辺は $1-\dfrac{2^{2-1}}{2^p+1}=1-\dfrac{2}{2^p+1}$

よって，$n=2$ のとき，① は成り立つ。

[2]　$n=k\ (2 \leqq k \leqq p)$ のとき ① が成り立つ，すなわち

$$x_k=1-\frac{2^{k-1}}{2^p+1}\ (2 \leqq k \leqq p)\quad \cdots\cdots ②$$

と仮定する。

$n=k+1$ のときを考えると，② から

$$x_{k+1}=\left|2\left(1-\frac{2^{k-1}}{2^p+1}\right)-1\right|$$

◀ $x_{k+1}=|2x_k-1|$

ここで，$p \geqq k$ より $2^p+1>2^k>0$ であるから

$$\frac{2^k}{2^p+1}<1$$

ゆえに　$x_{k+1}=1-\dfrac{2^k}{2^p+1}$

◀ $x_{k+1}=\left|1-\dfrac{2^k}{2^p+1}\right|$

よって，$n=k+1$ のときにも ① は成り立つ。

[1]，[2] から，$2 \leqq n \leqq p+1$ に対して ① は成り立つ。

したがって　$x_{p+1}=1-\dfrac{2^p}{2^p+1}=\dfrac{1}{2^p+1}=x_1$

総

総合演習

右の図のように，$y=|2x-1|$ と $y=x$ のグラフを考えると，数列 $\{x_n\}$ の様子をつかむことができる。
なお，右の図は，$p=3$ のときの様子である。

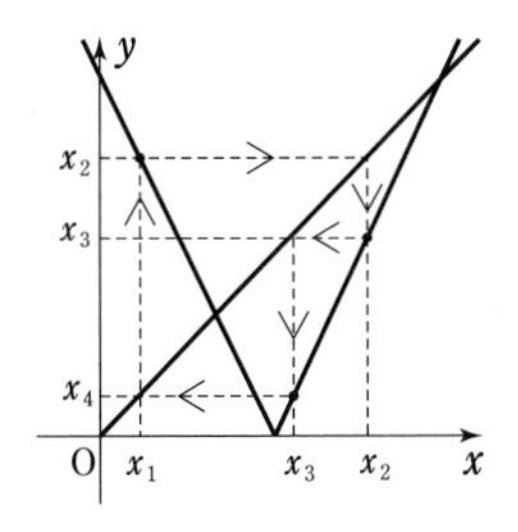

類題 21　r を 0 でない実数とする。数列 $\{a_n\}$ が次を満たしている。

$$\begin{cases} a_1=r \\ a_n=n-1+r+\dfrac{1}{r}(a_{n-1}-n+2) \end{cases}\quad (n=2,\ 3,\ 4,\ \cdots\cdots)$$

(1)　a_2，a_3，a_4 を r の式で表せ。

(2)　a_n を n，r の式で表せ。

(3)　$r=\dfrac{1}{2}$ のとき，$\displaystyle\sum_{k=1}^{n} a_k$ を n の式で表せ。　〔横浜国大〕

演習例題 22 数学的帰納法（$n=k$，$k+1$ の仮定）

a，b を整数とする。また，整数の数列 $\{c_n\}$ を $c_1=a$，$c_2=b$ および漸化式 $c_{n+2}=c_{n+1}+c_n$ $(n=1,\ 2,\ 3,\ \cdots\cdots)$ により定める。

(1) $a=39$，$b=13$ とする。このとき，2つの整数 c_5 と c_6 の最大公約数を求めよ。

(2) a と b はともに奇数であるとする。このとき，自然数 n に対して次の命題 P_n が成り立つことを，n についての数学的帰納法で示せ。

P_n：c_{3n-2} と c_{3n-1} はともに奇数であり，c_{3n} は偶数である。

(3) d を自然数とし，a と b はともに d の倍数であるとする。このとき，自然数 n に対して c_n が d の倍数になることを示せ。ただし，数学的帰納法を用いて証明すること。

(4) c_{2022} が奇数であるならば，$a+b$ も奇数であることを示せ。〔広島大〕

指針 (1) c_3，c_4，c_5，c_6 と順に求めていく。

(2) $n=k$ のとき成り立つと仮定して，$n=k+1$ のときも成り立つことを示す。

(3) $n=k$，$k+1$ のとき成り立つと仮定して，$n=k+2$ のときも成り立つことを示す。

(4) 対偶：「$a+b$ が偶数であるならば，c_{2022} も偶数である」が真であることを示す。

解答 (1) $c_1=39=13\cdot3$，$c_2=13$ のとき

$$c_3=c_2+c_1=13\cdot4$$
$$c_4=c_3+c_2=13\cdot4+13=13\cdot5$$
$$c_5=c_4+c_3=13\cdot5+13\cdot4=13\cdot9$$
$$c_6=c_5+c_4=13\cdot9+13\cdot5=13\cdot14$$

◀ c_1，c_2 が13の倍数であることに着目し，c_3，c_4，…… も13の倍数であることが見えるようにしておくとよい。

9と14は互いに素であるから，c_5 と c_6 の最大公約数は

13

(2) すべての自然数 n に対して

P_n：c_{3n-2} と c_{3n-1} はともに奇数であり，
c_{3n} は偶数である

が成り立つことを数学的帰納法により示す。

[1] $n=1$ のとき

$$c_1=a,\ c_2=b,\ c_3=a+b$$

a，b はともに奇数であるから，c_1 と c_2 はともに奇数であり，c_3 は偶数である。

よって，$n=1$ のとき P_n は成り立つ。

[2] $n=k$ のとき，P_n が成り立つと仮定する。

このとき，c_{3k-2} と c_{3k-1} はともに奇数であり，c_{3k} は偶数である。

$n=k+1$ のときを考える。

$c_{3(k+1)-2}=c_{3k}+c_{3k-1}$ から，$c_{3(k+1)-2}$ は奇数である。 ◀ (偶数)+(奇数)=(奇数)

$c_{3(k+1)-1}=c_{3k+1}+c_{3k}=c_{3(k+1)-2}+c_{3k}$ から，$c_{3(k+1)-1}$ は奇数である。 ◀ (奇数)+(偶数)=(奇数)

$c_{3(k+1)}=c_{3(k+1)-1}+c_{3(k+1)-2}$ であり，$c_{3(k+1)-2}$，$c_{3(k+1)-1}$ はともに奇数であるから，$c_{3(k+1)}$ は偶数である。

よって，$n=k+1$ のときも P_n が成り立つ。

[1]，[2] から，すべての自然数 n に対して，P_n が成り立つ。

(3)　a と b がともに d の倍数であるとき，すべての自然数 n に対して c_n が d の倍数になることを n に関する数学的帰納法により示す。

[1]　$n=1,\ 2$ のとき

$c_1=a$，$c_2=b$ であり，a と b がともに d の倍数であるから，c_1，c_2 はともに d の倍数である。

よって，$n=1,\ 2$ のとき c_n は d の倍数である。

[2]　$n=k,\ k+1$ のとき，c_n が d の倍数になると仮定すると，c_k，c_{k+1} は d の倍数であるから，整数 l，m を用いて $c_k=dl$，$c_{k+1}=dm$ と表される。

$n=k+2$ のときを考える。

$$c_{k+2}=c_{k+1}+c_k=dl+dm=d(l+m)$$

$l+m$ は整数であるから，c_{k+2} は d の倍数である。

よって，$n=k+2$ のときも c_n は d の倍数となる。

[1]，[2] より，すべての自然数 n に対して c_n は d の倍数である。

(3) $c_{k+2}=c_{k+1}+c_k$ であるから，$n=k$ のとき，c_n が d の倍数になると仮定するだけでは証明できない。

(4)　対偶：「$a+b$ が偶数であるならば，c_{2022} も偶数である」について考える。

$a+b$ が偶数であるとき，a，b の偶奇は一致する。

◀ (奇数)＋(奇数)＝(偶数)
(偶数)＋(偶数)＝(偶数)

[1]　a，b がともに奇数のとき

2022 は 3 の倍数であるから，(2) の結果より c_{2022} は偶数である。

[2]　a，b がともに偶数のとき

(3) の結果より，すべての自然数 n に対して c_n は偶数となり，c_{2022} も偶数である。

[1]，[2] から，対偶は真である。

したがって，c_{2022} が奇数であるならば，$a+b$ も奇数である。

類題 22　次の条件によって定まる数列 $\{F_n\}$ を考える。

$$F_1=F_2=1,\ F_{n+1}=F_n+F_{n-1}\quad (n\geqq 2)$$

$\dfrac{n}{2}$ を越えない最大の整数を $\left[\dfrac{n}{2}\right]$ と表すとき，$F_{n+1}=\displaystyle\sum_{r=0}^{\left[\frac{n}{2}\right]}{}_{n-r}\mathrm{C}_r$ …… ① が成り立つことを次の手順により示せ。〔お茶の水大〕

(1)　$1\leqq r\leqq n-1$ を満たす自然数 r に対し，${}_n\mathrm{C}_r={}_{n-1}\mathrm{C}_r+{}_{n-1}\mathrm{C}_{r-1}$ が成り立つことを示せ。

(2)　① が $n=1,\ 2$ に対して成り立つことを示せ。

(3)　すべての自然数 n に対し，① が成り立つことを数学的帰納法により示せ。

総合演習

演習例題 23 整数問題と数学的帰納法

(1) 正の整数 n に対して，二項係数に関する次の等式を示せ。

$$n\,{}_{2n}\mathrm{C}_n=(n+1)\,{}_{2n}\mathrm{C}_{n-1}$$

また，これを用いて ${}_{2n}\mathrm{C}_n$ は $n+1$ の倍数であることを示せ。

(2) 正の整数 n に対して，$a_n=\dfrac{{}_{2n}\mathrm{C}_n}{n+1}$ とおく。このとき，$n\geqq4$ ならば $a_n>n+2$ であることを示せ。

(3) a_n が素数となる正の整数 n をすべて求めよ。　〔東京工大〕

指針 (1) 等式を証明する際には，${}_n\mathrm{C}_r=\dfrac{n!}{r!(n-r)!}$ を利用する。

(2) 数学的帰納法で示す。「$n\geqq4$」という条件であるから，まず，**$n=4$ のとき** 不等式が成り立つことを証明する。

(3) $n=1,\ 2,\ 3$ のときの a_n の値を求める。また，**$n\geqq4$ のとき a_n が素数でない** ことを示す。その際，a_n が素数とすると矛盾が生じることを示す。

解答 (1)
$$n\,{}_{2n}\mathrm{C}_n=n\cdot\frac{(2n)!}{n!n!}$$
$$=(n+1)\cdot\frac{(2n)!}{(n-1)!(n+1)!}$$
$$=(n+1)\,{}_{2n}\mathrm{C}_{n-1}$$

◀ ${}_{2n}\mathrm{C}_{n-1}=\dfrac{(2n)!}{(n-1)!\{2n-(n-1)\}!}$

右辺は $n+1$ の倍数より左辺も $n+1$ の倍数であるが，任意の自然数 n に対して n と $n+1$ は互いに素であるから，${}_{2n}\mathrm{C}_n$ は $n+1$ の倍数である。

(2) $n\geqq4$ のとき，$a_n>n+2$ であることを数学的帰納法により示す。

[1] $n=4$ のとき

$a_4=\dfrac{{}_8\mathrm{C}_4}{5}=14>6$ であるから　$a_n>n+2$

[2] $n=k\ (k\geqq4)$ のとき，$a_k>k+2$ が成り立つと仮定する。

$n=k+1$ のときを考える。

$$a_{k+1}=\frac{{}_{2k+2}\mathrm{C}_{k+1}}{k+2}=\frac{1}{k+2}\cdot\frac{(2k+2)!}{(k+1)!(k+1)!}$$
$$=\frac{1}{k+2}\cdot\frac{(2k+2)(2k+1)(2k)!}{(k+1)!(k+1)!}$$
$$=\frac{4k+2}{k+2}\cdot\frac{1}{k+1}\cdot\frac{(2k)!}{k!k!}$$
$$=\frac{4k+2}{k+2}\cdot\frac{{}_{2k}\mathrm{C}_k}{k+1}$$

◀ $a_k=\dfrac{{}_{2k}\mathrm{C}_k}{k+1}$ であるから，$\dfrac{(2k)!}{k!k!}\ (={}_{2k}\mathrm{C}_k)$ が現れるように変形することを考える。

よって　$a_{k+1}=\dfrac{4k+2}{k+2}a_k$　…… ①

ゆえに　　$a_{k+1}-(k+3)=\frac{4k+2}{k+2}a_k-(k+3)$

$>\frac{4k+2}{k+2}\cdot(k+2)-(k+3)$

$=3k-1>0$

◀ $n=k$ のときの仮定を利用する。

したがって，$n=k+1$ のときも $a_n>n+2$ が成り立つ。

[1]，[2] から，$n\geqq4$ のとき　　$a_n>n+2$

(3)　$a_1=1$, $a_2=2$, $a_3=5$ であるから，$n=2$, 3 のとき a_n は素数となる。

$n\geqq4$ のとき，a_n は素数にならないことを示す。

$n\geqq4$ を満たすある n で a_n が素数であるとすると，① から　　$a_{n+1}=\frac{4n+2}{n+2}a_n$

ここで，(2) より，$n\geqq4$ のとき $a_n>n+2$ であり，さらに a_n は素数であるから，a_n と $n+2$ は互いに素である。

a_{n+1} は整数であるから，$4n+2$ は $n+2$ の倍数である。

◀ (1) より，${}_{2n}\mathrm{C}_n$ は $n+1$ の倍数であり，$a_n=\frac{{}_{2n}\mathrm{C}_n}{n+1}$ であるから，正の整数 n に対して a_n は整数である。

よって，$4n+2=k(n+2)$ となる正の整数 k が存在する。

このとき　　$(4-k)n=2k-2$

$k=4$ はこの等式を満たさない。

したがって，$k\neq4$ であるから

$$n=\frac{2k-2}{4-k}=\frac{-2(4-k)+6}{4-k}$$

$$=-2+\frac{6}{4-k}$$

右辺が 4 以上の正の整数となる正の整数 k は　　$k=3$

よって　　$n=4$

一方，$a_4=14$ は素数でないから，矛盾である。

ゆえに，$n\geqq4$ のとき a_n は素数とならない。

したがって，a_n が素数となる n は　　$\boldsymbol{n=2,\ 3}$

類題 23　数列 $\{a_n\}$ を次のように定める。

$a_1=1$,　$a_{n+1}=a_n{}^2+1$　$(n=1,\ 2,\ 3,\ \cdots\cdots)$

(1)　正の整数 n が 3 の倍数のとき，a_n は 5 の倍数となることを示せ。

(2)　k，n を正の整数とする。a_n が a_k の倍数となるための必要十分条件を k，n を用いて表せ。

(3)　a_{2022} と $(a_{8091})^2$ の最大公約数を求めよ。　〔東京大〕

演習例題 24 数列に関する多変数の不等式の証明

n を 2 以上の自然数とする。x_1, ……, x_n, y_1, ……, y_n は $x_1>x_2>\cdots\cdots>x_n$, $y_1>y_2>\cdots\cdots>y_n$ を満たす実数とする。z_1, ……, z_n は y_1, ……, y_n を任意に並べ替えたものとするとき,

$$\sum_{i=1}^{n}(x_i-y_i)^2 \leqq \sum_{i=1}^{n}(x_i-z_i)^2$$

が成り立つことを示せ。また, 等号が成り立つのはどのようなときか答えよ。

〔東北大〕

指針 $\displaystyle\sum_{i=1}^{n}(x_i-y_i)^2 \leqq \sum_{i=1}^{n}(x_i-z_i)^2$ のままでは考えにくいから, $\displaystyle\sum_{i=1}^{n}y_i^2=\sum_{i=1}^{n}z_i^2$ を利用して変形すると, 不等式 $\displaystyle\sum_{i=1}^{n}x_iz_i \leqq \sum_{i=1}^{n}x_iy_i$ …… (＊) が導かれる。

また, 不等式 (＊) の等号が成り立つのはどのようなときかを考えると, すべての i について $z_i=y_i$ が成り立つときであろうと推測できる。 ◀ $n=2$ などで考えてみる。

よって, この問題では, $n \geqq 2$ のとき,

不等式 (＊) が成り立つこと,

(＊) の等号が成り立つのは, すべての i について $z_i=y_i$ となるときであること

を数学的帰納法によって証明する。

解答

$$\sum_{i=1}^{n}(x_i-y_i)^2=\sum_{i=1}^{n}x_i^2-2\sum_{i=1}^{n}x_iy_i+\sum_{i=1}^{n}y_i^2,$$

$$\sum_{i=1}^{n}(x_i-z_i)^2=\sum_{i=1}^{n}x_i^2-2\sum_{i=1}^{n}x_iz_i+\sum_{i=1}^{n}z_i^2$$

ここで, z_1, ……, z_n は y_1, ……, y_n を並べ替えたものであるから

$$\sum_{i=1}^{n}y_i^2=\sum_{i=1}^{n}z_i^2$$

よって, 不等式 $\displaystyle\sum_{i=1}^{n}(x_i-y_i)^2 \leqq \sum_{i=1}^{n}(x_i-z_i)^2$ は, 不等式

$$\sum_{i=1}^{n}x_iz_i \leqq \sum_{i=1}^{n}x_iy_i \quad \cdots\cdots ①$$

と同値であるから, これを示せばよい。

$n \geqq 2$ のとき, 不等式 ① が成り立つこと, および ① の等号が成り立つのは, すべての i $(i=1,\ 2,\ \cdots\cdots,\ n)$ について $z_i=y_i$ のときに限ることを, 数学的帰納法を用いて証明する。

[1] $n=2$ のとき

(i) $z_1=y_1$, $z_2=y_2$ ならば, ① の等号が成り立つ。

(ii) $z_1=y_2$, $z_2=y_1$ ならば

$$\sum_{i=1}^{2}x_iz_i-\sum_{i=1}^{2}x_iy_i=(x_1y_2+x_2y_1)-(x_1y_1+x_2y_2)$$
$$=(x_1-x_2)(y_2-y_1)<0$$

よって, $n=2$ のとき ① は成り立ち, 等号が成り立つのは, $z_1=y_1$, $z_2=y_2$ のときに限る。

[2]　$n=k$ $(k \geqq 2)$ のとき，① が成り立ち，① の等号が成り立つのは，すべての i $(i=1,\ 2,\ \cdots\cdots,\ k)$ について $z_i=y_i$ のときに限ると仮定する。

$x_1,\ \cdots,\ x_{k+1},\ y_1,\ \cdots,\ y_{k+1}$ は $x_1>x_2>\cdots>x_{k+1},\ y_1>y_2>\cdots>y_{k+1}$ を満たす実数とし，$z_1,\ \cdots,\ z_{k+1}$ は $y_1,\ \cdots,\ y_{k+1}$ を任意に並べ替えたものとすると，仮定から

$$\sum_{i=1}^{k} x_i z_i \leqq \sum_{i=1}^{k} x_i y_i \quad \cdots\cdots ②$$

(iii)　$z_{k+1}=y_{k+1}$ ならば，$x_{k+1}z_{k+1}=x_{k+1}y_{k+1}$ であり，② の左辺に $x_{k+1}z_{k+1}$，右辺に $x_{k+1}y_{k+1}$ を加えて　$\displaystyle\sum_{i=1}^{k+1} x_i z_i \leqq \sum_{i=1}^{k+1} x_i y_i$

仮定から，等号が成り立つのは，すべての i $(i=1,\ 2,\ \cdots\cdots,\ k+1)$ について $z_i=y_i$ のときである。

(iv)　$z_{k+1} \neq y_{k+1}$ ならば，$z_1,\ \cdots\cdots,\ z_k$ の中に $z_l=y_{k+1}$ となる z_l $(1 \leqq l \leqq k)$ が存在する。このとき，$z_1,\ \cdots\cdots,\ z_{k+1}$ において，z_l と z_{k+1} を入れ替えた並びを，改めて $z_1',\ \cdots\cdots,\ z_{k+1}'$ とすると　$z_{k+1}'=y_{k+1}$

よって，(iii) から　$\displaystyle\sum_{i=1}^{k+1} x_i z_i' \leqq \sum_{i=1}^{k+1} x_i y_i$ $\cdots\cdots$ ③

ここで

$$\begin{aligned}\sum_{i=1}^{k+1} x_i z_i - \sum_{i=1}^{k+1} x_i z_i' &= x_l z_l + x_{k+1}z_{k+1} - (x_l z_l' + x_{k+1}z_{k+1}') \\ &= x_l z_l + x_{k+1}z_{k+1} - (x_l z_{k+1} + x_{k+1}z_l) \\ &= x_l(z_l - z_{k+1}) - x_{k+1}(z_l - z_{k+1}) \\ &= (x_l - x_{k+1})(z_l - z_{k+1})\end{aligned}$$

$x_l>x_{k+1},\ z_l=y_{k+1}<z_{k+1}$ であるから　$(x_l-x_{k+1})(z_l-z_{k+1})<0$

ゆえに，$\displaystyle\sum_{i=1}^{k+1} x_i z_i - \sum_{i=1}^{k+1} x_i z_i' < 0$ であり　$\displaystyle\sum_{i=1}^{k+1} x_i z_i < \sum_{i=1}^{k+1} x_i z_i'$ $\cdots\cdots$ ④

③，④ から　$\displaystyle\sum_{i=1}^{k+1} x_i z_i < \sum_{i=1}^{k+1} x_i y_i$

したがって，$n=k+1$ のときにも ① は成り立ち，等号が成り立つのは，すべての i $(i=1,\ 2,\ \cdots\cdots,\ k+1)$ について $z_i=y_i$ のときに限る。

[1]，[2] から，2 以上のすべての自然数 n について，不等式 ① が成り立ち，等号が成り立つのは，**すべての i $(i=1,\ 2,\ \cdots\cdots,\ n)$ について $z_i=y_i$ のとき** である。

参考　① の不等式を **並べ替え不等式** ともいう。

類題 24　関数 f は，実数 $x,\ y$ に対して $f\left(\dfrac{x+y}{2}\right) \leqq \dfrac{1}{2}\{f(x)+f(y)\}$ を満たすとする。この関数が n 個の実数 $x_1,\ x_2,\ \cdots\cdots,\ x_n$ に対し，

$$f\left(\frac{x_1+x_2+\cdots\cdots+x_n}{n}\right) \leqq \frac{1}{n}\{f(x_1)+f(x_2)+\cdots\cdots+f(x_n)\} \quad \cdots\cdots ①$$

を満たすことを証明したい。

(1)　$n=2^m$ $(m=1,\ 2,\ 3,\ \cdots\cdots)$ のとき，不等式 ① が成り立つことを示せ。

(2)　$n=k \geqq 2$ のとき不等式 ① が成り立つと仮定し，$n=k-1$ のとき不等式 ① が成り立つことを示せ。　〔類　芝浦工大〕

答の部（数学Ⅱ）

CHECK 問題，例，練習，問，演習問題の答の数値のみをあげ，図・表・証明は省略した。

＜第1章＞　式と証明

● CHECK 問題 の解答

1 (1) $a^7+14a^6b+84a^5b^2+280a^4b^3+560a^3b^4+672a^2b^5+448ab^6+128b^7$
(2) $64x^6-192x^5y+240x^4y^2-160x^3y^3+60x^2y^4-12xy^5+y^6$
(3) $64m^6+64m^5n+\frac{80}{3}m^4n^2+\frac{160}{27}m^3n^3+\frac{20}{27}m^2n^4+\frac{4}{81}mn^5+\frac{1}{729}n^6$

2 (1) 216 (2) -720

3 略

4 (ア) 720 (イ) 135

5 (1) 商 $3x+2$，余り 2
(2) 商 $x-3$，余り $x-8$
(3) 商 $x^2-3x+\frac{3}{2}$，余り $-4x+\frac{3}{2}$

6 (1) $\frac{2ay^2}{3x}$ (2) $\frac{x-1}{2(x+2)}$ (3) $\frac{x^2-x+1}{x-3}$

7 (1) $\frac{6ax^2}{c^2yz}$ (2) $\frac{2a-b}{a+2b}$ (3) $x-1$
(4) -1 (5) $-\frac{x-4}{(x-1)(x+2)}$

8 (1) 恒等式ではない
(2) 恒等式である
(3) 恒等式である
(4) 恒等式ではない

9 $a=2$，$b=3$

10，11 略

12 (1) 証明略，$a=2$
(2) 証明略，$5a=3b$

● 例 の解答

1 (1) 80 (2) 順に 60，240

2 (1) -1080 (2) 615 (3) 31

3 (1) (ア) 商 $x+2$，余り $x-3y$
(イ) 商 $x-1$，余り $3x^2+x$
(2) 商 $2x^2-4xy+5y^2$，余り 0

4 (1) $A=6x^3-2x^2+3$ (2) $B=x^2-2x-1$

5 (1) $\frac{8a^2b^2}{a^4-b^4}$ (2) $\frac{6(x+1)}{x(x-1)(x+2)(x+3)}$
(3) 0

6 (1) $\frac{1}{(x+a)(x+b)}$ (2) $\frac{3}{(x+1)(x+7)}$

7 $a=1$，$b=3$，$c=0$，$d=3$

8 $a=3$，$b=-1$，$c=2$

9，10 略

11 (1) 略 (2) 証明略，$ay=bx$
(3) 証明略，$ay=bx$，$bz=cy$，$cx=az$

12 (1) 証明略，$a=b=c$ (2) 証明略，$a=b=c$

● 練習 の解答

1 (1) 略 (2) 2^{n-1}

2 (1) (ア) 10001 (イ) 90001 (ウ) 20003
(2) 81

3 略

4 (1) $\frac{2}{(x+3)(x+4)}$
(2) $\frac{2(2x-7)}{(x-2)(x-3)(x-4)(x-5)}$

5 (1) $\frac{1}{x+1}$ (2) $-\frac{x}{y}$ (3) $\frac{x+2}{2x+3}$

6 $a=2$，$b=2$，$c=1$，$d=13$

7 (1) $a=-4$，$b=1$，$c=6$
(2) $p=7$，$q=-4$，$r=21$

8 $P=-x^3+3x+2$

9 (1) $f(0)=0$，$f(1)=5$，$f(4)=176$
(2) 順に $2n$，$n+3$ (3) 略
(4) $f(x)=2x^3+3x^2$

10 (1) $\frac{33}{26}$ (2) -1，$\frac{1}{2}$

11 略

12 証明略，(1) $a=b$ (2) $x=y=z$

13 略

14 証明略 (1) $ab=2$ (2) $a=b=c=1$

15 (1) $xy=\sqrt{6}$ のとき最小値 $2\sqrt{6}+5$
(2) $x=\sqrt{2}-1$ のとき最大値 $\frac{\sqrt{2}}{4}$
(3) $x=y=2$ のとき最大値 4

16 略

17 (1) $\frac{a}{d}<\frac{ac}{bd}<\frac{a+c}{b+d}<\frac{c}{b}$
(2) $D<A<B<C$

● 演習問題 の解答

1 (ア) 4 (イ) 6 (ウ) 3 (エ) -3 (オ) 6

2 13乗

3 略

4 (1) 4 (2) $a=2$，$b=0$，$c=5$，$d=-3$

5 -1，8

6～8 略

9 証明略，$a=0$ または $b=0$

10 $12+8\sqrt{2}$

11，12 略

＜第2章＞　複素数と方程式

● CHECK 問題 の解答

13 (1) 実部は 2，虚部は $-\sqrt{3}$

(2) 実部は $-\dfrac{1}{2}$，虚部は $\dfrac{1}{2}$

(3) 実部は $-\dfrac{1}{3}$，虚部は 0

(4) 実部は 0，虚部は 4

14 (1) $x=\dfrac{1}{3}$　(2) $x=-3$

15 (1) $2-i$　(2) $11+\sqrt{5}\,i$　(3) $\dfrac{5}{13}-\dfrac{12}{13}i$

16 (1) $7i$　(2) -18　(3) -5　(4) 3

17 (1) 和 10，積 29

(2) 和 0，積 2

(3) 和 -4，積 4

18 (1) $x=-2,\ \dfrac{1}{3}$　(2) $x=\dfrac{-1\pm\sqrt{3}\,i}{2}$

(3) $x=1\pm 2i$

19 (1) 異なる2つの実数解　(2) 重解

(3) 異なる2つの虚数解

(4) 異なる2つの虚数解

(5) 異なる2つの虚数解

(6) 異なる2つの実数解

20 (1) 和 3，積 1

(2) 和 $-\dfrac{1}{2}$，積 $-\dfrac{3}{4}$

(3) 和 $-\dfrac{3}{2}$，積 0　(4) 和 0，積 $\dfrac{5}{3}$

21 (1) $(x+2-i)(x+2+i)$

(2) $(3x-17)(2x-9)$

22 (1) $x^2-4x+1=0$　(2) $x^2-6x+34=0$

23 (1) $(\alpha,\ \beta)=\left(\dfrac{7+\sqrt{37}}{2},\ \dfrac{7-\sqrt{37}}{2}\right)$,

$\left(\dfrac{7-\sqrt{37}}{2},\ \dfrac{7+\sqrt{37}}{2}\right)$

(2) $(\alpha,\ \beta)=\left(\dfrac{-1+\sqrt{3}\,i}{2},\ \dfrac{-1-\sqrt{3}\,i}{2}\right)$,

$\left(\dfrac{-1-\sqrt{3}\,i}{2},\ \dfrac{-1+\sqrt{3}\,i}{2}\right)$

(3) $(\alpha,\ \beta)=(-2+3i,\ -2-3i)$,

$(-2-3i,\ -2+3i)$

24 (1) $x=0,\ 2,\ 3$　(2) $x=-3,\ \dfrac{3\pm 3\sqrt{3}\,i}{2}$

(3) $x=2,\ -1\pm\sqrt{3}\,i$

(4) $x=\pm\sqrt{2},\ \pm\sqrt{2}\,i$

25 (1) $x^3-6x^2+11x-6=0$

(2) $x^3-2x^2+x-2=0$

● 例 の解答

13 (1) $17+11i$　(2) $1-4\sqrt{3}\,i$　(3) 4

(4) $-11-2i$　(5) $\dfrac{7-i}{10}$　(6) $\dfrac{14(1+i)}{17}$

14 (1) $x=2,\ y=1$　(2) $x=1,\ y=-1$

15 (1) $x=-\dfrac{3}{2},\ \dfrac{4}{3}$　(2) $x=\dfrac{\sqrt{5}\pm\sqrt{3}\,i}{2}$

(3) $x=\dfrac{5\pm\sqrt{11}\,i}{6}$　(4) $x=\dfrac{-\sqrt{2}\pm\sqrt{14}\,i}{4}$

16 (1) 異なる2つの虚数解

(2) 異なる2つの実数解

(3) $a<-8,\ 4<a$ のとき 異なる2つの実数解；

$a=-8,\ 4$ のとき 重解；

$-8<a<4$ のとき 異なる2つの虚数解

17 (1) -12　(2) 1　(3) -7

(4) 9　(5) $\dfrac{1}{4}$　(6) $\dfrac{1}{2}$

18 (1) $\dfrac{11}{2}$　(2) $\dfrac{17}{2}$

19 (1) $k=8$　(2) $k=8,\ -27$

20 (1) $2\left(x-\dfrac{3+\sqrt{7}\,i}{4}\right)\left(x-\dfrac{3-\sqrt{7}\,i}{4}\right)$

(2) $(x+\sqrt{2})(x-\sqrt{2})(x+2i)(x-2i)$

(3) $\dfrac{1}{16}(2x+\sqrt{3}-i)(2x+\sqrt{3}+i)$

$\times(2x-\sqrt{3}-i)(2x-\sqrt{3}+i)$

21 (1) -33　(2) 6　(3) $\dfrac{47}{2}$

22 (1) 商 x^2+4x-8，余り 11

(2) 商 $2x^2+5x+2$，余り -6

23 (1) $a=3,\ b=-4$　(2) $a=-\dfrac{8}{3},\ b=\dfrac{2}{3}$

24 (1) $x=\pm\sqrt{3}\,i,\ \pm 2$

(2) $x=-2\pm\sqrt{5},\ -2\pm\sqrt{2}\,i$

(3) $x=\dfrac{-\sqrt{3}\pm\sqrt{5}\,i}{2},\ \dfrac{\sqrt{3}\pm\sqrt{5}\,i}{2}$

25 (1) $x=-1,\ 5$　(2) $x=-1,\ 3,\ -1\pm\sqrt{2}\,i$

26 (ア) -1　(イ) -1　(ウ) 0　(エ) -6

27 $a=2,\ b=18,\ c=-6$

● 練習 の解答

18 (1) $z=2+i,\ -2-i$

(2) $z=i,\ \pm\dfrac{\sqrt{3}}{2}+\dfrac{1}{2}i$

19 (1) (ア) $-\dfrac{5}{2}\leqq a\leqq -2$

(イ) $a<-\dfrac{5}{2},\ -2<a<0,\ 0<a\leqq\dfrac{5}{2},\ 3\leqq a$

(2) $-1<a\leqq 0,\ \dfrac{3}{2}\leqq a<2$

20 $k=-2$

21 (1) $2x^2+4x-7=0$

(2) $p=-\dfrac{33}{8},\ q=\dfrac{11}{4}$

22 (1) $(x+y-3)(3x+y+2)$

(2) (ア) $k=-2$, $(x-2y+1)(x+3y-2)$
(イ) $k=2$, $(2x-3y+1)(x+y+2)$

23 (1) $x=a$, b (2) 0

24 (1) $m=-3$, -1 (2) 9

25 (1) $-4<k<-3$
(2) $\frac{1}{2}<k<1$
(3) $-3<k<\frac{1}{2}$

26 (1) $m>\frac{21}{2}$ (2) $10<m<\frac{21}{2}$

27 略

28 (1) $(x-2)(x^2+x+2)$
(2) $(x+1)(x+2)(x-3)$
(3) $(x-1)^2(x^2+2x+3)$
(4) $(x+1)(x-3)(x^2+2)$
(5) $(3x+1)(4x^2-3x+1)$
(6) $(x-1)(2x+1)(x^2+x-1)$

29 $-\frac{2}{3}x+\frac{11}{3}$

30 $-4x^2+10x+5$

31 (1) 順に $n\cdot 3^{n-1}x-n\cdot 3^n$,
$(3^n-2^n)x+3(2^n-3^n)$
(2) $2x+4$

32 $5x^3+7x^2+x-3$

33 $1+2\sqrt{3}\,i$

34 (1) $x=\frac{3\pm\sqrt{5}}{2}$, $\frac{5\pm\sqrt{21}}{2}$
(2) $x=\frac{1\pm\sqrt{7}\,i}{2}$, $2\pm\sqrt{2}$

35 (1) $-3\leqq x\leqq 2$, $4\leqq x$
(2) $0<a<1$ のとき, $0\leqq x\leqq a$, $1\leqq x$;
$a=1$ のとき $x\geqq 0$;
$1<a$ のとき $0\leqq x\leqq 1$, $a\leqq x$

36 -1

37 $a=7$, $b=-5$,
他の解 $x=1-2i$, $\frac{-1\pm\sqrt{5}}{2}$

38 $a=0$, -8, 1

39 (1) 4 (2) 20 (3) 48 (4) 7 (5) 0

40 (1) $x^3+3x^2-x-1=0$
(2) $x^3-4x-2=0$

● 演習問題 の解答

13 (ア) 2 (イ) 2 (ウ) $-i$

14 (1) $6-2\sqrt{5}<k<6+2\sqrt{5}$ (2) $k=2$, 4

15 (1) $x=4$, $a=-2$
(2) $x=0$, $b=0$; $x=-2$, $b=2$

16 (1) $(x, y)=(\pm 2, \pm 1)$, $(\pm 1, \pm 2)$
(複号同順)
(2) $(x-y+1)(x-y-1)$ (3) 略
(4) $c=\pm 2$, $\frac{5}{2}$

17 (1) 略 (2) $a<2$
(3) $2-4\sqrt{2}<a<2-\sqrt{21}$,
$2+\sqrt{21}<a<2+4\sqrt{2}$

18 (1) $a=4$ (2) $(a, b)=(6, 5)$

19 (1) $9x-10$ (2) $Q(x)=x^3+x^2-x-2$
(3) $P(0)=0$, $P(1)=1$, $P(-1)=-3$
(4) $-x^2+2x$ (5) $P(x)=x^3-x^2+x$

20 (1) $x+6$ (2) $\frac{1}{2}x^2+x+\frac{11}{2}$
(3) $-\frac{1}{4}x^3+\frac{3}{4}x^2+\frac{5}{4}x+\frac{21}{4}$

21 略

22 (1) -1 (2) x^3-x (3) 略

23 略

24 (1) $y^2+2\alpha y+\alpha^2-\beta^2$
(2) $x=\frac{1\pm\sqrt{3}\,i}{2}$, -1
(3) $(\alpha, \beta)=(\pm 2, 0)$

25 (1) 略 (2) 略 (3) $m=17$

26 略

27 (1) $g(x)=x^3+kx-1$
(2) $k=0$, -2

<第3章> 図形と方程式

● CHECK 問題 の解答

26 (1) 8 (2) 2

27 (1) 3 (2) 15 (3) -12 (4) $\frac{3}{2}$

28 (1) $\sqrt{13}$ (2) $2\sqrt{5}$

29 平行:②と④, 垂直:①と⑤

30 (1) $\frac{12}{5}$ (2) $\frac{16}{\sqrt{13}}$ $\left(\frac{16\sqrt{13}}{13}\right)$

31 (1) $(x+3)^2+(y-1)^2=4$
(2) $x^2+y^2=5$

32 (1) $x-3y=10$ (2) $-3x+2y=13$

33 略

● 例 の解答

28 (1) $\mathrm{P}\left(\frac{6}{5}, 0\right)$ (2) $\mathrm{P}(3, 2)$

29 (1) $\angle\mathrm{C}=90^\circ$ の直角二等辺三角形
(2) $(2+\sqrt{3}, 1+2\sqrt{3})$, $(2-\sqrt{3}, 1-2\sqrt{3})$

30 (1) $(3, 3)$ (2) $(-8, 1)$ (3) $(2, 1)$
(4) $\left(-1, \frac{5}{3}\right)$ (5) $(-10, 13)$

31 $(-1, 4)$, $(7, 8)$, $(3, 0)$

32 (1) $y=3x-5$ (2) $y=-\frac{2}{3}x+\frac{7}{3}$
(3) $x=-3$ (4) $y=4$ (5) $x=5$
(6) $2x-y=-4$

33 (1) $3x+y-14=0$ (2) $5x+y+2=0$
34 (ア) 1, 4 (イ) 4 (ウ) -1, 2
35 (1) $k=-4\pm\sqrt{15}$ (2) $\dfrac{40}{\sqrt{41}}\left(\dfrac{40\sqrt{41}}{41}\right)$
36 (1) $(x+5)^2+(y-4)^2=41$
(2) $x^2+(y-2)^2=25$
37 $x^2+y^2-8x-4y-5=0$
38 (1) 中心 $(-2,\ 3)$, 半径 3 の円
(2) $p<-2,\ 2<p$
39 (1) 2 点 $(-1,\ 3)$, $(3,\ -1)$ で交わる
(2) 点 $(-3,\ 1)$ で接する
(3) 共有点をもたない
40 $0<a<\dfrac{4}{3}$
41 $y=\dfrac{3}{4}x+\dfrac{17}{2}$
42, **43** 略

● 練習 の解答

41 略
42 $(6,\ 4)$
43 順に $4x+3y-17=0$, $3x-4y+6=0$
44 (1) $a=2,\ \dfrac{7}{2}$ (2) $t=\dfrac{1}{2}$
45 $k=-2$
46 略
47 (1) $(-1,\ 6)$ (2) $17x-6y+53=0$
48 (1) (ア) $(7,\ -1)$ (イ) $(5,\ 5)$
(2) (ウ) $\left(\dfrac{20}{3},\ 0\right)$ (エ) $\left(\dfrac{40}{7},\ \dfrac{20}{7}\right)$
49 P, Q $(-2-2\sqrt{2},\ -8-8\sqrt{2})$, $(-2+2\sqrt{2},\ -8+8\sqrt{2})$; $\mathrm{R}(-2,\ 0)$
50 (ア) 6 (イ) $\sqrt{5}-\sqrt{2}$ (ウ) $\dfrac{15}{2}$
(エ) $\left(\dfrac{3}{10},\ \dfrac{13}{10}\right)$
51 $t=\sqrt{2}-1$ のとき最大値 $3-2\sqrt{2}$
52 (1) $(x-4)^2+(y+1)^2=26$
(2) $(x-1)^2+(y-1)^2=1$,
$(x-3)^2+(y+3)^2=9$
53 (1) 順に $\left(\dfrac{1}{2},\ \dfrac{1}{2}\right)$, $\sqrt{14}$
(2) 順に $1<k<5$, $k=3\pm\sqrt{2}$
54 $3x+4y=50$
55 (1) $(x-6)^2+(y-6)^2=36$,
$(x-1)^2+(y-1)^2=1$
(2) $y=-x\pm2$
56 順に $3x+y=10$, $(3,\ 1)$; $-x+3y=10$, $(-1,\ 3)$
57 証明略, $\left(\dfrac{1}{a},\ 0\right)$
58 (1) $a=-\dfrac{37}{4}$, ±3
(2) $-\dfrac{37}{4}<a<-3$
59 (1) $(x-12)^2+(y-5)^2=64$
(2) $(x-1)^2+(y+\sqrt{3})^2=9$
60 (1) $x+2y-3=0$
(2) 中心 $\left(\dfrac{5}{8},\ \dfrac{5}{4}\right)$, 半径 $\dfrac{\sqrt{205}}{8}$
61 中心 $(0,\ 0)$, 半径 $\sqrt{13}$
62 (1) $\pm\sqrt{3}x+y=6$
(2) $x=1$, $-x\pm2\sqrt{2}y=3$
63 (1) 中心 $(0,\ -3)$, 半径 3 の円。
ただし, 2 点 $(0,\ 0)$, $(0,\ -6)$ を除く
(2) 中心 $(0,\ 2)$, 半径 2 の円
64 (1) $\mathrm{AB}^2<2k$ のとき 線分 AB の中点を中心とする半径 $\sqrt{\dfrac{k}{2}-\dfrac{1}{4}\mathrm{AB}^2}$ の円,
$\mathrm{AB}^2=2k$ のとき 線分 AB の中点,
$\mathrm{AB}^2>2k$ のとき 条件を満たす図形はない
(2) 放物線 $y=\dfrac{x^2}{8}+1$
65 (1) 放物線 $y=\dfrac{3}{2}(x-1)^2-\dfrac{1}{3}$
$\left(y=\dfrac{3}{2}x^2-3x+\dfrac{7}{6}\right)$
(2) 放物線 $y=3(x-1)^2+\dfrac{1}{3}$
$\left(y=3x^2-6x+\dfrac{10}{3}\right)$ ただし, 2 点
$\left(\dfrac{4}{3},\ \dfrac{2}{3}\right)$, $\left(\dfrac{1}{3},\ \dfrac{5}{3}\right)$ を除く
66 (1) $(\sqrt{3}-1)x+(\sqrt{3}-1)y+\sqrt{3}+1=0$,
$(\sqrt{3}+1)x-(\sqrt{3}+1)y-\sqrt{3}+1=0$
(2) $x+3y+4=0$
67 (1) $0<k<2$
(2) 直線 $y=-\dfrac{3}{2}x+1$ の $0<x<4$ の部分
68 (1) 円 $\left(x-\dfrac{5}{2}\right)^2+y^2=\dfrac{25}{4}$ の $0\leqq x<\dfrac{9}{5}$ の部分
(2) 放物線 $y=2x^2+4x$ の $x<-4$, $0<x$ の部分
69 (1) 直線 $y=-1$
(2) 放物線 $y=\dfrac{x^2}{2}+1$
70 円 $(x-2)^2+(y-2)^2=8$
ただし, 点 $(4,\ 4)$ を除く
71 (1) 点 $\left(\dfrac{1}{2a},\ 0\right)$ を通り, x 軸に垂直な直線
(2) 中心 $\left(\dfrac{a}{a^2-b^2},\ 0\right)$, 半径 $\dfrac{b}{|a^2-b^2|}$ の円
72~**74** 略

75 (1) 略 (2) $k \geqq 1$

76 (1) $x=3,\ y=0$ のとき最大値 3；
$x=0,\ y=3$ のとき最小値 -3

(2) $2x+y=6\left(\frac{8}{3} \leqq x \leqq 5\right)$ のとき最大値 6；
$x=-2,\ y=3$ のとき最小値 -1

(3) $x=\frac{1}{3},\ y=\frac{1}{3}$ のとき最大値 $\frac{2}{3}$；
$x=\frac{1}{3},\ y=-\frac{2}{3}$ のとき最小値 $-\frac{1}{3}$

77 (ア) 2 (イ) 7 (ウ) 3 (エ) 6

78 $x=\frac{4}{\sqrt{5}},\ y=\frac{2}{\sqrt{5}}$ のとき最大値 $2\sqrt{5}$；
$x=0,\ y=2$ のとき最小値 2

79 (1) $x=4,\ y=5$ のとき最大値 41；
$x=0,\ y=0$ のとき最小値 0

(2) $x=5,\ y=0$ のとき最大値 15；
$x=2,\ y=4$ のとき最小値 -32

80 略

81 (1) $y=-tx+\frac{t^2+1}{2}$ $(|t| \geqq 1)$

(2) 略

82 略

83 (1) 略 (2) $\sqrt{6}+\frac{3}{2}$

● 演習問題 の解答

28 (1) 略 (2) $t=-1,\ 1,\ 2$

(3) $-1<t<1,\ 1<t<2$

29 $(\sqrt{10}-\sqrt{2},\ -1+2\sqrt{2})$

30 略

31 $a=b=\frac{k}{2}$ のとき最大値 $\frac{\sqrt{2}}{4}k$

32 (1) $S(a)=\frac{\sqrt{2a}(1-a)}{a^2+1}$ (2) $a=2-\sqrt{3}$

33 略

34 (1) 略

(2) $\left(x-\frac{m}{2}\right)^2+\left(y-\frac{m^2+2}{2}\right)^2$
$=\frac{(m^2+1)(m^2+4)}{4}$

(3) $m=0,\ \pm\frac{1}{\sqrt{2}}$

35 (1) $(2,\ 2),\ (4,\ 2)$

(2) $a<-\sqrt{6},\ \sqrt{6}<a$ (3) $a=\frac{5}{4}$

(4) 順に $3x+y-6=0$, 中心 $\left(1,\ \frac{1}{3}\right)$, 半径 $\frac{\sqrt{10}}{3}$

(5) $x_1=\frac{4-2\sqrt{5}}{3}$

36 放物線 $y=3x^2+\frac{2}{3}$

37 曲線 $y=\frac{1}{x}$ の $x>0$ の部分

38 (ア) $r=2+2\sqrt{2}$ (イ) $0<r \leqq \sqrt{3}-1$

39 (最大値) $a<0,\ \frac{4}{3} \leqq a$ のとき $\sqrt{a^2+1}$；
$0 \leqq a \leqq \frac{1}{2}$ のとき 1；
$\frac{1}{2}<a<\frac{4}{3}$ のとき $\frac{4}{5}a+\frac{3}{5}$
(最小値) $-\sqrt{a^2+1}$

40 (1) 略 (2) $(x,\ y)=\left(\frac{1}{2},\ -\frac{3}{4}\right)$

41 (1) $y=2x,\ y=-2x$ (2) 略

42 (1) $t \leqq \frac{s^2}{4}$ (2) (ア) 略

(イ) $-1 \leqq (1-x)(1-y) \leqq 3+2\sqrt{2}$

<第 4 章> 三角関数

● CHECK 問題 の解答

34 (1) $\frac{7}{15}\pi$ (2) $-\frac{13}{3}\pi$ (3) $105°$

(4) $-224°$

35 順に $\frac{10}{3}\pi,\ \frac{20}{3}\pi$

36 正弦, 余弦, 正接の順に

(1) $-\frac{1}{2},\ \frac{\sqrt{3}}{2},\ -\frac{1}{\sqrt{3}}$

(2) $-\frac{\sqrt{3}}{2},\ -\frac{1}{2},\ \sqrt{3}$

(3) $\frac{1}{\sqrt{2}},\ \frac{1}{\sqrt{2}},\ 1$

(4) $-1,\ 0,\ \tan\frac{3}{2}\pi$ の値はない

37 略

38 (1) 2π (2) π (3) 2π

39 順に (1) $\frac{\sqrt{6}+\sqrt{2}}{4},\ \frac{\sqrt{2}-\sqrt{6}}{4},$
$-2-\sqrt{3}$

(2) $\frac{\sqrt{6}-\sqrt{2}}{4},\ \frac{\sqrt{6}+\sqrt{2}}{4},\ 2-\sqrt{3}$

40 略

41 $\cos 2\theta=\frac{3}{5},\ \sin 2\theta=\frac{4}{5}$

42 順に $\frac{\sqrt{2+\sqrt{2}}}{2},\ \frac{\sqrt{2-\sqrt{2}}}{2},\ \sqrt{2}+1$

43 (1) $2\sqrt{3}\sin\left(\theta+\frac{\pi}{3}\right)$

(2) $2\sin\left(\theta+\frac{5}{6}\pi\right)$

(3) $3\sin(\theta+\alpha)$

ただし, $\cos\alpha=\frac{2}{3},\ \sin\alpha=\frac{\sqrt{5}}{3}$

● 例 の解答

44 図略 (1) 第4象限 (2) 第2象限
(3) 第3象限 (4) どの象限の角でもない

45 (1) $\sin\theta=-\dfrac{5}{13}$, $\tan\theta=-\dfrac{5}{12}$

(2) $\sin\theta=\dfrac{2}{\sqrt{5}}$, $\cos\theta=\dfrac{1}{\sqrt{5}}$;

$\sin\theta=-\dfrac{2}{\sqrt{5}}$, $\cos\theta=-\dfrac{1}{\sqrt{5}}$

46 (1) $-\dfrac{\sqrt{3}}{2}$ (2) $-\dfrac{1}{2}$ (3) 1 (4) 0

47 略

48 図略 (1) 2π (2) π (3) π

49 図略, π

50 図略 (1) 2π (2) 2π (3) π

51 n は整数とする。

(1) $\theta=\dfrac{\pi}{6}$, $\dfrac{5}{6}\pi$;

一般解は $\theta=\dfrac{\pi}{6}+2n\pi$, $\dfrac{5}{6}\pi+2n\pi$

(2) $\theta=\dfrac{5}{6}\pi$, $\dfrac{7}{6}\pi$;

一般解は $\theta=\dfrac{5}{6}\pi+2n\pi$, $\dfrac{7}{6}\pi+2n\pi$

(3) $\theta=\dfrac{2}{3}\pi$, $\dfrac{5}{3}\pi$;

一般解は $\theta=\dfrac{2}{3}\pi+n\pi$ (n は整数)

52 (1) $\dfrac{\pi}{4}\leqq\theta\leqq\dfrac{3}{4}\pi$ (2) $\dfrac{\pi}{3}<\theta<\dfrac{5}{3}\pi$

(3) $0\leqq\theta<\dfrac{\pi}{6}$, $\dfrac{\pi}{2}<\theta<\dfrac{7}{6}\pi$, $\dfrac{3}{2}\pi<\theta<2\pi$

53 $\theta=\dfrac{2}{3}\pi$, $\dfrac{4}{3}\pi$ のとき最大値 6 ;
$\theta=0$ のとき最小値 -3

54 (1) 順に $-\dfrac{4\sqrt{5}}{21}$, $\dfrac{8\sqrt{5}}{11}$

(2) $-\dfrac{3}{4}$

55 $-\pi$, 0, π

56 (1) $\theta=\dfrac{\pi}{3}$ (2) -3, $\dfrac{1}{3}$

● 練習 の解答

84 (1) $-\dfrac{5\sqrt{7}}{16}$ (2) $\dfrac{1}{2}$ (3) $\dfrac{5-\sqrt{5}}{2}$

85 $\dfrac{1}{2}$

86 (1) 順に $\dfrac{1}{2}k$, $\dfrac{3k^2-8}{40}$ $\left(\text{または } \dfrac{k^2-4}{8}\right)$

(2) $k=\sqrt{6}$

(3) $\sin\theta=\dfrac{\sqrt{6}-\sqrt{2}}{4}$, $\cos\theta=\dfrac{\sqrt{6}+\sqrt{2}}{4}$

87 (1) $\theta=\dfrac{\pi}{12}$, $\dfrac{\pi}{4}$, $\dfrac{13}{12}\pi$, $\dfrac{5}{4}\pi$

(2) $0\leqq\theta<\dfrac{\pi}{12}$, $\dfrac{\pi}{4}<\theta<\dfrac{13}{12}\pi$, $\dfrac{5}{4}\pi<\theta<2\pi$

(3) $\theta=\dfrac{5}{12}\pi$, $\dfrac{17}{12}\pi$

(4) $0\leqq\theta<\dfrac{\pi}{4}$, $\dfrac{5}{12}\pi\leqq\theta<\dfrac{5}{4}\pi$, $\dfrac{17}{12}\pi\leqq\theta<2\pi$

88 (1) $\theta=\dfrac{\pi}{3}$, $\dfrac{2}{3}\pi$ (2) $\theta=\dfrac{\pi}{4}$, $\dfrac{3}{4}\pi$

(3) $0\leqq\theta<\dfrac{5}{6}\pi$, $\dfrac{7}{6}\pi<\theta<2\pi$

(4) $\dfrac{\pi}{2}<\theta<\dfrac{2}{3}\pi$, $\dfrac{4}{3}\pi<\theta<\dfrac{3}{2}\pi$

(5) $(x, y)=\left(\dfrac{\pi}{6}, \dfrac{\pi}{3}\right)$, $\left(\dfrac{11}{6}\pi, \dfrac{2}{3}\pi\right)$

89 (1) $a=0$ のとき最小値 1 (2) $-2\leqq k\leqq\dfrac{2}{3}$

90 (1) $\left(\dfrac{2\sqrt{3}-3}{2}, -\dfrac{3\sqrt{3}+2}{2}\right)$

(2) $\left(\dfrac{2-3\sqrt{3}}{2}, \dfrac{1-4\sqrt{3}}{2}\right)$

91 略

92 (1) $0\leqq\theta<\dfrac{\pi}{6}$, $\dfrac{5}{6}\pi<\theta\leqq\pi$

(2) $\theta=\dfrac{\pi}{3}$, $\dfrac{4}{3}\pi$, $\dfrac{5}{3}\pi$ (3) $\dfrac{\pi}{3}<\theta<2\pi$

93 (1) 略 (2) 略 (3) $\dfrac{-5+5\sqrt{5}}{2}$

94 略

95 (1) $\dfrac{\sqrt{3}-1}{4}$ (2) $\dfrac{1+\sqrt{3}}{4}$ (3) $\dfrac{\sqrt{6}}{2}$

(4) $\dfrac{\sqrt{6}}{2}$ (5) $\dfrac{1}{8}$ (6) 0

96 (1) 略 (2) 略

(3) $A=B=C=\dfrac{\pi}{3}$ のとき最大値 $\dfrac{3}{2}$

97 (1) $x=\dfrac{\pi}{10}$, $\dfrac{\pi}{2}$, $\dfrac{9}{10}\pi$

(2) $x=\dfrac{2}{5}\pi$

(3) $0\leqq\theta<\dfrac{\pi}{2}$, $\dfrac{7}{6}\pi<\theta<\dfrac{3}{2}\pi$, $\dfrac{11}{6}\pi<\theta<2\pi$

(4) $x=\dfrac{\pi}{8}$, $\dfrac{5}{8}\pi$, $\dfrac{2}{3}\pi$

98 (1) $\theta=\dfrac{5}{12}\pi$, $\dfrac{23}{12}\pi$

(2) $0\leqq\theta<\dfrac{\pi}{6}$, $\dfrac{\pi}{2}<\theta<\dfrac{7}{6}\pi$, $\dfrac{3}{2}\pi<\theta<2\pi$

(3) $0\leqq\theta\leqq\dfrac{\pi}{3}$, $\dfrac{4}{3}\pi\leqq\theta<2\pi$

99 (1) 最大値 1, 最小値 $-\sqrt{2}$

(2) 最大値 $\sqrt{13}$, 最小値 -3

100 (1) (ア) $\dfrac{1}{2}$ (イ) $\sqrt{2}$ (ウ) $\dfrac{1}{2}$

(2) (エ) $\dfrac{\pi}{2}$ (オ) $\sqrt{2}+1$ (カ) $-\dfrac{\pi}{4}$

(キ) $-\dfrac{1}{2}$

101 (1) $\theta=\dfrac{\pi}{8}$ のとき最大値 $\dfrac{1+\sqrt{2}}{2}$,

$\theta=\dfrac{5}{8}\pi$ のとき最小値 $\dfrac{1-\sqrt{2}}{2}$

(2) $\theta=\dfrac{11}{12}\pi$ のとき最大値 $\sqrt{3}+\dfrac{1}{2}$

$\theta=\dfrac{5}{12}\pi$ のとき最小値 $-\sqrt{3}+\dfrac{1}{2}$

102 最大値 16, 点Pの座標は

$\left(\dfrac{5}{\sqrt{26}},\ \dfrac{1}{\sqrt{26}}\right)$ または $\left(-\dfrac{5}{\sqrt{26}},\ -\dfrac{1}{\sqrt{26}}\right)$

103 $k\leqq-6,\ 2\leqq k$

104 (1) $f(\theta)=-\dfrac{\sqrt{2}}{2}t^2-t+\dfrac{\sqrt{2}}{2}$

(2) $\theta=\dfrac{\pi}{12}$ で最大値 $\dfrac{3\sqrt{2}}{4}$, $\theta=\dfrac{3}{4}\pi$ で最小値 $-\dfrac{3\sqrt{2}}{2}$

(3) $-\dfrac{3\sqrt{2}}{2}<a\leqq-1,\ 1\leqq a<\dfrac{3\sqrt{2}}{4}$

105 (1) 略 (2) $x=\pi,\ y=\dfrac{\pi}{12}$ のとき最大値

$\dfrac{25}{12}\pi$; $x=0,\ y=\dfrac{5}{12}\pi$ のとき最小値 $\dfrac{5}{12}\pi$

106 $4\sin^4\alpha$

107 (ア) $\dfrac{-1+\sqrt{5}}{2}$ (イ) $2(\sqrt{5}+1)$

● 演習問題 の解答

43 (1) $\sin 3,\ \cos 1,\ \sin 1,\ \sin 2$

(2) $b,\ a,\ c,\ d$

44 $\dfrac{\pi}{4}$

45 2

46 (1) $-2-\sqrt{3}$ (2) 略

(3) $(m,\ n)=(1,\ 2),\ (1,\ 3),\ (2,\ 3)$

47 (1) $\beta=\dfrac{\pi}{6},\ \dfrac{5}{6}\pi$

(2) 順に $\alpha=\dfrac{3}{22}\pi,\ y=1$

48 (1) $x=0,\ \dfrac{\pi}{2},\ \pi,\ \dfrac{3}{2}\pi,\ 2\pi$

(2) $x=0,\ \dfrac{\pi}{4},\ \dfrac{3}{4}\pi,\ \pi,\ \dfrac{5}{4}\pi,\ \dfrac{7}{4}\pi,\ 2\pi$

(3) $0\leqq x\leqq\dfrac{\pi}{4},\ \dfrac{3}{4}\pi\leqq x\leqq\pi,\ x=\dfrac{3}{2}\pi,\ 2\pi$

49 (1) $16A^5-20A^3+5A$ (2) $\dfrac{5-\sqrt{5}}{8}$

(3) $\dfrac{\sqrt{5}-1}{4}\leqq y\leqq 1$

50 (1) $y=-x+(2m+1)\pi$ または $y=x-2n\pi$
ただし, $m,\ n$ は整数

(2) $s=\dfrac{\pi-1}{5},\ \dfrac{3\pi-1}{5},\ \dfrac{5\pi-1}{5},\ \dfrac{7\pi-1}{5},$

$\dfrac{9\pi-1}{5},\ 2\pi-1$

(3) $(s,\ t)=\left(\dfrac{\pi}{5},\ \dfrac{9}{5}\pi\right),\ \left(\dfrac{2}{5}\pi,\ \dfrac{8}{5}\pi\right),$

$\left(\dfrac{3}{5}\pi,\ \dfrac{7}{5}\pi\right),\ \left(\dfrac{4}{5}\pi,\ \dfrac{6}{5}\pi\right)$

51 (1) $y=\dfrac{1}{2}t^2+at+a^2-\dfrac{1}{2}$

(2) $-\sqrt{2}\leqq t\leqq\sqrt{2}$

(3) (最大値) $a<0$ のとき $a^2-\sqrt{2}a+\dfrac{1}{2}$,

$a\geqq 0$ のとき $a^2+\sqrt{2}a+\dfrac{1}{2}$

(最小値) $a<-\sqrt{2}$ のとき $a^2+\sqrt{2}a+\dfrac{1}{2}$,

$-\sqrt{2}\leqq a\leqq\sqrt{2}$ のとき $\dfrac{1}{2}a^2-\dfrac{1}{2}$,

$a>\sqrt{2}$ のとき $a^2-\sqrt{2}a+\dfrac{1}{2}$

52 (ア) $3\sqrt{2}$ (イ) $2\sqrt{6}$ (ウ) $\dfrac{11}{12}\pi$

53 略

54 (1) $f(x)=t^2+at+b-1$ (2) 略

55 (1) 略

(2) 証明略, △ABC が直角二等辺三角形

(3) 証明略, △ABC が正三角形

56 (1) $\theta=30°$

(2) $\sin\theta=\dfrac{5\sqrt{7}}{14}$ のとき最大値 $\dfrac{3\sqrt{7}}{2}$

<第5章> 指数関数・対数関数

● CHECK 問題 の解答

44 略

45 (1) 1.5092 (2) −1.0841 (3) 7.3671

46 (1) 1.1761 (2) 0.3522 (3) 0.4184

● 例 の解答

57 (1) 4 (2) a (3) a (4) (ア) 2 (イ) 5
(ウ) −3 (5) 4 (6) 2 (7) 0 (8) a

58 図略 (1) x 軸に関して対称移動し, 更に x 軸方向に −1 だけ平行移動したもの

(2) y 軸に関して対称移動し, 更に x 軸方向に 2 だけ平行移動したもの

(3) x 軸に関して対称移動し, 更に y 軸方向に 1 だけ平行移動したもの

59 (1) $8^{\frac{1}{8}}<2^{\frac{1}{2}}=4^{\frac{1}{4}}$ (2) $2^{30}<3^{20}<10^{10}$

(3) $\sqrt[6]{6}<\sqrt{2}<\sqrt[3]{3}$

60 (1) $x=\dfrac{8}{7}$ (2) $x=3$ (3) $x=\dfrac{1}{3},\ y=3$

61 (1) $x>4$ (2) $x<-1$

62 (1) (ア) 3 (イ) $-\frac{5}{2}$ (2) $\frac{13}{4}$

63 (1) $\frac{25}{6}$ (2) 24

64 図略 (1) x 軸方向に 2 だけ平行移動したもの
(2) x 軸に関して対称移動したもの
(3) y 軸方向に 1 だけ平行移動したもの
(4) 原点に関して対称移動し，更に x 軸方向に 2 だけ平行移動したもの

65 (1) $1.5<\log_4 9<\log_2 5$
(2) $\log_4 2<\log_3 4<\log_2 3$

● 練習 の解答

108 (1) (ア) -1 (イ) $2(a+b)$ (ウ) $a-b$
(2) (ア) 順に 3，$2\sqrt{5}$
(イ) 順に $\sqrt{7}$，$4\sqrt{7}$

109 (1) $x=1$ で最小値 1，最大値はない
(2) $x=2$ で最大値 1，$x=1$ で最小値 -3

110 (1) $x=0$ で最小値 2
(2) $x=\pm 1$ で最小値 a^2+a^{-2}

111 $-\frac{5}{2}<a<-2$

112 (1) 略 (2) $x=0$，$y=-1$
(3) 最小なものは 1，最大なものは 5

113 (1) $\log_{15} 8=\frac{3ab}{2a+b}$
(2) $(A,\ B)=\left(\frac{-1+\sqrt{5}}{2},\ \frac{-1-\sqrt{5}}{2}\right)$，
$\left(\frac{-1-\sqrt{5}}{2},\ \frac{-1+\sqrt{5}}{2}\right)$

114 (1) (ア) 81 (イ) $\frac{1}{64}$ (ウ) 6
(2) $\frac{1}{7}$

115 (1) $x=-1$，-2 (2) $x=6$
(3) $x=-2\pm 2\sqrt{3}$ (4) $x=6$ (5) $x=1$
(6) $x=125$

116 (1) $x=\frac{\sqrt{3}}{3}$，27 (2) $x=\frac{1}{4}$，$\sqrt{2}$
(3) $x=4$，8 (4) $x=2$，4，8 (5) $x=3$，$y=5$

117 (1) $-\frac{1}{9}\leqq x<0$
(2) $0<x<2-\sqrt{2}$，$2+\sqrt{2}<x<4$
(3) $2^{1-\sqrt{5}}<x<2^{1+\sqrt{5}}$
(4) $0<x\leqq\frac{1}{7}$，$1<x\leqq 343$

118 略

119 (1) $x=8$ で最大値 6，$x=2$ で最小値 2
(2) $x=10$ で最大値 1，$x=100$ で最小値 0
(3) $x=\frac{5}{2}$ で最大値 -2，最小値はない
(4) $x=2^{\sqrt{2}}$ で最小値 $4\sqrt{2}$，最大値はない

120 (1) $x=100\sqrt{10}$，$y=100\sqrt{10}$ で最大値 $\frac{25}{4}$；
$x=10$，$y=10000$ で最小値 4
(2) $x=3$，$y=2$ で最大値 1

121 $-\frac{11}{3}<a<-\frac{8}{3}$

122 略

123 (1) 39 桁 (2) (ア) 19 (イ) 17

124 (1) 順に $n=72$，6
(2) (ア) 42 (イ) 1

125 (1) (ア) 0.84 (イ) $n=8$，9
(2) 順に 0.63，7 桁

126 17 年後

● 演習問題 の解答

57 $(x,\ y,\ z)=(\log_{10} 2,\ -\log_{10} 2,\ -\log_{10} 18)$，
$(\log_{10} 3,\ -\log_{10} 3,\ -\log_{10} 12)$

58 (ア) 3 (イ) 1 (ウ) 1 (エ) 0 (オ) 1

59 $-8-4\sqrt{5}<a\leqq 1$

60 (1) $a^{\frac{1}{2}}<b^{\frac{1}{3}}$ (2) $\log_3 c<\log_4 d$

61 (1) 略 (2) $m=p^2+p$，$n=p+1$
(3) $b=a^p$

62 $x=\frac{\pi}{12}$，$y=\frac{\pi}{12}$

63 (1) $a=\frac{1}{2}$，4 (2) $\frac{1}{2}\leqq a<1$，$4\leqq a$
(3) $a\geqq b^2$ (4) $(a,\ b)=(4,\ 2)$，$(5,\ 2)$，$(6,\ 2)$

64 $1<a\leqq 4$ のとき $x=a$ で最小値
$(\log_2 a)^2-4\log_2 a+1$；
$a>4$ のとき $x=4$ で最小値 -3

65 順に 18 桁，13

66 (1) 333 個 (2) 476 個

<第 6 章> 微分法

● CHECK 問題 の解答

47 (1) 2 (2) 12 (3) 2

48 (1) 11 (2) 1

49 (1) $y'=0$ (2) $y'=3x^2+2$ (3) $y'=3$
(4) $y'=10x-2$ (5) $y'=3x^2+8$

50 (1) -9.8 m/s (2) 22.6 m

51 順に (1) $y=-x+1$，$y=x-1$
(2) $y=2$，$x=2$

52 -1，3

● 例 の解答

66 (1) $y'=-\frac{1}{x^2}$ (2) $y'=6x^2-7x+1$

67 (1) $y'=3x^2-4x+1$
(2) $y'=24x^2-24x+6$

(3) $y'=4x^3-12x^2+20x-12$

(4) $y'=96x^2-54$

68 (1) $x \leqq -3$, $3 \leqq x$ で単調に増加, $-3 \leqq x \leqq 3$ で単調に減少； $x=-3$ で極大値 18, $x=3$ で極小値 -18

(2) 常に単調に減少, 極値をもたない

69 略

70 (1) $x=0$ で最大値 10, $x=-2$ で最小値 -22

(2) $x=3$ で最大値 27, $x=2$ で最小値 -32

71 順に (1) 1個, 2個 (2) 1個, 0個

(3) 2個, 1個 (4) 1個, 1個

72 $a<-4$, $4<a$ のとき1個；

$a=-4$, 4 のとき2個；

$-4<a<4$ のとき3個

● 練習 の解答

127 (1) 4 (2) 8 (3) 12 (4) $\frac{4}{5}$

(5) $-\frac{1}{16}$ (6) $\frac{1}{6}$

128 $a=-4$, $b=-5$

129 $b=\frac{\sqrt{3}\,a+3-\sqrt{3}}{3}$

130 (1) $3f'(a)$ (2) $-\frac{1}{2}af'(a)+f(a)$

131 (1) 4 (2) $f(x)=x^2-4x+8$

(3) $a=0$, $b=1$

132 (1) 毎分 $120\pi\ \mathrm{cm}^2$

(2) (ア) 順に 19.6 m/s, -9.8 m/s

(イ) 122.5 m (ウ) 順に 10 秒後, -49 m/s

133 (1) $x-1$ (2) $a=n$, $b=-n-1$

134 $f(x)=-\frac{1}{3}x^2+2x$

135 順に $y=(-3a^2+3)x+2a^3$, $-2a$

136 (1) (ア) $y=-5x+5$, $y=3x-3$

(イ) $y=3x+4$

(2) 順に $k=5$, $(2,\ 7)$

137 $y=0$, $y=-\frac{1}{4}x$

138 (1) $y=2x-1$

(2) $y=0$, $y=\frac{16}{3}x+\frac{128}{27}$, $y=\frac{16}{27}x-\frac{128}{729}$

139 $a=1$, $b=-1$, $y=10x-5$

または $a=9$, $b=11$, $y=2x+11$

140 (1) $\pm\frac{a}{\sqrt{3}}$ (2) $m \geqq \sqrt{3}$

141 $y=-4x-4$

142 図略 (1) $x=-1$ で極小値 -4, $x=0$ で極大値 -3, $x=1$ で極小値 -4

(2) $x=1$ で極小値 -3

(3) $x=3$ で極大値 24

143 (1) $a=2$, $b=-6$, $c=0$, $d=2$

(2) $a=-2$, $b=12$, $c=-2$

または $a=-2$, $b=12$, $c=34$

144 (1) $a<3$, $6<a$ (2) $a=\pm 1$

(3) $-\frac{\sqrt{15}}{2} \leqq m \leqq \frac{\sqrt{15}}{2}$

145 (1) $x>1$ (2) $0<a<1$

146 $a=-6$, $b=9$, $c=-1$

147 $a=\frac{1}{3}$

148 $a=\pm\sqrt{3}$

149 (1) $a=0$, $a \geqq \frac{9}{2}$ (2) $a<0$, $0<a<\frac{9}{2}$

150 (1) 32

(2) (ア) $4(3-r)$ $(0<r<3)$ (イ) 16π

151 (1) $f(x)=-2\cos^3 x+3\cos x$,

$x=\pm\frac{\pi}{4}$ で最大値 $\sqrt{2}$,

$x=\pm\frac{3}{4}\pi$ で最小値 $-\sqrt{2}$

(2) (ア) $y=-\frac{t^3}{2}+\frac{3}{2}t$

(イ) $x=\frac{\pi}{2}$, π で最大値 1；

$x=0$ で最小値 -1

152 (1) $x=-1$ で最大値 $\frac{85}{27}$

(2) $x=1$ で最大値 2

153 $a=\frac{1}{3}$, $b=-1$

154 (1) $s \leqq -2$, $2 \leqq s$ のとき $g(s)=\frac{8}{3}$；

$-2<s<0$ のとき $g(s)=\frac{2}{3}s^3+2s^2$；

$0 \leqq s<2$ のとき $g(s)=-\frac{2}{3}s^3+2s^2$

(2) 略

155 (1) $1<a<2$ のとき

$x=a$ で最小値 $2a^3-9a^2+12a$,

$2 \leqq a$ のとき $x=2$ で最小値 4

(2) $1<a<\frac{5}{2}$ のとき $x=1$ で最大値 5；

$a=\frac{5}{2}$ のとき $x=1$, $\frac{5}{2}$ で最大値 5；

$\frac{5}{2}<a$ のとき

$x=a$ で最大値 $2a^3-9a^2+12a$

156 $a<-1$, $\frac{3+\sqrt{6}}{3} \leqq a$ のとき

$M(a)=a^3-3a+2$；

$-1 \leqq a<1$ のとき $M(a)=4$；

$1 \leqq a < \dfrac{3+\sqrt{6}}{3}$ のとき

$M(a)=a^3-6a^2+9a$

157 (1) (ア) $-3 \leqq x \leqq \dfrac{11}{3}$

(イ) $-11 \leqq P \leqq \dfrac{401}{9}$

(2) $-8-6\sqrt{2}$
$\leqq x^2y+xy^2-x^2-2xy-y^2+x+y \leqq 3$

158 $a^3-a^2-b=0$ または $9a+27b-1=0$

ただし $a \neq \dfrac{1}{3}$

159 $a<-7$, $20<a$ のとき1本；
$a=-7$, 20 のとき2本；
$-7<a<20$ のとき3本

160 $(3u-v)(-u^3+3u-v)<0$, 図略

161 略

162 $\dfrac{-1+\sqrt{3}}{2} \leqq k \leqq 1$

● 演習問題 の解答

67 (1) 略

(2) $f(x)=\dfrac{3}{2}x+\dfrac{3}{4}$

または　$f(x)=\dfrac{1}{4}x^2+x+1$

68 (1) $a=1$ または $(a \neq 1$ かつ $b=4a^2-4a)$
(2) 略

69 $y=ax^2+\dfrac{a-1}{4a}$ $(a<0)$

または　$y=-x^2+bx+\dfrac{1}{2}$ (b は任意の実数)

70 $f(x)=\dfrac{1}{32}x(x+2)^2$

または　$f(x)=\dfrac{1}{18}x(x+1)^2$

71 略

72 (1) 略 (2) $a=1$, $m=3$

73 (1) $a=2(s^2+st+t^2)$

(2) (ア) $a=2s^2$ (イ) $y=bx-\dfrac{a^2}{4}$

(3) $b^2<\dfrac{8}{27}a^3$

74 $\dfrac{5\sqrt{10}}{18}$

75 (1) $x=-\sqrt{a}$ で極大値 $2a\sqrt{a}+b$,
$x=\sqrt{a}$ で極小値 $-2a\sqrt{a}+b$

(2) $a<\dfrac{1}{4}$ のとき $M=-3a+b+1$,

$\dfrac{1}{4} \leqq a < 1$ のとき $M=2a\sqrt{a}+b$,

$1 \leqq a$ のとき $M=3a+b-1$

(3) $M \geqq \dfrac{1}{4}$

76 $a \leqq 1$ のとき $x=0$ で最小値 $-6a+8$,
$a>1$ のとき $x=\log_2(a \pm \sqrt{a^2-1})$ で最小値
$-4a^3+6a$

77 (1) 5 (2) 4 (3) $\dfrac{7}{3}$

78 (1) $x=\dfrac{3 \pm \sqrt{21}}{3}$

(2) $k=0$ のとき $x=-1$, 0, 4；
$k=12$ のとき $x=-2$, 2, 3

79 $\dfrac{50}{27}<a<2$

80 $a=0$ のとき b はすべての実数,

$a \neq 0$ のとき $b<0$ かつ $b<\dfrac{a^3}{27}$ または

$b>0$ かつ $b>\dfrac{a^3}{27}$；図略

81 (1) 略 (2) $\left(\dfrac{2}{3}, -\dfrac{2\sqrt{3}}{9}\right)$

<第7章>　積分法

● CHECK 問題 の解答

53 (1) 10 (2) $\dfrac{25}{6}$ (3) $\dfrac{13}{3}$ (4) -6

(5) $\dfrac{32}{3}$

54 $-2x^3+6x$

55 (1) $6x^2+3$ (2) $-x^8+3x^3-1$
(3) $2(x^2+1)$

56 $f(x)=4x^3$, $a=-1$

● 例 の解答

73 C は積分定数とする。

(1) $\dfrac{x^4}{4}-x^3+3x^2-2x+C$

(2) $2x^3-\dfrac{x^2}{2}-12x+C$

(3) $\dfrac{t^3}{3}-\dfrac{1}{2}xt^2-2x^2t+C$

74 (1) $f(x)=\dfrac{2}{3}x^3-\dfrac{3}{2}x^2+2$

(2) $f(x)=\dfrac{x^3}{3}-x+\dfrac{2}{3}$

75 (1) $\dfrac{2}{3}$ (2) 30 (3) $\dfrac{16}{3}$

76 (1) $\dfrac{11}{5}$ (2) $-\dfrac{64}{3}$

● 練習 の解答

163 (1) $\dfrac{23}{3}$ (2) $\dfrac{19}{24}$

(3) $\dfrac{-32+20\sqrt{5}}{3}$

164 (1) $-\frac{9}{2}$ (2) $-\frac{343}{24}$ (3) $-\frac{28\sqrt{7}}{3}$

165 $k=1$, $s=-\frac{1}{\sqrt{3}}$, $t=\frac{1}{\sqrt{3}}$

166 (1) $f(x)=x^2+x-\frac{5}{12}$

(2) $f(x)=\frac{6}{7}x+\frac{3}{7}$

167 (1) (ア) $f(x)=2x+5$；$a=-6,\ 1$

(イ) $f(x)=3x^2-2$；$a=1,\ \frac{-1\pm\sqrt{5}}{2}$

(2) $f(x)=-x^2+7$

168 (1) $x=1,\ 4$

(2) $x=2,\ 5$ で最大値 $\frac{4}{3}$；

$x=0$ で最小値 $-\frac{16}{3}$

169 (1) $\frac{110}{3}$ (2) $\frac{37}{12}$ (3) $\frac{9}{8}$ (4) $\frac{14\sqrt{14}}{3}$

170 $\frac{9}{2}$

171 (1) $y=-4x$ (2) $\frac{1}{3}$

172 $\frac{2}{3}$

173 順に $y=4x-4$, 4

174 $\frac{27}{4}$

175 (1) $y=4x-4$ (2) $\frac{81}{10}$

176 (1) $\frac{\pi}{4}+\frac{1}{6}$ (2) $\frac{7}{24}-\frac{\pi}{16}$

177 $a=1-\sqrt{2}$

178 略

179 (ア) $0,\ 2,\ a+1$ (イ) 3

180 最大値 9, $b=2$, $c=0$

181 $t=\frac{1}{2}$ で最小値 $\frac{4}{3}$

182 (1) $1\leqq p<2$ (2) $p=\frac{4-\sqrt{2}}{2}$

183 (1) $x<0$ のとき $f(x)=3-x^2$,

$0\leqq x\leqq 3$ のとき $f(x)=\frac{4}{9}x^3-x^2+3$,

$x>3$ のとき $f(x)=x^2-3$

(2) 略

(3) $x=0$ で最大値 3, $x=-1$ で最小値 2

184 $t=\frac{\sqrt{2}}{4}$ で最小値 $\frac{2-\sqrt{2}}{6}$

185 $a=-1+\sqrt{3}$ で最小値 $-4\sqrt{3}+11$

186 (1) $\frac{4}{3}$ (2) $\frac{8\sqrt{2}}{3}$

187 (1) $\frac{2}{3}r^3$ (2) $\frac{22}{105}\pi$

● 演習問題 の解答

82 $k=4,\ 5$

83 (1) $c^2=-\frac{1}{3}(a+2b)(2a+b)$

(2) $(a,\ b)=(-7,\ 5),\ (-5,\ 7)$ (3) 略

84 略

85 $f(x)=\frac{3}{2}x-\frac{1}{2}$, $C=\frac{5}{24}$

86 (1) $b\geqq(a+1)^2-2$, $b\leqq a^2$, $b\leqq(a+3)^2$

(2) 略 (3) 6

87 (1) $a=\frac{4b}{1+b}$, $x_0=\frac{2b}{1+b}$,

$y_0=-\frac{4b}{(1+b)^2}$

(2) $S_1:S_2=b^2:1$

88 $\frac{1}{3}$

89 (1) $\left(-\frac{a}{2},\ a^3-\frac{7}{2}a\right)$

(2) 曲線 $y=-8x^3+7x$ の $-1<x<-\frac{1}{2}$ の部分

(3) $\frac{27}{8}$

90 (1) $g(x)=4x-1$, $h(x)=-x^2+4x$

(2) $\frac{4}{15}$

91 図略 (1) $\frac{4}{3}\pi+\sqrt{3}$ (2) $\frac{8}{3}$

92 証明略, $\frac{m^3}{3}$

93 (1) 略 (2) $0<k<1$

(3) $\frac{\alpha^3+\beta^3}{\alpha+\beta}=2-\sqrt{k}$,

$\frac{\alpha^5+\beta^5}{\alpha+\beta}=4-2\sqrt{k}-k$

(4) $k=\frac{4}{9}$

94 $4\sqrt{2}-4$

答の部（数学B）

CHECK 問題，例，練習，演習問題の答の数値のみをあげ，図・証明は省略した。

<第1章>　数　列

● CHECK 問題 の解答

1　①，③，④

2　(1)　$1+\frac{1}{3}+\frac{1}{9}+\frac{1}{27}+\frac{1}{81}+\frac{1}{243}$

(2)　$37+50+65+82+101+122+145$

(3)　$\sum_{k=1}^{n}(2k+1)(2k+3)$　(4)　$\sum_{k=0}^{11}(-3)^k$

3　(1)　210　(2)　650　(3)　364

4　(1)　17　(2)　5　(3)　4

● 例 の解答

1　順に $(-1)^{n+1}\cdot n^2(2n-1)$，$-396$

2　(1)　$a_n=-7n+107$，$a_{20}=-33$

(2)　(ア)　$2n+1$　(イ)　第35項　(ウ)　第500項

3　$a_n=\frac{120}{n+1}$

4　3，6，9

5　(1)　$a_n=2\cdot(-3)^{n-1}$，$a_8=-4374$

(2)　$3\cdot(-2)^{n-1}$

6　$(a,\ b,\ c)=(5,\ 5,\ 5)$，$\left(-10,\ -\frac{5}{2},\ 5\right)$

7　(1)　$n^2(2n+3)$　(2)　$\frac{1}{4}n(n-1)(n^2+3n+10)$

(3)　340　(4)　$\frac{1}{3}n(n+1)(n+2)$

8　(1)　$S_n=\frac{1}{6}n(4n^2+21n+35)$

(2)　$S_n=2^{n+1}-n-2$

9　$a_n=(n+1)(2n+1)$

10　(1)　$a_n=6n-11$　(2)　$a_n=7\cdot\left(-\frac{2}{3}\right)^{n-1}$

(3)　$a_n=2^n+\frac{3}{2}n^2-\frac{7}{2}n+1$

11　略

● 練習 の解答

1　(1)　順に 等差数列となることができる，第146項

(2)　初項は $pa+qb$，公差は $pd+qe$

2　(1)　$S=91$　(2)　$S=-9800$

(3)　$S=\frac{448}{3}$　(4)　$a=5$，$d=10$

3　(1)　999　(2)　3285

4　$n=25$，26 のとき最大値 650

5　$\frac{1}{2}p^3(p-1)$

6　順に 12個，6132

7　(1)　$\frac{129}{2}$　(2)　$x\neq0$ のとき $\frac{(x+1)^{n+1}-1}{x}$，

$x=0$ のとき $n+1$

(3)　初項は 3，和は 93

8　(1)　(ア)　6　(イ)　3　(2)　$\frac{3}{2}$

9　(ア)　-2　(イ)　-180

10　$c_n=7\cdot2^{4n-2}$

11　(1)　1709820円　(2)　9万円

12　(1)　n^2　(2)　$n=8$　(3)　$n=9$

13　(1)　$\frac{1}{6}n(2n+1)(7n+1)$

(2)　$\frac{1}{12}n(n+1)^2(n+2)$

14　$-n^3+16n^2-33n+20$

15　(1)　(ア)　$a_n=3\cdot4^{n-1}$

(イ)　$a_1=9$，$n\geqq2$ のとき $a_n=6n+1$

(2)　$48n^3+12n^2-11n+32$

16　(1)　$\frac{25}{51}$　(2)　$\frac{n}{2(3n+2)}$

17　(1)　$S=\frac{n(n+2)}{3(2n+1)(2n+3)}$

(2)　$S=\frac{1}{2}(\sqrt{2n+1}-1)$

18　(1)　$(n-1)\cdot2^{n+3}+8$

(2)　$x\neq1$ のとき

$\frac{1+x-(2n+1)x^n+(2n-1)x^{n+1}}{(1-x)^2}$

$x=1$ のとき n^2

19　$S=\frac{1}{6}n(n-1)(3n^2-n-1)$

20　n が偶数のとき $S_n=\frac{n}{2}(n+3)$

n が奇数のとき $S_n=-\frac{1}{2}(n+1)(n+2)$

21　(ア)　46　(イ)　55　(ウ)　385

22　1，2，3，……，n

23　(1)　最初の数は n^2，

最後の数は n^2+2n

(2)　$n(n+1)(2n+1)$

(3)　第44群の79番目

24　第68項，$\frac{4057}{128}$

25　(1)　m^2-m+1

(2)　左から10番目，上から9番目

(3)　$1\leqq l\leqq k+1$ のとき

左から $k+1$ 番目，上から l 番目

$k+2\leqq l\leqq 2k+1$ のとき

左から $2k-l+2$ 番目，上から $k+1$ 番目

26　(1)　$2(n+1)(2n+1)$ 個

(2)　$\frac{1}{2}(n+1)(3n+2)$ 個

(3) $\frac{1}{6}(n+1)(2n^2+n+6)$ 個

(4) 541 個

27 (1) $a_n=2\cdot3^n-4$ (2) $a_n=2\left(\frac{5}{4}\right)^{n-1}-20$

28 (1) $a_n=4\cdot3^{n-1}-2n-1$

(2) $f(n)=n^2+n+2$,
$a_n=n^2+n+2-2^{n-1}$

29 (1) $a_n=2\cdot3^{n-1}-2^{n-1}$

(2) $a_n=\frac{2}{3^n}-\frac{276}{9^n}$

30 (1) $a_1=\frac{1}{3}$, $a_2=-\frac{1}{9}$ (2) $a_{n+1}=\frac{5}{3}a_n-\frac{2}{3}$

(3) $a_n=-\frac{2}{3}\left(\frac{5}{3}\right)^{n-1}+1$

(4) $S_n=-\left(\frac{5}{3}\right)^n+n+1$

31 (1) $b_{n+1}=3b_n+2n$ (2) $\alpha=-1$, $\beta=-\frac{1}{2}$

(3) $a_n=2^{\frac{5}{2}\cdot3^{n-1}-n-\frac{1}{2}}$, $b_n=\frac{5}{2}\cdot3^{n-1}-n-\frac{1}{2}$

32 $a_n=\frac{1}{4}n^2+\frac{1}{4}n+\frac{1}{2}$

33 $a_n=\frac{4}{n(n+1)(n+2)}$

34 $a_n=\frac{1}{3^n-2}$

35 $a_n=\frac{2(n-1)}{3n}$

36 $a_n=\frac{2\cdot3^{n-1}-2^{n-2}}{3^{n-1}-2^{n-2}}$

37 (1) $a_n=2\cdot6^{n-1}+(-1)^n$

(2) $a_n=\frac{1}{2}(3^{n-1}+1)$

38 $a_n=(9n-13)\cdot(-4)^{n-2}$

39 $a_n=\frac{1}{\sqrt{13}}\left\{\left(\frac{1+\sqrt{13}}{2}\right)^n-\left(\frac{1-\sqrt{13}}{2}\right)^n\right\}$

40 (1) $a_n=2\cdot3^{n-1}+1$, $b_n=2\cdot3^{n-1}-1$

(2) $a_n=\frac{4\cdot5^{n-1}-2^{n-1}}{3}$, $b_n=\frac{8\cdot5^{n-1}+2^{n-1}}{3}$

41 $a_n=n\cdot2^{n-1}$, $b_n=(-n+2)\cdot2^{n-1}$

42 (1) $a_4=4$, $a_7=2$, $a_{10}=1$

(2), (3) 略

43 (1) $r_n=\frac{a}{\sqrt{3}\cdot2^n}$ (2) $n=6$

44 (ア) 7 (イ) 11 (ウ) $\frac{1}{2}(n^2+n+2)$

(エ) $\frac{1}{2}(n^2-3n+2)$

45 (1) $a_{n+2}=a_{n+1}+2a_n$

(2) $a_n=\frac{1}{3}\{4\cdot2^{n-1}-(-1)^{n-1}\}$ (3) 14 日後

46 (1) $a_{n+1}=5a_n+2b_n$, $b_{n+1}=a_n+5b_n$

(2) $(p,\ q)=(\sqrt{2},\ 5+\sqrt{2})$,
$(-\sqrt{2},\ 5-\sqrt{2})$

(3) $a_n=\frac{1}{2}\{(5+\sqrt{2})^n+(5-\sqrt{2})^n\}$,

$b_n=\frac{\sqrt{2}}{4}\{(5+\sqrt{2})^n-(5-\sqrt{2})^n\}$

47 (1) $p_1=\frac{1}{2}$ (2) $p_{n+1}=\frac{1}{4}p_n+\frac{1}{4}$

(3) $p_n=\frac{1}{6}\left(\frac{1}{4}\right)^{n-1}+\frac{1}{3}$

48 (1) $p_n=\frac{1}{2}p_{n-1}+\frac{1}{2}p_{n-2}$ $(n\geqq3)$

(2) $p_n=\frac{2}{3}\left\{1-\left(-\frac{1}{2}\right)^{n+1}\right\}$

49 (1) $a_1=\frac{1}{4}$, $b_1=\frac{3}{8}$, $c_1=\frac{3}{8}$

(2) $a_{n+1}=\frac{1}{4}a_n+\frac{3}{8}b_n+\frac{3}{8}c_n$,

$b_{n+1}=\frac{3}{8}a_n+\frac{1}{4}b_n+\frac{3}{8}c_n$,

$c_{n+1}=\frac{3}{8}a_n+\frac{3}{8}b_n+\frac{1}{4}c_n$

(3) $a_{n+1}=-\frac{1}{8}a_n+\frac{3}{8}$

(4) $a_n=-\frac{1}{12}\left(-\frac{1}{8}\right)^{n-1}+\frac{1}{3}$,

$b_n=\frac{1}{24}\left(-\frac{1}{8}\right)^{n-1}+\frac{1}{3}$,

$c_n=\frac{1}{24}\left(-\frac{1}{8}\right)^{n-1}+\frac{1}{3}$

50, **51** 略

52 $1\leqq n\leqq6$ のとき $n!<3^n$
$n\geqq7$ のとき $n!>3^n$

53 (1) $a_2=\frac{2}{3}$, $a_3=\frac{5}{8}$, $a_4=\frac{3}{5}$,

$a_5=\frac{7}{12}$, $a_6=\frac{4}{7}$, $a_n=\frac{n+2}{2n+2}$

(2) 略

54, **55** 略

56 (1) $P_1=2$, $P_2=6$；証明略

(2) 略

57 (1) $a_1=1$, $a_2=4$, $a_3=9$

(2) $a_n=n^2$, 証明略

● 演習問題 の解答

1 $(a,\ b,\ c)=(36,\ -6,\ 1)$, $(18,\ 12,\ 8)$,
$(36,\ 24,\ 16)$

2 (1) $S_n=\frac{1}{2}n\{2a+(n-1)d\}$

(2) (ア) $n=17$ (イ) $a=-33$, $d=2$

3 (1) $c_k=12k-5$

(2) $d_{1000}=2999$, $d_{1001}=3001$

4 (1) $b_n=a^nr^{\frac{1}{2}n(n-1)}$ (2) 略 (3) 略

5 (ア) $\left(\frac{10}{9}\right)^n$ (イ) 21 (ウ) $10\left\{\left(\frac{10}{9}\right)^n-1\right\}$
(エ) 10 (オ) 22 (カ) 8

6 (1) $\frac{1}{6}n(n+1)(n+2)$ (2) $\frac{n}{2n+1}$
(3) $\frac{3\sqrt{3}}{26}\left\{1-\left(\frac{1}{27}\right)^n\right\}$

7 (1) st^2 (2) 1452 (3) 14

8 (1) $a_{758}=182$ (2) 378

9 (1) $120x+120$ (2) $a_n=\frac{(n+2)!}{6}$
(3) $\frac{b_{n+1}}{a_{n+1}}-\frac{b_n}{a_n}=\frac{6}{(n+2)(n+3)}$
(4) $\frac{b_n}{a_n}=2-\frac{6}{n+2}$ (5) $S_n=\frac{(n+2)!}{3^{n+1}}-\frac{2}{3}$

10 (1) $b_{n+2}=3b_{n+1}-2b_n$, $c_{n+1}=c_n$
(2) $b_n=2^n-1$, $a_n=2^n-n$

11 (1) $a_2=2$, $a_3=4$, $a_4=5$, $a_5=10$
(2) nが奇数のとき $a_n=3\cdot2^{\frac{n-1}{2}}-2$
nが偶数のとき $a_n=3\cdot2^{\frac{n-2}{2}}-1$
(3) nが奇数のとき $9\cdot2^{\frac{n-1}{2}}-\frac{3}{2}n-\frac{13}{2}$
nが偶数のとき $3\cdot2^{\frac{n+2}{2}}-\frac{3}{2}n-6$

12 $(n-1)\left(\frac{2}{3}\right)^n+\frac{1}{3^n}$

13 (1) 順に $8+6i$, $18+26i$, $28+96i$, $-12+316i$；余り 6
(2) 略

14 略

15 (1) $(n-1)\cdot2^n+1$
(2) $a_1=2$, $a_n=2^{n-1}$ $(n\geqq2)$

＜第2章＞ 統計的な推測

● CHECK 問題 の解答

5 (1) 略 (2) $\frac{5}{9}$

6 $E(X)=3$, $V(X)=\frac{1}{2}$, $\sigma(X)=\frac{1}{\sqrt{2}}$

● 例 の解答

12 $E(X)=\frac{9}{5}$, $V(X)=\frac{24}{25}$, $\sigma(X)=\frac{2\sqrt{6}}{5}$

13 $E(X)=\frac{8}{5}$, $V(X)=\frac{6}{25}$, $\sigma(X)=\frac{\sqrt{6}}{5}$

14 (1) $E(X)=1$, $V(X)=\frac{2}{3}$, $\sigma(X)=\frac{\sqrt{6}}{3}$
(2) $E(3X-2)=1$, $V(3X-2)=6$, $\sigma(3X-2)=\sqrt{6}$

15 略

16 順に 独立, 従属

17 $E(X+4Y)=\frac{28}{5}$, $E(XY)=\frac{24}{25}$

18 $E(Z)=\frac{77}{3}$, $V(Z)=\frac{505}{9}$

19 $E(X)=4$, $V(X)=\frac{4}{5}$

20 $a=20$, $n=16$

21 (1) 0.125 (2) 0.63

22 (1) (ア) 0.2057 (イ) 0.09333 (ウ) 0.7257
(2) (ア) 0.3023 (イ) 0.9332 (ウ) 0.7066

23 母集団分布略, $m=\frac{28}{5}$, $\sigma=\frac{\sqrt{61}}{5}$

24 (1) 略 (2) $E(\overline{X})=\frac{11}{6}$, $\sigma(\overline{X})=\frac{\sqrt{365}}{150}$

25 偏りがあると判断してよい

● 練習 の解答

58 (1) $P(X=k)=\frac{2(k+1)}{n(n-1)}$
$(k=0, 1, 2, \cdots\cdots, n-2)$
(2) $E(X)=\frac{2(n-2)}{3}$

59 (1) $\frac{{}_n\mathrm{C}_k}{3^{n-1}}$ (2) $\frac{n(2^{n-1}-1)}{3^{n-1}}$

60 $a=5$

61 期待値 4, 分散 $\frac{12}{5}$

62 (ア) $5X-6$ (イ) $\frac{75}{4}$

63 $P\left(a\leqq X\leqq\frac{3}{2}a\right)=\frac{1}{8}$, 平均 $\frac{a}{3}$

64 (1) 約 315 人 (2) 約 175 cm 以上

65 0.1056

66 $E(\overline{X})=0.32$, $\sigma(\overline{X})=\frac{\sqrt{34}}{125}$

67 0.5878

68 0.0361

69 $n=500$ のとき 0.6826,
$n=2000$ のとき 0.9544, $n=4500$ のとき 0.9973

70 [1940, 2026] 単位は時間

71 (1) [164.32, 166.68] 単位は cm
(2) 約 554 人

72 約 6147 粒

73 メンデルの法則に反するとはいえない

74 (1) 白球の方が多いといえる
(2) 白球の方が多いとはいえない

75 A高校全体の平均点が, 県の平均点と異なるとは判断できない

● 演習問題 の解答

16 (1) $\frac{2(n-k+1)}{(n+1)(n+2)}$

(2) 期待値 $\frac{n}{3}$，分散 $\frac{n(n+3)}{18}$

17 (1) $\frac{14}{3}$ (2) 独立でない (3) $\frac{35}{3}$

18 (1) $\frac{23}{128}$ (2) $\frac{65}{192}$ (3) $\frac{825}{2}$ 円

19 $\frac{25}{32}$

20 (1) 順に $-\frac{n}{3}$，$\frac{8}{9}n$ (2) $\frac{1}{9}n(n+8)$

(3) $\frac{1}{9}n(5n+13)\pi$

21 (1) $E(X)=2$，$V(X)=\frac{1}{6}$

(2) $c=\frac{2-\sqrt{2}}{2}$

22 0.98

23 (1) 0.803 (2) $n=87$

24 (1) [2.50, 2.64] 単位は kg (2) 189 以上

25 立てた仮説は正しくないと判断してよい

26 $a=25$ とはいえない

27 (1) 0.0124 (2) $k=8$

(3) 治癒率は向上したと判断してよい

答の部（総合演習）

類題の答の数値のみをあげ，図，証明は省略した。

● 類題 の解答

1 (1) 略
(2) n が偶数のとき 0，n が奇数のとき 15
(3) 順に 7, 15, 14, 12

2 略

3 (1) 証明略，等号成立の条件は $x=y$
(2) 証明略，等号成立の条件は $n=1$ または $a_1=a_2=\cdots\cdots=a_n$ $(n\geqq 2)$

4 (1) $f(1)$ を 3 で割った余りは 0，$f(2)$ を 3 で割った余りは 1
(2) 略
(3) $(a,\ b)=(-1,\ -1),\ (1,\ -1),\ (-1,\ 1),\ (1,\ 1)$

5 (1) 略 (2) 略 (3) $b=8$

6 (1) $2bx+(b^2-1)y=2b^2$
(2) $\left(\dfrac{a-b}{ab-1},\ \dfrac{2ab}{ab-1}\right)$ (3) $T=\dfrac{2ab(a+b)}{ab-1}$
(4) $a=2$ のとき最小値 $\dfrac{32}{3}$

7 曲線 $y=\dfrac{1}{9\left(x-\dfrac{1}{6}\right)}-\dfrac{1}{12}$ の $\dfrac{1}{6}<x<\dfrac{1}{2}$ の部分

8 略

9 (1) 図略，基本周期は π (2) 略
(3) n が偶数のとき π，n が奇数のとき 2π

10～12 略

13 (1) 1 (2) $n=43$ (3) 1 (4) 4

14 V の体積を V_0 とすると
(1) $V_0=\dfrac{1}{4}(\pi a^2+4ac+\pi c^2)b$
(2) $0<V_0<\dfrac{\pi}{27}$

15 略

16 $\dfrac{1}{3}$

17 (1) $-1<a<2$ (2) 略 (3) $\dfrac{49}{24}$

18 略

19 (1) $n^2-3nk+3k^2-1$
(2) $S_p=\dfrac{1}{4}(p-2)(p-1)(p+1)$，$S_{23}=2772$
(3) $S_{p^2}=\dfrac{1}{4}p(p-1)(p^4+p^3-p^2-p-2)$，$S_{25}=3590$

20 (1) 337010 個 (2) 7106 個

21 (1) $a_2=2+r$，$a_3=3+r+\dfrac{1}{r}$，$a_4=4+r+\dfrac{1}{r}+\dfrac{1}{r^2}$
(2) $r\neq 1$ のとき $a_n=n-1+\dfrac{1-r^n}{r^{n-2}(1-r)}$，
$r=1$ のとき $a_n=2n-1$
(3) $\dfrac{1}{2}n(n-2)+2^n-1$

22 略

23 (1) 略 (2) n が k の倍数である (3) 5

24 略

索　引（数学Ⅱ，数学B，総合演習）

1．用語の掲載ページ（右側の数字）を示した。
2．主に初出のページを示した。

【な行】

【は行】

【ま行】

【や行】

【ら行】

常用対数表

数	0	1	2	3	4	5	6	7	8	9
1.0	.0000	.0043	.0086	.0128	.0170	.0212	.0253	.0294	.0334	.0374
1.1	.0414	.0453	.0492	.0531	.0569	.0607	.0645	.0682	.0719	.0755
1.2	.0792	.0828	.0864	.0899	.0934	.0969	.1004	.1038	.1072	.1106
1.3	.1139	.1173	.1206	.1239	.1271	.1303	.1335	.1367	.1399	.1430
1.4	.1461	.1492	.1523	.1553	.1584	.1614	.1644	.1673	.1703	.1732
1.5	.1761	.1790	.1818	.1847	.1875	.1903	.1931	.1959	.1987	.2014
1.6	.2041	.2068	.2095	.2122	.2148	.2175	.2201	.2227	.2253	.2279
1.7	.2304	.2330	.2355	.2380	.2405	.2430	.2455	.2480	.2504	.2529
1.8	.2553	.2577	.2601	.2625	.2648	.2672	.2695	.2718	.2742	.2765
1.9	.2788	.2810	.2833	.2856	.2878	.2900	.2923	.2945	.2967	.2989
2.0	.3010	.3032	.3054	.3075	.3096	.3118	.3139	.3160	.3181	.3201
2.1	.3222	.3243	.3263	.3284	.3304	.3324	.3345	.3365	.3385	.3404
2.2	.3424	.3444	.3464	.3483	.3502	.3522	.3541	.3560	.3579	.3598
2.3	.3617	.3636	.3655	.3674	.3692	.3711	.3729	.3747	.3766	.3784
2.4	.3802	.3820	.3838	.3856	.3874	.3892	.3909	.3927	.3945	.3962
2.5	.3979	.3997	.4014	.4031	.4048	.4065	.4082	.4099	.4116	.4133
2.6	.4150	.4166	.4183	.4200	.4216	.4232	.4249	.4265	.4281	.4298
2.7	.4314	.4330	.4346	.4362	.4378	.4393	.4409	.4425	.4440	.4456
2.8	.4472	.4487	.4502	.4518	.4533	.4548	.4564	.4579	.4594	.4609
2.9	.4624	.4639	.4654	.4669	.4683	.4698	.4713	.4728	.4742	.4757
3.0	.4771	.4786	.4800	.4814	.4829	.4843	.4857	.4871	.4886	.4900
3.1	.4914	.4928	.4942	.4955	.4969	.4983	.4997	.5011	.5024	.5038
3.2	.5051	.5065	.5079	.5092	.5105	.5119	.5132	.5145	.5159	.5172
3.3	.5185	.5198	.5211	.5224	.5237	.5250	.5263	.5276	.5289	.5302
3.4	.5315	.5328	.5340	.5353	.5366	.5378	.5391	.5403	.5416	.5428
3.5	.5441	.5453	.5465	.5478	.5490	.5502	.5514	.5527	.5539	.5551
3.6	.5563	.5575	.5587	.5599	.5611	.5623	.5635	.5647	.5658	.5670
3.7	.5682	.5694	.5705	.5717	.5729	.5740	.5752	.5763	.5775	.5786
3.8	.5798	.5809	.5821	.5832	.5843	.5855	.5866	.5877	.5888	.5899
3.9	.5911	.5922	.5933	.5944	.5955	.5966	.5977	.5988	.5999	.6010
4.0	.6021	.6031	.6042	.6053	.6064	.6075	.6085	.6096	.6107	.6117
4.1	.6128	.6138	.6149	.6160	.6170	.6180	.6191	.6201	.6212	.6222
4.2	.6232	.6243	.6253	.6263	.6274	.6284	.6294	.6304	.6314	.6325
4.3	.6335	.6345	.6355	.6365	.6375	.6385	.6395	.6405	.6415	.6425
4.4	.6435	.6444	.6454	.6464	.6474	.6484	.6493	.6503	.6513	.6522
4.5	.6532	.6542	.6551	.6561	.6571	.6580	.6590	.6599	.6609	.6618
4.6	.6628	.6637	.6646	.6656	.6665	.6675	.6684	.6693	.6702	.6712
4.7	.6721	.6730	.6739	.6749	.6758	.6767	.6776	.6785	.6794	.6803
4.8	.6812	.6821	.6830	.6839	.6848	.6857	.6866	.6875	.6884	.6893
4.9	.6902	.6911	.6920	.6928	.6937	.6946	.6955	.6964	.6972	.6981
5.0	.6990	.6998	.7007	.7016	.7024	.7033	.7042	.7050	.7059	.7067
5.1	.7076	.7084	.7093	.7101	.7110	.7118	.7126	.7135	.7143	.7152
5.2	.7160	.7168	.7177	.7185	.7193	.7202	.7210	.7218	.7226	.7235
5.3	.7243	.7251	.7259	.7267	.7275	.7284	.7292	.7300	.7308	.7316
5.4	.7324	.7332	.7340	.7348	.7356	.7364	.7372	.7380	.7388	.7396

数	0	1	2	3	4	5	6	7	8	9
5.5	.7404	.7412	.7419	.7427	.7435	.7443	.7451	.7459	.7466	.7474
5.6	.7482	.7490	.7497	.7505	.7513	.7520	.7528	.7536	.7543	.7551
5.7	.7559	.7566	.7574	.7582	.7589	.7597	.7604	.7612	.7619	.7627
5.8	.7634	.7642	.7649	.7657	.7664	.7672	.7679	.7686	.7694	.7701
5.9	.7709	.7716	.7723	.7731	.7738	.7745	.7752	.7760	.7767	.7774
6.0	.7782	.7789	.7796	.7803	.7810	.7818	.7825	.7832	.7839	.7846
6.1	.7853	.7860	.7868	.7875	.7882	.7889	.7896	.7903	.7910	.7917
6.2	.7924	.7931	.7938	.7945	.7952	.7959	.7966	.7973	.7980	.7987
6.3	.7993	.8000	.8007	.8014	.8021	.8028	.8035	.8041	.8048	.8055
6.4	.8062	.8069	.8075	.8082	.8089	.8096	.8102	.8109	.8116	.8122
6.5	.8129	.8136	.8142	.8149	.8156	.8162	.8169	.8176	.8182	.8189
6.6	.8195	.8202	.8209	.8215	.8222	.8228	.8235	.8241	.8248	.8254
6.7	.8261	.8267	.8274	.8280	.8287	.8293	.8299	.8306	.8312	.8319
6.8	.8325	.8331	.8338	.8344	.8351	.8357	.8363	.8370	.8376	.8382
6.9	.8388	.8395	.8401	.8407	.8414	.8420	.8426	.8432	.8439	.8445
7.0	.8451	.8457	.8463	.8470	.8476	.8482	.8488	.8494	.8500	.8506
7.1	.8513	.8519	.8525	.8531	.8537	.8543	.8549	.8555	.8561	.8567
7.2	.8573	.8579	.8585	.8591	.8597	.8603	.8609	.8615	.8621	.8627
7.3	.8633	.8639	.8645	.8651	.8657	.8663	.8669	.8675	.8681	.8686
7.4	.8692	.8698	.8704	.8710	.8716	.8722	.8727	.8733	.8739	.8745
7.5	.8751	.8756	.8762	.8768	.8774	.8779	.8785	.8791	.8797	.8802
7.6	.8808	.8814	.8820	.8825	.8831	.8837	.8842	.8848	.8854	.8859
7.7	.8865	.8871	.8876	.8882	.8887	.8893	.8899	.8904	.8910	.8915
7.8	.8921	.8927	.8932	.8938	.8943	.8949	.8954	.8960	.8965	.8971
7.9	.8976	.8982	.8987	.8993	.8998	.9004	.9009	.9015	.9020	.9025
8.0	.9031	.9036	.9042	.9047	.9053	.9058	.9063	.9069	.9074	.9079
8.1	.9085	.9090	.9096	.9101	.9106	.9112	.9117	.9122	.9128	.9133
8.2	.9138	.9143	.9149	.9154	.9159	.9165	.9170	.9175	.9180	.9186
8.3	.9191	.9196	.9201	.9206	.9212	.9217	.9222	.9227	.9232	.9238
8.4	.9243	.9248	.9253	.9258	.9263	.9269	.9274	.9279	.9284	.9289
8.5	.9294	.9299	.9304	.9309	.9315	.9320	.9325	.9330	.9335	.9340
8.6	.9345	.9350	.9355	.9360	.9365	.9370	.9375	.9380	.9385	.9390
8.7	.9395	.9400	.9405	.9410	.9415	.9420	.9425	.9430	.9435	.9440
8.8	.9445	.9450	.9455	.9460	.9465	.9469	.9474	.9479	.9484	.9489
8.9	.9494	.9499	.9504	.9509	.9513	.9518	.9523	.9528	.9533	.9538
9.0	.9542	.9547	.9552	.9557	.9562	.9566	.9571	.9576	.9581	.9586
9.1	.9590	.9595	.9600	.9605	.9609	.9614	.9619	.9624	.9628	.9633
9.2	.9638	.9643	.9647	.9652	.9657	.9661	.9666	.9671	.9675	.9680
9.3	.9685	.9689	.9694	.9699	.9703	.9708	.9713	.9717	.9722	.9727
9.4	.9731	.9736	.9741	.9745	.9750	.9754	.9759	.9763	.9768	.9773
9.5	.9777	.9782	.9786	.9791	.9795	.9800	.9805	.9809	.9814	.9818
9.6	.9823	.9827	.9832	.9836	.9841	.9845	.9850	.9854	.9859	.9863
9.7	.9868	.9872	.9877	.9881	.9886	.9890	.9894	.9899	.9903	.9908
9.8	.9912	.9917	.9921	.9926	.9930	.9934	.9939	.9943	.9948	.9952
9.9	.9956	.9961	.9965	.9969	.9974	.9978	.9983	.9987	.9991	.9996

正規分布表

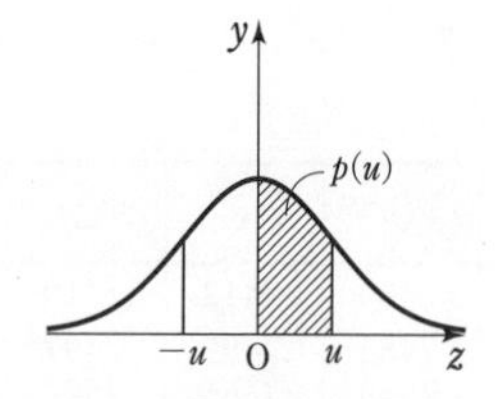

u	.00	.01	.02	.03	.04	.05	.06	.07	.08	.09
0.0	0.0000	0.0040	0.0080	0.0120	0.0160	0.0199	0.0239	0.0279	0.0319	0.0359
0.1	0.0398	0.0438	0.0478	0.0517	0.0557	0.0596	0.0636	0.0675	0.0714	0.0753
0.2	0.0793	0.0832	0.0871	0.0910	0.0948	0.0987	0.1026	0.1064	0.1103	0.1141
0.3	0.1179	0.1217	0.1255	0.1293	0.1331	0.1368	0.1406	0.1443	0.1480	0.1517
0.4	0.1554	0.1591	0.1628	0.1664	0.1700	0.1736	0.1772	0.1808	0.1844	0.1879
0.5	0.1915	0.1950	0.1985	0.2019	0.2054	0.2088	0.2123	0.2157	0.2190	0.2224
0.6	0.2257	0.2291	0.2324	0.2357	0.2389	0.2422	0.2454	0.2486	0.2517	0.2549
0.7	0.2580	0.2611	0.2642	0.2673	0.2704	0.2734	0.2764	0.2794	0.2823	0.2852
0.8	0.2881	0.2910	0.2939	0.2967	0.2995	0.3023	0.3051	0.3078	0.3106	0.3133
0.9	0.3159	0.3186	0.3212	0.3238	0.3264	0.3289	0.3315	0.3340	0.3365	0.3389
1.0	0.3413	0.3438	0.3461	0.3485	0.3508	0.3531	0.3554	0.3577	0.3599	0.3621
1.1	0.3643	0.3665	0.3686	0.3708	0.3729	0.3749	0.3770	0.3790	0.3810	0.3830
1.2	0.3849	0.3869	0.3888	0.3907	0.3925	0.3944	0.3962	0.3980	0.3997	0.4015
1.3	0.4032	0.4049	0.4066	0.4082	0.4099	0.4115	0.4131	0.4147	0.4162	0.4177
1.4	0.4192	0.4207	0.4222	0.4236	0.4251	0.4265	0.4279	0.4292	0.4306	0.4319
1.5	0.4332	0.4345	0.4357	0.4370	0.4382	0.4394	0.4406	0.4418	0.4429	0.4441
1.6	0.4452	0.4463	0.4474	0.4484	0.4495	0.4505	0.4515	0.4525	0.4535	0.4545
1.7	0.4554	0.4564	0.4573	0.4582	0.4591	0.4599	0.4608	0.4616	0.4625	0.4633
1.8	0.4641	0.4649	0.4656	0.4664	0.4671	0.4678	0.4686	0.4693	0.4699	0.4706
1.9	0.4713	0.4719	0.4726	0.4732	0.4738	0.4744	0.4750	0.4756	0.4761	0.4767
2.0	0.4772	0.4778	0.4783	0.4788	0.4793	0.4798	0.4803	0.4808	0.4812	0.4817
2.1	0.4821	0.4826	0.4830	0.4834	0.4838	0.4842	0.4846	0.4850	0.4854	0.4857
2.2	0.4861	0.4864	0.4868	0.4871	0.4875	0.4878	0.4881	0.4884	0.4887	0.4890
2.3	0.4893	0.4896	0.4898	0.4901	0.4904	0.4906	0.4909	0.4911	0.4913	0.4916
2.4	0.4918	0.4920	0.4922	0.4925	0.4927	0.4929	0.4931	0.4932	0.4934	0.4936
2.5	0.4938	0.4940	0.4941	0.4943	0.4945	0.4946	0.4948	0.4949	0.4951	0.4952
2.6	0.49534	0.49547	0.49560	0.49573	0.49585	0.49598	0.49609	0.49621	0.49632	0.49643
2.7	0.49653	0.49664	0.49674	0.49683	0.49693	0.49702	0.49711	0.49720	0.49728	0.49736
2.8	0.49744	0.49752	0.49760	0.49767	0.49774	0.49781	0.49788	0.49795	0.49801	0.49807
2.9	0.49813	0.49819	0.49825	0.49831	0.49836	0.49841	0.49846	0.49851	0.49856	0.49861
3.0	0.49865	0.49869	0.49874	0.49878	0.49882	0.49886	0.49889	0.49893	0.49897	0.49900

●編著者
加藤 文元　　東京工業大学名誉教授
チャート研究所

初版（数学ⅡB）
第1刷　1964年2月1日　発行
新課程
第1刷　2014年4月1日　発行
改訂版
第1刷　2015年9月1日　発行
新課程
第1刷　2023年4月1日　発行

●表紙・カバー・本文デザイン
アーク・ビジュアル・ワークス（落合あや子）

●写真・イラスト
ゲッティイメージズ
有限会社スタジオ杉

編集・制作　チャート研究所
発行者　　　　　星野 泰也

ISBN978-4-410-10183-0

※解答・解説は数研出版株式会社が作成したものです。

チャート式®　数学Ⅱ＋B

発行所　数研出版株式会社

〒101-0052　東京都千代田区神田小川町2丁目3番地3
〔振替〕00140-4-118431
〒604-0861　京都市中京区烏丸通竹屋町上る大倉町205番地
〔電話〕代表（075）231-0161
ホームページ　https://www.chart.co.jp
印刷　創栄図書印刷株式会社
乱丁本・落丁本はお取り替えいたします　230201

□ **対数関数のグラフ**

▶対数関数 $y=\log_a x$ とそのグラフ

・$y=\log_a x$ は $x=a^y$ と同値　$(a>0,\ a\neq 1)$

・定義域は $x>0$，値域は実数全体

・$a>1$　　のとき　x が増加すると y も増加
　$0<a<1$ のとき　x が増加すると y は減少

・グラフは，点 $(1,\ 0)$ を通り，y 軸が漸近線

6 微分法

□ **微分係数**

▶平均変化率　$\dfrac{f(b)-f(a)}{b-a}$ $(b\neq a)$

▶微分係数（変化率）

$$f'(a)=\lim_{b\to a}\frac{f(b)-f(a)}{b-a}=\lim_{h\to 0}\frac{f(a+h)-f(a)}{h}$$

□ **導関数**

▶導関数の定義

・定義　$f'(x)=\displaystyle\lim_{h\to 0}\frac{f(x+h)-f(x)}{h}$

▶導関数の公式

$a,\ b,\ c,\ k,\ l$ は定数，n は正の整数，u と v は x の関数とする。

$(c)'=0,\qquad (x^n)'=nx^{n-1}$

$(ku)'=ku',\ (u+v)'=u'+v'$

$(ku+lv)'=ku'+lv'$

（参考）　数学Ⅲの内容

$(uv)'=u'v+uv',\ (u^n)'=nu^{n-1}u'$

特に　$\{(ax+b)^n\}'=na(ax+b)^{n-1}$

□ **接線**

▶接線・法線の方程式

法線では $f'(a)\neq 0$ とする。

曲線 $y=f(x)$ 上の点 $\mathrm{A}(a,\ f(a))$ における

・接線の方程式　$y-f(a)=f'(a)(x-a)$

・法線の方程式　$y-f(a)=-\dfrac{1}{f'(a)}(x-a)$

□ **関数の増減と極大・極小**

▶関数の増減　ある区間で

・常に $f'(x)>0$ ならば，$f(x)$ はその区間で単調に増加する。
　[この区間で接線の傾きは正]

・常に $f'(x)<0$ ならば，$f(x)$ はその区間で単調に減少する。
　[この区間で接線の傾きは負]

▶関数の極値

極大…増加から減少に移る。$f'(x)$ が正 ⟶ 負

極小…減少から増加に移る。$f'(x)$ が負 ⟶ 正

□ **最大値・最小値**

▶最大・最小

区間内の極値を求め，その値と区間の両端における関数の値との大小から決定。

7 積分法

□ **不定積分**

▶導関数と不定積分　C は積分定数とする。

・$F'(x)=f(x)$ のとき　$\displaystyle\int f(x)dx=F(x)+C$

・$\displaystyle\int x^n dx=\frac{1}{n+1}x^{n+1}+C$　（n は 0 以上の整数）

▶不定積分の性質　$k,\ l$ は定数とする。

・$\displaystyle\int\{kf(x)+lg(x)\}dx=k\int f(x)dx+l\int g(x)dx$

□ **定積分**

▶定積分　$F'(x)=f(x)$ のとき

$$\int_a^b f(x)dx=\Big[F(x)\Big]_a^b=F(b)-F(a)$$

▶定積分の性質　$k,\ l$ は定数とする。

・$\displaystyle\int_a^b f(x)dx=\int_a^b f(t)dt$

・$\displaystyle\int_a^b\{kf(x)+lg(x)\}dx$
$$=k\int_a^b f(x)dx+l\int_a^b g(x)dx$$

・$\displaystyle\int_a^a f(x)dx=0,\ \int_b^a f(x)dx=-\int_a^b f(x)dx$

・$\displaystyle\int_a^b f(x)dx=\int_a^c f(x)dx+\int_c^b f(x)dx$

▶偶関数，奇関数の定積分　n は自然数とする。

$$\int_{-a}^a x^{2n}dx=2\int_0^a x^{2n}dx,\ \int_{-a}^a x^{2n-1}dx=0$$

▶定積分で表された関数

x は t に無関係な変数，$a,\ b$ は定数とする。

・$\displaystyle\int_a^b f(x,\ t)dt$ は x の関数

・$\displaystyle\frac{d}{dx}\int_a^x f(t)dt=f(x)$

・$\displaystyle\int_a^x f(t)dt$ は $f(x)$ の不定積分

□ **面積**

▶放物線と面積

$\displaystyle\int_\alpha^\beta(x-\alpha)(x-\beta)dx=-\frac{1}{6}(\beta-\alpha)^3$ を利用。

1 数　列

□ 等差数列の一般項と和

▶一般項 a_n　初項を a，公差を d とすると

$$a_n=a+(n-1)d$$

▶等差中項

数列 a，b，c が等差数列 $\Longleftrightarrow$ $2b=a+c$

▶等差数列の和　初項から第 n 項までの和 S_n

① 初項 a，第 n 項 (末項) l に対して

$$S_n=\frac{1}{2}n(a+l)$$

② 初項 a，公差 d に対して

$$S_n=\frac{1}{2}n\{2a+(n-1)d\}$$

▶自然数の和，正の奇数の和

$$1+2+3+\cdots\cdots+n=\frac{1}{2}n(n+1)$$

$$1+3+5+\cdots\cdots+(2n-1)=n^2$$

□ 等比数列の一般項と和

▶一般項 a_n　初項を a，公比を r とすると

$$a_n=ar^{n-1}$$

▶等比中項

数列 a，b，c が等比数列 $\Longleftrightarrow$ $b^2=ac$

▶等比数列の和　初項を a，公比を r とする。

初項から第 n 項までの和 S_n は

① $r\neq 1$ のとき　$S_n=\dfrac{a(1-r^n)}{1-r}=\dfrac{a(r^n-1)}{r-1}$

② $r=1$ のとき　$S_n=na$

□ 和の記号 Σ，Σ の性質

▶和の記号 Σ

$$\sum_{k=1}^{n}a_k=a_1+a_2+a_3+\cdots\cdots+a_n$$

▶Σ の性質　p，q は k に無関係な定数とする。

$$\sum_{k=1}^{n}(pa_k+qb_k)=p\sum_{k=1}^{n}a_k+q\sum_{k=1}^{n}b_k$$

▶数列の和の公式　c，r は k に無関係な定数。

$$\sum_{k=1}^{n}c=nc \qquad 特に \quad \sum_{k=1}^{n}1=n$$

$$\sum_{k=1}^{n}k=\frac{1}{2}n(n+1)$$

$$\sum_{k=1}^{n}k^2=\frac{1}{6}n(n+1)(2n+1)$$

$$\sum_{k=1}^{n}k^3=\left\{\frac{1}{2}n(n+1)\right\}^2$$

$$\sum_{k=1}^{n}r^{k-1}=\frac{1-r^n}{1-r} \quad (r\neq 1)$$

□ いろいろな数列

▶階差数列

数列 $\{a_n\}$ の階差数列を $\{b_n\}$ とする。

$$b_n=a_{n+1}-a_n$$

$$n\geqq 2 のとき \quad a_n=a_1+\sum_{k=1}^{n-1}b_k$$

▶和 S_n と一般項

$S_n=a_1+a_2+\cdots\cdots+a_n$ のとき

$$a_1=S_1, \quad a_n=S_n-S_{n-1} \quad (n\geqq 2)$$

▶分数の数列の和

部分分数に分解して途中を消す。

$\dfrac{1}{k(k+1)}=\dfrac{1}{k}-\dfrac{1}{k+1}$ などの変形を利用。

□ 漸化式の変形，数学的帰納法

▶漸化式の変形

・隣接 2 項間　$a_{n+1}=pa_n+q$ $(p\neq 1)$

　$\alpha=p\alpha+q$ を満たす α に対して

　$a_{n+1}-\alpha=p(a_n-\alpha)$

・隣接 3 項間　$pa_{n+2}+qa_{n+1}+ra_n=0$

　$px^2+qx+r=0$ の解を α，β とすると

　$a_{n+2}-\alpha a_{n+1}=\beta(a_{n+1}-\alpha a_n)$

▶数学的帰納法

自然数 n に関する命題 P が，すべての自然数 n について成り立つことを示す手順は

[1] $n=1$ のとき P が成り立つことを示す。

[2] $n=k$ のとき P が成り立つと仮定して，$n=k+1$ のとき P が成り立つことを示す。

2 統計的な推測

確率変数 X は次の表のような分布に従うとする。

X	x_1	x_2	……	x_n	計
P	p_1	p_2	……	p_n	1

$p_k=P(X=x_k)$ $(k=1,\ 2,\ \cdots\cdots,\ n)$

$p_1\geqq 0$，$p_2\geqq 0$，……，$p_n\geqq 0$

$p_1+p_2+\cdots\cdots+p_n=1$

□ 期待値 $E(X)$，分散 $V(X)$，標準偏差 $\sigma(X)$

$$E(X)=m=x_1p_1+x_2p_2+\cdots\cdots+x_np_n=\sum_{k=1}^{n}x_kp_k$$

$$V(X)=E((X-m)^2)$$
$$=(x_1-m)^2p_1+(x_2-m)^2p_2+\cdots\cdots+(x_n-m)^2p_n$$
$$=\sum_{k=1}^{n}(x_k-m)^2p_k=E(X^2)-\{E(X)\}^2$$

$$\sigma(X)=\sqrt{V(X)}$$

CHECK 問題，例，練習，演習問題の解答（数学Ⅱ）

注意 CHECK 問題，例，練習，演習問題の全問の解答例を示し，答えの数値などを太字で示した。**指針**，**検討**，**注意** として，考え方や補足事項，注意事項を示したところもある。

CHECK 1 ➡本冊 p.19

(1) $(a+2b)^7={}_7C_0a^7+{}_7C_1a^6(2b)+{}_7C_2a^5(2b)^2+{}_7C_3a^4(2b)^3$
$+{}_7C_4a^3(2b)^4+{}_7C_5a^2(2b)^5+{}_7C_6a(2b)^6+{}_7C_7(2b)^7$
$=\boldsymbol{a^7+14a^6b+84a^5b^2+280a^4b^3+560a^3b^4}$
$\boldsymbol{+672a^2b^5+448ab^6+128b^7}$

◀二項定理を利用。
$(a+b)^n$ の展開式の一般項は　${}_nC_ra^{n-r}b^r$
r は 0 から n までの値を順にとる。

(2) $(2x-y)^6={}_6C_0(2x)^6+{}_6C_1(2x)^5(-y)+{}_6C_2(2x)^4(-y)^2$
$+{}_6C_3(2x)^3(-y)^3+{}_6C_4(2x)^2(-y)^4$
$+{}_6C_5(2x)(-y)^5+{}_6C_6(-y)^6$
$=\boldsymbol{64x^6-192x^5y+240x^4y^2-160x^3y^3+60x^2y^4}$
$\boldsymbol{-12xy^5+y^6}$

◀${}_6C_4={}_6C_2=15$

◀${}_6C_5={}_6C_1=6$

(3) $\left(2m+\dfrac{n}{3}\right)^6={}_6C_0(2m)^6+{}_6C_1(2m)^5\cdot\dfrac{n}{3}+{}_6C_2(2m)^4\left(\dfrac{n}{3}\right)^2$
$+{}_6C_3(2m)^3\left(\dfrac{n}{3}\right)^3+{}_6C_4(2m)^2\left(\dfrac{n}{3}\right)^4$
$+{}_6C_5(2m)\left(\dfrac{n}{3}\right)^5+{}_6C_6\left(\dfrac{n}{3}\right)^6$
$=\boldsymbol{64m^6+64m^5n+\dfrac{80}{3}m^4n^2+\dfrac{160}{27}m^3n^3}$
$\boldsymbol{+\dfrac{20}{27}m^2n^4+\dfrac{4}{81}mn^5+\dfrac{1}{729}n^6}$

参考　パスカルの三角形を用いて解いてもよい。

CHECK 2 ➡本冊 p.19

(1) $(2x+3y)^4$ の展開式の一般項は
$${}_4C_r(2x)^{4-r}(3y)^r={}_4C_r\cdot2^{4-r}\cdot3^rx^{4-r}y^r$$
◀$(ab)^n=a^nb^n$

x^2y^2 の項は $r=2$ のときで，その係数は
$${}_4C_2\cdot2^2\cdot3^2=6\cdot4\cdot9=\boldsymbol{216}$$

(2) $(3a-2b)^5$ の展開式の一般項は
$${}_5C_r(3a)^{5-r}(-2b)^r={}_5C_r\cdot3^{5-r}\cdot(-2)^ra^{5-r}b^r$$
a^2b^3 の項は $r=3$ のときで，その係数は
$${}_5C_3\cdot3^2\cdot(-2)^3=10\cdot9\cdot(-8)=\boldsymbol{-720}$$
◀${}_5C_3={}_5C_2$

CHECK 3 ➡本冊 p.19

二項定理により
$$(1+x)^n={}_nC_0+{}_nC_1x+{}_nC_2x^2+\cdots\cdots+{}_nC_nx^n$$
この等式の両辺に $x=1$ を代入すると
$$(1+1)^n={}_nC_0+{}_nC_1+{}_nC_2+\cdots\cdots+{}_nC_n$$
すなわち　${}_nC_0+{}_nC_1+{}_nC_2+\cdots\cdots+{}_nC_n=2^n$

CHECK 4 ➡ 本冊 p. 19

展開式の一般項は

$$\frac{6!}{p!q!r!}\cdot a^p\cdot(2b)^q\cdot(3c)^r=\frac{6!}{p!q!r!}\cdot 2^q\cdot 3^r\cdot a^pb^qc^r$$

ただし　$p+q+r=6,\ p\geqq 0,\ q\geqq 0,\ r\geqq 0$

◀$(a+b+c)^n$ の展開式の一般項は $\dfrac{n!}{p!q!r!}a^pb^qc^r$ ただし　$p+q+r=n$

(ア)　a^3b^2c の項は，$p=3,\ q=2,\ r=1$ のときで，その係数は

$$\frac{6!}{3!2!1!}\cdot 2^2\cdot 3^1=\mathbf{720}$$

(イ)　a^4c^2 の項は，$p=4,\ q=0,\ r=2$ のときで，その係数は

$$\frac{6!}{4!0!2!}\cdot 2^0\cdot 3^2=\mathbf{135}$$

◀$0!=1,\ 2^0=1$

CHECK 5 ➡ 本冊 p. 24

(1)

$$\begin{array}{r|l} & 3x+2 \\ \hline x+1 & 3x^2+5x+4 \\ & 3x^2+3x \\ \hline & \quad\ 2x+4 \\ & \quad\ 2x+2 \\ \hline & \qquad\ \ 2 \end{array}$$

商　$3x+2$
余り　2

(2)　[計算は下記参照]
商　$x-3$
余り　$x-8$

(3)　[計算は下記参照]
商　$x^2-3x+\dfrac{3}{2}$
余り　$-4x+\dfrac{3}{2}$

(2)

$$\begin{array}{r|l} & x-3 \\ \hline 2x^2-1 & 2x^3-6x^2\qquad -5 \\ & 2x^3\qquad\ -x \\ \hline & \quad -6x^2+x-5 \\ & \quad -6x^2\qquad +3 \\ \hline & \qquad\qquad x-8 \end{array}$$

(3)

$$\begin{array}{r|l} & x^2-3x+\frac{3}{2} \\ \hline 2x^2-3 & 2x^4-6x^3\qquad +5x-3 \\ & 2x^4\qquad -3x^2 \\ \hline & \quad -6x^3+3x^2+5x \\ & \quad -6x^3\qquad +9x \\ \hline & \qquad 3x^2-4x-3 \\ & \qquad 3x^2\qquad -\frac{9}{2} \\ \hline & \qquad\quad -4x+\frac{3}{2} \end{array}$$

CHECK 6 ➡ 本冊 p. 26

(1)　$\dfrac{12a^2xy^3}{18ax^2y}=\dfrac{2ay^2\cdot 6axy}{3x\cdot 6axy}=\boldsymbol{\dfrac{2ay^2}{3x}}$

◀$6axy$ で約分。

(2)　$\dfrac{x^2-4x+3}{2x^2-2x-12}=\dfrac{(x-1)(x-3)}{2(x+2)(x-3)}=\boldsymbol{\dfrac{x-1}{2(x+2)}}$

◀分母・分子を因数分解する。

(3)　$\dfrac{x^3+1}{x^2-2x-3}=\dfrac{(x+1)(x^2-x+1)}{(x+1)(x-3)}=\boldsymbol{\dfrac{x^2-x+1}{x-3}}$

◀分母・分子を因数分解する。

CHECK 7 ➡ 本冊 p. 26

(1)　$\dfrac{8x^3z}{9bc^3}\times\dfrac{27abc}{4xyz^2}=\boldsymbol{\dfrac{6ax^2}{c^2yz}}$

(2)　$\dfrac{4a^2-b^2}{a^2-4b^2}\div\dfrac{2a+b}{a-2b}=\dfrac{(2a+b)(2a-b)}{(a+2b)(a-2b)}\times\dfrac{a-2b}{2a+b}$

$$=\boldsymbol{\frac{2a-b}{a+2b}}$$

◀$\div\dfrac{C}{D}$ は $\times\dfrac{D}{C}$ に

(3)　$\dfrac{x^2}{x+1}-\dfrac{1}{x+1}=\dfrac{x^2-1}{x+1}=\dfrac{(x+1)(x-1)}{x+1}=\boldsymbol{x-1}$

◀$\dfrac{A}{C}-\dfrac{B}{C}=\dfrac{A-B}{C}$

(4) $\dfrac{x+y}{x-y}-\dfrac{y}{x-y}+\dfrac{2x-y}{y-x}=\dfrac{x+y}{x-y}-\dfrac{y}{x-y}-\dfrac{2x-y}{x-y}$

$=\dfrac{(x+y)-y-(2x-y)}{x-y}$

$=\dfrac{y-x}{x-y}=\dfrac{-(x-y)}{x-y}=\mathbf{-1}$

◀ $\dfrac{2x-y}{y-x}=\dfrac{2x-y}{-(x-y)}=-\dfrac{2x-y}{x-y}$

(5) $\dfrac{2x-3}{x^2-3x+2}+\dfrac{2-3x}{x^2-4}=\dfrac{2x-3}{(x-1)(x-2)}-\dfrac{3x-2}{(x+2)(x-2)}$

$=\dfrac{(2x-3)(x+2)}{(x-1)(x-2)(x+2)}-\dfrac{(3x-2)(x-1)}{(x+2)(x-2)(x-1)}$

◀通分。

$=\dfrac{(2x-3)(x+2)-(3x-2)(x-1)}{(x-1)(x+2)(x-2)}$

$=\dfrac{2x^2+x-6-(3x^2-5x+2)}{(x-1)(x+2)(x-2)}$

$=\dfrac{-x^2+6x-8}{(x-1)(x+2)(x-2)}=\dfrac{-(x-2)(x-4)}{(x-1)(x+2)(x-2)}$

◀ $-x^2+6x-8$ $=-(x^2-6x+8)$

$=-\dfrac{\boldsymbol{x-4}}{\boldsymbol{(x-1)(x+2)}}$

◀結果は約分。

(6) $\dfrac{x+11}{2x^2+7x+3}-\dfrac{x-10}{2x^2-3x-2}$

$=\dfrac{x+11}{(x+3)(2x+1)}-\dfrac{x-10}{(x-2)(2x+1)}$

$=\dfrac{(x+11)(x-2)-(x-10)(x+3)}{(x+3)(x-2)(2x+1)}$

◀通分。

$=\dfrac{16x+8}{(x+3)(x-2)(2x+1)}=\dfrac{8(2x+1)}{(x+3)(x-2)(2x+1)}$

$=\dfrac{\mathbf{8}}{\boldsymbol{(x+3)(x-2)}}$

◀結果は約分。

CHECK 8 ➡本冊 p. 31

(1) (左辺) $=x^2-2x+1$

よって，右辺と一致しないから **恒等式ではない。**

(2) (左辺) $=(a^2+2ab+b^2)+(a^2-2ab+b^2)$

$=2a^2+2b^2=2(a^2+b^2)$

◀左辺を展開して整理。

よって，右辺と一致するから **恒等式である。**

(3) (左辺) $=\dfrac{2x+1}{2x-1}\times\dfrac{(2x+1)(2x-1)}{(2x+1)^2}=1$

よって，右辺と一致するから **恒等式である。**

(4) (左辺) $=\dfrac{1}{3}\times\dfrac{(x+3)-(x+1)}{(x+1)(x+3)}=\dfrac{2}{3(x+1)(x+3)}$

◀左辺を通分する。

よって，右辺と一致しないから **恒等式ではない。**

CHECK 9 ➡本冊 p. 31

与えられた等式が x についての恒等式となるための条件は

$$a-2b+4=0,\ a-3b+7=0$$

◀ $P=0$ が恒等式 $\iff P$ の各項の係数が 0

これを解いて　　$\boldsymbol{a=2,\ b=3}$

CHECK 10 ➡本冊 $p.37$

指針 (1) 複雑な式である左辺の各項を展開して，簡単な式である右辺になることを示す。
(2), (3) 左辺も右辺も同じような複雑さであるから，左辺と右辺をそれぞれ変形して，同一の式になることを示す。

(1) (左辺)$=\{x^2-(a+b)x+ab\}+(ax-ab)+bx$
$=x^2-ax-bx+ab+ax-ab+bx=x^2$
よって，与えられた等式は成り立つ。

◀証明する式が長いときは，左のように (左辺) などと略記してよい。

(2) (左辺)$=a^2c^2-a^2d^2-b^2c^2+b^2d^2$
(右辺)$=a^2c^2+2abcd+b^2d^2-(a^2d^2+2adbc+b^2c^2)$
$=a^2c^2-a^2d^2-b^2c^2+b^2d^2$
よって，与えられた等式は成り立つ。

別解 (右辺)$=a^2c^2+2abcd+b^2d^2-(a^2d^2+2abcd+b^2c^2)$
$=a^2c^2-a^2d^2-b^2c^2+b^2d^2$
$=a^2(c^2-d^2)-b^2(c^2-d^2)=(a^2-b^2)(c^2-d^2)$
よって，与えられた等式は成り立つ。

◀右辺を変形して，左辺を導く方針。

(3) (左辺)$=a^2b-ca^2+b^2c-ab^2+c^2a-bc^2$
(右辺)$=(b^2c-bc^2)+(c^2a-ca^2)+(a^2b-ab^2)$
$=a^2b-ca^2+b^2c-ab^2+c^2a-bc^2$
よって，与えられた等式は成り立つ。

◀左辺と右辺をそれぞれ変形して，同じ式を導く。

別解 (左辺)$=a^2b-ca^2+b^2c-ab^2+c^2a-bc^2$
$=(b^2c-bc^2)+(c^2a-ca^2)+(a^2b-ab^2)$
$=bc(b-c)+ca(c-a)+ab(a-b)$
よって，与えられた等式は成り立つ。

◀左辺を変形して，右辺を導く。

CHECK 11 ➡本冊 $p.42$

(1) $a>b$ の両辺に c を加えて　$a+c>b+c$　← ②
$c>d$ の両辺に b を加えて　$b+c>b+d$　← ②
よって　$a+c>b+d$　← ①

◀①, ②, ③, ④ は，本冊 $p.41$ 基本事項 **1** を参照。

(2) $a>b$, $c>0$ から　$ac>bc$　← ③
$c>d$, $b>0$ から　$bc>bd$　← ③
よって　$ac>bd$　← ①

(3) $a>0$, $a=0$, $a<0$ のうち，どれか1つが成り立つ。

[1] $a>0$ ならば　$\dfrac{1}{a}>0$
$ab<0$ の両辺に $\dfrac{1}{a}$ を掛けて　$ab\cdot\dfrac{1}{a}<0\cdot\dfrac{1}{a}$　← ③
すなわち　$b<0$

[2] $a=0$ ならば $ab=0$ となり，$ab<0$ の仮定に反する。

[3] $a<0$ ならば　$\dfrac{1}{a}<0$
$ab<0$ の両辺に $\dfrac{1}{a}$ を掛けて　$ab\cdot\dfrac{1}{a}>0\cdot\dfrac{1}{a}$　← ④
すなわち　$b>0$

◀不等式の両辺に負の数を掛けると，不等号の向きが変わる。

以上から　$ab<0 \Longrightarrow (a>0,\ b<0)$ または $(a<0,\ b>0)$

CHECK 12 ➡本冊 p. 42

(1) $a>0$, $\dfrac{4}{a}>0$ であるから，(相加平均)≧(相乗平均) により

$$a+\frac{4}{a}\geqq 2\sqrt{a\cdot\frac{4}{a}} \qquad \text{ゆえに} \qquad a+\frac{4}{a}\geqq 4$$

等号が成り立つのは，$a=\dfrac{4}{a}$，$a>0$ すなわち $\boldsymbol{a=2}$ **のとき** である。

別解 $a+\dfrac{4}{a}-4=\dfrac{(a-2)^2}{a}\geqq 0$

◀前提条件の確認を忘れないようにする。

◀$a=\dfrac{4}{a}$ から　$a^2=4$
これを解くと　$a=\pm 2$
次のように考えてもよい。
等号が成り立つとき
$a=\dfrac{4}{a}$ かつ $a+\dfrac{4}{a}=4$
よって　$a+a=4$
ゆえに　$a=2$

(2) $a>0$，$b>0$ から　$\dfrac{3b}{5a}>0$，$\dfrac{5a}{3b}>0$

よって，(相加平均)≧(相乗平均) により

$$\frac{3b}{5a}+\frac{5a}{3b}\geqq 2\sqrt{\frac{3b}{5a}\cdot\frac{5a}{3b}} \qquad \text{ゆえに} \qquad \frac{3b}{5a}+\frac{5a}{3b}\geqq 2$$

等号が成り立つのは，$\dfrac{3b}{5a}=\dfrac{5a}{3b}$，$a>0$，$b>0$ から

$$(5a)^2=(3b)^2,\ a>0,\ b>0$$

すなわち $\boldsymbol{5a=3b}$ **のとき** である。

別解 $\dfrac{3b}{5a}+\dfrac{5a}{3b}-2=\dfrac{(5a-3b)^2}{15ab}\geqq 0$

例 1 ➡ 本冊 *p.* 20

(1) $(x^2+2y)^5$ の展開式の一般項は

$${}_5C_r(x^2)^{5-r}(2y)^r={}_5C_r\cdot 2^r x^{10-2r}y^r$$

◀ $(ab)^n=a^nb^n$

x^4y^3 の項は $r=3$ のときで，その係数は

$${}_5C_3\cdot 2^3=10\cdot 8=\mathbf{80}$$

◀ ${}_5C_3=10$

(2) $\left(x^2-\dfrac{2}{x}\right)^6$ の展開式の一般項は

$$\begin{aligned}{}_6C_r(x^2)^{6-r}\left(-\frac{2}{x}\right)^r &={}_6C_r x^{12-2r}\cdot\frac{(-2)^r}{x^r}\\ &={}_6C_r(-2)^r\cdot\frac{x^{12-2r}}{x^r}\\ &={}_6C_r(-2)^r\cdot x^{12-2r-r}\\ &={}_6C_r(-2)^r\cdot x^{12-3r} \quad \cdots\cdots ①\end{aligned}$$

◀ $(a^m)^n=a^{mn}$
$\left(\dfrac{a}{b}\right)^n=\dfrac{a^n}{b^n}$

◀ $\dfrac{a^m}{a^n}=a^{m-n}$

x^6 の項は，$12-3r=6$ より $r=2$ のときである。

その係数は，① から　${}_6C_2(-2)^2=15\cdot 4=\mathbf{60}$

◀ ${}_6C_2=15$

定数項は，$12-3r=0$ より $r=4$ のときである。

したがって，① から　${}_6C_4(-2)^4=15\cdot 16=\mathbf{240}$

◀ ${}_6C_4={}_6C_2$

例 2 ➡ 本冊 *p.* 20

(1) 展開式の一般項は

$$\frac{6!}{p!q!r!}\cdot(2x)^p\cdot(-y)^q\cdot(-3z)^r$$

ただし　$p+q+r=6$，$p\geqq 0$，$q\geqq 0$，$r\geqq 0$

◀ p, q, r は負でない整数。

xy^3z^2 の項は，$p=1$，$q=3$，$r=2$ のときで，その係数は

$$\frac{6!}{1!3!2!}\cdot 2\cdot(-1)^3\cdot(-3)^2=-\frac{6\cdot 5\cdot 4}{2}\cdot 2\cdot 9=\mathbf{-1080}$$

◀ $(-1)^3=-1$

別解　$\{(2x-y)-3z\}^6$ の展開式において，z^2 を含む項は

$${}_6C_2(2x-y)^4(-3z)^2=135(2x-y)^4z^2$$

◀ 二項定理を 2 回用いる方針。まず $(●-3z)^6$ の展開式に着目する。

$(2x-y)^4$ の展開式において，xy^3 を含む項は

$${}_4C_3(2x)(-y)^3=-8xy^3$$

よって，xy^3z^2 の項の係数は　$135\times(-8)=\mathbf{-1080}$

(2) 展開式の一般項は

$$\frac{10!}{p!q!r!}\cdot 1^p\cdot x^q\cdot(x^2)^r=\frac{10!}{p!q!r!}\cdot x^{q+2r}$$

ただし　$p+q+r=10$ ……①，$p\geqq 0$，$q\geqq 0$，$r\geqq 0$

◀ $1^p=1$，$a^ma^n=a^{m+n}$

x^4 の項は，$q+2r=4$　すなわち　$q=4-2r$ ……②

のときである。

①，② から　$p=r+6$ ……③

◀ ② を ① に代入して
$p+4-2r+r=10$

ここで，② と $q\geqq 0$ から　$4-2r\geqq 0$

r は 0 以上の整数であるから　$r=0,\ 1,\ 2$

◀ $4-2r\geqq 0$ から
$r\leqq 2$

これと ②，③ から

$$(p,\ q,\ r)=(6,\ 4,\ 0),\ (7,\ 2,\ 1),\ (8,\ 0,\ 2)$$

よって，求める係数は

$$\frac{10!}{6!4!0!}+\frac{10!}{7!2!1!}+\frac{10!}{8!0!2!}=210+360+45=\mathbf{615}$$

◀ $0!=1$

(3) 展開式の一般項は

$$\frac{5!}{p!q!r!}x^p\cdot\left(\frac{1}{x^2}\right)^q\cdot 1^r=\frac{5!}{p!q!r!}x^p\cdot\frac{1}{x^{2q}}\cdot 1$$

$$=\frac{5!}{p!q!r!}x^{p-2q}$$

◀ $\frac{1}{x^{2q}}=x^{-2q}$

ただし　$p+q+r=5$　…… ①，$p\geqq 0$，$q\geqq 0$，$r\geqq 0$

◀この条件を活かす。

定数項は，$p-2q=0$ のときである。

◀ x の指数部分が 0 のとき。

$p-2q=0$ から　　$p=2q$　…… ②

これを ① に代入して　　$3q+r=5$

ゆえに　　$r=5-3q$　…… ③

$r\geqq 0$ であるから　　$5-3q\geqq 0$

q は 0 以上の整数であるから　　$q=0,\ 1$

◀ $0\leqq q\leqq\frac{5}{3}$

③ から　　$q=0$ のとき　$r=5$，　$q=1$ のとき　$r=2$

よって，② から　　$(p,\ q,\ r)=(0,\ 0,\ 5),\ (2,\ 1,\ 2)$

したがって，定数項は

$$\frac{5!}{0!0!5!}+\frac{5!}{2!1!2!}=1+30=\mathbf{31}$$

◀ $0!=1$

例 3

➡ 本冊 p. 25

(1) (ア)

$$\begin{array}{r}
x+2\\
x^2+y\,\big)\overline{\,x^3+2x^2+(y+1)x-y}\\
\underline{x^3+yx}\\
2x^2+x-y\\
\underline{2x^2+2y}\\
x-3y
\end{array}$$

◀ x について降べきの順に並べる。

商 $x+2$，余り $x-3y$

(イ)

$$\begin{array}{r}
x-1\\
y+x^2\,\big)\overline{\,(x-1)y+x^3+2x^2+x}\\
\underline{(x-1)y+(x-1)x^2}\\
3x^2+x
\end{array}$$

◀ y について整理。
$x^3+(y+1)x+2x^2-y$
$=x^3+xy+x+2x^2-y$
$=(x-1)y+x^3+2x^2+x$

商 $x-1$，余り $3x^2+x$

(2)

$$\begin{array}{r}
2x^2-4xy+5y^2\\
x+2y\,\big)\overline{\,2x^3-3xy^2+10y^3}\\
\underline{2x^3+4x^2y}\\
-4x^2y-3xy^2\\
\underline{-4x^2y-8xy^2}\\
5xy^2+10y^3\\
\underline{5xy^2+10y^3}\\
0
\end{array}$$

◀割り切れる場合は，どの文字に着目しても結果は同じになる。

商 $2x^2-4xy+5y^2$，余り 0

例 4

➡ 本冊 p. 25

(1) 与えられた条件から，次の等式が成り立つ。

$$A=(2x^2-2x+1)\times(3x+2)+x+1$$

よって　　$A=6x^3+4x^2-6x^2-4x+3x+2+x+1$

$$=\mathbf{6x^3-2x^2+3}$$

◀ $A=BQ+R$ に $B=2x^2-2x+1$，$Q=3x+2$，$R=x+1$ を代入。

(2) 与えられた条件から，次の等式が成り立つ。

$$x^4-2x^3+x-2=B\times(x^2+1)+3x-1$$

よって　$x^4-2x^3+x-2-(3x-1)=B\times(x^2+1)$

すなわち　$x^4-2x^3-2x-1=B\times(x^2+1)$

x^4-2x^3-2x-1 を x^2+1 で割ると，商は x^2-2x-1，余りは 0 であるから

$$\boldsymbol{B=x^2-2x-1}$$

$$\begin{array}{r}
x^2-2x-1\\
x^2+1\,\big)\,\overline{x^4-2x^3-2x-1}\\
\underline{x^4+x^2}\\
-2x^3-x^2-2x\\
\underline{-2x^3-2x}\\
-x^2-1\\
\underline{-x^2-1}\\
0
\end{array}$$

◀余りを引いているので，必ず割り切れる。

例 5

➡ 本冊 p. 27

(1) $\dfrac{a+b}{a-b}+\dfrac{a-b}{a+b}-\dfrac{2(a^2-b^2)}{a^2+b^2}$

$=\dfrac{(a+b)^2+(a-b)^2}{(a-b)(a+b)}-\dfrac{2(a^2-b^2)}{a^2+b^2}$

$=\dfrac{2(a^2+b^2)}{a^2-b^2}-\dfrac{2(a^2-b^2)}{a^2+b^2}=\dfrac{2\{(a^2+b^2)^2-(a^2-b^2)^2\}}{(a^2-b^2)(a^2+b^2)}$

$=\dfrac{2\cdot 4a^2b^2}{a^4-b^4}=\boldsymbol{\dfrac{8a^2b^2}{a^4-b^4}}$

◀ 3 つの分数式を一度に通分してまとめると分子の計算が面倒。

◀ $(x+y)^2-(x-y)^2=4xy$
x に a^2，y に b^2 を代入する。

(2) $\dfrac{1}{x-1}-\dfrac{1}{x}-\dfrac{1}{x+2}+\dfrac{1}{x+3}$

$=\left(\dfrac{1}{x-1}-\dfrac{1}{x}\right)-\left(\dfrac{1}{x+2}-\dfrac{1}{x+3}\right)$

$=\dfrac{1}{x(x-1)}-\dfrac{1}{(x+2)(x+3)}$

$=\dfrac{(x+2)(x+3)-x(x-1)}{x(x-1)(x+2)(x+3)}$

$=\dfrac{x^2+5x+6-x^2+x}{x(x-1)(x+2)(x+3)}$

$=\boldsymbol{\dfrac{6(x+1)}{x(x-1)(x+2)(x+3)}}$

◀前 2 つと後 2 つの分数式を組み合わせて通分する。

◀通分。

(3) $\dfrac{1}{(x-y)(x-z)}+\dfrac{1}{(y-x)(y-z)}+\dfrac{1}{(z-x)(z-y)}$

$=-\dfrac{1}{(x-y)(z-x)}-\dfrac{1}{(x-y)(y-z)}-\dfrac{1}{(z-x)(y-z)}$

$=\dfrac{-(y-z)-(z-x)-(x-y)}{(x-y)(y-z)(z-x)}=\dfrac{-y+z-z+x-x+y}{(x-y)(y-z)(z-x)}$

$=\boldsymbol{0}$

◀分母の各因数を輪環の順に整理する。

例 6

➡ 本冊 p. 27

(1) $\dfrac{1}{b-a}\left(\dfrac{1}{x+a}-\dfrac{1}{x+b}\right)=\dfrac{1}{b-a}\cdot\dfrac{(x+b)-(x+a)}{(x+a)(x+b)}$

$=\dfrac{1}{b-a}\cdot\dfrac{b-a}{(x+a)(x+b)}$

$=\boldsymbol{\dfrac{1}{(x+a)(x+b)}}$

◀まず，(　) 内を通分。

(2) $\dfrac{1}{(x+1)(x+3)}+\dfrac{1}{(x+3)(x+5)}+\dfrac{1}{(x+5)(x+7)}$

$=\dfrac{1}{2}\left(\dfrac{1}{x+1}-\dfrac{1}{x+3}\right)+\dfrac{1}{2}\left(\dfrac{1}{x+3}-\dfrac{1}{x+5}\right)$

$+\dfrac{1}{2}\left(\dfrac{1}{x+5}-\dfrac{1}{x+7}\right)$

$=\dfrac{1}{2}\left(\dfrac{1}{x+1}-\dfrac{1}{x+7}\right)=\dfrac{1}{2}\cdot\dfrac{(x+7)-(x+1)}{(x+1)(x+7)}$

$=\boldsymbol{\dfrac{3}{(x+1)(x+7)}}$

◀(1)の結果から $\dfrac{1}{(x+1)(x+3)}=\dfrac{1}{3-1}\left(\dfrac{1}{x+1}-\dfrac{1}{x+3}\right)$ など。

例 7 ➡本冊 p. 32

[係数比較法]

右辺を展開して整理すると

$a(x-2)^3+b(x-2)^2+c(x-2)+d$

$=a(x^3-6x^2+12x-8)+b(x^2-4x+4)+cx-2c+d$

$=ax^3+(-6a+b)x^2+(12a-4b+c)x-8a+4b-2c+d$

◀$(\alpha-\beta)^3=\alpha^3-3\alpha^2\beta+3\alpha\beta^2-\beta^3$

左辺の x^3-3x^2+7 と同じ次数の項の係数を比較して

$a=1,\ -6a+b=-3,\ 12a-4b+c=0,$

$-8a+4b-2c+d=7$

この連立方程式を解いて　$\boldsymbol{a=1,\ b=3,\ c=0,\ d=3}$

[数値代入法]

恒等式ならば，$x=0,\ 1,\ 2,\ 3$ を代入しても成り立つ。

$x=0$ を代入すると　$7=-8a+4b-2c+d$

$x=1$ を代入すると　$5=-a+b-c+d$

$x=2$ を代入すると　$3=d$

$x=3$ を代入すると　$7=a+b+c+d$

◀$x-2=0,\ \pm1$ となる値が代入する x の値の候補となる。

連立して解くと　$a=1,\ b=3,\ c=0,\ d=3$

このとき　(右辺)$=(x-2)^3+3(x-2)^2+3=x^3-3x^2+7$

よって，与式は恒等式である。

したがって　$\boldsymbol{a=1,\ b=3,\ c=0,\ d=3}$

◀**逆の確認**
恒等式であることを確かめる。

[おき換えによる解法]

$x-2=X$ とおくと　$x=X+2$

◀右辺に $x-2$ が複数現れているので，$x-2=X$ とおき換える。

よって，与えられた等式は

$(X+2)^3-3(X+2)^2+7=aX^3+bX^2+cX+d$

すなわち　$X^3+3X^2+3=aX^3+bX^2+cX+d$

これが X についての恒等式であるから，係数を比較して

$\boldsymbol{a=1,\ b=3,\ c=0,\ d=3}$

◀係数比較法。

例 8 ➡本冊 p. 32

両辺に $(x+1)(x-1)^2$ を掛けて得られる等式

$x^2-x+6=a(x+1)+b(x+1)(x-1)+c(x-1)^2$　…… ①

もxについての恒等式である。

◀$(x+1)(x-1)^2\neq0$

$x=0,\ 1,\ -1$ を代入すると

$6=a-b+c,\quad 6=2a,\quad 8=4c$

◀数値代入法。

これを解いて　$a=3,\ b=-1,\ c=2$

このとき，　(① の右辺)$=3(x+1)-(x+1)(x-1)+2(x-1)^2$
$=x^2-x+6$
となり，① は恒等式である。
よって，① の両辺を $(x+1)(x-1)^2$ で割って得られる等式も恒等式であるから　　$\boldsymbol{a=3,\ b=-1,\ c=2}$

◀恒等式であることの確認。

検討　解答では，与えられた等式の分数式の分母を 0 にする x の値 1，-1 を代入しているが，これはまったく問題ない。代入したのは，$x=1$，-1 でも成り立つ多項式の等式

$$x^2-x+6=a(x+1)+b(x+1)(x-1)+c(x-1)^2$$

である。したがって，**x にどんな値を代入してもよい。**
この等式が恒等式となるように係数を定めれば，両辺を $(x+1)(x-1)^2$ で割って得られる分数式の等式も恒等式である。ただし，これは $x=1$，-1 を除いて成り立つ。

例 9

➡ 本冊 $p.$ 38

$a+b+c=0$ より，$c=-(a+b)$ であるから

$$a^3+b^3+c^3=a^3+b^3-(a+b)^3$$
$$=a^3+b^3-(a^3+3a^2b+3ab^2+b^3)$$
$$=-3a^2b-3ab^2$$
$$-3(a+b)(b+c)(c+a)$$
$$=-3(a+b)\{b-(a+b)\}\{-(a+b)+a\}$$
$$=-3(a+b)(-a)(-b)$$
$$=-3a^2b-3ab^2$$

よって　　$a^3+b^3+c^3=-3(a+b)(b+c)(c+a)$

◀ c を消去。

◀単に (左辺)$=$ と書くと，条件式の左辺なのか，証明する式の左辺なのかが紛らわしいので，避けた方がよい。

別解　$a+b+c=0$ より，$a+b=-c$，$b+c=-a$，$c+a=-b$ であるから　　$a^3+b^3+c^3+3(a+b)(b+c)(c+a)$

$$=a^3+b^3+c^3+3(-c)(-a)(-b)$$
$$=a^3+b^3+c^3-3abc$$
$$=(a+b+c)(a^2+b^2+c^2-ab-bc-ca)$$
$$=0$$

よって　　$a^3+b^3+c^3=-3(a+b)(b+c)(c+a)$

◀証明する式の (左辺)$-$(右辺)

◀$0\times(\quad)=0$

例 10

➡ 本冊 $p.$ 38

(1)　$\dfrac{a}{b}=\dfrac{c}{d}=k$ とおくと　　$a=bk$，$c=dk$

よって　$$\frac{a^2+c^2}{a^2-c^2}=\frac{b^2k^2+d^2k^2}{b^2k^2-d^2k^2}=\frac{(b^2+d^2)k^2}{(b^2-d^2)k^2}=\frac{b^2+d^2}{b^2-d^2}$$

$$\frac{ab+cd}{ab-cd}=\frac{b^2k+d^2k}{b^2k-d^2k}=\frac{(b^2+d^2)k}{(b^2-d^2)k}=\frac{b^2+d^2}{b^2-d^2}$$

したがって　$$\frac{a^2+c^2}{a^2-c^2}=\frac{ab+cd}{ab-cd}$$

◀$a=bk$，$c=dk$ を，左辺，右辺のそれぞれに代入して同じ式を導く。

(2)　$\dfrac{a}{b}=\dfrac{c}{d}=\dfrac{e}{f}=k$ とおくと　　$a=bk$，$c=dk$，$e=fk$

$$\frac{a}{b}=k,\quad \frac{pa+qc}{pb+qd}=\frac{pbk+qdk}{pb+qd}=\frac{(pb+qd)k}{pb+qd}=k,$$
$$\frac{pa+qc+re}{pb+qd+rf}=\frac{pbk+qdk+rfk}{pb+qd+rf}=\frac{(pb+qd+rf)k}{pb+qd+rf}=k$$

◀$a=bk$，$c=dk$，$e=fk$ を各辺に代入して同じ式を導く。

したがって　$\dfrac{a}{b}=\dfrac{pa+qc}{pb+qd}=\dfrac{pa+qc+re}{pb+qd+rf}$

例 11 ➡本冊 $p.43$

(1) $3(ax+2by)-(a+2b)(x+2y)$
$=3ax+6by-(ax+2ay+2bx+4by)$
$=2(ax-ay-bx+by)$
$=2\{a(x-y)-b(x-y)\}$
$=2(a-b)(x-y)$

◀$A<B$ の形をしているから，$B-A>0$ を示す。$A-B<0$ を示してもよい。

$a>b$，$x>y$ より，$a-b>0$，$x-y>0$ であるから

◀この断りを忘れずに。

$$2(a-b)(x-y)>0$$

◀(右辺)−(左辺)>0

よって　$(a+2b)(x+2y)<3(ax+2by)$

(2) $(a^2+b^2)(x^2+y^2)-(ax+by)^2$
$=(a^2x^2+a^2y^2+b^2x^2+b^2y^2)-(a^2x^2+2abxy+b^2y^2)$
$=a^2y^2-2abxy+b^2x^2$
$=(ay-bx)^2\geqq 0$

◀(左辺)−(右辺)$\geqq 0$

よって　$(a^2+b^2)(x^2+y^2)\geqq(ax+by)^2$

◀**シュワルツの不等式**

等号が成り立つのは $ay-bx=0$，すなわち $\boldsymbol{ay=bx}$ **のとき** である。

(3) $(a^2+b^2+c^2)(x^2+y^2+z^2)-(ax+by+cz)^2$

◀差を作る。

$=a^2x^2+a^2y^2+a^2z^2+b^2x^2+b^2y^2+b^2z^2+c^2x^2+c^2y^2+c^2z^2$
$\quad -a^2x^2-b^2y^2-c^2z^2-2abxy-2bcyz-2cazx$
$=a^2y^2-2abxy+b^2x^2+b^2z^2-2bcyz+c^2y^2$
$\quad +c^2x^2-2cazx+a^2z^2$
$=(ay-bx)^2+(bz-cy)^2+(cx-az)^2\geqq 0$

◀(実数)$^2\geqq 0$

よって　$(a^2+b^2+c^2)(x^2+y^2+z^2)\geqq(ax+by+cz)^2$

等号が成り立つのは，$ay-bx=bz-cy=cx-az=0$ すなわち
$\boldsymbol{ay=bx}$，$\boldsymbol{bz=cy}$，$\boldsymbol{cx=az}$ **のとき** である。

参考　[**シュワルツの不等式の証明** (本冊 $p.43$ **検討** 参照)]

任意の実数 t に対して，次の不等式が成り立つ。

$$(a_1t+x_1)^2+(a_2t+x_2)^2+\cdots\cdots+(a_nt+x_n)^2\geqq 0 \quad \cdots\cdots ①$$

すなわち

$$(a_1{}^2+a_2{}^2+\cdots\cdots+a_n{}^2)t^2+2(a_1x_1+a_2x_2+\cdots\cdots+a_nx_n)t$$
$$+(x_1{}^2+x_2{}^2+\cdots\cdots+x_n{}^2)\geqq 0 \quad \cdots\cdots ②$$

◀ t について整理。

[1]　$a_1{}^2+a_2{}^2+\cdots\cdots+a_n{}^2>0$ のとき

t の2次不等式 ② が任意の実数 t について成り立つための必要十分条件は，(② の左辺)$=0$ とおいた2次方程式の判別式を Dとすると　$D\leqq 0$

◀常に $At^2+Bt+C\geqq 0$ が成り立つ
$\Longleftrightarrow$ ($A>0$ かつ $D\leqq 0$)
または
($A=B=0$ かつ $C\geqq 0$)

$$\frac{D}{4}=(a_1x_1+a_2x_2+\cdots\cdots+a_nx_n)^2$$
$$-(a_1{}^2+a_2{}^2+\cdots\cdots+a_n{}^2)(x_1{}^2+x_2{}^2+\cdots\cdots+x_n{}^2)$$

であり，$D\leqq 0$ から

$$(a_1{}^2+a_2{}^2+\cdots\cdots+a_n{}^2)(x_1{}^2+x_2{}^2+\cdots\cdots+x_n{}^2)$$
$$\geqq(a_1x_1+a_2x_2+\cdots\cdots+a_nx_n)^2$$

[2]　$a_1{}^2+a_2{}^2+\cdots\cdots+a_n{}^2=0$ のときは
$a_1=a_2=\cdots\cdots=a_n=0$ であるから，不等式の両辺はともに 0 となって成り立つ。

なお，$a_1{}^2+a_2{}^2+\cdots\cdots+a_n{}^2>0$ のときに等号が成り立つための条件は，[1] の証明において

$D=0$　$\iff$　(② の左辺)$=0$ となる実数 t が存在する
　　　　$\iff$　(① の左辺)$=0$ となる実数 t が存在する
　　　　$\iff$　$a_1t+x_1=a_2t+x_2=\cdots\cdots=a_nt+x_n=0$ を満たす t が存在する

ことであるが，特に $a_1\neq0$，$a_2\neq0$，……，$a_n\neq0$ の場合，これは

$$\frac{x_1}{a_1}=\frac{x_2}{a_2}=\cdots\cdots=\frac{x_n}{a_n}\ (=-t)$$

と同値である。

例 12

➡ 本冊 p. 43

(1)　$a^2+b^2+c^2-(ab+bc+ca)$

$$=\frac{1}{2}(2a^2+2b^2+2c^2-2ab-2bc-2ca)$$

$$=\frac{1}{2}(a^2-2ab+b^2+b^2-2bc+c^2+c^2-2ca+a^2)$$

$$=\frac{1}{2}\{(a-b)^2+(b-c)^2+(c-a)^2\}\geqq0$$

したがって　　$a^2+b^2+c^2\geqq ab+bc+ca$

等号が成り立つのは $a-b=0$ かつ $b-c=0$ かつ $c-a=0$，
すなわち $\boldsymbol{a=b=c}$ **のとき** である。

別解　(左辺)−(右辺)
$=a^2-(b+c)a+b^2-bc+c^2$
$=\left(a-\dfrac{b+c}{2}\right)^2+\dfrac{3}{4}b^2-\dfrac{3}{2}bc+\dfrac{3}{4}c^2$
$=\left(a-\dfrac{b+c}{2}\right)^2+\dfrac{3}{4}(b-c)^2\geqq0$

(2)　(1) から　　$a^4+b^4+c^4\geqq a^2b^2+b^2c^2+c^2a^2$

◀結果を利用

また，同様に，(1) から

$$(ab)^2+(bc)^2+(ca)^2\geqq ab\cdot bc+bc\cdot ca+ca\cdot ab$$
$$=ab^2c+bc^2a+ca^2b$$
$$=abc(a+b+c)$$

◀(1) で証明した不等式において，a を ab，b を bc，c を ca とおき換える。

したがって　　$a^4+b^4+c^4\geqq abc(a+b+c)$

等号が成り立つのは $a^2=b^2=c^2$ かつ $ab=bc=ca$，すなわち
$\boldsymbol{a=b=c}$ **のとき** である。

練習 1 ➡ 本冊 p. 21

(1) 二項定理

$(a+b)^n={}_nC_0a^n+{}_nC_1a^{n-1}b+{}_nC_2a^{n-2}b^2+\cdots\cdots+{}_nC_nb^n$

において，$a=1$，$b=-\dfrac{1}{2}$ とすると

$\left(1-\dfrac{1}{2}\right)^n={}_nC_0+{}_nC_1\left(-\dfrac{1}{2}\right)+{}_nC_2\left(-\dfrac{1}{2}\right)^2+\cdots\cdots+{}_nC_n\left(-\dfrac{1}{2}\right)^n$

◀ n の偶数，奇数に対し，最終項の符号は $(-1)^n$

すなわち　$\left(\dfrac{1}{2}\right)^n={}_nC_0-\dfrac{{}_nC_1}{2}+\dfrac{{}_nC_2}{2^2}-\cdots\cdots+(-1)^n\cdot\dfrac{{}_nC_n}{2^n}$

よって，与えられた等式が成り立つ。

(2) 二項定理により

$(1+x)^n={}_nC_0+{}_nC_1x+{}_nC_2x^2+\cdots\cdots+{}_nC_nx^n$ …… ①

次数が奇数である項の係数の和を S とすると

$S={}_nC_1+{}_nC_3+{}_nC_5+\cdots\cdots+\begin{cases}{}_nC_n & (n\text{が奇数のとき})\\ {}_nC_{n-1} & (n\text{が偶数のとき})\end{cases}$

① の両辺に $x=1$ を代入すると

$2^n={}_nC_0+{}_nC_1+{}_nC_2+\cdots\cdots+{}_nC_n$ …… ②

① の両辺に $x=-1$ を代入すると

$0={}_nC_0-{}_nC_1+{}_nC_2-{}_nC_3+\cdots\cdots+(-1)^{n-1}{}_nC_{n-1}+(-1)^n{}_nC_n$ …… ③

②−③ から

$2^n=2\left({}_nC_1+{}_nC_3+\cdots\cdots+\begin{cases}{}_nC_n & [n\text{が奇数のとき}]\\ {}_nC_{n-1} & [n\text{が偶数のとき}]\end{cases}\right)$

◀ $(-1)^n=-1$

◀ $(-1)^n=1$

ゆえに　$2^n=2S$　　よって　$S=\mathbf{2^{n-1}}$

練習 2 ➡ 本冊 p. 22

(1) (ア) $101^{100}=(1+100)^{100}=(1+10^2)^{100}$

$=1+{}_{100}C_1\cdot10^2+{}_{100}C_2\cdot10^4+10^6N$

$=1+10000+495\cdot10^5+10^6N$　（N は自然数）

◀展開式の第 4 項以下をまとめて表した。10^nN（N，n は自然数，$n\geqq5$）の項は下位 5 桁がすべて 00000 となる。

この計算結果の下位 5 桁は，第 3 項，第 4 項を除いても変わらない。

よって，101^{100} の下位 5 桁は　**10001**

(イ) $99^{100}=(-1+100)^{100}=(-1+10^2)^{100}$

$=1-{}_{100}C_1\cdot10^2+{}_{100}C_2\cdot10^4+10^6N$

$=1-10000+49500000+10^6N$

$=49490001+10^6N$　（N は自然数）

◀展開式の第 4 項以下をまとめた。なお，99^{100} は 100 桁を超える非常に大きい自然数であるから，Nは明らかに自然数となる。

この計算結果の下位 5 桁は，第 2 項を除いても変わらない。

よって，99^{100} の下位 5 桁は　**90001**

(ウ) $3^{2000}=(3^2)^{1000}=9^{1000}=(-1+10)^{1000}$

$=1-{}_{1000}C_1\cdot10+{}_{1000}C_2\cdot10^2-{}_{1000}C_3\cdot10^3+{}_{1000}C_4\cdot10^4+10^5N$

$=1-10000+49950000-333\times499\times10^6$

$+333\times499\times997\times25\times10^5+10^5N$　（N は自然数）

◀まず，3^{2000} の下位 5 桁を調べる。

この計算結果の下位 5 桁は，第 4 項，第 5 項，第 6 項を除いても変わらない。

よって，3^{2000} の下位 5 桁は　$1-10000+50000=40001$

$40001\cdot 3=120003$ であるから，3^{2001} の下位 5 桁は　**20003**

(2) $33^{20}=(30+3)^{20}$

$=30^{20}+{}_{20}C_1 30^{19}\cdot 3^1+\cdots\cdots+{}_{20}C_{18}30^2\cdot 3^{18}+{}_{20}C_{19}30^1\cdot 3^{19}+3^{20}$

$30^2=900$ および $30\cdot 3=90$ は 90 で割り切れるから

$33^{20}=90k+3^{20}$　(k は整数)

よって，33^{20} を 90 で割ったときの余りは，3^{20} を 90 で割ったときの余りに等しい。

$3^{20}=(3^4)^5=81^5=(90-9)^5$

$=90^5+{}_5C_1 90^4\cdot(-9)^1+\cdots\cdots+{}_5C_4 90^1\cdot(-9)^4+(-9)^5$

◀二項定理から。

ゆえに　$3^{20}=90l+(-9)^5$　(l は整数)

よって，3^{20} を 90 で割ったときの余りは，$(-9)^5$ を 90 で割ったときの余りに等しい。

$(-9)^5=(-9)^4\cdot(-9)=81^2\cdot(-9)=(90-9)^2\cdot(-9)$

$=(90^2-2\cdot 90\cdot 9+81)\cdot(-9)$

ゆえに　$(-9)^5=90m+81\cdot(-9)$　(m は整数)

よって　$(-9)^5=90m+(90-9)\cdot(-9)=90(m-9)+81$

$m-9$ は整数であるから，$(-9)^5$ を 90 で割ったときの余りは

81

したがって，33^{20} を 90 で割ったときの余りは　**81**

別解　$33^{20}=(33^2)^{10}=(1089)^{10}$ であるから，以下 90 を法として

$1089\equiv 9$ より　$(1089)^{10}\equiv 9^{10}\equiv(9^2)^5\equiv 81^5$

◀$1089=12\times 90+9$

ここで，$81^2\equiv 6561\equiv 81$ であるから

◀$6561=72\times 90+81$

$81^3\equiv 81^2\cdot 81\equiv 81^2\equiv 81$

$81^5\equiv 81^2\cdot 81^3\equiv 81\cdot 81\equiv 81^2\equiv 81$

したがって，33^{20} を 90 で割ったときの余りは　**81**

練習 3

➡本冊 p. 23

(1) $(x_1+x_2+\cdots\cdots+x_r)^p$ を展開したときの単項式 $x_1{}^{p_1}x_2{}^{p_2}\cdots\cdots x_r{}^{p_r}$ の係数は　$\dfrac{p!}{p_1!p_2!\cdots\cdots p_r!}$　…… (＊)

◀多項定理。

$(x_1+x_2+\cdots\cdots+x_r)^p$ の展開式における $x_1{}^p$，$x_2{}^p$，……，$x_r{}^p$ の係数はそれぞれ 1 である。

したがって，(＊) から，

$(x_1+x_2+\cdots\cdots+x_r)^p-(x_1{}^p+x_2{}^p+\cdots\cdots+x_r{}^p)$　…… ①

の各項は　$\dfrac{p!}{p_1!p_2!\cdots\cdots p_r!}x_1{}^{p_1}x_2{}^{p_2}\cdots\cdots x_r{}^{p_r}$

ただし　$p_1+p_2+\cdots\cdots+p_r=p$,

$1\leqq i\leqq r$ について　$0\leqq p_i\leqq p-1$　…… ②

◀p_i は 0 以上の整数。

と表すことができる。

ここで，$\dfrac{p!}{p_1!p_2!\cdots\cdots p_r!}=p\cdot\dfrac{(p-1)!}{p_1!p_2!\cdots\cdots p_r!}$ は整数であるが，p は素数であり，② から，この式の分母は p を素因数にもたない。

ゆえに，p と分母は互いに素であるから，$\dfrac{(p-1)!}{p_1!p_2!\cdots\cdots p_r!}$ は整数である。

よって，$\dfrac{p!}{p_1!p_2!\cdots\cdots p_r!}$ は p の倍数である。

したがって，① は p で割り切れる。

(2) (1)の ① において，$x_1=x_2=\cdots\cdots=x_r=1$ を代入すると，
$r^p-r=r(r^{p-1}-1)$ は素数 p で割り切れる。
ここで，r は p で割り切れないから，$r^{p-1}-1$ は p で割り切れる。

練習 4 ➡ 本冊 p. 28

(1) $\dfrac{x^2+4x+5}{x+3}-\dfrac{x^2+5x+6}{x+4}$

$=\dfrac{(x+3)(x+1)+2}{x+3}-\dfrac{(x+4)(x+1)+2}{x+4}$

$=\left(x+1+\dfrac{2}{x+3}\right)-\left(x+1+\dfrac{2}{x+4}\right)$

$=\dfrac{2}{x+3}-\dfrac{2}{x+4}=\dfrac{2\{(x+4)-(x+3)\}}{(x+3)(x+4)}$

$=\boldsymbol{\dfrac{2}{(x+3)(x+4)}}$

$$\begin{array}{r} x+1 \\ x+3\,\big)\overline{\,x^2+4x+5} \\ \underline{x^2+3x} \\ x+5 \\ \underline{x+3} \\ 2 \end{array} \qquad \begin{array}{r} x+1 \\ x+4\,\big)\overline{\,x^2+5x+6} \\ \underline{x^2+4x} \\ x+6 \\ \underline{x+4} \\ 2 \end{array}$$

(2) $\dfrac{3x-14}{x-5}-\dfrac{5x-11}{x-2}+\dfrac{x-4}{x-3}+\dfrac{x-5}{x-4}$

$=\left(3+\dfrac{1}{x-5}\right)-\left(5-\dfrac{1}{x-2}\right)+\left(1-\dfrac{1}{x-3}\right)+\left(1-\dfrac{1}{x-4}\right)$

$=\left(\dfrac{1}{x-5}-\dfrac{1}{x-4}\right)+\left(\dfrac{1}{x-2}-\dfrac{1}{x-3}\right)$

$=\dfrac{1}{(x-5)(x-4)}-\dfrac{1}{(x-2)(x-3)}$

$=\dfrac{(x^2-5x+6)-(x^2-9x+20)}{(x-2)(x-3)(x-4)(x-5)}$

$=\boldsymbol{\dfrac{2(2x-7)}{(x-2)(x-3)(x-4)(x-5)}}$

◀分子の次数を分母の次数より低くする。

◀組み合わせを工夫。
$(x-4)-(x-5)=1$
$(x-3)-(x-2)=-1$

練習 5 ➡ 本冊 p. 29

(1) 分母・分子に x を掛けると

$(与式)=\dfrac{x-1}{x^2-1}=\dfrac{x-1}{(x+1)(x-1)}=\boldsymbol{\dfrac{1}{x+1}}$

(2) 分母・分子に $x-y$ を掛けると

$(与式)=\dfrac{(x-y)+(x+y)}{(x-y)-(x+y)}=\dfrac{2x}{-2y}=\boldsymbol{-\dfrac{x}{y}}$

(3) $(与式)\underset{❶}{=}\dfrac{1+\dfrac{1}{x+1}}{\left(1+\dfrac{1}{x+1}\right)+1}=\dfrac{1+\dfrac{1}{x+1}}{2+\dfrac{1}{x+1}}$

$\underset{❷}{=}\dfrac{(x+1)+1}{2(x+1)+1}=\boldsymbol{\dfrac{x+2}{2x+3}}$

◀分母・分子に同じ式を掛ける。

◀分母・分子に
❶ $1+\dfrac{1}{x+1}$ を掛ける。
❷ $x+1$ を掛ける。

別解 1 $\dfrac{1}{1+\dfrac{1}{\boxed{1+\dfrac{1}{x+1}}}}=\dfrac{1}{1+\dfrac{1}{\boxed{\dfrac{x+2}{x+1}}}}=\dfrac{1}{1+\dfrac{x+1}{x+2}}=\dfrac{1}{\dfrac{2x+3}{x+2}}$

$=\boldsymbol{\dfrac{x+2}{2x+3}}$

◀小刻みに計算する。

別解 2 $\dfrac{1}{1+\boxed{\dfrac{1}{1+\dfrac{1}{x+1}}}}=\dfrac{1}{1+\boxed{\dfrac{x+1}{(x+1)+1}}}=\dfrac{1}{1+\dfrac{x+1}{x+2}}=\boldsymbol{\dfrac{x+2}{2x+3}}$

◀$\boxed{}$の分数式の分母・分子に $x+1$ を掛ける。

練習 ➡本冊 $p.30$

(1) (ア) $x^3-4x^2+3x=x(x^2-4x+3)=x(x-1)(x-3)$

$6x^4-15x^3-9x^2=3x^2(2x^2-5x-3)=3x^2(x-3)(2x+1)$

よって，**最大公約数は** $x(x-3)=\boldsymbol{x^2-3x}$

最小公倍数は $x^2(x-1)(x-3)(2x+1)$

$=\boldsymbol{2x^5-7x^4+2x^3+3x^2}$

(イ) $x^2-4=(x+2)(x-2)$,

$x^2-x-6=(x+2)(x-3)$

$x^3+x^2-2x=x(x^2+x-2)=x(x-1)(x+2)$

よって，**最大公約数** は $\boldsymbol{x+2}$

最小公倍数 は $(x+2)(x-2)(x-3)x(x-1)$

$=\boldsymbol{x^5-4x^4-x^3+16x^2-12x}$

(2) A と B の最大公約数 G は $x+1$ であるから，

$A=(x+1)A'$, $B=(x+1)B'$

◀$A=GA'$, $B=GB'$

と表される。ただし，A' と B' は互いに素である多項式。

このとき，最小公倍数は $(x+1)A'B'$ と表されるから

◀$L=GA'B'$

$(x+1)A'B'=x^4-x^2$

ここで $x^4-x^2=x^2(x^2-1)=x^2(x+1)(x-1)$

よって $(x+1)A'B'=x^2(x+1)(x-1)$

ゆえに $A'B'=x^2(x-1)$

◀両辺を $x+1$ で割る。

A は 2 次式，B は 3 次式で，G は 1 次式であるから，A' は 1 次式で，B' は 2 次式である。

よって，A', B' の選び方には，次の 2 通りの場合がある。

[1] $A'=x$, $B'=x(x-1)$　　[2] $A'=x-1$, $B'=x^2$

このうち，A' と B' が互いに素になるのは，[2] の場合である。

◀[1] A', B' の最大公約数は x
A' と B' は互いに素でない。

ゆえに $\boldsymbol{A}=(x+1)(x-1)=\boldsymbol{x^2-1}$

$\boldsymbol{B}=(x+1)x^2=\boldsymbol{x^3+x^2}$

練習 6 ➡本冊 $p.33$

左辺を展開して整理すると

$2x^2+(2a-3)xy-3ay^2+(b-6)x+(ab+9)y-3b$

$=2x^2+cxy-6y^2-4x+dy-6$

等式の両辺の係数を比較して

◀2 文字 x, y の恒等式の場合も，同類項の係数が等しいとすればよい。

$2a-3=c$, $3a=6$, $b-6=-4$, $ab+9=d$, $3b=6$

よって $\boldsymbol{a=2,\ b=2,\ c=1,\ d=13}$

練習 7 ➡ 本冊 p. 34

(1) $2x-y-3=0$ から　$y=2x-3$

これを $ax^2+by^2+2cx-9=0$ に代入すると

$$ax^2+b(2x-3)^2+2cx-9=0$$

よって　$(a+4b)x^2-2(6b-c)x+9(b-1)=0$

これが x についての恒等式であるから

$$a+4b=0,\ 6b-c=0,\ b-1=0$$

ゆえに　$\boldsymbol{a=-4,\ b=1,\ c=6}$

(2) $2x+y-3z=3$ …… ①，　$3x+2y-z=2$ …… ②

①×2−② から　$x=5z+4$

②×2−①×3 から　$y=-7z-5$

これらを $px^2+qy^2+rz^2=12$ に代入すると

$$p(5z+4)^2+q(-7z-5)^2+rz^2=12$$

よって　$(25p+49q+r)z^2+10(4p+7q)z+16p+25q=12$

これがすべての実数 z について成り立つから

$25p+49q+r=0$ …… ③，　$4p+7q=0$ …… ④，

$16p+25q=12$ …… ⑤

④，⑤ を解くと　$p=7,\ q=-4$

③ に代入して　$r=21$

したがって　$\boldsymbol{p=7,\ q=-4,\ r=21}$

CHART　条件式は 文字を減らす方針で使う

◀両辺の係数を比較。

CHART　条件式は 文字を減らす方針で使う
$x,\ y$ を z で表して，z だけの等式にして考える。

◀z についての恒等式。

◀$r=-25p-49q$

練習 8 ➡ 本冊 p. 35

P の 3 次の項の係数を a とすると，$b,\ c$ を定数として

$$P=(x+1)^2(ax+b),\ P-4=(x-1)^2(ax+c)$$

とおける。

よって，x についての恒等式

$$(x+1)^2(ax+b)=(x-1)^2(ax+c)+4 \quad \cdots\cdots ①$$

が成り立つように，$a,\ b,\ c$ の値を定めればよい。

① に $x=-1,\ 1,\ 0$ を代入すると

$$0=4(-a+c)+4,\ 4(a+b)=4,\ b=c+4$$

これを解いて　$a=-1,\ b=2,\ c=-2$

このとき　(① の左辺)$=(x+1)^2(-x+2)=-x^3+3x+2$

　　　　　(① の右辺)$=(x-1)^2(-x-2)+4=-x^3+3x+2$

となり，① は恒等式である。

したがって　$\boldsymbol{P=-x^3+3x+2}$

◀数値代入法。

◀① が恒等式になることを確かめる。

練習 9 ➡ 本冊 p. 36

$f(x^2)=x^3f(x-1)+3x^5+3x^4-x^3$ …… Ⓐ とする。

(1) Ⓐ の両辺に $x=0$ を代入すると

$$f(0)=0^3\cdot f(-1)+3\cdot 0^5+3\cdot 0^4-0^3$$

よって　$\boldsymbol{f(0)=0}$

Ⓐ の両辺に $x=1$ を代入すると

$$f(1)=1^3\cdot f(0)+3\cdot 1^5+3\cdot 1^4-1^3$$

よって　$\boldsymbol{f(1)}=3+3-1=\boldsymbol{5}$

◀$f(0)=0$

Ⓐ の両辺に $x=2$ を代入すると

$$f(2^2)=2^3\cdot f(1)+3\cdot 2^5+3\cdot 2^4-2^3$$

よって　$\boldsymbol{f(4)}=8\cdot 5+3\cdot 32+3\cdot 16-8=\boldsymbol{176}$

◀ $f(4)$ を求めるからといって，$x=4$ を代入するのは誤り。

(2) (1)から，$f(x)$ は定数関数ではない。

$f(x)$ の次数を n $(n\geqq 1)$，最高次の項の係数を a とすると

$$f(x)=ax^n+g(x)$$

と表される。ただし，$g(x)$ は $n-1$ 次以下の多項式とする。

このとき，$f(x^2)=ax^{2n}+g(x^2)$ であり，$g(x^2)$ は $2n-2$ 次以下の多項式である。

よって，**$\boldsymbol{f(x^2)}$ の次数は $\boldsymbol{2n}$** である。

また　$x^3f(x-1)=x^3\{a(x-1)^n+g(x-1)\}$

$$=ax^3(x-1)^n+x^3g(x-1)$$

ゆえに，$ax^3(x-1)^n$ の最高次の項は ax^{n+3} であり，$x^3g(x-1)$ は $n+2$ 次以下の多項式である。

◀ $g(x-1)$ は $n-1$ 次以下の多項式。

よって，**$\boldsymbol{x^3f(x-1)}$ の次数は $\boldsymbol{n+3}$** である。

(3) (2)より，右辺の次数は，$n+3$ と 5 のうち大きい方であるが，左辺の次数が偶数であることから，5 となることはない。

◀ $f(x^2)$ の次数は $2n$（偶数）

ゆえに，両辺の次数について　$2n=n+3$　すなわち　$n=3$

したがって，$n\geqq 4$ でない。

(4) (3)と $f(0)=0$ から　$f(x)=ax^3+bx^2+cx$ $(a\neq 0)$

と表される。

◀ 3 次式であるから，$a\neq 0$ とする。

よって　$f(x^2)=a(x^2)^3+b(x^2)^2+cx^2=ax^6+bx^4+cx^2$,

$f(x-1)=a(x-1)^3+b(x-1)^2+c(x-1)$

$$=ax^3+(-3a+b)x^2+(3a-2b+c)x+(-a+b-c)$$

これらを Ⓐ に代入すると

$ax^6+bx^4+cx^2$

$=ax^6+(-3a+b+3)x^5+(3a-2b+c+3)x^4+(-a+b-c-1)x^3$

両辺の係数を比較すると

◀ 係数比較法。

$0=-3a+b+3$ …… ①，　$b=3a-2b+c+3$ …… ②，

$0=-a+b-c-1$ …… ③，　$c=0$

◀ 文字 3 つに対して方程式が 4 つ得られ，①，② と $c=0$ から a，b の値が求められるが，③ を満たすことを必ず確認する。

①+② と $c=0$ を代入して　$b=-b+6$　すなわち　$b=3$

$b=3$ を ① に代入して　$-3a+6=0$　すなわち　$a=2$

$a=2$，$b=3$，$c=0$ は ③ を満たす。

したがって　$\boldsymbol{f(x)=2x^3+3x^2}$

練習 10

➡ 本冊 p. 39

(1) $\dfrac{x+y}{5}=\dfrac{y+z}{6}=\dfrac{z+x}{7}=k$ とおくと，$k\neq 0$ で

CHART
比例式は $=k$ とおけ

$x+y=5k$ …… ①，$y+z=6k$ …… ②，$z+x=7k$ …… ③

①+②+③ から　$2(x+y+z)=18k$

◀ 各辺の辺々を加える。

したがって　$x+y+z=9k$ …… ④

④−② から　$x=3k$

④−③ から　$y=2k$

④−① から　$z=4k$

よって，求める式の値は

$$\frac{x^2+2y^2+z^2}{xy+yz+zx}=\frac{9k^2+8k^2+16k^2}{6k^2+8k^2+12k^2}=\frac{33k^2}{26k^2}=\mathbf{\frac{33}{26}}$$

(2) 分母は 0 でないから

$$b+c+2 \neq 0,\ c+a+2 \neq 0,\ a+b+2 \neq 0$$

$\frac{a+1}{b+c+2}=\frac{b+1}{c+a+2}=\frac{c+1}{a+b+2}=k$ とおくと

$$a+1=k(b+c+2) \quad \cdots\cdots ①$$
$$b+1=k(c+a+2) \quad \cdots\cdots ②$$
$$c+1=k(a+b+2) \quad \cdots\cdots ③$$

CHART 比例式は $=k$ とおけ

①+②+③ から　$a+b+c+3=2k(a+b+c+3)$

よって　$(a+b+c+3)(1-2k)=0$

◀①，②，③ は循環形であるから，辺々を加える。

ゆえに　$a+b+c=-3$　または　$k=\frac{1}{2}$

[1] $a+b+c=-3$ のとき

$b+c+2=-a-1$ より $a \neq -1$ であるから

$$k=\frac{a+1}{b+c+2}=\frac{a+1}{-a-1}=-1$$

$k=\frac{b+1}{c+a+2}$，$k=\frac{c+1}{a+b+2}$ についても，それぞれ $b \neq -1$，$c \neq -1$ であり，同様に $k=-1$ となる。

◀$a=-1$，$b=-1$，$c=-1$ のとき，(分母)$=0$ となり，式の値は存在しない。

[2] $k=\frac{1}{2}$ のとき

①，②，③ から　$2a=b+c$，$2b=c+a$，$2c=a+b$

これを解いて　$a=b=c$

これは，$(a+1)(b+1)(c+1) \neq 0$ を満たすすべての実数 a，b，c について成り立つ。

◀第 1 式と第 2 式から c を消去すると　$a=b$

◀$a \neq -1$ かつ $b \neq -1$ かつ $c \neq -1$

[1]，[2] から，求める式の値は　$\mathbf{-1,\ \frac{1}{2}}$

別解 与えられた比例式について

各辺の分子の和は

$$(a+1)+(b+1)+(c+1)=a+b+c+3$$

各辺の分母の和は

$$(b+c+2)+(c+a+2)+(a+b+2)=2(a+b+c+3)$$

◀加比の理
「$\frac{a}{b}=\frac{c}{d}=\frac{e}{f}$ のとき $\frac{a}{b}=\frac{a+c+e}{b+d+f}$ が成り立つ」を利用した解法。

[1] $a+b+c+3=0$ のとき

$b+c+2=-a-1$ から　$\frac{a+1}{b+c+2}=\frac{a+1}{-a-1}=-1$

[2] $a+b+c+3 \neq 0$ のとき

加比の理から　$\frac{a+1}{b+c+2}=\frac{a+b+c+3}{2(a+b+c+3)}=\frac{1}{2}$

よって，求める式の値は　$\mathbf{-1,\ \frac{1}{2}}$

練習 11

➡ 本冊 p. 40

$\frac{1}{x}+\frac{1}{y}+\frac{1}{z}=\frac{1}{x+y+z}$ から　$\frac{yz+zx+xy}{xyz}=\frac{1}{x+y+z}$

よって　$(x+y+z)(yz+zx+xy)=xyz$

◀$(x+y)(y+z)(z+x)=0$ を目指す。

ゆえに　$\{x+(y+z)\}\{(y+z)x+yz\}-xyz=0$

$(y+z)x^2+(y+z)^2x+yz(y+z)=0$

$(y+z)\{x^2+(y+z)x+yz\}=0$

$(y+z)(x+y)(x+z)=0$

よって　$y+z=0$ または $x+y=0$ または $x+z=0$

したがって，x，y，z のうちどれか 2 つの和は 0 である。

◀ x についての式とみて計算する。

練習 12 ➡ 本冊 p. 44

(1)　$(\sqrt{ax+by}\sqrt{x+y})^2-(\sqrt{a}\,x+\sqrt{b}\,y)^2$

$=(ax+by)(x+y)-(ax^2+2\sqrt{ab}\,xy+by^2)$

$=ax^2+(a+b)xy+by^2-ax^2-2\sqrt{ab}\,xy-by^2$

$=(a-2\sqrt{ab}+b)xy=(\sqrt{a}-\sqrt{b})^2xy\geqq 0$

よって　$(\sqrt{ax+by}\sqrt{x+y})^2\geqq(\sqrt{a}\,x+\sqrt{b}\,y)^2$

$\sqrt{ax+by}\sqrt{x+y}>0$，$\sqrt{a}\,x+\sqrt{b}\,y>0$ であるから

$\sqrt{ax+by}\sqrt{x+y}\geqq\sqrt{a}\,x+\sqrt{b}\,y$

$x>0$，$y>0$ であるから，**等号が成り立つのは** $\sqrt{a}-\sqrt{b}=0$

すなわち **$a=b$ のとき** である。

◀ 平方の差を作り，$\geqq 0$ を示す。

◀ $(\text{実数})^2\geqq 0$, $x>0$, $y>0$

◀ この断りを忘れずに。

(2)　$\left(\sqrt{\dfrac{x+y+z}{3}}\right)^2-\left(\dfrac{\sqrt{x}+\sqrt{y}+\sqrt{z}}{3}\right)^2$

$=\dfrac{x+y+z}{3}-\dfrac{x+y+z+2\sqrt{xy}+2\sqrt{yz}+2\sqrt{zx}}{9}$

$=\dfrac{1}{9}(2x+2y+2z-2\sqrt{xy}-2\sqrt{yz}-2\sqrt{zx})$

$=\dfrac{1}{9}\{(\sqrt{x}-\sqrt{y})^2+(\sqrt{y}-\sqrt{z})^2+(\sqrt{z}-\sqrt{x})^2\}\geqq 0$

よって　$\left(\dfrac{\sqrt{x}+\sqrt{y}+\sqrt{z}}{3}\right)^2\leqq\left(\sqrt{\dfrac{x+y+z}{3}}\right)^2$

$\dfrac{\sqrt{x}+\sqrt{y}+\sqrt{z}}{3}>0$，$\dfrac{x+y+z}{3}>0$ であるから

$\dfrac{\sqrt{x}+\sqrt{y}+\sqrt{z}}{3}\leqq\sqrt{\dfrac{x+y+z}{3}}$

等号が成り立つのは，$\sqrt{x}-\sqrt{y}=\sqrt{y}-\sqrt{z}=\sqrt{z}-\sqrt{x}=0$

すなわち **$x=y=z$ のとき** である。

◀ $(\text{実数})^2\geqq 0$

◀ この断りを忘れずに。

練習 13 ➡ 本冊 p. 45

(1)　$(|x|+|y|+|z|)^2-|x+y+z|^2$

$=x^2+y^2+z^2+2|x||y|+2|y||z|+2|z||x|$

$\quad-(x^2+y^2+z^2+2xy+2yz+2zx)$

$=2(|xy|+|yz|+|zx|-xy-yz-zx)$

$=2(|xy|-xy)+2(|yz|-yz)+2(|zx|-zx)\geqq 0$

よって　$|x+y+z|^2\leqq(|x|+|y|+|z|)^2$

$|x+y+z|\geqq 0$，$|x|+|y|+|z|\geqq 0$ であるから

$|x+y+z|\leqq|x|+|y|+|z|$

◀ $|a|-a\geqq 0$

参考　等号が成り立つのは，$xy\geqq 0$，$yz\geqq 0$，$zx\geqq 0$ すなわち $(x\geqq 0$，$y\geqq 0$，$z\geqq 0)$ または $(x\leqq 0$，$y\leqq 0$，$z\leqq 0)$ のとき。

別解 $|a+b| \leqq |a|+|b|$ …… ①

① において，$a=x+y$，$b=z$ とおくと

$$|(x+y)+z| \leqq |x+y|+|z|$$

更に，① から　$|x+y|+|z| \leqq |x|+|y|+|z|$

したがって　$|x+y+z| \leqq |x|+|y|+|z|$

◀例題 13 (1) の結果を利用する。

(2) $|x|<1$，$|y|<1$ であるから

$-1<x<1$，$-1<y<1$　また　$|xy|<1$

よって　$-1<xy$　ゆえに　$1+xy>0$

$$1-\frac{x+y}{1+xy}=\frac{(1+xy)-(x+y)}{1+xy}=\frac{(1-x)(1-y)}{1+xy}>0$$

◀$x<1$，$y<1$

$$\frac{x+y}{1+xy}-(-1)=\frac{x+y+(1+xy)}{1+xy}=\frac{(1+x)(1+y)}{1+xy}>0$$

◀$x>-1$，$y>-1$

よって　$-1<\dfrac{x+y}{1+xy}<1$　すなわち　$\left|\dfrac{x+y}{1+xy}\right|<1$

別解 $|x|<1$，$|y|<1$ であるから　$x^2<1$，$y^2<1$

よって　$|1+xy|^2-|x+y|^2=(1+xy)^2-(x+y)^2$

$$=1+x^2y^2-x^2-y^2$$

$$=(1-x^2)(1-y^2)>0$$

ゆえに　$|1+xy|^2>|x+y|^2$

$|1+xy|>0$，$|x+y| \geqq 0$ であるから　$|x+y|<|1+xy|$

両辺を $|1+xy|(>0)$ で割ると　$\left|\dfrac{x+y}{1+xy}\right|<1$

◀$\dfrac{|x+y|}{|1+xy|}=\left|\dfrac{x+y}{1+xy}\right|$

練習 14

➡本冊 p. 46

(1) 左辺を展開すると　$\left(a+\dfrac{1}{b}\right)\left(b+\dfrac{4}{a}\right)=ab+\dfrac{4}{ab}+5$

$ab>0$，$\dfrac{4}{ab}>0$ であるから，(相加平均)$\geqq$(相乗平均) により

◀$a>0$，$b>0$ から。

$$ab+\frac{4}{ab} \geqq 2\sqrt{ab \cdot \frac{4}{ab}}=4$$

よって　$\left(a+\dfrac{1}{b}\right)\left(b+\dfrac{4}{a}\right)=ab+\dfrac{4}{ab}+5 \geqq 4+5=9$

等号が成り立つのは，$ab=\dfrac{4}{ab}$ すなわち $a^2b^2=4$，$a>0$，$b>0$ から，**$ab=2$ のとき** である。

(2) $P=\left(a+\dfrac{1}{b}\right)\left(b+\dfrac{1}{c}\right)\left(c+\dfrac{1}{a}\right)$ とする。

右辺を展開すると

$$P=\left(ab+\frac{a}{c}+1+\frac{1}{bc}\right)\left(c+\frac{1}{a}\right)$$

$$=abc+b+a+\frac{1}{c}+c+\frac{1}{a}+\frac{1}{b}+\frac{1}{abc}$$

$$=\left(a+\frac{1}{a}\right)+\left(b+\frac{1}{b}\right)+\left(c+\frac{1}{c}\right)+\left(abc+\frac{1}{abc}\right)$$

◀積が定数となるように，項を組み合わせる。

$a>0$，$b>0$，$c>0$，$abc>0$ であるから，(相加平均)$\geqq$(相乗平均) により

$$P \geqq 2\sqrt{a \cdot \frac{1}{a}} + 2\sqrt{b \cdot \frac{1}{b}} + 2\sqrt{c \cdot \frac{1}{c}} + 2\sqrt{abc \cdot \frac{1}{abc}}$$
$$= 2+2+2+2 = 8$$

よって　$\left(a+\frac{1}{b}\right)\left(b+\frac{1}{c}\right)\left(c+\frac{1}{a}\right) \geqq 8$

等号は $a=\frac{1}{a}$，$b=\frac{1}{b}$，$c=\frac{1}{c}$，$abc=\frac{1}{abc}$，すなわち

$a^2=b^2=c^2=a^2b^2c^2=1$ のとき成り立つ。

よって，**等号が成り立つのは**，$a>0$，$b>0$，$c>0$ から

$a=b=c=1$ のとき である。

練習 15　➡本冊 p.47

指針　(2)　与式の分母と分子を入れ替えて　$\frac{x^2+2x+3}{x+1}=\frac{(x+1)^2+2}{x+1}=x+1+\frac{2}{x+1}$

この形であれば，例題 15 のように，(相加平均)≧(相乗平均) を利用して最小値が求められる。

正の数●が最小 ⟺ $\frac{1}{●}$ は最大であるから，与式の分母・分子を分子 $x+1$ で割った式を考える。

(1)　$\left(x+\frac{2}{y}\right)\left(y+\frac{3}{x}\right)=xy+\frac{6}{xy}+5$

$xy>0$，$\frac{6}{xy}>0$ であるから，(相加平均)≧(相乗平均) により

$$xy+\frac{6}{xy} \geqq 2\sqrt{xy \cdot \frac{6}{xy}}=2\sqrt{6}$$

よって　$\left(x+\frac{2}{y}\right)\left(y+\frac{3}{x}\right)=xy+\frac{6}{xy}+5 \geqq 2\sqrt{6}+5$

等号が成り立つのは，$xy=\frac{6}{xy}$ のときである。

このとき　$x^2y^2=6$　　$xy>0$ であるから　$xy=\sqrt{6}$

したがって，**$xy=\sqrt{6}$ のとき最小値 $2\sqrt{6}+5$ をとる。**

◀ $x+\frac{2}{y} \geqq 2\sqrt{\frac{2x}{y}}$，$y+\frac{3}{x} \geqq 2\sqrt{\frac{3y}{x}}$ の辺々を掛けて $\left(x+\frac{2}{y}\right)\left(y+\frac{3}{x}\right) \geqq 4\sqrt{6}$ これから最小値 $4\sqrt{6}$ とするのは誤りである。

(2)　$\frac{x+1}{x^2+2x+3}=\frac{1}{\frac{x^2+2x+3}{x+1}}=\frac{1}{x+1+\frac{2}{x+1}}$

◀ $x^2+2x+3=(x+1)^2+2$

$x>0$ であるから，$\frac{x+1}{x^2+2x+3}$ が最大となるのは，

$x+1+\frac{2}{x+1}$ が最小となるときである。

$x>0$ のとき $x+1>0$ であるから，(相加平均)≧(相乗平均) により

$$x+1+\frac{2}{x+1} \geqq 2\sqrt{(x+1) \cdot \frac{2}{x+1}}=2\sqrt{2}$$

等号が成り立つのは，$x+1=\frac{2}{x+1}$ のときである。

このとき　$(x+1)^2=2$

$x+1>0$ であるから　$x+1=\sqrt{2}$

したがって，**$x=\sqrt{2}-1$ のとき最大値** $\frac{1}{2\sqrt{2}}=\boldsymbol{\frac{\sqrt{2}}{4}}$ をとる。

◀等号が成り立つ x の値は，$2(x+1)=2\sqrt{2}$ を解いて，求めることもできる。

(3) 右の図のように，長方形の対角線の長さは外接円の直径に等しい。

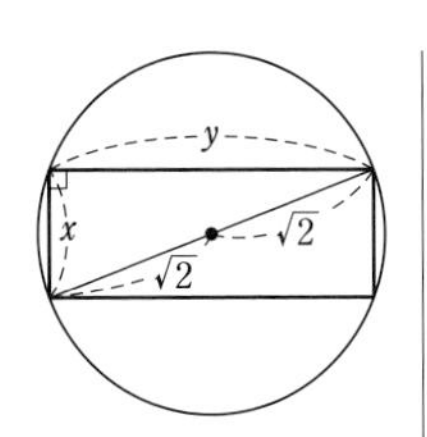

よって，三平方の定理により

$$x^2+y^2=(2\sqrt{2})^2=8 \quad \cdots\cdots ①$$

また，長方形の面積は　xy

$x^2>0$，$y^2>0$ であるから，

(相加平均)≧(相乗平均) により

$$x^2+y^2 \geqq 2\sqrt{x^2y^2}=2xy$$

◀$x>0$，$y>0$ から $\sqrt{x^2y^2}=xy$

よって　$xy \leqq \dfrac{x^2+y^2}{2}=\dfrac{8}{2}=4$

等号が成り立つのは，$x^2=y^2$ のときである。

このとき，① から　$2x^2=8$　すなわち　$x^2=4$

$x>0$ であるから　$x=2$

したがって，長方形の面積は，**$x=y=2$ のとき最大となり，その値は 4 である。**

◀正方形のとき。

練習 16 ➡ 本冊 p. 49

(1) (ア) $a \geqq b$，$x \geqq y$ であるから

$2(ax+by)-(a+b)(x+y)$

$=2ax+2by-(ax+ay+bx+by)$

$=ax-ay-bx+by=a(x-y)-b(x-y)$

$=(a-b)(x-y) \geqq 0$

したがって　$(a+b)(x+y) \leqq 2(ax+by)$　…… ①

◀(右辺)−(左辺)≧0 を示す。

◀$a-b \geqq 0$，$x-y \geqq 0$

◀等号は $a=b$ または $x=y$ のとき成り立つ。

(イ) (ア)と同様にして

$b \geqq c$，$y \geqq z$ から　$(b+c)(y+z) \leqq 2(by+cz)$　…… ②

$a \geqq c$，$x \geqq z$ から　$(a+c)(x+z) \leqq 2(ax+cz)$　…… ③

①，②，③ の辺々を加えると

$(a+b)(x+y)+(b+c)(y+z)+(a+c)(x+z)$

$\leqq 2(ax+by)+2(by+cz)+2(ax+cz)$

ここで　(左辺)$=(2a+b+c)x+(a+2b+c)y+(a+b+2c)z$

$=(a+b+c)x+ax+(a+b+c)y+by$

$+(a+b+c)z+cz$

$=(a+b+c)(x+y+z)+(ax+by+cz)$

(右辺)$=4(ax+by+cz)$

よって　$(a+b+c)(x+y+z) \leqq 3(ax+by+cz)$

◀等号は $a=b=c$ または $x=y=z$ のとき成り立つ。

別解 (イ) (右辺)−(左辺)

$=(2a-b-c)x+(2b-c-a)y+(2c-a-b)z$

$=(a-b+a-c)x+(b-c+b-a)y+(c-a+c-b)z$

$=(a-b)x+(a-c)x+(b-c)y+(b-a)y$

$+(c-a)z+(c-b)z$

$=(a-b)(x-y)+(b-c)(y-z)+(a-c)(x-z) \geqq 0$

よって　$(a+b+c)(x+y+z) \leqq 3(ax+by+cz)$

◀$a-b \geqq 0$，$x-y \geqq 0$，$b-c \geqq 0$，$y-z \geqq 0$，$a-c \geqq 0$，$x-z \geqq 0$

(2) 不等式は a，b，c について対称形であるから，$a \geqq b \geqq c$ としても一般性を失わない。

このとき，$a^2 \geqq b^2 \geqq c^2$，$a^3 \geqq b^3 \geqq c^3$ であるから，(1)(イ)の結果を利用して

$$(a^2+b^2+c^2)(a^3+b^3+c^3) \leqq 3(a^2a^3+b^2b^3+c^2c^3)$$
$$=3(a^5+b^5+c^5)$$

CHART
(1)は(2)のヒント

練習 17 ➡本冊 p. 50

(1) $0<b<c$ から $\quad \dfrac{ac}{bd}-\dfrac{a}{d}=\dfrac{a(c-b)}{bd}>0$

よって $\quad \dfrac{a}{d}<\dfrac{ac}{bd}$

$0<a<b$，$0<c<d$ から

$$\frac{a+c}{b+d}-\frac{ac}{bd}=\frac{(a+c)bd-ac(b+d)}{(b+d)bd}$$
$$=\frac{ab(d-c)+cd(b-a)}{(b+d)bd}>0$$

よって $\quad \dfrac{ac}{bd}<\dfrac{a+c}{b+d}$

$0<a<c$，$0<b<d$ から $\quad ab<cd$

ゆえに $\quad \dfrac{c}{b}-\dfrac{a+c}{b+d}=\dfrac{c(b+d)-(a+c)b}{b(b+d)}=\dfrac{cd-ab}{b(b+d)}>0$

よって $\quad \dfrac{a+c}{b+d}<\dfrac{c}{b}$

したがって $\quad \boldsymbol{\dfrac{a}{d}<\dfrac{ac}{bd}<\dfrac{a+c}{b+d}<\dfrac{c}{b}}$

◀$a=1$，$b=2$，$c=3$，$d=4$ とすると
$\dfrac{a}{d}=\dfrac{1}{4}$，$\dfrac{c}{b}=\dfrac{3}{2}$，
$\dfrac{a+c}{b+d}=\dfrac{2}{3}$，$\dfrac{ac}{bd}=\dfrac{3}{8}$
したがって
$\dfrac{a}{d}<\dfrac{ac}{bd}<\dfrac{a+c}{b+d}<\dfrac{c}{b}$
と見当がつく。

◀CHECK 11(2)参照。

(2) $0<a<1$ であるから $\quad A<1$，$B>1$，$C>1$，$D<1$ …… ①

$$D-A=\frac{1}{1+a}-(1-a^2)=\frac{1-(1-a^2)(1+a)}{1+a}$$
$$=\frac{a(a^2+a-1)}{1+a}$$

また $\quad a^2+a-1=\left(a+\dfrac{1}{2}\right)^2-\dfrac{5}{4}$

$0<a<\dfrac{1}{2}$ であるから $\quad \dfrac{1}{2}<a+\dfrac{1}{2}<1$

よって $\quad \left(a+\dfrac{1}{2}\right)^2-\dfrac{5}{4}<1-\dfrac{5}{4}<0$

$a>0$，$1+a>0$，$a^2+a-1<0$ から $\quad D-A<0$ …… ②

$$C-B=\frac{1}{1-a}-(1+a^2)=\frac{a(a^2-a+1)}{1-a}$$
$$=\frac{a}{1-a}\left\{\left(a-\frac{1}{2}\right)^2+\frac{3}{4}\right\}>0 \quad \cdots\cdots ③$$

①，②，③ から $\quad \boldsymbol{D<A<B<C}$

◀$0<2a<1$ から
$0<a<1$
まず 1 との大小を比較。
① から，A と D の大小，B と C の大小がわかれば全体の大小がわかる。

◀$D<A$

◀$B<C$

演習 1 ➡本冊 $p.51$

$(x^3+1)^4$ の展開式の一般項は　${}_4C_r(x^3)^{4-r}\cdot 1^r={}_4C_r x^{12-3r}$

◀ $(a+b)^n$ の展開式の一般項は　${}_nC_r a^{n-r}b^r$

(ア)　x^9 の項は，$12-3r=9$ より $r=1$ のときで，その係数は

$${}_4C_1=\mathbf{4}$$

(イ)　x^6 の項は，$12-3r=6$ より $r=2$ のときで，その係数は

$${}_4C_2=\mathbf{6}$$

(ウ)　$(x^3+x-1)^3$ の展開式の一般項は

$$\frac{3!}{p!q!r!}x^{3p}x^q\cdot(-1)^r=\frac{3!}{p!q!r!}(-1)^r x^{3p+q}$$

◀ $(x^3)^p=x^{3p}$

ただし　$p+q+r=3$ …… ①，$p\geqq 0$，$q\geqq 0$，$r\geqq 0$

x^5 の項は，$3p+q=5$　すなわち　$q=5-3p$ …… ② のときである。

①，② から　　$r=2p-2$ …… ③

$q\geqq 0$，$r\geqq 0$ であるから　　$5-3p\geqq 0$，$2p-2\geqq 0$

◀ $p\leqq\dfrac{5}{3}$ かつ $1\leqq p$

この 2 つの不等式を同時に満たす 0 以上の整数 p は　　$p=1$

②，③ から　　$p=1$ のとき　$q=2$，$r=0$

よって，x^5 の係数は　　$\dfrac{3!}{1!2!0!}(-1)^0=\mathbf{3}$

◀ $0!=1$

(エ)　x^2 の項は，$3p+q=2$　すなわち　$q=2-3p$ …… ④ のときである。

①，④ から　　$r=2p+1$ …… ⑤

$q\geqq 0$，$r\geqq 0$ であるから　　$2-3p\geqq 0$，$2p+1\geqq 0$

◀ $p\leqq\dfrac{2}{3}$ かつ $-\dfrac{1}{2}\leqq p$

この 2 つの不等式を同時に満たす 0 以上の整数 p は　　$p=0$

④，⑤ から　　$p=0$ のとき　$q=2$，$r=1$

よって，x^2 の係数は　　$\dfrac{3!}{0!2!1!}(-1)^1=\mathbf{-3}$

◀ $0!=1$

(オ)　$(x^3+1)^4$ の展開式は，x^{12}，x^9，x^6，x^3 の項と定数項からなる。

このことと $(x^3+x-1)^3$ の展開式の項を考えると，x^{11} の項は，$x^{11}=x^9\cdot x^2$，$x^{11}=x^6\cdot x^5$ の場合がある。

◀ $x^{11}=x^3\cdot x^8$ であるが，$(x^3+x-1)^3$ の展開式に x^8 の項は含まれない。

よって，(ア)〜(エ) から，x^{11} の係数は　　$4\cdot(-3)+6\cdot 3=\mathbf{6}$

演習 2 ➡本冊 $p.51$

$(x+5)^{80}$ の x^k の項は　　${}_{80}C_{80-k}x^k\cdot 5^{80-k}$

よって，x^k の項の係数を a_k とすると　　$a_k=5^{80-k}{}_{80}C_{80-k}$

ゆえに　　$\dfrac{a_{k+1}}{a_k}=\dfrac{5^{79-k}{}_{80}C_{79-k}}{5^{80-k}{}_{80}C_{80-k}}$

$$=\frac{1}{5}\cdot\frac{80!}{(79-k)!\{80-(79-k)\}!}\times\frac{(80-k)!\{80-(80-k)\}!}{80!}$$

◀ ${}_nC_r=\dfrac{n!}{r!(n-r)!}$

$$=\frac{1}{5}\cdot\frac{80!}{(79-k)!(k+1)!}\cdot\frac{(80-k)!k!}{80!}=\frac{80-k}{5(k+1)}$$

◀ $\dfrac{k!}{(k+1)!}=\dfrac{1}{k+1}$，$\dfrac{(80-k)!}{(79-k)!}=80-k$

[1]　$\dfrac{a_{k+1}}{a_k}<1$ とすると　　$\dfrac{80-k}{5(k+1)}<1$

両辺に $5(k+1)$ $[>0]$ を掛けて　　$80-k<5(k+1)$

これを解いて　　$k>\dfrac{75}{6}=12.5$

よって，$k \geqq 13$ のとき　　$a_k > a_{k+1}$

[2]　$\dfrac{a_{k+1}}{a_k} > 1$ とすると　　$80-k > 5(k+1)$

これを解いて　　$k < \dfrac{75}{6} = 12.5$

よって，$k \leqq 12$ のとき　　$a_k < a_{k+1}$

ゆえに　　$a_1 < a_2 < \cdots\cdots < a_{12} < a_{13}$，$a_{13} > a_{14} > \cdots\cdots > a_{80}$

よって，x の **13 乗** の係数が最大になる。

参考　a_{k+1} と a_k の大小関係を $a_{k+1}-a_k$ の符号から調べる方法もある。しかし，階乗や累乗が現れる式では，左の解答のように，比をとって考える方が計算は一般にらくになる。

演習 3　➡ 本冊 $p.51$

(1)　二項定理により

$$(1+x)^n = 1^n + {}_nC_1\cdot 1^{n-1}x + {}_nC_2\cdot 1^{n-2}x^2 + \cdots\cdots + {}_nC_{n-1}\cdot 1\cdot x^{n-1} + x^n$$

$$= 1 + nx + \frac{n(n-1)}{2}x^2 + \cdots\cdots + nx^{n-1} + x^n$$

◀ $1^n = 1$

すなわち　$(1+x)^n - (1+nx) = \dfrac{n(n-1)}{2}x^2 + \cdots\cdots + nx^{n-1} + x^n$

$n \geqq 2$，$x > 0$ であるから　　$\dfrac{n(n-1)}{2}x^2 + \cdots\cdots + nx^{n-1} + x^n > 0$

よって　　$(1+x)^n > 1 + nx$

(2)　(1) の不等式で $x = \dfrac{1}{n}$ (>0) とおくと

$$\left(1+\frac{1}{n}\right)^n > 1 + n\cdot\frac{1}{n} = 2$$

CHART
(1) は (2) のヒント

注意　(2) は (1) を利用したが，$\left(1+\dfrac{1}{n}\right)^n$ を直接二項展開して証明してもよい。

◀ $\left(1+\dfrac{1}{n}\right)^n$ は，数学Ⅲの学習において重要な意味をもつ式である。

演習 4　➡ 本冊 $p.51$

(1)　$kx^2 - kx + (k+1)xy - y^2 - 2y = 0$ を k について整理すると

$$k(x^2 - x + xy) + xy - y^2 - 2y = 0$$

この等式が k の値に関係なく成り立つための条件は

$$x^2 - x + xy = 0 \quad \cdots\cdots ①, \qquad xy - y^2 - 2y = 0 \quad \cdots\cdots ②$$

◀ $ak+b=0$ が k の恒等式 $\Longleftrightarrow a=b=0$

① から　　$x(x-1+y) = 0$

よって　　$x=0$　または　$x-1+y=0$

$x=0$ のとき，② から　　$-y^2-2y=0$　すなわち　$y(y+2)=0$

これを解いて　　$y=0,\ -2$

$x-1+y=0$ のとき，$x=1-y$ であるから，② より

◀ x を消去。

$$(1-y)y - y^2 - 2y = 0 \quad すなわち \quad y(2y+1) = 0$$

これを解いて　　$y=0,\ -\dfrac{1}{2}$

また　　$y=0$ のとき　$x=1$，　$y=-\dfrac{1}{2}$ のとき　$x=\dfrac{3}{2}$

したがって，条件を満たす x，y の組は

$$(x,\ y) = (0,\ 0),\ (0,\ -2),\ (1,\ 0),\ \left(\frac{3}{2},\ -\frac{1}{2}\right)$$

の **4** 組ある。

(2) 両辺に $x(x-2)^3$ を掛けて得られる等式

$$2x^3-7x^2+11x-16=a(x-2)^3+bx(x-2)^2+cx(x-2)+dx$$

も x についての恒等式である。

右辺を展開し，x について整理すると

$$2x^3-7x^2+11x-16$$
$$=(a+b)x^3+(-6a-4b+c)x^2+(12a+4b-2c+d)x-8a$$

両辺の同じ次数の項の係数は等しいから

$a+b=2$ …… ①，　$-6a-4b+c=-7$ …… ②，

$12a+4b-2c+d=11$ …… ③，　$-8a=-16$ …… ④

④ から　$a=2$　① から　$b=2-2=0$

② から　$c=-7+6\cdot2+4\cdot0=5$

③ から　$d=11-12\cdot2-4\cdot0+2\cdot5=-3$

よって　$\boldsymbol{a=2,\ b=0,\ c=5,\ d=-3}$

◀分母を払う。ここで，数値代入法を利用してもよい。この等式の両辺に $x=0$，2 を代入すると，それぞれ a，d の値が得られる。そして，$x=1$，3 を代入するとそれぞれ $-10=-a+b-c+d$，$8=a+3b+3c+3d$ が得られ，b，c の値が求められる。

演習 5

➡ 本冊 p.51

$abc\neq0$ であるから　$a\neq0,\ b\neq0,\ c\neq0$

$$\frac{(a+b)c}{ab}=\frac{(b+c)a}{bc}=\frac{(c+a)b}{ca}=k \quad \cdots\cdots ① \text{ とおくと}$$

$$\frac{(b+c)(c+a)(a+b)}{abc}=\frac{(a+b)c}{ab}\cdot\frac{(b+c)a}{bc}\cdot\frac{(c+a)b}{ca}$$
$$=k\cdot k\cdot k=k^3$$

CHART
比例式は ＝k とおけ

また，① から

$$(a+b)c=abk,\ (b+c)a=bck,\ (c+a)b=cak$$

すなわち　$ca+bc=abk,\ ab+ca=bck,\ bc+ab=cak$

辺々を加えると　$2(ab+bc+ca)=k(ab+bc+ca)$

よって　$(ab+bc+ca)(k-2)=0$

ゆえに　$ab+bc+ca=0$　または　$k=2$

◀$ab+bc+ca=0$ の可能性があるから，両辺を $ab+bc+ca$ で割ってはいけない。

[1] $ab+bc+ca=0$ のとき　$(a+b)c=-ab$

よって　$k=\dfrac{(a+b)c}{ab}=\dfrac{-ab}{ab}=-1$

ゆえに　$\dfrac{(b+c)(c+a)(a+b)}{abc}=(-1)^3=-1$

[2] $k=2$ のとき

$$\frac{(b+c)(c+a)(a+b)}{abc}=2^3=8$$

$(a+b)c=2ab$，$(b+c)a=2bc$，$(c+a)b=2ca$ を連立して解くと　$a=b=c$

すなわち，$a=b=c$ $(abc\neq0)$ を満たす a，b，c に対して，確かに $k=2$ となる。

◀第1式－第2式から
$bc-ab=2(ab-bc)$
$b(a-c)=0$
$b\neq0$ であるから　$a=c$
など。

よって，求める式の値は　**-1，8**

演習 6

➡ 本冊 p.51

条件から　$\alpha+\beta+\gamma=3,\ \alpha\beta+\beta\gamma+\gamma\alpha=p,\ \alpha\beta\gamma=q$ …… ①

(1) $A=(\alpha-1)(\beta-1)(\gamma-1)$ とすると，① と $p=q+2$ から

$$A=\alpha\beta\gamma-(\alpha\beta+\beta\gamma+\gamma\alpha)+(\alpha+\beta+\gamma)-1$$
$$=q-p+3-1=q-(q+2)+2=0$$

すなわち　$(\alpha-1)(\beta-1)(\gamma-1)=0$

よって，α，β，γ の少なくとも 1 つは 1 である。

◀ $xyz=0 \Leftrightarrow$ $x=0$ または $y=0$ または $z=0$

(2)　$B=(\alpha-1)^2+(\beta-1)^2+(\gamma-1)^2$ とすると，① と $p=3$ から

$$\begin{aligned}B&=(\alpha^2-2\alpha+1)+(\beta^2-2\beta+1)+(\gamma^2-2\gamma+1)\\&=\alpha^2+\beta^2+\gamma^2-2(\alpha+\beta+\gamma)+3\\&=(\alpha+\beta+\gamma)^2-2(\alpha\beta+\beta\gamma+\gamma\alpha)-2(\alpha+\beta+\gamma)+3\\&=3^2-2p-2\cdot3+3=6-2p=6-2\cdot3=0\end{aligned}$$

すなわち　$(\alpha-1)^2+(\beta-1)^2+(\gamma-1)^2=0$

よって，α，β，γ はすべて 1 である。

◀ $x^2+y^2+z^2=0 \Leftrightarrow x=y=z=0$

演習 7

➡ 本冊 p. 52

$$\begin{aligned}&x^2+y^2-2x^2y^2+2xy\sqrt{1-x^2}\sqrt{1-y^2}\\&=x^2+y^2-x^2y^2-x^2y^2+2xy\sqrt{1-x^2}\sqrt{1-y^2}\\&=x^2(1-y^2)+y^2(1-x^2)+2x\sqrt{1-y^2}\cdot y\sqrt{1-x^2}\\&=(x\sqrt{1-y^2}+y\sqrt{1-x^2})^2\geqq0 \quad\cdots\cdots ①\end{aligned}$$

◀ $2x^2y^2$ を $x^2y^2+x^2y^2$ と分解する。

◀ $X^2+Y^2+2XY=(X+Y)^2$

また　$1-(x^2+y^2-2x^2y^2+2xy\sqrt{1-x^2}\sqrt{1-y^2})$

$$\begin{aligned}&=1-x^2-y^2+x^2y^2+x^2y^2-2xy\sqrt{1-x^2}\sqrt{1-y^2}\\&=(1-x^2)(1-y^2)+x^2y^2-2\sqrt{1-x^2}\sqrt{1-y^2}\,xy\\&=(\sqrt{1-x^2}\sqrt{1-y^2}-xy)^2\geqq0\end{aligned}$$

◀ $X^2+Y^2-2XY=(X-Y)^2$

すなわち　$x^2+y^2-2x^2y^2+2xy\sqrt{1-x^2}\sqrt{1-y^2}\leqq1$ ……②

①，② から　$0\leqq x^2+y^2-2x^2y^2+2xy\sqrt{1-x^2}\sqrt{1-y^2}\leqq1$

演習 8

➡ 本冊 p. 52

(1)　$a^2b^2-2abcd+c^2d^2=(ab-cd)^2\geqq0$

参考　等号が成り立つのは，$ab=cd$ のときである。

参考　(3) はシュワルツの不等式の特別な場合であり，本問 (1)，(2) は，解答編 p. 11 参考 で紹介した証明への誘導である。

(2)　(1) の不等式において，

$b=x$，$d=1$ とすると　$a^2x^2-2acx+c^2\geqq0$ ……①

$a=x$，$c=1$ とすると　$b^2x^2-2bdx+d^2\geqq0$ ……②

$a=x$，$b=c=d=1$ とすると　$x^2-2x+1\geqq0$ ……③

①，②，③ の辺々を加えると

$$(a^2+b^2+1)x^2-2(ac+bd+1)x+c^2+d^2+1\geqq0$$

参考　等号が成り立つのは，①，②，③ のすべてについて等号が成り立つときである。

このとき，(1) から　$ax=c$ かつ $bx=d$ かつ $x=1$

よって　$a=c$ かつ $b=d$ かつ $x=1$

(3)　(2) の不等式は，任意の実数 x について成り立つ。

2 次の係数 a^2+b^2+1 は正であるから，x の 2 次方程式

$$(a^2+b^2+1)x^2-2(ac+bd+1)x+c^2+d^2+1=0$$

の判別式を D とすると　$D\leqq0$

◀ $px^2+qx+r\geqq0$ $(p\neq0)$ が任意の実数 x について成り立つための条件は $p>0$ かつ $D=q^2-4pr\leqq0$

$$\frac{D}{4}=\{-(ac+bd+1)\}^2-(a^2+b^2+1)(c^2+d^2+1)$$

であり，$D\leqq0$ から　$(a^2+b^2+1)(c^2+d^2+1)\geqq(ac+bd+1)^2$

参考　等号が成り立つのは，(2) の不等式の左辺について，x の 2 次方程式 $(a^2+b^2+1)x^2-2(ac+bd+1)x+c^2+d^2+1=0$ が重解

をもつときである。
すなわち，(2) の不等式の等号を成り立たせるような x が存在する条件を求めればよい。
よって，(2) から　　$a=c$ かつ $b=d$

演習 9 ➡ 本冊 p. 52

$|a|=x,\ |b|=y,\ |a+b|=z$ とおくと

$$(\text{右辺})-(\text{左辺})=\frac{x}{1+x}+\frac{y}{1+y}-\frac{z}{1+z}$$

$$=\frac{x(1+y)(1+z)+y(1+x)(1+z)-z(1+x)(1+y)}{(1+x)(1+y)(1+z)}$$

$$=\frac{x+y-z+xy(2+z)}{(1+x)(1+y)(1+z)}$$

◀差を作る。
◀分子を展開して整理。

$x\geqq 0,\ y\geqq 0,\ z\geqq 0$ かつ $x+y-z=|a|+|b|-|a+b|\geqq 0$ である

から　　$\dfrac{x}{1+x}+\dfrac{y}{1+y}-\dfrac{z}{1+z}\geqq 0$

◀例題 13 (1) から
$|a+b|\leqq|a|+|b|$
等号が成り立つのは
$ab\geqq 0$ のときである。

よって　　$\dfrac{|a|}{1+|a|}+\dfrac{|b|}{1+|b|}\geqq\dfrac{|a+b|}{1+|a+b|}$

等号が成り立つための条件は

$x+y-z=0$ かつ $xy(2+z)=0$

すなわち　　$|a|+|b|=|a+b|$ かつ $|ab|(2+|a+b|)=0$

よって　　$ab\geqq 0$ かつ $ab=0$

したがって　　$\boldsymbol{a=0}$ **または** $\boldsymbol{b=0}$

演習 10 ➡ 本冊 p. 52

$$\left(\frac{2}{x}+\frac{1}{y}+\frac{1}{z}\right)(x+2y+4z)$$

$$=2+\frac{4y}{x}+\frac{8z}{x}+\frac{x}{y}+2+\frac{4z}{y}+\frac{x}{z}+\frac{2y}{z}+4$$

$$=8+\left(\frac{4y}{x}+\frac{x}{y}\right)+\left(\frac{4z}{y}+\frac{2y}{z}\right)+\left(\frac{8z}{x}+\frac{x}{z}\right)\quad\cdots\cdots\ ①$$

◀積が定数となるように，項を組み合わせる。

ここで，$x>0,\ y>0$ より $\dfrac{4y}{x}>0,\ \dfrac{x}{y}>0$ であるから，

(相加平均)≧(相乗平均) により

$$\frac{4y}{x}+\frac{x}{y}\geqq 2\sqrt{\frac{4y}{x}\cdot\frac{x}{y}}=4\quad\cdots\cdots\ ②$$

等号が成り立つのは $\dfrac{4y}{x}=\dfrac{x}{y}$ すなわち $x=2y$ のときである。

$y>0,\ z>0$ より $\dfrac{4z}{y}>0,\ \dfrac{2y}{z}>0$ であるから

$$\frac{4z}{y}+\frac{2y}{z}\geqq 2\sqrt{\frac{4z}{y}\cdot\frac{2y}{z}}=4\sqrt{2}\quad\cdots\cdots\ ③$$

◀(相加平均)≧(相乗平均)

等号が成り立つのは $\dfrac{4z}{y}=\dfrac{2y}{z}$ すなわち $y=\sqrt{2}\,z$ のときである。

$z>0,\ x>0$ より $\dfrac{8z}{x}>0,\ \dfrac{x}{z}>0$ であるから

$$\frac{8z}{x}+\frac{x}{z}\geqq 2\sqrt{\frac{8z}{x}\cdot\frac{x}{z}}=4\sqrt{2} \quad \cdots\cdots ④$$

◀(相加平均)≧(相乗平均)

等号が成り立つのは $\frac{8z}{x}=\frac{x}{z}$ すなわち $x=2\sqrt{2}z$ のときである。

②，③，④ の等号が同時に成り立つのは

$$x=2y \text{ かつ } y=\sqrt{2}z \text{ かつ } x=2\sqrt{2}z \text{ のとき}$$

すなわち，$x=2y=2\sqrt{2}z$ のときである。

◀②，③，④ の等号が同時に成り立つ x，y，z が存在することを確認する。これを忘れてはならない。

よって，$x=2y=2\sqrt{2}z$ のとき，① から

$$\left(\frac{2}{x}+\frac{1}{y}+\frac{1}{z}\right)(x+2y+4z)\geqq 8+4+4\sqrt{2}+4\sqrt{2}=12+8\sqrt{2}$$

したがって，求める最小値は　**$12+8\sqrt{2}$**

別解　$x>0$，$y>0$，$z>0$ であるから，シュワルツの不等式により

$$\left\{\left(\sqrt{\frac{2}{x}}\right)^2+\left(\sqrt{\frac{1}{y}}\right)^2+\left(\sqrt{\frac{1}{z}}\right)^2\right\}\{(\sqrt{x})^2+(\sqrt{2y})^2+(\sqrt{4z})^2\}$$

$$\geqq\left(\sqrt{\frac{2}{x}}\cdot\sqrt{x}+\sqrt{\frac{1}{y}}\cdot\sqrt{2y}+\sqrt{\frac{1}{z}}\cdot\sqrt{4z}\right)^2$$

◀$(a^2+b^2+c^2)(x^2+y^2+z^2)$ $\geqq(ax+by+cz)^2$ 等号が成り立つのは $ay=bx$，$bz=cy$，$cx=az$ のとき。

すなわち　$\left(\frac{2}{x}+\frac{1}{y}+\frac{1}{z}\right)(x+2y+4z)\geqq(\sqrt{2}+\sqrt{2}+2)^2$

よって　$\left(\frac{2}{x}+\frac{1}{y}+\frac{1}{z}\right)(x+2y+4z)\geqq 12+8\sqrt{2}$

等号が成り立つのは

$$\sqrt{\frac{2}{x}}:\sqrt{\frac{1}{y}}:\sqrt{\frac{1}{z}}=\sqrt{x}:\sqrt{2y}:\sqrt{4z} \text{ のとき}$$

すなわち，$x=2y=2\sqrt{2}z$ のときである。

したがって，求める最小値は　**$12+8\sqrt{2}$**

演習 11

➡ 本冊 p. 52

(1)　0，p，q のうち最大の値が M であるから　$M\geqq 0$

また，$|p|\leqq 1$，$|q|\leqq 1$ より $p\leqq 1$，$q\leqq 1$ であるから　$M\leqq 1$

したがって　$0\leqq M\leqq 1$

(2)　$q\leqq p$ の場合

[1]　$0\leqq q\leqq p\ (\leqq 1)$ のとき　$M=p$，$m=0$

よって　$M-m=p\leqq 1$

[2]　$q\leqq 0\leqq p$ のとき　$M=p$，$m=q$

$|p-q|\leqq 1$ より $-1\leqq p-q\leqq 1$ であるから

$M-m=p-q\leqq 1$

[3]　$q\leqq p\leqq 0$ のとき　$M=0$，$m=q$

$|q|\leqq 1$ より $-1\leqq q$ であるから　$-q\leqq 1$

よって　$M-m=-q\leqq 1$

◀$|q|\leqq 1$ $\Longleftrightarrow -1\leqq q\leqq 1$

$p\leqq q$ の場合も同様にして示される。

したがって　$M-m\leqq 1$

(3)　0，p，q のうち最大の値が M であるから　$p\leqq M$

また，0，p，q のうち最小の値が m であるから　$m\leqq p$

(2) の不等式から　$M-p\leqq M-m\leqq 1$　すなわち　$M\leqq 1+p$

したがって　$p\leqq M\leqq 1+p$

演習 12

➡ 本冊 p. 52

$0<a<1$，$0<b<1$，$0<c<1$ のとき

$$a(1-b)>\frac{1}{4},\ b(1-c)>\frac{1}{4},\ c(1-a)>\frac{1}{4}$$

が同時に成り立つと仮定する。

第 1 式の両辺は正であるから　$\sqrt{a(1-b)}>\frac{1}{2}$

$a>0$，$1-b>0$ であるから，(相加平均)≧(相乗平均) により

$$\frac{a+(1-b)}{2}\geqq\sqrt{a(1-b)}$$

したがって　$\frac{a+(1-b)}{2}>\frac{1}{2}$　…… ①

同様にして

$$\frac{b+(1-c)}{2}>\frac{1}{2}\ \cdots\cdots ②,\quad \frac{c+(1-a)}{2}>\frac{1}{2}\ \cdots\cdots ③$$

①，②，③ の辺々を加えると　$\frac{3}{2}>\frac{3}{2}$　これは矛盾。

よって，与えられた 3 つの不等式は同時には成り立たない。

CHART
「でない」の証明
⟶ 背理法

◀ $A>0$，$B>0$ のとき
$A^2>B^2 \Longleftrightarrow A>B$

CHECK 13 ➡本冊 $p.55$

(1) **実部は 2，虚部は $-\sqrt{3}$**

(2) $-\dfrac{1}{2}+\dfrac{1}{2}i$ から　**実部は $-\dfrac{1}{2}$，虚部は $\dfrac{1}{2}$**

(3) $-\dfrac{1}{3}+0\cdot i$ から　**実部は $-\dfrac{1}{3}$，虚部は 0**

(4) $0+4i$ から　**実部は 0，虚部は 4**

CHECK 14 ➡本冊 $p.55$

$(1+xi)(3-i)=3-i+3xi-xi^2=x+3+(3x-1)i$

x は実数であるから，$x+3$ と $3x-1$ は実数である。

(1) $(1+xi)(3-i)$ が実数となるための条件は，$3x-1=0$ から

$$\boldsymbol{x=\frac{1}{3}}$$

(2) $(1+xi)(3-i)$ が純虚数となるための条件は

$$x+3=0 \text{ かつ } 3x-1\neq 0$$

$x+3=0$ から　$\boldsymbol{x=-3}$　これは $3x-1\neq 0$ を満たす。

◀$i^2=-1$
◀この断り書きは重要。
◀(虚部)$=0$
◀(実部)$=0$ かつ (虚部)$\neq 0$

CHECK 15 ➡本冊 $p.55$

(1) $(5-3i)-(3-2i)=(5-3)+(-3+2)i=\boldsymbol{2-i}$

(2) $(2+\sqrt{5}i)(3-\sqrt{5}i)=2\cdot 3-2\sqrt{5}i+3\sqrt{5}i-(\sqrt{5})^2i^2$
$=6+\sqrt{5}i-5\cdot(-1)$
$=\boldsymbol{11+\sqrt{5}i}$

(3) $\dfrac{3-2i}{3+2i}=\dfrac{(3-2i)^2}{(3+2i)(3-2i)}=\dfrac{9-12i+4i^2}{9-4i^2}$
$=\dfrac{9-12i+4\cdot(-1)}{9-4\cdot(-1)}=\dfrac{5-12i}{13}=\boldsymbol{\dfrac{5}{13}-\dfrac{12}{13}i}$

◀ i を文字と考えて計算。
◀i^2 が出てきたら -1 とおき換える。
◀**分母の実数化。**
分母・分子に分母と共役な複素数を掛ける。

CHECK 16 ➡本冊 $p.55$

(1) $\sqrt{-9}+\sqrt{-16}=\sqrt{9}i+\sqrt{16}i=3i+4i=\boldsymbol{7i}$

(2) $\sqrt{-27}\times\sqrt{-12}=\sqrt{27}i\times\sqrt{12}i=3\sqrt{3}i\times 2\sqrt{3}i$
$=6\cdot 3i^2=\boldsymbol{-18}$

(3) $(\sqrt{-5})^2=(\sqrt{5}i)^2=(\sqrt{5})^2i^2=\boldsymbol{-5}$

(4) $\dfrac{\sqrt{-72}}{\sqrt{-8}}=\dfrac{\sqrt{72}i}{\sqrt{8}i}=\dfrac{\sqrt{72}}{\sqrt{8}}=\sqrt{\dfrac{72}{8}}=\sqrt{9}=\boldsymbol{3}$

◀$\sqrt{負の数}$ をまず i で表してから計算する。
$a>0$ のとき
$$\boldsymbol{\sqrt{-a}=\sqrt{a}\,i}$$
(2) $\sqrt{-27}\times\sqrt{-12}$
$=\sqrt{(-27)\cdot(-12)}$
は **誤り**。

CHECK 17 ➡本冊 $p.55$

(1) $5-2i$ と共役な複素数は　$5+2i$

よって　**和**　$(5-2i)+(5+2i)=\boldsymbol{10}$

積　$(5-2i)(5+2i)=5^2-(2i)^2$
$=25-(-4)=\boldsymbol{29}$

(2) $\sqrt{2}i=0+\sqrt{2}i$ と表されるから，$\sqrt{2}i$ と共役な複素数は

$0-\sqrt{2}i$　すなわち　$-\sqrt{2}i$

よって　**和**　$\sqrt{2}i+(-\sqrt{2}i)=\boldsymbol{0}$

積　$\sqrt{2}i(-\sqrt{2}i)=-2i^2=\boldsymbol{2}$

(3) $-2=-2+0\cdot i$ と表されるから，-2 と共役な複素数は

$-2-0\cdot i$ すなわち -2

よって　**和** $-2+(-2)=\boldsymbol{-4}$

積 $(-2)\cdot(-2)=\boldsymbol{4}$

◀実数 a と共役な複素数は a 自身である。

CHECK 18 ➡本冊 p. 58

(1) $(x+2)(3x-1)=0$　よって　$\boldsymbol{x=-2,\ \frac{1}{3}}$

◀ 1 ╳ 2 → 6 ／ 3 ╳ −1 → −1 ／ 3　−2　5

(2) $x=\dfrac{-1\pm\sqrt{1^2-4\cdot1\cdot1}}{2\cdot1}=\dfrac{-1\pm\sqrt{-3}}{2}=\boldsymbol{\dfrac{-1\pm\sqrt{3}\,i}{2}}$

(3) 両辺に 10 を掛けて　$x^2-2x+5=0$

よって　$x=-(-1)\pm\sqrt{(-1)^2-1\cdot5}=1\pm\sqrt{-4}=\boldsymbol{1\pm2i}$

◀係数を整数にする。

◀解の公式（$b=2b'$ 型）
$x=\dfrac{-b'\pm\sqrt{b'^2-ac}}{a}$

CHECK 19 ➡本冊 p. 58

与えられた 2 次方程式の判別式を D とする。

(1) $D=(-3)^2-4\cdot1\cdot1=5>0$

よって　**異なる 2 つの実数解**

(2) $\dfrac{D}{4}=(-6)^2-4\cdot9=0$

よって　**重解**

◀$\dfrac{D}{4}=b'^2-ac$
x の係数が 2 の倍数のときは $\dfrac{D}{4}$ を利用する。

(3) $\dfrac{D}{4}=6^2-(-13)\cdot(-3)=-3<0$

よって　**異なる 2 つの虚数解**

(4) $D=0^2-4\cdot4\cdot25=-400<0$

よって　**異なる 2 つの虚数解**

◀$x^2=-\dfrac{25}{4}$ から，虚数解をもつことがすぐにわかる。

(5) $\dfrac{D}{4}=2^2-3\cdot3=-5<0$

よって　**異なる 2 つの虚数解**

(6) $\dfrac{D}{4}=4^2-3\cdot(-\sqrt{2})=16+3\sqrt{2}>0$

よって　**異なる 2 つの実数解**

CHECK 20 ➡本冊 p. 62

解と係数の関係から

(1) **和** $-\dfrac{-3}{1}=\boldsymbol{3}$，　**積** $\dfrac{1}{1}=\boldsymbol{1}$

(2) **和** $-\dfrac{2}{4}=\boldsymbol{-\dfrac{1}{2}}$，　**積** $\dfrac{-3}{4}=\boldsymbol{-\dfrac{3}{4}}$

(3) **和** $\boldsymbol{-\dfrac{3}{2}}$，　**積** $\dfrac{0}{2}=\boldsymbol{0}$

◀$2x^2+3x+0=0$

(4) **和** $-\dfrac{0}{3}=\boldsymbol{0}$，　**積** $\boldsymbol{\dfrac{5}{3}}$

◀$3x^2+0\cdot x+5=0$

CHECK 21 ➡本冊 p. 62

(1) $x^2+4x+5=0$ を解くと

$x=-2\pm\sqrt{2^2-1\cdot5}=-2\pm i$

よって　$x^2+4x+5=\{x-(-2+i)\}\{x-(-2-i)\}$

$=\boldsymbol{(x+2-i)(x+2+i)}$

(2) $6x^2-61x+153=0$ を解くと

$$x=\frac{-(-61)\pm\sqrt{(-61)^2-4\cdot6\cdot153}}{2\cdot6}=\frac{61\pm\sqrt{49}}{12}=\frac{61\pm7}{12}$$

すなわち $x=\frac{17}{3},\ \frac{9}{2}$

よって $6x^2-61x+153=6\left(x-\frac{17}{3}\right)\left(x-\frac{9}{2}\right)$

$=3\left(x-\frac{17}{3}\right)\cdot2\left(x-\frac{9}{2}\right)=\boldsymbol{(3x-17)(2x-9)}$

◀ 6 を忘れないように。

CHECK 22 ➡ 本冊 p. 62

(1) 2 数の和は $(2+\sqrt{3})+(2-\sqrt{3})=4$

2 数の積は $(2+\sqrt{3})(2-\sqrt{3})=1$

求める 2 次方程式の 1 つは $\boldsymbol{x^2-4x+1=0}$

◀ $x^2-4x+1=0$ 和 積

(2) 2 数の和は $(3+5i)+(3-5i)=6$

2 数の積は $(3+5i)(3-5i)=9-25i^2=34$

求める 2 次方程式の 1 つは $\boldsymbol{x^2-6x+34=0}$

◀ $x^2-6x+34=0$ 和 積

CHECK 23 ➡ 本冊 p. 62

(1) $\alpha+\beta=7$, $\alpha\beta=3$ であるから，α, β は 2 次方程式

$x^2-7x+3=0$ の解である。この方程式を解くと

$$x=\frac{-(-7)\pm\sqrt{(-7)^2-4\cdot1\cdot3}}{2\cdot1}=\frac{7\pm\sqrt{37}}{2}$$

よって $\boldsymbol{(\alpha,\ \beta)=\left(\frac{7+\sqrt{37}}{2},\ \frac{7-\sqrt{37}}{2}\right),\ \left(\frac{7-\sqrt{37}}{2},\ \frac{7+\sqrt{37}}{2}\right)}$

◀ $x^2-7x+3=0$ 和 積

(2) $\alpha+\beta=-1$, $\alpha\beta=1$ であるから，α, β は 2 次方程式

$x^2+x+1=0$ の解である。この方程式を解くと

$$x=\frac{-1\pm\sqrt{1^2-4\cdot1\cdot1}}{2\cdot1}=\frac{-1\pm\sqrt{3}\,i}{2}$$

よって $\boldsymbol{(\alpha,\ \beta)=\left(\frac{-1+\sqrt{3}\,i}{2},\ \frac{-1-\sqrt{3}\,i}{2}\right),}$

$\boldsymbol{\left(\frac{-1-\sqrt{3}\,i}{2},\ \frac{-1+\sqrt{3}\,i}{2}\right)}$

◀ $x^2-(-1)x+1=0$ 和 積

(3) $\alpha+\beta=-4$, $\alpha\beta=13$ であるから，α, β は 2 次方程式

$x^2+4x+13=0$ の解である。この方程式を解くと

$x=-2\pm\sqrt{2^2-1\cdot13}=-2\pm3i$

よって $\boldsymbol{(\alpha,\ \beta)=(-2+3i,\ -2-3i),\ (-2-3i,\ -2+3i)}$

◀ $x^2-(-4)x+13=0$ 和 積

CHECK 24 ➡ 本冊 p. 82

(1) 方程式から

$x=0$ または $x-2=0$ または $x-3=0$

よって $\boldsymbol{x=0,\ 2,\ 3}$

(2) 左辺を因数分解して $(x+3)(x^2-3x+9)=0$

ゆえに $x+3=0$ または $x^2-3x+9=0$

よって $\boldsymbol{x=-3,\ \frac{3\pm3\sqrt{3}\,i}{2}}$

◀ $a^3+b^3=(a+b)(a^2-ab+b^2)$

(3) $x^3=8$ から　　$x^3-8=0$

左辺を因数分解して　　$(x-2)(x^2+2x+4)=0$

ゆえに　$x-2=0$　または　$x^2+2x+4=0$

よって　$\boldsymbol{x=2,\ -1\pm\sqrt{3}\,i}$

◀$a^3-b^3=(a-b)(a^2+ab+b^2)$

(4) $x^4=4$ から　　$x^4-4=0$

左辺を因数分解して　　$(x^2-2)(x^2+2)=0$

ゆえに　$x^2=2$　または　$x^2=-2$

よって　$\boldsymbol{x=\pm\sqrt{2},\ \pm\sqrt{2}\,i}$

CHECK 25 ➡本冊 p.82

(1) 求める3次方程式は

$$(x-1)(x-2)(x-3)=0$$

ゆえに　$x^3-(1+2+3)x^2+(1\cdot2+2\cdot3+3\cdot1)x-1\cdot2\cdot3=0$

よって　$\boldsymbol{x^3-6x^2+11x-6=0}$

◀α, β, γ を解にもつ3次方程式は $a(x-\alpha)(x-\beta)(x-\gamma)=0$

(2) 求める3次方程式は

$$(x-2)(x-i)\{x-(-i)\}=0$$

ゆえに

$$x^3-(2+i-i)x^2+\{2i+i(-i)+(-i)\cdot2\}x-2\cdot i\cdot(-i)=0$$

よって　$\boldsymbol{x^3-2x^2+x-2=0}$

例 13 ➡ 本冊 *p*. 56

(1) $(3-\sqrt{-1})(4+\sqrt{-25})=(3-i)(4+5i)$
$=12+15i-4i-5i^2$
$=\mathbf{17+11}\boldsymbol{i}$

◀負の数の平方根は，i を用いた形に表してから計算する。

(2) $(2-\sqrt{-3})^2=(2-\sqrt{3}\,i)^2=4-4\sqrt{3}\,i+3i^2=\mathbf{1-4\sqrt{3}}\,\boldsymbol{i}$

(3) $i^2=-1$，$i^3=i^2\cdot i=-i$，$i^4=(i^2)^2=1$ であるから
$i^5=i^4\cdot i=i$，　$i^6=i^5\cdot i=-1$，
$i^7=i^6\cdot i=-i$，$i^8=(i^4)^2=1$
よって　$i-i^2+i^3+i^4+i^5-i^6+i^7+i^8$
$=i-(-1)-i+1+i-(-1)-i+1=\mathbf{4}$

◀$i^5-i^6+i^7+i^8$
$=i^4(i-i^2+i^3+i^4)$
$=1\cdot(i+1-i+1)=2$
としてもよい。

(4) $(1+2i)^3=1+3\cdot 2i+3\cdot(2i)^2+(2i)^3=1+6i+12i^2+8i^3$
$=1+6i-12-8i=\mathbf{-11-2}\boldsymbol{i}$

◀$(a+b)^3$
$=a^3+3a^2b+3ab^2+b^3$

(5) $\dfrac{1}{1+i}+\dfrac{1}{1-2i}=\dfrac{1-i}{(1+i)(1-i)}+\dfrac{1+2i}{(1-2i)(1+2i)}$
$=\dfrac{1-i}{2}+\dfrac{1+2i}{5}=\dfrac{5(1-i)+2(1+2i)}{10}$
$=\boldsymbol{\dfrac{7-i}{10}}$

◀直ちに通分すると
$\dfrac{1-2i+1+i}{(1+i)(1-2i)}$
$=\dfrac{2-i}{3-i}=\dfrac{(2-i)(3+i)}{(3-i)(3+i)}$
$=\dfrac{7-i}{10}$

(6) $\dfrac{2+5i}{4+i}-\dfrac{i}{4-i}=\dfrac{(2+5i)(4-i)-i(4+i)}{(4+i)(4-i)}$
$=\dfrac{8-2i+20i-5i^2-4i-i^2}{16-i^2}$
$=\dfrac{8+14i-6i^2}{16-(-1)}=\boldsymbol{\dfrac{14(1+i)}{17}}$

◀通分と同時に **分母が実数化** される。

例 14 ➡ 本冊 *p*. 56

(1) 等式から　$3x+y+(2x-y)i=7+3i$
x，y は実数であるから，$3x+y$，$2x-y$ は実数である。
よって　$3x+y=7$，$2x-y=3$
この連立方程式を解いて　$\boldsymbol{x=2}$，$\boldsymbol{y=1}$

◀**この断り書きは重要。** 書き落とさないように！

(2) 等式から　$2x-yi=\dfrac{4+7i}{3+2i}$
ここで　$\dfrac{4+7i}{3+2i}=\dfrac{(4+7i)(3-2i)}{(3+2i)(3-2i)}=\dfrac{12-8i+21i-14i^2}{9-4i^2}$
$=\dfrac{12+13i+14}{9+4}=\dfrac{26+13i}{13}=2+i$
よって　$2x-yi=2+i$
x，y は実数であるから，$2x$，$-y$ は実数である。
ゆえに　$2x=2$，$-y=1$
したがって　$\boldsymbol{x=1}$，$\boldsymbol{y=-1}$

◀両辺を $3+2i$ で割った。
◀分母の実数化。

例 15 ➡ 本冊 *p*. 59

(1) 左辺を因数分解して　$(2x+3)(3x-4)=0$
よって　$\boldsymbol{x=-\dfrac{3}{2}}$，$\boldsymbol{\dfrac{4}{3}}$

◀ 2 ╳ 3 → 9
3 　 −4 → −8
6 　 −12 　 1

(2) $\boldsymbol{x}=\dfrac{-(-\sqrt{5})\pm\sqrt{(-\sqrt{5})^2-4\cdot1\cdot2}}{2\cdot1}=\dfrac{\sqrt{5}\pm\sqrt{-3}}{2}$

$=\boldsymbol{\dfrac{\sqrt{5}\pm\sqrt{3}i}{2}}$

◀解は共役な複素数。

(3) 与式から $x^2+4x+3=9x-2x^2$

整理して $3x^2-5x+3=0$

よって $\boldsymbol{x}=\dfrac{-(-5)\pm\sqrt{(-5)^2-4\cdot3\cdot3}}{2\cdot3}=\dfrac{5\pm\sqrt{-11}}{6}$

$=\boldsymbol{\dfrac{5\pm\sqrt{11}i}{6}}$

(4) 両辺に $\sqrt{2}$ を掛けて $2x^2+\sqrt{2}x+2=0$

よって $\boldsymbol{x}=\dfrac{-\sqrt{2}\pm\sqrt{(\sqrt{2})^2-4\cdot2\cdot2}}{2\cdot2}=\dfrac{-\sqrt{2}\pm\sqrt{-14}}{4}$

$=\boldsymbol{\dfrac{-\sqrt{2}\pm\sqrt{14}i}{4}}$

◀そのまま解の公式に代入すると，分母が $2\sqrt{2}$ となり煩雑。

例 16

➡本冊 *p*. 59

与えられた2次方程式の判別式をDとする。

(1) $D=(-5)^2-4\cdot3\cdot3=-11<0$

よって，**異なる2つの虚数解** をもつ。

(2) $D=\{-(a+2)\}^2-4\cdot2(a-1)$

$=a^2+4a+4-8a+8=a^2-4a+12$

$=(a-2)^2+8^{(*)}$

ゆえに，すべての実数aについて $D>0$

よって，**異なる2つの実数解** をもつ。

◀$\{-(a+2)\}^2$ の部分は，$(-1)^2=1$ であるから，$(a+2)^2$ と書いてよい。
(＊) $(a-2)^2\geqq0$，$8>0$ から $(a-2)^2+8>0$

(3) $D=\{-(a-2)\}^2-4\cdot1\cdot(9-2a)$

$=a^2-4a+4-36+8a=a^2+4a-32$

$=(a+8)(a-4)$

よって，解は次のようになる。

$D>0$ すなわち $\boldsymbol{a<-8,\ 4<a}$ **のとき**
異なる2つの実数解

$D=0$ すなわち $\boldsymbol{a=-8,\ 4}$ **のとき**
重解

$D<0$ すなわち $\boldsymbol{-8<a<4}$ **のとき**
異なる2つの虚数解

◀$\alpha<\beta$ のとき $(x-\alpha)(x-\beta)>0 \iff x<\alpha,\ \beta<x$

◀$\alpha<\beta$ のとき $(x-\alpha)(x-\beta)<0 \iff \alpha<x<\beta$

例 17

➡本冊 *p*. 63

解と係数の関係から $\alpha+\beta=-3$，$\alpha\beta=4$

(1) $\alpha^2\beta+\alpha\beta^2=\alpha\beta(\alpha+\beta)=4\cdot(-3)=\boldsymbol{-12}$

(2) $\alpha^2+\beta^2=(\alpha+\beta)^2-2\alpha\beta=(-3)^2-2\cdot4=\boldsymbol{1}$

(3) $(\alpha-\beta)^2=\alpha^2-2\alpha\beta+\beta^2=(\alpha+\beta)^2-4\alpha\beta=(-3)^2-4\cdot4=\boldsymbol{-7}$

◀(2)から $\alpha^2+\beta^2-2\alpha\beta=1-2\cdot4=-7$ としてもよい。

(4) $\alpha^3+\beta^3=(\alpha+\beta)^3-3\alpha\beta(\alpha+\beta)=(-3)^3-3\cdot4\cdot(-3)$

$=-27+36=\boldsymbol{9}$

(5) $\dfrac{\beta}{\alpha}+\dfrac{\alpha}{\beta}=\dfrac{\alpha^2+\beta^2}{\alpha\beta}=\boldsymbol{\dfrac{1}{4}}$

◀(2)の結果を利用。

(6) $\dfrac{\beta}{\alpha-1}+\dfrac{\alpha}{\beta-1}=\dfrac{\beta(\beta-1)+\alpha(\alpha-1)}{(\alpha-1)(\beta-1)}=\dfrac{\alpha^2+\beta^2-(\alpha+\beta)}{\alpha\beta-(\alpha+\beta)+1}$

$=\dfrac{1-(-3)}{4-(-3)+1}=\mathbf{\dfrac{1}{2}}$

別解 α, β は方程式 $x^2+3x+4=0$ の解であるから

$\alpha^2+3\alpha+4=0$, $\beta^2+3\beta+4=0$ ……①

◀(2), (4) の別解。

(2) ① から $\alpha^2=-3\alpha-4$, $\beta^2=-3\beta-4$ ……②

◀次数を下げる。

よって $\alpha^2+\beta^2=(-3\alpha-4)+(-3\beta-4)=-3(\alpha+\beta)-8$

$=-3\cdot(-3)-8=\mathbf{1}$

(4) ② から $\alpha^3=-3\alpha^2-4\alpha$, $\beta^3=-3\beta^2-4\beta$

◀② の両辺に，それぞれ α, β を掛ける。

よって $\alpha^3+\beta^3=(-3\alpha^2-4\alpha)+(-3\beta^2-4\beta)$

$=-3(\alpha^2+\beta^2)-4(\alpha+\beta)$

$=-3\cdot1-4\cdot(-3)=\mathbf{9}$

◀(2) の結果を利用。

例 18

➡本冊 p. 63

(1) 解と係数の関係から

$\alpha+\beta=-\dfrac{4}{2}=-2$, $\alpha\beta=\dfrac{3}{2}$ ……①

ゆえに $\alpha^2+\beta^2=(\alpha+\beta)^2-2\alpha\beta=(-2)^2-2\cdot\dfrac{3}{2}=1$

$\alpha^3+\beta^3=(\alpha+\beta)^3-3\alpha\beta(\alpha+\beta)$

$=(-2)^3-3\cdot\dfrac{3}{2}\cdot(-2)=1$

よって $\alpha^5+\beta^5=(\alpha^2+\beta^2)(\alpha^3+\beta^3)-(\alpha\beta)^2(\alpha+\beta)$

$=1\cdot1-\left(\dfrac{3}{2}\right)^2\cdot(-2)=\mathbf{\dfrac{11}{2}}$

◀$\alpha^2+\beta^2$, $\alpha^3+\beta^3$, $\alpha+\beta$, $\alpha\beta$ が利用できる形に変形。

(2) $\alpha-1=\gamma$, $\beta-1=\delta$ とおくと，$\alpha=\gamma+1$, $\beta=\delta+1$ であるから，γ, δ は 2 次方程式 $2(x+1)^2+4(x+1)+3=0$ すなわち $2x^2+8x+9=0$ の 2 つの解である。

◀$\alpha-1$, $\beta-1$ を解とする 2 次方程式を新たに作成する。新しく作成した方程式に対し，解と係数の関係を利用する。本冊 p. 63 **検討** 参照。

解と係数の関係から $\gamma+\delta=-\dfrac{8}{2}=-4$, $\gamma\delta=\dfrac{9}{2}$

よって $(\alpha-1)^4+(\beta-1)^4=\gamma^4+\delta^4=(\gamma^2+\delta^2)^2-2\gamma^2\delta^2$

$=\{(\gamma+\delta)^2-2\gamma\delta\}^2-2(\gamma\delta)^2$

$=\left\{(-4)^2-2\cdot\dfrac{9}{2}\right\}^2-2\cdot\left(\dfrac{9}{2}\right)^2$

$=\mathbf{\dfrac{17}{2}}$

例 19

➡本冊 p. 64

(1) 2 つの解は α, 2α と表すことができる。

◀1 つの文字で表す。

解と係数の関係から $\alpha+2\alpha=6$, $\alpha\cdot2\alpha=k$

すなわち $3\alpha=6$, $2\alpha^2=k$

ゆえに $\alpha=2$ このとき $\boldsymbol{k}=2\cdot2^2=\mathbf{8}$

◀このとき，方程式に $k=8$ を代入すると
$x^2-6x+8=0$
$(x-2)(x-4)=0$
よって $x=2$, 4

(2) 2 つの解は α, α^2 と表すことができる。

解と係数の関係から $\alpha+\alpha^2=6$, $\alpha\cdot\alpha^2=k$

すなわち $\alpha^2+\alpha-6=0$ ……①, $\alpha^3=k$ ……②

①から　$(\alpha-2)(\alpha+3)=0$　よって　$\alpha=2,\ -3$

②から　$\alpha=2$ のとき　$k=8$,　$\alpha=-3$ のとき　$k=-27$

したがって　$\boldsymbol{k=8,\ -27}$

例 20 ➡本冊 p. 64

(1)　$2x^2-3x+2=0$ を解くと

$$x=\frac{-(-3)\pm\sqrt{(-3)^2-4\cdot2\cdot2}}{2\cdot2}=\frac{3\pm\sqrt{7}\,i}{4}$$

よって　$2x^2-3x+2=\boldsymbol{2\left(x-\frac{3+\sqrt{7}\,i}{4}\right)\left(x-\frac{3-\sqrt{7}\,i}{4}\right)}$

◀2を忘れるな！

(2)　$x^4+2x^2-8=(x^2)^2+2x^2-8=(x^2-2)(x^2+4)$

◀有理数の範囲の因数分解。

$x^2-2=0$ を解くと　$x=\pm\sqrt{2}$

$x^2+4=0$ を解くと　$x=\pm2i$

よって　$x^4+2x^2-8=\boldsymbol{(x+\sqrt{2})(x-\sqrt{2})(x+2i)(x-2i)}$

(3)　$x^4-x^2+1=(x^2+1)^2-3x^2=(x^2+1)^2-(\sqrt{3}\,x)^2$

$=(x^2+\sqrt{3}\,x+1)(x^2-\sqrt{3}\,x+1)$

◀実数の範囲の因数分解。

$x^2+\sqrt{3}\,x+1=0$ を解くと　$x=\frac{-\sqrt{3}\pm i}{2}$

$x^2-\sqrt{3}\,x+1=0$ を解くと　$x=\frac{\sqrt{3}\pm i}{2}$

したがって

x^4-x^2+1

$=\left(x-\frac{-\sqrt{3}+i}{2}\right)\left(x-\frac{-\sqrt{3}-i}{2}\right)\left(x-\frac{\sqrt{3}+i}{2}\right)\left(x-\frac{\sqrt{3}-i}{2}\right)$

$=\boldsymbol{\frac{1}{16}(2x+\sqrt{3}-i)(2x+\sqrt{3}+i)(2x-\sqrt{3}-i)(2x-\sqrt{3}+i)}$

例 21 ➡本冊 p. 74

(1)　$P(x)=x^3-4x^2+x-7$ とする。

求める余りは，剰余の定理により

$P(-2)=(-2)^3-4\cdot(-2)^2+(-2)-7=\boldsymbol{-33}$

◀**剰余の定理。**
多項式 $P(x)$ を $x-k$ で割ったときの余りは
$P(k)$
$ax+b$ で割ったときの余りは　$P\left(-\frac{b}{a}\right)$

(2)　$P(x)=x^4-2x^3-10x+9$ とする。

求める余りは，剰余の定理により

$P(3)=3^4-2\cdot3^3-10\cdot3+9=\boldsymbol{6}$

(3)　$P(x)=8x^3-4x^2+5x-2$ とする。

求める余りは，剰余の定理により

$$P\left(\frac{3}{2}\right)=8\cdot\left(\frac{3}{2}\right)^3-4\cdot\left(\frac{3}{2}\right)^2+5\cdot\frac{3}{2}-2$$

$$=27-9+\frac{15}{2}-2=\boldsymbol{\frac{47}{2}}$$

◀$2x-3=0$ とすると
$x=\frac{3}{2}$

例 22 ➡本冊 p. 74

(1)

1	5	−4	3	|−1
	−1	−4	8	
1	4	−8	11	

よって　**商 x^2+4x-8，余り 11**

(2)

$$\begin{array}{rrrr|l} 8 & 22 & 13 & -4 & -\frac{1}{4} \\ & -2 & -5 & -2 & \\ \hline 8 & 20 & 8 & -6 & \end{array}$$

$$8x^3+22x^2+13x-4=\left(x+\frac{1}{4}\right)(8x^2+20x+8)-6$$
$$=(4x+1)(2x^2+5x+2)-6$$

よって　**商 $2x^2+5x+2$，余り -6**

◀$4x+1=4\left(x+\frac{1}{4}\right)$
まず，$x+\frac{1}{4}$ で割ったときの商と余りを求める。

例 23

➡本冊 p.74

(1) $P(x)$ は $x+1$ で割り切れるから　$P(-1)=0$

よって　$-1+a-b-6=0$

ゆえに　$a-b=7$　…… ①

$P(x)$ を $x-2$ で割ると 6 余るから　$P(2)=6$

よって　$8+4a+2b-6=6$

ゆえに　$2a+b=2$　…… ②

①，② を連立して解くと　**$a=3$，$b=-4$**

◀$x+1=0$ の解 $x=-1$ を代入する。

◀$x-2=0$ の解 $x=2$ を代入する。

(2) $P(x)$ は x^2-3x+2 すなわち $(x-1)(x-2)$ で割り切れるから

$P(1)=0$　かつ　$P(2)=0$

よって　$1+a+1+b=0$，$8+4a+2+b=0$

すなわち　$a+b=-2$，$4a+b=-10$

この連立方程式を解いて　**$a=-\frac{8}{3}$，$b=\frac{2}{3}$**

◀$x^2-3x+2=0$ の解 $x=1$，2 を代入する。

例 24

➡本冊 p.83

(1) $x^2=X$ とおくと　$X^2-X-12=0$

左辺を因数分解して　$(X+3)(X-4)=0$

すなわち　$(x^2+3)(x^2-4)=0$

よって　$x^2+3=0$　または　$x^2-4=0$

$x^2+3=0$ から　$x=\pm\sqrt{3}\,i$

$x^2-4=0$ から　$x=\pm 2$

したがって　**$x=\pm\sqrt{3}\,i$，± 2**

◀ 2 次方程式に帰着。

◀Xをもとに戻す。

◀$x=\pm\sqrt{-3}=\pm\sqrt{3}\,i$

(2) $x^2+4x=X$ とおくと　$(X+7)(X-2)+8=0$

左辺を展開して整理すると　$X^2+5X-6=0$

よって　$(X-1)(X+6)=0$

すなわち　$(x^2+4x-1)(x^2+4x+6)=0$

ゆえに　$x^2+4x-1=0$　または　$x^2+4x+6=0$

$x^2+4x-1=0$ から　$x=-2\pm\sqrt{5}$

$x^2+4x+6=0$ から　$x=-2\pm\sqrt{2}\,i$

したがって　**$x=-2\pm\sqrt{5}$，$-2\pm\sqrt{2}\,i$**

◀解の公式を利用。

(3) $x^4+x^2+4=(x^2+2)^2-3x^2$

$=(x^2+\sqrt{3}\,x+2)(x^2-\sqrt{3}\,x+2)$

よって，方程式は　$(x^2+\sqrt{3}\,x+2)(x^2-\sqrt{3}\,x+2)=0$

ゆえに　$x^2+\sqrt{3}\,x+2=0$　または　$x^2-\sqrt{3}\,x+2=0$

◀$3x^2=(\sqrt{3}\,x)^2$

◀$a^2-b^2=(a+b)(a-b)$ を利用。

$x^2+\sqrt{3}\,x+2=0$ から　　$x=\dfrac{-\sqrt{3}\pm\sqrt{5}\,i}{2}$

$x^2-\sqrt{3}\,x+2=0$ から　　$x=\dfrac{\sqrt{3}\pm\sqrt{5}\,i}{2}$

したがって　　$\boldsymbol{x=\dfrac{-\sqrt{3}\pm\sqrt{5}\,i}{2},\ \dfrac{\sqrt{3}\pm\sqrt{5}\,i}{2}}$

例 25

➡ 本冊 p. 83

(1)　$P(x)=x^3-3x^2-9x-5$ とすると

$$P(-1)=-1-3+9-5=0$$

よって，$P(x)$ は $x+1$ を因数にもつ。

ゆえに　　$P(x)=(x+1)(x^2-4x-5)$

$$=(x+1)(x+1)(x-5)$$

$$=(x+1)^2(x-5)$$

$P(x)=0$ から　　$x+1=0$　または　$x-5=0$

したがって　　$\boldsymbol{x=-1,\ 5}$

◀定数項 -5 の約数 ±1，±5 を考える。

◀組立除法。

1	−3	−9	−5	|−1
	−1	4	5	
1	−4	−5	0	

◀$x=-1$ は 2 重解。

(2)　$P(x)=x^4-4x^2-12x-9$ とすると

$$P(-1)=1-4+12-9=0$$

よって，$P(x)$ は $x+1$ を因数にもつ。

ゆえに　　$P(x)=(x+1)(x^3-x^2-3x-9)$

$Q(x)=x^3-x^2-3x-9$ とすると

$$Q(3)=27-9-9-9=0$$

よって，$Q(x)$ は $x-3$ を因数にもつ。

ゆえに　　$Q(x)=(x-3)(x^2+2x+3)$

よって　　$P(x)=(x+1)(x-3)(x^2+2x+3)$

$P(x)=0$ から

$x+1=0$　または　$x-3=0$　または　$x^2+2x+3=0$

したがって　　$\boldsymbol{x=-1,\ 3,\ -1\pm\sqrt{2}\,i}$

◀定数項 -9 の約数 ±1，±3，±9 を考える。

◀組立除法。

1	0	−4	−12	−9	|−1
	−1	1	3	9	
1	−1	−3	−9	0	

◀組立除法。

1	−1	−3	−9	|3
	3	6	9	
1	2	3	0	

◀$x^2+2x+3=0$ から $x=-1\pm\sqrt{2}\,i$

注意　上の(1)のように，多項式 $P(x)$ が $(x-\alpha)^2$ を因数にもつとき，方程式 $P(x)=0$ の解 α を **2 重解** といい，$P(x)$ が $(x-\alpha)^3$ を因数にもつとき，方程式 $P(x)=0$ の解 α を **3 重解** という。

例 26

➡ 本冊 p. 84

$\omega^3=1$ であるから　　$\omega^3-1=0$

すなわち　　$(\omega-1)(\omega^2+\omega+1)=0$

$\omega-1\neq0$ であるから　　$\omega^2+\omega+1=0$

したがって　　$\omega^2+\omega={}^{ア}\boldsymbol{-1}$

また　　$\omega^{10}+\omega^5=(\omega^3)^3\cdot\omega+\omega^3\cdot\omega^2=\omega+\omega^2={}^{イ}\boldsymbol{-1}$

$$\frac{1}{\omega^{10}}+\frac{1}{\omega^5}+1=\frac{1}{(\omega^3)^3\cdot\omega}+\frac{1}{\omega^3\cdot\omega^2}+1$$

$$=\frac{1}{\omega}+\frac{1}{\omega^2}+1=\frac{\omega^2+\omega+1}{\omega^2}={}^{ウ}\boldsymbol{0}$$

$$(\omega^2+5\omega)^2+(5\omega^2+\omega)^2=26\omega^4+20\omega^3+26\omega^2$$

$$=26\omega^2(\omega^2+\omega+1)-6\omega^3$$

$$={}^{エ}\boldsymbol{-6}$$

◀ω は 1 の 3 乗根。

◀ω は虚数。

◀$\omega^3=1$ を用いて，次数を下げる。

◀$\dfrac{1}{\omega}+\dfrac{1}{\omega^2}=\dfrac{\omega^3}{\omega}+\dfrac{\omega^3}{\omega^2}=\omega^2+\omega$ としてもよい。

◀$26\omega^2\cdot0-6\cdot1$

例 27 ➡本冊 p. 84

1と3が解であるから

$$1+a-21+b=0,\quad 27+9a-63+b=0$$

整理すると　$a+b=20,\quad 9a+b=36$

連立して解くと　$\boldsymbol{a=2,\ b=18}$

よって，方程式は　$x^3+2x^2-21x+18=0$

この方程式の左辺は $(x-1)(x-3)$ で割り切れるから，左辺を因数分解すると　$(x-1)(x-3)(x+6)=0$

ゆえに　$x=1,\ 3,\ -6$

したがって　$\boldsymbol{c=-6}$

◀1，3が解 ⟶ $x=1,\ 3$ を方程式に代入すると成り立つ。

◀$x^3+2x^2-21x+18=(x-1)(x-3)(x+k)$ 定数項を比較すると，$18=3k$ から　$k=6$ こうすると早い。

別解　1，3，c が方程式 $x^3+ax^2-21x+b=0$ の解であるから，左辺は $x-1$，$x-3$，$x-c$ を因数にもつ。

よって，次の恒等式が成り立つ。

$$x^3+ax^2-21x+b=(x-1)(x-3)(x-c)$$

右辺を展開して整理すると

$$x^3+ax^2-21x+b=x^3-(c+4)x^2+(4c+3)x-3c$$

両辺の係数を比較して

$$a=-c-4,\quad -21=4c+3,\quad b=-3c$$

連立して解くと　$\boldsymbol{a=2,\ b=18,\ c=-6}$

◀x^3 の係数は1

練習 18 ➡ 本冊 p. 57

(1) $z=x+yi$ (x, y は実数) とすると

$$z^2=(x+yi)^2=x^2-y^2+2xyi$$

$z^2=3+4i$ から　$x^2-y^2+2xyi=3+4i$

x, y は実数であるから, x^2-y^2, $2xy$ は実数である。

よって　$x^2-y^2=3$ …… ①,　$2xy=4$ …… ②

◀複素数の相等。

② から, $x \neq 0$ であり　$y=\dfrac{2}{x}$ …… ③

◀② から　$xy=2$
両辺を 2 乗して
$x^2y^2=4$ …… ②′
①, ②′ から y^2 を消去して　$x^2(x^2-3)=4$
$x^4-3x^2-4=0$
としてもよい。

③ を ① に代入して　$x^2-\dfrac{4}{x^2}=3$

両辺に x^2 を掛けて整理すると　$x^4-3x^2-4=0$

ゆえに　$(x^2+1)(x^2-4)=0$

$x^2+1>0$ であるから, $x^2-4=0$ より　$x=\pm 2$

③ から　$(x, y)=(2, 1), (-2, -1)$

したがって　$\boldsymbol{z=2+i, -2-i}$

(2) $z=x+yi$ (x, y は実数) とすると

$$z^3=(x+yi)^3=x^3+3x^2\cdot yi+3x(yi)^2+(yi)^3$$
$$=x^3+3x^2yi-3xy^2-y^3i$$
$$=x(x^2-3y^2)+y(3x^2-y^2)i$$

◀$i^2=-1$,
$i^3=i^2\cdot i=-i$

$z^3=i$ から　$x(x^2-3y^2)+y(3x^2-y^2)i=i$

x, y は実数であるから, $x(x^2-3y^2)$, $y(3x^2-y^2)$ は実数である。

よって　$x(x^2-3y^2)=0$ …… ①, $y(3x^2-y^2)=1$ …… ②

◀複素数の相等。

[1] $x=0$ のとき

① は常に成り立ち, ② は $-y^3=1$ となる。

ゆえに　$y^3+1=0$

左辺を因数分解して　$(y+1)(y^2-y+1)=0$

$y^2-y+1=\left(y-\dfrac{1}{2}\right)^2+\dfrac{3}{4}>0$ であるから　$y+1=0$

したがって　$y=-1$　　よって　$z=-i$

◀ 3 次方程式は, 後の単元で学習するが, 2 次方程式と同様に, 左辺を因数分解し　$\boldsymbol{AB=0}$
$\iff$ $\boldsymbol{A=0}$ または $\boldsymbol{B=0}$
を利用して解くことができる。

[2] $x \neq 0$ のとき

① から　$x^2-3y^2=0$　　ゆえに　$x^2=3y^2$ …… ③

これを ② に代入して　$8y^3=1$　すなわち　$8y^3-1=0$

左辺を因数分解して　$(2y-1)(4y^2+2y+1)=0$

$4y^2+2y+1=\left(2y+\dfrac{1}{2}\right)^2+\dfrac{3}{4}>0$ であるから　$2y-1=0$

◀判別式を D として
$\dfrac{D}{4}=1^2-4\cdot 1<0$ から,
$4y^2+2y+1=0$ は実数解をもたないとしてもよい。

したがって　$y=\dfrac{1}{2}$ …… ④

④ を ③ に代入して　$x^2=\dfrac{3}{4}$　すなわち　$x=\pm\dfrac{\sqrt{3}}{2}$

以上から　$\boldsymbol{z=-i, \pm\dfrac{\sqrt{3}}{2}+\dfrac{1}{2}i}$

練習 19 ➡ 本冊 p. 60

(1) $ax^2-5x+a=0$, $x^2-2ax+a+6=0$ の判別式をそれぞれ D_1, D_2 とすると

$$D_1=(-5)^2-4a^2=-(4a^2-25)=-(2a+5)(2a-5)$$

$$\frac{D_2}{4}=(-a)^2-1\cdot(a+6)=a^2-a-6=(a+2)(a-3)$$

(ア)　2つの方程式がともに実数解をもつための条件は

$D_1\geqq 0$　かつ　$D_2\geqq 0$

ゆえに　$-(2a+5)(2a-5)\geqq 0$　かつ　$(a+2)(a-3)\geqq 0$

よって　$-\frac{5}{2}\leqq a<0,\ 0<a\leqq\frac{5}{2}$　…… ①

◀ $a\neq 0$

かつ　$a\leqq -2,\ 3\leqq a$　…… ②

①，② の共通範囲を求めて

$$\boldsymbol{-\frac{5}{2}\leqq a\leqq -2}$$

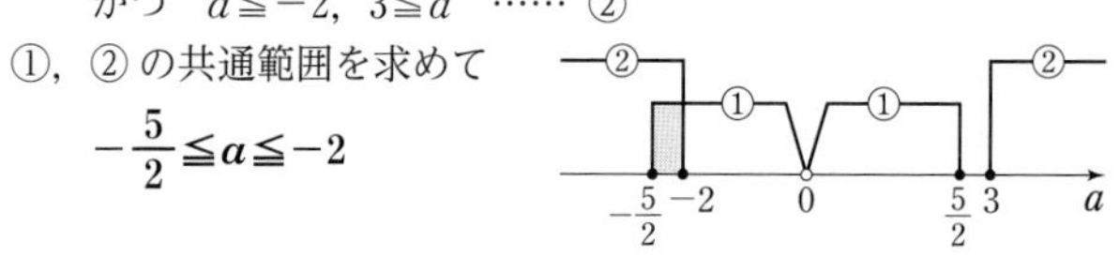

◀「かつ」であるから，共通範囲を求める。

(イ)　$D_1<0$ から　$a<-\frac{5}{2},\ \frac{5}{2}<a$　…… ③

$D_2<0$ から　$-2<a<0,\ 0<a<3$　…… ④

◀ $a\neq 0$

2つの方程式の一方だけが虚数解をもつための条件は，③ と ④ の一方だけが成り立つことであるから

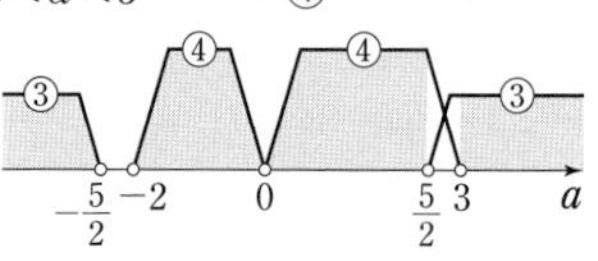

$$\boldsymbol{a<-\frac{5}{2},\ -2<a<0,\ 0<a\leqq\frac{5}{2},\ 3\leqq a}$$

◀ $a=\frac{5}{2}$ は ④ だけが成り立つから解に含まれる。$a=3$ は ③ だけが成り立つから解に含まれる。

(2)　3つの方程式の判別式を順に D_1，D_2，D_3 とする。
それぞれが虚数解をもつような a の値の範囲は

$\frac{D_1}{4}=(-a)^2-1=a^2-1<0$ から　$-1<a<1$　…… ①

$\frac{D_2}{4}=(-a)^2-1\cdot 2a=a^2-2a<0$ から　$0<a<2$　…… ②

$\frac{D_3}{4}=(4a)^2-4(8a-3)=4(4a^2-8a+3)$

$=4(2a-1)(2a-3)<0$ から　$\frac{1}{2}<a<\frac{3}{2}$　…… ③

◀
$$\begin{array}{ccc} 2 & -1 \longrightarrow & -2 \\ 2 & -3 \longrightarrow & -6 \\ \hline 4 & 3 & -8 \end{array}$$

求める a の値の範囲は，①，②，③ の1つだけが成り立つ範囲で，図から

$$\boldsymbol{-1<a\leqq 0,\ \frac{3}{2}\leqq a<2}$$

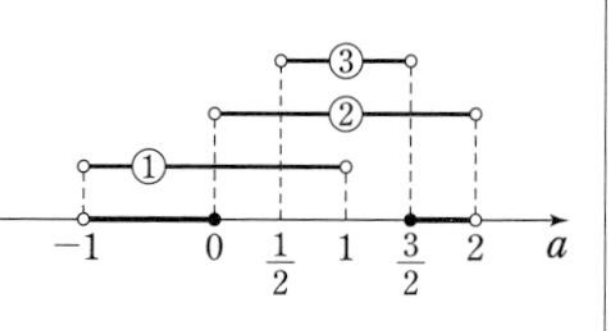

練習 20　➡ 本冊 p. 61

方程式の実数解を $x=\alpha$ とすると

$$(i+1)\alpha^2+(k+i)\alpha+ki+1=0$$

i について整理すると　$(\alpha^2+k\alpha+1)+(\alpha^2+\alpha+k)i=0$

◀ $A+Bi=0$ の形に整理。

k，α は実数であるから，$\alpha^2+k\alpha+1$，$\alpha^2+\alpha+k$ は実数である。

よって　$\alpha^2+k\alpha+1=0$　…… ①，　$\alpha^2+\alpha+k=0$　…… ②

◀複素数の相等。

①−② から　$(k-1)\alpha+1-k=0$　ゆえに　$(k-1)(\alpha-1)=0$

◀ α^2 を消去。

よって　$k=1$　または　$\alpha=1$

[1]　$k=1$ のとき

①，② はともに $\alpha^2+\alpha+1=0$ となる。

これを満たす α は虚数解となるから，条件に適さない。

◀ $D=1^2-4\cdot1\cdot1$
$=-3<0$

[2]　$\alpha=1$ のとき

① から　　$1^2+k\cdot1+1=0$　　　ゆえに　　$k=-2$

この値は ② も満たすから，条件に適する。

以上から，求める k の値は　　$\boldsymbol{k=-2}$

練習 21

➡ 本冊 p. 65

(1)　解と係数の関係から　　$\alpha+\beta=2,\ \alpha\beta=\dfrac{1}{2}$

CHART まず，解と係数の関係を書き出す

よって　　$\left(\alpha-\dfrac{1}{\alpha}\right)+\left(\beta-\dfrac{1}{\beta}\right)=\alpha+\beta-\left(\dfrac{1}{\alpha}+\dfrac{1}{\beta}\right)$

$$=(\alpha+\beta)-\frac{\alpha+\beta}{\alpha\beta}=2-4=-2$$

◀ 2 数の和。

$$\left(\alpha-\frac{1}{\alpha}\right)\left(\beta-\frac{1}{\beta}\right)=\alpha\beta-\left(\frac{\alpha}{\beta}+\frac{\beta}{\alpha}\right)+\frac{1}{\alpha\beta}$$

◀ 2 数の積。

$$=\alpha\beta-\frac{\alpha^2+\beta^2}{\alpha\beta}+\frac{1}{\alpha\beta}$$

$$=\alpha\beta-\frac{(\alpha+\beta)^2-2\alpha\beta}{\alpha\beta}+\frac{1}{\alpha\beta}$$

$$=\frac{1}{2}-6+2=-\frac{7}{2}$$

したがって，求める 2 次方程式の 1 つは

$x^2-(-2)x-\dfrac{7}{2}=0$　すなわち　$\boldsymbol{2x^2+4x-7=0}$

◀ $x^2-(\text{和})x+(\text{積})=0$

(2)　$x^2+px+q=0$ において，解と係数の関係から

CHART まず，解と係数の関係を書き出す

$\alpha+\beta=-p,\ \alpha\beta=q$　　　…… ①

$x^2+qx+p=0$ において，解と係数の関係から

$\alpha(\beta-2)+\beta(\alpha-2)=-q$　　…… ②

$\alpha(\beta-2)\cdot\beta(\alpha-2)=p$　　…… ③

② から　　$2\alpha\beta-2(\alpha+\beta)=-q$

よって，① から　　$2q+2p=-q$

ゆえに　　　　　$2p+3q=0$　　…… ④

③ から　　$\alpha\beta\{\alpha\beta-2(\alpha+\beta)+4\}=p$

よって，① から　　$q(q+2p+4)=p$　…… ⑤

④ から　　$p=-\dfrac{3}{2}q$　…… ⑥

⑥ を ⑤ に代入して整理すると

◀ $q(q-3q+4)=-\dfrac{3}{2}q$

$4q^2-11q=0$　すなわち　$q(4q-11)=0$

これを解くと　　$q=0,\ \dfrac{11}{4}$

$q=0$ のとき，⑥ から　　$p=0$

このとき，$\alpha=0,\ \beta=0$ となり，$\alpha,\ \beta$ が異なることに反する。

◀ 条件の確認を忘れずに。

$q=\dfrac{11}{4}$ のとき，⑥ から　　$p=-\dfrac{33}{8}$

このとき，$x^2+px+q=0$ の判別式をDとすると，

$D=p^2-4q=\left(-\frac{33}{8}\right)^2-11>0$ であるから，α，β は異なる。

以上から，求める p，q の値は　　$\boldsymbol{p=-\frac{33}{8}}$，$\boldsymbol{q=\frac{11}{4}}$

練習 22 ➡本冊 p. 66

(1)　$P=3x^2+y^2+4xy-7x-y-6$ とすると

$$P=3x^2+(4y-7)x+y^2-y-6$$

◀ y を定数と考えて，x について整理。

$P=0$ を x についての 2 次方程式と考えて，その解を求めると

$$x=\frac{-(4y-7)\pm\sqrt{(4y-7)^2-4\cdot3(y^2-y-6)}}{2\cdot3}$$

$$=\frac{-4y+7\pm\sqrt{4y^2-44y+121}}{6}$$

$$=\frac{-4y+7\pm\sqrt{(2y-11)^2}}{6}=\frac{-4y+7\pm(2y-11)}{6}$$

◀ $\sqrt{(2y-11)^2}=|2y-11|$ $=\pm(2y-11)$

参考　たすき掛けなら

$$\begin{array}{ccc} 1 & y-3 \longrightarrow & 3y-9 \\ 3 & y+2 \longrightarrow & y+2 \\ \hline & & 4y-7 \end{array}$$

よって　　$x=-y+3,\ -\frac{y+2}{3}$

したがって　　$P=3\{x-(-y+3)\}\left\{x-\left(-\frac{y+2}{3}\right)\right\}$

$$=\boldsymbol{(x+y-3)(3x+y+2)}$$

(2)　(ア)　$P=x^2+xy-6y^2-x+7y+k$ とすると

$$P=x^2+(y-1)x-(6y^2-7y-k)$$

◀ y を定数と考えて，x について整理。

$P=0$ を x についての 2 次方程式と考えて，その解の根号内

$$(y-1)^2+4(6y^2-7y-k)=25y^2-30y+1-4k$$

が完全平方式であればよい。

◀根号内が y の完全平方式 $\Longleftrightarrow$ $=0$ とおいた方程式の解が y の 1 次式 $\Longleftrightarrow$ 2 つの 1 次式の積に因数分解される。

よって，$25y^2-30y+1-4k=0$ の判別式をDとすると

$$D=0$$

$\frac{D}{4}=(-15)^2-25(1-4k)=5^2\{3^2-(1-4k)\}=25\cdot4(k+2)$ から

$k+2=0$　　　ゆえに　　$\boldsymbol{k=-2}$

このとき，$P=0$ の解は

$$x=\frac{-(y-1)\pm\sqrt{25y^2-30y+9}}{2\cdot1}=\frac{1-y\pm(5y-3)}{2}$$

◀ $\sqrt{25y^2-30y+9}$ $=\sqrt{(5y-3)^2}=|5y-3|$ $=\pm(5y-3)$

すなわち　　$x=2y-1,\ -3y+2$

したがって　　$P=\{x-(2y-1)\}\{x-(-3y+2)\}$

$$=\boldsymbol{(x-2y+1)(x+3y-2)}$$

(イ)　$P=2x^2-xy-3y^2+5x-5y+k$ とすると

$$P=2x^2-(y-5)x-(3y^2+5y-k)$$

◀ y を定数と考えて，x について整理。

$P=0$ を x についての 2 次方程式と考えて，その解の根号内

$$(y-5)^2+4\cdot2(3y^2+5y-k)=25y^2+30y+25-8k$$

が完全平方式であればよい。

よって，$25y^2+30y+25-8k=0$ の判別式をDとすると

$$D=0$$

$\frac{D}{4}=15^2-25(25-8k)=5^2\{3^2-(25-8k)\}=25\cdot8(k-2)$ から

$k-2=0$　　　ゆえに　　$\boldsymbol{k=2}$

このとき，$P=0$ の解は

$$x=\frac{-\{-(y-5)\}\pm\sqrt{25y^2+30y+9}}{2\cdot2}=\frac{y-5\pm(5y+3)}{4}$$

◀ $\sqrt{25y^2+30y+9}$
$=\sqrt{(5y+3)^2}=|5y+3|$
$=\pm(5y+3)$

すなわち　　$x=\dfrac{3y-1}{2}$，$-y-2$

したがって　　$P=2\left(x-\dfrac{3y-1}{2}\right)\{x-(-y-2)\}$

◀ 2 を忘れるな！

$\boldsymbol{=(2x-3y+1)(x+y+2)}$

練習 23 ➡ 本冊 p.67

(1) $(x-a)(x-b)-2x+1=0$ の解が α，β であるから

$$(x-a)(x-b)-2x+1=(x-\alpha)(x-\beta)$$

が成り立つ。

よって　　$(x-a)(x-b)=(x-\alpha)(x-\beta)+2x-1$

◀ (左辺)$=0$ の解と(右辺)$=0$ の解は一致する。

したがって，$(x-\alpha)(x-\beta)+2x-1=0$ の解は　　$\boldsymbol{x=a,\ b}$

(2) $(x-1)(x-2)+(x-2)x+x(x-1)=0$ の解が α，β であるから

$$(x-1)(x-2)+(x-2)x+x(x-1)=3(x-\alpha)(x-\beta)$$

◀ 与えられた方程式の左辺の 2 次の項の係数が 3 であることに注意。

が成り立つ。

$x=0$，1，2 を代入すると，それぞれ

$$2=3\alpha\beta,\quad -1=3(1-\alpha)(1-\beta),\quad 2=3(2-\alpha)(2-\beta)$$

よって

$$\alpha\beta=\frac{2}{3},\quad (\alpha-1)(\beta-1)=-\frac{1}{3},\quad (\alpha-2)(\beta-2)=\frac{2}{3}$$

したがって，求める式の値は　　$\dfrac{3}{2}-3+\dfrac{3}{2}=\boldsymbol{0}$

練習 24 ➡ 本冊 p.68

(1) 整数の解を α，他の解を β とすると，解と係数の関係から

◀ 2 つの解がともに整数であると決めつけてはいけない。

$$\alpha+\beta=-(2m+5)\quad \cdots\cdots ①$$
$$\alpha\beta=m+3\quad \cdots\cdots ②$$

α，m は整数であるから，① により β も整数となる。

以下，$\alpha\leqq\beta$ として考える。

◀ α，β はともに整数であるから，$\alpha\leqq\beta$ としても一般性を失わない。

②×2+① から　　$2\alpha\beta+\alpha+\beta=1$

両辺を 2 倍して　　$4\alpha\beta+2\alpha+2\beta=2$

よって　　$(2\alpha+1)(2\beta+1)=3$

◀ $2\alpha(2\beta+1)+2\beta+1$
$=2+1$

$\alpha\leqq\beta$ より $2\alpha+1\leqq2\beta+1$ であり，$2\alpha+1$，$2\beta+1$ は整数であるから　　$(2\alpha+1,\ 2\beta+1)=(1,\ 3),\ (-3,\ -1)$

よって　　$(\alpha,\ \beta)=(0,\ 1),\ (-2,\ -1)$

このとき，② から　　$\boldsymbol{m=-3,\ -1}$

◀ $m=\alpha\beta-3$

(2) 2 次方程式 $x^2-x-m=0$ の 2 つの整数の解を α，β $(\alpha\leqq\beta)$ とする。解と係数の関係から

$$\alpha+\beta=1\quad \cdots\cdots ①,\qquad \alpha\beta=-m\quad \cdots\cdots ②$$

m は自然数であるから　　$\alpha\beta<0$

よって，α と β は異符号であり，$\alpha<0$，$\beta>0$ である。

◀ $\alpha\leqq\beta$ の仮定から。

① から　　$\alpha=1-\beta\quad \cdots\cdots ③$

$\alpha<0$ から　　$1-\beta<0$　　　　ゆえに　　$\beta>1$

◀ β は 2 以上の自然数。

③ を ② に代入すると　$(1-\beta)\beta=-m$

よって　$m=(\beta-1)\beta$　($\beta=2,\ 3,\ 4,\ \cdots\cdots$)

したがって，m がとりうる値は

$1\cdot2,\ 2\cdot3,\ 3\cdot4,\ \cdots\cdots,\ 9\cdot10\ (=90),\ 10\cdot11\ (=110),\ \cdots\cdots$

のうちの 100 以下の値で，全部で **9** 個ある。

◀$1\leqq m\leqq100$

練習 25 ➡ 本冊 p. 70

2 次方程式 $x^2+2(k+1)x+2k^2+5k-3=0$ の 2 つの解を α，β とし，判別式を D とする。

$$\frac{D}{4}=(k+1)^2-(2k^2+5k-3)=-k^2-3k+4$$
$$=-(k^2+3k-4)=-(k+4)(k-1)$$

解と係数の関係から　$\alpha+\beta=-2(k+1)$，$\alpha\beta=2k^2+5k-3$

(1)　$\alpha\neq\beta$，$\alpha>0$，$\beta>0$ であるための条件は

$D>0$　かつ　$\alpha+\beta>0$　かつ　$\alpha\beta>0$

$D>0$ から　$-(k+4)(k-1)>0$

よって　$-4<k<1$　…… ①

$\alpha+\beta>0$ から　$-2(k+1)>0$

よって　$k<-1$　…… ②

$\alpha\beta>0$ から　$2k^2+5k-3>0$

$(k+3)(2k-1)>0$ を解いて

$k<-3,\ \frac{1}{2}<k$　…… ③

①，②，③ の共通範囲を求めて

$\boldsymbol{-4<k<-3}$

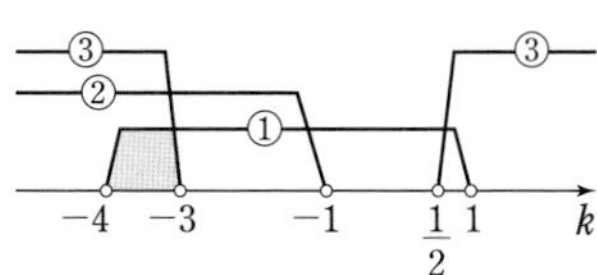

(2)　$\alpha\neq\beta$，$\alpha<0$，$\beta<0$ であるための条件は

$D>0$　かつ　$\alpha+\beta<0$　かつ　$\alpha\beta>0$

$\alpha+\beta<0$ から　$-2(k+1)<0$

よって　$k>-1$　…… ②′

①，②′，③ の共通範囲を求めて

$\boldsymbol{\frac{1}{2}<k<1}$

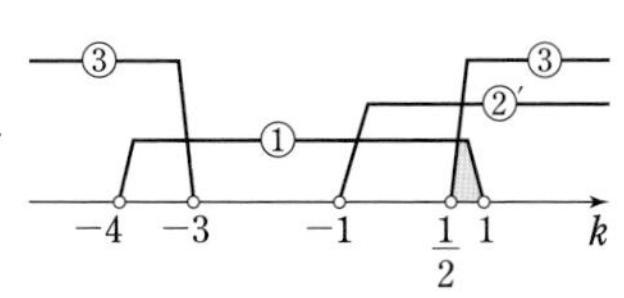

(3)　正の解と負の解をもつための条件は　$\alpha\beta<0$

よって，$(k+3)(2k-1)<0$ から　$\boldsymbol{-3<k<\frac{1}{2}}$

◀$D\geqq0$ ではない。$\alpha\neq\beta$ であるから，$D>0$ である。

別解　**グラフ利用**

$f(x)=x^2+2(k+1)x+2k^2+5k-3$ とする。

(1)　$D>0$ から
$-(k+4)(k-1)>0$
軸について
$x=-(k+1)>0$
$f(0)>0$ から
$2k^2+5k-3>0$

(2)　軸の条件が，$x=-(k+1)<0$ となる以外は (1) と同じ。

(3)　$f(0)<0$ から
$2k^2+5k-3<0$

練習 26 ➡ 本冊 p. 71

2 次方程式 $x^2-mx+2m+5=0$ の 2 つの解を α，β とし，判別式を D とする。

$$D=(-m)^2-4(2m+5)=m^2-8m-20=(m+2)(m-10)$$

解と係数の関係から　$\alpha+\beta=m$，$\alpha\beta=2m+5$

(1)　1 つの解が 4 より大きく，他の解が 4 より小さいための条件は

$(\alpha-4)(\beta-4)<0$　すなわち　$\alpha\beta-4(\alpha+\beta)+16<0$

ゆえに　$2m+5-4m+16<0$　　よって　$-2m+21<0$

したがって　$\boldsymbol{m>\frac{21}{2}}$

別解　**グラフ利用**

$f(x)=x^2-mx+2m+5$ とする。

(1)　$f(4)<0$ から
$4^2-4m+2m+5<0$
これを解いて　$m>\frac{21}{2}$

(2) 異なる 2 つの解がともに 4 より大きいための条件は

$D>0$ かつ $(\alpha-4)+(\beta-4)>0$ かつ $(\alpha-4)(\beta-4)>0$

$D>0$ から $(m+2)(m-10)>0$

よって $m<-2,\ 10<m$ …… ①

$(\alpha-4)+(\beta-4)>0$ から $\alpha+\beta-8>0$

ゆえに $m-8>0$ よって $m>8$ …… ②

$(\alpha-4)(\beta-4)>0$ から $m<\dfrac{21}{2}$ …… ③

①，②，③ の共通範囲を求めて

$$\boldsymbol{10<m<\frac{21}{2}}$$

(2) $D>0$ から
$(m+2)(m-10)>0$
軸について $x=\dfrac{m}{2}>4$
$f(4)=-2m+21>0$

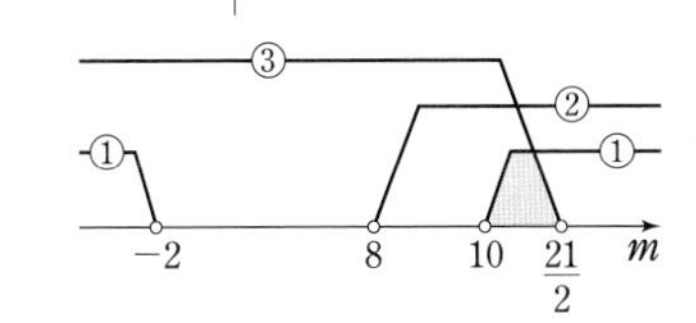

練習 27 ➡本冊 p. 72

$x^2+2ax+k=0$ …… ①，$x^2+2ax+a-1=0$ …… ② とし，

2 次方程式 ①，② の判別式をそれぞれ D_1，D_2 とする。

$$\frac{D_1}{4}=a^2-k,\qquad \frac{D_2}{4}=a^2-(a-1)=a^2-a+1$$

$a^2-a+1=\left(a-\dfrac{1}{2}\right)^2+\dfrac{3}{4}>0$ であるから，常に $D_2>0$ である。

よって，② は a の値に関係なく，異なる 2 つの実数解をもつ。

また，① が実数解をもつための必要十分条件は $D_1\geqq 0$

したがって $a^2-k\geqq 0$ すなわち $k\leqq a^2$ …… ③

① の解を α，β とし，$f(x)=x^2+2ax+a-1$ とする。

α，β が ② の 2 つの解の間にあるための条件は，③ の条件のもとで $f(\alpha)<0$，$f(\beta)<0$

① より $\alpha^2+2a\alpha+k=0$ であるから

$$f(\alpha)=\alpha^2+2a\alpha+a-1=-k+a-1<0$$

よって $a-1<k$ …… ④

$f(\beta)<0$ からも同様にして ④ が得られる。

以上から，求める条件は，③，④ の共通範囲で $a-1<k\leqq a^2$

◀$f(x)$ は ② の左辺。

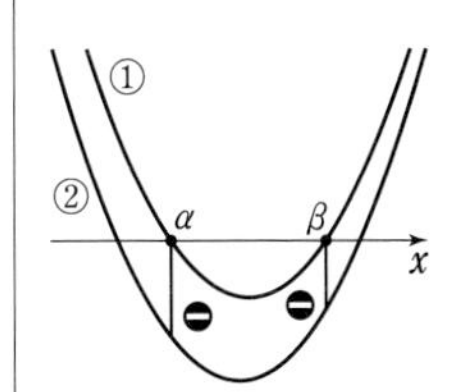

練習 28 ➡本冊 p. 75

(1) $P(x)=x^3-x^2-4$ とする。

$P(2)=8-4-4=0$ から，$P(x)$ は $x-2$ を因数にもつ。

よって $P(x)=\boldsymbol{(x-2)(x^2+x+2)}$

(2) $P(x)=x^3-7x-6$ とする。

$P(-1)=-1+7-6=0$ から，$P(x)$ は $x+1$ を因数にもつ。

よって $P(x)=(x+1)(x^2-x-6)=\boldsymbol{(x+1)(x+2)(x-3)}$

(3) $P(x)=x^4-4x+3$ とする。

$P(1)=1-4+3=0$ から，$P(x)$ は $x-1$ を因数にもつ。

よって $P(x)=(x-1)(x^3+x^2+x-3)$

$Q(x)=x^3+x^2+x-3$ とすると $Q(1)=1+1+1-3=0$

ゆえに，$Q(x)$ は $x-1$ を因数にもつ。

よって $Q(x)=(x-1)(x^2+2x+3)$

したがって $P(x)=\boldsymbol{(x-1)^2(x^2+2x+3)}$

1	−1	0	−4	⌊2
	2	2	4	
1	1	2	0	

1	0	−7	−6	⌊−1
	−1	1	6	
1	−1	−6	0	

1	0	0	−4	3	⌊1
	1	1	1	−3	
1	1	1	−3	0	

1	1	1	−3	⌊1
	1	2	3	
1	2	3	0	

(4) $P(x)=x^4-2x^3-x^2-4x-6$ とする。

$P(-1)=1+2-1+4-6=0$ から，$P(x)$ は $x+1$ を因数にもつ。

よって　$P(x)=(x+1)(x^3-3x^2+2x-6)$

$Q(x)=x^3-3x^2+2x-6$ とすると　$Q(3)=27-27+6-6=0$

ゆえに，$Q(x)$ は $x-3$ を因数にもつ。

よって　$Q(x)=(x-3)(x^2+2)$

したがって　$P(x)=\boldsymbol{(x+1)(x-3)(x^2+2)}$

1	−2	−1	−4	−6	−1
	−1	3	−2	6	
1	−3	2	−6	0	

1	−3	2	−6	3
	3	0	6	
1	0	2	0	

(5) $P(x)=12x^3-5x^2+1$ とする。

$P\left(-\frac{1}{3}\right)=-\frac{4}{9}-\frac{5}{9}+1=0$ から，$P(x)$ は $x+\frac{1}{3}$ を因数にもつ。

よって　$P(x)=\left(x+\frac{1}{3}\right)(12x^2-9x+3)$

$=\boldsymbol{(3x+1)(4x^2-3x+1)}$

◀$P(\pm1)\neq0$ であるから $P\left(\pm\frac{1}{2}\right)$，$P\left(\pm\frac{1}{3}\right)$ を確かめる。

12	−5	0	1	$-\frac{1}{3}$
	−4	3	−1	
12	−9	3	0	

(6) $P(x)=2x^4+x^3-4x^2+1$ とする。

$P(1)=2+1-4+1=0$ から，$P(x)$ は $x-1$ を因数にもつ。

よって　$P(x)=(x-1)(2x^3+3x^2-x-1)$

$Q(x)=2x^3+3x^2-x-1$ とすると

$$Q\left(-\frac{1}{2}\right)=-\frac{1}{4}+\frac{3}{4}+\frac{1}{2}-1=0$$

ゆえに，$Q(x)$ は $x+\frac{1}{2}$ を因数にもつ。

よって　$Q(x)=\left(x+\frac{1}{2}\right)(2x^2+2x-2)=(2x+1)(x^2+x-1)$

したがって　$P(x)=\boldsymbol{(x-1)(2x+1)(x^2+x-1)}$

2	1	−4	0	1	1
	2	3	−1	−1	
2	3	−1	−1	0	

◀代入の候補は ±1，$\pm\frac{1}{2}$

2	3	−1	−1	$-\frac{1}{2}$
	−1	−1	1	
2	2	−2	0	

練習 29

➡本冊 p. 76

$P(x)$ を $(x-1)(2x+1)$ で割ったときの商を $Q(x)$，余りを $ax+b$ とすると，次の等式が成り立つ。

$P(x)=(x-1)(2x+1)Q(x)+ax+b$　…… ①

$P(x)$ を $x-1$ で割ったときの余りが 3 であるから

$P(1)=3$　　よって　$a+b=3$　…… ②

また，$P(x)$ を $2x+1$ で割ったときの余りが 4 であるから

$P\left(-\frac{1}{2}\right)=4$　　よって　$-\frac{a}{2}+b=4$　…… ③

②，③ を連立して解くと　$a=-\frac{2}{3}$，$b=\frac{11}{3}$

したがって，求める余りは　$\boldsymbol{-\frac{2}{3}x+\frac{11}{3}}$

◀余り $ax+b$ は，$a\neq0$ ならば 1 次式，$a=0$ ならば定数となる。

◀① に $x=1$ を代入する。

◀① に $x=-\frac{1}{2}$ を代入する。

練習 30

➡本冊 p. 77

指針　$P(x)$ を 3 次式 $(x+1)^2(x-2)$ で割ったときの余りは 2 次以下であるから，余りを ax^2+bx+c とすると，等式 $P(x)=(x+1)^2(x-2)Q(x)+ax^2+bx+c$ …… (*) が成り立つ。
しかし，未知数は a, b, c の 3 つあるのに対し，等式 (*) の $Q(x)$ を消し去る $x=-1$, 2 を両辺に代入してできる方程式は 2 つなので，行き詰まってしまう。
そこで，等式 (*) における余り ax^2+bx+c を更に $(x+1)^2$ で割ったときの余りを考える。

$P(x)$ を $(x+1)^2(x-2)$ で割ったときの商を $Q(x)$，余りを $R(x)$ とすると，次の等式が成り立つ。

$$P(x)=(x+1)^2(x-2)Q(x)+R(x) \quad \cdots\cdots ①$$

[$R(x)$ は 2 次以下の多項式または定数]

$(x+1)^2(x-2)Q(x)$ は $(x+1)^2$ で割り切れるから，$P(x)$ を $(x+1)^2$ で割ったときの余りは，$R(x)$ を $(x+1)^2$ で割ったときの余りと等しい。よって，$R(x)$ は次のように表される。

◀$P(-1)$ は $P(x)$ を 1 次式 $x+1$ で割ったときの余りであって，2 次式 $(x+1)^2$ で割ったときの余りではない。

$$R(x)=a(x+1)^2+18x+9$$

したがって，等式 ① は，次のように表される。

$$P(x)=(x+1)^2(x-2)Q(x)+a(x+1)^2+18x+9$$

両辺に $x=2$ を代入して　　$P(2)=9a+45$

$P(x)$ を $x-2$ で割ったときの余りは 9 であるから　　$P(2)=9$

◀剰余の定理。

よって　　$9a+45=9$　すなわち　$a=-4$

したがって，求める余りは

$$-4(x+1)^2+18x+9=\mathbf{-4x^2+10x+5}$$

練習 31

➡ 本冊 p. 79

(1)　x^n-3^n を $(x-3)^2$ で割ったときの商を $Q(x)$，余りを $ax+b$ とすると，次の等式が成り立つ。

$$x^n-3^n=(x-3)^2Q(x)+ax+b \quad \cdots\cdots ①$$

両辺に $x=3$ を代入すると

$$0=3a+b \quad \text{すなわち} \quad b=-3a$$

これを ① に代入して

$$x^n-3^n=(x-3)^2Q(x)+ax-3a$$
$$=(x-3)\{(x-3)Q(x)+a\}$$

◀$(x-3)^2Q(x)+a(x-3)$

ここで，$x^n-3^n=(x-3)(x^{n-1}+x^{n-2}\cdot3+\cdots\cdots+x\cdot3^{n-2}+3^{n-1})$ であるから

$$x^{n-1}+x^{n-2}\cdot3+\cdots\cdots+x\cdot3^{n-2}+3^{n-1}=(x-3)Q(x)+a$$

この式の両辺に $x=3$ を代入すると

$$3^{n-1}+3^{n-1}+\cdots\cdots+3^{n-1}=a$$

◀左辺は 3^{n-1} が n 個。

よって　　$a=n\cdot3^{n-1}$

$b=-3a$ であるから　　$b=-n\cdot3^n$

ゆえに，x^n-3^n を $(x-3)^2$ で割ったときの余りは

$$\boldsymbol{n\cdot3^{n-1}x-n\cdot3^n}$$

◀$ax-3a=a(x-3)$ から，$n\cdot3^{n-1}(x-3)$ としてもよい。

次に，x^n-3^n を x^2-5x+6 すなわち $(x-2)(x-3)$ で割ったときの商を $Q'(x)$，余りを $cx+d$ とすると

$$x^n-3^n=(x-2)(x-3)Q'(x)+cx+d$$

両辺に $x=2,\ 3$ を代入すると，それぞれ

$$2^n-3^n=2c+d,\ 0=3c+d$$

◀
$$\begin{array}{rr} & 3c+d=0 \\ -) & 2c+d=2^n-3^n \\ \hline & c\quad=-(2^n-3^n) \end{array}$$

これを解くと　　$c=3^n-2^n,\ d=3(2^n-3^n)$

よって，x^n-3^n を x^2-5x+6 で割ったときの余りは

$$\boldsymbol{(3^n-2^n)x+3(2^n-3^n)}$$

◀$(3^n-2^n)(x-3)$ と答えてもよい。

(2)　$3x^{100}+2x^{97}+1$ を x^2+1 で割ったときの商を $Q(x)$，余りを $ax+b$ (a，b は実数) とすると，次の等式が成り立つ。

$$3x^{100}+2x^{97}+1=(x^2+1)Q(x)+ax+b$$

両辺に $x=i$ を代入すると　　$3i^{100}+2i^{97}+1=ai+b$

$i^{100}=(i^2)^{50}=(-1)^{50}=1$，$i^{97}=(i^2)^{48}i=(-1)^{48}i=i$ であるから

$$3\cdot1+2i+1=ai+b \quad すなわち \quad 4+2i=b+ai$$

a，b は実数であるから　　$a=2$，$b=4$

したがって，求める余りは　　$\boldsymbol{2x+4}$

◀$x=-i$ は結果的に代入しなくてもよい。

◀実数係数の多項式の割り算であるから，余りの係数も当然実数である。

練習 32 ➡本冊 *p*. 80

多項式 $P(x)$ を 4 次式 $x^2(x+1)^2$ で割ったときの商を $Q(x)$，余りを $R(x)$ とすると，次の等式が成り立つ。

$$P(x)=x^2(x+1)^2Q(x)+R(x)$$

[$R(x)$ は 3 次以下の多項式または定数]

$P(x)$ を x^2，$(x+1)^2$ で割ったときの余りは，$R(x)$ を x^2，$(x+1)^2$ で割ったときの余りにそれぞれ等しいから，求める多項式は $R(x)$ である。

$R(x)$ を x^2，$(x+1)^2$ で割ったときの商は 1 次式または定数であり，条件から　　$R(x)=x^2(ax+b)+x-3$

$R(x)=(x+1)^2(ax+c)+2x$　　と表される。

よって　　$x^2(ax+b)+x-3=(x+1)^2(ax+c)+2x$

これは x についての恒等式である。両辺を整理すると

$$ax^3+bx^2+x-3=ax^3+(2a+c)x^2+(a+2c+2)x+c$$

係数を比較して　　$b=2a+c$，$1=a+2c+2$，$-3=c$

これを解くと　　$a=5$，$b=7$，$c=-3$

したがって，求める多項式は

$$R(x)=x^2(5x+7)+x-3=\boldsymbol{5x^3+7x^2+x-3}$$

◀割る式 x^2，$(x+1)^2$ の積 $x^2(x+1)^2$ で割ったときの基本等式に注目する。

練習 33 ➡本冊 *p*. 81

$x=\dfrac{1-\sqrt{3}\,i}{2}$ から　　$2x-1=-\sqrt{3}\,i$

両辺を 2 乗して　　$(2x-1)^2=-3$

整理すると　　$x^2-x+1=0$　……①

$P(x)$ を x^2-x+1 で割ると，右のようになり

商 x^3+2x^2-x-2，余り $-4x+3$

である。よって

$$P(x)=(x^2-x+1)(x^3+2x^2-x-2)-4x+3$$

$x=\dfrac{1-\sqrt{3}\,i}{2}$ を代入すると，① から

$$P\left(\frac{1-\sqrt{3}\,i}{2}\right)=0-4\cdot\frac{1-\sqrt{3}\,i}{2}+3=\boldsymbol{1+2\sqrt{3}\,i}$$

◀右辺は根号と i を含むものだけにする。

	1	2	−1	−2			
1　−1　1)	1	1	−2	1	−3	1	
	1	−1	1				
		2	−3	1			
		2	−2	2			
			−1	−1	−3		
			−1	1	−1		
				−2	−2	1	
				−2	2	−2	
					−4	3	

別解 [等式 ① まで同じ]

① から　　$x^2=x-1$

$x^3=x^2\cdot x=(x-1)x=x^2-x=x-1-x=-1$

$x^4=x^3\cdot x=-x$

$x^5=x^3\cdot x^2=-(x-1)=-x+1$

よって　　$P(x)=(-x+1)-x-2\cdot(-1)+(x-1)-3x+1$

◀次数を下げる解法。

$=-4x+3$

ゆえに　$P\left(\dfrac{1-\sqrt{3}i}{2}\right)=-4\cdot\dfrac{1-\sqrt{3}i}{2}+3=\boldsymbol{1+2\sqrt{3}i}$

練習 34 ➡本冊 p. 85

(1)　$x=0$ は方程式の解ではないから，方程式の両辺を x^2 で割ると

◀この断りは重要。$x=0$ を方程式の左辺に代入すると，(左辺)$=1$ になる。

$$x^2-8x+17-\frac{8}{x}+\frac{1}{x^2}=0$$

$$\left(x^2+\frac{1}{x^2}\right)-8\left(x+\frac{1}{x}\right)+17=0$$

$$\left\{\left(x+\frac{1}{x}\right)^2-2\right\}-8\left(x+\frac{1}{x}\right)+17=0$$

$x+\dfrac{1}{x}=t$ とおくと　$(t^2-2)-8t+17=0$

整理して　$t^2-8t+15=0$　　よって　$t=3,\ 5$

[1]　$t=3$ のとき　$x+\dfrac{1}{x}=3$　すなわち　$x^2-3x+1=0$

◀分母を払って整理。

これを解いて　$x=\dfrac{3\pm\sqrt{5}}{2}$

[2]　$t=5$ のとき　$x+\dfrac{1}{x}=5$　すなわち　$x^2-5x+1=0$

◀分母を払って整理。

これを解いて　$x=\dfrac{5\pm\sqrt{21}}{2}$

したがって，求める解は　$\boldsymbol{x=\dfrac{3\pm\sqrt{5}}{2},\ \dfrac{5\pm\sqrt{21}}{2}}$

(2)　$x=0$ は方程式の解ではないから，方程式の両辺を x^2 で割ると

◀この断りは重要。

$$x^2-5x+8-\frac{10}{x}+\frac{4}{x^2}=0$$

$$\left(x^2+\frac{4}{x^2}\right)-5\left(x+\frac{2}{x}\right)+8=0$$

$$\left\{\left(x+\frac{2}{x}\right)^2-4\right\}-5\left(x+\frac{2}{x}\right)+8=0$$

よって　$(t^2-4)-5t+8=0$　　整理して　$t^2-5t+4=0$

◀$t=x+\dfrac{2}{x}$ を代入。

これを解いて　$t=1,\ 4$

[1]　$t=1$ のとき　$x+\dfrac{2}{x}=1$　すなわち　$x^2-x+2=0$

◀分母を払って整理する。

これを解いて　$x=\dfrac{1\pm\sqrt{7}i}{2}$

[2]　$t=4$ のとき　$x+\dfrac{2}{x}=4$　すなわち　$x^2-4x+2=0$

◀分母を払って整理する。

これを解いて　$x=2\pm\sqrt{2}$

したがって，求める解は　$\boldsymbol{x=\dfrac{1\pm\sqrt{7}i}{2},\ 2\pm\sqrt{2}}$

練習 35 ➡本冊 p. 86

(1)　$P(x)=x^3-3x^2-10x+24$ とすると　$P(2)=0$

ゆえに，$P(x)$ は $x-2$ を因数にもつ。

よって　$P(x)=(x-2)(x^2-x-12)=(x-2)(x+3)(x-4)$

1	−3	−10	24	2
	2	−2	−24	
1	−1	−12	0	

したがって，不等式は　$(x+3)(x-2)(x-4)\geqq 0$

x	$\cdots$	-3	$\cdots$	2	$\cdots$	4	$\cdots$
$x+3$	$-$	0	$+$	$+$	$+$	$+$	$+$
$x-2$	$-$	$-$	$-$	0	$+$	$+$	$+$
$x-4$	$-$	$-$	$-$	$-$	$-$	0	$+$
$P(x)$	$-$	0	$+$	0	$-$	0	$+$

よって，表から，解は　**$-3\leqq x\leqq 2$，$4\leqq x$**

◀$\alpha<\beta<\gamma$ のとき $(x-\alpha)(x-\beta)(x-\gamma)\geqq 0$ の解は $\alpha\leqq x\leqq\beta$，$\gamma\leqq x$

(2)　$x^3-(a+1)x^2+ax=x\{x^2-(a+1)x+a\}$
$=x(x-1)(x-a)$

よって，与えられた不等式は　$x(x-1)(x-a)\geqq 0$

[1]　$0<a<1$ のとき
右の表から，解は　$0\leqq x\leqq a$，$1\leqq x$

[2]　$a=1$ のとき
不等式は $x(x-1)^2\geqq 0$ となり，
$(x-1)^2\geqq 0$ であるから
$x-1=0$　または　$x\geqq 0$
したがって，解は　$x\geqq 0$

[3]　$1<a$ のとき
右の表から，解は　$0\leqq x\leqq 1$，$a\leqq x$

[1]～[3] から，求める解は
$0<a<1$ のとき　$0\leqq x\leqq a$，$1\leqq x$
$a=1$ のとき　$x\geqq 0$
$1<a$ のとき　$0\leqq x\leqq 1$，$a\leqq x$

[1]　$P(x)=x(x-1)(x-a)$

x	$\cdots$	0	$\cdots$	a	$\cdots$	1	$\cdots$
x	$-$	0	$+$	$+$	$+$	$+$	$+$
$x-1$	$-$	$-$	$-$	$-$	$-$	0	$+$
$x-a$	$-$	$-$	$-$	0	$+$	$+$	$+$
$P(x)$	$-$	0	$+$	0	$-$	0	$+$

[3]　$P(x)=x(x-1)(x-a)$

x	$\cdots$	0	$\cdots$	1	$\cdots$	a	$\cdots$
x	$-$	0	$+$	$+$	$+$	$+$	$+$
$x-1$	$-$	$-$	$-$	0	$+$	$+$	$+$
$x-a$	$-$	$-$	$-$	$-$	$-$	0	$+$
$P(x)$	$-$	0	$+$	0	$-$	0	$+$

練習 36 ➡本冊 p.87

$x^{2020}+x^{2021}$ を x^2+x+1 で割ったときの商を $Q(x)$，余りを $ax+b$ (a，b は実数) とすると
$x^{2020}+x^{2021}=(x^2+x+1)Q(x)+ax+b$　…… ①

◀実数係数の多項式の割り算であるから，a，b は実数である。

ここで，$x^2+x+1=0$ は異なる 2 つの虚数解をもち，そのうちの 1 つを ω とすると　$\omega^2+\omega+1=0$
また，$x^3=1$ より，$(x-1)(x^2+x+1)=0$ であるから，ω は $\omega^3=1$ を満たす。
$x=\omega$ を ① の両辺に代入すると，$\omega^2+\omega+1=0$ から
$\omega^{2020}+\omega^{2021}=a\omega+b$　…… ②
$2020=3\cdot 673+1$，$2021=3\cdot 673+2$ であるから
$\omega^{2020}=(\omega^3)^{673}\cdot\omega=\omega$，$\omega^{2021}=(\omega^3)^{673}\cdot\omega^2=\omega^2$

◀$\omega^3=1$ を用いて，次数を下げる。

よって，② は　$\omega+\omega^2=a\omega+b$
ここで，$\omega^2+\omega+1=0$ より，$\omega^2+\omega=-1$ であるから
$-1=a\omega+b$　すなわち　$b+1+a\omega=0$
a，b は実数，ω は虚数であるから　$a=0$，$b=-1$
したがって，求める余りは　**-1**

◀p，q は実数，z は虚数のとき $p+qz=0 \Longleftrightarrow p=q=0$

練習 37 ➡本冊 p.88

実数係数の 4 次方程式が虚数解 $x=1+2i$ をもつから，それと共役な複素数 $1-2i$ も，この方程式の解になる。

◀本冊 p.88 [**解法 2**] の方針で解く。

よって，$x^4-x^3+2x^2+ax+b$ は，
$$\{x-(1+2i)\}\{x-(1-2i)\}$$
すなわち x^2-2x+5 で割り切れる。
右の計算において，(余り)$=0$ とすると
$$a-7=0,\ b+5=0$$
ゆえに　$\boldsymbol{a=7,\ b=-5}$
また，割り算の商は x^2+x-1 であるから，
$x^2+x-1=0$ を解いて　$x=\dfrac{-1\pm\sqrt{5}}{2}$
したがって，**他の解は**　$\boldsymbol{x=1-2i,\ \dfrac{-1\pm\sqrt{5}}{2}}$

$$\begin{array}{r}
x^2+x-1 \\
x^2-2x+5\,\overline{)\,x^4-x^3+2x^2+ax+b}\\
\underline{x^4-2x^3+5x^2}\\
x^3-3x^2+ax\\
\underline{x^3-2x^2+5x}\\
-x^2+(a-5)x+b\\
\underline{-x^2+2x-5}\\
(a-7)x+b+5
\end{array}$$

練習 38 ➡本冊 p.90

$f(x)=x^3+(a+2)x^2-4a$ とすると
$$f(-2)=-8+4(a+2)-4a=0$$
よって，$f(x)$ は $x+2$ を因数にもつから
$$f(x)=(x+2)(x^2+ax-2a)$$
ゆえに，方程式は　$(x+2)(x^2+ax-2a)=0$
したがって　$x+2=0$　または　$x^2+ax-2a=0$
3次方程式 $f(x)=0$ がちょうど2つの実数解をもつのは，次の[1]または[2]の場合である。

◀右辺を最低次の a について整理すると
$(x^2-4)a+x^3+2x^2$
$=(x+2)(x-2)a+x^2(x+2)$
$=(x+2)\{(x-2)a+x^2\}$
$=(x+2)(x^2+ax-2a)$

[1]　$x^2+ax-2a=0$ が $x\neq-2$ である重解をもつ。
判別式を D とすると　$D=0$　かつ　$-\dfrac{a}{2\cdot1}\neq-2$
$D=a^2-4\cdot(-2a)=a^2+8a$ から，$D=0$ より　$a^2+8a=0$
これを解いて　$a=0,\ -8$
$a=0,\ -8$ はともに $-\dfrac{a}{2\cdot1}\neq-2$ すなわち $a\neq4$ を満たす。

◀$x^2+ax-2a=0$ は
$a=0$ のとき　$x^2=0$
$a=-8$ のとき
$(x-4)^2=0$

[2]　$x^2+ax-2a=0$ が異なる2つの実数解をもち，その解の1つが -2 で，他の解が -2 でない。
他の解を β とすると，解と係数の関係から
$$-2+\beta=-a,\quad -2\beta=-2a$$
連立して解くと　$a=1,\ \beta=1$
他の解は -2 でないから，$a=1$ は条件を満たす。

◀$x^2+ax-2a=0$ は
$a=1$ のとき
$(x-1)(x+2)=0$

[1]，[2] より，求める実数 a は　$\boldsymbol{a=0,\ -8,\ 1}$

練習 39 ➡本冊 p.91

3次方程式の解と係数の関係から
$$\alpha+\beta+\gamma=2,\ \alpha\beta+\beta\gamma+\gamma\alpha=0,\ \alpha\beta\gamma=4$$
(1)　$\alpha^2+\beta^2+\gamma^2=(\alpha+\beta+\gamma)^2-2(\alpha\beta+\beta\gamma+\gamma\alpha)=2^2-2\cdot0=\boldsymbol{4}$

(2)　**(解1)**　$\alpha^3+\beta^3+\gamma^3$
$$=(\alpha+\beta+\gamma)\{\alpha^2+\beta^2+\gamma^2-(\alpha\beta+\beta\gamma+\gamma\alpha)\}+3\alpha\beta\gamma$$
$$=2\cdot(4-0)+3\cdot4=\boldsymbol{20}$$

◀**(解1)** 基本対称式で表す方法。

(解2)　$\alpha,\ \beta,\ \gamma$ は $x^3-2x^2-4=0$ の解であるから
$$\alpha^3-2\alpha^2-4=0,\ \beta^3-2\beta^2-4=0,\ \gamma^3-2\gamma^2-4=0$$

◀**(解2)** 解 $\alpha,\ \beta,\ \gamma$ についての等式を利用して，次数を下げる。

ゆえに　$\alpha^3=2\alpha^2+4,\ \beta^3=2\beta^2+4,\ \gamma^3=2\gamma^2+4$　…… ①

よって　$\alpha^3+\beta^3+\gamma^3=2(\alpha^2+\beta^2+\gamma^2)+12$

$=2\cdot4+12=\mathbf{20}$

(3) (2)の①から

$\alpha^4=2\alpha^3+4\alpha,\ \beta^4=2\beta^3+4\beta,\ \gamma^4=2\gamma^3+4\gamma$

よって　$\alpha^4+\beta^4+\gamma^4=2(\alpha^3+\beta^3+\gamma^3)+4(\alpha+\beta+\gamma)$

$=2\cdot20+4\cdot2=\mathbf{48}$

◀基本対称式で表す方法でも求められるが，左の方法の方が簡単。

(4) $x^3-2x^2-4=(x-\alpha)(x-\beta)(x-\gamma)$ が成り立つ。

両辺に $x=-1$ を代入すると

$-1-2-4=(-1-\alpha)(-1-\beta)(-1-\gamma)$

よって　$(\alpha+1)(\beta+1)(\gamma+1)=\mathbf{7}$

◀右辺は $-(\alpha+1)(\beta+1)(\gamma+1)$

(5) $\dfrac{1}{\alpha}+\dfrac{1}{\beta}+\dfrac{1}{\gamma}=\dfrac{\beta\gamma+\gamma\alpha+\alpha\beta}{\alpha\beta\gamma}=\dfrac{0}{4}=\mathbf{0}$

練習 40 ➡本冊 p. 92

3次方程式の解と係数の関係から

$\alpha+\beta+\gamma=0,\ \alpha\beta+\beta\gamma+\gamma\alpha=-4,\ \alpha\beta\gamma=-2$

(1) $(\alpha-1)+(\beta-1)+(\gamma-1)=(\alpha+\beta+\gamma)-3=0-3=-3$

$(\alpha-1)(\beta-1)+(\beta-1)(\gamma-1)+(\gamma-1)(\alpha-1)$

$=(\alpha\beta+\beta\gamma+\gamma\alpha)-2(\alpha+\beta+\gamma)+3$

$=-4-2\cdot0+3=-1$

また，$x^3-4x+2=(x-\alpha)(x-\beta)(x-\gamma)$ が成り立つ。

両辺に $x=1$ を代入して　$1-4+2=(1-\alpha)(1-\beta)(1-\gamma)$

よって　$(\alpha-1)(\beta-1)(\gamma-1)=1$

ゆえに，求める3次方程式は　$\boldsymbol{x^3+3x^2-x-1=0}$

◀$(\alpha-1)(\beta-1)(\gamma-1)$ の値は展開して求めてもよいが，$x^3-4x+2=(x-\alpha)(x-\beta)(x-\gamma)$ を利用する方が早い。

別解　$x-1=y$ とおくと　$x=y+1$

$x^3-4x+2=0$ であるから　$(y+1)^3-4(y+1)+2=0$

ゆえに　$y^3+3y^2-y-1=0$

よって，求める3次方程式は　$\boldsymbol{x^3+3x^2-x-1=0}$

(2) $(\alpha+\beta)+(\beta+\gamma)+(\gamma+\alpha)=2(\alpha+\beta+\gamma)=2\cdot0=0$

$\alpha+\beta+\gamma=0$ であるから

$\alpha+\beta=-\gamma,\ \beta+\gamma=-\alpha,\ \gamma+\alpha=-\beta$

よって　$(\alpha+\beta)(\beta+\gamma)+(\beta+\gamma)(\gamma+\alpha)+(\gamma+\alpha)(\alpha+\beta)$

$=(-\gamma)(-\alpha)+(-\alpha)(-\beta)+(-\beta)(-\gamma)$

$=\alpha\beta+\beta\gamma+\gamma\alpha=-4$

$(\alpha+\beta)(\beta+\gamma)(\gamma+\alpha)=(-\gamma)(-\alpha)(-\beta)=-\alpha\beta\gamma=2$

ゆえに，求める3次方程式は　$\boldsymbol{x^3-4x-2=0}$

◀そのまま展開して求めてもよいが，$\alpha+\beta+\gamma=0$ を利用すると簡単。

演習 13

➡ 本冊 p. 94

(1) $(a+bi)^3=a^3+3a^2bi+3a(bi)^2+(bi)^3$

$=(a^3-3ab^2)+(3a^2b-b^3)i$

よって　$(a^3-3ab^2)+(3a^2b-b^3)i=-16+16i$

a, b は実数であるから，a^3-3ab^2, $3a^2b-b^3$ も実数である。

ゆえに　$a^3-3ab^2=-16$ …… ①,

$3a^2b-b^3=16$ …… ②

◀複素数の相等。

①+② から　$a^3-3ab^2+3a^2b-b^3=0$

$(a-b)(a^2+ab+b^2)+3ab(a-b)=0$

$(a-b)(a^2+4ab+b^2)=0$

◀ 3 乗の因数分解の公式 $a^3-3a^2b+3ab^2-b^3=(a-b)^3$ と勘違いしないように。

したがって　$a=b$ または $a^2+4ab+b^2=0$

[1] $a=b$ のとき

② から　$2a^3=16$ すなわち $a^3-8=0$

よって　$(a-2)(a^2+2a+4)=0$

$a^2+2a+4=(a+1)^2+3>0$ より，$a-2=0$ であるから

$a=2$　　このとき　$b=2$

a, b はともに整数である。

◀$a^2+2a+4=0$ の判別式を D とすると $\dfrac{D}{4}=1^2-1\cdot4=-3<0$

[2] $a^2+4ab+b^2=0$ のとき

$(a+2b)^2=3b^2$ から　$a=(-2\pm\sqrt{3})b$ …… ③

◀$a+2b=\pm\sqrt{3}\,b$

$b=0$ のとき，$a=0$ となるが，これは ①, ② を満たさない。

したがって，b は 0 でない整数であるが，この場合，③ より a は無理数となるから，これは a が整数であることに反する。

◀$a=$(無理数)×(整数) の形となる。

よって，$a^2+4ab+b^2=0$ を満たす整数 a, b は存在しない。

以上から　$a=$ ア**2**, $b=$ イ**2**

(2) $\dfrac{i}{a+bi}-\dfrac{1+5i}{4}=\dfrac{i}{2+2i}-\dfrac{1+5i}{4}$

$=\dfrac{1}{2}\cdot\dfrac{i(1-i)}{(1+i)(1-i)}-\dfrac{1+5i}{4}$

◀分母を実数化してから通分。

$=\dfrac{1+i}{4}-\dfrac{1+5i}{4}=$ ウ$\boldsymbol{-i}$

演習 14

➡ 本冊 p. 94

(1) 2 次方程式 $x^2-kx+3k-4=0$ …… ① の判別式を D とすると　$D=(-k)^2-4(3k-4)=k^2-12k+16$

2 次方程式 ① が虚数解をもつための条件は $D<0$ であるから

$k^2-12k+16<0$

これを解いて　$\boldsymbol{6-2\sqrt{5}<k<6+2\sqrt{5}}$

(2) 2 次方程式 ① が虚数解 α をもつとき　$\alpha^2-k\alpha+3k-4=0$

◀$x=\alpha$ は 2 次方程式 $x^2-kx+3k-4=0$ の解である。

よって，$\alpha^2=k\alpha-3k+4$ であるから

$\alpha^4=(\alpha^2)^2=(k\alpha-3k+4)^2$

$=k^2\alpha^2-2k(3k-4)\alpha+(3k-4)^2$

$=k^2(k\alpha-3k+4)-2k(3k-4)\alpha+(3k-4)^2$

$=(k^3-6k^2+8k)\alpha-3k^3+13k^2-24k+16$

◀$(k\alpha-3k+4)^2=\{k\alpha-(3k-4)\}^2$ とみて展開する。

k は実数であるから，k^3-6k^2+8k, $-3k^3+13k^2-24k+16$ も実

数となり，α は虚数であるから，α^4 が実数になるための条件は

$$k^3-6k^2+8k=0$$

ゆえに　$k(k-2)(k-4)=0$　　よって　$k=0,\ 2,\ 4$

(1) より，$6-2\sqrt{5}<k<6+2\sqrt{5}$ であるから　　$\boldsymbol{k=2,\ 4}$

◀α^4 は実数 $\Longleftrightarrow$ α^4 の虚部は 0

演習 15 ➡ 本冊 p. 94

(1) 与えられた方程式の実数解を α とすると

$$(a+i)\alpha+8-a^2i=0$$

よって　$a\alpha+8+(\alpha-a^2)i=0$

a と α は実数であるから，$a\alpha+8$，$\alpha-a^2$ は実数である。

ゆえに　$a\alpha+8=0$，$\alpha-a^2=0$

◀複素数の相等。

2 式から α を消去して　$a^3+8=0$

よって　$(a+2)(a^2-2a+4)=0$

a は実数であるから　　$\boldsymbol{a=-2}$

◀$a^2-2a+4=0$ を解くと　$a=1\pm\sqrt{3}\,i$ (虚数)

このとき，与えられた方程式は　$(-2+i)x+8-4i=0$

これを解くと　$x=4$

したがって，実数解は　$\boldsymbol{x=4}$

◀$(-2+i)x+4(2-i)=0$ から $(-2+i)x=4(-2+i)$

(2) 与えられた方程式の実数解を β とすると

$$(1+i)\beta^2+(2b-1+b^2i)\beta+b+b^2i=0$$

よって　$\beta^2+2b\beta-\beta+b+(\beta^2+b^2\beta+b^2)i=0$

b と β は実数であるから，$\beta^2+2b\beta-\beta+b$，$\beta^2+b^2\beta+b^2$ は実数である。

◀複素数の相等。

ゆえに　$\beta^2+2b\beta-\beta+b=0$ …… ①

$\beta^2+b^2\beta+b^2=0$ …… ②

②−① から　$(b^2-2b+1)\beta+b^2-b=0$

すなわち　$(b-1)\{(b-1)\beta+b\}=0$

したがって　$b-1=0$，$(b-1)\beta+b=0$

$b=1$ のとき，①，② はともに　$\beta^2+\beta+1=0$

これを満たす β は $\beta=\dfrac{-1\pm\sqrt{3}\,i}{2}$ で，実数ではない。

ゆえに，$b\neq1$ であるから，$(b-1)\beta+b=0$ より

$$\beta=\frac{b}{1-b}\ \cdots\cdots\ ③$$

③ を ② に代入して整理すると　$b^2(b-2)=0$

これを解くと　$b=0,\ 2$

◀$\left(\dfrac{b}{1-b}\right)^2+b^2\cdot\dfrac{b}{1-b}+b^2=0$
両辺に $(1-b)^2$ $[b\neq1]$ を掛けて
$b^2+b^3(1-b)+b^2(1-b)^2=0$

[1] $b=0$ のとき，与えられた方程式は

$(1+i)x^2-x=0$　すなわち　$x\{(1+i)x-1\}=0$

これを解くと　$x=0,\ \dfrac{1}{1+i}\left(=\dfrac{1-i}{2}\right)$

[2] $b=2$ のとき，与えられた方程式は

$$(1+i)x^2+(3+4i)x+2+4i=0$$

$$(x^2+3x+2)+(x^2+4x+4)i=0$$

$$(x+1)(x+2)+(x+2)^2i=0$$

◀左辺を i について整理する。

すなわち　$(x+2)\{(1+i)x+(1+2i)\}=0$

これを解くと　$x=-2,\ -\dfrac{1+2i}{1+i}\left(=-\dfrac{3+i}{2}\right)$

[1]，[2] から，求める実数解と，b の値は

$$\boldsymbol{x=0,\ b=0\ ;\ x=-2,\ b=2}$$

演習 16 ➡ 本冊 p. 94

(1) $x^2+y^2-5-c(xy-2)=0$ が c についての恒等式と考えて，両辺の同類項の係数を比較すると

◀2 文字 x，y の恒等式。

$$x^2+y^2-5=0 \quad \cdots\cdots ①,\qquad xy-2=0 \quad \cdots\cdots ②$$

② より　$xy=2$　　$x \neq 0$ であるから　$y=\dfrac{2}{x}$　$\cdots\cdots$ ③

③ を ① に代入して　$x^2+\left(\dfrac{2}{x}\right)^2-5=0$

ゆえに　$x^4-5x^2+4=0$　すなわち　$(x^2-1)(x^2-4)=0$

よって　$(x+1)(x-1)(x+2)(x-2)=0$

これを解くと　$x=\pm 1,\ \pm 2$

③ から　$x=\pm 1$ のとき　$y=\pm 2$，$x=\pm 2$ のとき　$y=\pm 1$

以上から　$\boldsymbol{(x,\ y)=(\pm 2,\ \pm 1),\ (\pm 1,\ \pm 2)}$　**(すべて複号同順)**

◀② から　$x^2y^2=4$
これと ① から y^2 を消去して　$x^2(5-x^2)=4$
整理して
$x^4-5x^2+4=0$
としてもよい。

(2) $c=2$ のとき

$$\begin{aligned} x^2+y^2-5-2(xy-2) &= x^2-2yx+y^2-1 \\ &= \{(x-y)+1\}\{(x-y)-1\} \\ &= \boldsymbol{(x-y+1)(x-y-1)} \end{aligned}$$

◀x について整理する。

◀$(x-y)^2-1$ とみる。

(3) $x^2+y^2-5=(px+qy+r)(sx+ty+u)$ を満たす実数 p，q，r，s，t，u が存在すると仮定する。

右辺を展開したとき，x^2 の係数は ps であるから，両辺の x^2 の係数を比較して　$ps=1$

よって，$p \neq 0$，$s \neq 0$ であるから，

$x^2+y^2-5=\left(x+\dfrac{q}{p}y+\dfrac{r}{p}\right)\left(x+\dfrac{t}{s}y+\dfrac{u}{s}\right)$ を考える。

$\dfrac{q}{p}=q'$，$\dfrac{r}{p}=r'$，$\dfrac{t}{s}=t'$，$\dfrac{u}{s}=u'$ とおくと

$$x^2+y^2-5=(x+q'y+r')(x+t'y+u')$$

◀仮定から，q'，r'，t'，u' も実数でなければならない。

ゆえに　$x^2+y^2-5=x^2+(q'+t')xy+q't'y^2+(r'+u')x$
$\qquad +(q'u'+r't')y+r'u'$

両辺の xy，y^2 の係数を比較して　$q'+t'=0$，$q't'=1$

これを同時に満たす実数 q'，t' は存在しない。これは矛盾である。

◀q'，t' は $X^2+1=0$ の解 (虚数)。

したがって，$x^2+y^2-5=(px+qy+r)(sx+ty+u)$ を満たす実数 p，q，r，s，t，u は存在しない。

(4) $P=x^2+y^2-5-c(xy-2)$ とすると　$P=x^2-cyx+y^2+2c-5$

◀x について整理。

$P=0$ を x についての 2 次方程式と考えると

$$x=\frac{-(-cy)\pm\sqrt{(-cy)^2-4\cdot 1\cdot(y^2+2c-5)}}{2\cdot 1}$$

$$=\frac{cy\pm\sqrt{(c^2-4)y^2-8c+20}}{2} \quad \cdots\cdots ④$$

◀解の公式による。

この 2 つの解を α，β とすると　$P=(x-\alpha)(x-\beta)$

P が x, y についての1次式の積に因数分解できるためには, α, β が y の1次式でなければならない。

[1] $c^2-4=0$ すなわち $c=2,\ -2$ のとき

$$(c^2-4)y^2-8c+20=4,\ 36$$

$4=2^2$, $36=6^2$ であるから, α, β は y の1次式になる。

◀根号内の y^2 の係数が0のとき。

[2] $c^2-4\neq0$ すなわち $c\neq\pm2$ のとき

根号内の y の2次式 $(c^2-4)y^2-8c+20$ が y についての完全平方式でなければならない。

よって, $(c^2-4)y^2-8c+20=0$ の判別式を D とすると $D=0$

$$D=-4(c^2-4)\cdot(-8c+20)=16(c^2-4)(2c-5)$$

$c^2-4\neq0$ であるから, $D=0$ であるとき $c=\dfrac{5}{2}$

◀根号内が $(\ \ )^2$ の形で表される。
$\Longleftrightarrow$ 重解をもつ。

以上から **$c=\pm2,\ \dfrac{5}{2}$**

演習 17 ➡本冊 $p.94$

(1) 2次方程式 $x^2+ax+a-2=0$ …… ① の判別式を D とすると

$$D=a^2-4\cdot1\cdot(a-2)=a^2-4a+8=(a-2)^2+4$$

a は実数であるから, 任意の a に対して, $D>0$ が成り立つ。

◀$D\geqq4>0$

したがって, 任意の a に対して, ① は異なる2つの実数解をもつ。

(2) ① の実数解 α, β が異なる符号をもつための条件は $\alpha\beta<0$

解と係数の関係より, $\alpha\beta=a-2$ であるから

$$a-2<0 \qquad よって \qquad \boldsymbol{a<2}$$

(3) $5<|\alpha-\beta|<6$ から $25<(\alpha-\beta)^2<36$ …… ②

◀各辺はすべて正の数であるから, 平方しても同値。

解と係数の関係から $\alpha+\beta=-a$, $\alpha\beta=a-2$

ゆえに $(\alpha-\beta)^2=(\alpha+\beta)^2-4\alpha\beta=(-a)^2-4(a-2)$

$$=a^2-4a+8$$

よって, ② から $25<a^2-4a+8<36$

$25<a^2-4a+8$ から $a^2-4a-17>0$

ゆえに $a<2-\sqrt{21}$, $2+\sqrt{21}<a$ …… ③

$a^2-4a+8<36$ から $a^2-4a-28<0$

ゆえに $2-4\sqrt{2}<a<2+4\sqrt{2}$ …… ④

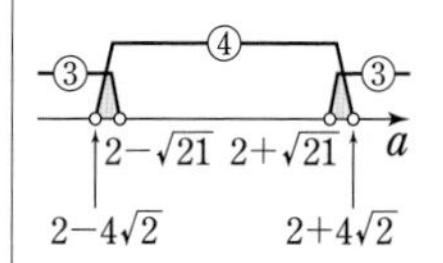

③, ④ の共通範囲を求めて

$$\boldsymbol{2-4\sqrt{2}<a<2-\sqrt{21},\ 2+\sqrt{21}<a<2+4\sqrt{2}}$$

演習 18 ➡本冊 $p.95$

(1) $x^2+ax+a=0$ の整数解を p, もう1つの解を q とすると, 解と係数の関係から

$$p+q=-a \ \cdots\cdots ①,\ pq=a \ \cdots\cdots ②$$

◀$a=b$ のとき, $y^2+ay+a=0$ となるから, y の方程式における考察は不要。

① より, $q=-p-a$ であり, p, a は整数であるから, q も整数である。

①, ② から a を消去すると $pq+p+q=0$

よって $(p+1)(q+1)=1$ …… ③

◀$ab+a+b+1$
$=(a+1)(b+1)$

p, q は整数であるから, $p+1$, $q+1$ は整数である。

ゆえに, ③ から $(p+1,\ q+1)=(1,\ 1),\ (-1,\ -1)$

すなわち　　$(p,\ q)=(0,\ 0),\ (-2,\ -2)$

$(p,\ q)=(0,\ 0)$ のとき，② から　　$a=0$

　これは $a>0$ を満たさないから，条件に合わない。

◀条件の確認を忘れずに。

$(p,\ q)=(-2,\ -2)$ のとき，② から　　$a=4$

　これは $a>0$ を満たす。

したがって，求める整数 a は　　$\boldsymbol{a=4}$

(2) (1) と同様に考えると，2 つの方程式

$$x^2+ax+b=0 \ \cdots\cdots ④,\quad y^2+by+a=0 \ \cdots\cdots ⑤$$

の解はすべて整数である。

④ の 2 つの解を $p,\ q$ とすると，解と係数の関係により

$$p+q=-a,\ pq=b$$

$a>0,\ b>0$ であるから　　$p+q<0,\ pq>0$

よって，$p,\ q$ はともに負の整数，すなわち -1 以下の整数である。

ゆえに，$f(x)=x^2+ax+b$ とすると，$y=f(x)$ のグラフは x 軸の -1 以下の部分のみと共有点をもつ。

$y=f(x)$　y　⊕　O　-1　x

したがって　　$f(-1)=1-a+b\geqq 0$

すなわち　　$a\leqq b+1$

$a>b$ と合わせて　　$b<a\leqq b+1$

よって　　$a=b+1$ ……⑥

◀$a,\ b$ は整数。

このとき，④ は $x^2+ax+(a-1)=0$ であるから

$$(x+1)(x+a-1)=0$$

ゆえに，整数解 $x=-1,\ -a+1$ をもつ。

次に，⑤ すなわち $y^2+by+(b+1)=0$ が整数解をもつときの b の値を求める。

⑤ の 2 つの解を $r,\ s\ (r\leqq s)$ とすると，解と係数の関係から

$$r+s=-b \ \cdots\cdots ⑦,\quad rs=b+1 \ \cdots\cdots ⑧$$

⑦，⑧ から b を消去すると　　$rs+r+s=1$

したがって　　$(r+1)(s+1)=2$ ……⑨

$r,\ s$ は整数であるから，$r+1,\ s+1$ は整数である。

また，⑦，⑧ より，$p,\ q$ と同様に $r,\ s$ は -1 以下の整数であるから　　$r+1\leqq 0,\ s+1\leqq 0$

ゆえに，⑨ から　　$(r+1,\ s+1)=(-2,\ -1)$

◀$r\leqq s$ から $r+1\leqq s+1$

すなわち　　$(r,\ s)=(-3,\ -2)$

このとき，⑦ から　　$b=5$　　⑥ から　　$a=5+1=6$

よって，求める整数の組 $(a,\ b)$ は　　$\boldsymbol{(a,\ b)=(6,\ 5)}$

演習 19 ➡ 本冊 $p.95$

(1) $Q(x)$ を $(x-1)(x-2)$ で割ったときの商を $q(x)$，余りを $ax+b$ とすると，次の等式が成り立つ。

$$Q(x)=(x-1)(x-2)q(x)+ax+b \ \cdots\cdots ①$$

条件から　　$Q(1)=-1$　　ゆえに　　$a+b=-1$

　　　　　　$Q(2)=8$　　ゆえに　　$2a+b=8$

◀剰余の定理。

2 式を連立して解くと　　$a=9,\ b=-10$

したがって，求める余りは　　$\boldsymbol{9x-10}$

(2) $Q(x)$ は x^3 の係数が1である3次式であるから，$q(x)=x+c$ とおける。

◀等式①から。

これと(1)の結果から，等式①は

$$Q(x)=(x-1)(x-2)(x+c)+9x-10$$

$Q(-1)=-1$ のとき　$-2\cdot(-3)(-1+c)+9\cdot(-1)-10=-1$

◀$6(c-1)=18$

よって　$c=4$

◀$q(x)=x+4$

したがって　$\boldsymbol{Q(x)}=(x-1)(x-2)(x+4)+9x-10$

$$\boldsymbol{=x^3+x^2-x-2}$$

(3) $P(x^2)=P(x)Q(x)+2x$ ……②

②に $x=0$ を代入して　$P(0)=P(0)Q(0)$

$Q(0)=-2$ であるから　$P(0)=P(0)\cdot(-2)$

よって　$\boldsymbol{P(0)=0}$

②に $x=1$ を代入して　$P(1)=P(1)Q(1)+2$

$Q(1)=-1$ であるから　$P(1)=P(1)\cdot(-1)+2$

よって　$\boldsymbol{P(1)=1}$

②に $x=-1$ を代入して　$P(1)=P(-1)Q(-1)-2$

$Q(-1)=-1$，$P(1)=1$ であるから　$1=P(-1)\cdot(-1)-2$

よって　$\boldsymbol{P(-1)=-3}$

(4) $P(x)$ を $x(x-1)(x+1)$ で割ったときの商を $p(x)$，余りを dx^2+ex+f とすると，次の等式が成り立つ。

◀3次式で割ったときの余りは，2次以下の多項式または定数である。

$$P(x)=x(x-1)(x+1)p(x)+dx^2+ex+f \quad \cdots\cdots ③$$

(3)より，$P(0)=0$，$P(1)=1$，$P(-1)=-3$ であるから

$f=0$，$d+e+f=1$，$d-e+f=-3$

これらを連立して解くと　$d=-1$，$e=2$，$f=0$

よって，求める余りは　$\boldsymbol{-x^2+2x}$

(5) $P(x)$ は3次式であるから，$p(x)$ は定数 g とおける。

◀③の右辺は，(3次式)×$p(x)$+(2次式)の形であるから，$p(x)$ は定数である。

これと(4)の結果から，等式③は

$$P(x)=x(x-1)(x+1)g-x^2+2x$$

ここで，②に $x=2$ を代入して　$P(4)=P(2)Q(2)+4$

$P(4)=4\cdot3\cdot5\cdot g-16+8=60g-8$，$P(2)=2\cdot1\cdot3\cdot g-4+4=6g$，$Q(2)=8$ であるから

$60g-8=6g\cdot8+4$　　よって　$g=1$

したがって　$\boldsymbol{P(x)}=x(x-1)(x+1)-x^2+2x\boldsymbol{=x^3-x^2+x}$

演習 20 ➡ 本冊 p. 95

$P(x)$ を $(x+1)^2$ で割ったときの商を $Q_1(x)$ とすると，等式 $P(x)=(x+1)^2Q_1(x)-x+4$ が成り立つ。

よって　$P(-1)=5$ ……①

◀$P(x)$ を $x+1$ で割ったときの余り。

また，$P(x)$ を $(x-1)^2$ で割ったときの商を $Q_2(x)$ とすると，等式 $P(x)=(x-1)^2Q_2(x)+2x+5$ が成り立つ。

よって　$P(1)=7$ ……②

◀$P(x)$ を $x-1$ で割ったときの余り。

(1) $P(x)$ を $(x+1)(x-1)$ で割ったときの商を $Q_3(x)$，余りを $ax+b$ とすると，次の等式が成り立つ。

$$P(x)=(x+1)(x-1)Q_3(x)+ax+b$$

ゆえに　$P(-1)=-a+b$，$P(1)=a+b$

①，② から　$-a+b=5$，$a+b=7$

連立して解くと　$a=1$，$b=6$

したがって，求める余りは　$\boldsymbol{x+6}$

◀等式の両辺に $x=-1$，1 を代入。

(2)　$P(x)$ を $(x+1)(x-1)^2$ で割ったときの商を $Q_4(x)$，余りを $R_4(x)$ とすると，次の等式が成り立つ。

$$P(x)=(x+1)(x-1)^2Q_4(x)+R_4(x) \quad \cdots\cdots ③$$

[$R_4(x)$ は 2 次以下の整式または定数]

$(x+1)(x-1)^2Q_4(x)$ は $(x-1)^2$ で割り切れるから，$P(x)$ を $(x-1)^2$ で割ったときの余りは，$R_4(x)$ を $(x-1)^2$ で割ったときの余りに等しい。

$P(x)$ は $(x-1)^2$ で割ると $2x+5$ 余るから，$R_4(x)$ は

$$R_4(x)=c(x-1)^2+2x+5$$

と表される。ゆえに，③ は次のように表される。

◀ 2 次式を 2 次式で割ったときの商を表す定数 c を忘れないように。

$$P(x)=(x+1)(x-1)^2Q_4(x)+c(x-1)^2+2x+5$$

よって　$P(-1)=4c+3$

◀両辺に $x=-1$ を代入して，$Q_4(x)$ を消し去る。

① から　$4c+3=5$　　ゆえに　$c=\dfrac{1}{2}$

よって　$R_4(x)=\dfrac{1}{2}(x-1)^2+2x+5=\boldsymbol{\dfrac{1}{2}x^2+x+\dfrac{11}{2}}$

(3)　$P(x)$ を $(x+1)^2(x-1)^2$ で割ったときの商を $Q_5(x)$，余りを $R_5(x)$ とすると，次の等式が成り立つ。

$$P(x)=(x+1)^2(x-1)^2Q_5(x)+R_5(x) \quad \cdots\cdots ④$$

[$R_5(x)$ は 3 次以下の整式または定数]

$(x+1)^2(x-1)^2Q_5(x)$ は $(x+1)(x-1)^2$ で割り切れるから，$P(x)$ を $(x+1)(x-1)^2$ で割ったときの余りは，$R_5(x)$ を $(x+1)(x-1)^2$ で割ったときの余りに等しい。

$P(x)$ は $(x+1)(x-1)^2$ で割ると，(2) より $\dfrac{1}{2}x^2+x+\dfrac{11}{2}$ 余るから，$R_5(x)$ は次のように表される。

$$R_5(x)=d(x+1)(x-1)^2+\frac{1}{2}x^2+x+\frac{11}{2}$$

◀ 3 次式を 3 次式で割ったときの商を表す定数 d を忘れないように。

ここで　$R_5(x)=d(x+1)(x^2-2x+1)+\dfrac{1}{2}(x+1)^2+5$

$$=d(x+1)\{(x+1)(x-3)+4\}+\frac{1}{2}(x+1)^2+5$$

$$=(x+1)^2\left\{d(x-3)+\frac{1}{2}\right\}+4d(x+1)+5$$

◀割る式が $(x+1)^2$ の形を導く。

よって，④ は次のように表すことができる。

$$P(x)=(x+1)^2(x-1)^2Q_5(x)$$
$$+(x+1)^2\left\{d(x-3)+\frac{1}{2}\right\}+4d(x+1)+5$$

$P(x)$ は $(x+1)^2$ で割ると $-x+4$ 余るから，$4d(x+1)+5$ が $-x+4$ となればよい。

2章 演習 [複素数と方程式]

ゆえに　$d=-\frac{1}{4}$

よって　$R_5(x)=-\frac{1}{4}(x+1)(x-1)^2+\frac{1}{2}x^2+x+\frac{11}{2}$

$=-\frac{\mathbf{1}}{\mathbf{4}}\boldsymbol{x}^3+\frac{\mathbf{3}}{\mathbf{4}}\boldsymbol{x}^2+\frac{\mathbf{5}}{\mathbf{4}}\boldsymbol{x}+\frac{\mathbf{21}}{\mathbf{4}}$

◀$4dx+4d+5$
$=-x+4$ から
$4d=-1$, $4d+5=4$
$d=-\frac{1}{4}$ は第 2 式を満たす。

演習 21

➡ 本冊 p. 95

$P(x)$ を 2 次式 $Q(x)$ で割ったときの商を $f(x)$，余りを $ax+b$ とすると，次の等式が成り立つ。

$$P(x)=Q(x)f(x)+ax+b$$

ただし，$P(x)$ は $Q(x)$ で割り切れないから　$(a,\ b)\neq(0,\ 0)$

ここで　$\{P(x)\}^2=\{Q(x)f(x)+ax+b\}^2$

$=\{Q(x)f(x)\}^2+2Q(x)f(x)(ax+b)+(ax+b)^2$

$\{P(x)\}^2$ は $Q(x)$ で割り切れるから，$(ax+b)^2$ は 2 次式 $Q(x)$ で割り切れる。

よって，$(ax+b)^2$ は次のように表される。

$$(ax+b)^2=kQ(x)\quad (k \text{ は定数})$$

$Q(x)$ は 2 次式で，$(a,\ b)\neq(0,\ 0)$ であるから，$k\neq0$ であり，$a\neq0$ となる。

したがって　$Q(x)=\frac{1}{k}(ax+b)^2=\frac{a^2}{k}\left(x+\frac{b}{a}\right)^2$

よって，$Q(x)=0$ は重解 $x=-\frac{b}{a}$ をもつ。

別解　$Q(x)=0$ の解を α, β とすると，次の等式が成り立つ。

$$Q(x)=a(x-\alpha)(x-\beta)\quad (a\neq0)$$

ここで，$\alpha\neq\beta$ と仮定する。

$\{P(x)\}^2$ が $Q(x)$ で割り切れるから，

$\{P(x)\}^2=a(x-\alpha)(x-\beta)g(x)$ を満たす整式 $g(x)$ が存在する。

$\{P(\alpha)\}^2=0$, $\{P(\beta)\}^2=0$ であるから　$P(\alpha)=0$, $P(\beta)=0$

よって，$\alpha\neq\beta$ のとき，$P(x)$ は $x-\alpha$, $x-\beta$ を因数にもち，$P(x)$ が $Q(x)$ で割り切れることになるが，これは矛盾である。

したがって　$\alpha=\beta$　すなわち，$Q(x)=0$ は重解をもつ。

◀整式を 2 次式で割ったときの余りは，1 次以下の整式または定数。

◀$a\neq0$ または $b\neq0$ という意味。

◀左辺が 2 次式であるためには　$a\neq0$

◀背理法による証明。

◀$\alpha\neq\beta$ として，矛盾を導く方針。

演習 22

➡ 本冊 p. 95

(1)　x^6 を $f(x)$ で割ったときの余りは，右の割り算から

$\mathbf{-1}$

$$\begin{array}{r} x^2+1 \\ x^4-x^2+1 \,\big)\, \overline{x^6 \qquad\qquad} \\ \underline{x^6-x^4+x^2} \\ x^4-x^2 \\ \underline{x^4-x^2+1} \\ -1 \end{array}$$

(2)　$x^{2021}=(x^6)^{336}\cdot x^5$

(1) の結果から

$x^6=f(x)(x^2+1)-1$　…… ①

よって　$x^{2021}=\{f(x)(x^2+1)-1\}^{336}\cdot x^5$

$x^2+1=g(x)$ とおくと，二項定理により

$\{f(x)g(x)-1\}^{336}={}_{336}\mathrm{C}_0\{f(x)g(x)\}^{336}(-1)^0$

$+{}_{336}\mathrm{C}_1\{f(x)g(x)\}^{335}(-1)+\cdots\cdots$

$+{}_{336}\mathrm{C}_{335}\{f(x)g(x)\}(-1)^{335}+{}_{336}\mathrm{C}_{336}(-1)^{336}$

◀別解　$x^6+1=(x^2+1)(x^4-x^2+1)$ であるから
$x^6=(x^2+1)f(x)-1$
より，求める余りは $\mathbf{-1}$

右辺は，最後の項を除いて $f(x)$ で割り切れるから，
$\{f(x)(x^2+1)-1\}^{336}=f(x)A(x)+1$ を満たす整式 $A(x)$ が存在する。

◀最後の項は1となる。

ゆえに　　$x^{2021}=\{f(x)A(x)+1\}\cdot x^5$
すなわち　　$x^{2021}=f(x)A(x)\cdot x^5+x^5$
よって，x^{2021} を $f(x)$ で割ったときの余りは，x^5 を $f(x)$ で割ったときの余りに等しい。

◀x^5 は x^4-x^2+1 で割ることができる。

x^5 を $f(x)=x^4-x^2+1$ で割ったときの余りは，右の割り算から
　　x^3-x

$$\begin{array}{r|l} & x \\ \hline x^4-x^2+1 & x^5 \\ & x^5-x^3+x \\ \hline & x^3-x \end{array}$$

◀$x^5=x\cdot x^4$
$=x(x^4-x^2+1)$
$+x^3-x$
としてもよい。

したがって，x^{2021} を $f(x)$ で割ったときの余りは　　$\boldsymbol{x^3-x}$

(3)　自然数 n が3の倍数であるとき，$n=3k$ (k は自然数) と表される。$P=(x^2-1)^n-1$ とすると

$$\begin{aligned} P&=(x^2-1)^n-1=(x^2-1)^{3k}-1=\{(x^2-1)^3\}^k-1 \\ &=(x^6-3x^4+3x^2-1)^k-1 \\ &=\{(x^2+1)(x^4-x^2+1)-3(x^4-x^2+1)+1\}^k-1 \\ &=\{(x^2-2)f(x)+1\}^k-1 \end{aligned}$$

◀x^6 に (1) の ① を代入。

(2) と同様に，二項定理により，$\{(x^2-2)f(x)+1\}^k$ は，最後の項を除いて $f(x)$ で割り切れる。
よって，$\{f(x)(x^2-2)+1\}^k=f(x)B(x)+1$ となる整式 $B(x)$ が存在する。
ゆえに　　$(x^2-1)^n-1=f(x)B(x)+1-1=f(x)B(x)$
したがって，自然数 n が3の倍数であるとき，$(x^2-1)^n-1$ は $f(x)$ で割り切れる。

演習 23 ➡ 本冊 p. 96

$$(x-1)(x^{3n}-1)=\underline{(x-1)(x^n-1)}(x^{2n}+x^n+1)$$
$$(x^3-1)(x^n-1)=\underline{(x-1)}(x^2+x+1)\underline{(x^n-1)}$$

◀a^3-b^3
$=(a-b)(a^2+ab+b^2)$

よって，$x^{2n}+x^n+1$ が x^2+x+1 で割り切れることを示せばよい。
$x^2+x+1=0$ の両辺に $x-1$ を掛けて
　　$(x-1)(x^2+x+1)=0$　すなわち　$x^3=1$

◀$x^2+x+1=0$ が出てきたから1の3乗根のうち，虚数のもの ω を利用。

よって，1の3乗根のうち，虚数であるものの1つを ω とすると，$\omega^3=1$，$\omega^2+\omega+1=0$ である。
また，ω が方程式 $x^2+x+1=0$ の解であるとき，$\overline{\omega}$ もこの方程式の解であるから，$x^2+x+1=(x-\omega)(x-\overline{\omega})$ と因数分解できる。
$f(x)=x^{2n}+x^n+1$ とすると　　$f(\omega)=\omega^{2n}+\omega^n+1$
n は3で割った余りが1となる自然数であるから，k を0以上の整数とすると，$n=3k+1$ と表される。

よって　　$f(\omega)=\omega^{2(3k+1)}+\omega^{3k+1}+1=(\omega^3)^{2k}\cdot\omega^2+(\omega^3)^k\cdot\omega+1$
$=\omega^2+\omega+1=0$

また，同様にして，$f(\overline{\omega})=0$ でもあるから，$x^{2n}+x^n+1$ は $(x-\omega)(x-\overline{\omega})$ すなわち x^2+x+1 で割り切れる。
したがって，題意は示された。

◀$(\overline{\omega})^2+\overline{\omega}+1=0$ を利用する。

演習 24 ➡ 本冊 p. 96

➡ 本冊 p. 96

(1) $x^2+\dfrac{1}{x^2}=\left(x+\dfrac{1}{x}\right)^2-2x\cdot\dfrac{1}{x}=y^2-2$

◀$a^2+b^2=(a+b)^2-2ab$

よって　$\dfrac{1}{x^2}f(x)=x^2+2\alpha x+(\alpha^2-\beta^2+2)+\dfrac{2\alpha}{x}+\dfrac{1}{x^2}$

$=\left(x^2+\dfrac{1}{x^2}\right)+2\alpha\left(x+\dfrac{1}{x}\right)+\alpha^2-\beta^2+2$

$=(y^2-2)+2\alpha y+\alpha^2-\beta^2+2$

$=\boldsymbol{y^2+2\alpha y+\alpha^2-\beta^2}$

(2) $x=0$ は方程式 $f(x)=0$ の実数解でないから，方程式 $f(x)=0$ の解は，方程式 $\dfrac{1}{x^2}f(x)=0$ の解と一致する。

◀$f(x)$ の係数は左右対称になっている。つまり，方程式 $f(x)=0$ は相反方程式である。

$(\alpha,\ \beta)=\left(\dfrac{1}{2},\ \dfrac{3}{2}\right)$ のとき　$\dfrac{1}{x^2}f(x)=y^2+y-2$

$y^2+y-2=0$ とすると　$y=1,\ -2$

◀$(y-1)(y+2)=0$

[1] $y=1$ のとき　$x+\dfrac{1}{x}=1$　すなわち　$x^2-x+1=0$

◀分母を払って整理。

これを解いて　$x=\dfrac{1\pm\sqrt{3}\,i}{2}$

[2] $y=-2$ のとき　$x+\dfrac{1}{x}=-2$　すなわち　$(x+1)^2=0$

◀分母を払って整理。

これを解いて　$x=-1$

以上から　$\boldsymbol{x=\dfrac{1\pm\sqrt{3}\,i}{2},\ -1}$

(3) $x=0$ は方程式 $f(x)=0$ の解でないから，方程式 $f(x)=0$ の解は，方程式 $\dfrac{1}{x^2}f(x)=0$ の解と一致する。

◀この断りは重要。なお，$f(0)=1$ となる。

したがって，$y^2+2\alpha y+\alpha^2-\beta^2=0$ …… ① によって得られた解 y に対し，方程式 $x+\dfrac{1}{x}=y$ がちょうど 1 つの解をもてばよい。

方程式 $x+\dfrac{1}{x}=y$ を変形すると　$x^2-yx+1=0$　…… ②

◀両辺に x $(\neq 0)$ を掛けて分母を払い，x について整理。

② の判別式を D とすると　$D=y^2-4$

方程式 $x+\dfrac{1}{x}=y$ がちょうど 1 つの解をもつのは，② が重解をもつときである。

② が重解をもつための条件は，$D=0$ であるから，② が重解をもつとき　$y=\pm 2$

よって，① が $y=\pm 2$ を重解としてもてばよい。

[1] $y=2$ のとき

① が $(y-2)^2=0$ すなわち $y^2-4y+4=0$ となればよい。

① と係数を比較して　$2\alpha=-4,\ \alpha^2-\beta^2=4$

◀係数比較法。

これを解いて　$(\alpha,\ \beta)=(-2,\ 0)$

[2] $y=-2$ のとき

① が $(y+2)^2=0$ すなわち $y^2+4y+4=0$ となればよい。

① と係数を比較して　$2\alpha=4,\ \alpha^2-\beta^2=4$

これを解いて　$(\alpha,\ \beta)=(2,\ 0)$

以上から　$\boldsymbol{(\alpha,\ \beta)=(\pm 2,\ 0)}$

◀係数比較法。

演習 25

➡ 本冊 p. 96

$a+bi=\alpha$ とおく。

(1) $g(\alpha)=0$ から　$\alpha^3-5\alpha^2+m\alpha-13=0$

ゆえに　$\overline{\alpha^3-5\alpha^2+m\alpha-13}=\overline{0}$

$\overline{\alpha^3}-5\overline{\alpha^2}+m\overline{\alpha}-13=0$

$(\overline{\alpha})^3-5(\overline{\alpha})^2+m\overline{\alpha}-13=0$　すなわち　$g(\overline{\alpha})=0$

$\overline{\alpha}=a-bi$ であるから，$g(a-bi)=0$ が成り立つ。

◀共役複素数の性質。
$\overline{\alpha+\beta}=\overline{\alpha}+\overline{\beta}$
$\overline{\alpha-\beta}=\overline{\alpha}-\overline{\beta}$
$\overline{\alpha\beta}=\overline{\alpha}\,\overline{\beta}$
$\overline{k\alpha}=k\overline{\alpha}$
(k は実数)

(2) $g(\alpha)=0$ かつ $g(\overline{\alpha})=0$ が成り立つから，方程式 $g(x)=0$ は $x=a+bi$ と $x=a-bi$ を解にもつ。

したがって，$g(x)$ は $\{x-(a+bi)\}\{x-(a-bi)\}$ で割り切れる。

ここで　$(a+bi)+(a-bi)=2a,\ (a+bi)(a-bi)=a^2+b^2$

よって，$g(x)$ は $x^2-2ax+a^2+b^2$ で割り切れる。

◀互いに共役な複素数の和・積はともに実数である。

(3) $x=a\pm bi$ 以外の解を β とすると，3 次方程式の解と係数の関係から　$\beta+(a+bi)+(a-bi)=5$,

$\beta(a+bi)+(a+bi)(a-bi)+(a-bi)\beta=m$,

$\beta(a+bi)(a-bi)=13$

よって　$\beta+2a=5$　すなわち　$\beta=5-2a$　…… ①

$2a\beta+a^2+b^2=m$　…… ②

$\beta(a^2+b^2)=13$　…… ③

a，b は整数で，$b\neq 0$ であるから　$a^2+b^2\geqq 1$

13 は素数であるから，①，③ より

④ $\begin{cases}5-2a=1\\a^2+b^2=13\end{cases}$　または　⑤ $\begin{cases}5-2a=13\\a^2+b^2=1\end{cases}$

◀素数 p の正の約数は 1 と p（自分自身）だけである。

[1]　連立方程式 ④ を解くと，$5-2a=1$ から　$a=2$

$a^2+b^2=13$ に代入して　$4+b^2=13$

よって，$b=\pm 3$ が得られ，条件を満たす。

② に $a=2,\ \beta=1,\ a^2+b^2=13$ を代入すると

$m=2\cdot 2\cdot 1+13=17$

◀ b は 0 でない整数である。

[2]　連立方程式 ⑤ を解くと，$5-2a=13$ から　$a=-4$

このとき　$a^2+b^2=16+b^2\geqq 17$

よって，連立方程式 ⑤ の解はない。

◀$a^2+b^2=1$ を満たさない。

以上から，求める m の値は　$\boldsymbol{m=17}$

演習 26

➡ 本冊 p. 96

(1) $x^2+ax+b=(x-\alpha)^2$ であるから，両辺の係数を比較して

$a=-2\alpha$　…… ①，　$b=\alpha^2$　…… ②

◀解と係数の関係を利用してもよい。

①，② から α を消去して　$b=\left(-\dfrac{a}{2}\right)^2=\dfrac{a^2}{4}$

b は整数であるから，a^2 は 4 の倍数である。

よって，a は偶数であり，$\alpha=-\dfrac{a}{2}$ から，α は整数である。

(2) $(x-\beta)^4=x^4-4\beta x^3+6\beta^2x^2-4\beta^3x+\beta^4$ であるから，
$x^4+px^3+qx^2+rx+s$ と係数を比較すると

$$p=-4\beta \quad \cdots\cdots ③, \qquad q=6\beta^2 \quad \cdots\cdots ④$$
$$r=-4\beta^3 \quad \cdots\cdots ⑤, \qquad s=\beta^4 \quad \cdots\cdots ⑥$$

◀ $(x-\beta)^4$ の展開は，$(x^2-2\beta x+\beta^2)^2$ を展開してもよいし，二項定理またはパスカルの三角形を利用してもよい。

③ から　$\beta=-\dfrac{p}{4}$ …… ⑦

⑦ を ④ に代入して　$q=6\cdot\left(-\dfrac{p}{4}\right)^2=\dfrac{3p^2}{8}$

3 と 8 は互いに素であり，かつ q は整数であるから，p^2 は 8 の倍数である。よって，p は偶数である。

◀ $3p^2=8q$

ここで，p が 4 の倍数でない偶数であるとすると，p は 4 で割ると 2 余る整数であるから，$p=4k+2$ (k は整数) と表される。

◀ p が 4 の倍数であることをいいたいが，直接示すのは難しいので，背理法により示す。

このとき　$p^2=16k^2+16k+4=8(2k^2+2k)+4$
$2k^2+2k$ は整数であるから，p^2 は 8 で割ると 4 余る整数となり，8 の倍数にならない。ゆえに，p は 4 の倍数である。
したがって，⑦ から β は整数である。
よって，⑤ から r も整数であり，⑥ から s も整数である。

演習 27

➡ 本冊 $p.$ 96

(1) 3 次方程式 $f(x)=0$ について，解と係数の関係により

$$\alpha+\beta+\gamma=k,\ \alpha\beta+\beta\gamma+\gamma\alpha=0,\ \alpha\beta\gamma=1 \quad \cdots\cdots ①$$

◀ $f(x)=x^3-kx^2-1$

$g(x)=x^3+ax^2+bx+c$ とすると，3 次方程式 $g(x)=0$ について，解と係数の関係により

◀ 方程式 $g(x)=0$ の 3 つの解は　$\alpha\beta,\ \beta\gamma,\ \gamma\alpha$

$$\alpha\beta+\beta\gamma+\gamma\alpha=-a,\ \alpha\beta\cdot\beta\gamma+\beta\gamma\cdot\gamma\alpha+\gamma\alpha\cdot\alpha\beta=b,$$
$$\alpha\beta\cdot\beta\gamma\cdot\gamma\alpha=-c$$

したがって，① から

$$a=0,\ b=\alpha\beta\gamma(\alpha+\beta+\gamma)=1\cdot k=k,\ c=-(\alpha\beta\gamma)^2=-1$$

よって　$\boldsymbol{g(x)=x^3+kx-1}$

(2) $f(x)=0$ と $g(x)=0$ の共通の解を p とすると，$f(p)=0$，$g(p)=0$ であるから

$$p^3-kp^2-1=0 \quad \cdots\cdots ②,\ p^3+kp-1=0 \quad \cdots\cdots ③$$

②−③ から　$-kp^2-kp=0$　すなわち　$kp(p+1)=0$
よって　$k=0$　または　$p=0$　または　$p=-1$

[1] $k=0$ のとき
$f(x)=0$ と $g(x)=0$ はともに $x^3-1=0$ となるから，共通の解をもつ。

◀ 共通解は $x=1,\ \dfrac{-1\pm\sqrt{3}\,i}{2}$

[2] $p=0$ のとき　②，③ は成り立たないから不適。

[3] $p=-1$ のとき
$p=-1$ を ②，③ に代入すると，ともに
$-1-k-1=0$　　よって　$k=-2$
ゆえに，$k=-2$ のとき，共通の解 -1 をもつ。

◀ $f(x)=(x+1)(x^2+x-1)$
$g(x)=(x+1)(x^2-x-1)$

以上から　$\boldsymbol{k=0,\ -2}$

CHECK 26 ➡ 本冊 p. 99

(1) $AB=|3-(-5)|=\mathbf{8}$

(2) $AB=|-9-(-7)|=\mathbf{2}$

CHECK 27 ➡ 本冊 p. 99

(1) $\dfrac{1\cdot(-3)+2\cdot6}{2+1}=\dfrac{9}{3}=\mathbf{3}$

(2) $\dfrac{-1\cdot(-3)+2\cdot6}{2-1}=\mathbf{15}$

(3) $\dfrac{-2\cdot(-3)+1\cdot6}{1-2}=\mathbf{-12}$

(4) $\dfrac{-3+6}{2}=\mathbf{\dfrac{3}{2}}$

CHECK 28 ➡ 本冊 p. 99

(1) $AB=\sqrt{(3-1)^2+\{2-(-1)\}^2}=\sqrt{2^2+3^2}=\mathbf{\sqrt{13}}$

(2) $OA=\sqrt{4^2+(-2)^2}=\sqrt{20}=\mathbf{2\sqrt{5}}$

CHECK 29 ➡ 本冊 p. 105

直線 ① の傾きは　2,　　直線 ② の傾きは　$\sqrt{2}$,

直線 ③ の傾きは　-2,　直線 ④ の傾きは　$\dfrac{2}{\sqrt{2}}=\sqrt{2}$,

直線 ⑤ の傾きは　$-\dfrac{1}{2}$

したがって，互いに **平行な直線は**　② と ④,
　　　　　互いに **垂直な直線は**　① と ⑤

◀平行 ⟺ 傾きが一致

◀垂直
⟺ 傾きの積が -1

CHECK 30 ➡ 本冊 p. 105

(1) $\dfrac{|4\cdot0+3\cdot0-12|}{\sqrt{4^2+3^2}}=\dfrac{|-12|}{\sqrt{25}}=\mathbf{\dfrac{12}{5}}$

(2) $\dfrac{|2\cdot4-3\cdot(-1)+5|}{\sqrt{2^2+(-3)^2}}=\dfrac{|16|}{\sqrt{13}}=\mathbf{\dfrac{16}{\sqrt{13}}}$

◀$\dfrac{16\sqrt{13}}{13}$ でもよい。

CHECK 31 ➡ 本冊 p. 118

(1) $\{x-(-3)\}^2+(y-1)^2=2^2$
すなわち　$\mathbf{(x+3)^2+(y-1)^2=4}$

(2) $x^2+y^2=(\sqrt{5})^2$　すなわち　$\mathbf{x^2+y^2=5}$

CHECK 32 ➡ 本冊 p. 121

(1) $1\cdot x+(-3)y=10$　すなわち　$\mathbf{x-3y=10}$

(2) $(-3)x+2y=13$　すなわち　$\mathbf{-3x+2y=13}$

◀$3x-2y+13=0$ でもよい。

CHECK 33 ➡ 本冊 p. 147

(1) $2x-y+2<0$ から　　$y>2x+2$
したがって，**直線 $y=2x+2$ の上側の部分。ただし，境界線を含まない。**

CHART 不等式の領域
> を = に
まず　境界線をかく

(2) $4x+3\geqq0$ から　　$x\geqq-\dfrac{3}{4}$

◀≧ であるから，境界線も含む。

よって，直線 $x=-\frac{3}{4}$ の右側の部分。ただし，境界線を含む。

(1)

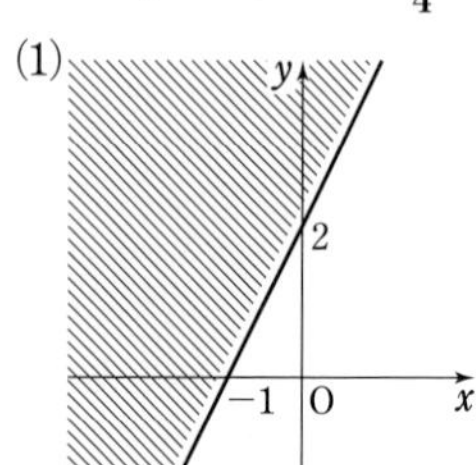

(2)

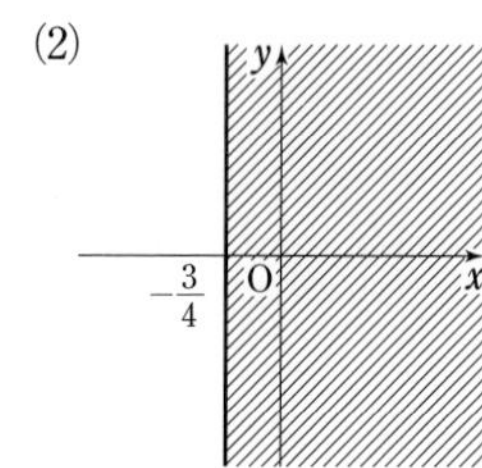

(3)　$y>x^2-3x$ から　　$y>\left(x-\frac{3}{2}\right)^2-\frac{9}{4}$

よって，放物線 $y=\left(x-\frac{3}{2}\right)^2-\frac{9}{4}$ の上側の部分。ただし，境界線を含まない。

(4)　円 $(x-2)^2+(y-1)^2=5$ の外部。ただし，境界線を含む。

◀この円は原点を通る。

(3)

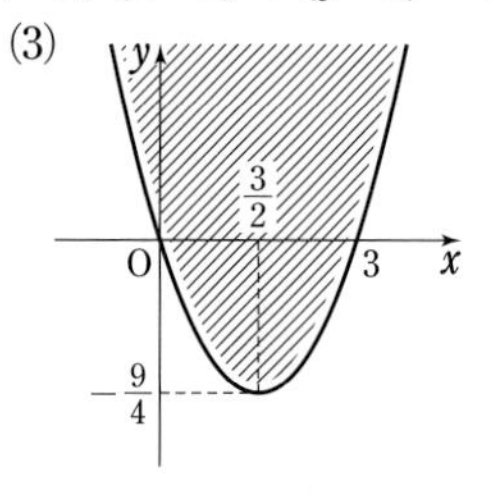

(4)

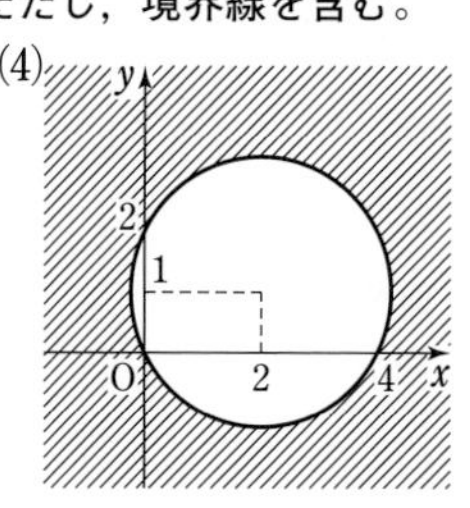

例 28 ➡ 本冊 p. 100

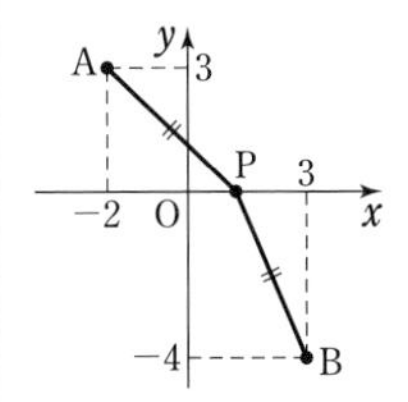

(1) P$(x,\ 0)$ とすると，AP=BP すなわち $AP^2=BP^2$ から

$$\{x-(-2)\}^2+(0-3)^2=(x-3)^2+\{0-(-4)\}^2$$

ゆえに　$x^2+4x+4+9=x^2-6x+9+16$

これを解いて　$x=\dfrac{6}{5}$

よって　$\mathbf{P\left(\dfrac{6}{5},\ 0\right)}$

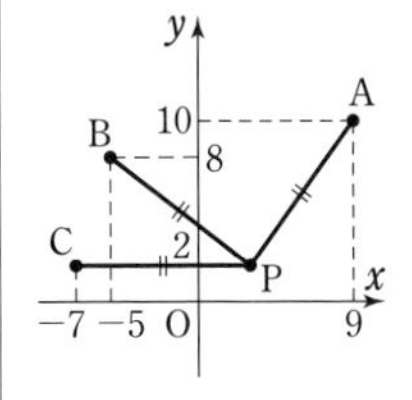

(2) P$(x,\ y)$ とすると，AP=BP すなわち $AP^2=BP^2$ から

$$(x-9)^2+(y-10)^2=\{x-(-5)\}^2+(y-8)^2$$

整理して　$7x+y-23=0$　…… ①

また，AP=CP すなわち $AP^2=CP^2$ から

$$(x-9)^2+(y-10)^2=\{x-(-7)\}^2+(y-2)^2$$

整理して　$2x+y-8=0$　…… ②

①，② を連立して解くと　$x=3,\ y=2$

よって　$\mathbf{P(3,\ 2)}$

例 29 ➡ 本冊 p. 100

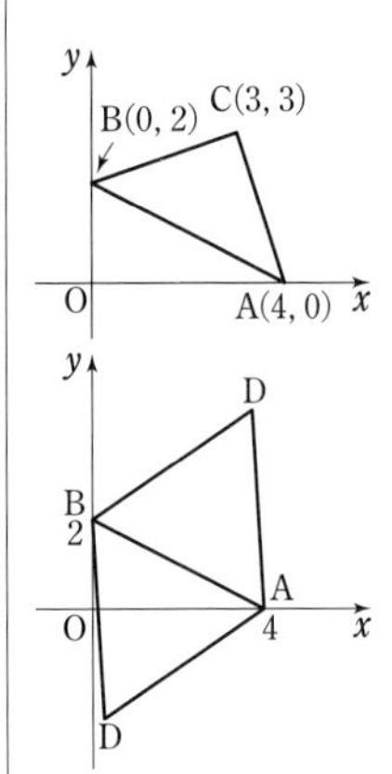

(1) $AB^2=(0-4)^2+(2-0)^2=20$

$BC^2=(3-0)^2+(3-2)^2=10$

$CA^2=(4-3)^2+(0-3)^2=10$

したがって　$BC=CA,\ BC^2+CA^2=AB^2$

よって，△ABC は **∠C=90° の直角二等辺三角形** である。

(2) D$(x,\ y)$ とする。

△ABD が正三角形であるための条件は

$$BD=AD=AB$$

$BD^2=AD^2$ から　$x^2+(y-2)^2=(x-4)^2+y^2$

よって　$y=2x-3$　…… ①

$AD^2=AB^2$ から　$(x-4)^2+y^2=20$　…… ②

① を ② に代入すると　$(x-4)^2+(2x-3)^2=20$

整理すると　$x^2-4x+1=0$

これを解いて　$x=2\pm\sqrt{3}$

このとき，① から

$$y=2(2\pm\sqrt{3})-3=1\pm2\sqrt{3}$$　(複号同順)

よって，Dの座標は

$$\mathbf{(2+\sqrt{3},\ 1+2\sqrt{3}),\ (2-\sqrt{3},\ 1-2\sqrt{3})}$$

例 30 ➡ 本冊 p. 101

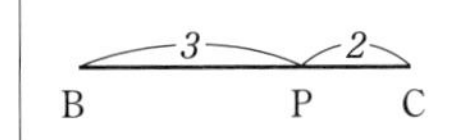

(1) 点Pの座標は，$\left(\dfrac{2\cdot6+3\cdot1}{3+2},\ \dfrac{2\cdot(-3)+3\cdot7}{3+2}\right)$ から

$\mathbf{(3,\ 3)}$

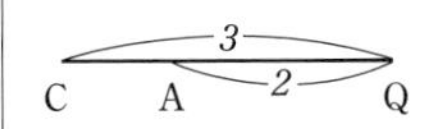

(2) 点Qの座標は，$\left(\dfrac{-2\cdot1+3\cdot(-2)}{3-2},\ \dfrac{-2\cdot7+3\cdot5}{3-2}\right)$ から

$\mathbf{(-8,\ 1)}$

(3)　点Rの座標は，$\left(\frac{-2+6}{2},\ \frac{5-3}{2}\right)$ から　　**(2, 1)**

◀中点は2点の平均

(4)　(1)~(3)の結果により，△PQR の重心Gの座標は

$$\left(\frac{3-8+2}{3},\ \frac{3+1+1}{3}\right) \text{ から } \quad \left(-1,\ \frac{5}{3}\right)$$

◀重心は3点の平均

(5)　点Aは線分 BS の中点と一致する。

点Sの座標を $(x,\ y)$ とすると

$$-2=\frac{6+x}{2},\ 5=\frac{-3+y}{2}$$

これを解いて　　$x=-10,\ y=13$

したがって，点Sの座標は　　**(−10, 13)**

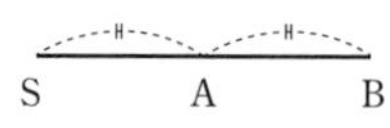

Sは線分 AB を 1：2 に外分する点と考えてもよい。

例 31　➡本冊 p. 101

残りの頂点Dの座標を $(x,\ y)$ とする。

平行四辺形の頂点の順序は，次の 3 つの場合がある。

[1]　ABCD　　[2]　ABDC　　[3]　ADBC

[1] の場合，対角線は AC，BD であり，それぞれの中点を M，N とすると

$$\mathrm{M}\left(\frac{1+3}{2},\ \frac{2+6}{2}\right),\ \mathrm{N}\left(\frac{5+x}{2},\ \frac{4+y}{2}\right)$$

M，N の座標が一致するから

$$\frac{4}{2}=\frac{5+x}{2}, \qquad \frac{8}{2}=\frac{4+y}{2}$$

これを解いて　　$x=-1,\ y=4$

[2] の場合，対角線は AD，BC であり，同様にして

$$\frac{1+x}{2}=\frac{8}{2}, \qquad \frac{2+y}{2}=\frac{10}{2}$$

これを解いて　　$x=7,\ y=8$

[3] の場合，対角線は AB，CD であり，同様にして

$$\frac{6}{2}=\frac{3+x}{2}, \qquad \frac{6}{2}=\frac{6+y}{2}$$

これを解いて　　$x=3,\ y=0$

以上から，点Dの座標は

(−1, 4)，(7, 8)，(3, 0)

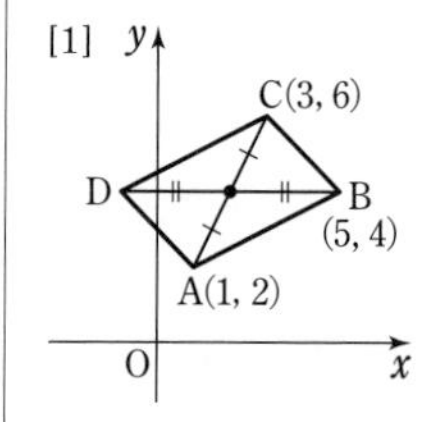

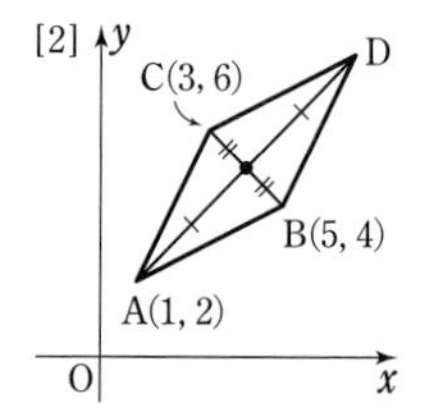

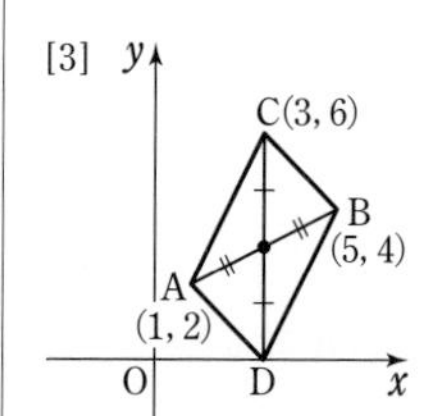

例 32　➡本冊 p. 106

(1)　$y-(-2)=3(x-1)$　　　よって　$\boldsymbol{y=3x-5}$

◀$\boldsymbol{y-y_1=m(x-x_1)}$

(2)　$y-3=\frac{-1-3}{5-(-1)}\{x-(-1)\}$　　よって　$\boldsymbol{y=-\frac{2}{3}x+\frac{7}{3}}$

◀2点 $(x_1,\ y_1)$，$(x_2,\ y_2)$ を通る直線の方程式は

$\boldsymbol{y-y_1=\frac{y_2-y_1}{x_2-x_1}(x-x_1)}$

または　$\boldsymbol{x=x_1}$

(3)　x 座標がともに -3 であるから　　$\boldsymbol{x=-3}$

(4)　y 座標がともに 4 であるから　　$\boldsymbol{y=4}$

(5)　y 軸に平行な直線は，x 軸に垂直である。

通る点の x 座標が 5 であるから　　$\boldsymbol{x=5}$

(6)　x 切片 -2，y 切片 4 であるから

$$\frac{x}{-2}+\frac{y}{4}=1$$

すなわち　　$\boldsymbol{2x-y=-4}$

◀$y=2x+4$ でもよい。

例 33 ➡ 本冊 p. 106

(1) 直線 $3x+y-7=0$ の傾きは -3 である。
よって，求める直線の方程式は
$$y-(-4)=-3(x-6) \quad すなわち \quad \boldsymbol{3x+y-14=0}$$
◀ $y=-3x+14$ でもよい。

(2) 直線 $x-5y+2=0$ の傾きは $\dfrac{1}{5}$ である。
よって，求める直線の傾きを m とすると
$$m\cdot\frac{1}{5}=-1 \quad これを解いて \quad m=-5$$
よって，求める直線の方程式は
$$y-3=-5\{x-(-1)\} \quad すなわち \quad \boldsymbol{5x+y+2=0}$$
◀ $y=-5x-2$ でもよい。

別解 本冊 p. 106 **検討** の内容を利用して解くと，次のようになる。
(1) $3(x-6)+\{y-(-4)\}=0$ すなわち $\boldsymbol{3x+y-14=0}$
(2) $-5\{x-(-1)\}-(y-3)=0$ すなわち $\boldsymbol{5x+y+2=0}$

例 34 ➡ 本冊 p. 107

2 直線が平行になるための条件は $(a-2)(a-2)-1\cdot a=0$
◀ $a_1b_2-a_2b_1=0$
整理して $a^2-5a+4=0$ よって $(a-1)(a-4)=0$
したがって $a={}^{ア}\boldsymbol{1,\ 4}$
$a=1$ のとき
2 直線の方程式は $-x+y+2=0$，$x-y+1=0$
◀一致するかしないかを確認する。
よって，2 直線は一致しない。
$a=4$ のとき
2 直線の方程式は $2x+4y+2=0$，$x+2y+1=0$
よって，2 直線は一致する。
したがって $a={}^{イ}\boldsymbol{4}$
2 直線が垂直になるための条件は $(a-2)\cdot 1+a(a-2)=0$
◀ $a_1a_2+b_1b_2=0$
整理して $a^2-a-2=0$ よって $(a+1)(a-2)=0$
したがって $a={}^{ウ}\boldsymbol{-1,\ 2}$

例 35 ➡ 本冊 p. 107

(1) 点 $(2,\ 1)$ と直線 $kx+y+1=0$ の距離が $\sqrt{3}$ であるから
◀点 $(x_1,\ y_1)$ と直線 $ax+by+c=0$ の距離は $\dfrac{|\boldsymbol{ax_1+by_1+c}|}{\sqrt{\boldsymbol{a^2+b^2}}}$
$$\frac{|k\cdot 2+1+1|}{\sqrt{k^2+1^2}}=\sqrt{3} \quad すなわち \quad 2|k+1|=\sqrt{3(k^2+1)}$$
両辺を 2 乗して $4(k+1)^2=3(k^2+1)$
整理すると $k^2+8k+1=0$
これを解いて $\boldsymbol{k=-4\pm\sqrt{15}}$

(2) 2 直線 $5x+4y=20$，$5x+4y=60$ は平行である。
◀傾きが等しい。
よって，求める距離は，直線 $5x+4y=20$ 上の点 $(4,\ 0)$ と直線 $5x+4y-60=0$ の距離と同じであるから
◀計算に都合のよい点，例えば，座標が整数で，0 を含むものを選ぶ。
$$\frac{|5\cdot 4+4\cdot 0-60|}{\sqrt{5^2+4^2}}=\boldsymbol{\frac{40}{\sqrt{41}}}$$

注意 $\dfrac{40\sqrt{41}}{41}$ のように分母を有理化して答えてもよいが，煩雑になるので，上の解答のように表すこともある。

例 36 ➡本冊 p. 119

(1) 半径 r は，中心 $(-5,\ 4)$ と原点の距離であるから

$$r^2=(-5)^2+4^2=41$$

したがって，求める円の方程式は

$$\boldsymbol{(x+5)^2+(y-4)^2=41}$$

◀$(x+5)^2+(y-4)^2=r^2$ に $x=y=0$ を代入してもよい。

(2) 中心は直径の中点であるから，その座標は

$$\left(\frac{-3+3}{2},\ \frac{6+(-2)}{2}\right) \quad \text{すなわち} \quad (0,\ 2)$$

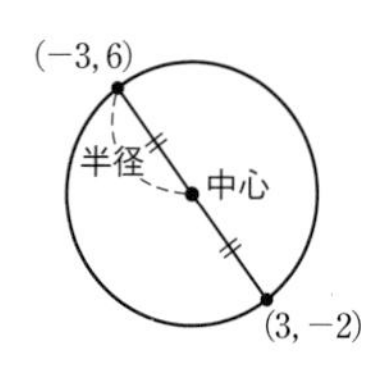

半径 r は中心 $(0,\ 2)$ と点 $\mathrm{A}(-3,\ 6)$ の距離であるから

$$r^2=(-3-0)^2+(6-2)^2=25$$

したがって，求める円の方程式は

$$\boldsymbol{x^2+(y-2)^2=25}$$

別解 (2)の円周上に，A，B とは異なる点 $\mathrm{P}(x,\ y)$ をとると，$\mathrm{AP}\perp\mathrm{BP}$ であるから，$x\neq-3$，$x\neq3$ のときは

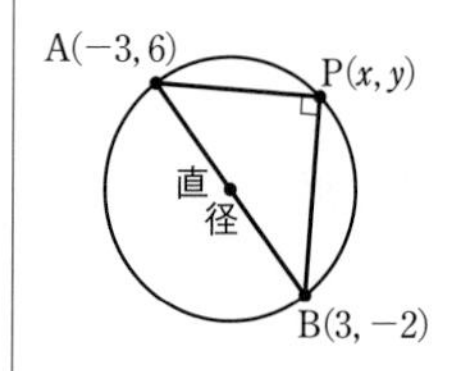

$$\frac{y-6}{x-(-3)}\cdot\frac{y-(-2)}{x-3}=-1$$

したがって　$(x+3)(x-3)+(y-6)(y+2)=0$

すなわち　$\boldsymbol{x^2+(y-2)^2=25}$

この方程式は $x=-3$，$x=3$ のとき，すなわち，点 $(-3,\ 6)$，$(-3,\ -2)$，$(3,\ 6)$，$(3,\ -2)$ も満たすから，求める円の方程式である。

例 37 ➡本冊 p. 119

求める円の方程式を $x^2+y^2+lx+my+n=0$ とする。

この円が $\mathrm{A}(8,\ 5)$ を通るから

$$8^2+5^2+8l+5m+n=0$$

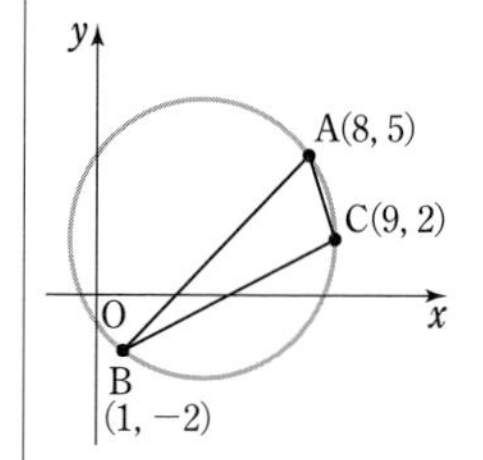

$\mathrm{B}(1,\ -2)$ を通るから

$$1^2+(-2)^2+l-2m+n=0$$

$\mathrm{C}(9,\ 2)$ を通るから

$$9^2+2^2+9l+2m+n=0$$

これらを整理すると

$$\begin{cases} 8l+5m+n=-89 & \cdots\cdots ① \\ l-2m+n=-5 & \cdots\cdots ② \\ 9l+2m+n=-85 & \cdots\cdots ③ \end{cases}$$

①～③ を連立して解くと

$$l=-8,\ m=-4,\ n=-5$$

◀(①−②)÷7 から $l+m=-12$
①−③ から $-l+3m=-4$
よって　$4m=-16$
など。

したがって，求める方程式は

$$\boldsymbol{x^2+y^2-8x-4y-5=0}$$

◀基本形に変形すると $(x-4)^2+(y-2)^2=25$

別解 △ABC の外心が求める円の中心である。

線分 AB の垂直二等分線の方程式は

$$y-\frac{3}{2}=-\left(x-\frac{9}{2}\right)$$

すなわち　$y=-x+6$　$\cdots\cdots$ ④

◀線分 AB の
中点 $\left(\dfrac{8+1}{2},\ \dfrac{5-2}{2}\right)$
傾き $\dfrac{5-(-2)}{8-1}=1$

線分 BC の垂直二等分線の方程式は

$$y-0=-2(x-5)$$

すなわち　$y=-2x+10$ …… ⑤

④, ⑤ を連立して解くと　$x=4$, $y=2$

ゆえに, 外接円の中心は点 $(4,\ 2)$ で, 半径は

$$\sqrt{(8-4)^2+(5-2)^2}=5$$

よって, 求める方程式は　$\boldsymbol{(x-4)^2+(y-2)^2=25}$

◀線分 BC の
中点 $\left(\dfrac{1+9}{2},\ \dfrac{-2+2}{2}\right)$
傾き $\dfrac{2-(-2)}{9-1}=\dfrac{1}{2}$

例 38

➡ 本冊 p.119

(1) $x^2+y^2+4x-6y+4=0$

$(x^2+4x+2^2)+(y^2-6y+3^2)=-4+2^2+3^2$

ゆえに　$(x+2)^2+(y-3)^2=3^2$

よって　**中心 $(-2,\ 3)$, 半径 3 の円**

◀両辺に, x, y の係数の半分の 2 乗をそれぞれ加える。

(2) $x^2+y^2+2px+3py+13=0$

$$(x^2+2px+p^2)+\left\{y^2+3py+\left(\frac{3}{2}p\right)^2\right\}=-13+p^2+\left(\frac{3}{2}p\right)^2$$

よって　$(x+p)^2+\left(y+\dfrac{3}{2}p\right)^2=\dfrac{13}{4}p^2-13$

この方程式が円を表すための条件は　$\dfrac{13}{4}p^2-13>0$

ゆえに　$p^2-4>0$

したがって　$\boldsymbol{p<-2,\ 2<p}$

◀x, y について, それぞれ平方完成 (数学 I で学習した, 2 次式を基本形に直す変形と同じ)。

例 39

➡ 本冊 p.122

$x^2+y^2=10$ …… Ⓐ である。

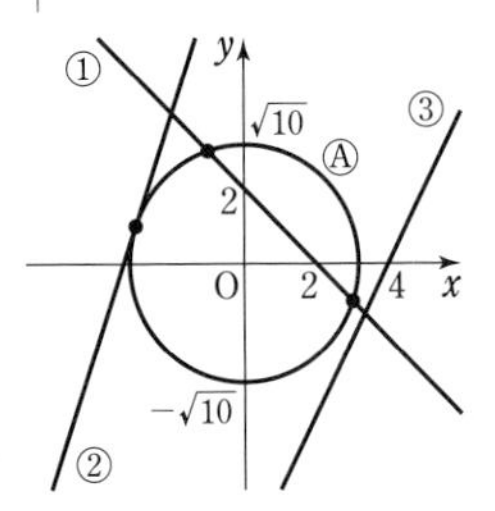

(1) $y=-x+2$ …… ① を Ⓐ に代入して整理すると

$$x^2-2x-3=0$$

よって　$(x+1)(x-3)=0$

ゆえに　$x=-1,\ 3$

① から　$x=-1$ のとき　$y=3$

　　　　$x=3$　のとき　$y=-1$

よって, 円 Ⓐ と直線 ① は, **2 点 $(-1,\ 3)$, $(3,\ -1)$ で交わる。**

(2) $y=3x+10$ …… ② を Ⓐ に代入して整理すると

$$x^2+6x+9=0$$

よって　$(x+3)^2=0$

ゆえに　$x=-3$ (重解)

このとき, ② から　$y=1$

よって, 円 Ⓐ と直線 ② は, **点 $(-3,\ 1)$ で接する。**

◀接点 ⟺ 重解

(3) $y=2x-8$ …… ③ を Ⓐ に代入して整理すると

$$5x^2-32x+54=0$$

この 2 次方程式の判別式を D とすると

$$\frac{D}{4}=(-16)^2-5\cdot54=-14$$

$D<0$ であるから, この 2 次方程式は実数解をもたない。

よって, 円 Ⓐ と直線 ③ は, **共有点をもたない。**

◀共有点がない ⟺ 実数解をもたない

例 40 ➡ 本冊 p. 122

円の半径は1である。

円の中心 (2, 2) と直線の距離を d とすると，異なる2点で交わるための条件は　　$d<1$

$d=\dfrac{|a\cdot 2-2+1|}{\sqrt{a^2+(-1)^2}}$ であるから　　$\dfrac{|2a-1|}{\sqrt{a^2+1}}<1$

両辺に正の数 $\sqrt{a^2+1}$ を掛けて　　$|2a-1|<\sqrt{a^2+1}$

両辺は負でないから2乗して　　$(2a-1)^2<a^2+1$

整理して　　$a(3a-4)<0$

これを解いて　　$\boldsymbol{0<a<\dfrac{4}{3}}$

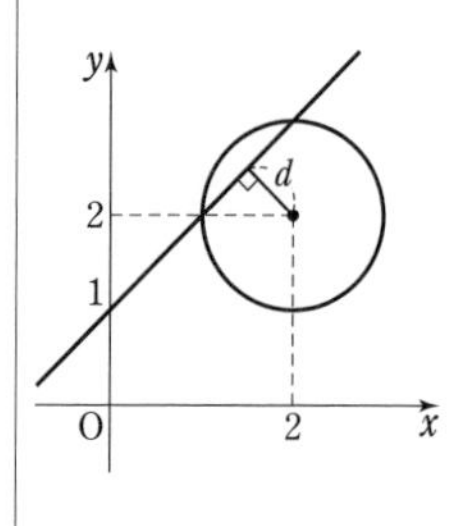

別解　$y=ax+1$ を $(x-2)^2+(y-2)^2=1$ に代入して整理すると

$$(a^2+1)x^2-2(a+2)x+4=0$$

◀判別式の利用。

◀**共有点 ⟺ 実数解**

判別式を D とすると

$$\frac{D}{4}=\{-(a+2)\}^2-(a^2+1)\cdot 4=-a(3a-4)$$

求める条件は $D>0$ であるから，$-a(3a-4)>0$ を解いて

$$\boldsymbol{0<a<\frac{4}{3}}$$

例 41 ➡ 本冊 p. 122

$x^2-2x+y^2-6y-15=0$ を変形すると

$$(x-1)^2+(y-3)^2=5^2$$

よって，円 C の中心は C(1, 3)，半径は5

直線 CA の傾きは $\dfrac{7-3}{-2-1}=-\dfrac{4}{3}$ であるから，接線 ℓ の傾きを m とすると

◀**接線⊥半径** を利用する。

$$m\cdot\left(-\frac{4}{3}\right)=-1\quad すなわち\quad m=\frac{3}{4}$$

◀**垂直**
⟺ 傾きの積が −1

したがって，点Aにおける接線 ℓ の方程式は

$$y-7=\frac{3}{4}\{x-(-2)\}\quad すなわち\quad \boldsymbol{y=\frac{3}{4}x+\frac{17}{2}}$$

◀$3x-4y+34=0$ でもよい。

例 42 ➡ 本冊 p. 148

(1)　$2x-3y+6>0$ から　　$y<\dfrac{2}{3}x+2$

求める領域は，直線 $y=\dfrac{2}{3}x+2$ の下側の部分で，**図(1)の斜線部分。ただし，境界線を含まない。**

(2)　$y\geqq x^2-4x+3$ から　　$y\geqq(x-2)^2-1$

求める領域は，放物線 $y=(x-2)^2-1$ の上側の部分で，**図(2)の斜線部分。ただし，境界線を含む。**

(3)　求める領域は，円 $(x-2)^2+(y-1)^2=5$ の外部で，**図(3)の斜線部分。ただし，境界線を含む。**

(1)　$x=0$，$y=0$ を代入すると　$6>0$　[**OK**]
領域は点 (0, 0) を含む。

(2)　$x=0$，$y=0$ を代入すると　$0\geqq 3$　[×]
領域は点 (0, 0) を含まない。

(3)　$x=2$，$y=1$ を代入すると　$0\geqq 5$　[×]
領域は点 (2, 1) を含まない。

(1)

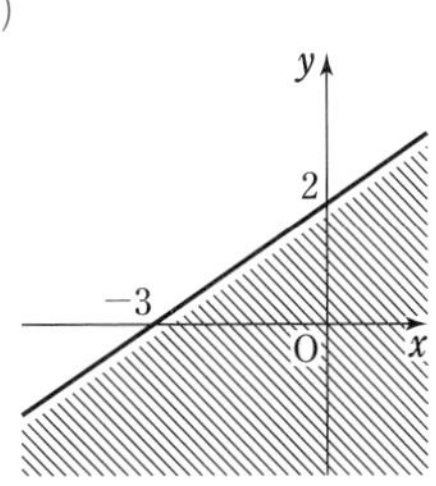

(2)

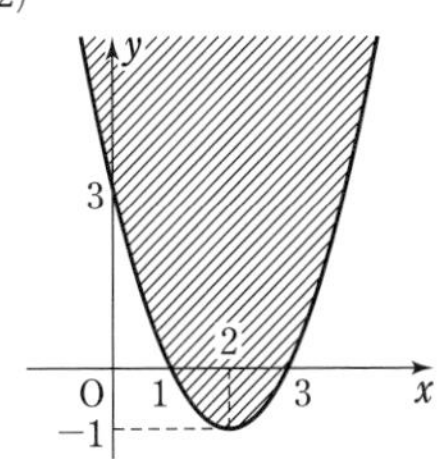

(3)

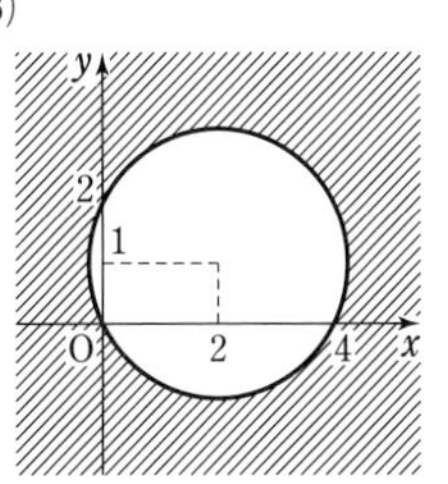

例 43 ➡ 本冊 *p*. 148

(1)　$x-2y-4<0$ から

$$y>\frac{1}{2}x-2$$

$4x+3y-12<0$ から

$$y<-\frac{4}{3}x+4$$

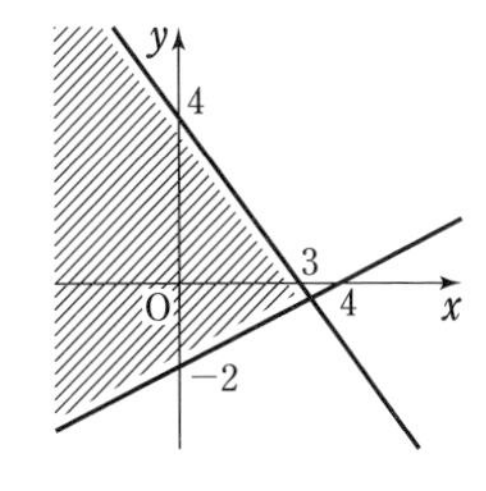

よって，求める領域は，

直線 $y=\frac{1}{2}x-2$ の上側

直線 $y=-\frac{4}{3}x+4$ の下側

の共通部分で，**右上の図の斜線部分。ただし，境界線を含まない。**

(2)　$x-y\leqq 0$ から　　$y\geqq x$

よって，求める領域は，

円 $x^2+y^2=4$ の内部

直線 $y=x$ およびその上側

の共通部分で，**右の図の斜線部分。**

ただし，境界線は円 $x^2+y^2=4$ を含まず，他は含む。

注意　(2)の境界線の断りを「直線 $y=x$ を含み，他は含まない」と書くと，円と直線の交点が領域に含まれることになってしまい，誤りになるので注意が必要である。

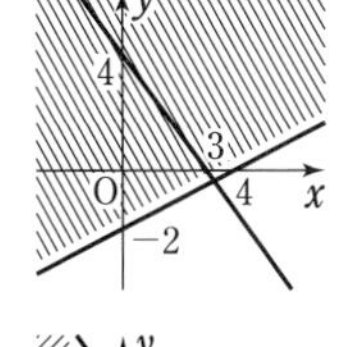

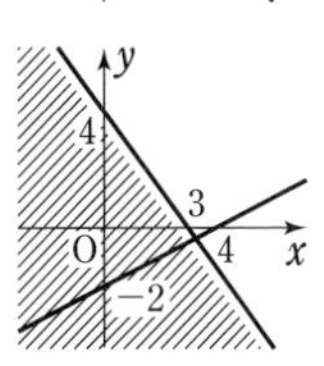

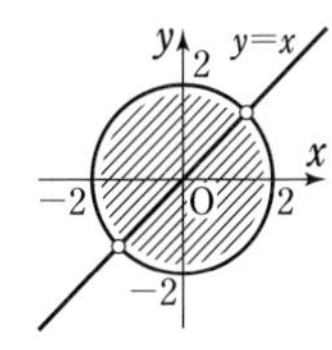

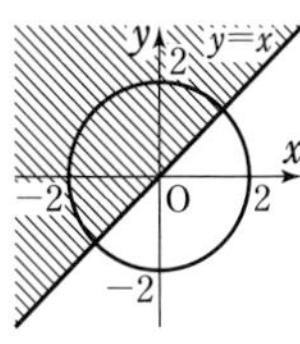

練習 41 ➡ 本冊 $p.103$

(1)　直線 BC を x 軸，点 P を原点にとると，△ABC の頂点の座標は，次のように表すことができる。

$A(a,\ b)$，$B(-c,\ 0)$，$C(2c,\ 0)$

ただし，$b \neq 0$，$c>0$ である。このとき

$$2AB^2+AC^2=2\{(-c-a)^2+(0-b)^2\}+\{(2c-a)^2+(0-b)^2\}$$
$$=2(a^2+2ac+c^2+b^2)+(4c^2-4ac+a^2+b^2)$$
$$=3a^2+3b^2+6c^2$$
$$3(AP^2+2BP^2)=3\{(a^2+b^2)+2c^2\}=3a^2+3b^2+6c^2$$

したがって　　$2AB^2+AC^2=3(AP^2+2BP^2)$

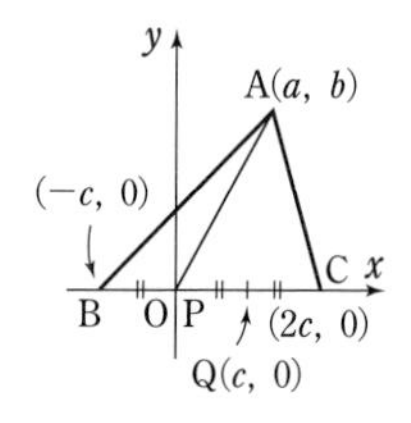

(2)　B を原点に，辺 BC を x 軸上にとると，各頂点の座標は

$A(0,\ a)$，$B(0,\ 0)$，$C(b,\ 0)$，$D(b,\ a)$ と表すことができる。

このとき，$P(x,\ y)$ とすると

$$PA^2+PC^2=(0-x)^2+(a-y)^2+(b-x)^2+(0-y)^2$$
$$=x^2+(y-a)^2+(x-b)^2+y^2$$
$$PB^2+PD^2=(0-x)^2+(0-y)^2+(b-x)^2+(a-y)^2$$
$$=x^2+y^2+(x-b)^2+(y-a)^2$$

したがって　　$PA^2+PC^2=PB^2+PD^2$

◀ 0 を多く含む方針。

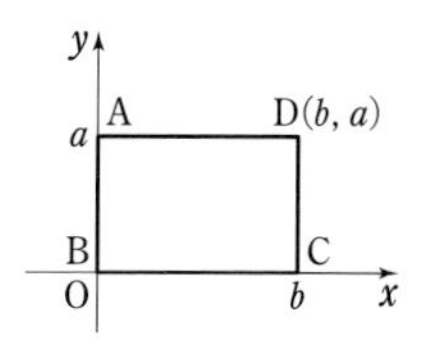

別解　$A(-a,\ b)$，$B(-a,\ -b)$，$C(a,\ -b)$，$D(a,\ b)$ とすると

$$PA^2+PC^2=(-a-x)^2+(b-y)^2+(a-x)^2+(-b-y)^2$$
$$=(x+a)^2+(y-b)^2+(x-a)^2+(y+b)^2$$
$$PB^2+PD^2=(-a-x)^2+(-b-y)^2+(a-x)^2+(b-y)^2$$
$$=(x+a)^2+(y+b)^2+(x-a)^2+(y-b)^2$$

したがって　　$PA^2+PC^2=PB^2+PD^2$

◀ 対称に点をとる方針。$A(-a,\ b)$，$B(-a,\ 0)$，$C(a,\ 0)$，$D(a,\ b)$ のようにとってもよい。

練習 42 ➡ 本冊 $p.108$

与えられた直線の方程式を k について整理すると

$$k(3x-2y-10)+x-4y+10=0$$

この等式が k の値に関係なく成り立つための条件は

$$3x-2y-10=0,\ x-4y+10=0$$

この連立方程式を解いて　　$x=6,\ y=4$

よって，求める定点の座標は　　**(6, 4)**

◀ $Ak+B=0$ が k についての恒等式
$\iff A=0,\ B=0$

練習 43 ➡ 本冊 $p.109$

$2x-y-1=0$ …… ①，　$x+5y-17=0$ …… ②　とする。

2 直線 ①，② は傾きが異なるから 1 点で交わり，k を定数とした方程式　　$k(2x-y-1)+(x+5y-17)=0$

すなわち　$(2k+1)x+(-k+5)y-k-17=0$ …… ③

は ①，② の交点を通る直線を表す。

直線 ③ が直線 $4x+3y-6=0$ に **平行** になるとき

$$(2k+1)\cdot 3-4(-k+5)=0$$

よって　　$10k-17=0$　　　ゆえに　　$k=\dfrac{17}{10}$

これを ③ に代入して整理すると　　$\boldsymbol{4x+3y-17=0}$

◀ 2 直線 $f=0$，$g=0$ の交点を通る直線
$\boldsymbol{kf+g=0}$（**k は定数**）
を考える。

◀ 2 直線が平行
$\iff a_1b_2-a_2b_1=0$

直線 ③ が直線 $4x+3y-6=0$ に **垂直** になるとき

$$(2k+1)\cdot4+(-k+5)\cdot3=0$$

よって　$5k+19=0$　　ゆえに　$k=-\dfrac{19}{5}$

これを ③ に代入して整理すると　$\boldsymbol{3x-4y+6=0}$

別解　2 直線 ①，② の交点の座標は　$(2,\ 3)$

点 $(2,\ 3)$ を通り，直線 $4x+3y-6=0$ に

平行な直線の方程式は

$4(x-2)+3(y-3)=0$　すなわち　$\boldsymbol{4x+3y-17=0}$

垂直な直線の方程式は

$3(x-2)-4(y-3)=0$　すなわち　$\boldsymbol{3x-4y+6=0}$

◀ 2 直線が垂直 $\iff a_1a_2+b_1b_2=0$

◀本冊 $p.106$ **検討** 参照。

練習 44

➡ 本冊 $p.110$

(1)　2 点 A，B を通る直線の方程式は

$$(2-1)(x-5)-(a-5)(y-1)=0$$

よって　$x-(a-5)y+a-10=0$

直線 AB 上に点Cがあるための条件は

$$-4-(a-5)\cdot2a+a-10=0$$

整理して　$2a^2-11a+14=0$　すなわち　$(a-2)(2a-7)=0$

これを解いて　$\boldsymbol{a=2,\ \dfrac{7}{2}}$

◀ 2 点 B，C の x 座標には文字が含まれていないから，直線 BC：$y-1=\dfrac{2a-1}{-4-5}(x-5)$ に点Aがあると考えてもよい。

(2)　$x+(2t-2)y-4t+2=0$　…… ①

$x+(2t+2)y-4t-2=0$　…… ②

$2tx+y-4t=0$　…… ③　とする。

②−① から　$4y-4=0$　　よって　$y=1$

$y=1$ を ① に代入して　$x=2t$

したがって，2 直線 ①，② の交点の座標は　$(2t,\ 1)$

3 直線 ①，②，③ が 1 点で交わるための条件は，直線 ③ が点 $(2t,\ 1)$ を通ることである。

よって　$2t\cdot2t+1-4t=0$　すなわち　$4t^2-4t+1=0$

これを解くと，$(2t-1)^2=0$ から　$\boldsymbol{t=\dfrac{1}{2}}$

◀③ から　$y=2t(2-x)$　これを ①，② に代入しても計算が大変になり，見通しもよくない。

練習 45

➡ 本冊 $p.111$

$3x-2y=-4$　…… ①，　$2x+y=-5$　…… ②，

$x+ky=k+2$　…… ③　とする。

3 直線が三角形を作らないのは，次の [1] か [2] の場合である。

[1]　3 直線が 1 点で交わる場合

①，② を連立して解くと　$x=-2,\ y=-1$

2 直線 ①，② の交点の座標は　$(-2,\ -1)$

直線 ③ が点 $(-2,\ -1)$ を通るための条件は

$$-2-k=k+2$$

これを解いて　$k=-2$

[2]　少なくとも 2 直線が平行である場合

直線 ① と直線 ② は平行でない。

直線 ① と直線 ③ が平行であるための条件は

◀係数に文字を含まない ①，② を連立して解く。

$3\cdot k-1\cdot(-2)=0$　　　よって　　$k=-\dfrac{2}{3}$

直線 ② と直線 ③ が平行であるための条件は

$2\cdot k-1\cdot 1=0$　　　よって　　$k=\dfrac{1}{2}$

以上から，k の最も小さい値は　　$\boldsymbol{k=-2}$

◀ 2 直線
$a_1x+b_1y+c_1=0$ と
$a_2x+b_2y+c_2=0$ が平行
$\Longleftrightarrow$ $\boldsymbol{a_1b_2-a_2b_1=0}$

練習 46 ➡ 本冊 p. 112

$x-y+1=0$ …… ①，　$x-3y+5=0$ …… ②，
$ax+by=1$ …… ③　とする。

①，② を連立して解くと　　$x=1$，$y=2$

ゆえに，2 直線 ①，② の交点の座標は　　$(1,\ 2)$

点 $(1,\ 2)$ は直線 ③ 上にあるから　　$a+2b=1$ …… ④

また，2 点 $(-1,\ 1)$，$(3,\ -1)$ を通る直線の方程式は

$$y-1=\frac{-1-1}{3-(-1)}(x+1)\quad \text{すなわち}\quad x+2y=1\ \cdots\cdots ⑤$$

④ から，点 $(a,\ b)$ は直線 ⑤ 上にある。

よって，3 点 $(-1,\ 1)$，$(3,\ -1)$，$(a,\ b)$ は同じ直線上にある。

◀係数に文字を含まない ①，② を連立する。

◀ 2 直線 ①，② の交点を第 3 の直線 ③ が通る。

練習 47 ➡ 本冊 p. 113

(1)　直線 $y=2x+3$ を ℓ とし，直線 ℓ に関して点 $\mathrm{P}(3,\ 4)$ と対称な点を $\mathrm{Q}(p,\ q)$ とすると，$p\neq 3$ である。

直線 PQ は ℓ に垂直であるから　　$\dfrac{q-4}{p-3}\cdot 2=-1$

よって　　$p+2q=11$ …… ①

線分 PQ の中点 $\left(\dfrac{3+p}{2},\ \dfrac{4+q}{2}\right)$ は直線 ℓ 上にあるから

$$\frac{4+q}{2}=2\cdot\frac{3+p}{2}+3$$

よって　　$2p-q=-8$ …… ②

①，② を連立して解くと　　$p=-1$，$q=6$

したがって，求める点の座標は　　$\boldsymbol{(-1,\ 6)}$

(2)　2 直線の交点の座標を求めると　　$(-7,\ -11)$

点 $(3,\ 4)$ は直線 $3x-2y-1=0$ 上にあるから，求める直線は，(1) より 2 点 $(-7,\ -11)$，$(-1,\ 6)$ を通る。

よって，その方程式は

$$\{6-(-11)\}\{x-(-7)\}-\{-1-(-7)\}\{y-(-11)\}=0$$

すなわち　　$\boldsymbol{17x-6y+53=0}$

◀直線 ℓ に関して，点 P と点 Q が対称 $\Longleftrightarrow$
$\begin{cases}\mathrm{PQ}\perp\ell\\ \text{線分 PQ の中点が } \ell \text{ 上}\end{cases}$

練習 48 ➡ 本冊 p. 114

(1)　点 B は x 軸に関して点 $\mathrm{A}(7,\ 1)$ と対称であるから，その座標は ア$\boldsymbol{(7,\ -1)}$ である。

次に，点 C の座標を $(p,\ q)$ とすると，$p\neq 7$ である。

直線 AC は ℓ に垂直であるから　　$\dfrac{q-1}{p-7}\cdot\dfrac{1}{2}=-1$

よって　　$2p+q=15$ …… ①

線分 AC の中点 $\left(\dfrac{7+p}{2},\ \dfrac{1+q}{2}\right)$ は直線 ℓ 上にあるから

◀点 $(a,\ b)$ と x 軸に関して対称な点の座標は
$(a,\ -b)$

◀ℓ : $y=\dfrac{1}{2}x$

$$\frac{7+p}{2}-2\cdot\frac{1+q}{2}=0$$

よって　　$p-2q=-5$　…… ②

①, ② を連立して解くと　　$p=5$, $q=5$

したがって，点Cの座標は　　${}^{イ}(\mathbf{5,\ 5})$

(2)　$\mathrm{AP+PQ+QA=BP+PQ+QC \geqq BC}$

したがって，4点 B, P, Q, C が同じ直線上にあるとき，

AP+PQ+QA は最小になる。

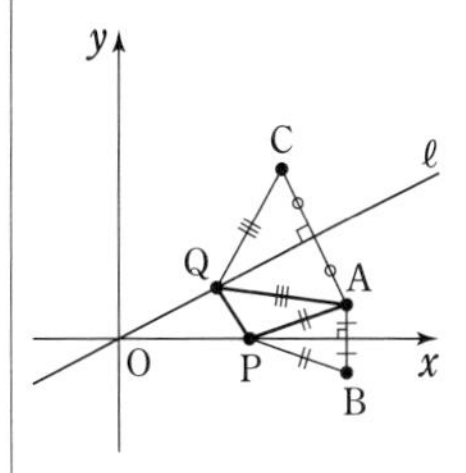

直線 BC の方程式は

$$\{5-(-1)\}(x-7)-(5-7)\{y-(-1)\}=0$$

すなわち　　$3x+y-20=0$　…… ③

Pは x 軸上の点であるから，③ で $y=0$ とすると　　$x=\dfrac{20}{3}$

よって，点Pの座標は　　${}^{ウ}\left(\mathbf{\dfrac{20}{3},\ 0}\right)$

また，③ と $x-2y=0$ を連立して解くと　　$x=\dfrac{40}{7}$, $y=\dfrac{20}{7}$

◀$3\cdot 2y+y-20=0$

よって，点Qの座標は　　${}^{エ}\left(\mathbf{\dfrac{40}{7},\ \dfrac{20}{7}}\right)$

練習 49　➡ 本冊 *p*. 115

$y=-x^2+4$, $y=4x$ から y を消去して

$$-x^2+4=4x \quad すなわち \quad x^2+4x-4=0$$

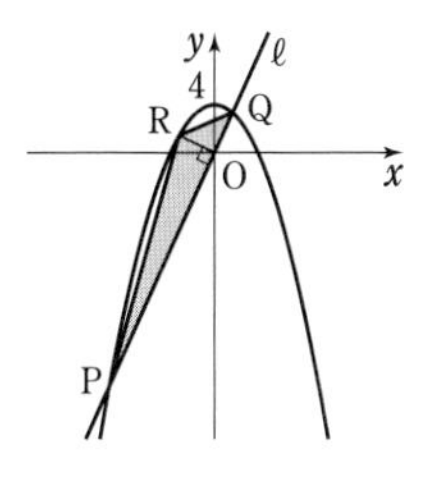

これを解くと　　$x=-2\pm 2\sqrt{2}$

$x=-2-2\sqrt{2}$ のとき　　$y=-8-8\sqrt{2}$

$x=-2+2\sqrt{2}$ のとき　　$y=-8+8\sqrt{2}$

したがって，**2点 P, Q の座標は**

$$(\mathbf{-2-2\sqrt{2},\ -8-8\sqrt{2}}),\ (\mathbf{-2+2\sqrt{2},\ -8+8\sqrt{2}})$$

△PQR の面積が最大になるのは，点Rと直線 PQ の距離 d が最大になるときである。

直線 PQ の方程式は　　$y=4x$　すなわち　$4x-y=0$

$\mathrm{R}(t,\ -t^2+4)$ $(-2-2\sqrt{2}<t<-2+2\sqrt{2})$ とすると

◀Rは放物線 $y=-x^2+4$ 上の点。

$$d=\frac{|4t-(-t^2+4)|}{\sqrt{4^2+(-1)^2}}=\frac{|t^2+4t-4|}{\sqrt{17}}=\frac{|(t+2)^2-8|}{\sqrt{17}}$$

よって，d は $t=-2$ のとき最大になる。

このときの点 Rの座標は　　$(\mathbf{-2,\ 0})$

練習 50　➡ 本冊 *p*. 116

参考　**3点 $\mathrm{O}(0,\ 0)$, $\mathrm{A}(x_1,\ y_1)$, $\mathrm{B}(x_2,\ y_2)$ を頂点とする △OAB の面積 S は**　　$S=\dfrac{1}{2}|x_1y_2-x_2y_1|$

(証明)　直線 AB の方程式は　　$(y_2-y_1)(x-x_1)-(x_2-x_1)(y-y_1)=0$

整理すると　　$(y_2-y_1)x-(x_2-x_1)y+x_2y_1-x_1y_2=0$　…… ①

点 O(0, 0) と直線 ① の距離 h は　　$h=\dfrac{|x_2y_1-x_1y_2|}{\sqrt{(y_2-y_1)^2+(x_2-x_1)^2}}=\dfrac{|x_1y_2-x_2y_1|}{\mathrm{AB}}$

よって　　$S=\dfrac{1}{2}\mathrm{AB}\cdot h=\dfrac{1}{2}\mathrm{AB}\cdot\dfrac{|x_1y_2-x_2y_1|}{\mathrm{AB}}=\dfrac{1}{2}|x_1y_2-x_2y_1|$

(1) $\triangle$OAB の面積を S とすると

$$S=\frac{1}{2}|-1\cdot6-3\cdot2|=\frac{1}{2}|-12|={}^{ア}\mathbf{6}$$

また　$OA=\sqrt{(-1)^2+2^2}=\sqrt{5}$,

$OB=\sqrt{3^2+6^2}=3\sqrt{5}$

$AB=\sqrt{\{3-(-1)\}^2+(6-2)^2}=4\sqrt{2}$

よって，$\triangle$OAB の内接円の半径を r とすると

$$\frac{r}{2}(\sqrt{5}+3\sqrt{5}+4\sqrt{2})=6$$

これを r について解くと

$$r=\frac{3}{\sqrt{5}+\sqrt{2}}=\frac{3(\sqrt{5}-\sqrt{2})}{(\sqrt{5}+\sqrt{2})(\sqrt{5}-\sqrt{2})}$$

$$={}^{イ}\boldsymbol{\sqrt{5}-\sqrt{2}}$$

◀線分 AB を底辺，点 O と直線 AB の距離を高さとみると，面積 S は $\frac{1}{2}\cdot4\sqrt{2}\cdot\frac{|-3|}{\sqrt{1^2+(-1)^2}}$

◀$S=\frac{1}{2}r(OA+OB+AB)$

(2) 点 B$(-2,\ 2)$ が点 O$(0,\ 0)$ にくるように $\triangle$ABC を平行移動すると，点 A$(2,\ 3)$ は点 A$'(4,\ 1)$，点 C$(1,\ -1)$ は点 C$'(3,\ -3)$ に移動する。

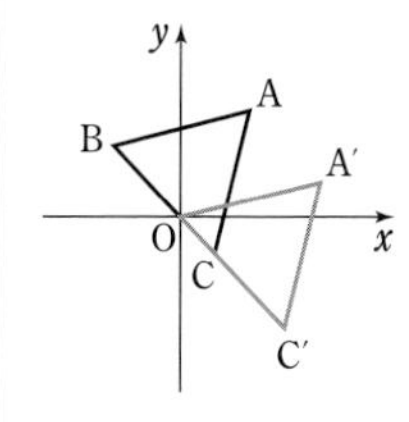

よって　$\triangle ABC=\triangle A'OC'=\frac{1}{2}|4\cdot(-3)-1\cdot3|={}^{ウ}\frac{\mathbf{15}}{\mathbf{2}}$

次に，$\triangle$ABC の外心は，辺 BC と辺 CA の垂直二等分線の交点である。

直線 BC の方程式は　$y-2=\frac{-1-2}{1-(-2)}(x+2)$

すなわち　$x+y=0$ …… ①

直線 CA の方程式は　$y+1=\frac{3-(-1)}{2-1}(x-1)$

すなわち　$4x-y-5=0$ …… ②

◀傾きが整数になる直線 BC と直線 CA を選んだ。直線 AB の方程式は $y-3=\frac{2-3}{-2-2}(x-2)$

辺 BC の垂直二等分線は，線分 BC の中点 $\left(-\frac{1}{2},\ \frac{1}{2}\right)$ を通り，直線 BC すなわち直線 ① に垂直な直線であるから，その方程式は　$1\cdot\left(x+\frac{1}{2}\right)-1\cdot\left(y-\frac{1}{2}\right)=0$

すなわち　$x-y+1=0$ …… ③

◀$\triangle$ABC は AB=AC $(=\sqrt{17})$ の二等辺三角形であるから，辺 BC の中点と点Aを通る直線の方程式を求めてもよい。

辺 CA の垂直二等分線は，線分 CA の中点 $\left(\frac{3}{2},\ 1\right)$ を通り，直線 CA すなわち直線 ② に垂直な直線であるから，その方程式は

$$-1\cdot\left(x-\frac{3}{2}\right)-4\cdot(y-1)=0$$

すなわち　$2x+8y-11=0$ …… ④

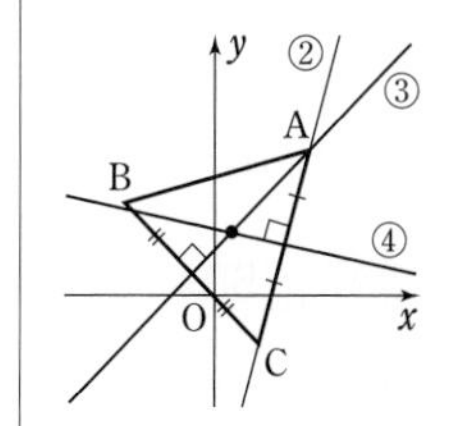

③，④ を連立して解くと　$x=\frac{3}{10}$，$y=\frac{13}{10}$

したがって，$\triangle$ABC の外心の座標は　${}^{エ}\left(\frac{\mathbf{3}}{\mathbf{10}},\ \frac{\mathbf{13}}{\mathbf{10}}\right)$

別解　外心を P$(p,\ q)$ とすると　AP=BP=CP

$AP^2=BP^2$ から　$(p-2)^2+(q-3)^2=(p+2)^2+(q-2)^2$

整理して　$8p+2q-5=0$ …… ①

$AP^2=CP^2$ から　　$(p-2)^2+(q-3)^2=(p-1)^2+(q+1)^2$
整理して　　　　　$2p+8q-11=0$ …… ②
①, ② を連立して解くと　　$p=\dfrac{3}{10}$, $q=\dfrac{13}{10}$
したがって, △ABC の外心の座標は　　エ$\left(\dfrac{3}{10}, \dfrac{13}{10}\right)$

練習 51 ➡ 本冊 p. 117

直線 AC の傾きは　　$-\dfrac{1}{t}$

◀ $0<t<1$ から　$t\neq 0$

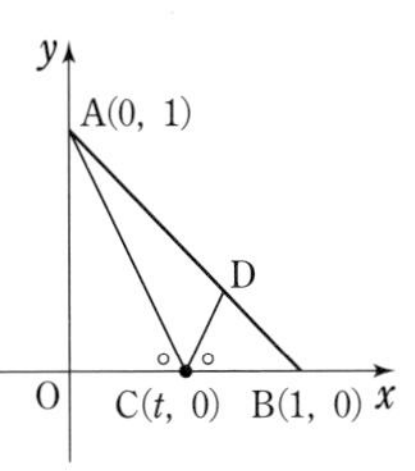

∠ACO＝∠BCD より, 直線 AC の傾きと直線 CD の傾きは絶対値が等しく, 符号が異なるから, 直線 CD の傾きは $\dfrac{1}{t}$ である。

直線 CD の方程式は　　$y=\dfrac{1}{t}(x-t)$ … ①
直線 AB の方程式は　　$y=-x+1$ …… ②
点Dの y 座標は ① と ② の連立方程式の解である。
① の両辺を t 倍して　　$ty=x-t$ …… ③
②＋③ から　　$(t+1)y=1-t$
$t+1\neq 0$ であるから　　$y=\dfrac{1-t}{t+1}$

◀ $0<t<1$ から。

三角形 ACD の面積を S とすると

$$\begin{aligned}S&=\triangle ABO-\triangle ACO-\triangle BCD\\&=\frac{1}{2}\cdot 1\cdot 1-\frac{1}{2}\cdot t\cdot 1-\frac{1}{2}\cdot(1-t)\cdot\frac{1-t}{t+1}\\&=\frac{1}{2}\left\{1-t-\frac{(1-t)^2}{t+1}\right\}=\frac{1}{2}\cdot\frac{1-t^2-(1-2t+t^2)}{t+1}\\&=\frac{t-t^2}{t+1}=-t+2-\frac{2}{t+1}\\&=3-\left(t+1+\frac{2}{t+1}\right)\end{aligned}$$

◀ $-t^2+t$
$=(t+1)(-t+2)-2$

$t+1>0$, $\dfrac{2}{t+1}>0$ であるから, (相加平均)≧(相乗平均) により

$$S\leqq 3-2\sqrt{(t+1)\cdot\frac{2}{t+1}}=3-2\sqrt{2}$$

◀ **$a>0$, $b>0$ のとき**
$a+b\geqq 2\sqrt{ab}$
等号は $a=b$ のとき成り立つ。

不等式の等号は, $0<t<1$ かつ $t+1=\dfrac{2}{t+1}$ すなわち
$t=\sqrt{2}-1$ のとき成り立つ。
したがって, 三角形 ACD の面積は **$t=\sqrt{2}-1$ のとき最大値 $3-2\sqrt{2}$** をとる。

練習 52 ➡ 本冊 p. 120

(1)　円の中心は直線 $y=2x-9$ 上にあるから, その座標を $(t, 2t-9)$ とし, 半径を r とすると, 求める円の方程式は $(x-t)^2+(y-2t+9)^2=r^2$ と表される。

2 点 A$(-1,\ -2)$, B$(3,\ 4)$ を通るから

$$(-1-t)^2+(7-2t)^2=r^2 \quad \cdots\cdots ①$$

$$(3-t)^2+(13-2t)^2=r^2 \quad \cdots\cdots ②$$

①−② から　$32t-128=0$　　ゆえに　$t=4$

① に代入して　$r^2=26$

◀② に代入してもよい。

よって，求める円の方程式は　$\boldsymbol{(x-4)^2+(y+1)^2=26}$

別解　線分 AB の中点の座標は　$(1,\ 1)$

直線 AB の傾きは　$\dfrac{4-(-2)}{3-(-1)}=\dfrac{3}{2}$

◀円の中心が弦 AB の垂直二等分線上にあることを利用する。

よって，線分 AB の垂直二等分線の方程式は

$$y-1=-\frac{2}{3}(x-1) \quad すなわち \quad y=-\frac{2}{3}x+\frac{5}{3}$$

◀**垂直**
⟺ 傾きの積が −1

これと $y=2x-9$ を連立して解くと　$x=4$, $y=-1$

ゆえに，点 $(4,\ -1)$ が円の中心であり，2 点 $(3,\ 4)$, $(4,\ -1)$ の距離 $\sqrt{(4-3)^2+(-1-4)^2}=\sqrt{26}$ が半径である。

◀点Aとの距離も同じ。

よって，求める円の方程式は　$\boldsymbol{(x-4)^2+(y+1)^2=26}$

(2)　x 軸，y 軸の両方に接する円の中心は，直線 $y=x$ または直線 $y=-x$ 上にある。

◀x 軸，y 軸に接する
⟶ |中心の x 座標| と |中心の y 座標| がともに半径に等しい。

[1]　中心が直線 $y=x$ 上にあるとき

2 直線 $2x+y-3=0$ と $y=x$ の交点の座標は，2 つの方程式を連立して解くと　$(1,\ 1)$

ゆえに，求める円の中心の座標は $(1,\ 1)$，半径は 1 である。

よって，その方程式は　$\boldsymbol{(x-1)^2+(y-1)^2=1}$

[2]　中心が直線 $y=-x$ 上にあるとき

2 直線 $2x+y-3=0$ と $y=-x$ の交点の座標は，2 つの方程式を連立して解くと　$(3,\ -3)$

ゆえに，求める円の中心の座標は $(3,\ -3)$，半径は 3 である。

よって，その方程式は　$\boldsymbol{(x-3)^2+(y+3)^2=9}$

別解　円の中心は直線 $2x+y-3=0$ 上にあるから，その座標を $(t,\ -2t+3)$ とする。

◀直線 $y=-2x+3$ 上。

中心から x 軸，y 軸までの距離は等しいから　$|-2t+3|=|t|$

◀$|A|=|B| \Longleftrightarrow A=\pm B$

よって　$-2t+3=\pm t$　　ゆえに　$t=1,\ 3$

$t=1$ のとき　中心 $(1,\ 1)$，半径 1

$t=3$ のとき　中心 $(3,\ -3)$，半径 3

よって，求める円の方程式は

$$\boldsymbol{(x-1)^2+(y-1)^2=1,\quad (x-3)^2+(y+3)^2=9}$$

練習 53

➡ 本冊 p. 123

(1)　円の中心 O$(0,\ 0)$ を通り，直線 $x+y=1$ …… ① に垂直な直線の方程式は　$x-y=0$ …… ②

◀**円の弦の垂直二等分線は，円の対称軸となり，円の中心を通る** の方針。

弦の中点 M は 2 直線 ①，② の交点である。

①，② を連立して解くと　$x=\dfrac{1}{2}$, $y=\dfrac{1}{2}$

よって，**弦の中点の座標は**　M$\left(\boldsymbol{\dfrac{1}{2},\ \dfrac{1}{2}}\right)$

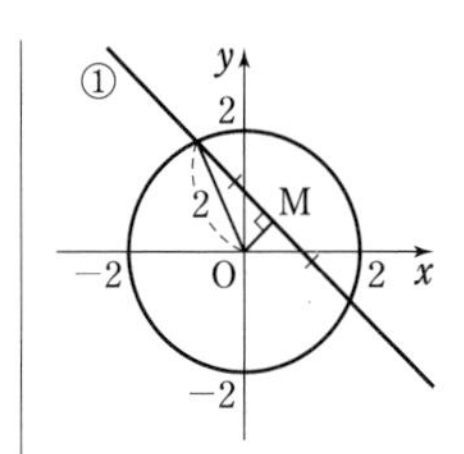

このとき　　$OM=\sqrt{\left(\frac{1}{2}\right)^2+\left(\frac{1}{2}\right)^2}=\frac{1}{\sqrt{2}}$

弦の長さは　　$2\sqrt{(半径)^2-OM^2}=2\sqrt{2^2-\left(\frac{1}{\sqrt{2}}\right)^2}=\boldsymbol{\sqrt{14}}$

別解　$x+y=1$ と $x^2+y^2=4$ から y を消去して整理すると

$2x^2-2x-3=0$ …… ①

円と直線の交点の座標を $(\alpha,\ 1-\alpha)$, $(\beta,\ 1-\beta)$ とすると，α, β は 2 次方程式 ① の解であるから，解と係数の関係により

$$\alpha+\beta=1,\ \alpha\beta=-\frac{3}{2}$$

よって，**弦の中点の座標は**

$$\left(\frac{\alpha+\beta}{2},\ \frac{1-\alpha+1-\beta}{2}\right)\quad すなわち\quad \boldsymbol{\left(\frac{1}{2},\ \frac{1}{2}\right)}$$

◀ y 座標は $\frac{2-(\alpha+\beta)}{2}=\frac{2-1}{2}$

また，弦の長さを l とすると

$$l^2=(\beta-\alpha)^2+\{(1-\beta)-(1-\alpha)\}^2=(\beta-\alpha)^2+(\alpha-\beta)^2$$
$$=2(\alpha-\beta)^2=2\{(\alpha+\beta)^2-4\alpha\beta\}=2\left\{1^2-4\cdot\left(-\frac{3}{2}\right)\right\}=14$$

よって，**弦の長さは**　　$l=\boldsymbol{\sqrt{14}}$

(2)　円の方程式を変形すると　　$(x-2)^2+(y-1)^2=2$

よって，C の中心は点 $(2,\ 1)$，半径は $\sqrt{2}$ である。

また，$y=-x+k$ を変形すると　　$x+y-k=0$

C の中心と ℓ の距離は　　$\frac{|2+1-k|}{\sqrt{1^2+1^2}}=\frac{|3-k|}{\sqrt{2}}$

C と ℓ が異なる 2 点で交わるとき　　$\frac{|3-k|}{\sqrt{2}}<\sqrt{2}$

◀円と直線が異なる 2 点で交わる $\Leftrightarrow$ $d<r$

よって　　$|k-3|<2$　すなわち　$-2<k-3<2$

したがって　　$\boldsymbol{1<k<5}$

円 C によって切り取られてできる線分の長さが 2 となるとき，C の中心と直線 ℓ の距離は　　$\sqrt{(Cの半径)^2-1^2}=\sqrt{2-1}=1$

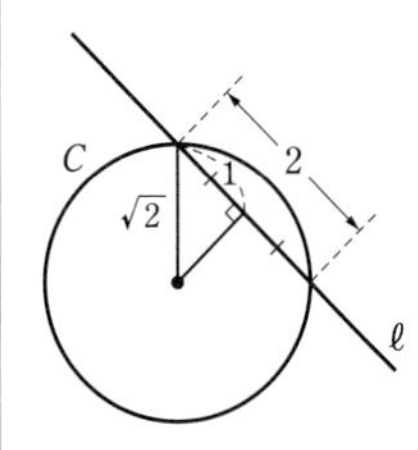

よって　　$\frac{|3-k|}{\sqrt{2}}=1$

ゆえに　　$|k-3|=\sqrt{2}$　すなわち　$k-3=\pm\sqrt{2}$

したがって　　$\boldsymbol{k=3\pm\sqrt{2}}$

練習 54　➡ 本冊 p. 124

(解 1)　$(6-3)(x-3)+(8-4)(y-4)=25$

すなわち　　$\boldsymbol{3x+4y=50}$

◀公式利用。

(解 2)　円の中心を C(3, 4) とする。

◀**接線⊥半径** の利用。

直線 CA の傾きは　　$\frac{8-4}{6-3}=\frac{4}{3}$

よって，求める接線の傾きは　　$-\frac{3}{4}$

◀ $m\cdot\frac{4}{3}=-1$ から。

接点が A(6, 8) であるから，求める接線の方程式は

$$y-8=-\frac{3}{4}(x-6)\quad すなわち\quad \boldsymbol{3x+4y=50}$$

3章 練習 [図形と方程式]

(解 3) 求める接線は，点Aを通り，x 軸に垂直でないから，

$y=m(x-6)+8$ すなわち $mx-y-6m+8=0$ …… ①

と表される。

◀**中心と接線の距離＝半径** を利用。

円の中心 $(3,\ 4)$ と直線 ① の距離が円の半径 5 に等しいから

$$\frac{|m\cdot 3-4-6m+8|}{\sqrt{m^2+(-1)^2}}=5$$

よって　$|-3m+4|=5\sqrt{m^2+1}$

両辺を平方して　$(-3m+4)^2=25(m^2+1)$

◀(左辺)$\geqq 0$，(右辺)>0 であるから，平方しても同値。

整理すると　$(4m+3)^2=0$　　ゆえに　$m=-\dfrac{3}{4}$

よって，求める接線の方程式は　$\boldsymbol{3x+4y=50}$

練習 55

➡ 本冊 $p.125$

(1) 中心は直線 $y=x$ 上にあるから，その座標を $(t,\ t)$ とおくことができる。

また，円は両座標軸に接するから，半径は $|t|$ であり，求める円の方程式は，次のように表される。

$$(x-t)^2+(y-t)^2=|t|^2 \quad \cdots\cdots ①$$

円 ① が直線 $3x+4y=12$ …… ② に接するための条件は，円の中心 $(t,\ t)$ と直線 ② との距離が円の半径 $|t|$ に等しいことであるから　$\dfrac{|3t+4t-12|}{\sqrt{3^2+4^2}}=|t|$

ゆえに　$|7t-12|=5|t|$　　よって　$7t-12=\pm 5t$

$7t-12=5t$ から　$t=6$,　　$7t-12=-5t$ から　$t=1$

これを ① に代入して，求める円の方程式は

$$\boldsymbol{(x-6)^2+(y-6)^2=36,\ (x-1)^2+(y-1)^2=1}$$

(2) 求める直線の方程式を $y=-x+k$ …… ① とし，

$x^2+2x+y^2-2y=0$ …… ② とする。

① から　$x+y-k=0$　　② から　$(x+1)^2+(y-1)^2=2$

直線 ① と円 ② が接するための条件は，円の中心 $(-1,\ 1)$ と直線 ① の距離が円の半径 $\sqrt{2}$ に等しいことである。

したがって　$\dfrac{|-1+1-k|}{\sqrt{1^2+1^2}}=\sqrt{2}$　すなわち　$\dfrac{|k|}{\sqrt{2}}=\sqrt{2}$

◀$d=r$ また $|-k|=|k|$

ゆえに　$|k|=2$　　よって　$k=\pm 2$

これを ① に代入して，求める直線の方程式は　$\boldsymbol{y=-x\pm 2}$

別解　① を ② に代入すると

◀判別式を利用する。

$$x^2+2x+(-x+k)^2-2(-x+k)=0$$

整理して　$2x^2+2(2-k)x+k^2-2k=0$

◀x について整理。

この 2 次方程式の判別式を D とすると

$$\frac{D}{4}=(2-k)^2-2(k^2-2k)=4-k^2$$

直線 ① と円 ② が接するための条件は，$D=0$ であるから

$$4-k^2=0 \qquad よって \qquad k=\pm 2$$

◀**接点 ⟺ 重解**

これを ① に代入して，求める直線の方程式は　$\boldsymbol{y=-x\pm 2}$

練習 56 ➡ 本冊 p. 126

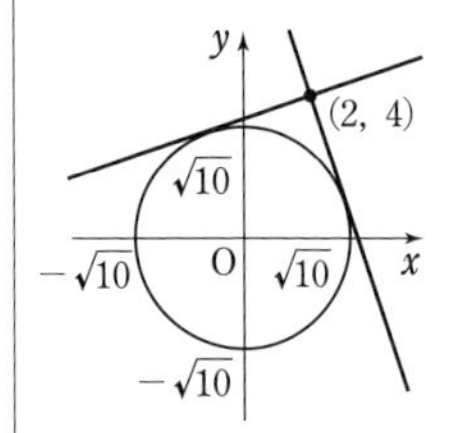

接点を $\mathrm{P}(x_1,\ y_1)$ とすると　$x_1{}^2+y_1{}^2=10$ …… ①

また，点Pにおけるこの円の接線の方程式は

$x_1x+y_1y=10$ …… ②

この直線が点 $(2,\ 4)$ を通るから

$2x_1+4y_1=10$　すなわち　$x_1+2y_1=5$ …… ③

①，③ から x_1 を消去すると　$(5-2y_1)^2+y_1{}^2=10$

整理して　$y_1{}^2-4y_1+3=0$

これを解いて　$y_1=1,\ 3$

③ から　$y_1=1$ のとき　$x_1=3$，　$y_1=3$ のとき　$x_1=-1$

したがって，求める接線の方程式と接点の座標は

$\boldsymbol{3x+y=10,\ (3,\ 1)}$ **と** $\boldsymbol{-x+3y=10,\ (-1,\ 3)}$

別解　点 $(2,\ 4)$ を通り，x 軸に垂直な直線 $x=2$ は円 $x^2+y^2=10$ の接線ではない。

よって，点 $(2,\ 4)$ を通り，傾きを m の直線の方程式は

$y-4=m(x-2)$

すなわち　$mx-y-2m+4=0$ …… ①

直線 ① が円 $x^2+y^2=10$ に接するための条件は，円の中心 $(0,\ 0)$ と直線 ① の距離が円の半径 $\sqrt{10}$ に等しいことであるから

$$\frac{|-2m+4|}{\sqrt{m^2+(-1)^2}}=\sqrt{10}$$

すなわち　$2|m-2|=\sqrt{10(m^2+1)}$

両辺を平方すると　$4(m-2)^2=10(m^2+1)$

整理して　$3m^2+8m-3=0$

ゆえに，$(m+3)(3m-1)=0$ を解いて　$m=-3,\ \dfrac{1}{3}$

これを ① に代入すると，次の方程式が得られる。

$3x+y-10=0$ …… ②，　$x-3y+10=0$ …… ③

直線 ② に垂直で原点を通る直線の方程式は　$x-3y=0$

これと ② を連立して解くと　$x=3,\ y=1$

直線 ③ に垂直で原点を通る直線の方程式は　$3x+y=0$

これと ③ を連立して解くと　$x=-1,\ y=3$

したがって，求める接線の方程式と接点の座標は

$\boldsymbol{3x+y-10=0,\ (3,\ 1)}$ **と** $\boldsymbol{x-3y+10=0,\ (-1,\ 3)}$

◀**中心と接線の距離＝半径** を利用する方法。x 軸に垂直な直線の扱いに注意が必要。しかし，この解法では接点の座標を求めるのが少し手間になる。

◀両辺は負でないから，平方しても同値。

◀直線 $ax+by+c=0$ に垂直で，点 $(x_1,\ y_1)$ を通る直線の方程式は $\boldsymbol{b(x-x_1)-a(y-y_1)=0}$

練習 57 ➡ 本冊 p. 127

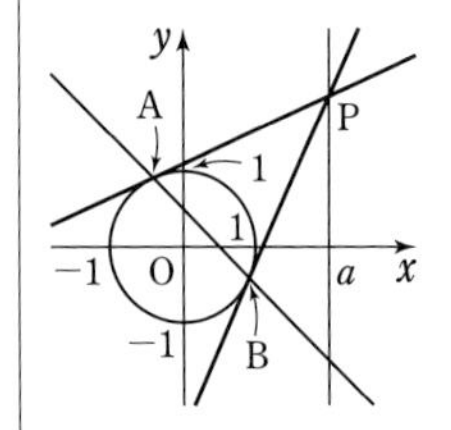

$\mathrm{A}(x_1,\ y_1)$，$\mathrm{B}(x_2,\ y_2)$，$\mathrm{P}(a,\ t)$ とする。

点 A，B における接線の方程式は，それぞれ

$x_1x+y_1y=1$，$x_2x+y_2y=1$

点Pを通るから，それぞれ

$ax_1+ty_1=1$，$ax_2+ty_2=1$

を満たし，これは 2 点 A，B が直線 $ax+ty=1$ 上にあることを示している。

すなわち，直線 AB の方程式は　$ax+ty=1$

したがって　$ax-1+ty=0$

この等式が任意の t について成り立つための条件は

$$ax-1=0,\ y=0$$

◀ t についての恒等式。

$a>1$ であるから　$x=\dfrac{1}{a}$

よって，直線 AB は，点Pによらず，点 $\left(\boldsymbol{\dfrac{1}{a}},\ \mathbf{0}\right)$ を常に通る。

●本冊 $p.127$ 検討 ①，② の証明

(**① の証明**)　A$(p,\ q)$ とする。

点Aに関する円の極線の方程式は　$px+qy=r^2$

これが他の点 B$(s,\ t)$ を通るとき　$ps+qt=r^2$　…… Ⓐ

また，点 B$(s,\ t)$ に関する極線は　$sx+ty=r^2$

Ⓐ の式から，この直線は点 A$(p,\ q)$ を通る。

ただし，A，B は原点ではない。

◀ A は円 $x^2+y^2=r^2$ の外部の点であるから，原点ではない。点Bも同様。

(**② の証明**)　A$(p,\ q)$，B$(s,\ t)$，C$(u,\ v)$ とする。

点 A，B に関する円の極線の方程式は，それぞれ

$$px+qy=r^2,\ sx+ty=r^2$$

この 2 直線が点Cを通るならば

$$pu+qv=r^2,\ su+tv=r^2 \quad \cdots\cdots \text{Ⓑ}$$

また，点Cに関する円の極線は　$ux+vy=r^2$

Ⓑ により，この直線は 2 点 A$(p,\ q)$，B$(s,\ t)$ を通る。

したがって，点Cに関する極線は直線 AB である。

練習 58　➡ 本冊 $p.129$

(1)　$y=x^2+a$ から　$x^2=y-a$

これを $x^2+y^2=9$ に代入して

$$(y-a)+y^2=9$$

よって　$y^2+y-a-9=0$　…… ①

ただし　$y\geqq a$

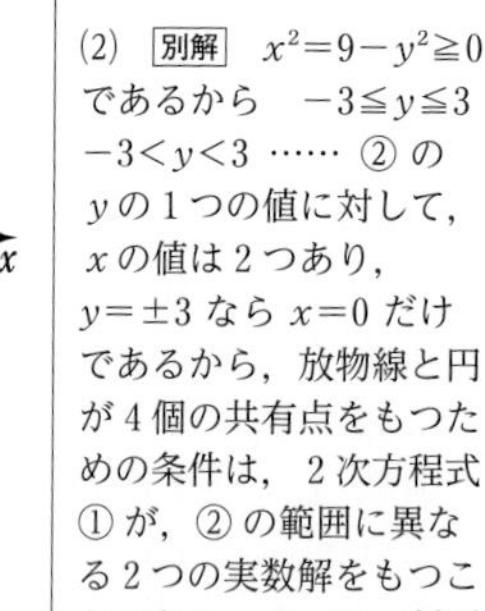

[1]　放物線と円が 2 点で接する場合

放物線と円が 2 点で接するのは，y の 2 次方程式 ① が $y\geqq a$ の重解をもつときである。

2 次方程式 ① の判別式を D とすると

$$D=1^2-4(-a-9)=4a+37$$

$D=0$ から　$4a+37=0$　すなわち　$a=-\dfrac{37}{4}$

このとき，① の重解は $y=-\dfrac{1}{2\cdot 1}=-\dfrac{1}{2}$ で，$-\dfrac{37}{4}<-\dfrac{1}{2}$ であるから，$y\geqq a$ の重解をもつ。

[2]　放物線と円が 1 点で接する場合

図より，放物線と円が点 $(0,\ 3)$ または点 $(0,\ -3)$ で接する場合であるから　$a=\pm 3$

以上から，求める a の値は　$\boldsymbol{a=-\dfrac{37}{4},\ \pm 3}$

(2)　別解　$x^2=9-y^2\geqq 0$ であるから　$-3\leqq y\leqq 3$

$-3<y<3$ …… ② の y の 1 つの値に対して，x の値は 2 つあり，$y=\pm 3$ なら $x=0$ だけであるから，放物線と円が 4 個の共有点をもつための条件は，2 次方程式 ① が，② の範囲に異なる 2 つの実数解をもつことである。よって，判別式　$D=4a+37>0$ から

$$a>-\frac{37}{4}$$

$f(y)=y^2+y-a-9$ とすると，軸について

$$-3<-\frac{1}{2}<3$$

$f(3)>0$ から　$a<3$

$f(-3)>0$ から　$a<-3$

以上から

$$\boldsymbol{-\frac{37}{4}<a<-3}$$

(2) 放物線と円が 4 個の共有点をもつのは，図から，放物線の頂点が，点 $\left(0,\ -\frac{37}{4}\right)$ から点 $(0,\ -3)$ を結ぶ線分上 (端点を除く) にあるときである。

したがって　　$-\frac{37}{4}<\boldsymbol{a}<-3$

練習 59 ➡ 本冊 p. 131

(1) 求める円の方程式を，次のようにおく。

$$(x-12)^2+(y-5)^2=r^2 \quad (r>0) \quad \cdots\cdots ①$$

円 ① が円 C に外接するための条件は

$$\sqrt{(12-0)^2+(5-0)^2}=5+r$$

ゆえに　　$r=\sqrt{169}-5=8$

よって，求める方程式は　　$\boldsymbol{(x-12)^2+(y-5)^2=64}$

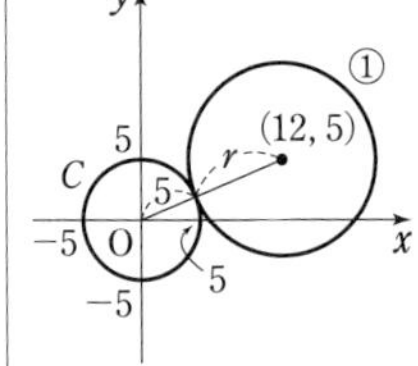

(2) 求める円の方程式を，次のようにおく。

$$(x-1)^2+(y+\sqrt{3})^2=r^2 \quad (r>0) \quad \cdots\cdots ②$$

円 ② が円 C に内接するための条件は

$$0<r<5 \quad かつ \quad \sqrt{(1-0)^2+(-\sqrt{3}-0)^2}=5-r$$

ゆえに　　$r=5-\sqrt{4}=3$

よって，求める方程式は　　$\boldsymbol{(x-1)^2+(y+\sqrt{3})^2=9}$

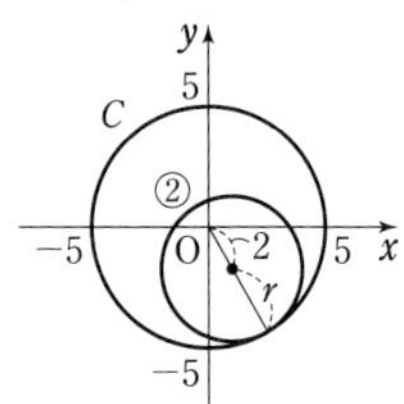

練習 60 ➡ 本冊 p. 132

円 $x^2+y^2-2x-4y+1=0$ すなわち $(x-1)^2+(y-2)^2=4$ は中心が点 $(1,\ 2)$，半径が 2 の円である。

円 $x^2+y^2=5$ は中心が原点，半径が $\sqrt{5}$ の円である。

2 円の中心間の距離は　　$\sqrt{1^2+2^2}=\sqrt{5}$

よって　　$\sqrt{5}-2<\sqrt{5}<\sqrt{5}+2$

したがって，与えられた 2 つの円は 2 点で交わる。

◀「2 つの交点」の存在を確認する。

次に，k を定数とし，次の方程式が表す図形を考える。

$$k(x^2+y^2-5)+x^2+y^2-2x-4y+1=0 \quad \cdots\cdots ①$$

① は，2 円の 2 つの交点を通る直線または円を表す。

(1) ① で $k=-1$ とすると　　$-2x-4y+6=0$

これは，x，y の 1 次方程式で直線を表す。

よって，求める方程式は　　$\boldsymbol{x+2y-3=0}$

◀$k=-1$ のとき，x^2，y^2 の項が消えて，① は直線を表す。$k\neq-1$ のときは円を表す。

(2) ① が点 $(1,\ 3)$ を通るとして，$x=1$，$y=3$ を代入すると

$$5k-3=0 \qquad ゆえに \qquad k=\frac{3}{5}$$

① に代入して整理すると　　$x^2+y^2-\frac{5}{4}x-\frac{5}{2}y-\frac{5}{4}=0$

すなわち　　$\left(x-\frac{5}{8}\right)^2+\left(y-\frac{5}{4}\right)^2=\frac{205}{64}$

したがって　　**中心** $\left(\frac{5}{8},\ \frac{5}{4}\right)$，**半径** $\frac{\sqrt{205}}{8}$

練習 61

➡ 本冊 p. 133

$x^2+y^2-2x-4y-3=0$ から

$$(x-1)^2+(y-2)^2=8$$

この円の中心 (1, 2) は，直線 $x+2y=5$ 上にある。

◀ $x+2y=5$ に円の中心の座標を代入すると $1+2\cdot2=5$

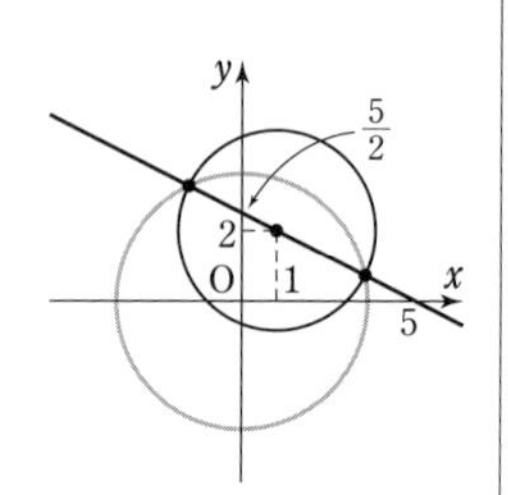

したがって，この円と直線は 2 点で交わる。

次に，k を定数として，次の方程式を考える。

$$k(x+2y-5)+x^2+y^2-2x-4y-3=0 \quad \cdots\cdots ①$$

① は，与えられた円と直線の交点を通る図形を表す。

① が点 (3, 2) を通るとして，$x=3$，$y=2$ を代入すると

$$2k-4=0$$

これを解いて　$k=2$

① に代入して　$2(x+2y-5)+x^2+y^2-2x-4y-3=0$

整理すると　$x^2+y^2=13$

したがって　**中心 (0, 0)，半径 $\sqrt{13}$**

練習 62

➡ 本冊 p. 135

与えられた円を，それぞれ順に C_1，C_2 とする。

(1) 円 C_1 上の接点の座標を (x_1, y_1) とすると

$$x_1{}^2+y_1{}^2=9 \quad \cdots\cdots ①$$

接線の方程式は

$$x_1x+y_1y=9 \quad \cdots\cdots ②$$

直線 ② が円 C_2 に接するための条件は，円 C_2 の中心 (0, 2) と直線 ② の距離が，円 C_2 の半径 2 に等しいことであるから

$$\frac{|2y_1-9|}{\sqrt{x_1{}^2+y_1{}^2}}=2$$

① を代入して整理すると　$|2y_1-9|=6$

◀ $\dfrac{|2y_1-9|}{3}=2$

よって　$2y_1-9=\pm6$　　したがって　$y_1=\dfrac{15}{2},\ \dfrac{3}{2}$

① から　$x_1{}^2=9-y_1{}^2$

◀ $9-y_1{}^2\geqq0$ であるから $-3\leqq y_1\leqq3$ これを先に求めておいて，$y_1=\dfrac{15}{2}$ を除外してもよい。

$y_1=\dfrac{15}{2}$ のとき　$x_1{}^2=9-\left(\dfrac{15}{2}\right)^2<0$ となり不適。

$y_1=\dfrac{3}{2}$ のとき　$x_1{}^2=9-\left(\dfrac{3}{2}\right)^2=\dfrac{27}{4}$ から　$x_1=\pm\dfrac{3\sqrt{3}}{2}$

$x_1=\pm\dfrac{3\sqrt{2}}{2}$，$y_1=\dfrac{3}{2}$ を ② に代入して，求める接線の方程式は

$$\pm\frac{3\sqrt{3}}{2}x+\frac{3}{2}y=9 \quad \text{すなわち} \quad \boldsymbol{\pm\sqrt{3}\,x+y=6}$$

◀ともに共通外接線。

(2) 円 C_1 上の接点の座標を (x_1, y_1) とすると

$$x_1{}^2+y_1{}^2=1 \quad \cdots\cdots ①$$

接線の方程式は

$$x_1x+y_1y=1 \quad \cdots\cdots ②$$

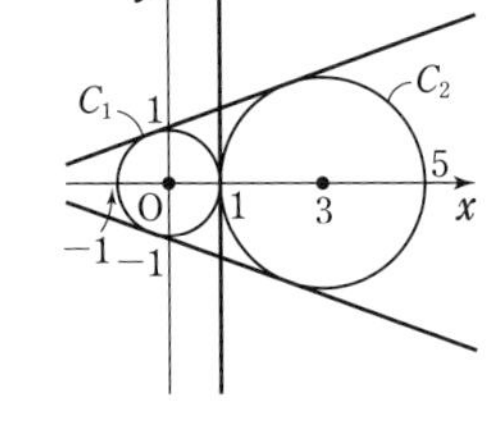

直線 ② が円 C_2 に接するための条件は，円 C_2 の中心 $(3,\ 0)$ と直線 ② の距離が，円 C_2 の半径 2 に等しいことであるから

$$\frac{|3x_1-1|}{\sqrt{x_1{}^2+y_1{}^2}}=2$$

① を代入して整理すると　$|3x_1-1|=2$

よって　$3x_1-1=\pm2$　　したがって　$x_1=1,\ -\dfrac{1}{3}$

① から　$y_1{}^2=1-x_1{}^2$

$x_1=1$ のとき　$y_1{}^2=0$ から　$y_1=0$

$x_1=-\dfrac{1}{3}$ のとき　$y_1{}^2=\dfrac{8}{9}$ から　$y_1=\pm\dfrac{2\sqrt{2}}{3}$

これらを ② に代入して，求める接線の方程式は

$$\boldsymbol{x=1} \text{ と } -\frac{1}{3}x\pm\frac{2\sqrt{2}}{3}y=1 \text{ すなわち } \boldsymbol{-x\pm2\sqrt{2}\,y=3}$$

◀$x=1$ は共通内接線，他の 2 本は共通外接線。

練習 63

➡ 本冊 p. 137

(1)　条件を満たす点を $\mathrm{P}(x,\ y)$ とする。

$\mathrm{AP}:\mathrm{BP}=1:3$ より，$3\mathrm{AP}=\mathrm{BP}$ であるから

$$9\mathrm{AP}^2=\mathrm{BP}^2$$

ゆえに　$9\{x^2+(y+2)^2\}=x^2+(y-6)^2$

整理して　$x^2+y^2+6y=0$

すなわち　$x^2+(y+3)^2=3^2 \quad \cdots\cdots ①$

◀これで終わりにしてはいけない。

ただし，点Pが直線 AB 上にあるとき，△PAB は存在しない。

このとき，① で $x=0$ とすると　$y=0,\ -6$

よって，点 $(0,\ 0)$，$(0,\ -6)$ 以外の円 ① 上の点は条件を満たす。

◀除外点を示す。

求める軌跡は　**中心が点 $(0,\ -3)$，半径が 3 の円。**

ただし，2 点 $(0,\ 0)$，$(0,\ -6)$ を除く。

(2)　点Pの座標を $(x,\ y)$ とすると，$\mathrm{AP}^2+\mathrm{BP}^2=18$ から

$$\{(x-1)^2+(y-4)^2\}+\{(x+1)^2+y^2\}=18$$

整理して　$x^2+y^2-4y=0$

すなわち　$x^2+(y-2)^2=2^2 \quad \cdots\cdots ①$

ゆえに，条件を満たす点は，円 ① 上にある。

逆に，円 ① 上の任意の点は，条件を満たす。

したがって，求める軌跡は　**中心が点 $(0,\ 2)$，半径が 2 の円**

練習 64

➡ 本冊 p. 138

(1)　$a>0$ とし，$\mathrm{A}(-a,\ 0)$，$\mathrm{B}(a,\ 0)$ となるように座標軸を定める。

◀計算がらくになるように座標軸を定める。

点Pの座標を $(x,\ y)$ とすると，与えられた条件は

$$\mathrm{AP}^2+\mathrm{BP}^2=k$$

よって　$\{(x+a)^2+y^2\}+\{(x-a)^2+y^2\}=k$

ゆえに　$2x^2+2y^2=k-2a^2$ …… ①

[1]　$k>2a^2$ のとき　① は円 $x^2+y^2=\frac{k}{2}-a^2$ を表す。

逆に，この円上の任意の点は，条件を満たす。

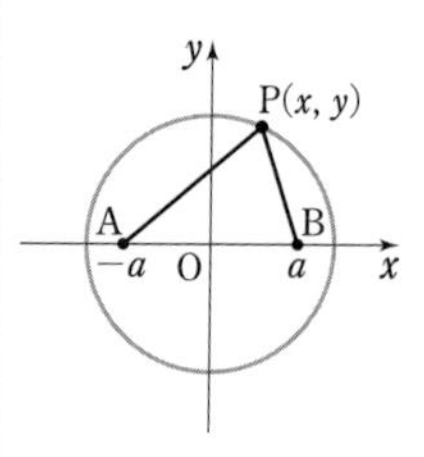

[2]　$k=2a^2$ のとき　① は点 (0, 0) を表す。

逆に，この点について　$AP^2+BP^2=a^2+a^2=2a^2=k$

となり，条件を満たす。

[3]　$k<2a^2$ のとき　① が表す図形はない。

$2a^2=\frac{1}{2}AB^2$ であるから，求める軌跡は

$AB^2<2k$ のとき　線分 AB の中点を中心とする，

半径 $\sqrt{\frac{k}{2}-\frac{1}{4}AB^2}$ の円

$AB^2=2k$ のとき　線分 AB の中点

$AB^2>2k$ のとき　条件を満たす図形はない

◀問題文は座標が与えられていないから，左のように座標を使わない形で答える。

(2)　円 C の中心を $P(x, y)$，半径を r $(r>0)$ とする。

C は円 $x^2+(y-3)^2=1$ に外接するから

$$\sqrt{(x-0)^2+(y-3)^2}=r+1$$

◀(2 円の中心間の距離)＝(半径の和)

両辺はともに正であるから，両辺を 2 乗しても同値である。

$$x^2+(y-3)^2=(r+1)^2 \quad \cdots\cdots ①$$

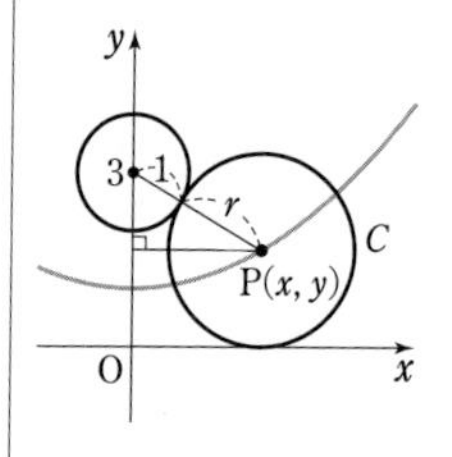

また，x 軸に接するから $y>0$ であり　$r=y$ …… ②

①，② から　$x^2+(y-3)^2=(y+1)^2$

ゆえに　$8y=x^2+8$　よって　$y=\frac{x^2}{8}+1$ …… ③

ゆえに，条件を満たす点は，放物線 ③ 上にある。

逆に，放物線 ③ 上の任意の点は，条件を満たす。

したがって，求める軌跡は　**放物線 $y=\frac{x^2}{8}+1$**

練習 65 ➡ 本冊 p. 139

P の座標を (s, t) とすると　$t=s^2$ …… ①

◀x，y 以外の文字。

(1)　Q の座標を (x, y) とする。

◀軌跡上の点の座標を (x, y) として，x，y の関係式を導く。

Q は線分 AP を 2：1 に内分するから

$$x=\frac{3+2s}{3},\ y=\frac{-1+2t}{3}$$

よって　$s=\frac{3x-3}{2}$，$t=\frac{3y+1}{2}$

◀s，t を x，y で表す。

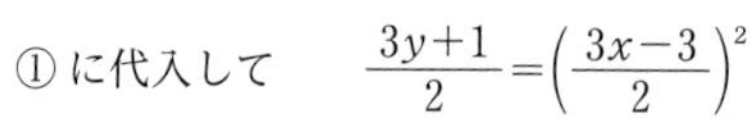

① に代入して　$\frac{3y+1}{2}=\left(\frac{3x-3}{2}\right)^2$

◀つなぎの文字 s，t を消去する。

すなわち　$y=\frac{3}{2}(x-1)^2-\frac{1}{3}$ …… ②

ゆえに，条件を満たす点は，放物線 ② 上にある。

逆に，放物線 ② 上の任意の点は，条件を満たす。

よって，求める軌跡は　**放物線 $y=\frac{3}{2}(x-1)^2-\frac{1}{3}$**

◀$y=\frac{3}{2}x^2-3x+\frac{7}{6}$ でもよい。

(2) △PAB ができるとき，点Pは直線 AB 上にない。

直線 AB の方程式は　$y=-x+2$

◀ $y-2=\dfrac{2-(-1)}{0-3}x$

これと $y=x^2$ から y を消去して解くと　$x=1,\ -2$

ゆえに，△PAB を作るためには　$s \neq 1,\ s \neq -2$　…… ③

Rの座標を $(x,\ y)$ とする。

Rは △PAB の重心であるから

$$x=\frac{s+3+0}{3},\quad y=\frac{t-1+2}{3} \quad \cdots\cdots ④$$

よって　$s=3x-3,\ t=3y-1$

① に代入して　$3y-1=(3x-3)^2$

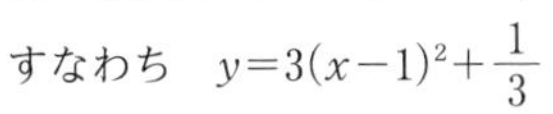

すなわち　$y=3(x-1)^2+\dfrac{1}{3}$

ここで，③，④ から　$x \neq \dfrac{4}{3},\ x \neq \dfrac{1}{3}$

したがって，求める軌跡は　**放物線 $y=3(x-1)^2+\dfrac{1}{3}$**

ただし，2点 $\left(\dfrac{4}{3},\ \dfrac{2}{3}\right)$，$\left(\dfrac{1}{3},\ \dfrac{5}{3}\right)$ を除く。

◀ $y=3x^2-6x+\dfrac{10}{3}$ でもよい。

練習 66　➡ 本冊 p.140

(1) 求める二等分線上の点 P$(x,\ y)$ は，2直線 $x-\sqrt{3}\,y-\sqrt{3}=0$，$\sqrt{3}\,x-y+1=0$ から等距離にある。

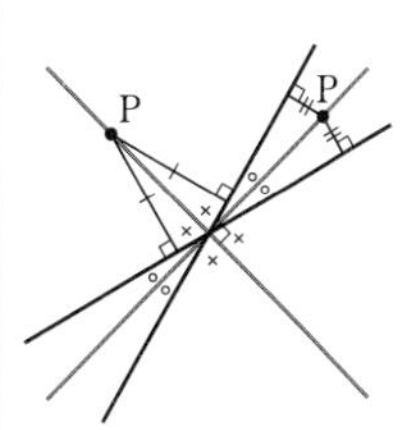

ゆえに　$\dfrac{|x-\sqrt{3}\,y-\sqrt{3}|}{\sqrt{1^2+(-\sqrt{3})^2}}=\dfrac{|\sqrt{3}\,x-y+1|}{\sqrt{(\sqrt{3})^2+(-1)^2}}$

よって　$x-\sqrt{3}\,y-\sqrt{3}=\pm(\sqrt{3}\,x-y+1)$

$x-\sqrt{3}\,y-\sqrt{3}=\sqrt{3}\,x-y+1$ から

$$\boldsymbol{(\sqrt{3}-1)x+(\sqrt{3}-1)y+\sqrt{3}+1=0}$$

◀ $x+y+2+\sqrt{3}=0$ でもよい。

$x-\sqrt{3}\,y-\sqrt{3}=-(\sqrt{3}\,x-y+1)$ から

$$\boldsymbol{(\sqrt{3}+1)x-(\sqrt{3}+1)y-\sqrt{3}+1=0}$$

◀ $x-y-2+\sqrt{3}=0$ でもよい。

(2) 直線 $3x-y-2=0$ 上の動点を Q$(s,\ t)$ とし，直線 ℓ に関して Qと対称な点を P$(x,\ y)$ とする。

直線 PQ は ℓ に垂直であるから

$$\frac{t-y}{s-x}\cdot(-2)=-1$$

よって　$s-2t=x-2y$　…… ①

線分 PQ の中点は直線 ℓ 上にあるから

$$2\cdot\frac{x+s}{2}+\frac{y+t}{2}+1=0$$

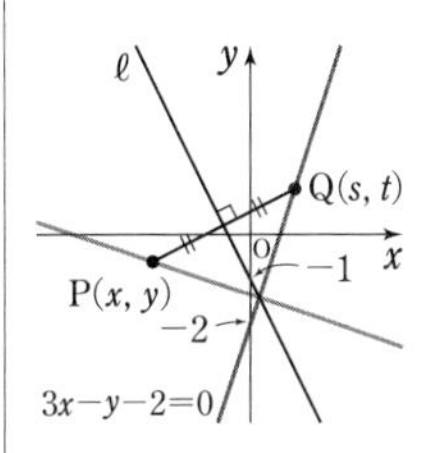

よって　$2s+t=-2x-y-2$　…… ②

(①+2×②)÷5，(2×①−②)÷(−5) から，それぞれ

$$s=-\frac{3x+4y+4}{5},\quad t=-\frac{4x-3y+2}{5} \quad \cdots\cdots ③$$

Qは直線 $3x-y-2=0$ 上を動くから　$3s-t-2=0$

③ を代入して　$\dfrac{3}{5}(-3x-4y-4)+\dfrac{1}{5}(4x-3y+2)-2=0$

◀ $s,\ t$ を消去。

整理すると　$\boldsymbol{x+3y+4=0}$

練習 67 ➡本冊 *p*. 141

(1) $x^2+y^2-4kx+(6k-2)y+14k^2-8k+1=0$ から

$$(x-2k)^2+\{y+(3k-1)\}^2=-k^2+2k$$

これが円を表すための条件は　$-k^2+2k>0$

よって　$k(k-2)<0$　　したがって　$\boldsymbol{0<k<2}$

(2) 円の中心の座標を $(x,\ y)$ とすると

$$x=2k,\ y=-3k+1\quad (0<k<2)$$

◀軌跡上の点の座標を $(x,\ y)$ として，x，y の関係式を導く。

k を消去すると　$y=-\dfrac{3}{2}x+1$

$0<k<2$ であるから　$0<2k<4$　すなわち　$0<x<4$

◀x のとりうる値の範囲に注意。

よって，求める軌跡は

直線 $\boldsymbol{y=-\dfrac{3}{2}x+1}$ の $\boldsymbol{0<x<4}$ の部分。

別解　**本冊 *p*. 142 例題 68 の別解**

与えられた円の中心を C(4, 0) とすると，∠CPO＝90° であるから，点Pの軌跡は線分 OC を直径とする円のうち，円Cの内部にある部分である。

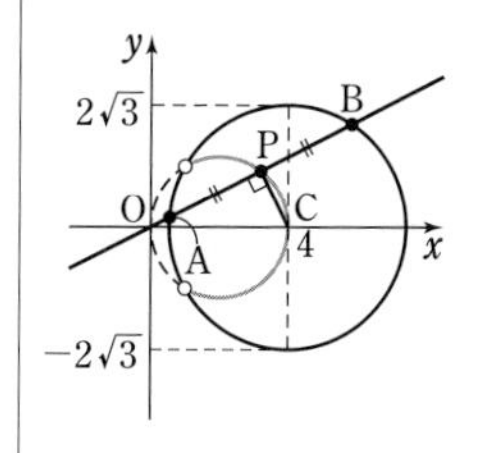

線分 OC を直径とする円は，中心が点 (2, 0)，半径が 2 であるから，その方程式は　$(x-2)^2+y^2=4$

これと $(x-4)^2+y^2=12$ から y を消去すると

$$(x-4)^2-(x-2)^2=8\qquad よって\qquad x=1$$

したがって，点Pの軌跡は

円 $\boldsymbol{(x-2)^2+y^2=4}$ の $\boldsymbol{1<x\leqq 4}$ の部分。

練習 68 ➡本冊 *p*. 142

(1) 点 (5, 0) を通り，傾き m の直線の方程式は　$y=m(x-5)$

これと $x^2+y^2=9$ から y を消去して整理すると

$$(m^2+1)x^2-10m^2x+25m^2-9=0\quad\cdots\cdots\ ①$$

◀$m^2+1\neq 0$

直線と円が異なる 2 点で交わるための条件は，2 次方程式 ① の判別式を D とすると

$$\frac{D}{4}=(-5m^2)^2-(m^2+1)(25m^2-9)=-16m^2+9$$
$$=-(4m+3)(4m-3)$$

であるから，$D>0$ より　$(4m+3)(4m-3)<0$

したがって　$-\dfrac{3}{4}<m<\dfrac{3}{4}$　…… ②

次に，2 つの交点 P，Q の x 座標をそれぞれ α，β とすると，α，β は 2 次方程式 ① の異なる 2 つの実数解であるから，解と係数の関係により　$\alpha+\beta=\dfrac{10m^2}{m^2+1}$

ゆえに，線分 PQ の中点を M$(x,\ y)$ とすると

$$x=\frac{\alpha+\beta}{2}=\frac{5m^2}{m^2+1}\quad\cdots\cdots\ ③,\qquad y=m(x-5)\quad\cdots\cdots\ ④$$

交点 P，Q の x 座標は $-3\leqq x\leqq 3$ の範囲にあるから，$x\neq 5$ としてよい。

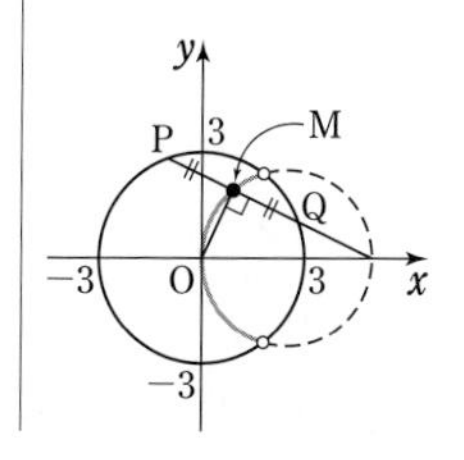

③ から　　$m^2=-\frac{x}{x-5}$　　　④ から　　$m=\frac{y}{x-5}$

よって　　$-\frac{x}{x-5}=\left(\frac{y}{x-5}\right)^2$

整理すると　　$x^2-5x+y^2=0$

すなわち　　$\left(x-\frac{5}{2}\right)^2+y^2=\frac{25}{4}$

ここで，② より $0\leqq m^2<\frac{9}{16}$ であるから，これと ③ より

$$0\leqq x<\frac{9}{5}$$

◀ $0\leqq\frac{x}{5-x}<\frac{9}{16}$，$5-x>0$ から $0\leqq 16x<9(5-x)$

したがって，求める軌跡は

円 $\left(x-\frac{5}{2}\right)^2+y^2=\frac{25}{4}$ の $0\leqq x<\frac{9}{5}$ の部分。

別解　A(5, 0) とすると，∠OMA＝90° であるから，点Mの軌跡は線分 OA を直径とする円のうち，円 $x^2+y^2=9$ の内部にある部分である。

線分 OA を直径とする円は，中心が点 $\left(\frac{5}{2},\ 0\right)$，半径が $\frac{5}{2}$ であるから，その方程式は

$$\left(x-\frac{5}{2}\right)^2+y^2=\frac{25}{4}\quad \text{すなわち}\quad x^2-5x+y^2=0$$

◀後で $x^2+y^2=9$ と連立するから，展開して一般形で表す。

これと $x^2+y^2=9$ から y を消去すると　　$-5x+9=0$

これを解いて　　$x=\frac{9}{5}$

したがって，点Mの軌跡は

円 $\left(x-\frac{5}{2}\right)^2+y^2=\frac{25}{4}$ の $0\leqq x<\frac{9}{5}$ の部分。

(2)　2 つの交点 A，B の x 座標をそれぞれ α，β とする。

$y=x^2$ と $y=m(x+2)$ から y を消去すると

$$x^2-mx-2m=0$$

◀直線 $y=m(x+2)$ は定点 $(-2,\ 0)$ を通る。

α，β はこの 2 次方程式の異なる 2 つの実数解である。

判別式を D とすると

$$D=(-m)^2-4\cdot1\cdot(-2m)=m(m+8)$$

$D>0$ であるから　　$m(m+8)>0$

ゆえに　　$m<-8,\ 0<m$　…… ①

また，解と係数の関係により　　$\alpha+\beta=m$

よって，線分 AB の中点の座標を $(x,\ y)$ とすると

$$x=\frac{\alpha+\beta}{2}=\frac{m}{2}\quad\cdots\cdots ②$$

また　　$y=m(x+2)$　…… ③

②，③ から m を消去して

$$y=2x(x+2)\quad \text{すなわち}\quad y=2x^2+4x$$

また，①，② から　　$x<-4,\ 0<x$

よって，求める軌跡は

放物線 $y=2x^2+4x$ の $x<-4,\ 0<x$ の部分。

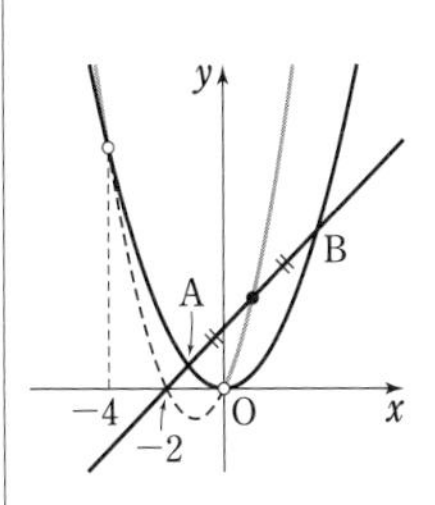

3章
練習
[図形と方程式]

練習 69 ➡ 本冊 p.143

Qの座標を $\left(\alpha,\ \dfrac{\alpha^2}{4}\right)$，Rの座標を $\left(\beta,\ \dfrac{\beta^2}{4}\right)$（ただし $\alpha \neq \beta$）とする。

x 軸に垂直な接線は考えられないから，点Qにおける接線の傾きを m とすると，その方程式は

$$y-\frac{\alpha^2}{4}=m(x-\alpha) \quad \text{すなわち} \quad y=m(x-\alpha)+\frac{\alpha^2}{4}$$

◀「微分法」（第6章）を用いると $y=\dfrac{x^2}{4}$ から $y'=\dfrac{x}{2}$ よって，点Qにおける接線の方程式は $y-\dfrac{\alpha^2}{4}=\dfrac{\alpha}{2}(x-\alpha)$ と，簡単に求められる。

これと $y=\dfrac{x^2}{4}$ を連立して　$\dfrac{x^2}{4}=m(x-\alpha)+\dfrac{\alpha^2}{4}$

整理すると　$x^2-4mx+4m\alpha-\alpha^2=0$

この2次方程式が重解をもつから，判別式を D とすると

$$\frac{D}{4}=(-2m)^2-(4m\alpha-\alpha^2)=4m^2-4m\alpha+\alpha^2=(2m-\alpha)^2$$

$D=0$ から　$(2m-\alpha)^2=0$　　よって　$m=\dfrac{\alpha}{2}$

したがって，点Qにおける接線の方程式は

$$y=\frac{\alpha}{2}(x-\alpha)+\frac{\alpha^2}{4} \quad \text{すなわち} \quad y=\frac{\alpha}{2}x-\frac{\alpha^2}{4} \quad \cdots\cdots ①$$

同様に，点Rにおける接線の方程式は　$y=\dfrac{\beta}{2}x-\dfrac{\beta^2}{4}$　…… ②

この2接線が直交するから　$\dfrac{\alpha}{2}\cdot\dfrac{\beta}{2}=-1$

すなわち　$\alpha\beta=-4$　…… ③

(1) ①，② から y を消去すると

$$\frac{\alpha-\beta}{2}x=\frac{\alpha^2-\beta^2}{4} \quad \text{すなわち} \quad \frac{\alpha-\beta}{2}x=\frac{(\alpha+\beta)(\alpha-\beta)}{4}$$

$\alpha \neq \beta$ であるから　$x=\dfrac{\alpha+\beta}{2}$

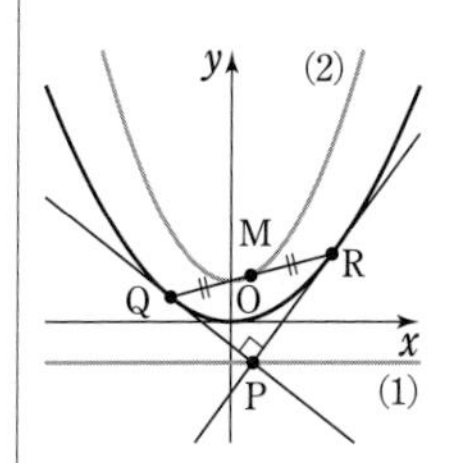

これを ① に代入して　$y=\dfrac{\alpha}{2}\cdot\dfrac{\alpha+\beta}{2}-\dfrac{\alpha^2}{4}=\dfrac{\alpha\beta}{4}$

よって，点Pの座標は　$\left(\dfrac{\alpha+\beta}{2},\ \dfrac{\alpha\beta}{4}\right)$

◀ y 座標が定数，x 座標 $\dfrac{\alpha+\beta}{2}$ は任意の実数。

③ から　$\dfrac{\alpha\beta}{4}=\dfrac{-4}{4}=-1$

したがって，点Pの軌跡は　**直線 $\boldsymbol{y=-1}$**

◀逆も成り立つ。

(2) $\mathrm{M}(x,\ y)$ とすると

$$x=\frac{\alpha+\beta}{2} \quad \cdots\cdots ④,\quad y=\frac{1}{2}\left(\frac{\alpha^2}{4}+\frac{\beta^2}{4}\right) \quad \cdots\cdots ⑤$$

④ から　$\alpha+\beta=2x$　…… ⑥

⑤ から　$y=\dfrac{\alpha^2+\beta^2}{8}=\dfrac{(\alpha+\beta)^2-2\alpha\beta}{8}$

これに ③，⑥ を代入して　$y=\dfrac{(2x)^2-2\cdot(-4)}{8}=\dfrac{x^2}{2}+1$

したがって，点Mの軌跡は　**放物線 $\boldsymbol{y=\dfrac{x^2}{2}+1}$**

練習 70 ➡ 本冊 p. 144

$mx+y=4m$ …… ①, $x-my=-4m$ …… ② とする。
交点を $\mathrm{P}(x,\ y)$ とすると, x, y は ①, ② を同時に満たす。

[1] $x \neq 4$ のとき　① から　$m=-\dfrac{y}{x-4}$ …… ①′
また, ② から　$x-m(y-4)=0$
これに ①′ を代入すると　$x+\dfrac{y(y-4)}{x-4}=0$
よって　$x(x-4)+y(y-4)=0$
ゆえに　$(x-2)^2+(y-2)^2=8$ …… ③
③ で $x=4$ とすると　$y=0,\ 4$
よって, $x \neq 4$ のとき, 点Pは円 ③ から 2 点 $(4,\ 0)$, $(4,\ 4)$ を除いた図形を描く。

[2] $x=4$ のとき　① から　$y=0$
このとき, ② から　$m=-1$
よって, 点 $(4,\ 0)$ は 2 直線 ①, ② の交点である。

[1], [2] から, 求める軌跡は
円 $(x-2)^2+(y-2)^2=8$　ただし, 点 $(4,\ 4)$ を除く。

別解　2 直線の方程式は
① $m(x-4)+y=0$
② $x-m(y-4)=0$
① は点 $(4,\ 0)$ を, ② は点 $(0,\ 4)$ を通り, ① と ② は垂直であることを利用する。

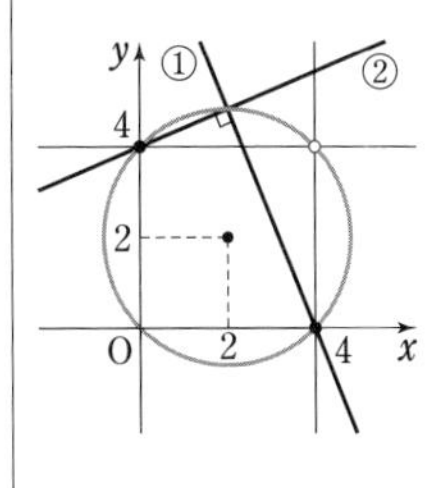

練習 71 ➡ 本冊 p. 145

$\mathrm{P}(x,\ y)$, $\mathrm{Q}(X,\ Y)$ とすると, 点Qは半直線 OP 上にあるから, 正の実数 k を用いて, 次のように表される。
$$x=kX,\ y=kY \quad \cdots\cdots ①$$
また, 円 C の方程式は　$(x-a)^2+y^2=b^2$

(1) 円 C が原点を通るとき　$a^2=b^2$
$a>0$, $b>0$ であるから　$a=b$ …… ①
$\mathrm{OP}\cdot\mathrm{OQ}=1$ より, $\mathrm{OP}^2\cdot\mathrm{OQ}^2=1$ であるから
$$(x^2+y^2)(X^2+Y^2)=1$$
◀本問は, 反転に関する問題で, 円 $x^2+y^2=1$ が反転円となる。

① を代入して　$k^2(X^2+Y^2)^2=1$
$k>0$ であるから　$k=\dfrac{1}{X^2+Y^2}$
◀点Qも原点Oとは異なるから　$X^2+Y^2>0$

これを ① に代入して　$x=\dfrac{X}{X^2+Y^2}$, $y=\dfrac{Y}{X^2+Y^2}$
点Pが円 C 上を動くから
$$\left(\frac{X}{X^2+Y^2}-a\right)^2+\left(\frac{Y}{X^2+Y^2}\right)^2=b^2$$
◀円 C の方程式に代入して, x, y を消去。

よって　$(a^2-b^2)(X^2+Y^2)=2aX-1$ …… ③
② より $a^2-b^2=0$ であるから　$X=\dfrac{1}{2a}$ …… ④
◀$0\cdot(X^2+Y^2)=2aX-1$

ゆえに, 条件を満たす点は, 直線 ④ 上にある。
逆に, 直線 ④ 上の任意の点は, 条件を満たす。
したがって, 点Qの軌跡は, **点 $\left(\dfrac{1}{2a},\ 0\right)$ を通り, x 軸に垂直な直線。**
◀反転の中心Oを通る円 C の反形は, Oを通らない直線になる。

(2) 円Cが原点を通らないとき，(1)の ② から　　$a \neq b$

③ から　　$\left(X-\dfrac{a}{a^2-b^2}\right)^2+Y^2=\dfrac{b^2}{(a^2-b^2)^2}$　…… ⑤

ゆえに，条件を満たす点は，円 ⑤ 上にある。

逆に，円 ⑤ 上の任意の点は，条件を満たす。

したがって，点Qの軌跡は

$$\textbf{中心}\left(\frac{a}{a^2-b^2},\ 0\right),\ \textbf{半径}\ \frac{b}{|a^2-b^2|}\ \textbf{の円}$$

◀反転の中心Oを通らない円Cの反形は，Oを通らない円になる。

練習 72　➡本冊 p. 149

(1) $|3x-2y| \leqq 6$ から　　$-6 \leqq 3x-2y \leqq 6$

したがって　$\begin{cases} -6 \leqq 3x-2y \\ 3x-2y \leqq 6 \end{cases}$

すなわち　$\begin{cases} y \leqq \dfrac{3}{2}x+3 \\ y \geqq \dfrac{3}{2}x-3 \end{cases}$

求める領域は，**図(1)の斜線部分。ただし，境界線を含む。**

◀$|A| \leqq B$
$\Longleftrightarrow$ $-B \leqq A \leqq B$

(2) $|x-1|+|y-1| \leqq 1$ …… ①，$|x|+|y| \leqq 1$ …… ② とする。

領域 ① は領域 ② を，x 軸方向に 1，y 軸方向に 1 だけ平行移動したものである。

ここで，不等式 ② の表す領域を図示すると，右の図の斜線部分である。

ただし，境界線を含む。

よって，求める領域 ① は，**図(2)の斜線部分。ただし，境界線を含む。**

場合に分けよ なら
[1]　$x \geqq 1$，$y \geqq 1$ のとき
$(x-1)+(y-1) \leqq 1$
[2]　$x<1$，$y \geqq 1$ のとき
$-(x-1)+(y-1) \leqq 1$
[3]　$x<1$，$y<1$ のとき
$-(x-1)-(y-1) \leqq 1$
[4]　$x \geqq 1$，$y<1$ のとき
$(x-1)-(y-1) \leqq 1$

(3) $x \geqq 0$，$y \geqq 0$ のとき，不等式は

$$x^2+y^2 \leqq x+y$$

ゆえに　　$\left(x-\dfrac{1}{2}\right)^2+\left(y-\dfrac{1}{2}\right)^2 \leqq \dfrac{1}{2}$

この不等式を満たす領域は，右の図の斜線部分。ただし，境界線を含む。

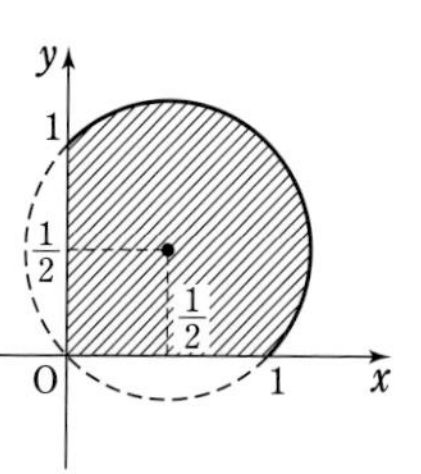

$x^2+y^2 \leqq |x|+|y|$ …… ① とする。

① の x を $-x$ におき換えると，① と同じ式が得られるから，求める領域は y 軸に関して対称である。

また，① の y を $-y$ におき換えると，① と同じ式が得られるから，求める領域は x 軸に関しても対称である。

したがって，求める領域は，x 軸，y 軸，原点に関して対称である。

よって，$x^2+y^2 \leqq |x|+|y|$ を満たす領域は，**図(3)の斜線部分。ただし，境界線を含む。**

◀$(-x)^2=x^2$，$|-x|=|x|$

◀$(-y)^2=y^2$，$|-y|=|y|$

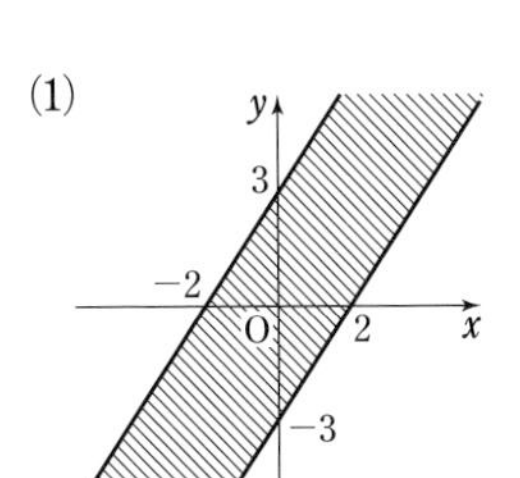

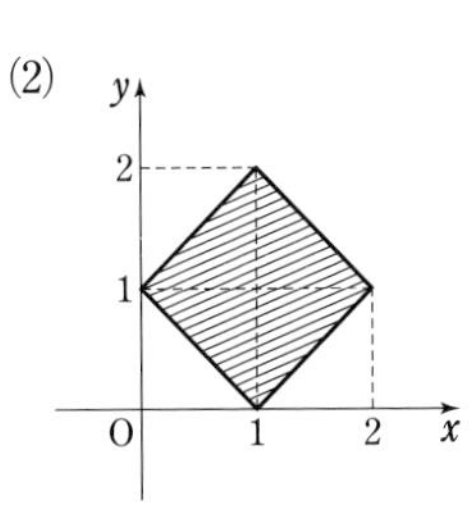

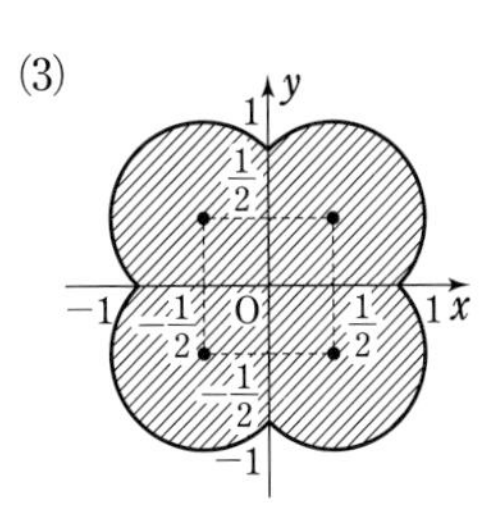

練習 73 ➡ 本冊 p. 150

(1) 与えられた不等式から

$$\begin{cases} y-x>0 \\ x+y-2<0 \end{cases} \quad \text{または} \quad \begin{cases} y-x<0 \\ x+y-2>0 \end{cases}$$

すなわち $\begin{cases} y>x \\ y<-x+2 \end{cases}$ または $\begin{cases} y<x \\ y>-x+2 \end{cases}$

よって，図 (1) の斜線部分。ただし，境界線を含まない。

◀ $AB<0 \iff \begin{cases} A>0 \\ B<0 \end{cases}$ または $\begin{cases} A<0 \\ B>0 \end{cases}$

(2) 与えられた不等式から

$$\begin{cases} y-x^2\geqq 0 \\ x-y+2\geqq 0 \end{cases} \quad \text{または} \quad \begin{cases} y-x^2\leqq 0 \\ x-y+2\leqq 0 \end{cases}$$

すなわち $\begin{cases} y\geqq x^2 \\ y\leqq x+2 \end{cases}$ または $\begin{cases} y\leqq x^2 \\ y\geqq x+2 \end{cases}$

よって，図 (2) の斜線部分。ただし，境界線を含む。

◀ $AB\geqq 0 \iff \begin{cases} A\geqq 0 \\ B\geqq 0 \end{cases}$ または $\begin{cases} A\leqq 0 \\ B\leqq 0 \end{cases}$

(3) 与えられた不等式から

$$\begin{cases} x+2y-4>0 \\ x^2+y^2-2x-8<0 \end{cases} \quad \text{または} \quad \begin{cases} x+2y-4<0 \\ x^2+y^2-2x-8>0 \end{cases}$$

すなわち $\begin{cases} y>-\dfrac{x}{2}+2 \\ (x-1)^2+y^2<9 \end{cases}$ または $\begin{cases} y<-\dfrac{x}{2}+2 \\ (x-1)^2+y^2>9 \end{cases}$

よって，図 (3) の斜線部分。ただし，境界線を含まない。

◀ $x^2+y^2-2x-8=0$ を変形すると
$(x-1)^2+y^2=9$
この方程式が表す図形は，中心 (1, 0)，半径 3 の円。

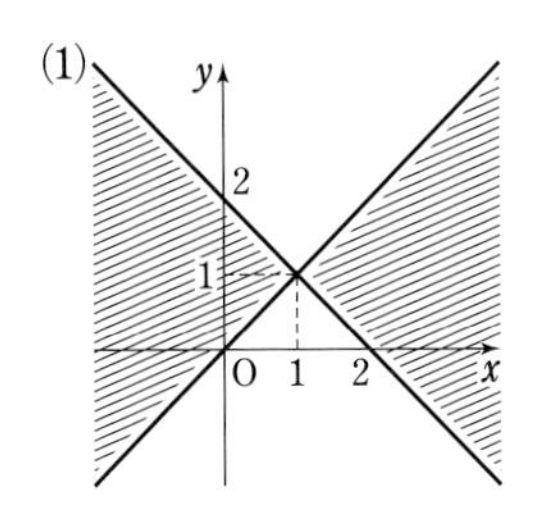

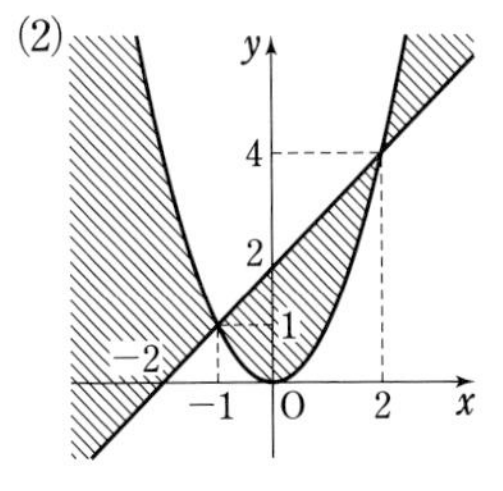

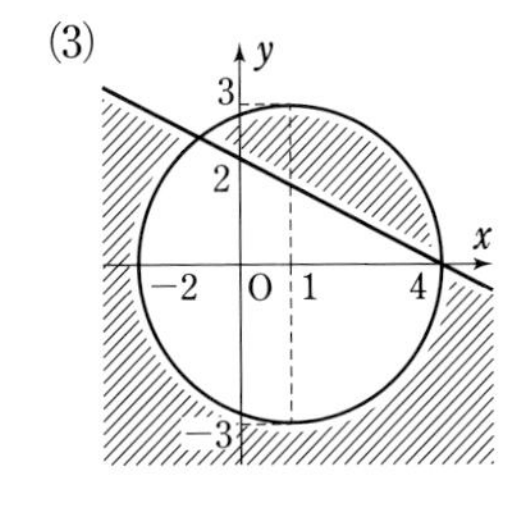

練習 74 ➡ 本冊 p. 152

(1) $f(x,\ y)=y-(b-a)x+(3b+a)$ とする。

直線 $f(x,\ y)=0$ が線分 AB と共有点をもつための条件は

$$f(-1,\ 5)\cdot f(2,\ -1)\leqq 0$$

すなわち　$(4b+5)(3a+b-1)\leqq 0$

これは

$\begin{cases} b\geqq -\dfrac{5}{4} \\ b\leqq -3a+1 \end{cases}$　または　$\begin{cases} b\leqq -\dfrac{5}{4} \\ b\geqq -3a+1 \end{cases}$

と同値であるから，求める領域は **図の斜線部分。ただし，境界線を含む。**

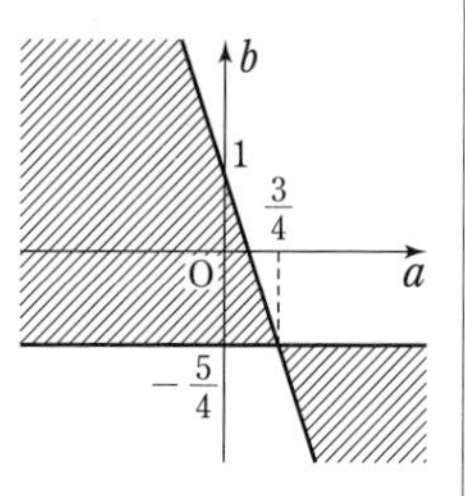

◀ $f(-1,\ 5)$
$=5+(b-a)+(3b+a)$
$=4b+5$
$f(2,\ -1)$
$=-1-2(b-a)+(3b+a)$
$=3a+b-1$

(2) $f(x,\ y)=y-x^2-ax-b$ とする。

放物線 $y=x^2+ax+b$ が，線分 AB (A，B を除く) とただ 1 点で交わるための条件は　　$f(1,\ -2)\cdot f(-2,\ 1)<0$

ゆえに　　$(-3-a-b)(-3+2a-b)<0$

すなわち　$(a+b+3)(2a-b-3)>0$

これは　$\begin{cases} b>-a-3 \\ b<2a-3 \end{cases}$

　または　$\begin{cases} b<-a-3 \\ b>2a-3 \end{cases}$

と同値であるから，点 $(a,\ b)$ の存在範囲は，**図の斜線部分。ただし，境界線を含まない。**

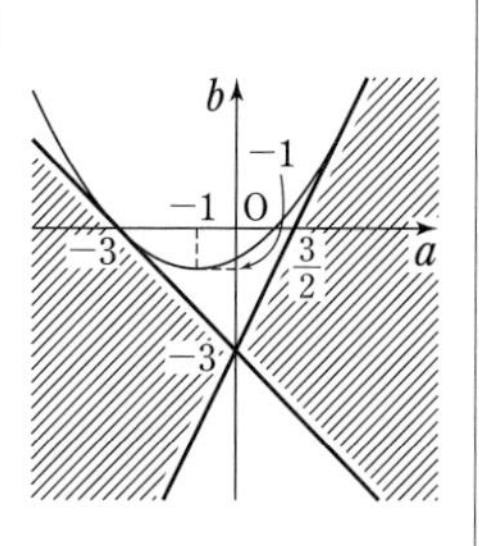

◀線分 AB (A, B を除く) と「ただ 1 点で交わる」とは，2 点 A，B が放物線の上側と下側に分かれること。

注意　問題文の条件「ただ 1 点で交わるとき」には，「接する」場合を含まない。

放物線 $y=x^2+ax+b$ が直線 AB と $-2<x<1$ の範囲で接するための条件は，次のようになる。

直線 AB の方程式は　　$y=-x-1$

これと $y=x^2+ax+b$ から y を消去して整理すると

$$x^2+(a+1)x+b+1=0 \quad \cdots\cdots \text{①}$$

放物線 $y=x^2+ax+b$ が直線 AB と $-2<x<1$ の範囲で接するための条件は，① の判別式を D とすると　　$D=0$

$D=(a+1)^2-4(b+1)$ であるから，$D=0$ とすると

$$b=\frac{1}{4}(a+1)^2-1$$

① の重解は $x=-\dfrac{a+1}{2}$ であるから，$-2<-\dfrac{a+1}{2}<1$ より

$$-3<a<3$$

$b=\dfrac{1}{4}(a+1)^2-1\ (-3<a<3)$ のグラフは，(2) の解答の図の細い線のようになる。

◀「ただ 1 点を共有する」ならば，接する場合も含まれる。

◀放物線の一部。

練習 75 ➡ 本冊 p. 153

(1) (ア) 不等式 $x^2+y^2<x+y$，$0<x+y<2$ の表す領域をそれぞれ P，Q とする。

CHART
条件が 2 変数の不等式　領域図示も有効

$x^2+y^2<x+y$ から

$$\left(x-\frac{1}{2}\right)^2+\left(y-\frac{1}{2}\right)^2<\frac{1}{2}$$

$0<x+y<2$ から $\begin{cases} y>-x \\ y<-x+2 \end{cases}$

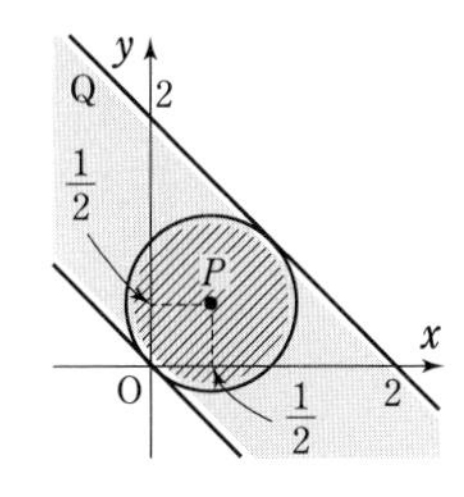

領域 P, Q を図示すると，右の図のようになり，図から　$P\subset Q$

よって，$x^2+y^2<x+y$ ならば $0<x+y<2$ である。

◀条件 p, q を満たすもの全体の集合を P, Q とすると
「命題 $p \Longrightarrow q$ が真」$\Longleftrightarrow P\subset Q$

(イ) 不等式 $x^2+y^2>1$, $|x|+|y|>1$ の表す領域をそれぞれ P, Q とする。

P は円 $x^2+y^2=1$ の外部である。

Q は 4 点 $(1,\ 0)$, $(0,\ 1)$, $(-1,\ 0)$, $(0,\ -1)$ を頂点とする正方形の外部である。

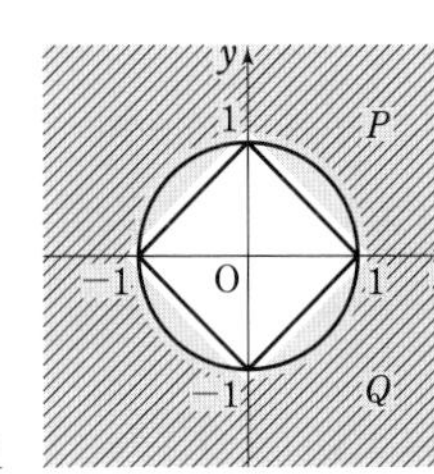

領域 P, Q を図示すると，右の図のようになり，図から　$P\subset Q$

よって　$x^2+y^2>1$ ならば $|x|+|y|>1$

◀$|x|+|y|>1$ の表す領域 Q は x 軸，y 軸に関して対称。$x\geqq 0$, $y\geqq 0$ のとき，$x+y>1$ の部分を表す。

(2) $x^2+y^2-2x-2y\leqq 0$ を変形すると

$$(x-1)^2+(y-1)^2\leqq(\sqrt{2})^2$$

ゆえに，2 つの不等式

$x^2+y^2-2x-2y\leqq 0$, $x-2y+1\leqq 0$ を同時に満たす点 $(x,\ y)$ の存在範囲は，右の図の斜線部分 P である。

ただし，境界線を含む。

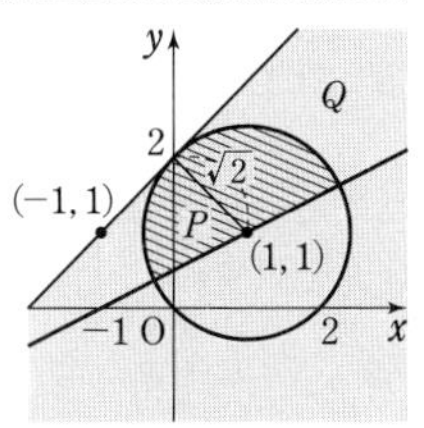

また，$y-kx-k-1\leqq 0$ を変形すると　$y\leqq k(x+1)+1$

よって，この不等式は，点 $(-1,\ 1)$ を通り，傾き k の直線およびその下側 Q を表す。ここで，直線 $kx-y+k+1=0$ が円 $(x-1)^2+(y-1)^2=(\sqrt{2})^2$ に接するような k の値を求めると

$$\frac{|k\cdot 1-1+k+1|}{\sqrt{k^2+(-1)^2}}=\sqrt{2} \qquad \text{ゆえに} \qquad |2k|=\sqrt{2}\sqrt{k^2+1}$$

◀{中心 $(1,\ 1)$ から直線までの距離}＝(半径)

これは $4k^2=2(k^2+1)$ と同値で，これを解いて　$k=\pm 1$

図から，P の境界線で接するのは $k=1$ のときである。

$P\subset Q$ であるから　$\boldsymbol{k\geqq 1}$

練習 76 ➡本冊 p. 154

(1) 不等式の表す領域は，4 点 $(0,\ 0)$, $(3,\ 0)$, $(2,\ 2)$, $(0,\ 3)$ を頂点とする四角形の周および内部である。

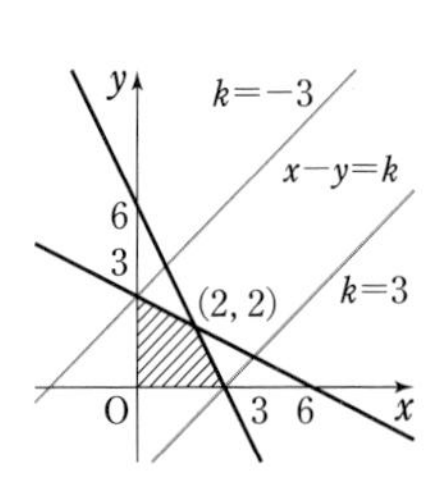

$x-y=k$ …… ① とおくと，これは傾き 1，y 切片 $-k$ の直線を表す。

図から，k の値は，直線 ① が点 $(3,\ 0)$ を通るとき最大になり，点 $(0,\ 3)$ を通るとき最小となる。

◀$y=x-k$ の y 切片は $-k$ である。よって
k が最大 $\Longleftrightarrow$ $-k$ が最小
k が最小 $\Longleftrightarrow$ $-k$ が最大

よって，$x-y$ は

　　$\boldsymbol{x=3,\ y=0}$ **のとき最大値** $3-0=\boldsymbol{3}$；

　　$\boldsymbol{x=0,\ y=3}$ **のとき最小値** $0-3=\boldsymbol{-3}$　をとる。

(2)　不等式の表す領域は，3 点 $(5,\ -4)$，$\left(\dfrac{8}{3},\ \dfrac{2}{3}\right)$，$(-2,\ 3)$ を頂点とする三角形の周および内部である。

$2x+y=k$ …… ①　とおくと，これは傾き -2，y 切片 k の直線を表す。

◀① から　$y=-2x+k$

図から，k の値は，直線 ① が直線 $2x+y=6$ に一致するとき最大となり，点 $(-2,\ 3)$ を通るとき最小となる。

◀直線 ① の傾きは，境界線 $2x+y=6$ の傾きに一致する。

よって，$2x+y$ は

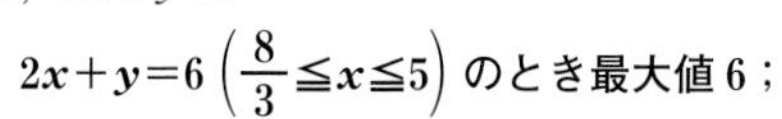

　　$\boldsymbol{2x+y=6\left(\dfrac{8}{3}\leqq x\leqq 5\right)}$ **のとき最大値 6**；

　　$\boldsymbol{x=-2,\ y=3}$ **のとき最小値** $2\cdot(-2)+3=\boldsymbol{-1}$　をとる。

(3)　不等式の表す領域は，4 点 $(0,\ 0)$，

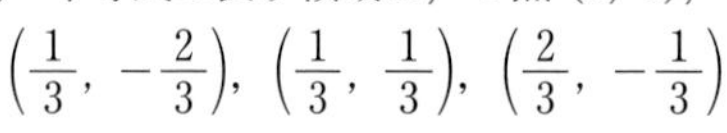

$\left(\dfrac{1}{3},\ -\dfrac{2}{3}\right)$，$\left(\dfrac{1}{3},\ \dfrac{1}{3}\right)$，$\left(\dfrac{2}{3},\ -\dfrac{1}{3}\right)$ を頂点とする四角形の周および内部である。

$x+y=k$ …… ①　とおくと，これは傾き -1，y 切片 k の直線を表す。

◀① から　$y=-x+k$

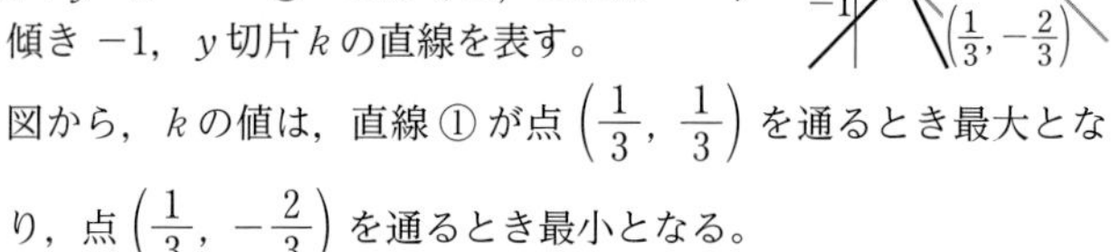

図から，k の値は，直線 ① が点 $\left(\dfrac{1}{3},\ \dfrac{1}{3}\right)$ を通るとき最大となり，点 $\left(\dfrac{1}{3},\ -\dfrac{2}{3}\right)$ を通るとき最小となる。

◀境界線との傾きについて　$-2<-1<1$

よって，$x+y$ は

　　$\boldsymbol{x=\dfrac{1}{3},\ y=\dfrac{1}{3}}$　**のとき最大値** $\dfrac{1}{3}+\dfrac{1}{3}=\boldsymbol{\dfrac{2}{3}}$；

　　$\boldsymbol{x=\dfrac{1}{3},\ y=-\dfrac{2}{3}}$ **のとき最小値** $\dfrac{1}{3}-\dfrac{2}{3}=\boldsymbol{-\dfrac{1}{3}}$　をとる。

練習 77

➡本冊 p. 155

まず，表を作って条件を整理する。

	A	B	条件
x_1	8 g	4 g	42 g 以上
x_2	4 g	6 g	48 g 以上
x_3	2 g	6 g	30 g 以上

栄養素 x_1 について　　$8a+4b\geqq 42$

すなわち　　$b\geqq -2a+\dfrac{21}{2}$　…… ①

栄養素 x_2 について　　$4a+6b\geqq 48$

すなわち　　$\dfrac{a}{12}+\dfrac{b}{8}\geqq 1$　…… ②

栄養素 x_3 について　　$2a+6b\geqq 30$

すなわち　　$\dfrac{a}{15}+\dfrac{b}{5}\geqq 1$　…… ③

3 直線 ℓ，m，n を次のように定める。

$\ell：b=-2a+\dfrac{21}{2}$，$m：\dfrac{a}{12}+\dfrac{b}{8}=1$，$n：\dfrac{a}{15}+\dfrac{b}{5}=1$

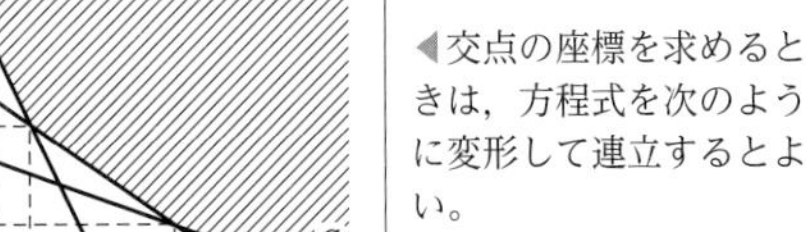

このとき，$a \geqq 0$，$b \geqq 0$，①，②，③ を満たす点 $(a,\ b)$ の存在する領域は，右の図の斜線部分である。
ただし，境界線を含む。
ここで，野菜Aと野菜Bの個数の和 $a+b$ が最小となるような $(a,\ b)$ の組を考える。
$a+b=k$ …… ④ とおくと，これは傾き -1，b 切片 k の直線を表す。

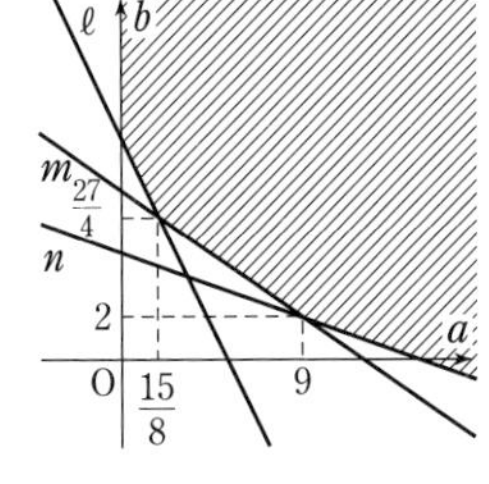

◀交点の座標を求めるときは，方程式を次のように変形して連立するとよい。
$\ell：4a+2b=21$
$m：2a+3b=24$
$n：a+3b=15$

直線 ④ が点 $\left(\dfrac{15}{8},\ \dfrac{27}{4}\right)$ を通るとき　$k=\dfrac{15}{8}+\dfrac{27}{4}=8+\dfrac{5}{8}$

◀a，b，k が実数値をとる場合の最小値。

a，b は整数であるから，k は整数である。
よって，k の最小値は 9 以上である。
$a+b=9$ を満たすような 0 以上の整数 a，b の組を考えると，
　　$(a,\ b)=(2,\ 7),\ (3,\ 6)$
のとき，①，②，③ を満たす。
したがって，k は最小値 9 をとり，求める a，b の組は
　　$(a,\ b)=($ア2，イ$7)$，$($ウ3，エ$6)$

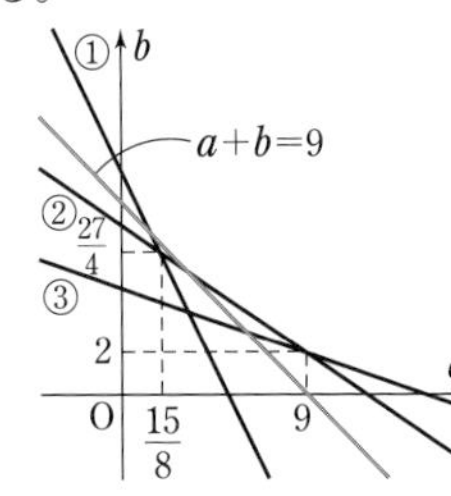

練習 【図形と方程式】

練習 78　➡ 本冊 p. 156

$x+y=2$　…… ①，
$x^2+y^2=4$　…… ②　とする。
直線 ① と円 ② の交点の座標は
　　$(x,\ y)=(2,\ 0),\ (0,\ 2)$
領域 D は右の図の斜線部分。
ただし，境界線を含む。
$2x+y=k$ …… ③ とおくと，これは傾き -2，y 切片 k の直線を表す。

CHART
領域と最大・最小
放物線・円
⟶ 端の点，
接点に注目

図より，直線 ③ が円 ② と第 1 象限 $(x>0,\ y>0)$ で接するとき，k の値は最大となる。

◀領域 D と直線 ③ が共有点をもつような k の最大値，最小値を考える。

このとき，円 ② の中心 $(0,\ 0)$ と直線 ③ の距離は円 ② の半径 2 に等しいから

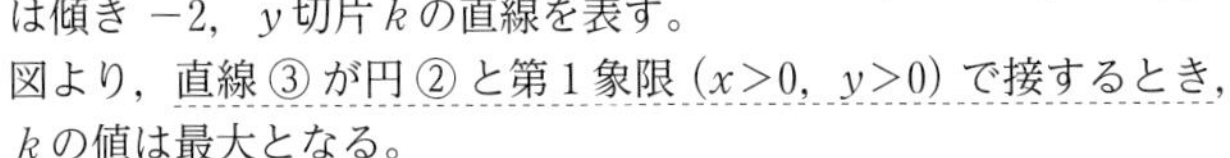

$$\frac{|-k|}{\sqrt{2^2+1^2}}=2 \quad \text{すなわち} \quad |k|=2\sqrt{5}$$

$k>0$ であるから　　$k=2\sqrt{5}$

◀第 1 象限で接するから $x>0$ かつ $y>0$ より　$k=2x+y>0$

直線 $2x+y=2\sqrt{5}$ …… ③′ に垂直で，円 ② の中心 $(0,\ 0)$ を通る直線の方程式は　　$x-2y=0$　…… ④
円 ② と直線 ③′ の接点の座標は，③′ と ④ を連立して解くと

$$x=\frac{4}{\sqrt{5}}\left(=\frac{4\sqrt{5}}{5}\right),\quad y=\frac{2}{\sqrt{5}}\left(=\frac{2\sqrt{5}}{5}\right)$$

次に，直線 ① の傾きは -1，直線 ③ の傾きは -2 で，$-2<-1$ であるから，図より，k の値が最小となるのは，直線 ③ が点 $(0,\ 2)$ を通るときである。

このとき，k の値は　　$2\cdot0+2=2$

したがって　　$x=\dfrac{4}{\sqrt{5}}$，$y=\dfrac{2}{\sqrt{5}}$ **のとき最大値** $2\sqrt{5}$；

$x=0$，$y=2$ **のとき最小値 2**

練習 79 ➡ 本冊 *p*. 157

連立不等式の表す領域は 4 点 $(0,\ 0)$，$(5,\ 0)$，$(4,\ 5)$，$(0,\ 3)$ を頂点とする四角形の周および内部である。

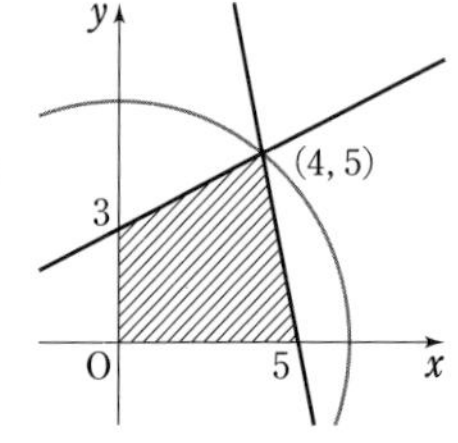

(1)　$x^2+y^2=k$ …… ① とおくと，$k>0$ のとき，① は中心 $(0,\ 0)$，半径 $\sqrt{k}$ の円を表す。

図から，円 ① が点 $(4,\ 5)$ を通るとき，k は最大になり，その値は　　$k=4^2+5^2=41$

また，方程式 ① が点 $(0,\ 0)$ を表すとき，k は最小となる。

よって　　$x=4$，$y=5$ **のとき最大値 41**；

$x=0$，$y=0$ **のとき最小値 0**

(2)　$x^2+y^2-2(x+6y)=k$ とおくと

$$(x-1)^2+(y-6)^2=k+37 \quad \cdots\cdots ②$$

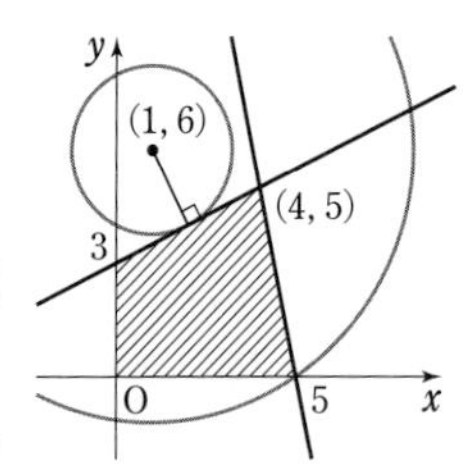

$k+37>0$ のとき，② は中心 $(1,\ 6)$，半径 $\sqrt{k+37}$ の円を表す。

図から，円 ② が点 $(5,\ 0)$ を通るとき，k は最大になり，その値は　　$k=5^2+0^2-2(5+6\cdot0)=15$

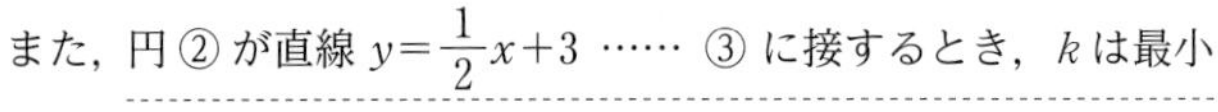

また，円 ② が直線 $y=\dfrac{1}{2}x+3$ …… ③ に接するとき，k は最小になる。このときの接点の座標を求める。

◀判別式を利用してもよいが，左のようにすると，計算がらく。

点 $(1,\ 6)$ を通り直線 ③ に垂直な直線の方程式は

$$y-6=-2(x-1) \quad すなわち \quad y=-2x+8$$

この方程式と ③ を連立して解くと，接点の座標は　　$(2,\ 4)$

◀領域内にある。

このときの k の値は　　$k=2^2+4^2-2(2+6\cdot4)=-32$

よって　　$x=5$，$y=0$ **のとき最大値 15**；

$x=2$，$y=4$ **のとき最小値 −32**

練習 80 ➡ 本冊 *p*. 158

$y=x^2-kx+k^2$ …… ①　とする。

① を k について整理すると　　$k^2-xk+x^2-y=0$　…… ②

放物線 ① が点 $(x,\ y)$ を通らないための条件は，② を満たす実数 k が存在しないことである。

◀曲線 $f(x,\ y,\ k)=0$ が点 $(x,\ y)$ を通らない。
$\Longleftrightarrow$ $f(x,\ y,\ k)=0$ を満たす実数 k が存在しない。

よって，② の判別式を D とすると

$$D=(-x)^2-4(x^2-y)<0$$

ゆえに　　$y<\dfrac{3}{4}x^2$

したがって，求める範囲は，放物線 $y=\dfrac{3}{4}x^2$ の下側の部分で，**右の図の斜線部分**。

ただし，境界線を含まない。

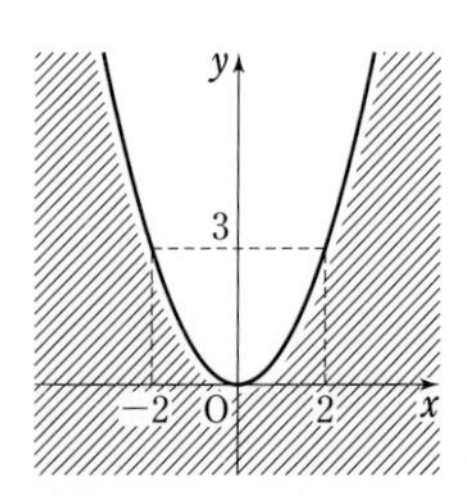

◀放物線 $y=\dfrac{3}{4}x^2$ は **包絡線** である。

●本冊 $p.161$ **問題** の解答

(1) 2点 $\mathrm{P}(t,\ t^2)$，$\mathrm{Q}(t+1,\ (t+1)^2)$ を通る直線の方程式は

$$y-t^2=\frac{(t+1)^2-t^2}{(t+1)-t}(x-t)$$

すなわち　　$\boldsymbol{y=(2t+1)x-t^2-t}$　…… ①

(2) $f(t)=(2t+1)a-t^2-t=-t^2+(2a-1)t+a$

$$=-\left\{t-\left(a-\frac{1}{2}\right)\right\}^2+a^2+\frac{1}{4}$$

[1] $a-\dfrac{1}{2}<-1$ すなわち $a<-\dfrac{1}{2}$ のとき

図〔2−1〕から，最大値は

$f(-1)=-(-1)^2+(2a-1)\cdot(-1)+a=-a$

[2] $-1\leqq a-\dfrac{1}{2}\leqq 0$ すなわち $-\dfrac{1}{2}\leqq a\leqq\dfrac{1}{2}$ のとき

図〔2−2〕から，最大値は　　$f\left(a-\dfrac{1}{2}\right)=a^2+\dfrac{1}{4}$

[3] $0<a-\dfrac{1}{2}$ すなわち $\dfrac{1}{2}<a$ のとき

図〔2−3〕から，最大値は　　$f(0)=a$

以上から，求める最大値は　　$\boldsymbol{a<-\dfrac{1}{2}}$ **のとき** $\boldsymbol{-a}$，

$\boldsymbol{-\dfrac{1}{2}\leqq a\leqq\dfrac{1}{2}}$ **のとき** $\boldsymbol{a^2+\dfrac{1}{4}}$，　$\boldsymbol{\dfrac{1}{2}<a}$ **のとき** $\boldsymbol{a}$

(3) 線分PQの方程式は，① から　　$y=(2t+1)x-t^2-t$　$(t\leqq x\leqq t+1)$

$x=a$ とすると，$t\leqq a\leqq t+1$ から　　$a-1\leqq t\leqq a$

ゆえに，$-1\leqq t\leqq 0$ かつ $a-1\leqq t\leqq a$ における $y=f(t)=-t^2+(2a-1)t+a$ のとりうる値の範囲を考えればよい。

(2) から，$y=f(t)$ のグラフの軸と区間 $a-1\leqq t\leqq a$ の中央の値は $a-\dfrac{1}{2}$ で一致し，

$-1\leqq t\leqq 0$ と $a-1\leqq t\leqq a$ の区間の幅はともに1である。

[0] $(0<a-1$ すなわち $1<a)$ または $a<-1$ のとき

条件を満たす y はない。

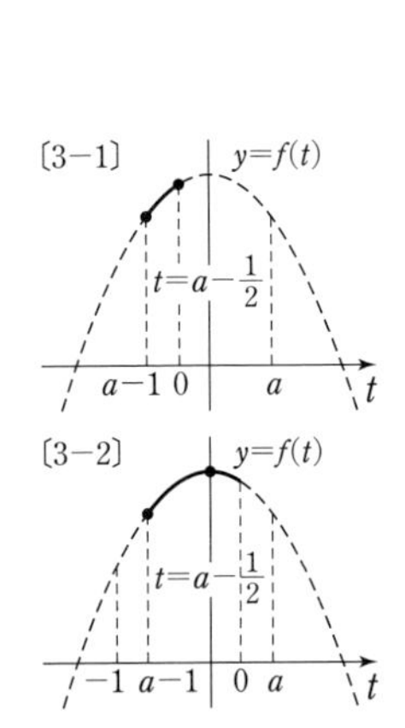

[1] $a-1\leqq 0<a-\dfrac{1}{2}$ すなわち $\dfrac{1}{2}<a\leqq 1$ のとき

図〔3−1〕から　　$f(a-1)\leqq y\leqq f(0)$

$f(a-1)=-(a-1)^2+(2a-1)(a-1)+a=a^2$ から，

y のとりうる値の範囲は　　$a^2\leqq y\leqq a$

[2] $a-\dfrac{1}{2}\leqq 0<a$ すなわち $0<a\leqq\dfrac{1}{2}$ のとき

図〔3−2〕から　　$f(a-1)\leqq y\leqq f\left(a-\dfrac{1}{2}\right)$

y のとりうる値の範囲は　　$a^2\leqq y\leqq a^2+\dfrac{1}{4}$

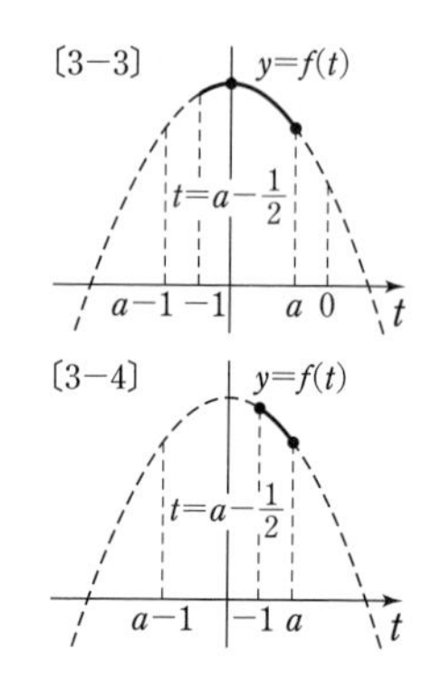

[3]　$a-1\leqq -1<a-\dfrac{1}{2}$ すなわち $-\dfrac{1}{2}<a\leqq 0$ のとき

図〔3−3〕から　　$f(a)\leqq y\leqq f\left(a-\dfrac{1}{2}\right)$

$f(a)=-a^2+(2a-1)a+a=a^2$ から，y のとりうる値の範囲は　　$a^2\leqq y\leqq a^2+\dfrac{1}{4}$

[4]　$a-\dfrac{1}{2}\leqq -1\leqq a$ すなわち $-1\leqq a\leqq -\dfrac{1}{2}$ のとき

図〔3−4〕から　　$f(a)\leqq y\leqq f(-1)$

y のとりうる値の範囲は　　$a^2\leqq y\leqq -a$

[1]～[4] から，a を x におき換えて，線分 PQ が通過してできる図形は，次の不等式が表す領域である。

$$\begin{cases} x^2\leqq y\leqq x & \left(\dfrac{1}{2}<x\leqq 1\right) \\ x^2\leqq y\leqq x^2+\dfrac{1}{4} & \left(-\dfrac{1}{2}<x\leqq \dfrac{1}{2}\right) \\ x^2\leqq y\leqq -x & \left(-1\leqq x\leqq -\dfrac{1}{2}\right) \end{cases}$$

これを図示すると，**右の図の黒い部分** である。ただし，**境界線を含む**。

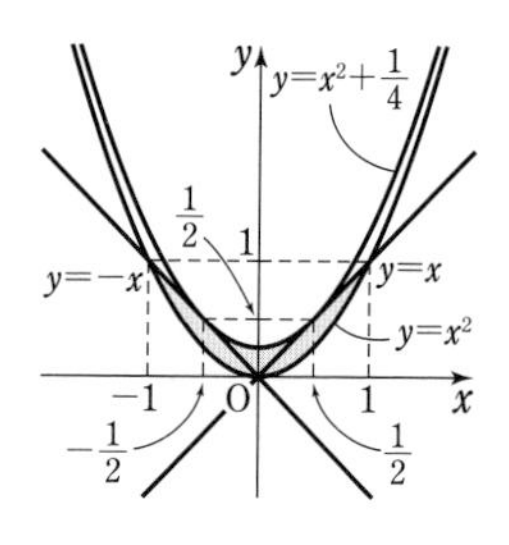

練習 81　➡ 本冊 $p.161$

(1)　$|x|\geqq 1$ であるから，$|t|\geqq 1$ である。

直線 OA の傾きは $\dfrac{1}{t}$，線分 OA の中点の座標は $\left(\dfrac{t}{2},\ \dfrac{1}{2}\right)$ であるから，線分 OA の垂直二等分線の方程式は

$$y-\frac{1}{2}=-t\left(x-\frac{t}{2}\right)$$

すなわち　　$\boldsymbol{y=-tx+\dfrac{t^2+1}{2}\ (|t|\geqq 1)}$

(2)　$y=-tx+\dfrac{t^2+1}{2}$ から　　$t^2-2xt-2y+1=0$　…… ①

◀ t の 2 次方程式。

$f(t)=t^2-2xt-2y+1$ とすると，求める条件は

$\begin{cases} f(t)=0 \text{ の判別式}D\text{について } D\geqq 0 \\ \text{① を満たす実数 } t \text{ について } t\leqq -1 \text{ または } 1\leqq t \end{cases}$

① から　　$\dfrac{D}{4}=x^2+2y-1\geqq 0$

すなわち　　$y\geqq -\dfrac{x^2}{2}+\dfrac{1}{2}$　…… ②

① を満たす実数 t がすべて $-1<t<1$ である場合は

◀全体（実数解をもつ条件）から $|t|<1$ の場合を除く，と考える。

$\begin{cases} D\geqq 0 \\ f(-1)>0 \\ f(1)>0 \\ -1<x<1 \end{cases}$　すなわち　③ $\begin{cases} y\geqq -\dfrac{x^2}{2}+\dfrac{1}{2} \\ y<x+1 \\ y<-x+1 \\ -1<x<1 \end{cases}$

よって，求める領域は，② の表す領域から，③ の表す領域を除いたもので，
右の図の斜線部分 になる。
ただし，境界線を含む。

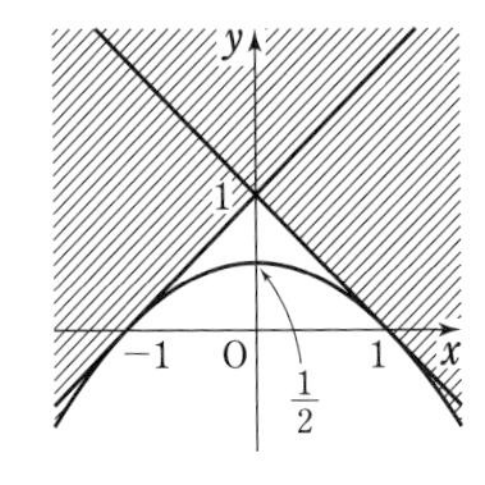

練習 82

➡ 本冊 p. 162

点 $(x,\ y)$ が $\triangle$OAB の内部にあるという条件は

$$x>0,\ y>0,\ x+y<1 \quad \cdots\cdots ①$$

と表される。

$2x+y=X$ …… ②，$x+2y=Y$ …… ③　とおくと

$2\times$②$-$③ から　　$3x=2X-Y$

$2\times$③$-$② から　　$3y=-X+2Y$

すなわち　　$x=\dfrac{2X-Y}{3}$，$y=\dfrac{-X+2Y}{3}$

◀つなぎの文字でもある x，y を消去。

これらを ① に代入すると

$x>0$ から　$2X-Y>0$　　$y>0$ から　$-X+2Y>0$

$x+y<1$ から　　$\dfrac{X+Y}{3}<1$　すなわち　$X+Y<3$

よって　　$Y<2X$，$Y>\dfrac{1}{2}X$，$X+Y<3$

ゆえに，点 $(X,\ Y)$ すなわち
点 $(2x+y,\ x+2y)$ が動く範囲は，
変数を x，y におき換えると，
連立不等式 $y<2x$，$y>\dfrac{1}{2}x$，
$x+y<3$ の表す領域である。
よって，求める範囲は **右の図の斜線部分。ただし，境界線を含まない。**

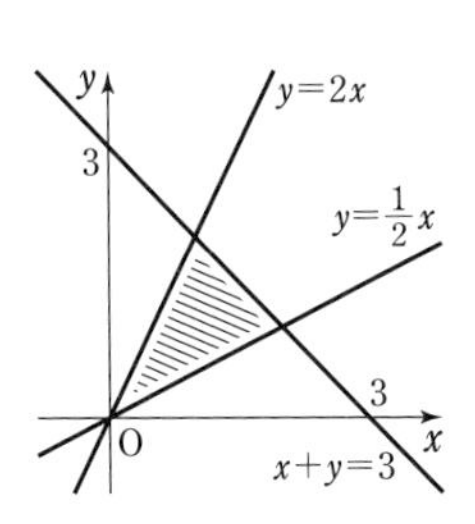

練習 83

➡ 本冊 p. 163

(1)　$p+q=X$，$pq=Y$ とおく。

◀$p+q=X$，$pq=Y$ とおいて，点 $(X,\ Y)$ の満たす関係式を導く。

点 $(p,\ q)$ は $x^2+y^2\leqq 8$，$y\geqq 0$ で表される領域を動くから

$$p^2+q^2\leqq 8 \quad \cdots\cdots ①,\qquad q\geqq 0 \quad \cdots\cdots ②$$

① から　　$(p+q)^2-2pq\leqq 8$

よって　　$X^2-2Y\leqq 8$ …… ③

また，p，q は t についての 2 次方程式

$$t^2-Xt+Y=0 \quad \cdots\cdots ④$$

の実数解であり，② から少なくとも 1 つの解が 0 以上である。

④ の判別式を D とすると，④ が実数解をもつから

$$D\geqq 0 \quad すなわち \quad X^2-4Y\geqq 0 \quad \cdots\cdots ⑤$$

④ の 2 つの解がともに負になるとき　　$X<0$ かつ $Y>0$

◀p，q がともに負 $\iff$ $p+q<0$ かつ $pq>0$

ゆえに，点 $(X,\ Y)$ の動く範囲は，③ かつ ⑤ かつ「$X\geqq 0$ または $Y\leqq 0$」，すなわち

$\frac{X^2}{2}-4 \leqq Y \leqq \frac{X^2}{4}$

かつ「$X \geqq 0$ または $Y \leqq 0$」

変数を x, y におき換えて図示すると，**右の図の斜線部分** のようになる。**ただし，境界線を含む。**

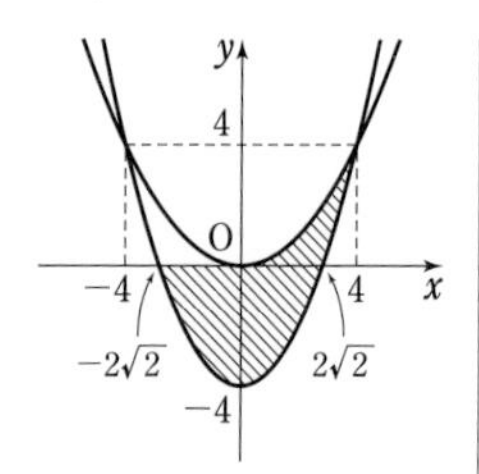

◀X, Y は問題文に与えられていないから，x, y におき換えて答える。

(2) $a=x-y$, $b=-xy$ とおくと

$x-y-xy=a+b$

このとき　$x^2+y^2=(x-y)^2+2xy=a^2-2b$

$x^2+y^2 \leqq 3$ から　$a^2-2b \leqq 3$　すなわち　$b \geqq \frac{a^2}{2}-\frac{3}{2}$

また，$x+(-y)=a$, $x \cdot (-y)=b$ から，x, $-y$ は 2 次方程式

$t^2-at+b=0$ …… ①　の解である。

x, $-y$ は実数であるから，2 次方程式 ① の判別式を D とすると

$D \geqq 0$

よって　$(-a)^2-4 \cdot 1 \cdot b \geqq 0$

ゆえに　$b \leqq \frac{a^2}{4}$

$b \geqq \frac{a^2}{2}-\frac{3}{2}$, $b \leqq \frac{a^2}{4}$ が表す領域を D とすると，D は図の斜線部分である。ただし，境界線を含む。

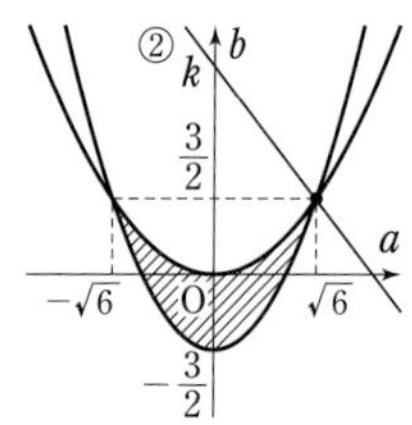

$a+b=k$ …… ② とおくと，これは傾き -1，切片 k の直線を表す。

直線 ② が領域 D と共有点をもつような k の値の最大値を求める。

図から，k の値は直線 ② が点 $\left(\sqrt{6},\ \frac{3}{2}\right)$ を通るとき最大となる。

したがって　$a=\sqrt{6}$, $b=\frac{3}{2}$ のとき **最大値** $\boldsymbol{\sqrt{6}+\frac{3}{2}}$

◀$x-y-xy=k$ とおいても描く曲線の形状はわからない。

◀x, $y\,(-y)$ は実数である。

◀$\frac{a^2}{2}-\frac{3}{2}=\frac{a^2}{4}$ とすると　$2(a^2-3)=a^2$
ゆえに　$a^2=6$

演習 28 ➡ 本冊 p. 164

(1) ある実数 t において，点Aと点Bが一致すると仮定すると，y 座標について　$t^2=t-2$

よって　$t^2-t+2=0$ …… ①

ここで，2次方程式①の判別式を D とすると

$$D=(-1)^2-4\cdot1\cdot2=-7<0$$

ゆえに，①は実数解をもたない。

すなわち，$t^2-t+2=0$ を満たす実数 t は存在しない。

よって，各実数 t に対してAとBは異なる点である。

◀ 2点A，Bの y 座標の差をとって $t^2-(t-2)$ $=\left(t-\dfrac{1}{2}\right)^2+\dfrac{7}{4}>0$ から $t^2\neq t-2$ としてもよい。

(2) (1)より，各実数 t に対してAとBは異なる点である。

また，点Aと点Bの x 座標は一致するが，2点A，Bと点Cの x 座標は異なるから，AとC，BとCはそれぞれ異なる点であり，3点A，B，Cは一直線上にない。

よって，各実数 t に対して △ABC が存在する。

[1] $\angle A=90^\circ$ のとき

満たすべき条件は，2点A，Cの y 座標が一致することであるから　$t^2=t^2-t-1$　　よって　$t=-1$

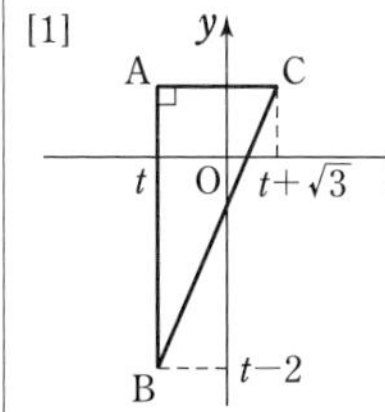

[2] $\angle B=90^\circ$ のとき

満たすべき条件は，2点B，Cの y 座標が一致することであるから

$$t-2=t^2-t-1 \quad すなわち \quad (t-1)^2=0$$

よって　$t=1$

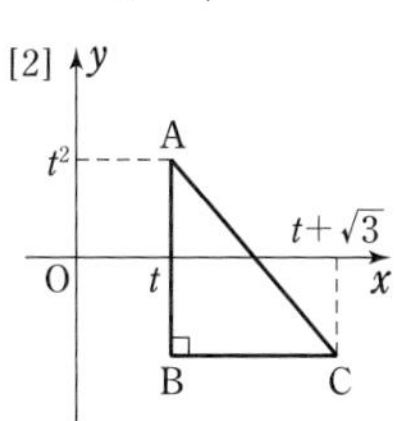

[3] $\angle C=90^\circ$ のとき

満たすべき条件は　$AB^2=BC^2+CA^2$

ここで　$AB^2=\{t^2-(t-2)\}^2=(t^2-t+2)^2$,

$BC^2=\{(t+\sqrt{3})-t\}^2+\{(t^2-t-1)-(t-2)\}^2$
$=(t^2-2t+1)^2+3$,

$CA^2=\{(t+\sqrt{3})-t\}^2+\{(t^2-t-1)-t^2\}^2$
$=(t+1)^2+3$

よって　$(t^2-t+2)^2=(t^2-2t+1)^2+3+(t+1)^2+3$

展開して整理すると　$t^3-t^2-t-2=0$

すなわち　$(t-2)(t^2+t+1)=0$

t は実数であるから　$t=2$

◀左辺を $P(t)$ とすると $P(2)=2^3-2^2-2-2=0$

[1]～[3] より，求める t の値は　$\boldsymbol{t=-1,\ 1,\ 2}$

(3) △ABC が鋭角三角形となるための条件は，$\angle A$，$\angle B$，$\angle C$ がすべて鋭角となることである。

ここで，t が実数のとき

$$t^2-(t-2)=t^2-t+2=\left(t-\frac{1}{2}\right)^2+\frac{7}{4}>0$$

よって，常に $t^2>t-2$ が成り立つ。

ゆえに，$\angle A$，$\angle B$ がともに鋭角となるための条件は，3点A，B，Cの y 座標について

$$t-2<t^2-t-1<t^2$$

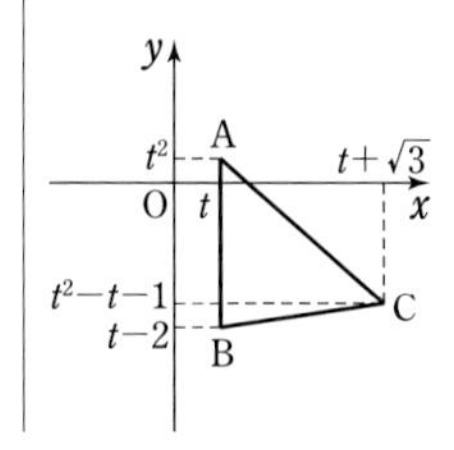

3章
演習
[図形と方程式]

$t-2<t^2-t-1$ から　$(t-1)^2>0$

よって　$t \neq 1$ …… ②

$t^2-t-1<t^2$ から　$t>-1$ …… ③

また，∠C が鋭角となるための条件は

$$AB^2<BC^2+CA^2$$

ゆえに　$(t^2-t+2)^2<(t^2-2t+1)^2+3+(t+1)^2+3$

よって　$(t-2)(t^2+t+1)<0$

$t^2+t+1=\left(t+\dfrac{1}{2}\right)^2+\dfrac{3}{4}>0$ であるから

$t-2<0$　すなわち　$t<2$ …… ④

②, ③, ④ の共通範囲を求めて　$\boldsymbol{-1<t<1,\ 1<t<2}$

演習 29 ➡ 本冊 p. 164

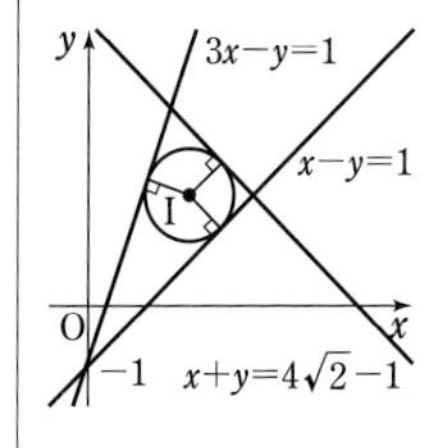

内接円の中心を I とし，その座標を $(a,\ b)$ とする。

点 I から 3 つの直線 $x-y=1$, $3x-y=1$, $x+y=4\sqrt{2}-1$ までの距離が等しいから

$$\frac{|a-b-1|}{\sqrt{2}}=\frac{|3a-b-1|}{\sqrt{10}}=\frac{|a+b-4\sqrt{2}+1|}{\sqrt{2}}$$

ここで，点 I は直線 $x-y=1$ の上側の部分，すなわち $y>x-1$ の部分にあるから

$$b>a-1 \quad \text{すなわち} \quad a-b-1<0$$

同様に，点 I は直線 $3x-y=1$ の下側の部分にあり，直線 $x+y=4\sqrt{2}-1$ の下側の部分にあるから

$b<3a-1$　すなわち　$3a-b-1>0$

$b<-a+4\sqrt{2}-1$　すなわち　$a+b-4\sqrt{2}+1<0$

よって　$\dfrac{-(a-b-1)}{\sqrt{2}}=\dfrac{3a-b-1}{\sqrt{10}}=\dfrac{-(a+b-4\sqrt{2}+1)}{\sqrt{2}}$

◀絶対値記号をはずした。

すなわち　$\dfrac{-a+b+1}{\sqrt{2}}=\dfrac{3a-b-1}{\sqrt{10}}$ …… ①,

$\dfrac{-a+b+1}{\sqrt{2}}=\dfrac{-a-b+4\sqrt{2}-1}{\sqrt{2}}$ …… ②

② から　$2b=4\sqrt{2}-2$　よって　$b=2\sqrt{2}-1$

このとき，① から　$\dfrac{-a+2\sqrt{2}}{\sqrt{2}}=\dfrac{3a-2\sqrt{2}}{\sqrt{10}}$

整理すると　$(3+\sqrt{5})a=2\sqrt{2}(\sqrt{5}+1)$

したがって　$a=\dfrac{2\sqrt{2}(\sqrt{5}+1)}{3+\sqrt{5}}=\sqrt{10}-\sqrt{2}$

◀分母の有理化。

よって，内接円の中心 I の座標は　$\boldsymbol{(\sqrt{10}-\sqrt{2},\ -1+2\sqrt{2})}$

また，内接円の半径は

◀中心と直線の距離が半径になる。

$$\frac{-a+b+1}{\sqrt{2}}=\frac{-\sqrt{10}+\sqrt{2}-1+2\sqrt{2}+1}{\sqrt{2}}=\boldsymbol{3-\sqrt{5}}$$

演習 30 ➡ 本冊 p. 164

(1)　2 直線 ℓ_1, ℓ_2 が点 $A(p,\ q)$ で交わるとき

$$a_1p+b_1q=1 \quad \cdots\cdots ①, \qquad a_2p+b_2q=1 \quad \cdots\cdots ②$$

①は，点 $P_1(a_1,\ b_1)$ が直線 $px+qy=1$ 上にあることを表す。
②は，点 $P_2(a_2,\ b_2)$ が直線 $px+qy=1$ 上にあることを表す。
異なる2点 P_1，P_2 を通る直線は1つしかないから，2点 P_1，P_2 を通る直線の方程式は $px+qy=1$ である。

(2) 3直線 ℓ_1，ℓ_2，ℓ_3 が1点 $A(p,\ q)$ で交わるとする。
このとき，(1)より，2点 P_1，P_2 を通る直線の方程式は $px+qy=1$ である。
同様に考えて，2点 P_2，P_3 を通る直線の方程式も $px+qy=1$ である。
よって，直線 $px+qy=1$ は3点 P_1，P_2，P_3 を通る。
したがって，3点 P_1，P_2，P_3 は同一直線上にある。

◀ $pa_1+qb_1=1$，$pa_2+qb_2=1$，$pa_3+qb_3=1$ を満たす。

(3) 3直線 ℓ_1，ℓ_2，ℓ_3 が1点 $A(p,\ q)$ で交わるとする。
このとき，(2)より，3点 P_1，P_2，P_3 は同一直線 $px+qy=1$ 上にある。
よって，直線 ℓ の方程式は　$px+qy=1$
$p\cdot0+q\cdot0=0\neq1$ であるから，直線 ℓ は原点を通らない。
逆に，直線 ℓ が原点を通らないとする。
直線 ℓ の方程式を $ax+by=c$ (a，b，c は定数) とすると，直線 ℓ は原点を通らないから　$c\neq0$
よって，両辺を c $(\neq0)$ で割ると　$\dfrac{a}{c}x+\dfrac{b}{c}y=1$
3点 P_1，P_2，P_3 は直線 ℓ 上にあるから

$$\frac{a}{c}a_1+\frac{b}{c}b_1=1,\quad \frac{a}{c}a_2+\frac{b}{c}b_2=1,\quad \frac{a}{c}a_3+\frac{b}{c}b_3=1$$

これは，3直線 ℓ_1，ℓ_2，ℓ_3 がすべて点 $\left(\dfrac{a}{c},\ \dfrac{b}{c}\right)$ を通ることを表している。
ここで，2直線 $\ell_1: a_1x+b_1y=1$，$\ell_2: a_2x+b_2y=1$ が平行であると仮定すると，ℓ_1，ℓ_2 がともに点 $\left(\dfrac{a}{c},\ \dfrac{b}{c}\right)$ を通ることから，2直線 ℓ_1，ℓ_2 は一致する。
よって　$a_1=a_2$　かつ　$b_1=b_2$
これは，2点 $P_1(a_1,\ b_1)$，$P_2(a_2,\ b_2)$ が異なる点であることと矛盾する。
ゆえに，2直線 ℓ_1，ℓ_2 は平行でない。
同様に，2直線 ℓ_2，ℓ_3 も平行でなく，2直線 ℓ_3，ℓ_1 も平行でない。
以上より，3直線 ℓ_1，ℓ_2，ℓ_3 はすべて点 $\left(\dfrac{a}{c},\ \dfrac{b}{c}\right)$ を通り，どの2直線も平行でないから，3直線 ℓ_1，ℓ_2，ℓ_3 は1点 $\left(\dfrac{a}{c},\ \dfrac{b}{c}\right)$ で交わる。
したがって，3点 P_1，P_2，P_3 が同一直線 ℓ 上にあるとき，3直線 ℓ_1，ℓ_2，ℓ_3 が1点で交わるための必要十分条件は，直線 ℓ が原点を通らないことである。

◀まず，必要条件について考える。

◀十分条件であることを示す。

◀ $\dfrac{a}{c}=p$，$\dfrac{b}{c}=q$ と考える。

◀ $\ell_1 /\!/ \ell_2$ とならないことを，背理法により示す。

演習 31 ➡ 本冊 $p.164$

直線 AB の方程式は　$\dfrac{x}{a}+\dfrac{y}{b}=1$

点 P$(a,\ b)$ と直線 AB の距離を d とすると

$$d=\frac{\left|\frac{1}{a}\cdot a+\frac{1}{b}\cdot b-1\right|}{\sqrt{\frac{1}{a^2}+\frac{1}{b^2}}}=\frac{1}{\sqrt{\frac{1}{a^2}+\frac{1}{b^2}}}$$

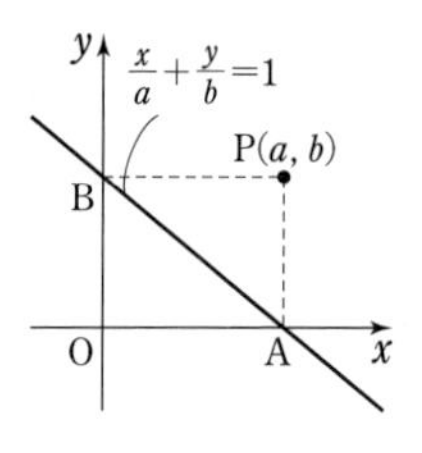

ここで，$\dfrac{1}{a^2}>0$，$\dfrac{1}{b^2}>0$ であるから，(相加平均)≧(相乗平均)

により　$\dfrac{1}{a^2}+\dfrac{1}{b^2}\geqq 2\sqrt{\dfrac{1}{a^2b^2}}=\dfrac{2}{ab}$　…… ①

◀$A>0$，$B>0$ のとき
$A+B\geqq 2\sqrt{AB}$
等号は $A=B$ のとき成り立つ。

また，$a>0$，$b>0$ であるから，(相加平均)≧(相乗平均) により

$$k=a+b\geqq 2\sqrt{ab}$$

よって　$k^2\geqq 4ab$　　ゆえに　$\dfrac{1}{ab}\geqq\dfrac{4}{k^2}$　…… ②

したがって，①，② から　$\dfrac{1}{a^2}+\dfrac{1}{b^2}\geqq 2\cdot\dfrac{4}{k^2}=\dfrac{8}{k^2}$　…… ③

① の等号が成立するのは $\dfrac{1}{a^2}=\dfrac{1}{b^2}$ すなわち $a=b$ のときであり，② の等号が成立するのは $a=b=\dfrac{k}{2}$ のときである。

よって，③ の等号が成立するのも $a=b=\dfrac{k}{2}$ のときである。

◀① と ② の等号成立条件がともに $a=b$ で同じであることがポイントとなる。

したがって，$\dfrac{1}{a^2}+\dfrac{1}{b^2}$ は $a=b=\dfrac{k}{2}$ のとき最小値 $\dfrac{8}{k^2}$ をとる。

このとき，d は最大となり，その最大値は

$$d=\frac{1}{\sqrt{\frac{8}{k^2}}}=\frac{k}{2\sqrt{2}}=\boldsymbol{\frac{\sqrt{2}}{4}k}$$

別解　直線 AB の方程式は

$$\frac{x}{a}+\frac{y}{b}=1\quad \text{すなわち}\quad bx+ay-ab=0$$

点 P$(a,\ b)$ と直線 AB の距離を d とすると

$$d=\frac{|b\cdot a+a\cdot b-ab|}{\sqrt{a^2+b^2}}=\frac{ab}{\sqrt{(a+b)^2-2ab}}=\frac{ab}{\sqrt{k^2-2ab}}$$

k は定数であるから，ab が最大となるとき d は最大となる。

◀ab が最大のとき，$\sqrt{k^2-2ab}$ は最小となり，$\dfrac{1}{\sqrt{k^2-2ab}}$ も最大となる。

ここで　$ab=a(k-a)=-a^2+ak=-\left(a-\dfrac{k}{2}\right)^2+\dfrac{k^2}{4}$

$0<a<k$ であるから，ab は $a=b=\dfrac{k}{2}$ のとき最大値 $\dfrac{k^2}{4}$ をとる。

このとき，d は最大となり，その最大値は

$$d=\frac{\frac{k^2}{4}}{\sqrt{k^2-2\cdot\frac{k^2}{4}}}=\frac{k^2}{4\sqrt{\frac{k^2}{2}}}=\boldsymbol{\frac{\sqrt{2}}{4}k}$$

演習 32

➡ 本冊 $p.164$

(1) 点 $\mathrm{P}(0,\ 1)$ と直線 $y=a(x+1)$

すなわち $-ax+y-a=0$ の距離を d とすると，$0<a<1$ であるから

$$d=\frac{|-a\cdot0+1-a|}{\sqrt{(-a)^2+1^2}}=\frac{1-a}{\sqrt{a^2+1}}$$

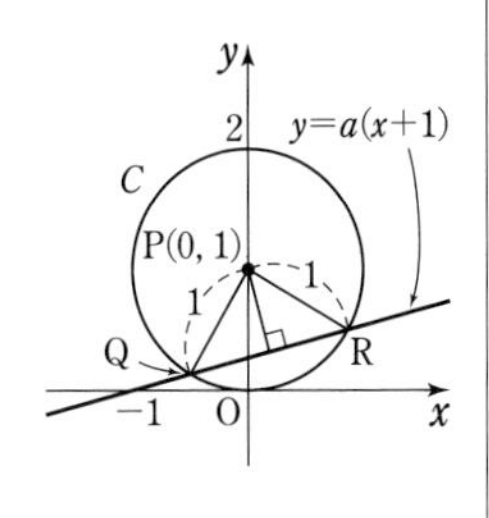

◀直線 $y=a(x+1)$ は，定点 $(-1,\ 0)$ を通る。

よって　$\mathrm{QR}=2\sqrt{1^2-d^2}$

$$=2\sqrt{1-\frac{(1-a)^2}{a^2+1}}=\frac{2\sqrt{2a}}{\sqrt{a^2+1}}$$

したがって

$$\boldsymbol{S(a)}=\frac{1}{2}\mathrm{QR}\cdot d=\frac{1}{2}\cdot\frac{2\sqrt{2a}}{\sqrt{a^2+1}}\cdot\frac{1-a}{\sqrt{a^2+1}}=\boldsymbol{\frac{\sqrt{2a}(1-a)}{a^2+1}}$$

◀この関数の最大値を求めるのは面倒。

(2) $\angle\mathrm{QPR}=\theta$ とすると，$0°<\theta<180°$ であり

$$S(a)=\frac{1}{2}\cdot1\cdot1\cdot\sin\theta=\frac{1}{2}\sin\theta$$

◀2辺の長さが $x,\ y$，その間の角が θ である三角形の面積 S は
$$S=\frac{1}{2}xy\sin\theta$$

よって，$\theta=90°$ のとき $S(a)$ は最大になる。

このとき，$\triangle\mathrm{PQR}$ は直角二等辺三角形になるから

$$d=\frac{1}{\sqrt{2}}\qquad したがって\qquad \frac{1-a}{\sqrt{a^2+1}}=\frac{1}{\sqrt{2}}$$

よって　$\sqrt{2}(1-a)=\sqrt{a^2+1}$

$0<a<1$ より，両辺を2乗しても同値である。

$$2(1-2a+a^2)=a^2+1$$

ゆえに　$a^2-4a+1=0$

$0<a<1$ であるから　$\boldsymbol{a=2-\sqrt{3}}$

演習 33

➡ 本冊 $p.165$

点 $(b,\ \sqrt{a^2-b^2})$ における接線の方程式は　$bx+\sqrt{a^2-b^2}\,y=a^2$

この式で $y=0$ とすると，$b\neq0$ であるから　$x=\dfrac{a^2}{b}$

よって　$\mathrm{P}\left(\dfrac{a^2}{b},\ 0\right)$

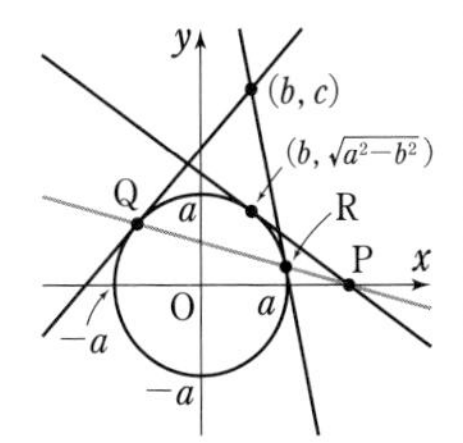

また，$\mathrm{Q}(x_1,\ y_1)$，$\mathrm{R}(x_2,\ y_2)$，$x_1\neq x_2$ とすると，点Q，Rにおける接線の方程式は，それぞれ

$$x_1x+y_1y=a^2,\quad x_2x+y_2y=a^2$$

◀接点Q，Rの座標を具体的に求める必要はない。点 $(x_1,\ y_1)$ における接線の方程式 $x_1x+y_1y=r^2$ を利用。

点 $(b,\ c)$ を通るから，それぞれ

$$bx_1+cy_1=a^2,\quad bx_2+cy_2=a^2$$

を満たし，これは2点Q，Rが直線 $bx+cy=a^2$ 上にあることを示している。

$bx+cy=a^2$ で $y=0$ とすると　$x=\dfrac{a^2}{b}$

したがって，2点Q，Rを通る直線は点Pを通る。

◀点 $(b,\ c)$ は点Pに関する極線 $x=b$ 上の点である。この点 $(b,\ c)$ に関する極線QRは点Pを通ることを表している（参考 参照）。

3章 演習［図形と方程式］

参考　本問は，極線（本冊 $p.127$ 参照）についての次の性質に基づいている。
点Aに関する極線が他の点Bを通るとき，点Bに関する極線は点Aを通る
（右の図を参照）。

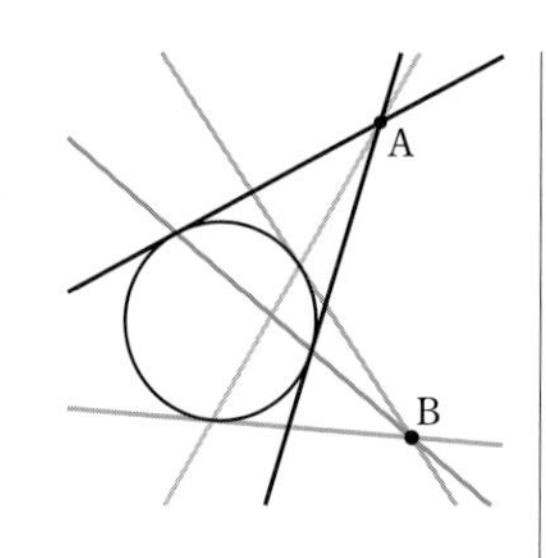

演習 34 ➡ 本冊 $p.165$

(1)　$A(\alpha, \alpha^2)$，$B(\beta, \beta^2)$ とする。

A，B は放物線 $y=x^2$ と直線 $y=mx+1$ の共有点であるから，α，β は x の 2 次方程式 $x^2=mx+1$ すなわち $x^2-mx-1=0$ の 2 つの実数解である。

解と係数の関係から　　$\alpha+\beta=m$，$\alpha\beta=-1$　…… ①

直線 OA，OB の傾きをそれぞれ k_1，k_2 とすると

$$k_1=\frac{\alpha^2}{\alpha}=\alpha,\quad k_2=\frac{\beta^2}{\beta}=\beta$$

よって　　$k_1k_2=\alpha\beta=-1$

したがって，直線 OA，OB は直交する。

すなわち，$\angle AOB=90°$ である。

◀垂直 $\Longleftrightarrow$ 傾きの積が -1

(2)　(1) から，$\triangle AOB$ は $\angle AOB=90°$ の直角三角形であるから，3 点 A，B，O を通る円は線分 AB を直径とする円である。

線分 AB を直径とする円の中心を C とすると，C は線分 AB の中点であるから　　$C\left(\dfrac{\alpha+\beta}{2}, \dfrac{\alpha^2+\beta^2}{2}\right)$

◀CHART 直角 $\Longleftrightarrow$ 直径

ここで，① より，

$$\frac{\alpha+\beta}{2}=\frac{m}{2},\qquad \frac{\alpha^2+\beta^2}{2}=\frac{(\alpha+\beta)^2-2\alpha\beta}{2}=\frac{m^2+2}{2}$$

であるから　　$C\left(\dfrac{m}{2}, \dfrac{m^2+2}{2}\right)$

また，円は点 O を通るから，半径は

$$OC=\sqrt{\left(\frac{m}{2}\right)^2+\left(\frac{m^2+2}{2}\right)^2}=\frac{\sqrt{(m^2+1)(m^2+4)}}{2}$$

◀$m^2+(m^2+2)^2$
$=m^4+5m^2+4$
$=(m^2+1)(m^2+4)$

したがって，求める円の方程式は

$$\boldsymbol{\left(x-\frac{m}{2}\right)^2+\left(y-\frac{m^2+2}{2}\right)^2=\frac{(m^2+1)(m^2+4)}{4}}$$

(3)　(2) で求めた円の方程式を展開して整理すると

$$x^2-mx+y^2-(m^2+2)y=0$$

これに $y=x^2$ を代入して　　$x^2-mx+x^4-(m^2+2)x^2=0$

◀ y を消去。

すなわち　　$x(x+m)(x^2-mx-1)=0$

したがって　　$x=0,\ -m,\ \alpha,\ \beta$

◀α，β は $x^2-mx-1=0$ の 2 つの実数解。

よって，放物線 $y=x^2$ と (2) で求めた円が A，B，O 以外の共有点をもたないための必要十分条件は，$x=-m$ が方程式 $x(x^2-mx-1)=0$ の解になることである。

ゆえに，方程式 $x(x^2-mx-1)=0$ に $x=-m$ を代入して

$$-m(2m^2-1)=0$$

これを解いて，求める m の値は　　$\boldsymbol{m=0,\ \pm\frac{1}{\sqrt{2}}}$

演習 35

➡ 本冊 p. 165

(1) C_2 の方程式を a について整理すると

$$(4-2y)a+x^2-6x+y^2+4=0$$

これが a についての恒等式であるための条件は

$$4-2y=0 \quad \cdots\cdots ①, \quad x^2-6x+y^2+4=0 \quad \cdots\cdots ②$$

◀ $Aa+B=0$ が a についての恒等式 $\Longleftrightarrow A=B=0$

① から　　$y=2$　　　② に代入して　　$x^2-6x+8=0$

これを解いて　　$x=2,\ 4$

よって，求める定点の座標は　　**(2, 2), (4, 2)**

(2) C_2 の方程式から　　$(x-3)^2+(y-a)^2=a^2-4a+5$

また，$a^2-4a+5=(a-2)^2+1>0$ である。

C_2 が直線 $y=x+1$ と異なる 2 点で交わるための条件は，C_2 の中心 $(3,\ a)$ と直線 $y=x+1$ の距離が円の半径 $\sqrt{a^2-4a+5}$ より小さいことであるから

$$\frac{|1\cdot3+(-1)\cdot a+1|}{\sqrt{1^2+(-1)^2}}<\sqrt{a^2-4a+5}$$

すなわち　　$|4-a|<\sqrt{2(a^2-4a+5)}$

両辺を平方して　$16-8a+a^2<2(a^2-4a+5)$

整理して　　$a^2-6>0$

これを解いて　　$\boldsymbol{a<-\sqrt{6},\ \sqrt{6}<a}$

別解 C_2 の方程式に $y=x+1$ を代入して

$(x-3)^2+(x+1-a)^2=a^2-4a+5$

整理すると

$2x^2-2(a+2)x+2a+5=0$

この 2 次方程式の判別式を D とすると

$\frac{D}{4}=(a+2)^2-2(2a+5)=a^2-6$

求める条件は，$D>0$ であるから　$a^2-6>0$

(以下同じ)

(3) C_1 と C_2 が外接するための条件は，C_1 の中心と C_2 の中心を結ぶ線分の長さが C_1 の半径と C_2 の半径の和に等しいことである。

◀ $d=r+r'$
(d：中心間の距離)

C_1 の中心と C_2 の中心を結ぶ線分の長さは $\sqrt{3^2+a^2}$ であるから

$$\sqrt{3^2+a^2}=2+\sqrt{a^2-4a+5}$$

両辺を平方して整理すると　　$a=\sqrt{a^2-4a+5}$

◀ 根号が残るので，更に両辺を平方する。

更に両辺を平方して整理すると　　$-4a+5=0$

これを解いて　　$\boldsymbol{a=\frac{5}{4}}$

(4) $a=1$ のとき，C_2 の方程式は　　$x^2-6x+y^2-2y+8=0$

ここで，k を定数として，次の方程式を考える。

$$k(x^2+y^2-4)+x^2-6x+y^2-2y+8=0 \quad \cdots\cdots ③$$

◀ $f=0,\ g=0$ に対し $kf+g=0$

③ は円 C_1 と円 C_2 の 2 つの交点を通る図形を表し，これが直線となるのは，$k=-1$ のときであるから

$$-(x^2+y^2-4)+x^2-6x+y^2-2y+8=0$$

整理して　　$6x+2y-12=0$

よって，直線 AB の方程式は　　$\boldsymbol{3x+y-6=0}$

また，③ が原点 $(0,\ 0)$ を通る円を表すとき，③ に $x=0,\ y=0$ を代入すると　　$-4k+8=0$　すなわち　$k=2$

$k=2$ を ③ に代入して整理すると　　$3x^2-6x+3y^2-2y=0$

◀$x^2-2x+y^2-\frac{2}{3}y=0$

ゆえに　　$(x-1)^2+\left(y-\frac{1}{3}\right)^2=\left(\frac{\sqrt{10}}{3}\right)^2$

よって，C_3 の **中心は $\left(1,\ \frac{1}{3}\right)$**，**半径は $\frac{\sqrt{10}}{3}$** である。

(5)　$a=0$ のとき，C_2 の中心は $(3,\ 0)$，半径は $\sqrt{5}$ である。

C_1 上の接点の座標を $(x_1,\ y_1)$ とすると

$$x_1{}^2+y_1{}^2=4 \quad \cdots\cdots ④$$

◀C_1 上の点 $(x_1,\ y_1)$ における接線が C_2 にも接する，と考える。

接線の方程式は　　$x_1x+y_1y=4$　…… ⑤

直線 ⑤ が C_2 に接するための条件は，C_2 の中心 $(3,\ 0)$ と直線 ⑤ の距離が C_2 の半径 $\sqrt{5}$ に等しいことである。

よって　　$\dfrac{|3x_1-4|}{\sqrt{x_1{}^2+y_1{}^2}}=\sqrt{5}$

④ を代入して整理すると　　$|3x_1-4|=2\sqrt{5}$

ゆえに　　$3x_1-4=\pm 2\sqrt{5}$　　　よって　$x_1=\dfrac{4\pm 2\sqrt{5}}{3}$

また，④ より，$x_1{}^2=4-y_1{}^2 \geqq 0$ であるから　$-2 \leqq x_1 \leqq 2$

$4<2\sqrt{5}<5$ より，$\dfrac{8}{3}<\dfrac{4+2\sqrt{5}}{3}<3$，$-\dfrac{1}{3}<\dfrac{4-2\sqrt{5}}{3}<0$

◀$2\sqrt{5}=\sqrt{20}$ であり $\sqrt{16}<\sqrt{20}<\sqrt{25}$

であるから，$-2 \leqq x_1 \leqq 2$ を満たすものは　　$\boldsymbol{x_1=\dfrac{4-2\sqrt{5}}{3}}$

演習 36 ➡ 本冊 p. 165

2 点 A，B の座標をそれぞれ $(\alpha,\ \alpha^2)$，$(\beta,\ \beta^2)$ とする。

ただし，3 点 A，B，O は異なる点であるから

$$\alpha \neq 0,\ \beta \neq 0,\ \alpha \neq \beta$$

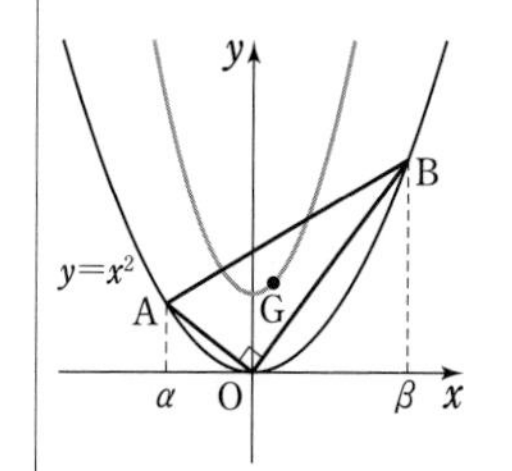

このとき，2 直線 OA，OB の傾きはそれぞれ α，β であるから，$\angle\mathrm{AOB}=90^\circ$ となるための条件は　　$\alpha\beta=-1$　…… ①

ここで，△AOB の重心Gの座標を $(x,\ y)$ とすると

$$x=\frac{\alpha+\beta+0}{3}=\frac{\alpha+\beta}{3} \quad \cdots\cdots ②$$

$$y=\frac{\alpha^2+\beta^2+0}{3}=\frac{\alpha^2+\beta^2}{3} \quad \cdots\cdots ③$$

② から　　$\alpha+\beta=3x$　…… ④

③ を変形すると，①，④ から

$$y=\frac{(\alpha+\beta)^2-2\alpha\beta}{3}=\frac{(3x)^2-2\cdot(-1)}{3}=3x^2+\frac{2}{3}$$

◀つなぎの文字 α，β を消去する。

また，①，④ から，α，β を 2 解とする 2 次方程式 $t^2-3xt-1=0$ の判別式を D とすると

$$D=(-3x)^2-4\cdot 1\cdot(-1)=9x^2+4$$

◀$\alpha+\beta=p$，$\alpha\beta=q$ のとき，α，β を 2 解とする 2 次方程式の 1 つは $x^2-px+q=0$

よって　　$D>0$

ゆえに，任意の実数 x に対して，①，④ を満たす α，β $(\alpha \neq \beta)$ が存在する。

◀逆の確認。① を満たすから，$\alpha \neq 0$，$\beta \neq 0$ である。

したがって，求める軌跡は　　**放物線 $\boldsymbol{y=3x^2+\dfrac{2}{3}}$**

演習 37

➡ 本冊 p. 165

$y=-\dfrac{1}{x}$ …… ① とする。

① を $ax+by=1$ に代入すると

$$ax-\frac{b}{x}=1$$

よって　$ax^2-x-b=0$

2 点 P，Q の x 座標をそれぞれ p，q とすると，解と係数の関係から

$$p+q=\frac{1}{a},\ pq=-\frac{b}{a}\quad \cdots\cdots ②$$

◀ $y=-\dfrac{1}{x}$ のグラフは，$y=\dfrac{1}{x}$ のグラフを y 軸に関して対称移動したもので，第 2 象限と第 4 象限にある。

また，2 点 R，S の座標はそれぞれ $\mathrm{R}\left(\dfrac{1}{a},\ 0\right)$，$\mathrm{S}\left(0,\ \dfrac{1}{b}\right)$ であり，4 点 P，Q，R，S は直線 ℓ 上にあるから

$$\frac{\mathrm{PQ}}{\mathrm{RS}}=\frac{q-p}{\dfrac{1}{a}-0}=a(q-p)$$

◀ $\dfrac{1}{\frac{1}{a}}x+\dfrac{1}{\frac{1}{b}}y=1$

◀ P，Q，R，S は同じ直線上にある
⟺ (PQ の傾き)
　=(RS の傾き)

$\dfrac{\mathrm{PQ}}{\mathrm{RS}}=\sqrt{2}$ を満たすとき　$a(q-p)=\sqrt{2}$

両辺を平方して　$a^2\{(p+q)^2-4pq\}=2$

② を代入して　$a^2\left\{\left(\dfrac{1}{a}\right)^2+\dfrac{4b}{a}\right\}=2$

よって　$1+4ab=2$　　ゆえに　$4ab=1$ …… ③

線分 PQ の中点の座標を $(x,\ y)$ とすると，② から

$$x=\frac{p+q}{2}=\frac{1}{2a},\ y=\frac{1}{2}\left(-\frac{1}{p}-\frac{1}{q}\right)=\frac{1}{2b}$$

◀ $y=-\dfrac{1}{2}\cdot\dfrac{p+q}{pq}=-\dfrac{1}{2}\cdot\dfrac{1}{a}\cdot\left(-\dfrac{a}{b}\right)=\dfrac{1}{2b}$

よって　$xy=\dfrac{1}{2a}\cdot\dfrac{1}{2b}=\dfrac{1}{4ab}$

ゆえに，③ から　$xy=1$　すなわち　$y=\dfrac{1}{x}$

ここで，$a>0$，$b>0$ であるから　$x>0$，$y>0$

したがって，求める軌跡は　**曲線 $y=\dfrac{1}{x}$ の $x>0$ の部分。**

演習 38

➡ 本冊 p. 166

$(x-1)^2+(y-1)^2=4$ …… ① とする。

不等式 $(x-1)^2+(y-1)^2\leqq 4$ で表される領域を P とすると，P は円 ① の周およびその内部で〔図 1〕の斜線部分。

ただし，境界線を含む。

また，不等式 $|x|+|y|\leqq r$ …… ② で表される領域を Q とすると，Q は x 軸，y 軸，原点に関して対称である。

$x\geqq 0$，$y\geqq 0$ のとき，② は　$x+y\leqq r$

この 3 つの不等式を満たす領域は，右の図の斜線部分。ただし，境界線を含む。

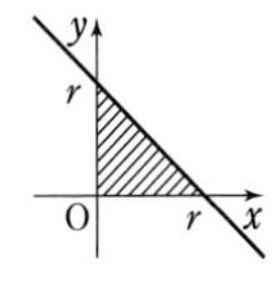

したがって，領域 Q は〔図 2〕の斜線部分。

ただし，境界線を含む。

次のように場合分けしてもよいが，**対称性** を利用する方が効率的である。

[1]　$x\geqq 0$，$y\geqq 0$ のとき
　$x+y\leqq r$

[2]　$x<0$，$y\geqq 0$ のとき
　$-x+y\leqq r$

[3]　$x<0$，$y<0$ のとき
　$-x-y\leqq r$

[4]　$x\geqq 0$，$y<0$ のとき
　$x-y\leqq r$

3章 演習 〔図形と方程式〕

〔図1〕

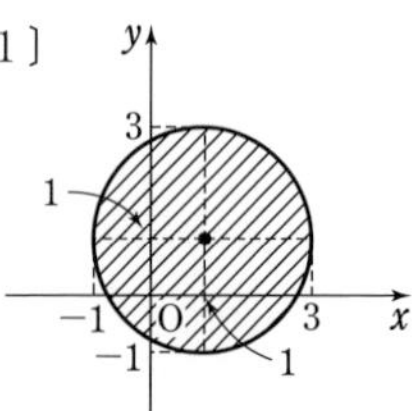

〔図2〕

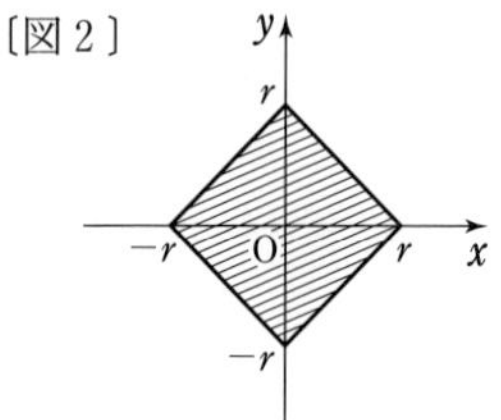

(ア) q が p の必要条件となるのは，領域 P が領域 Q に含まれるときである。
直線 $y=-x+r$ が円①に接するとき，点 $(1,\ 1)$ と直線 $x+y-r=0$ の距離は 2 である。

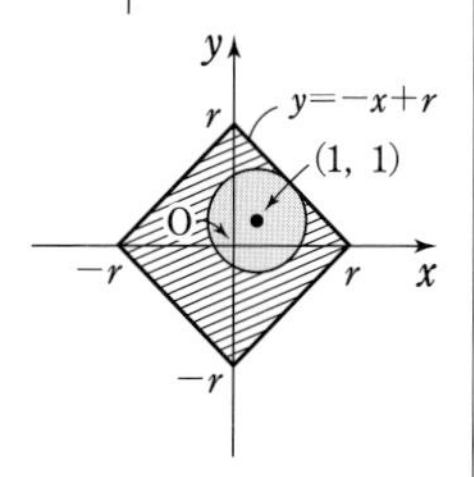

◀ q が p の必要条件 $\Longleftrightarrow$「$p \Longrightarrow q$」が真 $\Longleftrightarrow$ $P \subset Q$

このとき　$\dfrac{|1+1-r|}{\sqrt{1^2+1^2}}=2$

◀ $|2-r|=|r-2|$

すなわち　$|r-2|=2\sqrt{2}$

◀ $r-2=\pm 2\sqrt{2}$

$r>0$ であるから　$\boldsymbol{r=2+2\sqrt{2}}$

(イ) q が p の十分条件となるのは，領域 Q が領域 P に含まれるときである。

◀ q が p の十分条件 $\Longleftrightarrow$「$q \Longrightarrow p$」が真 $\Longleftrightarrow$ $Q \subset P$

円①と x 軸の交点の x 座標は，
$y=0$ を代入して

$$(x-1)^2+1=4$$

ゆえに　$x=1\pm\sqrt{3}$
したがって，円①と x 軸の交点の座標は　$(1-\sqrt{3},\ 0)$，$(1+\sqrt{3},\ 0)$
よって，領域 Q が領域 P に含まれるための条件は　$1-\sqrt{3} \leqq -r$
すなわち　$r \leqq \sqrt{3}-1$
よって，求める r の値の範囲は　$\boldsymbol{0<r\leqq\sqrt{3}-1}$

◀領域 Q の左端の点 $(-r,\ 0)$ と $(1-\sqrt{3},\ 0)$ および下端の点 $(0,\ -r)$ と $(0,\ 1-\sqrt{3})$ の位置関係で判断する。

演習 39 Ⅲ　➡ 本冊 p. 166

$x^2+y^2-1=0$ …… ①，$x+2y-2=0$ …… ②　とする。
②から　$x=-2(y-1)$
①に代入して　$4(y-1)^2+y^2-1=0$

◀左辺を $y-1$ でくくる。

よって　$(y-1)\{4(y-1)+y+1\}=0$
ゆえに　$(y-1)(5y-3)=0$
これを解いて　$y=1,\ \dfrac{3}{5}$
これと②から

$$(x,\ y)=(0,\ 1),\ \left(\frac{4}{5},\ \frac{3}{5}\right)$$

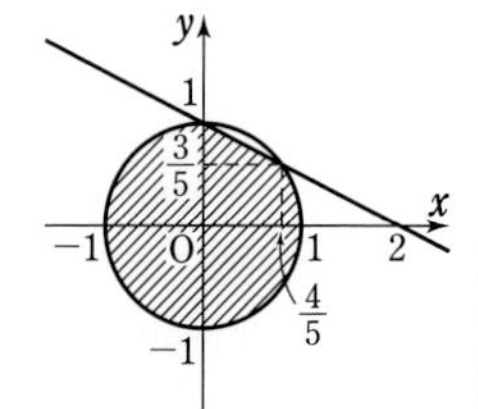

よって，領域 D は図の斜線部分である。
ただし，境界線を含む。
次に，$ax+y=k$ …… ③　とおくと，これは傾きが $-a$，y 切片が k の直線を表す。

◀③から　$y=-ax+k$

ここで，点 $(0,\ 1)$ における円 ① の接線 $y=1$ の傾きは 0，点 $\left(\frac{4}{5},\ \frac{3}{5}\right)$ における円 ① の接線 $\frac{4}{5}x+\frac{3}{5}y=1$ の傾きは $-\frac{4}{3}$，

また，直線 ② の傾きは $-\frac{1}{2}$ である。

更に，円 ① の中心 $(0,\ 0)$ と直線 ③ の距離を 1 とすると

$$\frac{|-k|}{\sqrt{a^2+1^2}}=1 \qquad ゆえに \qquad k=\pm\sqrt{a^2+1}$$

◀接線の y 切片。

これらのことに注意して，最大値・最小値を考える。

(最大値)

[1] $-a>0$ または $-a\leqq-\frac{4}{3}$

すなわち $a<0$ または $a\geqq\frac{4}{3}$ のとき

直線 ③ が円 ① と x 軸の上側の部分で接するとき，k の値は最大となる。

その最大値は　$\sqrt{a^2+1}$

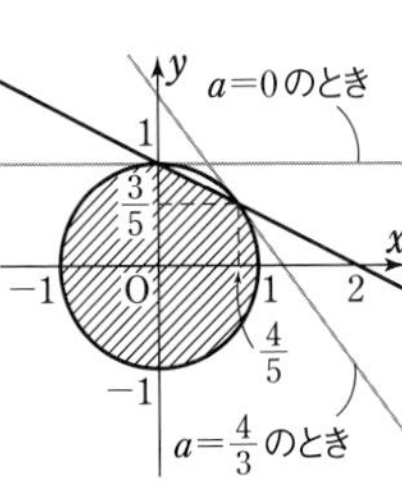

[2] $-\frac{1}{2}<-a\leqq0$ すなわち $0\leqq a<\frac{1}{2}$ のとき

直線 ③ が点 $(0,\ 1)$ を通るとき最大となる。

よって，$(x,\ y)=(0,\ 1)$ で最大値 1 をとる。

[3] $-a=-\frac{1}{2}$ すなわち $a=\frac{1}{2}$ のとき

$y=-\frac{1}{2}x+1\ \left(0\leqq x\leqq\frac{4}{5}\right)$ で最大値 1 をとる。

◀点 $(x,\ y)$ が直線 $y=-\frac{1}{2}x+1$ 上にあるとき最大値をとる。

[4] $-\frac{4}{3}<-a<-\frac{1}{2}$ すなわち $\frac{1}{2}<a<\frac{4}{3}$ のとき

直線 ③ が点 $\left(\frac{4}{5},\ \frac{3}{5}\right)$ を通るとき最大となる。

よって，$(x,\ y)=\left(\frac{4}{5},\ \frac{3}{5}\right)$ で最大値 $\frac{4}{5}a+\frac{3}{5}$ をとる。

以上から，**最大値は**

$$\boldsymbol{a<0,\ \frac{4}{3}\leqq a}\ \textbf{のとき}\ \boldsymbol{\sqrt{a^2+1}}\ ;\ \boldsymbol{0\leqq a\leqq\frac{1}{2}}\ \textbf{のとき}\ \boldsymbol{1}\ ;$$

$$\boldsymbol{\frac{1}{2}<a<\frac{4}{3}}\ \textbf{のとき}\ \boldsymbol{\frac{4}{5}a+\frac{3}{5}}$$

(最小値)

直線 ③ が円 ① と x 軸の下側の部分で接するとき，k の値は最小となる。

その **最小値は**　$\boldsymbol{-\sqrt{a^2+1}}$

◀$-a>0$ なら第 4 象限，$-a<0$ なら第 3 象限，$-a=0$ なら点 $(0,\ -1)$ で接する。

注意　この問題では最大値，最小値を a を用いて表すことが目的なので，最大値，最小値をとる $x,\ y$ の値について，直ちにわかる場合を除き，解答では特に言及していない。ただし，次のようにして求めることもできる。

直線 ③ が円 ① と接するとき，接点の座標を $(x_1,\ y_1)$ とすると，点 $(x_1,\ y_1)$ における円 ① の接線の方程式は　$x_1x+y_1y=1$

この両辺を k 倍した $kx_1x+ky_1y=k$ と $ax+y=k$ を比較して

$$x_1=\frac{a}{k},\ y_1=\frac{1}{k}\quad (ただし，k\neq 0)$$

例えば，[1] の最大値は $k=\sqrt{a^2+1}$ であるから，これを代入すると，最大値をとる x，y の値は

$$(x,\ y)=\left(\frac{a}{\sqrt{a^2+1}},\ \frac{1}{\sqrt{a^2+1}}\right)$$

他も同様にして求められる。

演習 40 ➡ 本冊 $p.166$

(1) 連立不等式

$$x^2+y^2\leqq 1,\ y\geqq x^2-1$$

の表す領域 D は，**右の図の斜線部分** のようになる。**ただし，境界線を含む**。

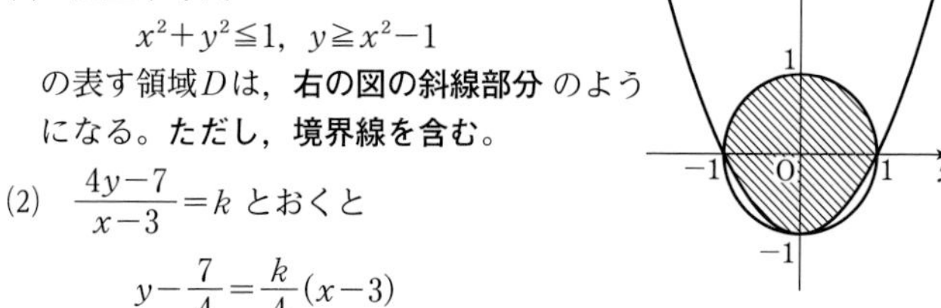

◀円 $x^2+y^2=1$ と放物線 $y=x^2-1$ は，点 $(0,\ -1)$ で接し，点 $(\pm 1,\ 0)$ で交わる。

(2) $\dfrac{4y-7}{x-3}=k$ とおくと

$$y-\frac{7}{4}=\frac{k}{4}(x-3)$$

◀領域 D 内では $-1\leqq x\leqq 1$ であるから $x\neq 3$

これは，点 $\left(3,\ \dfrac{7}{4}\right)$ を通り，傾き $\dfrac{k}{4}$ の直線を表す。

ゆえに，この直線が領域 D と共有点をもつとき，傾きが最大となる場合を求めればよい。

直線の方程式は　　$y=\dfrac{1}{4}(kx-3k+7)$ ……①

これと $y=x^2-1$ から y を消去して

$$x^2-1=\frac{1}{4}(kx-3k+7)$$

整理すると　　$4x^2-kx+3k-11=0$

この x の 2 次方程式の判別式を D_0 とすると，直線 ① と放物線 $y=x^2-1$ が接するとき

◀放物線と第 4 象限で接する場合が候補の 1 つ。

$$D_0=k^2-4\cdot 4\cdot(3k-11)=k^2-48k+176$$
$$=(k-4)(k-44)=0$$

よって　　$k=4,\ 44$

$k=4$ のとき，接点は点 $\left(\dfrac{1}{2},\ -\dfrac{3}{4}\right)$ であり，これは領域 D 内の点である。

◀重解は　$x=\dfrac{k}{8}$

$k=44$ のとき，接点は点 $\left(\dfrac{11}{2},\ \dfrac{117}{4}\right)$ であり，これは領域 D 内の点ではない。

また，直線 ① が点 $(1,\ 0)$ を通るとき

$$k=\frac{4\cdot 0-7}{1-3}=\frac{7}{2}<4$$

◀境界線の交点を通る場合も候補の 1 つ。

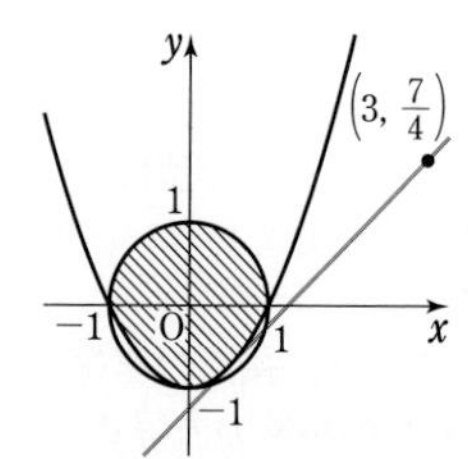

よって，$\dfrac{4y-7}{x-3}$ が最大となる $(x,\ y)$ は　　$\boldsymbol{(x,\ y)=\left(\dfrac{1}{2},\ -\dfrac{3}{4}\right)}$

演習 41 ➡ 本冊 p.166

(1) C_a は軸が y 軸である放物線であるから，y 軸に平行な直線が C_a に接することはない。
よって，ℓ の方程式は $y=mx+n$ と表される。
これと $y=ax^2+\dfrac{1}{a}$ から y を消去して整理すると

$$ax^2-mx+\left(\frac{1}{a}-n\right)=0 \quad \cdots\cdots ①$$

① の判別式を D とすると

$$D=(-m)^2-4a\left(\frac{1}{a}-n\right)=4na+(m^2-4)$$

直線 ℓ と曲線 C_a が接するための条件は，① が重解をもつことであるから　$D=0$

◀接する ⟺ 重解

すなわち　$4na+(m^2-4)=0$
これが 0 でないすべての実数 a に対して成り立つから
$4n=0$，$m^2-4=0$　　よって　$m=\pm 2$，$n=0$
したがって，直線 ℓ の方程式は　**$y=2x$，$y=-2x$**

(2) $y=ax^2+\dfrac{1}{a}$ から　$x^2a^2-ya+1=0$

◀ a の 2 次方程式とみる。

点 $(x,\ y)$ が C_a の通過する領域に含まれるための条件は，この a の 2 次方程式が，$a\geqq 1$ の範囲で実数解をもつことである。

◀ $a\geqq 1$ を満たす実数 a が存在するための $(x,\ y)$ の必要十分条件を考える。

[1] $x=0$ のとき
$ya=1$ より $a=\dfrac{1}{y}$ であるから，求める条件は　$\dfrac{1}{y}\geqq 1$
すなわち　$0<y\leqq 1$

[2] $x\neq 0$ のとき
$f(a)=x^2a^2-ya+1$ とすると

$$f(a)=x^2\left(a-\frac{y}{2x^2}\right)^2+1-\frac{y^2}{4x^2}$$

(i) $\dfrac{y}{2x^2}\geqq 1$ すなわち $y\geqq 2x^2$ のとき

◀軸 $a=\dfrac{y}{2x^2}$ が (i) $a\geqq 1$，(ii) $a\leqq 1$ のそれぞれの範囲にある場合に分ける。

求める条件は　$1-\dfrac{y^2}{4x^2}\leqq 0$
すなわち　$(y+2x)(y-2x)\geqq 0$
よって　$y\geqq 2x^2$　かつ　$y\geqq 2x$　かつ　$y\geqq -2x$

(ii) $\dfrac{y}{2x^2}\leqq 1$ すなわち $y\leqq 2x^2$ のとき
求める条件は　$f(1)\leqq 0$
すなわち　$y\geqq x^2+1$
よって　$y\leqq 2x^2$　かつ　$y\geqq x^2+1$

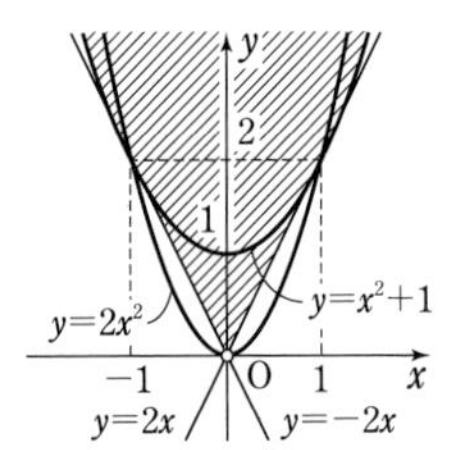

[1]，[2] から，曲線 C_a が通過する領域は **右の図の斜線部分** のようになる。
ただし，境界線は含むが，y 軸は $0<y\leqq 1$ の部分のみ含み，$y>1$ の部分は含まない。

演習 42

➡ 本冊 $p.166$

(1) x, y は u に関する 2 次方程式 $u^2-su+t=0$ …… ① の実数解となるから，① の判別式を D とすると　$D \geqq 0$

$$D=(-s)^2-4\cdot1\cdot t=s^2-4t$$

ゆえに，$D \geqq 0$ から　$t \leqq \dfrac{s^2}{4}$

したがって，点 $(s,\ t)$ の存在範囲は　$\boldsymbol{t \leqq \dfrac{s^2}{4}}$ …… ②

◀ $x+y=s$，$xy=t$ のとき，x，y は 2 次方程式 $u^2-su+t=0$ の実数解である。

(2) (ア) $(x-y)^2+x^2y^2=4$ から　$(x+y)^2-4xy+x^2y^2=4$

◀ $(x-y)^2=(x+y)^2-4xy$

よって　$s^2-4t+t^2=4$

ゆえに　$s^2+(t-2)^2=8$ …… ③

ここで，$t=\dfrac{s^2}{4}$ …… ④ とする。

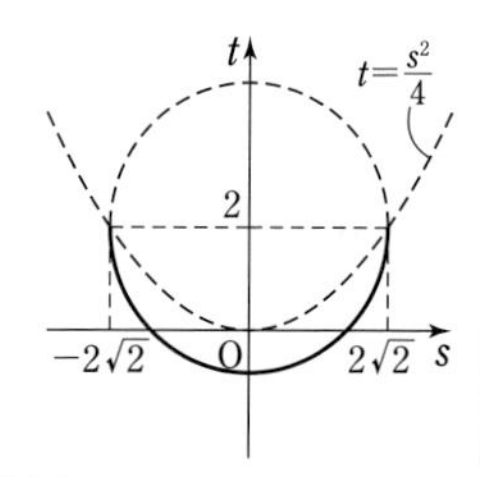

③，④ から s^2 を消去すると

$$4t+(t-2)^2=8$$

すなわち　$t^2=4$

$t \geqq 0$ より $t=2$ で，このとき

$$s^2=4\cdot2=8$$

よって，円 ③ と放物線 ④ の交点の座標は

$$(-2\sqrt{2},\ 2),\ (2\sqrt{2},\ 2)$$

◀③ と ④ の交点の座標を求める。

したがって，②，③ から，点 $(s,\ t)$ の存在範囲を図示すると，**右上の図の実線部分** のようになる。

(イ) $(1-x)(1-y)=k$ とおく。

$(1-x)(1-y)=1-(x+y)+xy=1-s+t$ であるから

$$1-s+t=k \quad \cdots\cdots ⑤$$

とおくと，⑤ は傾き 1，t 切片 $k-1$ の直線を表す。

◀ $t=s+k-1$

◀境界線に円弧が現れる場合，端の点や円弧との接点で k の値が最大・最小になることが多い。

右の図から，k の値が最大となるのは，直線 ⑤ が点 $(-2\sqrt{2},\ 2)$ を通るときである。

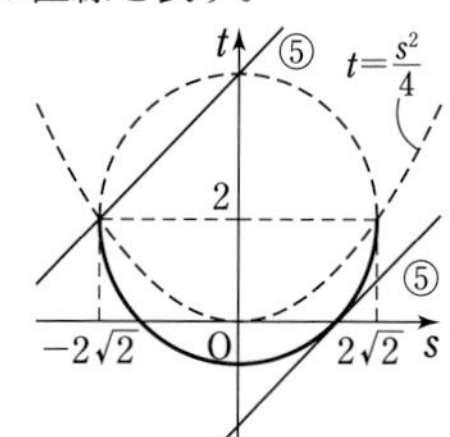

このとき，⑤ より k の値は

$$1+2\sqrt{2}+2=3+2\sqrt{2}$$

また，k の値が最小となるのは，円 ③ と直線 ⑤ が $s>0$ の範囲で接するときである。

このとき，右の図から $k-1<0$ であり，円 ③ の中心 $(0,\ 2)$ と直線 ⑤ の距離が円の半径 $2\sqrt{2}$ と等しいから

$$\frac{|-2+k-1|}{\sqrt{1^2+(-1)^2}}=2\sqrt{2} \quad \text{すなわち} \quad |k-3|=4$$

よって　$k-3=\pm4$　　ゆえに　$k=-1,\ 7$

$k-1<0$ であるから　$k=-1$

したがって，$(1-x)(1-y)$ のとりうる値の範囲は

$$\boldsymbol{-1 \leqq (1-x)(1-y) \leqq 3+2\sqrt{2}}$$

CHECK 34 ➡本冊 p. 170

(1) $84° = \frac{\pi}{180} \times 84 = \mathbf{\frac{7}{15}\pi}$

(2) $-780° = \frac{\pi}{180} \times (-780) = \mathbf{-\frac{13}{3}\pi}$

(3) $\frac{7}{12}\pi = \frac{7}{12} \times 180° = \mathbf{105°}$

(4) $-\frac{56}{45}\pi = -\frac{56}{45} \times 180° = \mathbf{-224°}$

◀ $a° = \frac{\pi}{180}a$ ラジアン
$180° = \pi$ ラジアン

◀ θ ラジアン $= \left(\frac{180}{\pi}\theta\right)°$

CHECK 35 ➡本冊 p. 170

150° を弧度法で表すと　$150 \times \frac{\pi}{180} = \frac{5}{6}\pi$

半径 4，中心角 150° の扇形について

弧の長さは　$4 \times \frac{5}{6}\pi = \mathbf{\frac{10}{3}\pi}$,

面積は　$\frac{1}{2} \times 4^2 \times \frac{5}{6}\pi = \mathbf{\frac{20}{3}\pi}$

◀半径 r，中心角 θ ラジアンの扇形について
弧の長さ $l = r\theta$
面積 $S = \frac{1}{2}r^2\theta = \frac{1}{2}rl$

CHECK 36 ➡本冊 p. 170

(1) $\sin\frac{11}{6}\pi = -\frac{1}{2}$，$\cos\frac{11}{6}\pi = \frac{\sqrt{3}}{2}$，$\tan\frac{11}{6}\pi = -\frac{1}{\sqrt{3}}$

(2) $\sin\left(-\frac{2}{3}\pi\right) = -\frac{\sqrt{3}}{2}$，$\cos\left(-\frac{2}{3}\pi\right) = -\frac{1}{2}$，

$\tan\left(-\frac{2}{3}\pi\right) = \sqrt{3}$

(3) $\sin\left(-\frac{7}{4}\pi\right) = \frac{1}{\sqrt{2}}$，$\cos\left(-\frac{7}{4}\pi\right) = \frac{1}{\sqrt{2}}$，

$\tan\left(-\frac{7}{4}\pi\right) = 1$

◀ $-\frac{7}{4}\pi$ を表す動径と $\frac{\pi}{4}$ を表す動径は同じ。

(4) $\sin\frac{3}{2}\pi = -1$，$\cos\frac{3}{2}\pi = 0$，$\tan\frac{3}{2}\pi$ **の値はない。**

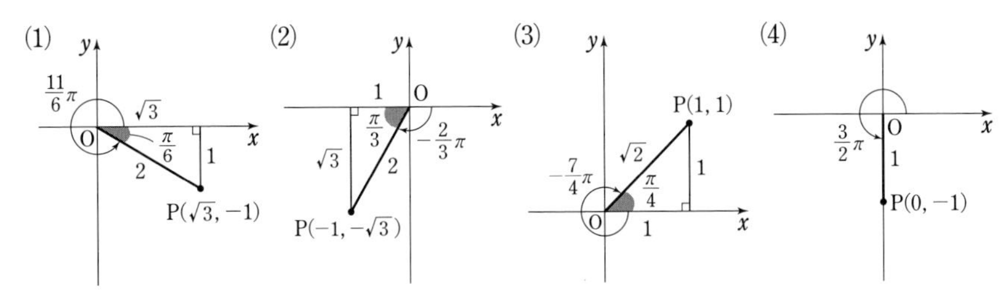

CHECK 37 ➡本冊 p. 170

(1) $(\text{左辺}) = \frac{\cos\theta}{1+\sin\theta} + \frac{\sin\theta}{\cos\theta} = \frac{\cos^2\theta + \sin\theta(1+\sin\theta)}{(1+\sin\theta)\cos\theta}$

$= \frac{\cos^2\theta + \sin^2\theta + \sin\theta}{(1+\sin\theta)\cos\theta} = \frac{1+\sin\theta}{(1+\sin\theta)\cos\theta} = \frac{1}{\cos\theta}$

よって　$\frac{\cos\theta}{1+\sin\theta} + \tan\theta = \frac{1}{\cos\theta}$

◀複雑な左辺を変形して，簡単な右辺を導く。

◀ $\sin^2\theta + \cos^2\theta = 1$

(2) $(\text{左辺})=\dfrac{\cos\theta(1-\sin\theta)+\cos\theta(1+\sin\theta)}{(1+\sin\theta)(1-\sin\theta)}=\dfrac{2\cos\theta}{1-\sin^2\theta}$

$=\dfrac{2\cos\theta}{\cos^2\theta}=\dfrac{2}{\cos\theta}$

よって　$\dfrac{\cos\theta}{1+\sin\theta}+\dfrac{\cos\theta}{1-\sin\theta}=\dfrac{2}{\cos\theta}$

◀複雑な左辺を変形して，簡単な右辺を導く。

◀$1-\sin^2\theta=\cos^2\theta$

CHECK 38 ➡本冊 p. 177

(1) $f(\theta)=\dfrac{1}{2}\sin\theta=\dfrac{1}{2}\sin(\theta+2\pi)=f(\theta+2\pi)$

よって，基本周期は　$\boldsymbol{2\pi}$

◀$f(\theta)=f(\theta+p)$ を満たす正の数 p を求める。

◀$y=a\sin\theta$ の周期は 2π

(2) $f(\theta)=\cos(-2\theta)=\cos(-2\theta-2\pi)=\cos\{-2(\theta+\pi)\}$

$=f(\theta+\pi)$

よって，基本周期は　$\boldsymbol{\pi}$

◀周期は $\dfrac{2\pi}{|-2|}=\pi$ としてもよい。

(3) $f(\theta)=\tan\dfrac{\theta}{2}=\tan\left(\dfrac{\theta}{2}+\pi\right)=\tan\dfrac{\theta+2\pi}{2}$

$=f(\theta+2\pi)$

よって，基本周期は　$\boldsymbol{2\pi}$

◀周期は $\pi\div\dfrac{1}{2}=2\pi$ としてもよい。

参考　関数 $f(x)$ が周期 p の周期関数ならば，関数 $f(ax+b)$ $(a\neq 0)$ は周期 $\dfrac{p}{|a|}$ の周期関数である。

◀CHECK 問題 38 と同様にして証明できる。

CHECK 39 ➡本冊 p. 187

(1) $\mathbf{sin\,105^\circ}=\sin(60^\circ+45^\circ)=\sin60^\circ\cos45^\circ+\cos60^\circ\sin45^\circ$

$=\dfrac{\sqrt{3}}{2}\cdot\dfrac{1}{\sqrt{2}}+\dfrac{1}{2}\cdot\dfrac{1}{\sqrt{2}}=\boldsymbol{\dfrac{\sqrt{6}+\sqrt{2}}{4}}$

◀$\sin(\alpha+\beta)=\sin\alpha\cos\beta+\cos\alpha\sin\beta$

$\mathbf{cos\,105^\circ}=\cos(60^\circ+45^\circ)=\cos60^\circ\cos45^\circ-\sin60^\circ\sin45^\circ$

$=\dfrac{1}{2}\cdot\dfrac{1}{\sqrt{2}}-\dfrac{\sqrt{3}}{2}\cdot\dfrac{1}{\sqrt{2}}=\boldsymbol{\dfrac{\sqrt{2}-\sqrt{6}}{4}}$

◀$\cos(\alpha+\beta)=\cos\alpha\cos\beta-\sin\alpha\sin\beta$

$\mathbf{tan\,105^\circ}=\tan(60^\circ+45^\circ)=\dfrac{\tan60^\circ+\tan45^\circ}{1-\tan60^\circ\tan45^\circ}$

$=\dfrac{\sqrt{3}+1}{1-\sqrt{3}\cdot1}=\dfrac{(\sqrt{3}+1)^2}{1-3}=\boldsymbol{-2-\sqrt{3}}$

◀$\tan(\alpha+\beta)=\dfrac{\tan\alpha+\tan\beta}{1-\tan\alpha\tan\beta}$

参考　$\tan105^\circ=\dfrac{\sin105^\circ}{\cos105^\circ}$ としてもよい。

(2) $\mathbf{sin\,15^\circ}=\sin(60^\circ-45^\circ)=\sin60^\circ\cos45^\circ-\cos60^\circ\sin45^\circ$

$=\dfrac{\sqrt{3}}{2}\cdot\dfrac{1}{\sqrt{2}}-\dfrac{1}{2}\cdot\dfrac{1}{\sqrt{2}}=\boldsymbol{\dfrac{\sqrt{6}-\sqrt{2}}{4}}$

◀$\sin(\alpha-\beta)=\sin\alpha\cos\beta-\cos\alpha\sin\beta$

$\mathbf{cos\,15^\circ}=\cos(60^\circ-45^\circ)=\cos60^\circ\cos45^\circ+\sin60^\circ\sin45^\circ$

$=\dfrac{1}{2}\cdot\dfrac{1}{\sqrt{2}}+\dfrac{\sqrt{3}}{2}\cdot\dfrac{1}{\sqrt{2}}=\boldsymbol{\dfrac{\sqrt{6}+\sqrt{2}}{4}}$

◀$\cos(\alpha-\beta)=\cos\alpha\cos\beta+\sin\alpha\sin\beta$

$\mathbf{tan\,15^\circ}=\tan(60^\circ-45^\circ)=\dfrac{\tan60^\circ-\tan45^\circ}{1+\tan60^\circ\tan45^\circ}$

$=\dfrac{\sqrt{3}-1}{1+\sqrt{3}\cdot1}=\dfrac{(\sqrt{3}-1)^2}{(\sqrt{3}+1)(\sqrt{3}-1)}=\dfrac{3-2\sqrt{3}+1}{3-1}$

$=\boldsymbol{2-\sqrt{3}}$

◀$\tan(\alpha-\beta)=\dfrac{\tan\alpha-\tan\beta}{1+\tan\alpha\tan\beta}$

参考　$\tan15^\circ=\dfrac{\sin15^\circ}{\cos15^\circ}$ としてもよい。

CHECK 40 ➡本冊 p. 187

(1) $\sin 3\alpha=\sin(2\alpha+\alpha)=\sin 2\alpha\cos\alpha+\cos 2\alpha\sin\alpha$

$=2\sin\alpha\cos\alpha\cdot\cos\alpha+(1-2\sin^2\alpha)\sin\alpha$

$=2\sin\alpha(1-\sin^2\alpha)+\sin\alpha-2\sin^3\alpha$

$=3\sin\alpha-4\sin^3\alpha$

◀加法定理。
◀ 2 倍角の公式。

(2) $\cos 3\alpha=\cos(2\alpha+\alpha)=\cos 2\alpha\cos\alpha-\sin 2\alpha\sin\alpha$

$=(2\cos^2\alpha-1)\cos\alpha-2\sin\alpha\cos\alpha\cdot\sin\alpha$

$=2\cos^3\alpha-\cos\alpha-2(1-\cos^2\alpha)\cos\alpha$

$=-3\cos\alpha+4\cos^3\alpha$

◀加法定理。
◀ 2 倍角の公式。

参考 $\tan 3\alpha=\tan(2\alpha+\alpha)=\dfrac{\tan 2\alpha+\tan\alpha}{1-\tan 2\alpha\tan\alpha}$

$$=\frac{\dfrac{2\tan\alpha}{1-\tan^2\alpha}+\tan\alpha}{1-\dfrac{2\tan\alpha}{1-\tan^2\alpha}\tan\alpha}$$

$$=\frac{2\tan\alpha+(1-\tan^2\alpha)\tan\alpha}{(1-\tan^2\alpha)-2\tan^2\alpha}$$

$$=\frac{3\tan\alpha-\tan^3\alpha}{1-3\tan^2\alpha}=\frac{\tan^3\alpha-3\tan\alpha}{3\tan^2\alpha-1}$$

◀加法定理。
◀ 2 倍角の公式。

注意 3 倍角の公式として $\tan 3\alpha$ を用いることはほとんどないが，左のような計算は自分でできるようにしよう。

CHECK 41 ➡本冊 p. 187

$$\mathbf{\cos 2\theta}=2\cos^2\theta-1=\frac{2}{1+\tan^2\theta}-1=\frac{2}{1+\left(\dfrac{1}{2}\right)^2}-1=\frac{8}{5}-1=\mathbf{\frac{3}{5}}$$

$$\mathbf{\sin 2\theta}=2\sin\theta\cos\theta=2\tan\theta\cos^2\theta$$

$$=2\tan\theta\cdot\frac{1}{1+\tan^2\theta}=2\cdot\frac{1}{2}\cdot\frac{1}{1+\left(\dfrac{1}{2}\right)^2}=\mathbf{\frac{4}{5}}$$

◀$1+\tan^2\theta=\dfrac{1}{\cos^2\theta}$ から。
◀$\tan\theta=\dfrac{\sin\theta}{\cos\theta}$ から。

注意 $\tan\theta=\dfrac{1}{2}$ を満たす $\sin\theta$，$\cos\theta$ の値は次の 2 通りがある。

θ が第 1 象限の角のとき　$\sin\theta=\dfrac{1}{\sqrt{5}}$，$\cos\theta=\dfrac{2}{\sqrt{5}}$

θ が第 3 象限の角のとき　$\sin\theta=-\dfrac{1}{\sqrt{5}}$，$\cos\theta=-\dfrac{2}{\sqrt{5}}$

上の解答のように解くと，2 つの場合の計算をしないでよいから，比較的らくに答が得られる。

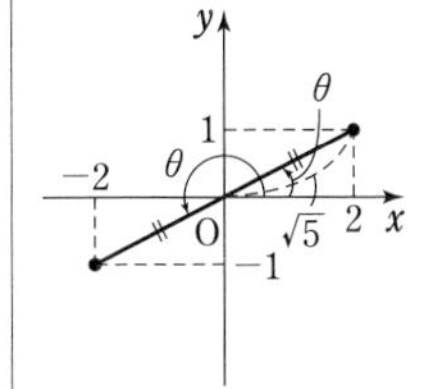

CHECK 42 ➡本冊 p. 187

$$\sin^2\frac{3}{8}\pi=\frac{1-\cos\dfrac{3}{4}\pi}{2}=\frac{1-\left(-\dfrac{\sqrt{2}}{2}\right)}{2}=\frac{2+\sqrt{2}}{4}$$

$\sin\dfrac{3}{8}\pi>0$ であるから　$\mathbf{\sin\dfrac{3}{8}\pi=\dfrac{\sqrt{2+\sqrt{2}}}{2}}$

$$\cos^2\frac{3}{8}\pi=\frac{1+\cos\dfrac{3}{4}\pi}{2}=\frac{1+\left(-\dfrac{\sqrt{2}}{2}\right)}{2}=\frac{2-\sqrt{2}}{4}$$

◀半角の公式は，次の形で覚えておいてもよい。
$\sin^2\alpha=\dfrac{1-\cos 2\alpha}{2}$
$\cos^2\alpha=\dfrac{1+\cos 2\alpha}{2}$
$\tan^2\alpha=\dfrac{1-\cos 2\alpha}{1+\cos 2\alpha}$

$\cos\frac{3}{8}\pi>0$ であるから　　$\boldsymbol{\cos\frac{3}{8}\pi=\frac{\sqrt{2-\sqrt{2}}}{2}}$

$$\boldsymbol{\tan\frac{3}{8}\pi}=\sin\frac{3}{8}\pi\div\cos\frac{3}{8}\pi=\frac{\sqrt{2+\sqrt{2}}}{\sqrt{2-\sqrt{2}}}$$

$$=\sqrt{\frac{(2+\sqrt{2})^2}{2}}=\frac{2+\sqrt{2}}{\sqrt{2}}=\boldsymbol{\sqrt{2}+1}$$

◀sin と cos の値がわかっているときは，$\tan\theta=\frac{\sin\theta}{\cos\theta}$ を使う方がらく。

CHECK 43 ➡本冊 p.200

(1)　P$(\sqrt{3},\ 3)$ とすると

$$\mathrm{OP}=\sqrt{(\sqrt{3})^2+3^2}=2\sqrt{3}$$

線分 OP が x 軸の正の向きとなす角は　$\frac{\pi}{3}$

よって　　$\sqrt{3}\sin\theta+3\cos\theta=\boldsymbol{2\sqrt{3}\sin\left(\theta+\frac{\pi}{3}\right)}$

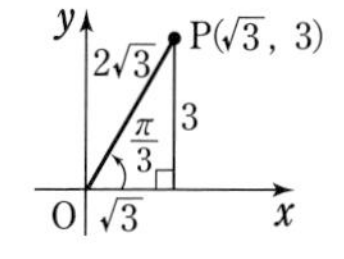

(2)　P$(-\sqrt{3},\ 1)$ とすると

$$\mathrm{OP}=\sqrt{(-\sqrt{3})^2+1^2}=2$$

線分 OP が x 軸の正の向きとなす角は　$\frac{5}{6}\pi$

よって　　$\cos\theta-\sqrt{3}\sin\theta=\boldsymbol{2\sin\left(\theta+\frac{5}{6}\pi\right)}$

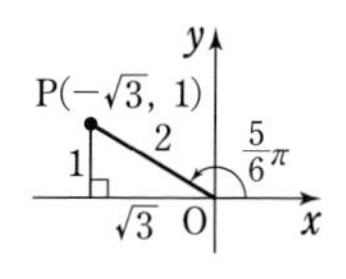

(3)　P$(2,\ \sqrt{5})$ とすると

$$\mathrm{OP}=\sqrt{2^2+(\sqrt{5})^2}=3$$

また，線分 OP が x 軸の正の向きとなす角を α とすると

$$\cos\alpha=\frac{2}{3},\quad \sin\alpha=\frac{\sqrt{5}}{3}$$

よって　　$2\sin\theta+\sqrt{5}\cos\theta=\boldsymbol{3\sin(\theta+\alpha)}$

ただし，$\boldsymbol{\cos\alpha=\frac{2}{3},\ \sin\alpha=\frac{\sqrt{5}}{3}}$

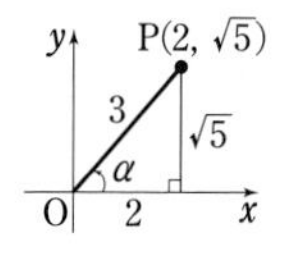

例 44 ➡本冊 $p.171$

動径を OP とする。

(1) $650°=290°+360°$　〔図(1)〕 **第 4 象限**

(2) $840°=120°+360°\times 2$　〔図(2)〕 **第 2 象限**

(3) $-495°=225°+360°\times(-2)$　〔図(3)〕 **第 3 象限**

(4) $-1260°=180°+360°\times(-4)$ であるから

〔図(4)〕 **どの象限の角でもない**

◀$290°=90°\times 3+20°$ から，第 4 象限。

◀$225°=180°+45°$ から，第 3 象限。

◀動径は x 軸上。

(1)

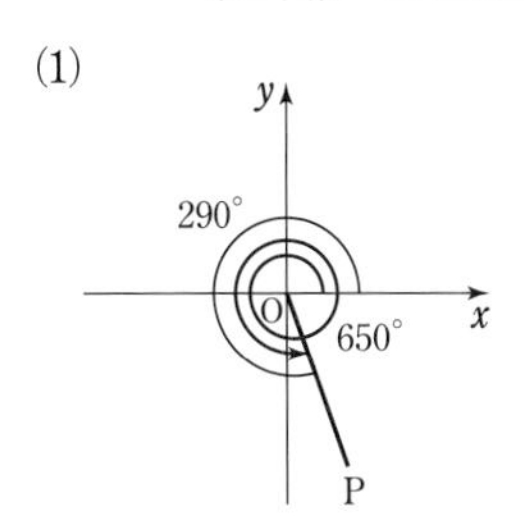

(2)

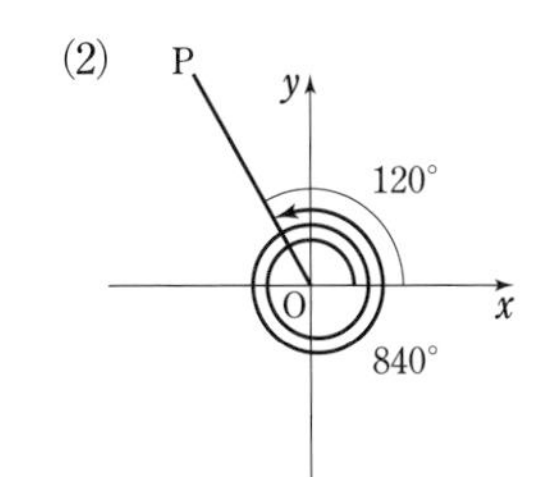

(3)

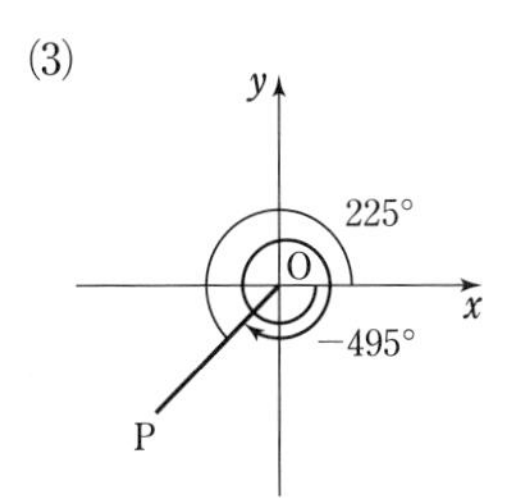

(4)

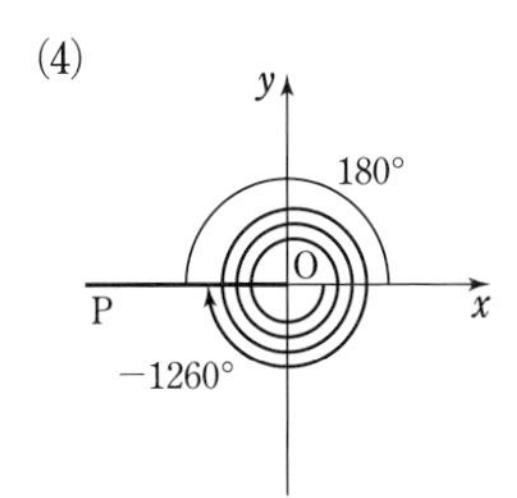

検討
動径 OP の表す角を，
$\alpha+360°\times n$（n は整数）
の形に表すとき，α は
$0°\leqq\alpha<360°$ の範囲にとることが多い。なお，
(1) $-70°+360°\times 2$
(2) $-240°+360°\times 3$
(3) $-135°+360°\times(-1)$
として，動径の位置を考えてもよい。

例 45 ➡本冊 $p.171$

(1) $\pi<\theta<2\pi$ から　　$\sin\theta<0$

よって，$\sin^2\theta+\cos^2\theta=1$ から

$$\boldsymbol{\sin\theta}=-\sqrt{1-\cos^2\theta}=-\sqrt{1-\left(\frac{12}{13}\right)^2}=\boldsymbol{-\frac{5}{13}}$$

また　$$\boldsymbol{\tan\theta}=\frac{\sin\theta}{\cos\theta}=\left(-\frac{5}{13}\right)\div\frac{12}{13}=\boldsymbol{-\frac{5}{12}}$$

◀$\cos\theta>0$ から，θ は第 4 象限の角である。

(2) $1+\tan^2\theta=\dfrac{1}{\cos^2\theta}$ から　　$\cos^2\theta=\dfrac{1}{1+2^2}=\dfrac{1}{5}$

◀$\cos^2\theta=\dfrac{1}{1+\tan^2\theta}$

したがって　　$\cos\theta=\pm\dfrac{1}{\sqrt{5}}$

$\boldsymbol{\cos\theta=\dfrac{1}{\sqrt{5}}}$ のとき

$$\boldsymbol{\sin\theta}=\tan\theta\cos\theta=2\cdot\frac{1}{\sqrt{5}}=\boldsymbol{\frac{2}{\sqrt{5}}}$$

◀$\dfrac{2\sqrt{5}}{5}$ でもよい。

$\boldsymbol{\cos\theta=-\dfrac{1}{\sqrt{5}}}$ のとき

$$\boldsymbol{\sin\theta}=\tan\theta\cos\theta=2\cdot\left(-\frac{1}{\sqrt{5}}\right)=\boldsymbol{-\frac{2}{\sqrt{5}}}$$

例 46 ➡ 本冊 p. 178

(1) $\sin\frac{17}{3}\pi=\sin\left(\frac{5}{3}\pi+4\pi\right)=\sin\frac{5}{3}\pi=\sin\left(\pi+\frac{2}{3}\pi\right)$ ◀ $\sin(\pi+\theta)=-\sin\theta$

$=-\sin\frac{2}{3}\pi=-\sin\left(\pi-\frac{\pi}{3}\right)$ ◀ $\sin(\pi-\theta)=\sin\theta$

$=-\sin\frac{\pi}{3}=\boldsymbol{-\frac{\sqrt{3}}{2}}$

(2) $\cos\left(-\frac{4}{3}\pi\right)=\cos\frac{4}{3}\pi=\cos\left(\pi+\frac{\pi}{3}\right)=-\cos\frac{\pi}{3}=\boldsymbol{-\frac{1}{2}}$ ◀ $\cos(\pi+\theta)=-\cos\theta$

(3) $\tan\frac{21}{4}\pi=\tan\left(\frac{5}{4}\pi+4\pi\right)=\tan\frac{5}{4}\pi=\tan\left(\pi+\frac{\pi}{4}\right)$ ◀ $\tan(\pi+\theta)=\tan\theta$

$=\tan\frac{\pi}{4}=\mathbf{1}$

(4) $\sin\frac{6}{7}\pi+\cos\frac{11}{14}\pi+\sin\frac{5}{7}\pi-\sin\frac{\pi}{7}$

$=\sin\left(\pi-\frac{\pi}{7}\right)+\cos\left(\frac{\pi}{2}+\frac{2}{7}\pi\right)+\sin\left(\pi-\frac{2}{7}\pi\right)-\sin\frac{\pi}{7}$ ◀ $\cos\left(\frac{\pi}{2}+\theta\right)=-\sin\theta$

$=\sin\frac{\pi}{7}-\sin\frac{2}{7}\pi+\sin\frac{2}{7}\pi-\sin\frac{\pi}{7}=\mathbf{0}$

例 47 ➡ 本冊 p. 179

(1) $y=\sin\theta$ のグラフを θ 軸方向に $\frac{\pi}{2}$ だけ平行移動したものである。
グラフは **右の図。**

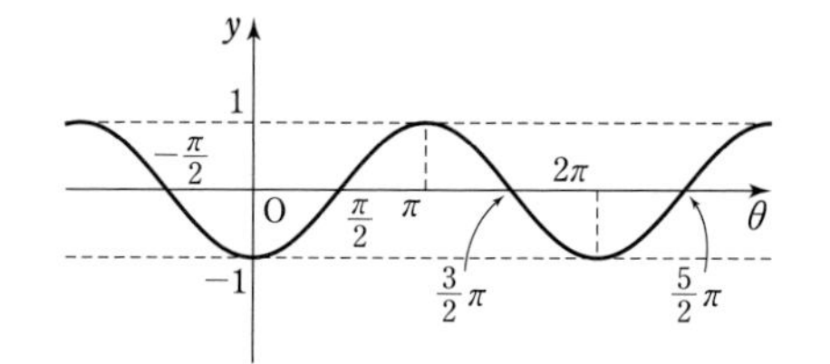

(2) $y=\sin\theta$ のグラフを y 軸方向に 1 だけ平行移動したものである。
グラフは **右の図。**

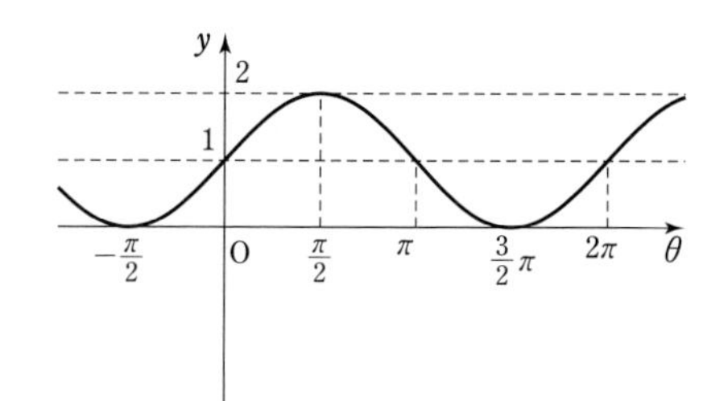

(3) $y=\tan\theta$ のグラフを θ 軸方向に $-\frac{\pi}{2}$ だけ平行移動したものである。
グラフは **右の図。**

注意 漸近線は，直線 $\theta=n\pi$ (n は整数)

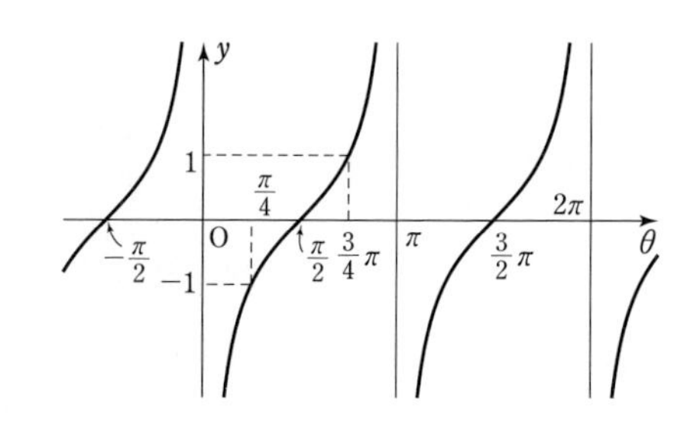

例 48 ➡ 本冊 *p*. 179

(1)　$y=\sin\theta$ のグラフを y 軸方向に 3 倍に拡大したものである。
グラフは右の図。
また，周期は　　$\boldsymbol{2\pi}$

(2)　$y=\cos\theta$ のグラフを θ 軸方向に $\dfrac{1}{2}$ 倍に縮小したものである。
グラフは右の図。
また，周期は　　$\dfrac{2\pi}{2}=\boldsymbol{\pi}$

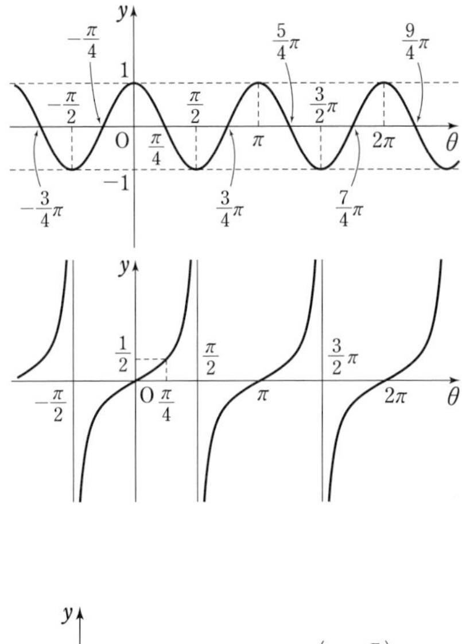

(3)　$y=\tan\theta$ のグラフを y 軸方向に $\dfrac{1}{2}$ 倍に縮小したものである。
グラフは右の図。
また，周期は　　$\boldsymbol{\pi}$

注意　漸近線は，直線 $\theta=\dfrac{\pi}{2}+n\pi$
（n は整数）

例 49 ➡ 本冊 *p*. 180

$y=3\cos\left(2\theta+\dfrac{\pi}{3}\right)$ から

$$y=3\cos2\left(\theta+\dfrac{\pi}{6}\right)$$

グラフは右の図の実線部分。
また，周期は　　$\dfrac{2\pi}{2}=\boldsymbol{\pi}$

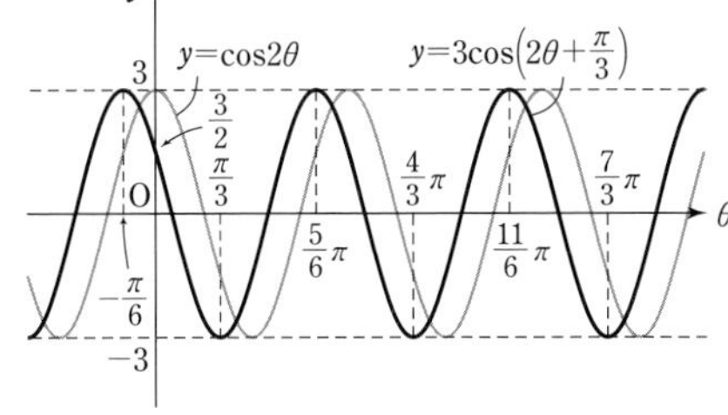

例 50 ➡ 本冊 *p*. 180

(1)　$y=\cos\theta$ のグラフを θ 軸に関して対称移動したものである。
グラフは，右の図。
また，周期は　　$\boldsymbol{2\pi}$

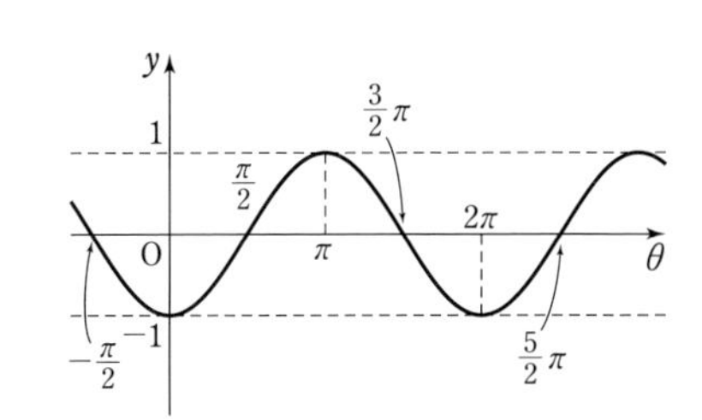

(2)　$y=\tan\dfrac{\theta}{2}$ のグラフを y 軸に関して対称移動したものである。
グラフは，右の図。
また，**周期は**　　$\pi\div\dfrac{1}{2}=\boldsymbol{2\pi}$

注意　漸近線は，直線 $\theta=(2n+1)\pi$
（n は整数）

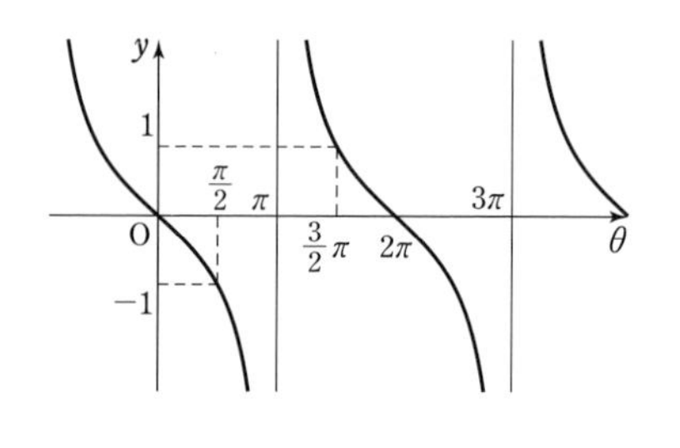

(3)　$y=\sin\theta$ のグラフで，θ 軸より下側の部分を，θ 軸に関して対称に折り返したものである。
グラフは，右の図。
また，**周期は**　　$\boldsymbol{\pi}$

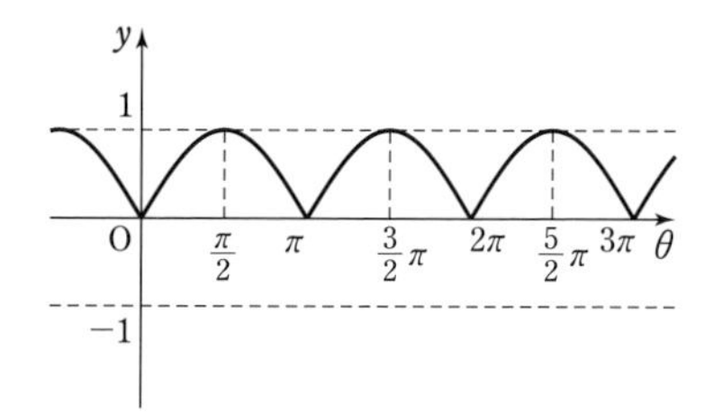

例 51

➡本冊 p. 182

(1)　$2\sin\theta=1$ から

$$\sin\theta=\frac{1}{2}$$

$0\leqq\theta<2\pi$ の範囲で，これを満たす θ の値は　　$\boldsymbol{\theta=\dfrac{\pi}{6},\ \dfrac{5}{6}\pi}$

また，**一般解は**

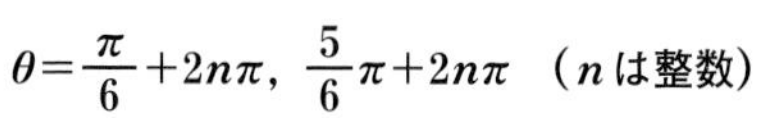

$$\boldsymbol{\theta=\frac{\pi}{6}+2n\pi,\ \frac{5}{6}\pi+2n\pi}\quad\text{（n は整数）}$$

◀一般解は1つにまとめて次のように書ける。
$\theta=(-1)^n\cdot\dfrac{\pi}{6}+n\pi$
（n は整数）

(2)　$2\cos\theta+\sqrt{3}=0$ から

$$\cos\theta=-\frac{\sqrt{3}}{2}$$

$0\leqq\theta<2\pi$ の範囲で，これを満たす θ の

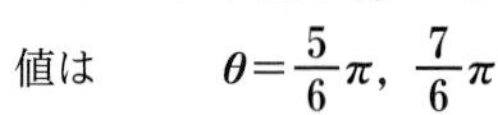

値は　　$\boldsymbol{\theta=\dfrac{5}{6}\pi,\ \dfrac{7}{6}\pi}$

また，**一般解は**

$$\boldsymbol{\theta=\frac{5}{6}\pi+2n\pi,\ \frac{7}{6}\pi+2n\pi}\quad\text{（n は整数）}$$

(3)　$\tan\theta+\sqrt{3}=0$ から

$$\tan\theta=-\sqrt{3}$$

$0\leqq\theta<2\pi$ の範囲で，これを満たす θ の値は　　$\boldsymbol{\theta=\dfrac{2}{3}\pi,\ \dfrac{5}{3}\pi}$

また，**一般解は**

$$\boldsymbol{\theta=\frac{2}{3}\pi+n\pi}\quad\text{（n は整数）}$$

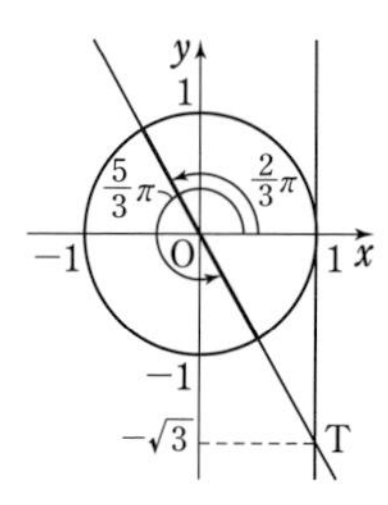

◀$\tan\theta$ の周期は π で，
$\dfrac{5}{3}\pi=\dfrac{2}{3}\pi+\pi$
であるから，$\dfrac{5}{3}\pi$ は $\dfrac{2}{3}\pi+n\pi$ に含まれる。

例 52 ➡本冊 p. 182

(1) $2\sin\theta-\sqrt{2}\geqq 0$ から　　$\sin\theta\geqq\dfrac{1}{\sqrt{2}}$

$\sin\theta=\dfrac{1}{\sqrt{2}}$ $(0\leqq\theta<2\pi)$ の解は

$$\theta=\frac{\pi}{4},\ \frac{3}{4}\pi$$

よって，求める解は　　$\boldsymbol{\dfrac{\pi}{4}\leqq\theta\leqq\dfrac{3}{4}\pi}$

(2) $2\cos\theta-1<0$ から　　$\cos\theta<\dfrac{1}{2}$

$\cos\theta=\dfrac{1}{2}$ $(0\leqq\theta<2\pi)$ の解は

$$\theta=\frac{\pi}{3},\ \frac{5}{3}\pi$$

よって，求める解は　　$\boldsymbol{\dfrac{\pi}{3}<\theta<\dfrac{5}{3}\pi}$

参考　(1), (2) をグラフで考えると，次の図のようになる。

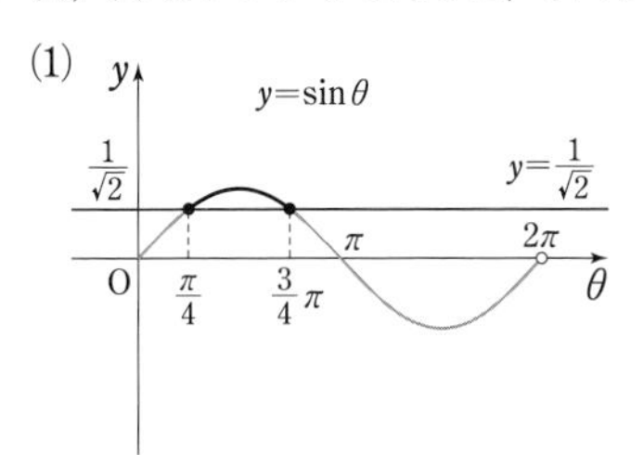

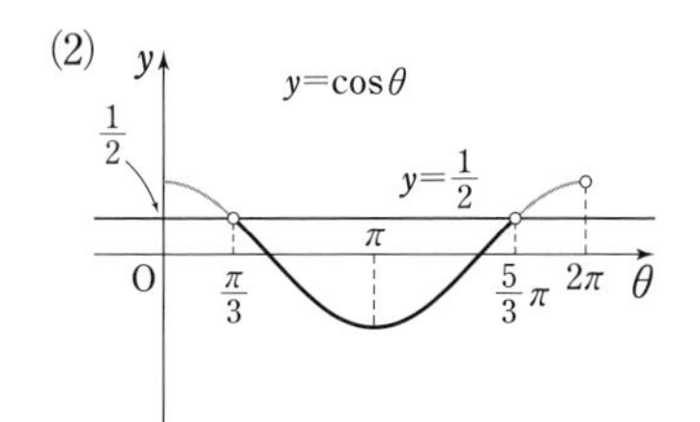

(3) $\sqrt{3}\tan\theta-1<0$ から　　$\tan\theta<\dfrac{1}{\sqrt{3}}$

$\tan\theta=\dfrac{1}{\sqrt{3}}$ $(0\leqq\theta<2\pi)$ の解は

$$\theta=\frac{\pi}{6},\ \frac{7}{6}\pi$$

よって，求める解は

$$\boldsymbol{0\leqq\theta<\frac{\pi}{6},\ \frac{\pi}{2}<\theta<\frac{7}{6}\pi,\ \frac{3}{2}\pi<\theta<2\pi}$$

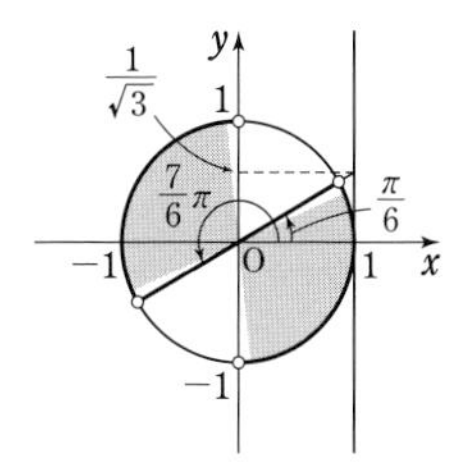

参考　(3) をグラフで考えると，右の図のようになる。

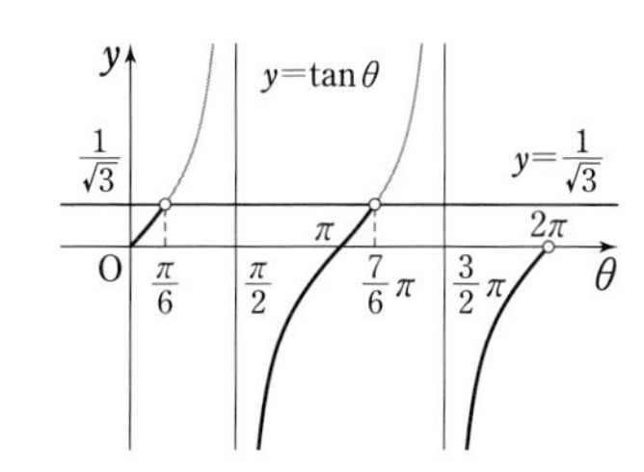

例 53 ➡本冊 p. 182

$y=4\sin^2\theta-4\cos\theta+1=4(1-\cos^2\theta)-4\cos\theta+1$
$\quad=-4\cos^2\theta-4\cos\theta+5$

◀$\sin^2\theta+\cos^2\theta=1$

◀$\cos\theta$ だけで表す。

$\cos\theta = x$ とおくと，$0 \leqq \theta < 2\pi$ のとき

$$-1 \leqq x \leqq 1 \quad \cdots\cdots \text{①}$$

◀ x の変域に要注意！

y を x の式で表すと

$$y = -4x^2 - 4x + 5 = -4\left(x + \frac{1}{2}\right)^2 + 6$$

◀ $-4x^2 - 4x + 5$
$= -4\left(x^2 + x + \frac{1}{4}\right) + 1 + 5$
$= -4\left(x + \frac{1}{2}\right)^2 + 6$

① の範囲において，y は

$x = -\dfrac{1}{2}$ で最大値 6，

$x = 1$ で最小値 -3

をとる。$0 \leqq \theta < 2\pi$ であるから

$x = -\dfrac{1}{2}$ となるのは，$\cos\theta = -\dfrac{1}{2}$ から　$\theta = \dfrac{2}{3}\pi$，$\dfrac{4}{3}\pi$

$x = 1$ となるのは，$\cos\theta = 1$ から　　$\theta = 0$

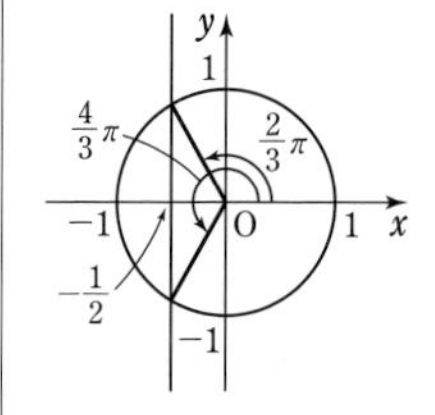

したがって　　**$\theta = \dfrac{2}{3}\pi$，$\dfrac{4}{3}\pi$ のとき最大値 6；**

$\theta = 0$ のとき最小値 -3

例 54

➡ 本冊 p. 189

(1)　α は鋭角，β は鈍角であるから　　$\sin\alpha > 0$，$\cos\beta < 0$

ゆえに　　$\sin\alpha = \sqrt{1 - \cos^2\alpha} = \sqrt{1 - \left(\dfrac{\sqrt{5}}{3}\right)^2} = \dfrac{2}{3}$

◀ $\sin^2\theta + \cos^2\theta = 1$

$\cos\beta = -\sqrt{1 - \sin^2\beta} = -\sqrt{1 - \left(\dfrac{2}{7}\right)^2} = -\dfrac{3\sqrt{5}}{7}$

よって　　$\boldsymbol{\sin(\alpha + \beta)} = \sin\alpha\cos\beta + \cos\alpha\sin\beta$

◀ 加法定理。

$= \dfrac{2}{3} \cdot \left(-\dfrac{3\sqrt{5}}{7}\right) + \dfrac{\sqrt{5}}{3} \cdot \dfrac{2}{7} = \boldsymbol{-\dfrac{4\sqrt{5}}{21}}$

また　　$\tan\alpha = \dfrac{\sin\alpha}{\cos\alpha} = \dfrac{2}{3} \div \dfrac{\sqrt{5}}{3} = \dfrac{2}{\sqrt{5}} = \dfrac{2\sqrt{5}}{5}$，

◀ $\tan\theta = \dfrac{\sin\theta}{\cos\theta}$

$\tan\beta = \dfrac{\sin\beta}{\cos\beta} = \dfrac{2}{7} \div \left(-\dfrac{3\sqrt{5}}{7}\right) = -\dfrac{2}{3\sqrt{5}} = -\dfrac{2\sqrt{5}}{15}$

であるから

$$\boldsymbol{\tan(\alpha - \beta)} = \frac{\tan\alpha - \tan\beta}{1 + \tan\alpha\tan\beta}$$

◀ 加法定理。

$$= \frac{\dfrac{2\sqrt{5}}{5} - \left(-\dfrac{2\sqrt{5}}{15}\right)}{1 + \dfrac{2\sqrt{5}}{5} \cdot \left(-\dfrac{2\sqrt{5}}{15}\right)} = \frac{\dfrac{8\sqrt{5}}{15}}{\dfrac{11}{15}} = \boldsymbol{\frac{8\sqrt{5}}{11}}$$

(2)　$\sin\alpha - \sin\beta = \dfrac{1}{2}$，$\cos\alpha + \cos\beta = \dfrac{1}{2}$ の両辺をそれぞれ 2 乗

◀ 条件式の両辺をそれぞれ平方して，$\sin\alpha\sin\beta$，$\cos\alpha\cos\beta$ を含む式を作り出す。

すると　　$\sin^2\alpha - 2\sin\alpha\sin\beta + \sin^2\beta = \dfrac{1}{4}$，

$\cos^2\alpha + 2\cos\alpha\cos\beta + \cos^2\beta = \dfrac{1}{4}$

辺々を加えて　　$2 + 2(\cos\alpha\cos\beta - \sin\alpha\sin\beta) = \dfrac{1}{2}$

◀ $\sin^2\alpha + \cos^2\alpha = 1$
$\sin^2\beta + \cos^2\beta = 1$

よって　　　$2+2\cos(\alpha+\beta)=\dfrac{1}{2}$

したがって　　$\cos(\alpha+\beta)=-\dfrac{3}{4}$

例 55 ➡ 本冊 *p*. 189

$$\tan(\alpha+\beta+\gamma)=\tan\{\alpha+(\beta+\gamma)\}=\frac{\tan\alpha+\tan(\beta+\gamma)}{1-\tan\alpha\tan(\beta+\gamma)}$$

$$=\frac{\tan\alpha+\dfrac{\tan\beta+\tan\gamma}{1-\tan\beta\tan\gamma}}{1-\tan\alpha\dfrac{\tan\beta+\tan\gamma}{1-\tan\beta\tan\gamma}}$$

$$=\frac{\tan\alpha+\tan\beta+\tan\gamma-\tan\alpha\tan\beta\tan\gamma}{1-\tan\alpha\tan\beta-\tan\beta\tan\gamma-\tan\gamma\tan\alpha}$$

条件より，$\tan\alpha+\tan\beta+\tan\gamma=\tan\alpha\tan\beta\tan\gamma$ であるから

$$\tan(\alpha+\beta+\gamma)=0$$

$-\dfrac{3}{2}\pi<\alpha+\beta+\gamma<\dfrac{3}{2}\pi$ であるから

$$\boldsymbol{\alpha+\beta+\gamma=-\pi,\ 0,\ \pi}$$

◀$\beta+\gamma$ を1つの角とみて，tan の加法定理の公式に当てはめる。

◀$\tan(\beta+\gamma)$ に加法定理を適用する。

◀分母，分子に $1-\tan\beta\tan\gamma$ を掛ける。

例 56 ➡ 本冊 *p*. 189

(1)　2直線の方程式を変形すると

$$y=\frac{\sqrt{3}}{2}x+1,\quad y=-3\sqrt{3}\,x+1$$

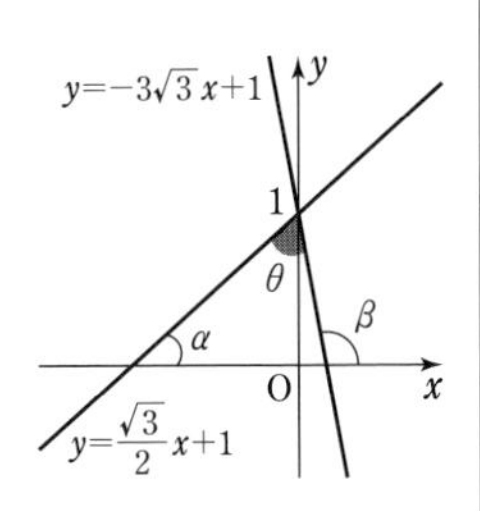

図のように，2直線と x 軸の正の向きとのなす角を，それぞれ α, β とすると，求める鋭角 θ は

$$\theta=\beta-\alpha$$

$\tan\alpha=\dfrac{\sqrt{3}}{2}$，$\tan\beta=-3\sqrt{3}$ で，

$$\tan\theta=\tan(\beta-\alpha)=\frac{\tan\beta-\tan\alpha}{1+\tan\beta\tan\alpha}$$

$$=\left(-3\sqrt{3}-\frac{\sqrt{3}}{2}\right)\div\left\{1+(-3\sqrt{3})\cdot\frac{\sqrt{3}}{2}\right\}=\sqrt{3}$$

$0<\theta<\dfrac{\pi}{2}$ であるから　　$\boldsymbol{\theta=\dfrac{\pi}{3}}$

別解
2直線は垂直でないから

$$\tan\theta=\left|\frac{\dfrac{\sqrt{3}}{2}-(-3\sqrt{3})}{1+\dfrac{\sqrt{3}}{2}\cdot(-3\sqrt{3})}\right|$$

$$=\frac{7\sqrt{3}}{2}\div\frac{7}{2}=\sqrt{3}$$

$0<\theta<\dfrac{\pi}{2}$ から　$\boldsymbol{\theta=\dfrac{\pi}{3}}$

(2)　直線 $y=2x-1$ と x 軸の正の向きとのなす角を α とすると

$$\tan\alpha=2$$

$$\tan\left(\alpha\pm\frac{\pi}{4}\right)=\frac{\tan\alpha\pm\tan\dfrac{\pi}{4}}{1\mp\tan\alpha\tan\dfrac{\pi}{4}}$$

$$=\frac{2\pm1}{1\mp2\cdot1}\quad（複号同順）$$

であるから，求める直線の傾きは　　$\boldsymbol{-3,\ \dfrac{1}{3}}$

◀2直線のなす角は，それぞれと平行で原点を通る2直線のなす角に等しい。そこで，直線 $y=2x-1$ を平行移動した直線 $y=2x$ をもとにした図をかくと，見通しがよくなる。

練習 84 ➡ 本冊 p. 172

(1) $\sin\theta+\cos\theta=-\dfrac{1}{2}$ の両辺を 2 乗すると

$$\sin^2\theta+\cos^2\theta+2\sin\theta\cos\theta=\frac{1}{4}$$

◀$\sin^2\theta+\cos^2\theta=1$

ゆえに $1+2\sin\theta\cos\theta=\dfrac{1}{4}$ よって $\sin\theta\cos\theta=-\dfrac{3}{8}$

$\sin\theta\cos\theta<0$, $\pi\leqq\theta\leqq2\pi$ から，θ は第 4 象限の角である。

ゆえに，$\sin\theta<0$, $\cos\theta>0$ から $\sin\theta-\cos\theta<0$

$(\sin\theta-\cos\theta)^2=\sin^2\theta-2\sin\theta\cos\theta+\cos^2\theta=1-2\left(-\dfrac{3}{8}\right)=\dfrac{7}{4}$

◀$\sin^2\theta+\cos^2\theta=1$

であるから $\sin\theta-\cos\theta=-\dfrac{\sqrt{7}}{2}$

よって $\sin^3\theta-\cos^3\theta$

$$=(\sin\theta-\cos\theta)(\sin^2\theta+\sin\theta\cos\theta+\cos^2\theta)$$

$$=-\frac{\sqrt{7}}{2}\left\{1+\left(-\frac{3}{8}\right)\right\}=-\boldsymbol{\frac{5\sqrt{7}}{16}}$$

参考
$\cos\theta=X$, $\sin\theta=Y$ とおくと

$$\begin{cases}X^2+Y^2=1\\ X+Y=-\dfrac{1}{2}\end{cases}$$

X, Y はこの連立方程式の解であり，点 (X, Y) は円と直線の交点として図示することができる。

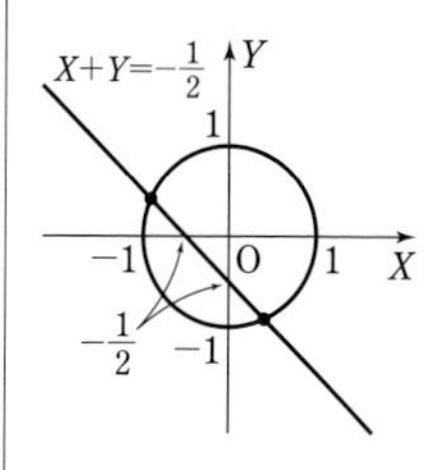

別解 $\sin\theta+\cos\theta=-\dfrac{1}{2}$, $\sin\theta\cos\theta=-\dfrac{3}{8}$ から，$\sin\theta$, $\cos\theta$ は $x^2+\dfrac{1}{2}x-\dfrac{3}{8}=0$ すなわち $8x^2+4x-3=0$ の 2 つの解である。

これを解くと $x=\dfrac{-2\pm\sqrt{2^2-8\cdot(-3)}}{8}=\dfrac{-1\pm\sqrt{7}}{4}$

$\pi\leqq\theta\leqq2\pi$ より $\sin\theta\leqq0$ であるから

$$\sin\theta=\frac{-1-\sqrt{7}}{4},\quad \cos\theta=\frac{-1+\sqrt{7}}{4}$$

これらを $\sin^3\theta-\cos^3\theta=(\sin\theta-\cos\theta)(1+\sin\theta\cos\theta)$ に代入してもよい。

(2) $\cos\theta+\cos^2\theta=1$ から $1-\cos^2\theta=\cos\theta$

よって，$\sin^2\theta=\cos\theta$ であり

$$\frac{\sin^4\theta+\cos^3\theta}{2\cos\theta}=\frac{(\sin^2\theta)^2+\cos^3\theta}{2\cos\theta}=\frac{\cos^2\theta+\cos^3\theta}{2\cos\theta}$$

$$=\frac{\cos\theta+\cos^2\theta}{2}=\boldsymbol{\frac{1}{2}}$$

◀条件式から $\cos\theta$, $\sin\theta$ の値を求めて代入してもよいが面倒。条件式を使って，なるべく値を求める式を簡単にする方針で進める。

(3) $\sin\theta+\sin^2\theta=1$ から $1-\sin^2\theta=\sin\theta$

よって，$\cos^2\theta=\sin\theta$ であり

$$\cos^2\theta+2\cos^4\theta=\cos^2\theta+2(\cos^2\theta)^2=\sin\theta+2\sin^2\theta$$

$$=\sin\theta+2(1-\sin\theta)$$

$$=2-\sin\theta \quad \cdots\cdots ①$$

◀次数を下げる方針で変形する。

$\sin\theta+\sin^2\theta=1$ から $\sin^2\theta+\sin\theta-1=0$

これを解くと $\sin\theta=\dfrac{-1\pm\sqrt{5}}{2}$

$-1\leqq\sin\theta\leqq1$ であるから $\sin\theta=\dfrac{-1+\sqrt{5}}{2}$

◀$\sin\theta$ の範囲に注意。

① から $\cos^2\theta+2\cos^4\theta=2-\dfrac{-1+\sqrt{5}}{2}=\boldsymbol{\dfrac{5-\sqrt{5}}{2}}$

練習 85 ➡ 本冊 p. 173

$\sin\theta+\cos\theta=a$ …… ①,　$\sin\theta\cos\theta=b$ …… ② とおく。

$\sin^3\theta+\cos^3\theta=(\sin\theta+\cos\theta)(\sin^2\theta-\sin\theta\cos\theta+\cos^2\theta)$

$=(\sin\theta+\cos\theta)(1-\sin\theta\cos\theta)$ …… ③

① の両辺を 2 乗して　$\sin^2\theta+2\sin\theta\cos\theta+\cos^2\theta=a^2$

$\sin^2\theta+\cos^2\theta=1$ であるから　$1+2\sin\theta\cos\theta=a^2$

② を代入して　$1+2b=a^2$

ゆえに　$b=\dfrac{a^2-1}{2}$ …… ④

③ に $\sin^3\theta+\cos^3\theta=\dfrac{11}{16}$, ①, ② を代入して

$$\frac{11}{16}=a(1-b)$$

④ を代入して　$\dfrac{11}{16}=a\left(1-\dfrac{a^2-1}{2}\right)$

整理すると　$8a^3-24a+11=0$

よって　$(2a-1)(4a^2+2a-11)=0$

◀因数定理を利用。

ゆえに　$a=\dfrac{1}{2},\ \dfrac{-1\pm3\sqrt{5}}{4}$ …… ⑤

また, $\sin\theta$, $\cos\theta$ は 2 次方程式 $x^2-ax+b=0$ の 2 つの実数解であるから, 判別式を D とすると　$D\geqq0$

◀**変数のおき換え　範囲に注意**

すなわち　$(-a)^2-4b\geqq0$

④ を代入して　$a^2-2(a^2-1)\geqq0$　よって　$a^2\leqq2$

ここで　$\left(\dfrac{-1\pm3\sqrt{5}}{4}\right)^2-2=\dfrac{14\mp6\sqrt{5}}{16}$ (複号同順)

$\dfrac{14-6\sqrt{5}}{16}=\dfrac{7-3\sqrt{5}}{8}=\dfrac{\sqrt{49}-\sqrt{45}}{8}>0$ であるから

$$\left(\frac{-1\pm3\sqrt{5}}{4}\right)^2-2>0 \quad すなわち \quad \left(\frac{-1\pm3\sqrt{5}}{4}\right)^2>2$$

したがって, ⑤ の解のうちで $a^2\leqq2$ を満たす値は

$$a=\sin\theta+\cos\theta=\boldsymbol{\frac{1}{2}}$$

注意　解答では, 2 次方程式 $x^2-ax+b=0$ が実数解をもつための条件 $D\geqq0$ に ④ を代入して, 条件 $a^2\leqq2$ を求めた。
これによって, 2 つの解 $\sin\theta$ と $\cos\theta$ は
　　ともに実数　かつ　$\sin^2\theta+\cos^2\theta=1$
であるから, $-1\leqq\sin\theta\leqq1$, $-1\leqq\cos\theta\leqq1$ を満たす。

練習 86 ➡ 本冊 p. 174

(1)　解と係数の関係により

$$(\sin\theta+2\cos\theta)+(2\sin\theta+\cos\theta)=\frac{3}{2}k \quad …… ①$$

$$(\sin\theta+2\cos\theta)(2\sin\theta+\cos\theta)=\frac{3k^2+8}{8} \quad …… ②$$

◀ 2 次方程式 $ax^2+bx+c=0$ の 2 つの解を α, β とすると $\alpha+\beta=-\dfrac{b}{a}$, $\alpha\beta=\dfrac{c}{a}$

① から　$3(\sin\theta+\cos\theta)=\dfrac{3}{2}k$

よって　$\boldsymbol{\sin\theta+\cos\theta=\frac{1}{2}k}$　……③

②から　$2\sin^2\theta+5\sin\theta\cos\theta+2\cos^2\theta=\frac{3k^2+8}{8}$

ゆえに　$2+5\sin\theta\cos\theta=\frac{3k^2+8}{8}$

◀$\sin^2\theta+\cos^2\theta=1$

よって　$\boldsymbol{\sin\theta\cos\theta=\frac{3k^2-8}{40}}$　……④

(2)　③の両辺を2乗して

$$\sin^2\theta+2\sin\theta\cos\theta+\cos^2\theta=\frac{1}{4}k^2$$

ゆえに　$1+2\sin\theta\cos\theta=\frac{1}{4}k^2$　……(*)

◀$\sin^2\theta+\cos^2\theta=1$

④を代入して　$1+2\cdot\frac{3k^2-8}{40}=\frac{1}{4}k^2$

整理すると　$k^2=6$　　$k>0$ であるから　$\boldsymbol{k=\sqrt{6}}$

(3)　$k=\sqrt{6}$ を③，④に代入して

$$\sin\theta+\cos\theta=\frac{\sqrt{6}}{2},\ \sin\theta\cos\theta=\frac{1}{4}$$

よって，$\sin\theta$，$\cos\theta$ は2次方程式 $t^2-\frac{\sqrt{6}}{2}t+\frac{1}{4}=0$,

◀$t^2-(\text{和})t+(\text{積})=0$

すなわち $4t^2-2\sqrt{6}t+1=0$ の2つの解である。

これを解くと

$$t=\frac{-(-\sqrt{6})\pm\sqrt{(-\sqrt{6})^2-4\cdot1}}{4}=\frac{\sqrt{6}\pm\sqrt{2}}{4}$$

◀これで終わりにしてはいけない。

$0\leqq\theta\leqq\frac{\pi}{4}$ より，$0\leqq\sin\theta\leqq\frac{1}{\sqrt{2}}$，$\frac{1}{\sqrt{2}}\leqq\cos\theta\leqq1$ であるから

$$\sin\theta\leqq\cos\theta$$

ゆえに　$\boldsymbol{\sin\theta=\frac{\sqrt{6}-\sqrt{2}}{4}}$，$\boldsymbol{\cos\theta=\frac{\sqrt{6}+\sqrt{2}}{4}}$

◀$\theta=\frac{\pi}{12}$ である。

注意　(1)の $\sin\theta\cos\theta$ は，(*)から導かれる $\sin\theta\cos\theta=\frac{k^2-4}{8}$ を答えとしてもよい。

練習 87

➡本冊 p. 183

(1)　$2\theta-\frac{\pi}{3}=\alpha$ とおくと　$2\cos\alpha=\sqrt{3}$　すなわち　$\cos\alpha=\frac{\sqrt{3}}{2}$

$0\leqq\theta<2\pi$ であるから　$-\frac{\pi}{3}\leqq\alpha<4\pi-\frac{\pi}{3}$　……①

この範囲で $\cos\alpha=\frac{\sqrt{3}}{2}$ を解くと

$$\alpha=-\frac{\pi}{6},\ \frac{\pi}{6},\ \frac{11}{6}\pi,\ \frac{13}{6}\pi$$

すなわち　$2\theta-\frac{\pi}{3}=-\frac{\pi}{6},\ \frac{\pi}{6},\ \frac{11}{6}\pi,\ \frac{13}{6}\pi$

ゆえに　$\boldsymbol{\theta=\frac{\pi}{12},\ \frac{\pi}{4},\ \frac{13}{12}\pi,\ \frac{5}{4}\pi}$

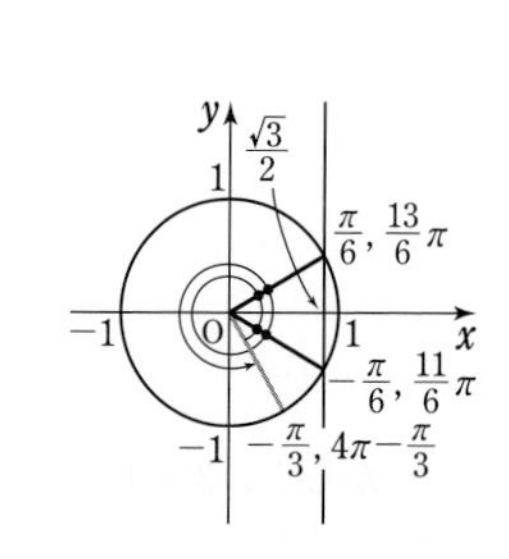

(2) (1)と同様に考える。

$2\theta-\frac{\pi}{3}=\alpha$ とおき，① の範囲で $2\cos\alpha<\sqrt{3}$ すなわち $\cos\alpha<\frac{\sqrt{3}}{2}$ を解くと

$$-\frac{\pi}{3}\leqq\alpha<-\frac{\pi}{6},\ \frac{\pi}{6}<\alpha<\frac{11}{6}\pi,\ \frac{13}{6}\pi<\alpha<4\pi-\frac{\pi}{3}$$

よって　$-\frac{\pi}{3}\leqq2\theta-\frac{\pi}{3}<-\frac{\pi}{6},\ \frac{\pi}{6}<2\theta-\frac{\pi}{3}<\frac{11}{6}\pi,\ \frac{13}{6}\pi<2\theta-\frac{\pi}{3}<4\pi-\frac{\pi}{3}$

ゆえに　$\boldsymbol{0\leqq\theta<\frac{\pi}{12},\ \frac{\pi}{4}<\theta<\frac{13}{12}\pi,\ \frac{5}{4}\pi<\theta<2\pi}$

(3) $\theta+\frac{\pi}{4}=\alpha$ とおくと　$\tan\alpha=-\sqrt{3}$

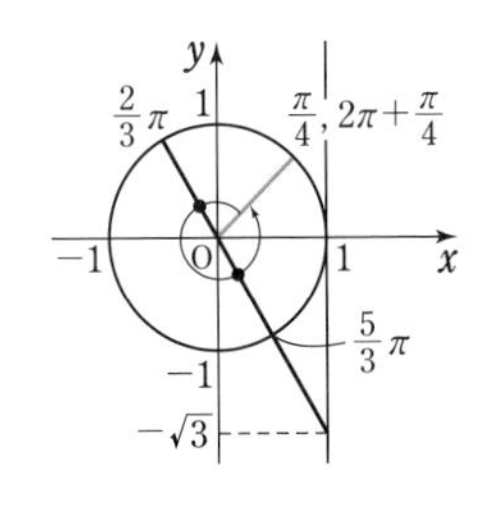

$0\leqq\theta<2\pi$ であるから　$\frac{\pi}{4}\leqq\alpha<2\pi+\frac{\pi}{4}$ ……②

この範囲で $\tan\alpha=-\sqrt{3}$ を解くと　$\alpha=\frac{2}{3}\pi,\ \frac{5}{3}\pi$

すなわち　$\theta+\frac{\pi}{4}=\frac{2}{3}\pi,\ \frac{5}{3}\pi$　よって　$\boldsymbol{\theta=\frac{5}{12}\pi,\ \frac{17}{12}\pi}$

(4) (3)と同様に考える。

$\theta+\frac{\pi}{4}=\alpha$ とおき，② の範囲で $\tan\alpha\geqq-\sqrt{3}$ を解くと

$$\frac{\pi}{4}\leqq\alpha<\frac{\pi}{2},\ \frac{2}{3}\pi\leqq\alpha<\frac{3}{2}\pi,\ \frac{5}{3}\pi\leqq\alpha<2\pi+\frac{\pi}{4}$$

よって　$\frac{\pi}{4}\leqq\theta+\frac{\pi}{4}<\frac{\pi}{2},\ \frac{2}{3}\pi\leqq\theta+\frac{\pi}{4}<\frac{3}{2}\pi,\ \frac{5}{3}\pi\leqq\theta+\frac{\pi}{4}<2\pi+\frac{\pi}{4}$

ゆえに　$\boldsymbol{0\leqq\theta<\frac{\pi}{4},\ \frac{5}{12}\pi\leqq\theta<\frac{5}{4}\pi,\ \frac{17}{12}\pi\leqq\theta<2\pi}$

練習 88 ➡ 本冊 p. 184

(1) 方程式から　$2(1-\sin^2\theta)-\sqrt{3}\sin\theta+1=0$

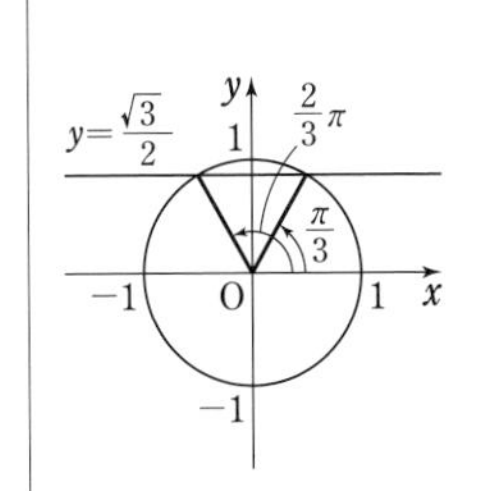

整理すると　$2\sin^2\theta+\sqrt{3}\sin\theta-3=0$

よって　$(\sin\theta+\sqrt{3})(2\sin\theta-\sqrt{3})=0$

$0\leqq\theta<2\pi$ のとき，$-1\leqq\sin\theta\leqq1$ であるから　$\sin\theta+\sqrt{3}\neq0$

ゆえに　$2\sin\theta-\sqrt{3}=0$　すなわち　$\sin\theta=\frac{\sqrt{3}}{2}$

これを解いて　$\boldsymbol{\theta=\frac{\pi}{3},\ \frac{2}{3}\pi}$

(2) 方程式から　$\sqrt{2}\cos\theta=\frac{\sin\theta}{\cos\theta}$

すなわち　$\sqrt{2}\cos^2\theta=\sin\theta$　ただし，$\theta\neq\frac{\pi}{2},\ \theta\neq\frac{3}{2}\pi$

◀分母 $\cos\theta\neq0$ から。

よって　$\sqrt{2}(1-\sin^2\theta)=\sin\theta$

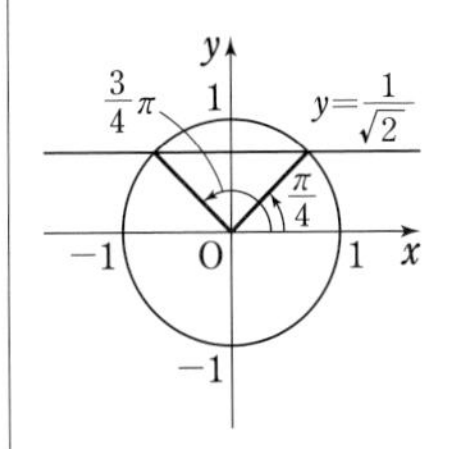

整理すると　$\sqrt{2}\sin^2\theta+\sin\theta-\sqrt{2}=0$

したがって　$(\sin\theta+\sqrt{2})(\sqrt{2}\sin\theta-1)=0$

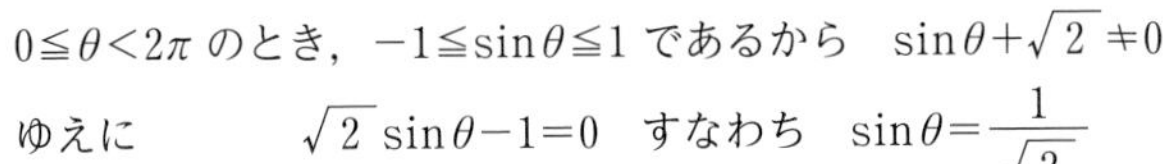

$0\leqq\theta<2\pi$ のとき，$-1\leqq\sin\theta\leqq1$ であるから　$\sin\theta+\sqrt{2}\neq0$

ゆえに　$\sqrt{2}\sin\theta-1=0$　すなわち　$\sin\theta=\frac{1}{\sqrt{2}}$

これを解いて　$\boldsymbol{\theta=\frac{\pi}{4},\ \frac{3}{4}\pi}$　$\left(\theta\neq\frac{\pi}{2},\ \theta\neq\frac{3}{2}\pi\ に適する\right)$

別解　方程式より，$\tan\theta$ と $\cos\theta$ の符号は同じであるから，θ は第1象限または第2象限の角である。……（＊）

◀第1象限では $\cos\theta>0$，$\tan\theta>0$ 第2象限では $\cos\theta<0$，$\tan\theta<0$

$\tan\theta=\sqrt{2}\cos\theta$ を $1+\tan^2\theta=\dfrac{1}{\cos^2\theta}$ に代入すると

$$1+2\cos^2\theta=\frac{1}{\cos^2\theta}$$

両辺に $\cos^2\theta$ を掛けて整理すると　$2\cos^4\theta+\cos^2\theta-1=0$

ゆえに　$(\cos^2\theta+1)(2\cos^2\theta-1)=0$

$\cos^2\theta+1\geqq 1$ であるから　$2\cos^2\theta-1=0$

よって　$\cos^2\theta=\dfrac{1}{2}$　すなわち　$\cos\theta=\pm\dfrac{1}{\sqrt{2}}$

$0\leqq\theta<2\pi$ であるから　$\theta=\dfrac{\pi}{4},\ \dfrac{3}{4}\pi,\ \dfrac{5}{4}\pi,\ \dfrac{7}{4}\pi$

◀これで終わりにしてはいけない。

（＊）から，求める解は　$\boldsymbol{\theta=\dfrac{\pi}{4},\ \dfrac{3}{4}\pi}$

(3)　不等式から　$2(1-\cos^2\theta)+\sqrt{3}\cos\theta+1>0$

整理すると　$2\cos^2\theta-\sqrt{3}\cos\theta-3<0$

よって　$(\cos\theta-\sqrt{3})(2\cos\theta+\sqrt{3})<0$

$0\leqq\theta<2\pi$ のとき，$-1\leqq\cos\theta\leqq 1$ であるから常に $\cos\theta-\sqrt{3}<0$ である。

ゆえに　$2\cos\theta+\sqrt{3}>0$　すなわち　$\cos\theta>-\dfrac{\sqrt{3}}{2}$

これを解いて　$\boldsymbol{0\leqq\theta<\dfrac{5}{6}\pi,\ \dfrac{7}{6}\pi<\theta<2\pi}$

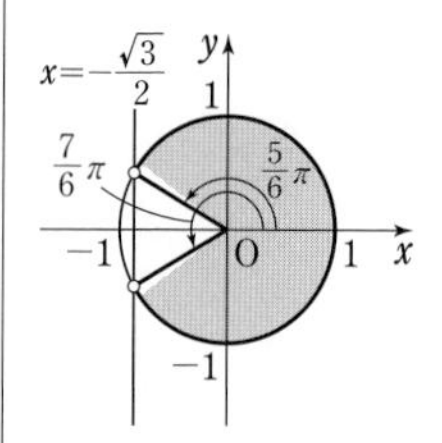

(4)　不等式から　$\cos\theta<0$ かつ $(2\cos\theta+1)(2\cos\theta-1)<0$

よって　$\cos\theta<0$ かつ $-\dfrac{1}{2}<\cos\theta<\dfrac{1}{2}$

ゆえに　$-\dfrac{1}{2}<\cos\theta<0$

これを解いて　$\boldsymbol{\dfrac{\pi}{2}<\theta<\dfrac{2}{3}\pi,\ \dfrac{4}{3}\pi<\theta<\dfrac{3}{2}\pi}$

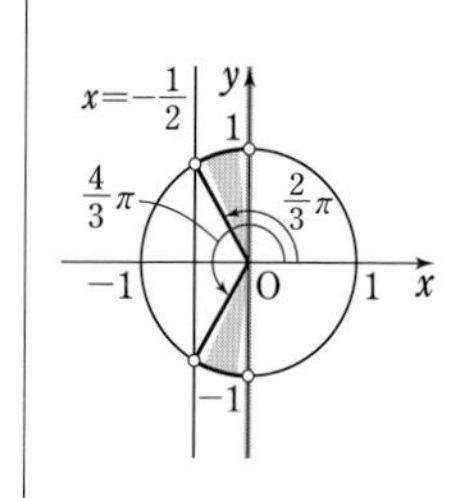

(5)　連立方程式から　$\begin{cases}\sin x=\cos y & \cdots\cdots ①\\ \cos x=-\sin y+\sqrt{3} & \cdots\cdots ②\end{cases}$

①，② の両辺を2乗して

$$\sin^2x=\cos^2y \quad \cdots\cdots ③$$

$$\cos^2x=\sin^2y-2\sqrt{3}\sin y+3 \quad \cdots\cdots ④$$

③＋④ から　$1=1-2\sqrt{3}\sin y+3$

◀$\sin^2x+\cos^2x=1$，$\sin^2y+\cos^2y=1$

よって　$\sin y=\dfrac{\sqrt{3}}{2}$　…… ⑤

$0\leqq y<2\pi$ であるから　$y=\dfrac{\pi}{3},\ \dfrac{2}{3}\pi$

⑤ を ② に代入して　$\cos x=\dfrac{\sqrt{3}}{2}$

◀① に代入して $\sin x=\pm\dfrac{\sqrt{3}}{2}$ としてもよい。

$0\leqq x<2\pi$ であるから　$x=\dfrac{\pi}{6},\ \dfrac{11}{6}\pi$

$(x,\ y)=\left(\dfrac{\pi}{6},\ \dfrac{\pi}{3}\right)$, $\left(\dfrac{11}{6}\pi,\ \dfrac{2}{3}\pi\right)$ は ① を満たすが,

$(x,\ y)=\left(\dfrac{\pi}{6},\ \dfrac{2}{3}\pi\right)$, $\left(\dfrac{11}{6}\pi,\ \dfrac{\pi}{3}\right)$ は, ① を満たさない。

よって, 求める解は　$\boldsymbol{(x,\ y)=\left(\dfrac{\pi}{6},\ \dfrac{\pi}{3}\right),\ \left(\dfrac{11}{6}\pi,\ \dfrac{2}{3}\pi\right)}$

◀$\sin y=\dfrac{\sqrt{3}}{2}$, $\cos x=\dfrac{\sqrt{3}}{2}$ を満たす x, y の組 $(x,\ y)$ がすべて解になるとは限らない。

練習 89 ➡ 本冊 p.185

指針 (2) まず, **cos の 1 種類の関数で表し**, $\cos\theta=x$ とおくと　$2x^2-2kx+k-4\leqq 0$ …… ①
変数のおき換えで範囲が変わる ことに注意して　$-1\leqq x\leqq 1$ …… ②
結局, ② の範囲において, 2 次不等式 ① が常に成り立つための条件を求めることになる。
$f(x)=2x^2-2kx+k-4$ とすると, $-1\leqq x\leqq 1$ において

常に $f(x)\leqq 0 \iff [f(x)$ の最大値$]\leqq 0$

であるから, 軸 $x=\dfrac{k}{2}$ の位置で **場合分け** をして最大値を求める。

(1)　$y=(1-\sin^2\theta)+a\sin\theta=-\sin^2\theta+a\sin\theta+1$

◀$\sin\theta$ だけの式で表す。

$\sin\theta=x$ とおくと, $-\dfrac{\pi}{3}\leqq\theta\leqq\dfrac{\pi}{4}$ から　$-\dfrac{\sqrt{3}}{2}\leqq x\leqq\dfrac{\sqrt{2}}{2}$

◀$\sin\theta$ の範囲に注意。

y を x の式で表すと　$y=-x^2+ax+1$

$f(x)=-x^2+ax+1$ とすると　$f(x)=-\left(x-\dfrac{a}{2}\right)^2+\dfrac{a^2}{4}+1$

$y=f(x)$ のグラフは上に凸の放物線で, 軸は直線 $x=\dfrac{a}{2}$

[1]　軸 $x=\dfrac{a}{2}$ が $x<-\dfrac{\sqrt{3}}{2}$ の範囲にある場合。

$\dfrac{a}{2}<-\dfrac{\sqrt{3}}{2}$ すなわち $a<-\sqrt{3}$ のとき, $f(x)$ は $x=-\dfrac{\sqrt{3}}{2}$ で最大となるから

$$M(a)=f\left(-\frac{\sqrt{3}}{2}\right)=-\left(-\frac{\sqrt{3}}{2}\right)^2+a\left(-\frac{\sqrt{3}}{2}\right)+1$$
$$=-\frac{\sqrt{3}}{2}a+\frac{1}{4}$$

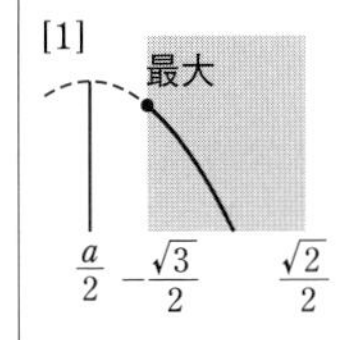

[2]　軸 $x=\dfrac{a}{2}$ が $-\dfrac{\sqrt{3}}{2}\leqq x\leqq\dfrac{\sqrt{2}}{2}$ の範囲にある場合。

$-\dfrac{\sqrt{3}}{2}\leqq\dfrac{a}{2}\leqq\dfrac{\sqrt{2}}{2}$ すなわち $-\sqrt{3}\leqq a\leqq\sqrt{2}$ のとき, $f(x)$ は $x=\dfrac{a}{2}$ で最大となるから

$$M(a)=f\left(\frac{a}{2}\right)=\frac{a^2}{4}+1$$

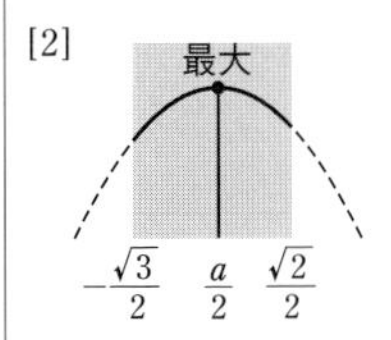

[3]　軸 $x=\dfrac{a}{2}$ が $x>\dfrac{\sqrt{2}}{2}$ の範囲にある場合。

$\dfrac{\sqrt{2}}{2}<\dfrac{a}{2}$ すなわち $\sqrt{2}<a$ のとき, $f(x)$ は $x=\dfrac{\sqrt{2}}{2}$ で最大となるから

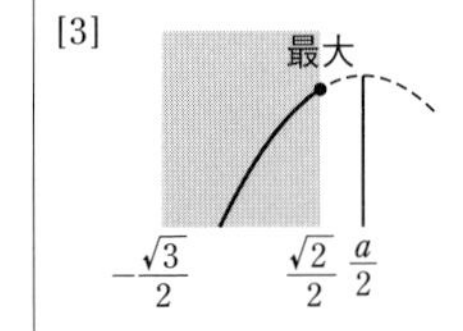

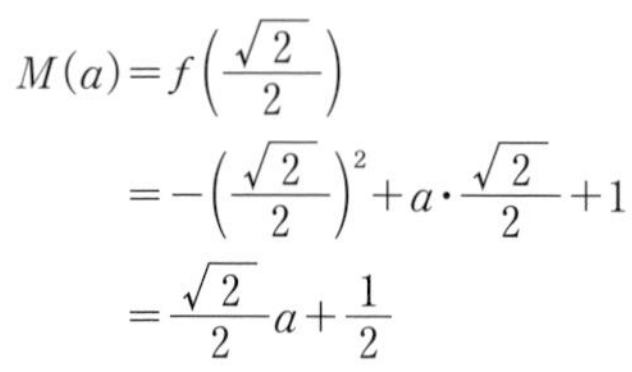

$$M(a)=f\left(\frac{\sqrt{2}}{2}\right)$$
$$=-\left(\frac{\sqrt{2}}{2}\right)^2+a\cdot\frac{\sqrt{2}}{2}+1$$
$$=\frac{\sqrt{2}}{2}a+\frac{1}{2}$$

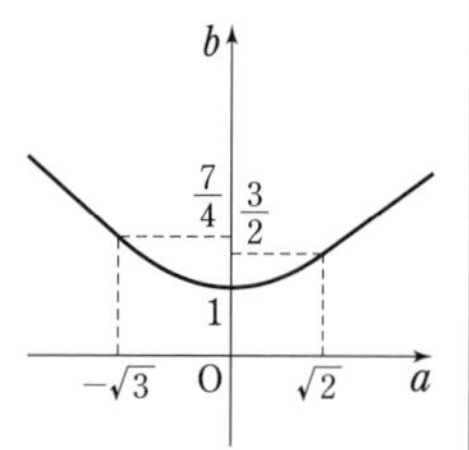

以上により，$b=M(a)$ のグラフは，**右の図** のようになる。

したがって，$M(a)$ は **$a=0$ のとき最小値 1** をとる。

(2) 不等式から　$2(1-\cos^2\theta)+2k\cos\theta-k+2\geqq 0$

◀$\cos\theta$ だけの式で表す。

整理すると　$2\cos^2\theta-2k\cos\theta+k-4\leqq 0$ …… ①

ここで，$\cos\theta=x$ とおくと　$-1\leqq x\leqq 1$ …… ②

◀$\cos\theta$ の範囲に注意。

① を x の式で表すと　$2x^2-2kx+k-4\leqq 0$

$f(x)=2x^2-2kx+k-4$ とする。

不等式 ① が常に成り立つための条件は，② の範囲における $f(x)$ の最大値を M とすると，$M\leqq 0$ となることである。

◀常に $f(x)\leqq 0$
$\Longleftrightarrow$ [$f(x)$ の最大値]$\leqq 0$

$y=f(x)$ のグラフは下に凸の放物線で，軸は直線 $x=\frac{k}{2}$，区間 ② の中央の値は 0 である。

[1] $k\geqq 0$ のとき　$M=f(-1)=3k-2\leqq 0$

よって　$k\leqq\frac{2}{3}$　$k\geqq 0$ との共通範囲は　$0\leqq k\leqq\frac{2}{3}$

[2] $k<0$ のとき　$M=f(1)=-k-2\leqq 0$

よって　$k\geqq -2$　$k<0$ との共通範囲は　$-2\leqq k<0$

求める条件は，[1]，[2] の範囲を合わせて　$\boldsymbol{-2\leqq k\leqq\frac{2}{3}}$

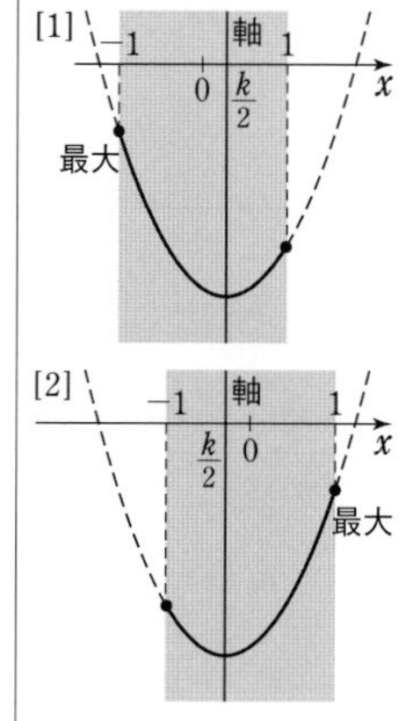

参考　(2) で，$f(x)$ の最大値は $f(-1)$ または $f(1)$ のいずれかであるから，場合分けをせずに，次のようにしてもよい。

$f(-1)=3k-2\leqq 0$　かつ　$f(1)=-k-2\leqq 0$

したがって　$-2\leqq k\leqq\frac{2}{3}$

練習 90

➡ 本冊 p.190

点Qの座標を $(x,\ y)$ とする。

(1) $\mathrm{OP}=r$ とし，OP と x 軸の正の向きとのなす角を α とすると

$$r\cos\alpha=-2,\ r\sin\alpha=3$$

よって　$x=r\cos\left(\alpha+\frac{5}{6}\pi\right)=r\cos\alpha\cos\frac{5}{6}\pi-r\sin\alpha\sin\frac{5}{6}\pi$

$$=-2\cdot\left(-\frac{\sqrt{3}}{2}\right)-3\cdot\frac{1}{2}=\frac{2\sqrt{3}-3}{2}$$

$y=r\sin\left(\alpha+\frac{5}{6}\pi\right)=r\sin\alpha\cos\frac{5}{6}\pi+r\cos\alpha\sin\frac{5}{6}\pi$

$$=3\cdot\left(-\frac{\sqrt{3}}{2}\right)+(-2)\cdot\frac{1}{2}=-\frac{3\sqrt{3}+2}{2}$$

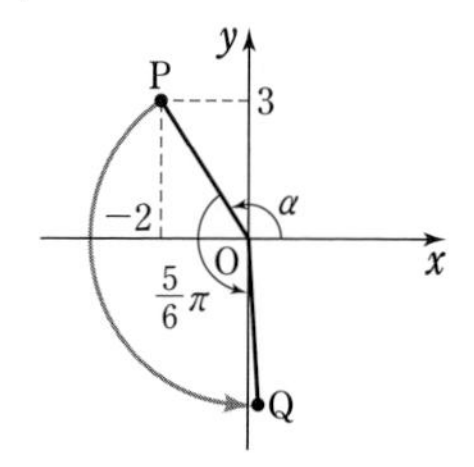

したがって，点Qの座標は　$\boldsymbol{\left(\frac{2\sqrt{3}-3}{2},\ -\frac{3\sqrt{3}+2}{2}\right)}$

(2) 点Aが原点Oに移るような平行移動により，点Pは点 $P'(4,\ -3)$ に移る。次に，この平行移動による点Qの移る点を $Q'(x',\ y')$ とする。また，$OP'=r$ とし，OP' と x 軸の正の向きとのなす角を α とすると

◀ x 軸方向に1，y 軸方向に -2 だけ平行移動する。

$$r\cos\alpha=4,\ r\sin\alpha=-3$$

よって $x'=r\cos\left(\alpha-\frac{\pi}{3}\right)=r\cos\alpha\cos\frac{\pi}{3}+r\sin\alpha\sin\frac{\pi}{3}$

$$=4\cdot\frac{1}{2}+(-3)\cdot\frac{\sqrt{3}}{2}=\frac{4-3\sqrt{3}}{2}$$

$$y'=r\sin\left(\alpha-\frac{\pi}{3}\right)=r\sin\alpha\cos\frac{\pi}{3}-r\cos\alpha\sin\frac{\pi}{3}$$

$$=-3\cdot\frac{1}{2}-4\cdot\frac{\sqrt{3}}{2}=-\frac{3+4\sqrt{3}}{2}$$

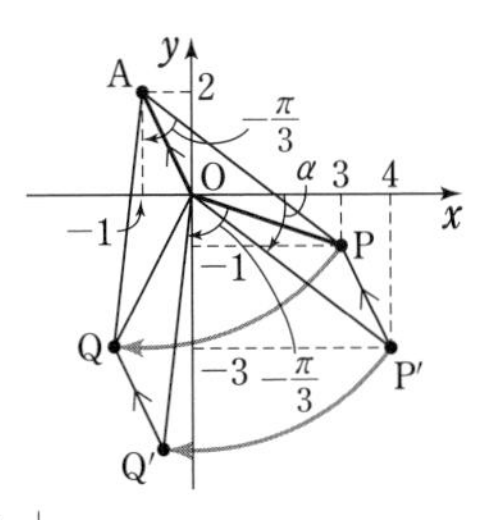

したがって，点 Q' の座標は

$$\left(\frac{4-3\sqrt{3}}{2},\ -\frac{3+4\sqrt{3}}{2}\right)$$

点 Q' は，原点が点Aに移るような平行移動によって，点Qに移るから，点Qの座標は

$$\left(\frac{4-3\sqrt{3}}{2}-1,\ -\frac{3+4\sqrt{3}}{2}+2\right)$$

◀ $x'-1=x$
$y'+2=y$

すなわち $\left(\boldsymbol{\frac{2-3\sqrt{3}}{2}},\ \boldsymbol{\frac{1-4\sqrt{3}}{2}}\right)$

参考 一般に，点 $(x_0,\ y_0)$ を原点を中心に角 θ だけ回転させた点を $(x,\ y)$ とすると，次の等式が成り立つ（これを公式として扱う場合もある）。

$$\boldsymbol{x=x_0\cos\theta-y_0\sin\theta,\ y=x_0\sin\theta+y_0\cos\theta}$$

この式を用いると，次のように計算できる。

(1) $x=-2\cos\frac{5}{6}\pi-3\sin\frac{5}{6}\pi=\frac{2\sqrt{3}-3}{2}$,

$$y=-2\sin\frac{5}{6}\pi+3\cos\frac{5}{6}\pi=-\frac{3\sqrt{3}+2}{2}$$

よって $Q\left(\frac{2\sqrt{3}-3}{2},\ -\frac{3\sqrt{3}+2}{2}\right)$

(2) 点 $P'(4,\ -3)$ を，原点を中心として $-\frac{\pi}{3}$ だけ回転させた点を $Q'(x',\ y')$ とすると

◀ P'，Q' は(2)の解答と同じ。

$$x'=4\cos\left(-\frac{\pi}{3}\right)-(-3)\sin\left(-\frac{\pi}{3}\right)$$

$$=4\cdot\frac{1}{2}+3\cdot\left(-\frac{\sqrt{3}}{2}\right)=\frac{4-3\sqrt{3}}{2}$$

$$y'=4\sin\left(-\frac{\pi}{3}\right)+(-3)\cos\left(-\frac{\pi}{3}\right)$$

$$=4\cdot\left(-\frac{\sqrt{3}}{2}\right)-3\cdot\frac{1}{2}=-\frac{4\sqrt{3}+3}{2}$$

よって $Q'\left(\frac{4-3\sqrt{3}}{2},\ -\frac{4\sqrt{3}+3}{2}\right)$ （以後同じ）

練習 91 ➡ 本冊 p. 191

(1) $\sin\dfrac{\theta}{2}=s$, $\cos\dfrac{\theta}{2}=c$ とおくと

$$\sin\theta=2sc,\ \cos\theta=c^2-s^2,\ \tan\frac{\theta}{2}=\frac{s}{c},\ s^2+c^2=1$$

◀ 2 倍角の公式。
$\sin 2\theta=2\sin\theta\cos\theta$
$\cos 2\theta=\cos^2\theta-\sin^2\theta$

したがって　$(\text{左辺})=\dfrac{1+2sc-(c^2-s^2)}{1+2sc+(c^2-s^2)}$

$$=\frac{s^2+c^2+2sc-c^2+s^2}{s^2+c^2+2sc+c^2-s^2}$$

$$=\frac{2sc+2s^2}{2c^2+2sc}=\frac{2s(c+s)}{2c(c+s)}$$

$$=\frac{s}{c}=\tan\frac{\theta}{2}=(\text{右辺})$$

別解　$\tan\dfrac{\theta}{2}=t$ として，左辺に $\sin\theta=\dfrac{2t}{1+t^2}$，$\cos\theta=\dfrac{1-t^2}{1+t^2}$ を代入して，$=t$ となることを示してもよい。

◀ 例題 91 の等式を利用。

(2) $\cos\theta+1=1-2\sin^2\dfrac{\theta}{2}+1=2\left(1-\sin^2\dfrac{\theta}{2}\right)$

$$=2\left(1+\sin\frac{\theta}{2}\right)\left(1-\sin\frac{\theta}{2}\right)$$

◀ $\cos\theta=\cos\left(2\cdot\dfrac{\theta}{2}\right)$ とみて，2 倍角の公式を利用。半角の公式
$\sin^2\dfrac{\theta}{2}=\dfrac{1-\cos\theta}{2}$
を利用してもよい。

したがって　$\dfrac{\cos\theta+1}{\sin\dfrac{\theta}{2}+1}=\dfrac{2\left(1+\sin\dfrac{\theta}{2}\right)\left(1-\sin\dfrac{\theta}{2}\right)}{1+\sin\dfrac{\theta}{2}}$

$$=2\left(1-\sin\frac{\theta}{2}\right)$$

$\dfrac{\pi}{3}\leqq\theta<\pi$ より，$\dfrac{\pi}{6}\leqq\dfrac{\theta}{2}<\dfrac{\pi}{2}$ であるから

$$\frac{1}{2}\leqq\sin\frac{\theta}{2}<1$$

よって　$0<2\left(1-\sin\dfrac{\theta}{2}\right)\leqq1$

したがって　$0<\dfrac{\cos\theta+1}{\sin\dfrac{\theta}{2}+1}\leqq1$

練習 92 ➡ 本冊 p. 192

(1) 方程式から　$(1-2\sin^2\theta)+5\sin\theta-3<0$
整理すると　$2\sin^2\theta-5\sin\theta+2>0$
よって　$(\sin\theta-2)(2\sin\theta-1)>0$
$\sin\theta-2<0$ であるから

$2\sin\theta-1<0$　すなわち　$\sin\theta<\dfrac{1}{2}$

$0\leqq\theta\leqq\pi$ であるから

$$\boldsymbol{0\leqq\theta<\frac{\pi}{6},\ \frac{5}{6}\pi<\theta\leqq\pi}$$

◀ 与式は $\cos 2\theta$，$\sin\theta$ を含む式であるから，$\cos 2\theta=1-2\sin^2\theta$ を使って $\sin\theta$ だけの式にする。

◀ θ がどの範囲であっても $\sin\theta<2$ である。

(2) 方程式から

$$2\cdot 2\sin\theta\cos\theta-2\sin\theta+2\sqrt{3}\cos\theta-\sqrt{3}=0$$
$$2\sin\theta(2\cos\theta-1)+\sqrt{3}(2\cos\theta-1)=0$$

ゆえに　$(2\sin\theta+\sqrt{3})(2\cos\theta-1)=0$

よって　$\sin\theta=-\dfrac{\sqrt{3}}{2}$，$\cos\theta=\dfrac{1}{2}$

$0\leqq\theta<2\pi$ であるから

$\sin\theta=-\dfrac{\sqrt{3}}{2}$ より　$\theta=\dfrac{4}{3}\pi$，$\dfrac{5}{3}\pi$

$\cos\theta=\dfrac{1}{2}$ より　$\theta=\dfrac{\pi}{3}$，$\dfrac{5}{3}\pi$

以上から，解は　$\boldsymbol{\theta=\dfrac{\pi}{3},\ \dfrac{4}{3}\pi,\ \dfrac{5}{3}\pi}$

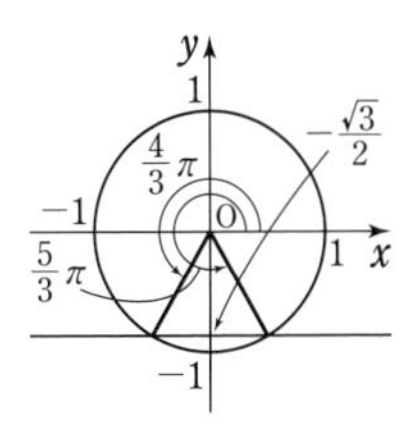

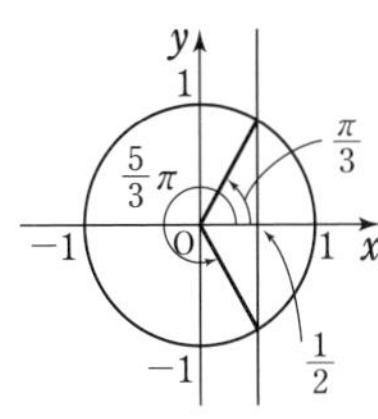

(3) 不等式から　$\left(2\cos^2\dfrac{\theta}{2}-1\right)-3\sqrt{3}\cos\dfrac{\theta}{2}+4>0$

◀ $\cos\dfrac{\theta}{2}$ だけの式にする。

整理すると　$2\cos^2\dfrac{\theta}{2}-3\sqrt{3}\cos\dfrac{\theta}{2}+3>0$

よって　$\left(\cos\dfrac{\theta}{2}-\sqrt{3}\right)\left(2\cos\dfrac{\theta}{2}-\sqrt{3}\right)>0$

◀ θ がどの範囲であっても $\cos\dfrac{\theta}{2}<\sqrt{3}$ である。

$\cos\dfrac{\theta}{2}-\sqrt{3}<0$ であるから

$$2\cos\frac{\theta}{2}-\sqrt{3}<0$$

ゆえに　$\cos\dfrac{\theta}{2}<\dfrac{\sqrt{3}}{2}$

$0\leqq\theta<2\pi$ より，$0\leqq\dfrac{\theta}{2}<\pi$ であるから

$$\frac{\pi}{6}<\frac{\theta}{2}<\pi\quad すなわち\quad \boldsymbol{\frac{\pi}{3}<\theta<2\pi}$$

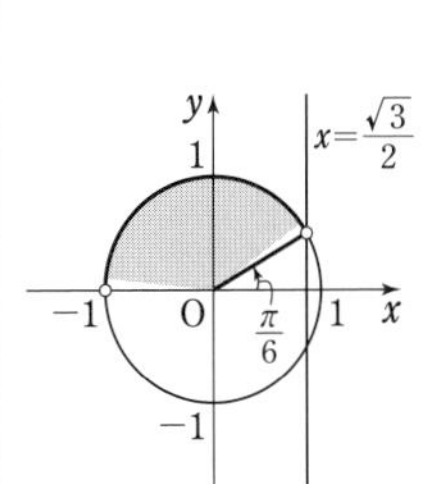

練習 93　➡本冊 p. 193

(1) $5\theta=90^\circ$ より，$2\theta=90^\circ-3\theta$ であるから

$$\sin 2\theta=\sin(90^\circ-3\theta)=\cos 3\theta$$

(2) $\cos 3\alpha=\cos(2\alpha+\alpha)=\cos 2\alpha\cos\alpha-\sin 2\alpha\sin\alpha$

$$=(2\cos^2\alpha-1)\cos\alpha-(2\sin\alpha\cos\alpha)\sin\alpha$$
$$=2\cos^3\alpha-\cos\alpha-2\sin^2\alpha\cos\alpha$$
$$=2\cos^3\alpha-\cos\alpha-2(1-\cos^2\alpha)\cos\alpha$$
$$=4\cos^3\alpha-3\cos\alpha$$

◀加法定理と 2 倍角の公式を用いて，cos に関する 3 倍角の公式を証明する。

(3) 正二十角形の外心をOとし，正二十角形の隣り合う頂点を A，B とする。

このとき　$\angle\mathrm{AOB}=\dfrac{360^\circ}{20}=18^\circ$

よって，$\triangle\mathrm{OAB}$ の面積を S とすると

$$S=\frac{1}{2}\cdot 1^2\sin 18^\circ=\frac{1}{2}\sin 18^\circ$$

◀ $\sin 18^\circ$ の値を求める必要がある。

ここで，(1)，(2) より，$\theta=18^\circ$ に対して

$$2\sin\theta\cos\theta=4\cos^3\theta-3\cos\theta$$

◀ $\sin 2\theta=\cos 3\theta$

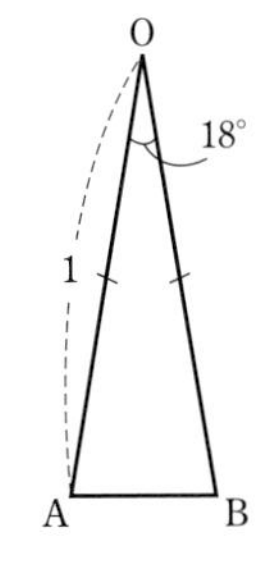

すなわち　$\cos\theta(2\sin\theta-4\cos^2\theta+3)=0$

$\cos^2\theta=1-\sin^2\theta$ であるから　$\cos\theta(4\sin^2\theta+2\sin\theta-1)=0$

$\cos\theta\neq0$ であるから　$4\sin^2\theta+2\sin\theta-1=0$

$0°<\theta<90°$ より，$\sin\theta>0$ であるから　$\sin\theta=\dfrac{-1+\sqrt{5}}{4}$

◀$\sin\theta$ の 2 次方程式とみて，解の公式による。

よって　$S=\dfrac{-1+\sqrt{5}}{8}$　求める面積は　$20S=\boldsymbol{\dfrac{-5+5\sqrt{5}}{2}}$

練習 94

➡ 本冊 p. 194

(1)　点 A，B の座標は，

$A(\cos\alpha,\ \sin\alpha)$，$B(\cos\beta,\ \sin\beta)$

と表される。

$\cos\alpha$，$\sin\alpha$，$\cos\beta$，$\sin\beta$ はすべて有理数である。ここで

$$\sin\theta=|\sin(\alpha-\beta)|$$
$$=|\sin\alpha\cos\beta-\cos\alpha\sin\beta|$$
$$\cos\theta=\cos(\alpha-\beta)$$
$$=\cos\alpha\cos\beta+\sin\alpha\sin\beta$$

であるから，$\sin\theta$，$\cos\theta$ はともに有理数である。

◀有理数の和・差・積・商は有理数である。

(2)　正の整数 n に対して $\sin\theta=\dfrac{1}{n}$ となるとすると

$$\cos\theta=\pm\sqrt{1-\sin^2\theta}=\pm\sqrt{1-\left(\frac{1}{n}\right)^2}=\pm\frac{\sqrt{n^2-1}}{n}$$

(1) より $\cos\theta$ は有理数であるから，$\sqrt{n^2-1}$ は有理数である。

よって，互いに素である整数 p，q ($p\geqq0$，$q>0$) を用いて

$$\sqrt{n^2-1}=\frac{p}{q}$$

◀有理数であると仮定しているから，分数の形で表される。

と表される。この両辺を 2 乗して　$n^2-1=\dfrac{p^2}{q^2}$

n^2-1 は整数であるから，$\dfrac{p^2}{q^2}$ も整数である。

ここで，p，q は互いに素で，q は正の整数であるから　$q=1$

◀p と q は互いに素であるから，p^2 と q^2 も互いに素である。
また，$q>0$ であるから，$q^2=1$ より　$q=1$

したがって　$n^2-1=p^2$　すなわち　$n^2-p^2=1$

よって　$(n+p)(n-p)=1$

$n+p$ は正の整数，$n-p$ は整数であるから

$$n+p=1,\ n-p=1$$

連立して解くと　$n=1$，$p=0$

したがって，正の整数 n に対して $\sin\theta=\dfrac{1}{n}$ となるならば，$n=1$ である。

練習 95

➡ 本冊 p. 197

(1)　$\cos75°\sin45°=\dfrac{1}{2}\{\sin(75°+45°)-\sin(75°-45°)\}$

$$=\frac{1}{2}(\sin120°-\sin30°)$$
$$=\frac{1}{2}\left(\frac{\sqrt{3}}{2}-\frac{1}{2}\right)=\boldsymbol{\frac{\sqrt{3}-1}{4}}$$

◀$\cos\alpha\sin\beta$
$=\dfrac{1}{2}\{\sin(\alpha+\beta)$
$-\sin(\alpha-\beta)\}$

(2) $\sin 105^\circ \sin 45^\circ = -\frac{1}{2}\{\cos(105^\circ+45^\circ)-\cos(105^\circ-45^\circ)\}$

$= -\frac{1}{2}(\cos 150^\circ - \cos 60^\circ)$

$= -\frac{1}{2}\left(-\frac{\sqrt{3}}{2}-\frac{1}{2}\right) = \mathbf{\frac{1+\sqrt{3}}{4}}$

◀$\sin\alpha\sin\beta = -\frac{1}{2}\{\cos(\alpha+\beta) - \cos(\alpha-\beta)\}$

(3) $\sin 75^\circ + \sin 15^\circ = 2\sin\frac{75^\circ+15^\circ}{2}\cos\frac{75^\circ-15^\circ}{2}$

$= 2\sin 45^\circ \cos 30^\circ$

$= 2\cdot\frac{\sqrt{2}}{2}\cdot\frac{\sqrt{3}}{2} = \mathbf{\frac{\sqrt{6}}{2}}$

◀$\sin A + \sin B = 2\sin\frac{A+B}{2}\cos\frac{A-B}{2}$

(4) $\cos 75^\circ + \cos 15^\circ = 2\cos\frac{75^\circ+15^\circ}{2}\cos\frac{75^\circ-15^\circ}{2}$

$= 2\cos 45^\circ \cos 30^\circ$

$= 2\cdot\frac{\sqrt{2}}{2}\cdot\frac{\sqrt{3}}{2} = \mathbf{\frac{\sqrt{6}}{2}}$

◀$\cos A + \cos B = 2\cos\frac{A+B}{2}\cos\frac{A-B}{2}$

(5) $\cos 20^\circ \cos 40^\circ \cos 80^\circ = (\cos 80^\circ \cos 40^\circ)\cos 20^\circ$

$= \frac{1}{2}\{\cos(80^\circ+40^\circ)+\cos(80^\circ-40^\circ)\}\cos 20^\circ$

$= \frac{1}{2}(\cos 120^\circ + \cos 40^\circ)\cos 20^\circ$

$= \frac{1}{2}\cdot\left(-\frac{1}{2}\right)\cos 20^\circ + \frac{1}{2}\cos 40^\circ \cos 20^\circ$

$= -\frac{1}{4}\cos 20^\circ + \frac{1}{2}\cdot\frac{1}{2}\{\cos(40^\circ+20^\circ)+\cos(40^\circ-20^\circ)\}$

$= -\frac{1}{4}\cos 20^\circ + \frac{1}{4}(\cos 60^\circ + \cos 20^\circ)$

$= -\frac{1}{4}\cos 20^\circ + \frac{1}{4}\cos 60^\circ + \frac{1}{4}\cos 20^\circ$

$= \frac{1}{4}\cdot\frac{1}{2} = \mathbf{\frac{1}{8}}$

◀$\cos\alpha\cos\beta = \frac{1}{2}\{\cos(\alpha+\beta) + \cos(\alpha-\beta)\}$

◀$\cos 120^\circ = -\frac{1}{2}$

◀$\cos\alpha\cos\beta = \frac{1}{2}\{\cos(\alpha+\beta) + \cos(\alpha-\beta)\}$

(6) $\sin 10^\circ - \sin 110^\circ - \sin 230^\circ$

$= -(\sin 110^\circ - \sin 10^\circ) - \sin 230^\circ$

$= -2\cos\frac{110^\circ+10^\circ}{2}\sin\frac{110^\circ-10^\circ}{2} - \sin 230^\circ$

$= -2\cos 60^\circ \sin 50^\circ - \sin 230^\circ$

$= -2\cdot\frac{1}{2}\sin 50^\circ - \sin(180^\circ+50^\circ)$

$= -\sin 50^\circ + \sin 50^\circ = \mathbf{0}$

◀$\frac{110^\circ+10^\circ}{2} = \frac{230^\circ-110^\circ}{2} = 60^\circ$ に着目。

◀$\sin A - \sin B = 2\cos\frac{A+B}{2}\sin\frac{A-B}{2}$

◀$\sin(180^\circ+\theta) = -\sin\theta$

練習 96

➡本冊 p. 198

(1) $A+B+C=\pi$ から　$A+B=\pi-C$

(右辺)$= -\left(\cos^2\frac{A+B}{2} - \sin^2\frac{A+B}{2}\right) = -\cos\left(2\cdot\frac{A+B}{2}\right)$

$= -\cos(A+B) = -\cos(\pi-C) = \cos C$

$=$(左辺)

したがって，等式は証明された。

◀2倍角の公式
$\cos^2\alpha - \sin^2\alpha = \cos 2\alpha$

(2) (1)の等式から

$\cos A+\cos B+\cos C$

$=2\cos\dfrac{A+B}{2}\cos\dfrac{A-B}{2}+\sin^2\dfrac{A+B}{2}-\cos^2\dfrac{A+B}{2}$ …… ①

ここで，$A \geqq B$ としても一般性を失わない。

このとき，$0 \leqq A-B<A+B<\pi$ より，

$\cos\dfrac{A-B}{2}>\cos\dfrac{A+B}{2}>0$ であるから

$\cos A+\cos B+\cos C$

$>2\cos\dfrac{A+B}{2}\cos\dfrac{A+B}{2}+\sin^2\dfrac{A+B}{2}-\cos^2\dfrac{A+B}{2}$

$=\cos^2\dfrac{A+B}{2}+\sin^2\dfrac{A+B}{2}=1$

したがって，不等式は証明された。

◀$\cos A+\cos B$ は，和 ⟶ 積の公式で変形。

◀$y=\cos\theta$ は $0 \leqq \theta<\pi$ の範囲で常に減少する。

(3) $A=B$ のとき，$\dfrac{A+B}{2}=A$，$\cos\dfrac{A-B}{2}=1$ であるから，

(2)の ① の等式より

$$\begin{aligned}\cos A+\cos B+\cos C&=2\cos A+\sin^2 A-\cos^2 A\\&=2\cos A+(1-\cos^2 A)-\cos^2 A\\&=-2\cos^2 A+2\cos A+1\\&=-2\left(\cos A-\frac{1}{2}\right)^2+\frac{3}{2}\end{aligned}$$

◀$\sin^2 A+\cos^2 A=1$

$0<A<\dfrac{\pi}{2}$ より，$0<\cos A<1$ であるから，

$\cos A+\cos B+\cos C$ は $\cos A=\dfrac{1}{2}$ のとき **最大値 $\dfrac{3}{2}$** をとる。

$\cos A=\dfrac{1}{2}$ のとき　$\boldsymbol{A=\dfrac{\pi}{3}}$　　$A=B$ から　　$\boldsymbol{B=\dfrac{\pi}{3}}$

したがって　　$\boldsymbol{C}=\pi-A-B\boldsymbol{=\dfrac{\pi}{3}}$

◀$A \geqq \dfrac{\pi}{2}$ のとき，$A=B$ は起こりえない。

◀$\triangle$ABC は正三角形。

練習 97

➡ 本冊 *p*. 199

(1) $\sin 3x=\cos 2x$ から　　$\sin 3x=\sin\left(\dfrac{\pi}{2}-2x\right)$

◀$\sin\left(\dfrac{\pi}{2}-\theta\right)=\cos\theta$

$\sin\left(\dfrac{\pi}{2}-2x\right)=-\sin\left(2x-\dfrac{\pi}{2}\right)$ であるから

◀$\sin(-\theta)=-\sin\theta$

$\sin 3x+\sin\left(2x-\dfrac{\pi}{2}\right)=0$ …… ①

ここで　$\sin 3x+\sin\left(2x-\dfrac{\pi}{2}\right)$

$=2\sin\dfrac{1}{2}\left\{3x+\left(2x-\dfrac{\pi}{2}\right)\right\}\cos\dfrac{1}{2}\left\{3x-\left(2x-\dfrac{\pi}{2}\right)\right\}$

$=2\sin\dfrac{1}{2}\left(5x-\dfrac{\pi}{2}\right)\cos\dfrac{1}{2}\left(x+\dfrac{\pi}{2}\right)$

◀$\sin A+\sin B$
$=2\sin\dfrac{A+B}{2}\cos\dfrac{A-B}{2}$

ゆえに，① は　　$2\sin\dfrac{1}{2}\left(5x-\dfrac{\pi}{2}\right)\cos\dfrac{1}{2}\left(x+\dfrac{\pi}{2}\right)=0$

よって　　$\sin\dfrac{1}{2}\left(5x-\dfrac{\pi}{2}\right)=0$　または　$\cos\dfrac{1}{2}\left(x+\dfrac{\pi}{2}\right)=0$

$0\leqq x\leqq\pi$ より $-\dfrac{\pi}{4}\leqq\dfrac{1}{2}\left(5x-\dfrac{\pi}{2}\right)\leqq\dfrac{9}{4}\pi$,

$\dfrac{\pi}{4}\leqq\dfrac{1}{2}\left(x+\dfrac{\pi}{2}\right)\leqq\dfrac{3}{4}\pi$ であるから

$$\frac{1}{2}\left(5x-\frac{\pi}{2}\right)=0,\ \pi,\ 2\pi \quad \text{または} \quad \frac{1}{2}\left(x+\frac{\pi}{2}\right)=\frac{\pi}{2}$$

$$5x-\frac{\pi}{2}=0,\ 2\pi,\ 4\pi \quad \text{または} \quad x+\frac{\pi}{2}=\pi$$

$$x=\frac{1}{5}\cdot\frac{\pi}{2},\ \frac{1}{5}\cdot\frac{5}{2}\pi,\ \frac{1}{5}\cdot\frac{9}{2}\pi \quad \text{または} \quad x=\frac{\pi}{2}$$

以上から　　$\boldsymbol{x=\dfrac{\pi}{10},\ \dfrac{\pi}{2},\ \dfrac{9}{10}\pi}$

別解　n は整数とする。$\sin 3x=\sin\left(\dfrac{\pi}{2}-2x\right)$ から

$$3x=\frac{\pi}{2}-2x+2n\pi \quad \cdots\cdots ①$$

$$\text{または}\quad 3x=\pi-\left(\frac{\pi}{2}-2x\right)+2n\pi \quad \cdots\cdots ②$$

① より $x=\dfrac{4n+1}{10}\pi$ で，$0\leqq x\leqq\pi$ から　　$n=0,\ 1,\ 2$

② より $x=\dfrac{4n+1}{2}\pi$ で，$0\leqq x\leqq\pi$ から　　$n=0$

したがって　　$\boldsymbol{x=\dfrac{\pi}{10},\ \dfrac{\pi}{2},\ \dfrac{9}{10}\pi}$

◀ n を整数とすると，$\sin\theta=\sin\alpha$ の一般解は
$\boldsymbol{\theta=\alpha+2n\pi}$,
$\boldsymbol{(\pi-\alpha)+2n\pi}$
このことを用いて解く。

(2) $\sin x+\sin 2x+\sin 3x+\sin 4x$

$$=(\sin 4x+\sin x)+(\sin 3x+\sin 2x)$$
$$=2\sin\frac{5}{2}x\cos\frac{3}{2}x+2\sin\frac{5}{2}x\cos\frac{x}{2}$$
$$=2\sin\frac{5}{2}x\left(\cos\frac{3}{2}x+\cos\frac{x}{2}\right)$$
$$=2\sin\frac{5}{2}x\left(2\cos\frac{\frac{3}{2}x+\frac{x}{2}}{2}\cos\frac{\frac{3}{2}x-\frac{x}{2}}{2}\right)$$
$$=2\sin\frac{5}{2}x\cdot 2\cos x\cos\frac{x}{2}$$

◀ $4x+x=3x+2x$ であるから，$4x$ と x，$3x$ と $2x$ を組み合わせる。

◀ $\sin A+\sin B$
$=2\sin\dfrac{A+B}{2}\cos\dfrac{A-B}{2}$

◀ $\cos A+\cos B$
$=2\cos\dfrac{A+B}{2}\cos\dfrac{A-B}{2}$

ゆえに，方程式は　　$\sin\dfrac{5}{2}x\cdot\cos x\cdot\cos\dfrac{x}{2}=0$　$\cdots\cdots$ ①

$0<x<\dfrac{\pi}{2}$ のとき $0<\dfrac{x}{2}<\dfrac{\pi}{4}$ であるから

$$\cos x\neq 0,\quad \cos\frac{x}{2}\neq 0$$

よって，① から　　$\sin\dfrac{5}{2}x=0$

$0<\dfrac{5}{2}x<\dfrac{5}{4}\pi$ であるから，$\sin\dfrac{5}{2}x=0$ となるのは，$\dfrac{5}{2}x=\pi$ のときである。

したがって　　$\boldsymbol{x=\dfrac{2}{5}\pi}$

(3) $\cos 3\theta+\sin 2\theta+\cos\theta=(\cos 3\theta+\cos\theta)+\sin 2\theta$
$=2\cos 2\theta\cos\theta+2\sin\theta\cos\theta$
$=2\cos\theta(\cos 2\theta+\sin\theta)$
$=2\cos\theta(1-2\sin^2\theta+\sin\theta)$
$=-2\cos\theta(2\sin\theta+1)(\sin\theta-1)$

◀$\cos 3\theta$ に3倍角の公式を適用しても，最後は同じ式に変形される。

したがって，不等式は

$\cos\theta(2\sin\theta+1)(\sin\theta-1)<0$

ゆえに　「$\cos\theta>0$, $-\frac{1}{2}<\sin\theta<1$」または

「$\cos\theta<0$, $\sin\theta<-\frac{1}{2}$」

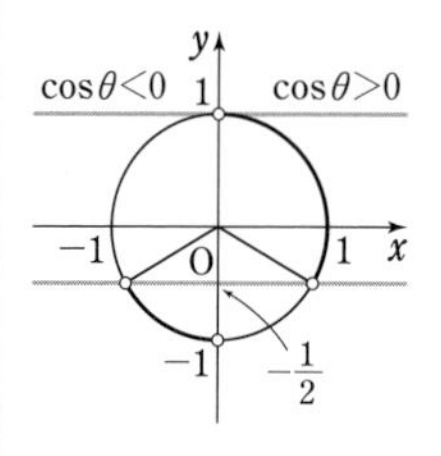

よって　$\boldsymbol{0\leqq\theta<\frac{\pi}{2}}$, $\boldsymbol{\frac{7}{6}\pi<\theta<\frac{3}{2}\pi}$, $\boldsymbol{\frac{11}{6}\pi<\theta<2\pi}$

(4) $\sin x+\sin 2x+\sin 3x=(\sin 3x+\sin x)+\sin 2x$
$=2\sin 2x\cos x+\sin 2x$
$=\sin 2x(2\cos x+1)$

◀$\sin A+\sin B$
$=2\sin\frac{A+B}{2}\cos\frac{A-B}{2}$

$\cos x+\cos 2x+\cos 3x=(\cos 3x+\cos x)+\cos 2x$
$=2\cos 2x\cos x+\cos 2x$
$=\cos 2x(2\cos x+1)$

◀$\cos A+\cos B$
$=2\cos\frac{A+B}{2}\cos\frac{A-B}{2}$

したがって，方程式は

$\sin 2x(2\cos x+1)=\cos 2x(2\cos x+1)$

よって　$(2\cos x+1)(\sin 2x-\cos 2x)=0$

ゆえに　$\cos x=-\frac{1}{2}$　…… ①

または　$\sin 2x=\cos 2x$　…… ②

$0\leqq x\leqq\pi$ の範囲で，① を解くと　$x=\frac{2}{3}\pi$

また，$\cos 2x=0$ のとき $\sin 2x\neq 0$ であるから，② は

◀$\cos 2x=0$ のとき
$\sin 2x=\pm 1$

$\frac{\sin 2x}{\cos 2x}=1$　すなわち　$\tan 2x=1$

$0\leqq x\leqq\pi$ すなわち $0\leqq 2x\leqq 2\pi$ の範囲で，これを解くと

$2x=\frac{\pi}{4}$, $\frac{5}{4}\pi$　すなわち　$x=\frac{\pi}{8}$, $\frac{5}{8}\pi$

参考　② は，$\sin 2x-\cos 2x=0$ の左辺を，三角関数の合成を用いて変形してもよい。

したがって，求める解は　$\boldsymbol{x=\frac{\pi}{8}, \frac{5}{8}\pi, \frac{2}{3}\pi}$

練習 98　➡ 本冊 p. 201

(1) $\sin\theta+\sqrt{3}\cos\theta=2\sin\left(\theta+\frac{\pi}{3}\right)$

よって，方程式は　$\sin\left(\theta+\frac{\pi}{3}\right)=\frac{1}{\sqrt{2}}$　…… ①

$0\leqq\theta<2\pi$ から　$\frac{\pi}{3}\leqq\theta+\frac{\pi}{3}<2\pi+\frac{\pi}{3}$

ゆえに，① から　$\theta+\frac{\pi}{3}=\frac{3}{4}\pi$, $\frac{9}{4}\pi$

したがって　$\boldsymbol{\theta=\frac{5}{12}\pi, \frac{23}{12}\pi}$

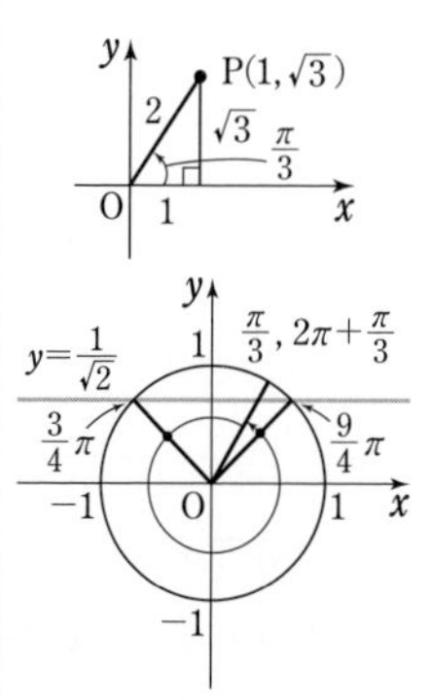

(2) $\sqrt{3}\sin 2\theta-\cos 2\theta=2\sin\left(2\theta-\dfrac{\pi}{6}\right)$

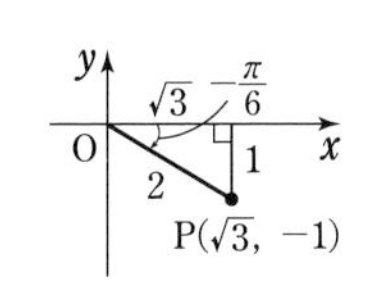

よって，不等式は　$\sin\left(2\theta-\dfrac{\pi}{6}\right)<\dfrac{1}{2}$ ……①

$0\leqq\theta<2\pi$ から　$-\dfrac{\pi}{6}\leqq 2\theta-\dfrac{\pi}{6}<4\pi-\dfrac{\pi}{6}$

ゆえに，①から

$$-\frac{\pi}{6}\leqq 2\theta-\frac{\pi}{6}<\frac{\pi}{6},\ \frac{5}{6}\pi<2\theta-\frac{\pi}{6}<\frac{13}{6}\pi,$$

$$\frac{17}{6}\pi<2\theta-\frac{\pi}{6}<4\pi-\frac{\pi}{6}$$

したがって　$\boldsymbol{0\leqq\theta<\dfrac{\pi}{6},\ \dfrac{\pi}{2}<\theta<\dfrac{7}{6}\pi,\ \dfrac{3}{2}\pi<\theta<2\pi}$

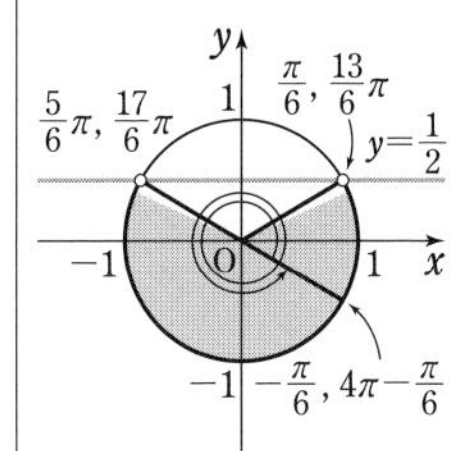

(3) $\sin\theta\leqq\sqrt{3}\cos\theta$ から　$\sin\theta-\sqrt{3}\cos\theta\leqq 0$

$\sin\theta-\sqrt{3}\cos\theta=2\sin\left(\theta-\dfrac{\pi}{3}\right)$ であるから，不等式は

$$\sin\left(\theta-\frac{\pi}{3}\right)\leqq 0 \quad \cdots\cdots ①$$

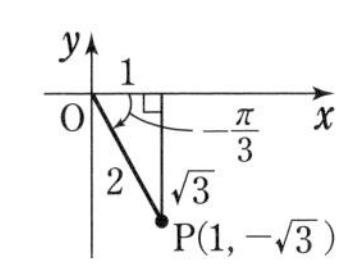

$0\leqq\theta<2\pi$ から　$-\dfrac{\pi}{3}\leqq\theta-\dfrac{\pi}{3}<\dfrac{5}{3}\pi$

ゆえに，①から　$-\dfrac{\pi}{3}\leqq\theta-\dfrac{\pi}{3}\leqq 0,\ \pi\leqq\theta-\dfrac{\pi}{3}<\dfrac{5}{3}\pi$

したがって　$\boldsymbol{0\leqq\theta\leqq\dfrac{\pi}{3},\ \dfrac{4}{3}\pi\leqq\theta<2\pi}$

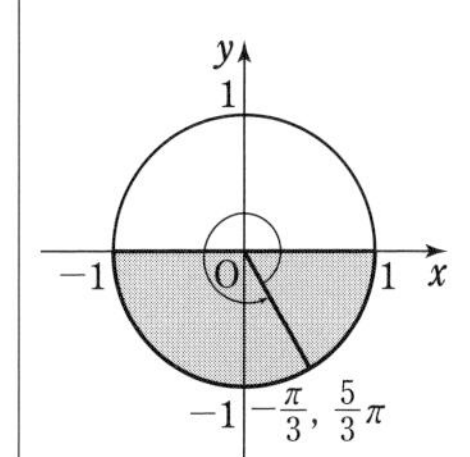

練習

[三角関数]

注意　三角関数の合成を使わないで，両辺を $\cos\theta$ で割って解くこともできるが，$\cos\theta$ が正・0・負の場合分けが必要となり，間違いやすい。

練習 99

➡ 本冊 p. 202

(1) $y=\cos\theta-\sin\theta=\sqrt{2}\sin\left(\theta+\dfrac{3}{4}\pi\right)$

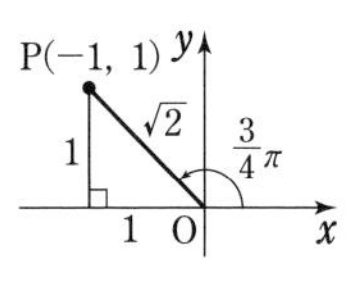

$0\leqq\theta\leqq\pi$ であるから　$\dfrac{3}{4}\pi\leqq\theta+\dfrac{3}{4}\pi\leqq\dfrac{7}{4}\pi$

よって　$-1\leqq\sin\left(\theta+\dfrac{3}{4}\pi\right)\leqq\dfrac{1}{\sqrt{2}}$

したがって，y は

$\theta+\dfrac{3}{4}\pi=\dfrac{3}{4}\pi$ すなわち $\theta=0$ で **最大値 1**

$\theta+\dfrac{3}{4}\pi=\dfrac{3}{2}\pi$ すなわち $\theta=\dfrac{3}{4}\pi$ で **最小値 $-\sqrt{2}$**

をとる。

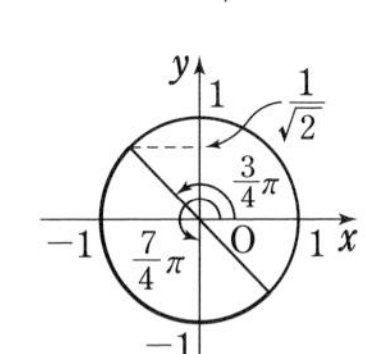

(2) $y=2\sin\theta+3\cos\theta=\sqrt{13}\sin(\theta+\alpha)$

ただし　$\cos\alpha=\dfrac{2}{\sqrt{13}},\ \sin\alpha=\dfrac{3}{\sqrt{13}}\ \left(0<\alpha<\dfrac{\pi}{2}\right)$

$0\leqq\theta\leqq\pi$ であるから　$\alpha\leqq\theta+\alpha\leqq\pi+\alpha$

また，$0<\alpha<\dfrac{\pi}{2}$ であるから　$\pi<\pi+\alpha<\dfrac{3}{2}\pi$

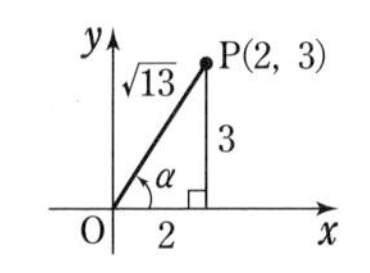

ゆえに　$\sin(\pi+\alpha) \leqq \sin(\theta+\alpha) \leqq \sin\frac{\pi}{2}$

すなわち　$\sin(\pi+\alpha) \leqq \sin(\theta+\alpha) \leqq 1$

したがって，y は

$\theta+\alpha=\frac{\pi}{2}$ すなわち $\theta=\frac{\pi}{2}-\alpha$ で

最大値 $\sqrt{13}$

$\theta+\alpha=\pi+\alpha$ すなわち $\theta=\pi$ で

最小値 $\sqrt{13}\sin(\pi+\alpha)=2\sin\pi+3\cos\pi=\mathbf{-3}$

をとる。

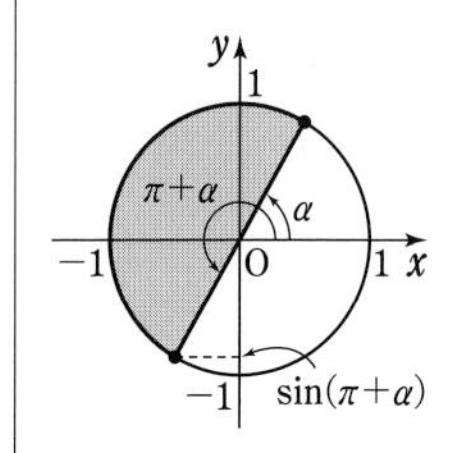

練習 100　➡ 本冊 *p*. 203

(1)　$t=\sin x-\cos x$ の両辺を 2 乗すると

$$t^2=\sin^2 x-2\sin x\cos x+\cos^2 x$$

ゆえに　$t^2=1-2\sin x\cos x$

よって　$\sin x\cos x=\frac{1-t^2}{2}$

したがって　$y=\sqrt{2}(\sin x-\cos x)-\sin x\cos x+1$

$=\sqrt{2}\,t-\frac{1-t^2}{2}+1$

$=^{ア}\mathbf{\frac{1}{2}}t^2+^{イ}\mathbf{\sqrt{2}}\,t+^{ウ}\mathbf{\frac{1}{2}}$

(2)　$t=\sin x-\cos x=\sqrt{2}\sin\left(x-\frac{\pi}{4}\right)$ …… ①

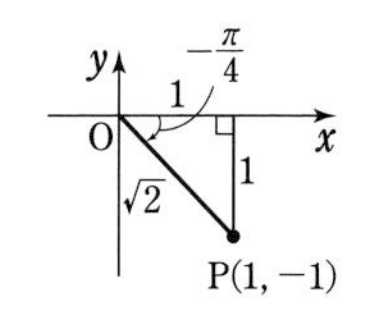

$-\frac{\pi}{2} \leqq x \leqq \frac{\pi}{2}$ のとき，$-\frac{3}{4}\pi \leqq x-\frac{\pi}{4} \leqq \frac{\pi}{4}$ …… ② であるから　$-\sqrt{2} \leqq \sqrt{2}\sin\left(x-\frac{\pi}{4}\right) \leqq 1$

すなわち　$-\sqrt{2} \leqq t \leqq 1$

ここで，(1) から　$y=\frac{1}{2}(t+\sqrt{2})^2-\frac{1}{2}$

$-\sqrt{2} \leqq t \leqq 1$ の範囲において，y は

$t=1$ で最大値 $\sqrt{2}+1$，$t=-\sqrt{2}$ で最小値 $-\frac{1}{2}$

をとる。

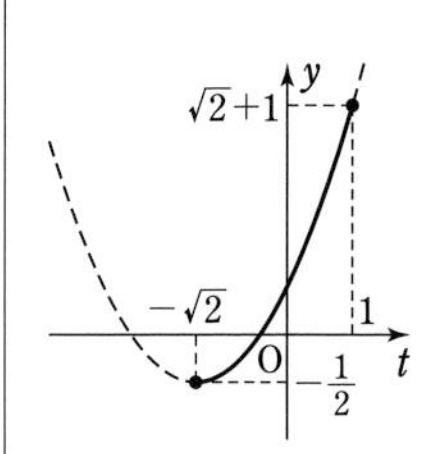

$t=1$ のとき，① から　$\sin\left(x-\frac{\pi}{4}\right)=\frac{1}{\sqrt{2}}$

② の範囲で解くと　$x-\frac{\pi}{4}=\frac{\pi}{4}$　すなわち　$x=\frac{\pi}{2}$

$t=-\sqrt{2}$ のとき，① から　$\sin\left(x-\frac{\pi}{4}\right)=-1$

② の範囲で解くと　$x-\frac{\pi}{4}=-\frac{\pi}{2}$　すなわち　$x=-\frac{\pi}{4}$

よって，y は $x=^{エ}\mathbf{\frac{\pi}{2}}$ で最大値 $^{オ}\mathbf{\sqrt{2}+1}$ をとり，

$x=^{カ}\mathbf{-\frac{\pi}{4}}$ で最小値 $^{キ}\mathbf{-\frac{1}{2}}$ をとる。

練習 101 ➡本冊 p. 204

(1) $y=\cos^2\theta+\sin\theta\cos\theta=\dfrac{1+\cos 2\theta}{2}+\dfrac{1}{2}\sin 2\theta$

$=\dfrac{1}{2}(\sin 2\theta+\cos 2\theta)+\dfrac{1}{2}$

$=\dfrac{\sqrt{2}}{2}\sin\left(2\theta+\dfrac{\pi}{4}\right)+\dfrac{1}{2}$

◀$\cos^2\theta$ は $\cos 2\theta$ で表される。

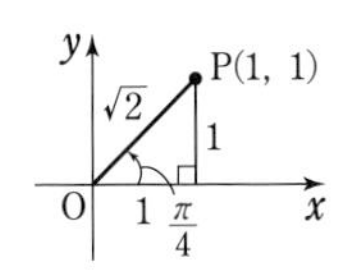

$0\leqq\theta\leqq\pi$ であるから　$\dfrac{\pi}{4}\leqq 2\theta+\dfrac{\pi}{4}\leqq\dfrac{9}{4}\pi$

よって　$-1\leqq\sin\left(2\theta+\dfrac{\pi}{4}\right)\leqq 1$

したがって，y は

$2\theta+\dfrac{\pi}{4}=\dfrac{\pi}{2}$ すなわち $\boldsymbol{\theta=\dfrac{\pi}{8}}$ **のとき最大値** $\boldsymbol{\dfrac{1+\sqrt{2}}{2}}$

$2\theta+\dfrac{\pi}{4}=\dfrac{3}{2}\pi$ すなわち $\boldsymbol{\theta=\dfrac{5}{8}\pi}$ **のとき最小値** $\boldsymbol{\dfrac{1-\sqrt{2}}{2}}$

をとる。

(2) $y=2\cos^2\theta-\sqrt{3}\cos\theta\sin\theta-\sin^2\theta$

$=2\cdot\dfrac{1+\cos 2\theta}{2}-\dfrac{\sqrt{3}}{2}\sin 2\theta-\dfrac{1-\cos 2\theta}{2}$

$=-\dfrac{\sqrt{3}}{2}\sin 2\theta+\dfrac{3}{2}\cos 2\theta+\dfrac{1}{2}$

$=-\dfrac{\sqrt{3}}{2}(\sin 2\theta-\sqrt{3}\cos 2\theta)+\dfrac{1}{2}$

$=-\sqrt{3}\sin\left(2\theta-\dfrac{\pi}{3}\right)+\dfrac{1}{2}$　…… ①

◀半角・2倍角の公式を用いて，$\sin 2\theta$ と $\cos 2\theta$ の和の形に表す。

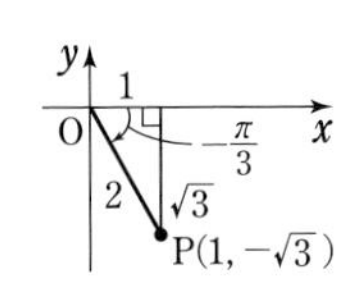

$0\leqq\theta\leqq\pi$ であるから　$-\dfrac{\pi}{3}\leqq 2\theta-\dfrac{\pi}{3}\leqq\dfrac{5}{3}\pi$

よって　$-1\leqq\sin\left(2\theta-\dfrac{\pi}{3}\right)\leqq 1$

したがって，y は

$2\theta-\dfrac{\pi}{3}=\dfrac{3}{2}\pi$ すなわち $\boldsymbol{\theta=\dfrac{11}{12}\pi}$ **のとき最大値** $\boldsymbol{\sqrt{3}+\dfrac{1}{2}}$

$2\theta-\dfrac{\pi}{3}=\dfrac{\pi}{2}$ すなわち $\boldsymbol{\theta=\dfrac{5}{12}\pi}$ **のとき最小値** $\boldsymbol{-\sqrt{3}+\dfrac{1}{2}}$

をとる。

練習 102 ➡本冊 p. 205

点 P$(x,\ y)$ が単位円周上を動くとき

$x=\cos\theta,\ y=\sin\theta\quad(0\leqq\theta<2\pi)$

とおくことができる。

◀$x^2+y^2=1$ を満たす。

$Q=15x^2+10xy-9y^2$ とすると

$Q=15\cos^2\theta+10\cos\theta\sin\theta-9\sin^2\theta$

$=15\cdot\dfrac{1+\cos 2\theta}{2}+5\sin 2\theta-9\cdot\dfrac{1-\cos 2\theta}{2}$

$=12\cos 2\theta+5\sin 2\theta+3=5\sin 2\theta+12\cos 2\theta+3$

$=13\sin(2\theta+\alpha)+3$

ただし　$\cos\alpha=\dfrac{5}{13}$, $\sin\alpha=\dfrac{12}{13}$ $\left(0<\alpha<\dfrac{\pi}{2}\right)$

Qが最大となるのは，$\sin(2\theta+\alpha)=1$ のときで，その最大値は

$$13\cdot1+3=16$$

また，$0\leqq\theta<2\pi$ より $\alpha\leqq2\theta+\alpha<4\pi+\alpha$ であるから，

$\sin(2\theta+\alpha)=1$ のとき　$2\theta+\alpha=\dfrac{\pi}{2}$　または　$2\theta+\alpha=\dfrac{5}{2}\pi$

◀ α の値が具体的に求められないときは，このように表す。結果的に α の値は得られないが，$\cos\theta$, $\sin\theta$ の値を求めることはできる。

[1]　$2\theta+\alpha=\dfrac{\pi}{2}$ のとき　$2\theta=\dfrac{\pi}{2}-\alpha$　また　$\theta=\dfrac{\pi}{4}-\dfrac{\alpha}{2}$

ゆえに　$\cos2\theta=\cos\left(\dfrac{\pi}{2}-\alpha\right)=\sin\alpha=\dfrac{12}{13}$

よって　$\cos^2\theta=\dfrac{1+\cos2\theta}{2}=\dfrac{1}{2}\left(1+\dfrac{12}{13}\right)=\dfrac{25}{26}$

$0<\alpha<\dfrac{\pi}{2}$ であるから　$0<2\theta<\dfrac{\pi}{2}$　すなわち　$0<\theta<\dfrac{\pi}{4}$

◀ $\alpha=\dfrac{\pi}{2}-2\theta$ から $0<\dfrac{\pi}{2}-2\theta<\dfrac{\pi}{2}$
よって　$-\dfrac{\pi}{2}<-2\theta<0$

したがって，$\cos\theta>0$ であるから　$\cos\theta=\dfrac{5}{\sqrt{26}}$

また，$\sin\theta>0$ であるから　$\sin\theta=\sqrt{1-\dfrac{25}{26}}=\dfrac{1}{\sqrt{26}}$

[2]　$2\theta+\alpha=\dfrac{5}{2}\pi$ のとき　$\theta=\pi+\left(\dfrac{\pi}{4}-\dfrac{\alpha}{2}\right)$

[1] より　$\cos\left(\dfrac{\pi}{4}-\dfrac{\alpha}{2}\right)=\dfrac{5}{\sqrt{26}}$, $\sin\left(\dfrac{\pi}{4}-\dfrac{\alpha}{2}\right)=\dfrac{1}{\sqrt{26}}$

であるから

◀ [1] で $\cos\left(\dfrac{\pi}{4}-\dfrac{\alpha}{2}\right)$, $\sin\left(\dfrac{\pi}{4}-\dfrac{\alpha}{2}\right)$ の値を求めているから，これを利用する。

$$\cos\theta=\cos\left\{\pi+\left(\frac{\pi}{4}-\frac{\alpha}{2}\right)\right\}=-\cos\left(\frac{\pi}{4}-\frac{\alpha}{2}\right)=-\frac{5}{\sqrt{26}}$$

◀ $\cos(\pi+\beta)=-\cos\beta$

$$\sin\theta=\sin\left\{\pi+\left(\frac{\pi}{4}-\frac{\alpha}{2}\right)\right\}=-\sin\left(\frac{\pi}{4}-\frac{\alpha}{2}\right)=-\frac{1}{\sqrt{26}}$$

◀ $\sin(\pi+\beta)=-\sin\beta$

以上から，$Q=15x^2+10xy-9y^2$ の **最大値は 16** で，そのときの **点Pの座標は** $\left(\dfrac{5}{\sqrt{26}}, \dfrac{1}{\sqrt{26}}\right)$ **または** $\left(-\dfrac{5}{\sqrt{26}}, -\dfrac{1}{\sqrt{26}}\right)$

練習 103 ➡ 本冊 p. 207

$\sin\theta=x$ とおくと，$-1\leqq x\leqq1$ であり，方程式は

$$1-2x^2+2kx+k-5=0$$

◀ $\cos2\theta=1-2\sin^2\theta$

すなわち　$2x^2-2kx-k+4=0$　…… (＊)

求める条件は，2 次方程式 (＊) が $-1\leqq x\leqq1$ の範囲に少なくとも 1 つの実数解をもつことである。

$f(x)=2x^2-2kx-k+4$ とし，$f(x)=0$ の判別式を D とする。

[1]　2 つの解がともに $-1<x<1$ の範囲にあるための条件は，$y=f(x)$ のグラフが x 軸の $-1<x<1$ の部分と，2 点で交わる (接する場合も含む) ことであり，次の (i) ～ (iv) が同時に成り立つ。

(i)　$D\geqq0$　(ii)　$f(-1)>0$　(iii)　$f(1)>0$

(iv)　$-1<$ 軸 <1

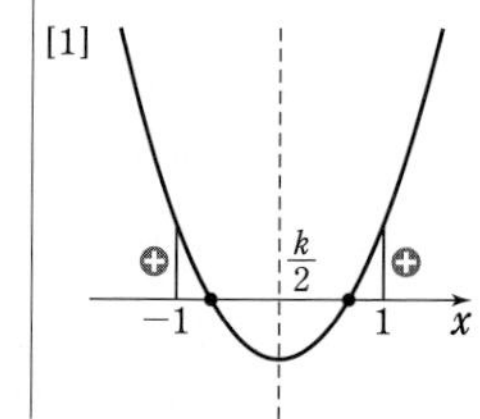

(i) $\dfrac{D}{4}=(-k)^2-2(-k+4)=k^2+2k-8=(k+4)(k-2)$

であり，$D\geqq 0$ から　$(k+4)(k-2)\geqq 0$

よって　$k\leqq -4,\ 2\leqq k$ …… ①

(ii) $f(-1)=6+k$ であり，$f(-1)>0$ から

$6+k>0$　よって　$k>-6$ …… ②

(iii) $f(1)=6-3k$ であり，$f(1)>0$ から

$6-3k>0$　よって　$k<2$ …… ③

(iv) 軸は直線 $x=\dfrac{k}{2}$ であり，$-1<$軸<1 から

$-1<\dfrac{k}{2}<1$　すなわち　$-2<k<2$ …… ④

①～④ の共通範囲はない。

[2] 解の 1 つが $x=-1$ のとき

$f(-1)=0$ から　$k=-6$

[3] 解の 1 つが $x=1$ のとき

$f(1)=0$ から　$k=2$

[4] 解の 1 つが $-1<x<1$，他の解が $x<-1$ または $1<x$ にあるための条件は　$f(-1)f(1)<0$

ゆえに　$(6+k)(6-3k)<0$

すなわち　$(k+6)(k-2)>0$

よって　$k<-6,\ 2<k$

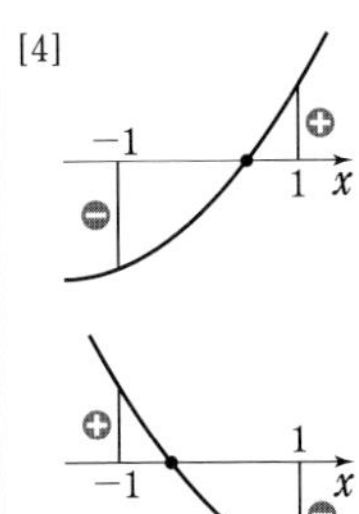

求める k の値の範囲は，[1]～[4] を合わせて

$\boldsymbol{k\leqq -6,\ 2\leqq k}$

別解 (＊) から　$2x^2+4=k(2x+1)$

求める条件は，放物線 $y=2x^2+4$ と傾き $2k$ の直線 $y=k(2x+1)$ が $-1\leqq x\leqq 1$ の範囲に共有点をもつことと同じである。

◀直線 $y=k(2x+1)$ は，定点 $\left(-\dfrac{1}{2},\ 0\right)$ を通る。

これらが接するとき，方程式 (＊) が重解をもつから，判別式を D とすると

◀重解は　$x=\dfrac{k}{2}$

$\dfrac{D}{4}=k^2+2k-8=0$　これを解いて　$k=-4,\ 2$

$k=-4$ のとき，接点 $(-2,\ 12)$ は区間 $-1\leqq x\leqq 1$ 内にない。

$k=2$ のとき，接点 $(1,\ 6)$ は区間 $-1\leqq x\leqq 1$ の右端にある。

直線が放物線上の点 $(-1,\ 6)$ を通るとき　$6=k\{2\cdot(-1)+1\}$

◀区間の左端で共有点をもつ場合。

これを解いて　$k=-6$

ゆえに，求める k の値の範囲は　$\boldsymbol{k\leqq -6,\ 2\leqq k}$

練習 104 ➡本冊 p.208

(1) $t=\sin\theta-\cos\theta$ の両辺を 2 乗すると

$t^2=\sin^2\theta-2\sin\theta\cos\theta+\cos^2\theta$

ゆえに　$t^2=1-\sin 2\theta$　よって　$\sin 2\theta=-t^2+1$

◀$2\sin\theta\cos\theta=\sin 2\theta$

したがって　$\boldsymbol{f(\theta)}=\dfrac{1}{\sqrt{2}}(-t^2+1)-t=\boldsymbol{-\dfrac{\sqrt{2}}{2}t^2-t+\dfrac{\sqrt{2}}{2}}$

(2) $f(\theta)=g(t)$ とすると　$g(t)=-\frac{\sqrt{2}}{2}\left(t+\frac{\sqrt{2}}{2}\right)^2+\frac{3\sqrt{2}}{4}$

また　$t=\sin\theta-\cos\theta=\sqrt{2}\sin\left(\theta-\frac{\pi}{4}\right)$ …… ①

$0\leqq\theta\leqq\pi$ のとき，$-\frac{\pi}{4}\leqq\theta-\frac{\pi}{4}\leqq\frac{3}{4}\pi$ …… ② であるから

◀合成した後の角の範囲に注意。

$$-\frac{\sqrt{2}}{2}\leqq\sin\left(\theta-\frac{\pi}{4}\right)\leqq1$$

したがって　$-1\leqq t\leqq\sqrt{2}$

この範囲において，$g(t)$ は

$t=-\frac{\sqrt{2}}{2}$ で最大値 $\frac{3\sqrt{2}}{4}$，

$t=\sqrt{2}$ で最小値 $-\frac{3\sqrt{2}}{2}$

をとる。

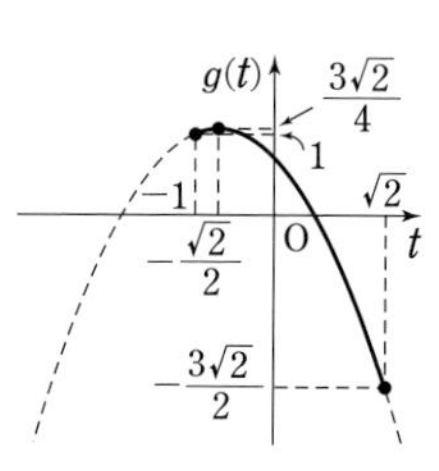

$t=-\frac{\sqrt{2}}{2}$ のとき，① から　$\sin\left(\theta-\frac{\pi}{4}\right)=-\frac{1}{2}$

◀$-\frac{\sqrt{2}}{2}=\sqrt{2}\sin\left(\theta-\frac{\pi}{4}\right)$

② から　$\theta-\frac{\pi}{4}=-\frac{\pi}{6}$　すなわち　$\theta=\frac{\pi}{12}$

$t=\sqrt{2}$ のとき，① から　$\sin\left(\theta-\frac{\pi}{4}\right)=1$

◀$\sqrt{2}=\sqrt{2}\sin\left(\theta-\frac{\pi}{4}\right)$

② から　$\theta-\frac{\pi}{4}=\frac{\pi}{2}$　すなわち　$\theta=\frac{3}{4}\pi$

よって，$\boldsymbol{\theta=\frac{\pi}{12}}$ **で最大値** $\boldsymbol{\frac{3\sqrt{2}}{4}}$，$\boldsymbol{\theta=\frac{3}{4}\pi}$ **で最小値** $\boldsymbol{-\frac{3\sqrt{2}}{2}}$

をとる。

(3) $0\leqq\theta\leqq\pi$ の範囲において，① のグラフは，図の実線部分のようになる。

したがって

$-1\leqq t<1$，$t=\sqrt{2}$ のとき

対応する θ の値は 1 個

$1\leqq t<\sqrt{2}$ のとき

対応する θ の値は 2 個

である。

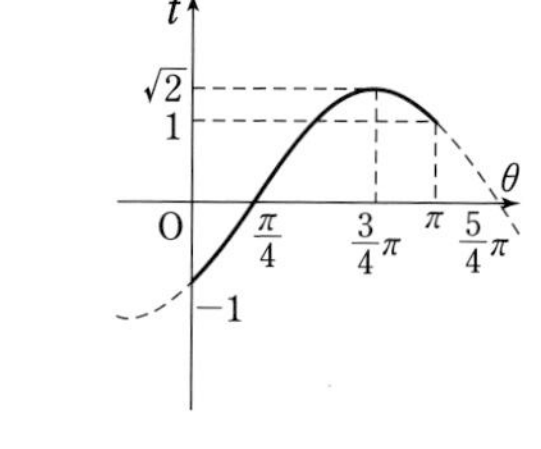

◀$0\leqq\theta\leqq\pi$ の範囲において，$t=\sqrt{2}\sin\left(\theta-\frac{\pi}{4}\right)$ を満たす t と θ の対応関係を調べる。

方程式 $g(t)=a$ を満たす実数解の個数は，$y=g(t)$ のグラフと直線 $y=a$ との共有点の個数に等しい。

$g(1)=-1$ に注意すると，求める a の値の範囲は，(2) の図から

$$\boldsymbol{-\frac{3\sqrt{2}}{2}<a\leqq-1,\ 1\leqq a<\frac{3\sqrt{2}}{4}}$$

練習 105

➡ 本冊 p. 209

(1) $0\leqq x\leqq\pi$ …… ①，$0\leqq y\leqq\pi$ …… ② とする。

また，$2\sin(x+y)-2\cos(x+y)\geqq\sqrt{2}$ から

◀三角不等式を解いて，x, y だけの不等式に表す。

$$2\sqrt{2}\sin\left(x+y-\frac{\pi}{4}\right)\geqq\sqrt{2}$$

ゆえに　$\sin\left(x+y-\dfrac{\pi}{4}\right) \geqq \dfrac{1}{2}$　…… ③

①＋② から　$0 \leqq x+y \leqq 2\pi$

◀$\sin\left(x+y-\dfrac{\pi}{4}\right)$ の角の範囲に注意。

よって　$-\dfrac{\pi}{4} \leqq x+y-\dfrac{\pi}{4} \leqq \dfrac{7}{4}\pi$

この範囲で ③ を解くと

$$\frac{\pi}{6} \leqq x+y-\frac{\pi}{4} \leqq \frac{5}{6}\pi$$

すなわち

$$\frac{5}{12}\pi \leqq x+y \leqq \frac{13}{12}\pi \quad \cdots\cdots ④$$

◀$y \geqq -x+\dfrac{5}{12}\pi$,
　$y \leqq -x+\dfrac{13}{12}\pi$

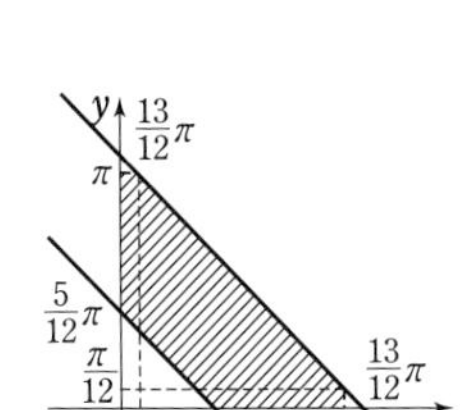

①, ②, ④ をすべて満たす点 (x, y) 全体の集合が D であるから，D を図示すると，**右の図の斜線部分**。
ただし，境界線を含む。

(2)　$2x+y=k$ …… ⑤ とおくと，これは傾き -2，y 切片 k の直線を表す。
この直線 ⑤ が領域 D と共有点をもつような k の値の最大値と最小値を求めればよい。

◀領域と最大・最小の問題になる。

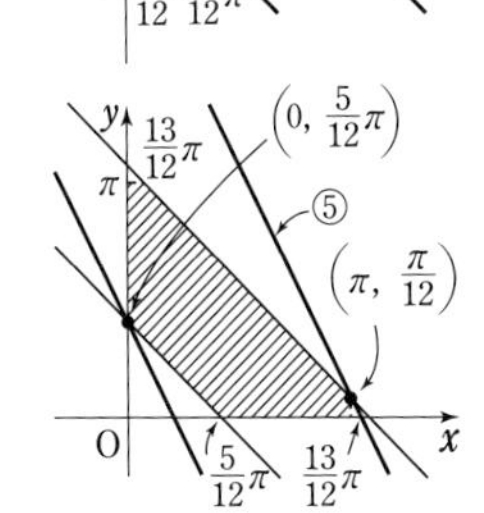

図から，k の値は，直線 ⑤ が

◀領域 D の境界線の傾きは -1 である。

点 $\left(\pi, \dfrac{\pi}{12}\right)$ を通るとき最大になり，

点 $\left(0, \dfrac{5}{12}\pi\right)$ を通るとき最小になる。

よって，$2x+y$ は

$\boldsymbol{x=\pi,\ y=\dfrac{\pi}{12}}$ **のとき最大値** $2\cdot\pi+\dfrac{\pi}{12}=\boldsymbol{\dfrac{25}{12}\pi}$,

$\boldsymbol{x=0,\ y=\dfrac{5}{12}\pi}$ **のとき最小値** $2\cdot0+\dfrac{5}{12}\pi=\boldsymbol{\dfrac{5}{12}\pi}$

をとる。

練習 106　➡ 本冊 p. 210

四角形 ABCD は円に内接し，
$\angle ABC=\angle DAB$ であるから

$$\overset{\frown}{ADC}=\overset{\frown}{BCD}$$

◀まず，図をかいて，円周角の定理から，等しい角，等しい弧を書き出す。

$\overset{\frown}{CD}$ は共通であるから　$\overset{\frown}{AD}=\overset{\frown}{BC}$

長さの等しい弧に対する円周角は等しいから　$\angle ACD=\angle BAC$

$\angle ACD=\angle BAC=\theta\ (0<\theta<\alpha)$ とすると

$$\angle ACB=\pi-(\alpha+\theta),\quad \angle CAD=\alpha-\theta$$

◀錯角が等しいから
　DC∥AB

△ABC において，正弦定理により

$$\frac{AB}{\sin\{\pi-(\alpha+\theta)\}}=2\cdot1,\quad \frac{BC}{\sin\theta}=2\cdot1$$

よって　$AB=2\sin(\alpha+\theta)$，$BC=2\sin\theta$

◀$\sin(\pi-\beta)=\sin\beta$

また，△ACD において，正弦定理により

$$\frac{\mathrm{CD}}{\sin(\alpha-\theta)}=2\cdot1,\quad \frac{\mathrm{DA}}{\sin\theta}=2\cdot1$$

よって　　$\mathrm{CD}=2\sin(\alpha-\theta)$, $\mathrm{DA}=2\sin\theta$

したがって　$k=2\sin(\alpha+\theta)\cdot2\sin\theta\cdot2\sin(\alpha-\theta)\cdot2\sin\theta$

$$=16\sin(\alpha+\theta)\sin(\alpha-\theta)\sin^2\theta$$

$$=16\left\{-\frac{1}{2}(\cos2\alpha-\cos2\theta)\right\}\frac{1-\cos2\theta}{2}$$

$$=-4(\cos2\alpha-\cos2\theta)(1-\cos2\theta)$$

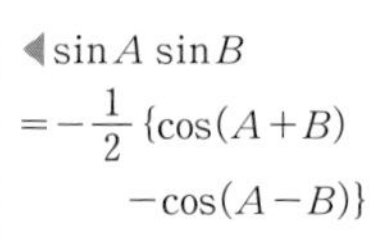

ここで，$\cos2\theta=t$ とおくと，$0<2\theta<2\alpha\leqq\pi$ から　$\cos2\alpha<t<1$

このとき　　$k=-4(\cos2\alpha-t)(1-t)$

$$=-4t^2+4(\cos2\alpha+1)t-4\cos2\alpha$$

$$=-4\left(t-\frac{\cos2\alpha+1}{2}\right)^2+(\cos2\alpha-1)^2$$

◀ t について整理。

また，$\cos2\alpha-1=(1-2\sin^2\alpha)-1=-2\sin^2\alpha$ から

$$k=-4\left(t-\frac{\cos2\alpha+1}{2}\right)^2+4\sin^4\alpha$$

ゆえに，$\cos2\alpha<t<1$ の範囲において，k は $t=\frac{\cos2\alpha+1}{2}$ のとき最大値 $\mathbf{4\sin^4\alpha}$ をとる。

練習 107

➡ 本冊 *p*. 211

$\mathrm{OP}=2$，$\angle\mathrm{POH}=\theta$ であるから，点Pの座標は

$(2\cos\theta,\ 2\sin\theta)$

$\mathrm{OQ}=4$，$\angle\mathrm{QOH}=\theta+90^\circ$ であるから，点Qの座標は

$(4\cos(\theta+90^\circ),\ 4\sin(\theta+90^\circ))$

すなわち　$(-4\sin\theta,\ 4\cos\theta)$　　ただし　$0^\circ<\theta<90^\circ$

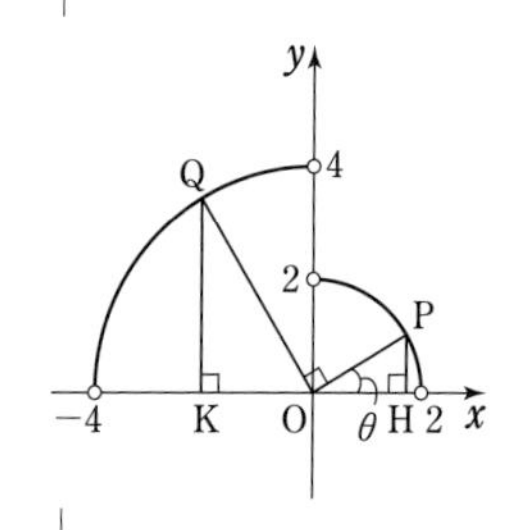

よって　　$S=\frac{1}{2}\mathrm{KH}\cdot\mathrm{QK}$

$$=\frac{1}{2}(2\cos\theta+4\sin\theta)\cdot4\cos\theta$$

$$=2(2\cos^2\theta+4\sin\theta\cos\theta)$$

$$=2(1+\cos2\theta+2\sin2\theta)$$

$$=2\{\sqrt{5}\sin(2\theta+\alpha)+1\}$$

◀三角関数の合成。

ただし　　$\cos\alpha=\frac{2}{\sqrt{5}}$，$\sin\alpha=\frac{1}{\sqrt{5}}$ $(0^\circ<\alpha<90^\circ)$

◀ α は具体的な角として表すことはできない。

$0^\circ<\theta<90^\circ$ から　　$(0^\circ<)\ \alpha<2\theta+\alpha<180^\circ+\alpha\ (<270^\circ)$

よって，S は $2\theta+\alpha=90^\circ$ のとき最大値 ${}^{イ}\mathbf{2(\sqrt{5}+1)}$ をとる。

$2\theta+\alpha=90^\circ$ のとき

$$\tan2\theta=\tan(90^\circ-\alpha)=\frac{1}{\tan\alpha}=\frac{\cos\alpha}{\sin\alpha}=2$$

◀ $\frac{2}{\sqrt{5}}\div\frac{1}{\sqrt{5}}$

ゆえに　　$\frac{2\tan\theta}{1-\tan^2\theta}=2$

よって　　$\tan^2\theta+\tan\theta-1=0$

◀ $\tan\theta$ についての2次方程式とみて解く。

$0^\circ<\theta<90^\circ$ より $\tan\theta>0$ であるから　　$\tan\theta={}^{ア}\mathbf{\frac{-1+\sqrt{5}}{2}}$

演習 43

➡ 本冊 p.212

(1) $\sin 2=\sin(\pi-2)$, $\sin 3=\sin(\pi-3)$, $\cos 1=\sin\left(\dfrac{\pi}{2}-1\right)$

$3<\pi<\dfrac{7}{2}$ であるから　　$1<\pi-2<\dfrac{3}{2}<\dfrac{\pi}{2}$

ゆえに，$\pi-3<\dfrac{\pi}{2}-1<1<\pi-2<\dfrac{\pi}{2}$ であり，

$\sin\theta\left(0\leqq\theta\leqq\dfrac{\pi}{2}\right)$ は増加関数であるから，

$$\sin(\pi-3)<\sin\left(\frac{\pi}{2}-1\right)<\sin 1<\sin(\pi-2)$$

よって，小さい方から順に　　$\boldsymbol{\sin 3,\ \cos 1,\ \sin 1,\ \sin 2}$

◀ $\sin\left(\dfrac{\pi}{2}-\alpha\right)=\cos\alpha$ を用いて，関数を sin に統一する。

◀ $\dfrac{\pi}{2}-1-(\pi-3)=\dfrac{4-\pi}{2}>0$ から $\pi-3<\dfrac{\pi}{2}-1$

(2) $\cos\dfrac{\pi}{3}<\cos\dfrac{\pi}{5}<\cos 0$ であるから　　$\dfrac{1}{2}<a<1$

$\dfrac{\pi}{3}<\dfrac{3}{2}<\dfrac{\pi}{2}$ より，$\cos\dfrac{\pi}{2}<\cos\dfrac{3}{2}<\cos\dfrac{\pi}{3}$ であるから

$$0<b<\frac{1}{2}$$

$\sin\dfrac{\pi}{3}<\sin\dfrac{3}{2}<\sin\dfrac{\pi}{2}$ であるから　　$\dfrac{\sqrt{3}}{2}<c<1$

$\tan\dfrac{\pi}{3}<\tan\dfrac{3}{2}$ であるから　　$\sqrt{3}<d$

また　　$\cos\dfrac{\pi}{5}=\sin\left(\dfrac{\pi}{2}-\dfrac{\pi}{5}\right)=\sin\dfrac{3}{10}\pi$

$\dfrac{3}{10}\pi<\dfrac{3}{2}$ より $\sin\dfrac{3}{10}\pi<\sin\dfrac{3}{2}$ であるから　　$a<c$

よって，小さい順に並べると　　$\boldsymbol{b,\ a,\ c,\ d}$

◀ $y=\cos\theta\left(0<\theta<\dfrac{\pi}{2}\right)$ は減少関数。

◀ $\dfrac{2\pi}{6}<\dfrac{3\cdot 3}{6}<\dfrac{3\pi}{6}$ なお　$6<2\pi<7$

◀ $y=\sin\theta$, $y=\tan\theta$ $\left(0<\theta<\dfrac{\pi}{2}\right)$ は増加関数。

◀ $\sin\left(\dfrac{\pi}{2}-\alpha\right)=\cos\alpha$

演習 44

➡ 本冊 p.212

$-1\leqq\sin\alpha\leqq 1$, $-1\leqq\sin 2\beta\leqq 1$ から

$$1\leqq 2+\sin\alpha\leqq 3,\ 1\leqq 2+\sin 2\beta\leqq 3$$

よって　　$\dfrac{1}{3}\leqq\dfrac{1}{2+\sin\alpha}\leqq 1$, $\dfrac{1}{3}\leqq\dfrac{1}{2+\sin 2\beta}\leqq 1$

ゆえに，$\dfrac{1}{2+\sin\alpha}+\dfrac{1}{2+\sin 2\beta}=2$ のとき

$$\frac{1}{2+\sin\alpha}=1,\ \frac{1}{2+\sin 2\beta}=1$$

よって　　$\sin\alpha=-1$, $\sin 2\beta=-1$

ゆえに，m, n を整数として

$$\alpha=\frac{3}{2}\pi+2m\pi,\ 2\beta=\frac{3}{2}\pi+2n\pi$$

よって　　$\alpha=\dfrac{3}{2}\pi+2m\pi$, $\beta=\dfrac{3}{4}\pi+n\pi$

ゆえに　　$|\alpha+\beta-8\pi|=\left|\dfrac{9}{4}\pi+(2m+n-8)\pi\right|$

$|\alpha+\beta-8\pi|$ は，$2m+n-8=-2$ のとき最小値 $\boldsymbol{\dfrac{\pi}{4}}$ をとる。

…… (＊)

◀ $-1\leqq\sin\theta\leqq 1$

◀ $0<a\leqq b$ のとき $\dfrac{1}{b}\leqq\dfrac{1}{a}$

◀ $2+\sin\alpha=1$, $2+\sin 2\beta=1$

(＊) $\dfrac{9}{4}\pi+(2m+n-8)\pi$ の値は，$2m+n-8=-3$ のとき $-\dfrac{3}{4}\pi$, $2m+n-8=-2$ のとき $\dfrac{\pi}{4}$ となる。

演習 45

➡ 本冊 p. 212

$\dfrac{\pi}{24}=\theta$ とおくと　　$2\theta=\dfrac{\pi}{12}=\dfrac{\pi}{3}-\dfrac{\pi}{4}$

◀ $\dfrac{1}{12}=\dfrac{4-3}{12}$

よって　$\sin 2\theta=\sin\left(\dfrac{\pi}{3}-\dfrac{\pi}{4}\right)=\sin\dfrac{\pi}{3}\cos\dfrac{\pi}{4}-\cos\dfrac{\pi}{3}\sin\dfrac{\pi}{4}$

◀加法定理。

$$=\frac{\sqrt{3}}{2}\cdot\frac{1}{\sqrt{2}}-\frac{1}{2}\cdot\frac{1}{\sqrt{2}}=\frac{\sqrt{3}-1}{2\sqrt{2}}$$

$\cos 2\theta=\cos\left(\dfrac{\pi}{3}-\dfrac{\pi}{4}\right)=\cos\dfrac{\pi}{3}\cos\dfrac{\pi}{4}+\sin\dfrac{\pi}{3}\sin\dfrac{\pi}{4}$

◀加法定理。

$$=\frac{1}{2}\cdot\frac{1}{\sqrt{2}}+\frac{\sqrt{3}}{2}\cdot\frac{1}{\sqrt{2}}=\frac{\sqrt{3}+1}{2\sqrt{2}}$$

ゆえに　$\dfrac{1}{\tan\dfrac{\pi}{24}}=\dfrac{1}{\tan\theta}=\dfrac{\cos\theta}{\sin\theta}=\dfrac{2\cos^2\theta}{2\sin\theta\cos\theta}$

$$=\frac{1+\cos 2\theta}{\sin 2\theta}=\left(1+\frac{\sqrt{3}+1}{2\sqrt{2}}\right)\times\frac{2\sqrt{2}}{\sqrt{3}-1}$$

◀ 2倍角の公式
$\sin 2\theta=2\sin\theta\cos\theta$,
$\cos 2\theta=2\cos^2\theta-1$

$$=\frac{2\sqrt{2}+\sqrt{3}+1}{\sqrt{3}-1}$$

$$=\frac{(2\sqrt{2}+\sqrt{3}+1)(\sqrt{3}+1)}{(\sqrt{3}-1)(\sqrt{3}+1)}$$

◀分母の有理化。

$$=\frac{2\sqrt{6}+2\sqrt{3}+2\sqrt{2}+4}{3-1}$$

$$=\sqrt{6}+\sqrt{3}+\sqrt{2}+2$$

したがって　　$\dfrac{1}{\tan\dfrac{\pi}{24}}-\sqrt{2}-\sqrt{3}-\sqrt{6}=\mathbf{2}$

演習 46

➡ 本冊 p. 212

(1)　$\tan\dfrac{7\pi}{12}=\tan\left(\dfrac{\pi}{3}+\dfrac{\pi}{4}\right)=\dfrac{\tan\dfrac{\pi}{3}+\tan\dfrac{\pi}{4}}{1-\tan\dfrac{\pi}{3}\tan\dfrac{\pi}{4}}$

◀tan の加法定理。

$$=\frac{\sqrt{3}+1}{1-\sqrt{3}}=\frac{(1+\sqrt{3})^2}{(1-\sqrt{3})(1+\sqrt{3})}=\mathbf{-2-\sqrt{3}}$$

◀分母の有理化。

(2)　m, n は, $0<m<n$ を満たす整数であるから

$m\geqq 1$, $n\geqq 2>\sqrt{3}$

◀ $1=\tan\dfrac{\pi}{4}$,
$\sqrt{3}=\tan\dfrac{\pi}{3}$

よって　　$\tan\alpha\geqq\tan\dfrac{\pi}{4}$, $\tan\beta>\tan\dfrac{\pi}{3}$

$0<\alpha<\dfrac{\pi}{2}$, $0<\beta<\dfrac{\pi}{2}$ であるから　　$\alpha\geqq\dfrac{\pi}{4}$, $\beta>\dfrac{\pi}{3}$

◀ $0<\theta<\dfrac{\pi}{2}$ のとき, $\tan\theta$ は増加関数。

ゆえに　　$\alpha+\beta>\dfrac{\pi}{4}+\dfrac{\pi}{3}$　すなわち　$\alpha+\beta>\dfrac{7\pi}{12}$

(3)　$0<\alpha<\dfrac{\pi}{2}$, $0<\beta<\dfrac{\pi}{2}$ と (2) から　　$\dfrac{7\pi}{12}<\alpha+\beta<\pi$

よって, (1) から　　$-2-\sqrt{3}<\tan(\alpha+\beta)<0$

◀ $\tan\dfrac{7\pi}{12}=-2-\sqrt{3}$

$1<\sqrt{3}<2$ より, $-4<-2-\sqrt{3}<-3$ であるから,

$\tan(\alpha+\beta)$ が整数となるとき

$$\tan(\alpha+\beta)=-3,\ -2,\ -1$$

また　$\tan(\alpha+\beta)=\dfrac{m+n}{1-mn}=-\dfrac{m+n}{mn-1}$

[1]　$\tan(\alpha+\beta)=-3$ のとき

$\dfrac{m+n}{mn-1}=3$ から　$m+n=3(mn-1)$

ゆえに　$3mn-m-n-3=0$

両辺に 3 を掛けて　$9mn-3m-3n-9=0$

よって　$(3m-1)(3n-1)=10$　…… (＊)

$3m-1$, $3n-1$ は整数で, $m\geqq1$, $n\geqq2$, $m<n$ より,

$2\leqq 3m-1<3n-1$ であるから

$(3m-1,\ 3n-1)=(2,\ 5)$

したがって　$(m,\ n)=(1,\ 2)$

[2]　$\tan(\alpha+\beta)=-2$ のとき

$\dfrac{m+n}{mn-1}=2$ から　$m+n=2(mn-1)$

ゆえに　$2mn-m-n-2=0$

両辺に 2 を掛けて　$4mn-2m-2n-4=0$

よって　$(2m-1)(2n-1)=5$

$2m-1$, $2n-1$ は整数で, $m\geqq1$, $n\geqq2$, $m<n$ より,

$1\leqq 2m-1<2n-1$ であるから

$(2m-1,\ 2n-1)=(1,\ 5)$

したがって　$(m,\ n)=(1,\ 3)$

[3]　$\tan(\alpha+\beta)=-1$ のとき

$\dfrac{m+n}{mn-1}=1$ から　$m+n=mn-1$

ゆえに　$mn-m-n-1=0$

よって　$(m-1)(n-1)=2$

$m-1$, $n-1$ は整数で, $m\geqq1$, $n\geqq2$, $m<n$ より,

$0\leqq m-1<n-1$ であるから

$(m-1,\ n-1)=(1,\ 2)$

したがって　$(m,\ n)=(2,\ 3)$

[1]～[3] から, 求める組 $(m,\ n)$ は

$$\boldsymbol{(m,\ n)=(1,\ 2),\ (1,\ 3),\ (2,\ 3)}$$

◀(　)(　)＝**整数** の形に変形したいが, mn の係数が 1 でないから, mn の係数 3 を両辺に掛けて, m と n の係数を 3 にする。

◀(＊) より, $3m-1$, $3n-1$ は 10 の約数であるが, すべての約数の組 $(3m-1,\ 3n-1)$ を書き上げるのではなく, m, n の条件から組を絞り込む。

◀mn の係数 2 を両辺に掛けて, m と n の係数を 2 にする。

◀5 の約数の組 $(2m-1,\ 2n-1)$ を, m, n の条件から絞り込む。

演習 47

➡ 本冊 p.212

指針　(2)　文字を減らすために, β_1, β_2 をそれぞれ α で表す。α が鋭角の場合と鈍角の場合で表し方が異なることに注意。

(1)　$\alpha=\dfrac{\pi}{6}$ のとき　$\dfrac{1}{2}=\cos 2\beta$

$0\leqq 2\beta\leqq 2\pi$ であるから　$2\beta=\dfrac{\pi}{3},\ \dfrac{5}{3}\pi$

よって　$\boldsymbol{\beta=\dfrac{\pi}{6},\ \dfrac{5}{6}\pi}$

(2)　$0 \leqq \alpha < \dfrac{\pi}{2}$ のとき，$\sin\alpha$ は図 [1] の点Pの y 座標であり，2β $(0 \leqq 2\beta \leqq 2\pi)$ は動径 OQ，OR の表す角である。

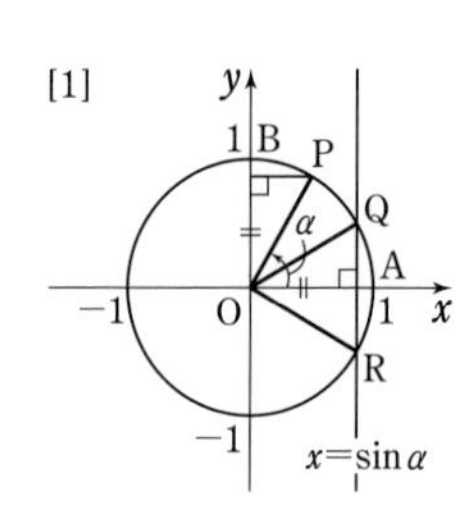

$\angle \mathrm{AOQ} = \angle \mathrm{BOP} = \dfrac{\pi}{2} - \alpha$ であるから

$$2\beta_1 = \frac{\pi}{2} - \alpha,\ \ 2\beta_2 = 2\pi - \left(\frac{\pi}{2} - \alpha\right)$$

◀$2\beta_1$，$2\beta_2$ は，それぞれ動径 OQ，OR の表す角。

よって　　$\beta_1 = \dfrac{\pi}{4} - \dfrac{\alpha}{2}$，$\beta_2 = \dfrac{3}{4}\pi + \dfrac{\alpha}{2}$

$\dfrac{\pi}{2} \leqq \alpha \leqq \pi$ のとき，$\sin\alpha$ は図 [2] の点Pの y 座標であり，2β $(0 \leqq 2\beta \leqq 2\pi)$ は動径 OQ，OR の表す角である。

[2]

$\angle \mathrm{AOQ} = \angle \mathrm{BOP} = \alpha - \dfrac{\pi}{2}$ であるから

$$2\beta_1 = \alpha - \frac{\pi}{2},\ \ 2\beta_2 = 2\pi - \left(\alpha - \frac{\pi}{2}\right)$$

よって　　$\beta_1 = -\dfrac{\pi}{4} + \dfrac{\alpha}{2}$，$\beta_2 = \dfrac{5}{4}\pi - \dfrac{\alpha}{2}$

◀$\beta_1 + \beta_2 = \pi$ から
$\dfrac{\beta_1}{2} + \dfrac{\beta_2}{3} = \dfrac{3\beta_1 + 2\beta_2}{6}$
$= \dfrac{\beta_1}{6} + \dfrac{\pi}{3}$
としてもよい。

$0 \leqq \alpha < \dfrac{\pi}{2}$ のとき

$$\alpha + \frac{\beta_1}{2} + \frac{\beta_2}{3} = \alpha + \frac{1}{2}\left(\frac{\pi}{4} - \frac{\alpha}{2}\right) + \frac{1}{3}\left(\frac{3}{4}\pi + \frac{\alpha}{2}\right) = \frac{11}{12}\alpha + \frac{3}{8}\pi$$

ゆえに　　$\dfrac{3}{8}\pi \leqq \alpha + \dfrac{\beta_1}{2} + \dfrac{\beta_2}{3} < \dfrac{5}{6}\pi$　…… ①

◀$\dfrac{11}{12}\cdot 0 + \dfrac{3}{8}\pi = \dfrac{3}{8}\pi$，
$\dfrac{11}{12}\cdot\dfrac{\pi}{2} + \dfrac{3}{8}\pi = \dfrac{5}{6}\pi$

$\dfrac{\pi}{2} \leqq \alpha \leqq \pi$ のとき

$$\alpha + \frac{\beta_1}{2} + \frac{\beta_2}{3} = \alpha + \frac{1}{2}\left(-\frac{\pi}{4} + \frac{\alpha}{2}\right) + \frac{1}{3}\left(\frac{5}{4}\pi - \frac{\alpha}{2}\right) = \frac{13}{12}\alpha + \frac{7}{24}\pi$$

ゆえに　　$\dfrac{5}{6}\pi \leqq \alpha + \dfrac{\beta_1}{2} + \dfrac{\beta_2}{3} \leqq \dfrac{11}{8}\pi$　…… ②

◀$\dfrac{13}{12}\cdot\dfrac{\pi}{2} + \dfrac{7}{24}\pi = \dfrac{5}{6}\pi$，
$\dfrac{13}{12}\cdot\pi + \dfrac{7}{24}\pi = \dfrac{11}{8}\pi$

①，② から，$0 \leqq \alpha \leqq \pi$ のとき　　$\dfrac{3}{8}\pi \leqq \alpha + \dfrac{\beta_1}{2} + \dfrac{\beta_2}{3} \leqq \dfrac{11}{8}\pi$

$y = \sin\left(\alpha + \dfrac{\beta_1}{2} + \dfrac{\beta_2}{3}\right)$ が最大となるとき

$$\alpha + \frac{\beta_1}{2} + \frac{\beta_2}{3} = \frac{\pi}{2}$$

すなわち　　$\dfrac{11}{12}\alpha + \dfrac{3}{8}\pi = \dfrac{\pi}{2}$

よって　　$\boldsymbol{\alpha = \dfrac{3}{22}\pi}$

このときの y の値は **1** である。

演習 48

➡ 本冊 p. 213

(1)　$\sin 3x = -\sin x$ から　　$3\sin x - 4\sin^3 x = -\sin x$

$4\sin x(1 + \sin x)(1 - \sin x) = 0$ から　　$\sin x = 0,\ \pm 1$

$0 \leqq x \leqq 2\pi$ であるから　　$\boldsymbol{x = 0,\ \dfrac{\pi}{2},\ \pi,\ \dfrac{3}{2}\pi,\ 2\pi}$

◀和 ⟶ 積の公式から
$\sin 3x + \sin x$
$= 2\sin 2x\cos x$
としてもよい。

(2) $\sin 3x=\sin x$ から $3\sin x-4\sin^3 x=\sin x$

よって $2\sin x(1+\sqrt{2}\sin x)(1-\sqrt{2}\sin x)=0$

ゆえに $\sin x=0,\ \pm\dfrac{1}{\sqrt{2}}$

$0\leqq x\leqq 2\pi$ であるから

$$\boldsymbol{x=0,\ \frac{\pi}{4},\ \frac{3}{4}\pi,\ \pi,\ \frac{5}{4}\pi,\ \frac{7}{4}\pi,\ 2\pi}$$

(3) $f(a)=(-\sin x)\cdot a+\sin 3x$ とすると，

$-1\leqq a\leqq 1$ を満たすすべての a に対して $f(a)\geqq 0$ であるための条件は

$[-1\leqq a\leqq 1$ における $f(a)$ の最小値$]\geqq 0$

である。これは

$f(1)\geqq 0$ かつ $f(-1)\geqq 0$

と同値である。

◀ a の1次関数の形。$\sin x=0$ のときは $f(a)=0$（定数関数）

◀ $-\sin x>0$ のとき $f(a)$ は増加関数であるから，最小値は $f(-1)\geqq 0$

◀ $-\sin x<0$ のとき $f(a)$ は減少関数であるから，最小値は $f(1)\geqq 0$

(2) から $f(1)=\sin 3x-\sin x=-4\sin^3 x+2\sin x$
$=2\sin x(1+\sqrt{2}\sin x)(1-\sqrt{2}\sin x)$

$\sin x\geqq 0$ のとき $1+\sqrt{2}\sin x>0$，

$\sin x<0$ のとき $1-\sqrt{2}\sin x>0$ であるから，

$f(1)\geqq 0$ となるのは，次の場合である。

$$0\leqq \sin x\leqq \frac{1}{\sqrt{2}} \quad \text{または} \quad \sin x\leqq -\frac{1}{\sqrt{2}}$$

$0\leqq \sin x\leqq \dfrac{1}{\sqrt{2}}$ $(0\leqq x\leqq 2\pi)$ を解くと

$$0\leqq x\leqq \frac{\pi}{4},\ \frac{3}{4}\pi\leqq x\leqq \pi,\ x=2\pi$$

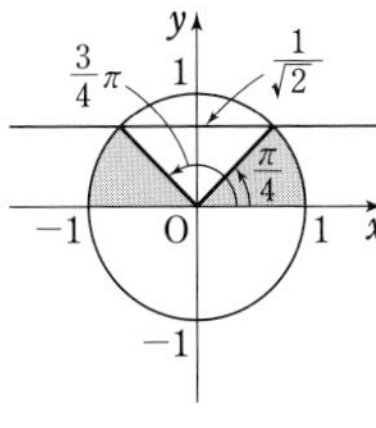

$\sin x\leqq -\dfrac{1}{\sqrt{2}}$ $(0\leqq x\leqq 2\pi)$ を解くと

$$\frac{5}{4}\pi\leqq x\leqq \frac{7}{4}\pi$$

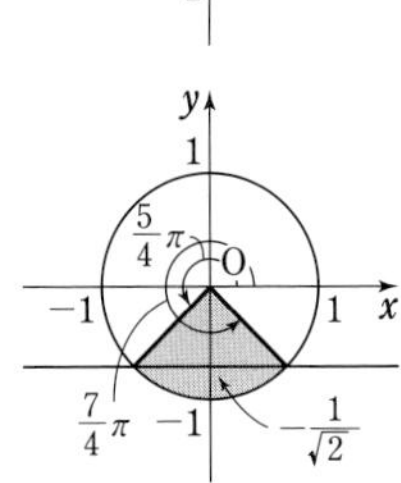

よって，$f(1)\geqq 0$ を満たす x の値の範囲は

$0\leqq x\leqq \dfrac{\pi}{4},\ \dfrac{3}{4}\pi\leqq x\leqq \pi,\ \dfrac{5}{4}\pi\leqq x\leqq \dfrac{7}{4}\pi,\ x=2\pi$ …… Ⓐ

(1) から $f(-1)=\sin x+\sin 3x=-4\sin^3 x+4\sin x$
$=4\sin x(1+\sin x)(1-\sin x)$

$0\leqq x\leqq 2\pi$ では，$1+\sin x\geqq 0$，$1-\sin x\geqq 0$ であるから，

$f(-1)\geqq 0$ となるのは，次の場合である

$$0\leqq \sin x\leqq 1 \quad \text{または} \quad \sin x=-1$$

$0\leqq \sin x\leqq 1$ $(0\leqq x\leqq 2\pi)$ を解くと $0\leqq x\leqq \pi,\ x=2\pi$

◀ $x=2\pi$ を忘れないように。

$\sin x=-1$ $(0\leqq x\leqq 2\pi)$ を解くと $x=\dfrac{3}{2}\pi$

よって，$f(-1)\geqq 0$ を満たす x の値の範囲は

$0\leqq x\leqq \pi,\ x=\dfrac{3}{2}\pi,\ 2\pi$ …… Ⓑ

◀合わせた範囲。

求める条件は，Ⓐ かつ Ⓑ であるから

$$\boldsymbol{0\leqq x\leqq \frac{\pi}{4},\ \frac{3}{4}\pi\leqq x\leqq \pi,\ x=\frac{3}{2}\pi,\ 2\pi}$$

演習 49 ➡ 本冊 p. 213

(1) $\sin 5x=\sin(2x+3x)$

$=\sin 2x\cos 3x+\cos 2x\sin 3x$

$=2\sin x\cos x(-3\cos x+4\cos^3 x)+(1-2\sin^2 x)(3\sin x-4\sin^3 x)$

$=2\sin x(1-\sin^2 x)\{-3+4(1-\sin^2 x)\}+(1-2\sin^2 x)(3\sin x-4\sin^3 x)$

$=2A(1-A^2)(1-4A^2)+(1-2A^2)(3A-4A^3)$

$=\boldsymbol{16A^5-20A^3+5A}$

(2) (1) において，$x=\dfrac{\pi}{5}$ とおくと，$\sin 5\cdot\dfrac{\pi}{5}=\sin\pi=0$ より

$$16A^5-20A^3+5A=0$$

$A\neq 0$ であるから　　$16A^4-20A^2+5=0$

これを解くと　　$A^2=\dfrac{5\pm\sqrt{5}}{8}$

◀A^2 についての 2 次方程式とみて解く。

$0<\dfrac{\pi}{5}<\dfrac{\pi}{4}$ であるから　　$0<\sin\dfrac{\pi}{5}<\sin\dfrac{\pi}{4}$

よって，$0<A^2<\sin^2\dfrac{\pi}{4}=\dfrac{1}{2}$ であるから

$A^2=\dfrac{5-\sqrt{5}}{8}$　すなわち　$\boldsymbol{\sin^2\dfrac{\pi}{5}=\dfrac{5-\sqrt{5}}{8}}$

(3) $\cos 7x=\cos 3x$ より　　$\cos 7x-\cos 3x=0$

すなわち　　$-2\sin\dfrac{7x+3x}{2}\sin\dfrac{7x-3x}{2}=0$

◀$\cos A-\cos B=-2\sin\dfrac{A+B}{2}\sin\dfrac{A-B}{2}$

よって　　$\sin 5x\sin 2x=0$

したがって　$x=\dfrac{n\pi}{5},\ \dfrac{n\pi}{2}$　(n は 0 以上の整数)

この解を小さい方から順に並べると

$x_1=0,\ x_2=\dfrac{\pi}{5},\ x_3=\dfrac{2}{5}\pi,\ x_4=\dfrac{\pi}{2},\ x_5=\dfrac{3}{5}\pi,\ x_6=\dfrac{4}{5}\pi,\ \cdots\cdots$

◀$n=0,\ 1,\ 2,\ \cdots\cdots$ を順に代入する。

よって，求めるのは $y=\cos 3x\left(\dfrac{3}{5}\pi\leqq x\leqq\dfrac{4}{5}\pi\right)$ の値域である。

$\dfrac{3}{5}\pi\leqq x\leqq\dfrac{4}{5}\pi$ のとき，$\dfrac{9}{5}\pi\leqq 3x\leqq\dfrac{12}{5}\pi$ であるから，

$y=\cos 3x\left(\dfrac{3}{5}\pi\leqq x\leqq\dfrac{4}{5}\pi\right)$ は $x=\dfrac{2}{3}\pi$ で最大，$x=\dfrac{4}{5}\pi$ で最小となる。

◀$\dfrac{2}{3}\pi\leqq x\leqq\dfrac{4}{5}\pi$ のとき，$y=\cos 3x$ は減少関数。

$x=\dfrac{2}{3}\pi$ のとき　$\cos 3x=\cos 2\pi=1$

$x=\dfrac{4}{5}\pi$ のとき　$\cos 3x=\cos\dfrac{12}{5}\pi=\cos\left(2\pi+\dfrac{2}{5}\pi\right)$

$=\cos\dfrac{2}{5}\pi=1-2\sin^2\dfrac{\pi}{5}$

$=1-2\cdot\dfrac{5-\sqrt{5}}{8}=\dfrac{\sqrt{5}-1}{4}$

したがって，求める値域は　　$\boldsymbol{\dfrac{\sqrt{5}-1}{4}\leqq y\leqq 1}$

演習 50

➡ 本冊 p. 213

以下，m，n は整数とする。

(1) $\sin x=\sin y$ すなわち $\sin x-\sin y=0$ が成り立つとき

$$2\cos\frac{x+y}{2}\sin\frac{x-y}{2}=0$$

◀ $\sin A-\sin B=2\cos\frac{A+B}{2}\sin\frac{A-B}{2}$

よって　$\frac{x+y}{2}=\frac{\pi}{2}+m\pi$　または　$\frac{x-y}{2}=n\pi$

ゆえに　$\boldsymbol{y=-x+(2m+1)\pi}$　**または**　$\boldsymbol{y=x-2n\pi}$

(2) (1) から，整数 m，n に対して

$$3s+1=-2s+(2m+1)\pi \quad \text{または} \quad 3s+1=2s-2n\pi$$

よって　$s=\frac{(2m+1)\pi-1}{5}$　または　$s=-2n\pi-1$

$0\leqq s<2\pi$ であるから

$$\boldsymbol{s=\frac{\pi-1}{5},\ \frac{3\pi-1}{5},\ \frac{5\pi-1}{5},\ \frac{7\pi-1}{5},\ \frac{9\pi-1}{5},\ 2\pi-1}$$

(3) $\cos s=\cos t$ すなわち $\cos s-\cos t=0$ から

$$-2\sin\frac{s+t}{2}\sin\frac{s-t}{2}=0$$

◀ $\cos A-\cos B=-2\sin\frac{A+B}{2}\sin\frac{A-B}{2}$

$0\leqq s<t<2\pi$ から　$0<s+t<4\pi$，$-2\pi<s-t<0$　…… ③

すなわち　$0<\frac{s+t}{2}<2\pi$，$-\pi<\frac{s-t}{2}<0$

ゆえに　$\frac{s+t}{2}=\pi$　　よって　$s+t=2\pi$　…… ④

$\sin 5s=\sin 5t$ を，(1) と同様にして解くと

$$5t=-5s+(2m+1)\pi \quad \text{または} \quad 5t=5s-2n\pi$$

◀ (1) の x を $5s$，y を $5t$ におき換える。

よって　$s+t=\frac{2m+1}{5}\pi$　または　$s-t=\frac{2n}{5}\pi$

$s+t=\frac{2m+1}{5}\pi$ と ④ を同時に満たす s，t は存在しない。

◀ $2\pi=\frac{2m+1}{5}\pi$ とすると　$10=2m+1$ この等式を満たす整数 m は存在しない。

$s-t=\frac{2n}{5}\pi$ と ③ から

$$s-t=-\frac{8}{5}\pi,\ -\frac{6}{5}\pi,\ -\frac{4}{5}\pi,\ -\frac{2}{5}\pi$$

よって，④ から，求める実数 s，t の組は

$$\boldsymbol{(s,\ t)=\left(\frac{\pi}{5},\ \frac{9}{5}\pi\right),\ \left(\frac{2}{5}\pi,\ \frac{8}{5}\pi\right),\ \left(\frac{3}{5}\pi,\ \frac{7}{5}\pi\right),\ \left(\frac{4}{5}\pi,\ \frac{6}{5}\pi\right)}$$

演習 51

➡ 本冊 p. 213

(1) $(\sin\theta+a)(\cos\theta+a)=\sin\theta\cos\theta+(\sin\theta+\cos\theta)a+a^2$

$t^2=1+2\sin\theta\cos\theta$ であるから　$\sin\theta\cos\theta=\frac{t^2-1}{2}$

◀ $\sin^2\theta+\cos^2\theta=1$

ゆえに　$(\sin\theta+a)(\cos\theta+a)=\frac{t^2-1}{2}+at+a^2$

よって　$\boldsymbol{y=\frac{1}{2}t^2+at+a^2-\frac{1}{2}}$

(2) $t=\sin\theta+\cos\theta=\sqrt{2}\sin\left(\theta+\dfrac{\pi}{4}\right)$

◀三角関数の合成。

$0\leqq\theta<2\pi$ より，$\dfrac{\pi}{4}\leqq\theta+\dfrac{\pi}{4}<\dfrac{9}{4}\pi$ であるから

$$-\sqrt{2}\leqq\sqrt{2}\sin\left(\theta+\frac{\pi}{4}\right)\leqq\sqrt{2}$$

よって　$\boldsymbol{-\sqrt{2}\leqq t\leqq\sqrt{2}}$

(3) $f(t)=\dfrac{1}{2}t^2+at+a^2-\dfrac{1}{2}$ とすると

$$f(t)=\frac{1}{2}(t+a)^2+\frac{1}{2}a^2-\frac{1}{2}$$

ゆえに，$y=f(t)$ のグラフは，下に凸の放物線で，軸は直線 $t=-a$ である。

最大値について，区間 $-\sqrt{2}\leqq t\leqq\sqrt{2}$ の中央の値は　0

◀最大値は，軸 $t=-a$ と区間の中央 $t=0$ の位置関係によって場合分けする。

[1] $-a\leqq 0$ すなわち $a\geqq 0$ のとき
　$f(t)$ は $t=\sqrt{2}$ で最大値 $f(\sqrt{2})$ をとる。

[2] $-a>0$ すなわち $a<0$ のとき
　$f(t)$ は $t=-\sqrt{2}$ で最大値 $f(-\sqrt{2})$ をとる。

次に，最小値について

[3] $-a<-\sqrt{2}$ すなわち $a>\sqrt{2}$ のとき
　$f(t)$ は $t=-\sqrt{2}$ で最小値 $f(-\sqrt{2})$ をとる。

◀軸が区間の左外にある。

[4] $-\sqrt{2}\leqq -a\leqq\sqrt{2}$ すなわち $-\sqrt{2}\leqq a\leqq\sqrt{2}$ のとき
　$f(t)$ は $t=-a$ で最小値 $\dfrac{1}{2}a^2-\dfrac{1}{2}$ をとる。

◀軸が区間内にある。

[5] $-a>\sqrt{2}$ すなわち $a<-\sqrt{2}$ のとき
　$f(t)$ は $t=\sqrt{2}$ で最小値 $f(\sqrt{2})$ をとる。

◀軸が区間の右外にある。

また　$f(\sqrt{2})=a^2+\sqrt{2}a+\dfrac{1}{2}$，$f(-\sqrt{2})=a^2-\sqrt{2}a+\dfrac{1}{2}$

以上から

最大値 $\begin{cases} a<0 \text{ のとき } & a^2-\sqrt{2}a+\dfrac{1}{2} \\ a\geqq 0 \text{ のとき } & a^2+\sqrt{2}a+\dfrac{1}{2} \end{cases}$，**最小値** $\begin{cases} a<-\sqrt{2} \text{ のとき } & a^2+\sqrt{2}a+\dfrac{1}{2} \\ -\sqrt{2}\leqq a\leqq\sqrt{2} \text{ のとき } & \dfrac{1}{2}a^2-\dfrac{1}{2} \\ a>\sqrt{2} \text{ のとき } & a^2-\sqrt{2}a+\dfrac{1}{2} \end{cases}$

演習 52 ▮▮▮ ➡ 本冊 p. 213

$4\sin^2 x-a\sin x+1=0$ …… ① とする。

(1) $x_2=x_1+\dfrac{\pi}{2}$ であり，これを $\sin x_1=\sin x_2$ に代入すると

$$\sin x_1=\sin\left(x_1+\frac{\pi}{2}\right)$$

よって　$\sin x_1-\cos x_1=0$

◀$\sin\left(x+\dfrac{\pi}{2}\right)=\cos x$

したがって　$\sqrt{2}\sin\left(x_1-\dfrac{\pi}{4}\right)=0$ …… ②

◀三角関数の合成。

$0\leqq x_2\leqq\pi$ から　$0\leqq x_1+\dfrac{\pi}{2}\leqq\pi$　すなわち　$-\dfrac{\pi}{2}\leqq x_1\leqq\dfrac{\pi}{2}$

$0 \leqq x_1 \leqq \pi$ と合わせて　$0 \leqq x_1 \leqq \dfrac{\pi}{2}$ ……③

したがって　$-\dfrac{\pi}{4} \leqq x_1 - \dfrac{\pi}{4} \leqq \dfrac{\pi}{4}$

ゆえに，方程式②の解は　$x_1 = \dfrac{\pi}{4}$

◀$x_1 - \dfrac{\pi}{4} = 0$

$x = \dfrac{\pi}{4}$ を①に代入すると　$4 \cdot \left(\dfrac{1}{\sqrt{2}}\right)^2 - a \cdot \dfrac{1}{\sqrt{2}} + 1 = 0$

よって　$a = 3\sqrt{2}$

逆に $a = 3\sqrt{2}$ のとき，方程式①は　$4\sin^2 x - 3\sqrt{2}\sin x + 1 = 0$

◀①が相異なる4つの解をもつことを確認する。

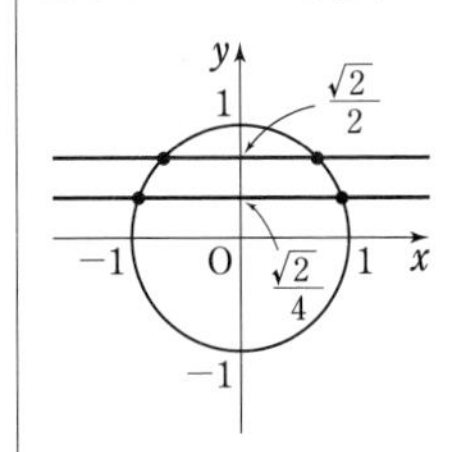

これを解くと　$\sin x = \dfrac{\sqrt{2}}{4}, \ \dfrac{\sqrt{2}}{2}$

$0 \leqq \dfrac{\sqrt{2}}{4} < 1$，$0 \leqq \dfrac{\sqrt{2}}{2} < 1$ より，$\sin x = \dfrac{\sqrt{2}}{4}$ と

$\sin x = \dfrac{\sqrt{2}}{2}$ を満たす x は $0 \leqq x \leqq \pi$ の範囲にそれぞれ2つずつ存在し，それらはすべて異なる。

よって，方程式①は異なる4つの解をもつ。

したがって　$a = {}^{ア}\mathbf{3\sqrt{2}}$

(2)　$t = \sin x$ とおくと，方程式①は

$$4t^2 - at + 1 = 0 \quad \cdots\cdots ④$$

方程式①が $0 \leqq x \leqq \pi$ の範囲において，異なる4つの解をもつとき，t の2次方程式④は $0 \leqq t < 1$ の範囲に異なる2つの解をもつ。

◀$t=1$ すなわち $\sin x = 1 \ (0 \leqq x \leqq \pi)$ の解は，$x = \dfrac{\pi}{2}$ のみである。

x_1，x_2 は方程式①の解であり，$\sin x_1 \neq \sin x_2$ であるから，
方程式④の異なる解は $t = \sin x_1$，$\sin x_2$ である。

更に，$\sin x_2 = \sin\left(x_1 + \dfrac{\pi}{2}\right) = \cos x_1$ から，方程式④の異なる解は $t = \sin x_1$，$\cos x_1$ となる。

よって，解と係数の関係により

$$\sin x_1 + \cos x_1 = \frac{a}{4}, \quad \sin x_1 \cos x_1 = \frac{1}{4}$$

◀①の式は $4\sin^2 x - a\sin x + 1 = 0$

したがって　$a = 4\sqrt{2}\sin\left(x_1 + \dfrac{\pi}{4}\right)$ ……⑤,

$$\sin 2x_1 = \frac{1}{2} \quad \cdots\cdots ⑥$$

◀三角関数の合成と2倍角の公式から。

⑥において，③より $0 \leqq 2x_1 \leqq \pi$ であるから

$$2x_1 = \frac{\pi}{6}, \ \frac{5}{6}\pi \quad すなわち \quad x_1 = \frac{\pi}{12}, \ \frac{5}{12}\pi$$

[1]　$x_1 = \dfrac{\pi}{12}$ のとき

$x_2 = x_1 + \dfrac{\pi}{2}$ から　$x_2 = \dfrac{\pi}{12} + \dfrac{\pi}{2} = \dfrac{7}{12}\pi$

また，⑤から　$a = 4\sqrt{2}\sin\left(\dfrac{\pi}{12} + \dfrac{\pi}{4}\right) = 2\sqrt{6}$

◀$a = 4\sqrt{2}\sin\dfrac{\pi}{3}$

[2]　$x_1=\dfrac{5}{12}\pi$ のとき

$x_2=x_1+\dfrac{\pi}{2}$ から　　$x_2=\dfrac{5}{12}\pi+\dfrac{\pi}{2}=\dfrac{11}{12}\pi$

また，⑤ から　　$a=4\sqrt{2}\sin\left(\dfrac{5}{12}\pi+\dfrac{\pi}{4}\right)=2\sqrt{6}$

◀$a=4\sqrt{2}\sin\dfrac{2}{3}\pi$

[1]，[2] より，$a=2\sqrt{6}$ のとき，方程式 ① は 4 つの異なる解

$x=\dfrac{\pi}{12}$，$\dfrac{5}{12}\pi$，$\dfrac{7}{12}\pi$，$\dfrac{11}{12}\pi$ をもつ。

よって，$a=$ イ $\mathbf{2\sqrt{6}}$ であり，4 つの解のうち，最も値が大きい解は $x=$ ウ $\boldsymbol{\dfrac{11}{12}\pi}$ である。

演習 53 Ⅲ

➡ 本冊 p. 214

指針　$\cos A=\cos B$ という条件から，A と B の関係式を導くには，次の 2 つの方法が考えられる。

（**方法 1**）　解答の図のように，単位円と直線 $x=\cos B$ の交点を P，Q とすると，A は動径 OP と動径 OQ の表す角であるから　　$A=B+2n\pi$，$A=-B+2n\pi$　（n は整数）

（**方法 2**）　和 ⟶ 積の公式 $\cos A-\cos B=-2\sin\dfrac{A+B}{2}\sin\dfrac{A-B}{2}$ から

$$\frac{A+B}{2}=n\pi\quad \text{または}\quad \frac{A-B}{2}=n\pi\quad (n \text{ は整数})$$

これらのいずれかの方法で，$a\theta$，$b\theta$ の関係式が得られれば，$0<\theta\leqq\pi$ となる θ がちょうど 1 つあるような $(a,\ b)$ の条件を不等式で表すことを考えることができる。

$a=b$ のとき，$\cos a\theta=\cos b\theta$ を満たす θ $(0<\theta\leqq\pi)$ は無数にあるから，条件 (＊) を満たさない。

ゆえに，$a\neq b$ である。

n を整数とすると，$\cos a\theta=\cos b\theta$ から

$$a\theta=b\theta+2n\pi,\quad a\theta=-b\theta+2n\pi$$

したがって

$$(a-b)\theta=2n\pi,\quad (a+b)\theta=2n\pi$$

よって，$a>0$，$b>0$ で $a\neq b$ のとき

$$\theta=\frac{2n\pi}{a-b},\quad \frac{2n\pi}{a+b}\quad \cdots\cdots ①$$

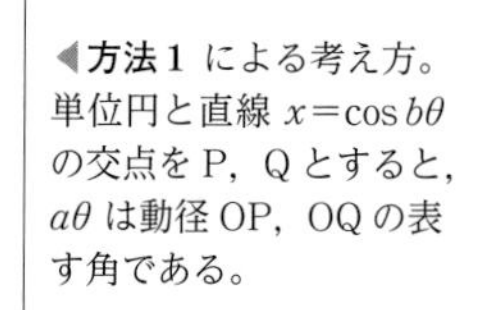

◀**方法 1** による考え方。単位円と直線 $x=\cos b\theta$ の交点を P，Q とすると，$a\theta$ は動径 OP，OQ の表す角である。

[1]　$a>b>0$ のとき

① を満たす正の数 θ は，それぞれ小さい順に

$$\frac{2\pi}{a-b},\quad \frac{4\pi}{a-b},\quad \cdots\cdots;\quad \frac{2\pi}{a+b},\quad \frac{4\pi}{a+b},\quad \cdots\cdots$$

◀① の θ にそれぞれ，$n=1,\ 2,\ \cdots$ を代入。

ここで，$0<a-b<a+b$ であるから

$$\frac{2\pi}{a+b}<\frac{2\pi}{a-b}$$

◀$0<a-b<a+b$ の逆数をとると $\dfrac{1}{a+b}<\dfrac{1}{a-b}$

したがって，① かつ $0<\theta\leqq\pi$ を満たす θ がちょうど 1 つであるための条件は

$$0<\frac{2\pi}{a+b}\leqq\pi<\frac{4\pi}{a+b}\quad \text{かつ}\quad \pi<\frac{2\pi}{a-b}$$

よって　　$2\leqq a+b<4$　かつ　$a-b<2$

[2]　$b>a>0$ のとき

① を満たす正の数 θ は，それぞれ小さい順に

$$\frac{2\pi}{b-a},\ \frac{4\pi}{b-a},\ \cdots\cdots;\quad \frac{2\pi}{a+b},\ \frac{4\pi}{a+b},\ \cdots\cdots$$

$0<b-a<a+b$ であるから　$\dfrac{2\pi}{a+b}<\dfrac{2\pi}{b-a}$

したがって，① かつ $0<\theta\leqq\pi$ を満たす θ がちょうど1つであるための条件は，[1] と同様にして

$$2\leqq a+b<4 \quad かつ \quad b-a<2$$

以上から，条件 (＊) を満たす $(a,\ b)$ の存在する範囲は，**右の図の黒く塗った部分** である。
ただし，**境界線は，直線 $b=-a+2$ $(0<a<1,\ 1<a<2)$ のみ含み，その他は含まない**。また，**直線 $b=a$ 上の点も含まない**。

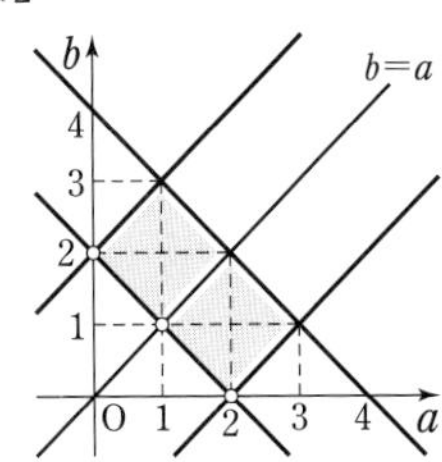

◀① の $\theta=\dfrac{2n\pi}{a-b}$ に $n=-1,\ -2,\ \cdots\cdots$；$\theta=\dfrac{2n\pi}{a+b}$ に $n=1,\ 2,\ \cdots\cdots$ を代入。

◀$0<\dfrac{2\pi}{a+b}\leqq\pi<\dfrac{4\pi}{a+b}$ かつ　$\pi<\dfrac{2\pi}{b-a}$

別解　$\cos a\theta=\cos b\theta$ から　$\cos a\theta-\cos b\theta=0$

よって　$-2\sin\dfrac{a+b}{2}\theta\sin\dfrac{a-b}{2}\theta=0$

ゆえに　$\sin\dfrac{a+b}{2}\theta=0$　または　$\sin\dfrac{a-b}{2}\theta=0$

よって　$\dfrac{a+b}{2}\theta=n\pi$　または　$\dfrac{a-b}{2}\theta=n\pi$　(n は整数)

$a=b$ のとき，$\cos a\theta=\cos b\theta$ を満たす θ $(0<\theta\leqq\pi)$ は無数にあるから，条件 (＊) を満たさない。

したがって，$a\neq b$ のとき　$\theta=\dfrac{2n\pi}{a+b}$　または　$\theta=\dfrac{2n\pi}{a-b}$

◀**方法2** の和 ⟶ 積の公式を利用して，θ，a，b の関係式を導く。

演習 54 ➡ 本冊 p. 214

(1)　$t^2=(\sin x+\cos x)^2=1+2\sin x\cos x$

よって　$2\sin x\cos x=t^2-1$

ゆえに　$f(x)=t^2-1+at+b=\boldsymbol{t^2+at+b-1}$

(2)　$t=\sqrt{2}\sin\left(x+\dfrac{\pi}{4}\right)$ から　$-\sqrt{2}\leqq t\leqq\sqrt{2}$　……(＊)

求める条件は，$g(t)=t^2+at+b-1$ とすると，方程式 $g(t)=0$ が (＊) の範囲に少なくとも1つの実数解をもつことである。
これは，放物線 $y=g(t)$ と t 軸の共有点について，次の [1] または [2] または [3] または [4] が成り立つことと同じである。

[1]　放物線 $y=g(t)$ が (＊) の範囲で，t 軸と異なる2点で交わる，または接する。

$g(t)=0$ の判別式を D とすると　$D\geqq0$

$D=a^2-4(b-1)$ であるから　$a^2-4(b-1)\geqq0$

よって　$b\leqq\dfrac{a^2}{4}+1$　……①

軸 $x=-\dfrac{a}{2}$ について　$-\sqrt{2}<-\dfrac{a}{2}<\sqrt{2}$ から

$-2\sqrt{2}<a<2\sqrt{2}$　……②

$g(-\sqrt{2})>0$ から　$-\sqrt{2}a+b+1>0$

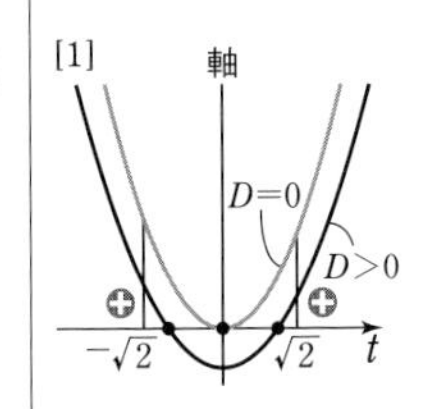

よって　　$b>\sqrt{2}a-1$ ……③

$g(\sqrt{2})>0$ から　　$\sqrt{2}a+b+1>0$

よって　　$b>-\sqrt{2}a-1$ ……④

[2]　放物線 $y=g(t)$ が $(*)$ の範囲で，t 軸とただ1点で交わり，他の1点は $t<-\sqrt{2}$，$\sqrt{2}<t$ の範囲にある。

このための条件は　　$g(-\sqrt{2})g(\sqrt{2})<0$

よって　　$(-\sqrt{2}a+b+1)(\sqrt{2}a+b+1)<0$

したがって

$$\begin{cases} b<\sqrt{2}a-1 \\ b>-\sqrt{2}a-1 \end{cases} \text{または} \begin{cases} b>\sqrt{2}a-1 \\ b<-\sqrt{2}a-1 \end{cases} \quad \cdots\cdots ⑤$$

[3]　放物線 $y=g(t)$ が t 軸と $t=-\sqrt{2}$ または $t=\sqrt{2}$ で交わる。このための条件は

$g(-\sqrt{2})=0$　または　$g(\sqrt{2})=0$

よって　　$-\sqrt{2}a+b+1=0$

　　または　$\sqrt{2}a+b+1=0$

すなわち　　$b=\sqrt{2}a-1$ ……⑥

　　または　$b=-\sqrt{2}a-1$ ……⑦

以上から，①～④，⑤，⑥，⑦ を ab 平面上に図示すると，**右の図の斜線部分** のようになる。

ただし，境界線を含む。

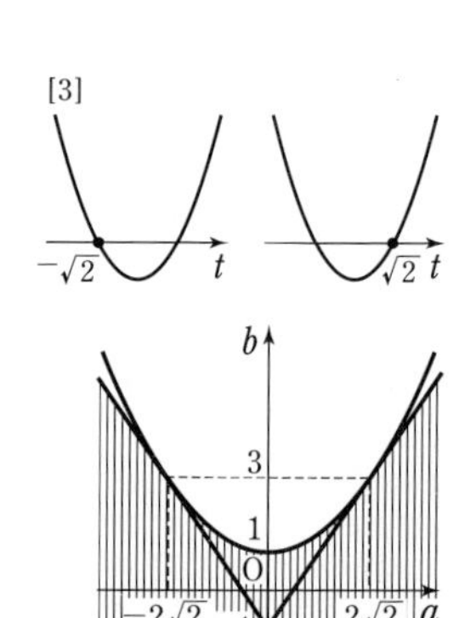

演習 55 ➡本冊 $p.214$

(1)　$2\alpha+2\beta+2\gamma=\pi$ から

$$\alpha+\beta+\gamma=\frac{\pi}{2} \quad \cdots\cdots ①$$

内接円の中心から辺 BC に下ろした垂線と辺 BC との交点をHとすると

$$\mathrm{BC}=\mathrm{BH}+\mathrm{HC}$$
$$=\frac{r}{\tan\beta}+\frac{r}{\tan\gamma}$$
$$=r\left(\frac{\cos\beta}{\sin\beta}+\frac{\cos\gamma}{\sin\gamma}\right)=r\cdot\frac{\sin\gamma\cos\beta+\cos\gamma\sin\beta}{\sin\beta\sin\gamma}$$
$$=\frac{r\sin(\beta+\gamma)}{\sin\beta\sin\gamma} \quad \cdots\cdots ②$$

◀内接円の中心 (内心) を I とすると　IH⊥BC，IH$=r$

◀最終的に，sin の等式を導くから，tan を sin, cos で表す。

① より，$\beta+\gamma=\dfrac{\pi}{2}-\alpha$ であるから

$$\sin(\beta+\gamma)=\sin\left(\frac{\pi}{2}-\alpha\right)=\cos\alpha$$

したがって，正弦定理により

$$2R=\frac{\mathrm{BC}}{\sin2\alpha}=\frac{r\sin(\beta+\gamma)}{\sin\beta\sin\gamma}\cdot\frac{1}{\sin2\alpha}$$
$$=\frac{r\cos\alpha}{\sin\beta\sin\gamma}\cdot\frac{1}{2\sin\alpha\cos\alpha}=\frac{r}{2\sin\alpha\sin\beta\sin\gamma}$$

よって　　$h=\dfrac{r}{R}=r\cdot\dfrac{4\sin\alpha\sin\beta\sin\gamma}{r}=4\sin\alpha\sin\beta\sin\gamma$

◀cos は消える。

◀$\dfrac{2r}{2R}$ とみて，代入して計算してもよい。

(2) △ABC が直角三角形のとき，$2\alpha=\dfrac{\pi}{2}$ すなわち $\alpha=\dfrac{\pi}{4}$ としても一般性は失われない。

$\alpha=\dfrac{\pi}{4}$ のとき，① から　$\beta+\gamma=\dfrac{\pi}{4}$ …… ②

(1) から　$h=4\sin\dfrac{\pi}{4}\cdot\left[-\dfrac{1}{2}\{\cos(\beta+\gamma)-\cos(\beta-\gamma)\}\right]$

$=\sqrt{2}\left\{\cos(\beta-\gamma)-\cos\dfrac{\pi}{4}\right\}$

$=\sqrt{2}\cos(\beta-\gamma)-1$

◀$\sin\beta\sin\gamma=-\dfrac{1}{2}\{\cos(\beta+\gamma)-\cos(\beta-\gamma)\}$

$0<\beta<\dfrac{\pi}{4}$，$0<\gamma<\dfrac{\pi}{4}$ より $-\dfrac{\pi}{4}<\beta-\gamma<\dfrac{\pi}{4}$ であるから

$\dfrac{1}{\sqrt{2}}<\cos(\beta-\gamma)\leqq 1$

◀$0<2\beta<\dfrac{\pi}{2}$，$0<2\gamma<\dfrac{\pi}{2}$

よって　$0<\sqrt{2}\cos(\beta-\gamma)-1\leqq\sqrt{2}-1$

◀各辺に $\sqrt{2}$ を掛けて -1 する。

すなわち，$h\leqq\sqrt{2}-1$ が成り立つことが証明された。
等号が成り立つのは，$\cos(\beta-\gamma)=1$ のときである。

$-\dfrac{\pi}{4}<\beta-\gamma<\dfrac{\pi}{4}$ であるから　$\beta-\gamma=0$

② と連立して解くと　$\beta=\gamma=\dfrac{\pi}{8}$

よって，$\alpha=\dfrac{\pi}{2}$，$2\beta=2\gamma=\dfrac{\pi}{4}$ となるから，**等号が成り立つのは，△ABC が直角二等辺三角形のとき** である。

(3) (1) から　$h=4\sin\alpha\left[-\dfrac{1}{2}\{\cos(\beta+\gamma)-\cos(\beta-\gamma)\}\right]$

◀$\sin\beta\sin\gamma=-\dfrac{1}{2}\{\cos(\beta+\gamma)-\cos(\beta-\gamma)\}$

また，① より，$\beta+\gamma=\dfrac{\pi}{2}-\alpha$ であるから

$h=-2\sin\alpha\left\{\cos\left(\dfrac{\pi}{2}-\alpha\right)-\cos(\beta-\gamma)\right\}$

$=-2\sin^2\alpha+2\cos(\beta-\gamma)\sin\alpha$

$\cos(\beta-\gamma)\leqq 1$，$\sin\alpha>0$ であるから

$h\leqq -2\sin^2\alpha+2\sin\alpha$ …… ③

◀$\cos(\beta-\gamma)\sin\alpha\leqq\sin\alpha$

更に　$-2\sin^2\alpha+2\sin\alpha=-2\left(\sin\alpha-\dfrac{1}{2}\right)^2+\dfrac{1}{2}$

◀$\sin\alpha=\dfrac{1}{2}$ のとき最大となる。

よって　$-2\sin^2\alpha+2\sin\alpha\leqq\dfrac{1}{2}$ …… ④

③，④ から　$h\leqq\dfrac{1}{2}$

等号が成り立つのは，② と ④ の等号が同時に成り立つとき，すなわち $\cos(\beta-\gamma)=1$ かつ $\sin\alpha=\dfrac{1}{2}$ のときである。

$0<\alpha<\dfrac{\pi}{2}$，$0<\beta<\dfrac{\pi}{2}$，$0<\gamma<\dfrac{\pi}{2}$ から　$\beta=\gamma$ かつ $\alpha=\dfrac{\pi}{6}$

$\beta=\gamma$ と $\beta+\gamma=\dfrac{\pi}{2}-\dfrac{\pi}{6}$ を連立して　$\alpha=\beta=\gamma=\dfrac{\pi}{6}$

したがって，$2\alpha=2\beta=2\gamma=\dfrac{\pi}{3}$ となるから，**等号が成り立つのは，△ABC が正三角形のとき** である。

演習 56 ➡ 本冊 p. 214

(1) △OAB と △OAC は辺 OA を共有するから，△OAB と △OAC の面積が等しいとき，それぞれの高さが等しい。ここで，条件から，動径 OB と x 軸の正の向きとのなす角は

$$180^\circ-(180^\circ-\theta)=\theta$$

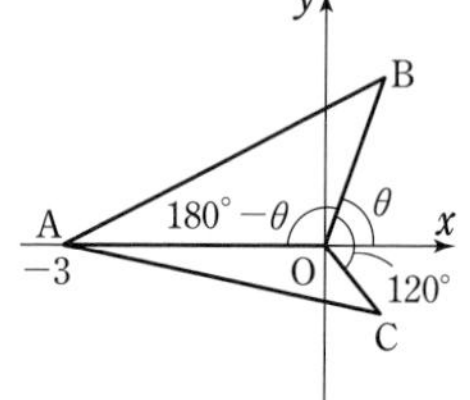

△OAB の高さは　$2\sin\theta$

◀ $\mathrm{OB}\sin\theta$

△OAC の高さは　$\sin(120^\circ-\theta)$

◀ $\mathrm{OC}\sin(120^\circ-\theta)$

ゆえに　$2\sin\theta=\sin(120^\circ-\theta)$ …… ①

$$\sin(120^\circ-\theta)=\sin 120^\circ\cos\theta-\cos 120^\circ\sin\theta$$
$$=\frac{\sqrt{3}}{2}\cos\theta+\frac{1}{2}\sin\theta$$

よって　$2\sin\theta=\dfrac{\sqrt{3}}{2}\cos\theta+\dfrac{1}{2}\sin\theta$

ゆえに　$3\sin\theta=\sqrt{3}\cos\theta$ …… ②

$\theta=90^\circ$ は ① を満たさないから　$\theta\neq 90^\circ$

◀ $\theta=90^\circ$ を ① に代入すると　$2\sin 90^\circ=\sin 30^\circ$
これは不合理。

② の両辺を $\cos\theta$ で割って　$\tan\theta=\dfrac{1}{\sqrt{3}}$

$0^\circ<\theta<120^\circ$ であるから　$\boldsymbol{\theta=30^\circ}$

参考　② から
$2\sqrt{3}\sin(\theta-30^\circ)=0$
よって　$\theta=30^\circ$
でもよい。

(2) △OAB と △OAC の面積の和を S とすると

$$S=\frac{1}{2}\cdot 3\{2\sin\theta+\sin(120^\circ-\theta)\}$$
$$=\frac{1}{2}\cdot 3\left(2\sin\theta+\frac{\sqrt{3}}{2}\cos\theta+\frac{1}{2}\sin\theta\right)$$
$$=\frac{3}{4}(5\sin\theta+\sqrt{3}\cos\theta)$$
$$=\frac{3}{4}\cdot 2\sqrt{7}\sin(\theta+\alpha)$$
$$=\frac{3\sqrt{7}}{2}\sin(\theta+\alpha)$$

◀三角関数の合成。

ただし　$\cos\alpha=\dfrac{5\sqrt{7}}{14}$，$\sin\alpha=\dfrac{\sqrt{21}}{14}$　$(0^\circ<\alpha<90^\circ)$

◀ α の値を具体的に求められないときは，左のような「ただし」書きを忘れないように。

$0^\circ<\theta<120^\circ$，$0^\circ<\alpha<90^\circ$ より，$0^\circ<\theta+\alpha<210^\circ$ であるから，この範囲において，S は $\theta+\alpha=90^\circ$ のとき最大となり，その **最大値は**　$\dfrac{3\sqrt{7}}{2}\sin 90^\circ=\dfrac{3\sqrt{7}}{2}\cdot 1=\boldsymbol{\dfrac{3\sqrt{7}}{2}}$

また，$\theta+\alpha=90^\circ$ のとき

$$\boldsymbol{\sin\theta}=\sin(90^\circ-\alpha)=\cos\alpha=\boldsymbol{\frac{5\sqrt{7}}{14}}$$

CHECK 44 ➡本冊 $p.230$

(1)

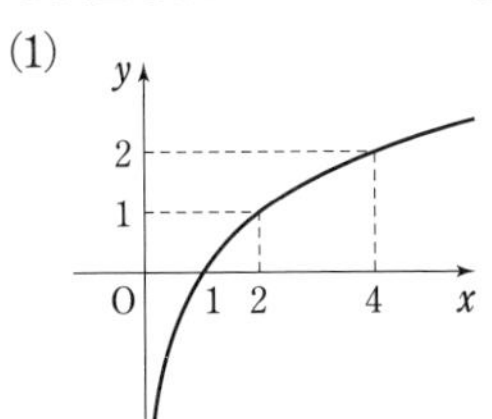

(2)

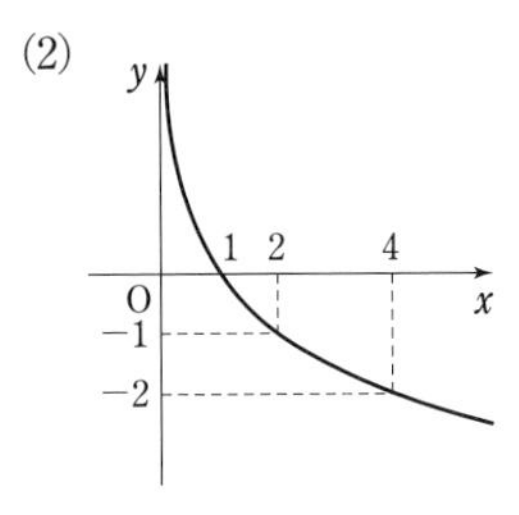

◀対数関数 $y=\log_a x$ のグラフの特徴を押さえる。
1. 点 $(1,\ 0)$ を通る。
2. y 軸は漸近線。
3. $a>1$ なら単調に増加
$0<a<1$ なら単調に減少

参考 $\log_{\frac{1}{a}}x=-\log_a x$ であるから，$y=\log_{\frac{1}{a}}x$ のグラフは $y=\log_a x$ のグラフと x 軸に関して対称である。

◀$\dfrac{1}{a}=a^{-1}$ から。

CHECK 45 ➡本冊 $p.241$

(1) $\log_{10}32.3=\log_{10}(3.23\times10)$
$=\log_{10}3.23+\log_{10}10$
$=0.5092+1=\mathbf{1.5092}$

(2) $\log_{10}0.0824=\log_{10}(8.24\times10^{-2})$
$=\log_{10}8.24+\log_{10}10^{-2}$
$=0.9159-2=\mathbf{-1.0841}$

(3) $\log_2 165=\dfrac{\log_{10}165}{\log_{10}2}=\dfrac{\log_{10}(1.65\times10^2)}{\log_{10}2}$
$=\dfrac{\log_{10}1.65+\log_{10}10^2}{\log_{10}2}$
$=\dfrac{0.2175+2}{0.3010}=\dfrac{2.2175}{0.3010}$
$=7.36710\cdots\cdots\fallingdotseq\mathbf{7.3671}$

◀底の変換公式を利用して常用対数で表す。

◀小数第 5 位を四捨五入。

CHECK 46 ➡本冊 $p.241$

(1) $\log_{10}15=\log_{10}\dfrac{3\times10}{2}$
$=\log_{10}3+\log_{10}10-\log_{10}2$
$=0.4771+1-0.3010=\mathbf{1.1761}$

◀真数を 2，3，10 の積・商で表す。

(2) $\log_{10}2.25=\log_{10}\dfrac{9}{4}=\log_{10}\left(\dfrac{3}{2}\right)^2$
$=2(\log_{10}3-\log_{10}2)$
$=2(0.4771-0.3010)=\mathbf{0.3522}$

◀小数は分数に直す。

(3) $\log_{10}\sqrt[3]{18}=\dfrac{1}{3}\log_{10}(2\cdot3^2)$
$=\dfrac{1}{3}(\log_{10}2+2\log_{10}3)$
$=\dfrac{1}{3}(0.3010+2\times0.4771)=\mathbf{0.4184}$

◀$\sqrt[3]{18}=18^{\frac{1}{3}}$

例 57 ➡本冊 p. 217

(1) $8^{\frac{1}{2}}\times 8^{\frac{1}{3}}\div 8^{\frac{1}{6}}=8^{\frac{1}{2}+\frac{1}{3}-\frac{1}{6}}=8^{\frac{2}{3}}=(2^3)^{\frac{2}{3}}$
$=2^{3\times\frac{2}{3}}=2^2=\mathbf{4}$

◀ $a^r\times a^s=a^{r+s}$
$a^r\div a^s=a^{r-s}$

(2) $a^2\times(a^{-1})^3\div a^{-2}=a^2\times a^{(-1)\times 3}\div a^{-2}$
$=a^{2-3-(-2)}=\boldsymbol{a}$

(3) $(ab^{-2})^{-\frac{1}{2}}\times a^{\frac{3}{2}}b^{-1}=a^{-\frac{1}{2}}b^{(-2)\times\left(-\frac{1}{2}\right)}\times a^{\frac{3}{2}}b^{-1}$
$=a^{-\frac{1}{2}+\frac{3}{2}}b^{1-1}=a^{\frac{2}{2}}b^0=\boldsymbol{a}$

◀ $(a^r)^s=a^{rs}$

(4) $\sqrt[4]{16}=\sqrt[4]{2^4}=$ ア $\mathbf{2}$,　$\sqrt[4]{625}=\sqrt[4]{5^4}=$ イ $\mathbf{5}$,
$\sqrt[5]{-243}=-\sqrt[5]{243}=-\sqrt[5]{3^5}=$ ウ $\mathbf{-3}$

◀ $\sqrt[5]{(-3)^5}=-3$ としてもよい。

(5) $\sqrt[3]{\sqrt{64}}\times\sqrt{16}\div\sqrt[3]{8}=(64^{\frac{1}{2}})^{\frac{1}{3}}\times 16^{\frac{1}{2}}\div 8^{\frac{1}{3}}$
$=\{(2^6)^{\frac{1}{2}}\}^{\frac{1}{3}}\times(2^4)^{\frac{1}{2}}\div(2^3)^{\frac{1}{3}}=2\times 2^2\div 2$
$=2^{1+2-1}=2^2=\mathbf{4}$

◀ 2^r の形にそろえる。

(6) $(\sqrt[3]{16}+2\sqrt[6]{4}-3\sqrt[9]{8})^3=(2\sqrt[3]{2}+2\sqrt[3]{2}-3\sqrt[3]{2})^3$
$=(\sqrt[3]{2})^3=\mathbf{2}$

◀ $\sqrt[3]{16}=\sqrt[3]{2^4}=\sqrt[3]{2^3\cdot 2}$
$\sqrt[6]{4}=\sqrt[2\cdot 3]{2^2}=\sqrt[3]{2}$

(7) $\sqrt[3]{54}+\sqrt[3]{-250}-\sqrt[3]{-16}=\sqrt[3]{54}-\sqrt[3]{250}-(-\sqrt[3]{16})$
$=\sqrt[3]{3^3\cdot 2}-\sqrt[3]{5^3\cdot 2}+\sqrt[3]{2^3\cdot 2}$
$=3\sqrt[3]{2}-5\sqrt[3]{2}+2\sqrt[3]{2}=(3-5+2)\sqrt[3]{2}$
$=\mathbf{0}$

◀ n が奇数のとき
$\sqrt[n]{-a}=-\sqrt[n]{a}$

(8) $\dfrac{\sqrt[3]{a^4}}{\sqrt{b}}\times\dfrac{\sqrt[3]{b}}{\sqrt[3]{a^2}}\times\sqrt[3]{a\sqrt{b}}=a^{\frac{4}{3}}b^{-\frac{1}{2}}\times a^{-\frac{2}{3}}b^{\frac{1}{3}}\times a^{\frac{1}{3}}b^{\frac{1}{6}}$
$=a^{\frac{4}{3}-\frac{2}{3}+\frac{1}{3}}b^{-\frac{1}{2}+\frac{1}{3}+\frac{1}{6}}$
$=a^1b^0=\boldsymbol{a}$

◀ $\sqrt[3]{a\sqrt{b}}=(ab^{\frac{1}{2}})^{\frac{1}{3}}$
$=a^{\frac{1}{3}}b^{\frac{1}{6}}$

例 58 ➡本冊 p. 220

(1) $y=-3^{x+1}$ のグラフは，$y=3^x$ のグラフを **x 軸に関して対称移動し，更に x 軸方向に -1 だけ平行移動したもの** である。〔図〕

(2) $\dfrac{9}{3^x}=3^2\div 3^x=3^{2-x}=3^{-(x-2)}$

よって，$y=\dfrac{9}{3^x}$ のグラフは，$y=3^x$ のグラフを **y 軸に関して対称移動し，更に x 軸方向に 2 だけ平行移動したもの** である。〔図〕

(3) $y=-3^x+1$ のグラフは，$y=3^x$ のグラフを **x 軸に関して対称移動し，更に y 軸方向に 1 だけ平行移動したもの** である。〔図〕

参考 (1) $y=-3\cdot 3^x$ から，$y=3^x$ のグラフを x 軸に関して対称移動し，更に y 軸方向に 3 倍にしたものである。

参考 (2) $y=9\cdot 3^{-x}$ から，$y=3^x$ のグラフを y 軸に関して対称移動し，更に y 軸方向に 9 倍にしたものである。

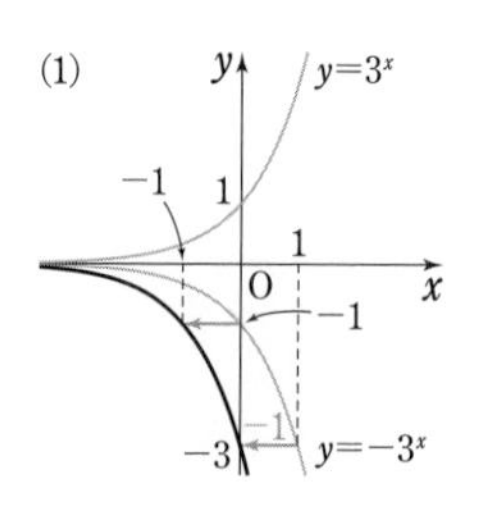

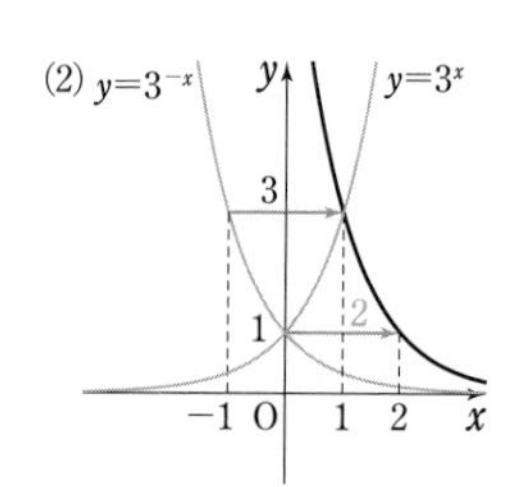

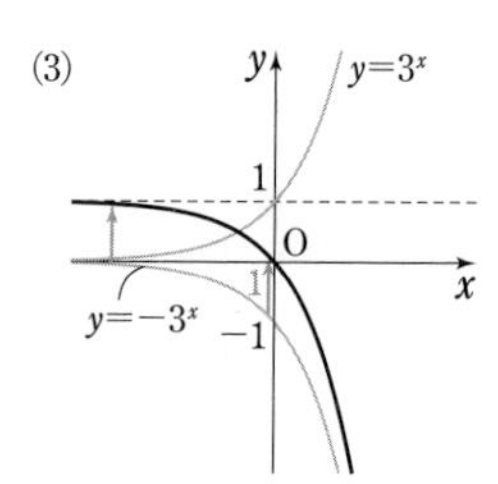

例 59 ➡ 本冊 p. 220

(1) $2^{\frac{1}{2}}$, $4^{\frac{1}{4}}=(2^2)^{\frac{1}{4}}=2^{\frac{1}{2}}$, $8^{\frac{1}{8}}=(2^3)^{\frac{1}{8}}=2^{\frac{3}{8}}$

◀底を 2 にそろえる。

底 2 は 1 より大きいから, $\dfrac{3}{8}<\dfrac{1}{2}=\dfrac{1}{2}$ より

$2^{\frac{3}{8}}<2^{\frac{1}{2}}=2^{\frac{1}{2}}$ すなわち $\boldsymbol{8^{\frac{1}{8}}<2^{\frac{1}{2}}=4^{\frac{1}{4}}}$

(2) $2^{30}=(2^3)^{10}=8^{10}$, $3^{20}=(3^2)^{10}=9^{10}$, 10^{10}

◀指数を 10 にそろえる。

$8<9<10$ であるから $8^{10}<9^{10}<10^{10}$

すなわち $\boldsymbol{2^{30}<3^{20}<10^{10}}$

(3) $\sqrt{2}=2^{\frac{1}{2}}=2^{\frac{3}{6}}=(2^3)^{\frac{1}{6}}=8^{\frac{1}{6}}$, $\sqrt[3]{3}=3^{\frac{1}{3}}=3^{\frac{2}{6}}=(3^2)^{\frac{1}{6}}=9^{\frac{1}{6}}$,

$\sqrt[6]{6}=6^{\frac{1}{6}}$

◀指数を $\dfrac{1}{6}$ にそろえる。

$6<8<9$ であるから $6^{\frac{1}{6}}<8^{\frac{1}{6}}<9^{\frac{1}{6}}$

すなわち $\boldsymbol{\sqrt[6]{6}<\sqrt{2}<\sqrt[3]{3}}$

別解 $(\sqrt{2})^6=(2^{\frac{1}{2}})^6=2^3=8$, $(\sqrt[3]{3})^6=(3^{\frac{1}{3}})^6=3^2=9$, $(\sqrt[6]{6})^6=6$

$6<8<9$ であるから $(\sqrt[6]{6})^6<(\sqrt{2})^6<(\sqrt[3]{3})^6$

$\sqrt[6]{6}>0$, $\sqrt{2}>0$, $\sqrt[3]{3}>0$ であるから $\boldsymbol{\sqrt[6]{6}<\sqrt{2}<\sqrt[3]{3}}$

◀2, 3, 6 の最小公倍数は 6 であるから, 3 数をそれぞれ 6 乗する。

例 60 ➡ 本冊 p. 221

(1) $16^{2-x}=8^x$ から $2^{4(2-x)}=2^{3x}$ よって $4(2-x)=3x$

◀底を 2 にそろえる。

整理すると $7x=8$ ゆえに $\boldsymbol{x=\dfrac{8}{7}}$

(2) $4^x-2^{x+2}-32=0$ から $(2^x)^2-2^2\cdot2^x-32=0$

よって $(2^x)^2-4\cdot2^x-32=0$

◀$t^2-4t-32=0$ の形。

ゆえに $(2^x+4)(2^x-8)=0$

◀$(t+4)(t-8)=0$

よって $2^x=-4$ または $2^x=8$

$2^x>0$ であるから $2^x=8$

ゆえに $2^x=2^3$ よって $\boldsymbol{x=3}$

(3) $2^{3x}=X$, $2^y=Y$ とおくと $X>0$, $Y>0$

また, 連立方程式は $\begin{cases} XY=16 & \cdots\cdots ① \\ X-Y=-6 & \cdots\cdots ② \end{cases}$

② から $X=Y-6$ …… ③

◀ Yを消去してもよい。

これを ① に代入して $(Y-6)Y=16$

整理して $Y^2-6Y-16=0$ すなわち $(Y+2)(Y-8)=0$

$Y+2>0$ であるから $Y=8$ このとき, ③ から $X=2$

◀ $Y>0$ であるから $Y+2>0$

$X=2$ のとき $2^{3x}=2$ すなわち $3x=1$

これを解いて $\boldsymbol{x=\dfrac{1}{3}}$

$Y=8$ のとき $2^y=2^3$ すなわち $\boldsymbol{y=3}$

例 61 ➡ 本冊 p. 221

(1) $\left(\dfrac{1}{9}\right)^{x+2}>\left(\dfrac{1}{27}\right)^x$ から $\left(\dfrac{1}{3}\right)^{2(x+2)}>\left(\dfrac{1}{3}\right)^{3x}$

◀底を $\dfrac{1}{3}$ にそろえる。

底 $\dfrac{1}{3}$ は 1 より小さいから $2(x+2)<3x$

◀不等号の向きが変わる。

これを解いて $\boldsymbol{x>4}$

(2)　$3^{2x+1}+17\cdot 3^x-6<0$ から

$$3\cdot(3^x)^2+17\cdot 3^x-6<0$$

◀ $3t^2+17t-6<0$ の形。

よって　$(3^x+6)(3\cdot 3^x-1)<0$

◀ $(t+6)(3t-1)<0$

$3^x+6>0$ であるから　$3\cdot 3^x-1<0$

◀ $3^x>0$ から　$3^x+6>0$

ゆえに　$3^x<\dfrac{1}{3}$　すなわち　$3^x<3^{-1}$

底 3 は 1 より大きいから　$\boldsymbol{x<-1}$

◀不等号の向きは変わらない。

例 62

➡ 本冊 p. 227

(1)　(ア)　$\log_3 27=\log_3 3^3=\mathbf{3}$

(イ)　$\log_{\frac{1}{3}}\sqrt{243}=\log_{\frac{1}{3}}3^{\frac{5}{2}}=\log_{\frac{1}{3}}\left(\dfrac{1}{3}\right)^{-\frac{5}{2}}=-\dfrac{\mathbf{5}}{\mathbf{2}}$

◀ $243=3^5$

(2)　**(まとめる)**　$(与式)=\log_2 12^2+\log_2\left(\dfrac{8}{9}\right)^{-\frac{1}{4}}+\log_2(\sqrt{3})^{-5}$

$$=\log_2\left\{12^2\cdot\frac{9^{\frac{1}{4}}}{8^{\frac{1}{4}}}\cdot\frac{1}{(\sqrt{3})^5}\right\}=\log_2\frac{2^4\cdot 3^2\cdot 3^{\frac{1}{2}}}{2^{\frac{3}{4}}\cdot 3^{\frac{5}{2}}}=\log_2 2^{\frac{13}{4}}=\frac{\mathbf{13}}{\mathbf{4}}$$

◀ $\log_a M+\log_a N$
$=\log_a MN$

◀ $12^2=(2^2\cdot 3)^2=2^4\cdot 3^2$
$9^{\frac{1}{4}}=(3^2)^{\frac{1}{4}}=3^{\frac{1}{2}}$
$8^{\frac{1}{4}}=(2^3)^{\frac{1}{4}}=2^{\frac{3}{4}}$

(分解)　$(与式)=2\log_2(2^2\cdot 3)-\dfrac{1}{4}\log_2\dfrac{2^3}{3^2}-5\log_2 3^{\frac{1}{2}}$

$$=2(\log_2 2^2+\log_2 3)-\frac{1}{4}(\log_2 2^3-\log_2 3^2)-\frac{5}{2}\log_2 3$$

$$=2(2+\log_2 3)-\frac{1}{4}(3-2\log_2 3)-\frac{5}{2}\log_2 3$$

$$=4-\frac{3}{4}+\left(2+\frac{1}{2}-\frac{5}{2}\right)\log_2 3=\frac{\mathbf{13}}{\mathbf{4}}$$

◀ $\log_a\dfrac{M}{N}$
$=\log_a M-\log_a N$

例 63

➡ 本冊 p. 227

(1)　$(\log_{27}4+\log_9 4)(\log_2 27-\log_4 3)$

$$=\left(\frac{\log_3 4}{\log_3 27}+\frac{\log_3 4}{\log_3 9}\right)\left(\frac{\log_3 27}{\log_3 2}-\frac{1}{\log_3 4}\right)$$

◀底を 3 にそろえる。

$$=\left(\frac{2\log_3 2}{3}+\frac{2\log_3 2}{2}\right)\left(\frac{3}{\log_3 2}-\frac{1}{2\log_3 2}\right)$$

$$=\frac{5\log_3 2}{3}\cdot\frac{5}{2\log_3 2}=\frac{\mathbf{25}}{\mathbf{6}}$$

(2)　$\log_2 25\cdot\log_3 16\cdot\log_5 27$

$$=\log_2 25\cdot\frac{\log_2 16}{\log_2 3}\cdot\frac{\log_2 27}{\log_2 5}=\log_2 5^2\cdot\frac{\log_2 2^4}{\log_2 3}\cdot\frac{\log_2 3^3}{\log_2 5}$$

◀底を 2 にそろえる。

$$=2\log_2 5\cdot\frac{4}{\log_2 3}\cdot\frac{3\log_2 3}{\log_2 5}=2\cdot 4\cdot 3=\mathbf{24}$$

例 64

➡ 本冊 p. 231

(1)　$y=\log_4(x-2)$ のグラフは，$y=\log_4 x$ のグラフを **x 軸方向に 2 だけ平行移動したもの** である。〔図〕

◀漸近線は　直線 $x=2$

(2)　$\log_{\frac{1}{4}}x=\log_{4^{-1}}x=-\log_4 x$

◀ $\log_{a^m}b^n=\dfrac{n}{m}\log_a b$

よって，$y=\log_{\frac{1}{4}}x$ のグラフは，$y=\log_4 x$ のグラフを **x 軸に関して対称移動したもの** である。〔図〕

(1)

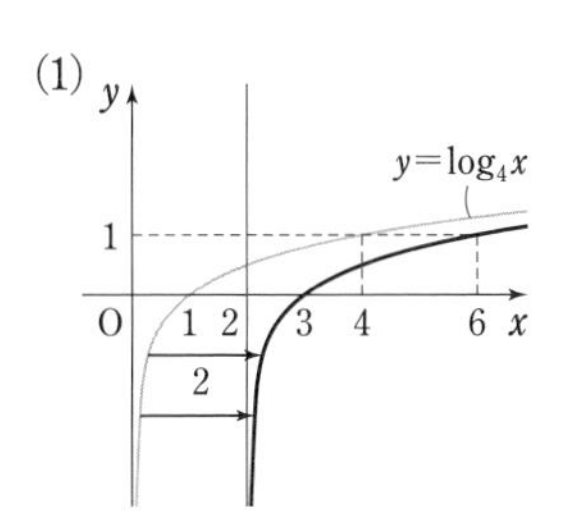

(2)

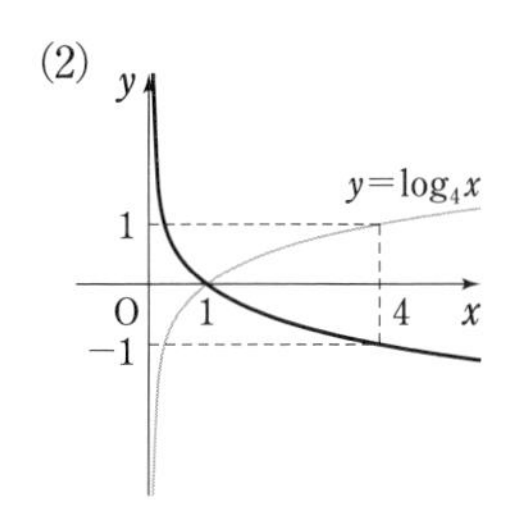

(3) $\log_4 4x = \log_4 4 + \log_4 x = \log_4 x + 1$

よって，$y=\log_4 4x$ のグラフは，$y=\log_4 x$ のグラフを **y 軸方向に 1 だけ平行移動したもの** である。〔図〕

参考 $y=\log_4 4x$ のグラフは，$y=\log_4 x$ のグラフを y 軸をもとにして x 軸方向に $\frac{1}{4}$ 倍にしたものでもある。

(4) $\log_{\frac{1}{4}}(2-x)=\log_{4^{-1}}(2-x)=-\log_4\{-(x-2)\}$

◀$\log_{a^m} b^n = \frac{n}{m}\log_a b$

よって，$y=\log_{\frac{1}{4}}(2-x)$ のグラフは，$y=\log_4 x$ のグラフを **原点に関して対称移動し，更に x 軸方向に 2 だけ平行移動したもの** である。〔図〕

◀漸近線は　直線 $x=2$

◀$y=-\log_4(-x)$ のグラフは，$y=\log_4 x$ のグラフを原点に関して対称移動したものである。

(3)

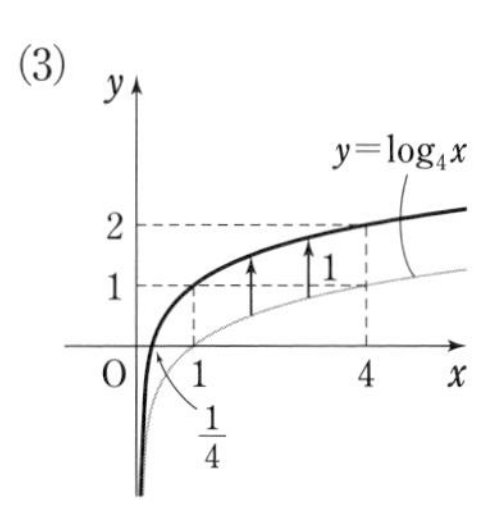

(4)

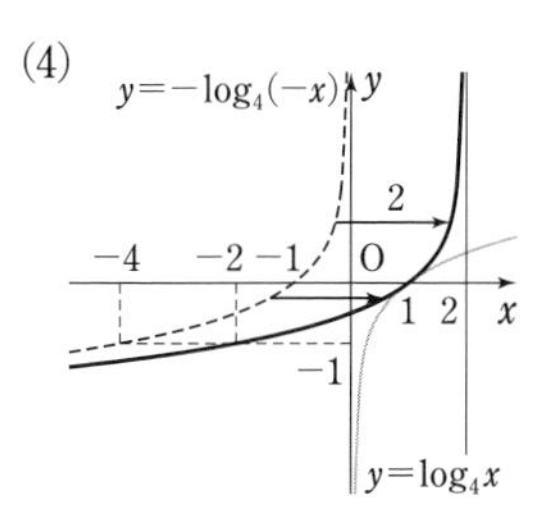

5章 例 [指数関数・対数関数]

例 65

➡ 本冊 p. 231

(1) $1.5=\frac{3}{2}=\frac{3}{2}\log_4 4=\log_4 4^{\frac{3}{2}}=\log_4 (2^2)^{\frac{3}{2}}=\log_4 8$,

◀底を 4 にそろえる。

$\log_2 5=\log_{2^2} 5^2=\log_4 25$

◀$\log_a b=\log_{a^n} b^n$

底 4 は 1 より大きいから，$8<9<25$ より

$\log_4 8<\log_4 9<\log_4 25$　すなわち　$\mathbf{1.5<\log_4 9<\log_4 5}$

(2) $\log_2 3>1$，$\log_3 4>1$，$\log_4 2<1$　…… ①

$$P=\log_2 3-\log_3 4=\log_2 3-\frac{\log_2 4}{\log_2 3}=\log_2 3-\frac{2}{\log_2 3}$$

◀底の変換公式で底を 2 にそろえる。

$$=\frac{(\log_2 3)^2-2}{\log_2 3}=\frac{(\log_2 3+\sqrt{2})(\log_2 3-\sqrt{2})}{\log_2 3} \quad \cdots\cdots ②$$

ここで，$\log_2 3>1$ であるから　　$\log_2 3+\sqrt{2}>0$

一方，(1) から　　$\log_2 3=\log_{2^2} 3^2=\log_4 9>1.5>\sqrt{2}$

◀$\sqrt{2}=1.41\cdots$

すなわち　　$\log_2 3-\sqrt{2}>0$

よって，② から　$P>0$　　ゆえに　　$\log_2 3>\log_3 4$

これと ① から　　$\mathbf{\log_4 2<\log_3 4<\log_2 3}$

練習 108 ➡ 本冊 $p.218$

(1) (ア) $(\sqrt[4]{2}+\sqrt[4]{3})(\sqrt[4]{2}-\sqrt[4]{3})(\sqrt{2}+\sqrt{3})$

$=\{(\sqrt[4]{2})^2-(\sqrt[4]{3})^2\}(\sqrt{2}+\sqrt{3})$

$=(\sqrt[4]{2^2}-\sqrt[4]{3^2})(\sqrt{2}+\sqrt{3})$

$=(\sqrt{2}-\sqrt{3})(\sqrt{2}+\sqrt{3})$

$=2-3=\boldsymbol{-1}$

◀ $(A+B)(A-B)=A^2-B^2$ を繰り返し利用する。

(イ) $(a^{\frac{1}{2}}+b^{\frac{1}{2}})^2+(a^{\frac{1}{2}}-b^{\frac{1}{2}})^2=2\{(a^{\frac{1}{2}})^2+(b^{\frac{1}{2}})^2\}$

$=\boldsymbol{2(a+b)}$

◀ $(A+B)^2+(A-B)^2=2(A^2+B^2)$

(ウ) $(a^{\frac{1}{6}}-b^{\frac{1}{6}})(a^{\frac{1}{6}}+b^{\frac{1}{6}})(a^{\frac{2}{3}}+a^{\frac{1}{3}}b^{\frac{1}{3}}+b^{\frac{2}{3}})$

$=\{(a^{\frac{1}{6}})^2-(b^{\frac{1}{6}})^2\}(a^{\frac{2}{3}}+a^{\frac{1}{3}}b^{\frac{1}{3}}+a^{\frac{2}{3}})$

$=(a^{\frac{1}{3}}-b^{\frac{1}{3}})\{(a^{\frac{1}{3}})^2+a^{\frac{1}{3}}b^{\frac{1}{3}}+(b^{\frac{1}{3}})^2\}$

$=(a^{\frac{1}{3}})^3-(b^{\frac{1}{3}})^3=\boldsymbol{a-b}$

◀ $(A-B)(A^2+AB+B^2)=A^3-B^3$

(2) (ア) $x^{\frac{1}{2}}+x^{-\frac{1}{2}}=\sqrt{5}$ の両辺を 2 乗すると

$(x^{\frac{1}{2}})^2+2x^{\frac{1}{2}}x^{-\frac{1}{2}}+(x^{-\frac{1}{2}})^2=5$

すなわち　$x+2+x^{-1}=5$

よって　$\boldsymbol{x+x^{-1}=3}$

◀ $x+2\underline{x^{\frac{1}{2}}x^{-\frac{1}{2}}}+x^{-1}=5$ ($\underline{\quad}\to 1$)

また　$\boldsymbol{x^{\frac{3}{2}}+x^{-\frac{3}{2}}}=(x^{\frac{1}{2}}+x^{-\frac{1}{2}})^3-3x^{\frac{1}{2}}x^{-\frac{1}{2}}(x^{\frac{1}{2}}+x^{-\frac{1}{2}})$

$=(\sqrt{5})^3-3\cdot1\cdot\sqrt{5}$

$=\boldsymbol{2\sqrt{5}}$

◀ $A^3+B^3=(A+B)^3-3AB(A+B)$

別解　$\boldsymbol{x^{\frac{3}{2}}+x^{-\frac{3}{2}}}=(x^{\frac{1}{2}}+x^{-\frac{1}{2}})(x-1+x^{-1})$

$=\sqrt{5}(3-1)=\boldsymbol{2\sqrt{5}}$

◀ $A^3+B^3=(A+B)(A^2-AB+B^2)$

(イ) $a>0$, $x>0$ のとき　$a^{\frac{1}{2}x}>0$, $a^{-\frac{1}{2}x}>0$

よって　$a^{\frac{1}{2}x}+a^{-\frac{1}{2}x}>0$ …… ①

$(a^{\frac{1}{2}x}+a^{-\frac{1}{2}x})^2=a^x+2+a^{-x}$

$=5+2=7$

① から　$\boldsymbol{a^{\frac{1}{2}x}+a^{-\frac{1}{2}x}=\sqrt{7}}$

また　$\boldsymbol{a^{\frac{3}{2}x}+a^{-\frac{3}{2}x}}=(a^{\frac{1}{2}x}+a^{-\frac{1}{2}x})^3-3a^{\frac{1}{2}x}a^{-\frac{1}{2}x}(a^{\frac{1}{2}x}+a^{-\frac{1}{2}x})$

$=(\sqrt{7})^3-3\cdot1\cdot\sqrt{7}$

$=\boldsymbol{4\sqrt{7}}$

◀ $A^3+B^3=(A+B)^3-3AB(A+B)$

別解　$\boldsymbol{a^{\frac{3}{2}x}+a^{-\frac{3}{2}x}}=(a^{\frac{1}{2}x}+a^{-\frac{1}{2}x})(a^x-1+a^{-x})$

$=\sqrt{7}(5-1)=\boldsymbol{4\sqrt{7}}$

◀ $A^3+B^3=(A+B)(A^2-AB+B^2)$

練習 109 ➡ 本冊 $p.222$

(1) $3^x=t$ とおくと　$t>0$ …… ①

y を t の式で表すと

$y=(3^x)^2-6\cdot3^x+10=t^2-6t+10=(t-3)^2+1$

① の範囲において，y は

$t=3$ で最小値 1 をとる。最大値はない。

$t=3$ のとき　$3^x=3$　　よって　$x=1$

したがって　**$x=1$ で最小値 1，最大値はない。**

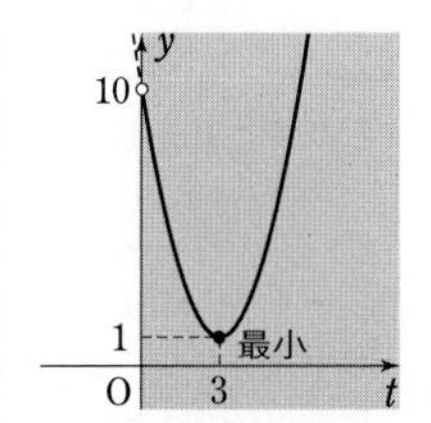

(2) $2^x=t$ とおくと，$-1\leqq x\leqq 2$ のとき

$$2^{-1}\leqq t\leqq 2^2 \quad \text{すなわち} \quad \frac{1}{2}\leqq t\leqq 4 \quad \cdots\cdots ①$$

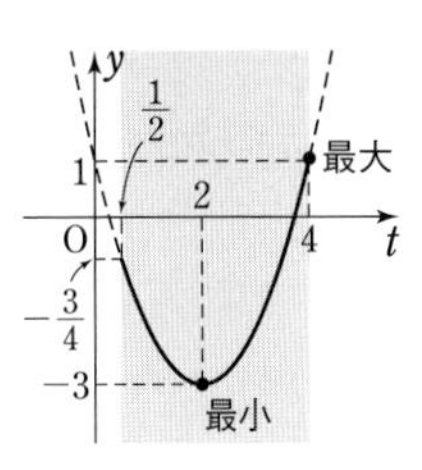

y を t の式で表すと

$$y=(2^x)^2-4\cdot 2^x+1=t^2-4t+1=(t-2)^2-3$$

① の範囲において，y は

$t=4$ で最大値 1，$t=2$ で最小値 -3 をとる。

$t=4$ のとき　$2^x=4$　　　よって　$x=2$

$t=2$ のとき　$2^x=2$　　　よって　$x=1$

したがって　**$x=2$ で最大値 1，$x=1$ で最小値 -3**

練習 110　➡ 本冊 p. 223

(1) $a^x>0$，$a^{-x}>0$ であるから，(相加平均)≧(相乗平均) により

$$a^x+a^{-x}\geqq 2\sqrt{a^x\cdot a^{-x}}=2 \qquad \text{よって} \qquad t\geqq 2$$

◀ $a^x\cdot a^{-x}=a^0=1$

等号が成り立つのは，$a^x=a^{-x}$ のときである。

$a>1$，$a\neq 1$ から，$a^x=a^{-x}$ のとき　　$x=-x$

ゆえに　　$x=0$

したがって，t は **$x=0$ で最小値 2** をとる。

(2) $a^{2x}+a^{-2x}=(a^x+a^{-x})^2-2\cdot a^x\cdot a^{-x}$

$\qquad\qquad\quad =(a^x+a^{-x})^2-2=t^2-2$

◀ $A^2+B^2=(A+B)^2-2AB$

よって，$f(x)$ を t の式で表すと

$$f(x)=(t^2-2)-2(a+a^{-1})t+2(a+a^{-1})^2$$
$$=\{t-(a+a^{-1})\}^2+(a+a^{-1})^2-2$$
$$=\{t-(a+a^{-1})\}^2+a^2+a^{-2}$$

◀ $t^2-2-2At+2A^2=(t-A)^2+A^2-2$

◀ 基本形 $(t-p)^2+q$

(1) より $t\geqq 2$ であり，

$a+a^{-1}\geqq 2$ であるから，$f(x)$ は

$t=a+a^{-1}$ で最小値 a^2+a^{-2} をとる。

◀ (相加平均)≧(相乗平均) から　$a+a^{-1}\geqq 2$

$t=a+a^{-1}$ から　　$a^x+a^{-x}=a+a^{-1}$

両辺に a^x (>0) を掛けて整理すると

$$a^{2x}-(a+a^{-1})a^x+1=0$$

◀ $a^x=X$ とおくと $X^2-(a+a^{-1})X+1=0$ $(X-a)(X-a^{-1})=0$

よって　　$(a^x-a)(a^x-a^{-1})=0$

ゆえに　　$a^x=a$　または　$a^x=a^{-1}$

したがって　　$x=\pm 1$

よって，$f(x)$ は **$x=\pm 1$ で最小値 a^2+a^{-2}** をとる。

練習 111　➡ 本冊 p. 224

$3^x=t$ とおくと　　$t>0$

このとき，x の値と t の値は 1 対 1 に対応する。

また，次の関係が成り立つ。

$$x<0 \Longleftrightarrow 0<t<1, \quad 0<x \Longleftrightarrow 1<t$$

与えられた方程式を t の式で表すと

$$t^2+2at+2a^2+a-6=0 \quad \cdots\cdots ①$$

◀ $9^x=(3^x)^2$

よって，与えられた方程式が正の解，負の解を 1 つずつもつための条件は，t についての 2 次方程式 ① が $0<t<1$ と $1<t$ の範囲にそれぞれ 1 個ずつ解をもつことである。

ゆえに，① の左辺を $f(t)$ とすると　$f(0)>0$ かつ $f(1)<0$

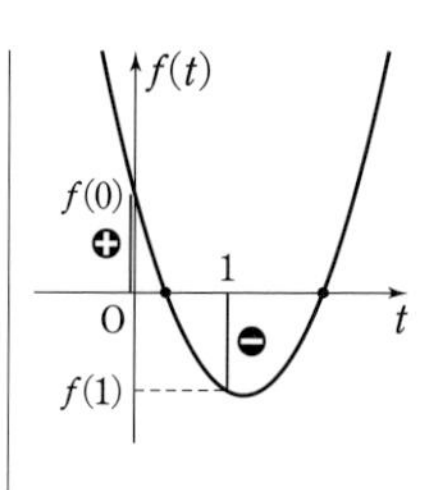

$f(0)>0$ から　$2a^2+a-6>0$

すなわち　$(a+2)(2a-3)>0$

よって　$a<-2,\ \dfrac{3}{2}<a$ …… ②

$f(1)<0$ から　$2a^2+3a-5<0$

すなわち　$(2a+5)(a-1)<0$

よって　$-\dfrac{5}{2}<a<1$ …… ③

②，③ の共通範囲を求めて

$$\boldsymbol{-\frac{5}{2}<a<-2}$$

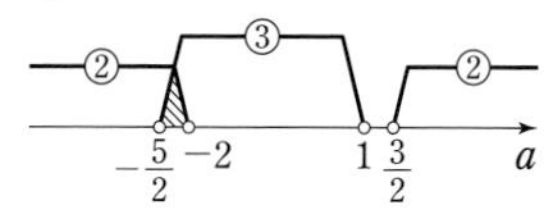

練習 112

➡ 本冊 p. 225

(1) $3^x=5$ を満たす有理数 x が存在すると仮定する。

$3^x=5>1$ であるから，$x>0$ である。

よって，$x=\dfrac{m}{n}$ (m，n は正の整数) と表され　$3^{\frac{m}{n}}=5$

両辺を n 乗して　$3^m=5^n$ …… ①

① の左辺は 3 の倍数であるが，右辺は 3 の倍数でないから，矛盾。

ゆえに，$3^x=5$ を満たす x は有理数でない。

CHART
「でない」の証明
⟶ 背理法

◀ 3 と 5 は互いに素。

(2) $20=2^2\cdot5$，$10=2\cdot5$ であるから，$20^x=10^{y+1}$ より

$$2^{2x}\cdot5^x=2^{y+1}\cdot5^{y+1}$$

よって　$2^{2x-y-1}=5^{y+1-x}$ …… ①

◀両辺を $2^{y+1}\cdot5^x$ で割る。

$y+1-x\neq0$ と仮定すると，① から

$$2^{\frac{2x-y-1}{y+1-x}}=5 \quad \cdots\cdots ②$$

x，y が有理数のとき，$2x-y-1$，$y+1-x$ はともに有理数で

$\dfrac{2x-y-1}{y+1-x}$ も有理数となる。

また，② より $2^{\frac{2x-y-1}{y+1-x}}>1$ であるから　$\dfrac{2x-y-1}{y+1-x}>0$

◀ $1=2^0$

ゆえに，$\dfrac{2x-y-1}{y+1-x}=\dfrac{m}{n}$ (m，n は正の整数) と表され

$$2^{\frac{m}{n}}=5$$

両辺を n 乗して　$2^m=5^n$ …… ③

③ の左辺は 2 の倍数であるが，右辺は 2 の倍数でないから，矛盾。

◀ 2 と 5 は互いに素。

よって　$y+1-x=0$ …… ④

◀ $y+1-x\neq0$ と仮定すると矛盾が生じたから，$y+1-x=0$ である。

このとき，① から　$2^{2x-y-1}=1$

ゆえに　$2x-y-1=0$ …… ⑤

④，⑤ を連立して解くと　$\boldsymbol{x=0,\ y=-1}$

(3) $(n^2-3n+3)^{n^2-8n+15}=1$ …… ① とする。

$n^2-3n+3=\left(n-\dfrac{3}{2}\right)^2+\dfrac{3}{4}>0$ であるから，① が成り立つのは，

$$n^2-3n+3=1 \quad \text{または} \quad n^2-8n+15=0$$

のときである。

◀ $a^m=1\ (a>0)$
$\Longleftrightarrow a=1$ または $m=0$

$n^2-3n+3=1$ から　　$(n-1)(n-2)=0$

これを解いて　　$n=1,\ 2$

$n^2-8n+15=0$ から　　$(n-3)(n-5)=0$

これを解いて　　$n=3,\ 5$

したがって，① を満たす自然数 n は　　1，2，3，5

このうち，**最小なものは 1，最大なものは 5** である。

練習 113 ➡ 本冊 *p*. 228

(1)　$\log_5 4=\dfrac{\log_3 4}{\log_3 5}=\dfrac{2\log_3 2}{\log_3 5}$ であるから　　$b=\dfrac{2a}{\log_3 5}$

◀ $\log_a b=\dfrac{\log_c b}{\log_c a}$

したがって　　$\log_3 5=\dfrac{2a}{b}$

よって　$\log_{15}8=\dfrac{\log_3 8}{\log_3 15}=\dfrac{3\log_3 2}{\log_3 5+\log_3 3}=\dfrac{3a}{\dfrac{2a}{b}+1}=\boldsymbol{\dfrac{3ab}{2a+b}}$

(2)　$\log_a 2+\log_b 2=\dfrac{1}{\log_2 a}+\dfrac{1}{\log_2 b}=\dfrac{1}{A}+\dfrac{1}{B}=\dfrac{A+B}{AB}$

◀ $\log_a b=\dfrac{1}{\log_b a}$

$\log_{ab}2=\dfrac{1}{\log_2 ab}=\dfrac{1}{\log_2 a+\log_2 b}=\dfrac{1}{A+B}$

よって，条件から　　$\dfrac{A+B}{AB}=1,\ \dfrac{1}{A+B}=-1$

したがって　　$A+B=-1,\ AB=-1$

ゆえに，A，B は 2 次方程式 $x^2+x-1=0$ の 2 つの解である。

◀ x^2-(和)$x+$(積)$=0$

これを解いて　　$x=\dfrac{-1\pm\sqrt{5}}{2}$

$A=\dfrac{-1+\sqrt{5}}{2}$ のとき　　$B=\dfrac{-1-\sqrt{5}}{2}$

$A=\dfrac{-1-\sqrt{5}}{2}$ のとき　　$B=\dfrac{-1+\sqrt{5}}{2}$

よって

$\boldsymbol{(A,\ B)=\left(\dfrac{-1+\sqrt{5}}{2},\ \dfrac{-1-\sqrt{5}}{2}\right),\ \left(\dfrac{-1-\sqrt{5}}{2},\ \dfrac{-1+\sqrt{5}}{2}\right)}$

◀ $\boldsymbol{A=\dfrac{-1\pm\sqrt{5}}{2}}$，$\boldsymbol{B=\dfrac{-1\mp\sqrt{5}}{2}}$ **(複号同順)** でもよい。

練習 114 ➡ 本冊 *p*. 229

(1)　(ア)　$16^{\log_2 3}=(2^4)^{\log_2 3}=2^{4\log_2 3}=2^{\log_2 3^4}=3^4=\boldsymbol{81}$

◀ $\boldsymbol{a^{\log_a M}=M}$

(イ)　$9^{-\log_3 8}=(3^2)^{-\log_3 8}=3^{-2\log_3 8}=3^{\log_3 8^{-2}}=8^{-2}=\boldsymbol{\dfrac{1}{64}}$

(ウ)　$11^{\log_{121}36}=11^{\log_{11^2}6^2}=11^{\log_{11}6}=\boldsymbol{6}$

(2)　$3^x=2^y=5^z=\left(\dfrac{6}{5}\right)^7$ の各辺は正であるから，各辺の 3 を底とする対数をとると

◀ 2 を底とする対数をとってもよい。

$$x=y\log_3 2=z\log_3 5=7\log_3\frac{6}{5}$$

$7\log_3\dfrac{6}{5}=k$ とおくと　　$x=k,\ y=\dfrac{k}{\log_3 2},\ z=\dfrac{k}{\log_3 5}$

$x\neq 0,\ y\neq 0,\ z\neq 0,\ k\neq 0$ であるから

$$\frac{1}{x}=\frac{1}{k},\quad \frac{1}{y}=\frac{\log_3 2}{k},\quad \frac{1}{z}=\frac{\log_3 5}{k}$$

よって　$\dfrac{1}{x}+\dfrac{1}{y}-\dfrac{1}{z}=\dfrac{1+\log_3 2-\log_3 5}{k}$

$$=\frac{\log_3 3+\log_3 2-\log_3 5}{7(1+\log_3 2-\log_3 5)}=\mathbf{\frac{1}{7}}$$

◀$\log_3\dfrac{6}{5}$
$=\log_3(3\cdot2)-\log_3 5$

練習 115 ➡本冊 $p.232$

(1) 対数の定義から　$x^2+3x+4=2^1$

◀$a^p=M \Longleftrightarrow p=\log_a M$

よって　$x^2+3x+2=0$　すなわち　$(x+1)(x+2)=0$

したがって　$\boldsymbol{x=-1,\ -2}$

(2) 真数は正であるから　$x-5>0$　かつ　$2x-3>0$

共通範囲は　$x>5$

◀$x>5$ と $x>\dfrac{3}{2}$ の共通範囲。

方程式から　$\log_3(x-5)(2x-3)=\log_3 3^2$

ゆえに　$(x-5)(2x-3)=9$

整理して　$2x^2-13x+6=0$

よって　$(x-6)(2x-1)=0$

$x>5$ であるから　$\boldsymbol{x=6}$

◀真数条件を確認。

(3) 真数は正であるから　$x^2>0$　かつ　$|x-2|>0$

したがって　$x\neq0$　かつ　$x\neq2$　…… ①

また　$2+\log_2|x-2|=\log_2 4+\log_2|x-2|=\log_2 4|x-2|$

◀右辺を $\log_2$ でまとめる。

よって，方程式は　$\log_2 x^2=\log_2 4|x-2|$

すなわち　$x^2=4|x-2|$

[1] $x<2$ のとき　$x^2=-4(x-2)$

整理すると　$x^2+4x-8=0$

これを解いて　$x=-2\pm2\sqrt{3}$

$x=-2\pm2\sqrt{3}$ は ① を満たすから，解である。

[2] $x>2$ のとき　$x^2=4(x-2)$

整理すると　$x^2-4x+8=0$　すなわち　$(x-2)^2+4=0$

◀判別式を考えてもよい。

この方程式は実数解をもたない。

[1]，[2] から，求める解は　$\boldsymbol{x=-2\pm2\sqrt{3}}$

(4) 真数は正であるから

$$x^2+4x-4>0\quad かつ\quad x+1>0\quad \cdots\cdots ①$$

(4) **真数>0** から，連立不等式 ① が導かれる。ここで，① を満たす x の値の範囲を求めてもよいが，式変形することにより導かれる x の値のうち，① を満たすものを求める解とした方がらく。

$\log_{\frac{1}{2}}(x+1)=\dfrac{\log_2(x+1)}{\log_2\dfrac{1}{2}}=-\log_2(x+1)$ であるから，方程式

は　$\log_2(x^2+4x-4)-\log_2(x+1)=3$

よって，$\log_2\dfrac{x^2+4x-4}{x+1}=3$ から　$\dfrac{x^2+4x-4}{x+1}=2^3$

ゆえに　$x^2+4x-4=8(x+1)$

整理して　$x^2-4x-12=0$　すなわち　$(x+2)(x-6)=0$

よって　$x=-2,\ 6$

$x=6$ は ① を満たすが，$x=-2$ は ① を満たさない。

◀$x+1>0$ から　$x>-1$

したがって，求める解は　$\boldsymbol{x=6}$

(5) 真数は正であるから　$x>0$ かつ $x+3>0$

共通範囲は　$x>0$

このとき，$\log_2 x=\log_4 x^2$ であるから，方程式は

$$\log_4 x^2(x+3)=\log_4 4$$

よって　$x^2(x+3)=4$

整理して　$x^3+3x^2-4=0$

したがって　$(x-1)(x+2)^2=0$

◀因数定理を利用。

$x>0$ であるから　$\boldsymbol{x=1}$

(6) 底は1でない正の数であるから

$x>0$ かつ $x\neq 1$ …… ①

◀**底>0，底≠1**

方程式から　$x^{\frac{1}{2}}=5\sqrt{5}$

◀対数の定義。

両辺を2乗して　$\boldsymbol{x=125}$

これは ① を満たすから，求める解である。

練習 116 ➡本冊 p. 233

(1) $\log_3 x=t$ とおくと　$\log_3 3x^2=1+2\log_3 x=1+2t$

◀ t は任意の実数値をとる。

よって，方程式は　$5(1+2t)-4t^2+1=0$

整理すると　$2t^2-5t-3=0$

ゆえに　$(2t+1)(t-3)=0$　よって　$t=-\dfrac{1}{2},\ 3$

すなわち　$\log_3 x=-\dfrac{1}{2}$ または $\log_3 x=3$

したがって　$x=3^{-\frac{1}{2}},\ 3^3$　すなわち　$\boldsymbol{x=\dfrac{\sqrt{3}}{3},\ 27}$

◀$3^{-\frac{1}{2}}=\dfrac{1}{\sqrt{3}}=\dfrac{\sqrt{3}}{3}$

(2) 底と真数の条件から　$x>0$ かつ $x\neq 1$ …… ①

◀底>0，底≠1，真数>0

方程式から　$2\log_2 x-\dfrac{2}{\log_2 x}+3=0$

◀$\log_x 4=\dfrac{\log_2 4}{\log_2 x}$

よって　$2(\log_2 x)^2+3\log_2 x-2=0$

◀両辺に $\log_2 x$ $(\neq 0)$ を掛ける。
$\log_2 x=t$ とおくと
$2t^2+3t-2=0$
$(t+2)(2t-1)=0$

ゆえに　$(\log_2 x+2)(2\log_2 x-1)=0$

よって　$\log_2 x=-2$ または $\log_2 x=\dfrac{1}{2}$

したがって　$x=2^{-2},\ 2^{\frac{1}{2}}$　すなわち　$\boldsymbol{x=\dfrac{1}{4},\ \sqrt{2}}$

これらは ① を満たすから，求める解である。

(3) $\log_2 x$ の真数について，$x>0$ であるから

$$x^{\log_2 x}>0,\ x^5>0$$

HINT (3)，(4) のように，指数に $\log_2 x$ を含むものは，両辺の2を底とする対数をとるとよい。

よって，方程式の両辺は正であり，2を底とする対数をとると

$$\log_2 x^{\log_2 x}=\log_2 \frac{x^5}{64}$$

よって　$(\log_2 x)(\log_2 x)=\log_2 x^5-\log_2 2^6$

整理すると　$(\log_2 x)^2-5\log_2 x+6=0$

◀$\log_2 x=t$ とおくと
$t^2-5t+6=0$
$(t-2)(t-3)=0$

ゆえに　$(\log_2 x-2)(\log_2 x-3)=0$

したがって　$\log_2 x=2$ または $\log_2 x=3$

よって　$x=2^2,\ 2^3$　すなわち　$\boldsymbol{x=4,\ 8}$

(4) 真数は正であるから　$x>0$

よって，方程式の両辺は正であり　$x^{(\log_2 x)^2}=64x^{6\log_2 x-11}$

両辺の 2 を底とする対数をとると

$\log_2 x^{(\log_2 x)^2}=\log_2(64x^{6\log_2 x-11})$

ここで　(左辺)$=(\log_2 x)^2\cdot\log_2 x=(\log_2 x)^3$

(右辺)$=\log_2 64+\log_2 x^{6\log_2 x-11}$

$=6+(6\log_2 x-11)\cdot\log_2 x$

したがって　$(\log_2 x)^3=6+(6\log_2 x-11)\log_2 x$

すなわち　$(\log_2 x)^3-6(\log_2 x)^2+11\log_2 x-6=0$

$\log_2 x=t$ とおくと　$t^3-6t^2+11t-6=0$

ゆえに　$(t-1)(t-2)(t-3)=0$

よって　$t=1,\ 2,\ 3$

すなわち　$\log_2 x=1,\ 2,\ 3$

したがって　$\boldsymbol{x=2,\ 4,\ 8}$

◀ $(a^r)^s=a^{rs}$

◀ $\log_a M^k=k\log_a M$

◀ t は任意の実数値をとる。

(5) $\begin{cases} 8\cdot 3^x-3^y=-27 & \cdots\cdots ① \\ \log_2(x+1)-\log_2(y+3)=-1 & \cdots\cdots ② \end{cases}$ とする。

真数は正であるから　$x+1>0$　かつ　$y+3>0$

よって　$x>-1,\ y>-3$　…… ③

② を変形して　$\log_2(x+1)+1=\log_2(y+3)$

すなわち　$\log_2 2(x+1)=\log_2(y+3)$

ゆえに　$2(x+1)=y+3$

よって　$y=2x-1$　…… ④

④ を ① に代入すると　$8\cdot 3^x-3^{2x-1}=-27$

すなわち　$8\cdot 3^x-\dfrac{1}{3}(3^x)^2=-27$

両辺に 3 を掛けて整理すると　$(3^x)^2-24\cdot 3^x-81=0$

よって　$(3^x+3)(3^x-27)=0$

$3^x>0$ であるから　$3^x=27$

ゆえに　$x=3$　　④ に代入すると　$y=5$

これらは ③ を満たす。

よって　$\boldsymbol{x=3,\ y=5}$

◀ $\log_2(x+1)+1$
$=\log_2(x+1)+\log_2 2$
$=\log_2 2(x+1)$

◀ $3^x=t$ とおくと
$t^2-24t-81=0$
$(t+3)(t-27)=0$

練習 117 ➡ 本冊 p. 234

(1) 真数は正であるから　$-x>0$　すなわち　$x<0$　…… ①

このとき，不等式から　$\log_{\frac{1}{3}}(-x)\geqq\log_{\frac{1}{3}}\dfrac{1}{9}$

底 $\dfrac{1}{3}$ は 1 より小さいから　$-x\leqq\dfrac{1}{9}$

よって　$x\geqq-\dfrac{1}{9}$　…… ②

①, ② の共通範囲を求めて　$\boldsymbol{-\dfrac{1}{9}\leqq x<0}$

◀ $2=\log_{\frac{1}{3}}\left(\dfrac{1}{3}\right)^2$

◀ 対数の大小と真数の大小が逆になる。

(2) 真数は正であるから　$x>0$　かつ　$4-x>0$

よって　$0<x<4$　…… ①

このとき，不等式から　$\log_2 x+\log_2(4-x)<1$

すなわち　$\log_2 x(4-x)<\log_2 2$

底 2 は 1 より大きいから　$x(4-x)<2$

整理すると　$x^2-4x+2>0$

これを解くと　$x<2-\sqrt{2}$，$2+\sqrt{2}<x$　…… ②

①，② の共通範囲を求めて　$\boldsymbol{0<x<2-\sqrt{2}}$，$\boldsymbol{2+\sqrt{2}<x<4}$

◀ $\log_{2^{-1}}(4-x)$
$=-\log_2(4-x)$

(3)　真数は正であるから　$x>0$　…… ①

このとき，不等式から　$1-\sqrt{5}<\log_2 x<1+\sqrt{5}$

底 2 は 1 より大きいから　$\boldsymbol{2^{1-\sqrt{5}}<x<2^{1+\sqrt{5}}}$

これは ① を満たすから，求める解である。

◀ $t^2-2t-4<0$ の解は
$1-\sqrt{5}<t<1+\sqrt{5}$

(4)　底と真数の条件から　$x>0$　かつ　$x\neq 1$

◀底>0，底$\neq 1$，真数>0

$$\log_7 x-3\log_x 7x=\log_7 x-3(\log_x 7+\log_x x)$$
$$=\log_7 x-3\left(\frac{1}{\log_7 x}+1\right)$$
$$=\log_7 x-\frac{3}{\log_7 x}-3$$

◀ $\log_a b=\dfrac{1}{\log_b a}$

$\log_7 x=t$ とおくと，$x\neq 1$ から　$t\neq 0$

◀この条件に注意！

不等式は　$t-\dfrac{3}{t}-3\leqq -1$　…… ①

[1]　$t>0$ のとき，① の両辺に t を掛けて整理すると

$t^2-2t-3\leqq 0$

ゆえに　$(t+1)(t-3)\leqq 0$

よって　$-1\leqq t\leqq 3$

$t>0$ であるから　$0<t\leqq 3$

[2]　$t<0$ のとき，① の両辺に t を掛けて整理すると

$t^2-2t-3\geqq 0$

ゆえに　$(t+1)(t-3)\geqq 0$

よって　$t\leqq -1$，$3\leqq t$

$t<0$ であるから　$t\leqq -1$

以上から，① を満たす t の範囲は

$t\leqq -1$，$0<t\leqq 3$

ゆえに　$\log_7 x\leqq -1$，$0<\log_7 x\leqq 3$

すなわち　$\log_7 x\leqq\log_7 7^{-1}$，$\log_7 7^0<\log_7 x\leqq\log_7 7^3$

底 7 は 1 より大きいから

$x\leqq 7^{-1}$，$7^0<x\leqq 7^3$

したがって　$\boldsymbol{0<x\leqq\dfrac{1}{7}}$，$\boldsymbol{1<x\leqq 343}$

◀第 6 章微分法を学習した後なら，次のようにしてもよい。
① の両辺に $t^2(>0)$ を掛けて整理すると
$t^3-2t^2-3t\leqq 0$
$t(t+1)(t-3)\leqq 0$
$y=t(t+1)(t-3)$ のグラフから，$y\leqq 0$ かつ $t\neq 0$ を満たす t の範囲は　$t\leqq -1$，$0<t\leqq 3$

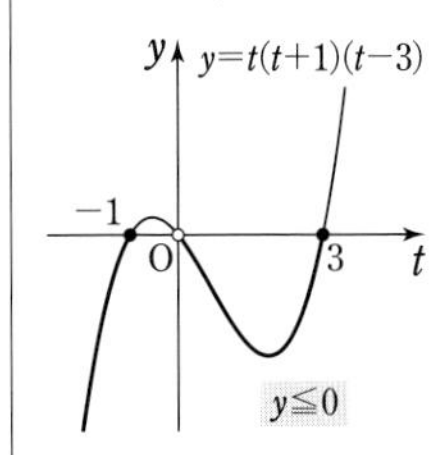

練習 118

➡本冊 p. 235

(1)　真数条件から　$b>0$　かつ　$k-b>0$

よって　$0<b<k$

◀真数>0

底の条件から　$0<a<1$，$1<a$

◀底>0，底$\neq 1$

不等式から　$\log_a b(k-b)>\log_a a^2$　…… ①

[1]　$0<a<1$ のとき

①から　　$b(k-b)<a^2$

すなわち　$a^2+b^2-bk>0$

よって　　$a^2+\left(b-\dfrac{k}{2}\right)^2>\dfrac{k^2}{4}$

[2]　$a>1$ のとき

①から　　$b(k-b)>a^2$

よって　　$a^2+\left(b-\dfrac{k}{2}\right)^2<\dfrac{k^2}{4}$

ゆえに，求める集合は **右の図の斜線部分。ただし，境界線を含まない。**

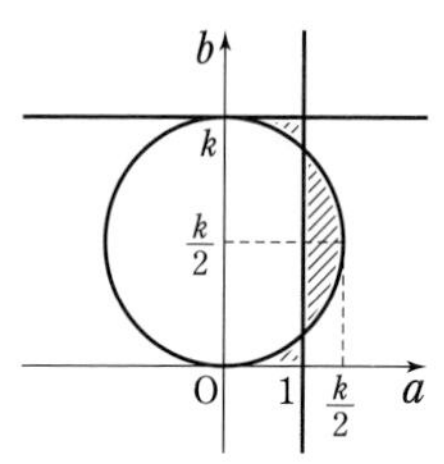

◀底<1 と 底>1 で場合分け。底<1 のときは不等号の向きが変わる。

◀$0<b<k$ の条件を忘れずに。

(2)　底と真数の条件から　　$x>0,\ x\neq1,\ y>0,\ y\neq1$

◀底>0，底≠1，真数>0

不等式から　　$\log_x y+2\cdot\dfrac{1}{\log_x y}<3$

◀$\log_a b=\dfrac{1}{\log_b a}$

よって　　$\dfrac{(\log_x y)^2-3\log_x y+2}{\log_x y}<0$

$\log_x y=t$ とおくと　　$\dfrac{t^2-3t+2}{t}<0$

◀$t\neq0$

したがって　　$\dfrac{(t-1)(t-2)}{t}<0$　……①

[1]　$t>0$ のとき

①から　　$(t-1)(t-2)<0$　　ゆえに　　$1<t<2$

これは $t>0$ を満たす。

◀$t>0$ と $t<0$ で場合分け。

◀場合分けの条件を満たすかどうかを確認。

[2]　$t<0$ のとき

①から　　$(t-1)(t-2)>0$　　ゆえに　　$t<1,\ 2<t$

$t<0$ との共通範囲は　　$t<0$

◀場合分けの条件を満たすかどうかを確認。

以上から　　$t<0,\ 1<t<2$

すなわち　　$\log_x y<0,\ 1<\log_x y<2$

よって　　$\log_x y<\log_x 1,$

　　　　　$\log_x x<\log_x y<\log_x x^2$

◀$0=\log_x 1,\ 1=\log_x x,\ 2=\log_x x^2$

したがって

$0<x<1$ のとき　　$y>1,\ x^2<y<x$

$x>1$ のとき　　$0<y<1,\ x<y<x^2$

よって，求める存在範囲は，**右の図の斜線部分。**

ただし，境界線を含まない。

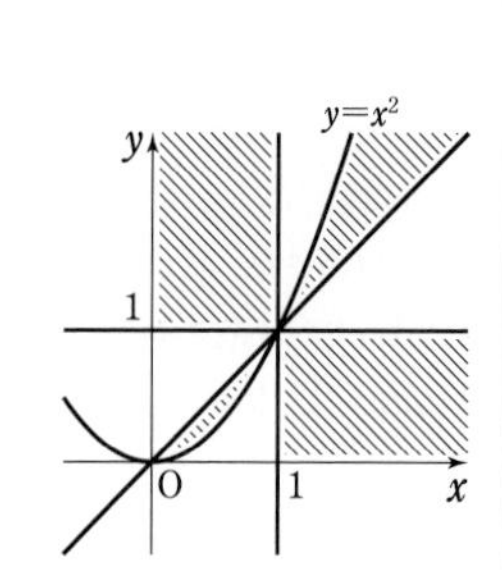

◀$y>0,\ y\neq1$ の条件を忘れずに。

練習 119　➡本冊 p. 236

(1)　$\log_2 x=t$ とおくと，$1\leqq x\leqq8$ から　　$0\leqq t\leqq3$

また　　$\log_{\frac{1}{2}}x=-\log_2 x=-t$

y を t の式で表すと　　$y=t^2-2t+3=(t-1)^2+2$

$0\leqq t\leqq3$ の範囲において，y は

$t=3$ で最大値 6，$t=1$ で最小値 2

をとる。

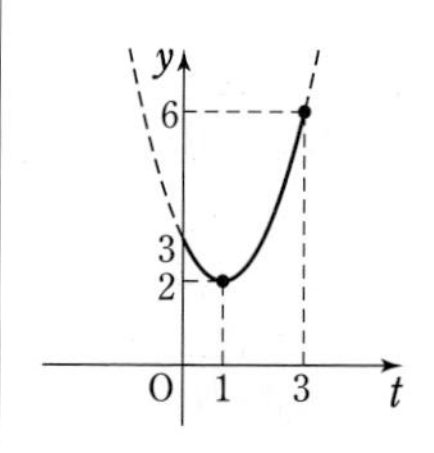

$t=3$ のとき，$\log_2 x=3$ から　　$x=8$

$t=1$ のとき，$\log_2 x=1$ から　　$x=2$

よって　　**$x=8$ で最大値 6，$x=2$ で最小値 2**

(2)　$y=\left(\log_{10}\dfrac{x}{100}\right)\left(\log_{10}\dfrac{1}{x}\right)$

$=(\log_{10}x-\log_{10}100)(\log_{10}x^{-1})$

$=(\log_{10}x-2)(-\log_{10}x)$

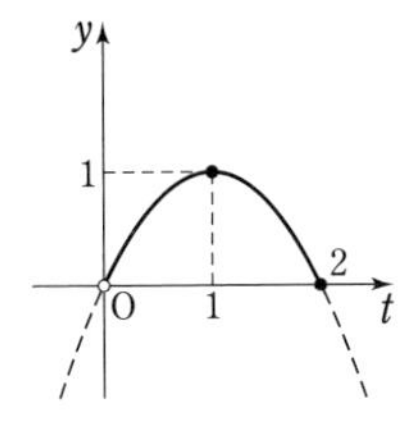

$\log_{10}x=t$ とおくと，$1<x\leqq 100$ から　　$0<t\leqq 2$

y を t の式で表すと

$$y=(t-2)\cdot(-t)=-(t^2-2t)=-(t-1)^2+1$$

$0<t\leqq 2$ の範囲において，y は

$t=1$ で最大値 1，$t=2$ で最小値 0

をとる。

$t=1$ のとき，$\log_{10}x=1$ から　　$x=10$

$t=2$ のとき，$\log_{10}x=2$ から　　$x=100$

よって　　**$x=10$ で最大値 1，$x=100$ で最小値 0**

(3)　真数は正であるから　　$x-2>0$　かつ　$3-x>0$

よって　　$2<x<3$　…… ①

$2\log_4(3-x)=\log_{2^2}(3-x)^2=\log_2(3-x)$ であるから

◀底を 2 にそろえる。

$$y=\log_2(x-2)+2\log_4(3-x)$$
$$=\log_2(x-2)+\log_2(3-x)$$
$$=\log_2(x-2)(3-x)$$
$$=\log_2(-x^2+5x-6)$$

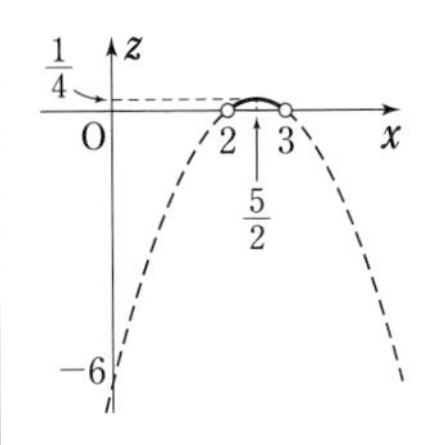

$z=-x^2+5x-6$ とすると　　$z=-\left(x-\dfrac{5}{2}\right)^2+\dfrac{1}{4}$

① の範囲において，z は $x=\dfrac{5}{2}$ で最大値 $\dfrac{1}{4}$ をとる。

対数の底 2 は 1 より大きいから，このとき y も最大となる。

◀$a>1$ のとき $\log_a x$ は単調に増加。⟶ x の値が大きいほど $\log_a x$ の値は大きい。

よって　　**$x=\dfrac{5}{2}$ で最大値 $\log_2\dfrac{1}{4}=\log_2 2^{-2}=-2$**

また，**最小値はない。**

(4)　$\log_2 x=t$ とおくと，$x>1$ から　　$t>0$

また　　$\log_x 16=\dfrac{\log_2 16}{\log_2 x}=\dfrac{4}{\log_2 x}$

◀底を 2 にそろえる。

y を t の式で表すと　　$y=2t+\dfrac{4}{t}$

$t>0$ であるから，(相加平均)≧(相乗平均) により

$$2t+\frac{4}{t}\geqq 2\sqrt{2t\cdot\frac{4}{t}}=4\sqrt{2}$$

◀$t>0$ のとき　$\dfrac{4}{t}>0$

等号は $2t=\dfrac{4}{t}$，$t>0$ すなわち $t=\sqrt{2}$ のとき成り立つ。

◀$2t^2=4$ から　$t^2=2$

このとき，$\log_2 x=\sqrt{2}$ から　　$x=2^{\sqrt{2}}$

よって　　**$x=2^{\sqrt{2}}$ で最小値 $4\sqrt{2}$**　　　また，**最大値はない。**

練習 120 ➡ 本冊 $p.237$

(1) $xy=10^5$, $10 \leqq x \leqq 1000$ のとき，$y>0$ となる。

◀真数 >0 の確認。

10 を底として，$xy=10^5$, $10 \leqq x \leqq 1000$ の各辺の対数をとると

$$\log_{10}xy=\log_{10}10^5,\ \log_{10}10 \leqq \log_{10}x \leqq \log_{10}1000$$

よって

$$\log_{10}x+\log_{10}y=5 \quad \cdots\cdots ①,\qquad 1 \leqq \log_{10}x \leqq 3 \quad \cdots\cdots ②$$

① から　$\log_{10}y=5-\log_{10}x$

ゆえに　$z=(\log_{10}x)(5-\log_{10}x)=-(\log_{10}x)^2+5\log_{10}x$

$$=-\left(\log_{10}x-\frac{5}{2}\right)^2+\frac{25}{4}$$

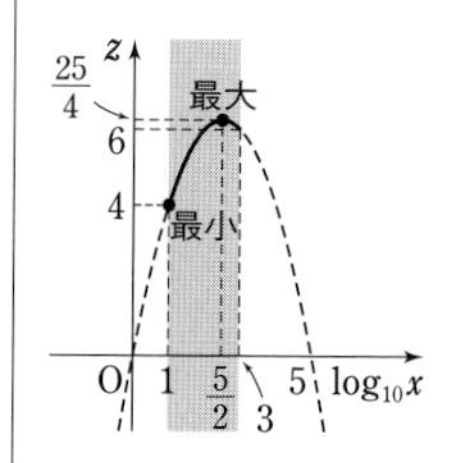

② の範囲において，z は

$\log_{10}x=\frac{5}{2}$ で最大値 $\frac{25}{4}$，$\log_{10}x=1$ で最小値 4　をとる。

$\log_{10}x=\frac{5}{2}$ のとき　$x=10^{\frac{5}{2}}=100\sqrt{10}$

このとき　$y=100\sqrt{10}$

◀$xy=10^5$ から　$y=10^{\frac{5}{2}}$

$\log_{10}x=1$ のとき　$x=10$　　このとき　$y=10000$

◀$xy=10^5$ から　$y=10^4$

よって　$\boldsymbol{x=100\sqrt{10}}$，$\boldsymbol{y=100\sqrt{10}}$ **で最大値** $\boldsymbol{\frac{25}{4}}$；

$\boldsymbol{x=10}$，$\boldsymbol{y=10000}$ **で最小値 4**

(2) $2x+3y=12$ から　$y=-\frac{2}{3}x+4$ $\cdots\cdots$ ①

CHART 条件式
文字を減らす方針で使う
変域にも注意

$y>0$ から　$-\frac{2}{3}x+4>0$　　よって　$x<6$

$x>0$ と合わせて　$0<x<6$ $\cdots\cdots$ ②

また　$z=\log_6 x+\log_6 y=\log_6 xy$

底 6 は 1 より大きいから，xy が最大のとき，z は最大になる。

① から　$xy=x\left(-\frac{2}{3}x+4\right)=-\frac{2}{3}(x^2-6x)$

$$=-\frac{2}{3}(x-3)^2+6$$

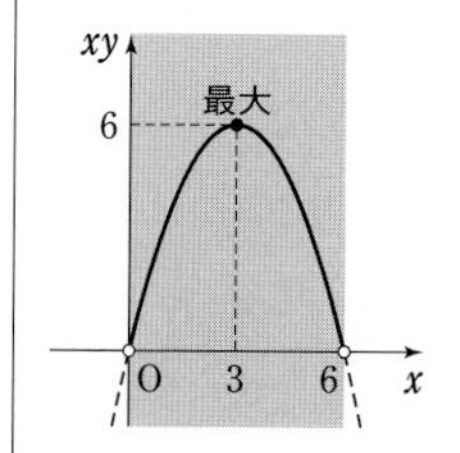

② の範囲において，xy は $x=3$ で最大値 6 をとる。

① から，$x=3$ のとき　$y=2$

したがって，z は

$\boldsymbol{x=3}$，$\boldsymbol{y=2}$ **で最大値** $\log_6 6=\boldsymbol{1}$　をとる。

別解　$z=\log_6 x+\log_6 y=\log_6 xy$

$x>0$，$y>0$ であるから，(相加平均)$\geqq$(相乗平均) により

$$12=2x+3y \geqq 2\sqrt{2x\cdot 3y}=2\sqrt{6xy}$$

◀$a>0$，$b>0$ のとき
$a+b \geqq 2\sqrt{ab}$

よって　$\sqrt{xy} \leqq \sqrt{6}$　　ゆえに　$xy \leqq 6$

等号は $2x=3y$ のとき成り立つ。

$2x+3y=12$ と $2x=3y$ を連立して解くと

$$x=3,\ y=2$$

◀$4x=12$，$6y=12$

底 6 は 1 より大きいから，z は

$\boldsymbol{x=3}$，$\boldsymbol{y=2}$ **で最大値** $\log_6 6=\boldsymbol{1}$　をとる。

練習 121 ➡ 本冊 $p.238$

$\log_3\left(x-\dfrac{4}{3}\right)=\log_{3^2}\left(x-\dfrac{4}{3}\right)^2$ であるから，方程式は

◀$\log_{a^n}b^n=\log_a b$

$$\log_9\left(x-\frac{4}{3}\right)^2=\log_9(2x+a)$$

◀底を 9 にそろえる。

ゆえに　$\left(x-\dfrac{4}{3}\right)^2=2x+a$　…… Ⓐ

よって　$x^2-\dfrac{14}{3}x+\dfrac{16}{9}-a=0$　…… ①

また，真数は正であるから　$x-\dfrac{4}{3}>0$　かつ　$2x+a>0$

すなわち　$x>\dfrac{4}{3}$　かつ　$x>-\dfrac{a}{2}$　…… ②

2 次方程式 ① が，② の範囲に異なる 2 つの実数解をもつための条件を考える。

◀放物線 $y=x^2-\dfrac{14}{3}x+\dfrac{16}{9}-a$ が ② の範囲で x 軸と異なる 2 点で交わるための条件を考える。

① の判別式を D とすると　$D>0$

$\dfrac{D}{4}=\left(-\dfrac{7}{3}\right)^2-\left(\dfrac{16}{9}-a\right)=a+\dfrac{11}{3}$ であるから，$D>0$ より

$a+\dfrac{11}{3}>0$　　これを解いて　$a>-\dfrac{11}{3}$

$f(x)=x^2-\dfrac{14}{3}x+\dfrac{16}{9}-a$ とすると，放物線 $y=f(x)$ の軸は直線 $x=\dfrac{7}{3}$ である。以下，$a>-\dfrac{11}{3}$ の範囲で考える。

[1]　$\dfrac{4}{3}\geqq-\dfrac{a}{2}$ すなわち $a\geqq-\dfrac{8}{3}$ のとき

◀② の共通範囲が $x>\dfrac{4}{3}$ となるのか，$x>-\dfrac{a}{2}$ となるのかによって場合分け。どちらの場合も軸 $x=\dfrac{7}{3}$ は定義域内にある。

② の共通範囲は $x>\dfrac{4}{3}$ であり，この範囲に ① が異なる 2 つの実数解をもつための条件は　$f\left(\dfrac{4}{3}\right)>0$

$f\left(\dfrac{4}{3}\right)=-\dfrac{8}{3}-a$ であるから　$-\dfrac{8}{3}-a>0$

ゆえに　$a<-\dfrac{8}{3}$　　これは $a\geqq-\dfrac{8}{3}$ を満たさない。

[2]　$\dfrac{4}{3}<-\dfrac{a}{2}$ すなわち $a<-\dfrac{8}{3}$ のとき

② の共通範囲は $x>-\dfrac{a}{2}$ であり，この範囲に ① が異なる 2 つの実数解をもつための条件は，$a>-\dfrac{11}{3}$ では

$-\dfrac{a}{2}<\dfrac{7}{3}$ であるから　$f\left(-\dfrac{a}{2}\right)>0$

◀軸 $x=\dfrac{7}{3}$ の位置を確認。

$f\left(-\dfrac{a}{2}\right)=\left(\dfrac{a}{2}+\dfrac{4}{3}\right)^2$ であるから　$\left(\dfrac{a}{2}+\dfrac{4}{3}\right)^2>0$

これは $a<-\dfrac{8}{3}$ で常に成り立つ。

以上から，求める a の値の範囲は　$\boldsymbol{-\dfrac{11}{3}<a<-\dfrac{8}{3}}$

別解　Ⓐ，② から，放物線 $y=\left(x-\frac{4}{3}\right)^2$ の $x>\frac{4}{3}$ の部分と，直線 $y=2x+a$ の $y>0$ の部分が異なる 2 点で交わるような a の値の範囲を求めればよい。

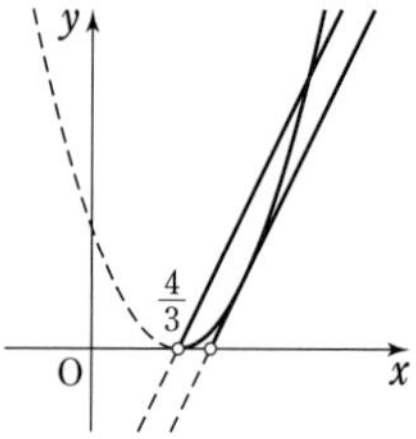

◀Ⓐ は方程式 $\left(x-\frac{4}{3}\right)^2=2x+a$

接するときは，Ⓐ すなわち

$x^2-\frac{14}{3}x+\frac{16}{9}-a=0$ の判別式を D とすると　$D=0$

$\frac{D}{4}=\left(-\frac{7}{3}\right)^2-\left(\frac{16}{9}-a\right)=a+\frac{11}{3}$ であるから

$a+\frac{11}{3}=0$　　ゆえに　$a=-\frac{11}{3}$

直線 $y=2x+a$ が点 $\left(\frac{4}{3},\ 0\right)$ を通るとき

$0=2\cdot\frac{4}{3}+a$　　よって　$a=-\frac{8}{3}$

したがって，求める a の値の範囲は　$\boldsymbol{-\frac{11}{3}<a<-\frac{8}{3}}$

練習 122　➡ 本冊 p. 239

(1) $\frac{3}{10}=\frac{3}{10}\log_{10}10=\log_{10}10^{\frac{3}{10}}$ であるから，2 が $10^{\frac{3}{10}}$ より大きいことを示す。

$2^{10}=1024$，$(10^{\frac{3}{10}})^{10}=10^3=1000$ であるから　$2>10^{\frac{3}{10}}$

◀$a>0$，$b>0$，$n>0$ のとき $a^n>b^n \Longleftrightarrow a>b$

両辺の常用対数をとると　$\log_{10}2>\log_{10}10^{\frac{3}{10}}$

よって　$\log_{10}2>\frac{3}{10}$　…… ①

(2) $80<81$ であるから　$\log_{10}80<\log_{10}81$

◀$\frac{23}{75}=\log_{10}10^{\frac{23}{75}}$ から，2 と $10^{\frac{23}{75}}$ の大小を比較してもよいが，2^{75} が計算できない。

すなわち　$\log_{10}(2^3\cdot10)<\log_{10}3^4$

ゆえに　$3\log_{10}2+1<4\log_{10}3$　…… ②

また，$243<250$ であるから

$\log_{10}243<\log_{10}250$

すなわち　$\log_{10}3^5<\log_{10}\frac{10^3}{2^2}$

◀$250=\frac{1000}{4}$

よって　$5\log_{10}3<3-2\log_{10}2$　…… ③

①，② から　$3\cdot\frac{3}{10}+1<4\log_{10}3$

ゆえに　$\log_{10}3>\frac{19}{40}$　…… ④

①，③ から　$5\log_{10}3<3-2\cdot\frac{3}{10}$

◀① から $-\log_{10}2<-\frac{3}{10}$

よって　$\log_{10}3<\frac{12}{25}$　…… ⑤

④，⑤ から　$\frac{19}{40}<\log_{10}3<\frac{12}{25}$

②，⑤ から　$3\log_{10}2+1<4\cdot\dfrac{12}{25}$

ゆえに　$\log_{10}2<\dfrac{23}{75}$

したがって，① から　$\dfrac{3}{10}<\log_{10}2<\dfrac{23}{75}$

◀$4\log_{10}3<4\cdot\dfrac{12}{25}$

練習 123 ➡ 本冊 p. 243

(1)　$\log_{10}6^{50}=50\log_{10}6=50\log_{10}(2\cdot3)$

$=50(\log_{10}2+\log_{10}3)$

$=50(0.3010+0.4771)=38.905$

ゆえに　$38<\log_{10}6^{50}<39$

よって　$10^{38}<6^{50}<10^{39}$

したがって，6^{50} は **39 桁** の整数である。

◀$10^{k-1}\leqq N<10^k$ ならば，Nの整数部分は $\boldsymbol{k}$ 桁。

(2)　(ア)　3^n が 10 桁の数となるとき　$10^9\leqq3^n<10^{10}$

各辺の常用対数をとると　$9\leqq n\log_{10}3<10$

よって　$\dfrac{9}{\log_{10}3}\leqq n<\dfrac{10}{\log_{10}3}$

◀$\log_{10}3>0$

すなわち　$\dfrac{9}{0.4771}\leqq n<\dfrac{10}{0.4771}$

ゆえに　$18.8\cdots\cdots\leqq n<20.9\cdots\cdots$

この不等式を満たす最小の自然数 n は　**19**

(イ)　$\log_{10}\left(\dfrac{1}{12}\right)^{15}=-15\log_{10}12=-15(2\log_{10}2+\log_{10}3)$

$=-15(2\times0.3010+0.4771)=-16.1865$

◀$12=2^2\cdot3$

よって　$-17<\log_{10}\left(\dfrac{1}{12}\right)^{15}<-16$

ゆえに　$10^{-17}<\left(\dfrac{1}{12}\right)^{15}<10^{-16}$

よって，$\left(\dfrac{1}{12}\right)^{15}$ は小数第 **17** 位に初めて 0 でない数字が現れる。

練習 124 ➡ 本冊 p. 244

(1)　2^n は 22 桁で最高位の数字が 4 であるから

$4\times10^{21}\leqq2^n<5\times10^{21}$

各辺の常用対数をとると

$\log_{10}(4\times10^{21})\leqq\log_{10}2^n<\log_{10}(5\times10^{21})$

$5\times10^{21}=10^{22}\div2$ であるから

$2\log_{10}2+21\leqq n\log_{10}2<22-\log_{10}2$

◀$\log_{10}(5\times10^{21})$
$=\log_{10}\dfrac{10^{22}}{2}$
$=22-\log_{10}2$

$\log_{10}2=0.3010$ として計算すると

$21.6020\leqq n\times0.3010<21.6990$

よって　$71.76\cdots\cdots\leqq n<72.08\cdots\cdots$

n は自然数であるから　$\boldsymbol{n=72}$

2^n ($n=1,\ 2,\ \cdots\cdots$) の一の位の数は 2，4，8，6 を順に繰り返す。

$72=4\times18$ であるから，2^{72} の末尾の数字は　**6**

(2) $\log_{10}\left(\frac{1}{125}\right)^{20}=20\log_{10}\left(\frac{1}{5}\right)^{3}=60\log_{10}\frac{2}{10}=60(\log_{10}2-1)$

$=60(0.3010-1)=-41.94$

ゆえに　$-42<\log_{10}\left(\frac{1}{125}\right)^{20}<-41$

よって　$10^{-42}<\left(\frac{1}{125}\right)^{20}<10^{-41}$

したがって，$\left(\frac{1}{125}\right)^{20}$ を小数で表したとき，小数第 ア**42** 位に初めて 0 でない数字が現れる。

また　$\log_{10}\left(\frac{1}{125}\right)^{20}=-41.94=-42+0.06$　…… ①

ここで　$\log_{10}1=0$，$\log_{10}2=0.3010$

ゆえに　$\log_{10}1<0.06<\log_{10}2$

よって，① から　$-42+\log_{10}1<\log_{10}\left(\frac{1}{125}\right)^{20}<-42+\log_{10}2$

すなわち　$1\cdot10^{-42}<\left(\frac{1}{125}\right)^{20}<2\cdot10^{-42}$

したがって，$\left(\frac{1}{125}\right)^{20}$ を小数で表したとき，初めて現れる 0 でない数字は イ**1** である。

◀正の数 N の小数首位の数字を a とすると $a\cdot10^{-k}\leqq N<(a+1)\cdot10^{-k}$ これを満たす整数 a を求める。

練習 125 ➡ 本冊 p. 245

(1) (ア) $\log_{10}48=4\log_{10}2+\log_{10}3=4\times0.3010+0.4771=1.6811$

◀$48=2^4\cdot3$

$\log_{10}49=2\log_{10}7$

$\log_{10}50=\log_{10}\frac{100}{2}=\log_{10}10^2-\log_{10}2$

$=2-0.3010=1.6990$

底 10 は 1 より大きいから，$48<49<50$ より

$\log_{10}48<\log_{10}49<\log_{10}50$

よって　$1.6811<2\log_{10}7<1.6990$

すなわち　$0.84055<\log_{10}7<0.8495$　…… ①

ゆえに，$\log_{10}7$ の値を小数第 2 位まで求めると　**0.84**

(イ) n^7 が 7 桁の数であるから　$10^6\leqq n^7<10^7$

各辺の常用対数をとると

$\log_{10}10^6\leqq\log_{10}n^7<\log_{10}10^7$

すなわち　$6\leqq7\log_{10}n<7$

よって　$\frac{6}{7}\leqq\log_{10}n<1$　…… ②

ここで　$\frac{6}{7}=0.85\cdots\cdots$

一方　$\log_{10}10=1$，$\log_{10}9=2\log_{10}3=2\times0.4771=0.9542$

$\log_{10}8=3\log_{10}2=3\times0.3010=0.9030$

また，① より，$\log_{10}7<0.8495$ であるから，② を満たす整数 n の値は　$\boldsymbol{n=8,\ 9}$

(2) $\log_3 2=\dfrac{\log_{10}2}{\log_{10}3}=\dfrac{0.3010}{0.4771}=0.630\cdots\cdots$

小数第 3 位を四捨五入して　**$\log_3 2=0.63$**

次に，4^{10} を 9 進法で表したときの桁数を n とすると

$$9^{n-1}\leqq 4^{10}<9^n$$

各辺の 3 を底とする対数をとると

$$\log_3 9^{n-1}\leqq \log_3 4^{10}<\log_3 9^n$$

◀$\log_3 2$ の値を利用するから，9 ではなく 3 を底とする対数をとる。

ゆえに　$(n-1)\log_3 9\leqq 10\log_3 4<n\log_3 9$

よって　$2(n-1)\leqq 20\log_3 2<2n$

したがって　$n-1\leqq 10\log_3 2<n$

ゆえに　$10\log_3 2<n\leqq 10\log_3 2+1$

$0.6<\log_3 2<0.7$ であるから　$6<10\log_3 2<7$

よって　$6<n<8$

この不等式を満たす自然数 n は　$n=7$

したがって，4^{10} を 9 進法で表すと，**7 桁** の数になる。

練習 126

➡ 本冊 p. 246

n 年後に人口が現在の半分以下になるとすると　$0.96^n\leqq\dfrac{1}{2}$

◀4% 減少 ⟶ 0.96 倍

両辺は正であるから，両辺の常用対数をとると

$$n\log_{10}0.96\leqq\log_{10}\frac{1}{2}\quad\cdots\cdots ①$$

ここで　$\log_{10}0.96=\log_{10}(2^5\cdot 3\cdot 10^{-2})$

$=5\log_{10}2+\log_{10}3-2$

$=5\times 0.3010+0.4771-2$

$=-0.0179$

◀$0.96=\dfrac{96}{100}=\dfrac{2^5\cdot 3}{10^2}$

$$\log_{10}\frac{1}{2}=-\log_{10}2=-0.3010$$

よって，① から　$-0.0179n\leqq -0.3010$

ゆえに　$n\geqq\dfrac{0.3010}{0.0179}=16.8\cdots\cdots$

この不等式を満たす最小の自然数 n は　$n=17$

よって，初めて人口が現在の半分以下になるのは　**17 年後**

演習 57 ➡ 本冊 p. 247

等式を整理すると

$(10^{x-y}+10^{y-z})l+10^{x-z}m-xn=13l+36m+yn$ …… ①

等式 ① が l, m, n の恒等式となるための必要十分条件は

$$\begin{cases}10^{x-y}+10^{y-z}=13 & \cdots\cdots ②\\ 10^{x-z}=36 & \cdots\cdots ③\\ -x=y & \cdots\cdots ④\end{cases}$$

◀係数比較法。

このとき，等式 ① はどのような整数 l, m, n に対しても成り立つ。

$10^{x-z}=10^{x-y}\cdot10^{y-z}$ であるから，③ より

$10^{x-y}\cdot10^{y-z}=36$ …… ⑤

◀$10^{x-z}=10^{(x-y)+(y-z)}$ $=10^{x-y}\cdot10^{y-z}$

②，⑤ から，10^{x-y}, 10^{y-z} は t についての 2 次方程式 $t^2-13t+36=0$ の 2 つの解である。

◀t^2-(和)$t+$(積)$=0$

この 2 次方程式を解くと，$(t-4)(t-9)=0$ から　$t=4,\ 9$

よって　$(10^{x-y},\ 10^{y-z})=(4,\ 9),\ (9,\ 4)$

[1] $(10^{x-y},\ 10^{y-z})=(4,\ 9)$ のとき

$10^{x-y}=4$ と ④ から　$10^{2x}=4$　すなわち　$(10^x)^2=2^2$

$10^x>0$ であるから　$10^x=2$

ゆえに　$x=\log_{10}2$　　このとき　$y=-\log_{10}2$

◀④ から　$y=-x$

また，$10^{y-z}=9$ から　$y-z=\log_{10}9$

◀対数の定義。

よって　$z=y-\log_{10}9=-(\log_{10}2+\log_{10}9)$

$=-\log_{10}18$

◀$-\log_{10}(2\cdot9)$

[2] $(10^{x-y},\ 10^{y-z})=(9,\ 4)$ のとき

$10^{x-y}=9$ と ④ から　$10^{2x}=9$　すなわち　$(10^x)^2=3^2$

$10^x>0$ であるから　$10^x=3$

ゆえに　$x=\log_{10}3$　　このとき　$y=-\log_{10}3$

また，$10^{y-z}=4$ から　$y-z=\log_{10}4$

よって　$z=y-\log_{10}4=-(\log_{10}3+\log_{10}4)$

$=-\log_{10}12$

[1]，[2] から，求める実数の組 $(x,\ y,\ z)$ は

$(x,\ y,\ z)=(\log_{10}2,\ -\log_{10}2,\ -\log_{10}18)$,

$(\log_{10}3,\ -\log_{10}3,\ -\log_{10}12)$

演習 58 ➡ 本冊 p. 247

$(2^{x-1}+2^{-x})^2=2^{2(x-1)}+2\cdot2^{x-1}\cdot2^{-x}+2^{-2x}=4^{x-1}+4^{-x}+1$

◀$2\cdot2^{x-1}\cdot2^{-x}=2^{1+x-1-x}$ $=2^0=1$

$(2^{x-1}+2^{-x})^3=2^{3(x-1)}+3\cdot2^{x-1}\cdot2^{-x}(2^{x-1}+2^{-x})+2^{-3x}$

$=8^{x-1}+8^{-x}+\dfrac{3}{2}(2^{x-1}+2^{-x})$

◀$a^3+3a^2b+3ab^2+b^3$ $=a^3+3ab(a+b)+b^3$

よって　$4^{x-1}+4^{-x}=(2^{x-1}+2^{-x})^2-1=t^2-1$

$8^{x-1}+8^{-x}=(2^{x-1}+2^{-x})^3-\dfrac{3}{2}(2^{x-1}+2^{-x})$

$=t^3-\dfrac{3}{2}t$

ゆえに　$h(x)=2\left(t^3-\frac{3}{2}t\right)-3(t^2-1)+t=2t^3-3t^2-2t+3$

$=t^2(2t-3)-(2t-3)=(2t-3)(t^2-1)$

$=(2t-3)(t+1)(t-1)$

よって，方程式 $h(x)=0$ は t についての 3 次方程式
$(2t-{}^{ア}\mathbf{3})(t+{}^{イ}\mathbf{1})(t-{}^{ウ}\mathbf{1})=0$ となる。

これを解くと　$t=\frac{3}{2}$，±1

ここで，$2^{x-1}>0$，$2^{-x}>0$ であるから，(相加平均)≧(相乗平均)により　$2^{x-1}+2^{-x}\geqq2\sqrt{2^{x-1}\cdot2^{-x}}=2\sqrt{2^{-1}}=\sqrt{2}$

ゆえに　$t\geqq\sqrt{2}$　　これを満たす t の値は　$t=\frac{3}{2}$

$2^{x-1}+2^{-x}=\frac{3}{2}$ の両辺に 2^{x+1} を掛けて整理すると

$(2^x)^2-3\cdot2^x+2=0$　すなわち　$(2^x-1)(2^x-2)=0$

よって　$2^x=1$，2　　ゆえに　$x=0$，1

したがって，$h(x)=0$ の解 x の値は小さい順に $x={}^{エ}\mathbf{0}$，$x={}^{オ}\mathbf{1}$ となる。

◀因数定理を用いて因数分解してもよい。

CHART
変数のおき換え
範囲に注意

◀$\frac{1}{2}\cdot2^x+\frac{1}{2^x}=\frac{3}{2}$ であるから，$2\cdot2^x$ を掛ける。

演習 59

➡ 本冊 $p.247$

$2^x=t$ とおくと，$t>0$ であり，不等式は

$4t^2+at+1-a>0$ …… ①

よって，$t>0$ のとき，① が成り立つような実数 a の値の範囲が求めるものである。

$f(t)=4t^2+at+1-a$ とすると

$$f(t)=4\left(t+\frac{a}{8}\right)^2-\frac{a^2}{16}-a+1$$

[1]　$-\frac{a}{8}<0$ すなわち $a>0$ のとき

求める条件は　$f(0)\geqq0$

$f(0)=1-a$ であるから　$1-a\geqq0$　　よって　$a\leqq1$

$a>0$ との共通範囲をとって　$0<a\leqq1$ …… ②

[2]　$-\frac{a}{8}\geqq0$ すなわち $a\leqq0$ のとき

求める条件は　$f\left(-\frac{a}{8}\right)>0$

$f\left(-\frac{a}{8}\right)=-\frac{a^2}{16}-a+1$ であるから　$-\frac{a^2}{16}-a+1>0$

整理して　$a^2+16a-16<0$

これを解いて　$-8-4\sqrt{5}<a<-8+4\sqrt{5}$

$2<\sqrt{5}$ より　$8<4\sqrt{5}$

$0<-8+4\sqrt{5}$ であるから，$a\leqq0$ との共通範囲をとって

$-8-4\sqrt{5}<a\leqq0$ …… ③

[1]，[2] から，② と ③ の範囲を合わせて

$\boldsymbol{-8-4\sqrt{5}<a\leqq1}$

◀$2^{2x+2}=4(2^x)^2$

◀軸 $t=-\frac{a}{8}$ の位置により，場合分けをする。

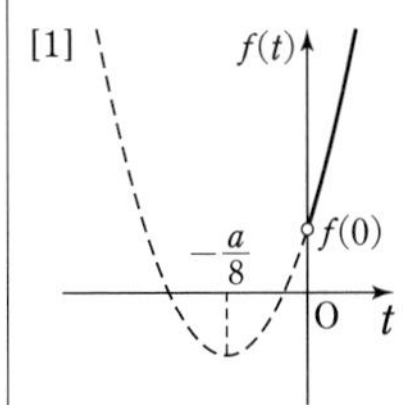

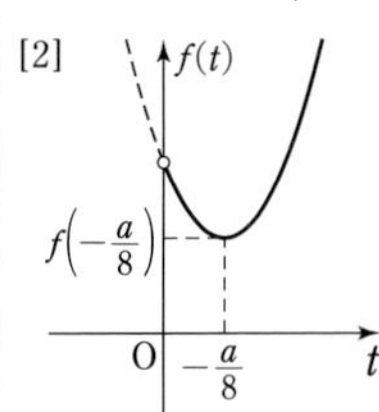

演習 60 ➡ 本冊 p. 247

(1) $\log_2 a=\log_3 b=k$ とおくと，$a>1$，$b>1$ であるから

$k>0$ 　　また　$a=2^k$，$b=3^k$

ここで　$(a^{\frac{1}{2}})^6-(b^{\frac{1}{3}})^6=a^3-b^2=(2^k)^3-(3^k)^2=8^k-9^k<0$

◀整数の指数にするために 6 乗する。

よって　$(a^{\frac{1}{2}})^6<(b^{\frac{1}{3}})^6$

$a>1$，$b>1$ であるから　$\boldsymbol{a^{\frac{1}{2}}<b^{\frac{1}{3}}}$

(2) $c^{\frac{1}{3}}=d^{\frac{1}{4}}=l$ とおくと，$c>1$，$d>1$ であるから　$l>1$

また　$c=l^3$，$d=l^4$

したがって

$$\log_3 c-\log_4 d=\log_3 c-\frac{\log_3 d}{\log_3 4}=3\log_3 l-\frac{4\log_3 l}{\log_3 4}$$

◀**大小比較は差を作れ**

$$=\left(3-\frac{4}{\log_3 4}\right)\log_3 l=\frac{3\log_3 4-4}{\log_3 4}\cdot\log_3 l$$

$$=\frac{\log_3 64-\log_3 81}{\log_3 4}\cdot\log_3 l<0$$

◀$l>1$ から　$\log_3 l>0$

よって　$\boldsymbol{\log_3 c<\log_4 d}$

演習 61 ➡ 本冊 p. 247

(1) $a^x=b^y=(ab)^z$ …… ① とする。

$1<a<b$ であるから，① の各辺は正の数である。

よって，① の各辺の a を底とする対数をとると

◀対数の底は 1 でない正の数なら何でもよい。

$x=y\log_a b=z\log_a ab$

ゆえに　$\dfrac{1}{y}=\dfrac{\log_a b}{x}$，$\dfrac{1}{z}=\dfrac{\log_a ab}{x}=\dfrac{1+\log_a b}{x}$

よって　$\dfrac{1}{x}+\dfrac{1}{y}=\dfrac{1+\log_a b}{x}$

したがって，$\dfrac{1}{x}+\dfrac{1}{y}=\dfrac{1}{z}$ は成り立つ。

(2) $\dfrac{1}{m}+\dfrac{1}{n}=\dfrac{1}{p}$ から　$pn+pm=mn$

よって　$(m-p)(n-p)=p^2$ …… ①

◀(　)(　)＝**整数** の形に変形する。

m，n は $m>n$ を満たす自然数であるから

$m-p>n-p>-p$

◀$m-p$，$n-p$ の 2 数は p^2 の約数であるが，大小関係を利用して 2 数の組を絞り込む。

また，p は素数であるから，① より　$m-p=p^2$，$n-p=1$

したがって　$\boldsymbol{m=p^2+p}$，$\boldsymbol{n=p+1}$

(3) m，n は自然数，p は素数であるから，m，n，p は 0 でない実数である。

よって，(1) から，$\dfrac{1}{m}+\dfrac{1}{n}=\dfrac{1}{p}$ が成り立つ。

また，$a^m=b^n$ において，$1<a<b$ であるから

$a^m=b^n>a^n$　すなわち　$a^m>a^n$

底 a は 1 より大きいから　$m>n$

◀$a>1$ のとき $a^m>a^n \iff m>n$

ゆえに，(2) より $m=p^2+p$，$n=p+1$ となるから

$a^{p^2+p}=b^{p+1}=(ab)^p$

◀$a^m=b^n=(ab)^p$

$b^{p+1}=(ab)^p$ から　　$b^{p+1}=a^pb^p$

$b^p>0$ であるから，両辺を b^p で割ると　　$b=a^p$

これは，$a^{p^2+p}=b^{p+1}$ を満たす。

したがって　　$\boldsymbol{b=a^p}$

◀ $a^{p^2+p}=(a^p)^{p+1}=b^{p+1}$

演習 62

➡ 本冊 p. 248

$0<x<1<\dfrac{\pi}{2}$，$0<y<1<\dfrac{\pi}{2}$ から　　$0<x+y<\pi$

◀ $\pi=3.14\cdots\cdots$

よって　　$\cos x>0$，$\sin y>0$，$\sin(x+y)>0$

◀ 真数条件の確認。

ここで，$\log_x y+\log_y x=2$ ……①，

$2\log_x \sin(x+y)=\log_x \sin y+\log_y \cos x$ ……②

とする。

①から　　$\log_x y+\dfrac{1}{\log_x y}=2$

◀ $\log_a b=\dfrac{1}{\log_b a}$

$\log_x y>0$ であるから，両辺に $\log_x y$ を掛けて整理すると

$(\log_x y)^2-2\log_x y+1=0$

◀ $0<x<1$，$0<y<1$ から　$\log_x y>\log_x 1$

ゆえに　　$(\log_x y-1)^2=0$　すなわち　$\log_x y=1$

したがって　　$x=y$

これを②に代入すると

$2\log_x \sin 2x=\log_x \sin x\cos x$

◀ (左辺)$=\log_x(\sin 2x)^2$

よって　　$\sin^2 2x=\sin x\cos x$

ゆえに　　$\sin^2 2x=\dfrac{1}{2}\sin 2x$

◀ 2倍角の公式。$\sin 2x=2\sin x\cos x$

したがって　　$\sin 2x\left(\sin 2x-\dfrac{1}{2}\right)=0$

$0<x<1$ より，$\sin 2x\neq 0$ であるから　　$\sin 2x=\dfrac{1}{2}$

$0<x<1$ より　　$0<2x<2$

また　　$0<\dfrac{\pi}{6}<2$，$2<\dfrac{5}{6}\pi$

よって　　$2x=\dfrac{\pi}{6}$　すなわち　$x=\dfrac{\pi}{12}$

したがって　　$\boldsymbol{x=\dfrac{\pi}{12}}$，$\boldsymbol{y=\dfrac{\pi}{12}}$

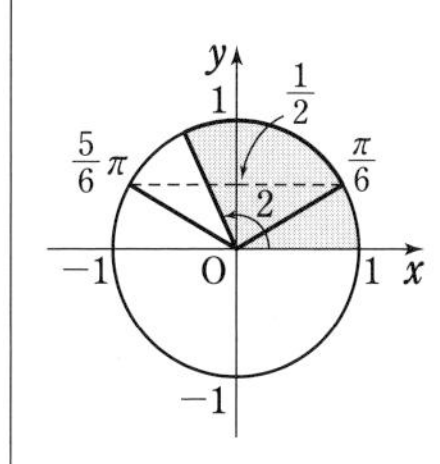

演習 63

➡ 本冊 p. 248

(1)　$a>0$ かつ $a\neq 1$ のとき，真数 $\sqrt{a}$ は正である。

また，底の条件 $a>0$，$a\neq 1$ を満たす。

◀ 条件から明らかであるが，真数>0 と底の条件を確認している。

方程式から　　$\dfrac{1}{2}\log_2 a-\dfrac{\log_2 2}{\log_2 a}=\dfrac{1}{2}$

ゆえに　　$(\log_2 a)^2-\log_2 a-2=0$

すなわち　　$(\log_2 a+1)(\log_2 a-2)=0$

よって　　$\log_2 a=-1$，2

したがって　　$\boldsymbol{a=\dfrac{1}{2}}$，**4**

◀ $\log_2 a=t$ とおくと
$t^2-t-2=0$
$(t+1)(t-2)=0$
よって　$t=-1$，2

(2) 不等式から　$\dfrac{1}{2}\log_2 a-\dfrac{\log_2 2}{\log_2 a}\geqq\dfrac{1}{2}$　…… ①

[1] $0<a<1$ のとき

$\log_2 a<0$ であるから，① を変形すると

$$(\log_2 a)^2-\log_2 a-2\leqq 0$$

ゆえに　$(\log_2 a+1)(\log_2 a-2)\leqq 0$

よって　$-1\leqq\log_2 a\leqq 2$

$\log_2 a<0$ から　$-1\leqq\log_2 a<0$

したがって　$\dfrac{1}{2}\leqq a<1$

これは $0<a<1$ を満たす。

[2] $a>1$ のとき

① を変形すると　$(\log_2 a)^2-\log_2 a-2\geqq 0$

ゆえに　$(\log_2 a+1)(\log_2 a-2)\geqq 0$

よって　$\log_2 a\leqq -1$，$2\leqq\log_2 a$

$\log_2 a>0$ から　$2\leqq\log_2 a$

したがって　$4\leqq a$　　これは $a>1$ を満たす。

[1]，[2] から　$\boldsymbol{\dfrac{1}{2}\leqq a<1,\ 4\leqq a}$

◀① の両辺に $2\log_2 a$ (<0) を掛けて分母を払うと $(\log_2 a)^2-2\cdot 1\leqq\log_2 a$ 不等号の向きが変わることに注意。

◀場合分けの条件を確認。

◀$\log_2 a>0$ であるから，① の分母を払ったときに不等号の向きは変わらない。

(3) $\log_b\sqrt{a}-\log_a b\geqq\dfrac{1}{2}$ を変形すると

$\dfrac{1}{2}\log_b a-\log_a b\geqq\dfrac{1}{2}$　すなわち　$\log_b a-\dfrac{2}{\log_b a}\geqq 1$

$a>1$，$b>1$ より $\log_b a>0$ であるから

$$(\log_b a)^2-\log_b a-2\geqq 0$$

ゆえに　$(\log_b a+1)(\log_b a-2)\geqq 0$

よって　$\log_b a\leqq -1$，$2\leqq\log_b a$

$\log_b a>0$ から　$2\leqq\log_b a$

したがって　$\boldsymbol{a\geqq b^2}$

◀$a>1$ かつ $b>1$ のとき，真数および底の条件を満たす。

◀$\log_b a=t$ とおくと
$t^2-t-2\geqq 0$
$(t+1)(t-2)\geqq 0$
よって　$t\leqq -1$，$2\leqq t$

(4) a，b は自然数であり，$a\neq 1$，$b\neq 1$ であるから　$a>1$，$b>1$

よって，(3) から，$\log_b\sqrt{a}-\log_a b\geqq\dfrac{1}{2}$ を満たすとき　$a\geqq b^2$

ゆえに，$a+b\leqq 8$ かつ $a\geqq b^2$ を満たす自然数の組 $(a,\ b)$（ただし，$a\geqq 2$，$b\geqq 2$）を求めればよい。

$b=2$ のとき

$a+b\leqq 8$ から　$2\leqq a\leqq 6$　　　$a\geqq b^2$ から　$a\geqq 4$

共通範囲をとって　$4\leqq a\leqq 6$　…… ②

② を満たす自然数を求めて　$a=4,\ 5,\ 6$

$b\geqq 3$ のとき

$b^2\geqq 9$ であるから，$a+b\leqq 8$ かつ $a\geqq b^2$ を満たす自然数 a は存在しない。

したがって　$\boldsymbol{(a,\ b)=(4,\ 2),\ (5,\ 2),\ (6,\ 2)}$

◀連立不等式の表す領域を図示して，領域内の格子点を求めてもよい。

演習 64

➡ 本冊 $p.248$

$f(x)=(\log_2 x)^2-\log_2 x^4+1=(\log_2 x)^2-4\log_2 x+1$

$\log_2 x=t$ とおくと，底 2 は 1 より大きいから，$1\leqq x\leqq a$ より

$$0\leqq t\leqq \log_2 a \quad \cdots\cdots ①$$

◀ $\log_2 1=0$

また，$f(x)$ を t の式で表し，これを $g(t)$ とすると

$$g(t)=t^2-4t+1=(t-2)^2-3$$

$y=g(t)$ のグラフは下に凸の放物線で，軸は直線 $t=2$ である。

[1]　$\log_2 a\leqq 2$ すなわち $1<a\leqq 4$ のとき

① の範囲において，$g(t)$ は $t=\log_2 a$ で最小となる。

$t=\log_2 a$ となるのは，$\log_2 x=\log_2 a$ から，$x=a$ のときである。

よって，$f(x)$ は

$x=a$ で最小値 $(\log_2 a)^2-4\log_2 a+1$

をとる。

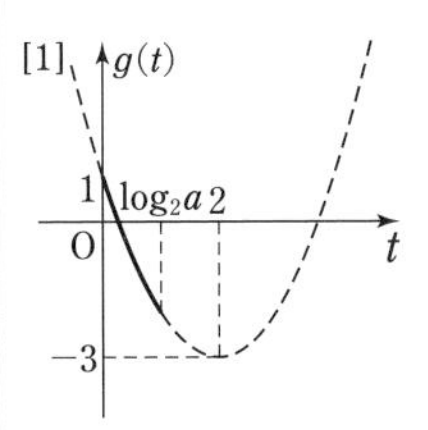

[2]　$\log_2 a>2$ すなわち $a>4$ のとき

① の範囲において，$g(t)$ は $t=2$ で最小となる。

$t=2$ となるのは，$\log_2 x=2$ から，$x=4$ のときである。

よって，$f(x)$ は

$x=4$ で最小値 -3

をとる。

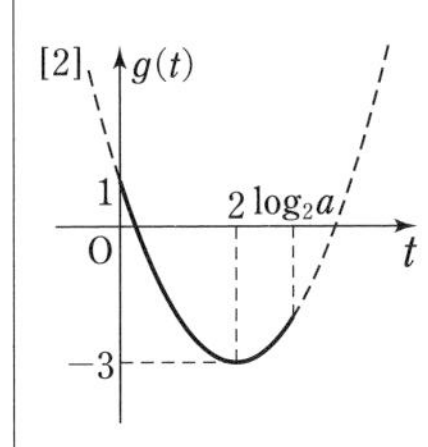

[1]，[2] から，$f(x)$ は

$1<a\leqq 4$ のとき，$x=a$ で最小値 $(\log_2 a)^2-4\log_2 a+1$；

$a>4$ のとき，$x=4$ で最小値 -3

をとる。

演習 65

➡ 本冊 $p.248$

常用対数表より，$\log_{10}8.94=0.9513$ であるから

$$\log_{10}8.94^{18}=18\log_{10}8.94=18\times 0.9513$$
$$=17.1234=0.1234+17$$

よって　$8.94^{18}=10^{0.1234}\cdot 10^{17}$

ここで，$1<10^{0.1234}<10$ であるから，8.94^{18} の整数部分は **18 桁** である。

◀ $10^{17}<8.94^{18}<10^{18}$

また，$\log_{10}1.32=0.1206$，$\log_{10}1.33=0.1239$ から

$$1.32<10^{0.1234}<1.33$$

◀ $\log_{10}p<0.1234<\log_{10}q$ を満たす p，q を常用対数表よりさがす。

各辺に 10^{17} を掛けると

$$1.32\cdot 10^{17}<10^{17.1234}<1.33\cdot 10^{17}$$

したがって，8.94^{18} の最高位からの 2 桁は　**13**

演習 66

➡ 本冊 $p.248$

(1)　$2^n<10^{100}$ を満たす 0 以上の整数 n の個数を求める。

$2^n<10^{100}$ の両辺の常用対数をとると

$$\log_{10}2^n<\log_{10}10^{100} \quad すなわち \quad n\log_{10}2<100$$

よって　$n<\dfrac{100}{\log_{10}2}$　$\cdots\cdots$ ①

5章 演習 [指数関数・対数関数]

$0.3010<\log_{10}2<0.3011$ であるから

$$\frac{100}{0.3011}<\frac{100}{\log_{10}2}<\frac{100}{0.3010}$$

$\frac{100}{0.3011}=332.11\cdots$, $\frac{100}{0.3010}=332.22\cdots$ であるから，$0\leqq n\leqq 332$ の範囲の整数 n は，不等式 ① を満たす。

その個数を求めると　$332+1=$**333 (個)**

◀$\log_{10}2=0.3010$ は，問題文に与えられていないので，用いてはならない。

◀$n=0,\ 1,\ \cdots\cdots,\ 332$

(2) 100 桁の自然数で，2 と 5 以外の素因数をもたないものの個数は，　$10^{99}\leqq 2^m5^n<10^{100}$　…… ②

を満たす 0 以上の整数 m, n の組 $(m,\ n)$ の個数である。

[1] $m\geqq n$ のとき

$n\geqq 100$ とすると，$m\geqq 100$ であるが，このとき，$2^m5^n\geqq 2^{100}\cdot 5^{100}$ となり，$2^m5^n<10^{100}$ を満たさない。

よって　$n=0,\ 1,\ 2,\ \cdots\cdots,\ 99$

② の両辺を 10^n で割ると　$10^{99-n}\leqq 2^{m-n}<10^{100-n}$　…… ③

この不等式を満たす $(m,\ n)$ の組の個数は，$(100-n)$ 桁の自然数で，2 以外の素因数をもたないものの個数を表している。

$n=0,\ 1,\ 2,\ \cdots\cdots,\ 99$ であるから，③ を満たす $(m,\ n)$ の組の個数は，100 桁以下の自然数で，2 以外の素因数をもたないものの個数と同じである。

この個数は，(1) から　333 個

◀$10^n=2^n5^n$

[2] $m\leqq n$ のとき

[1] と同様に考えて，② の両辺を 10^m で割ると

$$10^{99-m}\leqq 5^{n-m}<10^{100-m}\quad\cdots\cdots\ ④$$

ただし　$m=0,\ 1,\ 2,\ \cdots\cdots,\ 99$

④ を満たす $(m,\ n)$ の組の個数は，100 桁以下の自然数で，5 以外の素因数をもたないものの個数，すなわち，$5^m<10^{100}$ を満たす 0 以上の整数 m の個数と同じである。

$5^m<10^{100}$ の両辺の常用対数をとると　$\log_{10}5^m<\log_{10}10^{100}$

ゆえに　$m(1-\log_{10}2)<100$

よって　$m<\frac{100}{1-\log_{10}2}$　…… ⑤

$0.3010<\log_{10}2<0.3011$ であるから，

$1-0.3011<1-\log_{10}2<1-0.3010$ より

$$\frac{100}{0.6990}<\frac{100}{1-\log_{10}2}<\frac{100}{0.6989}$$

$\frac{100}{0.6990}=143.06\cdots$, $\frac{100}{0.6989}=143.08\cdots$ であるから，

$0\leqq m\leqq 143$ の範囲の整数 m は，不等式 ⑤ を満たす。

その個数は　$143+1=144$ (個)

◀$10^m=2^m5^m$

◀$\log_{10}5=1-\log_{10}2$

◀$m=0,\ 1,\ \cdots,\ 143$

[1]，[2] では，$m=n=99$ すなわち $2^{99}\cdot 5^{99}=10^{99}$ の場合を重複して数えていることに注意して，求める個数は

$333+144-1=$**476 (個)**

CHECK 47 ➡本冊 p. 251

(1) $\lim_{x \to 1} 2x^2 = 2 \cdot 1^2 = \mathbf{2}$

(2) $\lim_{x \to 3} (x^2 + x) = 3^2 + 3 = \mathbf{12}$

(3) $\lim_{x \to -1} (3x^2 - 1) = 3 \cdot (-1)^2 - 1 = \mathbf{2}$

◀$f(x)$ が多項式なら $\lim_{x \to a} f(x) = f(a)$ が成り立つ。

CHECK 48 ➡本冊 p. 251

(1) $\dfrac{f(3) - f(1)}{3 - 1} = \dfrac{(3^3 - 2 \cdot 3) - (1^3 - 2 \cdot 1)}{2}$

$= \dfrac{21 - (-1)}{2} = \mathbf{11}$

◀$\dfrac{f(b) - f(a)}{b - a}$

(2) $f(1+h) - f(1) = \{(1+h)^3 - 2(1+h)\} - (1^3 - 2 \cdot 1)$

$= 1 + 3h + 3h^2 + h^3 - 2 - 2h - (-1)$

$= h^3 + 3h^2 + h$

よって　$f'(1) = \lim_{h \to 0} \dfrac{f(1+h) - f(1)}{h}$

$= \lim_{h \to 0} \dfrac{h^3 + 3h^2 + h}{h}$

$= \lim_{h \to 0} (h^2 + 3h + 1) = \mathbf{1}$

◀$f'(a) = \lim_{h \to 0} \dfrac{f(a+h) - f(a)}{h}$

CHECK 49 ➡本冊 p. 257

(1) $y' = \lim_{h \to 0} \dfrac{5 - 5}{h} = \lim_{h \to 0} 0 = \mathbf{0}$

◀**導関数の定義**
$f'(x) = \lim_{h \to 0} \dfrac{f(x+h) - f(x)}{h}$

(2) $y' = \lim_{h \to 0} \dfrac{\{(x+h)^3 + 2(x+h)\} - (x^3 + 2x)}{h}$

$= \lim_{h \to 0} \dfrac{3x^2h + 3xh^2 + h^3 + 2h}{h} = \lim_{h \to 0} \dfrac{h(3x^2 + 3xh + h^2 + 2)}{h}$

$= \lim_{h \to 0} (3x^2 + 3xh + h^2 + 2) = \mathbf{3x^2 + 2}$

◀h で約分。

(3) $y' = 3(x)' + (2)' = 3 \cdot 1 = \mathbf{3}$

(4) $y' = 5(x^2)' - 2(x)' = 5 \cdot 2x - 2 \cdot 1 = \mathbf{10x - 2}$

(5) $y' = (x^3)' + 8(x)'$

$= 3x^2 + 8 \cdot 1 = \mathbf{3x^2 + 8}$

◀$(x^n)' = nx^{n-1}$
(定数)$' = 0$
$\{kf(x) + lg(x)\}' = kf'(x) + lg'(x)$

CHECK 50 ➡本冊 p. 257

t 秒後の小石の速度は，y の時刻 t に対する変化率である。

y を t で微分すると　$y' = 19.6 - 9.8t$

(1) $y' = 19.6 - 9.8t$ で $t = 3$ として

$y' = 19.6 - 9.8 \times 3 = -9.8$

ゆえに　**-9.8 m/s**

◀$-$は下向きに動いていることを表す。

(2) 最高点に達するのは $y' = 0$ のときで

$19.6 - 9.8t = 0$

よって　$t = 2$

このとき　$y = 3 + 19.6 \times 2 - 4.9 \times 2^2 = 22.6$

ゆえに　**22.6 m**

◀最高点に達するとき，(速度)$= 0$

CHECK 51 ➡ 本冊 *p*. 263

(1) $y'=2x-3$　　$x=1$ のとき　$y'=-1$

接線の方程式は

$y-0=-(x-1)$　すなわち　$\boldsymbol{y=-x+1}$

法線の方程式は

$y-0=-\dfrac{1}{-1}(x-1)$　すなわち　$\boldsymbol{y=x-1}$

(2) $y'=3x^2-6x$　　$x=2$ のとき　$y'=0$

接線の方程式は

$y-2=0\cdot(x-2)$　すなわち　$\boldsymbol{y=2}$

法線の方程式は　　$\boldsymbol{x=2}$

◀曲線 $y=f(x)$ 上の点 $(a,\ f(a))$ における接線の方程式は
$\boldsymbol{y-f(a)=f'(a)(x-a)}$
法線の方程式は,
$f'(a)\neq 0$ のとき
$\boldsymbol{y-f(a)}$
$\boldsymbol{=-\dfrac{1}{f'(a)}(x-a)}$
$f'(a)=0$ のとき　$\boldsymbol{x=a}$

CHECK 52 ➡ 本冊 *p*. 263

$y'=3x^2-6x$

接線の傾きが 9 となる接点の x 座標を a とすると

$3a^2-6a=9$

整理すると　　$a^2-2a-3=0$

これを解いて　　$a=\boldsymbol{-1,\ 3}$

◀接線の傾き $f'(a)$

◀$(a+1)(a-3)=0$

例 66 ➡ 本冊 p. 258

(1) $f(x)=\dfrac{1}{x}$ とすると

$$f(x+h)-f(x)=\frac{1}{x+h}-\frac{1}{x}=\frac{x-(x+h)}{(x+h)x}=\frac{-h}{(x+h)x}$$

◀導関数の定義式の分子を先に計算する。

よって　$\boldsymbol{y'}=\lim_{h\to0}\left\{\dfrac{-h}{(x+h)x}\cdot\dfrac{1}{h}\right\}=\lim_{h\to0}\dfrac{-1}{x(x+h)}=\boldsymbol{-\dfrac{1}{x^2}}$

(2) $\boldsymbol{y'}=2(x^3)'-\dfrac{7}{2}(x^2)'+(x)'+\left(\dfrac{1}{3}\right)'$

$=2\cdot3x^2-\dfrac{7}{2}\cdot2x+1=\boldsymbol{6x^2-7x+1}$

◀$(\boldsymbol{x^n})'=\boldsymbol{nx^{n-1}}$
(定数)′=0

例 67 ➡ 本冊 p. 258

(1) $y=x^3-2x^2+x-2$

よって　$\boldsymbol{y'=3x^2-4x+1}$

◀まず，与式の右辺を展開する。

(2) $y=(2x)^3-3(2x)^2\cdot1+3\cdot2x\cdot1^2-1^3$

$=8x^3-12x^2+6x-1$

よって　$\boldsymbol{y'=24x^2-24x+6}$

(3) $y=(x^2)^2+(-2x)^2+3^2+2\cdot x^2\cdot(-2x)+2\cdot(-2x)\cdot3+2\cdot3\cdot x^2$

$=x^4-4x^3+10x^2-12x+9$

よって　$\boldsymbol{y'=4x^3-12x^2+20x-12}$

(4) $y=(16x^2-24x+9)(2x+3)=32x^3-54x+27$

よって　$\boldsymbol{y'=96x^2-54}$

別解　(1) $\boldsymbol{y'}=(x-2)'(x^2+1)+(x-2)(x^2+1)'$

$=1\cdot(x^2+1)+(x-2)\cdot2x$

$\boldsymbol{=3x^2-4x+1}$

(2) $\boldsymbol{y'}=3(2x-1)^2\cdot2=\boldsymbol{6(2x-1)^2}$

(3) $\boldsymbol{y'}=2(x^2-2x+3)(x^2-2x+3)'$

$=2(x^2-2x+3)\cdot(2x-2)$

$\boldsymbol{=4(x-1)(x^2-2x+3)}$

(4) $\boldsymbol{y'}=\{(4x-3)^2\}'(2x+3)+(4x-3)^2(2x+3)'$

$=2(4x-3)\cdot4\cdot(2x+3)+(4x-3)^2\cdot2$

$=2(4x-3)\{4(2x+3)+(4x-3)\}=2(4x-3)(12x+9)$

$\boldsymbol{=6(4x-3)(4x+3)}$

◀まず，積の導関数を行う。

参考　(2)～(4) の結果は，展開すると上の答えと同じ式になる。

証明　**$\{(ax+b)^n\}'=n(ax+b)^{n-1}\cdot a$ の証明**

$\{(ax+b)^n\}'=n(ax+b)^{n-1}\cdot a$ …… Ⓐ とし，数学的帰納法 (次ページの 補足 参照) を利用して証明する。

[1] $n=1$ のとき　(左辺)$=(ax+b)'=a$，(右辺)$=1\cdot(ax+b)^0\cdot a=a$

よって，$n=1$ のとき，等式 Ⓐ は成り立つ。

[2] $n=k$ のとき，等式 Ⓐ が成り立つ，すなわち

$$\{(ax+b)^k\}'=k(ax+b)^{k-1}\cdot a=\underline{ak(ax+b)^{k-1}}$$

と仮定する。

$n=k+1$ のとき，積の導関数の公式から

6章 例 [微分法]

$$\{(ax+b)^{k+1}\}'=\{(ax+b)^k(ax+b)\}'$$
$$=\{(ax+b)^k\}'(ax+b)+(ax+b)^k(ax+b)'$$
$$=\underline{ak(ax+b)^{k-1}}(ax+b)+(ax+b)^k\cdot a$$ ◀仮定した式を代入。
$$=a(ax+b)^k(k+1)$$
$$=(k+1)(ax+b)^{(k+1)-1}\cdot a$$

よって，$n=k+1$ のときにも等式 Ⓐ は成り立つ。

[1]，[2] から，等式 Ⓐ はすべての自然数 n について成り立つ。

補足　**数学的帰納法** (数学Bで学習。本冊 p. 415 参照)

自然数 n に関する命題 P が，すべての自然数 n について成り立つことを数学的帰納法で証明するには，次の [1] と [2] を示す。

[1]　**$n=1$ のとき P が成り立つ。**

[2]　**$n=k$ のとき P が成り立つと仮定すると，$n=k+1$ のときにも P が成り立つ。**

例 68 ➡ 本冊 p. 272

(1)　$y'=x^2-9=(x+3)(x-3)$　　$y'=0$ とすると　$x=\pm 3$

y の増減表は次のようになる。

x	…	-3	…	3	…
y'	+	0	−	0	+
y	↗	極大 18	↘	極小 −18	↗

よって　**$x\leqq -3$，$3\leqq x$ で単調に増加**

$-3\leqq x\leqq 3$ で単調に減少　する。

また，**$x=-3$ で極大値 18，$x=3$ で極小値 -18** をとる。

(2)　$y'=-3x^2+2x-1=-3\left(x-\dfrac{1}{3}\right)^2-\dfrac{2}{3}<0$

よって，**常に単調に減少する。**

したがって，**極値をもたない。**

注意　(1)　増加・減少の x の値の範囲を答えるときは，区間に端点を含めて答えてよい。なぜなら，例えば，$v=-3$ のとき，$u<v$ ならば $f(u)<f(v)$ の関係が成り立つからである。

グラフは，次のようになる。

(1)
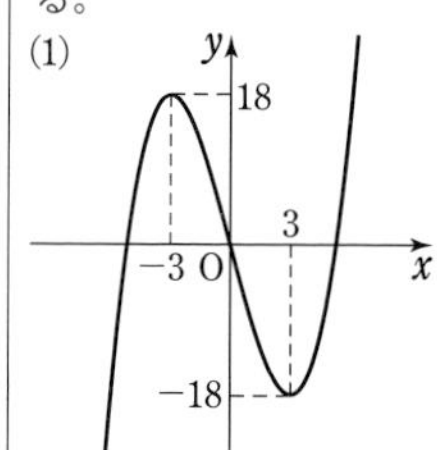

(2)
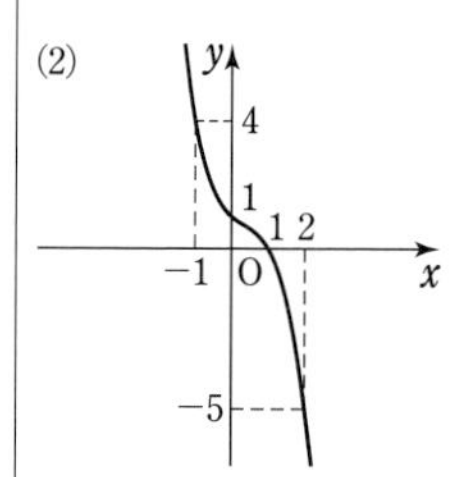

例 69 ➡ 本冊 p. 272

(1)　$y'=-3x^2+12x-9$
$=-3(x^2-4x+3)$
$=-3(x-1)(x-3)$

$y'=0$ とすると　$x=1,\ 3$

y の増減表は右のようになる。

x	…	1	…	3	…
y'	−	0	+	0	−
y	↘	極小 −2	↗	極大 2	↘

よって，グラフは **図**(1)

◀ x 軸との共有点の x 座標は，$y=0$ として整理すると
$(x-2)(x^2-4x+1)=0$
よって　$x=2,\ 2\pm\sqrt{3}$
y 軸との共有点の y 座標は，$x=0$ とすると $y=2$

(2)　$y'=x^2+2x+1=(x+1)^2$

$y'=0$ とすると　$x=-1$

y の増減表は右のようになる。

x	…	-1	…
y'	+	0	+
y	↗	$\dfrac{8}{3}$	↗

ゆえに，常に単調に増加する。

よって，グラフは **図**(2)

◀ x 軸との共有点の x 座標は，$y=0$ として両辺を 3 倍して整理すると
$(x+3)(x^2+3)=0$
よって　$x=-3$
y 軸との共有点の y 座標は，$x=0$ とすると $y=3$

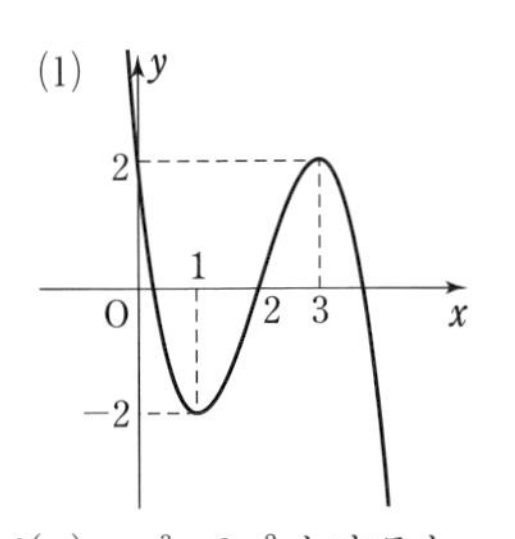

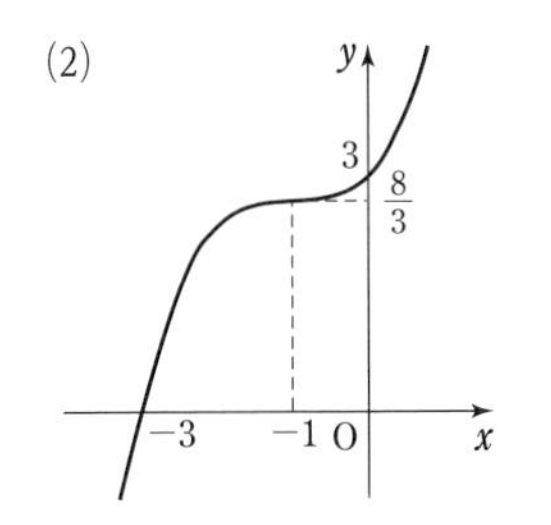

◀(2)で，$x=-1$ のとき $y'=0$ であるが，極値はとらない。なお，グラフ上の x 座標が -1 である点における接線の傾きは0である。

(3) $f(x)=x^3-3x^2$ とすると

$$f'(x)=3x^2-6x=3x(x-2)$$

$f'(x)=0$ とすると　　$x=0,\ 2$

$f(x)$ の増減表は次のようになる。

x	$\cdots$	0	$\cdots$	2	$\cdots$
$f'(x)$	$+$	0	$-$	0	$+$
$f(x)$	↗	極大 0	↘	極小 -4	↗

$y=\|x^3-3x^2\|$ のグラフは，$y=f(x)$ のグラフで $y<0$ の部分を x 軸に関して対称に折り返したものであるから，**図(3)の実線部分** である。

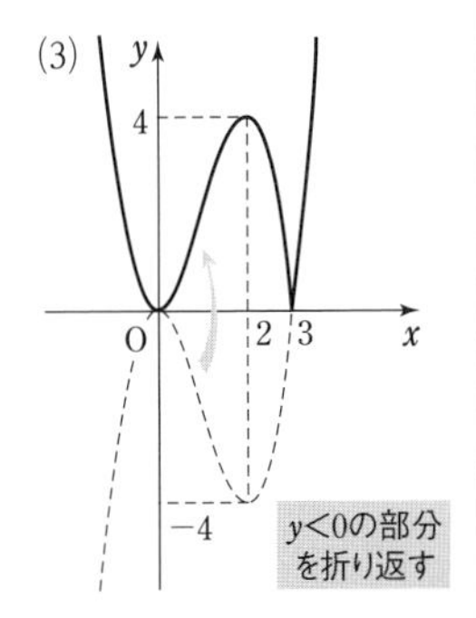

◀$y=|f(x)|$ のグラフは $y=f(x)$ のグラフで x 軸より下側の部分を x 軸に関して対称に折り返したものである。

例 70

➡本冊 p. 282

(1) $y'=3x^2-12x=3x(x-4)$

$y'=0$ とすると　　$x=0,\ 4$

区間 $-2\leqq x\leqq 3$ における y の増減表は，次のようになる。

x	-2	$\cdots$	0	$\cdots$	3
y'		$+$	0	$-$	
y	-22	↗	極大 10	↘	-17

よって　　**$x=0$ で最大値 10，$x=-2$ で最小値 -22**

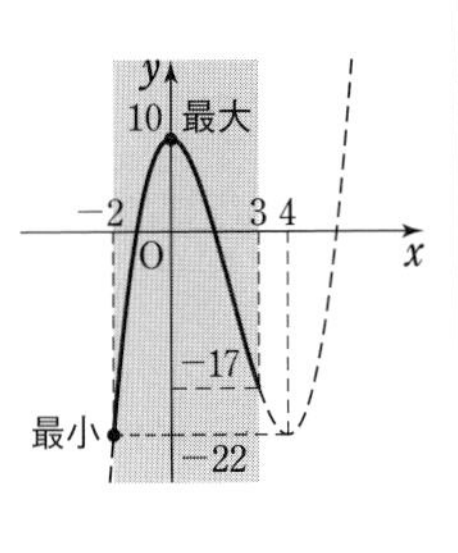

◀端の値 -22 と -17 を比較。

(2) $y'=12x^3-12x^2-24x$

$$=12x(x^2-x-2)$$

$$=12x(x+1)(x-2)$$

$y'=0$ とすると　　$x=-1,\ 0,\ 2$

区間 $-1\leqq x\leqq 3$ における y の増減表は，次のようになる。

x	-1	$\cdots$	0	$\cdots$	2	$\cdots$	3
y'		$+$	0	$-$	0	$+$	
y	-5	↗	極大 0	↘	極小 -32	↗	27

よって　　**$x=3$ で最大値 27，$x=2$ で最小値 -32**

◀極大値0と端の値27を比較。極小値 -32 と端の値 -5 を比較。

例 71 ➡本冊 p. 293

(1) $f(x)=x^3+3x^2-9x-9$ とすると

$$f'(x)=3x^2+6x-9=3(x+3)(x-1)$$

$f'(x)=0$ とすると　　$x=-3,\ 1$

$f(x)$ の増減表と $y=f(x)$ のグラフは次のようになる。

x	$\cdots$	-3	$\cdots$	1	$\cdots$
$f'(x)$	$+$	0	$-$	0	$+$
$f(x)$	↗	極大 18	↘	極小 -14	↗

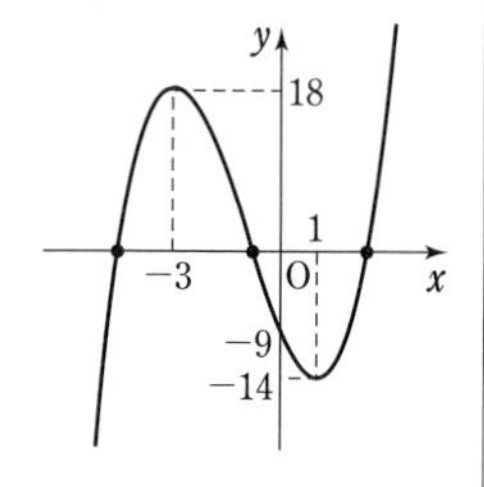

よって，方程式 $f(x)=0$ の実数解は，
$x<-3$，$-3<x<0$，$1<x$ の範囲に 1 個ずつある。

したがって　　**正の解は 1 個，負の解は 2 個**

(2) $f(x)=x^3-6x^2+9x-5$ とすると

$$f'(x)=3x^2-12x+9=3(x-1)(x-3)$$

$f'(x)=0$ とすると　　$x=1,\ 3$

$f(x)$ の増減表と $y=f(x)$ のグラフは次のようになる。

x	$\cdots$	1	$\cdots$	3	$\cdots$
$f'(x)$	$+$	0	$-$	0	$+$
$f(x)$	↗	極大 -1	↘	極小 -5	↗

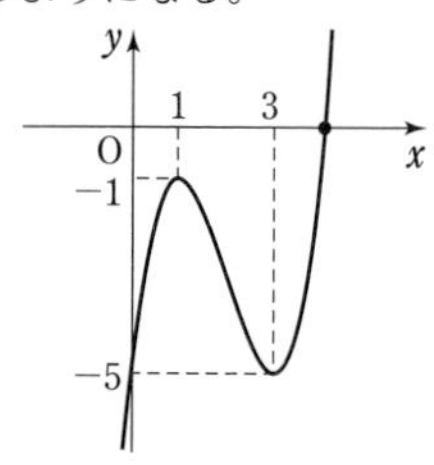

よって，方程式 $f(x)=0$ の実数解は，
$3<x$ の範囲に 1 個だけある。

したがって

正の解は 1 個，負の解は 0 個

(3) $f(x)=x^3-3x+1$ とすると

$$f'(x)=3x^2-3=3(x+1)(x-1)$$

$f'(x)=0$ とすると　　$x=\pm 1$

$f(x)$ の増減表と $y=f(x)$ のグラフは次のようになる。

x	$\cdots$	-1	$\cdots$	1	$\cdots$
$f'(x)$	$+$	0	$-$	0	$+$
$f(x)$	↗	極大 3	↘	極小 -1	↗

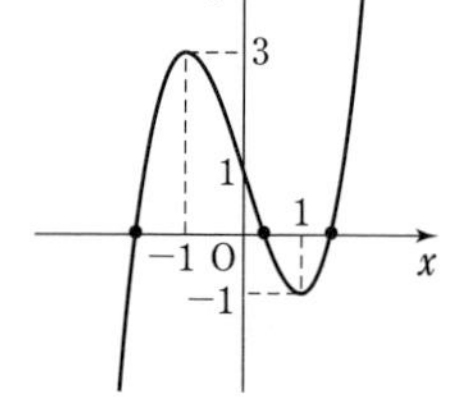

よって，方程式 $f(x)=0$ の実数解は，
$x<-1$，$0<x<1$，$1<x$ の範囲に 1 個ずつある。

したがって　　**正の解は 2 個，負の解は 1 個**

(4) $f(x)=x^4-6x^2-8x-3$ とすると

$$f'(x)=4x^3-12x-8=4(x^3-3x-2)$$
$$=4(x+1)(x^2-x-2)=4(x+1)^2(x-2)$$

$f'(x)=0$ とすると　　$x=-1,\ 2$

$f(x)$ の増減表と $y=f(x)$ のグラフは次のようになる。

CHART
共有点 ⟺ 実数解

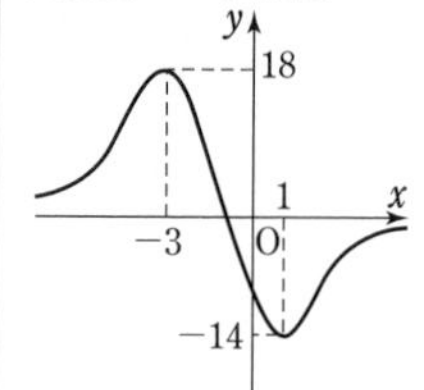

注意 上の場合，増減表は(1)の表と同じになるが，増減表から直ちに解の個数を判断してはいけない。方程式の解を考えるときは，必ずグラフをかくようにする。または
$f(-5)=-14<0$
$f(-3)=18>0$
のように，グラフが x 軸と共有点をもつ根拠を明記してもよい。

◀因数定理を利用。

x	$\cdots$	-1	$\cdots$	2	$\cdots$
$f'(x)$	$-$	0	$-$	0	$+$
$f(x)$	↘	0	↘	極小 -27	↗

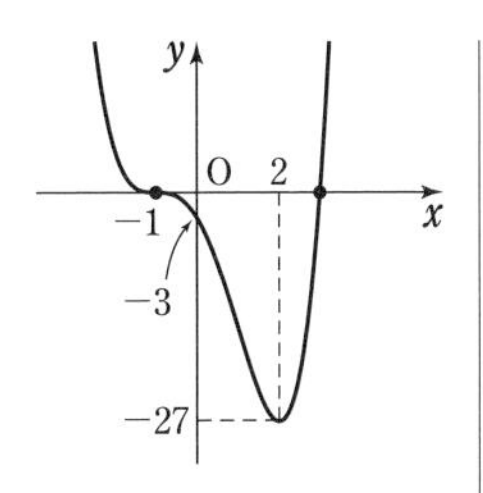

◀点 $(-1,\ 0)$ は，グラフと x 軸の接点。

よって，方程式 $f(x)=0$ の実数解は，$x=-1$ と $2<x$ の範囲に1個ずつある。

したがって　**正の解は1個，負の解は1個**

例 72

➡ 本冊 p. 293

方程式を変形して　$-2x^3+6x=a$

$f(x)=-2x^3+6x$ とすると

$$f'(x)=-6x^2+6$$
$$=-6(x+1)(x-1)$$

$f'(x)=0$ とすると　$x=\pm1$

$f(x)$ の増減表は次のようになる。

x	$\cdots$	-1	$\cdots$	1	$\cdots$
$f'(x)$	$-$	0	$+$	0	$-$
$f(x)$	↘	極小 -4	↗	極大 4	↘

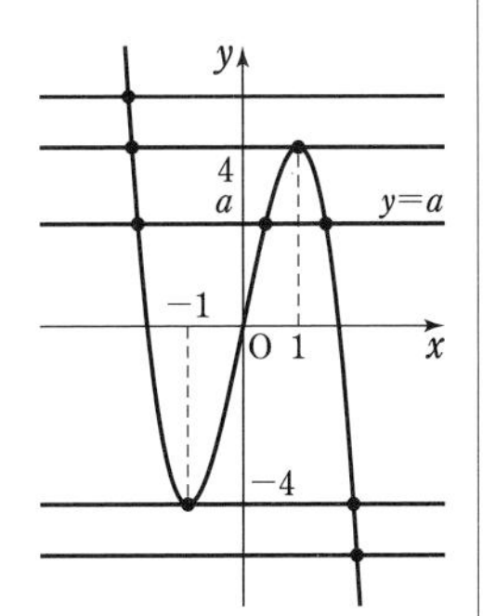

よって，$y=f(x)$ のグラフは右の図のようになる。

方程式 $f(x)=a$ の実数解の個数は，$y=f(x)$ のグラフと直線 $y=a$ との共有点の個数を調べて

$a<-4$，$4<a$ のとき　1個
$a=-4$，4 のとき　2個
$-4<a<4$ のとき　3個

◀$f(x)$ が極大，極小となる点を，直線 $y=a$ が通るときの a の値が実数解の個数の境目となる。

練習 127 ➡ 本冊 p. 252

(1) $\lim_{x\to1}(x^3+5x-2)=1^3+5\cdot1-2=\mathbf{4}$

(2) $\lim_{x\to4}\dfrac{x^2-16}{x-4}=\lim_{x\to4}\dfrac{(x+4)(x-4)}{x-4}=\lim_{x\to4}(x+4)=\mathbf{8}$

(3) $\lim_{x\to-2}\dfrac{x^3+8}{x+2}=\lim_{x\to-2}\dfrac{(x+2)(x^2-2x+4)}{x+2}=\lim_{x\to-2}(x^2-2x+4)=\mathbf{12}$

(4) $\lim_{x\to3}\dfrac{x^2-2x-3}{x^2-x-6}=\lim_{x\to3}\dfrac{(x+1)(x-3)}{(x+2)(x-3)}=\lim_{x\to3}\dfrac{x+1}{x+2}=\mathbf{\dfrac{4}{5}}$

◀(2)～(4)　まず，分母・分子を因数分解して，約分する。

(5) $\lim_{x\to0}\dfrac{1}{x}\left(\dfrac{1}{x+4}-\dfrac{1}{4}\right)=\lim_{x\to0}\dfrac{1}{x}\cdot\dfrac{4-(x+4)}{4(x+4)}=\lim_{x\to0}\dfrac{1}{x}\cdot\dfrac{-x}{4(x+4)}$

$=\lim_{x\to0}\dfrac{-1}{4(x+4)}=-\mathbf{\dfrac{1}{16}}$

(6) $\lim_{x\to9}\dfrac{\sqrt{x}-3}{x-9}=\lim_{x\to9}\dfrac{(\sqrt{x}-3)(\sqrt{x}+3)}{(x-9)(\sqrt{x}+3)}=\lim_{x\to9}\dfrac{x-9}{(x-9)(\sqrt{x}+3)}$

$=\lim_{x\to9}\dfrac{1}{\sqrt{x}+3}=\mathbf{\dfrac{1}{6}}$

◀分母・分子に $\sqrt{x}+3$ を掛けて，分子を有理化する。

練習 128 ➡ 本冊 p. 253

$\lim_{x\to-1}\dfrac{x^2+ax+b}{x+1}=-6$ …… ①　において，$\lim_{x\to-1}(x+1)=0$ であるから　$\lim_{x\to-1}(x^2+ax+b)=0$

◀(分母) ⟶ 0 の式が極限値をもつならば (分子) ⟶ 0

ゆえに　$1-a+b=0$　すなわち　$b=a-1$ …… ②

◀必要条件。

このとき　$\lim_{x\to-1}\dfrac{x^2+ax+b}{x+1}=\lim_{x\to-1}\dfrac{x^2+ax+a-1}{x+1}$

$=\lim_{x\to-1}\dfrac{(x+1)(x+a-1)}{x+1}=\lim_{x\to-1}(x+a-1)=a-2$

◀$x^2+ax+a-1$ $=(x+1)a+(x+1)(x-1)$

よって，① から　$a-2=-6$

ゆえに　$\mathbf{a=-4}$　　② から　$\mathbf{b=-5}$

◀必要十分条件。

練習 129 ➡ 本冊 p. 254

2 点 $(1,\ f(1))$，$(a,\ f(a))$ $[a>1]$ を結ぶ直線の傾きは

$\dfrac{f(a)-f(1)}{a-1}=\dfrac{(a^3-3a^2)-(1-3)}{a-1}=\dfrac{a^3-3a^2+2}{a-1}$

◀$a-1\neq0$

$=\dfrac{(a-1)(a^2-2a-2)}{a-1}=a^2-2a-2$ …… ①

◀因数定理の利用。

$x=b$ における $f(x)$ の微分係数 $f'(b)$ は

$\lim_{c\to b}\dfrac{f(c)-f(b)}{c-b}=\lim_{c\to b}\dfrac{(c^3-3c^2)-(b^3-3b^2)}{c-b}$

$=\lim_{c\to b}\dfrac{(c^3-b^3)-3(c^2-b^2)}{c-b}$

$=\lim_{c\to b}\{c^2+bc+b^2-3(c+b)\}$

$=3b^2-6b$ …… ②

◀導関数を学習した後なら，$f'(x)=3x^2-6x$ から $f'(b)=3b^2-6b$ としてよい。

① と ② が等しいとき　$a^2-2a-2=3b^2-6b$

よって　$3b^2-6b-(a^2-2a-2)=0$

これを b の2次方程式とみて解くと

$$b=\frac{-(-3)\pm\sqrt{(-3)^2-3\{-(a^2-2a-2)\}}}{3}$$

$$=\frac{3\pm\sqrt{3a^2-6a+3}}{3}=\frac{3\pm\sqrt{3(a-1)^2}}{3}=\frac{3\pm\sqrt{3}(a-1)}{3}$$

$1<b<a$ であるから

$$b=\frac{3+\sqrt{3}(a-1)}{3}=\boldsymbol{\frac{\sqrt{3}a+3-\sqrt{3}}{3}}$$

◀ $ax^2+2b'x+c=0$ の解 $x=\dfrac{-b'\pm\sqrt{b'^2-ac}}{a}$

◀ $a-1>0$ であるから $\sqrt{(a-1)^2}=a-1$

◀ $b=\dfrac{3-\sqrt{3}(a-1)}{3}$ は $\dfrac{3-\sqrt{3}(a-1)}{3}<1$ から不適。

参考　$x=b$ における $f(x)$ の微分係数は

$$f(b+h)-f(b)=(b+h)^3-3(b+h)^2-(b^3-3b^2)$$
$$=h^3+(3b-3)h^2+(3b^2-6b)h \quad \text{から}$$

$$\lim_{h\to 0}\frac{f(b+h)-f(b)}{h}=\lim_{h\to 0}\{h^2+(3b-3)h+3b^2-6b\}=3b^2-6b$$

と求めてもよい。他は解答と同様。

◀ $f'(a)=\displaystyle\lim_{h\to 0}\frac{f(a+h)-f(a)}{h}$ による。

練習 130

➡ 本冊 p. 255

(1) $\displaystyle\lim_{h\to 0}\frac{f(a+2h)-f(a-h)}{h}$

$$=\lim_{h\to 0}\frac{f(a+2h)-f(a)+f(a)-f(a-h)}{h}$$

$$=\lim_{h\to 0}\left\{\frac{f(a+2h)-f(a)}{h}-\frac{f(a-h)-f(a)}{h}\right\}$$

$$=\lim_{h\to 0}\left\{2\cdot\frac{f(a+2h)-f(a)}{2h}+\frac{f(a-h)-f(a)}{-h}\right\}$$

$$=2f'(a)+f'(a)$$

$$=\boldsymbol{3f'(a)}$$

◀ 分子に $-f(a)+f(a)$ を加える。

◀ $f'(a)=\displaystyle\lim_{\triangle\to 0}\frac{f(a+\square)-f(a)}{\square}$ $\triangle\longrightarrow 0$ のとき $\square\longrightarrow 0$

(2) $x-a=h$ とおくと　$x=a+h$,　$x\longrightarrow a$ のとき　$h\longrightarrow 0$

$$\lim_{x\to a}\frac{x^2f(a)-a^2f(x)}{x^2-a^2}$$

$$=\lim_{h\to 0}\frac{(a+h)^2f(a)-a^2f(a+h)}{(a+h)^2-a^2}$$

$$=\lim_{h\to 0}\frac{(a^2+2ah+h^2)f(a)-a^2f(a+h)}{2ah+h^2}$$

$$=\lim_{h\to 0}\frac{-a^2\{f(a+h)-f(a)\}+h(2a+h)f(a)}{h(2a+h)}$$

$$=\lim_{h\to 0}\left\{\frac{-a^2}{2a+h}\cdot\frac{f(a+h)-f(a)}{h}+f(a)\right\}=\boldsymbol{-\frac{1}{2}af'(a)+f(a)}$$

◀ 分母，分子を展開する。

別解　(与式)$\displaystyle=\lim_{x\to a}\frac{-a^2\{f(x)-f(a)\}-a^2f(a)+x^2f(a)}{x^2-a^2}$

$$=\lim_{x\to a}\frac{-a^2\{f(x)-f(a)\}+(x^2-a^2)f(a)}{x^2-a^2}$$

$$=\lim_{x\to a}\left\{\frac{-a^2}{x+a}\cdot\frac{f(x)-f(a)}{x-a}+f(a)\right\}$$

$$=\boldsymbol{-\frac{1}{2}af'(a)+f(a)}$$

練習 131 ➡ 本冊 p. 259

(1) $f'(x)=-3x^2+8x$

したがって　$\boldsymbol{f'(2)=-3\cdot2^2+8\cdot2=4}$

◀導関数 $f'(x)$ を求めて，$x=2$ を代入。

別解　微分係数の定義により　$f'(2)=\lim_{h\to0}\dfrac{f(2+h)-f(2)}{h}$

$f(2+h)-f(2)=-(2+h)^3+4(2+h)^2-2-(-2^3+4\cdot2^2-2)$

$=-h^3-2h^2+4h$

よって　$\boldsymbol{f'(2)}=\lim_{h\to0}\dfrac{-h^3-2h^2+4h}{h}=\lim_{h\to0}(-h^2-2h+4)\boldsymbol{=4}$

◀微分係数 $f'(a)$ の定義
$\boldsymbol{f'(a)=\lim_{h\to0}\dfrac{f(a+h)-f(a)}{h}}$

(2) $f(x)=ax^2+bx+c\ (a\neq0)$ とすると　$f'(x)=2ax+b$

$f(0)=8$ から　$c=8$　　$f'(0)=-4$ から　$b=-4$

$f'(2)=0$ から　$4a+b=0$

◀条件を a, b, c で表す。

これを解いて　$a=1$, $b=-4$, $c=8$

したがって　$\boldsymbol{f(x)=x^2-4x+8}$

◀a, b, c の連立方程式を解く。

(3) $f(x)=x^3+ax^2+bx+1$ から　$f'(x)=3x^2+2ax+b$

与えられた等式に代入すると

$3(x^3+ax^2+bx+1)-x(3x^2+2ax+b)=2x+3$

整理して　$ax^2+2bx+3=2x+3$

これが x についての恒等式であるから，両辺の係数を比較すると

◀係数比較法。

$a=0$, $2b=2$

よって　$\boldsymbol{a=0,\ b=1}$

練習 132 ➡ 本冊 p. 260

(1) t 分後の球の半径を r cm とする。

条件より，$r=t+10$ であるから　$S=4\pi r^2=4\pi(t+10)^2$

よって　$\dfrac{dS}{dt}=4\pi\times2(t+10)\cdot1=8\pi(t+10)$　…… ①

◀$\boldsymbol{\{(ax+b)^n\}'=n(ax+b)^{n-1}\cdot a}$

求める変化率は ① で $t=5$ とおいて　$8\pi(5+10)=120\pi$

ゆえに，**毎分 120π cm^2** の割合で大きくなっている。

(2) 物体の t 秒後の速度を v m/s とすると

$$v=\frac{dy}{dt}=49-9.8t\ (\text{m/s})$$

◀点Pの座標 $x=f(t)$ のとき，速度 $\boldsymbol{v=\dfrac{dx}{dt}}$

(ア) **$t=3$ のとき**　$v=49-9.8\times3=\boldsymbol{19.6\ (m/s)}$

$t=6$ のとき　$v=49-9.8\times6=\boldsymbol{-9.8\ (m/s)}$

(イ) 最高点では $v=0$ となるから　$49-9.8t=0$

これを解くと　$t=5$

したがって，求める高さは

$y=49\times5-4.9\times5^2=245-122.5=\boldsymbol{122.5\ (m)}$

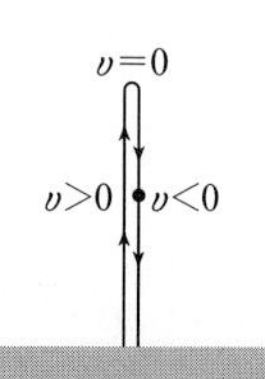

(ウ) 物体が地上に落下するとき，$y=0$ であるから

$49t-4.9t^2=0$

よって　$4.9t(10-t)=0$

$t>0$ であるから　$t=10$

このとき　$v=49-9.8\times10=-49\ (\text{m/s})$

したがって，地上に落下するのは **10 秒後** で，そのときの速度は **-49 m/s** である。

練習 133 ➡本冊 $p.261$

(1) $f(x)$ を $(x-3)^2$ で割ったときの商を $Q(x)$，余りを $px+q$ とすると，次の恒等式が成り立つ。

$$f(x)=(x-3)^2Q(x)+px+q \quad \cdots\cdots ①$$

このf(x) を微分すると

$$f'(x)=2(x-3)Q(x)+(x-3)^2Q'(x)+p \quad \cdots\cdots ②$$

これも恒等式である。

①，② に $x=3$ を代入すると　　$f(3)=3p+q$，$f'(3)=p$

$f(3)=2$，$f'(3)=1$ であるから　　$3p+q=2$，$p=1$

これを解くと　　$p=1$，$q=-1$

したがって，求める余りは　　$\boldsymbol{x-1}$

(2) $f(x)=ax^{n+1}+bx^n+1$ から　　$f'(x)=(n+1)ax^n+nbx^{n-1}$

$f(x)$ が $(x-1)^2$ で割り切れるための条件は

$$f(1)=0 \text{ かつ } f'(1)=0$$

$f(1)=0$ から　　$a+b+1=0$　　$\cdots\cdots$ ①

$f'(1)=0$ から　　$(n+1)a+nb=0$　　$\cdots\cdots$ ②

②−①×n から　　$\boldsymbol{a=n}$

これを ① に代入して　　$\boldsymbol{b=-n-1}$

◀多項式を 2 次式で割ったときの余りは
　1 次式 または 定数

◀下線部分は
　$\{f(x)g(x)\}'$
$=f'(x)g(x)+f(x)g'(x)$
を利用。

◀余りは $px+q$

◀ x の多項式 $f(x)$ が
$(x-a)^2$ で割り切れる
$\Longleftrightarrow$ $f(a)=f'(a)=0$

練習 134 ➡本冊 $p.262$

[1] $f(x)=c$（c は定数）とすると，(B) から　　$c=0$

よって　　$f(x)=0$

これは条件 (A) を満たさないから，適さない。

[2] $f(x)$ の最高次の項を ax^n（$a \neq 0$，n は自然数）とする。

このとき，$(x-3)f'(x)$ の最高次の項は

$$x \cdot nax^{n-1} \quad \text{すなわち} \quad nax^n$$

$2f(x)-6$ の最高次の項は　　$2ax^n$

ゆえに　　$na=2a$　　　$a \neq 0$ であるから　　$n=2$

これと (B) から，$f(x)=ax^2+bx$ とおける。

$f'(x)=2ax+b$ であるから，(A) により

$$(x-3)(2ax+b)=2(ax^2+bx)-6$$

整理すると　　$2ax^2+(-6a+b)x-3b=2ax^2+2bx-6$

これが x についての恒等式であるから，両辺の係数を比較して

$$-6a+b=2b, \quad -3b=-6$$

これを解くと　　$a=-\dfrac{1}{3}$，$b=2$

したがって　　$\boldsymbol{f(x)=-\dfrac{1}{3}x^2+2x}$

◀ $f(x)=0$ のとき，(A) において，(左辺)$=0$，(右辺)$=-6$ となる。

◀ $f(x)$ は 2 次式。

◀ $f(0)=0$ から，$f(x)$ の定数項は 0

◀係数比較法。

練習 135 ➡本冊 $p.264$

$y=-x^3+3x$ から　　$y'=-3x^2+3$

よって，点 $\mathrm{P}(a,\ -a^3+3a)$ における接線の方程式は

$$y-(-a^3+3a)=(-3a^2+3)(x-a)$$

すなわち　　$\boldsymbol{y=(-3a^2+3)x+2a^3}$

◀ $y-f(a)=f'(a)(x-a)$

点Qの x 座標は，次の方程式の $x=a$ 以外の実数解である。

$$-x^3+3x=(-3a^2+3)x+2a^3$$

整理して　$x^3-3a^2x+2a^3=0$

ゆえに　$(x-a)^2(x+2a)=0$

$a\neq0$ より $a\neq-2a$ であるから，点Qの x 座標は　$\boldsymbol{-2a}$

◀$x=a$ が重解 $\iff$ $(x-a)^2$ が因数

練習 136 ➡ 本冊 p.265

(1) (ア) $y=x^2-3x+6$ から　$y'=2x-3$

接点の x 座標を a とすると，接線の方程式は

$$y-(a^2-3a+6)=(2a-3)(x-a)$$

よって　$y=(2a-3)x-a^2+6$　… ①

この直線が点 (1, 0) を通るから

$$0=(2a-3)\cdot1-a^2+6$$

整理すると　$a^2-2a-3=0$

ゆえに　$(a+1)(a-3)=0$

よって　$a=-1,\ 3$

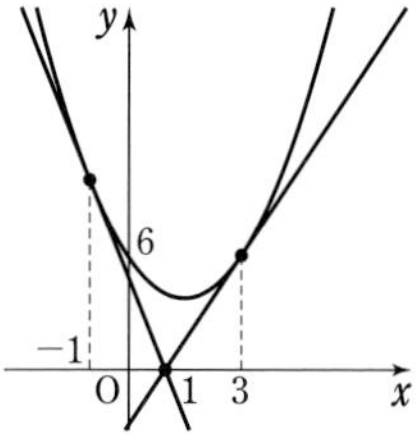

求める接線の方程式は，a の値を ① に代入して

$a=-1$ のとき　$\boldsymbol{y=-5x+5}$,

$a=3$　のとき　$\boldsymbol{y=3x-3}$

◀$y-f(a)=f'(a)(x-a)$

◀接線は 2 本。

(イ) $y=x^3+2$ から　$y'=3x^2$

接点の x 座標を a とすると，接線の方程式は

$$y-(a^3+2)=3a^2(x-a)$$

よって　$y=3a^2x-2a^3+2$　…… ②

この直線が点 (0, 4) を通るから

$$4=-2a^3+2$$

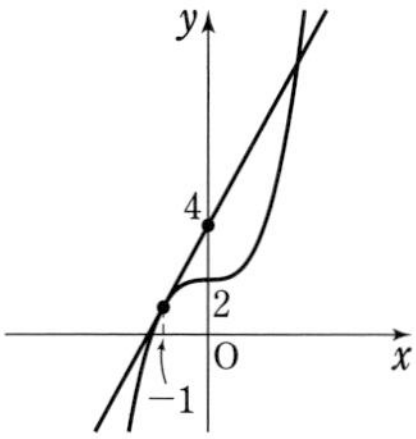

整理すると　$a^3+1=0$

ゆえに　$(a+1)(a^2-a+1)=0$

a は実数であるから　$a=-1$

求める接線の方程式は $a=-1$ を ② に代入して

$$\boldsymbol{y=3x+4}$$

◀$y-f(a)=f'(a)(x-a)$

◀$a^2-a+1=0$ は実数解をもたない。

◀接線は 1 本。

(2) $y=x^3-3x^2+5x+1$ から　$y'=3x^2-6x+5$

曲線上の点 $(a,\ a^3-3a^2+5a+1)$ における接線の方程式は

$$y-(a^3-3a^2+5a+1)=(3a^2-6a+5)(x-a)$$

すなわち　$y=(3a^2-6a+5)x-2a^3+3a^2+1$　…… ①

$y=kx-3$ は，点 $(0,\ -3)$ を通るから，① が点 $(0,\ -3)$ を通るとき　$-3=-2a^3+3a^2+1$

よって　$2a^3-3a^2-4=0$

左辺を因数分解して　$(a-2)(2a^2+a+2)=0$

a は実数であるから　$a=2$

接線の方程式は ① から　$y=5x-3$　よって　$\boldsymbol{k=5}$

また，$a=2$ のとき　$a^3-3a^2+5a+1=7$

したがって，接点の座標は　**(2, 7)**

◀$2a^2+a+2=0$ は実数解をもたない。

◀接点の y 座標。

別解　$f(x)=x^3-3x^2+5x+1$ とすると　$f'(x)=3x^2-6x+5$

曲線 $y=f(x)$ と直線 $y=kx-3$ の接点の x 座標を a とすると，$f(a)=ka-3$，$f'(a)=k$ が成り立つ。

◀接点における y 座標が等しく，傾きが k

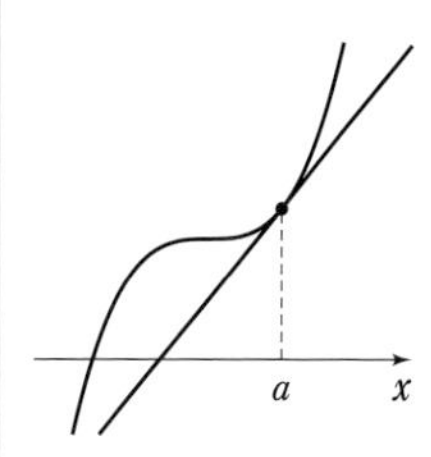

よって　$a^3-3a^2+5a+1=ka-3$　…… ①

$3a^2-6a+5=k$　…… ②

② を ① に代入して整理すると　$2a^3-3a^2-4=0$

左辺を因数分解して　$(a-2)(2a^2+a+2)=0$

a は実数であるから　$a=2$

これを ② に代入して　$\boldsymbol{k=5}$

$f(2)=7$ であるから，接点の座標は　**(2, 7)**

練習 137

➡ 本冊 p. 266

$y=x^3-x^2$ から　$y'=3x^2-2x$

接点の x 座標を a とすると，接線の方程式は

$$y-(a^3-a^2)=(3a^2-2a)(x-a)$$

◀$y-f(a)=f'(a)(x-a)$

よって　$y=(3a^2-2a)x-2a^3+a^2$　…… ①

この直線が点 (0, 0) を通るから　$0=-2a^3+a^2$

整理すると　$a^2(2a-1)=0$　　ゆえに　$a=0,\ \dfrac{1}{2}$

求める直線の方程式は，a の値を ① に代入して

$a=0$ のとき　$\boldsymbol{y=0}$，　$a=\dfrac{1}{2}$ のとき　$\boldsymbol{y=-\dfrac{1}{4}x}$

練習 138

➡ 本冊 p. 267

(1)　$y=x^2$ から　$y'=2x$

◀(方針 1) の解法。

C_1 上の点 $(a,\ a^2)$ における接線の方程式は

$$y-a^2=2a(x-a)$$

すなわち　$y=2ax-a^2$　…… ①

① が C_2 と接するための条件は，y を消去した x の方程式

$$x^2-6x+15=2ax-a^2$$

すなわち　$x^2-2(a+3)x+15+a^2=0$

が重解をもつことである。

◀接点 ⟺ 重解

よって，この判別式を D とすると

$$D=0$$

$\dfrac{D}{4}=\{-(a+3)\}^2-1\cdot(15+a^2)=6(a-1)$ であるから，$D=0$ すなわち $a-1=0$ より　$a=1$

◀このとき，重解は $x=a+3=4$

① に代入して，求める方程式は　$\boldsymbol{y=2x-1}$

別解　$y=x^2-6x+15$ から　$y'=2x-6$

◀(方針 2) の解法。

C_2 上の点 $(b,\ b^2-6b+15)$ における接線の方程式は

$$y-(b^2-6b+15)=(2b-6)(x-b)$$

すなわち　$y=(2b-6)x-b^2+15$　…… ②

求める直線は ① と ② が一致する場合であり，その条件は

$2a=2b-6$　…… ③ かつ $-a^2=-b^2+15$　…… ④

◀傾きと y 切片が一致。

6章　練習　[微分法]

③ から　$b=a+3$　④ に代入して　$-a^2=-(a+3)^2+15$

よって　$6a-6=0$　ゆえに　$a=1$

◀このとき $b=1+3=4$

① に代入して，求める方程式は　$\boldsymbol{y=2x-1}$

(2)　$y=x^3$ から　$y'=3x^2$

◀(方針 1) の解法。

$y=x^3$ のグラフ上の点 $(a,\ a^3)$ における接線の方程式は

$$y-a^3=3a^2(x-a)\quad すなわち\quad y=3a^2x-2a^3 \quad \cdots\cdots ①$$

◀$y-f(a)=f'(a)(x-a)$

この直線が放物線 $y=-\left(x-\dfrac{4}{9}\right)^2$ にも接するための条件は，

2 次方程式 $3a^2x-2a^3=-\left(x-\dfrac{4}{9}\right)^2$ すなわち

$$x^2+\left(3a^2-\frac{8}{9}\right)x-2a^3+\frac{16}{81}=0$$

が重解をもつことである。

◀**接点 ⟺ 重解**

よって，この判別式を D とすると　$D=0$

$$D=\left(3a^2-\frac{8}{9}\right)^2-4\cdot1\cdot\left(-2a^3+\frac{16}{81}\right)=9a^4+8a^3-\frac{16}{3}a^2$$

$$=\frac{a^2}{3}(27a^2+24a-16)=\frac{a^2}{3}(3a+4)(9a-4)$$

であるから，$D=0$ すなわち $a^2(3a+4)(9a-4)=0$ より

$$a=0,\ -\frac{4}{3},\ \frac{4}{9}$$

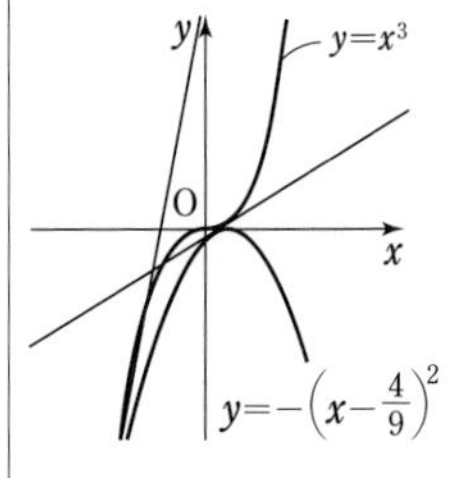

この値を ① に代入して，求める接線は

$a=0$ のとき　$\boldsymbol{y=0}$ (x 軸),

$a=-\dfrac{4}{3}$ のとき　$\boldsymbol{y=\dfrac{16}{3}x+\dfrac{128}{27}}$,

$a=\dfrac{4}{9}$ のとき　$\boldsymbol{y=\dfrac{16}{27}x-\dfrac{128}{729}}$

別解　$y=-\left(x-\dfrac{4}{9}\right)^2$ から　$y'=-2\left(x-\dfrac{4}{9}\right)$

◀(方針 2) の解法。
◀$\{(ax+b)^n\}'$
$=n(ax+b)^{n-1}\cdot a$

放物線 $y=-\left(x-\dfrac{4}{9}\right)^2$ 上の点 $\left(b,\ -\left(b-\dfrac{4}{9}\right)^2\right)$ における接線の

方程式は　$y-\left\{-\left(b-\dfrac{4}{9}\right)^2\right\}=-2\left(b-\dfrac{4}{9}\right)(x-b)$

すなわち　$y=-2\left(b-\dfrac{4}{9}\right)x+b^2-\dfrac{16}{81}$　$\cdots\cdots$ ②

① と ② が一致するための条件は

$$3a^2=-2\left(b-\frac{4}{9}\right)\quad\cdots\cdots ③\quad かつ\quad -2a^3=b^2-\frac{16}{81}\quad\cdots\cdots ④$$

◀傾きと y 切片が一致。

③ から　$b=-\dfrac{3}{2}a^2+\dfrac{4}{9}$

これを ④ に代入して　$-2a^3=\left(-\dfrac{3}{2}a^2+\dfrac{4}{9}\right)^2-\dfrac{16}{81}$

◀$\dfrac{9}{4}a^4+2a^3-\dfrac{4}{3}a^2=0$

整理して　$27a^4+24a^3-16a^2=0$

よって　$a^2(3a+4)(9a-4)=0$

ゆえに　$a=0,\ -\dfrac{4}{3},\ \dfrac{4}{9}$　(以後同じ)

練習 139 ➡ 本冊 *p*. 268

$f(x)=2x^3+2x^2+a$, $g(x)=x^3+2x^2+3x+b$ とすると

$$f'(x)=6x^2+4x,\ g'(x)=3x^2+4x+3$$

2 曲線が $x=p$ の点で接するための条件は

$$f(p)=g(p)\ \text{かつ}\ f'(p)=g'(p)$$

よって $\begin{cases} 2p^3+2p^2+a=p^3+2p^2+3p+b & \cdots\cdots ① \\ 6p^2+4p=3p^2+4p+3 & \cdots\cdots ② \end{cases}$

② から　$p^2=1$　ゆえに　$p=\pm 1$

[1] $p=1$ のとき　① から　$a-b=2$ …… ③

接点の座標は　$(1,\ 4+a)$

◀ $f(1)=4+a$

$f'(1)=10$ であるから，この点における曲線 $y=f(x)$ の接線の方程式は　$y-(4+a)=10(x-1)$

すなわち　$y=10x+a-6$

この直線が点 $(2,\ 15)$ を通るから　$15=10\cdot 2+a-6$

これを解いて　$\boldsymbol{a=1}$　③ から　$\boldsymbol{b=-1}$

また，接線の方程式は　$\boldsymbol{y=10x-5}$

◀ $x=1$ における $y=g(x)$ の接線 $y=10x+b-4$ が点 $(2,\ 15)$ を通ることから，b を先に求めてもよい。

[2] $p=-1$ のとき　① から　$a-b=-2$ …… ④

接点の座標は　$(-1,\ a)$

$f'(-1)=2$ であるから，この点における曲線 $y=f(x)$ の接線の方程式は　$y-a=2(x+1)$

すなわち　$y=2x+a+2$

この直線が点 $(2,\ 15)$ を通るから　$15=2\cdot 2+a+2$

これを解いて　$\boldsymbol{a=9}$　④ から　$\boldsymbol{b=11}$

また，接線の方程式は　$\boldsymbol{y=2x+11}$

別解　2 曲線が接するとき，

$$(2x^3+2x^2+a)-(x^3+2x^2+3x+b)=(x-p)^2(x-q)$$

とおける。整理すると

◀ p が重解 ⟺ p が接点の x 座標

$$x^3-3x+a-b=x^3-(2p+q)x^2+(p^2+2pq)x-p^2q$$

両辺の係数を比較して

$$0=2p+q\ \cdots\cdots ⑤,\quad -3=p^2+2pq\ \cdots\cdots ⑥,$$
$$a-b=-p^2q\ \cdots\cdots ⑦$$

⑤，⑥ から　$p=1,\ q=-2$　または　$p=-1,\ q=2$

よって，⑦ から　$a-b=\pm 2$　（以後同じ）

◀ ⑤ から　$q=-2p$
これを ⑥ に代入すると
$p^2=1$

練習 140 ➡ 本冊 *p*. 269

(1) 点Pの座標は $(a,\ a^3-ma)$ $[a\neq 0]$ であるから，直線 OP の傾きは　$\dfrac{a^3-ma}{a}=a^2-m$

◀ Pは原点と異なる ⟶ $a\neq 0$

$y=x^3-mx$ から　$y'=3x^2-m$

よって，点Qの x 座標を b とすると，点Qにおける接線の傾きは

$$3b^2-m$$

この接線が直線 OP に平行であるから

$$3b^2-m=a^2-m\qquad \text{ゆえに}\qquad b=\pm\frac{a}{\sqrt{3}}$$

◀ 2 直線が平行 ⟺ 傾きが等しい

6章 練習 [微分法]

したがって，点Qの x 座標は　　$\pm\dfrac{a}{\sqrt{3}}$

(2) (1) から　　$Q\left(\pm\dfrac{a}{\sqrt{3}},\ \pm\dfrac{a}{\sqrt{3}}\left(\dfrac{a^2}{3}-m\right)\right)$　[複号同順]

直線 OQ の傾きは　　$\dfrac{a^2}{3}-m$

よって，∠POQ が直角になるための条件は

$$(a^2-m)\left(\frac{a^2}{3}-m\right)=-1$$

となる実数 a が存在することである。

◀OP⊥OQ
⟺ 傾きの積が −1

整理して　　$(a^2)^2-4ma^2+3(m^2+1)=0$　…… ①

◀a^2 の 2 次方程式。

$a^2=t$ $(t>0)$ とおくと　　$t^2-4mt+3(m^2+1)=0$　…… ①′

◀$a\neq0$ から $t>0$

① を満たす実数 a $(\neq0)$ が存在するための条件は，①′ が正の解を少なくとも 1 つもつことである。

①′ の判別式を D とすると

$$\frac{D}{4}=(-2m)^2-3(m^2+1)=m^2-3=(m+\sqrt{3})(m-\sqrt{3})$$

$D\geqq0$ から　　$(m+\sqrt{3})(m-\sqrt{3})\geqq0$

よって　　$m\leqq-\sqrt{3}$，$\sqrt{3}\leqq m$

また，①′ の 2 つの解を α，β とすると

$$\alpha\beta=3(m^2+1)>0$$

◀解と係数の関係。

ゆえに，α と β はともに正で　　$\alpha+\beta=4m>0$

よって　　$(m\leqq-\sqrt{3},\ \sqrt{3}\leqq m)$　かつ　$m>0$

したがって，求める m の値の範囲は　　$\boldsymbol{m\geqq\sqrt{3}}$

◀共通範囲をとる。

練習 141 ➡ 本冊 p. 270

曲線 C と直線 $y=mx+n$ が $x=a$，$x=b$ $(a\neq b)$ の点で接するとすると，次の x の恒等式が成り立つ。

$$x^4-2x^3-3x^2-(mx+n)=(x-a)^2(x-b)^2$$

(左辺) $=x^4-2x^3-3x^2-mx-n$

(右辺) $=\{(x-a)(x-b)\}^2=\{x^2-(a+b)x+ab\}^2$

$=x^4+(a+b)^2x^2+a^2b^2-2(a+b)x^3-2(a+b)abx+2abx^2$

$=x^4-2(a+b)x^3+\{(a+b)^2+2ab\}x^2-2(a+b)abx+a^2b^2$

両辺の係数を比較して

$-2=-2(a+b)$　…… ①

$-3=(a+b)^2+2ab$　…… ②

$-m=-2(a+b)ab$　…… ③

$-n=a^2b^2$　…… ④

◀係数比較法。

① から　　$a+b=1$　　　これと ② から　　$ab=-2$

③ から　　$m=-4$　　　④ から　　$n=-4$

a，b は $t^2-t-2=0$ の解で，これを解くと　　$t=-1,\ 2$

◀$t^2-(a+b)t+ab=0$

よって，曲線 C と $x=-1$，$x=2$ の点で接する直線が存在し，その方程式は　　$\boldsymbol{y=-4x-4}$

◀$a\neq b$ を確認。

別解　$y=x^4-2x^3-3x^2$ から　　$y'=4x^3-6x^2-6x$

点 $(a,\ a^4-2a^3-3a^2)$ における接線の方程式は

$$y-(a^4-2a^3-3a^2)=(4a^3-6a^2-6a)(x-a)$$

すなわち　　$y=(4a^3-6a^2-6a)x-3a^4+4a^3+3a^2$ ……①

曲線Cと直線①が $x=b\ (b\neq a)$ の点で接するための条件は，2つの式から y を消去すると

$$x^4-2x^3-3x^2=(4a^3-6a^2-6a)x-3a^4+4a^3+3a^2$$

$$x^4-2x^3-3x^2-(4a^3-6a^2-6a)x+3a^4-4a^3-3a^2=0$$

$$(x-a)^2\{x^2+2(a-1)x+3a^2-4a-3\}=0$$

となるから，2次方程式 $x^2+2(a-1)x+3a^2-4a-3=0$ ……②

が重解 $x=b$（ただし $b\neq a$）をもつことである。

よって，②の判別式をDとすると　　$D=0$

$\dfrac{D}{4}=(a-1)^2-(3a^2-4a-3)=-2(a^2-a-2)$ であるから

$a^2-a-2=0$　　　これを解いて　　$a=-1,\ 2$

$a=-1$ のとき，②の重解は　　$b=2$

$a=2$ のとき，②の重解は　　$b=-1$

したがって，$b\neq a$ である。

①から，接線の方程式は　　$\boldsymbol{y=-4x-4}$

◀（方針1）の解法。

◀$y-f(a)=f'(a)(x-a)$

◀直線①と曲線Cは $x=a$ の点で接するから，左辺は $(x-a)^2$ を因数にもつ。

◀②の重解は $-\dfrac{2(a-1)}{2\cdot1}=1-a$

練習 142　➡本冊 p.274

(1)　$y'=4x^3-4x=4x(x^2-1)=4x(x+1)(x-1)$

$y'=0$ とすると　　$x=-1,\ 0,\ 1$

y の増減表は次のようになる。

x	…	-1	…	0	…	1	…
y'	$-$	0	$+$	0	$-$	0	$+$
y	↘	極小 -4	↗	極大 -3	↘	極小 -4	↗

よって，y は

$x=-1$ で極小値 -4

$x=0$　で極大値 -3

$x=1$　で極小値 -4

をとる。

グラフは **右の図** のようになる。

参考　$y'=4x(x+1)(x-1)$ の符号を調べるには，3次関数のグラフを利用するとよい。

$y'=0$ のとき　　$x=0,\ \pm1$

また，x^3 の係数が正であるから

$y'=4x(x+1)(x-1)$ のグラフは右の図のようになる。このグラフから

$-1<x<0,\ 1<x$ のとき　　$y'>0$

$x<-1,\ 0<x<1$ のとき　　$y'<0$

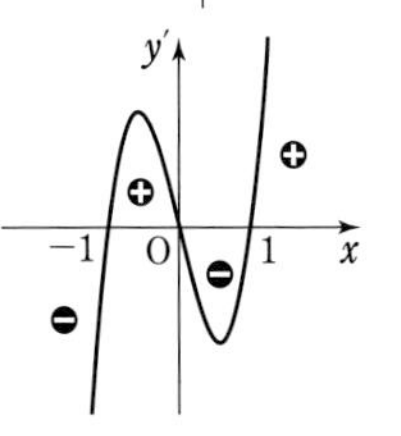

CHART　極値

y' の符号の変化を調べよ

増減表を作れ

◀y' の符号の調べ方は，次の 参考 を参照。

◀$y=0$ とすると $(x^2+1)(x^2-3)=0$

ゆえに　$x=\pm\sqrt{3}$

グラフは y 軸に関して対称。

◀y' のグラフと x 軸の交点の x 座標。

(2)　$y'=4x^3-4=4(x^3-1)=4(x-1)(x^2+x+1)$

$y'=0$ とすると　　$(x-1)(x^2+x+1)=0$

$x^2+x+1=\left(x+\dfrac{1}{2}\right)^2+\dfrac{3}{4}>0$ であるから　　$x=1$

y の増減表は次のようになる。

x	$\cdots$	1	$\cdots$
y'	$-$	0	$+$
y	↘	極小 -3	↗

◀$x^2+x+1>0$ から，y' の符号は $x-1$ の符号と一致する。

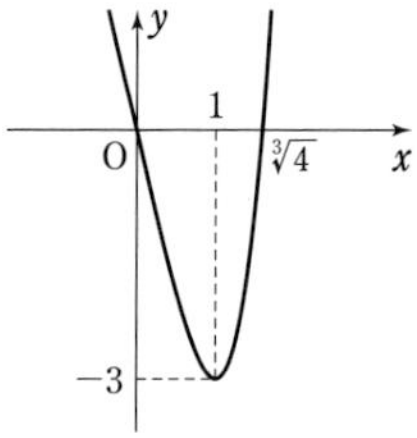

◀$y=0$ とすると　$x(x^3-4)=0$
ゆえに　$x=0,\ \sqrt[3]{4}$
$\sqrt[3]{1}<\sqrt[3]{4}<\sqrt[3]{8}$ から　$1<\sqrt[3]{4}<2$

よって，y は

$x=1$ で極小値 -3

をとる。

グラフは **右の図** のようになる。

(3)　$y'=-4x^3+12x^2=-4x^2(x-3)$

$y'=0$ とすると　　$x=0,\ 3$

y の増減表は次のようになる。

x	$\cdots$	0	$\cdots$	3	$\cdots$
y'	$+$	0	$+$	0	$-$
y	↗	-3	↗	極大 24	↘

◀$x \neq 0$ のとき　$x^2>0$

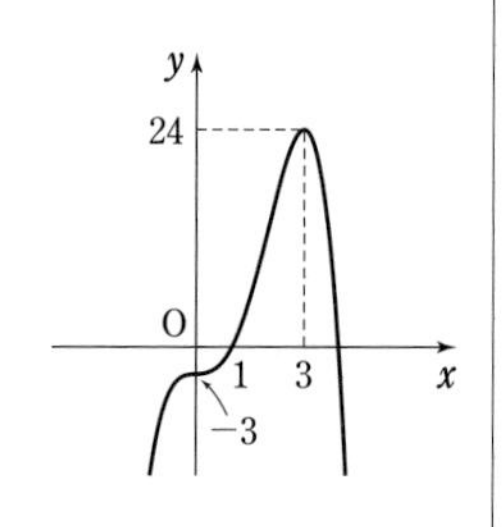

◀点 $(0,\ -3)$ における接線は x 軸と平行になる。

よって，y は

$x=3$ で極大値 24

をとる。

グラフは **右の図** のようになる。

練習 143　➡ 本冊 $p.275$

(1)　$f'(x)=3ax^2+2bx+c$

$x=0$ で極大値 2 をとるから　　$f(0)=2,\ f'(0)=0$

$x=2$ で極小値 -6 をとるから　　$f(2)=-6,\ f'(2)=0$

◀**$f(x)$ が $x=a$ で極値をとる $\Longrightarrow$ $f'(a)=0$**

◀必要条件。

よって　　$d=2,\quad c=0,\quad 8a+4b+2c+d=-6,$

$12a+4b+c=0$

これを解いて　　$a=2,\ b=-6,\ c=0,\ d=2$

逆に，このとき　　$f(x)=2x^3-6x^2+2$

$f'(x)=6x^2-12x=6x(x-2)$

◀十分条件であることの確認。

$f(x)$ の増減表は右のようになり，条件を満たす。

x	$\cdots$	0	$\cdots$	2	$\cdots$
$f'(x)$	$+$	0	$-$	0	$+$
$f(x)$	↗	極大 2	↘	極小 -6	↗

したがって

$a=2,\ b=-6,\ c=0,\ d=2$

(2)　$f'(x)=3ax^2+2(7-a^2)x+b$

$x=-1$ で極小値，$x=2$ で極大値をとるから

$f'(-1)=0,\ f'(2)=0$

◀**$f(x)$ が $x=a$ で極値をとる $\Longrightarrow$ $f'(a)=0$**
(必要条件)

よって　　$3a-2(7-a^2)+b=0$　$\cdots\cdots$ ①

$12a+4(7-a^2)+b=0$　$\cdots\cdots$ ②

①−② から　$6a^2-9a-42=0$

よって　$(a+2)(2a-7)=0$　　ゆえに　$a=-2,\ \dfrac{7}{2}$

[1]　$a=-2$ のとき，① から　$b=12$

逆に，このとき　$f(x)=-2x^3+3x^2+12x+c$

$f'(x)=-6x^2+6x+12=-6(x+1)(x-2)$

$f(x)$ の増減表は右のようになり，$x=-1$ で極小値，$x=2$ で極大値をとるから，条件を満たす。

x	$\cdots$	-1	$\cdots$	2	$\cdots$
$f'(x)$	$-$	0	$+$	0	$-$
$f(x)$	↘	極小	↗	極大	↘

極小値の絶対値の 2 倍が極大値に等しいから

$2|f(-1)|=f(2)$　　よって　$2|c-7|=c+20$

したがって　$2(c-7)=\pm(c+20)$　かつ　$c+20>0$

これを解いて　$c=-2,\ 34$　(ともに $c+20>0$ を満たす)

[2]　$a=\dfrac{7}{2}$ のとき，① から　$b=-21$

逆に，このとき　$f(x)=\dfrac{7}{2}x^3-\dfrac{21}{4}x^2-21x+c$

$f'(x)=\dfrac{21}{2}x^2-\dfrac{21}{2}x-21=\dfrac{21}{2}(x+1)(x-2)$

$f(x)$ の増減表は右のようになり，$x=-1$ で極大値，$x=2$ で極小値をとるから，条件を満たさない。

x	$\cdots$	-1	$\cdots$	2	$\cdots$
$f'(x)$	$+$	0	$-$	0	$+$
$f(x)$	↗	極大	↘	極小	↗

以上から　$\boldsymbol{a=-2,\ b=12,\ c=-2}$

または　$\boldsymbol{a=-2,\ b=12,\ c=34}$

◀ b を消去。

◀必要条件。

◀十分条件であることの確認。

◀ $B>0$ のとき $|A|=B \Longleftrightarrow A=\pm B$

◀必要条件。

◀十分条件であることの確認。

◀極大，極小をとる x の値が条件と逆である。

練習 144

➡ 本冊 p. 276

(1)　$f'(x)=3x^2+2ax+3a-6$

$f(x)$ が極値をもつための必要十分条件は，$f'(x)=0$ すなわち $3x^2+2ax+3a-6=0$ …… ① が異なる 2 つの実数解をもつことである。

よって，① の判別式を D とすると　$D>0$

$$\frac{D}{4}=a^2-3\cdot(3a-6)=a^2-9a+18=(a-3)(a-6)$$

ゆえに　$(a-3)(a-6)>0$

したがって　$\boldsymbol{a<3,\ 6<a}$

(2)　$f'(x)=3ax^2-3(a^2+1)x+3a=3\{ax^2-(a^2+1)x+a\}$
$=3(x-a)(ax-1)$

$f(x)$ が極値をもたないための必要十分条件は，$f'(x)=0$ が実数解を 1 つだけもつ (重解) かまたは実数解をもたないことである。

$f'(x)=0$ とすると，$a\neq0$ から　$x=a,\ \dfrac{1}{a}$

よって，$f(x)$ が極値をもたない条件は　$a=\dfrac{1}{a}$

両辺に a を掛けて　$a^2=1$　　したがって　$\boldsymbol{a=\pm1}$

◀ 3 次関数 $f(x)$ が極値をもつ $\Longleftrightarrow$ $f'(x)=0$ が異なる 2 つの実数解をもつ

別解　$f'(x)=3\{ax^2-(a^2+1)x+a\}$ から $ax^2-(a^2+1)x+a=0$ の判別式をDとすると

$$D=\{-(a^2+1)\}^2-4a\cdot a=(a^2+1)^2-4a^2=(a^2-1)^2$$

このとき $D\leqq 0$ であればよいから　　$(a^2-1)^2\leqq 0$

これを解くと　$a^2-1=0$　　したがって　$\boldsymbol{a=\pm 1}$

(3)　$f'(x)=3x^2+4mx+5$

$f(x)$ が常に単調に増加するための条件は，常に $f'(x)\geqq 0$ が成り立つことである。

◀$ax^2+bx+c\geqq 0$ $(a\neq 0)$ が常に成り立つ $\iff$ $a>0$ かつ $D\leqq 0$

$f'(x)$ の x^2 の係数が正であるから，2 次方程式 $f'(x)=0$ の判別式をDとすると　　$D\leqq 0$

$$\frac{D}{4}=(2m)^2-3\cdot 5=4m^2-15=(2m+\sqrt{15})(2m-\sqrt{15})$$

ゆえに　　$(2m+\sqrt{15})(2m-\sqrt{15})\leqq 0$

したがって　　$\boldsymbol{-\frac{\sqrt{15}}{2}\leqq m\leqq \frac{\sqrt{15}}{2}}$

練習 145 ➡本冊 p. 277

$y=x^3-3x^2+3ax$　…… ①　とする。

(1)　$y'=3x^2-6x+3a=3(x^2-2x+a)$

① が極値をもつから，方程式 $y'=0$ すなわち

$$x^2-2x+a=0 \quad \cdots\cdots ②$$

が異なる 2 つの実数解をもつ。

◀**3 次関数 $f(x)$ が極値をもつ $\iff$ $f'(x)=0$ が異なる 2 つの実数解をもつ**

よって，② の判別式をDとすると　　$D>0$

$\frac{D}{4}=1-a$ であるから　　$1-a>0$　　ゆえに　　$a<1$

このとき，② の異なる 2 つの実数解を α, β $(\alpha<\beta)$ とすると，① の増減表は次のようになる。

x	$\cdots$	α	$\cdots$	β	$\cdots$
y'	+	0	−	0	+
y	↗	極大	↘	極小	↗

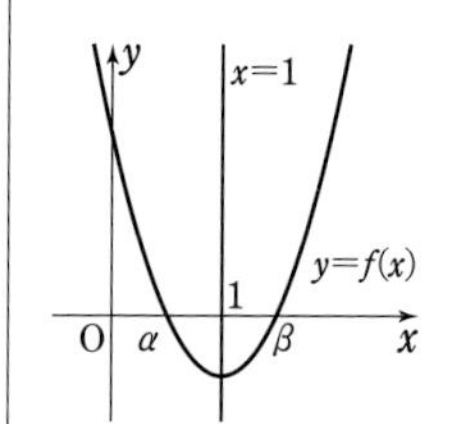

よって，① は $x=\alpha$ で極大値，$x=\beta$ で極小値をとる。

$f(x)=x^2-2x+a$ とすると，放物線 $y=f(x)$ の軸は直線 $x=1$ であり，点 $(\alpha, 0)$ と点 $(\beta, 0)$ は軸に関して対称で

$$\alpha<1<\beta$$

したがって，極小値を与えるxの値の範囲は　　$\boldsymbol{x>1}$

(2)　極大値，極小値を与えるxの値がともに $x>0$ の範囲にあるための条件は，方程式 ② が異なる 2 つの正の解をもつことである。

この条件は　　$D>0$ かつ $\alpha+\beta>0$ かつ $\alpha\beta>0$

$D>0$ から　　$a<1$　　◀(1) から。

$\alpha+\beta=2$ から，$\alpha+\beta>0$ は常に成り立つ。　　◀解と係数の関係。

$\alpha\beta=a$ から，$\alpha\beta>0$ より　　$a>0$

よって　　$a<1$　かつ　$a>0$

したがって　　$\boldsymbol{0<a<1}$

別解　$y=f(x)$ のグラフが，x 軸の正の部分と異なる2点で交わるための条件は　　$D>0$，軸>0，$f(0)>0$

$D>0$ から　　$a<1$

軸 $x=1>0$ は常に成り立つ。

$f(0)>0$ から　$a>0$　　　　　以上から　　$\boldsymbol{0<a<1}$

練習 146 ➡本冊 p. 278

$y=f(x)$ のグラフが点 $(2,\ 1)$ に関して対称であるから，このグラフを x 軸方向に -2，y 軸方向に -1 だけ平行移動した $y-(-1)=f(x-(-2))$ すなわち $y=f(x+2)-1$ のグラフは原点に関して対称である。

◀点 $(2,\ 1)$ が原点に移るように $y=f(x)$ のグラフを平行移動する。

すなわち，$y=f(x+2)-1$ は奇関数である。

ここで　　$f(x+2)-1$

$=(x+2)^3+a(x+2)^2+b(x+2)+c-1$

$=x^3+(a+6)x^2+(4a+b+12)x+4a+2b+c+7$

よって，$y=f(x+2)-1$ が奇関数であるための条件は

$a+6=0$　…… ①，　$4a+2b+c+7=0$　…… ②

◀x^2 の係数と定数項が 0

また，$f(x)$ が $x=1$ で極大値をとるから　　$f'(1)=0$

◀必要条件。

$f'(x)=3x^2+2ax+b$ から　　$3+2a+b=0$　…… ③

①，②，③ を解いて　　$a=-6$，$b=9$，$c=-1$

逆に，このとき　　$f(x)=x^3-6x^2+9x-1$

$f'(x)=3x^2-12x+9=3(x-1)(x-3)$

◀十分条件であることの確認。

$f(x)$ の増減表は右のようになり，$x=1$ で極大値をとるから，条件を満たす。

x	…	1	…	3	…
$f'(x)$	+	0	−	0	+
$f(x)$	↗	極大	↘	極小	↗

したがって

$\boldsymbol{a=-6,\ b=9,\ c=-1}$

参考　3次関数のグラフの対称性（本冊 p. 278）から，この関数は $x=3$ のとき極小値をとり，$f'(x)=3(x-1)(x-3)$ と表せることがわかる。

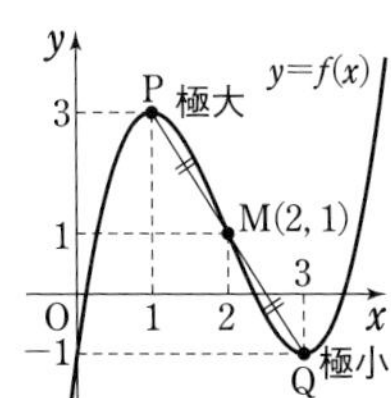

$f'(x)=3x^2+2ax+b$ と比較して　　$a=-6$，$b=9$

また，対称の中心 $(2,\ 1)$ はグラフ上にあるから　　$f(2)=1$

よって　　$f(2)=8+4a+2b+c=1$

a，b の値を代入して　　$c=-1$

したがって　　$\boldsymbol{a=-6,\ b=9,\ c=-1}$

練習 147 ➡本冊 p. 279

$f'(x)=6x^2-6x+3a=3(2x^2-2x+a)$

$f(x)$ が極大値と極小値をもつための条件は，2次方程式 $f'(x)=0$ が異なる2つの実数解をもつことである。

よって，$2x^2-2x+a=0$ の判別式を D とすると　　$D>0$

$\dfrac{D}{4}=(-1)^2-2\cdot a=1-2a$ であるから　　$1-2a>0$

したがって　　$a<\dfrac{1}{2}$

$f(x)$ が $x=\alpha,\ \beta$ で極値をとるとすると，$\alpha,\ \beta$ は
$2x^2-2x+a=0$ の 2 つの解であるから，解と係数の関係より

$$\alpha+\beta=1,\ \alpha\beta=\frac{a}{2}$$

よって　$f(\alpha)+f(\beta)=2\alpha^3-3\alpha^2+3a\alpha+2\beta^3-3\beta^2+3a\beta$

$$=2(\alpha^3+\beta^3)-3(\alpha^2+\beta^2)+3a(\alpha+\beta)$$
$$=2\{(\alpha+\beta)^3-3\alpha\beta(\alpha+\beta)\}-3\{(\alpha+\beta)^2-2\alpha\beta\}+3a(\alpha+\beta)$$
$$=2\left(1^3-3\cdot\frac{a}{2}\cdot1\right)-3\left(1^2-2\cdot\frac{a}{2}\right)+3a\cdot1=3a-1$$

$f(\alpha)+f(\beta)=0$ であるから　$3a-1=0$

したがって　$\boldsymbol{a=\frac{1}{3}}$　$\left(これは\ a<\frac{1}{2}\ を満たす\right)$

◀$\alpha+\beta=1$ と条件から，2 点 $(\alpha,\ f(\alpha))$，$(\beta,\ f(\beta))$ を結ぶ線分の中点 $\left(\frac{\alpha+\beta}{2},\ \frac{f(\alpha)+f(\beta)}{2}\right)$ の座標は $\left(\frac{1}{2},\ 0\right)$
よって，$f\left(\frac{1}{2}\right)=0$ から
$2\left(\frac{1}{2}\right)^3-3\left(\frac{1}{2}\right)^2+3a\cdot\frac{1}{2}=0$
これを解いてもよい。

練習 148 ➡本冊 p. 280

$f'(x)=3x^2+2ax+b$
$f(x)$ は極大値と極小値をとるから，2 次方程式 $f'(x)=0$ すなわち $3x^2+2ax+b=0$ …… ① は異なる 2 つの実数解 $\alpha,\ \beta$ をもつ。
$x=\alpha$ で極大値，$x=\beta$ で極小値をとるから　$\alpha<\beta$

◀$f(x)$ の x^3 の係数>0 から。

① の判別式を D とすると　$D>0$

$\frac{D}{4}=a^2-3b$ であるから　$a^2-3b>0$ …… ②

① で，解と係数の関係により　$\alpha+\beta=-\frac{2}{3}a,\ \alpha\beta=\frac{b}{3}$

よって　$a=-\frac{3}{2}(\alpha+\beta),\ b=3\alpha\beta$ …… ③

したがって

$$f(\alpha)-f(\beta)=(\alpha^3-\beta^3)+a(\alpha^2-\beta^2)+b(\alpha-\beta)$$
$$=(\alpha-\beta)\{(\alpha^2+\alpha\beta+\beta^2)+a(\alpha+\beta)+b\}$$
$$=(\alpha-\beta)\left\{(\alpha^2+\alpha\beta+\beta^2)-\frac{3}{2}(\alpha+\beta)(\alpha+\beta)+3\alpha\beta\right\}$$
$$=(\alpha-\beta)\left(-\frac{1}{2}\alpha^2+\alpha\beta-\frac{1}{2}\beta^2\right)$$
$$=(\alpha-\beta)\left\{-\frac{1}{2}(\alpha-\beta)^2\right\}=\frac{1}{2}(\beta-\alpha)^3$$

◀③ を代入して，$\alpha,\ \beta$ のみの式にすると計算がらく。

$f(\alpha)-f(\beta)=4$ であるから　$\frac{1}{2}(\beta-\alpha)^3=4$

よって　$(\beta-\alpha)^3=8$
ゆえに，$\beta-\alpha=2$ から　$(\beta-\alpha)^2=4$

◀$x,\ p$ が実数のとき $x^3=p^3 \Longrightarrow x=p$

ここで　$(\beta-\alpha)^2=(\alpha+\beta)^2-4\alpha\beta$

$$=\left(-\frac{2}{3}a\right)^2-4\cdot\frac{b}{3}=\frac{4(a^2-3b)}{9}$$

よって　$\frac{4(a^2-3b)}{9}=4$　すなわち　$a^2-3b=9$

これは ② を満たす。
ゆえに，$b=a^2-5$ を代入して　$a^2-3(a^2-5)=9$
よって　$a^2=3$　したがって　$\boldsymbol{a=\pm\sqrt{3}}$

別解 $f(\alpha)-f(\beta)=\int_{\beta}^{\alpha}f'(x)dx=\int_{\beta}^{\alpha}3(x-\alpha)(x-\beta)dx$

$$=3\left\{-\frac{1}{6}(\alpha-\beta)^3\right\}=\frac{1}{2}(\beta-\alpha)^3$$

よって　$\frac{1}{2}(\beta-\alpha)^3=4$　(以下同様)

◀第 7 章積分法で学ぶ。

練習 149 ➡ 本冊 p. 281

$f'(x)=4x^3+12x^2+2ax=2x(2x^2+6x+a)$

(1) $f(x)$ がただ 1 つの極値をもつのは，3 次方程式 $f'(x)=0$ の異なる実数解が 2 個以下となるときである。

◀$f'(x)$ の符号が変わる点がただ 1 つ。

$f'(x)=0$ とすると　$x=0$　または　$2x^2+6x+a=0$

よって，求める条件は，$2x^2+6x+a=0$ が

[1] $x=0$ を解にもつ　[2] 重解または虚数解をもつ

ことである。

[1] $2x^2+6x+a=0$ に $x=0$ を代入すると　$a=0$

[2] $2x^2+6x+a=0$ の判別式を D とすると　$D\leqq 0$

$\frac{D}{4}=3^2-2a=9-2a$ であるから　$9-2a\leqq 0$

ゆえに　$a\geqq\frac{9}{2}$

したがって　$\boldsymbol{a=0,\ a\geqq\frac{9}{2}}$

$y=f'(x)$ のグラフ。

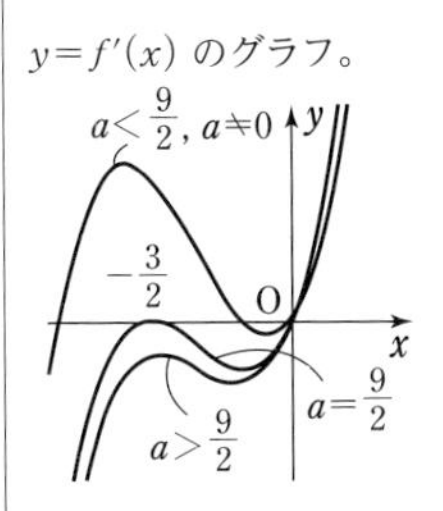

(2) $f(x)$ が極大値と極小値をもつのは，3 次方程式 $f'(x)=0$ が異なる 3 つの実数解をもつときである。

よって，$2x^2+6x+a=0$ は $x\neq 0$ の異なる 2 つの実数解をもつ。

ゆえに　$\frac{D}{4}=9-2a>0$　かつ　$a\neq 0$

したがって　$\boldsymbol{a<0,\ 0<a<\frac{9}{2}}$

◀$a<\frac{9}{2}$, $a\neq 0$ でもよい。

参考　4 次の係数が正である 4 次関数は，必ず極小値をもつ。この問題で，(1) は極小値のみをもつ場合，(2) は極大値と極小値をもつ場合である。よって，(2) で求める a の値の範囲は，(1) の範囲の補集合となる。

◀本冊 p. 274 参照。

練習 150 ➡ 本冊 p. 283

(1) 右の図のように，台形の残りの頂点を C，D とする。

放物線 $y=9-x^2$ と x 軸の交点の x 座標は，方程式 $9-x^2=0$ を解いて

$x=\pm 3$

よって，A，B の座標は

$(-3,\ 0)$，$(3,\ 0)$

C，D は y 軸に関して対称であるから

$C(x,\ 9-x^2)$，$D(-x,\ 9-x^2)$　$[0<x<3]$

とおける。

◀x の変域に注意。

AB=6，CD=$2x$ であるから，台形 ABCD の面積をSとすると

$$S=\frac{1}{2}(2x+6)(9-x^2)$$
$$=-x^3-3x^2+9x+27$$

◀$\frac{1}{2}$(上底+下底)×高さ

ゆえに　$S'=-3x^2-6x+9$
$=-3(x+3)(x-1)$

$0<x<3$ におけるSの増減表は，右のようになる。

x	0	$\cdots$	1	$\cdots$	3
S'		+	0	−	
S		↗	極大 32	↘	

よって，Sは $x=1$ のとき極大かつ最大になる。

したがって，求める最大値は　**32**

(2)　(ア)　円柱の高さをhとし，右の図のように点をとる。ただし，O は円柱の底面の円の中心である。

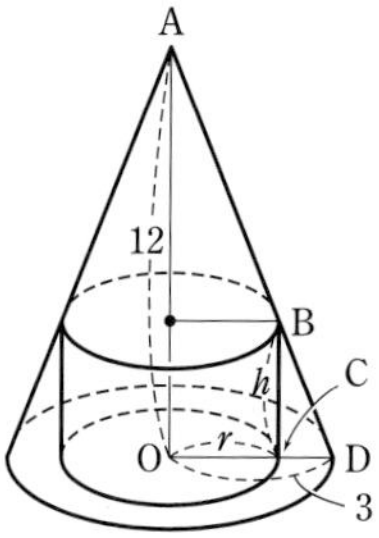

△BCD∽△AOD であるから

BC：AO=CD：OD

すなわち　$h:12=(3-r):3$

よって　$h=4(3-r)$

◀$3h=12(3-r)$

また，$0<r<$OD であるから

$0<r<3$

ゆえに，円柱の高さは

$4(3-r)$　　ただし $0<r<3$

(イ)　円柱の体積をVとすると

$$V=\pi r^2h=4\pi(3r^2-r^3)$$

◀$h=4(3-r)$ を代入。

よって　$\frac{dV}{dr}=4\pi(6r-3r^2)=-12\pi r(r-2)$

$0<r<3$ におけるVの増減表は，右のようになる。

r	0	$\cdots$	2	$\cdots$	3
$\frac{dV}{dr}$		+	0	−	
V		↗	極大 16π	↘	

ゆえに，Vは $r=2$ のとき極大かつ最大となる。

よって，求める最大値は　**16π**

練習 151　➡本冊 p. 284

(1)　$f(x)=3\sin x\sin 2x+\cos 3x=3\sin x\sin 2x+\cos(2x+x)$
$=3\sin x\sin 2x+\cos 2x\cos x-\sin 2x\sin x$
$=2\sin x\cdot 2\sin x\cos x+(2\cos^2 x-1)\cos x$
$=4(1-\cos^2 x)\cos x+2\cos^3 x-\cos x$
$=-2\cos^3 x+3\cos x$

◀三角関数の加法定理，2倍角の公式，$\sin^2 x=1-\cos^2 x$ を利用。

よって　**$f(x)=-2\cos^3 x+3\cos x$**

$\cos x=t$ とおくと，$-\pi\leqq x\leqq\pi$ から　$-1\leqq t\leqq 1$

◀変数のおき換え
範囲に注意

$g(t)=-2t^3+3t$ とすると　$g'(t)=-6t^2+3$

$g'(t)=0$ とすると　$t=\pm\frac{\sqrt{2}}{2}$

$-1\leqq t\leqq 1$ における $g(t)$ の増減表は次のようになる。

t	-1	$\cdots$	$-\frac{\sqrt{2}}{2}$	$\cdots$	$\frac{\sqrt{2}}{2}$	$\cdots$	1
$g'(t)$		$-$	0	$+$	0	$-$	
$g(t)$	-1	↘	極小 $-\sqrt{2}$	↗	極大 $\sqrt{2}$	↘	1

◀$-\pi \leqq x \leqq \pi$ のとき
$\cos x=\frac{\sqrt{2}}{2}$ から
$x=\pm\frac{\pi}{4}$,
$\cos x=-\frac{\sqrt{2}}{2}$ から
$x=\pm\frac{3}{4}\pi$

よって，$f(x)$ は

$t=\frac{\sqrt{2}}{2}$　すなわち $\boldsymbol{x=\pm\frac{\pi}{4}}$ **で最大値** $\boldsymbol{\sqrt{2}}$

$t=-\frac{\sqrt{2}}{2}$ すなわち $\boldsymbol{x=\pm\frac{3}{4}\pi}$ **で最小値** $\boldsymbol{-\sqrt{2}}$

(2) (ア) $y=\sin^3 x-\cos^3 x$

$=(\sin x-\cos x)(\sin^2 x+\sin x\cos x+\cos^2 x)$

$=(\sin x-\cos x)(1+\sin x\cos x)$

◀a^3-b^3
$=(a-b)(a^2+ab+b^2)$
$\sin^2 x+\cos^2 x=1$

ここで，$t=\sin x-\cos x$ の両辺を 2 乗すると

$t^2=\sin^2 x-2\sin x\cos x+\cos^2 x$

ゆえに　$t^2=1-2\sin x\cos x$

よって　$\sin x\cos x=\frac{1-t^2}{2}$

したがって　$\boldsymbol{y}=t\left(1+\frac{1-t^2}{2}\right)=\boldsymbol{-\frac{t^3}{2}+\frac{3}{2}t}$

(イ) $t=\sin x-\cos x=\sqrt{2}\sin\left(x-\frac{\pi}{4}\right)$

◀三角関数の合成。

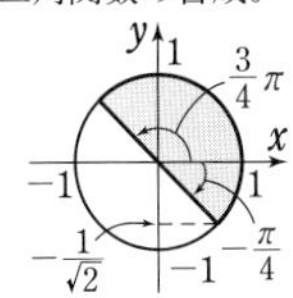

$0 \leqq x \leqq \pi$ であるから　$-\frac{\pi}{4} \leqq x-\frac{\pi}{4} \leqq \frac{3}{4}\pi$

よって，$-\frac{1}{\sqrt{2}} \leqq \sin\left(x-\frac{\pi}{4}\right) \leqq 1$ であるから　$-1 \leqq t \leqq \sqrt{2}$

(ア)から　$\frac{dy}{dt}=-\frac{3}{2}t^2+\frac{3}{2}=-\frac{3}{2}(t+1)(t-1)$

◀x ではなく t で微分。

$\frac{dy}{dt}=0$ とすると　$t=\pm 1$

$-1 \leqq t \leqq \sqrt{2}$ における y の増減表は右のようになる。

ゆえに，y は $t=1$ で極大かつ最大，$t=-1$ で最小となる。

t	-1	$\cdots$	1	$\cdots$	$\sqrt{2}$
$\frac{dy}{dt}$		$+$	0	$-$	
y	-1	↗	極大 1	↘	$\frac{\sqrt{2}}{2}$

$0 \leqq x \leqq \pi$ であるから

◀$-\frac{\pi}{4} \leqq x-\frac{\pi}{4} \leqq \frac{3}{4}\pi$

$t=1$ となるのは，$\sqrt{2}\sin\left(x-\frac{\pi}{4}\right)=1$ から　$x=\frac{\pi}{2}$，π

◀$x-\frac{\pi}{4}=\frac{\pi}{4}$，$\frac{3}{4}\pi$

$t=-1$ となるのは，$\sqrt{2}\sin\left(x-\frac{\pi}{4}\right)=-1$ から　$x=0$

◀$x-\frac{\pi}{4}=-\frac{\pi}{4}$

よって，y は　$\boldsymbol{x=\frac{\pi}{2}}$，$\boldsymbol{\pi}$ **で最大値 1；** $\boldsymbol{x=0}$ **で最小値** $\boldsymbol{-1}$

練習 152 ➡本冊 p. 285

(1) $3^x=t$ とおくと，$x \leqq 0$ であるから　$0<t \leqq 1$

◀$0<3^x \leqq 3^0$

y を t の式で表すと

$y=3^{3x}-2\cdot 3^{2x}+3^x+3=t^3-2t^2+t+3$

◀$3^{3x}=(3^x)^3$，$3^{2x}=(3^x)^2$

$f(t)=t^3-2t^2+t+3$ とすると

$$f'(t)=3t^2-4t+1=(t-1)(3t-1)$$

$f'(t)=0$ とすると　　$t=1,\ \dfrac{1}{3}$

$0<t\leqq 1$ における $f(t)$ の増減表は右のようになり，$f(t)$ は

$t=\dfrac{1}{3}$ のとき極大かつ最大

となる。

t	0	…	$\frac{1}{3}$	…	1
$f'(t)$		$+$	0	$-$	
$f(t)$		↗	極大 $\frac{85}{27}$	↘	3

$t=\dfrac{1}{3}$ となるのは，$3^x=\dfrac{1}{3}$ から

$$x=-1$$

◀$3^x=3^{-1}$

よって，y は $\boldsymbol{x=-1}$ で**最大値** $\boldsymbol{\dfrac{85}{27}}$ をとる。

(2)　真数は正であるから　　$2-x>0$　かつ　$x+1>0$

すなわち　　$-1<x<2$　…… ①

このとき　　$y=\log_2(2-x)+\log_2(x+1)^2$

$=\log_2(2-x)(x+1)^2$

◀$\log_{\sqrt{2}}(x+1)$
$=\log_{(\sqrt{2})^2}(x+1)^2$

$f(x)=(2-x)(x+1)^2$ とする。

$f(x)=-x^3+3x+2$ であるから

$$f'(x)=-3x^2+3=-3(x+1)(x-1)$$

$f'(x)=0$ とすると　　$x=\pm 1$

① の範囲における $f(x)$ の増減表は右のようになる。

よって，$f(x)$ は $x=1$ で極大かつ最大となり，最大値は　4

x	-1	…	1	…	2
$f'(x)$		$+$	0	$-$	
$f(x)$		↗	極大 4	↘	

また，$y=\log_2 f(x)$ で，底 2 は 1 より大きいから，与えられた関数も $\boldsymbol{x=1}$ で最大となる。

したがって，求める **最大値** は　　$\log_2 4=\boldsymbol{2}$

練習 153　➡ 本冊 p. 286

$f'(x)=3x^2+6ax=3x(x+2a)$

$f'(x)=0$ とすると　　$x=0,\ -2a$

$0<a<1$ より $-2<-2a<0$ であるから，$-2\leqq x\leqq 1$ における $f(x)$ の増減表は次のようになる。

◀この $-2a$ の大小関係を確認しておく。

x	-2	…	$-2a$	…	0	…	1
$f'(x)$		$+$	0	$-$	0	$+$	
$f(x)$	$12a+b-8$	↗	極大 $4a^3+b$	↘	極小 b	↗	$3a+b+1$

ゆえに，最大値は

$$f(-2a)=4a^3+b\quad または\quad f(1)=3a+b+1$$

◀極大値または区間の右端の値。

ここで，$0<a<1$ であるから

$$f(-2a)-f(1)=(4a^3+b)-(3a+b+1)=4a^3-3a-1$$
$$=(a-1)(2a+1)^2<0$$

◀**大小比較は差を作れ**

よって　　$f(-2a)<f(1)$

ゆえに，最大値は　　$f(1)=3a+b+1$

これが1となるとき　　$3a+b+1=1$

よって　　$3a+b=0$　　…… ①

また，最小値は

$f(-2)=12a+b-8$　または　$f(0)=b$

◀区間の左端の値または極小値。

ここで　　$f(-2)-f(0)=(12a+b-8)-b=4(3a-2)$

◀**大小比較は差を作れ**

[1]　$4(3a-2)<0$ すなわち $0<a<\dfrac{2}{3}$ のとき　$f(-2)<f(0)$

ゆえに，最小値は　　$f(-2)=12a+b-8$

これが -5 となるとき　　$12a+b-8=-5$

よって　　$12a+b=3$

これと ① を連立して解くと　　$a=\dfrac{1}{3}$，$b=-1$

これは $0<a<\dfrac{2}{3}$ を満たす。

◀場合分けの条件を確認。

[2]　$4(3a-2)\geqq 0$ すなわち $\dfrac{2}{3}\leqq a<1$ のとき　　$f(-2)\geqq f(0)$

ゆえに，最小値は　　$f(0)=b$

これが -5 となるとき　　$b=-5$

① に代入すると　　$a=\dfrac{5}{3}$

これは $\dfrac{2}{3}\leqq a<1$ を満たさない。

◀場合分けの条件を確認。

[1]，[2] から，求める a，b の値は　　$\boldsymbol{a=\dfrac{1}{3}}$，$\boldsymbol{b=-1}$

練習 154　➡本冊 p. 287

(1)　$f'(x)=x^2-s^2=(x+s)(x-s)$

$f'(x)=0$ とすると　　$x=-s$，s

◀まず s の値を正, 0, 負の場合に分ける。次に極小値をとる x の値が区間内にあるか，ないかで場合分けをする。

[1]　$s>0$ のとき

$f(x)$ の増減表は右のようになる。

x	$\cdots$	$-s$	$\cdots$	s	$\cdots$
$f'(x)$	$+$	0	$-$	0	$+$
$f(x)$	↗	極大	↘	極小	↗

(i)　$0<s<2$ のとき

$0\leqq x\leqq 2$ において，

$f(x)$ は $x=s$ で最小値をとるから

◀極小かつ最小。

$$g(s)=f(s)=\frac{s^3}{3}-s^2\cdot s+2s^2=-\frac{2}{3}s^3+2s^2$$

(ii)　$s\geqq 2$ のとき

$0\leqq x\leqq 2$ において，$f(x)$ は $x=2$ で最小値をとるから

◀区間の右端で最小。

$$g(s)=f(2)=\frac{2^3}{3}-s^2\cdot 2+2s^2=\frac{8}{3}$$

[2]　$s=0$ のとき　　$f(x)=\dfrac{x^3}{3}$，$f'(x)=x^2\geqq 0$

◀常に単調増加。

よって，$0\leqq x\leqq 2$ において，$f(x)$ は $x=0$ で最小値をとるから

$g(0)=f(0)=0$

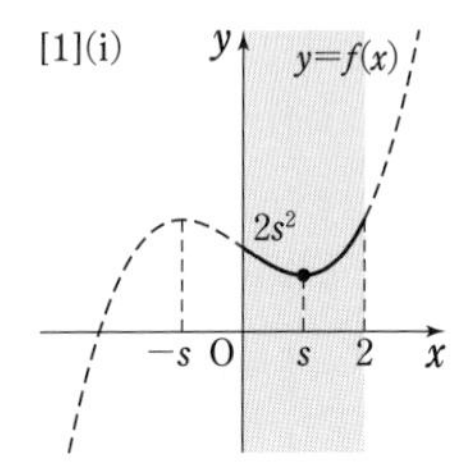

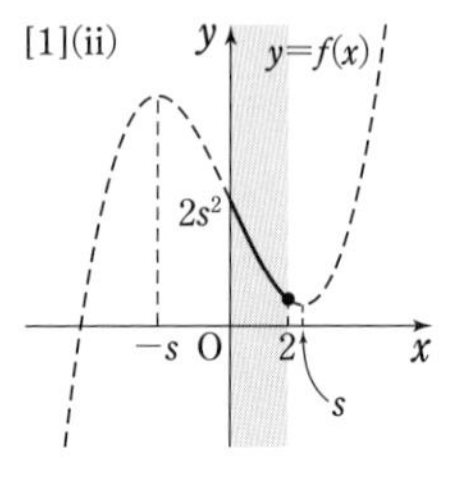

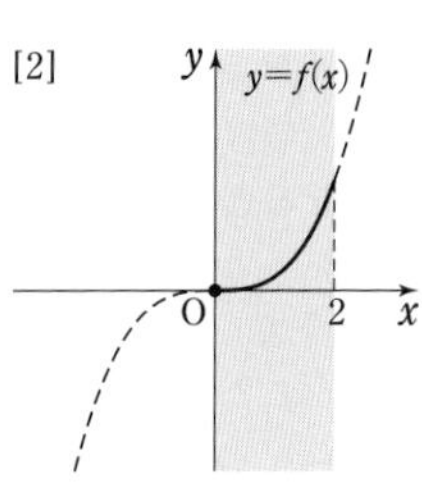

[3]　$s<0$ のとき

$f(x)$ の増減表は右のようになる。

x	$\cdots$	s	$\cdots$	$-s$	$\cdots$
$f'(x)$	$+$	0	$-$	0	$+$
$f(x)$	↗	極大	↘	極小	↗

(i)　$0<-s<2$

すなわち $-2<s<0$ のとき

[1] の (i) と同様に

$$g(s)=f(-s)=-\frac{2}{3}\cdot(-s)^3+2\cdot(-s)^2=\frac{2}{3}s^3+2s^2$$

◀$f(s)=-\frac{2}{3}s^3+2s^2$ の s を $-s$ におき換える。

(ii)　$-s\geqq 2$ すなわち $s\leqq -2$ のとき

[1] の (ii) と同様に　　$g(s)=f(2)=\frac{8}{3}$

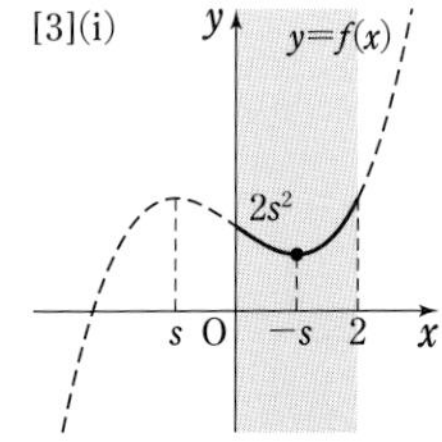

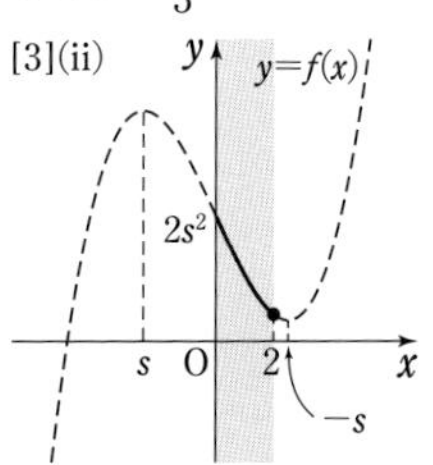

[1] ～ [3] から

$s\leqq -2$, $2\leqq s$ のとき　$g(s)=\frac{8}{3}$

$-2<s<0$ のとき　$g(s)=\frac{2}{3}s^3+2s^2$

$0\leqq s<2$ のとき　$g(s)=-\frac{2}{3}s^3+2s^2$

(2)　$0\leqq s<2$ のとき，$g(s)=-\frac{2}{3}s^3+2s^2$ から

$$g'(s)=-2s^2+4s=-2s(s-2)$$

ゆえに，関数 $g(s)$ は，$0<s<2$ において単調に増加する。

◀$g'(s)>0$

また，(1) より，すべての実数 s に対して $g(-s)=g(s)$ が成り立つから，関数 $t=g(s)$ のグラフは t 軸に関して対称である。

◀$g(s)$ は偶関数。また，曲線の変わり目となる $x=0$，± 2 では，$g'(s)=0$ となり，グラフは滑らかにつながる。

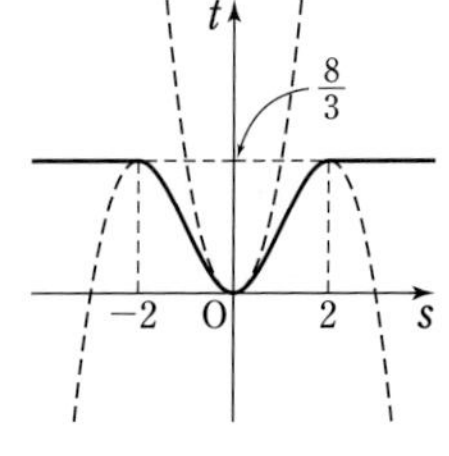

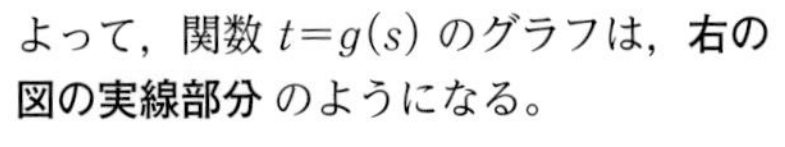
よって，関数 $t=g(s)$ のグラフは，**右の図の実線部分** のようになる。

練習 155 ➡ 本冊 p. 289

$f(x)=2x^3-9x^2+12x$ とする。

$$f'(x)=6x^2-18x+12$$
$$=6(x-1)(x-2)$$

$f'(x)=0$ とすると　$x=1,\ 2$

$f(x)$ の増減表は次のようになる。

x	$\cdots$	1	$\cdots$	2	$\cdots$
$f'(x)$	$+$	0	$-$	0	$+$
$f(x)$	↗	極大 5	↘	極小 4	↗

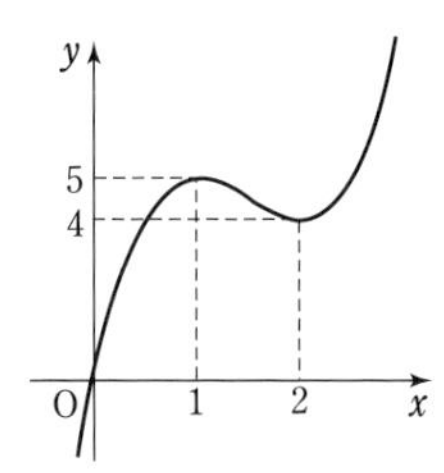

よって，$y=f(x)$ のグラフは右の図のようになる。

◀まず，グラフをかく。

(1) [1] **$1<a<2$ のとき**

グラフは図 ① のようになる。

よって　**$x=a$ で最小値 $f(a)=2a^3-9a^2+12a$**

◀極小となる x の値 2 が区間内にない。

[2] **$2 \leqq a$ のとき**

グラフは図 ②，③，④ のようになる。

よって　**$x=2$ で最小値 $f(2)=4$**

◀極小となる x の値 2 が区間内にある。

(2) $f(1)=f(a)$ とすると

$$2a^3-9a^2+12a-5=0$$

ゆえに　$(a-1)^2(2a-5)=0$

$a>1$ から　$a=\dfrac{5}{2}$

◀区間の両端の y の値が等しくなるときの a の値を求める。
$y=2x^3-9x^2+12x$ と $y=5$ の共有点の x 座標を求めるので，$x=1$ で接する $\Longrightarrow$ $(x-1)^2$ を因数にもつことを利用。

[1] $f(1)>f(a)$ すなわち **$1<a<\dfrac{5}{2}$ のとき**　グラフは図 ①，② のようになる。

よって　**$x=1$ で最大値 $f(1)=5$**

◀区間の左端で最大。

[2] $f(1)=f(a)$ すなわち **$a=\dfrac{5}{2}$ のとき**

グラフは図 ③ のようになる。

よって　**$x=1,\ \dfrac{5}{2}$ で最大値 $f(1)=f\left(\dfrac{5}{2}\right)=5$**

◀区間の両端で最大。

[3] $f(1)<f(a)$ すなわち **$\dfrac{5}{2}<a$ のとき**

グラフは図 ④ のようになる。

よって　**$x=a$ で最大値 $f(a)=2a^3-9a^2+12a$**

◀区間の右端で最大。

①
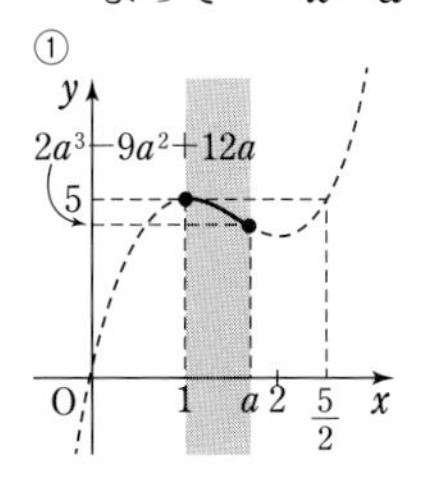

②
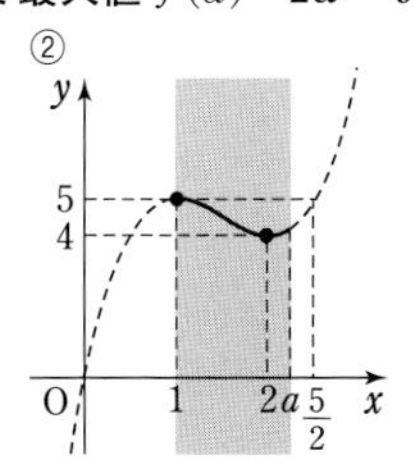

③
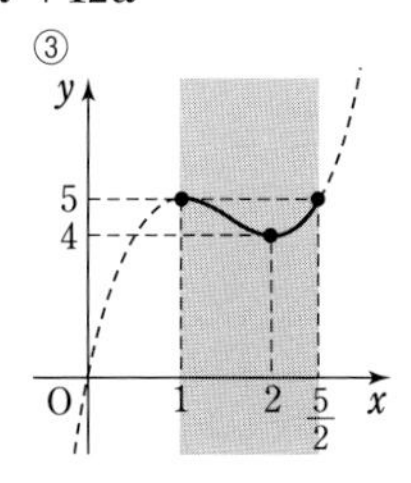

④
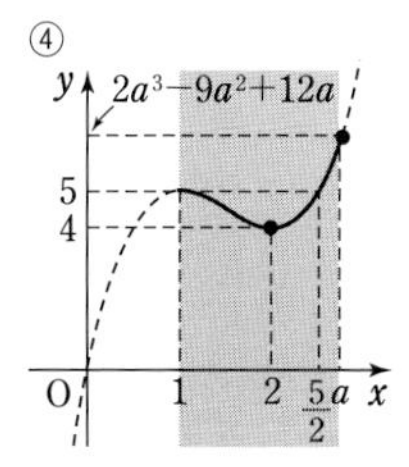

練習 156 ➡本冊 p. 291

$f'(x)=3x^2-12x+9=3(x-1)(x-3)$

$f'(x)=0$ とすると　　$x=1,\ 3$

$f(x)$ の増減表は次のようになる。

x	$\cdots$	1	$\cdots$	3	$\cdots$
$f'(x)$	$+$	0	$-$	0	$+$
$f(x)$	↗	極大 4	↘	極小 0	↗

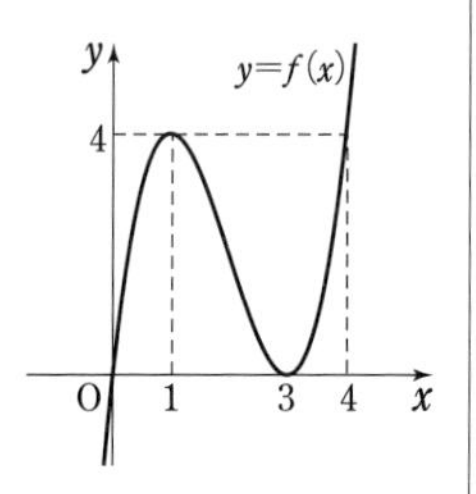

よって，$y=f(x)$ のグラフは右の図のようになる。

[1]　$a+2<1$ すなわち $a<-1$ のとき

$M(a)=f(a+2)=(a+2)^3-6(a+2)^2+9(a+2)$

$\qquad=a^3-3a+2$

◀区間の右端で最大。

[2]　$a<1\leqq a+2$ すなわち $-1\leqq a<1$ のとき　$M(a)=f(1)=4$

◀(極大値)=(最大値)

[1] y 最大 1 O a+2 3 x

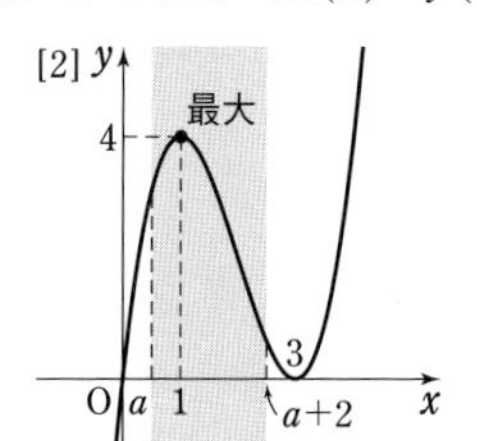

次に，$1<a<3$ のとき，

$f(a)=f(a+2)$ とすると

$$a^3-6a^2+9a=a^3-3a+2$$

ゆえに　　$3a^2-6a+1=0$

よって　　$a=\dfrac{3\pm\sqrt{6}}{3}$

$1<a<3$ であるから　　$a=\dfrac{3+\sqrt{6}}{3}$

◀$a<3<a+2$

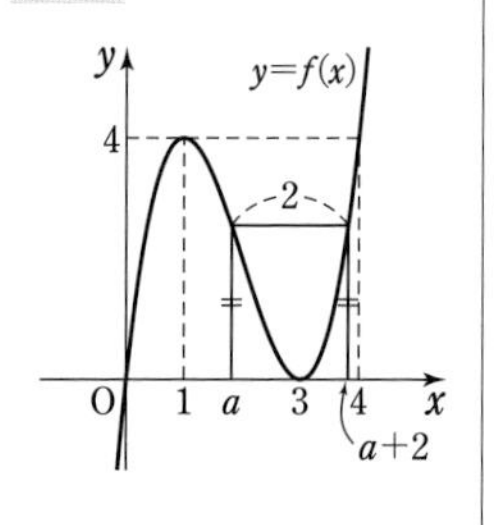

[3]　$f(a)>f(a+2)$ すなわち $1\leqq a<\dfrac{3+\sqrt{6}}{3}$ のとき

$$M(a)=f(a)=a^3-6a^2+9a$$

◀区間の左端で最大。

[4]　$f(a)\leqq f(a+2)$ すなわち $\dfrac{3+\sqrt{6}}{3}\leqq a$ のとき

$$M(a)=f(a+2)=a^3-3a+2$$

◀区間の右端で最大。

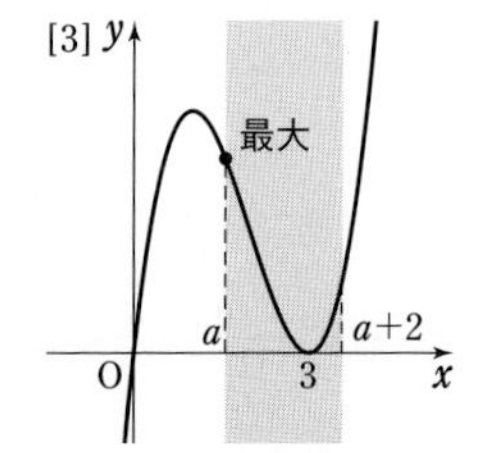

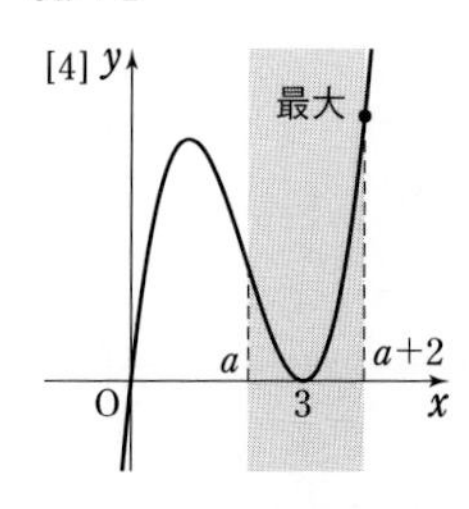

以上から　$a<-1$, $\frac{3+\sqrt{6}}{3}\leqq a$ のとき　$M(a)=a^3-3a+2$

$-1\leqq a<1$ のとき　$M(a)=4$

$1\leqq a<\frac{3+\sqrt{6}}{3}$ のとき　$M(a)=a^3-6a^2+9a$

練習 157 ➡ 本冊 p. 292

(1) (ア) $x+y+z=1$ …… ①, $xy+yz+zx=-8$ …… ② とする。

① から　$y+z=1-x$ …… ③

② から　$yz=-x(y+z)-8$

これに ③ を代入して　$yz=-x(1-x)-8=x^2-x-8$

よって，y, z は 2 次方程式

$$t^2-(1-x)t+x^2-x-8=0 \quad \cdots\cdots ④$$

の解である。

y, z は実数であるから，④ の判別式を D とすると　$D\geqq 0$

$$D=(1-x)^2-4\cdot 1\cdot (x^2-x-8)=-3x^2+2x+33$$

$D\geqq 0$ から　$3x^2-2x-33\leqq 0$

よって　$(x+3)(3x-11)\leqq 0$

ゆえに　$-3\leqq x\leqq \frac{11}{3}$ …… ⑤

◀条件式から $y+z$, yz を x で表す。

◀$y+z=p$, $yz=q$ $\Longleftrightarrow$ y, z は $t^2-pt+q=0$ の解。

(イ) $P=x^3+y^3+z^3=x^3+(y+z)^3-3yz(y+z)$

$=x^3+(1-x)^3-3(x^2-x-8)(1-x)=3x^3-3x^2-24x+25$

よって　$\frac{dP}{dx}=9x^2-6x-24=3(x-2)(3x+4)$

$\frac{dP}{dx}=0$ とすると　$x=2$, $-\frac{4}{3}$

⑤ の範囲における P の増減表は次のようになる。

◀$y+z=1-x$, $yz=x^2-x-8$ を代入。

x	-3	…	$-\frac{4}{3}$	…	2	…	$\frac{11}{3}$
$\frac{dP}{dx}$		$+$	0	$-$	0	$+$	
P	-11	↗	極大 $\frac{401}{9}$	↘	極小 -11	↗	$\frac{401}{9}$

したがって　$-11\leqq P\leqq \frac{401}{9}$

(2) $x+y=t$ とおく。

$x^2+xy+y^2=6$ から　$(x+y)^2-xy=6$

ゆえに　$xy=t^2-6$

よって，x, y は，p の 2 次方程式 $p^2-tp+t^2-6=0$ の実数解であるから，この判別式を D とすると　$D\geqq 0$

$$D=(-t)^2-4(t^2-6)=-3(t^2-8)$$

$D\geqq 0$ から　$t^2-8\leqq 0$

よって　$-2\sqrt{2}\leqq t\leqq 2\sqrt{2}$ …… ①

与式を t の式で表すと

◀与式は x, y についての対称式であるから，$x+y$ と xy をペアで扱う。

6章 練習 [微分法]

$$x^2y+xy^2-x^2-2xy-y^2+x+y$$
$$=xy(x+y)-(x+y)^2+(x+y)$$
$$=(t^2-6)t-t^2+t=t^3-t^2-5t$$

よって，① の範囲における t^3-t^2-5t のとりうる値の範囲を求めればよい。

$f(t)=t^3-t^2-5t$ とすると

$$f'(t)=3t^2-2t-5=(t+1)(3t-5)$$

$f'(t)=0$ とすると　　$t=-1,\ \dfrac{5}{3}$

① の範囲における $f(t)$ の増減表は次のようになる。

t	$-2\sqrt{2}$	$\cdots$	-1	$\cdots$	$\dfrac{5}{3}$	$\cdots$	$2\sqrt{2}$
$f'(t)$		$+$	0	$-$	0	$+$	
$f(t)$		↗	極大	↘	極小	↗	

ここで　　$f(-2\sqrt{2})=-8-6\sqrt{2}$，$f(-1)=3$，

$$f\left(\frac{5}{3}\right)=-\frac{175}{27},\ f(2\sqrt{2})=-8+6\sqrt{2}$$

CHART　最大・最小　極値と端の値に注意

$-\dfrac{175}{27}=-6-\dfrac{13}{27}$ であるから　　$-8-6\sqrt{2}<-\dfrac{175}{27}$

◀ $-\dfrac{175}{27}>-7$

また，$6\sqrt{2}=\sqrt{72}$ より，$-8+6\sqrt{2}<-8+9=1$ であるから

$$-8+6\sqrt{2}<3$$

以上から　**$-8-6\sqrt{2}\leqq x^2y+xy^2-x^2-2xy-y^2+x+y\leqq 3$**

練習 158　➡本冊 p. 294

$f(x)=2x^3-(3a+1)x^2+2ax+b$ とする。

$y=f(x)$ のグラフと x 軸が異なる 2 つの共有点をもつための条件を考えればよい。

$$f'(x)=6x^2-2(3a+1)x+2a=2(x-a)(3x-1)$$

$f'(x)=0$ とすると　　$x=a,\ \dfrac{1}{3}$

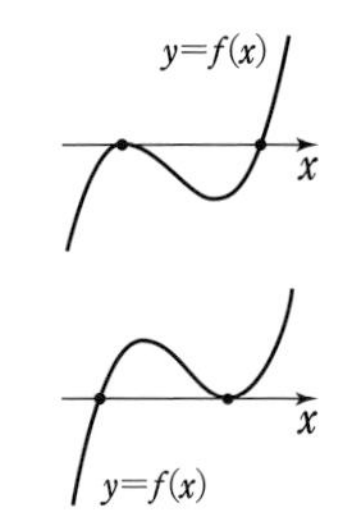

方程式 $f(x)=0$ が異なる 2 つの実数解をもつのは，$y=f(x)$ が極値をもち，極値の一方が 0 になるときである。

$y=f(x)$ が極値をもつから　　$a\neq\dfrac{1}{3}$　…… ①

◀ 3 次関数 $f(x)$ が極値をもつ。$\Longleftrightarrow$ $f'(x)=0$ が異なる 2 つの実数解をもつ。

このとき，$f(x)$ は $x=a,\ \dfrac{1}{3}$ で極値をとる。

$f(a)=0$ または $f\left(\dfrac{1}{3}\right)=0$ から

$$a^3-a^2-b=0\quad または\quad 9a+27b-1=0$$

これと ① から，求める条件は

$a^3-a^2-b=0$　または　$9a+27b-1=0$

ただし　$a\neq\dfrac{1}{3}$

練習 159　➡本冊 p. 295

$y=x^3-9x^2+15x-7$ から　　$y'=3x^2-18x+15$

C 上の点 $(t,\ t^3-9t^2+15t-7)$ における接線の方程式は

$$y-(t^3-9t^2+15t-7)=(3t^2-18t+15)(x-t)$$

すなわち　$y=(3t^2-18t+15)x-2t^3+9t^2-7$

この接線が点 $(0,\ a)$ を通るとすると

$$-2t^3+9t^2-7=a \quad \cdots\cdots ①$$

◀定数 a を分離する。

3 次関数のグラフでは，接点が異なると接線も異なる。

◀(接線の本数)＝(接点の個数)

よって，A から C に引くことができる接線の本数は，① の異なる実数解の個数に一致する。

$f(t)=-2t^3+9t^2-7$ とすると

$$f'(t)=-6t^2+18t=-6t(t-3)$$

$f'(t)=0$ とすると　$t=0,\ 3$

$f(t)$ の増減表は右のようになる。

t	$\cdots$	0	$\cdots$	3	$\cdots$
$f'(t)$	$-$	0	$+$	0	$-$
$f(t)$	↘	極小 -7	↗	極大 20	↘

よって，$y=f(t)$ のグラフは図のようになる。このグラフと直線 $y=a$ の共有点の個数が求める接線の本数に一致するから

◀① の実数解 t $\Longleftrightarrow$ $y=f(t)$ のグラフと直線 $y=a$ の共有点の t 座標。

$a<-7,\ 20<a$ のとき　1 本

$a=-7,\ 20$ のとき　2 本

$-7<a<20$ のとき　3 本

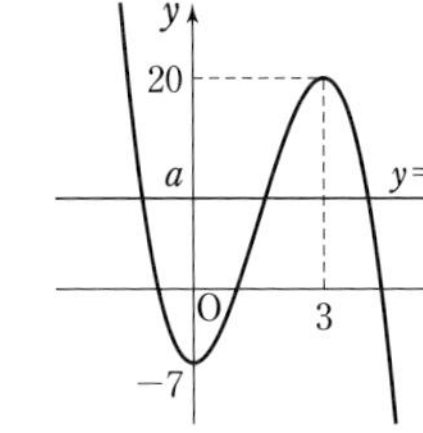

練習 160

➡ 本冊 p. 296

$f'(x)=-3x^2+3$ であるから，曲線 C 上の点 $(t,\ f(t))$ における接線の方程式は　$y-(-t^3+3t)=(-3t^2+3)(x-t)$

◀$y-f(t)=f'(t)(x-t)$

すなわち　$y=(-3t^2+3)x+2t^3$

この接線が点 $(u,\ v)$ を通るとすると　$v=(-3t^2+3)u+2t^3$

よって　$2t^3-3ut^2+3u-v=0 \quad \cdots\cdots ①$

3 次関数のグラフでは，接点が異なれば接線も異なるから，点 $(u,\ v)$ を通る C の接線が 3 本存在するための条件は，t の 3 次方程式 ① が異なる 3 個の実数解をもつことである。

よって，$g(t)=2t^3-3ut^2+3u-v$ とすると，$g(t)$ は極値をもち，極大値と極小値の積が負となる。

$g'(t)=6t^2-6ut=6t(t-u)$ であるから

$$u\neq 0 \quad かつ \quad g(0)g(u)<0$$

◀$t=0,\ u\ (\neq 0)$ で極値をとる。

$g(0)g(u)<0$ から　$\boldsymbol{(3u-v)(-u^3+3u-v)<0} \quad \cdots\cdots ②$

② で $u=0$ とすると，$v^2<0$ となり，これを満たす実数 v は存在しない。したがって，条件 $u\neq 0$ は ② に含まれるから，求める条件は ② である。

② から　$\begin{cases} 3u-v>0 \\ -u^3+3u-v<0 \end{cases}$　または　$\begin{cases} 3u-v<0 \\ -u^3+3u-v>0 \end{cases}$

ゆえに　$\begin{cases} v<3u \\ v>-u^3+3u \end{cases}$　または　$\begin{cases} v>3u \\ v<-u^3+3u \end{cases}$

$v=-u^3+3u$ のとき　　$v'=-3u^2+3$
$u=0$ のとき，$v'=3$ であるから，直線 $v=3u$ は，原点において，曲線 $v=-u^3+3u$ に接する。
また，$v'=0$ とすると　　$u=\pm1$
$u=1$ のとき　$v=2$，　$u=-1$ のとき　$v=-2$
したがって，点 $(u,\ v)$ の存在範囲は **右の図の斜線部分**。
ただし，境界線を含まない。

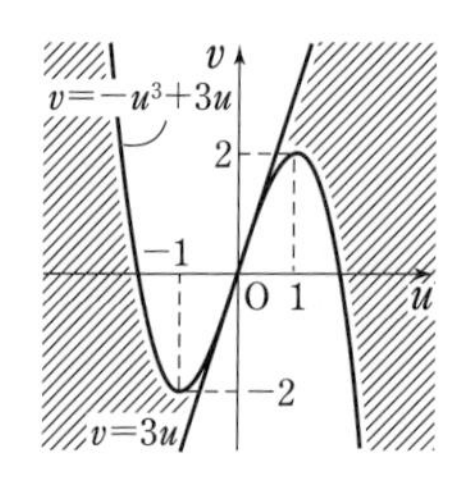

練習 161 ➡ 本冊 p. 298

(1)　$f(x)=(x^3+3)-3x\ (x\geqq1)$ とすると

$$f'(x)=3x^2-3=3(x+1)(x-1)$$

◀ $f(x)=$(左辺)$-$(右辺)$=x^3-3x+3$

よって，$x\geqq1$ のとき　　$f'(x)\geqq0$
$x\geqq1$ における $f(x)$ の増減表は右のようになる。ゆえに，$x>1$ のとき

$$f(x)>f(1)=1>0$$

したがって　　$x^3+3>3x$

x	1	…
$f'(x)$		+
$f(x)$	1	↗

◀ $f(x)$ は単調に増加する。

注意　$f(x)$ $[x>1]$ に最小値が存在しないため，$x\geqq1$ に対して $f(x)$ を定義した。

(2)　$f(x)=(x^3-7)-12(x-2)\ (x\geqq-4)$ とすると

$$f'(x)=3x^2-12=3(x+2)(x-2)$$

◀ $f(x)=$(左辺)$-$(右辺)$=x^3-12x+17$

$f'(x)=0$ とすると　　$x=\pm2$
$x\geqq-4$ における $f(x)$ の増減表は右のようになる。
ゆえに，$x\geqq-4$ のとき，$f(x)$ は $x=-4,\ 2$ で最小値 1 をとる。

x	-4	…	-2	…	2	…
$f'(x)$		+	0	−	0	+
$f(x)$	1	↗	極大 33	↘	極小 1	↗

よって，$x\geqq-4$ のとき　　$f(x)\geqq1>0$
したがって　　$x^3-7>12(x-2)$

◀ $\{f(x)$ の最小値$\}>0$

(3)　$f(x)=(x^4-16)-32(x-2)$ とすると

$$f'(x)=4x^3-32=4(x^3-8)$$
$$=4(x-2)(x^2+2x+4)$$

◀ $f(x)=$(左辺)$-$(右辺)$=x^4-32x+48$

◀ $x^2+2x+4=(x+1)^2+3>0$

$f'(x)=0$ とすると　　$x=2$
$f(x)$ の増減表は右のようになる。
ゆえに，$f(x)$ は $x=2$ で最小値 0 をとる。

x	…	2	…
$f'(x)$	−	0	+
$f(x)$	↘	極小 0	↗

よって，すべての実数 x に対して　$f(x)\geqq0$
したがって　　$x^4-16\geqq32(x-2)$

◀ $\{f(x)$ の最小値$\}\geqq0$

練習 162 ➡ 本冊 p. 299

$f(x)=(x^3-2)-3k(x^2-2)$ とすると

$$f'(x)=3x^2-6kx=3x(x-2k)$$

◀ $f(x)=$(左辺)$-$(右辺)$=x^3-3kx^2+6k-2$

$f'(x)=0$ とすると　　$x=0,\ 2k$
求めるものは，「$x\geqq0$ のとき $f(x)\geqq0$」…… ① を満たす k の値の範囲である。
以下，$x\geqq0$ の範囲で考える。

[1]　$k \leqq 0$ のとき

$f'(x) \geqq 0$ であるから，$f(x)$ は $x=0$ で最小となる。

◀ $f(x)$ は単調に増加する。

よって，① を満たす条件は　　$f(0)=6k-2 \geqq 0$

◀ $f(0)$ が最小値。

ゆえに　　$k \geqq \dfrac{1}{3}$　　　　これは $k \leqq 0$ に適さない。

したがって，$k \leqq 0$ のとき ① は成り立たない。

[2]　$k>0$ のとき

$f(x)$ の増減表は次のようになる。

x	0	$\cdots$	$2k$	$\cdots$
$f'(x)$		$-$	0	$+$
$f(x)$		↘	$-4k^3+6k-2$	↗

◀ $f(2k)$ が最小値。

よって，① を満たす条件は

$f(2k)=-4k^3+6k-2 \geqq 0$

ゆえに　　$(k-1)(2k^2+2k-1) \leqq 0$

$k>0$ から　　$\dfrac{-1+\sqrt{3}}{2} \leqq k \leqq 1$

$y=(k-1)(2k^2+2k-1)$ のグラフ

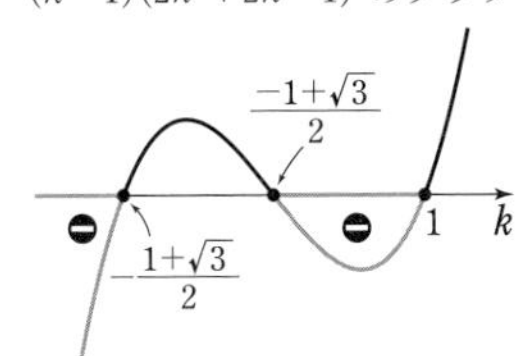

以上から，求める k の値の範囲は　　$\boldsymbol{\dfrac{-1+\sqrt{3}}{2} \leqq k \leqq 1}$

演習 67 ➡ 本冊 $p.300$

(1) ① から　$\{f'(x)\}^2=(x+2)f'(x)-f(x)$　…… ③

$f(x)$ が n 次式 $(n\geqq 3)$ であるとすると，$f'(x)$ は $(n-1)$ 次式であるから，③ の左辺は $2(n-1)$ 次式となる。

一方，$(x+2)f'(x)$，$f(x)$ がともに n 次式であることから，③ の右辺は n 次以下の多項式または 0 である。

よって，③ の両辺の次数が等しくなるための条件は

$$2(n-1)\leqq n \qquad \text{これを解くと} \qquad n\leqq 2$$

これは $n\geqq 3$ と矛盾する。ゆえに，$f(x)$ は 3 次以上にならない。

◀「…でない」の証明には背理法が有効。$f(x)$ の次数が 3 以上であると仮定して矛盾を導く。$(x^{n-1})^2=x^{2(n-1)}$

(2) (1) より，$f(x)$ は 2 次以下の多項式で表されるから，

$f(x)=ax^2+bx+c$ (a，b，c は実数) とおける。

このとき　$f'(x)=2ax+b$　　よって，③ から

$$(2ax+b)^2=(x+2)(2ax+b)-(ax^2+bx+c)$$

整理すると　$(4a^2-a)x^2+(4ab-4a)x+b^2-2b+c=0$

これが x についての恒等式であるから

$$4a^2-a=0 \;\cdots\cdots ④,\quad 4ab-4a=0 \;\cdots\cdots ⑤,$$
$$b^2-2b+c=0 \;\cdots\cdots ⑥$$

◀各項の係数がすべて 0

また，② から

$$2a\cdot 1+b=\frac{3}{2} \quad \text{すなわち} \quad b=-2a+\frac{3}{2} \;\cdots\cdots ⑦$$

④ ～ ⑦ を満たす実数 a，b，c を求める。

④ から　$a(4a-1)=0$　　ゆえに　$a=0,\ \frac{1}{4}$

[1] $a=0$ のとき

⑦ から，$b=\frac{3}{2}$ であり，これは ⑤ を満たす。

また，⑥ から　$c=-b^2+2b=-\left(\frac{3}{2}\right)^2+2\cdot\frac{3}{2}=\frac{3}{4}$

◀④ ～ ⑦ のすべてを満たす値でなければならない。

[2] $a=\frac{1}{4}$ のとき

⑦ から，$b=1$ であり，これは ⑤ を満たす。

また，⑥ から　$c=-b^2+2b=-1^2+2\cdot 1=1$

以上から　$\boldsymbol{f(x)=\frac{3}{2}x+\frac{3}{4}}$　**または**　$\boldsymbol{f(x)=\frac{1}{4}x^2+x+1}$

演習 68 ➡ 本冊 $p.300$

(1) $y=ax^2+bx+ab$ から　$y'=2ax+b$

C_2 上の点 $(t,\ at^2+bt+ab)$ における接線の方程式は

$$y-(at^2+bt+ab)=(2at+b)(x-t)$$

すなわち　$y=(2at+b)x-at^2+ab$　…… ①

◀$y-f(t)=f'(t)(x-t)$

① が C_1 と接するための条件は，y を消去した x の方程式

$$x^2=(2at+b)x-at^2+ab$$

すなわち　$x^2-(2at+b)x+at^2-ab=0$　…… ②

が重解をもつことである。

よって，② の判別式を D とすると　$D=0$

◀接点 ⟺ 重解

ここで　$D=\{-(2at+b)\}^2-4\cdot1\cdot(at^2-ab)$
$=4a(a-1)t^2+4abt+b(b+4a)$

$D=0$ から　$4a(a-1)t^2+4abt+b(b+4a)=0$ …… ③

曲線 C_1 と C_2 の共通接線がただ 1 つ存在するための条件は，③ を満たす実数 t がただ 1 つ存在することである。

◀ t に関する方程式になる。t^2 の係数で場合分けを行う。

[1]　$a=1$ のとき，③ は　$4bt+b(b+4)=0$

$b\neq0$ であるから　$t=-1-\dfrac{b}{4}$

よって，$a=1$ は適する。

[2]　$a\neq1$ のとき，t の 2 次方程式 ③ の判別式を D_t とすると
$D_t=0$

ここで　$\dfrac{D_t}{4}=(2ab)^2-4a(a-1)\cdot b(b+4a)$
$=4ab\{ab-(a-1)(b+4a)\}$
$=4ab(b-4a^2+4a)$

$D_t=0$ とすると，$ab\neq0$ であるから　$b=4a^2-4a$

[1]，[2] から，求める条件は

$a=1$ または $(a\neq1$ かつ $b=4a^2-4a)$

(2)　曲線 C_1 と C_2 の共通接線が 1 つ以上存在するための条件は，③ を満たす実数 t が存在することである。

[1]　$a=1$ のとき，$b\neq0$ とすると (1)[1] から，③ を満たす実数 t は存在する。

$a=1$ かつ $b=0$ のときは，2 曲線 C_1，C_2 が一致するから，不適。

[2]　$a\neq1$ のとき，③ の判別式 D_t について
$D_t\geqq0$

よって　$ab(b-4a^2+4a)\geqq0$

ゆえに　$\begin{cases}ab\geqq0\\b\geqq4a^2-4a\end{cases}$ または $\begin{cases}ab\leqq0\\b\leqq4a^2-4a\end{cases}$

以上のことと $a\neq0$ から，求める領域は **右の図の斜線部分である。**

ただし，b 軸上の点と点 (1, 0) は含まず，他の境界は含む。

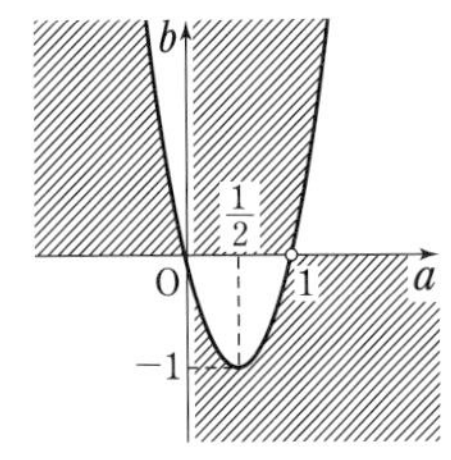

演習 69

➡ 本冊 p. 300

求める 2 次関数を $y=ax^2+bx+c$ $(a\neq0)$ …… ① とする。

$x^2=ax^2+bx+c$ とすると

$(a-1)x^2+bx+c=0$ …… ②

$y=x^2$ のグラフと ① のグラフが異なる 2 つの共有点をもつための条件は，② について $a\neq1$ であり，② の判別式Dについて，$D>0$ が成り立つことである。

◀ 2 つの共有点をもつから　$D>0$

ここで　$D=b^2-4\cdot(a-1)\cdot c$

$D>0$ から　$b^2-4(a-1)c>0$ …… ③

このとき，② の実数解を α，β $(\alpha\neq\beta)$ とする。

また，$y=x^2$ から　$y'=2x$

$y=ax^2+bx+c$ から　　$y'=2ax+b$

$y=x^2$ のグラフと ① のグラフの 2 つの共有点それぞれにおいて，接線どうしが直交するための条件は，$2x\cdot(2ax+b)=-1$

すなわち $4ax^2+2bx+1=0$ …… ④ が α, β を解にもつことである。

ゆえに，②，④ がともに α, β を解にもつから，

$$x^2+\frac{b}{a-1}x+\frac{c}{a-1}=x^2+\frac{b}{2a}x+\frac{1}{4a}$$

は x についての恒等式となる。

係数を比較して

$$\frac{b}{a-1}=\frac{b}{2a} \quad \cdots\cdots ⑤,\quad \frac{c}{a-1}=\frac{1}{4a} \quad \cdots\cdots ⑥$$

⑤ から　　$2ab=(a-1)b$　　　よって　　$(a+1)b=0$

ゆえに　　$a=-1$ または $b=0$

[1]　$a=-1$ のとき，⑥ から　　$c=\dfrac{1}{2}$

　このとき，$b^2-4(a-1)c=b^2+4$ で，③ は任意の b の値に対して成り立つ。

[2]　$b=0$ のとき，⑥ から　　$c=\dfrac{a-1}{4a}$

　このとき　　$b^2-4(a-1)c=-\dfrac{(a-1)^2}{a}$

　③ から　　$\dfrac{(a-1)^2}{a}<0$

　$a\neq1$ より，$(a-1)^2>0$ であるから　　$a<0$

以上から，求める 2 次関数は

$$\boldsymbol{y=ax^2+\frac{a-1}{4a}\ (a<0)}$$

または　$\boldsymbol{y=-x^2+bx+\frac{1}{2}}$ **（b は任意の実数）**

◀直交するから（傾きの積）$=-1$

◀係数比較法。

◀関数は，x^2 の係数 a または x の係数 b を用いて表される。

演習 70

➡ 本冊 p. 300

3 次関数 $f(x)$ が $x=0$ で極大であると仮定する。

(i) より $f(0)=0$, (ii) より $f(1)>0$ であるから，$f(x_0)<0$, $0<x_0<1$ を満たす x_0 が存在し，$x_0<x<1$ の範囲で $f(x)=0$ となる x が存在する。

これは，(iv) と矛盾する。

よって，極大値をとる x の値を n とすると，$n\neq0$ であり，(iii), (iv) から，n は整数である。

3 次方程式 $f(x)=0$ の 3 つの解を 0，n，x_1 とすると，

$$f(x)=ax(x-n)(x-x_1)\quad ただし，a\neq0$$

と表される。

このとき，$f(x)=ax^3-a(n+x_1)x^2+anx_1x$ から

$$f'(x)=3ax^2-2a(n+x_1)x+anx_1$$

$f'(n)=0$ から　$an^2-ax_1n=0$　　すなわち　$an(n-x_1)=0$

◀(i) $f(0)=0$，$f(2)=1$

◀(ii) $0.2<f(1)<0.3$

◀(iv) $f(x)=0$ の解はすべて整数

◀(iii) $f(x)$ は極大値 0 をもつ

$a \neq 0$，$n \neq 0$ から　　$x_1 = n$

ゆえに　　$f(x) = ax(x-n)^2$

(i) より，$f(2)=1$ であるから　　$2a(2-n)^2=1$

よって，$n \neq 2$ かつ $a>0$ で　　$a = \dfrac{1}{2(2-n)^2}$　…… ①

(ii) から　　$0.2 < a(1-n)^2 < 0.3$

① を代入して　　$0.2 < \dfrac{(1-n)^2}{2(2-n)^2} < 0.3$

$2(2-n)^2>0$ であるから

$$0.4(2-n)^2 < (1-n)^2 < 0.6(2-n)^2$$

◀不等式の各辺に値をかけるときは，その値の符号に注意する。

すなわち　　$2(n-2)^2 < 5(n-1)^2 < 3(n-2)^2$

$2(n-2)^2 < 5(n-1)^2$ から　　$3n^2-2n-3>0$

ゆえに　　$n < \dfrac{1-\sqrt{10}}{3}$，$\dfrac{1+\sqrt{10}}{3} < n$　…… ②

$5(n-1)^2 < 3(n-2)^2$ から　　$2n^2+2n-7<0$

よって　　$\dfrac{-1-\sqrt{15}}{2} < n < \dfrac{-1+\sqrt{15}}{2}$　…… ③

②，③ をともに満たす整数 n は　　$n=-2$，-1

$n=-2$ のとき，① から　　$a = \dfrac{1}{32}$

ゆえに　　$f(x) = \dfrac{1}{32}x(x+2)^2$

$n=-1$ のとき，① から　　$a = \dfrac{1}{18}$

ゆえに　　$f(x) = \dfrac{1}{18}x(x+1)^2$

$f(x) = \dfrac{1}{32}x(x+2)^2$，$f(x) = \dfrac{1}{18}x(x+1)^2$ は，(i) ～ (iv) をすべて満たすから，求める $f(x)$ は

◀十分条件を確認する。

$$\boldsymbol{f(x) = \frac{1}{32}x(x+2)^2 \text{ または } f(x) = \frac{1}{18}x(x+1)^2}$$

演習 71 ➡ 本冊 p. 300

$f'(x) = 3x^2+2ax+b$

$f(x)$ が極大値と極小値をもち，それらが $-1 \leqq x \leqq 1$ 内にあるための条件は，$f'(x)$ の符号が正から負に，また負から正に変わる x の値がともに $-1 \leqq x \leqq 1$ 内にあること，すなわち，

2 次方程式 $f'(x)=0$ が $-1 \leqq x \leqq 1$ に異なる 2 つの実数解をもつことである。

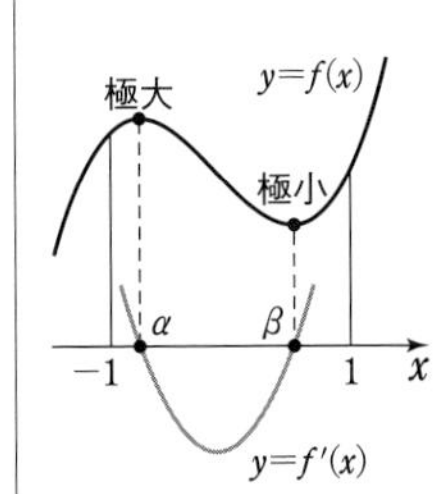

よって，$f'(x)=0$ の判別式を D とすると

$$\begin{cases} \dfrac{D}{4} = a^2-3b>0 \\ f'(-1) = 3-2a+b \geqq 0 \\ f'(1) = 3+2a+b \geqq 0 \\ -1 < -\dfrac{a}{3} < 1 \end{cases}$$

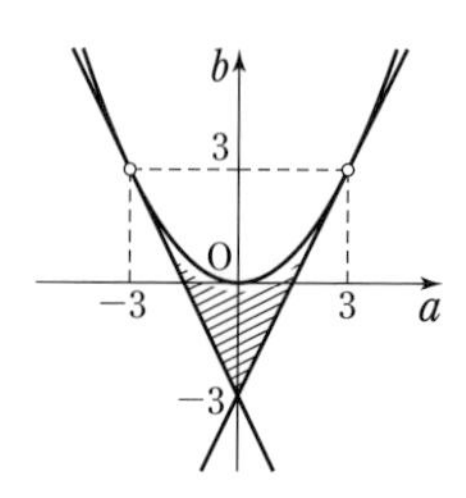

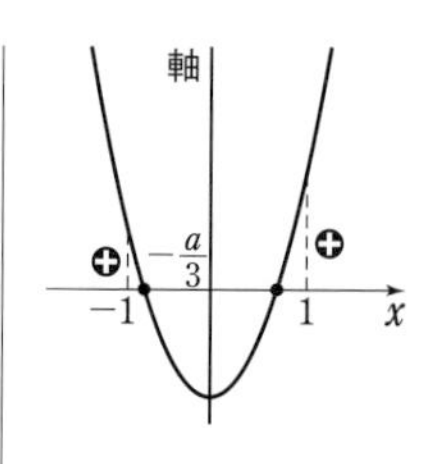

ゆえに　$b<\dfrac{a^2}{3}$，$b\geqq 2a-3$，

$b\geqq -2a-3$，$-3<a<3$

これらを満たす点 $(a,\ b)$ の存在範囲は，**図の斜線部分。ただし，境界線は放物線を含まず，他は含む。**

演習 72　➡ 本冊 p. 301

(1)　$f(x)=x^3-3ax^2$ とすると　$f'(x)=3x^2-6ax$

傾きが m である 2 本の接線が存在するから，方程式 $3x^2-6ax=m$ は異なる 2 つの実数解をもつ。

接点 A，B の x 座標をそれぞれ α，β とすると，これらは方程式 $3x^2-6ax-m=0$ の実数解である。

◀ 参考　3 次関数のグラフは，曲線上の 1 点（変曲点）M に関して対称であり，線分 AB の中点Cは変曲点Mと一致する（本冊 p. 278 参照）。

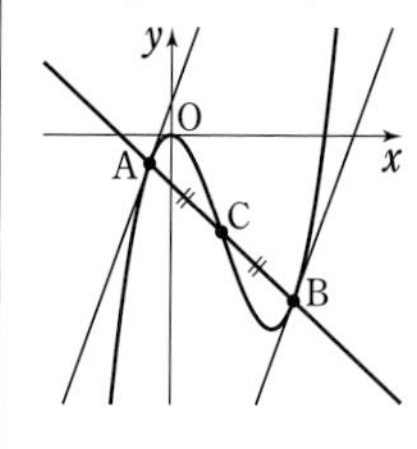

解と係数の関係により　$\alpha+\beta=2a$，$\alpha\beta=-\dfrac{m}{3}$　…… ①

線分 AB の中点Cの座標を $(X,\ Y)$ とすると

$$X=\frac{1}{2}(\alpha+\beta)=\frac{1}{2}\cdot 2a=a$$

$$Y=\frac{1}{2}\{(\alpha^3-3a\alpha^2)+(\beta^3-3a\beta^2)\}=\frac{1}{2}\{\alpha^3+\beta^3-3a(\alpha^2+\beta^2)\}$$

ここで　$\alpha^2+\beta^2=(\alpha+\beta)^2-2\alpha\beta=(2a)^2-2\cdot\left(-\dfrac{m}{3}\right)=4a^2+\dfrac{2}{3}m$

$$\alpha^3+\beta^3=(\alpha+\beta)^3-3\alpha\beta(\alpha+\beta)=(2a)^3-3\cdot\left(-\frac{m}{3}\right)\cdot(2a)$$

$$=8a^3+2am$$

よって　$Y=\dfrac{1}{2}\left\{8a^3+2am-3a\left(4a^2+\dfrac{2}{3}m\right)\right\}=-2a^3$

ここで，$-2a^3=a^3-3a\cdot a^2$ であるから，$C(a,\ -2a^3)$ は曲線 $y=x^3-3ax^2$ 上にある。

◀点Cは変曲点。

(2)　方程式 $3x^2-6ax-m=0$ の判別式を D とすると　$D>0$

$$\frac{D}{4}=(-3a)^2-3\cdot(-m)=3(3a^2+m)$$

◀異なる 2 つの実数解 α，β をもつ。

であるから，$D>0$ より　$3a^2+m>0$　…… ②

$C(a,\ -2a^3)$ は線分 AB の中点であるから，直線 $y=-x-1$ 上にあり，$-2a^3=-a-1$ から　$(a-1)(2a^2+2a+1)=0$

◀因数定理の利用。

a は実数であるから　$\boldsymbol{a=1}$

直線 AB の傾きは

$$\frac{f(\beta)-f(\alpha)}{\beta-\alpha}=\frac{(\beta^3-3a\beta^2)-(\alpha^3-3a\alpha^2)}{\beta-\alpha}$$

◀$\alpha\neq\beta$

$$=\frac{(\beta^3-\alpha^3)-3a(\beta^2-\alpha^2)}{\beta-\alpha}$$

$$=(\beta^2+\beta\alpha+\alpha^2)-3a(\beta+\alpha)$$

$$=(\alpha+\beta)^2-\alpha\beta-3a(\alpha+\beta)$$

$$=(2a)^2-\left(-\frac{m}{3}\right)-3a\cdot 2a=\frac{m}{3}-2a^2$$

◀① を代入。

この傾きが -1 であるとき　$\frac{m}{3}-2a^2=-1$

$a=1$ から　$\boldsymbol{m=3}$

これは ② を満たす。

◀条件を満たす直線 AB が存在することを確認。

別解　[m の求め方]

A, B, C はすべて曲線 $y=f(x)$ 上にも直線 $y=-x-1$ 上にもあるから，α，β，1 は方程式 $f(x)=-x-1$ の 3 つの実数解である。

◀曲線 $y=f(x)$ と直線 $y=-x-1$ の交点。$a=1$ のとき C$(1,\ -2)$

$x^3-3x^2=-x-1$ から　$(x-1)(x^2-2x-1)=0$

よって，α，β は $x^2-2x-1=0$ の解であるから　$\alpha\beta=-1$

したがって，① から　$\boldsymbol{m=-3\alpha\beta=3}$

演習 73

➡ 本冊 p.301

(1)　$f'(x)=4x^3-2ax+b$

条件から　$f'(s)=f'(t)$

◀傾きが等しい。

よって　$4s^3-2as+b=4t^3-2at+b$

整理すると　$2(s^3-t^3)-a(s-t)=0$

左辺を因数分解すると

$$(s-t)\{2(s^2+st+t^2)-a\}=0$$

$s\neq t$ であるから　$\boldsymbol{a=2(s^2+st+t^2)}$

(2)　(ア)　$x=s$ における接線 ℓ の方程式は

$$y-(s^4-as^2+bs)=(4s^3-2as+b)(x-s)$$

◀$y-f(s)=f'(s)(x-s)$

よって　$y=(4s^3-2as+b)x-3s^4+as^2$　…… ①

もう 1 つの接点の x 座標を t とする。

$x=t$ における接線 ℓ の方程式は

$$y=(4t^3-2at+b)x-3t^4+at^2$$

ゆえに，この 2 つの接線が一致するから

$$4s^3-2as+b=4t^3-2at+b \quad \cdots\cdots ②$$

$$-3s^4+as^2=-3t^4+at^2 \quad \cdots\cdots ③$$

◀傾きと y 切片が一致。

(1) から，② は　$a=2(s^2+st+t^2)$

③ を整理すると　$(s+t)(s-t)\{3(s^2+t^2)-a\}=0$

$a=2(s^2+st+t^2)$ を代入し，整理すると

$$(s+t)(s-t)^3=0$$

$s\neq t$ であるから　$t=-s$

$a=2(s^2+st+t^2)$ であるから　$\boldsymbol{a=2s^2}$

別解　接線 ℓ の方程式を $y=px+q$，もう 1 つの接点の x 座標を t とすると，次の恒等式が成り立つ。

$$x^4-ax^2+bx-(px+q)=(x-s)^2(x-t)^2$$

◀例題 141 の方針 3 の解法。

x^3 の係数を比較して　$0=-2(s+t)$

よって　$t=-s$

(イ)　① に $a=2s^2$ を代入し，整理すると

$$y=bx-s^4$$

$s^2=\frac{a}{2}$ であるから　$\boldsymbol{y=bx-\frac{a^2}{4}}$

◀$a=2s^2$

(3) $f(x)$ が極大値をもつための必要十分条件は，x を増加させていくとき，$f'(x)$ の符号が正から負に変わるような x が存在することである。$g(x)=f'(x)=4x^3-2ax+b$ とすると

$$g'(x)=12x^2-2a=2(6x^2-a)$$

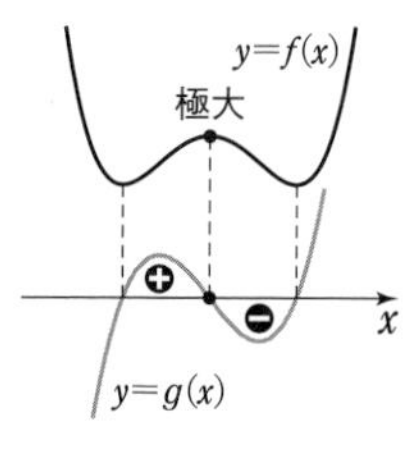

[1] $a\leqq 0$ のとき

このとき，常に $g'(x)\geqq 0$ となるから，$g(x)$ は単調に増加する。よって，$f'(x)$ の符号が正から負に変わるような x は存在しない。

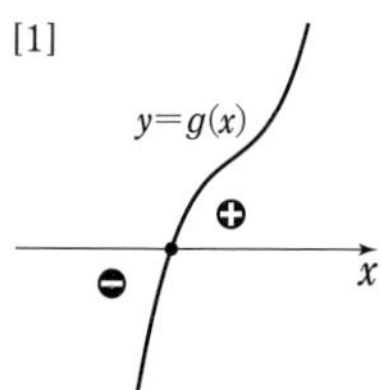

[2] $a>0$ のとき

$g'(x)=0$ とすると

$$x=\pm\sqrt{\frac{a}{6}}$$

$g(x)$ の増減表は右のようになる。

x	$\cdots$	$-\sqrt{\frac{a}{6}}$	$\cdots$	$\sqrt{\frac{a}{6}}$	$\cdots$
$g'(x)$	$+$	0	$-$	0	$+$
$g(x)$	↗	極大	↘	極小	↗

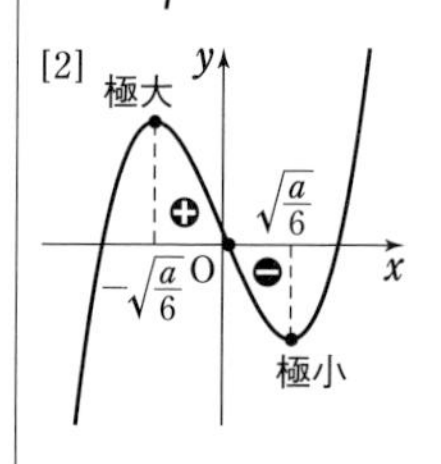

$f'(x)$ すなわち $g(x)$ の符号が正から負に変わるような x が存在するためには，極大値と極小値が異符号であればよい。

すなわち　$g\left(-\sqrt{\frac{a}{6}}\right)\cdot g\left(\sqrt{\frac{a}{6}}\right)<0$

よって　$\left(\frac{2\sqrt{6}}{9}a\sqrt{a}+b\right)\left(-\frac{2\sqrt{6}}{9}a\sqrt{a}+b\right)<0$

ゆえに　$b^2<\frac{8}{27}a^3$

[1]，[2] から，求める条件は

$a>0$ かつ $b^2<\frac{8}{27}a^3$　　　よって　$\boldsymbol{b^2<\frac{8}{27}a^3}$

◀ $b^2\geqq 0$ から $a^3>0$ $\longrightarrow a>0$ は含まれる。

演習 74 ➡ 本冊 p. 301

$$\triangle OPQ=\frac{1}{2}|\cos\theta\cdot 3\sin 2\theta-\sin\theta\cdot 1|$$

◀ $\frac{1}{2}|x_1y_2-x_2y_1|$ を利用。

$$=\frac{1}{2}|\cos\theta\cdot 6\sin\theta\cos\theta-\sin\theta|$$

◀ 2 倍角の公式。

$$=\frac{1}{2}|6\sin\theta(1-\sin^2\theta)-\sin\theta|$$

$$=\frac{1}{2}|-6\sin^3\theta+5\sin\theta|$$

◀ $\sin\theta$ のみの式に変形する。

$\sin\theta=t$ とおくと，$0\leqq\theta<2\pi$ から　$-1\leqq t\leqq 1$

また　$\triangle OPQ=\frac{1}{2}|-6t^3+5t|=\left|-3t^3+\frac{5}{2}t\right|$

$f(t)=-3t^3+\frac{5}{2}t$ とすると

$$f'(t)=-9t^2+\frac{5}{2}=-9\left(t+\sqrt{\frac{5}{18}}\right)\left(t-\sqrt{\frac{5}{18}}\right)$$

$$=-9\left(t+\frac{\sqrt{10}}{6}\right)\left(t-\frac{\sqrt{10}}{6}\right)$$

$f'(t)=0$ とすると　$t=\pm\frac{\sqrt{10}}{6}$

$-1\leqq t\leqq 1$ における $f(t)$ の増減表は次のようになる。

t	-1	$\cdots$	$-\dfrac{\sqrt{10}}{6}$	$\cdots$	$\dfrac{\sqrt{10}}{6}$	$\cdots$	1
$f'(t)$		$-$	0	$+$	0	$-$	
$f(t)$		↘	極小	↗	極大	↘	

$f(-1)=\dfrac{1}{2}$, $f\left(-\dfrac{\sqrt{10}}{6}\right)=-\dfrac{5\sqrt{10}}{18}$, $f\left(\dfrac{\sqrt{10}}{6}\right)=\dfrac{5\sqrt{10}}{18}$,

$f(1)=-\dfrac{1}{2}$ である。

◀$\triangle OPQ=|f(t)|$ であるから $f(t)$ の極小値，最小値も比較する。

$\dfrac{1}{2}<\dfrac{5\sqrt{10}}{18}$ であるから，△OPQ の面積の最大値は $\boldsymbol{\dfrac{5\sqrt{10}}{18}}$

演習 75

➡本冊 p. 301

(1) $f'(x)=3x^2-3a=3(x+\sqrt{a})(x-\sqrt{a})$

$f(x)$ の増減表は次のようになる。

x	$\cdots$	$-\sqrt{a}$	$\cdots$	$\sqrt{a}$	$\cdots$
$f'(x)$	$+$	0	$-$	0	$+$
$f(x)$	↗	極大 $2a\sqrt{a}+b$	↘	極小 $-2a\sqrt{a}+b$	↗

よって　　$\boldsymbol{x=-\sqrt{a}}$ **で極大値** $\boldsymbol{2a\sqrt{a}+b}$

$\boldsymbol{x=\sqrt{a}}$ **で極小値** $\boldsymbol{-2a\sqrt{a}+b}$

(2) $y=f(x)$ のグラフを y 軸方向に $-b$ だけ平行移動すると，その方程式は $y=f(x)-b$　これは奇関数である。
よって，$y=f(x)-b$ の区間 $-1\leqq x\leqq 1$ における最大値の絶対値と最小値の絶対値は等しい。

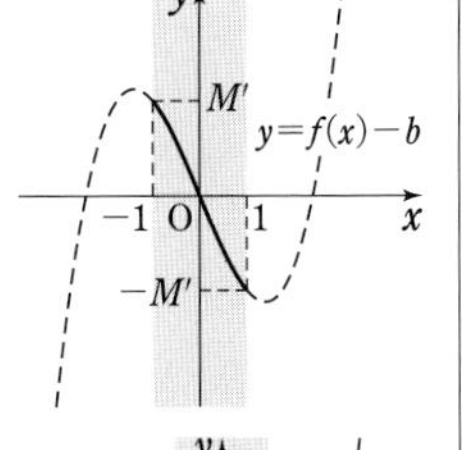

◀$y=f(x)-b$ の最大値を M' とすると，最小値は $-M'$

ゆえに，$b\geqq 0$ から，区間 $-1\leqq x\leqq 1$ において

[$f(x)$ の最大値の絶対値]

$\geqq$[$f(x)$ の最小値の絶対値]

が成り立つ。よって，$|f(x)|$ の最大値 M は $f(x)$ の最大値に等しい。

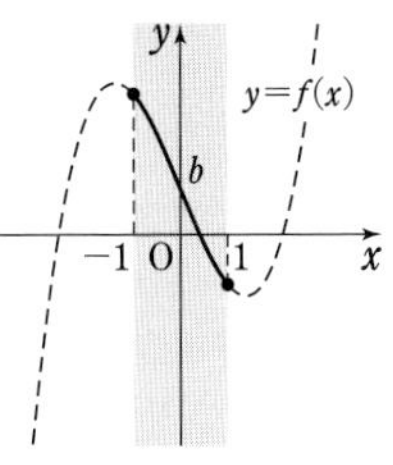

[1] $a\leqq 0$ のとき

$f'(x)=3x^2-3a\geqq 0$ であるから，$f(x)$ は単調に増加する。

よって　$M=f(1)=-3a+b+1$

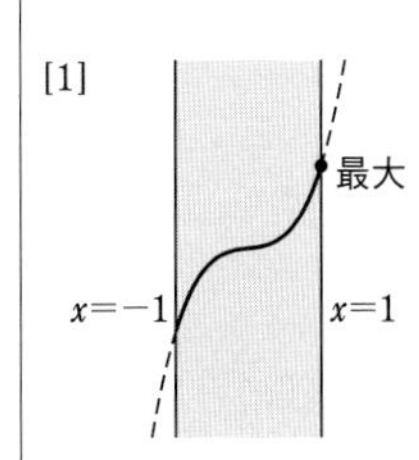

[2] $0<\sqrt{a}<1$ すなわち $0<a<1$ のとき

$-1\leqq x\leqq 1$ における $f(x)$ の増減表は次のようになる。

x	-1	$\cdots$	$-\sqrt{a}$	$\cdots$	$\sqrt{a}$	$\cdots$	1
$f'(x)$		$+$	0	$-$	0	$+$	
$f(x)$	$3a+b-1$	↗	極大 $2a\sqrt{a}+b$	↘	極小 $-2a\sqrt{a}+b$	↗	$-3a+b+1$

ここで　$f(1)-f(-\sqrt{a})=-3a-2a\sqrt{a}+1$

$=(1+\sqrt{a})^2(1-2\sqrt{a})$　……（＊）

(i)　$1-2\sqrt{a}>0$　すなわち

$0<a<\dfrac{1}{4}$ のとき

$f(1)>f(-\sqrt{a})$ であるから

$M=f(1)=-3a+b+1$

(ii)　$1-2\sqrt{a}\leqq 0$　すなわち

$\dfrac{1}{4}\leqq a<1$ のとき

$f(1)\leqq f(-\sqrt{a})$ であるから　$M=f(-\sqrt{a})=2a\sqrt{a}+b$

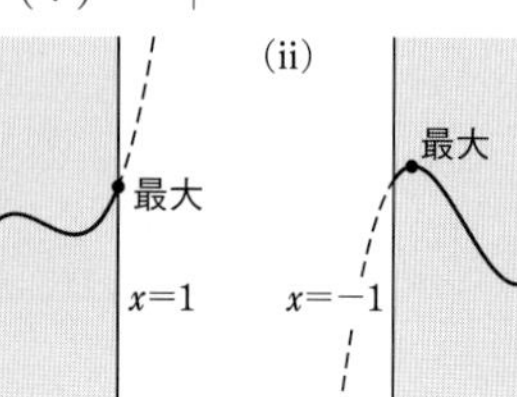

[3]　$1\leqq\sqrt{a}$ すなわち $1\leqq a$ のとき

$f(x)$ は $-1\leqq x\leqq 1$ において，単調に減少する。

よって　$M=f(-1)=3a+b-1$

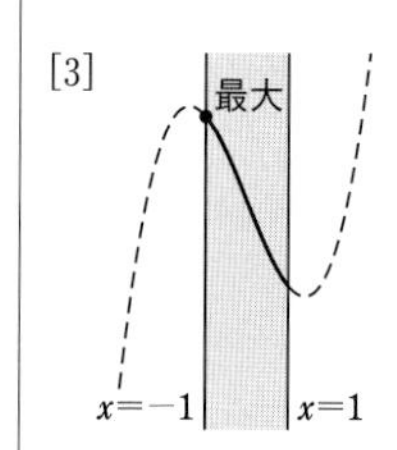

以上から　$\boldsymbol{a<\dfrac{1}{4}}$ **のとき**　$\boldsymbol{M=-3a+b+1}$

$\boldsymbol{\dfrac{1}{4}\leqq a<1}$ **のとき**　$\boldsymbol{M=2a\sqrt{a}+b}$

$\boldsymbol{1\leqq a}$ **のとき**　$\boldsymbol{M=3a+b-1}$

(3)　まず，$b\geqq 0$ のときを考える。

[1]　$a<\dfrac{1}{4}$ のとき　$M>-3\cdot\dfrac{1}{4}+0+1=\dfrac{1}{4}$

◀ a の値が大きいほど，$-3a$ の値は小さくなる。

[2]　$\dfrac{1}{4}\leqq a<1$ のとき　$M\geqq 2\cdot\dfrac{1}{4}\sqrt{\dfrac{1}{4}}+0=\dfrac{1}{4}$

等号が成り立つのは，$a=\dfrac{1}{4}$，$b=0$ のとき。

このとき，M は $\dfrac{1}{4}$ 以上の任意の値をとる。

[3]　$1\leqq a$ のとき　$M\geqq 3\cdot 1+0-1=2$

等号が成り立つのは，$a=1$，$b=0$ のとき。

よって，$b\geqq 0$ のとき　$M\geqq\dfrac{1}{4}$

次に，$b<0$ のときを考える。$b'=-b\ (>0)$ とおくと

$$f(x)=x^3-3ax-b'=-\{(-x)^3-3a(-x)+b'\}$$

ゆえに　$|f(x)|=|(-x)^3-3a(-x)+b'|$

$-x=t$ とおくと，$-1\leqq x\leqq 1$ から　$-1\leqq t\leqq 1$

$g(t)=t^3-3at+b'$ とおくと，M は $|g(t)|$ の $-1\leqq t\leqq 1$ における最大値に等しい。

◀(2) で考えた平行移動の向きが逆になるだけなので，M の範囲は不変。

$b\geqq 0$ のときと同様に考えて　$M\geqq\dfrac{1}{4}$

したがって，M のとりうる値の範囲は　$\boldsymbol{M\geqq\dfrac{1}{4}}$

参考　（＊）の変形について，$\sqrt{a}=t$ とおくと

$$f(1)-f(-\sqrt{a})=-2t^3-3t^2+1=-(t+1)^2(2t-1)$$

$$=(1+t)^2(1-2t)$$　となる。

◀因数定理による。

演習 76 ➡ 本冊 p. 301

$f(x)=8^x+8^{-x}-3a(4^x+4^{-x})+3(2^x+2^{-x})$

$=(2^x)^3+(2^{-x})^3-3a\{(2^x)^2+(2^{-x})^2\}+3(2^x+2^{-x})$

$=\{(2^x+2^{-x})^3-3\cdot 2^x\cdot 2^{-x}(2^x+2^{-x})\}$

$-3a\{(2^x+2^{-x})^2-2\cdot 2^x\cdot 2^{-x}\}+3(2^x+2^{-x})$

◀$a^3+b^3=(a+b)^3-3ab(a+b)$

◀$2^x\cdot 2^{-x}=1$

ここで，$2^x+2^{-x}=t$ とおくと，(相加平均)≧(相乗平均) により

$2^x+2^{-x}\geqq 2\sqrt{2^x\cdot 2^{-x}}=2$　すなわち　$t\geqq 2$

◀ **t の範囲に注意。**

◀等号は $2^x=2^{-x}$ すなわち $x=0$ のとき成り立つ。

$f(x)$ を t の式で表すと

$f(x)=(t^3-3t)-3a(t^2-2)+3t$

$=t^3-3at^2+6a$

$g(t)=t^3-3at^2+6a\ (t\geqq 2)$ とすると

$g'(t)=3t^2-6at=3t(t-2a)$

$g'(t)=0$ とすると　　$t=0,\ 2a$

[1]　$2a\leqq 2$ すなわち $a\leqq 1$ のとき

$t\geqq 2$ における $g(t)$ の増減表は，右のようになる。

t	2	…
$g'(t)$		+
$g(t)$	$-6a+8$	↗

◀$t\geqq 2$ で単調増加。

よって，$g(t)$ は $t=2$ すなわち $x=0$ で最小値 $-6a+8$ をとる。

[2]　$2<2a$ すなわち $1<a$ のとき

$t\geqq 2$ における $g(t)$ の増減表は，右のようになる。

t	2	…	$2a$	…
$g'(t)$		−	0	+
$g(t)$	$-6a+8$	↘	$-4a^3+6a$	↗

よって，$g(t)$ は $t=2a$ で最小値 $-4a^3+6a$ をとる。

◀極小かつ最小。

$t=2a$ のとき　　$2^x+2^{-x}=2a$

$2^x=X\ (X>0)$ とおくと　　$X+\dfrac{1}{X}=2a$

ゆえに　　$X^2-2aX+1=0$

$a>1$ であるから　　$X=a\pm\sqrt{a^2-1}$

◀異なる 2 つの実数解をもつ。

このとき　　$a+\sqrt{a^2-1}>0$

また，$a^2>a^2-1$ であるから　　$a-\sqrt{a^2-1}>0$

◀$a>1$ であるから $a^2>a^2-1$ より $a>\sqrt{a^2-1}$

したがって，ともに $X>0$ を満たす。

よって，$2^x=a\pm\sqrt{a^2-1}$ から　　$x=\log_2(a\pm\sqrt{a^2-1})$

[1]，[2] から，$f(x)$ は

$a\leqq 1$ のとき，$x=0$ で最小値 $-6a+8$；

$a>1$ のとき，$x=\log_2(a\pm\sqrt{a^2-1})$ で最小値 $-4a^3+6a$

をとる。

演習 77 ➡ 本冊 p. 302

(1)　対角線の長さと，全表面積についての条件から

$x^2+y^2+z^2=3^2$　　…… ①

$2(xy+yz+zx)=16$　…… ②

◀① は対角線の長さの 2 乗に関する等式。

①，② から

$$(x+y+z)^2=(x^2+y^2+z^2)+2(xy+yz+zx)$$
$$=9+16=25$$

$x+y+z>0$ から　　$x+y+z=\mathbf{5}$ …… ③

(2) 直方体の体積を V とすると

$$V=xyz \quad \cdots\cdots ④$$

②, ③, ④ から, x, y, z は t の 3 次方程式

$$t^3-5t^2+8t-V=0 \quad \cdots\cdots ⑤$$

の解である。

◀ 3 次方程式の解と係数の関係を利用する。

正の数 x, y, z が存在するための条件は, 3 次方程式 ⑤ が 3 つの正の解をもつことである。

ここで, 正の 2 重解に対して, 正の解は 2 つと数える。

⑤ から　　$t^3-5t^2+8t=V$

$f(t)=t^3-5t^2+8t$ とすると

$$f'(t)=3t^2-10t+8=(t-2)(3t-4)$$

$f'(t)=0$ とすると　　$t=2, \ \dfrac{4}{3}$

$f(t)$ の増減表は次のようになる。

t	$\cdots$	$\dfrac{4}{3}$	$\cdots$	2	$\cdots$
$f'(t)$	$+$	0	$-$	0	$+$
$f(t)$	↗	$\dfrac{112}{27}$	↘	4	↗

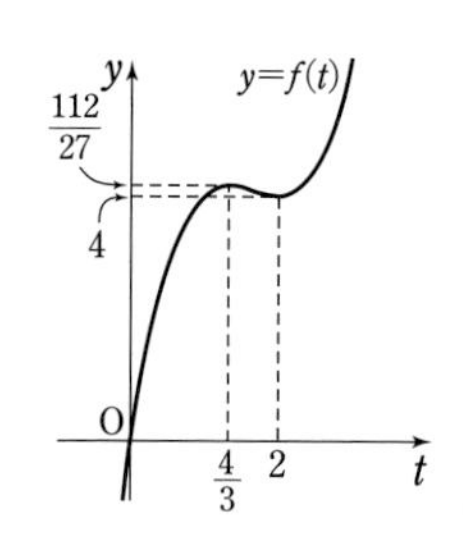

$y=f(t)$ のグラフは右の図のようになる。

⑤ の実数解は, $y=f(t)$ のグラフと直線 $y=V$ の共有点の t 座標であるから, ⑤ が 3 つの正の解をもつのは $4 \leqq V \leqq \dfrac{112}{27}$ のときである。

よって, 体積 V の最小値は　　$\mathbf{4\,cm^3}$

◀増減表だけでなく, きちんとグラフをかいて求めるようにする。

(3) (2) から, 体積 V が最大になるとき $V=\dfrac{112}{27}$ であり, このとき

⑤ から

$$t^3-5t^2+8t-\frac{112}{27}=0$$

よって　　$\left(t-\dfrac{4}{3}\right)^2\left(t-\dfrac{7}{3}\right)=0$

◀グラフから, $t=\dfrac{4}{3}$ で重解をもつことがわかる。

ゆえに　　$t=\dfrac{4}{3}$ (2 重解), $\dfrac{7}{3}$

したがって, 3 辺の長さは $\dfrac{4}{3}$ cm, $\dfrac{4}{3}$ cm, $\dfrac{7}{3}$ cm となるから,

最大の辺の長さは $\mathbf{\dfrac{7}{3}}$ cm

◀直方体の 1 組の対面は正方形になる。

演習 78

➡ 本冊 $p.$ 302

(1) $f(x)=x^3-3x^2-4x+k$ から

$$f'(x)=3x^2-6x-4$$

$f'(x)=0$ とすると

$$x=\frac{3\pm\sqrt{21}}{3}$$

$f(x)$ の増減表は右のようになる。

x	$\cdots$	$\frac{3-\sqrt{21}}{3}$	$\cdots$	$\frac{3+\sqrt{21}}{3}$	$\cdots$
$f'(x)$	$+$	0	$-$	0	$+$
$f(x)$	↗	極大	↘	極小	↗

◀$f'(x)=0$ の解を求めただけで直ちに答えてはいけない。必ず増減表をかいて確認する。

よって，$f(x)$ が極値をとるときの x の値は

$$\boldsymbol{x=\frac{3\pm\sqrt{21}}{3}}$$

(2) $x^3-3x^2-4x+k=0$ …… ① から

$$-x^3+3x^2+4x=k$$

◀$x^3-3x^2-4x=-k$ とし，$g(x)=x^3-3x^2-4x$ とすると，$g'(x)=f'(x)$ であるから，(1) の増減表を利用することもできる。

$g(x)=-x^3+3x^2+4x$ とすると　　$g'(x)=-3x^2+6x+4$

$g'(x)=0$ とすると

$$x=\frac{3\pm\sqrt{21}}{3}$$

$g(x)$ の増減表は右のようになる。

x	$\cdots$	$\frac{3-\sqrt{21}}{3}$	$\cdots$	$\frac{3+\sqrt{21}}{3}$	$\cdots$
$g'(x)$	$-$	0	$+$	0	$-$
$g(x)$	↘	極小	↗	極大	↘

よって，$y=g(x)$ のグラフは，右の図のようになる。

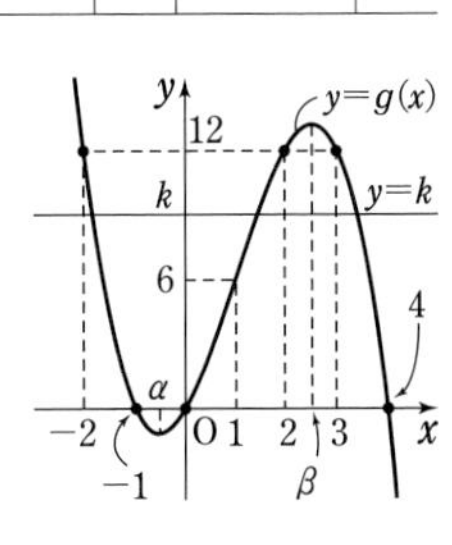

方程式 $f(x)=0$ の実数解は，$y=g(x)$ のグラフと直線 $y=k$ の共有点の x 座標と一致する。

ゆえに，$y=g(x)$ のグラフと直線 $y=k$ が 3 つの共有点をもち，かつその共有点の x 座標がすべて整数であるような k の値を求めればよい。

ここで，$\alpha=\frac{3-\sqrt{21}}{3}$，$\beta=\frac{3+\sqrt{21}}{3}$ とおくと，$y=g(x)$ のグラフと直線 $y=k$ が 3 つの共有点をもつための条件は

$$g(\alpha)<k<g(\beta)$$

また，$4<\sqrt{21}<5$ であるから　　$-1<\alpha<0$，$2<\beta<3$

◀$4<\sqrt{21}<5$ から
$-5<-\sqrt{21}<-4$
$-2<3-\sqrt{21}<-1$
$-\frac{2}{3}<\frac{3-\sqrt{21}}{3}<-\frac{1}{3}$
同様に
$\frac{7}{3}<\frac{3+\sqrt{21}}{3}<\frac{8}{3}$

よって，$\alpha<x<\beta$ を満たす整数 x は　　$x=0,\ 1,\ 2$

$g(x)=k$ であり，$g(0)=0$，$g(1)=6$，$g(2)=12$ であるから，求める k の値の候補は　　$k=0,\ 6,\ 12$

[1] $k=0$ のとき

①は　　$x^3-3x^2-4x=0$

よって　　$x(x^2-3x-4)=0$

すなわち　　$x(x+1)(x-4)=0$

ゆえに　　$x=0,\ -1,\ 4$

したがって，$f(x)=0$ は 3 つの整数解をもつ。

[2] $k=6$ のとき

①は　　$x^3-3x^2-4x+6=0$

すなわち　　$(x-1)(x^2-2x-6)=0$

◀因数定理による。

よって　　$x=1,\ 1\pm\sqrt{7}$

ゆえに，$f(x)=0$ の整数解は 1 つだけであり，不適。

[3]　$k=12$ のとき

①は　　　$x^3-3x^2-4x+12=0$

よって　　$(x-3)(x^2-4)=0$

すなわち　$(x+2)(x-2)(x-3)=0$

ゆえに　　$x=-2,\ 2,\ 3$

したがって，$f(x)=0$ は 3 つの整数解をもつ。

[1] ~ [3] より，求める k の値は　　$k=0,\ 12$

また，3 つの整数解は，**$k=0$ のとき　　$x=-1,\ 0,\ 4$**

$k=12$ のとき　　$x=-2,\ 2,\ 3$

◀因数定理による。

演習 79

➡ 本冊 $p.302$

$y=ax^3-2x$ 上の点 $(t,\ at^3-2t)$ と原点の距離の 2 乗は

$$t^2+(at^3-2t)^2=a^2t^6-4at^4+5t^2$$

これが 1 になるとき　　$a^2t^6-4at^4+5t^2=1$　…… ①

原点を中心とする半径 1 の円と C の共有点の個数が 6 個であるための条件は，① を満たす実数 t が全部で 6 個存在することである。

$t=0$ は ① の解でない。

また，$t=t_1\ (>0)$ が ① の解であるならば，$t=-t_1$ も ① の解で，

$u=t_1{}^2\ (>0)$ は　$a^2u^3-4au^2+5u-1=0$ …… ②

の解である。

◀Cは奇関数である。

◀6 次方程式を 3 次方程式に帰着させる。

よって，① を満たす実数 t が全部で 6 個存在するための条件は，② を満たす正の実数 u が全部で 3 個存在することである。

② の左辺を $f(u)$ とおくと

$$f'(u)=3a^2u^2-8au+5=(au-1)(3au-5)$$

$f'(u)=0$ とすると　　$u=\dfrac{1}{a},\ \dfrac{5}{3a}$

$a>0$ より $0<\dfrac{1}{a}<\dfrac{5}{3a}$ であるから，$f(u)$ の $u\geqq 0$ における増減表は次のようになる。

u	0	$\cdots$	$\dfrac{1}{a}$	$\cdots$	$\dfrac{5}{3a}$	$\cdots$
$f'(u)$		$+$	0	$-$	0	$+$
$f(u)$	-1	↗	極大	↘	極小	↗

$f(u)=0$ を満たす正の実数 u が全部で 3 個存在するための条件は，$f\left(\dfrac{1}{a}\right)>0,\ f\left(\dfrac{5}{3a}\right)<0$ がともに成り立つことである。

◀(極大値)>0，(極小値)<0 である。

$f\left(\dfrac{1}{a}\right)>0$ から　　$f\left(\dfrac{1}{a}\right)=\dfrac{2}{a}-1>0$

$a>0$ であるから　　$0<a<2$　…… ③

$f\left(\dfrac{5}{3a}\right)<0$ から　　$f\left(\dfrac{5}{3a}\right)=\dfrac{50}{27a}-1<0$

$a>0$ であるから　　$a>\dfrac{50}{27}$　…… ④

③，④ から，求める a の値の範囲は　　$\boldsymbol{\dfrac{50}{27}<a<2}$

演習 80

➡ 本冊 p. 302

$f'(x)=3x^2+2ax$

よって，点 $\mathrm{P}(t,\ f(t))$ における接線 ℓ_t の方程式は

$$y-(t^3+at^2+b)=(3t^2+2at)(x-t)$$

◀ $y-f(t)=f'(t)(x-t)$

ℓ_t が原点を通るとき

$$-(t^3+at^2+b)=(3t^2+2at)(-t)$$

整理すると　$2t^3+at^2-b=0$　…… ①

3 次関数のグラフでは，接点が異なると接線が異なるから，方程式 ① がただ 1 つの実数解をもてばよい。

ここで，$g(t)=2t^3+at^2-b$ とする。

曲線 $y=g(t)$ と t 軸がただ 1 つの共有点をもつような a，b の条件を求める。

$$g'(t)=6t^2+2at=6t\left(t+\frac{a}{3}\right)$$

$g'(t)=0$ とすると　$t=0,\ -\dfrac{a}{3}$

[1]　$a=0$ のとき　$g'(t)=6t^2\geqq 0$

よって，$g(t)=2t^3-b$ は単調に増加するから，b の値にかかわらず曲線 $y=g(t)$ は t 軸とただ 1 つの共有点をもつ。

[2]　$a\neq 0$ のとき

$0,\ -\dfrac{a}{3}$ の小さい方を α，大きい方を β とおくと，$g(t)$ の増減表は右のようになる。

◀ $-\dfrac{a}{3}\neq 0$

t	$\cdots$	α	$\cdots$	β	$\cdots$
$g'(t)$	$+$	0	$-$	0	$+$
$g(t)$	↗	極大	↘	極小	↗

曲線 $y=g(t)$ と t 軸がただ 1 つの共有点をもつための条件は，極大値と極小値がともに正，またはともに負となることである。

◀ $f(\alpha)$ と $f(\beta)$ が同符号 $\Longleftrightarrow$ $f(\alpha)f(\beta)>0$

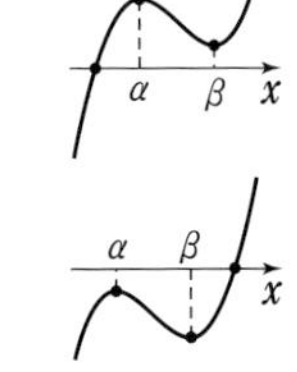

すなわち　$g(0)g\left(-\dfrac{a}{3}\right)>0$

$g(0)=-b$，$g\left(-\dfrac{a}{3}\right)=\dfrac{a^3}{27}-b$ であるから

$$-b\left(\frac{a^3}{27}-b\right)>0 \quad すなわち \quad b\left(\frac{a^3}{27}-b\right)<0$$

ゆえに　$b<0$ かつ $b<\dfrac{a^3}{27}$　または　$b>0$ かつ $b>\dfrac{a^3}{27}$

以上から，求める条件は

$a=0$ のとき　b はすべての実数

◀ b 軸上の点は，すべて条件を満たす。

$a\neq 0$ のとき　$b<0$ かつ $b<\dfrac{a^3}{27}$

または　$b>0$ かつ $b>\dfrac{a^3}{27}$

したがって，点 $(a,\ b)$ が存在する領域を図示すると，**右の図の斜線部分** のようになる。

ただし，境界線は原点のみを含み，他は含まない。

◀ $a=0$，$b=0$ の点 (原点) を含む。

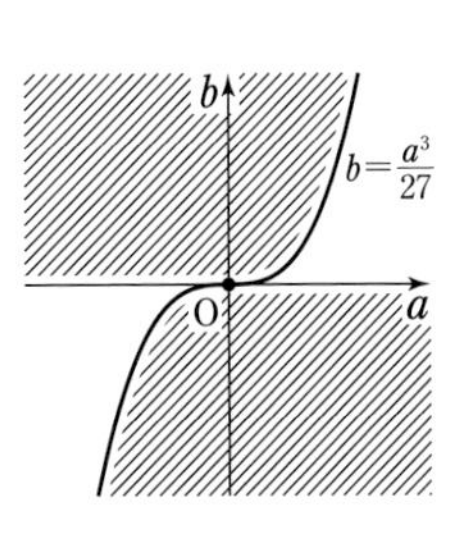

演習 81 Ⅲ ➡ 本冊 p. 302

$y=x^3-x$, $y=-x$ から, y を消去して整理すると

$x^3=0$　　　よって　　$x=0$ （3 重解）

ゆえに, 曲線 C と直線 $y=-x$ は原点で接している。

◀例題 160 参照。

曲線 C について　　$y'=3x^2-1=3\left(x+\dfrac{\sqrt{3}}{3}\right)\left(x-\dfrac{\sqrt{3}}{3}\right)$

$y'=0$ とすると　　$x=\pm\dfrac{\sqrt{3}}{3}$

$y=x^3-x$ の増減表は次のようになる。

x	$\cdots$	$-\dfrac{\sqrt{3}}{3}$	$\cdots$	$\dfrac{\sqrt{3}}{3}$	$\cdots$
y'	$+$	0	$-$	0	$+$
y	↗	極大 $\dfrac{2\sqrt{3}}{9}$	↘	極小 $-\dfrac{2\sqrt{3}}{9}$	↗

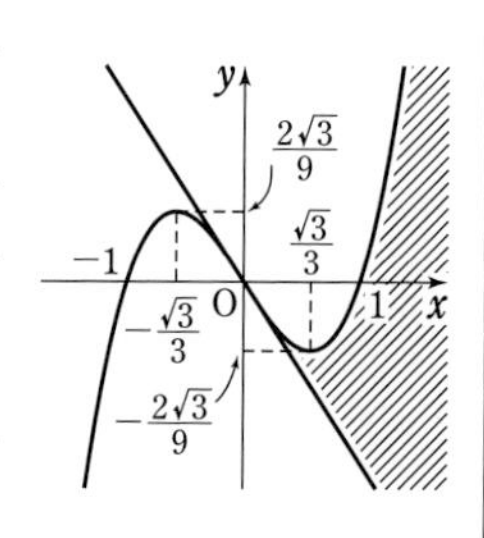

したがって, 領域 D は図の斜線部分のようになる。ただし, 境界線を含まない。

(1)　P$(a,\ b)$　$(a^3-a>b>-a$ …… ①)　とする。

◀このとき $a>0$

C 上の点 $(t,\ t^3-t)$ における接線の方程式は

$$y-(t^3-t)=(3t^2-1)(x-t)$$

すなわち　　$y=(3t^2-1)x-2t^3$

この直線が P を通るとき　　$b=(3t^2-1)a-2t^3$

整理すると　　$2t^3-3at^2+a+b=0$ …… ②

3 次関数のグラフでは, 接点が異なれば接線が異なるから, 求める条件は, t の 3 次方程式 ② が異なる 3 つの実数解をもつことである。

◀例題 160, 本冊 p. 297 参照。

$f(t)=2t^3-3at^2+a+b$ とすると

$$f'(t)=6t^2-6at=6t(t-a)$$

$f'(t)=0$ とすると　　$t=0,\ a$

$a\neq 0$ であるから, $f(t)$ は $t=0,\ a$ で極値をもつ。

① から　　$f(0)=a+b>0$, $f(a)=-a^3+a+b<0$

よって　　$f(0)f(a)<0$

◀(極大値)×(極小値) $<0 \iff$ 異なる 3 つの実数解。

ゆえに, 方程式 ② は異なる 3 つの実数解をもつ。

すなわち, P を通り, C に接する直線が 3 本存在する。

(2)　② の 3 つの実数解を α, β, γ とすると

◀ 3 次方程式の解と係数の関係。

$$\alpha+\beta+\gamma=\frac{3}{2}a,\quad \alpha\beta+\beta\gamma+\gamma\alpha=0,\quad \alpha\beta\gamma=-\frac{1}{2}(a+b)$$

3 本の接線の傾きは, それぞれ

$$f'(\alpha)=3\alpha^2-1,\quad f'(\beta)=3\beta^2-1,\quad f'(\gamma)=3\gamma^2-1$$

接線の傾きの和と積がともに 0 となるから

$$(3\alpha^2-1)+(3\beta^2-1)+(3\gamma^2-1)=0 \quad \cdots\cdots ③$$

$$(3\alpha^2-1)(3\beta^2-1)(3\gamma^2-1)=0 \quad \cdots\cdots ④$$

③ から　　$\alpha^2+\beta^2+\gamma^2-1=0$

すなわち　$(\alpha+\beta+\gamma)^2-2(\alpha\beta+\beta\gamma+\gamma\alpha)-1=0$

よって　$\left(\frac{3}{2}a\right)^2-1=0$　　$a>0$ から　　$a=\frac{2}{3}$

このとき　$\alpha+\beta+\gamma=1$，$\alpha\beta\gamma=-\frac{1}{3}-\frac{b}{2}$

④ から　$27\alpha^2\beta^2\gamma^2-9(\alpha^2\beta^2+\beta^2\gamma^2+\gamma^2\alpha^2)+3(\alpha^2+\beta^2+\gamma^2)-1=0$

すなわち　$27(\alpha\beta\gamma)^2-9\{(\alpha\beta+\beta\gamma+\gamma\alpha)^2-2\alpha\beta\gamma(\alpha+\beta+\gamma)\}$

$+3\{(\alpha+\beta+\gamma)^2-2(\alpha\beta+\beta\gamma+\gamma\alpha)\}-1=0$

ゆえに　$27\left(-\frac{1}{3}-\frac{b}{2}\right)^2-9\left\{-2\left(-\frac{1}{3}-\frac{b}{2}\right)\right\}+3-1=0$

よって　$b^2=\frac{4}{27}$

① と $a=\frac{2}{3}$ より $-\frac{10}{27}>b>-\frac{2}{3}$ であるから

$$b=-\frac{2\sqrt{3}}{9}$$

したがって，Pの座標は　$\left(\frac{2}{3},\ -\frac{2\sqrt{3}}{9}\right)$

CHECK 53 ➡本冊 p. 307

(1) $\int_0^5 (2x-3)dx=\left[x^2-3x\right]_0^5=(5^2-3\cdot 5)-0=\mathbf{10}$

◀ $\int_a^b f(x)dx=\left[F(x)\right]_a^b=F(b)-F(a)$

(2) $\int_1^2 (2x^2-3x+4)dx=\left[\frac{2}{3}x^3-\frac{3}{2}x^2+4x\right]_1^2$

$=\left(\frac{2}{3}\cdot 2^3-\frac{3}{2}\cdot 2^2+4\cdot 2\right)-\left(\frac{2}{3}\cdot 1^3-\frac{3}{2}\cdot 1^2+4\cdot 1\right)$

$=\frac{2}{3}(8-1)-\frac{3}{2}(4-1)+4(2-1)=\mathbf{\frac{25}{6}}$

◀同じ分母ごとにまとめて計算する。

(3) $\int_{-1}^0 (t^2-2t+3)dt=\left[\frac{t^3}{3}-t^2+3t\right]_{-1}^0$

$=0-\left\{\frac{(-1)^3}{3}-(-1)^2+3\cdot(-1)\right\}=\mathbf{\frac{13}{3}}$

(4) $\int_0^2 (x^3-3x^2-1)dx=\left[\frac{x^4}{4}-x^3-x\right]_0^2=\left(\frac{2^4}{4}-2^3-2\right)-0=\mathbf{-6}$

(5) $\int_{-2}^2 (2x^3-x^2-3x+4)dx=\int_{-2}^2 (2x^3-3x)dx+\int_{-2}^2 (-x^2+4)dx$

$=0+2\int_0^2 (-x^2+4)dx=2\left[-\frac{x^3}{3}+4x\right]_0^2$

$=2\left\{\left(-\frac{2^3}{3}+4\cdot 2\right)-0\right\}=\mathbf{\frac{32}{3}}$

◀ $\int_{-a}^a x^{2n+1}dx=0$
$\int_{-a}^a x^{2n}dx=2\int_0^a x^{2n}dx$

CHECK 54 ➡本冊 p. 312

$\int_{-1}^1 (9xt^2+2x^2t-x^3)dt=9x\int_{-1}^1 t^2dt+2x^2\int_{-1}^1 tdt-x^3\int_{-1}^1 dt$

$=9x\cdot 2\int_0^1 t^2dt-x^3\cdot 2\int_0^1 dt$

$=9x\cdot 2\left[\frac{t^3}{3}\right]_0^1-x^3\cdot 2\left[t\right]_0^1=\mathbf{-2x^3+6x}$

◀ dt とあるから，t が積分変数で x は定数とみる。
◀**奇数次は 0**
偶数次は $2\int_0^a$

CHECK 55 ➡本冊 p. 312

(1) $\frac{d}{dx}\int_1^x (6t^2+3)dt=\mathbf{6x^2+3}$

◀ $\frac{d}{dx}\int_a^x f(t)dt=f(x)$

(2) $\frac{d}{dx}\int_x^7 (t^8-3t^3+1)dt=\frac{d}{dx}\left\{-\int_7^x (t^8-3t^3+1)dt\right\}$

$=-\frac{d}{dx}\int_7^x (t^8-3t^3+1)dt$

$=-(x^8-3x^3+1)=\mathbf{-x^8+3x^3-1}$

◀ $\int_x^a f(t)dt=-\int_a^x f(t)dt$

(3) $\frac{d}{dx}\int_{-x}^x (t^2+1)dt=\frac{d}{dx}\left\{2\int_0^x (t^2+1)dt\right\}=2\frac{d}{dx}\int_0^x (t^2+1)dt$

$=\mathbf{2(x^2+1)}$

◀ t^2+1 は偶関数。

CHECK 56 ➡本冊 p. 312

$\int_1^x f(t)dt=x^4+a$ …… ① とする。

① の両辺を x で微分すると　$f(x)=4x^3$

◀ $\frac{d}{dx}\int_a^x f(t)dt=f(x)$

また，① で $x=1$ とおくと，左辺は 0 になるから

$0=1^4+a$　　よって　$a=-1$

◀ $\int_1^1 f(t)dt=0$

したがって　$\mathbf{f(x)=4x^3,\ a=-1}$

例 73 ➡本冊 p. 305

(1) $\displaystyle\int(x^3-3x^2+6x-2)\,dx=\boldsymbol{\frac{x^4}{4}-x^3+3x^2-2x+C}$

（Cは積分定数）

(2) $\displaystyle\int(2x-3)(3x+4)\,dx=\int(6x^2-x-12)\,dx$

$\displaystyle=\boldsymbol{2x^3-\frac{x^2}{2}-12x+C}$ **（Cは積分定数）**

◀展開してから積分。

(3) $\displaystyle\int(t+x)(t-2x)\,dt=\int(t^2-xt-2x^2)\,dt$

$\displaystyle=\boldsymbol{\frac{t^3}{3}-\frac{1}{2}xt^2-2x^2t+C}$ **（Cは積分定数）**

◀積分変数は t であるから，x は定数とみる。

例 74 ➡本冊 p. 305

(1) 条件から　$\displaystyle f(x)=\int(2x^2-3x)\,dx$

$\displaystyle=\frac{2}{3}x^3-\frac{3}{2}x^2+C$ （Cは積分定数）

$f(0)=2$ であるから　$C=2$

よって　$\displaystyle\boldsymbol{f(x)=\frac{2}{3}x^3-\frac{3}{2}x^2+2}$

(2) 曲線 $y=f(x)$ 上の点 $(x,\ f(x))$ における接線の傾きは $f'(x)$ であるから

$f'(x)=x^2-1$

したがって

$\displaystyle f(x)=\int(x^2-1)\,dx=\frac{x^3}{3}-x+C$

（Cは積分定数）

曲線 $y=f(x)$ が点 $(1,\ 0)$ を通るから　$f(1)=0$

よって　$\displaystyle\frac{1}{3}-1+C=0$

ゆえに　$\displaystyle C=\frac{2}{3}$

したがって　$\displaystyle\boldsymbol{f(x)=\frac{x^3}{3}-x+\frac{2}{3}}$

(2)

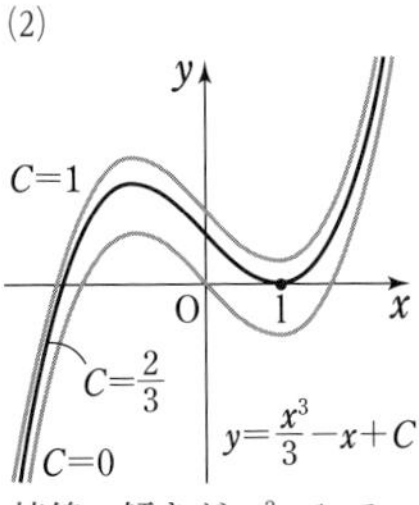

接線の傾きが x^2-1 で与えられる曲線は $\displaystyle y=\frac{x^3}{3}-x$ のグラフを y 軸方向に平行移動したすべての曲線で無数にある（**曲線群**）。そのうち，点 $(1,\ 0)$ を通るものはただ1つに定まる。

例 75 ➡本冊 p. 308

(1) $\displaystyle\int_1^3(t+1)(t-2)\,dt=\int_1^3(t^2-t-2)\,dt=\left[\frac{t^3}{3}-\frac{t^2}{2}-2t\right]_1^3$

$\displaystyle=\frac{3^3-1^3}{3}-\frac{3^2-1^2}{2}-2(3-1)$

$\displaystyle=\frac{26}{3}-4-4=\boldsymbol{\frac{2}{3}}$

◀同じ分母ごとにまとめて計算するとらく。

(2) $\displaystyle\int_1^4(x+1)^2dx-\int_1^4(x-1)^2dx=\int_1^4\{(x+1)^2-(x-1)^2\}\,dx$

$\displaystyle=\int_1^4 4x\,dx=\Big[2x^2\Big]_1^4$

$=2(4^2-1^2)=\boldsymbol{30}$

◀積分区間が共通 ⟶ 1つにまとめる。

(3) $\int_{-2}^{0}(3x^3+x^2)dx-\int_{2}^{0}(3x^3+x^2)dx$

$=\int_{-2}^{0}(3x^3+x^2)dx+\int_{0}^{2}(3x^3+x^2)dx$

$=\int_{-2}^{2}(3x^3+x^2)dx=2\int_{0}^{2}x^2dx=2\left[\dfrac{x^3}{3}\right]_0^2$

$=2\cdot\dfrac{2^3-0}{3}=\mathbf{\dfrac{16}{3}}$

◀$\int_{-2}^{0}+\int_{0}^{2}=\int_{-2}^{2}$
$\int_{-2}^{2}3x^3dx=0$

例 76 ➡本冊 $p.$ 308

(1) $\int_{0}^{1}(3x-1)^4dx=\left[\dfrac{1}{3}\cdot\dfrac{(3x-1)^5}{5}\right]_0^1$

$=\dfrac{1}{3}\cdot\dfrac{32-(-1)}{5}=\mathbf{\dfrac{11}{5}}$

◀$\dfrac{1}{3}$ **を忘れない！**

(2) $\int_{-3}^{1}(x+3)^2(x-1)dx=\int_{-3}^{1}(x+3)^2\{(x+3)-4\}dx$

$=\int_{-3}^{1}\{(x+3)^3-4(x+3)^2\}dx$

$=\left[\dfrac{(x+3)^4}{4}-\dfrac{4}{3}(x+3)^3\right]_{-3}^1$

$=\dfrac{4^4}{4}-\dfrac{4}{3}\cdot4^3-0=\mathbf{-\dfrac{64}{3}}$

◀$(\quad)^3-a(\quad)^2$ の形に変形。

◀$\displaystyle\int(x+p)^ndx=\dfrac{(x+p)^{n+1}}{n+1}+C$

練習 163 ➡ 本冊 p. 309

(1) $x^2-2x-3=(x+1)(x-3)$ であるから，$1\leqq x\leqq 4$ では

$$|x^2-2x-3|=\begin{cases}-(x^2-2x-3) & (1\leqq x\leqq 3)\\ x^2-2x-3 & (3\leqq x\leqq 4)\end{cases}$$

したがって

$$\int_1^4|x^2-2x-3|\,dx=-\int_1^3(x^2-2x-3)\,dx+\int_3^4(x^2-2x-3)\,dx$$

$$=-\left[\frac{x^3}{3}-x^2-3x\right]_1^3+\left[\frac{x^3}{3}-x^2-3x\right]_3^4$$

$$=-2(9-9-9)+\left(\frac{1}{3}-1-3\right)+\left(\frac{64}{3}-16-12\right)=\boldsymbol{\frac{23}{3}}$$

(2) $x^2-\frac{1}{2}x-\frac{1}{2}=\frac{1}{2}(2x+1)(x-1)$ であるから，$-1\leqq x\leqq 1$ では

$$\left|x^2-\frac{1}{2}x-\frac{1}{2}\right|=\begin{cases}x^2-\frac{1}{2}x-\frac{1}{2} & \left(-1\leqq x\leqq -\frac{1}{2}\right)\\ -\left(x^2-\frac{1}{2}x-\frac{1}{2}\right) & \left(-\frac{1}{2}\leqq x\leqq 1\right)\end{cases}$$

したがって

$$\int_{-1}^1\left|x^2-\frac{1}{2}x-\frac{1}{2}\right|dx$$

$$=\int_{-1}^{-\frac{1}{2}}\left(x^2-\frac{1}{2}x-\frac{1}{2}\right)dx-\int_{-\frac{1}{2}}^1\left(x^2-\frac{1}{2}x-\frac{1}{2}\right)dx$$

$$=\left[\frac{x^3}{3}-\frac{1}{4}x^2-\frac{1}{2}x\right]_{-1}^{-\frac{1}{2}}-\left[\frac{x^3}{3}-\frac{1}{4}x^2-\frac{1}{2}x\right]_{-\frac{1}{2}}^1$$

$$=2\left\{\frac{1}{3}\cdot\left(-\frac{1}{8}\right)-\frac{1}{4}\cdot\frac{1}{4}-\frac{1}{2}\cdot\left(-\frac{1}{2}\right)\right\}-\left(-\frac{1}{3}-\frac{1}{4}+\frac{1}{2}\right)-\left(\frac{1}{3}-\frac{1}{4}-\frac{1}{2}\right)$$

$$=\boldsymbol{\frac{19}{24}}$$

(3) $x^2+2x-4=0$ とすると　$x=-1\pm\sqrt{5}$

$\alpha=-1+\sqrt{5}$ とおくと　$\alpha+1=\sqrt{5}$

両辺を 2 乗して整理すると　$\alpha^2+2\alpha-4=0$　また　$0<\alpha<2$

$0\leqq x\leqq 2$ では

$$|x^2+2x-4|=\begin{cases}-(x^2+2x-4) & (0\leqq x\leqq \alpha)\\ x^2+2x-4 & (\alpha\leqq x\leqq 2)\end{cases}$$

したがって

$$\int_0^2|x^2+2x-4|\,dx=-\int_0^\alpha(x^2+2x-4)\,dx+\int_\alpha^2(x^2+2x-4)\,dx$$

$$=-\left[\frac{x^3}{3}+x^2-4x\right]_0^\alpha+\left[\frac{x^3}{3}+x^2-4x\right]_\alpha^2$$

$$=-2\left(\frac{\alpha^3}{3}+\alpha^2-4\alpha\right)+0+\left(\frac{8}{3}+4-8\right)$$

$$=-\frac{2}{3}(\alpha^3+3\alpha^2-12\alpha+2)$$

CHART 絶対値　場合に分けよ

◀ $-\{F(3)-F(1)\}+\{F(4)-F(3)\}=-2F(3)+F(1)+F(4)$

◀ $\left\{F\left(-\frac{1}{2}\right)-F(-1)\right\}-\left\{F(1)-F\left(-\frac{1}{2}\right)\right\}=2F\left(-\frac{1}{2}\right)-F(-1)-F(1)$

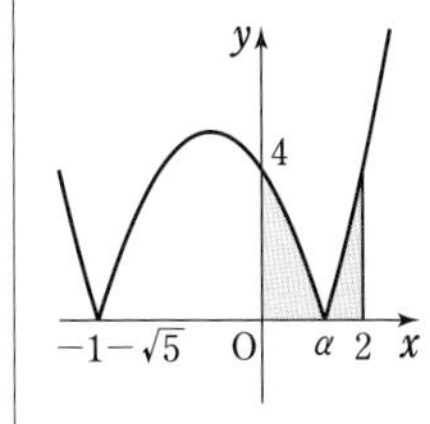

◀ $-\{F(\alpha)-F(0)\}+\{F(2)-F(\alpha)\}=-2F(\alpha)+F(0)+F(2)$

ここで　$x^3+3x^2-12x+2=(x^2+2x-4)(x+1)-10x+6$

であるから　$\alpha^3+3\alpha^2-12\alpha+2=(\alpha^2+2\alpha-4)(\alpha+1)-10\alpha+6$

$=0-10(-1+\sqrt{5})+6$

$=16-10\sqrt{5}$

よって　$\int_0^2|x^2+2x-4|dx=-\frac{2}{3}(16-10\sqrt{5})=\boldsymbol{\frac{-32+20\sqrt{5}}{3}}$

◀$x^3+3x^2-12x+2$ を x^2+2x-4 で割ると
商　$x+1$,
余り　$-10x+6$

練習 164

➡ 本冊 p. 310

(1)　$\int_{-1}^2(x+1)(x-2)dx=-\frac{1}{6}\{2-(-1)\}^3=\boldsymbol{-\frac{9}{2}}$

◀$\int_\alpha^\beta(x-\alpha)(x-\beta)dx=-\frac{1}{6}(\beta-\alpha)^3$

(2)　$\int_{-\frac{1}{2}}^3(2x+1)(x-3)dx=2\int_{-\frac{1}{2}}^3\left(x+\frac{1}{2}\right)(x-3)dx$

$=2\left(-\frac{1}{6}\right)\left\{3-\left(-\frac{1}{2}\right)\right\}^3$

$=-\frac{1}{3}\left(\frac{7}{2}\right)^3=\boldsymbol{-\frac{343}{24}}$

(3)　$x^2-4x-3=0$ を解くと　$x=2\pm\sqrt{7}$

したがって

$\int_{2-\sqrt{7}}^{2+\sqrt{7}}(x^2-4x-3)dx=\int_{2-\sqrt{7}}^{2+\sqrt{7}}\{x-(2-\sqrt{7})\}\{x-(2+\sqrt{7})\}dx$

$=-\frac{1}{6}\{(2+\sqrt{7})-(2-\sqrt{7})\}^3$

$=-\frac{1}{6}(2\sqrt{7})^3=\boldsymbol{-\frac{28\sqrt{7}}{3}}$

◀$ax^2+bx+c=0\ (a\neq0)$ の解を α, β とすると
$\boldsymbol{ax^2+bx+c=a(x-\alpha)(x-\beta)}$

練習 165

➡ 本冊 p. 311

$\int_{-k}^k f(x)dx=\int_{-k}^k(ax^2+bx+c)dx=2\int_0^k(ax^2+c)dx$

$=2\left[\frac{a}{3}x^3+cx\right]_0^k=\frac{2}{3}ak^3+2ck$

$f(s)+f(t)=a(s^2+t^2)+b(s+t)+2c$

$\int_{-k}^k f(x)dx=f(s)+f(t)$ が常に成り立つとき,

$\frac{2}{3}ak^3+2ck=a(s^2+t^2)+b(s+t)+2c$　…… Ⓐ

がすべての 2 次以下の多項式 $f(x)=ax^2+bx+c$ に対して成り立つことから, Ⓐ は a, b, c についての恒等式である。

両辺の係数を比較して

$\frac{2}{3}k^3=s^2+t^2$ …… ①, $0=s+t$ …… ②, $2k=2$ …… ③

③ から　$\boldsymbol{k=1}$　　② から　$s=-t$ …… ④

ゆえに, ① から　$\frac{2}{3}=2t^2$　　よって　$t=\pm\frac{1}{\sqrt{3}}$

④ と $s<t$ から　$\boldsymbol{s=-\frac{1}{\sqrt{3}},\ t=\frac{1}{\sqrt{3}}}$

CHART $\int_{-a}^a$ **の定積分**
奇数次は 0
偶数次は $2\int_0^a$

◀$f(s)=as^2+bs+c$
$f(t)=at^2+bt+c$

◀④ から　$s=\mp\frac{1}{\sqrt{3}}$
(t と複号同順)

練習 166 ➡ 本冊 p. 313

(1) $\int_0^1 f(t)dt=a$ とおくと　$f(x)+a=x^2+x$

◀$\int_0^1 f(t)dt$ は定数。

よって　$f(x)=x^2+x-a$

ゆえに　$\int_0^1 f(t)dt=\int_0^1 (t^2+t-a)dt=\left[\frac{t^3}{3}+\frac{t^2}{2}-at\right]_0^1=\frac{5}{6}-a$

◀$f(t)=t^2+t-a$

よって　$\frac{5}{6}-a=a$　　ゆえに　$a=\frac{5}{12}$

◀$\int_0^1 f(t)dt=a$ に代入。

したがって　$\boldsymbol{f(x)=x^2+x-\frac{5}{12}}$

◀$f(x)=x^2+x-a$ に代入。

(2) 与式から　$f(x)=\int_{-1}^1 \{xf(t)-tf(t)\}dt+1$

$=x\int_{-1}^1 f(t)dt-\int_{-1}^1 tf(t)dt+1$

◀$\int xf(t)dt=x\int f(t)dt$

$\int_{-1}^1 f(t)dt=a$ …… ①, $\int_{-1}^1 tf(t)dt=b$ …… ②　とおくと

◀$\int_{-1}^1 f(t)dt, \int_{-1}^1 tf(t)dt$ は定数。

$f(x)=ax-b+1$

$\int_{-1}^1 f(t)dt=\int_{-1}^1 (at-b+1)dt=2\int_0^1 (-b+1)dt$

$=2(-b+1)\Big[t\Big]_0^1=2(-b+1)$

CHART $\int_{-a}^a$ の定積分
奇数次は 0
偶数次は $2\int_0^a$

$\int_{-1}^1 tf(t)dt=\int_{-1}^1 t(at-b+1)dt=\int_{-1}^1 \{at^2-(b-1)t\}dt$

$=2\int_0^1 at^2dt=2a\left[\frac{t^3}{3}\right]_0^1=\frac{2}{3}a$

よって，①，② から　$2(-b+1)=a$，$\frac{2}{3}a=b$

これらを連立して解くと　$a=\frac{6}{7}$，$b=\frac{4}{7}$

したがって　$\boldsymbol{f(x)=\frac{6}{7}x+\frac{3}{7}}$

◀$f(x)=\frac{6}{7}x-\frac{4}{7}+1$

練習 167 ➡ 本冊 p. 314

(1) (ア) 両辺を x で微分すると　$f(x)=2x+5$

◀$\boldsymbol{\frac{d}{dx}\int_a^x f(t)dt=f(x)}$

また，与えられた等式で $x=a$ とおくと　$0=a^2+5a-6$

◀$\int_a^a f(t)dt=0$

よって　$(a-1)(a+6)=0$　　ゆえに　$a=-6,\ 1$

したがって　$\boldsymbol{f(x)=2x+5}$；$\boldsymbol{a=-6,\ 1}$

(イ) 等式から　$-\int_a^x f(t)dt=-x^3+2x-1$

◀$\int_x^a f(t)dt=-\int_a^x f(t)dt$

よって　$\int_a^x f(t)dt=x^3-2x+1$　…… ①

① の両辺を x で微分すると　$f(x)=3x^2-2$

また，① で $x=a$ とおくと　$a^3-2a+1=0$

よって　$(a-1)(a^2+a-1)=0$

◀因数定理を利用。

ゆえに　$a=1,\ \frac{-1\pm\sqrt{5}}{2}$

したがって　$\boldsymbol{f(x)=3x^2-2}$；$\boldsymbol{a=1,\ \frac{-1\pm\sqrt{5}}{2}}$

(2) 両辺を x で微分すると　$f'(x)-3xf'(x)=6x^2-2x$

ゆえに　$(1-3x)f'(x)=2x(3x-1)$

これがすべての x について成り立つとき　$f'(x)=-2x$

よって　$f(x)=\int(-2x)dx=-x^2+C$　（Cは積分定数）

与えられた等式で $x=1$ とおくと

$f(1)=2\cdot1^3-1^2+5$ より　$f(1)=6$

◀$\int_1^1 3tf'(t)dt=0$

ゆえに　$6=-1^2+C$ より　$C=7$

したがって　$\boldsymbol{f(x)=-x^2+7}$

練習 168 ➡ 本冊 $p.315$

(1) $f(x)=\int_1^x(t^2-6t+8)dt=\left[\frac{t^3}{3}-3t^2+8t\right]_1^x$

$=\frac{x^3}{3}-3x^2+8x-\left(\frac{1}{3}-3+8\right)$

$=\frac{1}{3}(x^3-9x^2+24x-16)$

$=\frac{1}{3}(x-1)(x^2-8x+16)=\frac{1}{3}(x-1)(x-4)^2$

注意　$f(1)=0$ であることはすぐにわかるが，他にもありうる。

◀$f(1)=0$ から，因数定理を利用。

よって，$f(x)=0$ となる x の値は　$\boldsymbol{x=1,\ 4}$

(2) $f'(x)=\frac{d}{dx}\int_1^x(t^2-6t+8)dt=x^2-6x+8=(x-2)(x-4)$

$f'(x)=0$ とすると　$x=2,\ 4$

$0\leqq x\leqq5$ における $f(x)$ の増減表は，次のようになる。

x	0	…	2	…	4	…	5
$f'(x)$		+	0	−	0	+	
$f(x)$	$-\frac{16}{3}$	↗	極大 $\frac{4}{3}$	↘	極小 0	↗	$\frac{4}{3}$

◀$f(0)=\frac{1}{3}\cdot(-1)(-4)^2$

$f(2)=\frac{1}{3}\cdot1\cdot(-2)^2$

$f(5)=\frac{1}{3}\cdot4\cdot1^2$

(1)から　$f(4)=0$

よって，$f(x)$ は $0\leqq x\leqq5$ において

$\boldsymbol{x=2,\ 5}$ **で最大値** $\boldsymbol{\frac{4}{3}}$；$\boldsymbol{x=0}$ **で最小値** $\boldsymbol{-\frac{16}{3}}$ をとる。

練習 169 ➡ 本冊 $p.318$

(1) $x^2-4x-5=(x+1)(x-5)$

曲線と x 軸の交点の x 座標は

$x=-1,\ 5$

よって，図から，求める面積 S は

$S=\int_{-2}^{-1}(x^2-4x-5)dx$

$-\int_{-1}^{4}(x^2-4x-5)dx$

CHART　面積
まずグラフをかけ

$=\left[\frac{x^3}{3}-2x^2-5x\right]_{-2}^{-1}-\left[\frac{x^3}{3}-2x^2-5x\right]_{-1}^{4}$

$=2\cdot\frac{8}{3}-\left(-\frac{2}{3}\right)-\left(-\frac{92}{3}\right)=\boldsymbol{\frac{110}{3}}$

◀$\left[F(x)\right]_{-2}^{-1}-\left[F(x)\right]_{-1}^{4}$
$=2F(-1)-F(-2)$
$-F(4)$

(2) $x^3-5x^2+6x=x(x^2-5x+6)$
$=x(x-2)(x-3)$

曲線と x 軸の交点の x 座標は

$x=0,\ 2,\ 3$

よって，図から，求める面積 S は

$$S=\int_0^2(x^3-5x^2+6x)dx-\int_2^3(x^3-5x^2+6x)dx$$

$$=\left[\frac{x^4}{4}-\frac{5}{3}x^3+3x^2\right]_0^2-\left[\frac{x^4}{4}-\frac{5}{3}x^3+3x^2\right]_2^3$$

$$=2\cdot\frac{8}{3}-0-\frac{9}{4}=\mathbf{\frac{37}{12}}$$

◀グラフに極値を与える点の座標は不要。

◀$0\leqq x\leqq 2$ で $y\geqq 0$，$2\leqq x\leqq 3$ で $y\leqq 0$

◀$\left[F(x)\right]_0^2-\left[F(x)\right]_2^3=2F(2)-F(0)-F(3)$

(3) 曲線と直線の交点の x 座標は，

$2x^2-3x+1=2x-1$ すなわち $2x^2-5x+2=0$

を解くと，$(2x-1)(x-2)=0$ から $x=\frac{1}{2},\ 2$

したがって

$$S=\int_{\frac{1}{2}}^2\{(2x-1)-(2x^2-3x+1)\}dx$$

$$=-\int_{\frac{1}{2}}^2(2x-1)(x-2)dx=-2\int_{\frac{1}{2}}^2\left(x-\frac{1}{2}\right)(x-2)dx$$

$$=-2\left\{-\frac{1}{6}\left(2-\frac{1}{2}\right)^3\right\}=\mathbf{\frac{9}{8}}$$

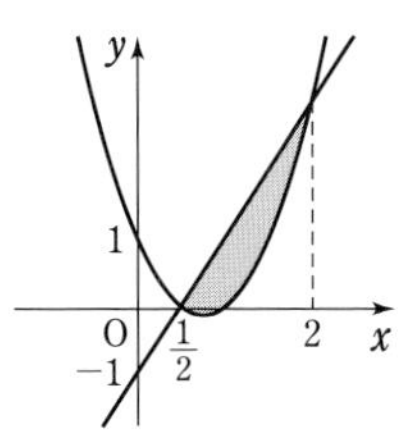

(4) 2つの放物線の交点の x 座標は，

$x^2-3x=-x^2+x+5$ すなわち $2x^2-4x-5=0$ …… ①

を解いて $x=\frac{2\pm\sqrt{14}}{2}$

$\alpha=\frac{2-\sqrt{14}}{2}$，$\beta=\frac{2+\sqrt{14}}{2}$ とすると

$$S=\int_\alpha^\beta\{(-x^2+x+5)-(x^2-3x)\}dx$$

$$=\int_\alpha^\beta(-2x^2+4x+5)dx=-2\int_\alpha^\beta(x-\alpha)(x-\beta)dx$$

$$=-2\left\{-\frac{1}{6}(\beta-\alpha)^3\right\}=\frac{1}{3}(\beta-\alpha)^3$$

$$=\frac{1}{3}\left\{\left(\frac{2+\sqrt{14}}{2}\right)-\left(\frac{2-\sqrt{14}}{2}\right)\right\}^3=\mathbf{\frac{14\sqrt{14}}{3}}$$

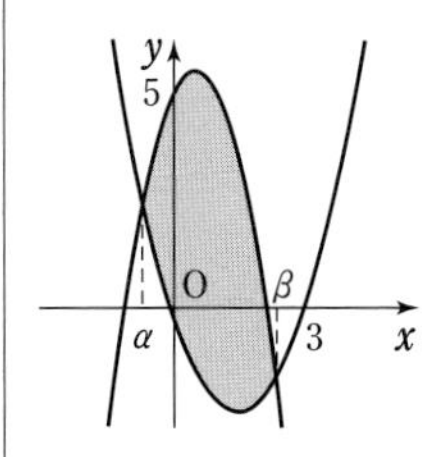

別解 2次方程式 ① の解と係数の関係から

$$\alpha+\beta=2,\ \alpha\beta=-\frac{5}{2}$$

ゆえに $(\beta-\alpha)^2=(\alpha+\beta)^2-4\alpha\beta=2^2-4\cdot\left(-\frac{5}{2}\right)=14$

$\beta-\alpha>0$ であるから $\beta-\alpha=\sqrt{14}$

よって $S=\frac{1}{3}(\sqrt{14})^3=\mathbf{\frac{14\sqrt{14}}{3}}$

練習 170 ➡ 本冊 p. 319

境界線の方程式は，$2y-x^2=0$，$5x-4y+7=0$，$x+y-4=0$ から，それぞれ

$$y=\frac{x^2}{2}\ \cdots\cdots\ ①,\quad y=\frac{5}{4}x+\frac{7}{4}\ \cdots\cdots\ ②,\quad y=-x+4\ \cdots\cdots\ ③$$

◀まず，不等号を等号に変えて境界線をかく。

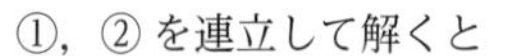

①，② を連立して解くと

$$(x,\ y)=\left(-1,\ \frac{1}{2}\right),\ \left(\frac{7}{2},\ \frac{49}{8}\right)$$

◀ y を消去して整理すると　$2x^2-5x-7=0$　$(x+1)(2x-7)=0$

①，③ を連立して解くと

$(x,\ y)=(-4,\ 8),\ (2,\ 2)$

◀ y を消去して整理すると　$x^2+2x-8=0$　$(x-2)(x+4)=0$

②，③ を連立して解くと

$(x,\ y)=(1,\ 3)$

領域は，図の斜線部分である。

ただし，境界線を含む。

◀不等式を変形すると $y\geqq\frac{x^2}{2}$，$y\leqq\frac{5}{4}x+\frac{7}{4}$，$y\leqq-x+4$

したがって，図から，求める面積は

$$S=\int_{-1}^{1}\left\{\left(\frac{5}{4}x+\frac{7}{4}\right)-\frac{x^2}{2}\right\}dx+\int_{1}^{2}\left\{(-x+4)-\frac{x^2}{2}\right\}dx$$

$$=2\int_{0}^{1}\left(-\frac{x^2}{2}+\frac{7}{4}\right)dx+\int_{1}^{2}\left(-\frac{x^2}{2}-x+4\right)dx$$

$$=2\left[-\frac{x^3}{6}+\frac{7}{4}x\right]_0^1+\left[-\frac{x^3}{6}-\frac{x^2}{2}+4x\right]_1^2$$

$$=2\cdot\frac{19}{12}+\frac{4}{3}=\boldsymbol{\frac{9}{2}}$$

CHART $\int_{-a}^{a}$ の定積分
奇数次は 0
偶数次は $2\int_0^a$

練習 171 ➡ 本冊 p. 320

(1) $y=x^2-2x+1$ から　　$y'=2x-2$

よって，放物線 C 上の点 $(a,\ a^2-2a+1)$ における接線の方程式は　　$y-(a^2-2a+1)=(2a-2)(x-a)$

◀ $y-f(a)=f'(a)(x-a)$

すなわち　　$y=(2a-2)x-a^2+1$ …… ①

この直線が原点 $(0,\ 0)$ を通るから　　$0=-a^2+1$

◀原点は放物線 C 上の点ではない。

これを解くと　　$a=\pm1$

$2a-2<0$ であるから　　$a=-1$

◀求める接線の傾きは負。

よって，求める接線の方程式は，① から　　$\boldsymbol{y=-4x}$

(2) 求める面積を S とすると

$$S=\int_{-1}^{0}\{(x^2-2x+1)-(-4x)\}dx$$

$$=\int_{-1}^{0}(x+1)^2dx$$

$$=\left[\frac{(x+1)^3}{3}\right]_{-1}^{0}=\boldsymbol{\frac{1}{3}}$$

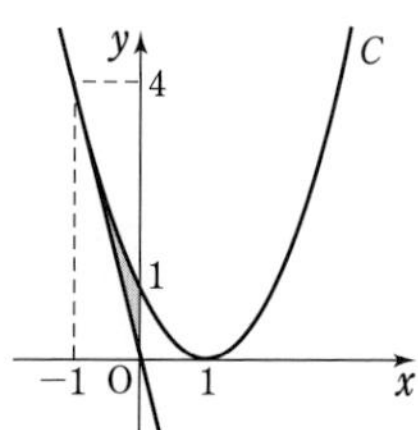

◀ $\int(x+p)^2dx=\frac{(x+p)^3}{3}+C$

練習 172 ➡ 本冊 p. 321

$y=-x^2+x$ から　　$y'=-2x+1$

点 $(0,\ 0)$ における接線の方程式は

$y-0=1\cdot(x-0)$　　すなわち　$y=x$ …… ①

点 $(2,\ -2)$ における接線の方程式は

$y-(-2)=-3(x-2)$ すなわち $y=-3x+4$ …… ②

2 直線 ①, ② の交点の x 座標は, $x=-3x+4$ から $x=1$

よって, 求める面積を S とすると

$$S=\int_0^1\{x-(-x^2+x)\}dx+\int_1^2\{(-3x+4)-(-x^2+x)\}dx$$

$$=\int_0^1 x^2dx+\int_1^2(x-2)^2dx$$

$$=\left[\frac{x^3}{3}\right]_0^1+\left[\frac{(x-2)^3}{3}\right]_1^2=\frac{1}{3}+\frac{1}{3}=\mathbf{\frac{2}{3}}$$

◀$x=1$ を境に被積分関数が変わる。

参考 本冊 $p.321$ 検討の内容から

$$S=\frac{|-1|}{12}(2-0)^3=\mathbf{\frac{2}{3}}$$

◀$S=\frac{|a|}{12}(\beta-\alpha)^3$ で $a=-1,\ \alpha=0,\ \beta=2$

証明 **本冊 $p.321$ 検討の証明**

$C:y=ax^2+bx+c\ (a\neq0)$ とすると, $y'=2ax+b$ から, ℓ の方程式は

$y-(a\alpha^2+b\alpha+c)=(2a\alpha+b)(x-\alpha)$ すなわち $y=(2a\alpha+b)x-a\alpha^2+c$

同様に, m の方程式は $y=(2a\beta+b)x-a\beta^2+c$

交点Pの x 座標は, 次の方程式の解である。

$(2a\alpha+b)x-a\alpha^2+c=(2a\beta+b)x-a\beta^2+c$

$a\neq0,\ \alpha\neq\beta$ から $x=\frac{a(\beta^2-\alpha^2)}{2a(\beta-\alpha)}=\frac{\alpha+\beta}{2}$

Pの x 座標が $\frac{\alpha+\beta}{2}$ であるから $S_3=S_4$, $S_5=S_6$ が成り立つ。

また $S_1=\frac{|a|}{6}(\beta-\alpha)^3$ ◀6分の1公式。

$$S_2=\frac{|a|}{3}\left(\frac{\alpha+\beta}{2}-\alpha\right)^3+\frac{|a|}{3}\left(\beta-\frac{\alpha+\beta}{2}\right)^3=\frac{|a|}{12}(\beta-\alpha)^3$$

◀上の図の S_5+S_6 (本冊 $p.320$ 検討参照)

したがって $S_1:S_2=\frac{|a|}{6}(\beta-\alpha)^3:\frac{|a|}{12}(\beta-\alpha)^3=2:1$

練習 173 ➡本冊 $p.322$

C_1 上の点 $(a,\ a^2)$ における接線の方程式は, $y'=2x$ から

$y-a^2=2a(x-a)$

すなわち $y=2ax-a^2$ …… ①

C_2 上の点 $(b,\ 4b^2+12b)$ における接線の方程式は, $y'=8x+12$ から $y-(4b^2+12b)=(8b+12)(x-b)$

すなわち $y=(8b+12)x-4b^2$ …… ②

直線 ℓ は ① と ② が一致する場合であるから

$2a=8b+12,\ -a^2=-4b^2$

すなわち $a=4b+6$ …… ③, $a^2=4b^2$ …… ④

③ を ④ に代入して整理すると $b^2+4b+3=0$

これを解いて $b=-1,\ -3$

直線 ℓ の傾きは正であるから, ② より $8b+12>0$

よって $b=-1$ ③ から $a=2$

① から, 直線 ℓ の方程式は $\mathbf{y=4x-4}$

注意 本問は, C_1 と C_2 の方程式で x^2 の係数が異なるから, 本冊 $p.322$ 検討の等式を適用できない。

◀傾きと y 切片がそれぞれ等しい。

◀$b>-\frac{3}{2}$

◀a は C_1 と ℓ, b は C_2 と ℓ の接点の x 座標。

C_1 と C_2 の交点の x 座標は，$x^2=4x^2+12x$ を解いて

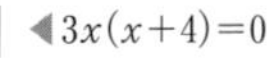

$$x=0,\ -4$$

よって，図から，求める面積を S とすると

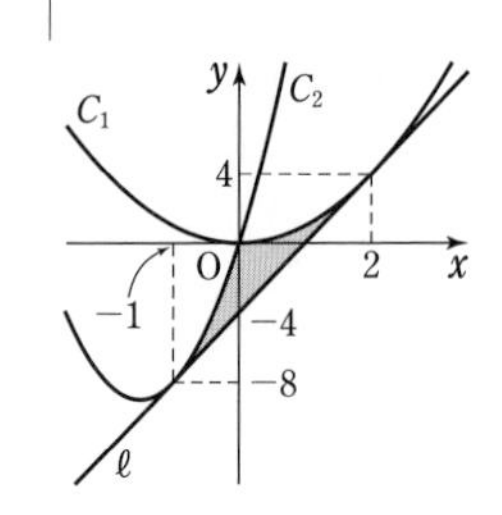

$$S=\int_{-1}^{0}\{4x^2+12x-(4x-4)\}\,dx+\int_{0}^{2}\{x^2-(4x-4)\}\,dx$$

$$=\int_{-1}^{0}4(x+1)^2\,dx+\int_{0}^{2}(x-2)^2\,dx$$

$$=4\left[\frac{(x+1)^3}{3}\right]_{-1}^{0}+\left[\frac{(x-2)^3}{3}\right]_{0}^{2}=\frac{4}{3}+\frac{8}{3}=\mathbf{4}$$

証明　本冊 $p.322$ 検討の証明

$C_1：y=ax^2+bx+c$，$C_2：y=ax^2+dx+e$ $(b\neq d)$ とすると，

$x=\alpha$ における接線の方程式は　　$y=(2a\alpha+b)x-a\alpha^2+c$

同様に，$x=\beta$ における接線の方程式は　　$y=(2a\beta+d)x-a\beta^2+e$

直線 ℓ は，これらが一致する場合であるから

$$2a\alpha+b=2a\beta+d \quad かつ \quad -a\alpha^2+c=-a\beta^2+e$$

ゆえに　　$b-d=2a(\beta-\alpha)$ …… ①　かつ　$e-c=a(\beta+\alpha)(\beta-\alpha)$ …… ②

交点Pの x 座標は $ax^2+bx+c=ax^2+dx+e$ の解である。

$b\neq d$ であるから　　$x=\dfrac{e-c}{b-d}$

①，② を代入して　　$x=\dfrac{a(\beta+\alpha)(\beta-\alpha)}{2a(\beta-\alpha)}=\dfrac{\alpha+\beta}{2}$

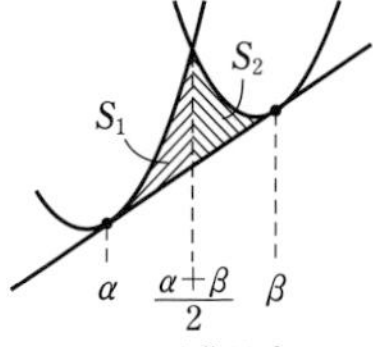

$S_1=S_2$ が成り立つ。

よって，面積は

$$S=\frac{|a|}{3}\left(\frac{\alpha+\beta}{2}-\alpha\right)^3+\frac{|a|}{3}\left(\beta-\frac{\alpha+\beta}{2}\right)^3=\frac{|a|}{12}(\beta-\alpha)^3$$

練習 174　➡本冊 $p.323$

$y'=1-3x^2$ であるから，曲線上の点 $(-1,\ 0)$ における接線の方程式は　　$y-0=\{1-3\cdot(-1)^2\}(x+1)$

◀$y-f(a)=f'(a)(x-a)$

すなわち　　$y=-2x-2$

この接線と曲線の共有点の x 座標は，

$x-x^3=-2x-2$ すなわち $x^3-3x-2=0$ の解である。

ゆえに　　$(x+1)^2(x-2)=0$　　　よって　　$x=-1,\ 2$

◀$x=-1$ で接するから $(x+1)^2$ を因数にもつ。$(x+1)^2(x-a)$ とおき，定数項を比較すると
$-a=-2$

したがって，図から，求める面積は

$$S=\int_{-1}^{2}\{(x-x^3)-(-2x-2)\}\,dx$$

$$=-\int_{-1}^{2}(x+1)^2(x-2)\,dx$$

$$=-\int_{-1}^{2}\{(x+1)^3-3(x+1)^2\}\,dx$$

$$=-\left[\frac{(x+1)^4}{4}-(x+1)^3\right]_{-1}^{2}$$

$$=-\frac{81}{4}+27=\mathbf{\frac{27}{4}}$$

◀$(x+1)^2(x-2)$
$=(x+1)^2\{(x+1)-3\}$
$=(x+1)^3-3(x+1)^2$

参考　本冊 $p.323$ から
$S=\dfrac{1}{12}\{2-(-1)\}^4=\dfrac{27}{4}$

練習 175　➡本冊 $p.324$

(1)　曲線 $y=f(x)$ と直線 $y=mx+n$ が，$x=a,\ b$ $(a<b)$ の2点で接するとき，次の恒等式が成り立つ。

$$f(x)-(mx+n)=(x-a)^2(x-b)^2$$

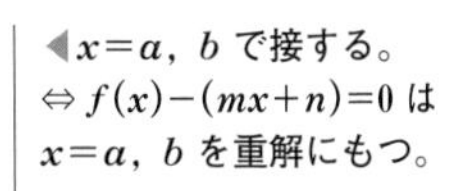

◀$x=a$, b で接する。
⇔ $f(x)-(mx+n)=0$ は
$x=a$, b を重解にもつ。

よって

$$x^4+2x^3-3x^2-mx-n$$
$$=x^4-2(a+b)x^3+\{(a+b)^2+2ab\}x^2-2ab(a+b)x+a^2b^2$$

両辺の係数を比較して

$$2=-2(a+b) \cdots\cdots ①,\quad -3=(a+b)^2+2ab \cdots\cdots ②,$$
$$-m=-2ab(a+b) \cdots\cdots ③,\quad -n=a^2b^2 \cdots\cdots ④$$

① から　$a+b=-1$　　これと ② から　$ab=-2$

これらを ③, ④ に代入して　$m=4$, $n=-4$

a, b は 2 次方程式 $t^2+t-2=0$ の解 $t=-2$, 1 であるから

$$a \neq b$$

よって，求める直線の方程式は　**$y=4x-4$**

(2) $a<b$ であるから　$a=-2$, $b=1$

区間 $-2 \leqq x \leqq 1$ で

$$x^4+2x^3-3x^2 \geqq 4x-4$$

であるから

$$S=\int_{-2}^{1}\{(x^4+2x^3-3x^2)-(4x-4)\}dx$$
$$=\left[\frac{x^5}{5}+\frac{x^4}{2}-x^3-2x^2+4x\right]_{-2}^{1}$$
$$=\left(\frac{1}{5}+\frac{1}{2}-1-2+4\right)$$
$$-\left(-\frac{32}{5}+8+8-8-8\right)=\boldsymbol{\frac{81}{10}}$$

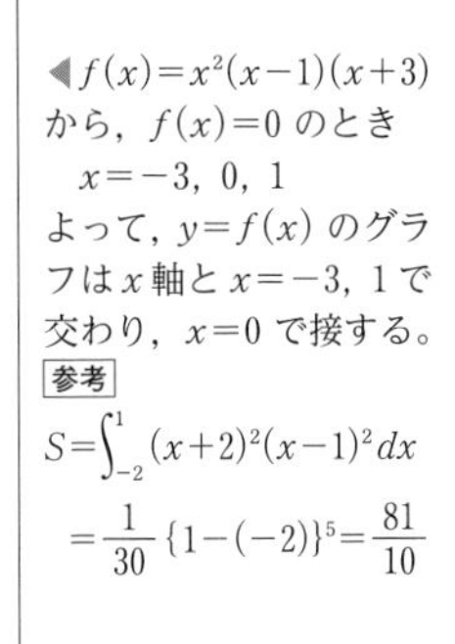

◀$f(x)=x^2(x-1)(x+3)$ から，$f(x)=0$ のとき
$x=-3$, 0, 1
よって，$y=f(x)$ のグラフは x 軸と $x=-3$, 1 で交わり，$x=0$ で接する。

参考

$$S=\int_{-2}^{1}(x+2)^2(x-1)^2dx$$
$$=\frac{1}{30}\{1-(-2)\}^5=\frac{81}{10}$$

証明　**$\int_{\alpha}^{\beta}(x-\alpha)^2(x-\beta)^2dx=\frac{1}{30}(\beta-\alpha)^5$ の証明**　(本冊 p. 324)

$$(x-\alpha)^2(x-\beta)^2=(x-\alpha)^2(x-\alpha+\alpha-\beta)^2$$
$$=(x-\alpha)^2\{(x-\alpha)^2+2(x-\alpha)(\alpha-\beta)+(\alpha-\beta)^2\}$$
$$=(x-\alpha)^4+2(\alpha-\beta)(x-\alpha)^3+(\alpha-\beta)^2(x-\alpha)^2$$

よって　$\int_{\alpha}^{\beta}(x-\alpha)^2(x-\beta)^2dx=\left[\frac{(x-\alpha)^5}{5}+2(\alpha-\beta)\cdot\frac{(x-\alpha)^4}{4}+(\alpha-\beta)^2\cdot\frac{(x-\alpha)^3}{3}\right]_{\alpha}^{\beta}$

$$=\frac{(\beta-\alpha)^5}{5}+\frac{1}{2}(\alpha-\beta)(\beta-\alpha)^4+\frac{1}{3}(\alpha-\beta)^2(\beta-\alpha)^3$$
$$=\left(\frac{1}{5}-\frac{1}{2}+\frac{1}{3}\right)(\beta-\alpha)^5=\frac{1}{30}(\beta-\alpha)^5$$

練習 176

➡ 本冊 p. 325

(1) $x^2=\frac{y}{\sqrt{2}}$ …… ① とする。① を $x^2+y^2=1$ に代入すると

$$\frac{y}{\sqrt{2}}+y^2=1 \quad \text{すなわち} \quad \sqrt{2}y^2+y-\sqrt{2}=0$$

左辺を因数分解すると　$(y+\sqrt{2})(\sqrt{2}y-1)=0$

$y=\sqrt{2}x^2 \geqq 0$ であるから　$y=\frac{1}{\sqrt{2}}$

◀連立方程式から x を消去。y を消去するなら
$x^2+(\sqrt{2}x^2)^2=1$
から　$2x^4+x^2-1=0$
$(x^2+1)(2x^2-1)=0$
$x^2+1>0$ から　$x^2=\frac{1}{2}$
よって　$x=\pm\frac{1}{\sqrt{2}}$

①から　$x^2=\dfrac{1}{2}$　　よって　$x=\pm\dfrac{1}{\sqrt{2}}$

連立不等式を満たす部分は，右の図の網の部分である。ただし，境界線を含む。

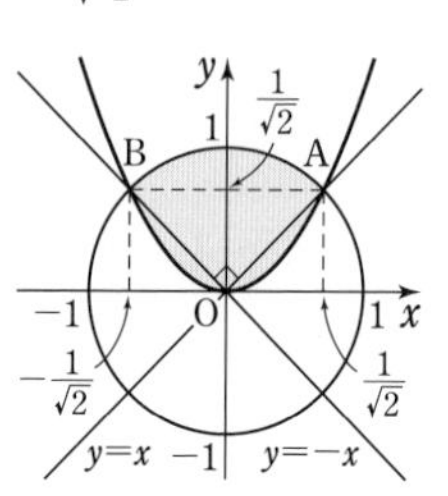

求める面積を S，扇形 OAB の面積を S_1，直線 $y=x$ と放物線 $y=\sqrt{2}\,x^2$ で囲まれた図形の面積を S_2 とする。

連立不等式を満たす部分は y 軸に関して対称であるから　$S=S_1+2S_2$

扇形 OAB の中心角は $\dfrac{\pi}{2}$ であるから

$$S_1=\frac{1}{2}\cdot1^2\cdot\frac{\pi}{2}=\frac{\pi}{4}$$

◀半径 r，中心角 θ の扇形の面積は　$\dfrac{1}{2}r^2\theta$

$$S_2=\int_0^{\frac{1}{\sqrt{2}}}(x-\sqrt{2}\,x^2)\,dx=-\sqrt{2}\int_0^{\frac{1}{\sqrt{2}}}x\left(x-\frac{1}{\sqrt{2}}\right)dx$$

$$=-\sqrt{2}\left(-\frac{1}{6}\right)\left(\frac{1}{\sqrt{2}}-0\right)^3=\frac{1}{12}$$

◀$\displaystyle\int_\alpha^\beta(x-\alpha)(x-\beta)\,dx=-\frac{1}{6}(\beta-\alpha)^3$

よって　$S=\dfrac{\pi}{4}+2\cdot\dfrac{1}{12}=\boldsymbol{\dfrac{\pi}{4}+\dfrac{1}{6}}$

(2)　点Pにおける接線に垂直な直線の方程式は，$y'=x$ から

$$y=-(x-1)+\frac{1}{2}\quad すなわち\quad y=-x+\frac{3}{2}$$

◀点Pにおける法線。

この直線と x 軸の交点が円の中心Aであるから　$\mathrm{A}\left(\dfrac{3}{2},\ 0\right)$

よって，円の半径は　$\mathrm{AP}=\sqrt{\left(1-\dfrac{3}{2}\right)^2+\left(\dfrac{1}{2}\right)^2}=\dfrac{1}{\sqrt{2}}$

点Pから x 軸に下ろした垂線と x 軸の交点をHとすると，求める面積は

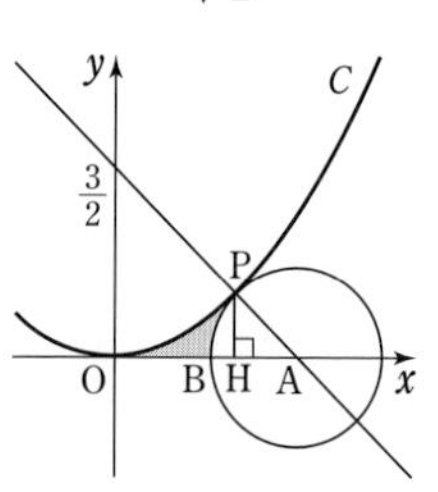

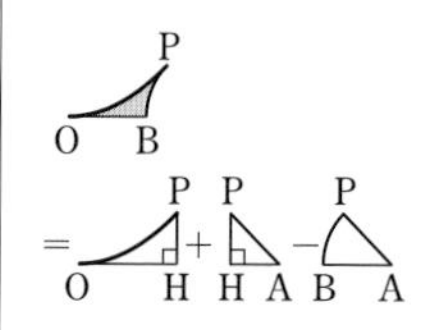

$$\int_0^1\frac{1}{2}x^2\,dx+(\triangle\mathrm{PHA}\ の面積)$$
$$-(扇形\ \mathrm{APB}\ の面積)$$
$$=\left[\frac{x^3}{6}\right]_0^1+\frac{1}{2}\left(\frac{3}{2}-1\right)\cdot\frac{1}{2}-\frac{1}{2}\left(\frac{1}{\sqrt{2}}\right)^2\cdot\frac{\pi}{4}$$
$$=\frac{1}{6}+\frac{1}{8}-\frac{\pi}{16}=\boldsymbol{\frac{7}{24}-\frac{\pi}{16}}$$

◀直線 AP の傾きは -1 であるから　$\angle\mathrm{PAB}=45^\circ$

練習 177　➡本冊 $p.$ 326

条件を満たすとき，明らかに　$a<0$

◀面積を 2 等分するとき，放物線 $y=ax^2$ は上に凸。

2 つの放物線 $y=x^2-px$，$y=ax^2$ の交点の x 座標は，$x^2-px=ax^2$ を解くと，$x\{(a-1)x+p\}=0$ から

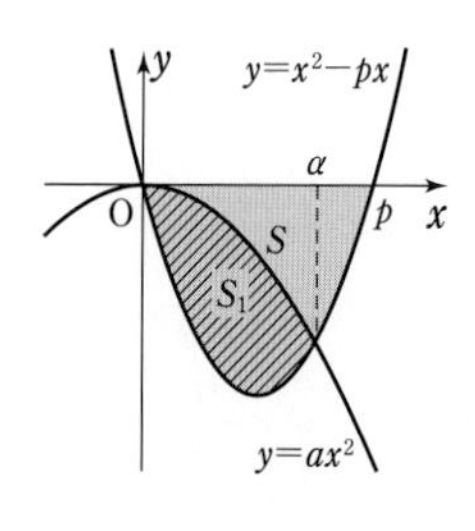

$x=0,\ \dfrac{p}{1-a}$　　$\alpha=\dfrac{p}{1-a}$ とおく。

◀$a<0$ から　$1-a\neq0$

2 つの放物線で囲まれた部分の面積を S_1 とすると

$$S_1=\int_0^{\alpha}\{ax^2-(x^2-px)\}dx=\int_0^{\alpha}x\{(a-1)x+p\}dx$$
$$=(a-1)\int_0^{\alpha}x\left(x-\frac{p}{1-a}\right)dx=(a-1)\int_0^{\alpha}x(x-\alpha)dx$$
$$=(a-1)\left(-\frac{1}{6}\right)(\alpha-0)^3=(1-a)\frac{\alpha^3}{6}=\frac{p^3}{6(1-a)^2}$$

放物線 $y=x^2-px$ と x 軸で囲まれた部分の面積を S とすると

$$S=-\int_0^{p}(x^2-px)dx=-\int_0^{p}x(x-p)dx=-\left(-\frac{1}{6}\right)(p-0)^3=\frac{p^3}{6}$$

$S=2S_1$ であるから　　$\dfrac{p^3}{6}=2\cdot\dfrac{p^3}{6(1-a)^2}$

よって　　$(1-a)^2=2$　　　　これを解くと　　$a=1\pm\sqrt{2}$

$a<0$ であるから　　$\boldsymbol{a=1-\sqrt{2}}$

練習 178

➡本冊 $p.327$

$f'(x)=3x^2-3a^2$

ℓ_1 の方程式は，$f'(0)=-3a^2$ から

$y=-3a^2x$

ℓ_2 の方程式は

$y-(p^3-3a^2p)=(3p^2-3a^2)(x-p)$

◀ $y-f(p)=f'(p)(x-p)$

すなわち　　$y=3(p^2-a^2)x-2p^3$

点Qの x 座標を求めると，

$-3a^2x=3(p^2-a^2)x-2p^3$ から

◀ y を消去する。

$3p^2x=2p^3$　　　$p\neq0$ であるから　　$x=\dfrac{2}{3}p$

◀ Pは原点以外の点。

$p>0$ のとき，直線OPの方程式は $y=(p^2-3a^2)x$ であるから

◀ 傾きは $\dfrac{p^3-3a^2p}{p}$

$$S=\int_0^{p}\{(p^2-3a^2)x-(x^3-3a^2x)\}dx=\int_0^{p}(p^2x-x^3)dx$$
$$=\left[\frac{p^2}{2}x^2-\frac{x^4}{4}\right]_0^p=\frac{p^4}{4}$$
$$T=\int_0^{\frac{2}{3}p}\{(x^3-3a^2x)-(-3a^2x)\}dx$$
$$+\int_{\frac{2}{3}p}^{p}[(x^3-3a^2x)-\{3(p^2-a^2)x-2p^3\}]dx$$
$$=\int_0^{\frac{2}{3}p}x^3dx+\int_{\frac{2}{3}p}^{p}(x^3-3p^2x+2p^3)dx$$
$$=\left[\frac{x^4}{4}\right]_0^{\frac{2}{3}p}+\left[\frac{x^4}{4}-\frac{3}{2}p^2x^2+2p^3x\right]_{\frac{2}{3}p}^{p}$$
$$=\left(\frac{4}{81}p^4-0\right)+\left(\frac{3}{4}p^4-\frac{58}{81}p^4\right)=\frac{p^4}{12}$$

よって　　$S:T=\dfrac{p^4}{4}:\dfrac{p^4}{12}=3:1$

C，ℓ_1 は原点に関して対称であるから，$p<0$ のときも同様に $S:T=3:1$ となる。したがって，$S:T$ は一定である。

◀ $y=f(x)$ は奇関数
⟶ 原点に関して対称。

練習 179 ➡ 本冊 p. 329

2 曲線の交点の x 座標は，$x^3-3x^2+2x=ax(x-2)$ の解である。

$x^3-3x^2+2x=x(x-1)(x-2)$ であるから

$$x(x-1)(x-2)=ax(x-2)$$

よって　　$x(x-2)(x-1-a)=0$

ゆえに　　$x={}^{ア}\mathbf{0},\ \mathbf{2},\ \boldsymbol{a}+\mathbf{1}$

$a>1$ であるから，2 曲線の概形は右の図のようになり，2 つの部分の面積 S_1，S_2 が等しくなるための条件は，$S_1=S_2$ すなわち $S_1-S_2=0$ であるから

$$\int_0^2\{f(x)-g(x)\}\,dx-\int_2^{a+1}\{g(x)-f(x)\}\,dx=0$$

よって　　$\displaystyle\int_0^{a+1}\{f(x)-g(x)\}\,dx=0$

左辺の定積分を I とすると

$$I=\int_0^{a+1}\{x^3-(a+3)x^2+2(a+1)x\}\,dx$$

$$=\left[\frac{x^4}{4}-\frac{a+3}{3}x^3+(a+1)x^2\right]_0^{a+1}$$

$$=\frac{(a+1)^4}{4}-\frac{a+3}{3}(a+1)^3+(a+1)^3=\frac{1}{12}(a+1)^3(3-a)$$

$a>1$ であるから，$I=0$ となるのは　　$a={}^{イ}\mathbf{3}$

CHART　面積の等分
$S_1=S_2$ か $S=2S_1$

◀ $\displaystyle\int_0^2+\int_2^{a+1}=\int_0^{a+1}$

練習 180 ➡ 本冊 p. 330

放物線 $y=x^2+bx+c$ の頂点が直線 $y=x$ 上にあるから，頂点の座標は $(k,\ k)$ とおける。

よって，放物線の方程式は

$$y=(x-k)^2+k \quad すなわち \quad y=x^2-2kx+k^2+k \quad \cdots\cdots ①$$

と表される。

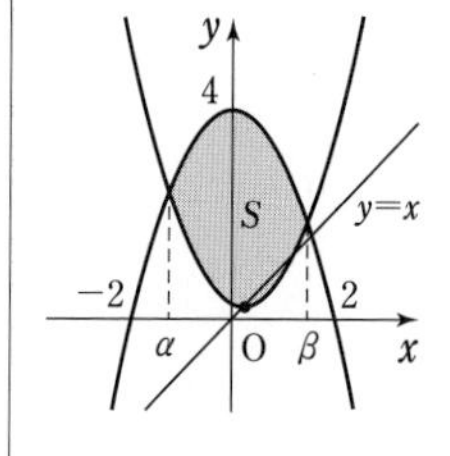

放物線 ① と放物線 $y=-x^2+4$ …… ② の共有点の x 座標は

$$x^2-2kx+k^2+k=-x^2+4$$

すなわち　　$2x^2-2kx+k^2+k-4=0$　…… ③

の実数解である。

①, ② が異なる 2 つの交点をもつから，③ の判別式を D とすると

$$D>0$$

$\dfrac{D}{4}=(-k)^2-2(k^2+k-4)=-k^2-2k+8$ であるから

$$-k^2-2k+8>0$$

すなわち　　$k^2+2k-8<0$

これを解くと　　$-4<k<2$　…… ④

◀ $(k+4)(k-2)<0$

このとき，2 つの交点の x 座標を α, $\beta\ (\alpha<\beta)$ とすると，α, β は ③ の解であるから，解と係数の関係により

$$\alpha+\beta=k, \quad \alpha\beta=\frac{k^2+k-4}{2}$$

よって　　$(\beta-\alpha)^2=(\alpha+\beta)^2-4\alpha\beta=k^2-2(k^2+k-4)$

$$=-k^2-2k+8=-(k+1)^2+9$$

ゆえに　$S=\int_{\alpha}^{\beta}\{(-x^2+4)-(x^2-2kx+k^2+k)\}dx$

$=-\int_{\alpha}^{\beta}(2x^2-2kx+k^2+k-4)dx$

$=-2\int_{\alpha}^{\beta}(x-\alpha)(x-\beta)dx$

$=-2\left(-\frac{1}{6}\right)(\beta-\alpha)^3=\frac{1}{3}(\beta-\alpha)^3$

$=\frac{1}{3}\{-(k+1)^2+9\}^{\frac{3}{2}}$

④ の範囲において，S は

$k=-1$ のとき **最大値** $\frac{1}{3}\cdot 9^{\frac{3}{2}}=\mathbf{9}$

をとる。

$k=-1$ のとき，① は　$y=x^2+2x$

よって　$\boldsymbol{b=2,\ c=0}$

◀ $y=x^2+bx+c$ と係数を比較。

練習 181 ➡ 本冊 p. 331

直線 PQ の方程式は

$$y-t^2=\frac{t^2+1-t^2}{-t-t}(x-t)\quad すなわち\quad y=-\frac{1}{2t}x+t^2+\frac{1}{2}$$

直線 PQ と放物線 C の共有点の x 座標は，

$$x^2=-\frac{1}{2t}x+t^2+\frac{1}{2}$$

を解くと，$x^2+\frac{1}{2t}x-t\left(t+\frac{1}{2t}\right)=0$ から

$$(x-t)\left(x+t+\frac{1}{2t}\right)=0$$

よって　$x=t,\ -t-\frac{1}{2t}$　$\left(t>0 から t>-t-\frac{1}{2t}\right)$

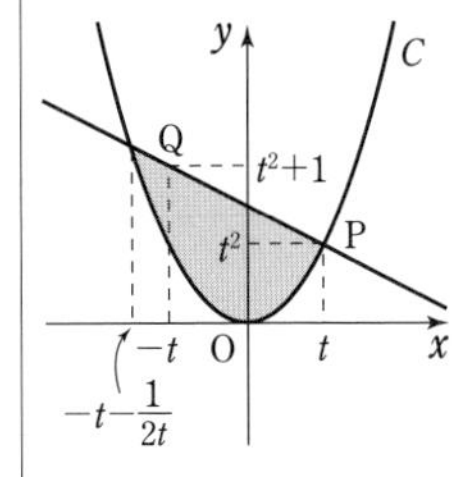

ゆえに　$f(t)=\int_{-t-\frac{1}{2t}}^{t}\left(-\frac{1}{2t}x+t^2+\frac{1}{2}-x^2\right)dx$

$=-\int_{-t-\frac{1}{2t}}^{t}(x-t)\left(x+t+\frac{1}{2t}\right)dx$

$=-\left(-\frac{1}{6}\right)\left\{t-\left(-t-\frac{1}{2t}\right)\right\}^3$

$=\frac{1}{6}\left(2t+\frac{1}{2t}\right)^3$

$t>0$ であるから，(相加平均)≧(相乗平均) により

$$2t+\frac{1}{2t}\geqq 2\sqrt{2t\cdot\frac{1}{2t}}=2$$

等号が成り立つのは，$2t=\frac{1}{2t}$ かつ $t>0$ すなわち $t=\frac{1}{2}$ のときである。

したがって，$f(t)$ は　$\boldsymbol{t=\frac{1}{2}}$ **で最小値** $\frac{1}{6}\cdot 2^3=\boldsymbol{\frac{4}{3}}$

をとる。

練習 182 ➡本冊 $p.333$

(1) 直線 AP の方程式は

$$y=-3px+3p$$

直線と放物線の交点の x 座標は，

$-3px+3p=-3x^2+3$ の解である。

整理して　$x^2-px+p-1=0$

ゆえに　$(x-1)\{x-(p-1)\}=0$

よって　$x=1,\ p-1$

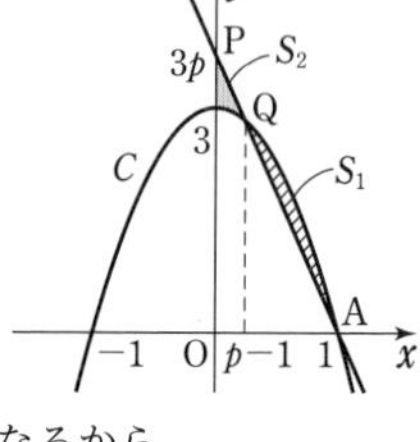

線分 AP と C が A と異なる点 Q を共有するための条件は，Q の x 座標が $p-1$ となるから

◀線分 AP 上に点 Q がある。

$$0\leqq p-1<1$$

ゆえに　$\boldsymbol{1\leqq p<2}$

(2) S_1，S_2 の面積をそれぞれ y_1，y_2 とする。

$$y_1=\int_{p-1}^{1}\{(-3x^2+3)-(-3px+3p)\}dx$$

$$=-3\int_{p-1}^{1}\{x-(p-1)\}(x-1)dx$$

$$=-3\left(-\frac{1}{6}\right)\{1-(p-1)\}^3=\frac{1}{2}(2-p)^3$$

◀$\displaystyle\int_{\alpha}^{\beta}(x-\alpha)(x-\beta)dx=-\frac{1}{6}(\beta-\alpha)^3$

$$=-\frac{1}{2}p^3+3p^2-6p+4$$

$$y_2=\int_{0}^{p-1}\{(-3px+3p)-(-3x^2+3)\}dx$$

$$=\int_{0}^{p-1}(3x^2-3px+3p-3)dx$$

$$=\left[x^3-\frac{3}{2}px^2+3(p-1)x\right]_0^{p-1}$$

$$=(p-1)^3-\frac{3}{2}p(p-1)^2+3(p-1)^2$$

$$=-\frac{1}{2}p^3+3p^2-\frac{9}{2}p+2$$

$y_1+y_2=f(p)$ とすると

$$f(p)=-p^3+6p^2-\frac{21}{2}p+6$$

$$f'(p)=-3p^2+12p-\frac{21}{2}=-\frac{3}{2}(2p^2-8p+7)$$

$f'(p)=0$ とすると

$$p=\frac{4\pm\sqrt{2}}{2}$$

$1\leqq p<2$ における $f(p)$ の増減表は，右のようになる。

p	1	…	$\frac{4-\sqrt{2}}{2}$	…	2
$f'(p)$		$-$	0	$+$	
$f(p)$	$\frac{1}{2}$	↘	極小	↗	

◀$1<\sqrt{2}<2$ から $1<\dfrac{4-\sqrt{2}}{2}<\dfrac{3}{2}$

よって，S_1 と S_2 の面積の和が最小となる p の値は　$\boldsymbol{p=\dfrac{4-\sqrt{2}}{2}}$

◀極小かつ最小。

参考 S_1 の面積と S_2 の面積の和の計算は，y_1 を求めた後，次のようにしてもよい。

$$y_1+y_2=\triangle OAP-\int_0^1(-3x^2+3)\,dx+2y_1$$
$$=\frac{1}{2}\cdot1\cdot3p+3\int_0^1(x^2-1)\,dx+2\cdot\frac{1}{2}(2-p)^3$$
$$=\frac{3}{2}p+3\left[\frac{x^3}{3}-x\right]_0^1+(2-p)^3$$
$$=\frac{3}{2}p-2+(2-p)^3$$
$$=-p^3+6p^2-\frac{21}{2}p+6$$

◀ $y_2=\triangle OAP+y_1-\int_0^1(-3x^2+3)dx$

練習 183 ➡ 本冊 $p.\,334$

(1) $|x-t|=\begin{cases}x-t & (t<x)\\ t-x & (t\geqq x)\end{cases}$

$y=|x-t|$
$y=x-t$
$y=t-x$
x
t

$t=x$ が，区間 $0\leqq t\leqq3$ の左外，内部，右外にある場合で分ける。

[1] **$x<0$ のとき**

$$\boldsymbol{f(x)}=\frac{1}{3}\int_0^3(x+t)(t-x)\,dt=\frac{1}{3}\int_0^3(t^2-x^2)\,dt$$
$$=\frac{1}{3}\left[\frac{t^3}{3}-x^2t\right]_0^3=\boldsymbol{3-x^2}$$

◀ $x<0$，$0\leqq t\leqq3$ から $x<t$
よって　$|x-t|=t-x$

[2] **$0\leqq x\leqq3$ のとき**

$$\boldsymbol{f(x)}=\frac{1}{3}\int_0^x(x+t)(x-t)\,dt+\frac{1}{3}\int_x^3(x+t)(t-x)\,dt$$
$$=\frac{1}{3}\left\{-\int_0^x(t^2-x^2)\,dt+\int_x^3(t^2-x^2)\,dt\right\}$$
$$=\frac{1}{3}\left(-\left[\frac{t^3}{3}-x^2t\right]_0^x+\left[\frac{t^3}{3}-x^2t\right]_x^3\right)$$
$$=\frac{1}{3}\left\{-2\left(\frac{x^3}{3}-x^3\right)+0+(9-3x^2)\right\}$$
$$=\boldsymbol{\frac{4}{9}x^3-x^2+3}$$

◀ $0\leqq t\leqq x$ のとき
$|x-t|=x-t$
$x\leqq t\leqq3$ のとき
$|x-t|=t-x$

◀ $-\Big[F(t)\Big]_0^x+\Big[F(t)\Big]_x^3$
$=-2F(x)+F(0)+F(3)$

[3] **$x>3$ のとき**

$$\boldsymbol{f(x)}=\frac{1}{3}\int_0^3(x+t)(x-t)\,dt=-\frac{1}{3}\int_0^3(t^2-x^2)\,dt$$
$$=-\frac{1}{3}\left[\frac{t^3}{3}-x^2t\right]_0^3=\boldsymbol{x^2-3}$$

◀ $x>3$，$0\leqq t\leqq3$ から $t<x$
よって　$|x-t|=x-t$

(2) (1) から，$0\leqq x\leqq3$ のとき　　$f(x)=\frac{4}{9}x^3-x^2+3$

ゆえに　　$f'(x)=\frac{4}{3}x^2-2x=\frac{2}{3}x(2x-3)$

$0<x<3$ において $f'(x)=0$ とすると　　$x=\frac{3}{2}$

$0\leqq x\leqq3$ における $f(x)$ の増減表は，右のようになる。

x	0	…	$\frac{3}{2}$	…	3
$f'(x)$		−	0	+	
$f(x)$	3	↘	$\frac{9}{4}$	↗	6

よって，$y=f(x)$ のグラフは，$x<0$，$x>3$ の部分と合わせて，

◀ $x<0$ の部分は放物線 $y=3-x^2$ の一部，$x>3$ の部分は放物線 $y=x^2-3$ の一部である。

7章
練習
[積分法]

右の図 のようになる。

(3)　$f(-1)=3-(-1)^2=2$，$f(0)=3$，

$f\left(\frac{3}{2}\right)=\frac{9}{4}$，$f(2)=\frac{32}{9}-4+3=\frac{23}{9}$

よって，**$x=0$ で最大値 3，**

$x=-1$ で最小値 2

をとる。

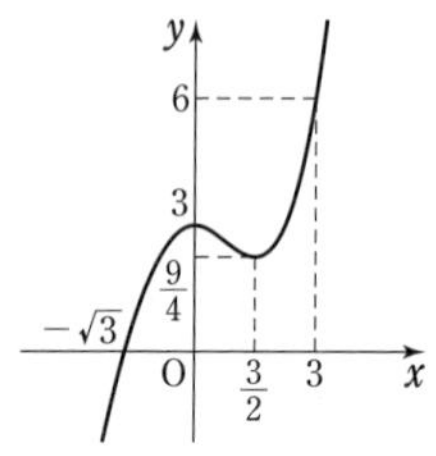

◀$f(0)>f(2)$，
$f(-1)<f\left(\frac{3}{2}\right)$

練習 184　➡ 本冊 p. 335

$x^2-2tx=x(x-2t)$

積分区間 $0\leqq x\leqq 1$ で考える。

[1]　$2t<0$ すなわち $t<0$ のとき

$0\leqq x\leqq 1$ では　　$|x^2-2tx|=x^2-2tx$

よって　　$f(t)=\int_0^1(x^2-2tx)dx=\left[\frac{x^3}{3}-tx^2\right]_0^1$

$=-t+\frac{1}{3}$

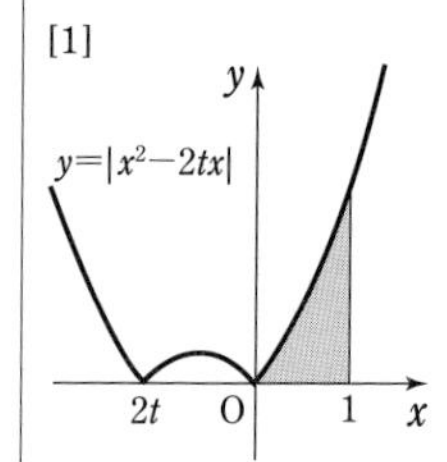

[2]　$0\leqq 2t\leqq 1$ すなわち $0\leqq t\leqq\frac{1}{2}$ のとき

$0\leqq x\leqq 2t$ では　　$|x^2-2tx|=-(x^2-2tx)$

$2t\leqq x\leqq 1$ では　　$|x^2-2tx|=x^2-2tx$

よって　　$f(t)=-\int_0^{2t}(x^2-2tx)dx+\int_{2t}^1(x^2-2tx)dx$

$=-\left[\frac{x^3}{3}-tx^2\right]_0^{2t}+\left[\frac{x^3}{3}-tx^2\right]_{2t}^1$

$=-2\left(\frac{8}{3}t^3-4t^3\right)+\left(\frac{1}{3}-t\right)=\frac{8}{3}t^3-t+\frac{1}{3}$

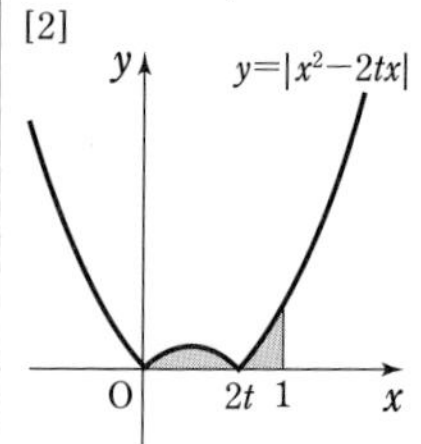

◀$-\left[F(x)\right]_0^{2t}+\left[F(x)\right]_{2t}^1$
$=-2F(2t)+F(0)$
$+F(1)$

ゆえに　　$f'(t)=8t^2-1$

$f'(t)=0$ とすると

$t=\pm\frac{\sqrt{2}}{4}$

$0\leqq t\leqq\frac{1}{2}$ における $f(t)$ の増減表は，右のようになる。

t	0	$\cdots$	$\frac{\sqrt{2}}{4}$	$\cdots$	$\frac{1}{2}$
$f'(t)$		$-$	0	$+$	
$f(t)$		↘	$\frac{2-\sqrt{2}}{6}$	↗	

[3]　$2t>1$ すなわち $t>\frac{1}{2}$ のとき

$0\leqq x\leqq 1$ では　　$|x^2-2tx|=-(x^2-2tx)$

よって　　$f(t)=-\int_0^1(x^2-2tx)dx=t-\frac{1}{3}$

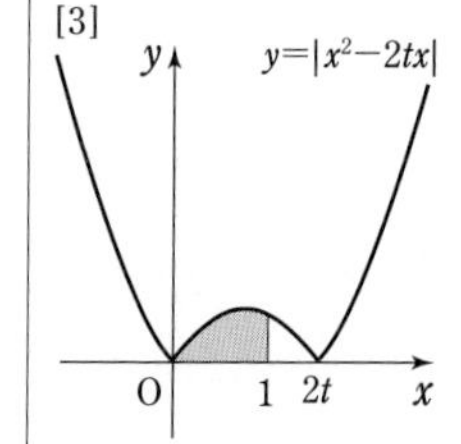

[1] ～ [3] から

$$f(t)=\begin{cases}-t+\frac{1}{3} & (t<0)\\ \frac{8}{3}t^3-t+\frac{1}{3} & \left(0\leqq t\leqq\frac{1}{2}\right)\\ t-\frac{1}{3} & \left(\frac{1}{2}<t\right)\end{cases}$$

$y=f(t)$ のグラフは右のようになる。
したがって，$f(t)$ は

$$t=\frac{\sqrt{2}}{4} \text{ で最小値 } \frac{2-\sqrt{2}}{6}$$

をとる。

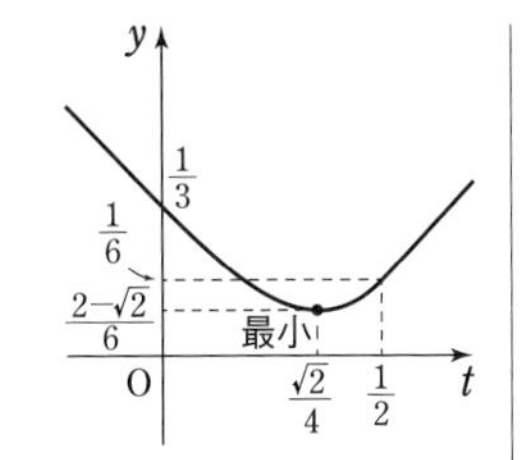

練習 185 ➡ 本冊 p. 336

$|x^2-4|=\begin{cases} x^2-4 & (x \leqq -2,\ 2 \leqq x) \\ -(x^2-4) & (-2<x<2) \end{cases}$ から

◀まずグラフをかく。

$$y=|x^2-4|+\frac{1}{6}$$

$$=\begin{cases} x^2-\dfrac{23}{6} & (x \leqq -2,\ 2 \leqq x) \\ -x^2+\dfrac{25}{6} & (-2<x<2) \end{cases}$$

◀$x^2-\frac{23}{6}=-x^2+\frac{25}{6}$ を解くと　$x=\pm 2$

また，$0<a<2$ から　$2<a+2<4$
よって，図から

$$I=\int_a^2\left(-x^2+\frac{25}{6}\right)dx+\int_2^{a+2}\left(x^2-\frac{23}{6}\right)dx$$

$$=\left[-\frac{x^3}{3}+\frac{25}{6}x\right]_a^2+\left[\frac{x^3}{3}-\frac{23}{6}x\right]_2^{a+2}$$

$$=\left(-\frac{8}{3}+\frac{25}{3}\right)-\left(-\frac{a^3}{3}+\frac{25}{6}a\right)+\left\{\frac{(a+2)^3}{3}-\frac{23}{6}(a+2)\right\}-\left(\frac{8}{3}-\frac{23}{3}\right)$$

$$=\frac{1}{3}(2a^3+6a^2-12a+17)$$

◀$0<a<2<a+2$ に注意。
I は図で黒く塗った部分の面積を表す。

したがって

$$\frac{dI}{da}=2a^2+4a-4=2(a^2+2a-2)$$

$\frac{dI}{da}=0$ とすると，$0<a<2$ から　　$a=-1+\sqrt{3}$

$0<a<2$ における I の増減表は右のようになる。

a	0	…	$-1+\sqrt{3}$	…	2
$\frac{dI}{da}$		$-$	0	$+$	
I		↘	極小	↗	

ここで，

$$f(a)=2a^3+6a^2-12a+17$$

とすると

$$f(a)=(a^2+2a-2)(2a+2)-12a+21$$

よって　　$f(-1+\sqrt{3})=-12(-1+\sqrt{3})+21$
$=-12\sqrt{3}+33$

◀$f(a)$ を a^2+2a-2 で割る。
$a=-1+\sqrt{3}$ のとき
$a^2+2a-2=0$

したがって，I は

$$\boldsymbol{a=-1+\sqrt{3}} \textbf{ で最小値 } \frac{-12\sqrt{3}+33}{3}=\boldsymbol{-4\sqrt{3}+11}$$

をとる。

練習 186

➡ 本冊 $p.337$

(1) 放物線と y 軸の交点の y 座標は,

$$y^2-2y=0 \quad \text{すなわち} \quad y(y-2)=0$$

の解である。

これを解くと　$y=0,\ 2$

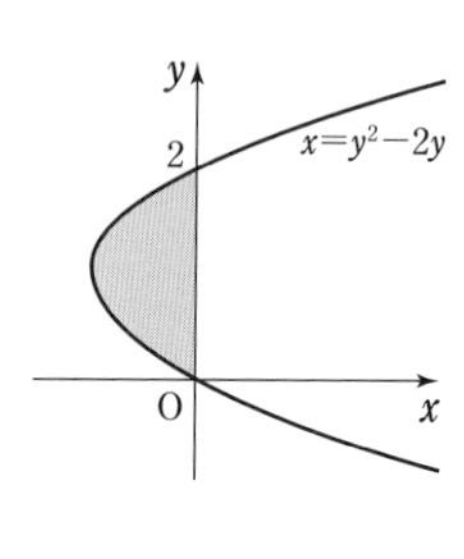

よって　$S=-\int_0^2(y^2-2y)dy$

$$=-\int_0^2 y(y-2)dy$$

$$=-\left(-\frac{1}{6}\right)(2-0)^3=\mathbf{\frac{4}{3}}$$

CHART 面積
まずグラフをかけ

◀ $0 \leqq y \leqq 2$ で $y^2-2y \leqq 0$

◀ $\int_\alpha^\beta(y-\alpha)(y-\beta)dy=-\frac{1}{6}(\beta-\alpha)^3$

(2) 2 曲線の交点の y 座標を α, β $(\alpha<\beta)$ とすると, α, β は

$$y^2=2+4y-y^2 \quad \text{すなわち} \quad y^2-2y-1=0 \quad \cdots\cdots ①$$

の解である。

◀ x を消去。

また, $y^2=2+4y-2x$ から

$$x=-\frac{y^2}{2}+2y+1$$

◀ $x=-\frac{1}{2}(y-2)^2+3$ から, 頂点は 点 $(3,\ 2)$

グラフは右の図のようになる。

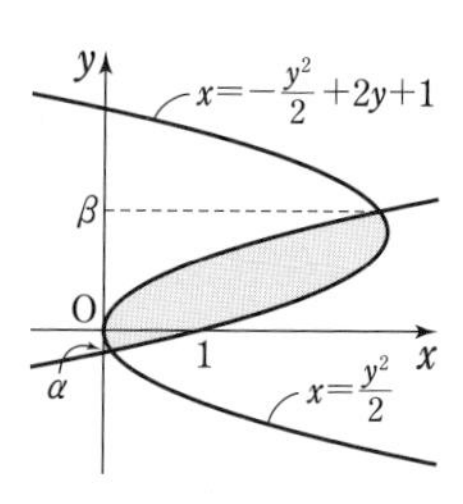

したがって

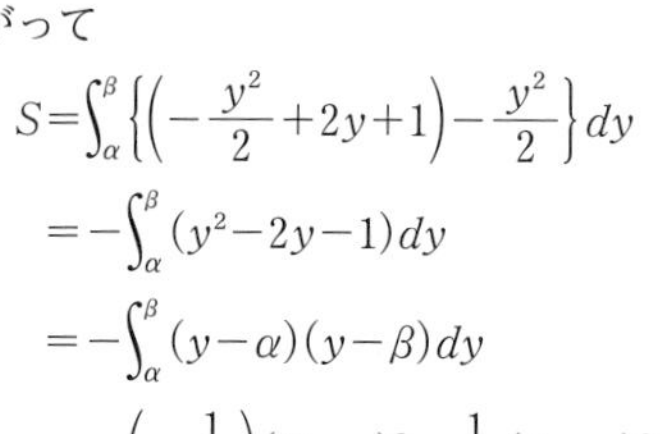

$$S=\int_\alpha^\beta\left\{\left(-\frac{y^2}{2}+2y+1\right)-\frac{y^2}{2}\right\}dy$$

$$=-\int_\alpha^\beta(y^2-2y-1)dy$$

$$=-\int_\alpha^\beta(y-\alpha)(y-\beta)dy$$

$$=-\left(-\frac{1}{6}\right)(\beta-\alpha)^3=\frac{1}{6}(\beta-\alpha)^3$$

◀ $\alpha \leqq y \leqq \beta$ で $-\frac{y^2}{2}+2y+1 \geqq \frac{y^2}{2}$
　　(右)　　(左)

α, β は ① の解 $y=1\pm\sqrt{2}$ で, $\alpha<\beta$ から

$$\alpha=1-\sqrt{2},\ \beta=1+\sqrt{2}$$

よって　$S=\frac{1}{6}\{(1+\sqrt{2})-(1-\sqrt{2})\}^3$

$$=\mathbf{\frac{8\sqrt{2}}{3}}$$

◀ $\frac{1}{6}(2\sqrt{2})^3$

練習 187

➡ 本冊 $p.339$

(1) 右の図のように x 軸をとり, x 軸上に点 P をとる。

P を通り x 軸上に垂直な平面による切り口は直角二等辺三角形 PQR となる。

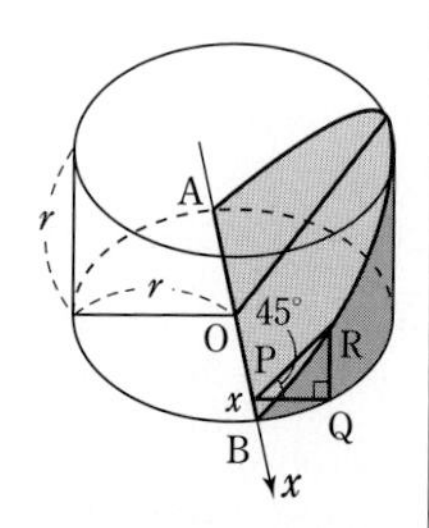

◀ 直線 AB を x 軸, 底面の円の中心を原点にとる。

点 P の座標を x とすると

$$PQ=QR=\sqrt{r^2-x^2}$$

よって, △PQR の面積を $S(x)$ とすると

$$S(x)=\frac{1}{2}PQ\cdot QR=\frac{1}{2}(r^2-x^2)$$

したがって, 求める体積 V は

$$V=\int_{-r}^{r}\frac{1}{2}(r^2-x^2)dx=\int_0^r(r^2-x^2)dx$$

$$=\left[r^2x-\frac{x^3}{3}\right]_0^r=\boldsymbol{\frac{2}{3}r^3}$$

◀ $V=\int_a^b S(x)dx$

◀ r^2-x^2 は偶関数であるから $\int_{-r}^{r}=2\int_0^r$

(2) $y=x^3-2x^2-x+2$ から

$y'=3x^2-4x-1$

$x=1$ のとき　$y'=-2$

よって，接線 ℓ の方程式は

$y=-2(x-1)$

$x^3-2x^2-x+2=-2(x-1)$ とすると

$x(x-1)^2=0$

◀ $x^3-2x^2+x=0$ から。

ゆえに　$x=0,\ 1$

◀点 $(1,\ 0)$ 以外の交点は，点 $(0,\ 2)$

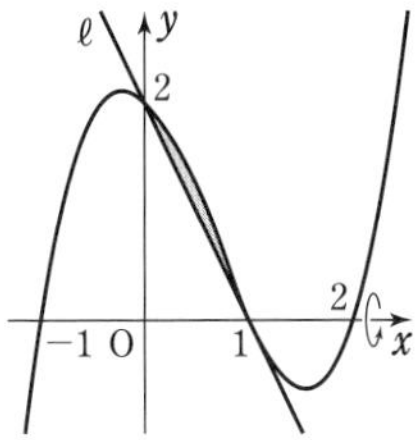

$0\leqq x\leqq 1$ のとき　$x^3-2x^2-x+2\geqq -2(x-1)$

したがって，図から求める立体の体積 V は

$$V=\pi\int_0^1(x^3-2x^2-x+2)^2dx-\frac{1}{3}\pi\cdot 2^2\cdot 1$$

◀ 3 次関数のグラフと x 軸，y 軸で囲まれた部分を x 軸の周りに 1 回転してできる立体から，底面の半径が 2，高さが 1 の直円錐を引く。

$$=\pi\int_0^1(x^6-4x^5+2x^4+8x^3-7x^2-4x+4)dx-\frac{4}{3}\pi$$

$$=\pi\left[\frac{x^7}{7}-\frac{2}{3}x^6+\frac{2}{5}x^5+2x^4-\frac{7}{3}x^3-2x^2+4x\right]_0^1-\frac{4}{3}\pi$$

$$=\left(\frac{1}{7}-\frac{2}{3}+\frac{2}{5}+2-\frac{7}{3}-2+4\right)\pi-\frac{4}{3}\pi$$

$$=\boldsymbol{\frac{22}{105}\pi}$$

演習 82 ➡ 本冊 p. 340

$\dfrac{d}{dx}p(x)=3$ から　　$p(x)=\int 3dx=3x+C_1$　(C_1 は積分定数)

◀微分は積分の逆演算。

このとき　　$p(0)=C_1$

一方　　$p(0)=f(0)+g(0)=1+2=3$

◀$p(x)=f(x)+g(x)$

ゆえに，$C_1=3$ であり　　$p(x)=3x+3$ …… ①

また，$\dfrac{d}{dx}q(x)=4x+k$ から

$$q(x)=\int(4x+k)dx=2x^2+kx+C_2 \quad (C_2 \text{ は積分定数})$$

このとき　　$q(0)=C_2$

一方　　$q(0)=f(0)g(0)=1\cdot 2=2$

◀$q(x)=f(x)g(x)$

ゆえに，$C_2=2$ であり　　$q(x)=2x^2+kx+2$ …… ②

ここで，$q(x)=f(x)g(x)$ が 2 次式となるのは，次の 3 つの場合のいずれかである。

◀② から $q(x)$ は 2 次式。

[1]　$f(x)$ が 2 次式 かつ $g(x)$ が 0 以外の定数
[2]　$f(x)$ と $g(x)$ がともに 1 次式
[3]　$g(x)$ が 2 次式 かつ $f(x)$ が 0 以外の定数

このうち，$p(x)=f(x)+g(x)$ が 1 次式となるのは，[2] の場合しかない。

◀① から $p(x)$ は 1 次式。[1]，[3] の場合 $p(x)$ は 2 次式となる。

よって，$f(x)$，$g(x)$ はともに 1 次式である。

$f(0)=1$，$g(0)=2$ を満たすから，$f(x)=ax+1$，$g(x)=bx+2$ $(a\neq 0,\ b\neq 0)$ とおける。このとき

$$p(x)=f(x)+g(x)=(ax+1)+(bx+2)=(a+b)x+3,$$
$$q(x)=f(x)g(x)=(ax+1)(bx+2)=abx^2+(2a+b)x+2$$

これらと ①，② から

$$a+b=3 \ \cdots\cdots \ ③,\quad ab=2 \ \cdots\cdots \ ④,\quad 2a+b=k \ \cdots\cdots \ ⑤$$

◀係数比較。

③，④ より，a，b は t についての 2 次方程式 $t^2-3t+2=0$ の 2 つの解である。

よって，$(t-1)(t-2)=0$ から　　$t=1,\ 2$

ゆえに　　$(a,\ b)=(1,\ 2),\ (2,\ 1)$

これらは，$a\neq 0$，$b\neq 0$ を満たす。

⑤ から，$a=1$，$b=2$ のとき　　$k=4$
　　　　$a=2$，$b=1$ のとき　　$k=5$

したがって，求める k の値は　　$\boldsymbol{k=4,\ 5}$

演習 83 ➡ 本冊 p. 340

(1)　(＊) から　　$\left[\dfrac{1}{3}x^3+\dfrac{1}{2}bx^2\right]_a^c=\left[\dfrac{1}{3}x^3+\dfrac{1}{2}ax^2\right]_b^c$

すなわち

$$\frac{1}{3}c^3+\frac{1}{2}bc^2-\frac{1}{3}a^3-\frac{1}{2}a^2b=\frac{1}{3}c^3+\frac{1}{2}ac^2-\frac{1}{3}b^3-\frac{1}{2}ab^2$$

整理すると

$$2c^3+3bc^2-2a^3-3a^2b=2c^3+3ac^2-2b^3-3ab^2$$
$$3(a-b)c^2-2b^3-3ab^2+2a^3+3a^2b=0$$

◀左辺と右辺を入れかえる。

$3(a-b)c^2+2(a^3-b^3)+3ab(a-b)=0$
$3(a-b)c^2+2(a-b)(a^2+ab+b^2)+3ab(a-b)=0$
$3(a-b)c^2+(a-b)(2a^2+5ab+2b^2)=0$
$3(a-b)c^2+(a-b)(a+2b)(2a+b)=0$

$a \neq b$ より $a-b \neq 0$ であるから

$$c^2=-\frac{1}{3}(a+2b)(2a+b) \quad \cdots\cdots ①$$

◀ c について整理すると，共通因数 $a-b$ が見えてくる。

◀ $a-b \neq 0$ であることの確認を忘れない。

(2) ① に $c=3$ を代入すると　$9=-\frac{1}{3}(a+2b)(2a+b)$

すなわち　$(a+2b)(2a+b)=-27$　…… ②

$a+2b$，$2a+b$ は整数であり，$27=3^3$ であるから $a+2b$ と $2a+b$ の少なくとも 1 つは 3 の倍数である。

更に，$(a+2b)+(2a+b)=3(a+b)$ であり，$a+b$ は整数であるから，$(a+2b)+(2a+b)$ は 3 の倍数である。

よって，$a+2b$ と $2a+b$ はともに 3 の倍数である。

したがって，② から

$(a+2b,\ 2a+b)=(-9,\ 3),\ (-3,\ 9),\ (3,\ -9),\ (9,\ -3)$

よって　$(a,\ b)=(5,\ -7),\ (7,\ -5),\ (-7,\ 5),\ (-5,\ 7)$

このうち，$a<b$ を満たすのは

$$\boldsymbol{(a,\ b)=(-7,\ 5),\ (-5,\ 7)}$$

◀ $A+B$ が 3 の倍数で，A と B の少なくとも 1 つが 3 の倍数ならば，A と B はともに 3 の倍数である。

(3) ① から　$3c^2=-(a+2b)(2a+b)$　…… ③

よって，$a+2b$ と $2a+b$ の少なくとも 1 つは 3 の倍数である。

したがって，$a+2b$，$2a+b$ はともに 3 の倍数である。

ゆえに，整数 k，l を用いて $a+2b=3k$，$2a+b=3l$ と表される。

これらを ③ に代入すると　$3c^2=-3k\cdot 3l$

すなわち　$c^2=-3kl$

よって，c^2 は 3 の倍数である。

3 は素数であるから，c は 3 の倍数である。

◀(2) と同様に考える。

演習 84

➡ 本冊 p. 340

(1) $f(x)=ax+b\ (a \neq 0)$ とすると

$$\int_0^1 f(x)dx=\left[\frac{a}{2}x^2+bx\right]_0^1=\frac{a}{2}+b$$

よって，条件から　$\frac{a}{2}+b=1$　　ゆえに　$b=1-\frac{a}{2}$

したがって　$\int_0^1 \{f(x)\}^2 dx=\int_0^1 (ax+b)^2 dx=\left[\frac{(ax+b)^3}{3a}\right]_0^1$

$$=\frac{(a+b)^3-b^3}{3a}=\frac{a^2}{3}+ab+b^2$$

$$=\frac{a^2}{3}+a\left(1-\frac{a}{2}\right)+\left(1-\frac{a}{2}\right)^2$$

$$=\frac{a^2}{12}+1$$

$a \neq 0$ であるから　$\frac{a^2}{12}+1>1$

◀ $f(x)$ は x の 1 次式。

◀ この後の計算で文字を減らすために，b を a で表す。

◀ $\int (ax+b)^n dx=\frac{1}{a}\cdot\frac{(ax+b)^{n+1}}{n+1}+C$

◀ $b=1-\frac{a}{2}$ を代入。

◀ $\frac{a^2}{12}>0$

すなわち　$\int_0^1\{f(x)\}^2dx>1$

(2)　$(左辺)=\left(\left[\frac{a}{3}x^3+\frac{b}{2}x^2+cx\right]_0^1\right)^2$

$=\frac{a^2}{9}+\frac{b^2}{4}+c^2+\frac{ab}{3}+bc+\frac{2}{3}ca$

$(右辺)=\int_0^1\{a^2x^4+2abx^3+(b^2+2ac)x^2+2bcx+c^2\}dx$

$=\left[\frac{a^2}{5}x^5+\frac{ab}{2}x^4+\frac{b^2+2ac}{3}x^3+bcx^2+c^2x\right]_0^1$

$=\frac{a^2}{5}+\frac{ab}{2}+\frac{b^2+2ac}{3}+bc+c^2$

よって　$(右辺)-(左辺)=\frac{4}{45}a^2+\frac{ab}{6}+\frac{b^2}{12}$

$=\frac{1}{12}(b+a)^2+\frac{a^2}{180}>0$

ゆえに　$\left\{\int_0^1(ax^2+bx+c)dx\right\}^2<\int_0^1(ax^2+bx+c)^2dx$

◀まず，被積分関数を展開する。

◀$A<B$ の証明をするときには，$B-A>0$ を示せばよい。

◀$\frac{4}{45}$ でくくると面倒。

参考　**シュワルツの不等式**

$$\left\{\int_a^b f(x)g(x)dx\right\}^2\leqq\int_a^b\{f(x)\}^2dx\int_a^b\{g(x)\}^2dx\quad(a<b)$$

等号は $f(x)=0$ または $g(x)=0$ または $g(x)=kf(x)$ が恒等式（k は定数）のとき成り立つ。

ただし，以下の証明には次の定理（数学Ⅲで学習する）が用いられている。

$a\leqq x\leqq b$ において常に $f(x)\geqq0$ ならば $\int_a^b f(x)dx\geqq0$

証明　$f(x)=0$ のとき，明らかに成り立つ。

$f(x)=0$ でない（常に 0 ではない）とき，

$\int_a^b\{f(x)\}^2dx=A$，$\int_a^b f(x)g(x)dx=B$，$\int_a^b\{g(x)\}^2dx=C$ とおくと

$\int_a^b\{tf(x)+g(x)\}^2dx=\int_a^b[t^2\{f(x)\}^2+2tf(x)g(x)+\{g(x)\}^2]dx$

$=At^2+2Bt+C$

任意の実数 t について，$\{tf(x)+g(x)\}^2\geqq0$ であるから

$\int_a^b\{tf(x)+g(x)\}^2dx\geqq0$　　すなわち　　$At^2+2Bt+C\geqq0$

$f(x)$ は常に 0 ではないから　$A>0$

よって，この不等式が任意の実数 t について成り立つための条件

$\frac{D}{4}=B^2-AC\leqq0 \iff B^2\leqq AC$ から，シュワルツの不等式が得られる。

別解　シュワルツの不等式 $\left\{\int_a^b f(x)g(x)dx\right\}^2\leqq\int_a^b\{f(x)\}^2dx\int_a^b\{g(x)\}^2dx$　$(a<b)$ を用いることで，演習 84 は，次のように解くことができる。

(1)　$a=0$，$b=1$，$g(x)=1$ とおくと

$$\left\{\int_0^1 f(x)dx\right\}^2\leqq\int_0^1\{f(x)\}^2dx$$

よって，$\int_0^1 f(x)dx=1$ のとき　　$\int_0^1\{f(x)\}^2dx\geqq1$

更に，$f(x)$ が x の 1 次式のとき，不等式の等号は成り立たないから

$$\int_0^1 \{f(x)\}^2 dx > 1$$

(2) $a=0$，$b=1$，$f(x)=ax^2+bx+c$，$g(x)=1$ とおく。ただし，等号は成り立たない。

演習 85

➡ 本冊 p. 340

$\int_0^x f(y)dy+\int_0^1 (x+y)^2 f(y)dy=x^2+C$ から

$\int_0^x f(y)dy+x^2\int_0^1 f(y)dy+2x\int_0^1 yf(y)dy+\int_0^1 y^2 f(y)dy=x^2+C$

◀ $(x+y)^2=x^2+2xy+y^2$
y で積分するから，x は定数として扱う。

両辺に $x=0$ を代入すると　$\int_0^1 y^2 f(y)dy=C$ ……①

ゆえに，次の等式が成り立つ。

$$\int_0^x f(y)dy+x^2\int_0^1 f(y)dy+2x\int_0^1 yf(y)dy=x^2$$

$\int_0^1 f(y)dy=a$ ……②，$\int_0^1 yf(y)dy=b$ ……③　とおくと

◀ $\int_0^1 f(y)dy$，$\int_0^1 yf(y)dy$ は定数。

$$\int_0^x f(y)dy+ax^2+2bx=x^2$$

よって　$\int_0^x f(y)dy=(1-a)x^2-2bx$

両辺を x で微分すると　$f(x)=2(1-a)x-2b$

◀ $\frac{d}{dx}\int_0^x f(y)dy=f(x)$

また　$\int_0^1 f(y)dy=\int_0^1 \{2(1-a)y-2b\}dy=\Big[(1-a)y^2-2by\Big]_0^1$

$=1-a-2b$

◀ $f(y)=2(1-a)y-2b$

$\int_0^1 yf(y)dy=\int_0^1 \{2(1-a)y^2-2by\}dy$

$=\left[\frac{2}{3}(1-a)y^3-by^2\right]_0^1=\frac{2}{3}(1-a)-b$

ゆえに，②，③ から　$1-a-2b=a$，$\frac{2}{3}(1-a)-b=b$

よって　$2a+2b=1$，$a+3b=1$

これらを連立して解くと　$a=\frac{1}{4}$，$b=\frac{1}{4}$

したがって　$\boldsymbol{f(x)=\frac{3}{2}x-\frac{1}{2}}$

◀ $f(x)=2(1-a)x-2b$

よって，① から　$C=\int_0^1 y^2\left(\frac{3}{2}y-\frac{1}{2}\right)dy=\int_0^1\left(\frac{3}{2}y^3-\frac{1}{2}y^2\right)dy$

$=\left[\frac{3}{8}y^4-\frac{1}{6}y^3\right]_0^1=\boldsymbol{\frac{5}{24}}$

演習 86

➡ 本冊 p. 341

(1) 点Cが領域 D に含まれるから　$b+2\geqq(a+1)^2$

◀ $(a+1,\ b+2)$ が $y\geqq x^2$ を満たす。

よって　$b\geqq(a+1)^2-2$

点 A，B が領域 E に含まれるから　$b\leqq a^2$，$b\leqq(a+3)^2$

したがって，求める連立不等式は

$$\begin{cases} \boldsymbol{b\geqq(a+1)^2-2} \\ \boldsymbol{b\leqq a^2} \\ \boldsymbol{b\leqq(a+3)^2} \end{cases}$$

(2) $b=(a+1)^2-2$ …… ①, $b=a^2$ …… ②, $b=(a+3)^2$ …… ③ とする。

①, ② を連立して解くと

$$(a,\ b)=\left(\frac{1}{2},\ \frac{1}{4}\right)$$

②, ③ を連立して解くと

$$(a,\ b)=\left(-\frac{3}{2},\ \frac{9}{4}\right)$$

③, ① を連立して解くと

$$(a,\ b)=\left(-\frac{5}{2},\ \frac{1}{4}\right)$$

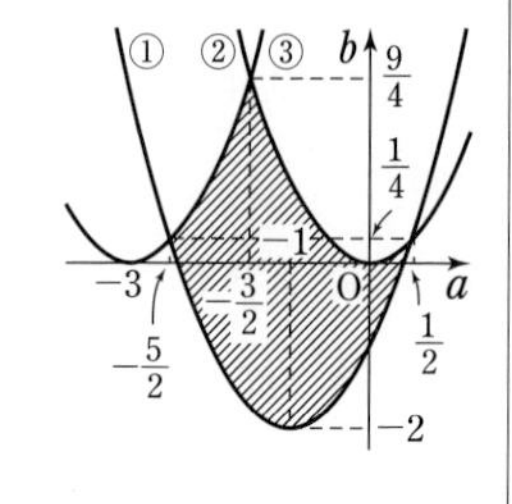

よって，求める領域Fは，**右の図の斜線部分** である。

ただし，境界線を含む。

(3) 領域Fの面積をSとすると

$$S=\int_{-\frac{5}{2}}^{-\frac{3}{2}}[(a+3)^2-\{(a+1)^2-2\}]da+\int_{-\frac{3}{2}}^{\frac{1}{2}}[a^2-\{(a+1)^2-2\}]da$$

◀$a=-\frac{3}{2}$ の左側部分と右側部分に分けて計算する。

$$=2\int_{-\frac{5}{2}}^{-\frac{3}{2}}(2a+5)da-\int_{-\frac{3}{2}}^{\frac{1}{2}}(2a-1)da$$

$$=2\left[a^2+5a\right]_{-\frac{5}{2}}^{-\frac{3}{2}}-\left[a^2-a\right]_{-\frac{3}{2}}^{\frac{1}{2}}$$

$$=2\left(\frac{9}{4}-\frac{15}{2}-\frac{25}{4}+\frac{25}{2}\right)-\left(\frac{1}{4}-\frac{1}{2}-\frac{9}{4}-\frac{3}{2}\right)=\mathbf{6}$$

演習 87 Ⅲ ➡ 本冊 p. 341

(1) $y=x^2-a$ から　　$y'=2x$

$y=-b(x-2)^2$ から　　$y'=-2b(x-2)$　　◀$\{(x-2)^2\}'=2(x-2)$

C_1 と C_2 は点 $\mathrm{P}(x_0,\ y_0)$ を共有するから

$$x_0{}^2-a=-b(x_0-2)^2 \quad \cdots\cdots ①$$

◀$f_1(x_0)=f_2(x_0)$

また，点Pにおける C_1, C_2 の接線の傾きが等しいから

$$2x_0=-2b(x_0-2) \quad \cdots\cdots ②$$

◀$f_1{}'(x_0)=f_2{}'(x_0)$

② から　　$(1+b)x_0=2b$

$b>0$ であるから　　$1+b\neq0$

よって　　$x_0=\dfrac{2b}{1+b}$

これより　　$y_0=-b(x_0-2)^2=-b\left(\dfrac{2b}{1+b}-2\right)^2$

$$=-b\left(\frac{-2}{1+b}\right)^2=-\frac{4b}{(1+b)^2}$$

また，① から

$$a=x_0{}^2+b(x_0-2)^2$$

$$=\frac{4b^2}{(1+b)^2}+\frac{4b}{(1+b)^2}=\frac{4b}{1+b}$$

以上から　　$\boldsymbol{a=\dfrac{4b}{1+b}}$, $\boldsymbol{x_0=\dfrac{2b}{1+b}}$, $\boldsymbol{y_0=-\dfrac{4b}{(1+b)^2}}$

(2) 接線 ℓ の方程式を $y=g(x)$ とすると

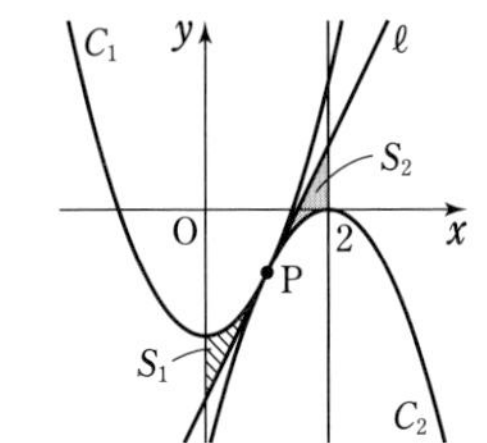

$$S_1=\int_0^{x_0}\{x^2-a-g(x)\}dx$$
$$=\int_0^{x_0}(x-x_0)^2dx=\left[\frac{(x-x_0)^3}{3}\right]_0^{x_0}$$
$$=\frac{1}{3}{x_0}^3=\frac{8b^3}{3(1+b)^3}$$
$$S_2=\int_{x_0}^2\{g(x)+b(x-2)^2\}dx$$
$$=\int_{x_0}^2 b(x-x_0)^2dx=b\left[\frac{(x-x_0)^3}{3}\right]_{x_0}^2$$
$$=\frac{1}{3}b(2-x_0)^3=\frac{8b}{3(1+b)^3}$$

よって　$\boldsymbol{S_1:S_2}=\dfrac{8b^3}{3(1+b)^3}:\dfrac{8b}{3(1+b)^3}=\boldsymbol{b^2:1}$

◀ ℓ の方程式を求めなくても，被積分関数は次のようにして求められる。C_1 と ℓ の接点がP $\iff$ $x^2-a=g(x)$ の重解が $x=x_0$ $\iff$ $x^2-a-g(x)=(x-x_0)^2$

◀ b を忘れない。

演習 88 ➡ 本冊 p. 341

$A\left(\alpha,\ \dfrac{1}{2}\alpha^2\right)$，$B\left(\beta,\ \dfrac{1}{2}\beta^2\right)$ $(\alpha<\beta)$ とする。

$y=\dfrac{1}{2}x^2$ から　$y'=x$

よって，点Aにおける接線の方程式は

$$y-\frac{1}{2}\alpha^2=\alpha(x-\alpha)\quad すなわち\quad y=\alpha x-\frac{1}{2}\alpha^2$$

同様にして，点Bにおける接線の方程式は　$y=\beta x-\dfrac{1}{2}\beta^2$

2本の接線の交点Pの x 座標を求める。

$\alpha x-\dfrac{1}{2}\alpha^2=\beta x-\dfrac{1}{2}\beta^2$ とすると　$(\alpha-\beta)x=\dfrac{1}{2}(\alpha^2-\beta^2)$

$\alpha\neq\beta$ であるから　$x=\dfrac{\alpha+\beta}{2}$

また，PA，PB が直交するとき　$\alpha\beta=-1$ …… ①

ゆえに，α，β は異符号で，$\alpha<\beta$ であるから　$\alpha<0<\beta$

◀本冊 p. 321 の検討から，2本の接線の交点の x 座標は $\dfrac{\alpha+\beta}{2}$，$S=\dfrac{1}{12}\left|\dfrac{1}{2}\right|(\beta-\alpha)^3$ となるが，解答では計算して求める。

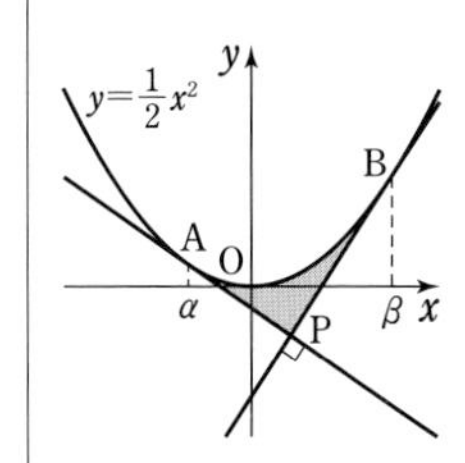

よって
$$S=\int_\alpha^{\frac{\alpha+\beta}{2}}\left\{\frac{1}{2}x^2-\left(\alpha x-\frac{1}{2}\alpha^2\right)\right\}dx+\int_{\frac{\alpha+\beta}{2}}^\beta\left\{\frac{1}{2}x^2-\left(\beta x-\frac{1}{2}\beta^2\right)\right\}dx$$
$$=\int_\alpha^{\frac{\alpha+\beta}{2}}\frac{1}{2}(x-\alpha)^2dx+\int_{\frac{\alpha+\beta}{2}}^\beta\frac{1}{2}(x-\beta)^2dx$$
$$=\frac{1}{2}\left[\frac{(x-\alpha)^3}{3}\right]_\alpha^{\frac{\alpha+\beta}{2}}+\frac{1}{2}\left[\frac{(x-\beta)^3}{3}\right]_{\frac{\alpha+\beta}{2}}^\beta$$
$$=\frac{1}{6}\left(\frac{\beta-\alpha}{2}\right)^3-\frac{1}{6}\left(\frac{\alpha-\beta}{2}\right)^3=\frac{1}{24}(\beta-\alpha)^3$$

◀ $x=\dfrac{\alpha+\beta}{2}$ を境に被積分関数が変わる。

① より，$\alpha=-\dfrac{1}{\beta}$ であるから　$S=\dfrac{1}{24}\left(\beta+\dfrac{1}{\beta}\right)^3$

$\beta>0$, $\dfrac{1}{\beta}>0$ から，(相加平均)≧(相乗平均) により

$$\beta+\frac{1}{\beta}\geqq 2\sqrt{\beta\cdot\frac{1}{\beta}}=2$$

等号は $\beta=\dfrac{1}{\beta}$ かつ $\beta>0$ すなわち $\beta=1$ のとき成り立つ。

◀このとき　$\alpha=-1$

したがって，S の最小値は　　$\dfrac{1}{24}\cdot 2^3=\mathbf{\dfrac{1}{3}}$

演習 89 ➡本冊 p. 341

(1)　点 $\mathrm{R}(a,\ a^3-2a)$ を通る傾き 1 の直線の方程式は

$$y=1\cdot(x-a)+a^3-2a$$

すなわち　　$y=x+a^3-3a$　…… ①

$x^3-2x=x+a^3-3a$ とすると　　$x^3-3x-a^3+3a=0$

よって　　$(x-a)(x^2+ax+a^2-3)=0$

◀交点の x 座標を考える。$x=a$ は点Rの x 座標である。

ゆえに，2 点 P，Q の x 座標をそれぞれ p，q とすると，p，q は $x^2+ax+a^2-3=0$ の解である。

解と係数の関係から　　$p+q=-a$

よって，点Sの x 座標は　　$\dfrac{p+q}{2}=-\dfrac{a}{2}$

◀点Sは線分PQの中点。

また，点Sは直線 ① 上にあるから，点Sの y 座標は

$$-\frac{a}{2}+a^3-3a=a^3-\frac{7}{2}a$$

ゆえに，点Sの座標は　　$\left(\boldsymbol{-\dfrac{a}{2},\ a^3-\dfrac{7}{2}a}\right)$

(2)　$y=x^3-2x$ から　　$y'=3x^2-2$

$y'=1$ とすると，$3x^2-2=1$ から　　$x=\pm1$

曲線 $y=x^3-2x$ 上の点 $(-1,\ 1)$ における接線の方程式は

$$y=1\cdot(x+1)+1$$

◀接線を考えることで，a のとりうる値の範囲を求め，(1) を利用してSの軌跡を導く。

すなわち　　$y=x+2$

曲線 $y=x^3-2x$ 上の点 $(1,\ -1)$ における接線の方程式は

$$y=1\cdot(x-1)-1$$

すなわち　　$y=x-2$

ここで，$x^3-2x=x+2$ とすると　　$x^3-3x-2=0$

よって　　$(x+1)^2(x-2)=0$

ゆえに，曲線 $y=x^3-2x$ と直線 $y=x+2$ の接点以外の共有点の x 座標は 2 である。

よって，右の図から，a のとりうる値の範囲は

$$1<a<2　…… ②$$

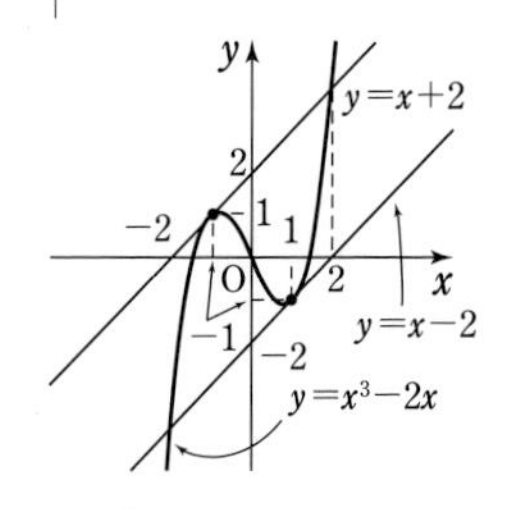

点Sの座標を $(x,\ y)$ とすると，(1) の結果から

$$x=-\frac{a}{2}　…… ③,\quad y=a^3-\frac{7}{2}a　…… ④$$

③ から　　$a=-2x$　…… ⑤

⑤ を ④ に代入して整理すると　$y=-8x^3+7x$

⑤ を ② に代入して　　$1<-2x<2$

ゆえに　　$-1<x<-\frac{1}{2}$

したがって，点Sの軌跡は

曲線 $y=-8x^3+7x$ の $-1<x<-\frac{1}{2}$ の部分

(3)　$x^3-2x=x-2$ とすると　　$x^3-3x+2=0$

よって　　$(x-1)^2(x+2)=0$

ゆえに，曲線 $y=x^3-2x$ と直線 $y=x-2$ の接点以外の共有点の x 座標は -2 である。

したがって，点Pは曲線 $y=x^3-2x$ 上の $-2<x<-1$ の範囲にある。

◀Sの軌跡は，詳しく描く必要はなく，グラフの位置関係さえわかればよい。

これと(2)から，線分PSが動いてできる領域は，右の図の斜線部分である。

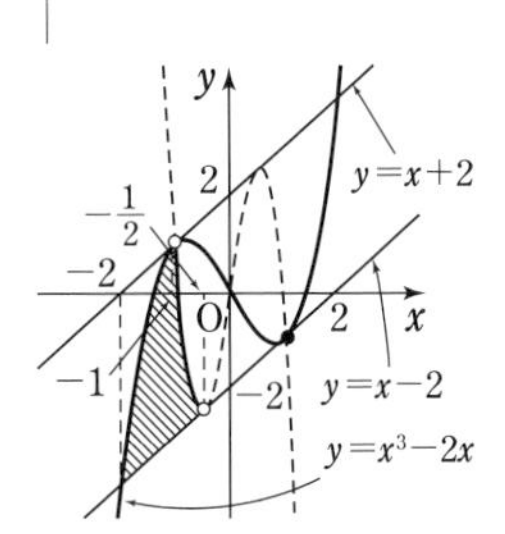

ゆえに，求める面積は

$$\int_{-2}^{-1}\{x^3-2x-(x-2)\}\,dx$$

$$+\int_{-1}^{-\frac{1}{2}}\{-8x^3+7x-(x-2)\}\,dx$$

$$=\int_{-2}^{-1}(x^3-3x+2)\,dx+\int_{-1}^{-\frac{1}{2}}(-8x^3+6x+2)\,dx$$

$$=\left[\frac{x^4}{4}-\frac{3}{2}x^2+2x\right]_{-2}^{-1}+\left[-2x^4+3x^2+2x\right]_{-1}^{-\frac{1}{2}}$$

$$=\left(\frac{1}{4}-\frac{3}{2}-2\right)-(4-6-4)+\left(-\frac{1}{8}+\frac{3}{4}-1\right)-(-2+3-2)$$

$$=\mathbf{\frac{27}{8}}$$

◀(2)の軌跡の範囲には等号がついていないが，(3)では，PとQ，QとRが一致するとき（接するとき）も点Sを考えることにして面積を求める。

演習 90

➡ 本冊 p. 342

(1)　2点P，Qの x 座標を，それぞれ α，β $(\alpha<\beta)$ とする。

このとき，$f(x)$ の x^4 の係数は1であり，直線 $y=g(x)$ は曲線 $y=f(x)$ と2点P，Qで接するから

$$f(x)-g(x)=(x-\alpha)^2(x-\beta)^2$$
$$=x^4-2(\alpha+\beta)x^3+\{(\alpha+\beta)^2+2\alpha\beta\}x^2$$
$$-2\alpha\beta(\alpha+\beta)x+\alpha^2\beta^2$$

◀$f(x)-g(x)=0$ は α，β をそれぞれ2重解とする4次方程式である。

ここで，$g(x)=ax+b$ とおくと

$$f(x)-g(x)=x^4-2x^2+(4-a)x-b$$

よって，係数を比較すると

$-2(\alpha+\beta)=0$　…… ①，$(\alpha+\beta)^2+2\alpha\beta=-2$　…… ②，

$-2\alpha\beta(\alpha+\beta)=4-a$　…… ③，$\alpha^2\beta^2=-b$　…… ④

① から　　$\alpha+\beta=0$

これを ②，③ に代入して　　$\alpha\beta=-1$，$a=4$

$\alpha\beta=-1$ を ④ に代入して　　$b=-1$

したがって　　$\boldsymbol{g(x)=4x-1}$

更に，$\alpha+\beta=0$，$\alpha\beta=-1$，$\alpha<\beta$ より　　$\alpha=-1$，$\beta=1$

$g(-1)=-5$，$g(1)=3$ であるから　P$(-1,\ -5)$，Q$(1,\ 3)$

ここで，$h(x)=cx^2+dx+e$ $(c\neq 0)$ とおくと，放物線 $y=h(x)$ はP，Qおよび原点Oを通るから

$h(-1)=c-d+e=-5$，$h(1)=c+d+e=3$，$h(0)=e=0$

よって　　$c=-1$，$d=4$，$e=0$

$c=-1$ は $c\neq 0$ を満たす。

したがって　　$\boldsymbol{h(x)=-x^2+4x}$

◀$y=h(x)$ は2次関数であり，通る3点がわかったので求めることができる。

(2)　曲線 $y=f(x)$ と放物線 $y=h(x)$ の共有点の x 座標は，方程式 $x^4-2x^2+4x=-x^2+4x$ すなわち $x^4-x^2=0$ を解いて

$x=0$，± 1

更に，$-1\leqq x\leqq 1$ において

$h(x)-f(x)=-x^4+x^2=x^2(1-x^2)\geqq 0$

よって，曲線 $y=f(x)$ と放物線 $y=h(x)$ で囲まれる図形の面積は

$$\int_{-1}^{1}\{h(x)-f(x)\}dx=2\int_0^1(-x^4+x^2)dx$$
$$=2\left[-\frac{x^5}{5}+\frac{x^3}{3}\right]_0^1$$
$$=\boldsymbol{\frac{4}{15}}$$

◀きちんとグラフをかくと下の図のようになるが，囲まれた部分がわかりづらい。交点とグラフの位置関係がわかれば厳密に図をかかなくても面積は求められる。

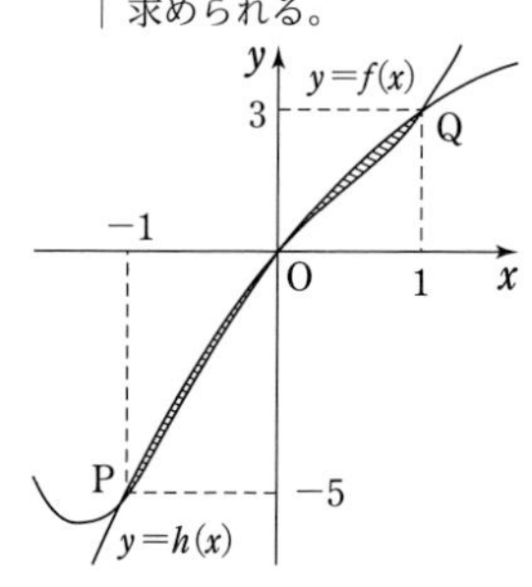

演習 91 ||| ➡ 本冊 p. 342

(1)　$x\cos\theta+y\sin\theta=\sqrt{x^2+y^2}\sin(\theta+\alpha)$

$$\left(\text{ただし}\quad \sin\alpha=\frac{x}{\sqrt{x^2+y^2}},\ \cos\alpha=\frac{y}{\sqrt{x^2+y^2}}\right)$$

◀三角関数の合成。

であるから　　$-\sqrt{x^2+y^2}\leqq x\cos\theta+y\sin\theta\leqq\sqrt{x^2+y^2}$

ゆえに，任意の角 θ に対して，$-2\leqq x\cos\theta+y\sin\theta\leqq y+1$ が成り立つための条件は

◀任意の θ に対して $f(\theta)\leqq A$ ならば $(f(\theta)$ の最大値$)\leqq A$

$-2\leqq-\sqrt{x^2+y^2}$ かつ $\sqrt{x^2+y^2}\leqq y+1$

$\Longleftrightarrow$ $\sqrt{x^2+y^2}\leqq 2$ かつ $(x^2+y^2\leqq(y+1)^2$ かつ $y+1\geqq 0)$

$\Longleftrightarrow$ $x^2+y^2\leqq 4$ かつ $(x^2\leqq 2y+1$ かつ $y\geqq -1)$

$\Longleftrightarrow$ $x^2+y^2\leqq 4$ かつ $\left(y\geqq\frac{1}{2}x^2-\frac{1}{2}\right.$ かつ $\left.y\geqq -1\right)$

$\Longleftrightarrow$ $x^2+y^2\leqq 4$ かつ $y\geqq\frac{1}{2}x^2-\frac{1}{2}$

◀$\sqrt{x^2+y^2}\leqq y+1$ の左辺は，0以上であるから
$y+1\geqq 0$
このとき，
$(\sqrt{x^2+y^2})^2\leqq(y+1)^2$
すなわち
$x^2+y^2\leqq(y+1)^2$
かつ $y+1\geqq 0$

2曲線 $x^2+y^2=4$，$y=\frac{1}{2}x^2-\frac{1}{2}$ の交点の座標を求めると，

$y^2+2y+1=4$ から

◀x^2 を消去。

$(y-1)(y+3)=0$

$y\geqq -1$ であるから　　$y=1$

このとき　　$x=\pm\sqrt{3}$

よって，交点の座標は

$(\pm\sqrt{3},\ 1)$

したがって，求める領域は **右の図の斜線部分** である。

ただし，境界線を含む。

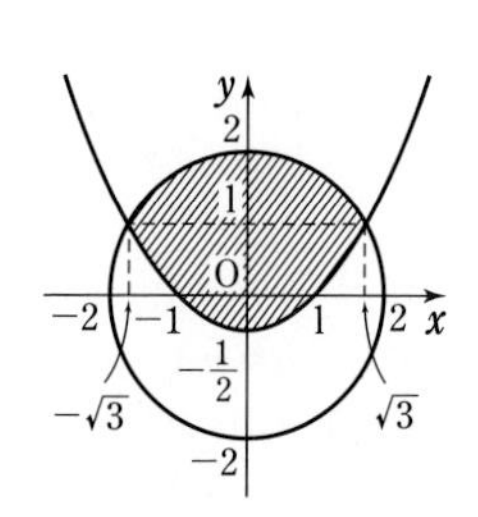

$A(-\sqrt{3},\ 1)$，$B(\sqrt{3},\ 1)$ とすると　　$\angle AOB=\dfrac{2}{3}\pi$

よって，求める面積は

$$\underline{\frac{1}{2}\cdot 2^2\cdot\frac{2}{3}\pi-\frac{1}{2}\cdot 2^2\sin\frac{2}{3}\pi}+\int_{-\sqrt{3}}^{\sqrt{3}}\left(1-\frac{x^2-1}{2}\right)dx$$

$$=\frac{4}{3}\pi-\sqrt{3}+\left(-\frac{1}{2}\right)\left(-\frac{1}{6}\right)\{\sqrt{3}-(-\sqrt{3})\}^3$$

$$=\frac{4}{3}\pi-\sqrt{3}+2\sqrt{3}$$

$$=\boldsymbol{\frac{4}{3}\pi+\sqrt{3}}$$

◀線分 OB と x 軸の正の向きとのなす角は $\dfrac{\pi}{6}$

◀下線部分の式は
(扇形 OAB の面積)
　$-\triangle OAB$
すなわち $y\geqq 1$ の部分。
第 3 項は 6 分の 1 公式を利用。

(2)　$-1\leqq\cos\alpha\leqq 1$ から　　$-x^2\leqq x^2\cos\alpha\leqq x^2$

　$-1\leqq\sin\beta\leqq 1$ から　　$-|y|\leqq y\sin\beta\leqq|y|$　……（＊）

各辺を加えて　　$-x^2-|y|\leqq x^2\cos\alpha+y\sin\beta\leqq x^2+|y|$

よって，任意の角 α，β に対して，$-1\leqq x^2\cos\alpha+y\sin\beta\leqq 1$ が成り立つための条件は

$$-1\leqq -x^2-|y| \text{ かつ } x^2+|y|\leqq 1$$

◀(1) と異なり，α と β は互いに無関係。
（＊）$-y\leqq y\sin\beta\leqq y$ とすると，$y<0$ のとき成り立たない。

◀同じ式。

ゆえに　　$|y|\leqq -x^2+1$

よって　　$y\geqq 0$ のとき　$y\leqq -x^2+1$

　　　　　$y<0$ のとき　$y\geqq x^2-1$

したがって，求める領域は **右の図の斜線部分** である。

ただし，境界線を含む。

よって，求める面積は

$$2\int_{-1}^{1}(-x^2+1)dx=-2\int_{-1}^{1}(x+1)(x-1)dx$$

$$=-2\left(-\frac{1}{6}\right)\{1-(-1)\}^3$$

$$=\boldsymbol{\frac{8}{3}}$$

演習 92 Ⅲ　➡ 本冊 p. 342

$y=x^2+m^2$ から　　$y'=2x$

点Pの座標を $(s,\ s^2+m^2)$ とおくと，点Pにおける C_1 の接線の方程式は

$$y-(s^2+m^2)=2s(x-s)\quad\text{すなわち}\quad y=2sx-s^2+m^2$$

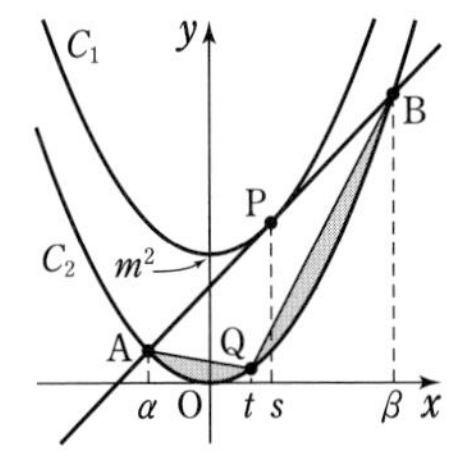

$y=x^2$ と $y=2sx-s^2+m^2$ から y を消去すると

$$x^2=2sx-s^2+m^2\quad\text{すなわち}\quad x^2-2sx+s^2-m^2=0$$

よって　　$\{x-(s+m)\}\{x-(s-m)\}=0$

ゆえに　　$x=s\pm m$

$\alpha=s-m$，$\beta=s+m$ とおき，$A(\alpha,\ \alpha^2)$，$B(\beta,\ \beta^2)$ とする。

◀交点 A，B の x 座標。これを求めずに
　$\alpha+\beta=2s$，
　$\alpha\beta=s^2-m^2$
を用いてもよい。

更に，点Qの座標を $(t,\ t^2)$ $(\alpha<t<\beta)$ とおくと，直線 AQ の方程式は

$$y-\alpha^2=\frac{t^2-\alpha^2}{t-\alpha}(x-\alpha)\quad\text{すなわち}\quad y=(t+\alpha)x-t\alpha$$

同様に，直線 QB の方程式は　　$y=(t+\beta)x-t\beta$

7章
演習
[積分法]

$$S=\int_\alpha^t\{(t+\alpha)x-t\alpha-x^2\}dx+\int_t^\beta\{(t+\beta)x-t\beta-x^2\}dx$$
$$=-\int_\alpha^t(x-\alpha)(x-t)dx-\int_t^\beta(x-t)(x-\beta)dx$$
$$=\frac{1}{6}(t-\alpha)^3+\frac{1}{6}(\beta-t)^3=\frac{1}{6}\{(t-\alpha)^3+(\beta-t)^3\}$$
$$=\frac{1}{6}\{(t-\alpha)+(\beta-t)\}\{(t-\alpha)^2-(t-\alpha)(\beta-t)+(\beta-t)^2\}$$

◀$a^3+b^3=(a+b)(a^2-ab+b^2)$

$$=\frac{1}{6}(\beta-\alpha)\{3t^2-3(\alpha+\beta)t+\alpha^2+\alpha\beta+\beta^2\}$$
$$=\frac{1}{6}(\beta-\alpha)\left\{3\left(t-\frac{\alpha+\beta}{2}\right)^2+\frac{(\beta-\alpha)^2}{4}\right\}$$
$$=\frac{1}{2}(\beta-\alpha)\left(t-\frac{\alpha+\beta}{2}\right)^2+\frac{1}{24}(\beta-\alpha)^3$$

$\beta-\alpha>0$，$\alpha<\frac{\alpha+\beta}{2}<\beta$ であるから，t が $\alpha<t<\beta$ の範囲を動くとき，S は $t=\frac{\alpha+\beta}{2}$ で最小値

◀グラフは下に凸で，軸は区間の中にある。

◀すなわち　$t=s$

$$\frac{1}{24}(\beta-\alpha)^3=\frac{1}{24}\cdot\{(s+m)-(s-m)\}^3=\frac{m^3}{3}$$

◀ s に無関係な値。

をとる。

したがって，Qが C_2 上のAとBの間を動くときの S の最小値はPのとり方によらず，その値は　$\boldsymbol{\frac{m^3}{3}}$

参考　S が最小となるのは，△ABQ の面積が最大となるとき，すなわち点Qと直線 AB の距離が最大となるときである。
このとき，点Qにおける放物線の接線が直線 AB と平行になる。

◀この考え方も有力。

$y=x^2$ から　$y'=2x$

よって　$2t=\frac{\beta^2-\alpha^2}{\beta-\alpha}$　ゆえに　$t=\frac{\alpha+\beta}{2}$

◀(接線の傾き)＝(直線 AB の傾き)

演習 93

➡ 本冊 $p.342$

(1)　$y=-x^4+2x^2$ から

$$y'=-4x^3+4x=-4x(x+1)(x-1)$$

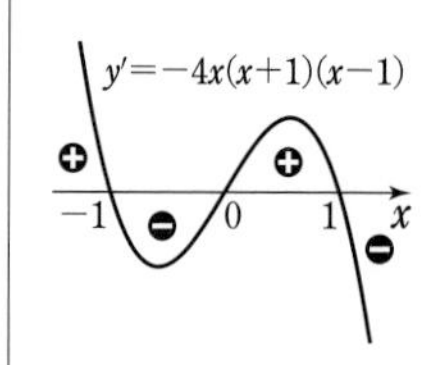

$y'=0$ とすると　$x=-1,\ 0,\ 1$

y の増減表は次のようになる。

x	$\cdots$	-1	$\cdots$	0	$\cdots$	1	$\cdots$
y'	$+$	0	$-$	0	$+$	0	$-$
y	↗	極大	↘	極小	↗	極大	↘

$x=\pm1$ のとき　$y=1$，
$x=0$ のとき　$y=0$，
$y=0$ のとき　$x=0,\ \pm\sqrt{2}$

$y=-x^4+2x^2$ のグラフは y 軸に関して対称であるから，その概形は**右の図**のようになる。

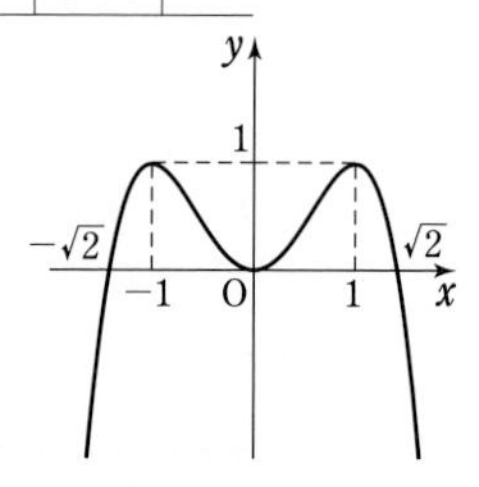

◀$y=-x^4+2x^2$ は偶関数。

(2)　(1)のグラフから　$\boldsymbol{0<k<1}$

(3) 交点の x 座標は，方程式 $-x^4+2x^2=k$ すなわち
$x^4-2x^2+k=0$ の解である。
$x=0$ とすると $k=0$ となり不適。
よって，$x^2=t$ とおくと　$t>0$，$t^2-2t+k=0$
この方程式の 2 つの解が α^2，β^2 であるから，解と係数の関係より　$\alpha^2+\beta^2=2$ …… ①，　$\alpha^2\beta^2=k$ …… ②

◀この解が $\pm\alpha$，$\pm\beta$ であるから
$(\alpha^2)^2-2(\alpha^2)+k=0$
$(\beta^2)^2-2(\beta^2)+k=0$

$\alpha\beta>0$，$k>0$ であるから，② より　$\alpha\beta=\sqrt{k}$

◀$0<\beta<\alpha$，$0<k<1$

これと ① から

$$\frac{\boldsymbol{\alpha^3+\beta^3}}{\boldsymbol{\alpha+\beta}}=\frac{(\alpha+\beta)(\alpha^2-\alpha\beta+\beta^2)}{\alpha+\beta}$$
$$=(\alpha^2+\beta^2)-\alpha\beta=\boldsymbol{2-\sqrt{k}} \quad \cdots\cdots ③$$

α，β は方程式 $x^4-2x^2+k=0$ の解であるから
$$\alpha^4=2\alpha^2-k,\ \beta^4=2\beta^2-k$$
よって　$\alpha^5=\alpha\cdot\alpha^4=\alpha(2\alpha^2-k)=2\alpha^3-k\alpha$，
$\beta^5=\beta\cdot\beta^4=\beta(2\beta^2-k)=2\beta^3-k\beta$

◀次数を下げる。

したがって，③ から
$$\frac{\boldsymbol{\alpha^5+\beta^5}}{\boldsymbol{\alpha+\beta}}=\frac{(2\alpha^3-k\alpha)+(2\beta^3-k\beta)}{\alpha+\beta}=\frac{2(\alpha^3+\beta^3)}{\alpha+\beta}-k$$
$$=2(2-\sqrt{k})-k=\boldsymbol{4-2\sqrt{k}-k}$$

(4) 3 つの部分の面積を，左から S_1，S_2，S_3 とする。

$S_1=S_2=S_3$ のとき，$S_1=S_2$ から
$$\int_{-\alpha}^{-\beta}(-x^4+2x^2-k)\,dx$$
$$=\int_{-\beta}^{\beta}\{k-(-x^4+2x^2)\}\,dx$$
よって　$\displaystyle\int_{-\alpha}^{\beta}(-x^4+2x^2-k)\,dx=0$

◀S_1-S_2
$=\int_{-\alpha}^{-\beta}+\int_{-\beta}^{\beta}=\int_{-\alpha}^{\beta}$

ここで　$(\text{左辺})=\left[-\dfrac{x^5}{5}+\dfrac{2}{3}x^3-kx\right]_{-\alpha}^{\beta}$
$$=-\frac{\alpha^5+\beta^5}{5}+\frac{2}{3}(\alpha^3+\beta^3)-k(\alpha+\beta)$$

◀同じ分母ごとに計算。

であるから　$\dfrac{\alpha^5+\beta^5}{5}-\dfrac{2}{3}(\alpha^3+\beta^3)+k(\alpha+\beta)=0$

$\alpha+\beta\neq 0$ から　$\dfrac{\alpha^5+\beta^5}{5(\alpha+\beta)}-\dfrac{2(\alpha^3+\beta^3)}{3(\alpha+\beta)}+k=0$ …… ④

グラフは y 軸に関して対称であるから，$S_1=S_3$ は常に成り立つ。
よって，④ と (3) から
$$\frac{1}{5}(4-2\sqrt{k}-k)-\frac{2}{3}(2-\sqrt{k})+k=0$$
整理すると　$3k+\sqrt{k}-2=0$
すなわち　$(\sqrt{k}+1)(3\sqrt{k}-2)=0$

◀$3(\sqrt{k})^2+\sqrt{k}-2=0$

$\sqrt{k}>0$ から　$\sqrt{k}=\dfrac{2}{3}$　　したがって　$\boldsymbol{k=\dfrac{4}{9}}$
これは $0<k<1$ を満たす。

◀この確認を忘れずに。

演習 94 ➡ 本冊 $p.342$

$t \geqq x$ のとき　$|t-x|=t-x$

$t<x$ のとき　$|t-x|=-t+x$

[1]　$x \leqq 2-x$ すなわち $x \leqq 1$ のとき

$x>0$ より　$0<x \leqq 1$

このとき，$t \geqq x$ であるから

$$F(x)=\frac{1}{x}\int_{2-x}^{2+x}(t-x)dt=\frac{1}{x}\left[\frac{1}{2}t^2-xt\right]_{2-x}^{2+x}$$
$$=\frac{1}{x}\left[\frac{1}{2}\{(2+x)^2-(2-x)^2\}-x\{(2+x)-(2-x)\}\right]$$
$$=-2x+4$$

◀場合分けは，x と $2-x$，$2+x$ の大小関係で行う。$2+x>x$ であるから，[1]，[2] の場合のみでよい。

[2]　$2-x<x<2+x$ すなわち $x>1$ のとき

$$F(x)=\frac{1}{x}\int_{2-x}^{x}(-t+x)dt+\frac{1}{x}\int_{x}^{2+x}(t-x)dt$$
$$=\frac{1}{x}\left[-\frac{1}{2}t^2+xt\right]_{2-x}^{x}+\frac{1}{x}\left[\frac{1}{2}t^2-xt\right]_{x}^{2+x}$$
$$=\frac{1}{x}\left[-\frac{1}{2}\{x^2-(2-x)^2\}+x\{x-(2-x)\}\right]$$
$$+\frac{1}{x}\left[\frac{1}{2}\{(2+x)^2-x^2\}-x\{(2+x)-x\}\right]$$
$$=2x+\frac{4}{x}-4$$

[1]，[2] から　$0<x \leqq 1$ のとき　$F(x)=-2x+4$

$x>1$ のとき　$F(x)=2x+\dfrac{4}{x}-4$

$0<x \leqq 1$ のとき，$F(x)$ は $x=1$ で最小値 2 をとる。

◀それぞれの場合における最小値を求め，それを比べる。

$x>1$ のとき，$2x>0$，$\dfrac{4}{x}>0$ であるから，相加平均と相乗平均の大小関係により

$$F(x)=2x+\frac{4}{x}-4 \geqq 2\sqrt{2x \cdot \frac{4}{x}}-4=4\sqrt{2}-4$$

等号が成り立つのは $2x=\dfrac{4}{x}$ すなわち $x^2=2$ のときである。

$x>1$ より　$x=\sqrt{2}$

よって，$x>1$ のとき，$F(x)$ は $x=\sqrt{2}$ で最小値 $4\sqrt{2}-4$ をとる。

$4\sqrt{2}=\sqrt{32}$ より　$4\sqrt{2}<6$　ゆえに　$4\sqrt{2}-4<2$

したがって，$F(x)$ の最小値は　$\mathbf{4\sqrt{2}-4}$

CHECK 問題，例，練習，演習問題，類題の解答（数学B）

※ CHECK 問題，例，練習，演習問題，類題の全問の解答例を示し，答えの数値などを太字で示した。指針，検討，注意 として，補足事項や注意事項を示したところもある。

CHECK 1 ➡本冊 p. 357

①，③，④ は，初項から第 4 項までの項それぞれについて，3，−1，1 を掛けると次の項が得られるから，等比数列である。

② は，初項に 4 を掛けると第 2 項が得られるが，第 2 項に 4 を掛けても第 3 項は得られないから，等比数列ではない。

以上から　**①，③，④**

注意　② は公差 3 の等差数列である。また，④ は公差 0 の等差数列でもある。

CHECK 2 ➡本冊 p. 366

(1) $\displaystyle\sum_{k=1}^{6}\frac{1}{3^{k-1}}=\frac{1}{3^0}+\frac{1}{3^1}+\frac{1}{3^2}+\frac{1}{3^3}+\frac{1}{3^4}+\frac{1}{3^5}$

$\displaystyle=\mathbf{1+\frac{1}{3}+\frac{1}{9}+\frac{1}{27}+\frac{1}{81}+\frac{1}{243}}$

◀ $\dfrac{1}{3^{k-1}}$ に $k=1,\ 2,\ \cdots\cdots,\ 6$ を順に代入したものの総和。

(2) $\displaystyle\sum_{l=6}^{12}(l^2+1)=(6^2+1)+(7^2+1)+(8^2+1)+(9^2+1)+(10^2+1)+(11^2+1)+(12^2+1)$

$=\mathbf{37+50+65+82+101+122+145}$

(3) $\displaystyle\mathbf{\sum_{k=1}^{n}(2k+1)(2k+3)}$

◀左側の数 3, 5, 7, ⋯⋯ は 3 から始まる奇数。右側の数 5，7，9，⋯⋯ は 5 から始まる奇数。

(4) $1-3+3^2-3^3+\cdots\cdots+3^{10}-3^{11}$

$=(-3)^0+(-3)^1+(-3)^2+(-3)^3+\cdots\cdots+(-3)^{10}+(-3)^{11}$

$\displaystyle=\mathbf{\sum_{k=0}^{11}(-3)^k}$

◀ $\displaystyle\sum_{k=1}^{12}(-3)^{k-1}$ でもよい。

CHECK 3 ➡本冊 p. 366

(1) $\displaystyle\sum_{k=1}^{20}k=\frac{1}{2}\cdot20(20+1)=\mathbf{210}$

◀ $\displaystyle\sum_{k=1}^{n}k=\frac{1}{2}n(n+1)$

(2) $\displaystyle\sum_{i=1}^{12}i^2=\frac{1}{6}\cdot12(12+1)(2\cdot12+1)=\frac{1}{6}\cdot12\cdot13\cdot25=\mathbf{650}$

◀ $\displaystyle\sum_{k=1}^{n}k^2=\frac{1}{6}n(n+1)(2n+1)$

(3) $\displaystyle\sum_{k=1}^{6}3^{k-1}=\sum_{k=1}^{6}1\cdot3^{k-1}=\frac{1\cdot(3^6-1)}{3-1}=\frac{729-1}{2}=\mathbf{364}$

◀初項 1，公比 3，項数 6 の等比数列の和。

CHECK 4 ➡本冊 p. 385

(1) $a_2=5+a_1=5+(-3)=2$　　$a_3=5+a_2=5+2=7$

$a_4=5+a_3=5+7=12$　　$a_5=5+a_4=5+12=\mathbf{17}$

(2) $a_2=2a_1+(-1)^2=2\cdot0+1=1$　　$a_3=2a_2+(-1)^3=2\cdot1-1=1$

$a_4=2a_3+(-1)^4=2\cdot1+1=3$　　$a_5=2a_4+(-1)^5=2\cdot3-1=\mathbf{5}$

◀ n が偶数のとき $(-1)^n=1$
n が奇数のとき $(-1)^n=-1$

(3) $a_3=2a_2-a_1=2\cdot1-0=2$　　$a_4=2a_3-a_2=2\cdot2-1=3$

$a_5=2a_4-a_3=2\cdot3-2=\mathbf{4}$

例 1 ➡本冊 p. 349

符号を除いた数列は

$1\cdot1,\ 4\cdot3,\ 9\cdot5,\ 16\cdot7,\ \cdots\cdots$

ここで，・の左側の数は平方数の列で，第 n 項は　n^2

右側の数は奇数の列で，第 n 項は　$2n-1$

よって，第 n 項は

$$\boldsymbol{(-1)^{n+1}\cdot n^2(2n-1)}$$

第 6 項は　$(-1)^{6+1}\cdot6^2(2\cdot6-1)=-36\cdot11$

$=\boldsymbol{-396}$

◀$1^2,\ 2^2,\ 3^2,\ \cdots\cdots$

◀$2\cdot1-1, 2\cdot2-1, 2\cdot3-1, \cdots\cdots$

◀符号は，n が奇数なら $+$，n が偶数なら $-$
$\boldsymbol{(-1)^{n-1}\cdot n^2(2n-1)}$ と答えてもよい。

例 2 ➡本冊 p. 349

(1)　初項 a は $a=100$，公差 d は $d=93-100=-7$ であるから，一般項は

$$\boldsymbol{a_n}=100+(n-1)\cdot(-7)=\boldsymbol{-7n+107}$$

また　$\boldsymbol{a_{20}}=-7\cdot20+107=-140+107=\boldsymbol{-33}$

◀(公差)$=100-93$ は**誤り！**

◀$a_n=a+(n-1)d$ で $a=100$，$d=-7$ を代入。

(2)　(ア)　初項を a，公差を d とすると，$a_6=13$，$a_{15}=31$ であるから

$$\begin{cases} a+5d=13 \\ a+14d=31 \end{cases}$$

この連立方程式を解いて　$a=3$，$d=2$

したがって，一般項は

$$a_n=3+(n-1)\cdot2=\boldsymbol{2n+1}$$

◀(第 2 式)−(第 1 式)から　$9d=18$

◀$a_n=$(初項)$+(n-1)\times$(公差)

(イ)　$a_n=71$ とすると　$2n+1=71$

これを解いて　$n=35$　　したがって　**第 35 項**

◀$2n=70$

(ウ)　$a_n>1000$ とすると　$2n+1>1000$

◀$2n>999$

これを解いて　$n>\dfrac{999}{2}=499.5$

この不等式を満たす最小の自然数 n は　$n=500$

したがって，初めて 1000 を超えるのは　**第 500 項**

例 3 ➡本冊 p. 350

$60,\ 40,\ 30,\ 24,\ \cdots\cdots$　　　$\cdots\cdots$ ① が調和数列であるから，

$\dfrac{1}{60},\ \dfrac{1}{40},\ \dfrac{1}{30},\ \dfrac{1}{24},\ \cdots\cdots$　　$\cdots\cdots$ ② が等差数列となる。

◀$b_n=\dfrac{1}{a_n}$ とする。

◀各項の逆数をとる。

数列 ② の初項は $\dfrac{1}{60}$，公差は $\dfrac{1}{40}-\dfrac{1}{60}=\dfrac{1}{120}$ であるから，一般項は　$\dfrac{1}{60}+(n-1)\cdot\dfrac{1}{120}=\dfrac{2+(n-1)}{120}=\dfrac{n+1}{120}$

◀$b_{n+1}-b_n=d$

◀$b_n=b_1+(n-1)d$

よって，数列 ① の一般項 a_n は　$\boldsymbol{a_n=\dfrac{120}{n+1}}$

◀逆数をとる。$a_n=\dfrac{1}{b_n}$

例 4 ➡本冊 p. 350

この数列の中央の項を a，公差を d とすると，3 つの数は $a-d$，a，$a+d$ と表される。

和が 18，積が 162 であるから

$$\begin{cases} (a-d)+a+(a+d)=18 \\ (a-d)a(a+d)=162 \end{cases}$$

◀**対称形**
3 つの数を $\boldsymbol{a-d}$，$\boldsymbol{a}$，$\boldsymbol{a+d}$ と表すと計算がらく。

ゆえに $\begin{cases} 3a=18 & \cdots\cdots ① \\ a(a^2-d^2)=162 & \cdots\cdots ② \end{cases}$

① から　$a=6$

これを ② に代入して　$6(36-d^2)=162$

◀$36-d^2=27$

よって　$d^2=9$　ゆえに　$d=\pm 3$

よって，求める 3 数は　3，6，9　または　9，6，3

すなわち　**3，6，9**

注意　3 つの数の順序は問われていないので，答えは 1 通りでよい。

別解　等差数列をなす 3 つの数の数列を a，b，c とすると

条件から　$2b=a+c$　……①，
$a+b+c=18$ ……②，
$abc=162$　……③

◀**平均形** $2b=a+c$ を利用。

① を ② に代入して　$3b=18$　ゆえに　$b=6$

このとき，①，③ から　$a+c=12$，$ac=27$

よって，a，c は 2 次方程式 $x^2-12x+27=0$ の 2 つの解である。

◀**和が p，積が q である 2 数は，2 次方程式 $x^2-px+q=0$ の 2 つの解** である（数学Ⅱ）。

$(x-3)(x-9)=0$ を解いて　$x=3, 9$

すなわち　$(a, c)=(3, 9), (9, 3)$

したがって，求める 3 数は　**3，6，9**

例 5

➡ 本冊 p. 358

(1)　初項 a は $a=2$，公比 r は $r=\dfrac{-6}{2}=-3$ であるから，一般項は　$\boldsymbol{a_n=2\cdot(-3)^{n-1}}$

◀$(\text{公比})=\dfrac{(\text{第 2 項})}{(\text{初項})}$

◀$a_n=2\cdot(-3)^n$ は誤り。

また　$\boldsymbol{a_8}=2\cdot(-3)^{8-1}=-2\cdot3^7=\boldsymbol{-4374}$

◀$(-1)^{\text{奇数}}=-1$

(2)　初項を a，公比を r，一般項を a_n とすると，$a_3=12$，$a_6=-96$

であるから　$\begin{cases} ar^2=12 & \cdots\cdots ① \\ ar^5=-96 & \cdots\cdots ② \end{cases}$

② から　$ar^2\cdot r^3=-96$

これに ① を代入して　$12r^3=-96$

◀②÷① から $r^3=-8$ としてもよい。

ゆえに　$r^3=-8$　すなわち　$r^3=(-2)^3$

r は実数であるから　$r=-2$

これを ① に代入して，$4a=12$ から　$a=3$

したがって　$\boldsymbol{a_n=3\cdot(-2)^{n-1}}$

◀$a_n=ar^{n-1}$

例 6

➡ 本冊 p. 358

数列 a，b，c は等差数列をなすから　$2b=a+c$　……①

◀等差数列の **平均形**。

数列 b，c，a は等比数列をなすから　$c^2=ab$　……②

◀等比数列の **平均形**。

a，b，c の積が 125 であるから　$abc=125$　……③

② を ③ に代入して　$c^3=125$

◀$ab=c^2$ を ③ に代入。

c は実数であるから　$c=5$

①，② に代入して　$2b=a+5$，$ab=25$

◀第 1 式を (第 2 式)×2 に代入。

これから b を消去すると　$a(a+5)=50$

よって　$a^2+5a-50=0$　ゆえに　$a=5, -10$

◀$(a-5)(a+10)=0$

$ab=25$ より，$b=\dfrac{25}{a}$ であるから

$a=5$ のとき　$b=5$,　$a=-10$ のとき　$b=-\frac{5}{2}$

よって　　$\boldsymbol{(a,\ b,\ c)=(5,\ 5,\ 5),\ \left(-10,\ -\frac{5}{2},\ 5\right)}$

別解　等比数列 b, c, a の公比を r とすると

$$c=br,\ a=br^2 \quad \cdots\cdots ④$$

④ を ③ に代入して　　$br^2\cdot b\cdot br=125$

すなわち　　$(br)^3=5^3$

br は実数であるから　　$br=5$　　$\cdots\cdots$ ⑤

④ を ① に代入して　　$2b=r\cdot br+br$

⑤ を代入して　　$2b=5r+5$　$\cdots\cdots$ ⑥

⑤, ⑥ を連立して解くと　　$(b,\ r)=(5,\ 1),\ \left(-\frac{5}{2},\ -2\right)$

これを ④ に代入して, 上の解答と同じ結果が得られる。

◀**公比形。**
対称形 を用いると
$b=cr^{-1}$, $a=cr$
③ から
$cr^{-1}\cdot c\cdot cr=125$
よって　$c^3=125$

例　7

➡ 本冊 $p.367$

(1) $\displaystyle\sum_{k=1}^{n}(6k^2-1)=6\sum_{k=1}^{n}k^2-\sum_{k=1}^{n}1=6\cdot\frac{1}{6}n(n+1)(2n+1)-n$

$$=n\{(n+1)(2n+1)-1\}=n(2n^2+3n)$$

$$=\boldsymbol{n^2(2n+3)}$$

(2) $\displaystyle\sum_{k=1}^{n}(k-1)(k^2+k+4)=\sum_{k=1}^{n}(k^3+3k-4)=\sum_{k=1}^{n}k^3+3\sum_{k=1}^{n}k-4\sum_{k=1}^{n}1$

$$=\left\{\frac{1}{2}n(n+1)\right\}^2+3\cdot\frac{1}{2}n(n+1)-4n$$

$$=\frac{1}{4}n\{n(n+1)^2+6(n+1)-16\} \text{ ❹}$$

$$=\frac{1}{4}n(n^3+2n^2+7n-10)$$

$$=\boldsymbol{\frac{1}{4}n(n-1)(n^2+3n+10)} \text{ ❺}$$

注意　Σ の計算結果は因数分解しておくことが多い。
A　{ }内で分数の計算を避けるため, $\frac{1}{4}n$ でくくる。
B　$n^3+2n^2+7n-10$ は $n=1$ のとき 0 となるから, $n-1$ を因数にもつ (数学IIで学ぶ因数定理を用いた因数分解)。

(3) $\displaystyle\sum_{i=1}^{n}(2i+3)=2\sum_{i=1}^{n}i+3\sum_{i=1}^{n}1=2\cdot\frac{1}{2}n(n+1)+3n=n(n+4)$

よって　　$\displaystyle\sum_{i=11}^{20}(2i+3)=\sum_{i=1}^{20}(2i+3)-\sum_{i=1}^{10}(2i+3)$

$$=20(20+4)-10(10+4)$$

$$=480-140=\boldsymbol{340}$$

◀積の形の方が代入後の計算がらく。

◀$n(n+4)$ に $n=20$, $n=10$ を代入。

別解　$i=k+10$ とおくと, $i=11,\ 12,\ \cdots\cdots,\ 20$ のとき k の値は順に $k=1,\ 2,\ \cdots\cdots,\ 10$ となるから

$$\sum_{i=11}^{20}(2i+3)=\sum_{k=1}^{10}\{2(k+10)+3\}=\sum_{k=1}^{10}(2k+23)$$

$$=2\cdot\frac{1}{2}\cdot10\cdot11+23\cdot10=\boldsymbol{340}$$

◀$1\leqq k\leqq$● の範囲となるように, 変数をおき換える方法。
$i=k+10 \Longleftrightarrow k=i-10$

(4) $\displaystyle\sum_{k=1}^{n}\left(\sum_{l=1}^{k}2l\right)=\sum_{k=1}^{n}\left\{2\cdot\frac{1}{2}k(k+1)\right\}=\sum_{k=1}^{n}k^2+\sum_{k=1}^{n}k$

$$=\frac{1}{6}n(n+1)(2n+1)+\frac{1}{2}n(n+1)$$

$$=\frac{1}{6}n(n+1)\{(2n+1)+3\}=\boldsymbol{\frac{1}{3}n(n+1)(n+2)}$$

◀$\displaystyle\sum_{l=1}^{k}2l=$($k$ の式) に直すと, 後は $\displaystyle\sum_{k=1}^{n}$($k$ の式)。
⟶(1)や(2)と同様の計算で処理できる。

例 8

➡本冊 p. 367

与えられた数列の第 k 項を a_k とする。

(1) $a_k=(k+1)(2k+3)$

よって
$$S_n=\sum_{k=1}^{n}a_k=\sum_{k=1}^{n}(k+1)(2k+3)$$
$$=\sum_{k=1}^{n}(2k^2+5k+3)$$
$$=2\sum_{k=1}^{n}k^2+5\sum_{k=1}^{n}k+\sum_{k=1}^{n}3$$
$$=2\cdot\frac{1}{6}n(n+1)(2n+1)+5\cdot\frac{1}{2}n(n+1)+3n$$
$$=\frac{1}{6}n\{2(n+1)(2n+1)+15(n+1)+18\}$$
$$=\boldsymbol{\frac{1}{6}n(4n^2+21n+35)}$$

◀$a_k=$(kの多項式)

◀慣れてきたらこの式は省略してもよい。

◀$\frac{1}{6}n$ でくくる。

(2) $a_k=1+2+2^2+\cdots\cdots+2^{k-1}=\frac{1\cdot(2^k-1)}{2-1}=\boldsymbol{2^k-1}$

よって
$$S_n=\sum_{k=1}^{n}a_k=\sum_{k=1}^{n}(2^k-1)=\sum_{k=1}^{n}2^k-\sum_{k=1}^{n}1$$
$$=\frac{2(2^n-1)}{2-1}-n=\boldsymbol{2^{n+1}-n-2}$$

◀初項 1，公比 2，項数 k の等比数列の和。

和の公式 $\frac{a(r^n-1)}{r-1}$ の利用。

例 9

➡本冊 p. 370

数列 $\{a_n\}$ の階差数列を $\{b_n\}$ とすると

$\{a_n\}$：6, 15, 28, 45, 66, ……

$\{b_n\}$：　9, 13, 17, 21, 　……

数列 $\{b_n\}$ は，初項 9，公差 4 の等差数列であるから

$b_n=9+(n-1)\cdot4=4n+5$

◀6　15　28　45　66 …
　9　13　17　21　…
　+4　+4　+4

$n\geqq2$ のとき
$$a_n=a_1+\sum_{k=1}^{n-1}b_k=6+\sum_{k=1}^{n-1}(4k+5)$$
$$=6+4\sum_{k=1}^{n-1}k+5\sum_{k=1}^{n-1}1$$
$$=6+4\cdot\frac{1}{2}(n-1)n+5(n-1)$$
$$=2n^2+3n+1$$
$$=(n+1)(2n+1)\quad\cdots\cdots\ ①$$

◀$n\geqq2$ や $\sum^{n-1}$ に注意。

◀$\sum_{k=1}^{n-1}k$ は $\sum_{k=1}^{n}k=\frac{1}{2}n(n+1)$ で n の代わりに $n-1$ とおいたもの。

$n=1$ のとき　$(1+1)(2\cdot1+1)=6$

初項は $a_1=6$ であるから，① は $n=1$ のときも成り立つ。

したがって　$\boldsymbol{a_n=(n+1)(2n+1)}$

◀**初項は特別扱い**

◀a_n は $n\geqq1$ で 1 つの式にまとめられる。

注意　解答の途中で「$n\geqq2$ のとき」としている理由

$n=1$ のときは，指針の式 (*) の $\sum_{k=1}^{n-1}b_k$ が $\sum_{k=1}^{0}b_k$（←1番目から0番目の項を足す⁉）となってしまい，意味をなさない。つまり，(*) は $n\geqq2$ のときに限って成り立つ等式であるから，(*) を利用して a_n を求めた後に，それが $n=1$ のときにも成り立つかどうかを確認する必要がある。

なお，一般に，$\sum_{k=●}^{▲}b_k$ と書いたときは，▲≧● でなければならない。

例 10 ➡本冊 $p.385$

(1) $a_{n+1}=a_n+6$ より，数列 $\{a_n\}$ は初項 $a_1=-5$，公差6の等差数列であるから

$$\boldsymbol{a_n}=-5+(n-1)\cdot 6=\boldsymbol{6n-11}$$

◀$\boldsymbol{a_n=a+(n-1)d}$

(2) $a_{n+1}=-\frac{2}{3}a_n$ より，数列 $\{a_n\}$ は初項 $a_1=7$，公比 $-\frac{2}{3}$ の等比数列であるから

$$\boldsymbol{a_n=7\cdot\left(-\frac{2}{3}\right)^{n-1}}$$

◀$\boldsymbol{a_n=ar^{n-1}}$

(3) $a_{n+1}-a_n=2^n+3n-2$ から，数列 $\{a_n\}$ の階差数列の第 n 項は 2^n+3n-2 である。

◀階差数列の一般項がすぐわかる。

よって，$n\geqq 2$ のとき

$$\begin{aligned}a_n&=a_1+\sum_{k=1}^{n-1}(2^k+3k-2)\\&=1+\sum_{k=1}^{n-1}2^k+3\sum_{k=1}^{n-1}k-2\sum_{k=1}^{n-1}1\\&=1+\frac{2(2^{n-1}-1)}{2-1}+3\cdot\frac{1}{2}(n-1)n-2(n-1)\\&=2^n+\frac{3}{2}n^2-\frac{7}{2}n+1 \quad\cdots\cdots ①\end{aligned}$$

◀$\boldsymbol{a_n=a_1+\sum_{k=1}^{n-1}b_k}$

◀$\sum_{k=1}^{n-1}2^k$ は初項2，公比2，項数 $n-1$ の等比数列の和。

$a_1=1$ であるから，① は $n=1$ のときも成り立つ。

◀**初項は特別扱い**

したがって　$\boldsymbol{a_n=2^n+\frac{3}{2}n^2-\frac{7}{2}n+1}$

例 11 ➡本冊 $p.415$

[1] $n=1$ のとき

$$(\text{左辺})=\frac{1}{2},\ (\text{右辺})=2-\frac{1+2}{2^1}=\frac{1}{2}$$

よって，① は成り立つ。

[2] $n=k$ のとき，① が成り立つと仮定すると

◀k は自然数 ($k\geqq 1$)。

$$\frac{1}{2}+\frac{2}{4}+\frac{3}{8}+\cdots\cdots+\frac{k}{2^k}=2-\frac{k+2}{2^k} \quad\cdots\cdots ②$$

◀① で $n=k$ とおいたもの。

$n=k+1$ の場合を考えると，② から

$$\begin{aligned}\frac{1}{2}+\frac{2}{4}+\frac{3}{8}+\cdots\cdots+\frac{k}{2^k}+\frac{k+1}{2^{k+1}}&=2-\frac{k+2}{2^k}+\frac{k+1}{2^{k+1}}\\&=2-\frac{2(k+2)}{2^{k+1}}+\frac{k+1}{2^{k+1}}\\&=2+\frac{-2k-4+k+1}{2^{k+1}}\\&=2-\frac{(k+1)+2}{2^{k+1}}\end{aligned}$$

◀② ($n=k$ のときの仮定) の両辺に $\frac{k+1}{2^{k+1}}$ を加える。

◀$n=k+1$ のときの ① の右辺が導かれた。

よって，$n=k+1$ のときも ① は成り立つ。

[1]，[2] から，すべての自然数 n について ① は成り立つ。

練習 1 ➡ 本冊 p. 351

(1) 与えられた数列が等差数列であるとすると

初項は 5, 公差は $-2-5=-7$

◀(第2項)−(初項)

この等差数列の第 n 項が -1010 であるとすると

$$5+(n-1)\cdot(-7)=-1010$$

よって $7n=1022$ ゆえに $n=146$ (自然数)

したがって，与えられた数列は **等差数列となることができる。**

また，-1010 は **第146項** である。

◀-1010 が等差数列の項になるかどうかを調べる。等差数列の項なら，$a_n=-1010$ を満たす自然数 n が存在する。

(2) $(pa_{n+1}+qb_{n+1})-(pa_n+qb_n)=p(a_{n+1}-a_n)+q(b_{n+1}-b_n)$
$=pd+qe$ (一定)

◀(第 $n+1$ 項)−(第 n 項)

◀p, q は n に無関係。

よって，数列 $\{pa_n+qb_n\}$ は等差数列であり，

初項は $pa_1+qb_1=\boldsymbol{pa+qb}$, **公差は** $\boldsymbol{pd+qe}$

練習 2 ➡ 本冊 p. 352

(1) 初項が2，公差が $\frac{17}{6}-2=\frac{5}{6}$ であるから，末項12が第 n 項であるとすると $2+(n-1)\cdot\frac{5}{6}=12$ よって $n=13$

◀$12+5(n-1)=72$ から $5(n-1)=60$

ゆえに，初項2，末項12，項数13の等差数列の和を求めて

$$S=\frac{1}{2}\cdot13(2+12)=\mathbf{91}$$

◀$S_n=\frac{1}{2}n(a+l)$

(2) $S=\frac{1}{2}\cdot100\{2\cdot1+(100-1)\cdot(-2)\}=\mathbf{-9800}$

◀$S_n=\frac{1}{2}n\{2a+(n-1)d\}$

(3) 初項を a，公差を d とすると，第10項が1，第16項が5であるから $a+9d=1$, $a+15d=5$

◀$a_n=a+(n-1)d$

これを解いて $a=-5$, $d=\frac{2}{3}$

初項から第 n 項までの和を S_n とすると

$$S_{30}=\frac{1}{2}\cdot30\left\{2\cdot(-5)+(30-1)\cdot\frac{2}{3}\right\}=140$$

◀$S_n=\frac{1}{2}n\{2a+(n-1)d\}$

$$S_{14}=\frac{1}{2}\cdot14\left\{2\cdot(-5)+(14-1)\cdot\frac{2}{3}\right\}=-\frac{28}{3}$$

よって $S=S_{30}-S_{14}=140-\left(-\frac{28}{3}\right)=\mathbf{\frac{448}{3}}$

◀$S=S_{30}-S_{15}$ は誤り！

(4) 初項を a，公差を d とし，初項から第 n 項までの和を S_n とすると，$S_5=125$, $S_{10}=500$ であるから

$$\frac{1}{2}\cdot5\{2a+(5-1)d\}=125,\quad \frac{1}{2}\cdot10\{2a+(10-1)d\}=500$$

◀$S_n=\frac{1}{2}n\{2a+(n-1)d\}$

よって $a+2d=25$ …… ①, $2a+9d=100$ …… ②

①, ② を連立して解くと $\boldsymbol{a=5}$, $\boldsymbol{d=10}$

◀②−①×2 から $5d=50$

練習 3 ➡ 本冊 p. 353

(1) 2桁の自然数のうち，5で割って3余る数は

$5\cdot2+3$, $5\cdot3+3$, ……, $5\cdot19+3$

これは初項13，末項98，項数18の等差数列であるから，その和は $\frac{1}{2}\cdot18(13+98)=\mathbf{999}$

◀(初項)$=10+3=13$,
(末項)$=95+3=98$,
(項数)$=19-2+1=18$

(2) 2桁の奇数は　$2\cdot5+1,\ 2\cdot6+1,\ \cdots\cdots,\ 2\cdot49+1$

これは初項11，末項99，項数45の等差数列であるから，その和は　$\frac{1}{2}\cdot45(11+99)=2475$ …… ①

◀(項数)$=49-5+1=45$

2桁の3の倍数は　$3\cdot4,\ 3\cdot5,\ \cdots\cdots,\ 3\cdot33$

これは初項12，末項99，項数30の等差数列であるから，その和は　$\frac{1}{2}\cdot30(12+99)=1665$ …… ②

◀(項数)$=33-4+1=30$

また，2桁の自然数のうち奇数かつ3の倍数は

$3\cdot5,\ 3\cdot7,\ \cdots\cdots,\ 3\cdot33$

これは初項15，末項99の等差数列である。また，その項数は等差数列5，7，……，33の項数に等しい。

◀・の右側の数を取り出した数列。

ゆえに，項数をnとすると $5+(n-1)\cdot2=33$ から　$n=15$

◀初項5，公差2の等差数列の第n項が33であると考える。

よって，奇数かつ3の倍数の和は

$$\frac{1}{2}\cdot15(15+99)=855 \quad \cdots\cdots ③$$

①，②，③から，求める和は

$$2475+1665-855=\mathbf{3285}$$

◀(奇数または3の倍数の和)＝(奇数の和)＋(3の倍数の和)−(奇数かつ3の倍数の和)

注意 (2) 2桁の奇数全体の集合をA，2桁の3の倍数全体の集合をBとすると，2桁の自然数のうち，奇数または3の倍数全体の集合は$A\cup B$で表され，奇数かつ3の倍数全体の集合は$A\cap B$で表される。

このことに注目し，解答では数学Aで学んだ個数定理の公式

$$\boldsymbol{n(A\cup B)=n(A)+n(B)-n(A\cap B)}$$

を利用した。なお，2桁の6の倍数の和は　$\frac{1}{2}\cdot15(12+96)=810$ である。$\overline{A}\cap B$が6の倍数全体の集合であることを利用して，

$n(A\cup B)=n(A)+n(\overline{A}\cap B)$ から　$2475+810=\mathbf{3285}$

のように解答してもよい。

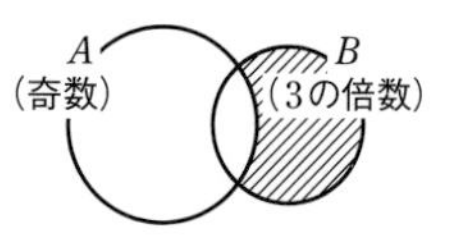

$\overline{A}\cap B$: 偶数かつ3の倍数
＝6の倍数

練習 4 ➡本冊 $p.$ 354

一般項a_nは　$a_n=50+(n-1)\cdot(-2)=-2n+52$

◀$a_n=a+(n-1)d$

$a_n\geqq0$ とすると　$-2n+52\geqq0$

この不等式を解くと，$n\leqq26$ であるから

$1\leqq n\leqq25$ のとき　$a_n>0$，　$n=26$ のとき　$a_{26}=0$，

$n\geqq27$ のとき　$a_n<0$

◀$a_{26}=0$ であるから，初項から第n項までの和をS_nとすると　$S_{25}=S_{26}$

したがって，初項から **第25項または第26項までの和が最大** で，そのときの **和は**

$$\frac{1}{2}\cdot25\{2\cdot50+(25-1)\cdot(-2)\}=\mathbf{650}$$

◀$S_n=\frac{1}{2}n\{2a+(n-1)d\}$

別解　初項から第n項までの和とS_nとすると

$$S_n=\frac{1}{2}n\{2\cdot50+(n-1)\cdot(-2)\}=-n^2+51n$$

$$=-\left(n-\frac{51}{2}\right)^2+\left(\frac{51}{2}\right)^2$$

◀上に凸の放物線。

n は自然数であるから，$\frac{51}{2}$ に最も近い自然数 $n=25$ または $n=26$ のとき，S_n は最大となる。

◀$\frac{25+26}{2}=\frac{51}{2}$

よって，初項から **第25項または第26項までの和が最大** で，そのときの **和は**　$-25^2+51\cdot25=25\cdot26=\mathbf{650}$

◀$-n^2+5n$ に代入。

練習 5 ➡ 本冊 p. 355

まず，q を自然数として，$0<\frac{q}{p^2}<p$ を満たす $\frac{q}{p^2}$ を求める。

◀「0 と p の間」であるから，両端の 0 と p は含まない。

$0<q<p^3$ であるから　$q=1,\ 2,\ 3,\ \cdots\cdots,\ p^3-1$

よって　$\frac{q}{p^2}=\frac{1}{p^2},\ \frac{2}{p^2},\ \frac{3}{p^2},\ \cdots\cdots,\ \frac{p^3-1}{p^2}$　…… ①

◀初項 $\frac{1}{p^2}$，公差 $\frac{1}{p^2}$ の等差数列。

これらの和を S_1 とすると

$$S_1=\frac{1}{2}(p^3-1)\left(\frac{1}{p^2}+\frac{p^3-1}{p^2}\right)=\frac{1}{2}(p^3-1)p$$

◀$\frac{1}{2}n(a+l)$

① のうち，$\frac{q}{p^2}$ が既約分数とならないものは

$$\frac{q}{p^2}=\frac{p}{p^2},\ \frac{2p}{p^2},\ \frac{3p}{p^2},\ \cdots\cdots,\ \frac{(p^2-1)p}{p^2}$$

◀初項 $\frac{p}{p^2}$，公差 $\frac{p}{p^2}$ の等差数列。

これらの和を S_2 とすると

$$S_2=\frac{1}{2}(p^2-1)\left\{\frac{p}{p^2}+\frac{(p^2-1)p}{p^2}\right\}=\frac{1}{2}(p^2-1)p$$

◀$\frac{1}{2}n(a+l)$

ゆえに，求める総和を S とすると，$S=S_1-S_2$ であるから

$$S=\frac{1}{2}(p^3-1)p-\frac{1}{2}(p^2-1)p$$
$$=\frac{1}{2}p\{(p^3-1)-(p^2-1)\}=\boldsymbol{\frac{1}{2}p^3(p-1)}$$

◀$\frac{1}{2}p\cdot p^2(p-1)$

練習 6 ➡ 本冊 p. 356

3つの数列 $\{a_n\}$，$\{b_n\}$，$\{c_n\}$ のどれにも現れる値を x とする。
x は p，q，r を整数として，次のように表される。

$$x=3p-2,\ x=4q+1,\ x=7r$$

$3p-2=4q+1$ から　$3(p-1)=4q$
3 と 4 は互いに素であるから，k を整数として，$p-1=4k$ と表される。
よって　$p=4k+1$

◀このとき　$q=3k$

$p=4k+1$ を $3p-2=7r$ に代入して　$3(4k+1)-2=7r$
ゆえに　$7r-12k=1$　…… ①
$r=-5$，$k=-3$ は ① の整数解の1つであるから

$$7(r+5)-12(k+3)=0$$

すなわち　$7(r+5)=12(k+3)$
7 と 12 は互いに素であるから，l を整数として，$r+5=12l$ と表される。
よって　$r=12l-5$
これを $x=7r$ に代入すると　$x=7(12l-5)=84l-35$
ここで，すべての自然数 n に対して　$a_n\geqq1$，$b_n\geqq5$，$c_n\geqq7$

◀$3p-7r=2$ から
$3(p+4)-7(r+2)=0$
ゆえに，l を整数として
$p=7l-4$
これと $p=4k+1$ から
$4k+1=7l-4$
よって　$4k-7l=-5$
これより，k，l が求められるが，方程式を解く手間が1つ増える。

ゆえに　$x \geqq 7$

$7 \leqq 84l-35 \leqq 1000$ とすると　$\frac{1}{2} \leqq l \leqq \frac{345}{28}$

◀ $42 \leqq 84l \leqq 1035$

l は整数であるから　$1 \leqq l \leqq 12$

したがって，求める個数は　**12 個**

ゆえに，初項 49，公差 84，項数 12 の等差数列の和を求めて

◀ $84 \cdot 1-35$, $84 \cdot 2-35$, ……, $84 \cdot 12-35$

$$\frac{1}{2} \cdot 12\{2 \cdot 49+(12-1) \cdot 84\}=\mathbf{6132}$$

参考　数列 $\{a_n\}$, $\{b_n\}$, $\{c_n\}$ の項を具体的に書き出すと，x の最小値は 49 であることがわかり，更に公差は 3 つの数列の公差 3，4，7 の最小公倍数 84 であるとして，$x=49+(n-1) \cdot 84=84n-35$ (n は自然数) のように求めることもできる。

練習 7

➡ 本冊 p. 359

(1)　初項は 96，公比は $-\frac{1}{2}$ であるから，第 7 項までの和は

◀ $(公比)=\frac{-48}{96}=-\frac{1}{2}$

$$\frac{96\left\{1-\left(-\frac{1}{2}\right)^7\right\}}{1-\left(-\frac{1}{2}\right)}=\frac{96}{\frac{3}{2}}\left(1+\frac{1}{128}\right)=64 \cdot \frac{129}{128}=\mathbf{\frac{129}{2}}$$

◀ $S_n=\frac{a(1-r^n)}{1-r}$

(2)　初項は 1，公比は $x+1$，項数は $n+1$ である。

◀ 項数は n ではない。

よって，$x+1 \neq 1$ すなわち $\boldsymbol{x \neq 0}$ **のとき**

◀ (公比) $\neq 1$ か (公比) $=1$ かで場合分け。

$$S=\frac{1 \cdot \{(x+1)^{n+1}-1\}}{(x+1)-1}=\mathbf{\frac{(x+1)^{n+1}-1}{x}}$$

$x+1=1$ すなわち $\boldsymbol{x=0}$ **のとき**

$$S=1+1+\cdots\cdots+1=\boldsymbol{n+1}$$

◀ 初項から第 n 項までのすべての項が 1

(3)　初項を a，公比を r $(r>0)$ とすると，条件から

$$a+ar+ar^2=21 \quad \cdots\cdots ①$$

◀ 初めの 3 項の和。

$$ar^3+ar^4+ar^5+ar^6+ar^7+ar^8=1512 \quad \cdots\cdots ②$$

◀ 次の 6 項の和。

② から　$(a+ar+ar^2)r^3+(a+ar+ar^2)r^6=1512$

◀ $a+ar+ar^2$ の形を導き出し，これを 1 つの文字とみる。

① を代入すると　$21r^3+21r^6=1512$

よって　$r^6+r^3-72=0$

因数分解すると　$(r^3+9)(r^3-8)=0$

したがって　$r^3+9=0$, $r^3-8=0$

$r>0$ であるから，$r^3=8$ より　$r=2$

◀ $r>0$ であるから $r^3+9>0$

$r=2$ を ① に代入すると　$7a=21$　　よって　$a=3$

すなわち，**初項は　3**　　初めの 5 項の **和は**　$\frac{3(2^5-1)}{2-1}=\mathbf{93}$

別解　**和は**　$21+ar^3+ar^4=21+ar^3(1+r)=21+3 \cdot 8(1+2)=\mathbf{93}$

◀ 初めの 3 項の和が 21

練習 8

➡ 本冊 p. 360

(1)　(ア)　この等比数列の項数を n とすると，条件から

$$\frac{3(2^n-1)}{2-1}=189$$

◀ $S_n=\frac{a(r^n-1)}{r-1}$

よって　$2^n=64$　　すなわち　$2^n=2^6$

ゆえに　$n=6$　　したがって，項数は　**6**

◀ n は自然数。

(イ) この等比数列の初項を a とすると，条件から

$$\frac{a\{1-(-2)^{10}\}}{1-(-2)}=-1023$$

よって　$-\frac{1023}{3}a=-1023$　　ゆえに　$a=3$

したがって，初項は **3**

(2) この等比数列の初項を a，公比を r，初項から第 n 項までの和を S_n とする。

$r=1$ とすると，$S_8=8a$ となり　$8a=54$

このとき，$S_{16}=16a=108\neq63$ であるから，条件を満たさない。

ゆえに　$r\neq1$

よって　$\frac{a(1-r^8)}{1-r}=54$ …… ①，　$\frac{a(1-r^{16})}{1-r}=63$ …… ②

$1-r^{16}=(1-r^8)(1+r^8)$ であるから，② より

$$\frac{a(1-r^8)}{1-r}(1+r^8)=63$$

① を代入して　$54(1+r^8)=63$　すなわち　$r^8=\frac{1}{6}$ …… ③

$1-r^{24}=1-(r^8)^3=(1-r^8)\{1+r^8+(r^8)^2\}$ であるから

$$S_{24}=\frac{a(1-r^{24})}{1-r}=\frac{a(1-r^8)}{1-r}\cdot\{1+r^8+(r^8)^2\}$$

①，③ を代入して　$S_{24}=54\left\{1+\frac{1}{6}+\left(\frac{1}{6}\right)^2\right\}=54\cdot\frac{43}{36}=\frac{129}{2}$

したがって，求める和は　$S_{24}-S_{16}=\frac{129}{2}-63=\boldsymbol{\frac{3}{2}}$

CHART
等比数列の和
$r\neq1$ か $r=1$ に注意

◀$1+r^8=\frac{7}{6}$

◀a^3-b^3
$=(a-b)(a^2+ab+b^2)$

練習 9 ➡ 本冊 p. 361

$a_1=b_1$ から，数列 $\{a_n\}$ と数列 $\{b_n\}$ の初項は一致し，その共通の初項を a とする。

数列 $\{a_n\}$ の公差を d，数列 $\{b_n\}$ の公比を r とすると

$$a_n=a+(n-1)d,\quad b_n=ar^{n-1}$$

$a_2=b_2$ から　$a+d=ar$ …… ①

$a_4=b_4$ から　$a+3d=ar^3$ …… ②

②−①×3 から　$a-3a=ar^3-3ar$

整理すると　$a(r^3-3r+2)=0$

左辺を因数分解して　$a(r-1)^2(r+2)=0$ …… ③

条件より $d\neq0$ であるから　$a_1\neq a_2$

すなわち　$b_1\neq b_2$

したがって，$a\neq0$，$r\neq1$ であるから，③ より　$r=$ ア **−2**

更に，$b_3=144$ のとき　$ar^2=144$

これに $r=-2$ を代入して　$4a=144$　よって　$a=36$

① から　$36+d=36\cdot(-2)$

ゆえに　$d=-108$

したがって　$a_3=a+(3-1)d=36+2\cdot(-108)$

$=$ イ **−180**

◀ d を消去。

◀因数定理（数学Ⅱ）を利用。

◀$b_1\neq b_2$ から　$a\neq ar$

練習 10 ➡本冊 $p.362$

$\{a_n\}$：13, 28, ……
$\{b_n\}$：7, 14, 28, ……

よって　$c_1=28$

数列 $\{a_n\}$ の第 l 項と数列 $\{b_n\}$ の第 m 項が等しいとすると

$$15l-2=7\cdot2^{m-1}$$

ゆえに　$b_{m+1}=7\cdot2^m=7\cdot2^{m-1}\cdot2=(15l-2)\cdot2$
$=15\cdot2l-4$　…… ①

よって，b_{m+1} は数列 $\{a_n\}$ の項ではない。

① から　$b_{m+2}=2b_{m+1}=15\cdot4l-8$ …… ②

ゆえに，b_{m+2} は数列 $\{a_n\}$ の項ではない。

② から　$b_{m+3}=2b_{m+2}=15\cdot8l-16$
$=15(8l-1)-1$　…… ③

よって，b_{m+3} は数列 $\{a_n\}$ の項ではない。

③ から　$b_{m+4}=2b_{m+3}=15(16l-2)-2$

ゆえに，b_{m+4} は数列 $\{a_n\}$ の項である。

よって，数列 $\{c_n\}$ は公比 2^4 の等比数列である。

$c_1=28$ であるから　$\boldsymbol{c_n=28\cdot(2^4)^{n-1}=7\cdot2^{4n-2}}$

◀数列 $\{c_n\}$ の初項を求めるため，項をいくつか書き出してみる。

◀15・○−2 の形にならない。

◀b_m, b_{m+4}, b_{m+8}, … の公比は　2^4

練習 11 ➡本冊 $p.363$

指針 (2)　毎年の年末に返済する金額を x 万円とすると，各年の年末の残金は (単位は万円)

1 年末の残金　$100\times1.04-x$　…… ①
2 年末の残金　①$\times1.04-x$　すなわち　$100\times1.04^2-1.04x-x$　…… ②
3 年末の残金　②$\times1.04-x$　すなわち　$(100\times1.04^3-1.04^2x-1.04x)-x$
⋮
15 年末の残金　$(100\times1.04^{15}-1.04^{14}x-1.04^{13}x-\cdots\cdots-1.04x)-x$　…… Ⓐ

Ⓐ$=0$ となると返済が終了するから　$x+1.04x+1.04^2x+\cdots\cdots+1.04^{14}x=100\times1.04^{15}$
が成り立てばよい。ここで，この等式は，年利率 4％ の複利で
(毎年の返済金 x 万円を積み立てた場合の 15 年後の元利合計総額)
=(借りた 100 万円の 15 年後の元利合計)　とみることができる。
このように，定額返済の問題では，**借入金の元利合計と，返済金の元利合計が等しくなる** と考えて方程式を作るとよい。

(1)　毎年度初めの元金は，1 年ごとに利息がついて 1.05 倍となる。
よって，7 年度末の元利合計は

$$200000\cdot(1.05)^7+200000\cdot(1.05)^6+\cdots\cdots+200000\cdot1.05$$
$$=200000\cdot\{1.05+(1.05)^2+(1.05)^3+\cdots\cdots+(1.05)^7\}$$
$$=200000\cdot\frac{1.05\{(1.05)^7-1\}}{1.05-1}$$
$$=200000\cdot\frac{1.05(1.4071-1)}{0.05}$$
$$=200000\cdot21\cdot0.4071$$
$$=\mathbf{1709820}\ \textbf{(円)}$$

◀右端を初項と考えると，初項 $200000\cdot1.05$，公比 1.05，項数 7 の等比数列の和である。

(2)　借りた 100 万円は，15 年後には 100×1.04^{15} 万円になる。
毎年末に x 万円返済するとし，返済金額を積み立てていくと，
15 年後には $(1.04^{14}x+1.04^{13}x+\cdots\cdots+1.04x+x)$ 万円になる。

よって，$(1.04^{14}+1.04^{13}+\cdots\cdots+1.04+1)x=100\times1.04^{15}$ とすると $\quad\dfrac{1.04^{15}-1}{1.04-1}x=100\times1.04^{15}$

◀借入金の元利合計と返済金の元利合計が等しくなる。

$1.04^{15}=1.80$ から $\quad\dfrac{0.80}{0.04}x=100\times1.80$

ゆえに $\quad 20x=180 \quad$ よって $\quad x=9$

したがって，毎年返済する金額は　**9 万円**

練習 12 ➡本冊 p. 364

(1) 初項が 2，公比が 4 の等比数列であるから

$$a_n=2\cdot4^{n-1}=2\cdot2^{2n-2}=2^{2n-1}$$

◀$4^{n-1}=(2^2)^{n-1}=2^{2(n-1)}$

ゆえに $\quad \log_2 a_n=\log_2 2^{2n-1}=2n-1=1+2(n-1)$

したがって，求める和は初項 1，公差 2 の等差数列の初項から第 n 項までの和であるから

◀数列 $\{\log_2 a_n\}$ は初項 1，公差 2 の等差数列。

$$\frac{1}{2}n\{2\cdot1+(n-1)\cdot2\}=\boldsymbol{n^2}$$

◀$\dfrac{1}{2}n\{2a+(n-1)d\}$

(2) $a_n>10000$ とすると $\quad 2^{2n-1}>10^4$

両辺の常用対数をとると $\quad \log_{10}2^{2n-1}>\log_{10}10^4$

ゆえに $\quad (2n-1)\log_{10}2>4$

◀$\log_{10}10^4=4\log_{10}10=4$

よって $\quad n>\dfrac{1}{2}\left(\dfrac{4}{\log_{10}2}+1\right)=\dfrac{2}{0.3010}+\dfrac{1}{2}=7.1\cdots\cdots$

◀$\log_{10}2>0$

n は自然数であるから，最小の n の値は $\quad \boldsymbol{n=8}$

注意 対数の性質（数学Ⅱ） $a>0$，$a\neq1$，$M>0$，$N>0$，k は実数のとき

① $\boldsymbol{\log_a MN=\log_a M+\log_a N}$

② $\boldsymbol{\log_a \dfrac{M}{N}=\log_a M-\log_a N}$

③ $\boldsymbol{\log_a M^k=k\log_a M}$

(3) 初項から第 n 項までの和は $\quad \dfrac{2(4^n-1)}{4-1}=\dfrac{2(4^n-1)}{3}$

$\dfrac{2(4^n-1)}{3}>100000$ …… ① として，両辺の常用対数をとると

$$\log_{10}\frac{2(4^n-1)}{3}>\log_{10}10^5$$

ゆえに $\quad \log_{10}2+\log_{10}(4^n-1)-\log_{10}3>5$

よって $\quad \log_{10}(4^n-1)>5-\log_{10}2+\log_{10}3$

ここで $\quad 5-\log_{10}2+\log_{10}3=5-0.3010+0.4771=5.1761>5$

また $\quad 5=5\log_{10}10=\log_{10}10^5$

ゆえに $\quad \log_{10}(4^n-1)>\log_{10}10^5 \quad$ よって $\quad 4^n-1>10^5$

◀底 $10>1$

ゆえに $\quad 4^n>10^5$ 　すなわち $\quad 2^{2n}>10^5$

◀$4^n>10^5+1>10^5$

この両辺の常用対数をとると $\quad 2n\log_{10}2>5$

ゆえに $\quad n>\dfrac{5}{2\log_{10}2}=\dfrac{5}{2\cdot0.3010}=8.3\cdots\cdots$

n は自然数であるから $\quad n\geqq9$

ここで $\quad \dfrac{2(4^8-1)}{3}=\dfrac{2}{3}(4^4+1)(4^4-1)=43690$

◀$a^2-b^2=(a+b)(a-b)$

$\quad \dfrac{2(4^9-1)}{3}=\dfrac{2}{3}(2\cdot4^4+1)(2\cdot4^4-1)=174762$

◀$4^9-1=(2\cdot4^4)^2-1$

したがって，① を満たす最小の自然数 n は $\quad \boldsymbol{n=9}$

◀$\dfrac{2(4^n-1)}{3}$ は単調に増加。

練習 13 ➡ 本冊 p. 369

(1) 第 k 項は　$(n+k)^2=n^2+2nk+k^2$

和は　$\displaystyle\sum_{k=1}^{n}(n^2+2nk+k^2)=n^2\sum_{k=1}^{n}1+2n\sum_{k=1}^{n}k+\sum_{k=1}^{n}k^2$

$\displaystyle=n^2\cdot n+2n\cdot\frac{1}{2}n(n+1)+\frac{1}{6}n(n+1)(2n+1)$

$\displaystyle=\frac{1}{6}n\{6n^2+6n(n+1)+(n+1)(2n+1)\}$

$\displaystyle=\frac{1}{6}n(14n^2+9n+1)=\boldsymbol{\frac{1}{6}n(2n+1)(7n+1)}$

◀ n は k に無関係 ⟶ 定数とみて Σ の前に出す。

別解　求める和は

$\displaystyle\sum_{k=n+1}^{2n}k^2=\sum_{k=1}^{2n}k^2-\sum_{k=1}^{n}k^2$

$\displaystyle=\frac{1}{6}\cdot 2n(2n+1)(2\cdot 2n+1)-\frac{1}{6}n(n+1)(2n+1)$

$\displaystyle=\frac{1}{6}n(2n+1)\{2(4n+1)-(n+1)\}$

$\displaystyle=\boldsymbol{\frac{1}{6}n(2n+1)(7n+1)}$

◀数列 $\{k^2\}$ の第 $(n+1)$ 項から第 $2n$ 項までの和。

(2) 第 k 項は　$k^2\{n-(k-1)\}=(n+1)k^2-k^3$

和は　$\displaystyle\sum_{k=1}^{n}\{(n+1)k^2-k^3\}=(n+1)\sum_{k=1}^{n}k^2-\sum_{k=1}^{n}k^3$

$\displaystyle=(n+1)\cdot\frac{1}{6}n(n+1)(2n+1)-\left\{\frac{1}{2}n(n+1)\right\}^2$

$\displaystyle=\frac{1}{12}n(n+1)^2\{2(2n+1)-3n\}=\boldsymbol{\frac{1}{12}n(n+1)^2(n+2)}$

◀ $n+1$ は k に無関係 ⟶ 定数とみて Σ の外に出す。

別解　求める和は

$1^2+(1^2+2^2)+(1^2+2^2+3^2)+\cdots\cdots+(1^2+2^2+\cdots\cdots+n^2)$

$\displaystyle=\sum_{k=1}^{n}(1^2+2^2+\cdots\cdots+k^2)=\frac{1}{6}\sum_{k=1}^{n}k(k+1)(2k+1)$

$\displaystyle=\frac{1}{6}\sum_{k=1}^{n}(2k^3+3k^2+k)=\frac{1}{6}\left(2\sum_{k=1}^{n}k^3+3\sum_{k=1}^{n}k^2+\sum_{k=1}^{n}k\right)$

$\displaystyle=\frac{1}{6}\left[2\left\{\frac{1}{2}n(n+1)\right\}^2+3\cdot\frac{1}{6}n(n+1)(2n+1)+\frac{1}{2}n(n+1)\right]$

$\displaystyle=\frac{1}{12}n(n+1)\{n(n+1)+(2n+1)+1\}=\boldsymbol{\frac{1}{12}n(n+1)^2(n+2)}$

◀ $1^2+1^2+1^2+\cdots\cdots+1^2$
$2^2+2^2+\cdots\cdots+2^2$
$3^2+\cdots\cdots+3^2$
$\cdots\cdots$
+)　n^2
――― は，これを縦の列ごとに加えたもの。

参考　―――の和は $\displaystyle\sum_{k=1}^{n}\left(\sum_{i=1}^{k}i^2\right)$ と表すこともできる。

練習 14 ➡ 本冊 p. 371

与えられた数列を $\{a_n\}$，その階差数列を $\{b_n\}$ とする。
また，数列 $\{b_n\}$ の階差数列を $\{c_n\}$ とすると

$\{a_n\}$：2，10，38，80，130，182，230，……
$\{b_n\}$：　8，28，42，50，52，48，……
$\{c_n\}$：　　20，14，8，2，-4，……

数列 $\{c_n\}$ は，初項 20，公差 -6 の等差数列であるから

$c_n=20+(n-1)\cdot(-6)=-6n+26$

◀ 2　10　38　80　130
8　28　42　50
20　14　8
-6　-6

$n \geqq 2$ のとき

$$b_n = b_1 + \sum_{k=1}^{n-1} c_k = 8 + \sum_{k=1}^{n-1}(-6k+26)$$

$$= 8 - 6\cdot\frac{1}{2}(n-1)n + 26(n-1)$$

$$= -3n^2 + 29n - 18$$

初項は $b_1=8$ であるから，この式は $n=1$ のときも成り立つ。

ゆえに　$b_n = -3n^2+29n-18\ (n \geqq 1)$

よって，$n \geqq 2$ のとき

$$a_n = a_1 + \sum_{k=1}^{n-1} b_k = 2 + \sum_{k=1}^{n-1}(-3k^2+29k-18)$$

$$= 2 - 3\cdot\frac{1}{6}(n-1)n(2n-1) + 29\cdot\frac{1}{2}(n-1)n - 18(n-1)$$

$$= \frac{1}{2}\{4 - n(n-1)(2n-1) + 29n(n-1) - 36(n-1)\}$$

$$= -n^3 + 16n^2 - 33n + 20$$

初項は $a_1=2$ であるから，この式は $n=1$ のときも成り立つ。

したがって　$\boldsymbol{a_n = -n^3+16n^2-33n+20}$

◀ $\sum_{k=1}^{n-1} k = \frac{1}{2}(n-1)n$

◀初項は特別扱い

◀ $\sum_{k=1}^{n-1} k^2 = \frac{1}{6}(n-1)n(2n-1)$

◀初項は特別扱い

練習 15

➡本冊 p. 372

(1) (ア) $n \geqq 2$ のとき

$$a_n = S_n - S_{n-1} = (4^n-1) - (4^{n-1}-1) = 4^{n-1}(4-1)$$

$$= 3\cdot 4^{n-1} \cdots\cdots ①$$

また　$a_1 = S_1 = 4^1 - 1 = 3$

① において，$n=1$ とすると　$a_1 = 3\cdot 4^{1-1} = 3$

よって，$n=1$ のときも ① は成り立つ。

したがって　$\boldsymbol{a_n = 3\cdot 4^{n-1}}$

(イ) $n \geqq 2$ のとき

$$a_n = S_n - S_{n-1}$$

$$= (3n^2+4n+2) - \{3(n-1)^2 + 4(n-1) + 2\}$$

$$= 6n + 1 \cdots\cdots ①$$

また　$a_1 = S_1 = 3\cdot 1^2 + 4\cdot 1 + 2 = 9$

① において，$n=1$ とすると　$6\cdot 1 + 1 = 7 \neq 9$

すなわち，① は $n=1$ のときには成り立たない。

したがって　$\boldsymbol{a_1 = 9,\quad n \geqq 2}$ **のとき** $\boldsymbol{a_n = 6n+1}$

(2) (1)(イ) から　$a_1 = 9$

$k \geqq 2$ のとき　$a_{2k-1} = 6(2k-1) + 1 = 12k - 5$

したがって，$n \geqq 2$ のとき

$$a_1{}^2 + a_3{}^2 + a_5{}^2 + \cdots\cdots + a_{2n-1}{}^2$$

$$= \sum_{k=1}^{n} a_{2k-1}{}^2 = 9^2 + \sum_{k=2}^{n}(12k-5)^2$$

$$= 81 + \sum_{k=1}^{n}(12k-5)^2 - (12\cdot 1 - 5)^2$$

$$= 81 + \sum_{k=1}^{n}(144k^2 - 120k + 25) - 49$$

CHART

和 S_n と一般項 a_n

$\boldsymbol{a_n = S_n - S_{n-1}\ (n \geqq 2)}$

$\boldsymbol{a_1 = S_1}$

◀初項は特別扱い

◀ a_n は $n \geqq 1$ で 1 つの式にまとめられる。

◀初項は特別扱い

◀ a_n は $n \geqq 1$ でまとめることができないから，$n=1$ と $n \geqq 2$ で分けて答える。

◀初項は別扱い。

◀ $\sum_{k=2}^{n} b_k = \sum_{k=1}^{n} b_k - b_1$

$=32+144\cdot\frac{1}{6}n(n+1)(2n+1)-120\cdot\frac{1}{2}n(n+1)+25n$

$=48n^3+12n^2-11n+32$ …… ①

① において，$n=1$ とすると　$48\cdot1^3+12\cdot1^2-11\cdot1+32=81$

よって，$n=1$ のときも ① は成り立つ。

◀$a_1{}^2=81$

したがって，求める和は　$\boldsymbol{48n^3+12n^2-11n+32}$

練習 16　➡本冊 p. 373

(1)　数列 $\frac{1}{1\cdot3}$，$\frac{1}{3\cdot5}$，$\frac{1}{5\cdot7}$，…… の第 k 項は

$$\frac{1}{(2k-1)(2k+1)}=\frac{1}{2}\left(\frac{1}{2k-1}-\frac{1}{2k+1}\right)$$

◀部分分数に分解する。

求める和を S とすると

$$S=\frac{1}{2}\left\{\left(\frac{1}{1}-\frac{1}{3}\right)+\left(\frac{1}{3}-\frac{1}{5}\right)+\left(\frac{1}{5}-\frac{1}{7}\right)+\cdots\cdots+\left(\frac{1}{49}-\frac{1}{51}\right)\right\}$$

◀途中が消えて，最初と最後だけが残る。

$$=\frac{1}{2}\left(1-\frac{1}{51}\right)=\boldsymbol{\frac{25}{51}}$$

(2)
$$\frac{1}{(3k-1)(3k+2)}=\frac{1}{3}\left(\frac{1}{3k-1}-\frac{1}{3k+2}\right)$$

◀部分分数に分解する。
$\frac{1}{(3k-1)(3k+2)}$
$=\frac{1}{3}\cdot\frac{(3k+2)-(3k-1)}{(3k-1)(3k+2)}$

よって，求める和を S とすると

$$S=\frac{1}{3}\left\{\left(\frac{1}{2}-\frac{1}{5}\right)+\left(\frac{1}{5}-\frac{1}{8}\right)+\left(\frac{1}{8}-\frac{1}{11}\right)+\cdots\cdots+\left(\frac{1}{3n-1}-\frac{1}{3n+2}\right)\right\}$$

◀途中が消えて，最初と最後だけが残る。

$$=\frac{1}{3}\left(\frac{1}{2}-\frac{1}{3n+2}\right)=\frac{1}{3}\cdot\frac{3n}{2(3n+2)}=\boldsymbol{\frac{n}{2(3n+2)}}$$

練習 17　➡本冊 p. 374

(1)　第 k 項は
$$\frac{1}{(2k-1)(2k+1)(2k+3)}$$
$$=\frac{1}{4}\left\{\frac{1}{(2k-1)(2k+1)}-\frac{1}{(2k+1)(2k+3)}\right\}$$

◀部分分数に分解する。

よって
$$\boldsymbol{S}=\frac{1}{4}\left[\left(\frac{1}{1\cdot3}-\frac{1}{3\cdot5}\right)+\left(\frac{1}{3\cdot5}-\frac{1}{5\cdot7}\right)+\left(\frac{1}{5\cdot7}-\frac{1}{7\cdot9}\right)+\cdots\cdots+\left\{\frac{1}{(2n-1)(2n+1)}-\frac{1}{(2n+1)(2n+3)}\right\}\right]$$

◀途中が消えて，最初と最後だけが残る。

$$=\frac{1}{4}\left\{\frac{1}{1\cdot3}-\frac{1}{(2n+1)(2n+3)}\right\}$$
$$=\frac{1}{4}\cdot\frac{(2n+1)(2n+3)-3}{3(2n+1)(2n+3)}=\boldsymbol{\frac{n(n+2)}{3(2n+1)(2n+3)}}$$

(2)　第 k 項は
$$\frac{1}{\sqrt{2k-1}+\sqrt{2k+1}}$$
$$=\frac{\sqrt{2k-1}-\sqrt{2k+1}}{(\sqrt{2k-1}+\sqrt{2k+1})(\sqrt{2k-1}-\sqrt{2k+1})}$$

◀分母の有理化。

$$=\frac{1}{2}(\sqrt{2k+1}-\sqrt{2k-1})$$

◀差の形を作る。

よって　$S=\frac{1}{2}\{(\sqrt{3}-\sqrt{1})+(\sqrt{5}-\sqrt{3})+(\sqrt{7}-\sqrt{5})+\cdots\cdots+(\sqrt{2n+1}-\sqrt{2n-1})\}$

$=\frac{1}{2}(\sqrt{2n+1}-1)$

◀途中の $\pm\sqrt{3}$, $\pm\sqrt{5}$, $\pm\sqrt{7}$, ……, $\pm\sqrt{2n-1}$ が消える。

練習 18 ➡本冊 p. 375

求める和を S とする。

(1)　$S=1\cdot2^3+2\cdot2^4+3\cdot2^5+\cdots\cdots+n\cdot2^{n+2}$

$2S=\qquad 1\cdot2^4+2\cdot2^5+\cdots\cdots+(n-1)\cdot2^{n+2}+n\cdot2^{n+3}$

◀2の指数が同じ項を上下にそろえて書く。

辺々引くと

$-S=2^3+2^4+2^5+\cdots\cdots+2^{n+2}-n\cdot2^{n+3}$

◀項別に引く。

よって　$S=-(2^3+2^4+2^5+\cdots\cdots+2^{n+2})+n\cdot2^{n+3}$

$=-2^3(1+2+2^2+\cdots\cdots+2^{n-1})+n\cdot2^{n+3}$

◀ $\underline{\quad}$ は初項1，公比2，項数 n の等比数列の和。

$=-2^3\cdot\frac{1\cdot(2^n-1)}{2-1}+n\cdot2^{n+3}$

$=\boldsymbol{(n-1)\cdot2^{n+3}+8}$

(2)　$S=1+3x+5x^2+\cdots\cdots+(2n-1)x^{n-1}$

$xS=\qquad x+3x^2+\cdots\cdots+(2n-3)x^{n-1}+(2n-1)x^n$

辺々引くと

$(1-x)S=1+2(x+x^2+\cdots\cdots+x^{n-1})-(2n-1)x^n$

◀項別に引く。

よって，**$x\neq1$ のとき**

$(1-x)S=1+2\cdot\frac{x(1-x^{n-1})}{1-x}-(2n-1)x^n$

$=\frac{1-x+2(x-x^n)-(2n-1)x^n(1-x)}{1-x}$

$=\frac{1+x-(2n+1)x^n+(2n-1)x^{n+1}}{1-x}$

◀ $x+x^2+\cdots\cdots+x^{n-1}$ は初項 x，公比 x，項数 $n-1$ の等比数列の和。公比 $\neq1$ と 公比 $=1$ を分けて考える必要がある。

ゆえに　$S=\boldsymbol{\frac{1+x-(2n+1)x^n+(2n-1)x^{n+1}}{(1-x)^2}}$

$x=1$ のとき　$S=1+3+5+\cdots\cdots+(2n-1)=\sum_{k=1}^{n}(2k-1)$

$=2\cdot\frac{1}{2}n(n+1)-n=\boldsymbol{n^2}$

◀初項1，末項 $2n-1$，項数 n の等差数列の和と考えてもよい。

練習 19 ➡本冊 p. 376

求める和 S について，次の等式が成り立つ。

$\{1+3+5+\cdots\cdots+(2n-1)\}^2$

$=1^2+3^2+5^2+\cdots\cdots+(2n-1)^2+2S$

よって　$\left\{\sum_{k=1}^{n}(2k-1)\right\}^2$

$=\sum_{k=1}^{n}(2k-1)^2+2S$ …… ①

ここで

$\sum_{k=1}^{n}(2k-1)=2\cdot\frac{1}{2}n(n+1)-n=n^2$

◀この等式が成り立つことは，次の表からもわかる。

	1	3	5	…	$2n-1$
1	1^2	$1\cdot3$	$1\cdot5$		$1\cdot(2n-1)$
3	$3\cdot1$	3^2	$3\cdot5$		$3\cdot(2n-1)$
5	$5\cdot1$	$5\cdot3$	5^2		$5\cdot(2n-1)$
⋮					
$2n-1$	$(2n-1)\cdot1$	$(2n-1)\cdot3$	$(2n-1)\cdot5$		$(2n-1)^2$

$$\sum_{k=1}^{n}(2k-1)^2=\sum_{k=1}^{n}(4k^2-4k+1)$$
$$=4\cdot\frac{1}{6}n(n+1)(2n+1)-4\cdot\frac{1}{2}n(n+1)+n$$
$$=\frac{1}{3}n\{2(n+1)(2n+1)-6(n+1)+3\}$$
$$=\frac{1}{3}n(4n^2-1)$$

よって，① から　$(n^2)^2=\frac{1}{3}n(4n^2-1)+2S$

したがって　$S=\frac{1}{2}\left\{n^4-\frac{1}{3}n(4n^2-1)\right\}$

$$=\frac{1}{6}n(3n^3-4n^2+1)$$
$$=\boldsymbol{\frac{1}{6}n(n-1)(3n^2-n-1)}$$

◀$3n^3-4n^2+1$ は因数定理を利用して因数分解。

練習 20　➡ 本冊 *p*. 377

k，m は自然数とする。

$$a_{2k-1}+a_{2k}=(-1)^{2k-1}(2k-1)(2k+1)+(-1)^{2k}\cdot 2k(2k+2)$$
$$=-(4k^2-1)+(4k^2+4k)$$
$$=4k+1$$

◀$(-1)^{奇数}=-1$，$(-1)^{偶数}=1$

[1]　$n=2m$ のとき

$$S_{2m}=\sum_{k=1}^{m}(a_{2k-1}+a_{2k})=\sum_{k=1}^{m}(4k+1)$$
$$=4\cdot\frac{1}{2}m(m+1)+m$$
$$=2m^2+3m$$

◀$S_{2m}=(a_1+a_2)+(a_3+a_4)+\cdots\cdots+(a_{2m-1}+a_{2m})$

$m=\frac{n}{2}$ であるから

$$S_n=2\left(\frac{n}{2}\right)^2+3\cdot\frac{n}{2}=\frac{n}{2}(n+3)$$

◀S_{2m} の式に $m=\frac{n}{2}$ を代入して n の式に直す。

[2]　$n=2m-1$ のとき

$a_{2m}=(-1)^{2m}\cdot 2m(2m+2)=4m^2+4m$ であるから

$$S_{2m-1}=S_{2m}-a_{2m}=2m^2+3m-(4m^2+4m)$$
$$=-2m^2-m$$

◀$S_{2m}=S_{2m-1}+a_{2m}$ を利用する。

$m=\frac{n+1}{2}$ であるから

$$S_n=-2\left(\frac{n+1}{2}\right)^2-\frac{n+1}{2}=-\frac{1}{2}(n+1)\{(n+1)+1\}$$
$$=-\frac{1}{2}(n+1)(n+2)$$

◀S_{2m-1} の式に $m=\frac{n+1}{2}$ を代入して n の式に直す。

[1]，[2] から　**n が偶数のとき**　$\boldsymbol{S_n=\frac{n}{2}(n+3)}$

n が奇数のとき　$\boldsymbol{S_n=-\frac{1}{2}(n+1)(n+2)}$

◀n が偶数のときと奇数のときはまとめられないから，分けて答える。

練習 21 ➡ 本冊 *p*. 378

自然数nに対して　$\sqrt{2n}+\dfrac{1}{2}>1$

◀ $\sqrt{2n} \geqq \sqrt{2}$

よって，a_nは1以上の整数である。
自然数mに対して，$a_n=m$となるのは

$$m \leqq \sqrt{2n}+\frac{1}{2}<m+1$$

すなわち　$m-\dfrac{1}{2} \leqq \sqrt{2n}<m+\dfrac{1}{2}$ …… ①　のときである。

◀ $n \leqq x<n+1$ ならば $[x]=n$
（xは実数，nは整数）

$m-\dfrac{1}{2}>0$ であるから，① より　$\left(m-\dfrac{1}{2}\right)^2 \leqq 2n<\left(m+\dfrac{1}{2}\right)^2$

これから　$\dfrac{m(m-1)}{2}+\dfrac{1}{8} \leqq n<\dfrac{m(m+1)}{2}+\dfrac{1}{8}$ …… ②

ここで，$m(m-1)$，$m(m+1)$ はともに連続する整数の積であるから，偶数である。

◀ 連続する2つの整数の積は偶数である。

したがって，$\dfrac{m(m-1)}{2}$，$\dfrac{m(m+1)}{2}$ はともに整数である。

よって，② を満たす自然数nは

$$\frac{m(m-1)}{2}+1 \leqq n \leqq \frac{m(m+1)}{2} \quad \cdots\cdots ③$$

$a_n=10$ となる自然数nのとりうる値の範囲は，③ に $m=10$ を代入して　ア**46**$\leqq n \leqq$イ**55**

③ を満たす自然数nの個数は

$$\frac{m(m+1)}{2}-\left\{\frac{m(m-1)}{2}+1\right\}+1=m \text{ (個)}$$

◀ +1 するのを忘れないように。

よって，a_1，a_2，……，a_{55} の中に，自然数 m $(1 \leqq m \leqq 10)$ はちょうどm個含まれるから

$$\sum_{n=1}^{55} a_n=\sum_{m=1}^{10} m \cdot m=\frac{1}{6} \cdot 10 \cdot 11(2 \cdot 10+1)=\text{ウ}\mathbf{385}$$

練習 22 ➡ 本冊 *p*. 379

$$\begin{aligned}
&1 \cdot a_1+2a_2+\cdots\cdots+na_n \\
&=\sum_{k=1}^{n} ka_k=\sum_{k=1}^{n} \frac{1}{2}\{(a_k{}^2+k^2)-(a_k-k)^2\} \\
&=\frac{1}{2}\left\{\left(\sum_{k=1}^{n} a_k{}^2+\sum_{k=1}^{n} k^2\right)-\sum_{k=1}^{n}(a_k-k)^2\right\} \quad \cdots\cdots ①
\end{aligned}$$

◀ $\sum_{k=1}^{n} a_k$ や $\sum_{k=1}^{n} a_k{}^2$ なら計算可能。そのため，このような変形をしている。なお，等式 $2ka_k=(a_k{}^2+k^2)-(a_k-k)^2$ を利用している。

a_1，a_2，……，a_n は1，2，……，n を並べ替えたものであるから

$$\sum_{k=1}^{n} a_k{}^2=\sum_{k=1}^{n} k^2$$

よって，① から

$$\begin{aligned}
&1 \cdot a_1+2a_2+\cdots\cdots+na_n \\
&=\frac{1}{2}\left(\sum_{k=1}^{n} k^2+\sum_{k=1}^{n} k^2\right)-\frac{1}{2}\sum_{k=1}^{n}(a_k-k)^2 \\
&=\frac{1}{2} \cdot 2 \cdot \frac{1}{6} n(n+1)(2n+1)-\frac{1}{2}\sum_{k=1}^{n}(a_k-k)^2 \\
&=\frac{1}{6} n(n+1)(2n+1)-\frac{1}{2}\sum_{k=1}^{n}(a_k-k)^2
\end{aligned}$$

◀ $\dfrac{1}{6}n(n+1)(2n+1)$ は一定。

$\sum_{k=1}^{n}(a_k-k)^2 \geqq 0$ であるから，$1\cdot a_1+2a_2+\cdots\cdots+na_n$ は

$\sum_{k=1}^{n}(a_k-k)^2=0$ すなわち $a_k=k$ $(k=1,\ 2,\ \cdots\cdots,\ n)$ のとき最大になる。

したがって，求める数列は　**1，2，3，……，$\boldsymbol{n}$**

参考　本問では，一般の n で考える前に，まず $n=3$ の場合を考えて見当をつけるとよい。

$1\cdot a_1+2a_2+3a_3$ は

$1\cdot1+2\cdot2+3\cdot3\ (=14)$,　$1\cdot1+2\cdot3+3\cdot2\ (=13)$

$1\cdot2+2\cdot1+3\cdot3\ (=13)$,　$1\cdot2+2\cdot3+3\cdot1\ (=11)$

$1\cdot3+2\cdot1+3\cdot2\ (=11)$,　$1\cdot3+2\cdot2+3\cdot1\ (=10)$

の 6 通りが考えられるが，$1\cdot1+2\cdot2+3\cdot3$ が最大になる。

このとき，$a_1=1$，$a_2=2$，$a_3=3$ となる。

したがって，一般の n の場合も $a_k=k$ $(k=1,\ 2,\ \cdots\cdots,\ n)$ のとき最大となるのではないかと見当がつく。

練習 23

➡ 本冊 p. 380

(1)　$n \geqq 2$ のとき，第 1 群から第 $(n-1)$ 群までにある数の個数は

$$\sum_{k=1}^{n-1}(2k+1)=2\cdot\frac{1}{2}(n-1)n+(n-1)=n^2-1 \text{ (個)}$$

◀第 $(n-1)$ 群を考えるから $n \geqq 2$ をつけた。

よって，第 n 群の最初の数は，自然数の列の第 $\{(n^2-1)+1\}=n^2$ (項) であり，このことは $n=1$ のときも成り立つ。

◀$+1$ を忘れずに。

ゆえに，第 n 群の **最初の数は**　$\boldsymbol{n^2}$

また，第 n 群の **最後の数は**，第 n 群までに含まれる自然数の列の項の個数に一致するから

$$\sum_{k=1}^{n}(2k+1)=2\cdot\frac{1}{2}n(n+1)+n=\boldsymbol{n^2+2n}$$

(2)　(1) より，第 n 群の初項は n^2，末項は n^2+2n であり，第 n 群には $(2n+1)$ 個の数がある。

よって，第 n 群に含まれるすべての数の和は

$$\frac{1}{2}(2n+1)\{n^2+(n^2+2n)\}=\boldsymbol{n(n+1)(2n+1)}$$

◀$\frac{1}{2}n(a+l)$

(3)　2014 が第 n 群に含まれるとすると

$$n^2 \leqq 2014<(n+1)^2 \quad \cdots\cdots ①$$

◀(第 n 群の初項) $\leqq 2014$ $<$ (第 $n+1$ 群の初項)

n^2，$(n+1)^2$ は単調に増加し，$44^2=1936$，$45^2=2025$ であるから，① を満たす自然数 n は　$n=44$

2014 が第 44 群の m 番目であるとすると

$$m=2014-1936+1=79$$

◀1936 から 2014 までの自然数の個数。

したがって，2014 は **第 44 群の 79 番目** の数である。

練習 24

➡ 本冊 p. 381

分母が等しいものを群として，次のように区切って考える。

◀区切りを入れる。

$$\frac{1}{2} \,\Big|\, \frac{1}{4},\ \frac{3}{4} \,\Big|\, \frac{1}{8},\ \frac{3}{8},\ \frac{5}{8},\ \frac{7}{8} \,\Big|\, \frac{1}{16},\ \frac{3}{16},\ \cdots\cdots$$

◀第 k 群の分母は　2^k

第 n 群の項数は　2^{n-1}

(前半) $\dfrac{9}{128}=\dfrac{2\cdot5-1}{2^7}$ であるから，$\dfrac{9}{128}$ は第7群の5番目の数である。

◀ 9は5番目の正の奇数。

第1群から第6群までの項数は

$$1+2+\cdots\cdots+2^5=\frac{1\cdot(2^6-1)}{2-1}=63$$

$63+5=68$ であるから，$\dfrac{9}{128}$ は　**第68項**

(後半) 第 n 群に属する数の総和は

$$\frac{1}{2^n}\{1+3+\cdots\cdots+(2\cdot2^{n-1}-1)\}$$

$$=\frac{1}{2^n}\cdot\frac{1}{2}\cdot2^{n-1}\{1+(2\cdot2^{n-1}-1)\}=2^{n-2}$$

◀分子の和は初項1，末項 $2\cdot2^{n-1}-1$，項数 2^{n-1} の等差数列の和。

よって，初項から第68項までの和は

$$2^{-1}+2^0+2^1+\cdots\cdots+2^4+\frac{1}{2^7}(1+3+5+7+9)$$

$$=\frac{1}{2}\cdot\frac{2^6-1}{2-1}+\frac{25}{2^7}=\mathbf{\frac{4057}{128}}$$

◀(第6群までの和)＋(第7群の初めの5項の和)

練習 25

➡ 本冊 p. 382

並べられた自然数を，次のように区分する。

$1 \mid 2,\ 3,\ 4 \mid 5,\ 6,\ 7,\ 8,\ 9 \mid 10,\ 11,\ \cdots\cdots$　　　…… ①

1	2	5	10	…
4	3	6	11	…
9	8	7	12	…
16	15	14	13	…
…	…	…	…	…

(1) ① の第 m 群までの項数は

$$1+3+5+\cdots\cdots+(2m-1)=m^2 \quad \cdots\cdots ②$$

左から m 番目，上から m 番目は，① の第 m 群の m 番目であるから　$(m-1)^2+m=\boldsymbol{m^2-m+1}$

(2) 90 が ① の第 m 群に属するとすると

$$(m-1)^2<90\leqq m^2$$

$9^2<90<10^2$ から，この不等式を満たす自然数 m は　$m=10$

第9群までの項数は $9^2=81$ であるから，90 は第10群の

$$90-81=9\ (\text{番目})$$

また，第10群の中央は10番目の項で，$9<10$ である。

よって，90 の位置は　**左から10番目，上から9番目**

(3) ① の第 k 群までの項数は，② により　k^2 個

よって，$n=k^2+l\ (1\leqq l\leqq 2k+1)$ と表される自然数 n は，① の第 $k+1$ 群の l 番目の項である。

◀ $l=2k+1$ のとき，$n=(k+1)^2$ となり，n は第 $k+1$ 群の $2k+1$ 番目の項である。

また，第 $k+1$ 群の中央は $k+1$ 番目の項である。

したがって，n の位置は

$1\leqq l\leqq k+1$ のとき

左から $k+1$ 番目，上から l 番目

$k+2\leqq l\leqq 2k+1$ のとき

左から $(2k+1)-l+1=2k-l+2$ 番目，

上から $k+1$ 番目

練習 26 ➡ 本冊 p. 384

(1) 領域は，右の図の黒く塗った2つの部分の周および内部である。

直線 $x=k$ $(k=-n,\ -n+1,\ \cdots\cdots,\ n-1,\ n)$ 上には，$2(2n-n+1)=2(n+1)$ 個の格子点が並んでいるから，格子点の総数は　　$2(n+1)\times\{n-(-n)+1\}$

$=\mathbf{2(n+1)(2n+1)}$ **(個)**

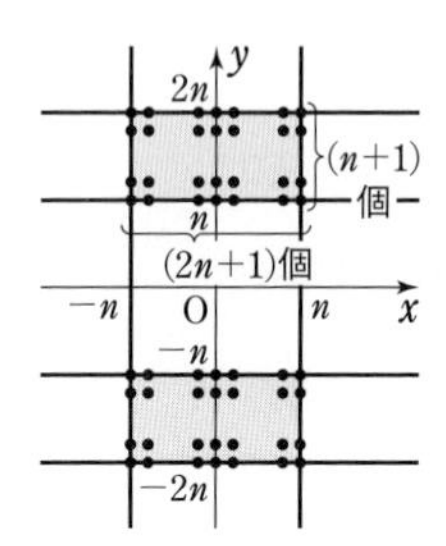

◀ $|x|\leqq n$ から
$-n\leqq x\leqq n$
$n\leqq|y|\leqq 2n$ から
$-2n\leqq y\leqq -n$ または
$n\leqq y\leqq 2n$

(2) 領域は，右の図の黒く塗った部分の周および内部である。

ここで，$x+3y=3n$ とすると　　$x=3n-3y$

ゆえに，直線 $y=k$ $(k=0,\ 1,\ \cdots\cdots,\ n)$ 上には，$(3n-3k+1)$ 個の格子点が並ぶ。

よって，格子点の総数は

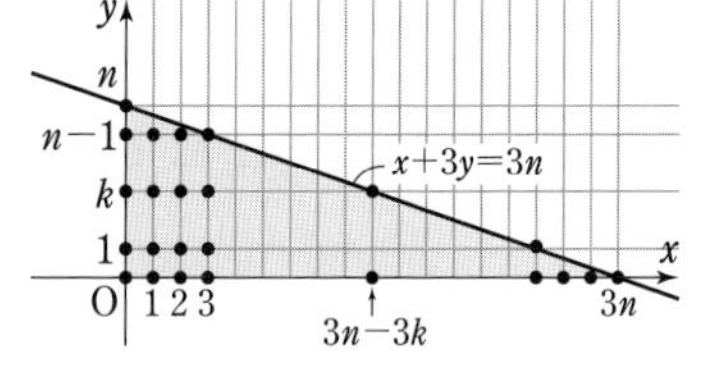

$$\sum_{k=0}^{n}(3n-3k+1)=-3\sum_{k=0}^{n}k+(3n+1)\sum_{k=0}^{n}1$$
$$=-3\cdot\frac{1}{2}n(n+1)+(3n+1)(n+1)$$
$$=\frac{1}{2}(n+1)\{-3n+2(3n+1)\}$$
$$=\boldsymbol{\frac{1}{2}(n+1)(3n+2)}\ \textbf{(個)}$$

◀ $\sum_{k=0}^{n}k=\sum_{k=1}^{n}k$,
$\sum_{k=0}^{n}1=1\times(n+1)$

別解　線分 $x+3y=3n$ $(0\leqq y\leqq n)$ 上の格子点 $(0,\ n)$，$(3,\ n-1)$，……，$(3n,\ 0)$ の個数は　　$n+1$

4点 $(0,\ 0)$，$(3n,\ 0)$，$(3n,\ n)$，$(0,\ n)$ を頂点とする長方形の周および内部にある格子点の個数は　　$(3n+1)(n+1)$

ゆえに，求める格子点の個数は

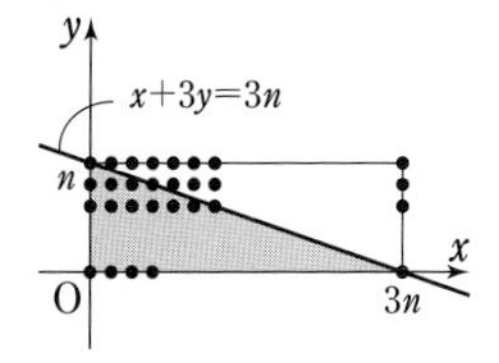

$$\frac{1}{2}\{(3n+1)(n+1)+(n+1)\}=\boldsymbol{\frac{1}{2}(n+1)(3n+2)}\ \textbf{(個)}$$

(3) 領域は，右の図の黒く塗った部分の周および内部である。

直線 $x=k$ $(k=0,\ 1,\ \cdots\cdots,\ n)$ 上には，$2k^2-k^2+1=(k^2+1)$ (個) の格子点が並ぶ。

よって，格子点の総数は

$$\sum_{k=0}^{n}(k^2+1)=(0^2+1)+\sum_{k=1}^{n}(k^2+1)$$
$$=1+\sum_{k=1}^{n}(k^2+1)$$
$$=1+\frac{1}{6}n(n+1)(2n+1)+n$$
$$=\boldsymbol{\frac{1}{6}(n+1)(2n^2+n+6)}\ \textbf{(個)}$$

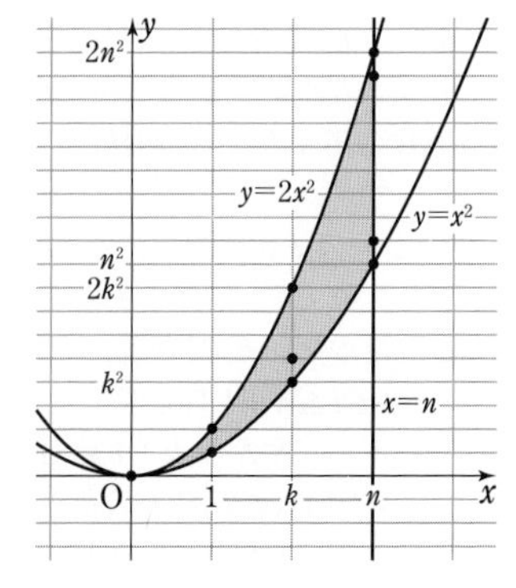

(4) 領域は，右の図の黒く塗った部分の周および内部である。
直線 $x=k$ $(k=1,\ 2,\ \cdots\cdots,\ 20)$ と直線 $5x+2y=100$ …… ① の交点の座標は $\left(k,\ 50-\dfrac{5}{2}k\right)$ …… (∗)

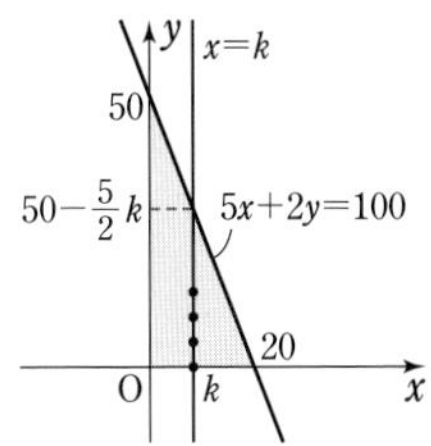

◀直線 $5x+2y=100$ は，$\dfrac{x}{20}+\dfrac{y}{50}=1$ から，x 軸と点 $(20,\ 0)$，y 軸と点 $(0,\ 50)$ でそれぞれ交わる。

よって，領域に含まれる格子点のうち，直線 $x=k$ $(k=1,\ 2,\ \cdots\cdots,\ 20)$ 上にあるものの個数を l_k とすると

k が偶数のとき　$l_k=50-\dfrac{5}{2}k+1=51-\dfrac{5}{2}k$

k が奇数のとき　$l_k=50-\dfrac{5}{2}k-\dfrac{1}{2}+1=\dfrac{101}{2}-\dfrac{5}{2}k$

◀交点 (∗) は k が偶数のとき格子点であり，k が奇数のとき格子点でない。

k が偶数のとき，$k=2m$ $(m=0,\ 1,\ 2,\ \cdots\cdots,\ 10)$ とおけるから

$$l_{2m}=51-\frac{5}{2}\cdot 2m=51-5m$$

k が奇数のとき，$k=2m-1$ $(m=1,\ 2,\ \cdots\cdots,\ 10)$ とおけるから

$$l_{2m-1}=\frac{101}{2}-\frac{5}{2}(2m-1)=53-5m$$

ゆえに，求める格子点の個数は

$$\sum_{m=0}^{10} l_{2m}+\sum_{m=1}^{10} l_{2m-1}=l_0+\sum_{m=1}^{10} l_{2m}+\sum_{m=1}^{10} l_{2m-1}=l_0+\sum_{m=1}^{10}(l_{2m}+l_{2m-1})$$
$$=51+\sum_{m=1}^{10}\{(51-5m)+(53-5m)\}$$
$$=51+104\sum_{m=1}^{10}1-10\sum_{m=1}^{10}m$$
$$=51+104\cdot 10-10\cdot\frac{1}{2}\cdot 10\cdot 11$$
$$=\mathbf{541}\ \textbf{(個)}$$

◀$\displaystyle\sum_{m=0}^{10} l_{2m}=l_0+\sum_{m=1}^{10} l_{2m}$

◀$\displaystyle 51+\sum_{m=1}^{10}(104-10m)$

別解　線分 $5x+2y=100$ $(0\leqq x\leqq 20)$ 上の格子点 $(0,\ 50)$，$(2,\ 45)$，……，$(20,\ 0)$ の個数は 11 個である。
4 点 $(0,\ 0)$，$(20,\ 0)$，$(20,\ 50)$，$(0,\ 50)$ を頂点とする長方形の周および内部にある格子点の個数は　$21\cdot 51=1071$
よって，求める格子点の個数は

$$\frac{1}{2}(1071+11)=\mathbf{541}\ \textbf{(個)}$$

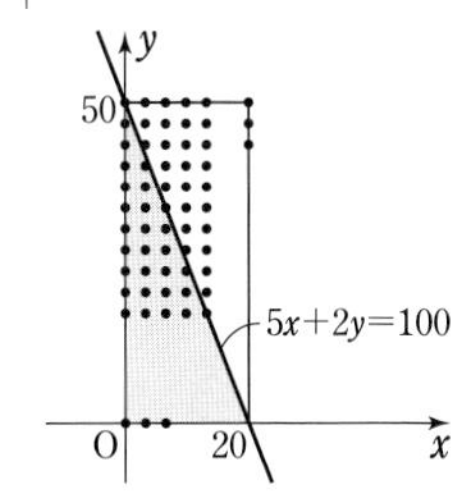

練習 27　➡本冊 p. 387

(1) 漸化式を変形すると　$a_{n+1}+4=3(a_n+4)$
また　$a_1+4=2+4=6$
よって，数列 $\{a_n+4\}$ は初項 6，公比 3 の等比数列である。
したがって　$a_n+4=6\cdot 3^{n-1}$　ゆえに　$\boldsymbol{a_n=2\cdot 3^n-4}$

◀$\alpha=3\alpha+8$ を解くと $\alpha=-4$

◀$a_n+4=b_n$ とおくと $b_{n+1}=3b_n$

(2) 漸化式から　$a_{n+1}=\dfrac{5}{4}a_n+5$

これを変形すると　$a_{n+1}+20=\dfrac{5}{4}(a_n+20)$

また　$a_1+20=-18+20=2$

◀$\alpha=\dfrac{5}{4}\alpha+5$ を解くと $\alpha=-20$

よって，数列 $\{a_n+20\}$ は初項 2，公比 $\frac{5}{4}$ の等比数列である。

したがって　　$a_n+20=2\left(\frac{5}{4}\right)^{n-1}$

ゆえに　　$\boldsymbol{a_n=2\left(\frac{5}{4}\right)^{n-1}-20}$

◀$a_n+20=b_n$ とおくと $b_{n+1}=\frac{5}{4}b_n$

参考　(1), (2) は特性方程式を利用して，**等比数列の形に変形** したが，**階差数列の利用** を考えてもよい。

例えば，(1) では次のようになる。

$a_{n+1}=3a_n+8$ から　　$a_{n+2}=3a_{n+1}+8$

辺々引くと　　$a_{n+2}-a_{n+1}=3(a_{n+1}-a_n)$

$b_n=a_{n+1}-a_n$ とおくと　　$b_{n+1}=3b_n$

◀数列 $\{b_n\}$ は数列 $\{a_n\}$ の階差数列。

また　　$b_1=a_2-a_1=(3\cdot2+8)-2=12$

よって，数列 $\{b_n\}$ は初項 12，公比 3 の等比数列で

$$b_n=12\cdot3^{n-1}$$

ゆえに，$n\geqq2$ のとき

$$a_n=a_1+\sum_{k=1}^{n-1}b_k=2+\sum_{k=1}^{n-1}12\cdot3^{k-1}$$

$$=2+\frac{12(3^{n-1}-1)}{3-1}=2\cdot3^n-4$$

初項は $a_1=2$ であるから，この式は $n=1$ のときも成り立つ。

◀**初項は特別扱い**

したがって　　$\boldsymbol{a_n=2\cdot3^n-4}$

練習 28　➡本冊 $p.389$

(1)　　$a_{n+2}=3a_{n+1}+4(n+1)$

$a_{n+1}=3a_n+4n$

◀漸化式の n に $n+1$ を代入したもの。

辺々引くと　　$a_{n+2}-a_{n+1}=3(a_{n+1}-a_n)+4$

◀n を消去する。

$b_n=a_{n+1}-a_n$ とおくと　　$b_{n+1}=3b_n+4$

◀数列 $\{b_n\}$ は階差数列。

よって　　$b_{n+1}+2=3(b_n+2)$

◀$\alpha=3\alpha+4$ を解くと $\alpha=-2$

また　　$b_1+2=a_2-a_1+2=(3\cdot1+4\cdot1)-1+2=8$

数列 $\{b_n+2\}$ は初項 8，公比 3 の等比数列であるから

$b_n+2=8\cdot3^{n-1}$　　ゆえに　　$b_n=8\cdot3^{n-1}-2$ ……（*）

参考　（*）から $a_{n+1}=a_n+8\cdot3^{n-1}-2$ これを $a_{n+1}=3a_n+4n$ に代入することで一般項 a_n を求めてもよい。

$n\geqq2$ のとき　　$a_n=a_1+\sum_{k=1}^{n-1}b_k=1+\sum_{k=1}^{n-1}(8\cdot3^{k-1}-2)$

$$=1+8\cdot\frac{3^{n-1}-1}{3-1}-2(n-1)$$

$$=4\cdot3^{n-1}-2n-1$$

初項は $a_1=1$ であるから，この式は $n=1$ のときも成り立つ。

◀**初項は特別扱い**

よって　　$\boldsymbol{a_n=4\cdot3^{n-1}-2n-1}$

別解　$b_n=a_n-(\alpha n+\beta)$ とおくと　　$a_n=b_n+\alpha n+\beta$

◀等比数列の形に変形する方法。

これを漸化式に代入して

$$b_{n+1}+\alpha(n+1)+\beta=3(b_n+\alpha n+\beta)+4n$$

よって　　$b_{n+1}=3b_n+2(\alpha+2)n+2\beta-\alpha$

ここで，数列 $\{b_n\}$ が等比数列となるように α，β を定めるため，

$2(\alpha+2)=0$，$2\beta-\alpha=0$ とすると　　$\alpha=-2$，$\beta=-1$

このとき　$b_{n+1}=3b_n$,　$a_n=b_n-2n-1$

また　$b_1=a_1+2\cdot1+1=4$

したがって　$b_n=4\cdot3^{n-1}$

ゆえに　$\boldsymbol{a_n=4\cdot3^{n-1}-2n-1}$

(2)　$f(n)=an^2+bn+c\ (a\neq0)$ とする。

数列 $\{a_n-f(n)\}$ が公比 2 の等比数列となるとき

$$a_{n+1}-f(n+1)=2\{a_n-f(n)\}$$

よって　$a_{n+1}-2a_n=f(n+1)-2f(n)$

$$=a(n+1)^2+b(n+1)+c-2(an^2+bn+c)$$

$$=-an^2+(2a-b)n+a+b-c$$

漸化式より $a_{n+1}-2a_n=-n^2+n$ であるから

$$-an^2+(2a-b)n+a+b-c=-n^2+n$$

両辺の係数を比較して　$-a=-1$, $2a-b=1$, $a+b-c=0$

これを解いて　$a=1$, $b=1$, $c=2$

ゆえに　$\boldsymbol{f(n)=n^2+n+2}$

数列 $\{a_n-f(n)\}$ は初項 $a_1-f(1)=3-4=-1$, 公比 2 の等比数列であるから　$a_n-f(n)=-2^{n-1}$

したがって　$a_n=f(n)-2^{n-1}=\boldsymbol{n^2+n+2-2^{n-1}}$

◀数列 $\{b_n\}$ は公比 3 の等比数列。

◀$a_1=1$

◀$f(n)$ は n の 2 次式。

◀n についての恒等式と考える。

◀$a\neq0$ を満たす。

◀$f(1)=1^2+1+2=4$

練習 29　➡ 本冊 p. 390

(1)　$a_{n+1}=3a_n+2^{n-1}$ の両辺を 2^{n+1} で割ると

$$\frac{a_{n+1}}{2^{n+1}}=\frac{3}{2}\cdot\frac{a_n}{2^n}+\frac{1}{4}$$

$\dfrac{a_n}{2^n}=b_n$ とおくと　$b_{n+1}=\dfrac{3}{2}b_n+\dfrac{1}{4}$

これを変形すると　$b_{n+1}+\dfrac{1}{2}=\dfrac{3}{2}\left(b_n+\dfrac{1}{2}\right)$

また　$b_1+\dfrac{1}{2}=\dfrac{a_1}{2}+\dfrac{1}{2}=\dfrac{1}{2}+\dfrac{1}{2}=1$

よって, 数列 $\left\{b_n+\dfrac{1}{2}\right\}$ は初項 1, 公比 $\dfrac{3}{2}$ の等比数列であるから

$$b_n+\frac{1}{2}=1\cdot\left(\frac{3}{2}\right)^{n-1}$$

ゆえに　$b_n=\left(\dfrac{3}{2}\right)^{n-1}-\dfrac{1}{2}$

したがって　$\boldsymbol{a_n}=2^nb_n=2^n\left\{\left(\dfrac{3}{2}\right)^{n-1}-\dfrac{1}{2}\right\}$

$$=\boldsymbol{2\cdot3^{n-1}-2^{n-1}}$$

◀$2^{n-1}\div2^{n+1}$
$=2^{(n-1)-(n+1)}=2^{-2}$

◀$\dfrac{a_{n+1}}{2^{n+1}}=b_{n+1}$

◀$\alpha=\dfrac{3}{2}\alpha+\dfrac{1}{4}$ を解くと
$\alpha=-\dfrac{1}{2}$

別解　$a_{n+1}=3a_n+2^{n-1}$ の両辺を 3^{n+1} で割ると

$$\frac{a_{n+1}}{3^{n+1}}=\frac{a_n}{3^n}+\frac{1}{9}\left(\frac{2}{3}\right)^{n-1}$$

$\dfrac{a_n}{3^n}=b_n$ とおくと　$b_{n+1}=b_n+\dfrac{1}{9}\left(\dfrac{2}{3}\right)^{n-1}$

また　$b_1=\dfrac{a_1}{3}=\dfrac{1}{3}$

よって, $n\geqq2$ のとき

◀$\dfrac{2^{n-1}}{3^{n+1}}=\dfrac{1}{3^2}\left(\dfrac{2}{3}\right)^{n-1}$

◀数列 $\{b_n\}$ の階差数列の一般項は　$\dfrac{1}{9}\left(\dfrac{2}{3}\right)^{n-1}$

$$b_n=b_1+\sum_{k=1}^{n-1}\frac{1}{9}\left(\frac{2}{3}\right)^{k-1}=\frac{1}{3}+\frac{\frac{1}{9}\left\{1-\left(\frac{2}{3}\right)^{n-1}\right\}}{1-\frac{2}{3}}$$

$$=\frac{1}{3}+\frac{1}{3}\left\{1-\left(\frac{2}{3}\right)^{n-1}\right\}=\frac{2}{3}-\frac{1}{3}\left(\frac{2}{3}\right)^{n-1}\ \cdots\cdots\ ①$$

$b_1=\frac{1}{3}$ であるから，① は $n=1$ のときも成り立つ。

◀初項は特別扱い

したがって　　$\boldsymbol{a_n=3^nb_n=2\cdot3^{n-1}-2^{n-1}}$

(2) 漸化式の両辺に 3^n を掛けると　　$3\cdot3^{n+1}a_{n+1}=3^na_n+4$

$b_n=3^na_n$ とおくと　　$3b_{n+1}=b_n+4$

◀$3\alpha=\alpha+4$ を解くと $\alpha=2$

これを変形すると　　$b_{n+1}-2=\frac{1}{3}(b_n-2)$

また　　$b_1-2=3a_1-2=-92$

よって，数列 $\{b_n-2\}$ は初項 -92，公比 $\frac{1}{3}$ の等比数列であるから　　$b_n-2=-92\left(\frac{1}{3}\right)^{n-1}$　　ゆえに　$b_n=2-92\left(\frac{1}{3}\right)^{n-1}$

したがって　　$\boldsymbol{a_n=\frac{b_n}{3^n}=\frac{2}{3^n}-\frac{276}{9^n}}$

◀$\frac{1}{3^n}\cdot\frac{1}{3^{n-1}}=\frac{3}{3^n\cdot3^n}$

別解　漸化式の両辺に 9^n を掛けると　　$9^{n+1}a_{n+1}=9^na_n+4\cdot3^n$

$b_n=9^na_n$ とおくと　$b_{n+1}=b_n+4\cdot3^n$　　また　$b_1=9a_1=-270$

よって，$n\geqq2$ のとき

$$b_n=b_1+\sum_{k=1}^{n-1}4\cdot3^k=-270+\frac{12(3^{n-1}-1)}{3-1}$$

$$=2\cdot3^n-276\ \cdots\cdots\ ①$$

◀$\sum_{k=1}^{n-1}4\cdot3^k$ は初項 12，公比 3，項数 $n-1$ の等比数列の和。

$b_1=-270$ であるから，① は $n=1$ のときも成り立つ。

したがって　　$\boldsymbol{a_n=\frac{b_n}{9^n}=\frac{2}{3^n}-\frac{276}{9^n}}$

練習 30

➡本冊 p. 391

$5a_n=2S_n-2n+3\ \cdots\cdots\ ①$ とする。

(1) ① で $n=1$ を代入すると　　$5a_1=2S_1-2\cdot1+3$

$S_1=a_1$ であるから　　$5a_1=2a_1+1$

これを解いて　　$\boldsymbol{a_1=\frac{1}{3}}$

① で $n=2$ を代入すると　　$5a_2=2S_2-2\cdot2+3$

$S_2=a_1+a_2=\frac{1}{3}+a_2$ であるから　　$5a_2=2\left(\frac{1}{3}+a_2\right)-1$

これを解いて　　$\boldsymbol{a_2=-\frac{1}{9}}$

(2) ① で n の代わりに $n+1$ とおいて

$$5a_{n+1}=2S_{n+1}-2(n+1)+3\ \cdots\cdots\ ②$$

◀$n\geqq2$ と $n=1$ のときに分けて書かなくても済むように，① で n の代わりに $n+1$ とおく。

②−① から　　$5a_{n+1}-5a_n=2(S_{n+1}-S_n)-2$

$S_{n+1}-S_n=a_{n+1}$ であるから　　$5a_{n+1}-5a_n=2a_{n+1}-2$

よって　　$\boldsymbol{a_{n+1}=\frac{5}{3}a_n-\frac{2}{3}}$　$\cdots\cdots$ ③

(3) ③ を変形して　$a_{n+1}-1=\frac{5}{3}(a_n-1)$

(1) から　$a_1-1=-\frac{2}{3}$

数列 $\{a_n-1\}$ は初項 $-\frac{2}{3}$，公比 $\frac{5}{3}$ の等比数列であるから

$$a_n-1=-\frac{2}{3}\left(\frac{5}{3}\right)^{n-1}$$

すなわち　$\boldsymbol{a_n=-\frac{2}{3}\left(\frac{5}{3}\right)^{n-1}+1}$

◀特性方程式 $\alpha=\frac{5}{3}\alpha-\frac{2}{3}$ の解は　$\alpha=1$

(4) ① から　$S_n=\frac{1}{2}(5a_n+2n-3)$

(3) の結果を代入して

$$\boldsymbol{S_n}=\frac{1}{2}\left\{-2\left(\frac{5}{3}\right)^n+2n+2\right\}\boldsymbol{=-\left(\frac{5}{3}\right)^n+n+1}$$

◀① を S_n について解く。

練習 31

➡ 本冊 p. 392

(1) $a_1=2>0$ と漸化式の形から $a_n>0$ である。

$a_{n+1}=a_n{}^3\cdot4^n$ の両辺の 2 を底とする対数をとると

$$\log_2 a_{n+1}=\log_2 a_n{}^3+\log_2 4^n$$

よって　$\log_2 a_{n+1}=3\log_2 a_n+2n$

$b_n=\log_2 a_n$ とすると　$\boldsymbol{b_{n+1}=3b_n+2n}$

◀対数をとるから，各項が正であることを確認する。

(2) $b_{n+1}-f(n+1)=3\{b_n-f(n)\}$ から

$$b_{n+1}=3b_n+f(n+1)-3f(n)$$

$f(n)=\alpha n+\beta$，$f(n+1)=\alpha n+\alpha+\beta$ を代入して

$$b_{n+1}=3b_n+\alpha n+\alpha+\beta-3(\alpha n+\beta)$$

整理して　$b_{n+1}=3b_n-2\alpha n+\alpha-2\beta$

これと (1) の結果から　$-2\alpha=2$，$\alpha-2\beta=0$

連立して解くと　$\boldsymbol{\alpha=-1}$，$\boldsymbol{\beta=-\frac{1}{2}}$

◀$b_{n+1}=pb_n+f(n)$ 型の漸化式は，適当なおき換えにより，等比数列の形に変形できる。

(3) (2) から　$f(n)=-n-\frac{1}{2}$

$b_{n+1}-f(n+1)=3\{b_n-f(n)\}$ より，数列 $\left\{b_n+n+\frac{1}{2}\right\}$ は，初項

$b_1+1+\frac{1}{2}=\log_2 a_1+\frac{3}{2}=\frac{5}{2}$，公比 3 の等比数列であるから

◀$\log_2 a_1=\log_2 2=1$

$$b_n+n+\frac{1}{2}=\frac{5}{2}\cdot3^{n-1}$$

よって　$b_n=\frac{5}{2}\cdot3^{n-1}-n-\frac{1}{2}$

また，$b_n=\log_2 a_n$ から　$a_n=2^{b_n}$

◀対数の定義。

すなわち　$\boldsymbol{a_n=2^{\frac{5}{2}\cdot3^{n-1}-n-\frac{1}{2}}}$

練習 32 ➡ 本冊 p. 393

$na_{n+1}-(n+2)a_n+1=0$ の両辺を $n(n+1)(n+2)$ で割ると

$$\frac{a_{n+1}}{(n+1)(n+2)}-\frac{a_n}{n(n+1)}+\frac{1}{n(n+1)(n+2)}=0$$

$\dfrac{a_n}{n(n+1)}=b_n$ とおくと

$$b_{n+1}-b_n=-\frac{1}{n(n+1)(n+2)}$$

よって，$n\geqq 2$ のとき

$$b_n=b_1+\sum_{k=1}^{n-1}\frac{-1}{k(k+1)(k+2)}$$
$$=\frac{a_1}{1\cdot 2}-\sum_{k=1}^{n-1}\frac{1}{2}\left\{\frac{1}{k(k+1)}-\frac{1}{(k+1)(k+2)}\right\}$$
$$=\frac{1}{2}-\frac{1}{2}\left[\left(\frac{1}{1\cdot 2}-\frac{1}{2\cdot 3}\right)+\left(\frac{1}{2\cdot 3}-\frac{1}{3\cdot 4}\right)+\cdots\cdots+\left\{\frac{1}{(n-1)n}-\frac{1}{n(n+1)}\right\}\right]$$
$$=\frac{1}{2}-\frac{1}{2}\left\{\frac{1}{2}-\frac{1}{n(n+1)}\right\}=\frac{1}{4}+\frac{1}{2n(n+1)}$$
$$=\frac{n^2+n+2}{4n(n+1)}\ \cdots\cdots ①$$

$b_1=\dfrac{1}{2}$ であるから，① は $n=1$ のときも成り立つ。

ゆえに　$b_n=\dfrac{n^2+n+2}{4n(n+1)}$　すなわち　$\dfrac{a_n}{n(n+1)}=\dfrac{n^2+n+2}{4n(n+1)}$

したがって　$\boldsymbol{a_n=\dfrac{1}{4}n^2+\dfrac{1}{4}n+\dfrac{1}{2}}$

◀両辺を $n(n+2)$ で割ると $\dfrac{a_{n+1}}{n+2}-\dfrac{a_n}{n}+\dfrac{1}{n(n+2)}=0$ これを $f(n+1)a_{n+1}-f(n)a_n+g(n)=0$ の形にするために，更に $(n+1)$ で両辺を割る。

◀途中が消えて，最初と最後だけが残る。

◀**初項は特別扱い**

練習 33 ➡ 本冊 p. 394

(解 1)　$n\geqq 2$ のとき　$a_n=\dfrac{n-1}{n+2}a_{n-1}$

$a_{n-1}=\dfrac{n-2}{n+1}a_{n-2}$ であるから　$a_n=\dfrac{n-1}{n+2}\cdot\dfrac{n-2}{n+1}a_{n-2}$

これを繰り返して

$$a_n=\frac{n-1}{n+2}\cdot\frac{n-2}{n+1}\cdot\frac{n-3}{n}\cdot\frac{n-4}{n-1}\cdots\cdots\frac{4}{7}\cdot\frac{3}{6}\cdot\frac{2}{5}\cdot\frac{1}{4}a_1$$

よって　$a_n=\dfrac{3\cdot 2\cdot 1}{(n+2)(n+1)n}\cdot\dfrac{2}{3}$

すなわち　$\boldsymbol{a_n=\dfrac{4}{n(n+1)(n+2)}}$

これは $n=1$ のときも成り立つ。

(解 2)　漸化式の両辺に $n(n+1)(n+2)$ を掛けると

$$n(n+1)(n+2)a_n=(n-1)n(n+1)a_{n-1}$$

したがって

$$n(n+1)(n+2)a_n=(n-1)n(n+1)a_{n-1}=\cdots\cdots=1\cdot 2\cdot 3a_1=4$$

よって　$\boldsymbol{a_n=\dfrac{4}{n(n+1)(n+2)}}$

◀$a_n=\dfrac{n-1}{n+2}\cdot\dfrac{n-2}{n+1}\cdot\dfrac{n-3}{n}a_{n-3}$

◀$\dfrac{4}{1\cdot(1+1)(1+2)}=\dfrac{2}{3}$

◀数列 $\{n(n+1)(n+2)a_n\}$ はすべての項が等しい。

参考　$a_1=\dfrac{2}{3}>0$, $a_{n+1}=\dfrac{n}{n+3}a_n$ …… ① から，すべての自然数 n について　$a_n>0$

① の両辺の 10 を底とする対数をとると

$$\log_{10}a_{n+1}=\log_{10}a_n+\log_{10}n-\log_{10}(n+3)$$

$\log_{10}a_n=b_n$ とおくと

$$b_{n+1}-b_n=\log_{10}n-\log_{10}(n+3)$$

$n\geqq 2$ のとき

$$b_n=b_1+\sum_{k=1}^{n-1}\{\log_{10}k-\log_{10}(k+3)\}$$

$$=\log_{10}\frac{2}{3}+\log_{10}2+\log_{10}3-\log_{10}n-\log_{10}(n+1)-\log_{10}(n+2)$$

$$=\log_{10}\frac{4}{n(n+1)(n+2)}$$

このことから，a_n を求めてもよい。

◀対数をとることにより，積・商を和・差の形にすることができる。

◀階差数列の形に変形。

練習 34

➡ 本冊 p. 395

$a_1>0$ であるから，漸化式により　$a_2>0$

同様にして　$a_3>0$

以下同じようにして，すべての自然数 n に対して　$a_n>0$

漸化式の両辺の逆数をとると　$\dfrac{1}{a_{n+1}}=4+\dfrac{3}{a_n}$

$\dfrac{1}{a_n}=b_n$ とおくと　$b_{n+1}=4+3b_n$

これを変形すると　$b_{n+1}+2=3(b_n+2)$

また　$b_1+2=\dfrac{1}{a_1}+2=1+2=3$

よって，数列 $\{b_n+2\}$ は初項 3，公比 3 の等比数列で

$b_n+2=3\cdot 3^{n-1}$　すなわち　$b_n=3^n-2$

したがって　$\boldsymbol{a_n=\dfrac{1}{b_n}=\dfrac{1}{3^n-2}}$

◀逆数をとるために，$a_n\neq 0$ を示す。

◀$\alpha=4+3\alpha$ を解くと　$\alpha=-2$

◀$b_n=\dfrac{1}{a_n}$ という式の形から　$b_n\neq 0$

練習 35

➡ 本冊 p. 396

$b_n=a_n-\alpha$ とおくと，$a_n=b_n+\alpha$ であり，漸化式から

$$b_{n+1}+\alpha=\frac{4}{12-9(b_n+\alpha)}$$

よって　$b_{n+1}=\dfrac{4-\alpha\{12-9(b_n+\alpha)\}}{12-9(b_n+\alpha)}$

ゆえに　$b_{n+1}=\dfrac{9\alpha b_n+(3\alpha-2)^2}{-9b_n+(12-9\alpha)}$ …… ①

ここで，$(3\alpha-2)^2=0$ すなわち $\alpha=\dfrac{2}{3}$ とすると，① は

$b_{n+1}=\dfrac{2b_n}{-3b_n+2}$ …… ②　となる。

$b_1=a_1-\alpha=0-\dfrac{2}{3}=-\dfrac{2}{3}$ であり，ある自然数 n で $b_{n+1}=0$ であるとすると，② から　$b_n=0$

◀(＿＿の分子)
$=9\alpha b_n+9\alpha^2-12\alpha+4$

◀$b_{n+1}=\dfrac{b_n}{pb_n+q}$ の形を作るには $(3\alpha-2)^2=0$

◀$b_{n+1}=\dfrac{6b_n}{-9b_n+6}$

◀逆数をとるために，$b_n\neq 0$ $(n\geqq 1)$ を示す。

ゆえに，$b_{n+1}=b_n=b_{n-1}=\cdots\cdots=b_2=b_1=0$ となるが，これは矛盾である。

◀ $b_1\neq 0$

よって，すべての自然数 n について $b_n\neq 0$ である。

② の両辺の逆数をとると　$\dfrac{1}{b_{n+1}}=\dfrac{1}{b_n}-\dfrac{3}{2}$

◀等差数列に帰着。

数列 $\left\{\dfrac{1}{b_n}\right\}$ は初項 $\dfrac{1}{b_1}=-\dfrac{3}{2}$，公差 $-\dfrac{3}{2}$ の等差数列であるから

$$\frac{1}{b_n}=-\frac{3}{2}+(n-1)\left(-\frac{3}{2}\right)=-\frac{3}{2}n$$

◀ $a+(n-1)d$

ゆえに　$b_n=-\dfrac{2}{3n}$

よって　$\boldsymbol{a_n}=b_n+\alpha=-\dfrac{2}{3n}+\dfrac{2}{3}=\boldsymbol{\dfrac{2(n-1)}{3n}}$

注意　漸化式の特性方程式 $x=\dfrac{4}{12-9x}$ すなわち

◀ a_{n+1}，a_n の代わりに x とおいた方程式

$9x^2-12x+4=0$ を解くと，$(3x-2)^2=0$ から　$x=\dfrac{2}{3}$（重解）

このことから，$b_n=a_n-\dfrac{2}{3}$ または $b_n=\dfrac{1}{a_n-\dfrac{2}{3}}$ のように，おき換えの式を決めて解いてもよい。

練習 36

➡本冊 p. 397

$b_n=\dfrac{a_n-\beta}{a_n-\alpha}$ とおくと

$$b_{n+1}=\frac{a_{n+1}-\beta}{a_{n+1}-\alpha}=\frac{\dfrac{4a_n-2}{a_n+1}-\beta}{\dfrac{4a_n-2}{a_n+1}-\alpha}=\frac{(4-\beta)a_n-(2+\beta)}{(4-\alpha)a_n-(2+\alpha)}$$

◀ ___ の分母，分子に a_n+1 を掛ける。

$$=\frac{4-\beta}{4-\alpha}\cdot\frac{a_n-\dfrac{2+\beta}{4-\beta}}{a_n-\dfrac{2+\alpha}{4-\alpha}}\quad\cdots\cdots ①$$

◀分子を $4-\beta$，分母を $4-\alpha$ でくくって，a_n の係数を 1 にする。

ここで，数列 $\{b_n\}$ が等比数列になるための条件は

$$\frac{2+\beta}{4-\beta}=\beta,\quad \frac{2+\alpha}{4-\alpha}=\alpha$$

◀ $b_{n+1}=●\dfrac{a_n-\beta}{a_n-\alpha}$ となればよい。

よって，α，β は 2 次方程式 $2+x=x(4-x)$ の 2 つの解であり，

$x^2-3x+2=0$ を解くと，$(x-1)(x-2)=0$ から　$x=1,\ 2$

$\alpha>\beta$ とすると　$\alpha=2,\ \beta=1$

このとき，① は　$b_{n+1}=\dfrac{3}{2}b_n$　また　$b_1=\dfrac{a_1-1}{a_1-2}=\dfrac{3-1}{3-2}=2$

◀数列 $\{b_n\}$ は初項 2，公比 $\dfrac{3}{2}$ の等比数列。

ゆえに　$b_n=2\cdot\left(\dfrac{3}{2}\right)^{n-1}$　よって　$\dfrac{a_n-1}{a_n-2}=2\left(\dfrac{3}{2}\right)^{n-1}$

ゆえに　$2^{n-2}(a_n-1)=3^{n-1}(a_n-2)$

◀ $2\left(\dfrac{3}{2}\right)^{n-1}=\dfrac{3^{n-1}}{2^{n-2}}$

したがって　$\boldsymbol{a_n=\dfrac{2\cdot 3^{n-1}-2^{n-2}}{3^{n-1}-2^{n-2}}}$

注意　漸化式の特性方程式 $x=\dfrac{4x-2}{x+1}$ すなわち $x^2-3x+2=0$ を解くと　$x=1,\ 2$

このことから，$b_n=\dfrac{a_n-1}{a_n-2}$ のおき換えを導いてもよい。なお，

$b_n=\dfrac{a_n-2}{a_n-1}$ のおき換えでもよい。

練習 37 ➡本冊 p. 398

(1) 漸化式を変形して

$$a_{n+2}+a_{n+1}=6(a_{n+1}+a_n) \quad \cdots\cdots ①,$$
$$a_{n+2}-6a_{n+1}=-(a_{n+1}-6a_n) \quad \cdots\cdots ②$$

◀ $x^2-5x-6=0$ を解くと，$(x+1)(x-6)=0$ から　$x=-1,\ 6$
解に1を含まないから，漸化式を2通りに変形。

① より，数列 $\{a_{n+1}+a_n\}$ は初項 $a_2+a_1=14$，公比6の等比数列であるから　$a_{n+1}+a_n=14\cdot6^{n-1}$ …… ③

② より，数列 $\{a_{n+1}-6a_n\}$ は初項 $a_2-6a_1=7$，公比 -1 の等比数列であるから　$a_{n+1}-6a_n=7\cdot(-1)^{n-1}$ …… ④

③−④ から　$7a_n=14\cdot6^{n-1}-7(-1)^{n-1}$

◀ a_{n+1} を消去。

したがって　$\boldsymbol{a_n=2\cdot6^{n-1}+(-1)^n}$

(2) 漸化式を変形して　$a_{n+2}-a_{n+1}=3(a_{n+1}-a_n)$

◀ $x^2-4x+3=0$ を解くと，$(x-1)(x-3)=0$ から　$x=1,\ 3$
解に1を含むから，階差数列を利用する方法，隣接2項間の漸化式に帰着させる方法（別解1），2通りに変形する方法（別解2）の3種類の解法が考えられる。

よって，数列 $\{a_{n+1}-a_n\}$ は初項 $a_2-a_1=1$，公比3の等比数列であるから　$a_{n+1}-a_n=1\cdot3^{n-1}$

ゆえに，$n\geqq2$ のとき

$$a_n=1+\sum_{k=1}^{n-1}1\cdot3^{k-1}=1+\frac{3^{n-1}-1}{3-1}=\frac{1}{2}(3^{n-1}+1)$$

$a_1=1$ であるから，これは $n=1$ のときも成り立つ。

したがって　$\boldsymbol{a_n=\dfrac{1}{2}(3^{n-1}+1)}$

別解 1．漸化式を変形して

$$a_{n+2}-3a_{n+1}=a_{n+1}-3a_n \quad \cdots\cdots (*)$$

よって　$a_{n+1}-3a_n=a_n-3a_{n-1}=\cdots\cdots=a_2-3a_1=-1$

◀ (*) を繰り返し用いる。

すなわち，$a_{n+1}-3a_n=-1$ が成り立つ。

◀ 隣接2項間の漸化式。

これを変形すると　$a_{n+1}-\dfrac{1}{2}=3\left(a_n-\dfrac{1}{2}\right)$

◀ $\alpha-3\alpha=-1$ から　$\alpha=\dfrac{1}{2}$

$a_1-\dfrac{1}{2}=\dfrac{1}{2}$ であるから　$a_n-\dfrac{1}{2}=\dfrac{1}{2}\cdot3^{n-1}$

◀ 数列 $\left\{a_n-\dfrac{1}{2}\right\}$ は初項 $\dfrac{1}{2}$，公比3の等比数列。

したがって　$\boldsymbol{a_n=\dfrac{1}{2}(3^{n-1}+1)}$

別解 2．漸化式を変形して

◀ (1) と同様の解答。

$$a_{n+2}-a_{n+1}=3(a_{n+1}-a_n) \quad \cdots\cdots ①,$$
$$a_{n+2}-3a_{n+1}=a_{n+1}-3a_n \quad \cdots\cdots ②$$

① より，数列 $\{a_{n+1}-a_n\}$ は初項 $a_2-a_1=1$，公比3の等比数列であるから　$a_{n+1}-a_n=3^{n-1}$ …… ③

② より，数列 $\{a_{n+1}-3a_n\}$ は初項 $a_2-3a_1=-1$，公比1の等比数列であるから　$a_{n+1}-3a_n=-1$ …… ④

③−④ から　$2a_n=3^{n-1}+1$

◀ a_{n+1} を消去。

よって　$\boldsymbol{a_n=\dfrac{1}{2}(3^{n-1}+1)}$

練習 38 ➡ 本冊 p. 399

漸化式を変形して　$a_{n+2}+4a_{n+1}=-4(a_{n+1}+4a_n)$

よって，数列 $\{a_{n+1}+4a_n\}$ は初項 $a_2+4a_1=9$，公比 -4 の等比数列であるから　$a_{n+1}+4a_n=9\cdot(-4)^{n-1}$

両辺を $(-4)^{n+1}$ で割ると　$\dfrac{a_{n+1}}{(-4)^{n+1}}-\dfrac{a_n}{(-4)^n}=\dfrac{9}{16}$

$\dfrac{a_n}{(-4)^n}=b_n$ とおくと　$b_{n+1}-b_n=\dfrac{9}{16}$

数列 $\{b_n\}$ は初項 $b_1=\dfrac{a_1}{-4}=-\dfrac{1}{4}$，公差 $\dfrac{9}{16}$ の等差数列であるから　$b_n=-\dfrac{1}{4}+(n-1)\cdot\dfrac{9}{16}=\dfrac{1}{16}(9n-13)$

$a_n=(-4)^n b_n$ であるから

$$\boldsymbol{a_n}=(-4)^n\cdot\frac{1}{16}(9n-13)=\boldsymbol{(9n-13)\cdot(-4)^{n-2}}$$

◀ $x^2+8x+16=0$ を解くと，$(x+4)^2=0$ から $x=-4$（重解）

◀ $a_{n+1}=pa_n+q^n$ 型は両辺を q^{n+1} で割る。

◀ $a+(n-1)d$

練習 39 ➡ 本冊 p. 400

$x^2=x+3$ すなわち $x^2-x-3=0$ の 2 つの解を α，β $(\alpha<\beta)$ とすると，解と係数の関係から　$\alpha+\beta=1$，$\alpha\beta=-3$

また，漸化式は $a_{n+2}-(\alpha+\beta)a_{n+1}+\alpha\beta a_n=0$ となるから

$a_{n+2}-\alpha a_{n+1}=\beta(a_{n+1}-\alpha a_n)$，$a_2-\alpha a_1=1-\alpha$；

$a_{n+2}-\beta a_{n+1}=\alpha(a_{n+1}-\beta a_n)$，$a_2-\beta a_1=1-\beta$

よって，数列 $\{a_{n+1}-\alpha a_n\}$ は初項 $1-\alpha$，公比 β の等比数列；

数列 $\{a_{n+1}-\beta a_n\}$ は初項 $1-\beta$，公比 α の等比数列。

ゆえに　$a_{n+1}-\alpha a_n=(1-\alpha)\beta^{n-1}$　…… ①

$a_{n+1}-\beta a_n=(1-\beta)\alpha^{n-1}$　…… ②

①−② から　$(\beta-\alpha)a_n=(1-\alpha)\beta^{n-1}-(1-\beta)\alpha^{n-1}$　…… ③

ここで，$\alpha=\dfrac{1-\sqrt{13}}{2}$，$\beta=\dfrac{1+\sqrt{13}}{2}$ であるから　$\beta-\alpha=\sqrt{13}$

また，$\alpha+\beta=1$ から　$1-\alpha=\beta$，$1-\beta=\alpha$

よって，③ から

$$\boldsymbol{a_n}=\frac{1}{\beta-\alpha}(\beta^n-\alpha^n)=\boldsymbol{\frac{1}{\sqrt{13}}\left\{\left(\frac{1+\sqrt{13}}{2}\right)^n-\left(\frac{1-\sqrt{13}}{2}\right)^n\right\}}$$

◀ $x^2-x-3=0$ の解は $x=\dfrac{1\pm\sqrt{13}}{2}$
この値を代入して漸化式を 2 通りに表すのは表記が複雑なので，α，β のまま進めた方がよい。

◀ $(\beta-\alpha)^2$
$=(\alpha+\beta)^2-4\alpha\beta$
$=1^2-4(-3)=13$
$\beta-\alpha>0$ であるから
$\beta-\alpha=\sqrt{13}$
としてもよい。

練習 40 ➡ 本冊 p. 403

(1)　$a_{n+1}=2a_n+b_n$ …… ①，
$b_{n+1}=a_n+2b_n$ …… ②　とする。

①+② から　$a_{n+1}+b_{n+1}=3(a_n+b_n)$

よって，数列 $\{a_n+b_n\}$ は初項 $a_1+b_1=4$，公比 3 の等比数列であるから　$a_n+b_n=4\cdot3^{n-1}$　…… ③

①−② から　$a_{n+1}-b_{n+1}=a_n-b_n$

ゆえに　$a_n-b_n=a_{n-1}-b_{n-1}=\cdots\cdots=a_1-b_1$

$a_1-b_1=2$ であるから　$a_n-b_n=2$ …… ④

③+④ から　$2a_n=4\cdot3^{n-1}+2$　よって　$\boldsymbol{a_n=2\cdot3^{n-1}+1}$

③−④ から　$2b_n=4\cdot3^{n-1}-2$　よって　$\boldsymbol{b_n=2\cdot3^{n-1}-1}$

◀ $a_{n+1}=pa_n+qb_n$，$b_{n+1}=qa_n+pb_n$ の形は 2 式の和・差をとるとうまくいく。

◀ b_n を消去。

◀ a_n を消去。

(2) $a_{n+1}+\alpha b_{n+1}=\beta(a_n+\alpha b_n)$ とすると

$$3a_n+b_n+\alpha(2a_n+4b_n)=\beta a_n+\alpha\beta b_n$$

よって　$(3+2\alpha)a_n+(1+4\alpha)b_n=\beta a_n+\alpha\beta b_n$

数列 $\{a_n+\alpha b_n\}$ が等比数列になるための条件は

$$3+2\alpha=\beta \quad \cdots\cdots ①,\quad 1+4\alpha=\alpha\beta \quad \cdots\cdots ②$$

① を ② に代入して整理すると　$2\alpha^2-\alpha-1=0$

よって　$(\alpha-1)(2\alpha+1)=0$　　ゆえに　$\alpha=1,\ -\dfrac{1}{2}$

① から　$\alpha=1$ のとき　$\beta=5$, $\alpha=-\dfrac{1}{2}$ のとき　$\beta=2$

ゆえに　$a_{n+1}+b_{n+1}=5(a_n+b_n)$,　　$a_1+b_1=4$;

$$a_{n+1}-\frac{1}{2}b_{n+1}=2\left(a_n-\frac{1}{2}b_n\right),\quad a_1-\frac{1}{2}b_1=-\frac{1}{2}$$

よって，数列 $\{a_n+b_n\}$ は初項 4，公比 5 の等比数列；

数列 $\left\{a_n-\dfrac{1}{2}b_n\right\}$ は初項 $-\dfrac{1}{2}$，公比 2 の等比数列。

ゆえに　$a_n+b_n=4\cdot5^{n-1}$　　$\cdots\cdots$ ③,

$$a_n-\frac{1}{2}b_n=-\frac{1}{2}\cdot2^{n-1} \quad \cdots\cdots ④$$

(③+④×2)÷3 から　$\boldsymbol{a_n=\dfrac{4\cdot5^{n-1}-2^{n-1}}{3}}$

(③−④)÷$\dfrac{3}{2}$ から　$\boldsymbol{b_n=\dfrac{8\cdot5^{n-1}+2^{n-1}}{3}}$

◀数列 $\{a_n+\alpha b_n\}$ が公比 β の等比数列となるように α, β の値を定める。

◀係数を比較。

◀$1+4\alpha=\alpha(3+2\alpha)$

◀$\alpha=1$, $\beta=5$

◀$\alpha=-\dfrac{1}{2}$, $\beta=2$

◀③，④ を a_n, b_n の連立方程式とみて解く。

別解　$a_{n+1}=3a_n+b_n$ $\cdots\cdots$ ①，$b_{n+1}=2a_n+4b_n$ $\cdots\cdots$ ② とする。

① から　$b_n=a_{n+1}-3a_n$　　$\cdots\cdots$ ③

よって　$b_{n+1}=a_{n+2}-3a_{n+1}$ $\cdots\cdots$ ④

③，④ を ② に代入すると　$a_{n+2}-3a_{n+1}=2a_n+4(a_{n+1}-3a_n)$

ゆえに　$a_{n+2}-7a_{n+1}+10a_n=0$ $\cdots\cdots$ ⑤

また，① から　$a_2=3a_1+b_1=3\cdot1+3=6$

⑤ を変形すると

$$a_{n+2}-2a_{n+1}=5(a_{n+1}-2a_n),\quad a_2-2a_1=4;$$

$$a_{n+2}-5a_{n+1}=2(a_{n+1}-5a_n),\quad a_2-5a_1=1$$

よって，数列 $\{a_{n+1}-2a_n\}$ は初項 4，公比 5 の等比数列；

数列 $\{a_{n+1}-5a_n\}$ は初項 1，公比 2 の等比数列。

ゆえに　$a_{n+1}-2a_n=4\cdot5^{n-1}$ $\cdots\cdots$ ⑥,

$$a_{n+1}-5a_n=2^{n-1} \quad \cdots\cdots ⑦$$

(⑥−⑦)÷3 から　$\boldsymbol{a_n=\dfrac{4\cdot5^{n-1}-2^{n-1}}{3}}$

よって，③ から

$$b_n=\frac{4\cdot5^n-2^n}{3}-3\cdot\frac{4\cdot5^{n-1}-2^{n-1}}{3}=\boldsymbol{\frac{8\cdot5^{n-1}+2^{n-1}}{3}}$$

◀③ で n の代わりに $n+1$ とおいたもの。

◀隣接 3 項間の漸化式。

◀a_2 を求めておく。

◀⑤ の特性方程式 $x^2-7x+10=0$ を解くと，$(x-2)(x-5)=0$ から $x=2,\ 5$

◀b_{n+1} を消去。

◀$4\cdot5^n=20\cdot5^{n-1}$, $-2^n=-2\cdot2^{n-1}$

練習 41

➡ 本冊 p. 404

$a_{n+1}+\alpha b_{n+1}=\beta(a_n+\alpha b_n)$ $\cdots\cdots$ ① とすると

$$3a_n+b_n+\alpha(-a_n+b_n)=\beta a_n+\alpha\beta b_n$$

よって　$(3-\alpha)a_n+(1+\alpha)b_n=\beta a_n+\alpha\beta b_n$

◀数列 $\{a_n+\alpha b_n\}$ が公比 β の等比数列となるように α, β の値を定める。

数列 $\{a_n+\alpha b_n\}$ が等比数列となるための条件は

$$3-\alpha=\beta \cdots\cdots ②,\quad 1+\alpha=\alpha\beta \cdots\cdots ③$$

◀係数を比較。

② を ③ に代入して整理すると　$\alpha^2-2\alpha+1=0$

◀$1+\alpha=\alpha(3-\alpha)$

ゆえに　$(\alpha-1)^2=0$　　よって　$\alpha=1$

ゆえに，② から　$\beta=3-1=2$

◀$(\alpha,\ \beta)=(1,\ 2)$ の1組のみ。

よって，① から　$a_{n+1}+b_{n+1}=2(a_n+b_n)$，$a_1+b_1=1+1=2$

数列 $\{a_n+b_n\}$ は初項2，公比2の等比数列であるから

$$a_n+b_n=2^n \quad すなわち \quad a_n=2^n-b_n \cdots\cdots ④$$

◀$2\cdot2^{n-1}=2^n$

④ を $b_{n+1}=-a_n+b_n$ に代入すると　$b_{n+1}=2b_n-2^n$

両辺を 2^{n+1} で割ると　$\dfrac{b_{n+1}}{2^{n+1}}=\dfrac{b_n}{2^n}-\dfrac{1}{2}$

◀$b_{n+1}=pb_n+q^n$ 型は両辺を q^{n+1} で割る。

数列 $\left\{\dfrac{b_n}{2^n}\right\}$ は初項 $\dfrac{b_1}{2^1}=\dfrac{1}{2}$，公差 $-\dfrac{1}{2}$ の等差数列であるから

$$\frac{b_n}{2^n}=\frac{1}{2}+(n-1)\left(-\frac{1}{2}\right)=\frac{-n+2}{2}$$

◀$a+(n-1)d$

よって　$\boldsymbol{b_n=(-n+2)\cdot2^{n-1}}$

◀$\dfrac{2^n}{2}=2^{n-1}$

これを ④ に代入して　$\boldsymbol{a_n}=2^n-(-n+2)\cdot2^{n-1}\boldsymbol{=n\cdot2^{n-1}}$

◀$2^n+n\cdot2^{n-1}-2^n$

練習 42 ➡ 本冊 p. 405

(1)　$a_1=5$ (奇数) であるから　$a_2=a_1+1=6$

◀$a_●$ の偶奇によって漸化式を使い分ける。

$a_2=6$ (偶数) であるから　$a_3=\dfrac{a_2}{2}=3$

以下，同様に計算して

$$\boldsymbol{a_4}=a_3+1\boldsymbol{=4},\quad a_5=\frac{a_4}{2}=2,\quad a_6=\frac{a_5}{2}=1,\quad \boldsymbol{a_7}=a_6+1\boldsymbol{=2}$$

$a_7=a_5$ であるから　$a_8=a_6$，$a_9=a_7$，$a_{10}=a_8$

◀a_5 以降は2，1の繰り返しになる。

よって　$\boldsymbol{a_{10}}=a_8=a_6\boldsymbol{=1}$

(2)　$a_n>2$ とし，k は自然数とする。

◀a_k の値を4で割ったときの余りによって場合分け。なお，場合分けを
[1]　$a_n=2k+1$ のとき
[2]　$a_n=2k+2$ のとき
として考えてもよいが，[2] の場合，$a_{n+1}=k+1$ となり，k が奇数か偶数かで更に場合分けが必要になる。

[1]　$a_n=4k-1$ (奇数) のとき　$a_{n+1}=4k$ (偶数)

よって　$a_{n+2}=2k$

$(4k-1)-2k=2k-1>0$ より，$2k<4k-1$ であるから

$a_{n+2}<a_n$

[2]　$a_n=4k$ (偶数) のとき　$a_{n+1}=2k$ (偶数)

よって　$a_{n+2}=k$

$4k-k=3k>0$ より，$k<4k$ であるから

$a_{n+2}<a_n$

[3]　$a_n=4k+1$ (奇数) のとき　$a_{n+1}=4k+2$ (偶数)

よって　$a_{n+2}=2k+1$

$4k+1-(2k+1)=2k>0$ より，$2k+1<4k+1$ であるから

$a_{n+2}<a_n$

[4]　$a_n=4k+2$ (偶数) のとき　$a_{n+1}=2k+1$ (奇数)

よって　$a_{n+2}=2k+2$

$4k+2-(2k+2)=2k>0$ より，$2k+2<4k+2$ であるから

$a_{n+2}<a_n$

[1]～[4] から，$a_n>2$ のとき　$a_{n+2}<a_n$

(3) $a_1=1$ の場合は，条件を満たす。

$a_1=2$ の場合は，$a_2=1$ となるから，条件を満たす。

以下，$a_1>2$ の場合について考える。

すべての自然数 n について $a_n>2$ であると仮定すると，(2) から

$$a_1>a_3>a_5>a_7>\cdots\cdots$$

ゆえに，$a_{2m+1}\leqq 2$ となる自然数 m が存在する。

これは仮定に矛盾する。

よって，ある自然数 n について　$1\leqq a_n\leqq 2$

$a_n=1$ となる自然数 n が存在するときは，条件を満たす。

$a_n=2$ となる自然数 n が存在するときは，$a_{n+1}=1$ であるから，条件を満たす。

以上により，数列 $\{a_n\}$ は初項 a_1 の値によらず，必ず値が 1 の項をもつ。

◀ $a_●$ は自然数。

◀(2) の結果を利用。

◀数列 $\{a_n\}$ のすべての項は自然数であるから $a_n\geqq 1$

練習 43 ➡本冊 p. 406

(1) 円 C_1，C_2，…… の中心は一致し，それをOとする。

$\triangle P_{n+1}Q_{n+1}R_{n+1}\backsim\triangle P_nQ_nR_n$ であり，その相似比は　$1:2$

よって，C_{n+1} と C_n の相似比も $1:2$ で

$$r_{n+1}=\frac{1}{2}r_n$$

P₁, C₁, R₂, Q₂, O, 30°, Q₁, $\frac{a}{2}$, P₂, R₁

また　$r_1=OP_2=\dfrac{a}{2}\tan 30^\circ=\dfrac{a}{2\sqrt{3}}$

ゆえに　$r_n=\dfrac{a}{2\sqrt{3}}\left(\dfrac{1}{2}\right)^{n-1}=\dfrac{a}{2\sqrt{3}}\cdot\dfrac{1}{2^{n-1}}=\boldsymbol{\dfrac{a}{\sqrt{3}\cdot 2^n}}$

◀ $r_{n+1}=\dfrac{1}{2}r_n$ ⟶ 数列 $\{r_n\}$ は公比 $\dfrac{1}{2}$ の等比数列。

◀ ar^{n-1}

(2) $S_n=\pi r_n{}^2=\pi\left(\dfrac{a}{\sqrt{3}\cdot 2^n}\right)^2=\dfrac{1}{3}\pi a^2\left(\dfrac{1}{2}\right)^{2n}=\dfrac{1}{12}\pi a^2\left(\dfrac{1}{4}\right)^{n-1}$

◀ $\left(\dfrac{1}{4}\right)^n=\dfrac{1}{4}\left(\dfrac{1}{4}\right)^{n-1}$

したがって

$$S_1+S_2+\cdots\cdots+S_n=\frac{1}{12}\pi a^2\left\{1+\frac{1}{4}+\cdots\cdots+\left(\frac{1}{4}\right)^{n-1}\right\}$$

$$=\frac{1}{12}\pi a^2\cdot\frac{1-\left(\frac{1}{4}\right)^n}{1-\frac{1}{4}}=\frac{1}{9}\pi a^2\left(1-\frac{1}{4^n}\right)$$

◀初項 $\dfrac{1}{12}\pi a^2$，公比 $\dfrac{1}{4}$，項数 n の等比数列の和。

$S_1+S_2+\cdots\cdots+S_n=\dfrac{455}{4096}\pi a^2$ とすると

$$\frac{1}{9}\pi a^2\left(1-\frac{1}{4^n}\right)=\frac{455}{4096}\pi a^2$$

$\pi a^2>0$ であるから　$\dfrac{1}{9}\left(1-\dfrac{1}{4^n}\right)=\dfrac{455}{4096}$

よって　$1-\dfrac{1}{4^n}=\dfrac{9\cdot 455}{4096}$　　ゆえに　$\dfrac{1}{4^n}=1-\dfrac{4095}{4096}=\dfrac{1}{4096}$

したがって　$4^n=4096$　すなわち　$4^n=4^6$

よって，求める n の値は　$\boldsymbol{n=6}$

◀ $4096=4\cdot 1024=4\cdot 2^{10}$ $=4\cdot(2^2)^5=4^6$

練習 44 ➡本冊 p.407

次の図から　$D_3=$ ア$\mathbf{7}$，$D_4=$ イ$\mathbf{11}$

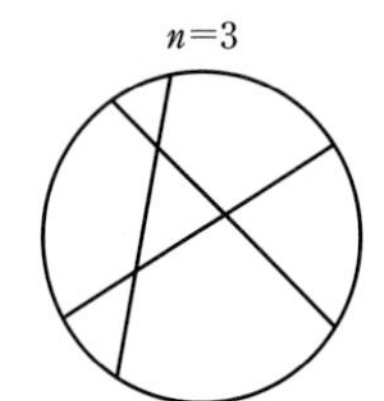

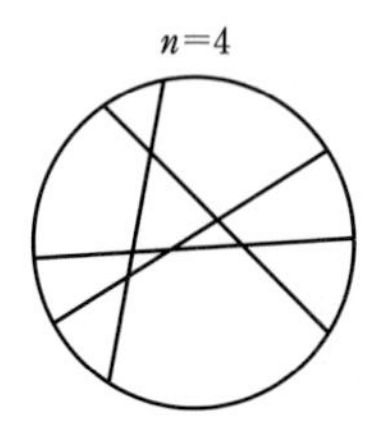

弦が n 本引いてあるところに $(n+1)$ 本目の弦（右の図の AD）を引くとする。
Aから引き始め，Bで弦と交わり領域が1つ増え，Cでまた別の弦と交わり領域が1つ増える。
これを繰り返すと，n 本の弦と交わる回数 n に，最後に円と交わる回数1を加えた $n+1$ だけ領域が増える。

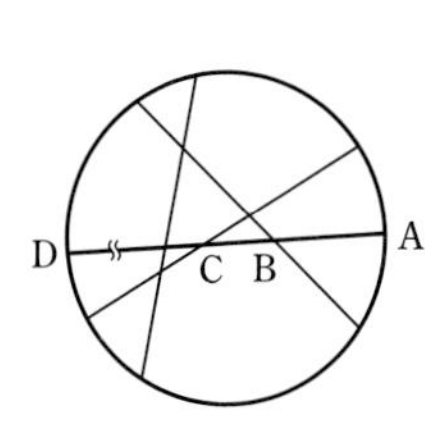

◀ n 本目と $(n+1)$ 本目の関係に注目。

ゆえに　$D_{n+1}-D_n=n+1$

◀階差数列。

また　$D_1=2$

したがって，$n \geqq 2$ のとき

$$D_n=D_1+\sum_{k=1}^{n-1}(k+1)=2+\sum_{k=1}^{n-1}(k+1)$$

$$=2+\frac{1}{2}(n-1)n+(n-1)$$

$$=\frac{1}{2}(n^2+n+2) \cdots\cdots ①$$

◀$\sum_{k=1}^{n-1}(k+1)$
$=2+3+\cdots\cdots+n$
$=\frac{1}{2}(n-1)(2+n)$
[初項2，末項 n，項数 $(n-1)$ の等差数列の和] としてもよい。

$a_1=2$ であるから，① は $n=1$ のときも成り立つ。

よって　$D_n=$ ウ $\boldsymbol{\frac{1}{2}(n^2+n+2)}$

$n \geqq 3$ のとき，$(n+1)$ 本目の弦を引くと，もとあった n 本の弦と n 個の交点ができ，多角形は $(n-1)$ 個増える。

ゆえに　$d_{n+1}-d_n=n-1$

◀階差数列。

また　$d_3=1$

したがって，$n \geqq 4$ のとき

$$d_n=d_3+\sum_{k=3}^{n-1}(k-1)=1+\sum_{k=1}^{n-1}(k-1)-\sum_{k=1}^{2}(k-1)$$

$$=1+\frac{1}{2}(n-1)n-(n-1)-(0+1)$$

$$= {}^{エ}\,\boldsymbol{\frac{1}{2}(n^2-3n+2)}$$

◀$\sum_{k=3}^{n-1}a_k$
$=\sum_{k=1}^{n-1}a_k-\sum_{k=1}^{2}a_k$

◀$n=3$ のときも成り立つ。

別解　(エ)　n 本の弦により円周が $2n$ 本の弧に分けられる。
ゆえに，D_n 個の領域のうち，弧と共通部分をもつ領域が $2n$ 個あるから

$$d_n=D_n-2n=\frac{1}{2}(n^2+n+2)-2n= {}^{エ}\,\boldsymbol{\frac{1}{2}(n^2-3n+2)}$$

◀弧と共通部分をもつ領域は多角形ではない。

練習 45 ➡本冊 p.408

(1) $n+2$ 日後の感染者数 a_{n+2} は，$n+1$ 日後の感染者数 a_{n+1} に $n+2$ 日目の新規感染者数を加えた人数である。

$n+2$ 日目の新規感染者数は，n 日後の感染者数の 2 倍に等しいから　　$\boldsymbol{a_{n+2}=a_{n+1}+2a_n}$ …… ①

◀ n 日後の感染者 a_n 人それぞれが，$n+2$ 日目に 2 人に感染させる。

(2) ① を変形すると

$$a_{n+2}+a_{n+1}=2(a_{n+1}+a_n) \quad \cdots\cdots ②$$
$$a_{n+2}-2a_{n+1}=-(a_{n+1}-2a_n) \quad \cdots\cdots ③$$

◀① の特性方程式 $x^2=x+2$ の解は，$(x+1)(x-2)=0$ から $x=-1,\ 2$

② より，数列 $\{a_{n+1}+a_n\}$ は初項 $3+1=4$，公比 2 の等比数列であるから　　$a_{n+1}+a_n=4\cdot2^{n-1}$ …… ④

◀ $a_1=1,\ a_2=3$

③ より，数列 $\{a_{n+1}-2a_n\}$ は初項 $3-2=1$，公比 -1 の等比数列であるから　　$a_{n+1}-2a_n=(-1)^{n-1}$ …… ⑤

(④−⑤)÷3 から　　$\boldsymbol{a_n=\dfrac{1}{3}\{4\cdot2^{n-1}-(-1)^{n-1}\}}$

(3) n の値が大きくなると，a_n の値は大きくなる。

$$a_{13}=\frac{4\cdot2^{12}-1}{3}=5461<10000,\quad a_{14}=\frac{4\cdot2^{13}+1}{3}=10923>10000$$

であるから，感染者数が初めて 1 万人を超えるのは　　**14 日後**

◀ 2^{n-1} の値は単調増加，$(-1)^{n-1}$ は 1，-1 のどちらかの値。

練習 46 ➡本冊 p.409

(1)
$$\begin{aligned}a_{n+1}+b_{n+1}\sqrt{2}&=(5+\sqrt{2})^{n+1}=(5+\sqrt{2})(5+\sqrt{2})^n\\&=(5+\sqrt{2})(a_n+b_n\sqrt{2})\\&=5a_n+2b_n+(a_n+5b_n)\sqrt{2}\end{aligned}$$

◀ ●$^{n+1}$=●·●^{n}

◀ $(5+\sqrt{2})^n=a_n+b_n\sqrt{2}$

a_{n+1}，b_{n+1}，$5a_n+2b_n$，a_n+5b_n は有理数で，$\sqrt{2}$ は無理数であるから　　$\boldsymbol{a_{n+1}=5a_n+2b_n,\quad b_{n+1}=a_n+5b_n}$

◀ $a,\ b,\ c,\ d$ が有理数で $\sqrt{l}$ が無理数のとき $a+b\sqrt{l}=c+d\sqrt{l} \iff a=c,\ b=d$

(2)
$$\begin{aligned}a_{n+1}+pb_{n+1}&=5a_n+2b_n+p(a_n+5b_n)\\&=(p+5)a_n+(5p+2)b_n\end{aligned}$$

一方，$a_{n+1}+pb_{n+1}=qa_n+pqb_n$ であるから

$$p+5=q \quad \text{かつ} \quad 5p+2=pq$$

が成り立てばよい。

q を消去すると　　$5p+2=p(p+5)$

よって　　$p^2=2$

ゆえに　　$p=\pm\sqrt{2}$

よって　　$\boldsymbol{(p,\ q)=(\sqrt{2},\ 5+\sqrt{2}),\ (-\sqrt{2},\ 5-\sqrt{2})}$

◀ $q=p+5$

(3) (2) から　　$a_{n+1}-b_{n+1}\sqrt{2}=(5-\sqrt{2})(a_n-b_n\sqrt{2})$

◀ $p=-\sqrt{2},\ q=5-\sqrt{2}$

ゆえに，数列 $\{a_n-b_n\sqrt{2}\}$ は初項 $a_1-b_1\sqrt{2}=5-\sqrt{2}$，公比 $5-\sqrt{2}$ の等比数列であるから

$$a_n-b_n\sqrt{2}=(5-\sqrt{2})^n \quad \cdots\cdots ①$$

◀ $(5+\sqrt{2})^1=a_1+b_1\sqrt{2}$ であるから $a_1=5,\ b_1=1$

同様にして，$a_n+b_n\sqrt{2}=(5+\sqrt{2})^n$ …… ② であるから

(①+②)÷2 より　　$\boldsymbol{a_n=\dfrac{1}{2}\{(5+\sqrt{2})^n+(5-\sqrt{2})^n\}}$

(②−①)÷$2\sqrt{2}$ より　　$\boldsymbol{b_n=\dfrac{\sqrt{2}}{4}\{(5+\sqrt{2})^n-(5-\sqrt{2})^n\}}$

◀ a_n も b_n も平方根 $\sqrt{2}$ を用いて表されるが，どちらも自然数である。

練習 47 ➡ 本冊 p. 410

(1) 1秒後に2つの粒子がともにBまたはともにCに移動する確率が p_1 であるから　　$\boldsymbol{p_1=\left(\frac{1}{2}\right)^2+\left(\frac{1}{2}\right)^2=\frac{1}{2}}$

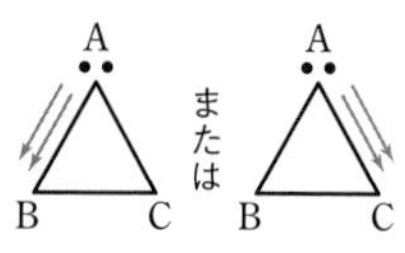

(2) $(n+1)$ 秒後に2つの粒子が同じ点にいるのは

[1] n 秒後に2つの粒子が同じ点にいて，次の1秒で同じ点に移動する

[2] n 秒後に2つの粒子が異なる点にいて，次の1秒で同じ点に移動する

のいずれかであり，[1]，[2] は互いに排反であるから

$$\boldsymbol{p_{n+1}}=p_n\times\left\{\left(\frac{1}{2}\right)^2+\left(\frac{1}{2}\right)^2\right\}+(1-p_n)\times\left(\frac{1}{2}\right)^2$$

$$\boldsymbol{=\frac{1}{4}p_n+\frac{1}{4}}\ \cdots\cdots\ ①$$

[1]

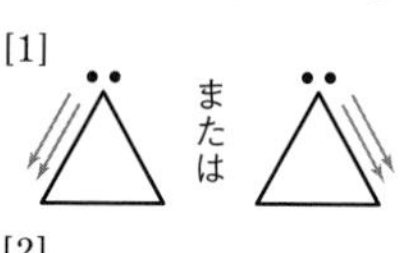

[2]

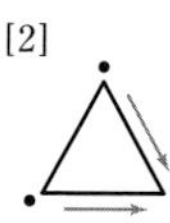

(3) ① から $p_{n+1}-\frac{1}{3}=\frac{1}{4}\left(p_n-\frac{1}{3}\right)$　また $p_1-\frac{1}{3}=\frac{1}{2}-\frac{1}{3}=\frac{1}{6}$

よって，数列 $\left\{p_n-\frac{1}{3}\right\}$ は初項 $\frac{1}{6}$，公比 $\frac{1}{4}$ の等比数列であるから　　$p_n-\frac{1}{3}=\frac{1}{6}\left(\frac{1}{4}\right)^{n-1}$　すなわち　$\boldsymbol{p_n=\frac{1}{6}\left(\frac{1}{4}\right)^{n-1}+\frac{1}{3}}$

◀$\alpha=\frac{1}{4}\alpha+\frac{1}{4}$ を解くと $\alpha=\frac{1}{3}$

p_1 は (1) の結果を利用。

練習 48 ➡ 本冊 p. 411

(1) $n\geqq3$ のとき，点 n に到達するのは

[1] 点 $n-1$ に到達した後，裏が出る

[2] 点 $n-2$ に到達した後，表が出る

のいずれかであり，[1]，[2] は互いに排反である。

よって　　$\boldsymbol{p_n=\frac{1}{2}p_{n-1}+\frac{1}{2}p_{n-2}\ (n\geqq3)}$

◀加法定理

(2) 点1に到達するには，1回目に裏が出ればよいから　　$p_1=\frac{1}{2}$

点2に到達するには，1回目に表が出るか，または1回目，2回目ともに裏が出ればよいから　　$p_2=\frac{1}{2}+\left(\frac{1}{2}\right)^2=\frac{3}{4}$

◀(1) の結果は隣接3項間の漸化式 ⟶ 初めの2項を求めておく。

また，(1) から，$n\geqq1$ のとき　　$p_{n+2}=\frac{1}{2}p_{n+1}+\frac{1}{2}p_n$

変形すると

$p_{n+2}+\frac{1}{2}p_{n+1}=p_{n+1}+\frac{1}{2}p_n$，$p_2+\frac{1}{2}p_1=\frac{3}{4}+\frac{1}{2}\cdot\frac{1}{2}=1$ …… ①

$p_{n+2}-p_{n+1}=-\frac{1}{2}(p_{n+1}-p_n)$，$p_2-p_1=\frac{3}{4}-\frac{1}{2}=\frac{1}{4}$ …… ②

◀処理しやすいように，$n\geqq1$ での漸化式に直した。なお，$x^2=\frac{1}{2}x+\frac{1}{2}$ を解くと，$(x-1)(2x+1)=0$ から $x=1,\ -\frac{1}{2}$

① から　　$p_{n+1}+\frac{1}{2}p_n=1$ …… ③

② から　　$p_{n+1}-p_n=\frac{1}{4}\left(-\frac{1}{2}\right)^{n-1}=\left(-\frac{1}{2}\right)^{n+1}$ …… ④

◀$\frac{1}{4}=\left(-\frac{1}{2}\right)^2$

③−④ から　　$\frac{3}{2}p_n=1-\left(-\frac{1}{2}\right)^{n+1}$

よって　　$\boldsymbol{p_n=\frac{2}{3}\left\{1-\left(-\frac{1}{2}\right)^{n+1}\right\}}$

注意 ②，④ のみを導いて，数列 $\{p_n\}$ の階差数列の一般項が $\left(-\frac{1}{2}\right)^{n+1}$ であることから，一般項 p_n を求める，あるいは ①，③ のみを導いて，隣接 2 項間の漸化式 ③ を解く，といった方法でもよい。

練習 49 ➡ 本冊 p. 413

(1) 1 から 8 までの数で

3 で割り切れる数は　　3，6　の 2 個

3 で割ったとき 1 余る数は　　1，4，7　の 3 個

3 で割ったとき 2 余る数は　　2，5，8　の 3 個

よって　$\boldsymbol{a_1=\frac{2}{8}=\frac{1}{4}}$，$\boldsymbol{b_1=\frac{3}{8}}$，$\boldsymbol{c_1=\frac{3}{8}}$

(2) $X(n+1)$ が 3 で割り切れるのは，次のような場合である。

[1] $X(n)$ は 3 で割り切れて，$n+1$ 回目は 3 で割り切れる数字が出る。

[2] $X(n)$ を 3 で割ると 1 余り，$n+1$ 回目は 3 で割ると 2 余る数字が出る。

[3] $X(n)$ を 3 で割ると 2 余り，$n+1$ 回目は 3 で割ると 1 余る数字が出る。

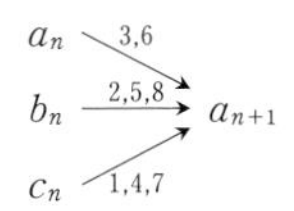

よって　$\boldsymbol{a_{n+1}=\frac{1}{4}a_n+\frac{3}{8}b_n+\frac{3}{8}c_n}$

次に，$X(n+1)$ を 3 で割ると 1 余るのは，次のような場合である。

[4] $X(n)$ は 3 で割り切れて，$n+1$ 回目は 3 で割ると 1 余る数字が出る。

[5] $X(n)$ を 3 で割ると 1 余り，$n+1$ 回目は 3 で割り切れる数字が出る。

[6] $X(n)$ を 3 で割ると 2 余り，$n+1$ 回目は 3 で割ると 2 余る数字が出る。

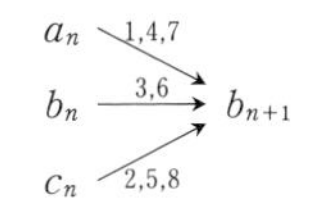

よって　$\boldsymbol{b_{n+1}=\frac{3}{8}a_n+\frac{1}{4}b_n+\frac{3}{8}c_n}$

更に，$X(n+1)$ を 3 で割ると 2 余るのは，次のような場合である。

[7] $X(n)$ は 3 で割り切れて，$n+1$ 回目は 3 で割ると 2 余る数字が出る。

[8] $X(n)$ を 3 で割ると 1 余り，$n+1$ 回目は 3 で割ると 1 余る数字が出る。

[9] $X(n)$ を 3 で割ると 2 余り，$n+1$ 回目は 3 で割り切れる数字が出る。

よって　$\boldsymbol{c_{n+1}=\frac{3}{8}a_n+\frac{3}{8}b_n+\frac{1}{4}c_n}$ …… (＊)

(＊) 確率 c_{n+1} は，すべての自然数 n に対し，$a_n+b_n+c_n=1$ が成り立つことを利用して，

$c_{n+1}=1-(a_{n+1}+b_{n+1})$
$=1-\left(\frac{5}{8}a_n+\frac{5}{8}b_n+\frac{3}{4}c_n\right)$
$=a_n+b_n+c_n-\left(\frac{5}{8}a_n+\frac{5}{8}b_n+\frac{3}{4}c_n\right)$
$=\frac{3}{8}a_n+\frac{3}{8}b_n+\frac{1}{4}c_n$

のように求めてもよい。

(3) $a_n+b_n+c_n=1$ であるから　$b_n+c_n=1-a_n$

ゆえに，(2) から

$$\boldsymbol{a_{n+1}}=\frac{1}{4}a_n+\frac{3}{8}(b_n+c_n)=\frac{1}{4}a_n+\frac{3}{8}(1-a_n)$$

$$=\boldsymbol{-\frac{1}{8}a_n+\frac{3}{8}}$$

(4) (3) から　$a_{n+1}-\frac{1}{3}=-\frac{1}{8}\left(a_n-\frac{1}{3}\right)$

数列 $\left\{a_n-\frac{1}{3}\right\}$ は初項 $a_1-\frac{1}{3}=\frac{1}{4}-\frac{1}{3}=-\frac{1}{12}$，公比 $-\frac{1}{8}$ の等比数列であるから　$a_n-\frac{1}{3}=-\frac{1}{12}\left(-\frac{1}{8}\right)^{n-1}$

よって　$\boldsymbol{a_n=-\frac{1}{12}\left(-\frac{1}{8}\right)^{n-1}+\frac{1}{3}}$

(3) と同様に考えて　$b_{n+1}=-\frac{1}{8}b_n+\frac{3}{8}$

ゆえに　$b_{n+1}-\frac{1}{3}=-\frac{1}{8}\left(b_n-\frac{1}{3}\right)$

数列 $\left\{b_n-\frac{1}{3}\right\}$ は初項 $b_1-\frac{1}{3}=\frac{3}{8}-\frac{1}{3}=\frac{1}{24}$，公比 $-\frac{1}{8}$ の等比数列であるから　$b_n-\frac{1}{3}=\frac{1}{24}\left(-\frac{1}{8}\right)^{n-1}$

よって　$\boldsymbol{b_n=\frac{1}{24}\left(-\frac{1}{8}\right)^{n-1}+\frac{1}{3}}$

ゆえに　$\boldsymbol{c_n}=1-(a_n+b_n)=\boldsymbol{\frac{1}{24}\left(-\frac{1}{8}\right)^{n-1}+\frac{1}{3}}$

◀$\alpha=-\frac{1}{8}\alpha+\frac{3}{8}$ を解くと　$\alpha=\frac{1}{3}$

◀$\beta=-\frac{1}{8}\beta+\frac{3}{8}$ を解くと　$\beta=\frac{1}{3}$

練習 50　➡本冊 p. 416

(1)　[1]　$n=1$ のとき　$4^{2n+1}+3^{n+2}=4^3+3^3=91=13\cdot7$

よって，$n=1$ のとき，$4^{2n+1}+3^{n+2}$ は 13 の倍数である。

[2]　$n=k$ のとき，$4^{2k+1}+3^{k+2}$ は 13 の倍数であると仮定すると，m を整数として，$4^{2k+1}+3^{k+2}=13m$ …… ①　とおける。

$n=k+1$ のときを考えると，① から

$$\begin{aligned}4^{2(k+1)+1}+3^{(k+1)+2}&=16\cdot4^{2k+1}+3\cdot3^{k+2}\\&=16(13m-3^{k+2})+3\cdot3^{k+2}\\&=16\cdot13m-13\cdot3^{k+2}\\&=13(16m-3^{k+2})\end{aligned}$$

$16m-3^{k+2}$ は整数であるから，$4^{2(k+1)+1}+3^{(k+1)+2}$ は 13 の倍数である。

すなわち，$n=k+1$ のときも $4^{2n+1}+3^{n+2}$ は 13 の倍数である。

[1]，[2] から，すべての自然数 n について $4^{2n+1}+3^{n+2}$ は 13 の倍数である。

◀$n=1$ の証明。

◀$n=k$ の仮定。

◀$4^{2k+1}+3^{k+2}>0$ より，m を自然数としてもよい。

◀① から　$4^{2k+1}=13m-3^{k+2}$ を代入。なお，$3^{k+2}=13m-4^{2k+1}$ を代入してもよい。

◀$n=k+1$ の証明。

別解 1.　$4^{2n+1}+3^{n+2}=4\cdot16^n+9\cdot3^n=4(13+3)^n+9\cdot3^n$

$=4(13^n+{}_nC_1 13^{n-1}\cdot3+\cdots\cdots+{}_nC_{n-1}13^1\cdot3^{n-1}+3^n)+9\cdot3^n$

$=4\cdot13(13^{n-1}+{}_nC_1 13^{n-2}\cdot3+\cdots\cdots+{}_nC_{n-1}3^{n-1})+4\cdot3^n+9\cdot3^n$

$=13\{\underline{4(13^{n-1}+{}_nC_1 13^{n-2}\cdot3+\cdots\cdots+{}_nC_{n-1}3^{n-1})+3^n}\}$

よって，$4^{2n+1}+3^{n+2}$ は 13 の倍数である。

◀二項定理（数学Ⅱ）。

◀____ は整数。

別解 2.　$16\equiv3 \pmod{13}$ から　$16^n\equiv3^n \pmod{13}$

よって　$4\cdot4^{2n}\equiv4\cdot3^n \pmod{13}$

ゆえに　$4^{2n+1}+9\cdot3^n\equiv4\cdot3^n+9\cdot3^n\equiv13\cdot3^n\equiv0 \pmod{13}$

したがって　$4^{2n+1}+3^{n+2}\equiv0 \pmod{13}$

よって，$4^{2n+1}+3^{n+2}$ は 13 の倍数である。

◀$a\equiv b \pmod{m}$ のとき　$a^n\equiv b^n \pmod{m}$

◀両辺に $9\cdot3^n$ を加える。

(2) [1] $n=1$ のとき　$2^n+1=2^1+1=3$

よって，$n=1$ のとき 2^n+1 は3で割り切れる。

[2] $n=2k-1$ ($k\geqq1$) のとき，$2^{2k-1}+1$ は3で割り切れると仮定すると，m を整数として，次のように表される。

$$2^{2k-1}+1=3m \quad \cdots\cdots \text{①}$$

$n=2(k+1)-1$ のときを考えると，① から

$$2^{2(k+1)-1}+1=4\cdot2^{2k-1}+1=4(3m-1)+1$$
$$=4\cdot3m-3=3(4m-1)$$

◀① から $2^{2k-1}=3m-1$

$4m-1$ は整数であるから，$2^{2(k+1)-1}+1$ は3で割り切れる。

よって，$n=2(k+1)-1$ のときも 2^n+1 は3で割り切れる。

[1]，[2] から，すべての正の奇数 n について 2^n+1 は3で割り切れる。

別解 1．n を正の奇数とするとき

$$2^n+1=(3-1)^n+1$$
$$=3^n+{}_nC_1 3^{n-1}(-1)+\cdots\cdots+{}_nC_{n-1}3\cdot(-1)^{n-1}+(-1)^n+1$$
$$=3\{3^{n-1}+{}_nC_1 3^{n-2}(-1)+\cdots\cdots+{}_nC_{n-1}(-1)^{n-1}\}-1+1$$
$$=3\{3^{n-1}+{}_nC_1 3^{n-2}(-1)+\cdots\cdots+{}_nC_{n-1}(-1)^{n-1}\}$$

◀二項定理を利用。

◀$(-1)^{\text{奇数}}=-1$

よって，すべての正の奇数 n について，2^n+1 は3で割り切れる。

別解 2．$4\equiv1 \pmod 3$ から，0以上の整数 m について

◀両辺を m 乗。

$$4^m\equiv1^m \pmod 3$$

よって　$2^{2m}\equiv1 \pmod 3$

◀両辺に2を掛ける。

ゆえに　$2\cdot2^{2m}\equiv2\cdot1 \pmod 3$

◀両辺に1を加える。

よって　$2^{2m+1}+1\equiv2+1\equiv3\equiv0 \pmod 3$

したがって，すべての正の奇数 n について，2^n+1 は3で割り切れる。

練習 51

➡ 本冊 $p.417$

(1) $n!\geqq2^{n-1}$ …… ① とする。

[1] $n=1$ のとき　(左辺)$=1!=1$，　(右辺)$=2^0=1$

したがって，① は成り立つ。

◀数学的帰納法によって証明する。出発点は $n=1$

[2] $n=k$ のとき ① が成り立つ，すなわち

$$k!\geqq2^{k-1} \quad \cdots\cdots \text{②}$$

と仮定する。

$n=k+1$ のとき，① の両辺の差を考えると，② から

$$(k+1)!-2^{(k+1)-1}=(k+1)\cdot k!-2^k$$
$$\geqq(k+1)\cdot2^{k-1}-2\cdot2^{k-1}$$
$$=\{(k+1)-2\}\cdot2^{k-1}$$
$$=(k-1)\cdot2^{k-1}\geqq0$$

◀$k\geqq1$ から　$k-1\geqq0$
また，常に $2^{k-1}>0$

よって　$(k+1)!\geqq2^{(k+1)-1}$

すなわち，$n=k+1$ のときも ① は成り立つ。

[1]，[2] により，すべての自然数 n について ① は成り立つ。

(2) (1) から，n が自然数のとき　$\dfrac{1}{n!}\leqq\dfrac{1}{2^{n-1}}$

CHART
(1) は (2) のヒント

したがって

$$\frac{1}{1!}+\frac{1}{2!}+\frac{1}{3!}+\cdots\cdots+\frac{1}{n!}\leqq\frac{1}{2^0}+\frac{1}{2^1}+\frac{1}{2^2}+\cdots\cdots+\frac{1}{2^{n-1}}$$

$$=\frac{1-\left(\frac{1}{2}\right)^n}{1-\frac{1}{2}}=2-\frac{1}{2^{n-1}}<2$$

◀右辺は初項 1, 公比 $\frac{1}{2}$, 項数 n の等比数列の和。

練習 52 ➡ 本冊 $p.$ 418

$n!$ と 3^n の値は，次の表のようになる。

n	1	2	3	4	5	6	7	…
$n!$	1	2	6	24	120	720	5040	…
3^n	3	9	27	81	243	729	2187	…

◀$n=1$, 2, …, 7 のとき，$n!$ と 3^n の値を計算する。この結果から，$n!$ と 3^n の大小について，予想を立てる。

よって，$n\geqq7$ のとき，$n!>3^n$ …… ① が成り立つことを数学的帰納法により示す。

[1] $n=7$ のとき，① は成り立つ。

[2] $n=k\ (k\geqq7)$ のとき，① が成り立つ，すなわち

$$k!>3^k$$

◀出発点は $k=7$

と仮定する。$n=k+1$ のときを考えると

$$(k+1)!-3^{k+1}=(k+1)\cdot k!-3^{k+1}$$
$$>(k+1)\cdot3^k-3^{k+1}$$
$$=\{(k+1)-3\}\cdot3^k=(k-2)\cdot3^k$$

◀$(k+1)!>3^{k+1}$ を証明したいので，左辺−右辺を考える。

$k\geqq7$ であるから　$(k-2)\cdot3^k>0$

◀$k\geqq7$ のとき $k-2>0$, $3^k>0$

ゆえに　$(k+1)!-3^{k+1}>0$　すなわち　$(k+1)!>3^{k+1}$

よって，$n=k+1$ のときにも ① は成り立つ。

[1], [2] から，$n\geqq7$ である自然数 n に対して ① は成り立つ。

以上から　**$1\leqq n\leqq6$ のとき　$n!<3^n$**

$n\geqq7$　のとき　$n!>3^n$

練習 53 ➡ 本冊 $p.$ 419

(1) $a_2=1-\frac{1}{4a_1}=1-\frac{1}{3}=\boldsymbol{\frac{2}{3}}$, $a_3=1-\frac{1}{4a_2}=1-\frac{3}{8}=\boldsymbol{\frac{5}{8}}$,

$a_4=1-\frac{1}{4a_3}=1-\frac{2}{5}=\boldsymbol{\frac{3}{5}}$, $a_5=1-\frac{1}{4a_4}=1-\frac{5}{12}=\boldsymbol{\frac{7}{12}}$,

$a_6=1-\frac{1}{4a_5}=1-\frac{3}{7}=\boldsymbol{\frac{4}{7}}$

◀漸化式に $n=1$, 2, 3, 4, 5 を順に代入。

初項から順に $\frac{3}{4}$, $\frac{4}{6}$, $\frac{5}{8}$, $\frac{6}{10}$, $\frac{7}{12}$, $\frac{8}{14}$, …… となっているから，一般項は　$\boldsymbol{a_n=\frac{n+2}{2n+2}}$ …… ①　と推定できる。

◀分母，分子それぞれの数列が等差数列。

(2) [1] $n=1$ のとき，① で $n=1$ とおくと　$a_1=\frac{1+2}{2\cdot1+2}=\frac{3}{4}$

よって，① は成り立つ。

[2] $n=k$ のとき，① が成り立つ，すなわち

$$a_k=\frac{k+2}{2k+2}$$　と仮定する。

$n=k+1$ のときを考えると，この仮定から

$$a_{k+1}=1-\frac{1}{4\cdot\frac{k+2}{2k+2}}=1-\frac{k+1}{2(k+2)}=\frac{k+3}{2k+4}=\frac{(k+1)+2}{2(k+1)+2}$$

◀$n=k+1$ のときの ① の右辺。

よって，$n=k+1$ のときも ① は成り立つ。

[1]，[2] から，すべての自然数 n に対して ① は成り立つ。

練習 54 ➡本冊 p. 420

(1) [1] $n=1$ のとき　$a_1=5>4$

よって，$a_n>4$ は成り立つ。

◀出発点は　$n=1$

[2] $n=k$ のとき，$a_k>4$ が成り立つと仮定すると

◀漸化式を利用。

$$a_{k+1}-4=\frac{a_k}{2}+\frac{8}{a_k}-4=\frac{(a_k-4)^2}{2a_k}>0$$

◀ ---- は通分すると $\frac{a_k^2+16-8a_k}{2a_k}$

よって　$a_{k+1}>4$

ゆえに，$n=k+1$ のときも $a_n>4$ は成り立つ。

[1]，[2] から，すべての自然数 n に対して $a_n>4$ が成り立つ。

(2) $a_n-a_{n+1}=a_n-\left(\frac{a_n}{2}+\frac{8}{a_n}\right)=\frac{a_n^2-16}{2a_n}=\frac{(a_n+4)(a_n-4)}{2a_n}$

◀数学的帰納法を用いる方法も考えられるが，差をとる解法の方が簡明。

(1) より，$a_n>4$ であるから　$\frac{(a_n+4)(a_n-4)}{2a_n}>0$

よって，すべての自然数 n に対して $a_{n+1}<a_n$ が成り立つ。

(3) $a_{n+1}-4=\frac{a_n}{2}+\frac{8}{a_n}-4=\frac{(a_n-4)^2}{2a_n}$

$$=\left(\frac{1}{2}-\frac{2}{a_n}\right)(a_n-4)$$

◀(2) と同じような方針で進めたが，$a_{n+1}-4<\frac{1}{2}(a_n-4)$ を示す方針がわかっていれば，
$\frac{1}{2}(a_n-4)-(a_{n+1}-4)$
$=\frac{1}{2}a_n-2-\left(\frac{a_n}{2}+\frac{8}{a_n}\right)+4$
$=2-\frac{8}{a_n}>0$
$\left(a_n>4 \text{ から } \frac{8}{a_n}<2\right)$
のように進めてもよい。

(1) より，$a_n>4>0$ であるから　$a_n-4>0$

$\frac{1}{2}-\left(\frac{1}{2}-\frac{2}{a_n}\right)=\frac{2}{a_n}>0$ から　$\frac{1}{2}-\frac{2}{a_n}<\frac{1}{2}$

ゆえに　$\left(\frac{1}{2}-\frac{2}{a_n}\right)(a_n-4)<\frac{1}{2}(a_n-4)$

よって　$a_{n+1}-4<\frac{1}{2}(a_n-4)$ …… (∗)

したがって，$n\geqq2$ のとき

◀(∗) を繰り返し用いる。

$$a_n-4<\frac{1}{2}(a_{n-1}-4)<\left(\frac{1}{2}\right)^2(a_{n-2}-4)$$
$$<\cdots\cdots<\left(\frac{1}{2}\right)^{n-1}(a_1-4)=\frac{1}{2^{n-1}}$$

◀$a_1=5$

$n=1$ のとき　$a_1-4=5-4=1$，$\frac{1}{2^{1-1}}=1$

ゆえに，$a_1-4=\frac{1}{2^{1-1}}$ が成り立つ。

よって，すべての自然数 n に対して $a_n-4\leqq\frac{1}{2^{n-1}}$ が成り立つ。

参考 (1)，(3) の結果から　$4<a_n\leqq4+\frac{1}{2^{n-1}}$ …… ①

ここで，n の値を限りなく大きくすると，① の $4+\frac{1}{2^{n-1}}$ の値は 4 に近づいていくから，① により a_n の値も 4 に近づいていく。

◀はさみうちの原理（数学Ⅲ）。

練習 55 ➡ 本冊 p. 421

(1) [1] $m=2$ のとき

d_2 は1個の二項係数 ${}_2\mathrm{C}_1=2$ を割り切る最大の自然数であるから，$d_2=2$ であり，$d_m=m$ は成り立つ。

[2] m が3以上の素数のとき

${}_m\mathrm{C}_1=m$ であるから，${}_m\mathrm{C}_2$，${}_m\mathrm{C}_3$，……，${}_m\mathrm{C}_{m-1}$ が m の倍数であることを示せばよい。

$k=2,\ 3,\ \cdots\cdots,\ m-1$ のとき

$$ {}_m\mathrm{C}_k=\frac{m!}{k!(m-k)!}=\frac{m}{k}\cdot\frac{(m-1)!}{(k-1)!(m-k)!} $$
$$ =\frac{m}{k}\cdot{}_{m-1}\mathrm{C}_{k-1} $$

◀ $m!=m\cdot(m-1)!$，$k!=k\cdot(k-1)!$

◀ $\dfrac{(m-1)!}{(k-1)!\{(m-1)-(k-1)\}!}={}_{m-1}\mathrm{C}_{k-1}$

よって　$k\cdot{}_m\mathrm{C}_k=m\cdot{}_{m-1}\mathrm{C}_{k-1}$

ここで，m は3以上の素数であり，$2\leqq k\leqq m-1$ であるから，k と m は互いに素である。

◀ m の正の約数は 1 と m

よって，${}_m\mathrm{C}_k$ は m の倍数である。

したがって，$d_m=m$ は成り立つ。

[1]，[2] から，m が素数ならば，$d_m=m$ である。

(2) 「k^m-k が d_m で割り切れる」を ① とする。

[1] $k=1$ のとき

$1^m-1=0$ であり，$d_m\neq 0$ であるから，0 は d_m で割り切れる。

よって，① は成り立つ。

[2] $k=l$ のとき ① が成り立つ，すなわち「l^m-l が d_m で割り切れる」と仮定する。

$k=l+1$ のときを考えると

$(l+1)^m-(l+1)$

$={}_m\mathrm{C}_0l^m+{}_m\mathrm{C}_1l^{m-1}+{}_m\mathrm{C}_2l^{m-2}+\cdots\cdots+{}_m\mathrm{C}_{m-1}l+{}_m\mathrm{C}_m-(l+1)$

◀二項定理を利用。

$=(l^m-l)+{}_m\mathrm{C}_1l^{m-1}+{}_m\mathrm{C}_2l^{m-2}+\cdots\cdots+{}_m\mathrm{C}_{m-1}l$

◀仮定を使える形にする。

仮定から，l^m-l は d_m で割り切れる。

また，d_m は ${}_m\mathrm{C}_1$，${}_m\mathrm{C}_2$，……，${}_m\mathrm{C}_{m-1}$ の最大公約数であるから，${}_m\mathrm{C}_1l^{m-1}+{}_m\mathrm{C}_2l^{m-2}+\cdots\cdots+{}_m\mathrm{C}_{m-1}l$ は d_m で割り切れる。

◀ d_m の定義から，${}_m\mathrm{C}_1$，${}_m\mathrm{C}_2$，……，${}_m\mathrm{C}_{m-1}$ はすべて d_m で割り切れる。

よって，$(l+1)^m-(l+1)$ は d_m で割り切れる。

ゆえに，$k=l+1$ のときも ① は成り立つ。

[1]，[2] から，すべての自然数 k について ① は成り立つ。

練習 56 ➡ 本冊 p. 422

(1) (前半) $\boldsymbol{P_1}=\alpha+\beta=(1+\sqrt{2})+(1-\sqrt{2})=\mathbf{2}$

また　$\alpha\beta=(1+\sqrt{2})(1-\sqrt{2})=-1$

よって　$\boldsymbol{P_2}=\alpha^2+\beta^2=(\alpha+\beta)^2-2\alpha\beta$

$=2^2-2\cdot(-1)=\mathbf{6}$

◀基本対称式 $\alpha+\beta$，$\alpha\beta$ で表す。

(後半) [1] $n=1$ のとき　$P_1=2$，　$n=2$ のとき　$P_2=6$

よって，$n=1,\ 2$ のとき，P_n は4の倍数ではない偶数である。

[2] $n=k,\ k+1$ のとき，P_n は4の倍数ではない偶数であると仮定する。

$n=k+2$ のときを考えると

$$P_{k+2}=\alpha^{k+2}+\beta^{k+2}$$
$$=(\alpha+\beta)(\alpha^{k+1}+\beta^{k+1})-\alpha\beta(\alpha^k+\beta^k)$$
$$=2(\alpha^{k+1}+\beta^{k+1})+(\alpha^k+\beta^k)$$
$$=2P_{k+1}+P_k$$

◀ $\alpha+\beta=2,\ \alpha\beta=-1$

仮定より，P_{k+1} は偶数であるから，$2P_{k+1}$ は 4 の倍数である。
また，P_k は 4 の倍数でない偶数である。
ゆえに，$2P_{k+1}+P_k$ は 4 の倍数でない偶数である。
よって，$n=k+2$ のときにも P_n は 4 の倍数ではない偶数である。

◀ $2P_{k+1}=4l$，$P_k=4m+2$ から $2P_{k+1}+P_k=4(l+m)+2$ （l，m は整数）

[1]，[2] から，すべての自然数 n に対して，P_n は 4 の倍数ではない偶数である。

(2) [1] $n=1$ のとき　$x^1+\dfrac{1}{x^1}=t$

◀ t の 1 次式。

$n=2$ のとき　$x^2+\dfrac{1}{x^2}=\left(x+\dfrac{1}{x}\right)^2-2x\cdot\dfrac{1}{x}=t^2-2$

◀ t の 2 次式。

よって，$n=1,\ 2$ のとき，$x^n+\dfrac{1}{x^n}$ は t の n 次式になる。

[2] $n=k,\ k+1$ のとき，$x^n+\dfrac{1}{x^n}$ が t の n 次式になると仮定する。このとき

$$x^{k+2}+\frac{1}{x^{k+2}}=\left(x^{k+1}+\frac{1}{x^{k+1}}\right)\left(x+\frac{1}{x}\right)-x\cdot\frac{1}{x}\left(x^k+\frac{1}{x^k}\right)$$
$$=\left(x^{k+1}+\frac{1}{x^{k+1}}\right)t-\left(x^k+\frac{1}{x^k}\right)\ \cdots\cdots\ ①$$

◀ $\alpha^{k+2}+\beta^{k+2}=(\alpha^{k+1}+\beta^{k+1})(\alpha+\beta)-\alpha\beta(\alpha^k+\beta^k)$

仮定から，$x^{k+1}+\dfrac{1}{x^{k+1}}$ は t の $k+1$ 次式，$x^k+\dfrac{1}{x^k}$ は t の k 次式である。
よって，① から，$x^{k+2}+\dfrac{1}{x^{k+2}}$ は t の $k+2$ 次式になる。

◀ ① は t の ($k+2$ 次式)−(k 次式)

[1]，[2] から，すべての自然数 n について，$x^n+\dfrac{1}{x^n}$ は t の n 次式になる。

練習 57

➡ 本冊 $p.423$

(1) $(3n^2+3n-1)S_n=5T_n\ \cdots\cdots\ ①$ とする。

◀関係式に $n=1,\ 2,\ 3$ をそれぞれ代入する。

① で $n=1$ とすると　$5S_1=5T_1$　　よって　$S_1=T_1$
ゆえに　$a_1=a_1{}^2$　　$a_1>0$ であるから　$\boldsymbol{a_1=1}$

◀ $S_1=a_1,\ T_1=a_1{}^2$

① で $n=2$ とすると　$17S_2=5T_2$
ゆえに　$17(1+a_2)=5(1^2+a_2{}^2)$
よって　$5a_2{}^2-17a_2-12=0$　すなわち　$(a_2-4)(5a_2+3)=0$
$a_2>0$ であるから　$\boldsymbol{a_2=4}$

◀ $S_2=a_1+a_2=1+a_2$，$T_2=a_1{}^2+a_2{}^2=1^2+a_2{}^2$

① で $n=3$ とすると　$35S_3=5T_3$　　よって　$7S_3=T_3$
ゆえに　$7(1+4+a_3)=1^2+4^2+a_3{}^2$
よって　$a_3{}^2-7a_3-18=0$　すなわち　$(a_3+2)(a_3-9)=0$
$a_3>0$ であるから　$\boldsymbol{a_3=9}$

◀ $S_3=a_1+a_2+a_3=1+4+a_3$，$T_3=a_1{}^2+a_2{}^2+a_3{}^2=1^2+4^2+a_3{}^2$

(2) (1)の結果から，$\boldsymbol{a_n=n^2}$ …… ② と推測できる。

[1] $n=1$ のとき，(1)により ② は成り立つ。

[2] $n \leqq k$ のとき，② が成り立つと仮定する。

$n=k+1$ のときについて，① から

$$\{3(k+1)^2+3(k+1)-1\}S_{k+1}=5T_{k+1}$$

よって　$(3k^2+9k+5)S_{k+1}=5T_{k+1}$ …… ③

また　$(3k^2+3k-1)S_k=5T_k$ …… ④

◀① で $n=k$ とした式。

③−④ から

$$(3k^2+9k+5)S_{k+1}-(3k^2+3k-1)S_k=5(T_{k+1}-T_k)$$

◀$T_{k+1}=T_k+a_{k+1}{}^2$ から $T_{k+1}-T_k=a_{k+1}{}^2$

仮定から

$$(3k^2+9k+5)(1^2+2^2+\cdots\cdots+k^2+a_{k+1})-(3k^2+3k-1)(1^2+2^2+\cdots\cdots+k^2)=5a_{k+1}{}^2$$

◀$a_l=l^2$ $(l=1,\ 2,\ \cdots,\ k)$

よって

$$(3k^2+9k+5)a_{k+1}+(6k+6)(1^2+2^2+\cdots\cdots+k^2)=5a_{k+1}{}^2$$

◀$\{(3k^2+9k+5)-(3k^2+3k-1)\}\times(1^2+2^2+\cdots+k^2)=(6k+6)(1^2+2^2+\cdots+k^2)$

ゆえに　$(3k^2+9k+5)a_{k+1}+(k+1)\cdot k(k+1)(2k+1)=5a_{k+1}{}^2$

すなわち　$5a_{k+1}{}^2-(3k^2+9k+5)a_{k+1}-k(2k+1)(k+1)^2=0$

よって　$\{a_{k+1}-(k+1)^2\}\{5a_{k+1}+k(2k+1)\}=0$

◀$1\cdot k(2k+1)-(k+1)^2\cdot 5=-3k^2-9k-5$ から，たすき掛けで因数分解可能。

$a_{k+1}>0$ であるから　$a_{k+1}=(k+1)^2$

したがって，$n=k+1$ のときも ② は成り立つ。

[1]，[2] から，すべての自然数 n について ② は成り立つ。

演習 1

➡ 本冊 p. 424

数列 a，b，c が等比数列をなすから　　$b^2=ac$　　…… ①

数列 b，c，$\frac{2}{9}a$ が等差数列をなすから　$2c=b+\frac{2}{9}a$　…… ②

② から　　　$2a=9(2c-b)$

2 と 9 は互いに素であるから，a は 9 の倍数である。

また，a は 2 以上 50 以下の偶数でもあるから　　$a=18,\ 36$

ここで，① から　　$2b^2=a\cdot 2c$

② を代入して　　$2b^2=a\left(b+\frac{2}{9}a\right)$

整理すると　　$2a^2+9ab-18b^2=0$

すなわち　　$(a+6b)(2a-3b)=0$

$a+6b=0$ から　$b=-\frac{a}{6}$，　$2a-3b=0$ から　$b=\frac{2}{3}a$

[1]　$b=-\frac{a}{6}$ のとき，② から　　$c=\frac{a}{36}$

$a=18$ のとき $c=\frac{1}{2}$ となるが，c は整数でない。

$a=36$ のとき　　$b=-6$，$c=1$

[2]　$b=\frac{2}{3}a$ のとき，② から　　$c=\frac{4}{9}a$

$a=18$ のとき　　$b=12$，$c=8$

$a=36$ のとき　　$b=24$，$c=16$

以上から，求める整数 $(a,\ b,\ c)$ の組は

$$(\boldsymbol{a},\ \boldsymbol{b},\ \boldsymbol{c})=(\mathbf{36},\ \mathbf{-6},\ \mathbf{1}),\ (\mathbf{18},\ \mathbf{12},\ \mathbf{8}),\ (\mathbf{36},\ \mathbf{24},\ \mathbf{16})$$

◀② が代入しやすいように，① の両辺を 2 倍している。
なお，$a=18,\ 36$ を ①，② に代入すると
$\begin{cases} b^2=18c \\ 2c=b+4 \end{cases}$，$\begin{cases} b^2=36c \\ 2c=b+8 \end{cases}$
この連立方程式を解いてもよい。

演習 2

➡ 本冊 p. 424

(1)　S_n は 初項 a，公差 d の等差数列の初項から第 n 項までの和であるから　　$S_n=a+(a+d)+(a+2d)+\cdots\cdots+\{a+(n-2)d\}+\{a+(n-1)d\}$

和の順序を逆にして

$$S_n=\{a+(n-1)d\}+\{a+(n-2)d\}+\cdots\cdots+(a+2d)+(a+d)+a$$

辺々を加えて　　$2S_n=\{2a+(n-1)d\}n$

よって　　$\boldsymbol{S_n=\frac{1}{2}n\{2a+(n-1)d\}}$　…… ①

◀この問題に関しては，和の公式の導出も書いておくのがよい。

(2)　(ア)　$n=34$ を ① に代入して

$$S_{34}=\frac{1}{2}\cdot 34\cdot\{2a+(34-1)d\}=17(2a+33d)$$

$S_{34}\leqq 0$ より，$17(2a+33d)\leqq 0$ であるから

$2a+33d\leqq 0$　…… ②

$n=35$ を ① に代入して

$$S_{35}=\frac{1}{2}\cdot 35\cdot\{2a+(35-1)d\}=\frac{35}{2}(2a+34d)$$

$S_{35}>0$ より，$\frac{35}{2}(2a+34d)>0$ であるから

$2a+34d>0$　…… ③

CHART 等差数列 $\{a_n\}$ の和の最大・最小
a_n の符号が変わる n に着目
a_n が負から正に変わるのは第何項かを調べる。

ここで，$d=(2a+34d)-(2a+33d)$ と表されるから，②，③より　$d>0$

また，②，③から　$-17d<a\leqq -\frac{33}{2}d$ …… ④

$$a_{17}=a+16d\leqq -\frac{33}{2}d+16d=-\frac{d}{2}<0$$

$$a_{18}=a+17d>-17d+17d=0$$

であるから，数列 $\{a_n\}$ は $a_1<a_2<\cdots\cdots<a_{17}<0<a_{18}<\cdots\cdots$ となる。

よって　$S_1>S_2>\cdots\cdots>S_{16}>S_{17}<S_{18}<\cdots\cdots$

であるから，S_n が最小となる n の値は　$\boldsymbol{n=17}$

◀②から　$a\leqq -\frac{33}{2}d$
③から　$a>-17d$

(イ) $S_{17}=-289$ から　$\frac{17}{2}(2a+16d)=-289$

すなわち　$a=-8d-17$ …… ⑤

④に⑤を代入して　$-17d<-8d-17\leqq -\frac{33}{2}d$

すなわち　$\frac{17}{9}<d\leqq 2$　d は整数であるから　$\boldsymbol{d=2}$

また，⑤に代入して　$\boldsymbol{a}=-8\cdot 2-17=\boldsymbol{-33}$

演習 3 ➡本冊 p. 424

(1) 数列 $\{a_n\}$ の第 n 項は　$a_n=1+(n-1)\cdot 6=6n-5$
数列 $\{b_m\}$ の第 m 項は　$b_m=3+(m-1)\cdot 4=4m-1$

$a_n=b_m$ とすると　$6n-5=4m-1$　ゆえに　$3n=2(m+1)$

3 と 2 は互いに素であるから，l を整数として

$n=2l,\ m+1=3l$　と表される。

よって，数列 $\{c_k\}$ の第 k 項は，数列 $\{a_n\}$ の第 $2k$ 項であるから

$6\cdot 2k-5=\boldsymbol{12k-5}$

これが求める数列 $\{c_k\}$ の一般項である。

◀m，n は自然数であるから，l は
$2l\geqq 1$ かつ $3l\geqq 1+1$
を満たす整数である。
よって　$l\geqq 1$

別解　6 と 4 の最小公倍数は　12

$\{a_n\}$：1，7，13，19，25，31，37，43，……

$\{b_m\}$：3，7，11，15，19，23，27，31，……

であるから　$c_1=7$

よって，数列 $\{c_k\}$ は初項 7，公差 12 の等差数列であるから，

その一般項は　$\boldsymbol{c_k}=7+(k-1)\cdot 12=\boldsymbol{12k-5}$

(2) 数列 $\{a_n\}$ の公差は 6，数列 $\{b_m\}$ の公差は 4 であり，(1) より，数列 $\{c_k\}$ の公差は 12 であるから，数列 $\{d_l\}$ の項は，p を自然数とすると，小さい順に

$12p-5-6,\ 12p-5-4,\ 12p-5,\ 12p-5+4$

すなわち，$12p-11,\ 12p-9,\ 12p-5,\ 12p-1$ の形で表される自然数が繰り返し並ぶ。

ゆえに　$d_{4p-3}=12p-11,\quad d_{4p-2}=12p-9,$

$d_{4p-1}=12p-5,\quad d_{4p}=12p-1$

よって　$\boldsymbol{d_{1000}}=d_{4\cdot 250}=12\cdot 250-1=\boldsymbol{2999}$

$\boldsymbol{d_{1001}}=d_{4\cdot 251-3}=12\cdot 251-11=\boldsymbol{3001}$

◀$a_{2k-1}=c_k-6$,
$b_{3k-2}=c_k-4$,
$a_{2k}=b_{3k-1}=c_k$,
$b_{3k}=c_k+4$
の順に並んでいる。

注意　$12p-5+6=12(p+1)-11$ であるから　$d_{4p-1}+6=d_{4(p+1)-3}$

演習 4

➡ 本冊 p. 424

(1) $a_n=ar^{n-1}$ で，$a>0$，$r>0$ から　$a_n>0$

また，$n \geqq 2$ において，$b_n=0$ となる n が存在すると仮定すると，$0=b_{n-1}a_n$ より，$a_n>0$ であるから　$b_{n-1}=0$

以下，同様にして　$b_n=b_{n-1}=\cdots\cdots=b_1=0$

ところが，$b_1=a_1=a>0$ より，$b_1 \neq 0$ であるから，これは矛盾である。

したがって，すべての n について $b_n \neq 0$ である。

◀ $b_n=0$ の可能性があるから，直ちに $b_{n+1}=b_na_{n+1}$ の両辺を b_n で割ってはならない。

$b_{n+1}=b_na_{n+1}$ から　$\dfrac{b_{n+1}}{b_n}=a_{n+1}$

よって，$n \geqq 2$ のとき

$$\frac{b_n}{b_{n-1}}=a_n,\ \frac{b_{n-1}}{b_{n-2}}=a_{n-1},\ \cdots\cdots,\ \frac{b_2}{b_1}=a_2$$

これらを辺々掛け合わせて

$$\frac{b_n}{b_{n-1}}\cdot\frac{b_{n-1}}{b_{n-2}}\cdot\cdots\cdots\cdot\frac{b_2}{b_1}=a_na_{n-1}\cdot\cdots\cdots\cdot a_2$$

ゆえに　$b_n=b_1a_na_{n-1}\cdot\cdots\cdots\cdot a_2=a_na_{n-1}\cdot\cdots\cdots\cdot a_2a_1$ ($b_1=a_1$ から)

数列 $\{a_n\}$ の一般項は $a_n=ar^{n-1}$ であるから

$$\boldsymbol{b_n}=a^nr^{n-1}r^{n-2}\cdot\cdots\cdots\cdot r^1\cdot 1=a^nr^{n-1+n-2+\cdots\cdots+1}$$
$$=\boldsymbol{a^nr^{\frac{1}{2}n(n-1)}}$$

◀ r の指数部分は，1 から $n-1$ までの自然数の和。

この式に $n=1$ を代入すると，$b_1=a$ となり，$n=1$ のときにも成り立つ。

(2) (1)の結果と $a>0$，$r>0$ から

$$\log_2 b_n=\log_2 a^nr^{\frac{1}{2}n(n-1)}=\log_2 a^n+\log_2 r^{\frac{1}{2}n(n-1)}$$
$$=n\log_2 a+\frac{1}{2}n(n-1)\log_2 r$$

◀ $M>0$，$N>0$ のとき $\log_2 MN=\log_2 M+\log_2 N$

ゆえに　$c_n=\dfrac{\log_2 b_n}{n}=\log_2 a+\dfrac{n-1}{2}\log_2 r$

よって　$c_{n+1}=\log_2 a+\dfrac{n}{2}\log_2 r$

ゆえに　$c_{n+1}-c_n=\dfrac{n}{2}\log_2 r-\dfrac{n-1}{2}\log_2 r=\dfrac{1}{2}\log_2 r$ (定数)

◀ 等差数列 ⟶ 隣り合う 2 項の差が一定であることを示す。

よって，数列 $\{c_n\}$ は初項 $c_1=\log_2 a$，公差 $\dfrac{1}{2}\log_2 r$ の等差数列である。

(3) (2)から　$M_n=\dfrac{1}{n}\displaystyle\sum_{k=1}^{n}c_k=\dfrac{1}{n}\cdot\dfrac{n}{2}\left(2\log_2 a+\dfrac{n-1}{2}\log_2 r\right)$

$$=\log_2 a+\frac{n-1}{4}\log_2 r=\log_2 ar^{\frac{n-1}{4}}$$

◀ $c_k=\log_2 a+\dfrac{k-1}{2}\log_2 r$

よって，$d_n=2^{M_n}$ から　$d_n=2^{\log_2 ar^{\frac{n-1}{4}}}=ar^{\frac{n-1}{4}}$

ゆえに　$\dfrac{d_{n+1}}{d_n}=\dfrac{ar^{\frac{n}{4}}}{ar^{\frac{n-1}{4}}}=r^{\frac{1}{4}}$　(定数)

◀ 等比数列 ⟶ 隣り合う 2 項の比が一定であることを示す。

よって，数列 $\{d_n\}$ は初項 $d_1=a$，公比 $r^{\frac{1}{4}}$ の等比数列である。

演習 5

➡ 本冊 p. 424

数列 $\{a_n\}$ の一般項は　$a_n=\frac{10}{9}\left(\frac{10}{9}\right)^{n-1}=$ ア$\boldsymbol{\left(\frac{10}{9}\right)^n}$

$a_n>9$ とすると　$\left(\frac{10}{9}\right)^n>9$　すなわち　$10^n>9^{n+1}$

両辺は正であるから，両辺の 10 を底とする対数をとると

$$\log_{10}10^n>\log_{10}9^{n+1}$$

よって　$n>2(n+1)\log_{10}3$

ゆえに　$(1-2\log_{10}3)n>2\log_{10}3$

$\log_{10}3=0.477$ であるから　$0.046n>0.954$

よって　$n>20.7\cdots\cdots$

したがって，$a_n>9$ を満たす最小の n の値は　$n=$ イ**21**

次に，$S_n=\frac{10}{9}\cdot\frac{\left(\frac{10}{9}\right)^n-1}{\frac{10}{9}-1}=$ ウ$\boldsymbol{10\left\{\left(\frac{10}{9}\right)^n-1\right\}}$ と表され，これを a_n を用いて表すと　$S_n=$ エ$\boldsymbol{10}\times a_n-10$

$S_n>90$ とすると，$10a_n-10>90$ から　$a_n>10$

よって　$\left(\frac{10}{9}\right)^n>10$　すなわち　$\left(\frac{10}{9}\right)^{n-1}>9$

ゆえに，(イ) と同様にして，これを満たす n について

$$n-1>20.7\cdots\cdots \quad \text{すなわち} \quad n>21.7\cdots\cdots$$

よって，求める最小の n の値は　$n=$ オ**22**

また　$P_n=a_1\times a_2\times\cdots\cdots\times a_n=\left(\frac{10}{9}\right)\times\left(\frac{10}{9}\right)^2\times\cdots\cdots\times\left(\frac{10}{9}\right)^n$

$$=\left(\frac{10}{9}\right)^{1+2+\cdots\cdots+n}=\left(\frac{10}{9}\right)^{\frac{1}{2}n(n+1)}$$

から，$P_n>S_n+10$ とすると，

$\left(\frac{10}{9}\right)^{\frac{1}{2}n(n+1)}>10a_n$ より　$\left(\frac{10}{9}\right)^{\frac{1}{2}n(n+1)}>10\left(\frac{10}{9}\right)^n$

よって　$\left(\frac{10}{9}\right)^{\frac{1}{2}n(n+1)-n}>10$　すなわち　$\left(\frac{10}{9}\right)^{\frac{1}{2}n(n-1)}>10$

ゆえに，(オ) と同様にして，これを満たす n について

$$\frac{1}{2}n(n-1)>21.7\cdots\cdots$$

よって　$n(n-1)>43.4\cdots\cdots$

$7\cdot6=42$，$8\cdot7=56$ から，求める最小の n の値は　$n=$ カ**8**

◀10 の累乗には，底を 10 とする対数 (常用対数) が扱いやすい。

◀$S_n=\frac{a(r^n-1)}{r-1}$

◀$a^m\times a^n=a^{m+n}$

◀この不等式の両辺に $\left(\frac{9}{10}\right)^n$ すなわち $\left(\frac{10}{9}\right)^{-n}$ を掛ける。

◀$n(n-1)$ は単調増加。

演習 6

➡ 本冊 p. 425

(1)　$S_n=\sum_{k=1}^{n}\{(n+1)k-k^2\}$

$$=(n+1)\cdot\frac{1}{2}n(n+1)-\frac{1}{6}n(n+1)(2n+1)$$

$$\boldsymbol{=\frac{1}{6}n(n+1)(n+2)}$$

(2) l を自然数とする。

$k=2l-1$ のとき $\left|\sin\dfrac{k\pi}{2}\right|=\left|\sin\dfrac{(2l-1)\pi}{2}\right|=1$

◀$\sin\dfrac{奇数}{2}\pi=\pm1$

$k=2l$ のとき $\left|\sin\dfrac{k\pi}{2}\right|=|\sin l\pi|=0$

よって $\boldsymbol{T_n}=\sum_{l=1}^{n}\left\{\dfrac{1}{(2l-1)(2l+1)}\cdot1\right\}+\sum_{l=1}^{n}\left\{\dfrac{1}{2l(2l+2)}\cdot0\right\}$

$=\sum_{l=1}^{n}\dfrac{1}{2}\left(\dfrac{1}{2l-1}-\dfrac{1}{2l+1}\right)$

◀部分分数分解。

$=\dfrac{1}{2}\left\{\left(1-\dfrac{1}{3}\right)+\left(\dfrac{1}{3}-\dfrac{1}{5}\right)+\cdots\cdots+\left(\dfrac{1}{2n-3}-\dfrac{1}{2n-1}\right)+\left(\dfrac{1}{2n-1}-\dfrac{1}{2n+1}\right)\right\}$

◀途中が消えて，最初と最後だけが残る。

$=\dfrac{1}{2}\left(1-\dfrac{1}{2n+1}\right)=\boldsymbol{\dfrac{n}{2n+1}}$

(3) l を自然数とする。

$k=3l-2$ のとき $\sin\dfrac{2k\pi}{3}=\sin\left(2l\pi-\dfrac{4}{3}\pi\right)=\dfrac{\sqrt{3}}{2}$

◀$\sin(2l\pi-\theta)$
$=\sin(-\theta)=-\sin\theta$

$k=3l-1$ のとき $\sin\dfrac{2k\pi}{3}=\sin\left(2l\pi-\dfrac{2}{3}\pi\right)=-\dfrac{\sqrt{3}}{2}$

$k=3l$ のとき $\sin\dfrac{2k\pi}{3}=\sin2l\pi=0$

したがって

$\boldsymbol{U_n}=\sum_{l=1}^{n}\left\{\left(\dfrac{1}{3}\right)^{3l-2}\cdot\dfrac{\sqrt{3}}{2}\right\}+\sum_{l=1}^{n}\left\{\left(\dfrac{1}{3}\right)^{3l-1}\cdot\left(-\dfrac{\sqrt{3}}{2}\right)\right\}+\sum_{l=1}^{n}\left\{\left(\dfrac{1}{3}\right)^{3l}\cdot0\right\}$

◀$\left(\dfrac{1}{3}\right)^{3l-2}$
$=\left(\dfrac{1}{3}\right)^{3l}\cdot\left(\dfrac{1}{3}\right)^{-2}$
$=\left\{\left(\dfrac{1}{3}\right)^{3}\right\}^{l}\cdot9=9\left(\dfrac{1}{27}\right)^{l}$

$=\dfrac{9\sqrt{3}}{2}\sum_{l=1}^{n}\left(\dfrac{1}{27}\right)^{l}-\dfrac{3\sqrt{3}}{2}\sum_{l=1}^{n}\left(\dfrac{1}{27}\right)^{l}$

$=\left(\dfrac{9\sqrt{3}}{2}-\dfrac{3\sqrt{3}}{2}\right)\cdot\dfrac{\dfrac{1}{27}\left\{1-\left(\dfrac{1}{27}\right)^{n}\right\}}{1-\dfrac{1}{27}}$

$=\boldsymbol{\dfrac{3\sqrt{3}}{26}\left\{1-\left(\dfrac{1}{27}\right)^{n}\right\}}$

演習 7

➡本冊 p. 425

(1) 第 s 群の 1 番目の項は s

更に，第 s 群の各項を s で割ると $1,\ 4,\ 9,\ 16,\ 25,\ \cdots\cdots,\ s^2$

よって，第 s 群の t 番目の項は $\boldsymbol{st^2}$

◀群の分け方の規則性がわかりにくいが，第 s 群の 1 番目の項は，必ず s であることに注目する。

(2) 第 1 群から第 s 群までの項の総数は

$$1+2+\cdots\cdots+s=\frac{1}{2}s(s+1)$$

よって，数列 $\{a_n\}$ の 77 番目の項が第 s 群にあるとすると

$$\frac{1}{2}(s-1)s<77\leqq\frac{1}{2}s(s+1)$$

$$s(s-1)<154\leqq s(s+1)\quad\cdots\cdots\ ①$$

◀第 $(s-1)$ 群までの項数 $<77<$ 第 s 群までの項数

$12\cdot 11=132$, $12\cdot 13=156$ であるから，不等式 ① を満たす自然数 s は　　$s=12$

第 1 群から第 11 群までの項の総数は 66 であるから，数列 $\{a_n\}$ の 77 番目の項は第 12 群の $77-66=11$ (番目) の数である。

よって，(1) から，数列 $\{a_n\}$ の 77 番目の項は　$12\cdot 11^2=\mathbf{1452}$

(3)　第 s 群の項の総和は

$$\sum_{t=1}^{s} st^2=s\cdot\frac{1}{6}s(s+1)(2s+1)=\frac{1}{6}s^2(s+1)(2s+1)$$

また，第 s 群の最後の項は　　$s\cdot s^2=s^3$

◀第 s 群の最後の項は，s 番目の項である。

よって，第 s 群の項の総和が，最後の項の 5 倍以上になるとき

$$\frac{1}{6}s^2(s+1)(2s+1)\geqq 5s^3 \quad \text{すなわち} \quad 2s^2-27s+1\geqq 0 \quad \cdots\cdots ②$$

ここで，$f(s)=2s^2-27s+1$ とすると　$f(s)=2\left(s-\frac{27}{4}\right)^2-\frac{721}{8}$

◀$y=f(s)$ のグラフは下に凸の放物線で，$s\geqq\frac{27}{4}$ では単調に増加する。

$y=f(s)$ のグラフの軸は　　$s=\frac{27}{4}=6.75$

$f(0)=1>0$, $f(1)=-24<0$, $f(13)=-12<0$, $f(14)=15>0$

であるから，② を満たす最小の自然数 s は　　$s=14$

したがって，群内の項の総和が，初めて群内の最後の項の 5 倍以上になるのは　　**第 14 群**

演習 8　➡ 本冊 $p.425$

(1)　図 [1] のように，原点を中心として，1 辺の長さが偶数の正方形を考える。

図には，各格子点に関する数列 $\{a_n\}$ の値を記入している。

◀$a_n=x_n\cdot y_n$

◀○：第 1 群　◌：第 2 群

このとき，k を自然数として，1 辺の長さが $2k$ の正方形の周上にある格子点の集合を第 k 群と呼ぶことにする。

線分 $x=k\ (-k\leqq y\leqq k)$ 上にある格子点の個数は　　$2k+1$

◀$k-(-k)+1=2k+1$

よって，1 辺の長さが $2k$ の正方形の周上および内部にある格子点の個数は　　$(2k+1)\times(2k+1)=(2k+1)^2$　$\cdots\cdots$ ①

① は原点と第 k 群までの格子点の個数の合計に等しい。

したがって，758 番目の格子点が第 n 群にあるとすると

$$\{2(n-1)+1\}^2<758\leqq(2n+1)^2 \qquad \cdots\cdots ②$$

n は自然数であるから，$\{2(n-1)+1\}^2$, $(2n+1)^2$ は単調に増加し，$(2\cdot 13+1)^2=729$, $(2\cdot 14+1)^2=841$

ゆえに，② を満たす自然数 n は

$n=14$

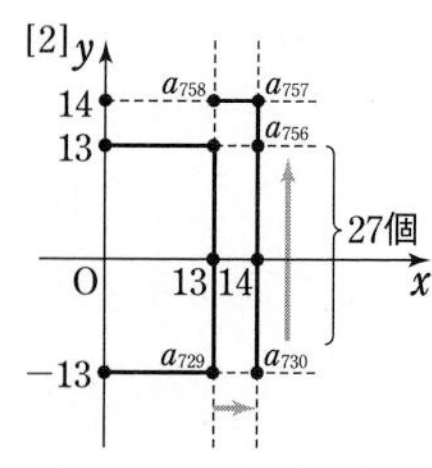

よって，758 番目の格子点は第 14 群にある。a_{729} の座標は $(13,\ -13)$，a_{730} の座標は $(14,\ -13)$ であるから，図 [2] より a_{758} の座標は　　$(13,\ 14)$

したがって　　$\boldsymbol{a_{758}=13\times 14=182}$

(2) 線分 $x=\pm k$ $(-k\leqq y\leqq k)$ 上にある格子点に関する数列 $\{a_n\}$ の値の総和は

$$\pm k\{0+(1-1)+(2-2)+\cdots\cdots+(k-k)\}=0$$

同様にして，線分 $y=\pm k$ $(-k\leqq x\leqq k)$ 上にある格子点に関する数列 $\{a_n\}$ の値の総和も 0 であるから，第 k 群に含まれる格子点に関する数列 $\{a_n\}$ の値の総和は 0 である。

よって　$\displaystyle\sum_{k=1}^{729}a_k=0$

また，図 [2] から　$\displaystyle\sum_{k=730}^{756}a_k=0$

したがって，求める和は

$$\sum_{k=1}^{758}a_k=\sum_{k=1}^{729}a_k+\sum_{k=730}^{756}a_k+a_{757}+a_{758}$$
$$=0+0+14\times14+13\times14=\mathbf{378}$$

◀この線分は y 軸対称。

◀729 番目の格子点は第 13 群の最後。

演習 9 ||| ➡本冊 p. 425

(1) $P_2=4P_1+2!=4x+2$

$P_3=5P_2+3!=5(4x+2)+6=20x+16$

$\boldsymbol{P_4}=6P_3+4!=6(20x+16)+24=\mathbf{120x+120}$

(2) $P_n=a_nx+b_n$ であるから

$$a_{n+1}x+b_{n+1}=(n+3)(a_nx+b_n)+(n+1)!$$
$$=(n+3)a_nx+(n+3)b_n+(n+1)!$$

よって　$\begin{cases}a_{n+1}=(n+3)a_n & \cdots\cdots ① \\ b_{n+1}=(n+3)b_n+(n+1)! & \cdots\cdots ②\end{cases}$

◀係数を比較。

① より，$n\geqq2$ のとき

$$a_n=(n+2)a_{n-1}=(n+2)(n+1)a_{n-2}$$
$$=\cdots\cdots=(n+2)(n+1)\cdot\cdots\cdots\cdot4a_1$$

◀① で n の代わりに $n-1$ とおくと
$a_n=\{(n-1)+3\}a_{n-1}$
$=(n+2)a_{n-1}$
以下，これを繰り返す。

$a_1=1$ であるから　$a_n=\dfrac{(n+2)!}{6}$

これは $n=1$ のときも成り立つ。

したがって　$\boldsymbol{a_n=\dfrac{(n+2)!}{6}}$

(3) ② の両辺を $(n+3)!$ で割ると

$$\frac{b_{n+1}}{(n+3)!}=\frac{b_n}{(n+2)!}+\frac{1}{(n+2)(n+3)}$$

$a_n=\dfrac{(n+2)!}{6}$ であるから　$6a_n=(n+2)!$

◀$6a_{n+1}=(n+1+2)!$
$=(n+3)!$

よって　$\dfrac{b_{n+1}}{6a_{n+1}}=\dfrac{b_n}{6a_n}+\dfrac{1}{(n+2)(n+3)}$

したがって　$\boldsymbol{\dfrac{b_{n+1}}{a_{n+1}}-\dfrac{b_n}{a_n}=\dfrac{6}{(n+2)(n+3)}}$

◀階差数列の一般項が得られた。

(4) (3) から，$n\geqq2$ のとき

$$\frac{b_n}{a_n}=\frac{b_1}{a_1}+\sum_{k=1}^{n-1}\frac{6}{(k+2)(k+3)}$$

ここで，$P_1=x$ より $b_1=0$ であり，

$\dfrac{6}{(k+2)(k+3)}=6\left(\dfrac{1}{k+2}-\dfrac{1}{k+3}\right)$ であるから

◀部分分数分解。

$$\frac{b_n}{a_n}=6\sum_{k=1}^{n-1}\left(\frac{1}{k+2}-\frac{1}{k+3}\right)=6\left(\frac{1}{3}-\frac{1}{n+2}\right)=2-\frac{6}{n+2}$$

◀途中が消えて，最初と最後だけが残る。

これは $n=1$ のときも成り立つ。

よって　　$\boldsymbol{\dfrac{b_n}{a_n}=2-\dfrac{6}{n+2}}$

(5)　(2)，(4) から

$$b_n=\left(2-\frac{6}{n+2}\right)\cdot\frac{(n+2)!}{6}=\frac{(n+2)!}{3}-(n+1)!$$

◀$b_n=\left(2-\dfrac{6}{n+2}\right)a_n$

したがって

$$S_n=\sum_{k=1}^{n}\frac{b_k}{3^k}=\sum_{k=1}^{n}\left\{\frac{(k+2)!}{3^{k+1}}-\frac{(k+1)!}{3^k}\right\}=\boldsymbol{\frac{(n+2)!}{3^{n+1}}-\frac{2}{3}}$$

◀和をとると，途中が消える。

演習 10

➡本冊 $p.425$

(1)　$f(x)=x^3-4x^2+5x-2$ とすると　　$f(1)=0$

◀$f(1)=1^3-4\cdot1^2+5\cdot1-2=0$ であるから，$f(x)$ は $x-1$ を因数にもつ。

ゆえに　　$f(x)=(x-1)(x^2-3x+2)=(x-1)^2(x-2)$

よって，$f(x)=0$ の解は　　$x=1,\ 2$

したがって　　$(\alpha,\ \beta,\ \gamma)=(1,\ 1,\ 2)$

$\beta=1$，$\gamma=2$ より，$b_n=a_{n+1}-a_n$ であるから

$$b_{n+2}=a_{n+3}-a_{n+2},\qquad b_{n+1}=a_{n+2}-a_{n+1}$$

$a_{n+3}-4a_{n+2}+5a_{n+1}-2a_n=0$ を変形すると

$$(a_{n+3}-a_{n+2})-3(a_{n+2}-a_{n+1})+2(a_{n+1}-a_n)=0$$

よって　　$b_{n+2}-3b_{n+1}+2b_n=0$

ゆえに　　$\boldsymbol{b_{n+2}=3b_{n+1}-2b_n}$

◀$t^2-3t+2=0$ の解は，$t=1,\ 2$ であるから $b_{n+2}-b_{n+1}=2(b_{n+1}-b_n)$，$b_{n+2}-2b_{n+1}=b_{n+1}-2b_n$ と変形することもできる。

また，$c_n=b_{n+1}-2b_n$ であるから　　$c_{n+1}=b_{n+2}-2b_{n+1}$

$b_{n+2}=3b_{n+1}-2b_n$ を変形すると　　$b_{n+2}-2b_{n+1}=b_{n+1}-2b_n$

したがって　　$\boldsymbol{c_{n+1}=c_n}$

(2)　$a_1=1$，$a_2=2$，$a_3=5$ のとき，$b_1=a_2-a_1=1$，$b_2=a_3-a_2=3$

であるから　　$c_1=b_2-2b_1=1$

よって，数列 $\{c_n\}$ の一般項は　　$c_n=1$

したがって，$b_{n+1}-2b_n=1$ から　　$b_{n+1}=2b_n+1$

これを変形すると　　$b_{n+1}+1=2(b_n+1)$

◀$t=2t+1$ を解くと $t=-1$

ゆえに，数列 $\{b_n+1\}$ は初項 $b_1+1=2$，公比 2 の等比数列であるから　　$b_n+1=2\cdot2^{n-1}$　すなわち　$\boldsymbol{b_n=2^n-1}$

このとき，$a_{n+1}-a_n=2^n-1$ であるから，$n\geqq2$ のとき

$$a_n=a_1+\sum_{k=1}^{n-1}(2^k-1)=1+\frac{2(2^{n-1}-1)}{2-1}-(n-1)$$

$$=2^n-n\quad\cdots\cdots\ ①$$

$a_1=1$ であるから，これは $n=1$ のときも成り立つ。

したがって　　$\boldsymbol{a_n=2^n-n}$

演習 11

➡本冊 $p.426$

(1)　$\boldsymbol{a_2}=a_1+1=\boldsymbol{2}$，$\boldsymbol{a_3}=2a_2=\boldsymbol{4}$，$\boldsymbol{a_4}=a_3+1=\boldsymbol{5}$，

$\boldsymbol{a_5}=2a_4=\boldsymbol{10}$

(2) $a_{2m}=a_{2m-1}+1$ から　$2a_{2m}=2a_{2m-1}+2$

よって　$a_{2m+1}=2a_{2m-1}+2$

これを変形すると　$a_{2m+1}+2=2(a_{2m-1}+2)$

ゆえに，数列 $\{a_{2m-1}+2\}$ は初項 $a_1+2=3$，公比 2 の等比数列であるから　$a_{2m-1}+2=3\cdot 2^{m-1}$

すなわち　$a_{2m-1}=3\cdot 2^{m-1}-2$　…… ①

よって　$a_{2m}=(3\cdot 2^{m-1}-2)+1=3\cdot 2^{m-1}-1$　…… ②

① において，$n=2m-1$ とおくと，$m=\dfrac{n+1}{2}$ から，

n が奇数のとき　$a_n=3\cdot 2^{\frac{n-1}{2}}-2$

② において，$n=2m$ とおくと，$m=\dfrac{n}{2}$ から，

n が偶数のとき　$a_n=3\cdot 2^{\frac{n-2}{2}}-1$

◀これを $a_{2m+1}=2a_{2m}$ に代入する。

◀$a_3=3\cdot 2^1-2=4$，$a_5=3\cdot 2^2-2=10$

◀$a_2=3\cdot 2^0-1=2$，$a_4=3\cdot 2^1-1=5$

(3) $S_n=\sum_{k=1}^{n} a_k$ とする。

[1] n が偶数のとき

$n=2m$ $(m=1,\ 2,\ \cdots\cdots)$ とおくと

$$S_{2m}=\sum_{k=1}^{2m} a_k=\sum_{k=1}^{m}(a_{2k-1}+a_{2k})$$
$$=\sum_{k=1}^{m}\{(3\cdot 2^{k-1}-2)+(3\cdot 2^{k-1}-1)\}$$
$$=\sum_{k=1}^{m}(3\cdot 2^k-3)=3\cdot\frac{2(2^m-1)}{2-1}-3m$$
$$=3\cdot 2^{m+1}-3m-6=3\cdot 2^{\frac{n+2}{2}}-\frac{3}{2}n-6$$

◀(2) の結果から。

◀$2\times 3\cdot 2^{k-1}=3\cdot 2^k$

◀$n=2m$ から　$m=\dfrac{n}{2}$

[2] n が奇数のとき

$n=2m-1$ $(m=1,\ 2,\ \cdots\cdots)$ とおくと

$$S_{2m-1}=S_{2m}-a_{2m}$$
$$=(3\cdot 2^{m+1}-3m-6)-(3\cdot 2^{m-1}-1)$$
$$=9\cdot 2^{m-1}-3m-5=9\cdot 2^{\frac{n-1}{2}}-\frac{3}{2}n-\frac{13}{2}$$

◀$n=2m-1$ から　$m=\dfrac{n+1}{2}$

したがって，求める和は

n が奇数のとき　$9\cdot 2^{\frac{n-1}{2}}-\dfrac{3}{2}n-\dfrac{13}{2}$

n が偶数のとき　$3\cdot 2^{\frac{n+2}{2}}-\dfrac{3}{2}n-6$

演習 12

➡ 本冊 p. 426

4 以下の目が出ることをA，5 以上の目が出ることをBとすると，条件を満たすのは 1 回目から n 回目までが

AA …… AB B …… BA …… A　…… ①

AA …… AB B ……………… B　…… ②

のいずれかになる場合である（ただし，$X_0=0$ であるから，①，② で初めてBが起きるのは 1 回目でもよい）。

① のように，条件を満たし $X_n\leqq 4$ となる確率を p_n，② のように，条件を満たし $X_n\geqq 5$ となる確率を q_n とすると，求める確率は p_n+q_n と表される。

p_{n+1} について　$p_{n+1}=\frac{2}{3}p_n+\frac{2}{3}q_n$ …… ③　　また　$p_1=0$

q_{n+1} について，1回目から $(n+1)$ 回目までが ② のようになるには，1回目から n 回目までが ② のようになっていて $(n+1)$ 回目に5以上の目が出る場合と，1回目から n 回目まですべてで4以下の目が出て，$(n+1)$ 回目に5以上の目が出る場合がある。

よって　$q_{n+1}=\frac{1}{3}q_n+\left(\frac{2}{3}\right)^n\cdot\frac{1}{3}$ …… ④　　また　$q_1=\frac{1}{3}$

④ の両辺に 3^{n+1} を掛けて　$3^{n+1}q_{n+1}=3^nq_n+2^n$

ゆえに，$n\geqq 2$ のとき

$$3^nq_n=3^1q^1+\sum_{k=1}^{n-1}2^k=1+\frac{2(2^{n-1}-1)}{2-1}=2^n-1$$

よって　$q_n=\frac{2^n-1}{3^n}$ …… ⑤

これは $n=1$ のときも成り立つ。

⑤ を ③ に代入して　$p_{n+1}=\frac{2}{3}p_n+\frac{2}{3}\cdot\frac{2^n-1}{3^n}$

両辺に $\left(\frac{3}{2}\right)^{n+1}$ を掛けて　$\left(\frac{3}{2}\right)^{n+1}p_{n+1}=\left(\frac{3}{2}\right)^np_n+1-\left(\frac{1}{2}\right)^n$

$\left(\frac{3}{2}\right)^np_n=s_n$ とおくと　$s_{n+1}=s_n+1-\left(\frac{1}{2}\right)^n$

したがって，$n\geqq 2$ のとき

$$s_n=s_1+\sum_{k=1}^{n-1}\left\{1-\left(\frac{1}{2}\right)^k\right\}=s_1+\sum_{k=1}^{n-1}1-\sum_{k=1}^{n-1}\left(\frac{1}{2}\right)^k$$

$$=\left(\frac{3}{2}\right)^1p_1+(n-1)-\frac{1}{2}\cdot\frac{1-\left(\frac{1}{2}\right)^{n-1}}{1-\frac{1}{2}}=n-2+\left(\frac{1}{2}\right)^{n-1}$$

よって　$p_n=\left(\frac{2}{3}\right)^ns_n=(n-2)\left(\frac{2}{3}\right)^n+\frac{2}{3^n}$

これは $n=1$ のときも成り立つ。

ゆえに，求める確率は　$p_n+q_n=\boldsymbol{(n-1)\left(\frac{2}{3}\right)^n+\frac{1}{3^n}}$

◀ n 回目と $(n+1)$ 回目に注目して，漸化式を立てる。

◀ ④ の両辺に $\left(\frac{3}{2}\right)^{n+1}$ を掛けて

$\left(\frac{3}{2}\right)^{n+1}q_{n+1}$
$=\frac{1}{2}\left(\frac{3}{2}\right)^nq_n+\frac{1}{2}$

$\left(\frac{3}{2}\right)^nq_n=a_n$ とおくと

$a_{n+1}=\frac{1}{2}a_n+\frac{1}{2}$

これを変形して

$a_{n+1}-1=\frac{1}{2}(a_n-1)$

としてもよい。

◀ $\sum_{k=1}^{n-1}\left(\frac{1}{2}\right)^k$ は，初項 $\frac{1}{2}$，公比 $\frac{1}{2}$，項数 $n-1$ の等比数列の和。

別解　条件を満たすような1回目から n 回目までの出方 ①，② について

k 回　　l 回　　$(n-k-l)$ 回

AA …… AB B …… B A …… A　　…… (ア)

ただし，$k\geqq 0$，$l\geqq 1$，$n-k-l\geqq 0$ …… (イ) とすると，(ア) のように目が出る確率は

$$\left(\frac{2}{3}\right)^k\left(\frac{1}{3}\right)^l\left(\frac{2}{3}\right)^{n-k-l}=\left(\frac{2}{3}\right)^{n-l}\left(\frac{1}{3}\right)^l=\left(\frac{2}{3}\right)^n\left(\frac{1}{2}\right)^l$$

求める確率は，(イ) を満たすすべての $(k,\ l)$ に対する $\left(\frac{3}{2}\right)^n\left(\frac{1}{2}\right)^l$ の値の総和である。

まず，k を固定すると，$1\leqq l\leqq n-k$ であるから

$$\sum_{l=1}^{n-k}\left(\frac{2}{3}\right)^n\left(\frac{1}{2}\right)^l=\left(\frac{2}{3}\right)^n\times\sum_{l=1}^{n-k}\left(\frac{1}{2}\right)^l=\left(\frac{2}{3}\right)^n\cdot\frac{1}{2}\cdot\frac{1-\left(\frac{1}{2}\right)^{n-k}}{1-\frac{1}{2}}$$

$$=\left(\frac{2}{3}\right)^n-\left(\frac{1}{3}\right)^n\cdot 2^k$$

◀ $\left(\frac{2}{3}\right)^n$ は l に無関係なので，Σ の外に出せる。

次に，$0\leqq k\leqq n-l\leqq n-1$ であるから，求める確率は

$$\sum_{k=0}^{n-1}\left\{\left(\frac{2}{3}\right)^n-\left(\frac{1}{3}\right)^n\cdot 2^k\right\}=n\left(\frac{2}{3}\right)^n-\left(\frac{1}{3}\right)^n\cdot\frac{1\cdot(2^n-1)}{2-1}$$

$$=(n-1)\left(\frac{2}{3}\right)^n+\frac{1}{3^n}$$

◀ $\left(\frac{2}{3}\right)^n$，$\left(\frac{1}{3}\right)^n$ は k に無関係。

演習 13 ➡ 本冊 $p.426$

(1) $\boldsymbol{(3+i)^2}=9+6i+i^2=\boldsymbol{8+6i}$

$\boldsymbol{(3+i)^3}=3^3+3\cdot 3^2i+3\cdot 3i^2+i^3=27+27i-9-i$

$=\boldsymbol{18+26i}$

◀ $(3+i)^3$
$=(3+i)(3+i)^2$
$=(3+i)(8+6i)$
のように計算してもよい。

$\boldsymbol{(3+i)^4}=\{(3+i)^2\}^2=(8+6i)^2=8^2+2\cdot 8\cdot 6i+6^2i^2$

$=64+96i-36=\boldsymbol{28+96i}$

$\boldsymbol{(3+i)^5}=(3+i)(3+i)^4=(3+i)(28+96i)$

$=84+316i+96i^2=\boldsymbol{-12+316i}$

◀ $-12=10\times(-2)+8$

よって，これらの虚部を 10 で割った余りはすべて **6** である。

(2) $(3+i)^n=a_n+b_ni$ (a_n，b_n は実数) とおくと，(1) の結果より，

「$n\geqq 2$ のとき，a_n，b_n は整数であり，a_n を 10 で割った余りは 8 で，b_n を 10 で割った余りは 6 である」 …… ①

◀(1) の結果において，実部を 10 で割った余りはすべて 8 である。

と推測できる。これを数学的帰納法を用いて示す。

[1] $n=2$ のとき

◀出発点は　$n=2$

(1) の結果より，$a_2=8$，$b_2=6$ であるから，$n=2$ のとき ① は成り立つ。

[2] $n=k$ ($k\geqq 2$) のとき，① が成り立つと仮定すると

$a_k=10p+8$，$b_k=10q+6$ (p，q は整数) …… ②

と表される。

$n=k+1$ のときを考えると

$(3+i)^{k+1}=(3+i)(3+i)^k=(3+i)(a_k+b_ki)$

$=(3a_k-b_k)+(a_k+3b_k)i$

よって　$a_{k+1}=3a_k-b_k$，$b_{k+1}=a_k+3b_k$

◀ 複素数の相等。

② から

$a_{k+1}=3(10p+8)-(10q+6)=10(3p-q+1)+8$

$b_{k+1}=(10p+8)+3(10q+6)=10(p+3q+2)+6$

◀ $3p-q+1$，$p+3q+2$ も整数である。

p，q は整数であるから，$n=k+1$ のときも ② は成り立つ。

[1]，[2] から，$n\geqq 2$ であるすべての自然数 n について ① は成り立つ。

したがって，$n\geqq 2$ のとき $(3+i)^n$ の虚部は 0 でないから，$(3+i)^n$ は虚数である。

$n=1$ のとき，$(3+i)^1=3+i$ で，これは虚数である。

ゆえに，すべての自然数 n について，$(3+i)^n$ は虚数である。

演習 14 ||| ➡ 本冊 $p.426$

(1)　$t<u$ において，両辺の 2 を底とする対数をとると

$$\log_2 t<\log_2 u$$

◀底 $2>1$ であるから $t<u \iff \log_2 t<\log_2 u$

両辺に β を掛けて

$\beta\log_2 t<\beta\log_2 u$　すなわち　$\log_2 t^\beta<\log_2 u^\beta$

底 2 は 1 より大きいから　　$t^\beta<u^\beta$

(2)　α は $\alpha>1$ を満たす有理数であるから，$\alpha-1$ は正の有理数である。$t>0$ のとき，$1<1+t$ が成り立つから，(1) より

$$1<(1+t)^{\alpha-1}\quad \cdots\cdots ①$$

◀(1) の不等式において，t を 1，u を $1+t$，β を $\alpha-1$ とおく。

また，$t<1+t$ より，同様にして　　$t^{\alpha-1}<(1+t)^{\alpha-1}$

$t>0$ であるから　　$t^\alpha<t(1+t)^{\alpha-1}\quad \cdots\cdots ②$

①，② の辺々を加えて

$$1+t^\alpha<(1+t)^{\alpha-1}+t(1+t)^{\alpha-1}$$
$$=(1+t)(1+t)^{\alpha-1}=(1+t)^\alpha$$

よって　　$1+t^\alpha<(1+t)^\alpha$

(3)　$\dfrac{y}{x}$ は正の実数であるから，(2) の不等式において，$t=\dfrac{y}{x}$ とすると　　$1+\left(\dfrac{y}{x}\right)^\alpha<\left(1+\dfrac{y}{x}\right)^\alpha$

両辺に x^α を掛けて　　$x^\alpha+y^\alpha<(x+y)^\alpha$

(4)　n が 2 以上の自然数のとき，n 個の正の実数 x_1，x_2，……，x_n に対して，不等式

$$x_1{}^\alpha+x_2{}^\alpha+\cdots\cdots+x_n{}^\alpha<(x_1+x_2+\cdots\cdots+x_n)^\alpha$$

が成り立つことを数学的帰納法により示す。

[1]　$n=2$ のとき

◀出発点は　$n=2$

(3) から，$x_1{}^\alpha+x_2{}^\alpha<(x_1+x_2)^\alpha$ は成り立つ。

[2]　$n=k$ $(k\geqq 2)$ のとき

k 個の正の実数 x_1，x_2，……，x_k に対して

$$x_1{}^\alpha+x_2{}^\alpha+\cdots\cdots+x_k{}^\alpha<(x_1+x_2+\cdots\cdots+x_k)^\alpha$$

が成り立つと仮定する。

$n=k+1$ のときを考えると

$$x_1{}^\alpha+x_2{}^\alpha+\cdots\cdots+x_k{}^\alpha+x_{k+1}{}^\alpha<(x_1+x_2+\cdots\cdots+x_k)^\alpha+x_{k+1}{}^\alpha$$

ここで，$y_k=x_1+x_2+\cdots\cdots+x_k$ とおくと

$$(x_1+x_2+\cdots\cdots+x_k)^\alpha+x_{k+1}{}^\alpha=y_k{}^\alpha+x_{k+1}{}^\alpha$$

(3) から　　$y_k{}^\alpha+x_{k+1}{}^\alpha<(y_k+x_{k+1})^\alpha$

◀(3) の不等式において，x を x_{k+1}，y を y_k とおく。

よって　　$x_1{}^\alpha+x_2{}^\alpha+\cdots\cdots+x_k{}^\alpha+x_{k+1}{}^\alpha$

$$<(x_1+x_2+\cdots\cdots+x_k)^\alpha+x_{k+1}{}^\alpha$$
$$<(x_1+x_2+\cdots\cdots+x_k+x_{k+1})^\alpha$$

したがって，$n=k+1$ のときも成り立つ。

[1]，[2] から，n が 2 以上の自然数のとき，n 個の正の実数 x_1，x_2，……，x_n に対して

$$x_1{}^\alpha+x_2{}^\alpha+\cdots\cdots+x_n{}^\alpha<(x_1+x_2+\cdots\cdots+x_n)^\alpha$$

が成り立つ。

演習 15

➡ 本冊 p. 426

(1) $S_n=\sum_{k=1}^{n} k\cdot 2^{k-1}$ とおくと

$$S_n=1+2\cdot 2+\cdots\cdots+n\cdot 2^{n-1} \quad \cdots\cdots ①$$

$$2S_n=\quad 1\cdot 2+\cdots\cdots+(n-1)\cdot 2^{n-1}+n\cdot 2^n \quad \cdots\cdots ②$$

①−② から　$-S_n=1+2+2^2+\cdots\cdots+2^{n-1}-n\cdot 2^n$

$$=\frac{2^n-1}{2-1}-n\cdot 2^n=-(n-1)\cdot 2^n-1$$

したがって　$\boldsymbol{S_n=(n-1)\cdot 2^n+1}$

◀(等差×等比) の和 S
$S-rS$ を作れ

(2) 漸化式から

$$a_2=1+\frac{1}{2}a_1=2,\ a_3=1+\frac{1}{2}(2a_1+a_2)=4,$$

$$a_4=1+\frac{1}{2}(3a_1+2a_2+a_3)=8$$

よって，$n\geqq 2$ のとき，$a_n=2^{n-1}$ …… ③ と推測できる。
これを数学的帰納法により示す。

[1] $n=2$ のとき
$a_2=2$ より，$n=2$ のとき ③ は成り立つ。

◀出発点は　$n=2$

[2] $n\leqq m$ $(m\geqq 2)$ のとき，③ が成り立つと仮定すると

$$a_n=2^{n-1}\ (2\leqq n\leqq m) \quad \cdots\cdots ④$$

$n=m+1$ のときを考えると

$$a_{m+1}=1+\frac{1}{2}\sum_{k=1}^{m}(m+1-k)a_k$$

$$=1+\frac{1}{2}\sum_{k=2}^{m}(m+1-k)a_k+\frac{1}{2}ma_1$$

$$=1+\frac{1}{2}\sum_{k=2}^{m}(m+1-k)a_k+m$$

◀「$n=m$ のとき成り立つ」と仮定すると，$a_{m-1}=2^{m-2}$，$a_{m-2}=2^{m-3}$，…… が成り立つことは仮定しないことになるから，$n=m+1$ のときの a_{m+1} についての関係式を作ることができない。

④ より　$a_{m+1}=1+\frac{1}{2}\sum_{k=2}^{m}(m+1-k)\cdot 2^{k-1}+m$

$$=1+\frac{1}{2}\sum_{k=2}^{m}\{(m+1)\cdot 2^{k-1}-k\cdot 2^{k-1}\}+m$$

ここで　$\sum_{k=2}^{m}(m+1)\cdot 2^{k-1}=(m+1)\cdot\frac{2(2^{m-1}-1)}{2-1}$

$$=(m+1)(2^m-2)$$

更に，(1) の結果から

$$\sum_{k=2}^{m}k\cdot 2^{k-1}=\sum_{k=1}^{m}k\cdot 2^{k-1}-1=(m-1)\cdot 2^m+1-1$$

$$=(m-1)\cdot 2^m$$

◀(1) の結果を利用。

よって　$a_{m+1}=1+\frac{1}{2}\{(m+1)(2^m-2)-(m-1)\cdot 2^m\}+m$

$$=2^m$$

◀$2^m=2^{(m+1)-1}$

したがって，④ は $n=m+1$ のときも成り立つ。

[1]，[2] から，$n\geqq 2$ であるすべての自然数 n について ③ は成り立つ。

よって，数列 $\{a_n\}$ の一般項は　$\boldsymbol{a_1=2,\ a_n=2^{n-1}\ (n\geqq 2)}$

◀$n=1$ のときについては，別に答える。

CHECK 5 ➡本冊 p. 429

(1)　2個のさいころの目の出方は　$6\times6=36$ (通り)
であり，そのどれが起こる確率も　$\frac{1}{36}$
また，Xのとりうる値は
$2,\ 3,\ 4,\ 5,\ 6,\ 7,\ 8,\ 9,\ 10,\ 11,\ 12$
それぞれの値をとる確率を計算すると，Xの確率分布は **次の表** のようになる。

和	1	2	3	4	5	6
1	2	3	4	5	6	7
2	3	4	5	6	7	8
3	4	5	6	7	8	9
4	5	6	7	8	9	10
5	6	7	8	9	10	11
6	7	8	9	10	11	12

X	2	3	4	5	6	7	8	9	10	11	12	計
P	$\frac{1}{36}$	$\frac{2}{36}$	$\frac{3}{36}$	$\frac{4}{36}$	$\frac{5}{36}$	$\frac{6}{36}$	$\frac{5}{36}$	$\frac{4}{36}$	$\frac{3}{36}$	$\frac{2}{36}$	$\frac{1}{36}$	1

◀確率の和が1になることを必ず確認する。

(2)　$P(5\leqq X\leqq 8)=\frac{4}{36}+\frac{5}{36}+\frac{6}{36}+\frac{5}{36}=\frac{20}{36}=\boldsymbol{\frac{5}{9}}$

CHECK 6 ➡本冊 p. 429

表2枚のとき　$X=2$
表，裏1枚ずつのとき　$X=3$
裏2枚のとき　$X=4$
であり，Xの確率分布は右の表のようになるから

X	2	3	4	計
P	$\frac{1}{4}$	$\frac{2}{4}$	$\frac{1}{4}$	1

◀$P(X=2)=P(X=4)=\left(\frac{1}{2}\right)^2$，$P(X=3)={}_2C_1\left(\frac{1}{2}\right)\left(\frac{1}{2}\right)$

$$E(X)=2\cdot\frac{1}{4}+3\cdot\frac{2}{4}+4\cdot\frac{1}{4}=\frac{12}{4}=\boldsymbol{3}$$

◀$E(X)=\sum x_k p_k$

$$V(X)=\left(2^2\cdot\frac{1}{4}+3^2\cdot\frac{2}{4}+4^2\cdot\frac{1}{4}\right)-3^2=\frac{38}{4}-9=\boldsymbol{\frac{1}{2}}$$

◀$V(X)=E(X^2)-\{E(X)\}^2$

$$\sigma(X)=\sqrt{\frac{1}{2}}=\boldsymbol{\frac{1}{\sqrt{2}}}$$

◀$\sigma(X)=\sqrt{V(X)}$

例 12 ➡本冊 p. 430

$$E(X)=1\cdot\frac{35}{70}+2\cdot\frac{20}{70}+3\cdot\frac{10}{70}+4\cdot\frac{4}{70}+5\cdot\frac{1}{70}$$
$$=\frac{1}{70}(35+40+30+16+5)=\frac{126}{70}=\mathbf{\frac{9}{5}}$$

◀(変数)×(確率) の和

$$V(X)=\left(1^2\cdot\frac{35}{70}+2^2\cdot\frac{20}{70}+3^2\cdot\frac{10}{70}+4^2\cdot\frac{4}{70}+5^2\cdot\frac{1}{70}\right)-\left(\frac{9}{5}\right)^2$$
$$=\frac{21}{5}-\frac{81}{5^2}=\frac{5\cdot21-81}{5^2}=\mathbf{\frac{24}{25}}$$

◀(X^2 の期待値) −(X の期待値)^2

$$\sigma(X)=\sqrt{\frac{24}{25}}=\mathbf{\frac{2\sqrt{6}}{5}}$$

◀$\sqrt{(分散)}$

例 13 ➡本冊 p. 430

取り出したカードの数字の組合せは，(1，1)，(1，2)，(1，3)，(2，3) の 4 通りである。

Xのとりうる値は $X=1,\ \frac{3}{2},\ 2,\ \frac{5}{2}$ であり

◀$\frac{1+1}{2}=1$ など。

$$P(X=1)=\frac{3}{5}\cdot\frac{2}{4}=\frac{3}{10}$$
$$P\left(X=\frac{3}{2}\right)=\frac{3}{5}\cdot\frac{1}{4}+\frac{1}{5}\cdot\frac{3}{4}=\frac{3}{10}$$
$$P(X=2)=\frac{3}{5}\cdot\frac{1}{4}+\frac{1}{5}\cdot\frac{3}{4}=\frac{3}{10}$$
$$P\left(X=\frac{5}{2}\right)=\frac{1}{5}\cdot\frac{1}{4}+\frac{1}{5}\cdot\frac{1}{4}=\frac{1}{10}$$

◀1→2 の順に取り出す事象と 2→1 の順に取り出す事象は互いに排反。

よって，Xの確率分布は右の表のようになるから

X	1	$\frac{3}{2}$	2	$\frac{5}{2}$	計
P	$\frac{3}{10}$	$\frac{3}{10}$	$\frac{3}{10}$	$\frac{1}{10}$	1

$$E(X)=1\cdot\frac{3}{10}+\frac{3}{2}\cdot\frac{3}{10}+2\cdot\frac{3}{10}+\frac{5}{2}\cdot\frac{1}{10}=\frac{32}{20}=\mathbf{\frac{8}{5}}$$

$$V(X)=\left\{1^2\cdot\frac{3}{10}+\left(\frac{3}{2}\right)^2\cdot\frac{3}{10}+2^2\cdot\frac{3}{10}+\left(\frac{5}{2}\right)^2\cdot\frac{1}{10}\right\}-\left(\frac{8}{5}\right)^2$$
$$=\frac{14}{5}-\frac{64}{25}=\frac{70-64}{25}=\mathbf{\frac{6}{25}}$$

◀$V(X)=E(X^2)-\{E(X)\}^2$

$$\sigma(X)=\sqrt{\frac{6}{25}}=\mathbf{\frac{\sqrt{6}}{5}}$$

◀$\sigma(X)=\sqrt{V(X)}$

例 14 ➡本冊 p. 433

(1) さいころを 1 回投げるとき，

3 の倍数の目が出る確率は $\frac{2}{6}=\frac{1}{3}$

3 の倍数の目が出ない確率は $1-\frac{1}{3}=\frac{2}{3}$

であるから

$$P(X=k)={}_3\mathrm{C}_k\left(\frac{1}{3}\right)^k\left(\frac{2}{3}\right)^{3-k}$$
$(k=0,\ 1,\ 2,\ 3)$

◀反復試行の確率

X	0	1	2	3	計
P	$\frac{8}{27}$	$\frac{12}{27}$	$\frac{6}{27}$	$\frac{1}{27}$	1

Xの確率分布は右の表のようになる。

よって　$E(X)=0\cdot\frac{8}{27}+1\cdot\frac{12}{27}+2\cdot\frac{6}{27}+3\cdot\frac{1}{27}=\mathbf{1}$

◀$E(X)=\sum x_kp_k$

また　$E(X^2)=0^2\cdot\frac{8}{27}+1^2\cdot\frac{12}{27}+2^2\cdot\frac{6}{27}+3^2\cdot\frac{1}{27}=\frac{45}{27}=\frac{5}{3}$

よって　$\boldsymbol{V(X)}=E(X^2)-\{E(X)\}^2=\frac{5}{3}-1^2=\boldsymbol{\frac{2}{3}}$

$\boldsymbol{\sigma(X)}=\sqrt{V(X)}=\sqrt{\frac{2}{3}}=\boldsymbol{\frac{\sqrt{6}}{3}}$

別解　$\boldsymbol{V(X)}=(0-1)^2\cdot\frac{8}{27}+(1-1)^2\cdot\frac{12}{27}+(2-1)^2\cdot\frac{6}{27}$

$+(3-1)^2\cdot\frac{1}{27}$

$=\frac{8+0+6+4}{27}=\frac{18}{27}=\boldsymbol{\frac{2}{3}}$

◀$V(X)=\sum(x_k-m)^2p_k$

(2)　$\boldsymbol{E(3X-2)}=3E(X)-2$

$=3\cdot1-2=\boldsymbol{1}$

$\boldsymbol{V(3X-2)}=3^2V(X)=3^2\cdot\frac{2}{3}=\boldsymbol{6}$

$\boldsymbol{\sigma(3X-2)}=3\sigma(X)=3\cdot\frac{\sqrt{6}}{3}=\boldsymbol{\sqrt{6}}$

別解　$\boldsymbol{\sigma(3X-2)}=\sqrt{V(3X-2)}=\boldsymbol{\sqrt{6}}$

◀$E(aX+b)$
$=aE(X)+b$

◀$V(aX+b)=a^2V(X)$

◀$\sigma(aX+b)=|a|\sigma(X)$

例 15　➡本冊 p. 437

$P(X=i,\ Y=j)=p_{ij}$　$(i=1,\ 2,\ 3\ ;\ j=1,\ 2,\ 3)$ とすると

$p_{11}=\frac{2}{9}\cdot\frac{1}{8}=\frac{1}{36}$,　$p_{12}=\frac{2}{9}\cdot\frac{3}{8}=\frac{1}{12}$,

$p_{13}=\frac{2}{9}\cdot\frac{4}{8}=\frac{1}{9}$,　$p_{21}=\frac{3}{9}\cdot\frac{2}{8}=\frac{1}{12}$,

$p_{22}=\frac{3}{9}\cdot\frac{2}{8}=\frac{1}{12}$,　$p_{23}=\frac{3}{9}\cdot\frac{4}{8}=\frac{1}{6}$,

$p_{31}=\frac{4}{9}\cdot\frac{2}{8}=\frac{1}{9}$,　$p_{32}=\frac{4}{9}\cdot\frac{3}{8}=\frac{1}{6}$,

$p_{33}=\frac{4}{9}\cdot\frac{3}{8}=\frac{1}{6}$

よって，X，Yの同時分布は，右の表のようになる。

X＼Y	1	2	3	計
1	$\frac{1}{36}$	$\frac{1}{12}$	$\frac{1}{9}$	$\frac{2}{9}$
2	$\frac{1}{12}$	$\frac{1}{12}$	$\frac{1}{6}$	$\frac{1}{3}$
3	$\frac{1}{9}$	$\frac{1}{6}$	$\frac{1}{6}$	$\frac{4}{9}$
計	$\frac{2}{9}$	$\frac{1}{3}$	$\frac{4}{9}$	1

例 16　➡本冊 p. 437

$(A$と$B)$　$P(A)=\frac{2}{6}=\frac{1}{3}$

また，積 mn が奇数となるのは，m，n がともに奇数のときであるから　$P(B)=\frac{3\times3}{6^2}=\frac{1}{4}$

よって　$P(A)P(B)=\frac{1}{12}$

また，$m<3$ かつ積 mn が奇数となるには，
$(m,\ n)=(1,\ 1)$，$(1,\ 3)$，$(1,\ 5)$ の3通りがあるから

$P(A\cap B)=\frac{3}{6^2}=\frac{1}{12}$

ゆえに　$P(A\cap B)=P(A)P(B)$

よって，**AとBは独立**である。

別解　$(A$と$B)$　$A\cap B$ は，$(m,\ n)=(1,\ 1)$，$(1,\ 3)$，$(1,\ 5)$ となる事象であるから

$P_A(B)=\frac{P(A\cap B)}{P(A)}$

$=\frac{\frac{3}{6^2}}{\frac{2}{6}}=\frac{1}{4}$

一方，$P(B)=\frac{1}{4}$ であるから　$P_A(B)=P(B)$

よって，AとBは**独立**。

(A と C) 余事象 $\overline{C}$ は $|m-n| \geqq 5$ となる事象，すなわち $(m, n)=(1, 6), (6, 1)$ となる事象である。

◀$\overline{C}$ の根元事象の個数は2個。

よって $P(\overline{C})=\dfrac{2}{6^2}=\dfrac{1}{18}$

また $P(A\cap\overline{C})=\dfrac{1}{6^2}=\dfrac{1}{36}$

◀$A\cap\overline{C}$ は $m<3$ かつ $|m-n| \geqq 5$ となる事象で，そのような (m, n) は $(m, n)=(1, 6)$

ゆえに，$P(A)P(\overline{C})=\dfrac{1}{3}\cdot\dfrac{1}{18}=\dfrac{1}{54}$ であるから

$$P(A\cap\overline{C}) \neq P(A)P(\overline{C})$$

よって，A と $\overline{C}$ は従属であるから，**A と C は従属** である。

例 17 ➡本冊 p. 438

確率変数 X, Y のとりうる値は，ともに 0, 1, 2 であり

$$P(X=k)=\frac{{}_2C_k\times{}_3C_{2-k}}{{}_5C_2} \quad (k=0,\ 1,\ 2)$$

◀赤玉2個から k 個，黒玉3個から $2-k$ 個。

$$P(Y=l)=\frac{{}_3C_l\times{}_2C_{2-l}}{{}_5C_2} \quad (l=0,\ 1,\ 2)$$

◀青玉3個から l 個，白玉2個から $2-l$ 個。

よって，X, Y の確率分布は次の表のようになる。

X	0	1	2	計
P	$\frac{3}{10}$	$\frac{6}{10}$	$\frac{1}{10}$	1

Y	0	1	2	計
P	$\frac{1}{10}$	$\frac{6}{10}$	$\frac{3}{10}$	1

◀${}_5C_2=10$
分母を10でそろえる。

ゆえに $E(X)=0\cdot\dfrac{3}{10}+1\cdot\dfrac{6}{10}+2\cdot\dfrac{1}{10}=\dfrac{8}{10}=\dfrac{4}{5}$

◀(変数)×(確率) の和

$E(Y)=0\cdot\dfrac{1}{10}+1\cdot\dfrac{6}{10}+2\cdot\dfrac{3}{10}=\dfrac{12}{10}=\dfrac{6}{5}$

よって $\boldsymbol{E(X+4Y)}=E(X)+4E(Y)=\dfrac{4}{5}+4\cdot\dfrac{6}{5}=\boldsymbol{\dfrac{28}{5}}$

また，X と Y は互いに独立であるから

◀この断り書きは重要。

$\boldsymbol{E(XY)}=E(X)E(Y)=\dfrac{4}{5}\cdot\dfrac{6}{5}=\boldsymbol{\dfrac{24}{25}}$

例 18 ➡本冊 p. 438

1, 2, 3 の目が出る確率は，順に $\dfrac{1}{6}$, $\dfrac{2}{6}$, $\dfrac{3}{6}$

◀X, Y の確率分布

よって $E(X)=E(Y)=1\cdot\dfrac{1}{6}+2\cdot\dfrac{2}{6}+3\cdot\dfrac{3}{6}=\dfrac{7}{3}$

◀X と Y の目が出る条件は同じであるから
$E(X)=E(Y)$
$V(X)=V(Y)$

$V(X)=V(Y)=E(X^2)-\{E(X)\}^2$

$=1^2\cdot\dfrac{1}{6}+2^2\cdot\dfrac{2}{6}+3^2\cdot\dfrac{3}{6}-\left(\dfrac{7}{3}\right)^2=\dfrac{5}{9}$

$Z=10X+Y$ であるから

$\boldsymbol{E(Z)}=E(10X+Y)=10E(X)+E(Y)$

$=11E(X)=11\cdot\dfrac{7}{3}=\boldsymbol{\dfrac{77}{3}}$

また，X と Y は独立であるから

◀断り書きを忘れずに。

$\boldsymbol{V(Z)}=V(10X+Y)=10^2V(X)+V(Y)$

$=101V(X)=101\cdot\dfrac{5}{9}=\boldsymbol{\dfrac{505}{9}}$

例 19 ➡本冊 p. 441

1回の試行で，赤球または白球が出る確率は　$\dfrac{8}{10}=\dfrac{4}{5}$

よって，$X=r$ となる確率 $P(X=r)$ は

$$P(X=r)={}_5C_r\left(\frac{4}{5}\right)^r\left(\frac{1}{5}\right)^{5-r}\quad (r=0,\ 1,\ 2,\ 3,\ 4,\ 5)$$

Xは二項分布 $B\left(5,\ \dfrac{4}{5}\right)$ に従うから

◀$n=5$，$p=\dfrac{4}{5}$

$$\boldsymbol{E(X)}=5\cdot\frac{4}{5}=\boldsymbol{4},\qquad \boldsymbol{V(X)}=5\cdot\frac{4}{5}\cdot\frac{1}{5}=\boldsymbol{\frac{4}{5}}$$

例 20 ➡本冊 p. 441

1回の操作で赤玉を取り出す確率は $\dfrac{a}{100}$ であるから，$X=r$ となる確率 $P(X=r)$ は

◀$p=\dfrac{a}{100}$

$$P(X=r)={}_nC_r\left(\frac{a}{100}\right)^r\left(1-\frac{a}{100}\right)^{n-r}$$
$$(r=0,\ 1,\ 2,\ \cdots\cdots,\ n)$$

よって，Xは二項分布 $B\left(n,\ \dfrac{a}{100}\right)$ に従う。

Xの期待値が $\dfrac{16}{5}$，分散が $\dfrac{64}{25}$ であるから

$$\frac{na}{100}=\frac{16}{5},\quad n\cdot\frac{a}{100}\left(1-\frac{a}{100}\right)=\frac{64}{25}$$

◀$E(X)=np$，$V(X)=npq$

ゆえに　$na=320$ ……①，$na(100-a)=25600$ ……②

また，$0<\dfrac{a}{100}<1$ から　$0<a<100$ ……③

◀$0<p<1$

①を②に代入して　$320(100-a)=25600$

これを解いて　$a=20$　これは③を満たす。

①から　$n=16$

よって　$\boldsymbol{a=20,\ n=16}$

例 21 ➡本冊 p. 447

$-1\leqq x\leqq 0$ のとき　$f(x)=x+1$

$0\leqq x\leqq 1$ のとき　$f(x)=1-x$

(1) $P(0.5\leqq X\leqq 1)=\dfrac{1}{2}\times 0.5\times 0.5=\boldsymbol{0.125}$

(2) $P(-0.5\leqq X\leqq 0.3)=1-P(-1\leqq X\leqq -0.5)-P(0.3\leqq X\leqq 1)$

$$=1-0.125-\frac{1}{2}\times 0.7\times 0.7$$
$$=1-0.125-0.245=\boldsymbol{0.63}$$

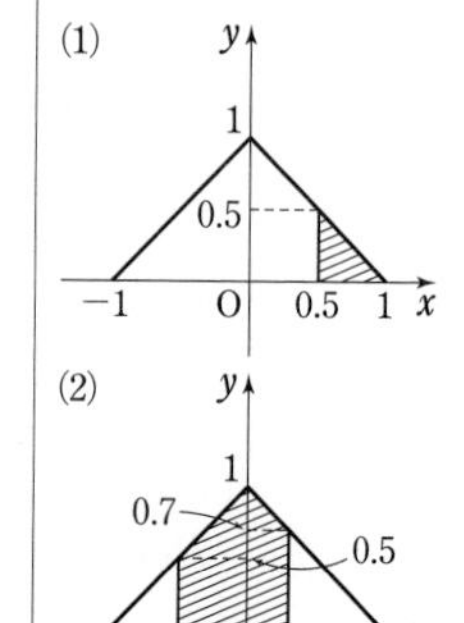

例 22 ➡本冊 p. 447

(1) (ア) $P(0.8\leqq Z\leqq 2.5)=p(2.5)-p(0.8)$
$$=0.4938-0.2881=\boldsymbol{0.2057}$$

(イ) $P(-2.7\leqq Z\leqq -1.3)=p(2.7)-p(1.3)$
$$=0.49653-0.4032=\boldsymbol{0.09333}$$

(ウ) $P(Z \geqq -0.6)=0.5+p(0.6)=0.5+0.2257=\mathbf{0.7257}$

(ア)
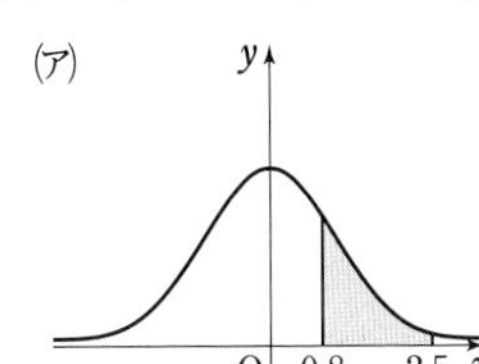

(イ)
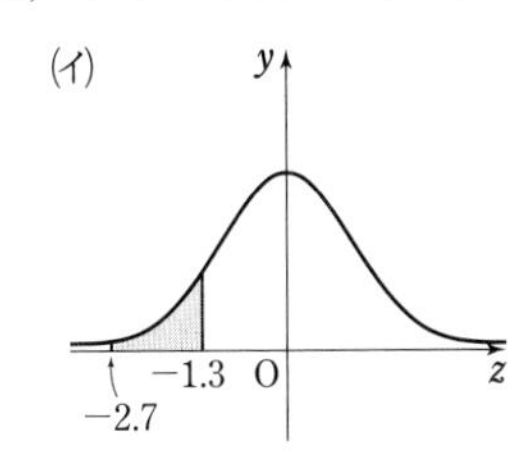

(ウ)
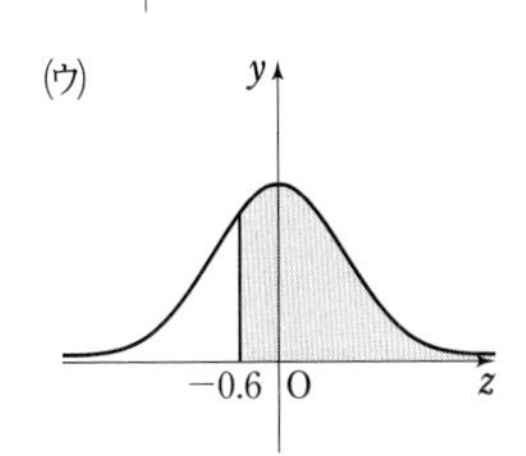

(2) $Z=\dfrac{X-12}{4}$ とおくと，Zは標準正規分布 $N(0,\ 1)$ に従う。

(ア) $P(14 \leqq X \leqq 22)=P\left(\dfrac{14-22}{4} \leqq Z \leqq \dfrac{22-12}{4}\right)$

$=P(0.5 \leqq Z \leqq 2.5)=p(2.5)-p(0.5)$

$=0.4938-0.1915=\mathbf{0.3023}$

(イ) $P(X \leqq 18)=P\left(Z \leqq \dfrac{18-12}{4}\right)=P(Z \leqq 1.5)$

$=0.5+p(1.5)=0.5+0.4332=\mathbf{0.9332}$

(ウ) $P(6 \leqq X \leqq 15)=P\left(\dfrac{6-12}{4} \leqq Z \leqq \dfrac{15-12}{4}\right)$

$=P(-1.5 \leqq Z \leqq 0.75)=p(1.5)+p(0.75)$

$=0.4332+0.2734=\mathbf{0.7066}$

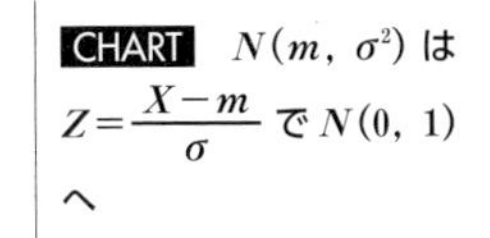

CHART $N(m,\ \sigma^2)$ は $Z=\dfrac{X-m}{\sigma}$ で $N(0,\ 1)$ へ

(ア)
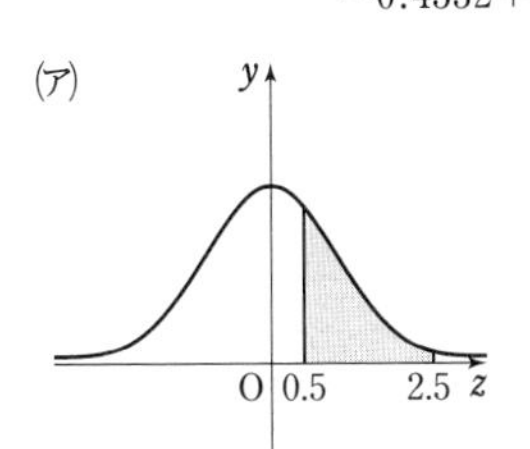

(イ)
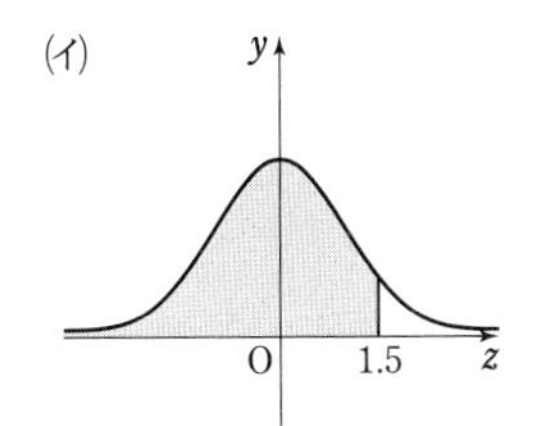

(ウ)
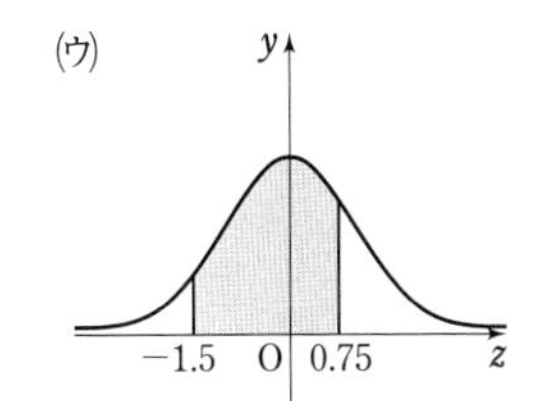

例 23

➡ 本冊 p. 456

母集団から1個の玉を無作為に抽出するとき，玉に書かれている数字Xの分布，すなわち，母集団分布は右の表のようになる。

X	3	5	7	計
P	$\dfrac{2}{10}$	$\dfrac{3}{10}$	$\dfrac{5}{10}$	1

◀(確率の総和)$=1$
確率Pは，約分しない方が，$E(X)$ などの計算がしやすい。

よって

$\boldsymbol{m}=E(X)$

$=3\cdot\dfrac{2}{10}+5\cdot\dfrac{3}{10}+7\cdot\dfrac{5}{10}=\dfrac{56}{10}=\mathbf{\dfrac{28}{5}}$

◀(変数)×(確率) の和。

また

$E(X^2)=3^2\cdot\dfrac{2}{10}+5^2\cdot\dfrac{3}{10}+7^2\cdot\dfrac{5}{10}=\dfrac{338}{10}=\dfrac{169}{5}$

ゆえに

$\boldsymbol{\sigma}=\sqrt{E(X^2)-\{E(X)\}^2}=\sqrt{\dfrac{169}{5}-\left(\dfrac{28}{5}\right)^2}=\mathbf{\dfrac{\sqrt{61}}{5}}$

◀$\sigma^2=(X^2$ の期待値$)$
$-(X$ の期待値$)^2$

2章
例
[統計的な推測]

例 24 ➡ 本冊 p. 456

(1) $\overline{X}=\dfrac{X_1+X_2}{2}$ の値を表にすると，右のようになる。

X_1 \ X_2	1	2	2	3	3
1	1	$\frac{3}{2}$	$\frac{3}{2}$	2	2
2	$\frac{3}{2}$	2	2	$\frac{5}{2}$	$\frac{5}{2}$
2	$\frac{3}{2}$	2	2	$\frac{5}{2}$	$\frac{5}{2}$
3	2	$\frac{5}{2}$	$\frac{5}{2}$	3	3
3	2	$\frac{5}{2}$	$\frac{5}{2}$	3	3

よって，$\overline{X}$ の確率分布は次の表のようになる。

$\overline{X}$	1	$\frac{3}{2}$	2	$\frac{5}{2}$	3	計
P	$\frac{1}{25}$	$\frac{4}{25}$	$\frac{8}{25}$	$\frac{8}{25}$	$\frac{4}{25}$	1

(2) 母平均 m と母標準偏差 σ は

$$m=1\cdot\frac{9}{30}+2\cdot\frac{17}{30}+3\cdot\frac{4}{30}=\frac{55}{30}=\frac{11}{6}$$

$$\sigma=\sqrt{1^2\cdot\frac{9}{30}+2^2\cdot\frac{17}{30}+3^2\cdot\frac{4}{30}-\left(\frac{11}{6}\right)^2}$$

$$=\sqrt{\frac{73}{180}}=\frac{\sqrt{365}}{30}$$

したがって，$\overline{X}$ の期待値と標準偏差は

$$\boldsymbol{E(\overline{X})=m=\frac{11}{6},\ \sigma(\overline{X})=\frac{\sigma}{\sqrt{25}}=\frac{\sqrt{365}}{150}}$$

(1) 母集団にある 2 つの 2, 3 をそれぞれ区別して，表にまとめるとよい。

◀$E(\overline{X})=m$, $\sigma(\overline{X})=\dfrac{\sigma}{\sqrt{n}}$

例 25 ➡ 本冊 p. 466

コインの表が出る確率を p とする。

表の出る確率が $\dfrac{1}{2}$ でないならば，$p\neq\dfrac{1}{2}$ である。

ここで，表の出る確率が $\dfrac{1}{2}$ であるという次の仮説を立てる。

仮説 $\mathrm{H_0}$：$p=\dfrac{1}{2}$

仮説 $\mathrm{H_0}$ が正しいとすると，100 回のうち表が出る回数Xは，二項分布 $B\left(100,\ \dfrac{1}{2}\right)$ に従う。

Xの期待値 m と標準偏差 σ は

$$m=100\cdot\frac{1}{2}=50,\ \sigma=\sqrt{100\cdot\frac{1}{2}\cdot\left(1-\frac{1}{2}\right)}=5$$

よって，$Z=\dfrac{X-50}{5}$ は近似的に標準正規分布 $N(0,\ 1)$ に従う。

正規分布表より，$P(-1.96\leqq X\leqq 1.96)\fallingdotseq 0.95$ であるから，有意水準 5 % の棄却域は　　$Z\leqq -1.96,\ 1.96\leqq Z$

$X=62$ のとき，$Z=\dfrac{62-50}{5}=2.4$ であり，この値は棄却域に入るから，仮説 $\mathrm{H_0}$ を棄却できる。

したがって，このコインの表と裏の出方には **偏りがあると判断してよい。**

◀仮説を立てる。判断したい仮説が「p が $\dfrac{1}{2}$ ではない」であるから，

帰無仮説 $\mathrm{H_0}$：$p=\dfrac{1}{2}$

対立仮設 $\mathrm{H_1}$：$p\neq\dfrac{1}{2}$

となり，両側検定で考える。

◀$m=np$，$\sigma=\sqrt{npq}$
ただし　$q=1-p$

◀棄却域を求める。

◀実際に得られた値が棄却域に入るかどうか調べ，仮説を棄却するかどうか判断する。

練習 58 ➡ 本冊 p. 431

(1) Xのとりうる値は　$0,\ 1,\ 2,\ \cdots\cdots,\ n-2$

$X=k$ となるのは, $k+2$ 本目に 2 回目のはずれくじを引く場合である。よって, $k+1$ 回までのどこかで最初のはずれくじを引き, 残りは当たりくじを引くと考えて

$$\boldsymbol{P(X=k)}=\frac{{}_{k+1}\mathrm{C}_1\times{}_2\mathrm{P}_2\times{}_{n-2}\mathrm{P}_k}{{}_n\mathrm{P}_{k+2}}$$

$$=\boldsymbol{\frac{2(k+1)}{n(n-1)}}\quad \boldsymbol{(k=0,\ 1,\ 2,\ \cdots\cdots,\ n-2)}$$

(2) $\boldsymbol{E(X)}=\sum_{k=0}^{n-2}k\cdot P(X=k)=\sum_{k=1}^{n-2}\frac{2k(k+1)}{n(n-1)}$

$$=\frac{2}{n(n-1)}\sum_{k=1}^{n-2}(k^2+k)$$

$$=\frac{2}{n(n-1)}\left\{\frac{1}{6}(n-2)(n-1)(2n-3)+\frac{1}{2}(n-2)(n-1)\right\}$$

$$=\frac{2}{n(n-1)}\cdot\frac{1}{6}(n-2)(n-1)(2n-3+3)$$

$$=\boldsymbol{\frac{2(n-2)}{3}}$$

◀$k=0$ のとき
　$k\cdot P(X=k)=0$
であるから
　$\sum_{k=0}^{n-2}$ を $\sum_{k=1}^{n-2}$
としてよい。

練習 59 ➡ 本冊 p. 432

n 人の手の出し方は　3^n 通り。

(1) 勝つ k 人の選び方は　${}_n\mathrm{C}_k$ 通り

その各場合について, 勝つ人の手の出し方は, グー, チョキ, パーの 3 通りずつある。

◀負ける人の手の出し方は自動的に決まる。

よって　$P(X=k)=\frac{{}_n\mathrm{C}_k\times 3}{3^n}=\boldsymbol{\frac{{}_n\mathrm{C}_k}{3^{n-1}}}$

(2) $E(X)=\sum_{k=0}^{n-1}k\cdot P(X=k)=\frac{1}{3^{n-1}}\sum_{k=0}^{n-1}k\cdot{}_n\mathrm{C}_k$

$$=\frac{1}{3^{n-1}}\sum_{k=1}^{n-1}k\cdot{}_n\mathrm{C}_k$$

ここで, $1\leqq k\leqq n$ のとき

$$k\cdot{}_n\mathrm{C}_k=k\cdot\frac{n!}{k!(n-k)!}=\frac{n!}{(k-1)!(n-k)!}$$

$$=n\cdot{}_{n-1}\mathrm{C}_{k-1}$$

◀${}_n\mathrm{C}_k=\frac{n!}{k!(n-k)!}$

よって　$E(X)=\frac{1}{3^{n-1}}\sum_{k=1}^{n-1}n\cdot{}_{n-1}\mathrm{C}_{k-1}$

$$=\frac{n}{3^{n-1}}({}_{n-1}\mathrm{C}_0+{}_{n-1}\mathrm{C}_1+\cdots\cdots+{}_{n-1}\mathrm{C}_{n-2})$$

ここで, 二項定理により

$$(1+1)^{n-1}={}_{n-1}\mathrm{C}_0+{}_{n-1}\mathrm{C}_1+\cdots\cdots+{}_{n-1}\mathrm{C}_{n-2}+{}_{n-1}\mathrm{C}_{n-1}$$

ゆえに　${}_{n-1}\mathrm{C}_0+{}_{n-1}\mathrm{C}_1+\cdots\cdots+{}_{n-1}\mathrm{C}_{n-2}=2^{n-1}-{}_{n-1}\mathrm{C}_{n-1}$

$$=2^{n-1}-1$$

したがって　$E(X)=\boldsymbol{\frac{n(2^{n-1}-1)}{3^{n-1}}}$

練習 60 ➡本冊 p. 434

$P(X=2)=p\ (0<p<1)$ とすると　$P(X=a)=1-p$

よって，Xの平均値 $E(X)$ は

$$E(X)=2\cdot p+a\cdot(1-p)=(2-a)p+a$$

Xの分散 $V(X)$ は

$$V(X)=\{2^2\cdot p+a^2\cdot(1-p)\}-\{E(X)\}^2$$
$$=(4-a^2)p+a^2-\{E(X)\}^2$$

◀ $V(X)=E(X^2)-\{E(X)\}^2$

また，$E(Y)=3E(X)+1$，$V(Y)=9V(X)$ であり，

$E(Y)=10$，$V(Y)=18$ であるから

◀ $E(3X+1)=3E(X)+1$ $V(3X+1)=3^2V(X)$

$$3E(X)+1=10,\ 9V(X)=18$$

よって　$E(X)=3$，$V(X)=2$

ゆえに　$(2-a)p+a=3$ …… ①，$(4-a^2)p+a^2=11$ …… ②

①×$(2+a)$−② から　$(2+a)a-a^2=3(2+a)-11$

◀ p を消去。

これを解いて　$\boldsymbol{a=5}$

練習 61 ➡本冊 p. 439

k 回目に白球が出たとき $X_k=1$ とし，黒球が出たとき $X_k=0$ とすると　$P(X_k=0)=\dfrac{6}{10}$，$P(X_k=1)=\dfrac{4}{10}$

◀反復試行であるから，X_1，X_2，……，X_{10} は同じ確率分布(以下の表)に従う。

X_k	0	1	計
P	$\frac{6}{10}$	$\frac{4}{10}$	1

よって　$E(X_k)=0\cdot\dfrac{6}{10}+1\cdot\dfrac{4}{10}=\dfrac{2}{5}$

$$V(X_k)=\left(0^2\cdot\frac{6}{10}+1^2\cdot\frac{4}{10}\right)-\left(\frac{2}{5}\right)^2=\frac{6}{25}$$

白球の出る回数Xは　$X=X_1+X_2+\cdots\cdots+X_{10}$

ゆえに　$E(X)=E(X_1)+E(X_2)+\cdots\cdots+E(X_{10})=10\cdot\dfrac{2}{5}=\boldsymbol{4}$

X_1，X_2，……，X_{10} は互いに独立であるから

◀**この断り書きは重要。**

$$V(X)=1^2\cdot V(X_1)+1^2\cdot V(X_2)+\cdots\cdots+1^2\cdot V(X_{10})$$
$$=10\cdot\frac{6}{25}=\boldsymbol{\frac{12}{5}}$$

検討　確率変数Xは，二項分布 $B\left(10,\ \dfrac{4}{10}\right)$ に従うから，期待値，分散は次のように求めることもできる。

$$E(X)=10\cdot\frac{4}{10}=\boldsymbol{4},\ V(X)=10\cdot\frac{4}{10}\cdot\left(1-\frac{4}{10}\right)=\boldsymbol{\frac{12}{5}}$$

◀Xが二項分布 $B(n,\ p)$ に従うとき
$\boldsymbol{E(X)=np}$
$\boldsymbol{V(X)=npq}$
$(q=1-p)$

練習 62 ➡本冊 p. 442

$T=3X-2(3-X)=^{ア}\boldsymbol{5X-6}$

$X=r$ となる確率 $P(X=r)$ は

$$P(X=r)={}_3\mathrm{C}_r\left(\frac{1}{2}\right)^r\left(\frac{1}{2}\right)^{3-r}\quad(r=0,\ 1,\ 2,\ 3)$$

よって，Xは二項分布 $B\left(3,\ \dfrac{1}{2}\right)$ に従うから，Xの分散は

$$V(X)=3\cdot\frac{1}{2}\cdot\frac{1}{2}=\frac{3}{4}$$

◀ $V(X)=npq$

ゆえに　$V(T)=V(5X-6)=5^2V(X)=25\cdot\dfrac{3}{4}=^{イ}\boldsymbol{\dfrac{75}{4}}$

練習 63 ➡ 本冊 p. 448

$$P\left(a \leqq X \leqq \frac{3}{2}a\right)=\int_a^{\frac{3}{2}a} f(x)dx=\int_a^{\frac{3}{2}a} \frac{1}{3a^2}(2a-x)dx$$
$$=\frac{1}{3a^2}\left[2ax-\frac{x^2}{2}\right]_a^{\frac{3}{2}a}$$
$$=\frac{1}{3a^2}\left[\left\{2a\cdot\frac{3}{2}a-\frac{1}{2}\left(\frac{3}{2}a\right)^2\right\}-\left(2a\cdot a-\frac{a^2}{2}\right)\right]$$
$$=\frac{1}{3a^2}\cdot\frac{3}{8}a^2=\mathbf{\frac{1}{8}}$$

◀ $a \leqq x \leqq \frac{3}{2}a$ のとき $f(x)=\frac{1}{3a^2}(2a-x)$

また，確率変数Xの **平均は**

$$E(X)=\int_{-a}^{2a} xf(x)dx$$
$$=\int_{-a}^{0} x\cdot\frac{2}{3a^2}(x+a)dx+\int_0^{2a} x\cdot\frac{1}{3a^2}(2a-x)dx$$
$$=\frac{2}{3a^2}\int_{-a}^{0} x(x+a)dx+\frac{1}{3a^2}\int_0^{2a} x(2a-x)dx$$
$$=\frac{2}{3a^2}\left[-\frac{1}{6}\{0-(-a)\}^3\right]+\frac{1}{3a^2}\left\{\frac{1}{6}(2a-0)^3\right\}$$
$$=-\frac{a}{9}+\frac{4a}{9}=\mathbf{\frac{a}{3}}$$

◀ $E(X)=\int_\alpha^\beta xf(x)dx$

◀ $\int_\alpha^\beta (x-\alpha)(x-\beta)dx=-\frac{1}{6}(\beta-\alpha)^3$

練習 64 ➡ 本冊 p. 449

身長Xは正規分布 $N(170.1,\ 5.6^2)$ に従うから，
$Z=\frac{X-170.1}{5.6}$ は標準正規分布 $N(0,\ 1)$ に従う。

CHART $N(m,\ \sigma^2)$ は $Z=\frac{X-m}{\sigma}$ で $N(0,\ 1)$ へ

(1) $P(165 \leqq X \leqq 175)=P\left(\frac{165-170.1}{5.6} \leqq Z \leqq \frac{175-170.1}{5.6}\right)$
$\fallingdotseq P(-0.91 \leqq Z \leqq 0.88)=p(0.91)+p(0.88)$
$=0.3186+0.3106=0.6292$

$500\times0.6292=314.6$ であるから，身長が 165 cm から 175 cm の生徒の人数は　**約 315 人**

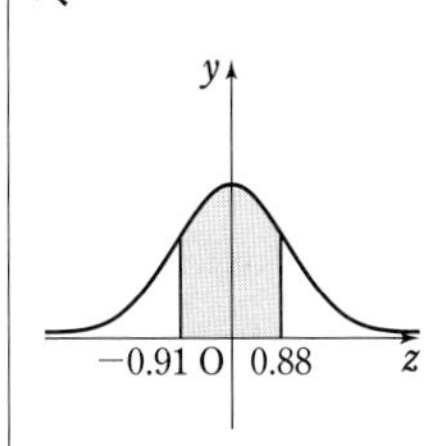

(2) 高い方から 100 人目については　$\frac{100}{500}=0.2$

よって，$P(Z \geqq u)=0.2$ となるuの値を求める。
$P(0 \leqq Z \leqq u)=0.5-P(Z \geqq u)=0.5-0.2=0.3$
したがって，正規分布表から　$u \fallingdotseq 0.84$

高い方から 100 人目の身長を a cm とすると　$0.84=\frac{a-170.1}{5.6}$

よって　$a=170.1+0.84\times5.6 \fallingdotseq 174.8$
ゆえに　**約 175 cm 以上**

参考　正規分布表にない数値 $p(u)=0.3000$ を満たすuをもう少し詳しく求めるには，表にある 2 つの数値 (0.84, 0.85) の間の変化を直線状とみて，次のように計算する。
$p(0.84)=0.2995,\ p(0.85)=0.3023$ であるから，その差dは
$d=0.3023-0.2995=0.0028$

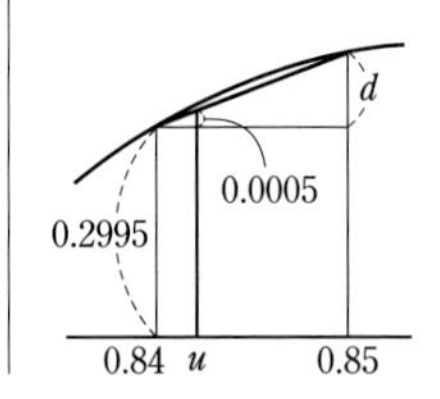

2章 練習 [統計的な推測]

よって，u と 0.84 の差は

$$\frac{0.3000-0.2995}{d}\times 0.01=\frac{0.0005}{0.0028}\times 0.01 \fallingdotseq 0.0018$$

ゆえに　$u=0.84+0.0018=0.8418$

練習 65 ➡ 本冊 p. 450

事象 A が起こる回数を X とする。

最小のものが 1 である確率は　$\frac{{}_8C_5}{{}_9C_6}=\frac{{}_8C_3}{{}_9C_3}=\frac{2}{3}$

ゆえに，X は二項分布 $B\left(200,\ \frac{2}{3}\right)$ に従い，その期待値 m と標準偏差 σ は

$$m=200\cdot\frac{2}{3}=\frac{400}{3},\quad \sigma=\sqrt{200\cdot\frac{2}{3}\cdot\frac{1}{3}}=\frac{20}{3}$$

$n=200$ は十分大きいから，$Z=\dfrac{X-\frac{400}{3}}{\frac{20}{3}}$ とおくと，Z は近似的に標準正規分布 $N(0,\ 1)$ に従う。

よって　$P(X\leqq 125)=P\left(Z\leqq\dfrac{125-\frac{400}{3}}{\frac{20}{3}}\right)=P(Z\leqq -1.25)$

$$=P(Z\geqq 1.25)=0.5-p(1.25)$$
$$=0.5-0.3944=\mathbf{0.1056}$$

CHART 二項分布
1 まず n と p
2 n が大なら 正規分布

◀ $n=200,\ p=\frac{2}{3}$

◀ $m=np$，$\sigma=\sqrt{np(1-p)}$

練習 66 ➡ 本冊 p. 457

母集団における変量は，A政党支持なら 1，不支持なら 0 (不支持率は $1-0.32=0.68$) という，2 つの値をとる。

母平均 m は

$$m=0\times 0.68+1\times 0.32=0.32$$

母標準偏差 σ は

$$\sigma=\sqrt{0^2\times 0.68+1^2\times 0.32-(0.32)^2}$$
$$=\sqrt{\frac{32}{100}\left(1-\frac{32}{100}\right)}=\frac{2\sqrt{34}}{25}\ (=0.4664\cdots\cdots)$$

よって　$\boldsymbol{E(\overline{X})=m=0.32}$

$$\boldsymbol{\sigma(\overline{X})}=\frac{\sigma}{\sqrt{100}}=\boldsymbol{\frac{\sqrt{34}}{125}}\ (=0.04664\cdots\cdots)$$

X_k	0	1	計
P	0.68	0.32	1

◀小数で表すと $\sqrt{0.2176}$ となるが，手計算での開平は無理なので，根号が付いたまま，分数の形で表した。

練習 67 ➡ 本冊 p. 458

母比率 p は　$p=0.4$　　標本の大きさは　$n=400$

よって，標本比率 R の期待値 m は　　$m=0.4$

標準偏差 σ は　$\sigma=\sqrt{\dfrac{p(1-p)}{n}}=\sqrt{\dfrac{0.4\times 0.6}{400}}=\dfrac{\sqrt{6}}{100}$

$n=400$ は十分に大きいから，標本比率 R は近似的に正規分布 $N\left(0.4,\ \left(\frac{\sqrt{6}}{100}\right)^2\right)$ に従う。

◀ $\sqrt{6}=2.449\cdots$

ゆえに，$Z=\dfrac{R-0.4}{\dfrac{\sqrt{6}}{100}}$ すなわち $Z=\dfrac{50\sqrt{6}}{3}(R-0.4)$ とおくと，

Z は標準正規分布 $N(0,\ 1)$ に従う。求める確率は

$$P(0.38\leqq R\leqq 0.42)$$
$$=P\left(\frac{50\sqrt{6}}{3}(0.38-0.4)\leqq Z\leqq\frac{50\sqrt{6}}{3}(0.42-0.4)\right)$$
$$\fallingdotseq P(-0.82\leqq Z\leqq 0.82)$$
$$=2p(0.82)=2\times 0.2939=\mathbf{0.5878}$$

CHART $N(m,\ \sigma^2)$ は $Z=\dfrac{X-m}{\sigma}$ で $N(0,\ 1)$ へ

◀ $\dfrac{50\sqrt{6}}{3}=40.824\cdots$

練習 68 ➡本冊 p.459

50 名の得点の平均 $\overline{X}$ は正規分布 $N\left(60,\ \dfrac{20^2}{50}\right)$ に従う。

よって，$Z=\dfrac{\overline{X}-60}{\dfrac{20}{\sqrt{50}}}$ すなわち $Z=\dfrac{\overline{X}-60}{2\sqrt{2}}$ とおくと，Z は標準正規分布 $N(0,\ 1)$ に従う。

◀ $\sqrt{50}=5\sqrt{2}$

したがって，求める確率は

$$P(65\leqq\overline{X}\leqq 68)=P\left(\frac{65-60}{2\sqrt{2}}\leqq Z\leqq\frac{68-60}{2\sqrt{2}}\right)$$
$$\fallingdotseq P(1.77\leqq Z\leqq 2.83)$$
$$=p(2.83)-p(1.77)$$
$$=0.49767-0.4616\fallingdotseq\mathbf{0.0361}$$

練習 69 ➡本冊 p.460

相対度数 R は標本比率と同じ分布に従うから，R は近似的に正規分布 $N\left(\dfrac{1}{6},\ \dfrac{1}{6}\left(1-\dfrac{1}{6}\right)\cdot\dfrac{1}{n}\right)$ すなわち $N\left(\dfrac{1}{6},\ \dfrac{5}{36n}\right)$ に従う。

◀ $N\left(p,\ \dfrac{p(1-p)}{n}\right)$ で $p=\dfrac{1}{6}$

CHART $N(m,\ \sigma^2)$ は $Z=\dfrac{X-m}{\sigma}$ で $N(0,\ 1)$ へ

よって，$Z=\dfrac{R-\dfrac{1}{6}}{\dfrac{1}{6}\sqrt{\dfrac{5}{n}}}$ とおくと，Z は近似的に $N(0,\ 1)$ に従う。

ゆえに　$P\left(\left|R-\dfrac{1}{6}\right|\leqq\dfrac{1}{60}\right)=P\left(\dfrac{1}{6}\sqrt{\dfrac{5}{n}}|Z|\leqq\dfrac{1}{60}\right)$

$$=P\left(|Z|\leqq\frac{1}{10}\sqrt{\frac{n}{5}}\right)$$
$$=P\left(-\frac{1}{10}\sqrt{\frac{n}{5}}\leqq Z\leqq\frac{1}{10}\sqrt{\frac{n}{5}}\right)$$

したがって，求める値は

$\boldsymbol{n=500}$ **のとき**

$$P(-1\leqq Z\leqq 1)=2p(1)=2\cdot 0.3413=\mathbf{0.6826}$$

$\boldsymbol{n=2000}$ **のとき**

$$P(-2\leqq Z\leqq 2)=2p(2)=2\cdot 0.4772=\mathbf{0.9544}$$

$\boldsymbol{n=4500}$ **のとき**

$$P(-3\leqq Z\leqq 3)=2p(3)=2\cdot 0.49865=\mathbf{0.9973}$$

練習 70 ➡本冊 p.462

標本の大きさは $n=25$，標本平均は $\overline{X}=1983$，母標準偏差は $\sigma=110$ である。
電球の寿命は正規分布に従うから，標本平均 $\overline{X}$ は正規分布 $N\left(m,\ \dfrac{\sigma^2}{n}\right)$ に従う。
よって，母平均に対する信頼度 95 % の信頼区間は

$$\left[1983-1.96\frac{110}{\sqrt{25}},\ 1983+1.96\frac{110}{\sqrt{25}}\right]$$

ゆえに　$[1983-43,\ 1983+43]$
すなわち　**[1940, 2026]**　ただし，**単位は 時間**

◀95 % なら $\left[\overline{X}-1.96\dfrac{\sigma}{\sqrt{n}},\ \overline{X}+1.96\dfrac{\sigma}{\sqrt{n}}\right]$

練習 71 ➡本冊 p.463

身長の階級値 x を $u=\dfrac{x-167.5}{5}$ と変換する。

階級値 x	度数 f	u	uf	u^2f
147.5	1	−4	−4	16
152.5	2	−3	−6	18
157.5	14	−2	−28	56
162.5	29	−1	−29	29
167.5	33	0	0	0
172.5	16	1	16	16
177.5	4	2	8	16
182.5	1	3	3	9
計	100		−40	160

右の表から　$\overline{u}=\dfrac{-40}{100}=-0.4$

$$s_u=\sqrt{\frac{160}{100}-(-0.4)^2}=\sqrt{1.44}=1.2$$

よって，標本の平均値 $\overline{X}$，標準偏差 S は
$\overline{X}=167.5+5\times(-0.4)=165.5$
$S=5\times1.2=6.0$
この県の 15 歳男子の平均身長を m，標準偏差を σ とすると，大きさ n の標本の平均 $\overline{X}$ は正規分布 $N\left(m,\ \dfrac{\sigma^2}{n}\right)$ に従うとみてよい。
ゆえに，平均身長 m に対する信頼度 95 % の信頼区間は

$$\left[\overline{X}-1.96\frac{\sigma}{\sqrt{n}},\ \overline{X}+1.96\frac{\sigma}{\sqrt{n}}\right]\ \cdots\cdots ①$$

(1)　① に $\overline{X}=165.5$，$\sigma\fallingdotseq S=6.0$，$n=100$ を代入して

$$\left[165.5-1.96\frac{6.0}{\sqrt{100}},\ 165.5+1.96\frac{6.0}{\sqrt{100}}\right]$$

よって　$[165.5-1.18,\ 165.5+1.18]$
すなわち　**[164.32, 166.68]**　ただし，**単位は cm**

◀母標準偏差 σ の代わりに標本標準偏差 S を用いる。

(2)　① から，平均身長 m の誤差は　$1.96\dfrac{\sigma}{\sqrt{n}}$

これが 0.5 cm 以内のとき　$1.96\dfrac{\sigma}{\sqrt{n}}\leqq0.5$

よって　$n\geqq\left(\dfrac{1.96\sigma}{0.5}\right)^2$

$\sigma\fallingdotseq S=6.0$ と考えて　$\left(\dfrac{1.96\sigma}{0.5}\right)^2\fallingdotseq\left(\dfrac{1.96\times6.0}{0.5}\right)^2=553.1904$

ゆえに　$n\geqq553.1904$
この不等式を満たす最小の自然数 n は　$n=554$
したがって，**約 554 人** 必要と考えられる。

練習 72 ➡ 本冊 p. 464

標本比率をR，標本の大きさをnとすると，母比率pに対する信頼度 95 % の信頼区間は

$$R-1.96\sqrt{\frac{R(1-R)}{n}} \leqq p \leqq R+1.96\sqrt{\frac{R(1-R)}{n}}$$

よって，信頼区間の幅は　$3.92\sqrt{\frac{R(1-R)}{n}}$

◀$1.96\times2=3.92$

信頼区間の幅が 0.02 以下になるとき

$$3.92\sqrt{\frac{R(1-R)}{n}} \leqq 0.02$$

Rは $p=0.2$ の近似値とみてよいから，$R=0.2$ を代入して

$$3.92\sqrt{\frac{0.2\times0.8}{n}} \leqq 0.02$$

よって　$\sqrt{n} \geqq \frac{3.92\sqrt{0.2\times0.8}}{0.02}$

両辺を平方して　$n \geqq 196^2\times0.16=6146.56$

この不等式を満たす最小の自然数nは　$n=6147$

したがって，**約 6147 粒** 選び出すとよい。

練習 73 ➡ 本冊 p. 467

黄色の豆ができる割合をpとする。メンデルの法則に従わないならば，$p \fallingdotseq \frac{3}{4}$ である。

◀①：仮説を立てる。判断したい仮説が「pが$\frac{3}{4}$ではない」であるから，

帰無仮説 H_0：$p=\frac{3}{4}$

対立仮説 H_1：$p \fallingdotseq \frac{3}{4}$

となり，両側検定で考える。

なお，緑色の豆ができる割合についての仮説を立てて，検定を行ってもよい。解答の後の 参考 を参照。

ここで，メンデルの法則に従う，すなわち，黄色の豆ができる割合が $p=\frac{3}{4}$ であるという次の仮説を立てる。

仮説 H_0：$p=\frac{3}{4}$

仮説 H_0 が正しいとすると，560 個のうち黄色の豆の個数Xは，二項分布 $B\left(560,\ \frac{3}{4}\right)$ に従う。

Xの期待値mと標準偏差σは

$$m=560\cdot\frac{3}{4}=420,$$

$$\sigma=\sqrt{560\cdot\frac{3}{4}\cdot\left(1-\frac{3}{4}\right)}=\sqrt{105}$$

標本の大きさ 560 は十分大きいから，$Z=\frac{X-420}{\sqrt{105}}$ は近似的に標準正規分布 $N(0,\ 1)$ に従う。

正規分布表より $P(-1.96\leqq Z\leqq1.96)\fallingdotseq0.95$ であるから，有意水準 5 % の棄却域は　$Z\leqq-1.96$，$1.96\leqq Z$

◀②：棄却域を求める。

$X=428$ のとき $Z=\frac{428-420}{\sqrt{105}}=\frac{8}{10.25}\fallingdotseq0.78$ であり，この値は棄却域に入らないから，仮説 H_0 を棄却できない。

◀③：仮説を棄却するかどうか判断する。

したがって，**メンデルの法則に反するとはいえない。**

2章 練習 [統計的な推測]

参考　緑色の豆に着目しても同様の結果が得られる。

緑色の豆ができる割合をqとし，仮説：$q=\dfrac{1}{4}$を立てる。

この仮説のもとでは，560 個のうち緑色の豆の個数Yは，二項分布$B\left(560,\ \dfrac{1}{4}\right)$に従う。

Yの期待値mと標準偏差σは

$$m=560\cdot\frac{1}{4}=140,$$

$$\sigma=\sqrt{560\cdot\frac{1}{4}\cdot\left(1-\frac{1}{4}\right)}=\sqrt{105}$$

標本の大きさ 560 は十分大きいから，$W=\dfrac{Y-140}{\sqrt{105}}$は近似的に標準正規分布$N(0,\ 1)$に従う。

有意水準 5 % の棄却域は，Zと同様に

$$W\leqq -1.96,\ 1.96\leqq W$$

$Y=132$のとき$W=\dfrac{132-140}{\sqrt{105}}=-\dfrac{8}{10.25}\fallingdotseq -0.78$であり，この値は棄却域に入らないから，仮説を棄却できない。

したがって，**メンデルの法則に反するとはいえない。**

練習 74

➡ 本冊 p. 468

(1)　白球の個数の割合をpとする。白球の方が多いならば，$p>0.5$である。

ここで，「白球と黒球の個数の割合は等しい」という次の仮説を立てる。

仮説 H_0：$p=0.5$

仮説 H_0 が正しいとすると，900 個の球のうち白球の個数Xは，二項分布$B(900,\ 0.5)$に従う。

Xの期待値mと標準偏差σは

$$m=900\cdot 0.5=450,$$

$$\sigma=\sqrt{900\cdot 0.5\cdot(1-0.5)}=15$$

標本の大きさ 900 は十分大きいから，$Z=\dfrac{X-450}{15}$は近似的に標準正規分布$N(0,\ 1)$に従う。

正規分布表より$P(Z\leqq 1.64)\fallingdotseq 0.95$であるから，有意水準 5 % の棄却域は　$Z\geqq 1.64$　…… ①

$X=480$のとき$Z=\dfrac{480-450}{15}=2$であり，この値は棄却域 ① に入るから，仮説 H_0 を棄却できる。

したがって，**白球の方が多いといえる。**

(2)　正規分布表より$P(Z\leqq 2.33)\fallingdotseq 0.99$であるから，有意水準 1 % の棄却域は　$Z\geqq 2.33$　…… ②

$Z=2$は棄却域 ② に入らないから，仮説 H_0 を棄却できない。

したがって，**白球の方が多いとはいえない。**

◀「白球の方が多いといえるか」とあるから，$p\geqq 0.5$を前提とする。このとき，
　帰無仮説 H_0：$p=0.5$
　対立仮説 H_1：$p>0.5$
となり，片側検定で考える。

◀$m=np$，$\sigma=\sqrt{npq}$
　ただし　$q=1-p$

◀片側検定であるから，棄却域を分布の片側だけにとる。
　$P(Z\leqq 1.64)$
$=0.5+p(1.64)$
$\fallingdotseq 0.5+0.45=0.95$

◀有意水準 1 % の棄却域。
　$P(Z\leqq 2.33)$
$=0.5+p(2.33)$
$\fallingdotseq 0.5+0.49=0.99$

練習 75 ➡ 本冊 $p.469$

HINT A高校の母標準偏差がわからないから，標本標準偏差を母標準偏差の代わりに用いて，検定を行う。

A高校の生徒225人の平均点について，得点の標本平均を $\overline{X}$ とする。ここで，

仮説 H_0：A高校の母平均 m について $m=56.3$ である

を立てる。

標本の大きさは十分に大きいと考えると，仮説 H_0 が正しいとするとき，$\overline{X}$ は近似的に正規分布 $N\left(56.3,\ \dfrac{12.5^2}{225}\right)$ に従う。

$\dfrac{12.5^2}{225}=\left(\dfrac{5}{6}\right)^2$ であるから，$Z=\dfrac{\overline{X}-56.3}{\frac{5}{6}}$ は近似的に $N(0,\ 1)$ に従う。

正規分布表より $P(-1.96 \leqq Z \leqq 1.96) \fallingdotseq 0.95$ であるから，有意水準5％の棄却域は　$Z \leqq -1.96,\ 1.96 \leqq Z$

$\overline{X}=54.8$ のとき $Z=\dfrac{54.8-56.3}{\frac{5}{6}}=-1.8$ であり，この値は棄却域に入らないから，仮説 H_0 を棄却できない。

したがって，**A高校全体の平均点が，県の平均点と異なるとは判断できない。**

◀平均点についての仮説を立て，両側検定で考える。

◀$Z=\dfrac{\overline{X}-56.3}{12.5}$ とするのは誤り！

演習 16 ➡本冊 p. 470

(1)　2冊の赤い本の間にある青い本 k 冊の選び方は　${}_n\mathrm{C}_k$ 通り
赤い本2冊とその間にある青い本 k 冊をまとめて1冊と考え，残りの青い本 $(n-k)$ 冊とまとめた1冊の並べ方は

$(n-k+1)!$ 通り

赤い本2冊とその間にある青い本 k 冊の並べ方は

$2!\times k!$ 通り

よって，求める確率は

$$\frac{{}_n\mathrm{C}_k\times(n-k+1)!\times2!k!}{(n+2)!}=\frac{n!\times(n-k+1)!\times2!}{(n-k)!(n+2)!}$$
$$=\boldsymbol{\frac{2(n-k+1)}{(n+1)(n+2)}}$$

◀最初に，赤い本の間にある青い本を選ぶ。

◀起こりうるすべての場合の数は　$(n+2)!$ 通り

別解　青い本 n 冊の並べ方は　$n!$ 通り
このn冊に対して，赤い本を入れる場所の選び方は
　左端と，左から k 番目と $(k+1)$ 番目の間,
　左から1番目と2番目の間と，左から $(k+1)$ 番目と $(k+2)$ 番目の間,
　……,
　左から $(n-k)$ 番目と $(n-k+1)$ 番目の間と，右端
の $(n-k+1)$ 通りある。
よって，求める確率は

$$\frac{n!\times(n-k+1)\times2!}{(n+2)!}=\boldsymbol{\frac{2(n-k+1)}{(n+1)(n+2)}}$$

◀青い本を○，赤い本を｜とすると
|○……○|○……○ （k 冊）
○|○……○|○…○ （k 冊）
⋮
○……○|○……○| （k 冊）

(2)　(1)から，**Xの期待値は**

$$\sum_{k=0}^{n}\left\{k\times\frac{2(n-k+1)}{(n+1)(n+2)}\right\}$$
$$=\frac{2}{(n+1)(n+2)}\sum_{k=0}^{n}\{-k^2+(n+1)k\}$$
$$=\frac{2}{(n+1)(n+2)}\left\{-\sum_{k=1}^{n}k^2+(n+1)\sum_{k=1}^{n}k\right\}$$
$$=\frac{2}{(n+1)(n+2)}\left\{-\frac{1}{6}n(n+1)(2n+1)+(n+1)\times\frac{1}{2}n(n+1)\right\}$$
$$=\frac{2}{(n+1)(n+2)}\times\frac{1}{6}n(n+1)\{-(2n+1)+3(n+1)\}=\boldsymbol{\frac{n}{3}}$$

◀ k に無関係な $\dfrac{2}{(n+1)(n+2)}$ をΣの前に出す。

また

$$\sum_{k=0}^{n}\left\{k^2\times\frac{2(n-k+1)}{(n+1)(n+2)}\right\}$$
$$=\frac{2}{(n+1)(n+2)}\sum_{k=0}^{n}\{-k^3+(n+1)k^2\}$$
$$=\frac{2}{(n+1)(n+2)}\left\{-\sum_{k=1}^{n}k^3+(n+1)\sum_{k=1}^{n}k^2\right\}$$
$$=\frac{2}{(n+1)(n+2)}\left\{-\frac{1}{4}n^2(n+1)^2+(n+1)\times\frac{1}{6}n(n+1)(2n+1)\right\}$$

◀ k に無関係な $\dfrac{2}{(n+1)(n+2)}$ をΣの前に出す。

$$=\frac{2}{(n+1)(n+2)}\times\frac{1}{12}n(n+1)^2\{-3n+2(2n+1)\}$$

$$=\frac{n(n+1)}{6}$$

よって，**Xの分散は**

$$\frac{n(n+1)}{6}-\left(\frac{n}{3}\right)^2=\frac{3n(n+1)-2n^2}{18}=\boldsymbol{\frac{n(n+3)}{18}}$$

演習 17

➡ 本冊 p. 470

HINT (2) XとYの同時分布を求め，$P(X=i,\ Y=j)=P(X=i)P(Y=j)$ が成り立つかどうかを調べる。1組でも成り立たなければ，XとYは独立ではない。
(3) $E(XY)=E(X)E(Y)$ はXとYが独立であるときに限って成り立つ。

2枚のカードの抜き出し方は　${}_6C_2=15$（通り）

(1) Xのとりうる値は 2，3，4，5，6 である。

◀ 2枚のカードの数の大きい方をXとするから，$X=1$ はあり得ない。

$P(X=2)=\frac{1}{15}$，$P(X=3)=\frac{2}{15}$，$P(X=4)=\frac{3}{15}$

$P(X=5)=\frac{4}{15}$，$P(X=6)=\frac{5}{15}$

よって　$E(X)=\frac{1}{15}(2\cdot1+3\cdot2+4\cdot3+5\cdot4+6\cdot5)=\frac{70}{15}=\boldsymbol{\frac{14}{3}}$

(2) Yのとりうる値は 1，2，3，4，5 であり，XとYの同時分布は右の表のようになる。

X \ Y	1	2	3	4	5	計
2	$\frac{1}{15}$	0	0	0	0	$\frac{1}{15}$
3	$\frac{1}{15}$	$\frac{1}{15}$	0	0	0	$\frac{2}{15}$
4	$\frac{1}{15}$	$\frac{1}{15}$	$\frac{1}{15}$	0	0	$\frac{3}{15}$
5	$\frac{1}{15}$	$\frac{1}{15}$	$\frac{1}{15}$	$\frac{1}{15}$	0	$\frac{4}{15}$
6	$\frac{1}{15}$	$\frac{1}{15}$	$\frac{1}{15}$	$\frac{1}{15}$	$\frac{1}{15}$	$\frac{5}{15}$
計	$\frac{5}{15}$	$\frac{4}{15}$	$\frac{3}{15}$	$\frac{2}{15}$	$\frac{1}{15}$	1

$P(Y=1)=\frac{5}{15}=\frac{1}{3}$ であるから

$$P(X=2)P(Y=1)=\frac{1}{15}\cdot\frac{1}{3}=\frac{1}{45}$$

また，$P(X=2,\ Y=1)=\frac{1}{15}$ より，

$P(X=2,\ Y=1)\neq P(X=2)P(Y=1)$ であるから，

XとYは互いに **独立でない**。

(3) (2)の表から

$$E(XY)=2\cdot1\cdot\frac{1}{15}+3\cdot1\cdot\frac{1}{15}+3\cdot2\cdot\frac{1}{15}$$
$$+4\cdot1\cdot\frac{1}{15}+4\cdot2\cdot\frac{1}{15}+4\cdot3\cdot\frac{1}{15}$$
$$+5\cdot1\cdot\frac{1}{15}+5\cdot2\cdot\frac{1}{15}+5\cdot3\cdot\frac{1}{15}+5\cdot4\cdot\frac{1}{15}$$
$$+6\cdot1\cdot\frac{1}{15}+6\cdot2\cdot\frac{1}{15}+6\cdot3\cdot\frac{1}{15}+6\cdot4\cdot\frac{1}{15}+6\cdot5\cdot\frac{1}{15}$$
$$=\frac{175}{15}=\boldsymbol{\frac{35}{3}}$$

演習 18

➡ 本冊 p. 470

(1) 賞金をまったくもらえないのは，6枚の硬貨がすべて裏の場合またはさいころの目が2の場合である。

6枚の硬貨がすべて裏である確率は　$\frac{1}{2^6}=\frac{1}{64}$

さいころの目が 2 である確率は　$\frac{1}{6}$

6 枚の硬貨がすべて裏で，かつさいころの目が 2 である確率は

$$\frac{1}{2^6}\cdot\frac{1}{6}=\frac{1}{384}$$

よって，求める確率は　$\frac{1}{64}+\frac{1}{6}-\frac{1}{384}=\frac{69}{384}=\mathbf{\frac{23}{128}}$

◀ $\frac{1}{64}+\frac{1}{6}$ ではない。

(2) 表が出た硬貨の合計額をX，さいころの目をYとする。
X，$|Y-2|$ の確率分布は次の表のようになる。

X	0	50	100	150	200	250	300	350	400	450	計
確率	$\frac{1}{2^6}$	$\frac{3}{2^6}$	$\frac{6}{2^6}$	$\frac{10}{2^6}$	$\frac{12}{2^6}$	$\frac{12}{2^6}$	$\frac{10}{2^6}$	$\frac{6}{2^6}$	$\frac{3}{2^6}$	$\frac{1}{2^6}$	1

$\vert Y-2\vert$	0	1	2	3	4	計
確率	$\frac{1}{6}$	$\frac{2}{6}$	$\frac{1}{6}$	$\frac{1}{6}$	$\frac{1}{6}$	1

もらえる賞金が 500 円以上となるのは，次の [1] ～ [3] のいずれかの場合である。

[1]　$(X,\ |Y-2|)=(150,\ 4)$
[2]　$X=200$ かつ $|Y-2|\geqq 3$
[3]　$X\geqq 250$ かつ $|Y-2|\geqq 2$

表から，それぞれの起こる確率は

[1]　$\frac{10}{2^6}\cdot\frac{1}{6}$　　[2]　$\frac{12}{2^6}\cdot\frac{2}{6}$　　[3]　$\frac{32}{2^6}\cdot\frac{3}{6}$

よって，求める確率は

$$\frac{10}{2^6}\cdot\frac{1}{6}+\frac{12}{2^6}\cdot\frac{2}{6}+\frac{32}{2^6}\cdot\frac{3}{6}=\frac{130}{384}=\mathbf{\frac{65}{192}}$$

(3) Xと $|Y-2|$ は互いに独立であるから，求める期待値は

$E(X|Y-2|)=E(X)E(|Y-2|)$

$$=\left(0\cdot\frac{1}{2^6}+50\cdot\frac{3}{2^6}+100\cdot\frac{6}{2^6}+150\cdot\frac{10}{2^6}+200\cdot\frac{12}{2^6}\right.$$
$$\left.+250\cdot\frac{12}{2^6}+300\cdot\frac{10}{2^6}+350\cdot\frac{6}{2^6}+400\cdot\frac{3}{2^6}+450\cdot\frac{1}{2^6}\right)$$
$$\times\left(0\cdot\frac{1}{6}+1\cdot\frac{2}{6}+2\cdot\frac{1}{6}+3\cdot\frac{1}{6}+4\cdot\frac{1}{6}\right)$$
$$=\frac{14400}{2^6}\times\frac{11}{6}=\mathbf{\frac{825}{2}}\ \textbf{(円)}$$

参考　表が出た 50 円硬貨の枚数を X_1，表が出た 100 円硬貨の枚数を X_2 とすると

$E(X_1)=E(X_2)=\frac{3}{2}$

$X=50X_1+100X_2$ であるから　$E(X)$
$=50E(X_1)+100E(X_2)$
$=150\cdot\frac{3}{2}=225$

演習 19

➡ 本冊 $p.470$

1 個のさいころを投げるとき，偶数の目が出る確率は　$\frac{1}{2}$

よって，$X=r$ となる確率 $P(X=r)$ は

$$P(X=r)={}_6\mathrm{C}_r\left(\frac{1}{2}\right)^r\left(\frac{1}{2}\right)^{6-r}=\frac{{}_6\mathrm{C}_r}{2^6}\quad(r=0,\ 1,\ 2,\ \cdots\cdots,\ 6)$$

ゆえに，Xは二項分布 $B\left(6,\ \frac{1}{2}\right)$ に従う。

よって　$m=6\times\frac{1}{2}=3$, $\sigma=\sqrt{6\times\frac{1}{2}\times\frac{1}{2}}=\frac{\sqrt{6}}{2}$

◀ $m=E(X)=np$, $\sigma=\sqrt{npq}$

$|X-m|<\sigma$ から　$m-\sigma<X<m+\sigma$

ゆえに　$3-\frac{\sqrt{6}}{2}<X<3+\frac{\sqrt{6}}{2}$

したがって，$\sqrt{6}=2.45$ として

$$P(|X-m|<\sigma)=P\left(3-\frac{\sqrt{6}}{2}<X<3+\frac{\sqrt{6}}{2}\right)$$
$$=P(1.775<X<4.225)$$
$$=P(X=2)+P(X=3)+P(X=4)$$
$$=\frac{15}{2^6}+\frac{20}{2^6}+\frac{15}{2^6}=\frac{50}{2^6}=\boldsymbol{\frac{25}{32}}$$

◀ $\sqrt{6}=2.45$ のとき $\frac{\sqrt{6}}{2}=1.225$

◀ X は整数の値しかとらない。

演習 20

➡本冊 $p.471$

(1)　大きいさいころの1または2の目が出る回数を X とすると

$$x_n=1\cdot X+(-1)\cdot(n-X)=2X-n$$

X は二項分布 $B\left(n, \frac{1}{3}\right)$ に従うから，X の平均 $E(X)$，分散 $V(X)$ は　$E(X)=\frac{n}{3}$, $V(X)=n\cdot\frac{1}{3}\cdot\frac{2}{3}=\frac{2}{9}n$

◀ $E(X)=np$, $V(X)=npq$

よって，x_n の平均 $E(x_n)$，分散 $V(x_n)$ は

$$E(x_n)=E(2X-n)=2E(X)-n$$
$$=2\cdot\frac{n}{3}-n=\boldsymbol{-\frac{n}{3}}$$

◀ $E(aX+b)=aE(X)+b$

$$V(x_n)=V(2X-n)=2^2V(X)=\boldsymbol{\frac{8}{9}n}$$

◀ $V(aX+b)=a^2V(X)$

(2)　$V(x_n)=E(x_n{}^2)-\{E(x_n)\}^2$ であるから

$$E(x_n{}^2)=V(x_n)+\{E(x_n)\}^2=\frac{8}{9}n+\left(-\frac{n}{3}\right)^2=\boldsymbol{\frac{1}{9}n(n+8)}$$

(3)　$S=\pi(x_n{}^2+y_n{}^2)$ であるから，S の平均 $E(S)$ は

$$E(S)=\pi\{E(x_n{}^2)+E(y_n{}^2)\}$$

ここで，y_n の平均 $E(y_n)$ と分散 $V(y_n)$ を求める。

小さいさいころの1の目が出る回数を Y とすると

$$y_n=2Y-n$$

Y は二項分布 $B\left(n, \frac{1}{6}\right)$ に従うから，(1) と同様にして

$$E(y_n)=2\cdot\frac{n}{6}-n=-\frac{2}{3}n$$

$$V(y_n)=2^2\cdot n\cdot\frac{1}{6}\cdot\frac{5}{6}=\frac{5}{9}n$$

更に，(2) と同様にして

$$E(y_n{}^2)=\frac{5}{9}n+\left(-\frac{2}{3}n\right)^2=\frac{1}{9}n(4n+5)$$

よって　$E(S)=\pi\left\{\frac{1}{9}n(n+8)+\frac{1}{9}n(4n+5)\right\}$

$$=\boldsymbol{\frac{1}{9}n(5n+13)\pi}$$

演習 21 ➡ 本冊 p. 471

(1) $1 \leqq x \leqq 2$ のとき　$f(x)=1-(2-x)=x-1$

$2 \leqq x \leqq 3$ のとき　$f(x)=1-(x-2)=-x+3$

◀ $|x-2|=\begin{cases} x-2 & (x \geqq 2) \\ 2-x & (x \leqq 2) \end{cases}$

したがって

$$\boldsymbol{E(X)}=\int_1^3 xf(x)\,dx=\int_1^2 x(x-1)\,dx+\int_2^3 x(-x+3)\,dx$$
$$=\int_1^2 (x^2-x)\,dx+\int_2^3 (-x^2+3x)\,dx$$
$$=\left[\frac{x^3}{3}-\frac{x^2}{2}\right]_1^2+\left[-\frac{x^3}{3}+\frac{3}{2}x^2\right]_2^3=\boldsymbol{2}$$

また　$E(X^2)=\int_1^3 x^2f(x)\,dx=\int_1^2 x^2(x-1)\,dx+\int_2^3 x^2(-x+3)\,dx$

$$=\int_1^2 (x^3-x^2)\,dx+\int_2^3 (-x^3+3x^2)\,dx$$
$$=\left[\frac{x^4}{4}-\frac{x^3}{3}\right]_1^2+\left[-\frac{x^4}{4}+x^3\right]_2^3=\frac{25}{6}$$

よって　$\boldsymbol{V(X)}=E(X^2)-\{E(X)\}^2=\frac{25}{6}-2^2=\boldsymbol{\frac{1}{6}}$

◀ $V(X)=\int_1^3 (x-2)^2f(x)\,dx$ として求めてもよい。

(2) $2-c \leqq 2 \leqq 2+c$ …… ① であるから

$$P(2-c \leqq X \leqq 2+c)=\int_{2-c}^{2+c} f(x)\,dx$$
$$=\int_{2-c}^{2} (x-1)\,dx-\int_2^{2+c} (x-3)\,dx$$
$$=\left[\frac{(x-1)^2}{2}\right]_{2-c}^{2}-\left[\frac{(x-3)^2}{2}\right]_2^{2+c}$$
$$=-(c-1)^2+1$$

◀ $2-c \leqq 2$, $2 \leqq 2+c$ であるから，積分区間を，$2-c \leqq x \leqq 2$ と $2 \leqq x \leqq 2+c$ に分ける。

よって，$P(2-c \leqq X \leqq 2+c)=0.5$ となるとき

$-(c-1)^2+1=0.5$　すなわち　$(c-1)^2=\frac{1}{2}$

これを解くと，$c-1=\pm\frac{1}{\sqrt{2}}$ から　$c=\frac{2\pm\sqrt{2}}{2}$

$c=\frac{2+\sqrt{2}}{2}$ のとき，① は，$1-\frac{\sqrt{2}}{2} \leqq X \leqq 3+\frac{\sqrt{2}}{2}$ となり，$1 \leqq X \leqq 3$ に反する。

◀ $1-\frac{\sqrt{2}}{2}<1$，$3<3+\frac{\sqrt{2}}{2}$

$c=\frac{2-\sqrt{2}}{2}$ のとき，① は，$1+\frac{\sqrt{2}}{2} \leqq X \leqq 3-\frac{\sqrt{2}}{2}$ となり，$1 \leqq X \leqq 3$ を満たす。

したがって　$\boldsymbol{c=\frac{2-\sqrt{2}}{2}}$

演習 22 ➡ 本冊 p. 471

Bが跳んだ距離の平均 $\overline{x}$，標準偏差 s は

$$\overline{x}=\frac{1}{20}\sum_{i=1}^{20} x_i=\frac{1}{20}\times 107.00=5.35\ (\text{m})$$
$$s=\sqrt{\frac{1}{20}\sum_{i=1}^{20} x_i{}^2-(\overline{x})^2}=\sqrt{\frac{1}{20}\times 572.90-5.35^2}$$
$$=\sqrt{0.0225}=0.15\ (\text{m})$$

よって，Bが跳ぶ距離Xは正規分布 $N(5.35,\ 0.15^2)$ に従う。

$Z=\dfrac{X-5.35}{0.15}$ とおくと，Zは標準正規分布 $N(0,\ 1)$ に従う。

したがって，AがBに勝つ確率は

$$P(X<5.65)=P\left(Z<\frac{5.65-5.35}{0.15}\right)=P(Z<2)$$
$$=0.5+p(2)=0.5+0.4772$$
$$\fallingdotseq \mathbf{0.98}$$

CHART $N(m,\ \sigma^2)$ は $Z=\dfrac{X-m}{\sigma}$ で $N(0,\ 1)$ へ

演習 23

➡ 本冊 $p.\,471$

(1) $Z=\dfrac{X-m}{\sigma}$ とおくと，Zは標準正規分布 $N(0,\ 1)$ に従う。

$$P\left(|X-m|\geqq\frac{\sigma}{4}\right)=2P\left(X-m\geqq\frac{\sigma}{4}\right)=2P\left(Z\geqq\frac{1}{4}\right)$$
$$=2\{0.5-p(0.25)\}=2(0.5-0.0987)$$
$$=2\times0.4013=0.8026$$
$$\fallingdotseq \mathbf{0.803}$$

(2) $Z=\dfrac{\overline{X}-m}{\dfrac{\sigma}{\sqrt{n}}}$ とおくと，Zは標準正規分布 $N(0,\ 1)$ に従う。

$$P\left(|\overline{X}-m|\geqq\frac{\sigma}{4}\right)=2P\left(\overline{X}-m\geqq\frac{\sigma}{4}\right)=2P\left(Z\geqq\frac{\sqrt{n}}{4}\right)$$
$$=2\left\{0.5-p\left(\frac{\sqrt{n}}{4}\right)\right\}$$

◀ $\overline{X}-m=Z\dfrac{\sigma}{\sqrt{n}}$，$\overline{X}-m\geqq\dfrac{\sigma}{4}$ から $Z\dfrac{\sigma}{\sqrt{n}}\geqq\dfrac{\sigma}{4}$ よって $Z\geqq\dfrac{\sqrt{n}}{4}$

よって，$2\left\{0.5-p\left(\dfrac{\sqrt{n}}{4}\right)\right\}\leqq0.02$ から　$p\left(\dfrac{\sqrt{n}}{4}\right)\geqq0.49$

ゆえに，$\dfrac{\sqrt{n}}{4}\geqq2.33$ から　$n\geqq86.8624$

この不等式を満たす最小の自然数nを求めて　$\boldsymbol{n=87}$

演習 24

➡ 本冊 $p.\,472$

(1) 標本の大きさは $n=100$，標本平均は $\overline{X}=2.57$，標本標準偏差は $S=0.35$ である。

よって，母平均に対する信頼度 95 % の信頼区間は

$$\left[2.57-1.96\frac{0.35}{\sqrt{100}},\ 2.57+1.96\frac{0.35}{\sqrt{100}}\right]$$

◀ $\left[\overline{X}-1.96\dfrac{\sigma}{\sqrt{n}},\ \overline{X}+1.96\dfrac{\sigma}{\sqrt{n}}\right]$

ゆえに　$[2.57-0.07,\ 2.57+0.07]$

すなわち　**[2.50, 2.64]　ただし，単位は kg**

(2) 標本の大きさをnとすると　$1.96\dfrac{0.35}{\sqrt{n}}\leqq0.05$

よって　$\sqrt{n}\geqq\dfrac{1.96\times0.35}{0.05}$

両辺を平方して　$n\geqq(1.96\times7)^2=188.2384$

この不等式を満たす最小の自然数nは　$n=189$

したがって，標本数を **189 以上** にすればよい。

2章 演習 [統計的な推測]

演習 25

➡ 本冊 p. 472

Qが頂点dに存在する確率をpとし，その確率が $\frac{1}{4}$ であるという次の仮説を立てる。

$$仮説\ H_0：p=\frac{1}{4}$$

仮説 H_0 が正しいとすると，10 回観測して 6 回以上Qが頂点dにいる確率は　$p=\sum_{r=6}^{10}{}_{10}C_r\left(\frac{1}{4}\right)^r\left(1-\frac{1}{4}\right)^{10-r}$

$$=\sum_{r=6}^{10}{}_{10}C_r\left(\frac{1}{4}\right)^r\left(\frac{3}{4}\right)^{10-r}=\frac{1}{4^{10}}\sum_{r=6}^{10}{}_{10}C_r\cdot3^{10-r}$$

$$=\frac{{}_{10}C_6\cdot3^4+{}_{10}C_7\cdot3^3+{}_{10}C_8\cdot3^2+{}_{10}C_9\cdot3+{}_{10}C_{10}}{4^{10}}$$

$$=\frac{17010+3240+405+30+1}{4^{10}}=\frac{20686}{4^{10}}$$

◀ ${}_{10}C_6={}_{10}C_4=210$, ${}_{10}C_7={}_{10}C_3=120$, ${}_{10}C_8={}_{10}C_2=45$, ${}_{10}C_9={}_{10}C_1=10$, ${}_{10}C_{10}=1$

ここで　$4^{10}=(2^{10})^2=1024^2>(10^3)^2=10^6$

ゆえに　$\frac{20686}{4^{10}}<\frac{20686}{10^6}=0.020686<0.021$

よって　$p<0.021<0.05$

◀ p が棄却域に入るかどうかを調べる。

この値は棄却域に入るから，仮説 H_0 を棄却できる。

したがって，**立てた仮説は正しくないと判断してよい。**

演習 26

➡ 本冊 p. 472

無作為標本 X_1, X_2, ……, X_9 が $N(a,\ 10^2)$ に従うとき，標本平均 $\overline{X}=\frac{1}{9}\sum_{i=1}^{9}X_i$ は $N\left(a,\ \frac{10^2}{9}\right)$ に従う。

仮説 $H_0：a=25$ が正しいとすると，$\overline{X}$ は $N\left(25,\ \frac{10^2}{9}\right)$ に従い，

$Z=\frac{\overline{X}-25}{\frac{10}{3}}$ すなわち $Z=\frac{3(\overline{X}-25)}{10}$ は $N(0,\ 1)$ に従う。

◀ 標本平均が $\left|\frac{3(\overline{X}-25)}{10}\right|\leqq1.96$ を満たせば，仮説 H_0 は棄却されない。

$P(-1.96\leqq Z\leqq1.96)\fallingdotseq0.95$ であるから，有意水準 5 % の棄却域は　$Z\leqq-1.96$, $1.96\leqq Z$

抽出された標本の平均 $\overline{x}$ は

$$\overline{x}=\frac{1}{9}(28+13+16+28+29+12+14+12+10)$$

$$=\frac{162}{9}=18$$

$\overline{x}=18$ のとき $Z=\frac{3(18-25)}{10}=-\frac{21}{10}=-2.1$ であり，この値は棄却域に入るから，仮説 H_0 は棄却できる。

◀ $\overline{x}$ が棄却域に入るかどうかを調べる。

したがって，**$a=25$ とはいえない。**

演習 27

➡ 本冊 p. 472

(1)　この病気の患者 100 人のうち治癒する人数Xは，二項分布 $B\left(100,\ \frac{8}{10}\right)$ に従う。

Xの期待値mと標準偏差σは

$$m=100\cdot\frac{8}{10}=80,$$

$$\sigma=\sqrt{100\cdot\frac{8}{10}\cdot\left(1-\frac{8}{10}\right)}=4$$

◀ $m=np$, $\sigma=\sqrt{npq}$
ただし　$q=1-p$

よって，$Z=\dfrac{X-80}{4}$ は近似的に標準正規分布 $N(0,\ 1)$ に従う。

$|X-m|\geqq 10$ から　$\left|\dfrac{X-80}{4}\right|\geqq\dfrac{10}{4}$

すなわち　$|Z|\geqq 2.5$

ゆえに，求める確率は　$P(|Z|\geqq 2.5)$

正規分布表より，$p(2.5)=0.4938$ であるから

$$\begin{aligned}P(|Z|\geqq 2.5)&=2\{0.5-p(2.5)\}\\&=2\cdot(0.5-0.4938)\\&=\mathbf{0.0124}\end{aligned}$$

(2)　$|X-m|\geqq k$ から　$\left|\dfrac{X-80}{4}\right|\geqq\dfrac{k}{4}$

すなわち　$|Z|\geqq\dfrac{k}{4}$

◀ $m=80$ を代入した不等式
$|X-80|\geqq k$
の両辺を 4 で割って
$\left|\dfrac{X-80}{4}\right|\geqq\dfrac{k}{4}$
この不等式の左辺の絶対値記号の中は，Xを標準化した形になっている。

よって，$P\left(|Z|\geqq\dfrac{k}{4}\right)\leqq 0.05$ となる最小の整数kを求めればよい。

kの値が大きくなると $P\left(|Z|\geqq\dfrac{k}{4}\right)$ の値は小さくなり，

$P(|Z|\geqq 1.96)=0.05$ であるから，$P\left(|Z|\geqq\dfrac{k}{4}\right)\leqq 0.05$ を満たすkの値の範囲は　$\dfrac{k}{4}\geqq 1.96$

ゆえに　$k\geqq 7.84$

これを満たす最小の整数kは　$\boldsymbol{k=8}$

(3)　治癒率をpとする。新しい治癒法が在来のものと比較して，治癒率が向上したならば，$p>\dfrac{8}{10}$ である。

◀片側検定の問題として捉える。

ここで，治癒率が向上していない，すなわち，在来の治癒法の治癒率と同じであるという次の仮説を立てる。

$$仮説\ \mathrm{H_0}：p=\frac{8}{10}$$

仮説 $\mathrm{H_0}$ が正しいとすると，(1)から，患者 100 人のうち治癒する人数Xは，二項分布 $B\left(100,\ \dfrac{8}{10}\right)$ に従い，$Z=\dfrac{X-80}{4}$ は近似的に標準正規分布 $N(0,\ 1)$ に従う。

正規分布表より $P(Z\leqq 1.64)\fallingdotseq 0.95$ であるから，有意水準 5 % の棄却域は　$1.64\leqq Z$

◀ $P(Z\leqq 1.64)$
$=0.5+p(1.64)$
$\fallingdotseq 0.5+0.45=0.95$

$X=92$ のとき $Z=\dfrac{92-80}{4}=3$ であり，この値は棄却域に入るから，仮説 $\mathrm{H_0}$ を棄却できる。

したがって，**治癒率は向上したと判断してよい。**

類題 1 ➡ 本冊 $p.$ 485

(1) $2011^n=(2010+1)^n$

$=2010^n+{}_nC_1\cdot 2010^{n-1}\cdot 1+\cdots\cdots+{}_nC_{n-1}\cdot 2010\cdot 1^{n-1}+1^n$

$=2010(2010^{n-1}+{}_nC_1\cdot 2010^{n-2}+\cdots\cdots+{}_nC_{n-1})+1$

$2010^{n-1}+{}_nC_1\cdot 2010^{n-2}+\cdots\cdots+{}_nC_{n-1}$ は整数であるから，2011^n を 2010 で割ったときの余りは 1 である。

(2) $2^{4n}-1=16^n-1=(17-1)^n-1$

$=17\{17^{n-1}-{}_nC_1\cdot 17^{n-2}+\cdots\cdots$

$+{}_nC_{n-1}(-1)^{n-1}\}+(-1)^n-1$

$17^{n-1}-{}_nC_1\cdot 17^{n-2}+\cdots\cdots+{}_nC_{n-1}(-1)^{n-1}=N$ とおくと

$2^{4n}-1=17N+(-1)^n-1$

Nは整数であるから，$(-1)^n-1$ について考える。ここで，

n が偶数のとき，$(-1)^n=1$ であるから，余りは　0

n が奇数のとき，$(-1)^n=-1$ から　$(-1)^n-1=-2$

よって　$2^{4n}-1=17N-2=17(N-1)+15$

ゆえに，n が奇数のときの余りは　15

したがって，$2^{4n}-1$ を 17 で割ったときの余りは

n が偶数のとき 0，　n が奇数のとき 15

◀余りは 0 または正の数であるから，n が奇数のとき，更に変形する必要がある。

(3) $1+2+2^2+\cdots\cdots+2^n=\dfrac{2^{n+1}-1}{2-1}=2^{n+1}-1$ であるから

$a_n=2^{n+1}-1$

◀初項 1，公比 2 の等比数列の初項から第 $(n+1)$ 項までの和。

$2008=4\times 502$ であるから，(2) より，$2^{2008}-1$ を 17 で割った余りは 0 である。

よって，$2^{2008}=17k+1$　(k は整数) と表される。

ゆえに　$a_{2010}=2^{2011}-1=2^{2008}\cdot 8-1$

$=(17k+1)\cdot 8-1=17\cdot 8k+7$

◀$2^{2011}=2^{2008+3}=2^{2008}\cdot 2^3$

よって，**a_{2010} を 17 で割った余りは　7**

また，$2012=4\times 503$ から　$a_{2011}=2^{4\times 503}-1$

ゆえに，(2) から，**a_{2011} を 17 で割った余りは　15**

◀(2) で n が奇数の場合。

よって，$a_{2011}=17l+15$ (l は整数) と表される。

$2^{2012}-1=17l+15$ より $2^{2012}=17l+16$ であるから

$a_{2012}=2^{2013}-1=2^{2012}\cdot 2-1$

$=(17l+16)\cdot 2-1=17(2l+1)+14$

$a_{2013}=2^{2014}-1=2^{2012}\cdot 4-1$

$=(17l+16)\cdot 4-1=17(4l+3)+12$

したがって，**a_{2012} を 17 で割った余りは　14**

a_{2013} を 17 で割った余りは　12

別解　[合同式の利用]

(1) $2011\equiv 1 \pmod{2010}$ から　$2011^n\equiv 1^n \pmod{2010}$

ゆえに　$2011^n\equiv 1 \pmod{2010}$

よって，2011^n を 2010 で割ったときの余りは 1 である。

(2) $16\equiv -1 \pmod{17}$ から　$2^{4n}\equiv(-1)^n \pmod{17}$

◀**合同式の性質**
$a\equiv b \pmod{m}$，
$c\equiv d \pmod{m}$
のとき
$a+c\equiv b+d \pmod{m}$

$2^{4n}-1\equiv(-1)^n-1 \pmod{17}$ であるから

n が偶数のとき　$2^{4n}-1\equiv 0 \pmod{17}$

n が奇数のとき　$2^{4n}-1\equiv -2\equiv 15 \pmod{17}$

したがって，求める余りは

n が偶数のとき 0，　n が奇数のとき 15

(3)　$2008=4\times 502$ であるから，(2) より

$2^{2008}-1\equiv 0 \pmod{17}$　すなわち　$2^{2008}\equiv 1 \pmod{17}$

ゆえに　$2^{2011}\equiv 2^3\cdot 1\equiv 8 \pmod{17}$

$2^{2012}\equiv 2\cdot 8\equiv 16 \pmod{17}$

$2^{2013}\equiv 2\cdot 16\equiv 32\equiv 15 \pmod{17}$

$2^{2014}\equiv 2\cdot 15\equiv 30\equiv 13 \pmod{17}$

よって　$\boldsymbol{a_{2010}}\equiv 2^{2011}-1\boldsymbol{\equiv 7} \pmod{17}$

$\boldsymbol{a_{2011}}\equiv 2^{2012}-1\boldsymbol{\equiv 15} \pmod{17}$

$\boldsymbol{a_{2012}}\equiv 2^{2013}-1\boldsymbol{\equiv 14} \pmod{17}$

$\boldsymbol{a_{2013}}\equiv 2^{2014}-1\boldsymbol{\equiv 12} \pmod{17}$

$a-c\equiv b-d \pmod{m}$
$ac\equiv bd \pmod{m}$
自然数 n に対し
$a^n\equiv b^n \pmod{m}$

◀$2012=4\times 503$ であるから，(2) より
$2^{2012}-1\equiv 15 \pmod{17}$
としてもよい。

類題 2 ➡ 本冊 *p.* 486

(1)　(左辺)−(右辺)$=(a^2-2ab+b^2)-\left(\dfrac{1}{a^2}-\dfrac{2}{ab}+\dfrac{1}{b^2}\right)$

$$=(a-b)^2-\left(\frac{1}{a}-\frac{1}{b}\right)^2$$

$$=(a-b)^2-\frac{(a-b)^2}{a^2b^2}$$

$$=\frac{(a-b)^2(a^2b^2-1)}{a^2b^2}$$

$a\geqq 1$，$b\geqq 1$ であるから　$ab\geqq 1$

ゆえに　$a^2b^2\geqq 1$

よって　$\dfrac{(a-b)^2(a^2b^2-1)}{a^2b^2}\geqq 0$

したがって，与えられた不等式は成り立つ。

CHART
大小比較は差を作れ

◀等号は $a=b$ のとき成り立つ。

(2)　(左辺)−(右辺)$=P$ とする。

$$P=a^3+b^3+c^3-3abc-\left(\frac{1}{a^3}+\frac{1}{b^3}+\frac{1}{c^3}-\frac{3}{abc}\right)$$

$$=(a+b+c)(a^2+b^2+c^2-ab-bc-ca)$$

$$-\left(\frac{1}{a}+\frac{1}{b}+\frac{1}{c}\right)\left(\frac{1}{a^2}+\frac{1}{b^2}+\frac{1}{c^2}-\frac{1}{ab}-\frac{1}{bc}-\frac{1}{ca}\right)$$

◀$\dfrac{1}{a}=x,\ \dfrac{1}{b}=y,\ \dfrac{1}{c}=z$
とおくと
$x^3+y^3+z^3-3xyz$ の因数分解。

$a\geqq 1$，$b\geqq 1$，$c\geqq 1$ であるから

$$a+b+c\geqq 3\geqq\frac{1}{a}+\frac{1}{b}+\frac{1}{c}>0 \quad\cdots\cdots ①$$

(1) から　$\left(a^2-\dfrac{1}{a^2}\right)+\left(b^2-\dfrac{1}{b^2}\right)\geqq 2\left(ab-\dfrac{1}{ab}\right)$

同様に　$\left(b^2-\dfrac{1}{b^2}\right)+\left(c^2-\dfrac{1}{c^2}\right)\geqq 2\left(bc-\dfrac{1}{bc}\right)$

$\left(c^2-\dfrac{1}{c^2}\right)+\left(a^2-\dfrac{1}{a^2}\right)\geqq 2\left(ca-\dfrac{1}{ca}\right)$

辺々を加えて，両辺を 2 で割ると

総合

$$a^2+b^2+c^2-\frac{1}{a^2}-\frac{1}{b^2}-\frac{1}{c^2}\geqq ab+bc+ca-\frac{1}{ab}-\frac{1}{bc}-\frac{1}{ca}$$

よって　$a^2+b^2+c^2-ab-bc-ca$

$$\geqq\frac{1}{a^2}+\frac{1}{b^2}+\frac{1}{c^2}-\frac{1}{ab}-\frac{1}{bc}-\frac{1}{ca}$$

$$=\frac{1}{2}\left\{\left(\frac{1}{a}-\frac{1}{b}\right)^2+\left(\frac{1}{b}-\frac{1}{c}\right)^2+\left(\frac{1}{c}-\frac{1}{a}\right)^2\right\}\geqq 0 \quad \cdots\cdots ②$$

①, ② から　$P\geqq 0$

したがって，与えられた不等式は成り立つ。

②の｛　｝内の式について $\frac{1}{a}=x$, $\frac{1}{b}=y$, $\frac{1}{c}=z$ とおくと
$x^2+y^2+z^2-xy-yz-zx$
$=\frac{1}{2}\{(x-y)^2+(y-z)^2+(z-x)^2\}$

◀等号は $a=b=c$ のとき成り立つ。

類題 3 ➡本冊 p. 487

ヒント　(2) は，(1) の結果が利用できる形に式変形するのがポイント。

(1)　$\frac{y}{x}>0$, $\frac{x}{y}>0$ であるから，(相加平均)≧(相乗平均) により

$$\frac{y}{x}+\frac{x}{y}\geqq 2\sqrt{\frac{y}{x}\cdot\frac{x}{y}}=2$$

等号が成立するための条件は　$\frac{y}{x}=\frac{x}{y}$　すなわち　$\boldsymbol{x=y}$

(2)　[1]　$n=1$ のとき

$$(\text{左辺})=a_1\cdot\frac{1}{a_1}=1,\ (\text{右辺})=1^2=1$$

よって，成り立つ。

◀$n=1$ のときは，左辺の項が1つしかないので，(1) の形にならない。

[2]　$n\geqq 2$ のとき

$$(a_1+\cdots\cdots+a_n)\left(\frac{1}{a_1}+\cdots\cdots+\frac{1}{a_n}\right)$$

$$=a_1\left(\frac{1}{a_1}+\cdots\cdots+\frac{1}{a_n}\right)+a_2\left(\frac{1}{a_1}+\cdots\cdots+\frac{1}{a_n}\right)+\cdots\cdots+a_n\left(\frac{1}{a_1}+\cdots\cdots+\frac{1}{a_n}\right)$$

$$=\left(1+\frac{a_1}{a_2}+\cdots\cdots+\frac{a_1}{a_n}\right)+\left(\frac{a_2}{a_1}+1+\cdots\cdots+\frac{a_2}{a_n}\right)+\cdots\cdots+\left(\frac{a_n}{a_1}+\frac{a_n}{a_2}+\cdots\cdots+1\right)$$

$$=n+\left(\frac{a_1}{a_2}+\frac{a_2}{a_1}\right)+\cdots\cdots+\left(\frac{a_i}{a_j}+\frac{a_j}{a_i}\right)+\cdots\cdots+\left(\frac{a_{n-1}}{a_n}+\frac{a_n}{a_{n-1}}\right)$$

(ただし，$1\leqq i<j\leqq n$)

ここで，$1\leqq i<j\leqq n$ を満たす自然数の組 $(i,\ j)$ は

${}_n\mathrm{C}_2=\frac{n(n-1)}{2}$ 個ある。

◀1, 2, 3, ……, n の n 個の数から2数 i, j を選ぶ組合せ。

また，$a_i>0$, $a_j>0$ であるから，(1) より

$$\frac{a_i}{a_j}+\frac{a_j}{a_i}\geqq 2 \quad (\text{等号成立は } a_i=a_j \text{ のとき})$$

よって

$$(a_1+\cdots\cdots+a_n)\left(\frac{1}{a_1}+\cdots\cdots+\frac{1}{a_n}\right)\geqq n+2\cdot\frac{n(n-1)}{2}=n^2$$

$\boldsymbol{n=1}$ のとき，等号は常に成り立つ。

$\boldsymbol{n\geqq 2}$ のとき，等号が成立するための条件は　$\boldsymbol{a_1=a_2=\cdots\cdots=a_n}$

参考　一般に，次のシュワルツの不等式が成り立つ。

$$(x_1{}^2+x_2{}^2+\cdots\cdots+x_n{}^2)(y_1{}^2+y_2{}^2+\cdots\cdots+y_n{}^2)$$
$$\geqq(x_1y_1+x_2y_2+\cdots\cdots+x_ny_n)^2$$

$x_i=\sqrt{a_i}$, $y_j=\frac{1}{\sqrt{a_j}}$ とすると，(2) の不等式になる。

類題 4 ➡ 本冊 p. 489

(1)　a は 3 の倍数ではないから，整数 k を用いて，$a=3k+1$ または $a=3k+2$ と表される。

◀a，b を 3 で割った余りを考える。

$a=3k+1$ のとき

$$a^2=9k^2+6k+1=3(3k^2+2k)+1$$

$a=3k+2$ のとき

$$a^2=9k^2+12k+4=3(3k^2+4k+1)+1$$

よって，いずれも a^2 を 3 で割った余りは 1 となる。

同様に，b も 3 の倍数ではないから，b^2 を 3 で割った余りは 1 となる。

したがって，整数 m，n を用いて，$a^2=3m+1$，$b^2=3n+1$ と表される。

このとき　$f(1)=2+a^2+2b^2+1$
$=2+(3m+1)+2(3n+1)+1$
$=3(m+2n+2)$

また　$f(2)=16+4a^2+4b^2+1$
$=16+4(3m+1)+4(3n+1)+1$
$=3(4m+4n+8)+1$

◀合同式を使うと，
$a^2\equiv1 \pmod 3$
$b^2\equiv1 \pmod 3$
から
$f(1)\equiv1+2$
$\equiv0 \pmod 3$
$f(2)\equiv4(1+1)+2$
$\equiv10\equiv1 \pmod 3$

よって，**$f(1)$ を 3 で割った余りは 0，$f(2)$ を 3 で割った余りは 1** である。

(2)　整数 c が $f(x)=0$ の整数解，すなわち $f(c)=0$ であると仮定すると，$f(x)$ の係数はすべて 0 以上であるから $c\leqq0$ となる。

◀$c>0$ のとき，$f(c)>0$ となる。

$f(c)=0$ から　$2c^3+a^2c^2+2b^2c+1=0$

すなわち　$c(2c^2+a^2c+2b^2)=-1$

よって，c は -1 の約数となり，$c\leqq0$ より　$c=-1$

ゆえに，$f(-1)=0$ から　$-2+a^2-2b^2+1=0$

すなわち　$a^2-2b^2-1=0$

(1) より $a^2=3m+1$，$b^2=3n+1$ を代入すると

$$(3m+1)-2(3n+1)-1=0$$

よって　$3(m-2n)=2$

$m-2n$ は整数であるから，2 が 3 の倍数となり矛盾する。

したがって，$f(x)=0$ を満たす整数 x は存在しない。

(3)　r を $f(x)=0$ の有理数解，すなわち $f(r)=0$ であるとする。

◀(3)　まず，$r=\dfrac{q}{p}$ と表し，p，q を求める。

r は有理数であるから，互いに素である整数 p，q を用いて

$r=\dfrac{q}{p}$ と表される。ただし，$p\neq0$ である。

更に，(2) より r は整数ではなく，$r\leqq0$ であるから $p>1$，$q<0$ とおける。

$f(r)=0$ から　$2r^3+a^2r^2+2b^2r+1=0$

すなわち　$2\left(\dfrac{q}{p}\right)^3+a^2\left(\dfrac{q}{p}\right)^2+2b^2\cdot\dfrac{q}{p}+1=0$

よって　$2q^3+a^2pq^2+2b^2p^2q+p^3=0$

したがって　$q(2q^2+a^2pq+2b^2p^2)=-p^3$　…… ①

p, q は互いに素であり，$q<0$ より　　$q=-1$

① に代入して整理すると　　$2-a^2p+2b^2p^2=p^3$

すなわち　　$2=p(p^2+a^2-2b^2p)$　…… ②

よって，p は 2 の約数となり，$p>1$ より　　$p=2$

② に代入して整理すると　　$1=4+a^2-4b^2$

すなわち　　$(a+2b)(a-2b)=-3$

a, b は整数であるから，$a+2b$, $a-2b$ は整数である。

よって

$(a+2b,\ a-2b)=(-3,\ 1),\ (-1,\ 3),\ (1,\ -3),\ (3,\ -1)$

したがって

$\boldsymbol{(a,\ b)=(-1,\ -1),\ (1,\ -1),\ (-1,\ 1),\ (1,\ 1)}$

これらは a, b が 3 の倍数ではないことを満たす。

◀ 2 つの整数 p, q の最大公約数は 1 である。

類題 5　➡ 本冊 p. 491

(1)　$f(x)$ が $x-c$ で割り切れるから　　$f(c)=0$

すなわち　　$c^4-ac^3+bc^2-ac+1=0$　…… ①

① を変形すると　　$c^4+bc^2+1=ac(c^2+1)$

この方程式において，$b>0$, $c^2\geqq 0$ より

(左辺)$=c^4+bc^2+1>0$ であり，$a>0$, $c^2+1>0$ より

$a(c^2+1)>0$ であるから　　$c>0$

[1]　$c\neq 1$ のとき

$$f\left(\frac{1}{c}\right)=\frac{1}{c^4}-\frac{a}{c^3}+\frac{b}{c^2}-\frac{a}{c}+1$$
$$=\frac{1-ac+bc^2-ac^3+c^4}{c^4}$$

① から　　$f\left(\frac{1}{c}\right)=\frac{0}{c^4}=0$

よって，$f(x)$ は $x-\frac{1}{c}$ で割り切れる。

したがって，$f(x)$ は $(x-c)\left(x-\frac{1}{c}\right)$ で割り切れる。

[2]　$c=1$ のとき

① から　　$b=2a-2$

このとき　$f(x)=x^4-ax^3+(2a-2)x^2-ax+1$
$=(x-1)^2\{x^2+(2-a)x+1\}$

よって，$f(x)$ は $(x-1)^2$ すなわち $(x-c)\left(x-\frac{1}{c}\right)$ で割り切れる。

[1]，[2] から，$f(x)$ は $(x-c)\left(x-\frac{1}{c}\right)$ で割り切れる。

(1)　$f(c)=0$ を利用して $f\left(\frac{1}{c}\right)=0$ を示す。

◀ $c=1$ のとき，$\frac{1}{c}=1$ であるから，$f(x)$ が $(x-1)^2$ で割り切れることを示す。

(2)　$f(x)$ は $x-s$, $x-t$ で割り切れるから，(1) より $s>0$, $t>0$ であり，$f(x)$ は $x-\frac{1}{s}$, $x-\frac{1}{t}$ で割り切れる。

よって，$f(x)$ は実数 s, t $(s>0,\ t>0)$ を用いて

$f(x)=(x-s)\left(x-\frac{1}{s}\right)(x-t)\left(x-\frac{1}{t}\right)$

◀(1) から，$u=\frac{1}{s}$, $v=\frac{1}{t}$ と考えることができる。

と因数分解できる。この式を変形すると

$$f(x)=\left\{x^2-\left(s+\frac{1}{s}\right)x+1\right\}\left\{x^2-\left(t+\frac{1}{t}\right)x+1\right\} \quad \cdots\cdots ②$$

両辺の x^3 の項の係数を比較して　　$a=s+\dfrac{1}{s}+t+\dfrac{1}{t}$　…… ③

$s>0$，$t>0$ であるから，相加平均・相乗平均の大小関係により

$$s+\frac{1}{s}\geqq 2\sqrt{s\cdot\frac{1}{s}}=2,\quad t+\frac{1}{t}\geqq 2\sqrt{t\cdot\frac{1}{t}}=2$$

◀等号が成り立つのは，それぞれ，$s=\dfrac{1}{s}$ $(s>0)$ すなわち $s=1$ のとき，$t=\dfrac{1}{t}$ $(t>0)$ すなわち $t=1$ のときである。

よって　　$s+\dfrac{1}{s}+t+\dfrac{1}{t}\geqq 4$　　　すなわち　　$a\geqq 4$

(3)　$a=5$ とする。

② について，両辺の x^2 の項の係数を比較して

$$b=\left(s+\frac{1}{s}\right)\left(t+\frac{1}{t}\right)+2$$

$p=s+\dfrac{1}{s}$，$q=t+\dfrac{1}{t}$ とおくと　　$b=pq+2$

ここで，③ から

$a=p+q$ すなわち $p+q=5$

(2) より，$p\geqq 2$，$q\geqq 2$ であるから

◀$q=5-p$，$q\geqq 2$ から　$5-p\geqq 2$

$2\leqq p\leqq 3$

$b=p(-p+5)+2$ から

$$b=-\left(p-\frac{5}{2}\right)^2+\frac{33}{4}$$

$2\leqq p\leqq 3$ から　　$8\leqq b\leqq \dfrac{33}{4}$

b は自然数であるから　　$b=8$

逆に，$b=8$ のとき　　$(p,\ q)=(2,\ 3),\ (3,\ 2)$

このとき，$f(x)$ は

$$f(x)=(x^2-2x+1)(x^2-3x+1)$$
$$=(x-1)^2\left(x-\frac{3+\sqrt{5}}{2}\right)\left(x-\frac{3-\sqrt{5}}{2}\right)$$

となり，確かに実数 1，$\dfrac{3+\sqrt{5}}{2}$，$\dfrac{3-\sqrt{5}}{2}$ を用いて因数分解できる。

したがって　　$\boldsymbol{b=8}$

総合

類題 6　➡ 本冊 p. 493

(1)　[1]　$b\neq 1$ のとき

直線 QR の方程式は，傾きを m とすると

$y=m(x-b)$　すなわち　$mx-y-mb=0$

直線 QR と円 C が接するとき，直線 $mx-y-mb=0$ と円の中心 $(0,\ 1)$ の距離は円の半径 1 に等しい。

ゆえに　　$\dfrac{|-1-mb|}{\sqrt{m^2+(-1)^2}}=1$

よって　　$|mb+1|=\sqrt{m^2+1}$

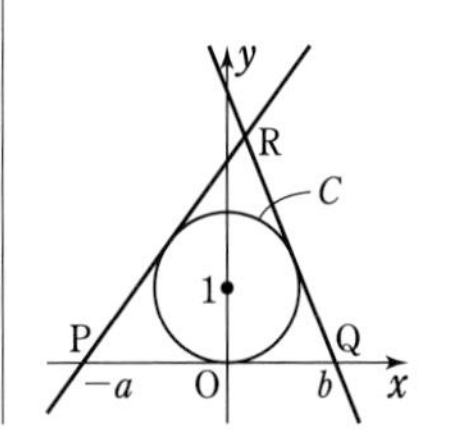

両辺正であるから 2 乗して　　$(mb+1)^2=m^2+1$

ゆえに　$m\{(b^2-1)m+2b\}=0$

$m\neq 0$ であるから　$m=\dfrac{2b}{1-b^2}$

よって，直線 QR の方程式は　$y=\dfrac{2b}{1-b^2}(x-b)$　…… ①

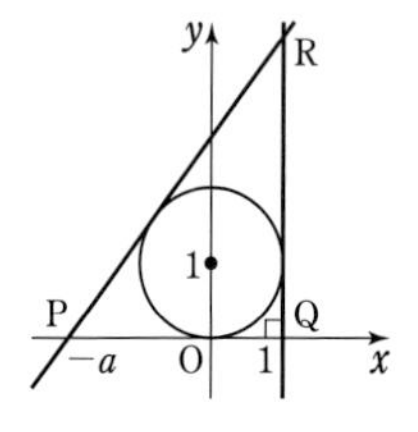

[2]　$b=1$ のとき

直線 QR は，点 $(1,\ 0)$ を通り，x 軸に垂直な直線である。

よって，その方程式は　　$x=1$　…… ②

① を変形して　　$2bx+(b^2-1)y=2b^2$

この式に $b=1$ を代入すると，② が得られる。

ゆえに，直線 QR の方程式は

$$\boldsymbol{2bx+(b^2-1)y=2b^2}\quad\cdots\cdots ③$$

(2)　直線 PR の方程式は，③ の b を $-a$ でおき換えて

$$-2ax+(a^2-1)y=2a^2\quad\cdots\cdots ④$$

◀同じ計算を 2 度する必要はない。

③×a＋④×b から

$$(a+b)(ab-1)y=2ab(a+b)$$

◀③×a から
$2abx+a(b^2-1)y=2ab^2$
④×b から
$-2abx+b(a^2-1)y$
$=2a^2b$
辺々加えて
$a(b^2-1)y+b(a^2-1)y$
$=2ab^2+2a^2b$

$a+b>0$，$ab\neq 1$ であるから　　$y=\dfrac{2ab}{ab-1}$

④ に代入すると，$a>0$ であるから

$-x+(a^2-1)\cdot\dfrac{b}{ab-1}=a$ より　　$x=\dfrac{a-b}{ab-1}$

よって，点 R の座標は　　$\boldsymbol{\left(\dfrac{a-b}{ab-1},\ \dfrac{2ab}{ab-1}\right)}$

(3)　△PQR の面積を S とすると，点 R の y 座標が正であるから

$$S=\frac{1}{2}\cdot\mathrm{PQ}\cdot\frac{2ab}{ab-1}=\frac{ab(a+b)}{ab-1}$$

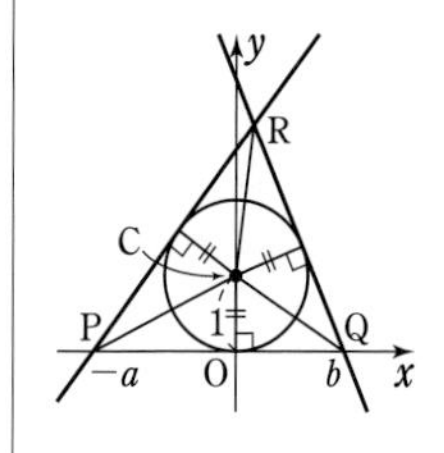

円 C の中心を C とすると

$$S=\triangle\mathrm{CPQ}+\triangle\mathrm{CQR}+\triangle\mathrm{CRP}$$
$$=\frac{1}{2}\mathrm{PQ}+\frac{1}{2}\mathrm{QR}+\frac{1}{2}\mathrm{RP}=\frac{1}{2}T$$

よって　　$\boldsymbol{T=\dfrac{2ab(a+b)}{ab-1}}$

(4)　PQ=4 から　　$a+b=4$

点 R の y 座標は正であるから　　$\dfrac{2ab}{ab-1}>0$

$a>0$，$b>0$ であるから，$ab-1>0$ で

$$T=\frac{8ab}{ab-1}=\frac{8(ab-1+1)}{ab-1}=8\left(1+\frac{1}{ab-1}\right)$$

ゆえに，$ab-1$ が最大のとき，T は最小となる。

$a>0$，$b>0$ であるから，(相加平均)≧(相乗平均) により

$a+b\geqq 2\sqrt{ab}$　　　等号は $a=b=2$ のときに成り立つ。

$4\geqq 2\sqrt{ab}$ より $ab\leqq 4$ であるから，ab は $a=b=2$ のとき最大値 4 をとり，T は **$a=2$ のとき最小値 $\dfrac{32}{3}$** をとる。

◀$a+b=4$ から，b を消去して
$ab=a(4-a)$
$=-(a-2)^2+4$
としても ab の最大値を求めることができる。

参考 [三角関数の利用]

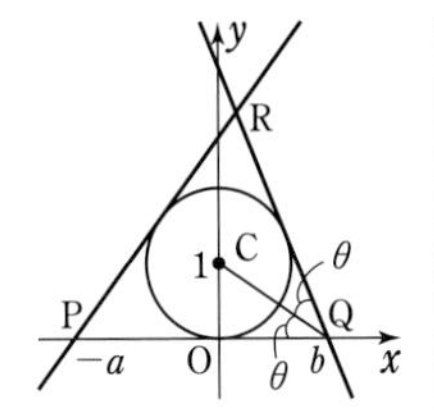

(1) $\angle \mathrm{OQC}=\theta$ とすると　$\angle \mathrm{OQR}=2\theta$

$b \neq 1$ のとき，

$0<\theta<\dfrac{\pi}{2}$，$\theta \neq \dfrac{\pi}{4}$ で $\tan\theta=\dfrac{1}{b}$ から

$$\tan 2\theta=\frac{2\tan\theta}{1-\tan^2\theta}=\frac{2b}{b^2-1}$$

◀ 2倍角の公式。

直線QRは，点 $(b,\ 0)$ を通り，傾き $-\tan 2\theta$ の直線であるから，

◀ $\tan(\pi-2\theta)=-\tan 2\theta$

その方程式は　$y=-\dfrac{2b}{b^2-1}(x-b)$

したがって　$2bx+(b^2-1)y=2b^2$ ……（＊）

$b=1$ のとき $x=1$ となるから，$b=1$ のときにも（＊）は直線QRの方程式を表す。

類題 7 ➡ 本冊 p. 495

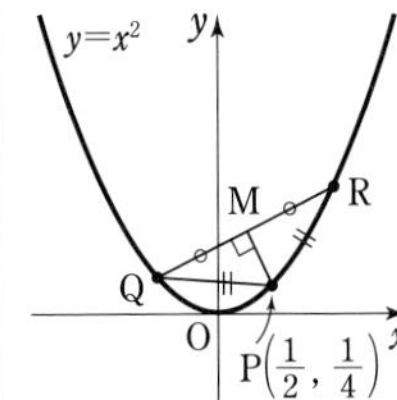

参考 辺QRの中点をMとすると　PM⊥QR

よって　$\overrightarrow{\mathrm{PM}}\cdot\overrightarrow{\mathrm{QR}}=0$

①，② から α，β を消去するのに，これを用いてもよい（数学Cの内容）。

$\mathrm{G}(X,\ Y)$ は △PQR の重心であるから

$$X=\frac{\frac{1}{2}+\alpha+\beta}{3},\quad Y=\frac{\frac{1}{4}+\alpha^2+\beta^2}{3}$$

よって　$\alpha+\beta=3X-\dfrac{1}{2}$ …… ①，

$\alpha^2+\beta^2=3Y-\dfrac{1}{4}$ …… ②

3点P，Q，RがQRを底辺とする二等辺三角形をなすから

$\mathrm{PQ}=\mathrm{PR}$

よって　$\mathrm{PQ}^2=\mathrm{PR}^2$

すなわち　$\left(\alpha-\dfrac{1}{2}\right)^2+\left(\alpha^2-\dfrac{1}{4}\right)^2=\left(\beta-\dfrac{1}{2}\right)^2+\left(\beta^2-\dfrac{1}{4}\right)^2$

ゆえに　$\left(\alpha-\dfrac{1}{2}\right)^2-\left(\beta-\dfrac{1}{2}\right)^2+\left(\alpha^2-\dfrac{1}{4}\right)^2-\left(\beta^2-\dfrac{1}{4}\right)^2=0$

よって　$\left\{\left(\alpha-\dfrac{1}{2}\right)+\left(\beta-\dfrac{1}{2}\right)\right\}\left\{\left(\alpha-\dfrac{1}{2}\right)-\left(\beta-\dfrac{1}{2}\right)\right\}$

$+\left\{\left(\alpha^2-\dfrac{1}{4}\right)+\left(\beta^2-\dfrac{1}{4}\right)\right\}\left\{\left(\alpha^2-\dfrac{1}{4}\right)-\left(\beta^2-\dfrac{1}{4}\right)\right\}=0$

ゆえに　$(\alpha+\beta-1)(\alpha-\beta)+\left(\alpha^2+\beta^2-\dfrac{1}{2}\right)(\alpha^2-\beta^2)=0$

2点Q，Rは異なるから　$\alpha-\beta \neq 0$

よって　$\alpha+\beta-1+\left(\alpha^2+\beta^2-\dfrac{1}{2}\right)(\alpha+\beta)=0$

◀両辺を $\alpha-\beta$ で割る。

$\alpha+\beta+\left(\alpha^2+\beta^2-\dfrac{1}{2}\right)(\alpha+\beta)=1$

ゆえに　$(\alpha+\beta)\left(\alpha^2+\beta^2+\dfrac{1}{2}\right)=1$

①，② を代入して　$\left(3X-\dfrac{1}{2}\right)\left\{\left(3Y-\dfrac{1}{4}\right)+\dfrac{1}{2}\right\}=1$

よって　$\left(X-\dfrac{1}{6}\right)\left(Y+\dfrac{1}{12}\right)=\dfrac{1}{9}$

総合

ゆえに　$Y=\dfrac{1}{9\left(X-\dfrac{1}{6}\right)}-\dfrac{1}{12}$ …… ③

ここで，$(\alpha+\beta)^2=\alpha^2+\beta^2+2\alpha\beta$ であるから

$$\alpha\beta=\frac{1}{2}\{(\alpha+\beta)^2-(\alpha^2+\beta^2)\}$$

①，② を代入して

$$\alpha\beta=\frac{1}{2}\left\{\left(3X-\frac{1}{2}\right)^2-\left(3Y-\frac{1}{4}\right)\right\}$$

したがって，α，β は 2 次方程式

$$t^2-\left(3X-\frac{1}{2}\right)t+\frac{1}{2}\left\{\left(3X-\frac{1}{2}\right)^2-\left(3Y-\frac{1}{4}\right)\right\}=0 \quad \cdots\cdots ④$$

の 2 つの解である。

α，β は異なる 2 つの実数であるから，2 次方程式 ④ の判別式を D とすると　$D>0$

$$D=\left(3X-\frac{1}{2}\right)^2-4\cdot\frac{1}{2}\left\{\left(3X-\frac{1}{2}\right)^2-\left(3Y-\frac{1}{4}\right)\right\}$$
$$=-\left(3X-\frac{1}{2}\right)^2+2\left(3Y-\frac{1}{4}\right)$$
$$=6Y-9\left(X-\frac{1}{6}\right)^2-\frac{1}{2}$$

$D>0$ から　$6Y-9\left(X-\dfrac{1}{6}\right)^2-\dfrac{1}{2}>0$

よって　$Y>\dfrac{3}{2}\left(X-\dfrac{1}{6}\right)^2+\dfrac{1}{12}$

③ を代入して　$\dfrac{1}{9\left(X-\dfrac{1}{6}\right)}-\dfrac{1}{12}>\dfrac{3}{2}\left(X-\dfrac{1}{6}\right)^2+\dfrac{1}{12}$

ゆえに　$\dfrac{1}{X-\dfrac{1}{6}}>\dfrac{27}{2}\left(X-\dfrac{1}{6}\right)^2+\dfrac{3}{2}$

両辺に $2\left(X-\dfrac{1}{6}\right)^2$ を掛けて

$$2\left(X-\frac{1}{6}\right)>27\left(X-\frac{1}{6}\right)^4+3\left(X-\frac{1}{6}\right)^2$$

よって

$$\left(X-\frac{1}{6}\right)\left\{3\left(X-\frac{1}{6}\right)-1\right\}\left\{9\left(X-\frac{1}{6}\right)^2+3\left(X-\frac{1}{6}\right)+2\right\}<0$$

$9\left(X-\dfrac{1}{6}\right)^2+3\left(X-\dfrac{1}{6}\right)+2>0$ であるから

$3\left(X-\dfrac{1}{6}\right)\left(X-\dfrac{1}{2}\right)<0$　　ゆえに　$\dfrac{1}{6}<X<\dfrac{1}{2}$

したがって，求める軌跡は

曲線 $\boldsymbol{y=\dfrac{1}{9\left(x-\dfrac{1}{6}\right)}-\dfrac{1}{12}}$ の $\boldsymbol{\dfrac{1}{6}<x<\dfrac{1}{2}}$ の部分

◀③ は，反比例のグラフ $Y=\dfrac{1}{9X}$ を X 軸方向に $\dfrac{1}{6}$，Y 軸方向に $-\dfrac{1}{12}$ だけ平行移動したもので，**直角双曲線** という（数学Cの内容）。
この ③ を求めるだけでなく，Xのとりうる値の範囲をきちんと考察することが大切である。

◀$2\left(X-\dfrac{1}{6}\right)^2>0$

◀$X-\dfrac{1}{6}=u$ とおくと
$2u>27u^4+3u^2$
$u(27u^3+3u-2)<0$
$u(3u-1)(9u^2+3u+2)<0$
$9u^2+3u+2$
$=9\left(u+\dfrac{1}{6}\right)^2+\dfrac{7}{4}>0$

◀求める軌跡は xy 平面上の図形。よって，x，y の式で答える。

類題 8 ➡ 本冊 $p.497$

$\mathrm{G}(X,\ Y)$ は，$\triangle\mathrm{OAP}$ の重心であるから

$$X=\frac{a+t}{3},\ Y=\frac{a-1+t^2+1}{3}=\frac{a+t^2}{3}$$

$X=\dfrac{a+t}{3}$ から　　$t=3X-a$

a を固定すると，t が実数全体を動くとき，X も実数全体を動く。

◀初めに a を固定して考える。点Gは放物線 $Y=\dfrac{a+(3X-a)^2}{3}$ 上を動く。

$t=3X-a$ を $Y=\dfrac{a+t^2}{3}$ に代入すると　　$Y=\dfrac{a+(3X-a)^2}{3}$

a について整理すると　$a^2+(1-6X)a+9X^2-3Y=0$ …… ①

この a の 2 次方程式 ① が $a\geqq 1$ の範囲に少なくとも 1 つの実数解をもつための条件を考える。

これは，$f(a)=a^2+(1-6X)a+9X^2-3Y$ とするとき，$y=f(a)$ のグラフが a 軸の $a\geqq 1$ の部分と共有点をもつための条件と同じである。$y=f(a)$ のグラフは下に凸の放物線で，軸は直線

$a=\dfrac{6X-1}{2}$ である。

[1]　$\dfrac{6X-1}{2}\geqq 1$ すなわち $X\geqq\dfrac{1}{2}$ のとき

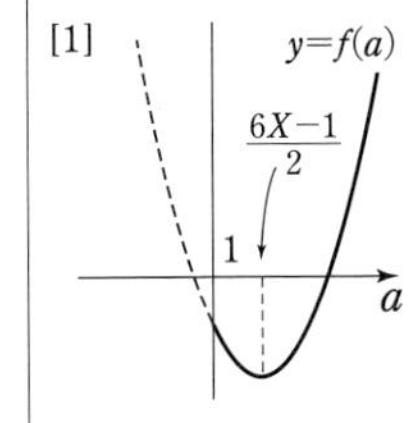

求める条件は，① の判別式を D とすると　　$D\geqq 0$

$$D=(1-6X)^2-4(9X^2-3Y)=-12X+12Y+1$$

であるから，$D\geqq 0$ より　　$-12X+12Y+1\geqq 0$

ゆえに　　$Y\geqq X-\dfrac{1}{12}$

[2]　$\dfrac{6X-1}{2}<1$ すなわち $X<\dfrac{1}{2}$ のとき

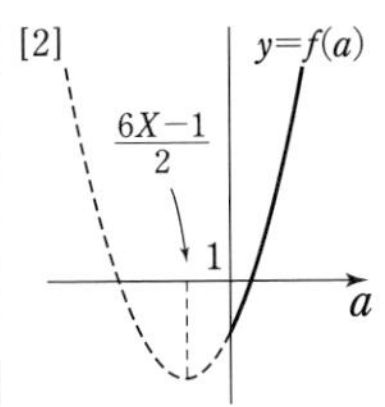

求める条件は　$f(1)\leqq 0$　　ゆえに　$Y\geqq 3X^2-2X+\dfrac{2}{3}$

以上，X を x，Y を y におき換えて

$$\begin{cases} x\geqq\dfrac{1}{2} \\ y\geqq x-\dfrac{1}{12} \end{cases}$$

または

$$\begin{cases} x<\dfrac{1}{2} \\ y\geqq 3x^2-2x+\dfrac{2}{3} \end{cases}$$

よって，求める領域は，**右の図の斜線部分。ただし，境界線を含む。**

別解　$Y=\dfrac{a+(3X-a)^2}{3}$ から

$$Y=\frac{a^2}{3}-\frac{6X-1}{3}a+3X^2=\frac{1}{3}\{a^2-(6X-1)a\}+3X^2$$

$$=\frac{1}{3}\left(a-\frac{6X-1}{2}\right)^2+X-\frac{1}{12}$$

$a \geqq 1$ の範囲における Y のとりうる値の範囲について考える。

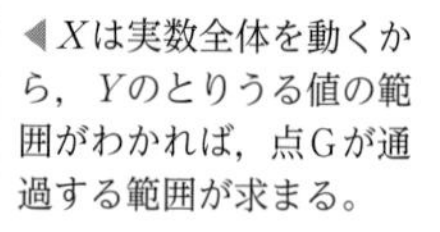

◀ X は実数全体を動くから，Y のとりうる値の範囲がわかれば，点Gが通過する範囲が求まる。

$g(a)=\dfrac{a^2}{3}-\dfrac{6X-1}{3}a+3X^2$ とすると，$Y=g(a)$ のグラフは下に凸の放物線で，軸は　直線 $a=\dfrac{6X-1}{2}$

[1]　$\dfrac{6X-1}{2} \geqq 1$ すなわち $X \geqq \dfrac{1}{2}$ のとき

$a \geqq 1$ の範囲において，$g(a)$ は $a=\dfrac{6X-1}{2}$ で最小となるから，

◀頂点で最小となる。

Y のとりうる値の範囲は　　$Y \geqq X-\dfrac{1}{12}$

[2]　$\dfrac{6X-1}{2}<1$ すなわち $X<\dfrac{1}{2}$ のとき

$a \geqq 1$ の範囲において，$g(a)$ は $a=1$ で最小となるから，Y のとりうる値の範囲は，$Y \geqq g(1)$ より　　$Y \geqq 3X^2-2X+\dfrac{2}{3}$

以上，X を x，Y を y におき換えて，領域を図示すると，同じ結果が得られる。

類題 9　➡ 本冊 $p.499$

(1)　$y=|\sin x|$ のグラフは，$y=\sin x$ のグラフの $y<0$ の部分を，x 軸に関して対称に移動したもので，**右の図の実線部分** のようになる。

また，関数 $|\sin x|$ の **基本周期は**　　π

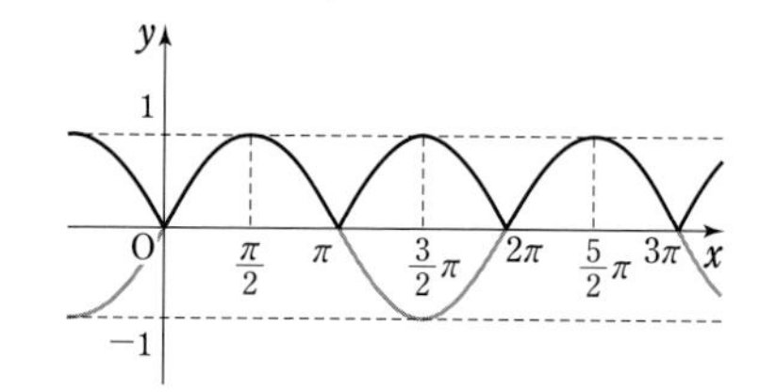

(2)　$f(x)=|\sin mx|\sin nx$ から

$$f(-x)=|\sin(-mx)|\sin(-nx)$$
$$=-|\sin mx|\sin nx$$
$$=-f(x)$$

また，p が関数 $f(x)$ の周期であるから

$$f(x+p)=f(x) \quad \cdots\cdots \text{①}$$ が成り立つ。

これに $x=-\dfrac{p}{2}$ を代入して　　$f\left(\dfrac{p}{2}\right)=f\left(-\dfrac{p}{2}\right)$　…… ②

また　　$f\left(-\dfrac{p}{2}\right)=-f\left(\dfrac{p}{2}\right)$　…… ③

◀ $f(-x)=-f(x)$

②，③ から，$f\left(\dfrac{p}{2}\right)=f\left(-\dfrac{p}{2}\right)=0$ が成り立つ。

$f\left(\dfrac{p}{2}\right)=0$ から　　$\left|\sin\dfrac{mp}{2}\right|\sin\dfrac{np}{2}=0$

よって　　$\sin\dfrac{mp}{2}=0$　または　$\sin\dfrac{np}{2}=0$

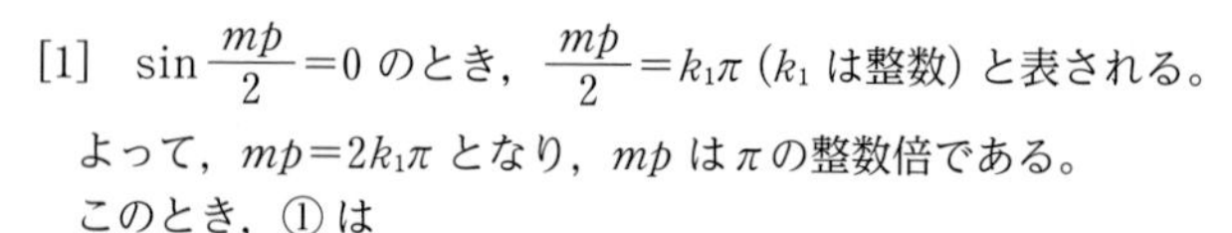

[1]　$\sin\dfrac{mp}{2}=0$ のとき，$\dfrac{mp}{2}=k_1\pi$ (k_1 は整数) と表される。

よって，$mp=2k_1\pi$ となり，mp は π の整数倍である。

このとき，① は

$$|\sin(mx+2k_1\pi)|\sin(nx+np)=|\sin mx|\sin nx$$

$\sin(mx+2k_1\pi)=\sin mx$ であるから

$$|\sin mx|\sin(nx+np)=|\sin mx|\sin nx$$

◀①から $|\sin(mx+mp)|\times\sin(nx+np)=|\sin mx|\sin nx$

これが常に成り立つための条件は，$\sin(nx+np)=\sin nx$ が常に成り立つことである。

よって，np は 2π の整数倍である。

[2] $\sin\frac{np}{2}=0$ のとき，$\frac{np}{2}=k_2\pi$ (k_2 は整数) と表される。

よって，$np=2k_2\pi$ であり，np は 2π の整数倍である。

このとき，① は

$$|\sin(mx+mp)|\sin(nx+2k_2\pi)=|\sin mx|\sin nx$$

$\sin(nx+2k_2\pi)=\sin nx$ であるから

$$|\sin(mx+mp)|\sin nx=|\sin mx|\sin nx$$

これが常に成り立つための条件は，$|\sin(mx+mp)|=|\sin mx|$ が常に成り立つことである。

よって，(1) から，mp は π の整数倍である。

◀関数 $|\sin x|$ の基本周期は　π

以上から，題意は示された。

(3) (2) から，$mp=k\pi$，$np=2l\pi$ (k，l は整数) とおける。

よって　$p=\frac{k\pi}{m}=\frac{2l\pi}{n}$　　ゆえに　$kn=2lm$

[1] n が偶数のとき，$n=2j$ (j は整数) とおくと　$kj=lm$

j と m は 1 以外の公約数をもたないから，$k=ma$ (a は整数) とおける。

このとき　$p=a\pi$

◀$p=\frac{k\pi}{m}$ に代入。

基本周期は最小の正の数であるから　π

[2] n が奇数のとき

n と $2m$ は 1 以外の公約数をもたないから，$k=2mb$ (b は整数) とおける。

このとき　$p=2b\pi$

基本周期は最小の正の数であるから　2π

求める基本周期は　**n が偶数のとき π，n が奇数のとき 2π**

総合

類題 10 ➡ 本冊 p. 501

(1) $\alpha=\frac{2}{7}\pi$ より　$7\alpha=2\pi$

よって，$4\alpha=2\pi-3\alpha$ であるから

$$\cos 4\alpha=\cos(2\pi-3\alpha)=\cos 3\alpha$$

したがって　$\cos 4\alpha=\cos 3\alpha$

(2) $\cos 4\alpha=\cos(2\cdot 2\alpha)$

$$=2\cos^2 2\alpha-1=2(2\cos^2\alpha-1)^2-1$$

$$=2(4\cos^4\alpha-4\cos^2\alpha+1)-1=8\cos^4\alpha-8\cos^2\alpha+1$$

◀ 2 倍角の公式を利用。

$\cos 3\alpha=4\cos^3\alpha-3\cos\alpha$

(1) より $\cos 4\alpha=\cos 3\alpha$ であるから

$$8\cos^4\alpha-8\cos^2\alpha+1=4\cos^3\alpha-3\cos\alpha$$

よって　$8\cos^4\alpha-4\cos^3\alpha-8\cos^2\alpha+3\cos\alpha+1=0$

$$(\cos\alpha-1)(8\cos^3\alpha+4\cos^2\alpha-4\cos\alpha-1)=0$$

$\alpha=\frac{2}{7}\pi$ より $\cos\alpha-1\neq 0$ であるから

$$8\cos^3\alpha+4\cos^2\alpha-4\cos\alpha-1=0$$

したがって，$f(x)=8x^3+4x^2-4x-1$ とするとき $f(\cos\alpha)=0$ が成り立つ。

(3) $\cos\alpha$ が有理数であると仮定する。

◀背理法を用いて証明する。

$0<\alpha<\dfrac{\pi}{2}$ より $\cos\alpha>0$ であるから

$$\cos\alpha=\frac{q}{p}\quad (p,\ q \text{ は互いに素な正の整数})$$

と表すことができる。

(2) より $f(\cos\alpha)=0$ であるから

$$8\left(\frac{q}{p}\right)^3+4\left(\frac{q}{p}\right)^2-4\cdot\frac{q}{p}-1=0\quad\cdots\cdots\ (*)$$

よって　$8q^3+4pq^2-4p^2q-p^3=0$

したがって　$\dfrac{p^3}{q}=8q^2+4pq-4p^2$ ……①

① の右辺は整数であるから，$\dfrac{p^3}{q}$ も整数である。

p と q は互いに素な正の整数であるから　$q=1$

◀p，q は互いに素であるから，最大公約数は 1

このとき，① は　$p^3=8+4p-4p^2$

よって　$p^3+4p^2-4p=8$

したがって　$p^2+4p-4=\dfrac{8}{p}$ ……②

② の左辺は整数であるから，$\dfrac{8}{p}$ も整数である。

よって，$p=1,\ 2,\ 4,\ 8$ となるが，これらはいずれも ② を満たさないから，② を満たす p が存在することに矛盾する。

したがって，$\cos\alpha$ は無理数である。

◀$p^3=4(2+p-p^2)$ から p は偶数である。
$p=2k$（k は整数）とおくと
$k^3=1+k-2k^2$
よって
$k(k^2+2k-1)=1$
これを満たす整数 k は存在しない。
としてもよい。

類題 11 ➡ 本冊 p. 503

(1) $\cos x\leqq\cos 2ax$ ……①，$\sin 2ax\leqq 0$ ……② とする。

$0<2ax\leqq 2a\pi$ であるから，② より

$(2m-1)\pi\leqq 2ax\leqq 2m\pi$ $(m=1,\ 2,\ \cdots\cdots,\ a)$ ……③

l を自然数とすると，

$(2l-1)\pi\leqq 2ax\leqq 2l\pi$ において ① を満たす角 $2ax$ の値の範囲は，右の図から

◀$\cos x$，$\cos 2ax$ とも x 座標をみる。

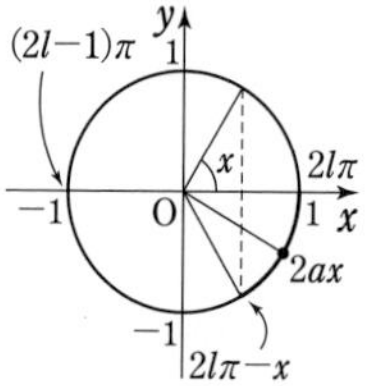

$$2l\pi-x\leqq 2ax\leqq 2l\pi$$

よって　$\dfrac{2l\pi}{2a+1}\leqq x\leqq\dfrac{l\pi}{a}$

ゆえに，①，② を満たす x は，$m=l$ として

◀①，② を同時に満たすので $m=l$ とする。

$$\frac{2m\pi}{2a+1}\leqq x\leqq\frac{m\pi}{a}\ (m=1,\ 2,\ \cdots\cdots,\ a)$$

である。

$m=1,\ 2,\ \cdots\cdots,\ a$ に対して $\dfrac{2m\pi}{2a+1}\leqq x\leqq\dfrac{m\pi}{a}$ は ③ から，互いに共通部分をもたない a 個の区間となるから $n=a$ である。

◀区間は ③ に含まれる。

この区間の長さは

$$\frac{m\pi}{a}-\frac{2m\pi}{2a+1}=\frac{2a+1-2a}{a(2a+1)}m\pi=\frac{m\pi}{a(2a+1)}$$

であり，m の増加関数である。

よって　　$x_k=\dfrac{k\pi}{a(2a+1)}$ $(k=1,\ 2,\ \cdots\cdots,\ a)$

したがって　　$\theta_k=2b(2a+1)x_k=2k\pi\dfrac{b}{a}$ $(k=1,\ 2,\ \cdots\cdots,\ a)$

(2)　$1\leqq i<j\leqq a$ を満たす自然数 i，j に対し

$ib=aq_i+r_i$ $(0\leqq r_i<a)$　…… ④

$jb=aq_j+r_j$ $(0\leqq r_j<a)$　…… ⑤

④，⑤ において $r_i=r_j$ と仮定すると ⑤−④ から

$(j-i)b=a(q_j-q_i)$

◀背理法を用いて証明する。

a と b は互いに素であるから，$j-i$ は a の倍数である。…… ⑥

$1\leqq i<j\leqq a$ であるから　　$1\leqq j-i<a$

これは ⑥ に矛盾する。

よって，$1\leqq i<j\leqq a$ を満たすすべての自然数 i，j に対し　$r_i\neq r_j$

したがって，b，$2b$，……，ab を a で割った余りはすべて異なり，r_k $(k=1,\ 2,\ \cdots\cdots,\ a)$ は 0，1，2，……，$a-1$ の値を 1 つずつとる。

◀r_k は kb を a で割ったときの余りであるから
$0\leqq r_k\leqq a-1$

総合

ここで　$\theta_k=2k\pi\dfrac{b}{a}=\dfrac{2\pi(aq_k+r_k)}{a}$

$=2\pi q_k+\dfrac{2\pi r_k}{a}$

$=(\text{整数})\times 2\pi+\dfrac{2\pi r_k}{a}$

動径 OZ_k の表す角は $\dfrac{2\pi r_k}{a}$ である。

$\dfrac{2\pi r_k}{a}$ $(k=1,\ 2,\ \cdots\cdots,\ a)$ を小さい順に並べると 0，$\dfrac{2\pi}{a}$，$\dfrac{4\pi}{a}$，……，$\dfrac{2(a-1)\pi}{a}$ の a 個が並ぶ。…… ⑦

ここで，隣り合う値の差は，すべて $\dfrac{2\pi}{a}$ であり，更に

$\dfrac{2(a-1)\pi}{a}+\dfrac{2\pi}{a}=2\pi$ である。

◀差が等しく，線分 OZ_1 と OZ_a のなす角が $\dfrac{2\pi}{a}$ である。

よって，⑦ の a 個の角それぞれの動径と単位円との交点は円周上で等間隔に並ぶ。

したがって，点 Z_k $(k=1,\ 2,\ \cdots\cdots,\ a)$ は単位円を a 等分する。

類題 12 ➡ 本冊 p. 504

(1)　$\log_5 3=\dfrac{l}{m}$（l と m は互いに素な自然数）と仮定すると

$3=5^{\frac{l}{m}}$　　　よって　　$3^m=5^l$

左辺は 3 の倍数であるが，右辺は 3 の倍数でないから矛盾。

ゆえに，$\log_5 3$ は無理数である。

◀背理法。
$\log_5 3>0$ であるから l，m は自然数としてよい。

(2) [1] $\log_{10} r>0$ のとき，$r=\dfrac{a}{b}$ (a と b は互いに素な自然数)，

$\log_{10} r=\dfrac{l}{m}$ (l と m は互いに素な自然数) とおく。

$\log_{10} r=\dfrac{l}{m}$ から　$10^{\frac{l}{m}}=r$ …… ①

よって　$r^m=10^l$　　したがって　$\left(\dfrac{a}{b}\right)^m=10^l$

a と b は互いに素であるから　$b=1$

よって　$a^m=2^l5^l$

ゆえに，a の素因数は 2 と 5 しかないから，$a=2^x5^y$ とすると

$2^{xm}5^{ym}=2^l5^l$　　よって　$xm=l$，$ym=l$

l と m は互いに素であるから　$m=1$，$x=y=l$

① から　$r=10^l$ ($l=1$，2，……)

[2] $\log_{10} r=0$ のとき　$r=10^0$

[3] $\log_{10} r<0$ のとき　$\log_{10}\dfrac{1}{r}>0$ と [1] から

$\dfrac{1}{r}=10^l$ ($l=1$，2，……)　　よって　$r=10^{-l}$

以上から，題意を満たす有理数 r は $r=10^q$ ($q=0$，±1，±2，……) に限る。

◀真数条件から　$r>0$　よって，a，b は自然数としてよい。

◀$b\geqq2$ とすると，$\left(\dfrac{a}{b}\right)^m$ は自然数になり得ない。

◀ l は m の倍数。

◀[1] の r を $\dfrac{1}{r}$ として考える。

(3) n が正の整数であるとき

$$\log_{10}(1+3+3^2+\cdots\cdots+3^n)=\log_{10}\frac{3^{n+1}-1}{2}$$

が有理数であると仮定すると，(2) により

$$\frac{3^{n+1}-1}{2}=10^q \quad (q \text{ は整数})$$

$\dfrac{3^{n+1}-1}{2}>\dfrac{3-1}{2}=1$ であるから　$10^q>1$

よって　$q>0$

また　$3^{n+1}=2\cdot10^q+1=2(10^q-1)+3$

ここで，$n+1=2$，3，4，…… から 3^{n+1} は 9 の倍数である。

一方，$q=1$，2，3，…… より 10^q-1 は 9 の倍数であるから，$2(10^q-1)+3$ を 9 で割ると 3 余る。これは矛盾。

したがって，$\log_{10}(1+3+3^2+\cdots\cdots+3^n)$ は無理数である。

◀真数は初項 1，公比 3，項数 $n+1$ の等比数列の和 (数学B)。

◀$n>0$ から　$3^{n+1}>3$

◀$3^{n+1}=9\cdot3^{n-1}$

◀$10^q-1=\underbrace{999\cdots\cdots9}_{q\text{個}}$

類題 13 ➡ 本冊 p. 505

(1) 3^1，3^2，3^3，3^4，3^5，…… の 1 の位の数字は，順に 3，9，7，1，3，…… となり，3，9，7，1 の 4 つの数字を順に繰り返す。

$20=4\times5$ であるから，3^{20} の 1 の位の数字は　**1**

◀ 1 の位の数字は周期性を利用する。

(2) 3^n が 21 桁であるとき　$10^{20}\leqq3^n<10^{21}$

各辺の常用対数をとると　$\log_{10}10^{20}\leqq\log_{10}3^n<\log_{10}10^{21}$

すなわち　$20\leqq n\log_{10}3<21$

ゆえに　$\dfrac{20}{\log_{10}3}\leqq n<\dfrac{21}{\log_{10}3}$

◀21 桁の整数は 10^{20} から $10^{21}-1$ である。

よって　　$\dfrac{20}{0.4771} \leqq n < \dfrac{21}{0.4771}$

したがって　　$41.91\cdots\cdots \leqq n < 44.01\cdots\cdots$

これを満たす自然数 n は　　$n=42,\ 43,\ 44$

このうち，1の位の数字が7となるのは，(1)と $43=4\times10+3$ から　　$\boldsymbol{n=43}$

◀$4k+3$ （$k=0,\ 1,\ 2,\ \cdots\cdots$）乗の数の1の位が7となる。

(3)　$\log_{10}7^{70}=70\log_{10}7=70\times0.8451=59.157$

よって　　$\log_{10}7^{70}=59+0.157$

$\log_{10}1<0.157<\log_{10}2$ であるから　　$1<10^{0.157}<2$

よって　　$1\cdot10^{59}<10^{59.157}<2\cdot10^{59}$

すなわち　　$10^{59}<7^{70}<2\cdot10^{59}$

したがって，7^{70} の最高位の数字は　**1**

◀$10^{0.157}$ の整数部分が最高位の数字となる。

(4)　(3)から　　$\log_{10}7^{70}=58+1.157$

ここで　$\log_{10}14=\log_{10}2+\log_{10}7=0.3010+0.8451=1.1461$

$\log_{10}15=\log_{10}3+\log_{10}5=\log_{10}3+(\log_{10}10-\log_{10}2)$

$=0.4771+(1-0.3010)=1.1761$

ゆえに　　$\log_{10}14<1.157<\log_{10}15$

すなわち　　$14<10^{1.157}<15$

よって　　$14\cdot10^{58}<10^{59.157}<15\cdot10^{58}$

すなわち　　$14\cdot10^{58}<7^{70}<15\cdot10^{58}$

したがって，7^{70} の最高位の次の位の数字は　**4**

◀$10^{1.157}$ の整数部分を求めればよい。

類題 14 ➡ 本冊 *p*. 507

(1)　Vは，底面が右の図の黒い部分の図形で高さが b の立体である。

Vの体積を V_0 とすると

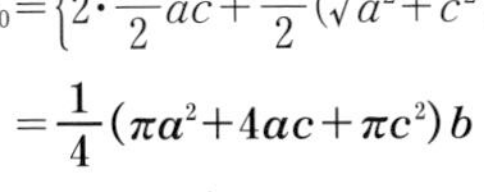

$$V_0=\left\{2\cdot\frac{1}{2}ac+\frac{1}{2}(\sqrt{a^2+c^2})^2\cdot\frac{\pi}{2}\right\}b$$

$$=\boldsymbol{\frac{1}{4}(\pi a^2+4ac+\pi c^2)b}$$

◀半径 r，中心角 θ（ラジアン）の扇形の面積 S は　$S=\dfrac{1}{2}r^2\theta$

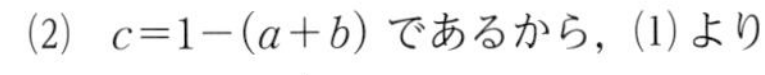

(2)　$c=1-(a+b)$ であるから，(1)より

◀**条件式　文字を減らす**

$$V_0=\frac{1}{4}[\pi a^2+4a\{1-(a+b)\}+\pi\{1-(a+b)\}^2]b$$

$$=\frac{1}{4}[\pi a^2+4a\{(1-b)-a\}+\pi\{(1-b)-a\}^2]b$$

$$=\frac{\pi-2}{2}b\{a^2-(1-b)a\}+\frac{\pi}{4}b(1-b)^2$$

$$=\frac{\pi-2}{2}b\left\{\left(a-\frac{1-b}{2}\right)^2-\frac{(1-b)^2}{4}\right\}+\frac{\pi}{4}b(1-b)^2$$

◀a については2次式，b については3次式となるから，まずは b を固定して a の2次関数とみる。

$c=1-(a+b)>0$ より，$0<a<1-b$ であるから

◀軸は区間の中央。

$$-\frac{(1-b)^2}{4}\leqq\left(a-\frac{1-b}{2}\right)^2-\frac{(1-b)^2}{4}<0$$

◀$a=0,\ 1-b$ のとき $a^2-(1-b)a=0$

$\dfrac{\pi-2}{2}b>0$ であるから

$$-\frac{\pi-2}{8}b(1-b)^2+\frac{\pi}{4}b(1-b)^2 \leqq V_0<\frac{\pi}{4}b(1-b)^2$$

すなわち　$\frac{\pi+2}{8}b(1-b)^2 \leqq V_0<\frac{\pi}{4}b(1-b)^2$

$f(b)=b(1-b)^2=b^3-2b^2+b$ $(0<b<1)$ とすると

$$f'(b)=3b^2-4b+1$$
$$=(3b-1)(b-1)$$

$f'(b)=0$ とすると

$$b=\frac{1}{3},\ 1$$

$0<b<1$ における $f(b)$ の増減表は，右のようになる。

b	0	$\cdots$	$\frac{1}{3}$	$\cdots$	1
$f'(b)$		$+$	0	$-$	
$f(b)$		↗	極大	↘	

また，$f(0)=f(1)=0$，$f\left(\frac{1}{3}\right)=\frac{1}{3}\left(\frac{2}{3}\right)^2=\frac{4}{27}$ であるから

$$0<f(b) \leqq \frac{4}{27}$$

ゆえに　$0<\frac{\pi+2}{8}f(b) \leqq V_0<\frac{\pi}{4}f(b) \leqq \frac{\pi}{4}\cdot\frac{4}{27}$

したがって　$\boldsymbol{0<V_0<\frac{\pi}{27}}$

類題 15 ➡ 本冊 p. 509

(1)　$f'(x)=3x^2-3=3(x+1)(x-1)$

$f'(x)=0$ とすると　$x=-1,\ 1$

$f(x)$ の増減表は次のようになる。

x	$\cdots$	-1	$\cdots$	1	$\cdots$
$f'(x)$	$+$	0	$-$	0	$+$
$f(x)$	↗	3	↘	-1	↗

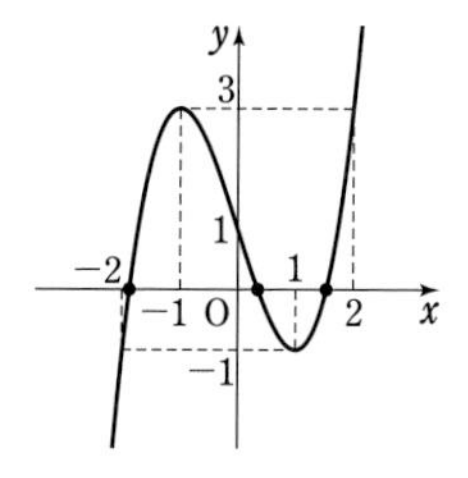

◀グラフをかかなくても $f(-2)f(0)<0$，$f(0)f(1)<0$，$f(1)f(2)<0$ から示すことができる。

また　$f(-2)=-1$，$f(2)=3$

よって，$y=f(x)$ のグラフは図のようになるから，$f(x)=0$ は $-2<x<-1$，$0<x<1$，$1<x<2$ のそれぞれの範囲に 1 つずつ実数解をもつ。

◀$-2<x<2$ に 3 個，すなわち $|x|<2$ に 3 個。

ゆえに，$f(x)=0$ は絶対値が 2 より小さい 3 つの相異なる実数解をもつ。

(2)　α が $f(x)=0$ の解ならば

$$f(\alpha)=\alpha^3-3\alpha+1=0$$

このとき　$f(g(\alpha))=f(\alpha^2-2)=(\alpha^2-2)^3-3(\alpha^2-2)+1$

$$=\alpha^6-6\alpha^4+12\alpha^2-8-3\alpha^2+6+1$$
$$=\alpha^6-6\alpha^4+9\alpha^2-1$$
$$=\alpha^2(\alpha^2-3)^2-1$$
$$=\{\alpha(\alpha^2-3)+1\}\{\alpha(\alpha^2-3)-1\}$$
$$=(\alpha^3-3\alpha+1)(\alpha^3-3\alpha-1)$$
$$=0\times(\alpha^3-3\alpha-1)=0$$

◀$g(\alpha)$ が $f(x)=0$ の解，すなわち $f(g(\alpha))=0$ を証明する。

◀$\alpha^6-6\alpha^4+9\alpha^2-1$ を $\alpha^3-3\alpha+1$ で割ってもよい。

よって，α が $f(x)=0$ の解ならば，$g(\alpha)$ も $f(x)=0$ の解となる。

(3) $f(-2)=-1<0$, $f(-\sqrt{3})=1>0$, $f(0)=1>0$,
$f(1)=-1<0$, $f(\sqrt{2})=1-\sqrt{2}<0$, $f(\sqrt{3})=1>0$
よって，$-2<\alpha_1<-\sqrt{3}$，$0<\alpha_2<1$，$\sqrt{2}<\alpha_3<\sqrt{3}$ が成り立つ。
一方，$g(x)$ は $x\leqq 0$ で単調に減少，$x\geqq 0$ で単調に増加し，
$g(-2)=2$, $g(-\sqrt{3})=1$, $g(0)=-2$, $g(1)=-1$, $g(\sqrt{2})=0$,
$g(\sqrt{3})=1$ であるから

$$1<g(\alpha_1)<2,\quad -2<g(\alpha_2)<-1,\quad 0<g(\alpha_3)<1$$

したがって　$g(\alpha_2)<g(\alpha_3)<g(\alpha_1)$
(2) より，$g(\alpha_1)$，$g(\alpha_2)$，$g(\alpha_3)$ は $f(x)=0$ の解であるから，
$g(\alpha_2)=\alpha_1$，$g(\alpha_3)=\alpha_2$，$g(\alpha_1)=\alpha_3$ となる。

◀(1) より，$-2<\alpha_1<-1$，$1<\alpha_3<2$ であるが，これを用いると
$-1<g(\alpha_1)<2$
$-1<g(\alpha_3)<2$
となり，$g(\alpha_1)$ と $g(\alpha_3)$ の大小比較ができない。そこで，α_1，α_3 の範囲を更に絞り込む。

類題 16 ➡ 本冊 p. 511

$f(x)$ は 2 次以下の多項式であるから，定数 a，b，c を用いて
$f(x)=ax^2+bx+c$ と表される。

よって　$\displaystyle\int_{-1}^{1}f(x)dx=\int_{-1}^{1}(ax^2+bx+c)dx=2\int_0^1(ax^2+c)dx$

$$=2\left[\frac{a}{3}x^3+cx\right]_0^1=2\left(\frac{a}{3}+c\right)$$

◀$f(x)$ が奇関数のとき $\displaystyle\int_{-a}^{a}f(x)dx=0$
$f(x)$ が偶関数のとき $\displaystyle\int_{-a}^{a}f(x)dx=2\int_0^a f(x)dx$

$\displaystyle\int_{-1}^{1}f(x)dx=0$ を満たすから　$\dfrac{a}{3}+c=0$　　ゆえに　$a=-3c$

このとき

$$\int_{-1}^{1}\{f(x)\}^2dx=\int_{-1}^{1}(-3cx^2+bx+c)^2dx$$
$$=\int_{-1}^{1}\{9c^2x^4-6bcx^3+(b^2-6c^2)x^2+2bcx+c^2\}dx$$
$$=2\int_0^1\{9c^2x^4+(b^2-6c^2)x^2+c^2\}dx$$
$$=2\left[\frac{9}{5}c^2x^5+\frac{b^2-6c^2}{3}x^3+c^2x\right]_0^1=\frac{2}{3}b^2+\frac{8}{5}c^2$$

$$\int_{-1}^{1}\{f'(x)\}^2dx=\int_{-1}^{1}(-6cx+b)^2dx$$
$$=\int_{-1}^{1}(36c^2x^2-12bcx+b^2)dx$$
$$=2\int_0^1(36c^2x^2+b^2)dx=2\left[12c^2x^3+b^2x\right]_0^1$$
$$=2b^2+24c^2$$

よって，$\displaystyle\int_{-1}^{1}\{f(x)\}^2dx\leqq k\int_{-1}^{1}\{f'(x)\}^2dx$ とすると

$$\frac{2}{3}b^2+\frac{8}{5}c^2\leqq k(2b^2+24c^2)$$

すなわち　$\dfrac{1}{3}b^2+\dfrac{4}{5}c^2\leqq k(b^2+12c^2)$　…… ①

① が任意の実数 b，c に対して成り立つような定数 k の最小値を求める。

[1]　$c=0$ のとき，① から　$\left(k-\dfrac{1}{3}\right)b^2\geqq 0$

◀$b^2\geqq 0$

この不等式が任意の実数 b に対して成り立つための条件は

総合

$$k-\frac{1}{3}\geqq 0 \quad \text{すなわち} \quad k\geqq \frac{1}{3}$$

[2]　$c\neq 0$ のとき，① の両辺を c^2 で割り，$\dfrac{b}{c}=t$ とおくと

$$\frac{1}{3}t^2+\frac{4}{5}\leqq k(t^2+12)$$

よって　$\left(k-\dfrac{1}{3}\right)t^2\geqq \dfrac{4}{5}-12k$　……②

$k-\dfrac{1}{3}\geqq 0$ すなわち $k\geqq \dfrac{1}{3}$ のとき

$$\frac{4}{5}-12k\leqq 0$$

ゆえに，② は任意の実数 t に対して成り立つ。

$k-\dfrac{1}{3}<0$ すなわち $k<\dfrac{1}{3}$ のとき，② から

$$t^2\leqq \frac{\frac{4}{5}-12k}{k-\frac{1}{3}} \quad \cdots\cdots ③$$

$g(k)=\dfrac{\frac{4}{5}-12k}{k-\frac{1}{3}}$ とすると，$g(k)<0$ のときは ③ を満たす実数 t は存在せず，$g(k)\geqq 0$ のときは ③ を満たす実数 t は $-\sqrt{g(k)}\leqq t\leqq \sqrt{g(k)}$ を満たすものに限られる。

よって，$k<\dfrac{1}{3}$ のとき，② が任意の実数 t に対して成り立つことはない。

[1]，[2] から，① が任意の実数 b，c に対して成り立つための条件は $k\geqq \dfrac{1}{3}$ であり，k の最小値は　$\boldsymbol{\dfrac{1}{3}}$

◀ b と c の次数が同じであるとき，$t=\dfrac{b}{c}$ とおくとうまくいくことが多い。

◀ $\left(k-\dfrac{1}{3}\right)t^2\geqq 0$

類題 17 ➡ 本冊 p. 513

(1)　$y'=2x$ から，直線 ℓ_a の方程式は

$$y-a^2=2a(x-a) \quad \text{すなわち} \quad y=2ax-a^2$$

直線 ℓ_a が不等式 $y>-x^2+2x-5$ の表す領域に含まれる条件は，

不等式　$2ax-a^2>-x^2+2x-5$

すなわち　$x^2+2(a-1)x-a^2+5>0$　……①

がすべての実数 x について成り立つことである。

① の左辺の x^2 の係数は正であるから，すべての x について成り立つための条件は，2 次方程式 $x^2+2(a-1)x-a^2+5=0$ の判別式を D_1 とすると　$D_1<0$

$\dfrac{D_1}{4}=(a-1)^2-(-a^2+5)=2(a^2-a-2)$ から　$a^2-a-2<0$

ゆえに　$(a+1)(a-2)<0$

よって　$\boldsymbol{-1<a<2}$

◀ $y-f(a)=f'(a)(x-a)$

◀ $p\neq 0$ のとき
$px^2+qx+r>0$ が常に成り立つ。
$\Longleftrightarrow p>0$ かつ
$D=q^2-4pr<0$

(2) ℓ_a の方程式 $y=2ax-a^2$ を変形して $a^2-2xa+y=0$ … ②

② を a の 2 次方程式とみると，領域 D は ② が $-1<a<2$ の範囲に実数解をもたないような点 $(x,\ y)$ 全体の領域である。

② が $-1<a<2$ の範囲に実数解をもたないのは，次の 2 つの場合がある。

[1] ② が実数解をもたないとき

② の判別式を D_2 とすると $D_2<0$

$\dfrac{D_2}{4}=(-x)^2-y$ から $x^2-y<0$ よって $y>x^2$

[2] ② が実数解をもつが，$-1<a<2$ の範囲にはもたないとき，

② は実数解をもつから $D_2 \geqq 0$ よって $y \leqq x^2$

$f(a)=a^2-2xa+y$ とすると，$t=f(a)$ のグラフは下に凸の放物線であり，軸は直線 $a=x$ である。

また $f(-1)=(-1)^2-2x\cdot(-1)+y$

$=2x+y+1$

$f(2)=2^2-2x\cdot 2+y$

$=-4x+y+4$

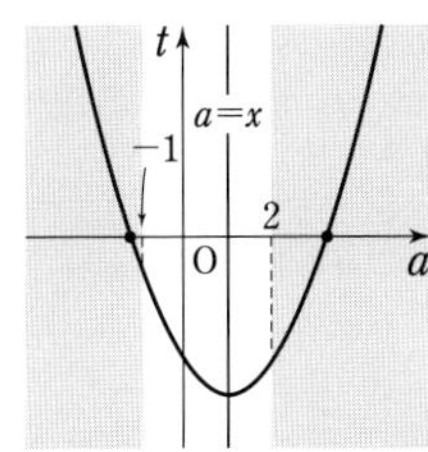

$f(-1) \leqq 0$ かつ $f(2) \leqq 0$ すなわち $y \leqq -2x-1$ かつ $y \leqq 4x-4$ のとき，② は $-1<a<2$ の範囲に解をもたない。

◀ $a \leqq -1$，$2 \leqq a$ のそれぞれの範囲に 1 つずつ解をもつ。

また，それ以外のときで，条件を満たすのは，次の (i)，(ii) の場合である。

(i) $x \leqq -1$ のとき

放物線 $t=f(a)$ の軸は $-1<a<2$ の範囲よりも左側にあるから，条件は $f(-1) \geqq 0$ すなわち $y \geqq -2x-1$

◀ $a \leqq -1$ の範囲に 2 つの解をもつ。

(ii) $x \geqq 2$ のとき

放物線 $t=f(a)$ の軸は $-1<a<2$ の範囲よりも右側にあるから，条件は $f(2) \geqq 0$ すなわち $y \geqq 4x-4$

◀ $a \geqq 2$ の範囲に 2 つの解をもつ。

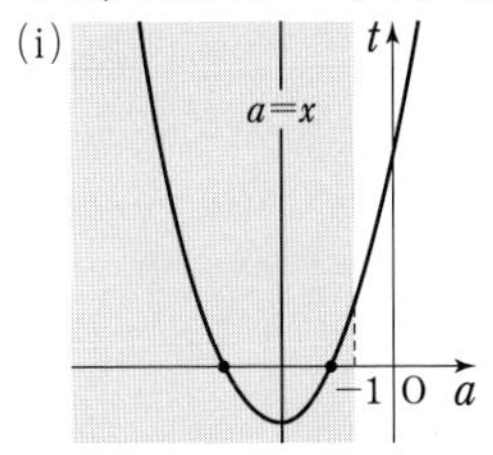

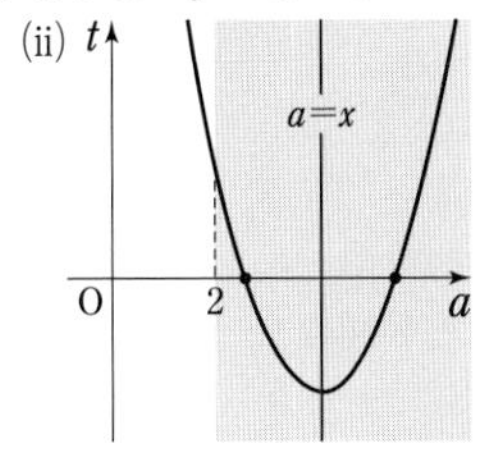

直線 $y=-2x-1$，$y=4x-4$ は，それぞれ $a=-1$，$a=2$ のときの ℓ_a であり，この 2 直線の交点の座標は

$$(x,\ y)=\left(\frac{1}{2},\ -2\right)$$

◀直線 $y=-2x-1$ は点 $(-1,\ 1)$ で，直線 $y=4x-4$ は点 $(2,\ 4)$ でそれぞれ放物線 $y=x^2$ に接する。

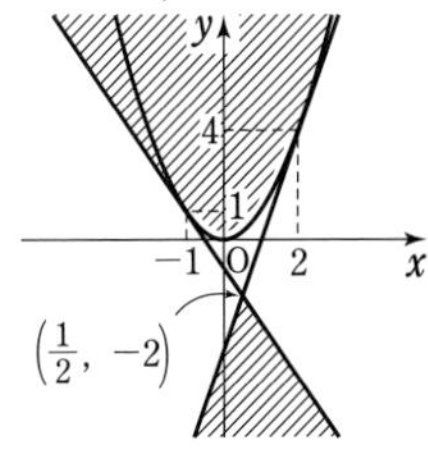

したがって，[1]，[2] で求めた条件から，領域 D は **右の図の斜線部分** である。

ただし，境界線は放物線 $y=x^2$ の $-1<x<2$ の部分は含まず，他は含む。

総合

別解　ℓ_a の方程式 $y=2ax-a^2$ を $y=g(a)$ とすると

$$g(a)=-a^2+2ax$$
$$=-(a-x)^2+x^2$$

放物線 $y=g(a)$ の軸は直線 $a=x$ である。

また，(1) から　　$-1<a<2$

[1]　$x<-1$ のとき

$g(2)<g(a)<g(-1)$　すなわち　$4x-4<y<-2x-1$

[2]　$-1\leqq x\leqq\frac{1}{2}$ のとき

$g(2)<g(a)\leqq g(x)$　すなわち　$4x-4<y\leqq x^2$

[3]　$\frac{1}{2}<x\leqq 2$ のとき

$g(-1)<g(a)\leqq g(x)$　すなわち　$-2x-1<y\leqq x^2$

[4]　$2<x$ のとき

$g(-1)<g(a)<g(2)$　すなわち　$-2x-1<y<4x-4$

[1]～[4] で求めた領域は，ℓ_a が通過する領域であるから，その補集合が領域Dである。

◀ x を固定して，y を a の関数とみる。グラフは上に凸の放物線。

◀軸が区間の左外。

◀軸が区間の左半分。

◀軸が区間の右半分。

◀軸が区間の右外。

(3)　$y(y+5)\leqq 0$ から　　$-5\leqq y\leqq 0$

よって，$x^2\geqq 0$ より　　$y-x^2\leqq 0$

$y-x^2=0$ のとき　　$x=y=0$

原点は領域Dに含まれないから，除外して考える。

$y-x^2<0$ のとき，$(y-x^2)(y+x^2-2x+5)\leqq 0$ から

$$y+x^2-2x+5\geqq 0$$

ゆえに，領域Eを表す連立不等式は

$$y+x^2-2x+5\geqq 0 \quad かつ \quad -5\leqq y\leqq 0$$

と同値である。すなわち

$$y\geqq -x^2+2x-5 \quad かつ \quad -5\leqq y\leqq 0$$

$y=-x^2+2x-5$，$y=-2x-1$ から

$$x=2,\ y=-5$$

$y=-x^2+2x-5$，$y=4x-4$ から

$$x=-1,\ y=-8$$

$y=-x^2+2x-5$，$y=-5$ から

$$x=0,\ 2$$

◀ 2 直線 $y=-2x-1$，$y=4x-4$ は，放物線 $y=-x^2+2x-5$ の接線。

よって，DとEの共通部分は右の図の斜線部分であり，求める面積は

$$\frac{1}{2}\cdot\left\{2-\left(-\frac{1}{4}\right)\right\}\cdot\{-2-(-5)\}$$
$$-\int_0^2\{-x^2+2x-5-(-5)\}\,dx$$
$$=\frac{1}{2}\cdot\frac{9}{4}\cdot 3-\int_0^2\{-x(x-2)\}\,dx$$
$$=\frac{27}{8}-\frac{1}{6}(2-0)^3$$
$$=\frac{27}{8}-\frac{8}{6}=\mathbf{\frac{49}{24}}$$

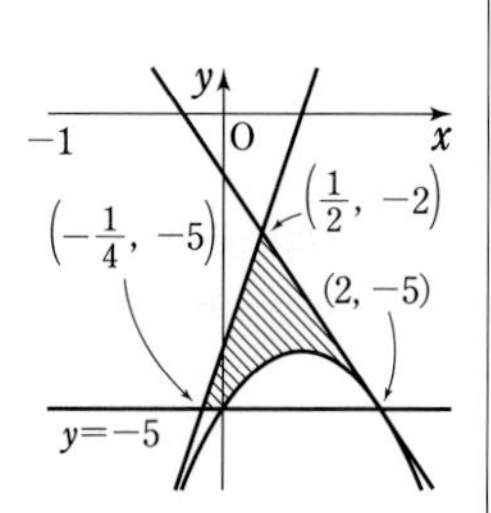

◀ $A\left(\frac{1}{2},\ -2\right)$，$B\left(-\frac{1}{4},\ -5\right)$，$C(2,\ -5)$ とする。放物線 $y=-x^2+2x-5$ と直線 $y=-5$ で囲まれた部分の面積を S_1 とすると，求める面積は
$\triangle ABC-S_1$

類題 18 ➡ 本冊 $p.515$

(1) 点Pの座標を $(a,\ b)$ とする。

点Pを通る傾き m の直線 $y=m(x-a)+b$ と曲線 C の共有点の x 座標は，方程式

$$x^3-x=m(x-a)+b \quad すなわち$$

$$x^3-(m+1)x+am-b=0 \quad \cdots\cdots ①$$

の実数解である。

① が相異なる3つの実数解をもつとき，直線 ℓ と曲線 C は相異なる3点で交わるから，任意の実数 $a,\ b$ に対して，① が相異なる3つの実数解をもつような m が存在することを示す。

① の左辺を $f(x)$ とすると　　$f'(x)=3x^2-(m+1)$

$m>-1$ のとき，$\alpha=\sqrt{\dfrac{m+1}{3}}$ とすると，$f'(x)=0$ の解は $x=\pm\alpha$ と表せる。

このとき，$f(x)$ の増減表は右のようになる。

x	$\cdots$	$-\alpha$	$\cdots$	α	$\cdots$
$f'(x)$	$+$	0	$-$	0	$+$
$f(x)$	↗	極大	↘	極小	↗

ここで，x の多項式 $f(x)$ を $f'(x)$ で割ると，商は $\dfrac{1}{3}x$，余りは $-\dfrac{2}{3}(m+1)x+am-b$ であるから

$$f(x)=f'(x)\cdot\frac{1}{3}x-\frac{2}{3}(m+1)x+am-b$$

◀ $f(x)$ に $x=\pm\alpha$ を代入してもよいが，計算が煩雑になるため，$f(\pm\alpha)=0$ が利用できる形に変形した。

$f'(\alpha)=f'(-\alpha)=0$ であるから

$$f(\alpha)=-\frac{2}{3}(m+1)\alpha+am-b,\ f(-\alpha)=\frac{2}{3}(m+1)\alpha+am-b$$

$f(x)$ は3次関数であるから，① が相異なる3つの実数解をもつための必要十分条件は　　$f(\alpha)f(-\alpha)<0$

すなわち　$\left\{-\dfrac{2}{3}(m+1)\alpha+am-b\right\}\left\{\dfrac{2}{3}(m+1)\alpha+am-b\right\}<0$

よって　　$-\dfrac{4}{9}(m+1)^2\alpha^2+(am-b)^2<0$

◀ 3次関数において
(極大値)>0 かつ
(極小値)<0
すなわち
(極大値)×(極小値)<0
のとき，x 軸と異なる3点で交わる。

$\alpha=\sqrt{\dfrac{m+1}{3}}$ を代入すると

$$-\frac{4}{27}(m+1)^3+(am-b)^2<0 \quad \cdots\cdots ②$$

② の左辺は m の3次式で，m^3 の係数の符号は負である。

ゆえに，任意の実数 $a,\ b$ に対して，m を十分に大きくとれば，② が成り立ち，① は相異なる3つの実数解をもつ。

したがって，座標平面上のすべての点Pが条件(i)を満たす。

◀ ② は
$(m+1)^3>\dfrac{27}{4}(am-b)^2$
$m+1>\dfrac{27}{4}\left(\dfrac{am-b}{m+1}\right)^2$
と変形できる。
m を十分に大きくするとき，右辺は $\dfrac{27}{4}a^2$ に近づく。

(2) 点Pを通る直線 ℓ が C と相異なる3点で交わるとし，交点の x 座標を $\alpha,\ \beta,\ \gamma\ (\alpha<\beta<\gamma)$ とする。

まず，直線 ℓ と曲線 C で囲まれた2つの部分の面積が等しいとき，直線 ℓ は原点を通ることを示す。

総合

ℓ は x 軸に垂直でないから，ℓ の方程式を $y=g(x)$ とすると

$$x^3-x-g(x)=(x-\alpha)(x-\beta)(x-\gamma)$$

は x についての恒等式である。

両辺の x^2 の係数を比較すると

$$0=-\alpha-\beta-\gamma$$

すなわち　$\alpha+\beta+\gamma=0$　…… ③

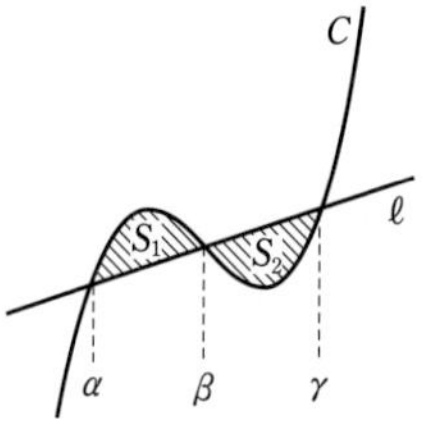

$\alpha \leqq x \leqq \beta$ において，ℓ と C で囲まれた部分の面積を S_1，$\beta \leqq x \leqq \gamma$ において，ℓ と C で囲まれた部分の面積を S_2 とすると

$$S_1=\int_\alpha^\beta \{x^3-x-g(x)\}\,dx$$

$$S_2=\int_\beta^\gamma \{g(x)-(x^3-x)\}\,dx$$

$$=-\int_\beta^\gamma \{x^3-x-g(x)\}\,dx$$

よって　$S_1-S_2=\int_\alpha^\beta \{x^3-x-g(x)\}\,dx+\int_\beta^\gamma \{x^3-x-g(x)\}\,dx$

$$=\int_\alpha^\gamma \{x^3-x-g(x)\}\,dx$$

$$=\int_\alpha^\gamma (x-\alpha)(x-\beta)(x-\gamma)\,dx$$

ここで，$\beta-\alpha=s$，$\gamma-\alpha=t$ とおくと

$$S_1-S_2=\int_\alpha^\gamma (x-\alpha)\{(x-\alpha)-s\}\{(x-\alpha)-t\}\,dx$$

$$=\int_\alpha^\gamma \{(x-\alpha)^3-(s+t)(x-\alpha)^2+st(x-\alpha)\}\,dx$$

$$=\left[\frac{(x-\alpha)^4}{4}-\frac{s+t}{3}(x-\alpha)^3+\frac{st}{2}(x-\alpha)^2\right]_\alpha^\gamma$$

$$=\frac{t^4}{4}-\frac{s+t}{3}\cdot t^3+\frac{st^3}{2}$$

$$=\frac{t^3}{12}(2s-t)$$

$$=\frac{(\gamma-\alpha)^3(2\beta-\alpha-\gamma)}{12}$$

$\gamma-\alpha>0$ から，$S_1=S_2$ であるとき　$2\beta=\alpha+\gamma$

これと ③ から　$\beta=0$

よって，直線 ℓ と曲線 C で囲まれた 2 つの部分の面積が等しいとき，直線 ℓ は原点を通る。

ゆえに，直線 ℓ の方程式は $y=kx$ とおける。

直線 $y=kx$ と曲線 C が相異なる 3 点で交わるのは，方程式 $x^3-x=kx$ すなわち $x\{x^2-(k+1)\}=0$ が相異なる 3 つの実数解をもつときであるから　$k+1>0$　すなわち　$k>-1$

◀方程式 $x^2-(k+1)=0$ が 0 でない異なる 2 つの実数解をもてばよい。

以上から，条件 (ii) を満たす点Pのとりうる範囲は，

直線 $y=kx$，$k>-1$

が通過する領域である。

したがって，点Pのとりうる範囲を図示すると，**右の図の斜線部分** のようになる。**ただし，境界線は，原点は含み，それ以外は含まない。**

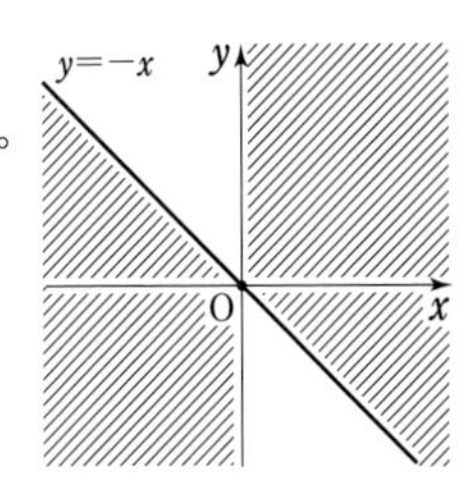

類題 19 ➡ 本冊 p. 517

(1) k^3 を n で割った商を q，余りを r とすると

$$k^3=qn+r\ (0\leqq r\leqq n-1) \quad \cdots\cdots ①$$

n と k が互いに素であるとき，n と k^3 は互いに素である。

よって　$r\neq 0$　　ゆえに　$1\leqq r\leqq n-1$

① の両辺を n で割ると　$\dfrac{k^3}{n}=q+\dfrac{r}{n}$

$1\leqq r\leqq n-1$ より，$\dfrac{1}{n}\leqq\dfrac{r}{n}\leqq 1-\dfrac{1}{n}$ であるから

$$0<\frac{r}{n}<1$$

よって　$\left[\dfrac{k^3}{n}\right]=\left[q+\dfrac{r}{n}\right]=q$

また　$\dfrac{(n-k)^3}{n}=\dfrac{n^3-3n^2k+3nk^2-k^3}{n}$

$$=n^2-3nk+3k^2-\left(q+\frac{r}{n}\right)$$

$$=(n^2-3nk+3k^2-q-1)+\left(1-\frac{r}{n}\right)$$

$\dfrac{1}{n}\leqq 1-\dfrac{r}{n}\leqq 1-\dfrac{1}{n}$ より　$0<1-\dfrac{r}{n}<1$

更に，$n^2-3nk+3k^2-q-1$ は整数であるから

$$\left[\frac{(n-k)^3}{n}\right]=\left[(n^2-3nk+3k^2-q-1)+\left(1-\frac{r}{n}\right)\right]$$

$$=n^2-3nk+3k^2-q-1$$

ゆえに　$\left[\dfrac{k^3}{n}\right]+\left[\dfrac{(n-k)^3}{n}\right]=q+(n^2-3nk+3k^2-q-1)$

$$=\boldsymbol{n^2-3nk+3k^2-1}$$

(2) p は素数であるから，$1\leqq k\leqq p-1$ を満たす整数 k に対して，p と k は互いに素である。

よって，(1) から　$\left[\dfrac{k^3}{p}\right]+\left[\dfrac{(p-k)^3}{p}\right]=p^2-3pk+3k^2-1$

ゆえに

$$2S_p=\sum_{k=1}^{p-1}\left[\frac{k^3}{p}\right]+\sum_{k=1}^{p-1}\left[\frac{k^3}{p}\right]=\sum_{k=1}^{p-1}\left[\frac{k^3}{p}\right]+\sum_{k=1}^{p-1}\left[\frac{(p-k)^3}{p}\right]$$

$$=\sum_{k=1}^{p-1}\left\{\left[\frac{k^3}{p}\right]+\left[\frac{(p-k)^3}{p}\right]\right\}=\sum_{k=1}^{p-1}(p^2-3pk+3k^2-1)$$

(1) $\dfrac{k^3}{n}$，$\dfrac{(n-k)^3}{n}$ を (整数部分)＋(小数部分) の形で表すことを考える。

◀$1-\dfrac{r}{n}$ が $\dfrac{(n-k)^3}{n}$ の小数部分となる。

◀$\left[\dfrac{k^3}{p}\right]+\left[\dfrac{(p-k)^3}{p}\right]$ に $k=1,\ 2,\ \cdots,\ p-1$ を代入して加えると，$2S_p$ となる。

総合

$$=p^2(p-1)-3p\cdot\frac{1}{2}(p-1)p+3\cdot\frac{1}{6}(p-1)p(2p-1)-(p-1)$$
$$=\frac{1}{2}(p-2)(p-1)(p+1)$$

したがって　$\boldsymbol{S_p=\frac{1}{4}(p-2)(p-1)(p+1)}$

23 は素数であるから　$S_{23}=\frac{1}{4}\cdot 21\cdot 22\cdot 24=\mathbf{2772}$

(3)　k を p^2 未満の正の整数とする。

[1]　$k\neq pl$ $(l=1,\ 2,\ \cdots\cdots,\ p-1)$ のとき

p は素数であるから，p^2 と k は互いに素である。

よって，(1) から

$$\left[\frac{k^3}{p^2}\right]+\left[\frac{(p^2-k)^3}{p^2}\right]=p^4-3p^2k+3k^2-1$$

[2]　$k=pl$ $(l=1,\ 2,\ \cdots\cdots,\ p-1)$ のとき

$$\frac{k^3}{p^2}=\frac{p^3l^3}{p^2}=pl^3,$$
$$\frac{(p^2-k)^3}{p^2}=\frac{(p^2-pl)^3}{p^2}=p(p-l)^3$$

よって　$\left[\frac{k^3}{p^2}\right]+\left[\frac{(p^2-k)^3}{p^2}\right]=pl^3+p(p-l)^3$
$$=p^4-3p^3l+3p^2l^2$$

[1]，[2] から

$2S_{p^2}$
$$=\sum_{k=1}^{p^2-1}\left[\frac{k^3}{p^2}\right]+\sum_{k=1}^{p^2-1}\left[\frac{k^3}{p^2}\right]$$
$$=\sum_{k=1}^{p^2-1}\left[\frac{k^3}{p^2}\right]+\sum_{k=1}^{p^2-1}\left[\frac{(p^2-k)^3}{p^2}\right]$$
$$=\sum_{k=1}^{p^2-1}\left\{\left[\frac{k^3}{p^2}\right]+\left[\frac{(p^2-k)^3}{p^2}\right]\right\}$$
$$=\left[\sum_{k=1}^{p^2-1}(p^4-3p^2k+3k^2-1)-\sum_{l=1}^{p-1}\{p^4-3p^2\cdot pl+3(pl)^2-1\}\right]$$
$$+\sum_{l=1}^{p-1}(p^4-3p^3l+3p^2l^2)$$
$$=\sum_{k=1}^{p^2-1}(p^4-3p^2k+3k^2-1)+\sum_{l=1}^{p-1}1$$
$$=p^4(p^2-1)-3p^2\cdot\frac{1}{2}(p^2-1)p^2+3\cdot\frac{1}{6}(p^2-1)p^2(2p^2-1)$$
$$-(p^2-1)+(p-1)$$
$$=\frac{1}{2}p(p-1)(p^4+p^3-p^2-p-2)$$

したがって　$\boldsymbol{S_{p^2}=\frac{1}{4}p(p-1)(p^4+p^3-p^2-p-2)}$

5 は素数であるから

$$S_{25}=S_{5^2}=\frac{1}{4}\cdot 5\cdot 4(5^4+5^3-5^2-5-2)=\mathbf{3590}$$

(3)　p^2 と k が互いに素であるかどうかで場合分けをする。

◀$k=pl$ となる場合を引いている。

◀共通因数 $p(p-1)$ でくくる。

類題 20 ➡ 本冊 *p*. 519

➡ 本冊 *p*. 519

(1) $x \geqq 0$, $y \geqq 0$, $3x+2y \leqq 2008$ の表す領域Dは，右図の黒く塗った部分である (境界線を含む)。

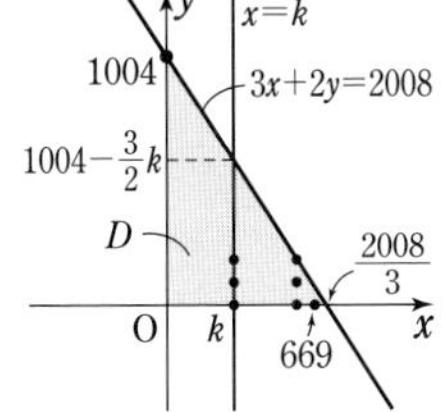

直線 $x=k$ $(k=0,\ 1,\ \cdots\cdots,\ 669)$ と直線 $3x+2y=2008$ の交点の座標は

$$\left(k,\ 1004-\frac{3}{2}k\right)$$

[1] $k=2l$ $(l=0,\ 1,\ \cdots\cdots,\ 334)$ のとき，直線 $x=k$ 上にある格子点のうち，領域Dに含まれるものの個数は

$$1004-\frac{3}{2}k+1=1005-\frac{3}{2}\cdot 2l=1005-3l$$

[2] $k=2l+1$ $(l=0,\ 1,\ \cdots\cdots,\ 334)$ のとき，直線 $x=k$ 上にある格子点のうち，領域Dに含まれるものの個数は

$$1004-\frac{3}{2}k-\frac{1}{2}+1=1004.5-\frac{3}{2}(2l+1)=1003-3l$$

[1], [2] から，求める個数は

$$\sum_{l=0}^{334}(1005-3l)+\sum_{l=0}^{334}(1003-3l)$$

$$=\sum_{l=0}^{334}\{(1005-3l)+(1003-3l)\}$$

$$=\sum_{l=0}^{334}(2008-6l)=\frac{1}{2}\times 335\times(2008+4)$$

$=$**337010 (個)**

(2) $\dfrac{x}{2}+\dfrac{y}{3}+\dfrac{z}{6} \leqq 10$ から

$$3x+2y+z \leqq 60 \quad \cdots\cdots ①$$

$x \geqq 0$, $y \geqq 0$, $z \geqq 0$ とすると，① で $3x \leqq 60$ から　　$x \leqq 20$

① から　　$2y+z \leqq 60-3x$　$\cdots\cdots$ ②

[1] $x=2k$ $(k=0,\ 1,\ 2,\ \cdots\cdots,\ 10)$ のとき

② から　　$2y+z \leqq 60-6k$　$\cdots\cdots$ ③

yz 平面において，③ および $y \geqq 0$, $z \geqq 0$ を満たす領域Eは右図の黒く塗った部分 (境界線を含む) であり，

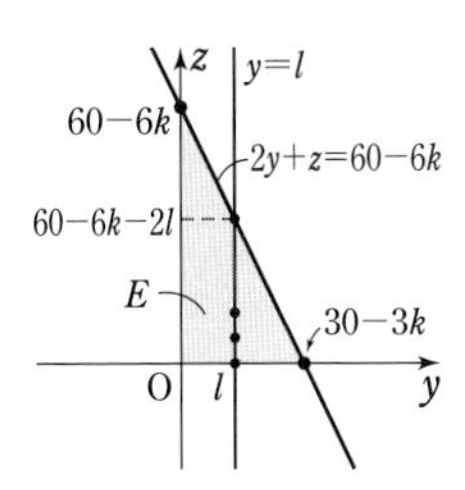

直線 $y=l$ $(l=0,\ 1,\ \cdots\cdots,\ 30-3k)$ 上にある格子点のうち，領域Eに含まれるものの個数は

$$60-6k-2l+1=61-6k-2l$$

よって，領域Eに含まれる格子点の総数は

$$\sum_{l=0}^{30-3k}(61-6k-2l)=(61-6k)(31-3k)-2\cdot\frac{1}{2}(30-3k)(31-3k)$$

$$=(31-3k)\{(61-6k)-(30-3k)\}$$

$$=(31-3k)^2$$

---

(1) 図の黒く塗った部分にある格子点の個数を求める。

◀ kが偶数のとき格子点になるが，kが奇数のとき格子点にならない。
⟶ kの偶奇で場合分け。

参考　領域Dの境界の三角形の頂点は，格子点でないものを含むから，ピックの定理は使えない。

◀まとめる。

◀ $\sum_{l=0}^{334}(2008-6l)$ は等差数列の和の公式 $\dfrac{1}{2}n(a+l)$ を利用して計算した。

◀まず，xを固定する方針で進める。(2) も偶奇での場合分けが必要となる。

◀ $\sum_{l=0}^{30-3k}1=31-3k$, $\sum_{l=0}^{30-3k}l=\sum_{l=1}^{30-3k}l$

総合

[2] $x=2k+1$ ($k=0,\ 1,\ 2,\ \cdots\cdots,\ 9$) のとき

② から　$2y+z \leqq 57-6k$ ……④

yz 平面において，④ および $y \geqq 0$, $z \geqq 0$ を満たす領域Fは右図の黒く塗った部分 (境界線を含む) であり，直線 $y=l$ ($l=0,\ 1,\ \cdots\cdots,\ 28-3k$) 上にある格子点のうち，領域$F$に含まれるものの個数は　$57-6k-2l+1=58-6k-2l$

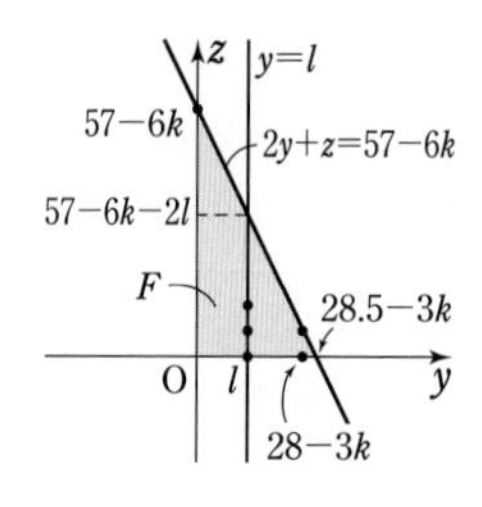

◀直線 $2y+z=57-6k$ と y 軸の交点は 点 $(28.5-3k,\ 0)$ これは格子点でないことに注意。

よって，領域Fに含まれる格子点の総数は

$$\sum_{l=0}^{28-3k}(58-6k-2l)=(58-6k)(29-3k)-2\cdot\frac{1}{2}(28-3k)(29-3k)$$
$$=(29-3k)\{(58-6k)-(28-3k)\}$$
$$=(29-3k)(30-3k)$$

◀$\displaystyle\sum_{l=0}^{28-3k}1=29-3k,\ \sum_{l=0}^{28-3k}l=\sum_{l=1}^{28-3k}l$

[1], [2] から，求める個数は

$$\sum_{k=0}^{10}(31-3k)^2+\sum_{k=0}^{9}(29-3k)(30-3k)=\sum_{k=0}^{9}\{(31-3k)^2+(29-3k)(30-3k)\}+1^2$$
$$=\sum_{k=0}^{9}(18k^2-363k+1831)+1$$
$$=18\cdot\frac{1}{6}\cdot9\cdot10\cdot19-363\cdot\frac{1}{2}\cdot9\cdot10+1831\cdot10+1$$
$$=\mathbf{7106}\ \textbf{(個)}$$

類題 21 ➡ 本冊 p. 521

(1) $\boldsymbol{a_2}=2-1+r+\dfrac{1}{r}(a_1-2+2)=\boldsymbol{2+r}$

$n=1,\ 2,\ 3,\ \cdots\cdots$ を代入して，規則性を見つける。

$\boldsymbol{a_3}=3-1+r+\dfrac{1}{r}(a_2-3+2)=2+r+\dfrac{1}{r}\{(2+r)-1\}$

$=\boldsymbol{3+r+\dfrac{1}{r}}$

$\boldsymbol{a_4}=4-1+r+\dfrac{1}{r}(a_3-4+2)=3+r+\dfrac{1}{r}\left\{\left(3+r+\dfrac{1}{r}\right)-2\right\}$

$=\boldsymbol{4+r+\dfrac{1}{r}+\dfrac{1}{r^2}}$

(2) $\left(\dfrac{1}{r}\right)^0=1,\ \left(\dfrac{1}{r}\right)^{-1}=r$ であるから，(1) より，

$a_n=n-1+\displaystyle\sum_{k=1}^{n}\left(\frac{1}{r}\right)^{k-2}$ …… ① が成り立つと推測される。

◀$\displaystyle\sum_{k=1}^{n}\left(\frac{1}{r}\right)^{k-2}$ は初項 r，公比 $\dfrac{1}{r}$ の等比数列の和であるが，このままの方が証明しやすい。

これを数学的帰納法により示す。

[1] $n=1$ のとき

$$a_1=1-1+\sum_{k=1}^{1}\left(\frac{1}{r}\right)^{k-2}=r$$

よって，① は成り立つ。

[2] $n=l$ のとき ① が成り立つと仮定すると

$$a_l=l-1+\sum_{k=1}^{l}\left(\frac{1}{r}\right)^{k-2}\ \cdots\cdots\ ②$$

$n=l+1$ のときを考えると，② から

$$a_{l+1}=(l+1)-1+r+\frac{1}{r}\{a_l-(l+1)+2\}$$
$$=l+r+\frac{1}{r}\left\{l-1+\sum_{k=1}^{l}\left(\frac{1}{r}\right)^{k-2}-l+1\right\}$$
$$=l+r+\frac{1}{r}\sum_{k=1}^{l}\left(\frac{1}{r}\right)^{k-2}$$
$$=l+\left(\frac{1}{r}\right)^{-1}+\left(\frac{1}{r}\right)^{0}+\left(\frac{1}{r}\right)^{1}+\cdots\cdots+\left(\frac{1}{r}\right)^{(l+1)-2}$$
$$=l+\sum_{k=1}^{l+1}\left(\frac{1}{r}\right)^{k-2}$$

よって，$n=l+1$ のときにも ① は成り立つ。

[1]，[2] から，すべての自然数 n について ① は成り立つ。

ここで，$\displaystyle\sum_{k=1}^{n}\left(\frac{1}{r}\right)^{k-2}$ について考える。

[1] $\dfrac{1}{r}\neq 1$ すなわち $r\neq 1$ のとき

$$\sum_{k=1}^{n}\left(\frac{1}{r}\right)^{k-2}=\frac{r\left\{1-\left(\frac{1}{r}\right)^{n}\right\}}{1-\frac{1}{r}}=\frac{1-r^n}{r^{n-2}(1-r)}$$

◀(公比)$\neq 1$，(公比)$=1$ で場合分けをする。

[2] $\dfrac{1}{r}=1$ すなわち $r=1$ のとき

$$\sum_{k=1}^{n}1=n$$

以上から　**$r\neq 1$ のとき $a_n=n-1+\dfrac{1-r^n}{r^{n-2}(1-r)}$**

$r=1$ のとき $a_n=2n-1$

(3) (2) から

$$\sum_{k=1}^{n}\left[k-1+2^{k-1}\left\{1-\left(\frac{1}{2}\right)^{k}\right\}\right]=\sum_{k=1}^{n}\left(k+2^{k-1}-\frac{3}{2}\right)$$
$$=\frac{1}{2}n(n+1)+\frac{2^n-1}{2-1}-\frac{3}{2}n=\boldsymbol{\frac{1}{2}n(n-2)+2^n-1}$$

◀$\dfrac{1}{\left(\frac{1}{2}\right)^{k-2}\left(1-\frac{1}{2}\right)}=2^{k-1}$

検討 $a_n-(n-1)=\dfrac{1}{r}\{a_{n-1}-(n-2)\}+r$ と変形できるから，

$b_n=a_n-(n-1)$ とおくと，$b_1=r$，$b_n=\dfrac{1}{r}b_{n-1}+r$ となる。

これから，a_n を求めることもできる。

◀$a_{n+1}=pa_n+q$ 型の漸化式である。

類題 22 ➡ 本冊 p. 523

(1) $${}_{n-1}\mathrm{C}_r+{}_{n-1}\mathrm{C}_{r-1}=\frac{(n-1)!}{(n-1-r)!r!}+\frac{(n-1)!}{(n-r)!(r-1)!}$$
$$=\frac{(n-1)!\times(n-r)}{(n-r)!r!}+\frac{(n-1)!\times r}{(n-r)!r!}$$
$$=\frac{(n-1)!\times n}{(n-r)!r!}=\frac{n!}{(n-r)!r!}={}_n\mathrm{C}_r$$

◀$(n-r)!=(n-r)\times(n-r-1)!$

よって，$1\leqq r\leqq n-1$ を満たす自然数 r に対して

$${}_n\mathrm{C}_r={}_{n-1}\mathrm{C}_r+{}_{n-1}\mathrm{C}_{r-1}$$

総合

(2) $F_{n+1}=\sum_{r=0}^{\left[\frac{n}{2}\right]} {}_{n-r}\mathrm{C}_r$ …… ①

[1] $n=1$ のとき

$(①\text{ の左辺})=F_2=1$

$(①\text{ の右辺})=\sum_{r=0}^{\left[\frac{1}{2}\right]} {}_{1-r}\mathrm{C}_r=\sum_{r=0}^{0} {}_{1-r}\mathrm{C}_r={}_1\mathrm{C}_0=1$

◀$\left[\dfrac{1}{2}\right]=0$

よって，$n=1$ のとき ① は成り立つ。

[2] $n=2$ のとき

$(①\text{ の左辺})=F_3=F_2+F_1=2$

$(①\text{ の右辺})=\sum_{r=0}^{\left[\frac{2}{2}\right]} {}_{2-r}\mathrm{C}_r=\sum_{r=0}^{1} {}_{2-r}\mathrm{C}_r={}_2\mathrm{C}_0+{}_1\mathrm{C}_1=2$

よって，$n=2$ のとき ① は成り立つ。

[1]，[2] から，① は $n=1$，2 に対して成り立つ。

(3) [1] $n=1$，2 のとき

(2) から，① は成り立つ。

[2] $n=k$，$k+1$ のとき，① が成り立つと仮定すると

◀$n=k$，$k+1$ のとき成り立つことを仮定して，$n=k+2$ のときも成り立つことを示す。

$$F_{k+1}=\sum_{r=0}^{\left[\frac{k}{2}\right]} {}_{k-r}\mathrm{C}_r,\quad F_{k+2}=\sum_{r=0}^{\left[\frac{k+1}{2}\right]} {}_{k+1-r}\mathrm{C}_r$$

$n=k+2$ のときについて，m を自然数として，次の (i)，(ii) の場合に分けて (1) を用いて考える。

(i) $k=2m$ のとき

◀$k=2m$ のとき $\left[\dfrac{k}{2}\right]=m$，$\left[\dfrac{k+1}{2}\right]=m$，$\left[\dfrac{k+2}{2}\right]=m+1$

$$\begin{aligned}
F_{k+3}&=F_{k+2}+F_{k+1}=\sum_{r=0}^{m} {}_{2m+1-r}\mathrm{C}_r+\sum_{r=0}^{m} {}_{2m-r}\mathrm{C}_r\\
&=({}_{2m+1}\mathrm{C}_0+{}_{2m}\mathrm{C}_1+\cdots\cdots+{}_{m+2}\mathrm{C}_{m-1}+{}_{m+1}\mathrm{C}_m)\\
&\quad+({}_{2m}\mathrm{C}_0+{}_{2m-1}\mathrm{C}_1+\cdots\cdots+{}_{m+1}\mathrm{C}_{m-1}+{}_m\mathrm{C}_m)\\
&={}_{2m+1}\mathrm{C}_0+({}_{2m}\mathrm{C}_1+{}_{2m}\mathrm{C}_0)+({}_{2m-1}\mathrm{C}_2+{}_{2m-1}\mathrm{C}_1)\\
&\quad+\cdots\cdots+({}_{m+1}\mathrm{C}_m+{}_{m+1}\mathrm{C}_{m-1})+{}_m\mathrm{C}_m\\
&={}_{2m+1}\mathrm{C}_0+{}_{2m+1}\mathrm{C}_1+{}_{2m}\mathrm{C}_2+\cdots\cdots+{}_{m+2}\mathrm{C}_m+{}_m\mathrm{C}_m\\
&={}_{2m+2}\mathrm{C}_0+{}_{2m+1}\mathrm{C}_1+{}_{2m}\mathrm{C}_2+\cdots\cdots+{}_{m+2}\mathrm{C}_m+{}_{m+1}\mathrm{C}_{m+1}\\
&=\sum_{r=0}^{m+1} {}_{2m+2-r}\mathrm{C}_r=\sum_{r=0}^{\left[\frac{k+2}{2}\right]} {}_{k+2-r}\mathrm{C}_r
\end{aligned}$$

◀(1) から。

(ii) $k=2m-1$ のとき

◀$k=2m-1$ のとき $\left[\dfrac{k}{2}\right]=m-1$，$\left[\dfrac{k+1}{2}\right]=m$，$\left[\dfrac{k+2}{2}\right]=m$

$$\begin{aligned}
F_{k+3}&=F_{k+2}+F_{k+1}\\
&=\sum_{r=0}^{m} {}_{2m-r}\mathrm{C}_r+\sum_{r=0}^{m-1} {}_{2m-1-r}\mathrm{C}_r\\
&=({}_{2m}\mathrm{C}_0+{}_{2m-1}\mathrm{C}_1+\cdots\cdots+{}_{m+1}\mathrm{C}_{m-1}+{}_m\mathrm{C}_m)\\
&\quad+({}_{2m-1}\mathrm{C}_0+{}_{2m-2}\mathrm{C}_1+\cdots\cdots+{}_{m+1}\mathrm{C}_{m-2}+{}_m\mathrm{C}_{m-1})\\
&={}_{2m}\mathrm{C}_0+({}_{2m-1}\mathrm{C}_1+{}_{2m-1}\mathrm{C}_0)+({}_{2m-2}\mathrm{C}_2+{}_{2m-2}\mathrm{C}_1)\\
&\quad+\cdots\cdots+({}_{m+1}\mathrm{C}_{m-1}+{}_{m+1}\mathrm{C}_{m-2})+({}_m\mathrm{C}_m+{}_m\mathrm{C}_{m-1})\\
&={}_{2m+1}\mathrm{C}_0+{}_{2m}\mathrm{C}_1+{}_{2m-1}\mathrm{C}_2+\cdots\cdots+{}_{m+1}\mathrm{C}_m\\
&=\sum_{r=0}^{m} {}_{2m+1-r}\mathrm{C}_r=\sum_{r=0}^{\left[\frac{k+2}{2}\right]} {}_{k+2-r}\mathrm{C}_r
\end{aligned}$$

◀(1) から。

(i)，(ii) から，$n=k+2$ のときにも ① は成り立つ。

[1]，[2] から，すべての自然数 n に対して ① は成り立つ。

類題 23 ➡ 本冊 $p.$ 525

(1) 任意の自然数 m に対して，a_{3m} が 5 の倍数であることを数学的帰納法により示す。

[1] $m=1$ のとき

$a_2=a_1{}^2+1=2$ より　$a_3=a_2{}^2+1=5$

よって，a_3 は 5 の倍数である。

[2] $m=k$ $(k\geqq 1)$ のとき a_{3m} が 5 の倍数であると仮定すると，$a_{3k}=5N_1$ (N_1 は整数) と表される。

$m=k+1$ のときを考える。

$$a_{3k+1}=a_{3k}{}^2+1=5(5N_1{}^2)+1$$

$5N_1{}^2=N_2$ とおくと，N_2 は整数である。

$$a_{3k+2}=a_{3k+1}{}^2+1=(5N_2+1)^2+1=5(5N_2{}^2+2N_2)+2$$

$5N_2{}^2+2N_2=N_3$ とおくと，N_3 は整数である。

$$a_{3(k+1)}=a_{3k+2}{}^2+1=(5N_3+2)^2+1=5(5N_3{}^2+4N_3+1)$$

$5N_3{}^2+4N_3+1$ は整数であるから，$m=k+1$ のときも a_{3m} は 5 の倍数である。

[1]，[2] から，正の整数 n が 3 の倍数ならば a_n は 5 の倍数である。

◀ n が 3 の倍数であるから，$n=3m$ と表される。

◀合同式を使うと次のようになる。
$a_{3k+1}\equiv 1 \pmod 5$ から
$a_{3k+1}{}^2\equiv 1 \pmod 5$
よって
$a_{3k+2}\equiv 1+1\equiv 2 \pmod 5$
ゆえに
$a_{3k+2}{}^2\equiv 4 \pmod 5$
したがって
$a_{3k+3}\equiv 4+1\equiv 0 \pmod 5$

(2) 与えられた漸化式から，任意の自然数 n に対して a_n は自然数で，$a_n<a_{n+1}$ が成り立つ。

よって，

$n\geqq 2$ のとき，a_1，……，a_{n-1} は a_n の倍数でなく，

a_n は a_n の倍数　…… ①

が成り立つ。

◀ $a_1<a_n$，$a_2<a_n$，……，$a_{n-1}<a_n$ である。

次に，

$n\geqq 2$ のとき，任意の自然数 m に対して

$a_{n+m}-a_m$ が a_n の倍数　…… ②

が成り立つことを m に関する数学的帰納法により示す。

[1] $m=1$ のとき

$a_{n+1}-a_1=a_{n+1}-1=a_n\cdot a_n$ で，a_n は自然数であるから，$a_{n+1}-a_1$ は a_n の倍数である。

よって，$m=1$ のとき ② は成り立つ。

[2] $m=k$ $(k\geqq 1)$ のとき，② が成り立つと仮定すると，$a_{n+k}-a_k=a_nN'$ (N' は整数) と表される。

$m=k+1$ のときを考える。

$$\begin{aligned}a_{n+(k+1)}-a_{k+1}&=a_{n+k}{}^2+1-(a_k{}^2+1)\\&=(a_{n+k}-a_k)(a_{n+k}+a_k)\\&=a_n\cdot N'(a_{n+k}+a_k)\end{aligned}$$

これと $N'(a_{n+k}+a_k)$ が整数であることから，$a_{n+(k+1)}-a_{k+1}$ は a_n の倍数である。

よって，$m=k+1$ のときも ② は成り立つ。

[1]，[2] から，任意の自然数 m に対して $a_{n+m}-a_m$ は a_n の倍数である。

①，② から，$n \geqq 2$ のとき，任意の自然数 l に対して，
$a_{ln-(n-1)}$，……，a_{ln-1} は a_n の倍数でなく，a_{ln} は a_n の倍数である。

◀② において $m=n$ とすると，$a_{2n}-a_n$ は a_n の倍数であり，a_{2n} は a_n の倍数である。

したがって，$k \geqq 2$ のとき a_n が a_k の倍数であることと，n が k の倍数であることは互いに同値である。
$k=1$ のとき，$a_1=1$ で，a_n は自然数であるから，a_n は a_1 の倍数である。
ゆえに，a_n が a_k の倍数であるための必要十分条件は，**n が k の倍数である** ことである。

(3) 求める最大公約数を G とおく。
$8091=8088+3$ であるから，② により

$$a_{8091}-a_3 \text{ すなわち } a_{8091}-5 \text{ は } a_{8088} \text{ の倍数}$$

である。

◀② において $n=8088$ とする。

また，$8088=2022 \times 4$ より，(2) の結果から a_{8088} は a_{2022} の倍数である。
よって，$a_{8091}-5$ は a_{2022} の倍数である。
したがって，$a_{8091}=a_{2022}M+5$ (M は整数) と表される。
このとき $(a_{8091})^2=(a_{2022}M+5)^2=a_{2022}(a_{2022}M^2+10M)+25$
これと $a_{2022}M^2+10M$ が整数であることから，ユークリッドの互除法により，G は a_{2022} と 25 の最大公約数に等しい。

◀a_{2022} と $a_{8091}{}^2$ で互除法を考える。

2022 は 3 の倍数であるから，(1) の結果より，a_{2022} は 5 の倍数である。
次に，任意の自然数 m に対して，a_{3m} を 25 で割った余りが 5 であることを数学的帰納法により示す。

◀a_{2022} が 25 の倍数でないことを示したい。

[1] $m=1$ のとき
$a_3=5$ から，a_3 を 25 で割った余りは 5 である。
よって，$m=1$ のとき，a_{3m} を 25 で割った余りは 5 である。

[2] $m=k$ ($k \geqq 1$) のとき a_{3m} を 25 で割った余りが 5 であると仮定すると，$a_{3k}=25M_1+5$ (M_1 は整数) と表される。
$m=k+1$ のときを考える。

$$a_{3k+1}=a_{3k}{}^2+1=25(25M_1{}^2+10M_1+1)+1$$

$25M_1{}^2+10M_1+1=M_2$ とおくと，M_2 は整数である。

$$a_{3k+2}=a_{3k+1}{}^2+1=(25M_2+1)^2+1=25(25M_2{}^2+2M_2)+2$$

$25M_2{}^2+2M_2=M_3$ とおくと，M_3 は整数である。

$$a_{3(k+1)}=a_{3k+2}{}^2+1=(25M_3+2)^2+1$$
$$=25(25M_3{}^2+4M_3)+5$$

$25M_3{}^2+4M_3$ は整数であるから，$m=k+1$ のときも a_{3m} を 25 で割った余りは 5 である。

[1]，[2] から，任意の自然数 m に対して，a_{3m} を 25 で割った余りは 5 である。
よって，a_{2022} は 5 でちょうど 1 回割り切れる整数であるから，a_{2022} と 25 の最大公約数は 5 である。

◀$a_{2022}=25B+5$，B は整数とすると
$a_{2022}=5(5B+1)$

したがって，求める最大公約数は **5**

類題 24 ➡ 本冊 $p.527$

(1) [1] $n=2^1$ のとき

①は，$f\left(\dfrac{x_1+x_2}{2}\right) \leqq \dfrac{1}{2}\{f(x_1)+f(x_2)\}$ となり，これは題意より成り立つ。

[2] $n=2^s$ $(s \geqq 1)$ のとき，① が成り立つと仮定すると，2^s 個の実数 x_1，x_2，……，x_{2^s} に対し

$$f\left(\frac{x_1+x_2+\cdots\cdots+x_{2^s}}{2^s}\right) \leqq \frac{1}{2^s}\{f(x_1)+f(x_2)+\cdots\cdots+f(x_{2^s})\} \quad \cdots\cdots ②$$

$n=2^{s+1}$ のときを考えると

$$f\left(\frac{x_1+x_2+\cdots\cdots+x_{2^{s+1}}}{2^{s+1}}\right)$$

$$=f\left(\frac{\dfrac{x_1+x_2+\cdots\cdots+x_{2^s}}{2^s}+\dfrac{x_{2^s+1}+x_{2^s+2}+\cdots\cdots+x_{2^{s+1}}}{2^s}}{2}\right)$$

$$\leqq \frac{1}{2}\left\{f\left(\frac{x_1+x_2+\cdots\cdots+x_{2^s}}{2^s}\right)+f\left(\frac{x_{2^s+1}+x_{2^s+2}+\cdots\cdots+x_{2^{s+1}}}{2^s}\right)\right\}$$

◀$f\left(\dfrac{x+y}{2}\right) \leqq \dfrac{1}{2}\{f(x)+f(y)\}$

ここで，② から

$$f\left(\frac{x_1+x_2+\cdots\cdots+x_{2^s}}{2^s}\right) \leqq \frac{1}{2^s}\{f(x_1)+f(x_2)+\cdots\cdots+f(x_{2^s})\},$$

$$f\left(\frac{x_{2^s+1}+x_{2^s+2}+\cdots\cdots+x_{2^{s+1}}}{2^s}\right)$$

$$\leqq \frac{1}{2^s}\{f(x_{2^s+1})+f(x_{2^s+2})+\cdots\cdots+f(x_{2^{s+1}})\}$$

◀$2^{s+1}=2\cdot2^s=2^s+2^s$ から，x_{2^s+1}，……，$x_{2^{s+1}}$ は，2^s 個の実数である。

よって

$$f\left(\frac{x_1+x_2+\cdots\cdots+x_{2^{s+1}}}{2^{s+1}}\right)$$

$$\leqq \frac{1}{2^{s+1}}\{f(x_1)+f(x_2)+\cdots\cdots+f(x_{2^{s+1}})\}$$

ゆえに，$n=2^{s+1}$ のときにも ① は成り立つ。

[1]，[2] から，$n=2^m$ $(m=1,\ 2,\ 3,\ \cdots\cdots)$ のとき，不等式 ① は成り立つ。

(2) $n=k \geqq 2$ のとき ① が成り立つと仮定すると

$$f\left(\frac{x_1+x_2+\cdots\cdots+x_{k-1}+x_k}{k}\right)$$

$$\leqq \frac{1}{k}\{f(x_1)+f(x_2)+\cdots\cdots+f(x_{k-1})+f(x_k)\}$$

$x_k=\dfrac{x_1+x_2+\cdots\cdots+x_{k-1}}{k-1}$ とすると

◀x_k は実数であればよいから，このようにとってもよい。

$$f\left(\frac{x_1+x_2+\cdots\cdots+x_{k-1}+\dfrac{x_1+x_2+\cdots\cdots+x_{k-1}}{k-1}}{k}\right)$$

$$\leqq \frac{1}{k}\left\{f(x_1)+f(x_2)+\cdots+f(x_{k-1})+f\left(\frac{x_1+x_2+\cdots+x_{k-1}}{k-1}\right)\right\}$$

よって

$$f\left(\frac{x_1+x_2+\cdots\cdots+x_{k-1}}{k-1}\right)$$
$$\leqq \frac{1}{k}\left\{f(x_1)+f(x_2)+\cdots+f(x_{k-1})+f\left(\frac{x_1+x_2+\cdots+x_{k-1}}{k-1}\right)\right\}$$

◀ $(k-1)\times(x_1+\cdots\cdots+x_{k-1})+x_1+\cdots\cdots+x_{k-1}=k(x_1+\cdots\cdots+x_{k-1})$

ゆえに　$kf\left(\dfrac{x_1+x_2+\cdots\cdots+x_{k-1}}{k-1}\right)$
$$\leqq f(x_1)+f(x_2)+\cdots+f(x_{k-1})+f\left(\frac{x_1+x_2+\cdots+x_{k-1}}{k-1}\right)$$

よって
$$(k-1)f\left(\frac{x_1+x_2+\cdots+x_{k-1}}{k-1}\right)\leqq f(x_1)+f(x_2)+\cdots+f(x_{k-1})$$

$k\geqq 2$ より，$k-1\geqq 1$ であるから
$$f\left(\frac{x_1+x_2+\cdots+x_{k-1}}{k-1}\right)\leqq\frac{1}{k-1}\{f(x_1)+f(x_2)+\cdots+f(x_{k-1})\}$$

◀両辺を $k-1$ で割る。

ゆえに，$n=k-1$ のときにも ① は成り立つ。

参考　(1), (2) から，すべての自然数 n について ① が成り立つことがわかる。
このことから，次のようなことも導くことができる。
$f(x)=-\log_2 x$ とすると，$x_1>0$，$x_2>0$ に対し，$\sqrt{x_1x_2}\leqq\dfrac{x_1+x_2}{2}$ であるから
$$\frac{1}{2}\log_2 x_1x_2\leqq\log_2\frac{x_1+x_2}{2}\quad すなわち\quad \frac{1}{2}(\log_2 x_1+\log_2 x_2)\leqq\log_2\frac{x_1+x_2}{2}$$

よって　$\dfrac{1}{2}\{-f(x_1)-f(x_2)\}\leqq -f\left(\dfrac{x_1+x_2}{2}\right)$

ゆえに　$\dfrac{1}{2}\{f(x_1)+f(x_2)\}\geqq f\left(\dfrac{x_1+x_2}{2}\right)$

したがって，$x_1>0$，$x_2>0$，……，$x_n>0$ として
$$f\left(\frac{x_1+x_2+\cdots\cdots+x_n}{n}\right)\leqq\frac{1}{n}\{f(x_1)+f(x_2)+\cdots\cdots+f(x_n)\}$$

よって　$-\log_2\dfrac{x_1+x_2+\cdots\cdots+x_n}{n}\leqq\dfrac{1}{n}(-\log_2 x_1-\log_2 x_2-\cdots\cdots-\log_2 x_n)$

ゆえに　$\log_2\dfrac{x_1+x_2+\cdots\cdots+x_n}{n}\geqq\log_2(x_1x_2\cdots\cdots x_n)^{\frac{1}{n}}$

よって　$\boldsymbol{\dfrac{x_1+x_2+\cdots\cdots+x_n}{n}\geqq\sqrt[n]{x_1x_2\cdots\cdots x_n}}$　　◀**(相加平均)≧(相乗平均)**

※解答・解説は数研出版株式会社が作成したものです。

発行所
数研出版株式会社
〒101-0052　東京都千代田区神田小川町 2 丁目 3 番地 3
〔振替〕00140-4-118431
〒604-0861　京都市中京区烏丸通竹屋町上る大倉町 205 番地
〔電話〕代表 (075)231-0161
ホームページ　https://www.chart.co.jp
印刷　創栄図書印刷株式会社
乱丁本・落丁本はお取り替えします。　230201